Springer-Verlag Berlin Heidelberg GmbH

W. Baumann, T. Rothardt

Druckerei-chemikalien

Daten und Fakten zum Umweltschutz

2., erweiterte und überarbeitete Auflage

Mit 90 Abbildungen und 54 Tabellen

Springer

Dr.-Ing. Werner Baumann

Institut für Umweltforschung (INFU)
Universität Dortmund
D-44221 Dortmund

Dipl.-Ing.Thomas Rothardt

Institut für Umweltforschung (INFU)
Universität Dortmund
D-44221 Dortmund

ISBN 978-3-642-63610-3

Die Deutsche Bibliothek - CIP-Einheitsaufnahme
Baumann, Werner: Druckereichemikalien: Daten und Fakten zum Umweltschutz /
Werner Baumann ;Co-Autoren: T. Rothardt; 2. Aufl.
Berlin; Heidelberg; New York; Barcelona; Hongkong; London; Mailand; Paris; Singapur;
Tokio: Springer, 1999
ISBN 978-3-642-63610-3 ISBN 978-3-642-58474-9 (eBook)
DOI 10.1007/978-3-642-58474-9

Ursprünglich erschienen bei Springer-Verlag Berlin Heidelberg New York 1999

Einbandgestaltung: K. Brüning Konzept, Berlin
Satz: Reproduktionsfertige Vorlagen der Autoren
SPIN: 10653504 52/3020 - 5 4 3 2 1 0 - Gedruckt auf säurefreiem Papier

Dieses Buch basiert auf Untersuchungen, die das **Institut für Umweltforschung (INFU)** der Universität Dortmund im Auftrag des **Umweltbundesamtes (UBA)** und weiterer Auftraggeber durchgeführt hat. Wesentliche Unterstützung fand unsere Arbeit durch die finanzielle Förderung durch das **Bundesministerium für Umwelt, Naturschutz und Reaktorsicherheit (BMU)**. Die Autoren möchten sich hierfür bedanken.

Inhaltsverzeichnis

Verzeichnis der Anhänge

Verzeichnis der Abbildungen

Verzeichnis der Tabellen

Abkürzungsverzeichnis

Σ	Summe
μA	Mikroampere
μg	Mikrogramm
μl	Mikroliter
μm	Mikrometer
a	Jahr
AAS	Atomabsorptionsspektroskopie
AbfKoBiV	Abfallwirtschaftskonzept- und Abfall-Bilanz-Verordnung
AbwHerkV	Abwasserherkunftsverordnung
AbwVwV	Abwasserverwaltungsvorschrift
ADI	zulässige tägliche Gesamtaufnahme eines Stoffes (acceptable daily Intake)
Ag	Silber
AOX	Adsorbierbare organische Halogenverbindungen
AS	Amid einer Säure
B	Beseitigung
BAT	Biologischer Arbeitsstoff-Toleranz-Wert
BImSchG	Bundesimmissionsschutzgesetz
BImSchV	Bundesimmissionsschutzverordnung
BONS	Beta-Oxynaphtoesäure
BTX	Benzol/Toluol/Xylol
°C	Grad Celsius
C-41	Verfahren zur Color-Negativ-Entwicklung
CAS	Chemical Abstract System
ChemG	Chemikaliengesetz
CKW	Chlorkohlenwasserstoff
CPB	Chemisch, physikalische Behandlung
Cr	Chrom
dB	Dezibel
DIN	Deutsche Industrienorm
E-6	Verfahren zur Color-Umkehrfilm-Entwicklung (Dias)
EPA	US Environmental Protection Agency
g	Gramm
GC	Gaschromatographie
GC-MS	Gaschromatographie - Massenspektrometrie
GefStoffV	Gefahrstoffverordnung
Gew.-%	Gewichtsprozent
h	Stunde
HKWAbfV	Verordnung über die Entsorgung gebrauchter halogenierter Lösemittel
hmn	Mensch (human)
HMV	Hausmüllverbrennung
i.d.R.	in der Regel
ihl	inhalativ (Aufnahme oder Exposition)
ims	intramuskuläre Applikation
INFU	Institut für Umweltforschung, Universität Dortmund
IR	Infrarot
ivn	intravenöse Applikation
KrW-/AbfG	Kreislaufwirtschafts-/Abfallgesetz
LAGA	Länderarbeitsgemeinschaft für Abfall

LAWA	Länderarbeitsgemeinschaft für Wasser
LC 50	letale Konzentration für 50 % der Versuchstiere
LD Lo	niedrigste letale Dosis
LD 50	letale Dosis für 50 % der Versuchstiere
LHKW's	Leichtflüchtige halogenierte Kohlenwasserstoffe
MAK	Maximale Arbeitsplatzkonzentration
mg	Milligramm
m^3	Kubikmeter
OEKOPRO	Chemikalien-Datenbank zum produktintegrierten Umweltschutz
orl.	oral
P.B.	Pigment Blue
P.Bk.	Pigment Black
P.Br.	Pigment Brown
P.G.	Pigment Green
P.M.	Pigment Metal
P.O.	Pigment Orange
P.R.	Pigment Red
P.V.	Pigment Violet
P.W.	Pigment White
P.Y.	Pigment Yellow
PAH	Polyaromatic Hydrocarbons (siehe auch PAK)
PAK	Polyaromatische Kohlenwasserstoffe (identisch mit PAH)
PC	Personal Copier
PCB	Polychlorierte Biphenyle
pOW	n-Octanol/Wasser Verteilungskoeffizient
ppm	parts per million
PVC	Polyvinylchlorid
RA-4	Verfahren zur Color-Papier-Entwicklung
Rahmen-AbwasserVwV	Rahmen-Abwasser-Verwaltungsvorschrift
rat	Ratte
SAD	Sonderabfalldeponie
SAV	Sonderabfallverbrennung
Schmp.	Schmelzpunkt
Sdp.	Siedepunkt
skn	Hautapplikation
TA	Technische Anleitung
TA-Abfall	Technische Anleitung Abfall
TA-Luft	Technische Anleitung Luft
TA-Lärm	Technische Anleitung Lärm
TRGS	Technische Regeln für Gefahrstoffe
TRK	Technische Richtkonzentration
TÜV	Technischer Überwachungsverein
UBA	Umweltbundesamt
UV	Ultraviolett
V	Verwertung
WGK	Wassergefährdungsklasse
WHG	Wasserhaushaltsgesetz
Zn	Zink

Vorwort

Das vorliegende Buch ist die zweite überarbeitete und ergänzte Auflage von Druckereichemikalien - Daten und Fakten zum Umweltschutz. Auf der Basis eines Forschungsvorhabens, das das Institut für Umweltforschung (INFU) der Universität Dortmund im Auftrag des Umweltbundesamt/Berlin zum Thema durchgeführt hat, wird ein aktueller Überblick über eingesetzte Verfahren und Chemikalien in der Druckbranche gegeben. Das Vorhaben wurde im Rahmen des Umweltforschungsplanes des Bundesministeriums für Umwelt, Naturschutz und Reaktorsicherheit mit dem Förderkennzeichen 106 02 068 durchgeführt. Für die dabei gewährte finanzielle Unterstützung möchten wir uns herzlich bedanken.

Sehr erfreulich und hilfreich war die Kooperation mit der Druckfarbenindustrie, die - koordiniert durch den Mineralfarbenverband - viel dazu beigetragen hat, dass wir eine Publikation vorlegen können, die den derzeitigen Stand des Wissens und der Technik widerspiegelt und von der wir hoffen, dass sie zu einem besseren Umwelt- und Arbeitsschutz in den Betrieben beitragen wird.

Die Autoren hatten in den vergangenen Jahren die Möglichkeit viele Druckereien zu beraten. Die dabei gewonnenen Praxiserfahrungen haben uns sehr geholfen zwischen wünschenswerten Zielen und direkt umsetzbaren Empfehlungen zu unterscheiden. So gibt es einerseits in der Druckbranche ein dringendes Bedürfnis nach Informationen, die etwa die Frage beantworten, welche Firmenprodukte man unter ökologischen Gesichtspunkten einsetzen kann und von welchen man besser die Finger lassen sollte. Ökonomische Restriktionen sind bei immer härter werdendem Konkurrenzdruck entscheidende Faktoren bei der Umsetzung wohlgemeinter Empfehlungen. Im Gegensatz zur Situation vor etwa einem Jahrzehnt, dominiert die Frage des Amortisationszeitraums fast jede Entscheidung. Ökologie ja - aber sie muss sich bezahlt machen. Ein besseres Image wäre schön, eine Mark mehr Gewinn ist schöner.

Die vorliegende Arbeit ist kein Testbericht von Handelsprodukten; hier werden vielmehr chemische Grundsubstanzen der Druckindustrie zusammengestellt und bezüglich ihrer physikalischen, chemischen, biologischen, toxikologischen und ökologischen Daten beurteilt. Etwa tausend Stoffe bilden die Basis ungezählter Hilfs- und Betriebsmittel auf dem Druckereimarkt. Auf dieser Basis und mit dem Wissen, welche Chemikalien in welchen Produkten enthalten sind, werden beispielsweise Berufsgenossenschaften Empfehlungen an ihre Mitglieder weitergeben können.

Eines unserer wesentlichen Probleme war die möglichst genaue Abgrenzung des Themas zu Randbereichen. So haben wir uns entschlossen, die Chemikalien in der Buchbinderei (z.B. Klebstoffe) nicht mit zu berücksichtigen, wohl aber den immer wichtiger werdenden Bereich der "neue Medien" soweit sie mit Druck oder Sofortdruck in Verbindung zu bringen sind und bezüglich der verwendeten Stoffe relevant sind. Der große Bereich des Textildruckes ist nicht in die vorliegende Arbeit aufgenommen.

Drucker arbeiten zwar mit genormten Blattgrößen, entfalten aber ihre Individualität zur vollen Blüte dort, wo es um das Wie und Was geht. Die genormte Druckfarbe gibt es nicht. Jeder Drucker schwört auf seine Farbe, hat seine eigenen Tricks und Kniffe entwickelt, mit denen er den Kampf gegen Partisanen, Popel, Abmehlen, Geistereffekte, Kleben, Pelzen, Perlen, Rupfen oder Schmieren aufnimmt. Jeder Drucker bearbeitet sein Produkt, jeder andere wird es anders machen. Jede

Druckerei unterscheidet sich von der nächsten durch andere Verfahren, Produkte, Hilfsmittel. Im Gegensatz z.B. zur fotografischen Industrie liegt bisher den Druckern die Normung aus vielerlei Gründen fern. In den kommenden Jahren wird sich dies grundlegend ändern. Der große Bereich des "Digitaldrucks" verursacht für den Drucker weitere große Veränderungen seines traditionellen Berufsbildes.

Übrigens - der Projektbericht, den Sie hier in Händen halten, wiegt etwas weniger als sieben Kilogramm, 100 g davon sind Toner, der aus etwa 8 g Carbon-Black, 87 g Styrolacrylharz und etwa 5 g Diphenylhydrazon besteht. Gedruckt wurde das Werk mit Hilfe der indirekten Elektrofotografie, oder einfacher mit einem Laserdrucker, der über eine fotosensitive Trommelbeschichtung verfügt. Die Fixierung des Toners auf dem Papier erfolgte mit Infrarotstrahlung, wobei Ozon entstand, das zu etwa 90 % in einem Aktivkohlefilter adsorbiert wurde. Mit Hydroxylaminen (als Reduktionsprodukte möglicher Nitropyrenverunreinigungen im Carbon-Black) ist bei den hier verwendeten modernen Tonern nicht mehr zu rechnen.

Die Autoren möchten allen danken, die bei der Entstehung des Buches mitgeholfen haben. Für ihre Unterstützung und konstruktive Diskussionen danken wir den Mitgliedern der Technischen Kommission des Verbandes der Druckfarbenindustrie, insbesondere Herrn Dr. F. Weyres und Herrn Dr. Nitschke.

Unser besonderer Dank gilt B. Herberg-Liedtke, C. Brandt, M. Gräfen, O. Hennemann, A. Hinz, M. Horst, M. Koch, K.-S. Müller, D. Pollkläsner, B. Rönick, S. Rumpf, C. Schmitt und D. Vaupel für ihre Mitarbeit.

Dortmund, Mai 1999

1 Allgemeines

In der Druckindustrie gab es 1997 etwa 13.894 Betriebe mit 225.300 Beschäftigten. Hinzu kommen mehrere Tausend Kopierbetriebe (Copyshops) mit mehreren Tausend Arbeitnehmern. Genaue Zahlen sind hier nicht bekannt.

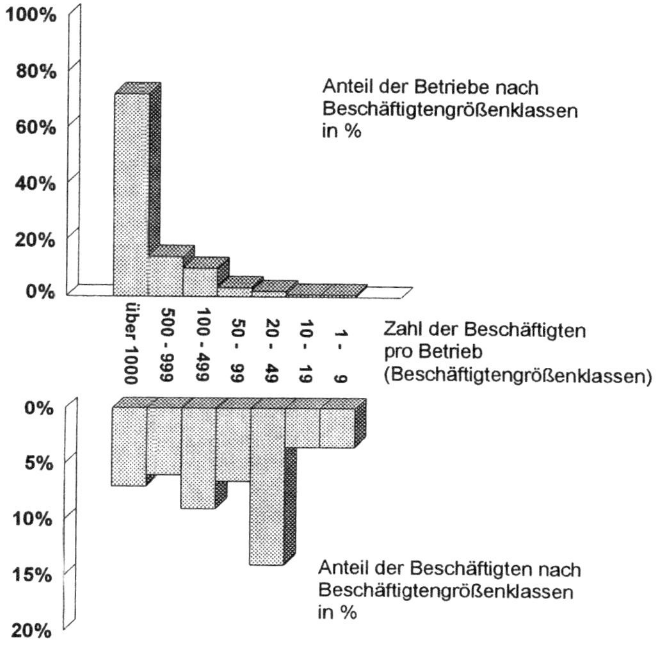

Abbildung 1–1: ***Beschäftigte und Betriebsgrößen in der Druckindustrie***
Quelle: Statistisches Bundesamt

In 70% aller Betriebe der Druckindustrie arbeiten bis zu 9 Arbeitnehmer. 500 Beschäftigte und mehr findet man in 0,3% der Betriebe (Großbetriebe). Die meisten Arbeitnehmer (etwa 30%) arbeiten in Firmen mittlerer Größe (100 bis 499 Beschäftigte).

Die Standorte der 44 größten Betriebe sind in Abbildung 1–2 dargestellt.

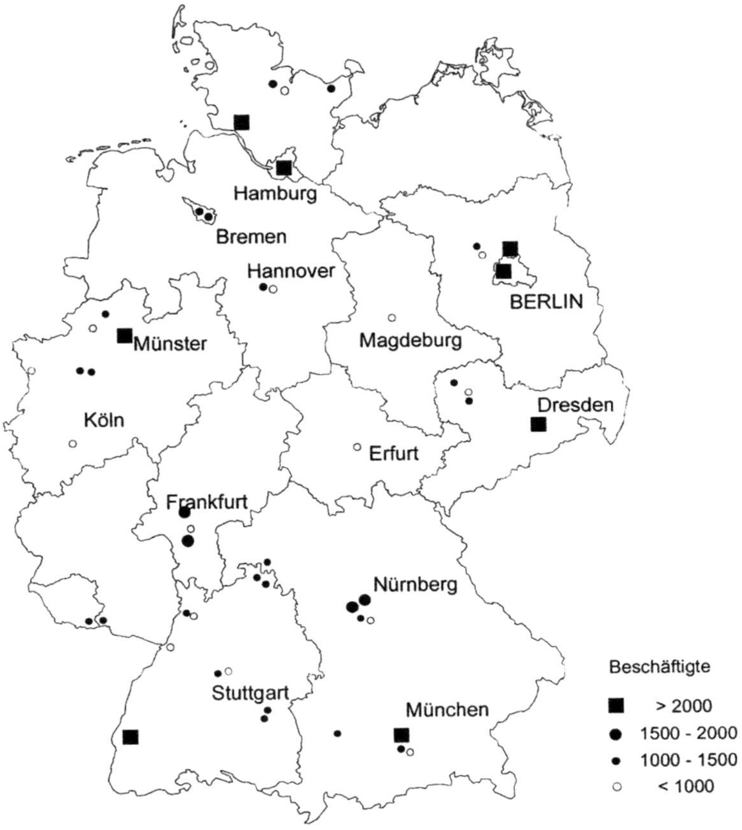

Abbildung 1–2: ***Standorte der größten Druckereien bzw. Verlage***

Es ist oft nicht möglich, für einzelne Firmen die ausschließlich im Druckbereich Beschäftigten anzugeben, da es sich z.B. um Verlagsgesellschaften handelt. Daneben gibt es in den Bereichen Frankfurt, Stuttgart, München, Nürnberg, Hamburg, Berlin und Nordrhein-Westfalen eine Häufung kleinerer und mittlerer Betriebe.

Die hergestellten Produktionswerte beliefen sich 1996 auf 29,5 Milliarden DM, wobei die Produktpalette von Katalogen und Werbedrucken (10,1 Mrd. DM) über Zeitungen (3,3), Geschäftsdrucksachen (4,9), Zeitschriften (4,5), Büchern (2,2), Etiketten (1,7), Anzeigenblätter (0,7) bis hin zu Kalendern (0,6) und anderen speziellen Produkten (Sonstige 1,5) reichte.

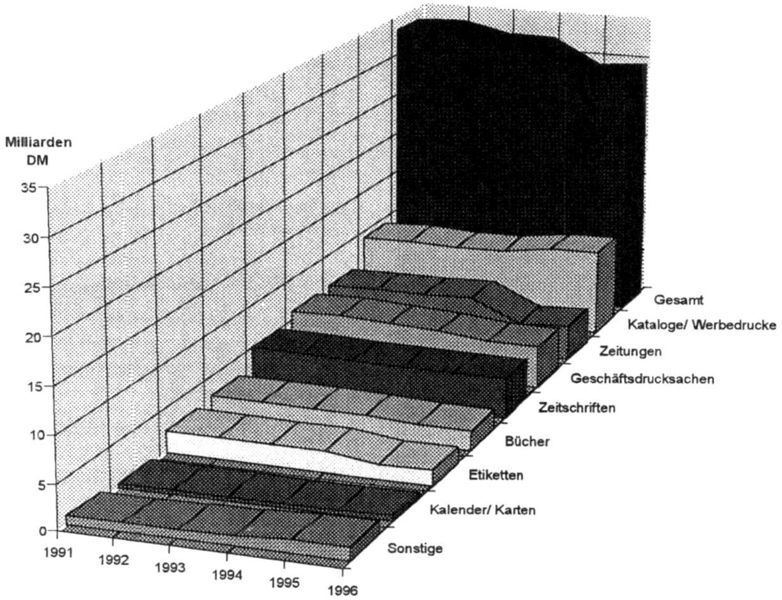

Abbildung 1–3: Produkte der Druckindustrie

Fast 60% aller Produkte wurden 1994 über den Flachdruck, gefolgt von Hoch- und Tiefdruck hergestellt. Die Klassifizierung der Druckerzeugnisse nach den Hauptdruckverfahren wurde nach 1994 nicht mehr fortgeführt. Das Flachdruckverfahren wird weiterhin den Hauptanteil an den Drukkerzeugnissen behalten und auf Kosten des Hochdrucks ausbauen.

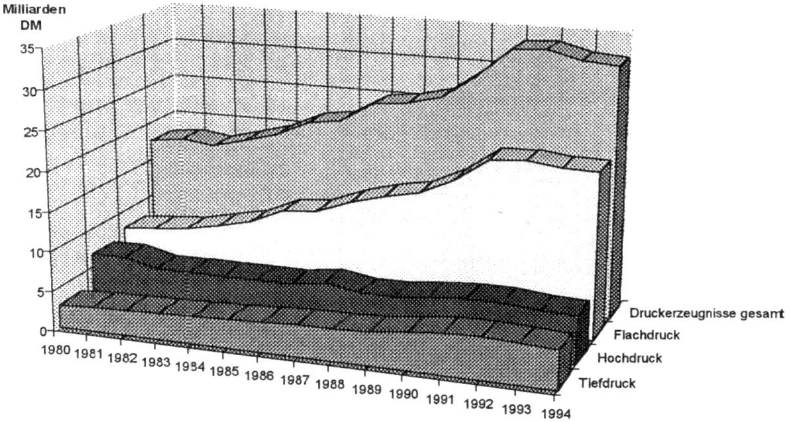

Abbildung 1–4: Entwicklung der Hauptdruckverfahren (1980-1994) [232],[636]

Druckverfahren	Merkmale der Druckform	dazu gehörende Druckverfahren
Hochdruck	Bildstellen liegen höher als Nichtbildstellen	- Buchdruck - Flexodruck - Letterset - Endlosdruck (zum Teil)
Flachdruck	Bildstellen und Nichtbildstellen liegen (annähernd) in einer Ebene	- Steindruck - Offsetdruck - Blechdruck - Lichtdruck - Endlosdruck (zum Teil)
Tiefdruck	Bildstellen liegen tiefer als Nichtbildstellen	- künstlerische manuelle Techniken: - Kupferstich, Radierung, Aquatinta u.a. - Rakeltiefdruck - Stichtiefdruck
Durchdruck	Druckform ist ein Sieb mit einer Schablone; Bildstellen sind im Sieb farbdurchlässig	- Siebdruck - Serigrafie - Filmdruck

Tabelle 1–1: Hauptdruckverfahren und wesentliche Merkmale [482]

Um einen Überblick über die Mengen zu erhalten, die für die Druckbereiche

- Zeitungen
- Zeitschriften
- Bücher

verarbeitet werden, sind hierzu im folgenden einige wesentliche Eckdaten (Basisdaten) zusammengestellt.

Eckdaten zu Zeitungen	1987 [266]	1988/89 [488], [504]	1997 [635]
Anzahl der verlegten Zeitungen insgesamt	1.256		
2 - 4 x wöchentlich (Tageszeitungen)	29		367
> 5 x wöchentlich	1.213		
1 x wöchentlich (Wochenzeitungen)	14		32
Umsatz insgesamt	11,15 Mrd.		18,44 Mrd.
davon Tageszeitungen	10,7 Mrd.		17,62 Mrd.
davon Wochenzeitungen	0,45 Mrd.		0,86 Mrd.
Auflage je Erscheinungstag durchschnittlich	25,5 Mio.	26,2 Mio.	31,5 Mio.
Tageszeitungen	21,2 Mio.	20,5 Mio.	25,0 Mio.
Wochenzeitungen	4,3 Mio.		2,0 Mio.
incl. Sonntagszeitungen	(5,5 Mio.)	5,7 Mio.	(7,5 Mio.)
Anzahl der Zeitungen pro Jahr (Exemplare) (berechnet INFU)			
Tageszeitungen	6 Mrd.		7,5 Mrd.
Wochenzeitungen	220 Mio.		390 Mio.
Seitenzahlen des Jahrgangs			
Haupt- und Nebenausgaben insgesamt	4,25 Mio.		
Textseiten	2,64 Mio.		
Anzeigenseiten	1,61 Mio.		
Tageszeitungen (Haupt- u. Nebenausg.)	4,22 Mio.		
Textseiten	2,62 Mio.		
Anzeigenseiten	1,6 Mio.		
Wochenzeitungen (Haupt- u. Nebenausg.)	26.000		
Textseiten	16.000		
Anzeigenseiten	10.000		
Zeitungsexemplare pro Einwohner pro Jahr:	110		
Verbrauch an Zeitungsdruckpapier		1,55 Mio. t	2,14 Mio. t
Verbrauch an Zeitungsdruckpapier (Ost)		143.000 t	
(Zum Vergleich: Verbrauch an Druck- und Pressepapier)		5,03 Mio. t	
Beschäftigte (1986)	155.890		

Tabelle 1–2: Eckdaten zu Zeitungen

Eckdaten zu Zeitschriften	1987 [266],[511]	1988/89 [488]	1997 [635]
Publikumszeitschriften (verkaufte Auflage)		105,6 Mio.	
Kundenzeitschriften (verkaufte Auflage)	22,1 Mio.		
Fachzeitschriften (verkaufte Auflage)		15,2 Mio.	
Anzahl der verlegten Zeitschriften	7.642 (1986: 6.908)		9.093
> 2x wöchentlich	84		94
wöchentlich	2.279		2.723
14-tägig	558		683
monatlich	2.568		3056
5 - 8x jährlich	1.039		1264
vierteljährlich	1.114		1273
Anzahl der verlegten Zeitschriften (Ost) (1984)	(1.191)		
Auflage je Erscheinungstag (1986)	295,3 Mio. (273 Mio.)		387,9 Mio.
> 2 x wöchentlich	2,2 Mio.		4,4 Mio.
wöchentlich	113,2 Mio.		143,0 Mio.
14-tägig	17,0 Mio.		29,7 Mio.
monatlich	96,6 Mio.		106,0 Mio.
5 - 8 x jährlich	38,3 Mio.		61,4 Mio.
vierteljährlich	27,9 Mio.		43,3 Mio.
Auflage je Erscheinungstag (Ost) (1984)	(23 Mio.)		
Seitenzahl des Jahrgangs	5,5 Mio.		7,8 Mio.
Textseiten	3,9 Mio.		5,6 Mio.
Anzeigenseiten	1,6 Mio.		2,2 Mio.
Seitenzahl der Jahresauflage (1986)	450 Mrd. (419 Mrd.)		561 Mrd.
Textseiten	290,7 Mrd.		364,9 Mrd.
Anzeigenseiten	159,3 Mrd.		196,1 Mrd.
Zeitschriftenexemplare pro Jahr	8,1 Mrd.		10,5 Mrd.
Zeitschriftenexemplare pro Einwohner	135 /Jahr		129 /Jahr
Verbrauch von Zeitschriftenpapier	1 Mio. t		1 Mio. t

Tabelle 1–3: Eckdaten zu Zeitschriften

Bei einer durchschnittlichen Seitenstärke für Zeitschriften ergeben 500 Milliarden Seiten pro Jahr in Deutschland eine Stapelhöhe von etwa 15.000 km oder anschaulicher: Täglich wird ein Zeitschriftenstapel von 42 km Höhe bedruckt. Bei einem Blattgewicht von 3 - 5 g werden pro Jahr etwa 1 Mio. t Zeitschriftenpapier bedruckt. (Es versteht sich von selbst, dass diese Zahlen nur eine Idee vermitteln sollen, in welchen Größenordnungen man sich bewegt).

Zeitschriften (1997)	**Verlegte Zeitschriften**	**Auflage**	**Seitenzahl der Jahresauflage**	**Exemplare pro Jahr**
	(Anzahl)	(Millionen)	(Milliarden)	(Millionen)
Politische Wochenblätter	96	2,8	15,2	145,8
Konfessionelle Zeitschriften	337	6,4	4,8	176,3
Publikumszeitschriften	1.673	130,8	320,7	3.282,5
Fachzeitschriften	3.589	88,5	55,5	1.042,8
Kundenzeitschriften	126	50,5	14,3	602,6
Amtliche Blätter	1.350	3,4	4,2	144,4
Anzeigenblätter	1.436	85,8	104,3	4.243,6
Sonstige Zeitschriften	486	19,6	42,0	899,9
Insgesamt	9.093	387,8	561,0	10.537,9

Tabelle 1–4: ***Der Zeitschriftenmarkt im Überblick***

Eckdaten zu Büchern

Wie bereits einleitend erwähnt, ist die Schätzung der jährlich produzierten Buchmenge äußerst schwierig. Die Ursache ist einerseits in fehlenden Begriffsbestimmungen zu suchen, (was z.B. gehört noch zum Begriff Buch - mit oder ohne Firmenschriften, mit oder ohne gebundene Zeitschriften usw.?) andererseits gehören Auflagenstärken offensichtlich immer dann zu den bestgehüteten Verlagsgeheimnissen, wenn damit nicht Bestsellerwerbung zu machen ist. Bücher sind **das** klassische Druckprodukt. Über Druckchemikalien zu arbeiten und nicht zu wissen, mit welchen Massen an Printprodukten man es eigentlich zu tun hat, ist unbefriedigend.

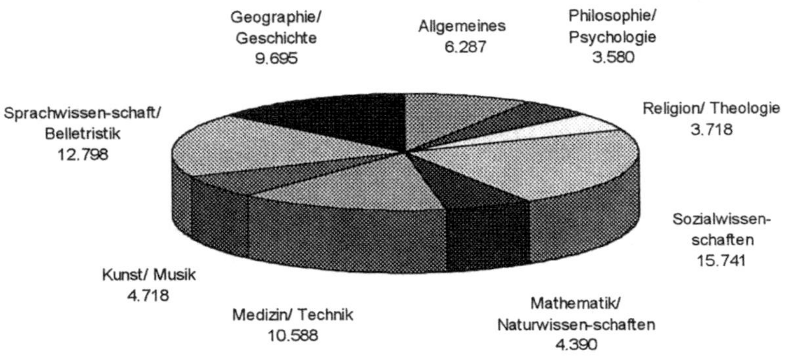

Gesamtzahl der Titel: 71.515 (Erst- und Neuauflage)

Abbildung 1–5: Buchproduktion (Titel) in Deutschland 1996 [635]

2 Gesetzliche Grundlagen

2.1 Luft und Lärm

Relevante Gesetze

Bundes-Immissionsschutzgesetze (**BImSchG**)

Das Bundes-Immissionsschutzgesetz hat das Ziel „...Menschen, Tiere und Pflanzen, den Boden, das Wasser, die Atmosphäre sowie Kultur- und sonstige Sachgüter vor schädlichen Umwelteinwirkungen und, soweit es sich um genehmigungsbedürftige Anlagen handelt, auch vor Gefahren, erheblichen Nachteilen und erheblichen Belästigungen, die auf andere Weise herbeigeführt werden, zu schützen und dem Entstehen schädlicher Umwelteinwirkungen vorzubeugen."

Rechtsverordnungen zur Umsetzung des Gesetzes (soweit sie für Druckereien unmittelbar relevant sind):

- 2.BImSchV (Halogenkohlenwasserstoff-Verordnung)
- 4.BImSchV (Anlagen-Verordnung)
- 9.BImSchV (Genehmigungsverfahrens-Verordnung)
- 11.BImSchV (Emissionserklärungs-Verordnung)
- TA-Luft
- Smog-Verordnung
- Störfall-Verordnung
- TA-Lärm

2.BImSchV (Halogenkohlenwasserstoffe)

Die Verordnung zur Emissionsbegrenzung von leichtflüchtigen Halogenkohlenwasserstoffen betrifft vor allem Anlagen, mit denen fotopolymere Druckplatten ausgewaschen werden. Hierzu wird meist Perchlorethylen eingesetzt. Seit 1994 dürfen nur noch gekapselte Anlagen in Betrieb genommen werden, die mit einer Absaugung, Reinigung und einer Rückgewinnung der Lösemittel ausgestattet sind.

Kein halbwegs vernünftiger Drucker wird sich heute noch mit Halogenkohlenwasserstoffen belasten. Alle alten - HKW-haltigen - Produkte sind durch neue, bessere oder ebenso gute HKW-freie Produkte ersetzt worden. Für eine moderne Druckerei ist die 2. BImSchV kein Thema mehr.

4.BImSchV (Anlagenverordnung)

Die Verordnung erfaßt alle Arten Rollenrotationsanlagen, welche die vorgeschriebenen Emissionswerte erreichen. Tiefdruck-, Flexodruck-, Siebdruck-, Buchdruck- und Offset-Rollenrotationsmaschinen, ob mit oder ohne Trocknung, sind nach dieser Verordnung genehmigungspflichtig. Bogenmaschinen, gleich welcher Art werden von der Anlagenverordnung nicht erfaßt. Bogenoffset- oder z.B. Siebdruckmaschinen bleiben damit genehmigungsfrei.

Die Art des Genehmigungsverfahrens richtet sich nach dem Lösemittel- und Mineralöleinsatz pro Stunde:

Einfaches Genehmigungsverfahren (§ 19 BImSchG):
50 - 500 kg Ethanol/h oder andere Lösemittel mit 25 - 250 kg/h

Ausführliches Genehmigungsverfahren (§ 10 BImSchG):

> 500 kg Ethanol/h oder andere Lösemittel mit 250 kg/h.

9.BImSchV (Genehmigungsverfahren)

Hier werden die in der 4. BImSchV genannten Genehmigungsverfahren spezifiziert.

Im einfachen Genehmigungsverfahren wird die Öffentlichkeit nicht einbezogen.

Im ausführlichen - "förmlichen" - Verfahren muss das Vorhaben veröffentlicht werden, es ist Einsicht zu gewähren, eine Einspruchsfrist wird festgelegt und Einsprüche sind zu erörtern.

Seit 1992 enthält diese Verordnung Regelungen zur Umweltverträglichkeitsprüfung. Druckereien unterliegen diesem Instrumentarium in der Regel nicht.

11.BImSchV (Emissionserklärung)

Diese Verordnung bezieht sich auf Betreiber genehmigungspflichtiger Anlagen, deren Betrieb in einem Belastungsgebiet liegt. Welche Gebiete dies sind, legt § 27 BImSchG fest, Einzelheiten regeln die Länderregierungen. Alle Druckereien müssen die hier geforderten Emissionserklärungen alle zwei Jahre zum 30.4 für das Vorjahr vorlegen.

Technische Anleitung (TA) Luft

Die TA-Luft bezieht sich auf Anlagen nach der 4. BImSchV. Nichtgenehmigungspflichtige Anlagen können nach § 24 BImSchG entsprechend behandelt werden.

Die TA-Luft berücksichtigt den Stand der Technik. Drei Stoffklassen legen die maßgeblichen Emissionsgrenzen (als Gesamtkohlenstoff gemessen) fest:

Klasse I:	max. 20 mg/m3 bei 0,1 kg/h Massenstrom oder mehr
Klasse II:	max. 100 mg/m3 bei 2,0 kg/h Massenstrom oder mehr
Klasse III:	max. 150 mg/m3 bei 3,0 kg/h Massenstrom oder mehr.

Welcher Klasse welches Lösemittel zuzuordnen ist, hängt vom MAK-Wert, dem Flammpunkt, der Abbaubarkeit, den Abbauprodukten und weiterer toxikologisch relevanter Fakten ab.

Einige wichtige Sonderregelungen sind zu beachten:

Bei Stoffgemischen gilt Klasse III, d.h. 150 mg/m³, als oberster Emissionswert.

Wird ausschließlich Alkohol als Lösemittel verwendet, gelten 500 mg/m³ (Vorschrift Nr. 3.3.5.2.1). Ist mit erheblichen Geruchsbelästigungen zu rechnen (z.B. bei Offsetanlagen mit Heatsettrocknung), werden bei Nutzung von Stoffgemischen wesentlich strengere Emissionswerte als die zunächst vorgesehenen 150 mg/m³ zugrundegelegt.

In nachfolgender Tabelle sind einige Beispiele für die Einordnung relevanter Lösemittel dargestellt ([15] abgeändert).

TA-Klasse III	TA-Klasse II
Alkylalkohole • Ethanol • Alkylalkohol • Propanol • Methanol • Butanol	Aromaten • Toluol • Xylol
Alkylacetate • Ethylacetat • Propylacetat • Butylacetat	Cyclische Ketone • Cyclohexanon
Ketone • Aceton • Methylethylketon • Methylisobutylketon • Diacetonalkohol	Ethylenglykolether • Methylglykol • Ethylglykol • Butylglykol
Aliphate • Benzine	Glykoletherester • Methylglykolacetat • Ethylglykolacetat • Propylglykolacetat
Naphthene • Cyclohexan	
Propylenglykolether**Fehler! Textmarke nicht definiert.** • Methoxypropanol • Ethoxypropanol	

Tabelle 2–1: ***Einstufung von Lösemitteln nach der TA-Luft***

Die TA-Luft legt weiter die Überwachungsmöglichkeiten fest. So ist bei Emissionen von Stoffen der Klasse II und III ab einer stündlichen Schadstofffracht von 10 kg (100.000 bzw. 70.000 m^3 Abluft) kontinuierlich zu messen. Die Ergebnisse sind in Emissionserklärungen (vgl. 11. BlmSchV) offenzulegen.

Smog-Verordnung

Diese Verordnung wurde von allen Bundesländern (mit Ausnahme von Mecklenburg-Vorpommern) erlassen. Geregelt werden Kraftfahrzeugverkehr und der Betrieb genehmigungsbedürftiger Anlagen (**Wintersmog**-Verordnung).

Bei Alarmstufe 1 werden 60 % weniger Emissionen als bei Normalbetrieb gefordert. Die Anlagen sind zu drosseln. Bei Alarmstufe 2 sind genehmigungsbedürftige Anlagen abzustellen! Ausnahmen gelten bei Druckereianlagen dann, wenn die Schadstofffracht 1,25 kg/h nicht übersteigt. Dieser Wert muss ohne Abgasreinigung erreicht werden.

Das Verhalten bei sogenanntem **Sommersmog** ist im BlmSchG §§ 40 a und 40 e geregelt. Bei einer Ozon-Konzentration von 240 µg/m³ treten bestimmte Fahrverbote in Kraft. Die Sommersmog-Verordnung ist aus mehreren Gründen ein klassisches Beispiel einer unsinnigen gesetzlichen Vorgabe. Ozon ist als krebserzeugende Substanz in Kategorie 3 der MAK-Werte-Liste eingestuft. Der TRK-Wert (Technische Richtkonzentration) liegt bei 200 µg/m³ - also 40 µg unter dem Wert für Fahrverbote. Der Immissions-Grenzwert wurde in der Bundesrepublik zwar schon in Einzelfällen erreicht, hat aber noch nie zu durchgreifenden Maßnahmen geführt. Es drängt sich der Verdacht auf, dass dieser Wert eben deshalb gewählt wurde. Selbst wenn er eines klaren Sommertages mal überschritten werden sollte, hält das Gesetz so viele Ausnahmeregelungen parat, dass wirklich nur Atemwegskranke merken werden, wie segensreich saubere Luft ist und wie sehr sie durch hohe Ozongehalte in der Luft in ihrer Bewegungsfreiheit eingeschränkt werden.. Die Masse der Verkehrsteilnehmer braucht sich nur als Pendler oder Urlauber zu deklarieren oder verfügt - wie heute fast jedes vernünftige Auto über geeignete Zertifikate zur Schadstoffarmut. Für sie alle und noch einige weitere „Ausnahmefälle“ hat Sommersmog keine einschränkenden Folgen, im Zweifel gibt es Anträge bei der Kommune, die den Verkehrsteilnehmer von zu befürchtenden Restriktionen befreien. Anlagen selbst - also auch Druckereien - werden von der Sommersmog-Verordnung nicht berührt.

Störfall-Verordnung

Die Störfall-Verordnung gilt für alle Anlagen gemäß 4. BImSchV. Relevant ist die Menge der genutzten bzw. gelagerten Störfallstoffe, welche im Störfall-Katalog verzeichnet sind (Beispiele sind Lösemittel oder Säuren zur Druckformherstellung). Fällt ein Betrieb unter die Bestimmungen der Störfall-Verordnung sind Alarm- und Gefahrenabwehrpläne zu erstellen, Überwachungs-, Warn- und Sicherheitseinrichtungen zu installieren, Störfälle zu melden, aktuelle Lagerlisten zu führen und spezielle Schulungen des Personals durchzuführen.

Technische Anleitung (TA) Lärm

Die TA-Lärm bezieht sich auf den Schutz der indirekt Betroffenen, also z.B. Nachbarn bzw. der Allgemeinheit. Es gelten die in nachfolgender Tabelle genannten Grenzwerte.

reine Industrie- und Gewerbegebiete		70 dB (A)
vorwiegend Gewerbegebiet	tagsüber	65 dB (A)
	nachts	50 dB (A)
Mischgebiete	tagsüber	60 dB (A)
	nachts	45 dB (A)
vorwiegend Wohngebiete	tagsüber	55 dB (A)
	nachts	40 dB (A)
reine Wohngebiete	tagsüber	50 dB (A)
	nachts	35 dB (A)
Kurgebiete, Krankenhäuser, Pflegeanstalten	tagsüber	45 dB (A)
	nachts	35 dB (A)

Tabelle 2–2: ***Immissionsrichtwerte nach der TA-Lärm***

2.2 Wasser/Abwasser

Relevante Gesetze

Wasserhaushaltsgesetz (WHG) in der Fassung vom 12.November1996

Abwasserabgabengesetz i. d. Neufassung vom 3. November 1994

Rechtsverordnungen zur Umsetzung der Gesetze

- Verordnung über Anforderungen an das Einleiten von Abwasser in Gewässer Abwasserverordnung - **AbwV** in der Fassung vom 21.März. 1997
- Rahmen-Abwasser-Verwaltungsvorschrift (**Rahmen-AbwasserVwV**) in der Fassung vom 31 Juli 1996
- Verwaltungsvorschrift wassergefährdende Stoffe (**VwVwS**) - in der Fassung vom 18. April 1996
- Indirekteinleiterverordnung
- Kommunale Abwassersatzungen

Wasserhaushaltsgesetz

Die Schadstofffracht des Abwassers ist mindestens so gering zu halten, wie es nach den allgemein anerkannten Regeln der Technik möglich ist. Bei gefährlichen Stoffen ist der Stand der Technik zur Behandlung anzuwenden.

Abwasserabgabengesetz

Bezieht sich auf sogenannte Direkteinleiter, z.B. Industriebetriebe mit eigenen Kläranlagen oder Kommunen, die in Gewässer direkt einleiten. Sie werden je nach Belastungsgrad des Abwassers zu einer Abgabe veranlagt.

Abwasserherkunfts-Verordnung - AbwV

Diese Verordnung bestimmt die Anforderungen, die bei der Erteilung einer Erlaubnis für das Einleiten von Abwasser in Gewässer aus den in den Anhängen bestimmten Herkunftsbereichen mindestens festzusetzen sind. Im Bereich der Druckereien und Reproanstalten wird gegliedert nach

a. Herstellung von Druck- und grafischen Erzeugnissen, Reproduktionsanstalten

b. Kopier- und Entwicklungsanstalten

c. Herstellung von Folien, Bild- und Tonträgern

Indirekteinleiterverordnung

Enthält Fracht- und Konzentrationsschwellenwerte für verschiedene Substanzen. Werden sie überschritten, besteht Genehmigungspflicht für die indirekte Einleitung gefährlicher Stoffe. Die Messungen hat der Abwassererzeuger an der Anfallstelle selbst vorzunehmen. Als Indirekteinleiter unterliegen die Betriebe meist den Vorgaben der kommunalen Satzungen (siehe unten).

Abwasserverwaltungsvorschriften

Diese Allgemeine Verwaltungsvorschrift gilt für in Gewässer einzuleitendes Abwasser, dessen Schmutzfracht im wesentlichen aus den in den Anhängen aufgeführten Anwendungsbereichen stammt. Für Betriebe des grafischen Gewerbes liegen noch keine Abwasserverwaltungsvorschriften vor. Für den Reprobereich kann die Verwaltungsvorschrift für fotografische Prozesse (Anhang 53) herangezogen werden.

Kommunale Abwassersatzungen

Diese Satzungen sind der Indirekteinleiterverordnung (siehe oben) nachgeordnet. Sie machen häufig Vorgaben zum Schutz der öffentlichen Anlagen und der darin arbeitenden Menschen, können aber auch spezielle Richtwerte strenger oder großzügiger festschreiben. Die Einleitung kann dabei auch von Vorreinigungsmaßnahmen abhängig gemacht werden.

In der nachfolgenden Tabelle sind einige Beispiele für Grenzwerte halogenierter Kohlenwasserstoffe zusammengefaßt [209]. Hierbei wird deutlich, dass die Werte je nach lokaler Gewichtung der Problematik sehr unterschiedlich sein können.

LAWA-Richtwert	1 mg/l
Augsburg	5 mg/l
Berlin	5 mg/l
Bielefeld	keine halogenierten org. Losemittel
Bremen	5 mg/l
Darmstadt	0 mg/l
Düsseldorf	10 mg/l
Frankfurt	5 mg/l
Freiburg	5 mg/l
Hamburg	4 mg/l
Hannover	0 mg/l
Köln	keine halogenierten org. Losemittel
Ludwigshafen	nur in Ausnahmefällen
Mainz	10 mg/l
Mannheim	bis zur üblichen Trinkwasserkonzentration
München	5 mg/l
Saarbrücken	0 mg/l

Tabelle 2–3: ***Beispiele für Vorgaben zu Kohlenwasserstoffbelastungen bei der Einleitung in kommunale Abwasseranlagen (kommunale Abwassersatzungen)***

Vorschriften über den Umgang mit wassergefährdenden Stoffen

Festgelegt sind hier die Forderungen zum Lagern, Abfüllen und Umschlagen wassergefährdender Stoffe. Anlagen, in denen wassergefährdende Stoffe verwendet werden, sind von Fachfirmen zu installieren, instandzuhalten und instandzusetzen. Druckereien, die ihre so eingesetzten Anlagen selbst warten wollen, müssen entweder über speziell geschultes Personal verfügen oder z.B. einen Überwachungsvertrag mit dem TÜV haben. Für evtl. auftretende Leckagen sind spezielle Auffangräume vorzusehen. Welche Substanzen in welchem Maße als wassergefährdend einzustufen sind, regelt ein z.Z. 500 Stoffe umfassender Katalog (Wassergefährdungs-klassen von WGK O: nicht wassergefährdend bis WGK 3: stark wassergefährdend). Von der Einstufung in die WGK hängt die sogenannte Fachbetriebspflicht (siehe oben) ab. Nicht fachbetriebspflichtig ist beispielsweise ein Lager, in dem weniger als 50 l halogenierte Kohlenwasserstoffe gelagert werden. Die Behörde hat weiterhin die Möglichkeit, die Bestellung eines Wasserschutzbeauftragten anzuordnen.

2.3 Abfall

Relevante Gesetze

*Kreislaufwirtschafts- und Abfallgesetz (**KrW-/AbfG**)*

Gesetz zur Förderung der Kreislaufwirtschaft und Sicherung der umweltverträglichen Beseitigung von Abfällen) in der Fassung vom 27. September 1994

Der Vorrang der Abfallverwertung vor der Abfallbeseitigung ist grundsätzlich zu beachten (§ 3, Abs. 4 KrW-/AbfG). In den Anhängen II A (Beseitigungsverfahren) und II B (Verwertungsverfahren) des KrW-/AbfG sind maßgebliche Verfahren genannt. Im Einklang mit der europäischen Abfallrahmenrichtlinie (75/442/EWG) kann die entsprechende Zuordnung vorgenommen werden.

Das KrW-/AbfG hat nichts oder nur sehr wenig zur Verbesserung der Transparenz im Abfallentsorgungsbereich beigetragen. Es zeichnet sich im wesentlichen durch ungenaue Formulierungen aus, die sehr breiten Auslegungsspielraum bieten. Der Gesetzgeber hat dies erkannt und neben einer LAGA-Arbeitsgruppe eine Bund-/Länder-Arbeitsgruppe eingerichtet, die die Aufgabe haben textliche Schwächen durch Beispiele zu konkretisieren. Mindestens bis zur Jahrtausendwende wird dieses Ziel im Gestrüpp widerstreitender Interessen nicht erreicht werden. Es lebt sich gut mit der Aussicht im Bedarfsfall jeden Abfall durch entsprechende juristische Winkelzüge zum Abfall zur Verwertung oder gar zum Produkt machen zu können. Die verantwortlichen Behörden beginnen zunehmend vor der vom Gesetzgeber produzierten Unsicherheit zu kapitulieren. Das KrW-/AbfG ist ein Paradebeispiel eines Gesetzes, dessen ursprüngliche Ansprüche so lange durch den Wolf gedreht worden sind, bis ein nichtssagender Brei herauskam.

Rechtsverordnungen zur Umsetzung des Gesetzes

- TA-Abfall
- EAK- Verordnung - **EAKV**
- Bestimmungsverordnung besonders überwachungsbedürftiger Abfälle - **BestbüAbfV**
- Bestimmungsverordnung überwachungsbedürftiger Abfälle zur Verwertung - **BestüVAbfV**
- Nachweisverordnung - **NachwV**
- Abfallwirtschaftskonzept- und Abfallbilanz-Verordnung - **AbfKoBiV**
- **FCKW-Halon-Verbots-Verordnung**

*Technische Anleitung Abfall (**TA-Abfall**)*

Zweite allgemeine Verwaltungsvorschrift zum Abfallgesetz Teil 1: Technische Anleitung zur Lagerung, chemisch/physikalischen, biologischen Behandlung, Verbrennung und Ablagerung von besonders überwachungsbedürftigen Abfällen in der Fassung vom 12.März 1991

Stoffabhängige Entsorgungswege und Entsorgungssysteme werden von dieser Anleitung festgelegt. Hierzu gehört beispielsweise ein striktes Veränderungs- und Vermischungsverbot sowie Vorschriften zur Schadstoffentfrachtung, d.h. zur Vorbehandlung von Abfällen. Beispiele hierfür sind Fixier- und Entwicklungsbäder, Putztücher, Farbenreste etc. Altpapier steht nicht im Abfallkatalog und ist als Wertstoff einer Wiederverwendung zuzuführen. In der TA Abfall, Anhang C, werden u.a. Entsorgungshinweise und Empfehlungen vorgegeben.

Verordnung zur Einführung des Europäischen Abfallkatalogs (EAK- Verordnung - **EAKV**) in der Fassung vom 13. September 1996.

Nachfolgend sind einige Umschlüsselungen für Abfälle aus Druckereien vorgenommen. In Einzelfällen können die spezifischen Inhaltsstoffe zu einer anderen Eingruppierung führen. Die Angabe der Hauptbestandteile des Abfalls erleichtert eine Zuordnung, alle Angaben sind als Vorschläge zu verstehen. Seit dem 1.1.1999 müssen die EAK-Schlüssel angegeben werden.

Abfallbezeichnung	**Abfall-schlüssel EAK/LAGA**	**Hauptbestandteile (ohne Wasser)**
Phosphorsäure und phosphorige Säure	**EAK 0601 04** LAGA 52102	verbrauchte saure Entfettungsmittel als Phosphorsäure
Natriumcarbonat	**0602 02** 52402	verbrauchte alkalische Entfettungsmittel als Natriumcarbonat
Ammoniak	**0602 03** 52403	Ammoniak
Salzlösungen, cyanidhaltig	**0603 11** 52713	verbrauchte Etschmittel mit Hexacyanoferrat (II)
Verbrauchte Aufsaugmaterialien aus der Anwendung v. Grundchemikalien	**0701 10** 18712	organische Lösemittel (Zellstofftücher)
wässrige Waschflüssigkeiten und Mutterlaugen	**0702 01** 52102	verbr. saure Entschichtungsmittel mit abgelösten Kopierschichten (Kopierschichtenschlämme)
Organische nicht halogenierte Lösemittel, Waschflüssigkeiten und Mutterlaugen aus der Anwendung v. Kunststoffen, synth. Gummi und Kunstfasern	**0702 04** 55301 55303 55306 weitere 553..	organische Lösemittel (verbrauchte Auswaschmittel auf Kohlenwasserstoffbasis)
andere Destillations- und Reaktionsrückstände	**0702 08** 57303 57306	verbrauchte wässrige Auswaschlösungen mit Schichtmaterial, schlammig ausgewaschene Kopierschichten

Tabelle 2–4: ***Umschlüsselung vom LAGA- zum Europäischen Abfall Katalog (EAK-Abfallschlüssel) für Abfälle aus Druckereien***

Abfallbezeichnung	Abfall-schlüssel EAK/LAGA	Hauptbestandteile (ohne Wasser)
Verbrauchte Aufsaugmaterialien aus der Anwendung v. Kunststoffen, synth. Gummi und Kunstfasern	**0702 10** 553..	organische Lösemittel, Öle
nicht halogenierte org. Lösemittel, Waschflüssigkeiten u. Mutterlaugen aus der Anwendung v. org. Farbstoffen und Pigmenten	**0703 04** 12503 55301 55306 55326 55315 55316 55370 55374	Feuchtmittelreste mit Isopropanol, verunreinigte Wasch- und Reinigungsmittel f. Druckformen, Farbwerke etc. auf Mineralöl-, Kohlenwasserstoff-, Pflanzenöl-, Wasserbasis etc.
nicht halogenierte org. Lösemittel, Waschflüssigkeiten u. Mutterlaugen aus der Anwendung v. Feinchemikalien und Chemikalien	**0707 04** 55374	organische Lösemittel (verbrauchte Entschichtungsmittel/ Auswaschlösungen) verbrauchte Lösemittel zur Asphaltlackablösung
andere Reaktions- und Destillationsrückstände	**0707 08** 57306	verbrauchte Lösemittel und Alkohol-Wassergemische, schlammig
alte Farben und Lacke, die keine halog. Lösemittel enthalten	**0801 02** 55512	nicht ausgehärtete Schablonenlacke
ausgehärtete Farben und Lacke	**0801 05** 55513	ausgehärtete Schablonenlacke
Schlämme aus der Lack- und Farbentfernung, die keine halogenierten Lösemittel enthalten	**0801 07** 55503	abgelöste Lackschichten
alte Druckfarben, die keine halogenierten Kohlenwasserstoffe enthalten	**0803 02** 55509 55903	Druckfarbenreste
getrocknete Druckfarben	**0803 04** 55513	Druckfarbenreste auf Wasserbasis, eingetrocknet
Druckfarbenschlämme, die keine halogenierten Lösemittel enthalten	**0803 06** 55301 55316 55370 55373 55509 59703	Siebwaschmittel auf der Basis von Ketonen, z.B. Cyclohexanon, Butylacetat, mit Lösemittelgemischen etc., farbschlammhaltige Rückstände aus Reinigungsarbeiten, Schlämme aus der Destillation von flüssigen, lösemittelhaltigen Reinigungsmittelrückständen
wässrige Schlämme, die Druckfarben enthalten	**0803 07** 55509	farbschlammhaltige Rückstände aus Reinigungsarbeiten
alte Klebstoffe und Dichtungsmassen ohne halogenierte Lösemittel	**0804 02** 55905	nicht ausgehärtete Kleber
ausgehärtete Klebstoffe und Dichtungsmassen	**0804 04** 55906	ausgehärtete Kleber

Tabelle 2–4: Umschlüsselung vom LAGA- zum Europäischen Abfall Katalog (EAK-Abfallschlüssel) für Abfälle aus Druckereien (Fortsetzung)

Abfallbezeichnung	Abfall-schlüssel EAK/LAGA	Hauptbestandteile (ohne Wasser)
Klebstoffe und Dichtungsmassen ohne halogenierte Lösemittel	**0804 06** 55905	nicht ausgehärtete Kleber
Entwickler und Aktivatoren auf Wasserbasis	**0901 01** 52723	Altentwickler, Entwicklersubstanzen, Sulfate, Bromide, Chloride
Offsetplatten-Entwickler	**0901 02** 52725	Altentwickler, Sulfite, Silikate, Bromide
Entwickler auf der Basis von Lösemitteln	**0901 03** 52723	Altentwickler, Entwicklersubstanzen (verbrauchte Flüssigtoner, verbrauchte Auswaschmittel)
Fixierlösungen	**0901 04** 52707	Altfixierer, Thiosulfat, Silber
Bleichlösungen und Bleichfixierlösungen	**0901 05** 52725 Bleichlösung 52707 Bleichfixierer	verbrauchte Bleich- und Bleichfixierbäder, Komplexbildner, Bromide, Silber im Bleichfixierer
Filme und fotografische Abfälle, die Silber oder Silberverbindungen enthalten	**0901 07** 57115	Silber, Papier, Kunststoffe
Filme und fotografische Abfälle, die kein Silber oder Silberverbindungen enthalten	**0901 08** 57115	Papier, Kunststoffe
Stoppbäder, Verstärkerbäder, Tonerbäder	**0901 99** **oder** **0701 01** 52202 52725 **oder** **0601 01** 52102	Essigsäure, Kaliumhexacyanoferrat, Schwefelsäure welcher Abfallschlüssel hier gewählt wird, hängt von den Inhaltsstoffen und deren Konzentartion ab. Genaueres findet sich in der EU-Richtlinie 91/689/EWG
cyanidhaltige Abfälle mit Schwermetallen ohne Chrom	**110101** 52714	Etschmittel-Spülwässer
cyanidfreie Abfälle, die Chrom enthalten	**1101 03** 52102 51103 52712	verbrauchte Verchromungsbäder u. Abwässer aus Spülbädern, Cr(VI)-haltig, salz- bzw. schwefelsaure Entchromungsbäder, chromhaltiger Schlamm
cyanidfreie Abfälle, die kein Chrom enthalten	**1101 04** 51104 51107 51112 52716 52720 52725	Prozessbäder, Spülwässer, metallsalzhaltig, kupferhaltiger Schlamm, nickelhaltiger Schlamm, sonstige metallhaltige Schlämme
saure Beizlösungen	**1101 05** 52102 52721 52722	saure Prozessbäder, metallhaltig, Eisen(III)chlorid-Ätzlösung, Chromätzmittel

Tabelle 2–4: Umschlüsselung vom LAGA- zum Europäischen Abfall Katalog (EAK-Abfallschlüssel) für Abfälle aus Druckereien (Fortsetzung)

Abfallbezeichnung	Abfall-schlüssel EAK/LAGA	Hauptbestandteile (ohne Wasser)
Laugen	**1101 07** 52402	verbrauchte Entfettungselektrolyte und Spülbäder
Kunsstoffteile	**1201 05** 571 29	Polyesterträger z.B. aus dem Hochdruck
wässrige Waschflüssigkeiten	**1203 01** 52725	verbrauchte, neutrale Entfettungs- und Spülbäder
Schlämme aus Öl-/Wasserabscheidern	**1305 02** 54702 54703	ölhaltige Phasen aus Ölabscheidern, Rückstände aus Emulsionsspaltanlagen
Lösemittel undl Lösemittelgemische, ohne halogenierte Kohlenwasserstoffe	**1405 03** 59703	flüssige Destillationsrückstände
Schlämme, die andere (nichthalogenierte) Lösemittel enthalten	**1405 05** 55402 59703	Destillationsrückstände, CKW-frei
Metall	**1501 04** 35105 35106 35312 35327	spachtelrein entleerte Farbgebinde, Metallbehältnisse mit schädlichen Restinhalten
Verpackungen mit schädlichen Verunreinigungen	**1501 06**	Farbgebinde mit Restinhalten und textile Verpackungen
Aufsaug- und Filtermaterialien, Wischtücher und Schutzkleidung mit schädlichen Verunreinigungen	**1502 99** 18712 31435 58201 55404	verunreinigte Feuchtwassertücher, Putzlappen, Zellstofftücher mit Farben und Reinigungsmitteln verunreinigt, verbrauchte nicht mehr regenerierfähige Adsorptionsmittel mit Resten org. Lösemittel
andere Abfälle mit anorganischen Chemikalien (z.B. überlagerte Chemikalien)	**1605 02** 59303	Fixierlösung, Bleichfixierlösung, Konzentrate, Laugen, Säuren
andere Abfälle mit organischen Chemikalien (z.B. überlagerte Chemikalien)	**1605 03** 59302	Entwickler, Bleichlösung, Konzentrate, Farbreste, Lösemittel,Öle
Abfälle aus der Reinigung von Lagertanks, Chemikalien enthaltend	**1607 05** 54704	Entwickler, Thiosulfat, Silber, Farbreste, Lösemittel,Öle
Kunststoff	**1702 03** **57119**	Kunststoffolien z.B. aus dem Offset
gesättigte oder verbrauchte Ionenaustauscherharze	**1908 06** 57125	verbrauchte Ionenaustauscherharze
Lösungen und Schlämme aus der Regeneration von Ionenaustauschern (Abwasserbehandlung)	**1908 07** 52725 31639	Silber

Tabelle 2–4: Umschlüsselung vom LAGA- zum Europäischen Abfall Katalog (EAK-Abfallschlüssel) für Abfälle aus Druckereien (Fortsetzung)

Verordnung zur Bestimmung von besonders überwachungsbedürftigen Abfällen (Bestimmungsverordnung besonders überwachungsbedürftiger Abfälle - **BestbüAbfV**) in der Fassung vom 10. September1996.

Verordnung zur Bestimmung von überwachungsbedürftigen Abfällen zur Verwertung (Bestimmungsverordnung überwachungsbedürftiger Abfälle zur Verwertung - **BestüVAbfV**) in der Fassung vom 10. September1996

Die beiden vorgenannten Verordnungen legen fest, welche Abfälle als *besonders überwachungsbedürftig* und welche als *überwachungsbedürftig* eingestuft werden. Diese Gruppierungen gibt es sowohl für Abfälle zur Verwertung, als auch für solche zur Beseitigung. Ist ein Abfall in keiner der beiden Listen der Verordnungen aufgeführt, handelt es sich um einen *nicht überwachungsbedürftigen* Abfall. *Für besonders überwachungsbedürftige* Abfälle ist ein Nachweisverfahren durch den Abfallerzeuger obligatorische. Näheres regelt die NachwV.

Verordnung über Verwertungs- und Beseitigungsnachweise (Nachweisverordnung - **NachwV**)

Diese Verordnung gilt für das Nachweisverfahren, die Führung von Nachweisen und Nachweisbüchern, die Einbehaltung und Aufbewahrung von Belegen Über die Zulässigkeit und Durchführung der Verwertung und Beseitigung von Abfällen (Abfallentsorgung) durch:

1. Erzeuger oder Besitzer von Abfällen (Abfallerzeuger),
2. Einsammler oder Beförderer von Abfällen und
   Verwerter oder Beseitiger von Abfällen (Abfallentsorger).

Der Abfallerzeuger (die Druckerei) hat den Nachweis über die Zulässigkeit der vorgesehenen Entsorgung besonders überwachungsbedürftiger Abfälle durch einen Entsorgungsnachweis unter Verwendung der hierfür vorgesehenen Formblätter der Anlage 1 zu führen.

In der Nachweisverordnung ist eine Kleinmengenregelung enthalten. Danach sind alle Abfallerzeuger von der Nachweispflicht befreit, bei denen weniger als 2.000 kg *besonders überwachungsbedürftige* Abfälle jährlich anfallen. In einigen Bundesländern besteht bereits ab wesentlich geringeren Mengen (z.B. ab 500 kg) eine sogenannte Andienungspflicht der Abfälle an eine Landesorganisation für Sonderabfälle. In Baden-Württemberg ist dies z.B. die Sonderabfallagentur (SAA), in Rheinland-Pfalz die Sonderabfall-Management GmbH (SAM) oder in Hessen ist hierfür die HIM zuständig. In anderen Bundesländern gibt es ähnliche Organisationen.

Für *überwachungsbedürftige* Abfälle muss - wenn jährlich mehr als 5.000 kg anfallen - ein vereinfachtes Nachweisverfahren durchgeführt werden. Für nicht überwachungsbedürftige Abfälle gibt es nur in Ausnahmefällen ein Nachweisverfahren. Der Nachweis bezieht sich jeweils auf den Verbleib der Abfälle.

Aus umweltpolitischer Sicht ist die Arbeit dieser Unternehmen sehr sinnvoll. Im Zuge eines allgemein eingesetzten „Deregulierungsanspruches" wird ihre Arbeit seit Jahren mit wenig fundierten Argumenten erheblich erschwert. So gelingt es trefflich z.B. über eine Überwachungsgebühr von vier, sechs oder acht Prozent des Entsorgungspreises für diese Tätigkeit zu streiten, wenn die Entsorgungswirtschaft überhaupt keinen Anlass sieht dessen Sinnhaftigkeit dem Kunden zu vermitteln. Warum sollte sie auch, leben doch einige Unternehmen dieser Branche ganz gut mit obskuren Entsorgungstechniken, die nie den Ansprüchen einer halbwegs vernünftigen Umsetzung der hier dargestellten Verordnungen genügen würden. So ist es mit Sicherheit nicht im Sinne des Gesetzgebers, wenn Entsorger besonders überwachungsbedürftige Abfälle aus einem Bundesland in ein zweites karren und sie - mit Genehmigung der dort zuständigen Behörde - kostengünstig in einer kommunale Kläranlage verklappen. Es bedarf der Kompetenz und des gesetzlichen Rückhaltes dieser Überwachungsorganisationen um solche Praktiken abzustellen. Da die bestehenden Organisationen mit relativ kleinem Budget arbeiten, dürfte kein Zweifel bestehen, dass sie auch unter ökonomischen Aspekten sinnvolle Einrichtungen darstellen. Spätestens wenn der nächste Müllskandal ins Haus steht werden beschnittene Kompetenzen wieder reaktiviert und ausgeweitet. Natürlich hat dann die vorausgegangene Landesregierung in unverantwortlicher Art und Weise einen eklatanten Mangel an Weitsichtigkeit gezeigt.

Verordnung über Abfallwirtschaftskonzepte und Abfallbilanzen (Abfallwirtschaftskonzept- und Abfallbilanz-Verordnung - **AbfKoBiV**) in der Fassung vom 13 September 1996

Verordnung zum Verbot von bestimmten die Ozonschicht abbauenden Halogenkohlenwasserstoffen (**FCKW-Halon-Verbots-Verordnung**) in der Fassung vom 6. Mai 1991

3 Grafik und Druckverfahren

Alle Drucktechniken basieren auf teilweise uralten grafischen Verfahren. Häufig unterscheiden sie sich nur im originären Anwendungsfeld (Massendruck - künstlerischer Druck) und in der Ausführung (maschinell - manuell). Aber selbst diese Unterscheidungen sind oft nicht vorhanden. Zur begrifflichen Klärung werden im folgenden die "grafischen Verfahren" den "Drucktechniken" zugeordnet und kurz beschrieben.

Der Holzschnitt

Druckform: Eine mehrere Zentimeter starke Holzplatte aus Nußbaum, Kirschbaum oder Erlenholz wird blank gehobelt, vorgezeichnet und schließlich in "Form geschnitten", d.h. ein Hochdruckrelief hergestellt.

Druck: Als Druckfarbe dient Ruß in Leinöl; sie wird mit gestärkten Stoffballen oder einer Walze vor jedem Abdruck aufgetragen. Im 16. Jahrhundert begann man auch Tonschnitte, d.h. farbige Schnitte auszuführen, bei denen die Druckform stufenweise weiterbearbeitet wurde und der flächige, farbige Tonauftrag entstand. Aus den sogenannten Blockbüchern (1430 - 1460), bei denen Text und Bild aus einem Holzblock geschnitten waren, entstand der Buchdruck mit beweglichen Lettern.

Der Holzschnitt ist ein Hochdruckverfahren.

Der Kupferstich

Druckform: Eine zwei bis vier Millimeter starke Kupferplatte wird plan geschliffen und poliert. Mit dem Grabstichel (ein Drei- oder Vierkantstahl) werden Stichlinien gesetzt.

Druck: Die Platte wird mit Druckfarbe (Druckerschwärze) belegt und dann ausgewischt, d.h. die Druckfarbe bleibt in den Vertiefungen (den Stichlinien) erhalten. Unter hohem Druck wird zu bedruckendes Papier auf die Kupferdruckform gepreßt, das Papier nimmt aus den Vertiefungen die Druckerschwärze auf.

Der Kupferstich ist ein Tiefdruckverfahren.

Die Radierung

Druckform: Eine zwei bis drei Millimeter starke Kupferplatte wird poliert. Hierbei wird nach feinstem Schmirgelpapier und Polierpaste rotes Eisenoxidpulver verwendet, das lupenreinen Hochglanz bringt. Die Platte wird erwärmt und mit einem säurefesten Deckgrund (Mischung aus Wachs, Mastix, Asphalt und Pech) auf der Bildseite überzogen. Mit einer Radiernadel wird dieser Deckgrund an den später druckenden Stellen entfernt. Die Ätzung erfolgt mit Salpetersäure oder Eisenchloridlösung. Der Decklack, der durch die Radierung nicht entfernt wurde, wird mit Terpentin oder Spiritus abgewaschen.

Druck: Mit Walzen, Lappen oder Stempeln wird die Druckerschwärze aufgebracht und ausgewischt. Unter hohem Druck nimmt Papier die Farbe aus den geätzten Vertiefungen auf.

Die Radierung ist ein Tiefdruckverfahren.

Kaltnadelradierung

Die Kaltnadelradierung ist eine Tiefdrucktechnik, die zwischen Kupferstich und Radierung anzusiedeln ist. Sie wird mit einer Nadel ausgeführt, der Ätzvorgang und die Beschichtung entfallen jedoch.

Die Schabkunst

Druckform: Die Kupferplatte wird mit einem Wiegemesser gleichmäßig aufgerauht. Mit einem Schaber werden die Rauhigkeiten an bestimmten (später hellen) Stellen geglättet.

Druck: Die Platte wird mit Druckfarbe belegt und ausgewischt. Die rauhen Vertiefungen enthalten Farbe, die auf das Papier übertragen wird. Mit dieser Technik ist eine stufenlose Grautonung möglich.

Die Schabkunst ist ein Tiefdruckverfahren.

Die Aquatinta (Tuschmanier)

Druckform: Eine Kupferplatte wird gleichmäßig in einem Staubkasten mit Harzkörnchen belegt, die angeschmolzen werden. Weiße Partien werden mit Asphaltlack versiegelt, dann wird geätzt, die nächste Helligkeitsstufe abgedeckt, wieder geätzt, usw. Schließlich wird der Lack mit Terpentin und die verbliebene Harzkruste mit Spiritus entfernt.

Druck: Die Platte wird mit Druckfarbe belegt und ausgewischt, die unterschiedlichen Ätztiefen (Ätzzeiten) ergeben unterschiedliche Grautöne.

Die Aquatinta ist ein Tiefdruckverfahren.

Die Lithografie

Druckform: Die traditionelle Druckform ist eine 8 bis 12 cm starke Steinplatte, die fein geschliffen wird. Mit sogenannter lithografischer Tusche (Fettfarbe) wird ein Bild auf die Druckplatte gemalt. Grautöne entstehen durch Körnen des Steines. Der Stein wird mit Talkum bestäubt, um ein Verwischen der Farbe zu verhindern, dann wird der Stein mit einer Lösung aus Salpetersäure, Wasser und Gummiarabicum bestrichen. Hierbei verbindet sich der lithografische Farbstoff fest mit dem Stein (Eindringen des Fettanteils), während das Gummiarabicum in die Steinporen des nichtdruckenden Bildteils einfließt und dort die Wasserannahme verbessert. Die Druckform besteht nun aus hydrophoben und hydrophilen Bereichen. Als Druckfarbe wird eine wasserunlösliche Substanz über eine Rolle aufgebracht. Die fetthaltigen Stellen nehmen die Farbe an, die mit Wasser angefeuchteten Stellen stoßen sie ab.

Druck: Die druckfarbentragenden Stellen geben die Farbe unter Druck an das Papier ab.

Die Lithografie ist ein Flachdruckverfahren.

4 Reproduktionstechnik

Mittels der Reproduktionstechnik werden kopierfähige Vorlagen und Druckformen erstellt, mit deren Hilfe Druckerzeugnisse hergestellt werden.

Dies geschieht entweder durch:

- manuelle Herstellung
  (z.B. künstlerischer Kupferstich)

- elektronische Reprotechnik
  (z.B. elektronisch mittels Scannern)

- Reprofotografie

Eckdaten zur Reproduktionstechnik (Basis 1999)			
Film- und Papierflächen		28 Mio m² /a	
Entwicklermenge (incl. Schlussbad)			
	Fotosatz, Reprofilm	0,5 l/m²	[459]
Fixiermenge			
	Fotosatz, Reprofilm	0,3 l/m²	
Abfallmengen			
	Entwicklerbäder/Schlussbäder	14 Mio l/a	
	Fixierbäder	8 Mio l/a	
Abwasserbelastung durch die Druckindustrie über die Reproduktionstechnik			[484]
	BSB_5	400 t/a	
	CSB	600 t/a	
	Salzfracht	1.000 t/a	

Tabelle 4–1: Manuelle Reproduktionstechnik

Auf die manuelle Druckformherstellung wurde im Kapitel 3 Grafik und Druckverfahren eingegangen. Auf weitere Ausführungen wird hier verzichtet.

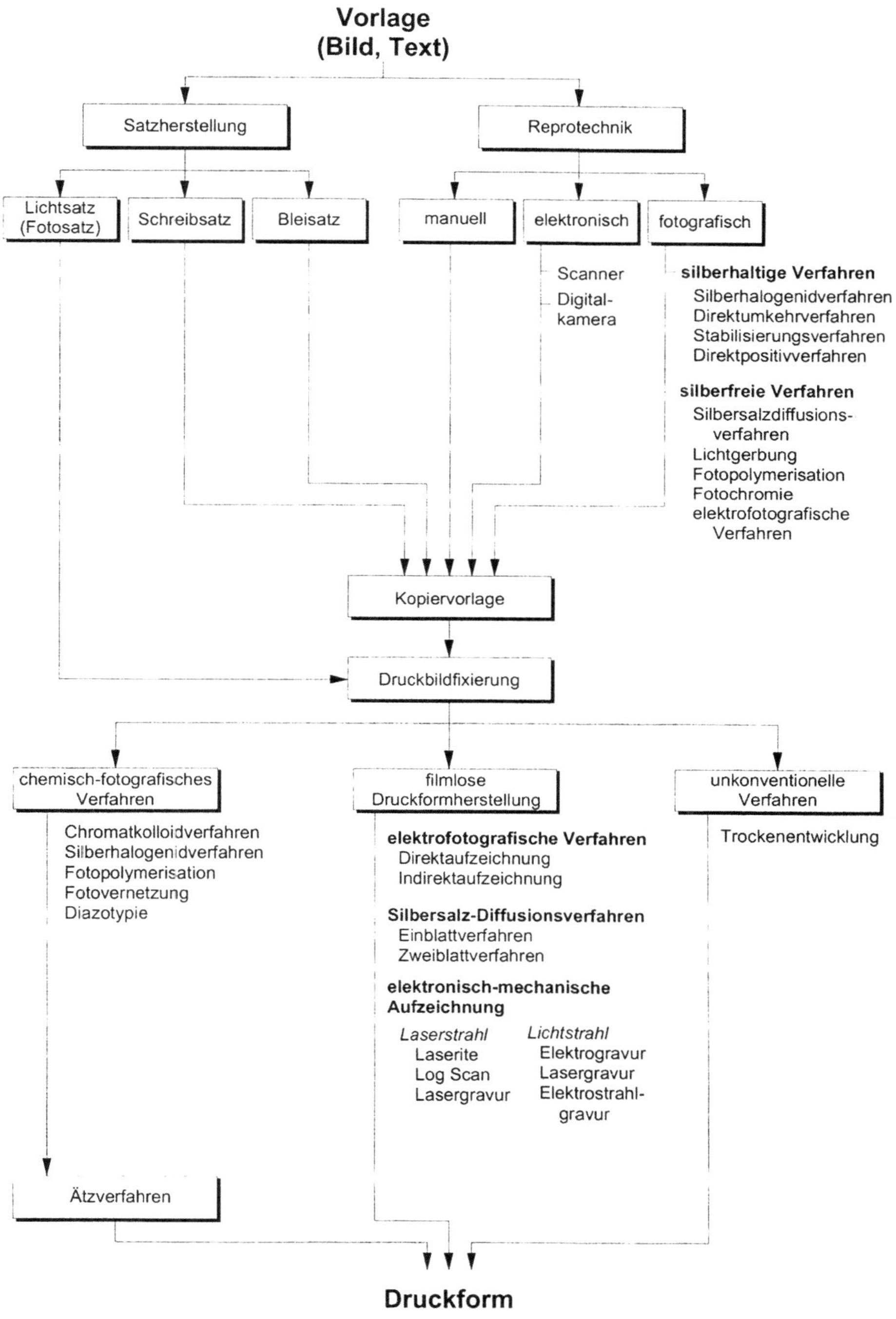

Abbildung 4–1: Druckformherstellung

4.1 Elektronische Reproduktionstechnik

In Scannern wird die Bildinformation einer Vorlage in einzelnen dicht nebeneinander liegenden Zeilen abgetastet und in optische Signale entsprechender Intensität (Analogscanner) oder in elektronische digitalisierte Signale (Digitalscanner) überführt. In Analogscannern findet anschließend die herkömmliche Belichtung des Fotomaterials statt. Die hierbei verwendeten Verfahren und Materialien sind detailliert in [459] beschrieben. Die elektronischen Reproduktionsverfahren sind zweifelsohne die Techniken mit den größten Zukunftschancen. Das System ist modular aufgebaut.

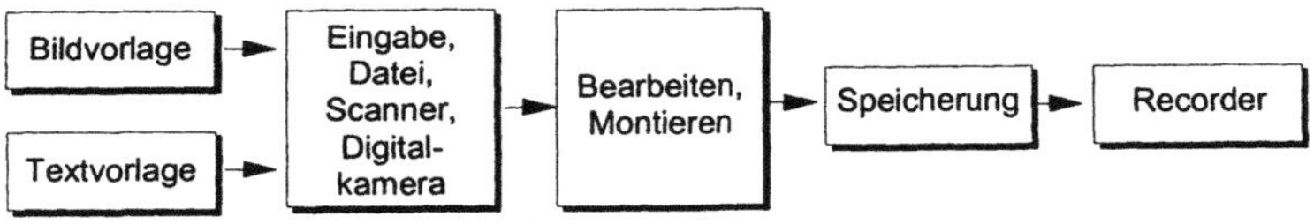

Abbildung 4–2: ***Verfahrensschema elektronische Reproduktionstechnik***

Die Texteingabe erfolgt über Satzcomputer, die Bildeingabe über Scanner. Die Informationen werden digitalisiert und gespeichert. An einer Monitorstation - sie ist vergleichbar mit den Montage-Abteilungen in Zeitungsdruckereien - können die Texte und Bilder korrigiert und positioniert werden. Von der Monitorstation gelangen die Bilder und Texte als fertig umgebrochene Seiten in den Endspeicher, von dem sie nach Bedarf dem Recorder zugespielt werden. Im Recorder findet dann die Belichtung des Fotomaterials (silberarme Line-Filme) oder mit entsprechend intensiven Lichtquellen die direkte Erstellung der Druckformen statt.

Der Vorteil derartiger Systeme ist die chemikalienarme Erstellung von Druckformen. Derartige Reproduktionsanlagen erfordern allerdings einen hohen Investitionsaufwand.

4.2 Fotografische Reproduktionstechnik

Grundlegende Verfahren und Chemikalien sind ausführlich in [459] beschrieben und beurteilt. Hier wird deshalb nur auf die druckspezifischen Eigenheiten fotografischer Reproduktionstechniken eingegangen.

Unabhängig von den chemischen Verfahren (silberfreie und silberhaltige) zur Herstellung einer Kopiervorlage läßt sich die Reproduktionsfotografie in unterscheidbare Aufnahmetechniken einteilen. Je nach Vorlage oder Verwendungszweck werden Halbton-, Raster- oder Strichreproduktionen erstellt.

Mit **Halbtonreproduktion** wird die rasterlose Wiedergabe schwarz-weißer oder farbiger Vorlagen mit kontinuierlich sich ändernden Helligkeits- und Farbwerten bezeichnet. Diese besitzen im allgemeinen uneinheitliche Schwärzungsumfänge (Differenzen zwischen Licht- und Tiefenstellen eines Halbtonbildes), sind aber für die Druckformherstellung in einheitlichen Schwärzungsumfängen darzustellen. Es werden Halbtonnegative und Halbtonpositive erstellt [1].

Für die *Halbtonreproduktion* werden Filme verwendet, die im Vergleich zu den später beschriebenen Lith- und Linefilmen eine wesentlich lichtempfindlichere Emulsion aufweisen. Die belichteten Filme werden mit Entwicklern behandelt, die als Entwicklersubstanzen Hydrochinon und Metol enthalten, wobei das Metol meist überwiegt. Eine typische Entwicklerrezeptur ist im folgenden angegeben.

Bezeichnung	Chemikalien (in g)	Wasser
Agfa 81	Metol (7,5), Hydrochinon (3,5), Natriumsulfit (40), Kaliumbromid (3), Natriumcarbonat (30)	1000 ml

Tabelle 4–2: Entwicklerrezeptur Halbtonreproduktion [298]

Bei der **Rasterreproduktion** werden die geschlossenen Tonflächen einer Halbton-Reprovorlage in *Rasterpunkte* unterschiedlicher Größe zerlegt. Diese Zerlegung ist erforderlich, da die Druckformen nur in gleichmäßiger Schichtdicke mit Druckfarbe eingefärbt werden können, und im Druck lediglich zwei Tonwerte (schwarze Bedruckfarbe und weißer Bedruckstoff) zur Verfügung stehen. Die Rasterzerlegung wird durch Vorschalten eines *Rasters* (Distanz-, Kontakt- oder Laserraster) bei der Belichtung erzielt; die hellen Stellen der Vorlage bilden im Negativ größere gedeckte Punkte und kleinere transparente Flächen als die dunklen Stellen. Die Tonzerlegung kann im Positiv-Negativ-Verfahren zu einem Rasterpositiv führen, das in seinen Tonwertabstufungen der Vorlage nahekommt. Die *Rastertonwerte* werden nach dem Verhältnis der gedeckten gesamten Fläche in Prozenten angegeben (0 % bedeutet ohne Punkt, 50 % ist schachbrettartiger Punkt, 100 % ist Vollton) [1].

Für die Rasterreproduktion eignen sich Line- oder Lith-Filme, bzw. Line-Filme mit Lith-Qualität. Beste Rasterqualität liefern die Lith-Filme, die im Distanzraster- oder Kontaktrasterverfahren eingesetzt werden. Rasterreproduktionsfilme der zweiten Generation sind die Line-Filme mit Lith-Qualität. Die Benutzung der silberarmen Line-Filme setzt Kontaktbelichtung voraus. Typische Strich- und Rasterentwickler für Lith-Filme arbeiten im ultraharten Bereich. Paraformaldehyd übernimmt die Rolle der Entwicklersubstanz, Natriumsulfit ist als Konservierungsmittel zugesetzt.

Bezeichnung	Chemikalien (in g)	Wasser
Lith	Natriumsulfit (30), Kaliumdisulfit (2,6)	1000 ml
Kodak D 85	Paraformaldehyd (7,5), Borsäure (7,5), Hydrochinon (22,5), Kaliumbromid (1,6)	

Tabelle 4–3: Entwicklerrezeptur Rasterreproduktion [298]

Line-Film-Entwickler ähneln in der Zusammensetzung Halbtonentwicklern. Neben Hydrochinon enthalten sie als Reduktionsmittel auch noch geringe Mengen Metol oder Phenidon.

Strichreproduktion ist die Wiedergabe schwarz-weißer oder farbiger Vorlagen ohne Halbtöne [1]. Zur Erstellung einer Strichkopiervorlage werden die gleichen Filme und Entwickler, die auch in der Rasterreproduktion Verwendung finden, benutzt.

Verfahren mit silberhaltigem Material

Silberhalogenidverfahren

(siehe W. Baumann „Fotochemikalien - Daten und Fakten zum Umweltschutz", 2. Auflage, Springer Verlag, 1994)

Direktumkehrverfahren

(siehe W. Baumann „Fotochemikalien - Daten und Fakten zum Umweltschutz", 2. Auflage, Springer Verlag, 1994)

Stabilisierungsverfahren

Dieses Verfahren wird bei der Halbton- und Strichreproduktion eingesetzt. Die Entwicklersubstanz befindet sich bei diesen Filmen in der Emulsionsschicht, so dass der belichtete Film nur fixiert und gewässert werden muss. Ältere Verfahren arbeiten noch mit einem Stabilisierbad, einer wäßrigen Ammoniumrhodanid-Lösung, die aber heute aus ökologischen Gründen nicht mehr angewandt wird.

Direkt-Positiv-Verfahren

Unter Ausnutzung des *Herschel-Effektes* kann auf speziell vorbereitetem, geherscheltem, Fotomaterial ein positives Abbild erzeugt werden. Durch Belichtung des vorgeherschelten Materials mit gelbem Licht wird die latente Vollflächenbelichtung abgebaut, und es entsteht so ein Positiv. Das Verfahren wird zum Anfertigen von Umrißlinien an Buchstaben und Schriftbildern, zum Einkopieren von Positiven, Negativen oder gerasterten Schriften auf Rastergrund genutzt.

Silbersalzdiffusionsverfahrenx

Die Silberhalogenidmoleküle einer fotografischen Schicht werden bei herkömmlichen Verfahren mit Fixierlösung aus der Schicht entfernt. Nur das negative Abbild aus metallischem Silber bleibt zurück.

Im Silbersalzdiffusionsprozess werden die Silberhalogenide, die ein latentes positives Abbild darstellen, in lösliche Thiosulfatkomplexe überführt und können dann durch Diffusion in eine zweite Bildempfangsschicht des Fotomaterials gelangen. Das in der Bildempfangsschicht fein verteilte metallische Silber reduziert den Thiosulfatkomplex zu einem metallischen Silber-Positiv.

Das Verfahren der kontrollierten Silbersalzdiffusion wird als Zweiblatt-Transfer- oder Einblatt-Verfahren angeboten und hat als Copyproof-System (Agfa-Gevaert) breite Anwendung gefunden, da man von fast jeder Vorlage innerhalb von drei Minuten ein Abbild produzieren kann.

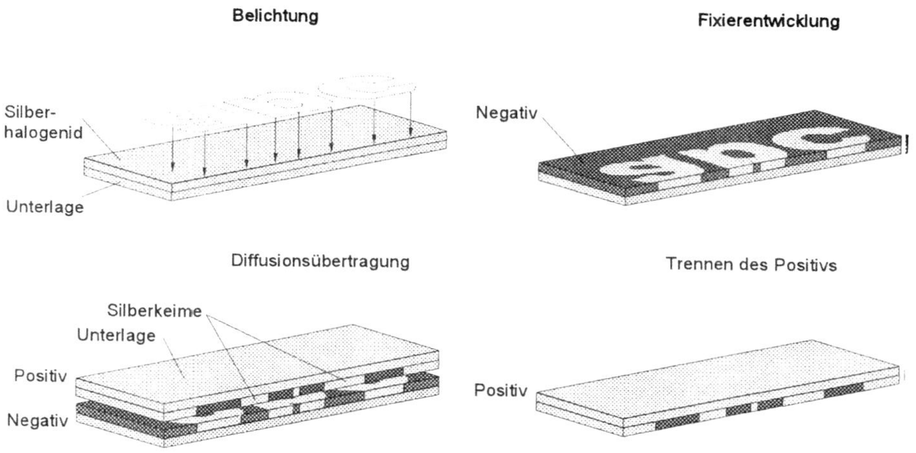

Abbildung 4–3: ***Prinzip der kontrollierten Silbersalzdiffusion***

Film-Auswaschverfahren

Der unter dem Begriff "Wash off Line Film" (Wolf)-Verfahren bekannt gewordene Prozess nutzt einen bereits geschwärzten unbelichteten Film. Die belichteten Partien werden durch einen Aktivator (K_2CO_3) gegerbt und fixiert. Die unbelichteten Teile werden ausgewaschen.

Verfahren mit silberfreien Materialien

Lichtgerbung

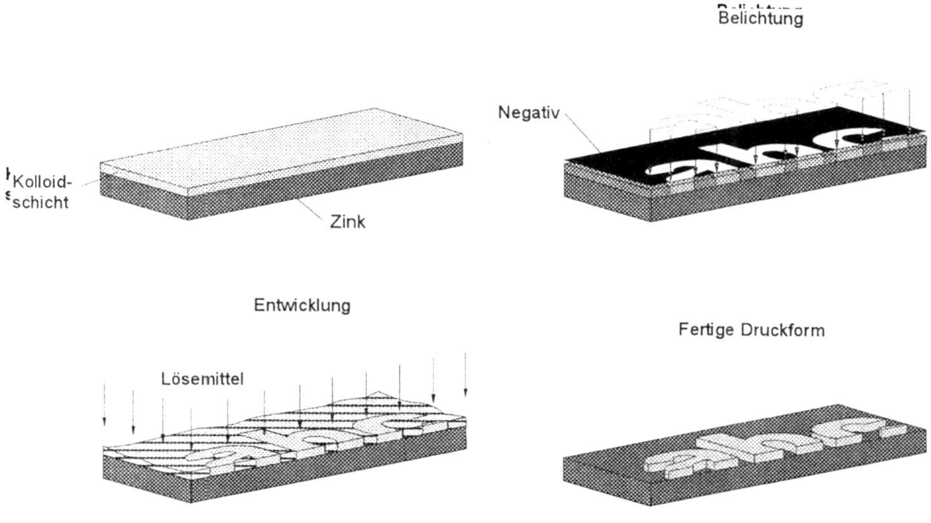

Abbildung 4–4: ***Prinzip der Lichtgerbung***

Dieses in der Reproduktionstechnik bewährte Verfahren beruht auf der Lichtempfindlichkeit von Kolloiden, die mit Kalium- oder Ammoniumdichromat sensibilisiert worden sind. Aus ökologischen Gründen werden die Dichromate mehr und mehr durch Diazoniumverbindungen verdrängt.

Fotopolymerisation

Bei der Belichtung von Fotopolymer-Materialien schließen sich mehrere Kunststoffmoleküle zu einem größeren Komplex zusammen. Man kann dieses Verfahren auch als ein spezielles Lichtgerbungsverfahren ansehen. Die Belichtung geschieht mit ultraviolettem Licht.

Fotochromie

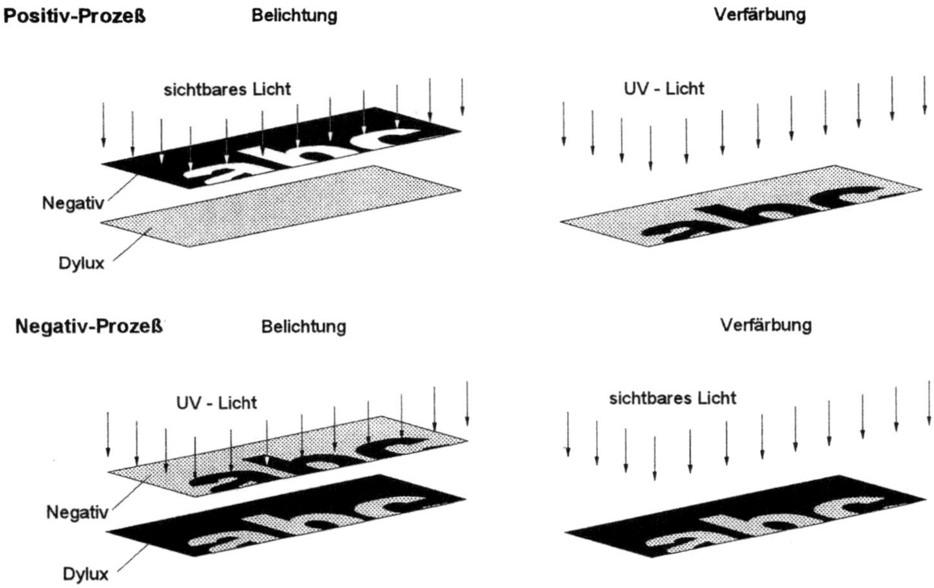

Abbildung 4–5: Dylux-Verfahren

Unter der Bezeichnung Fotochromie versteht man die Verfärbung eines Farbstoffes unter Lichteinwirkung. Dieser Prozess wird beispielsweise beim Dylux-Verfahren (DuPont) für die Erstellung von Korrekturabzügen in Halbton-, Raster- und Strichreproduktion eingesetzt. Man erhält von Kopiervorlagen aller Art ohne Verwendung von Chemikalien innerhalb einer halben Minute einen Papierabzug.

Diazotypie

(siehe Kapitel 9 Sofortdruckverfahren)

Elektrofotografische Verfahren

(siehe Kapitel 9 Sofortdruckverfahren)

Marktentwicklung

Fotografische Reproduktionstechniken sind heute weit verbreitet. Mehr als 20 % aller silberhalogenhaltigen fotografischen Materialien werden in der Druckindustrie eingesetzt [129]. Zweifellos gehört die Zukunft elektronischen und elektrofotografischen Reproduktionstechniken (vgl. hierzu Kapitel 9 Sofortdruckverfahren), so dass z.B. der Silberverbrauch und die Verwendung traditioneller Chemikalien im Bereich der Reproduktionsfotografie in den kommenden Jahren weiter abnehmen wird.

4.3 Chemikalien in der Reproduktionstechnik

Im folgenden sind nur die wichtigsten Substanzen, die in der Reproduktionstechnik verwendet werden, aufgeführt (nach [298]). Eine sehr eingehende Darstellung aller Chemikalien der genannten fotografischen Bereiche ist in [459] gegeben.

Name	Verwendung
Aceton	Löse-, Verdünnungs- und Reinigungsmittel, Mattlack; in Entwicklern anstelle von Alkali
Ammoniumsulfat	In Härtebädern
Ammoniak	Reinigungsmittel, Entwickler für Ozalidpapier, in Bleichbädern, Schwärzungsmittel nach Quecksilberverstärkung
Ammoniumchlorid	In Schnellfixierbädern, Entwicklersubstanz zur Erzielung eines feinen Silberkorns
Ammoniumdichromat	In Bleichbädern zur Umkehrentwicklung, zum Sensibilisieren von Kolloiden
Ammoniumhydrogenfluorid	Zum Ablösen der Emulsion von der Unterlage
Ammoniumperoxodisulfat	Abschwächer, Fixiernatronzerstörer, Beseitigung von Gelbschleiern
Ammoniumsulfid	Brauntonung
Ammoniumthiosulfat	Schnellfixiersalz
Ammoniumthiocyanat	In Umkehrerstentwicklern, in Feinkornentwicklern als Silberhalogenid-Lösemittel, Abschwächer, Stabilisator
Ascorbinsäure	Entwicklersubstanz als Iso-Ascorbinsäure
Benzochin-1,4-dion	Kontrastmindernder Abschwächer
Benzotriazol	Schleierverhütender Entwicklerzusatz (Stabilisator), ergibt blauschwarzen Bildton
Borsäure	In Härtefixierbädern, Entwicklerzusatz (Lith-Entwickler)
Cersulfat	Abschwächer
Chloracetoacetanilid	Farbkuppler für Gelb
Diethyl-p-phenylendiaminsulfat	Entwicklersubstanz in Farbentwicklern
2,4-Dichlor-1-naphthol	Farbkuppler für Cyan

Name	Verwendung
Eisen(III)-chlorid	In Bleichfixierbädern und Abschwächern
Eisen(III)-oxalat	Im Belitzki-Abschwächer, Eisenoxalatentwickler (historisch)
Eisen(III)-sulfat	In Abschwächern und Bleichfixierbädern
Essigsäure	Ansäuerungsmittel für Unterbrecher- und Fixierbäder, in Verstärkern
Ether	Lösemittel in Mattlack
Ethanol	Lösemittel zum Schnelltrocknen von Filmen
Ethylendiamintetraessigsäure (EDTA)	Bleichsubstanz und Komplexbildner z.B. als Na-Salz
Ethyl-oxethyl-p-phenylendiaminsulfat	Entwicklersubstanz in Farbentwicklern
Formaldehyd	Härtungsmittel für Gelatine, Konservierungsmittel
Hydrazin-di-hydrochlorid	Entwicklerzusatz, der Entwicklergeschwindigkeit erhöht
Hydrochinon	Entwicklersubstanz
Hydroxylaminsulfat	In Farbentwicklern zur Erhöhung der Haltbarkeit
Kaliumaluminiumsulfat	In Härtebädern und Härtefixierbädern
Kaliumbromid	Verzögerungsmittel und schleierwidriger Zusatz in Entwicklern, auch Bestandteil von Bleichbädern und Abschwächern
Kaliumcarbonat	Entwickleralkali, Filmschnelltrocknung
Kaliumchrom(III)-sulfat	In Härtebädern und Härtefixierbädern
Kaliumcitrat	In Kupfertonbädern, -verstärkern, im Belitzki-Abschwächer
Kaliumdichromat	Sensibilisierung organischer Kolloide in Verstärkern, Abschwächern, Bleichbädern; zur Umentwicklung
Kaliumdisulfit	Unterbrecher, Ansäuerungsmittel für Fixierbäder, in Spezialentwicklern
Kaliumferricyanid	Farmerscher Abschwächer, in Abschwächern, Bleichbädern, Tonern, Verstärkern
Kaliumhydroxid	Starkes Entwickleralkali, Reinigungsmittel
Kaliumpermanganat	Abschwächer, Fixiernatronzerstörer, zur Fleckenentfernung, Beseitigung dichroitischer Schleier
Kaliumphosphat primär	In Farbbleich- und Unterbrecherbädern
Kaliumphosphat sekundär	Schwaches Entwickleralkali
Kaliumphosphat tertiär	Kräftiges Entwickleralkali
Kaliumsulfid	Schwefeltonung, Silberfällung aus Fixierbädern
Kaliumthiocyanat	Als Fixiermittel (Stabilisator), Entwicklersubstanz (feines Korn), in Tonbädern
Kupfersulfat	In Bleichbädern, Verstärkern, Tonbädern
Magnesiumsulfat	Zwischenbad bei der Farbentwicklung, setzt das Quellvermögen der Gelatine herab
Methanol	Lösemittel, Schnelltrocknung; verhindert in konzentrierten Entwicklern Ausfällungen, Bestandteil von Schnellentwicklern
Methol	Entwicklersubstanz (N-Methyl-p-aminophenol)
Natriumacetat	Puffersubstanz in Härtefixierbädern und Stabilisierungsbädern
Natriumcarbonat	Häufigstes Entwickleralkali, als wäßrige Lösung Vorbad zur Wässerungsabkürzung

Name	Verwendung
Natriumchlorid	In Abschwächern, Bleichbädern, Verstärkern
Natriumcitrat	Puffersubstanz in Entwicklern
Natriumdisulfit	In Unterbrecher- und Fixierbädern (Absäuerungsmittel)
Natriumdithionit	Silberfällungsmittel, Farbstoff-Bleichmittel
Natriumhydroxid	Starkes Entwickleralkali
Natriummetaborat	Entwickleralkali
Natriumpolymetaphosphat	Wasserenthärtungsmittel
Natriumsulfat	Hält Quellung der Gelatine in Entwicklern zurück (Warmentwicklung), in Härtebädern
Natriumsulfid	Schwefeltoner, zum Schwärzen im Umkehrprozess
Natriumsulfit	Konservierungsmittel (Oxidationsschutz) in Entwicklern, schwaches Entwickleralkali
Natriumtetraborat	Schwaches Entwickleralkali (Feinkorn- und Ausgleichsentwickler)
Natriumthiosulfat	Häufigstes Fixiermittel, Bestandteil des Farmerschen Abschwächers
6-Nitro-benzimidazol	Stabilisator, schleierverhütender Entwicklerzusatz
Ochsengalle	Netzmittel, zur Hochglanztrocknung von Fotopapier
Oxalsäure	In Abschwächern zum Entfernen von Entwicklerflecken, Blautonung
Paraformaldehyd	In Lith-Entwicklern
Phenidon	Entwicklersubstanz
Pinakryptol-Gelb	Desensibilisator
Pinakryptol-Grün	Desensibilisator
Pinaweiß	Desensibilisator
p-Nitro-phenylacetonitril	Farbkuppler für Magenta
Quecksilber(II)-chlorid	Verstärkersubstanz, die wegen ihrer Giftigkeit nicht mehr verwendet werden sollte
Salzsäure	In Verstärker- und Tonbädern, Reinigungsmittel
Schwefelsäure	Zur Ansäuerung in Härtefixier- und Umkehrbädern, in Abschwächern
Selen	Rotes Selen in Tonbädern, graues Selen in Fotoelementen und elektrofotografischen Schichten
Silbernitrat	Physikalische Entwicklung, Silberverstärker
Thioharnstoff	In Tonbädern und Bleichfixierbädern, im Farmerschen Abschwächer zur Vermeidung der Gelbfärbung, zur Gelbschleierentfernung
Triethylenglykol	Lösemittel
Vanadiumchlorid	Grüntonung
Wasserstoffperoxid	Bleichmittel, Natriumthiosulfatzerstörer
Zitronensäure	Entwicklerzusatz, in Verstärkern und Tonbädern, Reinigung der Hände von Entwicklerflecken

5 Der Durchdruck

5.1 Allgemeines

Der **Durchdruck** ist ein Druckverfahren, bei welchem die druckenden Stellen der Druckform druckfarbendurchlässig sind (DIN 16609) [300]. Beim Druckvorgang wird die Druckfarbe durch das siebförmige Gewebe der Druckform gepreßt und auf den Bedruckstoff übertragen. Abbildung 5–1 zeigt die schematische Darstellung des Durchdruckes:

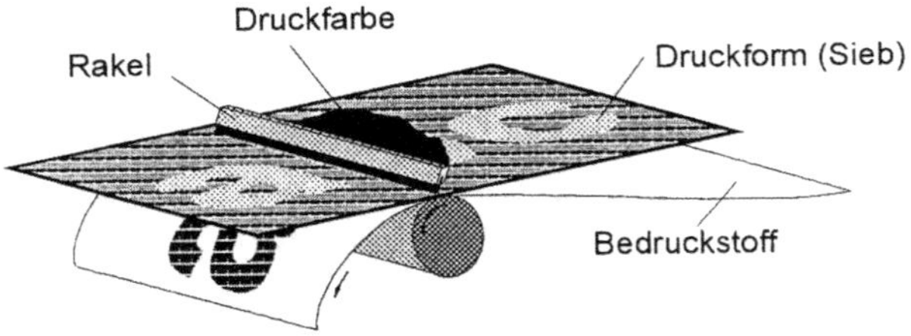

Abbildung 5–1: ***Durchdruckverfahren***

Die **Druckformen** des Durchdrucks bestehen aus einem **Siebgewebe** aus Textil- oder Kunststoffäden, das in einen Metallrahmen eingespannt ist, und der einkopierten **Druckformschablone**, welche durch Abdeckung der Nichtbildstellen des Siebes eine Bildübertragung ermöglicht. Die Übertragung der Druckfarbe auf den Bedruckstoff erfolgt durch die offengebliebenen Maschen der Druckform [185, 113, 273].

In der Durchdrucktechnik wird je nach Bedruckstoff eine breite Auswahl physikalisch trocknender, oxidativ vernetzender oder auch strahlungstrocknender **Druckfarben** mit meist pastösen Eigenschaften eingesetzt.

Das **Einsatzgebiet** des Durchdrucks liegt vor allem in den Bereichen, wo andere Techniken nicht oder nur mit Schwierigkeiten angewendet werden können. Die Durchdrucktechnik eignet sich somit insbesondere für Drucke auf gewölbten oder unebenen Oberflächen. Als Bedruckstoffe dienen Bleche, Gläser, Keramiken und Kunststoffe. Im Durchdruck werden z.B. Aufkleber, Verkehrszeichen, Kunststoffkästen, Radioskalen, Lampenschirme, Glasflaschen, Kunstblätter, Tuben oder Dosen bedruckt [181, 113, 273].

Im Durchdruck werden nur **direkte Druckverfahren** eingesetzt, man unterscheidet zwischen *Siebdruck* und *elektrostatischem Durchdruck*. Eine Übersicht gibt Abbildung 5–2:

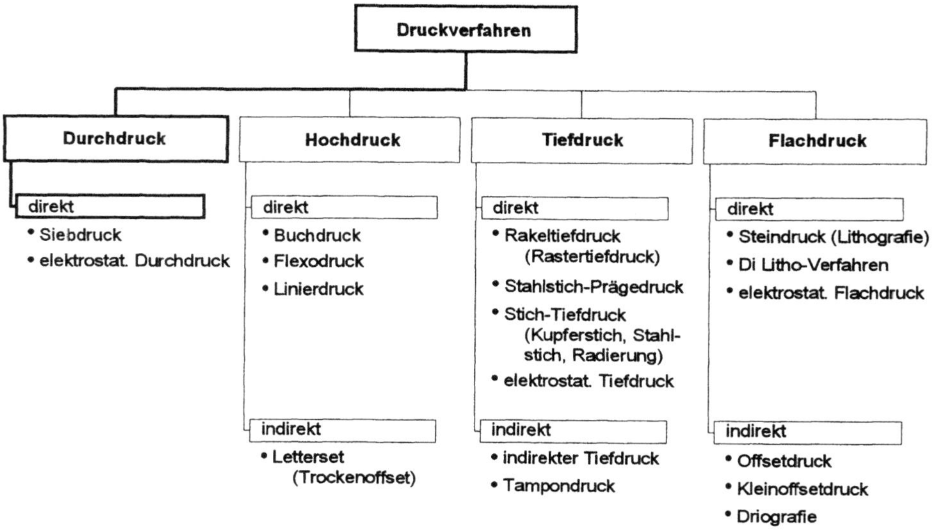

Abbildung 5–2: Druckverfahren im Durchdruck

Im Bereich der Textilveredelung wird der Durchdruck als *Filmdruck* bezeichnet (DIN 16609). Hier werden Teppiche, Tischdecken, Dekorations- und Bekleidungsstoffe bedruckt [113]. Setzt man den Durchdruck zur Erzeugung künstlerischer Orginalgraphiken ein, wobei oft direkt "auf Sieb" gearbeitet wird, so bezeichnet man ihn als *Serigrafie* (DIN 16609) [300].

In der Bundesrepublik gibt es derzeit schätzungsweise 550 gewerbliche Siebdruckereien, 1.500 nebenbetriebliche Siebdruckereien (d.h. Siebdruck als zusätzliche handwerkliche Aktivität in anderen Branchen) und ca. 2.000 - 3.000 Fertigungsstätten mit industriellem Siebdruck. Insgesamt sind es zwischen 4.000 und 6.000 Betriebe, die Siebdruck in irgendeiner Form anwenden [252]. Die Schwerpunkte liegen bei Klein- und Kleinstbetrieben:

Beschäftigte	Anteil am gesamten Siebdruckaufkommen
1 - 9	40 %
10 - 19	30 %
20 - 49	20 %
> 50	10 %

Tabelle 5–1: Betriebsgrößen und ihr Anteil am Siebdruckaufkommen

Der Anteil des grafisch-gewerblichen Siebdrucks an den vier Hauptdruckverfahren wird mit durchschnittlich 2,5% (1 - 3%) angegeben; dies entspricht einem Produktionswert von 540 Millionen DM.

5.2 Verfahrensbeschreibung

5.2.1 Druckverfahren des Durchdrucks

Siebdruck

Der **Siebdruck** ist ein Durchdruckverfahren, bei dem die druckenden Stellen der Druckform siebartig geöffnet sind (DIN 16609) [300]. Die **Druckform** besteht aus dem in einem rechtwinkeligen Rahmen eingespannten Siebgewebe, in welches das zur Bildübertragung notwendige Abdeckmaterial, die Druckschablone, einkopiert ist. Erst durch den Einsatz der Druckformschablone kann das Drucksieb als Druckform fungieren (Kap. 5.2.2 Durchdruckformherstellung). Die Druckfarbe wird mit der sogenannten Rakel über die Druckform gezogen und gelangt durch die Maschenöffnung auf den Bedruckstoff. Charakteristisch für den Siebdruck im Vergleich zu den anderen Druckverfahren ist vor allem die Dicke der Farbschicht, die je nach Dicke des Siebgewebes und der Druckschablone von wenigen µm bis zu 30 µm Farbauftrag variieren kann. Als **Siebdruckfarben** werden pastöse Zubereitungen eingesetzt; man unterscheidet zwischen physikalisch trocknenden lösemittelhaltigen Druckfarben und oxidativ trocknenden Druckfarben auf Ölbasis. Seltener werden auch Zweikomponentenfarben oder strahlungstrocknende Druckfarben eingesetzt (Kap. 5.3.2 Chemikalien in der Durchdruckformherstellung).

Aus den anfangs rein manuellen Arbeitsweisen haben sich maschinelle Siebdrucktechniken entwickelt. In den letzten Jahren haben sich halb- und vollautomatische Druckmaschinen durchgesetzt:

1. Flachsiebdruck

Bei dieser Maschinenführung liegt der Bedruckstoff auf einem ebenen Drucktisch. Das Sieb ist beweglich und wird für den Druckvorgang einige Millimeter über das zu bedruckende Material positioniert. Den Abstand zwischen dem Sieb und dem Bedruckstoff nennt man Absprung. Eine Rakel schiebt die Druckfarbe über das ruhende Sieb und bringt diese in Kontakt mit dem Bedruckstoff.

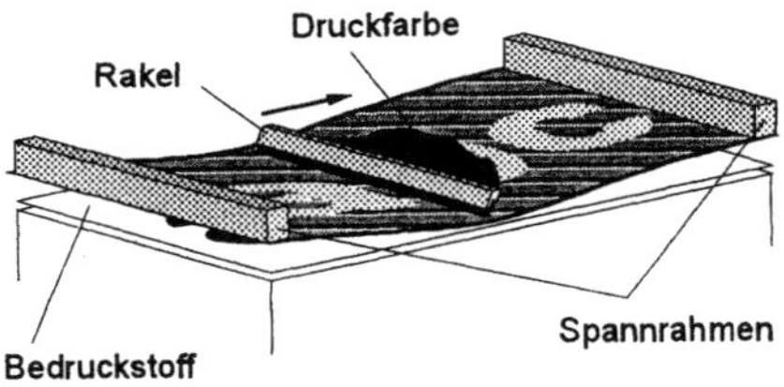

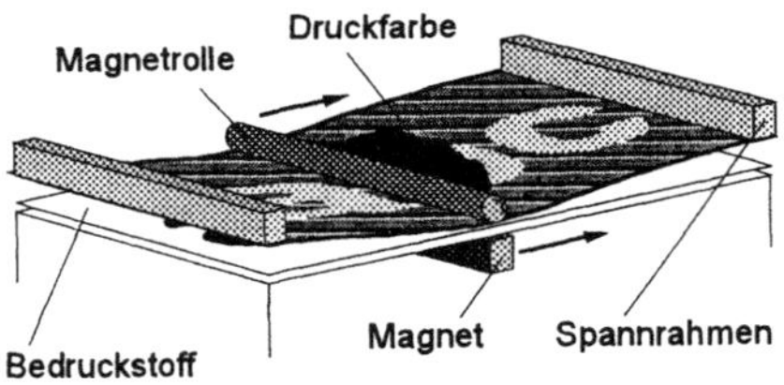

Abbildung 5–3: Flachsiebdruckverfahren

2. Zylinderdruck

Das Sieb ist wie beim Flachsiebdruck eben, im Unterschied zu diesem Verfahren ist jedoch der Gegendruckkörper ein Zylinder, an welchen der Bedruckstoff durch ein Vakuum angesaugt wird.

Beim Drucken bewegt sich das Sieb oberhalb des rotierenden Zylinders hin und her, während die Rakel stillsteht.

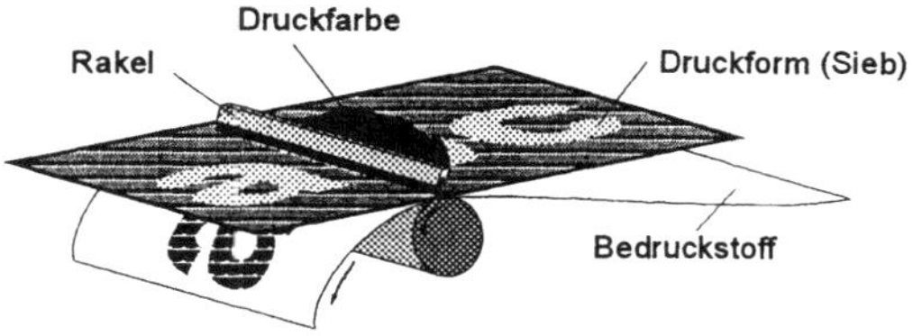

Abbildung 5–4: Zylinderdruckverfahren

3. Runddruck

Der Druckvorgang erfolgt mit feststehender Rakel. Der zu bedruckende Körper rollt synchron unter der mitlaufenden Druckform ab.

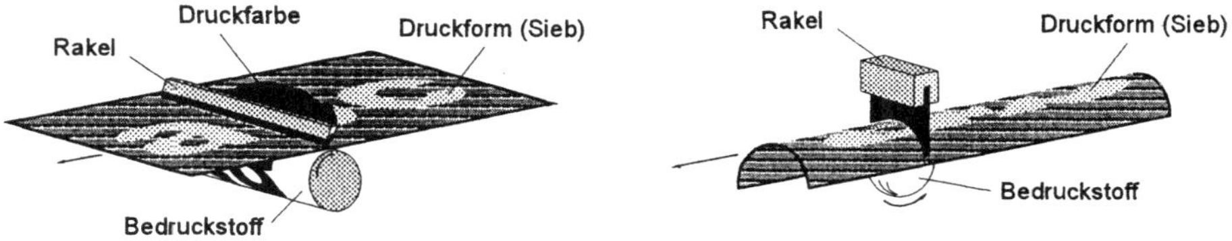

Abbildung 5–5: Runddruckverfahren

4. Rotationsdruck

Der Druckformzylinder wird hier von einer Rundschablone gebildet. Die Rakel befindet sich innerhalb der Rundschablone. Der Bedruckstoff wird an der sich drehenden Schablone vorbeigeführt.

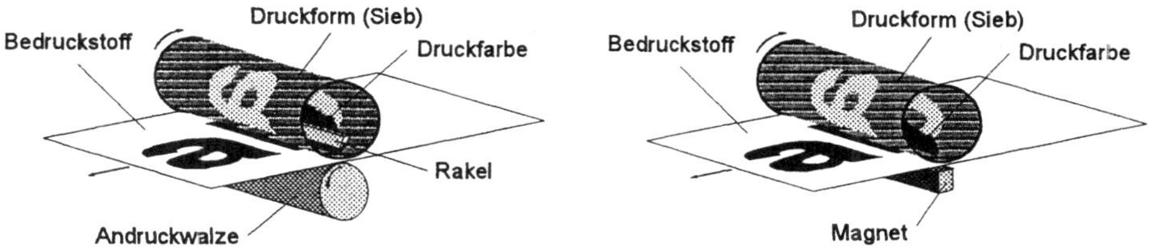

Abbildung 5–6: Rotationsdruckverfahren

5. Rakelloser Durchdruck

Die Druckfarben werden mit Preßluft durch die offenen Stellen des Drucksiebes gedrückt oder durch Vakuum vom Bedruckstoff angezogen.

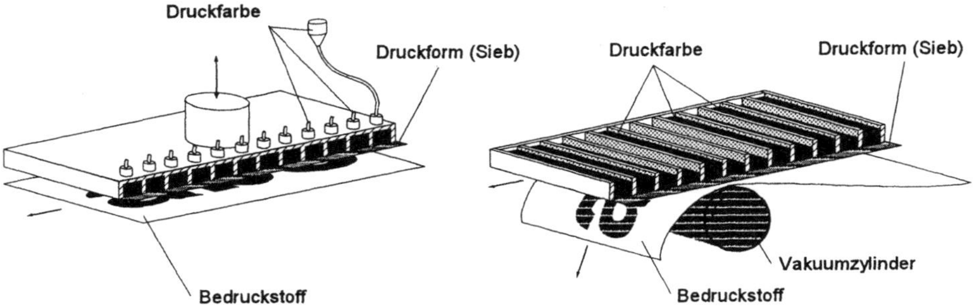

Abbildung 5–7: Rakelloser Siebdruck

Elektrostatischer Durchdruck

Der elektrostatische Durchdruck ist eine Variante des Durchdrucks, die sich vom Siebdruckverfahren in der Art der Druckfarbenübertragung von der Druckform auf den Bedruckstoff unterscheidet. Der Druckvorgang beruht hierbei auf elektrostatischen Ladungskräften als einziger Wirkungskomponente oder auch auf dem Zusammenwirken von elektrostatischen Kräften und mechanischem Anpreßdruck [300].

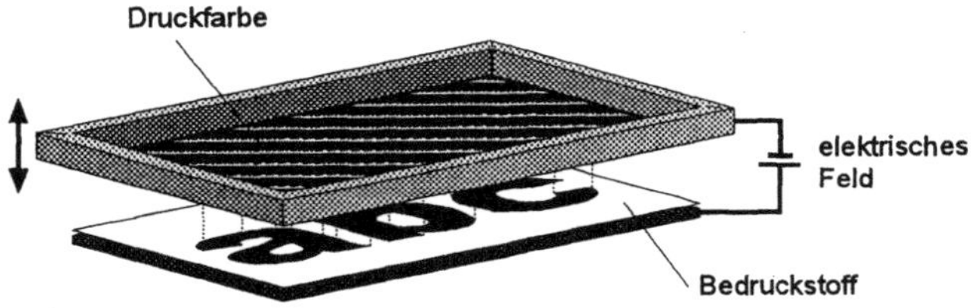

Abbildung 5–8: Elektrostatischer Siebdruck

Durchdruck	Druckprinzip	Druckform	Druckfarbe	Bedruckstoff	Typische Produkte	Erkennungsmerkmale
Siebdruck - handwerklich - gewerblich - industriell	Fläche /Fläche	manuelle Schablonen - einfache bzw. geometrische Elemente	- sehr große Farbenauswahl für verschiedenste Druckarbeiten und Bedruckstoffe	planliegende Bedruckstoffe aller Art: - Papier Karton Pappe Metall Glas Folien u.a.	Werbung Plakate Displays Haftfolien Kunststoffolien Keramik Flockdruck Abziehbilder Glastafeln Schilder Bucheinbände gedruckte Schaltungen Skalen	- spezielle Druckprodukte, die in anderen Druckverfahren nicht gedruckt werden können - nur Strichdruckelemente und grobe Raster - z.T. erheblich stärkerer Farbauftrag (Schichtdicke) - Gleichmäßig gedeckte Bildelemente - teilweise Siebstruktur an Bildstellen (Kanten) zu erkennen - Druck mit Spezialfarben, z.B. absolut deckend, höchste Leuchtkraft
	Fläche/ Zylinder	fotomechanische Schablonen - Strich und grobe Raster	- kompakt in verschiedenen Viskositäten- und Trocknungssystemen			
	Zylinder/ Zylinder	wie vorstehend, jedoch zylindrisch	wie vorstehend	planliegende Bedruckstoffe auf Rollen: -Papier Folien Metallpapiere	Kunststoffe Plakate Tapeten Verpackungen	
	Runddruck in spezifischen Formen	wie vorstehend, in Paßform zum Produkt	Spezialfarbe je nach Produkt	beliebig geformte Bedruckstoffe und Gegenstände	Massiv- oder Hohlkörper aller Art, z.B.: - Flaschen Bauelemente Skalen, Kugeln, Kunststoffbehälter	teilweise wie vorstehend, spezielle Produkte
Filmdruck	Fläche/ Fläche Zylinder/ Zylinder	wie Siebdruck	spezielle Stoffdruckfarbe	Bedruckstoff in Rollen: Textilien	Deko- und Kleiderstoffe Teppiche Stoffetiketten Strümpfe u.a.	spezielle Druckprodukte
Serigrafie	Fläche/ Fläche	manuelle und auch fotomechanische Schablonen	wie im Siebdruck	Papier Karton	Künstlerdrucke bis zu 20 Druckfarben	teilweise wie im Siebdruck hohe Druckfarbenzahl

Tabelle 5–2: Übersicht der Durchdruckverfahren [482]

5.2.2 Durchdruckformherstellung

Siebdruckschablonen

Im Siebdruck gibt es auf Grund des breiten Anwendungsspektrums eine Vielzahl von Verfahren und Materialien zur Druckformherstellung. Der Druckformträger ist meist ein Metallrahmen aus Aluminium, vereinzelt werden im künstlerischen Siebdruck auch Holzrahmen verwendet. Als Basismaterial der Druckform wird ein Gewebe aus Kunststoffasern wie Nylon oder Perlon verwendet. Metall- oder Seidengewebe werden nur für Spezialdruckarbeiten eingesetzt. Die Stärke des Siebgewebes bestimmt die Dicke der aufgetragenen Farbschicht; bei Verwendung feiner Siebe wird ein dünner Farbauftrag, bei Einsatz gröberer Siebe ein stärkerer Druck erreicht. Gewebefeinheiten von 15 bis 200 Fäden/cm sind im Gebrauch; die gebräuchlichsten Feinheiten sind 100 - 160 Fäden/cm. Zur Bildübertragung auf das Sieb werden sogenannte Druckschablonen eingesetzt. Für großflächige Drucke werden manuelle Methoden zur Schablonenherstellung angewandt; hierbei wird zwischen gezeichneten und geschnittenen Schablonen unterschieden. Für industrielle Zwecke werden auf fotochemischem Wege hergestellte fotografische Schablonen verwendet. Der Siebdruck ist ein direktes Druckverfahren, d.h. die Schablone ist seitenverkehrt und die Kopiervorlage seitenrichtig. Als Kopiervorlage dient bei allen Siebkopien ein Diapositiv [185]. Die Übertragung der Schablonen auf das Sieb erfolgt mittels kopiertechnischer Verfahren auf das mit einer dichromat- oder diazosensibilisierten Schicht behaftete Siebgewebe (Kap. 5.3.1 Chemikalien in der Durchdruckformherstellung). Die bildmäßig belichteten Partien der Kopierschicht, die während des Drukkens eine Sperrschicht für die Druckfarbe bilden, härten aus. Die unbelichteten Stellen bleiben wasserlöslich und werden in einem nachfolgenden Arbeitsschritt ausgewaschen. Die farbdurchlässigen Siebmaschen bilden die Druckelemente. An die Belichtung und Entwicklung schließt sich oft eine Härtung mit Lack an.

Bei der Beschichtung unterscheidet man grundsätzlich zwischen Indirekt-, Direkt- und Direkt-Indirekt-Verfahren. Beim Indirektverfahren erfolgt der gesamte Kopiervorgang getrennt vom Sieb. Der lichtempfindliche Film wird auf einem Träger belichtet und erst anschließend auf das Sieb übertragen. Beim Direkt- bzw. Direkt-Indirektverfahren wird die lichtempfindliche Substanz bereits vor dem Kopierverfahren auf das Sieb gebracht [371].

Indirekt-Verfahren

Als Kopiermaterial wird ein sogenannter Indirekt-Film eingesetzt. Dieser besteht aus einem transparenten Trägermaterial und einer Filmschicht bestehend aus Gelatine oder einem synthetischen Polymer. Die früher eingesetzte Trägerschicht aus Papier (Pigmentpapier) ist beim heute verwendeten Fotokontaktfilm durch einen Kunststoffträger aus Acetat-, Polyester- oder Polycarbonatfolie ersetzt worden. Der Einsatz nicht sensibilisierter Fotofilme, die vor Verwendung mit Dichromatsalzen behandelt werden müssen, nimmt immer mehr ab. Heute werden meist vorsensibilisierte Fotokontaktfilme eingesetzt. Bei vorsensibilisierten Filmen beschränken sich die Arbeitsschritte auf das Belichten (Härtung der belichteten Gelatineschicht), Trocknen und Entwikkeln (Ausspülen der nicht gehärteten Schichtteile) mit warmem Wasser, eventuell auch eine Vorbehandlung mit Wasserstoffperoxid. Der belichtete Film wird anschließend mit der Folie nach unten auf eine plane Platte gelegt und das Sieb mittels einer Gummiwalze in den darunterliegenden Schichtfilm gepreßt [301, 371]. Der Gelatinefilm kann nach dem Druck mit Oxidationsmitteln (Kaliumpermanganat + Oxalsäure) oder Chlorbleichlauge (Natriumhypochlorit) leicht wieder vom Siebgewebe entfernt werden.

Auf Grund der gleichbleibenden und geringen Schichtdicke eignet sich dies Verfahren vor allem für die Herstellung von Rasterdruckarbeiten, insbesondere für den Vierfarbenrastersiebdruck.

Direkt-Verfahren

Bei diesem Verfahren werden Siebdruckkopierschichten aus Polyvinylalkohol eingesetzt. Die Kopierschichten werden im allgemeinen unsensibilisiert geliefert und müssen deshalb vor Gebrauch mit einem geeigneten Sensibilisator lichtempfindlich gemacht werden. Die eingesetzten Direktemulsionen werden fast ausschließlich mit Diazoniumverbindungen sensibilisiert. Darüberhinaus werden jedoch auch vorbeschichtete Fotopolymerplatten verarbeitet. Die Beschichtung erfolgt manuell mittels Streichrakel oder auf maschinellem Weg mit Hilfe einer Beschichtungsrinne. Anschließend erfolgen als weitere Arbeitsschritte das Trocknen, die Belichtung mit UV-Strahlen und die Entwicklung mit einem scharfen Wasserstrahl. Das Direktverfahren ist das weltweit am meisten angewandte Schablonenherstellungsverfahren.

Direkt-Indirekt-Verfahren

Das Direkt-Indirekt-Verfahren kombiniert die Vorteile der beiden beschriebenen Verfahren [185, 301, 371]. Auf das Sieb wird ein sensibilisierter Direktfilm auf Basis von Polyvinylalkohol aufgebracht und getrocknet. Nach Entfernen der Trägerfolie erfolgt die Belichtung und Entwicklung entsprechend dem Direktverfahren. Die Haftung des Filmes auf dem Siebgewebe kann auf unterschiedlichen Wegen erreicht werden. Man unterscheidet die Kombi- und die Kapillarmethode.

Kombimethode

Auf einer Seite des Siebes befindet sich die Filmschablone, die andere Siebseite wird mit einer lichtempfindlichen Emulsion beschichtet. Die Emulsion durchdringt die Gewebemaschen und bewirkt eine gute Befestigung des Films am Sieb.

Kapillarmethode

Bei der Kapillarmethode wird die Filmschablone mit dem entfetteten, nassen Siebgewebe in Kontakt gebracht. Die Haftung der Schablone erfolgt dadurch, dass das Wasser die aus ungehärtetem Polyvinylalkohol bestehende Filmschicht teilweise auflöst und das gelöste Material durch die Kapillarwirkung in die Gewebemaschen gesogen wird. Hierdurch wird eine gute Verankerung des Films auf dem Sieb erreicht.

Wasserbeständige Drucksiebe

Die für den Druck mit wasserhaltigen Siebdruckfarben notwendige Wasserbeständigkeit der Drucksiebe wird durch unterschiedliche Verfahren erreicht:

- *Nachlackierverfahren*: die entwickelte und getrocknete Direktschablone wird beidseitig mit einem aushärtenden Zweikomponentenlack behandelt. Durch gleichzeitige Absaugung des Lackes werden die nicht bedeckten druckenden Siebstellen vom Lackauftrag frei gehalten.

- *Vorlackierverfahren*: die Direktemulsion wird auf das mit einem nicht härtenden Einkomponentenlack behandelte und getrocknete Siebgewebe aufgebracht; die Lackschicht wird anschließend mit Lösemittel von den nicht bedeckten druckenden Siebstellen abgelöst.

- *Negativ-Reserve-Verfahren*: die entwickelte und getrocknete Druckschablone wird einseitig mit einem Spezziallack behandelt, welcher nicht von den ungehärteten Stellen abgesaugt wird sondern die ganze Schablone bedeckt. Die Kopierschicht wird nach der Härtung mit einem Oxidationsmittel angelöst und anschließend die angelöste Schicht mitsamt der aufgebrachten Lackschicht mittels eines scharfen Wasserstrahls vom Siebgewebe entfernt. Als Kopiervorlage muss bei diesem Verfahren ein Negativ verwendet werden.

- Einsatz von *Fotoschablonen*, die ohne zusätzlichen Lackauftrag gut wasserbeständig sind und trotzdem entschichtet werden können. Ein sehr guter bis absoluter Beständigkeitsgrad gegen Wasser bei guter Lösemittelbeständigkeit kann erst durch eine nachträgliche Behandlung der Kopierschicht mit Härtungsmittel erreicht werden. Die so behandelten Drucksiebe sind mit den üblichen Entschichtungsmitteln nicht mehr entschichtbar.

Die nachfolgende Tabelle 5–3 gibt eine Übersicht über die unterschiedlichen Druckformen [371]:

Schablonenarten	Einsatzbereiche	Hinweise, Vorteile, Nachteile
Manuelle Schablonen		– Schablone haftet direkt im Gewebe
– Zeichenschablonen (Abdeck-, Auswasch- und Emulsionsverfahren)	– Einfache flächige Druckarbeiten – Malerische, grafische, künstlerische Arbeiten	– Einfache, preiswerte Herstellung – Keine reprotechnische Einrichtung erforderlich – Geringe Auflagenbeständigkeit
– Schnittschablonen (Papierschablonen, Schneidefilm-Schablone)	– Einfache, lineare Druckbilder: Formen, Flächen, große Schriften	– Schablone haftet am Gewebe Manuell geschnittene Schablone wird nach der Fertigstellung auf das Gewebe übertragen – Preisgünstige Herstellung mit Schneidemessern – Schnell, sicher – Optimale Konturenschärfe der Bildstellen im Druck – Keine reprotechnische Einrichtung erforderlich – Geringere Auflagenbeständigkeit und Qualität bei Papierschablonen
Fotomechanische Schablonen – Direkte Schablonen – Indirekte Schablonen – Kombischablonen	– Druckarbeiten aller Art; Strich- und Rasterdruck	– Direkte Schablonen haften im Gewebe, indirekte Schablonen am Gewebe Überwiegend eingesetzt sind direkte Schablonen: – Auf lichtempfindliche Kopierschichten werden geeignete Kopiervorlagen (Filmdiapositive, seitenrichtig) durch UV-Licht kopiert – Für feinste Bilddetails und hohe Ansprüche geeignet – Einfache Herstellung – Sehr gute Konturenschärfe – Hohe Auflagenbeständigkeit – Reprotechnische Einrichtung und Kopieranlage erforderlich

Tabelle 5–3: Einsatzbereiche sowie Vor- und Nachteile verschiedener Schablonen [482]

Siebdruckformreinigung

Das Siebdruckgewebe kann nach dem Druck mit Reinigungs- und Entschichtungsmitteln von Druckfarben- und Schablonenresten gereinigt und erneut eingesetzt werden (Kap. 5.3.3 Chemikalien in Reinigungs- und Entschichtungsmitteln im Durchdruck).

5.3 Chemikalien im Durchdruck

5.3.1 Chemikalien in der Durchdruckformherstellung

Siebdruckschablonen

Die **Siebdruckform** besteht aus einem Aluminiumrahmen und dem darin eingespannten Siebdruckgewebe mit Fäden aus Naturseide (nur noch sehr selten in Anwendung), Polyamid, Polyester, metallisiertem Polyester, Karbon-Polyamid oder rostfreiem (Nitro- bzw. V2A-) Stahl, wobei sich vor allem die synthetischen Fäden durchgesetzt haben [301, 183]. Die **Siebbespannung** erfolgt in der Regel extern. Die Gewebe werden mit Hilfe von Gewebeklebstoff am Druckrahmen befestigt. In der Regel werden Zweikomponentenkleber aus Polyurethan- und ungesättigten Polyesterharzen verwendet. Eine neuere technische Entwicklung sind die UV-härtenden Klebstoffe; diese enthalten unterschiedliche fotovernetzende *Acrylatmonomere* [424].

Zur **Siebdruckformherstellung** werden diazosensibilisierte oder dichromatsensibilisierte Kolloide (*Polyvinylalkohol* oder *Polyvinylalkohol/Polyvinylacetat*) auf das Siebgewebe aufgebracht. Diese Kolloidlösungen (Kopierschichten) sind meist noch mit Kunstharzdispersionen wie *Polymethacrylat* oder *Polyvinylchlorid* sowie Farbpigmenten (z.B. Phthalocyanin, Violettpigmente, Thiazionfarbstoffe, vgl. Kapitel 10) versetzt. Der Dichromatanteil der chromatsensibilisierten flüssigen Schichten beträgt ca. 1 %. Nach der Belichtung und Entwicklung der Kopierschicht wird oft noch eine Nachhärtung der Schicht durch Behandlung mit wäßriger Lösung von *2 % Formaldehyd* und *1 % Ammoniumdichromat* erreicht.

Das Gewebe wird meist mit Zweikomponenten-Klebstoffen (Polyurethane) auf dem Siebdruckrahmen aufgeklebt. Nach dem Aushärten erfolgt eine Schutz- oder Markierungslackierung, in der als Lösemittel Naphthene oder Ethylacetat, als Bindemittel Urethanprepolymer oder Polyesterharze und bei Zweikomponentenlacken als Härter Tri- oder Polyisocyanat eingesetzt werden.

5.3.2 Chemikalien in Durchdruckfarben

Siebdruckfarben besitzen wie andere Druckfarben eine Zusammensetzung aus Pigmenten/Farbstoffen, Lösemitteln, Bindemitteln und Additiven (Kapitel 6.3.2 Chemikalien in Hochdruckfarben und Kapitel 10 Druckfarben). Aufgrund des breiten Anwendungsspektrums des Siebdrucks für die verschiedenen Bedruckstoffmaterialien existiert eine Vielzahl von Siebdruckfarben mit unterschiedlich großen Anteilen der einzelnen Hauptkomponenten. Siebdruckfarben sind in ihrer Zusammensetzung den Tief- und Flexodruckfarben ähnlich, besitzen jedoch meist eine höhere Viskosität, d.h. relativ pastösere Konsistenz [461].

Ein Charakteristikum des Durchdruckverfahrens ist die Dicke der aufgetragenen Druckfarbenschicht. Konventionelle Siebdrucke besitzen eine Druckfarbenschicht des Naßfilms von 12 µm, im sogenannten "*Thickfilm Screen*" beträgt die Schichtdicke sogar 40 µm. Demgegenüber können jedoch auch Schichtdicken von 7 µm - also dem Tiefdruck vergleichbar - im "*Ultrathinfilm Screen*" erzielt werden.

In Siebdruckfarben werden neben **Farbstoffen** auch **anorganische** und **organische Pigmente** eingesetzt. Rasterfarben für den Vierfarbendruck und Lasurfarben beinhalten meist organische Pigmente. In diesen Durchdruckfarben ist der Pigmentanteil wegen der dicken Druckschichten relativ gering. Die Art des verwendeten Pigmentes ist abhängig von der Anwendung. Für transparente Druckfarben werden die Pigmente *Phthalocyanin-Blau bzw. -Grün* (P.B.15:3; P.G.7) mit einem geringen Zusatz von *Titanoxid* (P.W.6) verwendet. Bei hohen Anforderungen an die Lichtechtheit werden *Chinacridon-Rot* (P.R.122) oder *Phthalocyaninpigmente* eingesetzt. Polyethylenflaschen werden oftmals mit *Naphthol-Rot* (P.R.119) oder *Diarylid-Gelb* (P.Y.14) gefärbt. *Lösliche Farbstoffe* oder *fluoreszierende Pigmente* gelangen nur in Spezialzubereitungen, z.B. für hochlasierende Farbtypen, zum Einsatz.

Die in Durchdruckfarben verwendeten **Füllstoffe** sind *Calciumcarbonat* (P.W.18), *Blanc Fixe* (P.W.21), *Titandioxid* (P.W.6) und *Kaolin* (P.W.19).

In Durchdruckfarben werden folgende, mittelflüchtige **Lösemittel** eingesetzt: *Diacetonalkohol, 2-Butoxyethylacetat, 2-Butoxyethanol, Ethanol, Isophoron*, die aromatischen Kohlenwasserstoffe *Toluol* und *Xylol, Methoxyethylacetat, Cyclohexanon, Dipenten* und *Methylethylketon*. Toluol und Methylglycolacetat werden heute wegen möglicher gesundheitlicher Schädigungen durch andere Lösemittel ersetzt. Meist wird ein Gemisch aus zwei bis drei der oben angeführten Lösemittel eingesetzt. Häufig verwendete Lösemittelgemische sind *Propylenglycolether* oder *Dipropylenglycolether* sowie *Ethylenglycolisopropyletheracetate* mit Zusätzen von aromatischen oder aliphatischen Kohlenwasserstoffen.

Die in Durchdruckfarben eingesetzten **Bindemittel** verbessern die Haftung der Druckfarbe auf dem Bedruckstoff und ermöglichen die Filmbildung. Als Bindemittel werden trocknende Öle wie *Leinöl*, mit Leinöl modifizierte Harze wie *Alkydharze, Maleinatharze, Phenolharze* und *Epoxidharze, Acrylatharze, Vinylharze, Cellulosederivate* wie *Ethylcellulose, Ethylhydroxyethylcellulose* und *Nitrocellulose, Polyvinylchlorid-Polyvinylalkohol-Copolymerisate, Ethyl-Methacrylat-Copolymerisate* und *Methyl/Butyl-Methacrylat-Copolymerisate* eingesetzt.

Schließlich werden der Druckfarbe noch **Zusatzmittel** zugefügt, um die Verarbeitungseigenschaften zu verbessern. Die in Durchdruckfarben eingesetzten Additive sind Antischaummittel wie *Silicone* aus *Polymethylsiloxanen* in einer Konzentration von 1 %, Weichmacher wie *Dioctylphthalat*, Antioxidantien wie *Hydrochinon* und Wachse wie *Polyethylenwachs* zur Verbesserung der Gleitfähigkeit und Abriebfestigkeit. Oxidativ trocknenden Farbzubereitungen werden außerdem Trocknungskatalysatoren wie *Calcium-, Mangan- und Cobaltnaphthenate* sowie Antihautmittel wie *Cyclohexanonoxim* zugesetzt.

Siebdruckfarben	Eigenschaften/Stoffgruppen	Beispiele
Viskosität	viskos, leicht pastös	
Pigmente/Farbstoffe	anorganisch	P.W. 6, P.W. 18, P.W. 21, P.W. 19, P.Bk. 7
	organisch	P.B. 15:3, P.G. 7, P.R. 122, P.R. 119, P.Y. 14, fluoreszierende Pigmente
Lösemittel	mittelflüchtige Lösemittel	Propylen- und Dipropylenglycolether sowie Ethylenglycolisopropyletheracetate mit Zusätzen von aromatischen oder aliphatischen Kohlenwasserstoffen, Diacetonalkohol, 2-Butoxyethylacetat, 2-Butoxyethanol, Isophoron, Toluol, Xylol, Methoxyethylacetat, Dipenten, Cyclohexanon
Bindemittel	trocknende Öle	Leinöl
	leinölmodifizierte Harze	Alkydharze, Maleinatharze, Phenolharze, Epoxidharze
	Cellulosederivate	Ethylcellulose, Ethylhydroxyethylcellulose, Nitrocellulose
	Acrylatharze	
	Vinylharze	
	Copolymerisate	Polyvinylchlorid-Polyvinylalkohol, Ethyl-Methacrylat, Methyl/Butyl-Methacrylat
Additive	Antischaummittel	Silicone aus Polymethylsiloxanen
	Weichmacher	Dioctylphthalat
	Antioxidantien	Hydrochinon
	Antihautmittel	Cyclohexanonoxim
	Wachse zur Verbesserung der Abriebstabilität und Gleitfähigkeit	Polyethylenwachs
	Trocknungskatalysatoren in oxidativ trocknenden Systemen	Calcium-, Mangan- und Cobaltnaphthenate

Tabelle 5–4: Siebdruckfarben

Die Trocknung der aufgetragenen Farbschicht erfolgt im allgemeinen durch Verdunsten der flüchtigen Lösemittel, deren Anteil an der Druckfarbe bis zu 70% betragen kann [183, 301]. Für die physikalische Trocknung können unterschiedliche Methoden wie Heißlufttrocknung in Durchlauftrocknern unter einem Luft-Düsen-System, Ofentrocknung, Flammentrocknung oder Mikrowellentrocknung angewendet werden. Katalytisch trocknende Systeme werden für den Druck auf Polyethylenflaschen eingesetzt. Druckfarben auf Alkydharzbasis für Thermometerskalen und Metallschilder trocknen oxidativ. Der Einsatz *UV-trocknender Druckfarben* befindet sich erst in der Anfangsphase, könnte jedoch in nächster Zeit in fast allen Bereichen des Durchdrucks, insbesondere für den Druck auf Kunststoffen, eine Zunahme erfahren.

5.3.3 Chemikalien in Reinigungs- und Entschichtungsmitteln im Durchdruck

Die Wiederverwertung der Siebdruckschablonen erfordert vor der eigentlichen Druckformherstellung eine **Siebreinigung** und eine **Siebentschichtung**, um Druckfarbenreste und gehärtete Kopierschicht vom Siebgewebe zu entfernen.

Siebreinigung

Für die **Siebreinigung** befinden sich *offene* und *geschlossene Siebwaschanlagen* in Anwendung. Bei den offenen Anlagen wird die Reinigung manuell durchgeführt, so dass der Anwender in direkten Kontakt mit den Reinigungsmitteln kommt. In geschlossenen Siebwaschanlagen läuft der Reinigungsprozess automatisch ab; im allgemeinen werden nur noch das Einbringen und das Entnehmen der Siebdruckform manuell vorgenommen. Bei den automatischen Siebwaschanlagen unterscheidet man zwischen Durchlaufanlagen und Kammeranlagen. Durchlaufanlagen sind in der Regel ohne Regenerationsanlage für die eingesetzten Reinigungsmittel in Betrieb, während Kammeranlagen heute meist absolut geschlossene Form besitzen und mit integrierter Destillationsanlage zur Reinigungsmittelregeneration ausgerüstet sein können.

Zur Siebreinigung werden Lösemittel wie *Ethylglycol*, *Butylglycol*, *Cyclohexanon*, Gemische derselben, die Handelsprodukte *Shell Sol A* und *Solvesso 150* sowie *Butylacetat* eingesetzt. Der Reinigungsmittelverlust pro Siebwaschvorgang durch Verdunsten der eingesetzten Lösemittel ist von der Art der verwendeten Anlage und der chemischen Zusammensetzung des eingesetzten Lösemittelgemisches abhängig. Bei der Reinigung eines Siebdruckrahmens im Format von 1500 x 1800 mm^2 ergaben sich für den Lösemittelverlust Werte von 0,35 - 0,90 kg [198, 301].

Siebentschichtung

Die **Siebentschichtung** wird heute meist noch manuell durchgeführt, wenn auch der Trend wegen des geringeren Chemikalienverbrauchs zu automatischen Entschichtungsanlagen geht. Bei den automatischen Entschichtungsanlagen sind wie bei den Siebwaschanlagen sowohl Durchlaufanlagen als auch Kammeranlagen in Anwendung. Die Siebentschichtung untergliedert sich in die folgenden Prozessschritte, die bei vollautomatischen Entschichtungsanlagen in ein und derselben Anlage nacheinander durchgeführt werden können [198]:

a. Entfettung

Neue und zwischengelagerte Siebe müssen zur Entfernung von Staub und Chemikalien entfettet werden Zur Entfettung der Siebdruckformen werden *alkalische Lösungen* oder Pasten eingesetzt, die meist *Benetzungstenside* enthalten. Neben der Entfettung und Erhöhung der Wasserfreundlichkeit des Siebgewebes dient dieser Prozess zur Entfernung der Farbreste vom Siebgewebe.

b. Oxidation

Der Oxidationsprozess dient dem Abbau der Polyvinylalkoholschichten bei diazosensibilisierten Kopierschichten. Geeignete Chemikalien sind *Natriumhypochlorit* und *Periodverbindungen* wie *Natrium- oder Kaliummetaperiodat* und *Periodsäure* (30 %ige Lösung). Bei Einsatz von Periodverbindungen wird die eingesetzte Entschichtungslösung meist durch *Salpetersäure* stabilisiert. Als weitere Zusätze werden oft *Benetzungsmittel* oder *viskositätserhöhende Mittel* eingesetzt.

c. Geisterbildeliminierung

Geisterbilder entstehen durch den Einfluss eines früher von demselben Siebgewebe gedruckten Bildes. Es sind Farbveränderungen innerhalb eines Druckbildes, die durch Gewebeumhüllungen aus Konglomeraten von Kunstharz-Dispersionspartikeln mit Bindemittelteilchen oder durch in die Gewebefäden eingedrungene Farbstoffe hervorgerufen werden. Zur Eliminierung eines Geisterbildes werden heute sogenannte *instabile Emulsionen* angewendet, das sind Lösemittelsysteme, die anstelle von *Emulgatoren Natronlauge* oder *Kalilauge* enthalten. Die verwendeten Eliminierungsmittel setzen sich zusammen aus 6 - 15 %iger *Natron-* oder *Kalilauge* im Verhältnis 6:4 mit einem Lösemittel hoher Lösekraft, meist *Cyclohexanon*. Diese instabilen Emulsionen können auch als Entfettungsmittel und als Entschichtungsmittel eingesetzt werden. In diesem Fall kann auf eine Hochdruck-Entschichtung verzichtet werden.

d. Hochdruck-Entschichtung

Bei Anlagen, die nicht mit Geisterbild-Eliminierungsmitteln arbeiten, erfolgt die Entfernung der gehärteten Druckschablonenschicht mit einem Hochdruck-Wasserstrahl. Dieser Hochdruck-Entschichtungsvorgang kann, falls keine basischen oder lösemittelhaltigen Entfettungs- oder Entschichtungsmittel eingesetzt wurden, gleichzeitig der Schlussspülgang sein.

e. Klarspül-Vorgang

Durch die Schlussspülung werden Restspuren der eingesetzten Laugen, Oxidations- und Lösemittel entfernt. Für den Spülvorgang wird meist reines Wasser verwendet, seltener auch angesäuertes Wasser mit Zusätzen von *Salpetersäure*, *Salzsäure* oder *Essigsäure*.

f. Trocknung

Die Trocknung der Siebdruckform erfolgt durch Zufuhr von Warmluft.

5.4 Toxikologie im Durchdruck

Durchdruckformherstellung

Die Befestigung des Siebgewebes am Metallrahmen erfolgt mit Zweikomponentenkleber auf Basis von Polyurethan- oder ungesättigten Polyesterharzen. Bei Anwendung des *Polyurethansystems* tritt eine Gesundheitsgefährdung durch **Lösemitteldämpfe** und nicht polymerisierte Restmonomere in den Isocyanathärtern auf. **Isocyanatmonomere** können Allergien hervorrufen. Beim *Polyesterharzsystem* sind der Reaktivverdünner Styrol und peroxidhaltige Härter die toxikologisch bedenklichen Stoffe. **Styrol** wird vom menschlichen Organismus sehr schnell resorbiert. Styrol bewirkt Leberschäden und führt zu Reizung von Augen und Atemwegen; der MAK-Wert beträgt 20 ppm (86 mg/m^3, BAT-Wert: 600 mg/g Kreatinin). **Peroxidhaltige Härter** führen zu Hautreizungen. Bei Anwendung *UV-härtender Kleber* stellen die hautreizende, allergieauslösende Wirkung der unvernetzten **Acrylatmonomere**, die cancerogene Wirkung des **UV-Lichts** und des bei UV-Strahlung entstehenden **Ozons** besondere Gefährdungspotentiale dar (siehe Kap. 10 Druckfarben und Kap. 6.4 Toxikologie im Hochdruck).

Zur Herstellung der Siebdruckschablone wird eine lichtempfindliche **Kolloidschicht** aus **Polyvinylalkohol** oder **Polyvinylacetat**, welche **Diazonium**- oder **Dichromatsalze** als Sensibilisatoren und **Kunstharzdispersionen** (**Polymethacrylat** oder **Polyvinylchlorid**) sowie **Farbpigmente** enthält. Bei der Wasserentwicklung der Kopierschichten gelangen unbelichtete, ungehärtete Schichtteile (je nach Motiv durchschnittlich etwa 30 %) in das Abwasser. Neben der Abwasserbelastung durch die organischen Bestandteile besteht bei dichromatsensibilisierten Schichten Gefährdung durch **Chrom(VI)-salze** im Abwasser und in Sprühnebeln (Aerosolen), welche Kontaktekzeme und Allergien hervorrufen und als cancerogen eingestuft werden (MAK-Liste Abschnitt IX, krebserzeugende Arbeitsstoffe) (Kap. 6.4 Toxikologie im Hochdruck). Zur Vermeidung der resultierenden Belastung sollten für die Siebdruckformherstellung nur diazosensibilisierte Kopierschichten eingesetzt werden [254, 7].

Durchdruckfarben

Die toxikologischen Eigenschaften der in Durchdruckfarben eingesetzten Substanzen sind in Kap. 10 Druckfarben beschrieben.

Reinigungs- und Entschichtungsmittel im Durchdruck

Zur Siebdruckformreinigung werden Lösemittel wie **Ethylglycol**, **Butylglycol**, **Cyclohexanon** und **Butylacetat** eingesetzt. Die Glycolether **Ethylglycol** und **Butylglycol** werden durch die Haut resorbiert. Glycolether sind Nierengifte und wirken reizend auf Haut, Augen und Schleimhäute; der MAK-Wert beträgt 20 ppm für Butylglycol, bzw. 5 ppm für Ethylglycol (Butylglycol 98 mg/m³, BAT-Wert: 100 mg/dm³, Ethylglycol 19 mg/m³, BAT-Wert: 50 mg/dm³). **Ethylglykol** sollte heute nicht mehr eingesetzt werden. Die Druckfarbenhersteller stellen geeignete Reinigungsmittel als Alternativen zur Verfügung. **Butylacetat** bewirkt Reizung von Haut, Augen und Atemwegen; der MAK-Wert beträgt 100 ppm (480 mg/m³; Spitzenbegrenzung Kategorie I). **Cyclohexanon** führt zu Reizung von Augen und Nasen- und Rachenschleimhäuten sowie zu erhöhter Herztätigkeit und verringerter Körpertemperatur und besitzt die Krebserzeugungskategorie 3. Um die Lösemittelemissionen möglichst gering zu halten, sollten nur geschlossene Siebwaschanlagen mit Destilliereinrichtung zur Lösemittelrückgewinnung verwendet werden. Da bei der Schablonenreinigung der letzte Arbeitsschritt ein Spülvorgang mit Wasser und eventuell **Netzmittel** ist, können beim Reinigungsprozess Farbreste und Lösemittelreste ins Abwasser gelangen.

Zur *Siebdruckformentschichtung* werden stark ätzende **alkalische Lösungen** oder Pasten mit Zusätzen von **Benetzungstensiden** eingesetzt. Sogenannte instabile Emulsionen aus 6 - 15%iger **Natron- oder Kalilauge** mit einem effektiven Lösemittel wie **Cyclohexanon** dienen gleichzeitig zum Entfetten und Entschichten des Siebgewebes. Bei Anwendung alkalischer Lösung ohne Lösemittelzusatz muss eine Behandlung mit **Periodverbindungen** wie **Periodsäure** oder **Natrium- oder Kaliummetaperiodat**, welche mit **Salpetersäure** zur Stabilisierung und **Tensiden** versehen sind, sowie eine Hochdruckentschichtung durchgeführt werden. In das Abwasser können demzufolge bei der Siebdruckformentschichtung gelangen: Säuren, Laugen, Lösemittel, Farbreste, Netzmittel, Teile der Kopierschichten und Oxidationsmittel. Bei chromatsensibilisierten Filmen können außerdem noch **Chrom(III)- und Chrom(VI)-salze** im Abwasser vorhanden sein [4, 198, 164, 254], deren Toxizität oben beschrieben wurde.

6 Der Hochdruck

6.1 Allgemeines

Der **Hochdruck** ist ein Druckverfahren, bei dem die farbtragenden bildgebenden Stellen der Druckform, das sogenannte *Relief*, gegenüber den nicht druckenden Stellen erhöht liegen (DIN 16514) [300].

Der Bedruckstoff wird unter Druck über die Druckform hinweg geführt und von den Bildstellen mit Druckfarbe eingefärbt. Abbildung 6–1 zeigt eine schematische Darstellung des Hochdruckverfahrens:

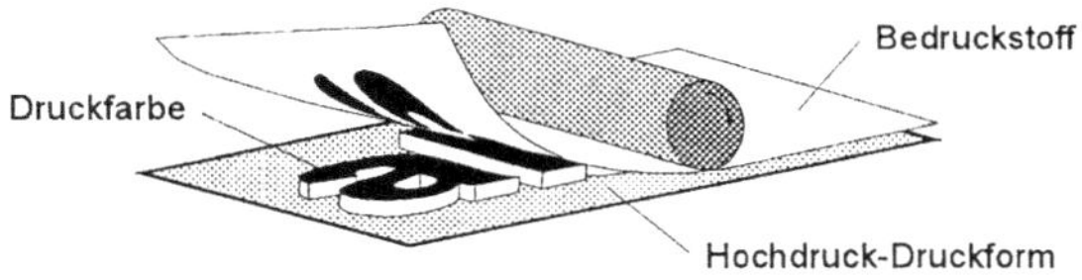

Abbildung 6–1: Hochdruckverfahren

Die Einfärbung kann entweder in

1. *direktem Druck* geschehen, bei dem der Bedruckstoff durch die eingefärbte Druckform unmittelbar mit Druckfarbe bedruckt wird, oder in

2. *indirektem Druck*, einem zweistufigen Verfahren, bei dem durch die eingefärbte Druckform ein Übertragungskörper, z.B. ein mit elastischem Gummituch bespannter Zylinder bedruckt wird, der in einem zweiten Druckvorgang die Druckfarbe auf den Bedruckstoff überträgt.

Hochdruckformen bestehen aus Metall, Kunststoff oder Gummi; sie lassen sich in plane, gerundete und flexible Formen einteilen (Kap. 6.2.2 Hochdruckformherstellung). Plane Hochdruckformen, starr oder flexibel, werden auch als Hochdruckplatten bezeichnet. Man unterscheidet zwischen *Originaldruckformen*, deren Druckbildrelief mittels Verfahren der Reproduktionstechnik oder manueller Techniken (Ätzung, Auswaschrelief-Druckplatte, Gravur, Schnitt, etc.) erstellt wird, und *Duplikatdruckformen*, deren Druckbildrelief von einer Hochdruckform nachgeformt wird (Stereotypie, Galvanoplastik, etc).

Zu den **direkten Hochdruckverfahren** gehören der *Buchdruck*, der *Flexodruck* und der *Linierdruck*. Ein **indirektes Hochdruckverfahren** ist der *Letterset*, auch *Trockenoffset* genannt.

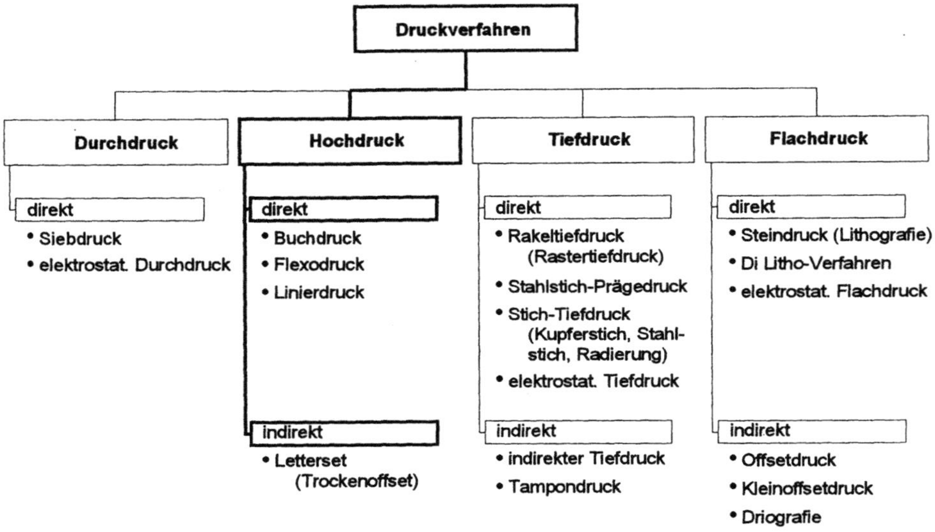

Abbildung 6–2: Druckverfahren im Hochdruck

Die Hochdrucktechnik weist eine stark rückläufige Marktentwicklung auf und hat insbesondere in den letzten Jahren an Bedeutung verloren.

Die Produktionswerte für die insgesamt im Hochdruck hergestellten Druckerzeugnisse sind im letzten Jahrzehnt stark gesunken. Eine Abnahme der Produktionswerte ist bei allen Produktbereichen des Hochdrucks festzustellen, mit Ausnahme des Bereiches Verpackungsdruck, in dem der Flexodruck große Marktanteile zugewinnen konnte [420].

Lebensdauer der Druckformen

- Fotopolymerplatten (Druckseiten) 2 - 3 Mio
- Gummiklischees (Druckseiten) 500.000
- Bleisatz (Druckseiten) 70.000

Chemikalienverbrauch

- Ätzplatten (Entwicklermenge/m² Platte) 50 ml
- Fotopolymerplatten (Auswaschlösung/ m² Platte) 15 l
  (1 mm Stärke / 50 % Auswaschung)

6.2 Verfahrensbeschreibung

6.2.1 Druckverfahren des Hochdrucks

Buchdruck

Der **Buchdruck** ist das klassische Verfahren des Hochdrucks, bei dem pastöse Druckfarbe von der Druckform auf den Bedruckstoff übertragen wird (DIN 16514) [300]. Abbildung 6–3 zeigt eine schematische Darstellung des Buchdruckverfahrens:

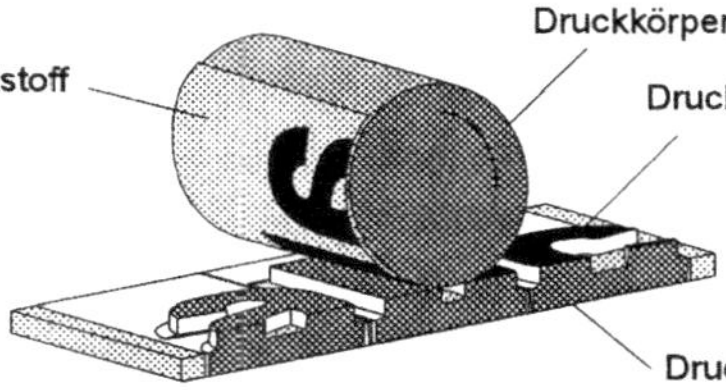

Abbildung 6–3: Buchdruckverfahren

Der Buchdruck ist das älteste Hochdruckverfahren. Der Name ist darauf zurückzuführen, dass früher mittels dieser Technik praktisch nur Bücher gedruckt wurden. Beim Buchdruck werden erhöht stehende, mehr oder weniger harte Druckelemente eingesetzt, die von Gummiwalzen gleichmäßig dünn eingefärbt werden. Von der eingefärbten Druckform wird das Druckbild unter Anpressen direkt auf den Bedruckstoff (meist Papier) übertragen. Hierbei wird die pastöse Druckfarbe in langen Farbwerken auf eine Schichtdicke von etwa 1 µm ausgewalzt. Die Buchdruckfarbwerke bestehen meist aus 10 bis 20 Gummi- und Metallwalzen. **Buchdruckfarben** sind auf Basis modifizierter Naturharze, Kohlenwasserstoffharze, Polyesterharze, bituminöser Stoffe sowie fetter Öle und Fette aufgebaut [461]. Sie enthalten keine flüchtigen Lösemittel und trocknen durch oxidative Vernetzung und/oder durch "Wegschlagen" in die Oberfläche des Bedruckstoffes hinein (Kap. 6.3.2 Chemikalien in Hochdruckfarben). Die Druckfarben müssen relativ langsam trocknend eingestellt sein (Zugabe von Trocknungsverzögerern), damit sie nicht bereits im Farbwerk zu verfestigen beginnen.

Die **Druckformen des Buchdrucks** bestehen aus Metall oder Kunststoff. Druckformen für Texte werden im Hand- oder Maschinensatz (manuelles oder maschinelles Aneinanderreihen einzelner Drucktypen) erstellt. Für *Originaldruckformen*, deren Druckbild als Rasterbild eingeätzt wird, sogenannte Autotypien oder Rasterätzungen, werden Klischees aus Zink oder Magnesium verwendet. Von diesen Metallklischees werden auch *Duplikatdruckformen* aus Gummi oder Kunststoff hergestellt. Im Zeitungsdruck haben heute Fotopolymerplatten die früher verwendeten Bleistereos vollständig ersetzt.

Die **Buchdrucktechnik** ist in erster Linie zum Bedrucken von Papier geeignet. Früher wurde der Buchdruck allgemein zur Anfertigung hochwertiger Drucke eingesetzt; in diesem Bereich ist er heute jedoch gegenüber dem Flachdruck stark rückläufig.

Im Buchdruck werden drei hauptsächliche Druckprinzipien angewandt: Im **Tiegeldruck** druckt eine Fläche gegen eine andere Fläche, im **Zylinderdruck** ein Zylinder auf eine Fläche und im **Rotationsdruck** rollen zwei Zylinder gegeneinander ab. Maschinentechnisch wird im Buchdruck zwischen *Bogen-Hochdruckmaschinen* und *Hochdruck-Rollenrotationsmaschinen* unterschieden. Im Bogendruck wird der Bedruckstoff der Druckmaschine in Form einzelner Bögen (Formate) zugeführt. Im Rollendruck wird der Bedruckstoff der Druckmaschine als eine von der Rolle abgewickelte Bahn zugeführt.

Zu den *Bogen-Hochdruckmaschinen* gehören die Tiegeldruckmaschinen und Flachform-Zylinderdruckmaschinen sowie die Bogen-Rotationsmaschinen:

In **Tiegeldruckmaschinen** wird der Druckkörper mit dem Papierbogen mit seiner vollen Fläche gegen die flache Druckform gedrückt. Abbildung 6–4 zeigt den Vorgang schematisch:

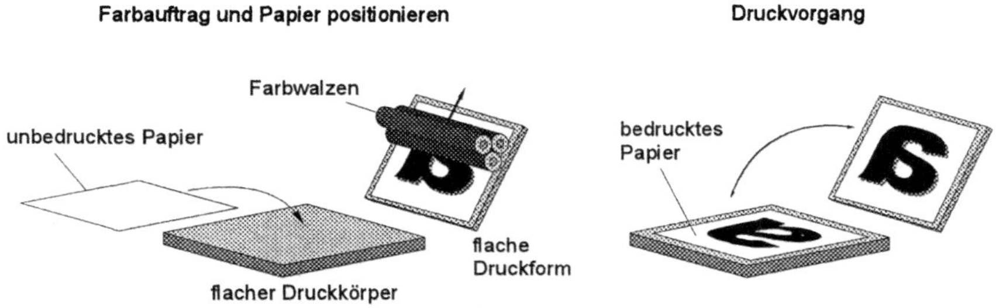

Abbildung 6–4: ***Tiegeldruckverfahren***

In **Flachformzylinder-Druckmaschinen** wird der rotierende Zylinder gegen die flache Druckform gepreßt; hierbei druckt jeweils nur ein schmaler Streifen und die Angriffsfläche verlagert sich ständig. Man unterscheidet sowohl im *Einfarbendruck* als auch im *Mehrfarbendruck* zwischen Eintouren- und Zweitourenmaschinen. Bei *Eintourenmaschinen* macht der kontinuierlich rotierende Druckzylinder bei jedem Hin- und Rücklauf der Druckform eine Umdrehung. Bei *Zweitourenmaschinen* rotiert der Druckzylinder mit gleichbleibender Geschwindigkeit pro Druckgang zweimal; beim Rückfahren der Druckform wird der Zylinder angehoben. Abbildung 6–5 zeigt eine schematische Darstellung des Prozesses.

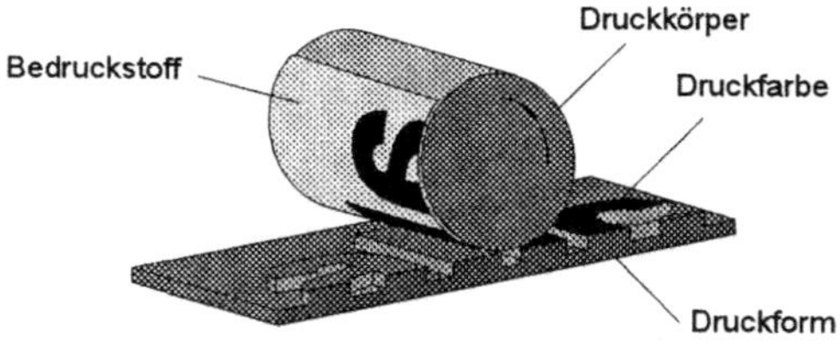

Abbildung 6–5: ***Zylinderdruckverfahren***

Beim **Rotationsdruck** sind sowohl Druckform als auch Druckkörper zylindrisch. Die Druckform wird kontinuierlich gegen den Druckzylinder abgewickelt. Die Rotationsdruckmaschinen lassen sich in Bogenrotations- und in Rollenrotationsmaschinen einteilen. *Bogenrotationsmaschinen* sind dadurch gekennzeichnet, dass in jedem Druckwerk zwei Formzylinder gegen einen Druckzylinder arbeiten. Hierzu gehören Rotationsmaschinen für den *Schön-* und *Widerdruck* mit Bogenwendeeinrichtungen zum beidseitigen Bedrucken eines Papierbogens. Der Schöndruck ist der erstmalige Druck auf einen Bedruckbogen, der zweiseitig bedruckt werden soll; der Widerdruck ist der Druck auf die Gegenseite des Bedruckstoffes. Beim Mehrfarbendruck sind die einzelnen Druckwerke im Baukastenprinzip aneinandergereiht. Das Rotationsverfahren ist in Abbildung 6–6 schematisch dargestellt.

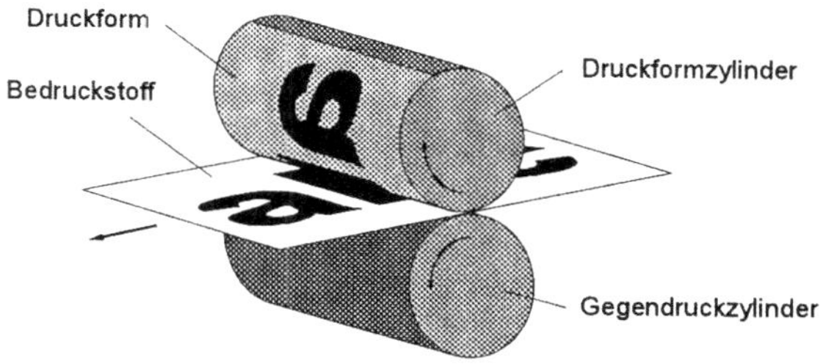

Abbildung 6–6: Rotationsdruckverfahren

Der Bereich Rollendruck wird von den *Hochdruck-Rollenrotationsmaschinen* abgedeckt, die vor allem im Zeitungsdruck eingesetzt werden. In Hochdruck-Rollenrotationsmaschinen sind um einen großen Druckzylinder meist vier Druckwerke angeordnet (Satellitenmaschinen). Die früher vorwiegend als Druckform verwendeten Bleistereos sind heute vollständig durch Wickelplatten aus Fotopolymeren ersetzt worden. Neuere Bestrebungen zielen darauf hin, statt der komplexen Hochdruckfarbwerke einfachere Kurzfarbwerke einzusetzen.

Bei allen Arten der *Bogen-Hochdruckmaschinen* ist die Zahl der Maschinen ältester Bauart (Baujahrgruppe bis 1969) am größten [420]. Diese Maschinen sind wohl nur noch teilweise ausgelastet oder werden wie ein Großteil der neu aufgestellten Maschinen nur noch für Spezialarbeiten eingesetzt. Während die Zahl der Tiegeldruckmaschinen und der Zylinderdruckmaschinen schon stark zurückgegangen ist, ist der Bestand an Bogenrotationsmaschinen, hierbei auch Schön- und Widerdruckmaschinen, nicht gesunken, da diese Maschinen lange in den Betrieben stehen und für spezielle Druckarbeiten verwendet werden.

Die Gruppe der *Hochdruck-Rollenrotationsmaschinen* umfaßt hauptsächlich Zeitungs-Rotationsmaschinen neben Spezialmaschinen für z.B. den Etikettendruck. Die Verteilung nach Baujahrgruppen zeigt hohe Bestände an alten Maschinen und nur geringe Ersatzinvestitionen in den letzten Jahren. Neuinstallationen wurden, wie die Produktionsstatistik bestätigt, meist im Rollenoffset getätigt.

Flexodruck

Flexodruck ist ein Verfahren des Hochdrucks, bei dem die Druckform aus Gummi oder elastischem Kunststoff besteht und das Druckbild unter Verwendung von Druckfarben, die durch Verdunsten von Lösemitteln trocknen, auf den Bedruckstoff übertragen wird (DIN 16514) [300].

Der **Flexodruck** ist ein direktes Hochdruckverfahren, bei dem Druckfarbe von hochstehenden Druckelementen unmittelbar auf das zu bedruckende Material übertragen wird. Der Flexodruck wurde früher auch als Gummidruck oder Anilindruck bezeichnet. Diese Namen deuten auf das flexible Druckformenmaterial (Gummi oder Kunststoff) und auf die früher verwendeten Anilinfarben hin. Heute werden drei Arten von **Druckformen** verwendet (Kap. 6.2.2 Hochdruckformherstellung):

1. *Gummiklischees*, die mittels Abformtechnik von Metallklischees erstellt werden,
2. *fotopolymere Druckplatten* und
3. *lasergravierte Kunststofformen* oder *Gummiklischees.*

Die Zahl der möglichen Drucke ist bei allen Druckformarten sehr hoch; mit einem Gummiklischee können bis zu 500.000 Drucke erstellt werden, von einer Fotopolymerplatte können 2 - 3 Millionen Exemplare gedruckt werden.

Im Flexodruck werden niederviskose **Druckfarben** auf Lösemittel- oder Wasserbasis verwendet, daher ist das Flexodruck-Farbwerk mit nur zwei oder drei Walzen relativ kurz. Die Trocknung der Druckfarben erfolgt überwiegend physikalisch durch Verdunsten der Lösemittel (Kap. 6.3.2 Chemikalien in Hochdruckfarben; Kap. 10 Druckfarben) [461]. Der Einsatz niedrigsiedender Lösemittel und geeigneter Filmbildner ermöglicht den Druck auf nicht saugfähigen Materialien wie beschichteten Papieren und Kunststoffolien unterschiedlichster Art. Mit wasserverdünnbaren Druckfarben können saugfähige Materialien wie Papiersäcke und Wellpappe bedruckt werden.

Hauptanwendungsgebiet des Flexodrucks ist der **Druck** von Massenerzeugnissen im Verpackungsdruck auf einfachen Gebrauchspapieren und Kunststoffolien. Der Flexodruck ist ein sehr preisgünstiges Druckverfahren und stellt eine Konkurrenz zum Tiefdruck dar, wenn keine sehr große Feinheit der Wiedergabe gefordert ist. Durch die Einführung verbesserter Druckformen und Druckmaschinen ist heute auch die präzise Darstellung von Halbtonbildern im Vierfarben-Rasterdruck möglich (Kap. 4 Reproduktionstechnik).

Flexodruckmaschinen sind überwiegend *Rollen-Rotationsmaschinen* für den Mehrfarbendruck. Sie lassen sich nach ihrer Bauart in *Einzylinder-Druckmaschinen* und *Mehrzylinder-Druckmaschinen* einteilen.

Bei *Einzylinder-Druckmaschinen* sind die Druckwerke um einen gemeinsamen Gegendruckzylinder herum angeordnet. Die Druckmaschinen sind normalerweise mit bis zu sechs Farbwerken ausgestattet; heute sind jedoch auch schon Achtfarben-Einzylinderdruckmaschinen auf dem Markt. Die Anordnung ist in Abbildung 6–7 schematisch dargestellt.

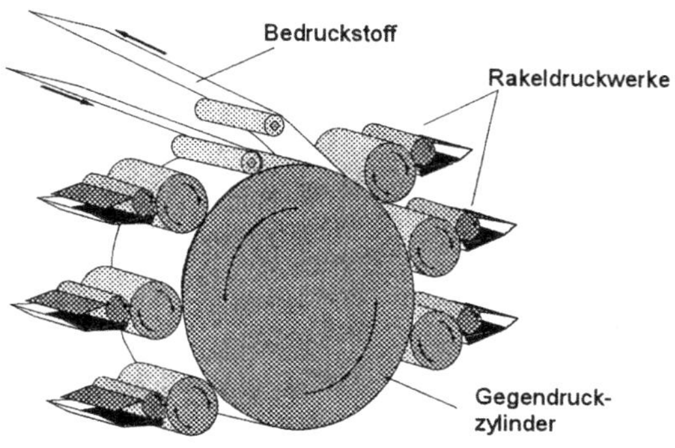

Abbildung 6–7: ***Einzylinder-Flexodruckmaschine***

Einzylinderdruckmaschinen werden für hochwertigen Flexodruck, insbesondere zum Bedrucken dehnbarer Folien eingesetzt. Eine neuere Entwicklung ist die Zentralrad-Mehrzylinder-Druckmaschine, bei welcher der Antrieb der einzelnen Farbwerke über ein gemeinsames großes Präzisionszahnrad erfolgt.

Bei den *Mehrzylinder-Druckmaschinen* unterscheidet man zwischen Ständerdruckmaschinen und Tandemdruckmaschinen. In *Ständerdruckmaschinen* können bis zu sechs Druckwerke in einem Rahmengestell angeordnet sein, von denen jedes einen eigenen Gegendruckzylinder hat. Bei *Tandemdruckmaschinen* sind die einzelnen Druckwerke in separaten Ständern in Reihenbauweise angeordnet. Diese Bauweise entspricht der der Tiefdruck-Rotationsmaschinen, daher können hier Flexodruckwerke mit Tiefdruckwerken kombiniert werden. Der längere Bahnweg der Tandemdruckmaschinen erlaubt eine Zwischentrocknung, was vorteilhaft für die Anwendung im Verpackungsdruck ist.

Flexodruckwerke bestanden früher aus einem *Dreiwalzensystem* aus Farbwerk (Tauchwalze oder Rasterwalze), Druckformzylinder und Gegendruckzylinder. Die Farbübertragung erfolgte durch Abquetschen, d.h. die Dichte des Farbauftrags wurde durch Zusammenpressen der Tauch- und Rasterwalze reguliert. Eine gleichmäßige Farbführung wurde durch Einführung der Rakel erreicht, ein auf die Rasterwalze aufgelegtes Stahlband, welches die Stege der Rasterwalze abstreift. Hierdurch wird nur noch die in den Näpfchen der Rasterwalze enthaltene Druckfarbe auf den Bedruckstoff übertragen. Wird die Rakel positiv (mitläufig mit der Drehrichtung der Rasterwalze) angelegt, so treten bei Geschwindigkeitsänderungen Farbtonschwankungen auf und die Abnutzung des Walzenmaterials ist sehr stark. Diese Nachteile werden bei negativer (gegenläufiger) Rakelanstellung weitgehend vermieden. Mit Einsatz der Rakel entfällt die Notwendigkeit der Farbdichteregulierung über den Druck zwischen Tauch- und Rasterwalze. Die heute eingesetzten Flexodruckwerke sind *Zweiwalzensysteme* ohne Tauchwalze, bei denen die Rasterwalze direkt in der Druckfarbe rotiert. Ein solches Rakelfarbwerk mit variabler Rakelanstellung ist in Abbildung 6–8 dargestellt:

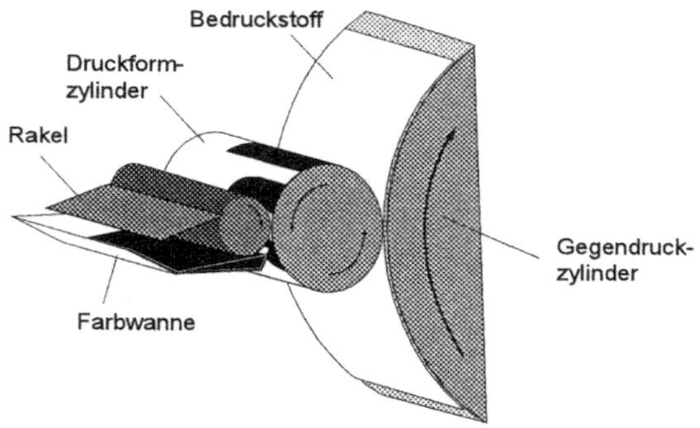

Abbildung 6–8: ***Rakelfarbwerk***

Linierdruck

Der **Linierdruck** ist ein relativ einfaches direktes Hochdruckverfahren zum Drucken von Lineaturen in Schulheften, Geschäftsbüchern, Formularen, Stenogrammheften, etc. Der Druck der Längslinien wird meist mit Messingrollen, der Querliniendruck mit Endlosdruckwalzen ausgeführt.

Das Einfärben der *Druckform* erfolgt kontinuierlich über eine Gummiwalze. Die Druckfarben des Linierdrucks sind sehr dünnflüssige, schnelltrocknende Flexodruckfarben auf Basis löslicher Farbstoffe (Kap. 6.3.2 Chemikalien in Hochdruckfarben).

Letterset (Trockenoffset)

Bei **Letterset** handelt es sich um ein indirektes Hochdruckverfahren; von der Druckform wird das Druckbild über einen mit Gummituch bespannten Zylinder auf den Bedruckstoff übertragen. Der Name ist eine Wortkombination aus Letterpress (Buchdruck) und Offset (indirekter Flachdruck).

Die verwendeten *Druckformen* sind seitenrichtige Buchdruckwickelplatten aus Fotopolymeren. *Letterset-Druckfarben* sind ähnlich den im Offset- und Buchdruck verwendeten Druckfarben (Kap. 6.3.2 Chemikalien in Hochdruckfarben). Die indirekte Farbübertragung im Letterset erlaubt auch den Druck auf Materialien mit minderer, ungleichmäßiger Oberflächenqualität für einfache Verpackungen und das Bedrucken wasserempfindlicher oder gummierter Papiere. Da im Gegensatz zum Offsetdruck ohne Feuchtung gearbeitet wird, kann auch mit Metallfarben oder mit Spezialfarben auf Metallfolien ohne Korrosionsgefahr gedruckt werden. Letterset wird heute vielfach für den Endlosformulardruck und für den Becherdruck angewendet.

Tabelle 6–1 faßt die verschiedenen Hochdruckverfahren zusammen:

Hochdruck	Druckprinzip	Druckform	Druckfarbe	Bedruckstoff	Typische Produkte	Erkennungsmerkmale
Buchdruck	Fläche/ Fläche (direkt) Bogendruck Tiegeldruck	Einzelform elemente - Bleisatz - Druckplatten Strich Raster	zähflüssig chemisch-physikalisch trocknend	Papier Karton	kleine Auflagen Format bis DIN A3 - Akzidenzen: Briefbogen Privatdrucksachen u.ä.	Quetschrand Schattierung Rasterpunkt flächenvariabel innen hohl scharf-randig Rasterpunkt in hellen Lichtern vorhanden
	Fläche/ Zylinder (direkt) Bogendruck = Flachformzylinderdruck ("Schnellpresse")	wie im Tiegeldruck zum Teil Glanzform platten	wie im Tiegeldruck	Papier Karton	mittlere Auflagen Format bis DIN A1 - Akzidenzen - Werbung - Kunstdruck - Spezialarbeiten: Blindprägen Numerieren Rillen, Ritzen	wie im Tiegeldruck
	Zylinder/ Zylinder (direkt) Rollendruck = Rollen-Rotationsdruck	Druckplatten - Bleistereo - Auswaschdruckplatte (flexibel)	zähflüssig überwiegend physikalisch trocknend	Papier	große Auflagen Druckweiterver arbeitung teilweise oder ganz in der Druckmaschine - Zeitungen - Telefonbücher - Taschenbücher	wie im Tiegeldruck nur für grobe Raster geeignet
Flexodruck	Zylinder/ Zylinder (direkt) Rollendruck = Rollen-Rotationsdruck	Druckplatten flexibel: - Gummidruckplatte - Auswaschdruckplatte	dünnflüssig physikalisch trocknend	Papier leichter Karton Folien Metallpapiere	Massendruck auflagen - Kunststoffolien: Verpackungen Tragetaschen - Metallpapiere - Einwickelpapiere - Verpackungspapiere - Vordrucke: Formulare	Quetschrand teilweise stärker als im Buchdruck keine Schattierung überwiegend Strich-Druck-elemente und grobe Raster flächenvariabel
Linierdruck			dünnflüssig physikalisch trocknend			
Letterset	Zylinder/ Zylinder (indirekt) Bogendruck Rollendruck (teilweise) Rotationsdruck	Druckplatten - Auswaschdruckplatte	zähflüssig chemisch-physikalisch trocknend	Papier Karton Spezialbereich: - Kunststoff	Verpackungen Formulare Spezialbereich: - Becherdruck	Quetschrand kaum sichtbar, keine Schattierung Rasterdruck selten überwiegend flächige Druckelemente

Tabelle 6–1 Übersicht der Hochdruckverfahren [482]

6.2.2 Hochdruckformherstellung

Da beim Hochdruck die farbübertragenden Stellen der Druckform erhöht liegen, wird für die Hochdruckplatte ein Material benötigt, das ein Herausätzen oder Herauslösen der nichtdruckenden Stellen zuläßt. Zur Druckformherstellung werden lichtempfindlich beschichtete Trägermaterialien aus Metall oder Kunststoff eingesetzt. Die *Druckbildfixierung* geschieht durch Übertragung der Kopiervorlage mittels Kontaktbelichtung auf das lichtempfindliche Material. Die fotosensible Schicht härtet an den vom Licht getroffenen Stellen, während die nichtbelichteten Stellen ungehärtet bleiben. Die nichtgehärteten Stellen werden im anschließenden *Entwicklungsprozess* mit Entwicklerlösung herausgewaschen. Hierdurch entstehen an den entsprechenden Stellen Vertiefungen, während die Bildstellen als erhöhte Elemente stehenbleiben.

Buchdruck

Für den **Buchdruck** werden heute überwiegend *fotopolymere Hochdruckplatten* hergestellt, während *Metalldruckplatten* (*Ätzklischees*) nur noch vereinzelt Anwendung finden.

Metallklischees

Für die Herstellung von **Metallklischees** werden Zink, Magnesium oder Kupfer verwendet. Die *Selbstbeschichtung* des Trägermaterials mit Chromatkolloidschichten durch den Anwender ist gegenüber dem *Vorbeschichtungsverfahren* mit Diazo- oder Fotopolymersystemen stark zurückgegangen.

Beim **Chromatkolloidverfahren** erfolgt die Sensibilisierung der Kolloidschicht mit Dichromatsalzen. Das Chrom(VI)-Ion im Dichromatsalz erfährt unter Lichteinwirkung eine Reduktion zum Chrom(III)-ion, welches die Härtung des Schichtmaterials bewirkt.

Beim **Diazoverfahren** erfolgt die Sensibilisierung der Kolloidschicht mit Diazoverbindungen, die unter Lichteinfluss Stickstoff abspalten und so eine bildmäßige Härtung bewirken.

Bei der Herstellung von **Zinkklischees** wird Polyvinylalkohol als Kolloidschicht eingesetzt. Die Schicht wird nach Belichtung mit Wasser entwickelt und durch Behandlung mit Chromsäure zusätzlich gehärtet. Die *Ätzung* der Metallplatte erfolgt in einem einzigen Arbeitsgang mit verdünnter Salpetersäure (14 - 22 %ig). Das früher übliche Mehrstufenätzverfahren wird nicht mehr angewendet. Das Ätzmittel darf bei der Ätzung nur senkrecht angreifen; um das seitliche Unterätzen des Metalls zu verhindern, werden sogenannte *Flankenschutzmittel* zugesetzt. Diese setzen sich aus gesättigten Fettsäuren (Kettenlängen von acht bis sechzehn Kohlenstoffatomen) wie z.B. sulfatiertem Rizinusöl und oberflächenaktiven Substanzen zusammen.

Die Beschichtung der **Magnesiumplatten** besteht aus sensiblisiertem Polyvinylcinnamat. Zur *Entwicklung* der Schicht wird Trichlorethylen eingesetzt; anschließend werden die Nichtbildstellen mit verdünnter Salpetersäure vorbehandelt, um eine gleichmäßige Ätzung zu gewährleisten. Der *Ätzvorgang* entspricht dem der Zinkplattenätzung.

Bei der **Kupferplattenherstellung** werden Kolloidschichten aus Fischleim oder Eiweiß verwendet, die mit Wasser entwickelt werden können. Zur Entfernung der auf dem Metall gebildeten Oxidschicht wird die Kupferplatte vor dem *Ätzen* mit verdünnter Salzsäure gewaschen. Als Ätzmittel wird bei der Kupferdruckformherstellung eine 28 - 45 %ige Eisen(III)-chloridlösung mit Thioharnstoff als *Flankenschutzmittel* eingesetzt.

Eine Übersicht der gebräuchlichen Ätzverfahren gibt Tabelle 6–2:

Ätzverfahren	Metall	Ätzmittel	Flankenschutzmittel
Dow-Einstufen- Ätzverfahren	Mg, Zn	verd. HNO_3	sulfatiertes Rizinusöl in Diethylbenzol
Engravers incl. Ätzverfahren	Cu	$FeCl_3$-Lösung	Thioharnstoff

Tabelle 6–2: ***Ätzverfahren***

Kunststoffdruckformen

Kunststoffdruckformen werden für den rotativen Zeitungs-Hochdruck verwendet oder als Maternplatte, von welcher Duplikat-Druckformen für den Zeitungsdruck hergestellt werden. Im Letterset (Trockenoffset) werden Kunststoff-Flachreliefplatten mit geringer Relieftiefe eingesetzt, mit welchen ohne Feuchtung auf Offsetdruckmaschinen gedruckt werden kann.

Für Kunststoffhochdruckplatten werden *lösliche Polymerschichten* mit einem fotopolymerisierbaren di- oder mehrfunktionellen Monomeren verwendet. Die lichtempfindliche Schicht besteht entweder aus

1. polymerisierbarem Harz und einem Fotosensibilisator. Der Fotosensibilisator geht bei Adsorption von UV-Licht in einen energiereichen Zustand über und bewirkt durch Öffnung der Kohlenstoffdoppelbindung der Monomermoleküle die Vernetzung der Monomere zu Polymerketten.

oder aus

2. polymerisierbarem Monomer, Bindemittelharz, Weichmacher und Fotoinitiator. Die Polymerisation läuft in diesem Fall über eine Radikalkettenreaktion, die vom Fotoinitiator gestartet wird. Bei dieser Reaktion entstehen auch Copolymere zwischen Binderharzmolekül und Monomer. Diese Systeme sind sauerstoffempfindlich. Zur Verbesserung der Stabilität gegen thermische Polymerisation werden zusätzliche Additive eingesetzt.

Die nichtbelichteten ungehärteten Stellen der Druckform werden in einem einstufigen *Auswaschverfahren* mit schwach alkalischer Lösung (z.B. Natriumcarbonatlösung) oder einem Wasser-Alkohol-Gemisch herausgelöst.

In Anwendung sind auch flüssige Polymersysteme auf Polyurethanbasis. Unter Lichteinfluss härtet das Material an den Bildstellen, die nichtbelichteten ungehärteten Stellen bleiben flüssig und können mit einem scharfen Luftstrom ausgeblasen werden. Das entstandene Relief wird mit *Entwicklerlösung* ausgewaschen und zur zusätzlichen Härtung nachbelichtet.

Flexodruck

Die elastische Beschaffenheit der Druckform gibt dem Flexodruck seinen Namen. Die gebräuchlichen Verfahren zur Herstellung von Druckformen für den Flexodruck sind heute [190]:

1. *Abformtechnik*: Gummiklischee
2. *Auswaschtechnik*: fotopolymere Druckplatte
3. *Gravur- oder Lasertechnik* mit Elastomeren

Abformtechnik

Die Herstellung eines **Gummiklischees** erfolgt in drei Arbeitsgängen:

Im ersten Schritt wird durch Ätzen einer Metallplatte ein Klischee hergestellt, wie es auch im Buchdruck als Druckplatte verwendet wird (siehe Buchdruckformherstellung). Von diesem *Metallklischee* wird aus einer *Kunststoffmatrize* unter Hitze (ca. 135 °C) und Druck eine Mater geprägt. Beim anschließenden dritten Prozessschritt, der Vulkanisation, wird eine Rohgummiplatte auf die Kunststoffmater gelegt und das *Gummiklischee* unter Druck und Hitze (ca. 140 - 150 °C) in der Prägepresse geformt. Nicht jede Gummisorte ist für die unterschiedlichen Lösemittel in den Druckfarben geeignet. Einen Überblick über die Beständigkeit einiger handelsüblicher Gummisorten gibt Tabelle 6–3:

Handelsname	Chemischer Ursprung	Abkürzung	Alkohol, Wasser	Ester, Ketone	Benzine	Toluol
Naturkautschuk	Isopren	NR	+	0	-	-
Nitrilkautschuk	Acrylnitril-Butadien	NBR	+	-	+	0
Ethylen-Propylen-Kautschuk	Ethylen-Propylen-Dien	EPDM	+	+	-	-
Butylkautschuk	Isobutylen-Isopren	IIR	+	+	-	-

Bewertung: + = beständig o = bedingt beständig - = nicht beständig

Tabelle 6–3: Beständigkeit der handelsüblichen Gummisorten [190]

Man erhält eine seitenverkehrte, negative Druckform. Das ausvulkanisierte Gummiklischee wird durch rückseitiges Schleifen für den Druck egalisiert.

Abbildung 6–9 stellt die einzelnen Arbeitsschritte schematisch dar:

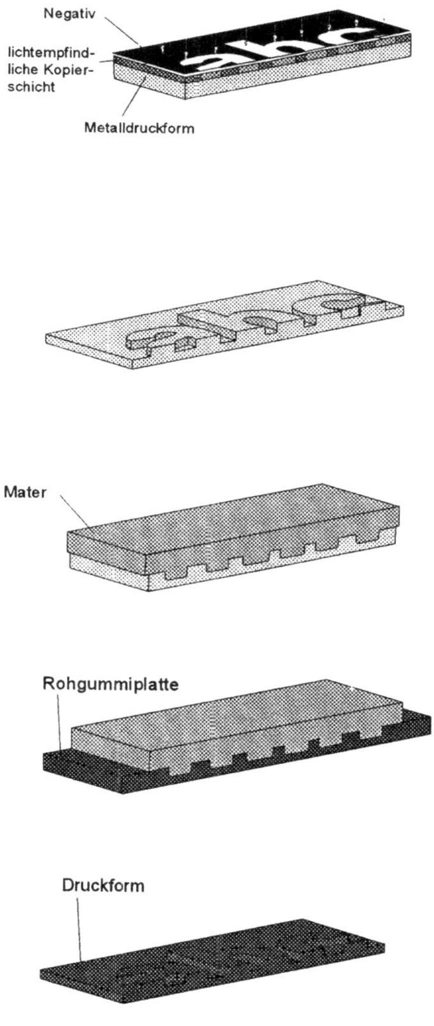

Belichtung:

Für die Metalldruckform wird hauptsächlich Zink verwendet, mehr und mehr setzt sich aber auch Magnesium durch. Die lichtdurchlässigen Stellen im Negativ werden auf der Kopierschicht gehärtet und sind dadurch unlöslich; sie bilden nachher den Säureschutz. Die nicht gehärteten Stellen bleiben löslich.

Ätzung:

Nach der Ätzung - zum Beispiel mit einer 10- bis 20- prozentigen Salpetersäurelösung - bleiben die gehärteten Stellen als Druckelemente stehen.

Materherstellung:

Vom Metallklischee wird aus einer Kunststoffmatritze unter Hitze und Druck eine Mater geformt

Vulkanisieren:

Eine Rohgummiplatte entsprechender Größe wird auf die Mater gelegt. In der Vulkanisierpresse fließt unter Hitze und Druck der Gummi in alle Vertiefungen der Mater.

Fertiges Klischee:

Nach Abkühlung wird die Mater abgenommen und die seitenverkehrte, negative Druckform ist fertig.

Abbildung 6–9: ***Gummiklischeeherstellung***

Auswaschtechnik

Die **fotopolymere Druckplatte** wird auf fotografischem Wege direkt vom Negativ hergestellt. Das Prinzip der Druckplattenherstellung ist die *Polymerisation*. Eine lichtempfindliche flüssige oder feste Polymerschicht wird durch UV-Belichtung (Wellenlänge 360 nm) an den belichteten Stellen gehärtet. Das unbelichtete Schichtmaterial wird durch *Auswaschen* mit organischen Lösemitteln oder mit alkalischer Lösung entfernt, so dass ein Bildrelief der gewünschten Tiefe entsteht.

Die lichtempfindliche Fotopolymerschicht besteht aus:

1. polymerem Bindemittel wie Polyacrylat, Polystyrol, Polyamid oder Polyvinylalkohol als Trägersubstanz
2. ungesättigten, zur Polymerisation befähigten Monomerverbindungen wie Vinylacetat, Styrol, Acrylat- oder Methacrylatmonomeren
3. einem Fotoinitiator, z.B. ein Keton, Chinon oder Metallcarbonyl, der die Reaktion startet.

Bei Fotopolymerplatten unterscheidet man zwischen **Solid**- und **Liquidsystemen** sowie weiter in Ein- und Mehrschichten-Druckplatten. Den Aufbau der beiden Druckplattentypen beschreibt Abbildung 6–10:

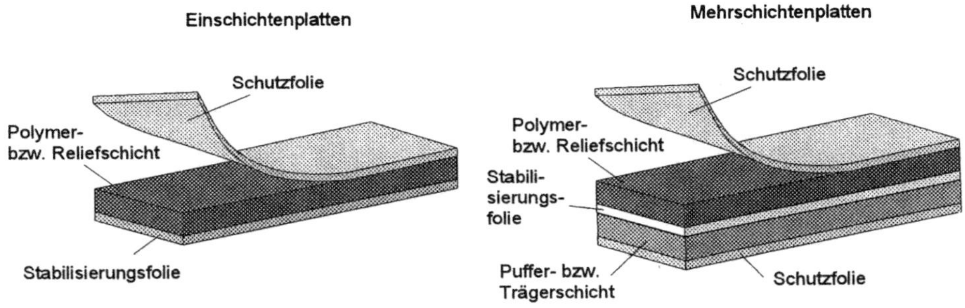

Abbildung 6–10: Fotopolymer-Druckplatten Solidsystem

Beim **Liquidsystem** wird die zwischen zwei Polyesterfolien aufgebrachte flüssige Polymerharzschicht beidseitig belichtet. Die vom Licht nicht getroffenen Harzpartikel werden mit wäßriger alkalischer Lösung ausgewaschen.

Solid-Fotopolymerplatten sind mit einer Schutzfolie (als Sauerstoffbarriere) abgedeckt, die vor der Belichtung abgezogen wird. Die vom Licht getroffenen Polymerpartien härten aus und werden unlöslich in organischen Lösemitteln. Die unbelichteten Nichtbildstellen der Polymerplatte werden mit einem Lösemittelgemisch (z.B. Perchlorethylen und Butanol) ausgewaschen. Durch eine abschließende Nachbelichtung wird die Druckplattenoberfläche ausgehärtet. Abbildung 6–11 stellt die einzelnen Prozesse der Druckformherstellung dar.

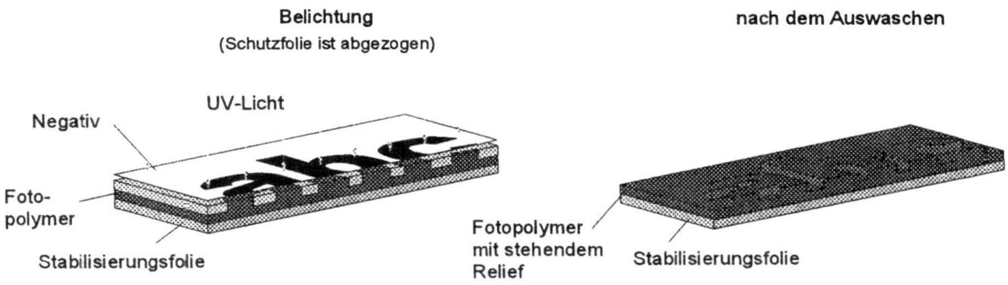

Abbildung 6–11: Fotopolymere Druckformherstellung

Fotopolymerplatten haben im Flexodruckverfahren die Gummiklischees und gravierte Gummizylinder weitgehend ersetzt. Auch Auswaschreliefdruckplatten für Stempel werden mittels dieser Methode hergestellt. Tabelle 6–4 gibt eine Übersicht über handelsübliche Fotopolymersysteme.

Gravur- oder Lasertechnik

Diese Technik wird zur Herstellung *nahtloser Druckwalzen* verwendet, wie sie z.B. im Tapeten- und Dessindruck, Etiketten- und Formulardruck sowie im Linierdruck eingesetzt werden.

Es werden zwei Verfahren unterschieden :

1. das Abtast- oder indirekte Verfahren
2. das Kupfer-, Maskier- oder Direktverfahren

Solid (fest)		Liquid (flüssig)
Einschichtenplatte	**Mehrschichtenplatte**	
Cyrel FR, DuPont	Nyloflex MA, BASF Nyloprint	APR-Flex-Platte
Cyrel LP, DuPont		ASAHI Chemical Industry
Cyrel LD, DuPont		
Cyrel RB Flex-Light, Uniroyal		
Nyloflex FA, BASF Nyloprint		
Nyloflex FO, BASF Nyloprint		

Erläuterungen: FR = rot, alkoholfest; LP = letter press, ölfest; LD = 40 Shore A, für Wellpappendruck; RB = für Endlosdruckwalzen; FA = Folienträger, alkoholfest; FO = Folienträger, ölfest; MA = mehrschichtig, alkoholfest

Bei den Typenbezeichnungen handelt es sich um eingetragene Warenzeichen.

Tabelle 6–4: Beispiele für Fotopolymersysteme [190]

Abtastverfahren

Ein Helium-Neon-Laser tastet die Druckvorlage ab und überträgt die Impulse auf einen CO_2-Laser, der die eigentliche Druckform mit höchster Präzision graviert. Das Walzenmaterial, das aus speziellen Gummisorten oder Kunststoffen besteht, wird an den gelaserten, nichtdruckenden Stellen verdampft (Abbildung 6–12).

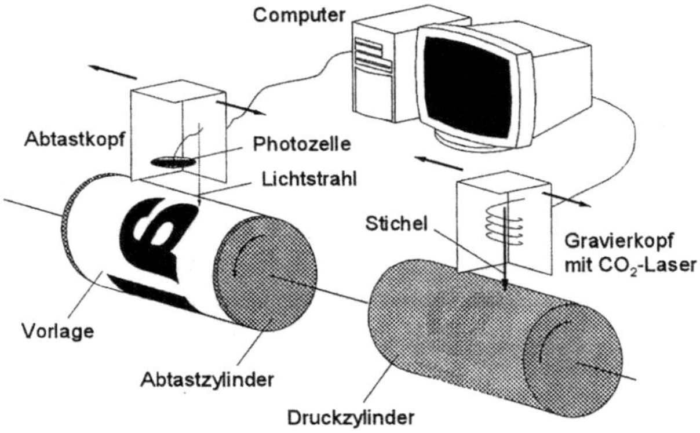

Abbildung 6–12: Lasergravur-Abtastmethode

Kupferverfahren

Ein mit einer entsprechenden Gummisorte beschichteter Stahlzylinder (Rohling) wird plangeschliffen und mit einer Metallmaske (in der Regel Kupfer) belegt. Das Gummi wird mit einem lichtempfindlichen Lack überzogen und durch ein Negativ belichtet. Wie bei der Abformtechnik entfernt eine anschließende Ätzung das Metall an den nichtbelichteten ungehärteten Stellen bis auf die Gummischicht. Die Gummischicht wird dann an den entsprechenden Stellen mit einem CO_2-Laser verdampft. Abschließend wird der Rest der Metallmaske entfernt (Abbildung 6–13).

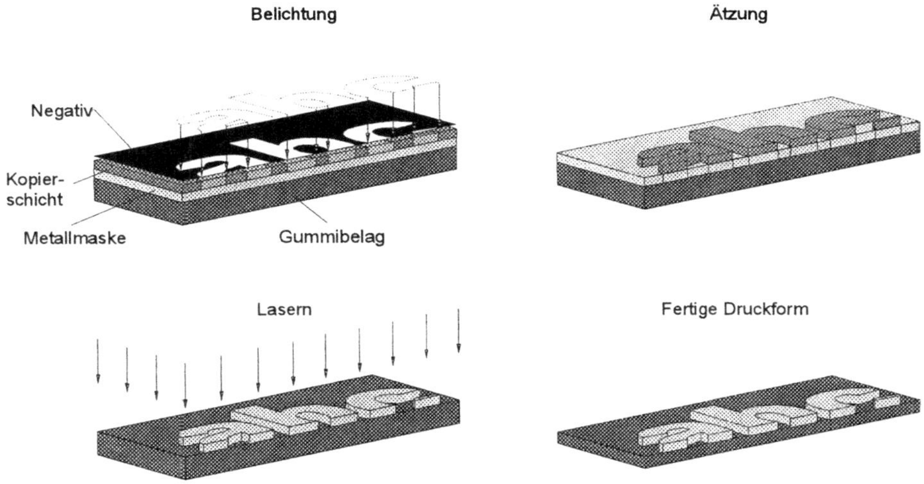

Abbildung 6–13: Lasergravur-Maskiermethode

Die grundlegenden Druckformherstellungsverfahren für den Hochdruck sind in Abbildung 6–14 zusammenfassend dargestellt [482].

6.3 Chemikalien im Hochdruck

6.3.1 Chemikalien in der Hochdruckformherstellung

Im Hochdruck werden heute Metallklischees im Einstufenätzverfahren und Fotopolymerplatten im Auswaschverfahren sowie Gummidruckformen mittels Abformtechnik und Lasergravur hergestellt.

Metallklischees

Zur Klischeeherstellung werden üblicherweise vorbeschichtete Zink- oder Magnesiumplatten verwendet. Das **Beschichtungsmaterial** besteht aus einer Kolloidschicht aus Polyvinylalkohol, Polyvinylcinnamat oder Eiweiß, die mit Dichromatsalzen oder mit Diazoniumsalzen sensibilisiert wird. Die Selbstbeschichtung unter Einsatz des stark giftigen Chrom(VI)-ions ist bedeutungslos geworden. Nach dem Aufbelichten des Druckbildes erfolgt die Auswaschung mit Wasser (selbstbeschichtete Platten) oder mit lösemittelhaltigem Entwickler (vorbeschichtete Platten). Der Verbrauch an *Entwicklerlösung* beträgt im Mittel 50 ml pro m² hergestellter Metallplatte [254, 7].

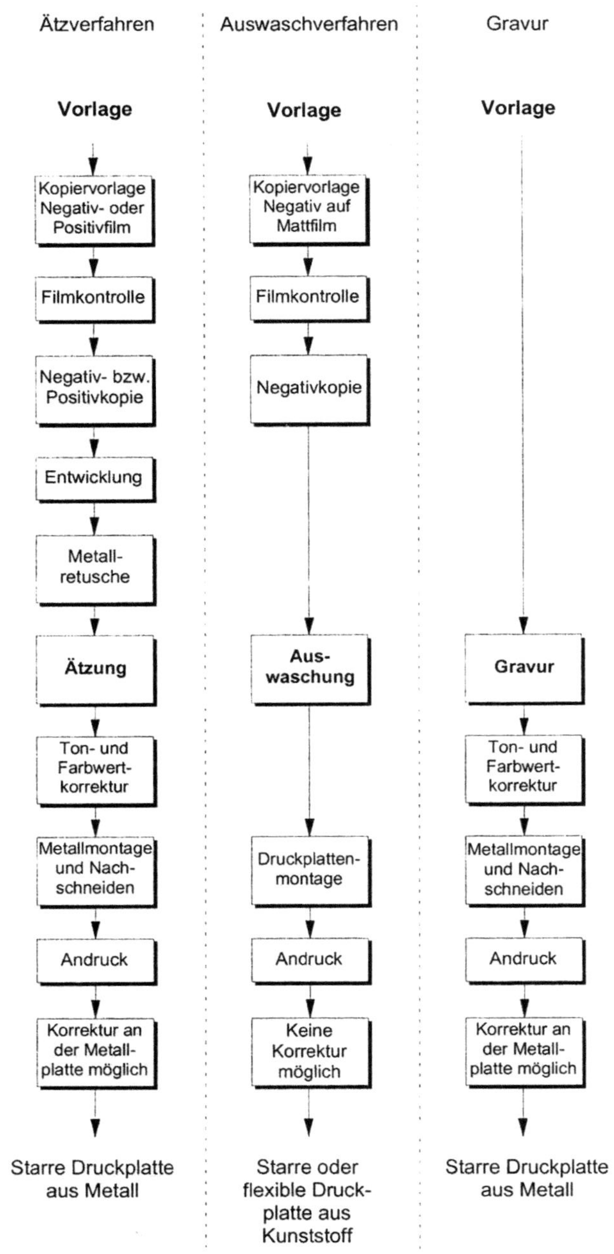

Abbildung 6–14: ***Arbeitsabläufe zur Herstellung von Original-Hochdruckplatten im Vergleich [482]***

Zur Ätzung der Metallklischees wird eine *Ätzemulsion* aus verdünnter Salpetersäure (14 - 22 %ig; Dichte 1,4 g/cm^3) und wasserunlöslichem Flankenschutzmittel, bestehend aus gesättigten Fettsäuren wie sulfatiertem Rizinusöl und oberflächenaktiven Stoffen sowie oft auch Glycolether, eingesetzt. In 100 l Ätzlösung sind 12 - 13 l Salpetersäure und 1,5 - 3 l Flankenschutzmittel enthalten. Die Ätzlösungen reichern sich mit 30 - 35 g/l des entsprechenden Metalls an, wobei Schnellätzmaschinen einen Inhalt von 40 - 150 l besitzen und mehrmals am Tag gefüllt werden. Bei Zinkklischees wird vor der Ätzung eine Härtung durch Behandlung mit Chromsäure durchgeführt, Magnesiumklischees werden mit verdünnter Salpetersäure vorbehandelt.

Bei der Herstellung von Kupferplatten wird eine Ätzlösung aus Eisen(III)-chloridlösung (28 - 45 %ig) und Thioharnstoff als Flankenschutzmittel eingesetzt. Die Vorbehandlung der Kupferplatte zur Entfernung des oberflächlich gebildeten Kupferoxids erfolgt mit verdünnter Salzsäure.

Fotopolymerdruckplatten

Zur Herstellung von Fotopolymerdruckplatten wird ein fotosensibles polymerisierbares Material bildmäßig mit UV-Licht bestrahlt. Das Fotopolymer härtet an den belichteten Stellen aus und wird unlöslich; die unbelichteten ungehärteten Polymerpartikel werden im Auswaschverfahren mit wäßriger Lösung oder organischen Lösemitteln von der Trägerschicht abgewaschen oder im Ausblasverfahren mit einem scharfen Luftstrom entfernt. Die gehärteten Stellen der Polymerschicht bleiben als Druckbildrelief stehen.

Die lichtempfindliche **Polymerschicht** besteht aus polymeren Bindemitteln, fotopolymerisierbaren Monomeren und einem Fotoinitiator oder Fotosensibilisator.

Die *polymeren Bindemittel* dienen als inaktiver Trägerstoff. Die wichtigsten Bindemittel sind Polyamide, Polyacrylate, Polystyrol, Polyvinylalkohol, Polyurethane, ungesättigte Polyester, alkalilösliche Celluloseester (Celluloseacetat, -succinat, und -phthalat) , Polybutadiene sowie Isopren-Styrol-Copolymere und Methylstyrol-Vinyltoluol-Copolymere.

Die *fotovernetzenden Monomere* reagieren unter Lichteinfluss in einer Kettenreaktion zu Polymeren. Die gebräuchlichsten Monomere sind Acrylate und Methacrylate wie 1,6-Hexandiol-diacrylat, 1,6-Hexandiol-dimethacrylat, Hydroxyethyl-methacrylat, Triethylenglycol-diacrylat und Trimethylolpropan-triacrylat. Daneben werden auch Vinylacetat, Styrol, bifunktionelles Acrylamid und mit Allyl- oder Vinylethern vernetzende polyfunktionelle Mercaptane eingesetzt.

Fotoinitiatoren werden bei UV-Bestrahlung in Radikale gespalten, welche die Polymerisation der Monomere zu Polymerketten starten. Die häufigsten Substanzen sind Chinone, Ketone wie 2,2-Dimethoxy-2-phenyl-acetophenon und Metallcarbonyle.

Bei *Fotosensibilisatoren* wird durch Adsorption von UV-Licht ein energiereicher Zustand angeregt, der über eine Spaltung der Kohlenstoffdoppelbindungen der Monomere die Polymerisationsreaktion herbeiführt. Ein typischer Fotosensibilisator ist Benzophenon.

Als weitere *Additive* werden den Fotopolymerschichten noch *Weichmacher* (z.B. Dibutylphthalat), *Antioxidantien* (z.B. 2,6-Di-t-butyl-p-methylphenol) und *Mittel gegen thermische Polymerisation* (z.B. Hydrochinon) zugegeben.

Fotopolymere Hochdruckplatten

Bei fotopolymeren Hochdruckplatten liegt das flüssige, fotosensible Polymer auf einem Träger aus Aluminium, Stahl oder Polyfibron. Das unbelichtete, nicht gehärtete Polymer wird mit schwach alkalischer, z.B. Natriumcarbonat-Lösung, oder mit alkoholischer Lösung ausgewaschen. Bei einem anderen Liquidsystem wird das ungehärtete Material im Ausblasverfahren von den druckbildfreien Stellen der Trägerplatte entfernt und in den Kreislauf zum erneuten Einsatz zurückgeführt. Beispiele für fotopolymere Einschichten-Liquid-Hochdruckplatten sind die Nyloprint-Druckplatte der Firma BASF und das Letterflex-System der Firma Grace:

Bei der **Nyloprint-Flexodruckplatte** handelt es sich um eine vorbeschichtete Wickelplatte auf Trägermaterial Stahl, Aluminium oder Polyester. Das *Bindemittel* der Polymerschicht ist ein Acrylamidderivat. Als *Monomer* wird Tetraethylenglycol-dimethacrylat eingesetzt; es ersetzt heute das gesundheitlich bedenklichere Tetraethylenglycol-diacrylat [148]. Die unbelichteten Fotopolymerstellen werden mit alkoholischer Lösung ausgewaschen.

Für die **Letterflex-Polymerplatte** wird eine mit sauren Aluminiumsalzen (Chromate oder Fluoride) und Vinylchlorid-Vinylacetat-Copolymer sowie organischen Farbstoffen beschichtete Aluminium-Trägerplatte verwendet. Die *Fotopolymerbeschichtung* besteht aus einem Urethanpolymer - zusammengesetzt aus Toluol-2,4-diisocyanat und einem Trimethylolpropan-diallylether- und dem Polyalkohol Pentaerythritol-tetrakis-3-mercaptopropionat als vernetzende Substanz. Dem Fotopolymer werden etwa 2 % *Stabilisatoren*, ein *UV-Sensibilisator* als Katalysator, Benzophenon als *Fotoinitiator* und 2,6-Di-t-butyl-p-methylphenol als *Antioxidans* zugegeben [148].

Flexodruckplatten

Je nach Aggregatzustand des Fotopolymers wird zwischen **Liquid**- und **Solidsystemen** unterschieden:

Beim **Liquidsystem** sind flüssige Polymere zwischen zwei Polyesterfolien eingelagert; diese werden beidseitig belichtet. Die nicht vom Licht getroffenen flüssigen Polymerpartikel werden mit wäßrigen alkalischen Lösungen ausgewaschen.

Beim *Solid-Einschichtensystem* liegt die Polymerschicht auf einer Stabilisierungsfolie aus Polyester; bei der *Zweischichtenplatte* liegen zwei Polymerschichten unterschiedlicher Härte auf einer Trägerfolie und einer Stabilisierungsfolie. Das oberste Schichtmaterial ist mit einer Schutzfolie aus Polyester abgedeckt. Die nicht belichteten, ungehärteten Stellen des Fotopolymers werden mit organischen Lösemitteln, meist Gemischen aus Perchlorethylen und Butanol unterschiedlicher Zusammensetzung ausgewaschen. Zur Nachhärtung der Oberfläche wird eine wäßrige brom- oder chlorhaltige Lösung eingesetzt und mit UV-Licht nachbehandelt. Eine Übersicht über handelsübliche fotopolymere Flexodruckplatten zeigt Tabelle 6–4 (Kap. 6.2.2 Hochdruckformherstellung).

Bei der **Cyrel-Flexodruckplatte**, einer Fotopolymer-Einschichten-Flexodruckplatte der Firma Du-Pont, liegt die fotosensible Schicht auf einer Polyesterfolie ("Mylar") [240]. Die Polymerschicht besteht aus den *Bindemitteln* Polybutadien, Styrol-Isopren-Copolymer und Methylstyrol-Vinyltoluol-Copolymer als Trägersubstanzen, den *fotovernetzenden Monomeren* 1,6-Hexandiol-diacrylat, 1,6-Hexandiol-dimethacrylat und Hydroxyethylmethacrylat, dem *Fotoinitiator* 2,2-Dimethoxy-2-phenylacetophenon und weiteren *Zusatzstoffen* wie einem roten Farbstoff (C.I. 109), Hydrochinon als *Stabilisator* gegen thermische Polymerisation und 2,6-Di-t-butyl-p-methylphenol als *Antioxidans*.

Die ungehärteten Fotopolymerpartikel werden mit einem organischen Lösemittelgemisch aus 3 Volumenteilen Perchlorethylen und 1 Volumenteil Butanol ausgewaschen. Der Verbrauch an Auswaschlösung pro m² hergestellter Cyrel-Platte beträgt 15 l bei einer bedeckten Fläche von 50 % und einer Relieftiefe von 1 mm [240]; bei größeren Relieftiefen erhöht sich der Verbrauch entsprechend. Eine gute Nachhärtung der Plattenoberfläche wird durch Bestrahlung mit UV-Licht erreicht; die Behandlung der Cyrel-Platte mit wäßriger chlorhaltiger Lösung bestehend aus Natriumhypochlorit, Dichlorisocyanursäure (Natriumsalz), Salzsäure, Natriumhydrogencarbonat und Natriumthiosulfat wird heute nicht mehr durchgeführt.

Gummiklischees

Zur Herstellung einer **Gummidruckform** wird zunächst ein Metallklischee geätzt, von welchem unter Druck und Hitze in einer Prägepresse eine Kunststoffmater erstellt und schließlich die Gummidruckform abgeformt wird. Die *Metallklischeeätzung* entspricht der Metalldruckformherstellung für den Buchdruck (siehe Metallklischees). Als Material für die Kunststoffmater wurde früher Gips oder ein spezielles Kunstharz verwendet; heute besteht die *Kunststoffmatrize* aus einer mit Phenolharz getränkten saugfähigen Spezialpappe, die mit einer Bakeliteoberfläche versehen ist. Diese Mater wird vor der *Gummiplattenprägung* mit Maismehlpuder beschichtet, damit sich das Gummiklischee leichter abheben läßt.

Für die Gummidruckformherstellung wird als Rohmaterial Naturkautschuk (NR) oder synthetische Gummisorten wie Acrylnitril-Butadien-Kautschuk (NBR), Isobutylen-Isopren-Kautschuk (IIR) oder Butylkautschuk (BUNA N) sowie Ethylen-Propylen-Dien-Kautschuk (EPDM) eingesetzt. Der Naturkautschuk wird vor der Verwendung mit Schwefel, Füllstoffen, Weichmachern und Mitteln für Alterungsbeständigkeit versetzt. *Klischees aus Naturgummi* sind jedoch nur für Druckfarben auf Alkohol- oder Wasserbasis mit geringem Esteranteil geeignet. Die *synthetischen Gummidruckformen* zeichnen sich durch Beständigkeit gegenüber Kohlenwasserstoffen oder gegen Ester, Ketone und Alkohole aus.

Bei der Gummidruckformherstellung mittels *Lasergravur* lassen sich die Abtastmethode und die Kupfer- oder Maskiermethode unterscheiden. Bei der *Abtastmethode* werden die nicht druckenden Stellen der Gummi- oder Kunststoffdruckform mit einem CO_2-Laser verdampft. Bei der *Kupfer- oder Maskiermethode* wird ein gummibeschichteter Stahlzylinder mit einer Metallmaske (meist eine Kupferschicht) belegt und belichtet. Im ersten Schritt wird die Metallschicht bis auf das Gummi weggeätzt; hierbei werden die aus der Metallklischeeherstellung bekannten Ätz- und Flankenschutzmittel eingesetzt. Das Gummimaterial wird dann an den freigelegten Stellen mit einem CO_2-Laser verdampft. Abschließend wird der übriggebliebene Rest der Metallmaske abgeätzt.

6.3.2 Chemikalien in Hochdruckfarben

Für jedes der vier Hauptdruckverfahren läßt sich die allgemeine Zusammensetzung der Druckfarben wie folgt angeben: Farbmittel, Verdünnungsmittel, Bindemittel und Additive.

Pigmente sind praktisch unlösliche farbgebende anorganische oder organische Substanzen, während *Farbstoffe* lösliche Farbmittel darstellen.

Verdünnungsmittel dienen zur Einstellung der Farbstärke und Konsistenz der Druckfarbe und bestimmen das Trocknungsverhalten.

Bindemittel haben die Aufgabe, das Farbmittel durch Benetzung in eine verdruckbare Form zu bringen und eine gute Haftung des Farbmittels auf dem Bedruckstoff zu bewerkstelligen.

Unter dem Begriff *Additive* werden Substanzen mit verschiedenen Funktionen, z.B. Trocknungskatalysatoren, Antioxidantien etc. zusammengefaßt.

Eine ausführliche Behandlung des Themenkomplexes Druckfarben wird in Kap. 10 Druckfarben gegeben.

Buchdruckfarben

Buchdruckfarben (siehe auch Kap. 10 Druckfarben) sind pastöse Zubereitungen, deren Hauptbestandteile Pigmente (organisch 15 - 25 %, anorganisch 40 - 65 %) und Bindemittellösungen (Firnisse) sind. Für Buchdruckfarben werden meist transparente oder halbopake nichtfarbige Pigmente verwendet. Zu den Weißpigmenten gehören Titandioxid (P.W.6), Calciumcarbonat (P.W.18) und Blanc Fixe (Bariumsulfat; P.W.21). Titandioxid wird häufig in Kombination mit anderen Pigmenten eingesetzt. Schwarze Buchdruckfarben enthalten verschiedene Rußsorten (Furnace-Ruße) (P.Bk.7), die je nach Druckfarbenqualität mit dunklen Farbbasen oder mit blauen und violetten Pigmenten geschönt werden. Für bunte Buchdruckfarben werden größtenteils farbstarke, farbtonreine organische Pigmente eingesetzt [183, 273].

Buchdruckfarben trocknen durch Eindringen der Bindemittel und Verdünnungsmittel in den Bedruckstoff hinein (Wegschlagen) und anschließende oxidative Vernetzung [461]. Beim Druck auf nicht saugfähigen Materialien erfolgt die Trocknung rein oxidativ. Dementsprechend werden in Buchdruckfarben trocknende und nichttrocknende Bindemittel eingesetzt. Als trocknendes Bindemittel wurde früher Leinöl (zum Teil harzmodifiziert) eingesetzt, heute werden meist Alkydharze mit Zusätzen von resol- oder maleinatmodifizierten Naturharzen sowie Kohlenwasserstoffharzen verwendet; zur Verbesserung des Trocknungsverhaltens wird der Druckfarbe in manchen Fällen Holzöl zugesetzt. Als nichttrocknende Bindemittel werden resol- oder maleinatmodifizierte Naturharze, Kohlenwasserstoffharze oder Zink- und Calciumresinate sowie hochsiedende Mineralöle eingesetzt. Die verwendeten Mineralöle variieren in Viskosität und Aromatengehalt.

Buchdruckfarben	Eigenschaften/Stoffgruppen	Beispiele
Viskosität	hochviskos, pastös	
Pigmente/ Farbstoffe	organisch 15 - 25 %	schwarze Farbbasen, blaue oder violette Pigmente (P.B.18)
		farbstarke Pigmente (P.R.4, P.R.53:1, P.R.57)
	anorganisch 40 - 65 %	P.W.6, P.W.18, P.W.21, Ruße (Furnaceruße) (P.Bk.7)
Verdünnungsmittel	Mineralöle	hochsiedendes Petroleumdestillat mit Zusätzen von hochsiedenden Alkoholen
Bindemittel	trocknende Harze	Leinöl (harzmodifiziert), Alkydharze mit Zusätzen von resol- oder maleinatmodi- fizierten Natur- oder KW-Harzen, Holzöl
	nichttrocknende Harze	resol- oder maleinatmodifizierte Naturharze KW-Harze, Zink- und Calciumresinate, hochsiedende Mineralöle mit Zusätzen von Alkoholen
Additive	Antioxidantien	
	Dispergierverbesserer	Asphaltlösungen in Mineralöl
	Antismogmittel	Aluminiumsilikate (Bentonit)
	Trocknungskatalysatoren	fettsaure Salze von Kobalt, Cer, Mangan oder Zirkon
	Wachse als Abriebfestigkeits ver-besserer	Paraffin, Polyethylen oder Polytetraflourethylen

Tabelle 6–5: ***Buchdruckfarben***

In den meisten Fällen erfolgt die **Trocknung** der Buchdruckfarben kombiniert durch Wegschlagen und Oxidation des Bindemittels. Zur Beschleunigung des oxidativen Trocknungsvorgangs werden fettsaure Salze von Kobalt, Cer, Zirkonium oder Mangan als Sikkative (Trocknungskatalysatoren) eingesetzt; Zusatz von Mineralölen beschleunigt die Trocknung durch Wegschlagen.

Das Fließverhalten der Druckfarben wird neben der Wahl entsprechender Bindemittel durch die Zugabe von *Verdünnungsmitteln* wie Mineralölen oder geringe Mengen an Alkoholen eingestellt. Die Abriebfestigkeit der Buchdruckfarben wird durch Zusatz von natürlichen oder synthetischen Wachsen wie Paraffin, Polyethylen- oder Polytetrafluorethylenwachs erhöht. Als weitere *Additive* werden Antioxidantien und Substanzen zur Verbesserung der Dispergierfähigkeit (2 - 3 %ige Asphaltlösung in Mineralöl) bei der Farbverarbeitung zugesetzt. Das Zusammenkleben der trocknenden Papiere wird durch Bestäuben der einzelnen Bögen mit Gipsmehl oder pflanzlicher Stärke verhindert.

Bei *Zeitungsdruckrotationsfarben* zum Bedrucken von Tageszeitungen handelt es sich um mittelviskose Druckfarben, deren Hauptbestandteile preiswerte Ruße, Mineralöle und als Schönungsfarbmittel farbstarke blaue, violette oder schwarze Farbbasen oder Pigmente sind. Die Farbbasen werden der Druckfarbe in Form fettsaurer Salze zugefügt. Zur Verbesserung der Wischfestigkeit werden Naturharze, Kohlenwasserstoffharze oder Asphalt eingesetzt. Die Trocknung der Druckfarbe erfolgt durch Wegschlagen in das Zeitungspapier hinein.

Flexodruckfarben

Das Haupteinsatzgebiet des Flexodrucks ist der Druck von Verpackungsmaterialien für Lebensmittel, Kosmetika, Hygienepapiere und Gebrauchsartikel aller Art, daher müssen Flexodruckfarben chemische Beständigkeit gegenüber Wasser, Öl, Fett, Seife und Detergentien besitzen. Mit Flexodruckfarben werden Cellulosefilme (beschichtet mit Nitrocellulose oder Polyvinylidenchlorid), Polyvinylchlorid-, Nylon- und Polyesterfilme, Polyolefinfilme (beschichtetes und unbeschichtetes Polyethylen und Polypropylen), Aluminiumfolien und metallbeschichtetes Papier bedruckt. Polyethylenfolien werden vor dem Druck mittels Hochspannung elektronisch aufgerauht, um eine gute Haftung der Druckfarbe auf dem Film zu erreichen.

Flexodruckfarben (siehe auch Kap. 10 *Druckfarben*) sind niederviskose Zubereitungen, basierend auf festen oder flüssigen Farbmitteln, Bindemitteln und Lösemitteln [461, 51, 183, 273]. Flexodruckfarben lassen sich in Zubereitungen auf Basis löslicher Farbstoffe, pigmentierte Druckfarben und Systeme auf Wasserbasis einteilen [506, 508]. *Zweikomponentenfarben* besitzen eine bessere Beständigkeit gegen Hitze und Lösemittel und haften besser auf dem Bedruckstoff. Bei diesen Druckfarben findet nach Verdunsten des Lösemittels eine chemische Reaktion der Farbkomponenten statt.

Flexodruckfarben mit löslichen basischen Farbstoffen

Flexodruckfarben mit löslichen basischen Farbstoffen besitzen nur einen geringen Anteil fester Stoffe, daher hat die zugesetzte Lösemittelmenge keinen wesentlichen Einfluss auf ihr Fließverhalten. Die Druckfarbenkonsistenz wird in stärkerem Maße von der Temperatur und der Druckgeschwindigkeit bestimmt. Die Verdünnung einer solchen Druckfarbe mit Lösemittel führt zu einer geringeren Farbmittelkonzentration und damit zu einer schwächeren Farbstärke des Drucks. Flexodruckfarben mit löslichen basischen Farbstoffen haben heute wegen ihrer geringen Echtheiten und gesundheitlichen Bedenklichkeit nur noch geringe Bedeutung.

Pigmentierte Druckfarben auf Lösemittelbasis

Der größte Teil der heute eingesetzten Flexodruckfarben sind pigmentierte Druckfarben mit unlöslichen Farbmitteln. Diese Druckfarben werden entsprechend ihrer Konzentration an Pigmenten in einer Schichtdicke von 2 -15 um aufgetragen; eine dünnere Schichtdicke erfordert eine höhere Farbmittelkonzentration zur Erreichung der gleichen Farbstärke. Das Trocknungsverhalten der Druckfarbe wird von den Bindemitteln und Additiven beeinflusst. Die Anforderungen an die physikalischen Eigenschaften der Druckfarbe sind gute Verträglichkeit gegenüber dem Druckplattenmaterial, gute Fließ- und Benetzungseigenschaften und leichte Wiederlöslichkeit in Lösemitteln. Die Trocknung erfolgt bei saugfähigen Bedruckstoffen durch Wegschlagen in die Filmoberfläche und Verdunsten der Lösemittel; bei nicht saugfähigen Materialien werden spezielle gut haftende Bindemittel eingesetzt.

In pigmentierten Flexodruckfarben auf Lösemittelbasis sind Alkohole die wichtigsten *Lösemittel*. Daneben werden Lösemittel aus unterschiedlichen Substanzklassen wie aliphatische Kohlenwasserstoffe, Glycole und Glycolderivate, Ester, Ketone und Ether eingesetzt [461, 508]. Die Zugabe niedrigsiedender Lösemittel wie Ethylacetat erhöht die Trocknungsgeschwindigkeit, während höhersiedende Lösemittel wie Methoxypropanol oder Ethoxypropanol als *Trocknungsverzögerer* zugesetzt werden. Flexodruckfarben haben üblicherweise folgende Lösemittelzusammensetzung [137]:

55 - 75 % Ethanol und Isopropanol
15 - 20 % Ethylacetat und Isopropylacetat
15 - 20 % verzögernde Lösemittel (Methoxypropanol und Ethoxypropanol)

In manchen Fällen, insbesondere für Spezialarbeiten, werden die Alkohole n-Propanol, i-Propanol, aromatische und aliphatische Kohlenwasserstoffe, z.B. Toluol, Xylol sowie Benzine, die Glycolether Propylenglycol und Dipropylenglycolmonomethylether, die Ester n-Propylacetat, Methoxypropylacetat und Ethoxypropylacetat sowie die Ketone Methylethylketon, Methylpropylketon, Methylisobutylketon, Cyclohexanon und Aceton eingesetzt.

Flexodruckfarben	Eigenschaften/Stoffgruppen	Beispiele
Viskosität	niederviskos	
Pigmente/ Farbstoffe	anorganisch	P.W.6, P.Bk.7; P.Br.6, P.Bk.11
	organisch	P.Y.42, P.Y.34, P.R.104 Kupferphthalocyanin, Azo- und Bisazopigmente
Lösemittel	Alkohole	Ethanol, Isopropanol, n-Propanol
	Glycolether, Glycole	Methoxypropanol, Propylenglycol, Ethoxypropanol, Dipropylenglycolmonomethylether
	Ester	Ethylacetat, Isopropylacetat, n-Propylacetat, Methoxypropylacetat, Ethoxypropylacetat
	Ketone	Methylethylketon, Cyclohexanon, Methylisobutylketon, Aceton, Methylpropylketon
	aromatische und aliphatische KW	Toluol, Xylole Benzine
Bindemittel	Cellulosederivate	Nitrocellulose, Celluloseacetobutyrat, Celluloseacetopropionat, Ethylcellulose
	Vinylpolymerisate	Polyvinylbutyral, PVC, PVC-Mischpolymerisate, Polyacrylate und -methacrylate
	Polyamidharze	
	Maleinatharze	
	Polyester	
	Polyurethane	
	Ketonharze	
Additive	Weichmacher	
	Wachse	Polyethylen- und Polypropylenwachse
	Gleitmittel	Silicone, Stearate
	Netzmittel	
	Stabilisatoren	
	Antioxidantie	
	Dispergierhilfsmittel	

Tabelle 6–6: Flexodruckfarben

In pigmentierten Flexodruckfarben werden sowohl *anorganische* als auch *organische Pigmente* verwendet. Als unbunte Farbmittel kommen das Weißpigment Titandioxid (P.W.6) und das Schwarzpigment Ruß (P.Bk.7) zum Einsatz. Weitere anorganische Pigmente in Flexodruckfarben sind Eisenoxidpigmente (P.Br.6; P.Bk.11). Die wichtigsten organischen Pigmente sind Azo- und

Bisazopigmente für den Gelbbereich und Kupferphthalocyanin-Pigmente für grüne und blaue Farbtöne. Daneben werden häufig Metallpigmente wie Aluminium- und Bronzepulver und lösliche fluoreszierende Farbmittel verwendet.

Zu den wichtigsten *Bindemitteln* in lösemittelhaltigen Flexodruckfarben zählen

1. Cellulosederivate wie Nitrocellulose, Ethylcellulose, Celluloseacetobutyrat und Celluloseacetopropionat
2. Polyamidharze
3. Vinylpolymerisate wie Polyvinylbutyral, Polyvinylchlorid, Polyacrylate, Polymethacrylate und Polyvinylchlorid-Mischpolymerisate
4. verschiedene andere Bindemittel wie Polyester, Polyurethane, Ketonharze oder Maleinatharze.

Diesen Druckfarben werden außerdem Netzmittel, Dispergierhilfsmittel, Weichmacher, Stabilisatoren, Antioxidantien und Wachse wie Polyolefinwachse zur Steigerung der Abriebfestigkeit zugesetzt.

Wasserverdünnbare Druckfarben nehmen heute im Flexodruck und im Tiefdruck einen festen Platz ein. Sie zeichnen sich aus durch einen höheren Festkörper- und Pigmentgehalt. Das gebräuchlichste *Bindemittel* war früher Schellak, heute sind die wichtigsten Bindemittel saure Maleinat-, Polyester- und Acrylatharze, welche durch Verseifung mit leichtflüchtigen Alkalien wie Ammoniak oder Aminen (z.B. Mono- oder Trialkylaminen) in eine wasserlösliche Form gebracht werden (wasserlösliche Harze; alkalilösliche saure Polymere). Die Wasserfestigkeit des getrockneten Druckfilms wird erreicht durch Verdampfen des Verseifungsmittels beim Trocknungsprozess oder durch Neutralisation des Verseifungsmittels bei sauren Bedruckstoffen. Als Dispersionsharze werden Polyvinylacetat und Acrylsäureester angewendet. Die Trocknung der Druckfarben wird durch Zusatz von Alkohol (Ethanol oder Isopropanol) beschleunigt. Als weitere *Additive* werden diesen Druckfarben Mittel zur Schaumverhütung, z.B. Silicone, Mittel zur Verbesserung der Naßwischfestigkeit, Wachse, Netzmittel, Bakterizide und Fungizide wie aliphatische oder heterocyclische Hydroxyalkylamine zugesetzt.

Wasserverdünnbare Flexodruckfarben werden zum Druck auf saugfähigem Papier (Papiertüten und -säcke, Tragetaschen, Servietten etc.) verwendet. Für Zeitungsdruckereien kann der Flexodruck mit wasserverdünnbaren Druckfarben eine Alternative zum Offsetdruckverfahren werden. Dem positiven Aspekt der erheblichen Reduzierung organischer Lösemittel in wasserbasierenden Flexodruckfarben steht die sehr schlechte Deinkbarkeit gegenüber [517]. Die Farbpigmente wasserhaltiger Flexodruckfarben müssen hydrophil sein, um sie in ihrem Lösemittel - dem Wasser - dispergieren zu können. In Europa wird zur Erzeugung altpapierhaltigen Zeitungsdruckpapiers das Flotations-Deinking-Verfahren eingesetzt, bei dem die farbgebundenen Komponenten hydrophob sein müssen, agglomerieren und mit Luftblasen flotiert werden. Ein zweites Deinking-Verfahren, das Waschverfahren, konnte sich bisher in unseren Breiten nicht durchsetzen, was vielfältige Gründe hat, auf die hier nicht näher eingegangen werden kann. Mit diesem Verfahren ist die Deinkingrate bei Papieren mit wasserbasierenden Flexodruckfarben etwas besser, was z.B. zu Kombinationsanlagen mit beiden Vefahren geführt hat. Limitiert werden solche Entwicklungen z.B. durch höhere Entsorgungskosten beim Waschverfahren (höhere Klärschlammenge), aber auch durch letztlich immer noch schlechte Deinkingraten.

Neuere Untersuchungen im Rahmen eines in Skandinavien durchgeführten Forschungsprojektes zur Anwendbarkeit wäßriger Flexodruckfarben für den Druck auf nicht saugfähigem Material, insbesondere dem meist verwendeten Kunststoff Polyethylen, zeigen positive Ergebnisse [313]. Aufgrund der neuen technischen Entwicklungen sollte auch im Bereich des Verpackungsdrucks auf

Kunststoffolien ein baldiger Übergang auf emissionsarme Druckverfahren mit wasserlöslichen Druckfarben möglich sein.

Flexodruckfarben auf Wasserbasis	Eigenschaften/Stoffgruppen	Beispiele
Pigmente/Farbstoffe	anorganisch	P.W.6, P.W.18, P.W.19, P.W.21, P.Bk.7
	organisch	P.G.12, P.R.53:1, P.O.5, P.B.15:3, P.R.57, P.G.7, P.Y.14
Lösemittel	Wasser, Zusätze von Alkohol	Ethanol, Isopropanol
Bindemittel	verseifbare Natur- und Kunst- harze (Verseifungsmittel: aliphatische Amine wie Mono- oder Triethanolamin, Ammoniak)	Maleinat-, Polyester- und Acrylatharze
	Dispersionsharze	Polyvinylacetat, Acrylsäureester
	wasserlösliche Kunstharze	
	vernetzbare Harzsysteme	
Additive	Wachse	Polyolefinwachse, Paraffine, Amidwachse
	Bakterizide	aliphatische oder heterocyclische Hydroxyalkylamine
	Fungizide	
	Netzmittel	Glycole
	Schaumverhütungsmittel	Silicone

Tabelle 6–7: ***Flexodruckfarben auf Wasserbasis***

6.3.3 Chemikalien in Wasch- und Reinigungsmitteln für den Hochdruck

Als Reinigungsmittel für Rasterwalzen und Druckformen werden Lösemittel eingesetzt, die auch in den Hochdruckfarben verwendet werden. Für Flexodruckplatten wie für fotopolymere Buchdruckformen geeignete Lösemittel sind die Alkohole Ethanol und Isopropanol, Wasser und Ethylglycol. Ethylglykol sollte heute nicht mehr eingesetzt werden. Die Druckfarbenhersteller stellen geeignete Reinigungsmittel als Alternativen zur Verfügung. Agressive Lösemittel wie Aceton, Ester oder Kohlenwasserstoffe können nicht angewendet werden, da sie die Polymerschicht der Druckplatten zerstören. Beim Druck mit wasserhaltigen Druckfarben wird zur Reinigung der Rasterwalzen und fotopolymeren Druckplatten eine wäßrige verdünnte Ammoniaklösung meist mit einem geringen Alkoholzusatz verwendet [51]. Sind die Druckfarbenreste noch nicht angetrocknet, so kann mit reinem Wasser gereinigt werden; völlig eingetrocknete Druckfarbenreste müssen mit organischen Lösemitteln, meist Toluol oder einem Toluol-Ethylacetat-Gemisch entfernt werden. Für die Reinigung der Druckzylinder von trockenen Wasserfarbresten wird neuerdings auch Ultraschall angewendet [287].

6.4 Toxikologie im Hochdruck

Hochdruckformherstellung

Bleisatz

Im Bleisatz, der heute bedeutungslos ist, wird eine **Blei-Antimon-Zinn-Legierung** mit 60 - 70% Blei verwendet [480]. Eine Bleibelastung tritt durch Bleidämpfe (Metallschmelze) und Bleistaub (Reinigung der Setzkästen und Setzmaschinen) auf. Bleiverbindungen sind Zellgifte mit Wirkung auf Blut, Knochenmark und Nervensystem. Der MAK-Wert beträgt 0,1 mg/m³ (als einatembares Aerosol) als Pb berechnet.

Metallklischeeherstellung

Das Beschichtungsmaterial besteht aus *natürlichen oder synthetischen polymeren Kolloiden* **(Polyvinylakohol, Polyvinylcinnamat, Eiweiß)** und Sensibilisatoren. Ungehärtetes Schichtmaterial wird mit Entwicklerlösung, meist Wasser, ausgewaschen. Hierbei gelangt das unbelichtete lösliche Schichtmaterial ins Abwasser oder wird gemeinsam mit der Entwicklerlösung als Sondermüll entsorgt. Bei vorbeschichteten Platten ist der *Sensibilisator* ein **Diazoniumsalz**, beim nur noch sehr selten angewendeten Selbstbeschichtungsverfahren werden **Dichromatsalze** eingesetzt. Bei Einsatz selbstbeschichteter Platten tritt eine Gefährdung durch die **Chrom(VI)-verbindung** auf, die Kontaktekzeme und Allergien hervorruft und als canceroge eingestuft ist (Kategorie 2).

Die Vorbehandlung der Druckplatten vor dem Ätzprozess erfolgt mit verdünnten Säuren **(Chromsäure, Salpetersäure, Salzsäure)**, die ätzend auf Haut und Schleimhäute wirken. Der MAK-Wert für Salzsäure beträgt 7,6 mg/m³ (5 ppm). Die Toxizität von Chromverbindungen ist oben beschrieben.

Die Ätzemulsion setzt sich aus Ätzmittel und Flankenschutzmittel zusammen. Als *Ätzmittel* wird **verdünnte Salpetersäure** oder **Eisen(III)-chloridlösung** eingesetzt; das *Flankenschutzmittel* besteht aus organischen Substanzen wie **gesättigten Fettsäuren, oberflächenaktiven Stoffen, Glycolethern oder Thioharnstoff**. Thioharnstoff ist carcinogenverdächtig (Kategorie 3). Glycolether sind Nierengifte und führen zu mehr oder weniger starker Haut- und Schleimhautreizung; der MAK-Wert für z.B. Glycolethylester beträgt 50 ppm (180 mg/m³). Durch Zusatz von *Adsorbentien* wie pulverisierter Aktivkohle oder hydrophober Kieselsäure lassen sich Reste des öligen Flankenschutzmittels aus dem Abwasser entfernen. Bei der Neutralisation der Ätzlösung mit **Natronlauge** werden die gelösten **Metallionen** als Hydroxide ausgefällt.

Zur *Entwicklung* der Magnesiumklischees wird **Trichlorethylen** verwendet. Trichlorethylen ist als halogenierter organischer Kohlenwasserstoff ein Organ- und Nervengift mit Wirkung auf das Zentralnervensystem. Die Substanz ist carcinogen (Kategorie 1), bewirkt Leber- und Nierenschäden und führt zu Haut- und Augenreizung. Der Stoff befindet sich auf der Ausschlußliste des Druckfarbenverbandes, wird aber nach wie vor von einigen Druckern genutzt.

Fotopolymere Hochdruckplatten

Das auf einem Kunststoff- oder Metallträger befindliche Beschichtungsmaterial besteht aus:

Bindemitteln, die im polymerisierten Zustand vorliegen und damit als nur gering toxisch eingestuft werden können.

Fotovernetzenden Monomeren, die als unpolymerisierte Substanzen chemisch reaktiv sind; zu deren wichtigsten Gruppen gehören **Acrylate, Methacrylate, Acrylamide, Styrol, Vinylacetat** und **mit Allyl- oder Vinylethern vernetzende Mercaptane**. Diese Monomere, insbesondere Acrylate und Methacrylate, rufen bei Hautkontakt Dermatitis und Allergien hervor. Die Dämpfe wirken reizend auf Augen, Haut und Atemwege. Der MAK-Wert für z.B. Ethylacrylat und Methylacrylat beträgt 5 ppm (21 mg/m³ bzw. 18 mg/m³), für Styrol 20 ppm (86 mg/m³) und für Vinylacetat 10 ppm (36 mg/m³). Vinylacetatdämpfe wirken betäubend und rufen starke Augenreizung hervor. In vielen Fällen können stark sensibilisierende Substanzen durch ungefährlichere ersetzt werden (z.B. Austausch von Tetraethylenglycol-diacrylat gegen Tetraethylenglycol-dimethacrylat).

Fotoinitiatoren und *Fotosensibilisatoren*, die bei UV-Bestrahlung in einen energiereichen Zustand übergehen oder in hochreaktive Radikale gespalten werden, welche die Polymerisationsreaktion auslösen. Dies sind meist **Chinone** oder **Ketone** wie **Benzophenon** oder **2,2-Dimethoxy-2-phenyl-acetophenon**. Der MAK-Wert für Chinon beträgt 0,1 ppm (0,45 mg/m³).

Zusatzstoffen wie Weichmachern (z.B. **Dibutylphthalat**), Antioxidantien (z.B. **2,6-Di-t-butyl-p-methylphenol**) und Mitteln gegen thermische Polymerisation (z.B. **Hydrochinon**). Hydrochinon ist als **krebserzeugend (Kategorie 2)** eingestuft. Die Substanz wirkt ätzend auf Augen, Atemwege, Lungen und Haut.

Das unbelichtete, ungehärtete Schichtmaterial wird mit *Entwicklerlösung* ausgewaschen (Auswaschverfahren) oder im Luftstrom von der Trägerplatte entfernt (Ausblasverfahren).

Beim Ausblasverfahren tritt keine Abwasserbelastung auf; das ungehärtete Polymermaterial wird im Kreislauf zur erneuten Verwendung zurückgeführt.

Wird im *Auswaschverfahren* mit **wäßriger alkalischer** oder **alkoholischer Lösung** entwickelt, so gelangt ausgewaschenes organisches Polymermaterial in das Abwasser. Bei der Druckplattenherstellung mit organischen Lösemitteln wird die Abluft mit chlorierten Kohlenwasserstoffen und Alkoholen verunreinigt. Als *Entwicklerlösung* wird meist ein **Gemisch aus Butanol und Tetrachlorethylen** eingesetzt. **Butanol** führt zu Reizung von Augen, Haut und Schleimhäuten und bewirkt zentralnervöse Störungen (mit Störung der Herztätigkeit) und Leber- und Nierenschäden. Der MAK-Wert beträgt 100 ppm (310 mg/m³). **Tetrachlorethylen** wird über die intakte Haut und Schleimhaut resorbiert und wirkt durch Entfettung reizend auf Haut und Schleimhäute. Der Stoff ist wie andere Chlorkohlenwasserstoffe ein Nervengift mit betäubender Wirkung und sowohl carcinogen- (Kategorie 3) als auch mutagenverdächtig. Eine starke Verringerung der Luftbelastung kann durch Rückgewinnung der Lösemittel erreicht werden: das Lösemittelgemisch wird in einer Destillationsanlage aufgearbeitet und die beim anschließenden Trocknen der Platten auftretenden Lösemitteldämpfe über eine Absauganlage und Kondensationsvorrichtung aufgefangen. Der Destillationsrückstand aus nicht polymerisiertem Fotopolymermaterial mit geringem Lösemittelanteil wird als Sonderabfall entsorgt.

Zur *Nachhärtung* der Druckplattenoberfläche wird mit UV-Licht bestrahlt. Auf die früher übliche Nachbehandlung mit einer Lösung aus **Natriumhypochlorit, Salzsäure, Natriumhydrogencarbonat** und **Dichlorisocyanursäure (Natriumsalz)**, bei welcher stark ätzendes **Chlorgas** entsteht, kann und sollte heute verzichtet werden.

Gummiklischees

Bei der Gummiklischeeherstellung sind die bei der *Metallplattenätzung* eingesetzten Chemikalien zu berücksichtigen. Daneben werden polymerisierte **natürliche und synthetische Gummisorten** eingesetzt, von denen keine Gesundheitsgefärdung ausgeht. Über die Toxizität der beim Verdampfen des Gummis mit Laserstrahlen entstehenden Zersetzungsprodukte ist bisher nichts bekannt.

Hochdruckfarben

Bezüglich der Toxizität der in Hochdruckfarben verwendeten Substanzen wird auf Kap. 10 Druckfarben verwiesen.

7 Der Tiefdruck

7.1 Allgemeines

Zum **Tiefdruck** zählen die Druckverfahren, bei denen die druckenden Stellen der Druckform vertieft liegen (DIN 16544) [300].

Beim Druckvorgang wird die Druckfarbe aus den Vertiefungen der Druckform unmittelbar auf das zu bedruckende Material (direkter Druck) oder auf einen Zwischenträger und von dort auf den Bedruckstoff übertragen (indirekter Druck).

Abbildung 7–1 zeigt eine schematische Darstellung des Tiefdruckverfahrens:

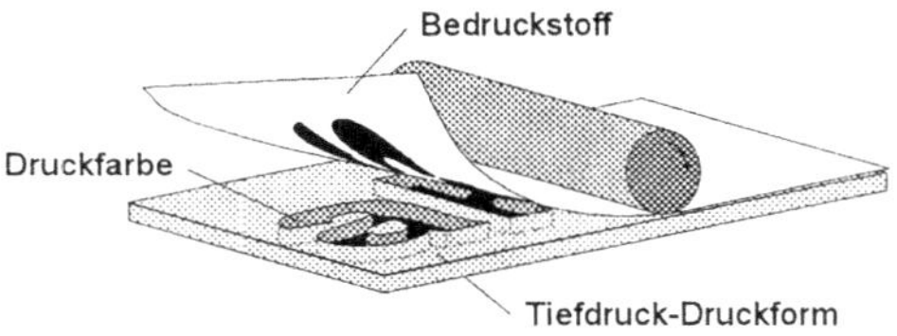

Abbildung 7–1: Tiefdruckverfahren

Die **Tiefdruckform** ist ein Kupferzylinder, in den durch Ätzung oder Gravur Näpfchen unterschiedlicher Formgröße und Tiefe eingebracht sind (Kap. 7.2.2 Tiefdruckformherstellung). Je nach Näpfchenbeschaffenheit unterscheidet man zwischen tiefenvariablem, flächenvariablem und tiefen- und flächenvariablem Tiefdruck.

Tiefdruckfarben sind niedrigviskose Zubereitungen mit einem hohen Anteil tiefsiedender Lösemittel; die Trocknung erfolgt rein physikalisch durch Verdunsten der flüchtigen Bestandteile.

Zu den **direkten Tiefdruckverfahren** gehören der Rakel- oder Rastertiefdruck, der Stahlstichprägedruck, der Stichtiefdruck (Kupferstich, Stahlstich, Radierung) und der elektrostatische Tiefdruck. **Indirekte Verfahren** sind der indirekte Tiefdruck und der Tampondruck. Eine Verfahrensübersicht ist in Abbildung 7–2 dargestellt:

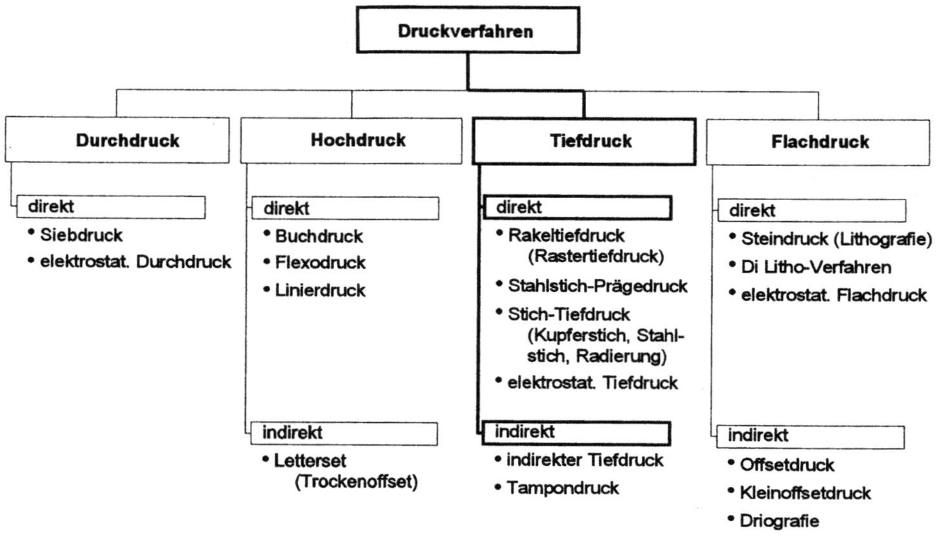

Abbildung 7–2: Druckverfahren im Tiefdruck

Der Tiefdruck ist in der Bundesrepublik eine relativ gut überschaubare Branche mit großer publizistischer Bedeutung. Zwei Drittel der Produktionskapazität entfallen auf die vier Großkonzerne Bauer, Gruner & Jahr, Burda und Springer.

Die Tiefdrucktechnik wird für Großauflagen über 500.000 Exemplaren für den Druck illustrierter Zeitschriften, Kataloge, Werbeprospekte, Kalender oder Verpackungsmaterialien angewandt.

7.2 Verfahrensbeschreibung

7.2.1 Druckverfahren des Tiefdrucks

Rakel- oder Rastertiefdruck

Der Rastertiefdruck ist ein Tiefdruckverfahren, bei dem die Rastertiefdruckform in druckfarbführende Rasternäpfchen und in ein Rasternäpfchen trennendes Gitternetz (Rasterstege) aufgeteilt ist. Vor dem Drucken wird die Druckfarbe von den nichtdruckenden Stellen der Druckform durch eine Rakel entfernt (DIN 16528) [300].

Der Rakel- oder Rastertiefdruck hat sich als industrielle Technik aus den manuellen, künstlerischen Techniken wie Kupferstich oder Radierung (Kap. 3 Grafik und Druckverfahren) weiterentwickelt. Das Druckbild wird heute durch elektronische Gravur auf den Druckformzylinder übertragen; Kopier- und Ätzverfahren werden nur noch selten zur Druckformherstellung angewendet [181, 482]. Hierbei wird der Rakeltiefdruckzylinder mit Näpfchen unterschiedlicher Größe und Tiefe versehen. Über die Näpfchengröße kann die jeweils auf den Bedruckstoff übertragene Farbmenge variiert werden. Im konventionellen Tiefdruck (tiefenvariabel) besitzen alle Näpfchen gleiche Ober-

alle Näpfchen gleiche Oberflächengröße aber unterschiedliche Näpfchentiefe, im autotypischen Tiefdruck (flächenvariabel) gleiche Näpfchentiefe aber unterschiedliche Oberfläche und im halbautotypischen Tiefdruck (tiefen- und flächenvariabel) unterschiedliche Näpfchengröße und -tiefe. Abbildung 7–3 veranschaulicht die drei Grundprinzipien des Tiefdrucks.

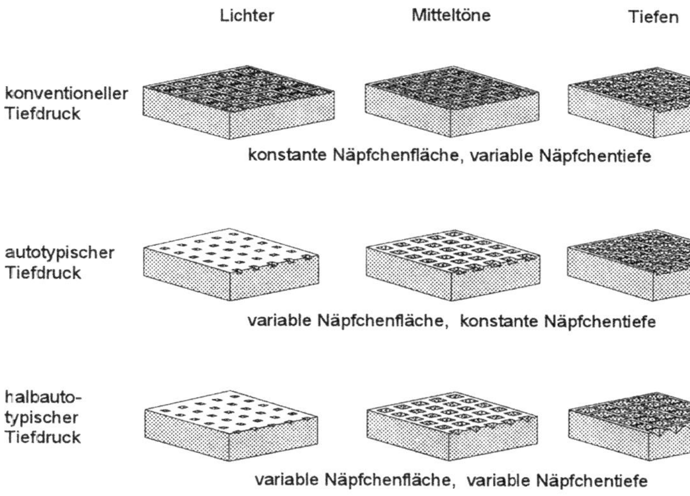

Abbildung 7–3: Grundprinzipien des Tiefdrucks

Tiefdruck	Druckprinzip	Druckform	Druckfarbe	Bedruckstoff	Typische Produkte	Erkennungsmerkmale
Manuelle Tiefdruckverfahren (Kupferdruck): - Kupferstich - Radierung - Kaltnadelradierung - Aquatinta - Heliogravüre	Fläche/Fläche, überwiegend: Fläche/Zylinder	manuell mit Werkzeugen und zum Teil zusätzlich mit Säure bearbeitete Kupferplatte mit Strichelementen	strenge Farbe ähnlich den Offsetdruckfarben, oxidativ trocknend	Kupferdruckpapiere oder -kartons, die vor dem Druck gefeuchtet sein müssen	künstlerische Druckarbeiten	- Eindrücken der Ränder der Druckform in den Bedruckstoff - Je nach Technik spezifische Erkennungsmerkmale

Tabelle 7–1: Übersicht der Tiefdruckverfahren [482]

Tiefdruck	Druckprinzip	Druckform	Druckfarbe	Bedruckstoff	Typische Produkte	Erkennungsmerkmale
Rakeltiefdruck	Zylinder/ Zylinder, direkt Rollenrotationsdruck	verchromter Kupferzylinder: - tiefenvariable Drucklemente - tiefen- und flächenvariable Druckelemente	dünnflüssige (niederviskose) Druckfarbe, die durch Verdunsten der Lösemittelanteile trocknet; physikalische Trocknung sowie Spezialfarben für Verpackungen,Furniere	Bedruckstoffe in Rollen: Papiere aller Art, leichte Kartons, Folien, Aluminiumfolien, Pergamin u.a.	Großauflagen aller Art: - Illustrierte - Kataloge - Werbung - Verpackung - Dekordruck - Furniere - Tapeten - Kunststoffe/ Folie - Metallpapiere	Tiefenvariable Druckform: - Quadratische Rasterpunkte in gleicher Größe bei allen Ton werten - Näpfchen drucken in hellen Tonwerten innen vielfach hohl aus - Wolkiges bzw. perliges Ausdrucken in Bildtiefen - Schrift gerastert, daher Ränder unscharf Flächenvariab. Druckform: - Quadratische Rasterpunkte in unterschiedlicher Größe - Sonstige Merkmale wie bei tiefenvariabler Druckform
Stichtiefdruck: - Stahlstichprägedruck - Stahlstich druck	Fläche/Fläche Zylinder/ Zylinder, direkt oder mit Transferzylinder	Stahlplatte: manuell oder maschinell graviert, geätzt Stahlzylinder z.T. mit feinsten Guillochen (wellen-, bogen-, kreisförmige Muster)	Lackfarbe, chemisch trocknend pastöse Farbe	Papiere, Karton Papiere, Karton	Urkunden, repräsentative Privat- und Geschäftsdrucksachen Wertpapiere Banknoten Briefmarken	- Erhaben stehende, glänzende Farbschicht - Nur Strichdruck-elemente und Schrift Feinste Strichdruckelemente Wellen-, bogen- und kreisförmige Linienmuster

Tabelle 7-1: Übersicht der Tiefdruckverfahren(Fortsetzung) [482]

Rakeltiefdruckwerke bestehen aus einem Druckformzylinder, einem Gegendruckzylinder oder Presseur, der Rakelvorrichtung und der Farbwanne [185, 482]. Bei großen Druckbreiten wird ein Dreizylindersystem mit zusätzlichem Presseur eingesetzt, der das Durchbiegen des ersten Presseurs bei hohem Anpreßdruck verhindert. Für den Druckprozess wird der Druckformzylinder mit dünnflüssiger Druckfarbe eingefärbt und die überschüssige Farbmenge mit einem scharfgeschliffenen Stahlmesser, der Rakel, von den Nichtbildstellen abgestreift. Die Druckfarbe wird mittels Anpreßdruck aus den vertieft liegenden druckenden Stellen der Druckform, den Näpfchen, auf den Bedruckstoff überführt. Zur Bildkopie wird eine gerasterte Druckvorlage verwendet. Das im Druckbild mitkopierte Rasternetz bildet die sogenannten Stege der fertigen Druckform, die die Auflagefläche für die Rakel darstellen. Die verschiedenen Tonwerte der Bildvorlage werden jedoch nicht, wie im Flachdruck und Hochdruck, durch unterschiedliche Rasterpunkte sondern durch die aus den vorgegebenen Näpfchenvolumina übertragenen unterschiedlichen Farbmengen wiedergegeben.

Im Tiefdruck werden heute fast ausschließlich Rollenrotationsmaschinen eingesetzt [185]. Tiefdruck-Rollenrotationsmaschinen sind symmetrisch aufgebaut, für Rechts- und Linkslauf und für positive und negative Rakelanstellung ausgerichtet, wodurch die Umstellung auf Schön- und Widerdruck ermöglicht wird. Große Tiefdruck-Rotationsmaschinen sind in Etagenbauweise gebaut. Abbildung 7–4 zeigt die schematische Darstellung eines Druckwerks für den Rollenrotations-Tiefdruck.

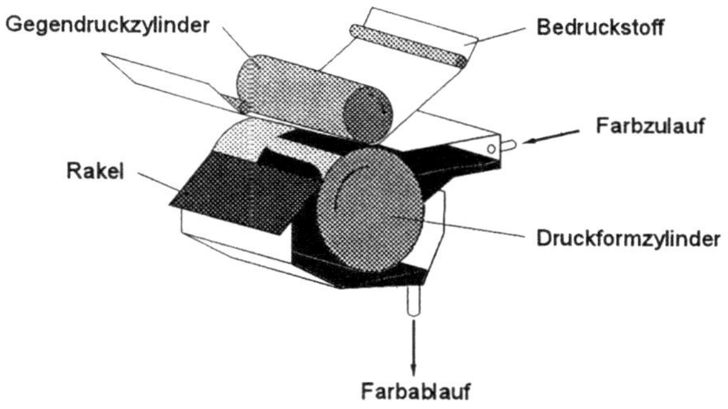

Abbildung 7–4: ***Druckwerk des Rollenrotations-Tiefdrucks***

Für den Rollenrotations-Tiefdruck ist heute der Illustrationsdruck das wichtigste Druckverfahren, aber auch im Verpackungstiefdruckfindet er, zum Teil in Kombination mit dem Flexodruck, zunehmend Anwendung. Der Bogen-Tiefdruck wurde früher für hochwertige Qualitätsdrucke und im Etiketten- und Banknotendruck angewandt. Heute werden Bogentiefdruckmaschinen nur noch für Sonderzwecke eingesetzt. Bei diesen Maschinen ist die Druckplatte um den Druckformzylinder gespannt; der Druckbogen wird an den rotierenden Zylinder angedrückt. Bei Mehrfarbendruck sind die Druckwerke in Reihenbauweise hintereinander angeordnet. Nach jedem Farbauftrag wird der Druckbogen im Luftstrom getrocknet.

Im Tiefdruck werden schnelltrocknende **Druckfarben** mit leichtflüchtigen Lösemitteln eingesetzt [185, 273]. Illustrationstiefdrucken sind auf Basis von Toluol aufgebaut, Verpackungstiefdruckfarben ähneln in ihrer Zusammensetzung Flexodruckfarben, welche als Lösemittel Alkohole, Ester und Ketone enthalten.

Stahlstich-Prägedruck

Der Stahlstich-Prägedruck ist ein Verfahren des Stichtiefdrucks, bei dem durch Verwendung einer Gegendruckform mit der Druckfarbübertragung gleichzeitig eine Verformung des Bedruckstoffs erzielt wird [300].

Der Stahlstich-Prägedruck ist eine Weiterentwicklung des Kupferstichs. Er wird heute noch für Drucksachen besonderer Art wie Visitenkarten, Urkunden, Briefmarken, Wappen und fälschungssichere Wertpapiere, Ausweise und Banknoten eingesetzt [185, 181]. Die Druckform des Stahlstich-Prägedrucks ist eine Stahlplatte, die manuell graviert oder geätzt wird. Für den Druckvorgang wird die gravierte Druckform vollständig mit Spezialdruckfarbe eingefärbt und die überschüssige Farbmenge abgewischt. Der Druckbogen wird mit einer paßgenauen Gegenplatte in die Gravur eingedrückt und nimmt dabei die Druckfarbe auf. Wie im Stichtiefdruck wird heute mit halb- bis vollautomatischen Prägepressen gedruckt.

Stichtiefdruck

Der Stichtiefdruck ist ein Verfahren des Tiefdrucks, das eine Druckform verwendet, in die die einzelnen Druckbildelemente ohne Überlagerung eines bildzerlegenden Systems (Rasters) vertieft eingearbeitet sind [300].

Der Stichtiefdruck, insbesondere der Kupferstich, ist heute nur noch für die künstlerische Wiedergabe von Bedeutung [185, 273]. Zu den künstlerischen Techniken zählen neben dem Kupferstich auch der Stahlstich, die Radierung, die Kaltnadelradierung, die Schabekunst und die Aquatinta (Kap. 3 Grafik und Druckverfahren). Der Kupferstich entwickelte sich über die Radierung zum Rakeltiefdruck weiter. Im Kupferstich wird die Gravur der Druckform mittels Stichel oder Schabeisen durchgeführt. Die eingefärbte Druckplatte wird mit feuchtem Papier belegt und unter hohem Druck zwischen zwei Walzen hindurchgezogen. Hierbei wird die Druckfarbe vom Papier aus den Vertiefungen aufgenommen. Die früher verwendete Handpresse wurde durch vollautomatische Kupferdruckpressen ersetzt.

Elektrostatischer Tiefdruck

Beim elektrostatischen Tiefdruck werden Ladungskräfte zur Übertragung der Druckfarbe oder zur Unterstützung der Farbübertragung auf den Bedruckstoff eingesetzt [185, 300]. In der Zone zwischen Druckzylinder und Gegendruckzylinder (Presseur) wird ein elektrisches Feld erzeugt, welches dann in Kombination mit dem mechanischen Anpreßdruck den Übergang der Druckfarbe von den Näpfchen auf das zu bedruckende Material bewirkt. Das elektrostatisch assisierte Druckverfahren wird insbesondere im Illustrationstiefdruck mit gravierten Zylindern angewandt, da es den Druck auf rauhen Papieren geringerer Qualität ermöglicht. Abbildung 7–5 zeigt eine schematische Darstellung des elektrostatischen Tiefdruckverfahrens.

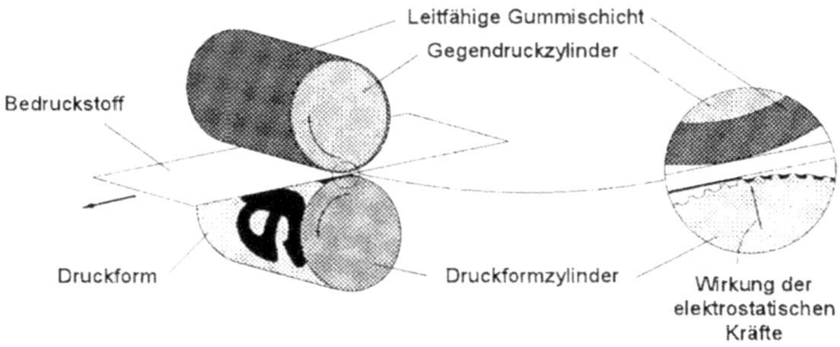

Abbildung 7–5: ***Elektrostatischer Tiefdruck***

Das Farbwerk des elektrostatischen Tiefdrucks besteht aus dem Formzylinder, dem mit einer halbleitenden Gummischicht überzogenen Gegendruckzylinder (Presseur) und einer Generatorwalze, die mit einem leitfähigen Gummi beschichtet ist. Bei Antrieb der Generatorwalze bauen sich elektrostatische Ladungskräfte entlang der Berührungszone Presseur/Formzylinder auf und bewirken eine gute Farbübertragung, wobei nur geringer mechanischer Druck notwendig ist. Im elektrostatischen Tiefdruck werden Illustrationstiefdruckfarben auf Toluolbasis und Spezialtiefdruckfarben auf Alkohol/Ester-Basis eingesetzt.

Indirekter Tiefdruck

Im indirekten Tiefdruck wird die Druckfarbe von dem geätzten Formzylinder zunächst auf einen Gummizylinder und von dort auf den Bedruckstoff übertragen. Abbildung 7–6 stellt den Aufbau eines Druckwerks für den indirekten Tiefdruck schematisch dar.

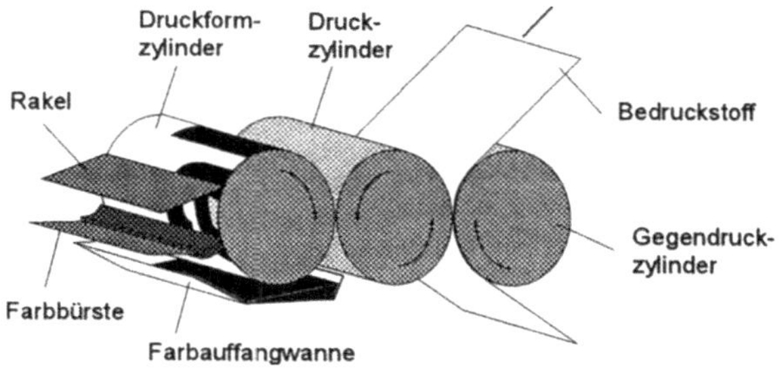

Abbildung 7–6: ***Druckwerk des indirekten Tiefdrucks***

Der indirekte Tiefdruck kann wegen des flexiblen Gummizylinders auch zum Bedrucken rauher, unebener Materialien angewandt werden. Dieses Verfahren wurde früher in der Möbelindustrie zum Druck auf Hartfaser- und Sperrholzplatten eingesetzt. Heutige Anwendungsgebiete sind der vollflächige Druck auf vorveredelte Papiere, porösen Karton, Bleche oder sehr harte Folien. In diesen Bereichen ist der indirekte Tiefdruck jedoch weitgehend durch den Flexodruck ersetzt worden.

Tampondruck

Der Tampondruck ist ein indirektes Tiefdruckverfahren [296, 363]. Im Tampondruck wird wie in allen anderen Tiefdruckverfahren eine auf fotochemischem Wege hergestellte, geätzte oder gravierte Druckform eingesetzt. Die Druckform wird mit der Farbzubereitung eingefärbt und abgerakelt. Die in den Vertiefungen verbleibende Druckfarbe wird von einem spitz zulaufenden Silikonballen, dem Tampon, übernommen und von diesem auf den Bedruckstoff übertragen. Abbildung 7–7 zeigt eine schematische Darstellung des Tampondruckverfahrens.

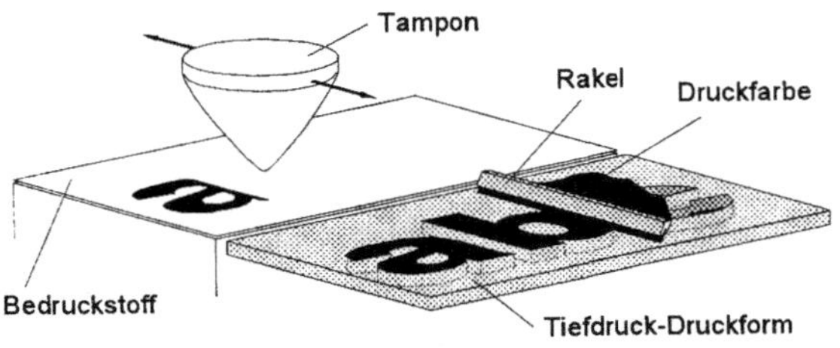

Abbildung 7–7: Das Tampondruckverfahren

Die vom Tampon aufgenommene Druckfarbe muss an ihrer Oberfläche leicht antrocknen, um eine möglichst vollständige Farbübertragung auf das zu bedruckende Material zu erreichen. Die verwendeten Tampondruckfarben besitzen daher einen hohen Anteil leicht flüchtiger Lösemittel. Die Verweilzeit der Druckfarbe am Tampon vor dem Farbauftrag auf den Bedruckstoff hat einen großen Einfluss auf die Druckqualität.

Der Tampon besteht aus Silikonkautschuk, Silikonölen und anderen Füllstoffen. Mit einem Tampon können etwa 100.000 Drucke gefertigt werden. Die Druckqualität wird durch die Tamponhärte, das Tamponvolumen und die Spitze des Tampons bestimmt. Tampondruckformen bestehen aus gehärtetem Stahl, für kleinere Stückzahlen werden auch Kunststoffdruckformen, meist Fotopolymer-Druckplatten, verwendet (Kap. 7.2.2 Tiefdruckformherstellung). Die Druckfarben des Tampondrucks entsprechen in ihrer Zusammensetzung den Siebdruckfarben (Kap. 5.3.2 Chemikalien in Durchdruckfarben). Da die im Tampondruck aufgetragene Farbschichtdicke sehr viel geringer ist als im Siebdruck, besitzen Tampondruckfarben einen höheren Pigmentanteil; Binde- und Lösemittel werden dem jeweiligen Bedruckstoff angepaßt.

Die Anwendungsgebiete des Tampondrucks sind praktisch unbegrenzt. Der flexible Silikontampon ermöglicht den Druck auf konkav oder konvex gewölbten, unebenen oder unregelmäßig erhöhten oder vertieften Oberflächen. Das Tampondruckverfahren wird heute vielfach für Sonderarbeiten im industriellen Körperdruck, z.B. in der Spielwarenbranche, in der Unterhaltungselektronik, für Haushaltswaren, in der Elektronikindustrie und im Automobilbau eingesetzt.

7.2.2 Tiefdruckformherstellung

Die Herstellung von Tiefdruckzylindern ist aufwendig und teuer, daher wird die Tiefdrucktechnik nur für Produkte mit hoher Auflage und hoher Druckqualität eingesetzt. Im Verpackungsdruck wird die Tiefdrucktechnik dem Flexodruck vorgezogen, wenn die eingesetzten Druckfarben Lösemittel enthalten, gegen welche die Flexodruckplatten nicht beständig sind.

Die Druckform des Tiefdrucks ist ein Stahlzylinder, auf den eine Kupferschicht nahtlos aufgalvanisiert ist [482, 118]. Der Rohzylinder ist entweder mit einer massiven Kupferschicht überzogen, oder mit einer Grundkupferschicht beschichtet, auf die eine abreißbare Kupferfolie aufgebracht ist. Auf diese Kupferschicht wird die Druckbildvorlage entsprechend ihren Helligkeitswerten mittels Ätz- oder Gravierverfahren in Form unterschiedlich tiefer Näpfchen übertragen.

Für höhere Auflagenzahlen oder Massenauflagen mit mehreren Millionen Drucken wird die relativ weiche Kupferschicht des gravierten bzw. geätzten Druckzylinders vor dem Druck mit einer mehrere um dicken Chromschicht elektrolytisch überzogen. Nach Abnutzung der Chromschicht kann diese elektrolytisch oder chemisch vom Kupfermantel abgelöst werden.

In der Tiefdruckformherstellung werden drei Grundverfahren eingesetzt:

Ätzung
Gravur
Offset-Tiefdruck-Konversion

Ätzung

Die fotochemischen ätztechnischen Verfahren, insbesondere die flächenvariable Tiefdruckformherstellung, verlieren gegenüber der elektronischen Zylindergravur immer mehr an Bedeutung und werden nur noch vereinzelt im Verpackungsdruck angewandt.

Ätztechniken werden zur Herstellung konventioneller (tiefenvariabler), autotypischer (flächenvariabler) und halbautotypischer (tiefen- und flächenvariabler) Tiefdruckformen eingesetzt. Bei der *konventionellen* und *halbautotypischen Tiefdruckformherstellung* wird die fotosensible Schicht nacheinander durch ein Halbtondiapositiv und durch ein Rasterdiapositiv belichtet. Bei beiden Verfahren wird durch die Kopie der Halbtonvorlage die Näpfchentiefe vorgegeben und mittels des einkopierten Rasters die Stegstruktur für die Rakelauflage erzeugt. In der halbautotypischen Druckformherstellung dient die Rasterung außerdem zur Begrenzung der die Näpfchenfläche bestimmenden Rasterpunkte, die -im Gegensatz zum autotypischen Verfahren- nicht ineinander übergehen dürfen. In der *autotypischen Druckformherstellung* wird mit einem Kontaktraster gearbeitet, welcher aus der Halbtonvorlage ein gerastertes Diapositiv erstellt. Die Belichtung der Kopierschicht kann daher einstufig erfolgen, eine zusätzliche Rasterkopie ist nicht erforderlich.

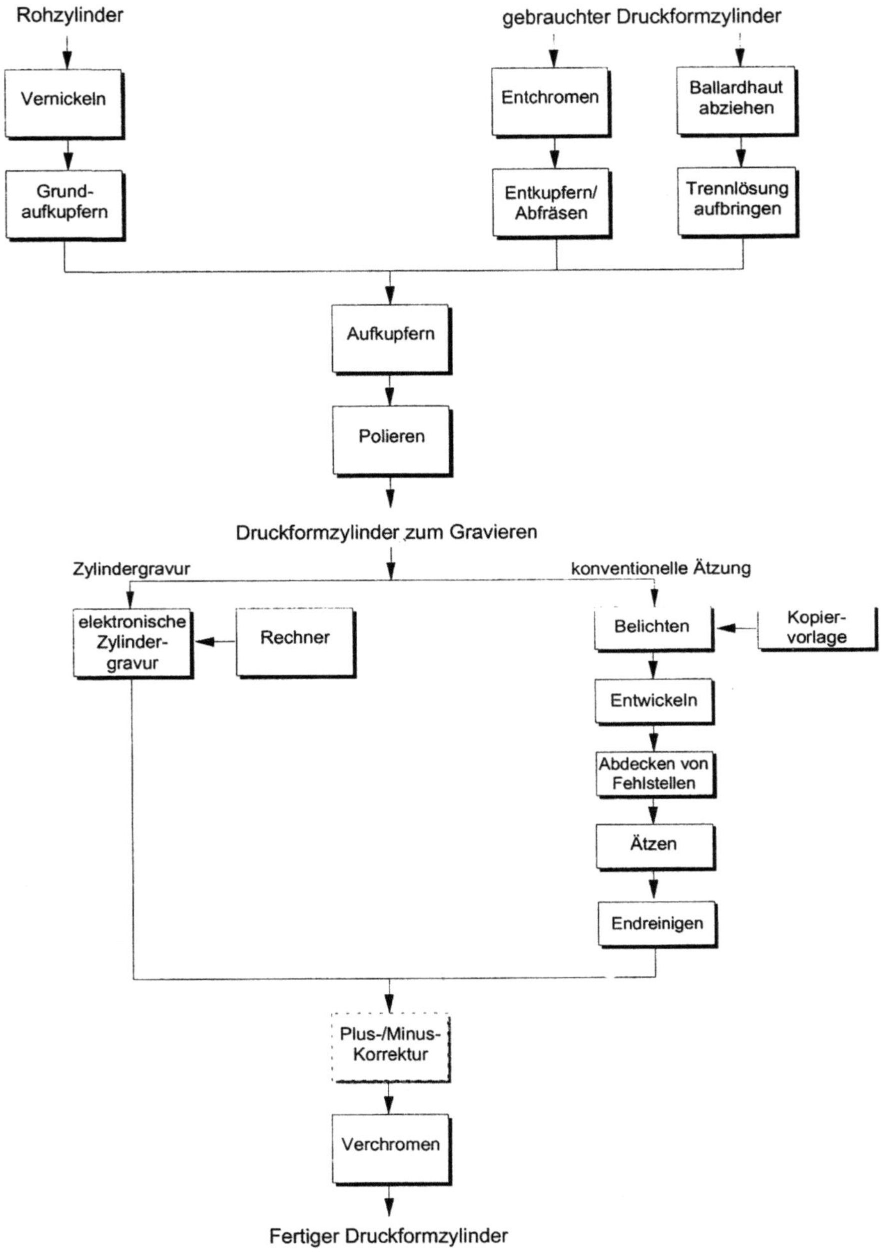

Abbildung 7–8: Verfahren zur Druckformherstellung im Tiefdruck

Chromatkolloidverfahren

Das lichtempfindliche Schichtmaterial ist das sogenannte Pigmentpapier, eine auf Rohpapier aufgebrachte Gelatineschicht, die mit Eisenoxid pigmentiert und mit 3 - 4 %iger Dichromatsalzlösung sensibilisiert wird. Bei Belichtung erfolgt eine Gerbung der Gelatineschicht; die vom Licht getroffenen Stellen härten aus und werden wasserunlöslich. Das belichtete Pigmentpapier wird schichtseitig auf den Kupferzylinder aufgequetscht und mit warmem Wasser entwickelt; hierbei wird die angelöste Papierschicht abgezogen und die ungehärtete Gelatineschicht ausgewaschen. Auf dem Kupferzylinder verbleibt ein entsprechend der Transparenz der Kopiervorlage gehärtetes Gelatinerelief, dessen höchste Stellen den lichtdurchlässigsten Stellen der Vorlage entsprechen. Nach Auftragung eines Asphaltlacks auf die nicht zu ätzenden Stellen des Druckzylinders erfolgt der Ätzprozess mit Eisen(III)-chloridlösung.

Bei der Ätzung tiefenvariabler Druckformen wird die unterschiedliche Näpfchentiefe meist durch stufenweise oder kontinuierliche Verringerung der Konzentration der Ätzlösung erreicht. Die früher übliche Mehrbadätzung, bei der bis zu sieben unterschiedlich konzentrierte Eisenchloridlösungen eingesetzt wurden, ist weitgehend durch das Einbadätzverfahren ersetzt worden. Bei der heute meist automatisierten, rechnergesteuerten einstufigen Ätzung wird die Ätzwirkung der Eisenchloridlösung über die Ätzbadtemperatur, über elektronisch gesteuerte Verdünnung der Ätzlösung oder die Einwirkzeit der Ätzlösung auf den Kupferzylinder, z.B. durch Erhöhung oder Senkung der Drehzahl des Druckzylinders im Ätzbad, reguliert. Beim Ätzvorgang quillt die Gelatineschicht auf, wodurch eine Diffusion des Ätzmittels zur Kupferoberfläche ermöglicht wird. Mit abnehmender Konzentration der Ätzlösung erfolgt die Quellung der Gelatine und damit die Diffusion des Ätzmittels schneller. Konzentrierte Ätzlösung durchdringt zunächst nur die dünnen Gelatineschichten und löst an diesen Stellen die Kupferschicht auf, im weiteren erfolgt die Ätzung abhängig von der Einwirkzeit oder Konzentration der Ätzlösung mit abgestufter Stärke. Bei flächenvariablen Druckformen wird die Kupferschicht mit einer hochkonzentrierten Eisenchloridlösung, deren Konzentration im Verlauf des Ätzprozesses konstant bleibt, bis auf die gewünschte Tiefe abgeätzt. Nach Abspülen der Eisenchloridlösung mit Wasser und Entfernen der Lackschicht mit organischen Lösemitteln kann die Gelatineschicht vom Druckzylinder abgewaschen werden.

Silberhalogenidverfahren

Beim Silberhalogenidverfahren ist das lichtempfindliche Material ein mit Silberhalogenid sensibilisierter Gelatinefilm, der sich auf einer Polyesterunterlage befindet. Die fotografische Entwicklung der Gelatine-Silberhalogenid-Emulsion erfolgt in zwei Schritten zunächst mit Gerbentwicklern wie Pyrogallol oder Brenzkatechin und anschließend mit Na_2CO_3-Lösung (Kap. 4 Reproduktionstechnik). Hierbei wird die Gelatine proportional zu der durch Belichtung gebildeten Silbermenge gehärtet.

Fotopolymerisation

Beim Fotopolymerverfahren wird an Stelle des Pigmentpapiers eine lichtempfindliche fotopolymerisierbare Schicht eingesetzt, die sich auf einer Polyesterunterlage befindet. Die Belichtung und Entwicklung der Fotopolymerschicht wird analog den bei der Herstellung fotopolymerer Hochdruckplatten angewandten Verfahren durchgeführt (Kap. 6.2.2 Hochdruckformherstellung). Da die Fotopolymerschicht, anders als die Gelatineschicht, nicht entsprechend den Helligkeitswerten der Kopiervorlage unterschiedlich tief gehärtet wird, kann die Fotopolymerisation nur zur Herstellung autotypischer Tiefdruckformen eingesetzt werden.

Direktbeschichtung

Bei diesem Verfahren befindet sich die lichtempfindliche Schicht aus sensibilisiertem organischen Kolloid oder synthetischem Polymer direkt auf dem Kupferzylinder. Entwicklung und Ätzung des Druckformzylinders werden wie oben beschrieben durchgeführt.

Gravur

Die Gravur ist heute das überwiegend angewandte Herstellungsverfahren für halbautotypische Tiefdruckformen mit tiefen- und flächenvariablen Drucknäpfchen [185]. Bei diesem Verfahren wird die Kopiervorlage elektronisch erfaßt und der Tiefdruckzylinder entsprechend den registrierten Bilddaten graviert. Man unterscheidet die elektronische (mechanische) Gravur, die Lasergravur und die Elektronenstrahlgravur:

Elektronische Gravur

Elektronisch-mechanische Aufzeichnungsverfahren arbeiten mit einem hochempfindlichen Filmmaterial mit weiß-opaker Unterlage, dem sogenannten Opalfilm, der bildgemäß belichtet als Abtastvorlage für die Gravureinheit eingesetzt wird [113, 232]. Über ein Scannersystem wird die Vorlage nach dem Prinzip der zeilenweisen Abtastung einzelner Punkte mittels eines Lichtstrahls erfaßt. Das vom Abtastpunkt reflektierte Licht wird über opto-elektronische Wandler (Fotomultiplier) in elektronische Signale umgewandelt, die proportional zur Helligkeit der Bildvorlage sind. Die verstärkten Stromsignale werden im Rechner verarbeitet und dem Gravursystem, bestehend aus ein oder mehreren pyramidenförmigen Diamantsticheln, zugeführt. Das elektromagnetische Gravursystem führt programmgesteuerte Schnittbewegungen entsprechender Gravurtiefe aus, welche Näpfchen unterschiedlicher Fläche und Größe im Kupferzylinder erzeugen. Abbildung 7–9 stellt die elektronische Zylindergravur schematisch dar.

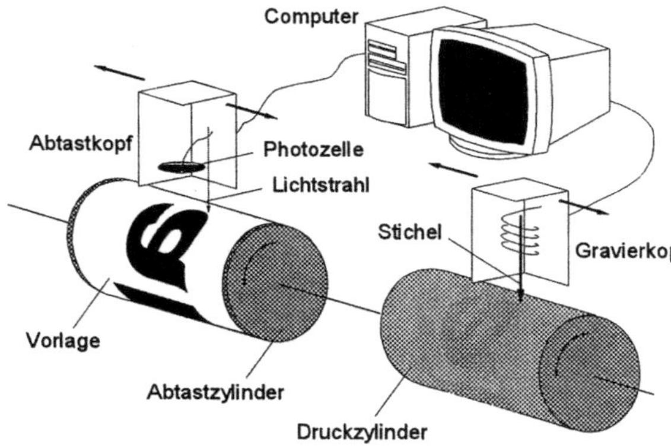

Abbildung 7–9: ***Elektronische Tiefdruck-Zylindergravur***

Der Gravierstichel erstellt in einer Sekunde 4.000 tiefen- und flächenvariable Näpfchen, da jedoch pro m^2 Zylinderoberfläche etwa 49 Millionen Näpfchen zu gravieren sind, wird zur Verkürzung der Gravierzeit, insbesondere im mehrfarbigen Schön- und Widerdruck, mit bis zu acht Abtast- und Graviereinheiten gearbeitet [482, 118]. Bei neueren Systemen sind Abtast- und Gravureinheit durch einen Magnetplattenspeicher getrennt. Die elektronisch erfaßten digitalisierten Bilddaten werden im Datenspeicher gesammelt und unabhängig vom Scannersystem für die Gravur aufgerufen (z.B. Ohio-System der Firma Ohio Electronic). Der Helio-Klischograf mit HDP-System (Helio-Data-Processing) ermöglicht eine elektronische Ganzseitenreproduktion einschließlich Druckformherstellung, wobei die Gravur getrennt von der reproduktionstechnischen Filmverarbeitung über magnetplatten-gespeicherte Daten gesteuert wird.

Lasergravur

Das Lasergravursystem (Lasergravure 700 Systems) der Firma Crosfield arbeitet mit einer Gravureinheit, die mit einem Hochleistungs-CO_2-Laser das Druckbild in die Zylinderoberfläche graviert [276]. Der Basiszylinder ist aus Stahl oder verkupfert und mit einer speziellen Kunststoffschicht aus Epoxidharz, dem "Lasercoat" beschichtet. Die Kunststoffschicht wird beim Lasern an den Bildstellen verdampft. Entlang des Zylinderumfangs entsteht eine schraubenförmige Anordnung von Näpfchen unterschiedlicher Tiefe. Beim Lasergravursystem kann im Gegensatz zum mechanischen Gravursystem nicht synchron mit der Bildabtastung graviert sondern nur ab Datenspeicher gearbeitet werden.

Elektronenstrahlgravur

Bei diesem Verfahren erfolgt die Übertragung der gespeicherten Bilddaten auf den Kupferzylinder mittels Elektronenstrahlen. Eine schematische Darstellung der Elektronenstrahlgravur zeigt Abbildung 7–1.

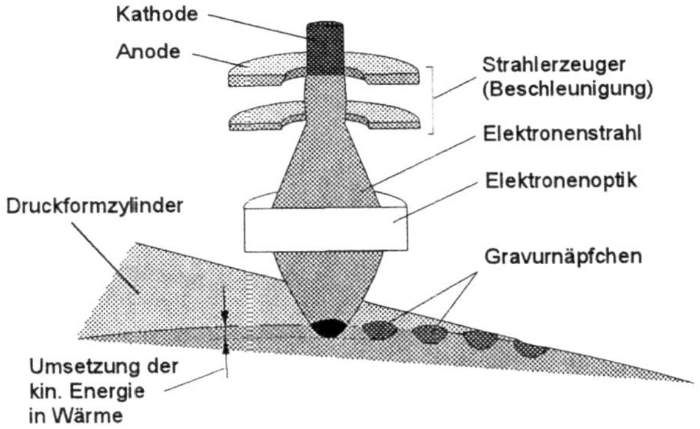

Abbildung 7–10: Elektronenstrahlgravur

Die EBG-Maschine (Electron Beam Gravure) der Firma Hell graviert bis zu 150.000 Näpfchen in einer Sekunde, der Zylinderdurchsatz wird jedoch nur 2 - 3 mal größer sein als beim herkömmlichen mechanischen Verfahren, da keine Mehrkanalgravur möglich ist [410]. Die Steuerung des Elektronenstrahls erfolgt durch digital gespeicherte Daten, eine direkte Abtastung und Übertragung der Bildwerte ist wegen der hohen Datenrate nicht möglich.

Offset-Tiefdruck-Konversion

Für die Tiefdruckformherstellung müssen gerasterte Kopiervorlagen eingesetzt werden, um zur Rakelführung geeignete Stege zu erzeugen. In der Offset-Tiefdruck-Konversion werden autotypisch gerasterte Offsetfilme (Lith-Filme) zur Übertragung auf den Tiefdruckzylinder eingesetzt

[185]. Dieses Verfahren macht damit die einfachere und kostengünstigere reprotechnische Herstellung von Offsetfilmen, die in ihrer Qualität an Halbtonvorlagen heranreichen, für die Tiefdruckformherstellung nutzbar. Offset-Kopiervorlagen sind sehr viel einfacher zu korrigieren als Tiefdruck-Kopiervorlagen und sind leicht durch einen Andruck oder Proof zu kontrollieren; dadurch werden teure, aufwendige Korrekturen am fertigen Tiefdruckzylinder weitgehend vermieden. Zur Übertragung der Offsetfilme auf den Tiefdruckzylinder werden ätztechnische Verfahren und Gravierverfahren eingesetzt. Offset-Tiefdruck-Konversion mit Gravur hat in den letzten Jahren immer größere Marktanteile gewonnen.

7.3 Chemikalien im Tiefdruck

7.3.1 Chemikalien in der Tiefdruckformherstellung

Im Tiefdruck werden heute Druckformen ohne Chemikalieneinsatz mittels elektronischer Bildverarbeitung und Gravurverfahren hergestellt (Kap. 7.2.2 Tiefdruckformherstellung). Ätztechnische Verfahren auf Basis fotochemischer Bildreproduktion werden nur noch vereinzelt eingesetzt. Die gravierten oder geätzten Tiefdruckzylinder werden für höhere Auflagen galvanisch verchromt.

Ätzung

Zu den ätztechnischen Verfahren zählen das Chromatkolloid-, das Silberhalogenid- und das Fotopolymerverfahren.

Beim **Chromatkolloid**- und **Silberhalogenidverfahren** besteht die lichtempfindliche Beschichtung aus einem Gelatinefilm, der mit Dichromatsalzen oder Silberhalogenidsalzen sensibilisiert ist. Chromatsensibilisiertes Schichtmaterial härtet unter Lichteinfluss direkt. Besteht die fotosensitive Schicht aus silberhalogenidsensibilisierter Gelatine, so wird zur Härtung der belichteten Filmstellen eine Behandlung mit fotografischen Gerbentwicklern wie Pyrogallol oder Brenzkatechin und mit Natriumcarbonatlösung durchgeführt. Nach Aufbringen des Films wird die Schutzfolie mit Diacetonalkohol entfernt.

Die unbelichtete, ungehärtete Gelatineschicht wird mit warmem Wasser ausgewaschen. Zum Schutz der nicht zu ätzenden Nichtbildstellen und Fehlstellen wird auf die bildgemäß gehärtete Schicht ein Asphaltlack aufgetragen, welcher nach der Ätzung mit organischen Lösemitteln, meist Toluol, entfernt wird. Als Ätzmittel wird Eisen(III)-chloridlösung eingesetzt, welche die Kupferschicht bis zur entsprechenden Tiefe auflöst. Die Ätzlösung reichert sich dabei mit Kupfer(II)-ionen an. Nach dem Ätzvorgang und der Ablösung der Asphaltschicht wird der restliche gequollene Gelatinefilm mit Wasser abgewaschen.

Beim **Fotopolymerverfahren** wird mit fotopolymerisierbarem lichtempfindlichem Schichtmaterial auf einer Polyesterunterlage gearbeitet. Die eingesetzten Substanzen sind, wie in der Hochdruckformherstellung (Kap. 6.3.1 Chemikalien in der Hochdruckformherstellung), Bindemittel, fotovernetzende Monomere und Fotoinitiatoren zum Starten der Polymerisationsreaktion. Die Ätzung der Kupferschicht erfolgt analog den oben beschriebenen Chromatkolloid- und Silberhalogenidverfahren.

Gravur

Die Gravurverfahren mittels elektronisch gesteuerter Diamantstichel, Laserstrahlen oder Elektronenstrahlen führen zu keiner Abwasser oder Abluftbelastung.

Zylinderverchromung

Der gravierte oder geätzte Kupferzylinder wird zur Erzielung hoher Auflagen mit einer Chromschicht von 3 bis 7 um Schichtdicke galvanisch überzogen [189]. Zur Abscheidung der Chromschicht werden wäßrige Lösungen der Chrom(VI)-Verbindung Chromtrioxid eingesetzt, denen unterschiedliche Katalysatorsysteme wie Schwefelsäure, Schwefelsäure-Fluorkomplexe oder Säuremischungen zugegeben werden. Die Verwendung fluoridfreier Chromelektrolyte setzt sich mehr und mehr durch und erlaubt den Einsatz von platinierten Titananoden anstelle der bisher üblichen Bleilegierungsanoden, welche sehr viel schneller verschleißen. Der Einsatz platinierter Elektroden macht jedoch die Zugabe löslicher Bleiverbindungen, z.B. Bleicarbonat, zur Elektrolytlösung bzw. die Beschichtung der Elektrode mit Bleioxid notwendig, um die Entstehung von Cr(III)-Ionen zu unterbinden. Die Entchromung des Kupferzylinders nach dem Druck erfolgt chemisch mit konzentrierter Salzsäure oder elektrolytisch. Chromhaltige Abwässer aus der Zylinderkorrektur und -verchromung müssen reduziert werden (z.B. mit Natriumbisulfit), bevor sie der Neutralisationsanlage zugeführt werden.

Zylinderverkupferung

Nach dem Druck werden die Kupferzylinder in einer Schichtdicke von 30 - 35 µm abgeschält und glatt poliert. Nach drei Druckvorgängen muss der Kupferzylinder vor einem erneuten Einsatz galvanisch neu verkupfert werden (Massiv-Verkupferung). Die Verkupferung erfolgt aus einem Elektrolyten, der Kupfersulfat und Schwefelsäure enthält; als Gegenelektrode wird heute meist eine Titanelektrode eingesetzt. Die Ballardverkupferung, bei der auf die Grundkupferschicht eine abreißbare Kupferschicht aufgalvanisiert wird, wird heute nur noch wenig angewandt.

Zylinderkorrektur

Mitkopierte Fehlstellen oder unerwünscht druckende Stellen des Druckzylinders müssen nachträglich korrigiert werden. Die nicht zu korrigierenden Stellen des Zylinders werden mit einer Asphaltschicht vor dem Korrekturmittel geschützt. Diese Asphaltschicht wird mit Ethanol ausgehärtet und kann nach der Korrektur mit Toluol wieder entfernt werden. Negativkorrekturmittel sind spezielle Gemische aus Säuren, Härtemittel und Lacken, z.B. Fotoresistlacke. Die eigentliche Nachätzung erfolgt mit Eisen(III)-chloridlösung. Die Positivkorrektur ist eine nachträgliche galvanische Verkupferung des Druckzylinders.

7.3.2 Chemikalien in Tiefdruckfarben

Die Tiefdrucktechnik wird zum Druck von Verpackungsmaterial, illustrierten Zeitschriften und Katalogen angewendet. Tiefdruckfarben für den Verpackungsdruck und den Illustrationstiefdruck sind sehr dünnflüssig und trocknen physikalisch durch schnelles Verdunsten der leichtflüchtigen Lösemittel. Im Illustrationstiefdruck dient meist Toluol als alleiniges Lösemittel, während im Verpackungs- oder Spezialtiefdruck - Toluol ist z.B. für das Bedrucken von Lebensmittelverpackungen verboten - im wesentlichen Ethanol und Ethylacetat eingesetzt werden [461, 508]. Strahlungstrocknende Druckfarben haben im Tiefdruck bisher keine Bedeutung.

verboten - im wesentlichen Ethanol und Ethylacetat eingesetzt werden [461, 508]. Strahlungstrocknende Druckfarben haben im Tiefdruck bisher keine Bedeutung.

Die in Tiedruckfarben verwendeten **Additive** sind Wachse (z.B. Polyolefin-, Paraffin- oder Amidwachse) zur Verbesserung der Abriebfestigkeit und Gleitfähigkeit, Weichmacher zur Erhöhung der Elastizität, Entschäumer, Mattierungsmittel, Stabilisatoren, Antistatika, Dispergierhilfsmittel, Antiabsetzmittel, Antioxidantien, Hautverhütungsmittel etc [140]. Die wichtigsten Substanzklassen sind Epoxide, Phenole, Amine und organische Säuren.

Illustrationstiefdruckfarben

Illustrationstiefdruckfarben	Eigenschaften/Stoffgruppen	Beispiele
Viskosität	niederviskos	
Pigmente/Farbstoffe	anorganisch organisch	Rußsorten (z.B. P.Bk.7), P.B.27 P.G.12, P.R.57, P.R.53, P.B.15:3, Rhodaminbase, Viktoriablaubase
Lösemittel	Aromaten	Toluol als alleiniges Lösemittel
Bindemittel	Cellulosederivate Calcium- und Zinkresinate resolmodifizierte Kolophoniumharze Maleinatharze Kohlenwasserstoffharze Chlorkautschuk Gilsonit-Asphalt (in schwarzen Druckfarben)	Ethylcellulose, Ethylhydroxyethylcellulose
Additive	Wachse Gleitmittel Hautverhütungsmittel Entschäumer Mattierungsmittel Stabilisatoren Antioxidantien Antistatika Dispergierhilfsmittel Antiabsetzmittel	Polyolefinwachse, Amidwachse, Paraffine Silicone Cyclohexanonoxim Epoxide, Phenole, Amine, organische Säuren

Tabelle 7–2: ***Illustrationstiefdruckfarben***

Im Illustrationstiefdruck wird meist im Vierfarbendruck gedruckt. Druckfertig eingestellte Illustrationstiefdruckfarben besitzen einen Toluolanteil (als alleiniges Lösemittel) von 60 - 70 %, einen Bindemittelanteil von 15 - 20 %, einen Farbmittelanteil von 5 - 10 % und 0,5 - 4 % sonstige Zusätze [78, 273, 480, 461, 508]. Die wichtigsten Farbmittel in Illustrationstiefdruckfarben sind Diarylidgelb-Pigmente (Pigment Gelb 12) für gelbe Druckfarben, Rubin 4B- Calciumlacke (Pigment Rot 57 und

riablaubase ersetzt. Als Bindemittelharz für schwarze Druckfarben dient Gilsonit-Asphalt; für bunte Tiefdruckfarben werden Ethylhydroxyethylcellulose, Ethylcellulose, Calcium- und Zinkresinate, resolmodifizierte Kolophoniumharze, Maleinatharze, Kohlenwasserstoffharze und Chlorkautschuk eingesetzt. In Ländern wie den USA, Frankreich oder Belgien werden auch Leichtbenzinsorten als Lösemittel und entsprechend Calciumsalze von dimerisiertem Kolophonium als Bindemittel verwendet.

Beim Illustrationstiefdruck mit Druckfarben auf Toluolbasis erfolgt die Abluftreinigung meist durch Adsorption an Aktivkohle (Kap. 11.1.2 Adsorption). Wird die Aktivkohledesorption zur Rückgewinnung des Lösemittels mit Wasserdampf ausgeführt, so ist das anfallende Abwasser mit Toluol gesättigt. Der größte Teil des gelösten Toluols kann in einer Strippkolonne aus dem Abwasser entfernt werden. Nach den Abwasserrichtlinien darf der Toluolgehalt im Abwasser einen Grenzwert von 10 mg/l nicht überschreiten.

Verpackungstiefdruckfarben

Mit Verpackungstiefdruckfarben werden heute Papiere, Aluminium-, Zellglas- und Kunststoffolien bedruckt. Verpackungstiefdruckfarben entsprechen in ihrer Zusammensetzung den im Flexodruck eingesetzten Druckfarben (Kap. 6.3.2 Chemikalien in Hochdruckfarben) [508, 461]. In Verpackungstiefdruckfarben sind die hauptsächlich (zu 90 - 95 %) eingesetzten Lösemittel Ethanol, Ethylacetat, Methoxypropanol, Ethoxypropanol und Isopropanol, wobei Ethanol und Ethylacetat den weitaus größten Anteil haben [78, 273, 183, 508]. Daneben werden in geringerem Umfang (5 - 10 %) die Lösemittel Methylethylketon, Aceton, Benzine, Isopropylacetat, Ethoxypropylacetat, n-Propanol, n-Propylacetat, Propylenglycol, Hexan, Methoxypropylacetat, Methylpropylketon und Dipropylenglycolmonomethylester verwendet. In Spezialfällen werden außerdem die Lösemittel Cyclohexanon, Toluol, Xylol und Methylisobutylketon zugesetzt.

Die wichtigsten in Verpackungstiefdruckfarben eingesetzten Pigmente sind Rubin-4B-Calciumlacke (Pigment Rot 53:1), Pigment Orange 5, Diarylid-Gelb (Pigment Gelb 12), Titandioxid (Pigment Weiß 6), Phthalocyanin-Blau (Pigment Blau 15:3) und Calciumcarbonat (Pigment Weiß 18) als Füllstoff. Die wichtigsten Bindemittelharze sind Nitrocellulose, Polyamidharze, Maleinatharze, Acrylatharze und Vinylharze. Diese Druckfarben enthalten außerdem Weichmacher. Polyolefinfolien, z.B. Polyethylenfolien (Hochdruck- und Niederdruckpolyethylen) und Polypropylenfolien, müssen vor dem Druck elektrisch aufgerauht, d.h. einer Coronarentladung unterworfen werden. Für das Bedrucken dieser Folien werden Polyamid-Bindemittelharze verwendet. Reines Polyvinylchlorid oder polyvinylchloridbeschichtete Aluminiumfolien werden mit Druckfarben auf Basis von Vinylchlorid-Bindemittelharzen bedruckt. Als Lösemittel werden Aceton und Cyclohexanon, bei Mischpolymerisaten auch Methylethylketon und Methylisobutylketon eingesetzt.

Verpackungstiefdruckfarben	Eigenschaften Stoffgruppen	Beispiele
Viskosität	niederviskos	
Pigmente/Farbstoffe	anorganisch	P.W.18, P.W.6, P.Bk.7
	organisch	P.R.53:1, P.O.5, P.G.12, P.B.15:3, P.V.27, P.G.7, P.R.169,P.R.112, P.R.3, P.Y.74, P.Y.126, P.Y.83,
Lösemittel		Ethanol, Ethylacetat, Isopropylacetat, Aceton, Methylethylketon, n-Propanol, Isopropanol, Ethoxypropanol, Methoxypropanol, Dipropylenglycol-monomethylether, Ethoxypropylacetat, n-Propylacetat, Benzine, Hexan, Methoxypropylacetat, Methylisobutyl-keton, Xylol, Toluol, Cyclohexanon, Methylpropylketon, Propylenglycol
Bindemittel	Cellulosederivate	Nitrocellulose
	Polyamidharze	
	Vinylharze	
	Maleinatharze	
	Acrylatharze	
Additive	Weichmacher	
	Wachse	Polyolefinwachse, Paraffine, Amidwachse
	Gleitmittel	Silicone
	Hautverhütungsmittel	Cyclohexanonoxim
	Entschäumer	
	Mattierungsmittel	
	Stabilisatoren	Epoxide, Phenole, Amine, organische Säuren
	Antistatika	
	Antioxidantien	
	Dispergierhilfsmittel	
	Antiabsetzmittel	

Tabelle 7–3: ***Verpackungstiefdruckfarben***

Im Verpackungstiefdruck ist die Lösemittelrückgewinnung durch Aktivkohleadsorption und anschließender Wasserdampfdestillation aufgrund der Vielfalt und wechselnden Zusammensetzung der verwendeten Lösemittelgemische nur schwer möglich [78]. Viele der eingesetzten Lösemittel sind außerdem sehr gut wasserlöslich, wodurch es zu einer Verlagerung der Abluftbelastung auf das Abwasser käme. Zur Abluftreinigung wird meist eine thermische Nachverbrennung durchgeführt (Kap. 11.1.4 Verbrennung).

Metalldruckfarben

Metalldruckfarben mit Aluminium- oder Bronzepigmenten werden sowohl im Verpackungstiefdruck als auch im Illustrationstiefdruck verwendet. Zur Verhinderung des Anlaufens der Bronzepigmente wird den Druckfarben eine kleine Menge Benzotriazol zugesetzt.

Metalldruckfarben	Eigenschaften/Stoffgruppen	Beispiele
Viskosität	niederviskos	
Pigmente/Farbstoffe	anorganisch	Aluminiumpigmente, Bronzepigmente
	organisch	Zusatz farbiger Pigmente, z.B. P.Y.83, P.O.34, P.R.104
Lösemittel	s. Verpackungstiefdruckfarben	
Bindemittel	s. Verpackungstiefdruckfarben	
Additiv	s. Verpackungstiefdruckfarben, Mittel zur Verhinderung des Anlaufens der Metallpigmente	Benzotriazol

Tabelle 7–4: ***Metalldruckfarben***

Tampondruckfarben

Tampondruckfarben	Eigenschaften/Stoffgruppen	Beispiele
Viskosität	viskos, leicht pastös	
Pigmente/Farbstoffe	anorganisch	P.W.6, P.W.18, P.W.21, P.W.19, P.Bk.7
	organisch	P.B.15:3, P.G.7, P.R.122, P.R.119, P.Y.14, fluoreszierende Pigmente
Lösemittel	mittelflüchtige Lösemittel	Propylen- und Dipropylenglycolether sowie Ethylenglycolisopropyletheracetate mit Zusätzen von aromatischen oder aliphatischen Kohlenwasser-stoffen, Diacetonalkohol, 2-Butoxyethylacetat, 2-Butoxyethanol, Isophoron, Toluol, Xylol, Dipenten Methylglycolacetat, Cyclohexanon
Bindemittel	trocknende Öle	Leinöl
	leinölmodifizierte Harze	Alkydharze, Maleinatharze Phenolharze, Epoxidharze
	Cellulosederivate	Ethylcellulose, Ethylhydroxyethylcellulose, Nitrocellulose
	Acrylatharze	
	Vinylharze	
	Copolymerisate	Polyvinylchlorid-Polyvinylalkohol, Ethyl-Methacrylat, Methyl/Butyl-Methacrylat
Additive	Antischaummittel	Silicone aus Polymethylsiloxanen
	Weichmacher	Dioctylphthalat
	Antioxidantien	Hydrochinon
	Antihautmittel	Cyclohexanonoxim
	Wachse zur Verbesserung der Reibfestigkeit und Gleitfähigkeit	Polyethylenwachs
	Trocknungskatalysatoren in oxidativ trocknenden Systemen	Calcium-, Mangan- und Cobaltnaphthenate

Tabelle 7–5: ***Tampondruckfarben***

Die im Tampondruck verwendeten Druckfarben entsprechen prinzipiell den Siebdruckfarben (Kap. 5.3.2 Chemikalien in Durchdruckfarben).

Aufgrund des gegenüber dem Siebdruckverfahren wesentlich geringeren Farbauftrags besitzen Tampondruckfarben einen höheren Pigmentanteil und entsprechende Bindemittel. Die guten Trocknungseigenschaften der Tampondruckfarben erlauben einen Mehrfarbendruck naß in naß ohne Zwischentrocknung.

Tiefdruckfarben auf Wasserbasis

Im Illustrationstiefdruck haben wasserverdünnbare Druckfarben bisher keine Marktanteile gewinnen können, denn das in großen Mengen in Großbetrieben eingesetzte Toluol kann wirtschaftlich wiedergewonnen werden. Vom technischen Standpunkt her dürfte der Einsatz wasserverdünnbarer Druckfarben keine Schwierigkeiten bereiten. Im Vergleich zu konventionellen Farben sind bisher qualitative Einbußen hinzunehmen. Im Verpackungstiefdruck werden heute wasserbasierende Druckfarben primär zum Bedrucken von Papier und Karton, lackierten Aluminiumfolien und verschiedenen Kunststoffolien eingesetzt (Kap. 6.3.2 Chemikalien in Hochdruckfarben). Wasserverdünnbare Farbzubereitungen besitzen von Lösemittelfarben verschiedene physikalische Eigenschaften. Das Trocknungsverhalten wasserbasierender Systeme ist insbesondere auf nichtsaugenden Bedruckstoffen sehr viel schlechter als bei Druckfarben auf Lösemittelbasis. Die Benetzungseigenschaft für unpolare Bedruckstoffe und das Lösevermögen für die konventionellen Bindemittelsysteme ist schlechter.

Tiefdruckfarben auf Wasserbasis	Eigenschaften/Stoffgruppen	Beispiele
Pigmente/Farbstoffe	anorganisch	P.W.6, P.W.18, P.W.19, P.W.21, P.Bk.7
	organisch	P.G.12, P.R.53:1, P.O.5, P.B.15:3, P.R.57, P.G.7, P.Y.14
Lösemittel	Wasser, Zusätze von Alkohol	Ethanol, Isopropanol
Bindemittel	verseifbare Natur- und Kunstharze (Verseifungsmittel: aliphatische Amine wie Mono-ethanol- und Triethanolamin, Ammoniak)	Maleinat-, Polyester- und Acrylatharze
	Dispersionsharze	Vinylacetat, Methacrylsäureester
	wasserlösliche Kunstharze	
	vernetzbare Harzsysteme	
Additive	Wachse	Polyolefinwachse, Paraffine, Amidwachse
	Bakterizide	aliphatische oder heterocyclische Hydroxyalkylamine
	Fungizide	
	Netzmittel	Glycole
	Schaumverhütungsmittel	Silicone

Tabelle 7–6: Tiefdruckfarben auf Wasserbasis

Wasserbasierende Druckfarben werden daher bevorzugt für den Druck auf saugfähigen Papieren eingesetzt und enthalten meist einen geringen Anteil an unterschiedlichen Alkoholen oder Netzmitteln [137, 78]. Als Bindemittel werden in wasserverdünnbaren Druckfarben verseifbare Natur- und Kunstharze, Harzemulsionen und -dispersionen, wasserlösliche Kunstharze und vernetzbare Harzsysteme eingesetzt. Verseifbare Harze sind die am häufigsten verwendeten Bindemittel. Wasserlösliche Eigenschaften erhalten sie durch chemische Reaktion mit Verseifungsmitteln wie aliphatischen Aminen oder Ammoniak. Wasserfestigkeit des getrockneten Druckfilms wird durch Verdampfen des flüchtigen Verseifungsmittels beim Trocknungsprozess oder durch Neutralisation des alkalischen Verseifungsmittels bei sauren Bedruckstoffen erreicht. Wasserverdünnbaren Farbzubereitungen werden neben Netzmitteln und Antischaummitteln auch Fungizide und Bakterizide wie aliphatische oder heterocyclische Hydroxyalkylamine zugesetzt. Die Deinkbarkeit wasserbasierender Tiefdruckfarben ist sehr schlecht (siehe Ausführungen in Kap. 6.3.2 Flexodruckfarben).

7.3.3 Chemikalien in Wasch- und Reinigungsmitteln

Im Tiefdruck werden zum Waschen und Reinigen der Druckmaschinen und Druckwalzen neben hohen Mengen der aromatischen Kohlenwasserstoffe Toluol und Xylol verschiedene Ester, Alkohole und Waschbenzine (Testbenzine) eingesetzt [480].

7.4 Toxikologie im Tiefdruck

Tiefdruckformherstellung

Chromatkolloidverfahren

Beim Dichromatkolloidverfahren besteht die lichtempfindliche Schicht aus mit **Dichromatsalzen** sensibilisierter **Gelatine**. **Chrom(VI)-verbindungen** rufen Kontaktekzeme und Allergien hervor und sind als cancerogenverdächtig eingestuft (MAK-Liste III B, siehe Kap. 6.4 Toxikologie in der Hochdruckformherstellung). Zur Ätzung der Kupferdruckform wird **Eisen(III)-chloridlösung** eingesetzt, welche sich bei der Auflösung der Kupferschicht mit Kupferionen anreichert. Die zum Schutz der nicht zu ätzenden Stellen aufgetragene Asphaltschicht wird nach dem Ätzvorgang mit Toluol oder entsprechenden organischen Lösemitteln entfernt. Aromatische Kohlenwasserstoffe wie Toluol wirken neurotoxisch und bei Langzeiteinwirkung blutbildschädigend (siehe Wasch- und Reinigungsmittel im Tiefdruck).

Bei diesem Verfahren können folgende Substanzen ins Abwasser gelangen: das Schichtmaterial mit den sensibilisierenden Chromatsalzen, mit Kupfer(II)-ionen angereicherte Ätzlösung, Asphaltlackreste sowie der im Wasser lösliche Anteil des organischen Lösemittels, meist Toluol (Löslichkeit von Toluol: 0,47 g/l bei 16 °C).

Silberhalogenidverfahren

Beim Silberhalogenidverfahren ist die Gelatineschicht mit **Silberhalogeniden** sensibilisiert. Die belichtete Gelatineschicht wird in einer zweistufigen fotografischen Entwicklung mit Gerbentwicklern wie **Pyrogallol** oder **Brenzkatechin** sowie **Natriumkarbonatlösung** gehärtet. Die Toxizitätsdaten der Fotochemikalien sind in Kap. 4 Toxikologie in der Reproduktionsfotografie angegeben. Die Schutzfolie des auf den Zylinder aufgebrachten Films wird mit **Diacetonalkohol** abgelöst.

Diacetonalkohol wirkt in höherer Konzentration narkotisch und führt zu Reizung von Haut, Augen und Atemwegen. Nieren- und Leberschäden sowie Anämie sind mögliche Folgeschäden; der MAK-Wert beträgt 50 ppm (240 mg/m³). Die im Ätzprozess eingesetzten Chemikalien entsprechen den im Chromatkolloidverfahren verwendeten.

Fotopolymerverfahren

Die Toxizität der im Verfahren eingesetzten Substanzen ist in Kap. 6.4 Toxikologie in der Hochdruckformherstellung beschrieben.

Zylinderverchromung

Die Zylinderverchromung wird in einer wäßrigen **schwefelsauren Lösung** des **Chromtrioxids** durchgeführt. In diesem Chromelektrolyten liegt beim angewendeten Konzentrationsbereich überwiegend **Dichromsäure** neben Monochromsäure und Polychromsäuren vor. **Chrom(VI)-verbindungen** sind bezüglich ihrer toxikologischen Eigenschaften in Kap. 6.4 Toxikologie in der Hochdruckformherstellung beschrieben. Abwässer aus der Verchromung enthalten einige 100 g/l an Chrom und können wegen der hohen Konzentration nicht über die Neutralisationsanlage geführt werden [4]. **Schwefelsäure** wirkt stark ätzend auf Augen, Haut und Atemwege. Der MAK-Wert beträgt 1 mg/m³ (einatembarer Aerosolanteil). **Bleiverbindungen** sind Zellgifte mit Wirkung auf Blut, Knochenmark und Nervensystem. Der MAK-Wert beträgt 0,1 mg/m³ (einatembarer Aerosolanteil). Die Entchromung des Kupferzylinders nach dem Druck erfolgt elektrolytisch oder chemisch mit konzentrierter **Salzsäure**, welche weitere Zusätze enthält. Konzentrierte **Salzsäure** wirkt ätzend; der MAK-Wert beträgt 5 ppm (7,6 mg/m³).

Zylinderverkupferung

Die Zylinderverkupferung erfolgt aus einem kupfersulfathaltigen schwefelsauren Elektrolyten. **Schwefelsäure** ist ein starkes Ätzgift (siehe Zylinderverchromung).

Zylinderkorrektur

Zur Zylinderkorrektur werden die nicht zu korrigierenden Stellen mit einer Asphaltlackschicht abgedeckt, welche mit Ethanol ausgehärtet und nach der Korrektur mit Toluol wieder entfernt wird. Die Toxizität der Lösemittel **Ethanol** und **Toluol** ist im nachfolgenden Abschnitt *Wasch- und Reinigungsmittel im Tiefdruck* beschrieben. Als Korrekturmittel werden **Säuregemische, Härtemittel** und **Lacke** eingesetzt, deren Zusammensetzung nicht im einzelnen bekannt ist.

Wasch- und Reinigungsmittel im Tiefdruck

Die aromatischen Kohlenwasserstoffe **Toluol** und **Xylol** wirken schädigend auf das Zentralnervensystem und führen zu Degenerationserscheinungen von Gehirn, Leber und Nieren. Bei Dauerbelastung in höherer Konzentration bewirken diese Aromaten

Gleichgewichts-, Gedächtnis- und Konzentrationsstörungen, Kopfschmerzen und Schleimhautblutungen. Nach älteren Untersuchungen an 350 im Tiefdruck beschäftigten Arbeitern, die in besonderem Maße Toluoldämpfen ausgesetzt waren, führt die Lösemitteleinwirkung bei Männern zu einer starken und negativen Beeinträchtigung der Hormonbalance, d.h. der Sexualfunktionen und Fortpflanzungsfähigkeit [337]. Alle in dieser Studie beschriebenen Störungen werden bei Toluolkonzentrationen > 50 ppm (zur Zeit gültiger MAK-Wert) beobachtet. Weitere Untersuchungen an Angestellten einer Tiefdruckerei, in der zum Untersuchungszeitpunkt überwiegend Isopropanol und

Ethylacetat, früher jedoch Toluol, Methylethylketon und Butanol eingesetzt wurden, und Angestellten einer Siebdruckerei, in der vorwiegend mit Cyclohexan, Aceton und Toluol gearbeitet wurde, zeigen, dass die schädigende Wirkung von Lösemitteln auf das Gehirn und die hieraus resultierende intellektuelle Reduktion irreversibel ist [338]. Eine zur Zeit noch laufende Langzeituntersuchung der BG-Druck und Papierverarbeitung hat, bei Einhaltung des MAK-Wertes, bisher keine negativen Wirkungen von Reintoluol auf die Beschäftigten in Tiefdruckereien festgestellt [651].

Die Aufnahme von Xylol über einen längeren Zeitraum ruft Blutbildveränderungen hervor, kurzzeitige Xylolexposition hat narkotische Wirkung. Der neurotoxische Effekt und die schädigende Wirkung auf das blutbildende System ist stärker als beim Toluol. Der MAK-Wert beträgt 50 ppm, entsprechend einer Konzentration von 190 mg/m³ für Toluol und 440 mg/m³ für alle drei Isomere des Xylols. Gesundheitsschädigungen durch Benzolverunreinigungen im Toluol konnten durch Verringerung der Benzolkonzentration auf unter 0,1 % vermieden werden. Häufig verwendete Alkohole sind **Ethanol** und **Isopropanol**. Diese Alkohole wirken in höherer Konzentration narkotisch und hautreizend; Isopropanol führt außerdem zu Augen- und Schleimhautreizung. Die von der Senatskommission zur Prüfung gesundheitsschädlicher Arbeitsstoffe der DFG vorgeschlagenen MAK-Werte betragen 500 ppm (960 mg/m³) für Ethanol und 200 ppm (500 mg/m³) für Isopropanol. Die in der TRGS 900 bisher vorgeschriebenen Maximalwerte liegen bei 1.000 ppm (Ethanol) bzw. 400 ppm (Isopropanol). Der häufig verwendete Ester **Ethylacetat** hat in höherer Konzentration narkotische Wirkung und reizt Augen und Atemwege; der MAK-Wert beträgt 400 ppm (1.500 mg/m³).

Tiefdruckfarben

Die Toxizität der in Tiefdruckfarben eingesetzten Substanzen wird in Kap. 10 Druckfarben behandelt.

8 Der Flachdruck

8.1 Allgemeines

Zum **Flachdruck** gehören die Druckverfahren, bei denen die druckenden und nichtdruckenden Stellen der Druckform in nahezu einer Ebene liegen (DIN 16529) [300].

Die druckenden und nichtdruckenden Stellen der Druckform unterscheiden sich durch ihre gegensätzlichen physikalisch-chemischen Eigenschaften. Die Druckfarbe wird von den farbannehmenden Bildstellen der Druckform im direkten oder indirekten Druck (Kap. 6.1 Hochdruck/Allgemeines) auf den Bedruckstoff übertragen, während die farbabstoßenden Nichtbildstellen frei von Druckfarbe bleiben.

Abbildung 8–1 zeigt eine schematische Darstellung des Flachdruckverfahrens:

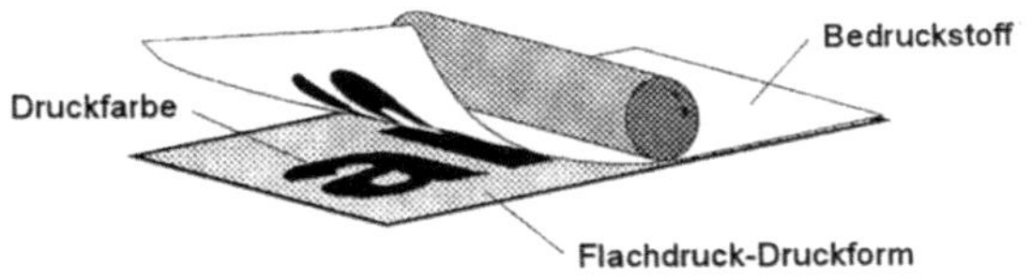

Abbildung 8–1: ***Flachdruckverfahren***

Flachdruckformen bestehen aus Metall, Kunststoff oder beschichteten Papieren und werden mittels chemisch-fotografischer Verfahren oder filmloser Verfahren hergestellt (Kap. 8.2.2 Flachdruckformherstellung). Eine neuere Entwicklung ist die filmlose Herstellung von Flachdruckformen auch für mittlere und größere Formate und Auflagen.

Flachdruckfarben sind pastöse Zubereitungen, die als Verdünnungsmittel hochsiedende Mineralöle, jedoch keine flüchtigen Lösemittel beinhalten. Diese Druckfarben trocknen durch Wegschlagen in den Bedruckstoff hinein und/oder oxidative Vernetzung (Kap. 8.3.2 Chemikalien in Flachdruckfarben).

Zu den **direkten Flachdruckverfahren** zählen der Steindruck (Lithografie), das DiLitho-Verfahren, der Lichtdruck und der elektrostatische Flachdruck. **Indirekte Verfahren** sind der Offsetdruck, der Kleinoffsetdruck und der wasserloser Offset (Driografie). Eine Übersicht über die Flachdruckverfahren gibt Abbildung 8–2.

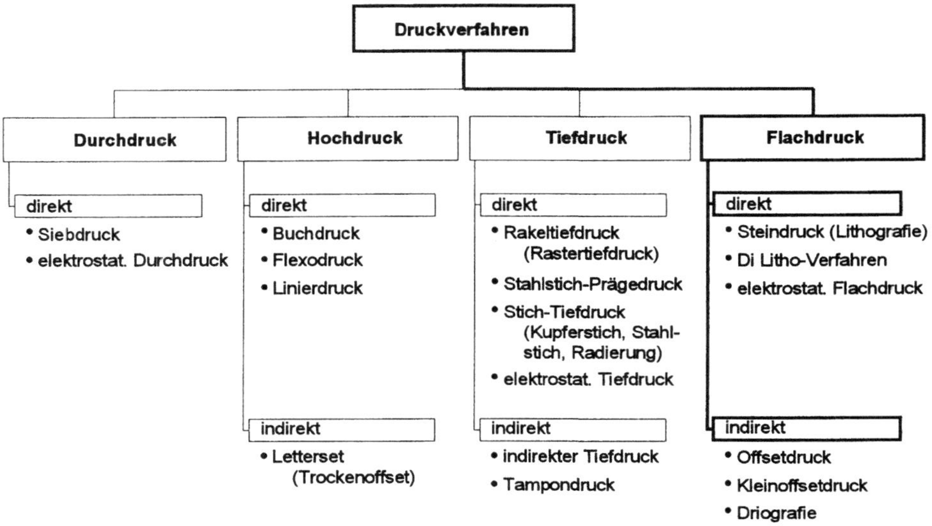

Abbildung 8–2: ***Druckverfahren im Flachdruck***

Der Offsetdruck ist die am weitesten verbreitete Flachdrucktechnik. Heute werden jährlich etwa 4,5 - 5 Milllionen m² beschichteter Offset-Druckplatten (Monometallplatten) verbraucht [18]. Die überwiegende Zahl der eingesetzten Offsetdruckplatten sind Monometallplatten; der Anteil der Mehrmetallplatten ist mit etwa 5 % gering (Kap. 8.2.2 Flachdruckformherstellung).

Die Marktentwicklung zeigt für den Flachdruck ein starkes Wachstum auf. Diese Zunahme ist im wesentlichen auf eine Verdrängung des Hochdrucks aus den traditionell von ihm besetzten wichtigen Produktgruppen Geschäftspapiere und Zeitungen zurückzuführen.

8.2 Verfahrensbeschreibung

8.2.1 Druckverfahren des Flachdrucks

Offsetdruck

Der Offsetdruck ist ein Flachdruckverfahren nach dem indirekten Druckprinzip, bei dem die Druckform zunächst einen Zwischenträger (in der Regel ein mit einem Gummi-Drucktuch bespannten Übertragzylinder) bedruckt, der seinerseits das Druckbild an den Bedruckstoff abgibt (DIN 16529) [300].

Der Name Offset (engl.: "to set off" = absetzen) gibt einen Hinweis auf die indirekte Druckbildübertragung. Die Bildstellen und Nichtbildstellen der Druckform befinden sich auf gleicher Ebene; die Druckbilddifferenzierung ergibt sich aus deren unterschiedlichen physikalisch-chemischen Eigenschaften [271]. Die nicht druckenden Stellen sind hydrophil und können von Wasser benetzt werden. Der Wasserfilm auf den Nichtbildstellen stößt die ölhaltige Druckfarbe ab und verhindert so eine Farbübertragung. Die druckenden Stellen sind demgegenüber hydrophob und werden von

Wasser nicht benetzt. Nur diese wasserabstoßenden Bildstellen werden mit Druckfarbe eingefärbt und geben sie an den Übertragzylinder und schließlich an den Bedruckstoff ab. Diese Benetzungsvorgänge sind in Abbildung 8–3 schematisch dargestellt:

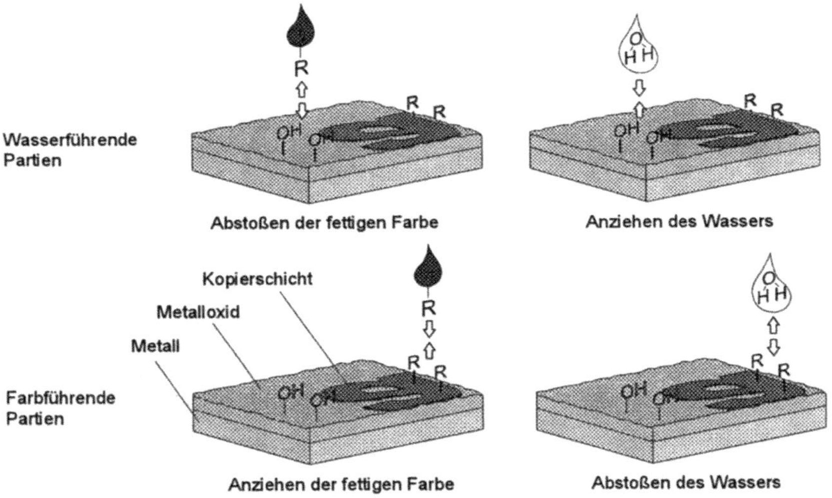

Abbildung 8–3: Druckformbenetzung

Wie in der Buchdrucktechnik wird mit einem langen Farbwerk aus vielen Gummi- und Metallwalzen eine gleichmäßig dünne Farbschicht erzeugt. **Offsetdruckfarben** müssen pastös und langsam trocknend eingestellt sein (Zugabe von Trocknungsverzögerern), um im Farbwerk nicht zu verfestigen und gut verdruckbar zu sein (Kap. 8.3.2 Chemikalien in Flachdruckfarben). Bei saugfähigen Bedruckstoffen erfolgt die Trocknung durch Wegschlagen in die Oberflächenschicht hinein und oxidative Vernetzung unter Luftsauerstoffeinfluss. Beim Druck auf nicht saugfähigen Materialien trocknen die Druckfarben im allgemeinen rein oxidativ. Heute werden neben den konventionellen Farbzubereitungen auf Ölbasis auch UV-trocknende Offsetdruckfarben eingesetzt.

Die **Druckformen** des Offsetdrucks sind Ein- oder Mehrmetallplatten mit Aluminium oder Chrom als hydrophile Schicht und Kupfer oder Messing als farbübertragende Schicht (Kap. 8.2.2 Flachdruckformherstellung). Beim Druckvorgang wird die Druckplatte zunächst mit einem Feuchtmittelfilm, einer wäßrigen Isopropanol- oder netzmittelhaltigen Lösung, überzogen und anschließend mit der ölhaltigen Druckfarbe überwalzt. Dieser Prozess ist in Abbildung 8–4 schematisch dargestellt.

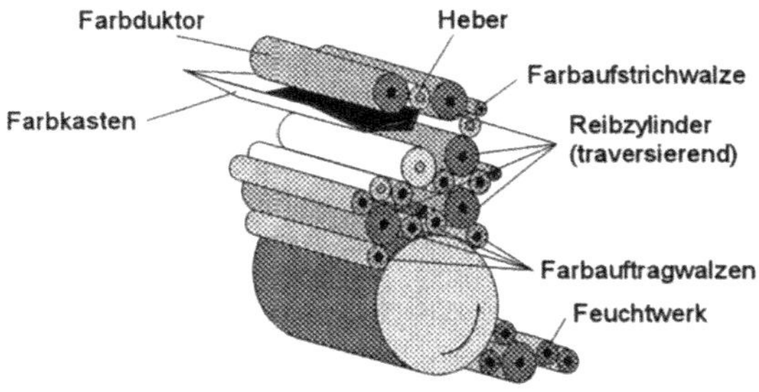

Abbildung 8–4: ***Plattenzylinder mit Farb- und Feuchtwerk***

Das so enstandene Druckbild wird mittels eines elastischen Gummituchzylinders auf den Bedruckstoff übertragen. Die Zwischenschaltung des Gummizylinders ermöglicht auch den Bedruck geprägter, rauher und ungleichmäßiger Materialien wie gestrichener Papiere, Karton und vorlackierter oder roher Bleche. Da es sich beim Offset um ein indirektes Verfahren mit doppeltem Farbübertrag handelt, wird für den Druckvorgang eine seitenrichtige Druckform eingesetzt.

Die Druckwerke der Offsetdruckmaschinen setzen sich in den meisten Fällen aus drei Zylindern (Formzylinder, Gummituchzylinder, Gegendruckzylinder), dem Feuchtwerk und dem Farbwerk zusammen. Die Druckfarbe wird vom Gummidruckzylinder auf den Bedruckstoff übertragen, welcher zwischen Gummituch- und Gegendruckzylinder hindurchgeführt wird. Abbildung 8–5 zeigt eine schematische Darstellung des Aufbaus einer Einfarben-Offsetmaschine.

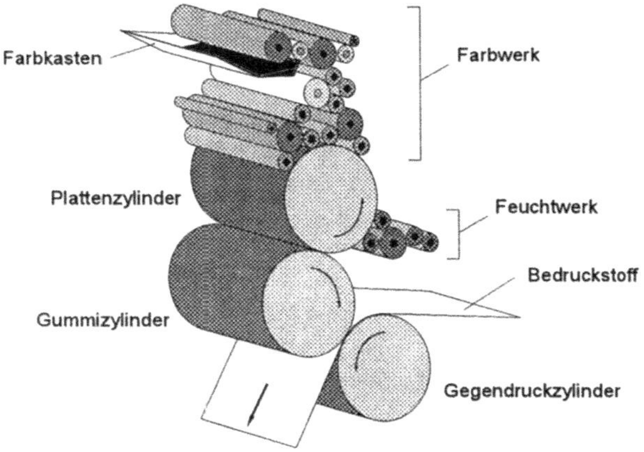

Abbildung 8–5: ***Einfarben-Offsetmaschine***

Je nach prinzipieller Bauart der Offsetdruckmaschine kann der Bedruckstoff als formatbegrenzter Bogen oder als Endlosband in Rollenform zugeführt werden. Bei den **Bogenoffsetmaschinen** sind die zwei wichtigsten Maschinengruppen die Einfarbenbogenmaschinen und die Mehrfarbenbogenmaschinen. Bei Mehrfarbenbogenmaschinen sind die einzelnen Druckwerke entweder in Reihenbauweise hintereinander oder um einen gemeinsamen Gegendruckzylinder herum

(Satellitensystem) angeordnet. Im Mehrfarbensystem erfolgt der Druck naß-in-naß; die Trocknung erfolgt erst, nachdem der Bedruckstoff alle Farbwerke hintereinander durchlaufen hat. Im Bogenoffset werden auch Schön- und Widerdruckmaschinen eingesetzt. Hierbei unterscheidet man zwischen umschaltbaren Systemen mit Bogenwendeeinrichtungen und Vierzylindersystemen ohne Gegendruckzylinder, bei denen die Gummizylinder zweier Druckwerke (Prinzip Gummi gegen Gummi) gegeneinander arbeiten.

Rollenoffsetmaschinen werden ebenfalls für Ein- und Mehrfarbendruck eingesetzt. Hierbei gibt es als Varianten - neben dem Dreizylindersystem - Maschinen der Bauweise Gummi-gegen-Gummi (s. Bogenoffset: Vierzylinder-System), Maschinen mit Doppeldruckwerken (Fünfzylinder-System), hinter- oder übereinander angeordnet, und das Satellitensystem, bei dem bis zu vier Druckwerke für den einseitigen Naß-in-naß-Druck um einen Gegendruckzylinder gruppiert sind.

Der Rollenoffset ist heute das Verfahren mit der größten Zuwachsrate. Diese starke Entwicklung ist auf die preiswerte Druckformherstellung und den sehr schnellen Druckvorgang auch bei gleichzeitig beidseitigem Vierfarbendruck zurückzuführen. Die Rollenoffsettechnik wird heute vermehrt für den Druck von Zeitungen, Zeitschriften, Versandkatalogen, Büchern und Broschüren eingesetzt.

Kleinoffsetdruck

Kleinoffsetdruck ist ein gebräuchlicher, jedoch nicht klar abgrenzender Ausdruck für den Offsetdruck auf sogenannten Kleinoffsetdruckmaschinen bis zum Bogenformat von etwa DIN A2 [300].

Kleinoffsetdruckmaschinen werden in der Regel mit drei vertikal angeordneten Zylindern gebaut. Maschinen einfacherer Ausführung haben zwei unterschiedliche große Zylinder. Der doppelt große Zylinder nimmt auf der einen Hälfte seines Umfangs die Druckform auf, die zweite Hälfte dient als Gegendruckzylinder zum Gummizylinder [271].

Für den Zweifarbenschöndruck wird ein Fünfzylindersystem eingesetzt. Bei einer weiteren Variante erfolgt der Druck von zwei Druckfarben gleichzeitig über ein Gummituch. Das bekannteste Schön- und Widerdruckprinzip ist der Druck mit zwei Gummizylindern (Gummi gegen Gummi). Für den gleichzeitigen Schön- und Widerdruck können alternativ auch Maschinen mit zwei doppelt großen Zylindern eingesetzt werden. Der obere Zylinder nimmt die Druckform, der zweite ein Gummituch und eine weitere Druckform auf. Ein dritter Zylinder mit halbem Durchmesser trägt ein Gummituch. Während die großen Zylinder eine Umdrehung mit den Arbeitsgängen Einfärben, Umdrucken und Drucken machen, dreht sich der kleinere Zylinder zweimal. Dabei wird abwechselnd Druckfarbe auf das Gummituch aufgenommen und auf das Papier gedruckt.

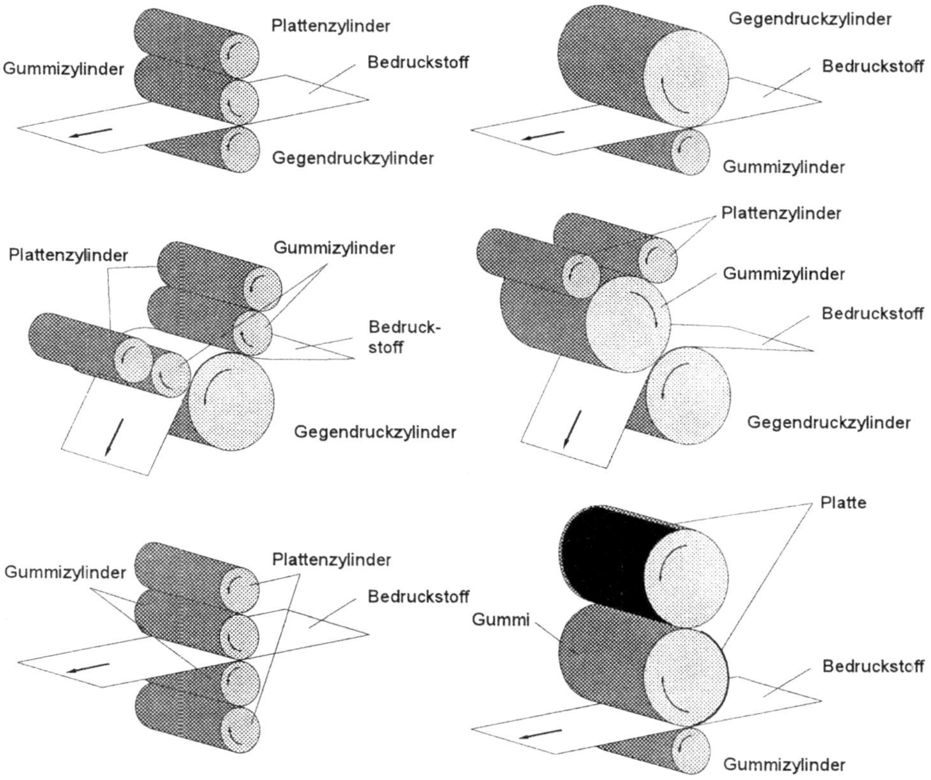

Abbildung 8–6: Kleinoffsetdruck

Der Kleinoffsetdruck wurde früher Offsetvervielfältigung genannt, da dieses Verfahren überwiegend zur Herstellung von Druckerzeugnissen für Büro und Verwaltung wie Formularen, Briefköpfen etc und einfachen Werbedrucken eingesetzt wird [118]. Mit den neueren Druckmaschinen und Druckplatten können heute qualitativ hochwertige Drucke gefertigt werden. Die Vorteile des Verfahrens ergeben sich aus der Schnelligkeit der Druckplattenherstellung, dem automatischen Druckplattenwechsel bei laufender Produktion und der hohen Druckgeschwindigkeit der Maschinen.

Die Druckformen des Kleinoffsetdrucks sind meist dünne Folien von etwa 0,1 - 0,3 mm Stärke. Neben den gebräuchlichen Metallplatten werden auch Direktbeschriftungsfolien, elektrostatische Direktfolien und Spezialpapiere verwendet (Kap. 8.2.2 Flachdruckformherstellung).

Wasserloser Offset (Driografie)

Wasserloser Offset ist ein lithografisches Druckverfahren, bei dem spezielle Platten und Druckfarben eingesetzt werden und bei dem kein oder nur sehr wenig Wasser verwendet wird.

Im wasserlosen Offset werden Druckwerke eingesetzt, die ohne Feuchtmittel (Wasser) auskommen [185]. Die nichtdruckenden Stellen der Druckform bestehen aus gehärtetem Silikon, welches farbabstoßende Eigenschaften besitzt, so dass die Benetzung mit einem Feuchtmittelfilm entfallen kann (Kap. 8.2.2 Flachdruckformherstellung).

Über dem Aluminumträger der Druckplatte befindet sich eine Fotopolymerschicht (vgl. digitale Fotopolymerplatten), darüber eine Dimethylsilikon-Schicht, die wiederum durch eine Polyesterfolie als Schutzfilm abgedeckt ist. Ein PostScript-RIP (Raster Image Processor) wandelt die aus der Druckvorstufe kommenden Rasterdaten (Bitmaps) um, die in der Druckmaschine als Steuersignale für die Infrarot Laserdioden dienen. An den belichteten Stellen vernetzen Silikon- und Fotopolymerschicht, an den unbelichteten Stellen bricht die Haftung zwischen beiden Schichten auf und die Silikonschicht quillt durch die Einwirkung eines hochsiedenden Entwicklers auf. Diese Schichtteile können mechanisch durch Bürsten unter Verwendung von Spülwasser entfernt werden. Der „wasserlose" Offset ist also streng genommen nicht wasserlos, allerdings wird erheblich weniger Wasser benötigt , als im traditionellen Offset, da der Druckprozess selbst wasserlos (ohne Feuchtmittel) abläuft.

Die Temperierung der Druckplatte erfolgt beim wasserlosen Offset nicht mit Feuchtmittel (konventioneller Offset), sondern mit Druckluft oder reinem Wasser (als Kühlwasser), das im Kreislauf geführt wird.

Unter Umweltgesichtspunkten ist die Reduktion des Wasserverbrauchs und das Vermeiden von VOC-Emissionen (Volatile Organic Compounts/Flüchtige organische Bestandteile) von großer Bedeutung. Im traditionellen Offset werden hierzu Isopropylalkohole oder spezielle Alkoholrezepturen eingesetzt.

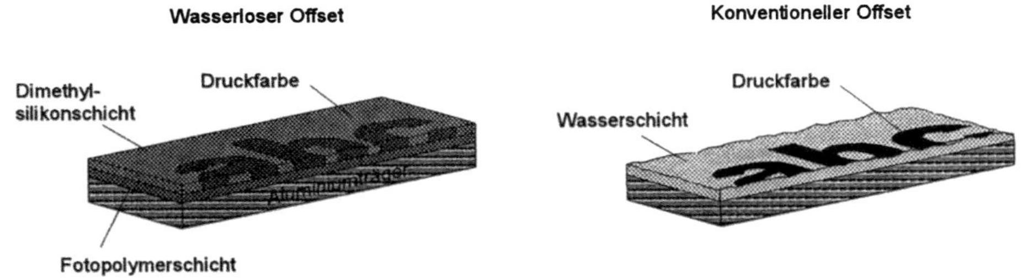

Abbildung 8–7: ***Vergleich von konventionellem und wasserlosem Offset***

Steindruck (Lithografie)

Der Steindruck ist ein direktes Flachdruckverfahren, bei dem die Druckform aus Stein (z.B. Solnhofer Schiefer) besteht (DIN 16529) [300].

Das Steindruckverfahren wird in seiner ursprüglichen Form nur noch für den künstlerischen Druck, z.B. zur Herstellung von Kunstblättern oder Plakaten, eingesetzt (Kap. 3 Grafik und Druckverfahren) [185]. Das Verfahren beruht wie der Offsetdruck auf der gegenseitigen Abstoßung von Wasser und fetthaltiger Druckfarbe. Die Druckform des Steindrucks ist der Solnhofener Lithografieschiefer (ein Kalkstein), der durch Behandlung mit lithografischer Tusche und Wasser in eine druckfähige Form überführt wird (Kap. 8.2.2 Flachdruckformherstellung). Der seitenverkehrt gezeichnete Stein wird mit Farbwalzen eingefärbt. Die Übertragung der Druckfarbe auf den Bedruckstoff geschieht in der Hand- oder Schnellpresse.

Lichtdruck

Der Lichtdruck ist ein direktes Flachdruckverfahren, das als Druckform ein der Vorlage entsprechend abgestuftes und gehärtetes Gelatinequellrelief auf einer Unterlage (meist Glas) verwendet.

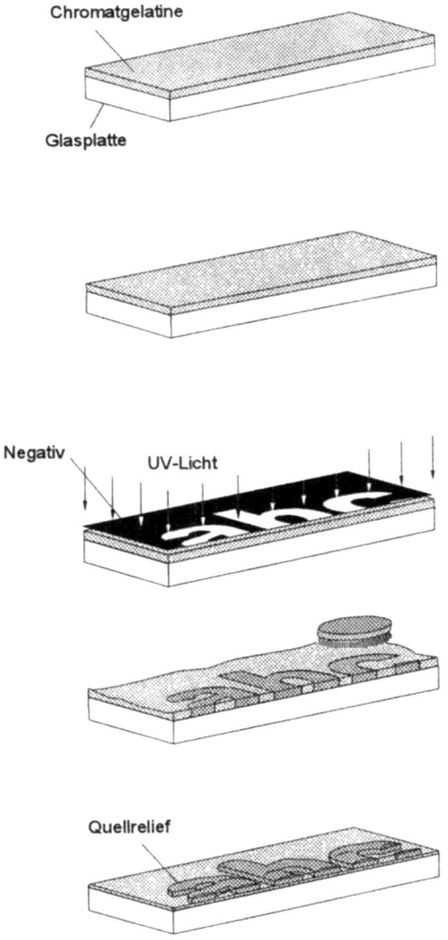

Beschichtung

Die gereinigte, fettfreie Glasplatte wird waagerecht ausgerichtet und mit einer Chromatgelatine-Schicht überzogen.

Trocknung

Zunächst bildet sich während des Trocknungsprozesses eine Haut auf der Gelatineschicht. Im weiteren Verlauf reißen entweichende Wasserdampfbläschen die gehärtete Schicht auf. Dadurch entsteht das feine, gleichmäßige Runzelkorn.

Belichtung

Die Belichtung erfolgt mit UV-Licht. Je nach Tonwertabstufungen des Halbtonnegativs bilden sich unterschiedliche Härtungsstufen.

Entwicklung

Die waaserlöslichen, nicht gehärteten Chromatreste werden abgewaschen. Das gehärtete Relief bleibt unverändert.

Druck

Die Druckplatte wird mit einem Wasser-Glyzerin-Gemisch befeuchtet. Das Quellrelief entsteht. Es nimmt die Farbe je nach Gerbung (Härtung) in feinen Tonwertabstufungen an.

Abbildung 8–8: Arbeitsablauf Lichtdruck

Die Bildzerlegung des Druckbildes erfolgt ohne Rasterung durch das mehr oder weniger feine Runzelkorn, das sich bei der Druckformherstellung an der Oberfläche der Gelatineschicht bildet. Dabei nimmt das gehärtete Gelatinequellrelief die Druckfarbe an, und die nichtgehärteten Stellen stoßen durch die Feuchtung die Druckfarbe ab (DIN 16529) [300].

Der Lichtdruck gehört dem Prinzip nach zu den direkten Flachdruckverfahren; auch hierbei geschieht die Druckbilddifferenzierung durch die unterschiedlichen (hydrophilen und hydrophoben) Eigenschaften der Bild- und Nichtbildstellen der Druckform.

Das lichtempfindliche Schichtmaterial besteht aus chromatsensibilisierter Gelatine, an deren Oberfläche bei Belichtung eine feine Körnung, das sogenannte Runzelkorn entsteht [113, 185]. Diese Körnung übernimmt die Funktion des sonst üblicherweise in der Druckformherstellung zur Erstellung eines aufgelösten Druckbildes eingesetzten Rasters (Kap. 4 Reproduktionstechnik). Der Lichtdruck ist das einzige Druckverfahren, das ohne Raster arbeitet. Wegen des fehlenden Rasters sind die hergestellten Drucke selbst wieder reproduktionsfähig. Das Druckergebnis des Lichtdrucks ist dem der Fotografie sehr ähnlich, daher wird dieses Verfahren für Spezialarbeiten, z.B. zur Vervielfältigung von Gemälden, zum Druck mehrfarbiger Kunstblätter, hochwertiger Postkarten und wissenschaftlicher Tafeln eingesetzt. Die Druckleistung einer einzelnen Druckplatte ist gering. Das Lichtdruckverfahren ist vom Tiefdruck fast vollständig verdrängt worden. Die Druckfarbe des Lichtdrucks entspricht in ihrer Zusammensetzung etwa einer Offsetdruckfarbe.

DiLitho-Verfahren

Das DiLitho-Verfahren ist ein direktes Flachdruckverfahren für den Zeitungsdruck, das bisher in den USA und in Skandinavien eingeführt ist [113]. Bei diesem Verfahren wird mit Offsetdruckplatten nach Einbau von Feuchtwerken und Zusatzgeräten in herkömmlichen Hochdruck-Rollenrotationsmaschinen gedruckt. Dieses Verfahren wird oft fälschlicherweise als "direkter Offset" bezeichnet. Dieser Name ist jedoch ein Widerspruch in sich, da beim Offsetdruck immer eine indirekte Bildübertragung über ein Gummituch erfolgt.

Elektrostatischer Flachdruck

Beim elektrostatischen Flachdruck erfolgt die Differenzierung der Bild- und Nichtbildstellen durch unterschiedliche Ladungskräfte auf der Druckformoberfläche. Die Übertragung der Druckfarbe von der Druckform auf den Bedruckstoff geschieht mit Hilfe elektrostatischer Kräfte in Zusammenhang mit dem mechanischen Anpreßdruck. Aus diesen Überlegungen ergibt sich, dass es sich beim elektrostatischen Flachdruck um den Bereich der xerografischen Sofortdruckverfahren oder indirekten Elektrofotografie handelt (Kap. 9 Sofortdruckverfahren). Die Xerografie kann damit als Flachdruckverfahren definiert werden, bei welchem das Druckbild als elektrostatisches Ladungsbild auf der Druckform fixiert ist. Die Druckformherstellung schließt die Erzeugung des Ladungsbildes mittels elektrofotografischer Methoden und die Entwicklung mit gegenpolig aufgeladener Puderdruckfarbe (Toner) ein (Kap. 8.2.2 Flachdruckformherstellung). Die Druckformherstellung und der eigentliche Druckvorgang, die Aufbringung des Tonerpuders auf das zu bedruckende Material, erfolgen im gleichen Arbeitsgang [300].

Computer to Plate (CTPlate)

Die Computer to Plate-Technologie ist nicht neu. Bereits in den späten 70er Jahren begannen die ersten Entwicklungen. Es sollte aber bis 1990 dauern, bis die Hoechst AG mit der N90 die erste wirkliche CTP-Platte auf den Markt brachte. Großtechnisch ist CTPlate seit 1995 im Zeitungsdruck im Einsatz.

Die Idee ist bestechend, da sie mehrere Arbeitsschritte einspart und schneller und flexibler als herkömmliche Verfahren ist. Die Reprografie - also die Erstellung fotografischer Vorlagen für die Druckform - entfällt vollständig. Dies spart Kosten und reduziert den Anfall besonders überwachungsbedürftiger Abfälle (Entwickler- Fixierbäder etc.). Für den Zeitungsdruck sind vor allem Zeitargumente entscheidend, da z.B. zwischen Redaktionsschluss und Druck kürzere Zeitabstände liegen können.

Beim CTP werden die Seiten an einem Computer incl. des kompletten Layouts bearbeitet. Die Daten werden in einem sogenannten Raster Image Processor (RIP) in Videodaten für den Plattenbelichter umgewandelt. Meist werden die „nicht-druckenden" Teile einer Platte über Laser belichtet. Im Entwicklungsschritt quellen die so belichteten Beschichtungsteile auf und können mit warmem Wasser abgewaschen werden.

Computer to Print (CTPrint)

Der Computer to Print-Prozess wird als sogenannter digitaler Offsetdruck eingesetzt. Bei jeder Rotation des Druckzylinders wird ein neues Bild erzeugt - das sogenannte One Shot Color Verfahren ist geboren. Dabei wird eine flüssige Druckfarbe verwendet, deren Farbpartikel elektrisch geladen werden können. Im Gegensatz zur digitalen Computer to Plate Technologie mit OPC-Platten (siehe oben) arbeitet der Computer to Print-Prozess also nicht mit einer Belichtungszwischenstufe. Die Daten gelangen aus dem Rechner direkt auf die Platte. In den Druckbereichen des Zylinders wird Farbe über eine Ladung aufgenommen und auf dem Papier abgegeben. Theoretisch und praktisch kann so mit jeder Rotation des Zylinders eine neue „Druckplatte" erzeugt werden. Zur Zeit sind z.B. ein Gerät der Fa. Indigo (kleine Auflagen) und der Fa. Heidelberg (500 bis 20.000 Drucke)

Flachdruck-verfahren	Druckprinzip	Druckform	Druckfarbe	Bedruckstoff	Typische Produkte	Erkennungs-merkmale
Steindruck	Fläche-Fläche Reiberdruck direkt Bogen-druck Fläche-Zylinder direkt Bogendruck	Lithografie auf Solnhofe-ner Kalkschiefer	zähflüssig chemisch-physikalisch trocknend hochkonzen-triert	Papier Karton	künstlerische Druckarbeiten drucktechnisches Produkt: Lithografie	Bildwiedergabe u.a. in Kreide-, Strich-, Punk-tiertechnik, keine Rasterung farbi-ge Drucke mit bis zu 24 Druckfarben
Offsetdruck	Fläche- Zylinder - Fläche (nur im Andruck) indirekt Bo-gendruck Zylinder- Zylin-der indirekt Bogen-Rota-tionsdruck - Einfarben-, - Mehrfarben-, - Schön- und Widerdruck-maschinen Rollen-Rota-tionsdruck - Mehrfarben-, Schön- und Widerdruck-maschinen	Einmetall-, Mehrmetall-druckplatten autotypischer Raster bei Bild- wieder-gabe	zähflüssig Trocknung - physikalisch-chemisch (überwiegend) - UV-Trocknung - IR-Trocknung Akzidenzdruck - Heatset-druckfarben durch Hitze trocknend Werkdruck Zeitungsdruck - physikalisch durch Weg schlagen trocknende Druckfarben	Papier Karton Papier ab 50 g/m² bis etwa 135 g/m²	Akzidenzen aller Art, z.B: - Geschäfts-drucksachen - Formulare - Werbung - Prospekte - Plakate - Verpackungen - Landkarten - Kunstdrucke - Etiketten - Noten - Ansichtskarten - Bildbände große Auflagen Druckweiterverar-beitung ganz oder teilweise in der Druckmaschine - Bücher, Bildbände - Taschenbücher - Telefonbücher - Prospekte - Kataloge - Zeitungen - Zeitschriften	kein Durch-drücken Schat-tierung der Druckelemente kein Quetsch-rand autotypi-scher Raster Rasterpunkt fällt in sehr hellen Bildpartien i.a. heraus, Bild- und Schriftele-mente nicht absolut rand-scharf, aber gleichmäßig, Bedruckstoffe mit nicht sehr glatter Oberflä-che können mit glatten Flächen und feinem Raster bedruckt werden, Druck mit Heaset-druckfarben - hoher Glanz - brillante Wir-kung
Blechdruck	Zylinder-Zylinder indirekt Bogen-Rotationsdruck	wie Offset-druck	zähflüssig Spe-zialfarben Trocknung - chemisch durch Hitze (Trocken-anlage an Druck-maschine integriert)	Bleche aller Art in Tafeln	- Verpackungen - Dosen - Eimer - Schilder - Spielzeug - Flaschen - verschlüsse - Gläserver-schlüsse	Bedruckstoffart sonst wie Offsetdruck

Tabelle 8–1: Übersicht der Flachdruckverfahren [482]

8.2.2 Flachdruckformherstellung

In der Flachdrucktechnik liegen die farbübertragenden Bildstellen und die farbabstoßenden Nichtbildstellen der Druckform praktisch in einer Ebene. Das Verfahren der Druckformherstellung verläuft analog dem im Hochdruck beschriebenen Prozess (Kap. 6.2.2 Hochdruckformherstellung). In der Flachdrucktechnik besitzen die Kopierschichten im Vergleich mit den anderen Hauptdruckverfahren eine sehr viel höhere Lichtempfindlichkeit; entsprechend ist das Spektrum der zur Druckformherstellung eingesetzten fotochemischen Reaktionen sehr breit [88]. Neben den chemisch-fotografischen Verfahren mit Belichtung durch einen Silberfilm können daher auch filmlose Herstellungsverfahren angewendet werden, bei denen ohne Umweg über den Film und die Plattenkopie gearbeitet wird.

Chemisch-fotografische Verfahren

Bei der konventionellen chemisch-fotografischen Druckformherstellung unterscheidet man zwischen Verfahren mit Selbstbeschichtung, z.B. das Chromatkolloidverfahren, und Verfahren mit vorbeschichteten Druckplatten, wozu die Diazotypie, die Fotopolymerisation und die Fotovernetzung gehören [1, 58, 59, 46].

Zur Druckformherstellung werden - und Mehrmetallplatten eingesetzt. Für die Einmetallplatte wird heute aufgerauhtes, elektrolytisch mattiertes (eloxiertes) Aluminium verwendet. Bei den Mehrmetalldruckformen unterscheidet man zwischen Bi- und Trimetallplatten: bei der Bimetallplatte liegt eine Chromschicht auf Kupfer oder Messing, während bei der Trimetallplatte meist ein preiswertes Trägermaterial, z.B. Schwarzblech, verwendet wird, auf dem Kupfer und darüber Chrom galvanisch abgeschieden sind. Ein- und Mehrmetallplatten werden unbeschichtet und mit Kopierschicht angeboten [118, 297].

Auf die fotosensitiv beschichteten Metallplatten wird in der Regel ein Diapositiv kopiert. Durch die Belichtung werden die im Film hellen lichtdurchlässigen Stellen für den Entwickler löslich und von diesem herausgewaschen; die nicht belichteten im Film dunklen Stellen bleiben als Druckelemente stehen. Es kann aber auch von einer Negativkopie gearbeitet werden. Bei diesem Prozess ist das Druckbild im Film transparent. Beim Belichten werden die entsprechenden Bildstellen gehärtet; die nicht gehärtete Schicht wird entwicklerlöslich. An den BelichtungsProzess schließt sich die Entwicklung der Druckplatte an, bei der das ungehärtete fotosensitive Schichtmaterial vollständig von der Trägerplatte entfernt wird. Der Entwicklungsschritt spielt in der Flachdrucktechnik eine wichtige Rolle, da die freigelegten Stellen des Trägermaterials die hydrophilen Nichtbildstellen der Druckform bilden.

Abbildung 8–9 zeigt eine schematische Darstellung der Vorgänge:

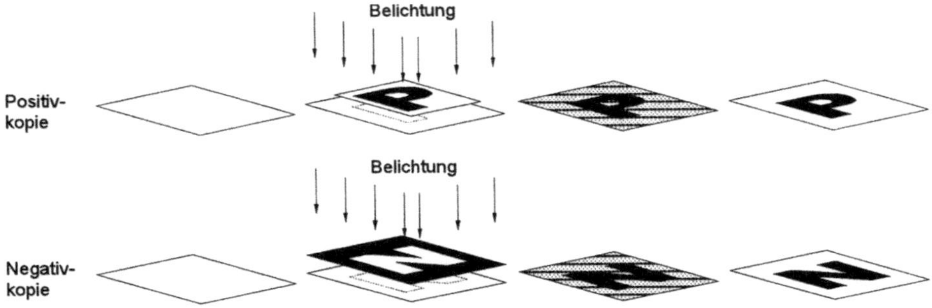

Abbildung 8–9: ***a) Positivkopie***
b) Negativkopie

Die chemisch-fotografische Druckformherstellung läßt sich einteilen in [254, 40, 7, 297]:

a. Verfahren, bei welchen die Druckform durch direkte fotochemische Druckbildübertragung von der Kopiervorlage erzeugt wird (Monometallplatten ohne Einlacken), und

b. Verfahren, bei welchen durch fotochemische Druckbildübertragung von der Kopiervorlage zunächst eine Schablone erstellt wird, die im weiteren als Hilfsmittel zur Druckbildfixierung auf die Druckform dient (Monometallplatten mit Einlacken, Mehrmetallplatten).

Zur ersten Gruppe gehört die Herstellung von **Flachdruck-Monometallplatten**, bei welchen die ursprüngliche lichtempfindliche Schicht an den Bildstellen erhalten bleibt. Die gehärteten Stellen dienen als Druckschicht und übertragen die Druckfarbe, während die freiliegenden Stellen der Aluminiumschicht farbabstoßend sind. Monometallplatten ohne Einlacken werden mit Wasser oder wäßrigen Lösungen entwickelt und anschließend fixiert und gummiert. Die entwickelten Aluminiumplatten müssen oft nachträglich korrigiert werden, d.h. die vom Entwickler nicht abgelösten Kopierschichtstellen werden mit einem Gemisch aus Säuren und Alkoholen entfernt. Für diese Herstellungsverfahren werden positiv und negativ arbeitende vorbeschichtete Druckplatten eingesetzt.

Bei den Herstellungsverfahren der Gruppe b) wird die auf der Druckplatte verbliebene Kopierschicht als Schablone eingesetzt. Die Schablonenschicht dient entweder zur Übertragung der Bildstellen durch Lack (**Monometallplatten mit Einlacken**) oder zum Abätzen der Chromschicht und Freilegen der Bildstellen in der Kupfer- bzw. Messingschicht (**Mehrmetallplatten**). Die Druckplatten werden mit organischen Lösemittel, heute auch mit wäßriger Lösung entwickelt, anschließend entschichtet und gummiert. Die Entschichtung erfolgt bei vorbeschichteten Platten mit organischen Lösemitteln; bei Selbstbeschichtungsplatten wird mit Oxidationsmitteln entschichtet. Herstellungsverfahren mit Schablonenschichten arbeiten mit Negativkopie.

Bei Monometall-Flachdruckplatten liegen nach dem Entschichten lackbeschichtete Stellen neben freier Aluminiumoberfläche vor. Beim Druckvorgang wird die Druckfarbe nur von den Lackstellen übertragen.

Bei der Herstellung von Mehrmetallplatten wird die Chromschicht an den von der Schablone ungeschützten Stellen bis auf die darunter liegende Kupfer- oder Messingschicht durch Ätzen mit schwefelsaurer Lösung entfernt. Nach dem Entschichten liegen farbtragende Kupfer- bzw Messingstellen neben wasserführenden farbabstoßenden Chrombereichen vor.

Selbstbeschichtungsverfahren

Chromatkolloidverfahren

Bei Selbstbeschichtungsverfahren mit chromatsensibilisierter Kopierschicht wird in der Regel eine Positivkopie erstellt [1, 46, 297]. Die lichtempfindliche Schicht aus chromatsensibilisiertem synthetischen oder natürlichen Kolloid wird nach Belichtung mit Wasser oder Säure entwickelt. Nach Auftragen eines Lackes und schwarzer Druckfarbe auf die gesamte Druckplatte schließt sich eine Behandlung mit schwefelsaurer Lösung oder Oxidationsmittel an, welche die gehärteten Schichtteile samt Lack und Schutzfarbe ablöst. Das auf der Druckplatte haftende Lackbild bildet die hydrophoben Bildstellen. Die Hydrophilie der bildfreien Stellen wird durch Gummierung verbessert.

Vorbeschichtungsverfahren

Diazotypie

Vorbeschichtete Druckplatten mit diazosensibilisierter lichtempfindlicher Schicht können zur Negativ- und zur Positivabbildung eingesetzt werden [1, 46, 59, 297]. Das Verfahren beruht auf der Lichtempfindlichkeit der Diazoverbindungen, die unter Lichteinwirkung Stickstoff abspalten. Beim Positivverfahren werden Diazoniumsalze wie Naphthochinondiazide eingesetzt, die bei Belichtung vom hydrophoben in den wasserlöslichen Zustand übergehen. Beim Negativverfahren entsteht aus einem hydrophilen Diazoniumsalz, z.B. einem Benzochinondiazid oder einem Kondensationsprodukt aus Diazodiphenylamin mit Formaldehyd, durch Stickstoffabspaltung eine wasserunlösliche Verbindung, die gleichzeitig vernetzend auf die umgebende Bindemittelmatrix wirkt. Diazosensibilisierte Druckplatten werden häufig zur Herstellung von Druckschichtkopien (Monometallplatte ohne Einlacken), seltener zur Erstellung von Kopien mit Schablonenschichten (Einlackplatte, Mehrmetallplatte) eingesetzt. Die Entwicklung der Druckplatten erfolgt mit wäßriger alkalischer Lösung.

Fotovernetzung, Fotopolymerisation

Die Fotovernetzung und die Fotopolymerisation sind Negativverfahren. Diese Verfahren spielen eine wichtige Rolle in der Hochdrucktechnik (Kap. 6.2.2 Hochdruckformherstellung).

Bei der Fotovernetzung werden Polymerketten mit mehreren fotoempfindlichen Cinnamatseitenketten unter Lichteinwirkung über ihre Kohlenstoffdoppelbindungen verknüpft, wobei Cyclobutanstrukturen entstehen. Ein typisches Schichtmaterial ist Polyvinylcinnamat [1, 59].

Bei der Fotopolymerisation besteht die lichtempfindliche Schicht aus Bindemittelharz als Trägersubstanz, polymerisierbaren Monomeren, meist Acrylat- oder Methacrylatmonomeren, und einem Fotoinitiator zum Starten der Polymerisationsreaktion. Nach der Belichtung werden die ungehärteten Polymerstellen mit wäßriger Lösung oder organischen Lösemittelgemischen ausgewaschen.

Filmlose Druckformherstellung

Bei den filmlosen Druckformherstellungsverfahren sind die wichtigsten Prozesse die elektrofotografischen Verfahren (Direkt- und Indirektaufzeichnung), das Silbersalz-Diffusions-Verfahren (Einblatt- und Zweiblattsystem) und die elektronisch-mechanische Aufzeichnung mit Licht- oder Laserstrahlen.

Silbersalzdiffusions-Verfahren

Beim Silbersalzdiffusions-Transferverfahren, einem filmlosen Verfahren mit silberhaltigen Materialien, erhält man mit lichtempfindlichen Schichten auf der Druckplatte direkt ein positives Bild [1]. In Anwendung befindlich sind das Monoblatt- und das Zweiblattverfahren.

Beim Zweiblattverfahren wird das nach Bildvorlage belichtete Negativmaterial (Negativschicht) in einem Durchlaufgerät gleichzeitig entwickelt und auf eine mit Silberkeimen beschichtete Aluminium-Trägerplatte (Positivschicht) gepreßt. Bei der Entwicklung des Negativs wird das nicht belichtete Silberhalogenid in ein lösliches Komplexsalz überführt. Im Kontakt mit der Übertragungsschicht entsteht durch Diffusion des Silberhalogenidkomplexes zur Schichtoberfläche des Positivs und Entwicklung der dort vorliegenden Silberkeime ein positives Abbild der Kopiervorlage. Durch eine kurze Nachbehandlung mit Fixierlösung (Natriumthiosulfat) und Einlacken wird das Aluminium hydrophil, während das Silberbild farbannehmende Eigenschaften erhält. Das Copyrapid-Offsetsystem der Firma AGFA-GEVAERT arbeitet ohne Silberkeime. Der von den unbelichteten Stellen überdiffundierende Silberhalogenidkomplex wird vom Aluminium zum elementaren Silber reduziert.

Beim Monoblattverfahren sind Negativ- und Positivschicht auf einer Unterlage vereinigt. Hierbei kann z.B. eine ungehärtete Negativschicht auf einer stark gehärteten, gegen heißes Wasser widerstandsfähigen Positivschicht aufgetragen sein. Bei Belichtung der Doppelschicht und Behandlung mit Entwickler erfolgt die Bildung des Positivs über den gleichen ReaktionsProzess wie beim Zweiblattverfahren. Die ungehärtete Negativschicht wird mit heißem Wasser entfernt. Beim 3M-Verfahren wird eine silberkeimhaltige kolloidale SiO_2-Positivschicht auf einer Polyesterunterlage eingesetzt. Nach Auswaschen des Negativmaterials mit heißem Wasser wird das positive Silberbild mit einer Kaliumhexacyanoferrat(III)/Kaliumbromid-Lösung ausgebleicht und anschließend die hydrophobe, farbübertragende Polyesterplatte unter Entfernung der kolloidalen SiO_2-Schicht an den Silberbildstellen freigelegt.

Fotodirektverfahren

Eine andere Variante fotochemischer Verfahren ist das Fotodirektverfahren (Aktivierungsverfahren), bei dem die Fotoschichten der Offsetfolien lichtempfindlich sind [341]. Das Prinzip dieses Verfahrens ist die innere Entwicklerdiffusion in zwei Schichten; die Entwicklung erfolgt in zwei Bädern durch Aktivator und Stabilisator.

Elektrofotografische Verfahren

Bei den elektrofotografischen Verfahren zur Flachdruckformherstellung wird ein elektrostatisches Ladungsbild auf einer organischen oder anorganischen Halbleiterschicht erzeugt (Kap. 9 Sofortdruckverfahren). Die Fotoleiterschicht ist im unbelichteten Zustand negativ aufgeladen. Bei Lichteinfluss fließen aufgrund der erhöhten Leitfähigkeit des Fotoleiters an den belichteten Stellen die Ladungen ab, während sie an den nicht belichteten Stellen erhalten bleiben [1, 58, 59]. Es entsteht ein latentes Ladungsbild der Kopiervorlage, welches mit farbigen Pulvern oder Tonern sichtbar gemacht werden kann. Gegenpolig geladene Tonerteilchen setzen sich an den so erzeugten Ladungsbildstellen ab und werden unter Druck- und Wärmeeinwirkung auf der Schichtoberfläche fixiert.

Direktaufzeichnung/Elektrostatische Kopierverfahren

Bei den elektrostatischen Kopierverfahren wird das latente Ladungsbild in der lichtempfindlichen Schicht der Druckplatte direkt erzeugt und mit Tonerpuder entwickelt [58, 59].

Die Fotoleiterschicht besteht üblicherweise aus Zinkoxid (Chemco-Newsplate der Firma Chemco) und befindet sich auf einer Aluminiumträgerplatte, die an den nicht vom Toner behafteten Stellen freigelegt und hydrophiliert wird.

Bei einem anderen System (KC-Crystalplate) ist eine Cadmiumsulfidschicht von 0,35 um Schichtdicke auf einer Metallträgerplatte aufgebracht. Diese Fotoleiterschicht wird konventionell belichtet und mit Flüssigtoner entwickelt. Der Plattentoner wird nach der Entwicklung aufgeschmolzen und bildet die hydrophoben Bildstellen der Druckplatte. Die Cadmiumsulfidschicht erhält durch Oberflächenoxidation hydrophile Eigenschaften.

Bei Druckplatten mit organischen Fotoleiterschichten wie Oxazol oder Benzothiazol (Elfasol-System der Firma Kalle) wird die Aluminiumträgerschicht an den nicht belichteten Partien der Druckplatte durch Entschichten freigelegt.

Eine neuere Entwicklung ist z.B. die BASF-Nylolith-Offsetplatte [402]. Bei diesem System wird das latente Ladungsbild mit einem Toner entwickelt, der als Bindemittel ein Styrol-Copolymer enthält. Das Tonerbild dient als Schablone; die wasserführende Aluminiumschicht wird an den Nichtbildstellen mit Entschichter freigelegt und mit speziellen wasserbenetzbaren Polymeren hydrophiliert.

Indirektaufzeichnung/Xerografische Druckverfahren

Die Druckplattenherstellung kann auch indirekt erfolgen, das heißt, die Erstellung des Tonerbildes erfolgt getrennt von der eigentlichen Druckplatte [58, 59].

Beim Pyrofax-System (Firma 3M) wird das elektrofotografisch erzeugte und entwickelte Tonerbild auf eine Übertragungsmater aus Silikongummi aufgebracht und von dort auf eine unbeschichtete Aluminium-Offsetdruckplatte übertragen und eingebrannt.

Das EPS-System arbeitet mit einer nicht fotoleitenden Harzschicht. Vom elektrofotografisch hergestellten Druckbild wird der Toner auf das nichtleitende Harz übertragen und aufgeschmolzen. Die nicht mit Toner behafteten Stellen der Harzschicht werden mit einem Entschichter herausgelöst.

Elektronisch-mechanische Aufzeichnung

Die digitale Plattenherstellung, das heißt der zeilenweise Bildaufbau und die Übertragung auf die lichtempfindliche Schicht z.B. mit Laserstrahlen, wird in jüngster Zeit verstärkt angewendet. Hierfür kommen Herstellungsverfahren mit hoch lichtempfindlich beschichteten Flachdruckplatten in Frage, z.B. die Silbersalzfotografie, die Diazotypie, die Elektrofotografie und Fotopolymersysteme [453, 58, 59].

Die Abtastung des Druckbildes erfolgt mit einem Laserstrahl vergleichsweise niedriger Leistung. Hierbei wird das Licht an den bildfreien Stellen reflektiert, an den Bildstellen dagegen absorbiert. Die Lichtsignale werden entsprechend ihren Helligkeitswerten über einen Fotomultiplier in elektrische Signale umgewandelt, die ihrerseits einen leistungsstarken Laser zur Belichtung der fotosensitiven Druckplattenschicht ansteuern.

Laserite-System

Beim Laserite-System wird die Bildvorlage mit einem Helium-Neon-Laser abgetastet; die Übertragung des Bildes auf die lichtempfindliche Kopierschicht erfolgt mit einem Argonlaser [1, 58, 59]. Die Strahlengänge der beiden Laser sind gekoppelt, so dass dem Argon-Schreiblaser die mit dem Helium-Neon-Leselaser erfaßte Hell-Dunkel-Folge des Druckbildes aufgeprägt wird. Mit einem hochenergetischen Argonlaser können sehr lichtempfindliche Diazo- oder Fotopolymerschichten belichtet werden, während zur Belichtung elektrofotografischer Druckplatten ein leistungsschwächerer Argonlaser ausreicht.

Log-Escan-System

Beim Log-Escan-System wird ein Helium-Neon-Laser zur Erfassung der Bildvorlage eingesetzt; als Schreiblaser dient ein Neodym-dotierter Yttrium-Aluminium-Granat-Laser (YAG-Laser) [1, 58, 59]. Jeder der beiden Laser ist als rotierendes System in der Achse einer Trommel angebracht. Eine der zwei Trommeln enthält die Vorlage, die andere eine schwarze, mit Nitrocellulose und Ruß beschichtete Übertragungsfolie (Lasermask) im Kontakt mit einer unbeschichteten Aluminiumfolie. Der Helium-Neon-Laser tastet die Bildvorlage ab und gibt Steuerimpulse an den YAG-Laser ab, dessen Strahlen die Lasermask bildmäßig erhitzen und auf die Aluminiumplatte aufschmelzen. Nach Einbrennen der hydrophoben Übertragungsmasse liegt die Platte druckfähig vor.

Offsetdruck

Die Druckformen des Offsetdrucks sind ein- oder mehrschichtige Metallplatten, die mit einer lichtempfindlichen Schicht versehen sind (Dichromatkolloidverfahren, Diazotypie, Fotopolymerdruckplatten). Filmlose Herstellungsverfaren für den großformatigen Offsetdruck werden bisher selten angewendet [59].

Kleinoffsetdruck

Im Kleinoffsetdruck werden heute hauptsächlich filmlose Verfahren wie das Silbersalzdiffusions-Transferverfahren, das Fotodirektverfahren oder elektrofotografische Verfahren zur Druckformherstellung eingesetzt [8, 59, 328, 341].

Driografie (wasserloser Offset)

Der Druck erfolgt von der Druckplatte (Reliefplatte) über einen Zwischenzylinder auf das Drucksubstrat (z.B. Papier). Entsprechende Druckplatten werden z.B. von der Fa. Toray produziert, mit denen 150.000 bis 600.000 Drucke möglich sind. Die Druckfarben des traditionellen Offsets unterscheiden sich von denen des wasserlosen. Letztere enthalten andere Bindemittel mit höherer Viskosität.

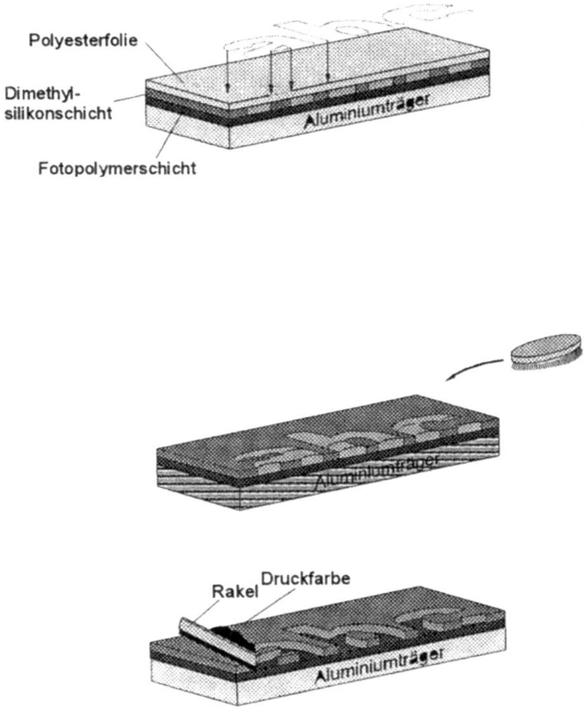

Belichtung

Die Offsetdruckplatte besteht aus einem Aluminiumträger, auf dem eine lichtempfindliche Fotopolymerschicht und darüber eine Silikonkautschukschicht aufgebracht sind. Bei der Belichtung durch eine Positivkopie entsteht an den lichtdurchlässigen Stellen durch chemische Reaktion eine feste Bindung zwischen Silikon- und Polymerschicht.

Entwicklung

Nach dem Abziehen der Polyesterfolie wird die Druckplatte entwickelt. Dabei quillt die Silikonschicht an den nicht belichteten Stellen auf und kann durch Abbürsten entfernt werden.

Fertige Druckplatte

Die freigelegten hydrophilen Stellen der Fotopolymerschicht nehmen beim Druckvorgang die Druckfarbe an, während die farbabweisenden nichtdruckenden Stellen aus gehärtetem Silikonkautschuk bestehen.

Abbildung 8–10: Aufbau und Arbeitsablauf beim wasserlosen Offset

Steindruck

Steindruckformen bestehen aus Solnhofener Lithografiestein, der sich aus Calciumcarbonat (etwa 60%), Kieselsäure (je nach Härte zwischen 0,06 - 33%) und weiteren Einschlüssen wie Eisenoxid, Aluminiumoxid oder Magnesiumcarbonat zusammensetzt und sowohl für Wasser als auch für Fett aufnahmefähig ist [299, 185]. Der Stein wird mit lithografischer Tusche beschriftet, mit einer Gummiätze aus Gummiarabicumlösung mit Salpetersäurezusatz behandelt und mit Wasser gewaschen. Die an den Bildstellen haftende Tusche wird mit Auswaschlösung (Terpentin) entfernt. An diesen Stellen nehmen die Poren des Steins die fetthaltige Druckfarbe an, während die gefeuchteten Nichtbildstellen farbabstoßend sind. Die Druckfarbe wird mit Kolophonium oder Asphalt und Talkum behandelt und eingebrannt.

Lichtdruck

Die Druckform des Lichtdrucks ist eine mit einer Chromgelatineschicht beschichtete Glasplatte. Bei Belichtung unter einem seitenrichtigen Halbtonnegativ wird die lichtempfindliche Schicht unterschiedlich stark gehärtet. Entsprechend den Tonwerten des Negativs bildet sich in der Gelatineschicht eine feine Körnung aus, das sogenannte Runzelkorn. Dieses Runzelkorn ist völlig zufällig und unregelmäßig; es ersetzt den sonst zur Bildauflösung eingesetzten Raster. Die belichteten Stellen der fotosensitiven Schicht verlieren ihre Quellbarkeit in Wasser und nehmen ölhaltige Druckfarbe an. Wenig gehärtete Stellen bleiben quellbar und nehmen Feuchtigkeit auf [113, 482].

DiLitho-Verfahren

Beim DiLitho-Verfahren wird mit Flachdruckformen auf Hochdruck-Rollenrotationsmaschinen gedruckt. Hierzu werden konventionelle Offsetdruckplatten eingesetzt.

Elektrostatischer Flachdruck

Beim elektrostatischen Flachdruck werden Druckformen verwendet, die mittels elektrofotografischer Verfahren hergestellt werden [1, 58, 59].

Computer to Plate (CTPlate)

Im Computer to Plate-Verfahren sind heute folgende Plattentypen verbreitet:

Digital Organic Photoconductor-Platten (OPC)

OPC-Platten arbeiten nach dem gleichen Prinzip wie Kopiertrommeln. Ein Infrarotlaser markiert die zu druckenden Bereiche auf ihrer Oberfläche der Platte, die „Entwicklung" erfolgt über elektrostatisch geladene Tonerpartikel. Da wenig Laserenergie benötigt wird, sind die Maschinen preiswert, für hochwertige Drucke ist allerdings bisher die Auflösung zu gering. OPC-Platten sind z.B. von den Firmen Printware und DIC auf dem Markt. Diese Platten sind als Metall-(Aluminium) oder Kunsstoffplatten auf dem Markt.

Fotopolymer-Platten

Fotopolymer-Platten zeichnen sich gegenüber konventionellen Platten durch eine bessere Auflösung aus, da sie mit einem Laser belichtet werden können. Produktbeispiele für diese Plattenart sind Hoechst/Agfa (Ozasol N-90), Anitec (Electra Plates), KODAK (Visible Digital Plate), 3M/Imation (Viking), Mitsubishi (Kasei, Diamond LA-1, LY-1)), Fujifilm (LPA, LPY). Es gibt diese Platten auf Metall- (Aluminium), Papier- und Polyesterbasis. Die meisten dieser Platten sind gegenüber Argonionen-Laser (blau) sensitiv (488 nm), andere gegenüber Rot- und Grünlaserlicht. Fotopolymer-Platten sind silberfrei, ihre Beschichtung besteht aus organischen Materialien. Die Schicht enthält Sensibilisatoren, Starter für die Polymerisation, Monomere, Vernetzungsmittel (Polymere) und Pigmente. Diese Schicht ist auf einem Aluminiumträger aufgebracht und mit einer wasserlöslichen Polyvinylalkohol-Schicht geschützt. Die PVA-Schicht kann bei Bedarf durch Wärmestrahlung gehärtet werden, so dass die fertige Platte geschützt ist. Die Entschichtung der Platten erfolgt in einem komplexen Verfahren (Vorwäsche, alkalische Lösung, mechanisches Bürsten, Wässerung und Gummierung, Trocknung).

Silber-Halogenid-Platten

Silberhalogenid-Platten auf Aluminiumbasis sind den Filmen der traditionellen Fotografie sehr ähnlich. Wegen der hohen Sensitivität der Silberhalogenide ist wenig Laserenergie notwendig um die Platten zu belichten. Die Belichtungsgeräte sind deshalb ähnlich günstig wie die für OPC-Platten, allerdings sind die Platten selbst wegen des notwendigen Silbers relativ teuer. Solche Platten werden z.Z. von Agfa (LithoStar), Dupont (Silverlith), KODAK und Mitsubishi (Silver DigiPlate) angeboten. Nach der Belichtung wird das entwickelte Silber unter Wärmeeinwirkung z.B. mit Behenatsäure zu Silberbehenat umgesetzt und gehärtet (fixiert).

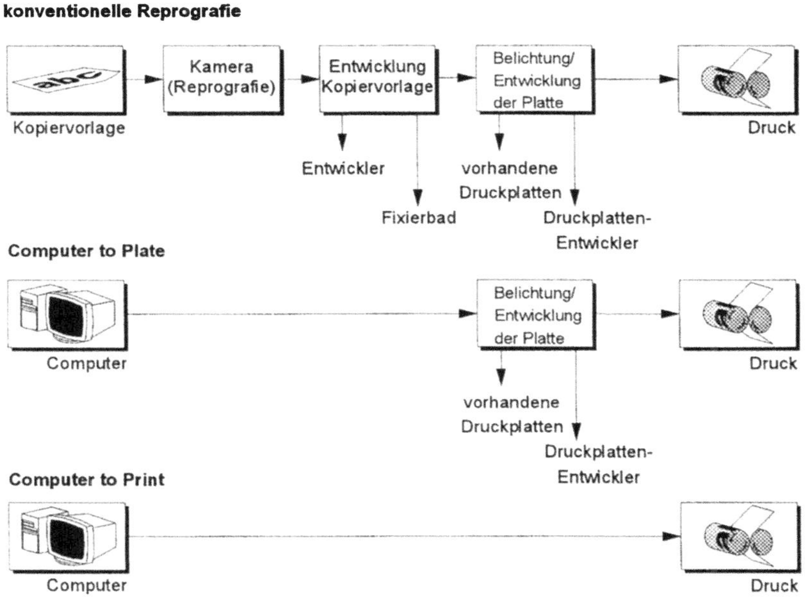

Abbildung 8–11: Vergleich traditioneller mit digitaler Druckplattenentwicklung

	OPC-Platten	**Fotopolymer-Platten**	**Silber-Halogenid-Platten**	**Hybrid-Platten**
Druckplatten-Kosten	mittel	hoch	sehr hoch	mittel bis sehr hoch
Anzahl der Drucke	100.000 - 200.000	100.000 - 1.000.000	100.000 - 200.000	150.000 - 1.00.000
Entwicklungsschritte	2	5	2	5
Sensibilität	hoch	mittel	hoch	hoch
Anlagenkosten	mittel	mittel - hoch	mittel	sehr hoch

Tabelle 8–2: Vergleich verschiedener digitaler Druckplatten [644 ergänzt]

Hybrid-Platten (Silberhalogenid-Fotopolymer)

Die oberste Schicht einer Hybrid-Platte ist silberhalogenidhaltig und wird über einen Laser belichtet. Im Plattenprozessor wird die darunterliegende Fotopolymerschicht mit einer energiereichen weiteren Strahlenquelle belichtet. Solche Platten werden z.Z. von Fuji (FNH) und Polychrome (CTX) angeboten. Die Entwicklungsgeräte sind teuer, da sie mit speziellen Belichtungsgeräten ausgestattet sein müssen. Solche Platten zeichnen sich durch lange Lebensdauer aus.

8.3 Chemikalien im Flachdruck

8.3.1 Chemikalien in der Flachdruckformherstellung

Im Flachdruck werden heute Druckformen mittels filmloser Herstellungsverfahren und auf chemisch-fotografischem Wege hergestellt [1, 46, 58, 58].

Chemisch-fotografische Verfahren

Monometallplatten

Im Offsetdruck wird das Selbstbeschichtungsverfahren mit chromatsensibilisierter lichtempfindlicher Schicht nur noch selten angewendet [7, 40, 254]. Beim Chromatkolloidverfahren besteht die fotoempfindliche Schicht aus mit Dichromatsalzen sensibilisiertem natürlichen Kolloid, meist Gummiarabicum, oder synthetischem Kolloid, meist Polyvinylalkohol. Die unbelichteten Stellen werden mit Wasser (synthetisches Kolloid) oder mit einer Lösung aus Calciumchlorid und Milchsäure (natürliches Kolloid) entwickelt und mit schwach salzsaurer Lösung geätzt, um die Quellung der gehärteten Bildstellen zu unterdrücken. Nach Auftragen eines Lackes und schwarzer Schutzfarbe auf die gesamte Druckplatte werden die gehärteten Schichtteile samt Lack und Schutzfarbe abgelöst. Säureentwickelte Druckplatten mit natürlichem Kolloid werden mit verdünnter Schwefelsäure (1 - 2 %ig mit geringem Methylglycolzusatz) entschichtet, bei wasserentwickelten Druckplatten wird der vernetzte Polyvinylalkohol durch Einwirkung von Oxidationsmitteln wie Kaliumpermanganat oder -periodat entfernt. Oberflächenbehandlung mit Fixiermittel, z.B. 2 %ige Phosphorsäure, und Gummierung mit Gummiarabicum oder Carboxymethylcellulose bewirkt eine bessere Wasserannahme der bildfreien Stellen.

Heute werden fast ausschließlich diazosensibilisierte vorbeschichtete Druckplatten verwendet, deren lichtempfindliche Schicht aus dem synthetischen Kolloid Polyvinylalkohol und einer Diazoverbindung als Fotosensibilisator besteht. Beim Positivverfahren setzt sich die fotosensible Schicht aus einem 1,2-Diazochinon (2-Diazo-1(2H)-naphthalinon-Derivat) als Sensibilisator und einem Phenol-Formaldehyd-Harz oder Novolake als Bindemittel zusammen. Das lösemittellösliche Diazid geht unter Lichteinfluss in eine Indencarbonsäure über, die mit wäßrigem Alkali (Na_3PO_4- und/oder Na_2SiO_3-Lösung) ausgewaschen wird [46]. Bei der Herstellung negativ arbeitender Flachdruckformen werden oligomere wasserlösliche Diazoharze eingesetzt, welche durch saure Kondensation von z.B. Diphenylamin-4-diazoniumsalzen (p-Anilinobenzo-diazoniumsalzen) mit Formaldehyd oder von 3-Methoxy-diphenylamin-4-diazoniumsalzen mit Bismethoxymethylaromaten erhalten werden; das Anion ist oft ein Tetrachlorozinkat-Ion (1/2 $[ZnCl_4]^{2-}$). Weitere Negativverfahren arbeiten mit Kopierschichten auf der Basis von Arylaziden (z.B. 4,4'-Diazidostilben-2,2'-

disulfonsäure) oder Benzochinondiaziden [46]. Diese polyfunktionellen Diazoniumsalze verlieren bei Stickstoffabspaltung ihren Salzcharakter und härten aus. Die unbelichteten Schichtstellen können mit schwach alkakischer Lösung, welche Benzylalkohol, Natriumalkylnaphthalinsulfonat und Triethanolamin enthalten kann, entwickelt werden. Diazosensibilisierte Offsetdruckplatten sind meist Offset-Kopien mit Druckschichten; bei der Verarbeitung entfällt die Lackierung und der Entschichtungsprozess. Die Druckplatten werden wie die Einlackplatten nach der Entwicklung mit Fixierer (verdünnter Phosphorsäure) und Gummierung behandelt.

Bei Monometallplatten ohne Einlacken müssen nach dem Entwickeln oft unerwünscht druckende Stellen oder mitkopierte Fehlstellen korrigiert werden. Korrekturmittel für Negativ-Diazo-Druckplatten enthalten Säuren, Alkohole und andere Lösemittel: Fluorwasserstoffsäure, Fluorzirkonsäure, Cyclohexanon, Benzylalkohol, Methylglycol, Triethylenglycol und Polyether von Propylenglycol und Ethylenglycol [253]. Korrekturmittel für Positiv-Diazo-Druckplatten setzen sich aus unterschiedlichen Säuren, Aminen, Ethern und anderen Lösemittel zusammen: Phosphorsäure, Essigsäure, Diethanolamin, Xylol, Dipropylenglycolmethylether und Polyether von Propylenglycol und Ethylenglycol [253].

In der Offsetplattenherstellung werden im Gegensatz zum Hochdruck nur selten fotovernetzende und fotopolymerisierende Polymerschichten eingesetzt [1, 46]. Die in der lichtempfindlichen Schicht enthaltenen fotovernetzenden Substanzen sind Polymere mit mehreren lichtempfindlichen Cinnamatseitenketten, meist Polyvinylcinnamat oder Polyphenylenbisacrylat, während Fotopolymerschichten aus Bindemittelharz, polymerisierbaren Monomeren, meist Acrylat- oder Methacrylatmonomeren, und einem Fotoinitiator wie Benzoylperoxid zum Starten der Polymerisationsreaktion bestehen (Kap. 6.3.1 Chemikalien in der Hochdruckformherstellung). Für die Entwicklung der Druckplatte wird ein Lösemittelgemisch aus Ethylacetat und Ethanol eingesetzt.

Mehrmetallplatten

Bei Mehrmetallplatten ist die lichtempfindliche Schicht auf einer etwa 2 μm dicken Chromschicht aufgebracht, unter der sich eine Kupferplatte befindet. Nach der Belichtung wird die ungehärtete Kopierschicht analog der Einlackplattenherstellung mit Wasser entwickelt [40, 254, 223]. An den Entwicklungsschritt schließt sich das Tiefätzen oder Nachentwickeln mit Zinkchlorid-Lösung (Konzentration 120 - 160 g Zn^{2+}/l) an. Durch Ätzen mit Salzsäure wird das Chrom an den von der Schablone ungeschützten Stellen bis auf den Kupferträger entfernt. Da die als Schablone dienende Kopierschicht gegen die Säure nicht resistent ist, wird der Ätzlösung ein Zinksalz ($ZnCl_2$) in einer Konzentration von 400 bis 650 g Zn^{2+}/l zugegeben. Die weiteren Verarbeitungsschritte, das Entschichten, Fixieren und Gummieren entsprechen denen der Monometallplattenherstellung. Das Entschichtungsmittel ist eine Lösung von Schwefelsäure (unter 5 Gew.%) und Methylglycol; zur Fixierung wird eine Lösung aus Benzin (ca. 13 Gew.%), Phosphorsäure (ca. 8 Gew.%) und Schwefelsäure (unter 2 Gew.%) verwendet.

Es entsteht hierbei eine Druckplatte, deren druckende Stellen aus freigelegtem Kupfer und deren nichtdruckende Stellen aus Chrom bestehen.

Filmlose Verfahren

Silbersalzdiffusions-Verfahren

Das Silbersalzdiffusionsverfahren ist ein Verfahren mit silbersalzhaltigen lichtempfindlichen Schichten [1]. Zur Anwendung kommen die in fotografischen Prozessen üblichen Entwickler- und

Fixierlösungen (Kap. 4 Reproduktionstechnik). Die Ausbleichung des positiven Silberbildes erfolgt mit einer Kaliumhexacyanoferrat(III)/Kaliumbromid-Lösung (3M-Verfahren).

Elektrofotografische Verfahren

Bei der elektrofotografischen Flachdruckformherstellung wird mittels eines anorganischen oder organischen Fotohalbleiters ein latentes Ladungsbild der Kopiervorlage erstellt und mit elektrostatisch aufgeladenem Tonerpuder oder Flüssigtoner entwickelt [1, 58, 59]. Die bei diesem Verfahren angewendeten anorganischen Fotohalbleiter sind Zinkoxid und Cadmiumsulfid. Freiliegende Stellen der fotoleitenden Zinkoxid- bzw. Cadmiumsulfid-Schicht werden nach Wärmefixierung des Toners mit Kaliumhexacyanoferrat(II) oder anderen Metallkomplexen hydrophiliert. Als organische Fotohalbleiterschichten werden Oxazole, z.B. 2-Aryl- und 2-Alkylderivate des 5-(2'-Chlorphenyl)-4-(4"-diethylaminophenyl)-oxazols, Oxdiazole wie 2,5-Bis(4'-diethylaminophenyl)-1,3,4-oxdiazol, Benzthiazole wie 2-(4'-Diethylaminophenyl)-6-methyl-benzthiazol sowie Thiadiazole eingesetzt. Bei der Nylolith-Offsetdruckplatte der BASF befindet sich die fotoleitende Substanz in einer Bindemittelmatrix, einem Styrol-Copolymer, welches die Entschichtung mit wäßrig-alkalischer Lösung ermöglicht. Die Tonerzuammensetzung entspricht der in den Sofortdruckverfahren verwendeten (Kap. 9 Sofortdruckverfahren).

8.3.2 Chemikalien in Flachdruckfarben

Im Offsetdruckverfahren werden Druckfarben eingesetzt, die keine niedrigsiedenden Lösemittel enthalten (Kap. 10 Druckfarben). Die Druckfarben müssen für eine gute Verdruckbarkeit pastös und langsam trocknend eingestellt sein, um im Farbwerk nicht zu verfestigen [461, 181]. Die Schichtdicke der auf den Bedruckstoff aufgetragenen Druckfarbe ist sehr viel geringer als in den übrigen Hauptdruckverfahren. Sie beträgt im allgemeinen 0,7 bis 1,1 g/m^2 [DIN 16539]; im Zeitungsoffsetdruck ist sie noch geringer [461, 391]. Offsetdruckfarben bestehen, wie jede andere Druckfarbe, aus Farbmitteln, Bindemitteln, Verdünnungsmitteln und Additiven.

Die in physikalisch durch Wegschlagen und oxidativ trocknenden Offsetdruckfarben eingesetzten Bindemittel müssen gute Löslichkeit in unpolaren Lösemitteln, gute Kohäsionsfähigkeit und beschränkte Wasserverträglichkeit, d.h. weder vollständige Mischbarkeit mit Wasser noch wasserabstoßende Eigenschaften, aufweisen. Diese Anforderungen werden im wesentlichen nur von zwei Gruppen von **Bindemittelharzen**, den modifizierten Naturharzen, z.B. Kolophoniumharzen, und den modifizierten Kohlenwasserstoffharzen erfüllt [183]. In geringeren Mengen sind in den Druckfarben flüssige Bindemittel wie trocknende Öle und Alkydharze enthalten. Leinöl und Sojaöl sind die wichtigsten trocknenden Öle für direkten Einsatz in Druckfarben und als alkydmodifizierende Substanzen. Die am häufigsten verwendeten Alkydharze sind Isophthalsäureester von Glycerol oder Pentaerythritol. In schwer trocknenden Farbzubereitungen wird auch Holzöl und in Druckfarben für den Kleinoffsetdruck auch Cyclokautschuk eingesetzt.

Offset- und Buchdruckfarben enthalten Leinölfirnis und andere Firnisse, d.h. diese Druckfarben trocknen oxidativ unter Sauerstoffeinfluss. Um den Luftzutritt zu ermöglichen und ein Zusammenkleben der druckfrischen Papierbögen zu verhindern, wird mit Stärke (99 % Maisstärke, 1 % Calciumphosphat [253]) oder Kieselerdemehlen (Teilchengröße > 10 µm) bestäubt. Offsetdruckfarben, die mit Heißluft getrocknet werden (Heatset-Druckfarben), enthalten einen großen Anteil (20 - 45 %) eines hoch siedenden Petroleumdestillats (Mineralöl) als **Verdünnungsmittel**. Diese sogenannten Heatset-Öle werden beim Trocknungsvorgang zum größten Teil ausgetrieben.

Die in Offsetdruckmaschinen stündlich eingesetzte Menge an Mineralölen kann nach folgender Formel berechnet werden:

$$G_1 = \frac{F_b \cdot F_z \cdot D_d \cdot V_{80} \cdot L_a \cdot n_w \cdot S_f}{100 \cdot 100 \cdot 100 \cdot 1000} \left[\frac{kg}{h}\right]$$

mit G1 = stündlicher Lösemitteleinsatz (kg/h)
Fb = bedruckte Fläche (%)
Fz = Druckformat Formzylinder (m²)
Dd = Druckdichte (%)
V80 = Effektive Laufgeschwindigkeit (U/h)
nw = Anzahl Druckwerke
La = Lösemittelanteil Druckfarbe (%)
Sf = Schichtstärke Farbauftrag (g/m²)

Für den Offsetdruck errechnen sich mit den entsprechenden Daten folgende stündliche Lösemittelmengen [391]:

Buchproduktion (Offsetdruck):	G1 = 1,8 kg/h
4-Farben-Reproduktion mit Text:	G1 = 9 kg/h
4-Farben-Schön- und Widerdruck:	G1 = 36 kg/h

Der Pigmentgehalt der Offsetdruckfarben liegt bei 20 %. Wegen der geringen Farbschichtdicke werden stark deckende, fein dispergierte Pigmente eingesetzt. Die im Vierfarbendruck am häufigsten verwendeten **Pigmente** sind:

Pigment Gelb 12 und 13

Pigment Rot 57:1

Pigment Blau 15:3

Pigment Schwarz 7 (geschönt mit Pigment Blau 18)

In speziellen Druckfarben werden außerdem eingesetzt:

Gelbpigmente:	Pigment Gelb 17
Orangepigmente:	Pigment Orange 13 und 34
Rotpigmente:	Pigment Rot 2, 4, 48:2, 53:1 und 81
Blaupigmente:	Pigment Blau 1, 15 und 15:1
Violettpigmente:	Pigment Violett 1, 3 und 23
Grünpigmente:	Pigment Grün 1, 2 und 7
Weißpigmente:	Pigment Weiß 6
Füllstoffe:	Pigment Weiß 18

Offsetdruckfarben enthalten außerdem unterschiedliche Mengen an **Additiven** wie Trockenmittel, Wachse, Antioxidantien, Komplexbildner, Mittel zur Einstellung des Fließverhaltens (Rheologie) sowie Substanzen, die ein Aufeinanderkleben einzelner Druckbögen nach dem Druck verhindern. Als Trocknungskatalysatoren in oxidativ trocknenden Systemen werden Cobalt- oder Mangansalze langkettiger Fettsäuren eingesetzt, welche die sauerstoffinduzierte Polymerisation der trocknenden Öle beschleunigen. Wachse wie Paraffin, Polyethylen-, Polypropylen- und Polytetrafluorethylenwachs verbessern die Gleitfähigkeit und die Abriebfestigkeit. Weitere Additive sind Antioxidantien wie Butylhydroxytoluol oder Hydrochinon und Antihautmittel wie Cyclohexanonoxim. Mit Komplexbildnern wie EDTA oder Tartraten wird die Bildung unlöslicher Calciumsalze verhindert, welche störende Salzablagerungen hervorrufen würde. Die geforderten rheologischen Eigenschaften der

Druckfarben werden durch Zugabe von Ton, Kieselerde, Polyamiden mit Aluminiumchelaten oder pulverisierten Kohlenwasserstoffharzen eingestellt.

Im **Bogenoffset** werden Druckfarben mit ähnlicher Zusammensetzung und Konsistenz wie im Buchdruck eingesetzt (Kap. 6.3.2 Chemikalien in Hochdruckfarben). Die Druckfarbe nimmt während des Druckvorgangs bis zu 30 % ihres Gewichts an Feuchtmittel auf [69], und erhält hierdurch die für den Naß-in-Naß-Druck erforderlichen Eigenschaften. Die Trocknung der Druckfarben erfolgt durch Wegschlagen in die Oberfläche des Bedruckstoffes und anschließende oxidative Vernetzung. Das Trocknungsverhalten wird durch die von der Druckfarbe aufgenommene Feuchtigkeitsmenge und die Art der Wischwasserzusätze beeinflusst [186]. Die Zugabe von Sikkativen oder Trockenstoffen ist nur in Ausnahmefällen notwendig; auf dem Markt wird jedoch eine große Anzahl von Trockenstoffen, vielfach auf Basis fettsaurer Kobaltsalze und/oder Mangansalze (z.B. 2,5 % Kobalt, 2,2 % Mangan) angeboten, die entweder dem Wischwaser oder der Druckfarbe direkt beigemischt werden [186].

Der **Rollenoffset** wird in steigendem Maße in der Zeitungsherstellung eingesetzt [181, 273]. Zeitungsdruckfarben trocknen im wesentlichen durch Wegschlagen, daher enthalten sie einen höheren Anteil an Testbenzinen und Mineralölen (50 - 60 %) und geringere Mengen oxidativ vernetzender Substanzen.

Im **Rollenoffset-Heatset** werden Großauflagen von Prospekten, Katalogen, Zeitschriften, Büchern und Werbeschriften hergestellt. Die bedruckten Papierseiten werden unmittelbar nach dem Druckvorgang in sogenannten Schwebebahntrocknern mit Heißluft getrocknet. Auf dem Papier bleibt ein hochglänzendes Druckbild zurück. **Heatsetdruckfarben** bestehen aus Lösungen von modifizierten Kolophoniumharzen oder Kohlenwasserstoffharzen in hochraffinierten aliphatischen Mineralölen (Siedebereich 250 - 290 °C), den sogenannten Heatset-Ölen, und einem geringen Anteil noch höher siedender Öle.

Als Farbmittel werden die bei Offsetdruckfarben üblichen Pigmente eingesetzt. Neuere Heatsetdruckfarben besitzen einen niedrigeren Mineralölanteil als früher und setzen sich folgendermaßen zusammen [12]:

15 - 20 % Pigmente
35 - 50 % Bindemittelfestkörper
31 - 35 % Mineralöl

Die Mineralölgemische (Petroleumdestillate) unterscheiden sich in ihrem Gehalt an Aromaten. Die heute meist eingesetzten Destillate mit sehr niedrigem Aromatengehalt (0 - 1 %) sind schlechte Lösemittel; beträgt der Aromatenanteil mehr als 15 %, so besitzt das Destillat gute Löseeigenschaften. Mineralölgemischen mit schlechten Löseeigenschaften werden kleine Mengen (etwa 2 %) Ester oder Alkohole, z.B. Tridecanol, zugegeben.

Offsetdruckfarben	Eigenschaften/ Stoffgruppen	Beispiele
Viskosität	pastös	
Pigmente/Farbstoffe	anorganisch	P.W.6, P.W.18, P.Bk.7
	organisch	P.Y.12, P.Y.13, P.Y.17, P.O.13, P.O.34, P.R.57:1, P.R.2, P.R.4, P.R.48:2, P.R.53:1, P.R.81, P.B.15:3, P.B.1, P.B.15, P.B.15:1, P.V.1, P.V.3, P.V.23, P.G.1, P.G.2, P.G.7
Verdünnungsmittel	hoch siedende Mineralöle (in schnellbindenden Druckfarben) mit meist geringem Aromaten-gehalt und etwa 2 % Zusatz an Ester oder Alkohol (z.B. Tridecanol)	hoch raffiniertes Petroleumdestillat (250 - 290 °C in *Heatsetdruckfarben*; 280 - 320 °C in *Coldset*- und anderen *schnellbindenden Druckfarben*), niedrig raffinierte Petroleumdestillate (in *Coldsetdruckfarben*)
Bindemittel	trocknende Öle	Leinöl, Sojaöl
	modifizierte Alkydharze	modifizierte Isophthalsäureester von Glycerol oder Pentaerythritol
	modifizierte Kolophoniumharze	
	modifizierte Kohlenwasserstoffharze	
	Holzöl (für hart durchtrocknende Systeme)	
	Cyclokautschuk (in *Kleinoffsetdruckfarb.*)	
	Bitumen u. Asphalt (in *Coldsetdruckfarb.*)	
Additive	Trocknungskatalysatoren (in oxidativ trocknenden Systemen)	Cobalt- und Mangansalze langkettiger Fettsäuren
	Antioxidantien	Butylhydroxytoluol, Hydrochinon
	Antihautmittel	Cyclohexanonoxim
	Wachse zur Verbesserung der Abriebfestigkeit und der Gleitfähigkeit	Polyethylen-, Polypropylen- und Polytetrafluorethylenwachs, Paraffin
	Komplexbildner zur Ver- hinderung der Bildung unlöslicher Calciumsalze	Tartrate, EDTA
	Fließmittel (Mittel zur Rheologieeinstellung)	Kieselerde, Kaolin, Polyamide mit Aluminiumchelaten, pulverisierte Kohlenwasserstoffharze
	Antiklebemittel zur Verhinderung des Zusammenklebens druckfrischer Bögen	Stärkepulver, Calciumphosphat

Tabelle 8–3: Offsetdruckfarben

Die Heatset-Öle werden beim Trocknungsvorgang mit Heißluft bis auf einen im Papier verbleibenden Restgehalt von 15 - 30 % ausgetrieben. Da die Temperatur des Heißluftstroms unterhalb des Siedebereichs der Heatset-Öle liegt, kondensieren diese zu einem nebelartigen Öldunst, der meist einer thermischen oder katalytischen Nachverbrennung (Kap 11.2.1 Physikalische Verfahren) zugeführt wird [503]. Die umweltfreundlichere Trocknungstechnik des Heißlufttrocknens, bei der weniger Spaltprodukte aus Kohlenwasserstoffen der Kettenlängen C_5 bis C_8 entstehen, hat das früher angewendete Direktflammen-Trocknungssystem ersetzt, welches zu einer hohen Abluftbelastung durch Crackprodukte führte.

Beim **Coldset-Verfahren** wird ohne zusätzliche hitzeanwendende Trocknungseinrichtung gearbeitet. Coldsetdruckfarben sind prinzipiell wie Heatsetdruckfarben aufgebaut, sie enthalten jedoch statt der speziellen Heatset-Öle nur sehr hoch siedende Mineralöle und niedrig raffinierte Petroleumdestillate. Anstelle von synthetischen Harzen wird in manchen Fällen der preiswertere natürliche Gilsonit-Asphalt oder Bitumen verwendet.

Neuerdings kommen **UV-härtende Offsetdruckfarben** für den Druck auf nicht saugfähigen Bedruckstoffen wie Bleche oder Kunststoffe, aber auch auf Papier oder Karton zum Einsatz. UV-härtende Drucklacke dienen als Glanzüberzüge für konventionelle Offset- und Buchdruckarbeiten. In diesen Farbzubereitungen werden als Bindemittel vorpolymerisierte Acrylharze oder Polyesterharze eingesetzt; die hauptsächlich verwendeten Lösemittel sind Ethylenglycol und Isopropanol.

Im **Blechdruck** werden vorlackierte Bleche bedruckt, die Druckfarbe eingebrannt und mit einem Einbrennschutzlack versehen. Blechdruckfarben bestehen aus Pigmenten und Blechdruckfirnissen, meist auf Alkydharzbasis, die ähnlich einem Einbrennlack durch Wärmebehandlung trocknen.

8.3.3 Chemikalien in Feuchtmitteln und Reinigungsmitteln

Feuchtmittel

In der Offsetdrucktechnik wird die Druckplatte mittels eines Feuchtwerks mit einem gleichmäßigen Feuchtfilm überzogen, um alle Nichtbildstellen auf der Platte farbfrei zu halten [482, 403]. Das Zusammenwirken von Feuchtmittel und Druckfarbe beim Druckvorgang ist ein komplizierter, noch nicht in allen Einzelheiten geklärter Prozess. Druckfarben nehmen bis zu 30 % ihres Gewichtes an Feuchtmittel auf und bilden mit diesem eine Wasser-Öl-Emulsion mit zur ursprünglichen Druckfarbe sehr unterschiedlichen Eigenschaften [69].

Die Feuchtmittel bestehen aus Wasser mit puffernden Zusätzen, oberflächenaktiven Stoffen und unterschiedlich hohen Alkoholzusätzen. Im Offsetdruck nimmt der Einsatz von Alkoholfeuchtwerken und damit die verbrauchte Alkoholmenge immer mehr zu; beispielhaft wird ein größerer Druckbetrieb in München genannt, der für die Offsetfeuchtung jährlich rund 90 t Alkohol einsetzt [234]. Die Art der Zusatzstoffe (Wischwasserzusätze) richtet sich nach der Wasserqualität; oft muss eine spezielle Aufbereitung des im Feuchtmittel verwendeten Trinkwassers erfolgen, z.B. Wasservollentsalzung zumindest aber Wasserenthärtung durch Umkehrosmose oder Ionenaustausch [314, 418, 355, 475].

Beim Verdunsten des Feuchtmittels setzen sich Ablagerungen von ausgefällten Karbonatsalzen der Erdalkalien Magnesium und Calcium (Carbonathärte) auf Druckplatte und Gummituch ab; im Farbwerk kann eine hohe Carbonathärte durch Verstopfen der Gummiwalzenporen zur Störung des Farbtransports und zum Blanklaufen der Walzen führen. Zur Entfernung der Carbonathärte werden dem Wischwasser Puffersubstanzen, z.B. Phosphat- oder Citratpuffer, zugesetzt, die den pH-Wert des Feuchtwassers auf einem konstanten Wert zwischen pH 4,8 und 5,3 halten [329]. Bei sehr großer Wasserhärte muss eine der oben erwähnten physikalischen Aufbereitungsmethoden angewendet werden, da sonst die Puffersubstanzen aufgezehrt werden und sich der pH-Wert verschiebt.

Weitere Aufgaben der Wischwasserzusatzstoffe sind die gezielte Einstellung der Oberflächenspannung, um eine gute Benetzbarkeit der Druckplatte mit einem geschlossenen Feuchtmittelfilm zu erreichen, die Kühlung des Druckwerks zur Konstanthaltung der Farbtemperatur und die Erhöhung der Trocknungsgeschwindigkeit der Druckfarbe. Hierzu wird dem Feuchtmittel ein großer

Anteil eines Alkohols, meist Isopropanol, seltener höherwertige Alkohole wie Glycerin, zugesetzt. Der Alkohol setzt die Oberflächenspannung des Wischwassers herab und sorgt durch rasches Verdunsten für eine konstante Temperatur und schnelle Trocknung der Druckfarbe. Die Benetzung der Druckplattenoberfläche kann auch durch oberflächenaktive Stoffe, sogenannte Tenside, erfüllt werden; bezüglich der durch Verdunstung erzielten Effekte gibt es noch keinen Ersatzstoff für den Alkohol. Durch geeignete Kombination mit Tensiden kann jedoch der Isopropanolanteil im Feuchtmittel stark reduziert werden. Das Wischwasser enthält außerdem Konservierungsstoffe, die eine Oxidation der Druckplatte bei kurzem Maschinenstillstand unterbinden, und Substanzen mit keimtötender Wirkung zur Verhinderung des Wachstums von Algen, Pilzen, Hefen und Bakterien.

Das Feuchtmittel wird bei konventionellen Feuchtwerken über stoffbezogene Wischwalzen übertragen. Neuere Entwicklungen zielen darauf ab, den Feuchtmitteltransport auf anderem Wege, z.B. über eingefärbte Gummiwalzen in Verbindung mit einer Farbauftragswalze durchzuführen [403].

Reinigungsmittel

Im Offsetdruck wird eine große Vielzahl unterschiedlicher Lösemittel und Lösemittelgemische verwendet. Für Wasch- und Reinigungsarbeiten werden laut Berufsgenossenschaft Druck und Papierverarbeitung fünf Gruppen von Lösemitteln eingesetzt [234]:

- Testbenzine
- Spezialbenzine
- Chlorkohlenwasserstoffe
- Lösemittel, die Ester und/oder Aromaten enthalten
- Lösemittel für spezielle Anwendungsgebiete
  (z.B. für UV-trocknende Druckfarben)

Reinigungs- und Waschmittel enthalten unterschiedlich große Anteile an chlorierten Kohlenwasserstoffen; reine Chlorkohlenwasserstoffmischungen werden selten eingesetzt. Die am häufigsten verwendeten Chlorkohlenwasserstoffe sind Tetrachlorethylen, Trichlorethylen, 1,1,1-Trichlorethan und Dichlormethan. Einige dieser Stoffe befinden sich auf der Ausschlußliste des Druckfarbenverbandes, werden aber nach wie vor von einigen Druckern genutzt. Die Wasch- und Reinigungsmittel besitzen entsprechend ihrem Anwendungsgebiet unterschiedliche Zusammensetzungen [348, 339]. Bei der Arbeit mit Lösemitteln sollten die Empfehlungen der Broschüre der Berufsgenossenschaft Druck und Papierverarbeitung zur Verminderung der Lösemittelemissionen im Offsetdruck beachtet werden [650].

Waschmittel für Feuchtwalzen

Von den Wischwalzen des Feuchtwerks wird das Feuchtmittel auf die Druckplatte übertragen. Die Feuchtwalzen sind bei konventionellen Druckwerken mit Stoff überzogen. Feuchtwalzenwaschmittel enthalten keine Chlorkohlenwasserstoffe; sie werden mit Lösungen der Zusammensetzung Wasser und Netzmittel gereinigt oder mit Lösemittel, Netzmittel und Wasser behandelt. Die eingesetzten Reinigungsmittel gelangen zusammen mit den Farbresten ins Abwasser.

Waschmittel für Farbwalzen

Das Material der Farbwalzen besteht aus verschiedenen Gummisorten mit kleineren Anteilen an Kunststoffen. Reinigungsmittel für Farbwalzen sind auf Mineralölbasis aufgebaut und enthalten oft noch Beimischungen von Chlorkohlenwasserstoffen, Alkoholen wie z.B. Ethanol und aromatischen Kohlenwasserstoffen wie z.B. Toluol. Ein Teil der organischen Lösemittel verbleibt in den Putzlappen.

Waschmittel für Gummidrucktücher

Das Gummituch der Druckmaschine muss nach jedem Druckvorgang gewaschen werden. Es besteht aus einem Trägermaterial aus Baumwollgewebe und einer Gummideckplatte aus synthetischem Kautschuk, zwischen denen sich eine elastische Zellgummischicht befindet. Als Gummituchwaschmittel werden meist Testbenzine und in manchen Fällen Aceton verwendet.

Regeneriermittel für Gummidrucktücher und Farbwalzen

Regeneriermittel sollen letzte Farbreste aus den Poren der Gummidrucktücher und Farbwalzen entfernen. Gummituchregeneriermittel enthalten in den allermeisten Fällen große Anteile chlorierter Kohlenwasserstoffe, meist Dichlormethan, sowie Alterungsschutzmittel. Daneben werden als Regeneriermittel Lösemittelgemische aus Estern, aromatischen Kohlenwasserstoffen und Alkoholen eingesetzt, die leicht entzündlich und explosionsfähig sind. Rückstände dieser Lösemittel verbleiben in den Putzlappen.

Farblösemittel für Gummidrucktücher und Farbwalzen

Farblöser zum Lösen eingetrockneter Druckfarbe setzen sich ebenso wie die Regeneriermittel zum allergrößten Teil aus chlorierten Kohlenwasserstoffen zusammen.

Reinigungsmittel für Numerierwerke

Reinigungsmittel für Numerierwerke sind Lösemittelgemische aus Dichlormethan, Alkoholen wie Isopropanol oder 2-Propoxyethanol und aromatischen Kohlenwasserstoffen.

8.4 Toxikologie im Flachdruck

Im Offsetdruck werden nach Angaben der Berufsgenossenschaft Druck und Papierverarbeitung in Wiesbaden jährlich etwa 10.000.000 Liter Lösemittel verbraucht. Der Lösemitteljahresverbrauch einer im Schichtbetrieb laufenden mittleren Druckerei mit etwa 80 Beschäftigten, darunter 15 Drucker, liegt bei 1.200 Liter Walzenwaschmittel, 9.000 Liter Gummituchwaschmittel und 500 Liter Gummituchregeneriermittel [234]. Beim Einsatz halogenierter Kohlenwasserstoffe wird zunehmend auf Alternativprodukte zurückgegriffent. Während Waschmittel und Reinigungsmittel meist schon frei von halogenierten Kohlenwasserstoffen sind oder nur noch geringe Anteile enthalten, setzen sich die sogenannten Regeneriermittel, welche eine zusätzliche Tiefenreinigung der Drucktücher sowie einen Alterungsschutz und Rückbildung von Knautschern bei Gummidrucktüchern bewirken sollen, noch zum großen Teil aus Chlorkohlenwasserstoffen (CKW's) zusammen. Aufgrund der verstärkten Nachfrage von Druckereibetrieben nach Ersatzsubstanzen wurde von der FOGRA im Auftrag des Bundesverbandes Druck eine vergleichende Studie über die Gebrauchseigenschaften CKW-haltiger und CKW-freier Regeneriermittel durchgeführt [505]. Die Hauptbestandteile der untersuchten CKW-freien Mittel waren Ester oder Ether mit Kohlenwasserstofffraktionen; die CKW-haltigen Mittel enthielten Dichlormethan, Chloroform, 1,1,1-Trichlorethan, Trichlorethylen und Tetrachlorethylen in unterschiedlicher Zusammensetzung. Als Zusatzstoffe wurden Alterungsschutzmittel (dabei ein Stoff mit laut Sicherheitsdatenblatt des Herstellers begründetem Verdacht auf krebserregendes Potential) und Geruchsverbesserer zugesetzt. Die Ergebnisse der chemischen und technischen Untersuchungen an fünf häufig verwendeten Produkten namhafter Hersteller zeigen, dass CKW-haltige Regeneriermittel in allen Anwendungsbereichen, das heißt in Bezug auf Reinigungswirkung, Rückbildung von Knautschern, Gleichmäßigkeit der Farbübertragung, Entfernung abgelagerter Partikel etc, durch CKW-freie Mittel ersetzt werden können. Aus dieser Studie kann das Fazit gezogen werden, dass alle Wasch-, Reinigungs- und Regeneriermittel mit halogenierten Kohlenwasserstoffen sofort vom Markt genommen werden sollten [348]. Als Ersatzprodukte werden Testbenzine mit geringem Anteil an aromatischen Kohlenwasserstoffen und n-Hexan empfohlen. Zur Gummituchreinigung werden heute auch Lösemittel-Wasser-Emulsionen eingesetzt, wodurch die Brand- und Explosionsgefahr erheblich verringert wird. Andere "Öko-Reiniger" bestehen aus laut Firmeninformation biologisch abbaubaren natürlichen Lösemitteln, Extrakten und oberflächenaktiven Stoffen. Als Regeneriermittel wird ein nicht kennzeichnungspflichtiges, nach Herstellerangaben nicht gesundheitsschädliches Lösemittelgemisch aus aliphatischen und aromatischen Kohlenwasserstoffen, Fluorkohlenwasserstoffen und Regeneriersubstanzen angeboten [234].

Druckformherstellung

Monometallplatten

Da im Flachdruck die druckenden und nichtdruckenden Stellen der Druckform praktisch in einer Ebene liegen, ist die Menge der beim Entwickeln oder Entschichten einer Flachdruckplatte ins Abwasser gelangenden Kopierschicht erheblich geringer als bei den anderen Hauptdruckverfahren. Zum Entwickeln und Entschichten der Flachdruckplatten werden schwach alkalische Lösungen, z.B. **Na_3PO_4- oder Na_2SiO_3-Lösung**, schwach saure Lösungen wie **verdünnte Phosphorsäure** oder Oxidationsmittel wie **Kaliumpermanganat** oder **Kaliumperiodat** eingesetzt. **Kaliumpermanganat** ist schon in verdünnter wäßriger Lösung (5 %ig) ein starkes Ätzmittel. Die ungehärtete Kolloidschicht aus **Polyvinylalkohol** (oder seltener **Gummiarabicum**) und Sensibilisator gelangen ins Abwasser. Der Sensibilisator ist bei vorbeschichteten Platten ein **Diazoniumsalz**; beim nur noch selten angewendeten Selbstbeschichtungsverfahren werden **Dichromatsalze** eingesetzt. Die Toxizität von **Chrom(VI)-verbindungen** ist in Kap. 6.4 *Toxikologie im Hochdruck* beschrieben. Die entwickelten bzw. entschichteten Druckplatten werden mit verdünnter **Phosphorsäure (2 %ig)** fixiert und mit **Carboxymethylcellulose** oder **Gummiarabicum** gummiert.

Mehrmetallplatten

Bei Mehrmetallplatten erfolgt zwischen Entwicklung und Entschichtung eine Nachentwicklung mit hoch konzentrierter **$ZnCl_2$-Lösung** und die Ätzung. Die Chromschicht wird mit **Salzsäurelösung** hoher Zinkionenkonzentration bis auf die Kupferschicht abgeätzt. Das hierbei anfallende Abwasser enthält hohe Konzentrationen an **Säure** und den Schwermetallen **Chrom** und **Zink**.

Die Abwasserbelastung durch die Verwendung vorbeschichteter Offset-Monometallplatten wird insgesamt als gering eingestuft, während die Nutzung von Mehrmetallplatten wegen der beim Ätzen und Entschichten entstehenden stark sauren schwermetallhaltigen Rückstände problematisch ist [18], [486].

Fotopolymersysteme

Die toxikologischen Eigenschaften der in fotopolymeren Kopierschichten eingesetzten Substanzen, von denen die **Acrylat- und Methacrylatmonomere** die größte Relevanz besitzen, sind in Kap. 6.4 Toxikologie im Hochdruck beschrieben.

Elektrofotografische Verfahren

Die Toxikologie der in der elektrofotografischen Druckformherstellung verwendeten Chemikalien wird in Kap. 9.4 Sofortdruck und Umwelt behandelt.

Feuchtmittel

Die heute im Offsetdruck verwendeten Feuchtmittel sind wäßrige Lösungen mit hohem **Isopropanolanteil** (15 - 20 %), die **Puffersubstanzen**, **Netzmittel**, **Antioxidantien** und **Substanzen mit keimtötender Wirkung** enthalten. Als Puffersysteme werden meist **Citrat- oder Phosphatpuffer** eingesetzt. **Isopropanol** wirkt in hohen Konzentrationen narkotisch und kann Atemlähmung und Koma hervorrufen. Isopropanol wirkt reizend auf Augen, Haut und Schleimhäute. Der MAK-Wert beträgt 200 ppm (500 mg/m^3).

Wasch- und Reinigungsmittel

Wasch- und Reinigungsmittel enthalten entsprechend dem jeweiligen Anwendungsgebiet unterschiedliche Mengen an aliphatischen und aromatischen Kohlenwasserstoffen, Estern, Alkoholen und chlorierten Kohlenwasserstoffen. Die eingesetzten aliphatischen Kohlenwasserstoffe sind Testbenzine und Spezialbenzine. Benzin 100/140 wirkt reizend auf Haut und Atemwege und kann Atemlähmung hervorrufen. Die MAK-Werte-Kommision konnte sich nicht zu einer einheitlichen Behandlung der Benzine entschließen, da die Zusammensetzung variiert. In den kommenden Jahren ist hier jedoch mit entsprechenden Einstufungen zu rechnen. Der aromatische Kohlenwasserstoff Toluol ist ein starkes Nerven- und Blutgift, der in höherer Konzentration Lähmungserscheinungen hervorrufen und narkotisch wirkt. Toluol wirkt reizend auf Augen, Haut und Atmungsorgane; der MAK-Wert beträgt 50 ppm (375 mg/m^3). Häufig verwendete Alkohole sind Isopropanol und 2-Propoxyethanol. Die Toxizität von Isopropanol ist oben beschrieben. 2-Propoxyethanol wirkt schwach reizend auf die Atemwege und führt zu Nierenschäden. Die in Wasch- und Reinigungsmitteln am häufigsten eingesetzten chlorierten Kohlenwasserstoffe sind Tetrachlorethylen, Trichlorethylen, 1,1,1-Trichlorethan und Dichlormethan. Chlorierte Kohlenwasserstoffe sind carcinogenverdächtig; es sind Nervengifte, die in entsprechender Konzentration narkotisch wirken und Reizungen von Augen, Haut und Schleimhäuten hervorrufen. Tetrachlorethylen wird durch die Haut resorbiert. Dichlormethan und Trichlorethylen sind Organgifte mit schädigender Wirkung auf Leber und Nieren, Dichlormethan kann Sehstörungen und Hornhauttrübung hervorrufen. Der MAK-Wert betragen für Tetrachlorethylen beträgt 1 ppm (7 mg/m^3 bzw. 345 mg/m^3), für Dichlormethan 100 ppm (350 mg/m^3) und für 1,1,1-Trichlorethan 200 ppm (1.100 mg/m^3; BAT-Wert: 550 μg/dm^3). Für Trichlorethylen gilt der BAT-Wert 5 mg/l. Grundsätzlich sollte beim Umgang mit Wasch- und Reingungsmitteln im Offsetdruck die Broschüre der Berufsgenossenschaft Druck und Papierverarbeitung zur Verminderung von lösemittelemissionen beachtet werden [650].

Flachdruckfarben

Die Toxizitätsdaten der in Flachdruckfarben verwendeten Substanzen sind in Kap. 10 Druckfarben angegeben.

9 Sofortdruckverfahren (Kopierverfahren/Bürodruck)

9.1 Allgemeines

Abbildung 9–1 stellt die systematische Einteilung der Sofortdruckverfahren dar. Dieser Verfahrensbegriff wurde gewählt, um dem fast schon ideologischen Streit um neue Begriffe wie "non-print" oder "non-impact" aus dem Wege zu gehen. Übereinstimmung dürfte darüber bestehen, dass mit all diesen Verfahren von einer Vorlage "sofort" ein Druckerzeugnis erstellt werden kann.

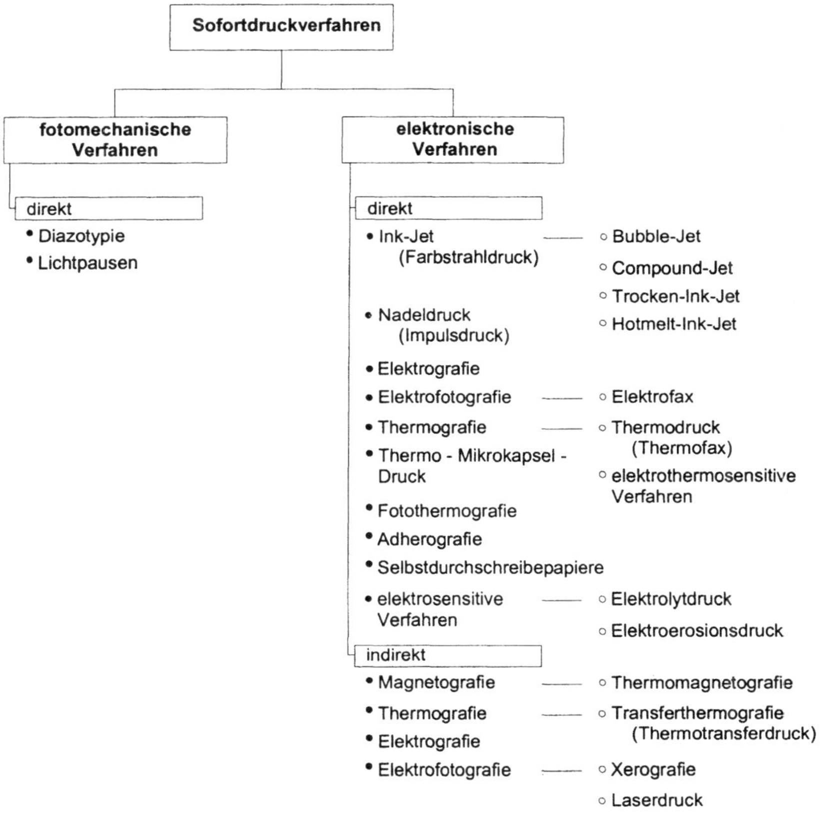

Abbildung 9–1: Sofortdruckverfahren

Kopiertechniken im strengen Sinne der Definition des Wortes sind nur folgende Verfahren:

- Diazotypie
- Thermografie (direkt)
- Elektrofax
- Elektrosensitive Verfahren.

Hier ist die Farbe oder deren Vorgängerprodukt bereits im Bedruckstoff (meist Papier) enthalten und wird nicht - wie beim Drucken im strengen Sinne - von einer Druckform auf den Bedruckstoff übertragen.

Die folgenden Ausführungen umfassen den wesentlich breiteren Bereich des Sofortdruckes, also z.B. die Vervielfältigungsverfahren , die zum Teil mit dem Überbegriff Non-Impact-Verfahren belegt werden. Zusätzlich sind aber auch solche Verfahren enthalten, die - wie der Nadeldruck - zu den Impact-Verfahren zählen. Diese Überschneidung war notwendig geworden, um die sogenannten "Bürodrucker" möglichst vollständig mit berücksichtigen zu können.

Das o.g. Schema trennt entsprechend nicht nach Impact und Non-Impact-Verfahren, sondern neben der mechanischen bzw. elektronischen "Farbübertragungsart" wesentlich nach der direkten bzw. indirekten Übertragung eines Druckbildes auf einen Bedruckstoff - z.B. das Kopierpapier. Verdeutlichen läßt sich dies am Beispiel der Thermografie [246].

Direkte Thermografie

Ein thermosensitives Papier wird durch Einfluss von Thermoelementen gefärbt. Es wird also keine Farbe übertragen, sondern es findet in der zirka 5 µm dicken thermoaktiven Papierschicht eine chemische Reaktion und somit eine Farbbildung statt.

Indirekte Thermografie

Hier wird von einer beschichteten Transferfolie (Farbband) unter Wärmeeinwirkung Farbe auf das Papier übertragen. Durch die Heizelemente des Thermodruckkopfes wird die Farbe auf der Transferfolie geschmolzen und auf die Papieroberfläche gedruckt. Das Trägermaterial der Transferfolie ist normalerweise eine 4 bis 12 µm dicke Polyesterfolie oder ein 10 bis 15 µm dickes Papier. Es gibt ein- und mehrfarbige Farbbänder. Die Transfer-Thermografie auf Normalpapier ist als Schreibmaschinen-, Druck- und Kopiertechnik gleich gut geeignet und in allen diesen Anwendungen auf dem Markt.

Die Verfahrenseinteilung erfolgt also nach der Art der Bildübertragung, d.h. es ist zu klären, ob zwischen Vorlage und Kopie ein Zwischenträger mit einem latenten Bild vorhanden ist oder nicht. Zwischenträger sind beispielsweise Transferfolien (siehe indirekte Thermografie).

Entgegen der weit verbreiteten Meinung wird der Einsatzbereich der Sofortdrucktechnik nicht durch begrenzte Formate eingeschränkt. Es gibt 9 m x 12 m große Inkjet-Trommelplotter (siehe Kap. 9.2.2 Elektronische Verfahren (direkt)) mit denen Riesenposter erstellt werden.

9.2 Verfahrensbeschreibung

9.2.1 Fotomechanische Verfahren

Diazotypie

Diazotypie-Verfahren sind positive Lichtpausverfahren (dunkle Bildteile der Vorlage werden auch dunkel wiedergegeben), die auf der Lichtempfindlichkeit von Diazoverbindungen beruhen. Diese Verbindungen kuppeln mit Azokomponenten wie Phenolen in Gegenwart von Alkalien zu Azofarbstoffen. Bei Belichtung zersetzen sich Diazoverbindungen unter Abgabe von Stickstoff und können mit den Azokomponenten nicht mehr zum Farbstoff kuppeln. Hierauf beruht die Bildung der direkt positiven Kopie [299].

Die Fotolyse verläuft nach [39]:

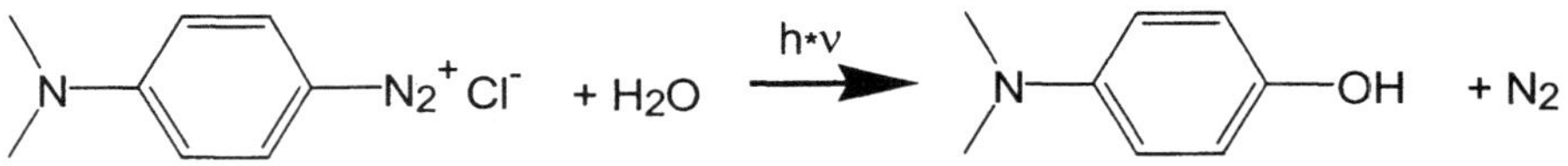

Diazoschichten sind besonders empfindlich für ultraviolettes Licht; die Bildkopien müssen deshalb mit UV-Lampen, superaktinischen Leuchtstoffröhren oder Bogenlampen erstellt werden.

Zwei Arten von Diazotypiematerialien sind gebräuchlich: Die Einkomponenten- oder Halbfeuchtlichtpauspapiere und die Zweikomponenten- oder Trockenlichtpauspapiere. Bei den Halbfeuchtlichtpauspapieren besteht das fotosensitive Kopiermaterial nur aus Diazoniumsalz und Stabilisator, die Entwicklung des Farbstoffs erfolgt durch Auftragen eines wäßrigen Entwicklers, der auch die Kupplungskomponente enthält. Die Trockenlichtpauspapiere enthalten in der lichtempfindlichen Trägerschicht das Diazoniumsalz, die Kupplungskomponente, Stabilisator und Antivergilbungsmittel und werden mit gasförmigem Ammoniak entwickelt [39].

Korrektur-Flüssigkeiten erlauben ein Ausbleichen der kopierten Stellen.

Gewisse Diazoverbindungen können unter Lichteinfluss polymerisieren und dabei unlöslich werden, oder aber depolymerisieren und z.B. alkalilöslich werden. Mit diesen Typen werden sowohl positiv als auch negativ arbeitende Offsetfolien erstellt.

Lichtpausen

Lichtpausen werden entweder im Diazotypie-Verfahren (positiv-positiv) oder über Blaupause (negativ-positiv) hergestellt.

Schwerpunkte der Anwendung sind das Kopieren von technischen Zeichnungen und von Mikrofilmen. Für den Kopiervorgang stehen Lichtpausmaschinen verschiedener Leistungsklassen zur Verfügung, die meist den Belichtungs- und den Entwicklungsschritt kombinieren.

9.2.2 Elektronische Verfahren (direkt)

Inkjet (Farbstrahldruck)

In einem Tintenstrahl-Drucker wird flüssige Farbe durch eine mikroskopisch feine Düse gepreßt und anschließend durch elektrostatische oder magnetische Felder auf das zu bedruckende Papier gelenkt. Der Tintenausstoß erfolgt entweder mit einer Frequenz von 10^5 Tropfen pro Sekunde, hierbei werden 98 % der eingesetzten Farbe aufgefangen und dem Farbreservoir wieder zugeführt (kontinuierlicher Tintenstrahl-Druck), oder die Tropfen werden auf Anforderung vom Tropfengenerator erzeugt und ausgestoßen (Impuls-Tintenstrahl-Druck) [120].

Es werden Tintenzusammensetzungen sowohl auf Wasserbasis als auch auf Basis organischer Lösemittel wie Ethanol und Methylethylketon angeboten. Die verwendeten Tinten bestehen zu 80 bis 90 % aus Lösemitteln und zu einem 3 - 4 %igen Anteil aus Farbstoffen. Der verbleibende Rest besteht aus Hilfsstoffen, die die Leitfähigkeit oder Oberflächenspannung beeinflussen und in der Impuls-Technik das Verkrusten von Tintenresten am Tropfengenerator verhindern [183].

Tintenstrahl-Drucker arbeiten nahezu geräuschlos und zuverlässiger als Impulsdrucker.

Pro Sekunde werden 48.000 - 120.000 elektrisch aufgeladene Farbtropfen auf das Papier gespritzt. Mit einem Hochleistungsschreiber können pro Sekunde 1.200 Zeichen geschrieben werden.

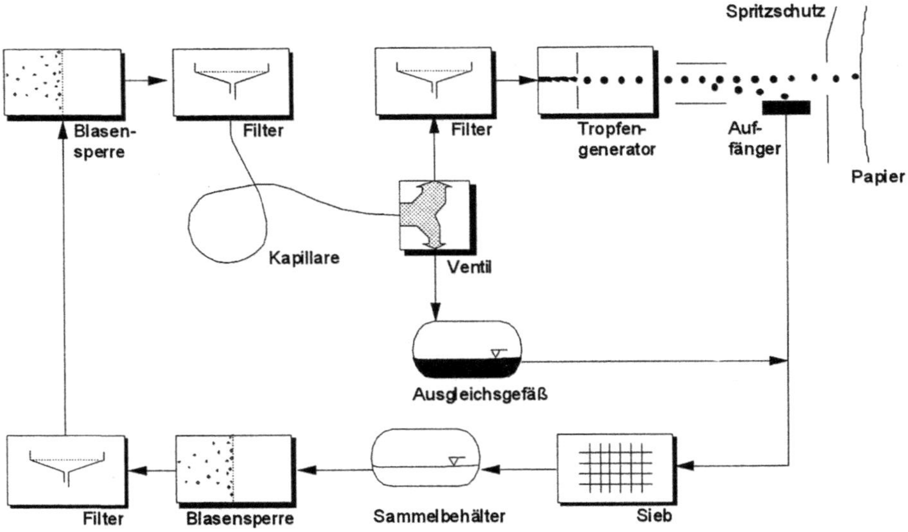

Abbildung 9–2: Farbstrahl-Druckverfahren (Ink-Jet)

Nadeldruck (Impulsdruck)

Prinzipiell funktionieren Impulsdrucker wie Büroschreibmaschinen. Die Typen sind an einzelnen Hebeln befestigt oder sitzen am Rand einer Scheibe, auf einem Kugelkopf oder einer Kette.

Die meisten Impulsdrucker arbeiten nach dem "Matrix-Druck-Verfahren". Mehrere mit einem Elektromagneten verbundene Wolframcarbid-Nadeln, die in einer Matrix angeordnet sind, drücken das Farbband auf das Papier auf.

Impulsdrucker arbeiten mit einem hohen Geräuschpegel. Ihrer Druckqualität sind enge Grenzen gesetzt. Anschaffungs- und Betriebskosten dieser Drucker liegen niedrig.

Als Trägermaterial für Farbbänder dienen Gewebe aus Baumwolle, Seide und Synthesefasern. Als Farbmittel werden bevorzugt Ruße in Form von Gasrußen und Furnacerußen verwendet. Zum Anschönen des Rußes werden Farbbasen eingesetzt. Ruß und Schönungsmittel werden in nicht trocknende Öle und/oder Alkohole eingearbeitet bzw. gelöst [101].

Elektrografie

Bei der *direkten Elektrografie* wird die dielektrische, hochisolierende Schicht direkt auf den Druckträger, das Papier, aufgebracht. Diese Schicht kann durch Stiftelektroden mit verdrahteter Ansteuerung oder Elektronenstrahlansteuerung sowie durch Ionenstrahlprojektion aufgebracht werden.

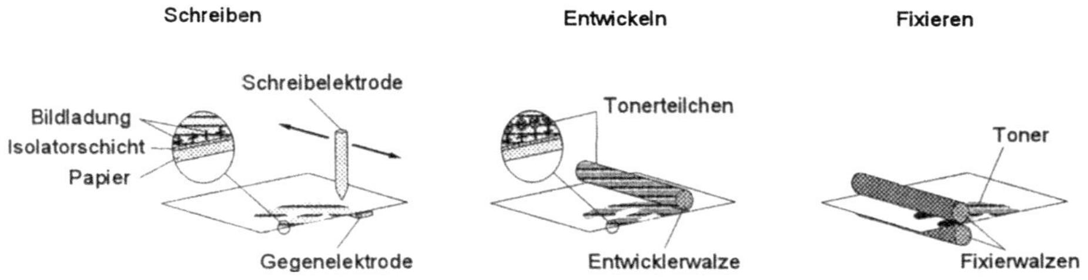

Abbildung 9–3: Direkte Elektrografie

Bei der *indirekten Elektrografie* erfolgt die Bildübertragung über einen Zwischenträger.

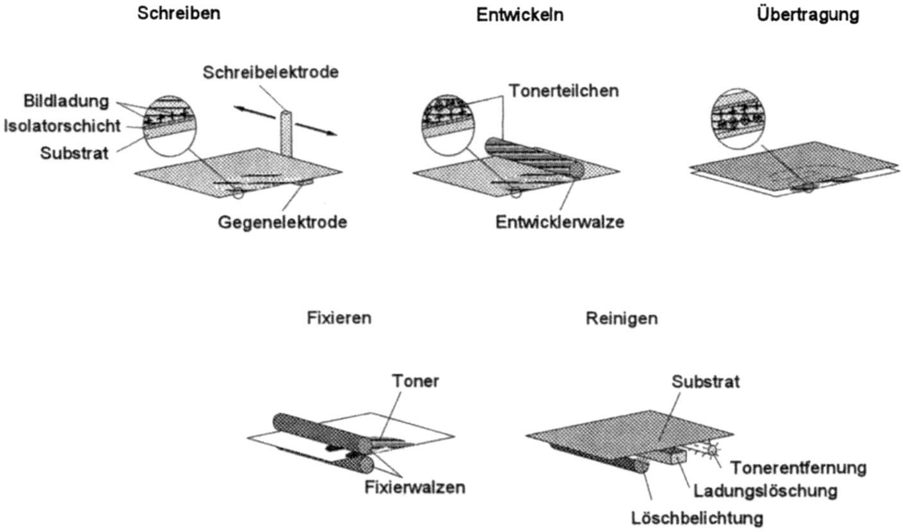

Abbildung 9–4: ***Indirekte Elektrografie***

Elektrofotografie

Bei der *direkten Elektrofotografie* ist das Papier mit einem Fotoleiter (z.B. ZnO) beschichtet.

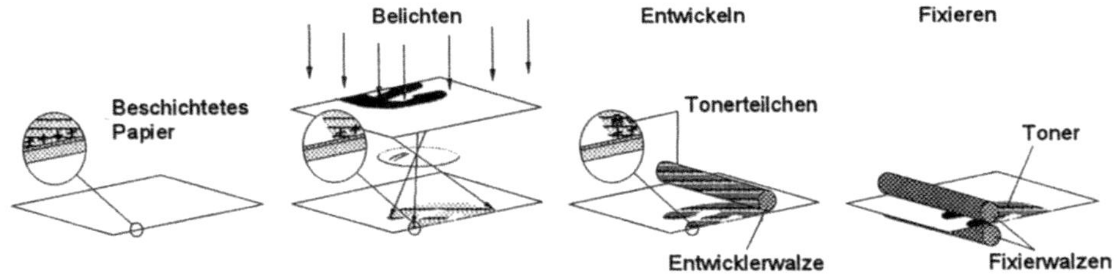

Abbildung 9–5: ***Direkte Elektrofotografie***

Die Sichtbarmachung des latenten elektrostatischen Ladungsbildes erfolgt fast ausschließlich mit Flüssigtonern (richtiger wäre: Flüssig-Entwickler). Flüssig-Toner sind eine Variante des Zweikomponententoners (Zweikomponenten-Entwickler). Sie bestehen aus einer Suspension von positiv aufgeladenem schwarzen Farbpigment (Carbon-Black) in aliphatischen Lösemitteln mit einer niedrigen Dielektrizitätskonstante. Neben den schwarzgefärbten Tonern sind auch farbige Flüssig-Toner in Gebrauch (Vierfarb-Kopie). Die Elektrofax-Verfahren arbeiten nach diesem System.

Die *indirekte Elektrofotografie* repräsentiert das wichtigste Sofortdruckverfahren.

Der Fotohalbleiter wird im ersten Schritt mittels einer Gasentladung homogen aufgeladen. Im zweiten Schritt wird durch Belichtung der aufgeladenen Schicht eine bildmäßige Entladung bewirkt, so dass ein latentes Ladungsbild der Vorlage entsteht. Durch Aufbringen eines Toners entsteht ein Positiv der Vorlage. Dieses Tonerbild wird anschließend auf normales Papier übertragen und durch Wärmestrahlung (Infrarot) oder Druck fixiert. Der auf dem Fotokonduktor verbleibende Toner wird entfernt, und der Kopierzyklus kann wieder beginnen.

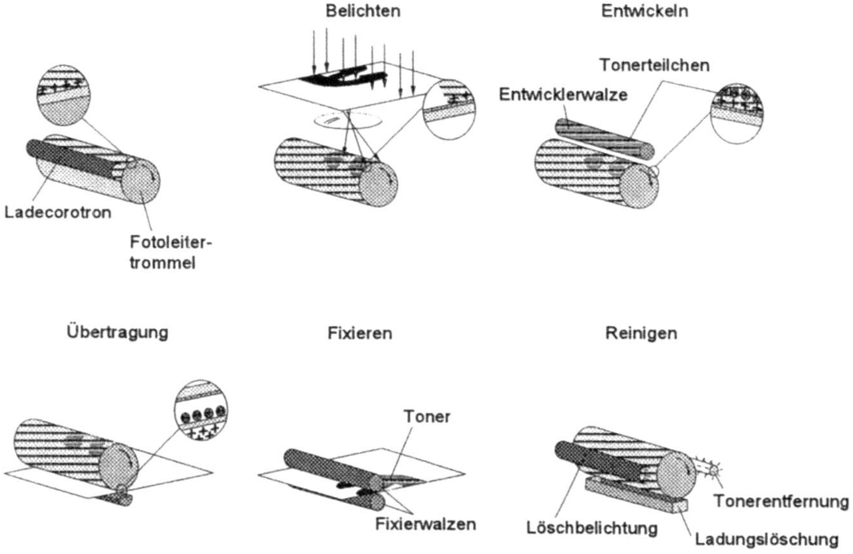

Abbildung 9–6: Indirekte Elektrofotografie

Man unterscheidet **xerografische** Entwicklungsmethoden mit einkomponentigen und zweikomponentigen Tonern.

Der Einkomponenten-Toner besteht aus magnetischem Material, wie Eisenoxid oder Ferrit, das zugleich als Träger und Farbstoff dient, verteilt in einem Harz, das elektrische Ladungen trägt. Der Einkomponententoner wird über eine Magnetwalze zur aufgeladenen Fotohalbleiterschicht transportiert.

Zweikomponententoner bestehen aus dem Trägerstoff und einem 0,4 bis 5 %igen Anteil an Farbmittel (Ruß und ggf. Schönungsmittel). Als Bindemittel dient meist ein niedrigschmelzendes thermoplastisches Kunstharz (z.B. Polystyrol), als Steuerungsmittel werden Sand, Glas- oder Eisenkügelchen zugesetzt, die das triboelektrische Verhalten des Toners (elektrostatische Wechselwirkung mit der Fotohalbleiterschicht) bestimmen. Die Harze werden zusammen mit dem Farbmittel und dem Steuerungsmittel zu einer homogenen Masse vermischt [89]. Durch die Rotationsbewegung der Magnettrommel (siehe Abbildung 9–7) wird das Toner-Carrier-Gemisch in die Entwicklerzone eingebracht. Entlang der Kraftlinien des Magnetfeldes bildet der Entwickler eine sogenannte Magnetbürste aus, wodurch ein Kontakt mit der fotoleitenden Schicht erreicht wird. Ist die Kraft des elektrischen Feldes zwischen Halbleiterschicht und Magnettrommel größer als die Coulombkraft zwischen Toner und Carrier, wird das latente elektrostatische Bild entwickelt [386].

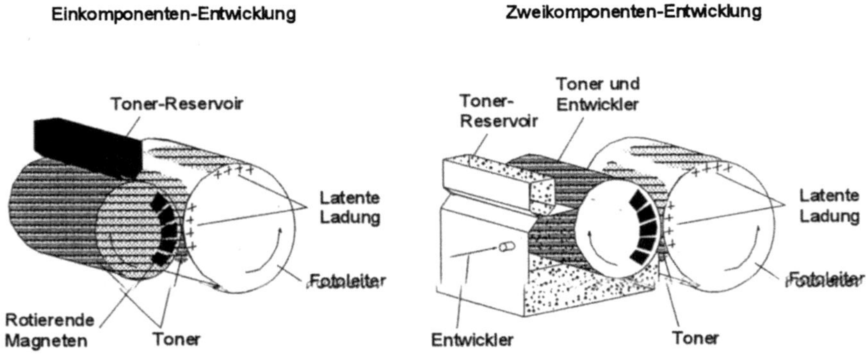

Abbildung 9–7: Entwicklungsprinzipien der Elektrofotografie

In Farbkopierern befinden sich vier Entwicklungswerke im Kopierer, in denen die Grundfarben Gelb, Magenta, Cyan und eventuell Schwarz enthalten sind.

Die Elektrofotografie ist in optoelektronischen Druckern, speziell in **Laserdruckern**, weit verbreitet.

Kleine Desktop-Laserdrucker sind zum Beispiel neben dem PC der wichtigste Baustein in Desktop-Publishing-Systemen, sie drucken Korrekturbelege in Setzereien oder geben technische Handbücher, Bedienungsanleitungen und Preislisten aus.

Hochgeschwindigkeits-Laserdrucker, mit Druckgeschwindigkeiten von bis zu mehr als 200 Seiten pro Minute, füllen Formulare aus, personalisieren Werbeschriften oder Kinderbücher und drucken - zumindest in Vorversuchen - auch Taschenbücher in weniger als 40 Sekunden [35].

Nach der Beladung der Leitertrommel oder - wie hier - der Leiterplatte wird belichtet, was meist mit einem Laser geschieht (Laserdruck). Es entsteht ein latentes elektrostatisches Bild.

Beim Entwicklungsvorgang wird das latente elektrostatische Bild mit Tonerteilchen eingefärbt. Der bei elektrofotografischen Druckern angewandte Toner ist von gleicher Polarität wie die Trommel (Umkehrtonerung) und wird somit von ihr abgestoßen. An den entladenen Stellen bleibt er hingegen aufgrund des Potentialunterschiedes haften. Chemische Reaktionen spielen bei der elektrofotografischen Entwicklung keine Rolle. Ausschlaggebend sind die oberflächenphysikalischen Eigenschaften der Entwicklermaterialien und die triboelektrischen Wechselwirkungen im Entwickler-Toner-Gemisch [293].

Die Fixierung des Toners nach der Übertragung auf dem Bedruckstoff (Papier) kann über

- Wärme
- Strahlung
- Kaltdruck
- Lösemittel

erfolgen. Die gebräuchlichste Fixierung ist die Wärmefixierung z.B. über Infrarotlampen.

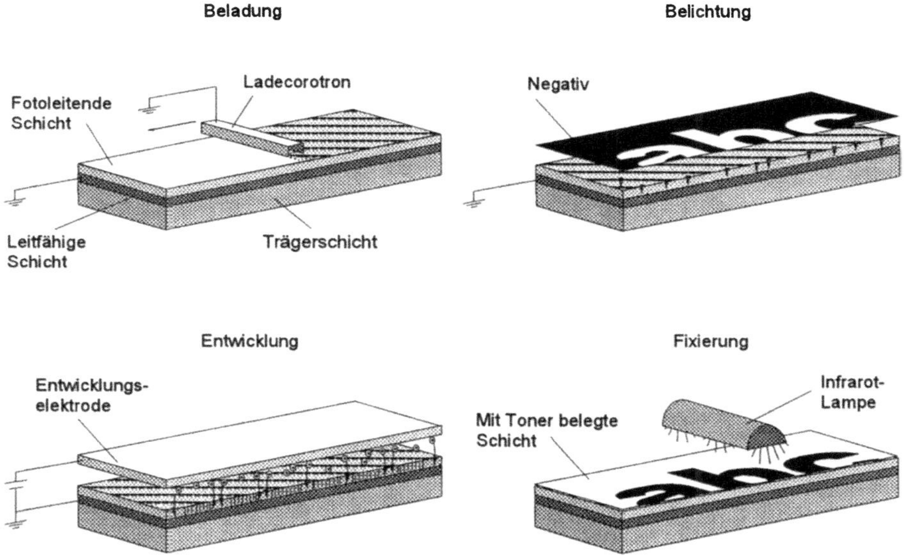

Abbildung 9–8: Bildübertragung in Laserdruckern

Folgende wesentliche Substanzen werden eingesetzt:

Trommel [377]
fotosensitive Materialien als Trommelbeschichtung

- Arsenselenid
- Cadmiumsulfid
- 2,4,7-Trinitrofluorenon (heute meist ersetzt durch Chlorodian-Blau).

Mit den heute üblichen Fotoleitertrommeln können 10.000 bis 15.000 Druckseiten gefertigt werden, danach wird eine Neubeschichtung erforderlich.

Toner [377]

- Carbon-Black (etwa 10 % (Gew.))
- Bindemittel (Styrenacrylat-Copolymer etwa 90 % (Gew.))
- Ladungskontrollsubstanz (meist org. Komponente, die auf Diphenylhydrazon basiert; etwa 5 % (Gew.)).

Um die Luftverschmutzung bei Hitzeeinwirkung auf die Bindemittel zu umgehen, wird heute ein anderes Fixierverfahren angewandt, das auf der Verdunstung von Freon in einem geschlossenen System beruht.

Zusammensetzung:

- 90 % (Gew.) Freon 113 (1,1,2-Trichlor-1,2,2-Trifluorethan)
- 10 % (Gew.) Aceton

Luftanalysen im Bereich der Drucker ergeben bei diesem Verfahren folgende Meßwerte [377]:

- Aceton 1 - 10 ppm
- Freon 10 - 53 ppm (je nach Belüftung des Raumes).

Zum Vergleich der MAK Wert für Aceton: 500 ppm.

Selbst bei schlecht gelüfteten Räumen dürfte dieser Wert nicht überschritten werden [385].

Der *Ladungsaufbau* erfolgt durch Chlorodian-Blau mit Silikonöl, die *Ladungsübertragung* über p-Diethylaminobenzaldehyd-diphenylhydrazon und Polyesterderivate [385].

Die heute üblichen Tonerkartuschen in Laserdruckern reichen für 5.000 bis 7.000 Normaldrucke bei 6 % Tonerabdeckung aus. Hierbei werden Tonerteilchen im Bereich von 30 - 50 µm verwendet. Durch Senkung der Partikelgröße auf 20 - 30 µm oder darunter ist eine Leistungssteigerung bis zu 30 % möglich [394]. Tonerkartuschen können heute maximal für einen dreifachen Zyklus, d.h. zweimaliges Nachfüllen verwendet werden. Unter optimalen Bedingungen sind so mit einer Recyclingkartusche etwa 20.000 Normseiten zu bedrucken. Leider setzt sich das Kartuschenrecycling nur langsam durch, obwohl es keinen Grund gibt, der für eine nur einmalige Verwendung spricht. Die Akzeptanzprobleme haben ihre Ursache im psychologischen Bereich und in kleveren, ökonomisch sowie ökologisch aber völlig unsinnigen, Werbestrategien.

Spezielle Kopierer, die auf dem elektrofotografischen Prinzip beruhen, werden als **digitale Farbkopierer** entwickelt. Das Original wird mit einer Lampe belichtet, das reflektierte Licht über Farbfilter in Gelb, Magenta und Cyan zerlegt und von Fotozellen - der sogenannten CCD-Einheit - in digitale Signale zerlegt. Es entsteht ein Rasterbild, dessen Bildsignale mit Hilfe eines Lasers auf die Fotohalbleitertrommel gebracht werden. Entscheidend ist hierbei die Manipulationsmöglichkeit der digitalen Steuerimpulse. Bilder können z.B. gestreckt oder farbverändert wiedergegeben werden. Solche Kopierer dürften für Grafiker und Designer von Interesse sein.

Thermografie/Thermodruck

Bei der *direkten Thermografie* wird das Bild mit Hilfe von Wärmestrahlen unmittelbar auf wärmesensitiv beschichtetem Papier erzeugt. Die Übertragung der Wärmestrahlung erfolgt mit dem Druckerkopf des Thermodruckers, der aus mehreren Silikonnadeln besteht [90].

Thermodrucker arbeiten fast völlig geräuschlos und sind preiswert. Der Thermodruck wird hauptsächlich in Faksimile- oder Telefaxgeräten (Thermofax) eingesetzt [72].

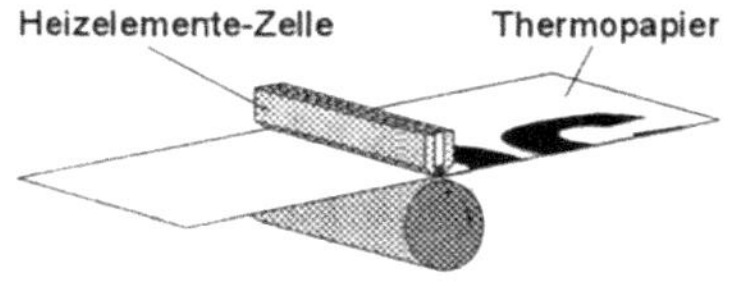

Abbildung 9–9: Direkte Thermografie

Beim Thermodruck wirkt Wärme statt mechanischer Energie auf das Papier ein, das mit einer thermosensitiven Schicht belegt ist. Die thermoaktive Papierschicht ist etwa 5 µm stark. Diese besteht aus einem elektronenabgebenden Farbstoffvorläufer als Farbstoffkomponente (ausschließlich schwarzentwickelnde Triphenylmethan-Abkömmlinge: Fluorane), der elektronenaufnehmenden Entwicklersubstanz bzw. sauren Coreaktanden (Bisphenol A, Bisphenol vom S-Typ (Sulfon) in Etikettenpapieren oder p-Hydroxy-Benzoesäurebenzylester (Benzyl-p-Oxybenzoat)), dem Füllstoff (Kreide, Kaolin oder Talkum), einem Bindemittel (Polyvinylalkohol, seltener Latex oder Stärke) und gegebenenfalls einem Sensibilisator, Gleitmittel oder anderen Hilfsmitteln. Als Sensibilisator bzw. wärmeschmelzbare Mittel werden Fettsäuresalze, -ester und -amide (z.B. Zinkstearat, Stearinsäureamid, Palmitinsäureamid, Oleinsäureamid, Laurinsäureamid, Ethylen- und Methylenbisstearinsäureamid, Methylolstearinsäureamid), Naphthalinderivate, Biphenylderivate, Phthalate oder Terephthalate eingesetzt. Diese Substanzen dienen zur Einstellung einer Schmelztemperatur von etwa 70 - 80 °C. Die Wärmeübertragung kann hierbei durch einen Thermokopf, Thermofedern, Thermostempel oder Laserstrahlen erfolgen.

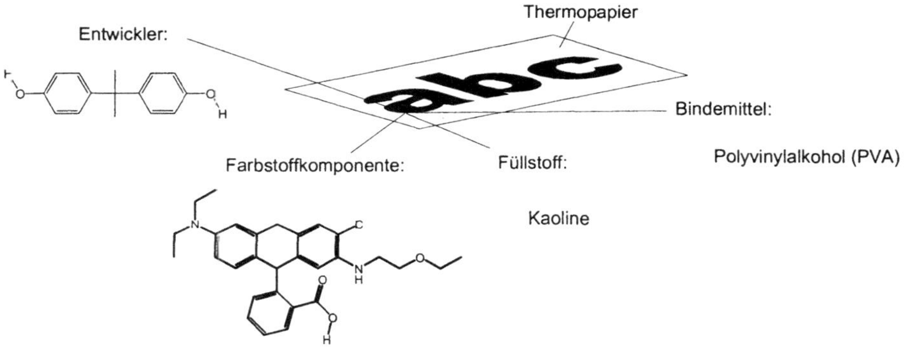

Abbildung 9–10: Komponenten eines typischen wärmeempfindlichen Papiers

Eine komplette thermosensitive Beschichtung besitzt eine durchschnittliche Zusammensetzung von (Gewichtsprozent) [646]:

- 5 - 10 % Farbbildner
- 15 - 35 % Entwickler
- 25 - 35 % wärmeschmelzbare Mittel (Sensibilisatoren)
- unter 1 % Schutzkolloid (Polyvinylalkohol)
- 10 - 15 % Bindemittel
- 15 - 25 % Füllstoffe

sowie Stabilisatoren, Antioxidantien und speziellen Zusätzen z.B. gegen elektrostatische Aufladung, zur Alterungsbeständigkeit, zur Entschäumung, zur UV-Absorption (Steigerung der Lichtbeständigkeit), . Die Beschichtungsmischung wird in Mengen von 2,5 bis 8 g/m² (meist 5 g/m²) aufgebracht. Die Beschichtung enthält Farbbildner in einer Menge von etwa 0,4 g/m², Entwickler und wärmeschmelzende Mittel in etwa gleichen Mengen von 1,6 - 4 g/m².

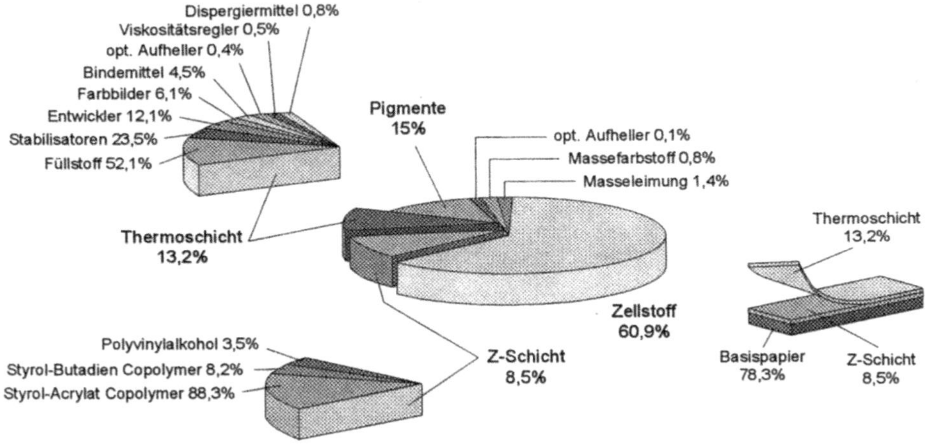

Abbildung 9–11: Aufbau und Zusammensetzung von Thermopapieren

Thermopapiere werden hauptsächlich als Telefaxpapiere eingesetzt. Bei Anwendung z.B. als Etiketten- oder Fahrscheinpapiere wird oft eine Schutzschicht aus Polyvinylalkohol aufgebracht. Neuere Entwicklungen verfolgen vor allem das Ziel, bei erhöhter Druckgeschwindigkeit, z.B. in Telefaxgeräten oder beim Druck von Etikettenpapieren, die sich in der wärmeempfindlichen Schicht bildende Farbdichte, Farbentwicklungsgeschwindigkeit und Farbstabilität zu verbessern. Viele Systeme basieren auf Farbstoffvorläufern wie 3-Dibutylamino-6-methyl-7-anilinofluoran und 4,4'-Isopropylidendiphenol als Entwicklersubstanz. Zur Erhöhung der Empfindlichkeit wird zwischen der Trägerschicht und der farbausbildenden Schicht eine Untergrundschicht aus isolierenden Pigmenten oder Polymeren angebracht oder Entwickler und Farbbildner mit niedrigem Schmelzpunkt verwendet. Zusatz von Wachs führt zur Verringerung des Reibungswiderstandes. Verbesserte Empfindlichkeit bei gleichzeitiger Verringerung des Reibungswiderstandes wird erreicht, wenn höhere Fettsäureamide wie N-Methylolbehensäureamid in Kombination mit die Empfindlichkeit erhöhenden Substanzen, z.B. Benzoesäureester, Terephthalsäureester, Naphthalinsulfonsäureester, Naphthyletherderivate, Anthryletherderivate, aliphatische Ether, Phenanthren oder Fluoren verwendet werden.

Zur Erzielung einer guten Beschreibbarkeit und guten Beständigkeit gegenüber den Einwirkungen von Licht und Klima sowie den zum Beschreiben häufig verwendeten ölhaltigen Tinten werden thermosensitive Schichten eingesetzt, welche neben einem Leukofarbstoff aus der Triphenylmethanreihe, der Fluoranreihe, der Azonaphthalidreihe oder der Fluorenreihe einen Sensibilisator bzw. wärmeschmelzende Substanz aus der Gruppe 1,2-Di(3-methylphenoxy)ethan, Di(p-methylbenzyl)oxalat, p-Benzylbiphenyl, ß-Benzyloxynaphthalen oder 4-Biphenyl-p-tolylether (in anderen Systemen auch Di-p-chlorbenzyloxalat oder Dibenzylterephthalat) und als organisches

Farbentwicklungsmittel 4-Hydroxy-4'-n-propoxydiphenylsulfon enthält. Der wärmeempfindlichen Farbentwicklungsschicht werden häufig Stabilisatoren zugesetzt.

Folgende Substanzen können in der **Untergrundschicht** eingesetzt werden. Die nachfolgende Aufstellung stellt insbesondere für die Farbstoffe nur eine Auswahl dar, detailliertere Informationen sind in Baumann, W.; Herberg-Liedtke, B.: Papierchemikalien, Daten und Fakten zum Umweltschutz, Springer Verlag Heidelberg, 1993 enthalten.

Bindemittel:

Stärke und Stärkederivat
Hydroxyethylcellulose
Polyvinylalkohol
Styrol-Maleinsäureanhydrid-Copolymer
Diisobutylen-Maleinsäureanhydrid-Copolymer
Carboxymethylcellulose
Kasein
Styrol-Butadien-Kautschuk-Latex
Gelatine
Acrylharzemulsion

Pigment/Füllstoff:

Kaolin
Calciumcarbonat
Magnesiumcarbonat
Siliciumdioxid
Aluminiumhydroxid
Magnesiumoxid
Harnstoff-Formaldehyd-Füllstoff
Zellstoff-Füllstoff

Dispergiermittel
Entschäumungsmittel
Schmierstoffe

In der **wärmeempfindlichen Schicht** können z.B. die nachfolgenden Substanzen zum Einsatz kommen:

Leukofarbstoffe

Triphenylmethanreihe:

3,3-Bis(p-dimethylaminophenyl)-6-dimethylamino-phthalid (Kristallviolettlacton)
3,3-Bis(p-dimethylaminophenyl)-phthalid (Malachitgrünlacton)
3-Indolino-3-p-dimethylaminophenyl-6-dimethylaminophthalid

Fluorenreihe:

3,6,6'-Tris(dimethylamino)spiro[fluoren-9,3'-phthalid]
3,6,6'-Tris(diethylamino)spiro[fluoren-9,3'-phthalid]

Azaphthalidreihe:

3-(4-Diethylamino-2-ethoxyphenyl)-3-(1-ethyl-2-methylindol-3-yl)-4-azaphthalid
3-(4-Cyclohexyl-N-methylamino-2-methoxyphenyl)- 3-(1-ethyl-2-methylindol-3-yl)-4-azaphthalid

Fluoranreihe:

3-Diethylamino-7-anilinofluoran
3-(N-Cyclohexyl-N-methylamino)-6-methyl-7-anilinofluoran
3-Diethylamino-7-(m-trifluoromethylanilino)fluoran
2-(N-Phenyl-N-ethyl)aminofluoran
3-Diethylamino-6-methyl-7-xylidenfluoran
2-Anilino-3-methyl-6-(N-ethyl-p-toluidino)fluoran
3-Piperidino-6-methyl-7-toluidinofluoran
3-Diethylamino-6-methyl-7-phenylaminofluoran
Benzo-ß-naphtho-spiropyran
3-Diethylamino-benzo[a]-fluoran

Entwicklersubstanzen:

4-Hydroxy-4'-n-methyldiphenylsulfon
4,4'-iso-Propylidendiphenol (*Bisphenol A*)
4-Phenylphenol
4-Hydroxydiphenoxid
2,4-Dihydroxybenzophenon
Salicylsäureanilid
4,4'-Cyclohexylidendiphenol
4,4'-Isopropylidenbis(2-methylphenol)
2,2'-Dihydroxydiphenyl
2,2'-Methylenbis(4-chlorophenol)
2,2-Bis(4'-hydroxyphenyl)propan (*Bisphenol A*)
Naphthol
Salicylsäuren
Phthalsäuremonoanilid-p-ethoxybenzoesäure
Bis(4-hydroxyphenyl)sulfon
p-Benzoylbenzoesäure
Phenoxy-ethyl-ß-resorcylat
p-t-Butylphenol
1,3-Dihydroxy-6(a,a-dimethylbenzyl)-benzol
Benzyl-4-hydroxyphenylacetat
Phenolharze
Sulfone
Bisphenolsulfone
Sulfonate
Sulfide
4-Hydroxybenzoesäureester
Phthalsäureester

Bindemittel:

Stärke und Stärkederivat
Hydroxyethylcellulose
Methylcellulose
Polyvinylalkohol (auch modifiziert)
Styrol-Maleinsäureanhydrid-Copolymer
Styrol-Butadien-Copolymer
Polyacrylamid-Copolymer
Carboxymethylcellulose
Cellulosederivate (Ethylcellulose, Acetylcellulose)
Gummiarabicum
Gelatine
Kasein
Latex (phosphorsäureverestert)
Polyvinylchlorid
Polyvinylacetat
Polyacrylamid
Polyacrylsäureester
Polyvinylbutyral
Polystyrol
Polyamidharze
Siliconharze
Petroleum-Kunstharze
Terpenharze
Ketonharze
Cumaronharze

Pigment/Füllstoff:

Diatomeenerde
Talkum
Kaolin
Calciumcarbonat
Magnesiumcarbonat
Titandioxid
Zinkoxid
Siliciumdioxid
Aluminiumhydroxid
Harnstoff-Formaldehyd-Füllstoff

Stabilisatoren:

*4,4'-B*utyliden(6-t-butyl-3-methylphenol)
2,2'-Di-t-butyl-5,5-dimethyl-4,4'sulfonyldiphenol
1,1,3-Tris-(2-methyl-4-hydroxy-5-cyclohexylphenyl)butan

Sensibilisatoren (wärmeschmelzende Mittel):

1,2-Di(3-methylphenoxy)ethan
Di(p-methylbenzyl)oxalat
p-Benzylbiphenyl
ß-Benzyloxynaphthalen
4-Biphenyl-p-tolylether
Diphenylcarbonat
p-Toluolsulfonsäurephenylester
Terephthalsäuredimethylester
1-Hydroxy-2-Naphthoesäurephenylester
p-Benzylbenzoesäuremethylester
Di-p-tolylcarbonat
1,4-Diethoxynaphthalin
Phenyl-a-naphthylcarbonat
p-Benzyloxybenzoesäurebenzylester

Metallsalze höherer Fettsäuren (Trennmittel):

Zinkstearat
Calciumstearat

Wachse (Gleitmittel):

Paraffin, Paraffinoxid
Polyethylen
Polyethylenoxid

*Netzmittel**Dioctyl*sulfosuccinat
Dodecylbenzolsulfonat
Alginat
Laurylalkoholschwefelsäureester

Ultraviolett-Absorptionsstoffe:

Benzophenonderivate
Benzotriazolderivate

Mit Hilfe einiger dieser Stoffe läßt sich ein Thermopapier (siehe nachfolgende Tabelle) herstellen.

Chemikaliengruppen	Chemische Bezeichnung	Thermofax HS Soll 53 g/m² [% - Anteile]
Basispapier (41,5 g/m²)		**78,2**
- Zellstoffe	Zellulose	61
- Pigment	$CaCO_3$	12
	Mg-hydrosilikat	3
	Al-hydrosilikat	(12)
- Masseleimung	Anion. Harzsäuren	0,5
	Polyaluminiumchlorid	0,39
	Kationische Stärke	0,40
	Anion. Polyacrylamid-Copol.	0,03
- Optischer Aufheller	Stilbensulfonsäurederivat	0,12
- Massefarbstoffe	Direktfarbstoffe, anionisch	
Gelb:	Azofarbstoff	0,17
Chamoix:	Azofarbstoff	0,11
Chamoix:	Azofarbst. (Direct Red 239)	0,006
Altgold:	Azofarbstoff	0,36
Altgold:	Azofarbstoff	0,008
Rosa:	Azofarbstoff	0,03
Blau:	Cu-Phthalocyaninfarbst	0,04
Grün:	Direct Blue 199 (74190)	0,02
Grün:	Azofarbstoff	0,05
Z-Schicht (4,5 g/m²)		**8,5**
	Styrol-Acrylat-Copolymer	7,5
	Styrol-Butadien-Copolymer	0,7
	Polyvinylalkohol	0,3
Thermoschicht (7 g/m²)		**13.2**
- Farbbildner	2-Anilino-,3-methyl-,6-(N-ethyl, N-isocyamyl) aminofluoran	0,8
- Coreaktant Bisphenol AG	Diphenylolpropan	1,6
- Sensitizer	Stearylamid	1,8
	Parabenzylbiphenyl	1,3
- Binder	Polyvinylalkohol	0,6
- Pigment	$CaCO_3$	6,8
- Optischer Aufheller	Stilbensulfonsäurederivat	0,05
- Viskositäts regler	Acrylsäure-Copolymer	0,07
- Dispergiermittel	Acrylsäure-Polymer	0,1

Tabelle 9–1: ***Chemikalien in Thermopapieren***

Ein normal beschriebenes Blatt hat eine Druckfarbenabdeckung von 6 bis 10 %. Bei Thermopapier ist grundsätzlich 100 % des Papiers mit Druckfarbe (bzw. ihren Einzelbestandteilen) belegt. Beim Druck - also bei Erwärmung durch den Thermodruckkopf - regieren die Einzelkomponenten miteinander und bilden die sichtbare Schrift. 90 bis 94 % der Druckkomponenten einer so bedruckten Thermopapierseite bleiben also ungenutzt. Der Druck auf Thermopapier mag zwar in einigen Fällen sehr bequem, die Drucker kostengünstig sein, trotzdem ist diese Drucktechnik eine technologische Fehlentwicklung, deren Marktbedeutung in den kommenden Jahren stark abnehmen wird. Für Spezialanwendungen, z.B. bei der Überwachung von Anlagen, ist diese Drucktechnik sehr hilfreich, da man nur kontrollieren muss, ob ausreichende Mengen Papier im Drucker vorhanden sind. Druckfarbe oder Toner wird hier nicht benötigt.

Die Anwendung von Thermopapier in Faxgeräten oder gar zu normalen Druckzwecken ist ökologisch und ökonomisch nicht sinnvoll. Die laufenden Kosten sind hoch und für fast alle Anwendungen sind preisgünstige Alternativen mit Normalpapier auf dem Markt (z.B. Tintenstrahldruck).

Wie obige Tabelle zeigt, ist Thermopapier ein „hochgeladenes" Produkt, das zu hohen Anteilen aus papierfremden Stoffen besteht. Es sollte nicht in die Altpapiersammlung gegeben werden. Als Recyclingpapier trägt es zur unkontrollierten Verunreinigung sinnvoller Sekundärprodukte bei.

Kurz: Der Druck auf Thermopapier ist allenfalls ein bequemes Verfahren, die Technologie ist von gestern.

Thermotransferdruck

Bei der *indirekten Thermografie* (Transferthermografie/Thermotransfer- oder Thermosublimationsdruck) wird durch eine Transferfolie auf unbeschichtetes Papier gedruckt.

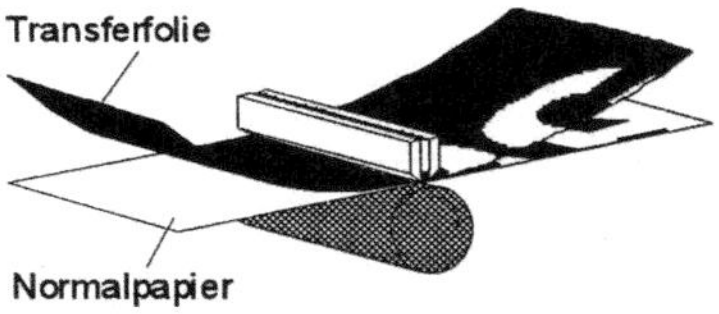

Abbildung 9–12:   Indirekte Thermografie

Beim Thermotransferdruck löst die Wärme eines Thermo-Druckkopfes Farbstoffe aus einem Farbband. Damit können sowohl Schwarz-Weiß- als auch Farbdrucke hergestellt werden. Beim Farbdruck befinden sich Cyan-, Magenta- und Yellow-Farbschichten auf dem Druckband. Unterschiedliche Temperaturen im Druckkopf steuern unterschiedliche Farben an.

Ähnlich wie beim Druck auf Thermopapier wird bei diesem Druckverfahren in fast allen Anwendungsfällen nur ein sehr geringer Teil der Druckfarbe auf dem Farbband zum eigentlichen Druck genutzt. Der verbleibende große Teil ist Abfall. Aus diesem Grunde kann man den Thermotransferdruck für eine technologische Fehlentwicklung betrachten, die schon aus betriebswirtschaftlichen Gründen in den kommenden Jahren mit sehr hoher Wahrscheinlichkeit ganz vom Markt verschwinden wird oder nur noch für einige Spezialfälle zum Einsatz kommt. Innovative Verfahren, wie z.B. „Computer to Print" werden die Rolle des Thermotransferdrucks übernehmen.

Speziell bei der Faksimileübertragung, wo schon heute ein Einsatzschwerpunkt liegt, aber auch in Farbkopierern kann der Thermotransferdruck Zukunftschancen haben.

Weitere Anwendungsmöglichkeiten liegen beim Druck von Fahrkarten, Sicherheitsdokumenten und Bildschirmbelegen, aber auch bei der Herstellung von einfachen und grob gerasterten Farbauszügen (Desktop-Repro) direkt ab Vorlage im Farbkopierer, beim digitalen Farbproof oder bei der Herstellung von Druckformen für den Offsetdruck. Transferthermografisch auf eine hydrophile Oberfläche aufgebrachte Bildelemente, die farbannehmend (oleophil) wirken, könnten eine Computer to Plate- oder eine Computer to Press-Lösung ermöglichen [35].

Mit diesem Verfahren ist eine Leistung von 50 - 100 Zeichen pro Sekunde zu erreichen.

Thermo-Mikrokapsel-Druck

Ähnlich wie beim Selbstdurchschreibepapier (siehe unten) werden beim Thermo-Mikrokapseldruck Farbstoffe in Mikrokapseln zum Druck genutzt. Durch die Hitze des Druckkopfes genagt Entwickler, der in der Filmschicht enthalten ist in die Mikrokapseln und aktiviert die dort enthaltenen Farbstoffe. Die Zahl der Mikrokapseln bestimmt die Graustufen. Nach dem Aushärten des Kapselwandkunststoffes ist das Bild stabil.

Fotothermografie

Mit dieser Drucktechnik können z.B. Folien bedruckt werden, auf denen eine fotosensitive Schicht mit Silberhalogenid-Kristallen enthalten ist. Nach der Belichtung wird das Bild mit Wärme behandelt. Das in der Schicht enthaltene Silberbehenat erzeugt ein sichtbares Bild. Die Fotothermografie könnte eine Alternative zu den traditionellen Röntgenfilmen darstellen, aber auch in bestimmten reprografischen Anwendungen genutzt werden.

Adherografie

Bei der Adherografie werden zwei Träger- bzw. Basisschichten genutzt, auf einer ist eine laserempfindliche Schicht, auf der anderen eine Bildschicht aufgebracht. Wird dieses Sandwich mit einem Laserstrahl „belichtet", wird Energie zwischen die laserempfindliche und die Bild-Schicht gebracht. An diesen Stellen verkleben beide Schichten. Werden sie getrennt, wird das Bild entwikkelt und mit einer schützenden Schicht überzogen.

Drucken mit Selbstdurchschreibepapier

Papier, das Durchschriften und Drucke ohne dazwischen gelegtes, farbabgebendes Papier ermöglicht. Das Papier ist so präpariert, dass durch Druck (Farbreaktionspapiere, Farbtransferpapiere) eine Farbübertragung mit/oder Farbbildung durch chemische Reaktion erfolgt [646].

Selbstdurchschreibepapiere werden vor allem zur Herstellung von Mehrfachformularsätzen im Endlosbereich, verdeckten Lohn- und Gehaltsabrechnungen, postversandfähigen Belegen und Zahlungsverkehrvordrucken, Tabellierpapieren, Quittungsblocks, Flug- und Fahrscheinen sowie Formularsätzen für registrierende Meßgeräte wie Waagen oder Durchflussmesser eingesetzt.

Selbstdurchschreibepapiere sind ein- oder beidseitig mit einem speziellen Schichtmaterial, dem Funktionsstrich, versehen. Die Durchschrift wird entweder mechanisch durch Farbübertragung oder Freilegung einer vorher verdeckten Farbschicht oder durch eine chemische Reaktion farbbildender Substanzen (vgl. Thermo-Mikrokapsel-Druck) erzeugt.

Entwicklungsschwerpunkt bei selbstdurchschreibenden Papieren war in den vergangenen Jahren Art und Integration von farbbildenden n in chemisch reagierenden Papieren. Die in der Geberschicht dispergierten Mikrokapseln bestehen aus dem in einem Kernöl gelösten, zunächst farblosen oder schwach gefärbten, bei der Farbbildungsreaktion elektronenabgebenden Farbstoffvorläufer welcher von wandbildenden Substanzen umhüllt ist. Die Nehmerschicht enthält eine elektronenaufnehmende Substanz. Zerstört das Schreibgerät (Drucker, Kugelschreiber etc.) die Kapseln, laufen sie aus, der Farbbildner reagiert in der Nehmerschicht mit dem Coreaktanden zum Farbstoff, es entsteht eine Durchschrift. Die Geberschicht enthält neben den aus Kapselwandmaterial,

Kapselölen und säureaktivierbaren Farbstoffen bestehenden Mikrokapseln auch Bindemittel und Füllstoffe bzw. Abstandhalter. Die Abstandhalter besitzen die 2 bis 4-fache Größe der Mikrokapseln und sollen vorzeitige Farbentwicklung durch unerwünschte Zerstörung der Kaseln verhindern. Bindemittel verankern den Strich auf dem Basispapier und verknüpfen die Mikrokapseln und Abstandhalter miteinander. In der Nehmerschicht sind neben der Acceptorsubstanz ebenfalls Bindemittel und Füllstoffe enthalten.

Mikrokapselbeschichtung und Farbentwicklungsschicht werden als wäßrige Dispersion aufgetragen und getrocknet.

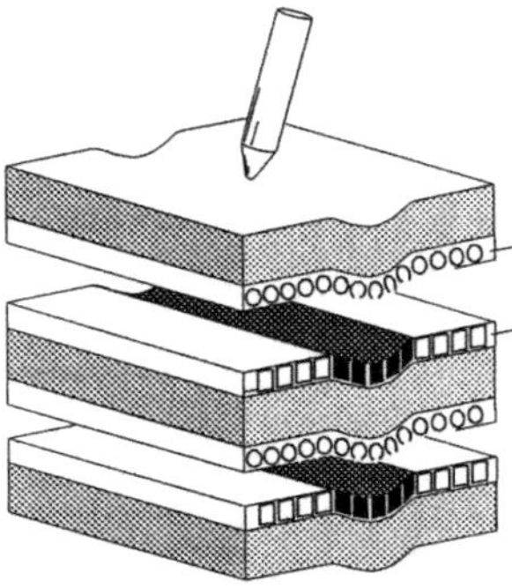

Abbildung 9–13: Schematische Darstellung eines SD-Papiers

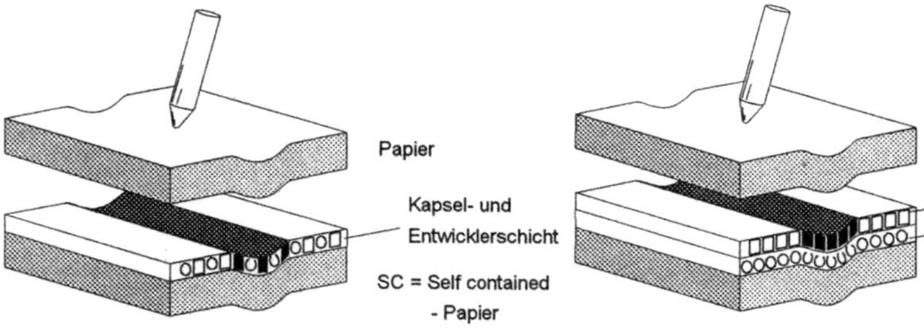

Abbildung 9–14: Schematische Darstellung der SC-Papiere

Die Mikrokapseln haben meist einen mittleren Durchmesser von 5 - 8 µm. Die *Mikrokapselwände* bestehen heute meist aus Polyurethanen (Polyharnstoff), Melamin-Formaldehyd-Harzen oder Gelatine. Andere wandbildende Materialien , die in Europa jedoch nicht eingesetzt werden, sind Polyamide, Polysulfonamide, Polyester, Polycarbonate, Polysulfonate oder Polyacrylate, aber auch Phenol- oder Harnstoff-Formaldehyd-Harze. Mikrokapseln mit Gelatinewänden besitzen elastische Eigenschaften, während Kunststoffkapseln härter und spröder sind. Die heute am häufigsten eingesetzten *Farbbildner* sind Triphenylmethan-, Xanthen- und Spiropyranverbindungen bzw. Fluoranverbindungen wie Kristallviolettlacton (CVL) und N-Benzoylleucomethylenblau. Die Farbentwicklung des Kristallviolettlactons aus der Leucoform erfolgt durch Bildung des blauen Farbstoffkations an der Entwicklerschicht. N-Benzoylleucomethylenblau wird durch langsame Hydrolyse zum Leucomethylenblau umgewandelt, aus welchem sich an der Entwicklerschicht durch schnelle Photooxidation das Farbstoff-Kation bildet. Diphenylmethanfarbstoffe haben heute keine Bedeutung mehr. Schwarzschreibende Kapseln enthalten entweder einen schwarz reagierenden Farbbildner oder eine Kombination aus komplementären Farbbildnern, welche in der Mischung eine schwarze Durchschrift ergeben. Zur Herstellung der farbgebenden Substanz werden beispielsweise Diarylmethanderivate aus Sulfinsäuren (Benzol-, Xylol-, Dichlorbenzol-, p-Ethoxybenzolsulfinsäure) und Benzhydrolderivaten synthetisiert. Als *Lösemittel* für den Farbbildner werden heute *Kapsel- bzw. Kernöle*, z.B. Paraffine, Chlorparaffine, Phthalatester, Alkylbiphenyle, Alkylnaphthaline, Alkylbenzole und hydrierte Terphenyle eingesetzt. Zur Verdünnung, aus Viskositäts- und Kostengründen werden den Kapselölen häufig hochsiedende, entaromatisierte paraffinische oder naphthenische Kohlenwasserstofffraktionen aus der Erdölraffination zugesetzt. Andere Verdünnungsmittel wie Erdnuß-, Soja-, Baumwollsamen- oder Silikonöle, Phosphatester, Sulfonatester, Arylether, Arylalkylether und Polyglycole werden heute nicht verwendet. Auf 20 - 30 Gew.-Teile Wandmaterial werden 60 - 90 Gew.-Teile Kernmaterial (Farbbildnerlösung) eingesetzt.

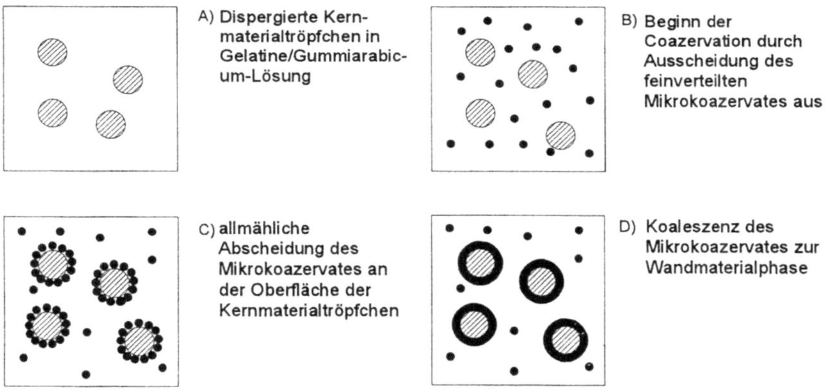

Abbildung 9–15: ***Mikroverkapselung nach dem Coazervationsverfahren***

Die Mikroverkapselung des farbbildenden Kernmaterials mit dem hydrophilen gelierbaren Polymer Gelatine erfolgt durch die sogenannte Komplexcoazervation mit Gummiarabicum und Ausgelieren aus wäßriger Lösung durch pH-Wert- und Temperaturabsenkung. Unter Komplexcoazervation ist die gegenseitige Ausfällung zweier entgegengesetzt geladener, hydrophiler, kolloidaler Polymere aus wäßriger Lösung zu verstehen. Gelatine trägt als amphoteres Polymer im sauren Bereich positive Ladungen und läßt sich mit dem negativ geladenen Polymer Gummiarabicum zur Ausfällung bringen. Im technischen Prozess wird das Kernmaterial in Gelatine emulgiert und mit Gummiarabicum unter Ansäuern der Lösung mit Essigsäure auf einen pH-Wert von 4,5 bei einer Temperatur von 50 °C das Complexcoazervat gebildet. Bei Absenkung der Temperatur unter den Gelierpunkt erfolgt die Einkapselung der Emulsionströpfchen aus Farbbildner und Lösemittel. Zur Härtung der Gelatine-Gummiarabicum-Wandkapseln wird Formaldehyd oder Glutaraldehyd zugegeben und die Lösung mit Natronlauge auf einen basischen pH-Wert von 9 - 10 eingestellt.

Die Mikroverkapselung, d.h. die Bildung von Polyurethankapseln aus Polyisocyanaten, erfolgt unmittelbar nach Zugabe eines Vernetzungsmittels auf Polyaminbasis. Das in Öltröpfchen dispergierte Polyisocyanat reagiert an der Grenzfläche mit dem Vernetzungsmittel zu Polyharnstoff-

Kapselwandmaterial. Durch Temperaturerhöhung wird die wandbildende Polyadditionsreaktion zu Ende gebracht. Für die Bildung von Polyharnstoffkapseln werden folgende Isocyanate und Amine vorgeschlagen:

Isocyanate

Diphenylmethandiisocyanat
Toluylendiisocyanat
Xylylen-1,4-diisocyanat
Xylylen-1,3-diisocyanat
Trimethylen-diisocyanat
Hexamethylen-1,6-diisocyanat
Propylen-1-2-diisocyanat
Butylen-1-2-diisocyanat
Ethyliden-diisocyanat
Cyclohexyl-1,2-diisocyanat
Cyclohexyl-1,4-diisocyanat
4,4'-Diisocyanato-dicyclohexyl-methan (Isophorondiisocyanat)

Polyisocyanatvorpolymerisate, z.B. Anlagerungsprodukte von

Hexamethylendiisocyanat und Hexantriol
2,4-Toluylendiisocyanat mit Brenzkatechin
2,4-Toluylendiisocyanat mit Hexantriol
2,4-Toluylendiisocyanat mit Trimethylolpropan

Amine

Ethylendiamin-(1,2)
Bis(3-aminopropyl)-amin
Hydrazin
Hydrazin-ethanol-(2)
Bis-(2-methylaminoethyl)-methylamin
1,4-Diaminocyclohexan
3-Amino-1-methyl-aminopropan
N-Hydroxy-ethylethylendiamin
N-Methyl-bis-(3-aminopropyl)-amin
1,6-Diamino-n-hexan
1,4-Diamino-n-butan
Ethylen-(1,2)-diamin-N-Ethyl-sulfonsäure (Alkalisalz)
N-Amino-ethylethylendiamin-(1,2) (Diethylentr1iamin)
Bis-(N,N'-aminoethyl)-ethylendiamin (Triethylentetramin)

Heute werden zur Polyharnstoffbildung meist aliphatische modifizierte Isocyanate auf Basis von Hexamethylendiisocyanat in Form unterschiedlich langer und unterschiedlich vernetzter oligomerer Verbindungen eingesetzt. Das Basismolekül besteht aus drei Hexamethylendiisocyanat-Monomeren, welche entsprechend der Biuretstruktur miteinander verknüpft sind.

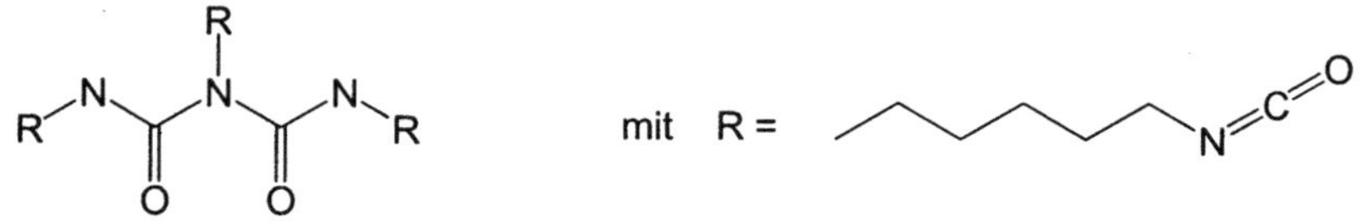

Nach Herstellerangaben verläuft die Reaktion vollständig; nach Abschluss der Polymerisation liegt kein freies Isocyanat mehr vor. Die hohe Undurchlässigkeit der Kapseln für den Farbbildner erlaubt die Mischung mit farbentwickelnder Substanz in einer Schicht, ohne dass unerwünschte Farbbildung auftritt.

Aromatische Amine werden nur selten zur Mikrokapselherstellung eingesetzt.

Zur Mikroverkapselung mit Melamin-Formaldehyd-Harzen wird aus einer Melamin und Formaldehyd enthaltenden wäßrigen Lösung durch Einstellung eines pH-Wertes von 9 mittels Natriumhydroxid und Erwärmen auf 60 °C ein durchscheinendes Vorkondensat hergestellt und zur Farbbildneremulsion gegeben. Nach Ablauf der Reaktionszeit werden die gebildeten Mikrokapseln durch Abkühlen auf Raumtemperatur gehärtet.

Der Auftrag der Mikrokapseln kann nicht nur aus wäßriger Lösung, sondern auch auf elektrostatischem Wege erfolgen. Die mit Wachsmassen, Thermoplasten oder Heißschmelzklebern (z.B. Polyamiden, Copolymerisaten von Ethylen, Vinylacetat, Vinyliden, Wachsmassen aus Paraffin, Ester, Polyethylen, Stearaten sowie Carnaubawachs) umhüllten Mikrokapseln werden elektrostatisch auf dem Papier abgeschieden und anschließend mittels Wärmeeinwirkung aufgeschmolzen.

Der auf dem Vorder- oder Mittelblatt rückseitig aufgebrachte **CB-Strich** setzt sich zusammen aus:

- 10 - 15 % Kapselwandmaterial
- 40 - 60 % Kapselöl (Kernöl)
- 2 - 10 % Farbbildner
- 10 - 25 % Bindemittel: Stärke, Polyvinylalkohole, Acrylat- oder Styrol-Butadien-Latices
- 10 - 30 % Füllstoffe bzw. Abstandhalter: Zellstoffpulver, Cellulose-Feinschliff, Stärkekörner, Polymerteilchen

Der Kapselinhalt besteht beispielsweise aus Kristallviolettlacton (2,7 Gew.%) und N-Benzoylleucomethylenblau (0,9 Gew.%) in einem Gemisch aus Diisopropyldiphenyl und Isohexadecan (Gewichtsverhältnis 80 : 20) oder Diisopropylnaphthalin. Sonstige, im CB-Strich eingesetzte Hilfsmittel sind Verdickungsmittel, Entschäumungsmittel, Wasserretentionsmittel, Dispergiermittel, Emulgatoren, Schutzkolloide, Farbstoffe, Optische Aufheller, Konservierungsmittel oder Naßfestharze. Der Mikrokapselstrich wird als zunächst milchig-weiße, wäßrige Dispersion mit einem Feststoffgehalt von etwa 40 % aufgetragen. Das gesamte Beschichtungsgewicht der Streichfarbe liegt bei 5 - 7 g/m², die Mikrokapselmenge im Strich beträgt 3 - 4 g/m².

Neben den Standardzusammensetzungen existieren Systeme mit in Wachs eingebetteten Farbbildnern. Diese CB-Beschichtungen, welche heute nur einen sehr geringen Anteil von unter 0,1 % ausmachen, sehen beispielsweise so aus:

- Wachs 40 %
- Paraffin 10 %
- Mineralöl 5 %
- Füllstoff 15 %
- Mikrokapseln 10 %
- Farbbildnerkonzentrat 20 %

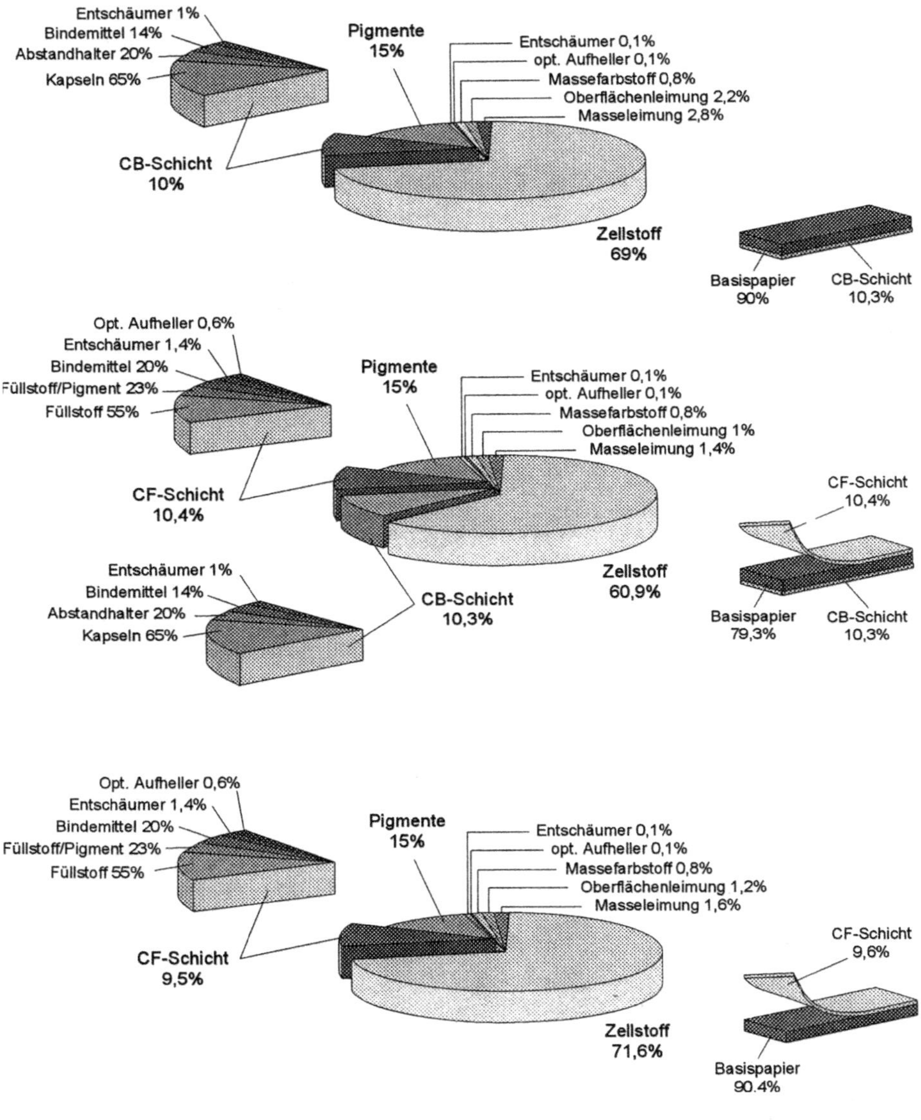

Abbildung 9–16: ***Aufbau und Zusammensetzung drucksensitiver Selbstdurchschreibepapiere***

Das Farbbildnerkonzentrat besteht aus:

- Ethylenglycol 3 %
- Mineralöl 67 %
- Ethylendiaminstearat 15 %
- Farbmittel 15 %

Bei dieser Beschichtung wurde versucht, die teuren Mikrokapseln wenigstens teilweise durch ein in der Wachsschicht dispergiertes Farbbildnerkonzentrat zu ersetzen. Das Wachs wird unter Druck verflüssigt, so dass eine Zugabe von Abstandhaltern nicht notwendig ist.

Eine weitere CB-Beschichtung ohne Mikrokapseln setzt sich wie folgt zusammen:

- Carboxylmethylcellulose
- Acrylharz: carboxyliertes Copolymer aus Polyethylacrylat/Methylmethacrylat oder Polybutylacrylat/Styrol
- Mineralöl
- Farbstoffe: basisch chromogene Lacke oder Phthalidfarbstoffe
- Vernetzungsmittel: Polyamid-Epichlorhydrin-Harz, Formaldehydharz oder Melamin-Formaldehyd-Harze
- Fällungsmittel für CMC: Aluminiumnitrat
- Abstandhalter: Stärke

Der CF-Strich besteht aus:

- 50 - 60 % Acceptorsubstanz: anorganische Pigmente wie Kaolin, säureaktivierte Clays wie Attapulgit, Bentonit oder Montmorillonit oder saure Bleicherde
- etwa 20 % Füllstoffen/Pigmenten: Kaolin, Kreide
- 20 - 30 % Bindemitteln: Styrol-Butadien-Latex

Der CF-Strich wird mit 7 bis 9 g/m^2 aufgebracht. Der Feststoffgehalt der als wäßrige Dispersion aufgetragenen CF-Schicht beträgt etwa 40 %. CF-Striche werden in Europa überwiegend auf Basis säureaktivierter, hochoberflächiger Bentonite hergestellt. Zur Verbesserung der rheologischen Eigenschaften werden häufig normale Streichpigmente zugesetzt. Neben Acceptorsubstanz, Füllstoffen/Pigmenten und natürlichen oder synthetischen Bindemitteln kann die Pigmentdispersion Farbstoffe, Optische Aufheller, Wasserretentionsmittel oder Naßverfestigungsmittel enthalten. CF-Systeme mit organischen Entwicklersubstanzen wie reaktiven Phenolharzen, z.B. p-Phenylphenol-Formaldehyd- und p-Octylphenol-Formaldehyd-Harzen, Salicylsäureestern und -derivaten, Zinksalicylaten wie 3,5-Di-a-methylbenzylsalicylat und p-Hydroxybenzoesäureestern werden vor allem in den USA und in Japan eingesetzt. Sie enthalten als Bindemittel auch Styrol-a-Methylstyrol-Copolymer oder modifizierten Polyvinylalkohol.

Die chemische Struktur der Farbbildner in druckempfindlichen chemisch reagierenden Selbstdurchschreibepapieren und den farbbildenden Substanzen in wärmesensitiven selbstdurchschreibenden Papieren (*Thermopapiere*) ist ähnlich. Spezielle drucksensitive Systeme, die jedoch heute in Europa nicht zur Anwendung kommen, werden mit Hilfe von Fotoinitiatoren hergestellt und mit UV-Strahlen gehärtet. So entsteht aus einer Mischung aus:

- *Kernöl (Verdünnungsmittel)*
  - Isopropylbiphenyl

- *Farbbildnern (colour former)*
  - 3-(Diethylamino)-7-(dibenzylamino)fluoran und
  - 2,3-(1-phenyl-3-methyl)-7-diethylamino-4-spirophthalidochrom

- *Wandmaterialien*
  - aliphatischen und aromatischen Polyisocyanaten
  - Polyolen

- *Fotovernetzenden Schichtmaterialien zur Fixierung*
  - 2-Hydroxyethylacrylat
  - Hydroxypropylcellulose
  - Carboxymethylcellulose
  - Türkischrot-Öl (Alizarin)
  - Triethylentetramin
  - AIBN (Azobisisobuttersäurenitril)

nach Auftrag und UV-Bestrahlung eine feste mikrokapselhaltige Schicht, die bei Druckeinwirkung gegen ein Kaolin-Phenolharz-beschichtetes Papier einen grünen Aufdruck hinterläßt. Bei den drucksensitiven Papieren der größeren Hersteller erfolgt die Fixierung aus wäßriger Lösung mit Latex oder Stärke. Werden Papiere mit Monomeren (z.B. 5,7-Dodecadiyn-1,12-bis(p-bromophenylurethanen) mit konjugierten Dreifachbindungen beschichtet, getrocknet und zur teilweisen Polymerisation über mehrere Stunden erhitzt, so entsteht bei Druckeinwirkung auf die farbbildende Schicht ein klares Schriftbild.

Cemikaliengruppen	Chemische Bezeichnung	Standard O-Blatt 56 g/m² [%-Anteile]	Standard M-Blatt 53 g/m² [%-Anteile]	Standard E-Blatt 57 g/m² [%-Anteile]
1. **Basispapier**		**50,5 g/m² = 90%**	**42 g/m² = 79%**	**51,5 g/m² = 90%**
Zellstoffe	Zellulose	30,6	24,2	33,1
Pigmente	$CaCO_3$	12	12	12
	Mg-hydrosilikat	3	3	3
	Al-hydrosilikat			
Masseleimung	Anion. Harzsäuren	0,5	0,5	0,5
	Polyaluminiumchlorid	0,39	0,39	0,39
	Kationische Stärke	0,4	0,4	0,4
	Anion. Polyacrylamid-Copol.	0,03	0,03	0,03
	Kation. Alkylketendimer	0,24		0,24
	Anion. Polyacrylamid-Copol.	0,08		0,08
	Kation. Alkylketendimer	0,28		
	Kation. Polyacrylamid-Cop	0,08		
	Kation. Stärkeether	0,8		
Optischer Aufheller	Stilbensulfonsäurederivat	0,12	0,12	0,12
Nuancierfarbstoff	Disazo-Cu-Komples	0,0003		0,0003
Massefarbstoffe	Direktfarbstoffe, anionisch			
• Gelb:	Azofarbstoff	0,17	0,17	0,17
• Chamoix	Azofarbstoff	0,11	0,11	0,11
• Chamoix	Azofarbstoff (Direct Red 239)	0,006	0,006	0,006
• Altgold	Azofarbstoff	0,36	0,36	0,36
• Altgold	Azofarbstoff	0,008	0,008	0,008
• Rosa	Azofarbstoff	0,03	0,03	0,03
• Blau	Cu-Phthalocyaninfarbstoff	0,04	0,04	0,04
• Grün:	Direct Blue 199 (74190)	0,02	0,02	0,02
• Grün:		0,05	0,05	0,05
Entschäumer	Aliphat,KW,Ester,Alkoholgemisch	0,05	0,05	0,05
Oberflächenleimung	Enzymat. abgebaute Stärke	2	1	1
	Kation. Alkylketendimer	0,2		0,2

Tabelle 9–2: ***Chemikalien in Selbstdurchschreibepapieren***

Cemikaliengruppen	Chemische Bezeichnung	Standard O-Blatt 56 g/m² [%-Anteile]	Standard M-Blatt 53 g/m² [%-Anteile]	Standard E-Blatt 57 g/m² [%-Anteile]
CB-Schicht für O/M-Blatt	**(5,5 g/m²)**	**9,9**	**10,3**	
Kapseln		6,4	6,7	
Öle	Alkyldiphenylmethan Aliphat. naphthen. KW	2,3 2,3	2,4 2,4	
Farbbildner (Summe)		0,3	0,3	
• Blau	Kristallviolettlacton			
• Grün	2-Dibenzylamino-6-diethyl-amino-fluoran			
• Blau	9-N-Butyl-carbazolyl-(3)-4'.4"-bis-(N-methyl-,N-phenylamino)-diphenyl-methan			
• Rot	3,3-Bis-(1'n-octyl-2'-methyl-indol-3'-yl)-phthalid			
• Rot	2-Methyl-, 6-(N-ethyl-,N-p-tolyl-amino)-fluoran			
• Orange	3-Chlor-6-cyclohexylamino-fluoran			
• Schwarz	2-Anilino-3-methyl-6-(N-ethyl-, N-isoamyl)-amino-fluoran			
Wandmaterial	Melamin-CH_2O-Kondensat	0,8	0,8	
Additive	Sulfon. MF-Kondensat Melamin-CH_2-Kondensat Natriumformiat Hydroxymethansulfonat	0,4 0,006 0,2 0,4	0,4 0,006 0,2 0,4	
Entschäumer (1 %) Entschäumer: Etingal S	Aliphat. KW, Alkohole, Ester-Gemisch Phosphorsäureester	0,4	0,4	
Stilts (20 %)	Stärkekörner	2,0	2,1	
Bindemittel (14 %)	Stärkederivate Carboxylmethylcellulose Polyvinylalkohol Styrol-Butadien-Copol. Maleins.-Vinylacetat-Cop.	1,4	1,5	
3. CF-Schicht für M-/E-Blatt	**(5,5 g/m²)**	**10,4**	**9,6**	
Pigmente	Montmorillonit-Ton $CaCO_3$	5,7 2,4	5,3 2,2	
Bindemittel	Styrol-Butadien Stilbensulfonsäurederivat	2,1 0,06	1,9 0,05	
Entschäumer	Tributylphosphat	0,01	0,01	
Schichtfarbstoffe	Direktfarbstoffe, anionisch			
• Gelb:	Azofarbstoff			
• Chamoix:	Azofarbstoff			
• Chamoix:	Azofarbst. (Direct Red 239)			
• Altgold:	Azofarbstoff			
• Rosa	Azofarbstoff			
• Blau	Cu-Phthalocyaninfarbst			
• Grün:	Direct Blue 199 (74190)			
• Grün:	Azofarbstoff			

Tabelle 9–1: Chemikalien in Selbstdurchschreibepapieren (Fortsetzung)

Im Gegensatz zum Thermodruck wird der Druck auf Selbstdurchschreibepapieren nur zu speziellen Zwecken (z.B. Druck auf Überweisungsträgern) genutzt. Meist ist nicht die komplette Papierfläche, sondern nur „aktive Bereiche" mit einer entsprechenden Schicht belegt.

Wie obige Tabelle zeigt, ist jedoch auch dieses Papier ein „hochgeladenes" Produkt, das zu hohen Anteilen aus papierfremden Stoffen besteht. Es sollte nicht in die Altpapiersammlung gegeben werden. Als Recyclingpapier trägt es zur unkontrollierten Verunreinigung sinnvoller Sekundärprodukte bei.

Elektrosensitive Verfahren (direkt)

Dieser Verfahrenstyp, der mit beschichteten Materialien arbeitet, hat seine Vorteile bei kleinen und kleinsten Formaten, *Elektrolytdrucker* bewirken bei Einschalten eines Stromflusses in einer elektrolytischen Beschichtung eine Farbbildung durch reduzierte Metallionen.

Elektroerosionsdrucker (Metallpapierdrucker) legen durch Verdampfen einer Aluminiumschicht eine Farblackschicht bildmäßig frei. Der Druckkopf besteht aus Stiftelektroden, die die dünne Metallschicht verdampfen und die darunterliegende Farbschicht freilegen. Mit Elektroerosionsdrukkern können Druckvorlagen, Kopiervorlagen und Druckfolien erstellt werden. Vor allem die Notwendigkeit beschichteter Papiere und Folien und die Freisetzung von Beschichtungssubstanzen sind Nachteile der Elektroerosionsdrucker.

Unter allen sogenannten Non-Impact-Verfahren bilden die elektrosensitiven die kleinste Gruppe mit schwindender Bedeutung.

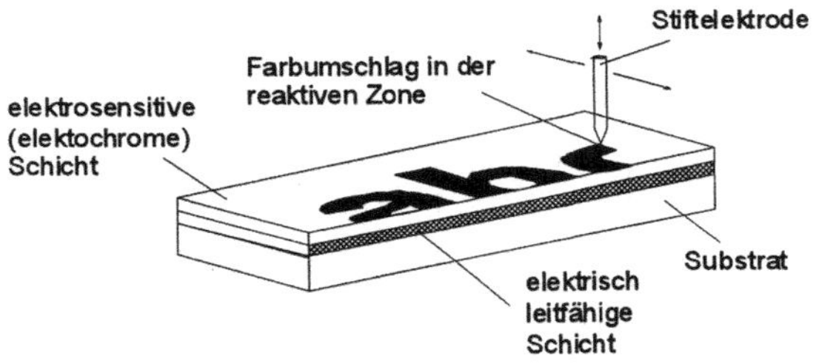

Abbildung 9–17: Elektrosensitive Verfahren

Magnetografiex

Die Magnetografie gehört zu den indirekt arbeitenden Non-Impact-Verfahren. Das Verfahren ist prinzipiell sehr einfach und findet sich in vielen Kopierern wieder.

Eine magnetisierbare Schicht wird über einen Datenspeicher durch winzige Magnetköpfe punktweise magnetisiert. An den magnetisierten Stellen bleiben Tonerteilchen haften, die auf Papier übertragen und durch Wärme fixiert werden.

Die Magnetschicht ist sehr robust, und entsprechend ist dieses Verfahren für hohe Auflagezahlen geeignet. Die Aufzeichnung muss dabei nicht wiederholt werden.

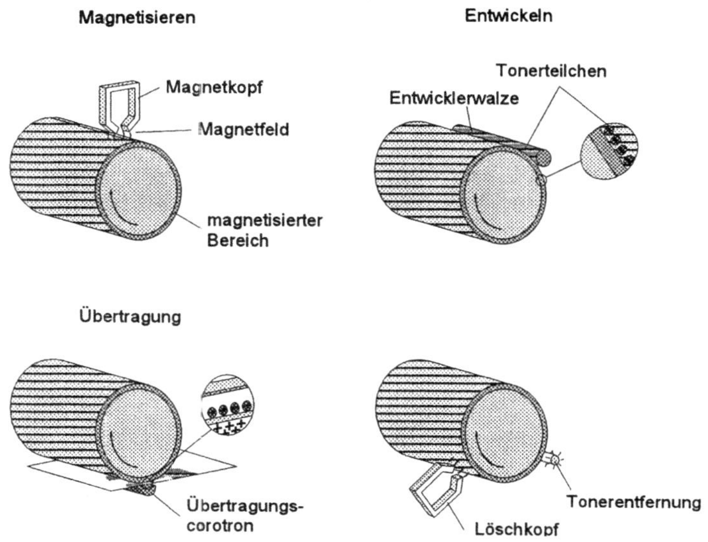

Abbildung 9–18: Magnetografie

Nachteilig ist die begrenzte Auflösung (Integrationsdichte der Aufzeichnungselemente) und die Problematik des Farbdrucks (Farbreinheit und Lasur magnetischer Toner). Farbige magnetische Toner sind wegen der Grundfärbung (braun, schwarz) der magnetischen Bestandteile problematisch. Einkomponententoner für die Magnetografie haben meist folgende Zusammensetzung:

30 - 70 %	magnetisches Eisenoxid (schwarz)
Rest	polymeres Bindermaterial.

Im folgenden sind grundlegende Begriffe erläutert, einige Verbrauchswerte für Toner und andere technische Daten angegeben.

Begriffserläuterungen

Trommeln (Schichtdicken der Fotoleiter zwischen 1 und 100 µm)

Selen-Tellur-Trommel	OPC-Belt-Trommel *(Organic-Photo-Conductor)*
90 % Selen 10 % Tellur	25 % Polycarbonate 0,1 % Styrylstilben (Phenylhydrazinderivat) 75 % Aluminiumbeschichtetes Polyester
Triselenid-Trommel	Cadmiumsulfid-Trommel
60 % Selen 40 % Arsen	Cadmiumsulfid Kupfer (zur Dotierung)

Toner

Flüssigtoner

Flüssigtoner sind Zweikomponententoner, bei denen der Carrier eine Flüssigkeit ist. Sie bestehen aus sehr kleinen Pigmentteilchen (< 1 µm), die in einer leichtflüchtigen dielektrischen Flüssigkeit dispergiert sind und durch selektive Adsorption von Ionen und Polymeren (Ladungskontrollagentien) aufgeladen werden. Mit Flüssigtonern kann eine höhere Bildauflösung als mit Trockentonern erreicht werden. Sie werden bevorzugt in elektrografischen Maschinen und bei der Entwicklung direkt beschichteter Offsetplatten eingesetzt.

Entwickler, Zweikomponententoner

Bei Zweikomponententonern besteht der "Toner" aus der Komponente "Entwickler" und den eigentlichen Pigmenttonern.

Mit dem Entwickler, der im Bereich der Fotografie verwendet wird, hat diese Substanzklasse nichts zu tun. Hier handelt es sich um geladene Teilchen (z.B. Eisenkügelchen), die in großer Menge in den Zweikomponententonern enthalten sind und möglichst vollständig nach Abgabe der Tonerteilchen an die Trommel wieder zurückgeführt werden. Häufig wird diese Komponente auch Carrier genannt.

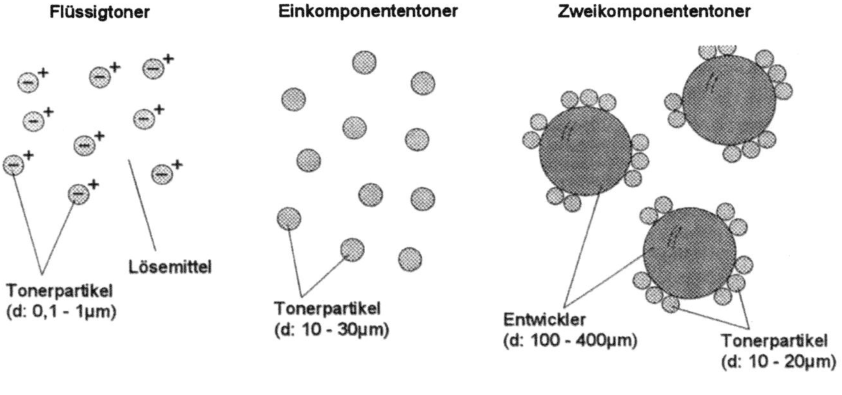

Abbildung 9–19: Aufbau von Flüssig-, Ein- und Zweikomponenetentoner

Mögliche Zusammensetzung (Beispiele) für Zweikomponententoner:

1.	96,5 % Eisenpulver 3,5 % Tonerpartikel	2.	95,5 % Eisenpulver 4,5 % Tonerpartikel
3.	85 % Styrolacrylharz 13 % Carbon-Black 2 % Bleichmittel	4.	90 % Styrolacrylharz 8 % Carbon-Black 2 % Organisches Pigment

Zweikomponententoner dominieren in Hochgeschwindigkeitskopierern (ab 70 Kopien/min), werden aber auch in den meisten kleineren Kopiergeräten eingesetzt.

Einkomponententoner

Einkomponententoner bestehen nur aus Tonerpartikeln, die magnetisch sind (z.B. Eisenoxid). Diese Partikel sind in Harzen dispergiert, die elektrische Ladungen tragen. Pigmente und Additive geben dem Toner seine charakteristischen Eigenschaften. Die Marktanteile von Einkomponententonern steigen seit Jahren an. Eine Ursache ist die starke Verbreitung von Laserprintern.

Beispiele zur Zusammensetzung von Einkomponententonern [386]:

1.	Rot 85 % Styrolacrylharz 10 % Styrolacrylpolymer 5 % Pigment (rot)	2.	Braun 93 % Styrolacrylharz 3 % Organisches Pigment 1 3 % Organisches Pigment 2 1 % Carbon-Black
3.	Schwarz 50 % Eisenoxid (Eisen(II)/(III)-oxid) 50 % Styrolacrylharz		

Kopien pro Min.	Trommeltyp	Tonerart	Lebensdauer der Trommel [Kopien]	Tonerverbr bei 6 %. Schwärzung	Gebrauchs-dauer des Entwicklers [Kopien]
8	OPC-Belt	trocken Einkomponenten	35.000	50 mg	entfällt
15	OPC-Belt	trocken Einkomponenten	35.000	50 mg	entfällt
12	Selen-Tellur	trocken 2 Komponenten	60.000	40 mg	60.000
12	Selen-Tellur	trocken 2 Komponenten	40.000	35 mg	20.000
22	Selen-Tellur	trocken 2 Komponenten	40.000	35 mg	40.000
30	Triselenid (Arsen)	Elektrostat., trocken, 2 Komponenten	80.000	50 mg	80.000
40	Triselenid (Arsen)	Elektrostat., trocken, 2 Komponenten	80.000	50 mg	80.000
50	Triselenid (Arsen)	Elektrostat., trocken, 2 Komponenten	80.000	50 mg	80.000

Tabelle 9–3: ***Verbrauchszahlen für Toner, Trommeln und Entwickler, berechnet an einigen typischen Kopiergeräten aus verschiedenen Marktsegmenten.***

Analoges Cycolor-Verfahren (indirekt)

In einem Farbfilm befinden sich Farb-Mikrokapseln, die in einer Umhüllung je eine der drei Grundfarben enthalten. Das vom Original reflektierte Licht wird auf den Film geleitet und aktiviert dort die mit Komplementärfarbe gefüllten Mikrokapseln. So härten bei rotem Licht die cyanhaltigen Kapseln, bei grünem die magentahaltigen und bei blauem Licht die gelben Kapseln. Dieses latente Bild aus weichen und harten Kapseln auf dem Film wird auf Spezialpapier übertragen. Die weichen Kapseln platzen dort unter Druck auf und geben ihre Farbe ab. Die Fixierung erfolgt über Wärme. Die Geräte sind preiswert, die Betriebskosten hoch.

9.3 Chemikalien im Sofortdruck

Im Bereich des Sofortdruckes liegen Untersuchungsergebnisse für folgende umweltrelevante Chemikalien bzw. Stoffklassen vor:

- Staub
- Ozon
- Nitropyren
- Trinitrofluorenon
- Tetramethylsuccinonitril
- Arsen
- Selen
- Cadmium
- Silikonöl.

Daneben werden Hilfsmittel genutzt, auf die ebenfalls näher eingegangen wird, z.B.:

- Transportbandreiniger
- Trommelinstallationspuder.

Staub

Staubemissionen im Sofortdruck werden durch Papierabrieb und Toner verursacht.

Folgende Staubkonzentrationen wurden gemessen:

< 0,02 mg/m³	[384]
0,05 - 0,5 mg/m³	[390]
0,05 - 0,5 mg/m³	[376]

Diese Werte liegen unterhalb des derzeit gültigen Staubgrenzwertes (als Feinstaubkonzentration) von 6 mg/m³.

Ozon

Ozon entsteht aus O_2-Molekülen unter Einwirkung von UV-Strahlen, Röntgenstrahlen, bei elektrischen Entladungen und bei sehr hohen Temperaturen (Bogenlampen).

Messungen im Bereich von Kopiergeräten haben sechzig Minuten nach Inbetriebnahme Ozonkonzentrationen von 0,15 bis 0,17 mg/m³ ergeben [380]. Andere Messungen ergeben Konzentrationswerte zwischen 0,004 und 0,3 mg/ m³; dies entspricht 1 bis 54 µg Ozon/Kopie [395].

Ozon ist in die Kategorie 3 der krebserzeugenden Stoffe in der MAK-Werte-Liste eingestuft. Um den "Blauen Engel" des Umweltbundesamtes zu bekommen, dürfen Kopiergeräte maximal 0,025 ppm Ozon emittieren.

Mit Ozonfiltern können die Emissionen minimiert werden. Aktivkohlefilter (9 - 14 mm Stärke) reduzieren 89 - 98 % des Ozons. Polyester und Polyurethane, die mit Aktivkohle präpariert sind (8 - 12 mm Stärke) reduzieren 5 - 72 % des Ozons [376]. Die Effektivität eines Ozonfilters ist natürlich von seiner Verschmutzung abhängig, weshalb dieser regelmäßig gewechselt werden muss. Es werden inzwischen Filter zum Nachrüsten alter Geräte angeboten (Aktivkohlepapier-Filter, z.B. Ozonex).

Im Gegensatz zu Kopiergeräten - die meist auf Fluren oder in speziellen Räumen untergebracht sind - müssen Laserdrucker, die ja nach dem gleichen Prinzip (vgl. Elektrofotografie) arbeiten, als

Arbeitsplatzgeräte betrachtet werden. Deshalb sind nicht nur Raumluftmessungen interessant, sondern auch spezielle Meßergebnisse am Abluftstutzen des Laserdruckers. Vertrauliche Meßergebnisse, die uns vorliegen, geben ein sehr inhomogenes Bild.

Die Qualität der Filter und ihre regelmäßige Erneuerung dürften ausschlaggebend sein. Geräte ohne Ozonfilter sollten grundsätzlich nicht mehr in den Handel kommen, auch wenn Meßwerte in der Raumluft unterhalb von 0,1 ppm für Ozon nachgewiesen werden können. Ein Laserdrucker ist in Bezug auf seine Ozonbelastung durch Messungen direkt hinter dem Ozonfilter zu beurteilen. Eine weitere mögliche Lösung, das Ozonproblem zu minimieren, besteht darin, die Geräte so zu modifizieren, dass die Ionisierungsspannung zwischen Ladecorotron und Fotohalbleiter erheblich reduziert werden kann. Heute werden die Trommeln noch mit bis zu 10.000 Volt aufgeladen.

Nitropyren

Nitropyren befindet sich im Carbon-Black des Toners. Nachdem 1980 über die Mutagenität von Tonern berichtet wurde [392], begann zunächst eine langwierige Diskussion um die Gefährlichkeit der Toner, die schlicht darin endete, dass durch Modifikation der Herstellungstechnik die Nitropyrenkonzentration erheblich gesenkt werden kann:

Altes Carbon-Black	83,1 ppm Nitropyren
Neues Carbon-Black	0,68 ppm Nitropyren

Die Mutagenität für altes Carbon-Black belegt der Ames-Test mit Salmonellen (TA 98 und TA 98/1, 8DNP6). Eine anormale DNA-Synthese in Leberzellen wird beobachtet. Es wird angenommen, dass die Mutagenität durch Hydroxylamine (Reduktionsprodukte der Nitropyrene) verursacht wird [383].

Keine Mutagenität wird bei neuem Carbon-Black mit Ames-Test an Salmonellen (TA 100, TA 1535, TA 98 und TA 1537) festgestellt [393]. Die anormalen DNA-Synthesen in Leberzellen treten jedoch auch bei diesem Carbon-Black auf [382].

Trinitrofluorenon (2,4,7-Trinitrofluoren-9-on)

Trinitrofluorenon (TNF) ist eine fotosensitive Substanz, die z.B. gemeinsam mit Polyvinylcarbazol (im Verhältnis 1:1) in einer meist 10 µm starken Schicht auf die Trommel gebracht wird. Der Maximalanteil pro Trommel an TNF beträgt 50 g [401].

Konzentrationsmessungen in der Luft ergaben 0,55 - 8,2 $\mu g/m^3$ (durchschnittlich 2,05 $\mu g/m^3$) TNF [388].

Wegen der Bedenklichkeit des Stoffes wird er heute meist durch Chlorodian-Blau ersetzt.

Tetramethylsuccinonitril

Tetramethylsuccinonitril entsteht z.B. bei Hitzeeinwirkung auf Bernsteinharz (Succinatharz). Dieser Stoff ist als Bindemittel im Toner vorhanden.

Luftmessungen ergaben 0,14 - 10,6 µg/ m³, der entsprechende OSHA-Standard liegt bei 3 mg/m³. Die höchste Konzentration wurde dabei am Lüfter gemessen. In der Emissionsquelle - dem Toner selbst - sind etwa 3,6 mg/g Tetramethylsuccinonitril bestimmt worden [388].

Arsen, Selen, Cadmium

Arsenselenid und Cadmiumsulfid sind Bestandteile der lichtempfindlichen Schichten auf der Trommel. Folgende Meßwerte wurden ermittelt:

Arsen (Laserdrucker) [386]
- 0,02 ppm im Druckpapier
- 2 ppm im Toner
- 0,01 bis 0,6 µg/ m³ in der Umluft [376]

Selen [376]
- 0,01 bis 0,6 µg/ m³, MAK: 0,1 mg/ m³ (einatembarer Aerosolanteil)

Cadmium [376]
- 0,2 µg/ m³, MAK-Werte-Liste: krebserzeugender Stoff der Kategorie 2

Die gefundenen Konzentrationen dürften sich im Bereich der "normalen" Werte für diese Schwermetalle in der Luft bewegen.

Silikonöl (Polydimethylsiloxan)

Silikonöl wird in Tonern als hitzebeständige, oberflächenaktive Substanz eingesetzt. 500 ml Silikonöl reichen für etwa 50.000 Kopien (Marktsegmente PC bis 5) [396].

Transportbandreiniger

Je nach Hersteller werden unterschiedliche Lösemittelgemische verwendet.

Beispiel:

Tetrachlordifluorethan	48 %
Trichlortrifluorethan	48 %
Diethylenglycolmonoethylether	4 %.

Die im allgemeinen verwendete Reinigermenge ist gering. Eine Umweltbelastung beschränkt sich bei gelüfteten Räumen auf das Wartungspersonal (Hautreizung).

Trommelinstallationspuder

Dieses Puder besteht zu 100 % aus einem Polymer, z.B. aus Polyvinyliden.

Weitere Emissionen

Die Fixierung des Toners auf dem Papier erfolgt meist über Wärmeeinwirkung. So werden bei der Fixierung über Hitzerollen 150 - 200 °C erreicht. Es kann davon ausgegangen werden, dass Teile des Harzes abdampfen und als Monomere z.B. mit Ozon reagieren. Mögliche Umsetzungsprodukte sind Peroxide, Epoxide, Aldehyde, Ketone, Phenole etc. Genauere Untersuchungen hierüber wurden nicht veröffentlicht.

9.4 Toxikologie im Sofortdruck

Auf einige toxikologische Aspekte relevanter Chemikalien im Sofortdruck wurde bereits in Kap. 9.3 Chemikalien im Sofortdruck eingegangen.

Beim Betrieb moderner Sofortdruckgeräte sind im wesentlichen folgende Punkte zu beachten:

1. Der Standort des Gerätes sollte so gewählt werden, dass eine gute Belüftung gesichert ist.

2. Schreibtisch und Büroraum im engeren Sinne sind keine Standorte für übliche Kopiergeräte.

3. Bei Neuanschaffungen sollten Geräte mit Aktivkohlefiltern gewählt werden (gilt für Geräte, die nach dem elektrofotografischen Prinzip arbeiten).

4. Für die Erneuerung des Toners (Wiederverwendung von Kartuschen) oder die Wiederaufarbeitung der Trommelbeschichtung bieten verschiedene Firmen für Kopiergeräte und Laserdrucker einen entsprechenden Service an, der genutzt werden sollte, da hiermit Geld und Rohstoffe eingespart werden.

5. Laserdrucker sind Arbeitsplatzdrucker, d.h. sie stehen im unmittelbaren Arbeitsbereich. Die zu erwartenden Emissionen hängen von der Trommelbeschichtung, dem Tonermaterial und dem Fixierverfahren ab. Die weitaus meisten Laserdrucker arbeiten nach dem elektrofotografischen Verfahren mit Wärmefixierung. Hierbei entsteht krebserzeugendes Ozon, wodurch das Nachschalten guter Ozonfilter notwendig wird.

Die Marktbedeutung des Bereiches "Sofortdruck" wird weiter rapide zunehmen.

Der Zeitschriften- und Zeitungskiosk, der nicht mehr jeden Morgen mit Stapeln beschriebenen Papiers beliefert wird, sondern in dem ein Drucker steht, der jedem Leser seinen Zeitungswunsch innerhalb einer Minute - sozusagen druckfrisch - erfüllt, hat kaum noch Visionäres. Die Datenleitung zum Zentralcomputer der Redaktion ersetzt aufwendige Logistik und kosten- und zeitintensive Vertriebssysteme, wird Tausende von Arbeitsplätzen wegrationalisieren und Druckmaschinenhersteller zu Firmen für Spezialanwendungen schrumpfen lassen.

Aber warum sollten wir zum Kiosk laufen, wo doch jeder seinen Drucker zu Hause hat und die Zeitung aus der Steckdose kommt? Wenden wir uns lieber dem Stoff zu, der die Bits sichtbar werden läßt .... .

10 Druckfarben

Viele Angaben und Ausführungen dieses Kapitels sind Resultat vieler Diskussionen und einer guten Kooperation mit dem Verband der Druckfarbenindustrie. Wir möchten uns an dieser Stelle für die konstruktive und faire Zusammenarbeit bedanken.

10.1 Allgemeines

Druckfarben bestehen aus vier Hauptbestandteilen, den Farbmitteln, den Bindemitteln, den Lösemitteln und den Hilfsmitteln.

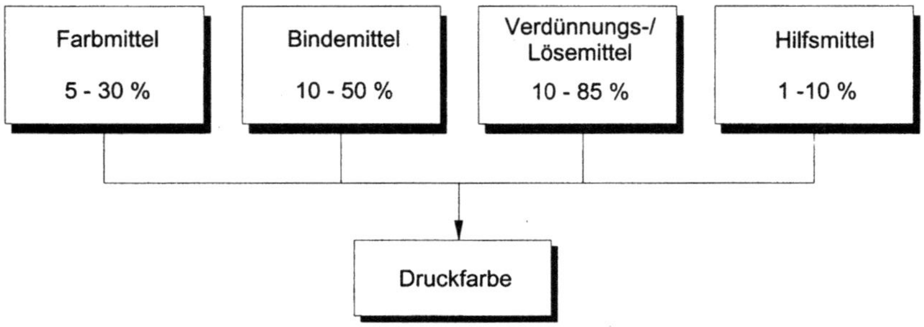

Abbildung 10–1: Komponenten der Druckfarben

Zu den **Farbmitteln** gehören Pigmente und Farbstoffe, auch Ruße und Füllstoffe werden mit zu dieser Gruppe gerechnet.

Farbstoffe sind im betreffenden Anwendungsmedium löslich, **Pigmente** hingegen praktisch nicht. In Abbildung 10–2 wird eine systematische Übersicht über die Farbmittel gegeben. Zu jeder Gruppe werden typische Vertreter genannt, nicht alle angegebenen Farbmittel werden in der Druckindustrie eingesetzt.

In diesem Kapitel werden einige Begriffe verwendet, die einer Definition bedürfen:

Lichtechtheit: Die Lichtechtheit wird nach der Wollskala (DIN 16 535) angegeben: bestes Ergebnis ist 8, schlechtestes 1. Diese Lichtbeständigkeit wird von der chemischen Struktur und dem Anwendungsmedium beeinflußt. Ein Vergleich von Herstellerangaben ist meist irreführend, da sich die Angaben auf unterschiedlich hergestellte Proben beziehen.

Lösemittelechtheit: Die Lösemittelechtheit wird nach DIN 16 524 bestimmt. Hierbei wird ein Filtrat hergestellt, dessen Färbung den Grad der Echtheit widerspiegelt.

Migrationsechtheit nach DIN 53415 - neu: Unter Migrationsechtheit von Drucken versteht man die Wanderungsstabilität der jeweils verwendeten Farbmittel (Pigmente, Farbstoffe) gegen aufnehmende Werkstoffe, die sich im Kontakt mit dem Druck befinden.

Schönung: Hierbei handelt es sich um eine visuelle Farbvertiefung von Schwarzpigmenten durch Zugabe von z.B. blauen oder violetten Farbmitteln.

Aufstärkung: Die Aufstärkung ist das Schönen von bunten Skalenfarben durch Zugabe von brillanten Farbstoffen oder entsprechenden Farbpigmenten, insbesondere im Illustrationstiefdruck.

Fixiermittel: Fixiermittel sind Kondensationsprodukte auf Basis verschiedener Phenolderivate mit hoher Säurezahl bzw. das Naturprodukt Tannin, durch deren Zugabe aus löslichen Farbstoffen weitgehend unlösliche Verbindungen entstehen.

Art	Menge 1988 [461]	Menge 1995 [647]	Menge 1997 [647]
Druckfarbenproduktion	210.017 t		
Druckfarbenausfuhr	52.632 t		
Druckfarbeneinfuhr	9.703 t		
Offsetdruckfarben	64.000 t	97.800 t	116.800 t
Offset-UV	-	800 t	900 t
Hochdruckfarben	11.000 t	2.500 t	900 t
Tiefdruckfarben			
- Illustrationstiefdruck	90.000 t	119.100 t	127.000 t
- Spezialtiefdruck			
lösemittelbasiert	} Σ = 41.000 t	25.900 t	28.000 t
wasserbasiert		14.900 t	19.000 t
- Flexodruck			
lösemittelbasiert		13.200 t	13.900 t
wasserbasiert		8.000 t	9.300 t
Siebdruckfarben	4.000 t	6.100 t	6.300 t
Sonstige	-	1.700 t	2.300
Druckfarbenverbrauch	167.088 t	290.000 t	324.400 t

Tabelle 10–1: ***Eckdaten zu Druckfarben in Deutschland (geschätzt)***

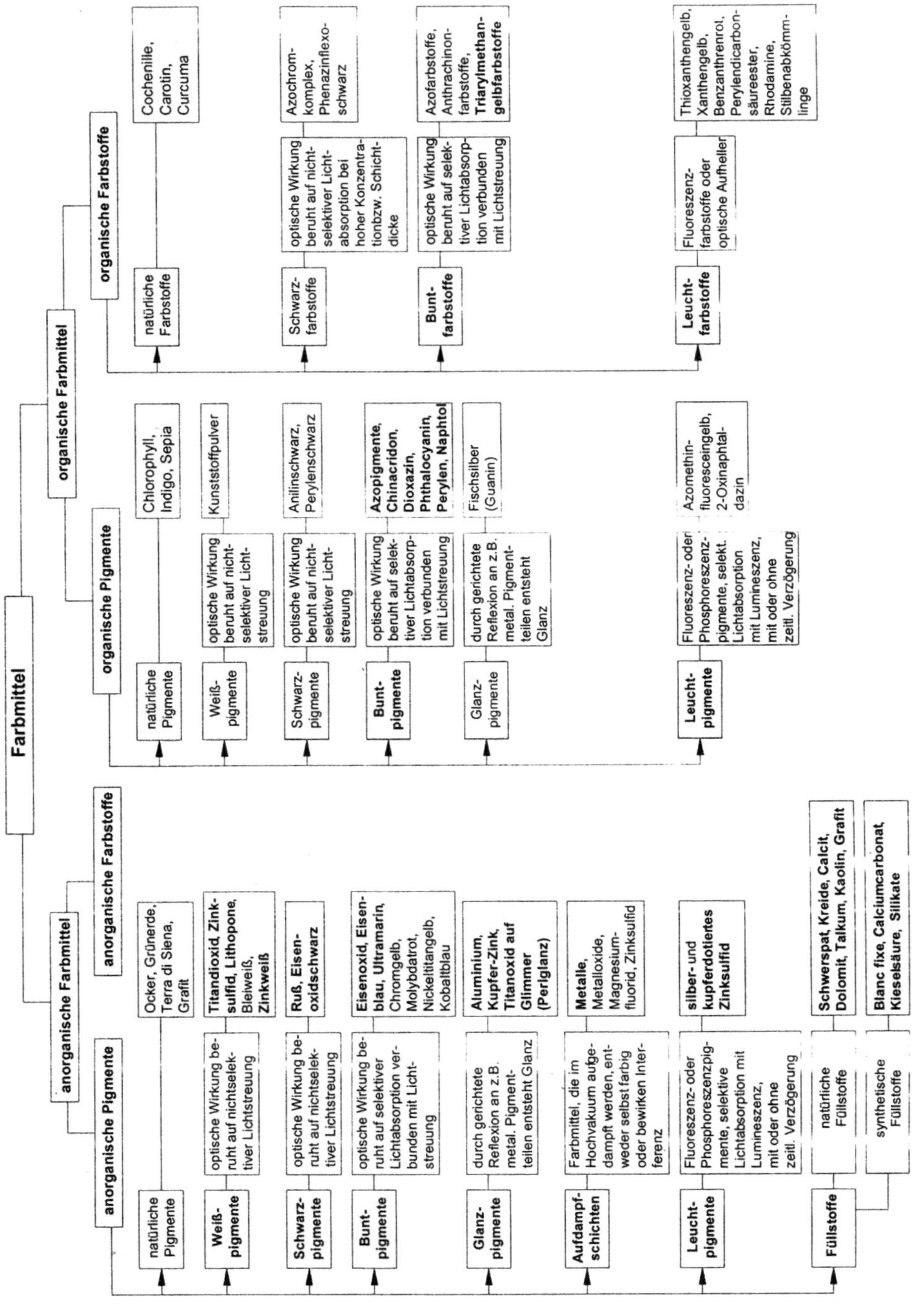

Abbildung 10–2: ***Farbmittelsystematik [99]***
(Die in der Druckfarbenindustrie verwendeten Farbmittel sind fett gedruckt)

Druckfarbenschichtdicke und Druckfarbenmenge (Naßgewicht) [273, 391, 647]		
Hochdruck (Buchdruck)	1 - 2 µm	0,7 - 1,3 g/m²
Offsetdruck	1 - 2 µm	0,7 - 1,3 g/m²
Tiefdruck	2 - 8 µm	2 - 7 g/m²
Siebdruck	20 - 30 µm	bis zu 20 g/m²

Tabelle 10–2: Druckfarbenschichtdicke und -menge

Druckfarbenverbrauch in g/m² voll gedeckter Fläche [507]		
	Zeitungs-Hochdruck	*Zeitungs-Rollenoffsetdruck*
Schwarz und Gelb	1,8 - 2,2 g/m²	1,0 - 1,4 g/m²
Magenta und Cyan	1,6 - 1,8 g/m²	0,7 - 1,0 g/m²
Schmuckfarben	1,8 - 2,0 g/m²	1,1 - 1,3 g/m²

Tabelle 10–3: Druckfarbenverbrauch in g pro m² bedruckter Fläche

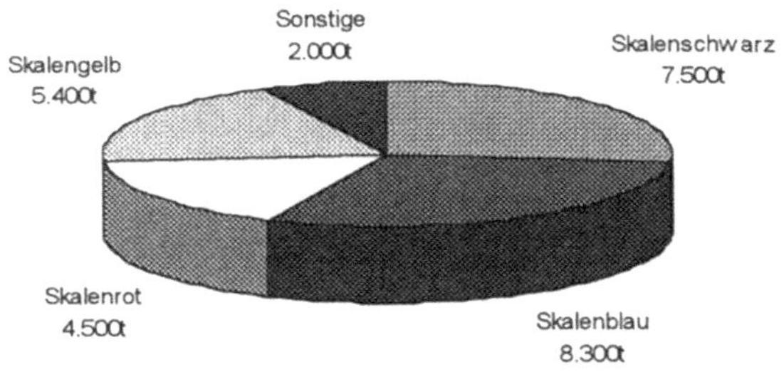

Abbildung 10–3: Farbmitteleinsatz für Offset- und Illustrations-Tiefdruck in der deutschen Druckfarbenindustrie 1995 ([647] geschätzt)

Bedruckte Flächen (Satzspiegel) [391]

Tageszeitungen	79	85%
Fachbücher (nur Text)	50 - 57%	

Gedruckte Flächendichte (gedeckter Flächenanteil) [391], [471]

Beispiele von Druckmotiven	**Flächendeckungsgrad in % (% der Vollfläche)**
Offene Linienform mit wenig Schrift	3 - 5
Normalkopien	6
Leichte, stark durchgeschossene Schrift, offene, zarte Strichzeichnungen	5 - 10
Normale Schrift in Büchern und Zeitschriften	10 - 15
Kräftige kompresse Schrift; Kräftige Strichzeichnungen	15 - 20
Gemischte, z.T. fette Schriften mit eingestreuten Bildern	20 - 25
3/4 Schrift mit 1/4 Rasterbildern	25 - 30
1/2 Schrift mit 1/2 Rasterbildern	30 - 35
1/4 Schrift mit 3/4 Rasterbildern oder reine Rasterbilder, leichte Sujets	35 - 40
Reine Rasterbilder, mittlere Sujets	40 - 50
Reine Rasterbilder, schwere Sujets	50 - 60
Schwere Rasterbilder mit Tonflächen	70 - 80
Volltonfläche	100

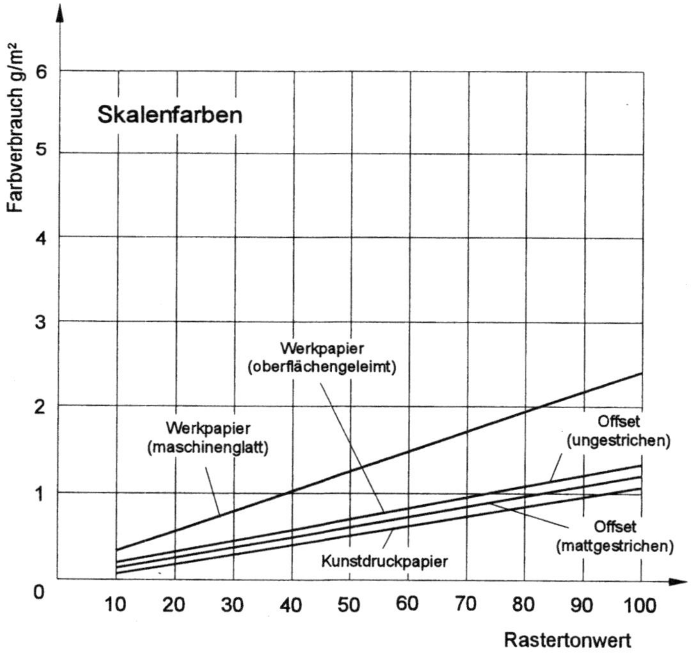

Abbildung 10–4: ***Farbverbrauchswerte im Offset- und Buchdruck je m² gedeckte Fläche (Skalenfarben im Rasterdruck) [471]***

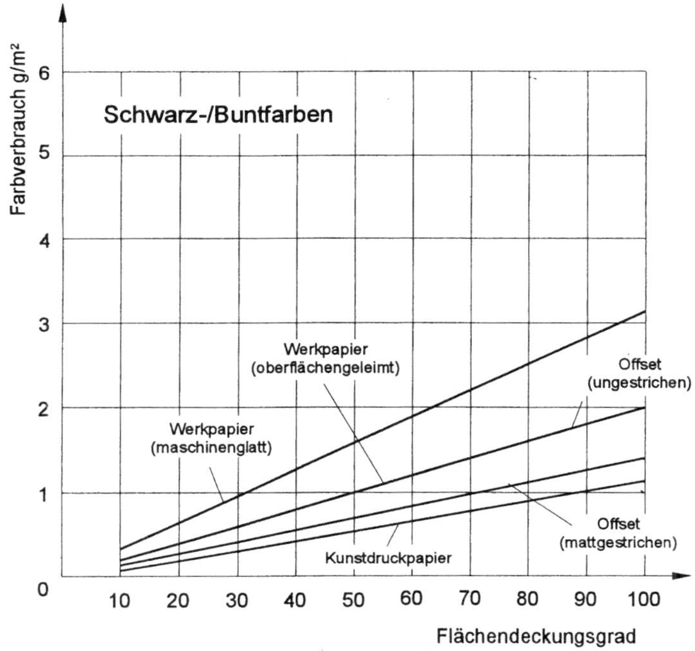

Abbildung 10–5: ***Farbverbrauchswerte im Offset- und Buchdruck je m² gedeckte Fläche (Schwarz-Buntfarben im Vollflächendruck) [471]***

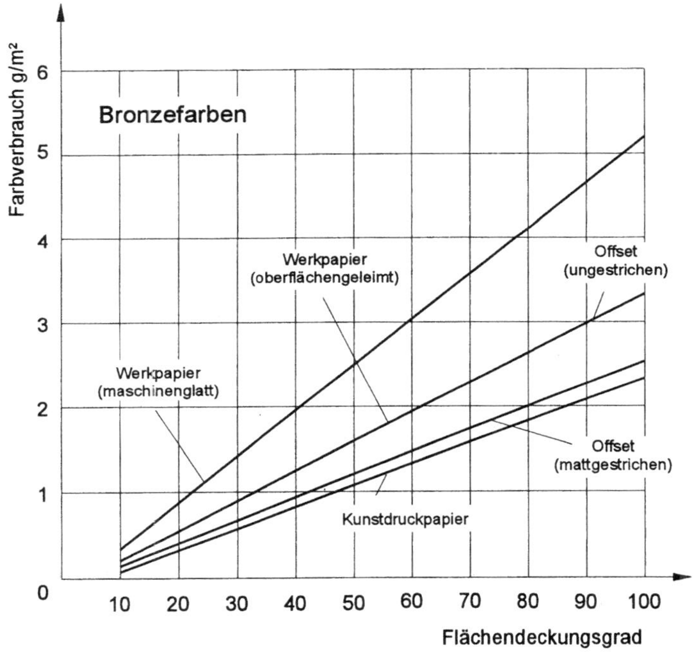

Abbildung 10–6: ***Farbverbrauchswerte im Offset- und Buchdruck je m² gedeckte Fläche (Bronzefarben im Vollflächendruck) [471]***

Wieviel Druckfarbe braucht man für ein Druckprodukt?

Ein Beispiel aus dem Offsetdruck [491]:

Prospekt, 16 Seiten, vierfarbig DIN A4, Druckbogen 62 x 88 cm. Auflage 20.000 Bogen auf Offsetpapier mattgestrichen; gedruckt im Schön- und Widerdruck. Druckfläche: 50% Vierfarb-Rasterbilder, 20% Schrift (schwarz).

a) Bedruckte Fläche (F)

Die bedruckte Fläche kann anhand der vorhandenen Vorlagen nicht ausgemessen werden. Deshalb muss geschätzt werden, in welchem Verhältnis die Druckfläche je Farbe zur Papierfläche steht. Bei den o.g. Werten ergeben sich folgende Druckflächen:

Papierfläche	0,62 m x 0,88 m = 0,54 m²
Vierfarb-Rasterbilder	0,54 m² x 50% = 0,27 m²
Schrift (schwarz)	0,54 m² x 20% = 0,11 m²

b) Gedeckter Flächenanteil (D)

• normale Schrift in Büchern und Zeitschriften		15%
• Vierfarb-Rasterbilder (geschätzt)	Schwarz	20%
•	Gelb	70%
•	Rot	50%
•	Blau	50%

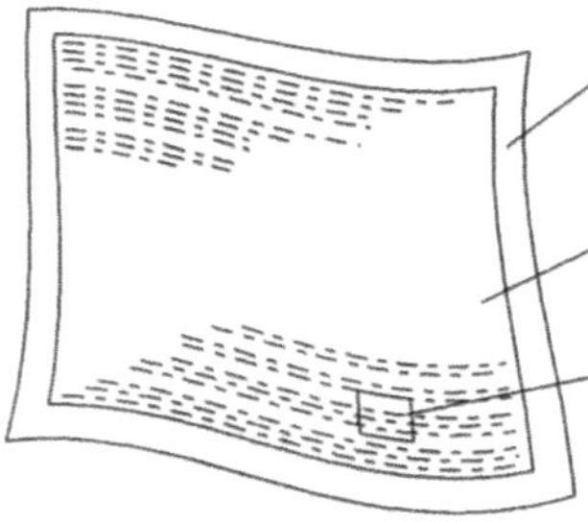

Abbildung 10–7: Bedruckte Fläche (Satzspiegel) und Flächendeckungsgrad

c) Farbverbrauchswert (W)

Der Farbverbrauchswert wird in Abbildung 10–4 abgelesen:
Skalenfarben Blau, Gelb, Rot, Schwarz: ø 1,3 g/ m² (100%)

d) Druckanzahl (A)

Nettodruckbogen		20.000 Bogen
+ Fortdruckzuschuß (Vierfarbenmaschine 4/4)	1,4%	280 Bogen
+ Zuschuß für Heften und Falzen	1,5%	300 Bogen
		= 20.580 Bogen
x 2 Druckgänge		x 2
Druckanzahl		= 41.160 Drucke

Die erforderliche Farbmenge wird für jede Farbe einzeln ermittelt:

Farbe	**F**	**x**	**D**	**x**	**W**	**x**	**A**	**=**	**Farbverbrauch**
Schwarz									
Schrift	0,11 m^2	x	15%	x	1,3 g/m^2	x	41.160	}	3.772 g
Bilder	0,27 m^2	x	20%	x	1,3 g/m^2	x	41.160	}	
Gelb	0,27 m^2	x	70%	x	1,3 g/m^2	x	41.160	=	10.113 g
Rot	0,27 m^2	x	50%	x	1,3 g/m^2	x	41.160	=	7.224 g
Blau	0,27 m^2	x	50%	x	1,3 g/m^2	x	41.160	=	7.224 g

Zusätzlich zu berücksichtigen sind der Farbverbrauch während des Einrichtens, das Einlaufenlassen der Farbe und der Waschverlust (150 - 500 g je Farbe).

10.2 Anorganische Pigmente

Das Europäische Technische Komitee „Druckfarben" der CEPE (Europäische Vereinigung der Verbände der Lack-, Druckfarben- und Künstlerfarbenfabrikanten) hat für den Einsatz von Rohstoffen zur Formulierung von Druckfarben eine Ausschlussliste erarbeitet. Sie ist europaweit gültig. Der Verband der Druckfarbenhersteller in Deutschland übernimmt die Regelungen und verpflichtet sich gleichzeitig zu deren Einhaltung (siehe auch Kap. 10.10 Toxikologie).

Danach wird beim Einsatz von anorganischen Pigmenten in Deutschland auf Verbindungen verzichtet,

- die krebserzeugende, erbgutverändernde und fortpflanzungsgefährdende Stoffe darstellen, die gemäß der Gefahrstoffrichtlinie 67/548/EWG als giftig (T) mit den Risikosätzen R45, R46, R49, R60, R61 eingestuft und gekennzeichnet werden,
- die gemäß der Gefahrstoffrichtlinie 67/548/EWG als sehr giftig (T+) oder giftig (T) mit den Risikosätzen R23, R24, R25, R26, R27, R28, R39, R48 eingestuft und gekennzeichnet werden und
- die auf Schwermetallen wie Antimon, Arsen, Cadmium, Chrom(VI), Blei, Quecksilber, Selen basieren.

Ausnahmen bestehen für Antimon bei nicht-bioverfügbarem Antimontitanat in Titandioxid-Pigmenten und bei weder als sehr giftig (T+) noch giftig (T) eingestuften oder gekennzeichneten organischen Derivaten und für Blei und Chrom(VI) in Bleipigmenten für einige Siebdruck- und Dekorfarben, die eine bestimmte Beständigkeit aufweisen müssen. Eingesetzte Schwermetalle sind Eisen, Mangan, Cobalt, Kupfer und Zink.

Eine Übersicht über die eingesetzten anorganischen Pigmente in der Druckfarbenindustrie gibt Tabelle 10–4. Die Pigmente sind nach ihrer mengenmäßigen Bedeutung geordnet und nach ihrer Pigmentklasse und Verwendung im Druckverfahren charakterisiert. Die Tabelle enthält der Vollständigkeit wegen auch Pigmente, die nach der Ausschlussliste vermieden und nur in Ausnahmefällen eingesetzt werden sollen.

Pigmentname	C.I.-Nr.	CAS-Nr.	Pigmentklasse	Druckverfahren*	Bedeutung
Weißpigmente					
P.White 6	77891	13463-67-7 1317-70-0	Titandioxid	S, U, STF	groß
P.White 7	77975	1314-98-3	Zinksulfid	STF	mittel
P.White 21	77120	7727-43-7	Bariumsulfat	S	mittel
P.White 27	77711		Siliciumdioxid	S, U	mittel
P.White 4	77947	1314-13-2	Zinkoxid	STF	gering
P.White 18	77220	471-34-1	Calciumcarbonat	O, STF	gering
P.White 19	77004		Bentonit	S	gering
P.White 20	77019	12001-26-2	Titan-/Aluminiumoxid/ Siliciumdioxid		gering
P.White 24	77002		Aluminiumhydroxid	O	gering
P.White 26	77718	14807-96-6	Magnesiumoxid/ Siliciumdioxid	STF	gering
P.White 28	77964		Calciumsilikat	O	sehr gering
P.White 18:1			Magnesiumcarbonat		sehr gering
Gelbpigmente					

* IT = Illustrationstiefdruck
STF = Spezialtiefdruck und Flexodruck (Verpackungsdruck)
O = Offsetdruck incl. Bogenoffsetdruck und Rollenoffsetdruck (Coldset + Heatset); auch die nur noch sporadisch verwendeten Buchdruck- und Lettersetfarben fallen hierunter
S = Siebdruck
U = UV-trocknende Systeme incl. Elektronenstrahldruckfarben
DL = Dispersionslacke auf wässriger Basis
Die mengenmäßige Bedeutung aller Farbmittel wird in vier Kategorien (groß, mittel, gering, sher gering) bewertet. Genauere Angaben, z.B. t/Jahr oder detailliertere Tonnagebereiche wären wünschenswert. Die beteiligte Industrie konnte entsprechende Angaben jedoch nicht ermitteln.

Pigmentname		C.I.-Nr.	CAS-Nr.	Pigmentklasse	Druckverfahren*	Bedeutung
P. Yellow	42	77492	1309-33-7	Eisenoxidgelb	STF	gering
P. Yellow	34	77600	1344-37-2	Chromgelb	S	sehr gering
Rotpigmente						
P. Red	101	77491	1309-37-1	Eisenoxidrot	STF	gering
P. Red	104	77605	12656-85-8	Molybdatorange	S	gering
Blaupigmente						
P. Blue	27	77510	14038-43-8	Eisenblau	IT	groß
P. Blue	28	77346			S	gering
P. Blue	36	77343			S	gering
Grünpigmente						
P. Green	50	77377			S	gering
Braunpigmente						
P. Brown	6	77491		Eisenoxidbraun	STF	gering
P. Brown	23		57972-00-6			gering
P. Brown	24	77310				gering
P. Brown	25	12510				gering
P. Brown	29	77500				gering
P. Brown	31	77496				gering
P. Brown	164	77899				gering
Schwarzpigmente						
P. Black	7	77266	1333-86-4	Kohlenstoff	IT, STF, O, S, U	groß
P. Black	11	77499	1317-61-9	Eisenoxidschwarz	ST, S, U	gering
P. Black	1	50440	13007-86-8			gering
Metallpigmente						
Metallpigment	1	77000		Aluminium	STF, O, S, U	mittel
Metallpigment	2	77400		Kupfer-Zink	STF, O, S, U	mittel
Metallpigment	6	77945		Zink		sehr gering

Tabelle 10–4: ***Anorganische Pigmente in der Druckindustrie***

10.2.1 Weißpigmente

Titandioxid (P.W.6) ist das gebräuchlichste Weißpigment. Es verfügt über das höchste Deckvermögen. In der Rutil- (98% der eingesetzten Titandioxidform) und Anatasform wird es in vielen Druckfarbenarten, insbesondere im Flexo-, Tief- und Siebdruck alleine oder als Beimischung zu Buntpigmenten verwendet.

Zinkoxid (P.W.4) (ZnO, 99-99,7%) hat mittleres Deckvermögen, besitzt fungizide Wirkung und verbessert die Fließeigenschaften.

Zinksulfid (P.W.7) (ZnS, 98%) hat gegenüber Lithopone (Mischung aus Zinksulfid und Bariumsulfid) ein höheres Deckvermögen. Der niedrigere Bindemittelbedarf macht es als Durckfarbenpigment interessant.

10.2.2 Gelbpigmente

Eisenoxidgelb (P.Y.42) ist ein Eisen(III)-oxid-Pigment mit gutem Deckvermögen. Wegen der geringen Farbstärke und der hohen Kornhärte kann dieses Pigment z.B. im Verpackungsdruck nur bedingt eingesetzt werden. Sie werden besonders dort eingesetzt, wo geringe Toxizität verlangt wird.

Chromgelb (P.Y.34) ist ein gut deckendes und aus toxikologischen Gründen (Bleigehalt) nur in Ausnahmefällen eingesetztes Pigment.

Cadmiumgelb (P.Y.37) - Pigmente sind sehr temperaturbeständig (über 500°C). Der Farbton kann über Orange und Rot bis Purpur gesteigert werden. Diese Pigmente werden heute in der Bundesrepublik in Druckfarben aus toxikologischen Gründen nicht eingesetzt.

10.2.3 Rotpigmente

Eisenoxidrot (P.R.101) Pigmente sind licht- und hitzebeständig, gut deckend und chemikalienbeständig. Mit feinteiligen Qualitäten sind transparente Drucke möglich. Sie werden besonders dort eingesetzt, wo geringe Toxizität verlangt wird.

Molybdatrot (P.R.104) ist gut deckend. Aus toxikologischen Gründen (bleichromathaltig) wird P.R.104 nur in Ausnahmefällen eingesetzt.

10.2.4 Blaupigmente

Eisenblau (Miloriblau, Eisencyanblau) (P.B.27) - Pigmente sind komplexe Cyanide mit einem Kristallgitter aus Eisencyanid, in das metallische Kationen wie K^+, NH_4^+ oder Na^+ eingebaut sind. Die Temperaturbeständigkeit ist beschränkt, da ab 150°C Kristallwasser entfernt wird. Das Pigment ist nicht alkaliecht. Die Schweizer Giftliste berücksichtigt **P.B.27** in Giftklasse 4 (siehe hierzu Informationen zum Datenteil, Anhang V).

Folgende Haupteinsatzgebiete für P.B.27 sind bekannt [460]:

• Druckfarben	65%
• Anfärben von Fungiziden	15%
• Lackindustrie und Kohlepapiere	15%
• Herstellung anderer Buntpigmente und Papierindustrie	5%

Formel: $Fe_4^{III}[Fe^{II}(CN)_6]_3$

10.2.5 Braun- und Schwarzpigmente

Eisenoxidbraun (P.Br.6) besteht zu maximal 10 % aus Eisen(II)/Eisen(III)-oxid. Je nach Korngröße und Herstellungsweise etc. variiert der Braunton. Sie werden besonders dort eingesetzt, wo geringe Toxizität verlangt wird.

Eisenoxidschwarz (P.Bk.11) besteht zu maximal 22 % aus Eisen(II)/Eisen(III)-oxid. Sie werden besonders dort eingesetzt, wo geringe Toxizität verlangt wird.

Farbruß (P.Bk.7). Für Druckfarben sind die sogenannten **Farbruße** wichtig. Sie sind preiswert, sehr ergiebig und verfügen über eine gute Echtheit. Die Farbstärke nimmt mit abnehmender Teilchengröße zu. Insgesamt gibt es auf dem Markt einige hundert Rußpräparationen.

10.2.6 Bronzen und andere Effektpigmente

In der Druckfarbenindustrie versteht man unter Bronzen Metallpulver, die entweder direkt in Druckfarben eingearbeitet werden oder auf eine Unterdruckfarbe gepudert werden.

Aluminiumbronze (Silberbronze) (P.M.1)

Diese **Bronzen** bestehen mindestens zu 95 % aus Aluminium, der Rest sind Verarbeitungsmittel (Fettsäuren, z.B. Stearinsäure). Fettsäuren wirken hier wie Emulgatoren.

Messing-Bronze (Goldbronze) (P.M.2)

Die **Goldbronze** ist eine Kupfer-Zink-Legierung.

Perlglanzpigmente

Perlglanzpigmente bestehen aus Glimmer und Titandioxid und/oder Eisen(III)-oxid. Glimmer ist ein Kalium-Aluminium-Mineral. Diese Pigmente werden zur Herstellung irisierender Farben und Metalleffektfarben (Bronzen) genutzt. Zum Teil werden sie heute als Alternativstoffe für die reinen Metallbronzen verwendet (Schwermetallgehalte). Hierbei wird allerdings ein etwas anderer optischer Effekt als bei den Metallbronzen erzielt.

Beispiel:	TiO_2	40%
	Al_2O_3	25%
	K_2O	6%
	SiO_2	27%
	H_2O	2%

Leuchtpigmente

Lumineszierende Pigmente

Dies sind Pigmente (auch organischer Natur!), die durch die Einwirkung von Energie angeregt werden und diese Energie als Licht emittieren. Die Anregung kann durch Lichtstrahlen (z.B. UV-Licht), Elektronen, Röntgenstrahlen, Ionen, elektrische Felder usw. erfolgen. Die Einsatzgebiete sind oft noch sehr neu. In Druckfarben werden sie z.B. im Bereich der Warenkennzeichnung, zur Sicherheitscodierung, zur Werbung, auf Spielsachen usw. eingesetzt.

Nachleuchtende Pigmente

Im Gegensatz zu den lumineszierenden Pigmenten leuchten diese Farbstoffe nach und werden deshalb häufig als Effektpigmente eingesetzt. Sie werden bevorzugt im Siebdruck verarbeitet (Schichtdicke) und enthalten keine basischen Farbstoffe.

10.2.7 Füllstoffe

Füllstoffe sind im Anwendungsmedium praktisch unlösliche Teilchen, die das Volumen auffüllen und die technischen und/oder die optischen Eigenschaften der Druckfarbe beeinflussen (DIN 55 943). Ob eine Substanz als Füllstoff oder als Weißpigment zu betrachten ist, hängt wesentlich von ihrem Brechungsindex ab.

Calciumcarbonat (P.W.18)

Im Bereich der Druckfarbenindustrie wird meist die gefällte Form des **Calciumcarbonats** eingesetzt (nicht der Dolomit). Der Bindemittelbedarf ist gering.

Aluminiumhydroxid (P.W.24)

P.W.24 ist ein Tonerdehydrat. Es wird als leichter Füllstoff häufig in Buch- und Offsetdruckfarben u.a. zur Beeinflussung des Fließverhaltens und zur Farbabschwächung (Tonfarben) eingesetzt.

Bariumsulfat (Schwerspat) (P.W.21)

Gefälltes **Bariumsulfat** wird häufig als Blanc fixe bezeichnet. Es ist etwas schwerer als P.W.24 und deckender.

Siliciumdioxid (Kieselsäure) (P.W.27)

Siliciumdioxid wird zur Einstellung der Wasserbalance beim Offsetdruck, zur Beeinflussung des Fließverhaltens sowie zur Mattierung von Druckfarben eingesetzt.

Aluminiumsilikat (Kaolin) (P.W.19)

P.W.19 beeinflusst das Fließverhalten und dient der Farbabschwächung. Zu den Kaolinen zählen Porzellanerden, Chinaclays sowie Aluminiumsilikate.

Magnesiumsilikat (Talkum) (P.W.26)

P.W.26 verbessert die Dispergierbarkeit der eingesetzten Pigmente und die rheologischen Eigenschaften der Druckfarbe. Es erhöht die Haftfestigkeit von Druckfarben auf Metall (Blechdruck).

10.3 Organische Pigmente

Je nach der chemischen Grundstruktur können organische Pigmente in

- Azopigmente,
- Polycyclische Pigmente und
- Triarylcarboniumpigmente

eingeteilt werden. 45% aller organischen Pigmente werden in Druckfarben eingesetzt [103]. Abbildung 10–8 zeigt die Einteilung der organischen Pigmente in drei Hauptgruppen und deren Unterklassen.

Organische Pigmente

- Azopigmente
  - *Monoazopigmente*
    - Acetessigarylidpigmente
    - ß-Naphtol-Pigmente
    - Naphtol AS-Pigmente
    - BONS-Pigmente, verlackt
    - Pyrazolochinazolonpigmente
    - Benzimidazolonpigmente
  - *Disazopigmente*
    - Diarylgelbpigmente
    - Disazokondensationspigmente
    - Disatopyrazolonpigmente
- Polycyclische Pigmente
  - Anthrachinonpigmente
  - Chinacridonpigmente
  - Chinophthalonpigmente
  - Diketo-Pyrrolo-Pyrrol-Pigm. (DPP)
  - Dioxazinpigmente
  - Flavanthronpigmente
  - Indanthronpigmente
  - Isoindolinpigmente
  - Isoindolinonpigmente
  - Perinonpigmente
  - Perylenpigmente
  - Pyranthronpigmente
  - Thioindigopigmente
  - Metallkomplexpigmente
- Triarylcarboniumpigmente
  - Triphenylmethanpigmente
  - Farbstoff-Salze mit komplexen Anionen

Abbildung 10–8: Übersicht über organische Pigmentklassen

Das Europäische Technische Komitee „Druckfarben" der CEPE (Europäische Vereinigung der Verbände der Lack-, Druckfarben- und Künstlerfarbenfabrikanten) veröffentlichte eine Ausschlussliste für Druckfarben und zugehörige Produkte, der sich auch der deutsche Verband der Druckfarbenhersteller anschließt (siehe auch Kap. 10.10 Toxikologie).

Danach wird auf den Einsatz von organischen Pigmenten europaweit verzichtet, wenn sie

- als krebserzeugende, erbgutverändernde und fortpflanzungsgefährdende Stoffe gemäß der Gefahrstoffrichtlinie 67/548/EWG als giftig (T) mit den Risikosätzen R45, R46, R49, R60, R61 eingestuft und gekennzeichnet werden müssen oder
- als Stoffe gemäß der Gefahrstoffrichtlinie 67/548/EWG als sehr giftig (T+) oder giftig (T) mit den Risikosätzen R23, R24, R25, R26, R27, R28, R39, R48 eingestuft und gekennzeichnet werden müssen.

Für Azopigmente gilt ein Verbot, wenn sie

- im Körper bioverfügbare, kanzerogene, aromatische Amine der Kategorien 1 und 2 gemäß EG-Richtlinie 67/548/EWG freisetzen.

10.3.1 Azopigmente

Azopigmente sind Verbindungen, die an Kohlenstoffatome gebundene Azogruppen enthalten (-N=N-). Je nach der Zahl der Gruppen spricht man von Mono-, Dis-, Trisazopigmenten usw. Die Azogruppen sind meist an Benzol- oder Naphthalinringe, manchmal auch an aromatische Heterocyclen (z.B. Pyrazol) oder Aliphaten gebunden. Azopigmente stellen die größte Gruppe technischer Pigmente dar. Mit ihnen begann etwa um 1900 das Zeitalter der organischen Pigmente.

Nach dem Lebensmittel- und Bedarfsgegenständegesetz (LMBG) und den dazugehörigen Verordnungen besteht ein Verwendungsverbot für bestimmte Azofarbmittel. Es gilt für Gegenstände, die nicht nur zum vorübergehenden Kontakt mit den menschlichen Körper bestimmt sind, wie beispielsweise Bekleidung, Bettwäsche, Handtücher, Masken, Perücken, Windeln, Slipeinlagen oder Brustbeutel und gilt für Farbmittel, die im menschlichen Körper eines der in Anlage 1 Nr. 7 zu §3 BedarfsgegenständeV aufgeführten karcinogenen Aminen freisetzen können.

Azopigmente im speziellen unterliegen einem Verwendungsverbot nur dann, wenn bei Anwendung der amtlichen Prüfmethode verbotene Amine nachgewiesen werden können. Im allgemeinen sind die Azopigmente von diesem Verdacht entlastet, da sie unlöslich sind. Dennoch gibt es Ausnahmen, die unter das Verbot fallen. Die Pigmente Red 8, Red 22 und Red 38 sind nach dem amtlichen Prüfverfahren für textile Bedarfsgegenstände nicht zugelassen. Es gilt also für die einzelnen Pigmente zu prüfen, auf welchem Bedarfsgegenstand sie eingesetzt werden dürfen und auf welchem nicht.

Unter den Azopigmenten gibt es auch chlorhaltige Farbmittel (z.B. Pigment Y 12 und P.Y. 13), über die wegen ihres Chlorgehaltes und befürchteter Wirkungen auf Mensch und Umwelt diskutiert wird. Diese Gelbpigmente zeichnen sich im allgemeinen durch ein gutes Druckergebnis und vor allem durch ihre Preisgünstigkeit aus. Ähnliche - chlorfreie - Pigmente sind auf dem Markt, allerdings sind sie in geringeren Mengen verfügbar und teuer (Faktor 3 - 4. Der Chlorgehalt dieser Pigmente (ca. 500 t Chlor/Jahr) gelangt teilweise auf Deponien (ca. 125 t), in Deinking-Abfälle (ca. 165 t) und der Rest in die Abfallverbrennung.

Die wichtigsten Gruppen der Azopigmente sind [103]:

a) Diarylgelb-Pigmente (1911)

Wie bei den Hansagelb-Pigmenten werden als Kupplungskomponenten aromatische Acetessigsäureamide verwendet; als Diazokomponente wird das Diamin Benzidin eingesetzt. Dadurch entstehen Pigmente, die zwei Azogruppen enthalten.

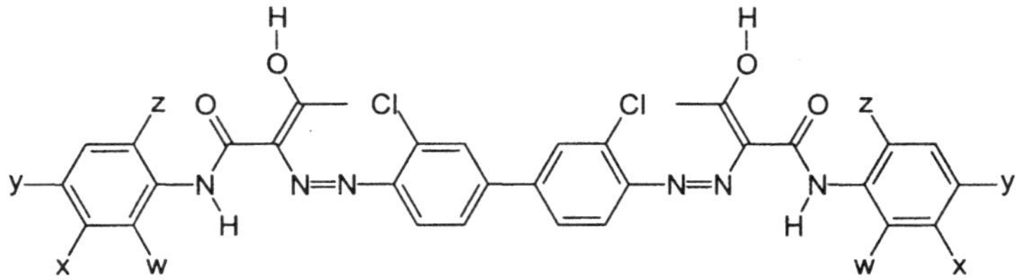

x : OCH_3
y : CH_3, Cl
z : OCH_3

(z.B. Pigmente P.Y.12, 13, 14, 17, 55, 83)

b) Monoazopigmente (Hansagelb-Pigmente, 1909)

enthalten als Kupplungskomponente aromatische Amide der Acetessigsäure.

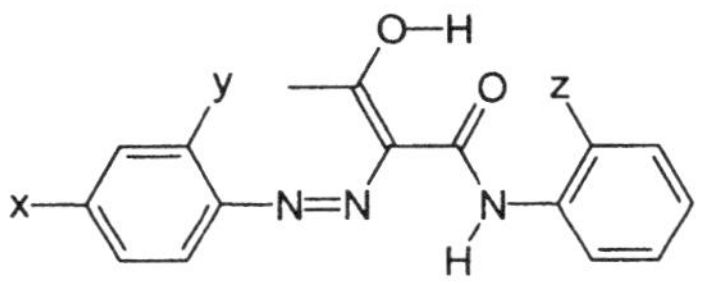

X : CH_3
y : NO_2
z : Cl

(z.B. Pigmente P.Y.1)

c) Metallfreie ß-Naphthol-Pigmente wie Toluidinrot, das seit 1905 auf dem Markt ist:

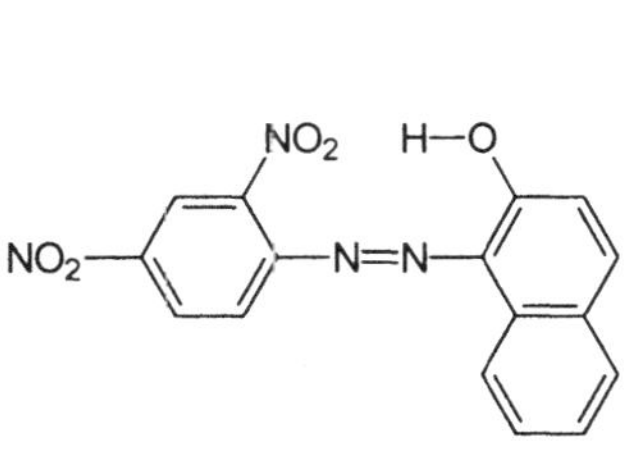

d) Verlackte, metallhaltige Pigmente auf Basis ß-Naphthol und ß-Oxy-naphthoesäure; Litholrubin (1903) ist hier ein typisches Beispiel:

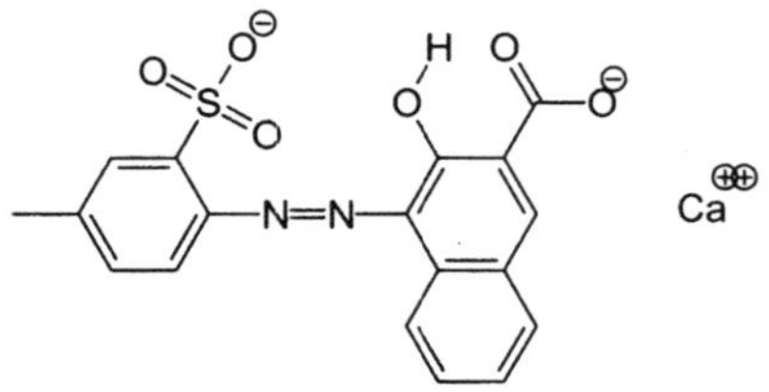

Bei dieser Gruppe werden Farbmittel durch Ausfällen ("Verlacken") z.B. mit Calcium- oder Bariumsalzen wasserunlöslich gemacht.

e) Naphthol AS-Pigmente

sind aufgebaut wie die zuerst genannten ß-Naphthol-Pigmente. Sie enthalten jedoch zusätzlich Carbamidgruppen, welche die Lösemittelechtheit verbessern.

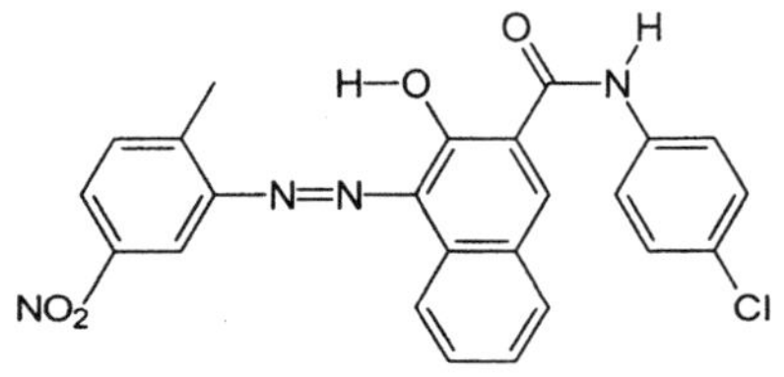

f) BONS-Pigmente

sind Monoazopigmente mit **B**eta-**o**rtho-**N**aphtolcarbon**s**äure als Kupplungskomponente. Die Diazokomponente enthält eine Sulfonsäuregruppe zum Verlacken mit Erdalkalimetallen oder Mangan.

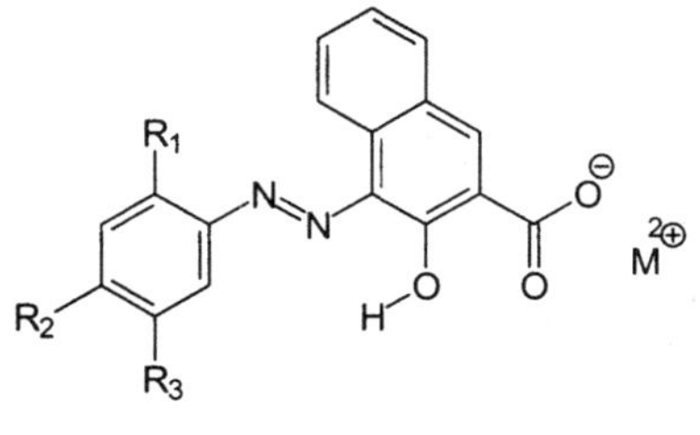

R_1: SO_3^-

R_2: CH_3

R_3: Cl

M^{2+}: Ba

(z.B. Pigment Red 48:1)

Die Azopigmente zeigen ein mäßiges bis gutes Echtheitsniveau. Sie werden deshalb für Druckfarben, Maler- und einfache Industrielacke eingesetzt. Für Kunststoffe reicht oft die Lösemittel- und Migrationsechtheit nicht aus, doch kann dies durch Einbau zusätzlicher Carbamidgruppen verbessert werden.

Eine Übersicht über die eingesetzten organischen Azopigmente in der Druckindustrie gibt nachfolgende Tabelle. Die Pigmente sind nach ihrer mengenmäßigen Bedeutung geordnet und nach ihrer Pigmentklasse und Verwendung im Druckverfahren charakterisiert.

Pigmentname		C.I.-Nr.	CAS-Nr.	Pigmentklasse	Druckverfahren*	Bedeutung
Gelbpigmente						
P. Yellow	1	11680	2512-29-0	Monoazogelb	IT, STF, O, S, U	groß
P. Yellow	12	21090	6358-85-6	Diarylgelb	IT, O, U	groß
P. Yellow	13	21100	5102-83-0	Diarylgelb	IT, STF, O, S, U	groß
P. Yellow	55	21096	6358-37-8	Diarylgelb	IT, STF, O, S, U	groß
P. Yellow	74	11741	6358-31-2	Monoazogelb	IT, STF, O, S, U	groß
P. Yellow	83	21108	5567-15-7	Diarylgelb	IT, STF, O, S, U	groß
P. Yellow	111	11745	69771-45-5	Monoazogelb	IT, STF, O, S, U	groß
P. Yellow	3	11710	6486-23-3	Monoazogelb	IT, STF, O, S, U	mittel
P. Yellow	14	21095	5468-75-7	Diarylgelb	IT, O, U	mittel
P. Yellow	17	21105	4531-49-1	Diarylgelb	STF, O, S, U	mittel
P. Yellow	81	21127	22094-93-5	Diarylgelb	IT, STF, O S, U	mittel
P. Yellow	93	20710	5580-57-4	Disazokondensation	STF, O S, U	mittel
P. Yellow	108	68420	4216-01-7	Anthrapyrimidin	STF, O, S, U	mittel
P. Yellow	114	21092	71872-66-7	Diarylgelb	STF, O, U	mittel
P. Yellow	120	11783	29920-31-8	Benzimidazolon	STF, O, S, U	mittel
P. Yellow	127	21102	71872-67-8	Diarylgelb	O	mittel
P. Yellow	138	56300	56731-19-2	Chinophthalon	IT, STF, O, S, U	mittel
P. Yellow	174	21098	78952-72-4	Diarylgelb	O, U	mittel

* IT = Illustrationstiefdruck
STF = Spezialtiefdruck und Flexodruck (Verpackungsdruck)
O = Offsetdruck incl. Bogenoffsetdruck und Rollenoffsetdruck (Coldset + Heatset); auch die nur noch sporadisch verwendeten Buchdruck- und Lettersetfarben fallen hierunter
S = Siebdruck
U = UV-trocknende Systeme incl. Elektronenstrahldruckfarben
DL = Dispersionslacke auf wässriger Basis
Die mengenmäßige Bedeutung aller Farbmittel wird in vier Kategorien (groß, mittel, gering, sher gering) bewertet. Genauere Angaben, z.B. t/Jahr oder detailliertere Tonnagebereiche wären wünschenswert. Die beteiligte Industrie konnte entsprechende Angaben jedoch nicht ermitteln.

Pigmentname		C.I.-Nr.	CAS-Nr.	Pigmentklasse	Druckverfahren*	Bedeutung
P. Yellow	16	20040	5979-28-2	Bisacetessigsäurearylid	STF, O, S, U	gering
P. Yellow	53	77788			S, U	gering
P. Yellow	73	11738	13515-40-7	Monoazogelb	STF, O, S, U	gering
P. Yellow	95	20034	5280-80-8	Disazokondensation	STF, O, S, U	gering
P. Yellow	97	11767	12225-18-2	Monoazogelb	STF, O, S, U	gering
P. Yellow	106		12225-23-9	Diarylgelb	O	gering
P. Yellow	151	13980	61036-28-0	Benzimidazolon	O, STF, S, U	gering
P. Yellow	153	48545	68859-51-8	Metallkomplex	O, STF, S, U	gering
P. Yellow	175	11784	35636-63-6	Benzimidazolon	O, STF, S, U	gering
P. Yellow	176	21103	90268-24-9	Diarylgelb	O, STF, S, U	gering
P. Yellow	180	21290	77804-81-0	Benzimidazolon	O, STF, S, U	gering
P. Yellow	184					gering
Orangepigmente						
P. Orange	5	12075	3468-63-1	ß-Naphthol	IT; STF, O, S, U	groß
P. Orange	13	21110	3520-72-7	Disazopyrazolon	STF, O, S, U	groß
P. Orange	34	21115	15793-73-4	Disazopyrazolon	STF, O, S, U	groß
P. Orange	36	11780	12236-62-3	Benzimidazolon	STF, O	gering
P. Orange	43	71105	4424-06-0	Perinon	STF, O, S, U	gering
P. Orange	62	11775	75601-68-2	Benzimidazolon	STF, O, S, U	gering
P. Orange	67	12975	74336-59-7	Pyrazolochinazolon	STF, O, S, U	gering
Rotpigmente						
P. Red	2	12310	6041-94-7	Naphthol-AS	STF, O, U	groß
P. Red	48:2	15865:2	7023-61-2	BONS, Ca	STF, O, U	groß
P. Red	48:4	15865:4	5280-66-0	BONS, Mn	STF, O, S, U	groß
P. Red	53:1	15585:1	5160-02-1	ß-Naphthol	IT, STF, O, U	groß
P. Red	57:1	15850:1	5281-04-9	BONS, Ca	IT, STF, O, S, U	groß
P. Red	112	12370	6535-46-2	Naphthol-AS	IT, STF, O, S, U	groß
P. Red	170	12475	2786-76-7	Naphthol-AS	IT, STF, O, S, U	groß
P. Red	5	12490	6410-41-9	Naphthol-AS	STF, O, S, U	mittel
P. Red	48:1	15865:1	7585-41-3	BONS, Ba	STF, O, U	mittel
P. Red	144	20735	5280-78-4	Disazokondensation	STF, O, S, U	mittel
P. Red	146	12485	5280-68-2	Naphthol-AS	STF, O, S, U	mittel
P. Red	147	12433	68227-78-1	Naphthol-AS	STF, O	mittel
P. Red	166	20035	12225-04-6	Disazokondensation	STF, O, S, U	mittel
P. Red	184	12487	99402-80-9	Naphthol-AS	STF, O, S, U	mittel

Pigmentname	C.I.-Nr.	CAS-Nr.	Pigmentklasse	Druckverfahren*	Bedeutung
P. Red 3	12120	2425-85-6	ß-Naphthol	STF, O, S, U	gering
P. Red 4	12085	2814-77-9	ß-Naphthol	STF, O, S, U	gering
P. Red 8	12335	6410-30-6	Naphthol-AS	STF, O, U	
P. Red 9	12460	6410-38-4	Naphthol-AS	STF, O, U	gering
P. Red 12	12385	6410-32-8	Naphthol-AS	O, S, U	gering
P. Red 48:3	15865:3	15782-05-5	BONS, Sr	STF, O, U	gering
P. Red 49:1	15630:1	1103-38-4	ß-Naphthol	STF, O, U	gering
P. Red 49:2	15630:2	1103-39-5	ß-Naphthol	STF, O, U	gering
P. Red 52:1	15860:1	17852-99-2	BONS, Ca	O	gering
P. Red 52:2	15860:2	12238-31-2	BONS, Mn	O	gering
P. Red 175	12513	6985-92-8	Benzimidazolon	O	gering
P. Red 176	12515	12225-06-8	Benzimidazolon	STF, O, S, U	gering
P. Red 185	12516	61951-98-2	Benzimidazolon	STF, O, S, U	gering
P. Red 187	12846	59487-23-9	Naphthol-AS	STF, O, S, U	gering
P. Red 188	12467	61847-48-1	Naphthol-AS	STF, O, S, U	gering
P. Red 208	12514	31778-10-6	Benzimidazolon	STF, O, S, U	gering
P. Red 266				STF, O, S, U	gering
P. Red 269				STF, O, S, U	gering
Violettpigmente					
P. Violet 32	12517	12225-08-0	Benzimidazolon		gering

Tabelle 10–5: Azopigmente in der Druckindustrie

Gelbpigmente

Pigment Yellow 1 (P.Y.1) war lange Zeit das Standardgelb für alle Druckverfahren, heute ist das Pigment weitgehend von den Diarylpigmenten (siehe P.Y.12, P.Y.13 oder P.Y.14) verdrängt. P.Y.1 wird im Druckfarbenbereich dort eingesetzt, wo die Lichtechtheit der Diarylgelbpigmente den gestellten Anforderungen nicht genügt. Das Haupteinsatzgebiet ist der **Verpackungsdruck**; verwendet wird P.Y.1 vor allem in alkoholischen Druckfarben oder Farben auf wässriger Basis.

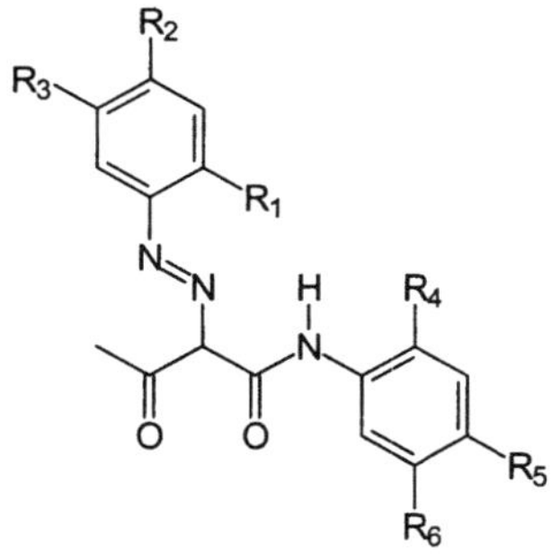

Folgende Reste bzw. Substituenten charakterisieren die Monoazogelb-Pigmente.

C.I. Name	R_1	R_2	R_3	R_4	R_5	R_6
P.Y. 1	NO_2	CH_3	H	H	H	H
P.Y. 3	NO_2	Cl	H	Cl	H	H
P.Y. 73	NO_2	Cl	H	OCH_3	H	H
P.Y. 74	OCH_3	NO_2	H	OCH_3	H	H
P.Y. 97	OCH_3	$SO_2NH\text{-}C_6H_5$	OCH_3	OCH_3	Cl	OCH_3
P.Y.111	-	-	-	-	-	-

Pigment Yellow 3 (P.Y.3) ergibt ein grünstichiges Gelb. Es wird z.B. im Verpackungsdruck und Textildruck eingesetzt.

Pigment Yellow 12 (P.Y.12) gehört wie die anderen sehr wichtigen Druckfarbenpigmente **P.Y.13, 14, 17, 55, 83, 106, 126** und **127** zu den Diarylgelbpigmenten.

Pigment Yellow 13 (P.Y.13) wird bevorzugt im Offsetdruck eingesetzt. Es entspricht dem Farbton (Farbort) Gelb der Europa-Skala für den Drei- und Vierfarbendruck. Diarylgelbpigmente sind alle gleich aufgebaut.

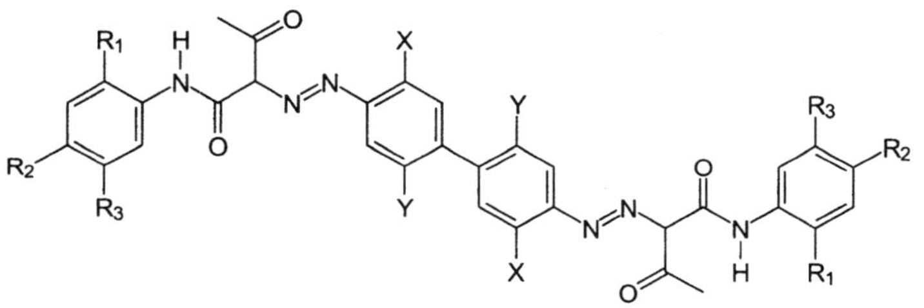

Folgende Reste bzw. Substituenten charakterisieren die Diarylgelb-Pigmente:

C. I. Name	X	Y	R_1	R_2	R_3
P.Y. 12	Cl	H	H	H	H
P.Y. 13	Cl	H	CH_3	CH_3	H
P.Y. 14	Cl	H	CH_3	H	H
P.Y. 17	Cl	H	OCH_3	H	H
P.Y. 55	Cl	H	H	CH_3	H
P.Y. 83	Cl	H	OCH_3	Cl	OCH_3
P.Y.106	Cl	H	-	-	-
P.Y.126	Cl	H	H	H	H
			H	OCH_3	H
P.Y.127	Cl	H	CH_3	CH_3	H
			OCH_3	H	H

Diese Pigmente zeichnen sich durch hohe Farbstärke und gute Beständigkeit gegen die üblichen Lösemittel aus. Es sind **die** Gelbpigmente in Druckfarben.

Oberhalb von 200 °C werden diese Pigmente aufgespalten, es entstehen lösliche Monoazopigmente, die aus der Schicht migrieren können. Steigt die Temperatur weiter auf über 240 °C an, können die Monoazofarbstoffe weiter aufgespalten werden, es kann Dichlorbenzidin entstehen. Beide Spaltprodukte (Monoazofarbstoffe und Dichlorbenzidin) sind in der MAK-Werte-Liste in den Abschnitt III (krebserzeugende Arbeitsstoffe Azo-Farbstoffe) bzw. in die Kategorie 2 der krebserregenden Stoffe (Dichlorbenzidin) eingestuft. Sie haben sich im Tierversuch als eindeutig krebserregend erwiesen.

Die überwiegende Menge der Dichlorbenzidin-haltigen Gelbpigmente wird im Offset und im Tiefdruck eingesetzt. Dort wird in keinem Arbeitsschritt - auch nicht während des Deinkings - Temperaturen von 200 °C überschritten.

Bei allen Anwendungen, bei denen die Temperatur im Druckprozess oder bei der späteren Verwendung des Fertigproduktes bis in den Bereich von 200 °C oder höher ansteigen kann, muss auf den Einsatz von Diarylpigmenten verzichtet werden. Dies trifft z.B. auf den Blechdruck zu, wenn mit entsprechenden Farben bedruckt sind. Ähnlich problematisch sind Anwendungen wie das Trennschweißen von Folienmaterialien oder Extrusionsbeschichtungen von Verbundmaterialien. Bei letzteren wurden Untersuchungen an Getränkeverpackungen durchgeführt, wobei trotz einer Temperatur von 300 °C keine Pigmentspaltprodukte nachgewiesen wurden. Diarylpigmente gehören nicht auf Backformen und Menueschalen oder Mikrowellen-Verpackungen.

Die Verwendung von Diarylpigmenten hat aber noch sehr viel weitreichendere Folgen. In Recyclingprozessen für einige Kunststoffe wird im Temperaturbereich oberhalb 240 °C gearbeitet - also dort, wo die o.g. Spaltprodukte entstehen. Die Empfehlung der Druckfarbenindustrie bei allen bedruckten Kunststoffen die Recyclingtemperaturen nicht über 240 °C zu fahren, ist wenig hilfreich, da einerseits die Spaltung bereits bei 200 °C beginnt und andererseits verfahrenstechnische Rahmenbedingungen in der Recyclinganlage die Arbeitstemperatur begründen. Aus diesen Gründen ist darauf zu achten, dass keine Kunsstoffrecyclate in sensiblen Bereichen, wie z.B. Lebensmittelverpackungen oder Kinderspielzeug, eingesetzt werden.

Diarylpigmente sind preiswert. Sie haben sich technisch bewährt und es gibt zur Zeit keine preislich gleichwertigen Austauschprodukte. Den möglichen ökologischen Nachteilen stehen so z.B. technische und ökonomische Vorteile gegenüber, die den Verzicht auf den Einsatz von Diarylpigmenten nicht realistisch erscheinen lassen. Es sollte klar sein, dass die Produkthaftung des Druckers nicht mit dem ordnungsgemäßen Aufdruck erlischt, sondern dem Produkt bis zur Bahre folgt.

Pigment Yellow 73 (P.Y.73) entspricht in Farbton und -stärke etwa **P.Y.1**, ist jedoch lichtechter.

Pigment Yellow 74 (P.Y.74) ist farbstärker als **P.Y.1** und **2**; besonders die feinteilige Form mit einer hohen spezifischen Oberfläche von 30 - 70 m^2/g eignet sich hervorragend für Druckfarben. Das Pigment wird überwiegend im Buchdruck, Offsetdruck und Verpackungsdruck eingesetzt. Die Lichtechtheit ist besser als die der sehr häufig angewandten Disazopigmente **P.Y.12** und **13**.

Pigment Yellow 83 (P.Y.83) hat einen rotstichig-gelben Farbton und verfügt über sehr gute Echtheiten. Es wird in allen Druckfarben eingesetzt.

Pigment Yellow 97 (P.Y.97) hat einen ähnlichen Farbton wie **P.Y.1**, ist jedoch wesentlich Lösemittel- und hitzebeständiger. Es ist licht- und wetterfest. P.Y.97 wird praktisch in allen Druckverfahren eingesetzt.

Orangepigmente

Pigment Orange 5 (P.O.5) ist ein ß-Naphthol-Pigment, das auch Dinitranilinorange genannt wird. Es ist eines der bedeutendsten organischen Pigmente und zeichnet sich in Druckfarben durch eine gute Lichtechtheit aus. Über seine Toxizität gibt es unterschiedliche Aussagen. Entsprechende Untersuchungen werden durchgeführt [183].

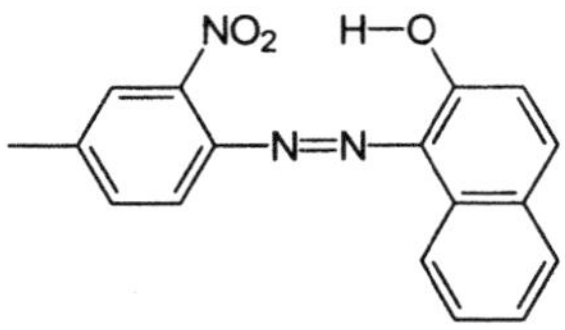

Pigment Orange 13 (P.O.13) wird in Verpackungsdruckfarben eingesetzt. Es ist, wie z.B. **P.O.34**, ein Disazopyrazolon-Pigment. Die Lichtechtheit genügt nur mittleren Ansprüchen. Die Beständigkeit gegen viele Lösemittel ist einwandfrei, die Hitzebeständigkeit (bis 200 °C) ist gut, so dass auch Blechdruck möglich ist. Überwiegend wird das Pigment im Buch-, Flach- und Flexodruck eingesetzt.

Pigment Orange 34 (P.O.34) ist gegen viele organische Lösemittel beständig. Es ist ein in transparenten Marken sehr farbstarkes und gelbstichiges Orange, das in vielen Druckfarben eingesetzt wird.

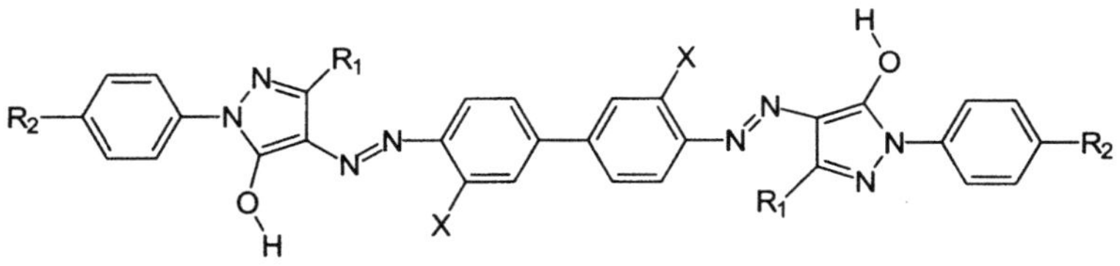

Folgende Reste bzw. Substituenten charakterisieren die Disazopyrazolon-Pigmente:

C. I. Name	X	R_1	R_2
P.O. 13	Cl	CH_3	H
P.O. 34	Cl	CH_3	CH_3

Pigment Orange 36 (P.O.36) ist ein Benzimidazolon-Pigment. Es ist gut lösemittelbeständig und lichtecht. **P.O.36** wird für hochwertige Druckerzeugnisse eingesetzt. Da das Pigment bis 220°C hitzebeständig ist, ist es auch im Blechdruck einsetzbar. Aufgrund seiner guten Lösemittelechtheit, Beständigkeit gegen Weichmacher und Migrationsechtheit findet es breite Anwendung in Druckfarben für PVC-Folien.

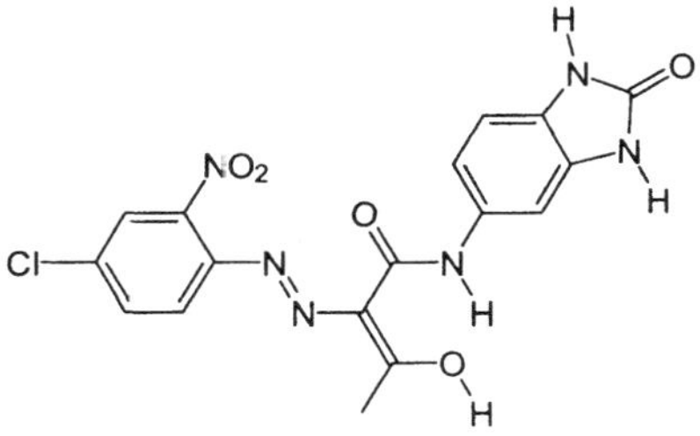

Rotpigmente

Pigment Red 2 (P.R.2) gehört wie **P.R.5, 7, 8, 9, 12, 112, 146, 147, 170** und **184** zu den Naphthol AS-Pigmenten (**AS** = **A**mid einer **S**äure).

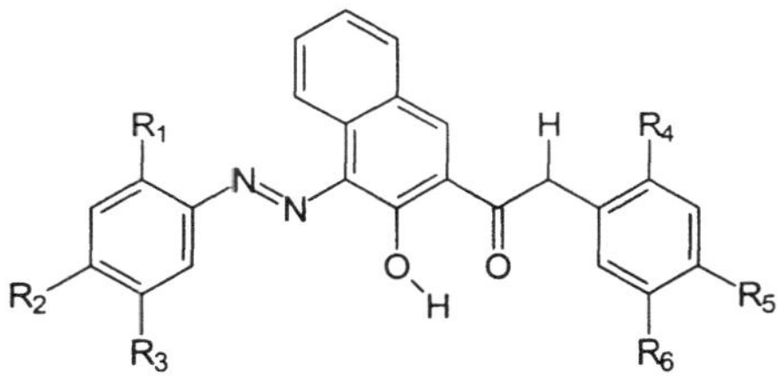

Sie werden durch folgende Reste charakterisiert:

C. I. Name	R_1	R_2	R_3	R_4	R_5	R_6
P.R. 2	Cl	H	Cl	H	H	H
P.R. 5	OCH_3	H	$SO_2N(C_2H_5)_2$	OCH_3	OCH_3	Cl
P.R. 8	CH_3	H	NO_2	H	Cl	H
P.R. 9	Cl	H	Cl	OCH_3	H	H
P.R. 11	CH_3	H	Cl	CH_3	H	Cl
P.R. 12	CH_3	NO_2	H	CH_3	H	H
P.R.112	Cl	Cl	Cl	CH_3	H	H
P.R.146	OCH_3	H	$CONHC_6H_5$	OCH_3	Cl	OCH_3
P.R.147	OCH_3	H	$CONHC_6H_5$	CH_3	H	Cl
P.R.170	H	$CONH_2$	H	OC_2H_5	H	H
P.R.184	OCH_3	H	$CONHC_6H_5$	CH_3	H	Cl
				OCH_3	Cl	OCH_3

Diese Pigmente ergeben bei hoher Farbstärke sehr brillante Farbtöne. Die wesentlichen Verfahren, in denen sie verdruckt werden, sind der Buch- und Offsetdruck, der Verpackungstief- und Flexodruck. Ein wichtiger Einsatzbereich ist daneben das Einfärben von Papiermassen und -oberflächen.

Pigment Red 3 (P.R.3) und ***P.R.4*** sind ß-Naphthol-Pigmente.

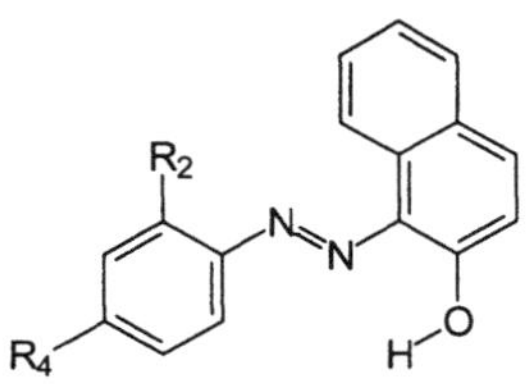

Folgende Reste charakterisieren diese Pigmente:

C.I. Name	R_2	R_4
P.R.3	NO_2	CH_3
P.R.4	Cl	NO_2

P.R.3 ist vor allem unter dem Namen Toluidinrot bekannt. Die Beständigkeit gegen Lösemittel ist schlecht. Haupteinsatzgebiete sind der Offsetdruck sowie der Verpackungstief- und Flexodruck. Für Blechdruck sind diese Pigmente ungeeignet, in wasserbasierenden Druckfarben sind sie hingegen gut einsetzbar.

Pigment Red 48 (P.R.48) gehört wie **P.R.52** und **57** zu den sogenannten BONS-Pigmenten (**B**eta-**O**xy**n**aphthoe**s**äure). Verlackte Azopigmente sind Farbmittel mit Sulfonsäure- und/oder Carbonsäuregruppen im Molekül, die nach der Bildung unlöslicher Erdalkali- und Mangansalze als Pigmente verwendet werden. P.R.48 wird in der Bundesrepublik in einer Menge von etwa 150 t/a eingesetzt.

Je nach Art des Metallions (Art der Verlackung) entstehen auch Untergruppen zum Hauptpigment. Zur Erzielung höherer Transparenz und zur Verminderung des starken Bronzierens der Drucke sind diese Druckfarbenpigmente mitunter geharzt.

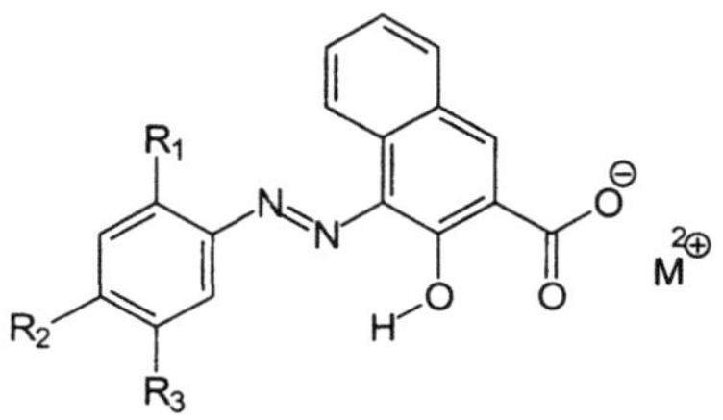

Folgende Reste und Metalle charakterisieren die BONS-Pigmente:

C.I. Name	R_1	R_2	R_3	M
P.R.48:1	SO_3^-	CH_3	Cl	Ba
P.R.48:2	SO_3^-	CH_3	Cl	Ca
P.R.48:3	SO_3^-	CH_3	Cl	Sr
P.R.48:4	SO_3^-	CH_3	Cl	Mn
P.R.48:5	SO_3^-	CH_3	Cl	Mg
P.R.52:1	SO_3^-	Cl	CH_3	Ca
P.R.52:2	SO_3^-	Cl	CH_3	Mn
P.R.57:1	SO_3^-	CH_3	H	Ca

P.R.48:1 wird besonders im Druckfarben- und Kunststoffbereich eingesetzt. Als Strontiumsalz wird dieses Pigment nur selten und in Mischung mit Barium- oder Calciumsalzen eingesetzt.

P.R.48:4 kann z.B. im Lebensmittelbereich nur bedingt eingesetzt weden, da die Drucke ungenügende Alkali-, Säure- und Seifenechtheit zeigen. Die Sterilisierechtheit ist schlecht.

Pigment Red 49 (P.R.49) und **P.R.53** sind verlackte ß-Naphthol-Pigmente.

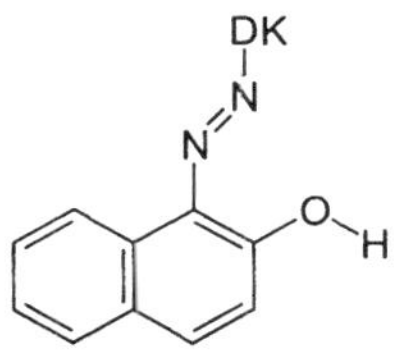

C.I. Name	DK	M/2
P.R.49	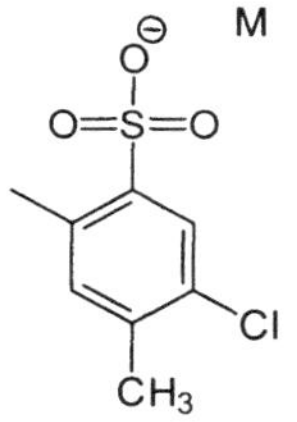	2Na
P.R.49:1		Ba
P.R.49:2		Ca
P.R.49:3		Sr
P.R.53	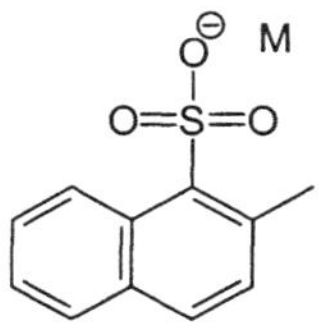	2Na
P.R.53:1		Ba
P.R.53		Sr

Wegen ihrer guten Echtheit werden sie in Druckfarben und Kunststoffen verwendet. Diese Pigmente werden als Strontiumsalz kaum eingesetzt.

Pigment Red 57:1 (P.R.57:1) ist ein calciumverlacktes Pigment, das mengenmäßig zu den bedeutendsten organischen Pigmenten gehört. Sein Farbton entspricht dem Magenta der europäischen Farbskala für den Drei- bzw. Vierfarbendruck. Seine bekanntesten Trivialnamen sind 4B-Toner und Litholrubin.

Pigment Red 176 (P.R.176) ist ein Benzimidazolon-Pigment.

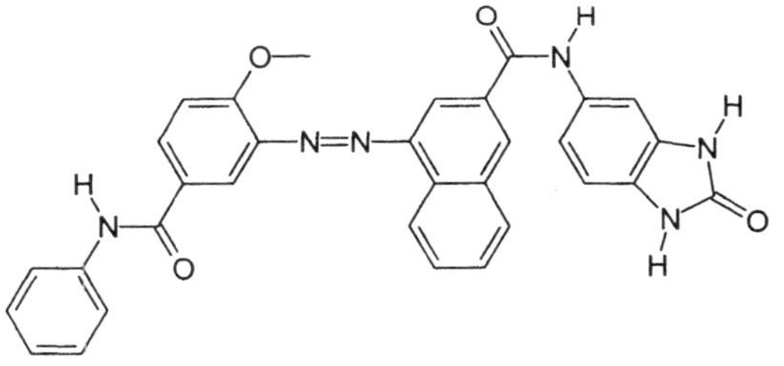

Es ist für alle Druckfarben geeignet. Dieses Pigment ist sehr lösemittel- und temperaturbeständig (bis 200 °C).

Violettpigmente

Pigment Violet 32 (P.V.32) ist ein Benzimidazolon-Pigment. Es wird für hochwertige Druckerzeugnisse genutzt. Diese Pigmentreihe zeichnet sich durch hohe Hitzebeständigkeit aus, weshalb sie z.B. auch im Blechdruck einsetzbar sind. Sie sind lösemittelecht, beständig gegen Weichmacher und migrationsecht, so dass sie z.B. als Farbmittel in Druckfarben für PVC-Folien geeignet sind.

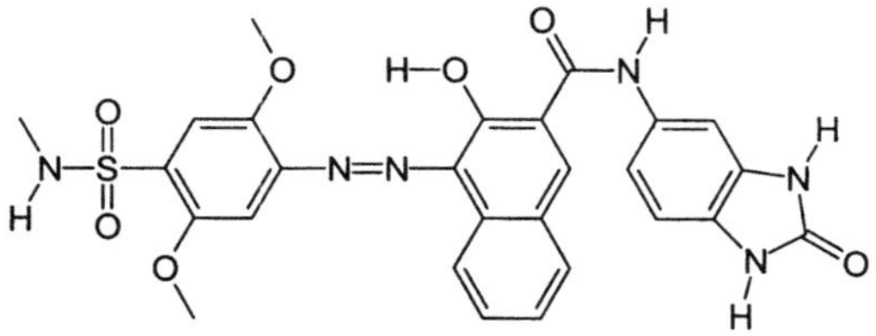

10.3.2 Polycyclische Pigmente

Dies sind Pigmente mit kondensierten Ringsystemen, bei denen meistens zwei Carbonyl-Gruppen miteinander in Konjugation stehen (Ausnahme z.B. Phthalocyanin). Hierzu gehören Antrachinon- und Tetrachlorthioindigo-Pigmente.

Beispiele hierfür sind:

Perylenpigmente (rot):

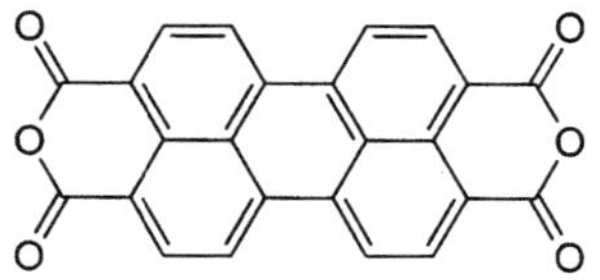

Thioindigo (violett):

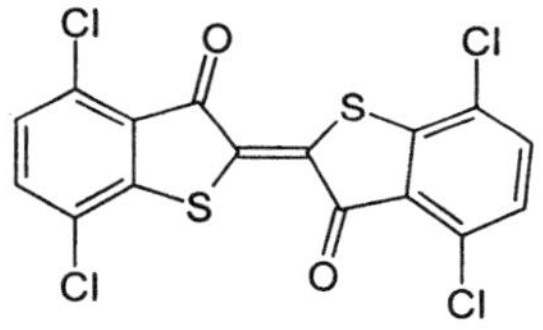

Flavanthron (gelb):

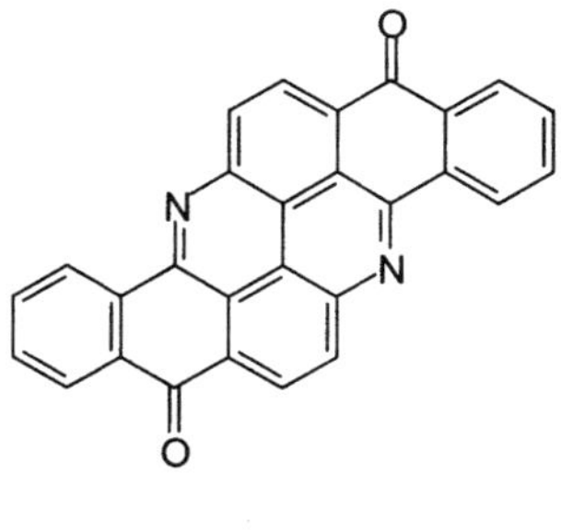

Perinonorange:

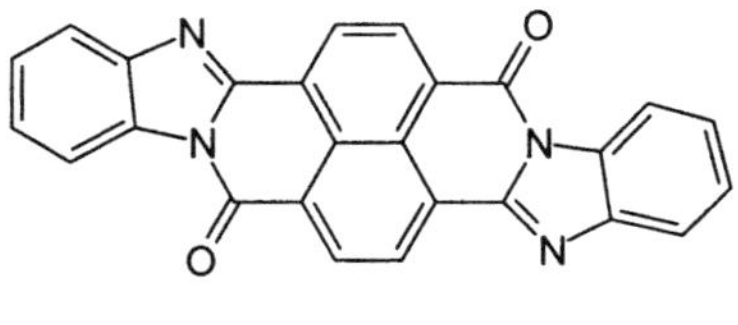

Diese Pigmente sind sehr teuer, verfügen über eine hervorragende Echtheit und werden meist in Autolacken, Kunststoffen, selten dagegen in Druckfarben eingesetzt.

Die wichtigste Gruppe der polycyclischen Pigmente ohne Carbonyl-Gruppe sind die Phthalocyanin-Pigmente bzw. Aza-[18]-annulen-Pigmente, die sich durch ein cyclisches System von konjugierten Doppelbindungen mit 18 π-Elektronen auszeichnen. Hämin (Blutfarbstoff) oder Chlorophyll (Blattgrün) sind die bekanntesten Vertreter. Die Pigmente sind sehr farbecht und werden in vielfältiger Weise zum Färben benutzt.

Blau- und Grüntöne werden für alle Einsatzgebiete von den Phthalocyaninen beherrscht. Ausgang dieser Entwicklung war eine Zufallsentdeckung, die um 1930 gemacht wurde. Seit 1935 sind diese Produkte auf dem Markt.

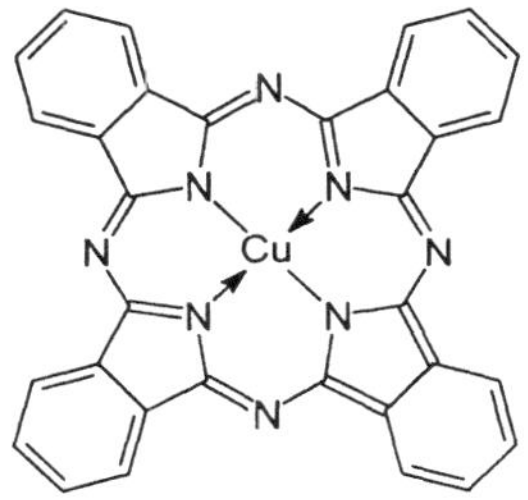

Durch Chlorierung bzw. Bromierung des Phthalocyanins werden blaue und grüne Pigmente erzeugt.

Die Produkte besitzen hervorragende Echtheiten. Da sie hauptsächlich aus Phthalsäure, einer preiswerten Grundchemikalie, hergestellt werden, sind es außerdem zugleich preiswerte Pigmente. So werden sie auch für Druckfarben eingesetzt, wo bei Gelb und Rot aus Preis- und coloristischen Gründen Pigmente mit viel geringeren Echtheiten genommen werden [103].

Eine Übersicht über die eingesetzten Polycyclischen Pigmente in der Druckindustrie gibt Tabelle 10–6. Die Pigmente sind nach ihrer mengenmäßigen Bedeutung geordnet und nach ihrer Pigmentklasse und Verwendung im Druckverfahren charakterisiert.

Pigmentname	C.I.-Nr.	CAS-Nr.	Pigmentklasse	Druckverfahren*	Bedeutung
Gelbpigmente					
P. Yellow 110	56280	5590-18-1	Isoindolinon	STF, O, S, U	mittel
P. Yellow 139	56298	36888-99-0	Isoindolin	STF, O, S, U	mittel
P. Yellow 185	56290	76199-85-4	Isoindolin	STF, O, S, U	mittel
P. Yellow 101	48052	2387-03-3	Aldazin	STF, O, S, U	gering
Rotpigmente					
P. Red 122	73915	980-26-7	Chinacridon	IT, STF, O, S, U	groß
P. Red 88	73312	14295-43-3	Thioindigo	O, S	gering
P. Red 149	71137	4948-15-6	Perylen	STF, O, S, U	gering
P. Red 123	71145	24108-89-2	Perylen	STF, O, S, U	gering
P. Red 178	71155	3049-71-6	Perylen	STF, O, S, U	gering
P. Red 179	71130	5521-31-3	Perylen	O, S	gering
P. Red 207	73900 73906	1047-16-1 3089-16-5	Chinacridon	STF, O, S, U	gering
Violettpigmente					
P. Violet 23	51319	6358-30-1	Dioxazin	STF, O, S, U	mittel
P. Violet 37	51345	57971-98-9	Dioxazin	STF, O, S, U	mittel
P. Violet 19	73900	1047-16-1	Chinacridon	STF, O, S, U	gering
Blaupigmente					
P. Blue 15	74160	147-14-8	Cu-Phthaloblau	IT, STF, O, S, U	groß
P. Blue 16	74100	574-93-6	metallfr. Phthaloblau	STF, O, S, U	gering
P. Blue 60	69800	81-77-5	Indanthron	STF, O, S, U	gering
Grünpigmente					
P. Green 7	74260	1328-53-6	Cu-Phthalogrün	IT, STF, O, S, U	mittel
P. Green 36	74265	14302-13-7	Cu-Phthalogrün	STF, O, S, U	gering

Tabelle 10–6: Polycyclische Pigmente in der Druckindustrie

---

* IT = Illustrationstiefdruck
STF = Spezialtiefdruck und Flexodruck (Verpackungsdruck)
O = Offsetdruck incl. Bogenoffsetdruck und Rollenoffsetdruck (Coldset + Heatset); auch die nur noch sporadisch verwendeten Buchdruck- und Lettersetfarben fallen hierunter
S = Siebdruck
U = UV-trocknende Systeme incl. Elektronenstrahldruckfarben
DL = Dispersionslacke auf wässriger Basis
Die mengenmäßige Bedeutung aller Farbmittel wird in vier Kategorien (groß, mittel, gering, sher gering) bewertet. Genauere Angaben, z.B. t/Jahr oder detailliertere Tonnagebereiche wären wünschenswert. Die beteiligte Industrie konnte entsprechende Angaben jedoch nicht ermitteln.

Alle polycyclischen Pigmente weisen anellierte aromatische und/oder heteroaromatische Ringsysteme auf, die bei technischen Produkten von Systemen aus Benzolring und heteroaromatischem Fünfring (Thionaphthenon) bei den Indigoderivaten bis zu achtgliedrigen anellierten Ringsystemen bei Flavanthron und Pyranthron reichen [150].

Gelbpigmente

Pigment Yellow 101 (P.Y.101) ist ein Tagesleucht- oder Fluoreszenzpigment. Bereits geringe Zusätze des Pigments zu anderen Farbmitteln erhöhen die Brillanz stark.

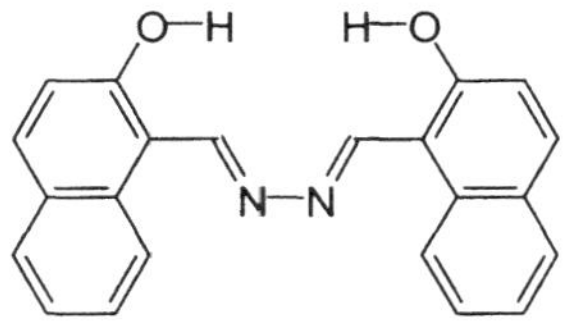

Pigment Yellow 139 (P.Y.139) ist wie **P.Y.185** ein Isoindolin-Pigment.

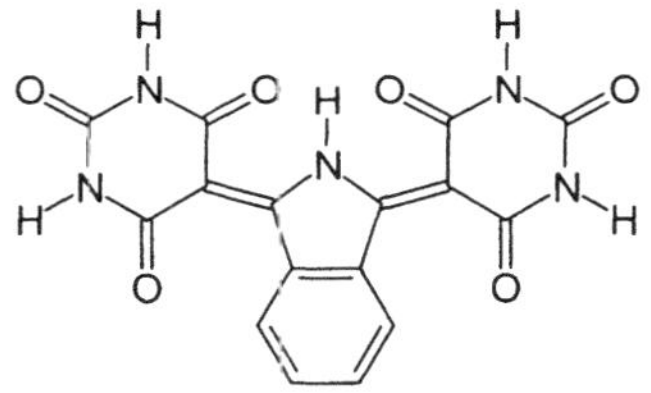

P.Y.139

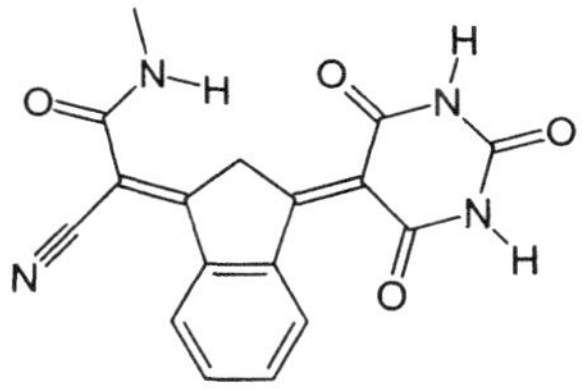

P.Y.185

P.Y.139 ist ein im Farbton rotstichiges Gelbpigment,ähnlich dem Pigment Yellow 83. Es ist hoch lichtecht und farbstark. **P.Y.185** ist ein grünstichiges Gelbpigment, das lichtecht und farbstark ist. Haupteinsatzgebiete beider Pigmente sind lösungsmittelbasierende Verpackungsdruckfarben und der Blechdruck. **P.Y.185** wird auch im Offsetdruck eingesetzt.

Rotpigmente

Pigment Red 122 (P.R.122) ist ein Chinacridon-Pigment (2,9-Dimethylchinacridon). Es verfügt über eine sehr gute Lichtechtheit; seine Migrationsechtheit und Thermostabilität sind sehr gut. Dieses Pigment wird für hochwertige Druckfarben verwendet.

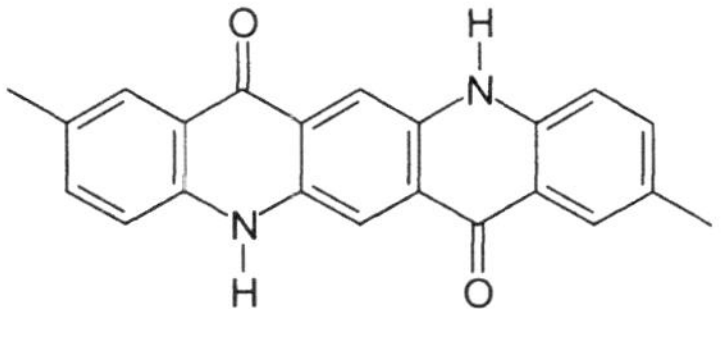

Pigment Red 123 (P.R.123) ist ein Perylen-Pigment, dessen Marktbedeutung jedoch nicht sehr groß ist. **P.R.123** und **149** werden jährlich in der Bundesrepublik in einer Menge produziert, die geringer als 10 Tonnen ist. (Struktur siehe unter **P.R.149**).

Pigment Red 149 (P.R.149) ist sehr hitzebeständig, der Schmelzpunkt liegt über 450°C. Es ist lichtecht und wird auch wegen der guten Migrationsbeständigkeit bevorzugt zur Kunststoffärbung eingesetzt. Als Druckfarbenbestandteil wird es z.B. zum Bedrucken von PVC-Folien und im Blechdruck eingesetzt.

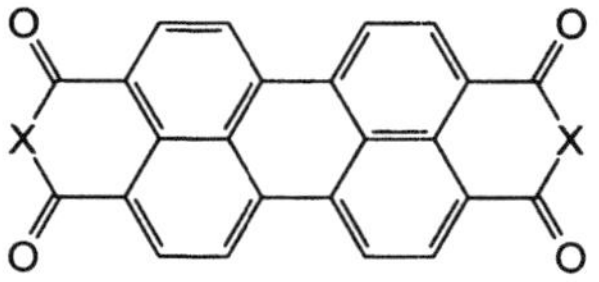

C:I. Name	X
P.R.123	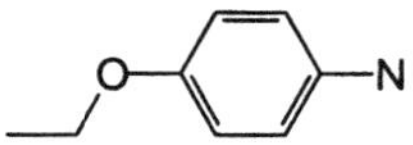
P.R.149	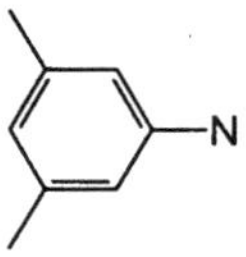
P.R.178	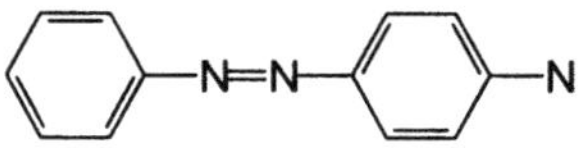
P.R.179	—N

Pigment Red 179 (P.R.179) ist wie **P.R.178** ein Perylen-Pigment. Die Bedeutung dieser Pigmente hat in den letzten Jahren im Druckfarbenbereich zugenommen.

Violettpigmente

Pigment Violet 23 (P.V.23) und **P.V.37** sind die einzigen Dioxazin-Pigmente auf dem Markt [150]. Sie sind gut lösemittelbeständig und sehr lichtecht. Diese Pigmente werden im Druckfarbenbereich häufig in Kombination mit Kupferphthalocyanin-Blau eingesetzt.

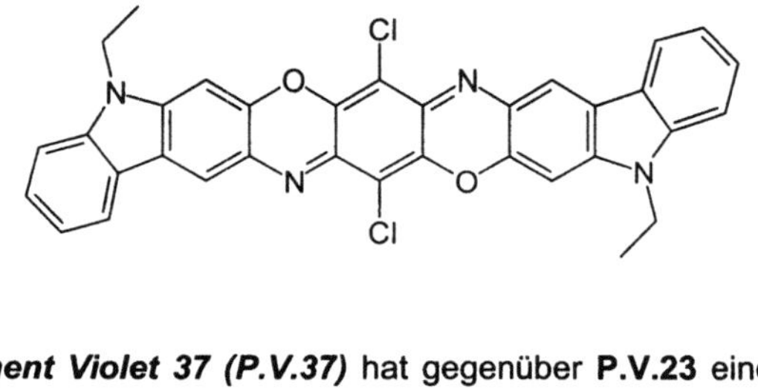

Pigment Violet 37 (P.V.37) hat gegenüber **P.V.23** einen kräftigeren, roten Farbton. **P.V.37** wird bevorzugt im Blechdruck und in PVC-Farben eingesetzt.

Pigment Violet 19 (P.V.19) liegt als ß- und als ε-Modifikation vor. Es ist ein Chinacridon-Pigment. Die ß-Modifikation wird im Druckfarbenbereich bei hohen Ansprüchen an die Lichtechtheit verwendet, z.B. beim PVC-Druck oder beim Plakatdruck. Im Blechdruck ist es bis 170°C einsetzbar, gegen Lösemittel ist es stabil. Die ε-Modifikation ist im Druckfarbenbereich weiter verbreitet und wird für hochwertige Druckerzeugnisse verwendet.

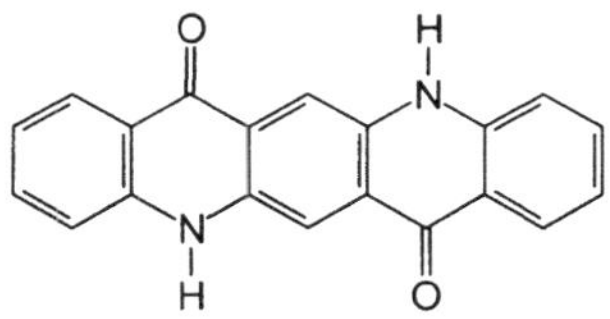

Blaupigmente

Pigment Blue 15 (P.B.15) liegt in drei verschiedenen Modifikationen (α, β, ε) vor, auf deren Unterschiede hier nicht weiter eingegangen werden kann. Es ist ein Phthalocyanin-Pigment, das überall im Druckbereich eingesetzt wird. Es ist sehr gut chemikalienbeständig, farbstark, ergiebig und lichtecht. Die mit Abstand wichtigste Modifikation ist die ß-Modifikation, die Basis für den Normfarbton Cyan in Skalenfarben ist.

Pigment Blue 16 (P.B.16) ist ein metallfreies Blaupigment.

Pigment Blue 60 (P.B.60) (Indanthronblau) ist ein heterocyclisches Anthrachinon-Pigment, das vielfältig eingesetzt wird. Im Druckfarbenbereich repräsentiert es eines der wertbeständigsten Pigmente; es wird für den Banknotendruck verwendet. Trotz erheblicher Bedenken und der Gefahr, dass dieses Pigment künftig in jedem Heimlabor synthetisiert wird, geben wir im folgenden die Strukturformel wieder:

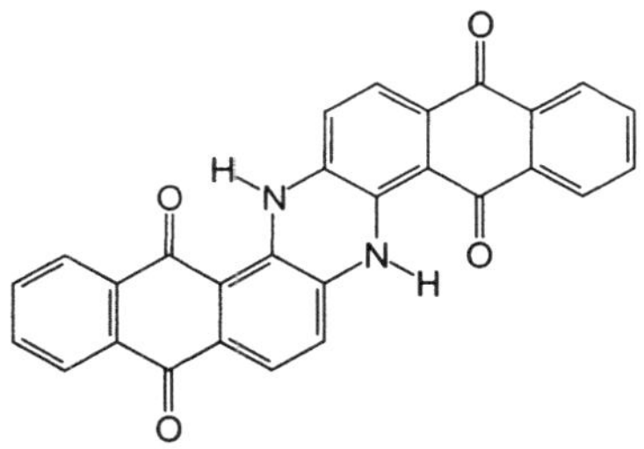

Grünpigmente

Pigment Green 7 (P.G.7) ist wie **P.G.36** ein Phthalocyanin-Pigment. Es ist lichtecht, thermostabil und lösemittelbeständig. Es wird bevorzugt im Verpackungsdruck eingesetzt. **P.G.7** enthält im Gesamtmolekül 14 - 16 Chloratome.

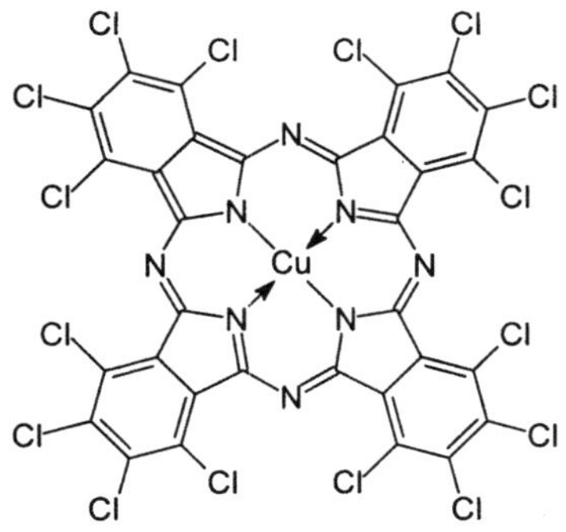

Pigment Green 36 (P.G.36) ist farbschwächer als **P.G.7**. Es verfügt im Gesamtmolekül über 4 - 9 Brom- und 8 - 12 Chloratome.

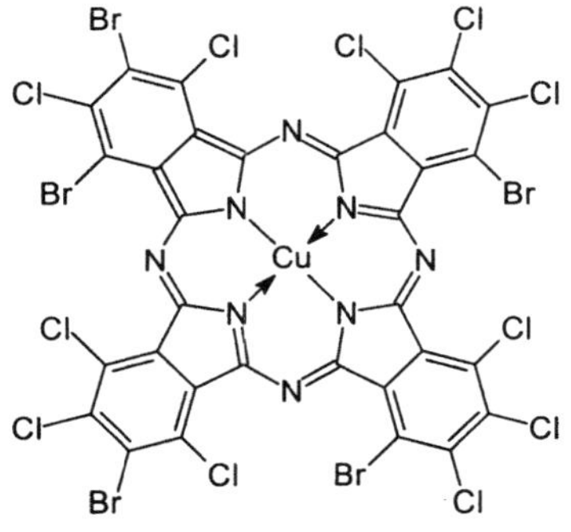

10.3.3 Triarylcarboniumpigmente

In dieser Klasse gibt zwei grundsätzliche Pigmenttypen:

Die **Triphenylmethanpigmente**.

Zu dieser Gruppe gehören die Salze der Triphenylmethansulfonsäuren. Ein besonders wichtiger Vertreter dieser Triphenylmethanpigmente ist Alkaliblau, das durch das Einführen einer Sulfongruppe als schwerlösliches inneres Salz vorliegt. Es dient vor allem zum Ausgleich des Braunstichs von Ruß im Schwarz [103].

Ein Problem der Gruppe von Spezialtief- und Flexodruckfarben mit Pigmenten auf der Basis von Verlackungsprodukten von Triarylmethanfarbstoffen besteht darin, dass sich die löslichen Farbstoffe wieder aus den Farbsalzen abspalten können. Dies führt zum Ausbluten, zur Migration, zur Farbton- und Viskositätsveränderungen. Für Lebensmittelverpackungen und andere „farbechte Anwendungen" sind diese Pigmente deshalb nicht geeignet. Traditionell erreicht man mit ihnen besonders leuchtende Farben, die vom Marketing häufig gewünscht werden. **Ein Produktdesign unter ökologischen Gesichtspunkten kommt**

deshalb häufig mit weniger „leuchtenden" Verpackungen und gutem Inhalt aus! Echtere Pigmente, die eben nicht zum Ausbluten neigen, sind teuerer.

Die **Farbstoff-Salze mit komplexen Anionen**.

Bei dieser Gruppe von Pigmenten sind komplexe anorganische Säureanionen mit Farbstoff-Kationen (z.B. mit Triarylcarbonium-Kationen) salzartig verbunden. Hierzu gehören Pigmente, die aus kationischen Farbstoffen der sehr farbstarken Triphenylmethan-Reihe durch Ausfällen mit Komplexsäuren des Phosphors, Molybdäns und Wolframs erhalten werden.

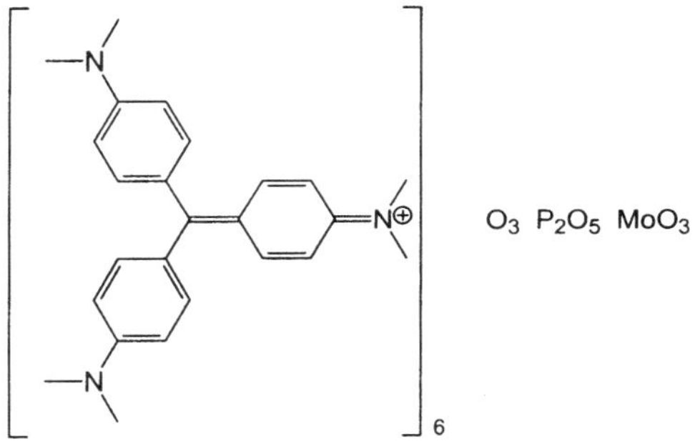

Diese Komplexsalze sind sehr farbstark, haben sehr brillante Farbtöne, aber nur geringe Echtheiten.

Eine Übersicht über die eingesetzten Triarylcarboniumpigmenten in der Druckindustrie gibt Tabelle 10–7. Die Pigmente sind nach ihrer mengenmäßigen Bedeutung geordnet und nach ihrer Farbstoffklasse und Verwendung im Druckverfahren charakterisiert. Die Tabelle enthält der Vollständigkeit wegen auch Pigmente, die nach der Ausschlussliste vermieden und nur in Ausnahmefällen eingesetzt werden sollen.

Pigmentname	C.I.-Nr.	CAS-Nr.	Pigmentklasse	Druckverfahren*	Bedeutung
Rotpigmente					
P. Red 169	45160:2	12224-98-5	Triarylcarbonium	IT, STF, U	groß
P. Red 81:1	45160:1	12224-98-5	Triarylcarbonium	IT, STF, O, U	gering
P. Red 81:3	45160:3		Triarylcarbonium		sehr gering
Violettpigmente					
P. Violet 3	42535:2	1325-82-2	Triarylcarbonium	IT, STF, O, U	mittel
P. Violet 39	42555:2	64070-98-0	Triarylcarbonium	IT, STF, O, U	mittel
P. Violet 1	45170:2	1326-03-0	Triarylcarbonium	STF, O, U	gering
P. Violet 2	45175:1	1326-04-1	Triarylcarbonium	STF, O, U	gering
P. Violet 27	42535:3	12237-62-6	Triarylcarbonium	STF	gering
Blaupigmente					
P. Blue 1	42595:2	1325-87-7	Triarylcarbonium	STF, O, U	groß
P. Blue 56	42800	6417-46-5	Triarylcarbonium	O	groß
P. Blue 61	42765:1	1324-76-1	Triarylcarbonium	O	groß
P. Blue 18	42770:1	1324-77-2	Triarylcarbonium	O	gering
P. Blue 19	42750	58569-23-6	Triarylcarbonium	O	gering
P. Blue 62	42595	57485-98-0	Triarylcarbonium	STF	gering
Grünpigmente					
P. Green 1	42040:1	1325-75-3	Triarylcarbonium	O	gering
P. Green 2	49005:1	1325-11-0	Triarylcarbonium	O	sehr gering

Tabelle 10–7: Triarylcarboniumpigmente in der Druckindustrie

---

* IT = Illustrationstiefdruck
STF = Spezialtiefdruck und Flexodruck (Verpackungsdruck)
O = Offsetdruck incl. Bogenoffsetdruck und Rollenoffsetdruck (Coldset + Heatset); auch die nur noch sporadisch verwendeten Buchdruck- und Lettersetfarben fallen hierunter
S = Siebdruck
U = UV-trocknende Systeme incl. Elektronenstrahldruckfarben
DL = Dispersionslacke auf wässriger Basis
Die mengenmäßige Bedeutung aller Farbmittel wird in vier Kategorien (groß, mittel, gering, sher gering) bewertet. Genauere Angaben, z.B. t/Jahr oder detailliertere Tonnagebereiche wären wünschenswert. Die beteiligte Industrie konnte entsprechende Angaben jedoch nicht ermitteln.

Rotpigmente

Pigment Red 81 (P.R.81) gehört wie **P.R.169** zu den Pigmenten mit folgender Strukturformel:

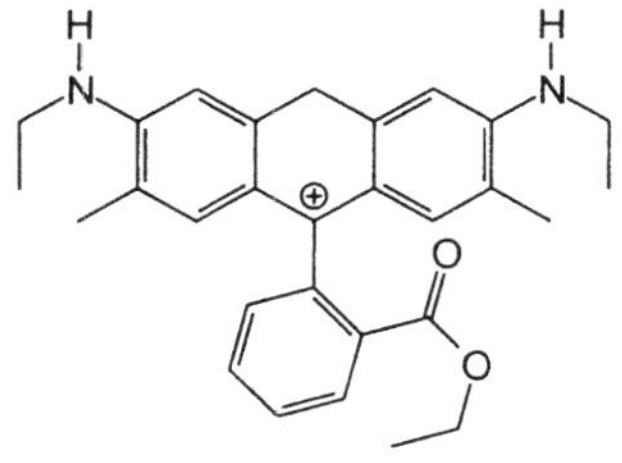

C.I. Name	S-
P.R. 81:1	PTM
	PM
P.R. 81:3	SM
P.R.169	CF

Abkürzungen für die Heteropolysäuren (S^-)

- PTM: Phosphorwolframmolybdänsäure
- PM: Phosphormolybdänsäure
- SM: Siliciummolybdänsäure
- CF: Kupferferrocyanid

Dieses Pigment wird im Buch- und Offsetdruck sowie in lösemittelbasierenden Druckfarben verwendet und zeichnet sich durch große Farbtonreinheit aus. Die Lösemittelbeständigkeit ist meist schlecht. Das Pigment ist farbstark.

Pigment Red 169 (P.R.169) hat sehr ähnliche Eigenschaften und Einsatzbereiche wie **P.R.81**, es wird jedoch bevorzugt in wasserhaltigen Flexodruckfarben verwendet. Es wird als Schönungsmittel in toluolbasierenden Tiefdruckfarben verwendet.

Violettpigmente

Pigment Violet 1 (P.V.1) und **P.V.2** sind strukturell dem **P.R.81** sehr ähnlich.

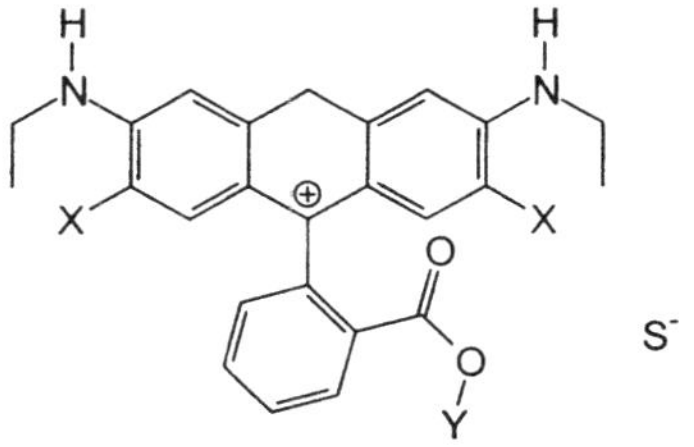

C.I. Name	S^-	X	Y
P.V.1	PTM*	H	H
P.V.2	PTM*	H	C_2H_5

* siehe Pigment Red 81

Das Pigment ist weit verbreitet, seine Echtheit ist jedoch meist schlechter als die von **P.V.2**.

Pigment Violet 2 (P.V.2) ist relativ lichtecht, hochrein und farbstark; durch polare Lösemittel wird es angegriffen. Für den Skalennormton Magenta ist dieses Pigment, wie alle Pigmente dieser Klasse, zu blaustichig.

Pigment Violet 3 (P.V.3) wird bevorzugt im Flexo- und Verpackungsdruck eingesetzt. Gegenüber **P.V.27** zeichnet es sich durch meist bessere Echtheiten aus.

Pigment Violet 27 (P.V.27) ist sehr farbstark, aber nicht sehr beständig gegen organische Lösemittel. Es wird zum Nuancieren und Schönen von Schwarzfarben verwendet und in wasserhaltigen Flexodruckfarben eingesetzt. Es ist für Druckfarben nur bedingt geeignet.

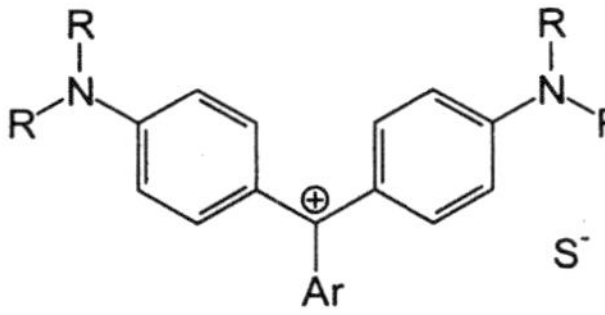

C.I. Name	S^-	Ar	R
P.V.27 P.V.3	CF* PTM* PM*	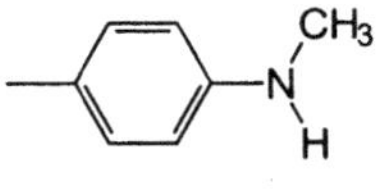	CH_3 CH_3
P.V.39	PM* PTM*	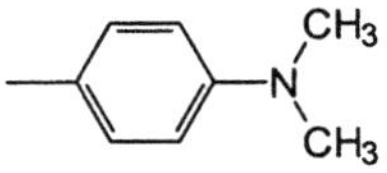	CH_3

* siehe Pigment Red 81

Pigment Violet 39 (P.V.39) findet in Schmuckfarben Verwendung und wird zum Nuancieren eingesetzt.

Blaupigmente

Pigment Blue 1 (P.B.1) ist sehr farbstark und findet in Schmuckfarben Verwendung. Verdruckt wird es in Buch- und Offsetdruckfarben und im lösemittelbasierenden Verpackungsdruck; daneben wird es in Papier, Tapeten und Schreibmaschinenbändern eingesetzt.

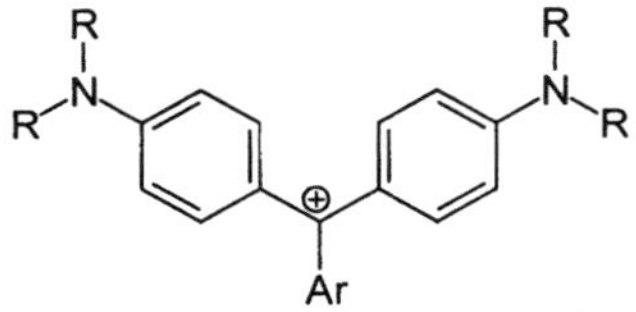

C.I. Name	S^-	Ar	R
P.B. 1	PTM* PM*	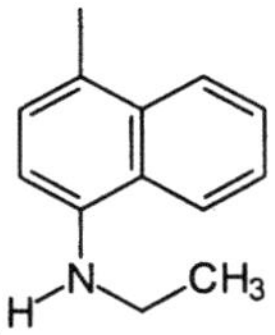	C_2H_5
P.B.62	CF*	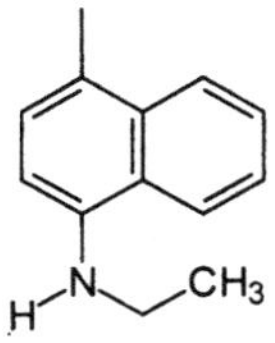	C_2H_5

* siehe Pigment Red 81

Pigment Blue 62 (P.B.62). Dieses Pigment ist **P.B.1** sehr ähnlich. Es dient hauptsächlich zum Nuancieren von Illustrationsdruckfarben und wasserhaltigen Flexodruckfarben. Für Offsetdruckfarben ist es weniger geeignet.

Pigment Blue 56 (P.B.56) und **61** sind Alkaliblau-Pigmente. Für Druckfarben sind sie sehr wichtige Pigmenttypen. Sie werden hauptsächlich für das Nuancieren von schwarzen Druckfarben in Buch- und Offsetfarben verwendet, sowie bedingt in wasserhaltigen Flexodruckfarben eingesetzt und sind in Farbbändern und Kopierpapieren enthalten.

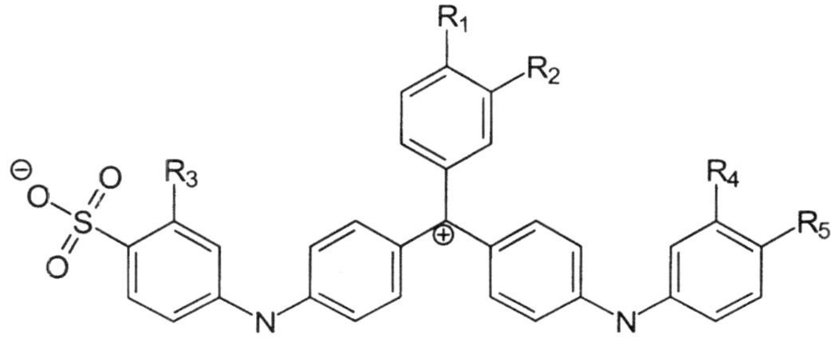

C. I. Name	R_1	R_2	R_3	R_4	R_5
P.B.56	$CH_3C_6H_4NH$	H	CH_3	CH_3	H
P.B.61	C_6H_5NH	H	H	H	H

Grünpigmente

Pigment Green 1 (P.G.1) ist ein Pigment mit hoher Farbstärke.

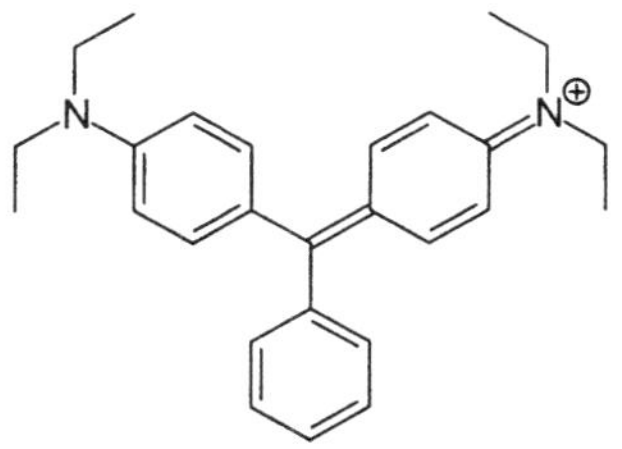

PTM*

PT*

* siehe Pigment Red 81

Pigment Green 2 (P.G.2) ist kein sehr brillantes Pigment, seine Bedeutung schwindet. Das Pigment ist eine Mischung aus **P.G.1** und Thioflavin.

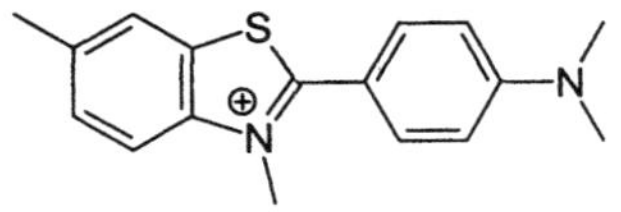

PTM*

Thioflavin (P.Y.18)

* siehe Pigment Red 81

10.3.4 Tagesleuchtpigmente

Dies sind in erster Linie basische Farbstoffe, die in Kunstharze, üblicherweise Melamin- oder Acrylatharze eingebettet sind. Sie fluoreszieren z.B. unter Einfluss von UV-Licht, aber auch bei Aktivierung durch sichtbares Licht.

10.4 Organische Farbstoffe

Die organischen Farbstoffe, die in Druckverfahren hauptsächlich zur Anwendung kommen können in

- basische Farbstoffe,
- Farbbasen und Metallkomplexfarbstoffe

eingeteilt werden.

Das Europäische Technische Komitee „Druckfarben" der CEPE (Europäische Vereinigung der Verbände der Lack-, Druckfarben- und Künstlerfarbenfabrikanten) veröffentlichte eine Ausschlussliste für Druckfarben und zugehörige Produkte, der sich auch der deutsche Verband der Druckfarbenhersteller anschließt (siehe auch Kap. 10.10 Toxikologie).

Danach wird auf den Einsatz von Farbstoffen europaweit auf Farbstoffe verzichtet, wenn sie

- als krebserzeugende, erbgutverändernde und fortpflanzungsgefährdende Stoffe darstellen gemäß der Gefahrstoffrichtlinie 67/548/EWG als giftig (T) mit den Risikosätzen R45, R46, R49, R60, R61 eingestuft und gekennzeichnet werden müssen,
- gemäß der Gefahrstoffrichtlinie 67/548/EWG als sehr giftig (T+) oder giftig (T) mit den Risikosätzen R23, R24, R25, R26, R27, R28, R39, R48 eingestuft und gekennzeichnet werden müssen,
- im Körper bioverfügbare, kanzerogene, aromatische Amine der Kategorien 1 und 2 gemäß EG-Richtlinie 67/548/EWG freisetzen oder
- der speziellen Farbstoffliste angehören:

Auramin	(Basic Yellow 2	- C.I. 41000)
Chrysoidin	(Basic Orange 2	- C.I. 11270)
Fuchsin	(Basic Violet 14	- C.I. 42510)
Indulin	(Solvent Blue 7	- C.I. 50400)
Kresylen Braun	(Basic Brown 4	- C.I. 21010).

Von speziellem Interesse innerhalb der Farbmittel sind die **Azofarbstoffe**. Sie können, sofern sie bioverfügbar sind, in Darm und Leber reduktiv gespalten werden, wobei sie das aromatische Amin ($R-NH_2$) wieder freigeben. Die in vielen Fällen festgestellte mutagene und carzinogene Wirkung der Azofarbstoffe wird auf die Freisetzung des Amins zurückgeführt. Azofarbstoffe sind für Druckfarben von geringer Bedeutung, da sie nicht ausreichend lichtecht sind und oberhalb von 100^0C sublimieren. Sie werden hauptsächlich im Textilbereich eingesetzt. Nach dem Lebensmittel- und Bedarfsgegenständegesetz (LMBG) und den dazugehörigen Verordnungen besteht ein Verwendungsverbot für bestimmte Azofarbmittel. Es gilt für Gegenstände, die nicht nur zum vorübergehenden Kontakt mit den menschlichen Körper bestimmt sind, wie beispielsweise Bekleidung, Bettwäsche, Handtücher, Masken, Perücken, Windeln, Slipeinlagen oder Brustbeutel und gilt für Farbstoffe, die im menschlichen Körper eines der in Anlage 1 Nr. 7 zu § 3 BedarfsgegenständeV aufgeführten carcinogenen Aminen freisetzen können.

10.4.1 Basische Farbstoffe

Diese Farbstoffe sind wasser- und alkohollöslich, besitzen sehr reine Farbtöne und hohe Farbstärke. Meist sind sie wenig lichtecht. Ihr Haupteinsatzgebiet sind Flexodruckfarben (früher irreführend Anilingummidruckfarben genannt). Sie werden als farbgebende Substanzen mit Komplexbildnern zu verschiedenen Pigmenten verlackt, oder, wenn mit basischen Farbstoffen gedruckt wurde, erfolgt die Fixierung mit Phenolderivaten im fertigen Druck. Einige dieser Farbstoffe sind toxikologisch bedenklich (vgl. Kapitel 10.10 Toxikologie). Aus diesem Grunde sind sie für den Druck auf Lebensmittelverpackungen nicht geeignet und werden dafür von der deutschen Druckfarbenindustrie nicht empfohlen.

Eine Übersicht über die eingesetzten basischen Farbstoffe in der Druckfarbenindustrie gibt Tabelle 10–8. Die Farbstoffe sind nach ihrer mengenmäßigen Bedeutung geordnet und nach ihrer Farbstoffklasse und Verwendung im Druckverfahren charakterisiert. Die Tabelle enthält der Vollständigkeit wegen auch Farbstoffe, die nach der Ausschlussliste vermieden und nur in Ausnahmefällen eingesetzt werden sollen.

Farbstoffname	C.I.-Nr.	CAS-Nr.	Farbstoffklasse	Druckverfahren*	Bedeutung
Gelbfarbstoffe					
Basic Yellow 37	41001		Diarylmethan		groß
Orangefarbstoffe					
Basic Orange 1			Triarylmethan		
Rotfarbstoffe					
Basic Red 1	45160	989-38-8	Xanthen, Rhodamin		groß
Violettfarbstoffe					
Basic Violet 1	42535		Triarylmethan		gering
Basic Violet 10	45170	81-88-9	Xanthen, Rhodamin		gering
Basic Violet 11	45175		Triarylmethan		
Blaufarbstoffe					
Basic Blue 1	42025		Triarylmethan		
Basic Blue 26	44045	2580-56-5	Triarylmethan		mittel
Basic Blue 55			Triarylmethan		
Basic Blue 56					
Grünfarbstoffe					
Basic Green 1	42040	633-03-4	Triarylmethan		gering

Tabelle 10–8: Basische Farbstoffe in der Druckindustrie

Gelbfarbstoffe

Basic Yellow 2 (B.Y.2). Wenig lichtechter Farbstoff (Zitronengelb), der in Flexodruckfarben eingesetzt wird. Sein Trivialname ist **Auramin O**. Der Farbstoff wird heute in der Bundesrepublik nur noch selten eingesetzt (vgl. Tabelle 10–18 und Kapitel Toxikologie).

---

* IT = Illustrationstiefdruck
STF = Spezialtiefdruck und Flexodruck (Verpackungsdruck)
O = Offsetdruck incl. Bogenoffsetdruck und Rollenoffsetdruck (Coldset + Heatset); auch die nur noch sporadisch verwendeten Buchdruck- und Lettersetfarben fallen hierunter
S = Siebdruck
U = UV-trocknende Systeme incl. Elektronenstrahldruckfarben
DL = Dispersionslacke auf wässriger Basis
Die mengenmäßige Bedeutung aller Farbmittel wird in vier Kategorien (groß, mittel, gering, sher gering) bewertet. Genauere Angaben, z.B. t/Jahr oder detailliertere Tonnagebereiche wären wünschenswert. Die beteiligte Industrie konnte entsprechende Angaben jedoch nicht ermitteln.

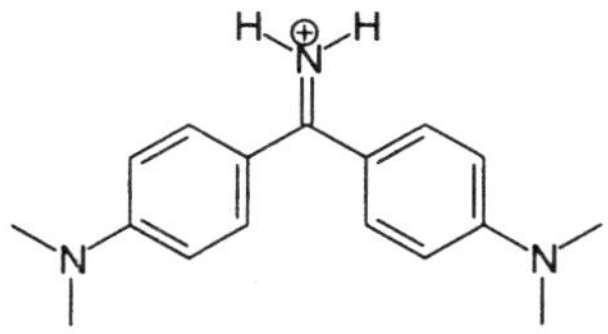

Basic Yellow 37 (B.Y.37) wird aus den o.g. Gründen dem **B.Y.2** vorgezogen. Dieser Farbstoff wird z.B. in Druckfarben für den Druck auf billigem Verpackungspapier verwendet.

Rotfarbstoffe

Basic Red 1 (B.R.1). Der Trivialname von **B.R.1** ist **Rhodamin 6G**. Es ist eine wirtschaftliche und dadurch wichtigste Rotmarke für Flexodruckfarben.

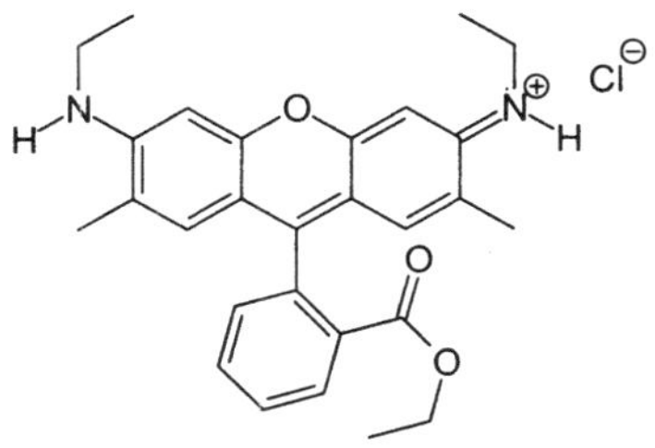

Violettfarbstoffe

Basic Violet 1 (B.V.1) ist in Wasser und Alkohol löslich und verfärbt sich unter Lichteinfluss schwarz. Dieser Farbstoff kann zu **Pigment Violet 3 (P.V.3)** verlackt werden. Sein Trivialname ist **Methyl-Violett 2B**.

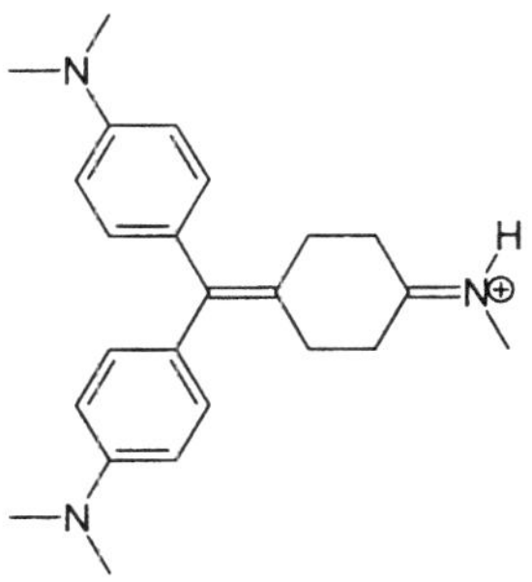

Basic Violet 10 (B.V.10) ist in Wasser, Alkohol und Glycolester löslich. Sein Trivialname ist **Rhodamin B**.

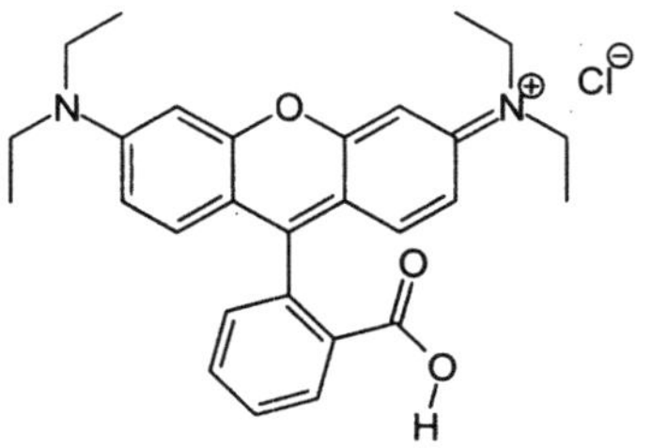

Blaufarbstoffe

Basic Blue 26 (B.B.26) ist wasserlöslich und dunkelt nach. Der Farbstoff wird zur Verlackung von **Pigment Blau 1 (P.B.1)** eingesetzt. Letzteres wird in fast allen Druckbereichen genutzt. Sein Trivialname ist **Victoria-Blau B**.

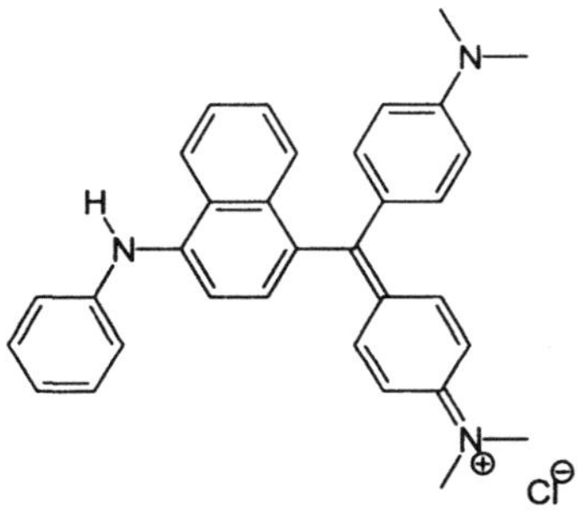

10.4.2 Farbstoffbasen und Metallkomplexe

Farbstoffbasen sind Basen verschiedener basischer Farbstoffe und Anilinschwarzfarbstoffe. Sie werden in erster Linie zum Schönen von Zeitungs- und Illustrationstiefdruckfarben verwendet. Voraussetzung ist die Gegenwart eines sauren Harzes oder einer organischen Säure (z.B. Olein), damit sie durch Salzbildung ihre hohe Farbstärke entwickeln können [273].

Farbstoffname	C.I.-Nr.	CAS-Nr.	Farbstoffklasse	Druckverfahren*	Bedeutung
Gelbfarbstoffe					
Solv. Yellow 79			Monoazofarbstoff, Cr-Komplex	STF	gering
Solv. Yellow 81	13900:1		Monoazofarbstoff, Cr-Komplex	STF	gering
Solv. Yellow 82	18690		Monoazofarbstoff, Cr-Komplex	STF	gering
Solv. Yellow 29		6706-82-7			sehr gering
Solv. Yellow 34	41000:1		Diarylmethan		sehr gering
Solv. Yellow 44	56200		Aminoketon		sehr gering
Orangefarbstoffe					
Solv. Orange 56	18745:1		Monoazofarbstoff	STF	sehr gering
Rotfarbstoffe					
Solv. Red 49	451701/1	509-34-2	Xanthen, Rhodamin	IT	mittel
Solv. Red 122			Monoazofarbstoff, Cr-Komplex	STF	gering
Solv. Red 160			Monoazofarbstoff, Cr-Komplex, Farbsalz	STF	gering
Solv. Red 109			Monoazofarbstoff, Cr-Komplex, Farbsalz		sehr gering
Solv. Red 119			Monoazofarbstoff, Cr-Komplex, Farbsalz		sehr gering
Violetfarbstoffe					
Solv. Violet 8	42535:1		Triarylcarbonium		sehr gering

* IT = Illustrationstiefdruck
STF = Spezialtiefdruck und Flexodruck (Verpackungsdruck)
O = Offsetdruck incl. Bogenoffsetdruck und Rollenoffsetdruck (Coldset + Heatset); auch die nur noch sporadisch verwendeten Buchdruck- und Lettersetfarben fallen hierunter
S = Siebdruck
U = UV-trocknende Systeme incl. Elektronenstrahldruckfarben
DL = Dispersionslacke auf wässriger Basis
Die mengenmäßige Bedeutung aller Farbmittel wird in vier Kategorien (groß, mittel, gering, sher gering) bewertet. Genauere Angaben, z.B. t/Jahr oder detailliertere Tonnagebereiche wären wünschenswert. Die beteiligte Industrie konnte entsprechende Angaben jedoch nicht ermitteln.

Farbstoffname	C.I.-Nr.	CAS-Nr.	Farbstoffklasse	Druckverfahren*	Bedeutung
Blaufarbstoffe					
Solv. Blue 4	44045:1		Triarylcarbonium	IT	mittel
Solv. Blue 70	74400		Cu-Phthalocyanin		gering
Solv. Blue 81			Triarylcarbonium		gering
Schwarzfarbstoffe					
Solv. Black 27			Monoazofarbstoff, Cu-Komplex	STF	sehr gering
Solv. Black 7	50415:1	8005-02-5	Azin, Nigrosin		sehr gering

Tabelle 10–9: Farbstoffbasen und Metallkomplexe in der Druckindustrie

Metallkomplexfarbstoffe sind alkohol-, ester- und ketonlöslich und sind wesentlich farbechter als die Farbbasen. Sie werden in Flexo- und Tiefdruckfarben, insbesondere zum Bedrucken von Aluminiumfolien verwendet.

Eine Übersicht über die eingesetzten Farbstoffbasen in der Druckfarbenindustrie gibt Tabelle 10–9. Die Farbstoffe sind nach ihrer mengenmäßigen Bedeutung geordnet und nach ihrer Farbstoffklasse und Verwendung im Druckverfahren charakterisiert. Die Tabelle enthält der Vollständigkeit wegen auch Farbstoffe, die nach der Ausschlussliste vermieden und nur in Ausnahmefällen eingesetzt werden sollen.

10.5 Bindemittel [461]

Bindemittel haben folgende Aufgaben [99]:

- Sie umhüllen die einzelnen Pigmente und führen so zur Verdruckbarkeit in feinster Dispersion.
- Sie verankern die Pigmente auf dem Bedruckstoff.
- Sie verleihen der Druckfarbe die notwendigen Trocknungseigenschaften.
- Sie üben eine Schutzfunktion gegen mechanischen Abrieb aus.

---

* IT = Illustrationstiefdruck

STF = Spezialtiefdruck und Flexodruck (Verpackungsdruck)

O = Offsetdruck incl. Bogenoffsetdruck und Rollenoffsetdruck (Coldset + Heatset); auch die nur noch sporadisch verwendeten Buchdruck- und Lettersetfarben fallen hierunter

S = Siebdruck

U = UV-trocknende Systeme incl. Elektronenstrahldruckfarben

DL = Dispersionslacke auf wässriger Basis

Die mengenmäßige Bedeutung aller Farbmittel wird in vier Kategorien (groß, mittel, gering, sher gering) bewertet. Genauere Angaben, z.B. t/Jahr oder detailliertere Tonnagebereiche wären wünschenswert. Die beteiligte Industrie konnte entsprechende Angaben jedoch nicht ermitteln.

Bindemittel (manchmal auch Firnis genannt) sind filmbildende Materialien, in denen die Farbmittel feinst dispergiert bzw. gelöst werden, die den Transport der Farbmittel in der Druckmaschine ermöglichen (Farbübertragung) und die nach dem Trocknen des Druckes die Bindung der Farbmittel an den Bedruckstoff bewirken.

Das Europäische Technische Komitee „Druckfarben" der CEPE (Europäische Vereinigung der Verbände der Lack-, Druckfarben- und Künstlerfarbenfabrikanten) veröffentlichte eine Ausschlussliste für Druckfarben und zugehörige Produkte, der sich auch der deutsche Verband der Druckfarbenhersteller anschließt (siehe auch Kap. 10.10. Toxikologie).

Danach wird auf den Einsatz von Bindemitteln europaweit auf Stoffe verzichtet, wenn sie

- als krebserzeugende, erbgutverändernde und fortpflanzungsgefährdende Stoffe darstellen gemäß der Gefahrstoffrichtlinie 67/548/EWG als giftig (T) mit den Risikosätzen R45, R46, R49, R60, R61 eingestuft und gekennzeichnet werden müssen oder
- gemäß der Gefahrstoffrichtlinie 67/548/EWG als sehr giftig (T+) oder giftig (T) mit den Risikosätzen R23, R24, R25, R26, R27, R28, R39, R48 eingestuft und gekennzeichnet werden müssen.

Eine Übersicht über die eingesetzten Bindemittelbestandteile in der Druckfarbenindustrie gibt Tabelle 10–10. Die Bindemittel sind nach ihrer mengenmäßigen Bedeutung geordnet und nach ihrer Verwendung im Druckverfahren charakterisiert.

Bindemittelname	**CAS-Nr.**	**Druckverfahren***	**Bedeutung**
Naturharze			
Die Harze erfüllen vielfältige Zwecke. Einige verbessern das Trocknungsverhalten der Druckfarbe, andere führen zu besonders abriebfesten oder hochglänzenden Farbfilmen. Sie tragen zur Benetzung, Verfestigung und Glanzbildung bei. Naturharze werden meist chemisch verändert, um eine bessere Eignung als Druckfarbenbindemittel zu erreichen.			
Dammar		IT	gering
Tallharze		O, IT	gering
Kopale			sehr gering
Schellack		STF	sehr gering
Balsam- und Wurzelharz (Kolophonium)			sehr gering
Naturharzderivate			

* IT = Illustrationstiefdruck
STF = Spezialtiefdruck und Flexodruck (Verpackungsdruck)
O = Offsetdruck incl. Bogenoffsetdruck und Rollenoffsetdruck (Coldset + Heatset); auch die nur noch sporadisch verwendeten Buchdruck- und Lettersetfarben fallen hierunter
S = Siebdruck
U = UV-trocknende Systeme incl. Elektronenstrahldruckfarben
DL = Dispersionslacke auf wässriger Basis
Die mengenmäßige Bedeutung aller Bindemittel wird in vier Kategorien (groß, mittel, gering, sher gering) bewertet. Genauere Angaben, z.B. t/Jahr oder detailliertere Tonnagebereiche wären wünschenswert. Die beteiligte Industrie konnte entsprechende Angaben jedoch nicht ermitteln.

Bindemittelname	CAS-Nr.	Druckverfahren*	Bedeutung
Maleinatharze		IT, STF, O	groß
Erdalkaliresinate		IT	groß
Zinkresinate		IT	groß
Leinölstandöl		O	groß
Öl-Harz-Verkochung		O	groß
Kolophoniumester		IT, O	mittel
Resolmodifizierte Kolophoniumharze (Phenolharze)		IT, O	mittel
Fumarsäuremodifizierte Kolophoniumharze		IT	gering
Cellulosederivate			
(Funktionen siehe Naturharze). Sie werden überwiegend im Verpackungs- und Flexodruck eingesetzt.			
Cellulosenitrat (Nitrocellulose)	9004-70-0	STF	groß
Cellulosebutyrat		STF	mittel
Carboxymethylcellulosen	9000-11-7	STF	gering
Celluloseether		STF	gering
Celluloseester		STF	gering
Cellulosepropionat		STF	gering
Ethylcellulose	9004-57-3	STF	gering
Ethylhydroxy-ethylcellulosen		STF	gering
Fette, fette Öle			
Diese Öle haben die Eigenschaft, bei Luftsauerstoffzutritt (oxidative Trocknung) und/oder beim Erhitzen einzudicken (Polymerisationsvorgang). Sie werden eingesetzt, um die Zugkraft (Klebekraft oder den "Tack") der Druckfarbe einzustellen. Sie finden z.B. in Buch- und Offsetdruckfarben Anwendung.			
Leinöl	60-33-3	O	groß
Rapsöl	8002-13-9	O	mittel
Holzöl	8006-64-2	O	mittel
Sojaöl	8001-22-7	O	mittel
Sonnenblumenöl	68953-27-5	O	mittel
Distelöl		O	gering
Fumarsäuremodifizierte Kolophoniumharze		O	gering
Lelinölstandöl		O	gering
Oiticicaöl		O	gering
Ricinenöl		O	gering
Safflоröl		O	gering
Tallöl		IT, O	gering

Bindemittelname	CAS-Nr.	Druckverfahren*	Bedeutung
Tungöl		O	gering
Ricinusöl	8001-79-4	O	gering
Polyester (Funktionen siehe Naturharze).			
Alkydharze		O, S	groß
Polyesterharze		STF	mittel
Urethanalkyde		S	mittel
Styrolisierte Alkydharze		S	gering
Kohlenwasserstoffharze			
Kohlenwasserstoffharze		IT, O	mittel
Cumaron-Inden-Harze	63393-89-5	IT, O	gering
Terpenharze		O	gering
hochviskose Mineralölprodukte		IT, O	gering
Cyclopentadienharze			gering
Bituminöse Stoffe			
Asphalte		IT, O	mittel
Polymerisate und Mischpolymerisate			
Polyacrylatdispersionen wasserverdünnbar		STF, DL	groß
Polyvinylbutyrale		STF	groß
Polyacrylate		STF	mittel
Polyacrylate durch Strahlen härtbar		U	mittel
Polymethacrylate		STF	mittel
Polyurethane		STF, S	mittel
Acrylsäurecopolymerisate		STF, S	gering
Polyamine		STF	gering
Polyaminoamide		STF	gering
Polycarbonate		STF, S	gering
Polyesteracrylate		STF, S	gering
Polyetheracrylate		STF	gering
Polyisocyanate		STF, S	gering
Polyolefine		STF	gering
Polystyrol	9003-53-6	STF, S	gering
Polyterpenharze		STF	gering
Polyurethanacrylate		STF, S	gering
Polyvinylacetate	9003-20-7	STF, S	gering

Bindemittelname	CAS-Nr.	Druckverfahren*	Bedeutung
Polyvinylalkohol	9002-89-5	STF	gering
Polyvinylchlorid	9002-86-2	STF, S	gering
Polyvinylchloridmischpolymerisate		STF, S	gering
Polyvinylidenchlorid	9002-85-1	STF, S	gering
Polyvinylidenchloridcopolymerisate		STF, S	gering
Styrolcopolymerisate		STF, S	gering
Kautschukderivate			
Kautschukderivate		O	gering
Phenolharze und Terpenphenolharze			
Novolake		STF	gering
Phenolharze, - formaldehydharze		STF	gering
Aminoplaste			
Polyurethanharze			
Epoxidharze			
Cycloaliphatische Epoxidharze		STF	gering
Epoxidharze		STF, S	gering
Ketonharze, Aldehydharze			
Aldehydharze		STF	gering
Ketonharze		STF, S	mittel
Sulfonamidharze			
Sulfonamidharze		STF	gering
Polyamidharze			
Polyamidharze		STF, S	mittel
Proteine			
Fossiler Naturasphalt und Destillationsrückstände aus der Naturharz-, Tallöl-, Mineralöl- und Fettsäureverarbeitung		**siehe Bituminöse Stoffe**	
Siliconharze			
Siliconharze		STF	gering
Siliconacrylate		STF	sehr gering
Durch Strahlen härtbare Verbindungen			
PPTTA		U	mittel
HDDA	13048-33-4	U	mittel
DPGDA	57472-68-1	U	gering

Bindemittelname	CAS-Nr.	Druckverfahren*	Bedeutung
Epoxiacrylate		U	gering
Ethoxyethoxy-2,2-ethylacrylat	7328-17-8	U	gering
GPTA	52408-84-1	U	gering
PETTA	4986-89-4	U	gering
THF-Acrylat	2399-48-6	U	gering
TMPTA	15625-89-5	U	gering
TPGDA	42978-66-5	U	gering
TTEGDA	17831-71-9	U	gering
N-Vinylpyrrolidon	88-12-0	U	gering
Aminoacrylate		U	sehr gering

Tabelle 10–10: Bindemittel in der Druckfarbenindustrie

10.6 Lösemittel [461, 183]

Das Europäische Technische Komitee „Druckfarben" der CEPE (Europäische Vereinigung der Verbände der Lack-, Druckfarben- und Künstlerfarbenfabrikanten) veröffentlichte eine Ausschlussliste für Druckfarben und zugehörige Produkte, der sich auch der deutsche Verband der Druckfarbenhersteller anschließt (siehe auch Kap. 10.10 Toxikologie).
Danach wird auf den Einsatz von Lösemitteln europaweit auf Stoffe verzichtet, wenn sie

- als krebserzeugende, erbgutverändernde und fortpflanzungsgefährdende Stoffe darstellen gemäß der Gefahrstoffrichtlinie 67/548/EWG als giftig (T) mit den Risikosätzen R45, R46, R49, R60, R61 eingestuft und gekennzeichnet werden müssen,
- gemäß der Gefahrstoffrichtlinie 67/548/EWG als sehr giftig (T+) oder giftig (T) mit den Risikosätzen R23, R24, R25, R26, R27, R28, R39, R48 eingestuft und gekennzeichnet werden müssen oder
- der speziellen Liste angehören:

  Chlorbenzol
  Dichlorbenzol
  Flüchtige chlorierte Kohlenwasserstoffe (CKW) wie
      Trichlorethylen, Tetrachlorethylen (Perchlorethylen), Methylenchlorid (Dichlormethan)
  Flüchtige Fluorchlor-Kohlenwasserstoffe (FCKW)
  2-Ethoxyethanol (Ethylglykol)
  2-Ethoxyethyl-Acetat (Ethylglykol-Acetat)
  Methanol (Methylalkohol)
  2-Methoxyethanol (Methylglykol)
  2-Methoxyethyl-Acetat (Methylglykol-Acetat)
  2-Nitropropan

Eine Übersicht über die eingesetzten Lösemittel in der Druckfarbenindustrie gibt Tabelle 10–11. Die Lösemittel sind nach ihrer Verwendung im Druckverfahren charakterisiert und nach der Bedeutung der Lösemittel geordnet in:

- Unentbehrliche Lösemittel (Mengenbedeutung groß),
- in manchen Fällen nötige Lösemittel (Mengenbedeutung mittel) und

- in Spezialfällen angewandte Lösemittel (Mengenbedeutung gering).

Lösemittelname	CAS-Nr.	Druckverfahren*	Bedeutung
Kohlenwasserstoffe			
Toluol	108-88-3	IT	groß
Mischungen von aliph./napht./arom.Kohlenwasserstoffen (Sdp.260-290°C)		O	mittel
Mischungen von aliph./napht./arom.Kohlenwasserstoffen (Sdp.280-310°C)		O	mittel
Mischungen von aliphatischen Kohlenwasserstoffen (Sdp.260-290°C)		O	mittel
Mischungen von aliphatischen Kohlenwasserstoffen (Sdp.280-310°C)		O	mittel
Mischungen von aliphatisch-naphtenischen Kohlenwasserstoffen (Sdp.150-190°C)		O	mittel
Mischungen von aliphatisch-naphtenischen Kohlenwasserstoffen (Sdp.240-270°C)		O	mittel
Mischungen von aliphatisch-naphtenischen Kohlenwasserstoffen (Sdp.260-290°C)		O	mittel
Mischungen von aliphatisch-naphtenischen Kohlenwasserstoffen (Sdp.280-310°C)		O	mittel
Mischungen von naphtenischen Kohlenwasserstoffen (Sdp.240-270°C)		O	mittel
Mischungen von aliph./napht./arom. Kohlenwasserstoffen (Sdp.240-270°C)		O	mittel
Cyclohexan	110-82-7		gering
Xylen	1330-20-7	S	gering
Aromatische Kohlenwasserstoffe C10-C13		S	sehr gering
Kohlenwasserstoffe,aliph.(Sdp.60-125°C),<5%Hexane und <0,1%Benzol		S	sehr gering
Mischungen von aliph./napht. Kohlenwasserstoffen (Sdp.135-180°C)	64742-88-7	S	sehr gering

* IT = Illustrationstiefdruck
STF = Spezialtiefdruck und Flexodruck (Verpackungsdruck)
O = Offsetdruck incl. Bogenoffsetdruck und Rollenoffsetdruck (Coldset + Heatset); auch die nur noch sporadisch verwendeten Buchdruck- und Lettersetfarben fallen hierunter
S = Siebdruck
U = UV-trocknende Systeme incl. Elektronenstrahldruckfarben
DL = Dispersionslacke auf wässriger Basis
Die mengenmäßige Bedeutung aller Lösemittel wird in vier Kategorien (groß, mittel, gering, sher gering) bewertet. Genauere Angaben, z.B. t/Jahr oder detailliertere Tonnagebereiche wären wünschenswert. Die beteiligte Industrie konnte entsprechende Angaben jedoch nicht ermitteln.

Lösemittelname	CAS-Nr.	Druckverfahren*	Bedeutung
Mischungen von aliph./napht./arom. Kohlenwasserstoffen (Sdp.145-200°C)	64742-82-1	S	sehr gering
Mischungen von aliph./napht./arom. Kohlenwasserstoffen (Sdp.150-190°C)			sehr gering
Mischungen von aliph./napht./arom. Kohlenwasserstoffen (Sdp.153-178°C)	90622-57-4		sehr gering
Mischungen von aliph./napht./arom. Kohlenwasserstoffen (Sdp.170°C)	8008-20-6		sehr gering
Mischungen von aliphiphatischen Kohlenwasserstoffen (Sdp.187-215°C)	64741-65-7		sehr gering
Mischungen von Alkylbenzolkohlenwasserstoffen (Sdp.>310°C)			sehr gering
Mischungen von Alkylbenzolkohlenwasserstoffen (Sdp.270-310°C)			sehr gering
Mischungen von aromatischen Kohlenwasserstoffen (Sdp.155-180°C)	64742-95-6		sehr gering
Mischungen von aromatischen Kohlenwasserstoffen (Sdp.160-180°C)			sehr gering
Mischungen von aromatischen Kohlenwasserstoffen (Sdp.180-215°C)	64742-94-5		sehr gering
Mischungen von aromatischen Kohlenwasserstoffen (Sdp.190-210°C)			sehr gering
Mischungen von aromatischen Kohlenwasserstoffen (Sdp.220-290°C)			sehr gering
Mischungen von naphtenischen Kohlenwasserstoffen (Sdp.>310°C)			sehr gering
Mischungen von naphtenischen Kohlenwasserstoffen (Sdp.160-200°C)			sehr gering
Mischungen von naphtenischen Kohlenwasserstoffen, hydriert			sehr gering
Nonanol, n-	143-08-8		sehr gering
Dicyclopentadien	77-73-6		sehr gering
Dipenten	138-86-3	S	sehr gering
Heptan	92045-32-4		sehr gering
Hexan (n-Hexan)	110-54-3		sehr gering
Limonen-D (1,8-p-Menthadien)	5989-27-5	S	sehr gering
Methylcyclohexan	108-87-2		sehr gering
Octan	111-65-9		sehr gering
Paraffinöl (C15-C50) (white mineral oil)	8042-47-5	S	sehr gering
Paraffinöl (petroleum)	8012-95-1		sehr gering
Paraffinöl (petroleum), hydriert	8012-95-1		sehr gering

Lösemittelname	CAS-Nr.	Druckverfahren*	Bedeutung
Paraffinöl, hydriert (C15-C50), (white mineral oil)	8042-47-5		sehr gering
Paraffinöl, synthetisch			sehr gering
Paraffinöl, synthetisch, hydriert			sehr gering
Paraffinöle (petroleum) raffiniert	72623-87-7		sehr gering
Terpenkohlenwasserstoffe	8075-71-6	S	sehr gering
Mineralöle			
Benzin, aromatischer Anteil <1%	64742-47-8	S	mittel
Benzin, aromatischer Anteil <1%	64742-48-9		mittel
Benzin, aromatischer Anteil <1% (Sdp. 80-111°C)	64742-89-8	S	mittel
Benzin, aromatischer Anteil 20%	64742-82-1	S	sehr gering
Benzin, aromatischer Anteil 20% (Sdp. 180-220°C)	64742-88-7	S	sehr gering
Kerosin (Sdp. 170-245°C)			sehr gering
Solventnaphtha, aromatischer Anteil >98%	64742-95-6	S	sehr gering
Solventnaphtha, aromatischer Anteil >98%	64742-94-5	S	sehr gering
Terpentin	8006-64-2	S	sehr gering
Testbenzin (Sdp. 100-140°C) (white Spirit)	64742-49-0	S	sehr gering
Testbenzin (Sdp. 135-180°C) (white spirit)		S	sehr gering
Testbenzin (Sdp. 145-200°C) (white spirit)		S	sehr gering
Alkohole			
Ethanol	64-17-5	STF	groß
Ethoxypropanol (1-Ethoxypropan-2-ol)	1569-02-4	STF	mittel
Methoxypropanol (1-Methoxypropan-2-ol)	107-98-2	STF	mittel
Propanol-1	71-23-8	STF	mittel
Propanol-2	67-63-0	STF, S	mittel
Benzylalkohol	100-51-6	S	gering
Butanol-1 (n-Butylalkohol)	71-36-3	S	gering
Butanol-2 (sec-Butylalkohol)	78-92-2		gering
Butanol-iso	78-83-1		gering
Butoxy-2-ethanol	111-76-2	S	gering
Diacetonalkohol	123-42-2	STF	gering
Methoxybutanol (3-methoxybutan-1-ol)	2517-43-3	S	gering
Propandiol-1,2	57-55-6		gering
Alkohole, linear, primär (C8-C10)	91031-90-3		sehr gering
Butoxypropanol (1-Butoxypropan-2-ol)	5131-66-8		sehr gering
Cyclohexanol	108-93-0		sehr gering

Lösemittelname	CAS-Nr.	Druckverfahren*	Bedeutung
Decanol, n-	112-30-1		sehr gering
Ethylhexylalkohol (2-Ethylhexan-1-ol)	104-76-7		sehr gering
Hexanol-1	111-27-3		sehr gering
Isopropoxypropanol (2-iprop.-1-prop./1-iprop.-2-prop.)	3944-37-4		sehr gering
Isotridecylalcohol	68526-86-3	O	sehr gering
Methylpentanol (4-Methylpentane-2-ol)	108-11-2		sehr gering
Octanol,iso	26952-21-6		sehr gering
Polystyrolallylalkohol			sehr gering
Tert-butylalkohol	75-65-0		sehr gering
Methylcyclohexanol			
Glycole und Glycolether			
Diethyleneglycol	111-46-6		gering
Diethyleneglycolmonobutylether (Butyldiglycol)	112-34-5	S	gering
Ethylenglycol (Ethan-1,2-diol)	107-21-1		gering
Ethylenglycolmonobutylether (2-Butoxy-ethanol)	111-76-2	S	gering
Diethyleneglycolmonoethylether (Ethyldiglydol)	111-90-0		gering
Hexyleneglycol (2-Methylpentan-2,4-diol)	107-41-5		gering
Polyethylenglycole	25322-68-3		gering
Butan-1,3-diol	107-88-0		sehr gering
Butan-1,4-diol	110-63-4		sehr gering
Diethyleneglycolmonohexylether	15523-43-0		sehr gering
Dipropyleneglykolmonomethylether	34590-94-8		sehr gering
Dipropylenglykol	25265-71-8		sehr gering
Dipropylenglykolmonobutylether	35884-42-5		sehr gering
Dirpopylenglykoldimethylether	111109-77-4		sehr gering
Glycerin	56-81-5		sehr gering
Ester			
Essigsäureethylester	141-78-6	STF	groß
Essigsäureisopropylester (Isopropylacetat)	108-21-4	STF	mittel
Essigsäure-n-propylester	109-60-4		mittel
Diethyleneglycolmonobutyletheracetat (Butyldiglykolacetat)	124-17-4	S	gering
Acetessigsäureethylester	141-97-9		gering
Essigsäure-n-butylester (Butylacetat-n)	123-86-4	S	gering
Ethoxypropylacetat	54839-24-6		gering

Lösemittelname	CAS-Nr.	Druckverfahren*	Bedeutung
Fettsäurealkylester			gering
Methoxypropylacetat	108-65-6	STF, S	gering
Butoxyethylacetat (2-Butoxyethylacetate)	112-07-2	S	sehr gering
Diethyleneglycolmonoethyletheracetate (Ethyldiglykolacetat)	112-15-2		sehr gering
Diethyleneglycolmonohexyletheracetat			sehr gering
Essigsäure-3-methoxy-n-butylester	4435-53-4		sehr gering
Essigsäureethoxypropylester (1-ethoxy-2-propyl)	54839-24-6		sehr gering
Essigsäureisobutylester	110-19-0		sehr gering
Essigsäureisopropylester	108-21-4		sehr gering
Essigsäureisopropylglycolester	19234-20-9		sehr gering
Essigsäuremethoxypropylester (1-methoxy-2-propyl)	108-65-6		sehr gering
Essigsäuremethylester (Methylacetat)	79-20-9		sehr gering
Essigsäure-n-propylester (Propylacetat-n)	109-60-4	STF	sehr gering
Essigsäurepropyleneglycol-1,2- diester	623-84-7		sehr gering
Ethyl-3-ethoxypropionat	763-69-9		sehr gering
Ethyldiglykolacetat s. Diethyleneglycolmonoethylether-acetate	112-15-2	S	sehr gering
Ethylendiacetate	111-55-7		sehr gering
Ethylenglycolacetat	542-59-6		sehr gering
Glycolsäurebutylester	7397-62-8	STF, S	sehr gering
Isobuttersäure, trimethylhexanolmonoester			sehr gering
Isobuttersäure, trimethylpentanediolester	6846-50-0		sehr gering
Methoxybutylacetat (3-methoxybutyl acetate)	4435-53-4		sehr gering
Milchsäurebutyleneglycolmonoester			sehr gering
Milchsäurebutylester	138-22-7		sehr gering
Milchsäureethylester (ethyl lactat)	97-64-3		sehr gering
Propionsäure, ethyl-3-ethoxy ester	763-69-9		sehr gering
Propylacetat-n s. Essigsäure-n-propylester	109-60-4		sehr gering
Propylenglykol-n-butyletheracetat	85409-76-3		sehr gering
Ethyldiglydol s. Diethyleneglycolmonoethylether	111-90-0		sehr gering
Ethylenglycolmonoisopropylether (2-Isopropoxyethanol)	109-59-1		sehr gering
Polypropylenglycole	25322-69-4		sehr gering
Propandiol-1,2, dibutyl ether			sehr gering
Propandiol-1,2, isobutyl ether			sehr gering
Propandiol-1,2, n-butyl ether	29387-86-8		sehr gering

Lösemittelname	CAS-Nr.	Druckverfahren*	Bedeutung
Propandiol-1,2, n-propyl ether			sehr gering
Propandiol-1,2, phenyl ether	1855-09-0		sehr gering
Tetraethylenglycol	112-60-7		sehr gering
Tetrahydrofuran	109-99-9		sehr gering
Tridecanol-1	112-70-9		sehr gering
Triethylenglycol	112-27-6		sehr gering
Trimethylpentandiol-2,2,4-monoisobutyrat-1,3	25265-77-4		sehr gering
Tripropylenglycol	24800-44-0		sehr gering
Tripropylenglycolmonobutylether	96733-38-9		sehr gering
Ketone			
Butanon (Methylethylketon)	78-93-3	STF	mittel
Cyclohexanon	108-94-1	S	mittel
Aceton	67-64-1	STF	gering
Diisobutylketon	108-83-8		gering
Methylisobutylketone (4-Methylpentane-2-on)	108-10-1		gering
Methylpropylketon	107-87-9		gering
Butyrolacton-(gamma)	96-48-0		sehr gering
Acetylaceton (Pentane-2,4-dion)	123-54-6		sehr gering
Dimethyl-2,6-heptan-4-on	108-83-8		sehr gering
Ethylamylketon	941-85-5		sehr gering
Hydroxymethylpentanone (4-Hydroxy-4-methyl-2-pentanon)	123-42-2		sehr gering
Isophorone	78-59-1	S	sehr gering
Methyldioxolanone (4-methyl-dioxolanone-2)	108-32-7		sehr gering
Methylheptanone (2-Methylheptane-3-on)	13019-20-0		sehr gering
Methylheptanone (5-Methylheptane-3-on)	541-85-5		sehr gering
Methylisoamylketone (5-Methylhexane-2-on)	110-12-3		sehr gering
Methylpyrrolidone (1-Methyl-2-pyrrolidone)	872-50-4	STF, S	sehr gering
Pentane-2-on (methyl propyl ketone)	107-87-9	STF	sehr gering
Methylcyclohexanon	583-60-8		
Sonstige			
Wasser		STF, DL	groß
Octadecadienonitril			sehr gering

Tabelle 10–11: Lösemittel in der Druckfarbenindustrie

Welche Lösemittel im Einzelfall wirklich eingesetzt werden, hängt vor allem vom Bedruckstoff/Packstoff und von den technischen Anforderungen und den dafür geeigneten Druckfarbenbindemitteln ab.

Für das Bedrucken von Lebensmittelverpackungen beschränkt man sich möglichst auf die sechs unentbehrlichen Lösemittel (Ethanol, Ethylacetat, Isopropanol, Methoxypropanol, Ethoxypropanol und Wasser). Bei schwierigen Packstoffen werden aber auch Lösemittel einer zweiten Gruppe notwendig (Aceton, Benzine, Dipropylenglycolmonomethylether, Ethoxypropylacetat, Isopropylacetat, Methoxypropylacetat, Methylethylketon (MEK), Methylpropylketon, n-Propanol, n-Propylacetat, Propylenglycol). Schließlich gibt es noch eine dritte wichtige Gruppe mit problematischen Lösemitteln (Cyclohexanon, Methylisobutylketon (MIBK), Toluol und Xylole), von denen in großen Mengen nur Toluol eingesetzt wird. Es ist das alleinige Lösemittel im Illustrationstiefdruck. Substanzen aus dieser Gruppe werden in der Regel nicht zum Bedrucken von Lebensmittelverpackungen verwendet. Ethanol ist das mengenmäßig weitaus bedeutendste Lösemittel für das Bedrucken von Lebensmittelverpackungen; es kann z.B. mit Methylethylketon oder Cyclohexan vergällt werden. Ethylacetat dient u.a. zur Beschleunigung der Trocknung; Methoxypropanol und Ethoxypropanol werden hingegen zur Verzögerung der Trocknung bei feinen Druckmotiven eingesetzt.

10.7 Hilfsstoffe [461]

Wachse

Naturwachse, synthetische Wachse, Polyethylenwachse, Paraffine, Montanwachse, Polyethylenglycolwachse, wachsartige Fettsäuren (Stearinsäure) und deren Amide. Sie erhöhen z.B. die Gleitfähigkeit und damit die Scheuerfestigkeit.

Tenside und gelbildende Metallseifen

Aluminiumstearate, Lithiumseifen, Fettsäure- und Fettalkoholpolyglycolester und -ether, oberflächenaktive Sulfate und Sulfonate, auch Titanate und Aluminiumalkoholate. Sie finden u.a. als Netzmittel und zur Beeinflussung der Fließeigenschaften Anwendung.

Weichmacher

Im Bereich der Druckfarbenindustrie finden Weichmacher Anwendung als

- Zusätze zu Druckfarben und
- Zusätze zu Kunststoffen und Kautschuk im Bereich der Druckfarben.

Ihre Aufgabe ist die Verbesserung der Flexibilität und der Haftfestigkeit.

Die Europäische Vereinigung der Verbände der Lack-, Druckfarben- und Künstlerfarbenfabrikanten (CEPE) veröffentlichte eine Ausschlussliste für Druckfarben und zugehörige Produkte, der sich auch der deutsche Verband der Druckfarbenhersteller anschließt (siehe auch Kap. 10.10. Toxikologie).

Danach wird auf den Einsatz von Bindemitteln europaweit auf Stoffe verzichtet, wenn sie

- als krebserzeugende, erbgutverändernde und fortpflanzungsgefährdende Stoffe darstellen gemäß der Gefahrstoffrichtlinie 67/548/EWG als giftig (T) mit den Risikosätzen R45, R46, R49, R60, R61 eingestuft und gekennzeichnet werden müssen,
- gemäß der Gefahrstoffrichtlinie 67/548/EWG als sehr giftig (T+) oder giftig (T) mit den Risikosätzen R23, R24, R25, R26, R27, R28, R39, R48 eingestuft und gekennzeichnet werden müssen oder
- der speziellen Liste angehören:

  Chlorierte Paraffine
  Chlorierte Polyaromaten
  Monokresyldiphenylphosphat
  Monokresylphosphat
  Trikresylphosphat

Eine Übersicht über die eingesetzten Weichmacher in der Druckfarbenindustrie gibt Tabelle 10–12. Die Weichmacher sind nach ihrer Verwendung im Druckverfahren und ihrer Bedeutung charakterisiert.

Weichmacher	CAS-Nr.	Druckverfahren*	Bedeutung
Abietinsäureester			
Abietinsäure, hydroabietyl alcohol	127-36-6		sehr gering
Abietinsäure, hydrogenated methyl ester	67893-02-1		sehr gering
Abietinsäure, methyl ester	127-25-3		sehr gering
Adipinsäureester			
Di-2-ethylhexyladipat (DOA)	103-23-1	STF	sehr gering
Di-iso-octyladipat (DIOA)	103-23-1		sehr gering
Di-iso-nonyladipat (DINA)		O	sehr gering
Benzylbutyladipat (BBA)			sehr gering
Benzyloctyladipat (BOA)	58394-64-2		sehr gering
Adipinsäure, 1,2-propanediol polyester			sehr gering
Adipinsäure, 1,3-butyleneglycol polyester			sehr gering
Adipinsäure, benzyl-2-ethylhexyl ester	58394-64-2		sehr gering
Adipinsäure, benzyl octyl ester			sehr gering

* IT = Illustrationstiefdruck
STF = Spezialtiefdruck und Flexodruck (Verpackungsdruck)
O = Offsetdruck incl. Bogenoffsetdruck und Rollenoffsetdruck (Coldset + Heatset); auch die nur noch sporadisch verwendeten Buchdruck- und Lettersetfarben fallen hierunter
S = Siebdruck
U = UV-trocknende Systeme incl. Elektronenstrahldruckfarben
DL = Dispersionslacke auf wässriger Basis
Die mengenmäßige Bedeutung aller Weichmacher wird in vier Kategorien (groß, mittel, gering, sher gering) bewertet. Genauere Angaben, z.B. t/Jahr oder detailliertere Tonnagebereiche wären wünschenswert. Die beteiligte Industrie konnte entsprechende Angaben jedoch nicht ermitteln.

Weichmacher	CAS-Nr.	Druckverfahren*	Bedeutung
Adipinsäure, butanediol polyester			sehr gering
Adipinsäure, butylene/propylene glycol polyester			sehr gering
Adipinsäure, di-2-ethylhexyl ester	103-23-1	O	sehr gering
Adipinsäure, di-butoxy/ethoxy/ethyl ester			sehr gering
Adipinsäure, di-butyl ester	105-99-7		sehr gering
Adipinsäure, di-caprylic ester			sehr gering
Adipinsäure, di-ethyl ester	141-28-6		sehr gering
Adipinsäure, di-iso-butyl ester	141-04-8		sehr gering
Adipinsäure, di-iso-decyl ester	27178-16-1		sehr gering
Adipinsäure, di-iso-nonyl ester	33703-08-1	O	sehr gering
Adipinsäure, di-methyl ester	627-93-0		sehr gering
Adipinsäure, di-n-C7-C9 ester	68515-75-3		sehr gering
Adipinsäure, di-octyl ester	123-79-5		sehr gering
Adipinsäure, n-hexyl/n-octyl/n-decyl ester			sehr gering
Adipinsäure, n-octyl/n-decyl ester	110-29-2		sehr gering
Adipinsäure, oligomeric ester			sehr gering
Adipinsäure, polyester			sehr gering
Adipinsäure, polyethyleneglycol ester	24938-37-2		sehr gering
Adipinsäure, polypropyleneglycol ester	25101-03-5		sehr gering
Azelainsäureester			
Azelainsäure, di-2-ethylhexyl ester	103-24-2		sehr gering
Azelainsäure, di-cyclohexyl ester	18803-77-5		sehr gering
Azelainsäure, di-n-hexyl ester	109-31-9		sehr gering
Azelainsäure, di-octyl ester	2064-80-4		sehr gering
Benzoesäureester			
Dipropylenglycol-dibenzoat	27138-31-4		sehr gering
2-Ethylhexyl-p-hydroxy-benzoat			sehr gering
Polyethylenglycoldibenzoate	9004-86-8		sehr gering
Benzoesäure, butyl ester	136-60-7	S	sehr gering
Benzoesäure, diethylene glycol ester	120-55-8		sehr gering
Benzoesäure, dipropylene glycol ester	27138-31-7		sehr gering
Benzoesäure, glyceryl tribenzoate	614-33-5		sehr gering
Benzoesäure, neopentylglycol dibenzoate	4196-89-8		sehr gering

Weichmacher	CAS-Nr.	Druckverfahren*	Bedeutung
Benzoesäure, p-oxy benzoic acid (2-ethylhexyl) ester	5153-25-3		sehr gering
Benzoesäure, PEG 200 dibenzoate	9004-86-8		sehr gering
Benzoesäure, PEG 400 dibenzoate	9004-86-8		sehr gering
Benzoesäure, pentaerythrytol tetrabenzoate	4196-86-5		sehr gering
Benzoesäure, sucrose ester	12738-64-6		sehr gering
Benzoesäure, triethylene glycol dibenzoate	120-56-9		sehr gering
Buttersäureester			
Saccharoseacetat-iso-butyrat			sehr gering
Epoxidierte Fettsäureester			
epoxidiertes Sojaöl		STF	sehr gering
Essigsäureester			
Essigsäure, glyceryl diester	25395-31-7		sehr gering
Essigsäure, glyceryl triester	102-76-1		sehr gering
Essigsäure, triethyleneglycol diester	111-21-7		sehr gering
Laurinsäureester			
Laurinsäure, PEG 200 mono ester	9004-81-3		sehr gering
Laurinsäure, PEG 400 diester	9005-02-1		sehr gering
Laurinsäure, PEG 400 mono ester	9004-81-3		sehr gering
Laurinsäure, polyoxyethylene ester	61791-29-5		sehr gering
Maleinsäureester			
Leinöl maleinate	91722-72-4		sehr gering
Maleinsäure, di-butyl ester	105-76-0		sehr gering
Maleinsäure, di-iso-butyl ester	14234-82-3		sehr gering
Maleinsäure, di-iso-octyl ester	1330-76-3		sehr gering
Maleinsäure, di-octyl ester	2915-53-9		sehr gering
Milchsäureester			
Milchsäure, ethyl ester	97-64-3		sehr gering
Milchsäure, isopropyl ester	63697-00-7		sehr gering
Milchsäure, n-butyl ester	138-22-7		sehr gering
Ölsäureester			
Ölsäure, di-glycerol ester	25637-84-7		sehr gering
Ölsäure, epoxidized octyl ester	29759-19-1		sehr gering

Weichmacher	CAS-Nr.	Druckverfahren*	Bedeutung
Ölsäure, mono-glycerol ester	25496-72-4		sehr gering
Ölsäure, n-butyl ester	142-77-8		sehr gering
Ölsäure, n-heptyl ester	42254-63-7		sehr gering
Ölsäure, PEG 20O esters	9005-07-6		sehr gering
Ölsäure, PEG 400 esters	9005-07-6		sehr gering
Ölsäure, PEG 600 esters	9005-07-6		sehr gering
Ölsäure, polyethyleneglycol diester	9005-07-6		sehr gering
Ölsäure, polyethyleneglycol mono ester	9004-96-0		sehr gering
Ölsäure, sorbitol ester	1333-68-2		sehr gering
Ölsäure, tetra-sorbitol ester	52551-46-9		sehr gering
Ölsäure, tetrahydrofurfuryl ester	5420-17-7		sehr gering
Ölsäure, tri-glycerol ester	122-32-7		sehr gering
Ölsäure, tri-sorbitol ester	1333-71-7		sehr gering
Palmitinsäureester			
Palmitinsäure, cetyl ester	540-10-3		sehr gering
Palmitinsäure, polyethyleneglycol mo-noester	9004-94-8		sehr gering
Phosphorsäureester			
Tri-n-butylphosphat	126-73-8	STF	sehr gering
Tri-iso-butylphosphat			sehr gering
Tri-2-ethylhexylphosphat	78-42-2	STF	sehr gering
Tri-ß-chlorethylphosphat	115-96-8		sehr gering
Triphenylphosphat			sehr gering
Phosphorsäure, diphenyl-1-decyl ester	115-86-6		sehr gering
Phosphorsäure, diphenyl-2-ethylhexyl ester	1241-94-7		sehr gering
Phosphorsäure, diphenyl-iso-decyl ester			sehr gering
Phosphorsäure, diphenyloctyl ester	1241-94-7		sehr gering
Phosphorsäure, tri-2-ethylhexyl ester	78-42-2		sehr gering
Phosphorsäure, triaryl ester			sehr gering
Phosphorsäure, tributoxyethyl ester	78-51-3		sehr gering
Phosphorsäure, tributyl ester	126-73-8		sehr gering
Phosphorsäure, triethyl ester	78-40-0		sehr gering
Phosphorsäure, trioctyl ester	78-42-2		sehr gering
Phthalsäureester			
Dibutylphthalat (DBP)	84-74-2		gering

Weichmacher	CAS-Nr.	Druckverfahren	Bedeutung
Dioctylphthalat (DOP)	117-84-0		gering
Di-iso-butylphthalat (DIBP)	84-69-5		sehr gering
Di-iso-octylphthalat (DIOP)	27554-26-3		sehr gering
Dicyclohexylphthalat (DCHP)	84-61-7		sehr gering
Phthalsäure, benzyl ester	523-31-9		sehr gering
Phthalsäure, benzylbutyl ester	85-68-7		sehr gering
Phthalsäure, benzyloctyl ester			sehr gering
Phthalsäure, butyl/methyl/carboxybutyl ester			sehr gering
Phthalsäure, butyloctyl ester	84-78-6		sehr gering
Phthalsäure, di-2-ethylhexyl ester	117-81-7		sehr gering
Phthalsäure, di-caprylic ester	131-15-7		sehr gering
Phthalsäure, di-cyclohexyl ester	84-61-7		sehr gering
Phthalsäure, di-decyl ester	84-77-5		sehr gering
Phthalsäure, di-ethyl ester	84-66-2		sehr gering
Phthalsäure, di-heptyl ester	3648-21-3		sehr gering
Phthalsäure, di-heptyl nonyl ester	68515-41-3		sehr gering
Phthalsäure, di-hexyl ester	84-75-3		sehr gering
Phthalsäure, di-iso-butyl ester	84-69-5		sehr gering
Phthalsäure, di-iso-butylester of dicarboic acid mixture			sehr gering
Phthalsäure, di-iso-decyl ester	26761-40-0		sehr gering
Phthalsäure, di-iso-heptyl ester	68515-41-3		sehr gering
Phthalsäure, di-iso-nonyl ester	28553-12-0		sehr gering
Phthalsäure, di-iso-octyl ester	27554-26-3		sehr gering
Phthalsäure, di-iso-tridecyl ester	27253-26-5		sehr gering
Phthalsäure, di-methyl ester	131-11-3		sehr gering
Phthalsäure, di-methylcyclohexyl ester	27987-25-3		sehr gering
Phthalsäure, di-methylglycol ester			sehr gering
Phthalsäure, di-n- C6-C10 ester	68515-51-5		sehr gering
Phthalsäure, di-n- C7-C11 ester	68515-42-4		sehr gering
Phthalsäure, di-n- C8-C10 ester	68515-41-3		sehr gering
Phthalsäure, di-n- C8-C12 ester			sehr gering
Phthalsäure, di-n- C9-C11 ester	68515-43-5	STF	sehr gering
Phthalsäure, di-n-butyl ester	84-74-2		sehr gering
Phthalsäure, di-n-C10-C12 ester			sehr gering

Weichmacher	CAS-Nr.	Druckverfahren*	Bedeutung
Phthalsäure, di-n-octyl ester	117-84-0		sehr gering
Phthalsäure, di-phenyl ester	84-62-8		sehr gering
Phthalsäure, di-tridecyl ester	119-06-2		sehr gering
Phthalsäure, di-undecyl ester	68515-41-3		sehr gering
Phthalsäure, diethyleneglycol ester			sehr gering
Phthalsäure, glycol esters			sehr gering
Phthalsäure, heptyl/nonyl/undecyl ester	68515-41-3		sehr gering
Phthalsäure, hexyl/octyl/decyl ester			sehr gering
Phthalsäure, hydroabietil ester	8050-20-2		sehr gering
Phthalsäure, oligomeric esters			sehr gering
Phthalsäure, polyester			sehr gering
Polyolester			
Glycerintriacetat	102-76-1	STF	gering
Ricinussäureester			
Butyl acetyl ricinoleate	140-04-5		sehr gering
Butyl ricinoleate	151-13-3		sehr gering
Ethyleneglycol ricinoleate	106-17-2		sehr gering
Glyceryl monoricinoleate	1323-38-2		sehr gering
Glyceryl tri-(acetyl ricinoleate)	22323-48-4		sehr gering
Glyceryl triricinoleate	3296-43-3		sehr gering
Methyl acetyl ricinoleate	140-03-4		sehr gering
Methyl ricinoleate	141-24-2		sehr gering
Pentaerythritol monoricinoleate	78-22-8		sehr gering
Polyethyleneglycol monoricinoleate	9004-97-1		sehr gering
Sebacinsäureester			
Sebacinsäure, 1,2-propanediol polyester			sehr gering
Sebacinsäure, di-2-ethylhexyl ester	103-24-2		sehr gering
Sebacinsäure, di-cyclohexyl ester			sehr gering
Sebacinsäure, di-n-butyl ester	109-43-3		sehr gering
Sebacinsäure, di-octyl ester	2432-87-3		sehr gering
Stearinsäureester			
Stearinsäure, 12-hydroxy Stearinsäure	106-14-9		sehr gering
Stearinsäure, glyceryl tri(12-hydroxy) stearate	139-44-6		sehr gering
Stearinsäure, i-alkylepoxid ester			sehr gering

Weichmacher	CAS-Nr.	Druckverfahren*	Bedeutung
Stearinsäure, i-butyl ester	646-13-9		sehr gering
Stearinsäure, n-butyl ester	123-95-5		sehr gering
Stearinsäure, octyl epoxy ester	106-84-3		sehr gering
Stearinsäure, PEG 400 diester	9005-08-7		sehr gering
Tallölfettsäureester			
Isooctyl tallate	68333-78-8		sehr gering
2-Ethylhexyl epoxy tallate			sehr gering
Ethyl-2-hexyl tallate	68334-13-4		sehr gering
Toluolsulfonamide			
Toluolsulphonamid-Formaldehyd Kondensationsprodukt	1338-51-8		sehr gering
Toluolsulphonamid, n-butyl-p-	1907-65-9		sehr gering
Butyl-p-toluol sulphonamid	1907-65-9		sehr gering
Toluolsulphonamid, n-cyclohexyl-p-	80-30-8		sehr gering
Toluolsulphonamid, n-ethyl-o-	1077-56-1		sehr gering
Toluolsulphonamid, n-ethyl-o,p-	8047-99-2		sehr gering
Toluolsulphonamid, n-ethyl-p-	80-39-7		sehr gering
Toluolsulphonamid, o-	88-19-7		sehr gering
Toluolsulphonamid, o,p-	1333-07-9		sehr gering
Toluolsulphonamid, p-	70-55-3		sehr gering
Trimellithsäureester			
Trimellitic acid, tri-2-ethylhexyl ester	3319-31-1		sehr gering
Trimellitic acid, tri-n-C7 ester	1528-48-9		sehr gering
Trimellitic acid, tri-n-C8-C10 ester	62989-23-5		sehr gering
Trimellitic acid, triisodecyl ester	36631-30-4		sehr gering
Trimellitic acid, triisononyl ester	53894-23-8		sehr gering
Trimellitic acid, trioctyl ester	89-04-3		sehr gering
Zitronensäureester			
Zitronensäure, acetyl tri(2-ethyl hexyl) ester	7147-34-4		sehr gering
Zitronensäure, acetyl tributyl ester	77-90-7		sehr gering
Zitronensäure, acetyl triethyl ester	77-89-4		sehr gering
Zitronensäure, tributyl ester	77-94-1		sehr gering
Zitronensäure, tricyclohexyl ester	4132-10-9		sehr gering
Zitronensäure, triethyl ester	77-93-0		sehr gering
Zitronensäure, triisoamyl ester	1793-10-8		sehr gering

Weichmacher	CAS-Nr.	Druckverfahren*	Bedeutung
Triethylcitrat	77-93-0		sehr gering
Tributylcitrat	77-94-1		sehr gering
Sonstige Weichmacher			
2,2,4-Trimethyl-1,3-pentanediol diiso-butyrate	6846-50-0		sehr gering
2-Oxepan. polym.with 2-ethyl-2-(hydroxymethyl)-1,3 prop.diol	37625-56-2		sehr gering
2-Oxepanone polymer with 2,2-oxybis-ethanol	36890-68-3		sehr gering
Benzolsulfonsäurebutylamid	3622-84-2		sehr gering
Bersteinsäure, di-methyl ester	106-65-0		sehr gering
Butyl benzyl sulphonamide			sehr gering
Butyl phthalyl butyl glycolate	85-70-1		sehr gering
Butylurethane-Formaldehyde Copolymer	26935-10-4		sehr gering
Caprylic acid, di(triethylene glycol dioctanoate) ester	106-10-5		sehr gering
Carbamic acid butyl ester	592-35-8		sehr gering
Castor oil, hydrogenated	8001-78-3		sehr gering
Di(phenoxyethyl)-formal	13879-32-8		sehr gering
Diethyldiphenylharnstoff	85-98-3		sehr gering
Diethyleneglycol dipelargonate	106-01-4		sehr gering
Dipolyoxyethylene hydroxymethyl phos-phonate			sehr gering
Ethoxylated glycerol	31694-55-0		sehr gering
Ethyl phthalyl ethyl glycolate	84-72-0		sehr gering
Fettalcohol, ethoxyliert	68151-01-1		sehr gering
Fettsäure, butylester			sehr gering
Fettsäure, methylglycolester			sehr gering
Fettsäure, octylester			sehr gering
Formaldehydharnstoff Copolymer	9011-05-6		sehr gering
Formaldehydharnstoff modifiziertes Copolymer			sehr gering
Fumarsäure, di-butyl ester	105-75-9		sehr gering
Glutarsäure, di-methyl ester	1119-40-0		sehr gering
Glycerol ethoxylated			sehr gering
Glyceryl tributyrate	60-01-5		sehr gering
Harnstoff-Formaldehydharze mit Butanol veräthert			sehr gering

Weichmacher	CAS-Nr.	Druckverfahren*	Bedeutung
Kohlenwasserstoffharz (formaldehyde/dimethylnaphtalene)			sehr gering
Leinöl, epoxidiert	8016-11-3		sehr gering
Methyl phthalyl ethyl glycolate	85-71-2		sehr gering
Mineral oil/sulphonate Blend	-		sehr gering
Octyl epoxy tallate	61798-01-3		sehr gering
Polyethyleneglycol 200 di-2-ethylhexyl hexoate	9004-93-7		sehr gering
Polyethyleneglycol 400 di-2-ethylhexoate	9004-90-7		sehr gering
Polyethyleneglycol di(2-ethylhexoate)			sehr gering
Polyethyleneglycol ester of castor oil	61791-12-6		sehr gering
Polyethyleneglycols 400	25322-68-3		sehr gering
Polyethyleneoxid polypropylene glycol			sehr gering
Polyoxyethyleneglycol esters			sehr gering
Polypropylen glycol hexamethylene diisocyanate copol.			sehr gering
Polypropylene oxide hexamethylene diisocyanate copol.			sehr gering
Polypropyleneglycol (<1% 1,3-propylenglycol)	25322-69-4		sehr gering
Polypropyleneglycol alkylphenyl ethers			sehr gering
Polypropyleneglycol tolylene diisocyan.copol.	9057-91-4		sehr gering
Polypropyleneglycols (PM 400,1300,200)			sehr gering
Polypropylenoxide-toluylene diisocyanate copol.	9040-19-1		sehr gering
Propionic acid, dilauryl thiodipropionate	123-28-4		sehr gering
Propyleneglycol mono-N-butyl ether			sehr gering
Propyleneglycol monoricinoleate	26402-31-3		sehr gering
rapeseed oil diesters with polyhydr.aliph.alcohols (C4-C8)			sehr gering
rapeseed oil esters with monohydr.aliph.alc.(C4-C8)			sehr gering
Soya Fettsäure ethylhexylester epoxidized	68082-34-8		sehr gering
Soybean oil epoxidized	8013-07-8		sehr gering
sucrose aceto isobutyrate	126-13-6		sehr gering
sulphonic acid, modified ester/polyester			sehr gering

Weichmacher	CAS-Nr.	Druckverfahren*	Bedeutung
Tetraethyleneglycol di(-2-ethylhexoate) modified	18268-70-7		sehr gering
Tetraethyleneglycol di-2-ethylhexoate	9004-93-7		sehr gering
Ttetraethyleneglycol diheptanoate	70729-68-9		sehr gering
Toluol sulphonate, o-cresyl-p-			sehr gering
Toluol sulphonate, o-ethyl-p-	80-40-0		sehr gering
Toluol sulphonate, o-tolyl-p-			sehr gering
Triethyleneglycol-2-ethylhexoate	9428-0		sehr gering
Triethyleneglycol C6-C8 ester	68583-52-8		sehr gering
Triethyleneglycol di-(2-ethyl C4 ester)	25176-75-4		sehr gering
Triethyleneglycol dipelargonate	106-06-9		sehr gering
Triphenylphosphite	101-02-0		sehr gering
Urethane Polymere			sehr gering

Tabelle 10–12: Weichmacher in der Druckfarbenindustrie

Trockenstoffe und Trocknungsverzögerer

Trockenstoffe sind Katalysatoren, die die oxidative Trocknung der Druckfarben beschleunigen. Die Trocknungsverzögerer oder auch Hautverhinderungsmittel verhindern bzw. verlangsamen sie.

Metalle — *In dieser Substanzklasse werden naphthensaure oder harzsaure Metallsalze verwendet.*

Oxime — *Trocknungsverzögerer*

Substituierte Phenole — *Trocknungsverzögerer*

Eine Übersicht über die eingesetzten Trockenstoffe in der Druckfarbenindustrie gibt Tabelle 10–13. Die Trockenstoffe ihrer Verwendung im Druckverfahren charakterisiert. Alle genannten Stoffe sind in ihrer Bedeutung als gering einzustufen.

Trockenstoff	CAS-Nr.	Druckverfahren*
Carbonsäure, Bor-Kobaltsalz		O
Carbonsäure, Calciumsalz	68442-82-0	O
Carbonsäure, Kobaltsalz	68457-13-6	O
Fettsäure/Tallölfettsäure, Calciumsalz	68154-86-9	O
Fettsäuren C6-C12, Bariumsalz	68876-86-8	
Fettsäuren C6-C19, Calciumsalz	68551-41-7	S, O
Fettsäuren C6-C19, Cer-(III)-salz	?	O
Fettsäuren C6-C19, Cobalt-(II)-salz	68409-81-4	S, O
Fettsäuren C6-C19, Kupfer-(II)-salz	68308-19-0	
Fettsäuren C6-C19, Mangan-(II)-salz	?	S, O
Fettsäuren C6-C19, Zinksalz	68551-44-0	
Fettsäuren C6-C19, Zirkonsalz	?	S
Harzsäure, Zinksalz	9010-69-9	
Hexansäure, bis-2-ethyl, Calciumsalz	136-51-6	
Hexansäure-2-ethyl, Aluminiumsalz	3002-63-9	
Hexansäure-2-ethyl, Bariumsalz	2457-01-4	
Hexansäure-2-ethyl, basisches Aluminiumsalz	30745-55-2	
Hexansäure-2-ethyl, bis Cobalt-(II)-salz	136-52-7	O
Hexansäure-2-ethyl, bis Kupfersalz	22221-10-9	
Hexansäure-2-ethyl, bis Mangan-(II)-salz	13434-24-7	O
Hexansäure-2-ethyl, bis Zinksalz	136-53-8	O
Hexansäure-2-ethyl, Cer-(III)-salz	56797-01-4	
Hexansäure-2-ethyl, Eisen-(II/III)-salz	68201-81-0	O
Hexansäure-2-ethyl, Kaliumsalz	3164-85-0	
Hexansäure-2-ethyl, Kupfer-(II)-salz	149-11-1	O
Hexansäure-2-ethyl, Lithiumsalz	15590-62-2	
Hexansäure-2-ethyl, Magnesiumsalz	15602-15-0	
Hexansäure-2-ethyl, Seltenerdensalz	61788-37-2	

* IT = Illustrationstiefdruck
STF = Spezialtiefdruck und Flexodruck (Verpackungsdruck)
O = Offsetdruck incl. Bogenoffsetdruck und Rollenoffsetdruck (Coldset + Heatset); auch die nur noch sporadisch verwendeten Buchdruck- und Lettersetfarben fallen hierunter
S = Siebdruck
U = UV-trocknende Systeme incl. Elektronenstrahldruckfarben
DL = Dispersionslacke auf wässriger Basis

Trockenstoff	CAS-Nr.	Druckverfahren*
Hexansäure-2-ethyl, tetra Mangan-(IV)-salz	15956-58-8	
Hexansäure-2-ethyl, tetra Zirkoniumsalz	22464-99-9	
Hexansäure-2-ethyl, tris Cobalt-(III)-salz	13586-82-8	
Hexansäure-2-ethyl, tris Lanthansalz	60903-69-7	
Hexansäure-2-ethyl/Octansäure-7-methyl, Calciumsalz	68478-54-6	O
Hexansäure-2-ethyl/Tallölfettsäuren, Mangansalz	68187-38-2	O
Isononansäure, Calciumsalz	53988-05-9	
Isooctansäure, Bariumsalz	93848-12-0	
Isooctansäure, Calciumsalz	84777-61-7	
Linolsäure, Bariumsalz	24871-38-3	
Linolsäure, bis Zinksalz	13014-44-3	
Linolsäure, Calciumsalz	19704-83-7	
Linolsäure-9,12-Kobaltsalz	14666-96-7	
Linolsäure-9,12-Mangansalz	6904-78-5	
Naphthensäure, Calciumsalz	61789-36-4	
Naphthensäure, Cersalz	68514-63-6	
Naphthensäure, Kobaltsalz	61789-51-3	O
Naphthensäure, Kupfersalz	1338-02-9	
Naphthensäure, Lithiumsalz	61788-56-5	
Naphthensäure, Magnesiumsalz	68424-71-5	
Naphthensäure, Mangansalz	1336-93-2	O
Naphthensäure, Seltenerdensalz	61790-20-3	
Naphthensäure, Zinksalz	12001-85-3	
Naphthensäure, Zirkonsalz	72854-21-8	
Naphthensäure/Hexansäure-2-ethyl, Zinksalz	85763-74-2	
Naphthensäure/Neodecansäure, Calciumsalz	85763-67-3	
Naphthensäure/Neodecansäure, Kobaltsalz	84418-56-4	
Naphthensäure/Neodecansäure, Kupfersalz	84238-51-7	
Neodecansäure, Cobalt-(II)-salz	52270-44-7	
Neodecansäure, Zink-salz	27253-29-8	
Neodecansäure, Zirkoniumsalz	39049-04-2	
Octadecansäure, tetra Mangansalz	3353-05-7	
Octansäure 2-, tris Kobaltsalz	6700-85-2	
Octansäure, bis Calciumsalz	6107-56-8	
Octansäure, bis Kupfersalz	20543-04-8	

Trockenstoff	CAS-Nr.	Druckverfahren*
Octansäure, bis Mangansalz	6535-19-9	
Octansäure, bis Zinksalz	557-09-5	
Octansäure, tetra Cersalz	7435-02-1	
Stearinsäure, Cersalz	10119-53-6	
Stearinsäure, Kobaltsalz	13586-84-0	
Tallölfettsäure, Kobaltsalz	61789-52-4	
Tallölfettsäure, Kobaltsalz	68152-91-0	
Tallölfettsäure, Kupfersalz	61789-22-8	
Tallölfettsäure, Mangansalz	8030-70-4	
Tallölfettsäure, Zink salz	61790-11-2	
Zinkoxid	1314-13-2	
Zirkonoxid	1314-23-4	

Tabelle 10–13: Trockenstoffe in der Druckfarbenindustrie

Druckhilfsmittel	Zusammensetzung	Wirkung/Konsistenzveränderungen
Firnis	u.a. Leinölfirnis in unterschiedlicher Viskosität	zügiger Firnis erhöht die Zügigkeit (Klebrigkeit) der Druckfarbe
		schwacher Firnis vermindert die Zügigkeit (Klebrigkeit) und macht die Farbe dünner
Drucköl	Leinöle mit niedriger Viskosität	verringern stark die Viskosität der Druckfarbe, machen dünnflüssig und geschmeidig (genaue Dosierung sehr wichtig)
Verdünner	dünnflüssige Mineralöle	zügige Druckfarben verlieren stark die Klebkraft und werden dünnflüssiger
Druckpasten	Wachse und ähnliche Stoffe, die in Ölen verteilt sind	erhalten die eingestellte Konsistenz weitgehend
Druckgelee Druckgel	gelierte Verdünnungsmittel eingedickte Mineral- und sonstige Öle mit verschiedenen Zusätzen(gallertartige Massen) mit thixotropen Eigenschaften	verringern den Zug, machen kürzer und geschmeidiger, aber nicht dünner, verhindern Rupfen und begünstigen glattes, ruhiges Ausdrucken ohne Perlen und Streifenbildung
Trockenstoffe	flüssige oder pastöse Form von Metallverbindungen, in Lösemitteln oder Ölen gelöst	verkürzen die Trocknungszeit oxidativ trocknender Druckfarben
	Kobalt-Trockner	Schnelltrockner, bildet sehr rasch eine Haut
	Mangan-Trockner	fördert die Trocknung
Scheuerschutzpaste	Wachse mit Ölen	ergeben glatte Oberflächen und verringern dadurch die Reibung

Tabelle 10–14: Übersicht über Druckhilfsstoffe

Chemikalien zum Neutralisieren, Härten usw.

Ammoniak und Aminoalkohole, Amine wie z.B. Triethanolamin, Dimethylaminoethanol, Diethylaminomethanol oder Aminomethylpropanol, Säuren wie z.B. p-Toluol-sulfonsäure oder Benzoesäure, Polyisocyanate, Fotoinitiatoren

Sie werden überwiegend in wässrigen oder wasserverdünnbaren Druckfarben eingesetzt.

Fixierungsmittel für basische Farbstoffe

Tannin und Phenolderivate

Sonstige Hilfsstoffe

Absetzverhinderungsmittel, Abstandhalter, Antibeschlagmittel, Antiblockmittel, Antioxidantien, Antistatika, Antiüberlaufmittel, Bakterizide, Beschleuniger, Biostabilisatoren, Biozide, Dispergiermittel, Egalisierungsmittel, Emulgatoren, Entgasungsmittel, Enthärter, Entschäumer, Feuchtmittel, Fließmittel, Fotoaktivatoren, Fotoinitiatoren, Füllstoffe, Fungizide, Geliermittel, Geruchsüberdeckende Mittel (Duftstoffe), Gleitmittel, Haftvermittler, Härter, Hautverhinderungsmittel, Katalysatoren, Koaleszenzmittel, Konservierungsmittel, Korrosionsschutzmittel, Leitfähigkeits-regler, Leuchtadditive, Lichtschutzmittel, Mattierungsmittel, Mittel zur Verbesserung des Fließ-verhaltens, Netzmittel, Neutralisationsmittel, optische Aufheller, Parfüms, pH-Wert-Regler, Polymerisationsverhinderer, Puffer, reaktive Verdünner, rheologische Additive, SAG-Regulierungsmittel, Schmier-(Gleit)mittel, Silikone, Stabilisatoren, Suspendiermittel, Tenside, Thixotropiermittel, Treibmittel, Treibzusätze, Trennmittel, Trockenstoffe, Trockner, UV-Absorber, Verdickungsmittel, Vernetzungsmittel, Verzögerer, Viskositätsstabilisatoren, Wachse, Wärmestabilisatoren, wasserabstoßende Mittel,

10.8 Beispiele für Druckfarben (Gewichtsprozent)

Schwarz für den Rotations-Zeitungsdruck [461]

Pigment Schwarz 7	13,8 %
Solvent Blau 4	0,1 %
Solvent Violett 8	0,1 %
Mineralöl (10 Pa*s)	56 %
Mineralöl (0,2 Pa*s)	15 %
Asphaltharz (gel. in Öl)	10 %
Füllstoffe (P.W.18 bzw. P.W.26)	5 %

Schwarz für den Bogenoffset [461]

Pigment Schwarz 7	18 %	
Pigment Blau 61	4 %	
Pigment Blau 27	4 %	
Firnis	50 %	(Kolophonium-Harze, Alkydharz, Mineralöl)
Alkydharz	9 %	
Additive	10 %	(Wachs, Trocknungskata lysatoren: fettsaure, naphthensaure oder harzsaure Cobalt-, Mangan- Zirkon- oder Cersalze, Hautverzögerer,Gelierm.)
Mineralölverdünnung	5 %	

Blau für den Rollenoffset (Rollenoffsetcyan) [461]

Pigment Blau 15	14 %	
Firnis	68 %	(Kolophonium- und Kohlenwasserstoffharze, Alkydharz, Mineralöl, Geliermittel
Additive	7 %	(Alkydharz, Wachs)
Mineralölverdünnung	8 %	
Füllstoffe (Pigment Weiß 27)	3 %	

Blau für den Tiefdruck (Katalogherstellung) [461]

Pigment Blau 15 (Phthalocyanin-Blau)	8 %
Kohlenwasserstoff-Harz	12 %
Phenolmodifiziertes Harz	12 %
Resinat-Harz	12 %
Polyethylen-Wachs	1 %
Toluol	50 %
Additive	5 %

Rot für den Flexodruck (Verpackung) [461]

Pigment Rot 48:2 (Rubin 2B)	15 %
Nitrocellulose	13 %
Maleinatharz	10 %
Dibutylphthalat	5 %
Ethanol	46 %
Ethoxyypropanol	10 %
Wachs	1 %

Gelb für den Tiefdruck (Verpackung) [461]

Pigment Gelb 13	10 %
Nitrocellulose	13 %
Maleinatharz	10 %
Dibutylphthalat	5 %
Wachs	1 %
Ethanol	35 %
Ethylacetat	26 %

Gold für den Flexodruck (Verpackung) [461]

Bronzepuder	30 %
Polyamid-Lack	65 %
Wachs	5 %

Grün für den Siebdruck (für Plastikflaschen) [461]

Pigment Grün 7	6 %
Titandioxid (P.W.6)	10 %
Ketonharze	15 %
PVC-Copolymerisat	15 %
Polyacrylat-Harz	10 %
Methoxypropanol-Acetat (PMA)	20 %
Glykolsäurebutyl-Ester	23,8 %
Silikon-Entschäumer	0,2 %

10.8.1 UV-härtende Druckfarben

UV-härtende Druckfarben härten in Sekundenbruchteilen durch. Infolge der Bestrahlung z.B. mit Quecksilber-Dampflampen zerfällt der Fotoinitiator, wobei eine Fotopolymerisation beginnt und die Farbe hart wird.

Auf Grund ihrer verfahrensbedingten Eigenschaften (Scheuerfestigkeit, Lösemittelresistenz und Glanz) werden die UV-Farben insbesondere für hochwertige Objekte eingesetzt, z.B. im Foliendruck, Blechdruck, Kartonagendruck, Endlosdruck oder Etikettendruck [183].

In ihrer Zusammensetzung unterscheiden sich die UV-härtenden Druckfarben grundsätzlich von den konventionellen Druckfarben. In Tabelle 10–15 sind die analogen Komponenten beider Druckfarbenklassen gegenübergestellt [497, 499].

Konventionelle Druckfarbe	UV-Druckfarbe
Lösemittel	Monomere
Harze	Präpolymere/Oligomere
Pigmente	Pigmente
Additive	Additive
-	Fotoinitiatoren/Fotosensitive

Tabelle 10–15: Übersicht der Druckfarbenkomponenten

Monomere

Die *Monomere* werden analog den Lösemitteln zur Einstellung der Verarbeitungsviskosität eingesetzt. Sie verdunsten jedoch nicht, sondern werden mit den Präpolymeren zusammen polymerisiert. Ein Großteil der kommerziell verwendeten Monomere sind Acrylester. Die nachfolgende Liste nennt die wichtigsten Monomere [183]:

Isodecylacrylat (IDA)
Phenoxyethylacrylat (PEEA)
2,2-Dianol-diacrylat (Handelsname)
1,6-Hexandiol-diacrylat (HDDA) (toxikologisch problematisch) [183]
Glycerylpropoxy-triacrylat (GPTA)
Trimethylolpropan-triacrylat (TMPTA) (siehe SBPTM-Ausschlussliste)
Tripropylenglycol-diacrylat (TPGDA)
Polyethylenglycol-diacrylat (PEGDA)
N-Vinylpyrrolidon
1,4-Butandiol-diacrylat (BDDA) (siehe SBPTM-Ausschlussliste)

Präpolymere

Die Präpolymere bilden zusammen mit den Monomeren das Bindemittelsystem, welches die Aufgabe hat, die Farbmittel zu umhüllen, auf dem Bedruckstoff zu fixieren und einen strapazierfähigen Film zu bilden. Die Präpolymere sind Oligomere mit einer Molmasse im Bereich von 500 bis 5000 g/mol. Diese Oligomere reagieren während der UV-Bestrahlung mit den Monomeren zu dreidimensional vernetzten Polymeren. Folgende Polymerklassen werden eingesetzt [497]:

Epoxyacrylate
Polyesteracrylate und ungesättigte Polyester
Urethanacrylate

Fotoinitiatoren

Die Fotoinitiatoren in UV-Systemen besitzen die Aufgabe, die radikalische Polymerisation auszulösen. Während der UV-Bestrahlung absorbieren sie jene Wellenlängen des Lichtes, die notwendig sind, ihren Zerfall zu den entsprechenden Radikalen anzuregen. Diese Radikale erzeugen in einer Kettenreaktion weitere Radikale und reagieren mit den Monomeren und Präpolymeren unter Ausbildung einer Netzstruktur. Nachfolgend sind die wichtigsten Fotoinitatoren für Acrylat- und Thiolen-Systeme aufgelistet [499]:

α-Acyloximester (Quantacure PDO)
Benzil
Benzilketale (Benzildimethylketal)
Benzoinetherderivate (Methylbenzoinether)
Benzophenon
4,4'-Bis(diethylamino)-benzophenon (Michler's Ethylketon)
4,4'-Bis(dimethylamino)-benzophenon (Michler's Keton)*
Dibenzosuberon (DBS)
2,2-Diethoxyacetophenon
2,2-Dimethoxy-2-phenylacetophenon (Irgacure 651)
Ethyldimethylaminobenzoat (Quantacure EPD, EOD)
Thioxanthon (2-Chlorothioxanthon, 2-Isopropylthioxanthon)

*Michler's Keton wird in der Bundesrepublik nicht mehr eingesetzt, aber z.B. in Frankreich immer noch verwendet.

Fotosensitive

Fotosensitive und Fotoinitatoren besitzen die gleiche Funktion in UV-Systemen, sie reagieren jedoch nach einem unterschiedlichen Mechanismus. Fotosensitive zerfallen nach Absorption der entsprechenden Energie nicht in Radikale, sondern aktivieren zunächst eine zweite Substanzklasse. Diese angeregten Moleküle zerfallen in Radikale und reagieren analog den Fotoinitatoren. Bei den durch die Fotosensitive angeregten Molekülen handelt es sich entweder um Monomere, Präpolymere oder speziell zugesetzte Chemikalen (Synergisten).

Als Fotosensitive wird im allgemeinen Triethanolamin verwendet [499].

Pigmente

Eine Vielzahl bekannter Pigmente kann auch hier eingesetzt werden.

Additive

Die hier verwendeten Additive entsprechen denen in anderen Druckfarben. Jedoch werden prinzipiell zwei unterschiedliche Klassen eingesetzt:

1) Inerte Additive
2) Additive, die bei der Polymerisation mitreagieren

Im allgemeinen besitzen die UV-härtenden Druckfarben folgende Zusammensetzung:

Pigmente	15 - 20 %
Präpolymere	25 - 35 %
Monomere	10 - 25 %
Fotoinitiatoren	5 - 10 %
Additive	
- Stabilisatoren	
- Wachse	1 - 5 %

Im folgenden sind einige Beispiele für UV-härtende Farben aufgelistet:

Blau für den Offset (UV-härtend) [461]

Phthalocyanin-Blau (P.B.15)	15 %	
Strahlungshärtende Harze	55 %	(Epoxy-, Polyester-,Polyurethanacrylate)
GPTA (Monomer)	10 %	
Benzildimethylketal (Photoinitiator)	8 %	
Füllstoffe	10 %	
Wachs	1,9 %	
Stabilisator	0,1 %	

Rot für den Trockenoffset (UV-härtend) [170]
(z.B. für Folien- und Blechdruck)

Pigment Rot 57:2	10 %
Pigment Weiß 8	2 %
Epoxyacrylate	14 %
Polyesteracrylat	35 %
Polyurethanacrylat	20 %
Tripropylenglycol-diacrylat (TPGDA)	8 %
Fotoinitiator	8 %
Wachse und Stabilisatoren	3 %

Blau für den Siebdruck (UV-härtend) [461]

Pigment Blau 15	8 %	
Strahlungshärtende Harze	34 %	(Epoxy-, Polyester-, Polyurethanacrylate)
GPTA (Monomer)	30 %	
Fotoinitiator 1 (Isopropylthioxanthon)	3 %	
Fotoinitiator 2 (Benzildimethylketal)	3 %	
Wachs	1,9 %	
Füllstoffe	20 %	
Stabilisator	0,1 %	

10.8.2 Druckfarben auf Wasserbasis

Im Gegensatz zu anderen Farbenanwendungen (z.B. Lacken) haben Druckfarben auf Wasserbasis bisher nur eine begrenzte Verbreitung gefunden. Der wesentliche Grund liegt in der längeren Trockenzeit der Wasserfarben im Vergleich zu den meisten lösemittelhaltigen Farben (Beispiel: Trockenzeiten Ethanol/Wasser =1/3).

Farben auf Wasserbasis verfügen über ein pigmentiertes Harzsystem, das im Wasser dispergiert ist. Manche Harze, wie z.B. Gummiarabicum oder Casein sind hier ungeeignet, da sie nach dem Druckprozess löslich bleiben und kein stabiles Bild erzeugen. Zur Lösung dieses Problems wurde zunächst Schellack eingesetzt, womit aber verschiedene andere Schwierigkeiten auftraten.

Die als Farbmittel verwendeten Pigmente sind ähnlich denen lösemittelreicher Farben. Als Bindemittel werden saure Harze, z.B. saure Maleinat-, Polyester- und Acrylharze angewandt. Diese Harze werden durch Verseifen ihrer Carboxylgruppen mit wäßrigem Ammoniak oder mit Aminen in wasserlösliche Salze überführt. Beim Trocknen entweichen Ammoniak bzw. Amine, wobei wasserunlösliche freie Carbonsäure entsteht. Der getrocknete Farbfilm ist in gewissen Grenzen wasserbeständig. Durch die Benutzung von Dispersionsharzen kann die Wasserbeständigkeit gesteigert werden. Gleichzeitig wird der Anteil an Aminen vermindert, die beim Trocknungsprozess eingesetzt werden, was wiederum die Wassermenge vermindert, die verdampft werden muss. Folge solcher Entwicklungen sind schnelltrocknende Wasserdruckfarben.

Beispiele von Druckfarben auf Wasserbasis

Rot für Flexodruck [170]

Acryllack	60 %
Polyethylenwachs	4 %
Propanol	4 %
Pigment Rot 49	18 %
Wasser	13,9 %
Silikon-Antischaummittel	0,1 %

Blau für Flexodruck [461]

Acrylatdispersion	43 %
Phthalocyanin-Blau (P.B.15)	15 %
Wasser	33,5 %
Netzmittel	0,5 %
Ammoniak oder Amin	2 %
Entschäumer	1 %
Isopropanol	5 %

10.9 Druckfarbentrocknung [99]

Wegschlagen

Zeitungsrotationsdruckfarben enthalten zumeist keine trocknenden Öle, sondern im Mineralöl gelöste Harze. Auf saugfähigem Bedruckstoff dringen die dünnflüssigen Mineralöle ein und hinterlassen einen wischfesten Druckfarbenfilm. Da Mineralöle nicht oxidativ trocknen, ist die Trocknung solcher Druckfarben auch nicht durch Trockenstoffe zu beinflussen [482].

Wegschlagen und oxidative Trocknung

Dies ist ein kombinierter Trocknungsvorgang bei **Bogenoffsetdruckfarben** mit Kombinationsfirnissen. Nach dem Auftrag dringt das dünnflüssige Mineralöl in das Papier ein, die Farbviskosität nimmt stark zu (gelieren) und in Sekundenbruchteilen ist die Farbe vorverfestigt. Danach wird Sauerstoff aufgenommen, wobei die Druckfarbenschicht nagelhart aushärtet. Bestimmte Trockenstoffe, z.B. Kobalt- und Mangansalze unterstützen diesen Vorgang.

Heatset-Druckfarben

Dies sind Farben für **Rollenoffsetdruck**, die im Trockner mit Heißluft getrocknet werden. Bindemittel sind niedrigsiedende Mineralöle, in denen Hartharze gelöst sind. Nach der Heißlufttrocknung bei 160 - 200 °C wird der Bedruckstoff über Kühlwalzen geleitet. Mit diesem Verfahren erhält man brillante, hochglänzende Drucke.

Moistureset, Steamset

Dieses Trocknungsverfahren wird im **Wellpappendruck** eingesetzt. Hierzu werden z.B. in Glycol gelöste Harze als Bindemittel verwendet. Die Lösemittel müssen gut mit Wasser mischbar sein. Hat das Glycol eine gewisse Menge Feuchtigkeit aufgenommen, so verliert es seine Löslichkeit, das Bindemittel entmischt sich und das Harz bleibt als Farbstoff auf dem Papier zurück. Erfolgt diese Feuchtigkeitsaufnahme durch Feuchtigkeit im Papier, so spricht man vom **Moistureset-Verfahren**. Beim **Steamset-Verfahren** wird Dampf auf die Bahn geblasen, der ein rasches Erstarren und Ausfallen des Harzes bewirkt. Diese Verfahren sind nur in luftfeuchtigkeitskontrollierten Räumen einsetzbar. Die Verbreitung dieser Trocknungstechnik ist sehr gering.

Physikalische Trocknung

Niederviskose Tiefdruck- und Flexodruckfarben trocknen durch das Entweichen leichtflüchtiger Lösemittel. Durch Erwärmung im Trockner kann dieser Vorgang beschleunigt werden.

Hochviskose Offsetfarben trocknen hingegen langsam, eine Beschleunigung ist mit strahlungshärtenden Trocknungssystemen möglich. Dies sind

Infrarot-Trocknungssysteme (IR)
Ultraviolett-Trocknungssysteme (UV)
Elektronenstrahl-Trocknungssysteme (EB oder ES)

IR- und UV-Systeme sind weit verbreitet. **IR-Systeme** werden bevorzugt beim Bogenoffset eingesetzt.

Bei der **UV-Härtung** polymerisiert der Druckfarbenfilm und ist sofort trocken. Hierzu werden Fotoinitiatoren eingesetzt. Im UV-Strahler entsteht Ozon, welches abgesaugt werden muss. Das Bedienungspersonal muss gegen die Strahlung abgeschirmt sein.

Bei der **Elektronenstrahl-Trocknung** sind keine Fotoinitiatoren erforderlich; das Kunststoff-Bindemittel-Gemisch polymerisiert unter dem Einfluss der energiereichen Strahlung. Es werden Dosimeter zur Kontrolle der Exposition des Personals mit ionisierenden Strahlen empfohlen.

Alle strahlungshärtenden Produkte sind sehr reaktiv, d.h. ein Kontakt mit der Haut oder ähnliches ist fast immer schädlich, dauerhaft sind Sensibilisierung und allergische Reaktionen die Folge. Da bei schnellaufenden Offsetdruckmaschinen Farbnebel austreten können, die immer das Bedienungspersonal belasten, sollten die Maschinen gekapselt werden und mit geeigneten adsorptiven Absaugvorrichtungen versehen sein. Der Einsatz strahlungshärtender Druckfarben stellt für das Bedienungspersonal immer eine potentielle Gefahrenquelle dar. Bei Anwendung dieser Druckfarbentrocknung sollten die Hinweise und Arbeitsanweisungen der Broschüre „UV-Trocknung" der Berufsgenossenschaft Druck- und Papierverarbeitung beachtet werden [648].

Abbildung 10–9 gibt einen Überblick über die verschiedenen Trocknungstechniken.

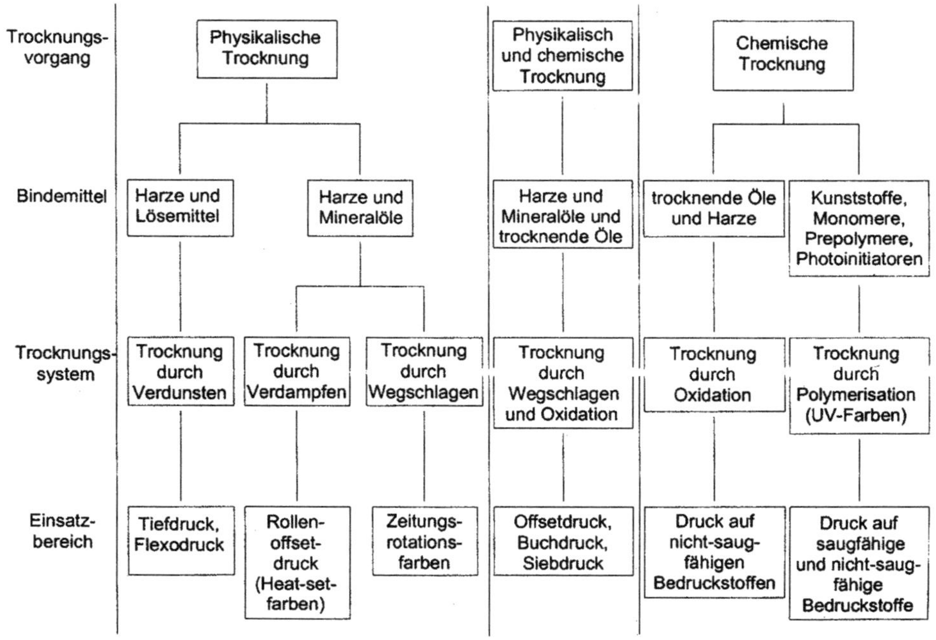

Abbildung 10–9: Trocknungssysteme bei Druckfarben [99]

10.10 Toxikologie

Über toxikologische Eigenschaften von Druckfarben gibt es zahlreiche Veröffentlichungen, die sich aber weitgehend mit der Schwermetallbelastung beschäftigen. Ähnlich sieht die Beurteilung der Löse-, Binde- und Hilfsmittel aus. Hier liegen sehr unterschiedliche Einschätzungen für spezielle Lösemittel wie z.B. Toluol vor. Die verwendete Menge einer Substanz und das Maß des öffentlichen Drucks waren in der Vergangenheit oft bestimmend für ökologisch wirksame Verzichtserklärungen. Da insbesondere die Problematik der **Lösemittel** in den letzten Jahren z.B. im Bereich der Lacke und Farben sehr eingehend diskutiert wurde, wird an dieser Stelle auf eine erneute Stellungnahme verzichtet. Auf toxikologische Eigenschaften spezieller Lösemittel wurde bereits in den Kapiteln 5.4, 6.4, 7.4 und 8.4 eingegangen.

Bei der Anwendung von Lösemitteln ist grundsätzlich zu unterscheiden zwischen dem Gebrauch ohne jegliche Abluftreinigung und der Anwendung in Druckereien mit gezielter Absaugung und Lösemittelrückgewinnung, Verbrennung oder biologischer Reinigung.

Im ersten Fall werden die Lösemittel zu 100 % emittiert und in die Umwelt abgegeben. Dabei können auch für die Anwender überhöhte Konzentrationen auftreten, die zu den beschriebenen toxischen Auswirkungen führen können.

Im zweiten Fall werden die in der TRGS 900 festgelegten MAK-Werte für das Bedienungspersonal eingehalten und die Emissionen in die Umwelt entsprechend den Vorgaben der TA-Luft begrenzt.

„Bei Einhaltung der MAK-Werte wird im allgemeinen die Gesundheit der Beschäftigten nicht beeinträchtigt und diese nicht unangemessen belästigt".

Die Art der chemischen Struktur bedingt, dass z.B. die verwendeten **Fotoinitiatoren** (Starter für Polymerisationsreaktionen) naturgemäß höchst reaktiv sind. Beim Umgang mit solchen Stoffen sollten die Hinweise und Arbeitsanweisungen der Broschüre „UV-Trocknung" der Berufsgenossenschaft Druck- und Papierverarbeitung beachtet werden [648]. Im Betrieb sind die Empfehlungen der Senatskommission zur Prüfung gesundheitsschädlicher Arbeitsstoffe der DFG zu MAK-Werten zu berücksichtigen. Die gesetzlich zwingend einzuhaltenden maximalen Arbeitsplatzkonzentrationen enthält die TRGS 900.

In den vergangenen Jahren haben einige Verbände der Druckfarbenhersteller in verschiedenen europäischen Ländern Empfehlungen für den Verzicht von bestimmten Rohstoffen für die Formulierung von Druckfarben erarbeitet und veröffentlicht. Seit 1997 hat das Europäische Technische Komitee „Druckfarben" der CEPE (Europäische Vereinigung der Verbände der Lack-, Druckfarben- und Künstlerfarbenfabrikanten) eine gemeinsame Ausschlussliste für Rohstoffe in der *europäischen* Druckfarbenindustrie herausgegeben.

Der Verband der Druckfarbenhersteller in Deutschland veröffentlichte die europäische Liste als Fortschreibung der seit 1993 existierenden eigenen Liste und verpflichtet seine Mitglieder gleichzeitig zu deren Einhaltung. In der Veröffentlichung heißt es zu Anmerkungen für die Umsetzung in der Praxis wörtlich:

1. „Ausschlusslisten werden bereits in breitem Umfang von Druckfarbenherstellern und deren Kunden angewandt. Obwohl es sich um Empfehlungen ohne rechtsverbindlichen Charakter handelt, findet die CEPE-Ausschlussliste den uneingeschränkten Rückhalt der in dem europäischen Verband zusammengeschlossenen Druckfarbenhersteller.
2. Die meisten in Druckfarben verwendeten Rohstoffe werden unter gewerblichen Bedingungen hergestellt und können unvermeidbare Verunreinigungen - zumeist allerdings nur in Spuren - enthalten. Für den Fall, dass sich einige dieser Verunreinigungen auf der Ausschlussliste finden sollten, werden alle Anstrengungen unternommen, diese auf ein Minimum zu begrenzen.
3. Die CEPE-Ausschlussliste wird durch das Europäische Technische Komitee 'Druckfarben' laufend überprüft. Das Komitee behält sich Änderungen vor, die durch neue Erkenntnisse in den Bereichen Sicherheit, Gesundheits- und Umweltschutz notwendig werden können."

Folgende Druckfarbenrohstoffe werden laut der Ausschlussliste in Deutschland nicht eingesetzt:

A. Krebserzeugende, erbgutverändernde und fortpflanzungsgefährdende Stoffe, die gemäß der Gefahrstoffrichtlinie 67/548/EWG als giftig (T) mit den Risikosätzen R45, R46, R49, R60, R61 eingestuft und gekennzeichnet werden.

B. Stoffe, die gemäß der Gefahrstoffrichtlinie 67/548/EWG als sehr giftig (T+) oder giftig (T) mit den Risikosätzen R23, R24, R25, R26, R27, R28, R39, R48 eingestuft und gekennzeichnet werden.

C. Pigmente und andere Verbindungen, basierend auf: Antimon *, Arsen, Cadmium, Chrom(VI) **, Blei **, Quecksilber, Selen.

* Mit Ausnahme von nicht-bioverfügbarem Antimontitanat in Titandioxid-Pigmenten und von weder als sehr giftig (T+) noch giftig (T) eingestuften oder gekennzeichneten organischen Derivaten.

** Mit Ausnahme von Bleipigmenten für einige Siebdruck- und Dekorfarben, die eine bestimmte Beständigkeit aufweisen müssen.

D. Farbstoffe:

Auramin	(Basic Yellow 2	- CI 41000)
Chrysoidin	(Basic Orange 2	- CI 11270)
Fuchsin	(Basic Violet 14	- CI 42510)
Indulin	(Solvent Blue 7	- CI 50400)
Kresylen Braun	(Basic Brown 4	- CI 21010)

Azofarbstoffe, die im Körper bioverfügbare kanzerogene aromatische Amine der Kategorien 1 und 2 gemäß EG-Richtlinie 67/548/EWG freisetzen.

E. Lösemittel:

Chlorbenzol
Dichlorbenzol
Flüchtige chlorierte Kohlenwasserstoffe (CKW) wie Trichlorethylen, Tetrachlorethylen (Perchlorethylen), Methylenchlorid (Dichlormethan)
Flüchtige Fluorchlor-Kohlenwasserstoffe (FCKW)
2-Ethoxyethanol (Ethylglykol)
2-Ethoxyethyl-Acetat (Ethylglykol-Acetat)
Methanol (Methylalkohol)
2-Methoxyethanol (Methylglykol)
2-Methoxyethyl-Acetat (Methylglykol-Acetat)
2-Nitropropan

F. Weichmacher:

Chlorierte Paraffine
Chlorierte Polyaromaten
Monokresyldiphenylphosphat
Monokresylphosphat
Trikresylphosphat

G. Diverse Verbindungen:

Diaminostilben und seine Derivate
2,4-Dimethyl-6-t-butylphenol
Hexachlorcyclohexan
Michlers Keton (4,4'-Bis(dimethylamino)-benzophenon) (Fotoinitiator, Anm. d. A.)

H. Stoffe gemäß Richtlinie 76/769/EWG (Beschränkungen des Inverkehrbringens und der Verwendung gewisser gefährlicher Stoffe und Zubereitungen) und ihrer Änderungen, wie z.B.:

Asbest
Benzol
Pentachlorphenol und seine Salze
Polychlorierte Biphenyle (PCB)
Polychlorierte Terphenyle (PCT)
Vinylchlorid

I. Stoffe, die entweder nicht kommerziell erhältlich oder für die Formulierung von Druckfarben und zugehörigen Materialien ungeeignet sind, die jedoch Gegenstand von Anfragen bei den Druckfarbenherstellern sind:

Bromierte Flammschutzmittel
Nitrosamine
Polybromierte Bi- oder Terphenyle
Polychlorierte Dibenzofurane
Polyhalogenierte Dibenzo-p-Dioxine ('Dioxine')"

Es ist erfreulich und als Fortschritt zu würdigen, dass eine Diskussion und damit auch eine Einigung über den Ausschluss gefährlicher Stoffe auf europäischer Ebene stattfindet. Dennoch gilt festzustellen, dass die europäische Ausschlussliste im Vergleich zu früheren nationalen Listen weniger umfassend formuliert ist.

Bei den **Bindemitteln** sind heutzutage Stoffe im Gebrauch, die auf einer älteren nationalen Liste indiziert waren. HDDA und TMPTA beispielsweise befinden sich als Bindemittel in Druckfarben (sieheTabelle 10–10: Bindemittel in der Druckfarbenindustrie). Diese Stoffe waren auf der 1988 veröffentlichten Liste der Society British Ink Manufacturers (SBPIM) ausgeschlossen [170]. Die in Großbritannien ausgeschlossenen Acrylate:

2-Hydroxyethylacrylat (HEA)
2-Hydroxypropylacrylat
Methylcarbamylethylacrylat
1,3-Butylglycol-diacrylat
Butylglycidyletheracrylat
1,6-Hexandiol-diacrylat (HDDA)
Phenylglycidylesteracrylat
Glycidylacrylatester von C9 - C11 Karbonsäuren
Neopentylglycol-diacrylat
Phenylethylacrylat
Dicyclopentenylacrylat
Diethylenglycol-diacrylat (DEGDA)
Tetraethylenglycol-diacrylat (TEGDA)
Mischungen aus Pentaerythritoltri- und -tetraacrylaten (PETA)
Butandiol-diacrylat (BDDA)
Trimethylolpropan-triacrylat (TMPTA)

Die Acrylatmonomere wurden in diversen Testen auf ihre möglichen toxikologischen bzw. reizenden Eigenschaften untersucht [499]. In den oralen LD_{50}-Untersuchen an Ratten konnten von den untersuchten Monomeren keine als toxisch klassifiziert werden. In weiteren Untersuchungen wurde die Absorption der Monomere durch die Haut überprüft (Untersuchung mit Kaninchen). Die Ergebnisse zeigten eine hohe Toxizität von NPGDA (LD_{50}= 0,2 mg/kg), HEA (LD_{50}= 0,1 mg/kg) und HPA (LD_{50}= 0,1 mg/kg). Auf Grund dieser Resultate werden diese Substanzen in den USA und in Europa nicht mehr in UV-Farben verwendet.

Neben diesen toxikologischen Untersuchungen wurden die Monomere auch auf mögliche Reizungen hin getestet. Die nachfolgende Tabelle listet die stark reizenden Substanzen auf:

Hautreizung (Kaninchen)		Augenreizung (Kaninchen)	
Butylcellosolveacrylat	reizend	1,3-Butylenglycol-diacrylat	stark reizend
1,3-Butylenglycol-diacrylat	reizend	2-Hydroxyethylacrylat (HEA)	stark reizend
Cyclohexylacrylat	reizend	2-Hydroxypropylacrylat (HPA)	stark reizend
di-Cyclopentadienylacryla	reizend	Neopentylglycol-diacrylat (NPGA)	stark reizend
di-Ethylenglycol-diacrylat	reizend	Pentaerythritol-triacrylat	stark reizend
2-Hydroxyethylacrylat (HEA)	reizend	N-Vinylpyrrolidon	stark reizend
2-Hydroxypropylacrylat (HPA)	reizend		
Neopentylglycolacrylat (NPG)	reizend		
Neopentylglycol-diacrylat (NPGA)	reizend		

Tabelle 10–16: ***Haut- und Augenreizung von Acrylaten (Kaninchen)***

Als **Weichmacher** sind u.a. Stoffe auf der Basis von Phthalaten im Einsatz, wobei die Mengen in letzter Zeit deutlich rückläufig sind. Diese synthetischen Weichmacher sind biologisch schwer abbaubar und könnten sich in Sediment und Nahrungskette anreichern. Der größte Anteil der in Flexo- und Spezialtiefdruckfarben eingesetzten Phthalate wird jedoch zusammen mit dem Verpakkungsabfall entsorgt.

Weitere kritische Substanzen finden sich vorwiegend in den Druckfarben für moderne Verfahren, wie z.B. in UV-sensitiven Farben oder elektronenstrahltrocknenden Farben. Unter dem Einfluss dieser Strahlungen härten die Farben durch Polymerisation aus. Hierbei werden sogenannte Präpolymere (z.B. Epoxyacrylate, Polyesteracrylate, Urethanacrylate), reaktive Vernetzungsmittel (z.B. Trimethylolpropan-triacrylat, Tripropylenglycol-diacrylat), Fotoinitiatoren (Benzophenon) und andere Additive verwendet, die teilweise toxisch sind. Gleichzeitig ist die UV-Strahlung für das Bedienungspersonal problematisch (Arbeitssicherheit) [648]. Bei der UV-Bestrahlung kann, vor allem bei älteren Strahlern, Ozon entstehen, das abgeführt werden muss (vgl. Kap. 9 *Toxikologie im Sofortdruck*).

Azofarbmittel sind in der Diskussion, da sie, sofern sie bioverfügbar sind, in Darm und Leber reduktiv gespalten werden können, wobei sie das aromatische Amin ($R-NH_2$) wieder freigegeben wird. Die in vielen Fällen festgestellte mutagene und carzinogene Wirkung der Azofarbmittel wird auf die Freisetzung des Amins zurückgeführt.

Nach dem Lebensmittel- und Bedarfsgegenständegesetz (LMBG) und den dazugehörigen Verordnungen besteht ein Verwendungsverbot für bestimmte Azofarbmittel. Es gilt für Gegenstände, die nicht nur zum vorübergehenden Kontakt mit den menschlichen Körper bestimmt sind, wie beispielsweise Bekleidung, Bettwäsche, Handtücher, Masken, Perücken, Windeln, Slipeinlagen oder Brustbeutel und gilt für Farbmittel, die im menschlichen Körper eines der in Anlage 1 Nr. 7 zu §3 BedarfsgegenständeV aufgeführten carcinogenen Aminen freisetzen können.

Azopigmente im speziellen unterliegen einem Verwendungsverbot nur dann, wenn bei Anwendung der amtlichen Prüfmethode verbotene Amine nachgewiesen werden können. Im allgemeinen sind die Azopigmente von diesem Verdacht entlastet, da sie als unlöslich gelten. Dennoch gibt es Ausnahmen, die unter das Verbot fallen. Die Pigmente Red 8, Red 22 und Red 38 sind nach dem amtlichen Prüfverfahren für textile Bedarfsgegenstände nicht zugelassen. Sie werden auch in Europa entsprechend der Ausschlußliste nicht für Druckfarben eingesetzt. Hierzu hat der Verband der Druckfarbenindustrie eine Verbrauchermitteilung [649] herausgegeben. Danach sind die Pigmente Rot 8, Rot 22, Rot 23 und Rot 38 von der Verwendung in textilen Bedarfsgegenständen ausgenommen. Die deutsche Druckfarbenindustrie setzt generell keine **Azofarbstoffe** ein, die in die gemäß Bedarfsgegenstände-Verordnung spezifizierten Amine aufgespaltet werden können. Die Druckfarbenindustrie bestätigt, dass die von ihr eingesetzten **Azopigmente** die Vorgaben der Bedarfsgegenstände-Verordnung erfüllen, d.h. dass die o.g. Rotpigmente in Druckfarben nicht mehr eingesetzt werden.

Für **Schwermetalle** sind inm § 13 Verpackungsverordnung Grenzwerte für die Summe von Chrom-VI, Cadmium, Quecksilber und Blei festgelegt. Sie betragen 600 ppm nach dem 30. Juni 1998, 250 ppm nach dem 30. Juni 1999 und 100 ppm nach dem 30.Juni 2001 (s.a. EG-Richtlinie 94/62).

Karzinogenitätsprüfung

Die Karzinogenität verschiedener organischer Pigmente wurde ebenfalls untersucht; hier die Ergebnisse:

Pigment/Farbstoff	Testtier	Ergebnis	Literatur
P.Y.12	Maus, Ratte	negativ	[150]
P.Y.83	Maus, Ratte	negativ	[150]
P.O.5	Maus, Ratte	schwach positiv	[150]
		Verdacht auf Karzinogenität, jedoch keine eindeutigen Befunde	[492]
P.R.49	Ratte	negativ	[150]
P.R.53:1	Maus, Ratte	negativ	[150]
P.R.57:1	Ratte	negativ	[150]
P.B.60	Ratte	negativ	[150]
P.O.13	Rhesusaffe	einige Bisazobenzidine werden zum karzinogenen 3,3'-Dichlorobenzidin reduziert.	[492], [495]*
	Rhesusaffe	Negativ	[461]*
B.R.1	Ratte, Hamster	karzinogene Effekte im Tierversuch	[428], [516]
B.V.10	Ratte, Hamster	karzinogene Effekte im Tierversuch	[428], [516]

* Die Untersuchungen zu P.O.13 belegen zwar die Bildung von Aminen (z.B. 3,3'-Dichlorbenzidin), diese Abspaltung erfolgt jedoch erst oberhalb von 240°C [461].

Tabelle 10–17: Karzinogenitätsprüfungen an Farbmitteln

Mutagenitätsprüfung (Ames-Test)

Ein Test, der Aufschluss darüber gibt, ob eine Substanz die DNA in einem Bakterium zerstört bzw. verändert. Ein solcher Test wurde für einige der im Text genannten organischen Pigmente durchgeführt.

Untersucht wurden mit negativem Ergebnis die Pigmente:

> P.Y.1, P.Y.12, P.Y.74, P.O.13, P.R.4, P.R.48:1, P.R.48:2, P.R.49, P.R.49:1, P.R.49:2, P.R.53:1, P.R.57:1, P.R.63:1, P.B.15:1, P.B.15:2, P.B.15:3, P.B.15:4, P.G.7, P.G.36, und P.V.19.

Ein schwach positives Ergebnis lieferten die Untersuchungen für P.O.5.

Pigmentverunreinigungen

Aromatische Amine

Aromatische Amine werden bei der Herstellung von Azopigmenten als Diazokomponente eingesetzt. Beispiele hierfür sind Monoazo- und Disazopigmente wie Diarylgelb-, Disazopyrazolon- und Bisacetessigsäurearylid-Pigmente, ß-Naphthol-Pigmente, Naphthol AS-Pigmente, verlackte Azopigmente (z.B. verlackte BONS-Pigmente), Benzimidazolon-Pigmente und Isoindolin-Pigmente. In Pigmenten für Lebensmittelverpackungen dürfen nicht mehr als 500 ppm aromatisches Amin enthalten sein.

Eine karzinogene Wirkung von Azofarbmitteln ist dann zu befürchten, wenn eine Reduktion zu Benzidin erfolgt. Dass Benzidin-Azofarbmittel durch verschiedene Bakterien, z.B. Escherichia Coli reduziert werden können, wurde 1973 belegt [514]. Auslöser dieser Untersuchungen war die auffällige Häufung von Blasenkrebs bei japanischen Kimonoseidenmalern. Die Zeichner lecken ihre Pinsel und konsumieren dadurch Farben. Stoffwechselbedingte Reduktionen von Azokomponenten können ihre Ursache ebenfalls im Leberreduktase-System haben [515].

Alle in [514] und [515] untersuchten Farbmittel sind wasserlöslich. In [495] wird die stoffwechselbedingte Reduktion von Benzidin-Azofarben zu Benzidin in Rhesusaffen beschrieben.

Für Bedarfsgegenstände gibt es folgende Grenzwerte:

Primäre arom. Amine (berechnet als Anilin)	500 ppm
Benzidin, ß-Naphthylamin, 4-Aminodiphenyl	10 ppm
(Extrakte in 1 M bzw. 2 M Salzsäure)	

Metalle/Schwermetalle

Die deutschen Druckfarbenhersteller setzen inzwischen keine Pigmente auf Basis toxischer Schwermetalle mehr ein. Folgende Schwermetalle werden nach Auskunft der Druckfarbenindustrie in Farbmitteln eingesetzt: Eisen, Kupfer, Zink, Mangan, Kobalt, Molybdän, Wolfram.

PCB

PCB steht auf der CEPE-Ausschlussliste (siehe oben). Die PCB-Verordnung, auf der Basis des Chemikaliengesetzes/Bundes-Immissionsschutzgesetzes, verbietet das Inverkehrbringen und Verwenden von Erzeugnissen, die mehr als 50 ppm PCB (Extrakt in 1 M Salzsäure) enthalten [506]. Es kann in Azopigmenten auf der Basis von Chloranilinen, Dichlor- und Tetrachlordiaminodiphenyl enthalten sein. Durch Nebenreaktionen können hier PCB's entstehen. PCB kann ebenfalls durch radikalische Reaktionen bei der Pigmentherstellung in Di- oder Trichlorbenzolen gebildet werden; je nach Produktionsprozess können z.B. Phthalocyanin-Pigmente PCB-Verunreinigungen enthalten, wenn diese bei der Herstellung von Trichlorbenzol in Nebenreaktionen entstanden sind. Nach Aussage des Verbandes der Druckfarbenindustrie [461] werden diese Lösemittel heute in der Bundesrepublik zur Pigmentherstellung nicht mehr eingesetzt.

Dioxine und Furane

Die Chemikalienverbotsverordnung (ChemVerbotsV) nach dem Chemikaliengesetz berücksichtigt in der Fassung vom 26. 09. 1994 im Abschnitt 4 Dioxine und Furane. Danach dürfen Stoffe, Zubereitungen und Erzeugnisse nicht in Verkehr gebracht werden, wenn die Summe der Verbindungen aus 2,3,7,8-Tetrachlordibenzodioxin (TCDD), 2,3,4,7,8-Pentachlordibenzodioxin (PCDD), 2,3,7,8-Tetrachlordibenzofuran (TCDF) und 2,3,4,7,8-Pentachlordibenzofuran (PCDF) unterhalb 1 µg/kg (0,001 ppm) liegt. Für die Verbindungen aus 2,3,7,8-TCDD, 1,2,3,7,8-P_5CDD, 1,2,3,6,7,8-H_6CDD, 1,2,3,7,8,9-H_6CDD, 1,2,3,4,7,8-H_6CDD, 2,3,7,8-TCDF, 2,3,4,7,8-P_5CDF und 1,2,3,6,7,8-H_6CDF gilt der Summengrenzwert von 0,005 ppm.

Polychlorierte Dibenzodioxine (PCDD) und Dibenzofurane (PCDF) können entstehen bei [519]

- Prozessen unter Verwendung chlorierter Aromaten und bei
- Prozessen unter Verwendung chlorierter Aliphaten, wenn dabei Temperaturen von 200°C und mehr erreicht werden oder wenn alkalische Bedingungen und Temperaturen um 100°C vorliegen.

Dies gilt sowohl für Prozesse, bei denen die chlorierten Substanzen selbst an der **Reaktion** teilnehmen, als auch für Prozesse, bei denen chlorierte Verbindungen nur als **Lösemittel** eingesetzt werden. Die Bildung von Dioxinen und Furanen ist temperatur- und pH-Wert-abhängig und kann von Katalysatoren beeinflusst werden.

Organische Pigmente, die unter Einsatz halogenierter Verbindungen als Reaktionspartner (z.B. chlorierte Diazokomponenten) oder als Lösemittel (z.B. Di- oder Trichlorbenzol zusammen mit Metallsalzen bei Temperaturen um 200°C zur Herstellung der Phthalocyaninpigmente) synthetisiert werden, können daher mit Spuren von Dioxinen und Furanen verunreinigt sein.

Die größte Wahrscheinlichkeit für die Bildung von Dioxinen und Furanen liegt bei Prozessen vor, die zur Herstellung von Chlorphenolen dienen oder unter Verwendung von Chlorphenolen als Reaktionspartner ablaufen.

In der Gruppe der Violettpigmente gibt es zwei **Dioxazin-Pigmente** (P.V.23 und P.V.37). Sie haben folgende Strukturformeln:

P.V.23:

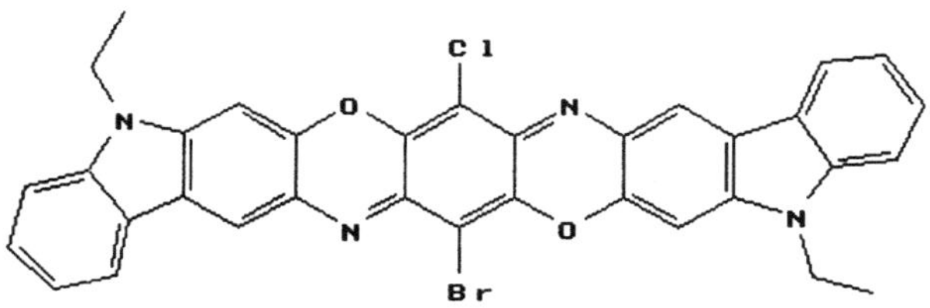

P.V.37:

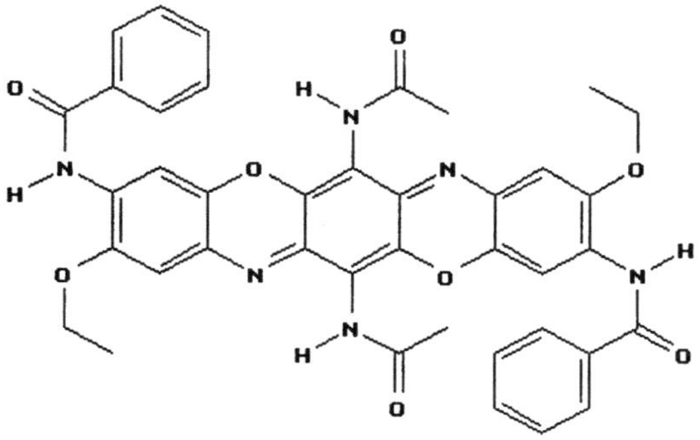

P.V.23 gilt in seinem Farbtonbereich wegen seines blaustichigen Violetts als nicht ersetzbar. Es ist in Druckfarben weit verbreitet und wird dort häufig in Verbindung mit Kupferphthalocyaninblau-Pigmenten verwendet. Daneben ist P.V.23 in Textil- und Künstlerfarben, in Farbtuschen, Faserschreibertinten, Wachsmaterialkreiden, Ölkünstlerfarben, Aquarellfarben, Holzbeizen, Putzmittel und bei der Papiermassenfärbung weit verbreitet.

P.V.37 wird bevorzugt in Druckfarben auf Cellulosenitratbasis eingesetzt und verleiht den Drucken gute Farbstärke und vorzüglichen Glanz. Ein Einsatzschwerpunkt ist der Blechdruck.

Dioxazin-Pigmente, die eine dem P.V.23 analoge Struktur besitzen (halogeniertes Triphendioxazin-Ringsystem), werden auf der Basis von Chloranil bzw. 2,4,6-Trichlorphenol hergestellt. Es sind zwei unterschiedliche Produktionsverfahren bekannt, auf deren Einzelschritte hier nicht näher eingegangen wird.

Bei beiden Verfahren ist damit zu rechnen, dass sie Verunreinigungen von Dioxinen und Furanen enthalten.

Nach Angaben der von den Autoren befragten Hersteller (Hoechst und Ciba-Geigy) der Dioxazin-Pigmente werden in der Bundesrepublik Dioxazin-Pigmente eingesetzt, die durch oxidative Chlorierung von Hydrochinon oder Chinon (p-Benzochinon) hergestellt werden. Bei Anwendung dieses Verfahrens können die in der Gefahrstoffverordnung vorgeschriebenen niedrigeren Grenzwerte für Dioxine und Furane sicher eingehalten werden.

In einem älteren Verfahren wurden die Dioxazin-Pigmente auf der Basis von Chloranil über Trichlorphenol hergestellt, wobei die Verunreinigung mit Dioxinen hoch liegen. Nach Angaben der Pigmentindustrie werden in Deutschland keine veralteten Verfahren eingesetzt und damit die Grenzwerte für Dioxinverunreinigungen in Druckfarben *aus deutscher Produktion* weit unterschritten.

Zusammenfassend kann festgestellt werden, dass die folgenden Pigmente und Farbstoffe nach heutigem Kenntnisstand als problematisch einzustufen sind, bzw. dass widersprüchliche Untersuchungsergebnisse vorliegen, die geklärt werden sollten:

Farbmittel	Bemerkung	Literatur
Anorganische Pigmente		
P.Y.34	bleichromathaltig	
P.R.104	bleichromathaltig	
Azofarbmittel	enthalten möglicherweise Reste von aromatischen Aminen, mutagenitäts- und Karzinogenitätsprüfung schwach positiv	[150], [183]
P.O.5		
Diarylgelbfarbmittel	enthalten 3,3'-Dichlorbenzidin als Bisdiazokomponente, bzw. Bisazobenzidine können zu karzinogenem 3,3'-Dichlorobenzidin reduziert werden	[492], [495], [183]
P.Y.12		
P.Y.13	Die Untersuchungen belegen zwar die Bildung von Aminen (z.B. 3,3'-Dichlorbenzidin), diese Abspaltung erfolgt jedoch erst oberhalb von 240°C.	[461]
P.Y.14	Bei einer Untersuchung zur Bildung aromatischer Amine aus Azo-Pigmenten bei der reduktiven Altpapierbleiche konnten aromatische Amine nicht nachgewiesen werden.	[652], [653]
P.Y.17		
P.Y.55		
P.Y.81		
P.Y.83		
P.Y.106		
P.Y.114		
P.Y.124		
P.Y.127		
P.Y.174		
P.Y.176		
Disazopyrazolon-Farbmittel	enthalten 3,3'-Dichlorbenzidin als Bisdiazokomponente, bzw. Bisazobenzidine können zu karzinogenem 3,3'-Dichlorobenzidin reduziert werden	[514], [515], [183]
P.O.13	Die Untersuchungen belegen zwar die Bildung von Aminen (z.B. 3,3'-Dichlorbenzidin), diese Abspaltung erfolgt jedoch erst oberhalb von 240°C.	[461]
P.O.34	Bei einer Untersuchung zur Bildung aromatischer Amine aus Azo-Pigmenten bei der reduktiven Altpapierbleiche konnten aromatische Amine nicht nachgewiesen werden.	[652], [653]
Polycyclische Farbmittel		
P.V.23	Dioxinverdacht bei Herstellung auf Basis v. Chloranil über Trichlorphenol	
P.V.37	Dioxinverdacht bei Herstellung auf Basis v. 2,5-Dichlor-3,6-bisacetylamino-1,4-benzochinon	
Basische Farbstoffe		
Basic R.1	karzinogene Effekte im Tierversuch	[428], [516]
Basic V.10	karzinogene Effekte im Tierversuch	[428], [516]

Tabelle 10–18: Problematische Pigmente und Farbstoffe*

*Einige der Anmerkungen zu den Pigmenten und Farbstoffen sind in der Tabelle verkürzt wiedergegeben, um dem Anspruch einer Übersicht gerecht zu werden. Detaillierte Angaben sind im Text enthalten.

Die Qualität von Pigmentimporten - deren Herstellungsverfahren nicht bekannt ist - müßte eigentlich ständigen Prüfungen unterliegen, die sich beispielsweise an der Gefahrstoffverordnung (Chemikaliengesetz) orientieren. Es ist zu befürchten, dass hier Pigmente mit erheblichen Verunreinigungen auf den Markt kommen. Wenn nicht auf die Verwendung der Pigmente P.V.23 und P.V.37 verzichtet werden kann, sollten diese Farbmittel nur eingesetzt werden, wenn sie mit einem geeigneten Herstellungsverfahren im Sinne des „Responsible Care“ hergestellt wurden.

11 Ausbreitung in der Umwelt

11.1 Abluft

In vielen Druckereibetrieben tritt lösemittelhaltige Abluft auf. Insbesondere die Anstrengungen der letzten Jahre die VOC-Emissionen (volatile organic compounds/flüchtige organische Verbindungen) zu vermindern, haben zahlreiche Alternativprodukte auf den Markt gebracht, die sich durch geringere oder keine VOC-Belastungen auszeichnen. Typische Vertreter der VOCs sind Benzine, Alkohole, Ketone, Ester. In Druckfarben - insbesondere Offsetfarben - sind vor allem Mineralöle eingesetzt, die während der Trocknung teilweise abdampfen. Solche Druckfarben werden als VOC-haltig deklariert. Die jeweils ausgetriebene Menge ist primär vom Trocknungsverfahren und der Druckfarbenart abhängig. Heatset-Druckfarben unterliegen deshalb in besonderem maße den Emissionsbeschränkungen der TA-Luft. In den USA sind beispielsweise alle Offset-Druckfarben den Emissionsbeschränkungen unterworfen, in Deutschland und in der europäischen Gemeinschaft sind es nur die Heatset-Farben.

Die Reinigung der Abluftströme ist abhängig von der jeweiligen Zusammensetzung und den auftretenden Konzentrationen. Die rechtliche Situation dieser Thematik wird in Kap. 2 Gesetzliche Grundlagen erörtert. Das folgende Kapitel gibt eine Zusammenfassung der wichtigsten Verfahren, wobei insbesondere die Einsatzmöglichkeiten in den verschiedenen Druckbereichen berücksichtigt werden.

11.1.1 Absorption

Generell versteht man unter dem Begriff Absorption die Aufnahme und das Lösen von Gasen oder Dämpfen in Flüssigkeiten oder festen Körpern. Die Absorption ist eines der Grundverfahren zur Reinigung von Abluft.

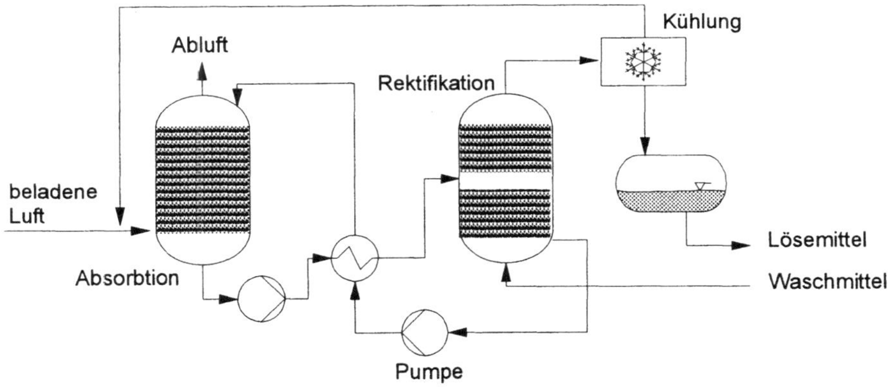

Abbildung 11–1: Absorptionsanlage

Die beladene Luft wird in einen Absorber geleitet. Dieser gewährleistet einen intensiven Kontakt zwischen dem Luftstrom und der Waschflüssigkeit. Zumeist wird der Prozess im Gegenstrom gefahren. Das beladene Absorptionsmittel wird in einem Desorber regeneriert. Man kann die aufgenommenen Stoffe durch Temperaturerhöhung oder Druckerniedrigung austreiben und nach eventueller Reinigung wiedergewinnen. Die regenerierte Waschflüssigkeit kann erneut in die Kolonne geleitet werden. Unverzichtbar für die Senkung des Energiebedarfes ist der Wärmeaustausch zwischen der warmen regenerierten Waschflüssigkeit und der kalten beladenen Waschflüssigkeit aus dem Absorber.

Entscheidend für den Einsatz der Absorption sind die Eigenschaften des verwendeten Waschmittels. Um einen möglichst geringen Waschmittelbedarf zu erreichen, muss die zu absorbierende Komponente gut im verwendeten Waschmittel löslich sein. Ein weiteres Kriterium für die Auswahl einer Waschflüssigkeit ist ihr Dampfdruck. Eine geringe Flüchtigkeit bewirkt, dass die mit der Reinluft entweichende Waschmittelkonzentration so gering ist, dass die Abluft den Anforderungen der TA-Luft genügt. Schließlich sollte die Waschflüssigkeit eine geringe Viskosität besitzen. Ein hochviskoses Absorptionsmittel verhindert eine Durchmischung der Phasen und bedingt somit eine größere Kolonne [11].

Je nach Art des Lösungsvorganges muss zwischen physikalischer und chemischer Absorption unterschieden werden. Daneben wird auch die Absorption mit Biowäschern durchgeführt:

Physikalische Absorption

Bei der physikalischen Absorption handelt es sich um einen physikalischen Lösungsvorgang ohne chemische Reaktion. Die Absorption ist vom Aufnahmevermögen der Waschflüssigkeit bezüglich des zu absorbierenden Stoffes abhängig. Darüberhinaus hängt das Lösungsvermögen auch von der Konzentration des Absorbens ab. Um eine geringe Schadstoffkonzentration erreichen zu können, ist im allgemeinen der Einsatz großer Mengen Waschflüssigkeit erforderlich.

Chemisorption

Im Unterschied zur physikalischen Absorption setzt sich hier das Absorbens chemisch mit der Waschflüssigkeit um. Die Menge des benötigten Waschmittels ist abhängig von der Gleichgewichtskonstanten der Reaktion. Insgesamt ist die benötigte Waschmittelmenge bei der Chemisorption geringer als bei der physikalischen Absorption. Demgegenüber steht jedoch die schwierigere Regenerierbarkeit des Absorptionsmittels. Wegen der weitgehenden chemischen Inertheit der eingesetzten Lösemittel, kann das Verfahren nicht zur Reinigung der Abluft von Bedruckungs- und Lackiermaschinen eingesetzt werden.

Biowäscher und Biofilter

Biofilter und Biowäscher werden vor allem zur Beseitigung von Gerüchen in Abluftströmen mit geringen C-Mengen eingesetzt. Bei Biowäschern wird die Waschflüssigkeit mit Bakterien versetzt, welche die Schadstoffe über ihren Stoffwechsel abbauen. Nachteilig wirkt sich bei diesem Verfahren der hohe Platz- und Wartungsaufwand aus, da die Bakterienkultur nur bei optimalen Wachstumsbedingungen (konstante Temperatur, konstanter pH-Wert, ausreichende Nährstoffzufuhr) die gewünschte Reinigungsleistung erbringen kann. Der Vorteil liegt in der sehr kostengünstigen Verfahrensweise.

Die Absorption bietet sich an bei geringen Konzentrationen an Lösemittel in der Abluft (< 1 g/Nm^3). Das Verfahren verursacht hohe Investitions- und Betriebskosten, zudem können oftmals die geforderten Grenzwerte nicht erreicht werden [14].

11.1.2 Adsorption

Das wichtigste Verfahren zum Recycling der Lösemittel aus der Abluft im Bereich der Druckindustrie ist die Adsorption. Dieses Verfahren beruht auf der Fähigkeit einer festen Phase, an ihrer Oberfläche Moleküle aus der sie umgebenden Gas- oder Flüssigkeitsphase anlagern zu können und dort durch Oberflächenkräfte lose zu binden. Das Adsortionsvermögen ist von der Temperatur, der Konzentration des zu adsorbierenden Stoffes und von dessen Siedepunkt abhängig. Die Adsorptionsleistung kann durch Druckerhöhung gesteigert werden.

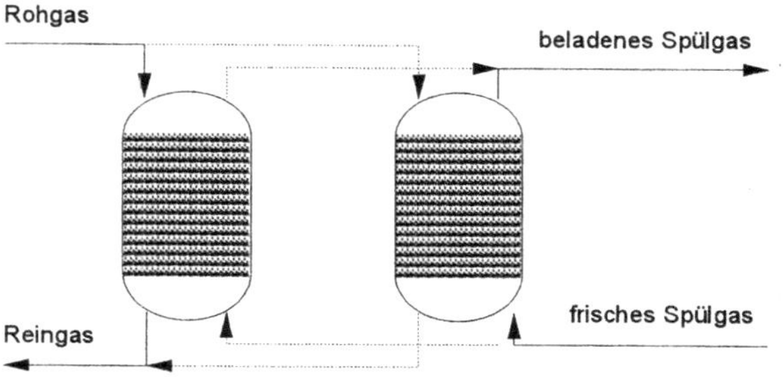

Abbildung 11–2: Adsorptionsanlage

Die lösemittelhaltige Abluft wird in einen Adsorberturm geleitet. Bei Druckereibetrieben wird meist das Festbettverfahren angewendet. Das Gasgemisch durchströmt die Adsorbentien von unten nach oben. Das Lösemittel wird adsorbiert. Am Kopf der Kolonne erhält man die gereinigte Abluft [13]. Mit zunehmender Beladung des Adsorbens nimmt das Adsorptionsvermögen ab. Wird die Reinigungsleistung zu gering, so muss das Adsorbens desorbiert werden. Die Regenerierung erfolgt zumeist mit heißem Wasserdampf. Das anfallende Gemisch wird kondensiert und anschließend getrennt.

Die im Druckbereich verwendeten Lösemittel sind vorwiegend wasserlöslich oder teilweise löslich. Es fallen hier primär Kondensate aus 70 % Wasser und 30 % Lösemittel an. Die Trennung wird erschwert durch die Bildung von Azeotropen [60]. Ist eine Trennung nicht möglich oder nur unzureichend, so muss das Wasser-Lösemittel-Gemisch als Abfall entsorgt werden. Um das Verfahren kontinuierlich betreiben zu können, müssen mindestens zwei Adsorbertürme in die Anlage integriert sein.

Die eingesetzten Adsorbentien lassen sich in zwei Klassen einteilen:

Klassische Adsorbentien

Die gebräuchlichsten klassischen Adsorbentien sind Aktivkohle, Silicagel, Aluminiumoxidgel und Bleicherde. Sie adsorbieren eine Vielzahl von Lösemitteln.

Synthetische Adsorbentien

Zu dieser Klasse gehören die in den letzten Jahren entwickelten Molekularsiebe. Diese sind Zeolithe mit freien Hohlräumen mit einem Durchmesser zwischen 3 und 9 Å. Die synthetischen Adsorbentien unterscheiden sich von den klassischen durch einen wohldefinierten Moleküldurchmesser. Sie gestatten deshalb die Trennung auf Grund der Molekülabmessung und ermöglichen so eine selektive Trennung eines Gemisches. Vorteilhaft ist weiterhin die große Adsorptionskapazität und die Regenerierbarkeit mit Heißluft [62].

Die Adsorption zeichnet sich durch ein breites Anwendungsspektrum aus. Ihr Einsatzbereich erstreckt sich von 10^{-4} bis nahe 10^2 g/m^3 Lösemittel in der Abluft. Es können geringe Lösemittelendgehalte erzielt werden, die den Anforderungen der TA-Luft entsprechen. Nachteilig wirken sich jedoch die hohen Investitions- und Betriebskosten aus, zumal meist auf Grund hoher Verdünnung große Apparate erforderlich sind. Kostenintensiv sind auch die sich anschließende Reinigung des Adsorbens und die eventuelle Abwasserbehandlung [132].

Für die Abluft bei Druckereien bietet sich vor allem die Festbettadsorption an [13]. Diese Verfahrensvariante ist ab einer Konzentration von 0,5 g/m^3 wirtschaftlich. Bei der Desorption mit heißem Wasserdampf kann eine Abwasserbelastung auftreten. Dieses Problem ist durch die Regenerierung mit heißer Luft zu umgehen. Die Wirksamkeit des Verfahrens kann z.B. beim Siebdruck noch durch eine Kombination mit verschiedenen Verfahren gesteigert werden; im Siebdruck ist die Farbtrocknungsanlage eine entscheidende Emissionsquelle. So wird beispielsweise im "Adcovac-System" die Adsorption mit der Kondensation zur Lösemittelrückgewinnung gekoppelt.

Die Trockner werden im geschlossenen Verfahren mit Umluft betrieben. Dadurch wird ein geringer Volumenstrom erzielt, und die Anlagengröße kann verringert werden. Die Desorption erfolgt mit heißer Luft. In einer nachgeschalteten Kondensationsstufe kann das Lösemittel wiedergewonnen werden.

Bei Illustrationstiefdruckanlagen wird das als Lösemittel eingesetzte Toluol (bis zu 30 g/m^3 Abluft) aus wirtschaftlichen Gründen durch die Adsorption wiedergewonnen und dem Prozess erneut zugeführt. Ferner haben Pilotversuche gezeigt, dass auch das Abgas aus dem Rollenoffsetdruck durch Adsorption an Aluminiumoxid bei Temperaturen zwischen 120°C und 200°C gereinigt werden kann. Weitere Anwendungsbereiche sind der Flexo- und Tiefdruck und Beschichtungsanlagen.

11.1.3 Kondensation

Bei der Ablufteinigung können mit Hilfe der Kondensation organische Lösemittel aus der Abluft zurückgewonnen werden. Man nutzt bei dem Verfahren die Veränderung des Taupunktes zur Abscheidung eines Lösemittels aus der Abluft aus [14]. Diese kann einerseits durch eine Temperaturreduktion erreicht werden; die Abkühlung bewirkt die Erniedrigung des Sättigungsdampfdruckes bei konstantem Partialdruck des Lösemittels. Andererseits kann die Lage des Taupunktes auch durch eine Druckerhöhung beeinflusst werden; eine Gesamtdruckerhöhung bedingt einen Anstieg des Lösemittelpartialdruckes bei konstantem Sättigungsdampfdruck.

Entscheidend für die Anwendbarkeit der Kondensation zur Rückgewinnung eines Lösemittels ist folglich der Verlauf der Sättigungskurve. Vergleicht man den Energieaufwand für die Kompression mit dem für die Kälteerzeugung, so zeigt sich, dass eine Kompression normalerweise nicht wirtschaftlich ist.

Verfahrenstechnisch wird die Kondensation in zwei Varianten durchgeführt [13,14]:

Indirekte Kondensation

Charakteristisch für die indirekte Kondensation ist die Abkühlung der Abluft durch Wärmeaustauscher.

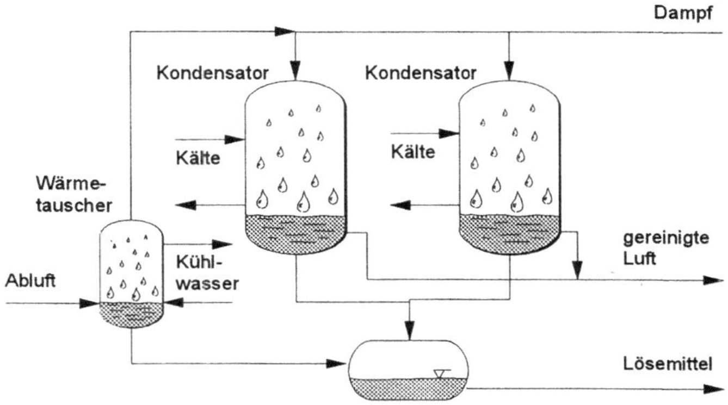

Abbildung 11–3: Indirekte Kondensation

Die Abbildung 11–3 zeigt das Prinzipschema einer indirekten Kondensation. Die zu reinigende Abluft durchströmt zunächst einen Vorkühler. Das bereits hier auskondensierte Lösemittel wird in die Vorlage geleitet. Anschließend wird die Abluft über einen Wärmeaustauscher geführt, der mit einem geeigneten Kältemittel entsprechend der angestrebten Kondensationstemperatur gekühlt wird.

Das an den Wärmeaustauscherflächen kondensierte Lösemittel wird ebenfalls in die Vorlage geleitet. Der erzielte Reinigungseffekt genügt im allgemeinen nicht den Anforderungen der TA-Luft, so dass die vorbehandelte Luft entweder in eine weitere Reinigungsstufe geleitet wird oder im Umluftbetrieb der lösemittelverarbeitenden Anlage wieder zugeführt wird.

In der überwiegenden Zahl der Fälle ist der Einsatz von zwei Kondensatoren mit Umschaltautomatik notwendig, da der in Betrieb befindliche Kondensator durch die Luftfeuchtigkeit allmählich zufriert und dieser - um den Energiebedarf für die Kälteerzeugung niedrig zu halten - nach einer gewissen Zeit abgetaut werden muss. Man erreicht dies durch Spülen mit Wasserdampf oder mit heißem Inertgas. Auch durch elektrische Beheizung der Kondensationsflächen kann Enteisung erreicht werden.

Direkte Kondensation

Die direkte Kondensation zeichnet sich durch einen direkten Wärmeaustausch mit dem kondensierten Lösemittel aus.

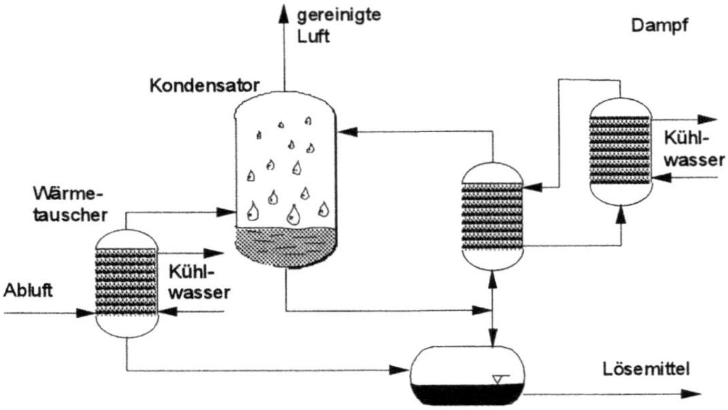

Abbildung 11–4: Direkte Kondensation

In Abbildung 11–4 ist das Prinzip der direkten Kondensation am Beispiel eines *Trocknungsprozesses* dargestellt. Die vom Trockner kommende Luft wird ebenso wie bei der indirekten Kondensation zunächst vorgekühlt. In einer nachgeschalteten Kolonne werden die noch in der Abluft befindlichen Lösemitteldämpfe im Gegenstrom durch flüssiges Lösemittel geführt. Das im Sumpf der Kolonne anfallende Lösemittel wird zum Teil in die Vorlage geleitet. Der andere Teil verbleibt im Lösemittelkreislauf, welcher vor erneuter Einleitung in den Kopf der Kolonne mit Hilfe einer Kältemaschine auf Kondensationstemperatur gekühlt wird. Die weitgehend vom Lösemittel befreite Luft wird über einen Demister im Kolonnenkopf dem Trockner wieder zugeführt.

Die Kondensation als Recyclingverfahren für die in der Abluft befindlichen Lösemitteldämpfe besitzt eine Vielzahl von Vorteilen. Diese sind beispielsweise geringe Investitions- und Betriebskosten im Vergleich mit den anderen Recyclingverfahren. Weiterhin gewährleistet das Verfahren einen kontinuierlichen und wartungsarmen Betrieb [132].

Vergleicht man die oben beschriebenen Kondensationsverfahren miteinander, so erweist sich die direkte Kondensation als vorteilhafter. Zum einen entfällt das Problem der Vereisung der Kondensatorflächen und die dadurch bedingte Abtauphase, die den Einsatz von zwei Kondensatoren nach sich zieht. Zum anderen können Verunreinigungen leichter dem System entzogen werden und so einer Verstopfung der Wärmeaustauscher vorgebeugt werden. Überdies zeichnet sich die direkte Kondensation durch einen besseren Wärmeübergang aus, wodurch die Apparateabmessungen kleiner gehalten werden können.

Bei der direkten Kondensation können zusätzlich noch Absorptionseffekte ausgenutzt werden, wenn Lösemittelgemische mit Komponenten unterschiedlicher Flüchtigkeit aus der Luft entfernt werden sollen.

Den beschriebenen Vorteilen stehen wesentliche Nachteile des Verfahrens gegenüber. Wie bereits erwähnt, kann die Kondensation die Reinheitsanforderungen der TA-Luft nicht erfüllen. Weiter beschränkt sich der Einsatz der Kondensation auf die Reinigung von Abluft mit einer höheren Lösemittelbeladung (> 10 g/m^3). Problematisch wirkt sich auch die Entstehung explosiver Gemische während der Kondensation aus.

Aus diesen Gründen wird die Kondensation zur Lösemittelrückgewinnung zumeist nur eingesetzt, wenn im Umluftbetrieb gearbeitet werden kann.

Im Umluftbetrieb ergeben sich drei verfahrenstechnische Vorteile:

1. Die Umluft kann vollständig wasserfrei betrieben werden, da die Luftfeuchtigkeit bereits nach einen Umlauf auskondensiert ist. Die Rückgewinnung des Lösemittels ist dann ohne Aufarbeitungskosten möglich.
2. Weiterhin kann an Stelle von Luft ein Inertgas verwendet und so die Explosionsgefahr vermieden werden.
3. Schließlich ist es bei Trocknungsprozessen oft von Vorteil, wenn die eingesetzte Luft nicht vollständig lösemittelfrei ist, da hierdurch die Verdunstungsgeschwindigkeit herabgesetzt und folglich eine schonende Trocknung erreicht werden kann [13].

Zusammenfassend ist die Kondensation als Recyclingverfahren für lösemittelhaltige Abluft nur bei hoher Beladung wirtschaftlich durchzuführen. Deshalb dient sie oftmals als Vorstufe für weitere Reinigungsverfahren. Wirtschaftlich sinnvoll ist ihr alleiniger Einsatz nur dann, wenn die Luft nicht an die Umgebung abgegeben wird, sondern im Umluftbetrieb gearbeitet werden kann.

11.1.4 Verbrennung

Als generell anwendbares Verfahren zur Beseitigung von Lösemitteln aus Abluft wird die Verbrennung eingesetzt.

Verbrennungsanlagen kommen im allgemeinen dann zum Einsatz, wenn sich eine Rückgewinnung wegen der geringen Beladung nicht lohnt oder wenn die Aufarbeitung des in der Abluft vorhandenen Gemisches zu kostenintensiv ist [13, 14]. Technisch kann ein Umsatzgrad von mehr als 99 % erreicht werden.

Die erforderliche *Verbrennungstemperatur* hängt von einer Vielzahl von Faktoren ab, wie Schadstoffart, Sauerstoffgehalt der Abluft und der Anwesenheit von Initiatoren und Hilfsstoffen. Man unterscheidet zwischen *thermischer* und *katalytischer Verbrennung*:

Thermische Nachverbrennung (TNV)

Bei der thermischen Verbrennung werden die in der Abluft enthaltenen Lösemittel bei Temperaturen zwischen 600°C und 1000°C zu Kohlendioxid und Wasser verbrannt [60].

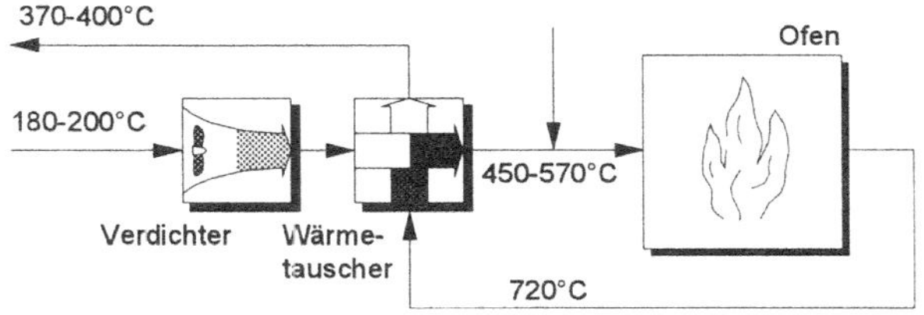

Abbildung 11–5: Schema einer Verbrennungsanlage

Zur Minimierung der Betriebskosten wurden Anlagen mit *Wärmerückgewinnungssystemen* entwikkelt. Prinzipiell bieten sich zwei Möglichkeiten zur Ausnützung des Wärmeinhaltes der Rauchgase an:

1. Verbrennung mit Luftvorwärmung
2. Verbrennung mit Dampferzeugung

Zumeist ist die Variante 1 wirtschaftlicher, denn es können bis zu 75 % der Energie eingespart werden. Ihre Anwendung ist jedoch eingeschränkt, da die Bildung von Furanen und Dioxinen bei der Verbrennung von aromatischen Kohlenwasserstoffen möglich ist. Treten bei der Verbrennung neben den oben genannten Verbrennungsprodukten weitere Reaktionsprodukte wie z.B. anorganische Oxide (Schwefeldioxid, Stickoxide) oder Hydrogene auf, so muss das Abgas noch einer zusätzlichen ein- oder mehrstufigen Wäsche unterzogen werden [56, 11].

Thermische Verbrennung ist dann sinnvoll, wenn ein Recycling der org. Lösemittel nicht wirtschaftlich erscheint. Vorteilhaft wirkt sich ihr breiter Anwendungsbereich aus. Durch die teilweise erforderliche Nachbehandlung des Abgases bzw. durch den hohen Energieverbrauch erweist sich die thermische Verbrennung jedoch allgemein als ein relativ teueres Verfahren [132]. Unter ökologischen Gesichtspunkten gibt es kaum ein Argument für die thermische Verbrennung.

Die TNV wird in der Druckindustrie beim *Rollenoffsetdruck* eingesetzt. Im hier beschriebenen Anwendungsbeispiel werden maximal 17.000 Nm^3/h Abluft aus vier Drucklinien einer gemeinsamen *thermischen Verbrennungsanlage* zugeführt. Die Ablufttemperatur beträgt zwischen 160°C und 180°C; die Schadstoffkonzentration (Mineralöl aus Druckfarben) beträgt 3 bis 5 g/Nm^3. Da pro g C/m^3 eine Temperaturerhöhung von 20 bis 25 °C bringt, kommt man bei den durchschnittlichen Schadstoffgehalten nicht ohne Zusatzbrennstoffe aus. Die Verbrennung wird bei ca. 720°C unter Verwendung des Zusatzbrennstoffes Propan (manchmal auch Erdöl oder Erdgas) durchgeführt. Die *Wärmerückgewinnung* erfolgt zunächst durch Abluftvorwärmung, dabei wird die heiße Reinluft auf ca. 350°C abgekühlt. Die abgeführte Wärmeenergie wird zur Heißwasserbereitung genutzt. Man kann durch diese Maßnahmen eine minimale Reingastemperatur von 140°C erreichen. Die Schadstoffrestkonzentration erfüllt die Bedingungen der TA Luft, sie liegt unter 20 mg C/Nm^3 [177].

Katalytische Nachverbrennung (KNV)

Die katalytische Verbrennung ist der thermischen Verbrennung prinzipiell sehr ähnlich. Die organischen Stoffe werden an Katalysatoren bei Temperaturen zwischen 300°C und 600°C oxidiert. Als *Katalysatoren* kommen beispielsweise zur Anwendung [132]:

a. *Edelmetalle* (Palladium, Platin) auf anorganischen, oxidischen oder metallischen Trägern

b. *Metalloxide* auf anorganischen und oxidischen Trägern

Die großen katalytischen Oberflächen ermöglichen geringere Verbrennungstemperaturen und geringe Verweilzeiten. Die wirtschaftlichen Vorteile der Energieeinsparung durch die niedrigen Verbrennungstemperaturen werden jedoch durch die Katalysatorkosten gemindert.

Die Katalysatoren werden durch sogenannte Katalysatorgifte wie z.B. Phosphor, Arsen, Schwefel und Blei schnell inaktiviert. Deshalb muss sichergestellt sein, dass in der Abluft keiner dieser

Stoffe enthalten ist. Gegebenenfalls müssen sie zuvor aus der Abluft entfernt werden. Die Einsatzdauer wird zusätzlich durch Alterungsprozesse eingeschränkt.

Darüber hinaus liegen die erreichbaren Schadstoffkonzentrationen des Reingases über den durch die thermische Nachverbrennung erzielbaren. Für die Abluftreinigung von Bedruckungs- und Lakkiermaschinen kommt die katalytische Nachverbrennung aus diesen Gründen als alleinige Reinigungsstufe nicht in Frage. Die Nachteile beider Verfahren können durch Kombination umgangen werden. Zunächst werden in der thermischen Nachverbrennung eventuell vorhandene Katalysatorgifte verbrannt und in der nachgeschalteten katalytischen Nachver-brennung wird noch vorhandenes Kohlenmonoxid zu Kohlendioxid umgesetzt. Durch die geringe Temperatur der thermischen Nachverbrennung wird weiterhin die Stickoxidbildung eingeschränkt bzw. unterbunden. Eine derartige Kombination ist jedoch mit hohen Investitionskosten verbunden. Unter ökologischen Gesichtspunkten dürften beide Verfahren oder ihre Kombination nur in Ausnahmefällen sinnvoll erscheinen.

Die **regenerative Nachverbrennung (RNV)** hat gegenüber der TNV den Vorteil, dass sie wesentlich robuster ist und innerhalb der Anlage nur geringe Wärmeverluste auftreten. Der Wärmeaustausch im Gerät erfolgt in Keramikbauteilen, so dass zwischen ein- und ausströmender Abluft nur Temeperaturdifferenzen von ca. 50 °C erreicht werden. Die gute Energienutzung erlaubt bereits ab C-Gehalten von 2 g/m^3 eine Verbrennung ohne Zusatzbrennstoff. Solche Anlagen können ab Volumenströmen von 2.000 Nm^3/h wirtschaftlich sein.

11.2 Abwasser

Im allgemeinen ist es für kleinere Betriebe wirtschaftlicher, ihre Produktionsabwässer in möglichst konzentrierter Form zu sammeln und zur Aufarbeitung oder als Sondermüll abzugeben, so dass hier eine innerbetriebliche Abwasserbehandlung entfällt bzw. sich auf eine Volumenreduktion beschränkt. Größere Druckereien müssen jedoch ihre Abwässer behandeln, um die zugelassenen Konzentrationen zu erreichen.

Das folgende Kapitel gibt eine kurze Zusammenfassung der wichtigsten *Abwasserbehandlungstechniken*. Es werden zunächst die einzelnen Reinigungsstufen unabhängig voneinander beschrieben. Anschließend werden reale *Abwasserreinigungsanlagen* am Beispiel der unterschiedlichen Druckverfahren erläutert.

11.2.1 Physikalische Verfahren

A. Leichtflüssigkeitsabscheider

Der Leichtflüssigkeitsabscheider (Benzinabscheider) dient zum Abtrennen von Ölen und Lösemitteln, welche z.B. als Reinigungsmittel beim Druckprozess eingesetzt werden oder auch in Rückgewinnungsanlagen anfallen [3]. Diese Lösemittel schwimmen auf Grund ihrer geringen Dichte auf der Wasseroberfläche und können somit vom Abwasser getrennt werden [213, 164]. Chlorkohlenwasserstoffe sind spezifisch schwerer als Wasser und können demzufolge nicht mit Hilfe des Leichtflüssigkeitsabscheiders entfernt werden [56].

Im allgemeinen ist es vorteilhaft, den Abscheider direkt nach dem verunreinigenden Prozess zu installieren, da die meisten Lösemittel in geringer Konzentration in Wasser löslich sind und auf Grund dessen die gelösten Lösemittelmengen mit steigender Abwassermenge zunehmen. Die abgetrennten verunreinigten Lösemittel bzw. -gemische können entweder destillativ getrennt und anschließend dem Prozess wieder zugeführt werden oder durch einen Verbrennungsprozess entsorgt werden.

B. Holzwollefilter (Gelatineabscheidung)

Kolloide wie z.B. Gelatine können die Sedimentierung der Schwermetallhydroxide behindern. In solchen Fällen ist es notwendig, diese wie auch andere unlösliche Substanzen (Papierfilz, Asphaltreste) abzutrennen. Die einfachste Möglichkeit ist die Filtration über einen Holzwollefilter.

11.2.2 Chemische Verfahren

C. Neutralisation

Neutralisationsanlagen werden zur pH-Wert-Korrektur und/oder zur Fällung der Schwermetalle eingesetzt. Liegt der pH-Wert des Abwassers zu niedrig, so neutralisiert man im allgemeinen mit Natronlauge, erhöhte pH-Werte werden mit Schwefel- oder Salzsäure gesenkt [164]. Geringe Abwassermengen können im Chargenbetrieb von Hand reguliert werden, größere Mengen werden in Durchlaufanlagen automatisch neutralisiert [3].

D. Schwermetallfällung

In der Drucktechnik auftretende Metallionen wie z.B. Chrom, Eisen, Magnesium, Mangan und Zink können auf Grund des geringen Löslichkeitsproduktes ihrer Hydroxide im alkalischen Milieu abgetrennt werden. Der für die Fällung optimale pH-Wert des Abwassers ist abhängig von der konkreten Zusammensetzung. Insbesondere die Zink- und Chromionen können bei einem Natronlaugeüberschuß erneut in Lösung gehen. Problematisch wirkt sich auch die Anwesenheit von Kolloiden und Komplexbildnern wie z.B. Ammoniumsalzen aus. Diese behindern die Ausfällung und können somit zu einer Überschreitung der Grenzwerte führen. Neben den o.g. Stoffen können Phosphate, Sulfate und z.B. Fluoride mit Calcium in schwerlösliche Verbindungen überführt werden. Zur entfernung von Sulfiden werden Eisen (II)-Verbindungen zugegeben.

Das alkalische Abwasser wird in ein Absetzbecken geleitet, wo die Schwermetallsalze ausfallen. Der Schlamm wird in einer Filterpresse entwässert und als Abfall entsorgt [450].

E. Chromatreduktion

Bei der Druckformherstellung entstehen neben Chrom(III)-Salzen auch die höher oxidierten Chrom(VI)-Verbindungen. Diese können nicht als Hydroxide gefällt und dadurch aus dem Abwasser entfernt werden. Deshalb muss Chrom(VI) zunächst zu Chrom(III) reduziert werden. Die Reduktion findet im sauren Milieu (pH-Wert < 2,5) mit Natriumhydrogensulfit statt. Die vorliegenden Chrom(III)-Salze können anschließend als Hydroxide gefällt werden [450].

F. Cyanidentgiftung

Auf Grund der starken Giftigkeit der Cyanide ist die Beseitigung derselben aus dem Abwasser von großer Bedeutung. Die Alkalicyanide können durch Oxidationsmittel entgiftet werden. Die weitaus häufigste Methode ist die Reaktion mit Natriumhypochlorit, die bei einem pH-Wert von 11 abläuft:

$2\,NaCN + 2\,NaOCl \dashrightarrow 2\,NaCNO + 2\,NaCl$

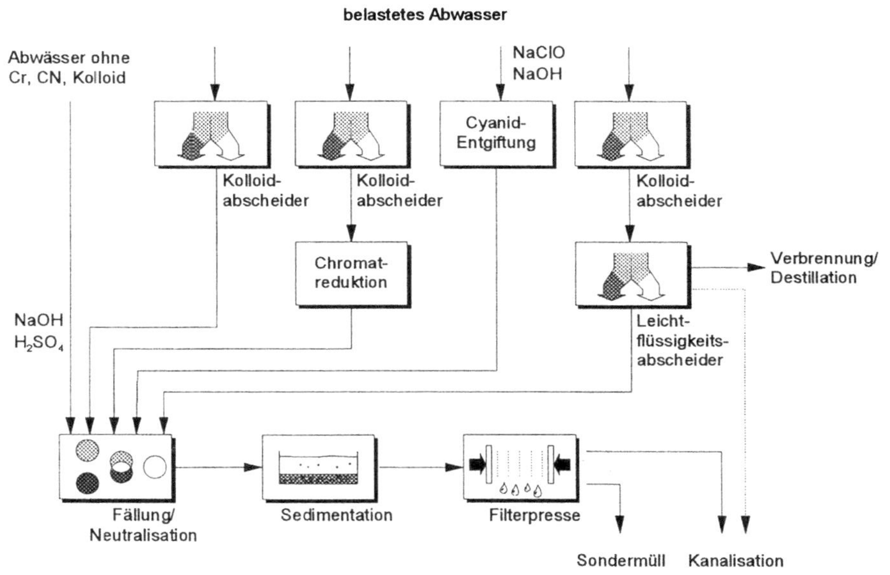

Abbildung 11–6: Aufbereitung der Druckereiabwässer

Eisencyanokomplexe, wie sie z.B. im Farmerschen Abschwächer vorliegen, können auf Grund ihrer großen Stabilität durch die oben beschriebene Reaktion nicht entfernt werden. Sie können jedoch im sauren Milieu mit Eisensulfat als Berliner Blau gefällt werden. Im alkalischen Milieu löst sich der Niederschlag wieder auf, so dass die Deponierung mit alkalischen Schlämmen problematisch ist [164, 450].

Die Cyanidentgiftung wird heute fast nur noch in Ätz- und Gravurverfahren im Tiefdruck eingesetzt.

Abbildung 11–6 faßt die wichtigsten Behandlungsstufen zusammen und zeigt mögliche Wege einer Abwasseraufbereitung auf.

G. Ionenaustauscher

Ionenaustauscher werden in der innerbetrieblichen Abwasserreinigung eingesetzt. Sie eignen sich, um aus Spülwasser die störenden Ionen herauszufiltern. Je nach Ionenart unterscheidet man zwischen Kationen- und Anionenaustauschern.

Im Ionenaustauscher werden die Abwasserinhaltsstoffe an ein Hilfsmaterial, z.B. Harze, gebunden. Die Bindung ist reversibel, so dass erschöpfte Austauscher mit Hilfe von konzentrierten Säuren bzw. Basen regeneriert werden können. Lösemittel und Kolloide behindern den Prozess, so dass sie zuvor abgetrennt werden müssen [164, 450].

H. Entsilberung

Die Thematik der Entsilberung wurde eingehend in einem früher für das Umweltbundesamt bearbeiteten Projekt behandelt. Detaillierte Informationen sind in Baumann, W. : Fotochemikalien - Daten und Fakten zum Umweltschutz, Springer Verlag enthalten [459].

11.2.3 Biologische Verfahren

Die Möglichkeit z.B. Druckereiabwässer mit biologischen Verfahren zu behandeln, hängt wesentlich von der biologischen Abbaubarkeit der Abwasserinhaltsstoffe und hier insbesondere der Druckfarben ab. In der biologischen Abwasserreinigung können viele Harze, die als Bindemittel eingesetzt werden, biologisch abgebaut werden. Anorganische Pigmente sind biologisch nicht abbaubar, viele organische Substanzen in Druckfarben ebenfalls nicht oder nur sehr schwer. Dies zeigt sich im CSB im Ablauf der Kläranlage, der bei vor allem druckfarbenbelastetem Wasser gegenüber dem Zulauf nur wenig abnimmt.

11.2.4 Abwasserreinigungsanlagen für verschiedene Druckverfahren

Die tatsächliche Abwasserbehandlung ist abhängig vom durchgeführten Druckverfahren. Im folgenden sind beispielhaft die Behandlungsmethoden für die unterschiedlichen Druckverfahren schematisch beschrieben.

A. Hochdruck

Im Hochdruck werden heute fast ausschließlich vorbeschichtete Platten verwendet, so dass kaum mehr Abwässer anfallen, die Chromsalze enthalten. Werden jedoch selbstbeschichtete Platten eingesetzt, so müssen diese zunächst gesondert einer Chromatreduktion unterzogen werden [37].

Die Ätzereiabwässer fallen in diesem Beispiel durch die Maschinenentleerung stoßweise an, so dass das Abwasser zunächst in einem Reservoir aufgefangen und von hier aus über ein Drosselventil dem Leichtflüssigkeitsabscheider zugeführt wird. Hier können die verbrauchten Ätzemulsionen abgetrennt werden. Nach der Ölabscheidung wird das Abwasser mit Natronlauge in der Neutralisationsanlage auf einen pH-Wert von ca. 9 gebracht, um die gelösten Zinksalze als Zinkhydroxid ausfällen zu können. Durch die noch gelösten Substanzen besitzt das Abwasser anschließend noch eine gelbe Farbe. Mit Hilfe von pulverisierter Aktivkohle lassen sich die gelösten Substanzen bis zur Farb- und Geruchslosigkeit entfernen. Das neutralisierte Abwasser durchläuft ein Absetzbecken und anschließend eine Filtriereinrichtung, bevor es in die Kanalisation geleitet werden kann.

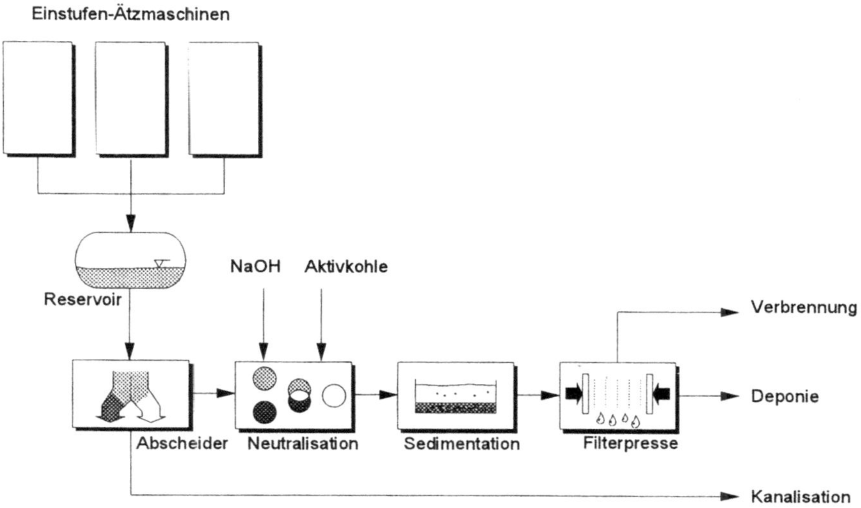

Abbildung 11–7: ***Schematische Darstellung der Abwasserführung und -behandlung im Hochdruck mit vorbeschichteten Platten im Einstufen-Ätzverfahren***

B. Tiefdruck

Die Abwasserentsorgung im Tiefdruck wird hier am Beispiel einer Großdruckerei mit Ein- und Mehrfarbentiefdruck erläutert [177]. Entsprechend den Hauptabwasserarten aus der Reproabteilung, der Zylinderkorrektur und der Galvanik sind vier Behandlungslinien eingerichtet: Linie I nimmt das Abwasser aus der galvanischen Verkupferung und Zylinderkorrektur auf und passiert zunächst einen Leichtflüssigkeitsabscheider. Linie II nimmt das Abwasser aus der Verchromung auf und durchläuft eine Chromatentgiftung. Die dritte Linie enthält hexacyanoferrathaltiges Abwasser aus der Reproabteilung und durchläuft demzufolge zunächst eine Cyanidentgiftung. Linie IV enthält cyanidfreies Wasser aus der Reproabteilung. Die ersten drei Linien werden in einer Durchlauf-Neutralisation vereinigt, an die sich eine Schlammabscheidung und Schlammentwässerung anschließt. Das Klarwasser fließt über Kiesfilter und danach in eine weitere Durchlauf-Neutralisation. Hier wird das Abwasser mit dem Abwasser aus der Linie IV zusammengeführt. Nach einer Endkontrolle des pH-Wertes kann das Abwasser in die Kanalisation geleitet werden.

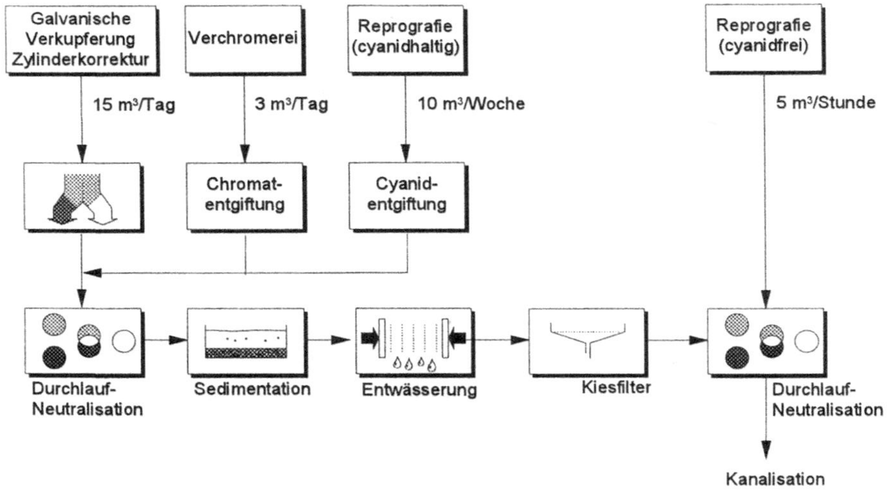

Abbildung 11–8: Abwasserbehandlung einer Tiefdruckerei

C. Flachdruck (Offset)

Die Abwasserbehandlung im Flachdruck wird an Hand eines Betriebes erläutert, der selbstbeschichtete Druckplatten mit Wasserentwicklung verwendet [254].

Der Abfluss aus der Plattenentwicklung wird mit dem Abfluss aus der Beschichtungsschleuder vereinigt und über einen Holzwollfilter geleitet. Durch die Zugabe von Natriumsulfitlösung erfolgt eine Reduktion der enthaltenen Chrom(VI)-Ionen zu Chrom(III)-Ionen Das Abwasser wird mit den vereinigten Abwässern aus der oxidativen Entschichtung zusammengeführt und anschließend erneut über einen Holzwollfilter geleitet. Hiernach wird dieses Abwasser gemeinsam mit den Abwässern aus der Tiefätzung in eine Neutralisationsanlage geleitet, an die sich ein Absetzbecken und eine Filtriereinrichtung anschließt. Das Abwasser kann nun in die Kanalisation geleitet werden.

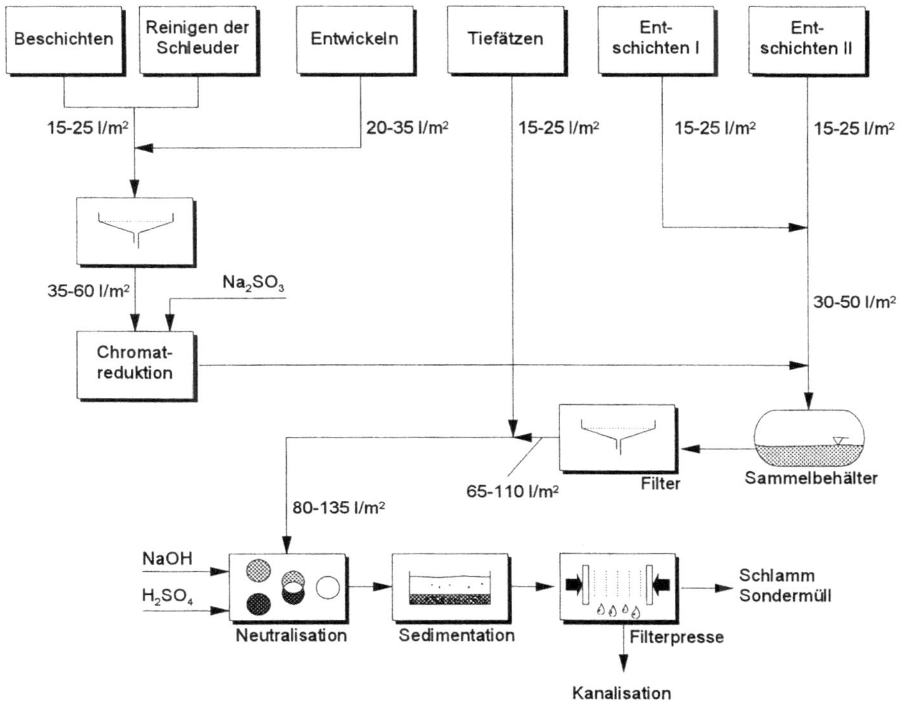

Abbildung 11–9: ***Abwasserentsorgung im Flachdruck/positive Aluminiumplatte/Selbstbeschichtung/Wasserentwicklung mit Einlacken (Handverarbeitung) [254]***

11.3 Abfall

Neben den Abwasser- und Abluftbelastungen treten in den Druckereien auch *Abfallstoffe* auf, welche entweder durch innerbetriebliche Maßnahmen wie z.B. Verbrennung oder durch außerbetriebliche Behandlungs- und Beseitigungsanlagen entsorgt werden müssen. Bestimmte Abfallstoffe fallen unter die Regelungen des KrW-/AbfG bzw. der TA-Abfall.

Die wichtigsten Abfälle - eingeteilt nach den Schlüsselnummern des Europäischen Abfallkataloges (EAK) - sind in Kap. 2 (Gesetzliche Grundlagen) aufgeführt. Zur Vereinfachung der Anpassung auf der Basis der bisher gültigen LAGA-Schlüsselnummern wurde eine Umschlüsselung vorgenommen. Seit dem 1.1.1999 müssen die EAK-Schlüssel angegeben werden.

In der nachfolgenden Tabelle sind einige Entsorgungsverfahren zusammenfassend dargestellt. Die jeweils angegebene Marktbedeutung ist geschätzt und bezieht sich auf die Situation für 1999/2000. Ähnliches gilt für die Verwertungsmenge, die sich auf den verwerteten Stoff und das genannte Verfahren bezieht. So werden beispielsweise 60 % aller Fixierbäder europaweit entsilbert. Der dabei rückgewinnbare Silberanteil aus dem verbrauchten Fixierbad liegt bei 90 %. Da Entwickler kein Silber enthalten, wären entsprechende Behandlungsschritte als Beseitigung einzustufen (ganz abgesehen davon, dass diese Behandlung völlig unsinnig wäre). Trotzdem werden vermeintliche Silbergehalte in Entwicklerlösungen immer wieder bemüht einen Verwertungscharakter zu konstruieren. Silber im Entwickler läßt auf illegale Vermischungen mit silberhaltigen Bädern schließen, der Vorgang stellt eine strafbare Handlung dar. Zu vielen Verfahren ist die Abschätzung der Marktbedeutung und der jeweiligen Verwertungsmenge nicht möglich.

Verfahren	**verwertete Stoffe**	**Verwertungsmenge**	**Beseitigung (B)/ Verwertung (V)**	**Marktbedeutung (europaweit, bezogen auf die erfaßte Menge)**
Abfälle aus der Reprografie (EAK: 091 01 bis 091 05, je nach Zusammensetzung: 071 01 und 0601 01)				
Entsilbern alleine	Silber	90 % oder durchschnittlich 3 - 5 kg /m³	Fixierbad/Bleichfixierbad: **V** Entwickler: **B**	geschätzt 60 %
Entsilberung, Verbrennung in Sonderabfallverbrennung	Silber	90 % oder durchschnittlich 3 - 5 kg /m³	Fixierbad/Bleichfixierbad: **V** Entwickler: **B**	geschätzt 10 %
Entsilbern, Eindüsung in Rauchgasreinigung	Silber	90 % oder durchschnittlich 3 - 5 kg /m³	Fixierbad/Bleichfixierbad: **V** Entwickler: **B**	geschätzt 20 %
Entsilbern, Verdampfen, 50 - 60 % Restmenge in Rauchgasreinigung	Silber	90 % oder durchschnittlich 3 - 5 kg /m³	Fixierbad/Bleichfixierbad: **V** Entwickler: **B**	geschätzt 1 %
Entsilbern, Verdampfen, Kondensat-reinigung in Umkehrosmose, Verglasen des Konzentrates	Silber	90 % oder durchschnittlich 3 - 5 kg /m³	Fixierbad/Bleichfixierbad: **V** Entwickler: **B**	geschätzt 8 - 10 % der europaweit gesammelten Massen in Holland 95 % in Deutschland 50 %
Entsilbern, Verdampfen, Kristallisation, Ammoniakstrippung	Silber Ammoniumthiosulfat Ammoniaklösung Gips (Calciumsulfat)	90 % oder durchschnittlich 3 - 5 kg /m³ 0 (z.Z. kein Absatzmarkt) durchschnittlich 100 l/m³ 25 %ige Lösung 0 (z.Z. kein Absatzmarkt)	Fixierbad/Bleichfixierbad: **V** Entwickler: **B**	gering, da nur lokale Anwendung, sehr teuer geschätzt <1%

Tabelle 11–1: ***Entsorgungsverfahren für Abfälle aus Druckereien und deren Marktbedeutung europaweit***

Verfahren	verwertete Stoffe	Verwertungsmenge	Beseitigung (B)/ Verwertung (V)	Marktbedeutung (europaweit, bezogen auf die erfaßte Menge)
Externe Badaufbereitung für folgende Bäder: SW-Fixierbad RA-4 Bleichfixierbad RA-4-Farbentwickler Aufbereitung der Restmengen in Abwasserbehandlung	Silber	80 % oder durchschnittlich 3 - 5 kg /m³	Fixierbad/Bleichfixierbad: **V** Entwickler: **V**	europaweit geringe Bedeutung < 1% in Holland 5 %, in Deutschland 1 %
Abfälle aus der Reprografie (Filme und fotografische Abfälle)				
Verbrennen (091 08)	Heizwert	je nach Material (Papier, Folie)	Papier/Folie: V	sehr gering für Folien, häufig für Papier
Deponieren (091 08)	-	-	Papier/Folie: B	gering
Verbrennen, Entsilbern (091 07)	Silber, Heizwert	98 % der 3 -10 g Ag/kg Altfilm	Papier/Folie: V	80 % für Folien
Auslaugen (z.B. mit Bleichbad) Entsilbern. Verbrennen (091 07)	Silber, Heizwert	70 - 80 % der 3 -10 g Ag/kg Altfilm	Papier/Folie: V	5 % für Folien
Auslaugen, Entsilbern, Kunsstoffrecycling (091 07)	Silber, Kunststoff	70 - 80 % der 3 -10 g Ag/kg Altfilm 50 - 80 % des Kunststoffes	Papier/Folie: V	gering, da für Kunsstoffrecyclat z.Z. kein Markt
Abfälle aus der Druckformvorbereitung (verbrauchte Entfettungsmittel 0601 04, 0602 02, 0602 03)				
Chemisch/physikalische Behandlung (CPB) v. Entfettungsbäder (0601 04)	-	-	B	hoch
Lösemittelrückgewinnung	Lösemittel	95 %	V	sehr hoch

Tabelle 11–1: ***Entsorgungsverfahren für Abfälle aus Druckereien und deren Marktbedeutung europaweit (Fortsetzung)***

Verfahren	verwertete Stoffe	Verwertungsmenge	Beseitigung (B)/ Verwertung (V)	Marktbedeutung (europaweit, bezogen auf die erfaßte Menge)
Nickelrückgewinnung aus Vernickelungsbädern (1101 04)	Nickel	85 - 95 %, innerbetriebliche Nickelelektrolyse ist wirtschaftlich, Spülwassereinsparung	V	k.A.
Kupferrückgewinnung (aus Aufkupferungsbädern) (1101 04)	Kupfer	85 -95 % innerbetriebliche Kupferelektrolyse ist wirtschaftlich, Spülwassereinsparung	V	k.A.
Chromfällung aus Verchromungsbädern (1101 03)	Chrom(III)-Verbindungen	80 %	V	k.A.
hydrometallurgische Verwertung	Chrom-Verbindungen	80 %	V	k.A.
CPB* von Ätzlösungen f. Kupfer und Chrom	-	innerbetriebliche Maßnahmen zur Standzeitverlängerung	B V z.B. für die Elektrolysemetalle	k.A.
Rückgewinnung v. Lacken aus der Schablonenherstellung (Siebdruck)	Lack- und Lackkomponenten	von der Qualität der sortenreinen Sammlung abhängig, bis zu 95 %	V	sehr gering
Beseitigungv. Lacken und Klebern (Siebdruck) in Sonderabfallverbrennung	-	-	B	>95 %
Beseitigung v. Kopierschichten in CPB-Anlagen	-	- häufig auch Austrag über Abwasser	B	k.A.
Destillation v. Siebwaschmitteln (Siebdruck)	Lösemittel	k.A. da häufig mit innerbetrieblicher Regeneration gekoppelt	V	k.A.

Tabelle 11–1: Entsorgungsverfahren für Abfälle aus Druckereien und deren Marktbedeutung europaweit (Fortsetzung)

* CPB: Chemisch, physikalische Behandlung

Verfahren	verwertete Stoffe	Verwertungsmenge	Beseitigung (B)/ Verwertung (V)	Marktbedeutung (europaweit, bezogen auf die erfaßte Menge)
Verbrennung v. Siebwaschmitteln (Siebdruck) in SAV	-	-	B	k.A.
CPB oder HMV v. Entschichtungsrückständen (0702 01)	-	k.A.	B	k.A.
Abfälle aus dem Druckprozess (Altfarben etc.)				
Aufarbeitung v. Farben- und Lackresten (0801 02)	Lösemittel, Bindemittel, Pigmente	k.A., da sehr stark von der Farbenart abhängig (vgl. [645])	Farb- und Lackschlämme: V	gering
Kompostierung v. Druckfarbenresten (0801 02)	Farbmittel Bindemittel	k.A. (vgl. [645])	B/V	gering, da nur für spez. Farben geeignet
Verbrennung (SAV und HMV)* (0801 02, 0801 05, 0801 07, 0803 02, 0803 04, 0803 06, 0803 07)	Heizwert	6 kWh/kg (Bindemittel mit 60 % Festkörper)	Farb- und Lackrückstände und -schlämme: B V bei energetischer Verwertung	geschätzt 60 - 80 %
Lösemittelrückgewinnung aus Reinigung	Lösemittel	k.A. (vgl. [645])	V	k.A.
Aufarbeitung v. Aktivkohle (1502 99)	Aktivkohle	k.A.	V	k.A.
SAV oder SAD v. Aktivkohle (1502 99)				
CPB oder SAV verbrauchter Feuchtmittel (Rollen-, Bogenrotation) (0703 04)	-	-	B	k.A.
Verbrennung v. Zellstofftüchern (1502 99)	Heizwert	k.A.	V	k.A.

Tabelle 11–1: ***Entsorgungsverfahren für Abfälle aus Druckereien und deren Marktbedeutung europaweit (Fortsetzung)***

* SAV: Sonderabfallverbrennung, HMV: Hausmüllverbrennung

Verfahren	verwertete Stoffe	Verwertungsmenge	Beseitigung (B)/ Verwertung (V)	Marktbedeutung (europaweit, bezogen auf die erfaßte Menge)
Reinigung v. Textiltüchern (1502 99)	-	-	V	k.A.
SAV und CPB v. verunreinigten Putztüchern	-	-	B	k.A.
Allgemeine Abfälle aus Druckereien (1501 04, 1501 06)				
Beseitigungv. Behältern mit schädlichen Restanhaftungen in SAV oder SAD*	-	-	B	geschätzt 30 %
Verwertung v. Behältern ohne schädliche Restanhaftungen	Metall, Kunststoff	k.A.	V	geschätzt 70 %

Tabelle 11–1: Entsorgungsverfahren für Abfälle aus Druckereien und deren Marktbedeutung europaweit (Fortsetzung)

11.4 Druckverfahren und Umwelt

Dieses Kapitel gibt eine tabellarische Übersicht über die Umweltbelastungen bei den unterschiedlichen Verfahren. Die einzelnen Arbeitsschritte Druckformherstellung, Druckprozess und Reinigung sind je nach Verfahrensvariante getrennt aufgeführt. Es werden die relevanten Verunreinigungen im Abwasser, in der Abluft und Abfallmengen aufgelistet. Die aufgeführten Mengenangaben stammen entweder aus Messungen oder sind berechnete Größen aus den angegebenen Literaturstellen. Liegen die ermittelten Werte über den gesetzlich vorgeschriebenen Grenzwerten, so ist eine Reinigung notwendig. Die angeführten Behandlungsmethoden beziehen sich auf die bereits beschriebenen Verfahren der Abwasser- und Abluftreinigung.

Das Symbol * kennzeichnet Bereiche, zu denen keine Angaben ermittelt werden konnten.

* SAD: Sonderabfalldeponie

11.4.1 Offsetdruck

Druckformherstellung

Monometallplatten

Vorbeschichtete Platte/ Positive Monometallplatte (Aluminium)/ Diazoverfahren

a) Handverarbeitung

	Zusammensetzung	Menge	Behandlung
Abwasser	**Entwicklung u.Fixierung**:		
	Kupfer	0,610 mg/l [40]	Schwermetallfällung
		0,110 mg/l [40]	
	Nickel	0,003 mg/m³ [40]	Schwermetallfällung
		0,425 mg/m³ [40]	
	Arsen	< 0,001 mg/l [40]	
		< 0,001 mg/l [40]	
	Blei	0,013 mg/l [40]	
		0,090 mg/l [40]	
	Cadmium	0,0009 mg/l [40]	
		0,0011 mg/l [40]	
	Chrom	0,014 mg/l [40]	
		0,005 mg/l [40]	
	Quecksilber	< 0,0002 mg/l [40]	
		0,0005 mg/l [40]	
	AOX	0,054 mg/l [40]	
		< 2,50 mg/l [40]	
	1,1,1-Trichlorethan	0,0001 mg/l [40]	
		0,0001 mg/l [40]	
	Trichlorethen	< 0,0001 mg/l [40]	
		< 0,0347 mg/l [40]	
	Tetrachlorethen	< 0,0001 mg/l [40]	
		0,0260 mg/l [40]	
	Trichlormethan	0,0023 mg/l [40]	
		< 0,0001 mg/l [40]	
	freies Chlor	n. n. [40]	
	Kolloid	siehe b)	
	Diazoniumverbindung	siehe b)	
	Auswaschen	siehe b)	
Abluft	***Lösemittel***	*Werte nach TA-Luft*	
	Trichlorethen, Tetrachlorethen, 1,1,1-Trichlorethan	< 100 mg/m³	
	Trichlormethan	< 20 mg/m³	
Abfall	***ausgewaschenes Schichtmaterial***		

b) Maschinelle Verarbeitung

	Zusammensetzung	Menge	Behandlung
Abwasser	***Entwicklung***		
	Aluminium	10-100 g/m³ [251] (0,2-0,8 l/m² Platte)	Schwermetallfällung
	Säuren	pH = 12-13	Neutralisation
	Fixierung		
	Aluminium	50-100 g/m³ [251] (0,05-0,2 l/m² Platte)	Schwermetallfällung
	Säuren	pH = 4-5,5 [251]	Neutralisation
	Entwicklung u. Fixierung		
	Kupfer	0,007 mg/l [40]	Schwermetallfällung
	Nickel	< 0,001 mg/l [40]	Schwermetallfällung
	Arsen	< 0,001 mg/l [40]	
	Blei	< 0,001 mg/l [40]	
	Cadmium	< 0,0005 mg/l [40]	
	Chrom	< 0,007 mg/l [40]	
	Nickel	< 0,001 mg/l [40]	
	Quecksilber	0,0007 mg/l [40]	
	AOX	0,025 mg/l [40]	
	1,1,1-Trichlorethan	0,0003 mg/l [40]	
	Trichlorethen	< 0,0001 mg/l [40]	
	Tetrachlorethen	0,0001 mg/l [40]	
	Trichlormethan	0,0016 mg/l [40]	
	freies Chlor	n. n. [40]	
	Kolloid	*	
	Polyvinylalkohol		
	Diazoniumverbindung		
	1,2-Diazochinone mit Phenol-Formaldehyd-Harz oder Novolake		
	Auswaschen	*	
	wäßr. alkalische Lösung		
	Na_3PO_4 oder Na_2SiO_3		
	Korrektur	*	
	Phosphorsäure		
	Essigsäure		
	Diethanolamin		
	Xylole,		
	Dipropylenglycolmethylether		
	Propylenether		
	Ethylenglycolether		
Abluft	***Lösemittel***	*Werte nach TA-Luft*	
	Xylole		
	Trichlorethen	< 100 mg/m³	
	Tetrachlorethen		
	1,1,1-Trichlorethan		
	Trichlormethan	< 20 mg/m³	
	Ethylenglycolether	< 100 mg/m³	
	Propylenglycolether	< 150 mg/m³	
	Diethanolamin	< 100 mg/m³	
Abfall	***ausgewaschenes Schichtmatertial***	*	

Das Symbol * kennzeichnet Bereiche, zu denen keine Angaben ermittelt werden konnten.

Vorbeschichtete Platte/ Negative Monometallplatte/ Diazoverfahren

	Zusammensetzung	Menge		Behandlung
Abwasser	***Entwickler:***			
	-alkoholisch (Tampon):			
	Säuren	pH = 5,5-6,0	[251]	
		(10-20 l/m2 Platte)	[251]	Neutralisation
	-alkalisch (Maschine):			
	Säuren	pH = 9,7	[251]	Neutralisation
	Aluminium	10 g/m³	[251]	Schwermetallfällung
	Kupfer	3 g/m³	[251]	Schwermetallfällung
		(0,1 l/m² Platte)	[251]	
	Spülwasser (Standspüle):			
	Säure	pH = 5,5	[251]	Schwermetallfällung
	Aluminium	18 g/m³	[251]	Schwermetallfällung
	Zink	8 g/m³	[251]	Schwermetallfällung
		(0,1 l/m² Platte)	[251]	
	Kolloid	*		
	Polyvinylalkohol			
	Diazoniumsalze			
	wasserlösliche Diazo-harze, Arylazide,			
	Benzochinondiazide			
	Korrektur	*		
	Alkohole, Benzylalkohol, Fluor-wasserstoff- und Fluorzirkonsäure, Cyclohexanon, Methylglycol, Triethylenglycol, Propylen- und Ethylenglycolether			
Abluft	***Lösemittel***	Werte nach TA-Luft		
	Alkylalkohole	< 150 mg/m³		
	Cyclohexanon,	< 100 mg/m³		
	Ethylenglycolether wie			
	Methylglycol	< 100 mg/m³		
	Triethylenglycol, Propylengly-colether	< 150 mg/m³		
Abfall	***ausgewaschenes Schichtmate-rial***			

Das Symbol * kennzeichnet Bereiche, zu denen keine Angaben ermittelt werden konnten.

Selbstbeschichtete Platten/ Positive Monometallplatte/ Chromatkolloidverfahren

a) mit Einlacken/ Säureentwicklung

	Zusammensetzung	Menge		Behandlung
Abwasser	***Beschichtung***: Cr^{6+}	200-400 mg/m²	[254]	Schwermetallfällung, Chromatreduktion
	Ätzen: Cr^{6+}	200-300 mg/m²	[254]	Schwermetallfällung, Chromatreduktion
	Cr^{3+}	3.500 mg/m²	[254]	Schwermetallfällung
	Zn^{2+}	200-500 mg/m²	[254]	Schwermetallfällung
	H^+	0,45-0,18 Äquiv./m²	[254]	Neutralisation
	Kolloid Gummiarabicum			
	Lackschicht			
	Entwicklung Calciumchlorid, Milchsäure	*		
	Entschichtung verd. H_2SO_4 mit ger. Methylglycolzusatz	*		
	Korrektur Phosphorsäure, Diethanolamin, Xylole, Essigsäure, Dipropylenglycolmethylether, Propylen- und Ethylenglycolether	*		
Abluft	***Lösemittel***	Werte nach TA-Luft		
	Xylole	< 100 mg/m³		
	Ethylenglycolether	< 100 mg/m³		
	Propylenglycolether	< 150 mg/m³		
	Diethanolamin	< 100 mg/m³		
Abfall	***ausgewaschenes Schichtmaterial***			

Das Symbol * kennzeichnet Bereiche, zu denen keine Angaben ermittelt werden konnten.

b) mit Einlacken/ Wasserentwicklung

	Zusammensetzung	Menge		Behandlung
Abwasser	Chrom^{3+}	ca. 30 g/m³	[251]	Schwermetallfällung
	Chrom^{6+}	ca. 30 g/m³	[251]	Schwermetallfällung, Chromatreduktion
	Eisen	ca. 800 g/m³	[251]	Schwermetallfällung
	Mangan	ca. 500 g/m³	[251]	Schwermetallfällung
	Aluminium	ca. 100 g/m³	[251]	Schwermetallfällung
	Säure	pH < 3	[251]	Neutralisation
		(20-30 l/m² Platte)		
	***Aluminiumplatte*:**			
	Beschichtung: Cr^{6+}	200-400 mg/m²	[254]	Schwermetallfällung, Chromatreduktion
	Entwicklung: Cr^{6+}	200-300 mg/m²	[254]	Schwermetallfällung, Chromatreduktion
	Tiefätzen:			
	Zn^{2+}	85-110 g/m²	[254]	Schwermetallfällung
	H^{+}	0,2 Äquiv./m²	[254]	Neutralisation
	Cr^{3+}	600-900 mg/m²	[254]	Schwermetallfällung
	Mnx	5,6-10,5 g/m²	[254]	Schwermetallfällung
	Kolloid Polyvinylalkohol	*		
	Lackschicht			
	Entschichtung Oxidationsmittel wie $KMnO_4$ oder KIO_4	*		
	Korrektur Phosphorsäure, Essigsäure, Diethanolamin, Xylole, Dipropylenglycolmethylether, Propylen- und Ethylenglycolether	*		
Abluft	***Lösemittel***	Werte nach TA-Luft		
	Xylole	< 100 mg/m³		
	Ethylenglycolether	< 100 mg/m³		
	Propylenglycolether	< 150 mg/m³		
	Diethanolamin	< 100 mg/m³		
Abfall	***ausgewaschenes Schichtmaterial***			

Das Symbol * kennzeichnet Bereiche, zu denen keine Angaben ermittelt werden konnten.

Vorbeschichte Platte/ Monometallplatte/ Fotopolymerplatte

	Zusammensetzung	Menge	Behandlung
Abwasser	***Entwickler (negativ):*** alkalisch:	es konnte kein relevanter Parameter analysiert werden (0,5 l/m² Platte) [251]	
	Spülwasser (Standspüle): fotovernetzende Schicht Polyvinylcinnamat, Polyphenylenbisacrylat Fotopolymerschicht Monomere Acrylate, Methacrylate polymere Bindemittel Fotoinitatoren Weichmacher Antioxidantien Mittel gegen thermische Polymerisation	(ca. 0,5 l/m² Platte) [251] * *	
Abluft	-		

Das Symbol * kennzeichnet Bereiche, zu denen keine Angaben ermittelt werden konnten.

Monometallplatten mit elektrofotografischer Druckbildübertragung

siehe Kap. 9 Sofortdruck

Mehrmetallplatten

Selbstbeschichtete Platte/ Positive Mehrmetallplatte/ Chromatkolloidverfahren

Säureentwicklung/ Handverarbeitung

	Zusammensetzung	Menge		Behandlung
Abwasser	***Beschichtung***: Cr^{6+}	200-400 mg/m²	[254]	Schwermetallfällung, Chromatreduktion
	Entwickeln: Cr^{6+}	200-300 mg/m²	[254]	Schwermetallfällung, Chromatreduktion
	H^{+}	0,25-0,8 Äquiv./m²	[254]	Neutralisation
	Spiritus			
	Ätzen: Cr^{3+}	3.500 mg/m²	[254]	Schwermetallfällung
	Zn^{2+}	200-500 g/m²	[254]	Schwermetallfällung
	H^{+}	0,25-0,8 Äquiv./m²	[254]	Neutralisation
	Entschichten: Cr^{3+}	600-900 mg/m²	[254]	Schwermetallfällung
	H^{+}	0,4-0,9 Äquiv./m²	[254]	Schwermetallfällung
	Kolloid Gummiarabicum	*		
	Lackschicht			
	Entwicklung Calciumchlorid, Milchsäure	*		
	Entschichtung verd. H_2SO_4 mit geringem Methylglycolzusatz	*		
	Korrektur Phosphorsäure, Essigsäure, Diethanolamin, Xylole, Dipropylenglycolmethyl-ether, Propylen- und Ethylenglycolether	*		
Abluft	***Lösemittel***	Werte nach TA-Luft		
	Xylole	< 100 mg/m³		
	Ethylenglycolether	< 100 mg/m³		
	Propylenglycolether	< 150 mg/m³		
	Diethanolamin	< 100 mg/m³		
Abfall	***ausgewaschenes Schichtmaterial***			

Das Symbol * kennzeichnet Bereiche, zu denen keine Angaben ermittelt werden konnten.

Vorbeschichtete Platte/ Positive Mehrmetallplatte/ Diazoverfahren

	Zusammensetzung	Menge		Behandlung
Abwasser	***Ätzen***: Zink	50.000-150.000 g/m³	[251]	Schwermetallfällung
	Chrom(III)	1.500-2.000 g/m³	[251]	Schwermetallfällung
	Spülwasser Ätzen: Zink	500 g/m³	[251]	Schwermetallfällung
	Chrom	20 g/m³	[251]	Schwermetallfällung
	Spülwasser Entschichtung:			
	Zink	ca. 20 g/m³	[251]	Schwermetallfällung
	Mangan	ca. 20 g/m³	[251]	Schwermetallfällung
	Kupfer	ca. 10 g/m³	[251]	Schwermetallfällung
	Abspülen der Abdeckung:			
	Arsen	0,001 mg/l	[251]	
	Blei	0,002 mg/l	[251]	
	Cadmium	< 0,0005 mg/l	[251]	
	Chrom	0,011 mg/l	[251]	
	Kupfer	0,110 mg/l	[251]	
	Nickel	0,005 mg/l	[251]	
	Quecksilber	0,0008 mg/l	[251]	
	AOX	0,012 mg/l	[251]	
	1,1,1-Trichlorethan	< 0,0001 mg/l	[251]	
	Trichlorethen	0,0014 mg/l	[251]	
	Tetrachlorethen	< 0,0001 mg/l	[251]	
	Trichlormethan	< 0,0001 mg/l	[251]	
	freies Chlor	n. n.	[251]	
	Abspülen der Entschichtung:			
	Arsen	< 0,001 mg/l	[251]	
	Blei	0,002 mg/l	[251]	
	Cadmium	< 0,0005 mg/l	[251]	
	Chrom	0,008 mg/l	[251]	
	Kupfer	0,190 mg/l	[251]	
	Nickel	0,061 mg/l	[251]	
	Quecksilber	0,0003 mg/l	[251]	
	AOX	0,020 mg/l	[251]	
	1,1,1-Trichlorethan	0,0003 mg/l	[251]	
	Trichlorethen	0,0020 mg/l	[251]	
	Tetrachlorethen	0,0007 mg/l	[251]	
	Trichlormethan	< 0,0001 mg/l	[251]	
	freies Chlor	n. n.	[251]	
Abluft	***Lösemittel***	Werte nach TA-Luft		
	Trichlorethen,			
	Tetrachlorethen,			
	1,1,1-Trichlorethan	< 100 mg/m³		
	Trichlormethan	< 20 mg/m³		
Abfall	***ausgewaschenes Schichtmaterial***			

Vorbeschichtete Platte/ Positive Mehrmetallplatte/ Diazoverfahren

	Zusammensetzung	Menge	Behandlung
Abwasser	***Kolloid*** Polyvinylalkohol	*	
	Diazoniumverbindung 1,2-Diazochinone mit Phenol-Formaldehyd-Harz oder Novolake ***Auswaschen*** wäßr. alkalische Lösung Na_3PO_4 oder Na_2SiO_3	 *	
	Korrektur Phosphorsäure, Essigsäure, Diethanolamin, Xylole, Dipropylenglycolmethyl- ether, Propylen- und Ethylenglycolether	*	
Abluft	***Lösemittel*** Xylole Ethylenglycolether Propylenglycolether Diethanolamin	Werte nach TA-Luft < 100 mg/m³ < 100 mg/m³ < 150 mg/m³ < 100 mg/m³	
Abfall	***ausgewaschenes Schichtmaterial***		

Das Symbol * kennzeichnet Bereiche, zu denen keine Angaben ermittelt werden konnten.

Druckprozess

	Zusammensetzung	Menge		Behandlung
Abwasser	***Handbefeuchtung***: Alkohole (z.B. Isopropanol, Glycerin)	 bis 800 g/m³	 [251]	
	Säure	pH = 2,0-6,0	[251]	Neutralisation
	Wischwasser: Säure Chrom Zink KW	 pH = 4,0-5,5 30 g/m³ bis 50 g/m³ bis 500 g/m³	 [251] [251] [251] [251]	 Neutralisation Schwermetallfällung, Chromatreduktion Schwermetallfällung
	Netzmittel	*		
	Antioxidantien	*		
	keimtötende Stoffe	*		
	Puffersubstanzen (Citrat-, Phosphatpuffer)	 *		
Abluft	***Verdünnungsmittel***	Werte nach TA-Luft		
	Mineralöle (Crackprodukte durch physikalische Trocknung)	olefinische und paraffinische Kohlenwasserst.< 150 mg/m³		
	Alkohole Isopropanol, Glycerin	 < 150 mg/m³		
Abfall	***Farbreste***			Sonderabfall

Reinigung

	Zusammensetzung	Menge	Behandlung
Abwasser	***Walzenwäsche***		
	lösemittelhaltige Reinigungsmittel:		
	KW,	200-600 g/m³ [251]	
	CKW,	10-200 g/m³ [251]	
	Alkohole, Glycolether		
	Isopropanol, Propoxyethanol	*	
	Toluol	*	
	alkalische Reinigungsmittel:		
	KW	< 50-100 g/m³ [251]	
Abluft	***Lösemittel***	Werte nach TA-Luft	
	KW, Test- und Spezialbenzine	< 150 mg/m³	
	CKW, Tetrachlorethylen, Trichlorethylen, 1,1,1-Trichlorethan	< 100 mg/m³	
	Dichlormethan	< 150 mg/ m³	
	Alkohole, Glycolether		
	Isopropanol	< 150 mg/m³	
	Propoxyethanol	< 100 mg/m³	
	aromatische KW		
	Toluol	< 100 mg/m³	
Abfall	***Putztücher, Farbschlamm***		Sonderabfall

Das Symbol * kennzeichnet Bereiche, zu denen keine Angaben ermittelt werden konnten.

Expositionen einer untersuchten Offsetdruckerei

Beschäftigte:	1200	
Druckmaschinen:	7	insgesamt
davon:	3	Offsetdruckmaschinen (mit 5 Farbrollen)
	3	Rotationsdruckmaschinen (Zeitungsdruck)
	1	Bogenrotationsmaschine (Buchdruck)
Druck:	160.000/d	Zeitungen
	2 Mrd./a	Etiketten
Druckfarbenverbrauch:	400.000 kg	insgesamt
davon:	55.000 kg	Bogenoffsetfarben
	180.000 kg	Rollenoffsetfarben
	160.000 kg	Zeitungsdruckfarben
	5.000 kg	Buntfarben
	UV-Farben sind wenig im Einsatz; IR-Trocknung wird nicht angewandt	
Papierverbrauch:	30.000 t	insgesamt
davon:	15.000 t	Rollenoffset
	5.000 t	Bogenoffset
	10.000 t	Zeitungsdruck
Reprofotografie:	270.000 l/a	Fixierer
	10.000 m2/a	Schwarz-Weiß-Filme
Druckplattenverbrauch:	25.000/a	Offsetdruckplatten
	von einer Bogenoffsetdruckplatte können max. 150.000 Drucke gefertigt werden	
	150.000/a	Fotopolymerplatten
	von einer Fotopolymerplatte können min. 500.000 Drucke gefertigt werden	

Chemikalien:	130.000 l/a	Isopropanol
	7.300 l/a	Böttcherin Gelb
	20.000 l/a	Walzenwaschmittel
	28.000 l/a	Drucktuchwaschmittel
	400 l/a	Spezialbenzin
	300 kg/a	Aceton
	120 l/a	Formenwaschmittel
	2.600 l/a	Lösemittel für hart angetrocknete Farben
	975 kg/a	Regeneriermittel (Gummineu Grün)
	CKW-haltige Lösemittel wurden fast vollständig ersetzt; in Gebrauch sind noch:	
	192 l/a	CKW-haltige Kleber
	1 kg/a	CKW-haltiges Regeneriermittel für Gummidrucktücher

Abluft: thermische Nachverbrennung beim Heatset-Verfahren

Kapazität: 3.000 - 4.000 Nm^3/h und Druckplatte

Abfall: 500.000/a Putzlappen

Mehrwegputztücher werden von der Fa. MEWA entsorgt

Sondermüll: Farbabfälle, Blechgebinde, Sonderputztücher

Angaben über abgefahrene bzw. zur außerbetrieblichen Verwertung abgegebene Abfallmengen der untersuchten Offsetdruckerei

Abfallschlüssel siehe Kap. 2.3 (Abfall)

Abfallart	Abfallmenge	Behandlung
2001 01 (Papier und Pappe)	4.800 t	°
1707 01 (Bauschutt), 2001 08 Küchen-, Kantinenabfälle,	280 t	öffentliche Hausmülldeponien
1704 08 (Kabel), 2001 20 (Batterien), 2001 21 (Leuchtstoffröhren	etwa 1500 Leuchtstoffröhren	Sonderabfallentsorger, Batterien an Lieferant zurück
0901 07, 0901 08 (silberhaltiges und silberfreies Fotopapier)	40 t	°
1305 01 (Feststoffe aus Öl-/Wasserabscheidern), 1305 02 (Schlämme aus Öl-/Wasserabscheidern),	8,5 t	Sonderabfallentsorger, Kläranlage
1908 03 (Fett- und Ölmischungen aus Ölabscheidern)	7 t	Sonderabfallentsorger, Kläranlage
0901 07 und 0901 08 (silberhaltige und silberfreie Filme und Folien)	16 t	°
1201 01 (Eisenschrott), 1501 04 (Metallverpackungen)	4,8 t	°
1201 06, 1306 01, 1301 02, 1301 03, 1301 06 (Altöle)	4,8 t	Sonderabfallentsorger, Kläranlage
0801 02, 0801 05, 0803 02, 0803 04, 0803 07 (Altfarben und Schlämme)	5,4 t	Sonderabfallentsorger, Kläranlage
0701 03, 2001 13 (Lösemittel)	22 t	Sonderabfallentsorger, Kläranlage
2001 12, 0804 01, 0804 02, 0804 03 (alte Kleber und Harze)	0,5 t	Sonderabfallentsorger, Kläranlage
0901 01, 0901 02, 0901 04, 0604 05, 2001 17 (Fotochemikalien)	23 t	Sonderabfallentsorger, Kläranlage

° = abgegeben an weiterverarbeitende Betriebe oder Entsorgungsunternehmen zur weiteren Behandlung

Tabelle 11–2: ***Jährliche Abfallmenge in einer Offsetdruckerei***

11.4.2 Tiefdruck

Druckformherstellung

Aufbereitung gebrauchter Platten/ Verkupferung

	Zusammensetzung	Menge		Behandlung
Abwasser	***Entfettung***:			
	OH^-	0,1 Äquiv./m²	[254]	Neutralisation
	Trennschicht:			
	Ag^+	100 mg/m²	[254]	Entsilberung
	CN^-	0,4 mg/l	[4]	Cyanidentgiftung
		50 mg/m²	[254]	Cyanidentgiftung
	a) ***Verkupferung:***			
	Quecksilber	50-100 g/m³	[251]	gesonderte Behandlung
		(ca. 10 l/Zylinder Trennlösung [251])		notwendig
	Cu^{2+}	12 mg/l	[4]	Schwermetallfällung
		4 g/m²	[254]	
	H^+	0,05 Äquiv./m²	[254]	Neutralisation
	b) ***Versilberung***:			
	Ag	50 mg/m²	[254]	Entsilberung
	CN^-	25 mg/m²	[254]	Cyanidentgiftung
Abluft	-			
Abfall	***ausgefällte Metallhydroxide***	*		Sonderabfall

Das Symbol * kennzeichnet Bereiche, zu denen keine Angaben ermittelt werden konnten.

Druckplattenherstellung/ Zylinderätzung

	Zusammensetzung	Menge		Behandlung
Abwasser	***Filmentwicklung:***			
	Cr^{6+}	ca. 5 g/m³	[251]	Schwermetallfällung, Chromatreduktion
		(50-100 l/Zylinder)	[251]	
		ca. 200 mg/m²		Schwermetallfällung, Chromatreduktion
	Papierfilz		[254]	Holzwollefilter
	Gelatine	ca. 3 g/m²	[4]	Holzwollefilter
	Silberhalogenide			
	Gerbentwickler			
	(Pyrogallol, Brenzkatechin, Natriumcarbonat)			
	Dichromatsalze			
	Druckbildfixierung:			
	Asphaltlack			
	Toluol			
	Eisen(III)-chlorid	31 mg/l	[251]	Schwermetallfällung
		50 g/m²	[254]	Schwermetallfällung
	OH^-	0,01 Äquiv./m²	[254]	Neutralisation
	Verchromung:			
	Cr^{6+}	5 g/m²	[254]	Schwermetallfällung, Chromatreduktion
	H^+	0,05 Äquiv./m²	[254]	Neutralisation
Abluft	***Lösemittel***	Werte nach TA-Luft		
	Toluol	< 100 mg/m³		
Abfall	***ausgewaschenes Schichtmaterial***	*		

Das Symbol * kennzeichnet Bereiche, zu denen keine Angaben ermittelt werden konnten.

Fotopolymerplatten befinden sich in der Erprobungsphase [251].

Druckplattenherstellung/ Gravur

Bei dieser Druckformherstellung treten keine behandlungsbedürftigen Belastungen auf [251].

Verchromung und Korrektur

	Zusammensetzung	Menge	Behandlung
Abwasser	***Zylinder-Plus-Korrektur:***		
	Asphalt	[254]	Holzwollefilter
	Toluol, Ethanol	[254]	Leichtflüssigkeitsabscheider
	Schutzfarbe	[254]	Holzwollefilter
	$Fe^{2+/3+}$	100 g/m² [254]	Schwermetallfällung
	Zylinder-Minus-Korrektur:		
	Toluol, Ethanol	[254]	Leichtflüssigkeitsabscheider
	Asphalt	[254]	Holzwollefilter
	Säuren, Härtemittel, Lacke		
	a) ***Vernickeln***: Ni^{2+}	100 mg/m² [254]	Schwermetallfällung
	Säure	[254]	Neutralisation
	b) ***Verkupfern***: Cu^{2+}	12 mg/l [251]	Schwermetallfällung
		1 g/m² [254]	Schwermetallfällung
	Säure	[254]	Neutralisation
	c) ***Verchromen:*** $Cr^{3+/6+}$	50 mg/l [251]	Schwermetallfällung, Chromatreduktion
		ca. 5 g/m² [4]	Schwermetallfällung, Chromatreduktion
	Säure		
	Verchromung Chromsäure, Salzsäure, Schwefelsäure	*	
	lösliche Bleiverbindungen (Bleicarbonat)		
	Eisen(III)-chlorid		
	Entchromung konz. Salzsäure	*	
Abluft	***Lösemittel***	Werte nach TA-Luft	
	Ethanol	< 150 mg/m³	
	Toluol	< 100 mg/m³	
	Chromnebel	MAK-Liste für Cr(VI)-Verbindungen als krebserzeugend Kategorie 2	
Abfall	***ausgefällte Metallhydroxide***	* SA	

Das Symbol * kennzeichnet Bereiche, zu denen keine Angaben ermittelt werden konnten.

Druckprozess

	Zusammensetzung	Menge	Behandlung
Abwasser	***Toluol durch Desorption***	0,5 mg/l [7]	
Abluft	***Lösemittel***	Werte nach TA-Luft	
	Illustrationstief.:		
	Toluol, (Xylole)	< 100 mg/m³	Adsorption
	Verpackungstief.:		
	Ethanol, Isopropanol,		
	n-Propanol,	< 150 mg/m³	
	Ethylacetat,	< 150 mg/m³	
	Ethoxypropanol, Propylenglycol, Methoxypropanol		
	Dipropylenglycolmono-methylether	< 150 mg/m³	
	Methoxypropylacetat		
	Ethoxypropylacetat		
	n-Propylacetat,		
	Isopropylacetat,	< 150 mg/m³	
	Aceton, MEK, MIBK,		
	Methylpropylketon	< 150 mg/m³	
	Cyclohexanon	< 100 mg/m³	
	Benzine	< 150 mg/m³	
	Toluol, Xylole	< 100 mg/m³	
	Vierfarbendruck:	50 kg/h [78]	
	1/3 Methylethylketon	< 150 mg/m³	
	1/3 Ethanol	< 150 mg/m³	
	1/3 Ethylacetat	< 150 mg/m³	
Abfall	***Aktivkohle***		
	Farbreste	*	Sonderabfall

Das Symbol * kennzeichnet Bereiche, zu denen keine Angaben ermittelt werden konnten.

Reinigung

	Zusammensetzung	Menge	Behandlung
Abwasser	Toluol, Xylole	[480]	
	versch. Alkohole	[480]	
	versch. Ester	[480]	
	Waschbenzin	[480]	
Abluft	***Lösemittel***	Werte nach TA-Luft	
	Toluol, Xylole	< 100 mg/m³	
	Alkylalkohole	< 150 mg/m³	
	Benzine	< 150mg/m³	
Abfall	***Putzlappen, Farbschlamm***		Sonderabfall

Expositionen einer untersuchten Tiefdruckerei

Beschäftigte: 2300

Anzahl Druckwerke: 105

Gedruckte Zeitschriften: 26 Mio./Woche (50.000/h)
bei 17 verschiedenen Zeitschriften

Druckfarbenverbrauch: 15.000 t/a

Abwasser: 80 - 100 m³/d zu neutalisierendes Abwasser
4,5 t/d ausgefällter Schlamm aus der Neutralisation
(Beseitigung: Hausmülldeponie)

Abluft: 300.000 m³ Abluft/h, Reinigung durch Adsorption an
Aktivkohle in sechs Adsorbertürmen
Aktivkohledesorption mit 20 t/h Wasserdampf
(etwa 4 kg Wasserdampf pro kg rückgewonnenes Toluol)
Rückgewonnene Toluolmenge: 600 t/a
(Toluoldestillat = Reintoluol)

Abfall: Putzlappen (Aufbereitung durch Fa. MEWA)

Kupferabfälle (Altmetallhandel)

Sondermüll: Druckfarbenreste, Sonderputzlappen, Toluolschlämme

11.4.3 Hochdruck

Druckformherstellung

Vorbeschichtete Platte/ Magnesiumklischee

	Zusammensetzung	Menge		Behandlung
Abwasser	Mg^{2+}	27 g/l	[162]	Schwermetallfällung
	Al^{3+}	1,4 g/l	[162]	Schwermetallfällung
	Zn^{2+}	430 mg/l	[162]	Schwermetallfällung
	berechnet: Mg^{2+}	900 g/m²	[254]	Schwermetallfällung
	Nitrat	8,5 kg/m²	[254]	
	H+	45 Äquiv./m²	[254]	Neutralisation
	Ölphase	0,9 l/m²	[254]	Leichtflüssigkeitsabscheider
	absetzbare Stoffe	3-6 g/m³	[254]	
	Spülwasser (alkalisches Spülmittel):			
	Nitrit	0-250 g/m³	[251]	
	Zink	5-10 g/m³	[251]	Schwermetallfällung
	Kohlenwasserstoffe	100-300 g/m³	[251]	
	Kolloid (Polyvinylcinnamat)	*		
	Diazoniumsalze	*		
	Ätzmittel (verd. Salpetersäure)	*		
	Flankenschutzmittel (sulfatiertes Rizinusöl, Glycolether, Netzmittel)	*		
Abluft	-			
Abfall	-			

Das Symbol * kennzeichnet Bereiche, zu denen keine Angaben ermittelt werden konnten.

Vorbeschichtete Platte/ Kupferklischee

	Zusammensetzung	Menge	Behandlung
Abwasser	Kupfer	*	
	Kolloide (Fischleim oder Eiweiß)	*	
	Salzsäure	*	
	Diazoniumsalze	*	
	Ätzmittel (Eisen(III)chlorid)	*	
	Flankenschutzmittel (Thioharnstoff)	*	
Abluft	-		
Abfall	-		

Das Symbol * kennzeichnet Bereiche, zu denen keine Angaben ermittelt werden konnten.

Selbstbeschichtete Platte/ Zinkklischee

	Zusammensetzung	Menge	Behandlung
Abwasser	***Druckbildübertragung:***		
	absetzbare Stoffe (Schleuderreinigung)	5-10 g/m² [254]	
	$Cr^{3+/6+}$	300 mg [254]	Sonderabfall
	Cr^{6+}	3,1-4,2 g/m² [254]	Schwermetallfällung, Chromatreduktion
	Druckbildfixierung:		
	absetzbare Stoffe:	3-6 g/m² [254]	
	H^+	70-140 Äquiv./m² [254]	Neutralisation
	NO^{3-}	13-16 kg/m² [254]	
	Zn^{2+}	1,8-3,5 kg/m² [254]	Schwermetallfällung
	Ölphase	1-2 l/m² [254]	Leichtflüssigkeitsabscheider
	Spülwasser:		
	Zn^{2+}	56 g/l [192]	Schwermetallfällung
	Spülwasser (alkalisches Spülmittel):		
	Zink	10-50 g/m³ [251]	Schwermetallfällung
	Nitrit	0-250 g/m³ [251]	
	Kohlenwasserstoffe	100-300 g/m³ [251]	
	Kolloid (Polyvinylalkohol)	*	
	Diazoniumsalze	*	
	Ätzmittel (verd. Salpetersäure)	*	
	Flankenschutzmittel (sulfatiertes Rizinusöl, Glycolether, Netzmittel)	*	
Abluft	-		
Abfall	-		

Das Symbol * kennzeichnet Bereiche, zu denen keine Angaben ermittelt werden konnten.

Vorbeschichtete Platte/ Fotopolymere Hochdruckplatte/ Nyloprint (BASF)

	Zusammensetzung	Menge	Behandlung
Abwasser	***wäßrige alkalische Lösung*** (Na2CO3-Lösung)	pH = 8,5-9 [254]	Neutralisation
	alkoholische Lösung	*	
	polymere Bindemittel (Acrylamidderivat)		
	Monomere (Tetraethylenglycoldimethacrylat)		
	Fotoinitiatoren		
	Fotosensibilisatoren		
	Weichmacher		
	Antioxidantien		
	Mittel gegren thermische Polymerisation		
Abluft	-		
Abfall	***ausgewaschenes Schichtmaterial***	*	

Das Symbol * kennzeichnet Bereiche, zu denen keine Angaben ermittelt werden konnten.

Vorbeschichtete Platte/ Flexodruckplatte/ Cyrel (DuPont)

	Zusammensetzung	Menge	Behandlung
Abwasser	***polymere Bindemittel***	*	
	(Polybutadien, Styrol/Isopren, Methylstyrol/Vinyltoluol)		
	Monomere (1,6-Hexandioldiacrylat, 1,6-Hexandioldimethacrylat, Hydroxyethylmethacrylat)		
	Fotoinitiatoren (2,2-Dimethoxy-2-phenyl- acetophenon) ***Weichmacher***		
	roter Farbstoff		
	Antioxidantien (2,6-Di-t-butyl-p-methylphenol)		
	Mittel gegen thermische Polymerisation (Hydrochinon)		
	Nachbehandlung:		
	wäßrige Chlorlösung		
	Nachbehandlung mit Brom:		
	Brom und Bromid	10-20 kg/m³ [251]	
	halogenierte KW	5-10 g/m³ [251]	
Abluft	***Lösemittelgemisch*** (3 Teile Tetrachlorethylen / 1 Teil Butanol) Tetrachlorethylen	15 l/m² bei 1 mm Relieftiefe [254] Werte nach TA-Luft < 100 mg/m³	Destillation
	Butanol	< 150 mg/m³	
Abfall	***Schichtmaterial aus Destillationsrückstand***	*	

Druckprozess

	Zusammensetzung	Menge	Behandlung
Abwasser	-		
Abluft	Ethanol	165 kg/h [15]	
	Ethylacetat	250 kg/h [15]	
	Lösemittel Ethanol, n-Propanol, Isopropanol, n-Propylacetat, Ethylacetat, Isopropylacetat, Aceton, MEK, MIBK, Methylpropylketon Benzin	Werte nach TA-Luft < 150 mg/m^3 < 150 mg/m^3 < 150 mg/m^3 < 150 mg/m^3	
	Dipropylenglycolmonomethylether, Methoxypropanol, Ethoxypropanol	< 150 mg/m^3	
	Toluol, Xylole,	< 100 mg/m^3	
	Cyclohexanon,	< 100 mg/m^3	
	Ethoxypropylacetat, Methoxypropylacetat	< 150 mg/m^3	
Abfall	***Farbreste, Putzlappen***		Sonderabfall

Reinigung

	Zusammensetzung	Menge	Behandlung
Abwasser	Lösemittel wie beim Druckprozess, z.B. Ethanol, Isopropanol, Ethylglycol, Toluol, Ethylacetat	*	
	Farbreste		
Abluft	Lösemittel wie beim Druckprozess, z.B. Ethanol, Isopropanol, Ethylglycol, Toluol, Ethylacetat	Werte nach TA-Luft siehe Druckprozess	
Abfall	***Wischtücher, Farbschlamm***		Sonderabfall

Das Symbol * kennzeichnet Bereiche, zu denen keine Angaben ermittelt werden konnten.

Expositionen einer untersuchten Flexodruckerei

Druckmaschinen: 4 Einzylinder-Druckmaschinen

Druck: 500 t/Monat Polyethylenfolie (etwa 2 Mio./d PE-Tragetaschen)

Bedruckte Jahresflächen: ca. 100.000 m^2 pro Jahr

Druckplattenverbrauch: 600.000 - 700.000 m^2 PE-Folie werden mit einer Druckplatte bedruckt

Druckfarbenverbrauch:	125.000 kg, davon Lösemittel 75.000 kg (= 60 %)	
Lösemittelverbrauch:	220.000 kg	insgesamt
davon:	75.000 kg	aus Druckfarben
	35.000 kg	Ethylacetat
	78.000 kg	Ethanol
	30.000kg	Ethoxypropanol
Sondermüll:	27.000 kg Farbschlamm	

Expositionen einer untersuchten Bogen-Offset- und Buchdruckerei

Beschäftigte:	15	
Druckmaschinen:	5	
Druckfarbenverbrauch:	377 kg	insgesamt
davon:	115 kg	Schwarz-Weiß-Farben
	209 kg	Buntfarben
	45 kg	Skalenfarben
	8 kg	Bronzefarben
Bedrucktes Papier:	604.475 m²	insgesamt
davon:	317.000 m²	Naturpapier
	110.100 m²	matt gestr. Papier
	108.000 m²	glänzend gestr. Papier
	69.375 m²	selbstdurchschreib. Papier
Chemikalien:	Plattengummierung	70 l
	Plattenreinigung	10 l
	Entwickler, Fixierer und Härtelösung	790 l
	Farbfresser	5 l
	Spezialregenerierer	5 l
	Walzenwaschmittel	255 l

Formenwaschmittel	210 l
Offsetwaschmittel für	
Gummitücher	615 l

Sondermüll: 1,5 m³ Putzlappen

11.4.4 Siebdruck

Druckformherstellung

Positive Platte/ Chromatkolloidverfahren

	Zusammensetzung	Menge	Behandlung
Abwasser	Cr^{6+}	* [254]	Chromatreduktion, Schwermetallfällung
	Cr^{3+}		Schwermetallfällung
	Kolloide (Polyvinylakohol, Polyvinylacetat)		
	Kunstharzdispersionen (Polymethacrylat, Polyvinylchlorid)		
	Farbpigmente		
	Nachbehandlung: Formaldehyd (2 %) Ammoniumdichromat (1 %)	*	
Abluft	-		
Abfall	-		

Das Symbol * kennzeichnet Bereiche, zu denen keine Angaben ermittelt werden konnten.

Positive Platte/ Diazoverfahren

	Zusammensetzung	Menge	Behandlung
Abwasser	***Diazoniumsalze***	*	
	Kolloide (Polyvinylakohol, Polyvinylacetat)		
	Kunstharzdispersionen (Polymethacrylat, Polyvinylchlorid)		
	Farbpigmente		
Abluft	-		
Abfall	-		

Das Symbol * kennzeichnet Bereiche, zu denen keine Angaben ermittelt werden konnten.

Druckprozess

	Zusammensetzung	Menge	Behandlung
Abwasser	-		
Abluft	***Lösemittel***	Werte nach TA-Luft	
	Diacetonalkohol	< 150 mg/m³	
	Ethanol,	< 100 mg/m³	
	Toluol, Xylol	< 100 mg/m³	
	Cyclohexanon, Isophoron	< 100 mg/m³	
	Dipenten	< 150 mg/m³	
	Methylethylketon	< 150 mg/m³	
	Methoxyethylacetat	< 100 mg/m³	
	2-Butoxyethylacetat	< 100 mg/m³	
	2-Butoxyethanol	< 100 mg/m³	
	Ethylenglycoliso-propyletheracetat	< 100 mg/m³	
	Propylenglycolether	< 150 mg/m³	
	Dipropylenglycolether	< 150 mg/m³	
Abfall	***Farbreste***		Sonderabfall

Reinigung

Waschen

	Zusammensetzung	Menge	Behandlung
Abwasser	Ethyl-, Butylglycol, Cyclohexanon, Butylacetat,		
	Netzmittel, Farbreste		
Abluft	***Lösemittel***	0,35-0,9 kg/ Siebdruckrahmen (1500 x 1800 mm^2) [198]	Destillation-
	Lösemittel Ethyl-, Butylglycol, Cyclohexanon, Butylacetat	Werte nach TA-Luft < 100 mg/m^3 < 100 mg/m^3 < 150 mg/m^3	
Abfall	*Farbschlamm, Wischtücher*		Sonderabfall

Das Symbol * kennzeichnet Bereiche, zu denen keine Angaben ermittelt werden konnten.

Entschichtung

	Zusammensetzung	Menge	Behandlung
Abwasser	***Schichtmaterial***	*	
	Entfettung: OH-, Tenside	[198]	Neutralisation
	Oxidation: Natriumhypochlorit Periodverbindungen, z.B. Periodsäure (30 %) Salpetersäure	* [198] [198] [198]	Neutralisation
	Netzmittel		
	Geisterbildeliminierung: instabile Emulsionen aus Natron-/Kalilauge 6-15 % und Cyclohexanon	* [198] [198]	 Neutralisation Neutralisation
Abluft	-		
Abfall	***Schichtmaterialreste***	*	

Das Symbol * kennzeichnet Bereiche, zu denen keine Angaben ermittelt werden konnten.

12 Zusammenfassung

In 11.500 Betrieben der Druckindustrie stellen etwa 220.000 Beschäftigte jährlich Produkte im Gesamtwert von 25 Milliarden DM her. Sechs Milliarden Tageszeitungen, acht Milliarden Zeitschriften, 400 Millionen Bücher, unzählige Drucksachen, Kataloge und bedruckte Verpackungen bereichern jährlich den Markt. Zur Herstellung von Druckvorlagen (z.B. Druckformen), im Druckprozess selbst und zu Reinigungs- und Wartungszwecken werden ungezählte Handelsprodukte eingesetzt, die im wesentlichen auf etwa tausend chemischen Grundsubstanzen beruhen.

Bevor der erste Buchstabe, der erste Bildpunkt gedruckt werden kann, ist eine Druckvorlage herzustellen. Jedes der vier Hauptdruckverfahren - Sieb-, Hoch-, Tief- und Flachdruck - hat seine typische Druckform, die selbst aus spezifischen Materialien besteht, mit ätzenden oder lösenden Chemikalien bearbeitet wird und mit der man schließlich alle denkbaren Materialien, angefangen von Papier über Pappe, Holz, Kunststoff, Textilien, Glas bis hin zu Blechen bedrucken kann. Das visuelle Erlebnis vermitteln Druckfarben und Toner, die - wie sollte es anders sein - in jedem Druckverfahren unterschiedliche aber typische Zusammensetzung aufweisen.

Es liegt zwar eine umfangreiche Büchersammlung über Drucktechnik und Druckverfahren vor, jedoch beschränken sich diese meist auf das, was den Drucker an der Maschine interessiert, und der betrachtet Löse-, Reinigungs- und Hilfsmittel oder Druckfarben meist als angelieferte Arbeitsmittel, die eine ähnliche Bedeutung haben wie das Papier, auf dem er druckt. Mit Druckereichemikalien beschäftigen sich diese Grundlagenwerke deshalb nur am Rande. Das hier vorliegende Buch liefert inzwischen in der zweiten überarbeiteten und ergänzten Auflage einen Überblick über die eingesetzten Stoffe, ihren Anwendungsbereich, ihre Funktion im Druckprozess und soweit möglich ihre ökologische Relevanz für die Druck- und Kopierbranche.

Für jede Chemikalie wurde ein Datenblatt angelegt, das alle wichtigen chemischen, physikalischen, biologischen und toxikologischen Daten enthält. Toxikologische Betrachtungen spielen bei der Beurteilung der sehr unterschiedlichen Verfahren eine zentrale Rolle. Auf die Belastungen durch Löse- und Reinigungsmittel wird ebenso eingegangen wie auf die Wirkung von Monomeren in Druckformschichten, Druckfarben oder Klebern. Berücksichtigt sind Schwermetallbelastungen in Abwässern aus Ätzprozessen oder aus Reinigungsvorgängen. Fotosensibilisatoren und -initiatoren spielen neben Weichmachern in Druckplatten und Druckfarben eine wichtige Rolle im Rahmen der Arbeitsplatzbelastung. Halogenierte Kohlenwasserstoffe werden zwar heute noch verbreitet als Regenerier-, Reinigungs- und Waschmittel eingesetzt, sind jedoch völlig überflüssig. Es stehen für alle Anwendungsbereiche weniger problematische Mittel zur Verfügung, mit denen zum Teil bessere Arbeitsergebnisse erzielt werden. Im Bereich des Sofortdrucks - also z.B. an Kopierern und Laserdruckern - spielen Ozonemissionen eine wichtige Rolle. Wirkungsvolle und einfache Gegenmaßnahmen werden vorgeschlagen. Sehr inhomogen ist das große Feld der Druckfarben und ihrer Bestandteile. Hier werden zwar keine cadmiumhaltigen Pigmente mehr verarbeitet, es werden aber immer noch eine ganze Reihe bedenklicher Farb-, Binde-, Lösemittel und Hilfsstoffe verwendet. So werden selbstverständlich bestehende Grenzwerte für Dioxine und Furane, aromatische Amine oder PCB's eingehalten, trotzdem werden Spuren dieser Substanzen aus dem Herstellungsweg insbesondere über halogenierte aromatische Verbindungen als Reaktionspartner oder als beteiligte Lösemittel in bestimmte Farbmittel verschleppt. Das Buch zeigt, um welche Produkte und Produktgruppen es sich hierbei handelt und plädiert für die Herausnahme belasteter Druckhilfsmittel aus dem Markt.

Funktion und Chancen neuer Entwicklungen zur Druckformherstellung ohne aufwendige und meist emissionsreiche Zwischenschritte im Bereich der Reprografie werden beschrieben. Es ist zu erwarten, dass sie sich schnell durchsetzen werden, was zur erheblichen Verminderung der auftretenden Abfall- und Abwassermengen in Druckereien führen wird. In idealer Weise werden so z.B. spitzfindige Konstruktionen auf dem Boden unklarer Vorgaben des KrW-/AbfG zur kostengünstigen Entsorgung entstehender Abfälle überflüssig.

Abluft-, Abwasser- und Abfallkomponenten der Druckbranche sind, soweit möglich, mit Mengen- und Konzentrationsangaben aufgeführt, die wichtigsten Behandlungsverfahren werden dargestellt.

13 Entwicklungstendenzen

Als dieses Buch 1991 in seiner ersten Auflage erschien, haben wir unsere Vorstellungen - und Befürchtungen - zur Entwicklung der Druckbranche in eine Science-Fiction-Story verpackt, die im Jahr 2002 spielt. Heute, zum Ende des Jahrtausend ist vieles schon zur Realität geworden, was uns veranlasst hat, die Vision den Gegebenheiten anzupassen und fortzuschreiben.

Wir schreiben das Jahr 2002.

Um 7^{15} Uhr hatte Opa Peters seine BALD am Kiosk abgeholt. Herr Harry B. aus F. berichtete unter dem Balken-Titel "Ich bin das Volk", dass er schon damals als grüner Chaot darauf hingewiesen habe, dass die DDR in den Grenzen von 1990 eine andere sein werde. Jetzt - es ist 7^{35} Uhr - erhält Frau Herrmann ihre BALD. Die ewig aufgewärmten Erinnerungen von inzwischen alternden Angehörigen der 89er Generation an Mauer und Stacheldraht sind der neuen Schlagzeile "Immer wenn der Reiher kräht" gewichen. Starreporter H. Müller ist dabei, als in den frühen Morgenstunden der gemeine Meuchelmord am Baggersee geschieht. Er sitzt bewaffnet mit modembestücktem Handy im Sand und funkt via Satellit und Internet seinen Bericht über die gerade zum Abtransport fertig gemachte Leiche. Just in Time gelangt sein Bericht “From Computer to Print” auf die abgerufenen BALD-Seiten von Frau Herrmann. Illustriert ist das Ganze mit einer digital eingespielten Aufnahme eines Reihers, der - malerisch in Szene gesetzt von der glutrot aufgehenden Morgensonne - einbeinig im Wasser neben dem Schilfgras steht, aus dem der erkaltete Körper gerade geborgen wurde. Müller hat eine Kamera installiert, die via Internet ganztägig Lifebilder vom Tatort in die Haushalte schickt. Welch ein spannendes Abenteuer, zuhause im Sofa die Lage zu peilen und vielleicht - wer weiß - vielleicht treibt es den reuigen Täter an den schaurigen Ort seiner tat zurück!

Aktualität im Minutentakt! Eine absurde Vorstellung?

Altertümliches Schmökern in ausgelegten Zeitschriften, verbunden mit überflüssigen und zeitraubenden "small-talks" mit dem Zeitungsverkäufer entfallen. Aber welche ökonomisch/ökologischen Probleme werden mit einem Schlag gelöst! Der Straßenverkehr wird von Tausenden von LKW's entlastet, die bisher Druckprodukte zum Kiosk brachten. Logistische Probleme bei der Zeitungsverteilung entfallen. Reporter werden zu ruhigen Mitbürgern, denen der Begriff Redaktionsschluss nichts mehr sagt. Die Druckindustrie wird um 90 % ihrer heutigen Kapazität zurückgefahren, den Beruf als Drucker üben nur noch wenige Spezialisten aus. Der Trend zur Normung erlebt neue Blüten: Einheitspapier, Einheitsgrößen für Zeitungen und Zeitschriften, zehn bis fünfzehn Druckfarbenpigmente, die gesundheitlich so unbedenklich sind, dass Opa Peters Enkel BALD ohne Bedenken als kalorienreiche Aufbaunahrung kennenlernen kann. Warum also der Ärger mit ausverkauften Auflagen, eingestaubten Buchregalen und aufdringlichen Verkäufern? Die Print-Medien erreichen wieder die gleiche Aktualität wie elektronische Medien. In der Ergänzung liegt die Kraft der Branche. Die Informationsfülle ist nicht mehr steuerbar. Was greifbar ist, wird oberflächlich “gecheckt”, vermeintlich wertvolles auf den Drucker umgeleitet und auf Papier gebannt.

Was für Zeitschriften und Zeitungen gilt, gilt natürlich auch für Bücher. Buchhandlungen werden die Größe von Geldautomaten haben. Eine Tastatur, ein Kreditkartenlesegerät und ein Buchausgabefach. In drei Minuten wird das gewünschte neue Buch gedruckt, gebunden und ausgegeben.

Ein "Altbuchfach" ermöglicht die Rückgabe gelesener bzw. nicht mehr benötigter Bücher bei gleichzeitiger Vergütung eines "Papierrohstoffobulus".

Zu jeder Tageszeit, auch an Sonn- und Feiertagen, kann jedes Buch frisch aus dem Printer geordert werden.

Der beschriebene Zeitungskiosk, die elektronische Zeitschrift via Internet oder die Tastatur-Buchhandlung mit Kreditkartenlesegerät sind bereits heute Realität. Die Elektronikindustrie hat es geschafft Opa Peters die Notwendigkeit eines Handys zu vermitteln. Seit ihn seine Enkelin in der Straßenbahn angerufen hat und alle Mitfahrer hektisch in ihren Taschen nach dem Gewinner des wichtigsten aller Anrufe gesucht hatten, liegt das handliche Teil zuhause auf dem Nachttisch - dort wo einst das Bakelitegerät mit Wählscheibe ein beschauliches Dasein fristete. Da er aber ein Videogerät bedienen kann und der OLALA-Internetzugang dagegen ein Kinderspiel sein soll, wachsen die Chancen, dass Opa Peters in Kürze zum Kreis der begeisterten elektronischen Surfer gehören wird. Mit dem Mann am Kiosk wird er dann nichts mehr zu tun haben, schließlich kommuniziert er dann mit Augstein persönlich und läßt sich den Hohlspiegel in angenehmem Rahmen auf dem Bildschirm präsentieren.

Auf der Strecke bleiben Individualität, zwischenmenschliche Kommunikation und Arbeitsplätze.

Eines wird dann auf jeden Fall überflüssig - dieses Buch.

Wir haben uns deshalb dem Trend der Zeit angepaßt und sind unter **http://www.oekopro.de** jederzeit für Sie zu erreichen. Hier finden Sie - geneigter Leser - nicht nur unsere e-mail Adresse, sondern auch eine Chemikaliendatenbank. Interaktiv, versteht sich, und ständig aktuell. Es gibt ein digitales Bild derer, die an diesem Buch mitgearbeitet haben und wenn Sie wollen Dortmund bei Sonnenuntergang - ohne Mord. Versprochen!

Schlagwortverzeichnis

A

B

C

D

E

F

G

M

N

O

P

R

S

T

U

V

Anhang 1

Lösemittel und Lösemittelgemische

Lösemittel	MAK (ppm)	Bemerkungen (Zahlenangaben in %)	
CKW's			
Perchlorethylen	-	krebserzeugend, Kategorie 3	
Trichlorethen	-	krebserzeugend, Kategorie 1	
Dichlormethan	100	krebserzeugend, Kategorie 3 Schwangerschaftsgruppe D	
1,1,1 - Trichlorethan	200	Schwangerschaftsgruppe C	
Aromaten			
Benzol	-	als Verunreinigung vorhanden TRK: 1 ppm	
Toluol	50	Schwangerschaftsgruppe C	
Xylol	100	Schwangerschaftsgruppe D	
Alipathische KW (Benzine)			
Spezialbenzin	?	z.Z. keine Einstufung möglich	
Typ 1 (Siedebereich 60/ 95 °C)		Benzol	< 0,2
		Toluol	1
Typ 2 (Siedebereich 80/100 °C)		Benzol	< 0,2
		Toluol	5
Typ 3 (Siedebereich 100/140 °C)		Benzol	< 0,2
		Toluol	8
		Ethylbenzol	2
		Xylole	8
		Propylbenzole	1
		Mesitylen	1
Testbenzine	?	z.Z. keine Einstufung möglich	
Typ 1 (Siedebereich 130/185 °C)		Toluol	< 1
		Ethylbenzol	1,5
		Xylole	9
		Propylbenzole	1,5
		Mesitylen	1,5
Typ 2 (Siedebereich 140/200 °C)		Toluol	< 1
		Ethylbenzol	< 1
		Xylole	5
		Propylbenzole	2,5
		Mesitylen	1,5
Typ 3 (Siedebereich 150/190 °C)		Ethylbenzol	< 1
		Xylole	2,5
		Propylbenzole	2,5

		Mesitylen 2
Typ 4 (Siedebereich 180/220 °C)		Xylole < 1 Propylbenzole < 1 Mesitylen < 1
Typ 5 (Siedebereich 130/220 °C)		Toluol < 1 Ethylbenzol 1 Xylole 3 Propylbenzole 1,5 Mesitylen 1
n-Hexan	50	Schwangerschaftsgruppe C
Alkohole		
Methanol	200	Schwangerschaftsgruppe C
Ethanol	500	krebserzeugend, Kategorie 5 Schwangerschaftsgruppe C
Propanol	200	Schwangerschaftsgruppe C
Isopropanol	200	Schwangerschaftsgruppe C
Sonstige		
Cyclohexan	200	Schwangerschaftsgruppe IIc
Terpentinöl	100	
Ketone		
Aceton	500	Schwangerschaftsgruppe IIc
Methylethylketon	200	Schwangerschaftsgruppe C
Methylisobutylketon	20	Schwangerschaftsgruppe C
Cyclohexanon	-	krebserzeugend, Kategorie 3
Ester		
Ethylacetat	400	Schwangerschaftsgruppe C
Butylacetat	100	Schwangerschaftsgruppe D bzw. IIc
Ethylglykolacetat	5	Schwangerschaftsgruppe B
Glykolether		
Diethylenglykol	10	Schwangerschaftsgruppe C
Ethylglykol	5	Schwangerschaftsgruppe B

Die am häufigsten verwendeten Lösemittel sind Ethanol und Ethylacetat gefolgt von Methylethylketon, Isopropanol, Ethylglykol, Ethylglykolacetat, Butylacetat, Cyclohexanon, Hexan, Methylisobutylketon, Propylacetat und Toluol. Toluol nimmt eine Sonderstellung ein, da es das alleinige Lösemittel im Illustrationstiefdruck darstellt.

Lösemittelgemische/ Chemische Gruppe	Handelsname	Bestandteile
Mineralöle I		Gemisch aus 29-87% Alkanen, 6-62% naphthenischen Kohlenwasserstoffe, 0-1,6% aromatischen Verbindungen, 0,2-42% Toluolen, 0-23%;C8-Kohlenstoffverbindungen und 0-0,8% Olefinen
Mineralöle II		Gemisch aus 25-63% Alkanen, 27-66% naphthen. Kohlenwasserstoffe, 0-1,1% Toluolen, 3,6-37% C8-Kohlenstoffverbindungen und 0-1,8% Olefinen
C10-C18	Chevron Absorptionsöl	Gemisch aus 36% Alkanen, 62% naphthenischen Kohlenwasserstoffe, 2% C8-Kohlenstoffverbindungen
C11-C16		Gemisch aus 38-44% Alkanen, 43-46% naphthenischen Kohlenwasserstoffe., 3-13% C8-Kohlenstoffverbindungen und 0,1-3,4% Olefinen
C11-C17	Isopar M	Gemisch aus 99,6% Alkanen und 0,4% aromatischen Verbindungen
C11-C20	bestimmte Magie™ Öle	Gemisch aus 54-56% Alkanen, 29-33% naphthenischen Kohlenwasserstoffe, 6-10% C8-Kohlenstoffverbindungen und 1,8-7% Olefinen
C11-C25	Magie 590™ Öl Amsco Ink™ Öl	Gemisch aus 49% Alkanen, 35% naphthenischen Kohlenwasserstoffen, 9% C8-Kohlenstoffverbindungen und 4,6-7% Olefinen
C13-C30	Witco 1102™ Öl	Gemisch aus 65% Alkanen und 35% naphthenischen Kohlenwasserstoffen
C15-C30	Mentor 28	
C15-C30	Sun Circosols Texaco Roll™ Öl	Gemisch aus 2-32% iso-Alkanen, 30-66% naphthenischen Kohlenwasserstoffe, 0-37% aromatischen Verbindungen und 0,2-(32)% Olefinen

Lösemittelgemische/ Chemische Gruppe	Handelsname	Bestandteile
C15-C50	Amsco Mineral Öl Metro Mineral Öl	Gemisch aus 97% Alkanen und 3% C8-Kohlenstoffverbindungen
C20-C50		Gemisch aus 26-29% Alkanen, 22-29% naphthenischen Kohlenwasserstoffe, 43-45% aromatischen Verbindungen und 1-4,2% Olefinen
C21-C25	Magie Sols	Gemisch aus 82-100% Alkanen, 0-17% aromatische Verbindungen und 0-0,5% Olefine
C5-C10		Gemisch aus 29-88% Alkanen, 11-64% naphthenischen Kohlenwasserstoffe, 0-0,9% aromatischen Verbindungen, 0-19% Toluolen und 0-9,7% C8-Verbindungen
C5-C11	Chevron Solvent 51L	Gemisch aus 4,8% iso-Alkanen, 1% naphthenischen Kohlenwasserstoffen, 93.2% Toluolen und 1% C8-Kohlenstoffverbindungen
C5-C20	Norpar 12 Ty Norpar 13	Gemisch aus 99,3-99,4% Alkanen und 0,6-0,7% aromatischen Verbindungen
C5-C25	diverse Chartensole diverse Espesole	Gemisch aus 61-85% Alkanen, 11-29% naphthenischen Kohlenwasserstoffe, 0-1% aromatischen Verbindungen, 0-8,8% Toluolen und 0-7% C8-Kohlenstoffverbindungen
C6-C12		Gemisch aus 30-32% Alkanen, 66-68% naphthenischen Kohlenwasserst., 2% C8-Kohlstoffverbindungen
C6-C12		Gemisch aus 56% Alkanen, 36% naphthenischen Kohlenwasserstoffen und 8% C8-Kohlenstoffverbindungen

Lösemittelgemische/ Chemische Gruppe	**Handelsname**	**Bestandteile**
C6-C13		Gemisch aus 36-64% Alkanen, 34-64% naphthenischen Kohlenwasserstoffe, 0-1,3% Toluolen, 0-6,8% C8-Kohlenstoffverbindungen und 0-0,5% Olefinen
C7-C10	Chevron Isoparaffin 150	Gemisch aus 100% iso-Alkanen
C7-C10	Isopar C Isopar E	Gemisch aus 98,8% Alkanen und 0,02% aromatischen Verbindungen
C7-C12		Gemisch aus 100% aromatischen Verb.
C7-C12	Espesol 1 Espesol 2 Espesol 3E	Gemisch aus 2-3% Alkanen, 0-1% aromatischen Verbindungen, 0-2% Toluolen und 94-98% C8-Kohlenstoffverbindungen
C7-C12		Gemisch aus 36% Alkanen, 44% naphthenischen Kohlenwasserstoffen, 19% C8-Kohlenstoffverbindungen und 2% Olefinen
C7-C12	Super Hi-Flash Naphtha	Gemisch aus 0-2,5% Alkanen, 0-30% Toluolen, 70-100% C8-Kohlenstoffverbindungen
C7-C12	unterschiedliche Espesole	Gemisch aus 41-48% Alkanen, 49-52% naphthenischen Kohlenwasserst., 0,1-6,4% C8-Kohlenstoffverbindungen und 0-1,0% Olefinen
C7-C17		Gemisch aus 48-51% Alkanen, 41-46% naphthenischen Kohlenwasserst., 5,4-7% C8-Kohlenstoffverbindungen und 0,6-1% Olefine
C9-12		Gemisch aus 85-100% Alkanen, 0-15% naphthenischen Kohlenwasserst. und 0-2% Olefinen
C9-C12		Gemisch aus 24-99% Alkanen, 0-57% naphthenischen Kohlenwasserst., 0,1-18% C8-Kohlenstoffverbindungen und 0-4,1% Olefinen
C9-C12	Isopar G Isopar H Isopar K Isopar L	Gemisch aus 99.9-100% Alkanen und 0,03-0,1% aromatischen Verbindungen

Lösemittelgemische/ Chemische Gruppe	**Handelsname**	**Bestandteile**
C9-C16		Gemisch aus 47% Alkanen, 47% naphthenischen Kohlenwasserstoffen, 5,3% C8-Kohlenstoffverbindungen und 0,8% Olefinen
C9-C16		Gemisch aus 0-1% Alkanen, 0-2% naphthenischen Kohlenwasserstoffen, 97-100% C8-Kohlenstoffverbindungen
C9-C16	Magie Deo. 400™ Öl	Gemisch aus 50-59% Alkanen, 40-50% naphthenischen Kohlenwasserst. und 0,1-1,0% C8-Kohlenstoffverbindungen
C9-C20	Mineral Seal Öl (Texaco)	Gemisch aus 37% Alkanen, 52% naphthenischen Kohlenwasserstoffen und 11% polaren Verbindungen
C9-C20	Han	Gemisch aus 1-20% Alkanen, 80-99% C8-Kohlenstoffverbindungen und 0-1% Olefinen
Cheveron		Gemisch aus 63-68% Alkanen, 0-2% Toluolen, 0-3% C8-Kohlenstoffverbindungen und 30-35% oxidierte Verbindungen
DBE	DuPont DBE und DBE2	Gemisch aus dimethyl-Adipat, dimethyl-Glutarat und dimethyl-Succinat DBE und DBE2
denat. Alkohole	USI Ansol M Ansol PR	Gemisch aus den Hauptkomponenten Methanol, Ethanol, Ethylacetat und Toluol
denat. Alkohle mit IPA		Gemisch aus Ethanol, Methanol, MIBK, Isopropylalkohl und Wasser
denat. Alkohol 19	CDA-19	Gemisch aus 95,24% Ethanol, 3,81% MIBK und 0,95% Kerosin
Espesol	Chartersol Espesol	Gemisch aus 38-75% iso-Alkanen, 8-30% naphthenischen Kohlenwasserst., 0-0,04% aromatischen Verbindungen, 1,8-41% Toluolen, 0-30% C8-Kohlenstoffverbindungen und 0,6-1,5% Olefinen
IMC Nr. 3	IMC Nr.3 und 13 UC PM-3856 PM-3163	Gemisch aus Ethanol, Methanol, Diethylglykolethylether und Wasser

Lösemittelgemische/ Chemische Gruppe	**Handelsname**	**Bestandteile**
I und III		Gemisch aus 90,0-92,3% Ethanol, 3,6-3,7% Methanol,0,9-1,9 MIBK, 4,5-1,1% Gasolin und 4,5-4,6% Wasser
Methoxy-polyethylen-glykol	UC Carbowax 350 Carbowax 550 Carbowax 750	
Polyethylenglykol	unterschiedl. UC Carbowaxe	
Spez. denat. Alkohole 13A und 32	SDA-13A SDA-32	90,9-95,2% Ethanol (Ethanol enthält 4,5-4,8% Wasser) und 4,7-9,1% Ethylether
Spez. denat. Alkohole 1,3A und 30	SDA-1 SDA-3A SDA-30	90,9-95,2% Ethanol (Ethanol enthält 4,5-4,9% Wasser) und 4,8-9,1% Methanol
Spez. denat. Alkohole 23A	SDA-23A	Gemisch aus 90,9% Ethanol (Ethanol enthält 4,5% Wasser) und 9,1% Aceton
Spez. denat. Alkohole 35-A	SDA 35-A	Gemisch aus 95,42% Ethanol (Ethanol enthält 4,8% Wasser) und 4,58% Etylacetat
Spez. Industrielösemittel	A, B, C und D	78,0-90,5% Ethanol, 4,1-17,0% Methanol, 0,9% MIBK, 0-4,0% Ethylacetat, 0-12,9% Isopropylalkohl und 0-4,5% Wasser

Anhang 2

Literaturverzeichnis

[1] Dörner V.
Reproduktionstechnik
Ullmanns Encyklopädie der technischen Chemie;
4. Auflage, Bd. 20, S. 157 (1981)

[2] Fischer M., Barzynski H.
Photoreaktionen
Ullmanns Encyklopädie der technischen Chemie;
4. Auflage, Bd. 3, S. 305 (1973)

[3] Alexander M.
Lehr- und Handbuch der Abwassertechnik
Band VII: Industrieabwässer mit anorganischen Inhaltstoffen
Kapitel XI: Druckereien
3. Auflage, Bd. VII, S. 561 (1985)

[4] Fricke J.
Praktische Erfahrungen mit Druckereiabwässern im Bereich eines Wasserwirtschaftamtes
Der Siebdruck; Jg. 30, Nr. 3, S. 20 (1984)

[5] URGA
Lohnt sich die Silberrückgewinnung aus Fixierbädern für einen Kleinbetrieb ?
URGA-Mitteilungen; Nr. 3, S. 72 (1984)

[6] Rohstoffkreislauf in der Reproduktion
Druck Print; Nr. 6, S. 368 (1980)

[6] Rohstoffkreislauf in der Reproduktion
Druck Print; Nr. 6, S. 368 (1980)

[6] Rohstoffkreislauf in der Reproduktion
Druck Print; Nr. 6, S. 368 (1980)

[7] Alexander M.
Untersuchung zur vorbeugenden Reinhaltung des Abwassers von Druckereien und Reproanstalten
Teil II: Oxidierbare Stoffe
FORGA-Forschungsbericht 6.026 (1981)

[8] Alexander M.
Große Umweltprobleme beim Kleinoffset-Druck ?
Fachveranstaltung Kleinoffset-Druck - 29. Okt. 1980

[9] Fricke J.
Druckereiabwässer aus der Sicht der Überwachungsbehörde
Offset-Praxis; Nr. 9, S. 64 (1983)

[10] Schreiner H.
Abwasserprobleme in einer Offsetdruckerei
FORGA-Mitteilungen; Nr. 70, S. 17 (1971)

[11] Heck G., Müller G., Ulrich M.
Reinigung lösungsmittelhaltiger Abluft - alternative Möglichkeiten
Chem.-Ing.-Techn.; Jg. 60, Nr. 4, S. 286 (1988)

[12] Wieland M.
Möglichkeiten zur Verminderung von Geruchsemissionen aus Druckereien
Umwelt; Nr. 4, S. 449 (1980)

[13] Josten H.
Die Entfernung organischer Lösungsmittel aus Abluft
Wissenschaft und Umwelt; Nr. 3-4, S. 123 (1986)

[13] Josten H.
Die Entfernung organischer Lösungsmittel aus Abluft
Wissenschaft und Umwelt; Nr. 3-4, S. 123 (1986)

[14] Nitsche M.
Rückgewinnung organischer Lösungsmittel
CAV; S. 64 (März 1982)

[15] Bräuer H.W.
Lösemittelrückgewinnungsanlagen für Flexodruckereien
Farbe + Lack; Jg. 92, Nr. 5, S. 418 (1986)

[16] Zwicky H.
Die photographischen Prozesse im Zeitungsdruck
Chimia; Jg. 33, Nr. 1, S. 30 (1979)

[17] Umweltbundesamt Berlin
"Entwarnung" für Offsetdruckplatten - Umweltzeichen nicht erforderlich
Umwelt; Nr. 100, S. 16 (1984)

[18] Umweltbundesamt Berlin
Umweltfreundliche Beschaffung, Handbuch zur Berücksichtigung des Umweltschutzes in der öffentlichen Verwaltung und im Einkauf
II: 5. Kopiergeräte; 7. Druckereieinrichtungen
BAU-Verlag, Wiesbaden 1987

[19] Bundesverband Druck E.V.
Die deutsche Druckindustrie in Zahlen
Ausgabe 1989
Bundesverband Druck 1989

[20] Schreiner H.
Undichtwerden von Abflußrohren
FORGA-Mitteilungen; Nr. 73, S. 16 (1972)

[21] Schneider J.
State-Of-The-Art and Trends in Non-Impact Technologies
FORGA Verlag BRD

[22] Winnacker, Küchler
Optische Informationsaufzeichnung
Chemische Technologie;
4. Auflage, Bd. 7, Organische Technologie III, S. 537 (1986)

[23] Ebert W.
Technische Gesichtspunkte, die beim Bau eines graphischen Betriebes zu berücksichtigen sind
FORGA-Bericht 1960, S. 2

[24] Schefer W.
Textilabwasser und Materialprüfung
Textilveredelung; Jg. 20, Nr. 9, S. 281 (1985)

[25] Flick E.W.
Printing Ink Formulations
Noyers Publication, New Jersey/USA 1985

[26] Recyclingpapier - Dauerteste erfolgreich bestanden
Umwelt & Technik; Jg. 10, Nr. 6, S. 40 (1987)

[27] Leudolph J.
Verfahren zur Entsorgung von fotoresistbelasteten Abwässern - ein Vergleich
Oberfläche Surface; Nr. 8, S. 11 (1987)

[28] Die Offsetdruckform und ihr Umfeld
Bericht des FORGA-Symposium "Offsetdruckplatten in Forschung und Praxis"
Der Druckspiegel; Nr. 3, S. 308 (1988)

[29] Stäfa-Entsorgungsanlagen für Papier-, Karton- und Folienabfälle
Der Polygraph; Jg. 37, Nr. 16, S. 1320 (1984)

[30] Zollinger H.
Color Chemistry
Syntheses, Properties and Applications of Organic Dyes and Pigments
VCH 1987

[31] Zenner H.F., Krzeminski C.
Restlösungsmittelgehalt von Verpackungsmaterial-Analytik und Toleranzwertvorschläge
Z. ges. Hyg.; Jg. 30, Nr. 7 (1984)

[32] Yasuhara A., Mizoguchi T., Fuwa K., Nakayama S., Ishiguro T.
Identification of Odorous Compounds in Air and Gas from Painting and Printing Industries by Gas Chromatography-Mass Spectrometry and Library Search System
Chemosphere; Jg. 13, Nr. 3, S. 469 (1984)

[33] Abluftreinigung durch thermische Nachverbrennung
wlb; Nr. 7-8, S. 26 (1979)

[34] Kirchner K., Angelé B.
Beitrag zur katalytischen Abgasreinigung
vt; Jg. 15, Nr. 12, S. 914 (1981)

[35] Winkelmann J.
Fachveranstaltung Reprotechnik
Vortrag von Schneider J.:
Non-Impact-Printing oder die elektronischen Druckverfahren
Offsetpraxis; Jg. 30, Nr. 2, S. 50 (1988)

[36] Leroy J.-B.
Kupferrückgewinnung bei der Behandlung von Abwasser aus Druckereien am Beispiel einer Anlage in Limay
Thome-Kozmiensky K. J.: Recycling International
Berlin 1982, S. 513

[37] Hartinger L.
Behandlung von Abwässern graphischer Betriebe
Taschenbuch der Abwasserbehandlung, Bd.2: Technik, S. 216
Carl Hanser Verlag München, Wien 1977

[38] Agte R.
Was heißt überhaupt Drucken und wo sind seine Grenzgebiete
FORGA-Mitteilungen Nr. 91, S. 13 (1977)

[39] Winkelmann D., Bräuninger A., Frass H.-W.
Reprographie
Ullmanns Encyklopädie der technischen Chemie
4. Auflage, Bd. 20, S. 179 (1981)

[40] Staatliches Amt für Wasser- und Abfallwirtschaft Lippstadt
Druckerei
Lippstadt 1988

[41] Umweltsymposium des Verbandes der Druckindustrie Baden-Würt.
Umweltschutz ist eine unternehmerische Aufgabe
Der Polygraph; Nr. 22, S. 2181 (1986)
Abwasser
Umweltschutz

[42] Umweltsymposium des Verbandes der Druckindustrie Baden-Würtem.
Wie kann der Unternehmer gesamtverantwortlich seinen Beitrag
zum Umweltschutz leisten ?
Der Polygraph; Jg. 41, Nr. 1, S. 38 (1988)

[43] Frick W.
Zukunftsweisende Entwicklungen bei Sieb- und Tampondruckfarben
Polygraph; Jg. 41, Nr. 1, S. 34 (1988)

[44] Robak B., Schlecht M., Streich W.
Verfahrens- und tätigkeitsspezifische Arbeitsbelastungen in der
Druckindustrie
Schriftenreihe der Bundesanstalt für Arbeitsschutz
Fb Nr. 396, 1985

[45] Blakey P.B.
Process Odor Control by Catalytic Oxidation
Tearle K.: Industrial pollution control 1973, S. 143-157

[46] Fraß W.
Reproduktionstechniken mit strahlungsempfindlichen Systemen I
Chemie in unserer Zeit; Jg. 17, Nr. 1, S. 10 (1983)

[47] Jungmayer J.R.
Technologie des Papiers
Reproduktions- und Drucktechnik
Leykam-Verlag Graz,Wien

[48] Fabjan Ch., Davies R., Marschall K.
Der Abbau von Komplexbildnern in galvanischen und anderen
Abwässern mit Ozon
Galvanotechnik; Jg. 67, Nr. 8, S. 643 (1976)

[49] Weiner R.
Equitox - das französische Maß für die Giftigkeit von Abwässern
Galvanotechnik; Jg. 67, Nr. 8, S. 646 (1976)

[50] George H. F., Welch W. N.
Environmental and Worker Safety Regulations Affecting Gravure
Printers in America
Advances in Printing Science and Technology; Edited by Banks W.
1977, S. 334

[51] DFTA
Technik des Flexodrucks
Coating Verlag Thomas & Co., St. Gallen/Schweiz, 2. Auflage 1986

[52] Bruno M.H.
The Status of Printing in the USA-1983
Advances in Printing Science and Technology; Edited by Banks W.
1985, S. 45

[53] Schaeffer W.D.
The Fate of Heatset Ink Oil Emissions
Advances in Printing Science and Technology; Edited by Banks W.
1985, S. 369

[54] Hartsuch P.
Relief and Gravure Image Carriers (Chapter 9)
Chemistry for Graphic Arts, Graphic Arts Technical Foundation
Pittsburgh, Pennsylvania 1983, S. 179

[55] Wieland M.
Tiefgreifende Änderungen im Umweltschutzrecht und deren
Auswirkungen auf die Druckindustrie
Druck Print; Nr. 11, S. 38 (1985)

[56] Strotbek G., Weissbach H.
Abluftreinigung mit Gas als Zusatzenergie bei Rollenoffset-
maschinen
Das Gas- und Wasserfach; Jg. 118, Nr. 5, S. 191 (1977)

[57] Lendle E.
Vorschriften und Gesetze und ihre Beachtung in Siebdruckereien
Der Siebdruck; S. 328 (1979)

[58] Fraß W.
Reproduktionstechniken II:
Druckformherstellung ohne Silberfilm
Chemie in unserer Zeit; Jg. 17, Nr. 2, S. 33 (1983)

[59] Vollmann H.W.
Neue Technologien zur filmlosen Herstellung von Druckformen
Angewandte Chemie; Jg. 92, S. 95 (1980)

[60] Kromer E.
Abluftreinigung bei Lösemittelemissionen
Chimia; Jg. 36, Nr. 2, S. 87 (1982)

[61] Mierheim H., Schmölling J.
Neuere Entwicklungen im Imissionsschutzrecht
GIT Supplement; Nr. 1, S. 37 (1986)

[62] Mathews W.
Der neue Weg zur Abluftreinigung und Rückgewinnung von Lösemitteln
Oberfläche Surface; Nr. 4, S. 8 (1986)

[63] Oehme F.
Recycling - Wunsch und Wirklichkeit
Oberfläche Surface; Nr.1/2, S. 26 (1986)

[64] Tozzo C., George H.F.
Gravure Environmental Update
Advances in Printing Science and Technology: Edited by Banks W.
1985, S. 406-414

[65] Hartsuch P.
Chemistry of Inks (Chapter 11)
Chemistry of Graphic Arts, Graphic Arts Technical Foundation
Pittsburgh, Pennisylvania; S. 215 (1983)

[66] Weigl J. W.
Elektrophotographie
Angewandte Chemie; Jg. 89, S. 386 (1977)

[67] v. Mylius U., Leudolph J.
Ultrafiltration - ein einfaches und kostengünstiges Verfahren zur Entsorgung von fotoresistbelasteten Abwässern
Galvanotechnik; Jg. 77, Nr. 2, S. 402 (1986)

[68] Kühl G., Christian H.-D.
Thermoplastische Methacrylat-Festharze
Farbe + Lack; Jg. 92, Nr. 12, S. 1142 (1986)

[69] Fritz B.
Feuchtmittelaufnahme von Offsetfarben
Farbe + Lack; Jg. 93, Nr. 6, S. 456 (1987)

[70] Schüler D.
Tinten für Ink Jet
Farbe + Lack; Jg. 93, Nr. 7, S. 550 (1987)

[71] Schröder J.
Oberflächenbelegung von Pigmenten
Farbe + Lack; Jg. 93, Nr. 9, S. 715 (1987)

[72] Schüler D.
Wärmeaktive Papierbeschichtung
Farbe + Lack; Jg. 93, Nr. 12, S. 98 (1987)

[73] Riffel D.
Moderne Ruße für Druckfarben
Farbe + Lack; Jg. 93, Nr. 3, S. 211 (1987)

[74] Greene M.H., Hoover R.N., Eck R.L., Fraumeni J.F.jr.
Cancer Mortality Among Printing Plant Workers
Environmental Research; Jg. 20, S. 66 (1979)

[75] Die Vervielfältigung im Büro
Reprographie; Jg. 1, Nr. 1, S. 3 (1961)

[76] Springstein K.A.
Elektronische Textkommunikation
Druckwelt; Nr. 22, S. 1460 (1980)

[77] Nitzl K.
Strahlungshärtende Massen
Das Papier; Jg. 35, Nr. 10 A, S. 80 (1981)

[78] Knödler S.
Möglichkeiten und Grenzen von Wasserfarben im Verpackungsdruck
Das Papier; Jg. 35, Nr. 10 A, S. 74 (1981)

[79] Kirchmayr R., Berner G., Rist G.
Photoinitiatoren für die UV-Härtung von Lacken
Farbe + Lack; Jg. 86, Nr. 3, S. 224 (1980)

[80] Braun F.
Untersuchungen an Offsetfarben - Pigmenteinfluß auf die Emulsionsbildung
Farbe + Lack; Jg. 89, Nr. 4, S. 253 (1983)

[81] Bleichromate in der Lackindustrie - ein Umweltrisiko ?
Farbe + Lack; Jg. 90, Nr. 3, S. 178 (1984)

[82] Orsinger K., Meyer L.
Additive für die Produktion von Druckfarben
Farbe + Lack; Jg. 90, Nr. 3, S. 177 (1984)

[83] Brushwell W.
Die Schwermetall-Problematik aus lacktechnischer Sicht
Farbe + Lack; Jg. 89, Nr. 7, S. 527 (1983)

[84] Verband der Mineralfarbenindustrie, Frankfurt/Main
Information über Bleichromate
Farbe + Lack; Jg. 88, Nr. 7, S. 565 (1982)

[85] Europäischer Ausschuß der Verbände der Lack-, Druckfarben- und und Künstlerfarbenfabrikate (CEPE)
Umgang mit Glykolethern
Farbe + Lack; Jg. 89, Nr. 9, S. 734 (1983)

[86] Schulz C.
Toxikologische Bewertung und Einstufung von Lacken, Anstrichstoffen und Druckfarben als Gifte aus der Sicht ihrer Zusammensetzung
Plaste und Kautschuk; Jg. 33, Nr. 4, S. 153 (1986)

[87] Riffel D.
Anwendung pyrogener Kieselsäure in Druckfarben
Farbe + Lack; Jg. 91, Nr. 4, S. 294 (1985)

[88] Vollman H., Fraß W., Mohr D.
Polymere in der Drucktechnik
Die Angewandte Makromolekulare Chemie; Nr. 145/146, S. 411 (1986)

[89] Kirk-Othmer
Electrophotography
Concise Encyclopedia of Chemical Technology, 1985; S. 410

[90] Heys M., Jewitt T.S.
Non-Impact Printing Technologies, an Overview
JOCCA; Nr. 1, S. 15 (1987)

[91] Erskine W.G.
Advances in Ink Jet Printing Inks
JOCCA; Nr. 12, S. 360 (1987)

[92] Lendle E.
UV-Trocknung von Siebdruckfarben
defazet; Jg. 32, Nr. 5, S. 210 (1978)

[93] O'Shaughnessy J.C., Blanc F.C., Boston R.C.
Treatment of Flexographic Ink Wastewaters
Proceedings of the 35th Industrial Waste Conference
May 13, 14 and 15 1980; Ann Arbor Science, S. 211

[94] Bruno M.H.
Printing Processes
Kirk-Othmer, Concise Encyclopedia of Chemical Technology; 1985
S. 950-952

[95] Williams J.L.R., Molaire M.F.
Photoreactive Polymers
Kirk-Othmer, Concise Encyclopedia of Chemical Technology, 1985
S. 881-883

[96] Burachinsky B.V., Dunn H., Ely J.K.
Inks
Kirk-Othmer, Concise Encyclopedia of Chemical Technology, 1985
S. 649-650

[97] Weaver J.C.
Resins, Natural; Resins, Water-Soluble
Kirk-Othmer, Concise Encyclopedia of Chemical Technology, 1985
S. 1021-1022

[98] Schiek R.C., Singer J.J., Fytelson M.
Phthalocyanine Compounds; Pigments
Kirk-Othmer, Concise Encyclopedia of Chemical Technology, 1985
S. 886-892

[99] Teschner H.
Offsettechnik
Kapitel 6: Druckfarben
Fachschriften Verlag, Stuttgart, 5. Auflage 1982, S. 475

[100] National Prinint Ink Research Institute (NPIRI)
NPIRI Raw Materials Data Handbook
Volume I : Organic Solvents
Volume II : Plasticizers
Volume III: Proprietary Solvents
Volume IV : Pigments
1974

[101] Riffel D.
Kohlepapier, Farbbänder und andere Durchschreibesysteme
defazet; Jg. 33, Nr. 3/4, S. 107 (1979)

[102] Kaiser W.
Der Einsatz von neuen Azopigmenten und organischen Pigmenten mit erhöhtem Deckvermögen in der Druckfarbenindustrie
defazet; Jg. 33, Nr. 3/4, S. 101 (1979)

[103] Gerlach K.
Organische Pigmente
defazet; Jg. 33, Nr. 6/7, S. 211 (1979)

[104] Kondrachoff M.W.
Bleichromate - Pigmente mit Zukunft
defazet; Jg. 33, Nr. 12, S. 437 (1979)

[105] Lendle E.
Bedrucken von thermoplastischen und duroplastischen Kunststoffen
defazet; Jg. 32, Nr. 5, S. 197 (1978)

[106] Mullen P. F.
Liquid Ink Developements
JOCCA; Jg. 70, Nr. 1, S. 8 (1987)

[107] Guthrie J.T.
What Can We Do When Things Go Wrong in Printing Processes
JOCCA; Jg. 70, Nr. 2, S. 37 (1987)

[108] Hansen W.
Untersuchungen über die Brennbarkeit von wasserverdünnbaren Anstrichstoffen und Druckfarben
Farbe + Lack; Jg. 87, Nr. 7, S. 551 (1981)

[109] Kaul B.L.
Advances in the Science and Technology of Pigments
JOCCA; Jg. 70, Nr. 12, S. 349 (1987)

[110] Druckfarbe: den "Stand der Technik" fixiert
Der Druckspiegel; Nr. 2, S. 185 (1986)

[111] Hutchinson G.H.
Paste Inks, Past, Present and Future
JOCCA; Jg. 70, Nr. 4, S. 90 (1987)

[112] Kucera T.J.
Reprography
Kirk-Othmer; Concise Encyclopedia of Chemical Technology, 1985
S. 1016

[113] Stiebner E.D.
Bruckmann's Handbuch der Drucktechnik
Bruckmann München, 4. Auflage 1986

[114] Heincke K.D.
Strahlungshärtende Lacke für die Oberflächenveredelung von Drucksachen
COATING; Nr. 9, S. 320 (1986)

[115] Weis H.
Die Abwässer der graphischen Betriebe und ihre Entgiftung (Teil 1)
Fachhefte Chemigraphie, Lithographie, Tiefdruck; S. 89 (1973)

[116] O'Shaughnessy J.C., Blanc F.C.
Impact of Flexo Inks on Wastewater of the Corrugated Box Industry
American Ink Maker; August 1980

[117] Bosch
Die Gefahrstoffverordnung und ihre Auswirkung auf Siebdruckereien
Teil 5
Der Siebdruck; Jg. 34, Nr. 8, S. 36 (1988)

[118] Baufeldt U., Dorra M., Rösner H., Scheuermann J.
Informationen übertragen und drucken
Verlag Beruf + Schule, Itzehoe, 4. Auflage 1981

[119] Cullen M.R., Rado T., Waldron J.A., Sparer J., Welch L.S.
Bone Marrow Injury in Lithographers Exposed to Glycol Ethers and Organic Solvents Used in Multicolor Offset and Ultraviolet Curing Printing Processes
Archives of Environmental Health; Jg. 38, Nr. 6, S. 347 (1983)

[120] Kuhn L., Myers R. A.
Farbstrahl-Druckverfahren
Spektrum der Wissenschaft; 90

[121] Xi-zhong Z., Guang-quan L., Guang-xiong Z.
The Exhaust and Recovery of Toluene from Gravure Machines Printing Plant
Ventilation'85; Edited by Goodfellow H.D.;
Elsevier Science Publishers B. V., Amsterdam 1986, S. 205-212

[122] Epperlein J., Becker H.G.O., Israel G., Walkow F., Marx J.
Diazosysteme in der Reprographie - Eine Übersicht
Journal für Signalaufzeichnungs-Material; Jg. 11, Nr. 6, S. 403 (1983)

[123] Schultze D.F.
Graphic Arts Application of Silver Diffusion Transfer Systems
Journal of Applied Photographic Engineering;
Jg. 5, Nr. 3, S.163 (1979)

[124] Enmanji K.
Chlorophyll-Sensitized Photolysis of Diazonium Compounds
Journal of Imaging Science; Jg. 31, Nr. 4, S. 169 (1987)

[125] Gadomski R.R.
Emission Control by Incineration in Web Offset and Metal Decorating
Proc. Graph. Arts Tech. Fond. Conf., Qual. Contr. Prnt. Ind.
Ed. David M.P., Graphic. Arts Tech. Pittsburgh 1973, S. 68

[126] Winchester R.V., Madjar V.M.
Solvent Effects on Workers in the Paint, Adhesive and Printing Industries
Annuals of Occupational Hygiene; Jg. 30, Nr. 3, S. 307 (1986)

[127] Davis M.J., Gwane G., Green P.N., Green W.N.
The Synthesis and Properties of a Novel Series of Water Soluble Thioxanthone Photoinitiators
Radiation Curing of Polymers (Spec. Publ.), Proceedings of a Symposium, London 1987, S. 184

[128] Shahbazian S.M.
Photosensitive Systems for Laser Exposure in the Printing Industry
Journal of Photographic Science, Jg. 32, S. 111 (1984)

[129] Streeter W.J., Doesborgh A.H.P
Use and Consumption of Silver in Photographic Applications in the Printing Industry
Journal of Photographic Science; Jg. 32, S. 72 (1984)

[130] Tuskes P.M., Tilton M.A., Gref R.M.
Ammonia Exposures of Blue-line Printers in Houston, Texas
Applied Industrial Hygiene; Jg. 3, Nr. 5, S. 155 (1988)

[131] Weeter D.W., McGowan J.
Utilization of An Anaerobic Biotower in The Treatment And Recycle of Rotogravure Printing Process Wastewaters
Toxic Hazardous Wastes; Proceedings of the Mid-Atlantic Industrial Waste Conference, Ed. by Boardman G.D.; 18, 331-339 (1986)

[132] Urlaub G., Bredow M.
Technische Anlagen zur Luftreinhaltung
Der Polygraph; Jg. 41, Nr. 18, S. 1548 (1988)

[133] Smith C.A.
Commercial Printing Ink Pigmentation:
Classification of Systems, Selection, Evaluation and Assessement are Discussed in a Three Part Series Beginning with this Issue
Modern Paint and Coatings; Jg. 69, Nr. 9, S. 30 (1979)

[134] Carlick D.J.
Physical-Chemical Similarities Among Typical Printing Ink Resins
American Ink Maker; Jg. 62, Nr. 12, S. 27 (1984)

[135] van Esch C.
L'application des résines acryliques dans les encres d'imprimerie
Double Liaison - Chimie des Peintures; Nr. 343, S. 14 (1984)

[136] Mauer W.
Druckfarben für Papiere und deren Verbundmaterialien heute und morgen
Fachhefte Chemiegraphie, Lithographie, Tiefdruck;
Vol. 5, S. 261 (1988)

[137] Leuenberger S.
Möglichkeiten und Grenzen in Bezug auf die Luftreinhalteverordnung aus der Sicht des Druckfarbenherstellers
Fachhefte für Chemiegraphie, Lithographie, Tiefdruck;
Nr. 3, S. 116 (1987)

[138] Verband der holl. Lack- und Druckfarbenindustrie
Handboek Arbeidsomstandigheden in de Verf- en Drukinktindustrie
Toxicologische aspecten van de Arbeidshygiene
Verfkroniek; Jg. 54, Nr. 6, S. 21 (1981)

[139] Vincent J.E.
Chemistry of Aluminium-Organics in the Preparation of Ink Vehicles and Gel Varnishes
American Ink Maker; Jg. 62, Nr. 10, S. 25 (1984)

[140] Großmann A., Huber M., Frenzel H.
Bedrucken von Weichpackungen, unter besonderer Berücksichtigung von Tief- und Flexodruck
Kleb- und Packstoffe zur Herstellung Flexibler Verpackungen
Münchner Klebstoff- und und Veredlungs-Seminar, 1981; S. 37

[141] Porrini M.
Solvent Recovery and the Prevention of Atmospheric Pollution
Industry and Environmental/Special Issue; Jg. 2, Nr. 7 (1981)

[142] Wriede P.A., Gray D.
Heavy-Metal Based Pigments:
Putting Use Risks in Perspective
American Paint & Coatings Journal; Januar 1986
I: S. 30, 38/ II: S. 31, 46/ IIb: S. 32, 52 / III: S. 33, 42

[143]
The Prevention of Fading and Discoloration of Colour Hard Copies by UV-Absorbers
Research Disclosure; S. 242, 284 (1984)

[144] Young L.C.
Materials in Printing Processes
Focal Press, London, New York 1973

[145] Panda H., Panda R.
Modifications of Rosin for Printing Inks
Part 1
Paint and Resin; Jg. 55, Nr. 4, S. 25 (1985)

[146] Nowak M.
High Solids Coatings For Printing Applications
High Solids Coatings; Jg. 7 Nr. 2, S. 6 (1982)

[147] Nowak M.
Gravure and Flexographic High Solids Coatings:
Chemistry, Formulation and Application Aspects
Proceedings of the Water-Borne and Higher-Solids Coatings
Symposium 11th, 1984; S. 9

[148] Malten K.E.
Contact Sensitization to Letterflex Urethane Photoprepolymer
Mixture Used in Printing
Contact Dermatitis; Nr. 3, S. 115 (1977)

[149] Ink Additives
American Ink Maker; Jg. 57, S. 22 (1979)

[150] Herbst W., Hunger K.
Industrielle organische Pigmente
VCH 1987

[151] Willkomm H.
Grundlagen der Reproduktionstechnik
Polygraph Verlag Frankfurt a. M. 1973

[152] Smith T.
Luminescent and Fluorescent Pigments for Printing Inks
Pigment and Resin Technology; Jg. 10, Nr. 11, S. 13 (1981)

[153] Davis M.J., Gawne G., Green P.N., Green W.A.
The Synthesis and Properties of a Novel Series of Water Soluble
Thoxanthone Photoinitiators
Polymers Paint Colour Journal; Jg. 176, Nr. 4171, S. 536 (1986)

[154] Smith C.A.
A Review of UV-Cured Printing Inks
Pigment and Resin Technology; Jg. 10, Nr. 9, S. 13 (1981)

[155] Tabbernor G.A.
Selecting Resins for Oil Based Printing Inks
Polymers Paint Colour Journal; April 2, S. 260 (1980)

[156] Drexhage K.H., Reynolds G.A.
Photo-Bleachable Dyes and Processes
Research Disclosure; Nr. 178, S. 85 (1979)

[157] Lawrence Industries
The Use of Attagel in Surface Coatings
Polymers, Paint and Colour Journal;
Jg. 168, Nr. 3984, S. 830 (1978)

[158] Oteiza R.M.
The Solvent Option for Air Quality Compliance
American Ink Maker; S. 15 (September 1983)

[159] Jansen K.H.M.
The Role of Waxes in Coatings and Inks
Paint and Resin; Jg. 58, Nr. 2, S. 19 (1988)

[160] Nakamura T.
Water-Based Polymers for Printing Inks and Over Print Varnishes
American Ink Maker; Jg. 63, Nr. 6, S. 24 (1985)

[161] Burgstein M.
Gray Component Replacement
American Ink Maker; Jg. 64, Nr. 3, S. 47 (1986)

[162] Carpenter B.H.
Overview of Printing Processes and Chemicals Used
Environmental Aspects of Chemical Use in Printing Operations; 1976

[163] Tsirovasiles J.
The Use of Water-Borne Urethane Polymers in Printing Inks
American Ink Maker; Nr. 64, S. 58 (1986)

[164] Rehe H.-H.
Fachbezogene Chemie für die Druckindustrie
Naturkundliche Grundlagen der Druckindustrie, Bd. 1;
Verlag Beruf + Schule, Itzehoe 1981

[165] Watson W.M.
Designing Ink Dispersing Resins
American Ink Maker; Jg. 61, Nr. 10, S. 19 (1983)

[166] Rosner C.
Foamink: Its Theory and Application
American Ink Maker; Jg. 62, Nr. 2, S. 44 (1984)

[167] Fritz D.J.
Varnishes for Ink
- Quality and Uniformity
American Ink Maker; Jg. 61, Nr. 1, S. 26 (1983)

[168] Ranney M.W.
Silicones, Volume II
Coatings, Printing Inks, Cellular Plastics, Textiles and Consumer Products
Noyes Data Corporation, Park Ridge, New Jersey/ USA 1977

[169] Patel G.N.
Single Component, Solventless, Binderless and Pigmentless Inks
American Ink Maker; Jg. 59, Nr. 6, S. 24 (1981)

[170] Holman R.
UV and E. B. Curing Formulation for Printing Inks, Coatings and Paints
SITA-Technology, London UK 1988

[171] Winchester R.V.
Solvent Exposure of Workers During Printing Ink Manufacture
Annuals of Occupational Hygiene; Jg. 29, Nr. 4, S. 517 (1985)

[172] Druckfarbenfarbrik Gebrüder Schmidt GmbH, Frankfurt a. M.
Der Fadenzähler
Fachliche Mitteilungen für die Druckindustrie; Jg. 37, Nr.2 (1986)

[173] Worrall M.J.
Solvent Recovery for Packaging Gravure
American Ink Maker; Jg. 57, Nr. 3, S. 56 (1979)

[174] Smith T.
A Review of Water-Based Printing Inks
Pigment and Resin Technology; Jg. 11, Nr. 8, S. 17 (1982)

[175] Kosar J.
Light Sensitive Systems:
Chemistry and Application of Nonsilver Halide Photographic Processes
John Wiley & Sons, Inc., New York 1965

[176] Rummo G.J.
Organo-Titanates in Printing Inks
American Ink Maker; Jg. 60, Nr. 17 (1982)

[177] Anlagen für Abluft- und Abwasserentsorgung nach Maß
Verpackungs-Rundschau; Nr. 5, S. 586 (1986)

[178] Schnall M.
Additives for Printing Inks
American Ink Maker; Jg. 65, Nr. 12, S. 58 (1987)

[179] Brushwell W.
Neues Rohstoffangebot für Lacke und Druckfarben
Farbe + Lack; Jg. 85, Nr. 4, S. 272 (1979)

[180] Parker S.J.
Developments in Screen Inks
JOCCA; Nr. 1, S. 5 (1987)

[181] Goldschmidt A., Hantschke B., Knappe E., Vock G.-F.
Glasurit-Handbuch
Curt R. Vincentz Verlag, Hannover, 11. Auflage 1984

[182] Wiedemann W.
Organische Photoleiter - Ein Überblick
Chemiker-Zeitung; Jg. 106, Nr. 7/8, S. 275 (1982)

[183] Society of British Printing Ink Manufacturers Ltd.
The Printing Ink Manual
Van Nostrand Reinhold (International) Co. Ltd., London
4. Auflage 1988
Druckfarbe, Hausdruck

[184] Williams E.M.
The Physics and Technology of Xerographic Processes
John Wiley & Sons, New York

[185] Schulz E.
Flexodruck von A - Z
Polygraph Verlag GmbH, Frankfurt a. M. 1987

[186] Walenski W.
Wenn die Druckfarbe im Bogen-Offsetdruck nicht trocknet
Offsetpraxis; Nr. 2, S. 42 (1985)

[187] Hitchins B.
Metal Coatings in the Packaging Industry
Professional Printer; Jg. 19, Nr. 5, S. 11 (1975)

[188] Hoffmann
Update on Photopolymer Plate Systems
Professional Printer; Jg. 31, Nr. 3, S. 14 (1987)

[189] Schulze-Berge K., Schneider E., Bischofs R.
Hartchrom überzieht Tiefdruckzylinder mit glänzendem Schutz
Der Polygraph; Nr. 4, S. 266 (1989)

[190] Schulz E.
Flexodruck - Ein Lehr- und Handbuch
Polygraph-Verlag Frankfurt a. M. 1982

[191] Schenk G.-M.
Optimale Lösemittel-Wiedergewinnung im Tiefdruck
Teil 1
Der Polygraph; Nr. 18, S. 854 (1981)

[192] Wendt M.
Entwicklung im RO-Druck ergibt neue Entscheidungskriterien für die Abluftreinigung
Druck Print; Nr. 12, S. 33 (1986)

[193] Abluftreinigung, Nachverbrennung, Klima und Lüftung
Druckwelt; Nr. 12, S. 44 (1987)

[194] ... die modernen Trocknungs- und Nachverbrennungsanlagen
Druck Print; Nr. 10, S. 34 (1986)

[195] Anliker R., Clarke E.A.
The Ecology and Toxicology of Synthetic Organic Pigments
Chemosphere; Jg. 9, S. 595 (1980)

[196] Anliker R., Clarke E.A., Moser P.
Use of the Partition Coefficient as an Indicator of Bioaccumulation Tendency of Dyestuffs in Fish
Chemoshere; Jg. 10, Nr. 3, S. 263 (1981)

[197] Anliker R., Moser P., Poppinger D.
Bioaccumulation of Dyestuffs and Organic Pigments in Fish. Relationships to Hydrophobicity and Steric Factors
Chemosphere; Jg. 17, Nr. 8, S. 1631 (1988)

[198] Lendle E.
Die automatische Reinigung und Entschichtung von Siebdruckformen
Bundesverband Druck E.V. Technischer Informationsdienst (II/1986)
Abteilung Technik und Forschung Fachbereich Siebdruck

[199] Kleinert P.
Betriebserfahrungen mit Flotationsanlagen bei der Vorreinigung industrieller Abwässer
Stuttgarter Berichte zur Siedlungswasserwirtschaft; Bd. 87 (Sonderdruck)

[200] Kleinert P.
Biologisches Verfahren zur Entfernung von Stickstoffverbindungen aus industriellen Abwässern
Chemie-Technik; Sonderdruck 11, 1982

[201] Kleinert P.
Entfernung von Stickstoffverbindungen aus Abwasser durch Nitrifikation/Denitrifikation
Chemische Industrie; Sonderdruck, Nr.7 (1983)

[202] Richter H.
100 Jahre erstes Flotationspatent
Theorie und Anwendung der Flotation
Behandlung von Schlämmen
Sonderdruck aus: 100 Jahre erstes Flotationspatent (1978)

[203] Deutscher Bundestag
Bericht der Bundesregierung über den Stand der Arbeiten zur Umsetzung der Beschlüsse der 2. Internationalen Nordsee-Schutz-Konferenz (2.INK) vom 24.-25. 11. 1987 in Lonodn
Drucksache 11, 3847 (17.1.1989)

[204] Statistisches Bundesamt Wiesbaden
Umweltschutz (Fachserie 19)
Reihe 3: Investitionen für Umweltschutz im Produzierenden Gewerbe
W. Kohlhammer GmbH, Stuttgart, Mainz 1985

[205] Davids P., Lange M.
Die TA Luft 86 - Technischer Kommentar
VDI-Verlag, Düsseldorf (1986), S. 586

[206] Cromack C. Mc
Criteria for a Recommended Standard.
Occupational Exposure to Carbon Black
NIOSH-Publication 78-204, PB 81-225 625 (1978)

[207] Briano J., Donohne M.
Carbon Black Health Hazard Evaluation
NIOSH-Publication; 80-203-960, PB 83-161 166 (1981)

[208] Wittig K.
Beitrag zum Problem der Absorption und Desorption von 3,4-Benzpyrenen an Ruß in vitro und in vivo
Staub-Reinhaltung Luft; Jg. 29, Nr. 1, S. 21 (1969)

[209] Kommunale Abwasser-Satzungen,
Grenzwerte für Schadstoffeinleitungen
Öko-Test; Nr. 9 (1986)

[210] Schenk G.M.
Optimale Lösemittel-Wiedergewinnung im Tiefdruck
Teil 2
Der Polygraph; Nr. 18, S. 1420 (1981)

[211] Institut für Umweltschutz Universität Dortmund
Ermittlung und Bewertung von Bodenbelastungspotentialen durch ehem. Dienstleistungsbetriebe als Grundlage zur Gefährdungs-abschätzung von Altlasten
INFU-Endbericht Januar 1989

[212] Winnacker K., Küchler L.
Chemische Technologie
Band 1: Allgemeines; S. 233 (1986)

[213] Yelin R., (Schneider A.)
Die Abwasserproblematik im Bereich der Druckindustrie
Diplomarbeit im Studiengang Drucktechnik an der FH Druck (1987)

[214] Alberth C.
Wie kann der Unternehmer gesamtverantwortlich seinen Beitrag zum Umweltschutz leisten?
Der Polygraph; Jg. 41, Nr. 1, S. 38 (1988)

[215] Umweltschutz beim Etikettendruck
Deutscher Drucker; Jg. 23, Nr. 36, g25 (1987)

[216] Hartinger L.
Taschenbuch der Abwasserbehandlung
Band 1: Chemie
Carl Hanser Verlag München Wien 1976

[217] Informationen und Lösungsansätze für die Umsetzung von Umweltschutzmaßnahmen
Druck Print; Nr. 12, S. 14 (1987)

[218] Die Offsetdruckform und ihr Umfeld
Der Druckspiegel; Jg. 43, Nr. 3, S. 316 (1988)

[219] Absaugen und Entsorgen im Bereich Druck und Druckweiterverarbeitung
Der Polygraph; Jg. 38, Nr. 3, S. 159 (1985)

[220] Hartinger L.
Verringerung der Abwassermenge und der Metallfracht durch Einsatz von Ionenaustauschern in der metallverarbeitenden Industrie
Korrespondenz Abwasser; Jg. 33, Nr. 10, S. 895 (1986)

[221] Luckins J.
Control of Solvent Emissions from Printing Processes
Part 1
Professional Printer; Jg. 99, Nr. 1, S. 14 (1975)

[222] FOGRA
Technische Vorträge 1977/78
FOGRA, München

[223] Alexander M.
Verminderung der Abwasserbelastung beim Ätzen von Mehrmetall-Platten
FOGRA-Forschungsbericht 2.206 (1979)

[224] Bräuer H.W.
Lösemittelrückgewinnung im Verpackungsdruck
- Möglichkeiten und Grenzen -
apr; Nr. 24-25, S. 688 (1985)

[225] Alexander M.
Druckformherstellung bei Mehrmetallplatten
FOGRA-Mitteilungen; Nr. 88, S. 7 (1976)

[226] Alexander M.
Abwasserabgabe für Kanaleinleiter?
FOGRA-Mitteilungen; Nr. 107, S. 15 (1981)

[227] Götzelmann W., Hartinger L.
Das Sulfatproblem der Indirekt-Einleiter
Galvanotechnik; Jg. 71, Nr. 7, S. 699 (1980)

[228] Waschmittel im graphischen Gewerbe
München 1955

[229] Saxena K.L., Subrahmanyan P.V.R.
Treatment of Wasterwaters from a Bank Note Printing Press
Indian Chemical Manufacturer; Jg. 5, Nr. 14, S.21 (1976)

[230] Fotochemie und Umweltschutz
Der Polygraph; Jg. 40, Nr. 15, S. 1473 (1987)

[231] Benefield L.D., Randall C.W.
Biological Process Design for Wastewater Treatment

[232] Bundesverband Druck E.V.
Jahresbericht 1988
Bundesverband Druck (1988)

[233] Auflagenzahlen IV Quartal 1987
COPY; Beilage, Nr. 4 (1988)

[234] Stautz A., Westphal U.
Lösemittel in der Druckindustrie
Industriegewerkschaft Druck und Papier; Hauptvorstand
Schriftenreihe für Betriebsräte; Heft 39 (1988)

[235] Du Pont
Chemikalien in der Reprofotografie
Du Pont, 1989

[236] Kümpel R.
Trends früh erkennen
Spektrum; Nr. 2 (1988)

[237] Du Pont
Wolf
Wash-Off System
Das ideale System wird Wirklichkeit
Du Pont, 1989

[238] Du Pont
DYLUX - das einfachste und anpassungsfähigste Sofortbildverfahren der Welt
Du Pont, 1989

[239] Du Pont
How to Use the Chromacheck System
Du Pont, 1989

[240] Du Pont
Cyrel
persönliche Mitteilung von Du Pont, 1989

[241] Bundesverband Druck 1988
Leistungsverzeichnis für Drucker
Bundesverband Druck 1988, S. 127

[242] Winnacker K., Küchler L.
Organische Technologie III Band 5
3. Materialien ohne Silbersalze
Chemische Technologie, Bd. 5, S. 629 (1972)
Band 5, S. 629 (1972)

[243] Agte R.
Wir drucken Nann-Impäckt...
Deutscher Drucker; Jg. 22, Nr. 38, w30 (1986)

[244] Schneider J.
Entwicklungstendenzen bei nichtkonventionellen anschlaglosen Druckverfahren
Deutscher Drucker; Nr. 33, S. 70 (1985)

[245] Bäumler B., Senff C.
Laserdruck
Polygraph Verlag GmbH, Frankfurt a. M. 1988

[246] Statistisches Bundesamt Wiesbaden
Produzierendes Gewerbe (Fachserie 4)
Reihe 3.1: Produktion im Produzierenden Gewerbe des In- und Auslandes (1. Vierteljahr 1989)
Metzler-Poeschel Stuttgart

[247] Technik des Flexodrucks
Herausgegeben in Zusammenarbeit mit dem DFTA
Coating Verlag, St. Gallen/Schweiz, 2. Auflage 1986

[248] Thyboll G., Brodin L.
Produktinformation för kemiska produkter använda inom grafik industri
(Produktinformation über Chemikalien in der Druckindustrie)
Produktinformation II; Grafiska Arbetsmiljökommitten, GFL (1983)

[249] British Printing Industries Federation
Chemicals in the Printing Industry
Data Sheet for 111 Basic Chemicals
Brit. Print. Ind. Ded., London (1980)

[250] Heim T., v. Däniken A.
Chemikalien und Produkteliste für die graphische Branche
Ökoscience, 1987

[251] Fricke J.
Druckereiabwässer
Vortrag Umweltsymposium, 15.10-18.10.1986
Verband der Druckindustrie Baden-Würtemberg E.V.

[252] Kitzer H., Flothmann H.
Die Marktbedingungen im Siebdruck unter Berücksichtigung der technischen Entwicklungen
Bundesverband Druck E.V., Abteilung Technik + Forschung
Fachbereich Siebdruck (1987)

[253] Scherer E., Hoffmann G., Vollmer M., Seidemann T.
Orientierende Untersuchung über die Umweltauswirkungen einer Offsetdruckerei
Grundstudiumsprojekt WS 85/86
TU Berlin Fachgebiet Abfallwirtschaft (1986)

[254] Alexander M.
Untersuchungen zur vorbeugenden Reinhaltung des Abwassers von Druckereien und Reproanstalten
FOGRA-Forschungsbericht 6.014 (1977)

[255] Knirsch F.
NIP on Plain Paper by Thermographic Ribbon
Advances in Non-Impact-Printing Technologies for Computer and Office Applications; VNR 1981

[256] Guglielmetti R., Trebaul C., Brelivet J.
New Compositions of Paper Registering Thermal Processes
Advances in Non-Impact-Printing Technologies for Computer and Office Applications; VNR 1981

[257] Takeuchi S., Akada M., Suda Y., Nagashima M.
Photosensitive Thermal Imaging Material
Advances in Non-Impact-Printing Technologies for Computer and Office Applications; VNR 1981

[258] Igarashi A., Ikeda T.
Mechanisms of Color Formation on Thermo-Sensitive Paper
Advances in Non-Impact-Printing Technologies for Computer and Office Applications; VNR 1981

[259] Evensen T.J., Collins S.B.
Some Imaging and Fusing Aspects of Single-Component Magnetic Toners
Advances in Non-Impact-Printing Technologies for Computer and Office Applications; VNR (1981)

[260] Crooks W., Luttman E.W., Jaffe A.B.
High Quality Color Printing with Continuous Ink Jet
Advances in Non-Impact-Printing Technologies for Computer and Office Applications; VNR 1981

[261] Pullen E.
User Experiences with Non-Impact Electronic Printing
Advances in Non-Impact-Printing Technologies for Computer and Office Applications; VNR 1981

[262] Flothmann H.
Entwicklungstendenzen im Sofortdruck
Bundesverband Druck E. V.; Technik + Forschung (I/1988)

[263] Schoder D.
Krank durch kopieren?
Natur; Nr. 7, S. 100 (1989)

[264] Flothmann H.
Der Sofortdruck-Markt in der Bundesrepublik Deutschland, Großbritannien, Schweden und den USA
Bundesverband Druck E. V.; Technischer Informationsdienst IV/1988
Fachbereich Kleinoffset-Druck

[265] Martschina H., Flothmann H.
Die Farbkopie als zusätzliches Leistungsmerkmal einer Kleinoffset-Druckerei
Bundesverband Druck E. V.; Technischer Informationsdienst (I/1987)
Abteilung Technik und Forschung Fachbereich Kleinoffset-Druck

[266] Statistisches Bundesamt Wiesbaden
Bildung und Kultur (Fachserie 11)
Reihe 5: Presse (1987)
Verlag Metzler-Poeschel Stuttgart

[267] Wirtschaftliche Entsorgung durch optimierten Trocknungsprozess
Der Polygraph; Jg. 42, Nr. 10, S. 849 (1989)

[268] Chlorkohlenwasserstoffe möglichst ersetzen
Der Polygraph; Jg. 42, Nr. 10, S. 848 (1989)
Toxikologie

[269] Industriegewerkschaft Medien
Arbeiten, um zu leben
Schriftenreihe Gewerkschaftliche Betriebsarbeit, Heft 3 (1989)

[270] Herberts Standox Autolack
Entsorgungsleitfaden für Lackierbetriebe
Wuppertal, 1989

[271] Müller A.S., Drechsel K.
Offset
Polygraph Verlag GmbH, Frankfurt a.M. 1980

[272] Lückert O.
Pigment + Füllstoff
Tabellen
Lückert, Laatzen, 4. Auflage 1989

[273] Sixtus H.
Druckfarben
Ullmanns Encyklopädie der technischen Chemie;
4. Auflage, Bd. 10, S. 187 (1975)

[274] Hoffmann R.
Chemie für die Galvanotechnik
Lehrbuchreihe Galvanotechnik
Eugen G. Leuze Verlag, D-7968 Saulgau/Würtemberg 1988

[275] Brinkmann-Herz D.
Dem Müll eine Abfuhr erteilen
Müllmagazin; Jg. 2, S. 16 (1989)

[276] Lasergravieren für den Verpackungstiefdruck
Papier + Kunststoff-Verarbeiter; Nr. 9, S. 14 (1984)

[277] Hacke H.H.
Lacke und Druckfarben für Aluminiumtuben
Papier + Kunststoff-Verarbeiter; Nr. 9, S. 60 (1984)

[278] Drauschke S.
Schatz im Silbersee
Müllmagazin; Nr. 1, S. 22 (1989)

[279] Statistisches Bundesamt Wiesbaden
Abfallbeseitigung im Produzierenden Gewerbe und in Krankenhäusern
Umweltschutz; Fachserie 19, Reihe 1.2
Kohlhammer GmbH Stuttgart, Mainz 1984

[280] Informationen Umweltschutz
XV. Woche der Druckindustrie, Oktober 1989
Bundesverband Druck; Referatemappe II

[281] Das Wasser im Offsetdruck
Druckspiegel; Jg. 44, Nr. 4, S. 377 (1989)

[282] Mit M.E.G. Therm gerüstet für den europäischen Binnenmarkt.
Deutscher Drucker; Jg. 25, Nr. 12, S. 15 (1989)

[283] Napp E., Desmond R.M., Lints M.C.
Emissionskontrolle:
Rauchveraschung kontra Lösemittelrückgewinnung
High Volume Printing; Jg. 5, Nr. 5, S. 117 (1987)

[284] Klose B., Eck H.
Bleiexposition im Notenstich unter Berücksichtigung der kurzen Distanzen zur Emissionsquelle
Papier und Druck; Jg. 37, Nr. 7, S. 301 (1988)

[285] Lohse E.
Zeitung aus Plastikfolie
Papier und Druck; Jg. 36, Nr. 8, S. 357 (1987)

[286] Wendt P.
Abluft-Reinigung: katalytische oder thermische Nachverbrennung
Deutscher Drucker; Jg. 22, Nr. 6, g4 (1986)

[287] McLain G.A.
Water-Based Inks Reduce Emission Control Costs for Flexible Packagers
Flexo; Jg. 13, Nr. 11, S. 38 (1988)

[288] Chwierut B.
Inks: Water-Borne Vs. Solvent-Based
Band TB-017,
Flexographic Technical Association, Huntington Station NY 11746

[289] Kasunich C.L.
Using Water-Based Inks Can Be a Sticky Matter
Package Printing; Jg. 33, Nr. 4, S. 24 (1986)

[290] Lendle E.
Umweltschutz als öffentliche Aufgabe
Der Siebdruck; Jg. 31, Nr. 5, S. 28 (1985)

[291] Formulation Inks and Coatings with Chlorothen SM
American Ink Maker; Jg. 64, Nr. 9, S. 22 (1986)

[292] Gessford D.R.
EPA Compliance Options. 1,1,1-trichloroethane-borne Inks Can Be Used in Some Flexo Operations. And They're EPA-Exempt.
Package Printing; Jg. 33, Nr. 1, S. 36 (1986)

[293] Pigments for Printing Inks
American Ink Maker; Jg. 63, Nr. 6, S. 58 (1985)

[294] Dohmen W.
Der Tiefdruck:
Vom Kupferstich bis zur Fotoradierung; Geschichte, Kunst, Technik
DuMont Buchverlag, Köln 1986

[295] Bauer F.
Lexikon der Reproduktionstechnik
Verlag Beruf + Schule, Itzehoe 1986

[296] Bührer R.
Fachbuch für den Tampondruck
Der Siebdruck, Lübeck 1988

[297] Aull M.
Grundlagen der Druckformherstellung
Verlag Beruf + Schule, Itzehoe

[298] Golpon R.
Reproduktionsfotografie
Polygraph Verlag GmbH, Frankfurt a. M., 6. Auflage 1988

[299] Born E.
Lexikon für die graphische Industrie
Polygraph Verlag GmbH, Frankfurt a. M., 2. Auflage 1972

[300] Agte R.
Der richtige Fachbegriff in der Druckindustrie
Polygraph Verlag GmbH, Frankfurt a. M. 1981

[301] Duppen J. van
Handbuch für den Siebdruck
Der Siebdruck, Lübeck 1986

[302] Alexander M.
Untersuchung der Abluft-Zusammensetzung bei Rollenoffset-Druckmaschinen
FOGRA; Forschungsbericht 6.015, München 1978

[303] Laden P.
Using Water And Solvent Metallic Ink In Gravure And Flexo Printing
American Ink Maker; Jg. 64, Nr. 9, S. 24 (1986)

[304] Forecast for the Graphic Arts 1989
American Ink Maker; Jg. 67, Nr. 2, S. 14 (1989)

[305] Blom B.E.
EPA Targets New Inks. Procedures for Measuring Volatile Organic Compounds in Sheet-Fed And Non-Heat Web Inks May Make The Critical Difference
American Ink Maker; Jg. 67, Nr. 1, S. 26 (1989)

[306] Manson S., Albat K.
Performance Fluids -
Erhöhte Anforderungen in der Druckfarbenindustrie
Coating; Jg. 21, Nr. 11, S. 420 (1988)

[307] Russel S.J., Rowlands D.P.
A New Generation of Blanket Washes
Professional Printer; Jg. 33, Nr. 1, S. 5 (1989)

[308] Bosch H.
Entwicklungstendenzen bei Siebdruckverfahren.
Gehört wäßrigen Farbsystemen die Zukunft ?
Polygraph; Jg. 40, Nr. 22, S. 2144 (1987)
Der Siebdruck; Jg. 33, Nr. 4, S. 14 (1987)

[309] Waschmittel für Druckmaschinen
Druckspiegel; Jg. 44, Nr. 3, b32 (1989)

[310] Gillen M., Lypka W.
Hazards in The Workplace. Ink Hazards
American Ink Maker; Jg. 67, Nr. 5, S. 13 (1989)

[311] Lendle E.
Einführung und Überblick über trocknende, filmbildende Systeme
Der Siebdruck; Nr. 7, S. 434 (1980)

[312] Pfeiffer H.
Druckfarben und Umwelt
Druckspiegel; Jg. 43, Nr. 5, S. 582 (1988)

[313] Siljebratt L.
Flexographische Industrie flexibel
Müllmagazin; Jg. 3, Nr.1, S. 6 (1990)

[314] Walenski W.
Marktübersicht: Wischwasserzusätze
Druckwelt; Nr. 2, S. 30 (1985)

[315] Messerschmitt E.
Der Rastersiebdruck
Bundesverband Druck E.V. Informationen (II/1988)
Abteilung Technik und Forschung Fachbereich Siebdruck

[316] Webb P.G.
Environmental Regulations of Copper Phthalocyanine
American Ink Maker; Jg. 65, Nr. 2, S. 11 (1987)

[317] Meer W. van
Druckfarbenharz-Neuheiten
Coating; Jg. 22, Nr. 3, S. 98 (1989)

[318] Renson J.E.
Waste Ink And RCRA
American Ink Maker; Jg. 67, Nr. 1, S. 42 (1989)

[319] A New Look at Lead Chromate Pigments
NAPIM Technical Conference
American Ink Maker; Jg. 65, Nr. 3, S. 36 (1987)

[320] Druckfarbenabfälle: Verwertung geht vor Beseitigung
Offsetpraxis; Jg. 29, Nr. 7/8, S. 76 (1988)

[321] Ökologischer Reiniger für Farb- und Feuchtwalzen
Deutscher Drucker; Jg. 23, Nr. 29, g16 (1987)

[322] Feuchtwasserzusätze von Vegra ohne Formaldehyd
Deutscher Drucker; Jg. 23, Nr. 36, g24 (1987)

[323] Bosch
Die Gefahrstoffverordnung und ihre Auswirkung auf Siebdruckereien (Teil 6)
Der Siebdruck; Jg. 34, Nr. 9, S. 42 (1988)

[324] Bosch
Die Gefahrstoffverordnung und ihre Auswirkung auf Siebdruckereien (Teil 3)
Der Siebdruck; Jg. 34, Nr. 6, S. 58 (1988)

[325] Bosch
Die Gefahrstoffverordnung und ihre Auswirkung auf Siebdruckereien (Teil4)
Der Siebdruck; Jg. 34, Nr. 7, S. 40 (1988)

[326] Bosch
Die Gefahrstoffverordnung und ihre Auswirkung auf Siebdruckereien (Teil 2)
Der Siebdruck; Jg. 34, Nr. 5, S. 56 (1988)

[327] Bosch
Die Gefahstoffverordnung und ihre Auswirkung auf Siebdruckereien
Der Siebdruck; Jg. 34, Nr. 4, S. 77 (1988)

[328] Wieditz W., Flothmann H.
Entwicklungsmaschinen für vorbeschichtete Druckplatten im Kleinoffset-Druck
Bundesverband Druck E.V. Technischer Informationsdienst
Abteilung Technik und Forschung Fachbereich Kleinoffset-Druck 1984

[329] Morris J.J.
Environmentnal Regulations and Their Impact on Lithographic Dampening
Tagungsbericht GATF, Pittsburgh, PA/USA 1986

[330] Mullen P.F.
Liquid Ink Developments
OCCA Symposium "Printing Inks for Packaging - Recent Changes, Future Trends" University of Salford, 10-11 April 1986

[331] Ringelsiep M.
Vorgestellt: Strip-O-Mat
Der Siebdruck; Jg.33, Nr. 10, S. 30 (1987)

[332] Produkte zur Siebdruckschablonenherstellung aus der Sicht des Umwelt- und Gesundheitschutzes
Der Siebdruck; Jg. 35, Nr. 1, S. 46 (1989)

[333] Deck W.
Einleitung von Abwasser und gefährlichen Stoffen aus dem Siebdruckbetrieb in die Kanalisation
Der Siebdruck; Jg. 35, Nr. 3, S. 68 (1989)

[334] Krayss E.
CSR-Verfahren, ein "alternativer" Galvanikprozess für den Tiefdruck
Fachhefte Bulletin Technique; Nr. 1, S. 37 (1986)

[335] Yeagle P.H.
What No One Ever Told You About Water-based Inks
Flexo; Jg. 13, Nr. 11, S. 30 (1988)

[336] Kupfer und Zink im Abwasser von Getränkebetrieben durch Etiketten
Bundesverband Druck E.V. Technischer Informationsdienst (III/1985)
Abteilung Technik und Forschung Ua. Umweltschutz/Betriebstechnik Abwasser

[337] Svedstrup S.
Toluol bewirkt Hormonänderungen
Druck + Papier; Nr. 3, S. 7 (1989)

[338] Svedstrup S.
Immer mehr Hirnschädigungen
Druck + Papier; Nr. 3, S. 8 (1989)

[339] Flothmann H.
Waschmittel für Farbwalzen und Gummidrucktücher, Regeneriermittel und Farblösemittel im Kleinoffset-Druck
Bundesverband Druck e.V. Technischer Informationsdienst (1982)
Abteilung Technik und Forschung Fachbereich Kleinoffset-Druck

[340] Flothmann H.
Stempelfarbenprobleme bei der Verwendung von Fotopolymerstempelplatten
Bundesverband Druck E.V. Technischer Informationsdienst (III/1987)
Abteilung Technik und Forschung Fachbereich Flexografie

[341] Die Direktverfahren in der Kleinoffset-Druckformen-Herstellung
Bundesverband Druck E.V.: Technischer Informationsdienst (1976)
Abteilung Forschung und Technik Fachbereich Kleinoffset-Druck

[342] Bosch H., Flothmann H., Frey H., Hecht R., Krause W., Nitschke H.
Beständigkeitseigenschaften von Siebdruckfarben
Bundesverband Druck E.V. Technischer Informationsdienst (II/1983)
Abteilung Technik und Forschung Fachbereich Siebdruck

[343] Geiß H.
Die siebdruckgerechte Vorlage
Bundesverband Druck E.V. Informationen (I/1989)
Abteilung Technik und Forschung Fachbereich Siebdruck

[344] Gaschromatographie in der Druckindustrie
Bundesverband Druck E.V. Technischer Informationsdienst
Abteilung Technik und Forschung Fachbereich Tiefdruck

[345] Du Pont
persönliche Mitteilungen 1989

[346] Hauf R.
Untersuchungen von Tiefdruckern, die mit Tiefdruckfarbe auf Toluolbasis arbeiten
Bundesverband Druck E.V. Technischer Informationsdienst (II/1985)
Abteilung Technik und Forschung Fachbereich Tiefdruck

[347] Thalmann W.R.
Herstellung von graphischen Produkten:
Ökologische Bilanz-Betrachtungen
UGRA-Bericht 1/3 (1983)

[348] Verband der Druckindustrie Baden-Würtemberg e.V.
SM 2839 Praxishinweise für den Techniker
Marktübersicht CKW-freie Lösungsmittel in der Druckindustrie mit grundsätzlichen Erläuterungen
1/1986

[349] Shapiro F.
Impact of Hazardous Waste On the Package Printer/Converter
Flexo; Jg. 12, Nr. 11, S. 16 (1987)

[350] Fricke J.
Die Abwasserproblematik bei der Druckformherstellng
FOGRA-Symposium - Offsetdruckplatten in Forschung und Praxis
München, 19. und 20. November 1987

[351] Biendarra R.
Fragen des Umweltschutzes beim Einsatz von Photopolymer-Druckplatten
IFRA-Symposium über Arbeitsschutz und Umweltschutz in Zeitungsdruckereien, 11. und 12. September 1979

[352] Wasilewski O., Philip E.
How Do Water Flexo Newsinks Differ from Oil-Based Newsinks And From Other Water Flexo Inks ?
Flexo; Jg. 11, Nr. 11, S. 56 (1986)

[353] Capristo M., Lodewyck P., McLain G.A.
Water Inks Can Offer Compliance, Cost Efficiency, Performance Quality
Flexo; Jg. 11, Nr. 2, S. 13 (1986)

[354] Neue Wege zu sauberem Wasser und reiner Luft in Siebdruckereien
Der Siebdruck; Jg. 34, Nr. 4, S. 89 (1988)

[355] Walther K.
Alles über Feuchtung im Offsetdruck
Druckfarben-Echo; Nr. 2, S. 1 (1988)

[356] Berufsgenossenschaft weist hin und fordert
Druckspiegel; Jg. 44, Nr. 3, b28 (1989)

[357] Mosthaf H.
Die Entsorgung bei der Anfertigung von Fotopolymerplatten aus der Sicht des Anwenders
Graveur Flexograf; Jg. 110, Nr. 8, S. 210 (1985)

[358] Frick W.
Umwelt - Gesundheit
Neuste Entwicklungen bei Siebdruck- und Tampondruckfarben (Teil 2)
Der Siebdruck; Jg. 32, Nr. 5, S. 22 (1986)

[359] Frick W.
Umwelt - Gesundheit
Neuste Entwicklungen bei Siebdruck- und Tampondruckfarben (Teil 1)
Der Siebdruck; Jg. 32, Nr. 4, S. 72 (1986)

[360] Mellinger, Ellen G.
Processing Effluent Characteristics of Dycril Photopolymer Printing Plates
Environmental Aspects of Chemical Use in Printing Operations 1976

[361] Battersby G.C.
European Solvent-Based Inks Face Varied Issues and Markets
Flexo; Jg. 14, Nr. 3, S. 20 (1989)

[362] Stockhausen N.
Neuartiges Dosiergerät für Wischwasserzusätze im Offsetdruck
Bundesverband Druck e.V.: Technischer Informationsdienst (I/1986)
Abteilung Technik und Forschung Fachbereich Flachdruck

[363] Berberich B.
Das Tampondruckverfahren
Bundesverband Druck E.V.; Informationen (IV/1987)
Abteilung Technik und Forschung Fachbereich Siebdruck

[364] Flothmann H.
Film-Entwicklungsmaschinen für den Fotosatz in der Flexografie
Bundesverband Druck E.V.: Informationen, I/1989
Abteilung Technik und Forschung Fachbereich Flexografie

[365] Löwe W.
Eine Methode zur Vermeidung von Linting im Zeitungshochdruck
Bundesverband Druck e.V.: Technischer Informationsdienst (IV/1984)
Abteilung Technik und Forschung Fachbereich Zeitung

[366] Bohlmann C.-P.
Die Verarbeitung schwieriger Bedruckstoffe im kleinformatigen Offsetdruck
Bundesverband Druck E.V.: Technischer Informationsdienst (I/1987)
Abteilung Technik und Forschung Fachbereich Kleinoffset-Druck

[367] Otschik G.
Vierfarbenreproduktion für den standardisierten Zeitungsdruck
FOGRA-Forschungsbericht Nr. 6.036 (1988)

[368] Rosenberg A., Schirmer K.-H.
Feuchtmittelaufnahme von Skalendruckfarben Cyan, Mangenta und Gelb für den Offsetdruck
FOGRA-Forschungsbericht Nr. 5.208 (1986)

[369] Rosenberg A., Schirmer K.-H.
Feuchtmittelaufnahmefähigkeit von Offsetdruckfarben
FOGRA-Forschungsbericht Nr. 5.207 (1984)

[370] Schirmer K.-H.
Ergiebigkeit von Tiefdruckfarben für geätzte und gravierte Druckformen als Grundlage einer Ermittlung des Farbverbrauchs
FOGRA-Forschungsbericht Nr. 5.306 (1980)

[371] Zeman O.
Fototechnische Verfahren und Materialien für die Herstellung von Siebdruck-Schablonen
Bundesverband Druck E.V.; Technischer Informationsdienst (I/1987)
Abteilung Technik und Forschung Fachbereich Siebdruck

[372] Loibl D., Özdamar I.
Standardisierung des Druckes im Zeitungsdruck
Bundesverband Druck E.V. 1985
Abteilung Technik und Forschung Fachbereich Zeitung

[373] Alexander M.
Reinigung der Abluft von Rollenoffset-Trocknern durch Adsorption
Bundesverband Druck E.V.
Abteilung Technik und Forschung Fachbereich Flachdruck

[374] Alexander M.
Materialbedingtes Rückhaltevermögen für Lösungsmittel beim Tief- und Flachdruck
FOGRA-Forschungsbericht Nr. 6.033 (1986)

[375] Walla H.
Laserbelichter der "Zweiten Generation"
Der VT 4300 von AM International
Varityper Fotosatz
Grafische Palette; Nr. 3, G14 (1988)

[376] Hansen T.B., Andersen B.
Ozone and Other Air Pollutants from Photocopying Machines
Am. Ind. Hyg. Assoc. J.; Jg. 47, Nr. 10, S. 659 (1986)

[377] Grandjean E.
Ergonomics and Health in Modern Offices
Taylor & Francis London, Philadelphia 1984

[378] Sérigraphie
INRS CDU 667.3: 628.83 ND 1659-130-88
Guide Pratique de Ventilation - ED 711
Cahiers de notes documentaires No. 130, 1 trimestre 1988

[379] Nijman Fr.
Fotokopieer- en fotostencilapparaten
De Veiligheid; Jg. 59, Nr. 9, S. 449 (1983)

[380] Bajnova A., Muhtarova M., Mihajlova A., Hristeva V.
New Data about Occupational Risks Associated with Photocopying
Higiena i Zdraveopazvane; Jg. 30, Nr. 6, S. 32 (1987)

[381] Costello R.J., Berg S., Klemme J.
Health Hazard Evaluation Report No. HETA-81-125-1029, DHHS
Washington DC, No. HETA-81-352-1029, IBM, Lexington, Kentucky,
Gaithersburg, Maryland
Branch, NIOSH, US-Department of Health an Human Services;
Cincinnati Ohio 1981

[382] Eddy E.P., McCoy E.C., Rosenkranz H.S., Mermelstein R.
Lack of Bioavailability in Nitropyrenes Present in "Old" Xerographic Toners to Human Hepatoma Derived Hep G2 Cells.
Polynuclear Aromatic Hydrocarbons: Chemistry, Characterization,
Carcinogen. Proc. of the 9th Sympos. Ed. Cooke, Bennis 251 (1986)

[383] Rosenkranz H.S.
Chemical Basis for Cell Mutation
Cancer and the Environment. Possible Mechanisms of Treshholds for
Carcinogens and othe Toxic Subst.; New York 1983, S. 161

[384] Ruhe R.L., Bennett D.
Health Hazard Evaluation Report No. HETA-85-060-1670
Branch, NIOSH, US Department of Health and Human Services,
Cincinnatti, Ohio 1986

[385] Sonnino A., Pavan I.
Possible Hazard from Laser Printers
Ergonomic and Health in Modern Offices; Grandjean E. Ed.
Tayler and Francis, London 1984, S. 82

[386] Degussa
Degussa-Pigmentruße in Tonern für elektrofotografische
Kopierverfahren
Schriftenreihe Pigmente, Nr. 74
Überarbeiteter Sonderdruck aus Farbe + Lack Jg. 92, S. 373 (1986)

[387] Meyer H.-J.
Aufbau und Zusammensetzung von Flexodruckfarben. 15. DFTA-Fachtagung "Flexodruckfarben", 24. März 1987 Frankfurt a.M.
Tagungsbericht; Nr.3, S. 1 (1987)

[388] Hosenfeld J.M., Small A.M., Rose D.R., Going J.E.
Collection and Chemical Analysis of Sample for Tetramethylsuccinonitrile Realted to Kodak Ektaprint Copiers
Field Studies Branch, Washington DC, Contract No. 68-01-5915
Office of Pesticides and Toxic Substances 1980

[389] McCullen R.E., Sanghvi A.N.
Evaluation of Employee Exposure to Trinitrofluorenone from Electrophotographic Printers and Copiers in a User Environment
Toxic Materials in the Atmosphere, American
ASTM STP 786, S. 26

[390] Hansen T.B., Andersen B.
Ozone and other Air Pollutants from Photocopying Machines
American Industrial Hygiene Association Journal;
Jg. 47, Nr. 10, S. 659 (1986)

[391] Rech H.
4: BImSchV
Ermittlung des Lösemitteleinsatzes von Druckanlagen
Bundesverband Druck E.V. Abteilung Technik und Forschung
Art.-Nr. 87501 (1988)

[392] Rosenkranz H.S., McCoy E.C., Sanders D.R., Butler M., Kiriazides D.K., Mermelstein R.
Nitropyrenes: Isolation, Identification and Reduction of Mutagenic Impurities in Carbon Black and Toners
Science; 209, 1039 (1980)

[393] AGFA-Gevaert
persönliche Mitteilungen 1989

[394] Berolina Schriftbild
persönliche Mitteilungen 1989

[395] Selway M.D., Allen R.J., Wadden R.A.
Ozone Production from Photocopying Machines
American Industrial Hygiene Association Journal;
Jg. 41, Nr. 6, S. 455 (1980)

[396] InfoSource S.A. / Nashua Product Management;
persönliche Mitteilungen 1989

[397] Defago R., Baeuerle R.
Wässrige Drucktinten für den Transferdruck
EP 0096806, AT;BE;CH;DE;FR;GB;IT;LI;NL (IPC B41M 5/02)
European Patent AT 1983/06/01, VT 1983/12/28 PRIOR.Schweiz

[398] Verarbeitung von wasserverdünnbaren Farben und Lacken
Druckwelt; Nr. 14-15, S. 10 (1988)

[399] EG-Kommission legt Liste unbedenklicher chemischer Produkte vor
Allgemeine Papierrundschau; Jg. 111, Nr. 47, S. 1405 (1987)

[400] Sommers D. J., Castelli J., Hahn J. A.
New Easily Dispersed Rheological Additive for Printing Inks
American Ink Maker, S. 27 (Dezember 1981)

[401] Arbeidshygienische aspekten van reprografische werkzaamheden
Werkgroep "Arbeidshygienische aspekten van reprografische werkzaamheden, 's-Gravenhage 1984

[402] Jäckel K.-P., Reichert H.
Offsetplattenproduktion nach modernsten Gesichtspunkten
Deutscher Drucker; Jg. 24, Nr. 6, w5 (1988)

[403] Das richtige Feuchtmittel für den kleinformatigen Offsetdruck
RPR Reproprint Regional; Februar/März 12 (1987)

[404] Powers P.
How to Dispose of Toxic Substances and Industrial Wastes
Noyes Data Corporation, London 1976, S. 215

[405] Ditten D., Klose B., Bienert M., Kiepsch H.-J.
Untersuchungen zur quantitativen Bestimmung der Exposition gegenüber i-Propanol im Offsetdruck mit Alkoholfeuchtung
Papier und Druck; Jg. 37, Nr. 11, S. 488 (1988)

[406] Zum Thema "Umweltbelastung durch Fotopolymerplattenproduktion"
Deutscher Drucker; Nr. 3, S. 8 (1978)

[407] Schneider J.
Desktop Publishing und Laser-Printer.
Satz- und Drucktechnik im Umbruch?
FOGRA-Mitteilungen Nr. 128/129; Sonderdruck

[408] Pedersen L.M., Vinter M., Hansen J.P.B., Schneider T., Wilhardt P.
Arbejdshygiejnisk og arbejdsmedicinsk undersogelse Fotokopiering
Kobenhavn 1982, S. 29

[409] DS Druckerei-Service GmbH
Zuverlässige Kontrolle des Feuchtwassers durch Messung der Leitfähigkeit
Grafische Palette; Nr. 2, G1 (1988)

[410] Mandt J., Otschik G.
Technische Perspektiven in der Reprotechnik
Bundesverband Druck e.V.: Technischer Informationsdienst III/1987
Abteilung Forschung und Technik Fachbereich Reproduktionstechnik

[411] Wasser - ein kostbarer Rohstoff
Grafische Palette; Nr. 1, G42 (1989)

[412] Flothmann H.
Auswaschreliefdruckplatten für Stempel
Bundesverband Druck e.V.: Technischer Informationsdienst (IV/1987)
Abteilung Technik und Forschung Fachbereich Flexografie

[413] van Esch C.
Die Wasserbilanz bei Offsetdruckfarben
Farbe + Lack; Jg. 91, Nr. 3, S. 213 (1985)

[414] Traber K.
Farbabfall an Bogenoffsetmaschinen
Bundesverband Druck e.V.: Technischer Informationsdienst (I/1986)
Abteilung Technik und Forschung Fachbereich Flachdruck

[415] Baumer H.
Die Meteorotropie eines Dichromat-Gelatinesystems
Bundesverband Druck e.V.: Technischer Informationsdienst (II/1982)
Abteilung Technik und Forschung Fachbereich Tiefdruck

[416] Osterrieder G.
Flexible Kunststoff-Hochdruckplatten für den Endlosformalardruck
Bundesverband Druck e.V.: Technischer Informationsdienst (I/1983)
Abteilung Technik und Forschung Fachbereich Endlosformulardruck

[417] Osterrieder G.
Neutramat - Gerät zum Ermitteln der Schichtdicke von Neutralisationspasten
Bundesverband Druck e.V.: Technischer Informationsdienst (I/1982)
Abteilung Technik und Forschung Fachbereich Endlosformulardruck

[418] Conrad-Reclam H., Weißenborn M.
Leitungswasser und seine Eignung für den Offsetdruckprozess
Bundesverband Druck e.V.: Technischer Informationsdienst (I/1984)
Abteilung Technik und Forschung Fachbereich Flachdruck

[419] van Rosendaal C. J., Meinecke K. M.
Elektronisches Publizieren -
Chancen und Risiken für die Druckindustrie
Bundesverband Druck e.V.: Technischer Informationsdienst (II/1986)
Abteilung Technik u. Forschung Fachb. Satzherstellung und Zeitung

[420] Bundesverband Druck e.V.
Maschinenerhebung 1986
Ergebnisse einer Erhebung des Maschinenbestandes in der Druckindustrie zum Stichtag 1.1.1986
Bundesverband Druck e.V.

[421] Hauf R.
Folgeuntersuchung über den Gesundheitszustand und Chromosomenveränderungen bei langzeittoluolexponierten Tiefdruckern
Bundesverband Druck e.V. (1985)
Toxikologie 8

[422] Materialbegriffe im Tiefdruck
Bundesverband Druck e.V.
Abteilung Technik und Forschung Fachbereich Tiefdruck (1981)

[423] Schabacker V.
Die Druckfarbenentwicklung stellt sich neuen Anforderungen
Chemische Industrie XXXIV, S. 641 (1982)
Druckfarben; Allgemeines

[424] Die Natur geht vor
Der Polygraph; Jg. 42, Nr. 10, S. 844 (1989)

[425] Zborovsky J. L., Hull H., Labbauf A.
Air Containments in Printing Plants - a Survey
Graphic Arts Technical Foundation; Nr. 6106, S. 1 (1987)

[426] Umweltschutz in der Druckindustrie
Der Polygraph; Jg. 39, Nr. 21, S. 2092 (1986)

[427] Mathews W.
Combination of Cyrel and Molsorber Process Production of Flexo Printing Plates in the Light of Environmental Protection
1. Intern. Flexoprint Pack Congress

[428] Bremer H.
Druckfarben - wirklich eine Schwermetallquelle im Altpapier ?
Das Papier; Jg. 40, Nr. 10A, V46 (1986)

[429] DFTA-Fachtagung
Flexodruck und Umwelt
20. DFTA-Fachtagung 27. September 1989 Bad Soden/Ts
Deutschsprachige Flexodruck Fachgruppe E.V.

[430] Ehrlitzer K.
Energie, Umweltschutz und die Sicherheit im Rollenoffset
Deutscher Drucker; Jg. 24, Nr. 28, w20 (1988)

[431] Wieland M.
Rollenoffsetdruck: Automatische Gummiwaschanlagen aus der Sicht der Umweltbehörden
Deutscher Drucker; Nr. 15, w2 (1988)

[432] Lendle E.
Untersuchung von Anlagen und Verfahren zur Reinigung (Waschen) und Entschichtung von Siebdruckformen
Fachveranstaltung Siebdruck; Mannheim, 28.- 31. Okt. 1980

[433] Bundesrat
Zweite allgemeine Verwaltungsvorschrift zum Abfallgesetz (TA Sonderabfall)
Allgemeine Verwaltungsvorschrift 360/89

[434] Kelch W., Endriß H.
Bleichromatpigmente in der Lackindustrie
Farbe + Lack; Jg. 87, Nr. 2, S. 104 (1981)

[435] Druckbestäubung und Umweltschutz
Der Polygraph; Jg. 29, S. 844 (1976)

[436] Konsequenzen für Indirekteinleiter
Entsorga-Magazin; Nr. 9, 26 (1986)

[437] Die Herstellung der Hoch- und Flachdruckfarben
Siegwerk Farbenfabrik Keller, Dr. Rung & Co., 5200 Siegburg/Rhld.

[438] Die kalte Methode der UV-Druckfarbentrocknung
Der Druckspiegel; Nr. 11, S. 1108 (1985)

[439] Feldmeier S.
Problem der Zukunft
Druck und Technik; Verlagsbeilage, S. 8 (1987)

[440] Kaiser W.
Einfluß verschiedener Mineralöle auf die Rekristallisation organischer Gelbpigmente in Druckfarben
Farbe + Lack; Jg. 91, Nr. 3, S. 212 (1985)

[441] Kübler R.
Druckfarben für Strahlungstrocknung
Farbe + Lack; Jg. 87, Nr. 6, S. 494 (1981)

[442] Schumacher
But Not All Hopes so Far Expressed have been Fully Realised
druck print; Nr. 3, S. 35 (1985)

[443] Smith T. H. F.
Toxicology of Inks: What Your Customer Wants to Know
American Ink Maker; Jg. 66, Nr. 1, S. 18 (1988)

[444] Jones H. P.
Water-Based Ink Gains Inroads Into European Market
Flexo; Jg. 14, Nr. 3, S. 26 (1989)

[445] Laubmann G.
Drucklackierung im Offsetdruck
Bundesverband Druck E.V., Abteilung Technik und Forschung, Fachbereich Flachdruck, Februar 1985

[446] Sen, G.
Harze für Druckfarben auf Wasserbasis. Herstellung von Druckfarben/Dispergierung
American Ink Maker; Jg. 65, Nr. 12, S. 37 (1987)

[447] Juhola H., Lehtonen T., Lipponen M.
Studies of the Ink/Water-Balance in Full-Scale Offset Presses by Means of the Neutron Activation Analysis
Graphic Arts in Finnland; Jg. 14, Nr. 1, S. 11 (1985)

[448] -rg
Gift im System
CHIP; Nr. 4, S. 230 (1989)
Non-Impact-Verfahren

[449] Siljebratt, L.
Einführung wässriger Druckfarben für Flexodruckverfahren auf Kunststoffen in schwedischen Betrieben
Ökologische Abfallwirtschaft; Dokumentation des Fachkongresses vom 30.11-2.12.1989 in Berlin, S. 358

[450] Institut Fresenius GmbH und das Forschungsinstitut für Wassertechnologie an der RWTH Aachen
Abwassertechnologie
Springer Verlag Berlin, Heidelberg 1984

[451] Hambrecht J., Münch V., Bankowsky H.-H.
Verfahren zur Herstellung von Druckfarbenbindemitteln und deren Verwendung für wäßrige Druckfarben
Patent; DE 3225876A1, DOS (IPC C08F 220/04), FRG AT 1982/07/10 VT 1984/01/12

[452] Das Klima im Rollenoffset
Der Polygraph; Jg. 42, Nr. 20, S. 1745 (1989)

[453] Schläpfer K.
Filmlos vom Scanner zur Druckform: Computer-to-plate heute noch nicht im Zeitungsdruck
Deutscher Drucker; Nr. 33, w51 (1989)

[454] Werner W.
Filmlos vom Repro-Scanner zur Druckform: Der Tiefdruck an der Spitze der Technik
Deutscher Drucker; Nr. 33, w46 (1989)

[455] Flexodruck und Umwelt - Es gibt viele Probleme zu lösen!
20. DFTA-Tagung in Bad Soden
Deutscher Drucker; Nr. 33, g18 (1989)

[456] Über die Zukunft des Zeitungsdrucks
Der Druckspiegel; Nr. 10, S. 1054 (1989)

[457] Gefahrenpotential Gummituchwaschmittel
Der Druckspiegel; Nr. 10, S. 28 (1989)

[458] Holtmeier, E.-L., Hunneshagen, K.-E.
Abfallrecht
Nordrhein-Westfalen
Verkehrs-Verlag J. Fischer, Düsseldorf 1986

[459] Baumann W.; Kahler-Jenett E.; Schunck B.
Fotochemikalien - Daten und Fakten zum Umweltschutz
Springer-Verlag, 1990

[460] Degussa
Degussa-Buntpigmente
Schriftenreihe Pigmente, Nr. 35, Oktober 1986

[461] Verband der Druckfarbenindustrie
persönliche Mitteilung 1989
Druckfarben ihre Zusammensetzung und ihre Anwendungsbereiche
Verband der Druckfarbenindustrie, Frankfurt (Main)

[462] Degussa
Ruße für Druckfarben und Lacke-
Eine Übersichtsarbeit
Schriftenreihe Pigmente, Nr. 15, Juli 1982

[463] Degussa
Ruß zur Einfärbung von ungesättigten Polyesterharzen
Schriftenreihe Pigmente, Nr. 57, Dezember 1979

[464] Degussa
SIPERNAT-ASPHALT
Schriftenreihe Pigmente, Nr. 46, November 1985

[465] Degussa
Degussa Produkte für Kohlepapiere und Farbbänder
Schriftenreihe Pigmente, Nr.48, September 1980

[466] Degussa
Über biologische Wirkungen von SiO2, Al2O3 und TiO2
Schriftenreihe Pigmente, Nr. 64, April 1987

[467] Degussa
Sicherheitstechnische Angaben
-Ruße und Buntpigmente-
Schriftenreihe Pigmente, Nr. 25, Oktober 1988

[468] Degussa
AEROSIL R 972 für Offsetdruckfarben
Schriftenreihe Pigmente, Nr. 26, März 1980

[469] Degussa
Degussa-Produkte für die grafische Industrie und verwandte Anwendungsbereiche
Schriftenreihe Pigmente, Nr. 24, November 1974

[470] Degussa
Die Bedeutung der Oberflächenchemie von Pigmentrußen
Schriftenreihe Pigmente, Nr. 59, Oktober 1978

[471] Bundesverband Druck
persönliche Mitteilung
Prozessabläufe
Bundesverband Druck (1989)

[472] Degussa
Synthetische Kieselsäuren für Entschäumer
Schriftenreihe Pigmente, Nr. 42, Juni 1986

[473] Degussa
Synthetische Kieselsäure-Produkte für die Druckfarbenindustrie
Schriftenreihe Pigmente, Nr. 52, März 1989

[474] Flexozeitungspapier kann für Recycling gewaschen werden
Deutscher Drucker, Jg. 24, Nr. 31, g34 (1988)

[475] Alles über Feuchtung im Offsetdruck
Das Drucklabor; Mitteilungsblätter der Farbenfabrik Michael Huber München; Jg. 21, Nr. 34, S. 1 (1984)

[476] Phillips, M. H. J.
Thixotropic Screening Inks
Glass, Jg. 63, Nr. 2, S. 46 (1986)

[477] Umweltschutz durch Taten
Kronos Titan Report (EXTRA); Dezember 1989

[478] Bundesverband Druck
Siebdruck
Ein Druckverfahren bekennt Farbe
Bundesverband Druck E.V.

[479] Sommer W., Wicke W., Mayer D.
Weichmacher
Ullmanns Encyklopädie der technischen Chemie,
4. Auflage 1983, Bd. 24, S. 349

[480] Katalyse, BUND, Öko-Institut, ULF
Arbeitsplatz Druckindustrie
Chemie am Arbeitsplatz; Hamburg 1987, S.179

[481] Ehlers K. F.
Siebdruck
Handbuch für den Siebdrucker
Verlag Georg D. W. Callwey, München, 3. Auflage 1980

[482] Teschner H.
Offsetdrucktechnik
Fachschriften-Verlag, Fellbach, 6. Auflage 1989

[483] Agte R.
Herbstsymposium der FOGRA in München / Teil 2
Elektronisches Publizieren - Pro und Kontra
Der Polygraph; Jg. 42, Nr. 10, S. 801 (1989)

[484] Grossmann W.
persönliche Mitteilung
Abwässer aus photoverarbeitenden Betrieben
Produkt- und Marktplanung, Beratung, 1987

[485] Kittel H.
Lehrbuch der Lacke und Beschichtungen
Bd. V: Lack und Untergrund
Kapitel 5.7: Papierveredelung und Papielackierung
Verlag W. A. Colomb, Berlin 1977

[486] Umweltbundesamt
Entwarnung für Offsetdruckplatten - Umweltzeichen nicht erforderlich
Umwelt; Nr. 100, S. 16, (1984)

[487] Ministerium für Umwelt und Gesundheit
Antwort auf die Große Anfrage der Fraktion der SPD
Drucksache 10/2719
Landtag Rheinland-Pfalz, 11.03.1987

[488] Bundesverband Deutscher Zeitungsverleger e.V.
Zeitungen '89
BDZV-Jahrbuch, Zeitungen '89

[489] Zeschmar-Lahl
Öko-Ratgeber Farben, Lacke
Arbeitsgemeinschaft der Verbraucherverbände (AgV e.V.), 1988

[490] Deutsche Bibliotheksstatistik 1988
Teil B: wissenschaftliche Bibliotheken
Deutsches Bibliotheksinstitut, Berlin, 1989

[491] von Haam E., Malette F.J.
Studies on the Toxicity and Skin Effects of Compounds Used in the Rubber and Plastic Industries
III Carcinogenity of Carbon Black Extracts
A.M.A. Arch. Ind. Hyg.; Bd. 6, S. 237 (1952)

[492] Arcos J.C., Argus M.F.
Chemical Induction of Cancer
Structural Bases and Biological Mechanisms, Bd. II B
Academic Press, 1974

[493] Druckrey H., Schmähl D.
Cancerogene Wirkung von 4-Dimethylamino-Triphenylmethan bei subkutaner Gabe an Ratten
Naturwissenschaften; Nr. 42, S. 215 (1955)

[494] Umeda M.
Experimental Study of Xanthene Dyes as Carcinogenic Agents
Gann; Nr. 47, S. 51 (1956)

[495] Rinde E., Troll W.
Metabolic Reduction of Benzidine Azo Dyes to Benzidine in the Rhesus Monkey
J. Nat. Canc. Inst.; Nr. 55, S. 181 (1975)

[496] Falk H.L., Steiner P.E., Breslow A., Hykes R.
Cancerogenic Hydrocarbons and Related Compounds in Process Rubber
Cancer Res.; Nr. 11, S. 318 (1951)

[497] Mai T.
Untersuchung an UV-härtenden Druckfarben
Diplomarbeit an der Fachhochschule für Druck, Stuttgart 1986

[498] UV Curing: Science and Technology
Technology Marketing Corporation, Norwalk/USA

[499] Koch S., MacMillan G., Martin M., Siegel S., Weimann L., Wentink S.
UV Curing in Screen Printing for Printed Circuits and the Graphic Arts
Technology Marketing Corporation, Norwalk/USA, 1980

[500] Radiation Curing
Ed. by The Education Commitee of the Radiation Curing Division, Dearborn, Michigan (USA), 1980

[501] Dioxine, Entstehung- Wirkung-Beseitigung
FGU-Berlin, 1985

[502] Papier ist und bleibt unverzichtbar
Verband deutscher Papierfabrikanten, Bonn 1990

[503] Bremer H.
Druckfarbenmarkt
Offsetdruckfarben für das Heatset-Verfahren unter der Lupe
Druckwelt 14 - 15; August 1988

[504] Papier '90
Ein Leistungsbericht der deutschen Zellstoff- und Papierindustrie
Verband deutscher Papierfabriken vdp

[505] Falge H.-J., Rauh W.
Chemische und Technische Untersuchung von
Drucktuch-Regeneriermitteln
FOGRA München, im Auftrag des Bundesverbandes Druck E.V.

[506] Verband der Druckfarbenindustrie
Flexodruckfarben mit löslichen basischen Farbstoffen
Merkblatt
Verband der Druckfarbenindustrie im Verband der Mineralfarben-industrie e.V., Frankfurt (Main), August 1989

[507] Druckfarbenfabrik
Gebr. Schmidt GmbH
Der Fadenzähler
Druckfarbenfabrik Gbr. Schmidt GmbH, Frankfurt a. M.,
Jg. 38 (1989)

[508] Mähner K.
Lösemittel in Druckfarben
Verband der Druckfarbenindustrie, Frankfurt (Main), Mai 1990

[509] Mähner K.
Prüfungsvorschriften für Druckfarben und Drucke, insbesondere
der CEPE
FOGRA-Symposium - Druckfarbe in Forschung und Praxis
Verband der Druckfarbenindustrie, Frankfurt (Main), November 1985

[510] Bremer H.
Allgemeine Einführung in die Druckfarbentechnik
Wochenblatt für Papierfabrikation, 8 (1982)

[511] Statistisches Bundesamt Wiesbaden
Statistisches Jahrbuch 1989 für das Ausland
Metzler-Poeschel Verlag Stuttgart 1989

[512] Staatliche Zentralverwaltung für Statistik
Statistisches Jahrbuch 1989 der Deutschen Demokratischen Republik
34. Jahrgang
Staatsverlag der Deutschen Demokratischen Republik, Berlin 1989

[513] National Institute for Occupational Safety and Health (NIOSH)
Registry of Toxic Effects of Chemical Substances
U.S. Department of Health and Human Services (DHHS);
Publication #80-111, Cincinnati, Ohio, 1979

[514] Yoshida O., Miyakawa M.
Etiology of bladder cancer: Metabolic Aspects
Analytical and Experimental Epidemology of Cancer; Baltimore, Univ
Park Press, 1973, S. 31 ff

[515] Walker R.
Reduction of water-soluble azo dyes by intestinal bacteria
Food Cosmet Toxicol; 8 (1970), S. 659

[516] Lenga R.E. (Ed.)
The Sigma-Aldrich Library of Chemical Safety Data
Sigma-Aldrich Corporation, Vol. 1 u. 2 Edition II 1988

[517] Grossmann H., Baumgarten H.L.
Über die Deinkbarkeit von Tageszeitungen
Wochenblatt für Papierfabrikation p.217, 6 (1990)

[518] Johann Haltermann (GmbH & Co.)
Rückgewinnung von halogenfreien Lösemitteln aus industriellen Kleinanfallstellen
Forschungsbericht 87-103 01 367, im Auftrag des Umweltbundesamtes
Dezember 1987

[519] Hutzinger O., Heindl A.
Systematische Untersuchung von Prozessen der organischen Chlorchemie auf die Bildung dioxinhaltiger Rückstände
Forschungsbericht 87-103 03 518, im Auftrag des Umweltbundesamtes
Oktober 1987

[520] Christmann W., Klöppel K.D., Partscht H., Rotard W.
Tetrachlorobenzoquinones, a source of PCDD/PCDF
Chemosphere 18, p. 789 - 792 (1989 a)

[521] n.n.
The Ames Test And Carbon Black
ECBECB European Committee for Biological Effects of Carbon Black
Bulletin No. 1; January 1982

[522] Löfroth G., Hefner E.
Mutagenic Activity in Photocopies
Science; Vol. 209, pp. 1037, 29. August 1980

[523] Bohne-Maturall R.
Ozon im Büro
Umwelt, Bd. 21, Nr. 5, S. 284, Mai 1991

[524] Hessische Industriemüll Technologie GmbH, Projektträgerschaft BIVA
Infoblatt : Fixierbäder / Bleichfixierbäder
Beratungsprogramm Druckereien

[525] Hessische Industriemüll Technologie GmbH, Projektträgerschaft BIVA
Infoblatt : fotografische Entwicklerbäder
Beratungsprogramm Druckereien

[526] Hessische Industriemüll Technologie GmbH, Projektträgerschaft BIVA
Infoblatt : Druckplattenentwickler
Beratungsprogramm Druckereien

[527] Hessische Industriemüll Technologie GmbH, Projektträgerschaft BIVA
Infoblatt : Feuchtmittelzusätze
Beratungsprogramm Druckereien

[528] Hessische Industriemüll Technologie GmbH, Projektträgerschaft BIVA
Infoblatt : Druckhilfsmittel
Beratungsprogramm Druckereien

[529] Hessische Industriemüll Technologie GmbH, Projektträgerschaft BIVA
Infoblatt : Druckfarbenreste
Beratungsprogramm Druckereien

[530] Hessische Industriemüll Technologie GmbH, Projektträgerschaft BIVA
Infoblatt : Walzen- und Gummituchwaschmittel
Beratungsprogramm Druckereien

[531] Hessische Industriemüll Technologie GmbH, Projektträgerschaft BIVA
Infoblatt : Putztücher in Druckereien
Beratungsprogramm Druckereien

[532] Hessische Industriemüll Technologie GmbH, Projektträgerschaft BIVA
Infoblatt : Verschmutzte Gebinde und Spraydosen in Druckereien
Beratungsprogramm Druckereien

[533] Hessische Industriemüll Technologie GmbH, Projektträgerschaft BIVA
Infoblatt : Lösemittelhaltige Sonderabfälle im Siebdruck
Beratungsprogramm Druckereien

[534] Hessische Industriemüll Technologie GmbH, Projektträgerschaft BIVA
Infoblatt : Filmreste, Druckplatten, Montagefolien, Altpapier, Tonerkartuschen
Beratungsprogramm Druckereien

[535] Hessische Industriemüll Technologie GmbH, Projektträgerschaft BIVA
Infoblatt : Einleitungsbedingungen für Abwasser
Beratungsprogramm Druckereien

[536] Gupta P.
UV/EB inks - high speed printing
RadTech'98 North Am. UV/EB Conf. Proc. (1998), S. 621-626

[537] Pigden T.
Printing with UV flexo inks
Polym., Laminations, Coat.Conf. (1997), Volume 1, S. 129-134

[538] Shrivastava V.S.
Heavy metals in industrial wastewater and sludge by ICP atomic emission spectrophotometer
Indian J. Environ. Prot. (1996), 16(5), S. 328-329

[539] Marwah N.
High efficiency magnetic deinking
Pulping Conf. (1996), Volume 1, S. 393-405

[540] Hsu N., Proberb R.J., Barker L.J.
Influence of surface treatment chemicals on the recycability of alkaline paper.
Part 1: Paper printed with offset and ink-jet processes
Recycl. Symp. (1996), S. 305-313

[541] Luck F., Djafer M., Leitner V., Karpel N., Gombert B., Legube B.
Destruction of pollutants in industrial rinse waters by advanced oxidation processes
Oxid. Technol. Water Wastewater Treat., Int. Conf. (1996), Paper 50, pp. 6

[542] Palvin M.S., West J.C.
Formulating with highly elastic lithographic ink resins
Am. Ink Maker (1998), 76(3), 58-64

[543] Lei L., Hu X., Chu H.P.,Yue P.L.
Catalytic wet air oxidation of dyeing and printing wastewater
Oxid. Technol. Water Wastewater Treat., Int. Conf. (1996), Paper 67, pp. 9

[544] Blach M.S., Worthan A.G., Muller W.J.
Measuring indoor emissions of laser printers
Paths Better Build. Environ., IAQ 96 (1996), S. 78-83

[545] Kemp P.M.
Advanced wastewater recovery techniques used in the microelectronics industry
Off. Proc. - Int. Water Conf. (1996), 57th, S. 406-414

[546] Morkbak A.L., Zimmermann W.
Deinking of mixed office paper, old newspaper and vegetable oil-based ink printed paper using cellulases, xylanases and lipases
Prog. Pap. Recycl. (1998), 7(2), S. 14-21

[547] Jansing P.J.
Assessment of the emissions caused by photocopiers and laser printers
Zentralbl. Arbeitsmedizin, Arbeitsschutz Ergon. (1997), 47(11), S. 430-434

[548] Stanton T.J., Harvey D.M.
Flexographic ink washwater treatment using the membrane/drum dryer process
Environ. Conf. Exhib.(1997), Volume 1, S. 145-148

[549] Nie X., Miller J.D.
The effect of ink types and printing processes on flotation deinking
Recycl. Symp. (1997), S. 131-165

[550] Asmann W., Hirmer J., Ervin R., Sevcik S., Whittle S.
UV curing of a flexographic ink with minimum substrate temperature rise
RadTech Rep. (1997), 11(5), S. 27-37

[551] Dalton M., Krause R., Braun P.
Stabilization of dispersions. Dispersion resin technology results in better storability of printing inks
Farbe Lack (1997), 103(10), 124, 126, 129-131

[552] Beale K., Venturini M.
Gaining pearlescent effects in printing inks
Am. Ink Maker (1997), 75(11), 56-58, 61

[553] Sabin P, Benjelloun-Miayah B., Delmas M.
Offset printing inks based on rapeseed oil and sunflower oil. Part II : varnish and ink formulation
J.Am. Oil Chem. Soc. (1997), 74(10), S. 1227-1233

[554] Bhaskarwar A.N., Cussler E.L.
Pollution-preventing lithographic inks
Chem. Eng. Sci. (1997), 52(19), S. 3227-3231

[555] Gaines H.
Ink recycling : a work in progress
Paintindia (1997), 47(7), S. 49-52

[556] Robinson H.L., Erten-Unal M.
Pollution prevention initiatives for the commercial printing
Solid Waste Technol. Manage. (1997), 24(2), S. 66-73

[557] Hoekstra J., Chylla R.W.
Next generation polymers for packaging inks
PPCJ, Polym. Paint Colour J. (1997), 187(4393), S. 6-8

[558] Anonym
UV flexo - the nex technology?
PPCJ, Polym. Paint Colour J. (1997), 178(4391), S. 1

[559] Roberge N., Goodman R.M.
How waterless offset printing affects the papermaker
Pulp Pap. Can. (1997), 98(3), 24

[560] Mutje P., Roux J.C., Delpech F., Carrasco F.
Flotation deinking of recovered paper printed with laser inks
Prog. Pap. Recycl. (1997), 6(3), S. 48-55

[561] Wickman M., Hallstensson K., Stroem G.
Effect of printing ink binder composition on emulsification of fountain solutions
Pulp Pap. Sci. (1997), 23(4), J167-J173

[562] Wang Z.J., Arceneaux J.A., Hall J.A.
U.V.-curable aqueous flexographic inks
Proc. Waterborne, High-Solids, Powder Coat. Symp. (1997), 24th, S. 225-236

[563] Keil C.B., Wadden R.A., Scheff P.A., Franke J.E., Conroy L.M.
Determination of multiple source volatile organic compound emission factors in offset printing shops
Appl. Occup. Environ. Hyg. (1997), 12(2), S. 111-121

[564] Boutier R.H., McEuen B.K., Shelton K.F., Zweig A.M.
New oil soluble esters resins for graphic arts
Am. Ink Maker (1997), 75(1), S. 50-52

[565] Walser H.P.
Producting high-quality recycled materials by removing printing inks and undesired constituents (NOREC process)
Recycl. Recovery Plast. (1996), S. 242-253

[566] Jabs G., Nehen U., Simm W., Söder J.M.
Partiell beschichtetes Durchschreibepapier
Ger. Offen., 25 pp; DE 32 03 059 A1, (04.08.1983)

[567] Drechsler G.W.
Die Technologie der Mikrokapselbeschichtung
Coating; 19 (9), pp. 310 (1986)

[568] Iwasaki H., Irii S., Kondo M., Amagasaki H.
Verfahren zur Herstellung von Mikrokapseln
ger. Offen., 24 pp; DE 30 05 023 A1, (28.08.1980)

[569] Langlais G.O., Wang P.Y.H., Chaplick J.S., Nashua N.H.
Rückseitenbeschichtung für carbonlose Kopiersysteme
Ger. Offen., 21 pp; DE 35 34 031 A1, (18.12.1986)

[570] Andersen J.V.
Durchschreibeformsatz
Ger. Offen., 11 pp; DE 29 50 116 A1, (03.07.1980)

[571] Gabriel G.
Herstellung und Qualitätsanforderungen chemischer Selbstdurchschreibepapiere
Wochenblatt für Papierfabrikation; Nr. 15, S. 661 (1990)

[572] Eitle W., Hoffmann K., Lehn W., Füchsle K., Hansen B., Brauns H., Görg K., Kohlmann K., Ritter und Edler von Fischern B., Kolb. H.
Wärmeempfindliches blattförmiges Aufzeichnungsmaterial
Ger. Offen., 7 pp; DE 40 27 500 C2, (18.04.1991)

[573] Minami T., Fukuchi T., Ohashi R., Kaneko T.
Wärmeempfindliches Aufzeichnungsblatt
Eur. Pat. Appl., 9 pp.; EP 0 422 680 A2 (17.04.1991)

[574] Sliwka W.
Mikroverkapselung
Angewandte Chemie, Jg. 85, Nr. 16, S. 556 (1975)

[575] Jabs G.
A New Generation of Microcapsules for Carbonless Copying Papers
Reprint from PAPIER + KUNSTSTOFF-VERARBEITER INTERNATIONAL; issue'86

[576] Deprez L.
A correcting agent for a silver imaged lithographic printing plates
Eur. Pat. Appl., 17 pp.

[577] Koshimura K., Tanaka T., Shimada N., Yasuda K.
Water-developable photosensitive resin composition
Eur. Pat. Appl., 31 pp.

[578] Wang H.-P.
Treatment method for converting waste into resources and ist equipment
Pat. Specif. (Aust.), 17 pp.

[579] Walker N.A., Pitcher M.W.
Aqueous ink jet printing ink compositions
Brit. UK Pat. Appl., 11 pp.

[580] Yatake M.
Ink jet recording ink compositions and ink jet recording apparatus
Eur. Pat. Appl., 19 pp.

[581] Kenyon R.W., Mistry P.M., Lavery A.
Bleed reduction agents for ink jet printing inks
PCT Int. Appl., 41 pp.

[582] Gundlach K.B., Wafler W.F.
Ink compositions for thermal ink-jet printing
U.S., 18 pp.

[583] Mackay, S.D.
Ink composition
U.S., 4 pp.

[584] Ray K.B., Brooks A.J., Parsons G.R., Firth D.J., McCullough C.D.
Lithographic plate preparation
PCT Int. Appl., 17 pp.

[585] Gundlach K.B., Colt R.L., Radigan E.J. Jr
Ink compositions for thermal ink printing, their preparation and their use
U.S., 13 pp.

[586] Blackburn J.B., McGregor D., Kerwin P.
Pigment compositions for lithographic printing inks
Eur. Pat. Appl., 5 pp.

[587] Van der Linden B., Claes I.
A method for making lithographic plate according to silver salt difussion-transfer process
Eur. Pat. Appl., 13 pp.

[588] Burberry M.S., Weber S.W.
Laser transfer material for lithographic plate preparation
Eur. Pat. Appl., 15 pp.

[589] Kawamura K., Watanabe N.
Photosensitive composition
Eur. Pat. Appl., 76 pp.

[590] Bennett P.A.R., Hearson J.A., Smith C.-A.
Direct-positive lithographic plate precursor
PCT Int. Appl., 19 pp.

[591] Escano N.Z., Krutak J.S., Weaver M.A.
Organic solvent-based ink for invisible marking/identification
PCT Int. Appl., 44 pp.

[592] Kondo T., Oko M., Araki Y., Fujioka H.
Method for producing lithography printing plate using silber complex diffusion transfer process
Ger. Offen., 14 pp

[593] Marritt W.A.
Aqueous ink composition for use in an ink-jet printer
Eur. Pat. Appl., 17 pp.

[594] Schneider J.M.
Continuos ink jet technology
IS&T's Annu. Conf. (1997), 50th, S. 313-318

[595] Yandell P., Nixon K.
Wide format inkjet
Surf. Coat. Int. (1998), 81(6), S. 281-286

[596] McGrath P.R.
UV inks in use as a film supplier what makes them work, what are the current limitations
Polym., Laminations, Coat. Conf. (1997), Volume 1, S. 135-137

[597] Argent D.
Ink in the flexo process - new iscoveries
Polym., Laminations, Coat. Conf. (1997), Volume 1, S. 121-127

[598] Casatelli L.M.
Flexography ... still growing strong
Am. Ink Maker (1998), 76(5), S. 42-44

[599] Ferguson L.D.
Introduction to - printing - technology - ink - chemistry
Deinking Short Course (1997), S. 99-108

[600] Becker H.J., Gieseke W., Haas T.
Water-based pigments for flexographic and gravure printing of packaging materials and for special applications
Coating (1998), 31(5), S. 186-190

[601] Toth D.
Waterless printing update
Am. Ink Maker (1998), 76(4), 39, 41-42

[602] Schick M.F., Phan H.D.
Water-based sulfopolyester polymers for printing inks
Am. Ink Maker (1998), 76(3), 49-54

[603] Le H.P.
Progress and trends in ink-jet printing technology
Imaging Sci. Technol. (1998), 42(1), 49-62

[604] Wegner E.-E.
Soybean oil in printing inks
Oils-Fats-Lipids 1995, Proc. World Congr. Int. Soc. Fat Res., 21st (1996) , Meeting date 1995, Volume 3, S. 515-517

[605] Ahrens W.H.
Digital plate making system
Reza Kenkyu (1997), 25(9), S. 639-642

[606] Kawashima, T.
Recovering copper and copper chemicals from spent alkaline etchant
JOM (1997), 49(10), 40

[607] Peiffer R.W.
Imaging applications of photopolymer technology. Review of developments during 1995
IS&T's Annu. Conf., Final Program Proc., 49th (1996), S. 495-497

[608] Gordon C.
Years of resins, waxes and pigments
Am. Ink Maker (1997), 75(6,Suppl.), 58-62, 64-68, 70-73

[609] Houlihan F.M., Nalamasu O., Kometani J.M., Reichmanis E.
A retrospective on 2-nitrobenzyl sulfonate photoacid generators
Imaging Sci. Technol. (1997), 41(1), 35-40

[610] Berger K., Miletzky F.
Use of enzymes for improved removability of printing inks in the deinking process
PTS-Manuskr. (1995), PTS-MS 05/95/B, Enzymtechnik, 8/1-8/21

[611] Shapiro F., Sagraves D.
Introduction to water based inks
Chem. Technol. Water Based Ink (1997)

[612] Hanecker E.
Deinking and bleaching of wastepaper
PTS-Manuskript (1995), PTS-MS 13/95, Bleiche von Faserstoffen, 4/1-4/19

[613] Davies C., Naoush H., Rees G.
Recovery of poly(ethylene terephthalate) (PET) from used x-ray film. Part 1.A review of current problems and a chemical method for recovery of silver and PET
Polym. Int. (1996), 41(3), S. 215-225

[614] Kenyon R.W.
Ink jet printing
Chem. Technol. Print. Imaging Syst. (1996), S. 113-138

[615] Thoyer B.
Printing trends - impact on paper recycling
Technol. Pap. Recycl. (1995), S. 351-370

[616] Holman R.
Modern UV inks : a novel shade of green
Eur.Coat.J. (1995), Volume Date 1995, (9), S. 610-612

[617] Adams R.L.
Phase change ink jet technology
Int. Congr. Adv. Non-Impact Print. Technol./Jpn. Hardcopy 93, 9th (1993), 290-293

[618] Hutchinson G.H.
A review of progress in the technology and applications of offset lithographic inks
Surf. Coat. Int. (1995), 78(5), S. 188-194

[619] Hinterwaldner R.
Binder and additives for printing inks
Coating (1993), 26(3), S.98-100

[620] Hayes T.M.
Treatment of wash water from a printing plant using water based inks
Am. Ink Maker (1994), 72(11, Pt. 1), 23-24, 26, 28

[621] Webster G.
Current developments in UV printing inks
Spec. Publ. - R. Soc. Chem. (1993), 133, S. 136-149

[622] McCormick A.S.
Environmental aspects of solvent use in printing
Spec.Publ. - R. Soc. Chem. (1993), 133, S. 18-22

[623] Hupfer G.
Fundamentals of wastewater treatment
Farbe Lack (1993), 99(2), S. 121-122

[624] Schwering H.U.
Wastewater and waste: new thinking in general concepts
Metalloberfläche (1992), 46(10), S.442-444

[625] Hacker N.P., Hofer D.C., Welsh K.M.
Photochemical and photophysical studies on chemically amplified resists
J.Photopolym. Sci. Technol. (1992), 5(1), 35-46

[626] Hald I.L.
Pigment development for solvent and water-based inks
Eur. Ploym. Paint Colour J. (1991), 181(4292), S. 580-581

[627] Baumann W., Herberg-Liedtke B.
Belastungen durch Kopierer und Laserdrucker
Umwelt (1991), 21(6), S.348-350

[628] Mahesh G.V.
Toxic wastes in the printed circuit board industry - sources and minimization
Electrochem. Soc. India (1990), 39(4), S. 231-238

[629] Danneels L.
Recycling in Wastewater treatment from electroplating
Oberfläche-Surf. (1990), 31(9), 8-12, 14-16

[630] Matsuoka M.
The chemistry of special dyes for electro-optical applications
Soc. Dyers Colour. (1989), 105(4), S. 167-173

[631] Jaeckel K.P.
Light-induced chemical reactions in reproduction techniques (printing plates; photores)
Prog. Org. Coat. (1989), 16(4), S.355-370

[632] Kuebler R.
Inks and deinking
Wochenbl. Papierfabr. (1988), 116(10), 386, 388-390, 392

[633] Schnall M.
Additives for printing inks
Am. Ink Maker (1987), 65(12), 58, 60, 62, 64, 66, 68, 70, 178-179

[634] Statistisches Bundesamt Wiesbaden
Statistisches Jahrbuch 1998 für das Ausland
Metzler-Pöschel, Stuttgart, 1998

[635] Statistisches Bundesamt Wiesbaden
Satistische Jahrbuch 1998 für die Bundesrepublik Deutschland
Metzler-Pöschel, Stuttgart, 1998

[636] Bundesverband Druck
Die deutsche Druckindustrie in Zahlen, Ausgabe 1994 bis 1998
Bundesverband Druck, Wiesbaden

[637] Bundesverband Deutscher Zeitungsverleger e.V.
Zeitungen '98
BDZV-Jahrbuch, Zeitungen '98

[638] Benzing, Gerhardt
Pigmente und Farbstoffe für die Lackindustrie
Kontakt und Studium, Band 160
expert Verlag, Böblingen, 1992

[639] Roth, L.
Grenzwerte für Lebensmittel und Bedarfsgegenstände
ecomed, Landsberg, 1996

[640] Bertram, Barbara
Farbstoffe in Lebensmitteln und Arzneimitteln
Wiss. Verl.-Ges., Stuttgart, 1989

[641] Buxbaum, Gunter
Industrial Inorganic Pigments
VCH, Weinheim, 1993

[642] Herbst, W.; Hunger, K.
Industrielle organische Pigmente
VCH, Weinheim, 1995

[643] Zorll, Ulrich (Hrsg.)
Römpp Lexikon 'Lacke und Druckfarben'
Thieme, Stuttgart, 1998

[644] Baker, D.A.
Computer to Plate - A Revolution in Full Swing
The Prepress Bulletin, Sept./Oct. 1997, S. 16- 22

[645] Baumann, W.; Muth, A.
Farben und Lacke - Daten und Fakten zum Umweltschutz
Springer Verlag, Heidelberg, 1997

[646] Baumann, W.; Herberg-Liedtke, B.
Papierchemikalien - Daten und Fakten zum Umweltschutz
Springer Verlag, Heidelberg, 1994

[647] Verband der Druckfarbenindustrie
persönliche Mitteilungen 1999

[648] Berufsgenossenschaft Druck und Papierverarbeitung
UV-Trocknung
Wiesbaden 11.97

[649] Verband der Druckfarbenindustrie
Verbrauchermitteilung: Verwendung von Azopigmenten in Druckfarben
Frankfurt, 12/97

[650] Berufsgenossenschaft Druck und Papierverarbeitung
Brancheninitiative zur Verminderung von Lösemittelemissionen im Offsetdruck
Wiesbaden 3.97

[651] Bundesverband Druck e.V./ Verband der Druckfarbenindustrie
Toluol-Info 9/96
Wiesbaden/Frankfurt

[652] Frank. E.
Verdacht vom Tisch - Untersuchungen bei der reduktiven Altpapierbleiche ergaben keinen Hinweis auf die Bildung aromatischer Amine
Farbe&Lack, 104. Jg. 9/98, S. 38 ff

[653] Hamm, U.; Putz, H.-J.
Untersuchungen zur möglichen Bildung aromatischer Amine bei der reduktiven Altpapierbleiche
INGEDE-Projekt 4896, Institut f. Papierfabrikation, Darmstadt, 9/97

Anhang 3

Alphabetisches Verzeichnis der Chemikalien

Acetyltributylcitrat
Acetyltriethylcitrat
Acetyltri-(2-ethylhexyl)-citrat
Adipinsäurebenzyl-2-ethylhexylester
Adipinsäure-(di-butyl)-ester
Adipinsäure-(di-iso-decyl)-ester
Aktivkohle
Albumin
Alginsäure Natriumsalz
Alkylbenzol
Aluminium
Aluminiumchlorid (wasserfrei)
Aluminiumhydroxid Sulfat
Aluminiumkaliumsulfat-12-hydrat
Aluminiumoxid
Aluminiumsulfat-18-hydrat
Aminobenzen
Aminobenzensulfat
Aminoethan
2-Aminoethanol
Aminoethansäure
L-2-Aminopentandisäure
1-Amino-2-propanol
Ammoniaklösung
Ammoniak (wasserfrei)
Ammoniumbromid
Ammoniumcarbonat
Ammoniumchlorid
Ammoniumchromat(VI)
Ammoniumdichromat
Ammoniumhydrogenfluorid
Ammoniumhydrogensulfid
Ammoniumjodid
Ammoniumnitrat
Ammoniumpersulfat
Ammoniumsulfat
Ammoniumthiocyanat
Ammoniumthiosulfat
Anthracen
Anthrachinon
Antimon
Antimon(III)-oxid
Antimon(V)-chlorid
aromatisches Kohlenwasserstoffgemisch

Arsen
Arsenselenid
L-(+)-Ascorbinsäure
(1R-(1alpha,4alphaß,4balpha,10aalpha))-1,2,3,4,4a,4b,5,6,10,10a-Decahydro-1,4a-dimethyl-7-(1-methylethyl)-1-phenanthrencarbonsäure
Barium
Bariumcarbonat
Bariumsulfat
Basisches Blau 26 (C.I. 44045)
Basisches Gelb 37 (C.I. 41001)
Basisches Rot 1 (C.I. 45160)
Basisches Violett 10 (C.I. 45170)
Basisches Violett 1 (C.I. 42535)
Benzaldehydphenylhydrazon
Benzen
Benzencarbonsäure
Benzen-1,2-dicarbonsäurebenzyl-n-butylester
Benzen-1,2-dicarbonsäurebutyloctylester
Benzen-1,2-dicarbonsäuredibenzylester
1,2-Benzendicarbonsäure-di-C8-10-alkylester, Gemisch
Benzen-1,2-dicarbonsäuredicyclohexylester
Benzen-1,2-dicarbonsäuredidecylester
Benzen-1,2-dicarbonsäurediethylester
Benzen-1,2-dicarbonsäuredi-2-ethylhexylester
Benzen-1,2-dicarbonsäuredihexylester
Benzen-1,2-dicarbonsäuredihydroabietylester
Benzen-1,2-dicarbonsäuredi-iso-decylester
Benzen-1,2-dicarbonsäuredi-iso-nonylester (Isomerengemisch)
Benzen-1,2-dicarbonsäuredi-iso-octylester
Benzen-1,2-dicarbonsäuredi-(2-methoxyethylester)
Benzen-1,4-dicarbonsäuredimethylester
Benzen-1,2-dicarbonsäuredimethylester
Benzen-1,2-dicarbonsäure-di-(2-methylpropen)ester
Benzen-1,2-dicarbonsäuredi-n-butylester
Benzen-1,2-dicarbonsäure-di-n-octylester
Benzen-1,2-dicarbonsäurediphenylester
Benzen-1,2-dicarbonsäure-di-tert.-butylester
Benzen-1,2-dicarbonsäureditridecylester
Benzen-1,2-dicarbonsäurediundecylester
Benzen-1,2-dicarbonsäureethylethylglykolatester
Benzen-1,2-dicarbonsäure-heptyl/nonyl/undekyl
1,2,4-Benzentricarbonsäure-tris-(2-ethylhexylester)

Benzimidazol

Benzin, aromat. Anteil <1% (Sdp. 80-110 °C)

Benzoinisobutylether

Benzol-1,2,4-tricarboxylsäuretriheptylester

Benzothiazol

Benzotriazol

4,4'-(3H-2,1-Benzoxathiol-3-ylidene)-bis-(2,6-dibromphenol)-S,S-dioxide

Berylliumhydroxid

Bezin, aromatischer Anteil 20%

[1,1'-Bicyclohexyl]-2-on

(1,1'-Biphenyl)-4,4'-diamin

1-[1,1'-Biphenyl]-4-yl-ethanon

(1,1'-Biphenyl)-4-yl-phenylmethanon

2,2'-Bis-(2-aminoethylamino)-diethylamin

Bis-[4-(diethylamino)-phenyl]-methanon

2,5-Bis-(4'-diethylaminophenyl)-1,3,4-oxadiazol

Bis-(4-diethylaminophenyl)-phenylcarboniumhydrogensulfat

3,6-Bis-(dimethylamino)-acridin

4,4'-Bis-(dimethylamino)-benzophenon

2,2-Bis(hydroxymethyl)-1,3-propandioltriacrylat

2,2-Bis-(4-hydroxyphenyl)-propan

1,2-Bis-[2-methacryloyl-oxy-ethoxy]-ethan

Bis-(2-methylpropyl)-ester-hexandisäure

Bitumen

Blei

Bleichromat/Bleimolybdat

Blei(II)-acetat

Blei(II)-carbonat basisch

Blei(II)-chromat

Blei(II)-hydroxidcarbonat

Blei(II,IV)-oxid

Blei(II)-nitrat

Blei(II)-sulfat

Blei(IV)-oxid

Bleisulfochromat

1,3-Butadien

1,4-Butandiol

Butan-2,3-diol

Butan-1,3-diol

Butandisäureanhydrid

Butan-2-ol

Butan-1-ol

Butan-2-on

cis-Butendisäure

trans-Butendisäure

cis-Butensäuredibutylester

trans-Butensäuredibutylester

2-Butoxyethanol

2-Butoxyethanolacetat

2-[2-(2-Butoxyethoxy)ethoxy]ethanol

1-Butoxy-2-propanol

Butylacetylricinoleat

2-tert.-Butylanthrachinon

N-Butylbenzensulfonamid

Butylbenzoat

Butylcarbamat

l-butylesterstearinsäure

Butyloleat

Butylphthalylbutylglykolat

Butylricinoleat

4-Butyrolacton

Cadmium

Cadmiumchlorid

Cadmiumjodid

Cadmiumsulfid

Calciumacetat

Calciumcarbonat

Calciumhydroxid

Calciumjodid-4-hydrat

Calciummetasilicat

Calciumoxid

Calciumsulfat

Calcium(VI)-wolframat

Carboxymethylcellulose

Carboxymethylcellulose Natriumsalz

Casein

Cellulose

Celluloseacetat

Cellulosenitrat

Cerium

Cerium(IV)-sulfat

Chlorbenzen

2-Chlor-1,4-dihydroxybenzen

Chlorethanamid

2-Chlorethanol

Chlorethen

2-Chlor-9H-thioxanthen-9-on
4-Chlor-3-methylhydroxybenzen
2-Chlor-5-methylhydroxybenzen
4-Chlor-2-methylhydroxybenzen
4-Chlornitrobenzen
4-(Chlorphenyl)-phenylmethanon
Chlorwasserstoff
Chrom
Cumaron-Inden-Harz
2,5-Cyclohexadien-1,4-dion
Cyclohexan
Cyclohexanol
Cyclohexanon
N-cyclohexyl-4-methylbenzenesulfonamid
Decahydronaphthalen (Isomerengemisch)
Decandisäuredibutylester
Decandisäuredi-n-octylester
1-Decanol
Dextrin
Di-alkyladipat, Gemisch C7-9
1,4-Diaminobenzen
3,3'-Diamino-4,4'-dichlorbiphenyl
Diaminoethantetraethansäuredinatriumsalz Dihydrat
Diaminoethantetraethansäureeisen(III)-natriumsalz-3-hydrat
3,7-Diamino-5-phenylphenaziniumchlorid
2,4-Diamino-6-phenyl-1,3,5-triazin
4,4'-Diamino-2,2',5,5'-tetrachlorbiphenyl
Dibenzoyldiethylenglykolester
Dibenzoylperoxid
Dibutylbis-1-oxododecyloxystannan
4,4'-[(3,3'-Dichlor[1,1'-biphenyl]-4,4'-diyl)bis(azo)]-bis[2,4-dihydro-5-methyl-2-(4-methylphenyl)]-3H-pyrazol-3-on
1,2-Dichlorethan
1,1-Dichlorethen
Dichlormethan
4,4'-[(3,3'-Dichloro-[1,1'-biphenyl]-4,4'-diyl)-bis-(azo)]-bis-[3-hydroxy-N-phenyl-2-naphthalencarboxamid
2,9-Dichloro-5,12-dihydro-quino-(2,3-b)-acridin-7,14-dion
Dichlor-s-triazin-2,4,6(1H,3H,5H)-trion Natriumsalz
Dicyclohexylacelat
2,5-Di-(1,1-dimethylethyl)-1,4-dihydroxybenzen
2,6-Di-(1,1-dimethylethyl)-4-methylhydroxybenzen

Diethanolamin
2,2-Diethoxyacetophenon
4-Diethylaminobenzaldehyd
Diethylbenzen (Isomerengemisch)
N,N-Diethyl-1,4-diaminobenzen Sulfat
Diethyldiphenylharnstoff
Diethylenethandioldibutylether
Diethylenethandioldiethylether
Diethylenethandioldimethylether
Diethylenethandiolhexylether
Diethylenethandiolmonobutylether
Diethylenethandiolmonobutyletheracetat
Diethylenethandiolmonoethylether
Diethylenethandiolmonoethyletheracetat
Diethylenethandiolmonomethylether
Diethylether
1,1-Difluor-1,2,2,2-tetrachlorethan
1,2-Dihydroacenaphthylen
6,15-Dihydro-5,9,14,18-antrazintetron
6,7-Dihydrocumarin-6-glucosid Hydrat
10,11-Dihydro-5H-dibenzo[a,d]cyclohepten-5-on
1,2-Dihydroxyanthrachinon
1,2-Dihydroxybenzen
1,4-Dihydroxybenzenmonosulfonsäure (Kaliumsalz)
2,4-Dihydroxybenzophenon
2,4-Diisocyanat-1-methylbenzen
Dikaliumhydrogenphosphat
Dimethoxymethan
2,2-Dimethoxy-2-phenylacetophenon
Dimethyladipat
2,5-Dimethylaminobenzen
2-Dimethylaminoethanol
Dimethylbenzen (Isomerengemisch)
2,3-Dimethyl-2,3-butandiol
2,6-Dimethyl-4-heptanol
2,6-Dimethyl-4-heptanon
N,N-Dimethylmethanamid
Dimethylpolysiloxan
Dimethylsuccinat
Dinatriumhydrogenphosphat
Di-(n-hexyl)-azelat
Di-oktylmaleat
Diolein
1,4-Dioxan

3,4-Diphenyl-1,2-cyclobutandicarbonsäure
2,4-Diphenyl-1,3-cyclobutandicarbonsäure
Diphenylether
Diphenylmethanon
Dipropylenethandiol
Dipropylenethandiolmethylether
Dipropylenglykol
Dipropylenglykoldibenzoat
DL-2-Aminopropansäure
DL-Pyrrolidin-2-carbonsäure
DL-1,7,7-Trimethylbicyclo-(2,2,1)-heptan-2-on
Eisen(III)-chlorid
Eisen(III)-hexacyanoferrat(II)
Eisen(III)-hydroxid
Eisen(II,III)-oxid
Eisen(III)-oxalat-6-hydrat
Eisen(III)-oxid
Eisen(II)-sulfat-7-hydrat
Epoxychlorpropan
Epoxyethan
Essigsäuretriethylenglycoldiester
Ethanal
Ethandial
Ethandiol
1,2-Ethandiolacetat
1,2-Ethandiolacetat (Gemisch aus Mono- und Diacetat)
1,2-Ethandioldiacetat
Ethandisäure
Ethanol
Ethansäure
Ethansäurebutylester
Ethansäurechlorid
Ethansäureethenylester
Ethansäureethylester
Ethansäure-2-ethylhexylester
Ethansäure-iso-hexylester
Ethansäure-iso-propylester
Ethansäure-2-methoxyethylester
Ethansäuremethylester
Ethansäure-(2-methylpropyl)-ester
Ethansäurepentylester
Ethansäurepropylester
Ethen
Ethenol
Ethenylbenzen
1-Ethenyl-2-pyrrolidinon
Ethin
3-Ethoxycarbonyl-3-hydroxy-pentandisäurediethylester
2-Ethoxyethanol
2-Ethoxyethanolacetat
1-Ethoxypropan-2-ol
1-Ethoxy-2-propylacetat
Ethylcaprylat
Ethylcellulose
Ethylendiamintetraessigsäure
2,2'-Ethylendioxydiethylbis(2-ethylhexanoat)
Ethylenglykolricinoleat
Ethyl-3-ethoxypropionat
2-Ethyl-1,3-hexandiol
2-Ethyl-1-hexanol
2-Ethylhexansäurecobalt-(II)-salz
2-Ethylhexylester von Tallölfettsäuren, epoxidiert
4-N-Ethyl-4-N(2-methylsulfonamidoethyl)-2-methyl-1,4-diamino-benzen-sesquisulfat-monohydrat
N-ethyl-o,p-toluenesulphonamid
N-Ethyl-o,p-toluensulfonamid
Flavon
Fluorescein (C.I. 45350)
Fluorwasserstoff (wäßrige Lösung)
Fuchsin (C.I. 42510)
Furfuralkohol
Gelatine
Gemisch aus vorwiegend monocyclischen Terpenkohlenwasserstoffen
Gerbsäure
Glutarsäuredimethylester
Glycerylrinoleat
Glyceryl-tri-(acetoxystearat)
Glyceryl-tri-(acetylricinolat)
Glyceryltribenzoat
Glyceryl-tri-butyrat
Glyceryl-tri-epoxy-acetoxystearat
Glyceryl-tri-(12-hydroxy-stearat)
Graphit
Gummi arabicum
Heptan
Heptan-3-on

1-Heptansäure
Heptylnonyladipat
Hexadecansäure
Hexan
Hexandicarbonsäure-bis-[2-(2-butoxy-ethoxy)-ethyl]ester
Hexandicarbonsäure-bis-2-ethylhexylester
Hexandicarbonsäure-di-isooctylester
Hexandicarbonsäure-di-n-octylester
Hexandisäurediisononylester
1,6-Hexandiyl-2-propensäureester
Hexan-1-ol
Hexan-2-on
Hexansäure-2-ethyl; tris-Lanthansalz
1,3,5-Hexantriol
Hydrazin Dihydrochlorid
Hydroabiethylalkohol
alpha-Hydro-w-hydroxypoly-(oxy-1,2-ethandiyl)
Hydroxybenzen
2-Hydroxybenzencarbonsäurephenylester
1-Hydroxy-2,4-diaminobenzendihydrochlorid
Hydroxyethansäurebutylester
2-(2-Hydroxyethyl)-ethanol
12-Hydroxy-3-hydroxy-2,2-bis-(hydroxymethyl)-propyl-9-octa-decensäureester
2-Hydroxy-4-methoxybenzophenon
4-Hydroxy-4-methylpentan-2-on
2-Hydroxy-1-naphthalencarboxaldehyd
4-(2-Hydroxy-1-naphthalinazo)-benzensulfonsäure Natriumsalz
3-Hydroxy-2-naphthoesäure-anilid
12-Hydroxyoctadecansäure
1-Hydroxy-2-phenoxyethan
2-Hydroxypropansäure
L(-)-2-Hydroxypropansäureethylester
2-Hydroxypropansäure-n-butylester
2-Hydroxy-1,2,3-propantricarbonsäure
2-Hydroxypropantricarbonsäure-(tri-cyclohexyl)-ester
L(-)-trans-Hydroxypyrrolidin-2-carbonsäure
alpha-Hydroxy-w-hydroxy-poly[oxy(methyl-1,2-ethandiyl)], Polymer mit 1,3-Diisocyanomethylbenzol
4,4'-(Imidocarbonyl)-bis-(N,N-dimethylanilin) Hydrochlorid
1-Indencarbonsäure
2-Indencarbonsäure
Indigo (C.I. 73000)
Indiumhydroxid
Indium(III)-oxid
Iod
Isoascorbinsäure Natriumsalz
iso-Butansäure-iso-butylester
2-iso-Butoxyethanol
iso-Decyldiphenylphosphat
Isooctanol
Isooctyl-Tallat
2-Isopropoxyethanol
Isotridecylalkohol
Kaliumbromid
Kaliumcarbonat
Kaliumchlorid
Kaliumchromium(III)-sulfat-12-hydrat
Kaliumcyanid
Kaliumdichromat
Kaliumdihydrogenphosphat
Kaliumdisulfit
Kaliumhexacyanoferrat(II)-3-hydrat
Kaliumhexacyanoferrat (III)
Kaliumhydroxid
Kaliumjodid
Kaliumnitrat
Kaliumperjodat
Kaliumpermanganat
Kaliumperoxodisulfat
Kaliumsulfid-5-hydrat
Kaliumsulfit
Kaliumtetraborat-4-hydrat
Kaliumthiocyanat
Kaolin
Kobalt
Kohlensäurediamid
Kohlenstoff (amorph)
Kohlenwasserstoffgemisch
Kohlenwasserstoffgemisch, aliphatisches
Kohlenwasserstoffgemisch, aliphatisch u. aromatisiert
Kupfer
Kupfer(I)-chlorid
Kupfer(II)-sulfat-5-hydrat
Kupferphthalocyanin
Kupferphthalocyanin, chloriert

Leinöl, epoxidiert
Lithiumchlorid
Lithiumhypochlorit
Magnesium
Magnesiumsilikat
Magnesiumsilikathydrat
Magnesiumsulfat
Maleinsäurediisooctylester
Mangan
Methacrylsäuredodecylester
Methacrylsäure-2-hydroxyethylester
Methanal
Methanol
Methansäure
Methansäureamid
3-Methoxy-1-butanol
3-Methoxybutylacetat
2-Methoxy-1,2-diphenylethanon
2-Methoxyethanol
3-Methoxyhydroxybenzen
2-Methoxyhydroxybenzen
4-Methoxyhydroxybenzen
4-Methoxy-1-naphthol
1-Methoxy-2-propanol
1-Methoxy-2-propylacetat
Methylabietat
Methylabietat ,hydriert
Methylacetylrinicoleat
Methylamin
2-Methylaminoethanol
4-Methylaminohydroxybenzen
4-Methylaminohydroxybenzensulfat
Methylbenzen
4-Methylbenzensulfonsäure
Methylcellulose
Methylcyclohexan
Methylcyclohexanol (Isomerengemisch)
2-Methylcyclohexanon
4-Methyl-1,3-dioxolan-2-on
4,7-Methylen-4,7,8,9-tetrahydroinden
((1-Methyl-1,2-ethandiyl)bis(oxy))dipropanol
1-(Methylethyl)-2,2-dimethyltrimethylen-(2-methylpropyl)säureester
5-Methyl-3-heptanon
2-Methyl-1,6-hexandiyl-2-propensäure
5-Methylhexan-2-on
2-Methyl-2-hydroxypropyl-2-propensäureester
1-Methyl-4-(1-methylethenyl)-cyclohexen
1-methyl-4-(1-methylethylen)-cyclohexen
1-(4-Methyl-2-nitrobenzenazo)-2-naphthol
2-Methylpentan-2,4-diol
4-Methyl-pentan-2-ol
2-Methyl-pentan-1-ol
4-Methyl-pentan-2-on
4-Methylpent-3-en-2-on
Methylphthalylethylglykolat
2-Methylpropan-1-ol
2-Methylpropan-2-ol
2-Methylpropensäure
2-Methylpropen-1-säure-3-butylester
2-Methyl-2-propensäuremonoester mit 2,2,4-Trimethyl-1,3-pentandiol
1-(2-Methylpropoxy)-2-propanol
1-Methylpropylethanoat
1-Methyl-pyrrolidin
1-Methyl-2-pyrrolidinon
Methylricinoleat
Milchsäureisopropylester
Naphthensäure, Cobaltsalz
Naphthensäure, Kupfersalz
Natriumacetat
Natriumcarbonat
Natriumchlorid
Natriumcitrat-2-hydrat
Natrium-D-gluconat
Natriumdisulfit
Natriumdithionit
Natriumhydrogencarbonat
Natriumhydroxid
Natriumhypochlorit (wäßrige Lösung)
Natriummetaborat-4-hydrat
Natrium(meta)perjodat
Natriummethanalhydrogensulfit
Natriumnitrat
Natriumphosphat-12-hydrat
Natriumpolymetaphosphat
Natriumsilicat
Natriumsulfat

Natriumsulfid
Natriumsulfit
Natriumtetraborat
Natriumtetraborat-10-hydrat
Natriumtetrametaphosphat
Natriumthiosulfat
Neufuchsin (C.I. 42520)
Nickel
Nigrosin (wasserlöslich) (C.I. 50420)
Nitroethan
Nitromethan
4-Nitro-phenylacetonitril
1-Nitropropan
2-Nitropropan
1-Nitropyren
Nonandisäure-bis-[2-ethylhexylester]
N-nonanol
Nonansäure
Nonylphenolethoxylat
Octadeca-9,12-diensäure
Octadecansäure
Octadecansäure Aluminiumsalz
Octadecansäurebutylester
Octadecansäure, Calciumsalz
cis-Octadec-9-ensäure
Z-9-Octadecensäure-1,2,3-propantriylester
Octan
1,8-Octandicarbonsäure-bis-(2-ethylhexylester)
Octan-2-on
Octansäure
Octansäure, bis-Kobaltsalz
Octansäure, bis-Zink-Salz
Octansäure Kupfer(I)-salz
Oktadekadienonitril
Oktyl-epoxy-stearat
Oktyl-epoxy-tallat
n-Oktyl-n-dekyl-adipat
ortho-Phosphorsäure
3-Oxobutansäureethylester
alpha-(1-Oxo-9-Oktadekenyl)-w-(hydroxy)-Z-Poly-(oxy-1,2-ethandiyl)
2,2'-(Oxybis-(ethylenoxy))-diethanol
Paraffin
Paraffin, C10-C13
Paraformaldehyd
Pentaerythiol-tetra-benzoat
Pentan
2,4-Pentandion
Pentan-1-ol
Pentan-2-on
Periodsäure
Petroleum
9,10-Phenanthrenchinon
1-Phenoxy-2-propanol
Phenylethenoxid
Phenylmethanol
2-Phenylpropen
trans-Phenylpropensäure
3-Phenylpropensäurechlorid
1-Phenylpyrazolidin-3-on
Phosphorsäure-diphenyl-4-methyl-phenyl-ester
Phosphorsäure-(2-ethylhexyl)-diphenylester
Phosphorsäuretributylester
Phosphorsäure-2,2,2-trichlorethylester
Phosphorsäure-(trichloroethyl)-ester
Phosphorsäure-tri-(2-ethylhexyl)-ester
Phosphorsäuretrikresylester
Phosphorsäuretri-1,2-kresylester
Phosphorsäuretri-1,4-kresylester
Phosphorsäuretriphenylester
Phthalocyanin (C.I. 74100)
Phthalsäurediisoheptylester
Phthalsäuredi-iso-tridecylester
Phthalsäuredi-(1methylheptyl)ester
Phthalsäureester, Gemisch
Pigment Blau 56 (C.I. 42800)
Pigment Blau 15:1 (C.I. 74250)
Pigment Blau 29 (C.I. 77007)
Pigment Blau 24 (C.I. 42090:1)
Pigment Blau 27 (C.I. 77510)
Pigment Blau 1 (C.I. 42595:2)
Pigment Blau 1:2 (C.I. 42595:3)
Pigment Blau 36 (C.I. 77343)
Pigment Blau 61 (C.I. 42765:1)
Pigment Blau 18 (C.I. 42770:1)
Pigment Blau 28 (C.I. 77346)
Pigment Blau 19 (C.I. 42750)
Pigment Blau 63 (C.I. 73015:x)

Pigment Blau 24:x (C.I. 42090:2)
Pigment Blau 9:x (C.I. 42025:x)
Pigment Blau 1:x (C.I. 42595:x)
Pigment Braun 23
Pigment Braun 24 (C.I. 77310)
Pigment Braun 33 (C.I. 77503)
Pigment Braun 25 (C.I. 12510)
Pigment Braun 11 (C.I. 77495)
Pigment Braun 5 (C.I. 15800:2)
Pigment Braun 35 (C.I. 77501)
Pigment Braun 7:x (C.I. 77499)
Pigment Gelb 128
Pigment Gelb 150
Pigment Gelb 93
Pigment Gelb 95
Pigment Gelb 106
Pigment Gelb 138
Pigment Gelb 139
Pigment Gelb 116
Pigment Gelb 153
Pigment Gelb 109
Pigment Gelb 129
Pigment Gelb 111
Pigment Gelb 152
Pigment Gelb 117
Pigment Gelb 55 (C.I. 21096)
Pigment Gelb 16 (C.I. 20040)
Pigment Gelb 126 (C.I. 21101)
Pigment Gelb 119 (C.I. 77496)
Pigment Gelb 74 (C.I. 11741)
Pigment Gelb 151 (C.I. 13980)
Pigment Gelb 12 (C.I. 21090)
Pigment Gelb 154 (C.I. 11781)
Pigment Gelb 60 (C.I. 12705)
Pigment Gelb 3 (C.I. 11710)
Pigment Gelb 43 (C.I. 77492)
Pigment Gelb 73 (C.I. 11738)
Pigment Gelb 124 (C.I. 21107)
Pigment Gelb 164 (C.I. 77899)
Pigment Gelb 162 (C.I. 77896)
Pigment Gelb 161 (C.I. 77895)
Pigment Gelb 114 (C.I. 21092)
Pigment Gelb 65 (C.I. 11740)
Pigment Gelb 36:1 (C.I. 77956)
Pigment Gelb 81 (C.I. 21127)
Pigment Gelb 101 (C.I.48052)
Pigment Gelb 1 (C.I. 11680)
Pigment Gelb 120 (C.I. 11783)
Pigment Gelb 104 (C.I. 15985:1)
Pigment Gelb 175 (C.I. 11784)
Pigment Gelb 36 (C.I. 77955)
Pigment Gelb 35 (C.I. 77205)
Pigment Gelb 108 (C.I. 68420)
Pigment Gelb 97 (C.I. 11767)
Pigment Gelb 24 (C.I.70600)
Pigment Gelb 127 (C.I. 21102)
Pigment Gelb 13 (C.I. 21100)
Pigment Gelb 83 (C.I. 21108)
Pigment Gelb 98 (C.I. 11727)
Pigment Gelb 100 (C.I.19140:1)
Pigment Gelb 17 (C.I. 21105)
Pigment Gelb 110 (C.I. 56280)
Pigment Gelb 113 (C.I. 21126)
Pigment Gelb 14 (C.I. 21095)
Pigment Gelb 53 (C.I. 77788)
Pigment Grün 36 (C.I. 74265)
Pigment Grün 1 (C.I. 42040:1)
Pigment Grün 2 (C.I. 42040:1 & C.I. 49005:1)
Pigment Grün 1:x (C.I. 42040:x)
Pigment Orange 13 (C.I. 21110)
Pigment Orange 5 (C.I. 12075)
Pigment Orange 43 (C.I. 71105)
Pigment Orange 36 (C.I. 11780)
Pigment Rot 119
Pigment Rot 226
Pigment Rot 144
Pigment Rot 207
Pigment Rot 49:2 (C.I. 15630:2)
Pigment Rot 49:1 (C.I. 15630:1)
Pigment Rot 216 (C.I. 59710)
Pigment Rot 169 (C.I. 45160:2)
Pigment Rot 176 (C.I. 12515)
Pigment Rot 172 (C.I. 45430:1)
Pigment Rot 52:2 (C.I: 15860:2)
Pigment Rot 49 (C.I. 15630)
Pigment Rot 224 (C.I. 71127)
Pigment Rot 166 (C.I. 20035)
Pigment Rot 179 (C.I. 71130)

Pigment Rot 8 (C.I. 12335)
Pigment Rot 81:3 (C.I. 45160:3)
Pigment Rot 123 (C.I. 71145)
Pigment Rot 185 (C.I. 12516)
Pigment Rot 188 (C.I. 12467)
Pigment Rot 2 (C.I. 12310)
Pigment Rot 187 (C.I. 12486)
Pigment Rot 170 (C.I. 12475)
Pigment Rot 177 (C.I. 65300)
Pigment Rot 200 (C.I. 15867)
Pigment Rot 10 (C.I. 12440)
Pigment Rot 4 (C.I. 12085)
Pigment Rot 57:1 (C.I. 15850:1)
Pigment Rot 146 (C.I. 12485)
Pigment Rot 48:4 (C.I. 15865:4)
Pigment Rot 178 (C.I. 71155)
Pigment Rot 53:1 (C.I. 15585:1)
Pigment Rot 208 (C.I. 12514)
Pigment Rot 149 (C.I. 71137)
Pigment Rot 168 (C.I. 59300)
Pigment Rot 108 (C.I. 77202)
Pigment Rot 112 (C.I. 12370)
Pigment Rot 48:1 (C.I. 15865:1)
Pigment Rot 113 (C.I. 77201)
Pigment Rot 48:2 (C.I. 15865:2)
Pigment Rot 171 (C.I. 12512)
Pigment Rot 175 (C.I. 12513)
Pigment Rot 52:1 (C.I. 15860:1)
Pigment Rot 90 (C.I. 45380:1)
Pigment Rot 122 (C.I. 73915)
Pigment Rot 184 (C.I. 12487)
Pigment Rot 7 (C.I. 12420)
Pigment Rot 190 (C.I. 71140)
Pigment Rot 63:1 (C.I. 15880:1)
Pigment Rot 5 (C.I. 12490)
Pigment Rot 9 (C.I. 12460)
Pigment Rot 48:3 (C.I. 15865:3)
Pigment Rot 147 (C.I. 12433)
Pigment Rot 12 (C.I. 12385)
Pigment Rot x (C.I. 16035:x)
Pigment Schwarz 9 (C.I. 77267)
Pigment Schwarz 26 (C.I. 77494)
Pigment Schwarz 28 (C.I. 77428)
Pigment Schwarz 12 (C.I. 77543)
Pigment Schwarz 1 (C.I. 50440)
Pigment Violett 3:3 (C.I. 42535:5)
Pigment Violett 23 (C.I. 51319)
Pigment Violett 5:1 (C.I. 58055:1)
Pigment Violett 49 (C.I. 77362)
Pigment Violett 2 (C.I. 45175:1)
Pigment Violett 32 (C.I. 12517)
Pigment Violett 1 (C.I. 45170:2)
Pigment Violett 27 (C.I. 42535:3)
Pigment Violett 48 (C.I. 77352)
Pigment Violett 39 (C.I. 42555:2)
Pigment Violett 16 (C.I. 77742)
Pigment Violett 47 (C.I. 77363)
Pigment Violett 14 (C.I. 77360)
Pigment Violett 3 (C.I. 42535:2)
Pigment Violett 1:x (C.I. 45170:x)
Pigment Weiß 19 (C.I. 77004)
Pigment Weiß 20 (C.I. 77019)
Pigment Weiß 26 (C.I. 77718)
Pigment Weiß 32 (C.I. 77964)
Pigment Weiß 5 (C.I. 77115)
Polybutadien
Polychlorethen
Polyethansäureethenylester
Polyethenylmethylether
Polyethylen
Polyethylenglycoldistearat
Polyethylen-glykol-600-di-benzoat
Polyethylen-glykol-200-di-(2-ethylhexoat)
Polyethylen-glykol-400-mono-laurat
Poly-N-vinylcarbazol
Polyphenylethen
Poly-(1,2-propandiol)
Polypropensäure
Polysulfid-Natrium-Aluminium-Silikat
Polytetrafluorethen
Polyvinylalkohol
Polyvinylbutyral
Polyvinylcinnamat
Polyvinylidenchlorid
Polyvinylpyrrolidon
Ponceau Xylidin (C.I. 16150)
Propan-1,2-diol
Propan-1,2-epoxid

Propan-2-ol
Propan-1-ol
2-Propanon
Propansäure
Propantriol
1,2,3-Propantriol-(Z)-9-octadecensäuremonoester
Propen-2-al
2-Propensäure
2-Propensäureethylester
Propensäurenitril
Propenthiokohlensäurediamid
2-Propoxyethanol
1-Propoxy-2-propanol
1,2-Propylenglycoldiacetat
Propylen-glykol-ricinoleat
1,6-Pyrendion
Quecksilber
Quecksilber(II)-chlorid
Rapsöl
Rizin
Rizinusöl
Saccharose-acetyl-(iso-butyrat)
Salpetersäure
Schellack
Schwefelsäure
Selen
Siedegrenzenbenzin
Silber
Silberbromid
Silbernitrat
Siliciumcarbid
Silicium(IV)-oxid
Sojabohnenöl, epoxidiert
Sojaöl
Solvens Gelb 34 (C.I. 41000:1)
Solvens Gelb 29 (C.I. 21230)
Solvens Rot 109
Solvens Rot 49 (C.I. 451701/1)
Sonnenblumenöl, Gemisch aus konjugierten Fettsäuren
Sorbit
Stärke
Strontiumchromat
Sulfamidsäure
4-Sulfo-heptandisäuredidodecylester
Tellur
Terpentin
Tetrachlorethen
Tetrachlormethan
2',4',5',6'-Tetrachlor-2,4,5,7-tetrajodfluorescein Dinatriumsalz
Tetrahydrofuran
Tetrahydrofurfuryl-oleat
1,2,3,4-Tetrahydronaphthalin
Tetrahydro-1,4-oxazin
2,4,5,7-Tetrajodfluorescein Dinatriumsalz Monohydrat
Tetramethylsuccinonitril
Tetranatriumethylendiamintetraacetat
Thallium(I)-nitrat
Thiokohlensäurediamid
Titandioxid
Toluol-2,6-diisocyanat
Toluol-4-sulfinsäure Natriumsalz Hydrat
p-Toluol-sulfonsäureamid
o-Toluolsulfonsäureamid
Toluol-4-sulfonsäure-1-hydrat
p-Toluolsulfonsäure-N-ethylamid
1,2,3-Triacetoxypropan
2,4,6-Triamino-1,3,5-triazin
Tributoxyethylphosphat
Tributylcitrat
1,1,1-Trichlorethan
Trichlorethanal Hydrat
Trichlorethansäure
1,1,2-Trichlorethen
2,4,6-Trichlorhydroxybenzen
1,1,2-Trichlor-1,2,2-trifluorethan
Tridecan-1-ol
Triethylenglycol
Triethylenglykoldibenzoat
Triethylenglykoldi-(2-ethylbutyrat)
Triethylenglykoldipelargonat
Triethylenglykolmonoethylether
Triethylenglykolmonomethylether
Triethylphosphat
1,2,3-Trihydroxybenzen
1,3,5-Trihydroxybenzen
3,4,5-Trihydroxybenzencarbonsäure, Monohydrat

1,3,5-Trihydroxybenzen-2-hydrat
2,2',2"-Trihydroxytriethylamin
Tri-iso-dekyltrimelliat
Tri-iso-nonyltrimelliat
Tri-mellitsäure-tri-(iso-oktyl)-ester
3,5,5-Trimethylcyclohexen-2-on
2,4,6-Trimethylhydroxybenzen
Tri-(n-heptyl/n-nonyl)trimelliat
2,4,7-Trinitro-9-fluorenon
Tri-oktyl-tri-melliat
Triphenylphosphit
Tripropylenglycolbutylether
Tripropylenglykoldiacrylat
Tris-(2,3-dibromopropyl)-phosphat
Tris-(di-chloro-propyl)-phosphat
1,1,1-Tris(hydroxymethyl)propantriacrylat
Urannitrat-6-hydrat
Urethan, Polymer mit Formaldehyd
Vanadium(III)-chlorid
Wasser
Wasserstoffperoxid
Weißöl, paraffinisch
Xanthon
Zink
Zinkchlorid
Zink-di-2-ethylhexanoat
Zinkoxid
Zinksulfid
Zirkoniumoxid

Anhang 4

Verzeichnis der Handelsnamen und chemischen Bezeichnungen (Systematische Namen) von Druckereichemikalien

Gebräuchlicher Name Handelsname	Substanzname
A 1582	Antimon(III)-oxid
R 112a	1,1-Difluor-1,2,2,2-tetrachlorethan
Aab-O-Ti	Titandioxid
X-AB	Polychlorethen
Abalyn	Methylabietat
Abavit B	Quecksilber(II)-chlorid
Abhrak	Pigment Weiß 20 (C.I. 77019)
Abietinsäure	(1R-(1alpha,4alphaß,4balpha,10aalpha))-1,2,3,4,4a,4b,5,6,10,10a-Decahydro-1,4a-dimethyl-7-(1-methylethyl)-1-phenanthrencarbonsäure
Abietinsäuremethylester	Methylabietat
Abil 10-100000	Dimethylpolysiloxan
Abitol	Hydroabiethylalkohol
Abramant	Aluminiumoxid
Abramax	Aluminiumoxid
Abrarex	Aluminiumoxid
Abrasit	Aluminiumoxid
ABS	Butan-2-ol
absoluter Alkohol	Ethanol
ABY	Phenylmethanol
Ac 107	Diaminoethantetraethansäureeisen(III)-natriumsalz-3-hydrat
AC 1220	Polyethylen
AC 394	Polyethylen
AC 680	Polyethylen
AC 8	Polyethylen
Acacia	Gummi arabicum
Accosperse Cyan Green G	Kupferphthalocyanin, chloriert
Acelux	2,4,5,7-Tetrajodfluorescein Dinatriumsalz Monohydrat
Acenaphthen	1,2-Dihydroacenaphthylen
Acetaldehyd	Ethanal
Acetat des Ethylglykolmonobutylethers	2-Butoxyethanolacetat
Aceten	Ethen
Acetessigester	3-Oxobutansäureethylester
Acetessigsäureethylester	3-Oxobutansäureethylester
Acetethansäureethylester	3-Oxobutansäureethylester
Acetidin	Ethansäureethylester
Acetin	1,2,3-Triacetoxypropan
Acetoaceton	2,4-Pentandion
Acetogen-Ruß, BLE 50 (50 %)	Kohlenstoff (amorph)
Aceton	2-Propanon
Acetonersatz	Butan-2-on
Acetonyldimethylcaarbinol	4-Hydroxy-4-methylpentan-2-on
Acetorb A, Uvinul M-40	2-Hydroxy-4-methoxybenzophenon
1-Acetoxy-butan	Ethansäurebutylester
1-Acetoxy-2-[2-butoxy-äthoxy]-äthan	Diethylenethandiolmonobutyletheracetat
Acetoxyethan	Ethansäureethylester
1-Acetoxy-2-(2-ethoxy-ethoxy)-ethan	Diethylenethandiolmonoethyletheracetat

Gebräuchlicher Name Handelsname	Substanzname
Acetoxylchlorid	Ethansäurechlorid
Acetoxylsäure	Ethansäure
2-Acetoxypropan	Ethansäure-iso-propylester
1-Acetoxypropan	Ethansäurepropylester
Acetylaceton	2,4-Pentandion
Acetylaldehyd	Ethanal
4-Acetylbiphenyl	1-[1,1'-Biphenyl]-4-yl-ethanon
Acetylcellulose	Celluloseacetat
Acetylchlorid	Ethansäurechlorid
Acetylchlorür	Ethansäurechlorid
Acetylen	Ethin
Acetylene black	Aktivkohle
Acetylenruß P 1250	Aktivkohle
Acetylentrichlorid	1,1,2-Trichlorethen
Acetylessigsäureetyhlester	3-Oxobutansäureethylester
Acetylglyzerin	1,2,3-Triacetoxypropan
Acetylsäure	Ethansäure
AC GA	Polyethylen
ACGIH	2-Isopropoxyethanol
(ACGIH	Aktivkohle
Achat	Silicium(IV)-oxid
Acid Black 2	Nigrosin (wasserlöslich) (C.I. 50420)
Acid Orange 7	4-(2-Hydroxy-1-naphthalinazo)-benzensulfonsäure Natriumsalz
Acid Red 51	2,4,5,7-Tetrajodfluorescein Dinatriumsalz Monohydrat
Acid Red 26	Ponceau Xylidin (C.I. 16150)
Acid Scarlet 2 R	Ponceau Xylidin (C.I. 16150)
Acidulated soybean soapstock	Sojaöl
Acidum hydrochloricum	Chlorwasserstoff
Acintene DP	1-Methyl-4-(1-methylethenyl)-cyclohexen
ACP 6	Polyethylen
AC 8 (Polymer)	Polyethylen
Acridin Orange (freie Base)	3,6-Bis-(dimethylamino)-acridin
Acroart	Polyethylen
Acrol	1-Hydroxy-2,4-diaminobenzendihydrochlorid
Acrolein	Propen-2-al
Acrylaldehyd	Propen-2-al
Acrylethylester	2-Propensäureethylester
Acrylnitril	Propensäurenitril
Acryloit F-10	2-Methylpropen-1-säure-3-butylester
Acryloit F-10T	2-Methylpropen-1-säure-3-butylester
Acrylon	Propensäurenitril
Acrylonitril	Propensäurenitril
Acrylsäure	2-Propensäure
Acrylsäureethylester	2-Propensäureethylester
Acrylsäurenitril	Propensäurenitril
Actamaster	Ammoniumsulfat
Actimet	Nickel

Gebräuchlicher Name Handelsname	Substanzname
Activol No. 3	4-N-Ethyl-4-N(2-methylsulfonamidoethyl)-2-methyl-1,4-diamino-benzen-sesquisulfat-monohydrat
Activol No. 7 (S)	N,N-Diethyl-1,4-diaminobenzen Sulfat
Actox	Zinkoxid
Actox 14	Zinkoxid
Actox 16	Zinkoxid
Actox 216	Zinkoxid
Actybaryte	Bariumsulfat
Add-F	Methansäure
Adenex	L-(+)-Ascorbinsäure
Adepsine Oil	Paraffin, C10-C13
Adimol BO	Adipinsäurebenzyl-2-ethylhexylester
Adimol DO	Hexandicarbonsäure-di-n-octylester
Adipinsäure-bis-[2-(2-butoxy)-ethylester]	Hexandicarbonsäure-bis-[2-(2-butoxy-ethoxy)-ethyl]ester
Adipinsäure-bis-2-ethylhexylester	Hexandicarbonsäure-bis-2-ethylhexylester
Adipinsäuredibutoxyethoxyethylester	Hexandicarbonsäure-bis-[2-(2-butoxy-ethoxy)-ethyl]ester
Adipinsäure-di-2-ethylhexylester	Hexandicarbonsäure-bis-2-ethylhexylester
Adipinsäurediisobutylester	Bis-(2-methylpropyl)-ester-hexandisäure
Adipinsäure-di-(isooctyl)-ester	Hexandicarbonsäure-di-isooctylester
Adipinsäuredimethylester	Dimethyladipat
Adipinsäure-di-octyl-ester	Hexandicarbonsäure-bis-2-ethylhexylester
Adipinsäure-di-oktyl-ester	Hexandicarbonsäure-di-n-octylester
Adipinsäure-n-heptyl-n-nonylester	Heptylnonyladipat
Adipinsäure-(n-oktyl)-(n-dekyl)-ester	n-Oktyl-n-dekyl-adipat
Adipol 2 EH	Hexandicarbonsäure-bis-2-ethylhexylester
Adler-Pichler	Zinkoxid
Admex 741	Oktyl-epoxy-tallat
Admex 746	Oktyl-epoxy-tallat
Adronal	Cyclohexanol
Adurol	2-Chlor-1,4-dihydroxybenzen
Advastab 800	4-Sulfo-heptandisäuredidodecylester
Advastab 401	2,6-Di-(1,1-dimethylethyl)-4-methylhydroxybenzen
Aerodag G	Graphit
Aeromatt	Calciumcarbonat
Aeropax	Dimethylpolysiloxan
Aerothene MM	Dichlormethan
Aerothene TT	1,1,1-Trichlorethan
Aesculin	6,7-Dihydrocumarin-6-glucosid Hydrat
Aeskulin	6,7-Dihydrocumarin-6-glucosid Hydrat
Aethylcellulose	Ethylcellulose
Aethyliumaceticoaceticum	3-Oxobutansäureethylester
AF 60	Dimethylpolysiloxan
AF 9020	Dimethylpolysiloxan
Afcolène	Polyphenylethen
AF-10 FG	Dimethylpolysiloxan
AG 1500	Graphit

Gebräuchlicher Name Handelsname	Substanzname
Agalite	Magnesiumsilikathydrat
Agalmatholith	Magnesiumsilikathydrat
Agent 504	1-Decanol
Agerite Gel (25 %)	Polyethylen
Agidol	2,6-Di-(1,1-dimethylethyl)-4-methylhydroxybenzen
Agidol 1	2,6-Di-(1,1-dimethylethyl)-4-methylhydroxybenzen
Agilene	Polyethylen
AH	2-Ethyl-1-hexanol
AI3-00277	Zinkoxid
AI3-00515	Benzen-1,2-dicarbonsäuredicyclohexylester
Akadama	Calciumcarbonat
Akaziengummi	Gummi arabicum
Akrochem SWS-201	Dimethylpolysiloxan
Akrolein	Propen-2-al
Akro-zinc bar 85	Zinkoxid
Akro-zinc bar 90	Zinkoxid
Akrylaldehyd	Propen-2-al
Akrylsäureethylester	2-Propensäureethylester
Aktisol	Ethandisäure
Aktivkohle	Kohlenstoff (amorph)
Aktivkohle Darco	Aktivkohle
Aktivkohle Darco	Kohlenstoff (amorph)
AL 30	Polychlorethen
AL 31	Polychlorethen
Alabaster	Calciumsulfat
Alathon	Polyethylen
Alathon 14	Polyethylen
Alathon 15	Polyethylen
Alathon 1560	Polyethylen
Alathon 6600	Polyethylen
Alathon 7026	Polyethylen
Alathon 7040	Polyethylen
Alathon 7050	Polyethylen
Alathon 7140	Polyethylen
Alathon 7511	Polyethylen
Alathon 5B	Polyethylen
Alathone	Polyethylen
Alathon 71XHN	Polyethylen
Alaun	Aluminiumkaliumsulfat-12-hydrat
Alaunerde	Aluminiumoxid
Alaun Mehl	Aluminiumkaliumsulfat-12-hydrat
Alaunstein	Aluminiumkaliumsulfat-12-hydrat
Albacar	Calciumcarbonat
Albacar 5970	Calciumcarbonat
Albafil	Calciumcarbonat
Albaglos	Calciumcarbonat
Albaglos SF	Calciumcarbonat
Albatest	4,4'-(3H-2,1-Benzoxathiol-3-ylidene)-bis-(2,6-

Gebräuchlicher Name Handelsname	Substanzname
	dibromphenol)-S,S-dioxide
Alboline	Paraffin, C10-C13
Albone 35	Wasserstoffperoxid
Albone 50	Wasserstoffperoxid
Albone 70	Wasserstoffperoxid
Albone DS	Wasserstoffperoxid
Albone 35 LG	Wasserstoffperoxid
Albulith	Zinksulfid
Alco F 1	Aluminiumoxid
Alcojel	Propan-2-ol
Alcosolve 2	Propan-2-ol
Alcotex 88/05	Polyvinylalkohol
Alcotex 88/10	Polyvinylalkohol
Alcowax 6	Polyethylen
Alcox E 160	alpha-Hydro-w-hydroxypoly-(oxy-1,2-ethandiyl)
Alcox E 30	alpha-Hydro-w-hydroxypoly-(oxy-1,2-ethandiyl)
Aldehydammoniak	Methansäureamid
Aldehyd C-2	Ethanal
Aldehydwasserstoff	Ethen
Aldyl A	Polyethylen
Al-3945 E 1/16"	Aluminiumoxid
Al-4126 E 1/16"	Aluminiumoxid
Algin	Alginsäure Natriumsalz
Algofren 113	1,1,2-Trichlor-1,2,2-trifluorethan
Algrain	Ethanol
Algylen	1,1,2-Trichlorethen
aliphatischer Mineralölweichmacher	Paraffin, C10-C13
Alithon 7050	Polyethylen
Alizarin	1,2-Dihydroxyanthrachinon
Alizarin-Maroon (Aluminium)	Pigment Violett 5:1 (C.I. 58055:1)
Alizarin Rot B	1,2-Dihydroxyanthrachinon
Alkali-Blau	Pigment Blau 61 (C.I. 42765:1)
Alkali Blau	Pigment Blau 19 (C.I. 42750)
Alkali-Blau G	Pigment Blau 56 (C.I. 42800)
Alkanolamin 244	2,2',2"-Trihydroxytriethylamin
Alkathene	Polyethylen
Alkathene 17/04/00	Polyethylen
Alkathene 200	Polyethylen
Alkathene 22 300	Polyethylen
Alkathene ARN 60	Polyethylen
Alkathene WJG 11	Polyethylen
Alkathene WNG 14	Polyethylen
Alkathene XDG 33	Polyethylen
Alkathene XJK 25	Polyethylen
Alkofen BP	2,6-Di-(1,1-dimethylethyl)-4-methylhydroxybenzen
Alkohol C-9	N-nonanol
Alkotex	Polyvinylalkohol
Alk-tri	1,1,2-Trichlorethen

Gebräuchlicher Name Handelsname	Substanzname
Allercorb	L-(+)-Ascorbinsäure
Allied PE 617	Polyethylen
Allied whiting	Calciumcarbonat
Alloid	Alginsäure Natriumsalz
Allose	Alginsäure Natriumsalz
Allura-Rot-Farbpigment	Pigment Rot x (C.I. 16035:x)
Allylenoxid	Propan-1,2-epoxid
N-Allylthioharnstoff	Propenthiokohlensäurediamid
Alman	Alginsäure Natriumsalz
Almite	Aluminiumoxid
Alon	Aluminiumoxid
Alon C	Aluminiumoxid
Aloxite	Aluminiumoxid
Al-0109 P	Aluminiumoxid
Al-3916 P	Aluminiumoxid
Al-3970 P	Aluminiumoxid
Alphex FIT 221	Polyethylen
Al-1401 P (MS)	Aluminiumoxid
Al-0104 T 3/16"	Aluminiumoxid
Al-1404 T 3/16"	Aluminiumoxid
Al-3438 T 1/8"	Aluminiumoxid
Al-3980 T 5/32"	Aluminiumoxid
Al-4028 T 3/16"	Aluminiumoxid
Alterungsschutzmittel KB	2,6-Di-(1,1-dimethylethyl)-4-methylhydroxybenzen
Alto	Alginsäure Natriumsalz
Altowhites	Kaolin
Alu	Aluminium
alpha-Alumina	Aluminiumoxid
Alumina	Aluminiumoxid
F 360 (Alumina)	Aluminiumoxid
gamma-Alumina	Aluminiumoxid
Aluminite 37	Aluminiumoxid
Aluminiumbronze	Aluminium
Aluminium chloratum	Aluminiumchlorid (wasserfrei)
Aluminium Flitter	Aluminium
Aluminium Grieß	Aluminium
Aluminiumgrieß	Aluminium
Aluminiumhydrat	Aluminiumhydroxid Sulfat
Aluminiumkaliumsulfat Dodecahydrat	Aluminiumkaliumsulfat-12-hydrat
Aluminiumkugelmühlenstaub	Aluminium
Aluminiummonostearat	Octadecansäure Aluminiumsalz
alpha-Aluminiumoxid	Aluminiumoxid
gamma-Aluminiumoxid	Aluminiumoxid
Aluminiumpulver	Aluminium
Aluminiumpulver, pyrophor	Aluminium
Aluminiumrot	Pigment Rot 172 (C.I. 45430:1)
Aluminiumsalz	Pigment Rot x (C.I. 16035:x)
Aluminium sesquioxide	Aluminiumoxid

Gebräuchlicher Name Handelsname	Substanzname
Aluminiumspäne	Aluminium
Aluminiumstaub	Aluminium
Aluminiumstearat	Octadecansäure Aluminiumsalz
Aluminiumtrichlorid	Aluminiumchlorid (wasserfrei)
Aluminiumtrichlorid, wasserfrei	Aluminiumchlorid (wasserfrei)
Aluminiumtrioxid	Aluminiumoxid
Aluminumsilikat, hydratisiert	Kaolin
Alumite	Aluminiumoxid
Alumite (oxide)	Aluminiumoxid
Alumiumpulver, nicht überzogen, nicht pyrophor	Aluminium
Alumolgel Al	Aluminiumoxid
Alundum 600	Aluminiumoxid
Alundum (OSHA)	Aluminiumoxid
Alunit	Aluminiumkaliumsulfat-12-hydrat
Alvyl	Polyvinylalkohol
Amalox	Zinkoxid
Amasil	Methansäure
Ambythene	Polyethylen
Amchem grass killer	Trichlorethansäure
Amchlor	Ammoniumchlorid
Ameisenaldehyd	Methanal
Ameisensäure	Methansäure
Ameisensäurealdehyd	Methanal
Ameisensäureamid	Methansäureamid
Ameisensäuredimethylamid	N,N-Dimethylmethanamid
Ameripol	Polyethylen
Ameripol Synpol E-BR 8405	Polybutadien
Ameripol Synpol E-BR 8407	Polybutadien
Ameripol Synpol E-BR 8411	Polybutadien
Ameripol Synpol E-BR 8418	Polybutadien
Ameripol Synpol E-BR 8419	Polybutadien
Amethyst	Silicium(IV)-oxid
Ametol M21	2-Dimethylaminoethanol
Amid C(1)	Methansäureamid
Amidobenzol	Aminobenzen
Amidol	1-Hydroxy-2,4-diaminobenzendihydrochlorid
Amidoschwefelsäure	Sulfamidsäure
Amidosulfonsäure	Sulfamidsäure
Aminobenzol	Aminobenzen
Aminobenzol Sulfat	Aminobenzensulfat
4-Aminodiethylanilinsulfat	N,N-Diethyl-1,4-diaminobenzen Sulfat
Aminoessigsäure	Aminoethansäure
ß-Aminoethanol	2-Aminoethanol
L-2-Aminoglutarsäure	L-2-Aminopentandisäure
1-Amino-2-hydroxypropan	1-Amino-2-propanol
1-Amino-isopropylalkohol	1-Amino-2-propanol
alpha-Amino-isopropylalkohol	1-Amino-2-propanol
alpha-Aminoisopropylalkohol	1-Amino-2-propanol

Gebräuchlicher Name Handelsname	Substanzname
Aminomethan	Methylamin
2-Amino-5-(N-ethyl-N-(ß-methylsulfonamidoethyl)amino)-toluen Sesquisulfat Monohydrat	4-N-Ethyl-4-N(2-methylsulfonamidoethyl)-2-methyl-1,4-diamino-benzen-sesquisulfat-monohydrat
Aminophen	Aminobenzen
L-1-Aminopropan-1,3-dicarbonsäure	L-2-Aminopentandisäure
1-Aminopropan-2-ol	1-Amino-2-propanol
1-Aminopropanol-2	1-Amino-2-propanol
Amino-p-xylol	2,5-Dimethylaminobenzen
Ammonia 25 %	Ammoniaklösung
Ammonia	Ammoniak (wasserfrei)
Ammoniak	Ammoniak (wasserfrei)
Ammoniakflüssigkeit	Ammoniaklösung
Ammoniak, Lösungen	Ammoniaklösung
Ammoniaksalpeter	Ammoniumnitrat
Ammoniakwasser	Ammoniaklösung
Ammoniak, Wasserlösung	Ammoniaklösung
Ammonium	Ammoniak (wasserfrei)
Ammoniumbichromat	Ammoniumdichromat
Ammoniumbifluorid	Ammoniumhydrogenfluorid
Ammoniumbisulfid	Ammoniumhydrogensulfid
Ammoniumchromat	Ammoniumchromat(VI)
Ammoniumhydrogenbifluorid	Ammoniumhydrogenfluorid
Ammoniumhydrogendifluorid	Ammoniumhydrogenfluorid
Ammoniumhydrosulfid	Ammoniumhydrogensulfid
Ammoniumhydroxid	Ammoniaklösung
Ammoniumhyposulfit	Ammoniumthiosulfat
Ammoniummonochromat	Ammoniumchromat(VI)
Ammoniumperoxodisulfat	Ammoniumpersulfat
Ammoniumperoxysulfat	Ammoniumpersulfat
Ammoniumpyrochromat	Ammoniumdichromat
Ammoniumrhodanid	Ammoniumthiocyanat
Ammoniumsalz	Ammoniumchlorid
Ammoniumsulfhydrat	Ammoniumhydrogensulfid
Ammoniumsulfocyanat	Ammoniumthiocyanat
Ammoniumsulfocyanid	Ammoniumthiocyanat
Ammonnitrat	Ammoniumnitrat
Ammonsalpeter	Ammoniumnitrat
Amoco 610A4	Polyethylen
AMS	2-Phenylpropen
Amylacetat	Ethansäurepentylester
n-Amylacetat	Ethansäurepentylester
Amylalkohol	Pentan-1-ol
n-Amylalkohol	Pentan-1-ol
sek.-Amylcarbinol	2-Methyl-pentan-1-ol
Amylcarbinol	Hexan-1-ol
Amylin	Dextrin
Amylium aceticum, normale	Ethansäurepentylester

Gebräuchlicher Name Handelsname	Substanzname
Amylum	Stärke
Amylum solubile	Stärke
AN	Ammoniumnitrat
Anamenth	1,1,2-Trichlorethen
Anfram 3 PB	Tris-(2,3-dibromopropyl)-phosphat
Anfram 3PB	Tris-(2,3-dibromopropyl)-phosphat
Anglesit	Blei(II)-sulfat
Anhydricum	Aluminiumchlorid (wasserfrei)
Anhydrol	Ethanol
Anhydrolalkohol	Ethanol
Anilin	Aminobenzen
Anilin Öl	Aminobenzen
Anilinöl	Aminobenzen
Anilin Schwarz	Pigment Schwarz 1 (C.I. 50440)
Anilinschwarz-Pigment	Pigment Schwarz 1 (C.I. 50440)
Anilin-Sulfat	Aminobenzensulfat
Anisen	Methylbenzen
Ankilostin	Tetrachlorethen
Annulen	Benzen
Annullen	Benzen
Anol	Cyclohexanol
Anon	Cyclohexanon
Anonsextone	Cyclohexanon
Anozol	Benzen-1,2-dicarbonsäurediethylester
Anrached, standard	Eisen(III)-oxid
Antak	1-Decanol
Anthion	Kaliumperoxodisulfat
9,10-Anthracendion	Anthrachinon
Anthrachinoides Pigment	Pigment Gelb 108 (C.I. 68420)
9,10-Anthrachinon	Anthrachinon
Anthrachinon-Blau	6,15-Dihydro-5,9,14,18-antrazintetron
Anthrachinon-Rot	Pigment Rot 177 (C.I. 65300)
Anthracine 8	2,6-Di-(1,1-dimethylethyl)-4-methylhydroxybenzen
Anthrapyrimidingelb	Pigment Gelb 108 (C.I. 68420)
Anthraquinone Blue	6,15-Dihydro-5,9,14,18-antrazintetron
Anthraquinone Deep Blue	6,15-Dihydro-5,9,14,18-antrazintetron
Anthrazen	Anthracen
Antifoam A	Dimethylpolysiloxan
Antiformin	Natriumhypochlorit (wäßrige Lösung)
Antilux	Polyethylen
Antilux 540	Polyethylen
Antilux 600	Polyethylen
Antilux 654	Polyethylen
Antilux AO	Polyethylen
Antilux AOL	Polyethylen
Antilux L	Polyethylen
Antimonblüte	Antimon(III)-oxid
Antimonmangan Rutil	Pigment Gelb 164 (C.I. 77899)

Gebräuchlicher Name Handelsname	Substanzname
Antimon-/Nickel-/Titandioxid-Rutil	Pigment Gelb 53 (C.I. 77788)
Antimonpentachlorid	Antimon(V)-chlorid
Antimon, Pulver	Antimon
Antimontrioxid	Antimon(III)-oxid
Antimon Weiß	Antimon(III)-oxid
Antimonweiß	Antimon(III)-oxid
Antimonytrioxid	Antimon(III)-oxid
Antiossidante 234	2,6-Di-(1,1-dimethylethyl)-4-methylhydroxybenzen
Antioxidant 30	2,6-Di-(1,1-dimethylethyl)-4-methylhydroxybenzen
Antioxidant 4	2,6-Di-(1,1-dimethylethyl)-4-methylhydroxybenzen
Antioxidant AS	4-Sulfo-heptandisäurediddodecylester
Antioxidant DBPC/BHT	2,6-Di-(1,1-dimethylethyl)-4-methylhydroxybenzen
Antioxidant DBPC/BHT/AB2	2,6-Di-(1,1-dimethylethyl)-4-methylhydroxybenzen
Antioxidant DBPC/BHT/AC3	2,6-Di-(1,1-dimethylethyl)-4-methylhydroxybenzen
Antioxidant DBPC/BHT/AP4	2,6-Di-(1,1-dimethylethyl)-4-methylhydroxybenzen
Antioxidant DBPC/BHT/AT1	2,6-Di-(1,1-dimethylethyl)-4-methylhydroxybenzen
Antioxidant 4 K	2,6-Di-(1,1-dimethylethyl)-4-methylhydroxybenzen
Antioxidant KB	2,6-Di-(1,1-dimethylethyl)-4-methylhydroxybenzen
Antioxidant No. 29	2,6-Di-(1,1-dimethylethyl)-4-methylhydroxybenzen
Antisal	Tetrachlorethen
Antisal 1 a	Methylbenzen
Antiscorbic vitamin	L-(+)-Ascorbinsäure
Antiscorbutic vitamin	L-(+)-Ascorbinsäure
Antiscorbut Vitamin	L-(+)-Ascorbinsäure
Antox	Antimon(III)-oxid
Antrancine 8	2,6-Di-(1,1-dimethylethyl)-4-methylhydroxybenzen
AO-2	4-Sulfo-heptandisäurediddodecylester
AO 29	2,6-Di-(1,1-dimethylethyl)-4-methylhydroxybenzen
AO 4 K	2,6-Di-(1,1-dimethylethyl)-4-methylhydroxybenzen
Apex 462-5	Tris-(2,3-dibromopropyl)-phosphat
Apiezonwachs	Paraffin
Appretan	Polyethansäureethenylester
APV	Diethylenethandiolmonoethylether
Aqua	Wasser
Aqua Ammonia	Ammoniaklösung
Aquacal	Octadecansäure, Calciumsalz
Aquacare	Kohlensäurediamid
Aquadag	Graphit
Aquadrate	Kohlensäurediamid
Aquaffin	alpha-Hydro-w-hydroxypoly-(oxy-1,2-ethandiyl)
Aqua fortis	Salpetersäure
Arabisches Gummi	Gummi arabicum
Aracet APV	Polyvinylalkohol
Aragonit	Calciumcarbonat
Arco-cee	L-(+)-Ascorbinsäure
Arcosolv PM	1-Methoxy-2-propanol
Arcton 113	1,1,2-Trichlor-1,2,2-trifluorethan
Argilla	Kaolin

Gebräuchlicher Name Handelsname	Substanzname
Armenian bole	Eisen(III)-oxid
Armodour	Polychlorethen
Armol	4-Methylaminohydroxybenzensulfat
ARO	Aktivkohle
Aroflow	Aktivkohle
Arogen	Aktivkohle
Aromex	Aktivkohle
ARON compound HW	Polychlorethen
Arosol	1-Hydroxy-2-phenoxyethan
Arotone	Aktivkohle
Arovel	Aktivkohle
Arrow	Aktivkohle
Arsentriselenid	Arsenselenid
Arylidgelb	Pigment Gelb 74 (C.I. 11741)
Arylidgelb	Pigment Gelb 3 (C.I. 11710)
Arylid-Gelb ER	Pigment Gelb 116
Arylid-Gelb FGL	Pigment Gelb 97 (C.I. 11767)
Arylid-Gelb G	Pigment Gelb 1 (C.I. 11680)
Arylid-Gelb 10G	Pigment Gelb 3 (C.I. 11710)
Arylid-Gelb 10GX	Pigment Gelb 98 (C.I. 11727)
Arylid-Gelb GX	Pigment Gelb 73 (C.I. 11738)
Arylid-Gelb GY	Pigment Gelb 74 (C.I. 11741)
Arylid-Gelb 4R	Pigment Gelb 60 (C.I. 12705)
Arylid-Gelb 3RA	Pigment Gelb 65 (C.I. 11740)
Arylid-Gelb RN	Pigment Gelb 65 (C.I. 11740)
Arzneimittelsprit	Ethanol
AS 1	Graphit
Asbestine	Magnesiumsilikathydrat
Asbury 505	Graphit
Ascoltin	L-(+)-Ascorbinsäure
Ascorbajen	L-(+)-Ascorbinsäure
Ascorbate	L-(+)-Ascorbinsäure
Ascorbic acid	L-(+)-Ascorbinsäure
Ascorbicap	L-(+)-Ascorbinsäure
Ascor-B.I.D.	L-(+)-Ascorbinsäure
L-Ascorbinsäure	L-(+)-Ascorbinsäure
Ascorbinsäure	Isoascorbinsäure Natriumsalz
Ascorbutina	L-(+)-Ascorbinsäure
Ascorin	L-(+)-Ascorbinsäure
Ascorteal	L-(+)-Ascorbinsäure
Ascorvit	L-(+)-Ascorbinsäure
Äsculin	6,7-Dihydrocumarin-6-glucosid Hydrat
Äsculin Monohydrat	6,7-Dihydrocumarin-6-glucosid Hydrat
Äskulin	6,7-Dihydrocumarin-6-glucosid Hydrat
Asphalt	Bitumen
Astralon	Polychlorethen
Astro Orange	Pigment Rot 53:1 (C.I. 15585:1)
asym.-Dichlorethen	1,1-Dichlorethen

Gebräuchlicher Name Handelsname	Substanzname
asym.-Dichlorethylen	1,1-Dichlorethen
AT 20	Graphit
Atactic poly(vinyl chloride)	Polychlorethen
ATBC	Acetyltributylcitrat
AT-Cellulose	Ethylcellulose
Äthanal	Ethanal
Ätherin	Ethen
Äthoxylsäure	Ethansäure
Äthylen	Ethen
Atic Vat Blue XRN	6,15-Dihydro-5,9,14,18-antrazintetron
ATJ-S	Graphit
ATJ-S Graphit	Graphit
Atlantic	Aktivkohle
Atlasspat	Calciumcarbonat
Atolo	4-Methylaminohydroxybenzensulfat
Atomic Red	Pigment Rot 53:1 (C.I. 15585:1)
Atomite	Calciumcarbonat
Attagel	Silicium(IV)-oxid
Attapulgus 150	Silicium(IV)-oxid
Ätzammoniak	Ammoniaklösung
Ätzendes Ammoniak	Ammoniaklösung
Ätzkali	Kaliumhydroxid
Ätzkalium	Kaliumhydroxid
Ätzkalk	Calciumoxid
Ätznatron	Natriumhydroxid
Ätzsoda	Natriumhydroxid
Ätzstein	Kaliumhydroxid
Auramin	Solvens Gelb 34 (C.I. 41000:1)
Auramin Base	Solvens Gelb 34 (C.I. 41000:1)
Auraminhydrochlorid	4,4'-(Imidocarbonyl)-bis-(N,N-dimethylanilin) Hydrochlorid
Auramin O (C. I. 41000)	4,4'-(Imidocarbonyl)-bis-(N,N-dimethylanilin) Hydrochlorid
Austiox	Titandioxid
Avantine	Propan-2-ol
Avicel	Cellulose
AVM	Ethansäureethenylester
Avokal Benzoesäure	Benzencarbonsäure
Avolin	Benzen-1,2-dicarbonsäuredimethylester
Avoxid Aktiv	Zinkoxid
Avoxid Transaktiv	Zinkoxid
AX 363	Calciumcarbonat
Ayuisal	Ethandisäure
2,2',2"-Azanetriyltris-ethanol	2,2',2"-Trihydroxytriethylamin
Azelainsäuredicyclohexylester	Dicyclohexylacelat
Azelainsäure-di-(2-ethylhexyl)-ester	Nonandisäure-bis-[2-ethylhexylester]
Azeleinsäure-di-(n-hexyl)-ester	Di-(n-hexyl)-azelat
Azetaldehyd	Ethanal

Gebräuchlicher Name Handelsname	Substanzname
Azeton	2-Propanon
Azetylchlorid	Ethansäurechlorid
Azetylen	Ethin
Azetylentrichlorid	1,1,2-Trichlorethen
Azimidobenzol	Benzotriazol
Azo 11	Zinkoxid
Azo-33	Zinkoxid
Azo-55	Zinkoxid
Azo-66	Zinkoxid
Azo-77	Zinkoxid
Azodox	Zinkoxid
Azodox-55	Zinkoxid
Azodox-55TT	Zinkoxid
Azoic Coupling Component 2	3-Hydroxy-2-naphthoesäure-anilid
Azomethingelb 5G (Kupfer)	Pigment Gelb 129
Azomethingelb (Kupfer)	Pigment Gelb 117
Azo-55TT	Zinkoxid
Azo-66TT	Zinkoxid
Azo-77TT	Zinkoxid
Azurblau	Pigment Blau 29 (C.I. 77007)
B 13	Magnesiumsilikathydrat
B 9	Magnesiumsilikathydrat
P 2010B	Polyethylen
Backsoda	Natriumhydrogencarbonat
Bakelite	Polychlorethen
Bakelite DFD 330	Polyethylen
Bakelite DHDA 4080	Polyethylen
Bakelite DYNH	Polyethylen
Bakelite QSAH 7	Polychlorethen
Bakelite QYAC 10	Polychlorethen
Bakelite QYJV 1	Polychlorethen
Bakelite qyoh-1	Polychlorethen
Bakelite QYSL 7	Polychlorethen
Bakelite QYTO 7	Polychlorethen
Bakelite UCA 3310	Polychlorethen
Bakontal	Bariumsulfat
Balsamöl	Terpentin
Balsamterpentinöl "P"	Terpentin
Barco B	Bariumsulfat
Bareco polywax 2000	Polyethylen
Bareco wax C 7500	Polyethylen
Baridol	Bariumsulfat
Baritop	Bariumsulfat
Bariumkarbonat	Bariumcarbonat
Bariwite	Bariumsulfat
Barosperse	Bariumsulfat
Barotrast	Bariumsulfat
Barus	Dimethylpolysiloxan

Gebräuchlicher Name Handelsname	Substanzname
Barytweiß	Bariumsulfat
Base Öl	Petroleum
BASF Alkali Blue 61-HR-0303	Pigment Blau 61 (C.I. 42765:1)
BASF Alkali Blue NB S 6150	Pigment Blau 61 (C.I. 42765:1)
BASF Katalysator H 1-50	Nickel
Basic Blue 26	Basisches Blau 26 (C.I. 44045)
Basic Green 1	Bis-(4-diethylaminophenyl)-phenylcarboniumhydrogensulfat
Basic Red 1	Basisches Rot 1 (C.I. 45160)
Basic Violet 2	Neufuchsin (C.I. 42520)
Basic Violet 14	Fuchsin (C.I. 42510)
Basic Violet 1	Basisches Violett 1 (C.I. 42535)
Basic Violet 10	Basisches Violett 10 (C.I. 45170)
Basic Yellow 2	4,4'-(Imidocarbonyl)-bis-(N,N-dimethylanilin) Hydrochlorid
Basic Yellow 37	Basisches Gelb 37 (C.I. 41001)
Basic Zink Gelb	Pigment Gelb 36:1 (C.I. 77956)
Basisches Gelb 2	4,4'-(Imidocarbonyl)-bis-(N,N-dimethylanilin) Hydrochlorid
Basisches Grün 1 (C.I. 42040)	Bis-(4-diethylaminophenyl)-phenylcarboniumhydrogensulfat
Basisches Violett 14	Fuchsin (C.I. 42510)
Basisches Violett 2 (C.I. 42520)	Neufuchsin (C.I. 42520)
Basodexan	Kohlensäurediamid
Basoflex Blau 6900	Pigment Blau 15:1 (C.I. 74250)
Basoflex Gelb 1780	Pigment Gelb 83 (C.I. 21108)
Basoflex Gelb 1452	Pigment Gelb 126 (C.I. 21101)
Basoflex Gelb 1251	Pigment Gelb 74 (C.I. 11741)
Basoflex Grün 8730	Kupferphthalocyanin, chloriert
Basoflex Rosa 4810	Pigment Rot 169 (C.I. 45160:2)
Basoflex Rot 3855	Pigment Rot 112 (C.I. 12370)
Basoflex Violett 6140	Pigment Violett 27 (C.I. 42535:3)
Basonyl Blau	Basisches Blau 26 (C.I. 44045)
Basonyl Gelb 105	Basisches Gelb 37 (C.I. 41001)
Baso Rot 546	Solvens Rot 49 (C.I. 451701/1)
Bauxit	Aluminiumoxid
Bauxite residue	Eisen(III)-oxid
Bauxitrückstand	Eisen(III)-oxid
Bayerit	Aluminiumoxid
Bayer SII	Eisen(III)-oxid
Bayertitan	Titandioxid
Bayferrox 3950	Pigment Gelb 119 (C.I. 77496)
Bayferrox 1920	Eisen(III)-hydroxid
Bayferrox 910	Eisen(III)-hydroxid
Bayferrox 920	Eisen(III)-hydroxid
Bayferrox 930	Eisen(III)-hydroxid
Bayferrox 940	Eisen(III)-hydroxid
Bayferrox 110	Eisen(III)-oxid
Bayferrox 120	Eisen(III)-oxid

Gebräuchlicher Name Handelsname	Substanzname
Bayferrox 130	Eisen(III)-oxid
Bayferrox 130/1	Eisen(III)-oxid
Bayferrox 140	Eisen(III)-oxid
Bayferrox 306	Eisen(II,III)-oxid
Bayferrox 316	Eisen(II,III)-oxid
Bayferrox 318	Eisen(II,III)-oxid
Bayferrox 320	Eisen(II,III)-oxid
Bayferrox 130 B	Eisen(III)-oxid
Bayferrox Gelb	Eisen(III)-hydroxid
Bayferrox 318 M	Eisen(II,III)-oxid
Bayferrox 120 N	Eisen(III)-oxid
Bayferrox Schwarz	Eisen(II,III)-oxid
Bayferrox 303 T	Pigment Schwarz 26 (C.I. 77494)
Bayferrox 645 T	Pigment Schwarz 26 (C.I. 77494)
Bayol 55	Paraffin, C10-C13
Bayol I	Paraffin, C10-C13
BBP	Benzen-1,2-dicarbonsäurebenzyl-n-butylester
BDG	Diethylenethandiolmonobutylether
BDGA	Diethylenethandiolmonobutyletheracetat
Beaver White 200	Magnesiumsilikathydrat
Beckamene 21-510	Urethan, Polymer mit Formaldehyd
BEHA	Hexandicarbonsäure-bis-2-ethylhexylester
BEHA	Adipinsäurebenzyl-2-ethylhexylester
Bein-Schwarz	Pigment Schwarz 9 (C.I. 77267)
Benecel M	Methylcellulose
Bengalrosa Dinatriumsalz	2',4',5',6'-Tetrachlor-2,4,5,7-tetrajodfluorescein Dinatriumsalz
Benoxyl	Dibenzoylperoxid
Bentol II	Methylbenzen
Bentone	Kaolin
Bentonit	Pigment Weiß 19 (C.I. 77004)
Benural 70	Kohlensäurediamid
Benzadone Blue RS	6,15-Dihydro-5,9,14,18-antrazintetron
Benzalphenylhydrazin	Benzaldehydphenylhydrazon
Benzenamin	Aminobenzen
1,2-Benzendicarbonsäure-di-C9-11-allylester	Phthalsäureester, Gemisch
1,2-Benzendicarbonsäure-diethyl-ester	Benzen-1,2-dicarbonsäurediethylester
1,2-Benzendicarbonsäure-di-n-butylester	Benzen-1,2-dicarbonsäuredi-n-butylester
1,2-Benzendicarboxylsäure-bis-(2-ethylhexyl)ester	Benzen-1,2-dicarbonsäuredi-2-ethylhexylester
1,2-Benzendicarboxylsäure-diisononylester	Benzen-1,2-dicarbonsäuredi-iso-nonylester (Isomerengemisch)
Benzenesulfonamid	N-cyclohexyl-4-methylbenzenesulfonamid
Benzen gereinigt	Benzen
Benzenmethanol	Phenylmethanol
Benzenmonochlorid	Chlorbenzen
Benzensulfonsäurebutylamid	N-Butylbenzensulfonamid
1,3,5-Benzentriol	1,3,5-Trihydroxybenzen
1,2,3-Benzentriol	1,2,3-Trihydroxybenzen

Gebräuchlicher Name Handelsname	Substanzname
Benzidam	Aminobenzen
Benzidin	(1,1'-Biphenyl)-4,4'-diamin
Benzidine Yellow 20544	Pigment Gelb 13 (C.I. 21100)
Benzidine Yellow GE	Pigment Gelb 13 (C.I. 21100)
Benzidine Yellow GR	Pigment Gelb 13 (C.I. 21100)
Benzidine Yellow Lemon 12221	Pigment Gelb 13 (C.I. 21100)
Benzidingelb	Pigment Gelb 12 (C.I. 21090)
Benzil-alpha,alpha-dimethylketal	2,2-Dimethoxy-2-phenylacetophenon
Benzimidazol-Bordeaux HF3R	Pigment Violett 32 (C.I. 12517)
Benzimidazolon-Carminrot HF4C	Pigment Rot 185 (C.I. 12516)
Benzimidazolone Braun HFR	Pigment Braun 25 (C.I. 12510)
Benzimidazolongelb H2G	Pigment Gelb 120 (C.I. 11783)
Benzimidazolongelb H6G	Pigment Gelb 175 (C.I. 11784)
Benzimidazolongelb H4G	Pigment Gelb 151 (C.I. 13980)
Benzimidazolongelb H3G	Pigment Gelb 154 (C.I. 11781)
Benzimidazolon-Karminrot HF3C	Pigment Rot 176 (C.I. 12515)
Benzimidazolon Maroon HFM	Pigment Rot 171 (C.I. 12512)
Benzimidazolon-Rot HF2B	Pigment Rot 208 (C.I. 12514)
Benzimidazolonrot HFT	Pigment Rot 175 (C.I. 12513)
Benzimidazol-Orange HF	Pigment Orange 36 (C.I. 11780)
Benzin	Bezin, aromatischer Anteil 20%
Benzinoform	Tetrachlormethan
Benzinol	1,1,2-Trichlorethen
Benzkatechinmonomethylether	2-Methoxyhydroxybenzen
Benzochin-1,4-dion	2,5-Cyclohexadien-1,4-dion
1,4-Benzochinon	2,5-Cyclohexadien-1,4-dion
p-Benzochinon	2,5-Cyclohexadien-1,4-dion
2-Benzocyclopentadiencarbonsäure	2-Indencarbonsäure
1-Benzocyclopentadiencarbonsäure	1-Indencarbonsäure
Benzoen	Methylbenzen
Benzoesäure	Benzencarbonsäure
Benzoesäurebutylester	Butylbenzoat
Benzoesäurediester mit Polyethylen-glykol 600	Polyethylen-glykol-600-di-benzoat
Benzoesäure GK	Benzencarbonsäure
Benzoesäure-glyceryl-triester	Glyceryltribenzoat
Benzoesäure-tetra-ester mit Pentaerythri-tol	Pentaerythiol-tetra-benzoat
Benzoflex 2-45	Dibenzoyldiethylenglykolester
Benzoflex 9-88	Dipropylenglykoldibenzoat
Benzoflex P-600	Polyethylen-glykol-600-di-benzoat
Benzoflex S-552	Pentaerythiol-tetra-benzoat
Benzoflex S-404	Glyceryltribenzoat
Benzoflex 9-88 SG	Dipropylenglykoldibenzoat
Benzoflex T-150	Triethylenglykoldibenzoat
Benzoguanamin	2,4-Diamino-6-phenyl-1,3,5-triazin
Benzoinmethylether	2-Methoxy-1,2-diphenylethanon
Benzol	Benzen
Benzolamin	Aminobenzen
Benzolazimid	Benzotriazol

Gebräuchlicher Name Handelsname	Substanzname
Benzolcarbonsäure	Benzencarbonsäure
Benzolchlorid	Chlorbenzen
Benzol-1,2-dicarbonsäurebenzylbutylester	Benzen-1,2-dicarbonsäurebenzyl-n-butylester
Benzol-1,2-dicarbonsäuredibutylester	Benzen-1,2-dicarbonsäuredi-n-butylester
1,2-Benzoldicarbonsäure-di-C8-10-alkylester, Gemisch	1,2-Benzendicarbonsäure-di-C8-10-alkylester, Gemisch
Benzol-1,2-dicarbonsäuredicyclohexylester	Benzen-1,2-dicarbonsäuredicyclohexylester
Benzol-1,2-dicarbonsäuredi-2-ethylhexylester	Benzen-1,2-dicarbonsäuredi-2-ethylhexylester
1,2-Benzoldiol	1,2-Dihydroxybenzen
Benzolhexacarbonsäure-(2-ethylhexy)-ester	1,2,4-Benzentricarbonsäure-tris-(2-ethylhexylester)
Benzolmethanol	Phenylmethanol
N-Benzolsulfonyl-1-butylamin	N-Butylbenzensulfonamid
1,2,4-Benzoltricarbonsäure-tris-(2-ethylhexylester)	1,2,4-Benzentricarbonsäure-tris-(2-ethylhexylester)
1,2,3-Benzoltriol	1,2,3-Trihydroxybenzen
Benzophenol	Hydroxybenzen
Benzophenon	Diphenylmethanon
1,2,3-Benzotriazol	Benzotriazol
1H-Benzotriazol	Benzotriazol
Benzoylbenzen	Diphenylmethanon
4-Benzoylbiphenyl	(1,1'-Biphenyl)-4-yl-phenylmethanon
Benzoylperoxid	Dibenzoylperoxid
4-Benzoylresorcin	2,4-Dihydroxybenzophenon
4-Benzoylresorcinol	2,4-Dihydroxybenzophenon
Benzoylsuperoxid	Dibenzoylperoxid
1,2,3-Benztriazol	Benzotriazol
Benztriazol	Benzotriazol
Benzylalkohol	Phenylmethanol
Benzylbutylphthalat	Benzen-1,2-dicarbonsäurebenzyl-n-butylester
Benzyl-2-ethylhexyl-adipat	Adipinsäurebenzyl-2-ethylhexylester
Benzyl-2-ethylhexyl-adipinsäureester	Adipinsäurebenzyl-2-ethylhexylester
Benzyloctyladipat	Adipinsäurebenzyl-2-ethylhexylester
Benzylphthalat	Benzen-1,2-dicarbonsäuredibenzylester
Benzylwasserstoff	Methylbenzen
Bergblau	Bariumcarbonat
Bergmehl	Calciumcarbonat
Bergpech	Bitumen
Berliner Blau	Eisen(III)-hexacyanoferrat(II)
Bernsteinsäureanhydrid	Butandisäureanhydrid
Bernsteinsäuredimethylester	Dimethylsuccinat
BES	Benzencarbonsäure
beta-Alumina	Aluminiumoxid
beta-Aluminiumoxid	Aluminiumoxid
beta,delta-Dioxopentan	2,4-Pentandion
alpha, beta-Dichlorethan	1,2-Dichlorethan
beta-Ketopropan	2-Propanon
beta-Nitropropan	2-Nitropropan
Bexthene	Polyethylen
Bextrene	Polyphenylethen

Gebräuchlicher Name Handelsname	Substanzname
BF 200	Calciumcarbonat
BFV	Methanal
BHT	2,6-Di-(1,1-dimethylethyl)-4-methylhydroxybenzen
BHT-Bayer	2,6-Di-(1,1-dimethylethyl)-4-methylhydroxybenzen
BHT-P Swanox	2,6-Di-(1,1-dimethylethyl)-4-methylhydroxybenzen
BHT-Raschig	2,6-Di-(1,1-dimethylethyl)-4-methylhydroxybenzen
BHT-Swanox	2,6-Di-(1,1-dimethylethyl)-4-methylhydroxybenzen
4,4'-Bianilin	(1,1'-Biphenyl)-4,4'-diamin
p,p'-Bianilin	(1,1'-Biphenyl)-4,4'-diamin
1,2-Bichlorethan	1,2-Dichlorethan
Bicolene C	Polyethylen
Bicolon	Dimethylpolysiloxan
Bicyclo-(4,4,0)-decan-(cis, trans)	Decahydronaphthalen (Isomerengemisch)
Biethylen	1,3-Butadien
BIK	Kohlensäurediamid
Bilan	Natriumdithionit
Bildstein	Magnesiumsilikathydrat
Bilorin	Methansäure
Bilt-Plates 156	Kaolin
Bimanol	2-Dimethylaminoethanol
4,4'-Biphenyldiamin	(1,1'-Biphenyl)-4,4'-diamin
4-Biphenyl-methylketon	1-[1,1'-Biphenyl]-4-yl-ethanon
Birnenether	Ethansäurepentylester
Bis-(2-(2-butoxyethoxy)ethyl)adipat	Hexandicarbonsäure-bis-[2-(2-butoxy-ethoxy)-ethyl]ester
Bis-(2-(2-butoxyethoxy)ethylester)	Hexandicarbonsäure-bis-[2-(2-butoxy-ethoxy)-ethyl]ester
Bis-(2-butoxyethyl)-ether	Diethylenethandioldibutylether
alpha,alpha-Bis-(3,5-dibromo-4-hydroxyphenyl)-alpha-hydroxy-o-toluensulfonsäure-gamma-sulfone	4,4'-(3H-2,1-Benzoxathiol-3-ylidene)-bis-(2,6-dibromphenol)-S,S-dioxide
3,3-Bis-(3,5-dibromo-4-hydroxy-phenyl)-3H-benz(c)(1,2)-oxathiol-1,1-dioxid	4,4'-(3H-2,1-Benzoxathiol-3-ylidene)-bis-(2,6-dibromphenol)-S,S-dioxide
4,4'-Bis-(diethylamino)-benzophenon	Bis-[4-(diethylamino)-phenyl]-methanon
p,p'-Bis-(diethylamino)-PPD	2,5-Bis-(4'-diethylaminophenyl)-1,3,4-oxadiazol
2,6-Bis-(1,1-dimethylethyl)-4-methylphenol	2,6-Di-(1,1-dimethylethyl)-4-methylhydroxybenzen
2,5-Bis-(1,1-dimethyl-propyl)-hydrochinon	2,5-Di-(1,1-dimethylethyl)-1,4-dihydroxybenzen
Bis-(2-ethoxyethoxy)-ethanol	Diethylenethandioldiethylether
Bis-(2-ethoxyethyl)-ether	Diethylenethandioldiethylether
Bis-(2-ethyhexyl)-adipinat	Hexandicarbonsäure-bis-2-ethylhexylester
3,6-Bis-(ethylamino)-2,7-dimethyl-9-(2'-benzoesäureethylester)-xanthyl-imoniumchlorid	Basisches Rot 1 (C.I. 45160)
1,2-Bis-[2-(2-ethylhexanoyloxy)-ethoxy]-ethan	2,2'-Ethylendioxydiethylbis(2-ethylhexanoat)
Bis-(2-ethylhexl)ester-nonandisäure	Nonandisäure-bis-[2-ethylhexylester]
Bis-(2-ethylhexyl)-adipat	Hexandicarbonsäure-bis-2-ethylhexylester
Bis-(2-ethylhexyl)-1,2-benzoldicarbonsäure	Benzen-1,2-dicarbonsäuredi-2-ethylhexylester
Bis-(2-ethylhexyl)-1,2-benzoldicarboxylat	Benzen-1,2-dicarbonsäuredi-2-ethylhexylester
Bis-(2-ethylhexyl)ester	Benzen-1,2-dicarbonsäuredi-2-ethylhexylester
Bis-(2-ethylhexyl)-hexandioat	Hexandicarbonsäure-bis-2-ethylhexylester
Bis-(2-ethylhexyl)-hexandisäureester	Hexandicarbonsäure-bis-2-ethylhexylester

Gebräuchlicher Name Handelsname	Substanzname
Bis(2-ethylhexyl)phthalat	Benzen-1,2-dicarbonsäuredi-2-ethylhexylester
Bis-(2-ethylhexyl)-phthalat	Benzen-1,2-dicarbonsäuredi-2-ethylhexylester
Bis(2-ethylhexyl)sebacat	1,8-Octandicarbonsäure-bis-(2-ethylhexylester)
1,1-(Bis-2'-hydroxy-5'-cyclohexyl-phenyl-aro-o-toluyl-4')-cyclohexan	Solvens Gelb 29 (C.I. 21230)
1,2-Bis-[2-hydroxy-ethoxy]-ethanol	Triethylenglycol
Bis-(2-,2-hydroxy-ethoxy)-ethyl)-ether	2,2'-(Oxybis-(ethylenoxy))-diethanol
Bis-[2-hydroxy-ethyl]-amin	Diethanolamin
2,2'-Bis-(2-Hydroxyethyl)-diethylether	2,2'-(Oxybis-(ethylenoxy))-diethanol
Bis-(2-hydroxyethyl)-ether	2-(2-Hydroxyethyl)-ethanol
Bis-(2-(2-hydroxyetoxy-9-ethyl)-ether	2,2'-(Oxybis-(ethylenoxy))-diethanol
2,2-Bis-4'-hydroxyphenylpropan	2,2-Bis-(4-hydroxyphenyl)-propan
Bis-(2-hydroxypropyl)-ether	Dipropylenethandiol
1,2-Bis-((2-methacryloxy)ethoxy)ethan	1,2-Bis-[2-methacryloyl-oxy-ethoxy]-ethan
Bis-(2-Methoxyethoxy)-ethanol	Diethylenethandioldimethylether
Bis-(2-methoxyethyl)-ether	Diethylenethandioldimethylether
Bis(2-methoxypropyl)-ether	Dipropylenethandiolmethylether
Bis(N-Methyl-4-hydroxyanilinium)-sulfat	4-Methylaminohydroxybenzensulfat
Bis(2-octyl)phthyalat	Phthalsäuredi-(1methylheptyl)ester
Bisoflex 81	Benzen-1,2-dicarbonsäuredi-2-ethylhexylester
Bisoflex DMP	Benzen-1,2-dicarbonsäuredimethylester
Bisoflex DOA	Hexandicarbonsäure-bis-2-ethylhexylester
bis-(p-Dimethylaminophenyl)-methylenimin Hydrochlorid	4,4'-(Imidocarbonyl)-bis-(N,N-dimethylanilin) Hydrochlorid
4,4'-Bisphenol A	2,2-Bis-(4-hydroxyphenyl)-propan
Bisphenol A	2,2-Bis-(4-hydroxyphenyl)-propan
p,p'-Bisphenol A	2,2-Bis-(4-hydroxyphenyl)-propan
2,2-Bis-(p-hydroxyphenyl)-propan	2,2-Bis-(4-hydroxyphenyl)-propan
Bissolvant APV	2-(2-Hydroxyethyl)-ethanol
Bivinyl	1,3-Butadien
Blacar 1716	Polychlorethen
Black lead	Graphit
Black perls	Aktivkohle
Blacosolv	1,1,2-Trichlorethen
Blanc fixe	Bariumsulfat
Blanc fixe micro	Bariumsulfat
Blancosolv	1,1,2-Trichlorethen
Blandlube	Paraffin, C10-C13
Blankit	Natriumdithionit
Blascosoly	1,1,2-Trichlorethen
L-Blau 1	6,15-Dihydro-5,9,14,18-antrazintetron
blauer Vitriol	Kupfer(II)-sulfat-5-hydrat
Blauöl	Aminobenzen
blausaures Kalium	Kaliumcyanid
Bleicarbonat	Blei(II)-carbonat basisch
Bleichlauge	Natriumhypochlorit (wäßrige Lösung)
Bleichromat	Blei(II)-chromat
Bleichromatmolybdatsulfatrot	Bleichromat/Bleimolybdat

Gebräuchlicher Name Handelsname	Substanzname
Bleichromat(VI)	Blei(II)-chromat
Bleichsalz	Kaliumhexacyanoferrat (III)
Bleichwasser	Natriumhypochlorit (wäßrige Lösung)
Bleidioxid	Blei(IV)-oxid
Bleifarben fest o. flüssig	Blei(II)-carbonat basisch
Blei(II)-azetat	Blei(II)-acetat
Blei(II)-carbonat basisch	Blei(II)-hydroxidcarbonat
Blei(II)-hydroxidcarbonat	Blei(II)-carbonat basisch
Blei(II)-orthoplumbat	Blei(II,IV)-oxid
Bleimennige	Blei(II,IV)-oxid
Bleinitrat	Blei(II)-nitrat
Bleiorthoplumbat, Bleitetraoxid	Blei(II,IV)-oxid
Bleiperoxid	Blei(IV)-oxid
Bleisalpeter	Blei(II)-nitrat
Bleisalz der Essigsäure	Blei(II)-acetat
Bleisubcarbonat	Blei(II)-carbonat basisch
Bleisulfat	Blei(II)-sulfat
Bleitetraoxid	Blei(II,IV)-oxid
Bleiweiß	Blei(II)-hydroxidcarbonat
Bleizucker	Blei(II)-acetat
Blende	Zinksulfid
Blue O	6,15-Dihydro-5,9,14,18-antrazintetron
Blütenweiß normal	Calciumhydroxid
Boehmit	Aluminiumoxid
Bolatron 6200	Polychlorethen
Boltaron	Polychlorethen
Bolus	Kaolin
BON Arylamid-Rot	Pigment Rot 112 (C.I. 12370)
BON Farbpigment Rot C	Pigment Rot 52:2 (C.I: 15860:2)
BON Farbpigment Rot C	Pigment Rot 52:1 (C.I. 15860:1)
Bonloid	Polychlorethen
BON-Maroon (Calcium)	Pigment Rot 63:1 (C.I. 15880:1)
Bon-Marron, MN-Lack	Pigment Rot 52:2 (C.I: 15860:2)
Bon Red Yellow Shade	Pigment Rot 48:1 (C.I. 15865:1)
BON-Rot	Pigment Rot 48:3 (C.I. 15865:3)
BON Rot	Pigment Rot 52:1 (C.I. 15860:1)
BON-Rot	Pigment Rot 48:4 (C.I. 15865:4)
BON Rot	Pigment Rot 48:2 (C.I. 15865:2)
BON-Rot	Pigment Rot 48:1 (C.I. 15865:1)
BON-Rot 2B, MN-Lack	Pigment Rot 48:4 (C.I. 15865:4)
Borax	Natriumtetraborat-10-hydrat
Borax	Natriumtetraborat
Borax 5 mol	Natriumtetraborat
Borersoluble	1,2-Dichlorethan
2-Bornanon	DL-1,7,7-Trimethylbicyclo-(2,2,1)-heptan-2-on
borsaures Natron	Natriumtetraborat-10-hydrat
Bovine Albumine	Albumin
BPA	2,2-Bis-(4-hydroxyphenyl)-propan

Gebräuchlicher Name Handelsname	Substanzname
BPE-I	Polyethylen
BP Enerpar 1903	Paraffin, C10-C13
BR	Polybutadien
Bradsyn PEG	alpha-Hydro-w-hydroxypoly-(oxy-1,2-ethandiyl)
Bralen KB 2-11	Polyethylen
Bralen RB 03-23	Polyethylen
Brand-Umber	Pigment Braun 7:x (C.I. 77499)
Branntweinersatzstoff	Ethanol
Branntweinfeindestillat	Ethanol
Branntwein (genußunbrauchbar gemacht)	Ethanol
Branntwein (unvergällt)	Ethanol
Branntwein (vergällt)	Ethanol
braunes Kalkacetat	Calciumacetat
Brecolane NDG	2-(2-Hydroxyethyl)-ethanol
brennbarer Salpeter	Ammoniumnitrat
Brennspiritus	Ethanol
Brennsprit	Ethanol
Brenzcatechin	1,2-Dihydroxybenzen
Brenzessiggeist	2-Propanon
Brenzkatechin	1,2-Dihydroxybenzen
Brenzlicher Essigether	2-Propanon
Brenzlicher Essiggeist	2-Propanon
Breon	Polychlorethen
Breon 107	Polychlorethen
Breon 113	Polychlorethen
Breon 121	Polychlorethen
Breon 125/10	Polychlorethen
Breon 151	Polychlorethen
Breon 111EP	Polychlorethen
Breon 112EP	Polychlorethen
Breon P 130/1	Polychlorethen
Breon S 110/10	Polychlorethen
Breon S 125/12	Polychlorethen
Bright Red G Toner	Pigment Rot 48:1 (C.I. 15865:1)
Bright Red Toner	Pigment Rot 48:1 (C.I. 15865:1)
Brilliant 15	Calciumcarbonat
Brilliant 1500	Calciumcarbonat
Brilliant-Blau	Pigment Blau 1 (C.I. 42595:2)
Brilliantblau Pigmentfarbe	Pigment Blau 24:x (C.I. 42090:2)
Brilliant-Gelb	Pigment Gelb 101 (C.I.48052)
Brilliant-Gelb 10GX	Pigment Gelb 98 (C.I. 11727)
Brilliant-Gelb 5GX	Pigment Gelb 74 (C.I. 11741)
Brilliant Green Phthalocyanine	Kupferphthalocyanin, chloriert
Brilliant Grün	Bis-(4-diethylaminophenyl)-phenylcarboniumhydrogensulfat
Brilliantgrün	Bis-(4-diethylaminophenyl)-phenylcarboniumhydrogensulfat
Brilliantgrün (PMA)	Pigment Grün 1:x (C.I. 42040:x)

Gebräuchlicher Name Handelsname	Substanzname
Brilliant-Grün (PTMA)	Pigment Grün 1 (C.I. 42040:1)
Brilliant Red	Pigment Rot 53:1 (C.I. 15585:1)
Brilliant-Rosa	Basisches Rot 1 (C.I. 45160)
Brilliant Scarlet CA	Pigment Rot 53:1 (C.I. 15585:1)
Brilliant Scarlet CBA	Pigment Rot 53:1 (C.I. 15585:1)
Brilliant Scarlet CTA	Pigment Rot 53:1 (C.I. 15585:1)
Brilliant Toner Z	Pigment Rot 53:1 (C.I. 15585:1)
Britomya M	Calciumcarbonat
Britomya S	Calciumcarbonat
Brocide	1,2-Dichlorethan
Brockman, Aluminium oxide	Aluminiumoxid
Bromammonium	Ammoniumbromid
Bromiertes Anthanthronrot	Pigment Rot 168 (C.I. 59300)
Bromkali	Kaliumbromid
Bromkal P67	Tris-(2,3-dibromopropyl)-phosphat
Bromphenolblau	4,4'-(3H-2,1-Benzoxathiol-3-ylidene)-bis-(2,6-dibromphenol)-S,S-dioxide
Bromyrit	Silberbromid
Bronze Blau	Eisen(III)-hexacyanoferrat(II)
Bronzeblau	Pigment Blau 27 (C.I. 77510)
Bronze Red RO	Pigment Rot 53:1 (C.I. 15585:1)
Bronze Red 16913 Yellowish	Pigment Rot 53:1 (C.I. 15585:1)
Bronze Scarlet	Pigment Rot 53:1 (C.I. 15585:1)
Bronze Scarlet C	Pigment Rot 53:1 (C.I. 15585:1)
Bronze Scarlet CA	Pigment Rot 53:1 (C.I. 15585:1)
Bronze Scarlet CBA	Pigment Rot 53:1 (C.I. 15585:1)
Bronze Scarlet CT	Pigment Rot 53:1 (C.I. 15585:1)
Bronze Scarlet CTA	Pigment Rot 53:1 (C.I. 15585:1)
Bronze Scarlet Toner	Pigment Rot 53:1 (C.I. 15585:1)
Brookit	Titandioxid
BT	Benzothiazol
BUCS	2-Butoxyethanol
Budene 1207	Polybutadien
Budene 1208	Polybutadien
Budene 1209	Polybutadien
Budene 1254	Polybutadien
Budene 1290	Polybutadien
Budium-Rk-622	Polybutadien
BUKS	2,6-Di-(1,1-dimethylethyl)-4-methylhydroxybenzen
Bulen A	Polyethylen
Bulen A 30	Polyethylen
Bullrich Salz	Natriumhydrogencarbonat
Buna CB	Polybutadien
Buna CB HX	Polybutadien
Buna VI 1945, 1949, 1969, 1970, 1979	1,3-Butadien
Bundene	Polybutadien
Buta-1,3-dien	1,3-Butadien
Butadien	1,3-Butadien

Gebräuchlicher Name Handelsname	Substanzname
Butadien-Kautschuk	Polybutadien
1,3-Butandiol	Butan-1,3-diol
Butan-1,4-diol	1,4-Butandiol
2,3-Butandiol	Butan-2,3-diol
Butandisäuredimethylester	Dimethylsuccinat
1-Butanol	Butan-1-ol
Butanol	Butan-1-ol
n-Butanol	Butan-1-ol
tert.-Butanol	2-Methylpropan-2-ol
i-Butanol	2-Methylpropan-1-ol
2-Butanol	Butan-2-ol
2-Butanolacetat	1-Methylpropylethanoat
1-Butanolacetat	Ethansäurebutylester
Butanolacetat	Ethansäurebutylester
1,4-Butanolid	4-Butyrolacton
1-Butanol-3-Methoxyacetat	3-Methoxybutylacetat
Butanol, normal	Butan-1-ol
Butanol, sec.	Butan-2-ol
2-Butanon	Butan-2-on
Butanon-2	Butan-2-on
trans-Butendisäure	trans-Butendisäure
2-Butendisäuredibutylester	cis-Butensäuredibutylester
2-Butendisäure (E)	trans-Butendisäure
Butotriglykol	2-[2-(2-Butoxyethoxy)ethoxy]ethanol
Butoxydiethylenglycol	Diethylenethandiolmonobutylether
Butoxydiethylenglykol	Diethylenethandiolmonobutylether
2-Butoxy-ethanolacetat	2-Butoxyethanolacetat
2-(2-Butoxy-ethoxy)-ethanol	Diethylenethandiolmonobutylether
2-(2-Butoxyethoxy)-ethanol	Diethylenethandiolmonobutylether
2-(2-Butoxyethoxy)ethylacetat	Diethylenethandiolmonobutyletheracetat
2-(2-Butoxyethoxyethylacetat)	Diethylenethandiolmonobutyletheracetat
2-(Butoxyethyl)acetat	2-Butoxyethanolacetat
2-Butoxyethylacetat	2-Butoxyethanolacetat
Butoxyl	3-Methoxybutylacetat
Butoxytriethylenglykol	2-[2-(2-Butoxyethoxy)ethoxy]ethanol
Butoxytriglycol	2-[2-(2-Butoxyethoxy)ethoxy]ethanol
Buttersäure-glycerin-triester	Glyceryl-tri-butyrat
2-Butylacetat	1-Methylpropylethanoat
sek.-Butylacetat	1-Methylpropylethanoat
1-Butylacetat	Ethansäurebutylester
Butylacetat	Ethansäurebutylester
n-Butylacetat	Ethansäurebutylester
Butylalkohol	Butan-1-ol
n-Butylalkohol	Butan-1-ol
t-Butylalkohol	2-Methylpropan-2-ol
tert.-Butylalkohol	2-Methylpropan-2-ol
i-Butylalkohol	2-Methylpropan-1-ol
s-Butylalkohol	Butan-2-ol

Gebräuchlicher Name Handelsname	Substanzname
sek.-Butylalkohol	Butan-2-ol
n-Butylbenzoat	Butylbenzoat
N-Butylbenzolsulfonamid	N-Butylbenzensulfonamid
Butylbenzylphthalat	Benzen-1,2-dicarbonsäurebenzyl-n-butylester
O-Butylcarbamat	Butylcarbamat
Butyl Carbitol	Diethylenethandiolmonobutylether
Butylcarbitol	Diethylenethandiolmonobutylether
Butylcarbitolacetat	Diethylenethandiolmonobutyletheracetat
Butyl Cellosolve	2-Butoxyethanol
Butylcellosolveacetat	2-Butoxyethanolacetat
Butylcitrat	Tributylcitrat
Butyldiglycol	Diethylenethandiolmonobutylether
Butyldiglykol	Diethylenethandiolmonobutylether
Butyldiglykol-acetat	Diethylenethandiolmonobutyletheracetat
Butyldiglykolacetat	Diethylenethandiolmonobutyletheracetat
Butyl Dioxytol	Diethylenethandiolmonobutylether
1,4-Butylenglycol	1,4-Butandiol
2,3-Butylenglycol	Butan-2,3-diol
1, 3-Butylenglykol	Butan-1,3-diol
1,4-Butylenglykol	1,4-Butandiol
Butylenglykol-1,4	1,4-Butandiol
2,3-Butylenglykol	Butan-2,3-diol
Butylenhydrat	Butan-2-ol
Butyl Esten (9CI)	Octadecansäurebutylester
n-Butylethanoat	Ethansäurebutylester
Butylglycolacetat	2-Butoxyethanolacetat
Butylglycolat	Hydroxyethansäurebutylester
Butylglycol-Cellosolve	2-Butoxyethanol
Butylglykolacetat	2-Butoxyethanolacetat
Butylhydroxytoluol	2,6-Di-(1,1-dimethylethyl)-4-methylhydroxybenzen
butyliertes Hydroxytoluol	2,6-Di-(1,1-dimethylethyl)-4-methylhydroxybenzen
Butylium aceticum	Ethansäurebutylester
n-Butyllactat	2-Hydroxypropansäure-n-butylester
1-Butylmethacrylat	2-Methylpropen-1-säure-3-butylester
Butylmethacrylat	2-Methylpropen-1-säure-3-butylester
n-Butylmethacrylat	2-Methylpropen-1-säure-3-butylester
Butylmethakrylat	2-Methylpropen-1-säure-3-butylester
Butyl-2-methyl-acrylat	2-Methylpropen-1-säure-3-butylester
Butylmethylketon	Hexan-2-on
n-Butylmethylketon	Hexan-2-on
Butyl-2-methyl-2-propenoat	2-Methylpropen-1-säure-3-butylester
Butyloctadecanoat	Octadecansäurebutylester
Butyloctylphthalat	Benzen-1,2-dicarbonsäurebutyloctylester
Butyloxidhydrat	Butan-1-ol
Butyl Oxitol	2-Butoxyethanol
1-Butyloxy-2-propanol	1-Butoxy-2-propanol
Butyloxytriglycol	2-[2-(2-Butoxyethoxy)ethoxy]ethanol
n-Butylphthalat	Benzen-1,2-dicarbonsäuredi-n-butylester

Gebräuchlicher Name Handelsname	Substanzname
Butylstearat	Octadecansäurebutylester
n-Butylstearat	Octadecansäurebutylester
n-Butyl-triethylenglykol	2-[2-(2-Butoxyethoxy)ethoxy]ethanol
Butyltriglycol	2-[2-(2-Butoxyethoxy)ethoxy]ethanol
n-Butyltriglykol	2-[2-(2-Butoxyethoxy)ethoxy]ethanol
Butylurethan	Butylcarbamat
Butynorat	Dibutylbis-1-oxododecyloxystannan
gamma-Butyrolacton	4-Butyrolacton
C 1000	Pigment Weiß 20 (C.I. 77019)
C 78	Kohlenstoff (amorph)
C 65	Polychlorethen
CA	Celluloseacetat
Cab-O-grip	Aluminiumoxid
CAD 1,3	2,6-Di-(1,1-dimethylethyl)-4-methylhydroxybenzen
Cadmiumblende	Cadmiumsulfid
Cadmiumgelb	Cadmiumsulfid
Cadmiumgelb 000	Cadmiumsulfid
Cadmiumgelb 106	Cadmiumsulfid
Cadmiumgelb 892	Cadmiumsulfid
Cadmiumgelb Golden	Cadmiumsulfid
Cadmiumgelb OZ dunkel	Cadmiumsulfid
Cadmiumgelb Primrose	Cadmiumsulfid
Cadmiumgelb Primrose 47-4100	Cadmiumsulfid
Cadmiumgelb tief	Cadmiumsulfid
Cadmiumgelb Zitrone	Cadmiumsulfid
Cadmium Golden 366	Cadmiumsulfid
Cadmium Primrose 819	Cadmiumsulfid
Cadmiumrot, rein	Pigment Rot 108 (C.I. 77202)
Cadmiumsulfid-Gelb	Cadmiumsulfid
Cadmium sulfid/selenid	Pigment Rot 108 (C.I. 77202)
Cadmium-Sulfoselenid-Rot	Pigment Rot 108 (C.I. 77202)
Cadmium Vermilion Rot	Pigment Rot 113 (C.I. 77201)
Cadmium-Zinkgelb	Pigment Gelb 35 (C.I. 77205)
Cadmium-Zink-Sulfid	Pigment Gelb 35 (C.I. 77205)
Cadmium Zitronengelb 527	Cadmiumsulfid
Cadmopur gelb	Cadmiumsulfid
Cadmopur Golden Gelb N	Cadmiumsulfid
Cadmopur Orange 5 RS	Pigment Rot 108 (C.I. 77202)
Cadox	Zinkoxid
Cadox BS	Dibenzoylperoxid
Cadox XX 78	Zinkoxid
Cajeputene	1-Methyl-4-(1-methylethenyl)-cyclohexen
Cake Alaun	Aluminiumsulfat-18-hydrat
Calamine	Zinkoxid
Calamine (spray)	Zinkoxid
Calcene CO	Calciumcarbonat
Calcene NC	Calciumcarbonat
Calcene TM	Calciumcarbonat

Gebräuchlicher Name Handelsname	Substanzname
Calcichew	Calciumcarbonat
Calcicoll	Calciumcarbonat
Calcidar 40	Calciumcarbonat
Calcidia	Calciumcarbonat
Calcilit 100	Calciumcarbonat
Calcilit 8	Calciumcarbonat
Alpha Calcit	Calciumcarbonat
Calcit	Calciumcarbonat
Calciumcarbonat (1:1)	Calciumcarbonat
Calciumcarbonat, gefällt-PCC	Calciumcarbonat
Calciumcarbonat M/1	Calciumcarbonat
Calciumcarbonat M/2	Calciumcarbonat
Calciumcarbonat M/3	Calciumcarbonat
Calciumcarbonat M/30	Calciumcarbonat
Calciumcarbonat M/5	Calciumcarbonat
Calciumcarbonat M/ALPHA	Calciumcarbonat
Calciumcarbonat Master	Calciumcarbonat
Calciumcarbonat M/1-R	Calciumcarbonat
Calciumcarbonat M/1-ST	Calciumcarbonat
Calciumcarbonat V/100	Calciumcarbonat
Calciumcarbonat V/40	Calciumcarbonat
Calciumcarbonat V/60	Calciumcarbonat
Calciumcarbonat V/40-S	Calciumcarbonat
Calciumdihydroxid	Calciumhydroxid
Calciumhydrat	Calciumhydroxid
Calciumjodid Tetrahydrat	Calciumjodid-4-hydrat
Calciummonocarbonat	Calciumcarbonat
Calciummonoxid	Calciumoxid
Calciumstearat	Octadecansäure, Calciumsalz
Calciumstearat S	Octadecansäure, Calciumsalz
Calcoloid Blue RS	6,15-Dihydro-5,9,14,18-antrazintetron
Calcotone Green G	Kupferphthalocyanin, chloriert
Calcotone White T	Titandioxid
Caledon Blue RN	6,15-Dihydro-5,9,14,18-antrazintetron
Caledon Blue XRN	6,15-Dihydro-5,9,14,18-antrazintetron
Caledon Brilliant Blue RN	6,15-Dihydro-5,9,14,18-antrazintetron
Caledon Paper Blue RN	6,15-Dihydro-5,9,14,18-antrazintetron
Caledon Printing Blue RN	6,15-Dihydro-5,9,14,18-antrazintetron
Caledon Printing Blue XRN	6,15-Dihydro-5,9,14,18-antrazintetron
Calgon	Natriumpolymetaphosphat
Calibrit	Calciumcarbonat
Cal-light SA	Calciumcarbonat
Calmos	Calciumcarbonat
Calmote	Calciumcarbonat
Calochlor	Quecksilber(II)-chlorid
Calofil A 4	Calciumcarbonat
Calofil B 1	Calciumcarbonat
Calofil E 2	Calciumcarbonat

Gebräuchlicher Name Handelsname	Substanzname
Calofort S	Calciumcarbonat
Calofort U	Calciumcarbonat
Calofor U 50	Calciumcarbonat
Calopake F	Calciumcarbonat
Calopake FS	Calciumcarbonat
Calopake high opacity	Calciumcarbonat
Calopake PC	Calciumcarbonat
Calopakte H	Calciumcarbonat
Caloxol CP2	Calciumoxid
Caloxol W 3	Calciumoxid
Calseeds	Calciumcarbonat
Calstar	Octadecansäure, Calciumsalz
Caltec	Calciumcarbonat
Calxyl	Calciumoxid
Camel-carb	Calciumcarbonat
Camel-tex	Calciumcarbonat
Camel-wite	Calciumcarbonat
2-Camphanon	DL-1,7,7-Trimethylbicyclo-(2,2,1)-heptan-2-on
(±)-Campher	DL-1,7,7-Trimethylbicyclo-(2,2,1)-heptan-2-on
Canary chrome gelb 40-2250	Blei(II)-chromat
Canary chrome yellow 40-2250	Blei(II)-chromat
Cancarb	Aktivkohle
Canlub	Graphit
Cantan	L-(+)-Ascorbinsäure
Cantaxin	L-(+)-Ascorbinsäure
CAO-1	2,6-Di-(1,1-dimethylethyl)-4-methylhydroxybenzen
CAO-3	2,6-Di-(1,1-dimethylethyl)-4-methylhydroxybenzen
Caprinalkohol	1-Decanol
Capronalkohol	Hexan-1-ol
n-Caproylhydrid	Hexan
Caprylsäure	Octansäure
n-Caprylsäure	Octansäure
Caprylsäureethylester	Ethylcaprylat
Caprylsäure, La(III)-Salz	Hexansäure-2-ethyl; tris-Lanthansalz
Caprylsäure, La-Salz	Hexansäure-2-ethyl; tris-Lanthansalz
Capsebon	Cadmiumsulfid
Caput Mortuum	Eisen(III)-oxid
Carbacryl	Propensäurenitril
Carbamaldehyd	Methansäureamid
Carbamid	Kohlensäurediamid
Carbaminsäurebutylester	Butylcarbamat
Carbanthrene Blue 2R	6,15-Dihydro-5,9,14,18-antrazintetron
Carbanthrene Blue RS	6,15-Dihydro-5,9,14,18-antrazintetron
Carbanthrene Blue RSP	6,15-Dihydro-5,9,14,18-antrazintetron
Carbazol-Violett	Pigment Violett 23 (C.I. 51319)
Carbide 6-12	2-Ethyl-1,3-hexandiol
Carbidkalkhydrat	Calciumhydroxid
Carbidschlamm	Calciumhydroxid

Gebräuchlicher Name Handelsname	Substanzname
Carbidsprit	Ethanol
Carbinol	Methanol
Carbital 90	Calciumcarbonat
Carbitol	Diethylenethandiolmonoethylether
Carbitol Acetat	Diethylenethandiolmonoethyletheracetat
Carbitolacetat	Diethylenethandiolmonoethyletheracetat
Carbitol Solvent	Diethylenethandiolmonoethylether
Carbium	Calciumcarbonat
Carbium MM	Calciumcarbonat
Carbobol M	Kohlenstoff (amorph)
Carbodis	Aktivkohle
Carbolac	Aktivkohle
Carbolac 1	Aktivkohle
Carbolsäure	Hydroxybenzen
Carbomet	Aktivkohle
Carbonatbleiweiß	Blei(II)-hydroxidcarbonat
Carbon black	Aktivkohle
Carbon black	Kohlenstoff (amorph)
Carbon Black BV	Aktivkohle
Carbon black, channel	Aktivkohle
Carbon black, furnace	Aktivkohle
Carbon black, lamp	Aktivkohle
Carbon Black, non-activated, mineral origin	Aktivkohle
Carbon black, thermal	Aktivkohle
Carbon Black V	Aktivkohle
Carbonchlorid	Tetrachlormethan
Carbonsäure C-9	Nonansäure
Carbonsäure C-8	Octansäure
Carbonsäure C-16	Hexadecansäure
Carbonsäure C-18	Octadecansäure
Carbonsäurecalciumsalz	Calciumcarbonat
Carbonsäure C-18 Aluminiumsalz	Octadecansäure Aluminiumsalz
Carbonsäure C-18 Calciumsalz	Octadecansäure, Calciumsalz
Carbonschwarz	Aktivkohle
Carbontetrachlorid	Tetrachlormethan
Carbonyldiamid	Kohlensäurediamid
Carbopol	Kohlenstoff (amorph)
Carborex 2	Calciumcarbonat
Carborundum	Siliciumcarbid
Carbose D	Carboxymethylcellulose
Carbose D	Carboxymethylcellulose Natriumsalz
Carbowax	alpha-Hydro-w-hydroxypoly-(oxy-1,2-ethandiyl)
Carbowax 4600	alpha-Hydro-w-hydroxypoly-(oxy-1,2-ethandiyl)
Carboxymethylethercellulose	Carboxymethylcellulose
Carboxymethylethercellulose Natriumsalz	Carboxymethylcellulose Natriumsalz
Carboxymethyletherzellulose	Carboxymethylcellulose
Carboxymethylzellulose	Carboxymethylcellulose
Cariflex BR 1220	Polybutadien

Gebräuchlicher Name Handelsname	Substanzname
Cariflex BR 1202 B	Polybutadien
Cariflex BR 1202 D	Polybutadien
Cariflex BR 1202 E	Polybutadien
Cariflex BR 1202 G	Polybutadien
Cariflex BR 1202 M	Polybutadien
Carina	Polychlorethen
Carina S 70-71	Polychlorethen
Carlona 58-030	Polyethylen
Carlona 900	Polyethylen
Carlona 18020 FA	Polyethylen
Carlona PXB	Polyethylen
Carmethose	Carboxymethylcellulose
Carmethose	Carboxymethylcellulose Natriumsalz
Carnation Red	Pigment Rot 53:1 (C.I. 15585:1)
Carusis P	Calciumcarbonat
Carven	1-Methyl-4-(1-methylethenyl)-cyclohexen
Castor-oil	Rizinusöl
Castorwax	Glyceryl-tri-(12-hydroxy-stearat)
Catalin cao-3	2,6-Di-(1,1-dimethylethyl)-4-methylhydroxybenzen
Catapal S	Aluminiumoxid
Catapal SB alumina	Aluminiumoxid
Catavin C	L-(+)-Ascorbinsäure
Catechol	1,2-Dihydroxybenzen
CB 50	Graphit
CB-10	Polybutadien
CCC G-white	Calciumcarbonat
CCC No. AA oolitic	Calciumcarbonat
CCR	Calciumcarbonat
CCS 203	Butan-1-ol
CCW	Calciumcarbonat
CD3	4-N-Ethyl-4-N(2-methylsulfonamidoethyl)-2-methyl-1,4-diamino-benzen-sesquisulfat-monohydrat
CDB	4,4'-[(3,3'-Dichloro-[1,1'-biphenyl]-4,4'-diyl)-bis-(azo)]-bis-[3-hydroxy-N-phenyl-2-naphthalencarboxamid
CDP	Phosphorsäure-diphenyl-4-methyl-phenyl-ester
CD1-Sulfat	N,N-Diethyl-1,4-diaminobenzen Sulfat
Cebicure	L-(+)-Ascorbinsäure
Cebid	L-(+)-Ascorbinsäure
Cebion	L-(+)-Ascorbinsäure
Cebione	L-(+)-Ascorbinsäure
Cecarbon	Kohlenstoff (amorph)
Cecolene	1,1,2-Trichlorethen
Cecolin Nr. 1	1,1,2-Trichlorethen
Cecon	L-(+)-Ascorbinsäure
Cee-caps TD	L-(+)-Ascorbinsäure
Cee-vite	L-(+)-Ascorbinsäure
Cegiolan	L-(+)-Ascorbinsäure
Ceglion	L-(+)-Ascorbinsäure

Gebräuchlicher Name Handelsname	Substanzname
Celaskon	L-(+)-Ascorbinsäure
ce lent	L-(+)-Ascorbinsäure
Celin	L-(+)-Ascorbinsäure
Celliton Blue RN	6,15-Dihydro-5,9,14,18-antrazintetron
Cellolax	Carboxymethylcellulose
Cellolax	Carboxymethylcellulose Natriumsalz
Cellolyn 102	Benzen-1,2-dicarbonsäuredihydroabietylester
Cellosolve	2-Ethoxyethanol
Cellosolve	1-Hydroxy-2-phenoxyethan
Cellosolve Acetat	2-Ethoxyethanolacetat
Cellosolveacetat	2-Ethoxyethanolacetat
Cellosolvesolvent	2-Ethoxyethanol
Celluflex 179 C	Phosphorsäuretrikresylester
Celluflex DOP	Benzen-1,2-dicarbonsäure-di-n-octylester
Celluflex DPB	Benzen-1,2-dicarbonsäuredi-n-butylester
Celluflex LEF	Phosphorsäure-(trichloroethyl)-ester
Celluflex TPP	Phosphorsäuretriphenylester
Cellulose, Ethylether	Ethylcellulose
Cellulose-glycolsaures Natrium	Carboxymethylcellulose Natriumsalz
Cellulose-glykolsaures Natrium	Carboxymethylcellulose Natriumsalz
Cellulosehexanitrat	Cellulosenitrat
Cellulosemethylether	Methylcellulose
Cellulosetriethylether	Ethylcellulose
Celluphos 4	Phosphorsäuretributylester
Cel-O-Brandt	Carboxymethylcellulose
Cel-O-Brandt	Carboxymethylcellulose Natriumsalz
Celtone	Natriumhydrogencarbonat
Cemagyl	L-(+)-Ascorbinsäure
CE-MI-Lin	L-(+)-Ascorbinsäure
Cemill	L-(+)-Ascorbinsäure
Cenetone	L-(+)-Ascorbinsäure
Cenolate	L-(+)-Ascorbinsäure
Cenomoll P	Phosphorsäure-(trichloroethyl)-ester
Century 1220	Octadecansäure
Ceolat	Dimethylpolysiloxan
Cer	Cerium
Cereon	L-(+)-Ascorbinsäure
Ceres Green 3B	Kupferphthalocyanin, chloriert
Cergona	L-(+)-Ascorbinsäure
Ceridust 3615	Polyethylen
Ceridust 3620	Polyethylen
Ceridust 3715	Polyethylen
Ceridust 9612 A	Polyethylen
Ceridust 9615 A	Polyethylen
Ceridust 9610 F	Polyethylen
Ceridust 9630 F	Polyethylen
Cer(IV)-sulfat	Cerium(IV)-sulfat
Cerulean Blau	Pigment Blau 36 (C.I. 77343)

Gebräuchlicher Name Handelsname	Substanzname
Cerussa	Blei(II)-carbonat basisch
Cerven H	Eisen(III)-oxid
Cescorbat	L-(+)-Ascorbinsäure
Cetamid	L-(+)-Ascorbinsäure
Cetamoll BMB	N-Butylbenzensulfonamid
Cetane	L-(+)-Ascorbinsäure
Cetane-caps TD	L-(+)-Ascorbinsäure
Cetemican	L-(+)-Ascorbinsäure
Cethylose	Carboxymethylcellulose
Cethylose	Carboxymethylcellulose Natriumsalz
Cetylsäure	Hexadecansäure
Cevalin	L-(+)-Ascorbinsäure
Cevatine	L-(+)-Ascorbinsäure
Cevex	L-(+)-Ascorbinsäure
Cevi-bid	L-(+)-Ascorbinsäure
Cevimin	L-(+)-Ascorbinsäure
CE-VI-Sol	L-(+)-Ascorbinsäure
Cevital	L-(+)-Ascorbinsäure
Cevitamic acid	L-(+)-Ascorbinsäure
Cevitamin	L-(+)-Ascorbinsäure
Cevitan	L-(+)-Ascorbinsäure
Cevitex	L-(+)-Ascorbinsäure
Cewin	L-(+)-Ascorbinsäure
Ceylon Black Lead	Graphit
3CF	Phosphorsäure-(trichloroethyl)-ester
Chalcanthit	Kupfer(II)-sulfat-5-hydrat
Chalkantit	Kupfer(II)-sulfat-5-hydrat
Chamäleon Mineral	Kaliumpermanganat
Channel black	Aktivkohle
Chelaplex II	Ethylendiamintetraessigsäure
Chelaplex III	Diaminoethantetraethansäuredinatriumsalz Dihydrat
Chelaton III	Diaminoethantetraethansäuredinatriumsalz Dihydrat
Chelest D	Tetranatriumethylendiamintetraacetat
Chemanox 11	2,6-Di-(1,1-dimethylethyl)-4-methylhydroxybenzen
Chemcarb	Calciumcarbonat
Chemcor	Polyethylen
Chemetron Feuershield	Antimon(III)-oxid
Chemiox E 1000	alpha-Hydro-w-hydroxypoly-(oxy-1,2-ethandiyl)
Chemiox E 20	alpha-Hydro-w-hydroxypoly-(oxy-1,2-ethandiyl)
Chemplex 3006	Polyethylen
Chilesalpeter	Natriumnitrat
China Blau	Eisen(III)-hexacyanoferrat(II)
Chinablau	Pigment Blau 27 (C.I. 77510)
China Clay	Kaolin
China clay	Pigment Weiß 19 (C.I. 77004)
Chinacridon-Magenta-Y	Pigment Rot 122 (C.I. 73915)
Chinacridon-Scharlachrot	Pigment Rot 207
China-Ton	Pigment Weiß 19 (C.I. 77004)

Gebräuchlicher Name Handelsname	Substanzname
Chinese White	Zinkoxid
chinesisches Weiß	Zinkoxid
Chinon	2,5-Cyclohexadien-1,4-dion
p-Chinon	2,5-Cyclohexadien-1,4-dion
Chinophthalon Gelb	Pigment Gelb 138
2-Chloracetamid	Chlorethanamid
alpha-Chloracetamid	Chlorethanamid
Chloracetamid	Chlorethanamid
Chloracetyl	Ethansäurechlorid
Chloral Hydrat	Trichlorethanal Hydrat
Chloralhydrat	Trichlorethanal Hydrat
Chloraluminium	Aluminiumchlorid (wasserfrei)
Chloraluminium, wasserfrei	Aluminiumchlorid (wasserfrei)
Chlorammonium	Ammoniumchlorid
Chlorbenzol	Chlorbenzen
4-Chlorbenzophenon	4-(Chlorphenyl)-phenylmethanon
Chlorbleichlauge	Natriumhypochlorit (wäßrige Lösung)
Chlorcresol	4-Chlor-3-methylhydroxybenzen
2-Chlor-1,4-dihydroxybenzol	2-Chlor-1,4-dihydroxybenzen
1-Chlor-2,3-epoxypropan	Epoxychlorpropan
Chloressigsäureamid	Chlorethanamid
ß-Chlorethanol	2-Chlorethanol
2-Chlorethanol, Phosphat (3:1)	Phosphorsäure-(trichloroethyl)-ester
2-Chlorethanolphosphat	Phosphorsäure-(trichloroethyl)-ester
Chlorethen Homopolymer (9CI)	Polychlorethen
2-Chlorethylalkohol	2-Chlorethanol
Chlorethylen	Chlorethen
Chlorhydrinethylenglycol	2-Chlorethanol
Chlorhydrochinon	2-Chlor-1,4-dihydroxybenzen
6-Chlor-3-hydroxy-1-methylbenzol	4-Chlor-3-methylhydroxybenzen
5-Chlor-2-hydroxytoluol	4-Chlor-2-methylhydroxybenzen
2-Chlor-5-hydroxytoluol	4-Chlor-3-methylhydroxybenzen
6-Chlor-3-hydroxy-toluol	4-Chlor-3-methylhydroxybenzen
4-Chlor-3-hydroxytoluol	2-Chlor-5-methylhydroxybenzen
chloriertes Para-Rot	Pigment Rot 4 (C.I. 12085)
Chlorilen	1,1,2-Trichlorethen
Chlorkalium	Kaliumchlorid
Chlorkohlenstoff	Tetrachlormethan
Chlorkohlenstoff Katharine	Tetrachlormethan
Chlorkresol	4-Chlor-3-methylhydroxybenzen
4-Chlor-m-cresol	4-Chlor-3-methylhydroxybenzen
p-Chlor-m-cresol	4-Chlor-3-methylhydroxybenzen
2-Chlor-m-cresol	2-Chlor-5-methylhydroxybenzen
Chlormethylchlorid	Dichlormethan
Chlormethylen	Dichlormethan
(Chlormethyl)ethylenoxid	Epoxychlorpropan
4-Chlor-3-methylhydroxybenzol	4-Chlor-3-methylhydroxybenzen
(Chlormethyl)oxiran	Epoxychlorpropan

Gebräuchlicher Name Handelsname	Substanzname
Chlormethyloxiran	Epoxychlorpropan
4-Chlor-2-methylphenol	4-Chlor-2-methylhydroxybenzen
4-Chlor-3-methylphenol	4-Chlor-3-methylhydroxybenzen
2-Chlor-5-methylphenol	2-Chlor-5-methylhydroxybenzen
6-Chlor-3-methylphenol	2-Chlor-5-methylhydroxybenzen
4-Chlor-m-kresol	4-Chlor-3-methylhydroxybenzen
p-Chlor-m-kresol	4-Chlor-3-methylhydroxybenzen
2-Chlor-m-kresol	2-Chlor-5-methylhydroxybenzen
6-Chlor-m-kresol	2-Chlor-5-methylhydroxybenzen
o-Chlor-m-kresol	2-Chlor-5-methylhydroxybenzen
Chlornatrium	Natriumchlorid
1-Chlor-4-nitrobenzol	4-Chlornitrobenzen
4-Chlornitrobenzol	4-Chlornitrobenzen
2-Chloroacetamid	Chlorethanamid
Chlorodian Blau	4,4'-[(3,3'-Dichloro-[1,1'-biphenyl]-4,4'-diyl)-bis-(azo)]-bis-[3-hydroxy-N-phenyl-2-naphthalencarboxamid
1-Chloro-2,2-dichloroethylen	1,1,2-Trichlorethen
Chloroethylen Polymer	Polychlorethen
5-Chloro-2-((2-hydroxy-1-naphthalenyl)azo)-4-methylbenzensulfonsäure, Bariumsalz	Pigment Rot 53:1 (C.I. 15585:1)
5-Chloro-2-((2-hydroxy-1-naphthalenyl)azo)-4-methylbenzensulfonsäure, Bariumsalz (2:1)	Pigment Rot 53:1 (C.I. 15585:1)
5-Chloro-2-((2-hydroxy-1-naphthyl)azo)-p-toluenesulfonsäure, Bariumsalz	Pigment Rot 53:1 (C.I. 15585:1)
4-Chlor-o-kresol	4-Chlor-2-methylhydroxybenzen
1-(4-Chloro-o-sulfo-5-tolylazo)-2-naphthol, Bariumsalz	Pigment Rot 53:1 (C.I. 15585:1)
1-(4-Chloro-o-sulpho-5-tolylazo)-2-naphthol, Bariumsalz	Pigment Rot 53:1 (C.I. 15585:1)
Chlorostop	Polychiorethen
Chlorothene NCl	1,1,1-Trichlorethan
Chlorothene NU	1,1,1-Trichlorethan
2-Chlor-9-oxothioxanthen	2-Chlor-9H-thioxanthen-9-on
p-Chlorphenylphenylketon	4-(Chlorphenyl)-phenylmethanon
2-Chlorpropylenoxid	Epoxychlorpropan
3-Chlor-1,2-propylenoxid	Epoxychlorpropan
Chlorquinol	2-Chlor-1,4-dihydroxybenzen
Chlorten	1,1,1-Trichlorethan
2-Chlorthiaxanthon	2-Chlor-9H-thioxanthen-9-on
2-Chlorthioxanthon	2-Chlor-9H-thioxanthen-9-on
Chlorwasserstoffgas	Chlorwasserstoff
Chlorwasserstoffsäure	Chlorwasserstoff
Chlorylen	1,1,2-Trichlorethen
Chlorzink	Zinkchlorid
Cholaxine	Sorbit
CHQ	2-Chlor-1,4-dihydroxybenzen
Chromalaun	Kaliumchromium(III)-sulfat-12-hydrat
Chrom-Antimon-Titan-Rutil	Pigment Braun 24 (C.I. 77310)
Chromastral Grün	Bleisulfochromat
Chromatex Green G	Kupferphthalocyanin, chloriert

Gebräuchlicher Name Handelsname	Substanzname
Chromat Rot	Bleichromat/Bleimolybdat
Chrome Green	Blei(II)-chromat
Chrome Green UC61	Blei(II)-chromat
Chrome Green UC74	Blei(II)-chromat
Chrome Green UC76	Blei(II)-chromat
Chrome lemon	Blei(II)-chromat
Chrome Vermilion	Bleichromat/Bleimolybdat
Chrome yellow	Blei(II)-chromat
Chrome yellow 5G	Blei(II)-chromat
Chrome yellow G	Blei(II)-chromat
Chrome yellow LF	Blei(II)-chromat
C.P. Chrome Yellow light	Blei(II)-chromat
Chrome yellow light 1066	Blei(II)-chromat
Chrome yellow light 1075	Blei(II)-chromat
C.P. Chrome Yellow medium	Blei(II)-chromat
Chrome yellow medium 1074	Blei(II)-chromat
Chrome yellow medium 1085	Blei(II)-chromat
Chrome yellow medium 1295	Blei(II)-chromat
Chrome yellow medium 1298	Blei(II)-chromat
C.P. Chrome Yellow primose	Blei(II)-chromat
Chrome yellow primrose 1010	Blei(II)-chromat
Chrome yellow primrose 1015	Blei(II)-chromat
Chrome Zitrone	Blei(II)-chromat
Chrom-Gelb	Bleisulfochromat
Chromgelbe Primel	Bleisulfochromat
Chromgelb 5G	Blei(II)-chromat
Chromgelb GF	Blei(II)-chromat
Chromgelb LF	Blei(II)-chromat
+Chromgrau	Blei(II)-chromat
Chromgrau UC 61	Blei(II)-chromat
Chromgrau UC 74	Blei(II)-chromat
Chromgrau UC 76	Blei(II)-chromat
Chrom(III)-kaliumsulfat Dodecahydrat	Kaliumchromium(III)-sulfat-12-hydrat
Chromium	Chrom
Chromium yellow	Blei(II)-chromat
Chromkali	Kaliumdichromat
Chromniob Rutil	Pigment Gelb 162 (C.I. 77896)
Chrom-Niob-Titan-Ledergelb-Rutil	Pigment Gelb 162 (C.I. 77896)
Chromorange	Bleisulfochromat
Chrom Rot	Bleichromat/Bleimolybdat
Chromsäureblei(2+)salz (1:1)	Blei(II)-chromat
Chromsäure, Dikalium-Salz	Kaliumdichromat
Chromsäure Strontiumsalz	Strontiumchromat
Chromsäure Zinksalz	Pigment Gelb 36:1 (C.I. 77956)
Chromzitronengelb	Bleisulfochromat
Chrystosol	Paraffin, C10-C13
C.I. 77230	Calciummetasilicat
C.I. 77742	Pigment Violett 16 (C.I. 77742)

Gebräuchlicher Name Handelsname	Substanzname
C.I. 15630:1	Pigment Rot 49:1 (C.I. 15630:1)
C.I. 15630:2	Pigment Rot 49:2 (C.I. 15630:2)
C.I. 77019	Pigment Weiß 20 (C.I. 77019)
C.I. 77496	Pigment Gelb 119 (C.I. 77496)
C.I. 77495	Pigment Braun 11 (C.I. 77495)
C.I. 45160:2	Pigment Rot 169 (C.I. 45160:2)
C.I. 20035	Pigment Rot 166 (C.I. 20035)
C.I. 12515	Pigment Rot 176 (C.I. 12515)
C.I. 12517	Pigment Violett 32 (C.I. 12517)
C.I. 11767	Pigment Gelb 97 (C.I. 11767)
C.I. 11727	Pigment Gelb 98 (C.I. 11727)
C.I. 19140:1	Pigment Gelb 100 (C.I.19140:1)
C.I. 45430:1	Pigment Rot 172 (C.I. 45430:1)
C.I. 11780	Pigment Orange 36 (C.I. 11780)
C.I. 42535:3	Pigment Violett 27 (C.I. 42535:3)
C.I. 15860:2	Pigment Rot 52:2 (C.I: 15860:2)
C.I. 74160	Pigment Blau 15:1 (C.I. 74250)
C.I. 74250	Pigment Blau 15:1 (C.I. 74250)
C.I. 77205	Pigment Gelb 35 (C.I. 77205)
C.I. 15630	Pigment Rot 49 (C.I. 15630)
C.I. 77605	Bleichromat/Bleimolybdat
C.I. 77499	Pigment Braun 7:x (C.I. 77499)
C.I. 77007	Polysulfid-Natrium-Aluminium-Silikat
C.I. 71127	Pigment Rot 224 (C.I. 71127)
C.I. 50440	Pigment Schwarz 1 (C.I. 50440)
C.I. 77199	Cadmiumsulfid
C.I. 77492	Eisen(III)-hydroxid
C.I. 77491	Eisen(III)-oxid
C.I. 77580	Blei(IV)-oxid
C.I. 77052	Antimon(III)-oxid
C.I. 77947	Zinkoxid
C.I. 77578	Blei(II,IV)-oxid
C.I. 77975	Zinksulfid
C.I. 77499	Eisen(II,III)-oxid
C.I. 77492	Pigment Gelb 43 (C.I. 77492)
C.I. 77007	Pigment Blau 29 (C.I. 77007)
C.I. 59710	Pigment Rot 216 (C.I. 59710)
C.I. 42770:1	Pigment Blau 18 (C.I. 42770:1)
C.I. 42765:1	Pigment Blau 61 (C.I. 42765:1)
C.I. 42040:1	Pigment Grün 1 (C.I. 42040:1)
C.I. 42535:2	Pigment Violett 3 (C.I. 42535:2)
C.I. 42595:2	Pigment Blau 1 (C.I. 42595:2)
C.I. 45170:2	Pigment Violett 1 (C.I. 45170:2)
C.I. 45175:1	Pigment Violett 2 (C.I. 45175:1)
C.I. 45380:1	Pigment Rot 90 (C.I. 45380:1)
C.I. 42040:1	Pigment Grün 2 (C.I. 42040:1 & C.I. 49005:1)
C.I. 49005:1	Pigment Grün 2 (C.I. 42040:1 & C.I. 49005:1)
C.I. 58055:1	Pigment Violett 5:1 (C.I. 58055:1)

Gebräuchlicher Name Handelsname	Substanzname
C.I. 74260	Kupferphthalocyanin, chloriert
C.I. 77002	Aluminiumhydroxid Sulfat
C.I. 77266	Aktivkohle
C.I. 77597	Blei(II)-hydroxidcarbonat
C.I. 77600	Bleisulfochromat
C.I. 77603	Bleisulfochromat
C.I. 77115	Pigment Weiß 5 (C.I. 77115)
C.I. 77201	Pigment Rot 113 (C.I. 77201)
C.I. 77346	Pigment Blau 28 (C.I. 77346)
C.I. 77360	Pigment Violett 14 (C.I. 77360)
C.I. 77891	Titandioxid
C.I. 11738	Pigment Gelb 73 (C.I. 11738)
C.I. 74265	Pigment Grün 36 (C.I. 74265)
C.I. 21126	Pigment Gelb 113 (C.I. 21126)
C.I. 77362	Pigment Violett 49 (C.I. 77362)
C.I. 74160	Kupferphthalocyanin
C.I. 15865:3	Pigment Rot 48:3 (C.I. 15865:3)
C.I. 15985:1	Pigment Gelb 104 (C.I. 15985:1)
C.I. 42090:2	Pigment Blau 24:x (C.I. 42090:2)
C.I. 21115	4,4'-[(3,3'-Dichlor[1,1'-biphenyl]-4,4'-diyl)bis(azo)]-bis[2,4-dihydro-5-methyl-2-(4-methylphenyl)]-3H-pyrazol-3-on
C.I. 45430	2,4,5,7-Tetrajodfluorescein Dinatriumsalz Monohydrat
C.I. 15800:2	Pigment Braun 5 (C.I. 15800:2)
C.I. 15860:1	Pigment Rot 52:1 (C.I. 15860:1)
C.I. 21127	Pigment Gelb 81 (C.I. 21127)
C.I. 45350	Fluorescein (C.I. 45350)
C.I. 48052	Pigment Gelb 101 (C.I.48052)
C.I. 71145	Pigment Rot 123 (C.I. 71145)
C.I. 12120	1-(4-Methyl-2-nitrobenzenazo)-2-naphthol
C.I. 41000	4,4'-(Imidocarbonyl)-bis-(N,N-dimethylanilin) Hydrochlorid
C.I. 11680	Pigment Gelb 1 (C.I. 11680)
C.I. 44045	Basisches Blau 26 (C.I. 44045)
C.I. 77510	Pigment Blau 27 (C.I. 77510)
C.I. 12475	Pigment Rot 170 (C.I. 12475)
C.I. 12085	Pigment Rot 4 (C.I. 12085)
C.I. 11783	Pigment Gelb 120 (C.I. 11783)
C.I. 71155	Pigment Rot 178 (C.I. 71155)
C.I. 12514	Pigment Rot 208 (C.I. 12514)
C.I. 42520	Neufuchsin (C.I. 42520)
C.I. 12075	Pigment Orange 5 (C.I. 12075)
C.I. 21110	Pigment Orange 13 (C.I. 21110)
C.I. 11784	Pigment Gelb 175 (C.I. 11784)
C.I. 77955	Pigment Gelb 36 (C.I. 77955)
C.I. 16150	Ponceau Xylidin (C.I. 16150)
C.I. 65300	Pigment Rot 177 (C.I. 65300)
C.I. 68420	Pigment Gelb 108 (C.I. 68420)

Gebräuchlicher Name Handelsname	Substanzname
C.I. 59300	Pigment Rot 168 (C.I. 59300)
C.I. 71105	Pigment Orange 43 (C.I. 71105)
C.I. 21105	Pigment Gelb 17 (C.I. 21105)
C.I. 77220	Calciumcarbonat
C.I. 70600	Pigment Gelb 24 (C.I.70600)
C.I. 73000	Indigo (C.I. 73000)
C.I. 41000:1	Solvens Gelb 34 (C.I. 41000:1)
C.I. 46005-1	3,6-Bis-(dimethylamino)-acridin
C.I. 71137	Pigment Rot 149 (C.I. 71137)
C.I. 451701/1	Solvens Rot 49 (C.I. 451701/1)
C.I. 77956	Pigment Gelb 36:1 (C.I. 77956)
C.I. 21100	Pigment Gelb 13 (C.I. 21100)
C.I. 77099	Bariumcarbonat
C.I. 15585:1	Pigment Rot 53:1 (C.I. 15585:1)
C.I. 15865:4	Pigment Rot 48:4 (C.I. 15865:4)
C.I. 12485	Pigment Rot 146 (C.I. 12485)
C.I. 15850:1	Pigment Rot 57:1 (C.I. 15850:1)
C.I. 21095	Pigment Gelb 14 (C.I. 21095)
C.I. 71130	Pigment Rot 179 (C.I. 71130)
C.I. 21108	Pigment Gelb 83 (C.I. 21108)
C.I. 56280	Pigment Gelb 110 (C.I. 56280)
C.I. 15867	Pigment Rot 200 (C.I. 15867)
C.I. 77202	Pigment Rot 108 (C.I. 77202)
C.I. 42750	Pigment Blau 19 (C.I. 42750)
C.I. 12486	Pigment Rot 187 (C.I. 12486)
C.I. 20040	Pigment Gelb 16 (C.I. 20040)
C.I. 12310	Pigment Rot 2 (C.I. 12310)
C.I. 13980	Pigment Gelb 151 (C.I. 13980)
C.I. 21101	Pigment Gelb 126 (C.I. 21101)
C.I. 12467	Pigment Rot 188 (C.I. 12467)
C.I. 12516	Pigment Rot 185 (C.I. 12516)
C.I. 7600	Aminobenzen
C.I. 45160:3	Pigment Rot 81:3 (C.I. 45160:3)
C.I. 425100	Fuchsin (C.I. 42510)
C.I. 42040	Bis-(4-diethylaminophenyl)- phenylcarboniumhydrogensulfat
C.I. 15510	4-(2-Hydroxy-1-naphthalinazo)-benzensulfonsäure Natriumsalz
C.I. 51319	Pigment Violett 23 (C.I. 51319)
C.I. 11741	Pigment Gelb 74 (C.I. 11741)
C.I. 41001	Basisches Gelb 37 (C.I. 41001)
C.I. 21096	Pigment Gelb 55 (C.I. 21096)
C.I. 21090	Pigment Gelb 12 (C.I. 21090)
C.I. 11781	Pigment Gelb 154 (C.I. 11781)
C.I. 12705	Pigment Gelb 60 (C.I. 12705)
C.I. 42555:2	Pigment Violett 39 (C.I. 42555:2)
C.I. 12335	Pigment Rot 8 (C.I. 12335)
C.I. 12385	Pigment Rot 12 (C.I. 12385)

Gebräuchlicher Name Handelsname	Substanzname
C.I. 12440	Pigment Rot 10 (C.I. 12440)
C.I. 12460	Pigment Rot 9 (C.I. 12460)
C.I. 12460	Pigment Rot 5 (C.I. 12490)
C.I. 12490	Pigment Rot 5 (C.I. 12490)
C.I. 42800	Pigment Blau 56 (C.I. 42800)
C.I. 15880:1	Pigment Rot 63:1 (C.I. 15880:1)
C.I. 71140	Pigment Rot 190 (C.I. 71140)
C.I. 12420	Pigment Rot 7 (C.I. 12420)
C.I. 11710	Pigment Gelb 3 (C.I. 11710)
C.I. 11740	Pigment Gelb 65 (C.I. 11740)
C.I. 12370	Pigment Rot 112 (C.I. 12370)
C.I. 42090:1	Pigment Blau 24 (C.I. 42090:1)
C.I. 21230	Solvens Gelb 29 (C.I. 21230)
C.I. 21107	Pigment Gelb 124 (C.I. 21107)
C.I. 77503	Pigment Braun 33 (C.I. 77503)
C.I. 77310	Pigment Braun 24 (C.I. 77310)
C.I. 77428	Pigment Schwarz 28 (C.I. 77428)
C.I. 77494	Pigment Schwarz 26 (C.I. 77494)
C.I. 77543	Pigment Schwarz 12 (C.I. 77543)
C.I. 77501	Pigment Braun 35 (C.I. 77501)
C.I. 77343	Pigment Blau 36 (C.I. 77343)
C.I. 12433	Pigment Rot 147 (C.I. 12433)
C.I. 42535:5	Pigment Violett 3:3 (C.I. 42535:5)
C.I. 77899	Pigment Gelb 164 (C.I. 77899)
C.I. 42595:3	Pigment Blau 1:2 (C.I. 42595:3)
C.I. 77352	Pigment Violett 48 (C.I. 77352)
C.I. 77363	Pigment Violett 47 (C.I. 77363)
C.I. 77896	Pigment Gelb 162 (C.I. 77896)
C.I. 77895	Pigment Gelb 161 (C.I. 77895)
C.I. 42025	Pigment Blau 9:x (C.I. 42025:x)
C.I. 12513	Pigment Rot 175 (C.I. 12513)
C.I. 12512	Pigment Rot 171 (C.I. 12512)
C.I. 12510	Pigment Braun 25 (C.I. 12510)
C.I. 15865:2	Pigment Rot 48:2 (C.I. 15865:2)
C.I. 21092	Pigment Gelb 114 (C.I. 21092)
C.I. 21102	Pigment Gelb 127 (C.I. 21102)
C.I. 58000	1,2-Dihydroxyanthrachinon
C.I. 77000	Aluminium
C.I. 77820	Silber
C.I. 77945	Zink
C.I. 15865:1	Pigment Rot 48:1 (C.I. 15865:1)
C.I. 77120	Bariumsulfat
C.I. 77600	Blei(II)-chromat
C.I. 77231	Calciumsulfat
C.I. 77964	Pigment Weiß 32 (C.I. 77964)
C.I. 77265	Graphit
C.I. 77839	Strontiumchromat
C.I. 42535	Basisches Violett 1 (C.I. 42535)

Gebräuchlicher Name Handelsname	Substanzname
C.I. 50420	Nigrosin (wasserlöslich) (C.I. 50420)
C.I. 77718	Pigment Weiß 26 (C.I. 77718)
C.I. 77788	Pigment Gelb 53 (C.I. 77788)
C.I. 77267	Pigment Schwarz 9 (C.I. 77267)
C.I. 77004	Pigment Weiß 19 (C.I. 77004)
C.I. 1106	6,15-Dihydro-5,9,14,18-antrazintetron
C.I. 69800	6,15-Dihydro-5,9,14,18-antrazintetron
C.I. 45170	Basisches Violett 10 (C.I. 45170)
C.I. 23060	3,3'-Diamino-4,4'-dichlorbiphenyl
C.I. 73915	Pigment Rot 122 (C.I. 73915)
C.I. 45160	Basisches Rot 1 (C.I. 45160)
C.I. 12487	Pigment Rot 184 (C.I. 12487)
Ciamin	L-(+)-Ascorbinsäure
Cibanone Blue FRS	6,15-Dihydro-5,9,14,18-antrazintetron
Cibanone Blue FRSN	6,15-Dihydro-5,9,14,18-antrazintetron
Cibanone Blue RS	6,15-Dihydro-5,9,14,18-antrazintetron
Cibanone Brilliant Blue FR	6,15-Dihydro-5,9,14,18-antrazintetron
C.I. C.I. 41000:1	Solvens Gelb 34 (C.I. 41000:1)
trans-Cinamylsäure	trans-Phenylpropensäure
Cinene	1-Methyl-4-(1-methylethenyl)-cyclohexen
Cinnamen	Ethenylbenzen
Cinnamol	Ethenylbenzen
Cinnamoylchlorid	3-Phenylpropensäurechlorid
Cinylchlorid Homopolymer	Polychlorethen
Cipca	L-(+)-Ascorbinsäure
CIPE	Polyethylen
Cipoviol W 72	Polyvinylalkohol
Circosolv	1,1,2-Trichlorethen
Cisdene 1203	Polybutadien
cis-Polybutadien	Polybutadien
cis-trans-Decahydrydronaphthalin	Decahydronaphthalen (Isomerengemisch)
cis, trans-Decalin	Decahydronaphthalen (Isomerengemisch)
cis, trans-Dekalin	Decahydronaphthalen (Isomerengemisch)
Citobaryum	Bariumsulfat
Citrical	Calciumcarbonat
Citriscorb	L-(+)-Ascorbinsäure
Citroflex 2	3-Ethoxycarbonyl-3-hydroxy-pentandisäurediethylester
Citroflex 4	Tributylcitrat
Citroflex A-8	Acetyltri-(2-ethylhexyl)-citrat
Citroflex A-2	Acetyltriethylcitrat
Citroflex A-4	Acetyltributylcitrat
Citroflex 6R	2-Hydroxypropantricarbonsäure-(tri-cyclohexyl)-ester
Citronensäure	2-Hydroxy-1,2,3-propantricarbonsäure
Citronensäure-(tri-cyclohexyl)-ester	2-Hydroxypropantricarbonsäure-(tri-cyclohexyl)-ester
Citronensäure Trinatriumsalz Dihydrat	Natriumcitrat-2-hydrat
Citrusterpene	1-Methyl-4-(1-methylethenyl)-cyclohexen
CK 3	Aktivkohle
CK3	Aktivkohle

Gebräuchlicher Name Handelsname	Substanzname
Clarocarbon	Aktivkohle
Clarocarbon	Kohlenstoff (amorph)
Claytur 4	Zinkchlorid
Cleartran	Zinksulfid
Clefnon	Calciumcarbonat
Clewat S 2	Tetranatriumethylendiamintetraacetat
Clorox	Natriumhypochlorit (wäßrige Lösung)
CMC	Carboxymethylcellulose
CMC	Carboxymethylcellulose Natriumsalz
CML 21	Calciumoxid
COATHYLENE	Polyethylen
Coathylene HA 1671	Polyethylen
Cobalt	Kobalt
Cobaltaluminiumblauspinell	Pigment Blau 28 (C.I. 77346)
Cobalt-/Aluminiumoxid-Spinell	Pigment Blau 28 (C.I. 77346)
Cobalt-bis(2-ethylhexanoat)	2-Ethylhexansäurecobalt-(II)-salz
Cobaltblau	Pigment Blau 28 (C.I. 77346)
Cobalt Chromit Blaugrün Spinel	Pigment Blau 36 (C.I. 77343)
Cobaltchromitblaugrünspinell	Pigment Blau 36 (C.I. 77343)
Cobalt(II)-octanoat	Octansäure, bis-Kobaltsalz
Cobalt-Lithium-Violett-Phosphat	Pigment Violett 47 (C.I. 77363)
Cobalt-Magnesium-Rot-Blau-Borat	Pigment Violett 48 (C.I. 77352)
Cobalt Naphthenat	Naphthensäure, Cobaltsalz
Cobaltoctanoat	Octansäure, bis-Kobaltsalz
Cobex (polymer)	Polychlorethen
Cobratec 99	Benzotriazol
Colamin	2-Aminoethanol
Colanyl Green GG	Kupferphthalocyanin, chloriert
Colascor	L-(+)-Ascorbinsäure
Colliron	Eisen(III)-oxid
Collo-Bueglatt	Methansäure
Collocarb	Aktivkohle
Collo-Didax	Methansäure
Collodiumwolle	Cellulosenitrat
Colocother	Eisen(III)-oxid
Cologne Yellow	Blei(II)-chromat
Colortherm	Pigment Gelb 119 (C.I. 77496)
Colortherm	Eisen(III)-hydroxid
Columbia carbon	Aktivkohle
Columbia LCK	Kohlenstoff (amorph)
Combi-Schutz	Propan-2-ol
Comedol	1,1,2-Trichlorethen
Compalox	Aluminiumoxid
Comsol 101-X	Nitroethan
Concemin	L-(+)-Ascorbinsäure
Conductex	Aktivkohle
Conductex	Kohlenstoff (amorph)
Condy's Kristalle	Kaliumpermanganat

Gebräuchlicher Name Handelsname	Substanzname
Conopal	Aluminiumoxid
K-Contin	Kaliumchlorid
Continental	Kaolin
Continental	Aktivkohle
Continex	Aktivkohle
Contizell	Polychlorethen
Controzon	Paraffin
Controzon Plus	Paraffin
Controzon Plus Neu	Paraffin
Controzon W	Paraffin
Conul	Chlorbenzen
Copper Phthalocyanine Green	Kupferphthalocyanin, chloriert
Corax	Aktivkohle
Corax N 115	Aktivkohle
Corax N 121	Aktivkohle
Corax N 125	Aktivkohle
Corax N 134	Aktivkohle
Corax N 220	Aktivkohle
Corax N 234	Aktivkohle
Corax N 326	Aktivkohle
Corax N 330	Aktivkohle
Corax N 335	Aktivkohle
Corax N 339	Aktivkohle
Corax N 347	Aktivkohle
Corax N 356	Aktivkohle
Corax N 375	Aktivkohle
Corax N 539	Aktivkohle
Corax N 550	Aktivkohle
Corax N 650	Aktivkohle
Corax N 660	Aktivkohle
Corax N 683	Aktivkohle
Corax N 765	Aktivkohle
Corax N 772	Aktivkohle
Corax N 550 MP off Spec	Aktivkohle
Corax P	Aktivkohle
Corflex 880	Benzen-1,2-dicarbonsäuredi-iso-octylester
Corialverdünner A	Ethansäure-(2-methylpropyl)-ester
Corol 22	1-Decanol
Corvic	Polychlorethen
Corvic 20560600	Polychlorethen
Corvic 20650600	Polychlorethen
Corvic 55/9	Polychlorethen
Corvic 65/50	Polychlorethen
Corvic C 65/02	Polychlorethen
Corvic D 57/17	Polychlorethen
Corvic D 60/11	Polychlorethen
Corvic D 65/02	Polychlorethen
Corvic D 6518	Polychlorethen

Gebräuchlicher Name Handelsname	Substanzname
Corvic D 75/10	Polychlorethen
Corvic H 55/34	Polychlorethen
Corvic P 65/50	Polychlorethen
Corvic P 65/54	Polychlorethen
Corvic P 65/55	Polychlorethen
Corvic R 65/81	Polychlorethen
Cosmetic Coral Red KO Bluish	Pigment Rot 53:1 (C.I. 15585:1)
Cosmetic DVR	Pigment Rot 53:1 (C.I. 15585:1)
Cosmetic Pigment Yellow Red DVR	Pigment Rot 53:1 (C.I. 15585:1)
Cosmetio White C47-5175	Titandioxid
Courlene-X3	Polyethylen
Covol	Polyvinylalkohol
Covol 971	Polyvinylalkohol
Cowanol TBH	2-[2-(2-Butoxyethoxy)ethoxy]ethanol
CP 25	Methylbenzen
CP 27	Chlorbenzen
CP 10-40	Magnesiumsilikathydrat
CP 38-33	Magnesiumsilikathydrat
CPB 5000	Graphit
CPE	Polyethylen
CPE 16	Polyethylen
CPE 25	Polyethylen
Crawhaspol	1,1,2-Trichlorethen
cresol diphenyl phosphate	Phosphorsäure-diphenyl-4-methyl-phenyl-ester
cresyl diphenyl phosphate	Phosphorsäure-diphenyl-4-methyl-phenyl-ester
cresyl phenyl phosphate	Phosphorsäure-diphenyl-4-methyl-phenyl-ester
Cristobalit	Silicium(IV)-oxid
1:1 Cr-Komplex, Farbsalz	Solvens Rot 109
Crocoit	Blei(II)-chromat
Crocoite	Blei(II)-chromat
Crocus	Eisen(III)-oxid
Croflex	Aktivkohle
Crolac	Aktivkohle
Cromophtal Blue A 3R	6,15-Dihydro-5,9,14,18-antrazintetron
Cromophtal Blue A3R	6,15-Dihydro-5,9,14,18-antrazintetron
Cromophtal Green GF	Kupferphthalocyanin, chloriert
Cr/Sb/Ti-Oxid	Pigment Braun 24 (C.I. 77310)
Cryopolythene	Polyethylen
Cry-o-vac L	Polyethylen
Crysalba	Calciumsulfat
Crystalite CRS 6002	Magnesiumsilikathydrat
Crystal-Violett (CFA)	Pigment Violett 27 (C.I. 42535:3)
Crystic prefil S	Calciumcarbonat
Crystol 325	Paraffin, C10-C13
CS	Kohlensäurediamid
CSAC	2-Ethoxyethanolacetat
CTC	Tetrachlormethan
2-CTX	2-Chlor-9H-thioxanthen-9-on

Gebräuchlicher Name Handelsname	Substanzname
Cumar	Cumaron-Inden-Harz
Cumrone	Cumaron-Inden-Harz
Cu-Phthalocyan.Alpha Stab.	Pigment Blau 15:1 (C.I. 74250)
Cu-Phthalocyan. Alpha Stab.	Kupferphthalocyanin, chloriert
Cu-Phthalocyan, chloriert	Kupferphthalocyanin, chloriert
Cu-Phthalocyanin, halogeniert	Pigment Grün 36 (C.I. 74265)
K-Cure	4-Methylbenzensulfonsäure
Cyan Green 15-3100	Kupferphthalocyanin, chloriert
Cyanine Green GP	Kupferphthalocyanin, chloriert
Cyanine Green NB	Kupferphthalocyanin, chloriert
Cyanine Green T	Kupferphthalocyanin, chloriert
Cyanine Green Toner	Kupferphthalocyanin, chloriert
Cyankali	Kaliumcyanid
Cyankalium	Kaliumcyanid
Cyanol	Aminobenzen
Cyanox LTDP	4-Sulfo-heptandisäuredidodecylester
Cyanuramid	2,4,6-Triamino-1,3,5-triazin
Cyanurotriamid	2,4,6-Triamino-1,3,5-triazin
Cyasorb UV 9	2-Hydroxy-4-methoxybenzophenon
cycl. Methylethylcarbonat	4-Methyl-1,3-dioxolan-2-on
1,4 Cyclohexadiendion	2,5-Cyclohexadien-1,4-dion
Cyclohexatrien	Benzen
2-Cyclohexylcyclohexanon	[1,1'-Bicyclohexyl]-2-on
Cyclohexylmethan	Methylcyclohexan
Cyclopentadiendimer	4,7-Methylen-4,7,8,9-tetrahydroinden
Cyclotetramethylenoxid	Tetrahydrofuran
Cynku tlenek (Polish)	Zinkoxid
Cyzac	4-Methylbenzensulfonsäure
DA	4-Hydroxy-4-methylpentan-2-on
DA-1	1,4-Dihydroxybenzenmonosulfonsäure (Kaliumsalz)
DAA	4-Hydroxy-4-methylpentan-2-on
Dabeersen Na4	Tetranatriumethylendiamintetraacetat
Dacote	Calciumcarbonat
Dacovin	Polychlorethen
Dacovin 2082	Polychlorethen
DAF 68	Benzen-1,2-dicarbonsäuredi-2-ethylhexylester
DAF 98	Benzen-1,2-dicarbonsäuredi-2-ethylhexylester
DAHQ	2,5-Di-(1,1-dimethylethyl)-1,4-dihydroxybenzen
Dainichi Benzidine Yellow 2GR	Pigment Gelb 13 (C.I. 21100)
Dainichi chrome yellow G	Blei(II)-chromat
Dainichi Cyanine Green FG	Kupferphthalocyanin, chloriert
Dainichi Cyanine Green FGH	Kupferphthalocyanin, chloriert
Dainichi Lake Red C	Pigment Rot 53:1 (C.I. 15585:1)
Daisolac	Polyethylen
Dalpac	2,6-Di-(1,1-dimethylethyl)-4-methylhydroxybenzen
Daltogen	2,2',2"-Trihydroxytriethylamin
Daltolite Fast Green GN	Kupferphthalocyanin, chloriert
Danuvil 70	Polychlorethen

Gebräuchlicher Name Handelsname	Substanzname
Daplen	Polyethylen
Daplen 1810 H	Polyethylen
Darammon	Ammoniumchlorid
Darco	Kohlenstoff (amorph)
Darvic 110	Polychlorethen
Darvis clear 025	Polychlorethen
Datorin E 4-40	Tetranatriumethylendiamintetraacetat
Davainex	Dibutylbis-1-oxododecyloxystannan
Davenite	Pigment Weiß 20 (C.I. 77019)
Davitamon C	L-(+)-Ascorbinsäure
Dawbarn	Polyvinylidenchlorid
Dazzle	Natriumhypochlorit (wäßrige Lösung)
DBE-4 Dicarbonsäureester	Dimethylsuccinat
DBE - 5 Dicarbonsäureester	Glutarsäuredimethylester
DBE - 6 Dicarbonsäureester	Dimethyladipat
DBEEA	Hexandicarbonsäure-bis-[2-(2-butoxy-ethoxy)-ethyl]ester
DBF	trans-Butensäuredibutylester
DBHP	2,6-Di-(1,1-dimethylethyl)-4-methylhydroxybenzen
DBM	cis-Butensäuredibutylester
DBMP	2,6-Di-(1,1-dimethylethyl)-4-methylhydroxybenzen
DBP	Benzen-1,2-dicarbonsäuredi-n-butylester
DBPC	2,6-Di-(1,1-dimethylethyl)-4-methylhydroxybenzen
DBPH	2,6-Di-(1,1-dimethylethyl)-4-methylhydroxybenzen
DBPO	Dibenzoylperoxid
DBS	10,11-Dihydro-5H-dibenzo[a,d]cyclohepten-5-on
DC 2	Graphit
3,3'-DCB	3,3'-Diamino-4,4'-dichlorbiphenyl
1,2-DCE	1,2-Dichlorethan
1,1-DCE	1,1-Dichlorethen
DCHP	Benzen-1,2-dicarbonsäuredicyclohexylester
DCP	Phthalsäuredi-(1methylheptyl)ester
DCPD	4,7-Methylen-4,7,8,9-tetrahydroinden
DEA	Diethanolamin
Deactivator E	2-(2-Hydroxyethyl)-ethanol
Deactivator H	2-(2-Hydroxyethyl)-ethanol
Deanol	2-Dimethylaminoethanol
Deanox	Eisen(III)-oxid
DEAP	2,2-Diethoxyacetophenon
Decalin	Decahydronaphthalen (Isomerengemisch)
Decandisäure-bis-[2-ethyl-hexyl-ester]	1,8-Octandicarbonsäure-bis-(2-ethylhexylester)
Decelith	Polychlorethen
Decelith H	Polychlorethen
Decylalkohol	1-Decanol
n-Decylalkohol	1-Decanol
Deenax	2,6-Di-(1,1-dimethylethyl)-4-methylhydroxybenzen
Dee-solv	Tetrachlorethen
DEG	2-(2-Hydroxyethyl)-ethanol

Gebräuchlicher Name Handelsname	Substanzname
DEGDB	Dibenzoyldiethylenglykolester
DEG Normal Grade	2-(2-Hydroxyethyl)-ethanol
Degussa	Aktivkohle
DEHA	Hexandicarbonsäure-bis-2-ethylhexylester
DEHP	Benzen-1,2-dicarbonsäuredi-2-ethylhexylester
DEHS	1,8-Octandicarbonsäure-bis-(2-ethylhexylester)
3',4'-Dehydroxyfluoran	Fluorescein (C.I. 45350)
DEHZ	Nonandisäure-bis-[2-ethylhexylester]
Dekahydronaphthalin (Isomerengemisch)	Decahydronaphthalen (Isomerengemisch)
Dekalin	Decahydronaphthalen (Isomerengemisch)
Dekandisäuredibutylester	Decandisäuredibutylester
Dekan-1-ol	1-Decanol
Dekanol	1-Decanol
n-Dekanol	1-Decanol
Dekapier 1	1,1,2-Trichlorethen
Delesan	Dimethylpolysiloxan
Delussa black FW	Aktivkohle
Delussa Schwarz FW	Aktivkohle
Denka vinyl SS 80	Polychlorethen
Denka vinyl SS-Y	Polychlorethen
Densinfluat	1,1,2-Trichlorethen
DEP	Benzen-1,2-dicarbonsäurediethylester
Depanol I	Gemisch aus vorwiegend monocyclischen Terpenkohlenwasserstoffen
Desertalc 57	Magnesiumsilikathydrat
Desert Red	Pigment Rot 53:1 (C.I. 15585:1)
Desical	Calciumoxid
Desical P	Calciumoxid
Desmodur T 65	2,4-Diisocyanat-1-methylbenzen
Desmodur T 80	2,4-Diisocyanat-1-methylbenzen
Destillationsbitumen	Bitumen
Destillat (Petroleum), leicht hydrotisiert	Kohlenwasserstoffgemisch
Destruxol borer-sol	1,2-Dichlorethan
DFD 0173	Polyethylen
DFD 0188	Polyethylen
DFD 2005	Polyethylen
DFD 6005	Polyethylen
DFD 6032	Polyethylen
DFD 6040	Polyethylen
DFDJ 5505	Polyethylen
DGNB 3825	Polyethylen
DHBP	2,4-Dihydroxybenzophenon
DHP	Benzen-1,2-dicarbonsäuredihexylester
Diacetin	1,2,3-Triacetoxypropan
Diaceton	4-Hydroxy-4-methylpentan-2-on
Diacetonalkohol	4-Hydroxy-4-methylpentan-2-on
Diacetonglykol	2-Methylpentan-2,4-diol
1,2-Diacetoxyethan	1,2-Ethandioldiacetat

Gebräuchlicher Name Handelsname	Substanzname
1,2-Diacetoxy-propan	1,2-Propylenglycoldiacetat
Diacetylmethan	2,4-Pentandion
Diadur	Aluminiumoxid
Diakarmon	Sorbit
Dial	4-Hydroxy-4-methylpentan-2-on
Di-alkyl-7-9-11-phthalat	Benzen-1,2-dicarbonsäure-heptyl/nonyl/undekyl
Diamantfuchsin	Fuchsin (C.I. 42510)
Diamidophenolhydrochlorid	1-Hydroxy-2,4-diaminobenzendihydrochlorid
p-Diaminobenzol	1,4-Diaminobenzen
4,4'-Diaminobiphenyl	(1,1'-Biphenyl)-4,4'-diamin
p,p'-Diaminobiphenyl	(1,1'-Biphenyl)-4,4'-diamin
4,4-Diaminodiphenyl	(1,1'-Biphenyl)-4,4'-diamin
Diaminoethantetraethansäure	Ethylendiamintetraessigsäure
Diaminoethantetraethansäuretetranatriumsalzhydrat	Tetranatriumethylendiamintetraacetat
4,4'-Diamino-N,N,N',N'-tetramethylbenzophenon	4,4'-Bis-(dimethylamino)-benzophenon
2,4-Diaminophenol Dihydrochlorid	1-Hydroxy-2,4-diaminobenzendihydrochlorid
2,4-Diamino-6-phenyl-s-triazin	2,4-Diamino-6-phenyl-1,3,5-triazin
2,6-Diamino-4-phenyl-1,3,5-triazin	2,4-Diamino-6-phenyl-1,3,5-triazin
Diamin-P	1,4-Diaminobenzen
Diammoniumcarbonat	Ammoniumcarbonat
Diammoniumsulfat	Ammoniumsulfat
Diamond shamrock 40	Polychlorethen
Diamond shamrock 71	Polychlorethen
Diamond shamrock 7602	Polychlorethen
Dian	2,2-Bis-(4-hydroxyphenyl)-propan
Dianol	1-Hydroxy-2,4-diaminobenzendihydrochlorid
Diantimontrioxid	Antimon(III)-oxid
Diarex HF 77	Ethenylbenzen
Diarylgelb	Pigment Gelb 113 (C.I. 21126)
Diarylide Yellow	Pigment Gelb 13 (C.I. 21100)
Diarylid Gelb AAA	Pigment Gelb 12 (C.I. 21090)
Diarylid Gelb AAMX	Pigment Gelb 13 (C.I. 21100)
Diarylid Gelb AAOA	Pigment Gelb 17 (C.I. 21105)
Diarylid Gelb AAOT	Pigment Gelb 14 (C.I. 21095)
Diarylid Gelb AAPT	Pigment Gelb 55 (C.I. 21096)
Diarylid Gelb DGR	Pigment Gelb 126 (C.I. 21101)
Diarylid Gelb GGR	Pigment Gelb 106
Diarylid Gelb G3R	Pigment Gelb 114 (C.I. 21092)
Diarylid Gelb GRL	Pigment Gelb 127 (C.I. 21102)
Diarylid Gelb H10G	Pigment Gelb 81 (C.I. 21127)
Diarylid Gelb H10GL	Pigment Gelb 113 (C.I. 21126)
Diarylid Gelb HR	Pigment Gelb 83 (C.I. 21108)
Diarylid Gelb YR	Pigment Gelb 152
Diarylid-Orange	4,4'-[(3,3'-Dichlor[1,1'-biphenyl]-4,4'-diyl)bis(azo)]-bis[2,4-dihydro-5-methyl-2-(4-methylphenyl)]-3H-pyrazol-3-on
Diaspore	Aluminiumoxid
Diazorot	Pigment Rot 144

Gebräuchlicher Name Handelsname	Substanzname
DIBA	Bis-(2-methylpropyl)-ester-hexandisäure
1,2-Dibenzencarbonsäure-di-n-octylester	Benzen-1,2-dicarbonsäure-di-n-octylester
Dibenzo[a,d]cyclohepta-1,4-dien-5-on	10,11-Dihydro-5H-dibenzo[a,d]cyclohepten-5-on
Dibenzo-alpha-pyron	Xanthon
5-Dibenzosuberon	10,11-Dihydro-5H-dibenzo[a,d]cyclohepten-5-on
Dibenzosuberon	10,11-Dihydro-5H-dibenzo[a,d]cyclohepten-5-on
Di-benzylphthalat	Benzen-1,2-dicarbonsäuredibenzylester
DIBK	2,6-Dimethyl-4-heptanon
DIBP	Benzen-1,2-dicarbonsäure-di-(2-methylpropen)ester
Dibrom-4,6-dichlorpyranthron	Pigment Rot 226
2,3-Dibromo-1-propanol-phosphat (3:1)	Tris-(2,3-dibromopropyl)-phosphat
2,3-Dibrom-1-propanolphosphat	Tris-(2,3-dibromopropyl)-phosphat
Dibunol	2,6-Di-(1,1-dimethylethyl)-4-methylhydroxybenzen
Dibutoxyethoxyethyladipat	Hexandicarbonsäure-bis-[2-(2-butoxy-ethoxy)-ethyl]ester
Dibutyl-1,2-benzendicarboxylat	Benzen-1,2-dicarbonsäuredi-n-butylester
Dibutyl Carbitol	Diethylenethandioldibutylether
Dibutylcarbitol	Diethylenethandioldibutylether
Dibutyldiglycol	Diethylenethandioldibutylether
Dibutyldiglykol	Diethylenethandioldibutylether
Dibutylfumarat	trans-Butensäuredibutylester
Dibutylmaleat	cis-Butensäuredibutylester
Dibutylmaleinat	cis-Butensäuredibutylester
Dibutylphthalat	Benzen-1,2-dicarbonsäuredi-n-butylester
Dibutylsebacat	Decandisäuredibutylester
Dibutylzinndidodecanat	Dibutylbis-1-oxododecyloxystannan
Dibutylzinndilaurat	Dibutylbis-1-oxododecyloxystannan
Di(C7-9-alkyl)adipat	Heptylnonyladipat
Dicapryl-1,2-benzendicarboxylat	Phthalsäuredi-(1methylheptyl)ester
Dicaprylphthalat	Phthalsäuredi-(1methylheptyl)ester
3,3'-Dichlorbenzidin	3,3'-Diamino-4,4'-dichlorbiphenyl
4,4'-Dichlor-(1,1'-biphenyl)-3,3'-diamin	3,3'-Diamino-4,4'-dichlorbiphenyl
2,2'-(3,3'-Dichlor-(1,1'biphenyl)-4,4'-diyl)bis(azo)bis(N-(2-methylphenyl)-3-oxobutanamid	Pigment Gelb 14 (C.I. 21095)
3,3'-Dichlordiaminobiphenyl	3,3'-Diamino-4,4'-dichlorbiphenyl
1,1-Dichlorethylen	1,1-Dichlorethen
Dichlorisocyanur Natriumsalz	Dichlor-s-triazin-2,4,6(1H,3H,5H)-trion Natriumsalz
Dichlormonohydrogen-s-triazin	Dichlor-s-triazin-2,4,6(1H,3H,5H)-trion Natriumsalz
Dichlor-Mulsion	1,2-Dichlorethan
1,1-Dichloro-2-chloroethylen	1,1,2-Trichlorethen
Dicol	2-(2-Hydroxyethyl)-ethanol
Dicolamin S 5	N,N-Diethyl-1,4-diaminobenzen Sulfat
Dicycloacelat	Dicyclohexylacelat
Dicycloazelat	Dicyclohexylacelat
Dicyclohexylacelat	Dicyclohexylacelat
Dicyclohexylazelat	Dicyclohexylacelat
Dicyclohexylphthalat	Benzen-1,2-dicarbonsäuredicyclohexylester
Dicyclopentadien	4,7-Methylen-4,7,8,9-tetrahydroinden

Gebräuchlicher Name Handelsname	Substanzname
DIDA	Adipinsäure-(di-iso-decyl)-ester
Didakene	Tetrachlorethen
Didecylphthalat	Benzen-1,2-dicarbonsäuredidecylester
Didodecyl-3,3'-thiodipropionat	4-Sulfo-heptandisäuredidodecylester
DIDP	Benzen-1,2-dicarbonsäuredi-iso-decylester
Dieisentrioxid	Eisen(III)-oxid
Diene 35AC	Polybutadien
Diene 55AC	Polybutadien
Diene 35NF	Polybutadien
Diene 55NF	Polybutadien
Dienite 556	Polybutadien
2,2-Diethanolamin	Diethanolamin
N,N-Diethanolamin	Diethanolamin
Diether des Glykols	1,4-Dioxan
w,w-Diethoxyacetophenon	2,2-Diethoxyacetophenon
p-Diethylaminobenzaldehyd	4-Diethylaminobenzaldehyd
Diethylan	N,N-Diethyl-1,4-diaminobenzen Sulfat
Diethylbenzol (Isomerengemisch)	Diethylbenzen (Isomerengemisch)
N,N-diethylcarbanilid	Diethyldiphenylharnstoff
Diethyl Carbitol	Diethylenethandioldiethylether
Diethylcarbitol	Diethylenethandioldiethylether
Diethyldiglycol	Diethylenethandioldiethylether
1,4-Diethylendioxid	1,4-Dioxan
Diethylendioxid	1,4-Dioxan
Diethylene Glycol-E	2-(2-Hydroxyethyl)-ethanol
Diethylenethandiol	2-(2-Hydroxyethyl)-ethanol
1,4-Diethylenether	1,4-Dioxan
Diethylenether	1,4-Dioxan
Diethylenglycol	2-(2-Hydroxyethyl)-ethanol
Diethylenglycoldibutylether	Diethylenethandioldibutylether
Diethylenglycoldiethylether	Diethylenethandioldiethylether
Diethylenglycoldimethylether	Diethylenethandioldimethylether
Diethylenglycolhexylether	Diethylenethandiolhexylether
Diethylenglycolmonobutylether	Diethylenethandiolmonobutylether
Diethylenglycolmonoethyletheracetat	Diethylenethandiolmonoethyletheracetat
Diethylenglycolmonohexylether	Diethylenethandiolhexylether
Diethylenglycolmonomethylether	Diethylenethandiolmonomethylether
Diethylenglycol-n-butylether	Diethylenethandiolmonobutylether
Diethylenglykol	2-(2-Hydroxyethyl)-ethanol
Diethylenglykolbutyletheracetat	Diethylenethandiolmonobutyletheracetat
Di-ethylenglykol-di-benzoat	Dibenzoyldiethylenglykolester
Diethylenglykoldibenzoat	Dibenzoyldiethylenglykolester
Diethylenglykoldibutylether	Diethylenethandioldibutylether
Diethylenglykoldimethylether	Diethylenethandioldimethylether
Diethylenglykolmonobutyletheracetat	Diethylenethandiolmonobutyletheracetat
Diethylenglykolmonoethylether	Diethylenethandiolmonoethylether
Diethylenglykol-mono-n-butylether	Diethylenethandiolmonobutylether
Diethylenglykol-n-butylether	Diethylenethandiolmonobutylether

Gebräuchlicher Name Handelsname	Substanzname
Diethylenimidoxid	Tetrahydro-1,4-oxazin
Diethylenmonoxid	Tetrahydrofuran
Diethylenoxid	Tetrahydrofuran
Diethylenoximid	Tetrahydro-1,4-oxazin
Diethylglykol-mono-n-butylether	Diethylenethandiolmonobutylether
Diethylglykolmono-n-butylether	Diethylenethandiolmonobutylether
Di-(2-ethylhexyl)-adipat	Hexandicarbonsäure-bis-2-ethylhexylester
Di-2-ethylhexyl-adipinat	Hexandicarbonsäure-bis-2-ethylhexylester
Di-(2-ethylhexyl)-azelat	Nonandisäure-bis-[2-ethylhexylester]
Di-2-ethylhexyl-isophthalat	Benzen-1,2-dicarbonsäuredi-2-ethylhexylester
Di-(2-ethylhexyl)-phthalat	Benzen-1,2-dicarbonsäuredi-2-ethylhexylester
Di-2-ethylhexylphthalat	Benzen-1,2-dicarbonsäuredi-2-ethylhexylester
Di-2-ethylhexylsebacat	1,8-Octandicarbonsäure-bis-(2-ethylhexylester)
N,N-Diethyl-1,4-phenylendiamin Sulfat	N,N-Diethyl-1,4-diaminobenzen Sulfat
Diethylphthalat	Benzen-1,2-dicarbonsäurediethylester
Diffu K	Kaliumchlorid
2,2-Difluor-1,1,1,2-tetrachlorethan	1,1-Difluor-1,2,2,2-tetrachlorethan
Diglycol	2-(2-Hydroxyethyl)-ethanol
Diglycoldiethylether	Diethylenethandioldiethylether
Diglycoldimethylether	Diethylenethandioldimethylether
Diglycol-di-n-butylether	Diethylenethandioldibutylether
Diglycolmonobutyletheracetat	Diethylenethandiolmonobutyletheracetat
Diglycolmonoethyletheracetat	Diethylenethandiolmonoethyletheracetat
Diglycolmonohexylether	Diethylenethandiolhexylether
Diglycolmonomethylether	Diethylenethandiolmonomethylether
Diglykol	2-(2-Hydroxyethyl)-ethanol
Diglykolbutylätheracetat	Diethylenethandiolmonobutyletheracetat
Diglykolethyletheracetat	Diethylenethandiolmonoethyletheracetat
Diglykolmonoethylether	Diethylenethandiolmonoethylether
Diglykolmonoethyletheracetat	Diethylenethandiolmonoethyletheracetat
Diglykolmonohexylether	Diethylenethandiolhexylether
Diglym	Diethylenethandioldimethylether
Digol	2-(2-Hydroxyethyl)-ethanol
Dihexylphthalat	Benzen-1,2-dicarbonsäuredihexylester
Di-Hydroabietylphthalat	Benzen-1,2-dicarbonsäuredihydroabietylester
N,N'-Dihydro-1,2,1',2'-anthraquinonazin	6,15-Dihydro-5,9,14,18-antrazintetron
N,N-Dihydro-1,1,1',2'-anthraquinone-azine	6,15-Dihydro-5,9,14,18-antrazintetron
Dihydro-2(3H)-furanon	4-Butyrolacton
2-(1,3-Dihydro-3-oxo-2H-indol-2-yliden)-1,2-dihydro-3-H-indol-3-on	Indigo (C.I. 73000)
5,12-Dihydro-quino[2,3-b]acridin-7,14-dion	Pigment Rot 207
Dihydrosulfat	Schwefelsäure
1,2-Dihydroxybenzol	1,2-Dihydroxybenzen
o-Dihydroxybenzol	1,2-Dihydroxybenzen
2,5-Dihydroxybenzolsulfonsäure (Kaliumsalz)	1,4-Dihydroxybenzenmonosulfonsäure (Kaliumsalz)
2,3-Dihydroxybutan	Butan-2,3-diol
6,7-Dihydroxycumarin-(ß-D-glycopyranosid)-(6)	6,7-Dihydrocumarin-6-glucosid Hydrat
2,2-Dihydroxydiethylamin	Diethanolamin

Gebräuchlicher Name Handelsname	Substanzname
2,2-Dihydroxydiethylether	2-(2-Hydroxyethyl)-ethanol
2,2'-(4,4'-Dihydroxydiphenyl)propan	2,2-Bis-(4-hydroxyphenyl)-propan
2,2'-Dihydroxy-dipropylether	Dipropylenethandiol
1,2-Dihydroxyethan	Ethandiol
Di-(2-hydroxyethyl)-amin	Diethanolamin
5-(1,2-Dihydroxyethyl)-3,4-dihydroxy-5-H-furan-2-on	L-(+)-Ascorbinsäure
2,2-Dihydroxyethylether	2-(2-Hydroxyethyl)-ethanol
2,2'-Dihydroxy-iso-propylether	Dipropylenethandiol
2,2'-Dihydroxyisopropylether	Dipropylenethandiol
(2,4-Dihydroxyphenyl)-phenylmethanon	2,4-Dihydroxybenzophenon
1,2-Dihydroxypropan	Propan-1,2-diol
Diisobutyladipat	Bis-(2-methylpropyl)-ester-hexandisäure
Di-iso-butylcarbinol	2,6-Dimethyl-4-heptanol
Diisobutylketon	2,6-Dimethyl-4-heptanon
Di-iso-butylphthalat	Benzen-1,2-dicarbonsäure-di-(2-methylpropen)ester
Diisobutylphthalat	Benzen-1,2-dicarbonsäure-di-(2-methylpropen)ester
Diisoctyladipat	Hexandicarbonsäure-bis-2-ethylhexylester
2,4-Diisocyanat-1-methylbenzol	2,4-Diisocyanat-1-methylbenzen
2,4-Diisocyanato-1-methylbenzen	2,4-Diisocyanat-1-methylbenzen
2,4-Diisocyanattoluen	2,4-Diisocyanat-1-methylbenzen
2,4-Diisocyanattoluol	2,4-Diisocyanat-1-methylbenzen
2,6-Diisocyanat-Toluol	Toluol-2,6-diisocyanat
2,6-Diisocyanattoluol	Toluol-2,6-diisocyanat
Di-iso-decyladipat	Adipinsäure-(di-iso-decyl)-ester
Di-iso-decylphthalat	Benzen-1,2-dicarbonsäuredi-iso-decylester
Di-iso-dekylphthalat	Benzen-1,2-dicarbonsäuredi-iso-decylester
Diisononyladipat	Hexandisäurediisononylester
Di-iso-nonylphthalat	Benzen-1,2-dicarbonsäuredi-iso-nonylester (Isomerengemisch)
Di-iso-octyladipat	Hexandicarbonsäure-di-isooctylester
Diisooctylester, Hexandisäure	Hexandicarbonsäure-di-isooctylester
Diisooctylester, Maleinsäure	Maleinsäurediisooctylester
Diisooctylmaleat	Maleinsäurediisooctylester
Di-iso-octylphthalat	Benzen-1,2-dicarbonsäuredi-iso-octylester
Di-iso-oktyladipat	Hexandicarbonsäure-di-isooctylester
1,3-Diisopropylaceton	2,6-Dimethyl-4-heptanon
Di-iso-tridecylphthalat	Phthalsäuredi-iso-tridecylester
Dikaliumdichromat	Kaliumdichromat
di-Kaliumhydrogenphophat	Dikaliumhydrogenphosphat
Dikaliumhydrogenphosphat	Dikaliumhydrogenphosphat
Diketonalkohol	4-Hydroxy-4-methylpentan-2-on
Dilan	Dimethylbenzen (Isomerengemisch)
Dilaurylthiodipropionat	4-Sulfo-heptandisäuredidodecylester
Dilospan S	1,3,5-Trihydroxybenzen
Dimethicon	Dimethylpolysiloxan
Dimethol	2-Dimethylaminoethanol
Dimethoxyethylphthalat	Benzen-1,2-dicarbonsäuredi-(2-methoxyethylester)
w,w-Dimethoxy-w-phenylacetophenon	2,2-Dimethoxy-2-phenylacetophenon

Gebräuchlicher Name Handelsname	Substanzname
Dimethylacetonylcarbinol	4-Hydroxy-4-methylpentan-2-on
O,O'-Dimethylacryloyltriethylenethandiol	1,2-Bis-[2-methacryloyl-oxy-ethoxy]-ethan
O,O'-Dimethylacryloyltriethylenglycol	1,2-Bis-[2-methacryloyl-oxy-ethoxy]-ethan
O,O'-Dimethylacryloyl-triethylenglykol	1,2-Bis-[2-methacryloyl-oxy-ethoxy]-ethan
N,N-Dimethylameisensäureamid	N,N-Dimethylmethanamid
2-(Dimethylamino)-ethanol	2-Dimethylaminoethanol
2-Dimethylaminoethanol	2-Dimethylaminoethanol
Dimethylaminoethanol	2-Dimethylaminoethanol
ß-Dimethylaminoethylalkohol	2-Dimethylaminoethanol
4'-(N-Dimethyl)amino-4"-(N-phenyl)amino-naphtho-N-dimethyl-fuchso-nimoniuìm	Basisches Blau 26 (C.I. 44045)
2,5-Dimethylanilin	2,5-Dimethylaminobenzen
Dimethyl-1,4-benzendicarboxylat	Benzen-1,4-dicarbonsäuredimethylester
Dimethylbenzol	Dimethylbenzen (Isomerengemisch)
Dimethyl-1,4-benzoldicarboxylat	Benzen-1,4-dicarbonsäuredimethylester
4-Dimethylbutanol-2	4-Methyl-pentan-2-ol
1,3-Dimethylbutylacetat	Ethansäure-iso-hexylester
Dimethylcarbinol	Propan-2-ol
Dimethyl Carbitol	Diethylenethandioldimethylether
Dimethylcarbitol	Diethylenethandioldimethylether
Dimethyldiglycol	Diethylenethandioldimethylether
Dimethyldiglykol	Diethylenethandioldimethylether
1,4-Dimethyl-3,6-dioxa-1-heptanol	Dipropylenethandiolmethylether
Dimethylenoxid	Epoxyethan
Dimethylethanolamin	2-Dimethylaminoethanol
N,N-Dimethylethanolamin	2-Dimethylaminoethanol
Dimethylethylenglycol	Butan-2,3-diol
Dimethylethylenglykol	Butan-2,3-diol
Dimethylformal	Dimethoxymethan
Dimethylformamid	N,N-Dimethylmethanamid
N,N-Dimethylformamid	N,N-Dimethylmethanamid
Dimethylglutarat	Glutarsäuredimethylester
2,6-Dimethylheptan-4-on	2,6-Dimethyl-4-heptanon
Dimethylhexandioat	Dimethyladipat
Dimethylketon	2-Propanon
Dimethylnitromethan	2-Nitropropan
Dimethylphthalat	Benzen-1,2-dicarbonsäuredimethylester
Dimethylpolysiloxan	Dimethylpolysiloxan
Dimethyl-p-phthalat	Benzen-1,4-dicarbonsäuredimethylester
Dimethylsiloxan	Dimethylpolysiloxan
Dimethylterephthalat	Benzen-1,4-dicarbonsäuredimethylester
Dimeticon	Dimethylpolysiloxan
DINA	Hexandisäurediisononylester
Dinatriumcarbonat	Natriumcarbonat
Dinatriumdihydrogenethylendiamintetraacetat	Diaminoethantetraethansäuredinatriumsalz Dihydrat
di-Natriumhydrogenphosphat	Dinatriumhydrogenphosphat
Dinatrium-ortho-phosphat	Dinatriumhydrogenphosphat
Dinatriumphosphat	Dinatriumhydrogenphosphat

Gebräuchlicher Name Handelsname	Substanzname
Dinatriumsulfid	Natriumsulfid
di-Natriumtetraborat	Natriumtetraborat
Dinatriumtetraborat	Natriumtetraborat
Dinatriumtetraborat-10-hydrat	Natriumtetraborat-10-hydrat
Dinatriumthiosulfat	Natriumthiosulfat
Di-n-butylmaleinat	cis-Butensäuredibutylester
Di-n-decylphthalat	Benzen-1,2-dicarbonsäuredidecylester
di-(n-Hexyl)-azelat	Di-(n-hexyl)-azelat
Dinitranilin-Orange	Pigment Orange 5 (C.I. 12075)
Dinopol NOP	Benzen-1,2-dicarbonsäure-di-n-octylester
DINP	Benzen-1,2-dicarbonsäuredi-iso-nonylester (Isomerengemisch)
DIOA	Hexandicarbonsäure-di-isooctylester
Dioctyladipat	Hexandicarbonsäure-bis-2-ethylhexylester
Dioctyladipat	Hexandicarbonsäure-di-n-octylester
Dioctyladipinat	Hexandicarbonsäure-bis-2-ethylhexylester
Dioctylazelat	Nonandisäure-bis-[2-ethylhexylester]
Dioctylphthalat	Benzen-1,2-dicarbonsäure-di-n-octylester
Dioctylsebacat	Decandisäuredi-n-octylester
Diofan	Polyvinylidenchlorid
Dioktyladipat	Hexandicarbonsäure-di-n-octylester
di-oktyl-Maleat	Di-oktylmaleat
di-Oktylmaleat	Di-oktylmaleat
Diolane	2-Methylpentan-2,4-diol
Diol 14 B	1,4-Butandiol
DIOM	Maleinsäurediisooctylester
DIOP	Benzen-1,2-dicarbonsäuredi-iso-octylester
Diothene	Polyethylen
1,4-Dioxacyclohexan	1,4-Dioxan
[1,4]-Dioxan	1,4-Dioxan
Dioxan	1,4-Dioxan
p-Dioxan	1,4-Dioxan
3,6-Dioxaoctan-1,8-diol	Triethylenglycol
3,6-Dioxaoctan-1,8-diylacetat	Essigsäuretriethylenglycoldiester
Dioxazin-Violett	Pigment Violett 23 (C.I. 51319)
Dioxianthrachinon	1,2-Dihydroxyanthrachinon
Dioxingelb (Nickel)	Pigment Gelb 153
Dioxitol	Diethylenethandiolmonoethylether
9,10-Dioxoanthracen	Anthrachinon
2,4-Dioxopentan	2,4-Pentandion
Dioxyanthrachinon	1,2-Dihydroxyanthrachinon
Dioxydiphenylpropan	2,2-Bis-(4-hydroxyphenyl)-propan
Dioxyethylenether	1,4-Dioxan
Dioxytol	Diethylenethandiolmonoethylether
Dipanol	1-Methyl-4-(1-methylethenyl)-cyclohexen
diphenyl cresol phosphate	Phosphorsäure-diphenyl-4-methyl-phenyl-ester
diphenyl cresyl phosphate	Phosphorsäure-diphenyl-4-methyl-phenyl-ester
Di-phenyl-(2-ethylenhexyl)-phosphat	Phosphorsäure-(2-ethylhexyl)-diphenylester

Gebräuchlicher Name Handelsname	Substanzname
Diphenyl-ethyl-2-hexyl-phosphat	Phosphorsäure-(2-ethylhexyl)-diphenylester
Diphenylhydrazon	Benzaldehydphenylhydrazon
Diphenyl-(iso-dekyl)-phosphat	iso-Decyldiphenylphosphat
Diphenylketon	Diphenylmethanon
Diphenylkresylphosphat	Phosphorsäure-diphenyl-4-methyl-phenyl-ester
Diphenyloxid	Diphenylether
Diphenylphthalat	Benzen-1,2-dicarbonsäurediphenylester
Diphenylpropan	2,2-Bis-(4-hydroxyphenyl)-propan
diphenyl tolyl ester phosphoric acid	Phosphorsäure-diphenyl-4-methyl-phenyl-ester
diphenyl tolyl phosphate	Phosphorsäure-diphenyl-4-methyl-phenyl-ester
Dipropylenglycol	Dipropylenethandiol
Dipropylenglycolmethylether	Dipropylenethandiolmethylether
Dipropylenglycolmonomethylether	Dipropylenethandiolmethylether
Dipropylenglykol	Dipropylenethandiol
di-Propylenglykoldibenzoat	Dipropylenglykoldibenzoat
Dipropylenglykolmethylether	Dipropylenethandiolmethylether
n-Dipropylmethan	Heptan
Disazo-Braun	Pigment Braun 23
Disazo Gelb G	Pigment Gelb 93
Disazo-Gelb GG	Pigment Gelb 128
Disazo Gelb R	Pigment Gelb 95
Disazo-Scharlach-rot	Pigment Rot 166 (C.I. 20035)
Di-sek.-octylphthalat	Benzen-1,2-dicarbonsäuredi-2-ethylhexylester
Disflammol TP	Phosphorsäuretriphenylester
disflamoll dpk	Phosphorsäure-diphenyl-4-methyl-phenyl-ester
Disflamoll TCA	Phosphorsäure-(trichloroethyl)-ester
Disflamoll TKP	Phosphorsäuretrikresylester
Disflamoll TOF	Phosphorsäure-tri-(2-ethylhexyl)-ester
Disflamoll TP	Phosphorsäuretriphenylester
Disflamol 1 TB	Phosphorsäuretributylester
Dispal	Aluminiumoxid
Dispal alumina	Aluminiumoxid
Dispal M	Aluminiumoxid
Disparit B	1,1,2-Trichlorethen
Dispers Blau 69-0007	Pigment Blau 15:1 (C.I. 74250)
Dispers Grün 87-3007	Kupferphthalocyanin, chloriert
Dispers orange 30-5207	Pigment Orange 5 (C.I. 12075)
Dissolvand APU	2-(2-Hydroxyethyl)-ethanol
Dissolvine 39	Tetranatriumethylendiamintetraacetat
Dissousgas	Ethin
2,5-Di-tert.-butyl-benzen-1,4-diol	2,5-Di-(1,1-dimethylethyl)-1,4-dihydroxybenzen
2,5-Di-tert.-butyl-1,4-dihydroxybenzen	2,5-Di-(1,1-dimethylethyl)-1,4-dihydroxybenzen
2,5-Di-tert.-butylhydrochinon	2,5-Di-(1,1-dimethylethyl)-1,4-dihydroxybenzen
2,6-Di-tert.-butyl-1-hydroxy-4-methylbenzen	2,6-Di-(1,1-dimethylethyl)-4-methylhydroxybenzen
3,5-Di-tert.-butyl-4-hydroxytoluol	2,6-Di-(1,1-dimethylethyl)-4-methylhydroxybenzen
2,6-Di-tert.-butyl-4-methylhydroxybenzen	2,6-Di-(1,1-dimethylethyl)-4-methylhydroxybenzen
2,6-Di-tert.-butyl-4-methylphenol	2,6-Di-(1,1-dimethylethyl)-4-methylhydroxybenzen
2,6-Di-tert.-butyl-p-cresol	2,6-Di-(1,1-dimethylethyl)-4-methylhydroxybenzen

Gebräuchlicher Name Handelsname	Substanzname
Di-tert.-butylphthalat	Benzen-1,2-dicarbonsäure-di-tert.-butylester
2,6-Di-tert.-butyl-p-kresol	2,6-Di-(1,1-dimethylethyl)-4-methylhydroxybenzen
2,6-Di-tert.-butyl-p-methylphenol	2,6-Di-(1,1-dimethylethyl)-4-methylhydroxybenzen
DITP	Phthalsäuredi-iso-tridecylester
Ditridecylphthalat	Benzen-1,2-dicarbonsäureditridecylester
Diundecylphthalat	Benzen-1,2-dicarbonsäurediundecylester
Diundekylphthalat	Benzen-1,2-dicarbonsäurediundecylester
Divinyl	1,3-Butadien
Divinylbutadien	1,3-Butadien
Dixie	Kaolin
Dixie	Aktivkohle
Dixiecell	Aktivkohle
Dixie Clay	Kaolin
Dixiedensed	Aktivkohle
Dixitherm	Aktivkohle
Dixopak	Polyethylen
DL-Ala	DL-2-Aminopropansäure
DL-Alanin	DL-2-Aminopropansäure
DL-2-Aminopropionsäure	DL-2-Aminopropansäure
DL-Carboxypyrrolidin	DL-Pyrrolidin-2-carbonsäure
DL-Ethansäure-sec.-butylester	1-Methylpropylethanoat
DL-Ethansäure-sek.-butylester	1-Methylpropylethanoat
DL-2-Hydroxypropionsäure	2-Hydroxypropansäure
DL-4-Isopropenyl-1-methyl-1-cyclohexen	1-Methyl-4-(1-methylethenyl)-cyclohexen
DL-Kampfer	DL-1,7,7-Trimethylbicyclo-(2,2,1)-heptan-2-on
DL-Kampher	DL-1,7,7-Trimethylbicyclo-(2,2,1)-heptan-2-on
DL-Käsesäure	2-Hydroxypropansäure
dl-Limonen	1-Methyl-4-(1-methylethenyl)-cyclohexen
DL-Milchsäure	2-Hydroxypropansäure
dl-p-Menthal-8-dien	1-Methyl-4-(1-methylethenyl)-cyclohexen
DL-Pro	DL-Pyrrolidin-2-carbonsäure
DL-Prolin	DL-Pyrrolidin-2-carbonsäure
DLT	4-Sulfo-heptandisäuredidodecylester
DLTDP	4-Sulfo-heptandisäuredidodecylester
DLTP	4-Sulfo-heptandisäuredidodecylester
DMDJ 4309	Polyethylen
DMDJ 5140	Polyethylen
DMDJ 7008	Polyethylen
DMEA	2-Dimethylaminoethanol
DMEP	Benzen-1,2-dicarbonsäuredi-(2-methoxyethylester)
DMF	N,N-Dimethylmethanamid
DMP	Benzen-1,2-dicarbonsäuredimethylester
DMT	Benzen-1,4-dicarbonsäuredimethylester
DN 4	Polychlorethen
DN 5	Polychlorethen
DNAE	2-Dimethylaminoethanol
DnHP	Benzen-1,2-dicarbonsäuredihexylester
DNHZ	Di-(n-hexyl)-azelat

Gebräuchlicher Name Handelsname	Substanzname
DOA	Hexandicarbonsäure-bis-2-ethylhexylester
DOA	Hexandicarbonsäure-di-n-octylester
Dodecylmethacrylat	Methacrylsäuredodecylester
n-Dodecyl(meth)acrylat	Methacrylsäuredodecylester
3-(2-Dodecyloxycarbonyl-ethylsulfanyl)-propionsäuredodecylester	4-Sulfo-heptandisäuredidodecylester
Dolmi	1-Hydroxy-2,4-diaminobenzendihydrochlorid
Dolumin	Ammoniumsulfat
DOM	Di-oktylmaleat
Domar	Calciumcarbonat
DOP	Benzen-1,2-dicarbonsäuredi-2-ethylhexylester
DOP	Benzen-1,2-dicarbonsäure-di-n-octylester
doppelchromsaures Kalium	Kaliumdichromat
doppelt kohlensaures Natron	Natriumhydrogencarbonat
Dora-C-500	L-(+)-Ascorbinsäure
Dorlyl	Polychlorethen
DOS	Decandisäuredi-n-octylester
Dotment 324	Aluminiumoxid
Dotment 358	Aluminiumoxid
Dowanol 33-B	1-Methoxy-2-propanol
Dowanol DB	Diethylenethandiolmonobutylether
Dowanol DE	Diethylenethandiolmonoethylether
Dowanol DM	Diethylenethandiolmonomethylether
Dowanol DPM	Dipropylenethandiolmethylether
Dowanol EB	2-Butoxyethanol
Dowanol EE	2-Ethoxyethanol
Dowanol-Eipat	2-Isopropoxyethanol
Dowanol EM	2-Methoxyethanol
Dowanol EP	1-Hydroxy-2-phenoxyethan
Dowanol PiBT	1-(2-Methylpropoxy)-2-propanol
Dowanol PM	1-Methoxy-2-propanol
Dowanol PPh	1-Phenoxy-2-propanol
Dowanol TE	Triethylenglykolmonoethylether
Dowanol TPM	Tripropylenglycolbutylether
Dow Frost	Propan-1,2-diol
Dowicide 2 S	2,4,6-Trichlorhydroxybenzen
Dowlex film	Polyethylen
Dow-per	Tetrachlorethen
Dowtherm SR 1	Ethandiol
Dow-tri	1,1,2-Trichlorethen
DOZ	Nonandisäure-bis-[2-ethylhexylester]
DPCP	Phosphorsäure-diphenyl-4-methyl-phenyl-ester
DPGDB	Dipropylenglykoldibenzoat
DPO	Diphenylether
DPP	2,2-Bis-(4-hydroxyphenyl)-propan
DPP	Benzen-1,2-dicarbonsäurediphenylester
DQDA 1868	Polyethylen
DQWA 0355	Polyethylen

Gebräuchlicher Name Handelsname	Substanzname
"Dracyl"	Methylbenzen
Drapex 3.2	Oktyl-epoxy-stearat
Drapex 4,4	Oktyl-epoxy-tallat
Drawinol	1,1,2-Trichlorethen
Drewplus T-4310	Weißöl, paraffinisch
Drierite	Calciumsulfat
Drosel	Tetrachlorethen
Druckweiß	Bariumsulfat
DTBP	2,6-Di-(1,1-dimethylethyl)-4-methylhydroxybenzen
DTDP	Benzen-1,2-dicarbonsäureditridecylester
Dukeron	1,1,2-Trichlorethen
Dunkelgrün	Pigment Grün 1:x (C.I. 42040:x)
Dünnsäure	Schwefelsäure
Duoscorb	L-(+)-Ascorbinsäure
DUP	Benzen-1,2-dicarbonsäurediundecylester
Duplex Red Lake C20-5925	Pigment Rot 53:1 (C.I. 15585:1)
Durad	Phosphorsäuretrikresylester
Dural	Aluminiumoxid
Duramite	Calciumcarbonat
Duratint Green 1001	Kupferphthalocyanin, chloriert
Durcal 10	Calciumcarbonat
Durcal 40	Calciumcarbonat
Durcal C 640305	Calciumcarbonat
Durcal 2 NH	Calciumcarbonat
Durex	Aktivkohle
Durex O	Aktivkohle
Durex O powder	Aktivkohle
Durex 0 Pulver	Aktivkohle
Durofol P	Polychlorethen
Dutch liquid	1,2-Dichlorethan
DXM 100	Polyethylen
Dyall	Polyethylen
Dylan	Polyethylen
Dylan super	Polyethylen
Dylan WPD 205	Polyethylen
Dynadur	Polychlorethen
Dynatri	1,1,2-Trichlorethen
DYNH	Polyethylen
DYNK 2	Polyethylen
Dyrene	Polyphenylethen
Dytol S-91	1-Decanol
E 321	2,6-Di-(1,1-dimethylethyl)-4-methylhydroxybenzen
E 172	Eisen(III)-hydroxid
E 172	Eisen(II,III)-oxid
E 153	Aktivkohle
E 171	Titandioxid
E 470	Octadecansäure, Calciumsalz
E 127	2,4,5,7-Tetrajodfluorescein Dinatriumsalz Monohydrat

Gebräuchlicher Name Handelsname	Substanzname
E 170	Calciumcarbonat
E 270	2-Hydroxypropansäure
E 570	Octadecansäure
E 173	Aluminium
E 251	Natriumnitrat
E 330	2-Hydroxy-1,2,3-propantricarbonsäure
E 252	Kaliumnitrat
E 130	6,15-Dihydro-5,9,14,18-antrazintetron
E 414	Gummi arabicum
E 62	Polychlorethen
E 66	Polychlorethen
E 460	Cellulose
E 461	Methylcellulose
Eagle germantown	Aktivkohle
EAK	5-Methyl-3-heptanon
Eastman TXIB	1-(Methylethyl)-2,2-dimethyltrimethylen-(2-methylpropyl)säureester
Eau de Labarraque	Natriumhypochlorit (wäßrige Lösung)
Ecepolen	Polyethylen
echtes Zitronenchrom	Bleisulfochromat
Echtgrün J	Bis-(4-diethylaminophenyl)-phenylcarboniumhydrogensulfat
Echt-Orange F2G	4,4'-[(3,3'-Dichlor[1,1'-biphenyl]-4,4'-diyl)bis(azo)]-bis[2,4-dihydro-5-methyl-2-(4-methylphenyl)]-3H-pyrazol-3-on
Echtschwarz 100	Pigment Schwarz 28 (C.I. 77428)
Ecol	4-Methylaminohydroxybenzensulfat
1,2-EDC	1,2-Dichlorethan
Edenox	Octadecansäure
Edetinsäure	Ethylendiamintetraessigsäure
EDGA	Diethylenethandiolmonoethyletheracetat
EDGE	Diethylenethandiolmonoethylether
Edifren 113	1,1,2-Trichlor-1,2,2-trifluorethan
EDTA	Ethylendiamintetraessigsäure
EDTA-2 Na	Diaminoethantetraethansäuredinatriumsalz Dihydrat
EDTA-4 Na	Tetranatriumethylendiamintetraacetat
Effemoll DOA	Hexandicarbonsäure-bis-2-ethylhexylester
Efidon	1-Phenylpyrazolidin-3-on
Eftol	4-Methylaminohydroxybenzensulfat
EG	Ethandiol
EG 0	Graphit
Egg Albumin	Albumin
EGM	2-Methoxyethanol
EGME	2-Methoxyethanol
EGMEA	Ethansäure-2-methoxyethylester
EGRI M 5	Calciumcarbonat
einbasisches Kaliumphosphat	Kaliumdihydrogenphosphat
Eisen Blau	Eisen(III)-hexacyanoferrat(II)
Eisenblau	Pigment Blau 27 (C.I. 77510)

Gebräuchlicher Name Handelsname	Substanzname
Eisen-Chromit-Braun-Spinel	Pigment Braun 35 (C.I. 77501)
Eisencyanblau	Eisen(III)-hexacyanoferrat(II)
Eisengelb	Eisen(III)-hydroxid
Eisenglimmer	Eisen(III)-oxid
Eisen(III)-ferrocyanid	Eisen(III)-hexacyanoferrat(II)
Eisen(III)-oxalat Hexahydrat	Eisen(III)-oxalat-6-hydrat
Eisen(III)-oxid, rot	Eisen(III)-oxid
Eisen(III)-oxid, transparent	Eisen(III)-oxid
Eisen(II)-sulfat-Heptahydrat	Eisen(II)-sulfat-7-hydrat
Eisenmanganbraun	Eisen(III)-oxid
Eisen-Orangegelb	Cadmiumsulfid
Eisenoxid	Eisen(II,III)-oxid
Eisenoxidbraun	Eisen(III)-oxid
Eisenoxid, colloidol	Eisen(III)-oxid
Eisenoxidgelb	Eisen(III)-hydroxid
Eisenoxidhydrat	Eisen(III)-hydroxid
Eisenoxid Rot 2996	Eisen(III)-oxid
Eisenoxidrot	Eisen(III)-oxid
Eisenoxid Schwarz 0095	Pigment Schwarz 26 (C.I. 77494)
Eisenoxid, wasserfrei	Eisen(III)-oxid
Eisen-Titan-Braun-Spinell	Pigment Schwarz 12 (C.I. 77543)
Eisentrichlorid	Eisen(III)-chlorid
Eisenvitriol	Eisen(II)-sulfat-7-hydrat
Eisen-Zitronengelb	Cadmiumsulfid
Eisessig	Ethansäure
Eiweiß	Bariumsulfat
Ekadur	Polychlorethen
Ekalit	Polychlorethen
Ekavyl SD 2	Polychlorethen
Ekavyl SDF 58	Polychlorethen
Ekavyl SK64	Polychlorethen
Ekavyl SK66	Polychlorethen
Ektasolve DB	Diethylenethandiolmonobutylether
Elainsäure	cis-Octadec-9-ensäure
Elaldehyd	Ethanal
Elaol	Benzen-1,2-dicarbonsäuredi-n-butylester
Elayl	Ethen
Elaylchlorid	1,2-Dichlorethan
Elaylgas	Ethen
Eledtrox 2500	Zinkoxid
Elektrographit	Graphit
ELF	Aktivkohle
Elfenbein-Schwarz	Pigment Schwarz 9 (C.I. 77267)
Elftex	Aktivkohle
Eljon Lake Red C	Pigment Rot 53:1 (C.I. 15585:1)
Eljon rubine BS	Pigment Rot 48:1 (C.I. 15865:1)
Elkon Fast Yellow GR	Pigment Gelb 13 (C.I. 21100)
ELO	Leinöl, epoxidiert

Gebräuchlicher Name Handelsname	Substanzname
Elon	4-Methylaminohydroxybenzensulfat
Eltex	Polyethylen
Eltex 6037	Polyethylen
Eltex A 1050	Polyethylen
Elvacite 2044	2-Methylpropen-1-säure-3-butylester
Elvacite 2045	2-Methylpropen-1-säure-3-butylester
Elvacite 2046	2-Methylpropen-1-säure-3-butylester
Elvanol	Polyvinylalkohol
Elvanol 50-42	Polyvinylalkohol
Elvanol 52-22	Polyvinylalkohol
Elvanol 522-22	Polyvinylalkohol
Elvanol 70-05	Polyvinylalkohol
Elvanol 71-30	Polyvinylalkohol
Elvanol 90-50	Polyvinylalkohol
Elvanol 73125G	Polyvinylalkohol
Emanay zinc oxide	Zinkoxid
EMAR	Zinkoxid
Emarweiß	Zinkoxid
Emathlite	Kaolin
Embanox BHT BP	2,6-Di-(1,1-dimethylethyl)-4-methylhydroxybenzen
Emeressence 1160	1-Hydroxy-2-phenoxyethan
Emerest 2325	Octadecansäurebutylester
Emerest 2642	Polyethylenglycoldistearat
Emersol 210	cis-Octadec-9-ensäure
Emersol 213	cis-Octadec-9-ensäure
Emersol 140	Hexadecansäure
Emersol 143	Hexadecansäure
Emersol 120	Octadecansäure
Emersol 132	Octadecansäure
Emery 6705	1-Hydroxy-2-phenoxyethan
Emery 400	Octadecansäure
Emisan 6	Quecksilber(II)-chlorid
Emkanol MG	2-Methoxyethanol
Emkapol 150	alpha-Hydro-w-hydroxypoly-(oxy-1,2-ethandiyl)
Emkapol 200	alpha-Hydro-w-hydroxypoly-(oxy-1,2-ethandiyl)
Emkapol 4200	alpha-Hydro-w-hydroxypoly-(oxy-1,2-ethandiyl)
Emtal	Magnesiumsilikathydrat
Emtal 500	Magnesiumsilikathydrat
Emtal 549	Magnesiumsilikathydrat
Emtal 596	Magnesiumsilikathydrat
Emtal 599	Magnesiumsilikathydrat
Enamel Weiß	Bariumsulfat
Enanthsäure	1-Heptansäure
Encelac A Gelb 1916	Eisen(III)-hydroxid
Encelac A Rot 2817	Eisen(III)-oxid
Encelac Blau 6920	Pigment Blau 15:1 (C.I. 74250)
Encelac Blau 6695	Eisen(III)-hexacyanoferrat(II)
Encelac Blau 6695	Pigment Blau 27 (C.I. 77510)

Gebräuchlicher Name Handelsname	Substanzname
Encelac Gelb 2195	Eisen(III)-hydroxid
Encelac Gelb 1523	Bleisulfochromat
Encelac Grün 8680	Kupferphthalocyanin, chloriert
Encelack Schwarz 0059	Aktivkohle
Encelac Marron 4020	Pigment Rot 179 (C.I. 71130)
Encelac Rot 3396	Eisen(III)-oxid
Encelac Rot 3855	Pigment Rot 112 (C.I. 12370)
Encelac Scharlach 4300	Pigment Rot 48:4 (C.I. 15865:4)
Encelac Schwarz 0054	Aktivkohle
Enceprint Blau 6390	Pigment Blau 1 (C.I. 42595:2)
Enceprint Gelb 1351	Pigment Gelb 13 (C.I. 21100)
Enceprint Gelb 1780	Pigment Gelb 83 (C.I. 21108)
Enceprint Gelb 1251	Pigment Gelb 74 (C.I. 11741)
Enceprint Orange 3052	Pigment Orange 5 (C.I. 12075)
Enceprint Rubin 4565	Pigment Rot 57:1 (C.I. 15850:1)
Enceprint Rubin 4610	Pigment Rot 184 (C.I. 12487)
Enceprint Scharlach 4300	Pigment Rot 48:4 (C.I. 15865:4)
Enceprint Scharlach 3700	Pigment Rot 48:1 (C.I. 15865:1)
Enceprint Violett 6071	Pigment Violett 3 (C.I. 42535:2)
Endo-Paractol	Dimethylpolysiloxan
Enelac Gelb 1260	Pigment Gelb 16 (C.I. 20040)
Enerpar 20	Paraffin, C10-C13
Enodrine	2-Chlorethanol
Enseal	Kaliumchlorid
ENT 1860	Tetrachlorethen
ENT 1000	alpha-Hydro-w-hydroxypoly-(oxy-1,2-ethandiyl)
EO	Epoxyethan
Eosin (Bleisalz)	Pigment Rot 90 (C.I. 45380:1)
EP	1-Ethoxypropan-2-ol
103EP8	Polychlorethen
EP 160	Polyvinylalkohol
EPA	1-Ethoxy-2-propylacetat
Epal 10	1-Decanol
Epichlorhydrin	Epoxychlorpropan
EPJ	Epoxychlorpropan
Epolene C	Polyethylen
Epolene C 10	Polyethylen
Epolene C 11	Polyethylen
Epolene E	Polyethylen
Epolene E 10	Polyethylen
Epolene E 12	Polyethylen
Epolene N	Polyethylen
1,4-Epoxybutan	Tetrahydrofuran
1,2-Epoxy-3-chlorpropan	Epoxychlorpropan
1,2-Epoxyethan	Epoxyethan
alpha,ß-Epoxyethylbenzen	Phenylethenoxid
alpha,ß-Epoxyethylbenzol	Phenylethenoxid
1,2-Epoxypropan	Propan-1,2-epoxid

Gebräuchlicher Name Handelsname	Substanzname
1,2-Epoxypropan, stabilisiert	Propan-1,2-epoxid
Epoxystyrol	Phenylethenoxid
Erdharz	Bitumen
Erdpech	Bitumen
Ergoplast ADDO	Hexandicarbonsäure-bis-2-ethylhexylester
Ergoplast.fdc	Benzen-1,2-dicarbonsäuredicyclohexylester
Ergoplast FDO: Eviplast 80	Benzen-1,2-dicarbonsäuredi-2-ethylhexylester
Erioglaucin Pigmentfarbe	Pigment Blau 24 (C.I. 42090:1)
Erythrene	1,3-Butadien
Erythrosin B	2,4,5,7-Tetrajodfluorescein Dinatriumsalz Monohydrat
Erythrosin (C.I. 45430)	2,4,5,7-Tetrajodfluorescein Dinatriumsalz Monohydrat
Erythrosin (C.I. 45430, S. Nr. 887)	2,4,5,7-Tetrajodfluorescein Dinatriumsalz Monohydrat
Erythrosin extrabläulich	2,4,5,7-Tetrajodfluorescein Dinatriumsalz Monohydrat
Erythrosin-Pigmentfarbe	Pigment Rot 172 (C.I. 45430:1)
ES 685	Tris-(2,3-dibromopropyl)-phosphat
Escambia 2160	Polychlorethen
Escambia 2200	Polychlorethen
Escothen	1,1,1-Trichlorethan
Esculin	6,7-Dihydrocumarin-6-glucosid Hydrat
Eskalon 100	Calciumcarbonat
Eskalon 1500	Calciumcarbonat
Eskalon 200	Calciumcarbonat
Eisenoxid Rot 2996	Eisen(III)-oxid
Eisenoxidrot	Eisen(III)-oxid
Eisenoxid Schwarz 0095	Pigment Schwarz 26 (C.I. 77494)
Eisenoxid, wasserfrei	Eisen(III)-oxid
Eisen-Titan-Braun-Spinell	Pigment Schwarz 12 (C.I. 77543)
Eisentrichlorid	Eisen(III)-chlorid
Eisenvitriol	Eisen(II)-sulfat-7-hydrat
Eisen-Zitronengelb	Cadmiumsulfid
Eisessig	Ethansäure
Eiweiß	Bariumsulfat
Ekadur	Polychlorethen
Ekalit	Polychlorethen
Ekavyl SD 2	Polychlorethen
Ekavyl SDF 58	Polychlorethen
Ekavyl SK64	Polychlorethen
Ekavyl SK66	Polychlorethen
Ektasolve DB	Diethylenethandiolmonobutylether
Elainsäure	cis-Octadec-9-ensäure
Elaldehyd	Ethanal
Elaol	Benzen-1,2-dicarbonsäuredi-n-butylester
Elayl	Ethen
Elaylchlorid	1,2-Dichlorethan
Elaylgas	Ethen
Eledtrox 2500	Zinkoxid
Elektrographit	Graphit
ELF	Aktivkohle

Gebräuchlicher Name Handelsname	Substanzname
Elfenbein-Schwarz	Pigment Schwarz 9 (C.I. 77267)
Elftex	Aktivkohle
Eljon Lake Red C	Pigment Rot 53:1 (C.I. 15585:1)
Eljon rubine BS	Pigment Rot 48:1 (C.I. 15865:1)
Elkon Fast Yellow GR	Pigment Gelb 13 (C.I. 21100)
ELO	Leinöl, epoxidiert
Elon	4-Methylaminohydroxybenzensulfat
Eltex	Polyethylen
Eltex 6037	Polyethylen
Eltex A 1050	Polyethylen
Elvacite 2044	2-Methylpropen-1-säure-3-butylester
Elvacite 2045	2-Methylpropen-1-säure-3-butylester
Elvacite 2046	2-Methylpropen-1-säure-3-butylester
Elvanol	Polyvinylalkohol
Elvanol 50-42	Polyvinylalkohol
Elvanol 52-22	Polyvinylalkohol
Elvanol 522-22	Polyvinylalkohol
Elvanol 70-05	Polyvinylalkohol
Elvanol 71-30	Polyvinylalkohol
Elvanol 90-50	Polyvinylalkohol
Elvanol 73125G	Polyvinylalkohol
Emanay zinc oxide	Zinkoxid
EMAR	Zinkoxid
Emarweiß	Zinkoxid
Emathlite	Kaolin
Embanox BHT BP	2,6-Di-(1,1-dimethylethyl)-4-methylhydroxybenzen
Emeressence 1160	1-Hydroxy-2-phenoxyethan
Emerest 2325	Octadecansäurebutylester
Emerest 2642	Polyethylenglycoldistearat
Emersol 210	cis-Octadec-9-ensäure
Emersol 213	cis-Octadec-9-ensäure
Emersol 140	Hexadecansäure
Emersol 143	Hexadecansäure
Emersol 120	Octadecansäure
Emersol 132	Octadecansäure
Emery 6705	1-Hydroxy-2-phenoxyethan
Emery 400	Octadecansäure
Emisan 6	Quecksilber(II)-chlorid
Emkanol MG	2-Methoxyethanol
Emkapol 150	alpha-Hydro-w-hydroxypoly-(oxy-1,2-ethandiyl)
Emkapol 200	alpha-Hydro-w-hydroxypoly-(oxy-1,2-ethandiyl)
Emkapol 4200	alpha-Hydro-w-hydroxypoly-(oxy-1,2-ethandiyl)
Emtal	Magnesiumsilikathydrat
Emtal 500	Magnesiumsilikathydrat
Emtal 549	Magnesiumsilikathydrat
Emtal 596	Magnesiumsilikathydrat
Emtal 599	Magnesiumsilikathydrat
Enamel Weiß	Bariumsulfat

Gebräuchlicher Name Handelsname	Substanzname
Enanthsäure	1-Heptansäure
Encelac A Gelb 1916	Eisen(III)-hydroxid
Encelac A Rot 2817	Eisen(III)-oxid
Encelac Blau 6920	Pigment Blau 15:1 (C.I. 74250)
Encelac Blau 6695	Eisen(III)-hexacyanoferrat(II)
Encelac Blau 6695	Pigment Blau 27 (C.I. 77510)
Encelac Gelb 2195	Eisen(III)-hydroxid
Encelac Gelb 1523	Bleisulfochromat
Encelac Grün 8680	Kupferphthalocyanin, chloriert
Encelack Schwarz 0059	Aktivkohle
Encelac Marron 4020	Pigment Rot 179 (C.I. 71130)
Encelac Rot 3396	Eisen(III)-oxid
Encelac Rot 3855	Pigment Rot 112 (C.I. 12370)
Encelac Scharlach 4300	Pigment Rot 48:4 (C.I. 15865:4)
Encelac Schwarz 0054	Aktivkohle
Enceprint Blau 6390	Pigment Blau 1 (C.I. 42595:2)
Enceprint Gelb 1351	Pigment Gelb 13 (C.I. 21100)
Enceprint Gelb 1780	Pigment Gelb 83 (C.I. 21108)
Enceprint Gelb 1251	Pigment Gelb 74 (C.I. 11741)
Enceprint Orange 3052	Pigment Orange 5 (C.I. 12075)
Enceprint Rubin 4565	Pigment Rot 57:1 (C.I. 15850:1)
Enceprint Rubin 4610	Pigment Rot 184 (C.I. 12487)
Enceprint Scharlach 4300	Pigment Rot 48:4 (C.I. 15865:4)
Enceprint Scharlach 3700	Pigment Rot 48:1 (C.I. 15865:1)
Enceprint Violett 6071	Pigment Violett 3 (C.I. 42535:2)
Endo-Paractol	Dimethylpolysiloxan
Enelac Gelb 1260	Pigment Gelb 16 (C.I. 20040)
Enerpar 20	Paraffin, C10-C13
Enodrine	2-Chlorethanol
Enseal	Kaliumchlorid
ENT 1860	Tetrachlorethen
ENT 1000	alpha-Hydro-w-hydroxypoly-(oxy-1,2-ethandiyl)
EO	Epoxyethan
Eosin (Bleisalz)	Pigment Rot 90 (C.I. 45380:1)
EP	1-Ethoxypropan-2-ol
103EP8	Polychlorethen
EP 160	Polyvinylalkohol
EPA	1-Ethoxy-2-propylacetat
Epal 10	1-Decanol
Epichlorhydrin	Epoxychlorpropan
EPJ	Epoxychlorpropan
Epolene C	Polyethylen
Epolene C 10	Polyethylen
Epolene C 11	Polyethylen
Epolene E	Polyethylen
Epolene E 10	Polyethylen
Epolene E 12	Polyethylen
Epolene N	Polyethylen

Gebräuchlicher Name Handelsname	Substanzname
1,4-Epoxybutan	Tetrahydrofuran
1,2-Epoxy-3-chlorpropan	Epoxychlorpropan
1,2-Epoxyethan	Epoxyethan
alpha,ß-Epoxyethylbenzen	Phenylethenoxid
alpha,ß-Epoxyethylbenzol	Phenylethenoxid
1,2-Epoxypropan	Propan-1,2-epoxid
1,2-Epoxypropan, stabilisiert	Propan-1,2-epoxid
Epoxystyrol	Phenylethenoxid
Erdharz	Bitumen
Erdpech	Bitumen
Ergoplast ADDO	Hexandicarbonsäure-bis-2-ethylhexylester
Ergoplast.fdc	Benzen-1,2-dicarbonsäuredicyclohexylester
Ergoplast FDO: Eviplast 80	Benzen-1,2-dicarbonsäuredi-2-ethylhexylester
Erioglaucin Pigmentfarbe	Pigment Blau 24 (C.I. 42090:1)
Erythrene	1,3-Butadien
Erythrosin B	2,4,5,7-Tetrajodfluorescein Dinatriumsalz Monohydrat
Erythrosin (C.I. 45430)	2,4,5,7-Tetrajodfluorescein Dinatriumsalz Monohydrat
Erythrosin (C.I. 45430, S. Nr. 887)	2,4,5,7-Tetrajodfluorescein Dinatriumsalz Monohydrat
Erythrosin extrabläulich	2,4,5,7-Tetrajodfluorescein Dinatriumsalz Monohydrat
Erythrosin-Pigmentfarbe	Pigment Rot 172 (C.I. 45430:1)
ES 685	Tris-(2,3-dibromopropyl)-phosphat
Escambia 2160	Polychlorethen
Escambia 2200	Polychlorethen
Escothen	1,1,1-Trichlorethan
Esculin	6,7-Dihydrocumarin-6-glucosid Hydrat
Eskalon 100	Calciumcarbonat
Eskalon 1500	Calciumcarbonat
Eskalon 200	Calciumcarbonat
Eskalon 400	Calciumcarbonat
Eskalon 800	Calciumcarbonat
Eskulin	6,7-Dihydrocumarin-6-glucosid Hydrat
Eskulin Hydrat	6,7-Dihydrocumarin-6-glucosid Hydrat
ESO	Sojabohnenöl, epoxidiert
Essex	Aktivkohle
Essigessenz	Ethansäure
Essigester	Ethansäureethylester
Essigether	Ethansäureethylester
Essiggeist	2-Propanon
Essignaphtha	Ethansäureethylester
Essigsäure	Ethansäure
Essigsäurealdehyd	Ethanal
Essigsäureamylester	Ethansäurepentylester
Essigsäure-1-butoxyester	Ethansäurebutylester
Essigsäure-[2-(2-butoxyethoxy)ethylester]	Diethylenethandiolmonobutyletheracetat
Essigsäure-(2-butoxy-ethylester)	2-Butoxyethanolacetat
Essigsäure-2-(butoxyethylester)	2-Butoxyethanolacetat
Essigsäure-2-butoxyethylester	Diethylenethandiolmonobutyletheracetat
Essigsäure-1-butylester	Ethansäurebutylester

Gebräuchlicher Name Handelsname	Substanzname
Essigsäurebutylester	Ethansäurebutylester
Essigsäurechlorid	Ethansäurechlorid
Essigsäureether	Ethansäureethylester
Essigsäure-[2-(2-ethoxyethoxy)ethylester]	Diethylenethandiolmonoethyletheracetat
Essigsäure-2-ethoxyethylester	2-Ethoxyethanolacetat
Essigsäureethylester	Ethansäureethylester
Essigsäure-2-ethylhexylester	Ethansäure-2-ethylhexylester
Essigsäureglycolester	1,2-Ethandiolacetat
Essigsäureglykolester	1,2-Ethandiolacetat
Essigsäure-iso-butylester	Ethansäure-(2-methylpropyl)-ester
Essigsäure-iso-hexylester	Ethansäure-iso-hexylester
Essigsäure-iso-propylester	Ethansäure-iso-propylester
Essigsäureisopropylester	Ethansäure-iso-propylester
Essigsäure-2-methoxyethylester	Ethansäure-2-methoxyethylester
Essigsäuremethylester	Ethansäuremethylester
Essigsäure-1-methylethylester	Ethansäure-iso-propylester
Essigsäure-(2-methylpropyl)-ester	Ethansäure-(2-methylpropyl)-ester
Essigsäure-n-amylester	Ethansäurepentylester
Essigsäurenatriumsalz	Natriumacetat
Essigsäure-2(2'-n-butoxy-ethoxy)- ethylester	Diethylenethandiolmonobutyletheracetat
Essigsäure-n-butylester	Ethansäurebutylester
Essigsäure-n-propylester	Ethansäurepropylester
Essigsäure-(1-pentyl)-ester	Ethansäurepentylester
Essigsäurepentylester	Ethansäurepentylester
Essigsäurepropylester	Ethansäurepropylester
essigsaures Blei	Blei(II)-acetat
Essigsaures Butyl	Ethansäurebutylester
Essigsäure-sec.-butylester	1-Methylpropylethanoat
essigsaures Ethyl	Ethansäureethylester
essigsaures Ethyloxid	Ethansäureethylester
essigsaures Natrium	Natriumacetat
Essigsäurevinylester	Ethansäureethenylester
Estol 1550	Benzen-1,2-dicarbonsäurediethylester
Estrobond-B Plasticizer	1,2,3-Triacetoxypropan
Estynox 308	Glyceryl-tri-epoxy-acetoxystearat
Ethamid	Aminoethan
Ethamin	Aminoethan
Ethanal	Ethanal
Ethancarbonsäure	Propansäure
1,2-Ethandichlorid	1,2-Dichlorethan
1,2-Ethandiol	Ethandiol
Ethandiol-1,2	Ethandiol
1,2-Ethandiol-Homopolymer	alpha-Hydro-w-hydroxypoly-(oxy-1,2-ethandiyl)
Ethandiolmonomethylether	2-Methoxyethanol
N,N'-1,2-Ethandiyl-bis(N-(carboxymethyl)-glycin	Ethylendiamintetraessigsäure
N,N'-1,2-Ethandiylbis-[N-(carboxymethyl)]-Glycin, Tetranatrium-Salz	Tetranatriumethylendiamintetraacetat
2,2'-(Ethandiylbis(oxy))-bis-ethanol	1,2-Bis-[2-methacryloyl-oxy-ethoxy]-ethan

Gebräuchlicher Name Handelsname	Substanzname
1,2-Ethandiylbis(oxy-2,1-ethandiyl)ester	1,2-Bis-[2-methacryloyl-oxy-ethoxy]-ethan
Ethanepoxid	Epoxyethan
Ethanolamin	2-Aminoethanol
ß-Ethanolamin	2-Aminoethanol
Ethanol-2-butoxyacetat	2-Butoxyethanolacetat
Ethanol-(2-methoxy)-acetat	Ethansäure-2-methoxyethylester
Ethanol-2-methoxyacetat	Ethansäure-2-methoxyethylester
Ethanoylchlorid	Ethansäurechlorid
Ethansäurechlorid	Ethansäurechlorid
Ethansäure-n-butylester	Ethansäurebutylester
Ethenglycol-Homopolymer	alpha-Hydro-w-hydroxypoly-(oxy-1,2-ethandiyl)
Ethenol, Homopolymer (9CI)	Polyvinylalkohol
Ethenoxid	Epoxyethan
Ethenpolymer	Polyethylen
Ethenylacetat	Ethansäureethenylester
Ethenylbenzol	Ethenylbenzen
Ether	Diethylether
Etherin	Ethen
Etherin	Polyethylen
Etherinchlorid	1,2-Dichlorethan
Etherol E	Polyethylen
Ethin	Ethin
Ethinyltrichlorid	1,1,2-Trichlorethen
Ethocel	Ethylcellulose
Ethohexadiol	2-Ethyl-1,3-hexandiol
Ethoxydiglykol	Diethylenethandiolmonoethylether
Ethoxyethan	Diethylether
Ethoxyethanol	2-Ethoxyethanol
2-(2-Ethoxyethoxy)ethanol	Diethylenethandiolmonoethylether
2-(2-Ethoxyethoxy)-ethanolacetat	Diethylenethandiolmonoethyletheracetat
2-[2-(2-Ethoxyethoxy)ethoxy]ethanol	Triethylenglykolmonoethylether
[2-(2-Ethoxyethoxy)ethyl]acetat	Diethylenethandiolmonoethyletheracetat
2-(2-Ethoxyethoxyethylacetat)	Diethylenethandiolmonoethyletheracetat
2-Ethoxy-ethylacetat	2-Ethoxyethanolacetat
2-Ethoxyethylacetat	2-Ethoxyethanolacetat
2-Ethoxyethylalkohol	2-Ethoxyethanol
2-Ethoxyethylester	2-Ethoxyethanolacetat
1-Ethoxy-2-hydroxy-ethan	2-Ethoxyethanol
Ethoxylsäure	Ethansäure
1-Ethoxy-2-propanol	1-Ethoxypropan-2-ol
1-Ethoxypropanol-2	1-Ethoxypropan-2-ol
Ethoxypropanol EP	1-Ethoxypropan-2-ol
3-Ethoxypropansäureester	Ethyl-3-ethoxypropionat
Ethoxypropylacetat	1-Ethoxy-2-propylacetat
Ethoxytriethylenglycol	Triethylenglykolmonoethylether
Ethoxytriethylenglykol	Triethylenglykolmonoethylether
Ethoxytriglycol	Triethylenglykolmonoethylether
Ethoxytriglykol	Triethylenglykolmonoethylether

Gebräuchlicher Name Handelsname	Substanzname
2-Ethyhexanol-1	2-Ethyl-1-hexanol
Ethylacetat	Ethansäureethylester
Ethylacetoacetat	3-Oxobutansäureethylester
Ethylaceton	Pentan-2-on
Ethylacetylactat	3-Oxobutansäureethylester
Ethylacrylat	2-Propensäureethylester
Ethylaldehyd	Ethanal
Ethylalkohol	Ethanol
Ethylamin	Aminoethan
Ethylbutylketon	Heptan-3-on
Ethylcarbinol	Propan-1-ol
Ethylcarbitol	Diethylenethandiolmonoethylether
Ethyl-Cellosolve	2-Ethoxyethanol
Ethylcellosolve	2-Ethoxyethanol
Ethylcitrat	3-Ethoxycarbonyl-3-hydroxy-pentandisäurediethylester
Ethyldiglycolacetat	Diethylenethandiolmonoethyletheracetat
Ethyldiglykolacetat	Diethylenethandiolmonoethyletheracetat
Ethyldigol	Diethylenethandiolmonoethylether
Ethylen	Ethen
Ethylenalkohol	Ethandiol
Ethylenbis(oxyethylen)methacrylate	1,2-Bis-[2-methacryloyl-oxy-ethoxy]-ethan
Ethylenchlorhydrin	2-Chlorethanol
Ethylenchlorid	1,2-Dichlorethan
Ethylendiacetat	1,2-Ethandioldiacetat
Ethylendiamintetraessigsäuredinatriumsalz-Dihydrat	Diaminoethantetraethansäuredinatriumsalz Dihydrat
Ethylendiamintetraessigsäureeisen(III)-natriumsalz Trihydrat	Diaminoethantetraethansäureeisen(III)-natriumsalz-3-hydrat
Ethylendiamintetraessigsäuretetranatriumsalzhydrat	Tetranatriumethylendiamintetraacetat
Ethylendichlorid	1,2-Dichlorethan
Ethylendiglykol	2-(2-Hydroxyethyl)-ethanol
Ethylendihydrat	Ethandiol
Ethylendinitrilotetraessigsäure	Ethylendiamintetraessigsäure
Ethylendinitrilotetraessigsäuredinatriumsalz-Dihydrat	Diaminoethantetraethansäuredinatriumsalz Dihydrat
Ethylendinitrilotetraessigsäureeisen(III)-natriumsalz-3-Wasser	Diaminoethantetraethansäureeisen(III)-natriumsalz-3-hydrat
Ethylendinitrilotetraessigsäuretetranatriumsalzhydrat	Tetranatriumethylendiamintetraacetat
2,2'-Ethylendioxid-diethanol	Triethylenglycol
2,2'-Ethylendioxydiethanol	Triethylenglycol
2,2-(Ethylendioxy)diethanol	Triethylenglycol
Ethylene Glycol Fiber Grade - E	Ethandiol
Ethylene Glycol Monomethyl Ether Acetate (DOT)	Ethansäure-2-methoxyethylester
Ethylene Glycol (Regular)	Ethandiol
Ethylenglycol	Ethandiol
Ethylenglycolacetat	1,2-Ethandiolacetat
Ethylenglycolacetat (Gemisch aus Mono- und Diacetat)	1,2-Ethandiolacetat (Gemisch aus Mono- und Diacetat)
Ethylenglycoldiacetat	1,2-Ethandioldiacetat
Ethylenglycolethyletheracetat	2-Ethoxyethanolacetat

Gebräuchlicher Name Handelsname	Substanzname
Ethylenglycol-iso-butylether	2-iso-Butoxyethanol
Ethylenglycol-mono-butylether	2-Butoxyethanol
Ethylenglycolmonoethylether	2-Ethoxyethanol
Ethylenglycolmonoisopropylether	2-Isopropoxyethanol
Ethylenglycolmonomethyletheracetat	Ethansäure-2-methoxyethylester
Ethylenglycolmonophenylether	1-Hydroxy-2-phenoxyethan
Ethylenglycolmonopropylether	2-Propoxyethanol
Ethylenglycol-n-butylether	2-Butoxyethanol
Ethylenglycol-n-butyletheracetat	2-Butoxyethanolacetat
Ethylenglycolphenylether	1-Hydroxy-2-phenoxyethan
Ethylenglycolpropylether	2-Propoxyethanol
Ethylen-glycol-ricinoleat	Ethylenglykolricinoleat
Ethylenglykol	Ethandiol
Ethylenglykolacetat	1,2-Ethandiolacetat
Ethylenglykolacetat (Gemisch aus Mono- und Diacetat)	1,2-Ethandiolacetat (Gemisch aus Mono- und Diacetat)
Ethylenglykol-bis-(2-hydroxyethylether)	Triethylenglycol
Ethylenglykolbutylether	2-Butoxyethanol
Ethylenglykoldiacetat	1,2-Ethandioldiacetat
Ethylenglykolmethyletheracetat	Ethansäure-2-methoxyethylester
Ethylenglykolmonobutyletheracetat	2-Butoxyethanolacetat
Ethylenglykolmonoethylether	2-Ethoxyethanol
Ethylenglykolmonoethyletheracetat	2-Ethoxyethanolacetat
Ethylenglykolmonomethylether	2-Methoxyethanol
Ethylenglykolmonomethyletheracetat	Ethansäure-2-methoxyethylester
Ethylenglykolmonophenylether	1-Hydroxy-2-phenoxyethan
Ethylenglykol-n-butylether	2-Butoxyethanol
Ethylenglykolphenylether	1-Hydroxy-2-phenoxyethan
Ethylen-glykol-ricinoleat	Ethylenglykolricinoleat
1,8-Ethylennaphthalen	1,2-Dihydroacenaphthylen
Ethylenoxid	Epoxyethan
Ethylenoxidhydrat	Ethandiol
Ethylentetrachlorid	Tetrachlorethen
Ethylether	Diethylether
Ethylglycol	2-Ethoxyethanol
Ethylglycolacetat	2-Ethoxyethanolacetat
Ethylglycoletheracetat	2-Ethoxyethanolacetat
Ethylglykol	2-Ethoxyethanol
Ethylglykolacetat	2-Ethoxyethanolacetat
Ethylglykoletheracetat	2-Ethoxyethanolacetat
Ethylgrün	Bis-(4-diethylaminophenyl)-phenylcarboniumhydrogensulfat
2-Ethylhexan-1,3-diol	2-Ethyl-1,3-hexandiol
2-Ethylhexandiol-1,3	2-Ethyl-1,3-hexandiol
Ethylhexandiol	2-Ethyl-1,3-hexandiol
2-Ethyl-hexan-1-ol	2-Ethyl-1-hexanol
2-Ethylhexanol	2-Ethyl-1-hexanol
Ethylhexanol	2-Ethyl-1-hexanol

Gebräuchlicher Name Handelsname	Substanzname
2-Ethyl-1-hexanolacetat	Ethansäure-2-ethylhexylester
2-Ethylhexanol, Phosphattriester	Phosphorsäure-tri-(2-ethylhexyl)-ester
2-Ethylhexansäure-2-(2-[2-(2-ethylhexanoyloxy)-ethoxy]-ethoxy)-ethylester	2,2'-Ethylendioxydiethylbis(2-ethylhexanoat)
2-Ethylhexylacetat	Ethansäure-2-ethylhexylester
2-Ethylhexylalkohol	2-Ethyl-1-hexanol
Ethylhexylalkohol	2-Ethyl-1-hexanol
2-Ethylhexyl-di-phenyl-phosphat	Phosphorsäure-(2-ethylhexyl)-diphenylester
2-Ethylhexyl-diphenylphosphat	Phosphorsäure-(2-ethylhexyl)-diphenylester
2-Ethylhexyl-epoxytallat	2-Ethylhexylester von Tallölfettsäuren, epoxidiert
2-Ethylhexylepoxytallat	2-Ethylhexylester von Tallölfettsäuren, epoxidiert
2-Ethylhexylethanoat	Ethansäure-2-ethylhexylester
Ethylhydrat	Ethanol
2-Ethyl-2-hydroxymethyl-1,3-propandioltriacrylat	1,1,1-Tris(hydroxymethyl)propantriacrylat
Ethyl-2-hydroxypropanoat	L(-)-2-Hydroxypropansäureethylester
Ethyliak	Aminoethan
Ethylidenchlorid	1,1-Dichlorethen
Ethylidenoxid	Ethanal
Ethyl-2-iso-pentylketon	5-Methyl-3-heptanon
Ethyllactat	L(-)-2-Hydroxypropansäureethylester
Ethylmethylcarbinol	Butan-2-ol
Ethylmethylketon	Butan-2-on
2-Ethyl-n-hexylalkohol	2-Ethyl-1-hexanol
4-N-Ethyl-4-N-(methylsulfon-amidoethyl)-2-methyl-1,4-phenylendiamin Sesquisulfat Monohydrat	4-N-Ethyl-4-N(2-methylsulfonamidoethyl)-2-methyl-1,4-diamino-benzen-sesquisulfat-monohydrat
Ethyloctanoat	Ethylcaprylat
Ethyloxid	Diethylether
Ethyloxihydrat	Ethanol
Ethylphosphat	Triethylphosphat
Ethylphthalat	Benzen-1,2-dicarbonsäurediethylester
Ethyl-phthalyl-ethyl-glykolat	Benzen-1,2-dicarbonsäureethylethylglykolatester
Ethyl-2-propenoat	2-Propensäureethylester
2-Ethyl-3-propyl-1,3-propandiol	2-Ethyl-1,3-hexandiol
N-Ethyl-p-toluolsulfonamid	p-Toluolsulfonsäure-N-ethylamid
Ethylsäure	Ethansäure
Ethyl-sec.-amylketon	5-Methyl-3-heptanon
Ethyl-sek.-amylketon	5-Methyl-3-heptanon
Ethyltriglycol	Triethylenglykolmonoethylether
Ethyltriglykol	Triethylenglykolmonoethylether
Ethyne	Ethin
Etiline	Tetrachlorethen
ETO	Epoxyethan
P 4007EU	Polyethylen
Eulimen	1-Methyl-4-(1-methylethenyl)-cyclohexen
Eupolen Blau 69-2001	Pigment Blau 15:1 (C.I. 74250)
Eupolen Rot 41-6001	Pigment Rot 48:3 (C.I. 15865:3)
Eupolen Rot 45-6001	Pigment Rot 57:1 (C.I. 15850:1)
Eupolen Scharlach 44-6101	Pigment Rot 48:2 (C.I. 15865:2)

Gebräuchlicher Name Handelsname	Substanzname
Eupolen Scharlach 37-0001	Pigment Rot 48:1 (C.I. 15865:1)
Europhan	Polychlorethen
Euthylen Blau 69-2005	Pigment Blau 15:1 (C.I. 74250)
Euthylen Gelb 17-8105 C 4	Pigment Gelb 83 (C.I. 21108)
Euthylen Rot 41-6505 C4	Pigment Rot 48:3 (C.I. 15865:3)
Euthylen Scharlach 37-0005	Pigment Rot 48:1 (C.I. 15865:1)
Euthylen Scharlach 44-4105 C4	Pigment Rot 48:2 (C.I. 15865:2)
Euvinyl C Marron 40-2002	Pigment Rot 179 (C.I. 71130)
Euvinyl C Rot 36-8002	Pigment Rot 178 (C.I. 71155)
Euvinyl C Rot 36-8002	Pigment Rot 149 (C.I. 71137)
Euviprint Gelb 1352	Pigment Gelb 106
Euviprint Rubin 4610	Pigment Rot 184 (C.I. 12487)
Euviprint Scharlach 4260	Pigment Rot 48:4 (C.I. 15865:4)
Euviprint Violett 5890	Pigment Violett 23 (C.I. 51319)
Eviplast 81	Benzen-1,2-dicarbonsäuredi-2-ethylhexylester
Excelsior	Aktivkohle
EX-IT	Magnesiumsilikathydrat
Exitelit	Antimon(III)-oxid
Exolon	Aluminiumoxid
Exolon XW 60	Aluminiumoxid
Exon	Polychlorethen
Exon 605	Polychlorethen
Exon 654	Polychlorethen
Exon 9269	Polychlorethen
Exon 9290	Polychlorethen
Exon 965	Polychlorethen
EXP-F	Graphit
Explosion acetylene black	Aktivkohle
Explosion black	Aktivkohle
Ex-tri	1,1,2-Trichlorethen
Exxsol D 100	Kohlenwasserstoffgemisch
Exxsol D 70	Kohlenwasserstoffgemisch
Exxsol D 80	Kohlenwasserstoffgemisch
F-0047.000	4-N-Ethyl-4-N(2-methylsulfonamidoethyl)-2-methyl-1,4-diamino-benzen-sesquisulfat-monohydrat
23F203	Polyethylen
Fabritone PE	Polyethylen
Fanal Blau D 6340	Pigment Blau 1 (C.I. 42595:2)
Fanal Blau D 6390	Pigment Blau 1 (C.I. 42595:2)
Fanal Grün D 8330	Pigment Grün 1 (C.I. 42040:1)
Fanal Rosa D 4810	Pigment Rot 169 (C.I. 45160:2)
Fanal Violett D 6140	Pigment Violett 27 (C.I. 42535:3)
Fanal Violett D 60 70	Pigment Violett 3 (C.I. 42535:2)
Fanal Violett D 6060	Pigment Violett 3 (C.I. 42535:2)
Fanal Violett D 5480	Pigment Violett 1 (C.I. 45170:2)
Fanal Violett D 5460	Pigment Violett 2 (C.I. 45175:1)
Fannoform	Methanal
Farbentwickler 3	4-N-Ethyl-4-N(2-methylsulfonamidoethyl)-2-methyl-

Gebräuchlicher Name Handelsname	Substanzname
	1,4-diamino-benzen-sesquisulfat-monohydrat
Farbruß	Aktivkohle
Farbruss	Aktivkohle
Fasciolin	Tetrachlormethan
Faserton	Aluminiumoxid
Fasertonerde	Aluminiumoxid
Fastogen Green 5005	Kupferphthalocyanin, chloriert
Fastogen Green B	Kupferphthalocyanin, chloriert
Fastolux Green	Kupferphthalocyanin, chloriert
Fast White	Blei(II)-sulfat
FB 217	Polyethylen
FC 4648	Polychlorethen
FCR 126	Polybutadien
FD&C Gelb Nr. 5 Aluminium Lake	Pigment Gelb 100 (C.I.19140:1)
FD & C Red No. 3	2,4,5,7-Tetrajodfluorescein Dinatriumsalz Monohydrat
FD&C Rot Nr.40 Aluminium Farbpigment	Pigment Rot x (C.I. 16035:x)
FD&C Rot Nr. 3 Aluminium-Pigmentfarbe	Pigment Rot 172 (C.I. 45430:1)
Fecto	Aktivkohle
Federweiß	Magnesiumsilikathydrat
fein (filtrieter) Sprit	Ethanol
Felac	Eisen(III)-oxid
Felling zinc oxide	Zinkoxid
Fenalac Green G	Kupferphthalocyanin, chloriert
Fenalac Green G disp	Kupferphthalocyanin, chloriert
Fenan Blue RSN	6,15-Dihydro-5,9,14,18-antrazintetron
Fenanthren Blue RS	6,15-Dihydro-5,9,14,18-antrazintetron
Ferrichlorid	Eisen(III)-chlorid
Ferricyankalium	Kaliumhexacyanoferrat (III)
Ferrihydroxid	Eisen(III)-hydroxid
Ferrioxid	Eisen(III)-oxid
Ferritrichlorid	Eisen(III)-chlorid
Ferrocyankalium	Kaliumhexacyanoferrat(II)-3-hydrat
Ferrosulfat Heptahydrat	Eisen(II)-sulfat-7-hydrat
Ferrugo	Eisen(III)-oxid
Fertene	Polyethylen
Fiberglas	Silicium(IV)-oxid
Fibrene C 400	Magnesiumsilikathydrat
A-Fil	Titandioxid
Filtex White Base	Calciumcarbonat
Filtrasorp	Kohlenstoff (amorph)
Fina 2069	Paraffin, C10-C13
Finemeal	Bariumsulfat
Finncarb 6002	Calciumcarbonat
Finntalc C10	Magnesiumsilikathydrat
Finntalc M05	Magnesiumsilikathydrat
Finntalc M15	Magnesiumsilikathydrat
Finntalc P40	Magnesiumsilikathydrat
Finntalc PF	Magnesiumsilikathydrat

Gebräuchlicher Name Handelsname	Substanzname
Firemaster LV-T 23 P	Tris-(2,3-dibromopropyl)-phosphat
Firemaster T 23P	Tris-(2,3-dibromopropyl)-phosphat
Fitrol	Kaolin
Fitrol desiccite 25	Kaolin
Flaflex DIBA	Bis-(2-methylpropyl)-ester-hexandisäure
Flamenco	Titandioxid
Flammex AP	Tris-(2,3-dibromopropyl)-phosphat
Flammex LV-T 23P	Tris-(2,3-dibromopropyl)-phosphat
Flammex T 23P	Tris-(2,3-dibromopropyl)-phosphat
Flamolin MF 15711	Polyethylen
Flamruss	Aktivkohle
Flavacon R	Tris-(2,3-dibromopropyl)-phosphat
Flavanthron-Gelb	Pigment Gelb 24 (C.I.70600)
Fleck-flip	1,1,2-Trichlorethen
Flexan 845	Paraffin, C10-C13
Flexichem CS	Octadecansäure, Calciumsalz
Flexichem G 339 S	Octadecansäure, Calciumsalz
Fleximel	Benzen-1,2-dicarbonsäuredi-2-ethylhexylester
Flexiricin 13	Glycerylrinoleat
Flexirin 15	Ethylenglykolricinoleat
Flexirin 17	12-Hydroxy-3-hydroxy-2,2-bis-(hydroxymethyl)-propyl-9-octa-decensäureester
Flexirin P-4	Methylacetylrinicoleat
Flexo Blau	Basisches Blau 26 (C.I. 44045)
Flexo Gelb 105	Basisches Gelb 37 (C.I. 41001)
Flexo Gelb 106	Basisches Gelb 37 (C.I. 41001)
Flexol A 26	Hexandicarbonsäure-bis-2-ethylhexylester
Flexol DOP	Benzen-1,2-dicarbonsäuredi-2-ethylhexylester
Flexol EP-8	2-Ethylhexylester von Tallölfettsäuren, epoxidiert
Flexol 3GH	Triethylenglykoldi-(2-ethylbutyrat)
Flexol 4GO	Polyethylen-glykol-200-di-(2-ethylhexoat)
Flexol Plasticizer 360	2,2'-Ethylendioxydiethylbis(2-ethylhexanoat)
Flexol Plasticizer DIOP	Benzen-1,2-dicarbonsäuredi-iso-octylester
Flexol Plastilizer TCP	Phosphorsäuretrikresylester
Flexol TOF	Phosphorsäure-tri-(2-ethylhexyl)-ester
Flexone 7-S (50 %)	Kohlenstoff (amorph)
Flexricin 9	Propylen-glykol-ricinoleat
Flexricin P-8	Glyceryl-tri-(acetylricinolat)
Flexricin P-6	Butylacetylricinoleat
Flexricin P-1	Methylricinoleat
Flexricin P-3	Butylricinoleat
Flock FLIP	1,1,2-Trichlorethen
Flocor	Polychlorethen
Florisil TLC	Magnesiumsilikat
Florol HB 32	Tris-(2,3-dibromopropyl)-phosphat
Flothene	Polyethylen
Flowers of zinc	Zinkoxid
Fluate	1,1,2-Trichlorethen

Gebräuchlicher Name Handelsname	Substanzname
Fluhoids	Tetrachlormethan
Fluorescein	Fluorescein (C.I. 45350)
Fluoreszens-Gelb	Pigment Gelb 101 (C.I.48052)
Fluorwasserstofflösung	Fluorwasserstoff (wäßrige Lösung)
Fluorwasserstoffsäure	Fluorwasserstoff (wäßrige Lösung)
Flußsäure	Fluorwasserstoff (wäßrige Lösung)
FM 510	Polyethylen
F.O. 178	1,1,1-Trichlorethan
Foamkill 810F	Dimethylpolysiloxan
Foamkill 830F	Dimethylpolysiloxan
Food Blue 4	6,15-Dihydro-5,9,14,18-antrazintetron
Food Red 14	2,4,5,7-Tetrajodfluorescein Dinatriumsalz Monohydrat
Food Red 5	Ponceau Xylidin (C.I. 16150)
Food Red 105	2',4',5',6'-Tetrachlor-2,4,5,7-tetrajodfluorescein Dinatriumsalz
Food Red 15	Basisches Violett 10 (C.I. 45170)
Formal	Dimethoxymethan
Formaldehyd	Methanal
Formaldehyddimethylacetal	Dimethoxymethan
Formaldehyd Natriumbisulfit	Natriummethanalhydrogensulfit
Formalin	Methanal
Formamid	Methansäureamid
Formira	Methansäure
Formisoton	Methansäure
Formol	Methanal
Formosa Campher	DL-1,7,7-Trimethylbicyclo-(2,2,1)-heptan-2-on
Formula 300	Octadecansäure
Formyldimethylamid	N,N-Dimethylmethanamid
N-Formyldimethylamin	N,N-Dimethylmethanamid
Formylhydrat	Methanal
Formylsäure	Methansäure
Fortafil 5Y	Graphit
Fortiflex 6015	Polyethylen
Fortiflex A 60/500	Polyethylen
Fostarene	Polyphenylethen
FP 4	Polyethylen
französicher Kalk	Pigment Weiß 26 (C.I. 77718)
Freemans White	Blei(II)-sulfat
Freon 150	1,2-Dichlorethan
Freon 113	1,1,2-Trichlor-1,2,2-trifluorethan
Frigen 113	1,1,2-Trichlor-1,2,2-trifluorethan
Frigolit	Polyphenylethen
Fuel Oil No. 1	Petroleum
Fugitiv-Methyl-Violett (Tannat)	Pigment Violett 3:3 (C.I. 42535:5)
Fumarsäure	trans-Butendisäure
Fumarsäuredibutylester	trans-Butensäuredibutylester
Fumigrain	Propensäurenitril
Fungchex	Quecksilber(II)-chlorid

Gebräuchlicher Name Handelsname	Substanzname
2-Furancarbinol	Furfuralkohol
Furanidine	Tetrahydrofuran
Furantetrahydrid	Tetrahydrofuran
Furfurylalkohol	Furfuralkohol
Furnal	Aktivkohle
Furnex	Aktivkohle
Furnex N 765	Aktivkohle
2-Furylcarbinol	Furfuralkohol
FW-XO	Magnesiumsilikathydrat
Fyde	Methanal
Fyrol CEF	Phosphorsäure-(trichloroethyl)-ester
Fyrol FR-2	Tris-(di-chloro-propyl)-phosphat
Fyrol HB-32	Tris-(2,3-dibromopropyl)-phosphat
Fyrquel 150	Phosphorsäuretrikresylester
G 7413	Bleichromat/Bleimolybdat
G 7420	Bleichromat/Bleimolybdat
G 7430	Bleichromat/Bleimolybdat
G 7360	Bleisulfochromat
G 7364	Bleisulfochromat
G 7365	Bleisulfochromat
G 7370	Bleisulfochromat
G 7371	Bleisulfochromat
G 7380	Bleisulfochromat
G 7417	Bleisulfochromat
G 7429	Bleisulfochromat
G7362	Bleisulfochromat
Gafanol E 200	alpha-Hydro-w-hydroxypoly-(oxy-1,2-ethandiyl)
Gafanol E 300	alpha-Hydro-w-hydroxypoly-(oxy-1,2-ethandiyl)
Gafcol EB	2-Butoxyethanol
Gafcote	Polychlorethen
Gallotannin	Gerbsäure
Gallotanninsäure	Gerbsäure
Gallusgerbsäure	Gerbsäure
Gallussäure Monohydrat	3,4,5-Trihydroxybenzencarbonsäure, Monohydrat
Galvatol 1-60	Polyvinylalkohol
Garolite SA	Calciumcarbonat
Gärungsmilchsäure	2-Hydroxypropansäure
T-Gas	Epoxyethan
Gas-furnace black	Aktivkohle
Gas, ölbildend	Ethen
Gas-113-R-113	1,1,2-Trichlor-1,2,2-trifluorethan
Gasruß CK 3 geperlt	Aktivkohle
Gastex	Aktivkohle
GB-Ester	Hydroxyethansäurebutylester
geblasene Bitumen	Bitumen
gebrannter Kalk	Calciumoxid
Geist-Blau	Pigment Blau 61 (C.I. 42765:1)
gelbes Blutlaugensalz	Kaliumhexacyanoferrat(II)-3-hydrat

Gebräuchlicher Name Handelsname	Substanzname
Gelb 4G (Nickel)	Pigment Gelb 150
Gelbkali	Kaliumhexacyanoferrat(II)-3-hydrat
Gelb, Leipzig	Bleisulfochromat
Gelblimmonit	Pigment Gelb 43 (C.I. 77492)
Gelb, Paris	Bleisulfochromat
Gelfoam	Gelatine
gelöschter Kalk	Calciumhydroxid
Gelva	Polyethansäureethenylester
Gelvatol	Polyvinylalkohol
Gelvatol 1-30	Polyvinylalkohol
Gelvatol 1-90	Polyvinylalkohol
Gelvatol 20-30	Polyvinylalkohol
Gelvatol 2090	Polyvinylalkohol
Gelvatol 3-91	Polyvinylalkohol
Genetron 113	1,1,2-Trichlor-1,2,2-trifluorethan
Genklene	1,1,1-Trichlorethan
Genol	4-Methylaminohydroxybenzensulfat
Genomoll 100	Benzen-1,2-dicarbonsäuredi-2-ethylhexylester
Genomoll 180	Benzen-1,2-dicarbonsäuredi-iso-decylester
Genotherm	Polychlorethen
Genotherm N	Polychlorethen
Geon 200	Polyvinylidenchlorid
GEON	Polychlorethen
GEON 101	Polychlorethen
GEON 103	Polychlorethen
GEON 121	Polychlorethen
GEON 124	Polychlorethen
GEON 126	Polychlorethen
GEON 128	Polychlorethen
GEON 131	Polychlorethen
GEON 151	Polychlorethen
GEON 51	Polychlorethen
GEON 59	Polychlorethen
GEON 72	Polychlorethen
GEON 85542	Polychlorethen
GEON 101EP	Polychlorethen
GEON 102EP	Polychlorethen
GEON 103EP	Polychlorethen
GEON 103EP8	Polychlorethen
GEON 103EPF7	Polychlorethen
GEON 135J	Polychlorethen
GEON 121L	Polychlorethen
GEON latex 151	Polychlorethen
GEON 110X233	Polychlorethen
GEON 120X241	Polychlorethen
Germalgene	1,1,2-Trichlorethen
gewöhnlicher Ether	Diethylether
GH 20	Polyvinylalkohol

Gebräuchlicher Name Handelsname	Substanzname
GIAP 10	Zinkoxid
Gibbsit	Aluminiumoxid
Gießformengips Standard 78-70	Calciumsulfat
Gilder's whiting	Calciumcarbonat
Gips	Calciumsulfat
GK 2	Graphit
GK 3	Graphit
GK (Oxide)	Aluminiumoxid
GL 02	Polyvinylalkohol
GL 03	Polyvinylalkohol
Glacier 325	Magnesiumsilikathydrat
Glimmer	Pigment Weiß 20 (C.I. 77019)
GLO 5	Polyvinylalkohol
Glomax	Kaolin
L-Glu	L-2-Aminopentandisäure
D-Glucitol	Sorbit
D-Gluconsäure Natriumsalz	Natrium-D-gluconat
Glutaminol	L-2-Aminopentandisäure
L-Glutaminsäure	L-2-Aminopentandisäure
Glutaton	L-2-Aminopentandisäure
Glutin	Gelatine
Glutofix	Methylcellulose
Gly	Aminoethansäure
Glycerin	Propantriol
Glycerin-1,2-dioleat	Diolein
Glycerin-1,3-dioleat	Diolein
Glycerintriacetat	1,2,3-Triacetoxypropan
Glycerintriolat	Z-9-Octadecensäure-1,2,3-propantriylester
Glycerol	Propantriol
Glycerolepichlorhydrin	Epoxychlorpropan
Glycerolmonooleat	1,2,3-Propantriol-(Z)-9-octadecensäuremonoester
Glycerylacetat	1,2,3-Triacetoxypropan
Glycin	Aminoethansäure
Glycocoll	Aminoethansäure
Glycol	Ethandiol
Glycolacetat	1,2-Ethandiolacetat
Glycolbis-(hydroxyethyl)ether	Triethylenglycol
Glycolchlorhydrin	2-Chlorethanol
Glycoldiacetat	1,2-Ethandioldiacetat
Glycol-iso-butylether	2-iso-Butoxyethanol
Glycolmethacrylat	Methacrylsäure-2-hydroxyethylester
Glycolmonoethylether	2-Ethoxyethanol
Glycolmonoethyletheracetat	2-Ethoxyethanolacetat
Glycolmonomethylether	2-Methoxyethanol
Glycolmonomethyletheracetat	Ethansäure-2-methoxyethylester
Glycolmonophenylether	1-Hydroxy-2-phenoxyethan
Glycolmonopropylether	2-Propoxyethanol
Glycol-n-butyletheracetat	2-Butoxyethanolacetat

Gebräuchlicher Name Handelsname	Substanzname
Glycolsäurebutylester	Hydroxyethansäurebutylester
Glycon DP	Octadecansäure
Glycon RO	cis-Octadec-9-ensäure
Glycon S-70	Octadecansäure
Glycon S-80	Octadecansäure
Glycon S-90	Octadecansäure
Glycon TP	Octadecansäure
Glycosin	Dextrin
Glycylalkohol	Propantriol
Glykocellon	Carboxymethylcellulose
Glykocellon	Carboxymethylcellulose Natriumsalz
Glykokoll	Aminoethansäure
Glykol	Ethandiol
Glykolacetat	1,2-Ethandiolacetat
Glykolchlorhydrin	2-Chlorethanol
Glykoldiacetat	1,2-Ethandioldiacetat
Glykolether	2-(2-Hydroxyethyl)-ethanol
Glykolethylether	2-(2-Hydroxyethyl)-ethanol
Glykolethylether	1,4-Dioxan
Glykolmethacrylat	Methacrylsäure-2-hydroxyethylester
Glykolmonoethylether	2-Ethoxyethanol
Glykolmonoethyletheracetat	2-Ethoxyethanolacetat
Glykolmonomethyletheracetat	Ethansäure-2-methoxyethylester
Glykolmonophenylether	1-Hydroxy-2-phenoxyethan
Glykolmonopropylether	2-Propoxyethanol
Glykolsäure-n-butylester	Hydroxyethansäurebutylester
Glykosin	Dextrin
Glymol	Paraffin, C10-C13
Glyoxal	Ethandial
Glyoxylaldehyd	Ethandial
Glyrol	Propantriol
Glysanin	Propantriol
Glysantin	Ethandiol
Glyzerin	Propantriol
Glyzerinacetat	1,2,3-Triacetoxypropan
GM 14	Polyvinylalkohol
Gohsenol	Polyvinylalkohol
Gohsenol AH 22	Polyvinylalkohol
Gohsenol GH	Polyvinylalkohol
Gohsenol GH 17	Polyvinylalkohol
Gohsenol GH 20	Polyvinylalkohol
Gohsenol GH 23	Polyvinylalkohol
Gohsenol GL 03	Polyvinylalkohol
Gohsenol GL 05	Polyvinylalkohol
Gohsenol GL 08	Polyvinylalkohol
Gohsenol GM 14	Polyvinylalkohol
Gohsenol GM 94	Polyvinylalkohol
Gohsenol GM 14L	Polyvinylalkohol

Gebräuchlicher Name Handelsname	Substanzname
Gohsenol KH 17	Polyvinylalkohol
Gohsenol NH 05	Polyvinylalkohol
Gohsenol NH 17	Polyvinylalkohol
Gohsenol NH 18	Polyvinylalkohol
Gohsenol NH 20	Polyvinylalkohol
Gohsenol NH 26	Polyvinylalkohol
Gohsenol NK 114	Polyvinylalkohol
Gohsenol NL 05	Polyvinylalkohol
Gohsenol NM 14	Polyvinylalkohol
Goldenes Gelb	Pigment Gelb 35 (C.I. 77205)
C.P. Golden gelb 55	Cadmiumsulfid
Goldsatinobre	Blei(II,IV)-oxid
Good-Rite GP 264	Benzen-1,2-dicarbonsäuredi-2-ethylhexylester
Gore-Tex	Polytetrafluorethen
GP 60	Graphit
GP 63	Graphit
2100 GP	Polyethylen
GP 60S	Graphit
Grafit	Kohlenstoff (amorph)
Grafit	Graphit
Grafoil	Graphit
Grafoil GTA	Graphit
Graham'sches Salz	Natriumpolymetaphosphat
Grahamsches Salz	Natriumpolymetaphosphat
Granada Green Lake GL	Kupferphthalocyanin, chloriert
Granosan	1,2-Dichlorethan
Graphidon	1-Phenylpyrazolidin-3-on
Graphit	Kohlenstoff (amorph)
S 1 (Graphite)	Graphit
Graphite, natural (ACGIH:OSHA)	Graphit
Graphnol N 3M	Graphit
Graphol	4-Methylaminohydroxybenzensulfat
Graphtol Blue RL	6,15-Dihydro-5,9,14,18-antrazintetron
Graphtol Green 2GLS	Kupferphthalocyanin, chloriert
Graphtol Yellow RGS	Pigment Gelb 13 (C.I. 21100)
graues Kalkacetat	Calciumacetat
Greenockit	Cadmiumsulfid
Green seal-8	Zinkoxid
Grex	Polyethylen
Grex PP 60-002	Polyethylen
Grisolen	Polyethylen
Groco 2	cis-Octadec-9-ensäure
Groco 4	cis-Octadec-9-ensäure
Groco 5810	Octadecansäurebutylester
Groco 54	Octadecansäure
Grosufe	Kohlenstoff (amorph)
Gruenoel	Anthracen
GS 2	Graphit

Gebräuchlicher Name Handelsname	Substanzname
GT	Gelatine
GTB	Glyceryltribenzoat
Guajacol	2-Methoxyhydroxybenzen
Gulcitol	Sorbit
L-Gulitol	Sorbit
Gummi Campher	DL-1,7,7-Trimethylbicyclo-(2,2,1)-heptan-2-on
Guttagena	Polychlorethen
GY 70	Graphit
Gyn-Hydralin	Aminoethansäure
H 451	Graphit
HA 1591	Polyethylen
HA 1681	Polyethylen
HA 1684	Polyethylen
HA 1931	Polyethylen
HA 2454	Polyethylen
HA 2477	Polyethylen
HA 2578	Polyethylen
HA 3545	Polyethylen
Hactol DBP	Benzen-1,2-dicarbonsäuredi-n-butylester
Hactol DIBP	Benzen-1,2-dicarbonsäure-di-(2-methylpropen)ester
Hakuenka CC	Calciumcarbonat
Hakuenka CCR	Calciumcarbonat
Hakuenka DD	Calciumcarbonat
Hakuenka O	Calciumcarbonat
Hakuenka PX	Calciumcarbonat
Hakuenka PZ	Calciumcarbonat
Hakuenka R 06	Calciumcarbonat
Hakuenka T-DD	Calciumcarbonat
Halvic 223	Polychlorethen
Halvic 229	Polychlorethen
Hämatit	Eisen(III)-oxid
Hamburg Blau	Pigment Blau 27 (C.I. 77510)
Hamilton Red	Pigment Rot 53:1 (C.I. 15585:1)
Hamp-ene 100	Tetranatriumethylendiamintetraacetat
Hamp-ene 220	Tetranatriumethylendiamintetraacetat
Hamp-ene Acid	Ethylendiamintetraessigsäure
Hamp-ene 100 S	Tetranatriumethylendiamintetraacetat
Hansagelb	Pigment Gelb 1 (C.I. 11680)
Harnstoff	Kohlensäurediamid
Hartosol	Propan-2-ol
Hatcol 200	1,2,4-Benzentricarbonsäure-tris-(2-ethylhexylester)
Hatcol DBP	Benzen-1,2-dicarbonsäuredi-n-butylester
Hatcol DOP	Benzen-1,2-dicarbonsäuredi-2-ethylhexylester
HA 1681-Z	Polyethylen
HC 825	Polychlorethen
HD 1591	Polyethylen
HD 1681	Polyethylen
HDODA	1,6-Hexandiyl-2-propensäureester

Gebräuchlicher Name Handelsname	Substanzname
HDPE	Polyethylen
Hecacid C-7	1-Heptansäure
Hedolin	1,1,2-Trichlorethen
Hekto Blau	Basisches Blau 26 (C.I. 44045)
Helianthrene Blue RS	6,15-Dihydro-5,9,14,18-antrazintetron
Helio Fast Yellow GRF	Pigment Gelb 13 (C.I. 21100)
Helio Fast Yellow GRN	Pigment Gelb 13 (C.I. 21100)
Heliogenblau B	Kupferphthalocyanin
Heliogenblau G	Phthalocyanin (C.I. 74100)
Heliogen Blau L 6901 F	Pigment Blau 15:1 (C.I. 74250)
Heliogen Blue 6470	6,15-Dihydro-5,9,14,18-antrazintetron
Heliogen Green 8680	Kupferphthalocyanin, chloriert
Heliogen Green 8730	Kupferphthalocyanin, chloriert
Heliogen Green A	Kupferphthalocyanin, chloriert
Heliogen Green G	Kupferphthalocyanin, chloriert
Heliogen Green GA	Kupferphthalocyanin, chloriert
Heliogen Green GN	Kupferphthalocyanin, chloriert
Heliogen Green GNA	Kupferphthalocyanin, chloriert
Heliogen Green GTA	Kupferphthalocyanin, chloriert
Heliogen Green GV	Kupferphthalocyanin, chloriert
Heliogen Green GWS	Kupferphthalocyanin, chloriert
Heliogen Green 8681K	Kupferphthalocyanin, chloriert
Heliogen Green 8682T	Kupferphthalocyanin, chloriert
Heliogen Grün D 9360	Pigment Grün 36 (C.I. 74265)
Heliogen Grün L 8730	Kupferphthalocyanin, chloriert
Heliogen Grün L 9140	Pigment Grün 36 (C.I. 74265)
Heliogen Grün L 9361	Pigment Grün 36 (C.I. 74265)
Helio Red Toner LCLL	Pigment Rot 53:1 (C.I. 15585:1)
Helio-Rot FGR	Pigment Rot 112 (C.I. 12370)
Heliozone	Polyethylen
Helles-Chrom	Bleisulfochromat
Hello	Acetyltriethylcitrat
HEMA	Methacrylsäure-2-hydroxyethylester
Hematit	Eisen(III)-oxid
Hemostyp	Butan-1-ol
Hencodur 152	Pigment Gelb 53 (C.I. 77788)
Hencodur 156	Pigment Gelb 53 (C.I. 77788)
Heptadecan-alpha-carbonsäure	Octadecansäure
1-Heptadecancarboxylsäure	Octadecansäure
Heptalin	Methylcyclohexanol (Isomerengemisch)
n-Heptan	Heptan
Heptanaphthen	Methylcyclohexan
Heptancarbonsäure-(1)	Octansäure
3-Heptanon	Heptan-3-on
Heptansäure	1-Heptansäure
n-Heptansäure	1-Heptansäure
n-Heptylhydrid	Heptan
Heptyl/Nonyl/Undekyl-phthalat	Benzen-1,2-dicarbonsäure-heptyl/nonyl/undekyl

Gebräuchlicher Name Handelsname	Substanzname
Heptylsäure	1-Heptansäure
n-Heptylsäure	1-Heptansäure
Hercolyn D	Methylabietat ,hydriert
Heuco Blau 501510	Pigment Blau 15:1 (C.I. 74250)
Heuco Blau 501510	Kupferphthalocyanin
Heucodur 552	Pigment Blau 28 (C.I. 77346)
Heucodur 244	Pigment Braun 24 (C.I. 77310)
Heucodur 255	Pigment Braun 24 (C.I. 77310)
Heucodur 256	Pigment Braun 24 (C.I. 77310)
Heucodur 259	Pigment Braun 24 (C.I. 77310)
Heucodur 953	Pigment Schwarz 28 (C.I. 77428)
Heucodur 555, 559	Pigment Blau 36 (C.I. 77343)
Heucodur-Gelb 251	Pigment Braun 24 (C.I. 77310)
Heucodur-Gelb 252	Pigment Braun 24 (C.I. 77310)
Heucodur-Gelb 254	Pigment Braun 24 (C.I. 77310)
Heucodur-Gelb 255	Pigment Braun 24 (C.I. 77310)
Heucodur-Gelb 256	Pigment Braun 24 (C.I. 77310)
Heucodur-Gelb 259	Pigment Braun 24 (C.I. 77310)
Heucodur-Gelb 262	Pigment Braun 24 (C.I. 77310)
Heucodur 251 Heucodur 525	Pigment Braun 24 (C.I. 77310)
Heuco Gelb 100100	Pigment Gelb 1 (C.I. 11680)
Heuco Gelb 109500	Pigment Gelb 95
Heuco Gelb 108300	Pigment Gelb 83 (C.I. 21108)
Heuco Gelb 108301	Pigment Gelb 83 (C.I. 21108)
Heuco Gelb 109300	Pigment Gelb 93
Heuco Gelb 115100	Pigment Gelb 151 (C.I. 13980)
Heuco Gelb 107400	Pigment Gelb 74 (C.I. 11741)
Heuco Gelb 107401	Pigment Gelb 74 (C.I. 11741)
Heuco Gelb 115400	Pigment Gelb 154 (C.I. 11781)
Heuco Gelb 100300	Pigment Gelb 3 (C.I. 11710)
Heuco Grün 600700	Kupferphthalocyanin, chloriert
Heuco Grün 600701	Kupferphthalocyanin, chloriert
Heuco Orange 203600	Pigment Orange 36 (C.I. 11780)
Heuco Rot 316600	Pigment Rot 166 (C.I. 20035)
Heuco Rot 305220	Pigment Rot 52:2 (C.I: 15860:2)
Heuco Rot 304830	Pigment Rot 48:3 (C.I. 15865:3)
Heuco Rot 300301	1-(4-Methyl-2-nitrobenzenazo)-2-naphthol
Heuco Rot 317000	Pigment Rot 170 (C.I. 12475)
Heuco Rot 317001	Pigment Rot 170 (C.I. 12475)
Heuco Rot 300400	Pigment Rot 4 (C.I. 12085)
Heuco Rot 317700	Pigment Rot 177 (C.I. 65300)
Heuco Rot 314400	Pigment Rot 144
Heuco Rot 300200	Pigment Rot 2 (C.I. 12310)
Heuco Rot 300201	Pigment Rot 2 (C.I. 12310)
Heuco Rot 300202	Pigment Rot 2 (C.I. 12310)
Heuco Rot 311200	Pigment Rot 112 (C.I. 12370)
Heuco Rot 311202	Pigment Rot 112 (C.I. 12370)
Heuco Rot 304820	Pigment Rot 48:2 (C.I. 15865:2)

Gebräuchlicher Name Handelsname	Substanzname
Heucorox A	Eisen(III)-oxid
Heucorox F	Eisen(III)-oxid
Heucorox FG	Eisen(III)-oxid
Heucorox FL	Eisen(III)-oxid
Heucorox M	Eisen(III)-oxid
Heucorox UF	Eisen(III)-oxid
Heucosin 61	Kupferphthalocyanin, chloriert
Heucosin 64	Kupferphthalocyanin, chloriert
Heucosin 68	Kupferphthalocyanin, chloriert
Heucosin 5000	Kupferphthalocyanin
Heucosin 5007	Kupferphthalocyanin
Heucotron 213	Bleichromat/Bleimolybdat
Heucotron 22	Bleichromat/Bleimolybdat
Heucotron 220	Bleichromat/Bleimolybdat
Heucotron 23	Bleichromat/Bleimolybdat
Heucotron 230	Bleichromat/Bleimolybdat
Heucotron 1055	Bleisulfochromat
Heucotron 1060	Bleisulfochromat
Heucotron 1064	Bleisulfochromat
Heucotron 1070	Bleisulfochromat
Heucotron 1080	Bleisulfochromat
Heucotron 11	Bleisulfochromat
Heucotron 117	Bleisulfochromat
Heucotron 120	Bleisulfochromat
Heucotron 123	Bleisulfochromat
Heucotron 13	Bleisulfochromat
Heucotron 5	Bleisulfochromat
Heucotron126	Bleisulfochromat
Heuco Violet 402300	Pigment Violett 23 (C.I. 51319)
Hexacid 898	Octansäure
Hexadekansäure	Hexadecansäure
Hexahydrobenzol	Cyclohexan
Hexahydrocresol, Isomerengemisch	Methylcyclohexanol (Isomerengemisch)
Hexahydromethylphenol, Isomerengemisch	Methylcyclohexanol (Isomerengemisch)
Hexahydrophenol	Cyclohexanol
Hexahydrotoluen	Methylcyclohexan
Hexalin	Cyclohexanol
Hexamethylen	Cyclohexan
Hexamethylenacrylsäureester	1,6-Hexandiyl-2-propensäureester
Hexamethylenglycoldimethacrylat	2-Methyl-1,6-hexandiyl-2-propensäure
Hexamethylenglykoldimethacrylat	2-Methyl-1,6-hexandiyl-2-propensäure
n-Hexan	Hexan
1,6-Hexandioldiacrylat	1,6-Hexandiyl-2-propensäureester
1,6-Hexandioldimethacrylat	2-Methyl-1,6-hexandiyl-2-propensäure
Hexandiolsäuredioctylester	Hexandicarbonsäure-di-n-octylester
Hexandionsäuremethylester	Dimethyladipat
Hexandisäuredibutoxyethoxyethylester	Hexandicarbonsäure-bis-[2-(2-butoxy-ethoxy)-ethyl]ester

Gebräuchlicher Name Handelsname	Substanzname
Hexandisäurediisobutylester	Bis-(2-methylpropyl)-ester-hexandisäure
Hexandisäure-diisodecylester	Adipinsäure-(di-iso-decyl)-ester
Hexandisäuredimethylester	Dimethyladipat
Hexandisäuredioctylester	Hexandicarbonsäure-bis-2-ethylhexylester
1-Hexanol	Hexan-1-ol
n-Hexanol	Hexan-1-ol
Hexanon	4-Methyl-pentan-2-on
Hexanon	Cyclohexanon
2-Hexanon	Hexan-2-on
Hexaplas M/B	Benzen-1,2-dicarbonsäuredi-n-butylester
Hexaplas M/O	Benzen-1,2-dicarbonsäuredi-iso-octylester
Hexon	4-Methyl-pentan-2-on
sek.-Hexylacetat	Ethansäure-iso-hexylester
Hexylalkohol	Hexan-1-ol
n-Hexylalkohol	Hexan-1-ol
Hexyl Carbitol	Diethylenethandiolhexylether
Hexylcarbitol	Diethylenethandiolhexylether
Hexyldiglycol	Diethylenethandiolhexylether
Hexylenalkohol	2-Methylpentan-2,4-diol
Hexylenglycol	2-Methylpentan-2,4-diol
Hexylenglykol	2-Methylpentan-2,4-diol
Hexylglykol	2,3-Dimethyl-2,3-butandiol
Hexylhydrid	Hexan
Hexylmethylketon	Octan-2-on
2-(2-Hexyloxyethoxy)-ethanol	Diethylenethandiolhexylether
Heydogen 113	1,1,2-Trichlor-1,2,2-trifluorethan
HF 191	Benzen-1,2-dicarbonsäuredicyclohexylester
HFDB 4201	Polyethylen
Hi-Black 20	Aktivkohle
Hi-Black 150B	Aktivkohle
Hi-Black 160B	Aktivkohle
Hi-Black 20B	Aktivkohle
Hi-Black 30B	Aktivkohle
Hi-Black 40 B1	Aktivkohle
Hi-Black 40 B2	Aktivkohle
Hi-Black 10, Hi-lack 10B	Aktivkohle
Hi-Black 20L	Aktivkohle
Hi-Black 30L	Aktivkohle
Hi-Black 40L	Aktivkohle
Hi-Black 5L	Aktivkohle
Hi-Black 30LB	Aktivkohle
Hi-Black 50LB	Aktivkohle
Hi-Black 45LB, Hi-Black 50L	Aktivkohle
Hicee	L-(+)-Ascorbinsäure
Hi-Dry	2,2'-(Oxybis-(ethylenoxy))-diethanol
HI-Fax	Polyethylen
HI-Fax 1900	Polyethylen
HI-Fax 4401	Polyethylen

Gebräuchlicher Name Handelsname	Substanzname
HI-Fax 4601	Polyethylen
Hi-lack 30	Aktivkohle
Hi-lack 40	Aktivkohle
Hi-lack 00L	Aktivkohle
Himmelblau	Pigment Blau 36 (C.I. 77343)
Hirschhorngeist	Ammoniaklösung
Hirschhornsalz	Ammoniumcarbonat
Hishirex 502	Polychlorethen
Hishirex 502Z	Polychlorethen
Hispavic 229	Polychlorethen
Hitco HMG 50	Graphit
Hi-tri	1,1,2-Trichlorethen
Hizex	Polyethylen
Hizex 5000	Polyethylen
Hizex 5100	Polyethylen
Hizex 3000B	Polyethylen
Hizex 3300F	Polyethylen
Hizex 7000F	Polyethylen
Hizex 7300F	Polyethylen
Hizex 1091J	Polyethylen
Hizex 1291J	Polyethylen
Hizex 1300J	Polyethylen
Hizex 2100J	Polyethylen
Hizex 2200J	Polyethylen
Hizex 2100LP	Polyethylen
Hizex 5100LP	Polyethylen
Hizex 6100P	Polyethylen
Hizex 3000S	Polyethylen
Hizex 3300S	Polyethylen
Hizex 5000S	Polyethylen
Hoechst PA 190	Polyethylen
Hoechst-Wachs PE 520 Feinkorn	Polyethylen
Hoechst-Wachs PE 130 Pulver	Polyethylen
Hoechst-Wachs PE 520 Pulver	Polyethylen
Hoechst Wax PA 520	Polyethylen
Holländerweiß	Blei(II)-hydroxidcarbonat
Holländische Flüssigkeit	1,2-Dichlorethan
Holländisches Öl	1,2-Dichlorethan
Höllenstein	Silbernitrat
Holzalkohol	Methanol
Holzgeist	Methanol
Holzkohle	Aktivkohle
Holzkohle	Kohlenstoff (amorph)
Holzkohle, aktiviert	Kohlenstoff (amorph)
Holzöl	Terpentin
Holzsäure	Ethansäure
Holzspiritus	Methanol
Holzterpentin	Terpentin

Gebräuchlicher Name Handelsname	Substanzname
Hombitan	Titandioxid
Homocal D	Calciumcarbonat
Horse Head R-710	Titandioxid
Hostalen	Polyethylen
Hostalen GD 620	Polyethylen
Hostalen GD 6250	Polyethylen
Hostalen GF 4760	Polyethylen
Hostalen GF 5750	Polyethylen
Hostalen GM 5010	Polyethylen
Hostalen GUR	Polyethylen
Hostalen HDPE	Polyethylen
Hostalit	Polychlorethen
Hostalit E	Polychlorethen
Hostalit P 7078	Polychlorethen
Hostalit PVP 3475	Polychlorethen
Hostalit PVP 5470	Polychlorethen
Hostalit S	Polychlorethen
Hostalit S 4070	Polychlorethen
Hostaperm Green 8G	Pigment Grün 36 (C.I. 74265)
Hostaperm Green GG	Kupferphthalocyanin, chloriert
Hostaperm Yellow GR	Pigment Gelb 13 (C.I. 21100)
Howflex CP	Benzen-1,2-dicarbonsäuredicyclohexylester
6HP	Tris-(2,3-dibromopropyl)-phosphat
Hubbuck's White	Zinkoxid
Huber	Aktivkohle
Huber MT N 990	Aktivkohle
Huber N 990 MT	Aktivkohle
Humenegro	Aktivkohle
HX 610	Pigment Weiß 20 (C.I. 77019)
HX 1681	Polyethylen
HX 2578	Polyethylen
HX-M	Polychlorethen
Hyanit	Kohlensäurediamid
Hybrin	L-(+)-Ascorbinsäure
Hydralin	Cyclohexanol
Hydratkalk	Calciumhydroxid
Hydrazindihydrochlorid	Hydrazin Dihydrochlorid
Hydraziniumdichlorid	Hydrazin Dihydrochlorid
Hydrite	Kaolin
Hydrocarb 60	Calciumcarbonat
Hydrocarb 65	Calciumcarbonat
Hydrocarbonsäure	Methansäure
Hydrocerussit	Blei(II)-carbonat basisch
Hydrochinonmonomethylether	4-Methoxyhydroxybenzen
Hydrochinonmonosulfonsäure (Kaliumsalz)	1,4-Dihydroxybenzenmonosulfonsäure (Kaliumsalz)
Hydrochinonsulfonsäure (Kaliumsalz)	1,4-Dihydroxybenzenmonosulfonsäure (Kaliumsalz)
hydrodesulfuriertes schweres Naphtha	Bezin, aromatischer Anteil 20%
Hydrofolsäure 150	Octadecansäure

Gebräuchlicher Name Handelsname	Substanzname
Hydrofuran	Tetrahydrofuran
Hydrogenoxid	Wasser
Hydroperoxid	Wasserstoffperoxid
Hydrosulfit	Natriumdithionit
alpha-Hydro-w-hydroxypoly[oxy(methyl-1,2-ethandiyl)]	Poly-(1,2-propandiol)
ß-Hydroxy-alpha-naphthaldehyd	2-Hydroxy-1-naphthalencarboxaldehyd
3-Hydroxyanisol	3-Methoxyhydroxybenzen
4-Hydroxyanisol	4-Methoxyhydroxybenzen
2-Hydroxyanisol	2-Methoxyhydroxybenzen
2-Hydroxy-benzoesäurephenylester	2-Hydroxybenzencarbonsäurephenylester
Hydroxybenzol	Hydroxybenzen
2-Hydroxy-2'-butoxy-diethylether	Diethylenethandiolmonobutylether
4-Hydroxybuttersäure-gamma-lacton	4-Butyrolacton
ß-Hydroxy-crotonsäureethylester	3-Oxobutansäureethylester
2-Hydroxy-di-ethylether	2-Ethoxyethanol
4-Hydroxy-3,5-di-tert.-butyltoluol	2,6-Di-(1,1-dimethylethyl)-4-methylhydroxybenzen
2-Hydroxyethylamin	2-Aminoethanol
ß-Hydroxyethylamin	2-Aminoethanol
ß-Hydroxyethyldimethylamin	2-Dimethylaminoethanol
2-Hydroxyethylether	2-(2-Hydroxyethyl)-ethanol
2-Hydroxyethyl-iso-butylether	2-iso-Butoxyethanol
ß-Hydroxyethylisopropylether	2-Isopropoxyethanol
2-Hydroxyethylmethacrylat	Methacrylsäure-2-hydroxyethylester
ß-Hydroxyethylphenylether	1-Hydroxy-2-phenoxyethan
2-Hydroxyethylpropylether	2-Propoxyethanol
trans-4-Hydroxy-L-prolin	L(-)-trans-Hydroxypyrrolidin-2-carbonsäure
Hydroxymethansulfonsäure Natriumsalz	Natriummethanalhydrogensulfit
2-Hydroxy-2'-methoxydiethylether	Diethylenethandiolmonomethylether
alpha-Hydroxy-ß-methoxyethan	2-Methoxyethanol
1-Hydroxy-4-methoxynaphthalin	4-Methoxy-1-naphthol
Hydroxymethylbenzol	Phenylmethanol
2-Hydroxymethylfuran	Furfuralkohol
3-Hydroxymethyl-n-heptan-4-ol	2-Ethyl-1,3-hexandiol
2-Hydroxy-2-methylpentan-4-on	4-Hydroxy-4-methylpentan-2-on
4-Hydroxy-4-methyl-2-pentanon	4-Hydroxy-4-methylpentan-2-on
Hi-Black 150B	Aktivkohle
Hi-Black 160B	Aktivkohle
Hi-Black 20B	Aktivkohle
Hi-Black 30B	Aktivkohle
Hi-Black 40 B1	Aktivkohle
Hi-Black 40 B2	Aktivkohle
Hi-Black 10, Hi-lack 10B	Aktivkohle
Hi-Black 20L	Aktivkohle
Hi-Black 30L	Aktivkohle
Hi-Black 40L	Aktivkohle
Hi-Black 5L	Aktivkohle
Hi-Black 30LB	Aktivkohle
Hi-Black 50LB	Aktivkohle

Gebräuchlicher Name Handelsname	Substanzname
Hi-Black 45LB, Hi-Black 50L	Aktivkohle
Hicee	L-(+)-Ascorbinsäure
Hi-Dry	2,2'-(Oxybis-(ethylenoxy))-diethanol
HI-Fax	Polyethylen
HI-Fax 1900	Polyethylen
HI-Fax 4401	Polyethylen
HI-Fax 4601	Polyethylen
Hi-lack 30	Aktivkohle
Hi-lack 40	Aktivkohle
Hi-lack 00L	Aktivkohle
Himmelblau	Pigment Blau 36 (C.I. 77343)
Hirschhorngeist	Ammoniaklösung
Hirschhornsalz	Ammoniumcarbonat
Hishirex 502	Polychlorethen
Hishirex 502Z	Polychlorethen
Hispavic 229	Polychlorethen
Hitco HMG 50	Graphit
Hi-tri	1,1,2-Trichlorethen
Hizex	Polyethylen
Hizex 5000	Polyethylen
Hizex 5100	Polyethylen
Hizex 3000B	Polyethylen
Hizex 3300F	Polyethylen
Hizex 7000F	Polyethylen
Hizex 7300F	Polyethylen
Hizex 1091J	Polyethylen
Hizex 1291J	Polyethylen
Hizex 1300J	Polyethylen
Hizex 2100J	Polyethylen
Hizex 2200J	Polyethylen
Hizex 2100LP	Polyethylen
Hizex 5100LP	Polyethylen
Hizex 6100P	Polyethylen
Hizex 3000S	Polyethylen
Hizex 3300S	Polyethylen
Hizex 5000S	Polyethylen
Hoechst PA 190	Polyethylen
Hoechst-Wachs PE 520 Feinkorn	Polyethylen
Hoechst-Wachs PE 130 Pulver	Polyethylen
Hoechst-Wachs PE 520 Pulver	Polyethylen
Hoechst Wax PA 520	Polyethylen
Holländerweiß	Blei(II)-hydroxidcarbonat
Holländische Flüssigkeit	1,2-Dichlorethan
Holländisches Öl	1,2-Dichlorethan
Höllenstein	Silbernitrat
Holzalkohol	Methanol
Holzgeist	Methanol
Holzkohle	Aktivkohle

Gebräuchlicher Name Handelsname	Substanzname
Holzkohle	Kohlenstoff (amorph)
Holzkohle, aktiviert	Kohlenstoff (amorph)
Holzöl	Terpentin
Holzsäure	Ethansäure
Holzspiritus	Methanol
Holzterpentin	Terpentin
Hombitan	Titandioxid
Homocal D	Calciumcarbonat
Horse Head R-710	Titandioxid
Hostalen	Polyethylen
Hostalen GD 620	Polyethylen
Hostalen GD 6250	Polyethylen
Hostalen GF 4760	Polyethylen
Hostalen GF 5750	Polyethylen
Hostalen GM 5010	Polyethylen
Hostalen GUR	Polyethylen
Hostalen HDPE	Polyethylen
Hostalit	Polychlorethen
Hostalit E	Polychlorethen
Hostalit P 7078	Polychlorethen
Hostalit PVP 3475	Polychlorethen
Hostalit PVP 5470	Polychlorethen
Hostalit S	Polychlorethen
Hostalit S 4070	Polychlorethen
Hostaperm Green 8G	Pigment Grün 36 (C.I. 74265)
Hostaperm Green GG	Kupferphthalocyanin, chloriert
Hostaperm Yellow GR	Pigment Gelb 13 (C.I. 21100)
Howflex CP	Benzen-1,2-dicarbonsäuredicyclohexylester
6HP	Tris-(2,3-dibromopropyl)-phosphat
Hubbuck's White	Zinkoxid
Huber	Aktivkohle
Huber MT N 990	Aktivkohle
Huber N 990 MT	Aktivkohle
Humenegro	Aktivkohle
HX 610	Pigment Weiß 20 (C.I. 77019)
HX 1681	Polyethylen
HX 2578	Polyethylen
HX-M	Polychlorethen
Hyanit	Kohlensäurediamid
Hybrin	L-(+)-Ascorbinsäure
Hydralin	Cyclohexanol
Hydratkalk	Calciumhydroxid
Hydrazindihydrochlorid	Hydrazin Dihydrochlorid
Hydraziniumdichlorid	Hydrazin Dihydrochlorid
Hydrite	Kaolin
Hydrocarb 60	Calciumcarbonat
Hydrocarb 65	Calciumcarbonat
Hydrocarbonsäure	Methansäure

Gebräuchlicher Name Handelsname	Substanzname
Hydrocerussit	Blei(II)-carbonat basisch
Hydrochinonmonomethylether	4-Methoxyhydroxybenzen
Hydrochinonmonosulfonsäure (Kaliumsalz)	1,4-Dihydroxybenzenmonosulfonsäure (Kaliumsalz)
Hydrochinonsulfonsäure (Kaliumsalz)	1,4-Dihydroxybenzenmonosulfonsäure (Kaliumsalz)
hydrodesulfuriertes schweres Naphtha	Bezin, aromatischer Anteil 20%
Hydrofolsäure 150	Octadecansäure
Hydrofuran	Tetrahydrofuran
Hydrogenoxid	Wasser
Hydroperoxid	Wasserstoffperoxid
Hydrosulfit	Natriumdithionit
alpha-Hydro-w-hydroxypoly[oxy(methyl-1,2-ethandiyl)]	Poly-(1,2-propandiol)
ß-Hydroxy-alpha-naphthaldehyd	2-Hydroxy-1-naphthalencarboxaldehyd
3-Hydroxyanisol	3-Methoxyhydroxybenzen
4-Hydroxyanisol	4-Methoxyhydroxybenzen
2-Hydroxyanisol	2-Methoxyhydroxybenzen
2-Hydroxy-benzoesäurephenylester	2-Hydroxybenzencarbonsäurephenylester
Hydroxybenzol	Hydroxybenzen
2-Hydroxy-2'-butoxy-diethylether	Diethylenethandiolmonobutylether
4-Hydroxybuttersäure-gamma-lacton	4-Butyrolacton
ß-Hydroxy-crotonsäureethylester	3-Oxobutansäureethylester
2-Hydroxy-di-ethylether	2-Ethoxyethanol
4-Hydroxy-3,5-di-tert.-butyltoluol	2,6-Di-(1,1-dimethylethyl)-4-methylhydroxybenzen
2-Hydroxyethylamin	2-Aminoethanol
ß-Hydroxyethylamin	2-Aminoethanol
ß-Hydroxyethyldimethylamin	2-Dimethylaminoethanol
2-Hydroxyethylether	2-(2-Hydroxyethyl)-ethanol
2-Hydroxyethyl-iso-butylether	2-iso-Butoxyethanol
ß-Hydroxyethylisopropylether	2-Isopropoxyethanol
2-Hydroxyethylmethacrylat	Methacrylsäure-2-hydroxyethylester
ß-Hydroxyethylphenylether	1-Hydroxy-2-phenoxyethan
2-Hydroxyethylpropylether	2-Propoxyethanol
trans-4-Hydroxy-L-prolin	L(-)-trans-Hydroxypyrrolidin-2-carbonsäure
Hydroxymethansulfonsäure Natriumsalz	Natriummethanalhydrogensulfit
2-Hydroxy-2'-methoxydiethylether	Diethylenethandiolmonomethylether
alpha-Hydroxy-ß-methoxyethan	2-Methoxyethanol
1-Hydroxy-4-methoxynaphthalin	4-Methoxy-1-naphthol
Hydroxymethylbenzol	Phenylmethanol
2-Hydroxymethylfuran	Furfuralkohol
3-Hydroxymethyl-n-heptan-4-ol	2-Ethyl-1,3-hexandiol
2-Hydroxy-2-methylpentan-4-on	4-Hydroxy-4-methylpentan-2-on
4-Hydroxy-4-methyl-2-pentanon	4-Hydroxy-4-methylpentan-2-on
4-Hydroxy-4-methyl-pentan-2-on	4-Hydroxy-4-methylpentan-2-on
1-Hydroxymethylpropan	2-Methylpropan-1-ol
4-Hydroxy-m-phenylendiamin Dihydrochlorid	1-Hydroxy-2,4-diaminobenzendihydrochlorid
2-Hydroxy-1-naphthaldehyd	2-Hydroxy-1-naphthalencarboxaldehyd
4-(2-Hydroxy-1-naphthalinazo)-benzolsulfonsäure Natriumsalz	4-(2-Hydroxy-1-naphthalinazo)-benzensulfonsäure Natriumsalz
2-Hydroxy-3-naphthoesäureanilid-(2-3)	3-Hydroxy-2-naphthoesäure-anilid

Gebräuchlicher Name Handelsname	Substanzname
p-Hydroxy-N-methylanilin	4-Methylaminohydroxybenzen
4-Hydroxy-1,3-phenylendiammoniumchlorid	1-Hydroxy-2,4-diaminobenzendihydrochlorid
alpha-4-Hydroxyprolin	L(-)-trans-Hydroxypyrrolidin-2-carbonsäure
2-Hydroxypropan	Propan-2-ol
1-Hydroxypropan	Propan-1-ol
2-Hydroxypropanamin	1-Amino-2-propanol
2-Hydroxy-1,2,3-propantricarboxylsäure	2-Hydroxy-1,2,3-propantricarbonsäure
(±)-Hydroxypropionsäurebutylester	2-Hydroxypropansäure-n-butylester
2-Hydroxypropionsäureethylester	L(-)-2-Hydroxypropansäureethylester
2-Hydroxypropylmethacrylat	2-Methyl-2-hydroxypropyl-2-propensäureester
(2S)-4t-Hydroxypyrrolidin-2r-carbonsäure	L(-)-trans-Hydroxypyrrolidin-2-carbonsäure
12-Hydroxystearin	Glyceryl-tri-(12-hydroxy-stearat)
12-Hydroxy-Stearinsäure	12-Hydroxyoctadecansäure
12-Hydroxystearinsäure	12-Hydroxyoctadecansäure
alpha-Hydroxytoluol	Phenylmethanol
alpha-Hydroxy-w-hydroxypoly(oxy-1,2-ethandiyl)	alpha-Hydro-w-hydroxypoly-(oxy-1,2-ethandiyl)
Hylene TCPA	2,4-Diisocyanat-1-methylbenzen
Hylene TM	2,4-Diisocyanat-1-methylbenzen
Hylene TM-65	2,4-Diisocyanat-1-methylbenzen
HyleneTRF	2,4-Diisocyanat-1-methylbenzen
Hypalox II	Aluminiumoxid
HY-Phi 1055	cis-Octadec-9-ensäure
HY-Phi 2066	cis-Octadec-9-ensäure
Hypro	L(-)-trans-Hydroxypyrrolidin-2-carbonsäure
Hyprochloritlauge	Natriumhypochlorit (wäßrige Lösung)
2-Hyroxypropylamin	1-Amino-2-propanol
Hysterene 4516	Octadecansäure
Hysterene S-97	Octadecansäure
Hysterene T-5016	Octadecansäure
Hysterene T-70	Octadecansäure
Hysterene T-80	Octadecansäure
HYSTL-B-1000	Polybutadien
Hystrene 8016	Hexadecansäure
Hytrol D	Cyclohexanon
Hytrol O	Cyclohexanon
HZH-Farbenzinkstaub	Zink
I-100	2-Chlor-9H-thioxanthen-9-on
Ido-C	L-(+)-Ascorbinsäure
Idranal II	Ethylendiamintetraessigsäure
Idranal III	Diaminoethantetraethansäuredinatriumsalz Dihydrat
IFP	Propantriol
IG 11	Graphit
Igelite F	Polychlorethen
Igelite P	Polychlorethen
Imbutol	2,6-Di-(1,1-dimethylethyl)-4-methylhydroxybenzen
Imbutol E	2,6-Di-(1,1-dimethylethyl)-4-methylhydroxybenzen
2,2'-Iminobis-ethanol	Diethanolamin
2,2'-Iminodiethanol	Diethanolamin

Gebräuchlicher Name Handelsname	Substanzname
Iminodiethanolamin	Diethanolamin
2,2'-Iminoethanol	Diethanolamin
IMOL S 140	Phosphorsäuretrikresylester
Impingement black	Aktivkohle
Imprimus Fanal Violett 60-QV-2396	Pigment Violett 3 (C.I. 42535:2)
Imprimus Lithol Rot 35-QV-2382	Pigment Rot 53:1 (C.I. 15585:1)
Imprimus Lithol Rubin 45-QV-2342	Pigment Rot 57:1 (C.I. 15850:1)
Imprimus Sico Gelb 12-QV-2344	Pigment Gelb 12 (C.I. 21090)
Imprimus Sico Gelb 12-QV-2380	Pigment Gelb 12 (C.I. 21090)
Improved wilt pruf	Polychlorethen
Impruvol	2,6-Di-(1,1-dimethylethyl)-4-methylhydroxybenzen
Imsol A	Propan-2-ol
Indanthren	6,15-Dihydro-5,9,14,18-antrazintetron
Indanthren Blue	6,15-Dihydro-5,9,14,18-antrazintetron
Indanthren Blue GP	6,15-Dihydro-5,9,14,18-antrazintetron
Indanthren Blue GPT	6,15-Dihydro-5,9,14,18-antrazintetron
Indanthren Blue RPT	6,15-Dihydro-5,9,14,18-antrazintetron
Indanthren Blue RS	6,15-Dihydro-5,9,14,18-antrazintetron
Indanthren Blue RSN	6,15-Dihydro-5,9,14,18-antrazintetron
Indanthren Blue RSP	6,15-Dihydro-5,9,14,18-antrazintetron
Indanthren Brilliant Blue R	6,15-Dihydro-5,9,14,18-antrazintetron
Indanthrene	6,15-Dihydro-5,9,14,18-antrazintetron
Indanthrene Blue	6,15-Dihydro-5,9,14,18-antrazintetron
Indanthrene Blue GP	6,15-Dihydro-5,9,14,18-antrazintetron
Indanthrene Blue RP	6,15-Dihydro-5,9,14,18-antrazintetron
Indanthrene Blue RS	6,15-Dihydro-5,9,14,18-antrazintetron
Indanthrene Blue RSA	6,15-Dihydro-5,9,14,18-antrazintetron
Indanthrene Blue RSN	6,15-Dihydro-5,9,14,18-antrazintetron
Indanthren Printing Blue FRS	6,15-Dihydro-5,9,14,18-antrazintetron
Indanthren Printing Blue KRS	6,15-Dihydro-5,9,14,18-antrazintetron
Indanthron-Blau	6,15-Dihydro-5,9,14,18-antrazintetron
Indanthrone	6,15-Dihydro-5,9,14,18-antrazintetron
Indanthron-Pigment	6,15-Dihydro-5,9,14,18-antrazintetron
Indigoblau	Indigo (C.I. 73000)
Indigoblaupigmentfarbe	Pigment Blau 63 (C.I. 73015:x)
Indigopigment	Pigment Blau 63 (C.I. 73015:x)
Indigoreinblau	Indigo (C.I. 73000)
Indigotin	Indigo (C.I. 73000)
Indiumsesquioxid	Indium(III)-oxid
2-Indonaphthencarbonsäure	2-Indencarbonsäure
1-Indonaphthencarbonsäure	1-Indencarbonsäure
Indunal NHMP	Natriumpolymetaphosphat
Industrene 206	cis-Octadec-9-ensäure
Industrene 9018	Octadecansäure
Industrene 451 L	Hexadecansäure
Inhibine	Wasserstoffperoxid
Inhibisol	1,1,1-Trichlorethan
612-Insect repellent	2-Ethyl-1,3-hexandiol

Gebräuchlicher Name Handelsname	Substanzname
Interflo	Polyethylen
Interox	Wasserstoffperoxid
Iodkalium	Kaliumjodid
Ionol	2,6-Di-(1,1-dimethylethyl)-4-methylhydroxybenzen
Ionol 1	2,6-Di-(1,1-dimethylethyl)-4-methylhydroxybenzen
Ionol (antioxidant)	2,6-Di-(1,1-dimethylethyl)-4-methylhydroxybenzen
Ionol CP	2,6-Di-(1,1-dimethylethyl)-4-methylhydroxybenzen
Ionole	2,6-Di-(1,1-dimethylethyl)-4-methylhydroxybenzen
IPA	Propan-2-ol
IP Carrie T40	Chlorbenzen
IPE	2-Isopropoxyethanol
Ipognox 89	4-Sulfo-heptandisäuredidodecylester
Irax	Polyethylen
Irgacure 651	2,2-Dimethoxy-2-phenylacetophenon
Irgafos TPP	Triphenylphosphit
Irgalite 1104	Kohlenstoff (amorph)
Irgalite Fast Brilliant Green 3GL	Kupferphthalocyanin, chloriert
Irgalite Fast Brilliant Green GL	Kupferphthalocyanin, chloriert
Irgalite Green 6G	Pigment Grün 36 (C.I. 74265)
Irgalite Green GLN	Kupferphthalocyanin, chloriert
Irgalite Green GLNP	Kupferphthalocyanin, chloriert
Irgalite Orange F 22 G	4,4'-[(3,3'-Dichlor[1,1'-biphenyl]-4,4'-diyl)bis(azo)]-bis[2,4-dihydro-5-methyl-2-(4-methylphenyl)]-3H-pyrazol-3-on
Irgalite Orange P	Pigment Orange 13 (C.I. 21110)
Irgalite Red CBN	Pigment Rot 53:1 (C.I. 15585:1)
Irgalite Red CBR	Pigment Rot 53:1 (C.I. 15585:1)
Irgalite Red CBT	Pigment Rot 53:1 (C.I. 15585:1)
Irgalite Red MBC	Pigment Rot 53:1 (C.I. 15585:1)
Irgalite Red NBSP	Pigment Rot 48:1 (C.I. 15865:1)
Irgalite Red RC	Pigment Rot 48:2 (C.I. 15865:2)
Irgalite Rubine 4BP	Pigment Rot 57:1 (C.I. 15850:1)
Irgalite Yellow BAW	Pigment Gelb 13 (C.I. 21100)
Irgalite Yellow BAWP	Pigment Gelb 13 (C.I. 21100)
Irgalite Yellow BAWX	Pigment Gelb 13 (C.I. 21100)
Irgalite Yellow BRM	Pigment Gelb 14 (C.I. 21095)
Irgamax 361	Paraffin, C10-C13
Irganox P S 800	4-Sulfo-heptandisäuredidodecylester
Irgaphor Orange R 2 G chips	4,4'-[(3,3'-Dichlor[1,1'-biphenyl]-4,4'-diyl)bis(azo)]-bis[2,4-dihydro-5-methyl-2-(4-methylphenyl)]-3H-pyrazol-3-on
Irgaphor Red NBS Chips	Pigment Rot 48:1 (C.I. 15865:1)
Irgaphor Red RC Chips	Pigment Rot 48:2 (C.I. 15865:2)
Irgaphor Res NBS Chips	Pigment Rot 48:1 (C.I. 15865:1)
Irgaphor Yellow BR chips	Pigment Gelb 14 (C.I. 21095)
Irgaplast Yellow IRS	Pigment Gelb 13 (C.I. 21100)
Irgawax 330	Octadecansäure
Irrathene R	Polyethylen
Irtran 2	Zinksulfid

Gebräuchlicher Name Handelsname	Substanzname
Isceon 223	1,1,2-Trichlor-1,2,2-trifluorethan
Isoacetophenon	3,5,5-Trimethylcyclohexen-2-on
Isoamylmethylketon	5-Methylhexan-2-on
iso-Butanol	2-Methylpropan-1-ol
Isobutanol	2-Methylpropan-1-ol
iso-Butanolacetat	Ethansäure-(2-methylpropyl)-ester
alpha-Isobutoxy-alpha-phenylacetophenon	Benzoinisobutylether
2-iso-Butoxyethanol	2-iso-Butoxyethanol
2-Isobutoxyethanol	2-iso-Butoxyethanol
1-iso-Butoxy-2-propanol	1-(2-Methylpropoxy)-2-propanol
1-Isobutoxy-2-propanol	1-(2-Methylpropoxy)-2-propanol
Isobuttersäureisobutylester	iso-Butansäure-iso-butylester
iso-Butylacetat	Ethansäure-(2-methylpropyl)-ester
Isobutylacetat	Ethansäure-(2-methylpropyl)-ester
iso-Butylaceton	5-Methylhexan-2-on
Isobutylaceton	5-Methylhexan-2-on
Isobutyladipat	Bis-(2-methylpropyl)-ester-hexandisäure
Isobutylalkohol	2-Methylpropan-1-ol
alpha-Isobutylbenzoin	Benzoinisobutylether
iso-Butyl Cellosolve	2-iso-Butoxyethanol
Isobutyl Cellosolve	2-iso-Butoxyethanol
iso-Butyl-iso-butyrat	iso-Butansäure-iso-butylester
Isobutylisobutyrat	iso-Butansäure-iso-butylester
Isobutylketon	2,6-Dimethyl-4-heptanon
iso-Butylmethylcarbinol	4-Methyl-pentan-2-ol
Isobutylmethylcarbinol	4-Methyl-pentan-2-ol
iso-Butylmethylketon	4-Methyl-pentan-2-on
Isobutylmethylketon	4-Methyl-pentan-2-on
iso-Butylmethylmethanol	4-Methyl-pentan-2-ol
Isobutylmethylmethanol	4-Methyl-pentan-2-ol
2-iso-Butyloxyethanol	2-iso-Butoxyethanol
1-iso-Butyloxy-2-propanol	1-(2-Methylpropoxy)-2-propanol
1-Isobutyloxy-2-propanol	1-(2-Methylpropoxy)-2-propanol
iso-Dekyldiphenylphosphat	iso-Decyldiphenylphosphat
Isohol	Propan-2-ol
Isoindolingelb	Pigment Gelb 139
Isol	2-Methylpentan-2,4-diol
Isol Benzidine Fast Yellow GRX	Pigment Gelb 13 (C.I. 21100)
Isol Benzidine Yellow GRX 2548	Pigment Gelb 13 (C.I. 21100)
Isol Bona Red N 5R barium salt	Pigment Rot 48:1 (C.I. 15865:1)
Isol Bona Red NR barium salt	Pigment Rot 48:1 (C.I. 15865:1)
Isol Diaryl Yellow GRF	Pigment Gelb 13 (C.I. 21100)
Isol Lake Red LCS 12527	Pigment Rot 53:1 (C.I. 15585:1)
Isol Red LCR 2517	Pigment Rot 53:1 (C.I. 15585:1)
Isomerginsäure SF	Sonnenblumenöl, Gemisch aus konjugierten Fettsäuren
Isonitropropan	2-Nitropropan
iso-Octanol	2-Ethyl-1-hexanol

Gebräuchlicher Name Handelsname	Substanzname
Isooctanol	2-Ethyl-1-hexanol
iso-Octylacetat	Ethansäure-2-ethylhexylester
Isooctylacetat	Ethansäure-2-ethylhexylester
iso-Octylalkohol	2-Ethyl-1-hexanol
Isooctylalkohol	2-Ethyl-1-hexanol
iso-Pentylmethylketon	5-Methylhexan-2-on
Isopentylmethylketon	5-Methylhexan-2-on
Isophoron	3,5,5-Trimethylcyclohexen-2-on
iso-Propanol	Propan-2-ol
Isopropanol	Propan-2-ol
Isopropanolamin	1-Amino-2-propanol
Isopropenylbenzen	2-Phenylpropen
iso-Propenylbenzol	2-Phenylpropen
Isopropenylbenzol	2-Phenylpropen
4-Isopropenyl-1-methyl-1-cyclohexen	1-Methyl-4-(1-methylethenyl)-cyclohexen
4-isopropenyl-1-methyl-cyclohexen	1-methyl-4-(1-methylethylen)-cyclohexen
2-Isopropoxyethanol	2-Isopropoxyethanol
Isopropoxyethanol	2-Isopropoxyethanol
iso-Propylacetat	Ethansäure-iso-propylester
Isopropylacetat	Ethansäure-iso-propylester
iso-Propylaceton	4-Methyl-pentan-2-on
Isopropylaceton	4-Methyl-pentan-2-on
iso-Propylalkohol	Propan-2-ol
Isopropylalkohol	Propan-2-ol
Isopropylcellosolv	2-Isopropoxyethanol
1-Isopropyl-2,2-dimethyltrimethylenisobutylsäureester	1-(Methylethyl)-2,2-dimethyltrimethylen-(2-methylpropyl)säureester
Isopropylglycol	2-Isopropoxyethanol
iso-Propylidenaceton	4-Methylpent-3-en-2-on
Isopropylidenaceton	4-Methylpent-3-en-2-on
4,4-Isopropylidenbisphenol	2,2-Bis-(4-hydroxyphenyl)-propan
4,4'-iso-Propylidendiphenol	2,2-Bis-(4-hydroxyphenyl)-propan
4,4'-Isopropylidendiphenol	2,2-Bis-(4-hydroxyphenyl)-propan
Isopropyloxitol	2-Isopropoxyethanol
13-Isopropylpodocarpa-7,13-dien-15-carbonsäure	(1R-(1alpha,4alphaß,4balpha,10aalpha))-1,2,3,4,4a,4b,5,6,10,10a-Decahydro-1,4a-dimethyl-7-(1-methylethyl)-1-phenanthrencarbonsäure
Isopropyl-(S)-(-)-lactat	Milchsäureisopropylester
Isoproylcarbinol	2-Methylpropan-1-ol
Isotron 113	1,1,2-Trichlor-1,2,2-trifluorethan
iso-Valerone	2,6-Dimethyl-4-heptanon
Isovalerone	2,6-Dimethyl-4-heptanon
I.T.	Magnesiumsilikathydrat
IT extra	Magnesiumsilikathydrat
ITX	Magnesiumsilikathydrat
Ivalon	Methanal
Ivalon	Polyvinylalkohol
Ivegran VP 60.102	Zinkoxid

Gebräuchlicher Name Handelsname	Substanzname
Ixan	Polyvinylidenchlorid
Jado	Kohlenstoff (amorph)
Japan Campher	DL-1,7,7-Trimethylbicyclo-(2,2,1)-heptan-2-on
Jayflex DHP	Benzen-1,2-dicarbonsäuredihexylester
Jayflex DIDA	Adipinsäure-(di-iso-decyl)-ester
Jayflex DIDP	Benzen-1,2-dicarbonsäuredi-iso-decylester
Jayflex DINP	Benzen-1,2-dicarbonsäuredi-iso-nonylester (Isomerengemisch)
Jayflex DIOP	Benzen-1,2-dicarbonsäuredi-iso-octylester
Jayflex DOP	Benzen-1,2-dicarbonsäuredi-2-ethylhexylester
Jayflex DTDP	Benzen-1,2-dicarbonsäureditridecylester
Jayflex 911P-Z	Phthalsäureester, Gemisch
Jayflex TINTM	Tri-iso-nonyltrimelliat
Jaysol S	Ethanol
Jeaune Brilliant	Cadmiumsulfid
Jeffox	alpha-Hydro-w-hydroxypoly-(oxy-1,2-ethandiyl)
Jod	Iod
Jodammonium	Ammoniumjodid
Jodcadmium	Cadmiumjodid
Jodeosin B	2,4,5,7-Tetrajodfluorescein Dinatriumsalz Monohydrat
Jonol	2,6-Di-(1,1-dimethylethyl)-4-methylhydroxybenzen
Jonol CP	2,6-Di-(1,1-dimethylethyl)-4-methylhydroxybenzen
Jubenon R	Aluminiumoxid
Juralweis S	Calciumcarbonat
R Jutan	Calciumcarbonat
Juvinil	Polychlorethen
K 250	Calciumcarbonat
K 31	1,1,1-Trichlorethan
K 257	Kohlenstoff (amorph)
KA 101	Aluminiumoxid
Kadmium	Cadmium
Kadmiumchlorid	Cadmiumchlorid
Kadmiumjodid	Cadmiumjodid
Kadmiumsulfid	Cadmiumsulfid
Kadox 15	Zinkoxid
Kadox 72	Zinkoxid
Kadox-25	Zinkoxid
Kali	Kaliumhydroxid
Kalialaun	Aluminiumkaliumsulfat-12-hydrat
Kalihydrat	Kaliumhydroxid
Kalinit	Aluminiumkaliumsulfat-12-hydrat
Kalisalpeter	Kaliumnitrat
Kaliumaluminiumalaun	Aluminiumkaliumsulfat-12-hydrat
Kaliumaluminiumsulfat Dodecahydrat	Aluminiumkaliumsulfat-12-hydrat
Kaliumaluminiumsulfat-12-hydrat	Aluminiumkaliumsulfat-12-hydrat
Kaliumbichromat	Kaliumdichromat
Kaliumchromalaun	Kaliumchromium(III)-sulfat-12-hydrat
Kaliumcyanoferrat (II)	Kaliumhexacyanoferrat(II)-3-hydrat

Gebräuchlicher Name Handelsname	Substanzname
Kaliumcyanoferrat (III)	Kaliumhexacyanoferrat (III)
Kaliumdihydrogen-ortho-phosphat	Kaliumdihydrogenphosphat
Kalium-Duriles	Kaliumchlorid
Kaliumeisen(II)-cyanid	Kaliumhexacyanoferrat(II)-3-hydrat
Kaliumeisen(III)-cyanid	Kaliumhexacyanoferrat (III)
Kaliumferricyanid	Kaliumhexacyanoferrat (III)
Kaliumferrocyanid	Kaliumhexacyanoferrat(II)-3-hydrat
Kaliumhydrat	Kaliumhydroxid
Kalium hydricum	Kaliumhydroxid
Kaliumhydrochinonmonosulfat	1,4-Dihydroxybenzenmonosulfonsäure (Kaliumsalz)
Kaliumhydroxid, fest	Kaliumhydroxid
Kaliumkarbonat	Kaliumcarbonat
Kaliummetabisulfit	Kaliumdisulfit
Kalium(meta)perjodat	Kaliumperjodat
Kaliummetaperjodat	Kaliumperjodat
Kaliummonosulfid Pentahydrat	Kaliumsulfid-5-hydrat
Kaliummonosulfuret Pentahydrat	Kaliumsulfid-5-hydrat
Kaliumoxidhydrat	Kaliumhydroxid
Kaliumperoxodisulfat	Kaliumperoxodisulfat
Kaliumpersulfat	Kaliumperoxodisulfat
sek.-Kaliumphosphat	Dikaliumhydrogenphosphat
Kaliumpyrochromat	Kaliumdichromat
Kaliumpyrosulfit	Kaliumdisulfit
Kaliumrhodanid	Kaliumthiocyanat
Kaliumsulfid Pentahydrat	Kaliumsulfid-5-hydrat
Kaliumsulfocyanat	Kaliumthiocyanat
Kaliumtetraborat Tetrahydrat	Kaliumtetraborat-4-hydrat
Kaliumthiozyanat	Kaliumthiocyanat
Kaliumzyanid	Kaliumcyanid
Kalkerde	Calciumoxid
Kalkhydrat	Calciumhydroxid
Kalkschlamm	Calciumhydroxid
Kalkweiß	Calciumcarbonat
Kalpur P	2-Dimethylaminoethanol
Kalziumhydroxid	Calciumhydroxid
Kalziumjodid Tetrahydrat	Calciumjodid-4-hydrat
Kalziumkarbonat	Calciumcarbonat
Kalzium-meta-silikat	Calciummetasilicat
Kalziumsulfat	Calciumsulfat
Kalziumwolframat	Calcium(VI)-wolframat
Kam 1000	Octadecansäure
Kam 2000	Octadecansäure
Kam 3000	Octadecansäure
KA Mixture	Cyclohexanol
KAN 905401	4-N-Ethyl-4-N(2-methylsulfonamidoethyl)-2-methyl-1,4-diamino-benzen-sesquisulfat-monohydrat
Kanevinyl PSH 10	Polychlorethen
Kanevinyl PSL 81	Polychlorethen

Gebräuchlicher Name Handelsname	Substanzname
Kanevinyl S 1001	Polychlorethen
Kanevinyl S 1007	Polychlorethen
Kaolin, calciniert	Kaolin
Kaolin-Ton	Pigment Weiß 19 (C.I. 77004)
Kaon-Cl	Kaliumchlorid
Kaopaons	Kaolin
Kaophills-2	Kaolin
Kaprylsäure	Octansäure
Karbamid	Kohlensäurediamid
Karbidsprit	Ethanol
Karbinol	Methanol
Karbolsäure	Hydroxybenzen
Karion Sionit	Sorbit
Kartoffelsprit	Ethanol
Kasein	Casein
Kaskay	Kaliumchlorid
Kastone	Wasserstoffperoxid
Kastor-öl	Rizinusöl
Kastoröl	Rizinusöl
Katechol	1,2-Dihydroxybenzen
kaustische Pottasche	Kaliumhydroxid
Kaustisches Ammoniak	Ammoniaklösung
kaustisches Kali	Kaliumhydroxid
kaustisches Soda	Natriumhydroxid
Kautschin	1-Methyl-4-(1-methylethenyl)-cyclohexen
Kayback	Kaliumchlorid
Kaylite	Polychlorethen
Kelaten 100	Tetranatriumethylendiamintetraacetat
Kelgin	Alginsäure Natriumsalz
Kemester 5652	Hexandicarbonsäure-bis-2-ethylhexylester
Kerabit	2,6-Di-(1,1-dimethylethyl)-4-methylhydroxybenzen
Keratinamin	Kohlensäurediamid
Kerosen	Petroleum
Kerosin	Petroleum
Kessco BSC	Octadecansäurebutylester
Kesscoflex BS	Octadecansäurebutylester
Ketjen B	Aluminiumoxid
Ketjenblack EC	Aktivkohle
ß-Ketobutan	Butan-2-on
3-Ketobuttersäureethylester	3-Oxobutansäureethylester
ß-Ketobuttersäureethylester	3-Oxobutansäureethylester
Ketohexamethylen	Cyclohexanon
3-Keto-L-gulofuranolactone	L-(+)-Ascorbinsäure
Ketopropan	2-Propanon
L-3-Ketothreohexuronic acid lactone	L-(+)-Ascorbinsäure
Kezadol GR	Calciumoxid
Kezadol GR/DAB	Calciumoxid
Kezadol PC	Calciumoxid

Gebräuchlicher Name Handelsname	Substanzname
KHP 2	Aluminiumoxid
KHS 010	Polychlorethen
KHSE 3	Polychlorethen
Kienöl	Terpentin
King's Yellow	Blei(II)-chromat
Kleesäure	Ethandisäure
Klegecell	Polychlorethen
Klondike yellow X-2261	Kupferphthalocyanin, chloriert
Klor-Con	Kaliumchlorid
Klotrix	Kaliumchlorid
Klumegas	Ethin
KMZ	Carboxymethylcellulose
KMZ	Carboxymethylcellulose Natriumsalz
Knochenkohle	Pigment Schwarz 9 (C.I. 77267)
Knochenleim	Gelatine
Knochen-Schwarz	Pigment Schwarz 9 (C.I. 77267)
Kobalt-Ammonium-Phosphat	Pigment Violett 49 (C.I. 77362)
Kobalt(II)-octanoat	Octansäure, bis-Kobaltsalz
Kobaltoctanoat	Octansäure, bis-Kobaltsalz
Kobalt-Violett-Phosphat	Pigment Violett 14 (C.I. 77360)
Kochsalz	Natriumchlorid
Kochsalzsäure	Chlorwasserstoff
Kodaflex 410	Nonandisäure-bis-[2-ethylhexylester]
Kodaflex DBP	Benzen-1,2-dicarbonsäuredi-n-butylester
Kodaflex DBS	Decandisäuredibutylester
Kodaflex DIBP	Benzen-1,2-dicarbonsäure-di-(2-methylpropen)ester
Kodaflex DMEP	Benzen-1,2-dicarbonsäuredi-(2-methoxyethylester)
Kodaflex DMP	Benzen-1,2-dicarbonsäuredimethylester
Kodaflex DOA	Hexandicarbonsäure-bis-2-ethylhexylester
Kodaflex DOP	Benzen-1,2-dicarbonsäuredi-2-ethylhexylester
Kodaflex HS-3	Benzen-1,2-dicarbonsäurebutyloctylester
Kodaflex TOTM	1,2,4-Benzentricarbonsäure-tris-(2-ethylhexylester)
Kodaflex TOTM	Tri-oktyl-tri-melliat
Kodaflex Tributyrin	Glyceryl-tri-butyrat
Kodaflex TXIB	1-(Methylethyl)-2,2-dimethyltrimethylen-(2-methylpropyl)säureester
Kodalk	Natriummetaborat-4-hydrat
Kohiner R 687	Polychlorethen
Kohle, aktiviert	Kohlenstoff (amorph)
Kohlenaphtha	Benzen
Kohlensäurepropylenglykolester	4-Methyl-1,3-dioxolan-2-on
kohlensaurer Baryt	Bariumcarbonat
kohlensaurer Kalk	Calciumcarbonat
kohlensaures Ammonium	Ammoniumcarbonat
kohlensaures Barium	Bariumcarbonat
kohlensaures Kalium	Kaliumcarbonat
kohlensaures Natrium	Natriumcarbonat
Kohlenschwarz	Aktivkohle

Gebräuchlicher Name Handelsname	Substanzname
Kohlenstoffdichlorid	Tetrachlorethen
Kohlenstoff schwarz	Aktivkohle
Kohlenstoffsuperchlorid	Tetrachlormethan
Kohlenstofftetrachlorid	Tetrachlormethan
Kohlenwasserstoffwachs	Polyethylen
Kolamin	2-Aminoethanol
Kollidon	Polyvinylpyrrolidon
Komplexon II	Ethylendiamintetraessigsäure
Komplexon III	Diaminoethantetraethansäuredinatriumsalz Dihydrat
Kondremul	Paraffin, C10-C13
Königs Gelb	Bleisulfochromat
Königsgelb	Bleisulfochromat
Kontaktsäure	Schwefelsäure
Konversionssalpeter	Kaliumnitrat
Kornfeindestillat	Ethanol
Korobon	Graphit
Koroseal	Polychlorethen
Korrosionsschutz Zinkchromat K SH/SM	Pigment Gelb 36 (C.I. 77955)
Korrosionsschutz Zinkchromat 1 W	Pigment Gelb 36 (C.I. 77955)
Korund	Aluminiumoxid
Kosmink	Aktivkohle
Kosmobil	Aktivkohle
Kosmolak	Aktivkohle
Kosmos	Aktivkohle
Kosmotherm	Aktivkohle
Kosmovar	Aktivkohle
Kotamite	Calciumcarbonat
Kp 201	Benzen-1,2-dicarbonsäuredicyclohexylester
KR 800	Polychlorethen
Kredafil 150 extra	Calciumcarbonat
Kredafil RM 5	Calciumcarbonat
Kreide	Calciumcarbonat
Kremserweiß	Blei(II)-hydroxidcarbonat
Kremserweiß	Blei(II)-carbonat basisch
Kreosot (kristallisiert)	Hydroxybenzen
Kresyldiphenylphosphat	Phosphorsäure-diphenyl-4-methyl-phenyl-ester
Kristall-Quarzsand, feuergetrocknet	Silicium(IV)-oxid
Krokus	Eisen(III)-oxid
Krolor Orange	Bleichromat/Bleimolybdat
Kromo	Titandioxid
Kromon Yellow GXR	Pigment Gelb 13 (C.I. 21100)
Kronitex	Phosphorsäure-diphenyl-4-methyl-phenyl-ester
kronitex cdp	Phosphorsäure-diphenyl-4-methyl-phenyl-ester
Kronitex KP-140	Tributoxyethylphosphat
Kronitex, Lindol	Phosphorsäuretrikresylester
Kronitex TOF	Phosphorsäure-tri-(2-ethylhexyl)-ester
Kronos	Titandioxid
Kronos Titandioxid	Titandioxid

Gebräuchlicher Name Handelsname	Substanzname
Krystallbenzol	Benzen
Krystallin	Aminobenzen
KS 1300	Calciumcarbonat
KS 1500	Calciumcarbonat
KS 1800	Calciumcarbonat
KS 2100	Calciumcarbonat
KS 500	Calciumcarbonat
KS-10	Graphit
Kubischer Salpeter	Natriumnitrat
KULU 40	Calciumcarbonat
Küpenorange	Pigment Rot 168 (C.I. 59300)
Kupferchlorid	Kupfer(I)-chlorid
Kupferchloruer	Kupfer(I)-chlorid
Kupfer-Chromit-Schwarz-Spinell	Pigment Schwarz 28 (C.I. 77428)
Kupferferrocyanid-Rosa	Pigment Rot 169 (C.I. 45160:2)
Kupfer(II)-sulfat Pentahydrat	Kupfer(II)-sulfat-5-hydrat
Kupfernaphthenat	Naphthensäure, Kupfersalz
Kupferoctanoat	Octansäure Kupfer(I)-salz
Kupfer-Phthalocyanin chloriert	Kupferphthalocyanin, chloriert
Kupfersulfat Pentahydrat	Kupfer(II)-sulfat-5-hydrat
Kupfervitriol	Kupfer(II)-sulfat-5-hydrat
Kuralon VP	Polyvinylalkohol
Kurare poval 1700	Polyvinylalkohol
Kurare PVA 205	Polyvinylalkohol
Kurate poval 120	Polyvinylalkohol
Kureha S 901	Polychlorethen
Kyanol	Aminobenzen
X 74175 L	Kohlenstoff (amorph)
L 1012	Pigment Gelb 53 (C.I. 77788)
L 5	Polychlorethen
P 4070L	Polyethylen
LA 6	Aluminiumoxid
Lacca	Schellack
Lacqten 1020	Polyethylen
Lactobaryt	Bariumsulfat
Lake Fast Blue BS	6,15-Dihydro-5,9,14,18-antrazintetron
Lake Fast Blue GGS	6,15-Dihydro-5,9,14,18-antrazintetron
Lake Red 1520	Pigment Rot 53:1 (C.I. 15585:1)
Lake Red C	Pigment Rot 53:1 (C.I. 15585:1)
Lake Red C 18287	Pigment Rot 53:1 (C.I. 15585:1)
Lake Red C 21245	Pigment Rot 53:1 (C.I. 15585:1)
Lake Red C 27200	Pigment Rot 53:1 (C.I. 15585:1)
Lake Red C 27217	Pigment Rot 53:1 (C.I. 15585:1)
Lake Red C 27218	Pigment Rot 53:1 (C.I. 15585:1)
Lake Red C Barium Toner	Pigment Rot 53:1 (C.I. 15585:1)
Lake Red CC	Pigment Rot 53:1 (C.I. 15585:1)
Lake Red CCT	Pigment Rot 53:1 (C.I. 15585:1)
Lake Red CR	Pigment Rot 53:1 (C.I. 15585:1)

Gebräuchlicher Name Handelsname	Substanzname
Lake Red CRLC-232 (Barium)	Pigment Rot 53:1 (C.I. 15585:1)
Lake Red C Toner 8195	Pigment Rot 53:1 (C.I. 15585:1)
Lake Red C Toner 8366	Pigment Rot 53:1 (C.I. 15585:1)
Lake Red GB Bariumsalz	Pigment Rot 53:1 (C.I. 15585:1)
Lake Red RRG	Pigment Rot 53:1 (C.I. 15585:1)
Lake Red 2R-RU	Pigment Rot 53:1 (C.I. 15585:1)
Lake Red Toner C	Pigment Rot 53:1 (C.I. 15585:1)
Lake Red Toner LCLL	Pigment Rot 53:1 (C.I. 15585:1)
LAK KH SL	Polychlorethen
Lanadin	1,1,2-Trichlorethen
Langford	Kaolin
Langford Clay	Kaolin
Lankarite	Blei(II)-sulfat
Laprol 402	alpha-Hydro-w-hydroxypoly-(oxy-1,2-ethandiyl)
Laqrene	Polyphenylethen
Laroscorbine	L-(+)-Ascorbinsäure
Lasurblau	Pigment Blau 29 (C.I. 77007)
Lasurit	Pigment Blau 29 (C.I. 77007)
Latexol Fast Blue SD	6,15-Dihydro-5,9,14,18-antrazintetron
Latexol Fast Yellow JR	Pigment Gelb 13 (C.I. 21100)
Latexol Scarlet R	Pigment Rot 53:1 (C.I. 15585:1)
Latexol Scarlet R Solupowder	Pigment Rot 53:1 (C.I. 15585:1)
Laurinsäureester mit Polyethylen L-9	Polyethylen-glykol-400-mono-laurat
Laurylmethacrylat	Methacrylsäuredodecylester
Lavezstein	Magnesiumsilikathydrat
LD 400	Polyethylen
LD 600	Polyethylen
LDPE 4	Polyethylen
Ld Rubber Red 16913	Pigment Rot 53:1 (C.I. 15585:1)
LD Zinkchromat KSH/SM	Pigment Gelb 36 (C.I. 77955)
LD Zinktetraoxichromat WP	Pigment Gelb 36 (C.I. 77955)
Lead	Blei
Lead Bottoms	Blei(II)-sulfat
Lead chromate	Blei(II)-chromat
Lead chromate (ACGIH)	Blei(II)-chromat
Lead Chromate (VI)	Blei(II)-chromat
Lead chromium oxid	Blei(II)-chromat
Lechatelierit	Silicium(IV)-oxid
Lefox	Dimethylpolysiloxan
Leimsüß	Aminoethansäure
Leinölsäure	Octadeca-9,12-diensäure
Leipzig Gelb	Bleisulfochromat
Leipzig yellow	Blei(II)-chromat
Lemascorb	L-(+)-Ascorbinsäure
Lemol	Polyvinylalkohol
Lemol 12-88	Polyvinylalkohol
Lemol 16-98	Polyvinylalkohol
Lemol 24-98	Polyvinylalkohol

Gebräuchlicher Name Handelsname	Substanzname
Lemol 30-98	Polyvinylalkohol
Lemol 5-88	Polyvinylalkohol
Lemol 5-98	Polyvinylalkohol
Lemol 51-98	Polyvinylalkohol
Lemol 60-98	Polyvinylalkohol
Lemol 75-98	Polyvinylalkohol
Lemol GF-60	Polyvinylalkohol
Lemon yellow	Blei(II)-chromat
Lento-Kalium	Kaliumchlorid
Lethurin	1,1,2-Trichlorethen
Leuchtöl	Petroleum
Leuchtpetroleum	Petroleum
C-Level	L-(+)-Ascorbinsäure
Levigated chalk	Calciumcarbonat
Lichtblau 2 R	Pigment Blau 28 (C.I. 77346)
Lichtgelb 7 G	Pigment Gelb 53 (C.I. 77788)
Lichtgelb 8 G	Pigment Gelb 53 (C.I. 77788)
Lichtgelb 3 R	Pigment Braun 24 (C.I. 77310)
Lichtgelb 5 R	Pigment Braun 24 (C.I. 77310)
Lichtgelb 6 R	Pigment Braun 24 (C.I. 77310)
Lightfast Blue	Pigment Blau 36 (C.I. 77343)
Lightfast Yellow	Pigment Gelb 53 (C.I. 77788)
Light Yellow JBR	Pigment Gelb 13 (C.I. 21100)
d-Limone	1-methyl-4-(1-methylethylen)-cyclohexen
Limonen	1-Methyl-4-(1-methylethenyl)-cyclohexen
Limonit	Pigment Gelb 43 (C.I. 77492)
Lineartop P	alpha-Hydro-w-hydroxypoly-(oxy-1,2-ethandiyl)
Linevolphthalat DL 911 P	Phthalsäureester, Gemisch
Linolsäure	Octadeca-9,12-diensäure
Lionogen Blue R	6,15-Dihydro-5,9,14,18-antrazintetron
Lionol Yellow FG 1310	Pigment Gelb 13 (C.I. 21100)
Lipal 15-DS	Polyethylenglycoldistearat
Liparon	2-Dimethylaminoethanol
Liqui-cee	L-(+)-Ascorbinsäure
P-Lite 500	Calciumcarbonat
P-Lite 700	Calciumcarbonat
Lithene AH	Polybutadien
Lithene AL	Polybutadien
Lithol Bordo 4761	Pigment Rot 63:1 (C.I. 15880:1)
Lithol Echtmarin L 4763	Pigment Rot 52:2 (C.I: 15860:2)
Lithol Echtscharlach L 4260	Pigment Rot 48:4 (C.I. 15865:4)
Lithol-Maroon (Calcium)	Pigment Rot 49:2 (C.I. 15630:2)
Lithol-Rot (Barium)	Pigment Rot 49:1 (C.I. 15630:1)
Lithol-Rot (Calcium)	Pigment Rot 49:2 (C.I. 15630:2)
Lithol Rot D 4469	Pigment Rot 49:1 (C.I. 15630:1)
Lithol-Rot (Natrium)	Pigment Rot 49 (C.I. 15630)
Lithol Rot NB D 4555	Pigment Rot 52:1 (C.I. 15860:1)
Lithol Rot NB D 3560	Pigment Rot 53:1 (C.I. 15585:1)

Gebräuchlicher Name Handelsname	Substanzname
Lithol Rot S 4469	Pigment Rot 49:1 (C.I. 15630:1)
Lithol-Rubin (Calcium)	Pigment Rot 57:1 (C.I. 15850:1)
Lithol Rubin K 4566	Pigment Rot 57:1 (C.I. 15850:1)
Lithol Scarlet K 3700	Pigment Rot 48:1 (C.I. 15865:1)
Lithol Scharlach D 3700	Pigment Rot 48:2 (C.I. 15865:2)
Lithopon	Pigment Weiß 5 (C.I. 77115)
Lithopone	Zinksulfid
Lithopone	Bariumsulfat
Liyuibarine	Bariumsulfat
LMR 100	Magnesiumsilikathydrat
Q-Loid A 30	Aluminiumoxid
S-Lon	Polychlorethen
C-Long	L-(+)-Ascorbinsäure
Lonza 380 ES	Polychlorethen
Lonza G	Polychlorethen
Loomite	Magnesiumsilikathydrat
Lorol C 6	Hexan-1-ol
Löschkalk	Calciumhydroxid
Lösemittel APV	Diethylenethandiolmonoethylether
Lösemittel G. A.	2-Ethoxyethanol
Lösemittel G.A.C.	2-Ethoxyethanolacetat
Lösemittel GC	1,2-Ethandiolacetat
Lösemittel GM	2-Methoxyethanol
Lösungsbenzol gereinigt L	Benzen
Lösungsmittel DA	4-Hydroxy-4-methylpentan-2-on
Lösungsmittel G.A.	2-Ethoxyethanol
Lösungsmittelnaphtha (Erdöl)	Benzin, aromat. Anteil <1% (Sdp. 80-110 °C)
Lösungsmittel Naphtha (Petroleum)	aromatisches Kohlenwasserstoffgemisch
Loxiol G 20	Octadecansäure
LTD	4-Sulfo-heptandisäuredidodecylester
Lubrimet P600	Poly-(1,2-propandiol)
Lubrimet P900	Poly-(1,2-propandiol)
Lucalox	Aluminiumoxid
Lucidol	Dibenzoylperoxid
Lucidol B 50	Dibenzoylperoxid
Lucidol G 20	Dibenzoylperoxid
Lucidol 50 P	Dibenzoylperoxid
Lucoflex	Polychlorethen
Luconuyl Gelb 1995	Eisen(III)-hydroxid
Luconyl Blau 6900	Pigment Blau 15:1 (C.I. 74250)
Luconyl Braun 2915	Eisen(III)-oxid
Luconyl G Blau 6900	Pigment Blau 15:1 (C.I. 74250)
Luconyl Gelb 1916	Eisen(III)-hydroxid
Luconyl Gelb 1998	Eisen(III)-hydroxid
Luconyl Gelb 1070	Pigment Gelb 117
Luconyl Gelb 1250	Pigment Gelb 1 (C.I. 11680)
Luconyl Gelb 1560	Pigment Gelb 108 (C.I. 68420)
Luconyl Gelb 1251	Pigment Gelb 74 (C.I. 11741)

Gebräuchlicher Name Handelsname	Substanzname
Luconyl Gelb 1252	Pigment Gelb 74 (C.I. 11741)
Luconyl Gelb 0950	Pigment Gelb 3 (C.I. 11710)
Luconyl Gelb 2011	Pigment Braun 24 (C.I. 77310)
Luconyl Gelb 1770	Pigment Gelb 153
Luconyl Gelb 1010	Pigment Gelb 53 (C.I. 77788)
Luconyl G Gelb 1916	Eisen(III)-hydroxid
Luconyl G Gelb 1252	Pigment Gelb 74 (C.I. 11741)
Luconyl G Gelb 1770	Pigment Gelb 153
Luconyl G Grün 8730	Kupferphthalocyanin, chloriert
Luconyl G Orange 3052	Pigment Orange 5 (C.I. 12075)
Luconyl G Rot 2817	Eisen(III)-oxid
Luconyl G Rot 3870	Pigment Rot 123 (C.I. 71145)
Luconyl Grün 8730	Kupferphthalocyanin, chloriert
Luconyl Grün 9360	Pigment Grün 36 (C.I. 74265)
Luconyl G Weiss 0022	Titandioxid
Luconyl Orange 3052	Pigment Orange 5 (C.I. 12075)
Luconyl Orange 3053	Pigment Orange 5 (C.I. 12075)
Luconyl Rot 3550	Pigment Rot 224 (C.I. 71127)
Luconyl Rot 2817	Eisen(III)-oxid
Luconyl Rot 3396	Eisen(III)-oxid
Luconyl Rot 3397	Eisen(III)-oxid
Luconyl Rot 3870	Pigment Rot 123 (C.I. 71145)
Luconyl Rot 3855	Pigment Rot 112 (C.I. 12370)
Luconyl Schwarz 0060	Aktivkohle
Luconyl Schwarz 0066	Aktivkohle
Luconyl Violett 5894	Pigment Violett 23 (C.I. 51319)
Luconyl Weiss 0022	Titandioxid
Lucovyl BB 800	Polychlorethen
Lucovyl BB 8010	Polychlorethen
Lucovyl GB 1150	Polychlorethen
Lucovyl GB 9550	Polychlorethen
Lucovyl GS 1200	Polychlorethen
Lucovyl GS 8001	Polychlorethen
Lucovyl PB 1302	Polychlorethen
Lucovyl PE	Polychlorethen
Lucovyl PE 1100	Polychlorethen
Lucovyl PE 1290	Polychlorethen
Lucovyl PE 1311	Polychlorethen
Lucovyl PE 1355	Polychlorethen
Lucovyl RB 8010	Polychlorethen
Ludox CL	Aluminiumoxid
Lufilen Blau 64-7005	6,15-Dihydro-5,9,14,18-antrazintetron
Lufilen Rot 36-8005	Pigment Rot 178 (C.I. 71155)
Lufilen Rot 36-8005	Pigment Rot 149 (C.I. 71137)
Lufilen Rot 41-650 5 C4	Pigment Rot 48:3 (C.I. 15865:3)
Lufilen Violett 58-9005	Pigment Violett 23 (C.I. 51319)
Lumogen Gelb D 0790	Pigment Gelb 101 (C.I.48052)
Lumogen Gelb S 0790	Pigment Gelb 101 (C.I.48052)

Gebräuchlicher Name Handelsname	Substanzname
Luperco	Dibenzoylperoxid
Luperco AST	Dibenzoylperoxid
Lupolen	Polyethylen
Lupolen 4261A	Polyethylen
Lupolen 6042D	Polyethylen
Lupolen 1010H	Polyethylen
Lupolen 1800H	Polyethylen
Lupolen 1810H	Polyethylen
Lupolen 6011H	Polyethylen
Lupolen KR 1032	Polyethylen
Lupolen KR 1051	Polyethylen
Lupolen KR 1257	Polyethylen
Lupolen 6011L	Polyethylen
Lupolen L 6041D	Polyethylen
Lupolen N	Polyethylen
Lupolen 1800S	Polyethylen
Lupranat T 80	2,4-Diisocyanat-1-methylbenzen
Luprofil Blau 64-7005 C3	6,15-Dihydro-5,9,14,18-antrazintetron
Luprosil	Propansäure
Lustrex	Polyphenylethen
Lusurit	4-Sulfo-heptandisäuredidodecylester
Lutetia Fast Blue RS	6,15-Dihydro-5,9,14,18-antrazintetron
Lutetia fast emerald J	Kupferphthalocyanin, chloriert
Lutetia Red CLN	Pigment Rot 53:1 (C.I. 15585:1)
Lutetia Red CLN-ST	Pigment Rot 53:1 (C.I. 15585:1)
Lutetia Red RLD PV NE	Pigment Rot 48:2 (C.I. 15865:2)
Lutetia Red 6R NE	Pigment Rot 57:1 (C.I. 15850:1)
Lutetia Yellow JR NE	Pigment Gelb 13 (C.I. 21100)
Lutetia Yellow 3JR PV NE	Pigment Gelb 14 (C.I. 21095)
Lutofan	Polychlorethen
Lutosol	Propan-2-ol
Lutrol 9	alpha-Hydro-w-hydroxypoly-(oxy-1,2-ethandiyl)
Luvocarb -75	Aktivkohle
Luvocarb GP	Aktivkohle
Luvocarb MPC	Aktivkohle
Luvocarb MT-LS	Aktivkohle
Luvocarb MT N-990	Aktivkohle
Luvocarb N-220	Aktivkohle
Luvocarb N-330	Aktivkohle
Luvocarb N-339	Aktivkohle
Luvocarb N-539	Aktivkohle
Luvocarb N-550	Aktivkohle
Luvocarb N-660	Aktivkohle
Luvocarb PM 15	Aktivkohle
Luvocarb PM 6-E	Aktivkohle
Luvocarb S	Aktivkohle
Luvocarb SRF	Aktivkohle
Luvocarb T-S ulver	Aktivkohle

Gebräuchlicher Name Handelsname	Substanzname
Lysoform	Methanal
L-Lyxoascorbic acid	L-(+)-Ascorbinsäure
M 143	4-Methylaminohydroxybenzensulfat
M 29	Ethylendiamintetraessigsäure
M 23	Diaminoethantetraethansäuredinatriumsalz Dihydrat
M 100	Kohlenstoff (amorph)
M 13/20	Polyvinylalkohol
MAAC	Ethansäure-iso-hexylester
Macrogol 300	alpha-Hydro-w-hydroxypoly-(oxy-1,2-ethandiyl)
Macrogol 400	alpha-Hydro-w-hydroxypoly-(oxy-1,2-ethandiyl)
Macrogol 6000	alpha-Hydro-w-hydroxypoly-(oxy-1,2-ethandiyl)
Magan-Antimon-Titan-Ledergelb-Rutil	Pigment Gelb 164 (C.I. 77899)
Magecol	Aktivkohle
Magenta I	Fuchsin (C.I. 42510)
Magenta III	Neufuchsin (C.I. 42520)
Magnesiumferrit	Pigment Braun 11 (C.I. 77495)
Magnesium-meta-silicat	Magnesiumsilikat
Magnesiumsilicat	Magnesiumsilikat
Magneteisenstein	Eisen(II,III)-oxid
Magnetit	Eisen(II,III)-oxid
Magnetitoxid	Eisen(II,III)-oxid
Makrogol 400 BPC	Ethandiol
Malachitgrün	Bis-(4-diethylaminophenyl)-phenylcarboniumhydrogensulfat
Maleinsäure	cis-Butendisäure
Maleinsäuredibutylester	cis-Butensäuredibutylester
Malonsäuredibutylester	cis-Butensäuredibutylester
Malonsäure-(di-oktyl)-ester	Di-oktylmaleat
Mandarin	4-(2-Hydroxy-1-naphthalinazo)-benzensulfonsäure Natriumsalz
Mangan-Ferrit-Schwarz-Spinell	Pigment Schwarz 26 (C.I. 77494)
Mangan Violett 5395	Pigment Violett 16 (C.I. 77742)
Mangan-Violett	Pigment Violett 16 (C.I. 77742)
Manolene 6050	Polyethylen
Manolène	Polyethylen
MAOH	4-Methyl-pentan-2-ol
Mapico rot R220-3	Eisen(III)-oxid
Marblewhite 325	Calciumcarbonat
Marfil	Calciumcarbonat
Marlex 50	Polyethylen
Marlex 60	Polyethylen
Marlex 6003	Polyethylen
Marlex 6009	Polyethylen
Marlex 6015	Polyethylen
Marlex 6050	Polyethylen
Marlex 6060	Polyethylen
Marlex 9	Polyethylen
Marlex 960	Polyethylen

Gebräuchlicher Name Handelsname	Substanzname
Marlex EHM 6001	Polyethylen
Marlex M 309	Polyethylen
Marlex TR 704	Polyethylen
Marlex TR 880	Polyethylen
Marlex TR 885	Polyethylen
Marlex TR 906	Polyethylen
Marmor	Calciumcarbonat
Marmorkalkhydrat	Calciumhydroxid
Mars Braun	Eisen(III)-oxid
Mars Gelb	Eisen(III)-hydroxid
Mars Orange	Eisen(III)-hydroxid
Mars Yellow	Eisen(III)-hydroxid
Martoxin	Aluminiumoxid
Marvinal	Polychlorethen
Marvinol	Polychlorethen
Marvinol 14	Polychlorethen
Marvinol 53	Polychlorethen
Marvinol 57	Polychlorethen
Marvinol 7000	Polychlorethen
Marvinol VR 50	Polychlorethen
Marvinol VR 53	Polychlorethen
Mascagnite	Ammoniumsulfat
Masil EM	Dimethylpolysiloxan
Masquol EL 40	Tetranatriumethylendiamintetraacetat
Mattsalz	Ammoniumhydrogenfluorid
MC	Methylcellulose
MCB	Chlorbenzen
McNamee Clay	Kaolin
MC-T	Calciumcarbonat
MDGE	Diethylenethandiolmonomethylether
MEA	2-Aminoethanol
MEC	Butan-2-on
MECB	Diethylenethandiolmonomethylether
Mecloran	1,1,1-Trichlorethan
Mecrothene F	Polyethylen
MECS	2-Methoxyethanol
Mediaplast NB-4	Hexandicarbonsäure-bis-2-ethylhexylester
Mediaplast NB-4/P	Hexandicarbonsäure-bis-2-ethylhexylester
Medium Blue	6,15-Dihydro-5,9,14,18-antrazintetron
Medium-Chrom	Bleisulfochromat
Meetco	Butan-2-on
MEG	Ethandiol
Meglon	Natriumhydrogencarbonat
MEK	Butan-2-on
Melamin	2,4,6-Triamino-1,3,5-triazin
Melassesprit	Ethanol
Melonil DOA	Hexandicarbonsäure-bis-2-ethylhexylester
Mennige	Blei(II,IV)-oxid

Gebräuchlicher Name Handelsname	Substanzname
1,8(9)-p-Menthadien	1-Methyl-4-(1-methylethenyl)-cyclohexen
p-Mentha-1,8-dien	1-Methyl-4-(1-methylethenyl)-cyclohexen
p-Mentha-1,8-dienlimonen	1-Methyl-4-(1-methylethenyl)-cyclohexen
Mercadium Rot	Pigment Rot 113 (C.I. 77201)
Mercurichlorid	Quecksilber(II)-chlorid
Meri-C	L-(+)-Ascorbinsäure
Merpol 02	alpha-Hydro-w-hydroxypoly-(oxy-1,2-ethandiyl)
Mesitol	2,4,6-Trimethylhydroxybenzen
Mesityloxid	4-Methylpent-3-en-2-on
Metacetonsäure	Propansäure
Metallic Braun	Eisen(III)-oxid
Metanex	Aktivkohle
Metanpon	cis-Octadec-9-ensäure
Metaphosphorsäure (Natriumsalz)	Natriumpolymetaphosphat
Metaquest A	Ethylendiamintetraessigsäure
Metatyl	4-Methylaminohydroxybenzensulfat
Meteorex	Dimethylpolysiloxan
alpha-Methacrylsäure	2-Methylpropensäure
Methacrylsäure	2-Methylpropensäure
2-Methacrylsäurebutylester	2-Methylpropen-1-säure-3-butylester
Methacrylsäurebutylester	2-Methylpropen-1-säure-3-butylester
Methacrylsäurehydroxypropylester	2-Methyl-2-hydroxypropyl-2-propensäureester
Methacrylsäurelaurylester	Methacrylsäuredodecylester
Methakrylsäure	2-Methylpropensäure
Methakrylsäurebutylester	2-Methylpropen-1-säure-3-butylester
Methanaldimethylacetal	Dimethoxymethan
Methanamid	Methansäureamid
Methancarbonsäure	Ethansäure
Methancarboxylsäure	Ethansäure
4,7-Methano-3a,4,7,7a-tetrahydroinden	4,7-Methylen-4,7,8,9-tetrahydroinden
Methin-Gelb	Pigment Gelb 101 (C.I.48052)
Methocel A	Methylcellulose
Methocel A4C	Methylcellulose
Methocel A15-LV	Methylcellulose
Methocel A4M	Methylcellulose
Methol	Methanol
(±)-alpha-Methoxy-alpha-phenylacetophenon	2-Methoxy-1,2-diphenylethanon
3-Methoxybutan-1-ol	3-Methoxy-1-butanol
Methoxybutanol	3-Methoxy-1-butanol
3-Methoxybutylessigsäureester	3-Methoxybutylacetat
2-(2-Methoxyethoxyethanol)	Diethylenethandiolmonomethylether
2-[2-(2-Methoxyethoxy)ethoxy]ethanol	Triethylenglykolmonomethylether
2-Methoxyethylacetat	Ethansäure-2-methoxyethylester
Methoxyhydroxyethan	2-Methoxyethanol
1(2-Methoxyisopropoxy)-2-propanol	Dipropylenethandiolmethylether
1-Methoxy-2-(2-methoxy-ethoxy)-ethan	Diethylenethandioldimethylether
(2-Methoxymethylethoxy)-propanol	Dipropylenethandiolmethylether
2-Methoxymethylethoxypropanol	Dipropylenethandiolmethylether

Gebräuchlicher Name Handelsname	Substanzname
3-Methoxyphenol	3-Methoxyhydroxybenzen
4-Methoxyphenol	4-Methoxyhydroxybenzen
2-Methoxyphenol	2-Methoxyhydroxybenzen
2-Methoxy-2-phenylacetophenon	2-Methoxy-1,2-diphenylethanon
Methoxypropanol	1-Methoxy-2-propanol
Methoxypropylacetat	1-Methoxy-2-propylacetat
Methoxytriglycol	Triethylenglykolmonomethylether
Methoxytriglykol	Triethylenglykolmonomethylether
Methylacetat	Ethansäuremethylester
Methylacetyl	2-Propanon
2-Methyl-acrylsäuredodecylester	Methacrylsäuredodecylester
Methyladipat	Dimethyladipat
Methylal	Dimethoxymethan
Methylaldehyd	Methanal
Methylalkohol	Methanol
Methylameisensäure	Ethansäure
2-(N-Methylamino)-ethanol	2-Methylaminoethanol
4-Methylaminophenol	4-Methylaminohydroxybenzen
4-(Methylamino)-phenolsulfat	4-Methylaminohydroxybenzensulfat
Methylamylacetat	Ethansäure-iso-hexylester
Methylamylalkohol	4-Methyl-pentan-2-ol
Methylamylenglykol	2-Methylpentan-2,4-diol
Methylanon	2-Methylcyclohexanon
o-Methylbenzoin	2-Methoxy-1,2-diphenylethanon
Methylbenzol	Methylbenzen
4-Methylbenzolsulfinsäure	Toluol-4-sulfinsäure Natriumsalz Hydrat
1-Methylbenzolsulfonsäure-(4)	4-Methylbenzensulfonsäure
4-Methylbenzol-1-sulfonsäure	4-Methylbenzensulfonsäure
2-Methyl-butylacrylat	2-Methylpropen-1-säure-3-butylester
Methylbutylketon	Hexan-2-on
Methylcarbinol	Ethanol
Methyl Carbitol	Diethylenethandiolmonomethylether
Methylcarbonsäure	Ethansäure
Methyl Cellosolve	2-Methoxyethanol
Methylcellosolve	2-Methoxyethanol
Methyl Cellosolve Acetat	Ethansäure-2-methoxyethylester
Methylcellosolveacetat	Ethansäure-2-methoxyethylester
Methylchloroform	1,1,1-Trichlorethan
3-Methyl-4-chlor-phenol	4-Chlor-3-methylhydroxybenzen
Methylcyclohexanol	Methylcyclohexanol (Isomerengemisch)
1-Methylcyclohexan-2-on	2-Methylcyclohexanon
o-Methylcyclohexanon	2-Methylcyclohexanon
1-Methyl-1-cyclohexen	1-Methyl-4-(1-methylethenyl)-cyclohexen
Methylcyclohexylalkohol, Isomerengemisch	Methylcyclohexanol (Isomerengemisch)
Methyldiglycol	Diethylenethandiolmonomethylether
Methyldiglykol	Diethylenethandiolmonomethylether
4-Methyl-2,6-di-tert.-butylphenol	2,6-Di-(1,1-dimethylethyl)-4-methylhydroxybenzen
Methyldi-tert.-butylphenol	2,6-Di-(1,1-dimethylethyl)-4-methylhydroxybenzen

Gebräuchlicher Name Handelsname	Substanzname
Methylenacetat	Ethansäuremethylester
Methylenbichlorid	Dichlormethan
Methylenchlorid	Dichlormethan
Methylendichlorid	Dichlormethan
Methylendimethylether	Dimethoxymethan
Methylenglycoldimethylether	Dimethoxymethan
Methylenglykoldimethylether	Dimethoxymethan
Methylessigsäure	Propansäure
Methylessigsäureester	Ethansäuremethylester
Methylethandiol	2-Methoxyethanol
N-Methylethanolamin	2-Methylaminoethanol
(1-Methylethenyl)-benzen	2-Phenylpropen
(1-Methylethenyl)-benzol	2-Phenylpropen
2-(1-methylethoxy)-ethanol	2-Isopropoxyethanol
Methylethylcarbinol	Butan-2-ol
[(Methylethylen)bis(oxy)]dipropanol	((1-Methyl-1,2-ethandiyl)bis(oxy))dipropanol
Methylethylenglycol	Propan-1,2-diol
Methylethylenglykol	Propan-1,2-diol
Methylethylenoxid	Propan-1,2-epoxid
4,4'-(1-Methylethyliden)-bisphenol	2,2-Bis-(4-hydroxyphenyl)-propan
Methylethylketon	Butan-2-on
Methylglycol	2-Methoxyethanol
Methylglycolacetat	Ethansäure-2-methoxyethylester
Methylglycol-Cellosolve	2-Methoxyethanol
Methylglykol	2-Methoxyethanol
Methylglykolacetat	Ethansäure-2-methoxyethylester
Methylharzester	Methylabietat
6-Methyl-1-heptanol	Isooctanol
3-Methyl-5-heptanon	5-Methyl-3-heptanon
Methylhexalin	Methylcyclohexanol (Isomerengemisch)
Methylhexalin, Isomerengemisch	Methylcyclohexanol (Isomerengemisch)
2-Methyl-1,6-hexandiyl-2-acrylsäure	2-Methyl-1,6-hexandiyl-2-propensäure
5-Methyl-2-hexanon	5-Methylhexan-2-on
Methylhydroxid	Methanol
Methyl-(ß-hydroxyethyl)-amin	2-Methylaminoethanol
4-Methyl-4-hydroxy-pentanon-2	4-Hydroxy-4-methylpentan-2-on
Methylierter Aldehyd	2-Propanon
Methylisoamylketon	5-Methylhexan-2-on
Methyl-iso-butenylketon	4-Methylpent-3-en-2-on
Methyl-iso-butylcarbinol	4-Methyl-pentan-2-ol
Methylisobutylcarbinol	4-Methyl-pentan-2-ol
Methyl-iso-butylcarbinolacetat	Ethansäure-iso-hexylester
Methyl-iso-butylketon	4-Methyl-pentan-2-on
Methylisobutylketon	4-Methyl-pentan-2-on
Methyl-(3-methylbutyl)-keton	5-Methylhexan-2-on
1-Methyl-4-(1-methylethenyl)cyclohexen	1-Methyl-4-(1-methylethenyl)-cyclohexen
2-Methyl-m-phenylendiisocyanat	Toluol-2,6-diisocyanat
Methyl-n-butylketon	Hexan-2-on

Gebräuchlicher Name Handelsname	Substanzname
Methyl-n-butylmethan	Hexan
1-(4-Methyl-2-nitrobenzolazo)-2-naphthol	1-(4-Methyl-2-nitrobenzenazo)-2-naphthol
Methyloxidhydrat	Methanol
Methyloxiran	Propan-1,2-epoxid
Methyl Oxiran, stabilisiert	Propan-1,2-epoxid
N-Methyl-p-aminohydroxybenzen (Sulfat)	4-Methylaminohydroxybenzensulfat
Methyl-p-aminophenol	4-Methylaminohydroxybenzen
2-Methyl-2,4-pentandiol	2-Methylpentan-2,4-diol
2-Methyl-pentan-2,4-diol	2-Methylpentan-2,4-diol
2-Methylpentandiol-2,4	2-Methylpentan-2,4-diol
2-Methyl-2,4-pentandiol	2,3-Dimethyl-2,3-butandiol
2-Methyl-1-pentanol	2-Methyl-pentan-1-ol
2-Methyl-4-pentanol	4-Methyl-pentan-2-ol
4-Methyl-2-pentanol	4-Methyl-pentan-2-ol
4-Methylpentan-2-ol	4-Methyl-pentan-2-ol
4-Methylpentanol-2	4-Methyl-pentan-2-ol
Methylpentanol	4-Methyl-pentan-2-ol
2-Methyl-2-pentanol-4-on	4-Hydroxy-4-methylpentan-2-on
4-Methyl-2-pentanon	4-Methyl-pentan-2-on
4-Methylpentan-2-on	4-Methyl-pentan-2-on
4-Methylpentanon-2	4-Methyl-pentan-2-on
2-Methylpent-2-en-4-on	4-Methylpent-3-en-2-on
4-Methylpentyl-2-acetat	Ethansäure-iso-hexylester
2-Methylpentylalkohol	2-Methyl-pentan-1-ol
methyl phenyl diphenyl phosphate	Phosphorsäure-diphenyl-4-methyl-phenyl-ester
4-Methyl-3-phenylendiisocyanat	2,4-Diisocyanat-1-methylbenzen
alpha-Methylphenylethen	2-Phenylpropen
Methylphthalatethylglykolat	Methylphthalylethylglykolat
2-Methyl-2-propanol	2-Methylpropan-2-ol
2-Methyl-propan-2-ol	2-Methylpropan-2-ol
2-Methyl-1-propanol	2-Methylpropan-1-ol
2-Methylpropanol-1(iso-Butylalkohol)	2-Methylpropan-1-ol
Methylpropanon	Butan-2-on
2-Methylpropen-1-säure-3	2-Methylpropensäure
2-Methyl-2-propensäurebutylester	2-Methylpropen-1-säure-3-butylester
2-Methylpropensäurebutylester	2-Methylpropen-1-säure-3-butylester
2-Methylpropionsäureisobutylester	iso-Butansäure-iso-butylester
2-(2-Methylpro-poxy)ethanol	2-iso-Butoxyethanol
2-Methylpropylacetat	Ethansäure-(2-methylpropyl)-ester
2-Methylpropylalkohol	2-Methylpropan-1-ol
2-Methylpropylethanoat	Ethansäure-(2-methylpropyl)-ester
2-Methyl-2-propylethanol	2-Methyl-pentan-1-ol
Methylpropylketon	Pentan-2-on
N-Methylpyridon-(2)	1-Methyl-2-pyrrolidinon
N-Methyl-pyrrolidin	1-Methyl-pyrrolidin
N-Methyl-2-pyrrolidinon	1-Methyl-2-pyrrolidinon
N-Methylpyrrolidin-2-on	1-Methyl-2-pyrrolidinon
1-Methyl-2-pyrrolidon	1-Methyl-2-pyrrolidinon

Gebräuchlicher Name Handelsname	Substanzname
N-Methylpyrrolidon	1-Methyl-2-pyrrolidinon
Methylresinat	Methylabietat
Methylsexton	2-Methylcyclohexanon
Methyltoluen	Dimethylbenzen (Isomerengemisch)
Methyltoluol	Dimethylbenzen (Isomerengemisch)
Methyltriglycol	Triethylenglykolmonomethylether
Methyltriglykol	Triethylenglykolmonomethylether
Methyl-Violett 2B	Basisches Violett 1 (C.I. 42535)
Methylviolett (PMA)	Pigment Violett 1 (C.I. 45170:2)
Methyl-Violett (PTMA)	Pigment Violett 3 (C.I. 42535:2)
Methynol	Methanol
Metol	4-Methylaminohydroxybenzensulfat
MG 1	Graphit
MGE	2-Methoxyethanol
MIAK	5-Methylhexan-2-on
MIBC	4-Methyl-pentan-2-ol
MIBK	4-Methyl-pentan-2-on
3-MIC	4-Methyl-pentan-2-ol
Micatex	Pigment Weiß 20 (C.I. 77019)
Michlers Ethylketon	Bis-[4-(diethylamino)-phenyl]-methanon
Michlers Keton	4,4'-Bis-(dimethylamino)-benzophenon
Micro Ace K1	Magnesiumsilikathydrat
Micro Ace L1	Magnesiumsilikathydrat
Microcarb 60 T	Calciumcarbonat
Microcide Mergal AF	Chlorethanamid
Microgrit WCA	Aluminiumoxid
Microlith Green G-FP	Kupferphthalocyanin, chloriert
Micromia	Pigment Weiß 20 (C.I. 77019)
Micromic CR 16	Calciumcarbonat
Micromya	Calciumcarbonat
Micronex	Aktivkohle
Micron White 5000A	Magnesiumsilikathydrat
Micron White 5000P	Magnesiumsilikathydrat
Micron White 5000S	Magnesiumsilikathydrat
Micropaque	Bariumsulfat
Microtalco IT extra	Magnesiumsilikathydrat
Microtex Lake Red CR	Pigment Rot 53:1 (C.I. 15585:1)
Microthene	Polyethylen
Microthene 510	Polyethylen
Microthene 704	Polyethylen
Microthene 710	Polyethylen
Microthene FN 500	Polyethylen
Microthene FN 510	Polyethylen
Microthene MN 754-18	Polyethylen
Microwhite 25	Calciumcarbonat
Miike 20	Aktivkohle
Mika	Pigment Weiß 20 (C.I. 77019)
Mikethrene Blue RSN	6,15-Dihydro-5,9,14,18-antrazintetron

Gebräuchlicher Name Handelsname	Substanzname
Mikethrene Brilliant Blue R	6,15-Dihydro-5,9,14,18-antrazintetron
Mikrolour	Polyethylen
Mikrosöhl 40	Calciumcarbonat
Milban	4-Sulfo-heptandisäuredidodecylester
(±)-Milchsäurebutylester	2-Hydroxypropansäure-n-butylester
L(-)-Milchsäureethylester	L(-)-2-Hydroxypropansäureethylester
Milchsäure-n-butylester	2-Hydroxypropansäure-n-butylester
Milk White	Blei(II)-sulfat
Milori Blau	Eisen(III)-hexacyanoferrat(II)
Miloriblau	Eisen(III)-hexacyanoferrat(II)
Milori-Blau	Pigment Blau 27 (C.I. 77510)
Milori Blau L 6696	Pigment Blau 27 (C.I. 77510)
Mimosengummi	Gummi arabicum
B 13 (mineral)	Magnesiumsilikathydrat
P 3 (Mineral)	Magnesiumsilikathydrat
Mineral carbon	Graphit
Mineralcarbon	Graphit
Mineralöl	Paraffin, C10-C13
Mineralorange	Blei(II,IV)-oxid
Mineralpech	Bitumen
Mineralrot	Blei(II,IV)-oxid
Minimum	Blei(II,IV)-oxid
Minus	Alginsäure Natriumsalz
MIPA	1-Amino-2-propanol
Mipax	Benzen-1,2-dicarbonsäuredimethylester
Mirason 16	Polyethylen
Mirason 9	Polyethylen
Mirason M 15	Polyethylen
Mirason M 50	Polyethylen
Mirason M 68	Polyethylen
Mirason Neo 23H	Polyethylen
Mirathen	Polyethylen
Mirathen 1313	Polyethylen
Mirathen 1350	Polyethylen
Mirrex MCFD 1025	Polychlorethen
Mistron 139	Magnesiumsilikathydrat
Mistron frost P	Magnesiumsilikathydrat
Mistron RCS	Magnesiumsilikathydrat
Mistron 2SC	Magnesiumsilikathydrat
Mistron Star	Magnesiumsilikathydrat
Mistron super frost	Magnesiumsilikathydrat
Mistron vapor	Magnesiumsilikathydrat
mittleres Chromgelb	Bleisulfochromat
MNBK	Hexan-2-on
Mod Epox	Triphenylphosphit
Modepy 4000	alpha-Hydro-w-hydroxypoly-(oxy-1,2-ethandiyl)
Modulex	Aktivkohle
Mogul	Aktivkohle

Gebräuchlicher Name Handelsname	Substanzname
Mogul L	Aktivkohle
Mohican Red A-8008	Pigment Rot 53:1 (C.I. 15585:1)
Molacco	Aktivkohle
Mollan	Benzen-1,2-dicarbonsäuredi-2-ethylhexylester
Molybdatorange	Bleichromat/Bleimolybdat
Molybdatrot	Bleichromat/Bleimolybdat
Molybdenum Orange	Bleichromat/Bleimolybdat
Moly Orange	Bleichromat/Bleimolybdat
Monarch	Aktivkohle
Monarch Green WD	Kupferphthalocyanin, chloriert
Monastral Fast Green BGNA	Kupferphthalocyanin, chloriert
Monastral Fast Green G	Kupferphthalocyanin, chloriert
Monastral Fast Green GD	Kupferphthalocyanin, chloriert
Monastral Fast Green GF	Kupferphthalocyanin, chloriert
Monastral Fast Green GFNP	Kupferphthalocyanin, chloriert
Monastral Fast Green GN	Kupferphthalocyanin, chloriert
Monastral Fast Green GNA	Kupferphthalocyanin, chloriert
Monastral Fast Green GTP	Kupferphthalocyanin, chloriert
Monastral Fast Green GV	Kupferphthalocyanin, chloriert
Monastral Fast Green 2GWD	Kupferphthalocyanin, chloriert
Monastral Fast Green GWD	Kupferphthalocyanin, chloriert
Monastral Fast Green GX	Kupferphthalocyanin, chloriert
Monastral Fast Green GXB	Kupferphthalocyanin, chloriert
Monastral Fast Green GYH	Kupferphthalocyanin, chloriert
Monastral Fast Green LGNA	Kupferphthalocyanin, chloriert
Monastral Green B	Kupferphthalocyanin, chloriert
Monastral Green B Pigment	Kupferphthalocyanin, chloriert
Monastral Green G	Kupferphthalocyanin, chloriert
Monastral Green GFN	Kupferphthalocyanin, chloriert
Monastral Green GH	Kupferphthalocyanin, chloriert
Monastral Green GN	Kupferphthalocyanin, chloriert
Mondur TD	2,4-Diisocyanat-1-methylbenzen
Mondur TD-80	2,4-Diisocyanat-1-methylbenzen
Mondur TDS	2,4-Diisocyanat-1-methylbenzen
Monoacetin	1,2,3-Triacetoxypropan
Monoammoniumsulfid	Ammoniumhydrogensulfid
Monoazobraun	Pigment Braun 5 (C.I. 15800:2)
Monocalcium carbonate	Calciumcarbonat
mono-Chlorbenzen	Chlorbenzen
Monochlorbenzen	Chlorbenzen
Monochlorbenzol	Chlorbenzen
2-Monochlorethanol	2-Chlorethanol
Monochlorethen	Chlorethen
Monochlorethylen	Chlorethen
Monochlorhydrochinon	2-Chlor-1,4-dihydroxybenzen
monocresyl diphenylphosphate	Phosphorsäure-diphenyl-4-methyl-phenyl-ester
Monoethanolamin	2-Aminoethanol
mono-Ethylamin	Aminoethan

Gebräuchlicher Name Handelsname	Substanzname
Monoethylamin	Aminoethan
Monoethylenglykol	Ethandiol
Monoflex 1114	Dicyclohexylacelat
Monoflex DDA	Adipinsäure-(di-iso-decyl)-ester
Monoflex DOA	Hexandicarbonsäure-bis-2-ethylhexylester
Monoisopropanolamin	1-Amino-2-propanol
Monokaliumphosphat	Kaliumdihydrogenphosphat
Monol	4-Methylaminohydroxybenzensulfat
Monolite Blue 3RN	6,15-Dihydro-5,9,14,18-antrazintetron
Monolite Fast Blue 3R	6,15-Dihydro-5,9,14,18-antrazintetron
Monolite Fast Blue 3RD	6,15-Dihydro-5,9,14,18-antrazintetron
Monolite Fast Blue RV	6,15-Dihydro-5,9,14,18-antrazintetron
Monolite Fast Blue SRS	6,15-Dihydro-5,9,14,18-antrazintetron
Monolite Fast Green GVSA	Kupferphthalocyanin, chloriert
Monolite Fast Yellow GLV	Pigment Gelb 13 (C.I. 21100)
Monolite Yellow GL	Pigment Gelb 13 (C.I. 21100)
Monolite Yellow GLA	Pigment Gelb 13 (C.I. 21100)
mono-Methylamin	Methylamin
Monomethylamin	Methylamin
Monomethylbenzolsulfonsäure	Toluol-4-sulfonsäure-1-hydrat
Monomethylethanolamin	2-Methylaminoethanol
Monomethyl-p-aminophenol-sulfat	4-Methylaminohydroxybenzensulfat
Monomethyltriglykol	Triethylenglykolmonomethylether
Mononatriumcarbonat	Natriumhydrogencarbonat
Mononitromethan	Nitromethan
Monoplex DBS	Decandisäuredibutylester
Monoplex DOS	1,8-Octandicarbonsäure-bis-(2-ethylhexylester)
Monoplex NODA	n-Oktyl-n-dekyl-adipat
Monoplex S-73	2-Ethylhexylester von Tallölfettsäuren, epoxidiert
Monopolsprit	Ethanol
Monosizer W 710L	1,2,4-Benzentricarbonsäure-tris-(2-ethylhexylester)
Monostyrol	Ethenylbenzen
Monothionsäure	Schwefelsäure
Monoxybenzol	Hydroxybenzen
Moplen RO-QG 6015	Polyethylen
Morbicid	Methanal
Morflex 310	Hexandicarbonsäure-bis-2-ethylhexylester
Morflex 460	Di-(n-hexyl)-azelat
Morflex 330	Adipinsäure-(di-iso-decyl)-ester
Morflex 500	Tri-mellitsäure-tri-(iso-oktyl)-ester
Morflex 510	1,2,4-Benzentricarbonsäure-tris-(2-ethylhexylester)
Morflex 530	Tri-iso-dekyltrimelliat
Morflex 150	Benzen-1,2-dicarbonsäuredicyclohexylester
Morkit	Anthrachinon
Morpholin	Tetrahydro-1,4-oxazin
Motorenbenzol	Benzen
Movinyl 100	Polychlorethen
Mowicoll	Polyethansäureethenylester

Gebräuchlicher Name Handelsname	Substanzname
Mowilith	Polyethansäureethenylester
Mowilith F	Polychlorethen
Mowiol	Polyvinylalkohol
Mowiol N 30-88	Polyvinylalkohol
Mowiol N 50-98	Polyvinylalkohol
Mowiol N 70-98	Polyvinylalkohol
MP 12-50	Magnesiumsilikathydrat
MP 25-38	Magnesiumsilikathydrat
MP 40-27	Magnesiumsilikathydrat
MP 45-26	Magnesiumsilikathydrat
MPA	1-Methoxy-2-propylacetat
MPC	Pentan-2-on
MPG 6	Graphit
MPK	Pentan-2-on
MQ	Dimethylpolysiloxan
Msk-C	Calciumcarbonat
Msk-K	Calciumcarbonat
Msk-P	Calciumcarbonat
Msk PO	Calciumcarbonat
Msk-V	Calciumcarbonat
MST	Magnesiumsilikathydrat
MT Meteor	Aktivkohle
MT Thermax N 990	Aktivkohle
MT Thermax N 991	Aktivkohle
MT Thermax N 907 stainless	Aktivkohle
MT Thermax N 908 stainless	Aktivkohle
MT Thermax N 990 Ultra Pure	Aktivkohle
MT Thermax N 991 Ultra Pure	Aktivkohle
MT Thermax 08 Stainless Ultra Pure	Aktivkohle
Mulhouse Withe	Blei(II)-sulfat
Multiflex MM	Calciumcarbonat
Multiflex SC	Calciumcarbonat
Mussolinite	Magnesiumsilikathydrat
Mydochrome	4-N-Ethyl-4-N(2-methylsulfonamidoethyl)-2-methyl-1,4-diamino-benzen-sesquisulfat-monohydrat
Mylicon	Dimethylpolysiloxan
Mylocon	Dimethylpolysiloxan
Myraform	Polychlorethen
Myrmicyl	Methansäure
Mythyl-oxitol	2-Methoxyethanol
N 34	Calciumcarbonat
N 43	Calciumcarbonat
Na 9084	Ammoniumcarbonat
Nacconate IOO	2,4-Diisocyanat-1-methylbenzen
Nadone	Cyclohexanon
Naftozin N	Octadecansäure
Napar 5-Napar 53	Pentan
Naphtha	Kohlenwasserstoffgemisch, aliphatisches

Gebräuchlicher Name Handelsname	Substanzname
Naphtha	Bezin, aromatischer Anteil 20%
Naphtha (Erdöl)	Bezin, aromatischer Anteil 20%
Naphthalan	Decahydronaphthalen (Isomerengemisch)
Naphtha-Lösungsmittel, "schwer", aromatisiert	aromatisches Kohlenwasserstoffgemisch
Naphthan (cis, trans)	Decahydronaphthalen (Isomerengemisch)
Naphtha (wasserstoffbehandelt)	Bezin, aromatischer Anteil 20%
naphthenic acid, copper salt	Naphthensäure, Kupfersalz
Naphthenic acids, cobalt salts	Naphthensäure, Cobaltsalz
Naphthohydrochinonmonomethylether	4-Methoxy-1-naphthol
2-Naphthol-1-aldehyd	2-Hydroxy-1-naphthalencarboxaldehyd
ß-Naphthol-1-aldehyd	2-Hydroxy-1-naphthalencarboxaldehyd
Naphthol AS	3-Hydroxy-2-naphthoesäure-anilid
Naphthol-AS-Rot	Pigment Rot 170 (C.I. 12475)
Naphthol-AS-Rot	Pigment Rot 12 (C.I. 12385)
Naphthol-As-Rot	Pigment Rot 112 (C.I. 12370)
Naphthol-Carmin FBB	Pigment Rot 146 (C.I. 12485)
Naphthol-Karmin FB	Pigment Rot 5 (C.I. 12490)
Naphtholorange	Pigment Orange 5 (C.I. 12075)
ß-Naphtholorange	4-(2-Hydroxy-1-naphthalinazo)-benzensulfonsäure Natriumsalz
Naphtholrot FG	Pigment Rot 119
Naphthol-Rot FGR	Pigment Rot 112 (C.I. 12370)
Naphthol-Rot F4RH	Pigment Rot 7 (C.I. 12420)
Naphthol-Rot F5RK	Pigment Rot 170 (C.I. 12475)
Naphthol-Rot FRL	Pigment Rot 10 (C.I. 12440)
Naphthol-Rot FRLL	Pigment Rot 9 (C.I. 12460)
Naphthol-Rot FRR	Pigment Rot 2 (C.I. 12310)
Naphtholrot HF4B	Pigment Rot 187 (C.I. 12486)
Naphtholrot HF3S	Pigment Rot 188 (C.I. 12467)
Naphthol-Rubin F6B	Pigment Rot 184 (C.I. 12487)
Naphthovin T3	Blei(II)-sulfat
Narcogen	1,1,2-Trichlorethen
Narcylen	Ethin
Narkosoid	1,1,2-Trichlorethen
Narkotel	Dichlormethan
Natrascorb	L-(+)-Ascorbinsäure
Natrascorb injectable	L-(+)-Ascorbinsäure
Natriumalginat	Alginsäure Natriumsalz
Natriumasche	Natriumcarbonat
Natriumbicarbonat	Natriumhydrogencarbonat
Natriumborat, Decahydrat	Natriumtetraborat-10-hydrat
Natriumcarboxymethylcellulose	Carboxymethylcellulose Natriumsalz
Natriumcelluloseglykolat	Carboxymethylcellulose Natriumsalz
Natriumdichlorisocyanurat	Dichlor-s-triazin-2,4,6(1H,3H,5H)-trion Natriumsalz
Natriumdithionosum	Natriumdithionit
Natrium-Eisen-EDTA	Diaminoethantetraethansäureeisen(III)-natriumsalz-3-hydrat
Natriumformaldehydbisulfit	Natriummethanalhydrogensulfit

Gebräuchlicher Name Handelsname	Substanzname
Natriumformaldehydhydrogensulfit	Natriummethanalhydrogensulfit
Natriumhydrat	Natriumhydroxid
Natriumhydrocarbonat	Natriumhydrogencarbonat
Natriumhydrogencitrat	Natriumcitrat-2-hydrat
Natriumhydrosulfit	Natriumdithionit
Natriumhydrosulfurosum	Natriumdithionit
Natriumhypodisulfit	Natriumdithionit
Natriumhyposulfit	Natriumthiosulfat
Natriumhyposulfit	Natriumdithionit
Natrium-isoascorbat	Isoascorbinsäure Natriumsalz
Natriummetabisulfit	Natriumdisulfit
Natriummetaborat Tetrahydrat	Natriummetaborat-4-hydrat
Natrium(meta)periodat	Natrium(meta)perjodat
Natriummonosulfid	Natriumsulfid
Natrium-ortho-phosphat Dodecahydrat	Natriumphosphat-12-hydrat
sek.-Natriumphosphat	Dinatriumhydrogenphosphat
Natriumphosphat Dodecahydrat	Natriumphosphat-12-hydrat
Natriumphosphat-12-Wasser	Natriumphosphat-12-hydrat
Natriumphosphat zweibasisch	Dinatriumhydrogenphosphat
Natriumpolymannuronat	Alginsäure Natriumsalz
Natriumpyrosulfit	Natriumdisulfit
Natriumsilikat	Natriumsilicat
Natriumtetraborat	Natriumtetraborat-10-hydrat
Natron	Natriumhydroxid
Natron	Natriumhydrogencarbonat
Natronbleichlauge	Natriumhypochlorit (wäßrige Lösung)
Natronhydrat	Natriumhydroxid
Natronlauge	Natriumhydroxid
Natronsalpeter	Natriumnitrat
Natronwasserglas	Natriumsilicat
Natro-Rez 50-D	Cumaron-Inden-Harz
Naturalsprit	Ethanol
Natur Braun	Eisen(III)-oxid
Natur-Braun-Eisen-Oxid (Mn)	Pigment Braun 7:x (C.I. 77499)
Natur-Gelb-Eisen-Oxid	Pigment Gelb 43 (C.I. 77492)
natürliche Linolsäure	Octadeca-9,12-diensäure
Naugard BHT	2,6-Di-(1,1-dimethylethyl)-4-methylhydroxybenzen
Nauwe	4-Methylbenzensulfonsäure
Navinon Blue RSN	6,15-Dihydro-5,9,14,18-antrazintetron
Navinon Blue RSN Reddish Special	6,15-Dihydro-5,9,14,18-antrazintetron
Na-X	Natriumcarbonat
Naxtol	Cyclohexanol
Nayper DO	Dibenzoylperoxid
NBA	Butan-1-ol
NC	Kohlensäurediamid
Ncc-P	Calciumcarbonat
NCI-C54386	Hexandicarbonsäure-bis-2-ethylhexylester
NCI-C 54886	Chlorbenzen

Gebräuchlicher Name Handelsname	Substanzname
NCI-C 55005	Cyclohexanon
NCI-C52733	Benzen-1,2-dicarbonsäuredi-2-ethylhexylester
NCI-C03598	2,6-Di-(1,1-dimethylethyl)-4-methylhydroxybenzen
NCI-C02711	Cadmiumsulfid
NCI-C54637	Kupferphthalocyanin, chloriert
NCI-C54375	Benzen-1,2-dicarbonsäure-di-tert.-butylester
NCI-C54808	L-(+)-Ascorbinsäure
NCI-C53792	Pigment Rot 53:1 (C.I. 15585:1)
NCI-C 02119	Kohlensäurediamid
NCI-C50533	2,4-Diisocyanat-1-methylbenzen
NCI-C03736	Aminobenzen
NCI-C 60913	N,N-Dimethylmethanamid
NCI-C55276	Benzen
NCI-C54751	Phosphorsäure-tri-(2-ethylhexyl)-ester
NCI-C04546	1,1,2-Trichlorethen
NCI-C60048	Benzen-1,2-dicarbonsäurediethylester
NCI-C60797	Polychlorethen
NE	Nitroethan
Neantine	Benzen-1,2-dicarbonsäurediethylester
Necatorina	Tetrachlormethan
Necatorine	Tetrachlormethan
Neganox	4-Sulfo-heptandisäuredidodecylester
Nema	Tetrachlorethen
Neoantricid	Calciumcarbonat
Neobar	Bariumsulfat
Neobead C	Aluminiumoxid
NeoCryl	2-Methylpropen-1-säure-3-butylester
Neo-cultol	Paraffin, C10-C13
Neofat 90-04	cis-Octadec-9-ensäure
NEO-FAT 8	Octansäure
Neo-Fat 18	Octadecansäure
Neolite F	Calciumcarbonat
Neolite SP	Calciumcarbonat
Neolite TPS	Calciumcarbonat
Neopolen	Polyethylen
Neopolen 30N	Polyethylen
Neospectra	Aktivkohle
Neo Spectra II	Aktivkohle
Neotex	Aktivkohle
Neozapon Rot 346	Solvens Rot 109
Neozex 45150	Polyethylen
Neozex 4010B	Polyethylen
Neptun Blau	Basisches Blau 26 (C.I. 44045)
Neptun Rotbase 543	Solvens Rot 49 (C.I. 451701/1)
Nervanaid B 30	Tetranatriumethylendiamintetraacetat
Nervanaid B 65	Tetranatriumethylendiamintetraacetat
Nervanaid B Acid	Ethylendiamintetraessigsäure
Nervanaid B conc	Tetranatriumethylendiamintetraacetat

Gebräuchlicher Name Handelsname	Substanzname
Nesol	1-Methyl-4-(1-methylethenyl)-cyclohexen
Nettolin	1,1,2-Trichlorethen
Neumagenta	Neufuchsin (C.I. 42520)
Neu-tri	1,1,2-Trichlorethen
Nevillac	Cumaron-Inden-Harz
Nevindene	Cumaron-Inden-Harz
NH 18	Polyvinylalkohol
NHUMO N-20	Aktivkohle
NHUMO N-234	Aktivkohle
NHUMO N-326	Aktivkohle
NHUMO N-330	Aktivkohle
NHUMO N-339	Aktivkohle
NHUMO N-375	Aktivkohle
NHUMO N-550	Aktivkohle
NHUMO N-650	Aktivkohle
NHUMO N-660	Aktivkohle
Nialk	1,1,2-Trichlorethen
Niax 3CF	Phosphorsäure-(trichloroethyl)-ester
Niax TDI	2,4-Diisocyanat-1-methylbenzen
Niax TDI-P	2,4-Diisocyanat-1-methylbenzen
Nickel-Antimon-Titan-Gelb-Rutil	Pigment Gelb 53 (C.I. 77788)
Nickelgelb	Pigment Gelb 153
Nickelgelb	Pigment Gelb 53 (C.I. 77788)
Nickel-Katalysator (fein verteilt aktiviert, ge- oder verbraucht, mit mind. 40 % Wasser od. anderen geeigneten Flüssigkeit angefeuchtet)	Nickel
Nickel, Katalysator nach Raney	Nickel
Nickelkomplex	Pigment Gelb 153
Nickel-Niob-Titan-Gelb-Rutil	Pigment Gelb 161 (C.I. 77895)
Nickelniobtrutil	Pigment Gelb 161 (C.I. 77895)
Nickel-Titangelb	Pigment Gelb 161 (C.I. 77895)
Nihonthrene Blue RSN	6,15-Dihydro-5,9,14,18-antrazintetron
Nihonthrene Brilliant Blue RP	6,15-Dihydro-5,9,14,18-antrazintetron
Nika-Temp	Polychlorethen
Nikavinyl SG 700	Polychlorethen
Nipar S20	2-Nitropropan
Nipar S30	2-Nitropropan
Nipeon A 21	Polychlorethen
Nipol 576	Polychlorethen
Nipolit CM 081	Polychlorethen
Nipolite SL 081	Polychlorethen
Nipolit SK	Polychlorethen
Nipolit SK 081	Polychlorethen
Nipolit SM 092	Polychlorethen
Nipolit SV 13081	Polychlorethen
Nisso PB-B 4000	Polybutadien
Nitratcellulose	Cellulosenitrat
Nitrilotriethanol	2,2',2"-Trihydroxytriethylamin

Gebräuchlicher Name Handelsname	Substanzname
2,2',2"-Nitrilotrisethanol	2,2',2"-Trihydroxytriethylamin
4-Nitro-benzylcyanid	4-Nitro-phenylacetonitril
Nitrocellulose	Cellulosenitrat
p-Nitrochlorbenzen	4-Chlornitrobenzen
p-Nitrochlorbenzol	4-Chlornitrobenzen
Nitroisopropan	2-Nitropropan
Nitro-Sil	Ammoniak (wasserfrei)
Nivitin	Sorbit
NM	Nitromethan
NM 11	Polyvinylalkohol
NM 14	Polyvinylalkohol
NMP	1-Methyl-2-pyrrolidinon
No.3 Conc. Bronze Scarlet	Pigment Rot 53:1 (C.I. 15585:1)
No.3 Conc. Scarlet	Pigment Rot 53:1 (C.I. 15585:1)
Nocrac 200	2,6-Di-(1,1-dimethylethyl)-4-methylhydroxybenzen
NODA	n-Oktyl-n-dekyl-adipat
1-Nonanol	N-nonanol
Nonan-1-ol	N-nonanol
Nonanol	N-nonanol
Nonex 80	Polyethylenglycoldistearat
Non-fer-AL	Calciumcarbonat
Non-flocculating Green G 25	Kupferphthalocyanin, chloriert
Nonox TBC	2,6-Di-(1,1-dimethylethyl)-4-methylhydroxybenzen
sek.-Nonylalkohol	2,6-Dimethyl-4-heptanol
Nonylcarbinol	1-Decanol
n-Nonylsäure	Nonansäure
Nopcote C 104	Octadecansäure, Calciumsalz
Nopol (polymer)	Polyethylen
norcholin	2-Dimethylaminoethanol
Nordkrone 40	Calciumcarbonat
Nordweiss	Calciumcarbonat
Norit A Supra	Aktivkohle
Norit A Supra	Kohlenstoff (amorph)
K-Norm	Kaliumchlorid
normal-Butyl-methacrylat, stabilisiert	2-Methylpropen-1-säure-3-butylester
Normaler Propylalkohol	Propan-1-ol
Normales Butylacetat	Ethansäurebutylester
Norvinyl	Polychlorethen
Norvinyl P 2	Polychlorethen
Norvinyl P10	Polychlorethen
Norvinyl S 1-70	Polychlorethen
Norvinyl S 1-80	Polychlorethen
Norvinyl S 3-68	Polychlorethen
Nosilin	alpha-Hydro-w-hydroxypoly-(oxy-1,2-ethandiyl)
Nourinox	Dibenzoylperoxid
Novatec JUO 80	Polyethylen
Novatec JVO 80	Polyethylen
Novon 712	Polychlorethen

Gebräuchlicher Name Handelsname	Substanzname
Nowares C	Cumaron-Inden-Harz
1-NP	1-Nitropropan
2-NP	2-Nitropropan
NPA	Propan-1-ol
NS	Calciumcarbonat
NS 200	Calciumcarbonat
NS 2500	Calciumcarbonat
NS 400	Calciumcarbonat
NSC 33832	L-(+)-Ascorbinsäure
NS (carbonate)	Calciumcarbonat
NS 100 (carbonate)	Calciumcarbonat
NS 200 (filler)	Calciumcarbonat
NSL-2752	trans-Butendisäure
NSL 5356	N,N-Dimethylmethanamid
NTM	Benzen-1,2-dicarbonsäuredimethylester
Nujol	Paraffin, C10-C13
Nutroplus	Kohlensäurediamid
NVC 9025	Polyethylen
Nycoline	alpha-Hydro-w-hydroxypoly-(oxy-1,2-ethandiyl)
Nyoline	alpha-Hydro-w-hydroxypoly-(oxy-1,2-ethandiyl)
Nytal	Magnesiumsilikathydrat
Nytal 200	Magnesiumsilikathydrat
Nytal 400	Magnesiumsilikathydrat
NZ	Calciumcarbonat
O-2857	Benzothiazol
OA-A 1102	Calciumcarbonat
Ockergelb	Pigment Gelb 43 (C.I. 77492)
cis,cis-9,12-Octadecadiensäure	Octadeca-9,12-diensäure
n-Octadecansäure	Octadecansäure
(Z)-9-Octadecansäure-1,2,3-propantriol-diester	Diolein
cis-9-Octadecensäure	cis-Octadec-9-ensäure
(Z)-9-Octadecensäuremonoester mit 1,2,3-Propantriol	1,2,3-Propantriol-(Z)-9-octadecensäuremonoester
n-Octan	Octan
Octanol, technisch	2-Ethyl-1-hexanol
3-Octanon	5-Methyl-3-heptanon
n-Octansäure	Octansäure
Octansäureethylester	Ethylcaprylat
Octoate Z	Zink-di-2-ethylhexanoat
Octoil	Benzen-1,2-dicarbonsäuredi-2-ethylhexylester
Octylacetat	Ethansäure-2-ethylhexylester
Octyladipat	Hexandicarbonsäure-bis-2-ethylhexylester
Octylenglycol	2-Ethyl-1,3-hexandiol
n-Octyl-(2-ethylhexyl)-adipat	Hexandicarbonsäure-di-isooctylester
Oenanthsäure	1-Heptansäure
Ofenschwarz	Graphit
Oil-furnace black	Aktivkohle
Okiten G 23	Polyethylen
Oktadekansäure	Octadecansäure

Gebräuchlicher Name Handelsname	Substanzname
n-Oktadezensäure	cis-Octadec-9-ensäure
n-Oktan	Octan
Oktan	Octan
2-Oktanon	Octan-2-on
Oktansäure	Octansäure
Oktylenglykol	2-Ethyl-1,3-hexandiol
Ölbildendes Gas	Ethen
Olein	cis-Octadec-9-ensäure
Olein	Z-9-Octadecensäure-1,2,3-propantriylester
Oleinsäure	cis-Octadec-9-ensäure
Oleinsäuremonoester mit Glycerol	1,2,3-Propantriol-(Z)-9-octadecensäuremonoester
Oleinsäuremonoglycerolester	1,2,3-Propantriol-(Z)-9-octadecensäuremonoester
Oleum	Schwefelsäure
oleum terebinthinae	Terpentin
OLN	Oktadekadienonitril
cis-Ölsäure	cis-Octadec-9-ensäure
Ölsäure	cis-Octadec-9-ensäure
Ölsäurebutylester	Butyloleat
Ölsäuremonoglycerolester	1,2,3-Propantriol-(Z)-9-octadecensäuremonoester
Ölsäure-tetrahydrofurfuryl-ester	Tetrahydrofurfuryl-oleat
Ölsüß	Propantriol
Omal	2,4,6-Trichlorhydroxybenzen
OMYA	Calciumcarbonat
Omya bBSH	Calciumcarbonat
Omya BLH	Calciumcarbonat
Omya BLP 2	Calciumcarbonat
Omya BLP 3	Calciumcarbonat
Omya BLRZ	Calciumcarbonat
Omyacarb F	Calciumcarbonat
Omya D 40	Calciumcarbonat
Omya EXH 1	Calciumcarbonat
Omyalene G 200	Calciumcarbonat
Omyalite 90	Calciumcarbonat
Omyalite BL	Calciumcarbonat
Ongrofol	Polychlorethen
Ongrovil S 165	Polychlorethen
Ongrovil S 470	Polychlorethen
Onychomal	Kohlensäurediamid
Opaline Green G 1	Kupferphthalocyanin, chloriert
Opalon	Polychlorethen
Opalon 410	Polychlorethen
Opalon 440	Polychlorethen
Opalon 610	Polychlorethen
Opalon 630	Polychlorethen
Opalon 650	Polychlorethen
Opalon 660	Polychlorethen
Opalon R 7611	Polychlorethen
Ophthalgan	Propantriol

Gebräuchlicher Name Handelsname	Substanzname
Oppasin Blau 6470	6,15-Dihydro-5,9,14,18-antrazintetron
Oppasin Gelb 1351	Pigment Gelb 13 (C.I. 21100)
Oppasin Orange 3050	Pigment Orange 13 (C.I. 21110)
Oppasin Scharlach 3700	Pigment Rot 48:2 (C.I. 15865:2)
Oppasin Scharlach 3700	Pigment Rot 48:1 (C.I. 15865:1)
Optal	Propan-1-ol
Orange II (C.I. 15510)	4-(2-Hydroxy-1-naphthalinazo)-benzensulfonsäure Natriumsalz
Oranges Blei	Blei(II,IV)-oxid
Orizon	Polyethylen
Orizon 805	Polyethylen
Orthochlor-Rot	Pigment Rot 4 (C.I. 12085)
Orthoperiodsäure	Periodsäure
Orthoperjodsäure	Periodsäure
Orthophosphorsäure	ortho-Phosphorsäure
ortho-Toluolsulfonamid	o-Toluolsulfonsäureamid
Ortodur	Polychlorethen
OS-Cal	Calciumcarbonat
OSHA)	Aktivkohle
Osmoglyn	Propantriol
Os mosol	Propan-1-ol
Ostanthren Blue RS	6,15-Dihydro-5,9,14,18-antrazintetron
Ostanthren Blue RSN	6,15-Dihydro-5,9,14,18-antrazintetron
Ostanthren Blue RSZ	6,15-Dihydro-5,9,14,18-antrazintetron
Ostanthrene Blue RS	6,15-Dihydro-5,9,14,18-antrazintetron
Outmine	Zinkoxid
Ovalbumin	Albumin
Ovol Phasil	Dimethylpolysiloxan
Oxalaldehyd	Ethandial
Oxalsäure	Ethandisäure
Oxalsäure Eisen(III)-salz Hexahydrat	Eisen(III)-oxalat-6-hydrat
Oxane	Epoxyethan
3-Oxapentan-1,5-diol	2-(2-Hydroxyethyl)-ethanol
1,4-Oxazinan	Tetrahydro-1,4-oxazin
2,2'-(Oxibis(2,1-ethandiyloxy)diethanol	2,2'-(Oxybis-(ethylenoxy))-diethanol
1,1'-Oxibis(2-propanol)	Dipropylenethandiol
Oxidationsbitumen	Bitumen
G 0 (Oxide)	Aluminiumoxid
G 2 (Oxide)	Aluminiumoxid
1,1'-Oxidi-2-propanol	Dipropylenethandiol
Oxidipropyldibenzoat	Dipropylenglykoldibenzoat
1,4-Oxidobutan	Tetrahydrofuran
Oxid Wax A	alpha-Hydro-w-hydroxypoly-(oxy-1,2-ethandiyl)
Oxid Wax An	alpha-Hydro-w-hydroxypoly-(oxy-1,2-ethandiyl)
Oxiran	Epoxyethan
Oxiran-polymer	alpha-Hydro-w-hydroxypoly-(oxy-1,2-ethandiyl)
Oxitol	2-Ethoxyethanol
3-Oxobutanoat	3-Oxobutansäureethylester

Gebräuchlicher Name Handelsname	Substanzname
alpha-Oxodiphenylmethan, alpha-Oxoditane	Diphenylmethanon
Oxolane	Tetrahydrofuran
3-Oxo-L-gulofuranlacton	L-(+)-Ascorbinsäure
Oxomethan	Methanal
alpha-(1-Oxo-9-oktadekenyl)-w-(hydroxy)-Z-poly-(oxiy-1,2-ethandiyl)	alpha-(1-Oxo-9-Oktadekenyl)-w-(hydroxy)-Z-Poly-(oxy-1,2-ethandiyl)
9-Oxoxanthen	Xanthon
Oxybenzol	Hydroxybenzen
Oxybenzon	2-Hydroxy-4-methoxybenzophenon
1,1'-Oxybisbenzen	Diphenylether
1,1'Oxybis-Ethan	Diethylether
2,2'-(Oxybis(2,1-ethandiyloxy))bisethanol	2,2'-(Oxybis-(ethylenoxy))-diethanol
1,1'-Oxy-bis-propan-2-ol	Dipropylenethandiol
1,1'-Oxybis-2-propanol	Dipropylenethandiol
Oxybispropanol	Dipropylenglykol
2,2'-Oxydiethanol	2-(2-Hydroxyethyl)-ethanol
1,1'-Oxydi-2-propanol	Dipropylenethandiol
3-Oxyethylen-alpha-w-dimethacrylat	1,2-Bis-[2-methacryloyl-oxy-ethoxy]-ethan
Oxyl	Tetrahydrofuran
Oxylite	Dibenzoylperoxid
Oxymethylen	Methanal
Ozide	Zinkoxid
Ozlo	Zinkoxid
Ozonschutzwachs 110	Polyethylen
Ozonschutzwachs 111	Polyethylen
P 80 P	Pigment Weiß 20 (C.I. 77019)
T 23P	Tris-(2,3-dibromopropyl)-phosphat
P 21	2,6-Di-(1,1-dimethylethyl)-4-methylhydroxybenzen
P-33	Aktivkohle
P1250	Aktivkohle
P68	Aktivkohle
P 3	Magnesiumsilikathydrat
911 P	Phthalsäureester, Gemisch
L 911 P	Phthalsäureester, Gemisch
E 66P	Polychlorethen
6020P	Polyethylen
P 2070P	Polyethylen
PA 130	Polyethylen
PA 190	Polyethylen
PA 520	Polyethylen
PA 560	Polyethylen
PAD 522	Polyethylen
Palamid Bordo 39- 2005	Pigment Rot 179 (C.I. 71130)
Palamid Violett 58-9005	Pigment Violett 23 (C.I. 51319)
Palanthrene Blue GPT	6,15-Dihydro-5,9,14,18-antrazintetron
Palanthrene Blue GPZ	6,15-Dihydro-5,9,14,18-antrazintetron
Palanthrene Blue RPT	6,15-Dihydro-5,9,14,18-antrazintetron
Palanthrene Blue RPZ	6,15-Dihydro-5,9,14,18-antrazintetron

Gebräuchlicher Name Handelsname	Substanzname
Palanthrene Blue RSN	6,15-Dihydro-5,9,14,18-antrazintetron
Palanthrene Brilliant Blue R	6,15-Dihydro-5,9,14,18-antrazintetron
Palanthrene Printing Blue KRS	6,15-Dihydro-5,9,14,18-antrazintetron
Palatinol A	Benzen-1,2-dicarbonsäurediethylester
Palatinol AH	Benzen-1,2-dicarbonsäuredi-2-ethylhexylester
Palatinol BB	Benzen-1,2-dicarbonsäure-di-tert.-butylester
Palatinol C	Benzen-1,2-dicarbonsäuredi-n-butylester
Palatinol M	Benzen-1,2-dicarbonsäuredimethylester
Palationol Z	Benzen-1,2-dicarbonsäuredi-iso-decylester
Palidol	Kaliumperoxodisulfat
Paliogen Blau L 6385	6,15-Dihydro-5,9,14,18-antrazintetron
Paliogen Blau L 6480	6,15-Dihydro-5,9,14,18-antrazintetron
Paliogen Gelb 1520	Pigment Gelb 108 (C.I. 68420)
Paliogen Gelb L 1560	Pigment Gelb 108 (C.I. 68420)
Paliogen Marron L 3920	Pigment Rot 179 (C.I. 71130)
Paliogen Rot L 3530	Pigment Rot 216 (C.I. 59710)
Paliogen Rot L 3885	Pigment Rot 179 (C.I. 71130)
Paliogen Rot L 4120	Pigment Rot 179 (C.I. 71130)
Paliogen Rot L 3870 HD	Pigment Rot 123 (C.I. 71145)
Paliogen Rot L 3910 HD	Pigment Rot 178 (C.I. 71155)
Paliotol Gelb D 1819	Pigment Gelb 139
Paliotol Gelb D 0960	Pigment Gelb 138
Paliotol Gelb L 1070	Pigment Gelb 117
Paliotol Gelb L 1970	Pigment Gelb 139
Paliotol Gelb L 2140	Pigment Gelb 139
Paliotol Gelb L 1770	Pigment Gelb 153
Paliotol Gelb L 1772	Pigment Gelb 153
Paliotol Gelb L 0960 HD	Pigment Gelb 138
Paliotol Gelb L 0962 HD	Pigment Gelb 138
Paliotol Rot L 3550 HD	Pigment Rot 224 (C.I. 71127)
Paliotol Schwarz D 0080	Pigment Schwarz 1 (C.I. 50440)
Paliotol Schwarz L 0080	Pigment Schwarz 1 (C.I. 50440)
Palmitinsäure	Hexadecansäure
Panoxyl	Dibenzoylperoxid
Pantasote R 873	Polychlorethen
Papyex	Graphit
E-Z-Paque	Bariumsulfat
Parabar 441	2,6-Di-(1,1-dimethylethyl)-4-methylhydroxybenzen
Paracin 8	Glyceryl-tri-(acetoxystearat)
Paradiaminodiphenyl	(1,1'-Biphenyl)-4,4'-diamin
Paradone Blue RS	6,15-Dihydro-5,9,14,18-antrazintetron
Paradone Brilliant Blue R	6,15-Dihydro-5,9,14,18-antrazintetron
Paradone Printing Blue FRS	6,15-Dihydro-5,9,14,18-antrazintetron
Paraffin (chloriert)	Paraffin
Paraffinöl	Paraffin, C10-C13
paraffinscher Mineralölweichmacher	Paraffin, C10-C13
Paraffinwachs	Paraffin
Paraform	Methanal

Gebräuchlicher Name Handelsname	Substanzname
Paranaphthalen	Anthracen
para-Nitrochlorbenzen	4-Chlornitrobenzen
Paranox 441	2,6-Di-(1,1-dimethylethyl)-4-methylhydroxybenzen
Paraplex G-62	Sojabohnenöl, epoxidiert
Par Clay	Kaolin
Parcloid	Polychlorethen
Paridine Red LCL	Pigment Rot 53:1 (C.I. 15585:1)
Paris Blau	Pigment Blau 27 (C.I. 77510)
Pariser Blau	Eisen(III)-hexacyanoferrat(II)
Paris Gelb	Bleisulfochromat
Parisgelb	Calciumcarbonat
Parisrot	Blei(II,IV)-oxid
Paris yellow	Blei(II)-chromat
Paroline	Paraffin, C10-C13
Pasco	Zinkoxid
Pastaron	Kohlensäurediamid
Patentalaun	Aluminiumsulfat-18-hydrat
Patox	Antimon(III)-oxid
Pattina V 82	Polychlorethen
PBD	Polybutadien
3PBR	Tris-(2,3-dibromopropyl)-phosphat
PCD 12410	4-N-Ethyl-4-N(2-methylsulfonamidoethyl)-2-methyl-1,4-diamino-benzen-sesquisulfat-monohydrat
PCD 12415	4-N-Ethyl-4-N(2-methylsulfonamidoethyl)-2-methyl-1,4-diamino-benzen-sesquisulfat-monohydrat
PCMK	4-Chlor-3-methylhydroxybenzen
PDMS	Dimethylpolysiloxan
PE	Polyethylen
PE 512	Polyethylen
PE 617	Polyethylen
Pearsall	Aluminiumchlorid (wasserfrei)
Peerless	Kaolin
Peerless	Aktivkohle
PEG	alpha-Hydro-w-hydroxypoly-(oxy-1,2-ethandiyl)
Pegosperse L-9	Polyethylen-glykol-400-mono-laurat
PE hart	Polyethylen
Pelargonsäure	Nonansäure
Pelletex	Aktivkohle
PEN 100	Polyethylen
Pentacetat	Ethansäurepentylester
pentaerythiol-tetra-Benzoat	Pentaerythiol-tetra-benzoat
Pentaerythritolricinoleat	12-Hydroxy-3-hydroxy-2,2-bis-(hydroxymethyl)-propyl-9-octa-decensäureester
Pentaerythrittriacrylat	2,2-Bis(hydroxymethyl)-1,3-propandioltriacrylat
Pentaerythrityltriacrylat	2,2-Bis(hydroxymethyl)-1,3-propandioltriacrylat
n-Pentan	Pentan
Pentan-2,4-dion	2,4-Pentandion
Pentane, flüssig	Pentan

Gebräuchlicher Name Handelsname	Substanzname
1-Pentanol	Pentan-1-ol
2-Pentanon	Pentan-2-on
Pentylacetat	Ethansäurepentylester
Pentylalkohol	Pentan-1-ol
PEO 10	alpha-Hydro-w-hydroxypoly-(oxy-1,2-ethandiyl)
PEO 100	alpha-Hydro-w-hydroxypoly-(oxy-1,2-ethandiyl)
PEO 16	alpha-Hydro-w-hydroxypoly-(oxy-1,2-ethandiyl)
PEO 18	alpha-Hydro-w-hydroxypoly-(oxy-1,2-ethandiyl)
PEP 211	Polyethylen
PER	Tetrachlorethen
Perawin	Tetrachlorethen
Perc	Tetrachlorethen
Perchlor	Tetrachlorethen
Perchlorethylen	Tetrachlorethen
Perchloromethan	Tetrachlormethan
Perclene	Tetrachlorethen
Perdrogen	Wasserstoffperoxid
Peregal ST	Polyvinylpyrrolidon
Perhydrol	Wasserstoffperoxid
Periethylennaphthalen	1,2-Dihydroacenaphthylen
Perinon-Orange	Pigment Orange 43 (C.I. 71105)
Perjodsäure	Periodsäure
Perlhydronaphthalin	Decahydronaphthalen (Isomerengemisch)
Perm-A-chlor	1,1,2-Trichlorethen
Permalon	Polyvinylidenchlorid
Permanent-Carmin FBB	Pigment Rot 146 (C.I. 12485)
Permanent-Gelb FGL	Pigment Gelb 97 (C.I. 11767)
Permanent Gelb NCG	Pigment Gelb 16 (C.I. 20040)
Permanent Green Toner GT-376	Kupferphthalocyanin, chloriert
Permanent-Grün (PTMA)	Pigment Grün 2 (C.I. 42040:1 & C.I. 49005:1)
Permanent-Orange 2G	Pigment Orange 5 (C.I. 12075)
Permanent-Orange G	Pigment Orange 13 (C.I. 21110)
Permanent Orange RL	4,4'-[(3,3'-Dichlor[1,1'-biphenyl]-4,4'-diyl)bis(azo)]-bis[2,4-dihydro-5-methyl-2-(4-methylphenyl)]-3H-pyrazol-3-on
Permanent-Peacock-Blau (PMA)	Pigment Blau 9:x (C.I. 42025:x)
Permanent Red BB	Pigment Rot 48:1 (C.I. 15865:1)
Permanent Red BBa	Pigment Rot 48:1 (C.I. 15865:1)
Permanent-Rot 2B (Barium)	Pigment Rot 48:1 (C.I. 15865:1)
Permanent-Rot 2B (Calcium)	Pigment Rot 48:2 (C.I. 15865:2)
Permanent-Rot 2B (Mangan)	Pigment Rot 48:4 (C.I. 15865:4)
Permanent-Rot 2B (Strontium)	Pigment Rot 48:3 (C.I. 15865:3)
Permanent-Rot FGR	Pigment Rot 112 (C.I. 12370)
Permanent-Rot F4RH	Pigment Rot 7 (C.I. 12420)
Permanent-Rot FRL	Pigment Rot 10 (C.I. 12440)
Permanent-Rot FRLL	Pigment Rot 9 (C.I. 12460)
Permanent-Rot FRR	Pigment Rot 2 (C.I. 12310)
Permanent-Rot R	Pigment Rot 4 (C.I. 12085)

Gebräuchlicher Name Handelsname	Substanzname
Permanent Rubine L6B	Pigment Rot 57:1 (C.I. 15850:1)
Permanentweiß	Bariumsulfat
Permanent White	Zinkoxid
Permanent Yellow G	Pigment Gelb 14 (C.I. 21095)
Permanent Yellow GR	Pigment Gelb 13 (C.I. 21100)
Permanent Yellow GR01	Pigment Gelb 13 (C.I. 21100)
Permangansäure Kaliumsalz	Kaliumpermanganat
Pernithrene Blue RS	6,15-Dihydro-5,9,14,18-antrazintetron
Perone 30	Wasserstoffperoxid
Perone 35	Wasserstoffperoxid
Perone 50	Wasserstoffperoxid
Peroxaan	Wasserstoffperoxid
Peroxidbleiche	Wasserstoffperoxid
Persadox	Dibenzoylperoxid
perschwefelsaures Kalium	Kaliumperoxodisulfat
Persec	Tetrachlorethen
Persprit	Propan-2-ol
Pertanol	Tetrachlorethen
Perylen	Pigment Rot 179 (C.I. 71130)
Perylen-Marron	Pigment Rot 179 (C.I. 71130)
Perylenmarron	Pigment Rot 179 (C.I. 71130)
Perylen-Rot	Pigment Rot 224 (C.I. 71127)
Perylenrot	Pigment Rot 123 (C.I. 71145)
Perylen-Rot	Pigment Rot 178 (C.I. 71155)
Perylenrot BL	Pigment Rot 149 (C.I. 71137)
Perylen-Scharlachrot	Pigment Rot 190 (C.I. 71140)
Perylen-Zinnoberrot	Pigment Rot 123 (C.I. 71145)
Perylo-[3,4-(d:9,10-c'd')]-dipyra-1,3,8,10-tetren	Pigment Rot 224 (C.I. 71127)
PES 100	Polyethylen
PES 200	Polyethylen
PETA	2,2-Bis(hydroxymethyl)-1,3-propandioltriacrylat
PETB	Pentaerythiol-tetra-benzoat
Petrohol	Propan-2-ol
Petrol	Petroleum
Petrolatum	Paraffin, C10-C13
Petroleum	aromatisches Kohlenwasserstoffgemisch
Petroleumwachs	Paraffin
Petrosol	Propan-2-ol
Petrothene	Polyethylen
Petrothene LB 861	Polyethylen
Petrothene LC 731	Polyethylen
Petrothene LC 941	Polyethylen
Petrothene NA 219	Polyethylen
Petrothene NA 227	Polyethylen
Petrothene XL 6301	Polyethylen
Petzinol	1,1,2-Trichlorethen
Pevikon D 61	Polychlorethen
Pevikon KL 2	Polychlorethen

Gebräuchlicher Name Handelsname	Substanzname
Pevikon PE 709	Polychlorethen
Pevikon PE 712	Polychlorethen
Pevikon PS 690	Polychlorethen
Pevikon R 23	Polychlorethen
Pevikon R 25	Polychlorethen
Pevikon R 341	Polychlorethen
Pevikon R 45	Polychlorethen
Pevikon S 602	Polychlorethen
Pfiklor	Kaliumchlorid
Pflanzenlaugsalz	Kaliumcarbonat
PG 50	Graphit
Pharmagel A	Gelatine
Pharmagel AdB	Gelatine
Pharmagel B	Gelatine
Pharmasorb Colloidal	Silicium(IV)-oxid
9,10-Phenanthrochinon	9,10-Phenanthrenchinon
Phenidon	1-Phenylpyrazolidin-3-on
Phenol	Hydroxybenzen
Phenolcarbinol	Phenylmethanol
Phenosafranin (C. I. 50200)	3,7-Diamino-5-phenylphenaziniumchlorid
Phenoxethol	1-Hydroxy-2-phenoxyethan
2-Phenoxyethanol	1-Hydroxy-2-phenoxyethan
Phenoxyethanol	1-Hydroxy-2-phenoxyethan
Phenoxytol	1-Hydroxy-2-phenoxyethan
Phensäure	Hydroxybenzen
4-Phenylacetophenon	1-[1,1'-Biphenyl]-4-yl-ethanon
trans-3-Phenylacrylsäure	trans-Phenylpropensäure
trans-ß-Phenylacrylsäure	trans-Phenylpropensäure
ß-Phenylacrylsäurechlorid	3-Phenylpropensäurechlorid
Phenylalkohol	Hydroxybenzen
Phenylameisensäure	Benzencarbonsäure
Phenylamin	Aminobenzen
Phenylamin Sulfat	Aminobenzensulfat
4-Phenylbenzophenon	(1,1'-Biphenyl)-4-yl-phenylmethanon
Phenylcarbinol	Phenylmethanol
Phenyl Cellosolve	1-Hydroxy-2-phenoxyethan
Phenylcellosolve	1-Hydroxy-2-phenoxyethan
Phenylchlorid	Chlorbenzen
2-Phenylchromon	Flavon
1,4-Phenylendiamin	1,4-Diaminobenzen
p-Phenylendiamin	1,4-Diaminobenzen
Phenylepoxyethan	Phenylethenoxid
Phenylethandiol	1-Hydroxy-2-phenoxyethan
Phenylethen	Ethenylbenzen
Phenylether	Diphenylether
Phenylethylen	Ethenylbenzen
Phenylethylenoxid	Phenylethenoxid
Phenylglycol	1-Hydroxy-2-phenoxyethan

Gebräuchlicher Name Handelsname	Substanzname
Phenylglykol	1-Hydroxy-2-phenoxyethan
1-Phenylglyoxal-2-diethylacetal	2,2-Diethoxyacetophenon
Phenylhydrazonbenzaldehyd	Benzaldehydphenylhydrazon
Phenylmethan	Methylbenzen
Phenylmethyl-2-ethylhexyl-adipinsäureester	Adipinsäurebenzyl-2-ethylhexylester
Phenyloxiram	Phenylethenoxid
Phenyloxybenzen	Diphenylether
2-Phenyl-1-propen	2-Phenylpropen
trans-3-Phenylpropensäure	trans-Phenylpropensäure
Phenyl-p-xenylketon	(1,1'-Biphenyl)-4-yl-phenylmethanon
1-Phenyl-3-pyrazolidon	1-Phenylpyrazolidin-3-on
Phenylsalicylat	2-Hydroxybenzencarbonsäurephenylester
Phenylsäure	Hydroxybenzen
6-Phenyl-1,3,5-triazin-2,4-diamin	2,4-Diamino-6-phenyl-1,3,5-triazin
Phenylwasserstoff	Benzen
Philblack	Aktivkohle
Philblack N 550	Aktivkohle
Philblack N 765	Aktivkohle
Philblack O	Aktivkohle
Philex	1,1,2-Trichlorethen
Philosopher's wool	Zinkoxid
Philschwarz N550	Aktivkohle
Phloroglucin	1,3,5-Trihydroxybenzen
Phloroglucin	1,3,5-Trihydroxybenzen-2-hydrat
Phloroglucin Dihydrat	1,3,5-Trihydroxybenzen-2-hydrat
Phloroglucinol	1,3,5-Trihydroxybenzen
Phloroglucinol Dihydrat	1,3,5-Trihydroxybenzen-2-hydrat
Phloxin-Rot (Blei)	Pigment Rot 90 (C.I. 45380:1)
Phoenicochroit	Blei(II)-chromat
Phoenicochroite	Blei(II)-chromat
Phönixin	Tetrachlormethan
Phorbyol	Rizinusöl
Phoscon PE60	Tris-(2,3-dibromopropyl)-phosphat
Phosflex 4	Phosphorsäuretributylester
Phosflex 112	Phosphorsäure-diphenyl-4-methyl-phenyl-ester
Phosflex 197 A	Phosphorsäuretrikresylester
Phosflex tm T-BEP	Tributoxyethylphosphat
Phosflex TPP	Phosphorsäuretriphenylester
Phosphorigesäure-(tri-phenyl)-ester	Triphenylphosphit
Phosphorsalzperle	Natriumtetrametaphosphat
Phosphorsäure	ortho-Phosphorsäure
Phosphorsäure-Ammoniumcobaltsalz (1:1:1)	Pigment Violett 49 (C.I. 77362)
Phosphorsäure-(2-ethylhexyl)-di-phenylester	Phosphorsäure-(2-ethylhexyl)-diphenylester
Phosphorsäure-(iso-dekyl)-phenylester	iso-Decyldiphenylphosphat
Phosphorsäurekresyldiphenylester	Phosphorsäure-diphenyl-4-methyl-phenyl-ester
Phosphorsäure-(1,4-kresyl)ester	Phosphorsäuretrikresylester
Phosphorsäure-(tri-brompropyl)-ester	Tris-(2,3-dibromopropyl)-phosphat
Phosphorsäure, Tributylester	Phosphorsäuretributylester

Gebräuchlicher Name Handelsname	Substanzname
Phosphorsäuretriethylester	Triethylphosphat
Phosphorsäuretri-n-butylester	Phosphorsäuretributylester
Phosphorsäuretri-o-kresylester	Phosphorsäuretri-1,2-kresylester
Phosphorsäure-tri-o-tolylester	Phosphorsäuretri-1,2-kresylester
Phosphorsäuretri-p-kresylester	Phosphorsäuretri-1,4-kresylester
Phosphorsäure-tri-p-tolylester	Phosphorsäuretri-1,4-kresylester
Phosphorsäure-tris-(2-butoxyethylester)	Tributoxyethylphosphat
Phosphorsäure-tris-(2-chlor-ethyl)ester	Phosphorsäure-(trichloroethyl)-ester
Phosphorsäure-tris-2,3-dibromopropylester	Tris-(2,3-dibromopropyl)-phosphat
Phosphorsäure-tris-(dichloropropyl)-ester	Tris-(di-chloro-propyl)-phosphat
Phosphorsäuretris(2-ethylhexylester)	Phosphorsäure-tri-(2-ethylhexyl)-ester
Phosphorsäure-tris(methylphenyl)ester	Phosphorsäuretrikresylester
Phosphorsäure-tris-(methylphenyl)-ester	Phosphorsäuretrikresylester
Phosphorsäuretritolylester	Phosphorsäuretrikresylester
Photol	4-Methylaminohydroxybenzensulfat
Photo Rex	4-Methylaminohydroxybenzensulfat
PhP	1-Phenoxy-2-propanol
L 911 Phthalat	Phthalsäureester, Gemisch
Phthaloblau	Kupferphthalocyanin
Phthaloblau alpha (R,NC)	Pigment Blau 15:1 (C.I. 74250)
Phthaloblau (metall-frei)	Phthalocyanin (C.I. 74100)
29H,31H-Phthalocyanin	Phthalocyanin (C.I. 74100)
Phthalocyanine blue	Kupferphthalocyanin
Phthalocyanine Brilliant Green	Kupferphthalocyanin, chloriert
Phthalocyanine Green	Kupferphthalocyanin, chloriert
Phthalocyanine Green LX	Kupferphthalocyanin, chloriert
Phthalocyanine Green V	Kupferphthalocyanin, chloriert
Phthalocyanine Green VFT 1080	Kupferphthalocyanin, chloriert
Phthalocyanine Green WDG 47	Kupferphthalocyanin, chloriert
Phthalocyanin Grün	Kupferphthalocyanin, chloriert
Phthalocyanin Kupfer(II)-Komplex	Kupferphthalocyanin
Phthalo-Grün	Kupferphthalocyanin, chloriert
Phthalo-Grün (Cl, Br)	Pigment Grün 36 (C.I. 74265)
Phthalol	Benzen-1,2-dicarbonsäurediethylester
Phthalsäurebenzylbutylester	Benzen-1,2-dicarbonsäurebenzyl-n-butylester
Phthalsäure-bis-2-ethylhexylester	Benzen-1,2-dicarbonsäuredi-2-ethylhexylester
Phthalsäurebis(2-ethylhexylester)	Benzen-1,2-dicarbonsäuredi-2-ethylhexylester
Phthalsäurebis(2-octyl)ester	Phthalsäuredi-(1methylheptyl)ester
Phthalsäurebutylbenzylester	Benzen-1,2-dicarbonsäurebenzyl-n-butylester
Phthalsäurebutyloctylester	Benzen-1,2-dicarbonsäurebutyloctylester
Phthalsäuredibutylester	Benzen-1,2-dicarbonsäuredi-n-butylester
Phthalsäuredicaprylester	Phthalsäuredi-(1methylheptyl)ester
Phthalsäuredicyclohexylester	Benzen-1,2-dicarbonsäuredicyclohexylester
Phthalsäuredidecylester	Benzen-1,2-dicarbonsäuredidecylester
Phthalsäurediethylester	Benzen-1,2-dicarbonsäurediethylester
Phthalsäuredihexylester	Benzen-1,2-dicarbonsäuredihexylester
Phthalsäure-di-hydroabietyl-ester	Benzen-1,2-dicarbonsäuredihydroabietylester
Phthalsäurediisobutylester	Benzen-1,2-dicarbonsäure-di-(2-methylpropen)ester

Gebräuchlicher Name Handelsname	Substanzname
Phthalsäuredi-iso-decylester	Benzen-1,2-dicarbonsäuredi-iso-decylester
Phthalsäuredi-iso-nonylester	Benzen-1,2-dicarbonsäuredi-iso-nonylester (Isomerengemisch)
Phthalsäuredi-iso-octylester	Benzen-1,2-dicarbonsäuredi-iso-octylester
Phthalsäuredimethoxyethylester	Benzen-1,2-dicarbonsäuredi-(2-methoxyethylester)
Phthalsäuredimethylester	Benzen-1,2-dicarbonsäuredimethylester
Phthalsäuredimethylglycolester	Benzen-1,2-dicarbonsäuredi-(2-methoxyethylester)
Phthalsäuredimethylglykolester	Benzen-1,2-dicarbonsäuredi-(2-methoxyethylester)
Phthalsäuredi-n-butylester	Benzen-1,2-dicarbonsäuredi-n-butylester
Phthalsäuredioctylester	Benzen-1,2-dicarbonsäure-di-n-octylester
Phthalsäuredi-2-octylester	Phthalsäuredi-(1methylheptyl)ester
Phthalsäurediphenylester	Benzen-1,2-dicarbonsäurediphenylester
Phthalsäuredi-tert.-butylester	Benzen-1,2-dicarbonsäure-di-tert.-butylester
Phthalsäureditridecylester	Benzen-1,2-dicarbonsäureditridecylester
Phthalsäure-1-dodecylester-2-undecylester	Phthalsäureester, Gemisch
Phthalsäure-ethyl-ethylglykolat-ester	Benzen-1,2-dicarbonsäureethylethylglykolatester
Phthalsäure-(2-ethylhexyl)diester	Benzen-1,2-dicarbonsäuredi-2-ethylhexylester
Phthalsäuremethylester mit Ethylglykolat	Methylphthalylethylglykolat
Phthalsäureundekylester	Benzen-1,2-dicarbonsäurediundecylester
Phthatalsäuredibenzylester	Benzen-1,2-dicarbonsäuredibenzylester
Phuriol E 400	alpha-Hydro-w-hydroxypoly-(oxy-1,2-ethandiyl)
Piccoumaron	Cumaron-Inden-Harz
Piccovar	Cumaron-Inden-Harz
Pictol	4-Methylaminohydroxybenzensulfat
Pigdex 100	Eisen(III)-oxid
Pigment Anthraquinone Deep Blue	6,15-Dihydro-5,9,14,18-antrazintetron
Pigment Black 1	Pigment Schwarz 1 (C.I. 50440)
Pigment Black 11	Eisen(II,III)-oxid
Pigment Black 7	Aktivkohle
Pigment Black 28	Pigment Schwarz 28 (C.I. 77428)
Pigment Black 26	Pigment Schwarz 26 (C.I. 77494)
Pigment Black 12	Pigment Schwarz 12 (C.I. 77543)
C.I. Pigment Black 10	Graphit
Pigment Black 9	Pigment Schwarz 9 (C.I. 77267)
Pigment Black 10, Pigment Schwarz 10	Graphit
Pigment Blau 15	Kupferphthalocyanin
Pigment Blau 27 (C.I. 77510)	Eisen(III)-hexacyanoferrat(II)
Pigment Blau 16 (C.I. 74100)	Phthalocyanin (C.I. 74100)
Pigment Blau 60 (C.I. 69800)	6,15-Dihydro-5,9,14,18-antrazintetron
Pigment Blue 15:1	Pigment Blau 15:1 (C.I. 74250)
Pigment Blue 29	Pigment Blau 29 (C.I. 77007)
Pigment Blue 18	Pigment Blau 18 (C.I. 42770:1)
Pigment Blue 61	Pigment Blau 61 (C.I. 42765:1)
Pigment Blue 1	Pigment Blau 1 (C.I. 42595:2)
Pigment Blue 28	Pigment Blau 28 (C.I. 77346)
Pigment Blue 15	Kupferphthalocyanin
Pigment Blue 63	Pigment Blau 63 (C.I. 73015:x)
Pigment Blue 27	Pigment Blau 27 (C.I. 77510)

Gebräuchlicher Name Handelsname	Substanzname
Pigment Blue 19	Pigment Blau 19 (C.I. 42750)
Pigment Blue 56	Pigment Blau 56 (C.I. 42800)
Pigment Blue 24	Pigment Blau 24 (C.I. 42090:1)
Pigment Blue 36	Pigment Blau 36 (C.I. 77343)
Pigment Blue 1:2	Pigment Blau 1:2 (C.I. 42595:3)
C.I. Pigment Blue 60	6,15-Dihydro-5,9,14,18-antrazintetron
Pigment Blue 60	6,15-Dihydro-5,9,14,18-antrazintetron
Pigment Blue Anthraquinone	6,15-Dihydro-5,9,14,18-antrazintetron
Pigment Blue Anthraquinone V	6,15-Dihydro-5,9,14,18-antrazintetron
Pigment Blue 16C.I. 74100	Phthalocyanin (C.I. 74100)
Pigment Blue 24:x	Pigment Blau 24:x (C.I. 42090:2)
Pigment Blue 1:x	Pigment Blau 1:x (C.I. 42595:x)
Pigment Blue 9:x	Pigment Blau 9:x (C.I. 42025:x)
Pigment Braun 6 (C.I. 77491)	Eisen(III)-oxid
Pigment Brown 11	Pigment Braun 11 (C.I. 77495)
Pigment Brown 6	Eisen(III)-oxid
Pigment Brown 5	Pigment Braun 5 (C.I. 15800:2)
Pigment Brown 23	Pigment Braun 23
Pigment Brown 33	Pigment Braun 33 (C.I. 77503)
Pigment Brown 24	Pigment Braun 24 (C.I. 77310)
Pigment Brown 35	Pigment Braun 35 (C.I. 77501)
Pigment Brown 25	Pigment Braun 25 (C.I. 12510)
Pigment Brown 7 : x	Pigment Braun 7:x (C.I. 77499)
Pigment Deep Blue Anthraquinone	6,15-Dihydro-5,9,14,18-antrazintetron
Pigment Fast Green G	Kupferphthalocyanin, chloriert
Pigment Fast Green GN	Kupferphthalocyanin, chloriert
C.I. Pigment Gelb 139	Pigment Gelb 139
Pigment Gelb 139	Pigment Gelb 139
Pigment Gelb 34	Blei(II)-chromat
Pigment Gelb 37 (C.I. 77199)	Cadmiumsulfid
Pigment Gelb 42 (C.I. 77492)	Eisen(III)-hydroxid
Pigment Gelb 32 (C.I. 77839)	Strontiumchromat
Pigment Gelb 34 (C.I. 77603/C.I. 77600)	Bleisulfochromat
Pigment Grau 15	Blei(II)-chromat
Pigment Green 1	Pigment Grün 1 (C.I. 42040:1)
Pigment Green 2	Pigment Grün 2 (C.I. 42040:1 & C.I. 49005:1)
C.I. Pigment Green 42	Kupferphthalocyanin, chloriert
Pigment Green 7	Kupferphthalocyanin, chloriert
Pigment Green 36	Pigment Grün 36 (C.I. 74265)
Pigment Green 15	Blei(II)-chromat
Pigment Green Phthalocyanine	Kupferphthalocyanin, chloriert
Pigment Green Phthalocyanine V	Kupferphthalocyanin, chloriert
Pigment Green 1:x	Pigment Grün 1:x (C.I. 42040:x)
Pigment Grün 15	Blei(II)-chromat
Pigment Grün 7 (C.I. 74260)	Kupferphthalocyanin, chloriert
Pigment Lake Red BFC	Pigment Rot 53:1 (C.I. 15585:1)
Pigment Lake Red CD	Pigment Rot 53:1 (C.I. 15585:1)
Pigment Lake Red LC	Pigment Rot 53:1 (C.I. 15585:1)

Gebräuchlicher Name Handelsname	Substanzname
C.I. Pigment Metal 2	Kupfer
Pigment Metal 6	Zink
Pigment Metall 6 (C.I.77945)	Zink
Pigment Orange 48	Pigment Rot 207
Pigment Orange 34	4,4'-[(3,3'-Dichlor[1,1'-biphenyl]-4,4'-diyl)bis(azo)]-bis[2,4-dihydro-5-methyl-2-(4-methylphenyl)]-3H-pyrazol-3-on
Pigment Red 206	Pigment Rot 207
Pigment Red 207	Pigment Rot 207
Pigment Red 49:1	Pigment Rot 49:1 (C.I. 15630:1)
Pigment Red 49:2	Pigment Rot 49:2 (C.I. 15630:2)
Pigment Red 169	Pigment Rot 169 (C.I. 45160:2)
Pigment Red 166	Pigment Rot 166 (C.I. 20035)
Pigment Red 176	Pigment Rot 176 (C.I. 12515)
Pigment Red 172	Pigment Rot 172 (C.I. 45430:1)
Pigment Red 52:2	Pigment Rot 52:2 (C.I: 15860:2)
Pigment Red 49	Pigment Rot 49 (C.I. 15630)
Pigment Red 104	Bleichromat/Bleimolybdat
Pigment Red 224	Pigment Rot 224 (C.I. 71127)
Pigment Red 101	Eisen(III)-oxid
Pigment Red 102	Eisen(III)-oxid
Pigment Red 216	Pigment Rot 216 (C.I. 59710)
Pigment Red 90	Pigment Rot 90 (C.I. 45380:1)
Pigment Red 113	Pigment Rot 113 (C.I. 77201)
Pigment Red 48:3	Pigment Rot 48:3 (C.I. 15865:3)
Pigment Red 52:1	Pigment Rot 52:1 (C.I. 15860:1)
Pigment Red 123	Pigment Rot 123 (C.I. 71145)
Pigment Red 3	1-(4-Methyl-2-nitrobenzenazo)-2-naphthol
Pigment Red 170	Pigment Rot 170 (C.I. 12475)
Pigment Red 4	Pigment Rot 4 (C.I. 12085)
Pigment Red 178	Pigment Rot 178 (C.I. 71155)
Pigment Red 208	Pigment Rot 208 (C.I. 12514)
Pigment Red 177	Pigment Rot 177 (C.I. 65300)
Pigment Red 168	Pigment Rot 168 (C.I. 59300)
Pigment Red 149	Pigment Rot 149 (C.I. 71137)
C.I. Pigment Red 53:1	Pigment Rot 53:1 (C.I. 15585:1)
Pigment Red 53:1	Pigment Rot 53:1 (C.I. 15585:1)
Pigment Red 48:4	Pigment Rot 48:4 (C.I. 15865:4)
Pigment Red 146	Pigment Rot 146 (C.I. 12485)
Pigment Red 144	Pigment Rot 144
Pigment Red 57:1	Pigment Rot 57:1 (C.I. 15850:1)
Pigment Red 179	Pigment Rot 179 (C.I. 71130)
Pigment Red 200	Pigment Rot 200 (C.I. 15867)
Pigment Red 108	Pigment Rot 108 (C.I. 77202)
Pigment Red 187	Pigment Rot 187 (C.I. 12486)
Pigment Red 2	Pigment Rot 2 (C.I. 12310)
Pigment Red 188	Pigment Rot 188 (C.I. 12467)
Pigment Red 185	Pigment Rot 185 (C.I. 12516)

Gebräuchlicher Name Handelsname	Substanzname
Pigment Red 81:3	Pigment Rot 81:3 (C.I. 45160:3)
Pigment Red 226	Pigment Rot 226
Pigment Red 8	Pigment Rot 8 (C.I. 12335)
Pigment Red 12	Pigment Rot 12 (C.I. 12385)
Pigment Red 10	Pigment Rot 10 (C.I. 12440)
Pigment Red 9	Pigment Rot 9 (C.I. 12460)
Pigment Red 5	Pigment Rot 5 (C.I. 12490)
Pigment Red 9	Pigment Rot 5 (C.I. 12490)
Pigment Red 63:1	Pigment Rot 63:1 (C.I. 15880:1)
Pigment Red 190	Pigment Rot 190 (C.I. 71140)
Pigment Red 7	Pigment Rot 7 (C.I. 12420)
Pigment Red 112	Pigment Rot 112 (C.I. 12370)
Pigment Red 147	Pigment Rot 147 (C.I. 12433)
Pigment Red 175	Pigment Rot 175 (C.I. 12513)
Pigment Red 171	Pigment Rot 171 (C.I. 12512)
Pigment Red 48:2	Pigment Rot 48:2 (C.I. 15865:2)
Pigment Red 83	1,2-Dihydroxyanthrachinon
Pigment Red 119	Pigment Rot 119
C.I. Pigment Red 48:1	Pigment Rot 48:1 (C.I. 15865:1)
Pigment Red 48:1	Pigment Rot 48:1 (C.I. 15865:1)
Pigment Red 122	Pigment Rot 122 (C.I. 73915)
Pigment Red 184	Pigment Rot 184 (C.I. 12487)
C.I. Pigment Red 48, barium salt (1:1) (8CI)	Pigment Rot 48:1 (C.I. 15865:1)
C.I. Pigment Red 53, Bariumsalz	Pigment Rot 53:1 (C.I. 15585:1)
C.I. Pigment Red 48, Bariumsalz (1:1) (8CI)	Pigment Rot 48:1 (C.I. 15865:1)
Pigment Red CD	Pigment Rot 53:1 (C.I. 15585:1)
Pigment Red 209 C.I. 73905	2,9-Dichloro-5,12-dihydro-quino-(2,3-b)-acridin-7,14-dion
Pigment Red x	Pigment Rot x (C.I. 16035:x)
Pigment Rot 206	Pigment Rot 207
Pigment Rot 101	Eisen(III)-oxid
C.I. Pigmentrot 105	Blei(II,IV)-oxid
Pigment Rot 105	Blei(II,IV)-oxid
Pigment Rot 9	Pigment Rot 5 (C.I. 12490)
Pigment Rot 104 (C.I. 77605)	Bleichromat/Bleimolybdat
Pigment Rot 102 (C.I. 77491)	Eisen(III)-oxid
Pigment Rot 3 (C.I. 12120)	1-(4-Methyl-2-nitrobenzenazo)-2-naphthol
Pigment Rot 83 (C.I. 58000)	1,2-Dihydroxyanthrachinon
Pigmentruß	Aktivkohle
Pigment Schwarz 16	Zink
C.I. Pigment Schwarz 10	Graphit
Pigment Schwarz 11 (C. I. 77499)	Eisen(II,III)-oxid
Pigment Schwarz 7 (C.I. 77266)	Aktivkohle
Pigment Violet 16	Pigment Violett 16 (C.I. 77742)
Pigment Violet 32	Pigment Violett 32 (C.I. 12517)
Pigment Violet 27	Pigment Violett 27 (C.I. 42535:3)
Pigment Violet 15	Polysulfid-Natrium-Aluminium-Silikat
Pigment Violet 3	Pigment Violett 3 (C.I. 42535:2)

Gebräuchlicher Name Handelsname	Substanzname
Pigment Violet 1	Pigment Violett 1 (C.I. 45170:2)
Pigment Violet 2	Pigment Violett 2 (C.I. 45175:1)
Pigment Violet 5:1	Pigment Violett 5:1 (C.I. 58055:1)
Pigment Violet 14	Pigment Violett 14 (C.I. 77360)
Pigment Violet 49	Pigment Violett 49 (C.I. 77362)
Pigment Violet 23	Pigment Violett 23 (C.I. 51319)
Pigment Violet 39	Pigment Violett 39 (C.I. 42555:2)
Pigment Violet 3:3	Pigment Violett 3:3 (C.I. 42535:5)
Pigment Violet 48	Pigment Violett 48 (C.I. 77352)
Pigment Violet 47	Pigment Violett 47 (C.I. 77363)
Pigment Violett 19 C.I. 73900	Pigment Rot 207
Pigment Violett 15 (C.I. 77007)	Polysulfid-Natrium-Aluminium-Silikat
Pigment Violet 1:x	Pigment Violett 1:x (C.I. 45170:x)
C.I. Pigment Weiß 6	Titandioxid
Pigment Weiß 21	Bariumsulfat
Pigment Weiß 22	Bariumsulfat
Pigment Weiß 23	Bariumsulfat
Pigment Weiß 28 (C.I. 77230)	Calciummetasilicat
Pigment Weiß 11 (C.I. 77052)	Antimon(III)-oxid
Pigment Weiß 4 C.I. 77947	Zinkoxid
Pigment Weiß 7 (C.I. 77975)	Zinksulfid
Pigment Weiß 24 (C.I. 77002)	Aluminiumhydroxid Sulfat
Pigment Weiß 1 (C.I. 77597)	Blei(II)-hydroxidcarbonat
Pigment Weiß 6 (C.I. 77891)	Titandioxid
Pigment Weiß 18 (C.I. 77220)	Calciumcarbonat
Pigment Weiß 10 (C.I. 77099)	Bariumcarbonat
Pigment Weiß 25 (C.I. 77231)	Calciumsulfat
Pigment White 28	Calciummetasilicat
Pigment White 20	Pigment Weiß 20 (C.I. 77019)
Pigment White 11	Antimon(III)-oxid
Pigment White 4	Zinkoxid
Pigment White 7	Zinksulfid
Pigment White 24	Aluminiumhydroxid Sulfat
Pigment White 1	Blei(II)-hydroxidcarbonat
Pigment White 5	Pigment Weiß 5 (C.I. 77115)
Pigment White 6	Titandioxid
Pigment White 18	Calciumcarbonat
Pigment White 10	Bariumcarbonat
Pigment White 3	Blei(II)-sulfat
Pigment White 25	Calciumsulfat
Pigment White 32	Pigment Weiß 32 (C.I. 77964)
Pigment White 26	Pigment Weiß 26 (C.I. 77718)
Pigment White19	Pigment Weiß 19 (C.I. 77004)
Pigment Yellow 119	Pigment Gelb 119 (C.I. 77496)
Pigment Yellow 97	Pigment Gelb 97 (C.I. 11767)
Pigment Yellow 98	Pigment Gelb 98 (C.I. 11727)
Pigment Yellow 100	Pigment Gelb 100 (C.I.19140:1)
Pigment Yellow 106	Pigment Gelb 106

Gebräuchlicher Name Handelsname	Substanzname
Pigment Yellow 35	Pigment Gelb 35 (C.I. 77205)
Pigment Yellow 109	Pigment Gelb 109
Pigment Yellow 37	Cadmiumsulfid
Pigment Yellow 42	Eisen(III)-hydroxid
Pigment Yellow 48	Eisen(III)-hydroxid
Pigment Yellow 43	Pigment Gelb 43 (C.I. 77492)
Pigment Yellow 34	Bleisulfochromat
Pigment Yellow 73	Pigment Gelb 73 (C.I. 11738)
Pigment Yellow 113	Pigment Gelb 113 (C.I. 21126)
Pigment Yellow 104	Pigment Gelb 104 (C.I. 15985:1)
Pigment Yellow 152	Pigment Gelb 152
Pigment Yellow 117	Pigment Gelb 117
Pigment Yellow 81	Pigment Gelb 81 (C.I. 21127)
Pigment Yellow 101	Pigment Gelb 101 (C.I.48052)
Pigment Yellow 1	Pigment Gelb 1 (C.I. 11680)
Pigment Yellow 120	Pigment Gelb 120 (C.I. 11783)
Pigment Yellow 116	Pigment Gelb 116
Pigment Yellow 175	Pigment Gelb 175 (C.I. 11784)
Pigment Yellow 139	Pigment Gelb 139
Pigment Yellow 36	Pigment Gelb 36 (C.I. 77955)
Pigment Yellow 108	Pigment Gelb 108 (C.I. 68420)
Pigment Yellow 17	Pigment Gelb 17 (C.I. 21105)
Pigment Yellow 24	Pigment Gelb 24 (C.I.70600)
Pigment Yellow 36:1	Pigment Gelb 36:1 (C.I. 77956)
Pigment Yellow 13	Pigment Gelb 13 (C.I. 21100)
Pigment Yellow 95	Pigment Gelb 95
Pigment Yellow 14	Pigment Gelb 14 (C.I. 21095)
Pigment Yellow 83	Pigment Gelb 83 (C.I. 21108)
Pigment Yellow 93	Pigment Gelb 93
Pigment Yellow 110	Pigment Gelb 110 (C.I. 56280)
Pigment Yellow 138	Pigment Gelb 138
Pigment Yellow 128	Pigment Gelb 128
Pigment Yellow 16	Pigment Gelb 16 (C.I. 20040)
Pigment Yellow 151	Pigment Gelb 151 (C.I. 13980)
Pigment Yellow 126	Pigment Gelb 126 (C.I. 21101)
Pigment Yellow 74	Pigment Gelb 74 (C.I. 11741)
Pigment Yellow 55	Pigment Gelb 55 (C.I. 21096)
Pigment Yellow 12	Pigment Gelb 12 (C.I. 21090)
Pigment Yellow 154	Pigment Gelb 154 (C.I. 11781)
Pigment Yellow 60	Pigment Gelb 60 (C.I. 12705)
Pigment Yellow 3	Pigment Gelb 3 (C.I. 11710)
Pigment Yellow 65	Pigment Gelb 65 (C.I. 11740)
Pigment Yellow 124	Pigment Gelb 124 (C.I. 21107)
Pigment Yellow 164	Pigment Gelb 164 (C.I. 77899)
Pigment Yellow 150	Pigment Gelb 150
Pigment Yellow 162	Pigment Gelb 162 (C.I. 77896)
Pigment Yellow 161	Pigment Gelb 161 (C.I. 77895)
Pigment Yellow 153	Pigment Gelb 153

Gebräuchlicher Name Handelsname	Substanzname
Pigment Yellow 129	Pigment Gelb 129
Pigment Yellow 111	Pigment Gelb 111
Pigment Yellow 114	Pigment Gelb 114 (C.I. 21092)
Pigment Yellow 127	Pigment Gelb 127 (C.I. 21102)
Pigment Yellow 32	Strontiumchromat
Pigment Yellow 53	Pigment Gelb 53 (C.I. 77788)
Pigment Yellow 34 (C.I. 77600)	Blei(II)-chromat
C.I. Pigment Yellow 13 (7CI,8CI)	Pigment Gelb 13 (C.I. 21100)
Pigment Yellow MH	Pigment Gelb 13 (C.I. 21100)
Pigmosol Gelb 1250	Pigment Gelb 1 (C.I. 11680)
Pigmosol Orange 3052	Pigment Orange 5 (C.I. 12075)
Pigmosol Rot 3855	Pigment Rot 112 (C.I. 12370)
Pigmosol Scharlach 4300	Pigment Rot 48:4 (C.I. 15865:4)
Pimelic Keton	Cyclohexanon
Pimelin Keton	Cyclohexanon
Pinakol	2,3-Dimethyl-2,3-butandiol
Pinakon	2-Methylpentan-2,4-diol
Pinakon	2,3-Dimethyl-2,3-butandiol
Pinen	Terpentin
PI-ON	9,10-Phenanthrenchinon
Pittsburgh PX-138	Benzen-1,2-dicarbonsäuredi-2-ethylhexylester
PK-C	Magnesiumsilikathydrat
PK-N	Magnesiumsilikathydrat
Placidol E	Benzen-1,2-dicarbonsäurediethylester
Planavit C	L-(+)-Ascorbinsäure
Planium	Polyethylen
Plasdone	Polyvinylpyrrolidon
Plaskon PP 60-002	Polyethylen
Plasmosan	Polyvinylpyrrolidon
Plastanox	4-Sulfo-heptandisäuredidodecylester
Plastazote X 1016	Polyethylen
Plasthall 226	Hexandicarbonsäure-bis-[2-(2-butoxy-ethoxy)-ethyl]ester
Plasthall 100	Isooctyl-Tallat
Plasthall DBS	Decandisäuredibutylester
Plasthall DEP	Benzen-1,2-dicarbonsäurediethylester
Plasthall DIBA	Bis-(2-methylpropyl)-ester-hexandisäure
Plasthall ESO	Sojabohnenöl, epoxidiert
Plastigen PR 8086	alpha-Hydro-w-hydroxypoly-(oxy-1,2-ethandiyl)
Plastin	Polyethylen
Plastolein 9214	Oktyl-epoxy-tallat
Plastolein 9051 DNHZ	Di-(n-hexyl)-azelat
Plastolein 9058 DOZ	Nonandisäure-bis-[2-ethylhexylester]
Plastolein 9404 TGP	Triethylenglykoldipelargonat
Plastolein 9250 THFO	Tetrahydrofurfuryl-oleat
Plastomoll BMB	N-Butylbenzensulfonamid
Plastomoll DOA	Hexandicarbonsäure-bis-2-ethylhexylester
Plastronga	Polyethylen

Gebräuchlicher Name Handelsname	Substanzname
Plastylene MA 2003	Polyethylen
Plastylene MA 7007	Polyethylen
Plationol	Benzen-1,2-dicarbonsäuredi-2-ethylhexylester
Pliovic	Polychlorethen
Pliovic DB 80V	Polychlorethen
Pliovic D 100X	Polychlorethen
Pliovic K 906	Polychlorethen
Pliovic K 90E	Polychlorethen
Pliovic S 50	Polychlorethen
Plumbago	Graphit
Plumbago (graphite)	Graphit
Plumbous chromate	Blei(II)-chromat
Plumbum	Blei
Plumbum subcarbonicum	Blei(II)-carbonat basisch
Pluracol E	alpha-Hydro-w-hydroxypoly-(oxy-1,2-ethandiyl)
Pluracol P1010	Poly-(1,2-propandiol)
Pluracol P2010	Poly-(1,2-propandiol)
Pluracol P4010	Poly-(1,2-propandiol)
Pluracol P410	Poly-(1,2-propandiol)
Pluriol	alpha-Hydro-w-hydroxypoly-(oxy-1,2-ethandiyl)
Pluriol P2000	Poly-(1,2-propandiol)
Pluriol P600	Poly-(1,2-propandiol)
PM	1-Methoxy-2-propanol
PNCB	4-Chlornitrobenzen
POK 60	Polychlorethen
Polcarb	Calciumcarbonat
Poliersprit	Ethanol
Polikol	alpha-Hydro-w-hydroxypoly-(oxy-1,2-ethandiyl)
Politen	Polyethylen
Politen I 020	Polyethylen
Polivinit	Polychlorethen
Polwinit	Polychlorethen
Poly-6	alpha-Hydro-w-hydroxypoly-(oxy-1,2-ethandiyl)
Polyacrylsäure	Polypropensäure
1,3-Polybutadien, Homopolymer	Polybutadien
Polycell	Carboxymethylcellulose
Polycell	Carboxymethylcellulose Natriumsalz
Polychloro copper phthalocyanine	Kupferphthalocyanin, chloriert
Poly(chloroethylene)	Polychlorethen
Polycizen 332	Octadecansäurebutylester
Polycizer 162	Benzen-1,2-dicarbonsäure-di-n-octylester
Polycizer DBP	Benzen-1,2-dicarbonsäuredi-n-butylester
Polycizer DBS	Decandisäuredibutylester
Polyco 2622	Polychlorethen
Polydesis	Polyvinylalkohol
Polydimethylsiloxan	Dimethylpolysiloxan
Poly-Em 12	Polyethylen
Poly-Em 40	Polyethylen

Gebräuchlicher Name Handelsname	Substanzname
Poly-Em 41	Polyethylen
Polyester TGM-3	1,2-Bis-[2-methacryloyl-oxy-ethoxy]-ethan
Polyethylene AS	Polyethylen
Polyethylene resins	Polyethylen
Polyethylenglycol-200-di-(2-ethylhexoat)	Polyethylen-glykol-200-di-(2-ethylhexoat)
Poly(ethylenglycol-400)distearat	Polyethylenglycoldistearat
Polyethylenglykol	alpha-Hydro-w-hydroxypoly-(oxy-1,2-ethandiyl)
Polyethylenoxid	alpha-Hydro-w-hydroxypoly-(oxy-1,2-ethandiyl)
Polyethylenwachs	Polyethylen
Polyethylenwachs, modifiziert	Polyethylen
Polyglycol	alpha-Hydro-w-hydroxypoly-(oxy-1,2-ethandiyl)
Polyglycol E	alpha-Hydro-w-hydroxypoly-(oxy-1,2-ethandiyl)
Polyglycol P1200	Poly-(1,2-propandiol)
Polyglycol P2000	Poly-(1,2-propandiol)
Polyglycol P425	Poly-(1,2-propandiol)
Polyglycol P-1200 E	Poly-(1,2-propandiol)
Polyglycol P4000: Polyglycol P-400 E	Poly-(1,2-propandiol)
S 65 (Polymer)	Polychlorethen
U 1 (Polymer)	Polychlorethen
Polymethylvinylether	Polyethenylmethylether
Polymist A12	Polyethylen
Polymo Green FBH	Kupferphthalocyanin, chloriert
Polymo Green FGH	Kupferphthalocyanin, chloriert
Polymon Blue 3R	6,15-Dihydro-5,9,14,18-antrazintetron
Polymon Green 6G	Kupferphthalocyanin, chloriert
Polymon Green G	Kupferphthalocyanin, chloriert
Polymon Green GN	Kupferphthalocyanin, chloriert
Polymo Yellow GR	Pigment Gelb 13 (C.I. 21100)
Polymul CS 81	Polyethylen
Polyox	alpha-Hydro-w-hydroxypoly-(oxy-1,2-ethandiyl)
alpha-Poly(oxy-1,2-ethandiyl)	alpha-Hydro-w-hydroxypoly-(oxy-1,2-ethandiyl)
Poly-(oxyethylen)-monooleat	alpha-(1-Oxo-9-Oktadekenyl)-w-(hydroxy)-Z-Poly-(oxy-1,2-ethandiyl)
Polyoxymethylen	Paraformaldehyd
Polyphenylethylen	Polyphenylethen
Poly(propan-1,2-diol)	Poly-(1,2-propandiol)
Polypropylenglycol	Poly-(1,2-propandiol)
Polypropylenglykol	Poly-(1,2-propandiol)
Polypropylenoxid	Poly-(1,2-propandiol)
Polysilon	Dimethylpolysiloxan
Polysion N 22	Polyethylen
Polysizer 173	Polyvinylalkohol
Poly-Solo EE	2-Ethoxyethanol
Poly-solv	Diethylenethandiolmonoethylether
Polysolvan O	Hydroxyethansäurebutylester
Poly-solv DM	Diethylenethandiolmonomethylether
Poly-solv EB	2-Butoxyethanol
Polysolve EM	2-Methoxyethanol

Gebräuchlicher Name Handelsname	Substanzname
Poly-Solv TB	2-[2-(2-Butoxyethoxy)ethoxy]ethanol
Poly-solv TE	Triethylenglykolmonoethylether
Polystyrol	Polyphenylethen
Polytal 4641	Magnesiumsilikathydrat
Polytal 4725	Magnesiumsilikathydrat
Polytetrafluorethylen	Polytetrafluorethen
Polythene	Polyethylen
Polytherm	Polychlorethen
Polyvinol	Polyvinylalkohol
Polyvinylacetat	Polyethansäureethenylester
Polyvinylalkylether	Polyethenylmethylether
Polyvinylbenzol	Polyphenylethen
Polyvinylbutanal	Polyvinylbutyral
Poly-(9-vinylcarbazol)	Poly-N-vinylcarbazol
Polyvinylchlorid	Polychlorethen
Polyvinylmethylether	Polyethenylmethylether
Polyvinylpyrrolidon K 15	Polyvinylpyrrolidon
Polyvinylpyrrolidon K 30	Polyvinylpyrrolidon
Polyviol	Polyvinylalkohol
Polyviol M 13/140	Polyvinylalkohol
Polyviol MO 5/140	Polyvinylalkohol
Polyviol W 25/140	Polyvinylalkohol
Polyviol W 40/140	Polyvinylalkohol
Polywax 600	alpha-Hydro-w-hydroxypoly-(oxy-1,2-ethandiyl)
Polywax 1000	Polyethylen
Polyzimtsäurevinylester	Polyvinylcinnamat
Ponceau 2 R	Ponceau Xylidin (C.I. 16150)
Ponsol Blue GZ	6,15-Dihydro-5,9,14,18-antrazintetron
Ponsol Blue RCL	6,15-Dihydro-5,9,14,18-antrazintetron
Ponsol Blue RPC	6,15-Dihydro-5,9,14,18-antrazintetron
Ponsol Brilliant Blue R	6,15-Dihydro-5,9,14,18-antrazintetron
Ponsol RP	6,15-Dihydro-5,9,14,18-antrazintetron
Poraminar	Aluminiumoxid
Porodur	Polychlorethen
Porolen	Polyethylen
Porzellanerde	Kaolin
Postanol	alpha-Hydro-w-hydroxypoly-(oxy-1,2-ethandiyl)
Potassiumchlorid	Kaliumchlorid
Potomac Red	Pigment Rot 53:1 (C.I. 15585:1)
Pottasche	Kaliumcarbonat
Poval 117	Polyvinylalkohol
Poval 120	Polyvinylalkohol
Poval 1700	Polyvinylalkohol
Poval 203	Polyvinylalkohol
Poval 205	Polyvinylalkohol
Poval 217	Polyvinylalkohol
Poval C 17	Polyvinylalkohol
Powder base 900	Zinkoxid

Gebräuchlicher Name Handelsname	Substanzname
PPE 2	Polyethylen
PPG	Poly-(1,2-propandiol)
Prepared chalk	Calciumcarbonat
Preußischblau	Pigment Blau 27 (C.I. 77510)
Preussisch Blau	Eisen(III)-hexacyanoferrat(II)
Preventol CMK	4-Chlor-3-methylhydroxybenzen
primäres Kaliumphosphat	Kaliumdihydrogenphosphat
primäres Natriumcarbonat	Natriumhydrogencarbonat
Primasprit	Ethanol
Primel-Chrom	Bleisulfochromat
Primelgelb	Pigment Gelb 35 (C.I. 77205)
Primol	Paraffin, C10-C13
Primol 355	Paraffin, C10-C13
Primol D	Paraffin, C10-C13
Primrose chrome yellow	Blei(II)-chromat
Printex	Aktivkohle
Printex 60	Aktivkohle
Printex L	Aktivkohle
Printex L 29	Aktivkohle
Printex L 6	Aktivkohle
Printex P	Aktivkohle
Printex XE 2	Aktivkohle
Printex XE-2	Aktivkohle
Prist	2-Methoxyethanol
Pristerene 4931	Octadecansäure
Pristerene 4963	Octadecansäure
PRO	Propan-2-ol
Procene UF 1.5	Polyethylen
Profax A 60-008	Polyethylen
Promulsin	Octadecansäure
Propamin A	2-Dimethylaminoethanol
1,2-Propandiol	Propan-1,2-diol
Propandiol-iso-butylether	1-(2-Methylpropoxy)-2-propanol
Propandiol-n-butylether	1-Butoxy-2-propanol
1,2-Propandiylcarbonat, cycl. Propylenglykolcarbonat	4-Methyl-1,3-dioxolan-2-on
2-Propanol	Propan-2-ol
i-Propanol	Propan-2-ol
Propanol-2	Propan-2-ol
1-Propanol	Propan-1-ol
n-Propanol	Propan-1-ol
Propanol	Propan-1-ol
Propanol-1	Propan-1-ol
2-Propanon	2-Propanon
Propan-2-on	2-Propanon
1,2,3-Propantriol	Propantriol
Propan-1,2,3-triyltriacetat	1,2,3-Triacetoxypropan
Propasol Solvent B	1-Butoxy-2-propanol
Propasol Solvent P	1-Propoxy-2-propanol

Gebräuchlicher Name Handelsname	Substanzname
2-Propenal	Propen-2-al
Propenal-2	Propen-2-al
2-Propennitril	Propensäurenitril
Propenoxid	Propan-1,2-epoxid
Propensäure	2-Propensäure
Propensäureethylester	2-Propensäureethylester
Propionsäure	Propansäure
1,2,3-Propoantrioltriacetat	1,2,3-Triacetoxypropan
Propol	Propan-2-ol
2-n-Propoxyethanol	2-Propoxyethanol
2-Propylacetat	Ethansäure-iso-propylester
i-Propylacetat	Ethansäure-iso-propylester
n-Propylacetat	Ethansäurepropylester
Propylacetat	Ethansäurepropylester
sek.-Propylalkohol	Propan-2-ol
n-Propylalkohol	Propan-1-ol
Propylalkohol	Propan-1-ol
Propylcarbinol	Butan-1-ol
i-Propylcarbinol	2-Methylpropan-1-ol
i-Propylcellosolv	2-Isopropoxyethanol
Propylcellosolve	2-Propoxyethanol
1,2-Propylencarbonat (PC)	4-Methyl-1,3-dioxolan-2-on
Propylene Glycol Industrial	Propan-1,2-diol
Propylenether	Propan-1,2-epoxid
Propylenether, stabilisiert	Propan-1,2-epoxid
1,2-Propylenglycol	Propan-1,2-diol
Propylenglycol	Propan-1,2-diol
Propylenglycol-iso-butylether	1-(2-Methylpropoxy)-2-propanol
Propylenglycolmethylether	1-Methoxy-2-propanol
1,2-Propylenglycol-1-mono-butylether	1-Butoxy-2-propanol
Propylenglycolmonoethylether	1-Ethoxypropan-2-ol
Propylenglycolmonomethylether	1-Methoxy-2-propanol
Propylenglycol-n-butylether	1-Butoxy-2-propanol
Propylenglycol-n-propylether	1-Propoxy-2-propanol
Propylenglycolphenylether	1-Phenoxy-2-propanol
1,2-Propylenglykol	Propan-1,2-diol
Propylenglykol	Propan-1,2-diol
Propylenglykoldiacetat	1,2-Propylenglycoldiacetat
Propylenglykolmethylether	1-Methoxy-2-propanol
Propylenglykolmonoethylether	1-Ethoxypropan-2-ol
Propylenglykolmonomethylether	1-Methoxy-2-propanol
Propylenglykol-n-butylether	1-Propoxy-2-propanol
Propylenglykolphenylether	1-Phenoxy-2-propanol
Propylenoxid	Propan-1,2-epoxid
1,2-Propylenoxid, stabilisiert	Propan-1,2-epoxid
Propylenoxid, stabilisiert	Propan-1,2-epoxid
Propylglycol	2-Propoxyethanol
Propylglykol	2-Propoxyethanol

Gebräuchlicher Name Handelsname	Substanzname
Propylmethanol	Butan-1-ol
Proscorbin	L-(+)-Ascorbinsäure
Protaflex	Casein
Protanal	Alginsäure Natriumsalz
Protoflex	Casein
Protol	Propantriol
Prototype III soft	Polychlorethen
Protox	Zinkoxid
Protox type 166	Zinkoxid
Protox type 167	Zinkoxid
Protox type 168	Zinkoxid
Protox type 169	Zinkoxid
Protox type 267	Zinkoxid
Protox type 268	Zinkoxid
Provisol Wax	Octadecansäure
Prozoin	Propansäure
Prussian rot	Eisen(III)-oxid
PS 1	Aluminiumoxid
PS 100	Calciumcarbonat
PS	Polyphenylethen
PS 1 (Alumina)	Aluminiumoxid
PS 100 (carbonate)	Calciumcarbonat
Pseudourea, Isourea	Kohlensäurediamid
PTFE	Polytetrafluorethen
PTS 2	Polyethylen
PTSA	4-Methylbenzensulfonsäure
Pulversalpeter	Kaliumnitrat
Puragel	Gelatine
Purcapolymel	Kohlensäurediamid
Purecal	Calciumcarbonat
Purecalo	Calciumcarbonat
Purecal SC	Calciumcarbonat
Purecal T	Calciumcarbonat
Purecal U	Calciumcarbonat
Pure lemon chrome L3GS	Blei(II)-chromat
PVA	Polyvinylalkohol
PVA 008	Polyvinylalkohol
E-Pvc	Polychlorethen
PVC	Polychlorethen
Pv-Fast Green G	Kupferphthalocyanin, chloriert
Pvkhl 4	Polychlorethen
Pvkhs 60	Polychlorethen
Pvkh-S 63ZH	Polychlorethen
PVM	Polyethenylmethylether
PVP 8T	Polyethylen
PVS 4	Polyvinylalkohol
PX-238	Hexandicarbonsäure-bis-2-ethylhexylester
PX-604	trans-Butensäuredibutylester

Gebräuchlicher Name Handelsname	Substanzname
PX-504	cis-Butensäuredibutylester
PX-404	Decandisäuredibutylester
PX-212	n-Oktyl-n-dekyl-adipat
PX-138	Benzen-1,2-dicarbonsäuredi-2-ethylhexylester
PX 138	Benzen-1,2-dicarbonsäure-di-n-octylester
PX-126	Benzen-1,2-dicarbonsäureditridecylester
PX-438	1,8-Octandicarbonsäure-bis-(2-ethylhexylester)
PX-238	Hexandicarbonsäure-di-n-octylester
PX-208	Hexandicarbonsäure-di-isooctylester
PX-120	Benzen-1,2-dicarbonsäuredi-iso-decylester
PX-220	Adipinsäure-(di-iso-decyl)-ester
PX-108	Benzen-1,2-dicarbonsäuredi-iso-octylester
PX-538	Di-oktylmaleat
PX-806	Oktyl-epoxy-tallat
PX-800	Sojabohnenöl, epoxidiert
PX 104	Benzen-1,2-dicarbonsäuredi-n-butylester
PX-306	Benzen-1,2-dicarbonsäuredihexylester
PX-338	Tri-oktyl-tri-melliat
PY 100	Polyethylen
Pyoctanium aureum	4,4'-(Imidocarbonyl)-bis-(N,N-dimethylanilin) Hydrochlorid
Pyoctanium coeruleum	Basisches Violett 1 (C.I. 42535)
Pyranthron-Rot	Pigment Rot 216 (C.I. 59710)
Pyranthron-Rot Y	Pigment Rot 226
Pyranton A	4-Hydroxy-4-methylpentan-2-on
Pyrazolinderivat	Pigment Orange 13 (C.I. 21110)
Pyrazolonorange	4,4'-[(3,3'-Dichlor[1,1'-biphenyl]-4,4'-diyl)bis(azo)]-bis[2,4-dihydro-5-methyl-2-(4-methylphenyl)]-3H-pyrazol-3-on
Pyrazolon-Orange	Pigment Orange 13 (C.I. 21110)
1,6-Pyrenchinon	1,6-Pyrendion
Pyro	1,2,3-Trihydroxybenzen
Pyrobenzol	Benzen
Pyro-Carb 406	Graphit
Pyrocatechin	1,2-Dihydroxybenzen
Pyrocatechol	1,2-Dihydroxybenzen
Pyroessigsäure	2-Propanon
Pyroessigsäureether	2-Propanon
Pyrogallol	1,2,3-Trihydroxybenzen
Pyrogallussäure	1,2,3-Trihydroxybenzen
Pyroholzether	Methanol
Pyrokatechin	1,2-Dihydroxybenzen
M-Pyrol	1-Methyl-2-pyrrolidinon
Pyrolysebenzin	Benzen
Pyroxylin	Cellulosenitrat
Pyroxylol	Cellulosenitrat
2-Pyrrolidinon	1-Ethenyl-2-pyrrolidinon
N-Pyrrol-n-methylpyrrolidin-2-on	1-Methyl-2-pyrrolidinon

Gebräuchlicher Name Handelsname	Substanzname
Pyrrolylene	1,3-Butadien
PZ	Calciumcarbonat
PZ (carbonate)	Calciumcarbonat
QSAH 7	Polychlorethen
QSAN 7	Polychlorethen
Quantacure CTX	2-Chlor-9H-thioxanthen-9-on
Quarz, corpuscular	Silicium(IV)-oxid
Quarzmehl	Silicium(IV)-oxid
Quarz, Pulver	Silicium(IV)-oxid
Quarzsand	Silicium(IV)-oxid
Quecksilberbichlorid	Quecksilber(II)-chlorid
Queensgate whiting	Calciumcarbonat
Questex 4 H	Ethylendiamintetraessigsäure
Quicksperse Litho Rot 34-PP-0122	Pigment Rot 53:1 (C.I. 15585:1)
Quicksperse Sico Gelb 12-PP-0328	Pigment Gelb 12 (C.I. 21090)
C-Quin	L-(+)-Ascorbinsäure
Quinsorb 010	2,4-Dihydroxybenzophenon
Quintol-B-1000	Polybutadien
Quirvil	Polychlorethen
Quirvil 278	Polychlorethen
QYSA	Polychlorethen
R 10	Tetrachlormethan
R 1150	Ethen
R 30	Dichlormethan
R 113	1,1,2-Trichlor-1,2,2-trifluorethan
R 717	Ammoniak (wasserfrei)
A 60-20R	Polyethylen
A 60-70R	Polyethylen
Radiacid 424	Octadecansäure
Rakusol Blau 62-9607	Pigment Blau 29 (C.I. 77007)
Rakusol Gelb 10-0107	Pigment Gelb 35 (C.I. 77205)
Rakusol Gelb 09-6 107	Pigment Gelb 138
Rakusol Gelb 20-1107	Pigment Braun 24 (C.I. 77310)
Rakusol Rot 39-1107	Pigment Rot 178 (C.I. 71155)
Rakusol Rot 39-1107	Pigment Rot 149 (C.I. 71137)
Ralox BHT food grade	2,6-Di-(1,1-dimethylethyl)-4-methylhydroxybenzen
Ramapo	Kupferphthalocyanin, chloriert
Raney-Nickel	Nickel
Raney-Nickel, aktivierter Hydrierkatalysator	Nickel
Raney-Nickel-Katalysator	Nickel
Raney-Nickel-Katalysator, gebraucht in Wasser suspendiert	Nickel
Raschit	4-Chlor-3-methylhydroxybenzen
Rautensalpeter	Natriumnitrat
Raven	Aktivkohle
Raven 30	Aktivkohle
Raven 420	Aktivkohle
Raven 500	Aktivkohle

Gebräuchlicher Name Handelsname	Substanzname
Raven 8000	Aktivkohle
Ravinil R 100/65D	Polychlorethen
Ravinyl	Polychlorethen
Rayox	Titandioxid
RC 172 DBM	Aluminiumoxid
RCH 1000	Polyethylen
RC-Plasticizen B-17	Octadecansäurebutylester
RCRA waste number U088	Benzen-1,2-dicarbonsäurediethylester
Rebonex	Aktivkohle
Recolite Fast Yellow BLF	Pigment Gelb 13 (C.I. 21100)
Recolite Fast Yellow BLT	Pigment Gelb 13 (C.I. 21100)
Recolite Red Lake C	Pigment Rot 53:1 (C.I. 15585:1)
Recolite Red Lake CR	Pigment Rot 53:1 (C.I. 15585:1)
1860 Red	Pigment Rot 53:1 (C.I. 15585:1)
Red 11938	Pigment Rot 53:1 (C.I. 15585:1)
Red 1860	Pigment Rot 53:1 (C.I. 15585:1)
Red 105	2',4',5',6'-Tetrachlor-2,4,5,7-tetrajodfluorescein Dinatriumsalz
Red ball	Calciumcarbonat
Red For Lake C	Pigment Rot 53:1 (C.I. 15585:1)
Red For Lake C Toner RA-5190	Pigment Rot 53:1 (C.I. 15585:1)
Red For Lake Toner RA-5190	Pigment Rot 53:1 (C.I. 15585:1)
Red 16913H	Pigment Rot 53:1 (C.I. 15585:1)
Red lake C	Pigment Rot 53:1 (C.I. 15585:1)
Red Lake CM 20-5650	Pigment Rot 53:1 (C.I. 15585:1)
Red Lake CR-1	Pigment Rot 53:1 (C.I. 15585:1)
Red Lake C Toner	Pigment Rot 53:1 (C.I. 15585:1)
Red Lake C Toner 20-5650	Pigment Rot 53:1 (C.I. 15585:1)
Red Lake C Toner RA-5190	Pigment Rot 53:1 (C.I. 15585:1)
Red Lake R-91	Pigment Rot 53:1 (C.I. 15585:1)
D&C Red No. 9	Pigment Rot 53:1 (C.I. 15585:1)
Redoxaid	Eisen(III)-oxid
Redoxon	L-(+)-Ascorbinsäure
Red Scarlet	Pigment Rot 53:1 (C.I. 15585:1)
Red Seal 9	Zinkoxid
Red Toner Z	Pigment Rot 53:1 (C.I. 15585:1)
Refined soybean oil	Sojaöl
Refined undeodorized soybean oil	Sojaöl
Reflex-Blau	Pigment Blau 61 (C.I. 42765:1)
Reflex-Blau 2G	Pigment Blau 56 (C.I. 42800)
Regal	Aktivkohle
Regal 300	Aktivkohle
Regal 330	Aktivkohle
Regal 600	Aktivkohle
Regal 99	Aktivkohle
Regal SRF	Aktivkohle
Regent	Aktivkohle
Regulus antimonil	Antimon

Gebräuchlicher Name Handelsname	Substanzname
Reinbenzol	Benzen
reiner Alkohol	Ethanol
Reines Cadmium-Gelb	Cadmiumsulfid
reines Cadmiumrot	Pigment Rot 108 (C.I. 77202)
Reines Cadmium-Zink Gelb	Pigment Gelb 35 (C.I. 77205)
reines Quecksilber-Cadmiumrot	Pigment Rot 113 (C.I. 77201)
Reintoluen	Methylbenzen
Reintoluol	Methylbenzen
Reinxylen	Dimethylbenzen (Isomerengemisch)
Reinxylol	Dimethylbenzen (Isomerengemisch)
Rekawan	Kaliumchlorid
Reomol DBP	Benzen-1,2-dicarbonsäuredi-n-butylester
Reomol DOA	Hexandicarbonsäure-bis-2-ethylhexylester
Reomol D 79 P	Benzen-1,2-dicarbonsäuredi-2-ethylhexylester
Repeftal	Benzen-1,2-dicarbonsäuredimethylester
Repel-A-Mist	2-Ethyl-1,3-hexandiol
Repellent 612	2-Ethyl-1,3-hexandiol
Repoc	Polyethylen
Resbenzophenon	2,4-Dihydroxybenzophenon
Resino Red K	Pigment Rot 48:1 (C.I. 15865:1)
G-Resins	Polyethylen
Resistoflex	Polyvinylalkohol
Resonyl	Polyethansäureethenylester
Resorcinmonomethylether	3-Methoxyhydroxybenzen
Resorcinolphthalein	Fluorescein (C.I. 45350)
Retarder BA	Benzencarbonsäure
Retarder BAX	Benzencarbonsäure
Retinnaphtha	Methylbenzen
Rhenogran Benzoesäure-80	Benzencarbonsäure
Rhenogran CaO-80	Calciumoxid
Rhenogran Fe-rot-70	Eisen(III)-oxid
Rhenogran Pb3O4-80	Blei(II,IV)-oxid
Rhenogran Pb3O4-80/ECO	Blei(II,IV)-oxid
Rhenogran Sb2O3	Antimon(III)-oxid
Rhenogran ZnO-80	Zinkoxid
Rhenosol ZnO-50	Zinkoxid
Rhenosorb	Calciumoxid
Rhenosorb C	Calciumoxid
Rhenosorb F	Calciumoxid
Rhodamin B	Basisches Violett 10 (C.I. 45170)
Rhodamin B Base	Solvens Rot 49 (C.I. 451701/1)
Rhodamin B (PMA)	Pigment Violett 1:x (C.I. 45170:x)
Rhodamin B (PTMA)	Pigment Violett 1 (C.I. 45170:2)
Rhodamin 6G	Basisches Rot 1 (C.I. 45160)
Rhodamin 6G (CFA)	Pigment Rot 169 (C.I. 45160:2)
Rhodamin Y (SMA)	Pigment Rot 81:3 (C.I. 45160:3)
Rhodanammonium	Ammoniumthiocyanat
Rhodankalium	Kaliumthiocyanat

Gebräuchlicher Name Handelsname	Substanzname
Rhodol	4-Methylaminohydroxybenzensulfat
Rhodoviol	Polyvinylalkohol
Rhodoviol 16/200	Polyvinylalkohol
Rhodoviol 4/125	Polyvinylalkohol
Rhodoviol 4-125P	Polyvinylalkohol
Rhodoviol R 16/20	Polyvinylalkohol
RIA	Kohlensäurediamid
Ribena	L-(+)-Ascorbinsäure
Ricin	Rizin
Ricinolsäureacetylmethylester	Methylacetylrinicoleat
Ricinolsäurebutylester	Butylricinoleat
Ricinolsäuremethylester	Methylricinoleat
Ricinolsäure-pentaerythritol-ester	12-Hydroxy-3-hydroxy-2,2-bis-(hydroxymethyl)-propyl-9-octa-decensäureester
Ricinusöl	Rizinusöl
Ricinusölsäureacetylmethylester	Methylacetylrinicoleat
Ricinusölsäuremethylester	Methylricinoleat
Rigidex	Polyethylen
Rigidex 35	Polyethylen
Rigidex 50	Polyethylen
Rigidex Type 2	Polyethylen
Rinderserumalbumin	Albumin
Riniciolsäure-glycerin-ester	Glycerylrinoleat
Rinicolsäureester mit Propylenglykol	Propylen-glykol-ricinoleat
Rizinusöl, hydriert	Glyceryl-tri-(12-hydroxy-stearat)
RK-Trichlorethylen	1,1,2-Trichlorethen
Rocol X 7119	Graphit
Rohbranntwein	Ethanol
Roh-Sienna	Pigment Gelb 43 (C.I. 77492)
Rohspiritus	Ethanol
Rohsprit	Ethanol
Roh-Umber	Pigment Braun 7:x (C.I. 77499)
Rohzucker-acetyl-(iso-butyrat)	Saccharose-acetyl-(iso-butyrat)
Romanthrene Blue FRS	6,15-Dihydro-5,9,14,18-antrazintetron
Romantrene Blue FRS	6,15-Dihydro-5,9,14,18-antrazintetron
Romantrene Blue GGSL	6,15-Dihydro-5,9,14,18-antrazintetron
Romantrene Blue RSZ	6,15-Dihydro-5,9,14,18-antrazintetron
Romantrene Brilliant Blue FR	6,15-Dihydro-5,9,14,18-antrazintetron
Romantrene Brilliant Blue R	6,15-Dihydro-5,9,14,18-antrazintetron
Ropol	Polyethylen
Ropothene OB.03-110	Polyethylen
Rosamin	Basisches Rot 1 (C.I. 45160)
Rosanilin Hydrochlorid	Fuchsin (C.I. 42510)
Roscorbic	L-(+)-Ascorbinsäure
Rose Bengale Dinatriumsalz	2',4',5',6'-Tetrachlor-2,4,5,7-tetrajodfluorescein Dinatriumsalz
2B Rot	Pigment Rot 48:1 (C.I. 15865:1)
Rotbleierz	Blei(II)-chromat

Gebräuchlicher Name Handelsname	Substanzname
Roteisenerz	Eisen(III)-oxid
Rot-Eisen-Oxid	Eisen(III)-oxid
Roteisenoxid	Eisen(III)-oxid
rotes Blei	Blei(II,IV)-oxid
rotes Bleioxid	Blei(II,IV)-oxid
rotes Blutlaugensalz	Kaliumhexacyanoferrat (III)
Rotes Farbpigment C (Barium)	Pigment Rot 53:1 (C.I. 15585:1)
Rot 2G (Calcium)	Pigment Rot 52:1 (C.I. 15860:1)
Rot 2G (Mangan)	Pigment Rot 52:2 (C.I: 15860:2)
Rotkali	Kaliumhexacyanoferrat (III)
Rotöl	Aminobenzen
Rotzinkerz	Zinkoxid
Rouge	Eisen(III)-oxid
Royal spectra	Aktivkohle
Royalterc	1-Decanol
Royal White Ligth	Calciumcarbonat
Ruß	Aktivkohle
Ruß	Kohlenstoff (amorph)
Rubber Fast Yellow GRA	Pigment Gelb 13 (C.I. 21100)
Rubber Red 16913R	Pigment Rot 53:1 (C.I. 15585:1)
Rübfettsäure	Octadecansäure
Rubigo	Eisen(III)-oxid
Rubin	Aluminiumoxid
Rubinate TDI 80/20	2,4-Diisocyanat-1-methylbenzen
Rubin 2B	Pigment Rot 48:3 (C.I. 15865:3)
Rubin 2B	Pigment Rot 48:4 (C.I. 15865:4)
Rubin 2B	Pigment Rot 48:2 (C.I. 15865:2)
Rubin 2B	Pigment Rot 48:1 (C.I. 15865:1)
Rubine Toner B	Pigment Rot 48:1 (C.I. 15865:1)
Rubine Toner BA	Pigment Rot 48:1 (C.I. 15865:1)
Rubine Toner BT	Pigment Rot 48:1 (C.I. 15865:1)
Rubin 4G (Calcium)	Pigment Rot 57:1 (C.I. 15850:1)
Rubinrot (Calcium)	Pigment Rot 200 (C.I. 15867)
Rucoflex Plasticizer DOA	Hexandicarbonsäure-bis-2-ethylhexylester
Rucon B 20	Polychlorethen
Runa RH20	Titandioxid
Rutgers 612	2-Ethyl-1,3-hexandiol
Rutil	Titandioxid
Rutiox	Titandioxid
RX 2557	Calciumcarbonat
RX 2558	Calciumcarbonat
RX 2559	Calciumcarbonat
Ryurene S 800B	Polychlorethen
S 12	1-Hydroxy-2,4-diaminobenzendihydrochlorid
S 28	N,N-Diethyl-1,4-diaminobenzen Sulfat
S 1	Graphit
S 61	Polychlorethen
S 70	Polychlorethen

Gebräuchlicher Name Handelsname	Substanzname
S 901	Polychlorethen
SA-1	Toluol-4-sulfinsäure Natriumsalz Hydrat
Sab Simplex	Dimethylpolysiloxan
Sachtolith	Zinksulfid
SAIB	Saccharose-acetyl-(iso-butyrat)
Salicylsäurephenylester	2-Hydroxybenzencarbonsäurephenylester
Salizylsäurephenylester	2-Hydroxybenzencarbonsäurephenylester
Salmiak	Ammoniumchlorid
Salmiakgeist	Ammoniaklösung
Salmiakspiritus	Ammoniaklösung
Salol	2-Hydroxybenzencarbonsäurephenylester
Salpeter	Natriumnitrat
Salpeter	Kaliumnitrat
Salpetergeist	Salpetersäure
salpetersaures Ammonium	Ammoniumnitrat
Salpetersaures Blei	Blei(II)-nitrat
salpetersaures Kali	Kaliumnitrat
salpetersaures Kalium	Kaliumnitrat
salpetersaures Natrium	Natriumnitrat
salpetersaures Silber	Silbernitrat
Salz	Natriumchlorid
Salzgeist	Chlorwasserstoff
Salzsäuregas	Chlorwasserstoff
Salzsaures Aluminium, wasserfrei	Aluminiumchlorid (wasserfrei)
Salzsaures Zink	Zinkchlorid
Salzsaures Zinkoxid	Zinkchlorid
Salzsäure (wasserfrei)	Chlorwasserstoff
Sand	Silicium(IV)-oxid
Sandothrene Blue NRSC	6,15-Dihydro-5,9,14,18-antrazintetron
Sandothrene Blue NRSN	6,15-Dihydro-5,9,14,18-antrazintetron
Santicizer 8	N-Ethyl-o,p-toluensulfonamid
Santicizer 141	Phosphorsäure-(2-ethylhexyl)-diphenylester
Santicizer 140	Phosphorsäure-diphenyl-4-methyl-phenyl-ester
Santicizer 148	iso-Decyldiphenylphosphat
Santicizer 711	Benzen-1,2-dicarbonsäure-heptyl/nonyl/undekyl
Santicizer 278	Benzen-1,2-dicarbonsäuredibenzylester
Santicizer 97	Heptylnonyladipat
Santicizer 97	Di-alkyladipat, Gemisch C7-9
Santicizer 160	Benzen-1,2-dicarbonsäurebenzyl-n-butylester
Santicizer 9	o-Toluolsulfonsäureamid
Santicizer DINP	Benzen-1,2-dicarbonsäuredi-iso-nonylester (Isomerengemisch)
Santicizer 79 TM	Tri-(n-heptyl/n-nonyl)trimelliat
Santicizier 160	Benzen-1,2-dicarbonsäure-di-tert.-butylester
Santovar A	2,5-Di-(1,1-dimethylethyl)-1,4-dihydroxybenzen
Sanwax 161P	Polyethylen
Sanyo Cyanine Green	Kupferphthalocyanin, chloriert
Sanyo Fast Red 2B	Pigment Rot 48:1 (C.I. 15865:1)

Gebräuchlicher Name Handelsname	Substanzname
Sanyo Fast Red 2BE	Pigment Rot 48:1 (C.I. 15865:1)
Sanyo Lake Red C	Pigment Rot 53:1 (C.I. 15585:1)
Sanyo Phthalocyanine Green FB Pure	Kupferphthalocyanin, chloriert
Sanyo Phthalocyanine Green F6G	Kupferphthalocyanin, chloriert
Sanyo Threne Blue IRN	6,15-Dihydro-5,9,14,18-antrazintetron
Saphir	Aluminiumoxid
Saran	Polyvinylidenchlorid
Saranac Yellow X 2838	Pigment Gelb 13 (C.I. 21100)
Satropol	4-Methylaminohydroxybenzensulfat
Säureorange 7	4-(2-Hydroxy-1-naphthalinazo)-benzensulfonsäure Natriumsalz
Säurerot 51	2,4,5,7-Tetrajodfluorescein Dinatriumsalz Monohydrat
Saures chromsaures Kali	Kaliumdichromat
Säure Schwarz 2	Nigrosin (wasserlöslich) (C.I. 50420)
saures Natriumcarbonat	Natriumhydrogencarbonat
Saxol	Paraffin, C10-C13
SB	Polyphenylethen
SBA	Butan-2-ol
Scarlet Toner Y	Pigment Rot 53:1 (C.I. 15585:1)
Scatol	4-Methylaminohydroxybenzensulfat
Scheelit	Calcium(VI)-wolframat
Scheidewasser	Salpetersäure
Scherbenkobalt	Arsen
Schießbaumwolle	Cellulosenitrat
Schießwolle	Cellulosenitrat
Schultz No. 1228	6,15-Dihydro-5,9,14,18-antrazintetron
Schungite	Graphit
schwarzes Blei	Graphit
schwarzes Eisenoxid	Eisen(II,III)-oxid
Schwefelcyanammonium	Ammoniumthiocyanat
Schwefelcyankalium	Kaliumthiocyanat
Schwefelether	Diethylether
Schwefelkalium	Kaliumsulfid-5-hydrat
Schwefelleber	Kaliumsulfid-5-hydrat
Schwefelnatrium	Natriumsulfid
Schwefelsäure, Bariumsalz	Bariumsulfat
schwefelsaurer Kalk	Calciumsulfat
Schwefelsaures Aluminium	Aluminiumsulfat-18-hydrat
schwefelsaures Anilin	Aminobenzensulfat
schwefelsaures Baryt	Bariumsulfat
schwefligsaures Natrium	Natriumsulfit
Schwerbenzol	Benzen
schweres Kohlenwasserstoffgas	Ethen
Sclair 2911	Polyethylen
Sclair 59	Polyethylen
Sclair 19A	Polyethylen
Sclair 96A	Polyethylen
Sclair 59C	Polyethylen

Gebräuchlicher Name Handelsname	Substanzname
Sclair 79D	Polyethylen
Sclair 11K	Polyethylen
Sclair 19X6	Polyethylen
SCON 5300	Polychlorethen
Scorbacid	L-(+)-Ascorbinsäure
Scorbu-C	L-(+)-Ascorbinsäure
SD Alkohol 23-Hydrogen	Ethanol
SDP 640	Polyethylen
Seast 50	Graphit
Sebacinsäure-bis-(2-ethylhexylester)	1,8-Octandicarbonsäure-bis-(2-ethylhexylester)
Sebacinsäuredibutylester	Decandisäuredibutylester
Sebacinsäuredi-n-octylester	Decandisäuredi-n-octylester
sec.-Amylcarbinol	2-Methyl-pentan-1-ol
sec.-Butylacetat	1-Methylpropylethanoat
sec.-Butylalkohol	Butan-2-ol
sec.-Hexylacetat	Ethansäure-iso-hexylester
sec.-Kaliumphosphat	Dikaliumhydrogenphosphat
sec.-Natriumphosphat	Dinatriumhydrogenphosphat
sec.-Nonylalkohol	2,6-Dimethyl-4-heptanol
sec-Oktylepoxytallat	2-Ethylhexylester von Tallölfettsäuren, epoxidiert
Secorbate	L-(+)-Ascorbinsäure
sec.-Propylalkohol	Propan-2-ol
Seesand	Silicium(IV)-oxid
Segnale Light Green G	Kupferphthalocyanin, chloriert
Segnale Light Yellow GRX	Pigment Gelb 13 (C.I. 21100)
Segnale Red GS	Pigment Rot 48:1 (C.I. 15865:1)
Segnale Red LC	Pigment Rot 53:1 (C.I. 15585:1)
Segnale Red LCG	Pigment Rot 53:1 (C.I. 15585:1)
Segnale Red LCL	Pigment Rot 53:1 (C.I. 15585:1)
Seifenstein	Natriumhydroxid
SeikaFast Red 8040	Pigment Rot 48:1 (C.I. 15865:1)
Sekundasprit	Ethanol
Selenium	Selen
Senarmontit	Antimon(III)-oxid
Sepuestrene AA 200	Ethylendiamintetraessigsäure
Sequestrene 30 A	Tetranatriumethylendiamintetraacetat
Sequestrene Na 2	Diaminoethantetraethansäuredinatriumsalz Dihydrat
Sequestrene N a 4	Tetranatriumethylendiamintetraacetat
Sequestrene NaFe	Diaminoethantetraethansäureeisen(III)-natriumsalz-3-hydrat
Sequestrene ST flüssig	Tetranatriumethylendiamintetraacetat
Sequestrene ST Pulver	Tetranatriumethylendiamintetraacetat
Sevacarb	Aktivkohle
Seval	Aktivkohle
Sextol	Cyclohexanol
Sextone	Cyclohexanon
Sextone B	Methylcyclohexan
SF	Dimethylpolysiloxan

Gebräuchlicher Name Handelsname	Substanzname
Shannel Schwarz	Aktivkohle
Shawinigan acetylene black	Aktivkohle
Shell carbon	Aktivkohle
Shell DIBK	2,6-Dimethyl-4-heptanon
Shellfelx-371 N	Paraffin, C10-C13
Shelllflex 371 N	Paraffin, C10-C13
Shell MIBK	4-Methyl-pentan-2-on
Shellsol	aromatisches Kohlenwasserstoffgemisch
Shellsol	Alkylbenzol
Shellsol D 100	Kohlenwasserstoffgemisch
Shellsol D 70	Kohlenwasserstoffgemisch
Shellsol T	Kohlenwasserstoffgemisch, aliphatisches
Shellsol TD	Kohlenwasserstoffgemisch, aliphatisches
Sherwood Green A 4436	Kupferphthalocyanin, chloriert
Shipron A	Calciumcarbonat
Sholex 5003	Polyethylen
Sholex 5100	Polyethylen
Sholex 6000	Polyethylen
Sholex 6002	Polyethylen
Sholex F 171	Polyethylen
Sholex F 6050C	Polyethylen
Sholex F 6080C	Polyethylen
Sholex 4250HM	Polyethylen
Sholex L 131	Polyethylen
Sholex S 6008	Polyethylen
Sholex super	Polyethylen
Sholex XMO 314	Polyethylen
Shungite	Graphit
Sico Bordo C 4651	Pigment Rot 12 (C.I. 12385)
Sico Bordo L 4651	Pigment Rot 12 (C.I. 12385)
Sicochip Blau 6930	Pigment Blau 15:1 (C.I. 74250)
Sicochip Grün 8730	Kupferphthalocyanin, chloriert
Sico Echtgelb D 1351	Pigment Gelb 13 (C.I. 21100)
Sico Echtgelb D 1760	Pigment Gelb 83 (C.I. 21108)
Sico Echtgelb D 1355 DD	Pigment Gelb 13 (C.I. 21100)
Sico Echtorange D 2950	Pigment Orange 5 (C.I. 12075)
Sico Echtorange K 2850	4,4'-[(3,3'-Dichlor[1,1'-biphenyl]-4,4'-diyl)bis(azo)]-bis[2,4-dihydro-5-methyl-2-(4-methylphenyl)]-3H-pyrazol-3-on
Sico Echtorange L 3050	Pigment Orange 13 (C.I. 21110)
Sico Echtrot D 3855	Pigment Rot 112 (C.I. 12370)
Sico Echtscharlach L 4252	Pigment Rot 170 (C.I. 12475)
Sico Echtschwarz L 0062	Aktivkohle
Sico Fast Yellow D 1355	Pigment Gelb 13 (C.I. 21100)
Sicoflush A Grün 8730	Kupferphthalocyanin, chloriert
Sicoflush L Gelb 1916 C 4	Eisen(III)-hydroxid
Sicoflush L Rot 2817 C 4	Eisen(III)-oxid
Sicoflush L Scharz 0063	Aktivkohle

Gebräuchlicher Name Handelsname	Substanzname
Sicoflush L Schwarz 0054	Aktivkohle
Sicoflush L Schwarz 0055	Aktivkohle
Sicoflush P Blau 6880	Pigment Blau 15:1 (C.I. 74250)
Sicoflush P Gelb 1916	Eisen(III)-hydroxid
Sicoflush P Gelb 1995	Eisen(III)-hydroxid
Sicoflush P Gelb 1635	Bleisulfochromat
Sicoflush P Gelb 1835	Bleisulfochromat
Sicoflush P Gelb 2135	Bleisulfochromat
Sicoflush P Gelb 1820	Pigment Gelb 139
Sicoflush P Gelb 0960	Pigment Gelb 138
Sicoflush P Gelb 1252	Pigment Gelb 74 (C.I. 11741)
Sicoflush P Grün 8730	Kupferphthalocyanin, chloriert
Sicoflush P Marron 4763	Pigment Rot 52:2 (C.I: 15860:2)
Sicoflush P Rot 3035	Bleichromat/Bleimolybdat
Sicoflush P Rot 3135	Bleichromat/Bleimolybdat
Sicoflush P Rot 3550	Pigment Rot 224 (C.I. 71127)
Sicoflush P Rot 2817	Eisen(III)-oxid
Sicoflush P Rot 3395	Eisen(III)-oxid
Sicoflush P Rot 4120	Pigment Rot 179 (C.I. 71130)
Sicoflush P Rot 3855	Pigment Rot 112 (C.I. 12370)
Sicoflush P Schwarz 0054	Aktivkohle
Sicoflush P Schwarz 0059	Aktivkohle
Sicoflush P Violett 5890	Pigment Violett 23 (C.I. 51319)
Sicoflush P Weiß 0022	Titandioxid
Sico Gelb D 1250	Pigment Gelb 1 (C.I. 11680)
Sico Gelb D 0951	Pigment Gelb 3 (C.I. 11710)
Sico Gelb L 1250	Pigment Gelb 1 (C.I. 11680)
Sico Gelb L 0951	Pigment Gelb 3 (C.I. 11710)
Sico Gelb L 1252 HD	Pigment Gelb 74 (C.I. 11741)
Sicol 250	Hexandicarbonsäure-bis-2-ethylhexylester
Sicol	Benzen-1,2-dicarbonsäuredi-2-ethylhexylester
Sicol 150	Benzen-1,2-dicarbonsäuredi-2-ethylhexylester
Sicol 184	Benzen-1,2-dicarbonsäuredi-iso-decylester
Sicol 160	Benzen-1,2-dicarbonsäure-di-tert.-butylester
Sico Lake Red 2L	Pigment Rot 53:1 (C.I. 15585:1)
Sicolen Blau 64-7005	6,15-Dihydro-5,9,14,18-antrazintetron
Sicolen Gelb 10-0105	Pigment Gelb 35 (C.I. 77205)
Sicolen Gelb 17-8105	Pigment Gelb 83 (C.I. 21108)
Sicolen Gelb 21-1205	Pigment Braun 24 (C.I. 77310)
Sicolen Gelb 10-1105	Pigment Gelb 53 (C.I. 77788)
Sicolen Rot 39-1105	Pigment Rot 178 (C.I. 71155)
Sicolen Rot 39-1105	Pigment Rot 149 (C.I. 71137)
Sicomin Gelb L 1425	Bleisulfochromat
Sicomin Gelb L 1522	Bleisulfochromat
Sicomin Gelb L 1622	Bleisulfochromat
Sicomin Gelb L 1625	Bleisulfochromat
Sicomin Gelb L 1922	Bleisulfochromat
Sicomin Gelb L 1925	Bleisulfochromat

Gebräuchlicher Name Handelsname	Substanzname
Sicomin Gelb L 2122	Bleisulfochromat
Sicomin Gelb L 1630 S	Bleisulfochromat
Sicomin Gelb L 1635 S	Bleisulfochromat
Sicomin Gelb L 1835 S	Bleisulfochromat
Sicomin Gelb L 1930 S	Bleisulfochromat
Sicomin Gelb L 2135 S	Bleisulfochromat
Sicomin Orange L 2422	Bleisulfochromat
Sicomin Orange L 2822	Bleisulfochromat
Sicomin Rot L 2922	Bleichromat/Bleimolybdat
Sicomin Rot L 3025	Bleichromat/Bleimolybdat
Sicomin Rot L 3030	Bleichromat/Bleimolybdat
Sicomin Rot L 3125	Bleichromat/Bleimolybdat
Sicomin Rot L 3035 S	Bleichromat/Bleimolybdat
Sicomin Rot L 3130 S	Bleichromat/Bleimolybdat
Sicomin Rot L 3135 S	Bleichromat/Bleimolybdat
Sicomin Rot L 3230 S	Bleichromat/Bleimolybdat
Sicomin Rot L 3330 S	Bleichromat/Bleimolybdat
Sico Orange L 3052 HD	Pigment Orange 5 (C.I. 12075)
Sicopal Blau L 7210	Pigment Blau 36 (C.I. 77343)
Sicopal Gelb L 2395	Pigment Gelb 119 (C.I. 77496)
Sicorin/Sicor Bleicyanamid LY 80	Eisen(III)-hydroxid
Sico Rot L 3750	1-(4-Methyl-2-nitrobenzenazo)-2-naphthol
Sico Rot L 3850	1-(4-Methyl-2-nitrobenzenazo)-2-naphthol
Sico Rot L 3851	1-(4-Methyl-2-nitrobenzenazo)-2-naphthol
Sico Rot L 3652 HD	1-(4-Methyl-2-nitrobenzenazo)-2-naphthol
Sicor ZNP/S	Pigment Weiß 32 (C.I. 77964)
Sicostyren Rot 41-6005	Pigment Rot 48:3 (C.I. 15865:3)
Sicotan Braun K 2611	Pigment Gelb 164 (C.I. 77899)
Sicotan Braun K 2711	Pigment Gelb 164 (C.I. 77899)
Sicotan Gelb	Pigment Gelb 53 (C.I. 77788)
Sicotan Gelb K 2109	Pigment Braun 24 (C.I. 77310)
Sicotan Gelb L 1910	Pigment Braun 24 (C.I. 77310)
Sicotan Gelb L 1912	Pigment Braun 24 (C.I. 77310)
Sicotan Gelb L 2010	Pigment Braun 24 (C.I. 77310)
Sicotan Gelb L 1010	Pigment Gelb 53 (C.I. 77788)
Sicotherm Gelb K 100 1	Pigment Gelb 35 (C.I. 77205)
Sicotherm Rot K 3001	Pigment Rot 108 (C.I. 77202)
Sicotherm Rot K 3206	Pigment Rot 108 (C.I. 77202)
Sicotherm Rot K 3601	Pigment Rot 108 (C.I. 77202)
Sicotrans Blau L 6315	Pigment Blau 28 (C.I. 77346)
Sicotrans Gelb L 1915	Eisen(III)-hydroxid
Sicotrans Gelb L 1916	Eisen(III)-hydroxid
Sicotrans Rot L 2815	Eisen(III)-oxid
Sicotrans Rot L 2816	Eisen(III)-oxid
Sicotrans Rot L 2817	Eisen(III)-oxid
Sicotrans Rot L 2715 D	Eisen(III)-oxid
Sicotrans Rot L 2915 D	Eisen(III)-oxid
Sicoversal Blau 62-9605	Pigment Blau 29 (C.I. 77007)

Gebräuchlicher Name Handelsname	Substanzname
Sicoversal Gelb 10-0105	Pigment Gelb 35 (C.I. 77205)
Sicoversal Gelb 09-6105	Pigment Gelb 138
Sicoversal Rot 39-1105	Pigment Rot 149 (C.I. 71137)
Sicron	Polychlorethen
Sicron 530	Polychlorethen
Sicron 540	Polychlorethen
Sicron 548	Polychlorethen
Sicron 548FM	Polychlorethen
Sid 299	Aktivkohle
Sid N110	Aktivkohle
Sid N121	Aktivkohle
Sid N220	Aktivkohle
Sid N231	Aktivkohle
Sid N234	Aktivkohle
Sid N326	Aktivkohle
Sid N330	Aktivkohle
Sid N339	Aktivkohle
Sid N343	Aktivkohle
Sid N347	Aktivkohle
Sid N351	Aktivkohle
Sid N358	Aktivkohle
Sid N375	Aktivkohle
Sid N539	Aktivkohle
Sid N550	Aktivkohle
Sid N650	Aktivkohle
Sid N660	Aktivkohle
Sid N765	Aktivkohle
Sid N772	Aktivkohle
Sid N774	Aktivkohle
Sid N787	Aktivkohle
Siegle Fast Green G	Kupferphthalocyanin, chloriert
Silain	Dimethylpolysiloxan
Silberbronze	Aluminium
Silberweiß	Blei(II)-hydroxidcarbonat
Silicenöl	Dimethylpolysiloxan
Siliciumdioxid	Silicium(IV)-oxid
Silicone Release Agent #5038	Dimethylpolysiloxan
Silicon-Gummi	Dimethylpolysiloxan
Siligaz	Dimethylpolysiloxan
Silikon Fluid	Dimethylpolysiloxan
Silikon-Kautschuk	Dimethylpolysiloxan
Silikonkautschuk	Dimethylpolysiloxan
Silikonöl	Dimethylpolysiloxan
Siliziumkarbid	Siliciumcarbid
Silteg AS 7	Kaolin
Silver graphite	Graphit
Silver W	Calciumcarbonat
Simethicon	Dimethylpolysiloxan

Gebräuchlicher Name Handelsname	Substanzname
Sinarol II	aromatisches Kohlenwasserstoffgemisch
Sionon	Sorbit
Sipol L10	1-Decanol
Sirius 2	Tetrachlorethen
Sirius 1	1,1,2-Trichlorethen
Sirlene	Propan-1,2-diol
Skecto-Go	2-Ethyl-1,3-hexandiol
Skellysolve A	Pentan
Skellysolve B	Hexan
Skellysolve C	Heptan
SKHV 71	Polychlorethen
SKLN 1	Graphit
Skydrol LD-4	Phosphorsäuretributylester
SL 700	Calciumcarbonat
Slow-K	Kaliumchlorid
SM 200	Polychlorethen
SM	Dimethylpolysiloxan
Smithko kalkarb whiting	Calciumcarbonat
Snowcal	Calciumcarbonat
Snowcal 70	Calciumcarbonat
Snowcal 6ML	Calciumcarbonat
Snowcal 7ML	Calciumcarbonat
Snowflake White	Calciumcarbonat
Snow top	Calciumcarbonat
Snow White	Zinkoxid
Socal	Calciumcarbonat
Socal D	Calciumcarbonat
Socal E 2	Calciumcarbonat
Socal N 2	Calciumcarbonat
Socal N 2S1	Calciumcarbonat
Socal P 2	Calciumcarbonat
Socal U 1	Calciumcarbonat
Socal U 3	Calciumcarbonat
Socal U 1S2	Calciumcarbonat
Socarex	Polyethylen
Soda	Natriumcarbonat
Sodasalpeter	Natriumnitrat
Sodiumtetraboratdecahydrat	Natriumtetraborat
Softon 1000	Calciumcarbonat
Softon 1200	Calciumcarbonat
Softon 1500	Calciumcarbonat
Softon H	Calciumcarbonat
Softon 1800, Softon 2200	Calciumcarbonat
Sojaölepoxid	Sojabohnenöl, epoxidiert
Solaesthin	Dichlormethan
Solana DWU	1,1,2-Trichlorethen
Solanthrene Blue RS	6,15-Dihydro-5,9,14,18-antrazintetron
Solanthrene Blue RSN	6,15-Dihydro-5,9,14,18-antrazintetron

Gebräuchlicher Name Handelsname	Substanzname
Solanthrene R for sugar	6,15-Dihydro-5,9,14,18-antrazintetron
Solbar	Bariumsulfat
Solbase	alpha-Hydro-w-hydroxypoly-(oxy-1,2-ethandiyl)
SolFast Green	Kupferphthalocyanin, chloriert
SolFast Green 63102	Kupferphthalocyanin, chloriert
Solmethine	Dichlormethan
Solprene 200	Polybutadien
Solprene 233	Polybutadien
Solprene 225P	Polybutadien
Solprene 233P	Polybutadien
Soltene	Tetrachlorethen
Soludal	Natriumhydrogencarbonat
Solvanol	Benzen-1,2-dicarbonsäurediethylester
Solvanom	Benzen-1,2-dicarbonsäuredimethylester
Solvar	Polyvinylalkohol
Solveno 100	Alkylbenzol
Solvenom PM	1-Methoxy-2-propanol
Solvens Orange 15 (C.I. 46005-1)	3,6-Bis-(dimethylamino)-acridin
Solvent ether B.P.	Diethylether
Solvent G.A. Jeffersol EE	2-Ethoxyethanol
Solvent GM	2-Methoxyethanol
Solventnaphtha	Benzen
Solvent Naphtha leicht	Alkylbenzol
Solvent Orange 15	3,6-Bis-(dimethylamino)-acridin
Solvent Red 49	Solvens Rot 49 (C.I. 451701/1)
C.I. Solvent Red 109	Solvens Rot 109
Solvent Red 109	Solvens Rot 109
Solvent Toluene	Methylbenzen
Solvent Xylene	Dimethylbenzen (Isomerengemisch)
Solvent Yellow 34	Solvens Gelb 34 (C.I. 41000:1)
Solvent Yellow 29	Solvens Gelb 29 (C.I. 21230)
Solvesso 200	aromatisches Kohlenwasserstoffgemisch
Solvesso	Alkylbenzol
Solvesso 15 D	aromatisches Kohlenwasserstoffgemisch
Solvic	Polychlorethen
Solvic 223	Polychlorethen
Solvic 229	Polychlorethen
Solvic 239	Polychlorethen
Solvic 334	Polychlorethen
Solvic 340	Polychlorethen
Solvic 406	Polychlorethen
Solvosol	Diethylenethandiolmonoethylether
Sonnenuntergangsgelbe Pigmentfarbe	Pigment Gelb 104 (C.I. 15985:1)
Sorbicolan	Sorbit
Sorbilande	Sorbit
D-Sorbitol	Sorbit
Sorbo	Sorbit
Sorbol	Sorbit

Gebräuchlicher Name Handelsname	Substanzname
Sorbostyl	Sorbit
Sorlicolan	Sorbit
Sowiden	Polyvinylidenchlorid
Soya oil	Sojaöl
Soybean acidulated soapstock	Sojaöl
Soybean deodorizer distillate	Sojaöl
Soybean Oil	Sojaöl
Soybean oil, bleached	Sojaöl
Soybean oil bleaching	Sojaöl
Soybean oil, degummed	Sojaöl
Soybean oil deodorization	Sojaöl
Soybean oil, deodorized	Sojaöl
Soybean oil fatty acids, glycerol triester	Sojaöl
Soybean vegetable oil, winter fraction	Sojaöl
SP 60	Polychlorethen
C-Span	L-(+)-Ascorbinsäure
Spaslon-Lyoc	1,3,5-Trihydroxybenzen
SP 60 (Chlorocarbon)	Polychlorethen
Special black IV	Aktivkohle
Special black V	Aktivkohle
Special schwarz	Aktivkohle
Speckstein	Magnesiumsilikathydrat
Sphalerit	Zinksulfid
Spheron	Aktivkohle
Spheron 6	Aktivkohle
Spießglanzmetall	Antimon
Spiritus	Ethanol
Spongiofort	Gelatine
Sprit	Ethanol
SR11	Polychlorethen
SRM 1475	Polyethylen
SRM 1476	Polyethylen
SS 30	Calciumcarbonat
SS 50	Calciumcarbonat
Ssani w	Polyvinylidenchlorid
SSB 100	Calciumcarbonat
SS 30 (carbonate)	Calciumcarbonat
SS 50 (carbonate)	Calciumcarbonat
Stablex DOA	Hexandicarbonsäure-bis-2-ethylhexylester
Stabogel	Polyethylenglycoldistearat
Staflen E 650	Polyethylen
Staflex DBP	Benzen-1,2-dicarbonsäuredi-n-butylester
Staflex DBS	Decandisäuredibutylester
Staflex DOP	Benzen-1,2-dicarbonsäuredi-2-ethylhexylester
Staflex DOX	Nonandisäure-bis-[2-ethylhexylester]
Staflex TOTM	1,2,4-Benzentricarbonsäure-tris-(2-ethylhexylester)
Stahlblau	Eisen(III)-hexacyanoferrat(II)
Stamylan 1000	Polyethylen

Gebräuchlicher Name Handelsname	Substanzname
Stamylan 1700	Polyethylen
Stamylan 8200	Polyethylen
Stamylan 8400	Polyethylen
Stamylan 900	Polyethylen
Stanwhite 500	Calciumcarbonat
Stärkegummi	Dextrin
Starlol B5-100	Octadecansäurebutylester
Statex	Aktivkohle
Statex N 550	Aktivkohle
Stavinor 30	Octadecansäure, Calciumsalz
Stavox	2,6-Di-(1,1-dimethylethyl)-4-methylhydroxybenzen
Stearex Beads	Octadecansäure
Stearinsäure	Octadecansäure
Stearinsäure Aluminiumsalz	Octadecansäure Aluminiumsalz
Stearinsäure, Calciumsalz	Octadecansäure, Calciumsalz
Stearinsäure Calziumsalz	Octadecansäure, Calciumsalz
Stearinsäure-(n-butyl)-ester	Octadecansäurebutylester
Steatit	Magnesiumsilikathydrat
Steawhite	Magnesiumsilikathydrat
Steingas	Ethin
Steinkohlenteerkreosot	Hydroxybenzen
Steinsalz	Kaliumchlorid
Steinsalz	Natriumchlorid
Sterling	Aktivkohle
Sterling NS	Aktivkohle
Sterlin N 765	Aktivkohle
Sterlin SO 1	Aktivkohle
Sterolamide	2,2',2"-Trihydroxytriethylamin
Stibium	Antimon
Stibium metallicum	Antimon
Sting kill	2,2',2"-Trihydroxytriethylamin
St. Joe	Zinkoxid
Stove black	Graphit
Straßenasphalt (flüssig)	Bitumen
Strontiumgelb	Strontiumchromat
Struktol ZP 1014	Zinkoxid
Stryropol 30	Ethenylbenzen
T-Stuff	Wasserstoffperoxid
Sturcal D	Calciumcarbonat
Sturcal H	Calciumcarbonat
Sturcal L	Calciumcarbonat
Sturcal LS	Calciumcarbonat
Sturcal M	Calciumcarbonat
Sturcal X	Calciumcarbonat
Styrene monomer, stabilisiert	Ethenylbenzen
Styrol	Ethenylbenzen
Styrolan	Polyphenylethen
Styrolepoxid	Phenylethenoxid

Gebräuchlicher Name Handelsname	Substanzname
Styroloxid	Phenylethenoxid
Styron	Ethenylbenzen
Styron	Polyphenylethen
Styropolen	Ethenylbenzen
Styropol SO	Ethenylbenzen
Styropor	Polyphenylethen
SU 2000	Kohlenstoff (amorph)
Sublimat	Quecksilber(II)-chlorid
Sublimate	Quecksilber(II)-chlorid
Subtoson	Polyvinylpyrrolidon
Succinanhydrid	Butandisäureanhydrid
Suchar 681	Kohlenstoff (amorph)
Sucol B	1,4-Butandiol
Sucrose-acetyl-(iso-butyrat)	Saccharose-acetyl-(iso-butyrat)
Sudangummi	Gummi arabicum
Südseesalpeter	Natriumnitrat
Sulem	Quecksilber(II)-chlorid
Sulfaminsäure	Sulfamidsäure
Sulfamsäure	Sulfamidsäure
Sulfoharnstoff	Thiokohlensäurediamid
Sulourea	Thiokohlensäurediamid
Sumikathene	Polyethylen
Sumikathene F 101-1	Polyethylen
Sumikathene F 210-3	Polyethylen
Sumikathene F 702	Polyethylen
Sumikathene G 201	Polyethylen
Sumikathene G 202	Polyethylen
Sumikathene G 701	Polyethylen
Sumikathene G 801	Polyethylen
Sumikathene G 806	Polyethylen
Sumikathene hard 2052	Polyethylen
Sumikon	Polychlorethen
Sumilit EXA 13	Polychlorethen
Sumilit PX-A	Polychlorethen
Sumilit PXA 13	Polychlorethen
Sumilit PX-N	Polychlorethen
Sumilit PXNH	Polychlorethen
Sumilit PX-NL	Polychlorethen
Sumilit S chi-D	Polychlorethen
Sumilit SX 11	Polychlorethen
Sumilit SX 13	Polychlorethen
Sumilit SX 7G	Polychlorethen
Sumilit VS 9200	Polychlorethen
Sumilizer BHT	2,6-Di-(1,1-dimethylethyl)-4-methylhydroxybenzen
Sumitex H 10	Polyvinylalkohol
Sumitomo PX 11	Polychlorethen
Sunapur	Paraffin, C10-C13
Sunlight 700	Calciumcarbonat

Gebräuchlicher Name Handelsname	Substanzname
Sunlight 800	Calciumcarbonat
Sunpar 110	Paraffin, C10-C13
Sunpar 150	Paraffin, C10-C13
Sunpar 2280	Paraffin, C10-C13
Sunwax 151	Polyethylen
Super 1500	Calciumcarbonat
Super 1700	Calciumcarbonat
Super 2000	Calciumcarbonat
Superba	Aktivkohle
Super-carbovar	Aktivkohle
Supercoat	Calciumcarbonat
Super dylan	Polyethylen
Superlysofam	Methanal
Supermite	Calciumcarbonat
Super multifex	Calciumcarbonat
Superol Red C RT-265	Pigment Rot 53:1 (C.I. 15585:1)
Superox	alpha-Hydro-w-hydroxypoly-(oxy-1,2-ethandiyl)
Superoxol	Wasserstoffperoxid
Super-pflex	Calciumcarbonat
Super 3S	Calciumcarbonat
Super 5S	Calciumcarbonat
Super-spectra	Aktivkohle
Super SSS	Calciumcarbonat
Supraflex	Polyethylen
Supramikre	Bariumsulfat
Suprathen	Polyethylen
Suprathen C 100	Polyethylen
Supra Zitronenchrom	Bleisulfochromat
Supreme	Magnesiumsilikathydrat
Supreme dense	Magnesiumsilikathydrat
Surfex MM	Calciumcarbonat
Surfil S	Calciumcarbonat
Suspenso	Calciumcarbonat
Sustan BHT	2,6-Di-(1,1-dimethylethyl)-4-methylhydroxybenzen
Sustane	2,6-Di-(1,1-dimethylethyl)-4-methylhydroxybenzen
Sustane BHT	2,6-Di-(1,1-dimethylethyl)-4-methylhydroxybenzen
Sustane 1-F	2,6-Di-(1,1-dimethylethyl)-4-methylhydroxybenzen
Suzorite	Pigment Weiß 20 (C.I. 77019)
SV 55	Polychlorethen
Swanox BHT	2,6-Di-(1,1-dimethylethyl)-4-methylhydroxybenzen
Swasconol D-60	alpha-Hydro-w-hydroxypoly-(oxy-1,2-ethandiyl)
Swasconol D-80	alpha-Hydro-w-hydroxypoly-(oxy-1,2-ethandiyl)
Swedish Black Lead	Graphit
SX 11	Polychlorethen
SX 7G	Polychlorethen
SX 8T	Polychlorethen
Sylacauga 88B	Calciumcarbonat
Sylvin	Kaliumchlorid

Gebräuchlicher Name Handelsname	Substanzname
Sylvinsäure	(1R-(1alpha,4alphaß,4balpha,10aalpha))-1,2,3,4,4a,4b,5,6,10,10a-Decahydro-1,4a-dimethyl-7-(1-methylethyl)-1-phenanthrencarbonsäure
Sylvinsäuremethylester	Methylabietat
Sylvit	Kaliumchlorid
sym-Dichlorethan	1,2-Dichlorethan
sym-Diisopropylaceton	2,6-Dimethyl-4-heptanon
Symuler Fast Blue 6011	6,15-Dihydro-5,9,14,18-antrazintetron
Symuler Fast Yellow GRF	Pigment Gelb 13 (C.I. 21100)
Symuler Fast Yellow GRTF	Pigment Gelb 13 (C.I. 21100)
Symuler Lake Red C	Pigment Rot 53:1 (C.I. 15585:1)
Symuler Red 3023	Pigment Rot 48:1 (C.I. 15865:1)
Symuler Red NRY	Pigment Rot 48:1 (C.I. 15865:1)
Syntase 100	2,4-Dihydroxybenzophenon
Syntase 62	2-Hydroxy-4-methoxybenzophenon
Synthaline Green	Kupferphthalocyanin, chloriert
Synthetisches Eisenoxid gelb	Eisen(III)-hydroxid
Syntron B	Tetranatriumethylendiamintetraacetat
T238	Tris-(2,3-dibromopropyl)-phosphat
T 130-2500	Calciumcarbonat
T 22	N,N-Diethyl-1,4-diaminobenzen Sulfat
P 2020T	Polyethylen
P 2050T	Polyethylen
P 4007T	Polyethylen
K-Tab	Kaliumchlorid
Tafelsalz	Natriumchlorid
Taipol BR 0150	Polybutadien
Taipol BR 0153	Polybutadien
Taipol BR 015H	Polybutadien
Takathene	Polyethylen
Takathene P 12	Polyethylen
Takathene P 3	Polyethylen
Takilon	Polychlorethen
Takinocol	Propan-2-ol
Taktene	Polybutadien
Talc (ACGIH)	Magnesiumsilikathydrat
Talcan PK-P	Magnesiumsilikathydrat
Alpha Talc CT 40 P	Magnesiumsilikathydrat
Alpha Talc M Micro 6	Magnesiumsilikathydrat
Talcron CP 44-31	Magnesiumsilikathydrat
Talcum	Magnesiumsilikathydrat
Talgfettsdäure	Octadecansäure
Talk	Magnesiumsilikathydrat
Talk	Pigment Weiß 26 (C.I. 77718)
Talkum	Magnesiumsilikathydrat
Tama pearl TP 121	Calciumcarbonat
Tama pearl TP 262	Calciumcarbonat
Tamasol J	Ethansäure-(2-methylpropyl)-ester

Gebräuchlicher Name Handelsname	Substanzname
Tancal 100	Calciumcarbonat
Tancal 200	Calciumcarbonat
Tancal PC	Calciumcarbonat
Tannin	Gerbsäure
Tanninsäure	Gerbsäure
Tartrazingelbe Pigmentfarbe	Pigment Gelb 100 (C.I.19140:1)
TBC	Tributylcitrat
TBP	Phosphorsäuretributylester
TCA	Trichlorethansäure
TCD	4,7-Methylen-4,7,8,9-tetrahydroinden
TCE	1,1,2-Trichlorethen
TCEF	Phosphorsäure-2,2,2-trichlorethylester
TCP	Phosphorsäuretrikresylester
TCP-05	Ethylendiamintetraessigsäure
TCP-07	Tetranatriumethylendiamintetraacetat
2-TCP	Phosphorsäuretri-1,2-kresylester
4-TCP	Phosphorsäuretri-1,4-kresylester
2,4-TDI	2,4-Diisocyanat-1-methylbenzen
TDI	2,4-Diisocyanat-1-methylbenzen
TDI-80	2,4-Diisocyanat-1-methylbenzen
TDI	Toluol-2,6-diisocyanat
TDPP	Tris-(2,3-dibromopropyl)-phosphat
TEA	2,2',2"-Trihydroxytriethylamin
TEC	3-Ethoxycarbonyl-3-hydroxy-pentandisäurediethylester
technischer Sprit	Ethanol
Technopor	Polychlorethen
Tecsol	Ethanol
Tedal-un	Tetrachlorethen
TEDMA	1,2-Bis-[2-methacryloyl-oxy-ethoxy]-ethan
Teer ex	1,1,1-Trichlorethan
Teflon	Polytetrafluorethen
TEG	Triethylenglycol
TEG	2,2'-(Oxybis-(ethylenoxy))-diethanol
TEGDB	Triethylenglykoldibenzoat
TEGO AIREX 930	Cyclohexanon
TEHP	Phosphorsäure-tri-(2-ethylhexyl)-ester
Telclair X 31	1,1,1-Trichlorethan
Telcotene	Polyethylen
Telecothene	Polyethylen
Telloy	Tellur
Tellurium	Tellur
Temal	4-Methylaminohydroxybenzensulfat
Tenamene 3	2,6-Di-(1,1-dimethylethyl)-4-methylhydroxybenzen
Tenaplas	Polyethylen
Tenite 1811	Polyethylen
Tenite 2910	Polyethylen
Tenite 2918	Polyethylen
Tenite 3300	Polyethylen

Gebräuchlicher Name Handelsname	Substanzname
Tenite 3340	Polyethylen
Tenite 800	Polyethylen
Tenneco 1742	Polychlorethen
Tenox BHT	2,6-Di-(1,1-dimethylethyl)-4-methylhydroxybenzen
TEOA	2,2',2"-Trihydroxytriethylamin
TEP	Triethylphosphat
TEPA	2,2'-Bis-(2-aminoethylamino)-diethylamin
Terephthalsäuredimethylester	Benzen-1,4-dicarbonsäuredimethylester
Terisan Z 75	alpha-Hydro-w-hydroxypoly-(oxy-1,2-ethandiyl)
Termosolido Green FG Supra	Kupferphthalocyanin, chloriert
Termosolido Red LCG	Pigment Rot 53:1 (C.I. 15585:1)
Terpentinersatz	1,2,3,4-Tetrahydronaphthalin
Terpentinöl	Terpentin
Terpentinspiritus	Terpentin
Tertropigment Fast Yellow VGR	Pigment Gelb 13 (C.I. 21100)
Tertropigment PGR	Pigment Gelb 13 (C.I. 21100)
Tescol	Ethandiol
Testalon III	Diaminoethantetraethansäuredinatriumsalz Dihydrat
Testascorbic	L-(+)-Ascorbinsäure
Testbenzin	Kohlenwasserstoffgemisch, aliphatisch u. aromatisiert
Tetlen	Tetrachlorethen
Tetra	Tetrachlormethan
3',3",5',5"-Tetrabromphenolsulfonphthalein	4,4'-(3H-2,1-Benzoxathiol-3-ylidene)-bis-(2,6-dibromphenol)-S,S-dioxide
Tetracap	Tetrachlorethen
2,2',5,5'-Tetrachlorbenzidin	4,4'-Diamino-2,2',5,5'-tetrachlorbiphenyl
2,2',5,5'-Tetrachlor-(1,1'-biphenyl)-4,4'-diamin	4,4'-Diamino-2,2',5,5'-tetrachlorbiphenyl
2,2',5,5'-Tetrachlor-4,4'-diaminobiphenyl	4,4'-Diamino-2,2',5,5'-tetrachlorbiphenyl
1,1,1,2-Tetrachlor-2,2-difluorethan	1,1-Difluor-1,2,2,2-tetrachlorethan
1,2,2,2-Tetrachlor-1,1-difluorethan	1,1-Difluor-1,2,2,2-tetrachlorethan
Tetrachlorethen perc	Tetrachlorethen
1,1,2,2-Tetrachlorethylen	Tetrachlorethen
Tetrachlorethylen	Tetrachlorethen
Tetrachlorisoindolinon Gelb G	Pigment Gelb 109
Tetrachlorisoindolinon Gelb R	Pigment Gelb 110 (C.I. 56280)
Tetrachlorkohlenstoff	Tetrachlormethan
Tetracol	Tetrachlormethan
N,N,N',N'-Tetraethyl-4,4'-diaminobenzophenon	Bis-[4-(diethylamino)-phenyl]-methanon
Tetraethylenglykol	2,2'-(Oxybis-(ethylenoxy))-diethanol
Tetraethylenglykol-di-(2-ethylhexoat)	Polyethylen-glykol-200-di-(2-ethylhexoat)
Tetraethylenpentamin	2,2'-Bis-(2-aminoethylamino)-diethylamin
N,N,N',N'-Tetraethylrhodamin	Solvens Rot 49 (C.I. 451701/1)
Tetraethylrhodamin	Basisches Violett 10 (C.I. 45170)
N,N,N',N'-Tetraethylrhodamin (Hydrochlorid)	Basisches Violett 10 (C.I. 45170)
Tetrafinol	Tetrachlormethan
Tetrafluorethen, Homopolymer	Polytetrafluorethen
Tetraform	Tetrachlormethan
Tetraglykol	2,2'-(Oxybis-(ethylenoxy))-diethanol

Gebräuchlicher Name Handelsname	Substanzname
Tetraguer	Tetrachlorethen
Tetrahydro-1,4-dioxin	1,4-Dioxan
tetrahydrofurfuryl-Oleat	Tetrahydrofurfuryl-oleat
3a,4,7,7a-Tetrahydro-4,7-methanoinden	4,7-Methylen-4,7,8,9-tetrahydroinden
Tetrahydronaphthalin	1,2,3,4-Tetrahydronaphthalin
Tetrahydro-o-kresol	2-Methylcyclohexanon
Tetrahydro-p-dioxin	1,4-Dioxan
Tetrahydro-p-isoxazin	Tetrahydro-1,4-oxazin
Tetrakaliumhexacyanoferrat	Kaliumhexacyanoferrat(II)-3-hydrat
Tetraleno	Tetrachlorethen
Tetralex	Tetrachlorethen
Tetralin	1,2,3,4-Tetrahydronaphthalin
Tetralina	Tetrachlorethen
Tetralino	Tetrachlorethen
Tetralinterpentinölersatz	1,2,3,4-Tetrahydronaphthalin
Tetramethyl-4,4'-diaminobenzophenon	4,4'-Bis-(dimethylamino)-benzophenon
Tetramethylenglycol	1,4-Butandiol
Tetramethylenglykol	1,4-Butandiol
Tetramethylenoxid	Tetrahydrofuran
Tetramethyl-ethylenglykol	2,3-Dimethyl-2,3-butandiol
Tetramethylsuccinonitril	Tetramethylsuccinonitril
Tetranap	1,2,3,4-Tetrahydronaphthalin
Tetranatriumedetat	Tetranatriumethylendiamintetraacetat
Tetraphenolblau	4,4'-(3H-2,1-Benzoxathiol-3-ylidene)-bis-(2,6-dibromphenol)-S,S-dioxide
Tetrasol	Tetrachlormethan
Tetravec	Tetrachlorethen
Tetren	2,2'-Bis-(2-aminoethylamino)-diethylamin
Tetropil	Tetrachlorethen
Tetrosin SP	Chlorbenzen
Texacat DME	2-Dimethylaminoethanol
Texanol	2-Methyl-2-propensäuremonoester mit 2,2,4-Trimethyl-1,3-pentandiol
Texan Red Toner D	Pigment Rot 53:1 (C.I. 15585:1)
Texas	Aktivkohle
TGM 3	1,2-Bis-[2-methacryloyl-oxy-ethoxy]-ethan
TGM 3 PL	1,2-Bis-[2-methacryloyl-oxy-ethoxy]-ethan
TGP	Triethylenglykoldipelargonat
Thalo Green No.1	Kupferphthalocyanin, chloriert
Thenardit	Natriumsulfat
Thenards Blau	Pigment Blau 28 (C.I. 77346)
Thermaatomic black	Aktivkohle
Thermal acetylene black	Aktivkohle
Thermatomic	Aktivkohle
Thermax	Aktivkohle
Thermblack	Aktivkohle
Thermoguard B	Antimon(III)-oxid
Thermoguard S	Antimon(III)-oxid

Gebräuchlicher Name Handelsname	Substanzname
THF	Tetrahydrofuran
THFA	Tetrahydrofuran
THFO	Tetrahydrofurfuryl-oleat
1-Thia-3-azainden	Benzothiazol
4-Thia-heptandisäure-didodecyl-ester	4-Sulfo-heptandisäuredidodecylester
3,3'-Thiobispropansäuredidodecylester	4-Sulfo-heptandisäuredidodecylester
Thiocarbamid	Thiokohlensäurediamid
Thiocyankalium	Kaliumthiocyanat
Thiocyansäure Ammoniumsalz	Ammoniumthiocyanat
3,3'-Thiodi(dodecylpropionat)	4-Sulfo-heptandisäuredidodecylester
Thiofaco M-50	2-Aminoethanol
Thiofaco T 35	2,2',2"-Trihydroxytriethylamin
Thioharnstoff	Thiokohlensäurediamid
Thiolite	Calciumsulfat
thioschwefligsaures Natrium	Natriumthiosulfat
Thiosinamin	Propenthiokohlensäurediamid
Thiourea	Thiokohlensäurediamid
Thixcin R	Glyceryl-tri-(12-hydroxy-stearat)
Thornel 40	Graphit
L-threo-Hex-2-enonic acid, gamma-lactone	L-(+)-Ascorbinsäure
Threthylen	1,1,2-Trichlorethen
Threthylene	1,1,2-Trichlorethen
THU	Thiokohlensäurediamid
Thylose	Carboxymethylcellulose
Thylose	Carboxymethylcellulose Natriumsalz
Tiefgrün	Pigment Grün 1 (C.I. 42040:1)
Tierkohle	Pigment Schwarz 9 (C.I. 77267)
Timonox	Antimon(III)-oxid
Tinkal	Natriumtetraborat-10-hydrat
Tinolite	Aktivkohle
Tinon Blue RS	6,15-Dihydro-5,9,14,18-antrazintetron
Tinon Blue RSN	6,15-Dihydro-5,9,14,18-antrazintetron
Tinostat	Dibutylbis-1-oxododecyloxystannan
Tiofine	Titandioxid
Tione T.D.	Titandioxid
TIOTM	Tri-mellitsäure-tri-(iso-oktyl)-ester
Tipaque	Titandioxid
Ti-Purei	Titandioxid
Titan	Titandioxid
Titan-Chromgelb	Pigment Gelb 162 (C.I. 77896)
Titania	Titandioxid
Titan(IV)-oxid	Titandioxid
Titan-Mangangelb	Pigment Gelb 164 (C.I. 77899)
Titan-Nickelgelb	Pigment Gelb 53 (C.I. 77788)
Titanox	Titandioxid
Titansäureanhydrid	Titandioxid
Titanweiß	Titandioxid
Titriplex II	Ethylendiamintetraessigsäure

Gebräuchlicher Name Handelsname	Substanzname
Titriplex III	Diaminoethantetraethansäuredinatriumsalz Dihydrat
TK 1000	Polychlorethen
TKP	Phosphorsäuretrikresylester
Tle Solvesso 100	Alkylbenzol
TL4N	2-(2-Hydroxyethyl)-ethanol
TM 30	Aktivkohle
TM 1 (filler)	Calciumcarbonat
TMPTA	1,1,1-Tris(hydroxymethyl)propantriacrylat
TM 1, TM 1 (filler)	Calciumcarbonat
Tocryl C 440	Polychlorethen
TOF	Phosphorsäure-tri-(2-ethylhexyl)-ester
Tolin	Methylbenzen
Toluen	Methylbenzen
2,4-Toluendiisocyanat	2,4-Diisocyanat-1-methylbenzen
o,p-Toluen-ethylsulfonamid	N-Ethyl-o,p-toluensulfonamid
alpha-Toluenol	Phenylmethanol
p-Toluensulfonsäure Hydrat	Toluol-4-sulfonsäure-1-hydrat
Toluidinrot	1-(4-Methyl-2-nitrobenzenazo)-2-naphthol
Toluin	Methylbenzen
Toluol	Methylbenzen
2,4-Toluoldiisocyanat	2,4-Diisocyanat-1-methylbenzen
Toluol-2,4-diisocyanat	2,4-Diisocyanat-1-methylbenzen
p-Toluolsulfonamid	p-Toluol-sulfonsäureamid
o-Toluolsulfonamid	o-Toluolsulfonsäureamid
p-Toluolsulfonsäure	4-Methylbenzensulfonsäure
p-Toluolsulfonsäure	Toluol-4-sulfonsäure-1-hydrat
p-Toluolsulfonsäure-hydrat	Toluol-4-sulfonsäure-1-hydrat
p-Toluolsulfonsäure Monohydrat	Toluol-4-sulfonsäure-1-hydrat
p-Toluolsulfonsäuremonohydrat	Toluol-4-sulfonsäure-1-hydrat
Toluol-4-sulfonsäure Monohydrat	Toluol-4-sulfonsäure-1-hydrat
2,4-Toluylendiisocyanat	2,4-Diisocyanat-1-methylbenzen
Toluylen-2,4-diisocyanat	2,4-Diisocyanat-1-methylbenzen
Toluylendiisocyanat	2,4-Diisocyanat-1-methylbenzen
2,6-Toluylendiisocyanat	Toluol-2,6-diisocyanat
tolyl diphenyl phosphate	Phosphorsäure-diphenyl-4-methyl-phenyl-ester
m-Tolylendiisocyanat	2,4-Diisocyanat-1-methylbenzen
Tolylwasserstoff	Methylbenzen
Tonaso	Calciumcarbonat
4B-Toner	Pigment Rot 57:1 (C.I. 15850:1)
Tonerde	Aluminiumoxid
Tonerdesulfat	Aluminiumsulfat-18-hydrat
Toner Lake Red C	Pigment Rot 53:1 (C.I. 15585:1)
Tooluen-4-sulfonsäure	4-Methylbenzensulfonsäure
Topanol	2,6-Di-(1,1-dimethylethyl)-4-methylhydroxybenzen
Topanol AN	2,6-Di-(1,1-dimethylethyl)-4-methylhydroxybenzen
Topanol O	2,6-Di-(1,1-dimethylethyl)-4-methylhydroxybenzen
Topanol OC	2,6-Di-(1,1-dimethylethyl)-4-methylhydroxybenzen
Topfstein	Magnesiumsilikathydrat

Gebräuchlicher Name Handelsname	Substanzname
Torch brand	Aktivkohle
TOTM	1,2,4-Benzentricarbonsäure-tris-(2-ethylhexylester)
Toxilsäure	cis-Butendisäure
Toyofine TF-X	Calciumcarbonat
TP-95	Hexandicarbonsäure-bis-[2-(2-butoxy-ethoxy)-ethyl]ester
TP 1	Calciumcarbonat
TP 121	Calciumcarbonat
TP 222	Calciumcarbonat
TP 121 (filler)	Calciumcarbonat
TP 121 H	Calciumcarbonat
TP 222 HS	Calciumcarbonat
TPP	Triphenylphosphit
TPP	Phosphorsäuretriphenylester
TR	2,4,6-Triamino-1,3,5-triazin
Transparent Bronze Scarlet	Pigment Rot 53:1 (C.I. 15585:1)
Transparent Weiß	Aluminiumhydroxid Sulfat
Tratyl	1-Hydroxy-2,4-diaminobenzendihydrochlorid
Trethylen	1,1,2-Trichlorethen
Trethylene	1,1,2-Trichlorethen
Tri	1,1,2-Trichlorethen
Triacetin	1,2,3-Triacetoxypropan
Triad	1,1,2-Trichlorethen
Trial	1,1,2-Trichlorethen
2,4,6-Triamino-s-triazin	2,4,6-Triamino-1,3,5-triazin
Triangle	Aktivkohle
Triasol	1,1,2-Trichlorethen
1,2,3-Triazainden	Benzotriazol
1,3,5-Triazin-2,4,6-triamin	2,4,6-Triamino-1,3,5-triazin
tri-Benzolhexacarbonsäure-(tri-iso-dekyl)-ester	Tri-iso-dekyltrimelliat
tri-Benzolhexacarbonsäure-tri-(iso-nonyl)-ester	Tri-iso-nonyltrimelliat
tri-Benzolhexacarbonsäure-tri-(n-heptyl/n-nonyl)-ester	Tri-(n-heptyl/n-nonyl)trimelliat
Tribenzolhexacarbonsäure-tri-(oktyl)-ester	Tri-oktyl-tri-melliat
Tri-(beta-chloroethyl)-phosphat	Phosphorsäure-(trichloroethyl)-ester
Tribleitetroxid	Blei(II,IV)-oxid
tri-Butyl-citrat	Tributylcitrat
Tributylphosphat	Phosphorsäuretributylester
Tributyrin	Glyceryl-tri-butyrat
tri-(C7-C9)-tri-Melliat	Tri-(n-heptyl/n-nonyl)trimelliat
Trichloorethyleen	1,1,2-Trichlorethen
Trichloracetaldehyd Hydrat	Trichlorethanal Hydrat
Trichloran	1,1,2-Trichlorethen
Trichloren	1,1,2-Trichlorethen
Trichloressigsäure	Trichlorethansäure
alpha-Trichlorethan	1,1,1-Trichlorethan
Trichlorethanal Hydrat	Trichlorethanal Hydrat
2,2,2-Trichlorethandiol Hydrat	Trichlorethanal Hydrat
2,2,2-Trichlorethanoldihydrogenphosphat	Phosphorsäure-2,2,2-trichlorethylester

Gebräuchlicher Name Handelsname	Substanzname
Trichlorethylen	1,1,2-Trichlorethen
2,2,2-Trichlorethylphosphat	Phosphorsäure-2,2,2-trichlorethylester
Trichlorethylphosphat	Phosphorsäure-2,2,2-trichlorethylester
Trichloroethen	1,1,2-Trichlorethen
1,1,2-Trichloroethylen	1,1,2-Trichlorethen
1,2,2-Trichloroethylen	1,1,2-Trichlorethen
Trichloroethylen	1,1,2-Trichlorethen
2,4,6-Trichlorphenol	2,4,6-Trichlorhydroxybenzen
1,1,2-Trichlortrifluorethan	1,1,2-Trichlor-1,2,2-trifluorethan
Tri-clene	1,1,2-Trichlorethen
Triclene	1,1,2-Trichlorethen
Triclofos	Phosphorsäure-2,2,2-trichlorethylester
Tricolamin	2,2',2"-Trihydroxytriethylamin
Tricresylphosphat	Phosphorsäuretrikresylester
Tricyclo-[5.2.1.0(2,6)]deca-3,8-dien	4,7-Methylen-4,7,8,9-tetrahydroinden
Tri-cyclohexyl-citrat	2-Hydroxypropantricarbonsäure-(tri-cyclohexyl)-ester
1-Tridecanol	Tridecan-1-ol
Tridecanol	Tridecan-1-ol
Tridecylalkohol	Tridecan-1-ol
Tridekanol	Tridecan-1-ol
Tridymit	Silicium(IV)-oxid
TriEDMA	1,2-Bis-[2-methacryloyl-oxy-ethoxy]-ethan
Trielene	1,1,2-Trichlorethen
Trieline	1,1,2-Trichlorethen
Triessigsäureglycerinester	1,2,3-Triacetoxypropan
Triester mit Triethylene-Glykol	1,2-Bis-[2-methacryloyl-oxy-ethoxy]-ethan
Triethanolamin	2,2',2"-Trihydroxytriethylamin
Triethoxybutanol	2-[2-(2-Butoxyethoxy)ethoxy]ethanol
Triethylamin	2,2',2"-Trihydroxytriethylamin
Triethylcitrat	3-Ethoxycarbonyl-3-hydroxy-pentandisäurediethylester
Triethylene-dimethacrylat	1,2-Bis-[2-methacryloyl-oxy-ethoxy]-ethan
Triethylenglycoldibenzoat	Triethylenglykoldibenzoat
Triethylenglycoldi-(2-ethylbutyrat)	Triethylenglykoldi-(2-ethylbutyrat)
Triethylenglycoldipelargonat	Triethylenglykoldipelargonat
Triethylenglycolethylether	Triethylenglykolmonoethylether
Triethylenglycolmethylether	Triethylenglykolmonomethylether
Triethylenglycolmonobutylether	2-[2-(2-Butoxyethoxy)ethoxy]ethanol
Triethylenglycolmonoethylether	Triethylenglykolmonomethylether
Triethylenglycolmonoethylether	Triethylenglykolmonoethylether
Triethylenglycol-n-butylether	2-[2-(2-Butoxyethoxy)ethoxy]ethanol
Triethylenglykol	Triethylenglycol
Tri-ethylen-glykoldibenzoat	Triethylenglykoldibenzoat
Triethylenglykoldimethacrylat	1,2-Bis-[2-methacryloyl-oxy-ethoxy]-ethan
tri-Ethylen-glykol-dipelargonat	Triethylenglykoldipelargonat
Triethylenglykolmonobutylether	2-[2-(2-Butoxyethoxy)ethoxy]ethanol
Tri-(2-ethylhexyl)-phosphat	Phosphorsäure-tri-(2-ethylhexyl)-ester
Tri-(2-ethylhexyl)-trimelliat	1,2,4-Benzentricarbonsäure-tris-(2-ethylhexylester)
Triethyloamin	2,2',2"-Trihydroxytriethylamin

Gebräuchlicher Name Handelsname	Substanzname
tri-Ethyl-phosphat	Triethylphosphat
Triethylzitrat	3-Ethoxycarbonyl-3-hydroxy-pentandisäurediethylester
1,2,2-Trifluor-1,1,2-trichlorethan	1,1,2-Trichlor-1,2,2-trifluorethan
Trigen	Triethylenglycol
Trigenos	Triethylenglycol
Triglykol	Triethylenglycol
tri-Glykol-di-(2-ethylbutyrat)	Triethylenglykoldi-(2-ethylbutyrat)
Trigol	Triethylenglycol
Trigonal	(1,1'-Biphenyl)-4-yl-phenylmethanon
Triheptylbenzol-1,2,4-tricarboxylat	Benzol-1,2,4-tricarboxylsäuretriheptylester
3,4,5-Trihydroxybenzoesäure Monohydrat	3,4,5-Trihydroxybenzencarbonsäure, Monohydrat
1,3,5-Trihydroxybenzol	1,3,5-Trihydroxybenzen
1,3,5-Trihydroxybenzol	1,3,5-Trihydroxybenzen-2-hydrat
1,2,3-Trihydroxybenzol	1,2,3-Trihydroxybenzen
1,3,5-Trihydroxybenzol Dihydrat	1,3,5-Trihydroxybenzen-2-hydrat
(1,2,3-Trihydroxyphenyl)phenylmethanon	1,2,3-Trihydroxybenzen
Trihydroxypropan	Propantriol
Trihydroxytriethylamin	2,2',2"-Trihydroxytriethylamin
tri-iso-dekyl-tri-Melliat	Tri-iso-dekyltrimelliat
tri-iso-nonyl-tri-Melliat	Tri-iso-nonyltrimelliat
Tri-iso-oktyl-tri-melliat	Tri-mellitsäure-tri-(iso-oktyl)-ester
Tri-iso-oktyltrimelliat	Tri-mellitsäure-tri-(iso-oktyl)-ester
Trikaliumhexacyanoferrat	Kaliumhexacyanoferrat (III)
Triklone	1,1,2-Trichlorethen
Trikresylphosphat	Phosphorsäuretrikresylester
Tri-1,2-kresylphosphat	Phosphorsäuretri-1,2-kresylester
Tri-1,4-kresylphosphat	Phosphorsäuretri-1,4-kresylester
Trilene	1,1,2-Trichlorethen
Trilon B	Ethylendiamintetraessigsäure
Trilon B	Diaminoethantetraethansäuredinatriumsalz Dihydrat
Trilon B flüssig	Tetranatriumethylendiamintetraacetat
Trilon B Pulver	Tetranatriumethylendiamintetraacetat
Trilon BS	Ethylendiamintetraessigsäure
Trilon BW	Tetranatriumethylendiamintetraacetat
Trilon Fe	Diaminoethantetraethansäureeisen(III)-natriumsalz-3-hydrat
Trimar	1,1,2-Trichlorethen
Trimellitsäure-(2-ethylhexyl)-ester	1,2,4-Benzentricarbonsäure-tris-(2-ethylhexylester)
tri-Mellitsäure-(heptyl/nonyl)-ester	Tri-(n-heptyl/n-nonyl)trimelliat
tri-Mellitsäure-tri-(iso-dekyl)-ester	Tri-iso-dekyltrimelliat
tri-Mellitsäure-tri-(iso-nonyl)-ester	Tri-iso-nonyltrimelliat
Trimellitsäuretrioctylester	1,2,4-Benzentricarbonsäure-tris-(2-ethylhexylester)
Trimellitsäure-tri-oktyl-ester	Tri-oktyl-tri-melliat
Trimethylcarbinol	2-Methylpropan-2-ol
1,1,1-Trimethylolpropantriacrylat	1,1,1-Tris(hydroxymethyl)propantriacrylat
2,2,4-Trimethyl-1,3-pentadiol-di-iso-butyrat	1-(Methylethyl)-2,2-dimethyltrimethylen-(2-methylpropyl)säureester
2,2,4-Trimethylpentandiol-1,3-diisobutyrat	1-(Methylethyl)-2,2-dimethyltrimethylen-(2-

Gebräuchlicher Name Handelsname	Substanzname
	methylpropyl)säureester
2,4,6-Trimethylphenol	2,4,6-Trimethylhydroxybenzen
alpha-(Trimethylsily)-omega-methyl-poly-[oxy(dimethylsilylen)]	Dimethylpolysiloxan
Trimex T08	1,2,4-Benzentricarbonsäure-tris-(2-ethylhexylester)
Trinatriumcitrat Dihydrat	Natriumcitrat-2-hydrat
Trinatriumphosphat Dodecahydrat	Natriumphosphat-12-hydrat
Tri-n-butylphosphat	Phosphorsäuretributylester
Tri-n-C7-alkyltrimellitat	Benzol-1,2,4-tricarboxylsäuretriheptylester
tri-(n-Heptyl/n-nonyl)tri-melliat	Tri-(n-heptyl/n-nonyl)trimelliat
Trinitrocellulose	Cellulosenitrat
Trinksprit	Ethanol
Trioctylphosphat	Phosphorsäure-tri-(2-ethylhexyl)-ester
Trioctyltrimelliat	1,2,4-Benzentricarbonsäure-tris-(2-ethylhexylester)
Trioktylphosphat	Phosphorsäure-tri-(2-ethylhexyl)-ester
Triol	1,1,2-Trichlorethen
Triolein	Z-9-Octadecensäure-1,2,3-propantriylester
Triölsäure-glycerinester	Z-9-Octadecensäure-1,2,3-propantriylester
Trione	Dichlor-s-triazin-2,4,6(1H,3H,5H)-trion Natriumsalz
Tri-o-tolylphosphat	Phosphorsäuretri-1,2-kresylester
3,6,9-Trioxatridecan-1-ol	2-[2-(2-Butoxyethoxy)ethoxy]ethanol
Trioxid	Titandioxid
s-Trioxybenzol	1,3,5-Trihydroxybenzen
v-Trioxybenzol	1,2,3-Trihydroxybenzen
s-Trioxybenzol Dihydrat	1,3,5-Trihydroxybenzen-2-hydrat
"Trioxyl"-phosphat	Phosphorsäure-tri-(2-ethylhexyl)-ester
Trioxypropan	Propantriol
Trioxytriethylamin	2,2',2"-Trihydroxytriethylamin
Triphenylphosphat	Phosphorsäuretriphenylester
tri-Phenyl-phosphit	Triphenylphosphit
Tri-p-kresylphosphat	Phosphorsäuretrikresylester
Tri-plus	1,1,2-Trichlorethen
Tri-plus M	1,1,2-Trichlorethen
Tripropylenglykol	((1-Methyl-1,2-ethandiyl)bis(oxy))dipropanol
Tripropylenglykolmethylether	Tripropylenglycolbutylether
Tripropylenglykol-n-butylether	Tripropylenglycolbutylether
Tri-p-tolylphosphat	Phosphorsäuretri-1,4-kresylester
TRIS	Tris-(2,3-dibromopropyl)-phosphat
Tris-BP	Tris-(2,3-dibromopropyl)-phosphat
Tris-(2-butoxyethyl)-phosphat	Tributoxyethylphosphat
Tris-(2-chlorethyl)-phosphat	Phosphorsäure-(trichloroethyl)-ester
Tris-(2-chloroethyl)-phosphat	Phosphorsäure-(trichloroethyl)-ester
Tris-(2-ethylhexyl)-phosphat	Phosphorsäure-tri-(2-ethylhexyl)-ester
Tris-(2-hydroxyethyl)-amin	2,2',2"-Trihydroxytriethylamin
Tris-[2-hydroxy-ethyl]-amin	2,2',2"-Trihydroxytriethylamin
Tris-(2-methylphenyl)phosphat	Phosphorsäuretri-1,2-kresylester
Tris-(4-methylphenyl)phosphat	Phosphorsäuretri-1,4-kresylester
Trizinkbis(orthophosphat)	Pigment Weiß 32 (C.I. 77964)

Gebräuchlicher Name Handelsname	Substanzname
Trolamine	2,2',2"-Trihydroxytriethylamin
Trolen	Polyethylen
Trolit	Ethylcellulose
Tronex	Titandioxid
Tropaeolin 000 Nr. 2	4-(2-Hydroxy-1-naphthalinazo)-benzensulfonsäure Natriumsalz
Trovidur	Polychlorethen
Trovidur N	Polychlorethen
Trovidur PE	Polyethylen
Trovithern HTL	Polychlorethen
TRPGDA	Tripropylenglykoldiacrylat
Truflex DOA	Hexandicarbonsäure-bis-2-ethylhexylester
Truflex DOP	Benzen-1,2-dicarbonsäuredi-2-ethylhexylester
Truflex DOX	Nonandisäure-bis-[2-ethylhexylester]
alpha-Truxillsäure	2,4-Diphenyl-1,3-cyclobutandicarbonsäure
ß-Truxinsäure	3,4-Diphenyl-1,2-cyclobutandicarbonsäure
Trycite	Polyphenylethen
TS 1100	Polychlorethen
Tsizp 34	Thiokohlensäurediamid
TSP	Natriumphosphat-12-hydrat
TSS	N,N-Diethyl-1,4-diaminobenzen Sulfat
TU	Thiokohlensäurediamid
Turbo Fuel A1	Petroleum
Turbokalk	Calciumoxid
Türkisches Rot	Eisen(III)-oxid
Turnbulls Blau	Eisen(III)-hexacyanoferrat(II)
TXIB	1-(Methylethyl)-2,2-dimethyltrimethylen-(2-methylpropyl)säureester
TY 80	Magnesiumsilikathydrat
Tyox B	4-Sulfo-heptandisäuredidodecylester
Typophor Blau	Basisches Blau 26 (C.I. 44045)
Tyranton	4-Hydroxy-4-methylpentan-2-on
Tyrian Blue I-RSN	6,15-Dihydro-5,9,14,18-antrazintetron
Tyrian Brilliant Blue I-R	6,15-Dihydro-5,9,14,18-antrazintetron
Tyrin	Polyethylen
Tyvek	Polyethylen
U-1149	trans-Butendisäure
U-4224	N,N-Dimethylmethanamid
U 1	Polychlorethen
übermangansaures Kali	Kaliumpermanganat
übermangansaures Kalium	Kaliumpermanganat
überschwefelsaures Kalium	Kaliumperoxodisulfat
Ucar 17	Ethandiol
Ucar 38	Graphit
Ucar 4 C	alpha-Hydro-w-hydroxypoly-(oxy-1,2-ethandiyl)
Ucar Solvent LM	1-Methoxy-2-propanol
Ucar Solvent 2 LM	Dipropylenethandiolmethylether
Ucet	Aktivkohle

Gebräuchlicher Name Handelsname	Substanzname
Ucon 113	1,1,2-Trichlor-1,2,2-trifluorethan
UDP	Phthalsäureester, Gemisch
Uetracure 100	2-Chlor-9H-thioxanthen-9-on
UF1	2,4-Dihydroxybenzophenon
Ukarb	Aktivkohle
Ultral 7	Paraffin, C10-C13
Ultramarin	Pigment Blau 29 (C.I. 77007)
Ultramarinblau	Pigment Blau 29 (C.I. 77007)
Ultramarin-Rosa	Polysulfid-Natrium-Aluminium-Silikat
Ultramarin Violett 5791	Polysulfid-Natrium-Aluminium-Silikat
Ultramarin-Violett	Polysulfid-Natrium-Aluminium-Silikat
Ultra-pflex	Calciumcarbonat
Ultron	Polychlorethen
Undecyldodecylphthalat	Phthalsäureester, Gemisch
ungelöschter Kalk	Calciumoxid
Unibaryt	Bariumsulfat
Unibur 70	Calciumcarbonat
Unichem	Polychlorethen
Unichem ZO	Zinkoxid
Uniflex	Benzen-1,2-dicarbonsäurediethylester
Uniflex BYS	Octadecansäurebutylester
Uniflex DOA	Hexandicarbonsäure-bis-2-ethylhexylester
Unifos DYOB S	Polyethylen
Unifos EFD 0118	Polyethylen
Unimol DM	Benzen-1,2-dicarbonsäuredimethylester
Unimoll 66	Benzen-1,2-dicarbonsäuredicyclohexylester
Unimoll BB	Benzen-1,2-dicarbonsäure-di-tert.-butylester
Unimoll DA	Benzen-1,2-dicarbonsäurediethylester
Union Carbide	Dimethylpolysiloxan
Unitana	Titandioxid
United	Aktivkohle
Univerm	Tetrachlormethan
UO 28	Benzen-1,2-dicarbonsäuredi-2-ethylhexylester
UOP-19	2,6-Di-(1,1-dimethylethyl)-4-methylhydroxybenzen
UOP No. 7	2,6-Di-(1,1-dimethylethyl)-4-methylhydroxybenzen
Urania 2	Tetrachlorethen
Uranium(VI)-dioxidnitrat	Urannitrat-6-hydrat
Urannitrat Hexahydrat	Urannitrat-6-hydrat
Uranylnitrat-6-hydrat	Urannitrat-6-hydrat
Urea	Kohlensäurediamid
Urea	Thiokohlensäurediamid
Ureaphil	Kohlensäurediamid
Ureophil	Kohlensäurediamid
Urepearl	Kohlensäurediamid
Ureum	Kohlensäurediamid
Urevert	Kohlensäurediamid
USA 7 Ek-P-583	trans-Butendisäure
USAF DO-28	2,4-Dihydroxybenzophenon

Gebräuchlicher Name Handelsname	Substanzname
USAF Ek-1597	2-Aminoethanol
USAF Ek-497	Thiokohlensäurediamid
USAF ND-54	2,4-Dihydroxybenzophenon
USP mineraloil	Paraffin, C10-C13
UV-Absorber 325	2-Hydroxy-4-methoxybenzophenon
UV-Absorber DHB	2,4-Dihydroxybenzophenon
Uvasol	Paraffin, C10-C13
Uvinul 400	2,4-Dihydroxybenzophenon
VA 15	Polychlorethen
Valentinit	Antimon(III)-oxid
Valeron	Polyethylen
Valerone	2,6-Dimethyl-4-heptanon
Valspex 155-53	Polyethylen
Vanadiumtrichlorid	Vanadium(III)-chlorid
Vanchem HM-4346	Methylbenzen
Vanchem HM-50	Chlorbenzen
Vandem VAC	Zinkoxid
Vandem VOC	Zinkoxid
Vandern	Zinkoxid
Vandex	Selen
Vangard BT	Benzothiazol
Vanicol	Octadecansäure
Vanlube	2,6-Di-(1,1-dimethylethyl)-4-methylhydroxybenzen
Vanlube PC	2,6-Di-(1,1-dimethylethyl)-4-methylhydroxybenzen
Vanlube PCX	2,6-Di-(1,1-dimethylethyl)-4-methylhydroxybenzen
Vantalx 6H	Magnesiumsilikathydrat
Vanulic PC	2,6-Di-(1,1-dimethylethyl)-4-methylhydroxybenzen
Vanulic PCX	2,6-Di-(1,1-dimethylethyl)-4-methylhydroxybenzen
Varioform I	Ammoniumnitrat
Varioform II	Kohlensäurediamid
Varox Asn	Dibenzoylperoxid
Vat Blue 1	Indigo (C.I. 73000)
C.I. Vat Blue 4	6,15-Dihydro-5,9,14,18-antrazintetron
Vat Blue 4	6,15-Dihydro-5,9,14,18-antrazintetron
Vat Blue O	6,15-Dihydro-5,9,14,18-antrazintetron
Vat Blue OD	6,15-Dihydro-5,9,14,18-antrazintetron
Vat Fast Blue R	6,15-Dihydro-5,9,14,18-antrazintetron
VC 100	Polychlorethen
VC 410	Polychlorethen
VCN	Propensäurenitril
Vee gee Gelatin	Gelatine
Velon	Polyvinylidenchlorid
Velustral KPA	Polyethylen
Velvetex	Aktivkohle
Ventox	Propensäurenitril
Veracur	Methanal
Verbindung 889	Benzen-1,2-dicarbonsäuredi-2-ethylhexylester
verflüssigtes Ammoniakgas	Ammoniak (wasserfrei)

Gebräuchlicher Name Handelsname	Substanzname
Veritol	4-Methylaminohydroxybenzensulfat
Vermoestricid	Tetrachlormethan
Verol	4-Methylaminohydroxybenzensulfat
Veron P 130/1	Polychlorethen
Versal Blue GGSL	6,15-Dihydro-5,9,14,18-antrazintetron
Versal Green G	Kupferphthalocyanin, chloriert
Verschnittbitumen	Bitumen
Versene 100	Tetranatriumethylendiamintetraacetat
Versene 220	Tetranatriumethylendiamintetraacetat
Versene Acid	Ethylendiamintetraessigsäure
Vestinol 9	Benzen-1,2-dicarbonsäuredi-iso-nonylester (Isomerengemisch)
Vestinol AH	Benzen-1,2-dicarbonsäuredi-2-ethylhexylester
Vestinol AH spezial	Benzen-1,2-dicarbonsäure-di-n-octylester
Vestinol DIDA	Adipinsäure-(di-iso-decyl)-ester
Vestinol DZ	Benzen-1,2-dicarbonsäuredi-iso-decylester
Vestinol IB	Benzen-1,2-dicarbonsäure-di-tert.-butylester
Vestinol OA	Hexandicarbonsäure-bis-2-ethylhexylester
Vestolen	Polyethylen
Vestolen A 616	Polyethylen
Vestolit	Polychlorethen
Vestolit B 7021	Polychlorethen
Vestolit GH	Polychlorethen
Vestolit S 60	Polychlorethen
Vestolit S 6554	Polychlorethen
Vestolit S 6857	Polychlorethen
Vestolit S 7054	Polychlorethen
Vestolit S 7554	Polychlorethen
Vestolit S 8054	Polychlorethen
Vestrol	1,1,2-Trichlorethen
Vestrosol	1,1,2-Trichlorethen
Vevetone	Calciumcarbonat
Vianol	2,6-Di-(1,1-dimethylethyl)-4-methylhydroxybenzen
Vibatex S	Polyvinylalkohol
Vicelat	L-(+)-Ascorbinsäure
Vicin	L-(+)-Ascorbinsäure
Vicomin C	L-(+)-Ascorbinsäure
Vicron	Calciumcarbonat
Vicron 15-15	Calciumcarbonat
Vicron 25-11	Calciumcarbonat
Vicron 31-6	Calciumcarbonat
Vicron 41-8	Calciumcarbonat
Vienna White	Calciumcarbonat
Viforcit	L-(+)-Ascorbinsäure
Vigot 15	Calciumcarbonat
Viktoria-Blau B	Basisches Blau 26 (C.I. 44045)
Viktoria-Blau (PMA)	Pigment Blau 1:x (C.I. 42595:x)
Viktoria-Blau (PTMA)	Pigment Blau 1 (C.I. 42595:2)

Gebräuchlicher Name Handelsname	Substanzname
Viktoria-Blau (SMA)	Pigment Blau 1:2 (C.I. 42595:3)
C-Vimin	L-(+)-Ascorbinsäure
Vinacol MH	Polyvinylalkohol
Vinalak	Polyvinylalkohol
Vinarol	Polyvinylalkohol
Vinarol DT	Polyvinylalkohol
Vinarole	Polyvinylalkohol
Vinarol ST	Polyvinylalkohol
Vinavil	Polyethansäureethenylester
Vinavilol 2-98	Polyvinylalkohol
Vinic ether	Diethylether
Vinicizer 80	Benzen-1,2-dicarbonsäuredi-2-ethylhexylester
Vinicizer 85	Benzen-1,2-dicarbonsäure-di-n-octylester
Vinika KR 600	Polychlorethen
Vinika KR 800	Polychlorethen
Vinika 37M	Polychlorethen
Vinika 35R	Polychlorethen
Vinikulon	Polychlorethen
Viniplast	Polychlorethen
Viniplen P 73	Polychlorethen
Viniplen P 74	Polychlorethen
Viniplen P 73E	Polychlorethen
Viniplen P 73EM	Polychlorethen
Vinisil	Polyvinylpyrrolidon
Vinitex	Polyvinylidenchlorid
Vinkeil 100	Ethylendiamintetraessigsäure
Vinna	Ethansäureethenylester
Vinnapas	Polyethansäureethenylester
Vinnarol	Polyvinylalkohol
Vinnol E 75	Polychlorethen
Vinnol H 100/65	Polychlorethen
Vinnol H 100/70	Polychlorethen
Vinnol H 100/70D	Polychlorethen
Vinnol H 60D	Polychlorethen
Vinnol H 70D	Polychlorethen
Vinnol H 75F	Polychlorethen
Vinnol P 70	Polychlorethen
Vinnol P 100/70E	Polychlorethen
Vinnol P 70E	Polychlorethen
Vinnol Y	Polychlorethen
Vinoflex	Polychlorethen
Vinoflex P 313	Polychlorethen
Vinol	Polyvinylalkohol
Vinol 125	Polyvinylalkohol
Vinol 205	Polyvinylalkohol
Vinol 351	Polyvinylalkohol
Vinol 523	Polyvinylalkohol
Vinol unisize	Polyvinylalkohol

Gebräuchlicher Name Handelsname	Substanzname
Vinylacetat	Ethansäureethenylester
Vinylalkohol	Ethenol
Vinylalkohol Polymer	Polyvinylalkohol
N-Vinyl-alpha-pyrrolidon	1-Ethenyl-2-pyrrolidinon
Vinylbenzen	Ethenylbenzen
Vinylbenzol	Ethenylbenzen
Vinylchlon 4000LL	Polychlorethen
Vinylchlorid	Chlorethen
Vinylchlorid Polymer	Polychlorethen
Vinylcyanid	Propensäurenitril
Vinylethylen	1,3-Butadien
Vinylidenchlorid	1,1-Dichlorethen
Vinylite QYJV	Polychlorethen
Vinylon film 2000	Polyvinylalkohol
N-Vinyl-2-pyrroliden	1-Ethenyl-2-pyrrolidinon
1-Vinyl-2-pyrrolidinon	1-Ethenyl-2-pyrrolidinon
1-Vinylpyrrolidinon	1-Ethenyl-2-pyrrolidinon
N-Vinylpyrrolidon	1-Ethenyl-2-pyrrolidinon
Vinylpyrrolidon	1-Ethenyl-2-pyrrolidinon
Vinylwasserstoff	Ethen
Violet 3	Dimethylbenzen (Isomerengemisch)
Violet de Paris	Basisches Violett 1 (C.I. 42535)
Viplast RA/F	Polychlorethen
Viscasil	Dimethylpolysiloxan
Viscorin	L-(+)-Ascorbinsäure
Vitace	L-(+)-Ascorbinsäure
Vitacee	L-(+)-Ascorbinsäure
Vitacimin	L-(+)-Ascorbinsäure
Vitacin	L-(+)-Ascorbinsäure
Vitamin C	L-(+)-Ascorbinsäure
Vitamin C	Isoascorbinsäure Natriumsalz
Vitamin E 300	L-(+)-Ascorbinsäure
Vitamisin	L-(+)-Ascorbinsäure
Vitascorbol	L-(+)-Ascorbinsäure
Viterra 2 Hydrogen	alpha-Hydro-w-hydroxypoly-(oxy-1,2-ethandiyl)
Vitran	1,1,2-Trichlorethen
Vitriol	Schwefelsäure
Vitriolöl	Schwefelsäure
Vitriol Red	Eisen(III)-oxid
Vivid-Grün	Pigment Grün 2 (C.I. 42040:1 & C.I. 49005:1)
Volgovinyl E 62	Polychlorethen
Volgovinyl E 62P	Polychlorethen
Volgovinyl E 66P	Polychlorethen
Vopcolene 27	cis-Octadec-9-ensäure
Voranate T-80 Type I	2,4-Diisocyanat-1-methylbenzen
Voranate T-80 Typ II	2,4-Diisocyanat-1-methylbenzen
VSKH-S	Polychlorethen
Vulcafix Fast Blue SD	6,15-Dihydro-5,9,14,18-antrazintetron

Gebräuchlicher Name Handelsname	Substanzname
Vulcafix Scarlet R	Pigment Rot 53:1 (C.I. 15585:1)
Vulcafix Scarlet R-D masse	Pigment Rot 53:1 (C.I. 15585:1)
Vulcafor Fast Blue 3R	6,15-Dihydro-5,9,14,18-antrazintetron
Vulcafor Red 2R	Pigment Rot 53:1 (C.I. 15585:1)
Vulcal Fast Green F2G	Kupferphthalocyanin, chloriert
Vulcan	Aktivkohle
Vulcan Fast Orange G	Pigment Orange 13 (C.I. 21110)
Vulcan Fast Yellow G	Pigment Gelb 14 (C.I. 21095)
Vulcan Fast Yellow GR	Pigment Gelb 13 (C.I. 21100)
Vulcan Fast Yellow GRA	Pigment Gelb 13 (C.I. 21100)
Vulcan Fast Yellow GRN	Pigment Gelb 13 (C.I. 21100)
Vulcanosine Fast Blue GG	6,15-Dihydro-5,9,14,18-antrazintetron
Vulcanosine Fast Green G	Kupferphthalocyanin, chloriert
Vulcan Red LC	Pigment Rot 53:1 (C.I. 15585:1)
Vulcol Fast Blue S	6,15-Dihydro-5,9,14,18-antrazintetron
Vulcol Fast Green F2G	Kupferphthalocyanin, chloriert
Vulcol Fast Red L	Pigment Rot 53:1 (C.I. 15585:1)
Vulkanox BHT	2,6-Di-(1,1-dimethylethyl)-4-methylhydroxybenzen
Vulkanox KB	2,6-Di-(1,1-dimethylethyl)-4-methylhydroxybenzen
VVP 66-95	Graphit
VYAC	Ethansäureethenylester
Vygen 110	Polychlorethen
Vygen 120	Polychlorethen
Vygen 313	Polychlorethen
Vygen 85	Polychlorethen
Vylen	Polyvinylidenchlorid
Vynamon Bleu 3R FW	6,15-Dihydro-5,9,14,18-antrazintetron
Vynamon Blue 3R	6,15-Dihydro-5,9,14,18-antrazintetron
Vynamon Gelb	Bleisulfochromat
Vynamon Green BE	Kupferphthalocyanin, chloriert
Vynamon Green BES	Kupferphthalocyanin, chloriert
Vynamon Green 2G FW	Kupferphthalocyanin, chloriert
Vynamon Green GNA	Kupferphthalocyanin, chloriert
Vynamon Green 6Y FW	Pigment Grün 36 (C.I. 74265)
Vynamon Orange G FW	Pigment Orange 13 (C.I. 21110)
Vynamon Orange RE FW	4,4'-[(3,3'-Dichlor[1,1'-biphenyl]-4,4'-diyl)bis(azo)]-bis[2,4-dihydro-5-methyl-2-(4-methylphenyl)]-3H-pyrazol-3-on
Vynamon Yellow GE FW	Pigment Gelb 13 (C.I. 21100)
Vynamon Yellow 2GE FW	Pigment Gelb 14 (C.I. 21095)
Vynamon Yellow GRE	Pigment Gelb 13 (C.I. 21100)
Vynamon Yellow Gres	Pigment Gelb 13 (C.I. 21100)
Vyram	Polychlorethen
Wacker Per	Tetrachlorethen
Wacker Tri	1,1,2-Trichlorethen
Wacker 3X1 Chlorothene VG	1,1,1-Trichlorethan
Wareflex	Hexandicarbonsäure-bis-[2-(2-butoxy-ethoxy)-ethyl]ester

Gebräuchlicher Name Handelsname	Substanzname
Waschblau	Pigment Blau 29 (C.I. 77007)
Waschsäure	Schwefelsäure
wasserfreies Ammoniak	Ammoniak (wasserfrei)
Wasserglas	Natriumsilicat
Wasserstoffbioxid	Wasserstoffperoxid
Wasserstoffhyperoxid	Wasserstoffperoxid
Wasserstoffperoxid	Wasserstoffperoxid
Wasserstoffsuperoxid	Wasserstoffperoxid
Watchung Red Y	Pigment Rot 48:1 (C.I. 15865:1)
Wax LE	Polyethylen
Wayne Red X-2486	Pigment Rot 53:1 (C.I. 15585:1)
Wecoline 00	cis-Octadec-9-ensäure
Weißbleierz	Blei(II)-carbonat basisch
Weiße Pigmentfarbe	Aluminiumhydroxid Sulfat
Weißkalkhydrat	Calciumhydroxid
Weingeist	Ethanol
Weißspießglanz	Antimon(III)-oxid
Weisser Ton	Kaolin
Welvic G 2/5	Polychlorethen
Welvic Prio 953	Polychlorethen
Welvic Pro 686	Polychlorethen
Welvic R 7/622	Polychlorethen
Welvic RI 7/316	Polychlorethen
Welvic Rio 715	Polychlorethen
Westrosol	1,1,2-Trichlorethen
Whica BA	Calciumcarbonat
Whitcarb W	Calciumcarbonat
White-powder	Calciumcarbonat
White seal-7	Zinkoxid
White Star	Antimon(III)-oxid
Whiting	Calciumcarbonat
Whiton 1500	Calciumcarbonat
Whiton 450	Calciumcarbonat
Whiton B	Calciumcarbonat
Whiton H	Calciumcarbonat
Whiton P 10	Calciumcarbonat
Whiton P 30	Calciumcarbonat
Whiton P 50	Calciumcarbonat
Whiton S	Calciumcarbonat
Whiton SB	Calciumcarbonat
Whiton SO	Calciumcarbonat
Whiton SS	Calciumcarbonat
Whiton SSB	Calciumcarbonat
Wickenol 158	Hexandicarbonsäure-bis-2-ethylhexylester
Wickenol	Octadecansäurebutylester
Wilt Pruf	Polychlorethen
Winidur	Polychlorethen
Winnofil S	Calciumcarbonat

Gebräuchlicher Name Handelsname	Substanzname
Witamol 320	Hexandicarbonsäure-bis-2-ethylhexylester
Witamol 207	Benzol-1,2,4-tricarboxylsäuretriheptylester
Witamol 500	Decandisäuredi-n-octylester
Witamol 150	Benzen-1,2-dicarbonsäuredi-iso-nonylester (Isomerengemisch)
Witamol 110	1,2-Benzendicarbonsäure-di-C8-10-alkylester, Gemisch
Witamol 460 Stab.	2,2'-Ethylendioxydiethylbis(2-ethylhexanoat)
Witcarb	Calciumcarbonat
Witcarb 940	Kohlenstoff (amorph)
Witcarb P	Calciumcarbonat
Witcarb R	Calciumcarbonat
Witcarb RC	Calciumcarbonat
Witcarb regular	Calciumcarbonat
Witcizer 300	Benzen-1,2-dicarbonsäuredi-n-butylester
Witco	Aktivkohle
Witcoblak No. 100	Aktivkohle
Witco G 339 S	Octadecansäure, Calciumsalz
Witcoschwarz No. 100	Aktivkohle
Witeizen 200	Octadecansäurebutylester
Witherit	Bariumcarbonat
Witizer 312	Benzen-1,2-dicarbonsäuredi-2-ethylhexylester
WJG 11	Polyethylen
WNF 15	Polyethylen
Wollastonit	Calciummetasilicat
WSR 205	alpha-Hydro-w-hydroxypoly-(oxy-1,2-ethandiyl)
WSR 301	alpha-Hydro-w-hydroxypoly-(oxy-1,2-ethandiyl)
WSR 35	alpha-Hydro-w-hydroxypoly-(oxy-1,2-ethandiyl)
WSR N-10	alpha-Hydro-w-hydroxypoly-(oxy-1,2-ethandiyl)
WSR N-3000	alpha-Hydro-w-hydroxypoly-(oxy-1,2-ethandiyl)
WSR N-750	alpha-Hydro-w-hydroxypoly-(oxy-1,2-ethandiyl)
WSR N-Coag	alpha-Hydro-w-hydroxypoly-(oxy-1,2-ethandiyl)
Wurtzit	Zinksulfid
WVG 23	Polyethylen
WYEX	Aktivkohle
Wytox BHT	2,6-Di-(1,1-dimethylethyl)-4-methylhydroxybenzen
C.I. 73015:x	Pigment Blau 63 (C.I. 73015:x)
C.I. 45170:x	Pigment Violett 1:x (C.I. 45170:x)
C.I. 42595:x	Pigment Blau 1:x (C.I. 42595:x)
C.I. 16035:x	Pigment Rot x (C.I. 16035:x)
C.I. 42040:x	Pigment Grün 1:x (C.I. 42040:x)
9-Xanthenon	Xanthon
XE 340	Kohlenstoff (amorph)
Xitix	L-(+)-Ascorbinsäure
XL 1246	Polyethylen
XL 335-1	Polyethylen
XNM 68	Polyethylen
XO 440	Polyethylen

Gebräuchlicher Name Handelsname	Substanzname
XX 203	Zinkoxid
XX 601	Zinkoxid
XX 78	Zinkoxid
Xylen	Dimethylbenzen (Isomerengemisch)
Xylen, Gemisch aus den Isomeren o-, m- und p-Xylen	Dimethylbenzen (Isomerengemisch)
p-Xylidin	2,5-Dimethylaminobenzen
Xylidin Ponceau	Ponceau Xylidin (C.I. 16150)
L-Xyloascorbic acid	L-(+)-Ascorbinsäure
Xylol	Dimethylbenzen (Isomerengemisch)
Xylol, Gemisch aus den Isomeren o-, m- und p-Xylol	Dimethylbenzen (Isomerengemisch)
Xylo-Mucine	Carboxymethylcellulose
Xylo-Mucine	Carboxymethylcellulose Natriumsalz
Yellow AAMX	Pigment Gelb 13 (C.I. 21100)
Yellow Toner YB5	Pigment Gelb 13 (C.I. 21100)
York White	Calciumcarbonat
Yugovinyl	Polychlorethen
Yukalon EH 30	Polyethylen
Yukalon HE 60	Polyethylen
Yukalon K 3212	Polyethylen
Yukalon LK 30	Polyethylen
Yukalon MS 30	Polyethylen
Yukalon PS 30	Polyethylen
Yukalon YK 30	Polyethylen
Zapon Rot 346	Solvens Rot 109
Zellin	Carboxymethylcellulose
Zellin	Carboxymethylcellulose Natriumsalz
Zellstoff	Cellulose
Zellulose	Cellulose
Zelluloseacetat	Celluloseacetat
Zer	Cerium
Zerium	Cerium
Zerussit	Blei(II)-carbonat basisch
ZESET T	Ethansäureethenylester
Zetoflex ZN	Tris-(2,3-dibromopropyl)-phosphat
Zetylsäure	Hexadecansäure
ZF 36	Polyethylen
ZG 301	Calciumcarbonat
trans-Zimtsäure	trans-Phenylpropensäure
Zimtsäurechlorid	3-Phenylpropensäurechlorid
trans-Zinamylsäure	trans-Phenylpropensäure
K-Zinc	Zinkoxid
Zinca 20	Zinkoxid
Zincite	Zinkoxid
Zincoid	Zinkoxid
Zinc oxide (ACGIH:OSHA)	Zinkoxid
Zinc oxide fume (OSHA)	Zinkoxid
Zinc White	Zinkoxid
Zinkasche	Zink

Gebräuchlicher Name Handelsname	Substanzname
Zinkblende	Zinksulfid
Zinkbutter	Zinkchlorid
Zinkcaprylat	Octansäure, bis-Zink-Salz
Zink Chromat	Pigment Gelb 36 (C.I. 77955)
Zink-Chromatgelb	Pigment Gelb 36 (C.I. 77955)
Zink-Eisen-Chromit-Braun-Spinell	Pigment Braun 33 (C.I. 77503)
Zinkferritbraun Spinell	Pigment Gelb 119 (C.I. 77496)
Zinkgelb	Pigment Gelb 36 (C.I. 77955)
Zinkgelb	Pigment Gelb 36:1 (C.I. 77956)
Zinkgrau	Zink
Zinkit	Zinkoxid
Zinkkaliumchromat	Pigment Gelb 36 (C.I. 77955)
Zinkmehl	Zink
Zinkoctanoat, Zinkoctoat, Zinkoctylat, Zink(II)-n-octanoat	Octansäure, bis-Zink-Salz
Zinkoxid 2011	Zinkoxid
Zinkoxid AA	Zinkoxid
Zinkoxid aktiv	Zinkoxid
Zinkoxid AM	Zinkoxid
Zinkoxid Grünsiegel	Zinkoxid
Zinkoxid Rotsiegel	Zinkoxid
Zinkoxid Silox 3C	Zinkoxid
Zinkoxid transparent	Zinkoxid
Zinkoxid Weißsiegel	Zinkoxid
317-Zink-Phosphat	Pigment Weiß 32 (C.I. 77964)
Zink-Phosphat	Pigment Weiß 32 (C.I. 77964)
Zinkphosphat	Pigment Weiß 32 (C.I. 77964)
Zinkphosphat ZP 10	Pigment Weiß 32 (C.I. 77964)
Zinkpulver	Zink
Zinkpulver (nicht pyrophor)	Zink
Zinkpulver-Zinkstaub (stabilisiert)	Zink
Zinkstaub	Zink
Zinktetraoxichromat	Pigment Gelb 36 (C.I. 77955)
Zinkweiß	Zinkoxid
Zinkweiss CF	Zinkoxid
ZinkweissCF/GR	Zinkoxid
Zinkweiss F	Zinkoxid
Zinkweiss GR	Zinkoxid
Zinkweiss Harzsiegel CF	Zinkoxid
Zinkweiss Harzsiegel CF/GR	Zinkoxid
Zinkweiss Harzsiegel F	Zinkoxid
Zinkweiss Harzsiegel GR	Zinkoxid
Zinkweiss Harzsiegel Stand.	Zinkoxid
Zinkweiss Harzsiegel Standard	Zinkoxid
Zinkweiss Harzsiegel UF	Zinkoxid
Zinkweiss Rotsiegel	Zinkoxid
ZinkweissUF	Zinkoxid
Zinpol	Polyethylen

Gebräuchlicher Name Handelsname	Substanzname
Zirconia	Zirkoniumoxid
Zirkondioxid	Zirkoniumoxid
Zirkon(IV)-oxid	Zirkoniumoxid
Zirkonoxid	Zirkoniumoxid
Zitronen-Chrom	Bleisulfochromat
Zitronengelb	Pigment Gelb 35 (C.I. 77205)
Zitronensäure	2-Hydroxy-1,2,3-propantricarbonsäure
Zitronensäureacetylbutylester	Acetyltributylcitrat
Zitronensäureacetyltriethylester	Acetyltriethylcitrat
Zitronensäure-(tri-butyl)-ester	Tributylcitrat
Zitronensäure-(tri-cyclohexyl)-ester	2-Hydroxypropantricarbonsäure-(tri-cyclohexyl)-ester
Zitronensäure-tri-ethyl-ester	3-Ethoxycarbonyl-3-hydroxy-pentandisäurediethylester
Zitronensäure-triethylester	3-Ethoxycarbonyl-3-hydroxy-pentandisäurediethylester
Zitronensäure Trinatriumsalz Dihydrat	Natriumcitrat-2-hydrat
ZN-0401 E 3/16"	Zinkoxid
Zn 0701T	Zinkoxid
Zopaque	Titandioxid
ZPW-1	N,N-Diethyl-1,4-diaminobenzen Sulfat
Zyankali	Kaliumcyanid
Zyankalium	Kaliumcyanid
Zyklohexan	Cyclohexan
Zyklohexanol	Cyclohexanol
Zyklohexanon	Cyclohexanon
Zyklotetramethylenoxid	Tetrahydrofuran

Anhang 5

CAS-Nummern

Um das Auffinden bestimmter Stoffe im Datenteil dieses Buches zu erleichtern, sind nachfolgend die enthaltenen CAS-Nummern (Chemical Abstract System) mit einem Verweis auf die Stelle angegeben auf der die Substanz zu finden ist.

2

7

Anhang 6

Bezeichnungen, Handelsnamen, Anwendungsbereiche und Eigenschaften von Druckereichemikalien

Datenteil

Die im nachfolgenden dargestellten Substanzen sind als Rohstoffe und Hilfsmittel in der Druckfarbenindustrie bekannt. Nicht alle der genannten Stoffe werden heute genutzt.
Eindeutig ist die Situation nur im Druckfarbenbereich, wo mit Stand 1999/2000 in Deutschland ausschließlich die in Kapitel 10 genannten Stoffe eingesetzt werden.

Aufbau des Datenblattes

Um die über Chemikalien in Druckfarbenprodukten verfügbaren und zusammengestellten Informationen abrufen und sortieren zu können, wurde das Datenbankprogramm OEKOPRO erstellt, das einerseits den Ausdruck eines substanzspezifischen Formblattes steuert, andererseits Substanzgruppen anhand vorwählbarer Suchkriterien selektiert und ausdruckt. Damit ist es möglich, nicht nur Informationen zu Einzelsubstanzen überschaubar darzustellen, sondern auch mit geringem Zeitaufwand eine Liste auszudrucken, die z.B. alle als Flankenschutzmittel in Druckfarbenprodukten eingesetzten Chemikalien enthält. Um vor allem organische Substanzen eindeutig zu beschreiben, können mit Hilfe eines Grafikprogrammes Strukturformeln in die Datenblätter eingebunden werden.
Die Datenbank enthält nicht nur Stoffe, die zur Zeit in Druckfarbenprodukten eingesetzt werden, sondern auch solche, die bereits nicht mehr oder noch nicht in Anwendung sind. Zu allen Stoffen, die zur Zeit von den Herstellern eingesetzt werden, liegen Verbrauchszahlen vor, die im jeweiligen Datenblatt aufgeführt sind.

Das Datenblatt jeder Substanz besteht aus zwei Teilen: Der erste Teil faßt die Identitätsmerkmale des chemischen Stoffes (Name, Formel) sowie Angaben über die spezifischen Anwendungsbereiche zusammen, der zweite Teil enthält die wesentlichen umweltrelevanten Eigenschaften, wie Toxizität, physikalisch-chemische Parameter und Abwasserbelastung.
Jedes Suchverfahren setzt eine eindeutige Festlegung der verwendeten Suchkategorien voraus. Diese werden daher im folgenden aufgeführt und erläutert. Mit Ausnahme des Feldes *Strukturformel* sind alle Begriffsfelder als Suchkategorie einsetzbar.

Substanz

Die definierte Einzelsubstanz wird mit weitestgehend systematisch-chemischer Benennung aufgeführt. Für große Moleküle ist der systematische Name jedoch häufig unpraktisch oder ungebräuchlich. In solchen Fällen sind hier auch Halbtrivial- und Trivialnamen zu finden.

CAS-Nummer

Die im Chemical-Abstract-System (CAS) verwendeten Kennziffern erleichtern die eindeutige Identifizierung einer Substanz.

UN-Nummer

Die UN-Nummer befindet sich auf orangefarbene Warntafeln und dient der Kennzeichnung von Tanks oder Behältern, in denen ein Gefahrstoff transportiert wird (Beispiel: Dieselkraftstoff UN-Nr.:1203).

Gebräuchliche Namen

Alle weiteren Halbtrivial- und Trivialnamen, die für die oben genannte Substanz benutzt werden, sind hier angegeben.

Handelsnamen

Die von den Herstellern geprägten Namen finden sich in dieser Rubrik.

Summenformel

Summenformel für organische Substanzen in der nach IUPAC vorgegebenen Reihenfolge, für anorganische Stoffe in der allgemein gebräuchlichen, nicht alphabetischen Reihenfolge.

Strukturformel

Strukturformel der betreffenden Chemikalie.

Funktion

Die Aufgabe dieser Rubrik ist die Unterscheidung der Substanzen nach den Funktionen, die sie in den unterschiedlichen Druckfarbenprodukten übernehmen. Die folgenden Stichworte sind in der Datenbank zu finden:

Additiv
Alkalien
Ansäuerungsmittel
Antischleiermittel
Ätzmittel
Beschleuniger
Bindemittel
Bindemittelharz
Bleichmittel
Desensibilisator
Emulsionsgrundstoff
Entschichtungsmittel
Entwickler
Entwicklerzusatz
Fixierer
Flankenschutzmittel
Fotoinitiator
Fotoleiter
Füllstoff
Härter
Kältemittel
Komplexbildner
Lösungsmittel
Monomer
Oxidationsmittel
Pigment/Farbstoff
Reinigungsmittel
Sensibilisator
Stabilisator
Toner
Trockenkatalysator
UV-Absorber
Verdünnungsmittel
Verlackungsmittel
Verzögerer
Weichmacher
Wischwasserzusatz

Druckverfahren

Hier werden die Druckverfahren angegeben, in denen die Substanz bevorzugt eingesetz wird. In der Datenbank sind die im folgenden aufgeführten Stichwörter zu finden:

Druckformherstellung/Flachdruck
Druckplattenherstellung
Druckverfahren (nicht genauer spezifiziert)
Druckverfahren/ Hochdruck direkt/ Flexodruck
Druckverfahren/ Tiefdruck
Druckverfahren/ Durchdruck
elektr. Verfahren
Kopierverfahren
Offsetdruck
Reproduktionsfotografie
Reproduktionstechnik
Siebdruck

Anwendung

Hier wird der Einsatzbereich der Substanz beschrieben.

Ätzmittel
Bestandteil der Druckplattenschicht
Bestandteil der Emulsion auf Filmen
Bestandteil der lichtempfindlichen Schicht
Bestandteil von Druckfarben
Bleichbäder
Brauntonung
Druckfarbe
Durchdruckfarbe
Entwickler
Entwicklung
Farbbandbeschichtung
Farbe
Filmbeschichtung
Filme
Flankenschutzmittel
Flexodruckfarbe
Harz
Illustrationsdruckfarbe
Metalldruckfarbe
Papierbeschichtung
Reinigungsmittel
Schnellfixierbäder
Schnellfixiersalz
Siebentschichtung
Tiefdruckfarbe auf Wasserbasis
Tinte
Toner
Unterbrecher-/ Fixierbäder
UV-Farbe
Verpackungstiefdruckfarbe
Verpackungsdruckfarbe

Branchenspezifische Bemerkungen zur Substanz

An dieser Stelle findet der Leser z.B. Angaben zur Einsatzmenge des Stoffes in der Bundesrepublik Deutschland (Angaben in t/Jahr).

Eigenschaften

Diese Datenblattrubrik ist in zwei Bereiche eingeteilt:

- toxikologisch-ökotoxikologische Eigenschaften
- physikalisch-chemische Eigenschaften

Auf die Bedeutung einiger angegebener Werte wird im folgenden kurz eingegangen.

Toxikologisch-ökotoxikologisch

- RTECS-Werte (Registry of Toxic Effects of Chemical Substances)
In einem von Richard J. Lewis, Sr. und Doris V. Sweet herausgegebenen Grundlagenwerk sind toxische Effekte chemischer Substanzen zusammengestellt.

- MAK (Maximale Arbeitsplatzkonzentration)
Dies ist die höchst zulässige Konzentration eines Arbeitsstoffes als Gas, Dampf oder Schwebstoff in der Luft am Arbeitsplatz. In der Regel wird der MAK-Wert als Durchschnittswert über Zeiträume bis zu einem Arbeitstag oder einer Arbeitsschicht integriert.

- Schweizer Giftliste
Die Giftliste ist Kernstück der schweizerischen Giftgesetzgebung. Sie wird vom Bundesamt für Gesundheitswesen (BAG) erstellt und mindestens einmal pro Jahr ergänzt. Es gibt fünf Giftklassen:

Giftklasse 1		-	5 mg/kg
Giftklasse 2	5	-	50 mg/kg
Giftklasse 3	50	-	500 mg/kg
Giftklasse 4	500	-	2000 mg/kg
Giftklasse 5	2000	-	5000 mg/kg

Neben der akut-oralen Letaldosis werden die Wirkungen auf Haut, Schleimhaut und Atemwege sowie die subchronische und chronische Toxizität berücksichtigt. Krebserzeugende, mutagene und weitere sehr problematische Stoffe (besondere chronische Schädigung, hohe Inhalationstoxizität) werden grundsätzlich in Giftklasse 1 eingestuft.

- WGK (Wassergefährdungsklasse)
In der Rubrik toxikologisch-ökotoxikologische Eigenschaften wird die Wassergefährdungsklasse angeführt. Diese ist dem Katalog wassergefährdender Stoffe entnommen, welcher in der allgemeinen Verwaltungsvorschrift wassergefährdende Stoffe (VwVwS) nach dem Wasserhaushaltsgesetz (§ 19 g Abs. 5 Satz 2) vom Oktober 1986 definiert ist.
Es wird eine Einteilung in vier Wassergefährdungsklassen vorgenommen.

- WGK 3: stark wassergefährdende Stoffe
- WGK 2: wassergefährdende Stoffe
- WGK 1: schwach wassergefährdende Stoffe
- WGK 0: im allgemeinen nicht wassergefährdende Stoffe

In die Bewertung des Wassergefährdungspotentials gehen ausschließlich Stoffeigenschaften ein, wie die akute Toxizität gegenüber Säugetieren, Bakterien und Fischen, die durch die Angabe von Bewertungszahlen klassifiziert wird. Weitere Kriterien für die Bewertung sind physikalisch-chemische Daten, abiotische Abbaubarkeit u.a., die jedoch nicht einzeln aufgegliedert werden.

- R-Sätze
R-Sätze weisen auf besondere Gefahren bei Handhabung und Verwendung von Stoffen und Zubereitungen hin. Die R-Sätze sind im Anhang I der GefStoffV im Wortlaut aufgeführt.

- S-Sätze

Hinweise auf notwendige Vorsichtsmaßnahmen werden durch Sicherheitsratschläge (S-Sätze) gegeben (siehe Anhang I, GefStoffV).

- Gefahrensymbole

Verweis auf die Gefahrensymbole gemäß der Gefahrstoffverordnung, der Schweizer Giftliste sowie Industrieangaben (Chemikaliendaten der Firmen Merck, Fluka, Sigma Aldrich etc.).

- Sonstiges

In diesem Abschnitt erhält die Datenbank ergänzende/erläuternede Informationen zur Toxikologie. Dies sind z.B. LD_{50}-Werte, Ergebnisse von Untersuchungen mit Literaturhinweisen oder ökologische Hinweise z.B. zur Bioakkumulation.

- Biologische Abbaubarkeit

Die biologische Abbaubarkeit von chemischen Substanzen ist eines der wichtigsten Kriterien zur Beurteilung ihres Verhaltens im Ökosystem. Es liegen zahlreiche Vorschläge für Testverfahren vor. Die wichtigsten sind der geschlossene Flaschentest und der sogenannte OECD-Test. Daneben gibt es andere, die für spezielle Fragestellungen entwickelt wurden, sowie Modifikationen der o.g. grundlegenden Testmethoden. Auf Einzelheiten kann an dieser Stelle nicht näher eingegangen werden. Die in dieser Rubrik des Datenblattes gemachten Angaben beziehen sich auf Literaturwerte.

- LD_{50} (mittlere letale Dosis)

Dies ist die Dosis in mg/kg Körpergewicht, die nach einmaliger Verabreichung zum Tode von 50 % der Testpopulation führt. Die Schadstoffaufnahme erfolgt über den Verdauungstrakt. Eine Angabe ist immer nur in Verbindung mit einer Spezies sinnvoll.

- LC_{50} (mittlere letale Konzentration)

Konzentration einer Substanz in mg/l, die innerhalb einer festgelegten Zeit zum Tode führt. In der vorliegenden Studie beträgt die berücksichtigte Zeitspanne fast immer 96 Stunden - also LC_{50} (96 h). Es ist hier die Konzentration relevant, die bei 50 % der Testpopulation zum Tode führt. Eine Angabe ist immer nur in Verbindung mit einer Spezies sinnvoll.

Physikalisch-chemisch

- log pOW

Der pOW ist der Verteilungskoeffizient einer Substanz zwischen einer wäßrigen Phase und einer n-Octanol-Phase. Angegeben wird der dekadische Logarithmus (log pOW) als Maß für den Transfer einer Substanz aus einem wäßrigen Medium in ein lipides Medium. Der log pOW-Wert gibt also Auskunft über Einfluß und Verbleib einer Substanz in Organismen. Grob vereinfacht kann man sagen: Organische Verbindungen sind toxisch entsprechend ihrem lipophilen Charakter, und je höher log pOW ist, um so größer ist die Toxizität. Die Beziehungen sind in Wirklichkeit komplexer, dieser Wert sollte nur in Kombination mit anderen toxikologischen Werten gesehen werden.

Verbleib nach Gebrauch

Mögliche Pfade der geregelten und nicht geregelten Entsorgung der Substanz nach Verwendung in einem Prozeß. Die unter dieser Rubrik gemachten Angaben zur Abfallbeseitigung sind den von der Sigma Aldrich Corporation erstellten Sicherheitsdaten entnommen.

Bemerkungen

Hinweise zur Sensorik, weiteren Anwendungsbereichen, besonderen Gefährdungen, im betreffenden Prozeß eingesetzten Stoffmenge etc.

Acetyltributylcitrat

- **CAS-Nummer:**
  77-90-7
- **gebräuchliche Namen:**
  Zitronensäureacetylbutylester; ATBC;
- **Handelsnamen:**
  Citroflex A-4
- **Summenformel:**
  $C_{20}H_{34}O_8$

Funktion:
Additv/Weichmacher;
Verfahren:
Druckverfahren;
Anwendung:
Farbe;

Eigenschaften:
- **physikalisch/chemisch:**
  Siedepunkt: 173 °C
  Dichte: 1051 kg/m3 (25 °C)
  Molmasse: 402 g/mol

Acetyltriethylcitrat

- **CAS-Nummer:**
  77-89-4
- **gebräuchliche Namen:**
  Zitronensäureacetyltriethylester;
- **Handelsnamen:**
  Citroflex A-2; Hello;
- **Summenformel:**
  $C_{14}H_{22}O_8$

Funktion:
Additv/Weichmacher;
Verfahren:
Druckverfahren;
Anwendung:
Farbe;

Eigenschaften:
- **physikalisch/chemisch:**
  Schmelzpunkt: - 43 °C
  Siedepunkt: 132 °C
  Flammpunkt: 188 °C
  Dichte: 1135 kg/m3 (25 °C)
  Molmasse: 318 g/mol

Acetyltri-(2-ethylhexyl)-citrat

- **CAS-Nummer:**
  144-15-0
- **Handelsnamen:**
  Citroflex A-8;
- **Summenformel:**
  $C_{32}H_{58}O_8$

Funktion:
Additv/Weichmacher;
Verfahren:
Druckverfahren;
Anwendung:
Farbe;

Eigenschaften:
- **physikalisch/chemisch:**
  Schmelzpunkt: - 55 °C
  Siedepunkt: 437 °C
  Flammpunkt: 435°C
  Dichte: 983 kg/m3 (25 °C)

Adipinsäurebenzyl-2-ethylhexylester

- **CAS-Nummer:**
  58394-64-2
- **gebräuchliche Namen:**
  BEHA; Benzyl-2-ethylhexyl-adipinsäureester; Benzyloctyladipat; Benzyl-2-ethylhexyl-adipat; Phenylmethyl-2-ethylhexyl-adipinsäureester;
- **Handelsnamen:**
  Adimol BO;
- **Summenformel:**
  $C_{21}H_{32}O_4$

- **Strukturformel:**

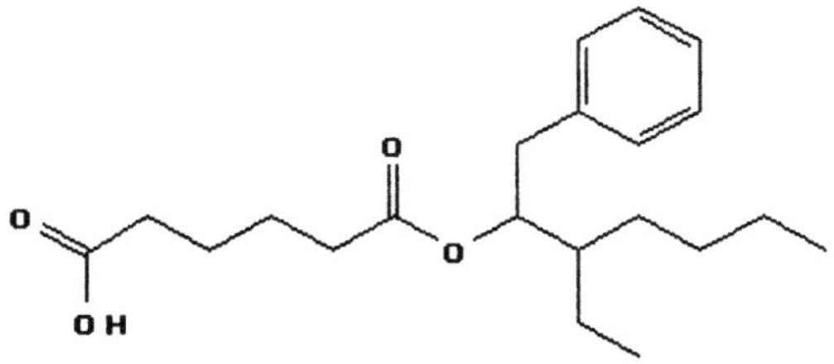

Eigenschaften:
- **toxikologisch/ökotoxikologisch:**
  WGK: 1

- **physikalisch/chemisch:**
  Molmasse: 348,48 g/mol

Adipinsäure-(di-butyl)-ester

- CAS-Nummer:
105-99-7
- UN Nummer:
9504
- Summenformel:
$C_{14}H_{26}O_4$

Eigenschaften:
- toxikologisch/ökotoxikologisch:
WGK: 1
Sonstiges:
LD 50 (oral, Ratte): 12900 mg/kg [428];LD 50 (oral, Maus): 16890 mg/kg [428];

- physikalisch/chemisch:
Molmasse: 258,36 g/mol [636]

Adipinsäure-(di-iso-decyl)-ester

- CAS-Nummer:
27178-16-1
- gebräuchliche Namen:
Di-iso-decyladipat; DIDA; Hexandisäure-diisodecylester;
- Handelsnamen:
Monoflex DDA; Morflex 330; PX-220; Jayflex DIDA; Vestinol DIDA;
- Summenformel:
$C_{26}H_{50}O_4$

Funktion:
Additv/Weichmacher;
Verfahren:
Druckverfahren;
Anwendung:
Farbe;

Eigenschaften:
- toxikologisch/ökotoxikologisch:
RTECS # AV 1485000
WGK: 1
Sonstiges:
[Sdb Deutsche Exxon Chemical GmbH]:Geringes Gesundheitsrisiko bei üblichen Umgebungstemperaturen (-18 - 38 °C); geringe Giftwirkung; häufiger oder länger andauernder Hautkontakt kann die Haut entfetten und austrocknen, was zu Hautbeschwerden und Hautentzündungen (Dermatitis) führen kann. Verursacht leichte Augenbeschwerden, jedoch keine Schädigung des Augengewebes.[EG-Sdb Hüls AG]:LD 50 (oral, Ratte): 21000 mg/kg

- physikalisch/chemisch:
Schmelzpunkt: -60 °C
Siedepunkt: 241 °C
Flammpunkt: 218 °C
Dichte: 916 kg/m3 (25°C)
Molmasse: 426 g/mol
Löslichkeit:

< 0,01 g/100 g Wasser;

Bemerkung zu physikalisch/chemischen Daten:
[Sdb Deutsche Exxon Chemical GmbH]:
Siedepunkt: >235 °C (6,67 hPa); Flammpunkt: 208 °C; Dampfdruck: 6,67 hPa (235 °C) (geschätzt); unlöslich in Wasser;

[EG-Sdb Hüls AG]:
Klare geruchlose Flüssigkeit;
Schmelztemperatur: ca. -60 °C; Siedetemperatur: 240-250 °C (4 hPa); Flammpunkt: ca. 210 °C; Zündtemperatur: ca. 360 °C; Dampfdruck: <0,01 hPa (20 °C); Dichte: ca. 918 kg/m3 (20 °C); Löslichkeit in Wasser: <0,1 g/l (20 °C); logPow: >9,99; beginnende Zersetzung bei ca. 270 °C;

Bemerkung:
[Sdb Deutsche Exxon Chemical GmbH]:
Farblose Flüssigkeit mit einem leichten Geruch;
unverträglich mit Oxidationsmitteln, starken Mineralsäuren;

Aktivkohle

- CAS-Nummer:
1333-86-4
- gebräuchliche Namen:
E 153; Carbon black; Kohlenschwarz; Holzkohle; Pigment Black 7; Pigment Schwarz 7 (C.I. 77266); C.I. 77266; Farbruß; Pigmentruß; Ruß; Carbonschwarz; Kohlenstoff schwarz;
- Handelsnamen:
Aktivkohle Darco; ARO; Acetylene black; Acetylenruß P 1250; Aroflow; Arogen; Aromex; Arotone; Arovel; Arrow; Atlantic; Black perls; Cancarb; Carbodis; Carbolac; Carbolac 1; Carbomet; Carbon black; (ACGIH; OSHA); Carbon Black BV; Carbon Black V; Carbon black, channel; Carbon black, furnace; Carbon black, lamp; Carbon black, thermal; Carbon Black, non-activated, mineral origin; Channel black; Shannel Schwarz; CK3; Clarocarbon; Collocarb; Columbia carbon; Conductex; Continental; Continex; Corax; Corax P; Corax N 550 MP off Spec; Corax N 121; Corax N 356; Croflex; Crolac; Degussa; Delussa black FW; Delussa Schwarz FW; Dixie; Dixiecell; Dixiedensed; Dixitherm; Durex; Durex 0 Pulver; Eagle germantown; Encelac Schwarz 0054; Encelack Schwarz 0059; ELF; Elftex; Essex; Excelsior; Explosion black; Explosion acetylene black; Farbruss; Fecto; Flamruss; Furnal; Furnex; Furnex N 765; Gas-furnace black; Gasruß CK 3 geperlt; Gastex; Huber; Huber N 990 MT; Humenegro; Impingement black; Ketjenblack EC; Kosmink; Kosmobil; Kosmolak; Kosmos; Kosmotherm; Kosmovar; Luconyl Schwarz 0060; Luconyl Schwarz 0066; Magecol; Metanex; Micronex; Miike 20; Modulex; Mogul; Mogul L; Molacco; Monarch; Neospectra; Neo Spectra II; Neotex; Norit A Supra; Oil-furnace black; P-33; P68; P1250; Peerless; Pelletex; Philblack; Philblack N 550; Philblack N 765; Philblack O; Philschwarz N550; Printex; Printex 60; Printex L; Printex XE 2; Raven; Raven 30; Raven 420; Raven 500; Raven 8000; Rebonex; Regal; Regal 99; Regal 300; Regal 330; Regal 600; Regal SRF; Regent; Royal spectra; Sevacarb; Seval; Shawinigan acetylene black; Shell carbon; Sicoflush L Schwarz 0054; Sicoflush L Schwarz 0055; Sicoflush L Scharz 0063; Sicoflush P Schwarz 0054; Sicoflush P Schwarz 0059; Sico Echtschwarz L 0062; Special black IV; Special black V; Special schwarz; Spheron; Spheron 6; Statex; Statex N 550; Sterling; Sterlin N 765; Sterling NS; Sterlin SO 1; Superba; Super-carbovar; Super-spectra; Texas; Thermaatomic black; Thermal acetylene black; Thermatomic; Thermax; Thermblack; Tinolite; TM 30; Torch brand; Triangle; Ucet; Ukarb; United; Velvetex; Vulcan; Witco; Witcoblak No. 100; Witcoschwarz No. 100; WYEX; Acetylenruß P 1250; CK 3; Corax N 115; Corax N 121; Corax N 125; Corax N 134; Corax N 220; Corax N 234; Corax N 326; Corax N 330; Corax N 335; Corax N 339; Corax N 347; Corax N 375; Corax N 539; Corax N 550; Corax N 650; Corax N 660; Corax N 683; Corax N 765; Corax N 772; Durex O powder; Durex O; Hi-Black 10, Hi-lack 10B; Hi-Black 150B; Hi-Black 160B; Hi-Black 20; Hi-Black 20B; Hi-Black 20L; Hi-lack 30; Hi-Black 30B; Hi-Black 30L; Hi-Black 30LB; Hi-Black 40 B1; Hi-Black 40 B2; Hi-lack 40; Hi-Black 40L; Hi-Black 45LB, Hi-Black 50L; Hi-Black 50LB; Hi-Black 5L; Hi-lack 00L; Huber MT N 990; Luvocarb GP; Luvocarb MPC; Luvocarb MT N-990; Luvocarb T-S ulver; Luvocarb MT-LS; Luvocarb N-220; Luvocarb N-330; Luvocarb N-339; Luvocarb -75; Luvocarb N-539; Luvocarb N-550; Luvocarb N-660; Luvocarb PM 15; Luvocarb PM 6-E; Luvocarb S; Luvocarb SRF; MT Meteor; MT Thermax N 907 stainless;

MT Thermax 08 Stainless Ultra Pure; MT Thermax N 908 stainless; MT Thermax N 990 Ultra Pure; MT Thermax N 990; MT Thermax N 991 Ultra Pure; MT Thermax N 991; NHUMO N-20; NHUMO N-234; NHUMO N-326; NHUMO N-330; NHUMO N-339; NHUMO N-375; NHUMO N-550; NHUMO N-650; NHUMO N-660; Printex L 29; Printex L 6; Printex L; Printex P; Printex XE-2; Sid N110; Sid N121; Sid N220; Sid N231; Sid N234; Sid 299; Sid N326; Sid N330; Sid N339; Sid N343; Sid N347; Sid N351; Sid N358; Sid N375; Sid N539; Sid N550; Sid N650; Sid N660; Sid N765; Sid N772; Sid N774; Sid N787;

- Summenformel:

C_n

Funktion:

Pigment/Farbstoff/schwarz; Toner;

Verfahren:

1.Druckverfahren;
2.Kopierverfahren;

Anwendung:

Pigment und Bestandteil des Toners von Druckern und Kopierern;

Eigenschaften:

- toxikologisch/ökotoxikologisch:

RTECS # FF 5250100
WGK: 0
Sonstiges:
Literaturübersicht zur Toxizität siehe [169];LD 50 (oral, Ratte): >5000 mg/kg [Sdb BASF];LC 50 (Brachydanio rerio): >1000 mg/l/96 h [Sdb BASF];zu Huber N 990 MT, Printex XE 2, Corax N 550 MP off Spec, Corax N 121, Corax N 356, Printex L, Gasruß CK 3 geperlt, Durex 0 Pulver, [Sdb Degussa]:MAK-Wert: 6 mg/m3 A; LD 50 (oral, Ratte): >8000 mg/kg;LC 50 (Brachydanio rerio): >1000 mg/l/96 h; EC 50 (Daphnia magna): >5600 mg/l 24 h;zu Acetylenruß P 1250 [Sdb Lehmann Voss]:Mak-Werte: 6 mg/m3; WGK: 0;

- physikalisch/chemisch:

Schmelzpunkt: 3652-3697 °C; Sublimation [634]
Siedepunkt: 4827 °C; >3000 °C; 4200 °C [634];
Dichte: 1800-2100 kg/m3 (20 °C); 1700-1900 kg/m3 (20°C)
Molmasse: 12,011 g/mol

Löslichkeit:
unlöslich in Wasser, Ethanol, Säuren, Laugen, pflanzlichen Ölen;
mischbar mit Wasser (20 °C): <0,001 g/l [Sdb Lehmann & Voss];

Bemerkung zu physikalisch/chemischen Daten:
Zündtemperatur: >300 °C [Sdb]; Selbstentzündlichkeit: >140 °C [Sdb];

zu Huber N 990 MT, Printex XE 2, Corax N 550 MP off Spec, Corax N 121, Corax N 356, Printex L, Gasruß CK 3 geperlt, Durex 0 Pulver, [Sdb Degussa]:
Zündtemperatur: >300 °C; untere Explosionsgrenze: 50 g/m3;

zu Acetylenruß P 1250 [Sdb Lehmann & Voss]:
Smp: >3000 °C; Dichte: 1700-1900 kg/m3 (20 °C); Zündtemp: 315 °C;

Verbleib nach Gebrauch:

Sondermüll-Deponie für chemischen Abfall, besonders gefährliche Stoffe;

Bemerkung:

Schwarzes geruchloses Pulver, staubexplosionsfähig [Sdb BASF];
Entzündbarer Feststoff;
CAS-Nr. für Kohlenstoff (amorph): 7440-44-0;
Verwendung: als Tonerbestandteil; als Adsorbens; als Schwarzpigment für Lebensmittel und Kosmetika; Elektro-/ elektronische Industrie; Metallgewinnung, -aufarbeitung und -verarbeitung;

Farben- und Lackindustrie; Papier-, Kartonagen- und Zellstoffindustrie; Kunststoffindustrie; Textilverarbeitende Industrie; Farbmittel; Leitfähige Stoffe; Stoffe für den Bau; Füllstoffe; Reduktionsmittel; Stoffe für die Reprotechnik; Stabilisatoren;
Mengenangaben: 500000-1000000 Tonnen;

zu Huber N 990 MT, Printex XE 2, Corax N 550 MP off Spec, Corax N 121, Corax N 356, Printex L, Gasruß CK 3 geperlt, Durex 0 Pulver, [Sdb Degussa]:
Schmelzpunkt: >3000 °C; Siedepunkt: >3000 °C; Dichte: 1700-1900 kg/m3; unlöslich in Wasser; Zersetzung ab 250 °C; Gefährliche Zersetzungsprodukte: Kohlenmonoxid, organische Zersetzungsprodukte, Sulfoxide; in speziellen Untersuchungen wurde ein Industrieruß/Luft-Gemisch zum Explodieren gebracht, Industrieruß ist bei praxisrelevanten Bedingungen nicht explosionsfähig.

zu Acetylenruß P 1250 [Sdb Lehmann & Voss]:
geruchslos;
zuvermeidene Stoffe: starke Säuren und Oxidantien, Chlorate, Bromate, Nitrate, Fettsäuren und Natriumionen;
Gefährliche Zersetzungsprodukte: Kohlenmonoxid;

Albumin

- CAS-Nummer:
9048-46-8
- gebräuchliche Namen:
Egg Albumin; Ovalbumin; Rinderserumalbumin; Bovine Albumine;

Funktion:
Bindemittel;
Verfahren:
Druckformherstellung/Reproduktionstechnik/Reproduktionsfotografie;
Anwendung:
Bestandteil der lichtempfindlichen Schicht;

Eigenschaften:
- toxikologisch/ökotoxikologisch:
WGK: 0

- physikalisch/chemisch:
Molmasse: 45 kg/mol (aus Eiern gewonnen), 67 kg/mol (aus Rinderserum)

Bemerkung:
Gemisch unreiner Eiweißstoffe aus Hühnereiweiß und Blutserum von Rindern;
Verwendung: Klebmittel im Kattundruck; zum Leimen von Papier und Strohhüten; zur Herstellung von Kitt; zur Herstellung von fotografischen Albuminpapieren; als Farbbindemittel;

[573]:
Gruppe von Proteinen, die u.a. in tierischen Flüssigkeiten u. Geweben vorkommen (z.B. Lactalbumin in Milch, Ovalbumin in Ei, Serumalbumin in Blut), in geringerem Maß auch in Pflanzensamen (Leucosin in Weizen, Legumelin in Erbsen, Ricin in Rizinussamen), u. die sich durch ihre Löslichkeit in salzfreiem Wasser von den sie begleitenden Globulinen u. den Prolaminen mancher Getreidearten unterscheiden. Im Vergleich zu den erwähnten Globulinen besitzen Albumine niedrigere Molmassen und sind erst durch relativ hohe Salzkonzentrationen ausfällbar. Albumine sind reich an negativ geladenen Aminosäuren (Glutamin- u. Asparaginsäure) sowie an Leucin und Isoleucin, dagegen ist Glycin schwach vertreten. Sie enthalten öfters noch kleine Mengen (bis zu 2 %) von Kohlehydraten (nicht so Serumalbumin), Ovalbumin trägt eine Phosphorsäureester-Gruppierung. Albumin-Lösungen werden medizinisch bei Schockzuständen, Eiweiß- und Blutverlusten etc. infundiert. Radioaktiv markiertes Albumin wird in der Radiodiagnostik eingesetzt.

Verwendung finden Albumine auch in der biochemischen Analytik als Standard-Proteine u. in Immunoassays zur Verhinderung unerwünschter Adsorption anderer Proteine.

Alginsäure Natriumsalz

- CAS-Nummer:
9005-38-3
- gebräuchliche Namen:
Natriumalginat; Algin; Natriumpolymannuronat;
- Handelsnamen:
Alto; Alman; Alloid; Allose; Kelgin; Minus; Protanal;
- Summenformel:

Verfahren:
Druckverfahren/Durchdruck direkt/Siebdruck;
Anwendung:
Druckformherstellung;

Eigenschaften:
- toxikologisch/ökotoxikologisch:
RTECS # AZ 5820000

- physikalisch/chemisch:

Löslichkeit:
löslich in Wasser (viskose, kolloidale Lsg.); unlöslich in Ethanol, Diethylether, Trichlormethan (Chloroform);

Verbleib nach Gebrauch:
Verbrennung nach Mischung mit brennbarem Lösemittel;

Bemerkung:
Pulver;
Verwendung: bei der Eiscreme-Herstellung (Stabilisator, cremige Struktur, verhindert wachsen von Eiskristallen); als Verdickungsmittel;

Alkylbenzol

- CAS-Nummer:
64742-95-6
- Handelsnamen:
Shellsol; Solvent Naphtha leicht; Solveno 100; Solvesso; Tle Solvesso 100;

Eigenschaften:
- toxikologisch/ökotoxikologisch:
R-Satz: 45-22
S-Satz: 53-45
Sonstiges:
Einstufung und Kennzeichnung von Zubereitungen, in denen diese Substanz enthalten ist:10%<=C ¦¦> T; R45-220.1%<=C<10% ¦¦> T; R45

Gefahren-Symbol:

T

- physikalisch/chemisch:

Bemerkung:
Bestandteil von Efka 722, Efka 66, Defoamar 604 N, Peral 300 K flüssig, Worlee-ADD 373; Strontiumchromat, 70 %ig in Solvesso;

Aluminium

- CAS-Nummer:
7429-90-5
- UN Nummer:
1309; 1383; 1396
- gebräuchliche Namen:
Alu; Silberbronze; E 173; C.I. 77000; Aluminiumstaub; Aluminiumgrieß; Aluminiumspäne; Aluminiumpulver; Aluminium Flitter; Aluminium Grieß; Aluminiumkugelmühlenstaub; Aluminiumpulver, pyrophor; Alumiumpulver, nicht überzogen, nicht pyrophor; Aluminiumbronze;
- Summenformel:
Al

Funktion:
Pigment/Farbstoff;
Verfahren:
alle Druckverfahren;

Eigenschaften:
- toxikologisch/ökotoxikologisch:
RTECS # BD 0330000
WGK: 0
MAK Wert: 1,5 mg Al/m3 A (vgl. Abschnitt V f) und g) und VIII [481])
R-Satz: 15-17
S-Satz: (2)-7/8-43
Sonstiges:
Aluminiumstaub reizt Augen und Atemwege; Einatmung größerer Mengen Aluminiumstaub kann zu Lungenentzündung und Fieber führen; Staub kann zu Aluminosis oder Aluminium pneumoconiosis führen [288];Gesundheitsgefahren bei Überschreitung des MAK-Wertes:Beim Einatmen oder Verschlucken kann es zu Hustenanfällen, Kurzatmigkeit und Entzündungen der Atemwege kommen [464];BAT-Wert: 200 µg/l [481]

Gefahren-Symbol:

F

- physikalisch/chemisch:
Schmelzpunkt: 659 °C
Siedepunkt: 2467 °C
Dichte: 2699 kg/m3 (20 °C)

Molmasse: 26,98 g/mol

Löslichkeit:
unlöslich in Wasser, konz. Salpetersäure; löslich in Salzsäure, Schwefelsäure;

Verbleib nach Gebrauch:
Wiedergewinnung zum Recycling oder zur Wiederverwertung;

Bemerkung:
Silberfarbiges Metall in Form von Pulver, Grieß oder Spänen; als Pulver entzündbar; Verdampft auch bei hohen Temperaturen nicht;
Achtung, bei Kontakt mit Säuren und alkalischen Laugen, mit kaustischer Soda oder Pottasche bildet sich leicht brennbares Wasserstoffgas; Stoff kann bei Kontakt mit sauerstoffreichem Material (starken Oxidationsmitteln) nach Zündung reagieren [484];
Zugelassen als Lebensmittelzusatzstoff;
Verwendung: u.a. für Motorbau, Druckplattenherstellung, Legierungszusatz, Blitzlichtpulver; als Folien in der Verpackungsindustrie und Elektrotechnik; als Lebensmittelfarbstoff (in der Zuckerwarenindustrie
zur Dekoration und zur Erzielung äußerer Effekte, zum Färben von Dragees);

Aluminiumchlorid (wasserfrei)

- CAS-Nummer:
7446-70-0
- UN Nummer:
1726; 2581
- gebräuchliche Namen:
Chloraluminium; Salzsaures Aluminium, wasserfrei; Aluminiumtrichlorid; Aluminium chloratum; Anhydricum; Chloraluminium, wasserfrei; Aluminiumtrichlorid, wasserfrei;
- Handelsnamen:
Pearsall;
- Summenformel:
$AlCl_3$

Funktion:
Härter;
Verfahren:
1.Druckformherstellung/Reproduktionsfotografie;
2.Druckformherstellung/Druckplattenherstellung;
Anwendung:
1.Härtefixierbäder;
2.Bestandteil der Druckplattenschicht;

Eigenschaften:
- toxikologisch/ökotoxikologisch:
RTECS # BD 0525000
Schweizer Giftliste: 3
WGK: 1
R-Satz: 34
S-Satz: (1/2)-7/8-28-45
Sonstiges:
Staub bzw. Dämpfe reizen stark Augen und Atmungsorgane; Kontakt mit dem festen Stoff bewirkt Verätzung der Augen und Haut; bei Reaktion mit Wasser entstehen giftige und ätzende Dämpfe von -> Chlorwasserstoff bzw. -> Salzsäure; Verschlucken von wäßrigen Lösungen führt zu schwersten Schädigungen im Magen-und Darmkanal [163];Symptome: Brennen und Schmerzen der Augen, der Nasen- und Rachenschleimhäute sowie der Haut; Husten; bei Verschlucken aluminiumchloridhaltiger Lösungen Erbrechen sowie Durchfälle, starke Schmerzen im Magen- und Darmkanal [484];LD 50 (oral, Ratte): 3730 mg/kg [187], 3450 mg/kg [428];TD Lo (oral, Ratte

(trächtig)): 900 mg/kg/15 D [428];TD Lo (intraperitoneal, Ratte (trächtig)): 375 mg/kg/9-13 D, 500 mg/kg/14-18 D [428];LD 50 (oral, Maus): 1130 mg/kg [428];TD Lo (oral, Maus): 425 mg/kg [428];LD 50 (Haus, Kaninchen): >2000 mg/kg [428];Nach Hydrolyse toxisch für Wasserorganismen: 132 mg/l für Fische; 1,5 mg/l für Algen; 136 mg/l für Kleinkrebse (Daphnia) [484];

Gefahren-Symbol:

C

- physikalisch/chemisch:

Schmelzpunkt: 192,5 °C (unter Druckanwendung); 194 °C (2,5 hPa) [484];
Siedepunkt: 180 °C (Subl.)
Flammpunkt: 87 °C
Dampfdruck: 1,3 hPa (100 °C) [187]; 1 hPa (20 °C) [484]
Dichte: 2440 kg/m3 (20 °C); 1249 kg/m3
Molmasse: 133,341 g/mol

Löslichkeit:
Wasser 450 g/l (20 °C); Ethanol 1000 g/l (12,5 °C); Trichlormethan 0,72 g/l (25 °C); löslich in Diethylether, Benzen; leicht löslich in vielen organischen Lösemitteln (Benzophenon, Tetrachlormethan, Trichlormethan);

Verbleib nach Gebrauch:
Sondermüll-Deponie, wasserunlösliche Feststoffe und Flüssigkeiten nach Neutralisation (nur für Kleinmengen);

Bemerkung:
Orange-gelbes bis weiß-graues Pulver, Staub oder Granulat; sehr wasseranziehend; raucht an der Luft; Geruch nach Chlorwasserstoff; Bei Hitzeeinwirkung durch Umgebungsbrände können die Gebinde aufplatzen und Aluminiumchlorid-Dämpfe ausbrechen; bei Anwesenheit von Feuchtigkeit werden die meisten Metalle angegriffen; reagiert heftig unter Erhitzung und Bildung von Chlorwasserstoff bzw. Salzsäuredämpfen, die als weiße Nebel sichtbar werden [484];
Verwendung: in der Fotoindustrie in Härtefixierbädern; als 6 - 7 %ige Lösung zum Gerben von Gelatine, wenn diese über 28 °C getrocknet werden soll (z.B. Trockenplatten im graphischen Gewerbe); als Säurekatalysator (z.B. bei Friedel-Crafts-Reaktionen); zur Herstellung von Gummi und Schmiermitteln;

Aluminiumhydroxid Sulfat

- CAS-Nummer:
1332-73-6
- gebräuchliche Namen:
C.I. 77002; Pigment Weiß 24 (C.I. 77002);Pigment White 24; Aluminiumhydrat; Weiße Pigmentfarbe;
- Handelsnamen:
Transparent Weiß;
- Summenformel:
$5\,Al_2O_3 * 2\,SO_2 * n\,H_2O$

Funktion:
1. Pigment/Farbstoff/weiß;
2. Füllstoff;

Verfahren:
Druckverfahren;

Anwendung:
1.Farbe; Druckfarbe;

Eigenschaften:
- toxikologisch/ökotoxikologisch:
MAK Wert: 1,5 mg Al/m3 A (vgl. Abschnitt V f) und g) und VIII [481])

- physikalisch/chemisch:
Dichte: 2320 kg/m3 (20 °C)

Löslichkeit:
unlöslich in Wasser, Ethanol;

Aluminiumkaliumsulfat-12-hydrat

- CAS-Nummer:
7784-24-9
- gebräuchliche Namen:
Aluminiumkaliumsulfat Dodecahydrat; Kalialaun; Kaliumaluminiumsulfat Dodecahydrat; Kaliumaluminiumalaun; Alaun; Alaunstein; Alunit; Kalinit; Kaliumaluminiumsulfat-12-hydrat;
- Handelsnamen:
Alaun Mehl;
- Summenformel:
$KAl(SO_4)_2 * 12\,H_2O$

Funktion:
Härter;
Verfahren:
Druckformherstellung/ Reproduktionsfotografie;
Anwendung:
Härtebäder und Härtefixierbäder;

branchenspezifische Bemerkung zur Substanz:
In Anwendung;

Eigenschaften:
- toxikologisch/ökotoxikologisch:
RTECS # WS 5690000
Sonstiges:
Ätzstoff;Vergiftungserscheinungen; in geringen Konzentrationen zusammenziehend, in höheren ätzende Wirkung in Mund und Speiseröhre, Erbrechen; innerlich 0,9 g beim Kind und 30 g beim Erwachsenen tödlich;2 g giftig beim Erwachsenen [30];Gegenmittel: Brechmittel, Eingabe von schleimigen Getränken;toxische Grenzkonzentration für Daphnia magna 206 mg/l [389];

- physikalisch/chemisch:
Schmelzpunkt: 92,5 °C
Siedepunkt: 200 °C
Dichte: 1757 kg/m3 (20 °C)
Molmasse: 474,39 g/mol

Löslichkeit:
Wasser 114 g/l (20 °C); löslich in verd. Säuren; unlöslich in Ethanol, Propanon;

Verbleib nach Gebrauch:
Sondermüll-Deponie, wasserunlösliche Feststoffe und Flüssigkeiten nach Neutralisation (nur für Kleinmengen);

Bemerkung:
Farblose oder weiße Kristalle; säuerlicher, adstringiernder Geschmack; wirkt gerbend auf Gelatine ein;
Verwendung: in der Medizin als Adstringens und mildes Ätzmittel; bei der Papierherstellung; zur Herstellung von Farblacken; in der Fotoindustrie als Härter in Stoppbädern, in Härtefixierbädern, in Tonungslösungen (heiße Schwefeltonung); zum Härten von Gelatine in Backpulver; zum Reinigen von Wasser;
Wasserfreie Substanz: CAS-Nr.: 10043-67-1

Aluminiumoxid

- CAS-Nummer:
1344-28-1
- gebräuchliche Namen:
Alaunerde; Korund; Rubin; Saphir; Tonerde; Alumina; Bauxit; Aluminiumtrioxid; Alumite; α-Aluminiumoxid; β-Aluminiumoxid; γ-Aluminiumoxid;
- Handelsnamen:
Abramant; Abramax; Abrarex; Abrasit; Al-3945 E 1/16"; Al-4126 E 1/16"; Alco F 1; Almite; Alon; Alon C; Aloxite; Alumina; α-Alumina; γ-Alumina; β-Alumina; Aluminite 37; Aluminium sesquioxide; Alumite; Alumite (oxide); Alumolgel Al; Alundum (OSHA); Alundum 600; Al-0109 P; Al-3916 P; Al-3970 P; Al-1401 P (MS); Al-0104 T 3/16"; Al-1404 T 3/16"; Al-3438 T 1/8"; Al-3980 T 5/32"; Al-4028 T 3/16"; Bayerit; Boehmit; Brockman, Aluminium oxide; Cab-O-grip; Catapal S; Catapal SB alumina; Compalox; Conopal; Diadur; Diaspore; Gibbsit; Dispal; Dispal alumina; Dispal M; Dotment 324; Dotment 358; Dural; Exolon; Exolon XW 60; F 360 (Alumina); Faserton; Fasertonerde; G 0 (Oxide); G 2 (Oxide); GK (Oxide); Hypalox II; Jubenon R; KA 101; Ketjen B; KHP 2; LA 6; Lucalox; Ludox CL; Martoxin; Microgrit WCA; Neobead C; Poraminar; PS 1; PS 1 (Alumina); Q-Loid A 30; RC 172 DBM;
- Summenformel:
Al_2O_3

Verfahren:
Druckverfahren;

Eigenschaften:
- toxikologisch/ökotoxikologisch:
RTECS # BD 1200000
WGK: 0
MAK Wert: 1,5 mg Al/m3 A (Rauch bzw. Feinstaub)
R-Satz: 20-37
S-Satz: 22-28-36
Sonstiges:
vgl. Abschn. III (Faserstaub); Krebserzeugend 2 [481];Reizt Schleimhäute und Atemwege [187];Gesundheitsgefahren bei Überschreitung des MAK-Wertes: Beim Einatmen oder Verschlucken kann es zu Hustenanfällen, Kurzatmigkeit und Entzündungen der Atemwege kommen [464];TD Lo (intrapleural, Ratte) 90 mg/kg [428];TD Lo (implantiert, Ratte) 200 mg/kg [428];TD (implantiert, Ratte) 200 mg/kg [428];

Gefahren-Symbol:

- physikalisch/chemisch:
Schmelzpunkt: 2030-2072 °C
Siedepunkt: 2980 °C

Dampfdruck: 1,33 hPa (2158 °C)
Dichte: 3965 kg/m3 (25 °C)
Molmasse: 101,96 g/mol
Löslichkeit:
unlöslich in Wasser; sehr wenig löslich in Säuren, Laugen;

Verbleib nach Gebrauch:
Sondermüll-Deponie für chemischen Abfall, besonders gefährliche Stoffe;

Bemerkung:
Weißes, kristallines Pulver;
Unverträglich mit starken Oxidationsmitteln; vor Feuchtigkeit schützen;
Verwendung: als Adsorbens; als Füllstoff; zur Herstellung keramischer Materialen, Zahnzement, Glas, Stahl; als Lagersteine, z.B. für Uhren und elektrische Meßinstrumente; Schleifmittel; Bestandteil von Paliocrom Kupfer L 3000;

Aluminiumsulfat-18-hydrat

- CAS-Nummer:
7784-31-8
- gebräuchliche Namen:
Schwefelsaures Aluminium; Tonerdesulfat;
- Handelsnamen:
Cake Alaun; Patentalaun;
- Summenformel:
$Al_2(SO_4)_3 * 18\,H_2O$

Funktion:
Härter;
Verfahren:
Reproduktionstechnik/ Reproduktionsfotografie;
Anwendung:
In Härtebädern;

Eigenschaften:
- toxikologisch/ökotoxikologisch:
RTECS # WS 5697000;
R-Satz: 20/21/22
S-Satz: 36
Sonstiges:
Schädlichkeitsgrenze für Fische: 1000 mg/l [298];Toxische Grenzkonzentration für Daphnia magna 136 mg/l [389];

- physikalisch/chemisch:
Schmelzpunkt: 86,5 °C (Zers.)
Dichte: 1690 kg/m3 (20 °C)
Molmasse: 666,424 g/mol

Löslichkeit:
Wasser 869 g/l (0 °C), 11040 g/l (100 °C); unlöslich in Ethanol;

Verbleib nach Gebrauch:
Sondermüll-Deponie, wasserunlösliche Feststoffe und Flüssigkeiten nach Neutralisation (nur für Kleinmengen);

Bemerkung:
Verwendung: als Härter (ähnliche Wirkung wie Kaliumaluminiumsulfat) in fotografischen Prozessen (z.B. Orwocolor 205); als Beizmittel beim Färben; zur Herstellung feuer- und wasserfester

Kleidung; zum Klären (Farblosmachen) von Ölen und Fetten; zum Desodorisieren und Entfärben von Petroleum; zur Herstellung anderer Aluminiumsalze;

Aminobenzen

- CAS-Nummer:
62-53-3
- UN Nummer:
1547
- gebräuchliche Namen:
Anilin; Amidobenzol; Kyanol; Phenylamin; Benzidam; Krystallin; Benzolamin; Anilinöl; Benzenamin; Aminophen; Aminobenzol; Anilin Öl; Benzenamin;
- Handelsnamen:
Blauöl; C.I. 7600; Rotöl; Cyanol; NCI-C03736;
- Summenformel:
C_6H_7N

- Strukturformel:

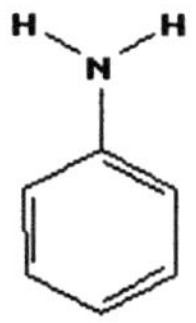

Verfahren:
Druckverfahren;

Eigenschaften:
- toxikologisch/ökotoxikologisch:
RTECS # BW 6650000
Schweizer Giftliste: 3
WGK: 2
MAK Wert: 7,7 mg/m3 bzw. 2 ml/m3
R-Satz: 20/21/22-40-48/23/24/25-50
S-Satz: (1/2)-28-36/37-45-61
Sonstiges:
Einstufung und Kennzeichnung von Zubereitungen, in denen diese Substanz enthalten ist:1%<=C ¦¦> T; R20/21/22-40-48/23/24/250.2%<=C<1% ¦¦> Xn; R48/20/21/22Spitzenbegrenzung: II,2 [481]; Gefahr der Hautresorption [481]; Krebserzeugend 3 [481]; Schwangerschaftsgruppe D [481]; BAT-Wert: 1 mg/l (ungebunden), 100µg/l (aus Hämoglobin-Konjugat freigesetzt) [481]; IMK: I;Karzinogen [187]; Carc.Cat. 3 [505];Blut- und Nervengift; reizt Augen, Haut und Schleimhäute; chronischer Hautkontakt kann zu Dermatiden führen; Schwindel, Erbrechen, Bewußtlosigkeit, blaue Gesichtsfarbe, Blasenreizung, dunkler Harn; Resorption (auch über Haut) führt zu Methämoglobinbildung;Dämpfe und Flüssigkeit sind giftig; sie werden auch über die Haut aufgenommen; Anilin ist ein starkes Blutgift, es verändert den Blutfarbstoff (Methämoglobinbildung) und zerstört die roten Blutkörperchen (Hämolyse); nachfolgend Nieren- und Leberschäden; anfängliches Wohlbefinden ("Anilin-Pips") verleitet zur Verharmlosung der Situation; Alkohol lebensgefährlich; bei starkem Erhitzen oder bei Brand tritt Zersetzung unter Bildung hochgiftiger Dämpfe ein, die z.T. aus nitrosen Gasen bestehen [163];50-100 ml/m3 können möglicherweise ohne schwere Symptome bis zu 60 min. vertragen werden [163];Eingeatmet 0,1 - 0,2 mg/l Luft 6 Stunden ohne wesentliche Symptome erträglich; innerlich 1 - 3 g tödlich; äußerlich auch wirksam [30];Geruchsschwelle: 0,5 ml/m3 [163];LD (oral, Mensch): 4 - 25 ml [140];LD Lo (Säugetier): 350 mg/kg [428];LD Lo (Säugetier): 150 mg/kg [428];LD 50 (oral, Säugetier): 500 mg/kg [428];LD 50 (inhalativ, Säugetier): 2500 mg/m3 [428];LD 50 (Haut, Kaninchen): 820 mg/kg [140];LD Lo (inhalativ, Ratte): 250 ml/m3/4 h [140];LD 50 (Haut, Ratte): 1400 mg/kg [428];LD 50 (intraperitoneal, Ratte): 420 mg/kg [428];LD 50 (oral, Ratte): 250 mg/kg [32], [428], 440 mg/kg [10], [289];LC Lo (inhalativ, Ratte): 250 ml/m3/4 h [428];TD Lo (oral, Ratte): 11000 mg/kg/29 Wochen

kontinuierlich [428];TD (oral, Ratte): 72800 mg/kg/2 a kontinuierlich [428];TD Lo (oral, Ratte): 3125 mg/kg [428];LD 50 (oral, Maus): 464 mg/kg [428];LC 50 (inhalativ, Maus, 7 h): 175 ml/m3 [428];LD 50 (intraperitoneal, Maus): 492 mg/kg [428];LD 50 (subcutan, Maus): 200 mg/kg [428];LD 50 (oral, Hund): 195 mg/kg [428];LD Lo (Haut, Hund): 1540 mg/kg [428];LD Lo (intraveös, Hund): 200 mg/kg [428];LD Lo (oral, Katze): 100 mg/kg [428];LC Lo (inhalativ, Katze): 180 ml/m3/8 h [428];LD 50 (Haut, Katze): 254 mg/kg [428];LD Lo (subcutan, Katze): 100 mg/kg [428];LD Lo (oral, Kaninchen): 500 mg/kg [428];LD 50 (Haut, Kaninchen): 820 mg/kg [428];LD Lo (subcutan, Kaninchen): 1000 mg/kg [428];LD 50 (intravenös, Kaninchen): 64 mg/kg [428];LD 50 (oral, Meerschweinchen): 400 mg/kg [428];LD 50 (Haut, Meerschweinchen): 1290 mg/kg [428];LD 50 (intraperitoneal, Meerschweinchen): 100 mg/kg [428];LD 50 (oral, Wachtel): 750 mg/kg [428];LD 50 (oral, Wildvogel): 562 mg/kg [428];Toxische Grenzkonzentration für Pseudomonas putida 130 mg/l, Scenedesmus quadricauda 8,3 mg/l [36], Daphnia magna 279 mg/l [389];LC 50 (Daphnia magna): 0,5 mg/l [6], 0,17 mg/l [16];LC 50 (Fisch, Regenbogenforelle): 20 - 41 mg/l/96 h [59];LC 0 (Fisch, Goldorfe): 49 ± 18 mg/l [60];Grundwasser kann geschädigt werden [29];

Gefahren-Symbol:

- physikalisch/chemisch:

Schmelzpunkt: - 6,2 ° C
Siedepunkt: 184,4 °C (Thermische Zersetzung bei ca 190°C)
Flammpunkt: 76 °C
Dampfdruck: 0,5 hPa (20 °C) [163]; 0,4 hPa (20 °C) [57]; 0,49 hPa (20 °C) [132]*
Verdampfungswärme: 435,43 kJ/kg
Log pOW: 0,90; 0,98 [4]; 1,3 [140]
Brechungsindex: 1,58629 (20 °C)
Dichte: 1021,7 kg/m3 (20,7 °C), 1013,0 kg/m3 (30 °C)
Molmasse: 93,128 g/mol
Verdunstungszahl: 440 (Diethylether = 1) [132]

Löslichkeit:
Wasser 36,1 g/l (18 °C); mischbar mit Ethanol, Diethylether, Benzen, Propanon, Trichlormethan;

Bemerkung zu physikalisch/chemischen Daten:
Thermische Zersetzung bei ca. 190 °C;
(*): weitere Dampfdruckangabe: 0,35 mbar (20 °C) [140];

Verbleib nach Gebrauch:
Verbrennung;
Trinkwassergrenzwert: 0,1 mg/l [140];

Bemerkung:
Ölige, farblose bis leicht bräunliche Flüssigkeit; charakteristischer, jedoch nicht unangenehmer Geruch; dunkelt durch Licht nach, wird bräunlich; giftig;
Bei starker Erhitzung bilden sich giftige und explosionsfähige Gemische mit Luft;
Reagiert heftig bei Berührung mit sauerstoffreichem Material (starken Oxidationsmitteln) und Säuren;
Explosionsgrenzen: 1,2 - 11 Vol% ; Zündtemp.: ca. 530 °C [32];
Rotöl ist eine Mischung aus Anilin, ortho- und para-Toluidin;
Umweltrelevante Aminobenzen-Reaktionen siehe [140];
Verwendung: Ausgangsstoff für Synthese von Farbstoffen, Pharmazeutika, Isocyanatkunststoffen, Kautschukchemikalien, Fotochemikalien;

Aminobenzensulfat

- **CAS-Nummer:**
  542-16-5
- **gebräuchliche Namen:**
  Anilin-Sulfat; schwefelsaures Anilin; Aminobenzol Sulfat; Phenylamin Sulfat;
- **Summenformel:**
  $C_{12}H_{16}N_2O_4S$
- **Strukturformel:**

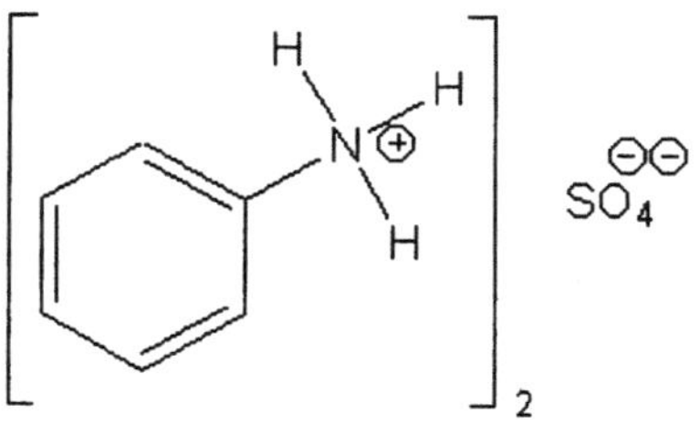

Verfahren:
Druckverfahren;

Eigenschaften:
- **toxikologisch/ökotoxikologisch:**
  Schweizer Giftliste: 3
  R-Satz: 23/24/25-33
  S-Satz: 28-36/37-44
  Sonstiges:
  Wirkt schädigend bei Einatmung, Verschlucken oder Aufnahme durch Haut;kann Reizungen verursachen [187];Karzinogen-verdächtig [187];

  Gefahren-Symbol:

- **physikalisch/chemisch:**
  Siedepunkt: 181 °C (zers.)
  Dichte: 1377 kg/m3 (20 °C)
  Molmasse: 284,34 g/mol

  Löslichkeit:
  Wasser 50 g/l (14 °C); wenig löslich in Ethanol; unlöslich in Diethylether;

Bemerkung:
Kristallines Pulver; lichtempfindlich;
Verwendung: zum Nachweis von Holzschliff im Papier (aufgetupfte Probestelle verfärbt sich gelb);

Aminoethan

- CAS-Nummer:
75-04-7
- UN Nummer:
1036
- gebräuchliche Namen:
Ethylamin; Ethyliak; Ethamid; Ethamin; Monoethylamin; mono-Ethylamin;
- Summenformel:
C_2H_7N

- Strukturformel:

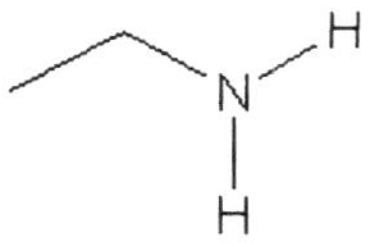

Funktion:
Lösungsmittel;
Verfahren:
Druckverfahren;
Anwendung:
In wasserlöslichen Farben;

Eigenschaften:
- toxikologisch/ökotoxikologisch:
RTECS # KH 2100000
Schweizer Giftliste: 3
WGK: 1
MAK Wert: 5 ml/m3 bzw. 9,4 mg/m3
R-Satz: 12-36/37
S-Satz: (2)-16-26-29
Sonstiges:
Spitzenbegrenzung: V [481]; Schwangerschaftsgruppe IIc [481]; IMK: I;Gas und Dämpfe reizen durch alkalische Reaktionen bis hin zu Verätzungen Augen, Atemwege, Lunge und Haut; Lungenödem (u.U. mit Verzögerung) möglich; Kontakt mit wässriger Lösung verursacht Verätzung der Augen und der Haut;LD 50 (oral, Ratte): 0,40 g/kg [198];LD 50 (Haut, Kaninchen): 390 mg/kg [187];Toxische Grenzkonzentration für Pseudomonas putida (neutralisiert/nicht neutralisiert) 29/5,3 mg/l, Scenedesmus quadricauda 2,3/1,7 mg/l [36];LC 50 (Fisch, Goldorfe): 240 mg/l [33];LC 50 (Daphnia magna): 110 mg/l [6];

Gefahren-Symbol:

- physikalisch/chemisch:
Schmelzpunkt: - 81 °C
Siedepunkt: 16,6 °C
Flammpunkt: - 49 °C
Dampfdruck: 0,155 hPa (20 °C) [163]
Log pOW: - 0,13 [4]
Brechungsindex: 1,3663 (20 °C)
Dichte: 682,9 kg/m3 (20 °C)

Molmasse: 45,09 g/mol

Löslichkeit:
mischbar mit Wasser, Ethanol, Diethylether;

Verbleib nach Gebrauch:
Verbrennung nach Mischung mit brennbarem Lösemittel;

Bemerkung:
Farbloses, stechend ammoniakalisch riechendes Gas; brennbar;
Bildet mit Luft explosionsfähige Gemische;
Explosionsgrenzen: 3,5 - 14,0 Vol% ; Zündtemp.: 383,8 °C [163];
Verwendung: zum Stabilisieren von Kautschuklatex; in der Kunststoffindustrie; als Zwischenprodukt für Farbstoffe und Arzneimittel;
UN-Nr. 1036 (Aminoethan);
UN-Nr. 2270 (wäßrige Lösung mit mindestens 50%, aber höchstens 70 % Aminoethan);

2-Aminoethanol

- CAS-Nummer:
141-43-5
- UN Nummer:
2491
- gebräuchliche Namen:
Ethanolamin; MEA; Monoethanolamin; ß-Aminoethanol; 2-Hydroxyethylamin; ß-Hydroxyethylamin; ß-Ethanolamin;
- Handelsnamen:
Colamin; Thiofaco M-50; USAF Ek-1597; Kolamin;
- Summenformel:
C_2H_7NO

- Strukturformel:

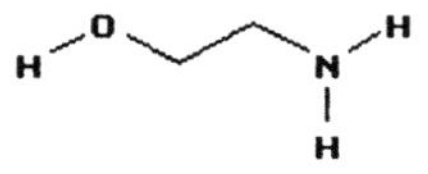

Funktion:
Lösungsmittel;
Verfahren:
Druckverfahren;

Eigenschaften:
- toxikologisch/ökotoxikologisch:
RTECS # KJ 5775000
Schweizer Giftliste: 4
WGK: 1
MAK Wert: 5,1 mg/m3 bzw. 2 ml/m3
R-Satz: 20-36/37/38
S-Satz: (2)
Sonstiges:
Spitzenbegrenzung I [481]; Schwangerschaftsgruppe C [481]; Gefahr der Hautresorption;Dämpfe reizen Atmungsorgane, Haut und Augen, vor allem wenn durch Hitzeentwicklung die Verdampfung zunimmt; hohe Konzentrationen und längere Einwirkung sowie Kontakt mit der Flüssigkeit können Verätzung bewirken [163];LD 50 (oral, Ratte): 2050 mg/kg [187], 2140 mg/kg [9]; 1720 mg/kg [428];LD 50 (intraperitoneal, Ratte): 67 mg/kg [428];LD 50 (subcutan Ratte): 1 ml/kg [428];LD 50 (Haut, Ratte): 1500 mg/kg [428];LD 50 (intravenös, Ratte): 50 mg/kg [428];LD 50 (intramuscular, Rattte): 1750 mg/kg [428];LD 50 (Haut, Kaninchen): 1000 mg/kg [187], 1020 mg/kg [9];LD 50

(oral, Meerschwein): 820 mg/kg [428];LD 50 (oral, Maus): 700 mg/kg [428];LD 50 (subcutan, Maus): 1500 mg/kg [428];LD 50 (intraperitoneal, Maus): 50 mg/kg [428];LD 50 (Fisch, Goldorfe): 224/525 mg/l [33];LD 100 (Fisch, Goldorfe): 510/576 mg/l [33];Toxische Grenzkonzentration für Scenedesmus quadricauda (neutrale Lsg.): 0,75 mg/l [404];

Gefahren-Symbol:

- **physikalisch/chemisch:**
  Schmelzpunkt: 10,5 °C
  Siedepunkt: 171 °C
  Flammpunkt: 84 °C
  Dampfdruck: 0,267 hPa (20 °C) [187]; 0,53 hPa (20 °C) [9]; 0,64 (0,5) hPa (20 °C) [484];
  Log pOW: -1,31 [4]
  Brechungsindex: 1,4539 (20 °C)
  Dichte: 1022 kg/m3 (20 °C); 999,8 kg/m3 (40 °C); 984,4 kg/m3 (60 °C);
  Molmasse: 61,083 g/mol
  Verdunstungszahl: 0,05 (BuAc = 1) [9]

  Löslichkeit:
  Diethylether 12 g/l (20 °C); mischbar mit Wasser, Methanol, Propanonon und Ethanol; wenig löslich in Benzen, Ligroin; löslich in Trichlormethan; Diethylether 1,4 %, Tetrachlormethan 2,1 %;

Verbleib nach Gebrauch:
Verbrennung nach Behandlung mit Soda und gelöschtem Kalk und Mischung mit Alkali;

Bemerkung:
Farblose, hygroskopische Flüssigkeit mit ammoniakähnlichem Geruch; viskos; zieht Kohlendioxid an; brennbar; bei starker Erhitzung bilden sich explosionsfähige Gemische mit Luft;
Explosionsgrenzen: 5,5 - 16,6 Vol.% ; Zündtemp.: 780 °C [9];
Zündtemp.: 420 °C [484]; 385 °C [BASF; Hüls];
Stoff reagiert sehr heftig bei Kontakt mit starken Säuren; absorbiert Kohlensäure aus der Luft und reagiert mit Säuren, Säurechloriden, Säureanhydriden, sauerstoffreichem Material (Oxidationsmitteln), Epichlorhydrin und Monomeren;
Bei Brand erfolgt Zersetzung unter Bildung von giftigen -> nitrose Gasen;
Verwendung: technisches Lösemittel; in der Synthese von oberflächenaktiven Agentien; in Polituren; in Dauerwellen-Lösungen; in Emulgatoren;
Enthalten in: Acmosil 10-501, Priem Biokorr 1 (60%);

Aminoethansäure

- **CAS-Nummer:**
  56-40-6
- **gebräuchliche Namen:**
  Aminoessigsäure; Glycin; Gly; Glykokoll; Glycocoll; Leimsüß; Gyn-Hydralin;
- **Summenformel:**
  $C_2H_5NO_2$

- **Strukturformel:**

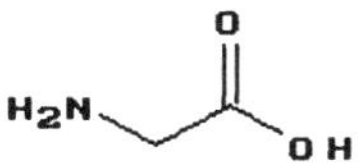

Verfahren:
Druckverfahren;

Eigenschaften:
- toxikologisch/ökotoxikologisch:
RTECS # MB 7600000
Sonstiges:
CSB: 610 mg/g [13], 0,64 g/g [3]; BSB(5): 0,385 g/g [3];Biologischer Einfluß: nicht adaptiertes System 500 mg/l biologisch abbaubar [3];Kann schädigend wirken beim Einatmen, Verschlucken oder Aufnahme über Haut; kann Reizungen verursachen [187];LD 50 (oral, Ratte): 7930 mg/kg [187];

- physikalisch/chemisch:
Schmelzpunkt: 233 °C (Zers.)
Log pOW: -3,00 [4]; -3,00 [150];
Dichte: 1160,7 kg/m3 (20 °C)
Molmasse: 75,07 g/mol

Löslichkeit:
Wasser 196,4 g/l (21 °C), 250 g/l (25 °C), 391 g/l (50 °C); abs. Ethanol 0,5 g/l (20 - 25 °C); unlöslich in Diethylether;

Verbleib nach Gebrauch:
Verbrennung nach Mischung mit brennbarem Lösemittel;

Bemerkung:
Farblose, sehr süß schmeckende Kristalle;
Verwendung: als Puffersubstanz; in der Medizin bei Muskelerkrankungen und Leberschäden;
Nicht essentielle Aminosäure in Bezug auf das Wachstum von Ratte [201];
Glycin: auch Handelsname für -> 1,4-Oxyphenylaminoethansäure;

L-2-Aminopentandisäure

- CAS-Nummer:
56-86-0
- gebräuchliche Namen:
L-2-Aminoglutarsäure; L-Glutaminsäure; L-Glu; Glutaminol; Glutaton; L-1-Aminopropan-1,3-dicarbonsäure;
- Summenformel:
$C_5H_9NO_4$

- Strukturformel:

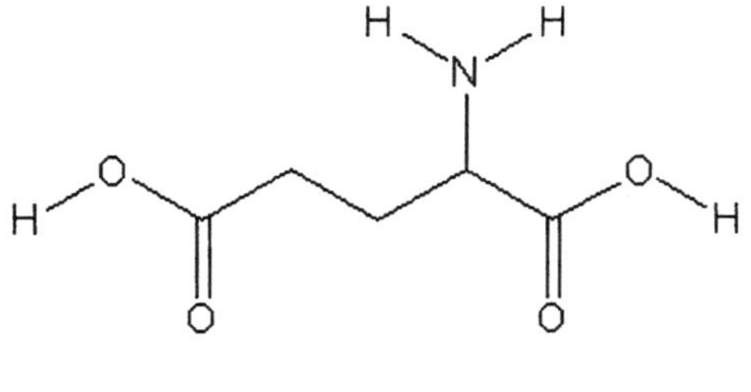

Verfahren:
Druckverfahren;

Eigenschaften:

- toxikologisch/ökotoxikologisch:

RTECS # LZ 9700000;

Sonstiges:

Kann schädigend wirken bei Einatmung, Verschlucken oder Aufnahme überHaut; kann Reizungen verursachen [187];

Gefahren-Symbol:

- physikalisch/chemisch:

Schmelzpunkt: 206-208 °C (zers.)
Log pOW: -> 0 [150]
Dichte: 1538 kg/m3 (20 °C)
Molmasse: 147,132 g/mol

Löslichkeit:

Wasser 6,6 g/l (21 °C), 8,64 g/l (25 °C) , 21,86 g/l (50 °C); Ethanol (80 %) 0,6 g/l (15 °C); unlöslich in Diethylether, Ethanol, Methanol, Propanon (Aceton), kalte konz. Ethansäure (Eisessig);

Verbleib nach Gebrauch:

Verbrennung nach Mischung mit brennbarem Lösemittel;

Bemerkung:

Weißes, kristallines Pulver;
Natürlich vorkommende Aminosäure;
Nicht-essentielle Aminosäure bezogen auf das Wachstum von Ratten [201];
Verwendung: als Geschmacksverstärker (als Natriumsalz oder Hydrochlorid) in Lebensmitteln;
Bestandteil der -> Gelatine (11 %);
D-2-Aminopentandisäure, CAS-Nr.: 6893-26-1;

1-Amino-2-propanol

- CAS-Nummer:

78-96-6

- UN Nummer:

1760; 2735;

- gebräuchliche Namen:

α-Amino-isopropylalkohol; Isopropanolamin; 1-Amino-isopropylalkohol; 1-Amino-2-hydroxypropan; 2-Hyroxypropylamin; 2-Hydroxypropanamin; 1-Aminopropan-2-ol; 1-Aminopropanol-2; α-Aminoisopropylalkohol; MIPA;

- Handelsnamen:

Monoisopropanolamin;

- Summenformel:

C_3H_8NO

- Strukturformel:

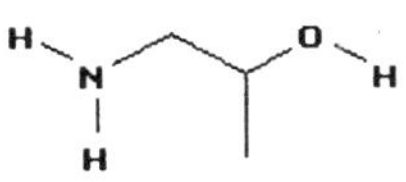

Verfahren:
Druckverfahren/Flachdruck indirekt/Offsetdruck;
Anwendung:
Druckformherstellung;

Eigenschaften:
- toxikologisch/ökotoxikologisch:
RTECS # UA 5775000
Schweizer Giftliste: 4
WGK: 1
R-Satz: 34
S-Satz: (1/2)-23-26-36-45
Sonstiges:
Schädlich beim Einatmen, Verschlucken oder Kontakt mit der Haut; wirkt extrem zerstörend auf die Schleimhäute, die Atemwege, die Augen und die Haut; Inhalation kann Spasmen, Entzündung und Ödeme des Kehlkopfes und der Bronchien verursachen; Symptome der Exposition: Verbrennungserscheinungen, Husten, Keuchen, Laryngitis, Kurzer Atem, Kopfschmerzen, Übelkeit und Erbrechen [187];Erfahrungen am Tier:Verschlucken kann Verätzungen in Mund und Rachen verursachen, und Geschwürbildung im Magen-Darm-Trakt. Kann schwere Augenreizung mit Verletzung der Hornhaut verursachen und zu bleibenden Sehstörungen oder gar Erblindung führen. Wiederholte übermäßige Expositionen können Wirkungen auf die Nieren und Reizung der oberen Atemwege verursachen. [Sdb Dow];Toxische Wirkung auf Wasserorganismen gering; [484]LC 50 (Goldfische): 24 Std. pH 7,0 > 5000 mg/l, pH 9,9 220 mg/l [484]LC 50 (Goldfische): 96 Std. pH 9,9 210 mg/l [484]LD 50 (oral, Ratte): 4260 mg/kg [187];LD 50 (Haut, Kaninchen): 1640 mg/kg [187];LD 50 (oral, Ratte): 2098 mg/kg [39] [Sdb Dow];LD 50 (oral, Ratte): 4000 mg/kg [480]LD 50 (oral, Maus): 2200 mg/kg [480]LD 50 (oral, Kaninchen): 3200 mg/kg [480]LD 50 (dermal, Kaninchen): 1851 kg/m3 [Sdb Dow];(oral, Ratte: Lethargie, Diarrhoe, rauhes Fell [480];

Gefahren-Symbol:

C

- physikalisch/chemisch:
Schmelzpunkt: 1,9 °C
Siedepunkt: 160 °C; 159 °C;
Flammpunkt: 73-77 °C; 78 °C;
Dampfdruck: 1,9 hPa (20 °C) [163]; 1 hPa (20 °C) [Sdb]; ca. 0,9 hPa (20 °C) [484];
Log pOW: - 0,96 [4]
Brechungsindex: 1,4483 (20 °C)
Dichte: 973 kg/m3 (18 °C); 961 kg/m3 (20°C); 960 kg/m3 (25 °C);
Molmasse: 75,11 g/mol

Löslichkeit:
vollständig mischbar mit Wasser, Ethanol und Benzen; löslich in Ether, Propanton;

Verbleib nach Gebrauch:
Verbrennung;

Bemerkung:
Viskose, farblose Flüssigkeit mit ammoniakalischem Geruch; brennbar;
Unter Normalbedingungen stabil, aber empfindlich gegen CO_2 und H_2O;
Bildet auch noch bei Verdünnung ätzende, alkalisch reagierende Mischung;
Bildet im dampf-/gasförmigen Zustand mit Luft explosionsfähige Gemische;
Explosionsgrenzen: 2,2-12 Vol.-%; Zündtemp.: ca. 410 °C [163]; [484];
Substanz kann heftig reagieren bei Kontakt mit sauerstoffreichem Material (starken Oxidationsmitteln) sowie mit Säuren [484];
Verwendung: in der Druckindustrie bei der Herstellung von Flachdruckformen; als Emulgator in Kühlschmierstoffen; als Emulgator und Neutralisationsmittel in der kosmetischen Industrie (< 0,1-

1%), Zwischenprodukt für Wasch- und Reinigungsmittel, in der pharmazeutischen Industrie und für Pflanzenschutzmittel;
Bewertung: Ist ein im menschlichen und tierischen Organismus natürlich vorkommender Aminoalkohol. Nach oraler und dermaler Applikation im Tierversuch gering toxisch. Wirkt unverdünnt reizend auf die Kaninchenhaut und stark reizend auf das Kaninchenauge. Mit ähnlichen Reaktionen muß beim Menschen gerechnet werden. Sensibilisierende und photosensibilisierende Reaktionen wurden beim Menschen nicht festgestellt. Die Bedeutung der positiven Ergebnisse bei subtoxischen Konzentrationen in einem Salmonella-Mutagenitätstest ist bei negativen Befunden weiterer in-vitro-Genotoxizitätstest unklar.
Für die Festlegung eines MAK-Wertes ist die Datenlage nicht ausreichend. Der Stoff wird daher in Abschnitt II b der MAK- und BAT-Werte-Liste aufgenommen [480];

Ammoniaklösung

- CAS-Nummer:
1336-21-6
- UN Nummer:
1005; 2672
- gebräuchliche Namen:
Ammoniumhydroxid; Ammoniakwasser; Salmiakgeist; Hirschhorngeist; Ätzammoniak; Aqua Ammonia; Ammoniak, Lösungen; Ammoniakflüssigkeit; Kaustisches Ammoniak; Salmiakspiritus; Ätzendes Ammoniak; Ammoniak, Wasserlösung; Ammonia 25 %;
- Summenformel:
$NH_3 * x H_2O$

Funktion:
Lösungsmittel; Reinigungsmittel;
Additiv/Alkalien;
2.Emulsionsbestandteil von Fotofilmen (Direktemulsion);
3.Verseifungsmittel;
Verfahren:
1.Druckformherstellung/ Reproduktionsfotografie;
2.Druckverfahren/Durchdruck direkt/Siebdruck;
3.Druckverfahren/Tiefdruck;
Anwendung:
1.Bleichbäder;
3.Tiefdruckfarben auf Wasserbasis;

Eigenschaften:
- toxikologisch/ökotoxikologisch:
RTECS # BQ 9625000
Schweizer Giftliste: 3
WGK: 2
MAK Wert: 14 mg/m3 bzw. 20 ml/m3
R-Satz: 34-37
S-Satz: (1/2)-7-26-45
Sonstiges:
Einstufung und Kennzeichnung von Zubereitungen, in denen diese Substanz enthalten ist:10%<=C ¦¦> C; R34-375%<=C<10% ¦¦> Xi; R36/37/38Spitzenbegrenzung I [481]; Schwangerschaftsgruppe C [481];Dämpfe bewirken starke Reizung der Augen und Atmungsorgane; Kontakt mit der Flüssigkeit verursacht Verätzungen, Augenlicht gefährdet! Glottiskrampf oder -ödem kann zur Erstickung führen! Lungenödem möglich Kurzeinwirkung: 400 ppm bewirkten Reizung der Nasen- und Rachenschleimhäute, 700 ppm verursachten zusätzlich Reizung der Augen, in beiden Fällen ohne schwere Dauerfolgen bei Einwirkung von weniger als 1 Stunde; 1720 ppm führten bei Einwirkung von weniger als 1/2 Stunde zu krampfartigem Husten [484];LD Lo (oral, Mensch): 42 mg/kg [187]; 43 mg/kg [634];LC Lo (inhalativ, Mensch): 5000 ml/m3 [428], 5000 ppm [634];TC Lo (inhalativ, Mensch): 408 ml/m3 [428], 408 ppm [634];LD 50 (oral, Ratte): 350 mg/kg [187], [634];LD/LC 50 (inhalativ, Ratte): 2000 mg/l/4 h [Sdb Fa. Bieserfeld];LD

Lo (subcutan, Maus): 160 mg/kg [428];LD 50 (intravenös, Maus): 91 mg/kg [428];LDLo (intravenös, Kaninchen): 10 mg/kg [634];LD Lo (oral, Katze): 750 mg/kg [428], [634];LD Lo (intravenös, Hase): 10 mg/kg [428];Störungsschwelle für Forellen: 0,3 mg/l [296];Tödlichkeitsgrenze für Forellen: 1,25-5 mg/l [297,298];LD 50 (Daphina magna): 60 mg/l/25 Std. [139]; 32 mg/l/50 Std.; 20 mg/l/100 Std. [484];

Gefahren-Symbol:

C

- physikalisch/chemisch:

Schmelzpunkt: -57,5 °C
Siedepunkt: 37,7 °C (variiert mit Zusammensetzung)
Dampfdruck: 483 hPa (20 °C) 25% Ammoniaklösung [Sdb]; 837 hPa (20 °C) 32% Ammoniaklösung
Dichte: 910 kg/m3 (20 °C, 25%ige Lösung); 900 kg/m3 (20 °C) [634]
Molmasse: 35,0456 g/mol (für NH_4OH)
Verdunstungszahl: 1,3 (BuAc = 1) [9] (für NH_4OH)

Löslichkeit:
vollständig mischbar mit Wasser;

Bemerkung zu physikalisch/chemischen Daten:
Zersetzungstemperatur: >36 °C [Sdb Fa. Biesterfeld];

Verbleib nach Gebrauch:
Sondermüll-Deponie, wasserunlösliche Feststoffe und Flüssigkeiten nach Neutralisation (nur für Kleinmengen);

Bemerkung:
Klare, farblose Flüssigkeit mit stechendem, stark reizendem Geruch; nicht brennbar; Dämpfe können mit Luft explosives Gemisch bilden; Entzündung nur bei hoher Konzentration, hoher Temperatur und starker Energiequelle;
Explosionsgrenzen: 15,5-26,6 Vol% ; Zündtemp.: 650 °C [9];
Verwendung: als Entwicklerlösung (Rottönung); technisches Lösemittel; als Reinigungs- und Harzlösemittel; Herstellung von Ammoniumsalzen, Anilin-Farbstoffen; Agrarindustrie; Elektro-/ elektronische Industrie; Lederverarbeitend Industrie; Papier-, Kartonagen- und Zellstoffindustrie; Photographische Industrie; Textilverarbeitende Industrie; Reinigungs-, Wasch- und Desinfektionsmittel; Farbmittel; Korrosionshemmer; Stoffe zur Elektroplattierung; Düngemittel; Laborchemikalien;
Das Produkt ist nicht explosionsgefährlich, jedoch ist die Bildung explosionsgefährlicher Dampf-/Luftgemische möglich. Reagiert bei Konstakt mit starken Oxidationsmitteln, starken Säuren und Alkalien. Bei Einwirkung von Laugen entwickelt sich Ammoniak. Bildung explosiver Gasgemische mit Luft. Reaktionen mit verschiedenen Metallen [Sdb Fa. Bieserfeld];
Explosionsgrenzen: 15-28 Vol.-%; Zündtemperatur: 651 °C [Sdb Fa. Biesterfeld];
Mengenangaben: 100000-500000 Tonnen [634];

Ammoniak (wasserfrei)

- CAS-Nummer:
7664-41-7
- UN Nummer:
1005
- gebräuchliche Namen:
verflüssigtes Ammoniakgas; wasserfreies Ammoniak; Ammonium; Ammoniak; Ammonia;

- Handelsnamen:
R 717; Nitro-Sil;
- Summenformel:
NH_3

Eigenschaften:
- toxikologisch/ökotoxikologisch:
RTECS # BO 0875000
Schweizer Giftliste: 2
WGK: 2
MAK Wert: 20 ml/m3 bzw. 14 mg/m3
R-Satz: 10-23
S-Satz: (1/2)-7/9-16-38-45
Sonstiges:
Spitzenbegrenzung I [481]; Schwangerschaft C [481];Geruchsschwelle: 5-50 ml/m3 [484];Ätzend, schleimhautreizend; Gas erzeugt starke Reizwirkung und verursacht schwere Verätzungen der Augen, der Atmungsorgane und der Haut; Einatmen von hochkonzentriertem Gas kann plötzlichen Tod zur Folge haben [163];Glottiskrampf oder -ödem kann zu Erstickung führen; Kontakt mit der Flüssigkeit ruft schwere Erfrierungen hervor:Kurzeinwirkung: 2500 ml/m3 (0,25%) Dampfkonzentration in der Luft 30 min eingeatmet erwiesen sich als gefährlich [484];LC Lo (inhalativ, Mensch): 5000 ml/m3/5 min. [187];TD Lo (oral, Mann): 15 ml/kg [428];LD 50 (oral, Ratte): 350 mg/kg [187];LC 50 (inhalativ, Ratte): 2000 ml/m3/4 h [187];LC (inhalativ, Maus): 4230 ml/m3/1 h [428];LC 50 (inhalativ, Katze): 7000 mg/m3/1 h [428];LC Lo (inhalativ, Hase): 7000 mg/m3/1 h [428];Störungsschwelle für Forellen: 0,3 mg/l [296];LD 50 (Daphnia magna): 60 mg/l in 25 Std.; 32 mg/l in 50 Std.; 20 mg/l in 100 Std. [484]

Gefahren-Symbol:

T

- physikalisch/chemisch:
Schmelzpunkt: -77,7 °C
Siedepunkt: -33,35 °C
Dampfdruck: 8570 hPa (20 °C) [484]
Verdampfungswärme: 1368 kJ/kg (1 bar)
Dichte: 771,0 kg/m3 (20 °C, 1013 hPa)
Molmasse: 17,03 g/mol

Löslichkeit:
Wasser 895 g/l (0 °C), 531 g/l (20 °C); Ethanol 132 g/l (20 °C); löslich in Diethylether, 16 % in Methanol (25 °C);

Bemerkung zu physikalisch/chemischen Daten:
Kritische Temperatur: -132 °C;

Verbleib nach Gebrauch:
Sondermüll-Deponie, wasserunlösliche Feststoffe und Flüssigkeiten nach Neutralisation (nur für Kleinmengen);

Bemerkung:
Farbloses Gas; stechender Geruch mit starker Reizwirkung; brennbar;
Bildet im dampf-/gasförmigen Zustand mit Luft explosionsfähige Gemische;
Explosionsgrenzen: 15-28 Vol.-%; Zündtemp.: 630 °C [29];
Explosionsgrenzen: 16-27 Vol.-%; Zündtemp.: 651 °C [484];
Bei Kontakt oder Mischung mit Säuren, Oxidationsmitteln und Jod (Jodlösungen) erfolgt sehr heftige Neutralisaitonsreaktion. Mit Wasser entsteht Lösungswärme bis ca. 36 kJ/mol Ammoniak [484];

Verwendung als Kältemittel: Kälteanlagen für mittlere und große Leistungen mit Kolben-, Schrauben- und Turboverdichtern (Temperaturbereich: - 60 °C bis + 10 °C); zur Herstellung von Explosionstoffen, synthetischen Fasern, Düngemittel;
Wahrnehmungsschwelle: 0,04 g/m3 bzw. 53 ml/m3 [201];
Zugelassen als Lebensmittelzusatzstoff nach LMBG;

Obwohl bei Ammoniak das Risiko einer Entflammung vorhanden ist, besteht diese Gefahr nur bei besonderen Zündbedingungen in begrenzten Bereichen. Ammoniak ist schwer brennbar, Flamme erlischt ohne Wärmezufuhr sofort; Ab 450 °C beginnt Zersetzung unter Bildung von leichtbrennbarem Wasserstoff(gas) [484];

Enthalten in CAB-O-SPERSE A 1695 (1%);

Ammoniumbromid

- CAS-Nummer:
12124-97-9
- gebräuchliche Namen:
Bromammonium;
- Summenformel:
$BrNH_4$

Funktion:
Antischleiermittel; Emulsionsgrundstoff;
Verfahren:

Druckformherstellung/Reprofotografie/Silber-Halogenid-Verfahren
Anwendung:
Entwicklung;
Bestandteil der Emulsion auf Filmen;

Eigenschaften:
- toxikologisch/ökotoxikologisch:
RTECS # BO 9170000;
Schweizer Giftliste: 3
R-Satz: 22-36
S-Satz: 22-28
Sonstiges:
Kann schädigend wirken bei Einatmung, Verschlucken oder Aufnahme über Haut; verursacht Augen- und Hautreizungen; reizt Schleimhäute und Atemwege [187];LD 50 (oral, Ratte): 2715 mg/kg [634];

Gefahren-Symbol:

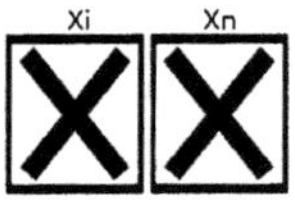

- physikalisch/chemisch:
Schmelzpunkt: 452 °C (subl.)
Siedepunkt: ca. 235 °C
Dampfdruck: 133,3 hPa (198,3 °C) [634];
Dichte: 2548 kg/m3 (20 °C); 2429 kg/m3 (25 °C)
Molmasse: 97,948 g/mol

Löslichkeit:
Wasser 725 g/l (20 °C); 970 g/l (25 °C); leicht löslich in Methanol, Ethanol, Propanon (Aceton); wenig löslich in Diethylether; unlöslich in Ethylacetat;

Verbleib nach Gebrauch:
Sondermüll-Deponie, wasserunlösliche Feststoffe und Flüssigkeiten nach Neutralisation (nur für Kleinmengen);
Umweltbelastung durch fotografische Prozesse (BRD, 1986): 61 t/a [156];

Bemerkung:
Weißes, kristallines Pulver; schwach hygroskopisch;
Aufbewahrung in braunen, gut verschlossenen Flaschen, da sich die hygroskopische Substanz sonst zersetzt;
Verwendung: Bereitung lichtempfindlicher Silberbromidemulsionen für fotografische Filme, Platten und Papiere; in Entwicklern zur Erzielung brauner Bildtöne; Antischleiermittel; in Korrosionsschutzmitteln;

Ammoniumcarbonat

- CAS-Nummer:
506-87-6
- gebräuchliche Namen:
kohlensaures Ammonium; Hirschhornsalz; Diammoniumcarbonat;
- Handelsnamen:
Na 9084;
- Summenformel:
$(NH_4)_2CO_3$

Eigenschaften:
- toxikologisch/ökotoxikologisch:
RTECS # BP 1925000
Schweizer Giftliste: 4
WGK: 0
R-Satz: 36/37/38
S-Satz: 26-37/39
Sonstiges:
LD Lo (intravenös, Hund): 200 mg/kg [428];LD 50 (intravenös, Maus): 96 mg/kg [428];LD Lo (subcutan, Frosch): 250 mg/kg [428];LD Lo (parenteral, Frosch): 758 mg/kg [428];LD Lo (Haut, Frosch): 250 mg/kg [428];LD Lo (rectal, Kaninchen): 800 mg/kg [428];LD Lo (intravenös, Kaninchen): 200 mg/kg [428];LD Lo (subcutan, Kaninchen): 900 mg/kg [428];

- physikalisch/chemisch:
Schmelzpunkt: 58 °C (Zers.)
Dichte: 1500 kg/m3 (20 °C)
Molmasse: 96,0865 g/mol

Löslichkeit:
unlöslich in Ethanol, Schwefelkohlenstoff, Ammoniak; löslich in Wasser;

Verbleib nach Gebrauch:
Sondermüll-Deponie, wasserunlösliche Feststoffe und Flüssigkeiten nach Neutralisation (nur für Kleinmengen);

Bemerkung:
Weißes, nach Ammoniak riechendes Pulver; zersetzlich in heißem Wasser;

Verwendung: in der Fotoindustrie als Entwicklerzusatz zur Erzielung brauner Bildtöne, zur Erhöhung der Empfindlichkeit von Bromsilberemulsionen; in Backpulvern; zum Wachsen und Entfetten von Wollsachen; als Beizmittel; zur Herstellung von Gummi-Artikeln, Casein-Farben; in Feuerlöschern; zum Trennen von Kakao-Bestandteilen;

Ammoniumchlorid

- CAS-Nummer:
12125-02-9
- UN Nummer:
9510
- gebräuchliche Namen:
Chlorammonium; Salmiak; Ammoniumsalz;
- Handelsnamen:
Amchlor; Darammon;
- Summenformel:
NH_4Cl

Funktion:
Entwicklerzusatz;
Verfahren:
Druckformherstellung/ Reproduktionsfotografie;
Anwendung:
Schnellfixierbäder;

Eigenschaften:
- toxikologisch/ökotoxikologisch:
RTECS # BP 4550000
Schweizer Giftliste: 4
WGK: 1
MAK Wert: 10 mg/m3 (NL)
R-Satz: 22-36
S-Satz: (2)-22
Sonstiges:
Kann schädigend wirken bei Einatmung, Verschlucken oder Aufnahme über Haut; verursacht schwere Augenreizungen; verursacht Hautreizungen [187];LD Lo (oral, Säugling): 2000 mg/kg [428];LD 50 (oral, Ratte): 1700 mg/kg [39]; 1650 mg/kg [428];LD 50 (intraperitoneal, Ratte): 390-640 mg/kg [634];LD 50 (intramuskulär, Ratte): 30 mg/kg [428];LD 50 (oral, Maus): 750 mg/kg [39]; 1300 mg/kg [428];LD 50 (intravenös, Maus): 385 mg/kg [634];LD 50 (intraperitoneal, Maus): 1439 mg/kg [428];LD Lo (subcutan, Maus): 500 mg/kg [428];LD 50 (intravenös, Maus): 358 mg/kg [428];LD Lo (oral, Hund): 600 mg/kg [428];LD Lo (oral, Kaninchen): 1000 mg/kg [428];LD Lo (subcutan, Kaninchen): 200 mg/kg [428];LD Lo (intravenös, Kaninchen): 78 mg/kg [428];LD Lo (subcutan Meerschweinchen): 72 mg/kg [428];LD Lo (intravenös, Meerschweinchen): 220 mg/kg [428];Toxische Grenzkonzentration für Daphnia magna < 134 mg/l [389];

Gefahren-Symbol:

Xn

- physikalisch/chemisch:
Schmelzpunkt: 340 °C (Subl.); 335-338 °C
Dampfdruck: 1,3 hPa (160,4 °C) [187]; 67 hPa (250 °C)
Dichte: 1527 kg/m3 (20 °C)
Molmasse: 53,492 g/mol

Löslichkeit:
Wasser 297 g/l (0 °C), 375,6 g/l (20 °C), 758 g/l (100 °C); Ethanol 6 g/l (19 °C); löslich in flüssigem Ammoniak; unlöslich in Diethylether, Propanon; nahezu unlöslich in Ethylacetat;

Verbleib nach Gebrauch:
Sondermüll-Deponie, wasserunlösliche Feststoffe und Flüssigkeiten nach Neutralisation (nur für Kleinmengen);

Bemerkung:
Weißes, kristallines Pulver; geruchlos; nicht entflammbar;
zugelassen als Lebensmittelzusatzstoff nach LMBG;
Verwendung: in der Fotoindustrie als Bestandteil von Schnellfixierern, zur Emulsionsbereitung, zur Herstellung von Chlorsilberschichten, Bildtonbeeinflusser zur Erzielung feinkörniger Negative; als Flußmittel beim Überziehen von Eisenstücken mit Zink; in Kühlmitteln; in Waschmitteln; zur Herstellung von Farbstoffen; zur Behandlung von Schnee (verlangsamt das Schmelzen auf Ski-Pisten); Metallindustrie; elekronische Industrie; Agarindustrie; Schweiß- und Löthilfsstoffe;
Mengenangaben: 100000-500000 Tonnen;

Ammoniumchromat(VI)

- CAS-Nummer:
7788-98-9
- gebräuchliche Namen:
Ammoniumchromat; Ammoniummonochromat;
- Summenformel:
$(NH_4)_2CrO_4$

Verfahren:
Druckverfahren;

Eigenschaften:
- toxikologisch/ökotoxikologisch:
RTECS # GB 2880000;
Schweizer Giftliste: 3
WGK: 3
MAK Wert: vgl. Abschnitt IX [481]
R-Satz: 8-36/37/38-40
S-Satz: 28-35
Sonstiges:
Gefahr der Sensibilisierung der Haut [481]; Krebserzeugend 2 [481];Wirkt schädigend bei Einatmung, Verschlucken oder Aufnahme über Haut;verursacht schwere Reizungen; hohe Konzentrationen wirken extrem zerstörerisch auf das Gewebe der Schleimhäute und Atemwege, Augen und Haut [187];Karzinogen [187];

Gefahren-Symbol:

- physikalisch/chemisch:
Schmelzpunkt: 180 °C (zers.)
Dichte: 1910 kg/m3 (12 °C)
Molmasse: 152,07 g/mol

Löslichkeit:

Wasser 405 g/l (30 °C); wenig löslich in Ammoniak, Propanon (Aceton); unlöslich in Ethanol;

Verbleib nach Gebrauch:
Sondermüll-Deponie, ausgefällte Sulfide von Mangan, Chrom oder Molybdän aus der Behandlung der Lösung mit Schwefelsäure und Natriumbisulfit und Neutralisation, lösliches Sulfid wird mit Hypochlorit zersetzt, neutralisiert ins Abwasser gegeben;

Bemerkung:
Gelbe, nadelförmige Kristalle;
Verwendung: in der Fotoindustrie zur Herstellung lichtempfindlicher Schichten;

Ammoniumdichromat

- CAS-Nummer:
7789-09-5
- UN Nummer:
1439
- gebräuchliche Namen:
Ammoniumbichromat; Ammoniumpyrochromat;
- Summenformel:
$(NH_4)_2Cr_2O_7$

Funktion:
1.Additiv/Sensibilisator;
3.Emulsionsbestandteil von Fotofilmen (Direktemulsion); Lichtempfindlichmachen von Direktemulsionen; Härtemittel;
Verfahren:
1.Druckformherstellung/ Reproduktionsfotografie;
2.Druckformherstellung/Flachdruck;
3.Druckverfahren/Durchdruck direkt/Siebdruck;
Anwendung:
1.Chromatkolloidkopierverfahren; Bleichbäder für Umkehrentwicklung;
2.Siebdruckschablonen;

Eigenschaften:
- toxikologisch/ökotoxikologisch:
RTECS # HX 7650000
WGK: 3
MAK Wert: vgl. Abschnitt IX [481]
R-Satz: 1-8-36/37/38-43
S-Satz: (2)-28-35
Sonstiges:
Gefahr der Sensibilisierung der Haut [481]; Krebserzeugend 2 [481];Einstufung und Kennzeichnung von Zubereitungen, in denen diese Substanz enthalten ist:20%<=C ¦¦> Xi; R36/37/38-430.5%<=C<20% ¦¦> Xi; R43Kann letal wirken bei Einatmung, Verschlucken oder Aufnahme über Haut; verursacht Augen- und Hautreizungen; reizt Schleimhäute und Atemwege [187];Karzinogen [187];

Gefahren-Symbol:

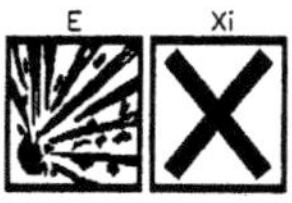

- physikalisch/chemisch:
Schmelzpunkt: 170 °C (Zers.)
Dichte: 2150 kg/m3 (25 °C)
Molmasse: 252,06 g/mol

Löslichkeit:
Wasser 308 g/l (15 °C), 890 g/l (30 °C); löslich in Ethanol; unlöslich in Propanon (Aceton);

Bemerkung:
Gelbrote Kristalle; luftbeständig; hautgerbend;
Verwendung: in der Fotoindustrie für Abschwächer, Verstärker, Umkehrbäder, Bleichbäder, Reinigungslösungen, im Pigmentprozeß, zur Herstellung von lichtempfindlichen Kopierschichten;

Ammoniumhydrogenfluorid

- CAS-Nummer:
1341-49-7
- UN Nummer:
1727; 2817
- gebräuchliche Namen:
Mattsalz; Ammoniumhydrogendifluorid; Ammoniumhydrogenbifluorid; Ammoniumbifluorid;
- Summenformel:
H_5F_2N

Verfahren:
Druckformherstellung/Reproduktionsfotografie;

Eigenschaften:
- toxikologisch/ökotoxikologisch:
RTECS # BQ 9200000;
Schweizer Giftliste: 2
WGK: 1
MAK Wert: 2,5 mg F/m3 (vgl. Abschnitt VIII [481])
R-Satz: 25-34
S-Satz: (1/2)-22-26-37-45
Sonstiges:
Spitzenbegrenzung I [481];Einstufung und Kennzeichnung von Zubereitungen, in denen diese Substanz enthalten ist:10%<=C ¦¦> T,C; R25-341%<=C<10% ¦¦> C; R22-340.1%<=C<1% ¦¦> Xi; R36/38Wirkt schädigend beim Einatmen, Verschlucken oder Aufnahme über die Haut;verursacht Verbrennungen; wirkt extrem zerstörersich auf das Gewebeder Schleimhäute und Atemwege, Augen und Haut; Einatmen kann töd-liche Folgen haben [187];

Gefahren-Symbol:

T C

- physikalisch/chemisch:
Schmelzpunkt: 125,6 °C
Dichte: 1500 kg/m3 (20 °C)
Molmasse: 57,0434 g/mol

Löslichkeit:
leicht löslich in Wasser; wenig löslich in Ethanol;

Verbleib nach Gebrauch:
Sondermüll-Deponie nach Neutralisation mit Soda und Zusatz von Calciumchlorid (Ausfällen des Chlorides oder Carbonates);

Bemerkung:
Weißes Pulver;
Verwendung: in der Fotoindustrie zum Ablösen von Emulsionsschichten von der Unterlage (Konzentration: etwa 1 %);

Ammoniumhydrogensulfid

- CAS-Nummer:
12124-99-1
- gebräuchliche Namen:
Ammoniumsulfhydrat; Monoammoniumsulfid; Ammoniumhydrosulfid; Ammoniumbisulfid;
- Summenformel:
NH_4HS

Verfahren:
Druckverfahren;

Eigenschaften:
- toxikologisch/ökotoxikologisch:
Sonstiges:
Reizt sehr stark die Augen;

- physikalisch/chemisch:
Dichte: 1170 kg/m3 (20 °C)
Molmasse: 51,11 g/mol

Löslichkeit:
Wasser 1281 g/l (0 °C); löslich in Ethanol, Ammoniak; unlöslich in Diethylether, Benzen (Benzol);

Bemerkung:
Weiße Kristalle;
Verwendung: in der Fotoindustrie zur Brauntönung von Bromsilberpapieren;

Ammoniumjodid

- CAS-Nummer:
12027-06-4
- gebräuchliche Namen:
Jodammonium;
- Summenformel:
NH_4I

Verfahren:
Druckverfahren;

Eigenschaften:
- toxikologisch/ökotoxikologisch:
Schweizer Giftliste: 3
R-Satz: 36/37/38

S-Satz: 26-37/39
Sonstiges:
Kann schädigend wirken bei Einatmung, Verschlucken oder Aufnahme über Haut verursacht Augen- und Hautreizungen; reizt Schleimhäute und Atemwege [187];

- physikalisch/chemisch:
Schmelzpunkt: 551 °C (subl.)
Dampfdruck: 1,3 hPa (210,9 °C) [187]
Dichte: 2514 kg/m3 (25 °C)
Molmasse: 144,94 g/mol

Löslichkeit:
Wasser 1542 g/l (0 °C), 2503 g/l (100 °C); Glycerol; Methanol; leicht löslich in Ethanol, Propanon (Aceton), Ammoniak; wenig löslich in Diethylether;

Verbleib nach Gebrauch:
Sondermüll-Deponie, wasserunlösliche Feststoffe und Flüssigkeiten nach Neutralisation (nur für Kleinmengen);

Bemerkung:
Weiße oder hell-gelbe Kristalle; feuchtigkeitsempfindlich;
Verwendung: in der Fotoindustrie als Jodierungssalz im Collodium-Verfahren;

Ammoniumnitrat

- CAS-Nummer:
6484-52-2
- UN Nummer:
222; 223; 2426
- gebräuchliche Namen:
Ammoniaksalpeter; Ammonsalpeter; salpetersaures Ammonium; brennbarer Salpeter; Ammonnitrat; Ammonnitrat; AN;
- Handelsnamen:
Varioform I;
- Summenformel:
NH_4NO_3

Verfahren:
Druckverfahren;

Eigenschaften:
- toxikologisch/ökotoxikologisch:
RTECS # BR 9050000
Schweizer Giftliste: 4
WGK: 1
R-Satz: 8-9
S-Satz: 15-16-17-41
Sonstiges:
Kann schädigend wirken bei Einatmung, Verschlucken oder Hautaufnahme; verursacht Haut- und Augenreizung; reizt Schleimhäute und Atemwege; eine längere Exposition kann Blutveränderungen verursachen [187];Verursacht Lungenödeme (nitrose Gase) [29];LD 50 (oral, Ratte): 4820 mg/kg [187], [415];800 mg/l tödlich für Fische in 3,9 Stunden [385];Im Tierversuch akut sehr wenig toxisch [415];

Gefahren-Symbol:

O

- physikalisch/chemisch:
Schmelzpunkt: 169,6 °C
Siedepunkt: 210 °C (14,66 hPa)
Dichte: 1725 kg/m3 (25 °C)
Molmasse: 80,04 g/mol

Löslichkeit:
Wasser 1183 g/l (0 °C), 8710 g/l (100 °C); Ethanol 38 g/l (20 °C); Methanol 171 g/l (20 °C); löslich in Propanon;

Verbleib nach Gebrauch:
Sondermüll-Deponie, wasserunlösliche Feststoffe und Flüssigkeiten nach Neutralisation (nur für Kleinmengen);

Bemerkung:
Durchsichtige farblose Kristalle oder Granulat bis zum Durchmesser von ca. 3 mm; Farbe grau bis weiß;
Es existieren umfangreiche Sonderbestimmungen der Gewerbeaufsichtsämter; Bei Eindringen in Grundwasser kann dieses als Trinkwasser unbrauchbar werden; durch Abspalten von Ammonium Giftwirkung auf Wasserorganismen;
Verwendung: früher als rauchloses Blitzlichtpulver; als Stickstoffdünger (mit Zuschlägen aufgrund seiner Hygroskopizität, Explosivität und Erhärtbarkeit); zur Herstellung von Sicherheitssprengstoffen; Ausgangsprodukt zur Herstellung von Lachgas; Bestandteil von Kältemischungen;

Zersetzung ab 170 °C, bei höheren Temperaturen brandartig mit schnell steigender Reaktionsgeschwindigkeit [484];

Ammoniumpersulfat

- CAS-Nummer:
7727-54-0
- gebräuchliche Namen:
Ammoniumperoxysulfat; Ammoniumperoxodisulfat;
- Summenformel:
$NH_4S_2O_8$

Funktion:
Abschwächer; Fixiernatronzerstörer; Beseitigung von Gelbschleiern;
Verfahren:
Druckformherstellung/Reproduktionsfotografie/Silber-Halogenid-Verfahren;
Anwendung:
Nachbehandlung;

Eigenschaften:
- toxikologisch/ökotoxikologisch:
RTECS # SE 0350000
Schweizer Giftliste: 4
WGK: 1

R-Satz: 9-22
S-Satz: 24/25-27
Sonstiges:
Wirkt schädigend beim Einatmen, Verschlucken oder Hautaufnahme; zerstört das Gewebe der Schleimhäute, Atmungsorgane, Augen und Haut [187];LD 50 (oral, Ratte): 820 mg/kg [39];

Gefahren-Symbol:

- physikalisch/chemisch:
Dichte: 1980 kg/m3 (20 °C)
Molmasse: 228,200 g/mol

Löslichkeit:
Wasser 559 g/l (20 °C);

Verbleib nach Gebrauch:
Sondermüll-Deponie, ausgefällte Sulfide von Mangan, Chrom oder Molybdän aus der Behandlung der Lösung mit Schwefelsäure und Natriumbisulfit und Neutralisation, lösliches Sulfid wird mit Hypochlorit zersetzt, neutralisiert ins Abwasser gegeben;

Bemerkung:
Leicht zersetzliche farblose Kristalle;
Verwendung: Fotoindustrie (Negativabschwächer, Fixierbadzerstörer, Entfernung von Gelbschleiern (2 %ige Lösung), Regenerierung von Bleichbädern; Wirkung der Substanz beruht auf starker Oxidationsfähigkeit: Ammoniumpersulfat + Silber -> Silbersulfat + Ammoniumsulfat);

Ammoniumsulfat

- CAS-Nummer:
7783-20-2
- gebräuchliche Namen:
Diammoniumsulfat;
- Handelsnamen:
Actamaster; Dolumin; Mascagnite;
- Summenformel:
$(NH_4)_2SO_4$

Verfahren:
Druckformherstellung/Reproduktionsfotografie;
Anwendung:
Härtebäder;

Eigenschaften:
- toxikologisch/ökotoxikologisch:
RTECS # BS 4500000
Schweizer Giftliste: 4
WGK: 1
R-Satz: 20/21/22-36/37/38
S-Satz: 26-36

Sonstiges:
TD Lo (oral, Mann): 1500 mg/kg [428];LD 50 (oral, Maus): 640 mg/kg [428];LD 50 (intraperitoneal, Maus): 610 mg/kg [428];LD 50 (oral, Ratte): 3000 mg/kg [428];Toxische Grenzkonzentration für Daphnia magna < 106 mg/l [389];

Gefahren-Symbol:

Xn

- physikalisch/chemisch:
Schmelzpunkt: 513 °C
Dampfdruck: 18,9 hPa (20 °C, gesättigte Lsg.) [1]
Dichte: 1770 kg/m3 (20 °C)
Molmasse: 132,139 g/mol

Löslichkeit:
Wasser 754,4 g/l (20 °C); unlöslich in Ethanol, Propanon;

Verbleib nach Gebrauch:
Sondermüll-Deponie, wasserunlösliche Feststoffe und Flüssigkeiten nach Neutralisation (nur für Kleinmengen);

Bemerkung:
Farblose oder weiße rhombische Kristalle; an feuchter Luft zerfließlich; geruchlos;
Verwendung: in der Fotoindustrie für Schnellfixierbäder;

Ammoniumthiocyanat

- CAS-Nummer:
1762-95-4
- gebräuchliche Namen:
Ammoniumrhodanid; Ammoniumsulfocyanid; Ammoniumsulfocyanat; Rhodanammonium; Schwefelcyanammonium; Thiocyansäure Ammoniumsalz;
- Summenformel:
NH_4SCN

Funktion:
Abschwächer; Additiv/Stabilisator;
Verfahren:
Druckformherstellung/ Reproduktionsfotografie;
Anwendung:
In Umkehrerstentwicklern; in Feinkornentwicklern
als Silberhalogenid-Lösemittel;

Eigenschaften:
- toxikologisch/ökotoxikologisch:
RTECS # XK 7875000;
Schweizer Giftliste: 3
R-Satz: 20/21/22-32
S-Satz: 2-13
Sonstiges:
CSB: 854,5 mg/g [13];Kann schädigend wirken bei Einatmung, Verschlucken oder Aufnahme überHaut; Augen- und Hautreizung [187];LD 50 (oral, Ratte): 500 mg/kg [187];

Gefahren-Symbol:

Xn

- physikalisch/chemisch:
Schmelzpunkt: 149,5 °C
Siedepunkt: 170 °C (zers.)
Dichte: 1305 kg/m3 (20 °C)
Molmasse: 76,120 g/mol

Löslichkeit:
Wasser 1280 g/l (0 °C), 3470 g/l (60 °C); leicht löslich in Ethanol; löslich in Methanol, Propanon (Aceton); unlöslich in Trichlormethan (Chloroform);

Verbleib nach Gebrauch:
Sondermüll-Deponie, wasserunlösliche Feststoffe und Flüssigkeiten nach Neutralisation (nur für Kleinmengen);

Bemerkung:
Farblose, auch hellrosa aussehende, leicht zerfließliche Kristalle;
Über 170 °C Zersetzung unter Entwicklung von CS(2), H(2)S, NH(3);
Verwendung: in der Fotoindustrie als Entwicklersubstanz, Fixiermittel; in Tonbäder (siehe auch -> Kaliumthiocyanat), Goldtonbäder, Goldtonfixierbäder, Uranverstärker; als Stabilisator im Stabilisierungsverfahren; in der Sprengstofftechnik; als Reagenz auf Fe(III)-Ionen;

Ammoniumthiosulfat

- CAS-Nummer:
7783-18-8
- gebräuchliche Namen:
Ammoniumhyposulfit;
- Summenformel:
$(NH_4)_2S_2O_3$

Funktion:
Fixierer;
Verfahren:
Druckformherstellung/ Reproduktionsfotografie;
Anwendung:
Schnellfixiersalz;

Eigenschaften:
- toxikologisch/ökotoxikologisch:
RTECS # XN 6465000;
Schweizer Giftliste: 4
WGK: 1
Sonstiges:
LD 50 (oral, Ratte): 2890 mg/kg [10];CSB: 0,57 g/g [3];Biologischer Einfluß: nicht adaptiertes System 3950 mg/l biologisch abbaubar [3];

- physikalisch/chemisch:
Schmelzpunkt: 150 °C (zers.)

Dichte: 1640 kg/m3 (20 °C)
Molmasse: 148,203 g/mol

Löslichkeit:
Wasser 1033 g/l (100 °C); unlöslich in Ethanol, Diethylether; wenig löslich in Propanon (Aceton);

Verbleib nach Gebrauch:
Umweltbelastung durch fotografische Prozesse (BRD, 1986): 3110 t/a [156]
Bseitigung A;

Bemerkung:
Farblose Kristalle;
Verwendung: in der Fotoindustrie als Hauptbestandteil von Express-fixierern (A 324);

Anthracen

- CAS-Nummer:
120-12-7
- gebräuchliche Namen:
Anthrazen; Paranaphthalen; Gruenoel;
- Summenformel:
$C_{14}H_{10}$

- Strukturformel:

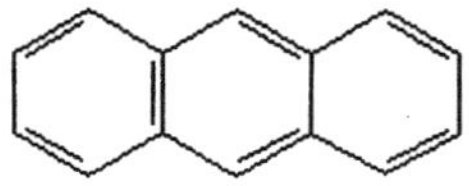

Verfahren:
Druckverfahren;

Eigenschaften:
- toxikologisch/ökotoxikologisch:
RTECS # CA 9350000
WGK: 2
R-Satz: 36/37/38
S-Satz: 26-36
Sonstiges:
Stäube reizen Augen, die oberen Atemwege und Haut; mit der Entwicklung gesundheitsschädlicher Dämpfe ist erst bei starker Erhitzung des Stoffes zu rechnen; Kontakt mit dem Stoff führt zu Reizung der Augen, Atemwege und Haut; Stoff wird auch über die Haut aufgenommen und hat allergene Eigenschaften; es sind besonders die Verunreinigungen des Stoffes, die für die Haut schädlich sein können;Symptome:Brennen und Rötung der Augen, der Nasen- und Rachenschleimhaut sowie der Haut; Husten, Atemnot; Nach Verschlucken Übelkeit, Leibschmerzen, Durchfall [484]; Bioakkumulation; Verbreitung: Luftpfad;TD Lo (oral, Ratte): 20000 mg/kg/79W (intermittierend) [428];TD Lo (subcutan, Ratte): 3300 mg/kg/33W (intermittierend) [428];LD (oral, Maus): >17000 mg/kg [428];LD 50 (intraperitoneal, Maus): 430 mg/kg [428];LC 50 (Daphnia magna; 48h): 3 mg/l [428];LC 50 (Salzwasserkrebs (Artemia); 48h): 0,036mg/l [428];LD 50 (intraperitoneal, Maus): 430 mg/kg [634];

Gefahren-Symbol:

- physikalisch/chemisch:
Schmelzpunkt: 217 °C; 214-218 °C
Siedepunkt: 340-342 °C
Flammpunkt: 121 °C
Dampfdruck: 1,33 hPa (20 °C) [484]; 0,000008-0,0000091 hPa (25 °C)
Log pOW: 4,45 [4]; 3,45-4,8
Brechungsindex: 1,6231 (218 - 220 °C)
Dichte: 1242 kg/m3 (20 °C); 1252 kg/m3 (25 °C)
Molmasse: 178,233 g/mol

Löslichkeit:
Ethanol 0,76 g/l (16 °C), 8,3 g/l (sied.); Diethylether 9,7 g/l (15 °C); Benzen 11,8 g/l (15 °C); löslich in Trichlormethan, Schwefelkohlenstoff, Tetrachlormethan, Toluol; unlöslich in Wasser;

Verbleib nach Gebrauch:
Verbrennung nach Mischung mit brennbarem Lösemittel;
Troposphärische Lebensdauer 0,02 h; zurückgelegte Entfernung von der Quelle (für Europa im Sommer): 0,3 km [410];

Bemerkung:
Weiße kristalline Flocken mit violetter Fluorszenz; brennbar;
Bildet im dampf-/gasförmigen Zustand mit Luft explosionsfähige Gemische;
Explosionsgrenzen: 0,6 - ? Vol.% ; Zündtemp.: 472 °C [484]; 570 °C [634];
Stoff reagiert bei Kontakt oder Mischung mit starken Oxidationsmitteln und Chromsäure;
Gehört zu der Gruppe der z.T. toxischen polyaromatischen Kohlenwasserstoffen (PAH);

Anthrachinon

- CAS-Nummer:
84-65-1
- gebräuchliche Namen:
9,10-Anthracendion; 9,10-Anthrachinon;9,10-Dioxoanthracen;
- Handelsnamen:
Morkit;
- Summenformel:
$C_{14}H_8O_2$

- Strukturformel:

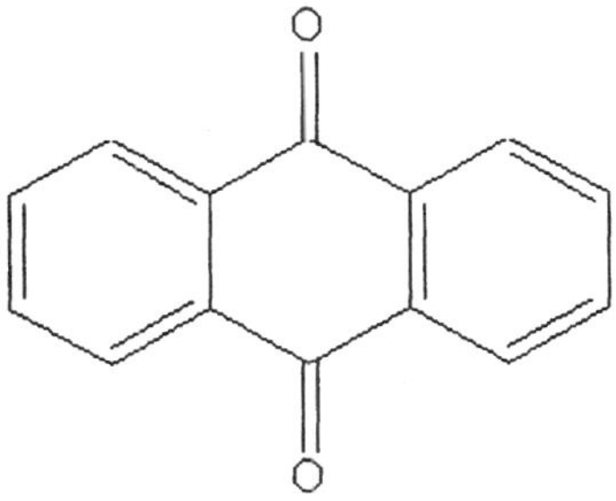

Funktion:
Additiv/Fotoinitiator;
Verfahren:
Druckverfahren;
Anwendung:
UV-Farben;

Eigenschaften:
- toxikologisch/ökotoxikologisch:
RTECS # CB 4725000;
Schweizer Giftliste: 4
WGK: 1
Sonstiges:
Wirkt schädigend bei Einatmung, Verschlucken oder Aufnahme über Haut;verursacht Augen- und Hautreizung; kann allergische Hautreaktionen auslösen [187];

- physikalisch/chemisch:
Schmelzpunkt: 285-286 °C
Siedepunkt: 379,8 °C
Flammpunkt: 185 °C
Dampfdruck: < 0,1 hPa (20 °C) [163]; 1,0 mbar (190 °C) [187]
Brechungsindex: 1,5611 (280 - 282 °C)
Dichte: 1419 kg /m3 (20 °C)
Molmasse: 208,216 g/mol

Löslichkeit:
Wasser < 1g/l (23 °C); Ethanol 0,5 g/l (18 °C), 4,4 g/l (25 °C); Diethylether 1,0 g/l (5 °C); wenig löslich in Benzen (Benzol);

Bemerkung zu physikalisch/chemischen Daten:
Zündtemperatur: 650 °C

Verbleib nach Gebrauch:
Verbrennung nach Mischung mit brennbarem Lösemittel;

Bemerkung:
Gelbe rhombische Kristalle; reizend; brennbar;
Stoff reagiert bei Kontakt oder Mischung mit starken Oxidationsmitteln;
Bei Brand oder Erhitzung bis zur Zersetzung bilden sich säurehaltige und reizende Nebel und Dämpfe;

Antimon

- CAS-Nummer:
7440-36-0
- UN Nummer:
2871
- gebräuchliche Namen:
Stibium; Antimon, Pulver; Regulus antimonil; Spießglanzmetall; Stibium metallicum;
- Summenformel:
Sb

Verfahren:
Druckverfahren/Hochdruck;

Eigenschaften:
- toxikologisch/ökotoxikologisch:
RTECS # CC 4025000
Schweizer Giftliste: 2
WGK: 2
MAK Wert: 0,5 mg/m3 E
R-Satz: 20/22-23/24/25-36/37/38
S-Satz: 26-28-36/37/39-44
Sonstiges:
Spitzenbegrenzung: III [481]; IMK: II;Metall und Legierungen erzeugen Ekzeme; Wirkt schädigend beim Einatmen, Verschlucken oder Aufnahme über Haut; verursacht Reizungen [187];Pulver oder Staub führen zu starker Reizung der Augen, der Atemwege und der Atmungsorgane sowie geringerer Reizung der Haut; Kontakt mit dem festen Stoff oder dem Pulver bewirkt starke Reizung der Augen sowie geringere Reizung der Haut; Leber- und Nierenschäden möglich; bei sehr starker Erhitzung über den Schmelzpunkt von 630 °C verbrennt die Substanz unter Bildung des giftigen Antimontrioxides;Tödliche Dosis 1-2 g [132];Eingeatmet 0,12 g tödlich; 0,03 g tödlich für Kinder [30];LD 50 (oral, Ratte): 7 mg/kg [187];

Gefahren-Symbol:

T

- physikalisch/chemisch:
Schmelzpunkt: 630,74 °C
Siedepunkt: 1750 °C; 1330 °C
Dichte: 6684 kg/m3 (20 °C)
Molmasse: 121,75 g/mol

Löslichkeit:
unlöslich in Wasser; löslich in heißer konz. Schwefelsäure, Königswasser, Phosphorsäure, Salpetersäure;

Verbleib nach Gebrauch:
Wiedergewinnung zum Recycling oder zur Wiederverwertung, teure Metalle, Katalysatoren;

Bemerkung:
Dunkelgraues, glänzendes kristallines Pulver, geruchlos;
Bei Kontakt oder Mischung mit Chlor erfolgt sehr heftige Reaktion mit Feuererscheinungen unter Bildung von giftigem Antimonpentachlorid; bei Kontakt mit anderen Halogenen erfolgt heftige Reaktion; bei Kontakt mit heißer konzentrierter Schwefelsäure erfolgt Reaktion unter Bildung von giftigem und ätzendem Schwefeldioxid(gas); bei Kontakt oder Mischung mit vielen Metallpulvern kann Explosionsgefahr entstehen [484];
Silberweißes, sprödes Metall mit etwas bläulichem Schimmer;
Verwendung: in der Druckindustrie als Zusatz zum Letternmetall, um die Legierung härter zu machen;
Verboten in Kosmetika;

Antimon(III)-oxid

- CAS-Nummer:
1309-64-4
- gebräuchliche Namen:
Antimonblüte; Antimontrioxid; Antimonweiß; Diantimontrioxid; C.I. 77052; Pigment White 11; Pigment Weiß 11 (C.I. 77052); Antimonytrioxid;

- Handelsnamen:
Antimon Weiß; Antox; A 1582; Exitelit; Chemetron Feuershield; Patox; Rhenogran Sb2O3; Senarmontit; Timonox; Thermoguard B; Thermoguard S; Timonox; Valentinit; Weißspießglanz; White Star;
- Summenformel:
Sb_2O_3

Funktion:
Pigment/Farbstoff/weiß;
Verfahren:
Druckverfahren;
Anwendung:
Farbe;

Eigenschaften:
- toxikologisch/ökotoxikologisch:
RTECS # CC 5650000
Schweizer Giftliste: 4
WGK: 2
R-Satz: 40
S-Satz: (2)-22-36/37
Sonstiges:
Krebserzeugend 2 [481]; TRK: 0,3 mg/m3 (Herstellung), 0,1 mg/m3 (sonstige Verwendung) [481]; Carc.Cat.3 [505];Kontakt mit festem Stoff führt zu Augen- und Hautreizungen; ständiger Kontakt verursacht Dermatitis; Schleimhautreizungen nach Verschlucken im Mund, Rachen, Speiseröhre und Magen-Darm-Trakt; Einatmen von Stäuben verursacht Schleimhautreizungen, Husten und Atemnot; nach Aufnahme toxischer Mengen Blutdruckabfall, Herzrhythmusstörungen, Muskelschmerzen möglich; toxische Wirkung auf Leber und Nieren [415];Im Tierversuch eindeutig krebserzeugend [415];LD 50 (oral, Ratte): > 20 g/kg [195], >346 mg/kg [634]; LD 50 (intraperitoneal, Ratte): 3250 mg/kg [415];LD Lo (subcutan, Kaninchen): 2,5 mg/kg [415];LD Lo (intravenös, Hund): 3 mg/kg [415];LD 50 (intraperitoneal, Maus): 172 mg/kg [428];Minimale LD (Fisch, amerik. Elritze): 80 mg/l/96 h [195];

Gefahren-Symbol:

Xn

- physikalisch/chemisch:
Schmelzpunkt: 656 °C
Siedepunkt: 1425; 1456 °C; 1550 °C (Subl.); 870 °C (279,91 hPa) [201]
Dichte: 5670 kg/m3 (20 °C)
Molmasse: 291,50 g/mol

Löslichkeit:
sehr wenig löslich in Wasser: <0,00287 g/l (20 °C); löslich in Kaliumhydroxid-Lösung, Ethansäure (Essigsäure); verd. Schwefelsäure, Salpetersäure, verd. Salzsäure;

Verbleib nach Gebrauch:
Sondermüll-Deponie für chemischen Abfall, besonders gefährliche Stoffe;

Bemerkung:
Weißes Pulver; geruchlos;
Kommt in der Natur in zwei enantiotropen Modifikationen vor: Senarmontit (regulär kubisch) und Valentinit (rhombisch) (Weißspießglanz, Antimonblüte);
Verwendung: als Weißpigment mit einer Deckkraft, die nahe an -> Titandioxid heranreicht (selten in Druckfarben);

Antimon(V)-chlorid

- CAS-Nummer:
7647-18-9
- gebräuchliche Namen:
Antimonpentachlorid;
- Summenformel:
$SbCl_5$

Verfahren:
Druckverfahren;

Eigenschaften:
- toxikologisch/ökotoxikologisch:
RTECS # CC 5075000;
Schweizer Giftliste: 2
R-Satz: 34-37
S-Satz: (1/2)-26-45
Sonstiges:
LD 50 (oral, Ratte): 1115 mg/kg [187];LC 50 (inhal., Ratte, 2h): 720 mg/m3 [187];Dämpfe wirken stark reizend; Kontakt mit der Flüssigkeit bewirkt starkeReizung und Verätzung der Augen und der Haut;Toxische Grenzkonzentration für Scenedesmus 3,5 mg/l, Daphnien 37 mg/l [29]; 5 mg/l (24 h) ohne Wirkung auf Regenbogenforellen [29];20 mg/l (als Sb, 96 h) tödlich für Elritzen [29];

Gefahren-Symbol:

C

- physikalisch/chemisch:
Schmelzpunkt: 2,8 °C
Siedepunkt: 140 °C (zers.)
Dampfdruck: 1,3 hPa (22,7 °C) [29]
Dichte: 2336 kg/m3 (20 °C, flüssig)
Molmasse: 299,02 g/mol

Löslichkeit:
zers. in Wasser; löslich in Trichlormethan (Chloroform), HCl;

Verbleib nach Gebrauch:
Sondermüll-Deponie, abfiltrierte Sulfide aus der Ausfällung des in Lösung gebrachten Stoffes (Oxidation oder wäßrige Säure) und eventueller Neutralisation;

Bemerkung:
Zitronengelbe Flüssigkeit;

aromatisches Kohlenwasserstoffgemisch

- CAS-Nummer:
64742-94-5
- gebräuchliche Namen:
Lösungsmittel Naphtha (Petroleum); Naphtha-Lösungsmittel, "schwer", aromatisiert;
- Handelsnamen:
Solvesso 200; Shellsol; Sinarol II; Solvesso 15 D; Petroleum;

Eigenschaften:
- toxikologisch/ökotoxikologisch:
RTECS # WF 3100000
Schweizer Giftliste: 3
WGK: 2
R-Satz: 22
S-Satz: (2-)23-24-62
Sonstiges:
Einstufung und Kennzeichnung von Zubereitungen, in denen diese Substanz enthalten ist:10%<=C ¦¦> Xn; R22Dampfkonzentrationen verursachen Reizung der Augen und Atemwege. Kopfschmerzen, Schwindel und Störungen des Zentralnervensystems können ebenfalls verursacht werden. Geringe Giftwirkung. Häufiger oder länger andauernder Hautkontakt kann die Haut entfetten und austrocknen, was zu Hautbeschwerden und Hautentzündungen (Dermatitis) führen kann. Verursacht Augenbeschwerden, jedoch keine Schädigung des Augengewebes möglich. Geringste Mengen, die bei Verschlucken oder nachfolgendem Erbrechen in die Lunge gelangen, können zu einem Lungenödem oder zu einer Lungenentzündung führen. Sehr geringe Giftwirkung. Giftig für Wasserorganismen, kann in Gewässern längerfristig schädliche Wirkungen haben. [Sdb Exxon];LD 50 (oral, Ratte): >9000 mg/kg [509], >8000 mg/kg [428]LD 50 (dermal, Kaninchen): >4000 mg/kg [428]

Gefahren-Symbol:

Xn

- physikalisch/chemisch:
Schmelzpunkt: -13 °C
Siedepunkt: 220-290 °C; 181 °C
Flammpunkt: >95 °C; 43 °C
Dampfdruck: 0,07 hPa (20 °C); 0,25 hPa (38 °C); 0,75 hPa (55 °C), [Sdb]; <0,45 hPa (20 °C)
Log pOW: 7,0-8,7 (geschätzt) [509]
Dichte: 996 kg/m3 (15 °C)
Molmasse: 165 g/mol

Löslichkeit:
nicht mischbar mit Wasser [509];

Bemerkung:
Klare, gelbe Flüssigkeit; aromatischer Geruch;
Bildet im dampf-/gasförmigen Zustand mit Luft explosionsfähige Gemische;
Explosionsgrenzen: 0,6-7,0 Vol.-%; Zündtemp.: >450 °C;
Verwendung als Lösungsmittel; [Sdb]
Anwendung: Löse- u. Extraktionsmittel (hier nicht Kraftbenzin);
Bestandteil von Cerafak 178, Cerafak 52 AG, zu 20 % von Cerafak 140, Heucoflow-Strontiumchromat, 65 %ig in Solvesso;

Arsen

- CAS-Nummer:
7440-38-2
- gebräuchliche Namen:
Scherbenkobalt;
- Summenformel:
As

Funktion:
Fotoleiter;
Verfahren:
Kopierverfahren/elektron. Verfahren direkt/Elektrofotografie;
Anwendung:
Bestandteil der Trommelbeschichtung;

Eigenschaften:
- toxikologisch/ökotoxikologisch:
RTECS # CG 0525000
Schweizer Giftliste: 1
WGK: 3
R-Satz: 23/25
S-Satz: (1/2)-20/21-28-45
Sonstiges:
Karzinogen [187]; IMK: I;Zellgift: Zahnfleischentzündung, Magen- und Darmkartarrh, Benommenheit mit Lähmungen, Krämpfe, Übelkeit, starkes Erbrechen; Reines Arsen wird als ungiftig bezeichnet, zu beachten sind jedochVerunreinigungen mit -> Arsen(III)-oxid [140];Innerlich 60 - 300 mg tödlich [39];LD 50 (oral, Ratte): 25 mg/kg [140];Verbreitung: Luft- und Wasserpfad, durch Pflanzen; Literaturübersicht siehe [370];Keine alkoholischen Getränke als Gegenmittel; Gewöhnung möglich;Anorganische Arsenverbindungen im allg. toxischer als organische Arsenverbindungen;Zur biologischen Abbaubarkeit von Arsenverbindungen siehe [370];

Gefahren-Symbol:

- physikalisch/chemisch:
Schmelzpunkt: 817 °C (28364 hPa)
Siedepunkt: 616 °C (Subl.)
Dichte: 5720 kg/m3 (20 °C)
Molmasse: 74,9216 g/mol

Löslichkeit:
unlöslich in Wasser; löslich in Salpetersäure;

Bemerkung zu physikalisch/chemischen Daten:
alle Angaben sind für die metallisch graue Modifikation

Verbleib nach Gebrauch:
Beseitigung: hochgiftig, deshalb können auch kleinere Mengen nicht auf einfachem Wege beseitigt werden; As-Reste müssen in einer geordneten Giftmülldep. untergebracht o. getrennt gesammelt wiedergewonnen werden.
Trinkwasserwassergrenzwert: 0,04 mg/l [140];
Industriegebiete können atmosphärische Arsen-Konzentrationen im Bereich von 20-90 ng/m3 haben [405];

Bemerkung:
Metallisch glänzende Kristalle;
Erhitzen an der Luft: Arsen verbrennt mit weißem Rauch zu Arsentrioxid As2O3 (charakteristischer knoblauchartiger Geruch)
Verwendung: Zusatz bei der Schrotfabrikation; zur Herstellung von Arsenverbindungen; Zusatz für Korrosionsschutzmittel; Bestandteil von Katalysatoren (insbes. für Erdölaufbereitung);
Verboten in Kosmetika;
Weltproduktion an Arsen und Arsenverbindungen: ca. 60000 t/a [140];
Arsengehalt in der Erdkruste: ca. 1,5-2,0 mg/kg;

Arsenselenid

- CAS-Nummer:
12626-31-2
- gebräuchliche Namen:
Arsentriselenid;
- Summenformel:
As_2Se_3

Funktion:
Fotoleiter/lichtsensitive Substanz;
Verfahren:
Kopierverfahren/elektron. Verfahren direkt/Elektrofotografie;
Anwendung:
Bestandteil der Trommelbeschichtung, z.B. in Laser-
druckern;

Eigenschaften:

- physikalisch/chemisch:
Schmelzpunkt: ca. 360 °C
Dichte: 4750 kg/m3 (20 °C)
Molmasse: 386,72 g/mol

Löslichkeit:
unlöslich in kaltem Wasser; zersetzlich in heißem Wasser; löslich in Laugen;

Verbleib nach Gebrauch:
Beseitigung
Industriegebiete können atmospärische Arsen-Konzentrationen im Bereich von 20 - 90 ng/m3 haben [405];

Bemerkung:
Dunkelbrauner Feststoff;
Verwendung: als lichtsensitive Substanz in Laserdruckern;

L-(+)-Ascorbinsäure

- CAS-Nummer:
50-81-7
- gebräuchliche Namen:
L-Ascorbinsäure; Vitamin C; Vitamin E 300; 3-Oxo-L-gulofuranlacton; Antiscorbut Vitamin; 5-(1,2-Dihydroxyethyl)-3,4-dihydroxy-5-H-furan-2-on;
- Handelsnamen:

Adenex; Allercorb; Antiscorbic vitamin; Antiscorbutic vitamin; Arco-cee; Ascoltin; Ascorbajen; Ascorbate; Ascorbic acid; Ascor-B.I.D.; Ascorbicap; Ascorbutina; Ascorin; Ascorteal; Ascorvit; Cantan; Cantaxin; Catavin C; Cebicure; Cebid; Cebion; Cebione; Cecon; Cee-caps TD; Cee-vite; Cegiolan; Ceglion; Celaskon; ce lent; Celin; Cemagyl; CE-MI-Lin; Cemill; Cenetone; Cenolate; Cereon; Cergona; Cescorbat; Cetamid; Cetane; Cetane-caps TD; Cetemican; Cevalin; Cevatine; Cevex; Cevi-bid; Cevimin; CE-VI-Sol; Cevital; Cevitamic acid; Cevitamin; Cevitan; Cevitex; Cewin; Ciamin; Cipca; Citriscorb; C-Level; C-Long; Colascor; Concemin; C-Quin; C-Span; C-Vimin; Dora-C-500; Davitamon C; Duoscorb; L-threo-Hex-2-enonic acid, γ-lactone; Hicee; Hybrin; Ido-C; 3-Keto-L-gulofuranolactone; L-3-Ketothreohexuronic acid lactone; Laroscorbine; Lemascorb; Liqui-cee; L-Lyxoascorbic acid; Meri-C; Natrascorb; Natrascorb injectable; NCI-C54808; NSC 33832; Planavit C; Proscorbin; Redoxon; Ribena; Roscorbic; Scorbacid; Scorbu-C; Secorbate; Testascorbic; Vicelat; Vicin; Vicomin C; Viforcit; Viscorin; Vitace; Vitacee; Vitacimin; Vitacin; Vitamin C; Vitamisin; Vitascorbol; Xitix; L-Xyloascorbic acid;

- Summenformel:

$C_6H_8O_6$

- Strukturformel:

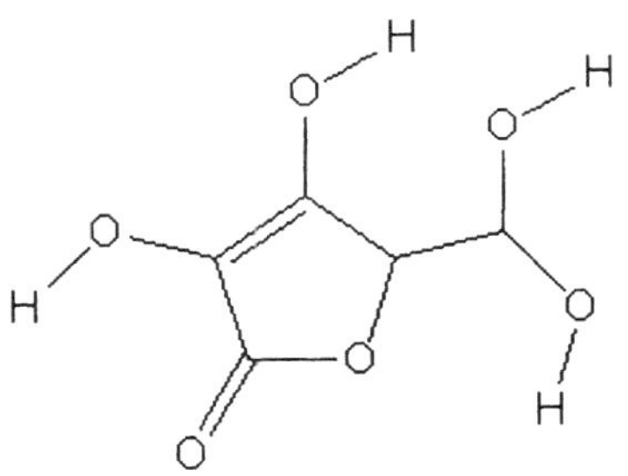

Verfahren:

Druckverfahren/Flachdruck indirekt/Offsetdruck;

Anwendung:

Druckformherstellung;

Eigenschaften:

- toxikologisch/ökotoxikologisch:

RTECS # CI 7650000

WGK: 0

Sonstiges:

Kann Reizungen verursachen [187];In Augen und Magen-Darm-Trakt mehr oder minder starke Reizung; Brechreiz, Brechdurchfall;LD 50 (oral, Ratte): 11900 mg/kg [187], [428];TD Lo (oral, Ratte (trächtig)): 2500 mg/kg/1-22 D [428];LD 50 (subcutan, Ratte): >10000 mg/kg [428];LD 50 (intravenös, Ratte): >4000 mg/kg [428];TD Lo (intraperitoneal, Maus (trächtig)): 6680 mg/kg/11 D [428];TD Lo (intravenös, Maus (trächtig)): 800 mg/kg/8 D [428];LD 50 (intravenös, Maus): 518 mg/kg [428];LD 50 (oral, Maus): 3367 mg/kg [428];LD 50 (intraperitoneal, Maus): 643 mg/kg [428];TD Lo (oral, Maus): 546000 mg/kg/13 W (intermittierend) [428];

- physikalisch/chemisch:

Schmelzpunkt: 193 °C (Zers.); 190-192 °C

Brechungsindex: 1,5611 (120-122 °C)

Dichte: 1696 kg/m3 (20 °C); 1652,5 kg/m3 (20 °C)

Molmasse: 176,126 g/mol

Löslichkeit:

leicht löslich in Wasser, Ethanol; unlöslich in Petrolether, Diethylether, Benzen, Trichlormethan;

Verbleib nach Gebrauch:

Verbrennung nach Mischung mit brennbarem Lösemittel;

Bemerkung:
Kristalle (nach Umkristallisation aus Wasser);
Verhindert Bräunung von unbehandelten Früchten;
Verwendung: in der Lebensmittelindustrie als Vitamin C, Antioxidationsmittel in Emulsionen von Fetten und Ölen und in eisenhaltigen Mischungen; zur Verbesserung von Mehl; Konservierung der Fleischfarbe; in der Druckindustrie bei der Herstellung von Flachdruckformen;
Inhibitor der ß-N-Acetylhexasaninidase;

(1R-(1α, 4αß, 4bα,10aα))-1,2,3,4,4a,4b,5,6,10,10a-Decahydro-1,4a-dimethyl-7-(1-methylethyl)-1-phenanthrencarbonsäure

- CAS-Nummer:
514-10-3
- gebräuchliche Namen:
Sylvinsäure; Abietinsäure; 13-Isopropylpodocarpa-7,13-dien-15-carbonsäure;
- Summenformel:
$C_{20}H_{30}O_2$

- Strukturformel:

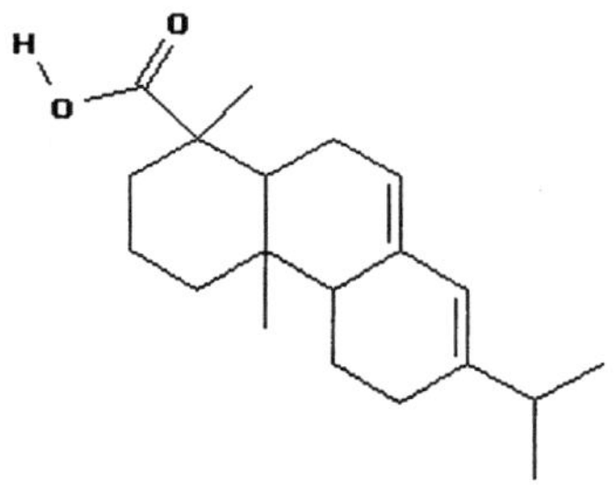

Funktion:
Bindemittel;
Verfahren:
Druckverfahren;
Anwendung:
Bestandteil von Druckfarben; Harz;

Eigenschaften:
- toxikologisch/ökotoxikologisch:
RTECS # TP 8580000
Schweizer Giftliste: 4
Sonstiges:
Kann schädigend wirken beim Einatmen, Verschlucken oder Aufnahme über Haut; verursacht Augen- und Hautreizungen; reizt Schleimhäute und Atemwege [187];Zum Metabolismus in Kaninchen siehe [286];

- physikalisch/chemisch:
Schmelzpunkt: 130-132 °C; 173-175 °C
Siedepunkt: 255-258 °C (17,33 hPa)
Molmasse: 302,46 g/mol

Löslichkeit:
unlöslich in Wasser; löslich in Ethanol, Diethylether, Propanon, Kohlenstoffdisulfid; Benzen, Methanol; wenig löslich in Petrolether;

Verbleib nach Gebrauch:
Verbrennung nach Mischung mit brennbarem Lösemittel;

Bemerkung:
Gelb-orange Kristalle; dreieckige Blättchen;
Hauptbestandteil des -> Kolophoniums;
Verwendung: zur Herstellung von Lacken, Seifen, Papierleim, Firnissen und Plastwerkstoffen; zur Herstellung von Estern (Methyl-,Vinyl-, Glycerylester);

Barium

- CAS-Nummer:
7440-39-3
- Summenformel:
Ba

Verfahren:
Druckverfahren;

Eigenschaften:
- toxikologisch/ökotoxikologisch:
RTECS # CQ 8370000
Schweizer Giftliste: 2
WGK: 1
MAK Wert: 0,5 mg/m3 E
R-Satz: 15
S-Satz: 8-24/25-43
Sonstiges:
Spitzenbegrenzung II,1 [481];IMK: II;Barium ist ein starkes Muskelgift, das neben der Muskulatur vor allemdie Funktion des Darmes und des Herzens schädigt; neben Verschluckenkann auch das Einatmen des Staubes zu Vergiftungen führen [163];Innerlich 2 - 5 g tödlich [30];

Gefahren-Symbol:

F

- physikalisch/chemisch:
Schmelzpunkt: 725 °C
Siedepunkt: 1640 °C
Dichte: 3510 kg/m3 (20 °C)
Molmasse: 137,33 g/mol

Löslichkeit:
löslich in Ethanol; unlöslich in Benzen (Benzol);

Verbleib nach Gebrauch:
Wiedergewinnung zum Recycling oder zur Wiederverwertung, teure Metalle, Katalysatoren;

Bemerkung:
Silberweißes, weiches Erdalkalimetall; entzündbarer Feststoff;
Vorkommen: meistens als Schwerspat (-> Bariumsulfat) oder als Witherit (-> Bariumcarbonat);

Bariumcarbonat

- CAS-Nummer:
513-77-9
- UN Nummer:
1564
- gebräuchliche Namen:
Bariumkarbonat; Bergblau; kohlensaurer Baryt; kohlensaures Barium; C.I. 77099; Pigment Weiß 10 (C.I. 77099);Pigment White 10; Witherit;
- Summenformel:
$BaCO_3$

Funktion:
Pigment/Farbstoff/weiß;
Verfahren:
Druckverfahren;

Eigenschaften:
- toxikologisch/ökotoxikologisch:
RTECS # CQ 8600000;
Schweizer Giftliste: 2
WGK: 0
MAK Wert: 0,5 mg Ba/m3 E
R-Satz: 22
S-Satz: (2)-24/25
Sonstiges:
Spitzenbegrenzung II,1 [481];IMK: II;Barium ist ein starkes Muskelgift, das neben der Muskulatur vor allem die Funktion des Darmes und des Herzens schädigt; auch das Einatmen von Staub kann zu Vergiftungen führen; gelangt Bariumcarbonat in den Magen, erfolgt Umwandlung in lösliches, giftiges Bariumchlorid (tödliche Dosis: 2 - 4 g) [484];LD 50 (oral, Ratte): 645 mg/kg [39];LD 50 (oral, Ratte): 418 mg/kg [187];LD Lo (oral, Mensch): 17 µg/kg [187];

Gefahren-Symbol:

Xn

- physikalisch/chemisch:
Schmelzpunkt: 1740 °C (91192,5 hPa)
Siedepunkt: Zers.
Dichte: 4430 kg/m3 (20 °C)
Molmasse: 197,35 g/mol

Löslichkeit:
Wasser 0,02 g/l (20 °C), 0,06 g/l (100 °C); löslich in Säuren, Ammoniumchlorid; unlöslich in Ethanol;

Bemerkung zu physikalisch/chemischen Daten:
Alle Angaben für Ó-Modifikation

Verbleib nach Gebrauch:
Sondermüll-Deponie für chemischen Abfall, besonders gefährliche Stoffe;

Bemerkung:
Weißes, in Wasser sehr schwer lösliches Pulver; nicht brennbar;

Stoff reagiert bei Kontakt oder Mischung mit starken Säuren;
Verwendung: als Weißpigment;

Bariumsulfat

- CAS-Nummer:
7727-43-7
- UN Nummer:
1564
- gebräuchliche Namen:
schwefelsaures Baryt; Pigment Weiß 21; Pigment Weiß 22; Pigment Weiß 23; C.I. 77120; Schwefelsäure, Bariumsalz;
- Handelsnamen:
Actybaryte; Bakontal; Barco B; Baridol; Bariwite; Baritop; Barosperse; Barotrast; Barytweiß; Blanc fixe; Blanc fixe micro; Citobaryum; Druckweiß; Enamel Weiß; Eiweiß; E-Z-Paque; Finemeal; Lactobaryt; Lithopone; Liyuibarine; Micropaque; Neobar; Permanentweiß; Solbar; Supramikre; Unibaryt;
- Summenformel:
$BaSO_4$

Funktion:
1.Pigment/Farbstoff/weiß;
2. Füllstoff;
Verfahren:
Druckverfahren;

Eigenschaften:
- toxikologisch/ökotoxikologisch:
RTECS # CR 0600000
WGK: 0
MAK Wert: 0,5 mg Ba/m3 E
Sonstiges:
Spitzenbegrenzung II,1 [481];Kann schädigend wirken bei Einatmung, Verschlucken oder Aufnahme über Haut; kann Augenreizungen verursachen [187];LD 50 (oral, Ratte): 364000 mg/kg [235];TD Lo (intrapleural, Ratte): 200 mg/kg [428];

- physikalisch/chemisch:
Schmelzpunkt: 1350 °C; >1400 °C (Zers.)
Dichte: 4500 kg/m3 (20 °C)
Molmasse: 233,40 g/mol

Löslichkeit:
Wasser 2,22 mg/l (16 °C), 2,46 mg/l (25 °C), 3,36 mg/l (50 °C), 4,13 mg/l (100 °C);
Chlorwasserstoff (3 %) 0,06 g/l (20 °C); wenig löslich in Schwefelsäure;

Verbleib nach Gebrauch:
Sondermüll-Deponie für chemischen Abfall, besonders gefährliche Stoffe;

Bemerkung:
Weißes, kristallines Pulver;
natürlich verkommendes Bariumsulfat wird Schwerspat (CAS-Nr. 13462-86-7) genannt.
Schwerspat ist die Tieftemperaturform von Bariumsulfat;
Verwendung: als Pigment und Verschnittmittel; als Füllstoff bei der Herstellung von Kunstdruck- und Fotopapieren, Gummi und Plasten; als Bindemittel beim Bau von Atomenergieanlagen; in der Medizin als Kontrastmittel bei Magen- und Darmuntersuchungen; zur Herstellung von Druckfarben; zur Herstellung von Schutzplatten gegen Röntgenstrahlen;

Basisches Blau 26 (C.I. 44045)

- CAS-Nummer:
2580-56-5
- gebräuchliche Namen:
C.I. 44045; Basic Blue 26; Viktoria-Blau B; 4'-(N-Dimethyl)amino-4"-(N-phenyl)amino-naphtho-N-dimethyl-fuchso-nimoniuìm;
- Handelsnamen:
Basonyl Blau; Flexo Blau; Hekto Blau; Neptun Blau; Typophor Blau;
- Summenformel:
$C_{33}H_{32}ClN_3$

- Strukturformel:

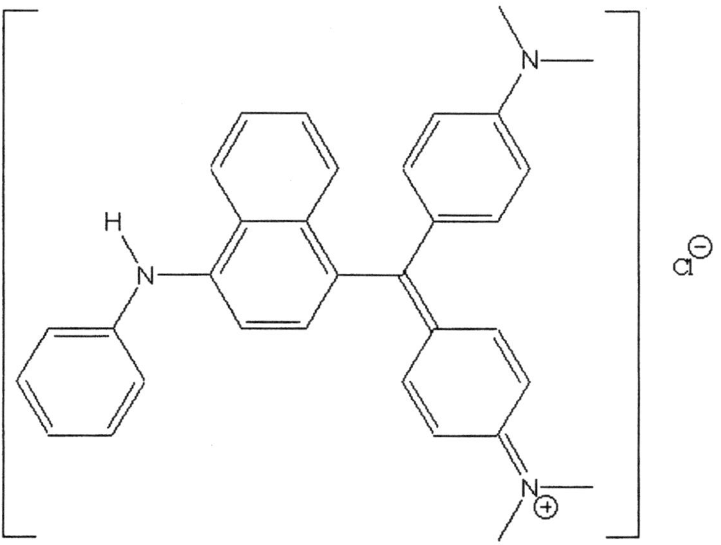

Funktion:
Pigment/Farbstoff/blau;
Verfahren:
Druckverfahren;

Eigenschaften:

- physikalisch/chemisch:
Flammpunkt: 206 °C
Molmasse: 506,10 g/mol

Löslichkeit:
löslich in Wasser;

Verbleib nach Gebrauch:
Verbrennung nach Mischung mit brennbarem Lösemittel;

Bemerkung:
In Anwendung;
Gehört zu der Pigmentklasse von Viktoria-Blau;

Wenig lichtecht;
Anwendung in Flexodruckfarben und zur Verlackung von Pigment Blau 1;

Basisches Gelb 37 (C.I. 41001)

- CAS-Nummer:
6358-36-7
- gebräuchliche Namen:
C.I. 41001; Basic Yellow 37;
- Handelsnamen:
Basonyl Gelb 105; Flexo Gelb 105; Flexo Gelb 106;
- Summenformel:

Funktion:
Pigment/Farbstoff/gelb;
Verfahren:
Druckverfahren;

Eigenschaften:

- physikalisch/chemisch:

Bemerkung:
In Anwendung;
Gehört zu der Pigmentklasse von Diarylmethylanilin;

Basisches Rot 1 (C.I. 45160)

- CAS-Nummer:
989-38-8
- gebräuchliche Namen:
C.I. 45160; Basic Red 1; Rhodamin 6G; Rosamin; Brilliant-Rosa; 3,6-Bis-(ethylamino)-2,7-dimethyl-9-(2'-benzoe-säureethylester)-xanthyl-imoniumchlorid;
- Summenformel:
$C_{28}H_{31}ClN_2O_3$

Funktion:
Pigment/Farbstoff/rot; Toner;
Verfahren:
Druckverfahren;

Eigenschaften:
- toxikologisch/ökotoxikologisch:
RTECS # DH 0175000;
R-Satz: 20/21/22-40
S-Satz: 7-22-23-24/25-36/37/39-44
Sonstiges:
Karzinogen [187];Gesundheitsgefährdend bei Berührung, Inhalation; Hautresorption!Augen- und Hautreizungen möglich;

- physikalisch/chemisch:
Molmasse: 479,02 g/mol

Löslichkeit:

leicht löslich in Wasser, Ethanol; löslich in Benzen (Benzol); wenig löslich in verdünnter Salzsäure;

Verbleib nach Gebrauch:
Verbrennung nach Mischung mit brennbarem Lösemittel;

Bemerkung:
Rot-braunes Pulver;
Unverträglich mit starken Oxidationsmitteln;
Geeignet als Laserfarbstoff (max. Wellenlänge 524 nm) [40];

Basisches Violett 10 (C.I. 45170)

- CAS-Nummer:
81-88-9
- gebräuchliche Namen:
C.I. 45170; Basic Violet 10; Rhodamin B;Tetraethylrhodamin; Food Red 15;N,N,N',N'-Tetraethylrhodamin (Hydrochlorid);
- Summenformel:
$C_{28}H_{31}ClN_2O_3$

- Strukturformel:

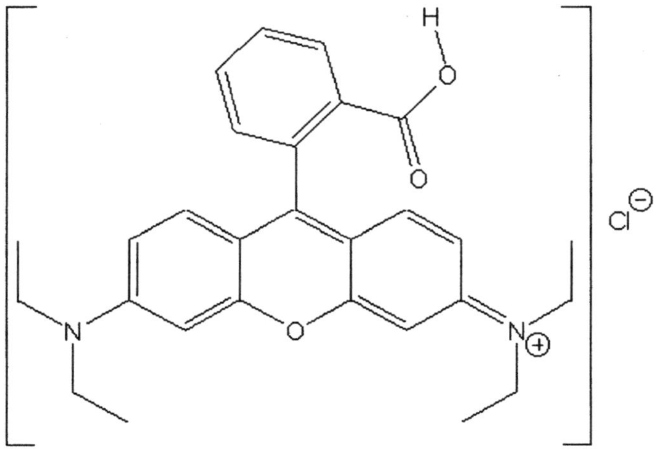

Funktion:
1.Pigment/Farbstoff/violett;
2.Sensibilisator;
Verfahren:
1.Druckverfahren;
2.Druckformherstellung/Reproduktionsfotografie;
Anwendung:
1.+ 2. Farbe;

Eigenschaften:
- toxikologisch/ökotoxikologisch:
RTECS # BP 3675000;
Schweizer Giftliste: 3
R-Satz: 22
S-Satz: 22-24/25
Sonstiges:

Karzinogen [187];Gesundheitsgefährdend bei Berührung; Resorption durch Haut möglich;verursacht Reizungen an Haut und Augen [187];LD 50 (oral, Ratte): 887 mg/kg [187];LD 50 (intravenös, Ratte) > 89,5 mg/kg [196];LD 50 (intraperitoneal, Ratte): 116 mg/kg [281];LD 50 (intraperitoneal, Maus): 95 mg/kg [281];EC 50 (Daphnia magna, 24 h): 22 mg/l [281];

Gefahren-Symbol:

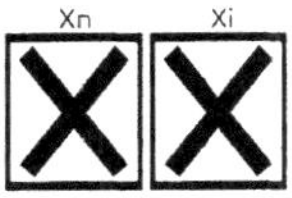

- physikalisch/chemisch:
Schmelzpunkt: 210-211 °C (zers.)
Molmasse: 479,02 g/mol

Löslichkeit:
leicht löslich in Wasser (blaurot); sehr leicht löslich in Ethanol; löslich in Glykolester;

Verbleib nach Gebrauch:
Verbrennung nach Mischung mit brennbarem Lösemittel;

Bemerkung:
Grünes Pulver;
Geeignet als Laserfarbstoff (max. Wellenlänge 543 nm) [40];

Basisches Violett 1 (C.I. 42535)

- CAS-Nummer:
8004-87-3
- gebräuchliche Namen:
C.I. 42535; Basic Violet 1; Methyl-Violett 2B; Violet de Paris; Pyoctanium coeruleum;
- Summenformel:
$C_{24}H_{28}ClN_3$

Funktion:
Pigment/Farbstoff/violett;
Verfahren:
Druckverfahren;
Anwendung:
z.B. in Flexodruckfarben;

Eigenschaften:
- toxikologisch/ökotoxikologisch:
RTECS # GC 8425000;
Schweizer Giftliste: 2
R-Satz: 22-25
S-Satz: 22-24/25
Sonstiges:
Wirkt schädigend bei Einatmung, Verschlucken oder Aufnahme über Haut; verursacht schwere Augenreizungen; kann zu Hautreizungen führen [187];LD 50 (oral, Ratte): 413 mg/kg [187];

Gefahren-Symbol:

- **physikalisch/chemisch:**
  Schmelzpunkt: 137 °C (zers.)
  Molmasse: 393,96 g/mol

  Löslichkeit:
  leicht löslich in Wasser; löslich in Ethanol, pflanzlichen Ölen;

Verbleib nach Gebrauch:
Verbrennung nach Mischung mit brennbarem Lösemittel;

Bemerkung:
Grünes kristallines Pulver;
Unverträglich mit starken Oxidationsmitteln;
Verwendung: in der Lebensmittelindustrie als Stempelfarbe für Oberfläche von Fleisch, Käserinde, Eiern und Wursthüllen;
Zugelassen als Lebensmittelzusatzstoff nach LMBG;

Benzaldehydphenylhydrazon

- **CAS-Nummer:**
  588-64-7
- **gebräuchliche Namen:**
  Benzalphenylhydrazin; Diphenylhydrazon; Phenylhydrazonbenzaldehyd;
- **Summenformel:**
  $C_{13}H_{12}N_2$

- **Strukturformel:**

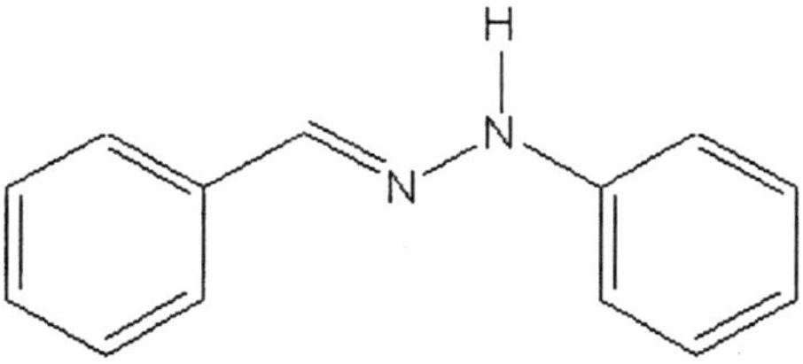

Eigenschaften:
- **toxikologisch/ökotoxikologisch:**
  Sonstiges:
  Gesundheitsgefährdend bei Inhalation, Verschlucken, Aufnahme über die Haut; kann zu Reizungen führen [187];

- **physikalisch/chemisch:**
  Schmelzpunkt: 157-158 °C bzw. 154-155 °C (*)
  Molmasse: 196,24 g/mol

  Löslichkeit:

wenig löslich in Ethanol, Diethylether; löslich in Propanon (Aceton), Benzen (Benzol), flüssigem Ammoniak;

Bemerkung zu physikalisch/chemischen Daten:
(*): es sind zwei Formen bekannt;

Benzen

- CAS-Nummer:
71-43-2
- UN Nummer:
1114
- gebräuchliche Namen:
Annulen; Annullen; Benzol; Cyclohexatrien; Pyrobenzol; Solventnaphtha; Krystallbenzol; Lösungsbenzol gereinigt L; Motorenbenzol; Phenylwasserstoff; Reinbenzol; Pyrolysebenzin; Schwerbenzol; Benzen gereinigt; Kohlenaphtha;
- Handelsnamen:
NCI-C55276;
- Summenformel:
C_6H_6

- Strukturformel:

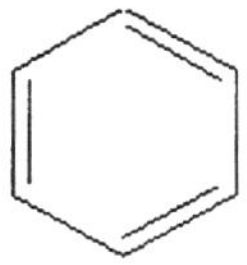

Funktion:
Lösungsmittel; Reinigungsmittel;
Verfahren:
Druckverfahren/Flachdruck;
Druckverfahren/Hochdruck

Eigenschaften:
- toxikologisch/ökotoxikologisch:
RTECS # CY 1400000
Schweizer Giftliste: 1
WGK: 3
R-Satz: 45-11-48/23/24/25
S-Satz: 53-45
Sonstiges:
vgl. Abschn. IX; Geruchsschwelle: ca. 5 ml/m3 [163];Zu diesem Stoff liegt ein BUA-Stoffbericht Nr. 24 vor.Gefahr der Hautresorption [481]; Erbgutverändernd 1 [481]; Krebserzeugend 1 [481]; TRK: 2,5 ml/m3 bzw. 8 mg/m3 [481], [484]; IMK: I; Carc.Cat.1 [505]; Karzinogen [187]; möglicherweise erbgutverändernd [187]; Einatmen von hohen Dampfkonzentrationen reizt Atemwege sowie Augen und kann rasch zu tödlicher Lähmung des ZNS führen; Flüssigkeit wird auch über die Haut aufgenommen und verursacht auch auf diesem Wege schwere Vergiftungen; Tod durch Atemlähmung [163]; Dampfkonzentrationen von 7500 ml/m3 für 30-60 Min. erwiesen sich als toxisch (Einzelerfahrung); 3000 ml/m3 für 30-60 Min. als erträglich (Einzelerfahrung); 20000 ml/m3 für 5-10 Min. als tödlich [163]; Eingeatmet 65 mg/l Luft in 5-10 Minuten tödlich; 5-10 mg/l Luft in mehreren Stunden giftig; Giftwirkung kann auch nach Resorption durch die Haut auftreten; innerlich 20 g tödlich [30];LD Lo (oral, Mann); 50 mg/kg [428];TC Lo (inhalativ, Mann): 150 ml/m3/1 a intermittierend [428];LC Lo (inhalativ, Mensch): 100 ml/m3, 65 mg/m3/5 a [428];LD (inhalativ, Mensch): 7500 ml/m3/30 min [140], LD 50 (oral, Ratte): 3400 mg/kg [9], 4894 mg/kg [32], 930 mg/kg [428];LC 50 (inhalativ, Ratte): 1000 ml/m3/7 h [428];LD 50 (oral, Maus): 4700 mg/kg [10],

[428];LC 50 (inhalativ, Maus): 9980 ml/m3 [428];LD 50 (Haut, Maus): 48 mg/kg [428];LD 50 (intraperitoneal, Maus): 340 mg/kg [428];LD Lo (oral, Hund): 2000 mg/kg [428];LC Lo (inhalativ, Hund): 14600 mg/m3 [428];LC Lo (inhalativ, Katze): 17000 mg/m3 [428];LC Lo (inhalativ, Kaninchen): 45000 ml/m3/30 min. [428];LD 50 (Haut, Kaninchen): >9400 mg/kg [428];LD Lo (intravenös, Kaninchen): 88 mg/kg [428];LD 50 (Haut, Meerschweinchen): >9400 mg/kg [428];LD Lo (intraperitoneal, Meerschweinchen): 527 mg/kg [428];LD Lo (subuctan, Frosch): 1400 mg/kg [428];LC 50 (Fisch, Goldfisch, 24 h): 46 mg/l [57];LC 0 (Fisch, Goldorfe, 96 h): 31 ± 25 mg/l [60];LC 50 (Fisch, Goldorfe): 33/62 mg/l [33]LC 100 (Fisch, Goldorfe): 35/267 mg/l [33]EC 50 (Daphnia magna, 24 h): 18,7 mg/l [45], 38 mg/l [61];Bei Eindringen in Grundwasser Gefahr für Trinkwasser [484];leicht biologisch abbaubar [594];

Gefahren-Symbol:

- physikalisch/chemisch:

Schmelzpunkt: 5,49 °C
Siedepunkt: 80,12 °C
Flammpunkt: -11 °C
Dampfdruck: 99,9 hPa (20 °C) [132]; 102 hPa (20 °C) [61]; 106,6 hPa (20 °C) [367]
Verdampfungswärme: 394,82 kJ/kg
Log pOW: 2,13 [4]; 1,56 [4]; 2,15 [4]; 2,10 [594]
Brechungsindex: 1,50144 (20 °C)
Dichte: 879,1 kg/m3 (20 °C); 878,65 kg/m3 (20 °C)
Molmasse: 78,113 g/mol
Verdunstungszahl: 6,0 (BuAc = 1) [9]; 3,0 (Diethylether = 1) [18], [132];

Löslichkeit:
Wasser 1,53 g/l (0 °C), 1,81 g/l (22 °C), 1,85 g/l (30 °C); mischbar mit Ethanol, Diethylether, Propanon, Methylbenzol;

Verbleib nach Gebrauch:
Verbrennung, hochentzündliche Stoffe;
Trinkwassergrenzwert: 10 µg/l (WHO) [140];
< 0,1 µg/l im Rhein (1984) [51];
Mikrobiologischer Abbau von Benzol siehe [404];
Nach 12 h zu 33 % aerob in Kläranlagen abgebaut [57];

Bemerkung:
Farblose, aromatisch riechende Flüssigkeit; bei Temperaturen unter 6 °C wird reines Benzol (Reinbenzol) fest (Kristallbenzol); brennbar;
Bildet im dampf-/gasförmigen Zustand mit Luft explosionsfähige Gemische;
Explosionsgrenzen: 1,2-8 Vol.-% ; Zündtemp.: 555 °C [32], 550 °C [594];
Vorkommen im Steinkohlenteer;
Verboten in kosmetischen Mitteln;
Einwirkung von gefährlichen Dampfkonzentrationen ist meist schon eingetreten, bevor Stoff durch Geruch wahrgenommen werden kann; Stoff reagiert bei Kontakt mit sauerstoffreichem Material (starken Oxidationsmitteln), konzentrierten Mineralsäuren, Halogenen, geschmolzenem Schwefel und reinem Sauerstoff;
Verwendung: als Extraktions- und Lösemittel [594]; als Motortreibstoff und techn. Lösemittel;
Enthalten in Gantrez AN-149 (2%);

Benzencarbonsäure

- CAS-Nummer:
65-85-0
- gebräuchliche Namen:
BES; Benzoesäure; Benzolcarbonsäure; Phenylameisensäure;
- Handelsnamen:
Avokal Benzoesäure; Benzoesäure GK; Retarder BAX; Retarder BA; Rhenogran Benzoesäure-80;
- Summenformel:
$C_7H_6O_2$

- Strukturformel:

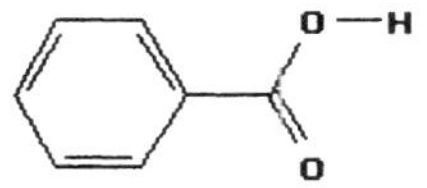

Verfahren:
Druckverfahren/Flachdruck indirekt/Offsetdruck;
Anwendung:
Druckformherstellung;

Eigenschaften:
- toxikologisch/ökotoxikologisch:
RTECS # DG 0875000
Schweizer Giftliste: 4
WGK: 1
R-Satz: 20/21/22-42/43-36/37/38
S-Satz: 26-36
Sonstiges:
Für diese Substanz liegt ein BUA-Stoffbericht Nr. 145 vor. Kann schädigend wirken beim Einatmen, Verschlucken oder Aufnahme über Haut; verursacht Haut- und Augenreizungen; reizt Schleimhäute und Atemwege [187]; Bei schwerer Vergiftung wird möglicherweise das Zentralnervensystem beeinflußt [484];Symptome: Brennen und Rötung der Augen, der Nasen- und Rachenschleimhäute sowie der Haut, Husten. Nach Verschlucken: Leibschmerzen, Übelkeit, Erbrechen, Durchfall [484];Im Tierversuch akut sehr wenig toxisch [418];LD 50 (oral, Mann): 500 mg/kg [187], [418];TD Lo (Haut, Mensch): 6 mg/kg [428];LD 50 (oral, Ratte): 2530 mg/kg [187], [418];LC 50 (inhalativ, Ratte): >26 mg/m3/h [428];LC 50 (intraperitoneal, Ratte): 1600 mg/kg [428];LD Lo (subcutan, Frosch): 100 ml/kg [428];LD 50 (oral, Maus): 1940 mg/kg [428];LD 50 (intraperitoneal, Maus): 1460 mg/kg [428];LD Lo (oral, Kaninchen): 2000 mg/kg [428];LD Lo (subcutan, Kaninchen): 2000 mg/kg [428];Toxische Grenzkonzentration für Microcystis aeruginosa 55 mg/l, für Chilomonas paramaecium 356 mg/l, für Pseudomonas putida 480 mg/l, für Scenedesmus quadricauda 1630 mg/l [484], für Daphnia magna 146 mg/l [389];LC 50 (Fisch, Goldorfe): 560 mg/l [33]Biologisch abbaubar [262];BSB(5): 1,25-1,65 [418]; CSB: 1,88-1,95 [418];

- physikalisch/chemisch:
Schmelzpunkt: 121-123 °C
Siedepunkt: 250 °C (Subl. ab >100 °C)
Flammpunkt: 121 °C
Dampfdruck: 1,3 hPa (96 °C) [163]
Log pOW: 1,80 [150]; 1,87 [418]; 2,03 [4];
Brechungsindex: 1,5000 (134-135 °C)
Dichte: 1265,9 kg/m3 (15 °C)
Molmasse: 122,123 g/mol

Löslichkeit:
löslich in: Hexan 0,94 g/100 g; Tetrachlormethan 4,14 g/100 g; Ether 1 g/3 ml; Schwefelkohlenstoff 1 g/30 ml; Ethanol (kalt) 1 g/2,3 ml; leicht löslich in: Petrolether; Benzen 12,17 g/100 g; Trichlormethan 15,02 g/100 g; Propanon 55,6 g/100 g [428];
Wasser 1,6 g/l (0 °C), 2,7 g/l (17 °C), 2,9 (20 °C), 21,9 g/l (75 °C), 50 g/l (100°C); Ethanol 467,1 g/l (15 °C); Diethylether 3134 g/l (15 °C);

Bemerkung zu physikalisch/chemischen Daten:
Zündtemperatur: 570 °C [484];
T(krit.): 479 °C; P(krit.): 45585 hPa [428];

Verbleib nach Gebrauch:
Verbrennung nach Mischung mit brennbarem Lösemittel;

Bemerkung:
Weißes, kristallines Pulver; geruchlos; monokline Kristalle, leichter Geruch nach Benzaldehyd;
Der Stoff reagiert bei Kontakt oder Mischung mit starken Oxidationsmitteln, starken Basen und starken Reduktionsstoffen [484];
Zugelassen als Lebensmittelzusatzstoff nach LMBG;
Verwendung: als Konservierungsmittel; als Hilfsmittel in der Kautschukindustrie;

Benzen-1,2-dicarbonsäurebenzyl-n-butylester

- CAS-Nummer:
85-68-7
- UN Nummer:
3082
- gebräuchliche Namen:
Phthalsäurebutylbenzylester; Phthalsäurebenzylbutylester; BBP; Benzylbutylphthalat; Butylbenzylphthalat; Benzol-1,2-dicarbonsäurebenzylbutylester;
- Handelsnamen:
Santicizer 160;
- Summenformel:
$C_{19}H_{20}O_4$

- Strukturformel:

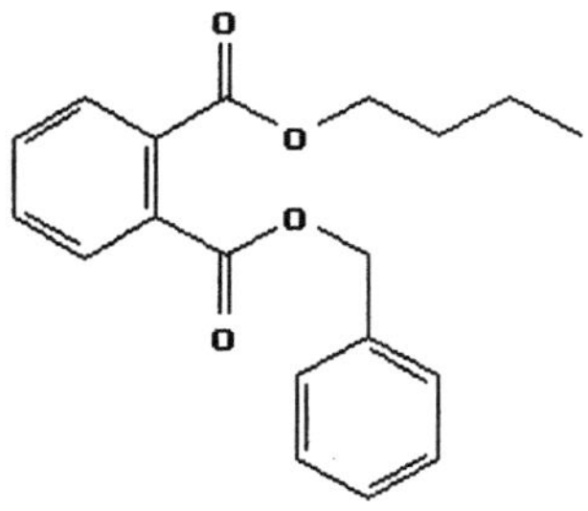

Funktion:
Additv/Weichmacher;
Verfahren:
Druckverfahren;
Anwendung:
Farbe;

Eigenschaften:
- toxikologisch/ökotoxikologisch:
RTECS # TH 9990000
WGK: 2
R-Satz: 20/21/22-36/37/38-40
S-Satz: 45-26-37/39

- physikalisch/chemisch:
Schmelzpunkt: -35 °C
Siedepunkt: 370 °C
Flammpunkt: >110 °C; 199 °C
Dampfdruck: 2,5 hPa (200 °C) [338]; 13 hPa (370 °C) [Sdb]
Log pOW: 4,91 [313];
Brechungsindex: 1,540 (20 °C)
Dichte: 1120 kg/m3 (25 °C)
Molmasse: 312,37 g/mol
Verdunstungszahl: 0 (BuAc = 1) [338]

Löslichkeit:
Wasser 2,7 mg/l (25 °C);

Verbleib nach Gebrauch:
Verbrennung nach Mischung mit brennbarem Lösemittel;

Bemerkung:
Farblose, viskose Flüssigkeit; brennbar;
Klare, helle, ölige, geruchlose Flüssigkeit; kann bei sehr starkem Erhitzen (über 300 °C) gesundheitsschädlichen Rauch abgeben [Sdb Monsanto];

Benzen-1,2-dicarbonsäurebutyloctylester

- CAS-Nummer:
84-78-6
- gebräuchliche Namen:
Phthalsäurebutyloctylester; Butyloctylphthalat;
- Handelsnamen:
Kodaflex HS-3;
- Summenformel:
$C_{20}H_{37}O_4$

Funktion:
Additv/Weichmacher;
Verfahren:
Druckverfahren;
Anwendung:
Farbe;

Eigenschaften:
- physikalisch/chemisch:
Schmelzpunkt: -35 °C
Siedepunkt: 225 °C
Flammpunkt: 199 °C
Dichte: 993 kg/m3 (25 °C)
Molmasse: 377 g/mol

Löslichkeit:
< 0,01 g/100 g Wasser;

Benzen-1,2-dicarbonsäuredibenzylester

- **CAS-Nummer:**
  523-31-9
- **gebräuchliche Namen:**
  Phthatalsäuredibenzylester; Benzylphthalat; Di-benzylphthalat;
- **Handelsnamen:**
  Santicizer 278;
- **Summenformel:**
  $C_{22}H_{18}O_4$

- **Strukturformel:**

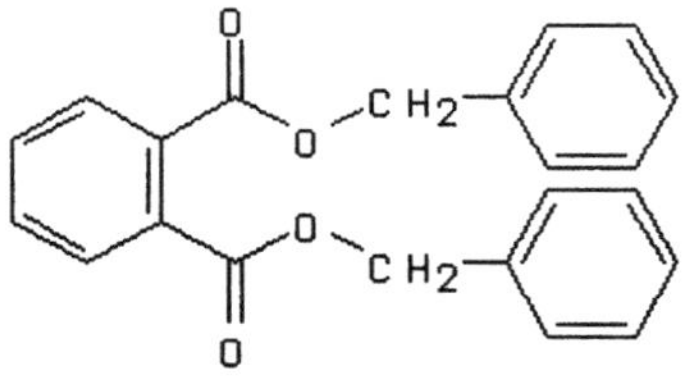

Funktion:
Additv/Weichmacher;
Verfahren:
Druckverfahren;

Eigenschaften:
- **physikalisch/chemisch:**
  Schmelzpunkt: -6 °C
  Flammpunkt: 227 °C
  Dichte: 1100 kg/m3 (25°C)

1,2-Benzendicarbonsäure-di-C8-10-alkylester, Gemisch

- **CAS-Nummer:**
  68515-51-5
- **gebräuchliche Namen:**
  1,2-Benzoldicarbonsäure-di-C8-10-alkylester, Gemisch;
- **Handelsnamen:**
  Witamol 110;
- **Summenformel:**
  $C_8H_4O_4 * CH_3(CH_2)_n$

- **Strukturformel:**

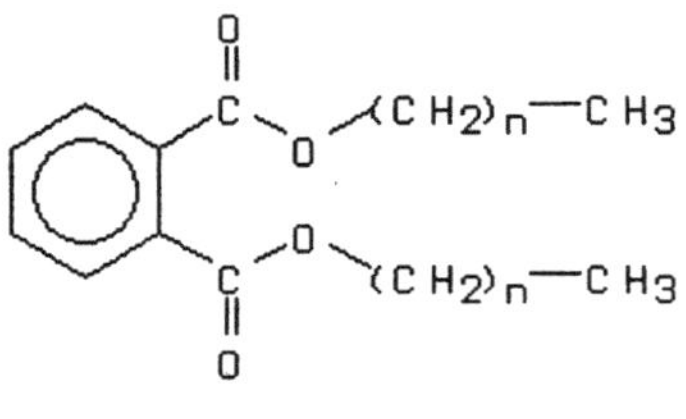

mit n= 7-9

Eigenschaften:
- toxikologisch/ökotoxikologisch:
WGK: 1
Sonstiges:
[Sdb Hüls]Reizt leicht die Haut;LC 50 (Leuciscus idus melanotus): >1000 mg/l/48 h EC 50 (Daphnia magna): >1,7 mg/l/48 h Biologische Abbaubarkeit 90 %

- physikalisch/chemisch:
Schmelzpunkt: ca. -50 °C
Siedepunkt: ca. 250 °C (5 hPa)
Flammpunkt: >210 °C
Dampfdruck: <0,01 hPa (20 °C) [Sdb Hüls]
Log pOW: >3,5 [Sdb Hüls]
Dichte: 980 kg/m3 (20 °C)
Molmasse: 166,13 g/mol

Löslichkeit:
löslich in Wasser: <0,1 g/l (20 °C) [Sdb Hüls];

Bemerkung zu physikalisch/chemischen Daten:
Zündtemperatur: ca. 390 °C [Sdb Hüls];

Bemerkung:
Farblose Flüssigkeit, schwacher Eigengeruch;

Benzen-1,2-dicarbonsäuredicyclohexylester

- CAS-Nummer:
84-61-7
- gebräuchliche Namen:
Phthalsäuredicyclohexylester; Dicyclohexylphthalat; DCHP; Benzol-1,2-dicarbonsäuredicyclohexylester;
- Handelsnamen:
Morflex 150; HF 191; Kp 201; Unimoll 66; Ergoplast.fdc; AI3-00515; Howflex CP
- Summenformel:
$C_{20}H_{26}O_4$

- Strukturformel:

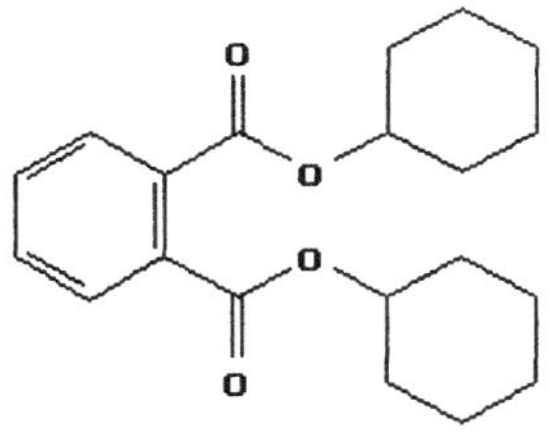

Funktion:
Additv/Weichmacher;
Verfahren:
Druckverfahren;
Anwendung:
Farbe;

Eigenschaften:
- toxikologisch/ökotoxikologisch:
RTECS # TI 0889000
R-Satz: 36/37/38
S-Satz: 26-37/39
Sonstiges:
Gesundheitsgefährdend bei Inhalation, Verschlucken, Resorption über die Haut; verursacht Augen- und Hautreizungen; reizt Schleimhäute und Atemwege [187];LD 50 (oral, Ratte): 30 mg/kg [187];

- physikalisch/chemisch:
Schmelzpunkt: 62 °C; 64-66 °C
Siedepunkt: 212 °C
Flammpunkt: 215 °C
Dampfdruck: 0,6 hPa (140 °C) [305], 0,1 hPa (150 °C) [187], 1,5 hPa (200 °C) [338];
Dichte: 1290 kg/m3 (25 °C); 1383 kg/m3 (20 °C)
Molmasse: 330,43 g/mol
Verdunstungszahl: 0 (BuAc = 1) [338]

Löslichkeit:
sehr wenig löslich in Wasser;

Verbleib nach Gebrauch:
Verbrennung nach Mischung mit brennbarem Lösemittel;

Bemerkung:
Weißes Pulver;

Benzen-1,2-dicarbonsäuredidecylester

- CAS-Nummer:
84-77-5
- gebräuchliche Namen:
Phthalsäuredidecylester; Didecylphthalat; Di-n-decylphthalat;
- Summenformel:
$C_{28}H_{46}O_4$

- Strukturformel:

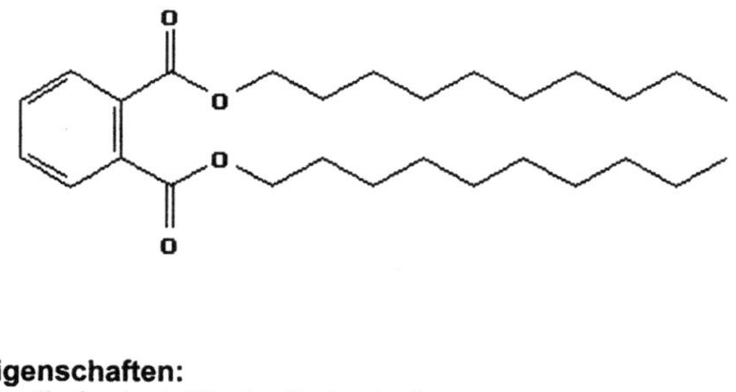

Eigenschaften:
- toxikologisch/ökotoxikologisch:
RTECS # TI 900000
WGK: 0
Sonstiges:
LD 50 (intraperitoneal, Maus): 2233 mg/kg [428];LD 50 (dermal, Hase): 168000 mg/kg [428];

- **physikalisch/chemisch:**
  Siedepunkt: 261°C (6,66 hPa)
  Flammpunkt: 445 °F
  Dichte: 967,5 kg/m3
  Molmasse: 446,74 g/mol

  Löslichkeit:
  unlöslich in Wasser

Benzen-1,2-dicarbonsäurediethylester

- **CAS-Nummer:**
  84-66-2
- **gebräuchliche Namen:**
  DEP; 1,2-Benzendicarbonsäure-diethyl-ester; Diethylphthalat; Ethylphthalat; Phthalsäurediethylester;
- **Handelsnamen:**
  Anozol; Estol 1550; Neantine; NCI-C60048; Palatinol A; Phthalol; Placidol E; Plasthall DEP; RCRA waste number U088; Solvanol; Uniflex; Unimoll DA;
- **Summenformel:**
  $C_{12}H_{14}O_4$

- **Strukturformel:**

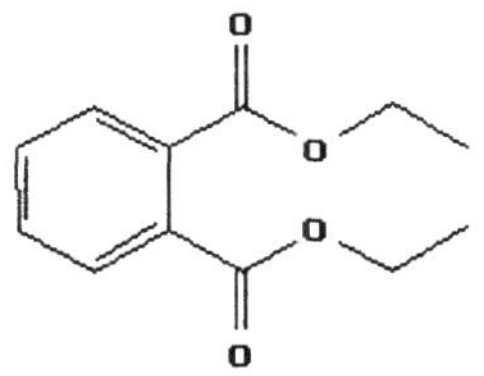

Funktion:
Additv/Weichmacher; Lösungsmittel;
Verfahren:
Druckverfahren;

Eigenschaften:
- **toxikologisch/ökotoxikologisch:**
  RTECS # TL 1050000
  Schweizer Giftliste: 4
  WGK: 2
  R-Satz: 20/21/22-36/37/38-40
  S-Satz: 26-36-23
  Sonstiges:
  Für diese Substanz liegt ein BUA-Stoffbericht Nr. 104 vor. Wirkt schädigend beim Einatmen, Verschlucken oder Aufnahme über Haut;Dämpfe reizen Augen, Schleimhäute und Atemwege; verursacht Augen- und Hautreizungen [187];Unter Umständen schwere Schäden (Zerstörung der Hornhaut) an den Augen durch Kontakt mit der Flüssigkeit. Nach Aufnahme des Stoffes in den Körper durch Verschlucken oder durch Einatmen konzentrierter Dämpfe Lähmung des Zentralnervensystems (Narkose) in schweren Fällen möglich.Symptome: Rötung, Schmerzen und Brennen der Augen, der Nasen- und Rachenschleimhäute sowie der Haut. Husten, Atembeschwerden. Übelkeit, Schwindel, Kopfschmerzen, Schläfrigkeit, Bewußtlosigkeit [484];Teratogen; im Tierversuch (Ratten) schädigende Wirkung auf embryonale Entwicklung [248];wird nach oraler bzw. dermaler Verabreichung rasch resorbiert, Ausscheidung über Urin als Phtalsäure [582];TC Lo (inhalativ, Mensch): 1000 mg/m3 [428];LD 50 (oral, Ratte): 8600 mg/kg [187], [428];TD Lo (oral, Ratte): 44240 mg/kg/14 D, 25200 mg/kg/3 W, 133000 mg/kg/6 W, 354000

mg/kg/16 W (kontinuierlich) [428];LD 50 (intraperitoneal, Ratte): 5,05 ml/kg [248], 5058 µl/kg [428];TD Lo (oral, Ratte (trächtig)): 25000 mg/kg/6-15 D [428];TD Lo (intraperitoneal, Ratte (trächtig)): 506 mg/kg/5-15 D [428];TD Lo (oral, Maus (männlich): 171000 mg/kg/7 D [428];LD 50 (oral, Maus): 6172 mg/kg [428], 6178 mg/kg [582];;LD 50 (intraperitoneal, Maus): 2749 mg/kg [428], [582];TD Lo (Haut, Maus (trächtig)): 101000 mg/kg/1-17 D [428];LD 50 (oral, Kaninchen): 1000 mg/kg [428], [582];LD Lo (intravenös, Kaninchen): 100 mg/kg [428];LD 50 (oral, Meerschweinchen): 8600 mg/kg [428];LD 50 (subcutan, Meerschweinchen): 3000 mg/kg [428];LD 50 (dermal, Meerschweinchen): 20 ml/kg [Sdb Krahn-Chemie];LC 50 (inhalativ, Meerschweinchen): 511 ml/m3 [Sdb Krahn-Chemie];LC 50 (Fisch, Goldorfe): 53/61 mg/l [33];LC 100 (Fisch, Goldorfe): 67/112 mg/l [33];LC 50 (Daphnia magna): 75 mg/l [484];LC 100 (Daphnia magna): 200 mg/l [484];Toxische Grenzkonzentration für Scenedesmus quadricauda 10 mg/l [404];Pseudomonas putida >400 mg/l [484];Biol. Abbaubarkeit:CSB: 2,1 g Sauerstoff / g [Sdb Krahn-Chemie];BSB5: 2,0 g Sauerstoff / g [Sdb Krahn-Chemie];

- physikalisch/chemisch:

Schmelzpunkt: -40,5 °C
Siedepunkt: 295 °C; 298-299 °C
Flammpunkt: 150 °C; 156 °C; 160 °C
Dampfdruck: 1,3 hPa (100 °C) [187]; 0,00044 hPa (20 °) [484];
Log pOW: 2,24 [205]
Brechungsindex: 1,5019 (20 °C)
Dichte: 1117 kg/m3 (20 °C)
Molmasse: 222,240 g/mol

Löslichkeit:
löslich in allen gängigen organischen Lösemitteln [582];
sehr geringfügig mischbar mit Wasser (<1 mg/ml bei 20 °C); löslich in Alkoholen, Ketonen, Estern und aromatischen Kohlenwasserstoffen [484];

Bemerkung zu physikalisch/chemischen Daten:
zu Plasthall DEP [Sdb Krahn-Chemie]:
133 hPa (220 °C)

Verbleib nach Gebrauch:
Verbrennung nach Mischung mit brennbarem Lösemittel;

Bemerkung:
Farblose, geruchlose, ölige Flüssigkeit, mit unangenehmen bitteren Geschmack;
der Stoff reagiert bei Kontakt mit Oxidationsmitteln und Säuren. Bei Erhitzung bis zur Zersetzung bilden sich säurehaltige Dämpfe und Nebel.
Bildet im dampf/-gasförmigen Zustand mit Luft explosionsfähige Gemische;
Explosionsgrenzen: 0,7-? Vol.-%; Zündtemperatur: 457 °C [484], 430 °C [582]; Gefährliche Zersetzungsprodukte : Kohlenmonoxid [Krahn-Chemie];
Verwendung: als Lösemittel für Cellulosenitratlacke, Celluloseacetat; Fixiermittel in Duftstoffen; als Kampherersatz bei der Celloidherstellung; zum Denaturieren von Alkohol;
Formulierungshilfsmittel für Pflanzenschutzmittel; lichtbeständiger Weichmacher für Celluloseester; Weichmacher für Lackbindemittel; Sprengstoffzusatz [582];
Im Boden zu 99 % nach 28 Tagen abgebaut [206];
Weiter Angaben zu Umwelt-Exposition siehe [202];

Benzen-1,2-dicarbonsäuredi-2-ethylhexylester

- CAS-Nummer:
117-81-7

- gebräuchliche Namen:
DEHP; DOP; Di-2-ethylhexylphthalat; Benzol-1,2-dicarbonsäuredi-2-ethylhexylester; 1,2-Benzendicarboxylsäure-bis-(2-ethylhexyl)ester; Bis-(2-ethylhexyl)-1,2-benzoldicarbonsäure; Bis-(2-ethylhexyl)-1,2-benzoldicarboxylat; Bis-(2-ethylhexyl)ester; Bis(2-ethylhexyl)phthalat; Bis-(2-

ethylhexyl)-phthalat; Di-(2-ethylhexyl)-phthalat; Di-2-ethylhexyl-isophthalat; Di-sek.-octylphthalat; Phthalsäure-bis-2-ethylhexylester; Phthalsäurebis(2-ethylhexylester); Phthalsäure-(2-ethylhexyl)diester;

- Handelsnamen:

Bisoflex 81; DAF 68; DAF 98; Ergoplast FDO: Eviplast 80; Eviplast 81; Fleximel; Flexol DOP; Genomoll 100; Good-Rite GP 264; Hatcol DOP; Jayflex DOP; Kodaflex DOP; Mollan; NCI-C52733; Octoil; Palatinol AH; Pittsburgh PX-138; Plationol; PX-138; Reomol D 79 P; Sicol; Sicol 150; Staflex DOP; Truflex DOP; UO 28; Verbindung 889; Vestinol AH; Vinicizer 80; Witizer 312;

- Summenformel:

$C_{24}H_{38}O_4$

- Strukturformel:

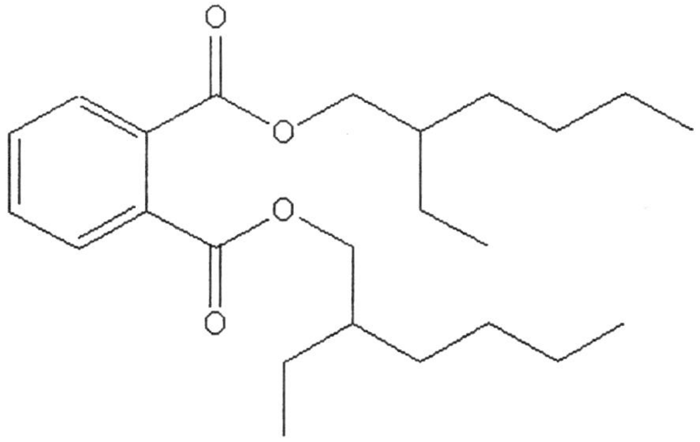

Funktion:

Additiv/Weichmacher;

Verfahren:

Druckverfahren/Durchdruck;

Anwendung:

Durchdruckfarben;

Eigenschaften:

- toxikologisch/ökotoxikologisch:

RTECS # TI 0350000
Schweizer Giftliste: 4
WGK: 1
MAK Wert: 10 mg/m3
R-Satz: 62-53
S-Satz: 36/37
Sonstiges:

Zu DEHP liegt ein BUA-Stoffbericht Nr. 4 vor;Das Umweltbundesamt schlägt die Einstufung Gefahrensymbol N ("Umweltgefährlich") vor.Spitzenbegrenzung: III [481]; Schwangerschaftsgruppe C [481]; kein Allergen [338];Dämpfe reizen Augen und die oberen Atemwege; Kontakt mit der Flüssigkeit führt zu Reizung der Augen; wenig giftige Flüssigkeit; Aufnahme durch Verschlucken von etwa 10 ml verursacht milde Leibbeschwerden; nach deutlich höheren Mengen narkoseähnlicher Zustand möglich; Symptome: Brennen der Augen, der Nasen- und Rachenschleimhäute, Husten; nach Verschlucken: Übelkeit, Leibkrämpfe, Durchfälle; in schweren Fällen Bewußtlosigkeit, Krämpfe, Koma [484];mutagene Effekte sind in der überwiegenden Anzahl der standardiesierten Tests nicht nachgewiesen worden [585];Menschliches Blut löst bei 4 °C aus PVC mit DEHP als Weichmacher 0,25 ± 0,03 mg/100 ml und Tag DEHP aus der Folie [340];Migration von DEHP aus Nitrilkautschuk in Milch: 2 ml/m3 (60 min, 38 °C) [378];Im Tierversuch (Mäuse, Ratten) krebserzeugend [412];Krebserzeugendes Potential bei männlichen Mäusen 2-5 mal größer als bei Ratten [413];Teratogen; im Tierversuch (Ratten) schädigende Wirkung auf embryonale Entwicklung [248];Im Tierversuch (Mäuse) mutagen [310];TD Lo (oral, Mann): 143 mg/kg [428];LD 50 (oral, Ratte): 30600 mg/kg [187], 30000 mg/kg

[338], [428];LD 50 (intraperitoneal, Ratte): > 50 ml/kg [248]; 30700 mg/kg [428];LD Lo (Haut, Ratte): 4000 mg/kg [428];LD 50 (intravenös, Ratte): 250 mg/kg [428];LD Lo (intratracheal, Ratte): 30 mg/kg [428];LD 50 (oral, Maus): 1500 mg/kg [428];LD Lo (Haut, Maus): 4000 mg/kg [428];LD 50 (intraperitoneal, Maus): 14000 mg/kg [428];LD 50 (intravenös, Maus): 1060 mg/kg [428];LD 50 (intraperitoneal, weibl. Maus): 38,35 ml/kg [310];LD 50 (oral, Kaninchen): 34000 mg/kg [428];LD 50 (Haut, Kaninchen): 25000 mg/kg [187], [428];LD (intraperitoneal, Kaninchen): >31 ml/kg [428];LD 50 (oral, Meerschweinchen): 26000 mg/kg [428];LD 50 (Haut, Meerschweinchen): 10000 mg/kg [428];LC 50 (erwachsene Pimephales promelas): >0,33 mg/l/96 h [608];LC 50 (Daphnia magna): >0,156 mg/l/48 h [608];LC 50 (Daphnia pulex): 0,133 mg/l/48 h [608];zu Phthalsäuredioctylester [Sdb Neste Chemicals]:R62-63; Ratte, Maus: nach oraler Zufuhr, nur nach Verabreichung sehr hoher Substanzmengen fruchtschädigende Wirkung, fortpflanzungsgefährdende Wirkung, Leberschäden, reversible Hodenschädigung, Schädigungen an Nieren. Wirkt nach Verabreichung sehr hoher Substanzmengen im Futter cancerogen.Die lebertoxischen Wirkungen werden als Nager-spezifisch angesehen, die Effekte sind auf den Menschen nicht übertragbar.LD 50 (oral, Ratte): >30000 mg/kg;LD 50 (dermal, Kaninchen): >2000 mg/kg;Potentiell biologisch abbaubar.zu Genomoll 100 [Sdb Hoechst]:R62-63; S36/37;Kann möglicherweise die Fortpflanzungsfähigkeit beeinträchtigen. Kann das Kind im Mutterleib möglicherweise schädigen.LD 50 (oral, Ratte): >10000 mg/kg;LD 50 (dermal, Kaninchen): 15000 mg/kg;LC 50 (Fisch, Goldorfe): >500 mg/l/96 h;EC 0 (Daphnien): >100 mg/l;Biologische Abbaubarkeit gut >65 %;zu Jayflex [Sdb Exxon Chemical]:R62-63;Bei hohen Temperaturen können Dämpfe und/oder Aerosole entstehen, die Augen und Atemwege reizen. Nach Hautkontakt: geringe Giftwirkung; verursacht Augenbeschwerden, jedoch keine Schädigung des Augengewebes möglich. Nach Verschlucken: sehr geringe Giftwirkung. zu Vestinol AH [Sdb Hüls]:R62-63; S36/37;Kann möglicherweise die Fortpflanzungsfähigkeit beeinträchtigen. Kann das Kind im Mutterleib möglicherweise schädigen. Leber-/Nierenschäden möglich. Studien an Ratten und Mäusen gaben Hinweise auf Beeinträchtigungen der Fortpflanzungsfähigkeit und embryonalen Entwicklung nach oraler Applikation (Repr. Cat. 3).LD 50 (oral, Ratte): 30600 mg/kg;LD 50 (dermal, Kaninchen): 25000 mg/kg;LC 50 (leuciscus idus melanotus): >1000 mg/l/48 h;EC 10 (Pseudomonas putida): >1000 mg/l/6 h;

Gefahren-Symbol:

- physikalisch/chemisch:

Schmelzpunkt: -50 °C; -55 °C; -46--42 °C [634]
Siedepunkt: 384 °C; 386 °C; 230-235 °C (5 hPa)
Flammpunkt: 207 °C; 199-200 °C [634]; 218 °C (offen) [634]
Dampfdruck: <0,0013 hPa (20 °C) [484]; 0,09 hPa (150 °C) [428]; 8-10 hPa (20 °C) [634]
Log pOW: 3,98 [205]; 4,88-5,03
Brechungsindex: 1,4853 (20 °C)
Dichte: 981 kg/m3 (20 °C); 983 kg/m3 (20 °C); 980-985 kg/m3 (20 °C)
Molmasse: 390,56 g/mol
Verdunstungszahl: 0 (BuAc = 1) [338]

Löslichkeit:
Wasser: 0,01 g/100 ml (25 °C) [484]; löslich in organischen Lösemitteln [585]; 0,34 mg/l (25 °C); unlöslich in Mineralöl, Hexan;

Verbleib nach Gebrauch:

Verbrennung nach Mischung mit brennbarem Lösemittel;
[608]:
DEHP-Konzentrationen 1991/92:

Meßstelle		Mittelwerte (µg/l)
Rhein	Bad Honnef	1,5
	Düsseldorf	0,55
	GWH	0,61
	Kleve-Bimmen	0,64
Sieg	km 2,6*	0,40
Wupper	km 0,6*	0,96
Erft	km 0,1*	0,36
Ruhr	km 1,0*	0,60
	km 111,5*	0,33
Emscher	km 0,2*	2,4
Lippe	km 2,5*	0,67

(*: Die km-Angaben beziehen sich auf die Entfernung von der Mündung in den Rhein)

Für die Weser und ihre Nebenflüsse liegen Meßwerte für 1992 von 0,1 bis 4,0 µg/l für Gesamtwasserproben vor (Mittelwert: 0,94 µg/l). Die Schwebstoffkonzentraionen betragen 9,8 bis 92 mg/kg TS;

Die Gesamtemission von DEHP bei der Verarbeitung wurde für 1988 auf ca. 670 t/a geschätzt. Der überwiegende Anteil des DEHP-Eintrags in die Umwelt wird durch Verwitterung und Auswaschung aus den fertigen Produkten freigesetzt. Aus PVC-Produkten wird bei Verwendung, Verbrennung und Entsorgung über die gesamte Lebensdauer im Mittel ca. 1 % pro Jahr, bezogen auf die verarbeitete Weichmachermenge, in die Atmosphäre abgegeben bzw. in die Hydrosphäre ausgewaschen. Dabei gelangt im Laufe der Zeit der überwiegende Teil der verarbeiteten DEHP-Mengen in die Umwelt.
Unter der begründeten Annahme, daß die für 1988 vorliegenden Produktions- und Verarbeitungsmengen noch Gültigkeit besitzen, wird der jährliche Eintrag von DEHP in die Umwelt für die Bundesrepublik Deutschland auf ca. 1500 t geschätzt.
Für die Bundesrepublik Deutschland liegen keine Meßergebnisse zu DEHP-Gehalten in der Luft vor. In Schweden wurden 1984/85 Luftkonzentration von 0,28-77,0 mg/m3 gemessen;

Bemerkung:

Klare farblose ölige Flüssigkeit; geruchlos; brennbar;
unverträglich mit Oxidationsmitteln;
bei Erhitzung bis zur Zersetzung bilden sich säurehaltige Nebel und Dämpfe;
bildet im dampf-/gasförmigen Zustand mit Luft explosionsfähige Gemische;
Explosionsgrenzen: 0,3-2,4 Vol.-%; Zündtemp.: 350 °C;
der Stoff reagiert bei Kontakt oder Mischung mit Oxidationsmitteln [484];

Verwendung: in Vakuumpumpen; als Weichmacher (z.B. für -> Polyvinylchlorid, in der Druckfarbenindustrie für Durchdruckfarben);
Einige PVC-Artikel enthalten bis zu 40 % DEHP [310]; Kunststoffindustrie; Schmierstoffe; Photochemikalien; Lösungsmittel; Stabilisatoren; Vulkanisatoren [634];
Mengenangaben: 500000-1000000 Tonnen;
[608]:
Der Verbrauch von DEHP in der Bundesrepublik Deutschland wurde 1982 bis 1988 mit ca. 100.000 t/a angegeben.
1985 wurden 87 % der Verwendungsmenge als Weichmacher für PVC eingesetzt.
1988 gab es in der Bundesrepublik die folgenden Hauptanwendungsgebiete von DEHP in Weich-PVC:

-Kabel- und Drahtummantelungen	ca. 10-12.000 t
-Folien und Platten	ca. 18-22.000 t
-Boden- und Wandbeläge	ca. 9-11.000 t
-Schläuche und Profile	ca. 10-12.000 t
-sonstige Pasten-PVC	ca. 11-13.000 t

Außerdem findet DEHP auch in den Bereichen Farben und Lacke, Dispersionen, Herstellung von Cellulose, Polystyrol, Kautschuk, Schmiermittel und Pharmazeutika Anwendung.

zu Phthalsäuredioctylester (DOP) [Sdb Neste Chemicals]:
Siedepunkt: 230-233 °C; Flammpunkt: 210 °C; Stockpunkt: -46 °C; Zündtemperatur: 390 °C; Dichte: 984 kg/m3 (20 °C);
Dampfdruck: 0,00086 Pa (20 °C); Löslichkeit in Wasser: ca. 0,007-0,04 mg/l (20 °C); löslich in vielen organischen Lösemitteln; log pOW: >5; n(D): 1,486 (20 °C); Molekulargewicht: 390 g/mol;

zu Genomoll 100 [Sdb Hoechst]:
Siedepunkt: ca. 230 °C (7 hPa); Flammpunkt: 195 °C;
Explosionsgrenzen: 0,15-0,18 Vol.-%; Zündtemp.: ca. 350 °C;
Dichte: 980 kg/m3 (20 °C); Löslichkeit in Wasser <0,1 g/l (20 °C);
log pOW: 5,03;

zu Jayflex [Sdb Exxon Chemical]:
Siedepunkt: 386 °C; Flammpunkt: 218 °C; Dampfdruck: 1,7 hPa (200 °C):
Dichte: 980 kg/m3 (20 °C); Zersetzungstemperatur: 200 °C;
Molekulargewicht: 390,6 g/mol;

zu Vestinol AH [Sdb Hüls]:
Schmelzpunkt: ca. -50 °C; Siedepunkt: 220-225 °C (5 hPa); Flammpunkt: ca. 200 °C;
Zündtemperatur: ca. 400 °C; Dampfdruck: >0,01 hPa (20 °C):
Dichte: 983-985 kg/m3 (20 °C); Löslichkeit in Wasser: <0,1 g/l (20 °C);
log pOW: 9,64;

Benzen-1,2-dicarbonsäuredihexylester

- **CAS-Nummer:**
  84-75-3
- **gebräuchliche Namen:**
  Phthalsäuredihexylester; Dihexylphthalat; DHP;DnHP;
- **Handelsnamen:**
  Jayflex DHP; PX-306;
- **Summenformel:**
  $C_{20}H_{30}O_4$

Funktion:
Additv/Weichmacher;
Verfahren:
Druckverfahren;
Anwendung:
Farbe;

Eigenschaften:
- **toxikologisch/ökotoxikologisch:**
  Sonstiges:
  Einatmen der Dämpfe verursacht Reizung der Schleimhäute und oberenAtemwege [338];LD 50 (oral, Ratte): 30 g/kg [338];LD 50 (Haut, Kaninchen): > 20 g/kg [338];

- **physikalisch/chemisch:**
  Schmelzpunkt: -50 °C
  Siedepunkt: 210 °C
  Flammpunkt: 193 °C
  Dampfdruck: 5,3 hPa (200 °C) [338]
  Log pOW: 5,65 - 5,93 (*) [205]
  Dichte: 1002 kg/m3 (25 °C)
  Molmasse: 334 g/mol
  Verdunstungszahl: 0 (BuAc = 1) [338]

Löslichkeit:
Wasser 0,24 mg/l (25 °C);

Bemerkung zu physikalisch/chemischen Daten:
(*): geschätzt

Bemerkung:
Farblose Flüssigkeit;
Verwendung: als Weichmacher;
Nachweis von DHP in Blut aus Tranfusions-Paketen aus Kunststoff [311];

Benzen-1,2-dicarbonsäuredihydroabietylester

- CAS-Nummer:
8050-20-2
- gebräuchliche Namen:
Phthalsäure-di-hydroabietyl-ester; Di-Hydroabietylphthalat; Di-hydroabietylphthalat;
- Handelsnamen:
Cellolyn 102;
- Summenformel:
$C_{46}H_{62}O_4$

Funktion:
Additv/Weichmacher;
Verfahren:
Druckverfahren;
Anwendung:
Farbe;

Eigenschaften:

- physikalisch/chemisch:
Schmelzpunkt: 60 °C
Dichte: 1050 kg/m3 (25 °C)
Molmasse: 1356 g/mol

Benzen-1,2-dicarbonsäuredi-iso-decylester

- CAS-Nummer:
26761-40-0
- gebräuchliche Namen:
DIDP; Phthalsäuredi-iso-decylester; Di-iso-dekylphthalat; Di-iso-decylphthalat;
- Handelsnamen:
Jayflex DIDP; PX-120; Genomoll 180; Vestinol DZ; Palationol Z; Sicol 184;
- Summenformel:
$C_{28}H_{46}O_4$

Funktion:
Additv/Weichmacher;
Verfahren:
Druckverfahren;
Anwendung:
Farbe;

Eigenschaften:

- toxikologisch/ökotoxikologisch:

RTECS # TI 1270000

WGK: 1

Sonstiges:

Im Tierversuch (Ratten) krebserzeugend [412];LD 50 (oral, Ratte): 64 mg/kg [428][EG-Sdb Hoechst AG]:LD 50 (oral, Ratte): >10000 mg/kgan der Haut und dem Auge des Kaninchens leicht reizend;LC 0 (Fisch): >100 mg/l/96 hEC 50 (Belebtheitsschlamm kom.): 10-100 mg/l (Gärröhrchentest)biologische Abbaubarkeit: >65 %;[EG-Sdb Hüls AG]:LD 50 (oral, Ratte): >15000 mg/kgLD 50 (dermal, Kaninchen): >3000 mg/kg;

- physikalisch/chemisch:

Schmelzpunkt: -48 °C; -40 °C; ca. -42 °C; -50 °C

Siedepunkt: 255 °C (7 hPa); ca. 250-267 °C (5 hPa)

Flammpunkt: >200 °C; 232 °C; 218 °C

Dampfdruck: <0,01 hPa (20 °C) [Sdb Hüls]

Dichte: 966 kg/m3 (25 °C)

Molmasse: 446,69 g/mol

Löslichkeit:

Wasser 1,2 mg/l (25 °C); Wasser: 0,1 g/l (20 °C), löslich in den meisten organischen Lösemitteln [Sdb Hoechst]; <0,001 g/l (20 °C) [Sdb Hüls];

Bemerkung zu physikalisch/chemischen Daten:

Zündtemperatur: ca. 390 °C [Sdb Hoechst]; ca. 400 °C [Sdb Hüls];

Bemerkung:

Das krebserzeugende Potential von DIDP ist etwa mit dem von -> DEHP vergleichbar [412];

[EG-Sdb Hoechst AG]:
Farblose, fast geruchlose Flüssigkeit;
Bei Brand sind gefahrbestimmte Rauchgase: Kohlenmonoxid;
Zündtemperatur: ca. 390 °C;

[Sdb Hüls]:
Zündtemperatur: ca. 400 °C;

Benzen-1,2-dicarbonsäuredi-iso-nonylester (Isomerengemisch)

- CAS-Nummer:

28553-12-0

- gebräuchliche Namen:

DINP; Phthalsäuredi-iso-nonylester; Di-iso-nonylphthalat; 1,2-Benzendicarboxylsäure-diisononylester;

- Handelsnamen:

Jayflex DINP; Vestinol 9; Witamol 150; Santicizer DINP;

- Summenformel:

$C_{26}H_{42}O_4$

Funktion:

Additv/Weichmacher;

Verfahren:

Druckverfahren;

Anwendung:

Farbe;

Eigenschaften:
- toxikologisch/ökotoxikologisch:
RTECS # CZ 3850000
WGK: 1
Sonstiges:
Einatmen des Dampfes kann Reizungen der Schleimhäute und Atemwege verursachen [338];Im Tierversuch (Ratten) krebserzeugend [412];LD 50 (oral, Ratte): > 2000 mg/kg [338];[EG-Sdb Hüls AG]:LD 50 (oral, Ratte): >10000 mg/kg;

- physikalisch/chemisch:
Schmelzpunkt: -48 °C; ca. -54 °C
Siedepunkt: 252 °C; 270-280 °C (5 hPa)
Flammpunkt: 221 °C; ca. 200 °C
Dampfdruck: <0,01 hPa (20 °C)
Log pOW: 9,98 [Sdb]
Dichte: 972 kg/m3 (25 °C); 972-977 kg/m3 (20 °C)
Molmasse: 418,60 g/mol
Verdunstungszahl: 0 (BuAc = 1) [338];

Löslichkeit:
Wasser 0,2 mg/l (25 °C); <0,1 g/l (20 °C) [Sdb];

Bemerkung zu physikalisch/chemischen Daten:
Zündtemperatur: ca. 400 °C; keine Zersetzung bis 280 °C [Sdb];

Bemerkung:
geruchlose Flüssigkeit [EG-Sdb Hüls AG];

Benzen-1,2-dicarbonsäuredi-iso-octylester

- CAS-Nummer:
27554-26-3
- gebräuchliche Namen:
Phthalsäuredi-iso-octylester; DIOP; Di-iso-octylphthalat;
- Handelsnamen:
Corflex 880; Flexol Plasticizer DIOP; Hexaplas M/O; Jayflex DIOP; PX-108;
- Summenformel:
$C_{24}H_{38}O_4$

- Strukturformel:

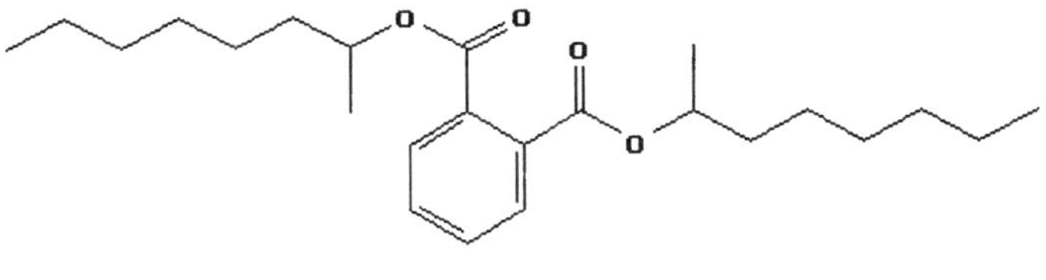

Funktion:
Additv/Weichmacher;
Verfahren:
Druckverfahren;
Anwendung:
Farbe;

Eigenschaften:
- toxikologisch/ökotoxikologisch:
RTECS # TI 1300000
WGK: 1
R-Satz: 45-20/21/22-40
S-Satz: 53-45-36/37/39-3/7
Sonstiges:
Dämpfe reizen Augen, Nase und Atemwege; Kontakt mit Flüssigkeit verursacht leichte Reizungen der Augen und der Haut [338];LD 50 (oral, Ratte): 22000 mg/kg [428];LD 50 (oral, Maus): 2769 mg/kg [428];LD 50 (dermal, Kaninchen): 12600 µl/kg [428];

- physikalisch/chemisch:
Schmelzpunkt: -50 °C
Siedepunkt: 235 °C
Flammpunkt: 215 °C
Dampfdruck: 0,03 hPa (130 °C) [305]; 1,3 hPa (200 °C) [338];
Brechungsindex: 1,4860 (20 °C)
Dichte: 983 kg/m3 (25 °C)
Molmasse: 390,56 g/mol
Verdunstungszahl: ca. 0 (BuAc = 1) [338]

Löslichkeit:
Wasser 0,09 mg/l (25 °C);

Verbleib nach Gebrauch:
Verbrennung nach Mischung mit brennbarem Lösemittel;

Bemerkung:
Farblose, ölige Flüssigkeit;
Verwendung: als Weichmacher;

Benzen-1,2-dicarbonsäuredi-(2-methoxyethylester)

- CAS-Nummer:
117-82-8
- gebräuchliche Namen:
Phthalsäuredimethoxyethylester; DMEP; Dimethoxyethylphthalat; Phthalsäuredimethylglycolester; Phthalsäuredimethylglykolester;
- Handelsnamen:
Kodaflex DMEP;
- Summenformel:
$C_{14}H_{18}O_6$

- Strukturformel:

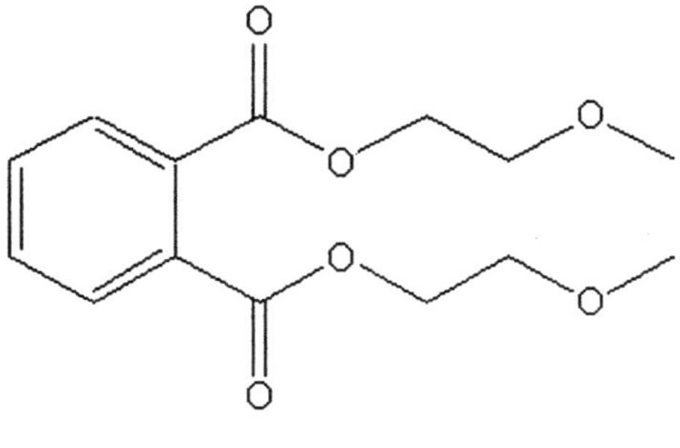

Funktion:
Additv/Weichmacher;
Verfahren:
Druckverfahren;
Anwendung:
Farbe;

Eigenschaften:
- toxikologisch/ökotoxikologisch:
Sonstiges:
Teratogen; im Tierversuch (Ratten) schädigende Wirkung auf embryonaleEntwicklung [248], [260];Im Tierversuch (Mäuse) mutagen [310];LD 50 (intraperitoneal, Ratte): 3,73 ml/kg [248];LD 50 (intraperitoneal, weibliche Maus): 3,57 ml/kg [310];LD 50 (oral, Ratte): 4450 mg/kg [338];

- physikalisch/chemisch:
Schmelzpunkt: -40 °C
Siedepunkt: 340 °C
Flammpunkt: 196 °C
Dampfdruck: 13,3 hPa (200 °C) [338];
Dichte: 1162 kg/m3 (20 °C)
Molmasse: 282,30 g/mol
Verdunstungszahl: 0 (BuAc = 1) [338]

Löslichkeit:
unlöslich in Wasser; löslich in org. Lösemitteln;

Verbleib nach Gebrauch:
N

Bemerkung:
Farblose, ölige Flüssigkeit;
Verwendung: als Weichmacher (u.a. für -> Polyvinylchlorid);

Benzen-1,4-dicarbonsäuredimethylester

- CAS-Nummer:
120-61-6
- gebräuchliche Namen:
DMT; Dimethylterephthalat; Terephthalsäuredimethylester; Dimethyl-p-phthalat; Dimethyl-1,4-benzendicarboxylat; Dimethyl-1,4-benzoldicarboxylat;
- Summenformel:
$C_{10}H_{10}O_4$

- Strukturformel:

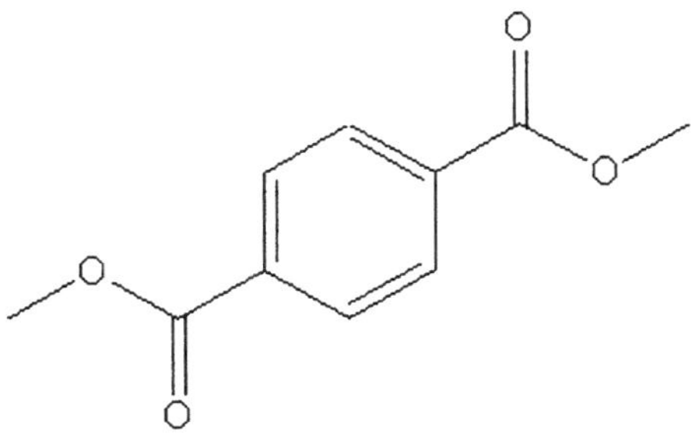

Verfahren:
Druckverfahren;

Eigenschaften:
- toxikologisch/ökotoxikologisch:
RTECS # WZ 1225000;
Schweizer Giftliste: 4
WGK: 2
Sonstiges:
Nebel und Staub reizen Augen und Atemwege;Wirkt schädlich beim Einatmen, Verschlucken oder Aufnahme über Haut;kann Augen- und Hautreizungen verursachen [187];Karzinogen verdächtig [187];LD 50 (oral, Ratte): 4390 mg/kg [39];LD 50 (oral, Ratte): 14400 mg/kg [187];

- physikalisch/chemisch:
Schmelzpunkt: 140,8 °C; 140-141 °C
Siedepunkt: Subl. > 300 °C; 282-285 °C
Flammpunkt: 140-141 (geschl.); 146 °C (offen)
Dampfdruck: 17 hPa (150 °C) [163]; <0,13 hPa (30 °C); 1,53 (93 °C)
Log pOW: 2,35-2,36 (20 °C) [634]; 2,4 (23 °C) [634]
Brechungsindex: 1,4683 (148-151 °C)
Dichte: 1070 kg/m3 (20 °C); 1350 kg/m3 (20 °C); 1084 kg/m3 (150 °C)
Molmasse: 194,187 g/mol

Löslichkeit:
Wasserlöslichkeit: 28,7-36 mg/l (20 °C) [634]; Wasser 0,5 g/l (20 °C); Benzen (Benzol) 20 g/l (25 °C); Trichlormethan (Chloroform) 100 g/l (25 °C); Dioxan 75 g/l (25 °C); Ethylacetat 35 g/l (25 °C); Methanol 10 g/l (25 °C); Tetrachlorkohlenstoff 15 g/l (25 °C); Methylbenzen (Toluol) 43 g/l (25 °C); wenig löslich in kaltem Ethanol; löslich in Diethylether, heißem Ethanol;

Bemerkung zu physikalisch/chemischen Daten:
Schüttdichte: 500 kg/m3;

Verbleib nach Gebrauch:
Verbrennung nach Mischung mit brennbarem Lösemittel;

Bemerkung:
Weiße Briketts; Nadeln (nach Umkristallisation aus Diethylether);
Bildet im dampf-/gasförmigen Zustand mit Luft explosionsfähige Gemische;
Zündtemp.: 500 °C [163]; 370 °C [634];
Verwendung: Herstellung von Polyesterfasern;
Mengenangaben: 500000-1000000 Tonnen;

Benzen-1,2-dicarbonsäuredimethylester

- CAS-Nummer:
131-11-3
- gebräuchliche Namen:
Dimethylphthalat; Phthalsäuredimethylester; DMP;
- Handelsnamen:
Palatinol M; Kodaflex DMP; Avolin; Bisoflex DMP; NTM; Mipax; Repeftal; Solvanom; Unimol DM;
- Summenformel:
$C_{10}H_{10}O_4$

- Strukturformel:

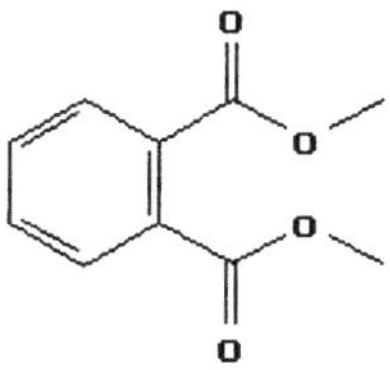

Funktion:
Additv/Weichmacher;
Verfahren:
Druckverfahren;
Anwendung:
Farbe;

Eigenschaften:
- toxikologisch/ökotoxikologisch:
RTECS # TI 1575000
Schweizer Giftliste: 4
WGK: 1
R-Satz: 20/21/22-36/37/38
S-Satz: 23-38-26-37/39
Sonstiges:
Wirkt schädigend beim Einatmen, Verschlucken oder Aufnahme über Haut;Dämpfe reizen Augen, Schleimhäute und Atemwege; verursacht Augen- und Hautreizungen [187];Teratogen; im Tierversuch (Ratten) schädigende Wirkung auf embryonale Entwicklung [248];LD 50 (oral, Ratte): 6800 mg/kg [187], [428]; 6900 mg/kg [338];TD Lo (intraperitoneal, Ratte (trächtig)): 338 mg/kg/5-15 D, 1125 mg/kg/5-15 D, 1500 mg/kg/3-9 D [428];LD 50 (intraperitoneal, Ratte): 3,37 ml/kg [248]; 3375 µl/kg [428];LD 50 (Haut, Ratte): >4800 mg/kg [428];TC Lo (inhalativ, Ratte): 1840 µg/kg/4 h/17 W (intermittierend) [428];LD 50 (oral, Maus): 6800 mg/kg [428], 6600-6800 [634];LD 50 (intraperitoneal, Maus): 1380 mg/kg [428];LD Lo (subcutan, Maus): 6500 mg/kg [428];LD (oral, Hund): >1400 mg/kg [428];LC Lo (inhalativ, Katze): 9300 mg/m3/6,5 h [428];LD 50 (oral, Kaninchen): 4400 mg/kg [428], 5200-5300 mg/kg [634];LD 50 (Haut, Kaninchen): >20 ml/kg [428];LD 50 (oral, Meerschweinchen): 2400 mg/kg [428], 2900-4800 mg/kg [634];LD 50 (Haut, Meerschweinchen): >10000 mg/kg [428];LD 50 (oral, Huhn): 8500 mg/kg [428];Biologisch abbaubar [203], [204];

Gefahren-Symbol:

- physikalisch/chemisch:
Schmelzpunkt: 5,5 °C; 0-2 °C
Siedepunkt: 283,7 °C; 282 °C
Flammpunkt: 149 °C; 146-150 °C
Dampfdruck: 0,0022 hPa (25 °C) [205]; 0,008 hPa (20 °C); 1,33 hPa (100 °C)
Log pOW: 2,22 [150]; 1,47 [205]
Brechungsindex: 1,515 (21 °C)
Dichte: 1190,5 kg/m3 (21 °C); 1189-1192 kg/m3
Molmasse: 194,187 g/mol
Verdunstungszahl: 0 (BuAc = 1) [338]

Löslichkeit:
Wasser 4300 mg/l (25 °C); löslich in Ethanol, Diethylether, Benzen;

Bemerkung zu physikalisch/chemischen Daten:
Selbstentzündlichkeit: 460-490 °C [634];

Verbleib nach Gebrauch:
Verbrennung nach Mischung mit brennbarem Lösemittel;
Weiter Angaben zu Umwelt-Exposition siehe [202];

Bemerkung:
Farblose, ölige Flüssigkeit;
Verwendung: als Lösemittel für Harze, Weichmacher; als insektenvertreibendes Mittel; bei der Verarbeitung von -> Polyvinylchlorid (PVC), -> Chlorkautschuk, Kautschuk;
Lebensmittelverpackungen aus Kunststoff mit DMP als Weichmacher: DMP kann in Lebensmittel übergehen [202];

Benzen-1,2-dicarbonsäure-di-(2-methylpropen)ester

- CAS-Nummer:
84-69-5
- gebräuchliche Namen:
Di-iso-butylphthalat; DIBP; Diisobutylphthalat; Phthalsäurediisobutylester;
- Handelsnamen:
Hactol DIBP; Kodaflex DIBP;
- Summenformel:
$C_{16}H_{22}O_4$

- Strukturformel:

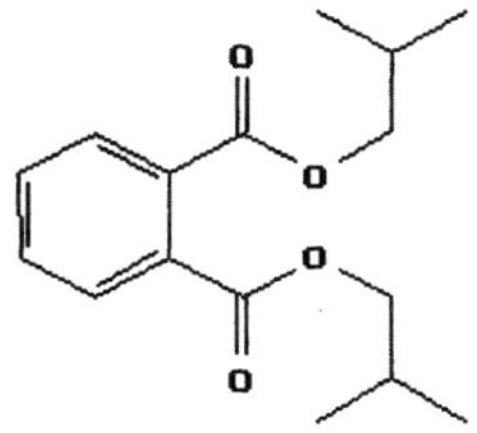

Eigenschaften:
- toxikologisch/ökotoxikologisch:
RTECS # TI 1225000
WGK: 2
Sonstiges:
LD 50 (oral, Ratte): 15 g/kg [428];LD 50 (intraperitoneal,Ratte): 3750 ml/kg [428];LD 50 (oral, Maus): 10 g/kg [428];LD 50 (intraperitoneal, Maus): 3990 mg/kg [428];LD 50 (Haut; Meerschweinchen): 10 g/kg [428];

- physikalisch/chemisch:
Molmasse: 278,35 g/mol

Benzen-1,2-dicarbonsäuredi-n-butylester

- **CAS-Nummer:**
  84-74-2
- **gebräuchliche Namen:**
  DBP; Dibutylphthalat; Benzol-1,2-dicarbonsäuredibutylester; Phthalsäuredibutylester; Phthalsäuredi-n-butylester; 1,2-Benzendicarbonsäure-di-n-butylester; Dibutyl-1,2-benzendicarboxylat; n-Butylphthalat;
- **Handelsnamen:**
  Hactol DBP; Hexaplas M/B; Kodaflex DBP; Palatinol C; Polycizer DBP; PX 104; Staflex DBP; Reomol DBP; Celluflex DPB; Elaol; Hatcol DBP; Elaol; Hexaplas M/B; Witcizer 300;
- **Summenformel:**
  $C_{16}H_{22}O_4$
- **Strukturformel:**

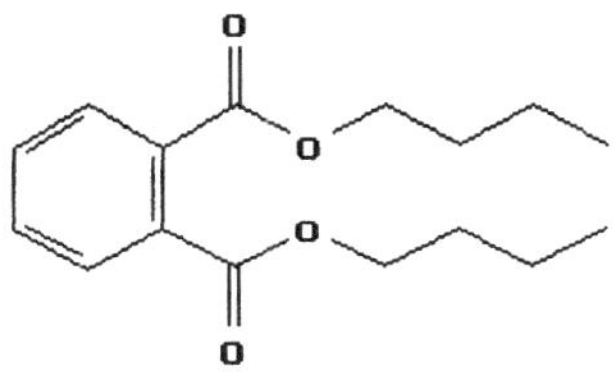

Eigenschaften:
- **toxikologisch/ökotoxikologisch:**
  RTECS # TI 0875000
  Schweizer Giftliste: 4
  WGK: 2
  R-Satz: 20/21/22-36/37/38-40
  S-Satz: 23-26-37/39
  Sonstiges:
  Zu diesem Stoff liegt ein BUA-Stoffbericht Nr. 22 vor.Krebserzeugend; Mutagen;TD Lo (oral, Mensch): 140 mg/kg [428];LD 50 (oral, Ratte): 8000 mg/kg [428];LC 50 (inhalativ, Ratte): 4250 mg/m3 [428];LD Lo (Haut, Ratte): 6000 mg/kg [428];LD 50 (intraperitoneal, Ratte): 3,05 ml/kg [428];LD 50 (oral, Maus): 5289 mg/kg [428];LC 50 (inhalativ, Maus): 25000 mg/m3/2h [428];LD 50 (intraperitoneal, Maus): 3570 mg/kg [428];LD 50 (intravenös, Maus): 720 mg/kg [428];LD 50 (Haut; Kaninchen): > 20 ml/kg [428];LD 50 (oral, Meerschwein): 10000 mg/kg [428];LD 50 (oral, Säugetier): 5000 mg/kg [428];

- **physikalisch/chemisch:**
  Schmelzpunkt: -35 °C
  Siedepunkt: 340 °C; 160 °C (0,667 hPa);
  Flammpunkt: 171 °C
  Dampfdruck: 1 mm Hg (147 °C)
  Brechungsindex: 1,4925 (20 °C) [187]; 1,4900 (20 °C)
  Dichte: 1046 kg/m3 (20 °C)
  Molmasse: 278,38 g/mol

  Löslichkeit:
  sehr gut löslich in Ether, Ethanol, Benzen, Propanon;

  Bemerkung zu physikalisch/chemischen Daten:
  Zündtemperatur: 370 °C;

Verbleib nach Gebrauch:
Verbrennung nach Mischung mit brennbarem Lösemittel;

Bemerkung:
farblose Flüssigkeit; Pestizid;

Benzen-1,2-dicarbonsäure-di-n-octylester

- CAS-Nummer:
117-84-0
- gebräuchliche Namen:
DOP; Phthalsäuredioctylester; Dioctylphthalat; 1,2-Dibenzencarbonsäure-di-n-octylester;
- Handelsnamen:
Vestinol AH spezial; Celluflex DOP; Dinopol NOP; Polycizer 162; PX 138; Vinicizer 85;
- Summenformel:
$C_{24}H_{38}O_4$

- Strukturformel:

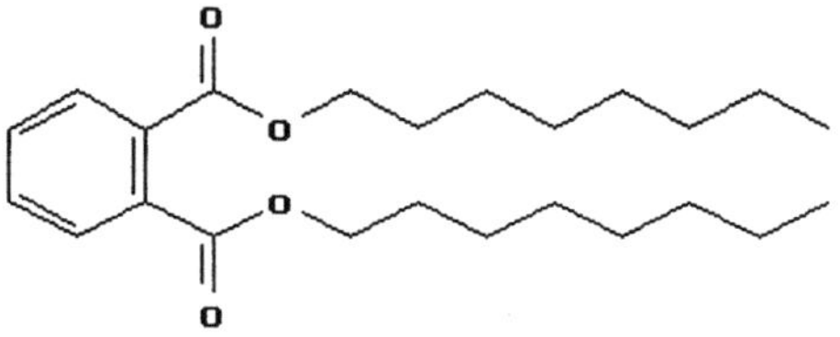

Eigenschaften:
- toxikologisch/ökotoxikologisch:
RTECS # TI 1925000
Sonstiges:
LD 50 (oral, Ratte): 47000 mg/kg [428];LD 50 (intraperitoneal, Ratte): > 50 ml/kg;LD 50 (oral, Maus): 6513 mg/kg [428];LD 50 (intraperitoneal, Maus): 65000 mg/kg;

- physikalisch/chemisch:
Schmelzpunkt: -25 °C
Siedepunkt: 386 °C
Dichte: 980,0 kg/m3
Molmasse: 390,62 g/mol

Löslichkeit:
in Wasser: 3 mg/l (25°C);

Bemerkung:
farbloser Feststoff;

Benzen-1,2-dicarbonsäurediphenylester

- **CAS-Nummer:**
  84-62-8
- **gebräuchliche Namen:**
  Diphenylphthalat; Phthalsäurediphenylester; DPP;
- **Summenformel:**
  $C_{20}H_{14}O_4$

- **Strukturformel:**

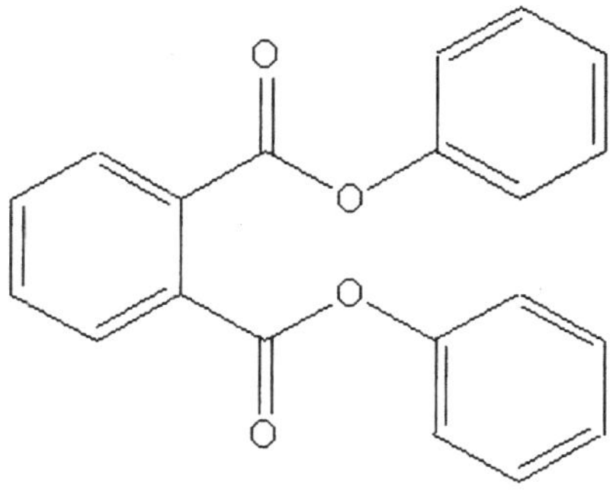

Funktion:
Additv/Weichmacher;
Verfahren:
Druckverfahren;
Anwendung:
Farbe;

Eigenschaften:
- toxikologisch/ökotoxikologisch:
RTECS # TI 1935000;
R-Satz: 36/37/38
S-Satz: 26-37/39
Sonstiges:
Kann schädigend wirken bei Einatmung, Verschlucken oder Aufnahme überHaut; verursacht Augen- und Hautreizungen; reizt Schleimhäute undAtemwege [187];LD 50 (oral, Ratte): 8 g/kg [187];

- physikalisch/chemisch:
Schmelzpunkt: 70-73 °C
Siedepunkt: 405 °C
Flammpunkt: 224 °C
Dichte: 1572 kg/m3 (74 °C)
Molmasse: 318,31 g/mol
Verdunstungszahl: ¦ 0 (BuAc = 1) [338]

Löslichkeit:
unlöslich in Wasser, löslich in Propanon (Aceton);

Verbleib nach Gebrauch:
Verbrennung nach Mischung mit brennbarem Lösemittel;

Bemerkung:
Weiße bis gelbe, geruchlose Kristalle;
Verwendung: Weichmacher in Cellulosenitratlacken;

Benzen-1,2-dicarbonsäure-di-tert.-butylester

- CAS-Nummer:
30448-43-2
- gebräuchliche Namen:
Di-tert.-butylphthalat; Phthalsäuredi-tert.-butylester;
- Handelsnamen:
NCI-C54375; Palatinol BB; Santicizier 160; Sicol 160; Unimoll BB; Vestinol IB;
- Summenformel:
$C_{16}H_{22}O_4$

- Strukturformel:

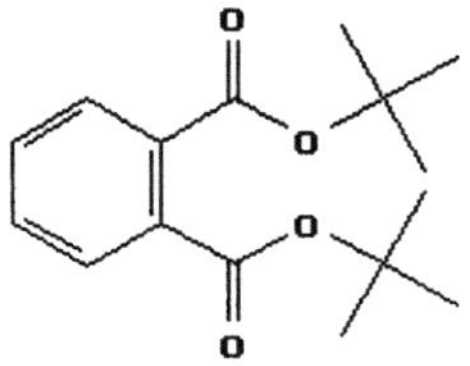

Eigenschaften:
- toxikologisch/ökotoxikologisch:
WGK: 2
R-Satz: 51/53
Sonstiges:
Einatmen der Dämpfe verursacht Reizung der Schleimhäute und der Atemwege [338];Teratogen; im Tierversuch (Ratten) schädigende Wirkung auf embryonale Entwicklung [248]; kein Allergen [338];LD 50 (oral, Ratte): 20000 mg/kg [338], 2330 mg/kg [428];TD Lo (oral, Ratte (männlich)): 21000 mg/kg/14 D [428];TD Lo (oral, Ratte (trächtig)): 16400 mg/kg/6-15 D, 4900 mg/kg/1-7 D [428];TD Lo (oral, Ratte): 56000 mg/kg/4 W, 68250 mg/kg/91 D, 38402 mg/kg/13 W, 21000 mg/kg/14 D (kontinuierlich) [428];TC Lo (inhalativ, Ratte): 2100 mg/m3/6 h/4 W, 789 mg/m3/6 H/13 W (intermittierend) [428];LD 50 (intraperitoneal, Ratte): 3,75 ml/kg [248];LD 50 (Haut, Ratte): 6700 mg/kg [428];TD Lo (oral, Maus (trächtig)): 9100 mg/kg/6-15 D, 23300 mg/kg/6-15 D [428];LD 50 (oral, Maus): 4170 mg/kg [428];LD 50 (Haut, Maus): 6700 mg/kg [428];LD 50 (intraperitoneal, Maus): 3160 mg/kg [428];LD 50 (Haut, Kaninchen): >10000 mg/kg [428];LD 50 (oral, Meerschweinchen): 13750 mg/kg [428];[EG-Sdb Hüls AG]:LD 50 (oral, Ratte): 15000 mg/kgLC 50 (Leuciscus melantus): 4,2 mg/l/48 hEC 10 (Pseudomonas putida): 1,8 g/l/6 hEC 50 (Daphnia magna): 7,4 mg/l/24 hEC 50 (Scenedesmus subspicatus): 1 mg/l/72 hleicht biologisch abbaubar (94 %);

Gefahren-Symbol:

- physikalisch/chemisch:
Schmelzpunkt: -45 °C; ca. -50 °C
Siedepunkt: 295-298 °C; 327 °C; 170-175 °C (5 hPa)
Flammpunkt: 174 °C; ca. 170 °C

Dampfdruck: 26,7 hPa (200 °C) [338]; <0,01 hPa (20 °C) [Sdb]
Dichte: 1038 kg/m3 (25 °C); 1039 kg/m3 (20 °C);
Molmasse: 278,35 g/mol
Verdunstungszahl: 0 (BuAc = 1) [338]

Löslichkeit:
Wasser 0,5 g/l (25 °C); löslich in Ethanol, Diethylether;
Wasser 0,4 g/l (20 °C) [Sdb];

Bemerkung zu physikalisch/chemischen Daten:
Zündtemperatur: ca. 400 °C [Sdb];

Bemerkung:
Farblose, ölige Flüssigkeit; brennbar;
Verwendung: als Lösemittel; als Weichmacher;

enthalten in Peroxan PK 295 GS (10 %);

Benzen-1,2-dicarbonsäureditridecylester

- CAS-Nummer:
119-06-2
- gebräuchliche Namen:
Phthalsäureditridecylester; DTDP; Ditridecylphthalat;
- Handelsnamen:
Jayflex DTDP; PX-126;
- Summenformel:
$C_{34}H_{58}O_4$

- Strukturformel:

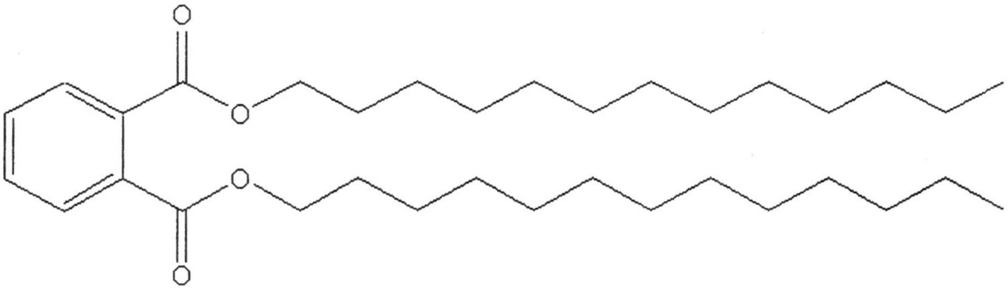

Funktion:
Additv/Weichmacher;
Verfahren:
Druckverfahren;
Anwendung:
Farbe;

Eigenschaften:
- toxikologisch/ökotoxikologisch:
Sonstiges:
Einatmen von Staub oder erhitzter Dämpfe verursacht Reizungen vonSchleimhäuten und Atemwegen [338];

- **physikalisch/chemisch:**
  Schmelzpunkt: -37 °C
  Siedepunkt: 286 °C
  Flammpunkt: 235 °C
  Dichte: 950 kg/m3 (25 °C)
  Molmasse: 539,92 g/mol
  Verdunstungszahl: ¦ 0 (BuAc = 1) [338]

  Löslichkeit:
  Wasser < 0,3 mg/l (25 °C);

Bemerkung:
Farblose Flüssigkeit;
Verwendung: als Weichmacher;

Benzen-1,2-dicarbonsäurediundecylester

- **CAS-Nummer:**
  3648-20-2
- **gebräuchliche Namen:**
  Phthalsäureundekylester; DUP; Diundekylphthalat; Diundecylphthalat;
- **Summenformel:**
  $C_{30}H_{50}O_4$

- **Strukturformel:**

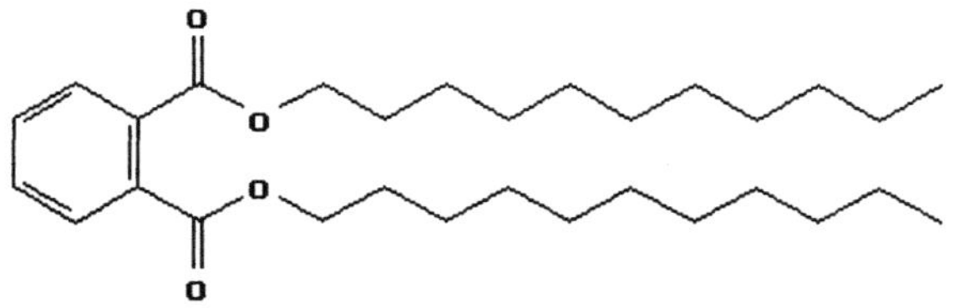

Funktion:
Additv/Weichmacher;
Verfahren:
Druckverfahren;
Anwendung:
Farbe;

Eigenschaften:
- **toxikologisch/ökotoxikologisch:**
  Sonstiges:
  Einatmen von Staub oder erhitzter Dämpfe verursacht Reizungen vonSchleimhäuten und Atemwegen [338];

- **physikalisch/chemisch:**
  Schmelzpunkt: -20 °C
  Siedepunkt: 240 °C
  Flammpunkt: 254 °C
  Dichte: 950 kg/m3 (25 °C)
  Molmasse: 474,71 g/mol
  Verdunstungszahl: ¦ 0 (BuAc = 1) [338]

Löslichkeit:
Wasser 1,1 mg/l (25 °C);

Bemerkung:
Farblose, ölige Flüssigkeit;
Verwendung: als Weichmacher;

Benzen-1,2-dicarbonsäureethylethylglykolatester

- CAS-Nummer:
84-72-0
- gebräuchliche Namen:
Phthalsäure-ethyl-ethylglykolat-ester; Ethyl-phthalyl-ethyl-glykolat;
- Summenformel:
$C_{14}H_{16}O_6$

Funktion:
Additv/Weichmacher;
Verfahren:
Druckverfahren;
Anwendung:
Farbe;

Eigenschaften:
- physikalisch/chemisch:
Schmelzpunkt: 20 °C
Siedepunkt: 320 °C
Flammpunkt: 197 °C
Dichte: 1180 kg/m3 (25 °C)
Molmasse: 280 g/mol

Löslichkeit:
0,0175 g/100 g Wasser

Benzen-1,2-dicarbonsäure-heptyl/nonyl/undekyl

- CAS-Nummer:
39393-37-8
- gebräuchliche Namen:
Di-alkyl-7-9-11-phthalat; Heptyl/Nonyl/Undekyl-phthalat;
- Handelsnamen:
Santicizer 711;

Funktion:
Additv/Weichmacher;
Verfahren:
Druckverfahren;

Eigenschaften:
- physikalisch/chemisch:
Schmelzpunkt: 222 °C
Siedepunkt: -55 °C
Flammpunkt: 226 °C
Dichte: 969 g/m3 (25 °C)

Löslichkeit:
< 0,01 g/100 ml Wasser;

1,2,4-Benzentricarbonsäure-tris-(2-ethylhexylester)

- **CAS-Nummer:**
  3319-31-1
- **gebräuchliche Namen:**
  TOTM; 1,2,4-Benzoltricarbonsäure-tris-(2-ethylhexylester); Trimellitsäuretrioctylester; Trimellitsäure-(2-ethylhexyl)-ester; Tri-(2-ethylhexyl)-trimelliat; Benzolhexacarbonsäure-(2-ethylhexy)-ester; Tri-(2-ethylhexyl)-trimelliat; Trioctyltrimelliat;
- **Handelsnamen:**
  Morflex 510; Hatcol 200; Kodaflex TOTM; Monosizer W 710L; Morflex 510; Staflex TOTM; Trimex T08;
- **Summenformel:**
  $C_{33}H_{54}O_6$

- **Strukturformel:**

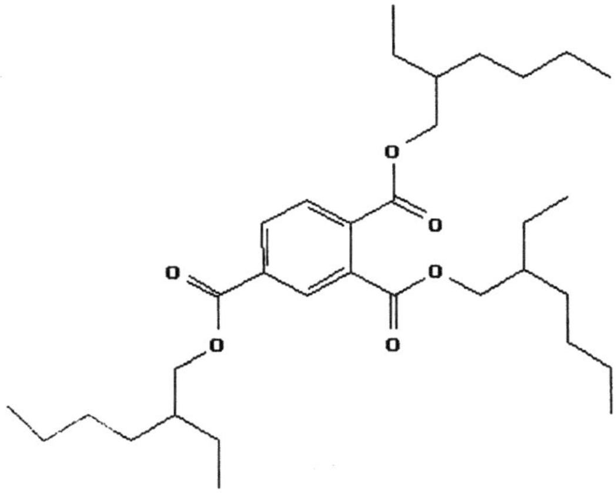

Funktion:
Additv/Weichmacher;
Verfahren:
Druckverfahren;
Anwendung:
Farbe;

Eigenschaften:
- **toxikologisch/ökotoxikologisch:**
  RTECS # DC 2080000
  Sonstiges:
  LD 50 (oral, Maus): >60000 mg/kg [428];

- **physikalisch/chemisch:**
  Schmelzpunkt: - 43 °C
  Siedepunkt: 275 °C
  Flammpunkt: 260 °C; >110 °C
  Brechungsindex: 1,4850 (20 °C); 1,4864 (20 °C)
  Dichte: 988 kg/m3 (25°C); 984 kg/m3
  Molmasse: 546,79 g/mol

Verbleib nach Gebrauch:
Verbrennung nach Mischung mit brennbarem Lösemittel;

Bemerkung:
zu 80 % enthalten in Plasthall TOTM;

Benzimidazol

- **CAS-Nummer:**
51-17-2
- **gebräuchliche Namen:**
3-Azaindol; o-Benzimidazol;
- **Handelsnamen:**
BZI;
- **Summenformel:**
$C_7H_6N_2$

- **Strukturformel:**

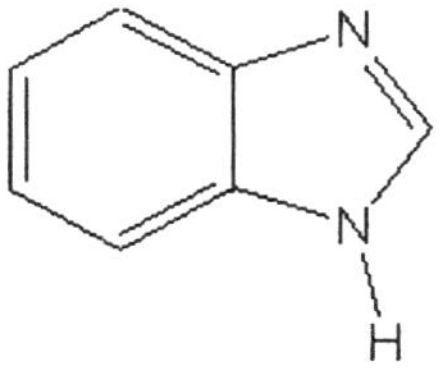

Verfahren:
Druckverfahren;

Eigenschaften:
- **toxikologisch/ökotoxikologisch:**
RTECS # DD 5425000;
R-Satz: 20/21
S-Satz: 23
Sonstiges:
Kann schädigend wirken bei Einatmung, Verschlucken oder Aufnahme überHaut; kann Reizungen verursachen [187];LD 50 (oral, Maus): 2910 mg/kg [187];LD 50 (intravenös, weiße Maus): 280 mg/kg [191];

Gefahren-Symbol:

- **physikalisch/chemisch:**
Schmelzpunkt: 168-171 °C
Siedepunkt: > 360 °C
Log pOW: 1,46 [4]; 1,34 [4]; 1,50 [4]; 1,20 [4];
Molmasse: 118,14 g/mol

Löslichkeit:
leicht löslich in Ethanol; löslich in heißem Wasser; wenig löslich in Diethylether; sehr wenig löslich in Benzen (Benzol), Ligroin;

Verbleib nach Gebrauch:
Verbrennung nach Mischung mit brennbarem Lösemittel;

Bemerkung:
Braunes Pulver; Kristalle (nach Umkristallisation aus Ethanol);

Benzin, aromat. Anteil <1% (Sdp. 80-110 °C)

- CAS-Nummer:
64742-89-8
- gebräuchliche Namen:
Lösungsmittelnaphtha (Erdöl);

Eigenschaften:
- toxikologisch/ökotoxikologisch:
MAK Wert: 350 ml/m³ (De) [634]
R-Satz: 45-22
S-Satz: 53-45
Sonstiges:
MAK-Kurzzeitwert (30 min, 4x pro Schicht): 700 ml/m³kurze Expositon:verursacht CNS Schädigung und Zerstörung von Zellen; reizt die Schleimhäute; verursacht Kopfschmerzen, Übelkeit und Erbrechen, Ohnamacht und Koma; in großen Konzentrationen tödlichlange Exposition:verursacht Nervenschäden, Dermatitis bei häufiger exposition, Anemie, Schwindel, Proteione und Blut im Urin, Nervosität, Lympgefäßschmerzen, Sensibilitätsstörungen, Tinitus, Schwäche und Gewichtsverlustnicht cancerogen;Mutagenität (vermutete Effekte):erhöht die Alkaliphosphatase-Aktivität; Gallenkanalwucherung; Leberschaden; Mangel an Lymphocyten im Blut; LC50 (Ratte): 3400 ppm/4h

Gefahren-Symbol:

T

- physikalisch/chemisch:
Siedepunkt: 49-177 °C [634]
Log pOW: 2,1-6

Bemerkung zu physikalisch/chemischen Daten:
leicht gefärbte klare Flüssigkeit mit Kohlenwasserstoffgeruch; Abhängig vom HErsteller können Xylol, Toluol, Ethylbenzen, Cumol, Benzen und Pyridin enthalten sein [636]

Bemerkung:
C5-C10-Schnitt aus der Erdölrafination, bestehend aus ges. Kohlenwasserstoffen

Benzoinisobutylether

- CAS-Nummer:
22499-12-3
- gebräuchliche Namen:
α-Isobutoxy-α-phenylacetophenon; α-Isobutylbenzoin;
- Summenformel:
$C_{18}H_{20}O_2$

Verfahren:
Druckverfahren/Hochdruck;
Anwendung:
Druckformherstellung/Flexoplatten;

Eigenschaften:
- physikalisch/chemisch:
Siedepunkt: 133 °C (0,67 hPa)
Flammpunkt: 85 °C
Brechungsindex: 1,5485 (20 °C)
Dichte: 985 kg/m3 (20 °C)

Verbleib nach Gebrauch:
Verbrennung;

Benzol-1,2,4-tricarboxylsäuretriheptylester

- CAS-Nummer:
1528-48-9
- gebräuchliche Namen:
Triheptylbenzol-1,2,4-tricarboxylat; Tri-n-C7-alkyltrimellitat;
- Handelsnamen:
Witamol 207;
- Summenformel:
$C_{30}H_{48}O_6$

- Strukturformel:

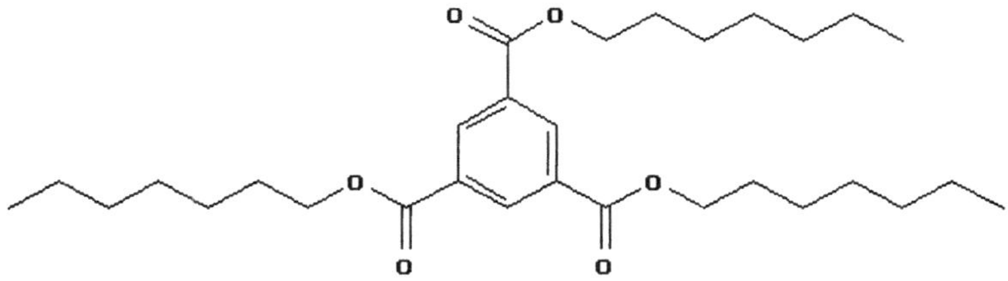

Eigenschaften:
- toxikologisch/ökotoxikologisch:
WGK: 1
Sonstiges:
[541]LD 50 (oral, Ratte): >3000 mg/kg EC 50 (Daphnia magna): 1,2 mg/l/48 h Reizt leicht die Haut, reizt nicht die Augen. leicht abbaubar;

- physikalisch/chemisch:
Schmelzpunkt: ca. -45 °C
Flammpunkt: 265 °C
Dampfdruck: 0,01 hPa (20 °C) [541]
Dichte: 1000 kg/m3 (20 °C)
Molmasse: 504,71 g/mol

Löslichkeit:
Wasser 0,1 g/l (20 °C) [541];

Bemerkung zu physikalisch/chemischen Daten:
Zündtemperatur: ca. 400 °C [541];

Bemerkung:
Gelbliche Flüssigkeit, schwacher Eigengeruch [541];

Benzothiazol

- CAS-Nummer:
95-16-9
- UN Nummer:
2810
- gebräuchliche Namen:
BT; 1-Thia-3-azainden;
- Handelsnamen:
O-2857; Vangard BT;
- Summenformel:
C_7H_5NS

- Strukturformel:

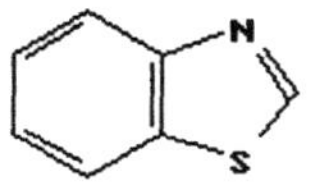

Verfahren:
Druckformherstellung/Flachdruck;

Eigenschaften:
- toxikologisch/ökotoxikologisch:
RTECS # DL 0875000
WGK: 2
R-Satz: 23/24/25-36/37/38
S-Satz: 28-27-45-36/37/39
Sonstiges:
Ist seit längerem als Dermatitis auslösende Substanz bekannt [448];Gesundheitsschädlich beim Einatmen oder bei Aufnahme über die Haut; bei Kontakt mit Flüssigkeit Augen- und Hautreizung möglich; LD 50 (oral, Ratte): 180 mg/kg [187], 466 mg/kg [428];LD Lo (intraperitoneal, Ratte):1 g/kg [428];LD Lo (intravenös, Ratte): 200 mg/kg [428];LC (inhalativ, Ratte): >1400 mg/m3/6h [428];LD 50 (oral, Maus): 900 mg/kg [428];LD 50 (intraperitoneal, Maus): 100 mg/kg [428];LD 50 (intravenös, Maus): 95 mg/kg [428];LD Lo (intravenös, Katze): 100 mg/kg [428];LD 50 (Haut, Kaninchen): >631 mg/kg [428];LD 50 (intravenös, Maus): 95 ± 3 mg/kg [191];EC 50 (Leuchtbakterientest): 22 µmol/l [448];EC 10 (Leuchtbakterientest): 2,0 µmol/l [448];EC 50 (Einzeller): 116 mg/l/24 h [448];LC 50 (Fische): 110 mg/l [448];besitzt eine unspezifische, narkotische Wirkung auf die Bakterien [448];

- physikalisch/chemisch:
Schmelzpunkt: 2 °C
Siedepunkt: 231 °C (1013 hPa); 131 °C (45,32 hPa); 92 °C (9,33 hPa)*
Flammpunkt: > 112 °C
Dampfdruck: 44,7 hPa (131 °C) [187]
Log pOW: 2,01 [4]; 2,03 [4]; 1,99 [448]
Brechungsindex: 1,6379 (20 °C)
Dichte: 1246,0 kg/m3 (20 °C); 1238 kg/m3
Molmasse: 135,19 g/mol

Löslichkeit:
löslich in Wasser (100 mg/l) [448]; löslich in Propanon; leicht löslich in Ethanol, Diethylether;

Bemerkung zu physikalisch/chemischen Daten:
*: 112 °C (19,99 hPa); 112-113 °C (22,66 hPa); 183 °C (1005 hPa) werden auch als Siedepunkte angegeben.

Verbleib nach Gebrauch:
Verbrennung nach Mischung mit brennbarem Lösemittel;
Vorkommen in der Umwelt [448]:

	µg/l
Flußwasser bis zu	55
Flußwasser nach Reifenbrand	2,5-720
Grundwasser	1-6
Abwasser	
-Reifenfabrik	20-60
-Papierfabrik	10-30
-unspezifiziert	0,3
Deponiesickerwasser	0,029
Boden	79
Atmosphäre bis zu	0,1
Abgaskondensat einer Kohleverbrennung	2-6

Bemerkung:
Gelbe Flüssigkeit; brennbar;
Verwendung: in der organischen Synthese;

Benzotriazol

- CAS-Nummer:
95-14-7
- gebräuchliche Namen:
1,2,3-Benztriazol; Benztriazol;1,2,3-Triazainden; 1,2,3-Benzotriazol; 1H-Benzotriazol; Azimidobenzol; Benzolazimid;
- Handelsnamen:
Cobratec 99;
- Summenformel:
$C_6H_5N_3$

- Strukturformel:

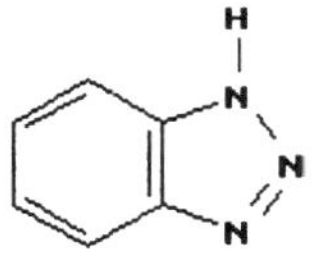

Funktion:
1.Additiv/Stabilisator;
Verfahren:
1.Druckformherstellung/Reproduktionsfotografie;
2.Druckverfahren/Tiefdruck;
Anwendung:
2.Metalldruckfarben;

Eigenschaften:

- toxikologisch/ökotoxikologisch:

RTECS # DM 1225000;
Schweizer Giftliste: 4
R-Satz: 20/21-22
S-Satz: 16-22-24/25
Sonstiges:
Die akuten toxischen Wirkungen auf das ZNS von Benzotriazol treten sowohl nach inhalativer als auch nach oraler Aufnahme erst bei relativ hohen Konzentrationen bzw. Dosierungen auftreten muß mit akuten toxischen Wirkungen beim Arbeiten mit Kühlschmierstoffen (0,05% Benzotriazol) nicht gerechnet werden; im Gegensatz dazu können die toxischen Effekte bei Langzeitexposition nicht abschließend bewertet werden, da zu wenige Daten zur subchronischen und chronischen Toxizität vorliegen insbesondere keine Untersuchungen mit inhalativer Aufnahme; andererseits ergaben erst relativ hohe Konzentrationen von Benzotriazol in der Nahrung signifikante toxische Effekte (Reduktion der Gewichtszunahme); ein Verdacht auf kanzerogene Wirkungen hoher Dosen von Benztriazol bleibt bestehen, auch wenn die Tierversuche keine ausreichenden Beweise dafür liefern konnten; jedoch dürfte es sich bei Benzotriazol um ein schwaches Kanzerogen handeln; eine irritative Wirkung von Benzotriazol auf die Augen, nicht aber auf die Haut, ist auch unter Arbeitsplatzbedingungen möglich; ebenso muß mit einer Sensibilisierung einzelner Individuen durch Benzotriazol gerechnet werden [480];LD 50 (intravenös, weiße Maus): 238 mg/kg [191];LD 50 (oral, Ratte): 550 mg/kg [480]LD 50 (oral in H2O, Meerschweinchen): 500 mg/kg [480]

Gefahren-Symbol:

- physikalisch/chemisch:

Schmelzpunkt: 94,5-98,5 °C; 98-99 °C
Siedepunkt: 201-204 °C; 350 °C
Dampfdruck: 0,05 hPa (20 °C);
Log pOW: 1,34 [4]
Dichte: 1360 kg/m3
Molmasse: 119,13 g/mol

Löslichkeit:
wenig löslich in Wasser (20 g/l), Benzol (13 g/l); leicht löslich in Methanol (> 400 g/l), Natriumcarbonatlösung, iso-Propanol, Ethylenglykol, Polyethylenglykol, 2-Butanon; schwer löslich in Tetrachlorethen (0,6 g/l bei 25 °C);

Verbleib nach Gebrauch:
Verbrennung nach Mischung mit brennbarem Lösemittel;

Bemerkung:
Weißes bis gelbliches kristallines Pulver;
Verwendung: in der Fotoindustrie als Entwicklerzusatz zur Schleierverhütung (Antifoggant in photographischen Emulsionen); in der Druckindustrie als Stabilisator und Antischleiermittel; als UV-Licht-Stabilisator für Kunststoffe;
als Korrosionsinhibitor für Nichteisenmetalle (insbes. Kupfer) in wäßrigen und nicht wäßrigen Medien, wie z.B. Kühlschmierstoffen (0,05 %);

Bewertung: Da die akuten toxischen Wirkungen (ZNS) von Benzotriazol sowohl nach inhalativer als auch nach oraler Aufnahme erst bei der Dosis-Wirkungs-Kurve der akuten Toxizität um eine Kurve mit wahrscheinlich relativ steilem Anstieg handelt, und da die Effekte reversibel sind, muß mit akuten toxischen Wirkungen beim Arbeiten mit Kühlschmierstoffen (0,05 % Benzotriazol) nicht gerechnet werden.
Im Gegensatz dazu können die toxischen Effekte bei Langzeitexposition nicht abschließend bewertet werden, da zu wenige Daten zur subchronischen und chronischen Toxizität vorliegen, insbesondere keine Untersuchungen mit inhalativer Aufnahme. Andererseits ergaben erst relativ

hohe Konzentrationen von Benzotriazol in der Nahrung signifikante toxische Effekte (Reduktion der Gewichtszunahme). Ein Verdacht auf kanzerogene Wirkungen hoher Dosen von Benzotriazol bleibt bestehen, auch wenn die Tierversuche keine ausreichenden Beweise dafür liefern konnten. Jedoch dürfte es sich bei Benzotriazol um ein schwaches Kanzerogen handeln.
Eine irritative Wirkung von Benzotriazol auf die Augen, nicht aber auf die Haut, ist auch unter Arbeitsplatzbedingungen möglich. Ebenso muß mit einer Sensibilisierung einzelner Individuen durch Benzotriazol gerechnet werden. Für die beobachteten zytostatischen Wirkungen werden so hohe Dosen benötigt, daß dieser Effekt unter Arbeitsplatzbedingungen sicher nicht zum Tragen kommt. Eine abschließende Beurteilung, ob Benzotriazol embryotoxische und teratogene Wirkungen hat, ist aufgrund mangelnder Daten nicht möglich [480];

4,4'-(3H-2,1-Benzoxathiol-3-ylidene)-bis-(2,6-dibromphenol)-S,S-dioxide

- CAS-Nummer:
115-39-9
- gebräuchliche Namen:
Bromphenolblau; 3',3",5',5"-Tetrabromphenolsulfonphthalein; α,α-Bis-(3,5-dibromo-4-hydroxyphenyl)-α-hydroxy-o-toluensulfonsäure-γ-sulfone; Tetraphenolblau; 3,3-Bis-(3,5-dibromo-4-hydroxy-phenyl)-3H-benz(c)(1,2)-oxathiol-1,1-dioxid;
- Handelsnamen:
Albatest;
- Summenformel:
$C_{19}H_{10}Br_4O_5S$

- Strukturformel:

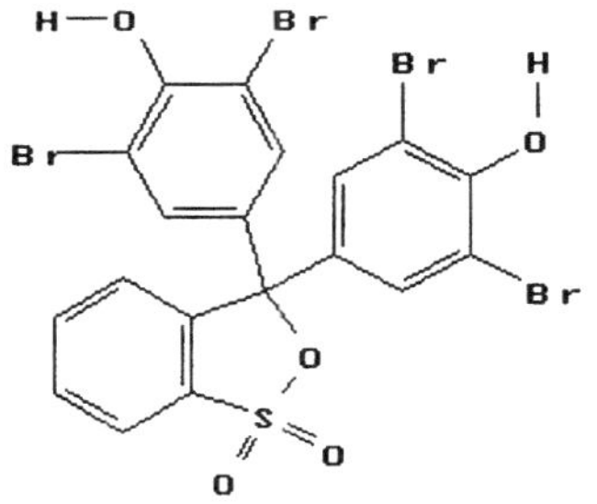

Funktion:
Additiv/Sensibilisator;
Verfahren:
Kopierverfahren/elektron. Verfahren direkt/Elektrofotografie;
Anwendung:
Papierbeschichtung;

Eigenschaften:
- toxikologisch/ökotoxikologisch:
RTECS # SJ 7453000;

- physikalisch/chemisch:
Schmelzpunkt: 279 °C (Zers.)
Molmasse: 670,02 g/mol

Löslichkeit:
löslich in Wasser (ca. 0,4 g in 100 ml), Ethanol, Methanol, Benzen (Benzol), löslich in Natronlauge / Bildung des wasserlöslichen Natriumsalzes;

Verbleib nach Gebrauch:
Verbrennung nach Mischung mit brennbarem Lösemittel;

Bemerkung:
Verwendung als Indikator: pH 3,0 gelb; pH 4,6 violett;

Berylliumhydroxid

- CAS-Nummer:
13327-32-7
- Summenformel:
$Be(OH)_2$

Funktion:
Entwickler;
Verfahren:
Druckverfahren/Flachdruck indirekt/Offsetdruck;
Anwendung:
Entwickler;

Eigenschaften:
- toxikologisch/ökotoxikologisch:
Sonstiges:
Krebserzeugend 2 [481]; TRK-Wert: 0,002 mg Be/m3 E [481];

- physikalisch/chemisch:
Dichte: 1924 kg/m3 (20 °C)
Molmasse: 43,03 g/mol

Löslichkeit:
praktisch unlöslich in Wasser; schwer löslich in Säuren, Laugen;

Bemerkung:
Weißes Pulver;
Zieht Kohlendioxid an;
Existiert in zwei Modifikationen: Ó-Berylliumhydroxid und ß-Beryllium-hydroxid; Ó-Modifikation wandelt sich bei längerem Stehen oder beim Kochen in ß-Modifikation um;
Verwendung: Ausgangstoff zur Gewinnung anderer Berylliumverbindungen; in der Druckindustrie als Entwickler;

Bezin, aromatischer Anteil 20%

- CAS-Nummer:
64742-82-1
- gebräuchliche Namen:
hydrodesulfuriertes schweres Naphtha; Naphtha (wasserstoffbehandelt); Naphtha (Erdöl); Naphtha; Benzin

Eigenschaften:
- toxikologisch/ökotoxikologisch:
MAK Wert: 5 mg/m³ (NI/US)
R-Satz: 45-22
S-Satz: 53-45
Sonstiges:
LC50: 600mg/l (Fisch; fathead nimnow)LC50: 68,2 mg/l (Fisch; Süßwasser: Pimephales promelas)LC50: 1-10 mg/l (Fisch; Süßwasser: Onchorhynchus mykiss)LC50: 4,3 mg/ml (Cragon Cragon; Crustacea)LC50: >13 mg/l (Ratte, inhalativ)LD50: 5000 mg/jkg (Ratte, oral)LC50: >3160 mg/kg (Kaninchen, dermal)

Gefahren-Symbol:

- physikalisch/chemisch:
Siedepunkt: 90-230
Flammpunkt: >23
Dampfdruck: 3-12 hPa (37,8 °C)
Dichte: 0,755-0,799

Löslichkeit:
<1 mg/ml (Wasser, 20 °C)

[1,1'-Bicyclohexyl]-2-on

- CAS-Nummer:
90-42-6
- gebräuchliche Namen:
2-Cyclohexylcyclohexanon;
- Summenformel:
$C_{12}H_{20}O$

- Strukturformel:

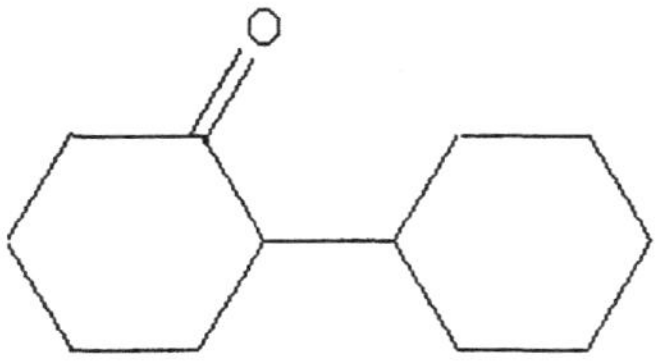

Funktion:
Lösungsmittel;
Verfahren:
Druckverfahren;

Eigenschaften:
- toxikologisch/ökotoxikologisch:
Sonstiges:
Schwach haut- und augenreizend;LD 50 (oral, Ratte): 5000 mg/kg [9];LD 50 (Haut, Kaninchen): > 7800 mg/kg [9];

- **physikalisch/chemisch:**
  Schmelzpunkt: -32 °C
  Siedepunkt: 264 °C
  Flammpunkt: 144 °C
  Brechungsindex: 1,4877 (25 °C)
  Dichte: 972,5 kg/m3 (25 °C)
  Molmasse: 180,28 g/mol

(1,1'-Biphenyl)-4,4'-diamin

- **CAS-Nummer:**
  92-87-5
- **gebräuchliche Namen:**
  Benzidin; p,p'-Bianilin; 4,4'-Bianilin; 4,4-Diaminodiphenyl; Paradiaminodiphenyl; 4,4'-Diaminobiphenyl; p,p'-Diaminobiphenyl; 4,4'-Biphenyldiamin;
- **Summenformel:**
  $C_{12}H_{12}N_2$
- **Strukturformel:**

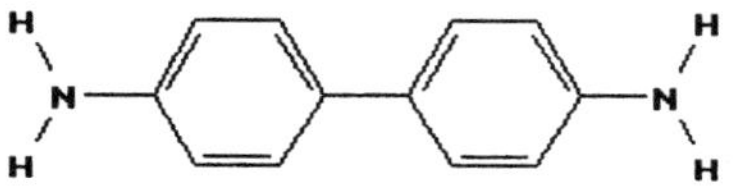

Verfahren:
Druckverfahren;

Eigenschaften:
- **toxikologisch/ökotoxikologisch:**
  RTECS # DC 9625000
  Schweizer Giftliste: 1
  WGK: 3
  R-Satz: 45-22
  S-Satz: 53-45
  Sonstiges:
  Gefahr der Hautresorption [481]; Krebserzeugend 1 [481];Carc.Cat.1 [505];Staub und Dämpfe führen zu starker Reizung der Augen, Atemwege, Atmungsorgane sowie der Haut; Lungenödem möglich (kann mit einer Verzögerung bis zu zwei Tagen auftreten); verändert Blutfarbstoff (Methämoglobinbildung) und zerstört die roten Blutkörperchen; Kontakt mit dem festen Stoff führt zu sehr starker Reizung der Augen und Haut; kann auch über die Haut aufgenommen werden (Hautresorption!); Leber- und Nierenschäden sowie Hautentzündungen möglich; Alkohol verstärkt die Vergiftungsgefahr; bei Brand oder starker Erhitzung bilden sich hochgiftige ätzende nitrose Gase [163];Karzinogen [187];Ergebnis des Ames-Test: positiv [391], [392];TC Lo (inhalativ, Mann): 17600 µg/m3/14Y (kontinuierlich) [428];LD 50 (oral, Ratte): 307 mg/kg [187], 309 mg/kg [428];TD Lo (oral, Ratte): 108 mg/kg/27D (intermittierend) [428];TD Lo (subcutan, Ratte): 1200 mg/kg/26W (intermittierend) [428];TD Lo (intratracheal, Ratte): 315 mg/kg/34W [428];LD 50 (oral, Maus): 214 mg/kg [428];LD 50 (intraperitoneal, Maus): 110 mg/kg [428];TD Lo (subcutan, Maus): 8400 mg/kg/35W (intermittierend) [428];LD Lo (oral, Hund): 200 mg/kg [428];LD Lo (oral, Kaninchen): 200 mg/kg [428];

  Gefahren-Symbol:

- **physikalisch/chemisch:**
  Schmelzpunkt: 127,5-128 °C
  Siedepunkt: 401 °C (986,34 hPa)
  Log pOW: 1,34 [4]
  Dichte: 1251 kg/m3 (20 °C)
  Molmasse: 184,24 g/mol

  Löslichkeit:
  Wasser 0,4 g/l (12 °C), 9,4 g/l (100 °C); wenig löslich in Diethylether; löslich in Ethanol;

Bemerkung:
Weißes bis leicht rötliches kristallines Pulver; verfärbt sich grau bis braun bei Einwirkung von Luft; fast geruchslos;
Bei Kontakt oder Mischung mit Säuren entstehen wasserlösliche Salze;
Bei Kontakt oder Mischung mit sauerstoffreichem Material (starken Oxidationsmitteln) können sehr heftige Reaktionen eintreten;
Giftiger, ätzender und brennbarer fester Stoff; bei Aufwirbelung des Pulvers bilden sich giftige, ätzende und explosionsfähige Staub/Luftgemische; Entzündung durch heiße Oberflächen, Funken oder offene Flammen;
Verboten in kosmetischen Mitteln;
Verwendung: zur Herstellung von Benzidin-Farbstoffen; in der Analytik;

1-[1,1'-Biphenyl]-4-yl-ethanon

- **CAS-Nummer:**
  92-91-1
- **gebräuchliche Namen:**
  4-Biphenyl-methylketon; 4-Phenylacetophenon;4-Acetylbiphenyl;
- **Summenformel:**
  $C_{14}H_{12}O$

- **Strukturformel:**

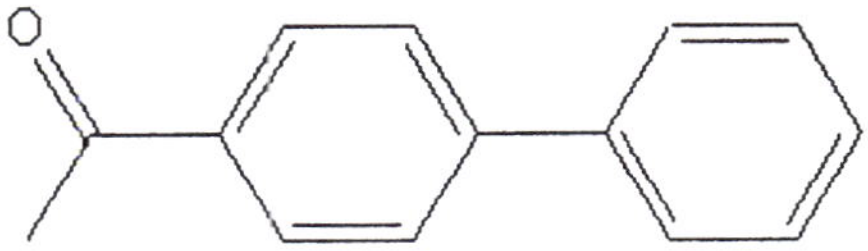

Funktion:
Additiv/Fotoinitiator;
Verfahren:
Druckverfahren;
Anwendung:
UV-Farben;

Eigenschaften:
- **toxikologisch/ökotoxikologisch:**
  Sonstiges:
  Kann schädigend wirken bei Einatmung, Verschlucken oder Aufnahme überHaut; kann Reizungen verursachen [187];

- **physikalisch/chemisch:**
  Schmelzpunkt: 120-122 °C
  Siedepunkt: 325-327 °C
  Molmasse: 196,25 g/mol

Löslichkeit:
unlöslich in Wasser; leicht löslich in Ethanol, Propanon (Aceton); wenig löslich in Trichlormethan (Chloroform);

Verbleib nach Gebrauch:
Verbrennung nach Mischung mit brennbarem Lösemittel;

Bemerkung:
Weißes Pulver;
Verwendung: in Druckfarben als Fotoinitiator für UV-Farben;

(1,1'-Biphenyl)-4-yl-phenylmethanon

- CAS-Nummer:
2128-93-0
- gebräuchliche Namen:
4-Benzoylbiphenyl; 4-Phenylbenzophenon;Phenyl-p-xenylketon;
- Handelsnamen:
Trigonal;
- Summenformel:
$C_{19}H_{14}O$

Funktion:
Additiv/Fotoinitiator;
Verfahren:
Druckverfahren;
Anwendung:
UV-Farben;

Eigenschaften:
- physikalisch/chemisch:
Schmelzpunkt: 103 °C
Siedepunkt: 419-420 °C (991,67 hPa)
Molmasse: 258,30 g/mol

Verbleib nach Gebrauch:
Verbrennung nach Mischung mit brennbarem Lösemittel;

Bemerkung:
Kristalle;

2,2'-Bis-(2-aminoethylamino)-diethylamin

- CAS-Nummer:
112-57-2
- UN Nummer:
2320
- gebräuchliche Namen:
Tetren; TEPA; Tetraethylenpentamin
- Summenformel:
$C_8H_{23}N_5$

- Strukturformel:

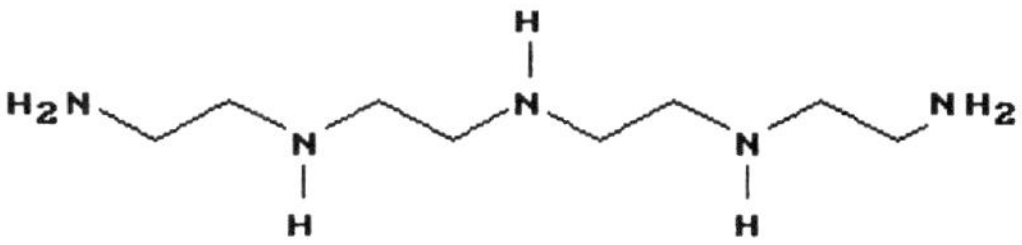

Funktion:
Lösungsmittel;
Verfahren:
Druckverfahren;

Eigenschaften:
- toxikologisch/ökotoxikologisch:
RTECS # KH 8585000
Schweizer Giftliste: 4
R-Satz: 21/22-34-43-51/53
S-Satz: (1/2)-26-36/37/39-45-61
Sonstiges:
Einstufung und Kennzeichnung von Zubereitungen, in denen diese Substanz enthalten ist:25%<=C ¦¦> C; R21/22-34-4310%<=C<25% ¦¦> C; R34-435%<=C<10% ¦¦> Xi; R36/38-431%<=C<5% ¦¦> Xi; R43Bei normalen Raumtemperaturen (20 °C) ist die Verdampfung sehr gering; die bei starker Erhitzung entstehenden Dämpfe reizen stark und schädigen Schleimhäute der Augen, der Atemwege, die Lunge sowie die Haut; Lungenödem möglich, welches mit einer Verzögerung bis zu zwei Tagen auftreten kann; Kontakt mit der Flüssigkeit bewirkt sehr starke Reizung und Verätzung der Augen und Haut; Substanz kann allergisierend wirken; bei Erhitzung bis zur Zersetzung und bei Brand bilden sich sehr giftige nitrose Gase [484];LD 50 (Haut, Kaninchen): 650 mg/kg [9], 660 ml/kg [428];LD 50 (oral, Ratte): 3990 mg/kg [428];LD 50 (intraperitoneal, Ratte): 205 mg/kg [428];LD 50 (intravenös, Maus): 320 mg/kg [428];

Gefahren-Symbol:

- physikalisch/chemisch:
Schmelzpunkt: - 30 °C; -40 °C
Siedepunkt: 333 °C; 340 °C
Flammpunkt: 163 °C; 185 °C
Dampfdruck: < 0,01 hPa (20 °C) [9]; <0,013 hPa (20 °C) [484]
Brechungsindex: 1,5055 (20 °C)
Dichte: 998 kg/m3 (20 °C)
Molmasse: 189,31 g/mol
Verdunstungszahl: < 0,001 (BuAc = 1) [9]

Löslichkeit:
mischbar mit Wasser, Ethanol, Diethylether;

Verbleib nach Gebrauch:
Verbrennung nach Mischung mit brennbarem Lösemittel;

Bemerkung:
Viskose, gelbe, hygroskopische Flüssigkeit; aminartiger (fischähnlicher) Geruch; brennbar; ätzend; Bildet im dampf-/gasförmigen Zustand mit Luft explosionsfähige Gemische;
Explosionsgrenzen: 0,8 - 4,6 Vol% ; Zündtemp.: 344 °C [9], 321 °C [484];

Bei Kontakt oder Mischung mit sauerstoffreichem Material (Oxidationsmitteln) sowie Tetrachlorkohlenstofff und anderen chlorierten Kohlenwasserstoffen kann sehr heftige Reaktion, verbunden mit starker Erhitzung, eintreten; es entsteht Brand- und Explosionsgefahr;
Verwendung: technisches Lösemittel;

Bis-[4-(diethylamino)-phenyl]-methanon

- CAS-Nummer:
90-93-7
- gebräuchliche Namen:
4,4'-Bis-(diethylamino)-benzophenon; Michlers Ethylketon; N,N,N',N'-Tetraethyl-4,4'-diaminobenzophenon;
- Summenformel:
$C_{21}H_{28}N_2O$

- Strukturformel:

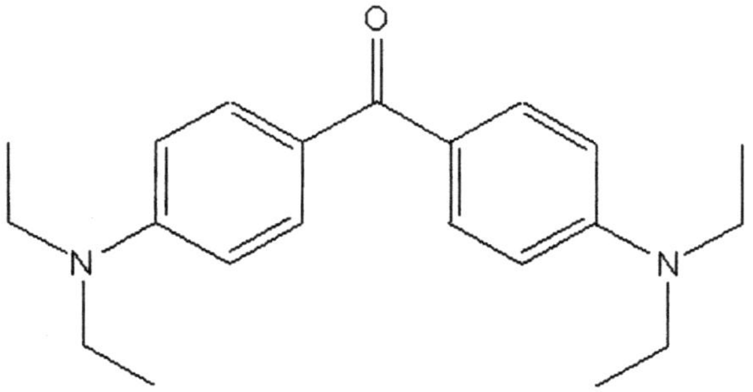

Funktion:
Additiv/Fotoinitiator;
Verfahren:
Druckverfahren;
Anwendung:
UV-Farben;

Eigenschaften:
- physikalisch/chemisch:
Schmelzpunkt: 94-95 °C
Molmasse: 324,47 g/mol

Löslichkeit:
wenig löslich in Ethanol;

Verbleib nach Gebrauch:
Verbrennung nach Mischung mit brennbarem Lösemittel;

Bemerkung:
Blättchen;

2,5-Bis-(4'-diethylaminophenyl)-1,3,4-oxadiazol

- **CAS-Nummer:**
  1679-98-7
- **gebräuchliche Namen:**
  p,p'-Bis-(diethylamino)-PPD;
- **Summenformel:**
  $C_{22}H_{28}N_4O$

- **Strukturformel:**

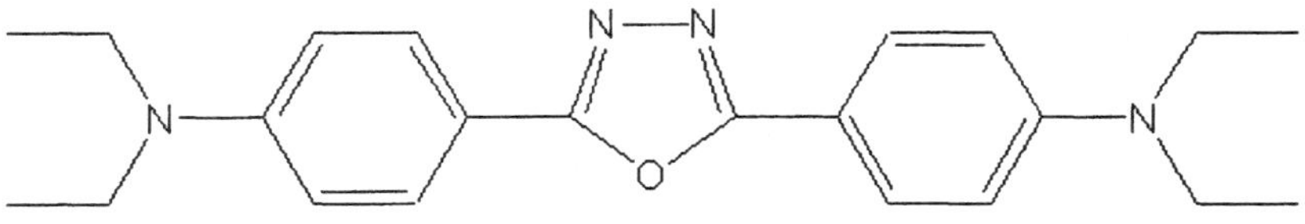

Funktion:
organischer Fotoleiter;
Verfahren:
Druckverfahren/Flachdruck direkt/ elektrostatischer Flachdr.;

Eigenschaften:
- **toxikologisch/ökotoxikologisch:**
  Sonstiges:
  Kann schädigend wirken bei Einatmung, Verschlucken oder Aufnahme überHaut; verursacht Augen- und Hautreizungen; reizt Schleimhäute undAtemwege [187];

  Gefahren-Symbol:

- **physikalisch/chemisch:**
  Schmelzpunkt: 150-152 °C
  Molmasse: 364,49 g/mol

Verbleib nach Gebrauch:
Verbrennung nach Mischung mit brennbarem Lösemittel;

Bemerkung:
Weißes Pulver;

Bis-(4-diethylaminophenyl)-phenylcarboniumhydrogensulfat

- **CAS-Nummer:**
  633-03-4
- **gebräuchliche Namen:**
  Basic Green 1; Brilliant Grün; Brilliantgrün;C.I. 42040; Echtgrün J; Malachitgrün; Ethylgrün; Basisches Grün 1 (C.I. 42040);
- **Summenformel:**
  $C_{27}H_{34}N_2O_4S$

- Strukturformel:

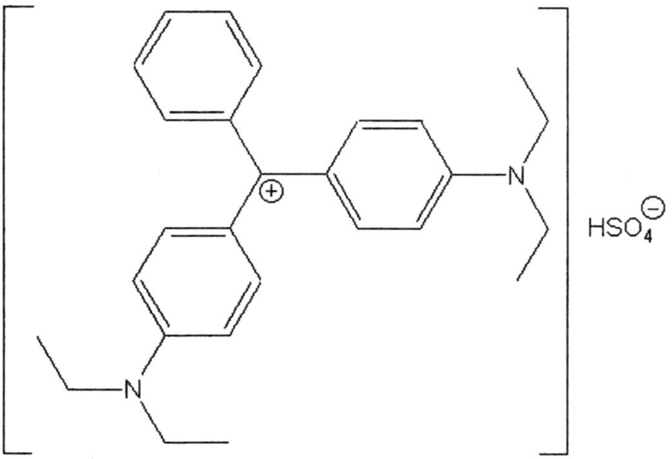

Funktion:
Pigment/Farbstoff/grün;
Verfahren:
Druckverfahren;

Eigenschaften:
- toxikologisch/ökotoxikologisch:
RTECS # BP 6825000;
R-Satz: 20/21
S-Satz: 22-24/25
Sonstiges:
Gesundheitsgefährdend bei Inhalation oder Aufnahme über Haut; hautreizend;

Gefahren-Symbol:

- physikalisch/chemisch:
Schmelzpunkt: 210 °C (zers.)
Molmasse: 482,65 g/mol

Verbleib nach Gebrauch:
Verbrennung nach Mischung mit brennbarem Lösemittel;

Bemerkung:
In Anwendung;
Metallisch-grüne Kristalle;

3,6-Bis-(dimethylamino)-acridin

- CAS-Nummer:
494-38-2
- gebräuchliche Namen:
C.I. 46005-1; Solvens Orange 15 (C.I. 46005-1);Solvent Orange 15; Acridin Orange (freie Base);
- Summenformel:
$C_{17}H_{19}N_3$

- Strukturformel:

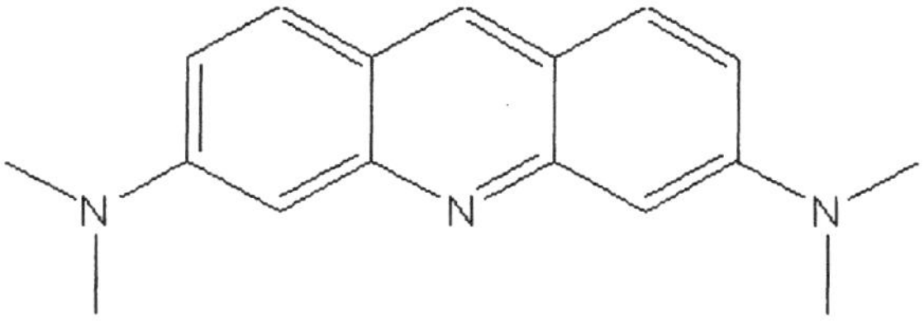

Funktion:
Additiv/Sensibilisator;
Verfahren:
Kopierverfahren/elektron. Verfahren direkt/Elektrofotografie;
Anwendung:
Papierbeschichtung;

Eigenschaften:
- toxikologisch/ökotoxikologisch:
RTECS # AR 7600000;
Schweizer Giftliste: 1
R-Satz: 20/21/22
S-Satz: 23-24/25-36/37/39
Sonstiges:
Kann schädigend wirken bei Einatmung, Verschlucken oder Aufnahme überHaut; kann Reizungen verursachen [187];

Gefahren-Symbol:

- physikalisch/chemisch:
Schmelzpunkt: 165 °C (zers.)
Molmasse: 265,36 g/mol

Verbleib nach Gebrauch:
Verbrennung nach Mischung mit brennbarem Lösemittel;

Bemerkung:
Braunes Pulver;

4,4'-Bis-(dimethylamino)-benzophenon

- CAS-Nummer:
90-94-8
- gebräuchliche Namen:
4,4'-Diamino-N,N,N',N'-tetramethylbenzophenon; Michlers Keton; Tetramethyl-4,4'-diaminobenzophenon;
- Summenformel:
$C_{17}H_{20}N_2O$

- Strukturformel:

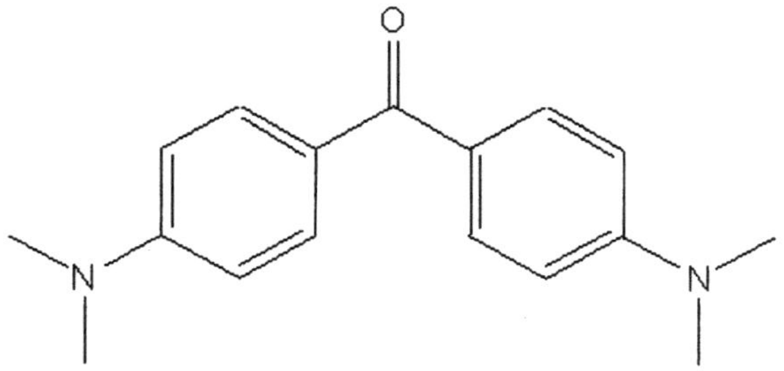

Funktion:
Additiv/Fotoinitiator;
Verfahren:
Druckverfahren;
Anwendung:
UV-Farben;

Eigenschaften:
- toxikologisch/ökotoxikologisch:
RTECS # DJ 0250000;
WGK: 2
R-Satz: 20/21/22-40-48
S-Satz: 23-24/25
Sonstiges:
Krebserzeugend 3 [481];Wirkt schädigend bei Einatmung, Verschlucken oder Aufnahme über Haut;verursacht Augen- und Hautreizungen; reizt Schleimhäute und Atemwege [187];Karzinogen [187];

Gefahren-Symbol:

- physikalisch/chemisch:
Schmelzpunkt: 174-176 °C
Siedepunkt: > 360 °C
Molmasse: 268,358 g/mol

Löslichkeit:
Wasser 0,4 g/l (20 °C); löslich in Ethanol; leicht löslich in Diethylether, heißem Benzen (Benzol);

Verbleib nach Gebrauch:
Verbrennung nach Mischung mit brennbarem Lösemittel;

Bemerkung:
Blaues Pulver; Blättchen (nach Umkristallisation aus Ethanol);
Verwendung: in der Druckindustrie als Fotoinitiator bei UV-Farben;

2,2-Bis(hydroxymethyl)-1,3-propandioltriacrylat

- CAS-Nummer:
3524-68-3
- gebräuchliche Namen:
PETA; Pentaerythrittriacrylat; Pentaerythrityltriacrylat;
- Summenformel:
$C_{14}H_{18}O_7$

Verfahren:
Druckverfahren;

Eigenschaften:
- toxikologisch/ökotoxikologisch:
RTECS # UD 3370000;
R-Satz: 36/38-43
S-Satz: (2)-39
Sonstiges:
Einstufung und Kennzeichnung von Zubereitungen, in denen diese Substanz enthalten ist:20%<=C ¦¦> Xi; R36/38-431%<=C<20% ¦¦> Xi; R43Gefahr der Sensibilisierzung der Haut [481];HautreizendHautresorption! Hohe Konzentrationen zerstören Zellverband;Wirkt schädigend bei Einatmung, Verschlucken oder Aufnahme über Haut;verursacht schwere Reizungen; hohe Konzentrationen wirken extrem zerstörerisch auf das Gewebe der Schleimhäute und Atemwege, Augen und Haut [187];LD 50 (oral, Ratte): 2460 mg/kg [40];LD 50 (Haut, Kaninchen): 4000 mg/kg [187];

Gefahren-Symbol:

Xi

- physikalisch/chemisch:
Flammpunkt: 174 °C
Brechungsindex: 1,4864 (20 °C)
Dichte: 1180 kg/m3 (20 °C)
Molmasse: 298,30 g/mol

Verbleib nach Gebrauch:
Verbrennung nach Mischung mit brennbarem Lösemittel;

Bemerkung:
Weißer Halbfeststoff;
Hygroskopisch;

2,2-Bis-(4-hydroxyphenyl)-propan

- **CAS-Nummer:**
  80-05-7
- **gebräuchliche Namen:**
  BPA; DPP; Bisphenol A; 4,4'-Isopropylidendiphenol; Dian; 4,4'-iso-Propylidendiphenol; Dioxydiphenylpropan; p,p'-Bisphenol A; 4,4'-Bisphenol A; 2,2-Bis-(p-hydroxyphenyl)-propan; 2,2-Bis-4'-hydroxyphenylpropan; Diphenylpropan; 2,2'-(4,4'-Dihydroxydiphenyl)propan; 4,4'-(1-Methylethyliden)-bisphenol; 4,4-Isopropylidenbisphenol;
- **Handelsnamen:**
  DIAN;
- **Summenformel:**
  $C_{15}H_{16}O_2$
- **Strukturformel:**

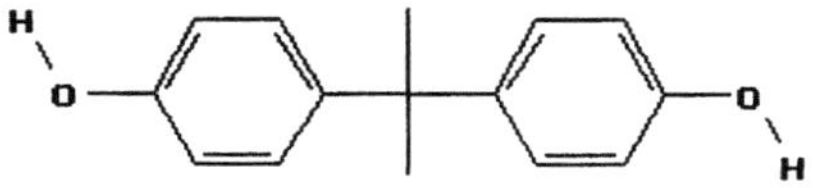

Eigenschaften:
- **toxikologisch/ökotoxikologisch:**
  RTECS # SL 6300000
  Schweizer Giftliste: 4
  WGK: 2
  MAK Wert: 5 mg/m3 (E)
  R-Satz: 36/37/38-43
  S-Satz: (2)-24-26-37
  Sonstiges:
  Stäube und die bei Erhitzung sich bildenden Dämpfe reizen die Augen, die oberen Atemwege und Haut, bei hohen Konzentrationen oder längerer Einwirkung bis hin zu schwerer Gewebsschädigung; Kontakt mit dem Stoff kann zu schweren Schäden an den Augen und der Haut führen; der Stoff wird auch über die Haut aufgenommen; Aufnahme des Stoffes kann Schäden am ZNS (Erregungszustände, Lähmung) und mit Verzögerung an den Nieren hervorrufen [163];Symptome: Brennen und Schmerzen der Augen, Nasen- und Rachenschleimhäute sowie der Haut. Möglicherweise einsetzende Gefühlslosigkeit täuscht über die Schwere der Reizung hinweg! Husten. Kopfschmerzen, Schwindel, Benommenheit Erregungszustände, Bewustlosigkeit, Atemstillstand [484];Spitzenbegrenzung I [481]; Gefahr der Photosensibilisierung [481]; Schwangerschaftsgruppe C [481];Bisphenole weit weniger toxisch als -> Hydroxybenzen (Phenol) selbst;Zur Metabolisierung siehe -> [212], [213];Kein Hinweis auf karzinogenes Potential bei Mäusen und Ratten [214];LD 50 (oral, Ratte): 3250 mg/kg [187], 4040 mg/kg [193];LD 50 (Haut, Kaninchen): 3000 mg/kg [187];LC 50 (oral, Haut): 2400 mg/kg [428];LD 50 (intraperitoneal, Maus): 150 mg/kg [428];LD Lo (subcutan, Maus): 2500 mg/kg [428];LD 50 (oral, Kaninchen): 2230 mg/kg [428];LD 50 (oral, Meerschweinchen): 4000 mg/kg [428];Toxisch für Wasserorganismen, Atmungshemmung EC 10: 90 mg/l (25°C), 35 mg/l (48°C)

  Gefahren-Symbol:

- **physikalisch/chemisch:**
  Schmelzpunkt: 152-153 °C; 154-157 °C;
  Siedepunkt: 250-252 °C (17,33 hPa); 220 °C (5 hPa)

Flammpunkt: 79 °C
Dampfdruck: 5 hPa (220 °C) [163]
Dichte: 1195 kg/m3 (25 °C) (fest)
Molmasse: 228,29 g/mol

Löslichkeit:
unlöslich in Wasser; wenig löslich in Tetrachlormethan; löslich in Ethansäure; leicht löslich in Ethanol, Diethylether, Benzen;

Verbleib nach Gebrauch:
Verbrennung nach Mischung mit brennbarem Lösemittel;

Bemerkung:
Farblose kristalline Schuppen, Pulver oder Flocken; schwacher phenolartiger Geruch;
Stoff reagiert bei Kontakt oder Mischung mit starken Oxidationsmitteln, starken Basen, Säurechloriden und Säureanhydriden;
Verwendung: als Antioxidans für Weichmacher; als Fungizid; Zwischenprodukt bei der Herstellung von -> Epoxidharzen, Polycarbonatharzen, Phenolharzen, Gerbstoffen, Farbstoffen;

1,2-Bis-[2-methacryloyl-oxy-ethoxy]-ethan

- CAS-Nummer:
109-16-0
- gebräuchliche Namen:
TriEDMA; TEDMA; O,O'-Dimethylacryloyltriethylenethandiol; O,O'-Dimethylacryloyltriethylenglycol; O,O'-Dimethylacryloyl-triethylenglykol; 1,2-Bis-((2-methacryloxy)ethoxy)ethan; Ethylenbis(oxyethylen)methacrylate; 1,2-Ethandiylbis(oxy-2,1-ethandiyl)ester; 2,2'-(Ethandiylbis(oxy))-bis-ethanol; 3-Oxyethylen-α-w-dimethacrylat; Triethylenglykoldimethacrylat; Triester mit Triethylene-Glykol; Triethylene-dimethacrylat;
- Handelsnamen:
TGM 3; TGM 3 PL; Polyester TGM-3;
- Summenformel:
$C_{14}H_{22}O_6$

- Strukturformel:

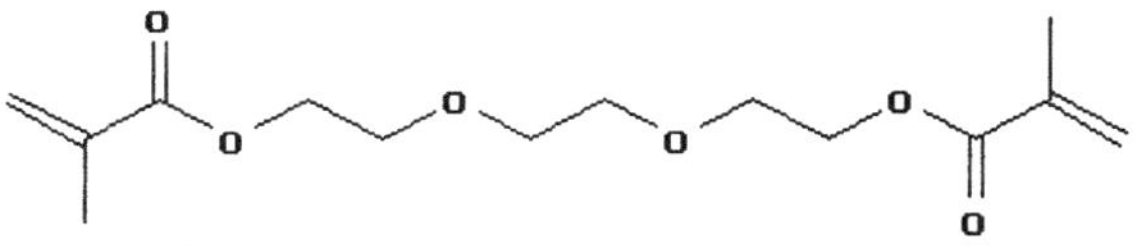

Verfahren:
Druckverfahren;

Eigenschaften:
- toxikologisch/ökotoxikologisch:
RTECS # OZ 4100000
WGK: 1
Sonstiges:
Wirkt schädigend beim Einatmen, Verschlucken oder Aufnahme über Haut; Dämpfe reizen Augen, Schleimhäute und Atemwege; kann allergische Atem- und Hautreaktionen verursachen [187];Karzinogen [187];LD 50 (oral, Ratte): 10837 mg/kg [40];LD 50 (oral, Maus): 10750 mg/kg [428];

- physikalisch/chemisch:
Siedepunkt: 170-172 °C (6,66 hPa)

Flammpunkt: > 112 °C
Brechungsindex: 1,4605 (20 °C)
Dichte: 1092 kg/m3 (20 °C); 1072 kg/m3 (15 °C)
Molmasse: 286,275 g/mol

Löslichkeit:
>10 Gew.-% in Propanon, Ethanol, Ether und Petrolether [428];

Verbleib nach Gebrauch:
Verbrennung nach Mischung mit brennbarem Lösemittel;

Bemerkung:
Farblose Flüssigkeit;
unverträglich mit starken Oxidationsmitteln, starken Basen; kann in Gegenwart von Licht polymerisieren;

Bis-(2-methylpropyl)-ester-hexandisäure

- CAS-Nummer:
141-04-8
- gebräuchliche Namen:
DIBA; Adipinsäurediisobutylester; Diisobutyladipat; Hexandisäurediisobutylester; Isobutyladipat;
- Handelsnamen:
Plasthall DIBA; Flaflex DIBA;
- Summenformel:
$C_{14}H_{26}O_4$

- Strukturformel:

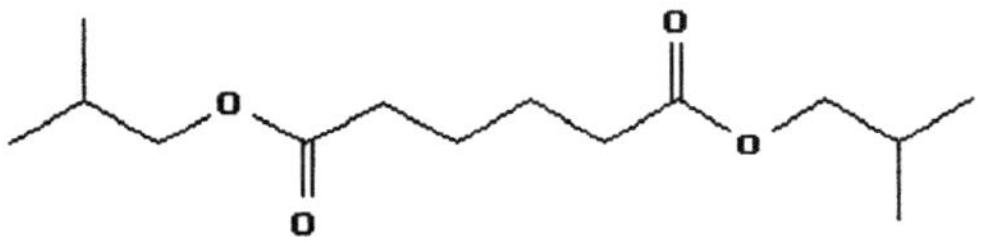

Funktion:
Additv/Weichmacher;
Verfahren:
Druckverfahren;
Anwendung:
Farbe;

Eigenschaften:
- toxikologisch/ökotoxikologisch:
RTECS # VJ 3150000
WGK: 1
Sonstiges:
LD 50 (intraperitoneal, Ratte): 5,95 ml/kg [428];LD 50 (oral, Meerschweinchen): 12,3 ml/kg [428];zu Plasthall Diba [Sdb Krahn]:WGK: 0;Augenkontakt kann zu leichten Reizungen führen. Wiederholter und langandauernder Hautkontakt kann Reizungen verursachen.

- physikalisch/chemisch:
Schmelzpunkt: 0 °C; -20 °C
Siedepunkt: 140 °C; 171-173 °C (29,32 hPa); 186 °C; 293 °C; 278-280 °C
Flammpunkt: 160 °C
Dichte: 950 kg/m3 (25 °C); 953,8 kg/m3 (20 °C)
Molmasse: 258,355 g/mol

Verdunstungszahl: ca. 0 [338]

Löslichkeit:
unlöslich in Wasser; löslich in den meisten organischen Lösungsmitteln [428];

Bemerkung:
Farblose Flüssigkeit; brennbar;
Verwendung: als Weichmacher;

zu Plasthall Diba [Sdb Krahn]:
milder Geruch; Flammpunkt: 204 °C; Dichte: 951 kg/m3 (25 °C);
Produkt reagiert mit Oxidationsmitteln;

Bitumen

- CAS-Nummer:
8052-42-4
- UN Nummer:
1999
- gebräuchliche Namen:
Asphalt; Destillationsbitumen; Verschnittbitumen; Mineralpech;
- Handelsnamen:
Bergpech; Erdharz; Erdpech; geblasene Bitumen; Oxidationsbitumen; Straßenasphalt (flüssig);

Funktion:
Bindemittel;
Verfahren:
Druckformherstellung/Hochdruck;

Eigenschaften:
- toxikologisch/ökotoxikologisch:
WGK: 0
Sonstiges:
Krebserzeugend 3 [481]; TRK: 20 mg/m3 (Dämpfe und Aerosole bei Heißverarbeitung), 15 mg/m3 (übrige Anwendungen) [481];Dämpfe von heißem Bitumen können Brechreiz und Schwindelgefühle verursachen, wenn heiße Flüssigkeit auf die Haut gelangt, entstehen schwere Verbrennungen.Im langjährigen Einsatz als Baustoff im Wasserbau (Fluß-, Kanalbau, Talsperren, Speicherbecken) keine nachteiligen Wirkungen durch Bitumen bekanntgeworden [484];

- physikalisch/chemisch:
Siedepunkt: > 370 °C
Flammpunkt: unter 21 °C c.c. bis 100 °C c.c.

Löslichkeit:
Löslichkeit in Wasser variiert;

Bemerkung:
Bitumen sind dunkelfarbige, halbfeste bis springharte schmelzbare Produkte der Erdölaufbereitung. Asphalte sind Mischungen aus Bitumen und Mineralstoffen wie z.B. Sand und Kies [484];

Blei

- CAS-Nummer:
7439-92-1
- gebräuchliche Namen:
Plumbum; Lead;
- Summenformel:
Pb

Verfahren:
Druckverfahren/Hochdruck;
Anwendung:
Bleisatz; Druckformherstellung;

Eigenschaften:
- toxikologisch/ökotoxikologisch:
RTECS # OF 7525000
Schweizer Giftliste: -
WGK: 0
MAK Wert: 0,1 mg Pb/m3 E (vgl. Abschnitt VIII [481])
R-Satz: 20/22-33
S-Satz: 13-20/21
Sonstiges:
vgl. Abschnitt VIII;Spitzenbegrenzung: III [481]; Schwangerschaftsgruppe B [481]; BAT-Wert: 700 µg/l [481]; IMK: I; Zur Risikominimierung gilt für Frauen unter 45 Jahren ein speziell evaluierter BAT-Wert von 300 µg/l Blut [481]; Zellgift mit Wirkung auf Blut, Knochenmark und Nervensystem: Speichelfluß, Erbrechen, Magen- und Darmkrämpfe (Bleikolik), Kopf-, Leib- und Gliederschmerzen, Bleisaum an Zahnfleischrändern; Eingeatmet als Staub 1 mg/Tag giftig; innerlich 20 g giftig, 20 - 50 g tödlich [30], [132];Blei kann in aquatischen und terrestrischen Systemen angereichert werden [140]; Verbreitung: Wasserpfad; Gesundheitsgefahren bei Überschreitung des MAK-Wertes: Blei und seine Verbindungen sind stark giftig; oft erst nach wochen-, oder monatelanger Aufnahme Appetitlosigkeit, Müdigkeit, Stuhlverstopfung; meist krampfartige Leibschmerzen und evtl. schwerer allgemeiner Krankheitszustand [464];

Gefahren-Symbol:

Xn

- physikalisch/chemisch:
Schmelzpunkt: 327,502 °C
Siedepunkt: 1740 °C
Dichte: 11343,7 kg/m3 (16 °C)
Molmasse: 207,19 g/mol

Löslichkeit:
Wasser 1,2 mg/l (20 °C); löslich in Salpetersäure, heißer konz. Schwefelsäure;

Bemerkung zu physikalisch/chemischen Daten:
Härte nach Mohs: 1,5

Verbleib nach Gebrauch:
Wiedergewinnung zum Recycling oder zur Wiederverwertung, teure Metalle, Katalysatoren; Abwassergrenzwert: 3 mg/l [39]; Trinkwassergrenzwert: 0,1 mg/l [140];
Ruhr bei Wetter (1975): 17 µg/l [417]; Rhein (deutsch-niederländische Grenze): 2100 t/a (1973), 670 t/a (1985) [424];

Bemerkung:
Bläulich weißes Metall mit geringer Härte, so daß es mit einem Messer geschnitten werden kann; als Pulver entflammbar;
Verwendung: reines Blei: Herstellung von Geräten, die mit heißer konz. Schwefelsäure in Berührung kommen; Herstellung von Dichtungen und Folien; Heizbadflüssigkeit; Schutzmaterial gegen radioaktive Strahlen und Röntgenstrahlen;
Bleilegierungen: Blei-Antimon-Zinn-Legierungen mit Zusatz von Kupfer und Nickel -> Schriftmetalle in der graphischen Industrie; säurefeste Auskleidungen; Rohrleitungen; Kabelmäntel; Akkuplatten;
Bleiverbindungen: Mennige, weiße Farbe (PbSO(4));

Bleichromat/Bleimolybdat

- **CAS-Nummer:**
  12656-85-8
- **UN Nummer:**
  3143
- **gebräuchliche Namen:**
  C.I. 77605; Pigment Red 104; Chrom Rot; Chromat Rot; Molybdatorange; Bleichromatmolybdatsulfatrot; Molybdatrot; Pigment Rot 104 (C.I. 77605); Krolor Orange; Moly Orange; Molybdenum Orange;
- **Handelsnamen:**
  Sicomin Rot L 2922; Sicomin Rot L 3025; Sicomin Rot L 3030; Sicomin Rot L 3035 S; Sicomin Rot L 3125; Sicomin Rot L 3130 S; Sicomin Rot L 3135 S; Sicomin Rot L 3230 S; Sicomin Rot L 3330 S; Sicoflush P Rot 3035; Sicoflush P Rot 3135; Heucotron 22; Heucotron 23; Heucotron 213; Heucotron 220; Heucotron 230; G 7413; G 7420; G 7430; Chrome Vermilion
- **Summenformel:**
  $PbCrO_4 * x PbMoO_4 * y PbSO_4$

Funktion:
Pigment/Farbstoff/rot;
Verfahren:
Druckverfahren;
Anwendung:
Farbe;

Eigenschaften:
- **toxikologisch/ökotoxikologisch:**
  WGK: 1
  R-Satz: 61-62-33-40
  S-Satz: 53-45
  Sonstiges:
  [Sdb BASF]:Krebserzeugend 3 [481];LD 50 (oral, Ratte): >5000 mg/kg [634];Bleiverbindungen haben fruchtschädigende Wirkung;Bleichromat-Pigmente sind schwerlösliche Bleiverbindungen. Es lösen sich in Salzsäure bei Magensäurekonzentration Bleianteile, die im Organismus kumulieren können. Bei langfristiger, erhöhter Aufnahme von Bleiverbindungen kann es u.a. zu Störungen der Biosynthese des Haemoglobins kommen;LC 50 (Fisch, Goldorfe): 2500 mg/l/96 h;

  Gefahren-Symbol:

- **physikalisch/chemisch:**
  Schmelzpunkt: >800 °C
  Dichte: 380-600 kg/m3 (20 °C)

Löslichkeit:
unlöslich in Wasser: <0,1 mg/l (20 °C), Ethanol; löslich in Säuren;

Bemerkung:
Rotes geruchloses Pulver; nicht brennbar;
Kann die Entzündungstemperatur brennbarer Substanzen herabsetzen;
Bestandteil: Bleichromat CAS-Nr. 7758-97-6; [Sdb BASF];
Verwendung: als Pigment; Farben- und Lackindustrie; Papier-, Kartonagen- und Zellstoffindustrie; Kunststoffindustrie; Stoffe für den Bau; Füllstoffe; Isoliermaterialien; Laborchemikalien;
Zusammensetzung: 69-80 % -> Blei(II)-chromat, 9-15 % -> Bleimolybdat, 3-7 % -> Blei(II)-sulfat;
Geringe Alkali- und Säureresistenz;
Mengenangaben: 10000-50000 Tonnen

Blei(II)-acetat

- CAS-Nummer:
301-04-2
- UN Nummer:
1616
- gebräuchliche Namen:
Blei(II)-azetat; Bleizucker; essigsaures Blei;Bleisalz der Essigsäure;
- Summenformel:
$C_4H_6O_4Pb$

- Strukturformel:

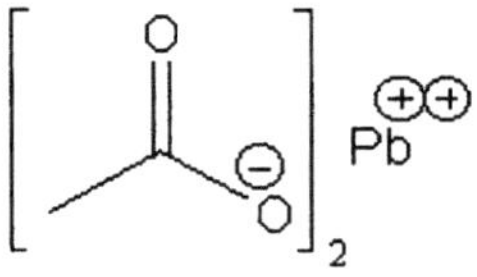

Verfahren:
Druckverfahren;

Eigenschaften:
- toxikologisch/ökotoxikologisch:
RTECS # AI 5250000;
WGK: 2
MAK Wert: 0,1 mg Pb/m3 E (vgl. Abschnitt VIII [481])
R-Satz: 61-62-33-48/22
S-Satz: 53-45
Sonstiges:
Spitzenbegrenzung III [481]; Schwangerschaftsgruppe B [481]; Zur Risikominimierung gilt für Frauen unter 45 Jahren ein speziell evaluierter BAT-Wert von 300 µg/l Blut;Staub und Dämpfe reizen die Augen, Atemwege, Haut; Hautresorption möglich; Kontakt mit Feststoff reizt Augen und die Haut; bei Resorption Schädigung des Darmes, des Nervensystems und des Blutes möglich; bei Kontakt mit Säuren, bei Brand oder bei starker Erhitzung erfolgt Zersetzung unter Bildung von ätzender -> Ethansäure (Essigsäure) [163];Karzinogen [187];LD 50 (oral, Ratte): 1100 mg/kg [140];LC 50 (Fisch; Goldorfe): 546 - 655/371 mg/l [33];LC 50 (Fisch; Elritze, 96 h): 43,6 mg/l [25];LC 50 (Daphnia magna): 2,5 mg/l [6];Toxische Grenzkonzentration für Pseudomonas putida 1,8 mg/l [36],Scenedesmus quadricauda 3,7 mg/l [404];

Gefahren-Symbol:

T

- physikalisch/chemisch:
Schmelzpunkt: 280 °C
Dichte: 3250 kg/m3 (20 °C)
Molmasse: 325,28 g/mol

Löslichkeit:
Wasser 443 g/l (20 °C), 2210 g/l (50 °C); löslich in Propantriol (Glycerin); sehr wenig löslich in Ethanol;

Verbleib nach Gebrauch:
Sondermüll-Deponie, abfiltrierte Sulfide aus der Ausfällung des in Lösung gebrachten Stoffes (Oxidation oder wäßrige Säure) und eventueller Neutralisation;
Trinkwassergrenzwert: 0,1 mg Pb/l [140];

Bemerkung:
Repr.Cat1;
Weißes Pulver;
CAS-Nr. Blei(II)-acetat-3-hydrat: 6080-56-4
Verwendung: zur Bleibeschichtung von Metallen; in der Baumwollfärberei;
in der Druckindustrie; zur Herstellung von Firnis;

Blei(II)-carbonat basisch

- CAS-Nummer:
598-63-0
- UN Nummer:
3143
- gebräuchliche Namen:
Bleicarbonat; Weißbleierz; Zerussit; Hydrocerussit; Bleifarben fest o. flüssig; Blei(II)-hydroxidcarbonat; Bleisubcarbonat; Cerussa; Hydrocerussit; Kremserweiß; Plumbum subcarbonicum;
- Summenformel:
$Pb(CO_3)_2 * Pb(OH)_2$

Funktion:
Pigment/Farbstoff/weiß;
Verfahren:
1.Druckverfahren/Tiefdruck;
Anwendung:
Farbe;
1.Druckformherstellung;

Eigenschaften:
- toxikologisch/ökotoxikologisch:
RTECS # OF 9275000
MAK Wert: 0,1 mg Pb/m3 E (vgl. Abschnitt VIII [481])
R-Satz: 20/22-33
S-Satz: 13-20/21

Sonstiges:
Spitzenbegrenzung III [481]; Schwangerschaftsgruppe B [481]; Zur Risikominimierung gilt für Frauen unter 45 Jahren ein speziell evaluierter BAT-Wert von 300 µg/l Blut;Kann schädigend wirken beim Einatmen, Verschlucken oder Aufnahme über Haut; kann Reizungen verursachen [187];Der Staub reizt die Augen und die Atemwege; die Substanz wird durch Einatmen des Staubes und nach Verschlucken in den Körper aufgenommen; mit Verzögerung treten Symptome von seiten des Zentralnervensystems und des Magen- und Darmkanals auf; Symptome: Brennen der Augen sowie der Nasen- und Rachenschleimhäute; Husten; Metallgeschmack, Übelkeit, kolikartige Leibschmerzen, Kopfschmerzen, Muskelschwäche und Krämpfe, Schlaflosigkeit, Kollaps, Verstopfung, seltener Durchfälle mit blutigem Stuhl [484];TD Lo (oral, Mann): 214 mg/kg/4 Wochen [428];LD Lo (oral, Meerschweinchen): 1000 mg/kg [428];Hohe bis sehr hohe toxische Wirkung unabhängig von der Turbulenz des Gewässers [484];

Gefahren-Symbol:

Xn

- physikalisch/chemisch:
Schmelzpunkt: 315 °C Zers.
Siedepunkt: 400 °C Zers.
Dichte: 6140 kg/m3 (20 °C)
Molmasse: 775,60 g/mol

Löslichkeit:
Wasser 1,1 mg/l (20 °C); löslich in Säuren, Laugen; unlöslich in Ammoniak, Ethanol;

Verbleib nach Gebrauch:
Sondermüll-Deponie, abfiltrierte Sulfide aus der Ausfällung des in Lösung gebrachten Stoffes (Oxidation oder wäßrige Säure) und eventueller Neutralisation;

Bemerkung:
Farblose, perlmuttartig glänzende Blättchen; rhombische Kristalle;
siehe auch -> Blei(II)-hydroxidcarbonat, CAS-Nr.: 1344-36-1;
Bei Kontakt mit Säuren oder Basen wird Bleiweiß langsam zersetzt; bei Kontakt mit Salpetersäure erfolgt starkes Aufschäumen unter Bildung von Kohlendioxid [484];

Blei(II)-chromat

- CAS-Nummer:
7758-97-6
- gebräuchliche Namen:
Bleichromat; Bleichromat(VI); Crocoit; Phoenicochroit; Rotbleierz; Pigment Yellow 34 (C.I. 77600); Pigment Gelb 34; C.I. 77600; Pigment Green 15; Pigment Grün 15; Chromsäureblei(2+)salz (1:1); Pigment Grau 15;
- Handelsnamen:
Canary chrome gelb 40-2250; Canary chrome yellow 40-2250; Chromgelb GF; Chromgelb 5G; Chromgelb LF; +Chromgrau; Chromgrau UC 61; Chromgrau UC 74; Chromgrau UC 76; Chrome Green; Chrome Green UC61; Chrome Green UC74; Chrome Green UC76; Chrome lemon; Chrome yellow; Chrome yellow G; Chrome yellow 5G; Chrome yellow LF; Chrome yellow light 1066; Chrome yellow light 1075; Chrome yellow medium 1074; Chrome yellow medium 1085; Chrome yellow medium 1295; Chrome yellow medium 1298; Chrome yellow primrose 1010; Chrome yellow primrose 1015; Chromium yellow; Cologne Yellow; C.P. Chrome Yellow light; C.P. Chrome Yellow medium; C.P. Chrome Yellow primose; Chrome Zitrone; Crocoite; Dainichi chrome yellow G; King's Yellow; Lead chromate; Lead Chromate (VI); Lead chromate (ACGIH); Lead

chromium oxid; Leipzig yellow; Lemon yellow; Paris yellow; Phoenicochroite; Plumbous chromate; Primrose chrome yellow; Pure lemon chrome L3GS;

- Summenformel:
$PbCrO_4$

Verfahren:
1.Druckverfahren/Hochdruck direkt/Flexodruck;
2.Druckverfahren/Tiefdruck;

Anwendung:
2.Zylinderverchromung bei Tiefdruckformherstellung;
Druckfarbe/Pigmentbestandteil;

Eigenschaften:

- toxikologisch/ökotoxikologisch:
RTECS # GB 2975000
Schweizer Giftliste: 3
R-Satz: 61-62-33-40
S-Satz: 53-45
Sonstiges:
Krebserzeugend 3 [481];Repr.Cat.1 [505]; Carc.Cat.3 [505]LD 75 (intraperitoneal, Meerschweinchen): 156 mg/kg [327];

Gefahren-Symbol:

- physikalisch/chemisch:
Schmelzpunkt: 844 °C
Siedepunkt: Zers.
Dichte: 6120 kg/m3 (15 °C)
Molmasse: 323,18 g/mol

Löslichkeit:
Wasser 0,058 mg/l (25 °C); löslich in Säuren, Laugen; unlöslich in Ethansäure, Ammoniak;

Verbleib nach Gebrauch:
Sondermüll-Deponie, ausgefällte Sulfide von Mangan, Chrom oder Molybdän aus der Behandlung der Lösung mit Schwefelsäure und Natriumbisulfit und Neutralisation, lösliches Sulfid wird mit Hypochlorit zersetzt, neutralisiert ins Abwasser gegeben;

Bemerkung:
Gelbes oder orangegelbes Pulver;
In den aus Mischkristallen bestehenden Pigmenten -> Chromgelb, -> Molybdän Orange enthalten;
Verwendung: als Pigment in Öl- und Wasser- und Druckfarben; zum Dekorieren von Porzellan; in Straßenmarkierungsfarben; in der chemischen Analyse organischer Verbindungen;

Blei(II)-hydroxidcarbonat

- CAS-Nummer:
1344-36-1
- gebräuchliche Namen:
Blei(II)-carbonat basisch; Carbonatbleiweiß; Pigment Weiß 1 (C.I. 77597); C.I. 77597; Pigment White 1;
- Handelsnamen:
Bleiweiß; Holländerweiß; Kremserweiß; Silberweiß;
- Summenformel:
$(PbCO_3)_2 * Pb(OH)_2$

- Strukturformel:

$(PbCO_3)_2 * Pb(OH)_2$

Funktion:
Pigment/Farbstoff/weiß;
Verfahren:
Druckverfahren;
Anwendung:
Farbe;

Eigenschaften:
- toxikologisch/ökotoxikologisch:
RTECS # OF 9275000
MAK Wert: 0,1 mg Pb/m3 E (vgl. Abschnitt VIII [481])
R-Satz: 20/22-33
S-Satz: 13-20/21
Sonstiges:
Spitzenbegrenzung III [481]; Schwangerschaftsgruppe B [481]; Zur Risikominimierung gilt für Frauen unter 45 Jahren ein speziell evaluierter BAT-Wert von 300 µg/l Blut;Toxizität siehe -> Blei;

Gefahren-Symbol:

Xn

- physikalisch/chemisch:
Schmelzpunkt: 400 °C (Zers.)
Dichte: 6140 kg/m3 (20 °C)
Molmasse: 775,60 g/mol

Löslichkeit:
unlöslich in Wasser, Ethanol; wenig löslich in flüssigem Kohlendioxid; löslich in Salpetersäure;

Verbleib nach Gebrauch:
Sondermüll-Deponie für chemischen Abfall, besonders gefährliche Stoffe;

Bemerkung:
Weißes Pulver;
Unbeständig gegenüber Alkalien, Säuren, Schwefelwasserstoff;
Verboten in kosmetischen Mitteln;
Verwendung: Weißpigment (wegen seiner Unbeständigkeit (s.o.) jedoch häufig in Kombination mit anderen Weißpigmenten), vor allem für Außenanstriche;

Für Druckfarben kaum noch verwendet, da es durch das ungiftige und besser deckende -> Titanweiß ersetzt wurde; siehe auch -> Blei(II)-carbonat basisch, CAS-Nr.: 598-63-0;

Blei(II,IV)-oxid

- CAS-Nummer:
1314-41-6
- gebräuchliche Namen:
Bleimennige; Blei(II)-orthoplumbat; Mennige; Bleitetraoxid; rotes Bleioxid; rotes Blei;
- Handelsnamen:
Bleiorthoplumbat, Bleitetraoxid; C.I. 77578; C.I. Pigmentrot 105; Goldsatinobre; Mineralorange; Mineralrot; Minimum; Oranges Blei; Parisrot; Pigment Rot 105; Rhenogran Pb3O4-80; Rhenogran Pb3O4-80/ECO; rotes Bleioxid; Tribleitetroxid;
- Summenformel:
Pb_3O_4

Funktion:
Farbstoff/Pigment;

Eigenschaften:
- toxikologisch/ökotoxikologisch:
RTECS # OG 5425000
Schweizer Giftliste: 3
MAK Wert: 0,1 mg Pb/m3 E (vgl. Abschnitt VIII [481])
R-Satz: 20/22-33
S-Satz: 13-20/21
Sonstiges:
Spitzenbegrenzung III [481]; Schwangerschaftsgruppe B [481]; Zur Risikominimierung gilt für Frauen unter 45 Jahren ein speziell evaluierter BAT-Wert von 300 µg/l Blut;Kann schädigend wirken bei Einatmung, Verschlucken oder Aufnahme über Haut; verursacht Augen- und Hautreizungen; reizt Schleimhäute und Atemwege [187];LD 50 (oral, Ratte): >10000 mg/kg [634];LD Lo (oral, Meerschweinchen): 1000 mg/kg [428];LD 50 (intraperitoneal, Ratte): 630 mg/kg [428];LD 50 (intraperitoneal, Meerschweinchen): 220 mg/kg [428];LD 50 (intraperitoneal, Schwein; 220 mg/kg [634];

Gefahren-Symbol:

- physikalisch/chemisch:
Schmelzpunkt: 370 -500°C (Zers.)
Dichte: 9100 kg/m3 (20 °C)
Molmasse: 685,57 g/mol

Löslichkeit:
unlöslich in Propanon; schwer löslich in Wasser, Ethanol; wenig löslich in Fluorwasserstoff; löslich in Salzsäure;

Verbleib nach Gebrauch:
Sondermüll-Deponie für chemischen Abfall, besonders gefährliche Stoffe;

Bemerkung:
Gelb bis scharlachrotes kristallin-körniges oder auch amorphes Pulver;
Bei etwa 550 °C: Zersetzung in Blei(II)oxid und Sauerstoff; zersetzt sich mit verdünnter Salpetersäure in Blei(IV)oxid und Blei(II)-nitrat; Unverträglich mit starken Reduktionsmitteln;

Verwendung: vorzügliches Rostschutzmittel mit hervorragendem Deckvermögen; mit Leinöl vermischt als Schutzanstrich für Eisenkonstruktionen; Herstellung von Akkumulatorplatten, Kristallglas, Glasuren, Pigmenten, Pflastern, Salben; Elektroindustrie; Farben- und Lackindustrie; Kunststoffindustrie; Farbmittel; Korrosionshemmer; Isoliermaterialien;
Mengenangaben: 100000-500000 Tonnen;

Blei(II)-nitrat

- CAS-Nummer:
10099-74-8
- UN Nummer:
1469
- gebräuchliche Namen:
Bleinitrat; Bleisalpeter; Salpetersaures Blei;
- Summenformel:
PbN_2O_6

Funktion:
Bleiverstärker;
Verfahren:
Druckformherstellung/Reproduktionsfotografie;
Anwendung:
Tonfixierbad;

Eigenschaften:
- toxikologisch/ökotoxikologisch:
RTECS # OG 2100000;
Schweizer Giftliste: 2
WGK: 2
MAK Wert: 0,1 mg Pb/m3 E (vgl. Abschnitt VIII [481])
R-Satz: 20/22-33
S-Satz: 13-20/21
Sonstiges:
Spitzenbegrenzung III [481]; Schwangerschaftsgruppe B [481]; Zur Risikominimierung gilt für Frauen unter 45 Jahren ein speziell evaluierter BAT-Wert von 300 µg/l Blut;Tödlichkeitsgrenze für Fische: 1,4 mg/l;Zellgift: Metallischer Geschmack im Mund, Übelkeit, Erbrechen, Koliken,Blutdruckabfall, Schmerzen, Schlaflosigkiet, Bewußtlosigkeit;Vergiftungen durch Einatmen von größeren Mengen Staub nach Verzögerungvon Tagen bis Wochen möglich; bei Verschlucken größerer Mengen Auf-treten von Schäden im Magen- und Darmkanal sowie nach Tagen in derNiere und der Leber;Vergiftungen -> siehe auch Blei;

Gefahren-Symbol:

Xn

- physikalisch/chemisch:
Schmelzpunkt: 200 °C (zers.)
Dichte: 4530 kg/m3 (20 °C)
Molmasse: 331,20 g/mol

Löslichkeit:
Wasser 388 g/l (0 °C), 1390 g/l (100 °C);

Verbleib nach Gebrauch:
Sondermüll-Deponie, abfiltrierte Sulfide aus der Ausfällung des in Lösung gebrachten Stoffes (Oxidation oder wäßrige Säure) und eventueller Neutralisation;

Bemerkung:
Weiße Kristalle;
Beim Erhitzen auf 470 °C zerfällt Blei(II)-nitrat in Blei(II)-oxid und Stickstoffdioxid unter Sauerstoffabspaltung;
Verwendung: Oxidationsmittel in der Farbstoffindustrie, Färberei, Feuerwerkerei und Zündholzindustrie; ferner zur Herstellung anderer Bleiverbindungen und von Sprengstoffen;
In der Fotoindustrie zur Herstellung von Tonfixierbädern, für graphische Zwecke, zur Verstärkung;
In der Druckindustrie als Bleiverstärker im Tonfixierbad;

Blei(II)-sulfat

- CAS-Nummer:
7446-14-2
- UN Nummer:
1794
- gebräuchliche Namen:
Anglesit; Bleisulfat; Lankarite;
- Handelsnamen:
Pigment White 3; Fast White; Freemans White; Mulhouse Withe; Milk White; Lead Bottoms; Naphthovin T3;
- Summenformel:
$PbSO_4$

Verfahren:
Druckverfahren;
Anwendung:
Druckfarbe/Pigmentbestandteil;

Eigenschaften:
- toxikologisch/ökotoxikologisch:
RTECS # OG 4375000
Schweizer Giftliste: 2
MAK Wert: 0,1 mg Pb/m3 E (vgl. Abschnitt VIII [481])
R-Satz: 61-62-20/22-33
S-Satz: 53-45
Sonstiges:
Spitzenbegrenzung III [481]; Schwangerschaftsgruppe B [481]; Zur Risikominimierung gilt für Frauen unter 45 Jahren ein speziell evaluierter BAT-Wert von 300 µg/l Blut;Einstufung und Kennzeichnung von Zubereitungen, in denen diese Substanz enthalten ist:0,5% <= C < 1%; --- >T; R 61-33Ätzendes Gemisch, dessen Staub zu starker Reizung der Augen, der Atemwege, der Lunge sowie der Haut führt; das gleiche gilt für die bei starker Erhitzung entstehenden Dämpfe; Glottis- und Lungenödem möglich; Achtung, letzteres kann mit einer Verzögerung bis zu zwei Tagen auftreten; nach Einatmen des Staubes oder der Dämpfe ist daher eine ärztliche Untersuchung in jedem Fall erforderlich; Kontakt mit dem festen Stoff oder der breiigen Masse bewirkt sehr starke Reizung und Verätzung der Augen und der Haut [484];LD Lo (oral, Hund): 2000 mg/kg [428];LD Lo (oral, Meerschweinchen): 30000 mg/kg [428];LD 75 (oral, Meerschweinchen): 290 mg/kg [428];Toxisch für Wasserorganismen;für Goldfische 25 mg/l letal in 96 Std. [484];für Elritze 25 mg/l letal in 2-3 Std. [484];

Gefahren-Symbol:

T

- physikalisch/chemisch:
Schmelzpunkt: 1170 °C
Dichte: 6200 kg/m3 (20 °C)
Molmasse: 303,25 g/mol

Löslichkeit:
Wasser 0,0425 g/l (25 °C), 0,056 g/l (40 °C); löslich in Ammoniumsalzen; wenig löslich in konz. Schwefelsäure; unlöslich in Säuren;

Verbleib nach Gebrauch:
Sondermüll-Deponie für chemischen Abfall, besonders gefährliche Stoffe;

Bemerkung:
Weißes kristallines Pulver, fester Stoff oder breiige Masse;
In den aus Mischkristallen bestehenden Pigmenten -> Molybdän Orange, -> Chromgelb enthalten;
Verwendung: als Substrat für lithografische Farblacke und Teerfarbstoffe

Blei(IV)-oxid

- CAS-Nummer:
1309-60-0
- UN Nummer:
1872
- gebräuchliche Namen:
Bleidioxid; Bleiperoxid; C.I. 77580;
- Summenformel:
PbO_2

Verfahren:
Druckverfahren;

Eigenschaften:
- toxikologisch/ökotoxikologisch:
RTECS # OG 0700000
Schweizer Giftliste: 2
MAK Wert: 0,1 mg Pb/m3 E (vgl. Abschnitt VIII [481])
R-Satz: 20/22-33
S-Satz: 13-20/21
Sonstiges:
Spitzenbegrenzung III [481]; Schwangerschaftsgruppe B [481]; Zur Risikominimierung gilt für Frauen unter 45 Jahren ein speziell evaluierter BAT-Wert von 300 µg/l Blut;Kann schädigend wirken beim Einatmen, Verschlucken oder Aufnahme über Haut; verursacht Augen- und Hautreizungen; reizt Schleimhäute und Atemwege [187];LD 50 (intraperitoneal, Meerschweinchen): 220 mg/kg [428];

Gefahren-Symbol:

Xn

- physikalisch/chemisch:
Dichte: 9370 kg/m3 (20 °C)
Molmasse: 239,19 g/mol

Löslichkeit:
Wasser 0,14 g/l (25 °C); wenig löslich in Salpetersäure; löslich in heißem konz. Kaliumhydroxid;

Bemerkung zu physikalisch/chemischen Daten:
Zersetzung ab 290 °C;

Verbleib nach Gebrauch:
Sondermüll-Deponie für chemischen Abfall, besonders gefährliche Stoffe;

Bemerkung:
Schwarzes Pulver; hexagonale Kristalle;
Mit Salzsäure -> Chlor-Entwicklung;
Verwendung: Oxidationsmittel, in der Zündholzindustrie und der Pyrotechnik; Herstellung von Elektroden;

Bleisulfochromat

- CAS-Nummer:
1344-37-2
- UN Nummer:
3143
- gebräuchliche Namen:
Pigment Gelb 34 (C.I. 77603/C.I. 77600); Pigment Yellow 34; C.I. 77603; C.I. 77600; Chrom-Gelb; Primel-Chrom; Helles-Chrom; Zitronen-Chrom; echtes Zitronenchrom; Supra Zitronenchrom; Medium-Chrom; Chromorange; Chromzitronengelb; mittleres Chromgelb; Chromgelbe Primel;
- Handelsnamen:
Königs Gelb; Königsgelb; Leipzig Gelb; Gelb, Leipzig; Paris Gelb; Gelb, Paris; Chromastral Grün; Encelac Gelb 1523; Heucotron 5; Heucotron 1055; Heucotron 11; Heucotron 117; Heucotron 120; Heucotron 123; Heucotron126; Heucotron 1060; Heucotron 1070; Heucotron 13; Heucotron 1064; Heucotron 1080; G 7360; G7362; G 7364; G 7365; G 7370; G 7370; G 7371; G 7380; G 7417; G 7429; Sicomin Gelb L 1522; Sicomin Gelb L 1622; Sicomin Gelb L 1625; Sicomin Gelb L 1630 S; Sicomin Gelb L 1635 S; Sicomin Gelb L 1835 S; Sicomin Gelb L 1922; Sicomin Gelb L 1925; Sicomin Gelb L 1930 S; Sicomin Gelb L 2122; Sicomin Gelb L 2135 S; Sicomin Orange L 2422; Sicomin Orange L 2822; Sicomin Gelb L 1425; Sicoflush P Gelb 1635; Sicoflush P Gelb 1835; Sicoflush P Gelb 2135; Vynamon Gelb;
- Summenformel:
$PbCrO_4 * PbSO_4$

Funktion:
Pigment/Farbstoff/gelb;
Verfahren:
Druckverfahren;
Anwendung:
Druckfarbe/Chromgelb;

Eigenschaften:
- toxikologisch/ökotoxikologisch:
WGK: 1
R-Satz: 61-62-33-40
S-Satz: 53-45
Sonstiges:
Krebserzeugend 3 [481];LD 75 (intraperitoneal, Meerschweinchen): 156 mg/kg für Blei(II)-chromat [327];zu Sicomin Gelb L 1630 S [Sdb BASF]:LD 50 (oral, Ratte): >5000 mg/kg;Reproduktionstoxizität: Bleiverbindungen: fruchtschädigende Wirkung;LC 50 (Leuciscus idus): >10000 mg/l/96 h;

Gefahren-Symbol:

- **physikalisch/chemisch:**
  Schmelzpunkt: >800 °C
  Dichte: 3800-5800 kg/m3 (20 °C)

  Löslichkeit:
  unlöslich in Wasser; löslich in Säuren, Laugen;

Bemerkung:
Gelbes geruchloses Pulver [Sdb BASF zu Sicomin Gelb L 1630 S];
Gelbe Kristalle;
Pigment Gelb 34 (CAS-Nr.: 1344-37-2) besteht zum Großteil (65 - 94 %) aus Blei(II)-chromat (C.I. 77600); C.I. 77603 enthält noch zusätzlich Blei(II)-sulfat (6 - 38 %);
Drei Modifikationen (hellgelbe rhombische, dunkelgelbe monokline und rote tetragonale Modifikation);
Verwendung: als Pigment für Öl- und Druckfarben, für Lacke; zum Färben von Linoleum, Gummi und Papier; zur Herstellung von Chromgrün;

1,3-Butadien

- **CAS-Nummer:**
  106-99-0
- **UN Nummer:**
  1010
- **gebräuchliche Namen:**
  Buta-1,3-dien; Bivinyl; Divinyl; Divinylbutadien; Erythrene; Pyrrolylene; Vinylethylen; Biethylen; Butadien
- **Handelsnamen:**
  Buna VI 1945, 1949, 1969, 1970, 1979;
- **Summenformel:**
  C_4H_6

- **Strukturformel:**

Funktion:
Bindemittel;
Verfahren:
Druckverfahren;

Eigenschaften:
- **toxikologisch/ökotoxikologisch:**
  RTECS # EI 9275000
  Schweizer Giftliste: 1
  WGK: 2
  R-Satz: 45-12
  S-Satz: 53-45
  Sonstiges:
  Krebserzeugend 1 [481]; Erbgutverändernd 2 [481]; TRK: 15 ml/m3 bzw. 34 mg/m3 (Aufarbeitung nach polymerisation, Verladung), 5 ml/m3 bzw. 11 mg/m3 (übrige Anwendung) [481];IMK: II;

Karzinogen [187];Das Einatmen des Gases verursacht Reizung der Augen und Atmungswege; Wirkt schädigend beim Einatmen, Verschlucken oder Aufnahme über Haut; Dämpfe reizen Augen, Schleimhäute und Atemwege; verursacht Hautreizungen [187];In hohen Konzentrationen narkotische Wirkung Bei rascher Verdampfung kann die Luft (insbesondere in Räumen) verdrängt werden (Erstickungsgefahr!); Leberschäden Kontakt mit der Flüssigkeit führt zu Erfrierungen; beachte die Gefährdung der Augen! [484];Geruchsschwelle: <1000 ppm [484], [163];TC Lo (inhalativ, Mensch): 2000 ppm/7h, 8000 ppm [428];LD 50 (oral, Ratte): 5480 mg/kg [428];LC 50 (inhalativ, Ratte): 285 mg/m3/4h [187]; 285 g/m3/4h, 270 g/m3/2h [428];TC Lo (inhalativ, Ratte (trächtig)): 8000 ppm/6h/6-15d [428];TC Lo (inhalativ, Ratte): 625 ppm/6h/61w [428]; TC (inhalativ, Ratte): 1000 ppm 6h/2y (intermittierend), 8000 ppm/6h/2y (intermittierend), 8000 ppm/6h/15w (intermittierend), 2200 mg/m3/4h/17w (intermittierend) [428];TC (inhalativ, Maus): 200 ppm/40w (intermittierend), 625 ppm/6h/64w (intermittierend), 63 ppm/6h/2y (intermittierend) [428];TC Lo (inhalativ, Maus): 625 ppm/6h/13w (intermittierend), 1250 ppm/6h/14w (intermittierend), 1250 ppm/6h/6w (intermittierend), 1250 ppm/6h/24w (intermittierend) [428];TC Lo (inhalativ, Maus (trächtig)): 1000 ppm/6h/6-15d [428];LC Lo (inhalativ, Kanninchen): 25 pph/23m, 100 mg/m3/4h/17w (intermittierend) [428];LD 50 (Wasserorganismen): 100-10 mg/l/96h [484];mittlere Tödlichkeitsgrenze für Fische 71,5 mg/l [484];MLD für Fische: 71,5 mg/l [159];

Gefahren-Symbol:

- physikalisch/chemisch:

Schmelzpunkt: -108,91 °C; -109 °C
Siedepunkt: -4,41 °C; -4,9 °C; -4,5 °C
Flammpunkt: -85 °C; -76 °C
Dampfdruck: 2500 hPa (20 °C) [163]; 2398 hPa (20 °C) [484]*
Verdampfungswärme: 388,54 kJ/kg
Log pOW: 1,99 [4]; 1,85 (23 °C [634]
Brechungsindex: 1,4292 (-25 °C)
Dichte: 650 kg/m3 (-6 °C); 630 kg/m3 (4 °C); 620 kg/m3 (20 °C)
Molmasse: 54,091 g/mol

Löslichkeit:
Wasser 0,5 g/l (20 °C); löslich in Ethanol, Diethylether, Benzen; leicht löslich in Propanon;

Bemerkung zu physikalisch/chemischen Daten:
T(krit.): 152 °C [484];

Verbleib nach Gebrauch:
Verbrennen entzündlicher Gase, Neutralisation korrosiver Gase, Verbrennung und/oder chemische Reaktion giftiger, hochreaktiver Gase und Reizgase, Reinigung der Druckbehälter;

Bemerkung:
Farbloses, mild aromatisch riechendes Gas;
Bildet im dampf-/gasförmigen Zustand mit Luft explosionsfähige Gemische;
Explosionsgrenzen: 1,1-12,5 Vol.-% [163]; 2,0-12 °C [484]*; 1,4--16,3 Vol % [634];
Zündtemp.: 415 °C [163]; 435 °C [484]*; 420-450 °C [634];

Polymerisiert bei Erwärmung und Einwirkung von Luftsauerstoff unter explosionsartigen Erscheinungen; Peroxide, Sauerstoff, Alkalierden und verschiedene Metallverbindungen wie Aluminium-, Eisen- und Antimonchlorid wirken als Katalysatoren und bewirken Einleitung der Polymerisation bildet instabile Peroxide bei Kontakt mit sauerstoffreichem Material;
Verwendung: Polymerisation (alleine oder im Gemisch mit anderen polymerisationsfähigen Verbindungen zu synthetischen -> Kautschuk), in der Druckindustrie als Bindemittel;

* Die Daten für die Gemische varrieren. Die eingetragenen Daten gelten für das technische Produkt Butadien-1,3 in stabilisiertem Zustand [484];

Butan-1,3-diol

- CAS-Nummer:
107-88-0
- gebräuchliche Namen:
1,3-Butandiol;1, 3-Butylenglykol;
- Summenformel:
$C_4H_{10}O_2$

- Strukturformel:

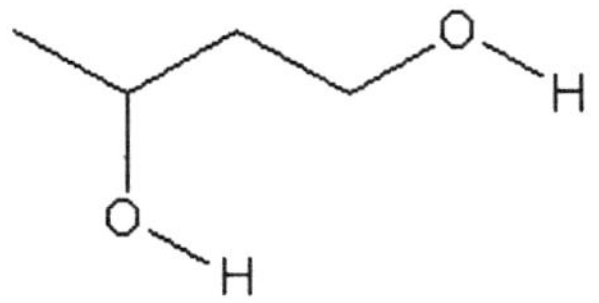

Eigenschaften:
- toxikologisch/ökotoxikologisch:
RTECS # EK 0440000;
WGK: 0
Sonstiges:
Wirkt schädigend beim Einatmen oder Verschlucken; Dämpfe reizen Augen,Schleimhäute und Atemwege; verursacht Hautreizungen [187];LD 50 (oral, Ratte): 22800 mg/kg [9], 18610 mg/kg [187];LD 50 (Haut, Kaninchen): > 20000 mg/kg [9];

- physikalisch/chemisch:
Schmelzpunkt: -50 °C
Siedepunkt: 204 °C; 206-210 °C
Flammpunkt: 121 °C; 116 °C
Dampfdruck: 0,08 hPa (20 °C) [9]
Brechungsindex: 1,4418 (19,5 °C)
Dichte: 1005 kg/m3 (20 °C)
Molmasse: 90,122 g/mol
Verdunstungszahl: 0,007 (BuAc = 1) [9]

Löslichkeit:
leicht löslich in Wasser, Ethanol; unlöslich in Diethylether;

Verbleib nach Gebrauch:
Verbrennung nach Mischung mit brennbarem Lösemittel;

Bemerkung:
Farblose, viskose Flüssigkeit; brennbar;
Bildet im dampf-/gasförmigen Zustand mit Luft explosionsfähige Gemische;
Explosionsgrenzen: 1,9- Vol% ; Zündtemp.: 395 °C [9];
Verwendung: technisches Lösemittel;
Die Bezeichnung "1,3-Butylenglycol" ist irreführend und sollte nicht benutzt werden;

1,4-Butandiol

- **CAS-Nummer:**
  110-63-4
- **gebräuchliche Namen:**
  1,4-Butylenglykol; Tetramethylenglykol; 1,4-Butylenglycol; Tetramethylenglycol; Butan-1,4-diol; Butylenglykol-1,4;
- **Handelsnamen:**
  Diol 14 B; Sucol B;
- **Summenformel:**
  $C_4H_{10}O_2$
- **Strukturformel:**

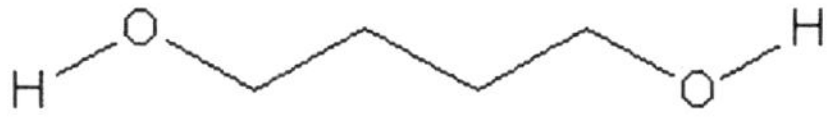

Eigenschaften:

- **toxikologisch/ökotoxikologisch:**

RTECS # EK 0525000
Schweizer Giftliste: 4
WGK: 0
R-Satz: 20/21/22-36/37/38
S-Satz: 23-26-37/39
Sonstiges:
Kann schädigend wirken beim Einatmen, Verschlucken oder Aufnahme über Haut; Dämpfe reizen Augen, Schleimhäute und Atemwege; verursacht Hautreizungen [187];Wenig giftige Substanz, in hohen Konzentrationen jedoch narkotische Wirkung möglich. Nierenschäden Dämpfe reizen Augen und die Atemwege. Kontakt mit der Flüssigkeit bewirkt Reizung der Augen.Symptome: Brennen der Augen, der Nasen- und Rachenschleimhäute. Husten, Kopfschmerzen, Unwohlsein, Schwindel, Benommenheit, Bewußtlosigkeit. [484]LD 50 (oral, Ratte): 1525 mg/kg [428], LD 50 (oral, Maus): 2062 mg/kg [428];LD 50 (oral, Kaninchen): 253 mg/kg [428];LD 50 (intraperitoneal, Ratte): 1370 mg/kg [428], 1070-1370 mg/kg [634];LD 50 (oral, Maus): 1200-2200 mg/kg [634];LD Lo (intraperitoneal, Maus): 500 mg/kg [428], 100-1600 mg/kg [634];LD 50 (subcutan, Maus): 2000 mg/kg [634];LD 50 (intravenös, Maus): 1000 mg/kg [634];

Gefahren-Symbol:

- **physikalisch/chemisch:**

Schmelzpunkt: 16 °C; 19,5-20 °C (wasserfreies Produkt);
Siedepunkt: 228-230 °C
Flammpunkt: > 110 °C; 134 °C (geschl.); 149 °C (offen)
Dampfdruck: <0,1 hPa (20 °C) [484]; <1 hPa (20-25 °C)
Brechungsindex: 1,445 (20 °C)
Dichte: 1017 kg/m3 (20 °C); 1010-1020 kg/m3 (20 °C)
Molmasse: 90,12 g/mol

Löslichkeit:
Wasserlöslichkeit: 500 g/l (pH=7-8; 20 °C) [634]; Vollständig mischbar mit Wasser [484];

Verbleib nach Gebrauch:
Verbrennung nach Mischung mit brennbarem Lösemittel;

Bemerkung:
Viskose farblose Flüssigkeit; fast geruchlos;
Bildet im dampf-/gasförmigen Zustand mit Luft explosionsfähige Gemisch;
Explosionsgrenzen: 2,4-15,3 Vol.-%; Zündtemp.: 370 °C [484];
Der Stoff reagiert mit starken Oxidationsmitteln, Reduktionsmitteln Chlorformiaten, Säureanhydriden und Säurechloriden [484];
Unverträglich mit starken Oxidationsmitteln, Chloriden, Säureanhydriden, Chlorkohlensäureestern und Reduktionsmitteln;
Verwendung: Kunststoffindustrie, Prozeßsteuerungsubstanz;
Mengenangaben: 100000-500000 Tonnen;

Butan-2,3-diol

- CAS-Nummer:
513-85-9
- gebräuchliche Namen:
2,3-Butandiol; 2,3-Butylenglykol;2,3-Dihydroxybutan; Dimethylethylenglycol; 2,3-Butylenglycol;Dimethylethylenglykol;
- Summenformel:
$C_4H_{10}O_2$

- Strukturformel:

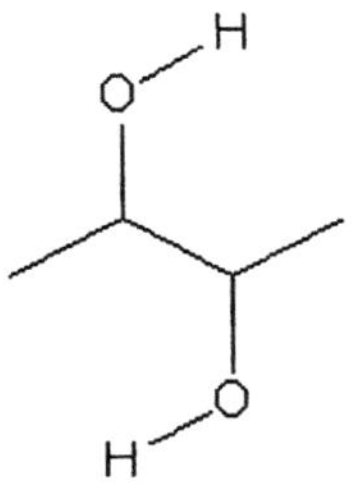

Verfahren:
Druckverfahren;

Eigenschaften:
- toxikologisch/ökotoxikologisch:
RTECS # EK 0532000;
Sonstiges:
Kann schädigend wirken bei Einatmung, Verschlucken oder Aufnahme überHaut; kann Augen- und Hautreizungen verursachen [187];LD 50 (oral, Maus): 5462 mg/kg [187];

- physikalisch/chemisch:
Schmelzpunkt: 25 °C; 19 °C
Siedepunkt: 182 °C
Flammpunkt: 85 °C
Log pOW: -0,92 [4]
Brechungsindex: 1,4348 (20 °C)
Dichte: 995 kg/m3 (20 °C)
Molmasse: 90,122 g/mol

Verbleib nach Gebrauch:
Verbrennung nach Mischung mit brennbarem Lösemittel;

Bemerkung:
Viskose, farblose Flüssigkeit;

Butandisäureanhydrid

- **CAS-Nummer:**
  108-30-5
- **gebräuchliche Namen:**
  Bernsteinsäureanhydrid; Succinanhydrid;
- **Summenformel:**
  $C_4H_4O_3$

- **Strukturformel:**

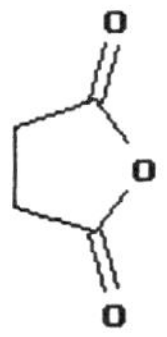

Verfahren:
Druckverfahren/Hochdruck;
Anwendung:
Druckformherstellung/Flexoplatten;

Eigenschaften:
- **toxikologisch/ökotoxikologisch:**
  RTECS # WN 0875000;
  Schweizer Giftliste: 5
  R-Satz: 36/37
  S-Satz: (2)-25
  Sonstiges:
  Einstufung und Kennzeichnung von Zubereitungen, in denen diese Substanz enthalten ist:1%<=C ¦¦> Xi; R36/37Wirkt schädigend beim Einatmen, Verschlucken oder Aufnahme über Haut;verursacht schwere Augenreizungen; verursacht Hautreizungen; reizt Schleimhäute und Atemwege; kann allergische Atem- und Hautreaktionen auslösen [187];Karzinogen-verdächtig [187];LD 50 (oral, Ratte): 1510 mg/kg [187];

  Gefahren-Symbol:

  Xi

- **physikalisch/chemisch:**
  Schmelzpunkt: 120 °C
  Siedepunkt: 261 °C
  Dichte: 1503 kg/m3 (20 °C)
  Molmasse: 100,074 g/mol

  Löslichkeit:
  sehr wenig löslich in Wasser, Diethylether; wenig löslich in Ethanol; löslich in Trichlormethan;

Verbleib nach Gebrauch:
Verbrennung nach Mischung mit brennbarem Lösemittel;

Bemerkung:
Weiße Flocken;
Verwendung: in der Druckindustrie in der Druckformherstellung von Flexodruckplatten;

Butan-2-ol

- CAS-Nummer:
78-92-2
- UN Nummer:
1120
- gebräuchliche Namen:
2-Butanol; s-Butylalkohol; sek.-Butylalkohol; sec.-Butylalkohol; Butanol, sec.; Butylenhydrat; Ethylmethylcarbinol; Methylethylcarbinol; ABS;
- Handelsnamen:
SBA;
- Summenformel:
$C_4H_{10}O$

- Strukturformel:

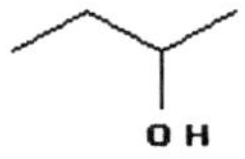

Funktion:
Lösungsmittel;
Verfahren:
Druckverfahren;

Eigenschaften:
- toxikologisch/ökotoxikologisch:
RTECS # EO 1750000
Schweizer Giftliste: 4
WGK: 1
MAK Wert: 310 mg/m3 bzw. 100 ml/m3
R-Satz: 10-20
S-Satz: 16
Sonstiges:
Spitzenbegrenzung: II,1 [481]; Schwangerschaftsgruppe C [481];Dämpfe in hohen Konzentrationen haben narkotische Wirkung und reizen Augen und Haut; auch längere Einwirkung niedriger Dampfkonzentrationen führen zu Reizung der Atemwege und Haut; Kontakt mit der Flüssigkeit reizt stark Augen, geringfügiger die Haut [163];Kurzeinwirkung: Reizwirkung auf die Augen bei 200 ml/m3 nach Einwirkung von mehreren Stunden. 150 ml/m3 erwiesen sich für 30 Minuten als erträglich [484];LD 50 (oral, Ratte): 6480 mg/kg [32];Toxische Grenzkonzentration für Pseudomonas putida 500 mg/l, Scenedesmus quadricauda 95 mg/l [36]; LC 50 (Daphnia magna): 3750 mg/l [29];LC 50 (Fisch, Goldorfe): 3520/3540 mg/l [33];LC 100 (Fisch, Goldorfe): 3600/4000 mg/l [33];LC 50 (Goldfisch): 24 Std. / 4300 mg/l [484]Geruchsschwelle: 39 ml/m3 [163];Gute biologische Eliminierbarkeit;zu Butanol, sec. [Sdb Shell Chemicals]:Längere oder wiederholte Exposition kann Hautentzündung (Dermatitis) verursachen. Verursacht Retardierung des Zentralnervensystems (Depression des ZNS). Symptome: Kopfschmerzen, Schwindelgefühl, Übelkeit, Narkose, trockene Haut, Reizwirkung auf Haut, Augen und Atmungsorgane.LD/LC 50 (oral, Ratte): 6480 mg/kg LD/LC 50 (inhalativ, Ratte): 49 mg/l/4 hLC 50 (Fisch): >100 mg/lEC 50 (Wasserfloh): >100 mg/lIC 50 (Algen): >100 mg/lIC 50 (Bakterien): >100 mg/lbiologisch leicht abbaubar;.zu SBA [Sdb Exxon Chemicals]:Gesundheitsgefährdung wie oben beschrieben; geringste Mengen, die bei Verschlucken oder nachfolgendem Erbrechen in die Lunge gelangen, können zu einem Lungenödem oder zur einer Lungenentzündung führen.

Gefahren-Symbol:

Xn

- physikalisch/chemisch:

Schmelzpunkt: -114,7 °C; -89 °C
Siedepunkt: 99,5 °C
Flammpunkt: 23 °C
Dampfdruck: 17 hPa (20 °C) [32];
Verdampfungswärme: 565,22 kJ/kg
Log pOW: 0,61 [4];
Brechungsindex: 1,39236 (20 °C)
Dichte: 810,9 kg/m3 (15 °C);
Molmasse: 74,122 g/mol
Verdunstungszahl: 1,2 (BuAc = 1) [9]

Löslichkeit:
Wasser 125 g/l (20 °C); mischbar mit Ethanol und Diethylether, leicht löslich in Propanon; wenig löslich in Benzen;

Verbleib nach Gebrauch:
Verbrennung, hochentzündliche Stoffe;

Bemerkung:
Klare Flüssigkeit, pfefferminzartiger Geruch [Sdb Shell];
Farblose Flüssigkeit; süßlicher Geruch; brennbar;
Bildet im dampf-/gasförmigen Zustand mit Luft explosionsfähige Gemische;
Explosionsgrenzen: 1,7-9,8 Vol.-%; Zündtemp.: 390 °C [32];
Substanz reagiert mit Laugen, Aminen, Alkanolaminen, Ammoniak, sauerstoffreichem Material (starken Oxidationsmitteln) und Chlorverbindungen;
Verwendung: als Lösemittel;
Enthalten in Additol XL 125, Efka-Polymer 450 (50%);
zu Butanol, sec. [Sdb Shell Chemicals]:
Schmelzpunkt -115 °C; Siedepunkt: 98,5-100,5 °C; Flammpunkt: 24 °C;
Explosionsgrenzen: 1,7-9 Vol.-%: Zündtemp.: 390 °C;
Dampfdruck: 20 hPa (20 °C), 121,3 hPa (50 °C); Dichte 807 kg/m3 (20 °C);
Löslichkeit in Wasser: 12,5 Gew.-% (20 °C); logPow: <3; Verdunstungszahl (nBuAc=1): 0,9;
Molekulargewicht: 74,12;
zu SBA [Sdb Exxon Chemicals]:
hygroskopisch;
Gefrierpunkt: -114 °C; Siedepunkt: 98-103 °C; Flammpunkt: 25 °C;
Explosionsgrenzen: 1,7-9,8 Vol.-%; Zündtemp.: >350 °C;
Dampfdruck: 17,24 hPa (20 °C), 55,8 hPa (38 °C), 144,07 hPa (55 °C);
Löslichkeit in Wasser: 20 Gew.-% (20 °C);

Butan-1-ol

- **CAS-Nummer:**
  71-36-3
- **UN Nummer:**
  1120
- **gebräuchliche Namen:**
  1-Butanol; Butanol; n-Butanol; Butylalkohol; n-Butylalkohol; Butyloxidhydrat; Propylcarbinol; Propylmethanol; Butanol, normal; NBA;
- **Handelsnamen:**
  CCS 203; Hemostyp;
- **Summenformel:**
  $C_4H_{10}O$

- **Strukturformel:**

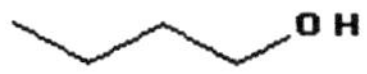

Funktion:
1.- 3.Lösungsmittel;
Verfahren:
1.Druckverfahren/Hochdruck direkt/Flexodruck;
2.Druckverfahren/Durchdruck direkt/Siebdruck;
3.Druckverfahren/Tiefdruck;
Anwendung:
1.als Auswaschlösung für Flexodruckplatten, z.B. in Kombination mit Tetrachlorethen;
Druckfarbe;
3.Verpackungstiefdruckfarben;

Eigenschaften:
- **toxikologisch/ökotoxikologisch:**
  RTECS # EO 1400000
  Schweizer Giftliste: 4
  WGK: 1
  MAK Wert: 310 mg/m3 bzw. 100 ml/m3
  R-Satz: 10-20
  S-Satz: 16
  Sonstiges:
  Spitzenbegrenzung: II,1[481]; Schwangerschaftsgruppe D [481];Geruchsschwelle 25 ml/m3 [484];Kontakt mit Augen, Haut und Schleimhäuten führt zu Reizungen; zentralnervöse Störungen mit Benommenheit, Rausch, Blutdruckabfall; Störung der Herztätigkeit; Leber- und Nierenschäden; narkotische Wirkung;Kurzeinwirkung: 200 ml/m3 über mehrere Stunden riefen eine schwere Reizung der Augen hervor. 150 ml/m3 erwiesen sich für kurze Zeit erträglich [484];TC Lo (inhalativ, Mensch): 25 ml/m3 [428];LD 50 (oral, Ratte): 790 mg/kg [32], [428]; 2510 mg/kg [9], 4,36 g/kg [193];LC 50 (inhalativ, Ratte): 8000 ml/m3/4 h [428];LD 50 (intraperitoneal, Ratte): 1122 mg/kg [428];LD 50 (intravenös, Ratte): 310 mg/kg [428];LD 50 (oral, Maus): 2680 mg/kg [428];LD 50 (intraperitoneal, Maus): 603 mg/kg [428];LD 50 (subcutan, Maus (1 Tag alt)): 1120 ± 132 mg/kg [332];LD 50 (subcutan, Maus (30 Tage alt)): 3200 ± 213 mg/kg [332];LD 50 (subcutan, Maus): 3200 mg/kg [428];LD 50 (intravenös, Maus): 377 mg/kg [428];LD Lo (oral, Hund): 1760 mg/kg [428];LD Lo (subcutan, Hund); 2000 mg/kg [428];LD Lo (intravenös, Katze): 243 mg/kg [428];LD 50 (oral, Kaninchen): 3484 mg/kg [428];LD 50 (Haut, Kaninchen): 3400 mg/kg [428];LC 50 (inhalativ, Säugetier): 28400 mg/m3 [428];LD 50 (oral, Wildvogel): 2500 mg/kg [428];Toxische Grenzkonzentration für Pseudomonas putida 280 mg/l, Scenedesmus quadricauda 350 mg/l [36], 95 mg/l [404];LC 50 (Daphnia magna): 1855 mg/l [32], 1220 mg/l [6];LC 50 (Fisch; Goldorfe): 1750/1520 mg/l [33];Biologisch abbaubar [262]; zu Butanol, normal [Sdb Shell Chemicals]:Symptome: Kopfschmerzen, Schwindelgefühl, Übelkeit, Narkose, trockene Haut, Reizwirkung auf Haut, Augen und Atmungsorgane. Augenkontakt kann Hornhautentzündung verursachen. Längerer oder wiederholter Hautkontakt kann entfettend wirken und zu Dermatitis

führen.LD/LC 50 (oral, Ratte): 790 mg/kg LD/LC 50 (dermal, Kaninchen): 4200 mg/kgWiederholte Exposition verursacht Leber- und Nierenschäden, schädigt die Atmungsorgane.Biologisch leicht abbaubar.LC 50 (Fisch): >100 mg/lEC 50 (Wasserfloh): >100 mg/lIC 50 (Algen): >100 mg/lIC 50 (Bakterien): >100 mg/lzu n-Butanol [Sdb Neste Chemicals]:Die Einnahme der Flüssigkeit oder die Einatmung der Dämpfe kann zu Kopfschmerzen, Schläfrigkeit und Narkose führen. In flüssiger Form oder im gasförmigen Zustand kann es zu gemäßigter Hautreizung und erheblicher Augenreizung in Form von Verbrennungen, unscharfes Sehvermögen, Lachrymation und Photophobie führen.LD 50 (oral, Ratte): 2500-4400 mg/kgLD 50 (dermal, Ratte): 8000 mg/kgLD 50 (Haut, Kaninchen): 4200 mg/kgInhalationsstudien bei Ratten (gd 1-19) bei Dosen von bis zu 8000 ppm zeigten maternale Toxokologie bei 6000 und 8000 ppm. Bei 8000 ppm wurden geringe Zunahmen von Mißbildungen des Skeletts gefunden.LC 50 (Fisch; Alburnus alburnus): 2300 mg/l/96 hLC 50 (Fisch; Pimephales promelas): 1740 mg/l/96 hEC 50 (Daphnia magna): 1855 mg/l/24 h; 1983 mg/l/48 h8 Tage NOAEL, Scenedesmus quadricauda: 875 mg/l8 Tage NOAEL, Microcystis aeruginosa: 100 mg/l

Gefahren-Symbol:

- physikalisch/chemisch:

Schmelzpunkt: -89,5 °C
Siedepunkt: 117,5 °C
Flammpunkt: 30 °C; 34 °C
Dampfdruck: 5,8 hPa (20 °C) [132]; 6,7 hPa (20 °C) [32]; 7,4 hPa (20 °C) [367];
Verdampfungswärme: 594,23 kJ/kg
Log pOW: 0,65 [4]; 0,83 [4]; <3 [Sdb Shell];
Brechungsindex: 1,39931 (20 °C)
Dichte: 809,0 kg/m3 (20 °C); 785 kg/m3 (20 °C);
Molmasse: 74,122 g/mol
Verdunstungszahl: 0,5 (BuAc = 1) [9]; 33 (Diethylether = 1) [18], [132];

Löslichkeit:
Wasser 68 g/l (18 °C); 90 g/l (20 °C); 79 g/l (20 °C); mischbar mit Ethanol und Diethylether;

Verbleib nach Gebrauch:
Verbrennung, hochentzündliche Stoffe;

Bemerkung:
Klare Flüssigkeit, süßlich, ranzig riechend [Sdb Shell];
Farblose, ethanolartig riechende Flüssigkeit;
brennbar; Bildet im dampf-/gasförmigen Zustand mit Luft explosionsfähige Gemische;
Explosionsgrenzen: 1,4-11,3 Vol% ; Zündtemp.: 340 °C [32], 360 °C [Sdb Neste];

zu Butanol, normal [Sdb Shell Chemicals]:
Reaktionen mit Oxidationsmitteln;
Schmelzpunkt: -89 °C; Siedepunkt 117,7 °C; Flammpunkt: 34 °C;
Explosionsgrenzen: 1,4-11,3 Vol.-%; Zündtemp.: 360 °C;
Dampfdruck: 6,2 hPa (20 °C), 44,2 hPa (50 °C); Dichte: 785 kg/m3 (20 °C);
Löslichkeit in Wasser: 7,5 Gew.-% (20 °C); log pOW: <3; Verdunstungszahl (nBuAc=1): 0,5;
Molekulargewicht: 74,12 g/mol [Sdb Neste];

zu n-Butanol [Sdb Neste Chemicals]:
Siedepunkt: 117,7 °C; Schmelzpunkt: -89,8 °C; Flammpunkt: 35 °C;
Explosionsgrenzen: 1,4-11,3 Vol.-%; Zündtemperatur: 340 °C;
Dampfdruck: 0,59 hPa (20 °C); Dichte: 809-810 kg/m3 (20 °C); Verdunstungszahl (Ethyl-Ether=1): 27; Löslichkeit in Wasser: 7,8 g/100 g; Molekulargewicht: 74,12 g/mol [Sdb Shell];

Verwendung: Lösemittel für Fette und Wachse;

Enthalten in Cerafak 106 (6%), 106 Stab (6,5%), 140 (65%), Disparlon KS 860 (23,9%, Efka-780 (20%), -781 (20%), Fisantrol Catalyst PTS 3 (50%), Jäger Antihydro Trockner (1,4%), HK Trockner (1,4%), OB Trockner (1,4%), Lanco-Rex (5%), -Glidd ML (15%), 84 Urad DD27 (5%)), DD22 (33,2%);

Butan-2-on

- CAS-Nummer:
78-93-3
- UN Nummer:
1193
- gebräuchliche Namen:
Ethylmethylketon; Methylethylketon; 2-Butanon; MEK; MEC; Acetonersatz; ß-Ketobutan; Methylpropanon; Butanon-2;
- Handelsnamen:
Meetco;
- Summenformel:
C_4H_8O

- Strukturformel:

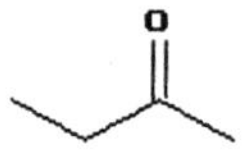

Funktion:
1.- 4.Lösungsmittel;
Verfahren:
1.Druckverfahren/Hochdruck direkt/Flexodruck;
2.Druckverfahren/Durchdruck direkt/Siebdruck;
3.Kopierverfahren/elektr.Verfahren direkt/Ink-Jet;
4.Druckverfahren/Tiefdruck;
Anwendung:
Druckfarbe;
3.Tinte;
4.Verpackungstiefdruckfarben;

Eigenschaften:
- toxikologisch/ökotoxikologisch:
RTECS # EL 6475000
Schweizer Giftliste: 4
WGK: 1
MAK Wert: 600 mg/m3 bzw. 200 ml/m3
R-Satz: 11-36/37
S-Satz: (2)-9-16-25-33
Sonstiges:
Spitzenbegrenzung: I [481]; Schwangerschaftsgruppe D [481]; Gefahr der Hautresorption; BAT-Wert 5 mg/l [481]; Kontakt mit Augen, Haut und Schleimhäuten führt zu Reizungen; Entfettung der Haut; bei Aufnahme großer Mengen Benommenheit, Blutdruckabfall, Störung der Atem- und Herztätigkeit, Narkose;Eingeatmet 300 ml/m3: Kopfschmerzen und Rachenreizung [9];Das Einatmen der Dämpfe wirkt betäubend. Die Dämpfe reizen die Augen sowie die Nasen- und Rachenschleimhäute. Kontakt mit der Flüssigkeit führt zu starker Reizung der Augen und geringerer Reizung der Haut.Symptome: Brennen und Schmerzen der Augen, der Nasen- und Rachenschleimhäute. Kopfschmerzen, Schwindel, Übelkeit, Erbrechen, Gleichgewichtsstörungen, Bewußtlosigkeit, Tod.Kurzeinwirkung: 30000 ppm waren wegen starker Reizung der Augen, der

Nasen- und Rachenschleimhäute unerträglich. 3000 ppm erwiesen sich nach kurzer Zeit als unerträglich. [484];Geruchsschwelle: < 25 ml/m3 [32]; 10 ml/m3 [484]; TC Lo (inhalativ, Mensch): 100 ml/m3/5 min. [428];LD 50 (oral, Ratte): 3100 mg/kg [9], 3400 mg/kg [32], 2737 mg/kg [187]; LD 50 (intraperitoneal, Ratte): 607 mg/kg [428];LC 50 (inhalativ, Ratte): 4000 ml/m3/2 h [9], 8000 ml/m3/8 h [187];LD 50 (oral, Maus): 4050 mg/kg [428];LC 50 (inhalativ, Maus): 40000 mg/m3/2 h [428];LD 50 (Haut, Kaninchen): 12600 mg/kg [9], 6480 mg/kg [187];Toxische Grenzkonzentration für Pseudomonas putida 1150 mg/l, Scenedesmus quadricauda 4300 mg/l [32], 53 mg/l [404];LC 50 (Fisch, Goldorfe) 4880/4600 mg/l [33];LC 50 (Daphnia magna): 8890 mg/l [29];EC 50 (Daphnia magna): 7060 mg/l [180];MLD Fische: 5600 mg/l [32];Methylketon [Sdb Shell Chemicals]:Hohe Konzentrationen können Müdigkeit und Schwindelgefühl verursachen. Verursacht Schmerzen bei Augenkontakt. Längerer/wiederholter Hautkontakt kann zu Dermatitis führen. Über 200 ml/m3 Reizung der Augen und oberen Atemwege (Warneffekt).LD 50 (oral, Ratte): 3300 mg/kgLD 50 (dermal, Kaninchen): 5000 mg/kgLC 50 (inhalativ, Ratte): 12000 ml/m3/4 hAn der Haut schwach reizend, am Auge stark reizend, reizt die Atmungsorgane. Wiederholte Exposition verursacht Leber- und Nierenschäden.LC 50 (Fisch): >100 mg/l/96 hEC 50 (Wasserfloh): >100 mg/l/48 hIC 50 (Algen): >100 mg/l/8 dIC 50 (Bakterien): >100 mg/l/16 hBiologisch leicht abbaubar.MEK [Sdb Exxon Chemical]:Verursacht Reizung der Augen und Atemwege. Kopfschmerzen, Schwindel und Störungen des ZNS. Entfettet die Haut, was zu Dermatitis führen kann. Geringste Mengen, die beim Verschlucken oder nachfolgendem Erbrechen in die Lunge gelangen, können zu einem Lungenödem oder zur Lungenentzündung führen.

Gefahren-Symbol:

- physikalisch/chemisch:

Schmelzpunkt: -86,4 °C
Siedepunkt: 79,6 °C; 78,1-81,1 °C
Flammpunkt: -1 °C; -6 °C; -7 °C
Dampfdruck: 105 hPa (20 °C) [32]
Verdampfungswärme: 443,80 kJ/kg
Log pOW: 0,26 [4]; 0,29 [4]
Brechungsindex: 1,3814 (15 °C)
Dichte: 805,0 kg/m3 (20 °C)
Molmasse: 72,107 g/mol
Verdunstungszahl: 5,7 (BuAc = 1) [9]; 7,5 (BuAc = 1) [105]; 2,6 (Diethylether = 1) [19]

Löslichkeit:
Wasser 292 g/l (20 °C), 180 g/l (90 °C); mischbar mit Ethanol und Diethylether; löslich in den meisten organischen Lösemitteln;

Verbleib nach Gebrauch:
Verbrennung, hochentzündliche Stoffe;
Deponie-Sickerwasser:
0,11 - 27 mg/l (Minnesota, USA) [79];
4,8 - 8,2 mg/l (Southington, Connecticut, USA, 1982/83) [58];

Bemerkung:
Farblose, acetonähnlich riechende Flüssigkeit; brennbar.
Bildet im dampf-/gasförmigen Zustand mit Luft explosionsfähige Gemische;
Explosionsgrenzen:
1,8-11 Vol.-%; Zündtemp.: 505 °C [32];
1,4-11,4 Vol.-%; Zündtemp.: 515 °C [484];
T(krit.): 262,5 °C [428];
Die Substanz reagiert bei Kontakt oder Mischung mit Laugen, Aminen, Alkanolaminen, Aldehyden, Ammoniak, sauerstoffreichem Material (starken Oxidationsmitteln) und Chlorverbindungen [484];
Verwendung: technisches Lösemittel;

Methylethylketon [Sdb Shell Chemicals]:
Schmelzpunkt: -86 °C; Siedepunkt: 79-80,5 °C; Flammpunkt: -4 °C;
Explosionsgrenzen: 1,8-11,5 Vol.-%; Zündtemp.: 515 °C; Dampfdruck: 89 hPa (20 °C), 356 hPa (50 °C); Dichte: 804-806 kg/m3 (20 °C); Löslichkeit in Wasser: 25 Gew.-% (20 °C); Verdunstungszahl (nBuAc=1): 3,7; logPow: 1,8-2,0; Molekulargewicht: 72,11;
MEK [Sdb Exxon Chemical]:
hygroskopisch; Schmelzpunkt: -85,9 °C; Siedepunkt: 78,5-81 °C; Flammpunkt: -4 °C;
Explosionsgrenzen: 1,8-11,5 Vol.-%; Zündtemp.: >450 °C; Dampfdruck: 99,87 hPa (20 °C), 223,46 hPa (38 °C), 436,4 hPa (55 °C); Löslichkeit in Wasser: 26,3 Gew.-% (20 °C);
Enthalten in Ceramat 240 (31,2%), Intercoat VPP 154 (5,475%), VPE 154 (5,25%);

cis-Butendisäure

- CAS-Nummer:
110-16-7
- UN Nummer:
1759
- gebräuchliche Namen:
Maleinsäure; Toxilsäure;
- Summenformel:
$C_4H_4O_4$

- Strukturformel:

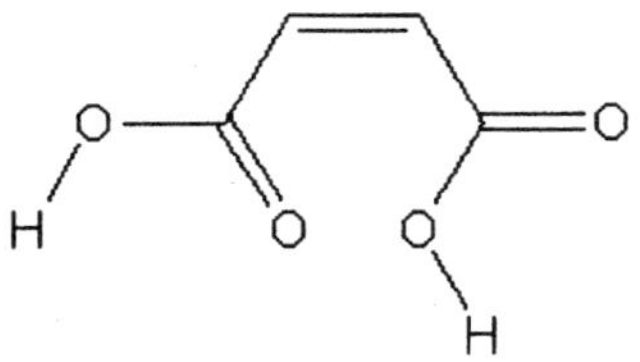

Verfahren:
Druckverfahren/Flachdruck indirekt/Offsetdruck;
Anwendung:
Druckformherstellung;

Eigenschaften:
- toxikologisch/ökotoxikologisch:
RTECS # OM 9625000
Schweizer Giftliste: 3
WGK: 1
R-Satz: 22-36/37/38
S-Satz: (2)-26-28-37
Sonstiges:
Stäube reizen sehr stark Augen, Haut, Atemwege und Lunge; Lungenödem möglich, was mit einer Verzögerung bis zu zwei Tagen auftreten kann; Kontakt mit dem Stoff führt zu starker Reizung bis hin zu Verätzung der Augen sowie zu Entzündung der Haut; Verschlucken des Stoffes ruft starke Reizwirkung im Verdauungskanal bis hin zu Verätzung hervor [484];Wirkt schädigend beim Einatmen, Verschlucken oder Aufnahme über Haut; Biologisch abbaubar [262];LD 50 (oral, Ratte): 708 mg/kg [187], 708-2400 mg/kg [634];LD 50 (Haut, Kaninchen): 1560 mg/kg [187];LC 50 (inhalativ, Ratte): >720 mg/m3/h [428];LD 50 (oral, Maus): 2400 mg/kg [428];

Gefahren-Symbol:

- physikalisch/chemisch:
Schmelzpunkt: 140-142 °C; 138-139 °C; 130-138 °C
Siedepunkt: 135-138 °C
Flammpunkt: 100 °C
Dampfdruck: < 0,1 hPa (20 °C) [484]; 30 hPa (20 °C) [634]; 162 hPa (50 °C) [634]
Dichte: 1590 kg/m3 (20 °C)
Molmasse: 116,073 g/mol

Löslichkeit:
Wasser 788 g/l (25 °C), 3926 g/l (97,5 °C); Ethanol (97%) 699 g/l (30 °C); Diethylether 82 g/l (25°C); löslich in Eisessig, Propanon; unlöslich in Benzen. Chloroform;

Verbleib nach Gebrauch:
Verbrennung nach Mischung mit brennbarem Lösemittel;

Bemerkung:
Farblose, prismenförmige, monokline Kristalle oder weißes Pulver; ätzend; brennbar;
trans-Isomer: -> trans-Butendisäure (Fumarsäure);
Umwandlung ins trans-Isomer durch Belichten oder längeres Erhitzen > 100 °C;
Stoff reagiert heftig bei Kontakt oder Mischung mit Basen, Oxidationsmitteln und Reduktionsstoffen;
Verwendung: Synthese von Mischpolyestern und Mischpolymerisaten, von Lackrohstoffen und von Netz- und Trennmitteln für die Erdölindustrie;
Zersetzung ab 135 °C [428];

trans-Butendisäure

- CAS-Nummer:
110-17-8
- gebräuchliche Namen:
Fumarsäure; trans-Butendisäure; 2-Butendisäure (E);
- Handelsnamen:
NSL-2752; U-1149; USA 7 Ek-P-583;
- Summenformel:
$C_4H_4O_4$

- Strukturformel:

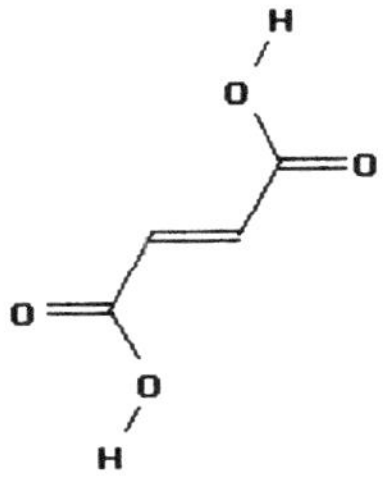

Eigenschaften:
- toxikologisch/ökotoxikologisch:
RTECS # LS 9625000
Schweizer Giftliste: 5
WGK: 1
R-Satz: 36
S-Satz: (2)-26
Sonstiges:
Wirkt schädigend beim Einatmen oder Verschlucken; verursacht Augenreizungen; kann Hautreizungen verursachen [187];LD 50 (oral, Ratte): 10700 mg/kg [187]; 9300 mg/kg [428], 9000-10700 mg/kg [634];LD Lo (intraperitoneal, Ratte): 587 mg/kg [428];LD 50 (intraperitoneal, Maus): 100 mg/kg [428];LD Lo (oral, Kaninchen): 5000 mg/kg [428], [634];LD 50 (Haut, Kaninchen): 20 mg/kg [187];

Gefahren-Symbol:

- physikalisch/chemisch:
Schmelzpunkt: 300-302 °C (Subl.); 299-300 °C (Subl.); 286-287 °C
Siedepunkt: 165 °C (2,26 hPa); 290 °C
Flammpunkt: 230 °C; 273 °C (offen)
Dampfdruck: 2,2 hPa (165 °C) [484]; <0,001 hPa (20 °C)
Log pOW: 0,07-0,56 [634]
Dichte: 1625 kg/m3 (20 °C); 1510-1635 kg/m3 (20 °C)
Molmasse: 116,073 g/mol

Löslichkeit:
Wasser 6,9 g/l (17 °C), 4,9 g/l (20 °C) [634], 7 g/l (25 °C), 10,7 g/l (40 °C), 98 g/l (100 °C); Ethanol (95 %) 45 g/l (29,7 °C); Diethylether 5,2 g/l (25 °C); Propanon 12,8 g/l (20 °C); löslich in Trichlormethan, Benzen;

Bemerkung zu physikalisch/chemischen Daten:
Zündtemperatur: 375 °C; oberhalb 350 °C beginnt Zersetzung unter Bildung ;
ätzender Dämpfe von Maleinsäureanhydrid [484];

Verbleib nach Gebrauch:
Verbrennung nach Mischung mit brennbarem Lösemittel;

Bemerkung:
Farbloses bis weißes Pulver; geruchlos; reizend; brennbar; monokline Kristalle aus Wasser;
Stoff reagiert bei Kontakt oder Mischung mit Basen, Oxidationsmitteln, Reduktionsstoffen und Aminen;
Bei Brand oder Erhitzung bis zur Zersetzung bilden sich ätzende Dämpfe und Nebel;
Zündtemperatur: 375 °C; oberhalb von Temperaturen über 350 °C beginnt Zersetzung unter Bildung von ätzenden Maleinsäureanhydrid-Dämpfen; sublimiert bei 165 °C (2,27 hPa);
Verwendung: in veresterter Form zur Erzeugung von Plasten und Chemiefaserstoffen auf Polyesterbasis, Agrarindustrie, Papier-, Kartonagen- und Zellstoffindutrie, kunststoffindustrie, Fixiermittel, Lebensmittelzusatzstoffe, Futterzusätze, Stoffe zu pH-Regulierung;
cis-Isomer: -> cis-Butendisäure (Maleinsäure);
Mengenangaben: 50000-100000 Tonnen;

cis-Butensäuredibutylester

- **CAS-Nummer:**
  105-76-0
- **gebräuchliche Namen:**
  Dibutylmaleat; Malonsäuredibutylester; DBM; Maleinsäuredibutylester; Dibutylmaleinat; 2-Butendisäuredibutylester; Di-n-butylmaleinat;
- **Handelsnamen:**
  PX-504;
- **Summenformel:**
  $C_{12}H_{20}O_4$

- **Strukturformel:**

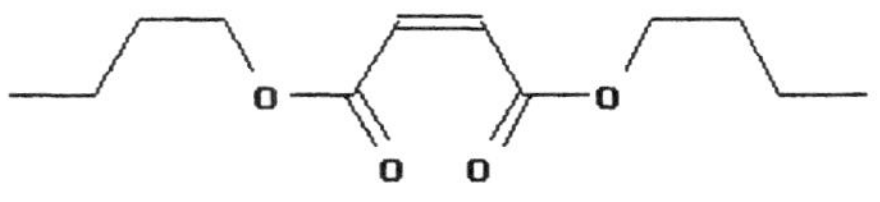

Funktion:
Additv/Weichmacher;
Verfahren:
Druckverfahren;
Anwendung:
Farbe;

Eigenschaften:
- **toxikologisch/ökotoxikologisch:**
  RTECS # ON 0875000;
  WGK: 1
  R-Satz: 36/37/38
  S-Satz: 26-37/39
  Sonstiges:
  Kontakt mit Flüssigkeit verursacht schwere Augen- und Hautreizungen [338];LD 50 (oral, Ratte): 3700 mg/kg [338], 7400 mg/kg [634];LD 50 (oral, Maus): 9300 mg/kg [634];LD 50 (Haut, Kaninchen): 10000 mg/kg [338], 10039 mg/kg [634];

- **physikalisch/chemisch:**
  Schmelzpunkt: < - 65 °C; <-60 °C; <-50 °C
  Siedepunkt: 281 °C; 163-166 °C (30 hPa); ca. 277 °C (1013 hPa)
  Flammpunkt: 138 °C; 120 °C; ca. 140 °C
  Dampfdruck: < 0,01 hPa (20 °C); 2,9 hPa (114 °C)
  Log pOW: 3,38; 3,912
  Brechungsindex: 1,4450 (20 °C)
  Dichte: 993 kg/m3 (25 °C); 994 kg/m3 (20 °C)
  Molmasse: 228,286 g/mol
  Verdunstungszahl: ¦ 0 [338]

  Löslichkeit:
  Wasser 0,7 g/l (25 °C), 0,173 g/l (20 °C), ca. 0,35 g/l (20 °C);

  Bemerkung zu physikalisch/chemischen Daten:
  Selbstentzündlichkeit: 280 °C;
  Explosionsgrenzen: 0,5-3,4 Vol %;

Verbleib nach Gebrauch:
Verbrennung nach Mischung mit brennbarem Lösemittel;

Bemerkung:
Farblose Flüssigkeit;
Verwendung: als Weichmacher;

trans-Butensäuredibutylester

- **CAS-Nummer:**
  105-75-9
- **gebräuchliche Namen:**
  Dibutylfumarat; Fumarsäuredibutylester; DBF;
- **Handelsnamen:**
  PX-604;
- **Summenformel:**
  $C_{12}H_{20}O_4$
- **Strukturformel:**

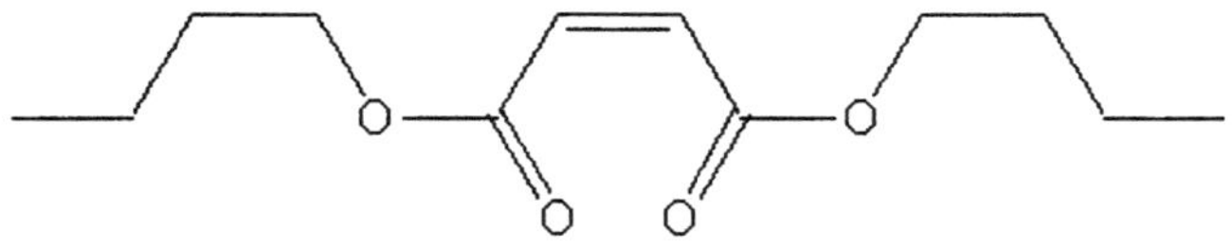

Funktion:
Additv/Weichmacher;
Verfahren:
Druckverfahren;
Anwendung:
Farbe;

Eigenschaften:
- **toxikologisch/ökotoxikologisch:**
  Sonstiges:
  Kontakt mit Flüssigkeit verursacht Reizung der Augen u. der Haut [338];LD 50 (oral, Ratte): 8500 mg/kg [338];LD 50 (Haut, Kaninchen): 15700 mg/kg [338];

- **physikalisch/chemisch:**
  Schmelzpunkt: - 20 °C
  Siedepunkt: 285 °C
  Flammpunkt: 138 °C
  Dichte: 984 kg/m3 (25 °C)
  Molmasse: 228,286 g/mol
  Verdunstungszahl: ¦ 0 [338]

  Löslichkeit:
  Wasser < 1 g/l (25 °C);

Bemerkung:
Farblose Flüssigkeit; brennbar;
Verwendung: als Weichmacher;

2-Butoxyethanol

- CAS-Nummer:
111-76-2
- UN Nummer:
2369
- gebräuchliche Namen:
Ethylenglycol-mono-butylether; Ethylenglykolbutylether; Ethylenglykol-n-butylether; Ethylenglycol-n-butylether;
- Handelsnamen:
Butylglycol-Cellosolve; Butyl Oxitol; Dowanol EB; Poly-solv EB; Butyl Cellosolve; BUCS; Gafcol EB;
- Summenformel:
$C_6H_{14}O_2$

- Strukturformel:

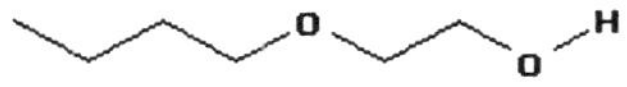

Funktion:
Waschmittel; Reinigungsmittel; Lösungsmittel;
Verfahren:
Druckverfahren/Durchdruck direkt/Siebdruck;
Anwendung:
Durchdruckfarben; Siebreinigung;

Eigenschaften:
- toxikologisch/ökotoxikologisch:
RTECS # KJ 8575000
Schweizer Giftliste: 4
WGK: 1
MAK Wert: 20 ml/m3 bzw. 98 mg/m3
R-Satz: 20/21/22-37
S-Satz: (2)-24/25
Sonstiges:
Einstufung und Kennzeichnung von Zubereitungen, in denen diese Substanz enthalten ist:20%<=C ¦¦> Xn; R20/21/22-3712.5%<=C<20% ¦¦> Xn; R20/21/22Spitzenbegrenzung: II,1 [481]; Gefahr der Hautresorption [481]; Schwangerschaftsgruppe C [481]; BAT-Wert: 100 mg/l [481];Dämpfe verursachen Reizung der Augen und der Atemwege; Kontakt mit der Flüssigkeit verursacht Reizung der Augen und Haut; Längerer oder wiederholter Hautkontakt kann entfettend wirken und zu Dermatitis führen.Vor allem Harnsperre sowie Nierenschäden und zentralnervöse Lähmungen (mit Verzögerung) möglich [163]; [484];Kurzeinwirkung: 200 ml/m3 für ungefähr 1 Stunde erwiesen sich als erträglich [484];LD 50 (oral, Ratte): 1480 mg/kg [9], 470 mg/kg [187];LC 50 (inhalativ, Ratte): 700 ml/m3/7 h [9];EC 50 (Daphnia magna): 1815 mg/l [180];LC 50 (Fisch, Goldorfe): 1395/1575 mg/l [33];LC 100 (Fisch, Goldorfe): 1490/1620 mg/l [33];LC 50 (Goldfische): 1700 mg/l / 24 h [484];Toxische Grenzkonzentration für Pseudomonas putida 700 mg/l, Scenedesmus quadricauda 900 mg/l [36];Biologische Abbaubarkeit gut (>70 %) [484]; Biologisch abbaubar [103];Wasser nicht für Trinkwassergewinnung verwendbar, führt wahrscheinlich zu Keimdrüsen- und Fruchtschäden [484];Sdb Shell:Besondere Kennzeichnung (einschließlich bestimmter Zubereitungen):Zubereitungen, die diesen Stoff enthalten, sind bei einem Gehalt zwischen 12,5 und 20 % mit Xn und R 20/21/22, und bei einem Gehalt von 20 % oder mehr mit Xn und R 20/21/22-37 zu kennzeichnen;Wiederholte Exposition verursacht Leber- und Nierenschäden;Symptome: Kopfschmerzen, Übelkeit, Magen-Darm-Beschwerden, trockene Haut;LD/LC 50 (dermal, Kaninchen): 400 mg/kg [Sdb Shell];LD/LC 50 (inhalativ, Ratte): 450 mg/l/4 h [Sdb Shell];

Gefahren-Symbol:

Xn

- physikalisch/chemisch:

Schmelzpunkt: -87 °C; -70 °C
Siedepunkt: 170,6 °C (990,34 hPa); 167-173 °C; 168-172 °C
Flammpunkt: 59 °C; 60 °C; 67 °C
Dampfdruck: 0,80 hPa (20 °C) [187], [132]; 1,3 hPa (20 °C) [163], [484]; 1,6 hPa (20 °C) [36
Log pOW: 0,83 [4]
Brechungsindex: 1,4177 (26 °C)
Dichte: 901,1 kg/m3·(15 °C); 898-902 kg/m3 (20 °C) [Sdb]
Molmasse: 118,18 g/mol
Verdunstungszahl: 0,07 (BuAc = 1) [9]; 160 (Diethylether = 1) [19]; 171 (Diethylether = 1) [132]

Löslichkeit:
mischbar mit Wasser;

Verbleib nach Gebrauch:
Verbrennung;

Bemerkung:
Farblose, ölige Flüssigkeit;
Farblose Flüssigkeit, ranziger Geruch; hygroskopisch [Sdb Shell];
Bildet im dampf-/gasförmigen Zustand mit Luft explosionsfähige Gemische;
Explosionsgrenzen: 1,1-10,6 Vol.-%;
Zündtemp.: 244 °C [9]; 240 °C [484], [Sdb]; 250 °C [Hoechst AG];
Reagiert bei Kontakt mit Oxidationsmitteln. Peroxidbildung möglich [Sdb Shell]
Verwendung: Lösungsmittel für Alkyd-, Phenol-, Cellulose- und Malein- modifizierte Harze; Verzögerer für Nitrocelluloselacke;
Einsatzgebiet: als Vermittler zur Stabilisierung unvermischbarer Stoffe in industriellen Metallreinigungsmitteln; Klärung von Öl/Wasser-Dispersionen; Lösungsvermittler bei der Zugabe von Wasser zu synthetischen Seifen; erhöht Leuchtkraft von Farben in Kleiderstoffen;

Enthalten in Additol XL 180, XL 203, XL 329, VXW 4909, VXW 4934, Anti-Terra-U 80, Byk-051, -052, -053, Aquacer 510 (2%), Byk-301 (48%), -341 (48%), Ceracol 181 (22%), Disperbyk-101 (5%), Drewplus TS-4380 (9%), Heucoflow (25%), -M10 (15%), Lactimon-WS (25%), Lanco-Flow W (35%), Ralulac VVG 210 (<10%), Surfinol 104BC Surfactant, Urad DD26 (20,2%);

2-Butoxyethanolacetat

- CAS-Nummer:
112-07-2
- UN Nummer:
1993
- gebräuchliche Namen:
Butylglykolacetat; Butylglycolacetat; Glycol-n-butyletheracetat; Ethylenglycol-n-butyletheracetat; 2-Butoxyethylacetat; Ethanol-2-butoxyacetat; Acetat des Ethylglykolmonobutylethers; Ethylenglykolmonobutyletheracetat; 2-Butoxy-ethanolacetat; 2-(Butoxyethyl)acetat; Essigsäure-(2-butoxy-ethylester); Essigsäure-2-(butoxyethylester);
- Handelsnamen:
Butylcellosolveacetat;
- Summenformel:
$C_8H_{16}O_3$

- Strukturformel:

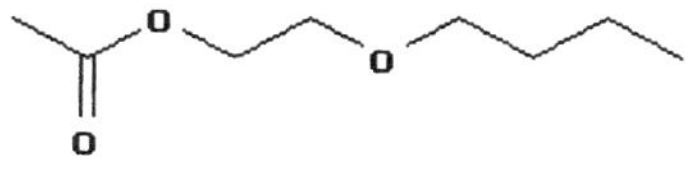

Funktion:
Lösungsmittel;
Verfahren:
Druckverfahren/Durchdruck;
Anwendung:
Druckdruckfarben;

Eigenschaften:
- toxikologisch/ökotoxikologisch:
RTECS # KJ 8925000;
WGK: 1
MAK Wert: 20 ml/m3 bzw.130 mg/m3; H;
R-Satz: 20/21
S-Satz: (2)-24
Sonstiges:
Einstufung und Kennzeichnung von Zubereitungen, in denen diese Substanz enthalten ist:25%<=C ¦¦> Xn; R20/21Spitzenbegrenzung: II,1 [481]; Gefahr der Hautresorption [481]; Schwangerschaftsgruppe C [481]; BAT-Wert: 100 mg/l [481];Kann schädigend wirken bei Einatmung, Verschlucken oder Aufnahme über Haut; Dämpfe reizen Augen, Schleimhäute und Atemwege; verursacht Hautreizungen [187];Führt bei hohen Konzentrationen bis hin zum Lungenödem; bei Aufnahme durch den Mund ist das Vergiftungsbild durch Schäden am Zentralnervensystem, den Nieren und der Leber bestimmt, die mit Verzögerung auftreten können; Symptome: Brennen der Augen, der Nasen- und Rachenschleimhäute, Kopfschmerzen; bei Aufnahme durch den Mund: Übelkeit, Erbrechen, Harnsperre [484];LD 50 (oral, Ratte): 6972 mg/kg [9], 2400 mg/kg [187];LD 50 (Haut, Kaninchen): 1485 mg/kg [9], 1500 mg/kg [187];In stehenden Gewässern sehr hohe, in fließenden Gewässern je nach Vermischung mittlere bis hohe toxische Wirkung [484];Biologisch abbaubar [103];

Gefahren-Symbol:

- physikalisch/chemisch:
Schmelzpunkt: -63,5 °C
Siedepunkt: 192,2 °C; ca. 195 °C;
Flammpunkt: 82 °C; 76 °C; 74 °C;
Dampfdruck: 0,34 hPa (20 °C) [9]; 0,4 hPa (20 °C) [484];
Brechungsindex: 1,4136 (20 °C)
Dichte: 942,4 kg/m3 (20 °C)
Molmasse: 160,21 g/mol
Verdunstungszahl: 0,03 (BuAc = 1) [9]; 190 (Diethylether = 1) [18];

Löslichkeit:
Wasser: 13 g/l (20 °C) [484]; 15 g/l (20 °C);

Verbleib nach Gebrauch:
Verbrennung;

Bemerkung:
Farblose, fruchtartig riechende Flüssigkeit;
Bildet im dampf-/gasförmigen Zustand mit Luft explosionsfähige Gemische;

Explosionsgrenzen:
0,5-3,7 Vol.-%; Zündtemp.: 385 °C [9];
1,6-8,4 Vol.-%; Zündtemp.: 375 °C [484]; 280 °C [27];
Stoff kann bei Kontakt mit sauerstoffreichem Material (Oxidationsmitteln) reagieren; bei Einwirkung von Luft/Sauerstoff Gefahr der Peroxidbildung [484];
Verwendung: als Lösemittel;
Einsatzgebiet: in Oberflächenbeschichtungen, bei denen eine begrenzte Wassermischbarkeit und geringe Flüchtigkeit gefordert sind (z.B. als Filmbildungshilfsmittel in Dispersionsfarben); in Reinigungslösungen;

2-[2-(2-Butoxyethoxy)ethoxy]ethanol

- CAS-Nummer:
143-22-6
- gebräuchliche Namen:
Triethylenglycolmonobutylether; Triethylenglykolmonobutylether; Triethylenglycol-n-butylether; Butoxytriglycol; Butyloxytriglycol; Butyltriglycol; 3,6,9-Trioxatridecan-1-ol; Butoxytriethylenglykol; n-Butyltriglykol; n-Butyl-triethylenglykol; Triethoxybutanol;
- Handelsnamen:
Cowanol TBH; Poly-Solv TB; Butotriglykol;
- Summenformel:
$C_{10}H_{22}O_4$

- Strukturformel:

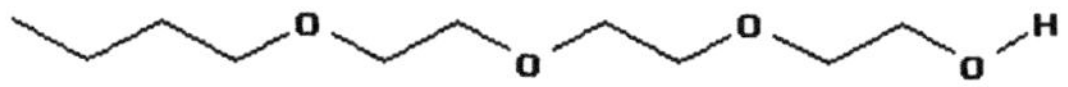

Funktion:
Lösungsmittel;
Verfahren:
Druckverfahren;

Eigenschaften:
- toxikologisch/ökotoxikologisch:
Sonstiges:
Dämpfe reizen in hohen Konzentrationen, wie sie bei Erhitzung vorkommen können, Augen und Atemwege; Kontakt mit der Flüssigkeit bewirkt Reizung der Augen und leichte Reizung der Haut; bei Aufnahme größerer Mengen durch den Mund narkotische Wirkung möglich [484];LD 50 (oral, Ratte): 6750 mg/kg [9];LD 50 (Haut, Kaninchen): 3550 mg/kg [9];

- physikalisch/chemisch:
Schmelzpunkt: -48 °C; -45 °C;
Siedepunkt: 278 °C; 132 °C (Zers.); 265-350 °C;
Flammpunkt: 143 °C
Dampfdruck: < 0,01 hPa (20 °C) [9]
Brechungsindex: 1,4389 (20 °C)
Dichte: 989,0 kg/m3 (20 °C)
Molmasse: 206,29 g/mol
Verdunstungszahl: < 0,001 (BuAc = 1) [9]

Löslichkeit:
mischbar mit Wasser; leicht löslich in Ethanol, Methanol, Tetrachlormethan;

Bemerkung:
Klare, farblose, hygroskopische Flüssigkeit; sehr schwacher Geruch; brennbar;
Bildet im dampf-/gasförmigen Zustand mit Luft explosionsfähige Gemische

Explosionsgrenzen: 0,7 - 3,8 Vol% ; Zündtemp.: 317 °C [9];
Verwendung: Als Lösemittel/Lösungsvermittler in Kühlschmierstoffen, als Schmiermittel für schlagfestes Polystyrol und als Bestandteil von Bremsflüssigkeit, Lacken, Reinigungsmitteln [480];
Bewertung: Unter Arbeitsbedingungen ist die Gefahr einer akut toxischen Wirkung auf den Menschen nicht zu erwarten. Weder durch Inhalation der Substanz bei Raumtemperatur noch durch dermale Resorption ist mit der Aufnahme systemisch toxischer Mengen zu rechnen. Erhitzen erhöht jedoch die Toxizität der Substanz wesentlich.
Bei kurzfristiger Einwirkung auf die Haut ist allenfalls mit geringer Irritation zu rechnen. Bei längerer intensiver Einwirkung können Dermatitis und Akanthose auftreten. Benetznung des Auges mit TB führt zu Irritation. Bisher liegen keine Hinweise auf gentoxische, teratogene und embryotoxische Effekte vor.
Zur Festsetzung eines MAK-Wertes ist die Datenlage unzureichend. Insbesondere fehlen Untersuchungen zur subchronischen und chronischen Toxizität sowie zur Kanzerogenität.
TB wird in Gruppe II b aufgenommen. [480]

1-Butoxy-2-propanol

- CAS-Nummer:
5131-66-8
- gebräuchliche Namen:
1-Butyloxy-2-propanol; Propandiol-n-butylether; Propylenglycol-n-butylether; 1,2-Propylenglycol-1-mono-butylether;
- Handelsnamen:
Propasol Solvent B;
- Summenformel:
$C_7H_{16}O_2$

- Strukturformel:

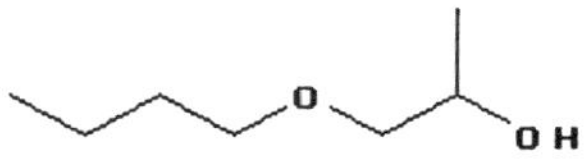

Funktion:
Lösungsmittel;
Verfahren:
Druckverfahren;

Eigenschaften:
- toxikologisch/ökotoxikologisch:
Schweizer Giftliste: 4
R-Satz: 36/38
S-Satz: (2)
Sonstiges:
Einstufung und Kennzeichnung von Zubereitungen, in denen diese Substanz enthalten ist:20%<=C ¦¦> Xi; R36/38LD 50 (oral, Ratte): 2830 mg/kg [9];LD 50 (Haut, Kaninchen): 3100 mg/kg [9];

Gefahren-Symbol:

- physikalisch/chemisch:
Schmelzpunkt: -80 °C
Siedepunkt: 168-175 °C

Flammpunkt: 68 °C
Dampfdruck: 0,79 hPa (20 °C) [9]
Brechungsindex: 1,4168 (20 °C)
Dichte: 1003,5 kg/m3 (20 °C)
Molmasse: 132,21 g/mol
Verdunstungszahl: 0,08 (BuAc = 1) [9]

Löslichkeit:
Wasser 64 g/l (20 °C); löslich in Ethanol, Diethylether, Benzen (Benzol);

Bemerkung:
Farblose, etherähnlich riechende Flüssigkeit; brennbar;
Bildet im dampf-/gasförmigen Zustand mit Luft explosionsfähige Gemische;
Explosionsgrenzen: 6,2 - 10,1 Vol% ; Zündtemp.: 300 °C [9];
Verwendung: technisches Lösemittel;

Butylacetylricinoleat

- CAS-Nummer:
140-04-5
- Handelsnamen:
Flexricin P-6
- Summenformel:
$C_{24}H_{44}O_4$

- Strukturformel:

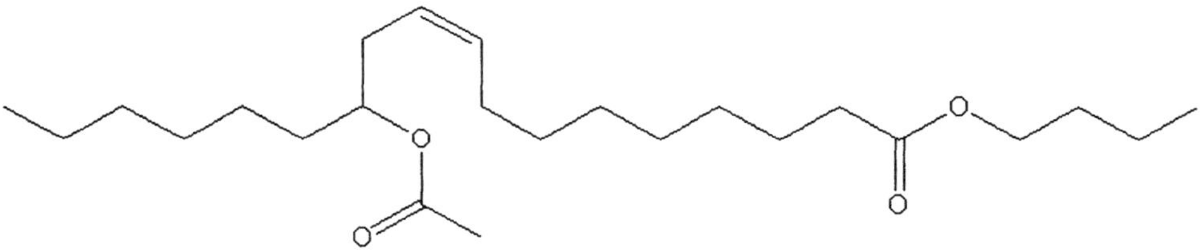

Funktion:
Additv/Weichmacher;
Verfahren:
Druckverfahren;
Anwendung:
Farbe;

Eigenschaften:

- physikalisch/chemisch:
Flammpunkt: 210 °C
Dichte: 931 kg/m3 (25°C)
Molmasse: 397 g/mol
Verdunstungszahl: 0 (BuAc = 1) [9];

2-tert.-Butylanthrachinon

- **CAS-Nummer:**
  84-47-9
- **Summenformel:**
  $C_{18}H_{16}O_2$

- **Strukturformel:**

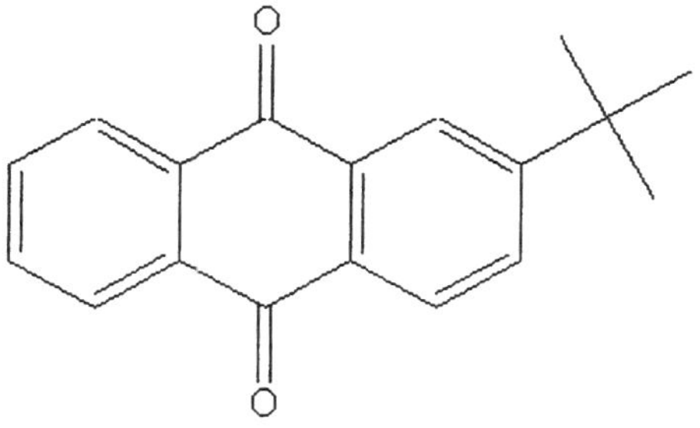

Funktion:
Fotoinitiator;
Verfahren:
Druckformherstellung;
Anwendung:
Bestandteil von Fotopolymerschichten;

Eigenschaften:
- **toxikologisch/ökotoxikologisch:**
  Sonstiges:
  Kann schädigend wirken bei Einatmung, Verschlucken oder Aufnahme über Haut; kann Augen- und Hautreizungen verursachen [187];

- **physikalisch/chemisch:**
  Schmelzpunkt: 98-100 °C
  Molmasse: 264,32 g/mol

Verbleib nach Gebrauch:
Verbrennung nach Mischung mit brennbarem Lösemittel;

Bemerkung:
Gelbes kristallines Pulver;
Unverträglich mit starken Oxidationsmitteln;

N-Butylbenzensulfonamid

- **CAS-Nummer:**
  3622-84-2
- **gebräuchliche Namen:**
  N-Butylbenzolsulfonamid; N-Benzolsulfonyl-1-butylamin; Benzensulfonsäurebutylamid;
- **Handelsnamen:**
  Cetamoll BMB; Plastomoll BMB;
- **Summenformel:**
  $C_{10}H_{15}NO_2S$

Eigenschaften:
- toxikologisch/ökotoxikologisch:
RTECS # DB 1283000
Sonstiges:
LD 50 (oral, Ratte): 2,65 g/kg [192], 2050 mg/kg [428];LD 50 (oral Maus): 2500 mg/kg [428];LD 50 (oral, Hamster): 2900 mg/kg [428];

- physikalisch/chemisch:
Schmelzpunkt: - 35 °C
Siedepunkt: 192-195 °C
Log pOW: 2,45
Brechungsindex: 1,5245 (20 °C)
Dichte: 1147-1150 kg/m3 (20 °C)
Molmasse: 213,29 g/mol

Bemerkung:
Schwach gelbe Flüssigkeit;
Verwendung: als Weichmacher für Polyamide, Cellulosederivate, -> PVC;

Butylbenzoat

- CAS-Nummer:
136-60-7
- gebräuchliche Namen:
Benzoesäurebutylester; n-Butylbenzoat;
- Summenformel:
$C_{11}H_{14}O_2$

- Strukturformel:

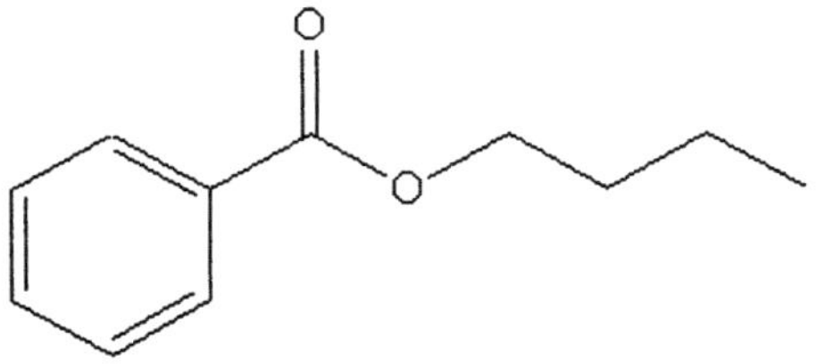

Funktion:
Additv/Weichmacher;
Verfahren:
Druckverfahren;
Anwendung:
Farbe;

Eigenschaften:
- toxikologisch/ökotoxikologisch:
RTECS # DG 4925000; 26-37/39;
R-Satz: 36/37/38

GPSR Compliance

The European Union's (EU) General Product Safety Regulation (GPSR) is a set of rules that requires consumer products to be safe and our obligations to ensure this.

If you have any concerns about our products, you can contact us on ProductSafety@springernature.com

In case Publisher is established outside the EU, the EU authorized representative is:

Springer Nature Customer Service Center GmbH
Europaplatz 3
69115 Heidelberg, Germany

Batch number: 10723231

Printed by Printforce, the Netherlands

Springer-Verlag Berlin Heidelberg GmbH

W. Baumann, T. Rothardt

Druckerei-chemikalien

Daten und Fakten zum Umweltschutz

2., erweiterte und überarbeitete Auflage

Mit 90 Abbildungen und 54 Tabellen

Springer

Dr.-Ing. Werner Baumann

Institut für Umweltforschung (INFU)
Universität Dortmund
D-44221 Dortmund

Dipl.-Ing. Thomas Rothardt

Institut für Umweltforschung (INFU)
Universität Dortmund
D-44221 Dortmund

ISBN 978-3-642-63610-3

Die Deutsche Bibliothek - CIP-Einheitsaufnahme
Baumann, Werner: Druckereichemikalien: Daten und Fakten zum Umweltschutz /
Werner Baumann ;Co-Autoren: T. Rothardt; 2. Aufl.
Berlin; Heidelberg; New York; Barcelona; Hongkong; London; Mailand; Paris; Singapur;
Tokio: Springer, 1999
ISBN 978-3-642-63610-3 ISBN 978-3-642-58474-9 (eBook)
DOI 10.1007/978-3-642-58474-9

Einbandgestaltung: K. Brüning Konzept, Berlin
Satz: Reproduktionsfertige Vorlagen der Autoren
SPIN: 10653504 52/3020 - 5 4 3 2 1 0 - Gedruckt auf säurefreiem Papier

Dieses Buch basiert auf Untersuchungen, die das **Institut für Umweltforschung (INFU)** der Universität Dortmund im Auftrag des **Umweltbundesamtes (UBA)** und weiterer Auftraggeber durchgeführt hat. Wesentliche Unterstützung fand unsere Arbeit durch die finanzielle Förderung durch das **Bundesministerium für Umwelt, Naturschutz und Reaktorsicherheit (BMU)**. Die Autoren möchten sich hierfür bedanken.

Inhaltsverzeichnis

Verzeichnis der Anhänge

Verzeichnis der Abbildungen

Verzeichnis der Tabellen

Abkürzungsverzeichnis

Σ	Summe
μA	Mikroampere
μg	Mikrogramm
μl	Mikroliter
μm	Mikrometer
a	Jahr
AAS	Atomabsorptionsspektroskopie
AbfKoBiV	Abfallwirtschaftskonzept- und Abfall-Bilanz-Verordnung
AbwHerkV	Abwasserherkunftsverordnung
AbwVwV	Abwasserverwaltungsvorschrift
ADI	zulässige tägliche Gesamtaufnahme eines Stoffes (acceptable daily Intake)
Ag	Silber
AOX	Adsorbierbare organische Halogenverbindungen
AS	Amid einer Säure
B	Beseitigung
BAT	Biologischer Arbeitsstoff-Toleranz-Wert
BImSchG	Bundesimmissionsschutzgesetz
BImSchV	Bundesimmissionsschutzverordnung
BONS	Beta-Oxynaphtoesäure
BTX	Benzol/Toluol/Xylol
°C	Grad Celsius
C-41	Verfahren zur Color-Negativ-Entwicklung
CAS	Chemical Abstract System
ChemG	Chemikaliengesetz
CKW	Chlorkohlenwasserstoff
CPB	Chemisch, physikalische Behandlung
Cr	Chrom
dB	Dezibel
DIN	Deutsche Industrienorm
E-6	Verfahren zur Color-Umkehrfilm-Entwicklung (Dias)
EPA	US Environmental Protection Agency
g	Gramm
GC	Gaschromatographie
GC-MS	Gaschromatographie - Massenspektrometrie
GefStoffV	Gefahrstoffverordnung
Gew.-%	Gewichtsprozent
h	Stunde
HKWAbfV	Verordnung über die Entsorgung gebrauchter halogenierter Lösemittel
hmn	Mensch (human)
HMV	Hausmüllverbrennung
i.d.R.	in der Regel
ihl	inhalativ (Aufnahme oder Exposition)
ims	intramuskuläre Applikation
INFU	Institut für Umweltforschung, Universität Dortmund
IR	Infrarot
ivn	intravenöse Applikation
KrW-/AbfG	Kreislaufwirtschafts-/Abfallgesetz
LAGA	Länderarbeitsgemeinschaft für Abfall

LAWA	Länderarbeitsgemeinschaft für Wasser
LC 50	letale Konzentration für 50 % der Versuchstiere
LD Lo	niedrigste letale Dosis
LD 50	letale Dosis für 50 % der Versuchstiere
LHKW's	Leichtflüchtige halogenierte Kohlenwasserstoffe
MAK	Maximale Arbeitsplatzkonzentration
mg	Milligramm
m^3	Kubikmeter
OEKOPRO	Chemikalien-Datenbank zum produktintegrierten Umweltschutz
orl.	oral
P.B.	Pigment Blue
P.Bk.	Pigment Black
P.Br.	Pigment Brown
P.G.	Pigment Green
P.M.	Pigment Metal
P.O.	Pigment Orange
P.R.	Pigment Red
P.V.	Pigment Violet
P.W.	Pigment White
P.Y.	Pigment Yellow
PAH	Polyaromatic Hydrocarbons (siehe auch PAK)
PAK	Polyaromatische Kohlenwasserstoffe (identisch mit PAH)
PC	Personal Copier
PCB	Polychlorierte Biphenyle
pOW	n-Octanol/Wasser Verteilungskoeffizient
ppm	parts per million
PVC	Polyvinylchlorid
RA-4	Verfahren zur Color-Papier-Entwicklung
Rahmen-AbwasserVwV	Rahmen-Abwasser-Verwaltungsvorschrift
rat	Ratte
SAD	Sonderabfalldeponie
SAV	Sonderabfallverbrennung
Schmp.	Schmelzpunkt
Sdp.	Siedepunkt
skn	Hautapplikation
TA	Technische Anleitung
TA-Abfall	Technische Anleitung Abfall
TA-Luft	Technische Anleitung Luft
TA-Lärm	Technische Anleitung Lärm
TRGS	Technische Regeln für Gefahrstoffe
TRK	Technische Richtkonzentration
TÜV	Technischer Überwachungsverein
UBA	Umweltbundesamt
UV	Ultraviolett
V	Verwertung
WGK	Wassergefährdungsklasse
WHG	Wasserhaushaltsgesetz
Zn	Zink

Vorwort

Das vorliegende Buch ist die zweite überarbeitete und ergänzte Auflage von Druckereichemikalien - Daten und Fakten zum Umweltschutz. Auf der Basis eines Forschungsvorhabens, das das Institut für Umweltforschung (INFU) der Universität Dortmund im Auftrag des Umweltbundesamt/Berlin zum Thema durchgeführt hat, wird ein aktueller Überblick über eingesetzte Verfahren und Chemikalien in der Druckbranche gegeben. Das Vorhaben wurde im Rahmen des Umweltforschungsplanes des Bundesministeriums für Umwelt, Naturschutz und Reaktorsicherheit mit dem Förderkennzeichen 106 02 068 durchgeführt. Für die dabei gewährte finanzielle Unterstützung möchten wir uns herzlich bedanken.

Sehr erfreulich und hilfreich war die Kooperation mit der Druckfarbenindustrie, die - koordiniert durch den Mineralfarbenverband - viel dazu beigetragen hat, dass wir eine Publikation vorlegen können, die den derzeitigen Stand des Wissens und der Technik widerspiegelt und von der wir hoffen, dass sie zu einem besseren Umwelt- und Arbeitsschutz in den Betrieben beitragen wird.

Die Autoren hatten in den vergangenen Jahren die Möglichkeit viele Druckereien zu beraten. Die dabei gewonnenen Praxiserfahrungen haben uns sehr geholfen zwischen wünschenswerten Zielen und direkt umsetzbaren Empfehlungen zu unterscheiden. So gibt es einerseits in der Druckbranche ein dringendes Bedürfnis nach Informationen, die etwa die Frage beantworten, welche Firmenprodukte man unter ökologischen Gesichtspunkten einsetzen kann und von welchen man besser die Finger lassen sollte. Ökonomische Restriktionen sind bei immer härter werdendem Konkurrenzdruck entscheidende Faktoren bei der Umsetzung wohlgemeinter Empfehlungen. Im Gegensatz zur Situation vor etwa einem Jahrzehnt, dominiert die Frage des Amortisationszeitraums fast jede Entscheidung. Ökologie ja - aber sie muss sich bezahlt machen. Ein besseres Image wäre schön, eine Mark mehr Gewinn ist schöner.

Die vorliegende Arbeit ist kein Testbericht von Handelsprodukten; hier werden vielmehr chemische Grundsubstanzen der Druckindustrie zusammengestellt und bezüglich ihrer physikalischen, chemischen, biologischen, toxikologischen und ökologischen Daten beurteilt. Etwa tausend Stoffe bilden die Basis ungezählter Hilfs- und Betriebsmittel auf dem Druckereimarkt. Auf dieser Basis und mit dem Wissen, welche Chemikalien in welchen Produkten enthalten sind, werden beispielsweise Berufsgenossenschaften Empfehlungen an ihre Mitglieder weitergeben können.

Eines unserer wesentlichen Probleme war die möglichst genaue Abgrenzung des Themas zu Randbereichen. So haben wir uns entschlossen, die Chemikalien in der Buchbinderei (z.B. Klebstoffe) nicht mit zu berücksichtigen, wohl aber den immer wichtiger werdenden Bereich der "neue Medien" soweit sie mit Druck oder Sofortdruck in Verbindung zu bringen sind und bezüglich der verwendeten Stoffe relevant sind. Der große Bereich des Textildruckes ist nicht in die vorliegende Arbeit aufgenommen.

Drucker arbeiten zwar mit genormten Blattgrößen, entfalten aber ihre Individualität zur vollen Blüte dort, wo es um das Wie und Was geht. Die genormte Druckfarbe gibt es nicht. Jeder Drucker schwört auf seine Farbe, hat seine eigenen Tricks und Kniffe entwickelt, mit denen er den Kampf gegen Partisanen, Popel, Abmehlen, Geistereffekte, Kleben, Pelzen, Perlen, Rupfen oder Schmieren aufnimmt. Jeder Drucker bearbeitet sein Produkt, jeder andere wird es anders machen. Jede

Druckerei unterscheidet sich von der nächsten durch andere Verfahren, Produkte, Hilfsmittel. Im Gegensatz z.B. zur fotografischen Industrie liegt bisher den Druckern die Normung aus vielerlei Gründen fern. In den kommenden Jahren wird sich dies grundlegend ändern. Der große Bereich des “Digitaldrucks” verursacht für den Drucker weitere große Veränderungen seines traditionellen Berufsbildes.

Übrigens - der Projektbericht, den Sie hier in Händen halten, wiegt etwas weniger als sieben Kilogramm, 100 g davon sind Toner, der aus etwa 8 g Carbon-Black, 87 g Styrolacrylharz und etwa 5 g Diphenylhydrazon besteht. Gedruckt wurde das Werk mit Hilfe der indirekten Elektrofotografie, oder einfacher mit einem Laserdrucker, der über eine fotosensitive Trommelbeschichtung verfügt. Die Fixierung des Toners auf dem Papier erfolgte mit Infrarotstrahlung, wobei Ozon entstand, das zu etwa 90 % in einem Aktivkohlefilter adsorbiert wurde. Mit Hydroxylaminen (als Reduktionsprodukte möglicher Nitropyrenverunreinigungen im Carbon-Black) ist bei den hier verwendeten modernen Tonern nicht mehr zu rechnen.

Die Autoren möchten allen danken, die bei der Entstehung des Buches mitgeholfen haben. Für ihre Unterstützung und konstruktive Diskussionen danken wir den Mitgliedern der Technischen Kommission des Verbandes der Druckfarbenindustrie, insbesondere Herrn Dr. F. Weyres und Herrn Dr. Nitschke.

Unser besonderer Dank gilt B. Herberg-Liedtke, C. Brandt, M. Gräfen, O. Hennemann, A. Hinz, M. Horst, M. Koch, K.-S. Müller, D. Pollkläsner, B. Rönick, S. Rumpf, C. Schmitt und D. Vaupel für ihre Mitarbeit.

Dortmund, Mai 1999

Sonstiges:
Kann schädigend wirken bei Einatmung, Verschlucken oder Aufnahme über Haut; Dämpfe reizen Augen, Schleimhäute und Atemwege; verursacht Hautreizungen [187];LD 50 (oral, Ratte): 5,14 g/kg [187], [198];LD 50 (Haut, Kaninchen): 4000 mg/kg [187];

- physikalisch/chemisch:
Siedepunkt: 249 °C
Flammpunkt: 106 °C; 210 °C
Brechungsindex: 1,4980 (20 °C)
Dichte: 1004 kg/m3 (25°C)
Molmasse: 178 g/mol
Verdunstungszahl: 0 (BuAc = 1) [9];

Löslichkeit:
unlöslich in Wasser; löslich in Ethanol, Diethylether;

Verbleib nach Gebrauch:
Verbrennung nach Mischung mit brennbarem Lösemittel;

Bemerkung:
Visköse, ölige farblose Flüssigkeit;
Unverträglich mit starken Oxidationsmitteln und starken Basen;

Butylcarbamat

- CAS-Nummer:
592-35-8
- gebräuchliche Namen:
O-Butylcarbamat; Butylurethan; Carbaminsäurebutylester;

- Summenformel:
$C_5H_{11}NO_2$

Eigenschaften:
- toxikologisch/ökotoxikologisch:
RTECS # EZ0175000
Sonstiges:
LD 50 (oral, Ratte): 690 mg/kg [634];LD 50 (intraperitoneal, Maus): 200 mg/kg [428];LD 50 (subcutan, Maus): 540 mg/kg [428];

- physikalisch/chemisch:
Schmelzpunkt: 54°C [636]
Siedepunkt: 204°C [636]
Flammpunkt: 108°C [636]
Log pOW: 0,85 [636]
Dichte: 970 kg/m3 bei 55°C [634]
Molmasse: 117,15 g/mol [636]

Löslichkeit:
1 g/l (20°C) und 25,8 g/l (37°C) in Wasser [634]
sehr löslich in Alkohol [634];

Bemerkung zu physikalisch/chemischen Daten:
Zündtemperatur 430°C [634];

I-Butylesterstearinsäure

- **CAS-Nummer:**
  646-13-9
- **Summenformel:**
  $C_{22}H_{44}O_2$

- **Strukturformel:**

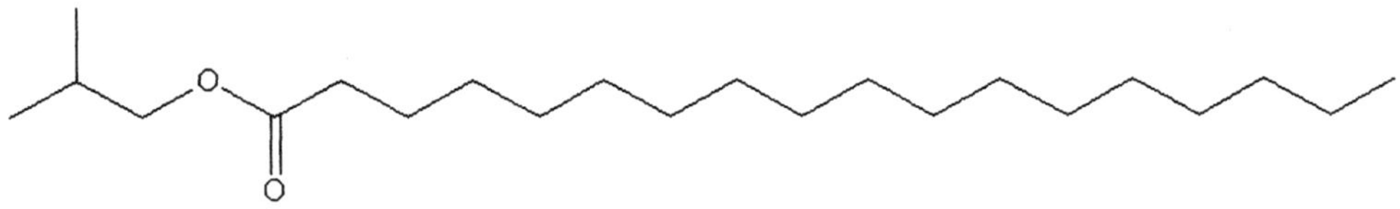

Eigenschaften:

- **physikalisch/chemisch:**
  Schmelzpunkt: 22,5°C [428]
  Dichte: 849,8 kg/m³ (20°C) [428]
  Molmasse: 340,66 [428]

  Löslichkeit:
  unlöslich in Wasser, löslich in Ether

  Bemerkung zu physikalisch/chemischen Daten:
  paraffinähnlich, diamorph [637]
  Beim Erstarren bei 20°C erhält man die bei 22°C schmelzende Form, bei Eiskühlung die bei 28-29°C schmelzende Modifikation [637]

Butyloleat

- **CAS-Nummer:**
  142-77-8
- **gebräuchliche Namen:**
  Ölsäurebutylester;
- **Summenformel:**
  $C_{22}H_{42}O_2$

- **Strukturformel:**

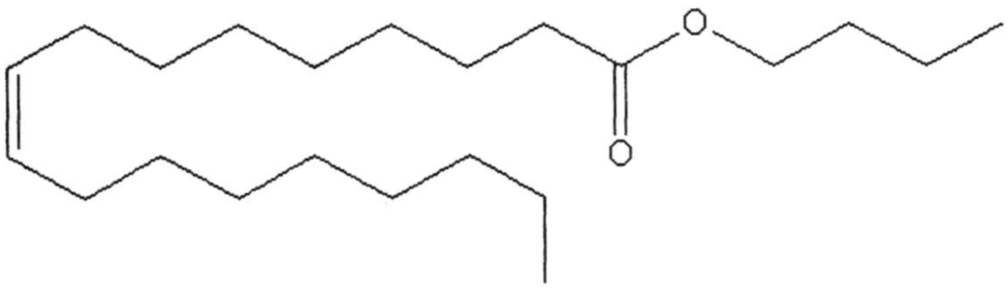

Funktion:
Additv/Weichmacher;
Verfahren:
Druckverfahren;
Anwendung:
Farbe;

Eigenschaften:
- toxikologisch/ökotoxikologisch:
RTECS # RG 3711000
Sonstiges:
Kann schädigend wirken bei Einatmung, Verschlucken oder Aufnahme über Haut; Dämpfe reizen Augen, Schleimhäute und Atemwege [187];

- physikalisch/chemisch:
Schmelzpunkt: - 15 °C
Siedepunkt: 190-224 °C
Flammpunkt: 177 °C
Dichte: 865 kg/m3 (25°C)
Molmasse: 338,57 g/mol

Bemerkung:
Klare bis leicht gelbe Flüssigkeit;

Butylphthalylbutylglykolat

- CAS-Nummer:
85-70-1
- Summenformel:
$C_{18}H_{24}O_6$

Funktion:
Additv/Weichmacher;
Verfahren:
Druckverfahren;
Anwendung:
Farbe;

Eigenschaften:

- physikalisch/chemisch:
Schmelzpunkt: - 35 °C
Siedepunkt: 345 °C
Flammpunkt: 199 °C
Dichte: 0,0012 kg/m3 (25°C)
Molmasse: 334 g/mol

Löslichkeit:
0,0012 g /100 g Wasser;

Butylricinoleat

- **CAS-Nummer:**
  151-13-3
- **gebräuchliche Namen:**
  Ricinolsäurebutylester;
- **Handelsnamen:**
  Flexricin P-3
- **Summenformel:**
  $C_{22}H_{42}O_3$

- **Strukturformel:**

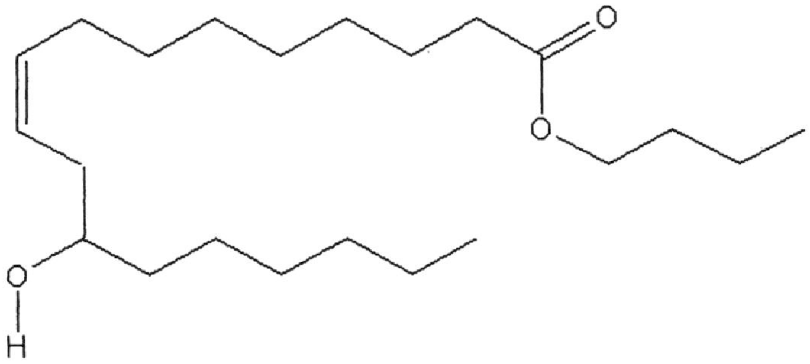

Funktion:
Additv/Weichmacher;
Verfahren:
Druckverfahren;
Anwendung:
Farbe;

Eigenschaften:

- **physikalisch/chemisch:**
  Schmelzpunkt: - 23 °C
  Siedepunkt: 220 °C
  Flammpunkt: 207 °C
  Dichte: 919 kg/m3 (25 °C)
  Molmasse: 355 g/mol

4-Butyrolacton

- **CAS-Nummer:**
  96-48-0
- **gebräuchliche Namen:**
  γ-Butyrolacton; Dihydro-2(3H)-furanon; 4-Hydroxybuttersäure-γ-lacton; 1,4-Butanolid;
- **Summenformel:**
  $C_4H_6O_2$

- Strukturformel:

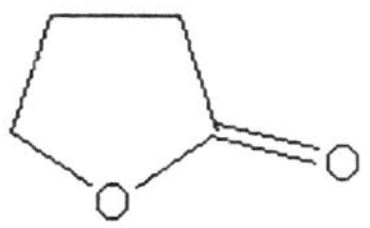

Verfahren:
Druckverfahren/Flachdruck indirekt/Offsetdruck;
Anwendung:
Druckformherstellung;

Eigenschaften:
- toxikologisch/ökotoxikologisch:
RTECS # LU 3500000
Schweizer Giftliste: 4
WGK: 1
R-Satz: 22-36
S-Satz: 23-24/25
Sonstiges:
Dämpfe reizen Augen, die oberen Atemwege und Haut; Kontakt mit der Flüssig- keit führt zu Reizung der Augen und Haut; Aufnahme des Stoffes durch Ein- atmen der Dämpfe oder durch Verschlucken der Flüssigkeit kann Lähmung des ZNS hervorrufen (Narkose) [163];LD 50 (oral, Ratte): 1800 mg/kg [187];LD 50 (oral, Maus): 1,26 g/kg [483];LD 50 (intraperitoneal, Maus): 0,88 g/kg [483];LD 50 (intravenös, Maus): 880 mg/kg [483];

Gefahren-Symbol:

- physikalisch/chemisch:
Schmelzpunkt: - 42 °C
Siedepunkt: 206 °C
Flammpunkt: 98 °C
Dampfdruck: 1,99 hPa (20 °C) [187]
Brechungsindex: 1,4365 (20 °C)
Dichte: 1105,4 kg/m3 (28 °C)
Molmasse: 86,09 g/mol

Löslichkeit:
mischbar mit Wasser, Propanon (Aceton), Benzen (Benzol); leicht löslich in Ethanol, Diethylether;

Verbleib nach Gebrauch:
Verbrennung nach Mischung mit brennbarem Lösemittel;

Bemerkung:
Wasserhelle, schwach nach Buttersäure riechende Flüssigkeit; wasserdampfflüchtig; hygroskopisch; brennbar; Bildet im dampf-/gasförmigen Zustand mit Luft explosionsfähige Gemische; Explosionsgrenzen: 1,4 - 6,9 Vol.% ; Zündtemperatur: 455 °C [163]; Stoff reagiert bei Kontakt oder Mischung mit starken Oxidationsmitteln, starken Säuren, starken Basen und starken Reduktionsstoffen;
Verwendung: Lösemittel für Celluloseacetat, -nitrat, Polyacrylnitril, Butadien-Mischpolymerisate, Ethin; in der Druckindustrie bei der Herstellung von Flachdruckdruckformen;
Enthalten in Byk-325 (24%);

Cadmium

- CAS-Nummer:
7440-43-9
- gebräuchliche Namen:
Kadmium;
- Summenformel:
Cd

Verfahren:
1.Kopierverfahren/elektr.Verfahren;
2.Druckfarbe/Pigmente;
Anwendung:
1.Bestandteil der lichtempfindlichen Schichten auf Trommel;
2.Bestandteil von Pigmenten z.B. Cadmiumgelb;

Eigenschaften:
- toxikologisch/ökotoxikologisch:
RTECS # EU 9800000
Schweizer Giftliste: 3
WGK: 3
MAK Wert: vgl. Abschnitt IX [481]
R-Satz: 20/21/22
S-Satz: 22
Sonstiges:
Krebserzeugend 2 [481]; TRK: 0,03 mg/m3 E (Batterieherstellung), 0,015 mg/m3 E (übrige Anwendungen) [481];Karzinogen [187]; IMK: II;Tödliche Dosis: 50 mg/m3 (1 h) [116];Hochtoxisch; tödliche Dosis 30 mg (lösliche Salze) [39];Reizende Dämpfe; verboten in kosmetischen Mitteln; Tägliche Aufnahme von ca. 200 µg Cd verursacht signifikante Nierenfunktionsstörungen [140];Normale Cd-Konzentration im Blut: 0,06 - 15,9 µg/100 ml [140];Biologische Halbwertszeit: 13 - 47 Jahre [140];Cd-Belastung und Verweildauer [140]:(Umweltstruktur; Konzentration; Verweildauer)- Atmosphäre; 0,1-500 ng/m3; 20-30 Tage;- Oberflächenwasser; 0,01-42000 µg/l; bis 2 Jahre;- Mensch; 15 mg/kg; 20-30 Jahre;- Boden; 0,1-500 ml/m3; bis 280 Jahre;LC Lo (inhal., Mensch, 20 min): 39 mg/m3 [187];LD 50 (oral, Ratte): 225 mg/kg [187];LC 50 (inhal., Ratte, 30 min): 25 mg/m3 [187];LD Lo (intramuskulär, Ratte): 15 mg/kg, 70 mg/kg [140];

Gefahren-Symbol:

Xn

- physikalisch/chemisch:
Schmelzpunkt: 320,9 °C
Siedepunkt: 767 °C
Dichte: 8640 kg/m3 (20 °C)
Molmasse: 112,41 g/mol

Löslichkeit:
unlöslich in Wasser; löslich in Säuren, Ammoniumnitrat;

Verbleib nach Gebrauch:
Wiedergewinnung zum Recycling oder zur Wiederverwertung, teure Metalle, Katalysatoren;

Bemerkung:
Glänzende, silberne Metallblättchen; brennbarer Feststoff;
0,6 - 0,3 µg Cd/l im Rhein (1982 - 1984) [51];

Cd-Aufnahme in westeuropäischen Ländern (1980) im Mittel pro Person und Tag: 27 µg über Nahrungsmittel, 1 µg über Trinkwasser [140];
Cd-Produktion in Westeuropa (1980): ca. 4000 t [140];
Cd-Intoxikationen erstmals 1947 in Japan beobachtet (itai-itai-Krankheit);
Wird als Salz eingesetzt; Ausgangsstoff bei techn. Prozessen; Verwendung: in der Galvanikindustrie; bei der Herstellung von Nickel-Cadmiumbatterien; als Stabilisator in der -> PVC-Produktion; zur Herstellung von Farbpigmenten; in der Druckindustrie Bestandteil der lichtempfindlichen Trommelschichten beim Kopierverfahren;
Abwassergrenzwert 1 mg/l [39]
Abwassergrenzwert (Monatsmittelwert): 0,2 mg/l [140]
Trinkwassergrenzwert: 0,005 mg/l [140]

Cadmiumchlorid

- CAS-Nummer:
10108-64-2
- gebräuchliche Namen:
Kadmiumchlorid;
- Summenformel:
$CdCl_2$

Verfahren:
Druckverfahren;

Eigenschaften:
- toxikologisch/ökotoxikologisch:
RTECS # EV 0175000;
Schweizer Giftliste: 1
MAK Wert: vgl. Abschnitt IX [481]
R-Satz: 45-48/23/25
S-Satz: 53-45
Sonstiges:
Krebserzeugend 2 [481]; TRK: 0,03 mg/m3 E (Batterieherstellung), 0,015 mg/m3 E (übrige Anwendungen) [481];Kann letal wirken bei Einatmung oder Verschlucken; reizt Schleimhäute und Atemwege;Karzinogen [187];LD Lo (oral, Frau): 3 mg/kg [187];LD 50 (oral, Ratte): 88 mg/kg [54];LC 50 (inhal., Maus): 2300 mg/m3 [187];EC 50 (Daphnia magna, 24 h): 3,08 mg/l [45];

Gefahren-Symbol:

- physikalisch/chemisch:
Schmelzpunkt: 568 °C
Siedepunkt: 960 °C
Dichte: 4047 kg/m3 (25 °C)
Molmasse: 183,32 g/mol

Löslichkeit:
Wasser 1400 g/l (20 °C), 1500 g/l (100 °C); Ethanol 15,2 g/l (15 °C); Methanol 17 g/l (15,5 °C); unlöslich in Diethylether, Propanon (Aceton);

Verbleib nach Gebrauch:
Sondermüll-Deponie, abfiltrierte Sulfide aus der Ausfällung des in Lösung gebrachten Stoffes (Oxidation oder wäßrige Säure) und eventueller Neutralisation;

Bemerkung:

Farblose, durchsichtige Masse;
0,6 - 0,3 µg Cd/l im Rhein (1982 - 1984) [51];
Weitere Angaben siehe [46];
Verwendung: Absorptionsmittel für Schwefelwasserstoff in der Analytik; im Druckereiwesen; bei der galvanischen Verzinnung; in der Mikroskopiertechnik;
Cadmiumchlorid-1-Hydrat: CAS-Nr.: 35658-65-2;
Cadmiumchlorid-2½-Hydrat: CAS-Nr.: 7790-78-5;

Cadmiumjodid

- CAS-Nummer:
7790-80-9
- gebräuchliche Namen:
Jodcadmium; Kadmiumjodid;
- Summenformel:
CdI_2

Verfahren:
Druckverfahren;

Eigenschaften:
- toxikologisch/ökotoxikologisch:
RTECS # EV 1290000;
Schweizer Giftliste: 1
WGK: 3
MAK Wert: vgl. Abschnitt IX [481]
R-Satz: 23/25-33-40
S-Satz: (1/2)-22-45
Sonstiges:
Krebserzeugend 2 [481];Einstufung und Kennzeichnung von Zubereitungen, in denen diese Substanz enthalten ist:10%<=C ¦> T; R23/25-33-401%<=C<10% ¦> Xn; R20/22-33-400.1%<=C<1% ¦> Xn; R20/22-33Karzinogen [187];Wirkt schädigend bei Einatmung oder Verschlucken; reizt Schleimhäute und Atemwege [187];LD Lo (oral, Mann): 81 mg/kg [187];LD 50 (oral, Maus): 166 mg/kg [187];

Gefahren-Symbol:

T

- physikalisch/chemisch:
Schmelzpunkt: 387 °C
Siedepunkt: 796 °C
Dichte: 5670 kg/m3 (20 °C)
Molmasse: 366,21 g/mol

Löslichkeit:
Wasser 862 g/l (25 °C), 1250 g/l (100 °C); Ethanol 1105 g/l (20 °C); Methanol 2067 g/l (25 °C); Propanon (Aceton) 410 g/l (25 °C); wenig löslich in Ammoniak;

Verbleib nach Gebrauch:
Sondermüll-Deponie, abfiltrierte Sulfide aus der Ausfällung des in Lösung gebrachten Stoffes (Oxidation oder wäßrige Säure) und eventueller Neutralisation;

Bemerkung:
Weiße, sehr beständige Kristalle;
Verwendung: in der Fotoindustrie als Jodierungssalz beim Collodium-Verfahren;

Cadmiumsulfid

- CAS-Nummer:
1306-23-6
- gebräuchliche Namen:
Cadmiumblende; Cadmiumgelb; Greenockit; Kadmiumsulfid; Pigment Gelb 37 (C.I. 77199); Pigment Yellow 37; C.I. 77199; Jeaune Brilliant;
- Handelsnamen:
Reines Cadmium-Gelb; Cadmiumsulfid-Gelb; Capsebon; NCI-C02711; Cadmium Golden 366; Cadmium Zitronengelb 527; Cadmium Primrose 819; Cadmiumgelb 000; Cadmiumgelb 892; Cadmiumgelb 106; Cadmiumgelb tief; Cadmiumgelb Golden; Cadmiumgelb Zitrone; Cadmiumgelb Primrose; Cadmiumgelb OZ dunkel; Cadmiumgelb Primrose 47-4100; Cadmopur Golden Gelb N; Cadmopur gelb; Capsebon; C.P. Golden gelb 55; Eisen-Zitronengelb; Eisen-Orangegelb;
- Summenformel:
CdS

Funktion:
1.Pigment/Farbstoff/gelb;
2.Additiv/Sensibilisator;
3.anorganischer Fotohalbleiter;
Verfahren:
1.Druckformherstellung/Reprofotografie;
2.Kopierverfahren/elektron.Verfahren direkt/Elektrofotografie/Laserdruck;
3.Druckverfahren/Flachdruck;
Anwendung:
Farbe;
Farbpigment für Kunststoffe, Keramik; Malerfarbe;
Deckfarbenpigment; Farbpigment für Gummi- und Lederwaren, Lackindustrie;
2.Lichtsensitive Substanz in der Trommelbeschichtung;

Eigenschaften:
- toxikologisch/ökotoxikologisch:
RTECS # EV 3150000
MAK Wert: vgl. Abschnitt IX [481]
R-Satz: 22-40-48/23/25
S-Satz: (1/2)-22-36/37-45
Sonstiges:
Krebserzeugend 2 [481]; TRK: 0,03 mg/m3 E (Batterieherstellung), 0,015 mg/m3 E (übrige Anwendungen) [481];Einstufung und Kennzeichnung von Zubereitungen, in denen diese Substanz enthalten ist:10%<=C ¦¦> T; R22-40-48/23/251%<=C<10% ¦¦> Xn; R40-48/20/220.1%<=C<1% ¦¦> Xn; R48/20/22Karzinogen [187]; Carc.Cat. 3 [505];Wirkt schädigend beim Einatmen oder Verschlucken; verursacht Reizungen [187];LD 50 (oral, Ratte): 7080 mg/kg [187];LD 50 (oral, Maus): 1166 mg/kg [428];LC Lo (inhalativ, Maus): 1350 mg/m3 [428];

Gefahren-Symbol:

T

- physikalisch/chemisch:
Schmelzpunkt: > 999 °C; 1750 °C (101300 hPa)
Dichte: 4820 kg/m3 (20 °C)
Molmasse: 144,46 g/mol

Löslichkeit:
Wasser 0,0013 g/l (18 °C); löslich in Säuren;

Verbleib nach Gebrauch:
Sondermüll-Deponie für chemischen Abfall, besonders gefährliche Stoffe;

Bemerkung:
Oranges Pulver; kubische oder hexagonale Kristalle;
Verwendung: als Pigment, z.B. in Künstlerfarben; in der Druckindustrie als Sensibilisator und anorganischer Fotohalbleiter; als Begleiter des ZnS;

Calciumacetat

- CAS-Nummer:
62-54-4
- Handelsnamen:
braunes Kalkacetat; graues Kalkacetat;
- Summenformel:
$C_4H_6CaO_4 * x\,H_2O$

- Strukturformel:

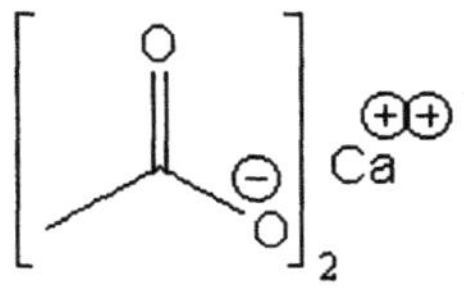

Verfahren:
Druckverfahren/Hochdruck direkt/Magnesium- und Zink-Ätzplatten;
Anwendung:
Druckformherstellung;

Eigenschaften:
- toxikologisch/ökotoxikologisch:
RTECS # AF 7525000
Sonstiges:
Kann schädigend wirken beim Einatmen, Verschlucken oder Aufnahme über Haut; kann Reizungen verursachen [187];

- physikalisch/chemisch:
Molmasse: 158,17 g/mol

Verbleib nach Gebrauch:
Verbrennung nach Mischung mit brennbarem Lösemittel;

Bemerkung:
Weißes Pulver; hygroskopisch;
Unverträglich mit starken Oxidationsmitteln;
Vor Feuchtigkeit schützen;

Calciumcarbonat

- CAS-Nummer:
471-34-1
- gebräuchliche Namen:
Kalziumkarbonat; kohlensaurer Kalk; Calcit; E 170; Aragonit; C.I. 77220; Pigment Weiß 18 (C.I. 77220); Pigment White 18; Carbonsäurecalciumsalz; Atlasspat; Bergmehl; Kreide; Kalkweiß; Marmor; Parisgelb; Calciumcarbonat (1:1); Calciummonocarbonat;
- Handelsnamen:
Aeromatt; Akadama; Albacar; Albacar 5970; Albafil; Albaglos; Albaglos; Albaglos SF; Allied whiting; A Calcit; Atomite; AX 363; BF 200; Brilliant 15; Brilliant 1500; Britomya M; Britomya S; Calcene CO; Calcene NC; Calcene TM; Calcicoll; Calcichew; Calcidia; Calcidar 40; Calcilit 8; Calcilit 100; Calciumcarbonat, gefällt-PCC; Calciumcarbonat V/100; Calciumcarbonat V/60; Calciumcarbonat V/40; Calciumcarbonat V/40-S; Calciumcarbonat M/30; Calciumcarbonat M/5; Calciumcarbonat M/3; Calciumcarbonat M/2;Calciumcarbonat M/ALPHA; Calciumcarbonat M/1; Calciumcarbonat Master; Calciumcarbonat M/1-R; Calciumcarbonat M/1-ST; Calibrit; Cal-light SA; Calmos; Calmote; Calofil A 4; Calofil B 1; Calofil E 2; Calofort S; Calofort U; Calofor U 50; Calopake F; Calopake FS; Calopakte H; Calopake high opacity; Calopake PC; Calseeds; Caltec; Camel-carb; Camel-tex; Camel-wite; Carbital 90; Carbium; Carbium MM; Carborex 2; Carusis P; CCC G-white; CCC No. AA oolitic; CCR; CCW; Chemcarb; Clefnon; Citrical; Crystic prefil S; Dacote; Domar; Duramite; Durcal 10; Durcal 40; Durcal C 640305; Durcal 2 NH; EGRI M 5; Eskalon 100; Eskalon 200; Eskalon 400; Eskalon 800; Eskalon 1500; Filtex White Base; Finncarb 6002; Garolite SA; Gilder's whiting; Hakuenka CC; Hakuenka CCR; Hakuenka DD; Hakuenka O; Hakuenka PX; Hakuenka PZ; Hakuenka R 06; Hakuenka T-DD; Homocal D; Hydrocarb 60; Hydrocarb 65; Juralweis S; K 250; Kotamite; Kredafil 150 extra; Kredafil RM 5; KS 500; KS 1300; KS 1500; KS 1800; KS 2100; KULU 40; Levigated chalk; Marblewhite 325; Marfil; Microcarb 60 T; MC-T; Micromic CR 16; Micromya; Mikrosöhl 40; Microwhite 25; Monocalcium carbonate; Msk-C; Msk-K; Msk-P; Msk PO; Msk-V; Multiflex MM; Multiflex SC; N 34; N 43; Ncc-P; Neoantricid; Neolite F; Neolite SP; Neolite TPS; Non-fer-AL; Nordkrone 40; Nordweiss; NS; NS (carbonate); NS 100 (carbonate); NS 200; NS 200 (filler); NS 400; NS 2500; NS 2500; NZ; OA-A 1102; OMYA; Omya BLH; Omya BLP 2; Omya BLP 3; Omya BLRZ; Omya bBSH; Omyacarb F; Omya D 40; Omya EXH 1; Omyalene G 200; Omyalite 90; Omyalite BL; OS-Cal; P-Lite 500; P-Lite 700; Polcarb; Prepared chalk; PS 100; PS 100 (carbonate); Purecal; Purecalo; Purecal SC; Purecal T; Purecal U; PZ; PZ (carbonate); Queensgate whiting; Red ball; R Jutan; Royal White Ligth; RX 2557; RX 2558; RX 2559; Shipron A; Silver W; SL 700; Smithko kalkarb whiting; Snowcal; Snowcal 70; Snowcal 6ML; Snowcal 7ML; Snowflake White; Snow top; Socal; Socal D; Socal E 2; Socal N 2; Socal N 2S1; Socal P 2; Socal U 1; Socal U 3; Socal U 1S2; Softon 1000; Softon 1200; Softon 1500; Softon 1800, Softon 2200; Softon H; SS 30; SS 30 (carbonate); SS 50; SS 50 (carbonate); SSB 100; Stanwhite 500; Sturcal D; Sturcal H; Sturcal L; Sturcal LS; Sturcal M; Sturcal X; Sunlight 700; Sunlight 800; Super 1500; Super 1700; Super 2000; Supercoat; Supermite; Super multifex; Super-pflex; Super 3S; Super 5S; Super SSS; Surfex MM; Surfil S; Suspenso; Sylacauga 88B; T 130-2500; Tama pearl TP 121; Tama pearl TP 262; Tancal 100; Tancal 200; Tancal PC; TM 1, TM 1 (filler); Tonaso; Toyofine TF-X; TP 121; TP 121 (filler); TP 222; TP 121 H; TP 1; TM 1 (filler); Tonaso; Toyofine TF-X; TP 121; TP 121 (filler); TP 222; TP 121 H; TP 222 HS; Ultra-pflex; Unibur 70; Vevetone; Vicron; Vicron 31-6; Vicron 41-8; Vicron 15-15; Vicron 25-11; Vienna White; Vigot 15; Whica BA; Whitcarb W; White-powder; Whiting; Whiton 450; Whiton 1500; Whiton B; Whiton H; Whiton P 10; Whiton P 30; Whiton P 50; Whiton S; Whiton SB; Whiton SO; Whiton SS; Whiton SSB; Winnofil S; Witcarb; Witcarb P; Witcarb R; Witcarb RC; Witcarb regular; York White; ZG 301;
- Summenformel:
$CaCO_3$

Funktion:
1.Pigment/Farbstoff/weiß;
2. Füllstoff;
Verfahren:
Druckverfahren;
Anwendung:
1.+2.Druckfarbe;

Eigenschaften:

- toxikologisch/ökotoxikologisch:

RTECS # FF 9335000
WGK: 0
MAK Wert: 6 mg/kg A
R-Satz: 36/37/38
S-Satz: 26-36
Sonstiges:
LD 50 (oral, Ratte): 6450 mg/kg [428];zu Calciumcarbonat, gefällt-PCC [Sdb Schaefer Kalk]:WGK: 0; als Zusatzstoff in Nahrungsmitteln zugelassen;zu Calciumcarbonat V/100; Calciumcarbonat V/60; Calciumcarbonat V/40; Calciumcarbonat V/40-S; Calciumcarbonat M/30; Calciumcarbonat M/5; Calciumcarbonat M/3; Calciumcarbonat M/2;Calciumcarbonat M/ALPHA; Calciumcarbonat M/1; Calciumcarbonat Master; Calciumcarbonat M/1-R; Calciumcarbonat M/1-ST [Sdb Scherun]:bei Anwesenheit von Wasser schwach reizend durch seine Alkalität. LD 50 (oral, Frosch): 2000 mg/kg; WGK: 0;

- physikalisch/chemisch:

Schmelzpunkt: 520 °C*
Siedepunkt: 825 °C (Zers.)
Dichte: 2930 kg/m3 (20 °C)
Molmasse: 100,09 g/mol

Löslichkeit:
Wasser 0,0153 g/l (25 °C), 0,019 g/l (75 °C); löslich in Säuren, Ammoniumchlorid;

Bemerkung zu physikalisch/chemischen Daten:
Alle Angaben für die rhombische Modifikation (Aragonit);
*: Übergang zu Calcit;

Bemerkung:

Weißes geschmack- und geruchloses Pulver; hygroskopisch;
Vorkommen u.a. als Kalkstein, Kreide, Marmor;
Verwendung: als Weißpigment; als Lebensmittelfarbstoff (nur zur Oberflächenfärbung von Dragees und zur Verzierung von Lebensmitteln); in der Druckindustrie als Füllstoff;

zu Microcarb 60 T [628]:
Schmelzpunkt: 1340 °C (102000 hPa); Dichte: 2600-2800 kg/m3;

zu Calciumcarbonat, gefällt-PCC [Sdb Schaefer Kalk]:
Zersetzung: bei 900 °C in CaO+CO2; löslich zu 0,016 g/l (20 °C) in Wasser;

zu Calciumcarbonat V/100; Calciumcarbonat V/60; Calciumcarbonat V/40; Calciumcarbonat V/40-S; Calciumcarbonat M/30; Calciumcarbonat M/5; Calciumcarbonat M/3; Calciumcarbonat M/2; Calciumcarbonat M/ALPHA; Calciumcarbonat M/1; Calciumcarbonat Master; Calciumcarbonat M/1-R; Calciumcarbonat M/1-ST [Sdb Scherun]:
Dichte: 2710 kg/m3; Löslichkeit in Wasser: 0,008 g/l (20 °C); in Säuren unter CO2-Abgabe löslich; Zersetzungstemperatur: 990 °C;

enthalten in: Calciplast RS 3 G;
Mikrosöhl 40: 93,25 % CaCO3, 5,24 % SiO2, 1,1 % MgCO3;
Juraweiß Gelb-Siegel: 99 % CaCO3, 0,5 % MgCO3;
enthalten in Peroxan PK 295 GS (30 %);

Calciumhydroxid

- **CAS-Nummer:**
  1305-62-0
- **UN Nummer:**
  1759
- **gebräuchliche Namen:**
  Kalziumhydroxid; gelöschter Kalk; Kalkhydrat; Marmorkalkhydrat; Calciumhydrat; Weißkalkhydrat; Calciumdihydroxid; Löschkalk; gelöschter Kalk; Hydratkalk; Carbidkalkhydrat; Kalkschlamm; Carbidschlamm; Blütenweiß normal;
- **Summenformel:**
  $Ca(OH)_2$

Verfahren:
Druckverfahren;

Eigenschaften:
- **toxikologisch/ökotoxikologisch:**
  RTECS # EW 2800000
  Schweizer Giftliste: 4
  WGK: 1
  R-Satz: 34-38-41
  S-Satz: 22-26-36/37
  Sonstiges:
  IMK: II;Wirkt schädigend beim Einatmen, Verschlucken oder Aufnahme über Haut; wirkt extrem zerstörerisch auf das Gewebe der Schleimhäute und Atemwege, Augen und Haut; Inhalation kann tödliche Folgen haben [187];LD 50 (oral, Ratte): 7340 mg/kg [187];LD 50 (oral, Maus): 7300 mg/kg [634];Bei einer Konzentration von 300 mg/l starben mittelgroße Forellen z.T. schon nach 7 Minuten [298];

  Gefahren-Symbol:

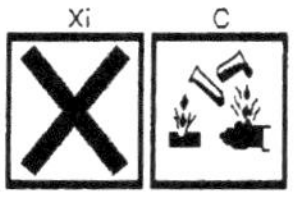

- **physikalisch/chemisch:**
  Schmelzpunkt: 580 °C (- Wasser)
  Siedepunkt: 2850 °C
  Dampfdruck: 0 hPa (20 °C)
  Dichte: 2240 kg/m3 (20 °C); 2200-2300 kg/m3
  Molmasse: 74,09 g/mol

  Löslichkeit:
  Wasser 1,85 g/l (0 °C), 0,77 g/l (100 °C), 1,65 g/l (20 °C); löslich in Ammoniumsalzen, Säuren; unlöslich in Ethanol;

Verbleib nach Gebrauch:
Sondermüll-Deponie für chemischen Abfall, besonders gefährliche Stoffe;

Bemerkung:
Weißes geruchloses Pulver;
Ergibt zusammen mit Wasser und Sand einen dicken Brei, den Mörtel;
Zugelassen als Lebensmittelzusatzstoff nach LMBG;
Verwendung: als Baumaterial (Mörtel); in Wasserfarben; in feuerfesten Verkleidungen; bei der Herstellung von Papierbrei; Agrarindustrie; Mineralölindustrie; Metallgewinnung, -aufarbeitung und -verarbeitung; Reinigungs-, Wasch- und Desinfektionsmittel; Kraftstoffzusätze; Gerbstoffe;
Mengenangaben: 500000-1000000 Tonnen;

Calciumjodid-4-hydrat

- **CAS-Nummer:**
  10102-68-8
- **gebräuchliche Namen:**
  Calciumjodid Tetrahydrat;Kalziumjodid Tetrahydrat;
- **Summenformel:**
  $CaI_2 * 4 H_2O$

Verfahren:
Druckverfahren;

Eigenschaften:
- **toxikologisch/ökotoxikologisch:**
  RTECS # EV 1300000;
  Schweizer Giftliste: 4
  S-Satz: 24/25

- **physikalisch/chemisch:**
  Schmelzpunkt: 784 °C
  Siedepunkt: 1100 °C
  Dichte: 3956 kg/m3 (25 °C)
  Molmasse: 293,89 g/mol

  Löslichkeit:
  Wasser 2090 g/l (20 °C), 4260 g/l (100 °C); Methanol 1260 g/l (20 °C); löslich in Ethanol, Propanon (Aceton), Säuren;

Verbleib nach Gebrauch:
Sondermüll-Deponie, wasserunlösliche Feststoffe und Flüssigkeiten nach Neutralisation (nur für Kleinmengen);

Bemerkung:

Verwendung: in der Fotoindustrie als Jodierungssalz im Collodium-Verfahren;
Zugelassen als Lebensmittelzusatzstoff nach LMBG;
CAS-Nr. nach Janssen (88 - 90): 13640-62-5

Calciummetasilicat

- **CAS-Nummer:**
  10101-39-0
- **gebräuchliche Namen:**
  Kalzium-meta-silikat; C.I. 77230; Pigment Weiß 28 (C.I. 77230); Pigment White 28; Wollastonit;
- **Summenformel:**
  $CaSiO_3$

Funktion:
Pigment/Farbstoff/weiß;
Verfahren:
Druckverfahren/Flachdruck indirekt/Offsetdruck;
Anwendung:
Farbe;

Eigenschaften:

- physikalisch/chemisch:
Schmelzpunkt: 1540 °C; 1350-1400 °C
Dichte: 2905 kg/m3 (20 °C)
Molmasse: 116,16 g/mol

Löslichkeit:
Wasser 0,095 g/l (17 °C); löslich in Salzsäure;

Verbleib nach Gebrauch:
Beseitigung

Bemerkung:
Verwendung: als Weißpigment; als Baustoff (Portland-Zement); als Füllstoff in Kunststoffen; als Absorptionsmittel für Flüssigkeiten und Gase;
Bestandteil von Heucophos ZCPP (VP-93114), CAPP (VP-9190);

Calciumoxid

- CAS-Nummer:
1305-78-8
- UN Nummer:
1910
- gebräuchliche Namen:
Ätzkalk; ungelöschter Kalk; gebrannter Kalk; Kalkerde; Calciummonoxid; Turbokalk
- Handelsnamen:
Caloxol CP2; CML 21; Desical P; Caloxol W 3; Calxyl; Desical; Kezadol GR; Kezadol GR/DAB; Kezadol PC; Rhenosorb; Rhenosorb C; Rhenosorb F; Rhenogran CaO-80;
- Summenformel:
CaO

Funktion:
Füllstoff, anorganisch;

Eigenschaften:
- toxikologisch/ökotoxikologisch:
RTECS # EW 3100000
Schweizer Giftliste: 4
WGK: 1
MAK Wert: 5 mg/m3 E
R-Satz: 34
S-Satz: 26-28-27-36/37/39
Sonstiges:
Spitzenbegrenzung: I [481]; IMK: III;Staub verursacht Verätzungen und reizt stark Haut, Augen und Atemwege; Kontakt mit Haut in Verbindung mit Feuchtigkeit kann Verbrennungen hervorrufen; Inkrustierung und Imprägnation der Hornhaut des Auges kann zur Hornhauttrübung und zur Erblindung führen [163];Toxisch für Fische: Schädlichkeitsgrenze 20 mg/l; tödlich nach 26 Min. 70 mg/l; tödlich auch durch pH-Verschiebung [298];LD 50 (oral, Ratte): 500-2000 mg/kg [634];zu Kezadol GB [Sdb Kettliz Chemie]:Gefahrensymbol: Xi; R-Sätze: 41/38; S-Sätze: 26-39;

Gefahren-Symbol:

C

- physikalisch/chemisch:
Schmelzpunkt: ca. 2570-2572 °C
Siedepunkt: 2850 °C
Dampfdruck: 0 hPa (20 °C)
Dichte: 3400 kg/m3 (20 °C); 3300-3400 kg/m3
Molmasse: 56,08 g/mol

Löslichkeit:
Wasser 1,31 g/l (10 °C, Zers.); 1,85-1,86 mg/l (0 °C); unlöslich in Ethanol; löslich in Propantriol; Wasserlöslich: 1,65 g/l (20 °C), 0,77 g/l (100 °C) [Sdb Kettlitz Chemie];

Verbleib nach Gebrauch:
Sondermüll-Deponie für chemischen Abfall, besonders gefährliche Stoffe;

Bemerkung:
Farblose, kubische Kristalle, geruchlos [428];
weiße oder grauweiße harte Klumpen; nicht brennbar; hygroskopisch;
reagiert mit Wasser (4 Teilen) unter starker Wärmeentwicklung zu Calciumhydroxid;
zugelassen als Lebensmittelzusatzstoff nach LMBG;
die Zuteilung einer E-Nummer (E 529) wird von der EG erwogen;
enthalten in Deosec R (75 %), EFAPUR 1650, Kezadol GR (80 %), Rhenogran CaO-80 (80 %);
Verwendung: Lederverarbeitende Industrie; Metallgewinnung, -aufbereitung und -verarbeitung; Farben- und Lackindustrie; Papier-, Kartonagen- und Zellstoffindustrie; Stoffe für den Bau; Düngemittel, Lebensmittelzusatzstoffe/ Futterzusätze; Stoffe zur pH-Regulierung;
Mengenangaben: über 1000000 Tonnen;

zu Kezadol GR [Sdb Kettlitz Chemie]:
Unverträgliche Stoffe: Säuren, Wasser;

Calciumsulfat

- CAS-Nummer:
7778-18-9
- gebräuchliche Namen:
Alabaster; Gips; Kalziumsulfat; schwefelsaurer Kalk; Pigment Weiß 25 (C.I. 77231); Pigment White 25; C.I. 77231;
- Handelsnamen:
Crysalba; Drierite; Gießformengips Standard 78-70; Thiolite;
- Summenformel:
$CaSO_4$

Eigenschaften:
- toxikologisch/ökotoxikologisch:
RTECS # WS 6920000
WGK: 0
MAK Wert: 6 mg/m3 A - faserfrei
R-Satz: 36/37
S-Satz: 26-22-37/39
Sonstiges:
Kann schädigend wirken bei Einatmung, Verschlucken oder Aufnahme über Haut; verursacht Augen- und Hautreizungen; reizt Schleimhäute und Atemwege [187];

- physikalisch/chemisch:
Schmelzpunkt: 1450 °C
Dichte: 2960 kg/m3 (20 °C)
Molmasse: 136,14 g/mol

Löslichkeit:
Wasser 2,09 g/l (30 °C), 1,62 g/l (100 °C); löslich in Säuren, Ammoniumsalzen, Propantriol;

Verbleib nach Gebrauch:
Sondermüll-Deponie für chemischen Abfall, besonders gefährliche Stoffe;

Bemerkung:
Naturweißes, geruchloses Pulver;
oberhalb 700 °C kann SO3 als Zersetzungsprodukt entstehen [Sdb Heidelberger Zement];
hygroskopisch; stark oxidierende Substanz;
zugelassen als Lebensmittelzusatzstoff nach Lebensmittel- und Bedarfsgegenständegesetz;
Verwendung: fein gemahlen als Füllstoff in der Papierherstellung; als Mineralfarbe; als Bindemittel für Baustoffe;

Calcium(VI)-wolframat

- CAS-Nummer:
7790-75-2
- gebräuchliche Namen:
Kalziumwolframat; Scheelit;
- Summenformel:
$CaWO_4$

Verfahren:
Druckverfahren;

Eigenschaften:

- physikalisch/chemisch:
Dichte: 6062 kg/m3 (20 °C)
Molmasse: 287,93 g/mol

Löslichkeit:
Wasser 0,0064 g/l (15 °C), 0,0012 g/l (100 °C);

Verbleib nach Gebrauch:
Sondermüll-Deponie für chemischen Abfall, besonders gefährliche Stoffe;

Bemerkung:
Weiße Kristalle;
Leuchtet im Dunkeln bei Belichtung mit Röntgenstrahlen;
Verwendung: als Leuchtmasse in der Röntgenfotografie;

Carboxymethylcellulose

- CAS-Nummer:
9000-11-7
- gebräuchliche Namen:
Carboxymethylzellulose; Carboxymethylethercellulose; Carboxymethyletherzellulose; CMC;
- Handelsnamen:
Zellin; KMZ; Carmethose; Cel-O-Brandt; Cellolax; Cethylose; Glykocellon; Carbose D; Thylose; Xylo-Mucine; Polycell
- Summenformel:
$(C_6H_{10m}O_5)_n(CHCOOH)_m$

Eigenschaften:
- toxikologisch/ökotoxikologisch:
RTECS # FJ 7500000
WGK: 2
Sonstiges:
Kann schädigend wirken beim Einatmen; kann Reizungen verursachen [187];LD (oral, Ratte): >5 g/kg [428];LD 50 (intravenös, Maus): 47 mg/kg [428];LD (oral, Kaninchen): >5 g/kg [428];LD (oral, Meerschweinchen): >5 g/kg [428];

- physikalisch/chemisch:

Bemerkung:
Weißes Pulver;
Cellulose und deren Derivate können heftig mit Calciumoxid, Chlorkalk, Perchlorat, Perchlorsäure, Natriumchlorat, Fluor, Salpetersäure, Natriumnitrit und Natriumnitrat reagieren;

Carboxymethylcellulose Natriumsalz

- CAS-Nummer:
9004-32-4
- gebräuchliche Namen:
Natriumcarboxymethylcellulose; Cellulose-glycolsaures Natrium; Cellulose-glykolsaures Natrium; Carboxymethylethercellulose Natriumsalz; Natriumcelluloseglykolat
- Handelsnamen:
Zellin; KMZ; CMC; Carmethose; Cel-O-Brandt; Cellolax; Cethylose; Glykocellon; Carbose D; Thylose; Xylo-Mucine; Polycell
- Summenformel:
$(C_6H_{10m}O_5)_n(CHCOONa)_m$

Eigenschaften:
- toxikologisch/ökotoxikologisch:
RTECS # FJ 5950000
WGK: 1
Sonstiges:
Kann schädigend wirken beim Einatmen; kann Reizungen verursachen [187];LD 50 (oral, Ratte): 2700 mg/kg [187]

- physikalisch/chemisch:
Schmelzpunkt: > 300 °C

Löslichkeit:
löslich in Wasser (Löslichkeit abhängig vom Grad der Substitution)

Verbleib nach Gebrauch:
Verbrennung nach Mischung mit brennbarem Lösemittel;

Bemerkung:
Weiße, krümelige Masse;
Verwendung: Verdickungsmittel; in der Fotoindustrie als Entwicklerzusatz zur Einstellung der gewünschten Viskosität; im Bohrschlamm; in Detergentien als bodensuspendierendes Agens; in Druckfarben; als Schutzkolloid; als Stabilisator in Lebensmitteln

Casein

- CAS-Nummer:
9000-71-9
- gebräuchliche Namen:
Kasein;
- Handelsnamen:
Protaflex; Protoflex;

Funktion:
Bindemittel;
Verfahren:
1.Druckverfahren/Durchdruck direkt/Siebdruck;
2. Druckfarbenherstellung;
Anwendung:
Bindemittel in Wasserfarben;

Eigenschaften:
- toxikologisch/ökotoxikologisch:
RTECS # FI 3519500
Sonstiges:
Kann schädigend wirken bei Einatmung, Verschlucken oder Aufnahme über Haut; kann Reizungen verursachen [187];

- physikalisch/chemisch:
Schmelzpunkt: 280 °C (Zers.)

Verbleib nach Gebrauch:
Verbrennung nach Mischung mit brennbarem Lösemittel;

Bemerkung:
Hell-gelbes Pulver; hygroskopisch;
Zu 3 - 3,5 % als lösliches Calciumsalz in der Kuhmilch;
mit 3 % Hauptbestandteil des Milcheiweißes.
Verwendung: als Bindemittel für wässrige Anstrichfarben (Caseinfarben); als Holzleim (bes. für Sperrholz- und Papierbeschichtung); als Appreturmittel; in der Lebensmittelindustrie;

Cellulose

- **CAS-Nummer:**
  9004-34-6
- **gebräuchliche Namen:**
  Zellulose; E 460;
- **Handelsnamen:**
  Avicel; Zellstoff;
- **Summenformel:**
  $(C_6H_{10}O_5)_n$

- **Strukturformel:**

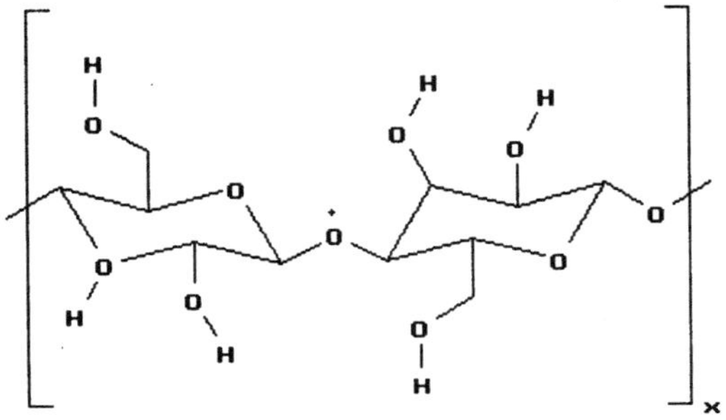

Eigenschaften:
- **toxikologisch/ökotoxikologisch:**
  RTECS # FJ 5691460
  Sonstiges:
  Kann schädigend wirken beim Einatmen, Verschlucken oder Aufnahme über Haut; kann Reizungen verursachen [187]

- **physikalisch/chemisch:**
  Schmelzpunkt: 260-270 °C
  Dichte: 1270-1600 kg/m3 (20 °C)
  Molmasse: (162,14) * n g/mol bzw. 500000 g/mol

  Löslichkeit:
  unlöslich in Wasser, den meisten organischen Lösungsmitteln; leicht löslich in ammoniakalischer Kupfer(II)-hydroxidlösung (Schweizers Reagenz)

Verbleib nach Gebrauch:
Verbrennung nach Mischung mit brennbarem Lösemittel;

Bemerkung:
Weißes Pulver;
Kommt in den Handel als Zellstoff;
Zugelassen als Lebensmittelzusatzstoff nach LMBG (nicht zugelassen für Baby- und Kleinkindernahrung);
Verwendung: zur Herstellung von Papier und Cellulosederivaten; in der Lebensmittelindustrie als Dickungsmittel, Binde- und Dispergiermittel

Celluloseacetat

- **CAS-Nummer:**
  9004-35-7
- **gebräuchliche Namen:**
  CA; Acetylcellulose; Zelluloseacetat
- **Summenformel:**
  $(C_8H_{12}O_6)_n$

- **Strukturformel:**

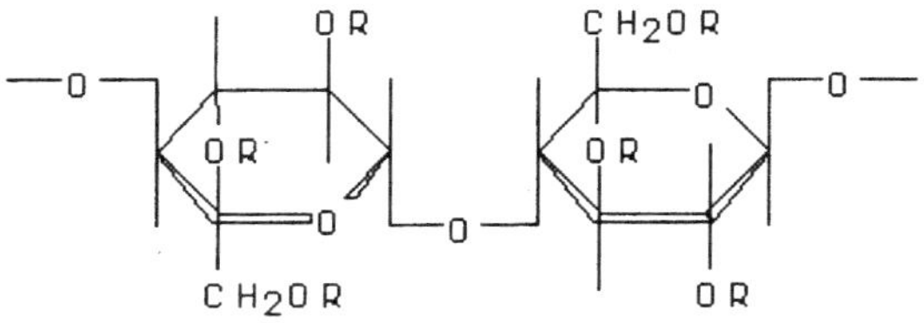

R = $C(=O)-CH_3$ oder R = H

Funktion:
(Farben-)Bindemittel;
Verfahren:
1.Druckformherstellung/Reprofotografie;
2.Kopierverfahren;
3.Druckformherstellung/Hochdruck;
4.Druckverfahren/Durchdruck direkt/Siebdruck;
Anwendung:
3.Fotopolymerdruckplatten;

Eigenschaften:
- **toxikologisch/ökotoxikologisch:**
  Sonstiges:
  Kann schädigend wirken beim Einatmen, Verschlucken oder Aufnahme überHaut; kann Augen- und Hautreizungen verursachen [187]

- **physikalisch/chemisch:**
  Schmelzpunkt: 60 °C
  Molmasse: (204,14) * n g/mol

Verbleib nach Gebrauch:
Verbrennung nach Mischung mit brennbarem Lösemittel;

Bemerkung:
Weißes Pulver;
Verwendung: in der Druckindustrie als (Farben-)Bindemittel

Cellulosenitrat

- **CAS-Nummer:**
  9004-70-0
- **UN Nummer:**
  0340; 0341; 0342;
- **gebräuchliche Namen:**
  Cellulosehexanitrat; Collodiumwolle; Nitratcellulose; Nitrocellulose; Pyroxylin; Pyroxylol; Schießbaumwolle; Schießwolle; Trinitrocellulose;
- **Summenformel:**
  etwa $C_6H_7O_2(OH)_2(ONO_2)$ bis $C_6H_7O_2(ONO_2)_3$

- **Strukturformel:**

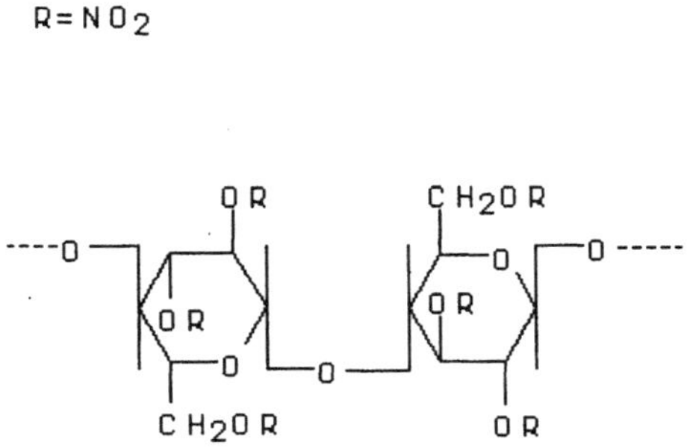

Funktion:
Bindemittel;
Verfahren:
1. Druckverfahren/Verpackungsdruck;
2. Druckverfahren/Offsetdruck;

Anwendung:
Druckfarben;
1. Verpackungstiefdruckfarben;
2. Offsetdruckfarben;

Eigenschaften:
- **toxikologisch/ökotoxikologisch:**
  Sonstiges:
  Reine Nitrocellulose ist nicht gesundheitsschädlich. Dagegen müssen die Eigenschaften der Lösungsmittel, die zu Gesundheitsschäden führen können, beachtet werden. Hierzu zählen z.B. Aceton, Essigester, Ethanol, Methanol, Butylacetat, Isopropanol, Butanol.Bei Zersetzung, Brand oder Explosion bilden sich große Mengen giftiger nitroser Gase und in geringerem Umfang Cyanwasserstoff sowie Kohlenmonoxid [484].

  Gefahren-Symbol:

- **physikalisch/chemisch:**
  Flammpunkt: 13 °C
  Dichte: 1,7 g/cm3

Löslichkeit:
unlöslich in Wasser; löslich in Propanon, Ethylacetat, Ethanol, Butylacetat;

Bemerkung zu physikalisch/chemischen Daten:
Zündtemperatur: ca. 180 °C [484];

Bemerkung:
Weiße, geruch- und geschmacklose Fasern;
Entzündet sich im trockenen Zustand leicht von selbst;
Verwendung: Herstellung von Rohfilmen und Anstrichstoffen; in der Druckindustrie als Bindemittel und Harz;
In den meisten löslichen Farben enthalten, insbesondere dort, wo hitzebeständige Farben benötigt werden;
Nitrocellulose (Collodiumwolle) ist ein Salpetersäureester der Cellulose. Man unterscheidet im wesentlichen zwei Arten. Die hochnitrierte sogenannte Schießbaumwolle mit einem Stickstoffgehalt von 12,6-13,4 %. Sie wird hauptsächlich zur Herstellung von rauchlosem Pulver verwendet und ist als Sprengstoff eingestuft. Die niedriger nitrierte sogenannte technische Nitrocellulose hat einen Stickstoffgehalt von 10,4-12,5 %. Sie dient zur Herstellung von Nitrolacken, Celluloid, Klebern usw. Der Transport von trockener Nitrocellulose ist verboten. Technische Nitrocellulose muß mindestens mit 25 % Lösemitteln oder Wasser bzw. mit mindestens 18 % plastifizierendem Material wie Dibutylphthalat oder einem gleichwertigen Material stabilisiert sein. Aus Sicherheitsgründen wird von deutschen Herstellern die Nitrocellulose für technische Zwecke stets mit 35 % Anfeuchtmitteln geliefert. Aus produktionstechnischen Gründen bei der Weiterverarbeitung besteht der Stabilisator fast immer aus brennbaren Lösemitteln [484];

Cerium

- CAS-Nummer:
7440-45-1
- gebräuchliche Namen:
Cer; Zer; Zerium;
- Summenformel:
Ce

Funktion:
Additiv/Trocknungskatalysator/Beschleuniger;
Verfahren:
Druckverfahren/Hochdruck direkt/Buchdruck;

Eigenschaften:
- toxikologisch/ökotoxikologisch:
Sonstiges:
Kann schädigend wirken bei Einatmung, Verschlucken oder Aufnahme überHaut; verursacht Augen- und Hautreizungen; reizt Schleimhäute undAtemwege [187];

- physikalisch/chemisch:
Schmelzpunkt: 799 °C
Siedepunkt: 3426 °C
Dichte: 6657 kg/m3 (20 °C hexagonal); 6757 kg/m3 (20 °C kubisch);
Molmasse: 140,12 g/mol

Löslichkeit:
wenig löslich in Wasser; unlöslich in Laugen;

Verbleib nach Gebrauch:
Wiedergewinnung zum Recycling oder zur Wiederverwertung, teure Metalle, Katalysatoren;

Bemerkung:
Eisengraues Metall; brennbarer Feststoff;
Verwendung als Legierungszusatz bei der Herstellung von Grauguß, Gußstahl, legierten und rostfreien Stählen zur Verbesserung der Dehnbarkeit, Gießfähigkeit, Festigkeit; in der Druckindustrie als Trocknungskatalysator;
Häufigkeit in der Erdrinde: 0,0022 Ma.-% ;

Cerium(IV)-sulfat

- CAS-Nummer:
13590-82-4
- gebräuchliche Namen:
Cer(IV)-sulfat;
- Summenformel:
$Ce(SO_4)_2$

Funktion:
Abschwächer;
Verfahren:
Druckformherstellung/Reproduktionsfotografie;

Eigenschaften:
- toxikologisch/ökotoxikologisch:
RTECS # WS 6960000;
Schweizer Giftliste: 4
R-Satz: 8
S-Satz: 17-27-36/37/39

- physikalisch/chemisch:
Schmelzpunkt: 195 °C (zers.)
Dichte: 3910 kg/m3 (18 °C)
Molmasse: 332,24 g/mol

Löslichkeit:
leicht löslich in kaltem Wasser; wenig löslich in heißem Wasser (unter Hydrolyse); löslich in verd. Schwefelsäure; unlöslich in konz. Schwefelsäure;

Verbleib nach Gebrauch:
Sondermüll-Deponie, abfiltrierte Sulfide aus der Ausfällung des in Lösung gebrachten Stoffes (Oxidation oder wäßrige Säure) und eventueller Neutralisation;

Bemerkung:
Gelbes oder braunes Pulver;
Verwendung: in der Fotoindustrie als Abschwächer;

Chlorbenzen

- **CAS-Nummer:**
  108-90-7
- **UN Nummer:**
  1134
- **gebräuchliche Namen:**
  Benzolchlorid; Benzenmonochlorid; Chlorbenzol; MCB; Monochlorbenzen; Monochlorbenzol; mono-Chlorbenzen; Phenylchlorid;
- **Handelsnamen:**
  NCI-C 54886; Vanchem HM-50; Conul; CP 27; IP Carrie T40; Tetrosin SP;
- **Summenformel:**
  C_6H_5Cl

- **Strukturformel:**

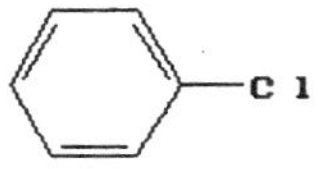

Verfahren:
Druckverfahren;

Eigenschaften:
- **toxikologisch/ökotoxikologisch:**
  RTECS # CZ 0175000
  WGK: 2
  MAK Wert: 47 mg/m3 bzw. 10 ml/m3
  R-Satz: 10-20
  S-Satz: (2)-24/25
  Sonstiges:
  Einstufung und Kennzeichnung von Zubereitungen, in denen diese Substanz enthalten ist:5%<=C ¦¦> Xn; R20Zu diesem Stoff liegt ein BUA-Stoffbericht Nr. 54 vor.Spitzenbegrenzung: II,1 [481]; Schwangerschaftsgruppe C [481]; BAT-Wert: 70 mg/g [481]; D [484];Nerven- und Organgift; Dämpfe haben stark narkotische Wirkung und verursachen leichte Reizung der Augen und Atemwege [163];Geruchsschwelle: ca. 60 ml/m3 [163];Wirkt bei akuter oralen und inhalativer Aufnahme minder giftig. Symptome: Gewichtsverlust, blutiger Tränenfluß, Hypertonie, Apathie, Narkose, Zittern, Muskelzuckungen, Ataxie, Lähmungen hinterer Extremitäten und Atemnot.Phatologische und histopathologische Veränderung an Nieren und Leber [593];LD 50 (oral, Ratte): 2910 mg/kg [140], 2290 mg/kg [187], 1110 mg/kg [428], 1427-3400 mg/kg [634];LC 100 (inhalativ, Ratte): 15000 mg/m3 [140], 18 mg/l [634];LC Lo (inhalativ, Ratte): 9000 ml/m3 [428];LD 50 (intraperitoneal, Ratte): 1655 mg/kg [428], 570-1655 mg/kg [634];LD 50 (oral, Maus): 2300 mg/kg [428], 1445 mg/kg [634];LD 50 (intraperitoneal, Maus): 890-1355 mg/kg [634];LC Lo (inhalativ, Maus): 15000 mg/m3 [428];LD 50 (oral, Kaninchen): 2250 mg/kg [428], 2250-2830 mg/kg [634];LD (Haut, Kaninchen): >2200 mg/kg [428];LD 50 (oral, Meerschweinchen): 2250 mg/kg [428];LD (Haut, Meerschweinchen): >11000 mg/kg [428];LD Lo (intraperitoneal, Meerschweinchen): 4100 mg/kg [428];LD 50 (oral, Säugetier): 2300 mg/kg [428];LC 50 (inhalativ, Säugetier): 10000 mg/kg [428];Toxische Grenzkonzentration für Pseudomonas putida 17 mg/l, Scenedesmus quadricauda > 390 mg/l [36];LC 50 (Daphnia magna): 310 mg/l [6];EC 50 (Daphnia magna): 195 mg/l [180], [593];LC 50 (Fisch, Goldorfe): 24/0,02 mg/l [33];LC 50 (Fisch, Regenbogenforelle): 6,69 mg/l/96 h [151];Biologisch nicht leicht abbaubar, geringe Bioakkumulationstendenz [140];Biol. Abbaubarkeit gut (Respirometertest) (>90 %) [484];Biologisch nicht abbaubar; keine Hydrolyse unter Umweltbedingungen [593];

Gefahren-Symbol:

Xn

- physikalisch/chemisch:

Schmelzpunkt: - 45,5 °C
Siedepunkt: 131,7 °C; 132,2 °C; 130-132 °C
Flammpunkt: 27 °C; 28 °C
Dampfdruck: 12 hPa (20 °C) [29]; 11,7 hPa (20 °C) [132], [163]; 13,3 hPa (22,2 °C) [593];
Verdampfungswärme: 323,22 kJ/kg
Log pOW: 2,84 [4]; 2,8 [634];
Brechungsindex: 1,52479 (20 °C); 1,5241 (20 °C); 1,5248 (20 °C)
Dichte: 1106,4 kg/m3 (20 °C); 1106 kg/m3 (20 °C)
Molmasse: 112,559 g/mol
Verdunstungszahl: 12,5 (Diethylether = 1) [132]

Löslichkeit:
Wasser: 488 mg/l (20 °C), 0,21 g/l (20 °C), 500 mg/l (30 °C)*, 0,498 g/l (30 °C); löslich in Trichlormethan, Benzen, Alkohol, Ether, Diethylether; leicht löslich in Ethanol;

Bemerkung zu physikalisch/chemischen Daten:
*: Bildet mit Wasser n-Propanol, n-Butanol, Ameisensäure und Essigsäure Azeotrope [593];

Verbleib nach Gebrauch:
Verbrennung;
Trinkwassergrenzwert: 20 µg/l [140];
Abwassergrenzwert: 1,0 mg/l [140];

Bemerkung:
Farblose, charakteristisch riechende Flüssigkeit; brennbar;
Bildet im dampf-/gasförmigen Zustand mit Luft explosionsfähige Gemische;
Explosionsgrenzen: 1,3 - 11 Vol% ; Zündtemp.: 590 °C [29], [593];
Reagiert heftig bei Kontakt mit Oxidationsmitteln und Alkalien. Gummi wird angegriffen [484];
Verwendung: Als Zwischenprodukt bei der Herstellung pharmazeutischer Produkte und Kosmetika; als Lösungsmittel; zur Synthese von -> Phenol, -> Anilin, -> DDT;
Weltweite produktions- und anwendungsbedingte Emissionen: 300000 t/a [140];
Klare, farblose Flüssigkeit mit charakteristischem aromatischen Geruch;
neutrale thermisch stabile Verbindung, reagiert heftig mit starken Oxidationsmitteln;
Verwendung: Für die Herstellung von Nitrochlorbenzenen (Vorprodukte für Pflanzenschutzmittel, Farbstoffe und Kautschukchemikalien), als Lösemittel für Öle, Fette, Wachse, Harzen, Kautschuk [593]; Farben- und Lackindustrie, Reinigungs-, Wasch- und Desinfektionsmittel, Lösungsmittel;
Mengeangaben: 100000-500000 Tonnen;

2-Chlor-1,4-dihydroxybenzen

- CAS-Nummer:
615-67-8
- gebräuchliche Namen:
2-Chlor-1,4-dihydroxybenzol; Chlorhydrochinon; Monochlorhydrochinon;
- Handelsnamen:
Adurol; Chlorquinol; CHQ;
- Summenformel:
$C_6H_5ClO_2$

- Strukturformel:

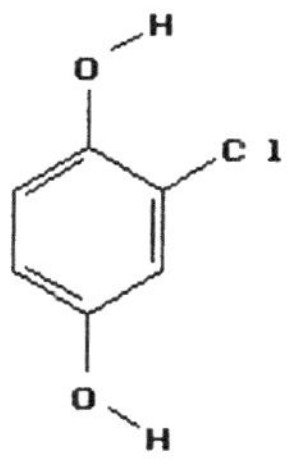

Verfahren:
Druckverfahren;

Eigenschaften:
- toxikologisch/ökotoxikologisch:
RTECS # MX 4800000;
R-Satz: 23/24/25
S-Satz: 23-24/25-28
Sonstiges:
Kann schädigend wirken bei Einatmung, Verschlucken oder Aufnahme überHaut; verursacht Augen- und Hautreizungen; reizt Schleimhäute undAtemwege [187];Kann allergische Reaktionen auslösen [187];LC 50 (Fisch; Pimephales promelas): 0,19 mg/l [3];LC 50 (Daphnia magna): 0,017 mg/l [3];CSB: 1,33 g/g [3]; BSB(5): 0,031 g/g [3];Biologischer Einfluß: nicht adaptiertes System: kein Effekt bei 10 mg/l, hemmend bei 100 mg/l; adaptiertes System: kein Effekt bei 180 mg/l [3];

Gefahren-Symbol:

- physikalisch/chemisch:
Schmelzpunkt: 108 °C
Siedepunkt: 263 °C
Molmasse: 144,56 g/mol

Löslichkeit:
leicht löslich in Wasser, heißem Benzen (Benzol); löslich in Ethanol, Diethylether, heißem Trichlormethan (Chloroform);

Verbleib nach Gebrauch:
Verbrennung nach Mischung mit brennbarem Lösemittel;

Bemerkung:
Weißes bis hell-braunes Pulver;
Verwendung: in der Fotoindustrie zur Braunentwicklung von Papieren;

Chlorethanamid

- **CAS-Nummer:**
  79-07-2
- **UN Nummer:**
  2811
- **gebräuchliche Namen:**
  Chloracetamid; Chloressigsäureamid; 2-Chloracetamid; α-Chloracetamid; 2-Chloroacetamid;
- **Handelsnamen:**
  Microcide Mergal AF;
- **Summenformel:**
  C_2H_4ClNO

- **Strukturformel:**

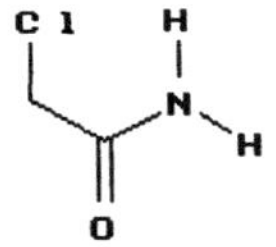

Verfahren:
Druckverfahren/Durchdruck direkt/Siebdruck;
Anwendung:
Druckformherstellung;

Eigenschaften:
- **toxikologisch/ökotoxikologisch:**
  RTECS # AB 5075000
  WGK: 2
  R-Satz: 25-36/37/38
  S-Satz: 22-37/39-45
  Sonstiges:
  Wirkt schädigend beim Einatmen, Verschlucken oder Aufnahme über Haut;hohe Konzentrationen wirken extrem zerstörerisch auf das Gewebe der Schleimhäute und Atemwege, Augen und Haut [187];LD 50 (oral, Ratte): 70 mg/kg [187], 138 mg/kg [Sdb Hoechst]LD 50 (oral, Maus): 29,5 mg/kg [481], 150 mg/kg [Sdb Hoechst]LD 50 (intraperitoneal, Ratte): 19,2 mg/kg [482];LD 50 (intraperitoneal, Maus): 9,4 mg/kg [10];LD 50 (intravenös, Maus): 28,6 mg/kg [10];LC 0 (Fisch, Goldorfe): 20 mg/l/48 h [Sdb Hoechst]Biologisch gut abbaubar >75 % [Sdb Hoechst]

  Gefahren-Symbol:

- **physikalisch/chemisch:**
  Schmelzpunkt: 121 °C; 114-118 °C
  Siedepunkt: 224 °C (990 hPa)
  Flammpunkt: 170 °C
  Dampfdruck: 0,067 hPa (20 °C) [187]; 0,07 hPa (20 °C) [Sdb]
  Log pOW: -0,53 [4]
  Molmasse: 93,513 g/mol

Löslichkeit:
Wasser: 90 g/l (20 °C), 170 g/l (40 °C) [Sdb];
Wasser 100 g/l (24 °C); Ethanol 95 g/l (24 °C); 1-Methylethanol 40 g/l (20 °C); Butanol 35 g/l (20 °C); sehr wenig löslich in Diethylether;

Verbleib nach Gebrauch:
Verbrennung nach Mischung mit brennbarem Lösemittel;

Bemerkung:
Weißes kristallines Pulver; geruchlos;
Verwendung: in der Druckindustrie im Siebdruck bei der Druckformherstellung; als Konservierungsmittel und Katalysator bei der Herstellung von Melamin und Harnstoff;
Zu 25-50% enthalten in Algon;
Thermische Zersetzung >117 °C [Sdb Hoechst];

2-Chlorethanol

- CAS-Nummer:
107-07-3
- UN Nummer:
1135
- gebräuchliche Namen:
ß-Chlorethanol; 2-Chlorethylalkohol; Chlorhydrinethylenglycol; Ethylenchlorhydrin; Glykolchlorhydrin; Glycolchlorhydrin; 2-Monochlorethanol;
- Handelsnamen:
Enodrine;
- Summenformel:
C_2H_5ClO

- Strukturformel:

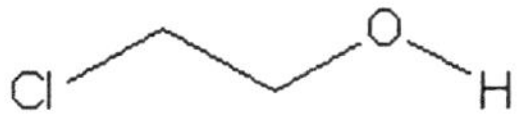

Funktion:
Lösungsmittel;
Verfahren:
Druckverfahren;
Anwendung:
Bestandteil von Harzen und Farbstoffen;

Eigenschaften:
- toxikologisch/ökotoxikologisch:
RTECS # KK 0875000
Schweizer Giftliste: 2
WGK: 3
MAK Wert: 3,3 mg/m3 bzw. 1 ml/m3
R-Satz: 26/27/28
S-Satz: (1/2)-7/9-28-45
Sonstiges:
Einstufung und Kennzeichnung von Zubereitungen, in denen diese Substanz enthalten ist:7%<=C ¦¦> T+; R26/27/281%<=C<7% ¦¦> T; R23/24/250.1%<=C<1% ¦¦> Xn; R20/21/22Spitzenbegrenzung: II,2 [481]; Gefahr der Hautresorption [481]; Schwangerschaftsgruppe C [481];Nerven- und Stoffwechselgift; einatmen der Dämpfe kann zum Tode führen, da sich in der Lunge durch Hydrolyse Salzsäure bildet; auch auf die Haut gebrachte, verhältnismäßig geringe Mengen können tödlich wirken [158]; Hautresorption!;Biologisch nicht abbaubar [262];LC Lo (inhalativ, Mann, 2 h): 305 ml/m3 [187];LD 50 (oral, Ratte): 95 mg/kg [200],

71 mg/kg [187];LC 50 (inhalativ, Ratte): 290 mg/kg [187];LD 50 (Haut, Kaninchen): 67 mg/kg [187];LD 50 (Wasserorganismen) 1000-100 mg/l / 96 Std. [484];

Gefahren-Symbol:

- physikalisch/chemisch:

Schmelzpunkt: -67,5 °C; -89 °C
Siedepunkt: 128,6 °C
Flammpunkt: 60 °C
Dampfdruck: 7 hPa (20 °C) [29], 7,26 hPa (20 °C) [132];
Verdampfungswärme: 514,98 kJ/kg
Log pOW: 0,03 [4]
Brechungsindex: 1,44189 (20 °C)
Dichte: 1201,9 kg/m3 (20 °C)
Molmasse: 80,514 g/mol
Verdunstungszahl: 40 (Diethylether = 1) [132]

Löslichkeit:
mischbar mit Wasser, Alkoholen; löslich in Ethanol, Diethylether, Propanon;

Verbleib nach Gebrauch:
Verbrennung;

Bemerkung:
Farblose, schwach etherisch riechende Flüssigkeit;
Bildet im dampf-/gasförmigen Zustand mit Luft explosionsfähige Gemische;
Explosionsgrenzen: 5,6 - 16 Vol% ; Zündtemp.: 425 °C [29];
Verwendung: als Lösemittel Celluloseacetat, Harze, basische und saure Farbstoffe; Ausgangsstoff zur Herstellung pharmazeutischer Produkte; Zwischenprodukt bei der Herstellung von Ethylenoxid; in der Druckindustrie als Lösemittel;

Chlorethen

- CAS-Nummer:
75-01-4
- UN Nummer:
1086
- gebräuchliche Namen:
Chlorethylen; Monochlorethen; Vinylchlorid; Monochlorethylen;
- Summenformel:
C_2H_3Cl

- Strukturformel:

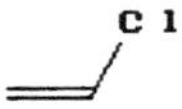

Funktion:
Bindemittel;
Verfahren:
Druckverfahren;

Eigenschaften:

- toxikologisch/ökotoxikologisch:

RTECS # KU 9625000
Schweizer Giftliste: 1k
WGK: 2
R-Satz: 45-12
S-Satz: 53-45
Sonstiges:
Zu diesem Stoff liegt ein BUA-Stoffbericht Nr. 35 vor.Krebserzeugend 1 [481]; TRK-Wert: 3 ml/m3 bzw. 8 mg/m3 (bestehende Anlagen VC- und PVC-Herstellung), 2 ml/m3 bzw. 5 mg/m3 (übrige Anwendungen) [481]; Carc.Cat.1 [505]; IMK: III;Nervengift; Umweltgift; erbgutverändernd!; Karzinogen [39];Verdacht auf erbgutverändernde und fruchtschädigende Wirkung;Gas wirkt narkotisch; reizt Augen und Atemwege; Kontakt mit der Flüssigkeit verursacht Erfrierungen [163];Wirkcharakter: Aufnahme in kleinsten Mengen über die Atemwege, die Haut oder die Nahrungskette;Speicherung im Organismus; langfristig Organschäden, manchmal Krebs;6600 ml/m3 für 30 min verursachten Schwindelanfälle [29];Geruchsschwelle: 4000 ml/m3 [29];Ergebnis des Ames-Test: positiv [392];LD 50 (oral, Ratte): 500 mg/kg [39];LC 50 (inhalativ, Ratte): 188 ppm/15min [39];

Gefahren-Symbol:

- physikalisch/chemisch:

Schmelzpunkt: -159,7 °C
Siedepunkt: -13,9 °C
Flammpunkt: -77 °C
Dampfdruck: 2,4 hPa (10 °C) [29]; 3,4 hPa (20 °C) [163]
Dichte: 969,2 kg/m3 (-13 °C); 910,6 kg/m3 (20 °C)
Molmasse: 62,499 g/mol

Löslichkeit:
Wasser 0,11 g/l (25 °C); löslich in Ethanol; leicht löslich in Diethylether;

Bemerkung zu physikalisch/chemischen Daten:
kritische Temperatur: 158,4 °C;
Zündtemperatur: 415 °C;
Geruchsschwelle: 25000 ppm;

Bemerkung:

farbloses Gas mit süßlichem Geruch;
bildet über der Wasseroberfläche explosionsfähiges Gemisch mit Luft;
neigt zu Polymerisation bei Einwirkung von Luft, Sonnenlicht, Hitze und bei Anwesenheit von Peroxiden und Schwefelkohlenstoff;
Reagiert heftig mit sauerstoffreichen Material (Oxidationsmittel, Acetylen, Chlor, Fluor, Sauerstoff);
keine Geruchswahrnehmung;
in Stahl, Teflon Blei als Behältermaterial beständig;
in Kupfer, seinen Verbindungen und Leichtmetallen unbeständig;

2-Chlor-9H-thioxanthen-9-on

- CAS-Nummer:
86-39-5
- gebräuchliche Namen:
2-Chlorthiaxanthon; 2-Chlor-9-oxothioxanthen; 2-Chlorthioxanthon;
- Handelsnamen:
Quantacure CTX; Uetracure 100; I-100; 2-CTX;
- Summenformel:
$C_{13}H_7ClOS$

- Strukturformel:

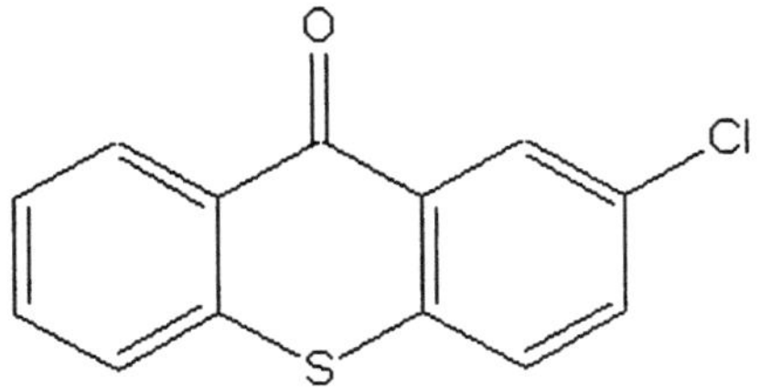

Funktion:
Additiv/Fotoinitiator;
Verfahren:
Druckverfahren;
Anwendung:
UV-Farben;

Eigenschaften:

- physikalisch/chemisch:
Schmelzpunkt: 152,5-153,5 °C
Flammpunkt: 91 °C
Molmasse: 246,72 g/mol

Verbleib nach Gebrauch:
Verbrennung;

Bemerkung:
Verwendung: In Druckfarben als Photoinitiator für UV-Farben;

2-Chlor-5-methylhydroxybenzen

- CAS-Nummer:
615-74-7
- gebräuchliche Namen:
o-Chlor-m-kresol; 2-Chlor-5-methylphenol; 2-Chlor-m-kresol; 2-Chlor-m-cresol; 2-Chlor-m-cresol; 6-Chlor-m-kresol; 6-Chlor-3-methylphenol; 4-Chlor-3-hydroxytoluol;
- Summenformel:
C_7H_7ClO

- Strukturformel:

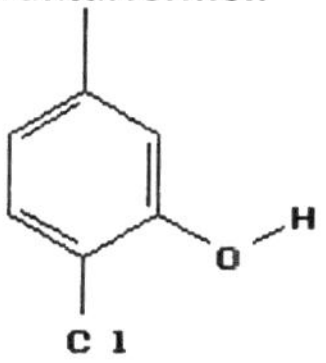

Verfahren:
Druckverfahren/Durchdruck direkt/Siebdruck;
Anwendung:
Druckformherstellung;

Eigenschaften:
- toxikologisch/ökotoxikologisch:
MAK Wert: 5 ml/m3 (für Kresolisomere)
Sonstiges:
Ätzend;Wirkt schädigend bei Einatmung, Verschlucken oder Aufnahme über Haut; verursacht Verbrennungen; wirkt extrem zerstörerisch auf das Gewebe der Schleimhäute und Atemwege, Augen und Haut; Einatmung kann tödliche Folgen haben [187];

- physikalisch/chemisch:
Schmelzpunkt: 46 °C
Siedepunkt: 196 °C
Flammpunkt: 81 °C
Dichte: 1215 kg/m3 (20 °C)
Molmasse: 142,59 g/mol

Löslichkeit:
leicht löslich in Wasser, Ethanol; löslich in heißem Petrolether;

Verbleib nach Gebrauch:
Verbrennung;

Bemerkung:
Weiße Flüssigkeit;

4-Chlor-2-methylhydroxybenzen

- CAS-Nummer:
1570-64-5
- gebräuchliche Namen:
4-Chlor-2-methylphenol; 4-Chlor-o-kresol; 5-Chlor-2-hydroxytoluol;
- Summenformel:
C_7H_7ClO

- Strukturformel:

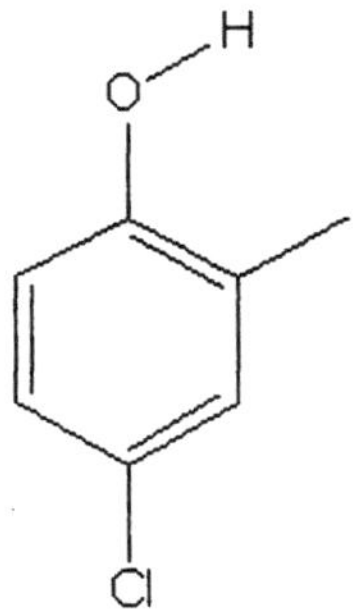

Verfahren:
Druckverfahren/Durchdruck direkt/Siebdruck;
Anwendung:
Druckformherstellung;

Eigenschaften:
- toxikologisch/ökotoxikologisch:
RTECS # GO 7120000;
WGK: 2
Sonstiges:
Für diese Substanz liegt ein BUA-Stoffbericht Nr. 134 vor. Hautreizend;

- physikalisch/chemisch:
Schmelzpunkt: 51 °C
Siedepunkt: 223 °C
Flammpunkt: > 112 °C
Molmasse: 142,58 g/mol

Löslichkeit:
wenig löslich in Wasser; löslich in Petrolether;

Verbleib nach Gebrauch:
Verbrennung nach Behandlung mit Soda und gelöschtem Kalk und Mischung mit Alkali;

4-Chlor-3-methylhydroxybenzen

- CAS-Nummer:
59-50-7
- UN Nummer:
2669
- gebräuchliche Namen:
p-Chlor-m-kresol; 4-Chlor-3-methylphenol; 4-Chlor-m-kresol; 4-Chlor-m-cresol; p-Chlor-m-cresol; 4-Chlor-3-methylhydroxybenzol; Chlorcresol; 3-Methyl-4-chlor-phenol; 6-Chlor-3-hydroxy-toluol; Chlorkresol; PCMK; 6-Chlor-3-hydroxy-1-methylbenzol; 2-Chlor-5-hydroxytoluol;
- Handelsnamen:
Raschit; Preventol CMK;
- Summenformel:
C_7H_7ClO

- Strukturformel:

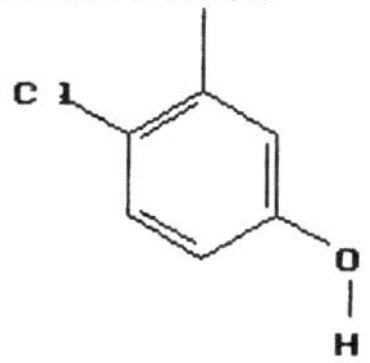

Verfahren:

Druckverfahren/Durchdruck direkt/Siebdruck;

Anwendung:

Druckformherstellung;

Eigenschaften:

- toxikologisch/ökotoxikologisch:

RTECS # GO 7100000

WGK: 2

R-Satz: 21/22-38-50

S-Satz: (2)-26-28-61

Sonstiges:

Einstufung und Kennzeichnung von Zubereitungen, in denen diese Substanz enthalten ist:20%<=C ¦¦> Xn; R21/22-385%<=C<20% ¦¦> Xn; R21/22Für diese Substanz liegt ein BUA-Stoffbericht Nr. 135 vor. Kann schädigend wirken beim Einatmen, Verschlucken oder Aufnahme über Haut; verursacht Augen- und Hautreizungen; reizt Schleimhäute und Atemwege; abhängig von der Intensität und Dauer des Ausgesetztseins variiern die Folgen zwischen leichten Reizungen und schweren Schädigungen des Gewebes; längerer Kontakt kann Schädigung der Augen und schwere Reizungen oder Verbrennungen verursachen [187];Bei Kontakt von PCMK-Dampf oder Staub mit den Augen sind - je nach Konzentration- Reizungen der Bindehaut oder der Iris, unter ungünstigen Umständen sogar Trübung der Hornhaut möglich, so daß beim Umgang mit PCMK entsprechende Schutzmaßnahmen angewendet werden sollten [480];Kehlkopf- und Lungenödem möglich. Vorsicht, ein Lungenödem kann mit einer Verzögerung bis zu 2 Tagen auftreten. Schädigung des Nervensystems; Leber-, Nieren- und Hirnschäden möglich. Bei Brand und Erhitzung bis zur Zersetzung bilden sich hochgiftige und ätzende Gase wie Phosgen, Chlorwasserstoff oder wäßrige Lösungen. [484]LD 50 (oral, Ratte): 500 mg/kg [5], 1830 mg/kg [15];EC 0 (Pseudomonas putida (Effekt: O2-Aufnahmehemmung) (30 min): 250 mg/l [503];LC 50 (Fisch; Pimephales promelas, 96 h): 7,6 mg/l [17];LC 50 (Fisch; Pimephales promelas, 24 h): 13,3 mg/l [503];LC 50 (Fisch; Goldorfe) < 10 mg/l [16];LC 50 (Daphnia magna): 2,0 mg/l [16];NOEC (Daphnia magna) (Effekt Reproduktion) (21 d): 1,25 mg/l [503];EC 50 (Daphnia magna) (24 h): 3,5 - 10 mg/l [503];CSB: 1539,5 mg/g [13];

Gefahren-Symbol:

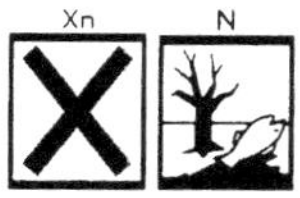

- physikalisch/chemisch:

Schmelzpunkt: 66 °C; 63-65 °C (techn. Produkt)

Siedepunkt: 234-236 °C; 239 °C

Flammpunkt: 118 °C

Dampfdruck: 6,67 hPa (100 °C) [15]; 7 hPa (100 °C) [480]; 0,08 hPa (20 °C) [484]

Log pOW: 3,1 [4]

Molmasse: 142,59 g/mol

Löslichkeit:

Wasser 8 g/l, 0,4 % (20 °C); löslich in Ethanol, Diethylether, in heißem Petrolether, Methanol, 1-Methylethanol, Propanon, Methylbenzen,Benzen, Tetrachlorkohlenstoff; in 10 %iger Natronlauge 32 Gew.-% (20 °C), Trichlormethan sowie in alkalischen Substanzen, Ölen und Fetten [484];

Bemerkung zu physikalisch/chemischen Daten:
Zündtemperatur: 590 °C [484]

Verbleib nach Gebrauch:
Verbrennung nach Behandlung mit Soda und gelöschtem Kalk und Mischung mit Alkali;

Bemerkung:
Weißes bis schwach gelbliches, kristallines Pulver; schwacher phenolartiger Geruch. [484]
Verwendung: als Desinfektionsmittel; in der Fotoindustrie als Desinfektionsmittel für fotografische Bäder; Konservierungsmittel in Kühlschmierstoffen in einer Konzentration von max. = 5 %; in der Farben-, Lack-, Leim-, Klebstoffindustrie sowie in der Textil- und Lederverarbeitenden Industrie; in der kosmetischen und pharmazeutischen Industrie als Konservierungszusatz z.B. in Cremes und Salben (bis 0,2 %); es ist offiziell u.a. in USP 20 und im DAB 9 enthalten [480];
Bewertung: Unter üblichen Arbeitsplatzbedingungen ist die Gefahr einer sensibilisierenden Wirkung von PCMK für den Menschen beim Umgang in gebrauchsüblicher Konzentration (max. bis 0,5 %) gering. Bei höheren Konzentrationen können, wie aus Tierversuchen zu schließen ist, Hautschäden auftreten. Eine stärkere Hautresorption ist nicht anzunehmen [480].
1990 wurden in der Bundesrepublik 2.000 t CMK hergestellt und ca. 400 t verbraucht. Davon entfielen:153 t/a auf den klinischen Bereich, 80 t/a auf die Lederindustrie, 45 t/a auf die Textilindustrie und 23 t/a auf andere (Papier, Klebstoffe, Metallverarbeitung, Farben, Baustoffe) [503];

4-Chlornitrobenzen

- CAS-Nummer:
100-00-5
- UN Nummer:
1578
- gebräuchliche Namen:
4-Chlornitrobenzol; 1-Chlor-4-nitrobenzol; p-Nitrochlorbenzen; p-Nitrochlorbenzol; para-Nitrochlorbenzen; PNCB;
- Summenformel:
$C_6H_4ClNO_2$

- Strukturformel:

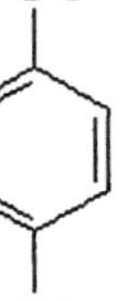

Eigenschaften:
- toxikologisch/ökotoxikologisch:
RTECS # CZ 1050000
WGK: 2
R-Satz: 23/24/25-33
S-Satz: (1/2)-28-37-45
Sonstiges:
Zu Chlornitrobenzen liegt ein BUA_Stoffbericht Nr. 11 vor.Gefahr der Hautresorption [481]; Krebserzeugend 3 [481]; TRK-Wert: 0,5 mg/m3 [481];Kann letal wirken beim Einatmen; Verschlucken oder Aufnahme über Haut; verursacht Augen- und Hautreizungen; reizt Schleimhäute und Atemwege; kann Cyanose (Blausucht) verursachen [187]; Hautresorption!;LC

50 (Leuciscus idus melanotus (Fisch, Süßwasser)): 40 mg/l/48h; 16 mg/l/96h [634]; LD 50 (oral, Ratte): 420 mg/kg [187]; 550 mg/kg; 500 mg/kg [634];LD 50 (Haut, Ratte): 16 g/kg [187];LD 50 (dermal,Ratte): 750 mg/kg; 1722 mg/kg [634];LC 50 (inhalativ, Ratte): 680 mg/m3 [634];LD 50 (oral, Maus): 650 mg/kg; 440 mg/kg; 970 mg/kg [634];LD 50 (oral, Kaninchen): 520 mg/kg [634];LD 50 (dermal, Kaninchen): 2000-3160 mg/kg/84h [634];

Gefahren-Symbol:

- physikalisch/chemisch:

Schmelzpunkt: 83,5 °C; 82-84 °C
Siedepunkt: 242 °C
Flammpunkt: 110 °C; 127 °C [634]
Dampfdruck: 0,120 hPa (25 °C); 0,307 hPa (38 °C) [187]; 0,85 hPa (20 °C) [634]
Log pOW: 2,39 [4]; 2,41 [4]; 2,6 [634]
Brechungsindex: 1,5403 (101-103 °C)
Dichte: 1298 kg/m3 (20 °C)
Molmasse: 157,556 g/mol

Löslichkeit:
unlöslich in Wasser; wenig löslich in kaltem Ethanol; leicht löslich in siedendem Ethanol, Diethylether, Schwefelkohlenwasserstoff;

Verbleib nach Gebrauch:
Verbrennung nach Mischung mit brennbarem Lösemittel; Verbrennen in Hochtemperaturverbrennungsanlagen mit Einrichtungen zur Absorption von Hydrogenchlorid aus den Verbrennungsgasen;

Bemerkung:
Grell-grünes kristallines Pulver;

4-(Chlorphenyl)-phenylmethanon

- CAS-Nummer:
134-85-0
- gebräuchliche Namen:
4-Chlorbenzophenon; p-Chlorphenylphenylketon;
- Summenformel:
$C_{13}H_9ClO$

- Strukturformel:

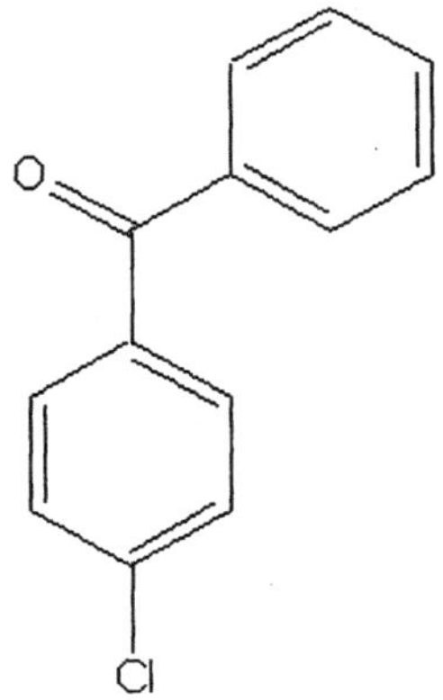

Funktion:
Additiv/Fotoinitiator;
Verfahren:
Druckverfahren;
Anwendung:
UV-Farben;

Eigenschaften:

- physikalisch/chemisch:
Schmelzpunkt: 77-78 °C
Siedepunkt: 332 °C (1026,33 hPa)
Molmasse: 216,65 g/mol

Löslichkeit:
löslich in Ethanol, Diethylether, Propanon (Aceton); wenig löslich in Kohlenstofftetrachlorid;

Verbleib nach Gebrauch:
Verbrennung nach Mischung mit brennbarem Lösemittel;

Chlorwasserstoff

- CAS-Nummer:
7647-01-0
- UN Nummer:
1050; 1789;
- gebräuchliche Namen:
Salzsäure (wasserfrei); Salzsäuregas; Chlorwasserstoffgas; Chlorwasserstoffsäure; Kochsalzsäure; Salzgeist; Acidum hydrochloricum;
- Summenformel:
HCl

Funktion:
1.+ 3.Reinigungsmittel;
2.Ätzmittel;
5.Entschichtungsmittel;

Verfahren:

1.Druckformherstellung/ Reproduktionsfotografie;
2.Druckformherstellung/Flachdruck;
3.Druckformherstellung/Hochdruck;
4.Druckformherstellung/Tiefdruck;
5.Druckverfahren/Durchdruck direkt/Siebdruck;

Anwendung:

1.In Verstärker- und Tonbädern;
3.Als verdünnte Lösung Vorbehandlung der Kupferplatte;
4.Zylinderverchromung;
5.Siebentschichtung;

Eigenschaften:

- toxikologisch/ökotoxikologisch:

RTECS # MW 9620000
Schweizer Giftliste: 2
WGK: 1
MAK Wert: 5 ml/m3 bzw. 7,6 mg/m3
R-Satz: 35-37
S-Satz: (1/2)-7/9-26-45
Sonstiges:
Immissionswerte: Massenkonzentration IW 1: 0,10 mg/m3, IW 2: 0,2 mg/m3;Schwangerschaftsgruppe C; Geruchsschwelle: 5 ml/m3 [29];Spitzenbegrenzung: I [481]; Schwangerschaftsgruppe C [481];Hautkontakt führt zu schweren Verätzungen; am Auge kommt es schnell zu Hornhautzerstörungen; nach Verschlucken Schädigung der Schleimhäute von Mund, Speiseröhre und Magen; Perforation der Speiseröhre möglich; Einatmen der Dämpfe verursacht Reizung der Atemwege [418]; Das Gas reizt stark die Augen und die Atemwege; das Einatmen des Gases in hohen Konzentrationen ruft Verätzungen der Nasen- und Rachenschleimhäute sowie Kehlkopfkrampf hervor und führt zum Tod; Kontakt mit der Flüssigkeit und Einwirkung des Gases in hohen Konzentrationen verursachen Verätzung der Augen und der Haut;Kurzeinwirkung: 1500-2000 ppm für wenige Minuten wirken tödlich; 50 ppm erwiesen sich für 30 Minuten erträglich; (Gas) [484];Die Dämpfe verursachen schwere Reizung der Augen, der Atemwege und der Lunge bis zu Glottis- und Lungenödem; Vorsicht, dieses kann mit Verzögerung bis zu zwei Tagen auftreten; eine ärztliche Untesuchung ist daher nach Einatmen der Dämpfe in jedem Fall erforderlich; Kontakt mit der Flüssigkeit führt zu starken Verätzungen der betroffenen Körperpartien; Kurzeinwirkung: 1500 ppm wirkten nach wenigen Minuten tödlich;(aqua) [484];LC Lo (inhalativ, Mensch, 5 min): 3000 ml/m3 [187];LC Lo (inhalativ, Mensch, 30 min): 1300 ml/m3 [187];LC 50 (inhalativ, Ratte, 1 h): 3124 ml/m3 [187], [418];LD 50 (oral, Kaninchen): 900 mg/kg [187];LC 50 (Fisch, Goldorfe): 862 mg/l (aqua) [33];Toxische Grenzkonzentration für Daphnia magna 62 mg/l [389];

Gefahren-Symbol:

C

- physikalisch/chemisch:

Schmelzpunkt: -114,2 °C (Gas); ca. -50 °C (aqua)
Siedepunkt: -85 °C (Gas; 108 °C (aqua)
Dampfdruck: 43 hPa (20 °C) (Gas); 21 hPa (20 °C) (aqua); [484]
Brechungsindex: 1,6391 (20 °C)
Dichte: 1190 kg/m3 (20 °C)
Molmasse: 36,461 g/mol

Löslichkeit:
leicht löslich in Wasser, Ethanol, Diethylether;

Verbleib nach Gebrauch:
Sondermüll-Deponie, wasserunlösliche Feststoffe und Flüssigkeiten nach Neutralisation (nur für Kleinmengen);

Bemerkung:
Stark ätzende, nicht brennbare Flüssigkeit; Dämpfe sind schwerer als Luft und stark ätzend; scharfer, stechender Geruch; zieht Wasser an; Reagiert bei Kontakt mit Basen und setzt dabei Hitze frei; Salzsäure raucht an der Luft durch entweichenden Chlorwasserstoff; Reine Salzsäure ist farblos; bei Verunreinigung mit Eisen gelblich gefärbt;
Verwendung: in der fotografischen Industrie für Verstärkerbäder; zur Reinigung von Gefäßen;
In einer Lösung von Kaliumdichromat HCL wird Ag in AgCl umgewandelt; siehe auch - > Chlorwasserstoff;
Gas: Reagiert bei Kontakt mit Basen und setzt dabei Hitze frei;
Aqua: Bei Kontakt mit Laugen kann heftige Reaktion erfolgen; heftige Reaktion bei Kontakt mit unedlen Metallen (z.B. Eisen, Zink, Aluminium); bildet dabei leicht entzündbares Wasserstoffgas; in geschlossenen Räumen können daher explosionsfähige Gemische entstehen; [484]

Chrom

- CAS-Nummer:
7440-47-3
- gebräuchliche Namen:
Chromium;
- Summenformel:
Cr

Verfahren:
Druckformherstellung/Flachdruck;

Eigenschaften:
- toxikologisch/ökotoxikologisch:
RTECS # GB 4200000
WGK: 0
Sonstiges:
Chrom ist vor allem in seinen sechswertigen Verbindungen äußerst giftig;Chromstaub ruft tiefgreifende chronische Verätzungen der Schleimhäute und der Haut hervor; durch eingeatmeten Chrom- oder Chromatstaub werden Geschwüre in der Nasenschleimhaut, Katarrhe der tieferen Atemwege und Lungengeschwüre hervorgerufen [158];1-2 g vom Magen aufgenommenes Chrom(VI)oxid sind tödlich [30];Tödliche Dosis ab 1 g [39];Karzinogen verdächtig [187];

- physikalisch/chemisch:
Schmelzpunkt: 1875 °C
Siedepunkt: 2317 °C
Dichte: 7190 kg/m3 (20 °C)
Molmasse: 51,996 g/mol

Löslichkeit:
unlöslich in Wasser, Salpetersäure; löslich in Schwefel- und Salzsäure;

Verbleib nach Gebrauch:
Wiedergewinnung zum Recycling oder zur Wiederverwertung, teure Metalle, Katalysatoren;
Abwassergrenzwert: 2 mg/l [39];
Chrom kann in der Atmosphäre nicht abgebaut werden [405];
Rhein (dt.-niederl. Grenze): 2500 t/a (1973), 590 t/a (1985) [424];

Bemerkung:
Silbergraues zähes Metall, das sich dehnen und schmieden läßt; geringe Spuren von Verunreinigungen machen es jedoch hart und spröde; Fein verteiltes Chrom ist pyrophor; Verwendung: Chrom wird in reiner Form wegen seiner Sprödigkeit nicht verwendet; es spielt jedoch als Vorlegierung Ferrochrom für die Herstellung von Chromstählen eine wichtige Rolle;

Cumaron-Inden-Harz

- CAS-Nummer:
63393-89-5
- Handelsnamen:
Cumar; Cumrone; Natro-Rez 50-D; Nevillac; Nevindene; Piccoumaron; Piccovar; Nowares C;

Eigenschaften:
- toxikologisch/ökotoxikologisch:
WGK: 1

2,5-Cyclohexadien-1,4-dion

- CAS-Nummer:
106-51-4
- UN Nummer:
2587
- gebräuchliche Namen:
p-Benzochinon; 1,4-Benzochinon; p-Chinon; Chinon; Benzochin-1,4-dion; 1,4 Cyclohexadiendion;
- Summenformel:
$C_6H_4O_2$

- Strukturformel:

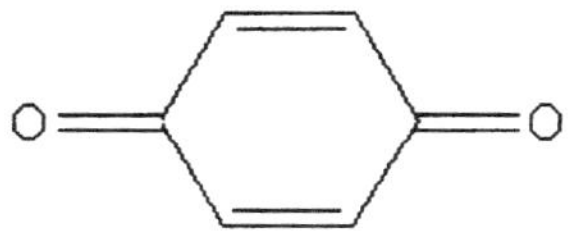

Funktion:
1.Additiv/Fotoinitiator;
2.Kontrastmindernder Abschwächer;
Verfahren:
1.Druckverfahren/Hochdruck;
2.Druckformherstellung/Reproduktionsfotografie;
Anwendung:
1.Fotopolymerdruckplatten;

Eigenschaften:
- toxikologisch/ökotoxikologisch:
RTECS # DK 2625000;
Schweizer Giftliste: 3
MAK Wert: 0,1 ml/m3 bzw. 0,45 mg/m3
R-Satz: 23/25-36/37/38
S-Satz: (1/2)-26-28-45

Sonstiges:
Spitzenbegrenzung: I [481]; Schwngerschaftsgruppe II c [481];Kann letal wirken bei Verschlucken; wirkt schädigend beim Einatmen oder Aufnahme über Haut; verursacht schwere Reizungen; hohe Konzentrationnen wirken extrem zerstörerisch auf das Gewebe der Schleimhäute und Atemwege, Augen und Haut; wiederholtes Ausgesetztsein kann eine Schädigung der Augen verursachen [187];Staub und Dämpfe führen zu starker Schädigung der Lunge, Lungenödem möglich. Die Substanz kann auch über die Haut aufgenommen werden. Bei Kontakt mit der Haut färbt sich diese braun [484];Bei Hautkontakt Hauterkrankungen möglich ;LD 50 (oral, Ratte): 130 mg/kg (2 % ige wässr. Lsg.) [197];LD 50 (intravenös, Ratte): 25 mg/kg (2 % ige wässr. Lsg.) [197];

Gefahren-Symbol:

T

- physikalisch/chemisch:

Schmelzpunkt: 115,7 °C; 112-114 °C
Siedepunkt: ca. 180 °C (sublimiert)
Flammpunkt: 38-93 °C
Dampfdruck: 0,133 hPa (25 °C) [187]; 0,12 hPa (20 °C) [484]
Verdampfungswärme: 579,84 kJ/kg
Log pOW: 0,20 [4]
Brechungsindex: 1,4936 (121-123 °C)
Dichte: 1318 kg/m3 (20 °C)
Molmasse: 108,096 g/mol

Löslichkeit:
geringfügig mischbar mit Wasser: 8 g/100 ml; löslich in Alkohol, Ether und heißem Petrolether; teilweise löslich in heißem Wasser [484];
wenig löslich in kaltem Wasser; leicht löslich in Ethanol, Diethylether;

Bemerkung zu physikalisch/chemischen Daten:
Zündtemperatur: 560 °C [484];

Verbleib nach Gebrauch:
Verbrennung nach Mischung mit brennbarem Lösemittel;

Bemerkung:
Goldgelbe Kristalle von intensivem, stechendem, chlorähnlichem Geruch;
Bei Kontakt mit Laugen und Reduktionsmitteln kann heftige Reaktion eintreten; bei Kontakt mit brennbaren Stoffen wie Papier, Sägemehl, Stroh u.s.w. kann Reaktion mit Erhitzung und Entzündung eintreten;
Verwendung: in der Fotoindustrie als Abschwächer für harte Negative (mit Schwefelsäure angesäuerte Lösung); in der Druckindustrie als Fotoinitiator und kontrastmindender Abschwächer; Benutzbar zur Analyse von Aminosäuren durch Bildung eines roten Charge-transfer-Komplexes (Clin. Chem. 20, 1553 (1974)); zum Unlöslichmachen von Gelatine;

Cyclohexan

- CAS-Nummer:
110-82-7
- UN Nummer:
1145
- gebräuchliche Namen:
Hexahydrobenzol; Hexamethylen; Zyklohexan;
- Summenformel:
C_6H_{12}

- Strukturformel:

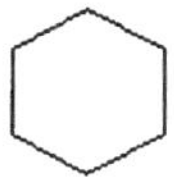

Funktion:
1.Lösungsmittel; Reinigungsmittel;
2.Lösungsmittel;
Verfahren:
1.Druckverfahren/Tiefdruck;
2.Druckverfahren/Durchdruck;
Anwendung:
1.Verpackungstiefdruckfarben;
2.Durchdruckfarben;

Eigenschaften:
- toxikologisch/ökotoxikologisch:
RTECS # GU 6300000
Schweizer Giftliste: 4
WGK: 1
MAK Wert: 700 mg/m3 bzw. 200 ml/m3
R-Satz: 11
S-Satz: (2)-9-16-33
Sonstiges:
Spitzenbegrenzung: II,1 [481]; Schwangerschaftsgruppe IIc [481]; Geruchsschwelle 0,4 ml/m3 [484];Dämpfe reizen Augen und Atemwege; Einatmen hoher Dampfkonzentrationen führt zur Narkose; nachfolgend Leber- und Nierenschäden möglich; anhaltender Kontakt mit der Flüssigkeit ruft Reizung der Haut hervor [163]; [484];Kurzeinwirkung: 600-700 ml/m3 erwiesen sich über kurze Zeit als erträglich und riefen keine chronischen Schädigungen hervor [163]; [484];LD 50 (oral, Ratte): 12705 mg/kg [428];LD 50 (oral, Maus): 1297 mg/kg [428];LC Lo (inhalativ, Maus) 70000 mg/m3/2h [428];LC Lo (inhalativ, Kaninchen) 89600 mg/m3/1h [428];LC 50 (Daphnia magna): 340 mg/l [163];LC 50 (Fisch, Goldorfe): 763/55 mg/l [33];LC 100 (Fisch, Goldorfe): 3900/78 mg/l [33];Toxische Grenzkonzentration für Pseudonomas putida >400 mg/l, Scenedesmus quadricauda >400 mg/l [484];

Gefahren-Symbol:

F

- physikalisch/chemisch:
Schmelzpunkt: 6,6 °C
Siedepunkt: 80,8 °C
Flammpunkt: -20 °C; -18 °C;

Dampfdruck: 104 hPa (20 °C) [163]; [484]; 133,29 hPa (60,8 °C) [428];
Verdampfungswärme: 365,09 kJ/kg
Log pOW: 3,44 [4]
Brechungsindex: 1,42680 (20 °C); 1,42662; 1,4260
Dichte: 779,1 kg/m3 (20 °C)
Molmasse: 84,161 g/mol
Verdunstungszahl: 6,1 (BuAc = 1) [9]

Löslichkeit:
Wasser 0,05 g/l (20 °C); Ethanol; Diethylether; Benzen;

Verbleib nach Gebrauch:
Verbrennung, hochentzündliche Stoffe;

Bemerkung:
Nicht corrosive Flüssigkeit, petroleumähnlicher Geruch [428];
farblose, mild süßlich riechende Flüssigkeit;
Reizwirkung auf Haut stärker als bei Benzol oder Toluol;
Dämpfe bilden mit Luft explosive Gemische, die schwerer als Luft sind; Explosionsgrenzen: 1,2-8,3 Vol.-%; Zündtemp.: 260 °C [32]; [484]; 245 °C (techn. Produkt) [27];
Bei Einwirkung von Hitze oder offenen Flammen kann der Stoff mit sauerstoffreichem Material (starken Oxidationsmitteln) reagieren. [484]
Dämpfe sehr leicht entzündbar; Flüssigkeit verdunstet sehr schnell;
Verwendung: als Lösemittel in Lacken und Harzen; Lösemittel für Fette und Wachse; in Lack- und Farbentfernern; zur Extraktion von essentiellen Ölen; in der Parfümindustrie; in der Druckindustrie auch als Reinigungsmittel;

Enthalten in Ceracol 39 (3%);
T(krit.): 280,4 °C; P(krit.): 40520 hPa [428];

Cyclohexanol

- CAS-Nummer:
108-93-0
- gebräuchliche Namen:
Hexahydrophenol; Zyklohexanol;
- Handelsnamen:
Adronal; Anol; Hexalin; Hydralin; Sextol; KA Mixture; Naxtol;
- Summenformel:
$C_6H_{12}O$

- Strukturformel:

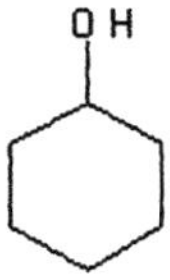

Funktion:
Lösungsmittel;
Verfahren:
Druckverfahren;

Eigenschaften:

- toxikologisch/ökotoxikologisch:

RTECS # GV 7875000
Schweizer Giftliste: 4
WGK: 1
MAK Wert: 210 mg/m3 bzw. 50 ml/m3
R-Satz: 20/22-37/38
S-Satz: (2)-24/25
Sonstiges:
Einstufung und Kennzeichnung von Zubereitungen, in denen diese Substanz enthalten ist:25%<=C ¦¦> Xn; R20/22-37/3820%<=C<25% ¦¦> Xi; R37/38Lösungsmittelklasse: IId (Gefahrstoffverordnung); Schwangerschaftsgruppe IIc [481];Spitzenbegrenzung: II,1 [481]; Gefahr der Hautresorption [481];Geruchsschwelle 0,05 ml/m3;Dämpfe reizen geringfügig Augen und Atemwege; geringe narkotische Wirkung; leichte neurologische Symptome; längere Einatmung der Dämpfe kann Leber- und Nierenschäden nach sich ziehen; Kontakt mit den Augen kann Trübung der Hornhaut und Reizung der Augen hervorrufen [163];100 ml/m3 für 3 - 5 min. wurden als unangenehm empfunden und führten zur Reizung der Augen sowie der Nasen- und Rachenschleimhäute [163]; [484];Kurzeinwirkung: 100 ml/m3 für 3-5 Minuten wurden als unangenehm empfunden und führten zur Reizung der Augen sowie der Nasen- und Rachenschleimhäute [484];EC 50 (Daphnia magna): ca. 578 mg/l [484]EC 10 (Pseumomonas putida): ca. 521 mg/l [484]Biologische Abbaubarkeit gut (>90 %) [484];LD 50 (oral, Ratte): 2060 mg/kg [9];LC 50 (inhalativ, Ratte): > 3,6 mg/l [634];LD 50 (subcutan, Maus): 2480 mg/kg [634];LD 50 (intraperitoneal, Maus): 1377 mg/kg [634];

Gefahren-Symbol:

Xn

- physikalisch/chemisch:

Schmelzpunkt: 23,9 °C; 24 °C
Siedepunkt: 160,6 °C; 160-162 °C
Flammpunkt: 68 °C; 60 °C
Dampfdruck: 1 hPa (20 °C) [9]; 1,3 hPa (20 °C); 4,7 hPa (34 °C)
Verdampfungswärme: 422,87 kJ/kg
Log pOW: 1,23 [4]; 1,25 [634];
Brechungsindex: 1,4657 (20 °C)
Dichte: 936,9 kg/m3 (20 °C)
Molmasse: 100,160 g/mol
Verdunstungszahl: 0,08 (BuAc = 1) [9]

Löslichkeit:
Wasser 56,7 g/l (15 °C), 36 g/l (20 °C), 40 g/l (20 °C); löslich in Ethanol, Diethylether, Schwefelkohlenstoff; mischbar mit Benzen;

Verbleib nach Gebrauch:
Sondermüll-Deponie, abfiltrierter Reststoff aus dem Eintrag in Butanol-Lösemittel-Gemisch und Neutralisation mit wäßriger Säure, Verbrennung des Filtrats;

Bemerkung:
Klare, farblose, feste Substanz mit campherartigem Geruch; infolge geringer Reinheit ist das Industrieprodukt zumeist flüssig;
Bei starker Erhitzung bilden sich explosive Gemische, die schwerer als Luft sind;
Zündtemp.: 300 °C [9], 290 °C [634]; Explosionsgrenzen: 22,4-11,2 Vol.%;
Bei Einwirkung von Hitze oder offenen Flammen kann der Stoff mit sauerstoffreichem Material (starken Oxidationsmitteln) reagieren;
Verwendung: technisches Lösemittel, Farben-und Lackindustrie, Textilverarbeitende Industrie;
Mengenangaben: 500000-1000000 Tonnen;

Cyclohexanon

- CAS-Nummer:
108-94-1
- UN Nummer:
1915
- gebräuchliche Namen:
Ketohexamethylen; Zyklohexanon; Pimelic Keton; Anonsextone; Sextone;
- Handelsnamen:
Hytrol O; Nadone; Anon; TEGO AIREX 930; Hexanon; Hytrol D; Nadone; Pimelic Keton; Pimelin Keton; Sextone; NCI-C 55005;
- Summenformel:
$C_6H_{10}O$

- Strukturformel:

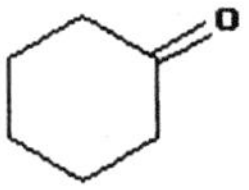

Funktion:
1. + 2. Lösemittel;
2. Entschichtungsmittel; Reinigungsmittel;
Verfahren:
1. Druckverfahren/Verpackungsdruck;
2. Druckverfahren/Durchdruck direkt/Siebdruck;
Anwendung:
1. Verpackungsdruck;
2. Siebreinigung; Siebentschichtung;

Eigenschaften:
- toxikologisch/ökotoxikologisch:
RTECS # GW 1050000
Schweizer Giftliste: 4
WGK: 1
R-Satz: 10-20
S-Satz: (2)-25
Sonstiges:
Einstufung und Kennzeichnung von Zubereitungen, in denen diese Substanz enthalten ist:25%<=C ¦¦> Xn; R20Für diese Substanz liegt ein BUA-Stoffbericht Nr. 138 vor. TRK-Wert: 20 ml/m3 bzw. 80 mg/m3 [481]; Gefahr der Hautresorption [481]; Krebserzeugend 3 [481]IMK: II; H; III B;Geruchsschwelle: 0,06 ml/m3 [163]; [484];Dämpfe, die bei Erhitzung oder Brand entstehen, reizen Augen und Atemwege; geringgradige betäubende Wirkung; Kontakt der Flüssigkeit mit den Augen kann Trübung der Hornhaut und Reizung der Augen hervorrufen [163]; [484];Kurzeinwirkung: 75 ml/m3 für 3-5 Min. führten zur Reizung der Augen sowie der Nasen- und Rachenschleimhäute [163];Kann beim Menschen peroral, dermal und per inhalationem aufgenommen werden [602];TC Lo (inhalativ, Mensch): 75 ml/m3 [428];LD 50 (oral, Ratte): 1620 mg/kg [9], 1535 mg/kg [187], ca. 1900 mg/kg [Sdb Tego]; 1530-2000 mg/kg [634];LC 50 (inhalativ, Ratte): 8000 ml/m3/4h [9], [428];LD 50 (intraperitoneal, Ratte): 1130 mg/kg [428];LD 50 (subcutan, Ratte): 2170 mg/kg [428];LD Lo (intravenös, Ratte): 568 mg/kg [428];LD 50 (oral, Maus): 1400 mg/kg [428], 1600-3200 mg/kg [634];LC Lo (inhalativ, Maus): 19200 mg/m3/90min. [428];LD 50 (intraperitoneal, Maus): 1230 mg/kg [428];LD Lo (subcutan, Maus): 1300 mg/kg [428];LD Lo (intravenös, Affe): 284 mg/kg [428];LD Lo (oral, Kaninchen): 1600 mg/kg [428], 1900-10000 mg/kg [634];LD 50 (Haut, Kaninchen): 1 ml/kg [428];LD 50 (Haut, Kaninchen): 10000 mg/kg [9], 948 mg/kg [187];LD 50 (intraperitoneal, Kaninchen): 1540 mg/kg [428];LC Lo (inhalativ, Meerschweinchen): 400 ml/m3/4h;LD Lo (intraperitoneal, Meerschweinchen): 760 mg/kg [428];LD Lo (subcutan, Frosch): 1900 mg/kg [428];LD 50 (oral, Säugetier): 3000 mg/kg [428];LC 50 (inhalativ, Säugetier): 25000 mg/m3 [428];Toxische Grenzkonzentration für Pseudomonas putida 180 mg/l, Scenedesmus quadricauda 370 mg/l [36];LC 50 (Fisch, Goldorfe): 752/536 mg/l/96h

[33], [602];LC 100 (Fisch, Goldorfe): 940/564 mg/l/96h [33], [602];EC 50/LC 50 (Daphnia magna): 526/540 mg/l/24h [602];EC 50/LC 50 (Daphnia magna): 820/800 mg/l/24h [602];EC 100/LC 100 (Daphnia magna): 1240/1540 mg/l/24h [602];Biologische Abbaubarkeit (Test in geschl. Flasche) gut (>85 %) [484];Über 70 % biologisch abbaubar im Belebtschlamm [602];

Gefahren-Symbol:

Xn

- physikalisch/chemisch:

Schmelzpunkt: -26 °C; -31 °C; -47 °C
Siedepunkt: 155,8 °C; 156 °C; 153-156 °C; 155,4 °C
Flammpunkt: 43 °C; 45 °C; 46 °C; 42 °C
Dampfdruck: 4,5 hPa (20 °C) [9]; 5 hPa (20 °C) [484] [Sdb]; 4,7 hPa (20 °C) [634]; 24 hPa (2
Verdampfungswärme: 456,36 kJ/kg
Log pOW: 0,81 [4]; 0,86; 0,947 [634]
Brechungsindex: 1,4507 (19 °C)
Dichte: 946,6 kg/m3 (20 °C); 946-947 kg/m3 (20 °C)
Molmasse: 98,144 g/mol
Verdunstungszahl: 0,23 (BuAc = 1) [9]; 40 (Diethylether = 1) [19]

Löslichkeit:
Wasser 23 g/l (20 °C); 24 g/l (20 °C); 80-95 g/l (20 °C) [634]; löslich in Ethanol, Diethylether;

Verbleib nach Gebrauch:
Verbrennung;

Bemerkung:
Gelbliche Flüssigkeit, aromatischer Geruch [Sdb Tego];
Farblose, acetonähnlich riechende Flüssigkeit;
Bei starker Erwärmung bilden sich explosive Gemische, die schwerer als Luft sind; Entzündung durch heiße Oberflächen, Funken, offene Flammen;
Explosionsgrenzen:
1,1-8,6 Vol.-%; Zündtemp.: 419 °C [9];
1,3-9.4 Vol.-%; Zündtemp.: 420 °C [484]; 430 °C [27];
Stoff greift viele Farben an;
Verwendung: technisches Lösemittel; in der Druckindustrie als Entschichtungsmittel und zum Reinigen von Gewebe; Agrarindustrie; Lederverarbeitende Industrie; Farben-und Lackindutrie; Kunststoffindustrie; Textilverarbeitende Industrie; Weichmacher; Lösungsmittel; Vulkanisatoren; Cyclohexanon dient überwiegend (>90 %) als Zwischenprodukt zur Synthese von epsilon-Caprolactam. Weiterhin kommt es als Edukt für die Synthese zahlreicher Stoffe, z.B. Pflanzenschutzmittel und Pharmaka, sowie als Formulierungshilfsmittel und als industrielles Lösemittel zum Einsatz [602];
Enthalten in Bevaloid 6420 (35%), Byk-065 (99%), Efka-25 (99%);
Mengenangaben: 500000-1000000 Tonnen;

N-cyclohexyl-4-methylbenzenesulfonamid

- CAS-Nummer:
80-30-8
- gebräuchliche Namen:
Benzenesulfonamid
- Summenformel:
$C_{13}H_{19}NO_2S$

- Strukturformel:

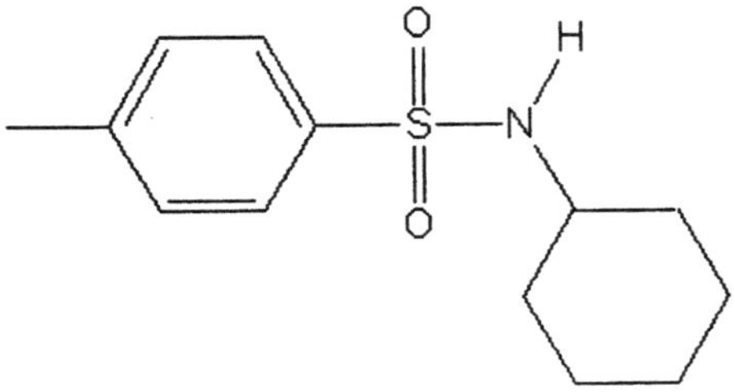

Eigenschaften:

- physikalisch/chemisch:
Schmelzpunkt: 84-85°C [636]
Molmasse: 253,39 g/mol [428]

Löslichkeit:
in Wasser < 0,1g/100ml (20°C) [636]

Decahydronaphthalen (Isomerengemisch)

- CAS-Nummer:
91-17-8
- UN Nummer:
1147
- gebräuchliche Namen:
Dekalin; Decalin; cis, trans-Dekalin; cis, trans-Decalin; Naphthalan; Dekahydronaphthalin (Isomerengemisch); Bicyclo-(4,4,0)-decan-(cis, trans); Naphthan (cis, trans); cis-trans-Decahydrydronaphthalin; Perlhydronaphthalin;
- Summenformel:
$C_{10}H_{18}$

- Strukturformel:

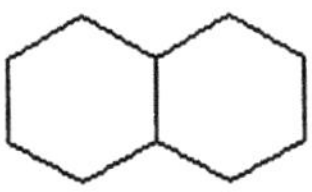

Funktion:
Lösungsmittel;
Verfahren:
Druckverfahren;

Eigenschaften:
- toxikologisch/ökotoxikologisch:
RTECS # QJ 3150000
Schweizer Giftliste: 4
WGK: 2
R-Satz: 20-34
S-Satz: 16-23-24/25

Sonstiges:
Dämpfe reizen stark Augen, Atemwege und Haut; starke Reizung der Augen (Hornhautschäden) und der Haut (Ekzembildung) nach Kontakt mit der Flüssigkeit; die Flüsigkeit kann auch über die Haut aufgenommen werden; Narkose möglich im Tierversuch wurden Leber- und Nierenschäden nachgewiesen [163];Symptome: Brennen der Augen, der Nasen- und Rachenschleimhäute sowie der Haut. Kopfschmerzen, Übelkeit, Erbrechen, Schwindel, Erregungszustände, Bewußtlosigkeit, Krämpfe [484].Wirkt ätzend auf Haut, Augen (dauernde Schädigung des Augengewebes), Mund, Speiseröhre und Magen [Sdb EXXON];LD 50 (oral, Ratte): 4170 mg/kg [187];LD 50 (Haut, Kaninchen): 5900 mg/kg [187];

Gefahren-Symbol:

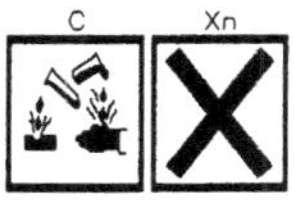

- physikalisch/chemisch:
Schmelzpunkt: -40 °C; -43,26 °C (cis); -30,4 °C (trans);
Siedepunkt: 191,7 °C; 185-190 °C; 195,7 °C (cis); 187,25 (trans);
Flammpunkt: 54 °C; 57 °C
Dampfdruck: 1,27 hPa (20 °C) [163]; 3 hPa (38 °C), 8,48 hPa (55 °C) [Sdb];
Verdampfungswärme: 296,43 kJ/kg
Brechungsindex: 1,4742 (20 °C)
Dichte: 886,5 kg/m3 (20 °C); 882 kg/m3 (20 °C);
Molmasse: 138,252 g/mol
Verdunstungszahl: 94 (Diethylether = 1) [18]

Löslichkeit:
Wasser: <0,10 Gew.-% (20 °C) [Sdb EXXON];
unlöslich in Wasser; löslich in Ethanol, Diethylether, Trichlormethan, Propanon, Benzen; mischbar mit Butanol, Kohlenwasserstoffen, Chlorkohlenwasserstoffen, Propanon, höheren Alkoholen und den meisten Estern [484];

Verbleib nach Gebrauch:
Verbrennung;

Bemerkung:
Farblose, campherähnlich riechende Flüssigkeit; brennbar;
Brennt mit leuchtender Flamme;
Bildet im dampf-/gasförmigen Zustand mit Luft explosionsfähige Gemische;
Explosionsgrenzen: 0,7-4,9 Vol.-%; Zündtemperatur: 255 °C [163]; >200 °C [Sdb EXXON]
Wenn das Bindemittel vollgesaugt ist, erhöht sich die Brandgefahr (Dochtwirkung). Produkt kann dann schon durch eine Zigarette oder ein Streichholz in Brand geraten. Stoff reagiert heftig bei Kontakt mit sauerstoffreichem Material (Oxidationsmitteln). Bei Einwirkung von Sauerstoff (auch Luftsauerstoff) und Licht können sich explosive Peroxide bilden. [484]
Decahydronaphtahlen wird auch als Terpentinersatz (wie -> Tetrahydronaphthalen) bezeichnet;
Verwendung: technisches Lösemittel;
cis-trans-Gemisch hygroskopisch;

Decandisäuredibutylester

- CAS-Nummer:
109-43-3
- gebräuchliche Namen:
Dekandisäuredibutylester; Dibutylsebacat; Sebacinsäuredibutylester;
- Handelsnamen:
Kodaflex DBS; Monoplex DBS; Polycizer DBS; PX-404; Staflex DBS; Plasthall DBS;
- Summenformel:
$C_{18}H_{34}O_4$

- Strukturformel:

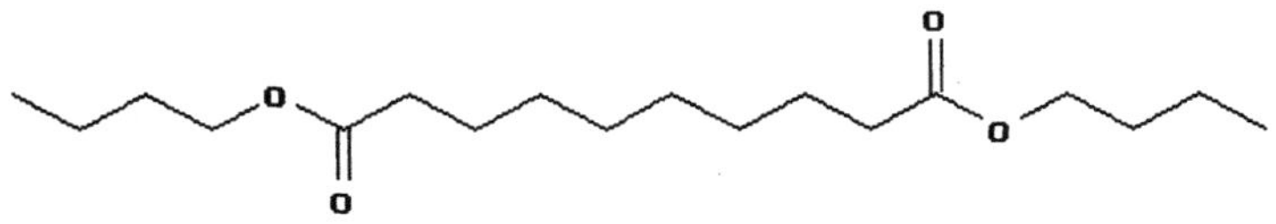

Funktion:
Additv/Weichmacher;
Verfahren:
Druckverfahren;
Anwendung:
Farbe;

Eigenschaften:
- toxikologisch/ökotoxikologisch:
RTECS # VS 1150000
WGK: 0
Sonstiges:
Kontakt mit Flüssigkeit verursacht leichte Reizungen der Augen [338];LD 50 (oral, Ratte): 16000 mg/kg [338], [428];LD 50 (oral, Maus): 19500 mg/kg [428];zu Plasthall DBS: [619]WGK: 1;

- physikalisch/chemisch:
Schmelzpunkt: -10 °C; -11 °C
Siedepunkt: 344,5 °C
Flammpunkt: 178 °C
Dampfdruck: 13,3 hPa (200 °C) [338]
Dichte: 934 kg/m3 (25 °C)
Molmasse: 314,462 g/mol

Löslichkeit:
unlöslich in Wasser;

Bemerkung:
Schwach gelbe Flüssigkeit; brennbar;
Verwendung: als Weichmacher;
zu Plasthall DBS: [619]
klare Flüssigkeit, schwacher Geruch; Produkt reagiert mit Oxidationsmitteln;
Siedepunkt: 177-190 °C;
Flammpunkt 185 °C;
Dichte 935 kg/m3;
Thermische Zersetzung: >344 °C;

Decandisäuredi-n-octylester

- **CAS-Nummer:**
  2432-87-3
- **gebräuchliche Namen:**
  DOS; Sebacinsäuredi-n-octylester; Dioctylsebacat;
- **Handelsnamen:**
  Witamol 500;
- **Summenformel:**
  $C_{26}H_{50}O_4$

- **Strukturformel:**

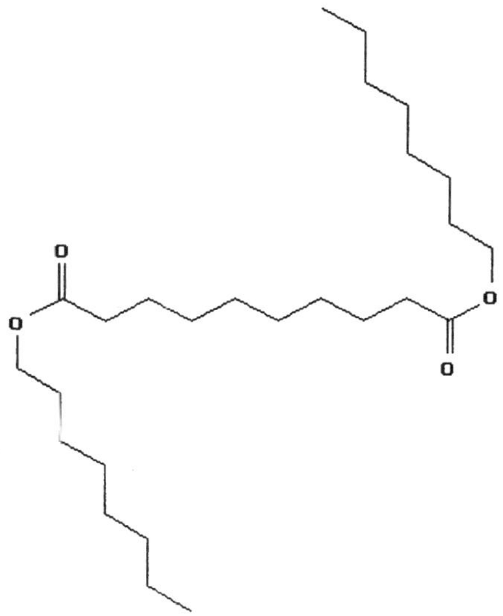

Eigenschaften:

- **physikalisch/chemisch:**
  Schmelzpunkt: 18 °C
  Molmasse: 426,68 g/mol

1-Decanol

- **CAS-Nummer:**
  112-30-1
- **gebräuchliche Namen:**
  n-Decylalkohol; Dekanol; Dekan-1-ol; Decylalkohol; n-Dekanol; Caprinalkohol; Nonylcarbinol;
- **Handelsnamen:**
  Agent 504; Antak; Dytol S-91; Epal 10; Corol 22; Royalterc; Sipol L10;
- **Summenformel:**
  $C_{10}H_{22}O$

- **Strukturformel:**

Eigenschaften:

- toxikologisch/ökotoxikologisch:

RTECS # HE 4375000

WGK: 1

R-Satz: 20/21/22-36/37/38

S-Satz: 26-36

Sonstiges:

Dämpfe (besonders wenn sie durch Erhitzung in hoher Konzentration vorliegen) reizen Augen und Atemwege; in hohen Konzentrationen haben sie eine schwache betäubende Wirkung; Kontakt mit der Flüssigkeit führt zu Reizung der Augen [163];LD 50 (oral, Ratte): 4720 mg/kg [428];LD 50 (oral, Maus): 6500 mg/kg [428];LD 50 (Haut, Kaninchen): 3500 mg/kg [428];LC 50 (inhalativ, Maus, 2h): 4 g/m3 [428];LC Lo (Fisch, Goldorfe): 0,4 mg/lLC 50 (Fisch, Goldorfe): 0,6 mg/lLC 100 (Fisch, Goldorfe): 0,8 mg/lLC Lo (Daphnia magna): 8,8 mg/lLC 50 (Daphnia magna): 16 mg/lLC 100 (Daphnia magna): 25 mg/l

- physikalisch/chemisch:

Schmelzpunkt: - 7 °C

Siedepunkt: 230 °C

Flammpunkt: 82 °C

Dampfdruck: 1 hPa (69,5 °C) [163]

Brechungsindex: 1,43587 (20 °C)

Dichte: 829 kg/m3 (20 °C)

Molmasse: 158,32 g/mol

Löslichkeit:

löslich in Ethanol, Diethylether, Propanon, Benzen, Trichlormethan; Wasser 0,037 g/l (20 °C);

Bemerkung zu physikalisch/chemischen Daten:

Zündtemperatur: 285 °C

Verbleib nach Gebrauch:

Verbrennung;

Bemerkung:

Farblose, ölige Flüssigkeit, aromatischer Geruch; brennbar;
Stoff reagiert bei Kontakt mit sauerstoffreichem Material (starken Oxidationsmitteln), anorganischen Säuren, Aldihyden, Monomeren, polymerisierfähigen Estern, alkylierten Oxiden, Halogenen und Säureanhydriden;
Verwendung: für die Herstellung von Weichmachern, synthetischen Schmiermitteln, Petroleumzusatzstoffen, Lösemitteln;
Enthalten in Triton Surfactant BG-10;

Dextrin

- CAS-Nummer:

9004-53-9

- gebräuchliche Namen:

Amylin; Glycosin; Glykosin; Stärkegummi

- Summenformel:

$(C_6H_{10}O_5)_n$

Verfahren:

Druckverfahren/Flachdruck indirekt/Offsetdruck;

Anwendung:

Druckformherstellung;

Eigenschaften:

- toxikologisch/ökotoxikologisch:

RTECS # HH 9450000

Sonstiges:

Kann schädigend wirken beim Einatmen, Verschlucken oder Aufnahme überHaut; kann Reizungen verursachen [187]

- physikalisch/chemisch:

Dichte: 1038,4 kg/m3 (20 °C)

Molmasse: (162,14 g/mol) * n

Löslichkeit:

löslich in Wasser; unlöslich in Ethanol, Diethylether

Verbleib nach Gebrauch:

Verbrennung nach Mischung mit brennbarem Lösemittel;

Bemerkung:

Gelbes Pulver;
Aus Glucoseresten aufgebaute Polysaccharide;
Zwischenprodukte des Stoffwechsels;
Verwendung: als Austauschstoff für die teuren natürlichen Klebegummiarten; als Farbbindemittel; als Verdickungsmittel im Zeug- und Tapetendruck; zur Appretur von Geweben

Di-alkyladipat, Gemisch C7-9

- CAS-Nummer:

68515-75-3

- Handelsnamen:

Santicizer 97;

Eigenschaften:

- physikalisch/chemisch:

Siedepunkt: 224 °C (13,33 hPa)

Flammpunkt: 204 °C

Dichte: 920 kg/m3 (25 °C)

Bemerkung:

Erscheint in Belgien, Holland, USA und EG-Liste in einer Positivliste für Plastikadditive die mit Nahrungsmitteln in Kontakt kommen dürfen [Sdb Monsanto];

1,4-Diaminobenzen

- CAS-Nummer:

106-50-3

- UN Nummer:

1673

- gebräuchliche Namen:

p-Diaminobenzol; p-Phenylendiamin; 1,4-Phenylendiamin;

- Handelsnamen:

Diamin-P;

- Summenformel:

$C_6H_8N_2$

- Strukturformel:

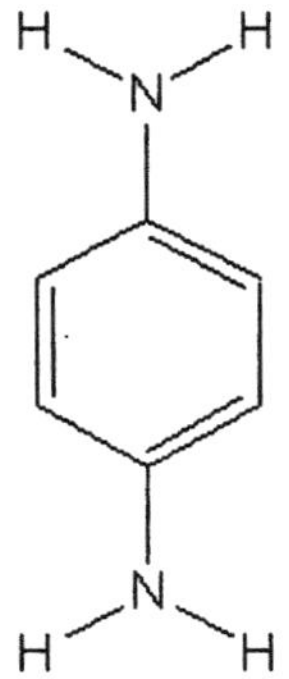

Funktion:
Additiv/Sensibilisator; Entwicklersubstanz;
Verfahren:
Druckformherstellung/Reprofotografie;
Anwendung:
Entwicklerbad;

Eigenschaften:
- toxikologisch/ökotoxikologisch:
RTECS # SS 8050000;
Schweizer Giftliste: 2
MAK Wert: 0,1 mg/m3 E;
R-Satz: 23/24/25
S-Satz: 23-24/25-28-44
Sonstiges:
Zu diesem Stoff liegt ein BUA-Stoffbericht Nr. 97 vor.Spitzenbegrenzung II,1 [481]; Gefahr der Hautresorption; Gefahr der Sensibilisierung der Haut [481]; Krebserzeugend 3 [481]; Schwangerschaftsgruppe D [481];CSB: 1962 mg/g [13]; Stoff ist ein Blutgift (Bildung von Methämoglobin, Zerfall von rotenBlutkörperchen), die Folgen können Sauerstoffmangel in den Gewebensowie Nierenschäden sein; auch Leberschäden möglich; sowohl Einatmenals auch Verschlucken des Staubes sind gefährlich; Staub kann durchAtemwege, Augen und über die Haut aufgenommen werden und verursachtlokal sehr starke Reizung sowie Gefährdung der Augen; Substanz wirktallergisierend [163]; LD 50 (oral Ratte): 80 mg/kg [40];

Gefahren-Symbol:

- physikalisch/chemisch:
Schmelzpunkt: 142 °C
Siedepunkt: 267 °C
Flammpunkt: 156 °C
Dampfdruck: 1,42 hPa (100 °C) [163]
Log pOW: 0,26 [4]; nb [150]
Brechungsindex: 1,5795 (154-156 °C)
Molmasse: 108,143 g/mol

Löslichkeit:
Wasser 38,5 g/l (24 °C); löslich in Ethanol, Diethylether und Trichlormethan (Chloroform);

Verbleib nach Gebrauch:
Verbrennung nach Mischung mit brennbarem Lösemittel;

Bemerkung:
Farblose bis rötliche Kristalle, die sich an der Luft dunkel verfärben;
Bei starker Erhitzung bilden sich giftige und explosionsfähige Dampf/Luftgemische;
Zündtemp.: 400 °C [163];
Bei Kontakt mit konzentrierten Säuren und sauerstoffreichem Material (starken Oxidationsmitteln) kann heftige Reaktion eintreten;
Stoff wirkt als Reduktionsmittel;
Verwendung: in der Druckindustrie als Sensibilisator und Entwicklersubstanz im Entwicklerbad;

3,3'-Diamino-4,4'-dichlorbiphenyl

- CAS-Nummer:
91-94-1
- gebräuchliche Namen:
3,3'-Dichlorbenzidin; 3,3'-DCB; C.I. 23060;3,3'-Dichlordiaminobiphenyl;4,4'-Dichlor-(1,1'-biphenyl)-3,3'-diamin;
- Summenformel:
$C_{12}H_{10}Cl_2N_2$

- Strukturformel:

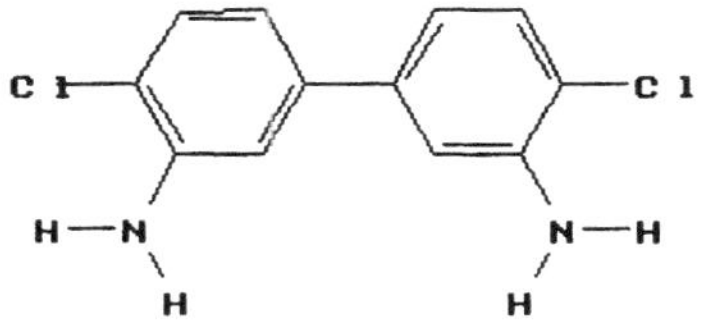

Funktion:
Diazokomponente bei der Pigmentherstellung (Azopigmente);
Verfahren:
Druckverfahren;
Anwendung:
Ausgangsstoff für die Azopigmentherstellung (Diarylgelbpigmente und Bisazopyrazolonpigmente);

Eigenschaften:
- toxikologisch/ökotoxikologisch:
RTECS # DD 0525000;
Schweizer Giftliste: 1
WGK: 3
R-Satz: 45-21-43-50/53
S-Satz: 53-45-60-61
Sonstiges:
Zu diesem Stoff liegt ein BUA-Stoffbericht Nr. 30 vor.Gefahr der Hautresorption [481]; Krebserzeugend 2 [481]; TRK-Wert: 0,003 ml/m3 E bzw. 0,03 mg/m3 E [481];Carc.Cat.2 [505];Kann schädigend wirken bei Einatmung, Verschlucken oder Aufnahme über Haut [187];Karzinogen [273];In epidemiologischen Studien mit Arbeitern, die 3,3-D. ausgesetztwaren, konnte kein Tumor-Potential festgestellt werden [272, 278];Ergebnis des Ames-Test: positiv [275, 276, 277];LD 50 (oral, Ratte): 5250 mg/kg [187], 7,07 g/kg [274];LD Lo (oral, Ratte): 4740 mg/kg [272];

Gefahren-Symbol:

- **physikalisch/chemisch:**
  Schmelzpunkt: 132-133 °C
  Molmasse: 253,13 g/mol

  Löslichkeit:
  unlöslich in Wasser; leicht löslich in Ethanol, Benzen (Benzol), konz. Ethansäure (Eisessig); wenig löslich in verd. Salzsäure;

Bemerkung:
Nadeln;
Verwendung: zur Herstellung von Azofarbstoffen; als Zwischenprodukt für Benzidin-Gelb Pigmente;

Diaminoethantetraethansäuredinatriumsalz Dihydrat

- **CAS-Nummer:**
  6381-92-6
- **gebräuchliche Namen:**
  Ethylendinitrilotetraessigsäuredinatriumsalz-Dihydrat; Ethylendiamintetraessigsäuredinatriumsalz-Dihydrat; Dinatriumdihydrogenethylendiamintetraacetat; EDTA-2 Na;
- **Handelsnamen:**
  Titriplex III; Idranal III; Chelaplex III; Trilon B; Komplexon III ; Sequestrene Na 2; Chelaton III; Testalon III; M 23;
- **Summenformel:**
  $C_{10}H_{14}N_2O_8Na_2 * 2\,H_2O$

Funktion:
Komplexbildner;
Verfahren:
Druckverfahren/Flachdruck indirekt/Offsetdruck;
Anwendung:
Druckformherstellung;

Eigenschaften:
- **toxikologisch/ökotoxikologisch:**
  RTECS # AH 4375000;
  WGK: 1
  R-Satz: 22-37
  S-Satz: 22
  Sonstiges:
  Kann schädigend wirken bei Einatmung, Verschlucken oder Aufnahme über Haut; verursacht Augen- und Hautreizungen; reizt Schleimhäute und Atemwege [187];LD 50 (oral, Ratte): 2000 mg/kg [187];

  Gefahren-Symbol:

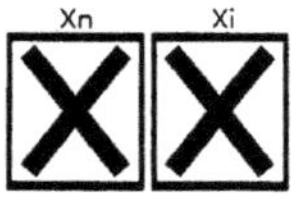

- physikalisch/chemisch:
Schmelzpunkt: 248 °C (zers.)
Log pOW: -> 0 [150]
Molmasse: 372,24 g/mol

Löslichkeit:
Wasser 200 mg/l [9]

Bemerkung:
Weißes Pulver;

Diaminoethantetraethansäureeisen(III)-natriumsalz-3-hydrat

- CAS-Nummer:
18154-32-0
- gebräuchliche Namen:
Ethylendinitrilotetraessigsäureeisen(III)-natriumsalz-3-Wasser;
Ethylendiamintetraessigsäureeisen(III)-natriumsalz Trihydrat; Natrium-Eisen-EDTA;
- Handelsnamen:
Sequestrene NaFe; Trilon Fe; Ac 107;
- Summenformel:
$C_{10}H_{12}FeN_2NaO_8 * 3 H_2O$

Funktion:
Komplexbildner;
Verfahren:
Druckverfahren/Flachdruck indirekt/Kleinoffsetdruck;
Anwendung:
Druckformherstellung;

Eigenschaften:

- physikalisch/chemisch:
Molmasse: 421,10 g/mol

3,7-Diamino-5-phenylphenaziniumchlorid

- CAS-Nummer:
81-93-6
- gebräuchliche Namen:
Phenosafranin (C. I. 50200);
- Summenformel:
$C_{18}H_{15}ClN_4$

- Strukturformel:

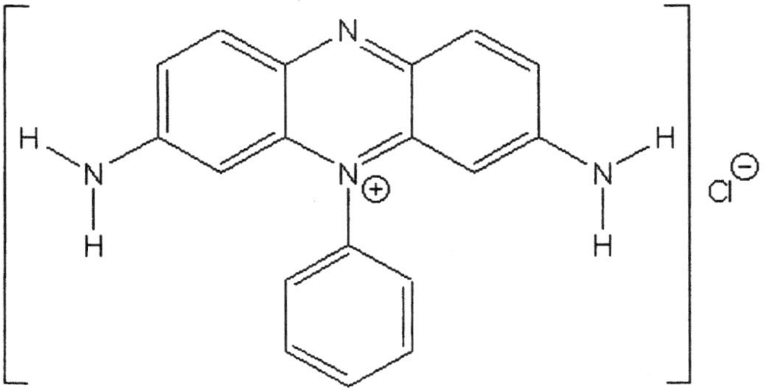

Funktion:
Additiv/Desensibilisator;
Verfahren:
Reprofotografie/Silberhalogenid-Verfahren;

Eigenschaften:
- toxikologisch/ökotoxikologisch:
RTECS # SG 1630000;
S-Satz: 22-24/25
Sonstiges:
Kann schädigend wirken bei Einatmung, Verschlucken oder Aufnahme überHaut; verursacht Reizungen; reizt Schleimhäute und Atemwege [187];

- physikalisch/chemisch:
Molmasse: 322,81 g/mol

Verbleib nach Gebrauch:
Verbrennung nach Mischung mit brennbarem Lösemittel;

Bemerkung:
Braun-schwarzes oder grün-schwarzes Pulver;
Verwendung: Desensibilisator für fotografisches Aufnahmematerial für die Hellichtentwicklung; in der Druckindustrie als Desensibilisator beim Silverhalogenid-Verfahren;

2,4-Diamino-6-phenyl-1,3,5-triazin

- CAS-Nummer:
91-76-9
- gebräuchliche Namen:
Benzoguanamin; 6-Phenyl-1,3,5-triazin-2,4-diamin; 2,6-Diamino-4-phenyl-1,3,5-triazin; 2,4-Diamino-6-phenyl-s-triazin;
- Summenformel:
$C_9H_9N_5$

- Strukturformel:

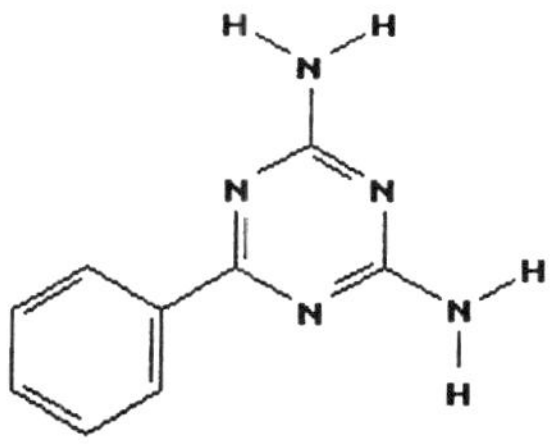

Verfahren:
Druckverfahren;

Eigenschaften:
- toxikologisch/ökotoxikologisch:
RTECS # XY 7600000;
WGK: 2
R-Satz: 22
S-Satz: (2)
Sonstiges:
Die Substanz ist gesundheitsschädlich beim Verschlucken, ihre Stäube reizen die Augen und die Atemwege. Bei Brand oder Erhitzung bis zur Zersetzung entstehen Ammoniak und nitrose Gase [484].

Gefahren-Symbol:

- physikalisch/chemisch:
Schmelzpunkt: 227-228 °C; 219-221 °C;
Flammpunkt: >100 °C
Molmasse: 187,21 g/mol

Löslichkeit:
löslich in Ethanol, Diethylether; sehr geringfügig mischbar mit Wasser [484];

Verbleib nach Gebrauch:
Verbrennung nach Mischung mit brennbarem Lösemittel;

Bemerkung:
Farblose Kristalle; brennbarer fester Stoff;
Bei Brand oder Erhitzung bis zur Zersetzung bilden sich giftige und ätzende Gase sowie Ammoniak(gas) [484].

4,4'-Diamino-2,2',5,5'-tetrachlorbiphenyl

- CAS-Nummer:
15721-02-5
- gebräuchliche Namen:
2,2',5,5'-Tetrachlorbenzidin; 2,2',5,5'-Tetrachlor-(1,1'-biphenyl)-4,4'-diamin; 2,2',5,5'-Tetrachlor-4,4'-diaminobiphenyl;
- Summenformel:
$C_{12}H_8Cl_4N_2$

- Strukturformel:

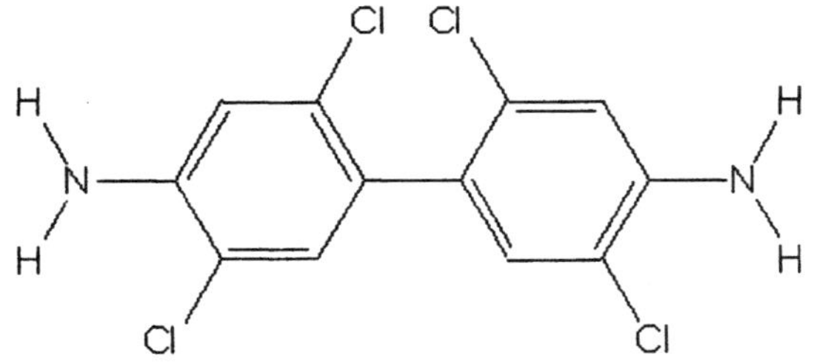

Funktion:
Diazokomponente bei der Pigmentherstellung (Azopigmente);
Verfahren:
Druckverfahren;
Anwendung:
Ausgangsstoff für die Azopigmentherstellung (Diarylgelbpigmente und Bisazopyrazolonpigmente);

Eigenschaften:
- toxikologisch/ökotoxikologisch:
RTECS # DD 1751000;

- physikalisch/chemisch:
Schmelzpunkt: 137,5 °C
Molmasse: 322,0 g/mol

Bemerkung:
Orangefarbene Kristalle;
Verwendung: zur Herstellung von Azofarbstoffen und Pigmenten (vorwiegend Gelbtöne);

Dibenzoyldiethylenglykolester

- CAS-Nummer:
120-55-8
- gebräuchliche Namen:
Di-ethylenglykol-di-benzoat; DEGDB;
Di-ethylenglykol-di-benzoat; Diethylenglykoldibenzoat;
- Handelsnamen:
Benzoflex 2-45
- Summenformel:
$C_{18}H_{18}O_5$

- **Strukturformel:**

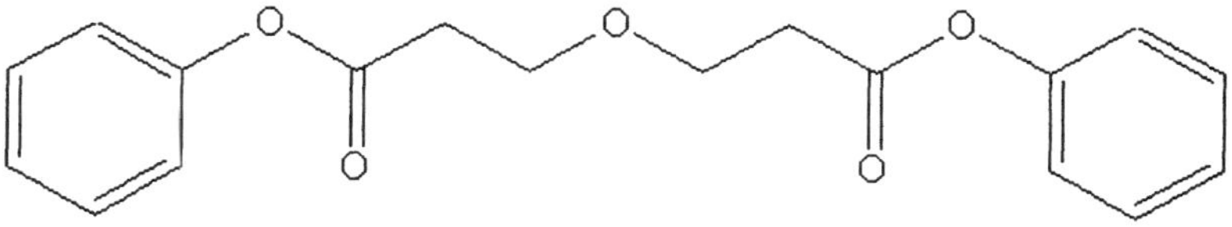

Funktion:
Additv/Weichmacher;
Verfahren:
Druckverfahren;
Anwendung:
Farbe;

Eigenschaften:
- **toxikologisch/ökotoxikologisch:**
Sonstiges:
LD 50 (oral Ratte): 2830 mg/kg;LD 50 (Haut, Kaninchen): 20 g/kg;

- **physikalisch/chemisch:**
Schmelzpunkt: 28 °C
Siedepunkt: 240 °C
Flammpunkt: 232 °C
Dichte: 1178 kg/m3 (25°C)
Molmasse: 314 g/mol

Bemerkung:
Enthalten in Benzoflex 50;

Dibenzoylperoxid

- **CAS-Nummer:**
94-36-0
- **UN Nummer:**
3108; 3102; 3104
- **gebräuchliche Namen:**
DBPO; Benzoylperoxid; Benzoylsuperoxid;
- **Handelsnamen:**
Benoxyl; Cadox BS; Lucidol; Lucidol B 50; Lucidol G 20; Lucidol 50 P; Luperco; Luperco AST; Nayper DO; Nourinox; Oxylite; Panoxyl; Persadox; Varox Asn;
- **Summenformel:**
$C_{14}H_{10}O_4$

- **Strukturformel:**

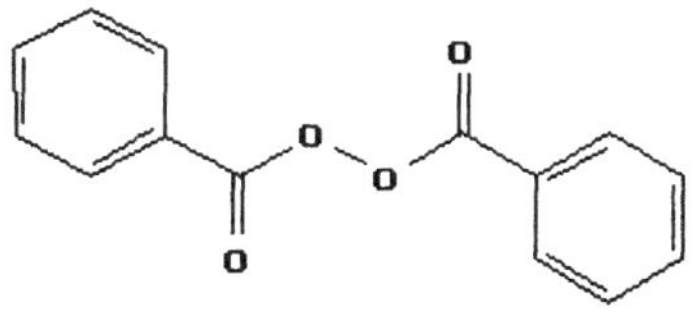

Funktion:
Additiv/Fotoinitiator;
Verfahren:
Druckverfahren/Flachdruck;
Druckformherstellung/Reproduktionsfotografie
Anwendung:
Fotopolymerisation;

Eigenschaften:
- toxikologisch/ökotoxikologisch:
RTECS # DM 8575000
Schweizer Giftliste: 4
WGK: 1
MAK Wert: 5 mg/m3 E
R-Satz: 2-7-36-43
S-Satz: (2)-3/7-14-36/37/39
Sonstiges:
Spitzenbegrenzung: I [481]; Kontakt mit dem Stoff verursacht Reizung der Augen; Einatmen des Staubes ruft Reizung der Nasen- und Rachenschleimhäute hervor; Magenbeschwerden bei Verschlucken auch kleinerer Mengen [163]; Symptome: Tränen der Augen, Hustenreiz, nachfolgend Entzündungserscheinungen an den Luftwegen [484];LD 50 (oral, Ratte): 7710 mg/kg [187];LD 50 (oral, Maus): 5700 mg/kg [428];LD 50 (intraperitoneal, Maus): 250 mg/kg [428];

Gefahren-Symbol:

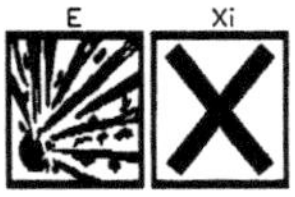

- physikalisch/chemisch:
Schmelzpunkt: 103-105 °C (Zers.)*
Flammpunkt: 80 °C
Brechungsindex: 1,5700 (81-84 °C)
Dichte: 1334 kg/m3 (25 °C); 1220 ± 30 kg/m3
Molmasse: 242,230 g/mol

Löslichkeit:
sehr wenig löslich in Wasser; wenig löslich in kaltem Ethanol, Methanol, Benzin; löslich in Propanon, konz. Ethansäure, Benzen;

Bemerkung zu physikalisch/chemischen Daten:
*Zersetzt sich explosionsartig bei Erreichen des Schmelzpunktes [484];

Verbleib nach Gebrauch:
Entsorgung nach Beratung durch den technischen Kundendienst der Chemikalienfirma;

Bemerkung:
Weiße Granulate, Kristalle oder Pulver; geschmack- und geruchlos;
In trockenem Zustand bei Schlag oder Reibung explosiv; Stoff reagiert heftig bei Kontakt mit zahlreichen org. und anorg. Säuren, Alkoholen, Aminen und Polymerisationsbeschleunigern; Im trockenem Zustand gefährlicher Explosionsstoff; man stabilisiert (phlegmatisiert) durch Zusatzstoffe, z.B. 10% Wasser; je nach dem Grad dieser Phlegmatisierung gehört das Gut zur Klasse 1 a, Explosive Stoffe, oder zur Klasse 5.2, Organische Peroxide [484];
Verwendung: als Radikalstarter; in der Druckindustrie als Fotoinitiator bei der Fotopolymerisatio; in der Medizin: zur Behandlung von Akne;
UN-Nr. 3106 (Dibenzoylperoxid, Konzentration 36 - 52% mit inertem Feststoff) in der UN-Liste klassifiziert unter organische Peroxide, Typ D, fest [484];
UN-Nr. 3102 (Dibenzoylperoxid, Konzentration 52 - 100% mit inertem Feststoff) in der UN-Liste klassifiziert unter organische Peroxide, Typ B, fest [484];

UN-Nr. 3104 (Dibenzoylperoxid, Konzentration < 77% mit inertem Feststoff und Wasser) in der UN-Liste klassifiziert unter organische Peroxide, Typ C, fest [484];
UN-Nr. 3108 (Dibenzoylperoxid, Konzentration < 52% als Paste mit Verdünnungsmittel Typ A mit oder ohne Wasser) in der UN-Liste klassifiziert unter organische Peroxide, Type E, fest [484];

enthalten in Lucidol S-50S-PS (50 %);

Dibutylbis-1-oxododecyloxystannan

- **CAS-Nummer:**
  77-58-7
- **UN Nummer:**
  2786; 2787; 2788
- **gebräuchliche Namen:**
  Dibutylzinndilaurat; Dibutylzinndidodecanat;
- **Handelsnamen:**
  Butynorat; Davainex; Tinostat;
- **Summenformel:**
  $C_{32}H_{64}O_4Sn$
- **Strukturformel:**

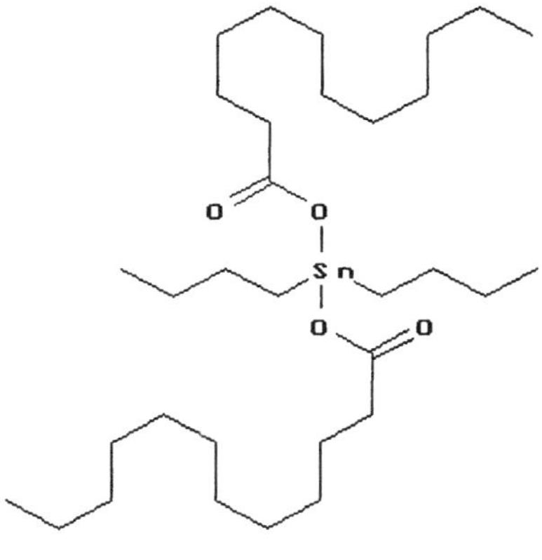

Verfahren:
Druckverfahren/Durchdruck direkt/Siebdruck;
Anwendung:
Druckformherstellung;

Eigenschaften:
- **toxikologisch/ökotoxikologisch:**
  RTECS # WH 7000000
  Schweizer Giftliste: 3
  WGK: 2
  MAK Wert: 0,1 mg Sn/m3 E
  R-Satz: 23/24/25-34
  S-Satz: 45-26-28-27-36/37/39
  Sonstiges:
  Spitzenbegrenzung II,1 [481]; Gefahr der Hautresorption [481]; Schwangerschaftsgruppe D [481];Wirkt schädigend beim Einatmen, Verschlucken oder Aufnahme über Haut;wirkt extrem zerstörerisch auf das Gewebe der Schleimhäute und Atemwege, Augen und Haut; Einatmen kann tödliche Folgen haben [187];LD 50 (oral, Ratte): 175 mg/kg [187];

- **physikalisch/chemisch:**
  Schmelzpunkt: 22-24 °C
  Flammpunkt: >110 °C
  Dampfdruck: 0,267 hPa (160 °C) [187]
  Brechungsindex: 1,4683 (20 °C)
  Dichte: 1066 kg/m3 (20 °C)
  Molmasse: 631,56 g/mol

  Löslichkeit:
  unlöslich in Wasser, Methanol; löslich in Petrolether, Benzen, Propanon Kohlenstofftetrachlorid, Diethylether;

Verbleib nach Gebrauch:
Verbrennung nach Mischung mit brennbarem Lösemittel;

Bemerkung:
Weiche Kristalle oder gelbe Flüssigkeit;
Verwendung: als Stabilisator für PVC-Harze; als Katalysator für Silicone;
Organozinnhaltige Pestizide, giftig;

4,4'-[(3,3'-Dichlor[1,1'-biphenyl]-4,4'-diyl)bis(azo)]-bis[2,4-dihydro-5-methyl-2-(4-methylphenyl)]-3H-pyrazol-3-on

- **CAS-Nummer:**
  15793-73-4
- **gebräuchliche Namen:**
  C.I. 21115; Diarylid-Orange; Echt-Orange F2G; Pyrazolonorange; Pigment Orange 34;
- **Handelsnamen:**
  Sico Echtorange K 2850; Permanent Orange RL; Vynamon Orange RE FW; Irgalite Orange F 22 G; Irgaphor Orange R 2 G chips;
- **Summenformel:**
  $C_{34}H_{28}Cl_2N_8O_2$

- **Strukturformel:**

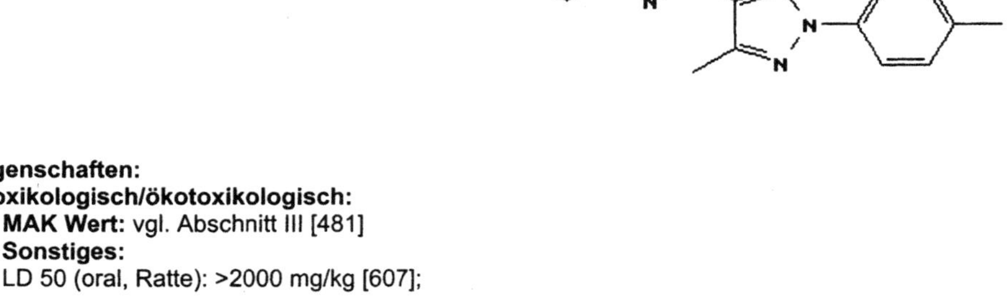

Eigenschaften:
- **toxikologisch/ökotoxikologisch:**
  MAK Wert: vgl. Abschnitt III [481]
  Sonstiges:
  LD 50 (oral, Ratte): >2000 mg/kg [607];

- physikalisch/chemisch:
Schmelzpunkt: 320-350 °C
Molmasse: 652 g/mol

Bemerkung:
orangenes Pulver oder Granulat; Farbstark;
Gehört zu der Pigmentklasse von Disazopyrazolon;
Beständig gegen viele organische Lösemittel;
Drucke sind silberlackbeständig, paraffin- und sterilisierecht;

1,2-Dichlorethan

- CAS-Nummer:
107-06-2
- UN Nummer:
1184
- gebräuchliche Namen:
Ethylendichlorid; 1,2-DCE; 1,2-EDC; Elaylchlorid; sym-Dichlorethan; Etherinchlorid; 1,2-Ethandichlorid; Ethylenchlorid; α, β-Dichlorethan; 1,2-Bichlorethan;
- Handelsnamen:
Dutch liquid; Holländisches Öl; Brocide; Destruxol borer-sol; Dichlor-Mulsion; Holländische Flüssigkeit; Borersoluble; Freon 150; Granosan;
- Summenformel:
$C_2H_4Cl_2$

- Strukturformel:

Funktion:
Lösungsmittel;
Verfahren:
Druckverfahren;

Eigenschaften:
- toxikologisch/ökotoxikologisch:
RTECS # KI 0525000
Schweizer Giftliste: 1
WGK: 3
R-Satz: 45-11-22-36/37/38
S-Satz: 53-45
Sonstiges:
Einstufung und Kennzeichnung von Zubereitungen, in denen diese Substanz enthalten ist:25%<=C ¦> T; R45-22-36/37/3820%<=C<25% ¦> T; R45-36/37/380.1%<=C<20% ¦> T; R45Krebserzeugend 2 [481]; TRK-Wert: 5 ml/m3 bzw. 20 mg/m3 [481]; Lösungsmittelklasse: IIa (Gefahrstoffverordnung);Karzinogen [187]; Geruchsschwelle: 50 ml/m3 [163];Dämpfe und Flüssigkeit verursachen starke Reizung der Augen und Haut; hohe Dampfkonzentrationen wirken betäubend; niedrige Konzentrationen lösen Hustenreiz und Erstickungsanfälle aus; bei Erhitzung bis zur Zersetzung bildet sich hochgiftiges -> Phosgen(gas) und -> Chlorwasserstoffgas [163];Trinken von 2 oz: Tod in 22 h [9] (1 oz = 1 ounce = 28,350 g);Eingeatmet 4000 ml/m3 Effekte auf das Zentralnervensystem [9];zeigt unabhängig vom Verabreichungsweg geringe akute Toxizität; in vitro Untersuchungen zur Mutagenität verliefen bei Prokaryonten und Eukaryonten positiv [576];LD Lo (oral, Mensch): 286 mg/kg [187], [428];TD Lo (oral, Mensch): 428 mg/kg [428];LD Lo (oral, Mann): 714 mg/kg [187], [428];TD Lo (oral, Mann): 892 mg/kg [428];TC Lo (inhalativ, Mann): 4000 ml/m3/1 h [428];LD 50 (oral, Ratte): 770 mg/kg [187]; 680 mg/kg [9], 670 mg/kg [428];LC 50 (inhalativ, Ratte): 300 ml/m3/7 h [9], 1000 ml/m3/7 h [428];LD 50 (intraperitoneal, Ratte): 807 mg/kg [428];LD 50 (subcutan, Ratte): 1000 mg/kg [428];LD 50 (oral,

Maus): 413-429 mg/kg, 700 mg/kg [634];LD 50 (Haut, Kaninchen): 2000 mg/kg [9], 2800 mg/kg [187], [428], 4680 mg/kg [576];LD Lo (subcutan, Kaninchen): 1200 mg/kg [428];LD 50 (subcutan, Kaninchen): >1600 mg/kg [576];LC Lo (inhalativ, Kaninchen): 3000 ml/m3/7 h [428];LD 50 (oral, Kaninchen): 910 mg/kg [576], 860 mg/kg [634];LC Lo (inhalativ, Schwein): 3000 ml/m3/7 h [428];LC Lo (inhalativ, Meerschweinchen): 1500 ml/m3/7 h [428];LC 50 (inhalativ, Meerschweinchen): 4936 mg/m3, 6400 mg/m3 [576];LD Lo (intraperitoneal, Meerschweinchen): 600 mg/kg [428];LD 50 (oral, Maus): 413 mg/kg [428], >600 mg/kg [576];LC Lo (inhalativ, Maus): 5000 mg/m3/2 h [428];LD 50 (intraperitoneal, Maus): 470 mg/kg [428];LD Lo (subcutan, Maus): 380 mg/kg [428];LD 50 (oral, Hund): 5700 mg/kg [428], 2500 mg/kg [576];LD Lo (intravenös, Hund): 175 mg/kg [428];LC 50 (inhalativ, Affe): 3000 ml/m3/7 h [428];Toxische Grenzkonzentration für Pseudomonas putida 135 mg/l, Scenedesmus quadricauda 710 mg/l [36];LC 50 (Daphnia magna): 1350 mg/l [6];

Gefahren-Symbol:

- physikalisch/chemisch:

Schmelzpunkt: - 35,5--35,8 °C; -36 °C
Siedepunkt: 84,1 °C; 83,5 °C; 82,9 °C (1000 hPa)
Flammpunkt: 13 °C; 17 °C
Dampfdruck: 87 hPa (20 °C) [163]; 115,96 hPa (25 °C) [187]; 33,3 hPa (0 °C) [576]; 83,3-85
Verdampfungswärme: 323,64 kJ/kg; 32,07 kJ/mol (82,9 °C)
Log pOW: 1,48 [4]; 1,45; 1,46; 1,76 [634];
Brechungsindex: 1,44759 (15 °C); 1,4443 (20°C);
Dichte: 1252,9 kg/m3 (20 °C); 1,235-1253 kg/m3 (20 °C); 1282 kg/m3 (0 °C); 1246 kg/m3 (2
Molmasse: 98,96 g/mol
Verdunstungszahl: 6,5 (BuAc = 1) [9]; 4 (Diethylether = 1) [132];

Löslichkeit:
Wasser 8,65 g/l (25 °C), 8,46-9 g/l (20 °C), 8,95 g/l (25 °C) [634]; löslich in Ethanol, Diethylether; > 10 Gew.-% in Benzen; >10 % in Propanon;

Verbleib nach Gebrauch:
Verbrennung, hochentzündliche Stoffe;
Trinkwassergrenzwert: 2,0 mg/l (UdSSR) [241];
Wird in der Troposphäre nur langsam oxidiert; Halbwertszeit von 1.000 bis 10.000.000 Tagen (3 - 2700 Jahre) [405];

Bemerkung:
Farblose, ölige Flüssigkeit mit chloroformartigem Geruch; brennbar;
Bildet im dampf-/gasförmigen Zustand explosionsfähige Gemische mit Luft;
Explosionsgrenzen: 6,2-16 Vol.-%; Zündtemp.: 440 °C [163], 412,6-449 °C [576];
T(krit.): 290 °C; P(krit.): 53587,7 hPa [428];
mit Wasser hydrolisiert 1,2-Dichlorethan bei 0,000015 hPa (166-170 °C) zu Ethylenglykol [576];
In trockenem Zustand hat Substanz bei normalen Umgebungstemperaturen keine ätzenden Eigenschaften; bei Kontakt mit Wasser wird bei höheren Temperaturen Eisen angegriffen; Stoff reagiert mit Alkali- und Erdalkalimetallen in Verbindung mit Luft und Licht sowie mit sauerstoffreichem Material (Oxidationsmitteln);
Verbreitung: Luft- und Wasserpfad;
Verwendung: als Lösemittel für Fette, Öle, Harze, -> PVC; zur Entölung von Paraffin; zur Herstellung von -> Vinylchlorid; als Extraktionsmittel; als Reinigungsmittel für Textilien;
Mengenangaben: über 1000000 Tonnen;

1,1-Dichlorethen

- **CAS-Nummer:**
  75-35-4
- **UN Nummer:**
  1303
- **gebräuchliche Namen:**
  1,1-DCE; 1,1-Dichlorethylen; Vinylidenchlorid; asym.-Dichlorethen; asym.-Dichlorethylen; Ethylidenchlorid;
- **Summenformel:**
  $C_2H_2Cl_2$

- **Strukturformel:**

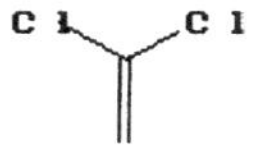

Funktion:
Bindemittel; Lösungsmittel;
Verfahren:
Druckverfahren;

Eigenschaften:
- toxikologisch/ökotoxikologisch:
RTECS # KV 9275000
Schweizer Giftliste: 1
WGK: 3
MAK Wert: 8 mg/m3 bzw. 2 ml/m3
R-Satz: 12-20-40
S-Satz: (2)-7-16-29
Sonstiges:
Zu diesem Stoff liegt ein BUA-Stoffbericht Nr. 33 vor.Einstufung und Kennzeichnung von Zubereitungen, in denen diese Substanz enthalten ist:12.5%<=C ¦¦> Xn; R20-401%<=C<12.5% ¦¦> Xn; R40Spitzenbegrenzung: II,1[481]; Schwangerschaftsgruppe C [481]; Krebserzeugend 2 [481];Krebserzeugend IIIB [148]; Karzinogen-verdächtig [187]; IMK: III;Dämpfe wirken in hohen Konzentrationen betäubend und reizen Augen und Atemwege; Kontakt mit der Flüssigkeit verursacht Reizung der Augen und Haut; Hautresorption!; besonders bei schweren Vergiftungen Leber- und Nierenschäden möglich; bei Brand entsteht hochgiftiger -> Chlorwasserstoff und in geringeren Mengen -> Phosgen [163];Störungsschwelle für Pflanzen: 6 mg/l [157];TC Lo (inhalativ, Mensch): 25 ml/m3 [428];LD 50 (oral, Ratte): 200 mg/kg [428];TD Lo (oral, Ratte (trächtig)): 200 mg/kg/6-15 D [428];TD Lo (oral, Ratte): 1300 mg/kg/4 W (intermittierend) [428];LC 50 (inhalativ, Ratte): 6350 ml/m3/4 h [428];TC Lo (inhalativ, Ratte): 80 ml/m3/7 h, 55 ml/m3/6 h, 55 ml/m3/52 W (intermittierend), 189 mg/m3/90 D (kontinuierlich) [428];TC Lo (inhalativ, Ratte (trächtig)): 80 ml/m3/55 D, 55 ml/m3/55 D [428];TC Lo (inhalativ, Kaninchen): 160 ml/m3/7 h [428];TC Lo (inhalativ, Kaninchen (trächtig)): 160 ml/m3/6-15 D [428];LD 50 (oral, Maus): 194 mg/kg [428];TC Lo (inhalativ, Maus): 25 ml/m3/4 h, 25 ml/m3/52 W (intermittierend) [428];TD Lo (Haut, Maus): 4840 mg/kg [428];LD Lo (oral, Hund): 5750 mg/kg [428];LD Lo (inhalativ, Hund): 225 mg/kg [428];TC Lo (inhalativ, Hund): 189 mg/m3/90 D (kontinuierlich) [428];LD Lo (subcutan, Kaninchen): 3700 mg/kg [428];TC Lo (inhalativ, Kaninchen): 101 mg/m3/90 D (kontinuierlich) [428];TC Lo (inhalativ, Affe): 189 mg/m3/90 D (kontinuierlich) [428];TC Lo (inhalativ, Meerschweinchen): 189 mg/m3/90 D (kontinuierlich) [428];EC 50 (Daphnia magna, 24 h): 132 mg/l [45];

Gefahren-Symbol:

- physikalisch/chemisch:
Schmelzpunkt: -122,1 °C
Siedepunkt: 31,6 °C
Flammpunkt: -15 °C
Dampfdruck: 663 hPa (20 °C) [163]
Verdampfungswärme: 307,73 kJ/kg
Log pOW: 1,87 [45]
Brechungsindex: 1,4254 (20 °C)
Dichte: 1218 kg/m3 (20 °C)
Molmasse: 96,944 g/mol

Löslichkeit:
unlöslich in Wasser; leicht löslich in Diethylether; löslich in Benzen, Ethanol, Propanon, Trichlormethan;

Verbleib nach Gebrauch:
Verbrennung, hochentzündliche Stoffe;
< 1 µg/l im Rhein (1984) [51];

Bemerkung:
Leicht polymerisierende farblose Flüssigkeit; brennbar;
Bildet im dampf-/gasförmigen Zustand mit Luft explosionsfähige Gemische;
Explosionsgrenzen: 5,6-16 (13) Vol% ; Zündtemp.: 440 °C [163];
Verbreitung: Luft- und Wasserpfad;
Verwendung: als technisches Lösemittel; zur Polymerisation zu -> Polyvinylidenchlorid (hauptsächlich in Mischpolymerisaten mit bis zu 20 % -> Chlorethen);

Dichlormethan

- CAS-Nummer:
75-09-2
- UN Nummer:
1593
- gebräuchliche Namen:
Chlormethylchlorid; Methylenbichlorid; Chlormethylen; Methylenchlorid; Methylendichlorid;
- Handelsnamen:
Solaesthin; Aerothene MM; Narkotel; R 30; Solmethine;
- Summenformel:
CH_2Cl_2

- Strukturformel:

Funktion:
1.Lösungsmittel; Reinigungsmittel; Waschmittel;
2.Reinigen von Gewebe;
Verfahren:
1.Druckverfahren/Flachdruck;
2.Druckverfahren/Durchdruck direkt/Siebdruck;
Anwendung:
1.In Reinigungsmittel für Numerierwerke;

Eigenschaften:

- toxikologisch/ökotoxikologisch:

RTECS # PA 8050000
Schweizer Giftliste: 4
WGK: 2
MAK Wert: 350 mg/m3 bzw. 100 ml/m3
R-Satz: 40
S-Satz: (2)-23-24/25-36/37
Sonstiges:
Zu Dichlormethan liegt ein BUA-Stoffbericht Nr. 6 vor.Spitzenbegrenzung: II,2 [481]; Krebserzeugend 3 [481]; Schwangerschaftsgruppe D [481]; BAT-Wert: 5 mg/l [481]; Carc.Cat.3 [505]; IMK: III;Karzinogen-verdächtig [187]; Ergebnis des Ames-Test: positiv [88];Das Umweltbundesamt schlägt folgende Einstufung vor: R59; Gefahrensymbol N ("Umweltgefährlich");Dämpfe reizen Augen; fortgesetztes Einatmen der Dämpfe führt zu Rausch und Bewußtlosigkeit; Bei starker Erhitzung des Stoffes kann Zersetzung unter Bildung giftiger Chlorwasserstoff- und Phosgengase eintreten [163]; Nervengift; narkotische Wirkung, Sehstörungen, Dauergiftwirkung gering [30]; Tödliche Dosis ca. 18 ml [39];Dichlormethan erwies sich bei Bakterien als mutagen sowie als gentoxisch in Hefen; in Säugerzellenkulturen kam es nach Exposition zwar zu Chromosomenaberrationen, ab zu keinen Punktmutationen. Eine Alkylierung der DNA konnte nicht nachgewiesen werden [587];Inhalative Exposition von Säugetieren ergab Hinweise auf karzinogene und neurotixische Wirkungen [608];LD Lo (oral, Mensch): 357 mg/kg [187], [428];TC Lo (inhalativ, Mensch): 500 ml/m3/1 a intermittierend, 500 ml/m3/8 h [428];LD 50 (oral, Ratte): 2136 mg/kg [188], 2524 mg/kg [32], 1600 mg/kg [428];LC 50 (inhalativ, Ratte): 88000 mg/m3/30 min. [187]; LD 50 (intraperitoneal, Ratte): 916 mg/kg [428];LC 50 (inhalativ, Maus): 14400 ml/m3/7 h [428];LD 50 (intraperitoneal, Maus): 437 mg/kg [428];LD 50 (subcutan, Maus): 6460 mg/kg [428];LD 50 (oral, Hund): 3000 mg/kg [188], [428];LC Lo (inhalativ, Hund): 14108 ml/m3/7 h [428];LD Lo (intraperitoneal, Hund): 950 mg/kg [428];LD Lo (intravenös, Hund): 200 mg/kg [428];LC Lo (inhalativ, Katze): 43400 mg/m3/4.5 h [428];LD Lo (oral, Kaninchen): 1900 mg/kg [428], [188];LC Lo (inhalativ, Kaninchen): 10000 ml/m3/7 h [428];LD Lo (subcutan, Kaninchen): 2700 mg/kg [428];LC Lo (inhalativ, Meerschweinchen): 5000 mg/m3/2 h [428];LC 50 (Daphnia magna): 2270 mg/l [6], 13 mg/l/24 h, 27 mg/l/48 h, 135 mg/l/48 h, 220 mg/l/48 h [608];LC 50 (Palaemonetes pugia, Crustacea): 108 mg/l/48 h [608];LC 50 (Pimephales promelas, adult): 193 mg/l/96 h [608];LC 50 (Cyprinondon Varicgatus, marin): 330 mg/l/96 h [608];LC 50 (Fundulus heteroclitus, juvenil): 97 mg/l/48 h [608];LC 50 (Leuciscus idus): 237 mg/l/48 h [608];LC 50 (Lepomis macrochirus): 220 mg/l/96 h [608];Toxische Grenzkonzentration für Pseudomonas putida 500 mg/l, Scenedesmus quadricauda 1450 mg/l [36];: statisches System; : Durchlußsystem mit Analytik [608]; geschlossenes System; marine Spezies [608];[EG-Sdb Deutsche ICI GmbH]:Das Einatmen wiederholter oder hoher Konzentrationen hat betäubende Wirkung. Dies kann Bewußlosigkeit, Schädigung des zentralen Nervensystems und auch Tod zur Folge haben. Symptome: Benommenheit, Übelkeit, Erbrechen und Kopfschmerzen. Einwirkung einer Konzentration von 1000 ppm über 20 min. führt zu Benommenheit. Sehr hohe Konzentrationen können Herzrythmustörungen mit plötzlicher Todesfolge verursachen. Methylenchlorid wird im Körper zu Kohlenmonoxid umgewandelt. Das führt zu einer Reduzierung der Sauerstofftransportfähigkeit des Blutes. Das Produkt kann Reizung der Haut und Augen verursachen. Wirkt entfettend auf die Haut, was zu Trockenheit, Rißbildung und Dermatitis führt. Wiederholte Einwirkung hoher Dosen kann Nieren und Leber schädigen. Bei Test rief es an einigen Versuchstieren Krebs hervor. Wird langsam biologisch abgebaut.

Gefahren-Symbol:

Xn

- physikalisch/chemisch:

Schmelzpunkt: -96,7 °C; -94,92 °C
Siedepunkt: 40,67 °C; 39,75 °C; 40 °C; 20 °C (475 hPa);
Dampfdruck: 453 hPa (20 °C) [32]; 473 hPa (20 °C) [163]; [Sdb]; 506,5 hPa (20 °C) [367];
Verdampfungswärme: 329,5 kJ/kg
Log pOW: 1,25 [4]

Brechungsindex: 1,4237 (20 °C); 1,4244 (20 °C);
Dichte: 1336 kg/m3 (20 °C); 1325,6 kg/m3;
Molmasse: 84,933 g/mol
Verdunstungszahl: 27,5 (BuAc = 1) [9]

Löslichkeit:
Wasser 20 g/l (20 °C); mischbar mit Ethanol, Diethylether; mischbar mit den meisten organischen Lösemitteln [Sdb]; mischbar mit Dimethylformamid [428];
Wasser 13-14 g/lg (20 °C) [608];

Bemerkung zu physikalisch/chemischen Daten:
Thermische Zersetzung: > 120 °C [32];
T(krit.): 245 °C; P(krit.): 61691,7 hPa [428];

Verbleib nach Gebrauch:
Verbrennung nach Behandlung mit Soda und gelöschtem Kalk und Mischung mit Alkali;

Abwasserkonzentration (1978-1985) für einige Industriezweige liegt zwischen 0,03 mg/l und 12500 mg/l;
Regenwasserprobe (Koblenz 1982/83) bis zu 4 µg/l
in aufbereitetem Trinkwasser (1978 in 38 Städten) 0,8 µg/l
maximale Konzentrationen:

	1988	1989	1990
Weser (Nordenham)	6 µg/l		
Elbe (Schnackenburg)		11 µg/l	
Emscher (Mündung)	8,5 µg/l	2,5 µg/l	3,9 µg/l
Lippe (Wesel)	5,5 µg/l	<1 µg/l	2,4 µg/l*
Rhein (Kleve-Bimmen)	3,3 µg/l	1,0 µg/l	1,1 µg/l*
Rhein /Götterswickerhamm)		1,0 µg/l	3,9 µg/l*
Wupper (Leverkusen)	2,3 µg/l	21 µg/l**	3,0 µg/l

*: 90-Perzentilwert; **: Maximalwert; der 90-Perzentilwert lag bei 1,36 µg/l [608];

Bemerkung:
Farblose Flüssigkeit, chloroformähnlicher Geruch; im Gemisch mit Sauerstoff brennbar; Bildet im dampf-/gasförmigen Zustand mit Luft explosionsfähige Gemische;
Explosionsgrenzen: 13-22 Vol.-% ; Zündtemp.: 605 °C [32];
Explosionsgrenzen: 15,5-66 Vol.-% ; Zündtemp.: 665 °C [163];
Unter praktischen Anwendungsbedingungen hat sich Dichlormethan als unbrennbar erwiesen [587];
Trockenes, reines Dichlormethan ist eine relativ stabile Verbindung; es ist gegenüber Stahl und seinen Legierungen, Kupfer, Nickel, Blei, Zinn und Phenol-Formaldehydharzen beständig; mit Wasser und Alkali wird Dichlormethan sehr langsam unter Freisetzung von Chlorwasserstoff hydrolisiert, von Sauerstoff in Dampfphase bei hoher Temperatur zu Chlorwasserstoff, Phosgen, Kohlenmonoxid und Kohlendioxid oxidiert [587];
Greift Aluminium und Magnesium an;
Verwendung: technisches Lösemittel;

[EG-Sdb Deutsche ICI GmbH]:
Flüssig, flüchtig, klar, scharf durchdringender Geruch; Verbreitung: Luft- und Wasserpfad;

Verwendungsmuster von Dichlormethan; 1986 wurden insgesamt 65000 t in den folgenden Bereichen eingesetzt:

37 %	in der Lackverarbeitung
23 %	für industrielle Reinigungsprozesse
15 %	als Lösemittel in Aerosolen
9 %	in der Kunststoffverarbeitung
6 %	in der Pharmazeutischen Industrie
5 %	als Hilfsstoff in der chemischen Industrie
5 %	sonstige

Verbrauchsmuster von Dichlormethan (VCI):

	BRD 1992 (Frischware)	EU 1990 (Gesamtverbrauch)
Metallentfettung, Kaltreinigung und Elektroindustrie	12 %	7 %
Entlackung und Abbeizen	14 %	39 %
Prozeßlösemittel und Extraktionsmittel für Pharmaindustrie	28 %	17 %
Klebstoffe und Kunststoffindustrie	23 %	3 %
Aerosole	3 %	17 %
Sonstige	20 %	17 %

Verbrauchsmengen für 1994 in BRD (VCI):
offene Anwendung 2.888 t/a
davon Anwendung als Farbentferner 1.839 t/a
Gesamtverbrauchsmenge 1994: 17.000 t/a in der Bundesrepublik [503];

Verwendungsmuster für 1994 (VCI und VCH):
46 % in geschlossenen Anlagen, davon:
- 69 % als Lösemittel für chemische Prozesse
- 9 % für die Klebstoff-, Kunststoffverarbeitung
- 9 % als Extraktionsmittel
- 3 % für die Metallentfettung
- 10 % sonstige Anwendungen

54 % für die offene Anwendung, davon:
- 57 % als Abbeizer bzw. Entlacker
- 26 % in Klebstoffen
- 3 % in Aerosolen
- 3 % in Antidrohnmassen und Formtrennmittel
- 2 % in Kaltreiniger
- 1 % in Lacken
- 8 % sonstige Anwendungen

In Wasch- und Reinigungsmitteln für das Druckereigewerbe (Siebdruck, Offsetdruck) und in Haarsprays wird Dichlormethan ebenfalls angewendet.
Ca. 50 % der gesamten Verbrauchsmenge von Dichlormethan gelangen als Verbrauchsprodukte zu gewerblichen und privaten Endverbrauchern.
[608];

4,4'-[(3,3'-Dichloro-[1,1'-biphenyl]-4,4'-diyl)-bis-(azo)]-bis-[3-hydroxy-N-phenyl-2-naphthalencarboxamid

- CAS-Nummer:
41709-76-6
- gebräuchliche Namen:
Chlorodian Blau; CDB;
- Summenformel:
$C_{46}H_{30}Cl_2N_6O_4$

Funktion:
Fotoleiter; Additiv/Sensibilisator;
Verfahren:
Kopierverfahren/elektron.Verfahren direkt/Elektrofotografie;
Anwendung:
Schichtbestandteil auf der fotosensitiven Trommel
z.B. in Laserdruckern und Bürokopiergeräten;

Eigenschaften:
- toxikologisch/ökotoxikologisch:
Sonstiges:
Kein gentoxisches Potential nachweisbar [259];Zum Metabolismus in Ratten siehe [258];

- physikalisch/chemisch:
Molmasse: 801,68 g/mol

Löslichkeit:
unlöslich in Wasser;

Bemerkung:
Verwendung: als Fotoleiter in Kopierverfahren (wird heute als Ersatzstoff für -> Trinitrofluorenon (TNF) verwendet);

2,9-Dichloro-5,12-dihydro-quino-(2,3-b)-acridin-7,14-dion

- CAS-Nummer:
3089-17-6
- gebräuchliche Namen:
Pigment Red 209 C.I. 73905;
- Summenformel:
$C_{20}H_{10}Cl_2N_2O_2$

- Strukturformel:

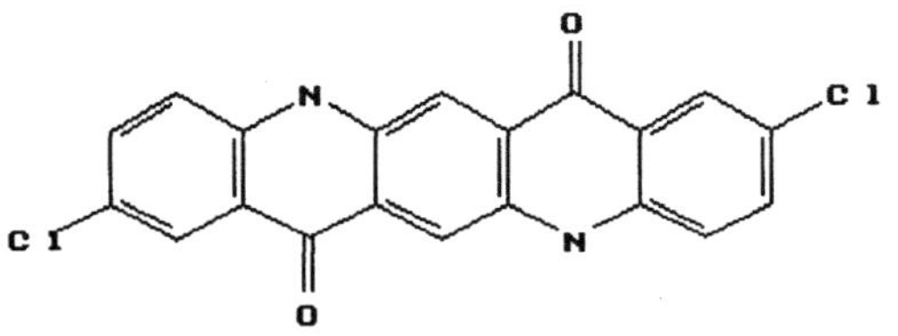

Funktion:
Pigment/Farbstoff/rot;
Verfahren:
Druckverfahren;
Anwendung:
Farbe;

Eigenschaften:

- physikalisch/chemisch:
Molmasse: 381,22 g/mol

Dichlor-s-triazin-2,4,6(1H,3H,5H)-trion Natriumsalz

- CAS-Nummer:
2893-78-9
- gebräuchliche Namen:
Dichlorisocyanur Natriumsalz; Trione; Natriumdichlorisocyanurat; Dichlormonohydrogen-s-triazin;
- Summenformel:
$C_3Cl_2N_3O_3Na$

Verfahren:
Druckverfahren/Hochdruck;
Anwendung:
Druckformherstellung/Flexoplatten;

Eigenschaften:
- toxikologisch/ökotoxikologisch:
RTECS # XZ 1900000;
R-Satz: 8-22-31-36/37
S-Satz: (2)-8-26-41
Sonstiges:
Einstufung und Kennzeichnung von Zubereitungen, in denen diese Substanz enthalten ist:10%<=C ¦¦> Xn; R22-31-36/37Staub reizt stark die Augen und Atemwege; Kontakt mit Feststoff verursacht starke Reizung der Augen und der Haut;

Gefahren-Symbol:

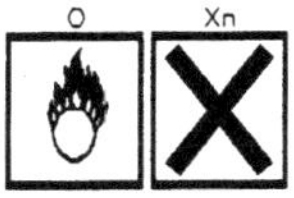

- physikalisch/chemisch:
Schmelzpunkt: 240-250 °C
Molmasse: 219,95 g/mol

Löslichkeit:
Wasser 250 g/l (25 °C);

Verbleib nach Gebrauch:
Verbrennung nach Mischung mit brennbarem Lösemittel;

Bemerkung:
Weißes kristallines, nach Chlor riechendes Pulver;
Verwendung: zur Herstellung von Bleich-, Desinfektions- , Spül- und Reinigungsmitteln;

Dicyclohexylacelat

- **CAS-Nummer:**
  18803-77-5
- **gebräuchliche Namen:**
  Azelainsäuredicyclohexylester;Dicycloacelat; Dicyclohexylacelat; Dicyclohexylazelat; Dicycloazelat;
- **Handelsnamen:**
  Monoflex 1114;
- **Summenformel:**
  $C_{21}H_{36}O_4$

- **Strukturformel:**

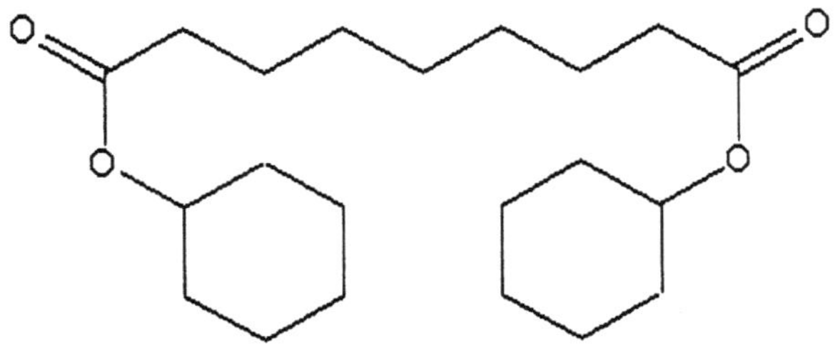

Funktion:
Additv/Weichmacher;
Verfahren:
Druckverfahren;
Anwendung:
Farbe;

Eigenschaften:

- **physikalisch/chemisch:**
  Schmelzpunkt: -51 °C
  Flammpunkt: 229 °C
  Dichte: 1010 kg/m3 (25°C)
  Molmasse: 352 g/mol

2,5-Di-(1,1-dimethylethyl)-1,4-dihydroxybenzen

- **CAS-Nummer:**
  88-58-4
- **gebräuchliche Namen:**
  DAHQ; 2,5-Di-tert.-butylhydrochinon; 2,5-Di-tert.-butyl-benzen-1,4-diol; 2,5-Bis-(1,1-dimethyl-propyl)-hydrochinon; 2,5-Di-tert.-butyl-1,4-dihydroxybenzen
- **Handelsnamen:**
  Santovar A;
- **Summenformel:**
  $C_{14}H_{22}O_2$

- **Strukturformel:**

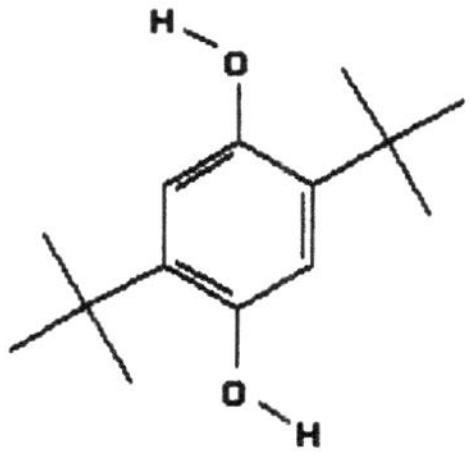

Verfahren:
Druckverfahren/Hochdruck;
Anwendung:
Druckformherstellung/Flexoplatten;

Eigenschaften:
- **toxikologisch/ökotoxikologisch:**
RTECS # MX 5160000
Sonstiges:
Gesundheitsgefährdend beim Einatmen oder Aufnahme über Haut; bei Kontakt Augen- und Hautreizung [187];LD Lo (oral, Ratte): 800 mg/kg [428];

- **physikalisch/chemisch:**
Schmelzpunkt: 210-211 °C; 213-214 °C; 217-219 °C
Dichte: 1081 kg/m3
Molmasse: 222,33 g/mol

Verbleib nach Gebrauch:
Verbrennung nach Mischung mit brennbarem Lösemittel;

Bemerkung:
trigonale Kristalle;

2,6-Di-(1,1-dimethylethyl)-4-methylhydroxybenzen

- **CAS-Nummer:**
128-37-0
- **gebräuchliche Namen:**
BHT; DBPC; DBMP; DTBP; DBPH; DBHP; 2,6-Di-tert.-butyl-4-methylphenol; 2,6-Di-tert.-butyl-p-kresol; butyliertes Hydroxytoluol; 3,5-Di-tert.-butyl-4-hydroxytoluol; 2,6-Di-tert.-butyl-p-cresol; 2,6-Bis-(1,1-dimethylethyl)-4-methylphenol; Butylhydroxytoluol; 2,6-Bis-(1,1-dimethylethyl)-4-methylphenol; 2,6-Di-tert.-butyl-4-methylhydroxybenzen; 2,6-Di-tert.-butyl-1-hydroxy-4-methylbenzen; 2,6-Di-tert.-butyl-p-methylphenol; 4-Hydroxy-3,5-di-tert.-butyltoluol; Methyldi-tert.-butylphenol; 4-Methyl-2,6-di-tert.-butylphenol;
- **Handelsnamen:**
Advastab 401; Agidol; Agidol 1; Alkofen BP; Alterungsschutzmittel KB; Anthracine 8; Antiossidante 234; Antioxidant No. 29; Antioxidant DBPC/BHT; Antioxidant DBPC/BHT/AT1; Antioxidant DBPC/BHT/AB2; Antioxidant DBPC/BHT/AC3; Antioxidant DBPC/BHT/AP4; Antioxidant 4; Antioxidant 30; Antioxidant 4 K; Antioxidant KB; Antrancine 8; AO 4 K; AO 29; BHT; BHT-Bayer; BHT-Raschig; BHT-Swanox; BHT-P Swanox; BUKS; CAD 1,3; CAO-1; CAO-3; Catalin cao-3; Chemanox 11; Dalpac; Deenax; Dibunol; E 321; Embanox BHT BP; Imbutol; Imbutol E; Impruvol; Ionol; Ionol 1; Ionol (antioxidant); Ionol CP; Ionole; Jonol; Jonol CP; Kerabit; Naugard BHT; NCI-C03598; Nocrac 200; Nonox TBC; P 21; Parabar 441; Paranox 441; Ralox BHT food grade; Sustan BHT; Sustane 1-F; Stavox; Sumilizer BHT; Sustane; Sustane BHT; Swanox BHT; Tenamene 3; Tenox BHT; Topanol; Topanol AN; Topanol O; Topanol OC; Topanol O; UOP No. 7;

UOP-19; Vanlube; Vanlube PC; Vanlube PCX; Vianol; Vanulic PC; Vanulic PCX; Vianol; Vulkanox KB; Vulkanox BHT; Wytox BHT;

- **Summenformel:**
  $C_{15}H_{24}O$

- **Strukturformel:**

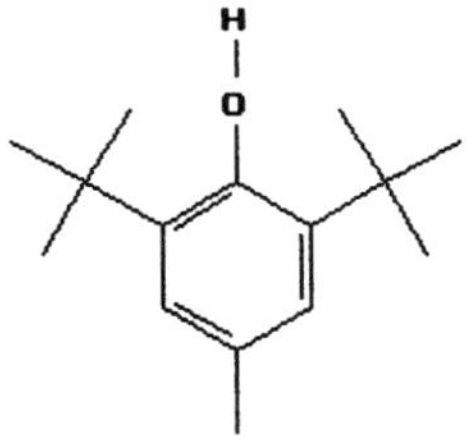

Funktion:
Additiv/Antioxidationsmittel;

Verfahren:
Druckverfahren/Hochdruck;

Anwendung:
Druckformherstellung/Flexoplatten;

Eigenschaften:

- **toxikologisch/ökotoxikologisch:**
  RTECS # GO 7875000
  WGK: 1
  R-Satz: 22
  S-Satz: 24/25
  Sonstiges:
  Zu diesem Stoff liegt ein BUA-Stoffbericht Nr. 58 vor.Kann schädigend wirken beim Einatmen, Verschlucken oder Aufnahme über Haut; verursacht Augen- und Hautreizungen; reizt Schleimhäute und Atemwege; abhängig von der Intensität und Dauer des Ausgesetztseins variieren die Folgen zwischen leichten Reizungen und schweren Gewebezerstörungen [187];Stoff verursacht Funktionsstörungen und histologische Veränderungen an Lunge, Leber, Nieren und Schilddrüse und Störungen der Blutgerinnung. Ursachen der letalen Wirkung sind Hämorrhagien und Lungenschädigungen, möglicherweise bedingt durch reaktive Metaboliten [595];TD Lo (oral, Frau): 80 mg/kg [428];LD 50 (oral, Ratte): 890-2450 mg/kg [634];LD 50 (oral, Maus): 650 mg/l [428];LD 50 (intraperitoneal, Maus): 138-1735 mg/kg [634];LD 50 (intravenös, Maus): 180 mg/kg [428];LD Lo (oral, Katze): 940 mg/kg [428];LD Lo (oral, Kaninchen): 2100-3200 mg/kg [634];LD 50 (oral, Meerschweinchen): 10700 mg/kg [428];Abbau mit Belebtschlamm: unter 10 % / Halbwertzeit: 100 mg/l/7 Tage [595];zu Ralox BHT food grade: [625]LD 50 (oral, Ratte): 2000 mg/kg;Fischtoxizität: LC0 (Fisch, Brachydanio rerio): >0,5 mg/l/96 h;

  Gefahren-Symbol:

- **physikalisch/chemisch:**
  Schmelzpunkt: 69-70 °C
  Siedepunkt: 265 °C
  Flammpunkt: 119-127 °C
  Dampfdruck: 0,013 hPa (20 °C) [187]; 0,02 hPa (20 °C) [484]; 0,003 hPa (25 °C [595]
  Log pOW: 6,2; 5,1; 4,17 [595]
  Dichte: 1048 kg/m3 (20 °C); 1030 kg/m3
  Molmasse: 220,35 g/mol

Löslichkeit:
Wasser 0,001 g/l (20 °C) [484]; in org. Lösemitteln, Propanon, Ethylacetat, Ethanol, Benzin, Dichlormethan [595];
bei 20 °C löslich in: Methylbenzen (60%), Propanon (70%), Methanol (20%), Benzin (45%); unlöslich in Wasser [Sdb Avokal];

Bemerkung zu physikalisch/chemischen Daten:
Zündtemperatur: 345 °C;

Verbleib nach Gebrauch:
Verbrennung nach Mischung mit brennbarem Lösemittel;

Bemerkung:
Farblose Kristalle; brennbar; geschmacklos;
Stoff reagiert bei Kontakt oder Mischung mit Säurechloriden, Säureanhydriden, Oxidationsmitteln und Basen;
leicht oxidierbar; wirkt als Radikalfänger [595];
Verwendung: als Antioxidans und Alterungsschutzmittel für Kautschukmischungen, Kunststoff- und Gummiartikel, Verpackungen; Oxidationsschutzmittel in Klebstoffen, für Mineralölprodukte, in kosmetischen Zubereitungen, für Tierfutter- und Lebensmittel-Fette bzw. Öle, Kaugummi; Stabilisator bei Herstellung von Kunststoffen, von Synthesekautschuk [595];

zu Ralox BHT food grade: [625]
weiss, kristallin, fast geruchslos; zu 330 g/l löslich in Ethanol, zu < 0,01 g/l in Wasser;
Bei Erhitzen in Gegenwart von Mineralsäuren Freisetzung von Isobutylen;
Gefährliche Zersetzungsprodukte: entzündliche Gase/ Dämpfe; Kontakt mit starken Säuren, Laugen und Oxidationsmitteln vermeiden;
enthalten in: Anthrac. 20, Anthrac. 22, Anthrac. 50, Antox 8, Emban.2 (20 %), Oxynex 2004, Ralox BT 45 (45 %), Sustane 6 (22 %), Sustane P (25 %), Sustane W (10 %), Tenox 4 (10 %), Tenox 5 (25 %), Tenox 6 (10 %), UOP No. 7-S (1/3);

Diethanolamin

- CAS-Nummer:
111-42-2
- UN Nummer:
1719; 1760
- gebräuchliche Namen:
DEA; 2,2-Dihydroxydiethylamin; 2,2-Diethanolamin; Iminodiethanolamin; 2,2'-Iminobis-ethanol; Di-(2-hydroxyethyl)-amin; 2,2'-Iminoethanol; Bis-[2-hydroxy-ethyl]-amin; 2,2'-Iminodiethanol; N,N-Diethanolamin;
- Summenformel:
$C_4H_{11}NO_2$

- Strukturformel:

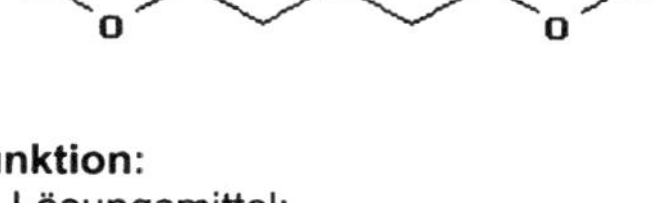

Funktion:
Lösungsmittel;
Verfahren:
Druckformherstellung/Reprofotografie/Silber-Halogenid-Verfahren
Anwendung:
Entwicklung;

Eigenschaften:

- toxikologisch/ökotoxikologisch:

RTECS # KL 2975000

WGK: 1

R-Satz: 36/38

S-Satz: (2)-26

Sonstiges:

Einstufung und Kennzeichnung von Zubereitungen, in denen diese Substanz enthalten ist:10%<=C ||> Xi; R36/38Verwendungsverbot als Kühlschmierstoffbestandteil nach TRGS 611; IMK:II;Das Umweltbundesamt schlägt folgende Einstufung vor: R51, R53; Gefahrensymbol N ("umweltgefährlich") [608];Kontakt der Substanz mit den Augen führt zu schweren Verätzungen; die mit der Substanz benetzte Haut wird gereizt; bei wiederholter oder längerer Einwirkung kommt es zu Verätzungen [163]; [484];wirkt nicht mutagen [577];Die Problematik liegt bei Diethanolamin in seiner Nitrosierbarkeit und damit der Bildung von N-Nitrosodiethanolamin, das sich bei Ratten als eindeutig kanzerogen erwiesen hat [588];LD 50 (oral, Ratte): 710 mg/kg [10], 1140 mg/kg [9], 3375 mg/kg [577];LD 50 (intraperitoneal, Ratte): 120 mg/kg [428], 160 mg/kg [577];LD 50 (intravenös, Ratte): 778 mg/kg [428];LD 50 (oral, Maus): 3300 mg/kg [428];LD 50 (intraperitoneal, Maus): 2300 mg/kg [428];LD 50 (Haut, Kaninchen): 12200 mg/kg [9];LD 50 (dermal, Kaninchen): 12200 mg/kg [577];LD 50 (intraperitoneal, Maus): 400 mg/kg, 200 mg/kg [577];LC 50 (Daphnia magna): 1,4 mg/l [3];LC 50 (Fisch, Goldorfe): 1430/1850 mg/l [33];LC 100 (Fisch, Goldorfe): 1650/2180 mg/l [33];LC 50 (Carassius auratus): 800/>5000 mg/l/24 h (2 Tests) [608];LC 50 (Leuciscus idus): 1430/1850 mg/l/48 h (2 Tests) [608];LC 50 (Cyprinodon variegatus): >589 mg/l/96 h [608];LC 50 (Pimephales promelas): 1460->1800 mg/l/96 h (3 Tests) [608];Toxische Grenzkonzentration neutralisiert: Pseudomonas putida 10000 mg/l, Scenedesmus quadricauda 4,4 mg/l, nicht neutralisiert [484]Biologisch abbaubar (123 mg/l, 1000 mg/l, 1230 mg/l) [3]; CSB: 1,52 g/g [3]; BSB(5): 0,03 g/g [3];

Gefahren-Symbol:

Xi

- physikalisch/chemisch:

Schmelzpunkt: 28 °C; 27 °C;

Siedepunkt: 269-271 °C; 140-144 °C (9,33 hPa); >270 °C Zers.

Flammpunkt: 137 °C; 178 °C; 176 °C

Dampfdruck: < 0,01 hPa (20 °C) [163]; [484]; 0,00037 hPa (25 °C) [577]

Log pOW: -1,43 [4]; -1,77, -1,43 [608]

Brechungsindex: 1,4776 (20 °C); 1,4753 (30 °C)

Dichte: 1096,6 kg/m3 (20 °C); 1091 kg/m3 (30 °C)

Molmasse: 105,139 g/mol

Verdunstungszahl: < 0,001 (BuAc = 1) [9]

Löslichkeit:

Wasser 954 g/l (20 °C); mischbar mit Ethanol; sehr wenig löslich in Diethylether, Benzen;

Bemerkung zu physikalisch/chemischen Daten:

Zündtemperatur: 280 °C [484]; 370 °C [Sdb Hüls AG];

Verbleib nach Gebrauch:

Verbrennung nach Mischung mit brennbarem Lösemittel;

Bemerkung:

Dicke farblose ammoniakähnlich riechende Flüssigkeit; hygroskopisch; brennbar; ätzend;
Bei starker Erhitzung Bildung explosiver Gemische; Entzündung durch heiße Oberflächen, Funken, offene Flammen;
Explosionsgrenzen: 1,6-9,8 Vol.-% ; Zündtemperatur: 662 °C [9];
Zündtemperatur: 280 °C [484]; 370 °C [Hüls AG];
Diethanolamin kann Kupfer und Kupferverbindungen angreifen;

Verwendung: Lösemittel;
Umweltbelastung durch fotografische Prozesse (BRD, 1986): 220 t/a [156];

Der deutsche Verbrauch von Diethanolamin lag 1990 bei ca. 19.700 t/a.
Anwendungsgebiete und -mengen für das Jahr 1990 sind (nach BASF-Angaben) [608]:

Waschrohstoffe	ca. 9900 t/a
Bohr- und Schneidöle	ca. 3000 t/a
Gaswäsche	ca. 3000 t/a
Kosmetik/Pharma	<2000 t/a
Zementhilfsmittel	ca. 200 t/a
Agrochemikalien	ca. 200 t/a
sonstiges (z.B. N-Methyl-DEA)	ca. 2000 t/a

enthalten in: Muzinin 212 (12%), Muzinin 212 A (12%);

2,2-Diethoxyacetophenon

- **CAS-Nummer:**
  6175-45-7
- **gebräuchliche Namen:**
  w,w-Diethoxyacetophenon; 1-Phenylglyoxal-2-diethylacetal;
- **Handelsnamen:**
  DEAP;
- **Summenformel:**
  $C_{12}H_{16}O_3$

- **Strukturformel:**

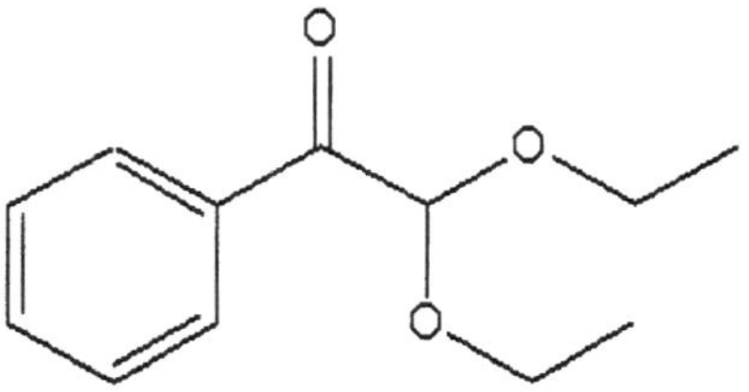

Funktion:
Additiv/Fotoinitiator;
Verfahren:
Druckverfahren;
Anwendung:
UV-Farben;

Eigenschaften:
- **toxikologisch/ökotoxikologisch:**
  RTECS # MD 3284000;
  Sonstiges:
  Wirkt schädigend beim Einatmen, Verschlucken oder bei Aufnahme über Haut;verursacht Augenreizungen [187];Karzinogen [187];LD 50 (oral, Ratte): 5660 mg/kg [187];LD 50 (Haut, Kaninchen): 11300 mg/kg [187];

- **physikalisch/chemisch:**
  Siedepunkt: 131-134 °C (13,33 hPa)
  Flammpunkt: 110 °C
  Dampfdruck: 0,013 hPa (20 °C) [187]

Brechungsindex: 1,4995 (20 °C)
Dichte: 1034 kg/m3 (20 °C)
Molmasse: 208,26 g/mol

Verbleib nach Gebrauch:
Verbrennung nach Mischung mit brennbarem Lösemittel;

Bemerkung:
Hellgelbe Flüssigkeit; brennbar;
Verwendung: in Druckfarben als Photoinitiator für UV-Farben;

4-Diethylaminobenzaldehyd

- CAS-Nummer:
120-21-8
- gebräuchliche Namen:
p-Diethylaminobenzaldehyd;
- Summenformel:
$C_{11}H_{15}NO$

- Strukturformel:

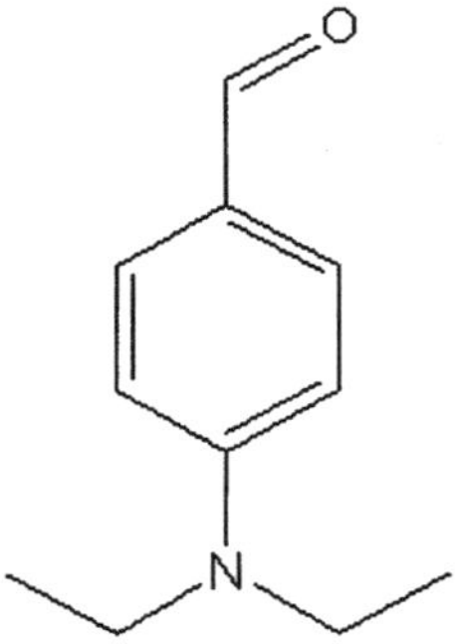

Funktion:
Fotoleiter;
Verfahren:
Kopierverfahren/Elektrofotografie/Laserdruck;

Eigenschaften:
- toxikologisch/ökotoxikologisch:
R-Satz: 20/21
S-Satz: 22-24/25
Sonstiges:
Kann schädigend wirken beim Einatmen, Verschlucken oder Aufnahme über Haut; verursacht Augen- und Hautreizungen; reizt Schleimhäute und Atemwege [187];

Gefahren-Symbol:

- **physikalisch/chemisch:**
  Schmelzpunkt: 39-41 °C
  Siedepunkt: 174 °C (9,33 hPa)
  Flammpunkt: > 112 °C
  Molmasse: 177,25 g/mol

  Löslichkeit:
  leicht löslich in Wasser; löslich in Ethanol, Diethylether, Benzen (Benzol);

Verbleib nach Gebrauch:
Verbrennung nach Mischung mit brennbarem Lösemittel;

Bemerkung:
Gelbe Nadeln;
Verwendung: als Fotoleiter in Laserdruckern (als Charge-Transfer-Komplex mit -> Chlorodian blau);

Diethylbenzen (Isomerengemisch)

- **CAS-Nummer:**
  25340-17-4
- **gebräuchliche Namen:**
  Diethylbenzol (Isomerengemisch);
- **Summenformel:**
  $C_{10}H_{14}$

Funktion:
1.Flankenschutzmittel;
2.Lösungsmittel;
Verfahren:
1.Druckformherstellung/Hachdruck;
Anwendung:
1.Einstufenätzung;

Eigenschaften:
- **toxikologisch/ökotoxikologisch:**
  RTECS # CZ 5600000;
  Schweizer Giftliste: 4
  WGK: 2
  R-Satz: 10
  S-Satz: 23-24/25
  Sonstiges:
  siehe unter -> 1,2-Diethylbenzen, 1,3-Diethylbenzen, 1,4-Diethylbenzen;

- **physikalisch/chemisch:**
  Siedepunkt: 180-182 °C
  Flammpunkt: 56 °C
  Dichte: 870 kg/m3 (20 °C)
  Molmasse: 134,22 g/mol

  Löslichkeit:
  unlöslich in Wasser; mischbar mit Ethanol, Diethylether, Propanon (Aceton), Benzen (Benzol), Ligroin, Tetrachlormethan;

Verbleib nach Gebrauch:
Verbrennung;

Bemerkung:
Verwendung: in der Druckindustrie als Flankenschutzmittel in der Einstufenätzung;

N,N-Diethyl-1,4-diaminobenzen Sulfat

- **CAS-Nummer:**
  6065-27-6
- **gebräuchliche Namen:**
  N,N-Diethyl-1,4-phenylendiamin Sulfat;4-Aminodiethylanilinsulfat;
- **Handelsnamen:**
  CD1-Sulfat; TSS; T 22; S 28; Dicolamin S 5; Activol No. 7 (S); Diethylan; ZPW-1;
- **Summenformel:**
  $C_{10}H_{16}N_2 * H_2SO_4$

- **Strukturformel:**

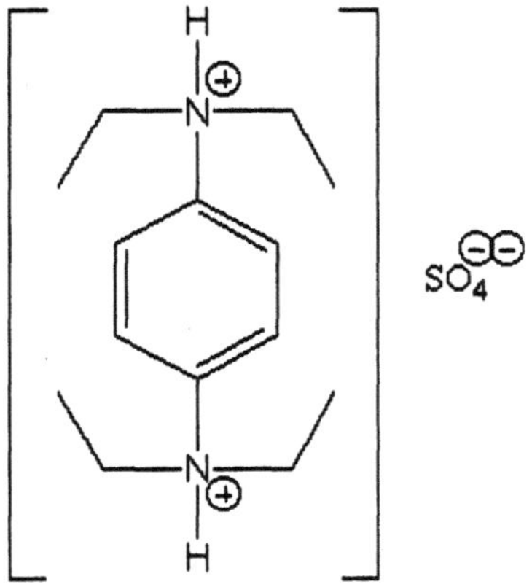

Funktion:
Entwickler;
Verfahren:
Druckformherstellung/Reproduktionsfotografie;
Anwendung:
Bestandteil von Entwicklerbädern;

Eigenschaften:
- **toxikologisch/ökotoxikologisch:**
  R-Satz: 21/22
  S-Satz: 28-44
  Sonstiges:
  Biologisch nicht abbaubar [3];

  Gefahren-Symbol:

- **physikalisch/chemisch:**
  Schmelzpunkt: 184-187 °C
  Molmasse: 262,33 g/mol

  Löslichkeit:
  löslich in Wasser;

Verbleib nach Gebrauch:
Verbrennung nach Mischung mit brennbarem Lösemittel;

Bemerkung:
Weißes Pulver;
Verwendung: in der Fotoindustrie als Entwicklersubstanz für Farbmaterialien (Orwocolor 15); in der Druckindustrie als Entwickler bei der Druckformherstellung;

Diethyldiphenylharnstoff

- **CAS-Nummer:**
  85-98-3
- **gebräuchliche Namen:**
  N,N-diethylcarbanilid;

- **Summenformel:**
  $C_{17}H_{20}N_2O$

Eigenschaften:
- **toxikologisch/ökotoxikologisch:**
  RTECS # FE0350000
  Sonstiges:
  LD 50 (oral, Ratte): 2750 mg/kg [428];LD 50 (oral, Maus): 2500 mg/kg (428];LD 50 (intraperitoneal, Maus): 200 mg/kg [428];

- **physikalisch/chemisch:**
  Schmelzpunkt: 79°C [636]
  Siedepunkt: 325-330°C [636]
  Flammpunkt: 150°C [636]
  Dichte: 1120 kg/m3 [636]
  Molmasse: 268,36 g/mol [636]

Diethylenethandioldibutylether

- **CAS-Nummer:**
  112-73-2
- **gebräuchliche Namen:**
  Diethylenglycoldibutylether; Diethylenglykoldibutylether; Bis-(2-butoxyethyl)-ether; Dibutyldiglycol; Dibutyldiglykol; Diglycol-di-n-butylether;
- **Handelsnamen:**
  Dibutyl Carbitol; Dibutylcarbitol;
- **Summenformel:**
  $C_{12}H_{26}O_3$

- Strukturformel:

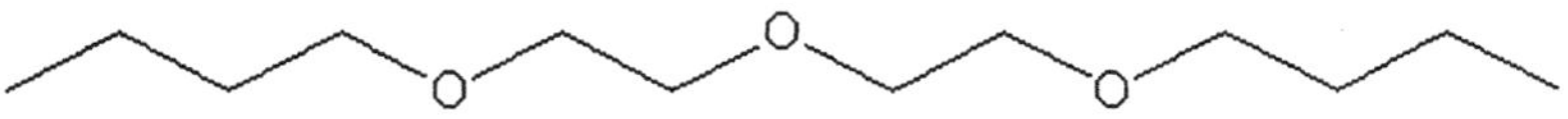

Funktion:
Lösungsmittel;
Verfahren:
Druckverfahren;

Eigenschaften:
- toxikologisch/ökotoxikologisch:
RTECS # KN 0350000;
R-Satz: 10
S-Satz: 16
Sonstiges:
Kann schädigend wirken beim Einatmen, Verschlucken oder bei Aufnahme überHaut; verursacht Augen- und Hautreizungen; reizt Schleimhäute undAtemwege [187];LD 50 (oral, Ratte): 3900 mg/kg [9];LD 50 (Haut, Kaninchen): 4040 mg/kg [187], 4500 mg/kg [9];

- physikalisch/chemisch:
Schmelzpunkt: - 60 °C
Siedepunkt: 256 °C
Flammpunkt: 47 °C
Dampfdruck: 0,01 hPa (20 °C) [9]
Brechungsindex: 1,4235 (20 °C)
Dichte: 884,7 kg/m3 (15 °C)
Molmasse: 218,34 g/mol
Verdunstungszahl: 0,001 (BuAc = 1) [9]

Löslichkeit:
Wasser 3 g/l (20 °C); mischbar mit Ethanol, Propanon (Aceton), Methylbenzen (Toluol);

Verbleib nach Gebrauch:
Verbrennung;

Bemerkung:
Farblose, schwach etherartig riechende Flüssigkeit; brennbar;
Bildet im dampf-/gasförmigen Zustand mit Luft explosionsfähige Gemische;
Explosionsgrenzen: 1,0 - 6,2 Vol % ; Zündtemp.: 310 °C [9];
Verwendung: Lösungsmittel für Harze, Wachse, Farbstoffe;

Diethylenethandioldiethylether

- CAS-Nummer:
112-36-7
- gebräuchliche Namen:
Diethylenglycoldiethylether; Diglycoldiethylether; Diglycoldiethylether; Bis-(2-ethoxyethyl)-ether; Diethyldiglycol; Bis-(2-ethoxyethoxy)-ethanol;
- Handelsnamen:
Diethylcarbitol; Diethyl Carbitol;
- Summenformel:
$C_8H_{18}O_3$

- **Strukturformel:**

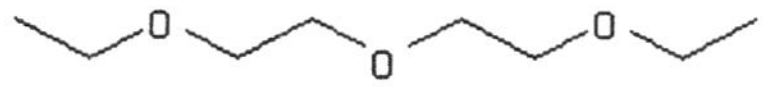

Funktion:
Lösungsmittel;
Verfahren:
Druckverfahren;

Eigenschaften:
- **toxikologisch/ökotoxikologisch:**
RTECS # KN 3160000
Schweizer Giftliste: 4
Sonstiges:
Kann schädigend wirken bei Einatmung, Verschlucken oder Aufnahme über Haut; Dämpfe reizen Augen, Schleimhäute und Atemwege; verursacht Hautreizungen [187];LD 50 (oral, Ratte): 4970 mg/kg [9];LD 50 (Haut, Kaninchen): 6100 mg/kg [9];

- **physikalisch/chemisch:**
Schmelzpunkt: - 44,3 °C
Siedepunkt: 189 °C
Flammpunkt: 82 °C
Dampfdruck: 0,4 hPa (20 °C) [9]
Brechungsindex: 1,4110 (20 °C)
Dichte: 906,3 kg/m3 (20 °C)
Molmasse: 162,23 g/mol
Verdunstungszahl: 0,04 (BuAc = 1) [9]

Löslichkeit:
mischbar mit Wasser, Ethanol;

Verbleib nach Gebrauch:
Verbrennung;

Bemerkung:
Farblose Flüssigkeit; brennbar;
Bildet im dampf-/gasförmigen Zustand mit Luft explosionsfähige Gemische;
Explosionsgrenzen: 1,5 - 9,5 Vol% ; Zündtemp.: 205 °C [9];
Verwendung: Lösungsmittel für Harze, Wachse und Farbstoffe;

Diethylenethandioldimethylether

- **CAS-Nummer:**
111-96-6
- **UN Nummer:**
1993
- **gebräuchliche Namen:**
Diethylenglycoldimethylether; Dimethyldiglycol; Dimethyldiglykol; Diglym; Bis-(2-methoxyethyl)-ether; Bis-(2-Methoxyethoxy)-ethanol; Diglycoldimethylether; Diethylenglykoldimethylether; 1-Methoxy-2-(2-methoxy-ethoxy)-ethan;
- **Handelsnamen:**
Dimethylcarbitol; Dimethyl Carbitol;
- **Summenformel:**
$C_6H_{14}O_3$

- Strukturformel:

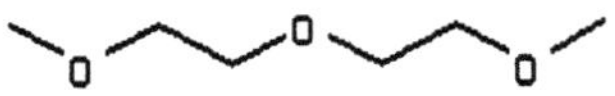

Funktion:
Lösungsmittel;
Verfahren:
Druckverfahren;

Eigenschaften:
- toxikologisch/ökotoxikologisch:
RTECS # KN 3339000
Schweizer Giftliste: 3
WGK: 1
MAK Wert: 5 ml/m3 bzw. 28 mg/m3
R-Satz: 61-20/21/22
S-Satz: 53-45-36/37/39-23
Sonstiges:
Zu diesem Stoff liegt ein BUA-Stoffbericht Nr. 67 vor.Spitzenbegrenzung II,1 [481]; Gefahr der Hautresorption [481]; Schwangerschaftsgruppe B [481];Nervengift; Flüssigkeit oder feste Zubereitungen werden leicht über Haut und Schleimhäute aufgenommen; Einatmung, Verschlucken oder Einwirkung dieser stark giftigen Substanz auf die Haut sind gleichermaßen gefährlich; Hirn- und Nervenstörungen durch Hemmung der Cholinesterase (auch mit Verzögerung möglich) [163]; Hautresorption! [148];LD 50 (oral, Mensch): 0,1 - 0,2 g [39];LD 50 (oral, Ratte): 2 mg/kg, 6 - 15 mg/kg [39];LD 50 (Haut, Ratte): 7 mg/kg [39];0,04 - 2 mg/l tödlich für Fische; 0,325 mg/l tödlich für Wasserschnecken (Limnaea) [163];Toleranzgrenze für Daphnia magna: 0,8 mg/l [163];Toxische Grenzkonzentration für Pseudomonas putida > 1mg/l, Scenedesmus quadricauda 0,39 mg/l [36];LC 50 (Daphnia magna): 5868 mg/l / 96 Std. [484];LC 50 (Fisch; Goldorfe): >= 2000 mg/l / 96 Std. [33]Biologisch schwer abbaubar: 10-30 % (Standversuch) [484];Starkes Bienengift;

- physikalisch/chemisch:
Schmelzpunkt: -64 °C; -68 °C
Siedepunkt: 162 °C; 155-165 °C
Flammpunkt: 70 °C; 51 °C; 53 °C
Dampfdruck: 1,8 hPa (20 °C) [9]; 2,3 hPa (20 °C) [484]; 4,0 hPa (20 °C) [187];
Brechungsindex: 1,4073 (20 °C)
Dichte: 951,4 kg/m3 (15 °C)
Molmasse: 134,18 g/mol
Verdunstungszahl: 0,16 (BuAc = 1) [9]

Löslichkeit:
löslich in heißem Wasser, Ethanol, Diethylether; leicht löslich in kaltem Wasser;

Verbleib nach Gebrauch:
Verbrennung;

Bemerkung:
Farblose Flüssigkeit; schwacher Geruch; brennbar; luftempfindlich;
Bildet im dampf-/gasförmigen Zustand mit Luft explosionsfähige Gemische;
Explosionsgrenzen: 1,4 - ? Vol.% ; Zündtemperatur: 190 °C [484];
Stoff kann explosionsgefährliche Peroxide bilden; Peroxidbildung wird durch Luft-/Sauerstoffeinwirkung gefördert;
Verwendung: technisches Lösemittel;

Diethylenethandiolhexylether

- **CAS-Nummer:**
  112-59-4
- **gebräuchliche Namen:**
  Hexyldiglycol; Diethylenglycolmonohexylether; Diethylenglycolhexylether; 2-(2-Hexyloxyethoxy)-ethanol; Diglycolmonohexylether; Diglykolmonohexylether;
- **Handelsnamen:**
  Hexylcarbitol; Hexyl Carbitol;
- **Summenformel:**
  $C_{10}H_{22}O_3$

- **Strukturformel:**

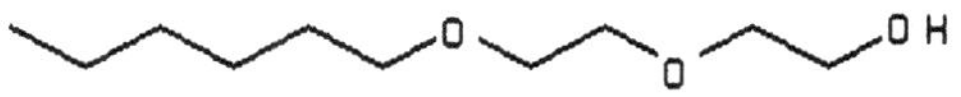

Funktion:
Lösungsmittel;
Verfahren:
Druckverfahren;

Eigenschaften:
- **toxikologisch/ökotoxikologisch:**
  RTECS # KL 2626000
  R-Satz: 36/38
  Sonstiges:
  Kann schädigend wirken beim Einatmen, Verschlucken oder Aufnahme über Haut; Dämpfe reizen Augen, Schleimhäute und Atemwege; verursacht Hautreizungen [187];LD 50 (oral, Ratte): 4920 mg/kg [9];LD 50 (Haut, Kaninchen): 1500 mg/kg [9];

  Gefahren-Symbol:

- **physikalisch/chemisch:**
  Schmelzpunkt: - 40 °C
  Siedepunkt: 259 °C
  Flammpunkt: 140 °C
  Dampfdruck: < 0,01 hPa (20 °C) [9]
  Brechungsindex: 1,4381 (20 °C)
  Dichte: 932 kg/m3 (20 °C)
  Molmasse: 190,29 g/mol
  Verdunstungszahl: 0,001 (BuAc = 1) [9]

  Löslichkeit:
  Wasser 17 g/l (20 °C);

Verbleib nach Gebrauch:
Verbrennung nach Mischung mit brennbarem Lösemittel;

Bemerkung:
Farblose Flüssigkeit;
Verwendung: technisches Lösungsmittel;

Diethylenethandiolmonobutylether

- CAS-Nummer:
112-34-5
- gebräuchliche Namen:
Butyldiglycol; Butyldiglykol; Diethylenglycolmonobutylether; Butoxydiethylenglycol; Diethylenglykol-n-butylether; 2-(2-Butoxyethoxy)-ethanol; Diethylenglycol-n-butylether; Butylcarbitol; 2-(2-Butoxyethoxy)-ethanol; 2-Hydroxy-2'-butoxy-diethylether; Diethylglykolmono-n-butylether; Butyl Dioxytol; Diethylglykol-mono-n-butylether; Butoxydiethylenglykol; BDG; Diethylenglykol-mono-n-butylether;
- Handelsnamen:
Dowanol DB; Butylcarbitol; Butyl Carbitol; Ektasolve DB;
- Summenformel:
$C_8H_{18}O_3$

- Strukturformel:

Funktion:
Lösungsmittel; Bindemittel;
Verfahren:
Druckverfahren/Hochdruck;
Anwendung:
Druckfarben, Reinigungsmittel;

Eigenschaften:
- toxikologisch/ökotoxikologisch:
RTECS # KJ 9100000
Schweizer Giftliste: 5
WGK: 1
MAK Wert: 100 mg/m3
R-Satz: 36
S-Satz: (2)-26
Sonstiges:
Spitzenbegrenzung: I [481]; Schwangerschaftsgruppe C [481];Dämpfe reizen leicht Augen und Atemwege; Kontakt mit der Flüssigkeit führt zu leichter Reizung der Augen und Haut; Aufnahme der Substanz über Haut möglich (Hautresorption!) [163]; [484];Einwirkung auf das Auge sehr schmerzhaft. Vorübergehende Störung der Bindehaut und Netzhaut sind möglich. Längerer/wiederholter Hautkontakt kann zu Dermatitis führen. Symptome: Schwindelgefühl, Rauschzustand, Magenschmerzen, Magen-Darm-Beschwerden [Sdb Shell];LD 50 (oral, Ratte): 6560 mg/kg [9], 5660 mg/kg [104];LD 50 (oral, Kaninchen): 2,2 g/kg [104];LD 50 (Haut, Kaninchen): 4120 mg/kg [9];LD/LC 50 (dermal, Kaninchen): 4000 mg/kg [Sdb Shell];Wiederholte Exposition verursacht Leber-, Nieren- und Nervenschäden [Sdb Shell]; Toxische Grenzkonzentration für Pseudomonas putida 255 mg/l, Scenedesmus quadricauda 1000 mg/l [36];LC 50 (Daphnia magna): 2850 mg/l [6];LC 50 (Fisch, Goldorfe): 2304/1805 mg/l [33];LC 100 (Fisch, Goldorfe): 2400/2185 mg/l [33];Biologische Abbaubarkeit (Standversuch) >70 % [484];

Gefahren-Symbol:

- physikalisch/chemisch:
Schmelzpunkt: -68 °C
Siedepunkt: 231 °C; 228-233 °C; 224-234 °C;
Flammpunkt: 107 °C; 105 °C; 98 °C;
Dampfdruck: <0,2 hPa (20 °C) [163]; [484]; 0,055 hPa (20 °C) [Sdb]; 0,3 hPa (50 °C) [Sdb];

Brechungsindex: 1,4306 (20 °C)
Dichte: 967 kg/m3 (20 °C); 898-902 kg/m3 (20 °C) [Sdb];
Molmasse: 162,23 g/mol
Verdunstungszahl: 0,002 (BuAc = 1) [9]; 0,01 (BuAc = 1) [104]; ca. 1000 (Diethylether = 1) [18];

Löslichkeit:
bei 20 °C vollständig mischbar mit Wasser [Sdb Shell];

Bemerkung zu physikalisch/chemischen Daten:
*Technisches Produkt nach Angaben Hüls AG [484];

Verbleib nach Gebrauch:
Verbrennung nach Mischung mit brennbarem Lösemittel;

Bemerkung:
Farblose, schwach riechende Flüssigkeit; brennbar; hygroskopisch;
Bildet im dampf-/gasförmigen Zustand mit Luft explosionsfähige Gemische;
Explosionsgrenzen:
0,9-5,9 Vol.-%; Zündtemp.: 228 °C [9]; 225 °C [Sdb Shell];
0,7-5,3 Vol.-%; Zündtemp.: 223 °C [484];
Stoff kann bei Kontakt mit sauerstoffreichem Material (starken Oxidationsmitteln) reagieren [484];
Verwendung: technisches Lösungsmittel für Nitrocellulose und Harze; in der Druckindustrie auch als Bindemittel;
Anwendungsbereich: in Lacken, Farben, Farbstoffen, Druckfarben, Stempelkissenfarben; in flüssigen Reinigungsmitteln, Textilölen; Filmbildehilfsmittel für Latexfarben; Dispersant für Vinylchloridharze; Verdünnungsmittel für hydraulische Bremsflüssigkeiten; Zwischenprodukt bei der Herstellung von Weichmachern;
Enthalten in Algon P-Paste (10-25%), Ralulac VVG 210 (<20%), Rheolate 255 (15,4%), 278 (15,4%),;

Diethylenethandiolmonobutyletheracetat

- CAS-Nummer:
124-17-4
- gebräuchliche Namen:
Diethylenglykolmonobutyletheracetat; BDGA; Butyldiglykolacetat; 2-(2-Butoxyethoxyethylacetat); Diglycolmonobutyletheracetat; Essigsäure-2-butoxyethylester; Essigsäure-[2-(2-butoxyethoxy)ethylester]; 1-Acetoxy-2-[2-butoxy-äthoxy]-äthan; Essigsäure-2(2'-n-butoxy-ethoxy)-ethylester; Diglykolbutylätheracetat; Diethylenglykolmonobutyletheracetat; 2-(2-Butoxyethoxy)ethylacetat; Diethylenglykolbutyletheracetat; Butyldiglykol-acetat;
- Handelsnamen:
Butylcarbitolacetat;
- Summenformel:
$C_{10}H_{20}O_4$

- Strukturformel:

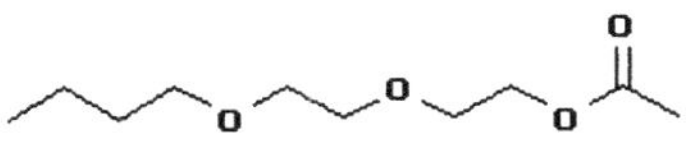

Funktion:
Lösungsmittel;
Verfahren:
Druckverfahren/Durchdruck direkt/ Siebdruck;
Anwendung:
Druckfarben; Druckformherstellung;

Eigenschaften:

- toxikologisch/ökotoxikologisch:

RTECS # KJ 9275000

WGK: 1

Sonstiges:

Für diese Substanz liegt ein BUA-Stoffbericht Nr. 121 vor. Dämpfe reizen Augen und Atemwege; Kontakt mit der Flüssigkeit bewirkt Reizung der Augen und leichte Reizung der Haut; bei hohen Konzentrationen, wie sie bei Erhitzung entstehen, sowie bei Aufnahme durch den Mund narkotische Wirkung; Nieren- evtl. auch Leberschäden möglich [163];LD 50 (oral, Ratte): 11920 mg/kg [9], 6500-11920 mg/kg [634];LC 50 (inhalativ, Ratte): 73,7 mg/l [634];LD 50 (oral, Meerschweinchen): 2340 mg/kg [634];LD 50 (Haut, Kaninchen): 14500 mg/kg [9];In stehenden Gewässern sehr hohe, in fließenden Gewässern je nach Vermischung mittlere bis hohe toxische Wirkung [484];Biologisch abbaubar [104];

- physikalisch/chemisch:

Schmelzpunkt: - 32,2 --32°C

Siedepunkt: 246,8 °C; 235-250 °C; 244-250 °C

Flammpunkt: 108-115 °C

Dampfdruck: 0,01 hPa (20 °C) [104]; 0,013 hPa (20 °C) [484]; 20,1 hPa (20 °C) [634]

Log pOW: 1,77 (25°C) [634];

Brechungsindex: 1,4260 (20 °C)

Dichte: 981,0 g/mol (20 °C); 975-979 kg/m3 (20 °C)

Molmasse: 204,27 g/mol

Verdunstungszahl: > 0,001 (BuAc = 1) [9]; 0,01 (BuAc = 1) [104]

Löslichkeit:

Wasser 65 g/l (20 °C);

Verbleib nach Gebrauch:

Verbrennung nach Mischung mit brennbarem Lösemittel;

Bemerkung:

Klare, farblose, viskose Flüssigkeit; brennbar;
Bildet im dampf-/gasförmigen Zustand mit Luft explosionsfähige Gemische;
Explosionsgrenzen:
0,8 - 5,0 Vol% ; Zündtemp.: 298 °C [9];
1,1 - 19,4 Vol% ; Zündtemp.: 290 °C [163], [634];
0,6 - 5,39 Vol% ; Zündtemp.: 290 °C [484];
Substanz reagiert bei Kontakt mit alkalihaltigen Stoffen und besonders heftig mit starken Basen; hierbei bildet sich viel Wärme, die zu einer schnellen Erhitzung führt;
Verwendung: Lösemittel für Natur- und Syntheseharze, Farben- und Lackindustrie;
Anwendungsbereich: Filmbildehilfsmittel in Emulsionsfarben; in Druckfarben; in hochfesten Einbrennlacken;
Mengenangaben: 10000-50000 Tonnen;

Diethylenethandiolmonoethylether

- CAS-Nummer:

111-90-0

- gebräuchliche Namen:

2-(2-Ethoxyethoxy)ethanol; Diethylenglykolmonoethylether; Ethylcarbitol; Ethoxydiglykol; Diglykolmonoethylether; EDGE;

- Handelsnamen:

APV; Carbitol; Carbitol Solvent; Dioxytol; Dowanol DE; Lösemittel APV; Poly-solv; Solvosol; Ethyldigol; Dioxitol;

- Summenformel:

$C_6H_{14}O_3$

- **Strukturformel:**

Funktion:
Lösungsmittel;
Verfahren:
Kopierverfahren/elektr.Verfahren;

Eigenschaften:
- **toxikologisch/ökotoxikologisch:**
RTECS # KK 8750000
WGK: 1
R-Satz: 20/21/22-36
S-Satz: 26-36
Sonstiges:
Karzinogen [187]; Krebserzeugend IIIB; Schwangerschaft D;300 ml/m3 für 15 min. verursachten leichte Reizung der Augen sowie der Nasen- und Rachenschleimhäute [163];Nierengift (schwere Nierenschäden z.T. mit tödlichem Ausgang) [30];Dämpfe wirken in hohen Konzentrationen narkotisch und führen zu schweren Leber- und Nierenschäden; reizen Augen, Atemwege und Lunge; Hautresorption! [163];Geruchsschwelle: 3 ml/ m3 [163];470 ml/m3 eingeatmet führen zum Tod [9];LC Lo (inhal., Mensch): 470 ml/m3 [187];LD 50 (oral, Ratte): 4200 mg/kg [187], 5170 mg/kg [9];LC 50 (inhal., Ratte, 2 h): 46 g/m3 [187];LD 50 (Haut, Kaninchen): 7600 mg/kg [187], 7900 mg/kg [9];Toxische Grenzkonzentration für Pseudomonas putida 2700 mg/l, Scenedesmus quadricauda 5600 mg/l [36];LC 50 (Daphnia magna): 4700 mg/l [6];LC 50 (Fisch; Goldorfe): 9630/8450 mg/l [33];

- **physikalisch/chemisch:**
Schmelzpunkt: -10 °C; -76 °C
Siedepunkt: 202 °C; 196 °C
Flammpunkt: 96 °C; 93 °C
Dampfdruck: 0,09 hPa (20 °C) [9]; < 0,5 hPa (20 °C) [163];
Log pOW: - 0,93 [4]
Brechungsindex: 1,4270 (20 °C); 1,4240 (20 °C)
Dichte: 999 kg/m3 (20 °C); 985,5 kg/m3 (25 °C); 999,6 kg/m3 (15 °C);
Molmasse: 134,18 g/mol
Verdunstungszahl: 0,008 (BuAc = 1) [9]; ca. 1200 (Dietyhether = 1) [18];

Löslichkeit:
mischbar mit Wasser, Propanon, Benzen, Trichlormethan, Ethanol, Ether, Pyridin;

Verbleib nach Gebrauch:
Verbrennung nach Mischung mit brennbarem Lösemittel;

Bemerkung:
Farblose Flüssigkeit; etherähnlicher Geruch; bei Temperaturen unter 10 °C fester Stoff;
Gefährdungsgruppe I lt. ASAO 728;
Explosionsgrenzen: 1,9 - 22,5 Vol% ; Zündtemp.: 375 °C [32];
Bildet mit Wasser u. Ethanol azeotrope Gemische, mit Brom, Jod, Säuren,
Halogeniden u. versch. org. Stoffen Additionsverbindungen Chlorierungsprodukte des 1,4-Dioxans werden als Schädlingsbekämpfungsmittel eingesetzt;
Wegen Neigung zur Peroxidbildung Aufbewahrung in dunklen Gefäßen oder Stabilisierung mit Eisen(II)sulfat;
Verboten in kosmetischen Mitteln;
Verwendung: Lösemittel für Celluloseacetat und -nitrat, Celluloseethylether, Fette, Wachse, Harze, Chlorkautschuk und Lacke; ferner als Extraktionsmittel, bes. für pharmazeutische Präparate; als Inhibitor für -> 1,1,1-Trichlorethan;

Diethylenethandiolmonoethyletheracetat

- **CAS-Nummer:**
  112-15-2
- **gebräuchliche Namen:**
  Ethyldiglycolacetat; EDGA; 2-(2-Ethoxyethoxyethylacetat); Diethylenglycolmonoethyletheracetat; Diglycolmonoethyletheracetat; Diglykolmonoethyletheracetat; Essigsäure-[2-(2-ethoxyethoxy)ethylester]; 1-Acetoxy-2-(2-ethoxy-ethoxy)-ethan; [2-(2-Ethoxyethoxy)ethyl]acetat; Ethyldiglykolacetat; Diglykolethyletheracetat; 2-(2-Ethoxyethoxy)-ethanolacetat;
- **Handelsnamen:**
  Carbitolacetat; Carbitol Acetat;
- **Summenformel:**
  $C_8H_{16}O_4$

- **Strukturformel:**

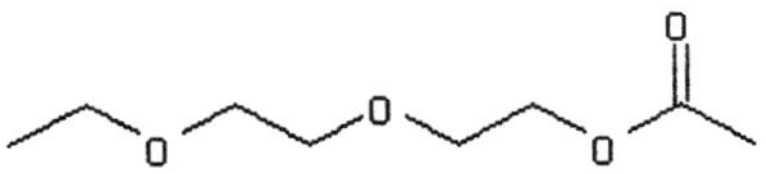

Funktion:
Lösungsmittel;
Verfahren:
Druckverfahren;

Eigenschaften:
- **toxikologisch/ökotoxikologisch:**
  RTECS # KK 8925000;
  WGK: 1
  R-Satz: 20/21/22-36/37/38
  S-Satz: 26-37/39
  Sonstiges:
  Dämpfe reizen Augen und Atemwege; Kontakt mit der Flüssigkeit bewirkt Reizung der Augen und leichte Reizung der Haut; bei hohen Konzentrationen, wie sie unter Erhitzung entstehen, sowie bei Aufnahme durch den Mund narkotische Wirkung, auch Nierenschäden möglich. Symptome: Brennen der Augen, der Nasen- und Rachenschleimhäute sowie der Haut. Husten, Unwohlsein, Benommenheit, Bewußtlosigkeit [484];LD 50 (oral, Ratte): 11000 mg/kg [428];LD 50 (oral, Meerschwein): 3930 mg/kg [428]LD 50 (Haut, Kaninchen): 15000 mg/kg [428];In stehenden Gewässern mittlere bis hohe, in fließenden Gewässern mittlere toxische Wirkung [484];

- **physikalisch/chemisch:**
  Schmelzpunkt: -25 °C
  Siedepunkt: 217,4 °C; 218 °C;
  Flammpunkt: 100 °C; 98 °C;
  Dampfdruck: 0,1 hPa (20 °C) [104]; [484];
  Brechungsindex: 1,4213 (20 °C)
  Dichte: 1011,4 kg/m3 (20 °C)
  Molmasse: 176,21 g/mol
  Verdunstungszahl: 0,006 (BuAc = 1) [9]; 0,01 (BuAc = 1) [104];

  Löslichkeit:
  mischbar mit Wasser;

Verbleib nach Gebrauch:
Verbrennung nach Mischung mit brennbarem Lösemittel;

Bemerkung:
Klare, farblose Flüssigkeit; fruchtiger schwacher Geruch [484];
Bildet im dampf-/gasförmigen Zustand mit Luft explosionsfähige Gemische;

Explosionsgrenzen: 1,5-? Vol.-%; Zündtemperatur: 360 °C [484];
Unverträglichkeit: Der Stoff reagiert sehr heftig bei Kontakt mit starken Basen. Hierbei bildet sich viel Wärme, die zu einer schnellen Erhitzung führt. [484]

Diethylenethandiolmonomethylether

- CAS-Nummer:
111-77-3
- gebräuchliche Namen:
Methyldiglycol; Methyldiglykol; MDGE; MECB; 2-(2-Methoxyethoxyethanol); Diethylenglycolmonomethylether; 2-Hydroxy-2'-methoxydiethylether; Diglycolmonomethylether;
- Handelsnamen:
Dowanol DM; Methyl Carbitol; Poly-solv DM;
- Summenformel:
$C_5H_{12}O_3$

- Strukturformel:

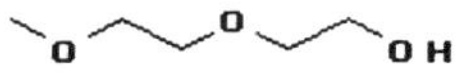

Funktion:
Lösungsmittel;
Verfahren:
Druckverfahren;

Eigenschaften:
- toxikologisch/ökotoxikologisch:
RTECS # KL 6125000
WGK: 1
Sonstiges:
Dämpfe reizen schwach Augen und Atemwege; Verstärkung der Effekte durchhohe Temperaturen; Kontakt mit der Flüssigkeit bewirkt leichte Reizung der Augen und Haut; Aufnahme der Substanz über Haut möglich (Hautresorption!); narkotische Wirkung in schweren Fällen möglich [163];LD 50 (oral, Ratte): 9200 mg/kg [9], 6,7 ml/kg [104], 5500 mg/kg [187];LD 50 (Haut, Ratte): 8,98 ml/kg [104];LD 50 (Haut, Kaninchen): 20000 mg/kg [9], 650 mg/kg [187];Biologisch abbaubar [104];

- physikalisch/chemisch:
Schmelzpunkt: - 70 °C
Siedepunkt: 193,2 °C
Flammpunkt: 83 °C
Dampfdruck: 0,3 hPa (20 °C) [9]
Brechungsindex: 1,4264 (27 °C)
Dichte: 1035,4 kg/m3 (20 °C)
Molmasse: 120,15 g/mol
Verdunstungszahl: 0,01 (BuAc = 1) [104]; 0,03 (BuAc = 1) [9];

Löslichkeit:
mischbar mit Wasser, Ethanol, Diethylether;

Verbleib nach Gebrauch:
Verbrennung;

Bemerkung:
Hygroskopische, angenehm riechende Flüssigkeit; brennbar;
Explosionsgrenzen:
1,5 - 9,5 Vol% ; Zündtemp.: 323 °C [9];
1,6 - 16,1 Vol%; Zündtemp.: 215 °C [163];

Stoff reagiert bei Kontakt mit alkalihaltigen Substanzen; neigt bei längerer Lagerung zur Peroxidbildung; reagiert mit sauerstoffreichem Material (Oxidationsmitteln);
Verwendung: Lösemittel;
Anwendungsbereich: in Streichlacken, Holzbeizen, Farbstoffen für Stempelkissen und Matrizen, benzinhaltigen Farbstoffen, Textilfarbstoffpasten; Verdünnungsmittel für hydraulische Bremsflüssigkeiten; Coaleszenzmittel für Polyvinylacetat-Latexfarben;
Enthalten in Warosit 265, 345;

Diethylether

- **CAS-Nummer:**
  60-29-7
- **UN Nummer:**
  1155
- **gebräuchliche Namen:**
  Ethylether; Ether; Ethyloxid; Ethoxyethan; Schwefelether; gewöhnlicher Ether; 1,1'Oxybis-Ethan;
- **Handelsnamen:**
  Solvent ether B.P.; Vinic ether;
- **Summenformel:**
  $C_4H_{10}O$

- **Strukturformel:**

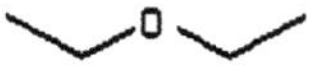

Funktion:
Lösungsmittel;
Verfahren:
1.Druckformherstellung/ Reproduktionsfotografie;
2.Druckverfahren/Hochdruck direkt/Buchdruck,Flexodruck;
Anwendung:
Mattlack;

Eigenschaften:
- **toxikologisch/ökotoxikologisch:**

RTECS # KI 5775000
Schweizer Giftliste: 4
WGK: 1
MAK Wert: 1200 mg/m3 bzw. 400 ml/m3
R-Satz: 12-19
S-Satz: (2)-9-16-29-33
Sonstiges:
Zu diesem Stoff liegt ein BUA-Stoffbericht Nr. 49 vor.Spitzenbegrenzung: II,1 [481]; Schwangerschaftsgruppe D [481];Dämpfe wirken betäubend und verursachen Rauschzustände; Reizung der Atemwege, Auftreten von Bronchopneumonien; Kontakt mit der Flüssigkeit verursacht Hautentzündung [163]; Geruchsschwelle: 100 ml/m3;LD Lo (oral, Mensch): 420 mg/kg [187];LD Lo (oral, Mann): 260 mg/kg [187];LD 50 (oral, Ratte): 1215 mg/kg [187];LC 50 (inhalativ., Ratte, 2 h): 73000 ml/m3 [187];LD 50 (Fisch, Goldorfe): 2840 mg/l [33]LD 100 (Fisch, Goldorfe): 3600 mg/l [33]Gute biologische Eliminierbarkeit [32];

Gefahren-Symbol:

- **physikalisch/chemisch:**
  Schmelzpunkt: -116,4 °C
  Siedepunkt: 34,5 °C
  Flammpunkt: -40 °C
  Dampfdruck: 587 hPa (20 °C) [32]; 589,1 hPa (20 °C) [132];
  Verdampfungswärme: 375,97 kJ/kg
  Log pOW: 0,77; 0,83 [4]
  Brechungsindex: 1,35555 (15 °C)
  Dichte: 713,78 kg/m3 (20 °C)
  Molmasse: 74,12 g/mol
  Verdunstungszahl: 1,0 (Diethylether = 1) [18], [132]

  Löslichkeit:
  Wasser: 75 g/l (16 °C); löslich in Benze; mischbar mit Ethanol, Trichlormethan;

Verbleib nach Gebrauch:
Verbrennung, hochentzündliche Stoffe;

Bemerkung:
Farblose, scharf süßlich riechende Flüssigkeit; brennbar;
Bildet im dampf-/gasförmigen Zustand mit Luft explosionsfähige Gemische;
Explosionsgrenzen: 1,7-36 Vol.-%; Zündtemp.: 170 °C [32];
Diethylether greift Gummi an und löst ihn auf;
An Luft, in Gegenwart von Sauerstoff oder bei Einwirkung von Sonnenlicht Bildung von Peroxiden, die spontan oder bei Erwärmung explodieren können;
Die Bezeichnung "Schwefelether" ist irreführend und sollte deshalb nicht verwendet werden;
Technisches Produkt enthält lokal reizende Substanzen;
Verwendung: als Narkotikum und Lösemittel;

1,1-Difluor-1,2,2,2-tetrachlorethan

- **CAS-Nummer:**
  76-11-9
- **gebräuchliche Namen:**
  R 112a; 2,2-Difluor-1,1,1,2-tetrachlorethan; 1,1,1,2-Tetrachlor-2,2-difluorethan; 1,2,2,2-Tetrachlor-1,1-difluorethan;
- **Summenformel:**
  $C_2Cl_4F_2$
- **Strukturformel:**

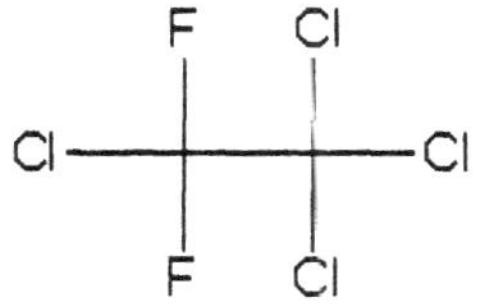

Funktion:
Reinigungsmittel;
Verfahren:
Kopierverfahren;
Anwendung:
Transportbänder;

Eigenschaften:
- toxikologisch/ökotoxikologisch:
RTECS # KI 1425000;
MAK Wert: 1000 ml/m3 bzw. 8340 mg/m3
Sonstiges:
Spitzenbegrenzung: IV [481];Verlängerte oder wiederholte Belichtung kann zu leichter Hautreizungführen;Kann schädigend wirken beim Einatmen, Verschlucken oder bei Aufnahme überHaut; kann Augen- und Hautreizungen verursachen; längeres Ausgesetzt-sein kann eine narkotische Wirkung haben [187];

- physikalisch/chemisch:
Schmelzpunkt: 40,6 °C
Siedepunkt: 91,5 °C
Dichte: 1649 kg/m3 (20 °C)
Molmasse: 203,83 g/mol

Löslichkeit:
unlöslich in Wasser; löslich Ethanol, Diethylether, Trichlormethan (Chloroform);

Verbleib nach Gebrauch:
Verbrennung nach Mischung mit brennbarem Lösemittel;

Bemerkung:
Farblose kristalliner Feststoff;

1,2-Dihydroacenaphthylen

- CAS-Nummer:
83-32-9
- gebräuchliche Namen:
Periethylennaphthalen; 1,8-Ethylennaphthalen; Acenaphthen;
- Summenformel:
$C_{12}H_{10}$

- Strukturformel:

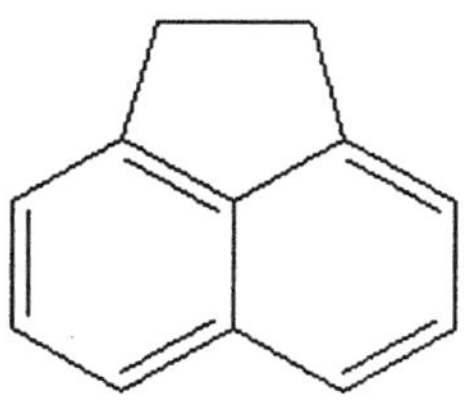

Verfahren:
Druckverfahren;

Eigenschaften:
- toxikologisch/ökotoxikologisch:
RTECS # AB 1000000
R-Satz: 26/27-36/37/38/39
S-Satz: 22-28-36
Sonstiges:
Stäube reizen Augen, die oberen Atemwege und Haut; Kontakt des Stoffes mit den Augen und Haut führt zu Reizung; Leber- und Nierenschäden möglich; unzureichende Angaben in der Literatur [163];LD 50 (intraperitoneal, Ratte): 600 mg/kg [428];

Gefahren-Symbol:

T

- **physikalisch/chemisch:**
  Schmelzpunkt: 95 °C; 93-95 °C
  Siedepunkt: 277,9 °C; 279 °C
  Flammpunkt: 125 °C
  Brechungsindex: 1,6048 (100 °C)
  Dichte: 1189 kg/m3 (20 °C); 1225 kg/m3 (0 °C)
  Molmasse: 154,211 g/mol

Löslichkeit:
Ethanol 40 g/l (20 °C); 405 g/l (70 °C); Trichlormethan 330 g/l (20 °C); Benzen 231 g/l (18 °C); Eisessig 31 g/l (18°C); unlöslich in Wasser;

Verbleib nach Gebrauch:
Verbrennung nach Mischung mit brennbarem Lösemittel;

Bemerkung:
Weiße Nadeln; brennbar;
Mit Tetranitromethan blutrote Färbung;
Stoff reagiert bei Kontakt oder Mischung mit starken Oxidationsmitteln;
Gehört zu der Gruppe der z.T. toxischen polyaromatischen Kohlenwasserstoffe (PAH);

6,15-Dihydro-5,9,14,18-antrazintetron

- **CAS-Nummer:**
  81-77-6
- **gebräuchliche Namen:**
  Anthraquinone Blue; Anthraquinone Deep Blue; C.I. 1106; C.I. 69800; Pigment Blue 60; Anthrachinon-Blau; Indanthron-Blau; Pigment Blau 60 (C.I. 69800); Indanthren; N,N'-Dihydro-1,2,1',2'-anthraquinonazin; N,N-Dihydro-1,1,1',2'-anthraquinone-azine; E 130; Indanthron-Pigment; Pigment Blue Anthraquinone; Pigment Blue Anthraquinone V; Pigment Deep Blue Anthraquinone;
- **Handelsnamen:**
  Cromophtal Blue A3R; Lufilen Blau 64-7005; Luprofil Blau 64-7005 C3; Monolite Blue 3RN; Paliogen Blau L 6385; Paliogen Blau L 6480; Oppasin Blau 6470; Sicolen Blau 64-7005; Vynamon Bleu 3R FW;
  Atic Vat Blue XRN; Benzadone Blue RS; Blue O; Calcoloid Blue RS; Caledon Blue RN; Caledon Blue XRN; Caledon Brilliant Blue RN; Caledon Paper Blue RN; Caledon Printing Blue RN; Caledon Printing Blue XRN; Carbanthrene Blue 2R; Carbanthrene Blue RS; Carbanthrene Blue RSP; Celliton Blue RN; Cibanone Blue FRS; Cibanone Blue FRSN; Cibanone Blue RS; Cibanone Brilliant Blue FR; C.I. Pigment Blue 60; C.I. Vat Blue 4; Cromophtal Blue A 3R; Fenan Blue RSN; Fenanthren Blue RS; Food Blue 4; Graphtol Blue RL; Helianthrene Blue RS; Heliogen Blue 6470; Indanthren Blue; Indanthren Blue GP; Indanthren Blue GPT; Indanthren Blue RPT; Indanthren Blue RS; Indanthren Blue RSN; Indanthren Blue RSP; Indanthren Brilliant Blue R; Indanthrene; Indanthrene Blue; Indanthrene Blue GP; Indanthrene Blue RP; Indanthrene Blue RS; Indanthrene Blue RSA; Indanthrene Blue RSN; Indanthren Printing Blue FRS; Indanthren Printing Blue KRS; Indanthrone; Lake Fast Blue BS; Lake Fast Blue GGS; Latexol Fast Blue SD; L-Blau 1; Lionogen Blue R; Lutetia Fast Blue RS; Medium Blue; Mikethrene Blue RSN; Mikethrene Brilliant Blue R; Monolite Fast Blue 3R; Monolite Fast Blue 3RD; Monolite Fast Blue RV; Monolite Fast Blue SRS; Navinon Blue RSN; Navinon Blue RSN Reddish Special; Nihonthrene Blue RSN; Nihonthrene Brilliant Blue RP; Ostanthren Blue RS; Ostanthren Blue RSN; Ostanthren Blue RSZ; Ostanthrene Blue RS; Palanthrene Blue GPT; Palanthrene Blue GPZ; Palanthrene Blue RPT; Palanthrene Blue

RPZ; Palanthrene Blue RSN; Palanthrene Brilliant Blue R; Palanthrene Printing Blue KRS; Paradone Blue RS; Paradone Brilliant Blue R; Paradone Printing Blue FRS; Pernithrene Blue RS; Pigment Anthraquinone Deep Blue; Pigment Blue 60; Polymon Blue 3R; Ponsol Blue GZ; Ponsol Blue RCL; Ponsol Blue RPC; Ponsol Brilliant Blue R; Ponsol RP; Romanthrene Blue FRS; Romantrene Blue FRS; Romantrene Blue GGSL; Romantrene Blue RSZ; Romantrene Brilliant Blue FR; Romantrene Brilliant Blue R; Sandothrene Blue NRSC; Sandothrene Blue NRSN; Sanyo Threne Blue IRN; Schultz No. 1228; Solanthrene Blue RS; Solanthrene Blue RSN; Solanthrene R for sugar; Symuler Fast Blue 6011; Tinon Blue RS; Tinon Blue RSN; Tyrian Blue I-RSN; Tyrian Brilliant Blue I-R; Vat Blue 4; Vat Blue O; Vat Blue OD; Vat Fast Blue R; Versal Blue GGSL; Vulcafix Fast Blue SD; Vulcafor Fast Blue 3R; Vulcanosine Fast Blue GG; Vulcol Fast Blue S; Vynamon Blue 3R;

- Summenformel:

$C_{28}H_{14}N_2O_4$

- Strukturformel:

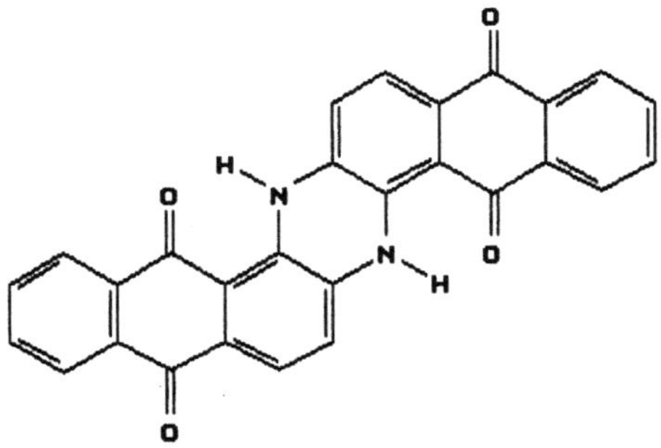

Funktion:

Pigment/Farbstoff/blau;

Verfahren:

Druckverfahren;

Anwendung:

Farbe;

Eigenschaften:

- toxikologisch/ökotoxikologisch:

RTECS # CB 8761100

WGK: 1

Sonstiges:

Mutagenitätsprüfung bei Ratte: negativ;LD 50 (oral, Ratte): 2000 mg/kg [428];LD 50 (intratrachial, Ratte): 250 mg/kg [428];[Sdb BASF]:LD 50 (oral, Ratte): >5000 mg/kgEC/LC 10 (Bakterien): 250 mg/l/ 1/2 hEC/LC 50 (Fisch, Goldorfe): >500 mg/l/96 h

- physikalisch/chemisch:

Schmelzpunkt: ca. 470 °C (Zers.)

Molmasse: 442,44 g/mol

Löslichkeit:

unlöslich in Wasser, Ethanol; schwer löslich in Alkohol, Ether; Praktisch unlöslich in organischen Lösungsmitteln; löslich in Schwefelsäure;

Bemerkung:

Blaue, kupferglänzende Nadeln (aus Nitrobenzol oder Chinolin);

Gehört zu der Gruppe der polycyclischen Pigmente (heterocyclisches Anthrachinon-Pigment);

Gehört zu der Pigmentklasse von Indanthron;

Gebrauch: Wird für Banknoten verwendet; zum Färben von Stoffen;

Indanthrene Blue R ist extrem stabil gegenüber Licht und Hitze, aber empfindlich gegenüber Chlor; Indanthrene Brilliant Blue FF ist weniger empfindlich gegenüber Chlor;

[Sdb BASF]:
Blaues, geruchloses Pulver; staubexplosionsfähig;

6,7-Dihydrocumarin-6-glucosid Hydrat

- **CAS-Nummer:**
  531-75-9
- **gebräuchliche Namen:**
  6,7-Dihydroxycumarin-(ß-D-glycopyranosid)-(6);Äsculin; Äsculin Monohydrat; Aesculin; Äskulin; Aesculin; Aeskulin;Esculin; Eskulin; Eskulin Hydrat;
- **Summenformel:**
  $C_{15}H_{16}O_9 * 1\frac{1}{2} H_2O$
- **Strukturformel:**

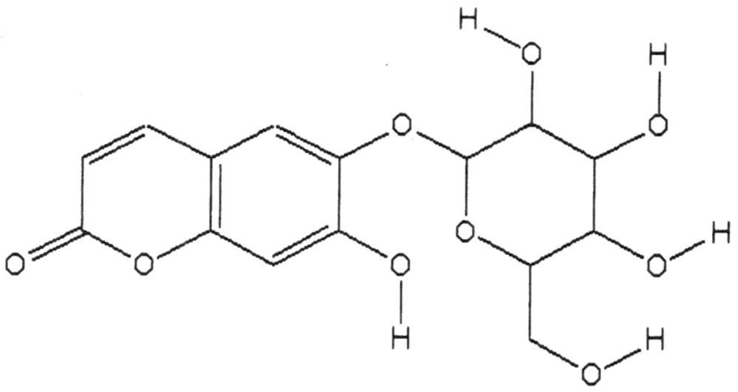

Verfahren:
Druckverfahren;

Eigenschaften:
- **toxikologisch/ökotoxikologisch:**
  Sonstiges:
  Wirkt schädigend bei Verschlucken; zu langes Ausgesetztsein kann Mus-kelzucken, Schwäche, Koordinationsverlust, erweiterte Pupillen, Er-brechen, Durchfall, Lähmungserscheinungen und Betäubung zur Folgehaben [187];

- **physikalisch/chemisch:**
  Schmelzpunkt: 203-205 °C
  Molmasse: 358,28 g/mol

  Löslichkeit:
  wenig löslich in Wasser, Ethanol, Diethylether; löslich in Trichlormethan (Chloroform), heißen Alkalien (mit blauer Floureszenz);

Verbleib nach Gebrauch:
Verbrennung nach Mischung mit brennbarem Lösemittel;

Bemerkung:
Weiße Pulver mit gelblichem Schimmer;
Isolierung aus Roßkastanienrinden;
Verwendung: als UV-Filter;

10,11-Dihydro-5H-dibenzo[a,d]cyclohepten-5-on

- CAS-Nummer:
1210-35-1
- gebräuchliche Namen:
DBS; Dibenzosuberon; 5-Dibenzosuberon;Dibenzo[a,d]cyclohepta-1,4-dien-5-on;
- Summenformel:
$C_{15}H_{12}O$

- Strukturformel:

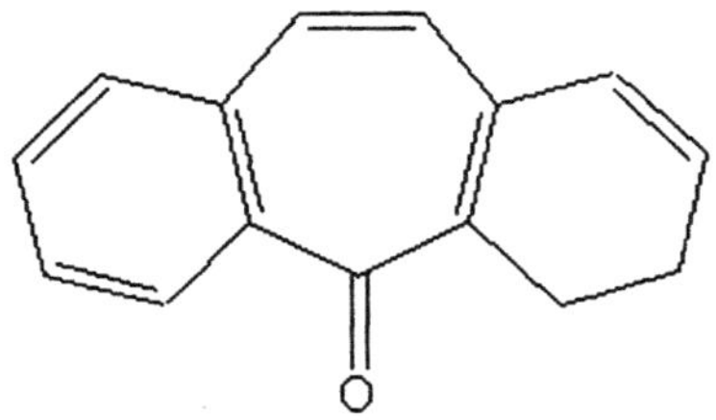

Funktion:
Additiv/Fotoinitiator;
Verfahren:
Druckverfahren;
Anwendung:
UV-Farben;

Eigenschaften:

- physikalisch/chemisch:
Schmelzpunkt: 32-34 °C
Siedepunkt: 148 °C (0,4 hPa)
Flammpunkt: > 112 °C
Brechungsindex: 1,6332 (20 °C)
Dichte: 1156 kg/m3 (20 °C)
Molmasse: 208,26 g/mol

Verbleib nach Gebrauch:
Verbrennung nach Mischung mit brennbarem Lösemittel;

Bemerkung:
Verwendung: in Druckfarben als Photoinitiator für UV-Farben;

1,2-Dihydroxyanthrachinon

- CAS-Nummer:
72-48-0
- gebräuchliche Namen:
Alizarin; Dioxianthrachinon; Dioxyanthrachinon; C.I. 58000; Pigment Rot 83 (C.I. 58000); Pigment Red 83;
- Handelsnamen:
Alizarin Rot B;
- Summenformel:
$C_{14}H_8O_4$

- **Strukturformel:**

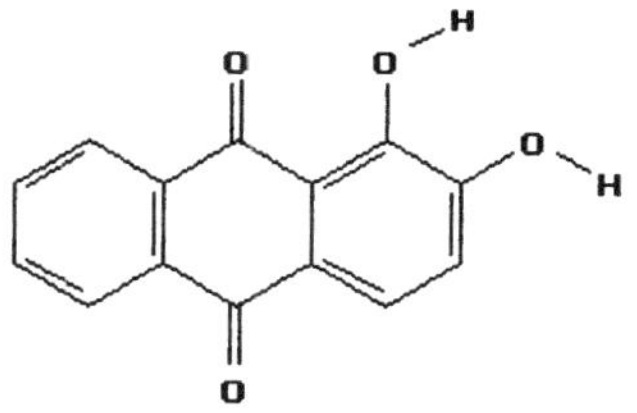

Funktion:
Pigment/Farbstoff/rot;
Verfahren:
Druckverfahren;

Eigenschaften:
- **toxikologisch/ökotoxikologisch:**
RTECS # CB 6580000
R-Satz: 36
S-Satz: 26
Sonstiges:
Wirkt schädigend beim Einatmen, Verschlucken oder Aufnahme über Haut; verursacht Augen- und Hautreizungen; reizt Schleimhäute und Atem wege [187];Laborversuche haben ein mutagenes Potential gezeigt [187];

- **physikalisch/chemisch:**
Schmelzpunkt: 289-290 °C
Siedepunkt: 430 °C (Subl.)
Molmasse: 240,23 g/mol

Löslichkeit:
sehr wenig löslich in Wasser; löslich in Ethanol, Diethylether, Propanon, Benzen, Laugen;

Verbleib nach Gebrauch:
Verbrennung nach Mischung mit brennbarem Lösemittel;

Bemerkung:
Orangerote Nadeln;
Pigment Rot 83 ist ein Calcium-Komplex mit 1,2-Dihydroxyanthrachinon;

1,2-Dihydroxybenzen

- **CAS-Nummer:**
120-80-9
- **gebräuchliche Namen:**
Brenzcatechin; Brenzkatechin; Catechol; Katechol; 1,2-Dihydroxybenzol; o-Dihydroxybenzol; Pyrocatechin; Pyrokatechin; Pyrocatechol; 1,2-Benzoldiol;
- **Summenformel:**
$C_6H_6O_2$

- **Strukturformel:**

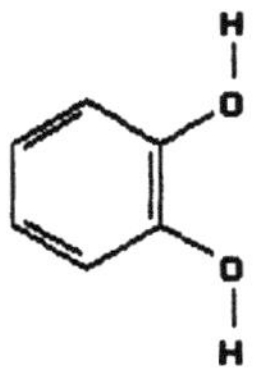

Funktion:
1.fotografischer Gerbentwickler;
Verfahren:
1.Druckformherstellung/Tiefdruck;
2.Druckformherstellung/Reprofotografie/Silber-Halogenid-Verfahren;
Anwendung:
1.Ätzung/Silberhalogenidverfahren;
2.Entwicklung;

Eigenschaften:
- **toxikologisch/ökotoxikologisch:**
RTECS # UX 1050000
WGK: 2
MAK Wert: 20 g/m3 (NL)
R-Satz: 21/22-36/38
S-Satz: (2)-22-26-37
Sonstiges:
TLV-TWA: 5 ml/m3 [40];CSB: 1829 mg/g [13];Wirkt schädigend beim Einatmen, Verschlucken oder Aufnahme über Haut; wirkt extrem zerstörerisch auf das Gewebe der Schleimhäute und Atemwege, Augen und Haut; Einatmung kann tödliche Folgen haben [187];Krebserzeugend im Tierversuch (Mäuse) [355];LD 50 (oral, Ratte): 260 mg/kg [428], 358 mg/kg [40], [634];LD 50 (dermal, Ratte): 600 mg/kg [634];LD Lo (subcutan, Ratte): 110 mg/kg [428], [634];LD 50 (oral, Maus): 260 mg/kg [428];LD 50 (subkutan, Maus): 247 mg/kg [428];LD 50 (intraperitoneal, Maus); 68 mg/kg [428], 70-200 mg/kg [634];LD Lo (intravenös, Hund): 40 mg/kg [428];LD Lo (oral, Hund): 130 mg/kg [428];LD 50 (Haut, Kaninchen): 800 mg/kg [40];LD Lo (oral, Kaninchen): 200 mg/kg [428];LD Lo (subkutan, Kaninchen): 225 mg/kg [428];LD 50 (oral, Säugetier): 240 mg/kg [428];LD Lo (oral, Katze): 100 mg/kg [428];LD 50 (oral, Meerschweinchen): 210 mg/kg [428];LD Lo (intraperitoneal, Meerschweinchen): 150 mg/kg;LD Lo (subkutan, Meerschweinchen): 200 mg/kg [428];LD Lo (subkutan, Frosch): 160 mg/kg [428];LD Lo (parenteal, Frosch): 160 mg/kg [428];

Gefahren-Symbol:

- **physikalisch/chemisch:**
Schmelzpunkt: 105 °C
Siedepunkt: 240 °C; 245 °C; 176 °C (133 hPa);
Flammpunkt: 137 °C; 127 °C (geschl.)
Dampfdruck: 1,3 hPa (75 °C) [187]; 13 hPa (118 °C) [5]; 0,04 hPa (20 °C); 0,1 hPa (35 °C)
Verdampfungswärme: 732,69 kJ/kg
Log pOW: 0,88; 1,01 [4]
Brechungsindex: 1,5403 (112-114 °C)
Dichte: 1344 kg/m3 (20 °C); 1371 kg/m3 (15 °C)
Molmasse: 110,112 g/mol

Löslichkeit:
Wasserlöslichkeit: 451 g/l (20 °C); 461,4 g/l (25 °C); 804 g/l (60 °C);

Bemerkung zu physikalisch/chemischen Daten:
Zündtemperatur: 510 °C;

Verbleib nach Gebrauch:
Verbrennung nach Mischung mit brennbarem Lösemittel;

Bemerkung:
Weiße Kristalle oder Blättchen;
Verwendung: In der Fotoindustrie als Entwicklersubstanz für hohe Kontraste (Röntgen-Schnellentwickler); in der Druckindustrie als Ent wicklersubstanz beim Silber-Halogenid-Verfahren; lokales Antiseptikum;

1,4-Dihydroxybenzenmonosulfonsäure (Kaliumsalz)

- CAS-Nummer:
21799-87-1
- gebräuchliche Namen:
2,5-Dihydroxybenzolsulfonsäure (Kaliumsalz); Kaliumhydrochinonmonosulfat; Hydrochinonsulfonsäure (Kaliumsalz); Hydrochinonmonosulfonsäure (Kaliumsalz);
- Handelsnamen:
DA-1;
- Summenformel:
$C_6H_5O_5KS$

Verfahren:
Druckverfahren;

Eigenschaften:
- toxikologisch/ökotoxikologisch:
Sonstiges:
Kann schädigend wirken beim Einatmen, Verschlucken oder bei Aufnahme überHaut; verursacht Augen- und Hautreizungen; reizt Schleimhäute undAtemwege [187];LD 50 (oral, Ratte): > 5000 mg/kg [24];LC 50 (Fisch, Pimephales promelas, 96 h): 10 mg/l () [3];LC 50 (Daphnia magna): 0,47 mg/l () [3];CSB: 0,98 g/g () [3]; BSB(5): 0,67 g/g () [3];Biologische Abbaubarkeit: nicht adaptiertes System : 100 mg/l und 1000 mg/l bewirken keinen Effekt, adaptiertes System: 118 mg/l biologisch abbaubar [3];(): Angaben für Natriumsalz

Gefahren-Symbol:

Xi

- physikalisch/chemisch:
Schmelzpunkt: 251 °C (zers.)
Molmasse: 228,27 g/mol

Verbleib nach Gebrauch:
Verbrennung nach Mischung mit brennbarem Lösemittel;

Bemerkung:
Weißes Pulver;

2,4-Dihydroxybenzophenon

- **CAS-Nummer:**
  131-56-6
- **gebräuchliche Namen:**
  4-Benzoylresorcin; (2,4-Dihydroxyphenyl)-phenylmethanon; Resbenzophenon; 4-Benzoylresorcinol; DHBP;
- **Handelsnamen:**
  Syntase 100; Uvinul 400; USAF ND-54; USAF DO-28; UF1; Syntase 100; Quinsorb 010; UV-Absorber DHB;
- **Summenformel:**
  $C_{13}H_{10}O_3$

- **Strukturformel:**

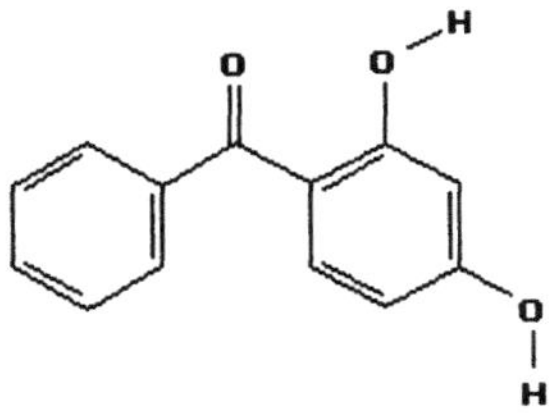

Funktion:
UV-Absorber;
Verfahren:
Druckverfahren;

Eigenschaften:
- **toxikologisch/ökotoxikologisch:**
  RTECS # DJ 0700000
  WGK: 2
  R-Satz: 36/37/38
  S-Satz: 26-36
  Sonstiges:
  Kann schädigend wirken beim Einatmen, Verschlucken oder Aufnahme über Haut; verursacht Augen- und Hautreizungen; reizt Schleimhäute und Atemwege [187];LD 50 (oral, Ratte): 7220 mg/kg [187]; 8600 mg/kg [428];LD 50 (intraperitoneal, Maus): 100 mg/kg [428];LD 50 (intravenös, Maus): 85 mg/kg [428];

  Gefahren-Symbol:

Xi

- **physikalisch/chemisch:**
  Schmelzpunkt: 144,5-147 °C
  Siedepunkt: 194 °C (1,33 hPa)
  Dichte: 820 kg/m3
  Molmasse: 214,22 g/mol

  Löslichkeit:
  unlöslich in Wasser; leicht löslich in Diethylether, Essigsäure; löslich in Ethanol; wenig löslich in kaltem Benzen;

Verbleib nach Gebrauch:
Verbrennung nach Mischung mit brennbarem Lösemittel;

Bemerkung:
Hell-gelbes Pulver; Nadeln (nach Umkristallisation aus Wasser);
Verwendung: in der Druckindustrie als UV-Absorber;
Enthalten in Sanduvor 3041 Dispersion Hue;

2,4-Diisocyanat-1-methylbenzen

- CAS-Nummer:
584-84-9
- UN Nummer:
2078*
- gebräuchliche Namen:
TDI; 2,4-Toluylendiisocyanat; 2,4-Diisocyanat-1-methylbenzol; 2,4-Diisocyanato-1-methylbenzen; 2,4-Diisocyanattoluen; 2,4-Toluoldiisocyanat; Toluylen-2,4-diisocyanat; 2,4-Diisocyanattoluol; Toluol-2,4-diisocyanat; 2,4-Toluendiisocyanat; 4-Methyl-3-phenylendiisocyanat; m-Tolylendiisocyanat; Toluylendiisocyanat;
- Handelsnamen:
Desmodur T 65; Desmodur T 80; Hylene TCPA; Hylene TM; Hylene TM-65; HyleneTRF; Lupranat T 80; Mondur TD; Mondur TD-80; Mondur TDS; Nacconate IOO; NCI-C50533; Niax TDI; Niax TDI-P; Rubinate TDI 80/20; 2,4-TDI; TDI-80; Voranate T-80 Type I; Voranate T-80 Typ II;
- Summenformel:
$C_9H_6N_2O_2$

- Strukturformel:

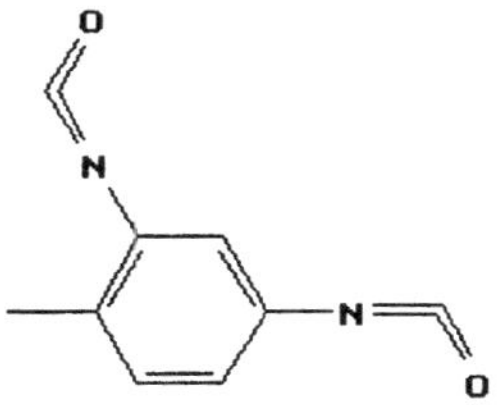

Funktion:
Monomer;
Verfahren:
Druckverfahren/Hochdruck;
Anwendung:
Druckformherstellung/Flexoplatten;

Eigenschaften:
- toxikologisch/ökotoxikologisch:
RTECS # CZ 6300000
WGK: 2
MAK Wert: 0,01 ml/m3 bzw. 0,072 mg/m3
R-Satz: 23-36/37/38-42
S-Satz: (1/2)-23-26-28-38-45
Sonstiges:
Einstufung und Kennzeichnung von Zubereitungen, in denen diese Substanz enthalten ist:20%<=C ¦¦> T; R23-36/37/38-422%<=C<20% ¦¦> T; R23-420.5%<=C<2% ¦¦> Xn; R20-42Spitzenbegrenzung: I [481]; Gefahr der Sensibilisierung der Atemwege [481];Dämpfe reizen Augen und Atemwege außerordentlich stark; nach anhaltender Einatmung hochkonzentrierter Dämpfe im Zusammmenhang mit Erhitzung der Flüssigkeit oder wenn bei Brand giftige Rauchgase

entstehen, Lungenödem möglich, das mit Verzögerung auftreten kann; Einwirkung der Flüssigkeit auf die Augen verursacht starke Reizungen; Reizzustände der Haut bei wiederholter und langanhaltender Einwirkung [163];Symptome: Tränenfluß, Nasenbrennen, Wundgefühl im Rachen, trockener Husten, asthmaähnliche Atemnotzustände.Kurzeinwirkung: 0,05 bis 1 ml/m3 bei 10-30 minütiger Einwirkung führen zu Reizzuständen an den Augen und den Atemwegen. [484];Geruchsschwelle: 0,05 ml/m3 [29];LD 50 (oral, Ratte): 5800 mg/kg [187];LC 50 (inhalativ, Ratte): 14 ml/m3/4 h [187];TC Lo (inhalativ, Mensch): 20 µl/m3/2 Jahre [187];TC Lo (inhalativ, Mensch): 300 ppt/8 h/5 Tage [428];TC Lo (inhalativ, Mensch): 500 ppb/2 Jahre [428];TC Lo (inhalativ, Mensch): 80 ppb [428];LC 50 (inhalativ, Meerschweinchen): 13 ml/m3/4 h [187];LC 50 (inhalativ, Maus): 10 ppm/4 h [428];LD 50 (intravenös, Maus): 56 mg/kg [428];LC 50 (inhalativ, Maus): 10 ml/m3/4 h [187];LD 50 (intravenös, Maus): 56 mg/kg [428];LD 50 (intravenös, Maus): 56 mg/kg [187]; LD 50 (oral, Vogel): 100 mg/kg [187];Toxisch für Wasserorganismen, LD 50/96 h 1-10 mg/l [484];LC 50 (Fisch; Pimephales promelas, 48 h): 172,1 mg/l [306];LC 50 (Fisch; Pimephales promelas, 96 h): 164,5 mg/l [306];

Gefahren-Symbol:

- **physikalisch/chemisch:**

Schmelzpunkt: 19,5-21,5 °C
Siedepunkt: 251 °C; 120 °C (13,33 hPa)
Flammpunkt: 135 °C
Dampfdruck: 0,02 hPa (20 °C); 0,03 hPa (25 °C); 0,033 hPa (25 °C)
Brechungsindex: 1,5689 (20 °C)
Dichte: 1225 kg/m3 (20 °C); 1214 kg/m3
Molmasse: 174,16 g/mol

Löslichkeit:
unlöslich in Wasser, reagiert jedoch mit Wasser;

Bemerkung zu physikalisch/chemischen Daten:
*: In der UN-Liste klassifiziert unter Toluoldiisocyanat [484];

Verbleib nach Gebrauch:
Verbrennung nach Mischung mit brennbarem Lösemittel;

Bemerkung:
Klare, farblose bis leicht gelbliche Flüssigkeit oder fester Stoff; starker stechender Geruch;
Bildet im dampf-/gasförmigen Zustand mit Luft explosionsfähige Gemische;
Explosionsgrenzen: 0,9 - 9,5 Vol.-l% ; Zündtemp.: 620 °C [163];
Reagiert heftig bei Kontakt mit Aminen, Alkoholen, Säuren; TDI wird i.d.R. als tech. Isomerengemisch eingesetzt; Hauptkomponenten sind 2,4- und 2,6-Toluylendiisocyanat; die Handelsformen unterscheiden sich durch den Schmelzpunkt;
Verwendung: zur Herstellung von Polyurethanschaumstoffen und Lacken;

Dikaliumhydrogenphosphat

- **CAS-Nummer:**
  7758-11-4
- **gebräuchliche Namen:**
  Dikaliumhydrogenphosphat; sec.-Kaliumphosphat;sek.-Kaliumphosphat; di-Kaliumhydrogenphophat;
- **Summenformel:**
  K_2HPO_4

Funktion:
Schwaches Entwickleralkali;
Verfahren:
Druckformherstellung/Reproduktionsfotografie;

Eigenschaften:
- toxikologisch/ökotoxikologisch:
Sonstiges:
LD 50 (oral, Maus): 1700 mg/kg [634];

- physikalisch/chemisch:
Schmelzpunkt: 340°C (zers.) [634]
Molmasse: 174,18 g/mol

Löslichkeit:
Wasser 1600 g/l (20 °C) [634]; leicht löslich in Ethanol;

Bemerkung zu physikalisch/chemischen Daten:
anorganisch, fest [634];

Verbleib nach Gebrauch:
Sondermüll-Deponie, wasserunlösliche Feststoffe und Flüssigkeiten nach Neutralisation (nur für Kleinmengen);

Dimethoxymethan

- CAS-Nummer:
109-87-5
- UN Nummer:
1234
- gebräuchliche Namen:
Dimethylformal; Formaldehyddimethylacetal; Formal; Methylal; Methanaldimethylacetal; Methylendimethylether; Methylenglycoldimethylether; Methylenglykoldimethylether;
- Summenformel:
$C_3H_8O_2$

- Strukturformel:

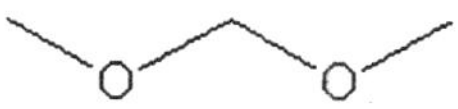

Funktion:
Lösungsmittel;
Verfahren:
Druckverfahren;

Eigenschaften:
- toxikologisch/ökotoxikologisch:
RTECS # PA 8750000;
Schweizer Giftliste: 4
MAK Wert: 1000 ml/m3 bzw. 3200 mg/m3
R-Satz: 12
S-Satz: 7/9-16

Sonstiges:
Spitzenbegrenzung n.b. [481];Dämpfe wirken betäubend und reizen Augen und Atemwege; in hohen Konzen-trationen können die Dämpfe die Luft verdrängen, so daß Erstickungs-gefahr entsteht; Kontakt mit der Flüssigkeit reizt Augen und Haut,wirkt entfettend an der Haut; allgergische Hautreaktionen; Leber- undNierenschäden möglich [163];LC 50 (inhal., Ratte): 15000 ml/m3 [9];LD 50 (oral, Kaninchen): 5708 mg/kg [187];

Gefahren-Symbol:

- physikalisch/chemisch:
Schmelzpunkt: - 105 °C
Siedepunkt: 43 °C
Flammpunkt: - 18 °C
Dampfdruck: 434 hPa (20 °C) [9]
Verdampfungswärme: 375,82 kJ/kg
Log pOW: 0,00 [4]
Brechungsindex: 1,3541 (20 °C)
Dichte: 860 kg/m3 (20 °C)
Molmasse: 76,10 g/mol
Verdunstungszahl: 23,1 (BuAc = 1) [9]

Löslichkeit:
Wasser 300 g/l (20 °C); mischbar mit Ethanol und Diethylether;

Verbleib nach Gebrauch:
Verbrennung, hochentzündliche Stoffe;

Bemerkung:
Farblose, hygroskopische, chloroformartig riechende Flüssigkeit;
Bildet im dampf-/gasförmigen Zustand mit Luft explosionsfähige Gemische;
Explosionsgrenzen:
1,6 - 17,6 Vol.% ; Zündtemp.: 237 °C [9];
2,2 - 13,8 Vol.% ; Zündtemp.: 235 °C [163];
In wasserfreier Form ist durch Einwirkung von Luftsauerstoff die Bildung von explosiven Peroxiden möglich; verdünnte Alkalien zerstören die Peroxide;
Verwendung: technisches Lösemittel;

2,2-Dimethoxy-2-phenylacetophenon

- CAS-Nummer:
24650-42-8
- gebräuchliche Namen:
w,w-Dimethoxy-w-phenylacetophenon; Benzil-α,α-dimethylketal;
- Handelsnamen:
Irgacure 651;
- Summenformel:
$C_{16}H_{16}O_3$

Funktion:
Additiv/Fotoinitiator;
Verfahren:
Druckverfahren/Hochdruck;
Anwendung:
Druckformherstellung/Flexoplatten; Fotopolymerdruckplatten; UV-Farben;

Eigenschaften:
- toxikologisch/ökotoxikologisch:
Sonstiges:
Kann schädigend wirken beim Einatmen, Verschlucken oder bei Aufnahme überHaut; kann Reizungen verursachen [187];

- physikalisch/chemisch:
Schmelzpunkt: 67-70 °C
Molmasse: 256,30 g/mol

Verbleib nach Gebrauch:
Verbrennung nach Mischung mit brennbarem Lösemittel;

Bemerkung:
Weißes Pulver; lichtempfindlich;
Verwendung: in Druckfarben als Photoinitiator für UV-Farben;

Dimethyladipat

- CAS-Nummer:
627-93-0
- gebräuchliche Namen:
Adipinsäuredimethylester; Dimethylhexandioat; Methyladipat; Hexandisäuredimethylester; Hexandionsäuremethylester;
- Handelsnamen:
DBE - 6 Dicarbonsäureester;
- Summenformel:
$C_8H_{14}O_4$

- Strukturformel:

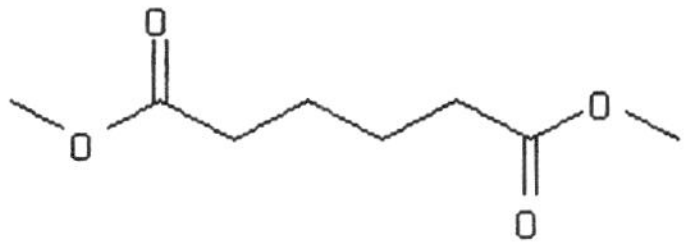

Eigenschaften:
- toxikologisch/ökotoxikologisch:
RTECS # AV 1645000
WGK: 1
Sonstiges:
Kann bei empfindlichen Personen Haut- und Augenreizungen verursachen. Wiederholte oder andauernde Einwirkung: verschwommenes Sehvermögen. [Sdb Lemro];LD 50 (intraperitoneal, Ratte): 1809 mg/kg [428][Sdb Lemro]Dicarbonsäureester:LD 50 (oral, Ratte): 8191 mg/kg LD 50 (dermal, Kaninchen): >2250 mg/kg LC 50 (Elritze): 18-24 mg/l/96 h LC 50 (Daphnie): 112-150 mg/l/48 h Adipinsäuredimethylester:ALD (dermal, Kaninchen): >200 mg/kgALD (oral, Ratte): 7500 mg/kg Tierexperimentelle Befunde: Mäßige Augenreizung, schwache Hautreizung.Tierversuche

zeigten keine erbgutverändernden oder fruchtschädigende Effekte. Übermäßige Einwirkung kann Reizung der oberen Atemwege, unscharfes Sehvermögen, Unwohlsein, übermäßigen Tränenfluß und Hautausschlag verursachen;

- physikalisch/chemisch:
Schmelzpunkt: 8 °C
Siedepunkt: 109-110 °C (18,66 hPa); 215-225 °C
Flammpunkt: 107 °C; 102
Dampfdruck: 0,06 hPa (20 °C) [Sdb Lemro];
Brechungsindex: 1,4285 (20 °C)
Dichte: 1063 kg/m3
Molmasse: 174,20 g/mol

Löslichkeit:
Wasser: 25 g/l (25 °C) [Sdb]; löslich in Ether, Tetrachlorkohlenstoff, Essigsäure;

Verbleib nach Gebrauch:
Verbrennung nach Mischung mit brennbarem Lösemittel;

Bemerkung:
Farblose Flüssigkeit, süßlicher Geruch;
Reagiert bei Kontakt mit starken Oxidationsmitteln, Säuren und Basen. Zersetzt sich beim Erhitzen.
Dämpfe können mit Luft ein explosionsfähiges Gemisch bilden.
Explosionsgrenzen: 0,8-8,1 Vol.-%; Selbstentzündungstemp.: 360 °C.
Enthalten in DBE Dicarbonsäureester (13-19%), DBE-3 (89%), -2 (23%), -6 (89%), -9 (1,5%), Starsol (12-23%);

2,5-Dimethylaminobenzen

- CAS-Nummer:
95-78-3
- gebräuchliche Namen:
2,5-Dimethylanilin; Amino-p-xylol; p-Xylidin;
- Summenformel:
$C_8H_{11}N$

- Strukturformel:

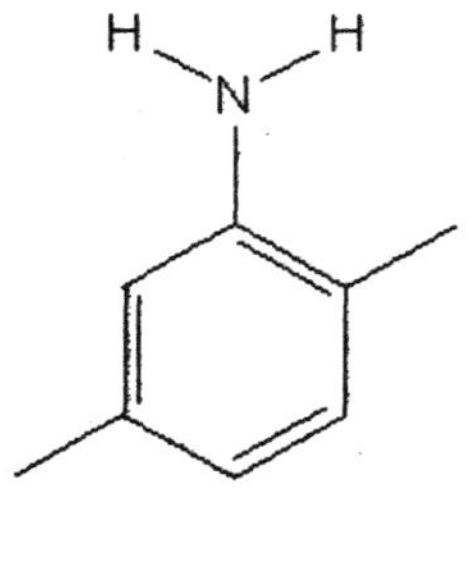

Verfahren:
Druckformherstellung/Flachdruck;

Eigenschaften:
- toxikologisch/ökotoxikologisch:
RTECS # ZE 9100000;
R-Satz: 23/24/25-33
S-Satz: 28-36/37-44

Sonstiges:
Krebserzeugend 3 [481]; Gefahr der Hautresorption [481];Kann letal wirken bei Einatmung, Verschlucken oder Aufnahme über Haut;Dämpfe reizen Augen, Schleimhäute und Atemwege; verursacht Hautreiz-ungen; Aufnahme in den Körper führt zur Bildung von Methämoglobin,was in ausreichender Konzentration zu Cyanose (Blausucht) führt [187]LD 50 (oral, Ratte): 1297 mg/kg [187];

Gefahren-Symbol:

- physikalisch/chemisch:
Schmelzpunkt: 15,5 °C
Siedepunkt: 218 °C
Flammpunkt: 93 °C
Brechungsindex: 1,5591 (21,3 °C)
Dichte: 979,0 kg/m3 (21,3 °C)
Molmasse: 121,181 g/mol

Löslichkeit:
löslich in heißem Wasser;

Verbleib nach Gebrauch:
Verbrennung nach Behandlung mit Soda und gelöschtem Kalk und Mischung mit Alkali;

Bemerkung:
Gelbe bis braune Flüssigkeit;

2-Dimethylaminoethanol

- CAS-Nummer:
108-01-0
- UN Nummer:
2051
- gebräuchliche Namen:
N,N-Dimethylethanolamin; Deanol; ß-Hydroxyethyldimethylamin; DMEA; ß-Dimethylaminoethylalkohol; 2-(Dimethylamino)-ethanol; Dimethylethanolamin; Dimethylaminoethanol; 2-Dimethylaminoethanol;
- Handelsnamen:
DNAE; Ametol M21; Bimanol; Deanol; Dimethol; Kalpur P; Liparon; norcholin; Propamin A; Texacat DME;
- Summenformel:
$C_4H_{11}NO$

- Strukturformel:

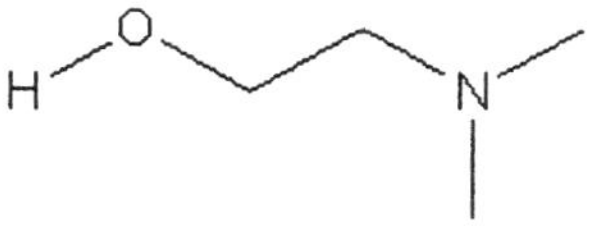

Funktion:
Lösungsmittel;
Verfahren:
Druckverfahren;

Eigenschaften:
- toxikologisch/ökotoxikologisch:
RTECS # KK 6125000
Schweizer Giftliste: 4
WGK: 1
R-Satz: 10-36/37/38
S-Satz: (2)-28
Sonstiges:
Dämpfe reizen sehr stark Augen und Atemwege; Kontakt mit der Flüssigkeit führt zu Verätzung der Augen und Haut; Hautresorption! [163];LD 50 (oral, Ratte): 2000 mg/kg [187], 2340 mg/kg [9]; 1802-2170 mg/kg [634]; LC 50 (inhalativ, Maus): 3250 mg/kg [187];LD 50 (Haut, Kaninchen): 1370 mg/kg [9]; 1220-3135 mg/kg [634];LD 50 (Wasserorganismen): 100-10 mg/l / 96 Std. [484]

Gefahren-Symbol:

Xi

- physikalisch/chemisch:
Schmelzpunkt: -70 °C; <-40 °C; -59 °C
Siedepunkt: 133 °C; 132-135 °C
Flammpunkt: 40 °C; 41 °C; 38 °C; 39 °C
Dampfdruck: 5,6 hPa (20 °C) [29]; [484]; 133,29 hPa (100 °C) [187]; 0,05-0,06 hPa (20 °C) [6
Log pOW: -0,727; -0,55 (23 °C); -0,53 [634]
Brechungsindex: 1,4300 (20 °C)
Dichte: 887 kg/m3 (20 °C); 886 kg/m3 (20 °C)
Molmasse: 89,14 g/mol
Verdunstungszahl: 0,5 (BuAc = 1) [9]

Löslichkeit:
löslich in Wasser, Ethanol, Methanol, Diethylether, Propanon, Benzen;

Bemerkung zu physikalisch/chemischen Daten:
Explosionsgrenzen: 1,4-12,2 Vol%; Zündtemperatur: 245 °C [634];
Mengenangaben: 50000-100000 Tonnen;

Verbleib nach Gebrauch:
Verbrennung;

Bemerkung:
Farblose, ammoniakähnlich riechende Flüssigkeit; brennbar;
Bildet im dampf-/gasförmigen Zustand mit Luft explosionsfähige Gemische;
Explosionsgrenzen: 7,1-13,4 Vol.-%; Zündtemp.: 295 °C [9]; 293 °C [484];
Sehr aktiver Stoff, der bei Kontakt mit vielen anderen Stoffen reagiert. Bei Kontakt mit sauerstoffreichem Material (starken Oxidationsmitteln) kann heftige Reaktion erfolgen. [484]
Verwendung: technisches Lösemittel, photographische Industrie, pharmazeutische Industrie, Wachse, Stoffe zur pH-Regulierung; Korrosionshemmer;
Enthalten in Urad DD26 (2,5%);

Dimethylbenzen (Isomerengemisch)

- CAS-Nummer:
1330-20-7
- UN Nummer:
1307
- gebräuchliche Namen:
Xylol; Dimethylbenzol; Xylen; Xylol, Gemisch aus den Isomeren o-, m- und p-Xylol; Reinxylol; Methyltoluol; Reinxylen; Methyltoluen; Xylen, Gemisch aus den Isomeren o-, m- und p-Xylen;
- Handelsnamen:
Solvent Xylene; Dilan; Violet 3;
- Summenformel:
C_8H_{10}

- Strukturformel:

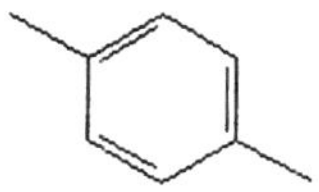

Funktion:
1.- 3.Lösungsmittel;
Verfahren:
1.Druckverfahren/Hochdruck direkt/Flexodruck;
2.Druckverfahren/Durchdruck direkt/Siebdruck;
3.Druckverfahren/Tiefdruck;
Anwendung:
Druckfarbe;
2.Durchdruckfarben;
3.Verpackungstiefdruckfarben; Wasch- und Reinigungsmittel;

Eigenschaften:
- toxikologisch/ökotoxikologisch:
RTECS # ZE 2100000
Schweizer Giftliste: 4
WGK: 2
MAK Wert: 440 mg/m3 bzw. 100 ml/m3; 435 mg/m3 [634]
R-Satz: 10-20/21-38
S-Satz: (2)-25
Sonstiges:
Einstufung und Kennzeichnung von Zubereitungen, in denen diese Substanz enthalten ist:20%<=C ¦¦> Xn; R20/21-3812.5%<=C<20% ¦¦> Xn; R20/21Gefahr der Hautresorption [481]; Spitzenbegrenzung: II,1 [481]; Schwangerschaftsgruppe D [481]; BAT-Wert: 1,5 mg/l [481];Schwangerschaft Gruppe D [481];vgl. Abschn. VIII;Geruchsschwelle 0,5 ml/m3 [484], [163];Gesundheitsschädlich beim Einatmen und bei Berührung mit der Haut. Reizt die Haut [EXXON-Sdb];Nervengift; niedrige Dampfkonzentration: Kopfschmerz, Schwindel, Brechreiz, Reizwirkung auf Atemwege und Magen-Darm-Kanal;Höhere Dampfkonzentration: Rausch- und Erregungszustände, bald tiefe Bewußtlosigkeit, dann Atemlähmung und Krämpfe möglich; Dämpfe schädigen das Zentralnervensystem; alkoholunverträglichkeit;LD Lo (oral, Mensch): 50 mg/kg [428];TC Lo (inhalativ, Mensch): 200 ml/m3 [428];LC Lo (inhalativ, Mann): 10000 ml/m3/6 h [428];LD 50 (oral, Ratte): 5000 mg/kg [32], 4300 mg/kg [428];LC 50 (inhalativ, Ratte): 6700 ml/m3/4 h [187], 5000 ml/m3/4 h [428];LD 50 (intraperitoneal, Ratte): 2459 mg/kg [428];LD 50 (subcutan, Ratte): 1700 mg/kg [428];LD Lo (oral, Maus): 6000 mg/kg [428];LD 50 (intraperitoneal, Maus): 1548 mg/kg [428];LD 50 (Haut, Kaninchen): >1700 mg/kg [428], >4350 mg/kg [634];LD Lo (intravenös, Kaninchen): 129 mg/kg [428];LC Lo (inhalativ, Meerschweinchen): 450 ml/m3 [428];LD Lo (intraperitoneal, Meerschweinchen): 2000 mg/kg [428];LD 50 (oral, Säugetier): 4300 mg/kg [428];LC 50 (inhalativ, Säugetier): 30000 mg/m3 [428];Toxische Grenzkonzentration für Pseudomonas putida, Scenedesmus quadricaude, Uronema parduczi, Entosiphon sulcatum >160

mg/l [36];LC 50 (Fisch, Goldorfe): 308/86 mg/l [33]LC 100 (Fisch, Goldorfe): 352/103 mg/l [33];Trinkwassergefährdung bei Eindringen größerer Mengen in Erdreich und Gewässer [32];

Gefahren-Symbol:

- physikalisch/chemisch:

Schmelzpunkt: -48 °C; >-34 °C; -54 °C; -47,9-13,3 °C [634]
Siedepunkt: 137-144 °C; 137-140 °C; 138,3-141,4 °C (10130 hPa) [634]
Flammpunkt: 27 °C; 25-30 °C *; ca. 25 °C (geschlossener Tiegel) [634]
Dampfdruck: 8 hPa (20 °C) [32]; 8,6 hPa (20 °C) [367]; 7-9 hPa (20 °C) [484]
Log pOW: 2,77-3,15 [634]
Brechungsindex: 1,4960-1,4990 (20 °C)
Dichte: 865 kg/m3 (20 °C); 840 kg/m3 (25 °C)
Molmasse: 106,167 g/mol
Verdunstungszahl: 0,6 (BuAc = 1) [9]; 0,7 (BuAc = 1) [105]; 13,5 (Diethylether = 1) [19];

Löslichkeit:
Wasserlöslichleit: 0,2 g/l (20 °C), 146-175 mg/l (25 °C) [634]; leicht löslich in Ethanol, Diethylether;

Bemerkung zu physikalisch/chemischen Daten:
* Verunreinigungen verringern den Flammpunkt für das techn. Produkt bis unterhalb 17 °C [484];

Verbleib nach Gebrauch:
Verbrennung, hochentzündliche Stoffe;

Bemerkung:
Klare, farblose Flüssigkeit mit benzolähnlichem Geruch; brennbar; aromatischer Geruch [EXXON-Sdb];
Bildet im dampf-/gasförmigen Zustand mit Luft explosionsfähige Gemische;
Explosionsgrenzen:
1,1-8 Vol.-%; Zündtemp.: ca. 465 °C [32];
1-7,0 Vol.-%; Zündtemp.: 465 °C [484]; >450 °C [EXXON-Sdb];
Explosionsgrenzen und Zündtemperatur variieren mit der Zusammensetzung;
Dimethylbenzen greift Gummi an und löst es auf;
Der Stoff reagiert bei Kontakt oder Mischung mit sauerstoffreichem Material (starken Oxidationsmitteln), konzentrierten Salpeter- und Schwefelsäuren sowie geschmolzenem Schwefel;
Gummi wird angegriffen und aufgelöst [484];
Verwendung: technisches Lösemittel; Mineralölindustrie; Metallgewinnung, -aufarbeitung und -verarbeitung; Farben- und Lackindustrie; Haushaltsbereich; Kraftstoffe und -zusätze;

Enthalten in Ama (90%), Amra (90%), Antibubble LT (1,2%), Antifloat F-113 (1,94%), Anti-Terra-P, U, U 80, Byk-051, -053, -070, -306, -310 (75%), -335, -344, -371 (60%), -P 104, Bykanol-N, Bykumen, Cerafak 59 (48,7%), 100 (45%), 106 (40%), 106 Stab (37,8%), 151 (75%), Ceramat 240 (7,8%), 241 (39%), Crodapol O-25X (30%), Dicalite WB 5 (75%), WF-AB (75%), Disparlon 1970 (55%), 4200-10 (50-100%), 6900-20X (32%), A630-20X (25-50%), KS 860 (35,5%), KS 873 N (25%), NS 30 (42,5%), OX-60 (10-25%), OX-720 (10-25%), Disperbyk-101 (6%), -160 (60%), -162 (12%), -163 (31%), Efka-N (29%), -21 (95%), -22 (67%), -777 (30%), Necires EPX-L2 (3-4%), Fisantrol 3000 (28%), 3440 (31%), U/1 (46%), Hardlen 163-LR, Heucoflow (30%), -M10 (23%), -M10/02 (23%), -11001 W (30%), Irgacor 153 (30%), Intercoat VPP 154 (85,75%), VPE 154 (5,63%), (Jäger Antihydro Trockner (1,7%), HK Trockner (1,7%), OB Trockner (1,7%), 3.3 Trockner (2,4%), Weißtrockner (2,4%),Lactimon (43%), Lanco-Antimar 56 (21%), -Disperse 10 UN (22,5%), -Disperse 11 (1,2%), -Flow L (5%), -Flow S (37%), -Glidd AH (54,37%), -Glidd CX (54%), -Glidd KXB (57,6%), -Glidd KX (60%), -Glidd ML (20,25%), -Glidd PPL (26,94%), -Glidd WM (46,13%), -Optiblend UL 4 (1,35%), Luba-print A 620 (30%), 749 (41,25%), B 15/XB (41,25%), T-152 (7,2%), 246/A (33,75%), Metolat LA 524 (25-50%), M-P-A 1078X (50-100%), 2000X (50-

100%), X (50-100%), Multiflow (50%), Parlock PM 05 (<10 %);Sanduvor 3212, Tinuvin 384 (5%), Ultralube VP-411/12 (70-80%), Urad DD72 (1,1%);

Kautschukchemikalien: enthalten in Parflock P11 (40-50 %); Parlock PC12 (60-64 %);

2,3-Dimethyl-2,3-butandiol

- CAS-Nummer:
76-09-5
- gebräuchliche Namen:
Pinakon; Pinakol; 2-Methyl-2,4-pentandiol;Hexylglykol; Tetramethyl-ethylenglykol;
- Summenformel:
$C_6H_{14}O_2$

- Strukturformel:

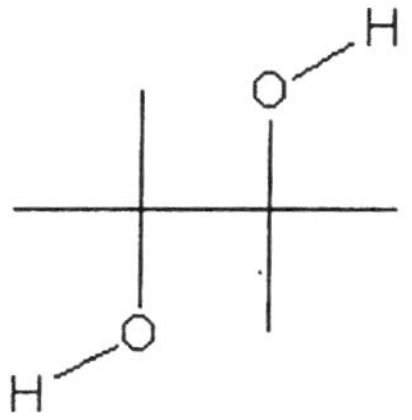

Funktion:
Lösungsmittel;
Verfahren:
Druckverfahren;

Eigenschaften:
- toxikologisch/ökotoxikologisch:
RTECS # EK1720000;
R-Satz: 38
Sonstiges:
Hautreizend;LD 50 (oral, Ratte): 3,7 g/kg [9]

Gefahren-Symbol:

- physikalisch/chemisch:
Schmelzpunkt: 39-42 °C
Flammpunkt: 77 °C
Dampfdruck: 0,03 hPa [9]
Molmasse: 118,18 g/mol
Verdunstungszahl: 0,003 (BuAc = 1) [9]

Löslichkeit:
mischbar mit Wasser [9];

Verbleib nach Gebrauch:
Verbrennung nach Mischung mit brennbarem Lösemittel;

2,6-Dimethyl-4-heptanol

- CAS-Nummer:
108-82-7
- gebräuchliche Namen:
Di-iso-butylcarbinol; sec.-Nonylalkohol; sek.-Nonylalkohol;
- Summenformel:
$C_9H_{20}O$

- Strukturformel:

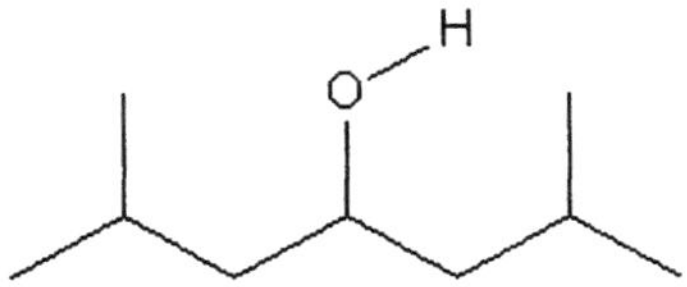

Funktion:
Lösungsmittel;
Verfahren:
Druckverfahren;

Eigenschaften:
- toxikologisch/ökotoxikologisch:
RTECS # MJ 3325000
Sonstiges:
LD 50 (oral, Ratte): 3160 mg/kg [9];LD 50 (Haut, Kaninchen): 4600 mg/kg [9];

- physikalisch/chemisch:
Schmelzpunkt: - 65 °C
Siedepunkt: 172-175 °C
Flammpunkt: 74 °C
Dampfdruck: 0,28 hPa (20 °C) [9]
Brechungsindex: 1,423 (21 °C)
Dichte: 809 kg/m3 (21 °C)
Molmasse: 144,26 g/mol
Verdunstungszahl: 0,04 (BuAc = 1) [9]

Löslichkeit:
Wasser 0,6 g/l (20 °C); löslich in Ethanol, Diethylether;

Bemerkung:
Klare, gelbliche, campherartig riechende Flüssigkeit; brennbar;
Bildet im dampf-/gasförmigen Zustand mit Luft explosionsfähige Gemische;
Explosionsgrenzen: 0,8 - 6,1 Vol% ; Zündtemp.: 252 °C [9];
Verwendung: Lösungsmittel;

2,6-Dimethyl-4-heptanon

- CAS-Nummer:
108-83-8
- UN Nummer:
1157
- gebräuchliche Namen:
iso-Valerone; Isovalerone; Diisobutylketon; Isobutylketon; DIBK; sym-Diisopropylaceton; 1,3-Diisopropylaceton; 2,6-Dimethylheptan-4-on;
- Handelsnamen:
Valerone; Shell DIBK;
- Summenformel:
$C_9H_{18}O$

- Strukturformel:

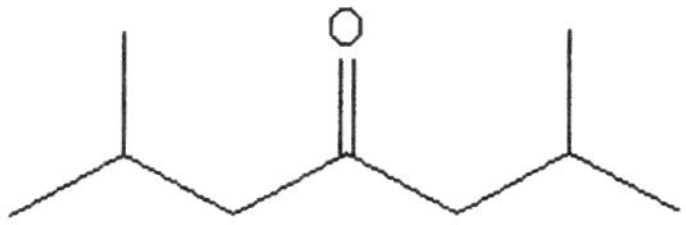

Funktion:
Lösungsmittel;
Verfahren:
Druckverfahren;

Eigenschaften:
- toxikologisch/ökotoxikologisch:
RTECS # MJ 5775000
Schweizer Giftliste: 4
WGK: 1
R-Satz: 10-37
S-Satz: (2)-24
Sonstiges:
Einstufung und Kennzeichnung von Zubereitungen, in denen diese Substanz enthalten ist:10%<=C ¦> Xi; R37Dämpfe reizen Augen und Atemwege; in hohen Konzentrationen narkotische Wirkung; Kontakt mit der Flüssigkeit bewirkt Reizung der Augen und leichte Reizung der Haut [163]; [484];Symptome: Brennen der Augen, der Nasen- und Rachenschleimhäute sowie der Haut. Husten, Kopfschmerzen, Übelkeit, Erbrechen, Benommenheit, Bewußtlosigkeit, Atemstillstand [484];Beim Verschlucken mit anschließendem Erbrechen kann Aspiration in die Lunge erfolgen, was zur chemischen Pneumonie oder zur Erstickung führen kann. Verursacht Retadierung des Zentralnervensystems (Depression der CNS), trockene Haut (Dermatitis). [Sdb Shell];LD 50 (oral, Ratte): 5750 mg/kg [9], 5800 mg/kg [634];LD 50 (Haut, Kaninchen): 16000 mg/kg [9], 16200 mg/kg [634];[Sdb Shell]IC 50 (Fisch): >100 mg/l/96 h EC 50 (Wasserfloh): >100 mg/l/48 h IC 50 (Algen): >100 mg/l/8 d Bemerkung: Die angegebenen Wertungen sind Schätzungen;Im Süßwasser leicht abbaubar; im Meerwasser potentiell abbaubar;

Gefahren-Symbol:

Xi

- physikalisch/chemisch:
Schmelzpunkt: -42 °C; -41,5 °C (DIBK); -49 °C (DIBK-Gem.)
Siedepunkt: 165-166 °C; 163-175 °C (DIBK); 168 °C (DIBK); 169 °C (DIBK-G

Flammpunkt: 49 °C; 47 °C (DIBK); 48 °C (DIBK-Gem.)
Dampfdruck: 2,2 hPa (20 °C) [9]; 2,27 hPa (20 °C) (DIBK); 2 hPa (20 °C) (DIBK-Gem.) [484];
Log pOW: 2,9-3,1 (geschätzt), (DIBK) [Sdb Shell];
Brechungsindex: 1,4111 (25 °C)
Dichte: 791 kg/m3 (25 °C); 806-812 kg/m3 (20 °C);
Molmasse: 142,24 g/mol
Verdunstungszahl: 0,18 (BuAc = 1) [9]; 0,2 (nBuAc = 1) (DIBK) [Sdb];

Löslichkeit:
Wasser 0,5 g/l (20 °C); mischbar mit Ethanol, Diethylether;
Sehr geringfügig mischbar mit Wasser (0,6 g/l (20 °C) (DIBK), 0,42 g/l (20 °C) (DIBK-Gem.) [484];
0,05 Gew.-% (20 °C) [Sdb];

Verbleib nach Gebrauch:
Verbrennung;

Bemerkung:
Farblose Flüssigkeit, esterartiger Geruch [Sdb];
Klare, farblose Flüssigkeit; unangenehmer, süßlicher Geruch [484];
Bildet im dampf-/gasförmigen Zustand mit Luft explosionsfähige Gemische;
Explosionsgrenzen: 0,8-6,2 Vol.-%; Zündtemp.: 418 °C [9]; 345 °C (DIBK-Gem.) [484];
1,1-6,2 Vol.-%; Zündtemp.: 345 °C [163]; (DIBK) [484];
0,8-6,2 Vol.-%; Zündtemp.: 345 °C (DIBK) [Sdb];
Diisobutylketon bildet keine Peroxide. Der Stoff reagiert bei Kontakt mit sauerstoffreichem Material (Oxidationsmitteln), starken Reduktionsmitteln und starken Basen [484];
Verwendung: technisches Lösemittel;
Shell DIBK ist ein Gemisch zweier Isomeren: 2,6-Dimethyl-4-heptanon (CAS-Nr. 108-83-8) und 4,6-Dimethyl-2-heptanon (CAS-Nr. 19549-80-5) [Sdb];
Enthalten in Byk-066 (99%), -354 (5%), -P 104 (5%), Efka-66 (5%), -63 (5%), -64 (5%), 65 (5%);

N,N-Dimethylmethanamid

- CAS-Nummer:
68-12-2
- UN Nummer:
2265
- gebräuchliche Namen:
Ameisensäuredimethylamid; Dimethylformamid; N,N-Dimethylformamid; DMF; Formyldimethylamid; N,N-Dimethylameisensäureamid; N-Formyldimethylamin;
- Handelsnamen:
NSL 5356; U-4224; NCI-C 60913;
- Summenformel:
C_3H_7NO

- Strukturformel:

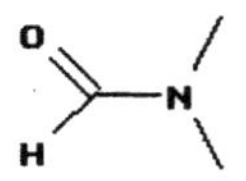

Funktion:
Lösungsmittel;
Verfahren:
Kopierverfahren/elektron. Verfahren direkt/Ink-Jet;
Anwendung:
Farbe;

Eigenschaften:
- toxikologisch/ökotoxikologisch:
RTECS # LQ 2100000
Schweizer Giftliste: 3
WGK: 1
MAK Wert: 30 mg/m3 bzw. 10 ml/m3
R-Satz: 61-20/21-36
S-Satz: 53-45
Sonstiges:
Zu diesem Stoff liegt ein BUA-Stoffbericht Nr. 84 vor.Spitzenbegrenzung: II,1 [481]; Gefahr der Hautresorption [481]; Schwangerschaftsgruppe B [481]; BAT-Wert: 15 mg/l [481]; Repr.Cat.2 [505];Dämpfe reizen stark Augen und Atemwege; Kontakt mit der Flüssigkeit führt zu Reizung der Augen und Haut; Flüssigkeit wird leicht über die Haut aufgenommen (Hautresorption!); Leber- und Nierenschäden möglich [163];LD 50 (oral, Ratte): 2800 mg/kg [187], [428];LD 50 (intraperitoneal, Ratte): 1400 mg/kg [428];LD 50 (subcutan, Ratte): 3800 mg/kg [428];LD 50 (intravenös, Ratte): 2000 mg/kg [428];LD 50 (oral, Maus): 3700 mg/kg [428];LC 50 (inhalativ, Maus): 9400 mg/kg [428], [187];LD 50 (intraperitoneal, Maus): 650 mg/kg [428];LD 50 (subcutan, Maus): 4500 mg/kg [428];LD 50 (intravenös, Maus): 2500 mg/kg [428];LD 50 (intramuskulär, Maus): 3900 mg/kg[428];LD 50 (Haut, Kaninchen): 4720 mg/kg [187], [428];LD 50 (intraperitoneal, Kaninchen): 1000 mg/kg [428];LD 50 (intravenös, Kaninchen): 1800 mg/kg [428];LD Lo (intraperitoneal, Meerschweinchen): 4000 mg/kg [428];LD 50 (intravenös, Meerschweinchen): 1050 mg/kg [428];LD 50 (intravenös, Hund): 470 mg/kg [428];LD 50 (intraperitoneal, Katze): 500 mg/kg [428];

Gefahren-Symbol:

- physikalisch/chemisch:
Schmelzpunkt: -55 °C; -61 °C
Siedepunkt: 153 °C
Flammpunkt: 58 °C
Dampfdruck: 4 hPa (25 °C) [163]
Log pOW: -1,01 [4]
Brechungsindex: 1,42938 (22,4 °C)
Dichte: 950 kg/m3 (20 °C)
Molmasse: 73,094 g/mol

Löslichkeit:
mischbar mit Wasser und den meistgebräuchlichen organischen Lösungsmitteln; löslich in Ether, Propanon, Benzen, Trichlormethan [428];

Bemerkung zu physikalisch/chemischen Daten:
T(krit.): 374 °C [428];

Verbleib nach Gebrauch:
Verbrennung;

Bemerkung:
Farblose, leicht bewegliche, wasseranziehende Flüssigkeit; schwacher aminartiger Geruch; brennbar;
fischartiger Geruch [428];
Bei starker Erwärmung bilden sich giftige und explosionsfähige Gemische;
Explosionsgrenzen: 2,2-16 Vol.-%; Zündtemp.: 440 °C [163], [484];
Kann bei Kontakt mit halogenierten Kohlenwasserstoffen und mit sauerstoffreichem Material (starken Oxidationsmitteln) sehr heftig reagieren;
Verwendung: als Lösemittel für Polymere, Gase (z.B. Ethen, Ethin, Schwefelwasserstoff, Schwefeldioxid), Farbstoffe;
Enthalten in Efka-781 (5%);

Dimethylpolysiloxan

- CAS-Nummer:
9016-00-6

- gebräuchliche Namen:
PDMS; MQ; Silicon-Gummi; Silikonkautschuk; Silikon-Kautschuk; Polydimethylsiloxan; Silikonöl; Silicenöl; Dimeticon; Dimethylpolysiloxan; Dimethylsiloxan; α-(Trimethylsily)-ω-methyl-poly-[oxy(dimethylsilylen)];

- Handelsnamen:
Abil 10-100000; Aeropax; AF-10 FG; AF 60; AF 9020; Akrochem SWS-201; Antifoam A; Barus; Bicolon; Ceolat; Delesan; Dimethicon; Endo-Paractol; Lefox; Masil EM; Meteorex; Mylicon; Mylocon; Ovol Phasil; Polysilon; Sab Simplex; Silain; Siligaz; SF; Silikon Fluid; Foamkill 810F; Foamkill 830F; Silicone Release Agent #5038; Simethicon; SM; Union Carbide; Viscasil;

- Summenformel:
$C_6H_{18}OSi_2(C_2H_6OSi)_n$

- Strukturformel:

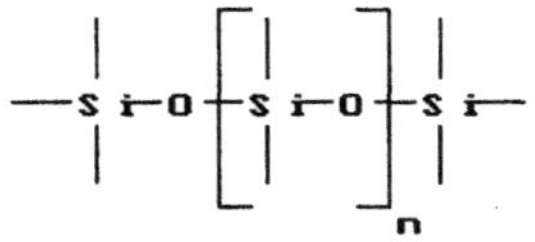

Funktion:
3.oberflächenaktive Substanz; hitzebeständig;

Verfahren:
1.Druckverfahren/Flachdruck indirekt/Offsetdruck;
2.Druckverfahren/Hochdruck;
3.Kopierverfahren/elektr. Verfahren;

Anwendung:
1.Druckformherstellung;
2.Druckformherstellung/Flexoplatten;
3.Toner;

Eigenschaften:

- toxikologisch/ökotoxikologisch:
RTECS # TQ 2690000
Sonstiges:
Kann schädigend wirken beim Einatmen, Verschlucken oder Aufnahme über Haut; kann Augen- und Hautreizungen verursachen [187];LD (intraperitoneal, Ratte): >2000 mg/kg [428];TD Lo (implantiert, Ratte): 1500 mg/kg [428];LD (subcutan, Ratte): >2000 mg/kg [428];LD (intrapleural, Ratte): >2000 mg/kg [428];LD (intraperitoneal, Maus): >5500 mg/kg [428];LD (subcutan, Maus): >5500 mg/kg [428];LD (intrapleural, Maus): > 5500 mg/kg [428];LD (intrapleural, Hund): >410 mg/kg [428];LD (subcutan, Hund): >410 mg/kg [428];LD (implantiert, Hund): >410 mg/kg [428];

- physikalisch/chemisch:
Siedepunkt: >149 °C; 203 °C
Flammpunkt: 203 °C
Brechungsindex: 1,4030 (20 °C); 1,3770 (20 °C)
Dichte: 980 kg/m3 (20 °C)

Löslichkeit:
nicht mischbar mit Wasser, Ethanol; mischbar mit Trichlormethan, Diethylether;

Verbleib nach Gebrauch:
Verbrennung nach Mischung mit brennbarem Lösemittel;

Bemerkung:
Weiße, viskose, ölartige Flüssigkeit;
Bestandteil von Pharmazeutika und Kosmetik [573];

Dimethylsuccinat

- **CAS-Nummer:**
106-65-0
- **gebräuchliche Namen:**
Bernsteinsäuredimethylester; Butandisäuredimethylester;
- **Handelsnamen:**
DBE-4 Dicarbonsäureester;
- **Summenformel:**
$C_6H_{10}O_4$
- **Strukturformel:**

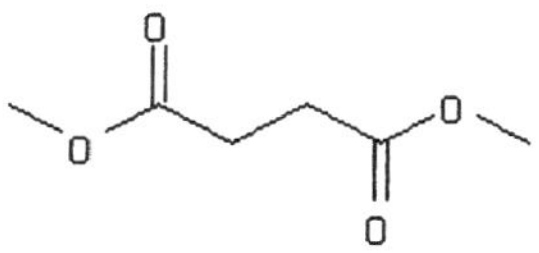

Eigenschaften:
- **toxikologisch/ökotoxikologisch:**
RTECS # WM 7675000
WGK: 1
Sonstiges:
[Sdb Lemro]Kann bei empfindlichen Personen Haut- und Augenreiz verursachen; Wiederholte oder andauernde Einwirkung: verschwommenes Sehvermögen.Übermäßige Einwirkung: reizt obere Atemwege und Augen, unscharfes Sehvermögen, übermäßiger Tränenfluß,, Hautausschlag, Unwohlsein;Tierversuche zeigten keine erbgutverändernden oder fruchtschädigenden Effekte. Biologisch leicht abbaubar;Dicarbonsäureester:LD 50 (oral, Ratte): 8191 mg/kg, >5000 mg/kg;LD 50 (dermal, Kaninchen): >2250 mg/kg, >5000 mg/kg, 6892 mg/kg [634]; LC 50 (Elritze): 18-24 mg/l/96 h;LC 50 (Daphnia): 112-150 mg/l/48 h;

- **physikalisch/chemisch:**
Schmelzpunkt: 18-19 °C
Siedepunkt: 200 °C; 196°C
Flammpunkt: 85 °C; 94 °C, 72 °C
Dampfdruck: 0,39 hPa (20 °C) [SdB Lemro]; 0,03 hPa (20 °C); 30 hPa (96 °C)
Log pOW: 0,19 (25 °C); 0,35 (25 °C)
Brechungsindex: 1,4190 (20 °C)
Dichte: 1127 kg/m3 (25 °C); 1121 kg/m3 (20 °C); 1110 kg/m3 (25 °C)
Molmasse: 146,14 g/mol

Löslichkeit:
Wasser: 7,5 g/l (20 °C), 131 g/l (25 °C); löslich in Alkohol, Ether, Propanon, Tetrachlorkohlenstoff;

Verbleib nach Gebrauch:
Verbrennung;

Bemerkung:
Farblose Flüssigkeit, süßlicher Geruch;
Bildet im dampf-/gasförmigen Zustand mit Luft explosionsfähige Gemische;
Explosionsgrenzen: 1,0-8,5 Vol.-%; Zündtemperatur: 365 °C, 457 °C [634];

Reagiert bei Kontakt mit starken Oxidationsmitteln, Säuren und Basen [Sdb Lemro];
Enthalten in DBE-3 Dicarbonsäureester (0,5%), -2 (0,5%), -9 (25%), DBE (20-26%), Starsol (15-25%);

Dinatriumhydrogenphosphat

- CAS-Nummer:
7558-79-4
- gebräuchliche Namen:
di-Natriumhydrogenphosphat; Dinatriumphosphat;Dinatrium-ortho-phosphat; sec.-Natriumphosphat;sek.-Natriumphosphat; Natriumphosphat zweibasisch;
- Summenformel:
Na_2HPO_4

Verfahren:
1.Druckformherstellung/Flachdruck indirekt/Kleinoffsetdruck;
2.Druckformherstellung/Durchdruck direkt/Siebdruck;

Eigenschaften:
- toxikologisch/ökotoxikologisch:
RTECS # WC 4500000;
WGK: 1
Sonstiges:
Kann schädigend wirken beim Einatmen, Verschlucken oder bei Aufnahme überHaut; verursacht Haut- und Augenreizungen [187];LD 50 (oral, Ratte): 17 g/kg [187];Toxische Grenzkonzentration für Daphnia magna « 59 mg/l [390];

- physikalisch/chemisch:
Schmelzpunkt: 48,1 °C (- 5 Wasser) (*)
Dichte: 1679 kg/m3 (20 °C) (*)
Molmasse: 141,96 g/mol

Löslichkeit:
Wasser 1040 g/l (40 °C) (*); unlöslich in Ethanol (*);

Bemerkung zu physikalisch/chemischen Daten:
(*): Angaben für Dinatriumhydrogenphosphat-7-hydrat, CAS-Nr.: 7782-85-6

Verbleib nach Gebrauch:
Sondermüll-Deponie, wasserunlösliche Feststoffe und Flüssigkeiten nach Neutralisation (nur für Kleinmengen);

Bemerkung:
Weiße Granulate und Pulver; hygroskopisch;
Verwendung: in der Fotoindustrie als Bestandteil verschiedener Farbfilm-behandlungslösungen zur Einstellung des pH-Wertes;

Di-(n-hexyl)-azelat

- CAS-Nummer:
109-31-9
- gebräuchliche Namen:
DNHZ; Azeleinsäure-di-(n-hexyl)-ester;di-(n-Hexyl)-azelat;
- Handelsnamen:
Morflex 460; Plastolein 9051 DNHZ;
- Summenformel:
$C_{21}H_{40}O_4$

- Strukturformel:

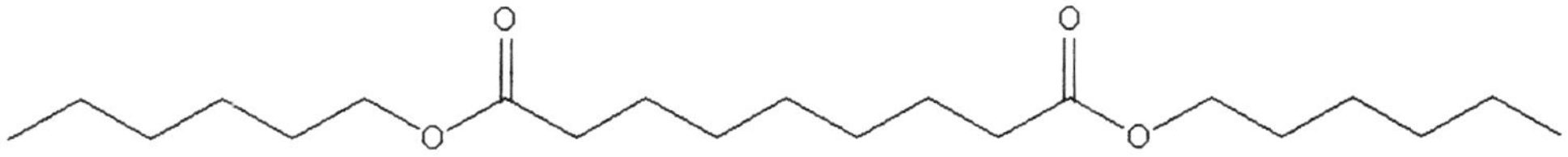

Funktion:
Additv/Weichmacher;
Verfahren:
Druckverfahren;
Anwendung:
Farbe;

Eigenschaften:

- physikalisch/chemisch:
Schmelzpunkt: -23 °C
Siedepunkt: 216 °C
Flammpunkt: 204 °C
Dichte: 930 kg/m3 (25°C)
Molmasse: 356 g/mol

Di-oktylmaleat

- CAS-Nummer:
2915-53-9
- gebräuchliche Namen:
DOM; Malonsäure-(di-oktyl)-ester;di-oktyl-Maleat; di-Oktylmaleat;
- Handelsnamen:
PX-538;
- Summenformel:
$C_{20}H_{36}O_4$

Funktion:
Additv/Weichmacher;
Verfahren:
Druckverfahren;
Anwendung:
Farbe;

Eigenschaften:
- physikalisch/chemisch:
Schmelzpunkt: -85 °C
Siedepunkt: 160 °C
Flammpunkt: 182 °C
Dichte: 940 kg/m3 (25°C)
Molmasse: 340 g/mol

Diolein

- CAS-Nummer:
25637-84-7
- gebräuchliche Namen:
Glycerin-1,2-dioleat; Glycerin-1,3-dioleat;(Z)-9-Octadecansäure-1,2,3-propantriol-diester;
- Summenformel:
$C_{39}H_{72}O_5$

Eigenschaften:
- physikalisch/chemisch:
Molmasse: 621,00 g/mol

Bemerkung:
Verwendung: Oberflächenaktiver Stoff; Zusatz in Detergentien;

1,4-Dioxan

- CAS-Nummer:
123-91-1
- UN Nummer:
1165
- gebräuchliche Namen:
Dioxan; p-Dioxan; 1,4-Diethylendioxid; 1,4-Dioxacyclohexan; 1,4-Diethylenether; Glykolethylether; Dioxyethylenether; Tetrahydro-p-dioxin; Diether des Glykols; Diethylenether; Diethylendioxid; Tetrahydro-1,4-dioxin; [1,4]-Dioxan;
- Summenformel:
$C_4H_8O_2$

- Strukturformel:

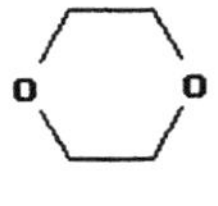

Funktion:
Lösungsmittel;
Verfahren:
Druckverfahren;

Eigenschaften:
- toxikologisch/ökotoxikologisch:
RTECS # JG 8225000
Schweizer Giftliste: 4
WGK: 2
MAK Wert: 73 mg/m3 bzw. 20 ml/m3
R-Satz: 11-19-36/37-40
S-Satz: (2)-16-36/37

Sonstiges:
Einstufung und Kennzeichnung von Zubereitungen, in denen diese Substanz enthalten ist:20%<=C ¦¦> Xn; R40-36/371%<=C<20% ¦¦> Xn; R40Zu diesem Stoff liegt ein BUA-Stoffbericht Nr. 80 vor.Carc.Cat. 3 [505]; IMK: II;Karzinogen [187]; Spitzenbegrenzung: I [481]; Gefahr der Hautresorption [481]; Krebserzeugend 4 [481]; Schwangerschaftsgruppe D [481];300 ml/m3 für 15 min. verursachten leichte Reizung der Augen sowie der Nasen- und Rachenschleimhäute [163];Nierengift (schwere Nierenschäden z.T. mit tödlichem Ausgang) [30];Dämpfe wirken in hohen Konzentrationen narkotisch und führen zu schweren Leber- und Nierenschäden; reizen Augen, Atemwege und Lunge; Hautresorption! [163], [484];Geruchsschwelle: 3ml/ m3 [163], [484]; 470 ml/m3 eingeatmet führen zum Tod [9];LC Lo (inhalativ, Mensch): 470 ml/m3 [187];LD 50 (oral, Ratte): 4200 mg/kg [187], 5170 mg/kg [9], 7120 mg/kg [428], 4690-8080 mg/kg [634]; LC 50 (inhalativ, Ratte): 46 g/m3/2 h [187];LD 50 (intraperitoneal, Ratte): 799 mg/kg [428];LD 50 (oral, Maus): 5700 mg/kg [428], 5700-5850 mg/kg [634];LC 50 (inhalativ, Maus): 37000 mg/m3/2 h [428];LD 50 (intraperitoneal, Maus): 790 mg/kg [428];LD 50 (oral, Katze): 2000 mg/kg [428];LD 50 (oral, Kaninchen): 1000-2600 mg/kg [634]; LD 50 (Haut, Kaninchen): 7600 mg/kg [187], 7900 mg/kg [9];LD 50 (intravenös; Kaninchen): 1000-1500 mg/kg [634];Toxische Grenzkonzentration für Pseudomonas putida 2700 mg/l, Scenedesmus quadricauda 5600 mg/l [36];LC 50 (Daphnia magna): 4700 mg/l [6];LC 50 (Fisch, Goldorfe): 9630/8450 mg/l [33];LC 100 (Fisch, Goldorfe): 15450/9790 mg/l [33];nicht biologisch abbaubar [596];

Gefahren-Symbol:

- physikalisch/chemisch:

Schmelzpunkt: 11,3 °C; 10 °C; 11,8 °C; 12 °C
Siedepunkt: 101,4 °C; 100-102,5 °C
Flammpunkt: 12 °C; 11 °C
Dampfdruck: 41 hPa (20 °C) [32], [484]; 4,13 hPa (20 °C), 80,62 hPa (35 °C) [596]
Verdampfungswärme: 406,33 kJ/kg
Log pOW: -0,27; -0,492; -0,42 (20 °C) [596]; -0,58; -0,42 [634];
Brechungsindex: 1,4323 (20 °C)
Dichte: 1032,9 kg/m3 (20 °C); 1033,6 kg/m3 (20 °C); 1034 kg/m3 (20 °C)
Molmasse: 88,106 g/mol
Verdunstungszahl: 2,7 (BuAc = 1) [9]

Löslichkeit:
mischbar mit Benzen, Chlorkohlenwasserstoff, n-Heptan [596];
mischbar mit Wasser, Ethanol, Diethylether;

Verbleib nach Gebrauch:
Verbrennung, hochentzündliche Stoffe;

Bemerkung:
Farblose, niedrichviskose, hygroskopische, leicht entzündbare, schwach etherisch riechende Flüssigkeit; zyklischer Ether, gutes Lösungsmittel, stabil [596];
Farblose Flüssigkeit; etherähnlicher Geruch; bei Temperaturen unter 10 °C fester Stoff [484];
Bildet im dampf-/gasförmigen Zustand mit Luft explosionsfähige Gemische;
Explosionsgrenzen: 1,9-22,5 Vol.-%; Zündtemperatur: 375 °C [484], [32];
Explosionsgrenzen: 1,7-25,2 Vol-%; Zündtemperatur: 300 °C [634];
Gefährdungsgruppe I lt. ASAO 728; Gefahrklasse B I (DDR);
Achtung, Dioxan kann - insbesondere in wasserfreier Form - bei Einwirkung von Luft - explosive Peroxide bilden [484];
Bildet mit Wasser u. Ethanol azeotrope Gemische, mit Brom, Jod, Säuren, Halogeniden u. versch. org. Stoffen Additionsverbindungen; Chlorierungsprodukte des 1,4-Dioxans werden als Schädlingsbekämpfungsmittel eingesetzt;
Wegen Neigung zur Peroxidbildung Aufbewahrung in dunklen Gefäßen oder Stabilisierung mit Eisen(II)sulfat;

Verboten in kosmetischen Mitteln;
Verwendung: Lösemittel für Celluloseacetat und -nitrat, Celluloseethylether, Fette, Wachse, Harze, Chlorkautschuk und Lacke; ferner als Extraktionsmittel, bes. für pharmazeutische Präparate; als Inhibitor für -> 1,1,1-Trichlorethan;
Verwendung: als Lösemittel in Pharmaindustrie, zur Lösung von Acetylcellulose, Chlorkautschuk, Farben, Klebstoffen, Textilhilfsmitteln und Detergentien, zur Extraktion, Messungen optischer Aktivität, Herstellung von Membranfiltern, Stabilisator von chlorierter Kohlenwasserstoffe [596];
Atmosphärische Halbwertszeit etwa 3 - 4 h in Gegenwart von Stickoxiden und Sonnenlicht [407];

2,4-Diphenyl-1,3-cyclobutandicarbonsäure

- CAS-Nummer:
490-20-0
- gebräuchliche Namen:
α-Truxillsäure;
- Summenformel:
$C_{18}H_{16}O_4$

- Strukturformel:

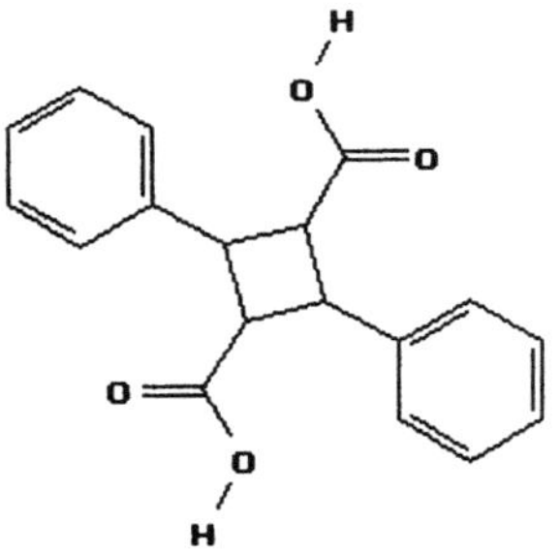

Funktion:
Additiv/Fotoinitiator;
Verfahren:
Druckformherstellung;
Anwendung:
Filmbeschichtung/Emulsion;

Eigenschaften:

- physikalisch/chemisch:
Schmelzpunkt: 285 °C
Siedepunkt: subl.

Löslichkeit:
wenig löslich in heißem Wasser

Bemerkung:
2,4-Diphenyl-1,3-cyclobutandicarbonsäure (Isomerengemisch)
-> CAS-Nummer: 4462-95-7;

3,4-Diphenyl-1,2-cyclobutandicarbonsäure

- **CAS-Nummer:**
  528-34-7
- **gebräuchliche Namen:**
  ß-Truxinsäure;
- **Summenformel:**
  $C_{18}H_{16}O_4$

- **Strukturformel:**

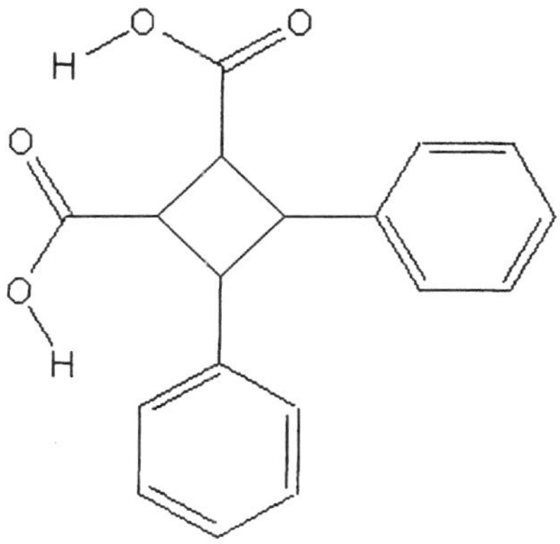

Funktion:
Pigment/Farbstoff/lichtempfindliche Schicht (photodimerisierbar);
Verfahren:
Druckformherstellung;
Anwendung:
Filmbeschichtung/Emulsion;

Eigenschaften:

- **physikalisch/chemisch:**
  Schmelzpunkt: 209-210 °C
  Siedepunkt: Zers.
  Molmasse: 296,33 g/mol

  Löslichkeit:
  löslich in Ethanol, Eisessig;

Bemerkung:
Kristalle (nach Umkristallisation aus Ethanol);

3,4-Diphenyl-1,2-cyclobutandicarbonsäure (Isomerengemisch)
-> CAS-Nummer: 4482-52-4

Diphenylether

- CAS-Nummer:
101-84-8
- gebräuchliche Namen:
Phenylether; Diphenyloxid; 1,1'-Oxybisbenzen; DPO; Phenyloxybenzen;
- Summenformel:
$C_{12}H_{10}O$

- Strukturformel:

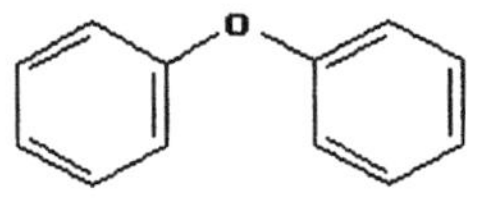

Verfahren:
Druckverfahren/Hochdruck;
Anwendung:
Druckformherstellung/Flexoplatten;

Eigenschaften:
- toxikologisch/ökotoxikologisch:
RTECS # KN 8970000;
Schweizer Giftliste: 4
WGK: 2
MAK Wert: 1 ml/m3 bzw. 7,1 mg/m3
Sonstiges:
Spitzenbegrenzung: n.b. [481]; Schwangerschaftsgruppe IIc [481];Kann schädigend wirken bei Einatmung, Verschlucken oder Aufnahme überHaut; kann Reizungen verursachen [187];Keine toxischen Effekte oder Reizungen bei 4,9 ml/m3 (7 h/Tag), Augen-und Nasenschleimhautreizung bei 10 ml/m3 (7 h/Tag) bei Ratten undKaninchen, nicht bei Hunden [243];LD 50 (oral, Ratte): 3370 mg/kg [187];

- physikalisch/chemisch:
Schmelzpunkt: 28 °C; 27 °C
Siedepunkt: 252 °C; 257 °C
Flammpunkt: > 112 °C;115 °C
Dampfdruck: 1012,99 hPa (257,9 °C) [187]; 0,1 hPa (30 °C)
Log pOW: 4,21; 4,36 [4]
Brechungsindex: 1,5809 (20 °C)
Dichte: 1070,6 kg/m3 (25 °C)
Molmasse: 170,210 g/mol

Löslichkeit:
unlöslich in Wasser; Wasserlöslichkeit: 21 mg/l (25 °C); löslich in Trichlormethan (Chloroform), Benzen (Benzol); leicht löslich in Ethanol; mischbar mit Diethylether;

Verbleib nach Gebrauch:
Verbrennung nach Mischung mit brennbarem Lösemittel;

Bemerkung:
Geraniumartig riechende Kristalle (nach Umkristallisation aus Ligroin);
Verwendung: in der Druckindustrie im Bereich der Druckformherstellung/ Flexoplatten;

Diphenylmethanon

- CAS-Nummer:
119-61-9
- gebräuchliche Namen:
Diphenylketon; Benzophenon; Benzoylbenzen; α-Oxodiphenylmethan, α-Oxoditane;
- Summenformel:
$C_{13}H_{10}O$

- Strukturformel:

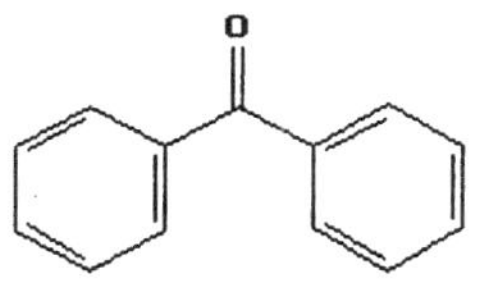

Funktion:
1.Fotosensibilisator;
2.Additiv/Fotoinitiator;
Verfahren:
Druckverfahren/Hochdruck;
Anwendung:
1.Fotopolymerdruckplatten;
2.UV-Farben;

Eigenschaften:
- toxikologisch/ökotoxikologisch:
RTECS # DI 9950000
Schweizer Giftliste: 4
Sonstiges:
Kann schädigend wirken beim Einatmen, Verschlucken oder Aufnahme über Haut; Dämpfe reizen Augen, Schleimhäute und Atemwege; verursacht Hautreizungen [187];LD 50 (oral, Maus): 2895 mg/kg [187, 428];LD 50 (oral, Ratte): > 10000 mg/kg [428];LD 50 (intraperitoneal, Maus): 727 mg/kg [428];

- physikalisch/chemisch:
Schmelzpunkt: 48,1 °C (a); 26,5 °C (allotrope Verb.) (b)
Siedepunkt: 305,4 °C
Log pOW: 3,18; 3,58 [4]
Brechungsindex: 1,5975 (53,5 °C) (a); 1,60596 (23,4 °C) (b)
Dichte: 1110,8 kg/m3 (18 °C)
Molmasse: 182,221 g/mol

Löslichkeit:
unlöslich in Wasser; Ethanol (97 %) 169,5 g/l (18 °C), Diethylether 247 g/l (13 °C); Eisessig 192 g/l (15 °C); löslich in Trichlormethan, Propanon und Benzen;

Bemerkung zu physikalisch/chemischen Daten:
(a): rhombische Prismen (nach Umkristallisation aus Ethanol oder Diethlether);
(b): monokline Kristalle (Schmelze);

Verbleib nach Gebrauch:
Verbrennung nach Mischung mit brennbarem Lösemittel;

Bemerkung:
Weiße Stückchen;
Verwendung: in der Druckindustrie als Fotosensibilisator;

Dipropylenethandiol

- CAS-Nummer:
110-98-5
- gebräuchliche Namen:
Dipropylenglycol; Dipropylenglykol; 2,2'-Dihydroxy-iso-propylether; 1,1'-Oxidi-2-propanol; Bis-(2-hydroxypropyl)-ether; 2,2'-Dihydroxy-dipropylether; 2,2'-Dihydroxyisopropylether; 1,1'-Oxibis(2-propanol); 1,1'-Oxydi-2-propanol; 1,1'-Oxybis-2-propanol; 1,1'-Oxy-bis-propan-2-ol;
- Summenformel:
$C_6H_{14}O_3$

- Strukturformel:

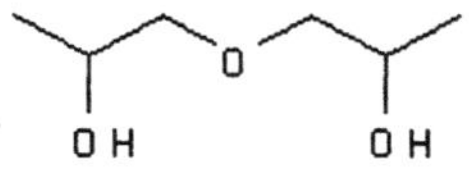

Funktion:
Lösungsmittel; Bindemittel;
Verfahren:
Druckverfahren/Hochdruck direkt/Buchdruck;

Eigenschaften:
- toxikologisch/ökotoxikologisch:
RTECS # UB 8785000
Schweizer Giftliste: 4
WGK: 0
Sonstiges:
Nur bei hohen Temperaturen sind Dampfkonzentrationen möglich, die zurReizung der Augen und Atemwege führen können; Kontakt mit der Flüssigkeit bewirkt Reizung der Augen und leichte Reizung der Haut; bei Einnahme durch den Mund narkotische Wirkung möglich [163];LD 50 (oral, Ratte): 14850 mg/kg [9];LD 50 (Haut, Kaninchen): > 20400 mg/kg [9];

- physikalisch/chemisch:
Schmelzpunkt: -40 °C; -20 °C;
Siedepunkt: 231,8 °C
Flammpunkt: 138 °C; 134 °C;
Dampfdruck: 0,01 hPa (20 °C) [9], [484];
Dichte: 1025 kg/m3 (20 °C)
Molmasse: 134,18 g/mol
Verdunstungszahl: < 0,001 (BuAc = 1) [9]

Löslichkeit:
löslich in Wasser; mischbar mit Ethanol, Diethylether;

Verbleib nach Gebrauch:
Verbrennung nach Mischung mit brennbarem Lösemittel;

Bemerkung:
Klare, farb- und fast geruchlose Flüssigkeit; hygroskopisch; brennbar;
Bildet im dampf-/gasförmigen Zustand mit Luft explosionsfähige Gemische;
Explosionsgrenzen: 2,9-12,6 Vol.-%; Zündtemp.: 350 °C [163]; 310 °C [484];
Stoff kann bei Kontakt mit sauerstoffreichem Material (Oxidationsmitteln) reagieren [484];
Verwendung: technisches Lösemittel;

Dipropylenethandiolmethylether

- CAS-Nummer:
34590-94-8
- gebräuchliche Namen:
Dipropylenglycolmethylether; Dipropylenglykolmethylether; Dipropylenglycolmonomethylether; (2-Methoxymethylethoxy)-propanol; 1,4-Dimethyl-3,6-dioxa-1-heptanol; 1(2-Methoxyisopropoxy)-2-propanol; 2-Methoxymethylethoxypropanol; Bis(2-methoxypropyl)-ether;
- Handelsnamen:
Dowanol DPM; Ucar Solvent 2 LM;
- Summenformel:
$C_7H_{16}O_3$

Eigenschaften:
- toxikologisch/ökotoxikologisch:
Schweizer Giftliste: 4
WGK: 1
MAK Wert: 50 ml/m3 bzw. 310 mg/m3
R-Satz: 36/38
Sonstiges:
Bei üblichen Umgebungstemperaturen nur geringe Entwicklung von Dämpfen; bei Erhitzung der Flüssigkeit ist jedoch mit Dampfkonzentrationen zu rechnen, die schmerzhaft für die Augen sein können und die Atemwege reizen. Die Flüssigkeit wird auch über die Haut aufgenommen. In schweren Vergiftungsfällen kommt es zu Narkose, nachfolgend Nieren- und Leberschäden denkbar [484];Spitzenbegrenzung: I [481]; Schwangerschaftsgruppe IIc [481];LD 50 (oral, Ratte): 5500 mg/kg [9];LD 50 (Haut, Kaninchen): > 19000 mg/kg [9];

Gefahren-Symbol:

Xi

- physikalisch/chemisch:
Schmelzpunkt: -80 °C
Siedepunkt: 189 °C
Flammpunkt: 79 °C; 85 °C
Dampfdruck: 0,47 hPa (20 °C) [9]; 0,48 hPa (25 °C) [484];
Dichte: 950 kg/m3
Molmasse: 148,20 g/mol
Verdunstungszahl: 0,02 (BuAc = 1) [9]

Löslichkeit:
vollständig mischbar mit Wasser; löslich in Aceton, Ethylalkohol, Benzol, Tetrachlorkohlenstoff, Ether, Methylalkohol, Monochlorbenzol und Petrolether [484];

Bemerkung:
Farblose, schwach etherähnlich riechende Flüssigkeit; brennbar;
Bildet im dampf-/gasförmigen Zustand mit Luft explosionsfähige Gemische;
Explosionsgrenzen: 1,0-6,5 Vol.-%; Zündtemp.: 280 °C [9];
1,4-10,4 Vol.-%; Zündtemp.: 205 °C [484];
reagiert bei Kontakt oder Mischung mit Oxidationsmitteln [484];
Verwendung: technisches Lösemittel;
Enthalten in Byk-025 (81%), Disperbyk-182 (16%), Priem Biozid HO 30 S (<80%), Fungizid HO 40 (34%), Fungizid HO 50 (50%);

Dipropylenglykol

- **CAS-Nummer:**
  25265-71-8
- **gebräuchliche Namen:**
  Oxybispropanol;
- **Summenformel:**
  $C_6H_{14}O_3$

- **Strukturformel:**

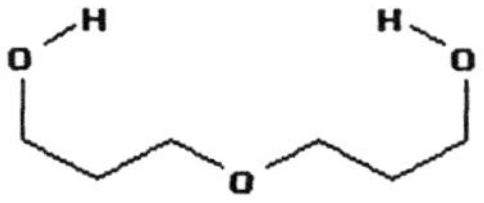

Eigenschaften:
- **toxikologisch/ökotoxikologisch:**
  RTECS # UB 8765000
  WGK: 0
  Sonstiges:
  LD 50 (oral, Ratte): 14.800 mg/kg [Sdb EG];Versehentliches Verschlucken kleinster Mengen dürfte keine gesundheitliche Schädigung hervorrufen.LD 50 (dermal, Kaninchen): >5000 mg/kg [Sdb EG];In der Regel nicht reizend. Mißbildungen sind unwahrscheinlich. Sogar Expositionen mit nachteiliger Wirkung auf die Mutter haben voraussichtlich keine Wirkung auf den Fötus. Aufgrund der Beurteilung vorhandener Daten sollten wiederholte Expositionen zu keinen weiteren nennenswerten nachteiligen Wirkungen führen. [Sdb EG];LC 50 (Fettkopfbrasse): >100 mg/l [Sdb EG];Das Material ist nicht schädlich für Wasserorganismen (LC50/EC50/IC50 >100 mg/l).Giftklasse 5 [Sdb EG];

- **physikalisch/chemisch:**
  Siedepunkt: 232 °C
  Flammpunkt: 121 °C
  Dampfdruck: 0,05 hPa (20 °C) [Sdb]
  Log pOW: -0,687; <3,0 [Sdb]
  Dichte: 1020 kg/m3 (25 °C)

  Löslichkeit:
  in jedem Verhältnis mischbar mit Wasser [Sdb];

Verbleib nach Gebrauch:
Verbrennung nach Mischung mit brennbarem Lösemittel;

Bemerkung:
Farblose Flüssigkeit, schwacher Geruch;
Reagiert bei Kontakt mit starken Oxidationsmitteln [Sdb];
Enthalten in Surfynol DF110D;

Dipropylenglykoldibenzoat

- CAS-Nummer:
27138-31-4
- gebräuchliche Namen:
di-Propylenglykoldibenzoat; DPGDB; Oxidipropyldibenzoat;
- Handelsnamen:
Benzoflex 9-88; Benzoflex 9-88 SG;
- Summenformel:
$C_{20}H_{22}O_5$

Funktion:
Additv/Weichmacher;
Verfahren:
Druckverfahren;
Anwendung:
Farbe;

Eigenschaften:
- toxikologisch/ökotoxikologisch:
WGK: 2
Sonstiges:
[Sdb Krahn Chemie GmbH]:Hautresorption; Sensibilisierung;LD 50 (oral, Ratte): 4673 mg/kgLD 50 (dermal, Kaninchen): >2000 mg/kgLD 50 (inhalativ, Ratte nominal): >200 ml/lBiologische Abbaubarkeit 80 %;

- physikalisch/chemisch:
Schmelzpunkt: -30 °C
Siedepunkt: 232 °C (6,66 hPa)
Flammpunkt: 212 °C; 199 °C
Dichte: 1126 kg/m3 (25°C)
Molmasse: 342 g/mol

Bemerkung:
Enthalten in Benzoflex 50;
[Sdb Krahn Chemie GmbH]:
Farblose Flüssigkeit mit esterartigem Geruch;
Bei Brand kann freigesetzt werden: Kohlenmonoxid, Kohlendioxid;
reagiert bei Kontakt mit starken Oxidationsmitteln;

DL-2-Aminopropansäure

- CAS-Nummer:
302-72-7
- gebräuchliche Namen:
DL-2-Aminopropionsäure; DL-Alanin; DL-Ala;
- Summenformel:
$C_3H_7NO_2$

- Strukturformel:

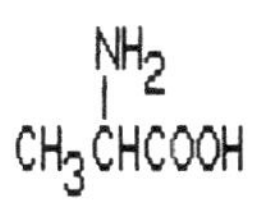

Verfahren:
Druckverfahren;

Eigenschaften:
- toxikologisch/ökotoxikologisch:
Sonstiges:
Kann schädigend wirken bei Einatmung, Verschlucken oder Aufnahme überHaut; kann Reizungen verursachen [187]

- physikalisch/chemisch:
Schmelzpunkt: 264-297 °C (zers.)
Log pOW: - 2,94 [4]; - 2,72 [150];
Molmasse: 89,094 g/mol

Löslichkeit:
Wasser 139 g/l (21 °C), 205 g/l (45 °C); Ethanol (80%) 20 g/l (20 °C); unlöslich in Diethylether, Propanon (Aceton);

Bemerkung zu physikalisch/chemischen Daten:
Schmelzpunkt ist von Erhitzung abhängig, so daß hier keine Schmelzpunkte angegeben werden;

Verbleib nach Gebrauch:
Verbrennung nach Mischung mit brennbarem Lösemittel;

Bemerkung:
Weißes Pulver;
Bestandteil der -> Gelatine (11 %);
D-2-Aminopropansäure, CAS-Nr.: 338-69-2;
L-2-Aminopropansäure, CAS-Nr.: 56-41-7;

DL-Pyrrolidin-2-carbonsäure

- CAS-Nummer:
609-36-9
- gebräuchliche Namen:
DL-Prolin; DL-Pro; DL-Carboxypyrrolidin;
- Summenformel:
$C_5H_9NO_2$

- Strukturformel:

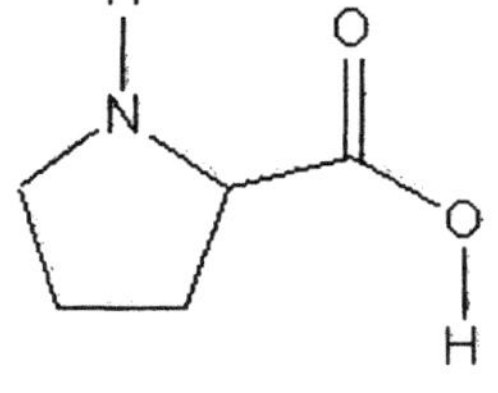

Eigenschaften:
- physikalisch/chemisch:
Schmelzpunkt: 205 °C (zers.)
Molmasse: 115,13 g/mol

Löslichkeit:
löslich in Wasser, Ethanol; wenig löslich in Propanon (Aceton), Trichlormethan (Chloroform), Benzen (Benzuol); unlöslich in Diethylether;

Verbleib nach Gebrauch:
Verbrennung nach Mischung mit brennbarem Lösemittel;

Bemerkung:
Nadeln (nach Umkristallisation aus Ethanol + Diethylether);
Bestandteil der -> Gelatine (27 %);
D-Pyrrolidin-2-carbonsäure, CAS-Nr.: 344-25-2;
L-Pyrrolidin-2-carbonsäure, CAS-Nr.: 147-85-3;

DL-1,7,7-Trimethylbicyclo-(2,2,1)-heptan-2-on

- CAS-Nummer:
21368-68-3
- gebräuchliche Namen:
(±)-Campher; DL-Kampher; DL-Kampfer; 2-Camphanon; 2-Bornanon;
- Handelsnamen:
Gummi Campher; Japan Campher; Formosa Campher;
- Summenformel:
$C_{10}H_{16}O$

- Strukturformel:

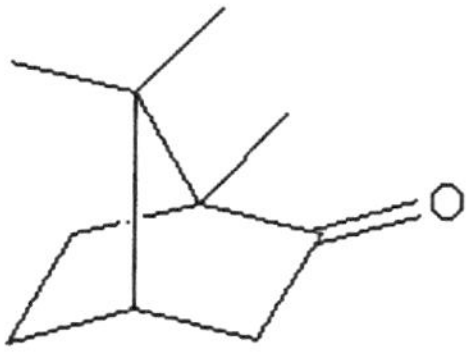

Funktion:
Additv/Weichmacher;
Verfahren:
Druckverfahren;

Eigenschaften:
- toxikologisch/ökotoxikologisch:
RTECS # EX 1234000
WGK: 1
MAK Wert: 13 mg/m3 bzw. 2 ml/m3
R-Satz: 10
S-Satz: 16
Sonstiges:
Spitzenbegrenzung n.b. [481];Nerven- und Herzgift: in geringer Menge anregende, in größerer Menge lähmende Wirkung auf Atmung, Herztätigkeit und Zentralnervensystem;Unruhe, Schlaflosigkeit und Krämpfe, die in schweren Fällen zumTode führen [30];Innerlich 1 g beim Kind tödlich [30];

Gefahren-Symbol:

- physikalisch/chemisch:
Schmelzpunkt: 178-178,5 °C
Siedepunkt: 204 °C
Flammpunkt: 64 °C
Dichte: 1000 kg/m3 (20 ° C)
Molmasse: 152,236 g/mol

Löslichkeit:
Wasser 1 g/l (20 °C); Ethanol 1200 g/l (12 °C); leicht löslich in Diethylether, Benzen, Trichlormethan; löslich in Propanon Schwefelkohlenwasserstoff;

Verbleib nach Gebrauch:
Verbrennung nach Mischung mit brennbarem Lösemittel;

Bemerkung:
Weiße kristalline Substanz mit starkem charakteristischem Geruch;
Vorkommen im Riono-Kiku-Öl;
Verwendung als Gelatiermittel für Celluloseacetat und -nitrat; ferner in der Medizin als Antiseptikum (Campherspiritus) und als Anregungsmittel bei Kollaps und Herzschwäche; Mottenbekämpfung; Konservierungsmittel; in der photographischen Industrie als Weichmacher im Schichtträger von Photofilmen und Klebemittelbestandteil;
Reduktion von Campher führt zu Borneol und Isoborneol;

Eisen(III)-chlorid

- CAS-Nummer:
7705-08-0
- UN Nummer:
1773
- gebräuchliche Namen:
Eisentrichlorid; Ferrichlorid; Ferritrichlorid;
- Summenformel:
$FeCl_3$

Funktion:
2.Ätzmittel;
Verfahren:
1.Druckformherstellung/ Reproduktionsfotografie;
2.Druckformherstellung/Hochdruck;
3.Druckformherstellung/Tiefdruck;
Anwendung:
1.In Bleichfixierbädern und Abschwächern;
2.Bestandteil einer Ätzlösung bei der Herstellung von Kupferplatten;
3.Chromatkolloidverfahren: Ätzung;

Eigenschaften:
- toxikologisch/ökotoxikologisch:
RTECS # LJ 9100000
Schweizer Giftliste: 3
WGK: 1

R-Satz: 34
S-Satz: 24-28
Sonstiges:
Staub reizt stark und verätzt Augen, Atemwege und Haut; Kontakt mit dem festen Stoff, der zerfließenden Masse oder wäßrigen Lösungen führt zu sehr starker Reizung und Verätzung der Augen und Haut [163];LD 50 (oral, Ratte): 1872 mg/kg [40];LD 50 (oral, Maus): 1500 mg/kg [308];LD 50 (oral, Kaninchen): 1200 mg/kg [308];LD 50 (oral, Meerschweinchen): 600 mg/kg [308];Toxische Grenzkonzentration für Daphnia magna 130 mg/l [389];

Gefahren-Symbol:

C

- physikalisch/chemisch:
Schmelzpunkt: 306 °C (Subl.)
Siedepunkt: 315 °C (Zers.)
Dampfdruck: < 1 hPa (20 °C) [163]
Dichte: 2898 kg/m3 (25 °C)
Molmasse: 162,21 g/mol

Löslichkeit:
Wasser 744 g/l (0 °C), 5357 g/l (100 °C); Propanon 630 g/l (18 °C); leicht löslich in Ethanol, Methanol, Diethylether;

Verbleib nach Gebrauch:
Sondermüll-Deponie, abfiltrierte Sulfide aus der Ausfällung des in Lösung gebrachten Stoffes (Oxidation oder wäßrige Säure) und eventueller Neutralisation;

Bemerkung:
Gelbbraune, stark wasseranziehende (hygroskopische) Kristalle oder kristalline Stücke; Stoff ist zerfließlich an feuchter Luft;
Bei Erhitzen bis zur Zersetzung bildet sich giftiges und ätzendes Chlorgas;
Je nach Temperatur hydratisiert der Stoff und bildet feste, kristallwasserhaltige Eisenchloridhydrate; am bekanntesten ist das -> Eisentrichlorid-Hexahydrat (CAS-Nr. 10025-77-1);
Zugelassen als Lebensmittelzusatzstoff nach LMBG; Siehe auch -> Eisen(III)-chlorid-6-hydrat;

Eisen(III)-hexacyanoferrat(II)

- CAS-Nummer:
14038-43-8
- gebräuchliche Namen:
Eisen(III)-ferrocyanid; Turnbulls Blau; Pigment Blau 27 (C.I. 77510); Pigment Blau 27 (C.I. 77510); Eisencyanblau;
- Handelsnamen:
Pariser Blau; Miloriblau; Milori Blau; Stahlblau; Berliner Blau; Preussisch Blau; China Blau; Bronze Blau; Eisen Blau; Encelac Blau 6695;
- Summenformel:
$C_{18}Fe_7N_{18}$

- Strukturformel:

$Fe_4(III)[Fe(II)(CN)_6]_3$

Funktion:
Pigment/Farbstoff/blau;
Verfahren:
1.Druckverfahren/Tiefdruck;
2.Druckverfahren/Flachdruck indirekt/Offsetdruck
Druckformherstellung/Flachdruck;
Anwendung:
Farbe;

Eigenschaften:
- toxikologisch/ökotoxikologisch:
MAK Wert: 5 mg CN/m3 E
Sonstiges:
Spitzenbegrenzung II,1 [481]; Gefahr der Hautresorption [481];

- physikalisch/chemisch:

Löslichkeit:
unlöslich in Wasser, verdünnten Säuren; löslich in verdünnter Oxalsäure;

Verbleib nach Gebrauch:
Sondermüll-Deponie für chemischen Abfall, besonders gefährliche Stoffe;

Bemerkung:
Verwendung: als blaues Pigment;
CAS-Nr. für Ammonium-Eisen-Cyan-Komplex: 25869-00-5 (für Pigment Blau 27 nach: NPIRI Raw Materials Data Handbook, Volume 4-Pigments, National Printing Ink Research Institute, Pennsylvania, USA);

Eisen(III)-hydroxid

- CAS-Nummer:
1309-33-7
- gebräuchliche Namen:
Eisengelb; Eisenoxidgelb; Eisenoxidhydrat; Pigment Gelb 42 (C.I. 77492); C.I. 77492; Pigment Yellow 42; E 172; Ferrihydroxid; Pigment Yellow 48;
- Handelsnamen:
Synthetisches Eisenoxid gelb; Mars Gelb; Mars Orange; Mars Yellow; Mars Orange; Sicorin/Sicor Bleicyanamid LY 80; Sicotrans Gelb L 1915; Sicotrans Gelb L 1916; Encelac A Gelb 1916; Encelac Gelb 2195; Luconyl Gelb 1916; Luconuyl Gelb 1995; Luconyl Gelb 1998; Luconyl G Gelb 1916; Sicoflush L Gelb 1916 C 4; Sicoflush P Gelb 1916; Sicoflush P Gelb 1995; Bayferrox 910; Bayferrox 920; Bayferrox 930; Bayferrox 940; Bayferrox 1920; Bayferrox Gelb; Colortherm;
- Summenformel:
$Fe(OH)_3$ bzw. $Fe_2O_3 * n\,H_2O$

Funktion:
Pigment/Farbstoff/gelb;
Verfahren:
Druckverfahren;
Anwendung:
Farbe; Farbpigment für Schutzanstriche, Kunststoffe, Metall-Metalllacke, Dosenausstrich, Malerfarben;

Eigenschaften:
- toxikologisch/ökotoxikologisch:
RTECS # NO 7400000 (für Eisen(III)-oxid);
WGK: 0
MAK Wert: 1,5 mg Fe/m3 A (vgl. Abschnitt V f) und g) [481])

Sonstiges:
[Sdb Bayer und BASF]:LD 50 (oral, Ratte): >5000 mg/kgLC O (Fisch, Goldorfe): >1000 mg/lKeine Schadwirkung gegen Pseudomonas putida: >1000 mg/lBaferrox Pigmente sind nach bisheriger Kenntnis physiologisch unbedenklich; Augenkontakt kann jedoch durch mechanische Einwirkung (Staub) unter extremen Bedingungen kurzfristig eine leichte Schleimhautreizung hervorrufen;

- physikalisch/chemisch:
Schmelzpunkt: 350-400 °C; >1000 °C*
Dichte: 2440-3600 kg/m3 (20 °C); 4100 kg/m3 (20 °C)*
Molmasse: (177,69 g/mol) * n

Löslichkeit:
(frisch gefällt) unlöslich in Wasser, Ethanol, Diethylether; leicht löslich in verdünnten Säuren;

Bemerkung zu physikalisch/chemischen Daten:
Thermische Zersetzung: ab Ca 180 °C Umwandlung in Fe2O3 [Sdb Bayer und BASF];
*: Sdb BASF und Bayer;

Verbleib nach Gebrauch:
Sondermüll-Deponie für chemischen Abfall;

Bemerkung:
Rotbraunes amorphes Pulver;
Die Bezeichnung "Ferrihydroxid" ist falsch und sollte vermieden werden;
Eisen(III)-hydroxid ist nach röntgenographischen Untersuchungen nicht definitiv existent in der Form Fe(OH)(3), besser Fe(2)O(3) * n H(2)O;
Eisenoxidhydrat: CAS-Nr.: 12259-21-1;
C.I. Pigment Gelb 42: CAS-Nr.: 51274-00-1;
Verwendung: als Pigment, z.B. für Druckfarben, Zement, Bau- und Kunststoffe, für Lebensmittel (in der Zuckerwarenindustrie zur Erzielung besonderer Effekte, zum Färben von Dragees);
siehe auch -> Ocker.[Sdb BASF und Bayer]:
Gelbes, geruchloses Pulver; Eisenoxidhydrat; C.I. Pigment yellow 42 FeOOH; CAS-Nr. 20344-49-4

Eisen(II,III)-oxid

- CAS-Nummer:
1317-61-9
- gebräuchliche Namen:
Magnetit; Magnetitoxid; schwarzes Eisenoxid; Magneteisenstein; Pigment Schwarz 11 (C. I. 77499); E 172; Pigment Black 11; C.I. 77499; Eisenoxid;
- Handelsnamen:
Bayferrox 306; Bayferrox 316; Bayferrox 318; Bayferrox 318 M; Bayferrox 320; Bayferrox Schwarz;
- Summenformel:
Fe_3O_4 bzw. $FeO * Fe_2O_3$

Funktion:
1.Toner;
2.Pigment/Farbstoff/schwarz;
Verfahren:
1.Kopierverfahren;
2.Druckverfahren/Hochdruck direkt/Flexodruck;
3.Kopierverfahren/elektr.Verfahren direkt/Elektrografie;
Anwendung:
1.Bestandteil von Tonern;
2.Farbe;
3.Bestandteil von Einkomponenten-Tonern;

Eigenschaften:
- toxikologisch/ökotoxikologisch:
WGK: 0
MAK Wert: 1,5 mg Fe/m3 A (vgl. Abschnitt V f) und g) [481])

Sonstiges:
Gesundheitsgefahren bei Überschreitung des MAK-Wertes:Eisen und Eisenoxide können sich bei mehrjähriger starker Rauchbelastung in der Lunge ablagern und in einzelnen Fällen zu einer Siderose (Eisenstaublunge) führen; sie ist rückbildungsfähig; Eisenoxide können Reizwirkungen auf die Schleimhäute der Atemwege und des Magens ausüben [464];[Sdb Bayer]:Bayferrox Pigmente sind nach bisheriger Kenntnis physyiologisch unbedenklich; Augenkontakt kann jedoch durch mechanische Einwirkung (Staub) unter extremen Bedingungen kurzfristig eine leichte Schleimhautreizung hervorrufen;LD 50 (oral, Ratte): >5000 mg/kgLC o (Fisch, Goldorfe): >1000 mg/lKeine Schadwirkung gegen Pseudomonas fluorescens: >1000 mg/l;

- physikalisch/chemisch:
Schmelzpunkt: 1594 ± 5 °C; 1538 °C [634]
Dichte: 5180 kg/m3 (20 °C); 5200-5700 kg/m3 [634]
Molmasse: 231,54 g/mol

Löslichkeit:
unlöslich in Wasser, Ethanol, Diethylether; löslich in konz. Säuren;

Verbleib nach Gebrauch:
Sondermüll-Deponie für chemischen Abfall;

Bemerkung:
Schwarze Würfel oder amorphes Pulver; Schwarzes geruchloses Pulver [Sdb Bayer];
Oxidiert bei Erwärmung zu Fe2O3;
Kommt in der Natur als das Mineral Magnetit (CAS-Nr.: 1309-38-2) vor;
C.I. Pigment Schwarz 11, CAS-Nr.: 12227-89-3;
Verwendung: als Pigment in Farben, Linoleum; in gefärbtem Glas; als Poliermasse; in der Textilindustrie; in Kathoden; als Katalysator; als Tonerbestandteil; Papier-, Kartonagen- und Zellstoffindustrie, Farbmittel; KosmetischeMittel; Stoffe für die Reprotechnik;
Mengenangaben: 100000-500000 Tonnen;

Eisen(III)-oxalat-6-hydrat

- CAS-Nummer:
19469-07-9
- gebräuchliche Namen:
Eisen(III)-oxalat Hexahydrat; Oxalsäure Eisen(III)-salz Hexahydrat;
- Summenformel:
$Fe_2(C_2O_4)_3 * 6\,H_2O$

Funktion:
Eisenoxalatentwickler;
Verfahren:
Druckformherstellung/Reproduktionsfotografie;
Anwendung:
Belitzki-Abschwächer;

Eigenschaften:
- physikalisch/chemisch:
Molmasse: 483,84 g/mol

Löslichkeit:
leicht löslich in Wasser; löslich in Säuren; unlöslich in Ethanol;

Bemerkung:
Grünliche Schuppen;
Verwendung: in der Fotoindustrie im Belitzki-Abschwächer, als Eisenoxalatentwickler;

Eisen(III)-oxid

- CAS-Nummer:
1309-37-1
- gebräuchliche Namen:
Eisen(III)-oxid, rot; Hematit; C.I. 77491; Pigment Rot 102 (C.I. 77491); Pigment Braun 6 (C.I. 77491); Pigment Red 102; Pigment Brown 6; Ferrioxid; Roteisenerz; Eisenoxidrot; Hämatit; Rot-Eisen-Oxid; Pigment Red 101; Eisen(III)-oxid, transparent; Eisenoxidbraun; Eisenmanganbraun; Eisenglimmer; Dieisentrioxid; Roteisenoxid; Bauxitrückstand; Eisenoxid, colloidol; Pigment Rot 101; Pigment Red 101; Eisenoxid, wasserfrei;
- Handelsnamen:
Anrached, standard; Armenian bole; Bauxite residue; Bayer SII; Bayferrox 110; Bayferrox 120 N; Bayferrox 120; Bayferrox 130; Bayferrox 130/1; Bayferrox 130 B; Bayferrox 140; Caput Mortuum; Cerven H; Colocother; Colliron; Crocus; Deanox; Eisenoxid Rot 2996; Encelac A Rot 2817; Encelac Rot 3396; Felac; Ferrugo; Heucorox FL; Heucorox M; Heucorox UF; Krokus; Luconyl Rot 2817; Luconyl Braun 2915; Luconyl Rot 3396; Luconyl Rot 3397; Luconyl G Rot 2817; Heucorox A; Heucorox F; Heucorox FG; Mapico rot R220-3; Metallic Braun; Mars Braun; Natur Braun; Pigdex 100; Prussian rot; Redoxaid; Rubigo; Rouge; Rhenogran Fe-rot-70; Sicotrans Rot L 2715 D; Sicotrans Rot L 2815; Sicotrans Rot L 2816; Sicotrans Rot L 2817; Sicoflush L Rot 2817 C 4; Sicoflush P Rot 2817; Sicoflush P Rot 3395; Sicotrans Rot L 2915 D; Türkisches Rot; Vitriol Red;
- Summenformel:
Fe_2O_3

Funktion:
Pigment/Farbstoff/rot;
Verfahren:
Druckverfahren;
Anwendung:
Farbe;

Eigenschaften:
- toxikologisch/ökotoxikologisch:
RTECS # NO 7400000
WGK: 0
MAK Wert: 1,5 mg Fe/m3 A (vgl. Abschnitt V f) und g) [481])
R-Satz: 36/37/38
S-Satz: 26-37/39
Sonstiges:
Gesundheitsgefahren bei Überschreitung des MAK-Wertes: Eisen und Eisenoxide können sich bei mehrjähriger starker Rauchbelastung in der Lunge ablagern und in einzelnen Fällen zu einer Siderose (Eisenstaublunge) führen; sie ist rückbildungsfähig; Eisenoxide können Reizwirkungen auf die Schleimhäute der Atemwege und des Magens ausüben [464];LD 50 (intraperitoneal, Ratte): 5500 mg/kg [428], [634];LD 50 (intraperitoneal, Maus): 5400 mg/kg [428], [634];[Sdb BASF und Bayer]:LD 50 (oral, Ratte): >5000 mg/kg;LC 0 (Fisch, Goldorfe): >1000 mg/l/48 h;EC/LC 0 (Pseudomonas putida): >1000 mg/l;

- physikalisch/chemisch:
Schmelzpunkt: 1565 °C
Dichte: 5240 kg/m3 (20 °C)
Molmasse: 159,69 g/mol

Löslichkeit:
unlöslich in Wasser; löslich in Salzsäure, Schwefelsäure; wenig löslich in Salpetersäure;
Löslichkeit in Wasser: <0,1 Gew.-% [Sdb Fa. Heubach];

Bemerkung zu physikalisch/chemischen Daten:
Dichte: 4800 kg/m3 (20 °C);

Verbleib nach Gebrauch:
Sondermüll-Deponie für chemischen Abfall, besonders gefährliche Stoffe;

Bemerkung:
Graues Pulver, ohne Geruch; Rotes Pulver, ohne Geruch [Sdb BASF];
Trigonale Kristalle [428];
Wichtiges Eisenerz;
Die Bezeichnung "Ferrioxid" ist falsch und sollte vermieden werden;
Verwendung: Elektroindustrie; Metallgewinnung, -aufarbeitung und -verarbeitung; Farben- und Lackindustrie; Papier-, Kartonagen- und Zellstoffindustrie; Kunststoffindustrie; Farbmittel; Stoffe für den Bau; Lebensmittelzusatzstoffe/ Futterzusätze;

Zusammensetzung: Pigment Rot 102: 45 - 95 % Eisen(III)-oxid, 3 - 40 % Siliciumdioxid;
Pigment Braun 6: 70 - 99 % Eisen(III)-oxid;

Verwendung: als rotes Pigment, z.B. in Druckfarben, für Lebensmittel (in der Zuckerwarenindustrie zur Erzielung besonderer Effekte);

Bestandteil von Terra di Siena 07 V;

Eisen(II)-sulfat-7-hydrat

- CAS-Nummer:
7782-63-0
- gebräuchliche Namen:
Eisen(II)-sulfat-Heptahydrat; Eisenvitriol;Ferrosulfat Heptahydrat;
- Summenformel:
$FeSO_4 * 7 H_2O$

Verfahren:
Druckverfahren;

Eigenschaften:
- toxikologisch/ökotoxikologisch:
RTECS # NO 8510000;
Schweizer Giftliste: 3
Sonstiges:
Kann schädigend wirken beim Einatmen, Verschlucken oder bei Aufnahme überHaut; verursacht Augen- und Hautreizungen; reizt Schleimhäute undAtemwege [187]; Verschlucken von 5 g oder weniger kann zu Müdigkeit,Reizbarkeit, Schwäche, Bauchschmerzen, Übelkeit, Erbrechen und blutigen Stuhlgang führen [187];Tödliche Dosis für einen Erwachsenen etwa 115 g [307];Tödliche Dosis für Kleinkinder 5 - 15 mg (berechnet nach [308]);LD 50 (oral, Ratte (1 - 3 Tage alt)): 1187 ± 56 mg/kg [332];LD 50 (oral, männliche Ratte): 1584 ± 87 mg/kg [332];LD 50 (oral, Ratte): 1480 ± 184 mg/kg [243];LD 50 (oral, Maus): 1520 ± 130 mg/kg [243], 4500 mg/kg [308];LD 50 (oral, Kaninchen): 3000 mg/kg [308];LD 50 (oral, Meerschweinchen): 1500 mg/kg [308];LD 50 (oral, Katze): > 500 mg/kg [308];LD 50 (oral, Hund): 800 mg/kg [308];LD 50 (intravenös, Maus): 65 ± 4,8 mg/kg [243];Toxische Grenzkonzentration für Daphnia magna < 152 mg/l [389];

- **physikalisch/chemisch:**
  Schmelzpunkt: 64 °C (- 6 Wasser)
  Siedepunkt: 300 °C (- 7 Wasser)
  Dampfdruck: 19,46 hPa (25 °C) [187]
  Dichte: 1898 kg/m3 (20 °C)
  Molmasse: 278,05 g/mol

  Löslichkeit:
  Wasser 486 g/l (50 °C); wenig löslich in Ethanol; löslich in abs. Methanol;

Verbleib nach Gebrauch:
Sondermüll-Deponie, abfiltrierte Sulfide aus der Ausfällung des in Lösung gebrachten Stoffes (Oxidation oder wäßrige Säure) und eventueller Neutralisation;

Bemerkung:
Hellgrüne, an der Luft verwitternde Kristalle, die sich durch Oxidation braun färben;
Zugelassen als Lebensmittelzusatzstoff nach LMBG;
Verwendung: in der Fotoindustrie in Eisenoxalatentwicklern; zur Herstellung von -> Berliner Blau; als Pflanzenschutzmittel zur Unkrautbekämpfung; zur Herstellung von Eisengallustinten; als Reduktionsmittel;

Epoxychlorpropan

- **CAS-Nummer:**
  106-89-8
- **UN Nummer:**
  2023
- **gebräuchliche Namen:**
  Epichlorhydrin; (Chlormethyl)ethylenoxid; Chlormethyloxiran; EPJ;1,2-Epoxy-3-chlorpropan; 1-Chlor-2,3-epoxypropan; 2-Chlorpropylenoxid; 3-Chlor-1,2-propylenoxid; Glycerolepichlorhydrin; (Chlormethyl)oxiran;
- **Summenformel:**
  C_3H_5ClO

- **Strukturformel:**

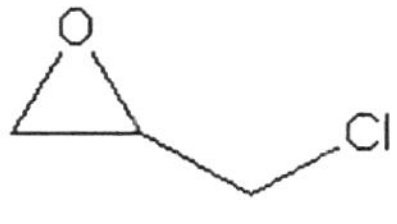

Funktion:
Lösungsmittel;
Verfahren:
Druckverfahren;

Eigenschaften:
- **toxikologisch/ökotoxikologisch:**
  RTECS # TX 490000
  Schweizer Giftliste: 1
  WGK: 3
  R-Satz: 45-10-23/24/25-34-43
  S-Satz: 53-45
  Sonstiges:
  Einstufung und Kennzeichnung von Zubereitungen, in denen diese Substanz enthalten ist:10%<=C ¦¦> T; R45-23/24/25-34-435%<=C<10% ¦¦> T; R45-23/24/25-36/38-431%<=C<5% ¦¦> T; R45-23/24/25-430.1%<=C<1% ¦¦> Xn; R20/21/22Zu diesem Stoff liegt ein BUA-Stoffbericht Nr. 90

vor.IMK: I; Gefahr der Hautresorption [481]; Krebserzeugend 2 [481]; TRK: 3 ml/m3 bzw. 12 mg/m3 [481, III A2 [484]; Karzinogen [187];Dämpfe reizen stark die Augen und die Atmungsorgane; Achtung, ein Lungenödem kann mit einer Verzögerung bis zu zwei Tagen auftreten! Nach Einatmen der Dämpfe ist daher eine ärztliche Untersuchung in jedem Fall erforderlich; die Flüssigkeit wird über die Haut aufgenommen und ruftschwere Verätzung der Augen und der Haut hervor; sie durchdringt sehr schnell Leder und kann mit verzögerter Wirkung schwere Verätzungen herbeiführen; besonders gefährdet sind die Füße, Leberschäden Bei Brand entstehen hochgiftige Chlor- und Chlorwasserstoffgase; Vorsicht: Bei Beginn der Geruchswahrnehmung ist Gesundheitsschädigung oft schon eingetreten [484];Geruchsschwelle: 10 - 25 ml/m3 [163];100 ml/m3 verursachen sofort schwere Reizung der Nasenschleimhäute und der Augen; 40 ml/m3 führen nach kurzer Zeit zur Reizung der Augen und Haut [163];Bei Brand entstehen hochgiftige Chlor- und Chlorwasserstoffgase;Biologisch abbaubar [271];Geruchsschwelle: 10-25 ml/l (US-Wert) [484];LD 50 (oral, Ratte): 90 mg/kg [9], [187], 196-260 mg/kg [634];LD 50 (intraperitoneal, Ratte): 133 mg/kg [634];LD 50 (subcutan, Ratte): 150 mg/kg [634];LC 50 (inhalativ, Ratte): 250 ml/m3/8 h [187];LD 50 (oral, Maus): 236-238 mg/kg [634];LD 50 (intraperitoneal, Maus): 154 mg/kg [634];LD 50 (dermal, Maus): 250 mg/kg [634];LD 50 (Haut, Kaninchen): 515 mg/kg [187], 1530 mg/kg [9];LD 50 (oral, Meerschweinchen): 178 mg/kg [634];LC 50 (Fisch, Goldorfe): 24 mg/l [33];LC 50 (Daphnia magna): 30 mg/l [6];Toxische Grenzkonzentration für Pseudomonas putida 55 mg/l, Scenedesmus quadricauda 5,4 mg/l [36];

Gefahren-Symbol:

T

- physikalisch/chemisch:

Schmelzpunkt: -48 °C; -57 °C
Siedepunkt: 117 °C; 115-117 °C
Flammpunkt: 26 °C; 28 °C; 31 °C; 34 °C
Dampfdruck: 16,5 hPa (20 °C) [163]; 18,39 hPa (21,1 °C) [187]; 13 hPa (20 °C)
Log pOW: 0,3 (20 °C); 0,45
Brechungsindex: 1,4419 (11,6 °C)
Dichte: 1180,1 kg/m3 (20 °C); 1183 kg/mg (20 °C)
Molmasse: 92,525 g/mol
Verdunstungszahl: 1,45 (BuAc = 1) [9]

Löslichkeit:
Wasser 65 g/l (20 °C); mischbar mit Ethanol, Diethylether;

Verbleib nach Gebrauch:
Verbrennung nach Behandlung mit Soda und gelöschtem Kalk und Mischung mit Alkali;

Bemerkung:
Farblose, chloroformähnlich riechende Flüssigkeit;
Bildet im dampf-/gasförmigen Zustand mit Luft explosionsfähige Gemische;
Explosionsgrenzen: 2,3-34,4 Vol.-%; Zündtemp.: 385 °C [163], [484];
Explosionsgrenzen: 3,3-14,5 Vol.-%; Zündtemp.: 430 °C [9];
Explosionsgrenzen: 3,8-21 Vol.-%; Zündtemp.: 416 °C [634];
Flüssigkeit durchdringt leicht Leder;
Polymerisiert bei höheren Temperaturen oder bei Kontakt mit manchen Stoffen, die als Katalysator wirken (Säuren, Laugen, metallische Halogensalze) selbstbeschleunigend; reagiert bei Kontakt mit alkoholhaltigen Stoffen;
Verwendung: zur Herstellung von Epoxidharzen, Insektiziden; Lösungsmittel für Harze; Kunststoffindustrie; Stabilisatoren;

Epoxyethan

- **CAS-Nummer:**
  75-21-8
- **UN Nummer:**
  1040
- **gebräuchliche Namen:**
  Ethenoxid; Dimethylenoxid; Ethanepoxid;1,2-Epoxyethan; Ethylenoxid; Oxiran; T-Gas; EO;
- **Handelsnamen:**
  ETO; Oxane;
- **Summenformel:**
  C_2H_4O

- **Strukturformel:**

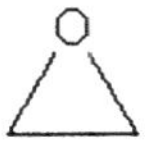

Verfahren:
Druckverfahren;

Eigenschaften:
- **toxikologisch/ökotoxikologisch:**
  Schweizer Giftliste: 2
  WGK: 2
  R-Satz: 45-46-12-23-36/37/38
  S-Satz: 53-45
  Sonstiges:
  Für diese Substanz liegt ein BUA-Stoffbericht Nr. 141 vor. IMK: I; Carc.Cat.2 [505]; Muta.Cat.2 [505];Gefahr der Hautresorption [481]; Krebserzeugend 2 [481]; 1 ml/m3 bzw. 2 mg/m3 [481];Dämpfe wirken stark ätzend; reizen Augen, Atemwege sowie Haut und führen zu Bewußtlosigkeit und Atemstillstand; durch den schnellen Übergang in den Gaszustand kann (insbesondere in Räumen) die Luft verdrängt werden (Erstickungsgefahr!); Kontakt mit der Flüssigkeit führt zu Erfrierung und Verätzung der betroffenen Körperpartien; es kann mit Verzögerung zu einem Lungenödem (selten) sowie zu Leber- und Nierenschäden kommen [163]; Hautresorption! [148];Gesundheitsschädigung kann eingetreten sein, bevor das Gas durch Geruch wahrgenommen wird; Geruchwahrnehmung zeigt nicht den Umfang der Gefahr an [163];Geruchsschwelle: 700 ml/m3 [163];LC 50 (Goldfisch): 90 mg/l/24 h [484];Hydrolyseprodukte biologisch gut abbaubar;

  Gefahren-Symbol:

- **physikalisch/chemisch:**
  Schmelzpunkt: -111,3 °C
  Siedepunkt: 10,7 °C
  Flammpunkt: -50 °C; Flammpunkt des reinen Stoffes: -570 °C
  Dampfdruck: 1440 hPa (20 °C) [163]
  Log pOW: -0,30 [4]
  Brechungsindex: 1,3597 (20 °C)
  Dichte: 887 kg/m3
  Molmasse: 44, 053 g/mol

Löslichkeit:
mischbar mit Wasser (*), Ethanol, Diethylether;

Bemerkung zu physikalisch/chemischen Daten:
(*): Bei Temperaturen unterhalb 12 °C bilden sich feste Hydrate

Verbleib nach Gebrauch:
Sondermüll-Deponie, abfiltrierter Reststoff aus dem Eintrag in Butanol-Lösemittel-Gemisch und Neutralisation mit wäßriger Säure, Verbrennung des Filtrats;
Entsorgung mit Hilfe eines Katalysatorsystems (99,9 % Entsorgungsgrad) siehe [149];

Bemerkung:
Unterhalb 11 °C klare farblose Flüssigkeit; oberhalb 11 °C farbloses Gas; etherähnlicher Geruch;
Bildet im dampf-/gasförmigen Zustand mit Luft explosionsfähige Gemische;
Explosionsgrenzen: 2,6 - 100 Vol% ; Zündtemp.: 429 °C [163];
Polymerisiert bei Erhitzung; benötigt keinen Sauerstoff zum spontanen Selbstzerfall; bei Erhitzen von gasförmigem Ethylenoxid auf > 571 °C kann Explosion erfolgen; bei Kontakt mit Säuren, Basen, Metalloxiden, Metallhydroxiden, Metallsalzen, metallorganischen Verbindungen und Aminen kann sehr heftige Polymerisation auftreten; verboten in kosmetischen Mitteln;
Verwendung: zur Sterilisation von Nahrungsmitteln, pharmazeutischen Geräten (in Gegenwart von Wasser 5 - 15 %); Schädlingsbekämpfungsmittel;

Essigsäuretriethylenglycoldiester

- CAS-Nummer:
111-21-7
- gebräuchliche Namen:
3,6-Dioxaoctan-1,8-diylacetat;

- Summenformel:
$C_{10}H_{18}O_6$

Eigenschaften:

- physikalisch/chemisch:
Schmelzpunkt: -50°C [636]
Siedepunkt: 300°C [636]
Dichte: 1112 kg/m3 [636]
Molmasse: 234,28 g/mol [428]

Ethanal

- CAS-Nummer:
75-07-0
- UN Nummer:
1089
- gebräuchliche Namen:
Acetaldehyd; Äthanal; Aldehyd C-2; Azetaldehyd; Elaldehyd; Essigsäurealdehyd; Ethylaldehyd; Ethylidenoxid; Acetylaldehyd; Ethanal;
- Summenformel:
C_2H_4O

- **Strukturformel:**

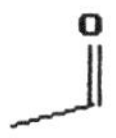

Funktion:
Härter;
Verfahren:
Druckverfahren/Siebdruck;
Anwendung:
Im Siebdruck zur Nachhärtung von Polyvinylalkoholdispersionen für Kopierschichten;

Eigenschaften:
- **toxikologisch/ökotoxikologisch:**

RTECS # B 1925000
Schweizer Giftliste: 4
WGK: 1
MAK Wert: 50 ml/m3 bzw. 91 mg/m3
R-Satz: 12-36/37-40
S-Satz: (2)-16-33-36/37
Sonstiges:
Spitzenbegrenzung: Kat. I [481]; Krebserzeugend 3 [481]; Schwagerschaftsgruppe D [481]; Carc.Cat.3 [505]; IMK:II; Karzinogen [187];Geruchsschwelle: 0,04-0,30 ml/m3 [163]; 0,04-0,38 ml/m3 [484];Dämpfe haben (bei langer Einwirkung) betäubende Wirkung und reizen stark Augen, Atemwege, Lungen und Haut; Lungenödem möglich (kann mit einer Verzögerung bis zu zwei Tagen auftreten); anhaltende Einwirkung hoher Dampfkonzentrationen ruft Verätzung der Augen hervor; Kontakt mit der Flüssigkeit führt ebenfalls zu Verätzung der Augen und Reizung der Haut [163];1100 ml/m3 für 2 Std. führten zu schwerer Reizung der Schleimhäute; 11100 ml/m3 für 1 -2 Std. wirken tödlich [163];Eingeatmet 20 mg/l Luft in 1 bis 2 Stunden tödlich [30];LC 50 (inhalativ, Säugetier): 20100 mg/m3 [428];LD 50 (subcutan, Ratte): 640 mg/kg [428];LD 50 (oral, Ratte): 1930 mg/kg [185, 187, 193], 661 mg/kg [428];TD Lo (oral, Ratte (tächtig)): 4800 mg/kg/1-20 D, 5040 mg/kg/1-21 D [428];TD Lo (oral, Ratte): 18900 mg/kg/4 W (kontinuierlich) [428];TD Lo (intraperitoneal, Ratte (trächtig)): 300 mg/kg/8-13 D, 50 mg/kg/12 D, 100 mg/kg/12 D, 400 mg/kg/8-15 D, 600 mg/kg/8-15 D [428];LD Lo (intraperitonael, Ratte): 500 mg/kg [428];TC Lo (inhalativ, Ratte): 735 ml/m3/6 h/2 a, 2217 ml/m3/6 h/4 W (intermittierend) [428];LC 50 (inhalativ, Ratte): 37000 mg/m3/30 Min. [187], 13300 ml/m3/4 h [428]; LD 50 (oral, Maus): 900 mg/kg [428];LC 50 (inhalativ, Maus): 23000 mg/m3/4 h [428];LD 50 (intraperitoneal, Maus): 500 mg/kg [428];TD Lo (intraperitoneal, Maus (trächtig)): 640 µg/kg/10 D [428];LD 50 (subcutan, Maus): 560 mg/kg [428];TD Lo (intravenös, Maus (trächtig)): 120 mg/kg/7-9 D [428];TD Lo (intravenös, Maus (trächtig)): 4000 mg/kg/6 D [428];LC 50 (inhalativ, Hamster): 17000 ml/m3/4 h [428];TC Lo (inhalativ, Hamster): 4560 ml/m3/6 h/90 D (intermittierend) [428];LD 50 (intratracheal, Hamster): 96 mg/kg [428];TC Lo (inhalativ, Hamster): 134 ml/m3/30 Min, 2040 ml/m3/7 h/52 W (intermittierend) [428];LD 50 (Haut, Kaninchen): 3540 mg/kg [428];LD Lo (subcutan, Kaninchen): 1200 mg/kg [428];LD Lo (intravenös, Kaninchen): 300 mg/kg [428];LD Lo (intravenös, Frosch): 800 mg/kg [428]; LC 50 (Fisch, Goldorfe): 140/124 mg/l [33];LC 100 (Fisch, Goldorfe): 156/156 mg/l [33];Toxische Grenzkonzentration für Protozoen (Entosiphon sulcatum) 52 mg/l [36];Biol. Abbaubarkeit gut (>75 %) [484];

Gefahren-Symbol:

- **physikalisch/chemisch:**

Schmelzpunkt: -121 °C
Siedepunkt: 20,8 °C
Flammpunkt: -27 °C

Dampfdruck: 1013 hPa (20 °C) [29]; 927,7 hPa (20 °C) [132]; 1006 hPa (20 °C) [484];
Verdampfungswärme: 571,50 kJ/kg
Brechungsindex: 1,3316 (20 °C)
Dichte: 783,4 kg/m3 (20 °C)
Molmasse: 44,053 g/mol
Verdunstungszahl: < 1 (Diethylether = 1) [132];

Löslichkeit:
mischbar mit Wasser, Ethanol, Diethylether, Benzen;

Verbleib nach Gebrauch:
Verbrennung, hochentzündliche Stoffe;

Bemerkung:
Klare, farblose, Flüssigkeit; stechender, fruchtiger Geruch; brennbar;
Bildet im dampf-/gasförmigen Zustand mit Luft explosionsfähige Gemische;
Explosionsgrenzen: 4-57 % Vol%; Zündtemp.: 140 °C [163];
Sehr reaktionsfreudige Substanz, insbesondere bei Kontakt mit starken Basen oder Säuren; bei Mischung mit Jodin erfolgt explosionsartige Reaktion; kann heftig reagieren mit sauerstoffreichem Material;
Zwischenprodukt im tierischen und pflanzlichen Stoffwechsel; Verwendung: zur Herstellung von Aldehydharzen (Lackgrundstoff); Ausgangsprodukt für synth. Kautschuk (über Butadien); wichtiges Zwischenprodukt bei Herstellung von -> Ethansäure, -> Ethansäureanhydrid, -> Pentaerythrit (Explosivstoffe, Weichmacher);

Ethandial

- CAS-Nummer:
107-22-2
- gebräuchliche Namen:
Glyoxal; Glyoxylaldehyd; Oxalaldehyd;
- Summenformel:
$C_2H_2O_2$

- Strukturformel:

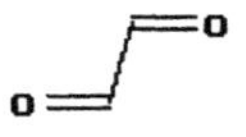

Verfahren:
Druckverfahren/Durchdruck direkt/Siebdruck;
Anwendung:
Druckformherstellung;

Eigenschaften:
- toxikologisch/ökotoxikologisch:
RTECS # MD 2700000;
Schweizer Giftliste: 3
WGK: 1
R-Satz: 36/38
S-Satz: (2)-26-28
Sonstiges:
Einstufung und Kennzeichnung von Zubereitungen, in denen diese Substanz enthalten ist:10%<=C ¦> Xi; R36/38Dämpfe reizen Augen und Haut; Kontakt mit der Flüssigkeit führt zu Reizung der Augen und Haut; Allgemeinwirkungen bei hohen Konzentrationen und bei Aufnahme durch den Mund äußern sich in Nierenfunktionsstörungen und in Pankreasschäden [163];LD 50 (oral, Ratte): 7070 mg/kg [40, 187], 7020-8060 mg/kg [634];LD 50 (oral, Maus): 400-800 mg/kg, 1280-1500 [634];LD 50 (intraperitoneal, Maus): 406 mg/kg [634];LD 50 (oral, Meerschweinchen): 760 mg/kg

[634];LD 50 (dermal, Meerschweinchen): 5000-10000 mg/kg [634];LD 50 (Haut, Kaninchen): 10 mg/kg [40];Für Kaltblüter akute Toxizität 1000-10000 mg/l [2];

Gefahren-Symbol:

- physikalisch/chemisch:

Schmelzpunkt: 15 °C; 10 °C
Siedepunkt: 51 °C (1034 hPa); 50,4 °C
Flammpunkt: >100 °C; >115 °C
Dampfdruck: 293,3 hPa (20 °C)
Log pOW: -2,54; -0,85 (25 °C)
Brechungsindex: 1,3828 (20 °C)
Dichte: 1140 kg/m3 (20 °C)
Molmasse: 58,037 g/mol

Löslichkeit:
leicht löslich in Wasser; löslich in Ethanol und Diethylether;

Bemerkung zu physikalisch/chemischen Daten:
Zündtemperatur: 285 °C;

Verbleib nach Gebrauch:
Verbrennung nach Mischung mit brennbarem Lösemittel;

Bemerkung:
Gelbe Kristalle oder bei Temperaturen oberhalb 15 °C hellgelbe Flüssigkeit;
Ammoniak, Amine und kaustische Stoffe wirken als Katalysator bei der Polimerisation; Stoff reagiert mit sauerstoffreichem Material (starken Oxidationsmitteln);
Reines Etandial ist keine Handelsware (da explosionsgefährlich); ebenso kristallisierte, wasserhaltige Polymere;
Zugelassen als Lebensmittelzusatzstoff nach LMBG;

Ethandiol

- CAS-Nummer:
107-21-1

- gebräuchliche Namen:
EG; Glykol; Glycol; Ethylenglykol; Ethylenglycol; Ethylenalkohol; 1,2-Ethandiol; Ethylenoxidhydrat; Monoethylenglykol; 1,2-Dihydroxyethan; Ethandiol-1,2; Ethylendihydrat;

- Handelsnamen:
Glysantin; MEG; Tescol; Ethylene Glycol Fiber Grade - E; Ethylene Glycol (Regular); Dowtherm SR 1; Ucar 17; Makrogol 400 BPC;

- Summenformel:
$C_2H_6O_2$

- Strukturformel:

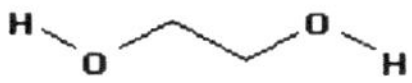

Funktion:
Lösungsmittel;
Verfahren:
Druckverfahren/Flachdruck;
Druckverfahren/Hochdruck direkt/Flexodruck;
Anwendung:
Druckfarben, z.B. in wasserlöslichen Flexodruckfarben;

Eigenschaften:
- toxikologisch/ökotoxikologisch:
RTECS # KW 2975000
Schweizer Giftliste: 4
WGK: 0
MAK Wert: 10 ml/m3 bzw. 26 mg/m3
R-Satz: 22
S-Satz: (2)
Sonstiges:
Einstufung und Kennzeichnung von Zubereitungen, in denen diese Substanz enthalten ist:25%<=C ¦> Xn; R22Zu diesem Stoff liegt ein BUA-Stoffbericht Nr. 92 vor.Spitzenbegrenzung: I [481]; Gefahr der Hautresorption [481]; Schwangerschaftsgruppe C [481]; IMK: III;Vergiftungssymptome können auftreten nach Einatmen der Dämpfe des (erhitzten) Stoffes, bei (anhaltendem) Kontakt mit der Flüssigkeit und nach Aufnahme über den Mund; neben Reizung der Augen und Atemwege besteht die Gefahr der narkotischen Wirkung, anschließend Zeichen derHerz- und Lungenschädigung, später können Nierenschäden auftreten [484]; [163]; Trinken von 1200 mg/kg (100 ml) für Menschen tödlich [9];Verschlucken von geringen Mengen kann bereits zu schwerwiegenden Gesundheitsschädigungen und auch zum Tod führen. Bei wiederholter Einnahme kommt es zu Nierenschäden durch Bildung von Oxalsäurekristallen [Sdb Dow];LD Lo (oral, Mensch): 398 mg/kg, 786 mg/kg [428];TC Lo (inhalativ, Mensch): 10000 mg/m3 [428];TD Lo (oral, Mann): 15.000 mg/kg, 1195 mg/kg [428];TD Lo (oral, Kind): 5500 mg/kg [428];LD 50 (oral, Hund): 5500 mg/kg [428];LD 50 (oral, Ratte): 4700 mg/kg [428], 8540 mg/kg [32], 4000 mg/kg, 8000-12280 mg/kg [634];LD 50 (oral, Ratte): 6000-13000 mg/kg [Sdb EG]; 4000 mg/kg [Sdb Dow];LD 50 (Haut, Ratte): 2800 mg/kg [9];LD 50 (intraperitoneal, Ratte): 5010 mg/kg [428];LD 50 (subcutan, Ratte): 2800 mg/kg [428];LD 50 (intravenös, Ratte): 3260 mg/kg [428];LD Lo (intramuskulär, Ratte): 3300 mg/kg [428];LC 50 (inhalativ, Ratte): 10876 mg/kg [428];TD Lo (oral, Ratte): 12 ml/kg/6D (intermittierend), 26150 mg/kg/10D (kontinuierlich) [428];TD Lo (oral, Ratte (trächtig)): 59 g/kg/6-15D, 8580 mg/kg/6-15D, 12500 mg/kg/6-15D, 25 g/kg/6-15D, 50 g/kg/6-15D [428];TC Lo (inhalativ, Ratte): 438 g/kg/2Y (kontinuierlich), 12 mg/m3/8h/90D (intermittierend),1 mg/m3/32W (intermittierend) [428];LD 50 (oral, Maus): 5500 mg/kg [428], ca. 500 mg/kg [634];LD 50 (intraperitoneal, Maus): 5614 mg/kg [428], ca. 5000 mg/kg, 6460 mg/kg [634];LD 50 (intravenös, Maus): 3 g/kg [428];LD Lo (subcutan, Maus): 2700 mg/kg [428];LC (inhalativ, Maus): >200 mg/m3/2h [428];TD Lo (oral, Maus): 546 g/kg/13W (kontinuierlich), 1081 g/kg/22W (kontinuierlich) [428];TD Lo (oral, Maus (trächtig)): 7500 mg/kg/6-15D, 84 g/kg/1-21D, 88720 mg/kg/7-14D, 15 g/kg/6-15D [428];TC Lo (inhalativ, Maus (trächtig)): 1000 mg/m3/6h/6-15D, 2100 mg/m3/6h/6-15D [428];LD 50 (oral, Hund): 5500 mg/kg [428];LD 50 (oral, Katze): 1650 mg/kg [428];LD Lo (subcutan, Katze): 2g/kg [428];LD 50 (Haut, Kaninchen): 9530 µl/kg [428];LD 50 (oral, Kaninchen): 7000-9300 mg/kg [634];LD Lo (intraperitoneal, Kaninchen): 1 g/kg [428]; LD Lo (intravenös, Kaninchen): 5 g/kg [428];LD Lo (intramuskulär, Kaninchen): 5500 mg/kg [428];TD Lo (oral, Kaninchen (trächtig)): 28 g/kg/6-19D [428];TC Lo (inhalativ, Kaninchen): 12 mg/m3/8h/90D (intermittierend) [428];LD 50 (oral, Meerschweinchen): 6610 mg/kg [428];LD Lo (subcutan, Meerschweinchen): 5 g/kg [428]; TD Lo (oral, Affe): 5751 g/kg/22W (intermittierend) [428];LD 50 (Haut, Kaninchen): 9530 mg/kg [187], 19530 mg/kg [9], 9530 µl/kg [428];Nach Langzeitversuchen bei denen Tieren Ethylenglykol verabreicht wurde, zeigten sich u.a. Leber- und Nierenschäden mit Ablagerungen von Calciumsalzen in verschiedenen Geweben [Sdb Dow];Toxische Grenzkonzentration für Pseudomonas putida u. Scenedesmus quadricauda: > 10000 mg/l [32];LC 50 (Daphnia magna): > 10000 mg/l [29];LD 50 (Wasserorganismen) 1000-100 mg/l / 96 h [484];LC 50 (Regenbogenforelle): 18000-46000 mg/l [Sdb Dow];LC 50 (Regenbogenforelle): >18500 mg/l/96 h [Sdb Dow];LC 50 (Fisch, Goldorfe): >10000 mg/l/48 h [Sdb Dow];LC 50 (Goldfisch): >5000 mg/l/24 h [Sdb Dow];Biologisch gut abbaubar (> 90 %) [484];CSB: 1253,5 mg/g [13];

Gefahren-Symbol:

- physikalisch/chemisch:
Schmelzpunkt: -11,2 °C; -13 °C; -12--11 °C
Siedepunkt: 197,4 °C; 194-205 °C; 196-199 °C; 197,5-198 °C
Flammpunkt: 111 °C; 119 °C; 116 °C
Dampfdruck: 0,06 hPa (20 °C) [32], 0,107 hPa (20 °C) [187]; 0,1 hPa (20 °C) [484]; 0,101 hPa
Verdampfungswärme: 799,68 kJ/kg
Log pOW: -1,93 [4]; -1.36 [Sdb EG];
Brechungsindex: 1,4302 (20 °C)
Dichte: 1113,1 kg/m3 (20 °C); 1112 kg/m3 (20 °C)
Molmasse: 62,068 g/mol
Verdunstungszahl: 0,004 (BuAc = 1) [9], ca. 600 (Diethylether = 1) [18];

Löslichkeit:
Diethylether 110 g/l (20 °C); mischbar mit Wasser 1.000 g/l (20 °C), Ethanol;

Verbleib nach Gebrauch:
Sondermüll-Deponie, abfiltrierte Sulfide aus der Ausfällung des in Lösung gebrachten Stoffes (Oxidation oder wäßrige Säure) und eventueller Neutralisation;

Bemerkung:
Farblose, fast geruchlose sirupartige Flüssigkeit; brennbar; schmeckt süß;
Giftig, da Stoff zu Ethandisäure (Oxalsäure) oxidiert wird; Bildet im dampf-/gasförmigen Zustand mit Luft explosionsfähige Gemische;
Explosionsgrenzen: 1,8-12,8 Vol.-% ; Zündtemp.: 410 °C [32],
3,2-53 Vol.-% ; Zündtemp.: 410 °C [163]; [484];
3,2-? Vol.-%; Zündtemp.: 413 °C [Sdb Dow];
Bei ca. 100 °C in Gegenwart von Luft Säurebildung;
Verwendung: als Frostschutzmittel (für Kraftfahrzeuge u.a. unter dem Handelsnamen Glysantin bekannt); als technisches Lösemittel [484];
Enthalten in Surfinol 104E Surfactant (50%), CT-136 Grind AID (8%), TG-E;

1,2-Ethandiolacetat

- CAS-Nummer:
542-59-6
- gebräuchliche Namen:
Essigsäureglycolester; Essigsäureglykolester; Ethylenglycolacetat; Ethylenglykolacetat; Glycolacetat; Glykolacetat;
- Handelsnamen:
Lösemittel GC;
- Summenformel:
$C_4H_8O_3$

- Strukturformel:

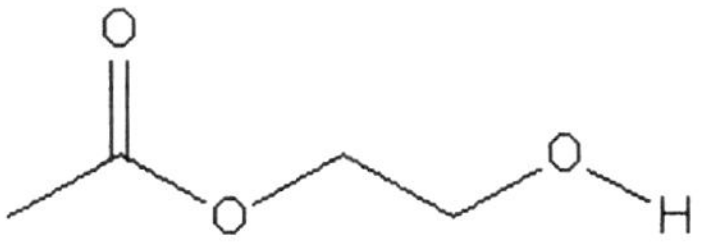

Funktion:
Lösungsmittel;
Verfahren:
Druckverfahren;

Eigenschaften:
- toxikologisch/ökotoxikologisch:
Schweizer Giftliste: 3
R-Satz: 45-46-23/24/25-36/37/38-60-63-48/23/24
S-Satz: 53-45-36/37/39-23
Sonstiges:
Toxische Grenzkonzentration für Scenedesmus quadricauda 9,0 mg/l [404];LD 50 (oral, Ratte): 8250 mg/kg [428];LD 50 (intraperitoneal, Maus): 1310 mg/kg [428];

- physikalisch/chemisch:
Siedepunkt: 187-189 °C
Dichte: 1108 kg/m3 (15 °C)
Molmasse: 104,11 g/mol
Verdunstungszahl: ca. 606 (Diethylether = 1) [18]

Löslichkeit:
löslich in Wasser, Ethanol, Diethylether;

Bemerkung:
Farblose Flüssigkeit;
Verwendung: technisches Lösungsmittel;

1,2-Ethandiolacetat (Gemisch aus Mono- und Diacetat)

- CAS-Nummer:
51901-33-8
- gebräuchliche Namen:
Ethylenglykolacetat (Gemisch aus Mono- und Diacetat); Ethylenglycolacetat (Gemisch aus Mono- und Diacetat);
- Summenformel:
$C_4H_8O_3 + C_6H_{10}O_4$

Funktion:
Lösungsmittel;
Verfahren:
Druckverfahren;

Eigenschaften:

- physikalisch/chemisch:
Siedepunkt: 180-200 °C
Flammpunkt: 102 °C
Dichte: 1107 kg/m3 (20 °C)
Molmasse: 88,16 g/mol

Löslichkeit:
löslich in Ethanol, Diethylether;

Verbleib nach Gebrauch:
Verbrennung;

Bemerkung:
Farblose Flüssigkeit;

Verwendung: technisches Lösungsmittel;

1,2-Ethandioldiacetat

- **CAS-Nummer:**
111-55-7
- **gebräuchliche Namen:**
Ethylenglycoldiacetat; Ethylenglykoldiacetat; 1,2-Diacetoxyethan; Glycoldiacetat; Glykoldiacetat; Ethylendiacetat;
- **Summenformel:**
$C_6H_{10}O_4$
- **Strukturformel:**

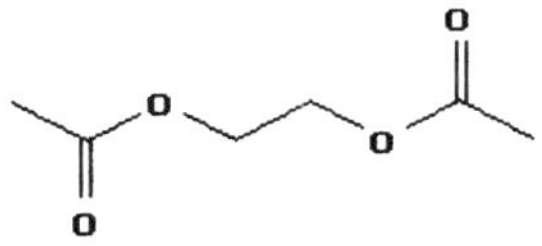

Funktion:
Lösungsmittel;
Verfahren:
Druckverfahren;

Eigenschaften:
- **toxikologisch/ökotoxikologisch:**
RTECS # KW 4025000
Schweizer Giftliste: 5
Sonstiges:
Dämpfe reizen Augen und Atemwege, besonders wenn hohe Konzentrationen, z.B. durch Hitzeentwicklung, zustandekommen; unter diesen Umständen auch Lungenödem möglich; Kontakt mit der Flüssigkeit reizt Augen, weniger stark die Haut; bei Aufnahme durch den Mund Nieren- und Leberschäden, narkotische Wirkung sowie Zerfall der roten Blutkörperchen möglich [163];LD 50 (oral, Ratte): 6850 mg/kg [40, 187, 428];LD 50 (Haut, Kaninchen): 8480 mg/kg [40, 187, 428], 9200 mg/kg [9];LD 50 (intraperitoneal, Maus): 1190 mg/kg [428];LD 50 (oral, Meerschweinchen): 4940 mg/kg [428];

- **physikalisch/chemisch:**
Schmelzpunkt: - 37 °C
Siedepunkt: 190,5 °C
Flammpunkt: 96 °C
Dampfdruck: 0,33 hPa (20 °C) [9]
Brechungsindex: 1,4155 (20 °C)
Dichte: 1106,3 kg/m3 (20 °C)
Molmasse: 146,14 g/mol
Verdunstungszahl: 0,02 (BuAc = 1) [9]

Löslichkeit:
Wasser 142 g/l (22 °C); löslich in Ethanol, Diethylether, Propanon, Benzen; unlöslich in Propantriol;

Verbleib nach Gebrauch:
Verbrennung;

Bemerkung:
Klare, farblose Flüssigkeit mit sehr schachem Geruch;
Bildet im dampf-/gasförmigen Zustand explosionsfähige Gemische mit Luft;
Explosionsgrenzen: 2,9 - 13,8 Vol.% ; Zündtemp.: 537 °C [9], 1,6 - 8,4 Vol.%;
Zündtemp.: 482 °C [163];
Verwendung: technisches Lösemittel;

Ethandisäure

- **CAS-Nummer:**
144-62-7
- **gebräuchliche Namen:**
Oxalsäure; Kleesäure;
- **Handelsnamen:**
Aktisol; Ayuisal;
- **Summenformel:**
$C_2H_2O_4$

- **Strukturformel:**

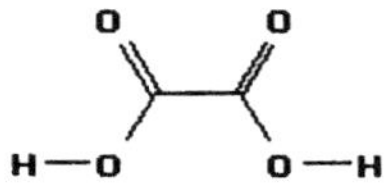

Verfahren:
Druckformherstellung/Reproduktionsfotografie;
Anwendung:
Abschwächer;

Eigenschaften:
- **toxikologisch/ökotoxikologisch:**
RTECS # RO 2450000
WGK: 1
R-Satz: 21/22
S-Satz: (2)-24/25
Sonstiges:
Einstufung und Kennzeichnung von Zubereitungen, in denen diese Substanz enthalten ist:5%<=C ¦¦> Xn; R21/22Wirkt schädigend beim Einatmen, Verschlucken oder Aufnahme über Haut; wirkt extrem zerstörerisch auf das Gewebe der Schleimhäute und Atemwege, Augen und Haut; Einatmung kann tödliche Folgen haben [187];Tödliche Dosis: 2,5 - 7 g [132];LD 50 (oral, Ratte): 375 mg/kg [187], 7500 mg/kg [428];LD 50 (oral, Ratte): 9,5 ml/kg (5 %-ige Lsg.) [368];LD 50 (Haut, Kaninchen): 20 g/kg [187];LD 50 (intraperitoneal, Maus): 270 mg/kg [428];Toxische Grenzkonzentration für Daphnia magna 95 mg/l [389];Toxische Grenzkonzentration für Scenedesmus quadricauda 790 mg/l [404];

Gefahren-Symbol:

- **physikalisch/chemisch:**
Schmelzpunkt: 189,5 °C
Siedepunkt: 157 °C (Subl.)
Dichte: 1901 kg (25 °C)
Molmasse: 90,035 g/mol

Löslichkeit:
Wasser 95 g/l (20 °C), 1200 g/l (90 °C); Ethanol 237 g/l (15 °C); Diethylether 236 g/l (20 °C); unlöslich in Benzen, Trichlormethan;

Verbleib nach Gebrauch:
Verbrennung nach Mischung mit brennbarem Lösemittel;

Bemerkung:
Farblose, prismatische Kristalle; geruchlos;
Ethandisäure, ihre Ester und Alkaloide mit Einschränkungen erlaubt in kosmetischen Mitteln;
Verwendung: in der Fotoindustrie in Abschwächern, zur Herstellung von "Einpulverentwickler", als Beschleuniger im Eisenentwickler; in der Analytik; zum Bleichen von Stroh und Leder; zur Herstellung von Oxalaten; als Reduktionsmittel; in Keramiken und Pigmenten; in der Papierindustrie; in der Gummi verarbeitenden Industrie; bei der Herstellung von Glukose aus Stärke;

Ethanol

- CAS-Nummer:
64-17-5
- UN Nummer:
1170
- gebräuchliche Namen:
reiner Alkohol; absoluter Alkohol; Brennspiritus; Carbidsprit; Sprit; Ethylalkohol; Ethylhydrat; Karbidsprit; Methylcarbinol; Spiritus; Brennsprit; Trinksprit; Weingeist; Kornfeindestillat; Anhydrolalkohol; Methylcarbinol; Ethyloxihydrat; technischer Sprit; Branntwein (vergällt); Branntwein (genußunbrauchbar gemacht); Branntwein (unvergällt); Branntweinersatzstoff; Branntweinfeindestillat; Rohbranntwein; Rohspiritus; fein (filtrieter) Sprit; Monopolsprit; Naturalsprit; Poliersprit; Primasprit; Rohsprit; Sekundasprit; technischer Sprit; Arzneimittelsprit; Kornfeindestillat; Kartoffelsprit; Melassesprit;
- Handelsnamen:
Algrain; Anhydrol; Jaysol S; Tecsol; SD Alkohol 23-Hydrogen;
- Summenformel:
C_2H_6O

- Strukturformel:

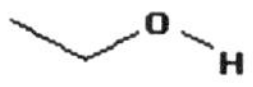

Funktion:
1.+ 3.+ 4.+ 6.+ 7. Lösemittel;
2.+ 5.Trocknungskatalysator/Beschleuniger;
Verfahren:
1.Druckformherstellung/ Reproduktionsfotographie;
2.Kopierverf./elektron.Verfahren direkt/Ink-Jet;
3.Druckverfahren/ Tiefdruck./Verpackungstiefdruck;
4.Druckver./Durchdruck direkt/Siebdruck;
5.Druckverf./Hochdruck direkt/Flexod.
6.Kopierverfahren/elektr.Verfahren direkt/Ink-Jet
7.Druckformherst/Flachdruckverfahren;
Anwendung:
1.Entwicklung;
2.Filme; In Reinigungsmittel für Druckmaschinen;
3.Verpackungstiefdruckfarben;
4.Durchdruckfarben;
5.Druckfarbe (wasserlöslich);
6.Tinte;

Eigenschaften:

- toxikologisch/ökotoxikologisch:

RTECS # KQ 6300000
Schweizer Giftliste: 5
WGK: 0
MAK Wert: 960 mg/m3 bzw. 500 ml/m3
R-Satz: 11
S-Satz: (2)-7-16
Sonstiges:

Spitzenbegrenzung: II,1 [481]; Schwangerschaftsgruppe C [481]; Krebserzeugend 5 [481]; Erbgutverändernd 2 [481];IMK:III;Nervengift; mit narkotischer Wirkung; Hautreizstoff (äußerlich) [30]; Unter normalen Umständen wenig giftig; Dämpfe in hohen Konzentrationen haben betäubende Wirkung; Kontakt mit der Flüssigkeit führt zu Reizung der Augen, Atemwege und Verdauungswege [163];Aufnahme: innerlich 260 ml 100 %ig tödlich, 650 ml 40 %ig tödlich [30];Kinder: 100 - 200 ml 40 %ig tödlich [30];Geruchsschwelle: 93 ml/m3 [163];5000 - 10000 ml/m3 verursachten Reizung der Augen und Atemwege; Bewußtlosigkeit kann nach etwa 1 Std. dieser Konzentration eintreten; Kopfschmerzen und Reizung der Augen können 1000 ml/m3 verursachen [163];Entfettet die Haut. Bei Verdunstung tritt ein starker Kühleffekt auf [EG-Sdb Sonnenberg];LD Lo (oral, Kind): 2000 mg/kg [187], [428];TD Lo (oral, Kind): 14400 mg/kg/30 Min. [428];TD Lo (oral, Mann): 700 mg/kg, 50 mg/kg, 1430 µg/kg [428];TD Lo (oral, Frau): 256000 mg/kg/12 W [428];LD Lo (subcutan, Säugling): 19440 mg/kg [428];LD Lo (oral, Mensch): 1400 mg/kg [187], [428];LD 50 (oral, Ratte): 7060 mg/kg [32], [428], 13700 mg/kg [9], 13,0 ml/kg [369];LD 50 (oral, Kaninchen): 6300 mg/kg [EG-Sdb Fa. Sonnenberg];LC 50 (inhalativ, Ratte): 20000 ml/m3/10 h [187], [428];LD 50 (intravenös, Ratte): 4180 mg/kg [402], 2,3 ml/kg [369], 1440 mg/kg [428];LD 50 (intraperitoneal, Ratte): 3600 µg/kg [428];LD 50 (intraarteriell, Ratte): 11 mg/kg [428];LD 50 (intravenös, Meerschweinchen): 2370 mg/kg [402];LD 50 (oral, Meerschweinchen): 5560 mg/kg [EG-Sdb Fa. Sonnenberg], [428];LC Lo (inhalativ, Meerschweinchen): 21900 ml/m3 [428];LD 50 (intraperitoneal, Meerschweinchen): 3414 mg/kg [428];LD 50 (intraperitoneal, Hamster): 5068 mg/kg [428];LD Lo (subcutan, Taube): 5000 mg/kg [428];LD Lo (subcutan, Huhn): 5000 mg/kg [428];LD Lo (intravenös, Huhn): 8216 mg/kg [428];LD Lo (subcutan, Frosch): 7100 mg/kg [428];LD Lo (parenteral, Frosch): 36000 mg/kg [428];LD 50 (subcutan, Maus, 1 Tag alt): 6300 ± 410 mg/kg [332];LD 50 (subcutan, Maus, 30 Tage alt): 10800 ± 850 mg/kg [332];LD 50 (oral, Maus): 3450 mg/kg [EG-Sdb Fa. Sonnenberg], [428];LC 50 (inhalativ, Maus): 39000 mg/m3/4 h [428];LD 50 (intraperitoneal, Maus): 528 mg/kg [428];LD 50 (subcutan, Maus): 8285 mg/kg [428];LD 50 (intravenös, Maus): 1973 mg/kg [428];LD Lo (oral, Hund): 5500 mg/kg [428];LD Lo (intraperitoneal, Hund): 3000 mg/kg [428];LD Lo (subcutan, Hund): 6000 mg/kg [428];LD Lo (intravenös, Hund): 1600 mg/kg [428];LD Lo (oral, Katze): 6000 mg/kg [428];LD Lo (intravenös, Katze): 3945 mg/kg [428];MLD (oral, Katze): 5,0 ml/kg [401];LD 50 (oral, Kaninchen): 6300 mg/kg [428];LD Lo (Haut, Kaninchen): 20000 mg/kg [428];LD 50 (intraperitoneal, Kaninchen): 963 mg/kg [428];LD Lo (subcutan, Kaninchen): 20000 mg/kg [428];LD 50 (intravenös, Kaninchen): 2374 mg/kg [428];starke Reizung Haut (Kaninchen): 500 mg/24 h [EG-Sdb Fa. Sonnenberg];Schädlichkeitsgrenze für Daphnia magna ab 7800 mg/l [32], [137];LC 50 (Fisch, Goldorfe): 10000/8140 mg/l [33]LC 100 (Fisch, Goldorfe): 10000/8690 mg/l [33]LC 50 (Ruderfußkrebs): 7750 mg/l/96 hToxische Grenzkonzentration für Pseudomonas putida 6500 mg/l, Scenedesmus quadricauda ab 5000 mg/l [32], [36], Daphnia magna 18,4 g/l [389];Biologisch abbaubar [32];

Gefahren-Symbol:

- physikalisch/chemisch:

Schmelzpunkt: -130 °C
Siedepunkt: 78,5 °C
Flammpunkt: 9 °C; 12 °C (100 %); 17 °C (96 %); 20 °C (80 %); 21 °C (70%)
Dampfdruck: 59 hPa (20 °C) [32]; 58,5 hPa (20 °C) [132]; ca. 50 hPa (20 °C, 90 %) [132]
Verdampfungswärme: 856,20 kJ/kg

Log pOW: -0,32 [4]
Brechungsindex: 1,36232 (20 °C)
Dichte: 789,3 kg/m3 (20 °C)
Molmasse: 46,069 g/mol
Verdunstungszahl: 3,2 (BuAc = 1) (95 %) [9]; 3,9 (BuAc = 1) [105]; 8,3 (Diethylether = 1) [19]

Löslichkeit:
mischbar mit Wasser, Diethylether, Propanon; löslich in Benzen;

Bemerkung zu physikalisch/chemischen Daten:
Alle Angaben, wenn nicht anders angegeben, für absolutes Ethanol;

Verbleib nach Gebrauch:
Verbrennung, hochentzündliche Stoffe;

Bemerkung:
Farblose charakteristisch riechende Flüssigkeit;
brennbar; Bildet im dampf-/gasförmigen Zustand mit Luft explosionsfähige Gemische;
Explosionsgrenzen: 3,5-15 Vol.-%; Zündtemp.: 425 °C [32], [163], [484];
Die begriffe Branntwein und Sprit werden häufig mit Rohstoffnamen zur Kennzeichnung des verwendeten Rohstoffes kombiniert, wie zum Beispiel Kartoffelsprit, Melassesprit.
Zahlreiche Trinkbranntweine (wie z.B. Rum), Körperpflegemittel, wie hochprozentige Duftwässer (Eau de Cologne), medizinische Zubereitungen, wie Spiritusse und Tinkturen sowie technische Zubereitungen wie Möbelpolituren weisen einen so hohen Gehalt an Ethylalkohol auf, daß sie wie Ethylalkohol eingestuft werden. Die Inhaltsstoffe dieser Erzeugnisse sind bei der Bewertung der gesundheitlichen Gefahren zu beachten.
Stoff reagiert mit sauerstoffreichem Material (Oxidationsmitteln), Peroxiden, Säuren, Säurechloriden, Anhydriden und Alkalimetallen; Ethylalkohol ist in verschiedenen Qualitäten im Handel; Rohspiritus (mid. 80 Gew.-%); Rohdestillat aus vergorenen kohlenhydrathaltigen Maischen. Primaprit (mind. 92,4 Gew.-%); Mittellauf der Rekifikation von Rohsprit ist für Trinkbranntweine geeignet. Sekundasprit, (mind. 94,4 Gew.-%); Destillat, das bei der Reinigung von Rohspiritus zu Primasprit anfällt und nur für industrielle Zwecke geeignet ist. Brennspiritus (mind. 92,4 %) durch Vergällen zum Genuß unbrauchbar gemacht. [484];
Zugelassen als Lebensmittelzusatzstoff nach LMBG;
Verwendung: in der Fotoindustrie als Lösemittel für Harze, Sensibilisierungsfarbstoffe, als Zusatz zu Härtungsbädern, zum schnellen Trocknen ausgewässerter Plattennegative; technisches Lösemittel;
UN-Nr. 1170 (reiner Ethanol und wäßrige Lösungen mit einer Konzentration (von 70%);
UN-Nr. 1987 (wäßrige Lösungen mit einer Konzentration von 24% jedoch nicht mehr als 70 % Ethanol);
UN.-Nr 3065 (alkoholische Getränke);
Enthalten in Additol XL 204, XL 250, Ceracol 39 (57%), Disparlon A630-20X (10-25%), Luba-print 654/D (60%);
Nach bisheriger Erfahrung keine Störung in Kläranlagen [32];

Ethansäure

- **CAS-Nummer:**
  64-19-7
- **UN Nummer:**
  2789
- **gebräuchliche Namen:**
  Essigsäure; Acetoxylsäure; Acetylsäure; Äthoxylsäure; Ethoxylsäure; Methylameisensäure; Methylcarbonsäure; Methancarbonsäure; Eisessig; Essigessenz; Holzsäure; Ethylsäure; Methancarboxylsäure;
- **Summenformel:**
  $C_2H_4O_2$

- Strukturformel:

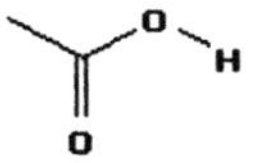

Funktion:
Lösungsmittel;
1.Ansäuerungsmittel;
2.Entschichtungsmittel; Nachbehandeln gebleichter Polyamid-Gewebe;
Verfahren:
1.Druckformherstellung/ Reproduktionsfotografie;
2.Druckverfahren/Druchdruck direkt/Siebdruck;
Anwendung:
1.Unterbrecher- und Fixierbäder; in Verstärkern;
2.Siebentschichtung;

Eigenschaften:
- toxikologisch/ökotoxikologisch:
RTECS # AF 1225000
Schweizer Giftliste: 3
WGK: 1
MAK Wert: 25 mg/m3 bzw. 10 ml/m3
R-Satz: 10-35
S-Satz: (1/2)-23-26-45
Sonstiges:
Einstufung und Kennzeichnung von Zubereitungen, in denen diese Substanz enthalten ist:90%<=C ¦> C; R3525%<=C<90% ¦> C; R3410%<=C<25% ¦> Xi; R36/38Spitzenbegrenzung: I [481]; IMK: II; Geruchsschwelle: 1,0 ml/m3 [484];Entwickelt starke Ätzwirkung an Haut und Schleimhaut; am Auge besteht nach Hornhautverätzung die Gefahr einer bleibenden Hornhauttrübung; Gefahr der Entstehung eines Glottisödems; nach Einatmen der Dämpfe treten Entzündungen im Atemtrakt auf (Lungenentzündung, Bronchitis, Lungenödem); bei Aufnahme durch Verschlucken Verätzungen im Verdauungstrakt; Perforationsgefahr der Speiseröhre (Rippenfellentzündung) und des Magens (Bauchfellentzündung) [418];200 - 500 ml/m3 reizen stark, können jedoch von manchen Personen für kurze Zeit ertragen werden; 40 ml/m3 für 5 min sind erträglich [163];Innerlich: 60 - 70 ml 80 %ige Säure tödlich, 50 ml 96 %ige Säure tödlich; auch 20 g sind tödlich [30];LD 50 (oral, Ratte): 3310 mg/kg [10], 3,53 g/kg [187, 193];LC 50 (inhalativ, Maus, 1 h): 5620 ml/m3 [187];LD 50 (Haut, Kaninchen): 1060 mg/kg [187];TD Lo (oral, Mensch): 1470 µg/kg [428];TC Lo (inhalativ, Mensch): 816 ml/m3/3 min [428];LD Lo (oral, Kaninchen): 600 mg/kg [428];LC 50 (Fisch, Goldorfe): 410 mg/l [33];LC 100 (Fisch, Goldorfe): 452 mg/l [33];Biologische Abbaubarkeit gut (>75 %) [484];

Gefahren-Symbol:

C

- physikalisch/chemisch:
Schmelzpunkt: 16,6 °C
Siedepunkt: 118,1 °C
Flammpunkt: 37 °C
Dampfdruck: 15,4 hPa (20 °C) [32]
Verdampfungswärme: 406,12 kJ/kg
Log pOW: -0,31 [4]; -0,17 [4]; -0,24 [150]
Brechungsindex: 1,37182 (20 °C)
Dichte: 1049,2 kg/m3 (20 °C)
Molmasse: 60,052 g/mol

Löslichkeit:
mischbar mit Wasser, Ethanol, Diethylether, Tetrachlormethan;

Verbleib nach Gebrauch:
Verbrennung;

Bemerkung:
Klare, farblose Flüssigkeit mit stechendem Essiggeruch; rhombische Kristalle; Eisessig: konz. Essigsäure;
Bildet im dampf-/gasförmigen Zustand explosionsfähige Gemische mit Luft;
Explosionsgrenzen: 4-17 Vol.-%; Zündtemp.: 485 °C [32], 500 °C [484];
Wasserfreie Ethansäure erstarrt bei 16,6 °C zu einer kristallinen Masse von eisartigem Aussehen;
Kann heftig reagieren unter starker Wärmeentwicklung bei Kontakt mit Natriumhydroxid, Kaliumhydroxid und anderen starken Basen; korrodiert Metalle;
Verwendung als Lösemittel; in der fotografischen Industrie als Ansäuerungsmittel für Unterbrecherbäder, Fixierbäder und Verstärker; Herstellung von Acetylcellulose (Grundstoff für den nichtentflammbaren Film);
UN-Nr. 2789 (Ethansäure);
UN-Nr. 2790 (Lösung mit mehr als 10% jedoch nicht mehr als 80% reiner Säure);

Ethansäurebutylester

- CAS-Nummer:
123-86-4
- UN Nummer:
1123*
- gebräuchliche Namen:
1-Butanolacetat; n-Butylacetat; Butylacetat; Essigsäure-1-butylester; Essigsäure-n-butylester; n-Butylethanoat; Essigsäure-1-butoxyester; Butylium aceticum; Essigsäurebutylester; Essigsaures Butyl; Butanolacetat; Normales Butylacetat; Essigsäurebutylester; Ethansäure-n-butylester; 1-Butylacetat; 1-Acetoxy-butan;
- Summenformel:
$C_6H_{12}O_2$

- Strukturformel:

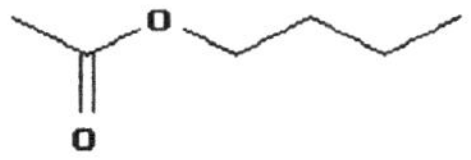

Funktion:
1.Lösungsmittel; Reinigungsmittel; Waschmittel;
2.Lösungsmittel;
Verfahren:
1.Druckverfahren/Durchdruck direkt/Siebdruck;
2.Druckverfahren/Tiefdruck;
Anwendung:
1.Siebreinigung;
2.Verpackungstiefdruckfarben;

Eigenschaften:
- toxikologisch/ökotoxikologisch:
RTECS # AF 7350000;
Schweizer Giftliste: 4
WGK: 1
MAK Wert: 480 mg/m3 bzw. 100 ml/m3
R-Satz: 10
S-Satz: (2)

Sonstiges:
Spitzenbegrenzung: I [481]; Schwangerschaftsgruppe D [481]; Dämpfe und Kontakt mit der Flüssigkeit reizen Atemwege und Augen; hohe Konzentrationen wirken narkotisch; Hautresorption möglich [163];Symptome: Brennen der Augen, der Nasen- und Rachenschleimhäute; Husten, Übelkeit, Erbrechen, Kopfschmerzen, Schwindel, Atemnot, Bewußtlosigkeit [484];200-300 ml/m3 riefen nach kurzer Einwirkungsdauer eine Reizung der Nasen- und Rachenschleimhäute und der Augen hervor [163], [484];Eingeatmet 200 ml/m3 Reizung der Atemwege [9];Aspirationsgefahr. Nach Inhalation Pneumonieprophylaxe. [Sdb Rhone-Poulenc];Geruchsschwelle: 10 ml/m3 [163], [484];LD 50 (oral, Ratte): 13100 mg/kg [187], 14130 mg/kg [9], 14000 mg/kg [Sdb Rhone-Poulenc], 10700-14130 mg/kg [634];LC Lo (inhalativ, Ratte, 4 h): 32000 ml/m3 [113];LC 50 (inhalativ, Ratte, 4 h): 2000 ml/m3 [187];LD 50 (oral, Maus): 7060 mg/kg [634];LD 50 (oral, Kaninchen): 7437 mg/kg [634]; LD 50 (Haut, Kaninchen): >5000 mg/kg [428]LC Lo (inhalativ, Katze): 68000 mg/m3/72 M [428]LC Lo (inhalativ, Meerschweinchen): 67000 mg/m3/ [428]Das Produkt wirkt schwach reizend auf die Augen und die Atemwege. Anhaltender oder wiederholter Hautkontakt kann Dermatits verursachen [Sdb Rhone-Poulenc];Schädlichkeitsgrenze für Algen (Scenedesmus) 320 mg/l, Kleinkrebse(Daphnia) 44 mg/l [32];Toxische Grenzkonzentration für Pseudomonas putida 115 mg/l, Scenedesmus quadricauda 21 mg/l [36];LC 50 (Daphnia magna): 205 mg/l [6];LC 50 (Fisch; Goldorfe):71/141 mg/l [33];LC 100 (Fisch; Goldorfe): 72/176 mg/l [33];EC 50 (Daphnien): 24 mg/l/24 h [Sdb Rhone-Poulenc];EC 50 (Pseudomonas Putida): 115 mg/l/16 h [Sdb Rhone-Poulenc];biologische Abbaubarkeit (Standversuch) gut (>70 %) [484];

- physikalisch/chemisch:
Schmelzpunkt: -76,8 °C; -77,9--76 °C
Siedepunkt: 126,5 °C; 124-128 °C;
Flammpunkt: 22 °C; 25 °C; 27 °C; 23 °C (geschl.Tiegel); 38 °C (off.Tiegel)
Dampfdruck: 12,5 hPa (20 °C) [113]; 13,3 hPa (20 °C) [367], [132]; 14 hPa (20 °C) [484];
Verdampfungswärme: 309,4 kJ/kg
Log pOW: 1,82 [Sdb Rhone-Poulenc]; 1,73; 1,81 (23 °C) [634]
Brechungsindex: 1,3914 (25 °C)
Dichte: 882,4 kg/m3 (18 °C); 879-881 kg/m3 (20 °C)
Molmasse: 116,16 g/mol
Verdunstungszahl: 1,0 (BuAc = 1) [9], [105]; 12,1 (Diethylether = 1) [18];

Löslichkeit:
Wasser 6,8 g/l (20 °C); 10 g/l (20 °C); 7 g/l (20 °C) [634]; Fettlöslichkeit: in Ethanol, Ether und anderen organischen Lösungsmitteln löslich [Sdb Rhone-Poulenc];
Wasser 10 g/l (22 °C); mischbar mit Ethanol, Diethylether;

Verbleib nach Gebrauch:
Verbrennung, hochentzündliche Stoffe;

Bemerkung:
Form: bei 20 °C flüssig [Sdb];
Klare farblose angenehm fruchtig riechende Flüssigkeit; brennbar;
Bildet im dampf-/gasförmigen Zustand mit Luft explosionsfähige Gemische;
Explosionsgrenzen: 1,7-15 Vol.-%; Zündtemp.: 370 °C [113];
3,0-10,4 Vol.-%; Zündtemp.: 370 °C [163],
1,2-7,5 Vol.-%; Zündtemp.: 400 °C [Hoechst AG];
1,4-7,5 Vol.-%; Zündtemp.: 420-425 °C [484], [634];
1,7-7,6 Vol.-%; Zündtemp.: 421 °C [Sdb];
Greift viele Kunststoffe an und löst sie auf; Gummi kann bei längerer Einwirkung angegriffen werden. Zur Beurteilung der Größe der Explosionsgefahr und der Gesundheitsgefährdung muß die Konzentration gemessen werden. Stoff kann sich bei Kontakt mit starken Basen plötzlich und schnell aufheizen [484];
Zu vermeidende Stoffe: starke Oxidantien, Luftfeuchtigkeit (Zersetzung), Kupfer und seine Legierungen werden in Gegenwart von Wasser durch das Produkt angegriffen. Gefährliche Zersetzungsprodukte: Bei der Verbrennung des Produktes werden Kohlenmonoxid und Kohlendioxid gebildet [Sdb];
Verwendung: Lösemittel; Klebemittel; Farben- und Lackindustrie;

Anwendungsbereich: in der Lackindustrie als Lösemittel für Cellulosenitrat und Celluloseether; in Abbeizmitteln; in der Druckfarbenindustrie (Druckfarben auf Basis von Cellulose-Mischestern u.a.); zur Wiedergewinnung von Phenol aus Abwässern;
* In der UN-Liste klassifiziert unter Butylacetate [484]
Enthalten in Byk-070 (8%), Cerafak 100 (45%), 106 (46,0%), 106 Stab (48,7%), Ceramat 240 (7,8%), 241 (39%), Disperbyk-160 (10%), -161 (10%), -162 (12%), -163 (11%), -164 (41%), -166 (56%), -182 (15%), Efka-83 (25%), -47 (36%), -46 (31%), -48 (35%), -86 (33%), -88 (55%), -Polymer 400 (50%), Lanco-Antimar 56 (42%), -Disperse 10 UN (2,5%), -Glidd KXB (4%), -Glidd ML (29,5%), -Glidd PPL (34,56%), Luba-print 246/A (33,81%), B 15/XB (29,4%);
Mengenangaben: 1000000-500000 Tonnen

Ethansäurechlorid

- **CAS-Nummer:**
  75-36-5
- **UN Nummer:**
  1717
- **gebräuchliche Namen:**
  Acetoxylchlorid; Acetylchlorid; Acetylchlorür; Azetylchlorid; Essigsäurechlorid; Ethanoylchlorid; Chloracetyl; Ethansäurechlorid;
- **Summenformel:**
  C_2H_3ClO
- **Strukturformel:**

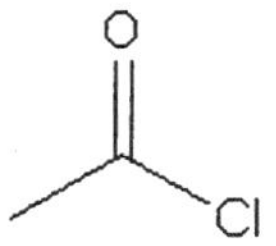

Verfahren:
Druckverfahren;

Eigenschaften:
- **toxikologisch/ökotoxikologisch:**
  RTECS # AO 6390000
  Schweizer Giftliste: 2
  WGK: 1
  R-Satz: 11-14-34
  S-Satz: (1/2)-9-16-26-45
  Sonstiges:
  Dämpfe reizen stark Augen, Atemwege und Lunge; Kontakt mit der Flüssigkeit löst schwere Reizung der Augen und Haut aus [163];Tränenreizend [39];Bei Erhitzung und Brand entstehen hochgiftige Gase von -> Phosgen und Chlorwasserstoff; bei Kontakt mit Dampf, Wasser oder Alkohol bilden sich stark ätzende Säuren (-> Essigsäure und -> Salzsäure) [163];

  Gefahren-Symbol:

- **physikalisch/chemisch:**
  Schmelzpunkt: -112 °C
  Siedepunkt: 50,9 °C

Flammpunkt: 5 °C
Dampfdruck: 320 hPa (20 °C) [163]
Brechungsindex: 1,38976 (20 °C)
Dichte: 1105,1 kg/m3 (20 °C)
Molmasse: 78,50 g/mol

Löslichkeit:
zersetzlich in Wasser; löslich in Diethylether, Propanon, Benzen, Trichlormethan;

Verbleib nach Gebrauch:
Verbrennung nach Behandlung mit Soda und gelöschtem Kalk und Mischung mit Alkali;

Bemerkung:
Farblose Flüssigkeit mit stechendem Geruch; brennbar; raucht in feuchter Luft;
Bildet im dampf-/gasförmigen Zustand mit Luft explosionsfähige Gemische;
Explosionsgrenzen: 7,3 - 19 Vol% ; Zündtemp.: 390 °C [163];
Bei Berührung mit Alkohol treten die gleichen heftigen Reaktionen wie bei Wasser ein; Stoff reagiert bei Kontakt mit sauerstoffreichem Material (starken Oxidationsmitteln);

Ethansäureethenylester

- **CAS-Nummer:**
  108-05-4
- **UN Nummer:**
  1301
- **gebräuchliche Namen:**
  Essigsäurevinylester; Ethenylacetat; Vinylacetat; AVM;
- **Handelsnamen:**
  VYAC; ZESET T; Vinna;
- **Summenformel:**
  $C_4H_6O_2$

- **Strukturformel:**

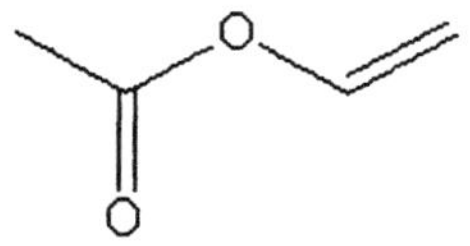

Funktion:
1.+2.Bindemittel; Fotovernetzendes Monomer;
Verfahren:
1.Druckverfahren/Hochdruck direkt/Flexodruck;
2.Druckfarbenherstellung;
Anwendung:
Fotopolymerplatten; Druckfarbe (wasserlöslich);

Eigenschaften:
- **toxikologisch/ökotoxikologisch:**
  RTECS # AK 0875000
  Schweizer Giftliste: 4
  WGK: 2
  MAK Wert: 36 mg/m3 bzw. 10 ml/m3
  R-Satz: 11
  S-Satz: (2)-16-23-29-33

Sonstiges:
Für diese Substanz liegt ein BUA-Stoffbericht Nr. 116 vor. IMK: II; Spitzenbegrenzung: I [481]; Krebserzeugend 3 [481]; Schwangerschaftsgruppe D [481];Dämpfe wirken betäubend und verursachen starke Reizung der Augen; Kontakt mit der Flüssigkeit führt zu Reizung der Augen und Haut; bei Brand entstehen Dämpfe mit starker Reizwirkung [163];Letal bei 4 Std. Einwirkung von 4000 ml/m3 [163];Geruchsschwelle: 0,12 ml/m3 [163];Laborversuche haben mutagene Wirkung gezeigt [187];LD 50 (Haut, Kaninchen): 2335 mg/kg [39, 187];LD 50 (oral, Ratte): 2920 mg/kg [39, 187], 3480-3497 mg/kg [634];LC 50 (inhalativ, Ratte, 2 h): 4000 ml/m3 [187];TD Lo (oral, Ratte): 500 mg/kg/D, 91 g/kg [428];LD 50 (oral, Maus): 1616 mg/kg [428], 1610-2250 mg/kg [634];LD 50 (intraperitoneal, Maus): 595 mg/kg [634];LC 50 (inhalativ, Maus): 1550 ppm/4h [428];LC 50 (inhalativ, Kaninchen): 2500 ppm/4h [428];LD 50 (Haut, Kaninchen): 2335 mg/kg [428];LC 50 (inhalativ, Meerschweinchen): 6215 ppm/4h [428];LD Lo (intraperitoneal, Meerschweinchen): 500 mg/kg [428];LC 50 (Fisch, Goldorfe): 20 mg/l [33];LC 100 (Fisch, Goldorfe): 93 mg/l [33];LC 50 (Daphnia magna): 330 mg/l [6];Toxische Grenzkonzentration für Pseudomonas putida 6 mg/l, Scenedesmus quadricauda 370 mg/l [36];Biologische Abbaubarkeit gut (>70 %) [484];

Gefahren-Symbol:

F

- physikalisch/chemisch:

Schmelzpunkt: -92 °C - -100 °C
Siedepunkt: 72-73 °C
Flammpunkt: -8 °C
Dampfdruck: 120 hPa (20 °C) [163]; 110 hPa (20 °C); 156,5 hPa (25 °C) [634]
Log pOW: 0,21; 0,7-0,73 (20 °C)
Brechungsindex: 1,3954 (20 °C)
Dichte: 934 kg/m3 (20 °C); 932-933 kg/m3 (20 °C)
Molmasse: 86,09 g/mol

Löslichkeit:
wenig löslich in Wasser: 23 g/l [484], 20 g/l (20 °C) [634]; mischbar mit Diethylether, Ethanol;

Verbleib nach Gebrauch:
Verbrennung, hochentzündliche Stoffe;

Bemerkung:
Farblose, süßlich riechende Flüssigkeit; brennbar;
Bildet im dampf-/gasförmigen Zustand mit Luft explosionsfähige Gemische
Explosionsgrenzen: 2,6-13,4 Vol.-%; Zündtemp.: 385 °C [163];
Polymerisiert an der Luft schnell, wenn es nicht mit Hemmstoffen gemischt ist; bei Kontakt von Ethansäureethenylester mit Peroxiden oder starken Säuren kann heftige Polymerisation entstehen; als Stabilisator werden meistens 3 - 5 ml/m3 oder 14 - 17 ml/m3 Hydrochinon zugesetzt;
das technische Produkt kann bis zu 200 ml/m3 Diphenylantin enthalten;
Verwendung: Polymerisation zu -> Polyvinylacetat, Papier-, Kartonagen- und Zellstoffindustrie, Kunststoffindustrie; Klebe- und Bindemittel, Stoffe für den Bau, Stoffe zur Viskositätseinstellung;

Ethansäureethylester

- **CAS-Nummer:**
  141-78-6
- **UN Nummer:**
  1173
- **gebräuchliche Namen:**
  Essigsäureethylester; Ethylacetat; Essigether; Essigsäureether; Essigester; Essignaphtha; essigsaures Ethyl; essigsaures Ethyloxid;
- **Handelsnamen:**
  Acetidin; Acetoxyethan;
- **Summenformel:**
  $C_4H_8O_2$

- **Strukturformel:**

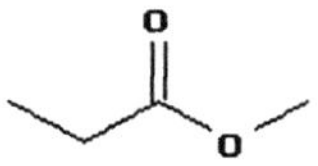

Funktion:
1.+ 4.+ 6.Lösungsmittel;
2.Additiv/Schnelltrockner;
4.Reinigen von Gewebe;

Verfahren:
1.Druckformherstellung/Flachdruck;
2.Druckformherstellung/Hochdruck direkt/Flexodruck;
3.Druckformherstellung/Tiefdruck; 4.Druckverfahr./Durchdruck d./Siebdruck;
5.Druckformherstellung/Reproduktionsfotografie; 6.Druckver./Tiefdruck;

Anwendung:
Druckfarbe, z.B. in wasserlöslichen Flexodruckfarben;
5.Entwicklung;
6.Verpackungsdruck,Verpackungstiefdruckfarben;

Eigenschaften:
- **toxikologisch/ökotoxikologisch:**
  RTECS # AH 5425000
  Schweizer Giftliste: 4
  WGK: 1
  MAK Wert: 1500 mg/m3 bzw. 400 ml/m3
  R-Satz: 11
  S-Satz: (2)-16-23-29-33
  Sonstiges:
  Spitzenbegrenzung: I [481]; Schwangerschaftsgruppe C [481]; Geruchsschwelle: 0,6 mg/m3 [163]; IMK: III;Dämpfe und Flüssigkeit reizen Atemwege und Augen; in höherer Konzentration narkotische Wirkung mit evtl. tödlichen Folgen [163];Symptome: Kopfschmerzen, Schwindel, Erbrechen, Bewußtlosigkeit [484];Vorsicht, bei Erbrechen besteht Aspirationsgefahr. Nach Inhalation Pneumonieprophylase, Infektionsprophylaxe [Rhone-Poulenc-Sdb];LD 50 (oral, Ratte): 5600 mg/kg [9], 6100 mg/kg [182], 11300 mg/kg [32], 5620 mg/kg [428], [Rhone-Poulenc-Sdb]; LD 50 (Haut, Kaninchen): >18000 mg/kg [9]; >20000 mg/kg [Rhone-Poulenc-Sdb];LC 50 (inhalativ, Ratte): 1600 ml/m3/8 h [182, 187]; 16000 mg/m3 [Rhone-Poulenc-Sdb];LC 50 (inhalativ, Ratte): 200000 mg/m3 [428]; LD Lo (subcutan, Ratte): 5000 mg/kg [428];LD 50 (oral, Meerschweinchen): 5500 mg/kg [428];LD 50 (oral, Maus): 4100 mg/kg [428];LD 50 (intraperitoneal, Maus): 709 mg/kg [428];LD 50 (oral, Kaninchen): 4935 mg/kg [428];LC Lo (inhalativ, Katze): 61000 mg/m3 [428];Das Produkt wirkt schwach reizend auf die Augen und die Atemwege. Anhaltender oder wiederholter Hautkontakt kann Dermatitis verursachen [Rhone-Poulenc-Sdb];Toxische Grenzkonzentration für Pseudomonas putida 650 mg/l, Scenedesmus quadricauda 15 mg/l [36];LC 50 (Daphnia magna): 2500 mg/l [6];LC 0 (Fisch, Goldorfe): 100 - 1000 mg/l [182];LD 50 (Fisch, Goldorfe): 270/333 mg/l

[33];LD 100 (Fisch, Goldorfe): 360/360 mg/l [33];Biologisch leicht abbaubar [32];Biologische Abbaubarkeit > 70 % [182];

Gefahren-Symbol:

F

- physikalisch/chemisch:

Schmelzpunkt: -83 °C; -84 °C
Siedepunkt: 77,1 °C
Flammpunkt: -4 °C; -4,4 °C (geschl. Tiegel); -7,2 °C (offener Tiegel)
Dampfdruck: 103 hPa (20 °C) [32]; 97 hPa (20 °C) [132]; 114,6 hPa (20 °C) [367]
Verdampfungswärme: 366,35 kJ/kg
Log pOW: 0,66; 0,73 [4]; 0,68 [Rhone-Poulenc-Sdb]
Brechungsindex: 1,37257 (20 °C)
Dichte: 899,7 kg/m3 (25 °C); 902 kg/m3 (20 °C)
Molmasse: 88,106 g/mol
Verdunstungszahl: 6,2 (BuAc = 1) [9]; 8,8 (BuAc = 1) [105]; 2,9 (Diethylether = 1) [60], [132]

Löslichkeit:
Wasser 79 g/l (20 °C); mischbar mit Ethanol, Diethylether, Propanon, Trichlormethan, Propanon, Trichlormethan, Diethylether;
[Sdb Rhone-Poulenc]:
Wasser 87 g/l (20 °C); Fettlöslichkeit: in Ethanol, Propanon und Diethylether löslich;

Bemerkung zu physikalisch/chemischen Daten:
T(krit.): 250 °C [Rhone-Poulenc-Sdb];

Verbleib nach Gebrauch:
Verbrennung, hochentzündliche Stoffe;

Bemerkung:
Form: bei 20 ° flüssig [Rhone-Poulenc-Sdb];
Klare farblose Flüssigkeit mit charakteristisch angenehmem, fruchtigem Geruch; brennbar;
Bildet im dampf-/gasförmigen Zustand mit Luft explosionsfähige Gemische;
Explosionsgrenzen: 2,1-11,5 Vol.-%; Zündtemp.: 460 °C [32], [182];
2-11,5 Vol.-%; Zündtemp.: 427 °C [Rhone-Poulenc-Sdb];
Greift viele Kunststoffe an und löst sie auf; Kupfer kann in Anwesenheit von Ethin (Acetylen) angegriffen werden;
Spaltung des Materials wird durch Basen erheblich verstärkt; dabei tritt starke Erwärmung ein;
Stoff kann heftig reagieren, wenn er mit sauerstoffreichem Material (Oxidationsmitteln) in Berührung kommt; bei Kontakt mit Lithium-Aluminiumhydrid erfolgt explosionsartige Reaktion;
Verwendung: technisches Lösemittel;
Anwendungsbereich: in der Lack- und Klebstoffindustrie; als Härter für Alkalisilikate; zur Papier- und Folienbeschichtung;
Enthalten in Ceracol 146 (80%), Efka-22 (8%), Parflock P11 (<10 %);

Ethansäure-2-ethylhexylester

- CAS-Nummer:
103-09-3
- gebräuchliche Namen:
Essigsäure-2-ethylhexylester; Octylacetat; 2-Ethylhexylacetat; 2-Ethylhexylethanoat; 2-Ethyl-1-hexanolacetat;iso-Octylacetat; Isooctylacetat;
- Summenformel:
$C_{10}H_{20}O_2$

- Strukturformel:

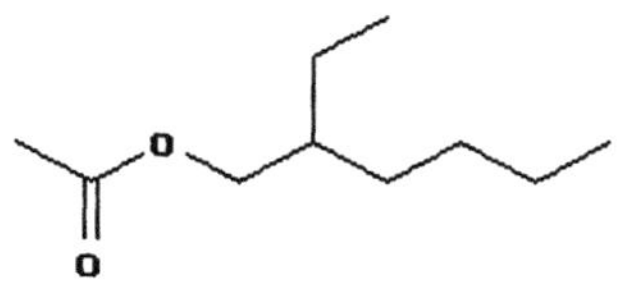

Funktion:
Lösungsmittel;
Verfahren:
Druckverfahren;

Eigenschaften:
- toxikologisch/ökotoxikologisch:
Schweizer Giftliste: 4
WGK: 2
Sonstiges:
Dämpfe reizen Augen und Atemwege; Stimmritzenverschluß und Lungenödemmöglich; Kontakt mit der Flüssigkeit bewirkt Reizung und unter Um-ständen schwere Schädigung der Augen und leichte Reizung der Haut;bei Aufnahme durch den Mund und bei hohen Konzentrationen, wie sie z.B. unter dem Einfluß von Hitze zustande kommen, narkotische Wirkungmöglich [163];LD 50 (oral, Ratte): 3000 mg/kg [9];LD 50 (Haut, Kaninchen): > 19400 mg/kg [9];

- physikalisch/chemisch:
Schmelzpunkt: - 93 °C
Siedepunkt: 199 °C
Flammpunkt: 82 °C; 71 °C
Dampfdruck: 0,36 hPa (20 °C) [9]
Brechungsindex: 1,4204 (20 °C)
Dichte: 873,4 kg/m3 (20 °C)
Molmasse: 172,27 g/mol
Verdunstungszahl: 0,03 (BuAc = 1) [9]

Löslichkeit:
Wasser 0,3 g/l (20 °C); löslich in Ethanol, Diethylether;

Bemerkung:
Klare, farblose, fruchtig riechende Flüssigkeit; brennbar;
Bildet im dampf-/gasförmigen Zustand mit Luft explosionsfähige Gemische;
Explosionsgrenzen: 0,71 - 4,0 Vol% ; Zündtemp.: 246 °C [9],
0,75 - 8,15 Vol% ; Zündtemp.: 268 °C [163];
Stoff reagiert sehr heftig bei Kontakt mit starken Basen; hierbei bildet sich viel Wärme, die zu einer schnellen Erhitzung führt;
Verwendung: technisches Lösemittel;

Ethansäure-iso-hexylester

- CAS-Nummer:
628-95-5
- gebräuchliche Namen:
1,3-Dimethylbutylacetat; sec.-Hexylacetat;sek.-Hexylacetat; Methylamylacetat; Methyl-iso-butylcarbinolacetat; MAAC; 4-Methylpentyl-2-acetat; Essigsäure-iso-hexylester;
- Summenformel:
$C_8H_{16}O_2$

- Strukturformel:

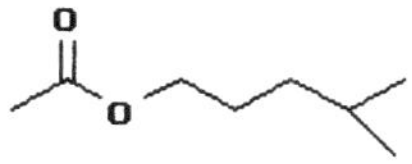

Funktion:
Lösungsmittel;
Verfahren:
Druckverfahren;

Eigenschaften:
- toxikologisch/ökotoxikologisch:
MAK Wert: 50 ml/m3
Sonstiges:
Dämpfe verursachen Reizung der Augen und der Atemwege; Kontakt mit der Flüssigkeit verursacht leichte Reizung der Augen und der Haut;LD 50 (oral, Ratte): 6160 mg/kg [9];LD 50 (Haut, Kaninchen): 19200 mg/kg [9];LC Lo (inhal., Ratte): 4000 ml/m3 [9];

- physikalisch/chemisch:
Schmelzpunkt: - 64 °C
Siedepunkt: 146 °C
Flammpunkt: 44 °C
Dampfdruck: 5 hPa (20 °C) [9]
Dichte: 860 kg/m3 (20 °C)
Molmasse: 144,22 g/mol
Verdunstungszahl: 0,48 (BuAc = 1) [9]

Löslichkeit:
Wasser 1,3 g/l (20 °C); löslich in Ethanol, Diethylether;

Verbleib nach Gebrauch:
Beseitigung

Bemerkung:
Farblose, fruchtig riechende Flüsigkeit; brennbar;
Bildet im dampf-/gasförmigen Zustand mit Luft explosionsfähige Gemische;
Explosionsgrenzen: 0,9 - 5,7 Vol% ; 265 °C [9];
Verwendung: technisches Lösungsmittel;

Ethansäure-iso-propylester

- **CAS-Nummer:**
  108-21-4
- **UN Nummer:**
  1220
- **gebräuchliche Namen:**
  2-Acetoxypropan; Essigsäure-iso-propylester; Isopropylacetat; i-Propylacetat; iso-Propylacetat; Essigsäureisopropylester; Essigsäure-1-methylethylester; 2-Propylacetat;
- **Summenformel:**
  $C_5H_{10}O_2$

- **Strukturformel:**

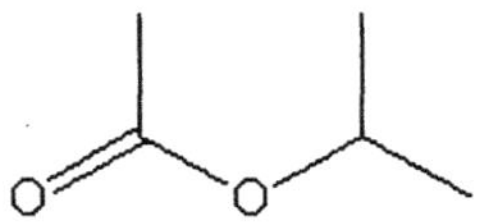

Funktion:
1.+ 2.Lösungsmittel;
Verfahren:
1.Druckverfahren/Hochdruck direkt/Flexodruck;
2.Druckverfahren/Tiefdruck;
Anwendung:
1.Druckfarbe, z.B. wasserlösliche Flexodruckfarben;
2.Verpackungstiefdruckfarben;

Eigenschaften:
- **toxikologisch/ökotoxikologisch:**
  RTECS # AI 4930000
  Schweizer Giftliste: 4
  WGK: 1
  MAK Wert: 850 mg/m3 bzw. 200 ml/m3
  R-Satz: 11
  S-Satz: (2)-16-23-29-33

Sonstiges:
Spitzenbegrenzung: I [481];Dämpfe wirken betäubend und verursachen Reizung der Augen und Atmungsorgane; Kontakt mit der Flüssigkeit führt zu Reizung der Augen [163];Dämpfe in hohen Konzentrationen können narkotisch wirken. Es besteht die Gefahr der Atemlähmung. [Sdb EG];Symptome: Brennen der Augen, der Nasen- und Rachenschleimhäute, Husten, Schläfrigkeit, Schwindel, Rauschzustand, Bewußtlosigkeit [484];LD 50 (oral, Ratte): 3000 mg/kg [187], 6750-10900 mg/kg [634];LC 50 (inhalativ, Ratte): 32000 ml/m3/4 h [Sdb EG];LD 50 (oral, Maus): 6650 mg/kg [634];LD 50 (oral, Kaninchen): 6945 mg/kg [634];LD 50 (Haut, Kaninchen): > 17400 mg/kg [9];Toxische Grenzkonzentration für Pseudomonas putida 190 mg/l, Scenedesmus quadricauda 165 mg/l [36];LC 50 (Fisch; Goldorfe): 265/360 mg/l [33];LC 100 (Fisch; Goldorfe): 270/365 mg/l [33];LC 50 (Daphnia magna): 1260 mg/l [6]; LC 100 (Daphnia magna): 1920 mg/l [484];EC 50 (Daphnia magna): 4150 mg/l [180];EC 50 (Daphnia magna): 1260 mg/l/24 h [Sdb EG];EC 50 (Pseudomonas Putida): 190 mg/l/16 h [Sdb EG];

Gefahren-Symbol:

- **physikalisch/chemisch:**
  Schmelzpunkt: - 73,4 °C
  Siedepunkt: 88,8 °C; 88,4 °C; 90 °C [635]
  Flammpunkt: 4 °C; 2 °C (im geschl. Tiegel); 3 °C
  Dampfdruck: 33 hPa (20 °C) [163]; 61 hPa (20 °C) [9]; 69,3 hPa (20 °C) [367]; 62 hPa (20 °C)
  Verdampfungswärme: 303,09 kJ/kg
  Log pOW: 1,03; 1,28 [635]
  Brechungsindex: 1,3770 (20 °C); 1,375 [635]
  Dichte: 873,2 kg/m3 (18 °C); 872 kg/m3 (20 °C); 870,2 kg/m3 [635]
  Molmasse: 102,13 g/mol
  Verdunstungszahl: 5,0 (BuAc = 1) [9], 5,4 (BuAc = 1) [105], 4,2 (Diethylether = 1) [19];

  Löslichkeit:
  Wasserlöslichkeit: 18,9 g/l (20 °C), 29 g/l (20 °C) [634]; in den gebräuchlichen organischen Lösemitteln löslich [Sdb]; Wasser, 2,9 Gew.-% [484];

  Bemerkung zu physikalisch/chemischen Daten:
  Explosionsgrenzen: 1,8-8 Vol.-%; Zündtemp.: 460 °C [163];
  Henry-Konstante: 0,000281 atm/m3/mol [635]; Viskosität: 0,52 cP [635];
  Oberflächenspannung: 22,1 dyn/cm2 [635];

Verbleib nach Gebrauch:
Verbrennung, hochentzündliche Stoffe;

Bemerkung:
Leichtentzündlich, Form: bei 20 °C flüssig, Geruch: etherisch [Sdb EG];
Farblose, angenehm fruchtig riechende Flüssigkeit; brennbar; Bildet im dampf-/gasförmigen Zustand mit Luft explosionsfähige Gemische;
Zersetzt sich langsam an der Luft unter Bildung von Ethansäure und Propan-2-ol (Isopropanol); Basen wirken hierbei katalytisch; reagiert heftig bei Kontakt mit sauerstoffreichem Material; viele Kunststoffe werden aufgeweicht und zerstört; Verwendung: technisches Lösemittel;

Ethansäure-2-methoxyethylester

- **CAS-Nummer:**
  110-49-6
- **UN Nummer:**
  1189
- **gebräuchliche Namen:**
  Essigsäure-2-methoxyethylester; 2-Methoxyethylacetat; Methylglycolacetat; Ethanol-2-methoxyacetat; Glycolmonomethyletheracetat; Ethylenglycolmonomethyletheracetat; Ethanol-(2-methoxy)-acetat; Methylglykolacetat; Methylcellosolveacetat; Ethylenglykolmonomethyletheracetat; EGMEA; Glykolmonomethyletheracetat; Ethylenglykolmethyletheracetat; Methylglykolacetat;
- **Handelsnamen:**
  Methyl Cellosolve Acetat; Ethylene Glycol Monomethyl Ether Acetate (DOT);
- **Summenformel:**
  $C_5H_{10}O_3$

- **Strukturformel:**

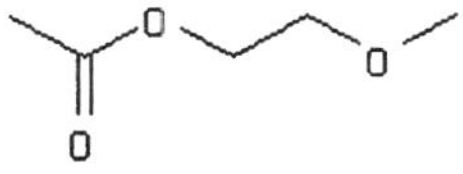

Funktion:
1.+ 2.Lösungsmittel;
Verfahren:
1.Druckverfahren/Durchdruck direkt/Siebdruck;
2.Druckverfahren/Tiefdruck;
Anwendung:
1.Durchdruckfarben;
2.Verpackungstiefdruckfarben;

Eigenschaften:
- toxikologisch/ökotoxikologisch:
RTECS # KL 5950000
Schweizer Giftliste: 4
WGK: 1
MAK Wert: 5 ml/m3 bzw. 25 mg/m3
R-Satz: 60-61-20/21/22
S-Satz: 53-45
Sonstiges:
Spitzenbegrenzung: II,1 [481]; Gefahr der Hautresorption [481]; Schwangerschaftsgruppe B [481]; Repr.Cat. 2 [505]; Dämpfe reizen Augen und Atemwege; hohe Dampfkonzentrationen, z.B. bei Hitzeentwicklung, führen bei Einatmen zu Narkose; unter diesen Bedingungen mit Verzögerung auch Lungenödem und Nierenschäden möglich; Kontakt mit der Flüssigket ruft Reizung der Augen hervor [163];LD 50 (oral, Ratte): 3390 mg/kg [187], 3930 mg/kg [9];LD 50 (Haut, Kaninchen): 5250 mg/kg [187], 5300 mg/kg [9];LC Lo (inhalativ, Ratte, 4 h): 7000 ml/m3 [9];LC 50 (Fisch; Goldfisch): 190 mg/l [163];LD Lo (Intraperitoneal, Ratte): 1200 mg/kg [428];LD 50 (oral, Meerschweinchen): 1250 mg/kg [428];LD Lo (subcutan, Katze): 3000 mg/kg [428];LD Lo (subcutan, Meerschweinchen): 5000 mg/kg [428];

Gefahren-Symbol:

T

- physikalisch/chemisch:
Schmelzpunkt: -65 °C
Siedepunkt: 144,5-145 °C
Flammpunkt: 46 °C; 60 °C
Dampfdruck: 2,6 hPa (20 °C) [9]; 4,7 hPa (20 °C) [101], [163];
Brechungsindex: 1,4020 (20 °C)
Dichte: 1009 kg/m3 (19 °C)
Molmasse: 118,13 g/mol
Verdunstungszahl: 0,31 (BuAc = 1) [9]; 35 (Diethylether = 1) [18];

Löslichkeit:
leicht löslich in Wasser (11 g/100 g/20 °C); sehr leicht löslich in Ethanol;

Verbleib nach Gebrauch:
Verbrennung;

Bemerkung:
Farblose, fruchtig riechende Flüssigkeit; brennbar;
Bildet im dampf-/gasförmigen Zustand mit Luft explosionsfähige Gemische;
Explosionsgrenzen: 1,7-8,2 Vol% ; Zündtemp.: 394 °C [9];
Bei Kontakt des Stoffes mit alkalischen Substanzen tritt kräftige Reaktion mit starker Aufheizung ein; Zutritt von Luft/Sauerstoff verhindern, Stoff neigt zur Peroxidbildung;
Verwendung: Lösemittel für Natur- und Syntheseharze;
Anwendungsbereich: in Klebstoffen, im Textildruck, zur Filmherstellung;

Ethansäuremethylester

- **CAS-Nummer:**
  79-20-9
- **UN Nummer:**
  1231
- **gebräuchliche Namen:**
  Essigsäuremethylester; Methylacetat; Methylessigsäureester; Methylenacetat;
- **Summenformel:**
  $C_3H_6O_2$

- **Strukturformel:**

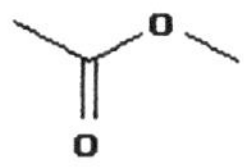

Funktion:
Lösungsmittel;
Verfahren:
Druckverfahren;

Eigenschaften:
- **toxikologisch/ökotoxikologisch:**
  RTECS # AI 9100000
  Schweizer Giftliste: 3
  WGK: 1
  MAK Wert: 610 mg/m3 bzw. 200 ml/m3
  R-Satz: 11
  S-Satz: (2)-16-23-29-33
  Sonstiges:
  Spitzenbegrenzung: I [481]; Schwangerschaftsgruppe C [481]; IMK: II; Geruchsschwelle: 0,002 ml/m3 [163];Flüssigkeit und Dämpfe reizen Augen, Atemwege und Haut; das Einatmen der Dämpfe in hohen Konzentrationen oder über einen längeren Zeitraum wirkt narkotisch; nachfolgend Sehnervenschaden möglich [163];Eingeatmet 10000 ml/m3: Reizung der Augen und der Atemwege [9];TC Lo (inhalativ, Mensch): 15000 mg/m3 [428];LD 50 (oral, Ratte): 5450 mg/kg [163], 6970 mg/kg [9];LD Lo (subcutan, Ratte): 8000 mg/kg [428];LC Lo (inhalativ, Maus): 34000 mg/m3/4 h [428];LC Lo (inhalativ, Katze): 67000 mg/m3/1 h [428];LD Lo (subcutan, Katze): 3000 mg/kg [428];LD 50 (Haut, Kaninchen): >5000 mg/kg [428];Toxisch für Wasserorganismen:LD 50 / 96 Std. 1000-100 mg/l [484];Biol. Abbaubarkeit (Standversuch)> 70 % [484];

  Gefahren-Symbol:

- **physikalisch/chemisch:**
  Schmelzpunkt: -98,1 °C
  Siedepunkt: 56-58 °C
  Flammpunkt: -10 °C
  Dampfdruck: 217 hPa (20 °C) [163]; 220 hPa (20 °C) [484]
  Log pOW: 0,18 [4]
  Brechungsindex: 1,35935 (20 °C)
  Dichte: 934,2 kg/m3 (20 °C); 927,9 kg/m3 (25 °C)
  Molmasse: 74,079 g/mol
  Verdunstungszahl: 11,8 (BuAc = 1) [9]; 2,2 (Diethylether = 1) [18]

Löslichkeit:
Wasser 243,5 g/l (20 °C), 319 g/l (20 °C); mischbar mit Ethanol, Diethylether; löslich in Benzen, Propanon, Trichlormethan;

Verbleib nach Gebrauch:
Verbrennung, hochentzündliche Stoffe;

Bemerkung:
Farblose Flüssigkeit mit angenehmen etherischen Geruch;
Bildet im dampf-/gasförmigen Zustand mit Luft explosionsfähige Gemische;
Explosionsgrenzen: 3,1 - 16 Vol.% ; Zündtemp.: 502 °C [9],
3,1 - 16 Vol.%; Zündtemp.: 455 °C [163];
Verwendung: technisches Lösemittel;

Ethansäure-(2-methylpropyl)-ester

- CAS-Nummer:
110-19-0
- UN Nummer:
1213
- gebräuchliche Namen:
Essigsäure-(2-methylpropyl)-ester; iso-Butylacetat; Isobutylacetat; Essigsäure-iso-butylester;iso-Butanolacetat; 2-Methylpropylethanoat; 2-Methylpropylacetat;
- Handelsnamen:
Corialverdünner A; Tamasol J;
- Summenformel:
$C_6H_{12}O_2$

- Strukturformel:

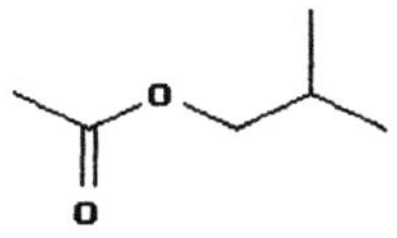

Funktion:
Lösungsmittel;
Verfahren:
Druckverfahren/Durchdruck direkt/Siebdruck;
Anwendung:
Druckformherstellung;

Eigenschaften:
- toxikologisch/ökotoxikologisch:
RTECS # AI 4025000
Schweizer Giftliste: 5
WGK: 1
MAK Wert: 100 ml/m3 bzw. 480 mg/m3
R-Satz: 11
S-Satz: (2)-16-23-29-33
Sonstiges:
Spitzenbegrenzung: I [481]; Schwangerschaftsgruppe IIc [481];Einatmen der Dämpfe führt zu Reizung der Atemwege; Kontakt mit der Flüssigkeit verursacht Reizung der Augen und Haut [163];200 - 300 ml/m3 riefen nach kurzer Einwirkungsdauer Reizung der Nasen- und Rachenschleimhäute und Augen hervor [163];Geruchsschwelle: 10 ml/m3 [163];LD 50 (oral, Ratte): 13,4 g/kg [9], 15 g/kg [114];LC Lo (inhalativ, Ratte, 4 h): 8000 ml/m3 [114], >13,24 mg/l/6h [634];LD 50 (oral, Kaninchen): 4763 mg/kg [634];LD 50 (Haut, Kaninchen): > 17,4 g/kg

[9];Schädlichkeitsgrenze für Daphnia magna 44 mg/l [138];LC 50 (Fisch; Goldorfe): 101/123 mg/l [33]; toxische Grenzkonzentration für Pseudomonas putida 200 mg/l, Scenedesmus quadricauda 80 mg/l, Entosiphon sulcatum 411 mg/l [36];

Gefahren-Symbol:

- **physikalisch/chemisch:**
  Schmelzpunkt: - 98,9 °C; -99,5--99 °C
  Siedepunkt: 118 °C; 111-118 °C
  Flammpunkt: 18 °C; 19-21,5 °C
  Dampfdruck: 18 hPa (20 °C); 19 hPa (20 °C) [163]; 19,46 hPa (20 °C) [132]; 20 hPa (20 °C)
  Verdampfungswärme: 308,8 kJ/kg
  Log pOW: 1,72 [634]
  Brechungsindex: 1,3907 (20 °C)
  Dichte: 871,1 kg/m3 (20 °C); 869-872 kg/m3 (20 °C)
  Molmasse: 116,160 g/mol
  Verdunstungszahl: 1,45 (BuAc=1) [9]; 7,7 (Diethylether=1) [18], [114]; 15 (Diethylether=1) [132];

  Löslichkeit:
  Wasser 6-7 g/l; mischbar mit Ethanol, Diethylether;

Verbleib nach Gebrauch:
Verbrennung, hochentzündliche Stoffe;

Bemerkung:
Klare, farblose, angenehm fruchtig riechende Flüssigkeit; brennbar;
Bildet im dampf-/gasförmigen Zustand mit Luft explosionsfähige Gemische;
Explosionsgrenzen: 1,4 - 10,5 Vol% [9], 1,6-10,5 Vol% [634] ; Zündtemp.: 421 °C [9], 427,5 °C [634];
Greift viele Kunststoffe an und löst sie auf; Gummi kann bei längerer Einwirkung angegriffen werden;
Verwendung: technisches Lösemittel, Farben- und Lackindustrie; Klebe- und Bindemittel;
Anwendungsbereich: in der Lackindustrie für Oberflächenbeschichtungssysteme auf Basis von Cellulosenitrat und Celluloseethern; zur Herstellung von Abbeizmitteln; in der Druckfarbenindustrie; zur Wiedergewinnung von Phenol aus Abwässern;

Enthalten in Cerafak 59 (34,1%);
Mengenangaben: 50000-100000 Tonnen;

Ethansäurepentylester

- **CAS-Nummer:**
  628-63-7
- **UN Nummer:**
  1104
- **gebräuchliche Namen:**
  Essigsäurepentylester; n-Amylacetat; Amylacetat; Essigsäureamylester; Essigsäure-n-amylester; Pentylacetat; Birnenether;Amylium aceticum, normale; Essigsäure-(1-pentyl)-ester; Pentacetat;
- **Summenformel:**
  $C_7H_{14}O_2$

-Strukturformel:

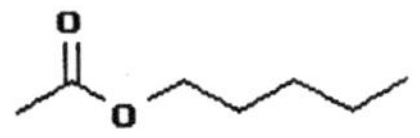

Funktion:
Lösungsmittel;
Verfahren:
Druckverfahren;

Eigenschaften:
- toxikologisch/ökotoxikologisch:
RTECS # AJ 1925000
Schweizer Giftliste: 4
WGK: 1
MAK Wert: 270 mg/m3 bzw. 50 ml/m3
R-Satz: 10
S-Satz: (2)-23
Sonstiges:
Schwangerschaftsgruppe C [481]; Spitzenbegrenzung I [481]; IMK: II;Dämpfe reizen Augen und Atemwege [163];500 - 1000 ml/m3 für 30 min verursachten starke Reizung der Augen und Atemwege [163];Der Geruch von n-Amylacetat ist sehr intensiv und kann den Geruch anderer giftiger Stoffe überdecken [484];LD 50 (oral, Ratte): 6500 mg/kg [32];LD 50 (Haut, Kaninchen): > 17600 mg/kg [9];Für Gründlinge 50 - 120 mg/l tödlich [32]; Schädlichkeitsgrenze für Daphnia magna 180 mg/l, für Algen 120 mg/l [32];Toxische Grenzkonzentration für Pseudomonas putida 145 mg/l, Scenedesmus quadricauda 80 mg/l [36];LC 50 (Fisch; Goldorfe): 131/36 mg/l [33];LC 100 (Fisch; Goldorfe): 148/52 mg/l [33];

- physikalisch/chemisch:
Schmelzpunkt: - 70,8 °C
Siedepunkt: 149,3 °C
Flammpunkt: 23 °C
Dampfdruck: 3 hPa (20 °C) [32]; 5,2 hPa (20 °C) [367]; 5 hPa (20 °C) [484];
Brechungsindex: 1,4031 (20 °C)
Dichte: 875,6 kg/m3 (20 °C)
Molmasse: 130,186 g/mol
Verdunstungszahl: 0,42 (BuAc = 1) für Isomerengemisch [9]

Löslichkeit:
Wasser 10 g/l (20 °C); 1,8 g/l (20 °C); mischbar mit Ethanol, Diethylether;

Bemerkung zu physikalisch/chemischen Daten:
(*): Schmp.: -100 °C wird auch angegeben;
(**): Flammp.: 32 °C wird auch angegeben

Verbleib nach Gebrauch:
Verbrennung, hochentzündliche Stoffe;

Bemerkung:
Farblose Flüssigkeit; brennbar;
Bildet mit Luft in dampf-/gasförmigen Zustand explosionsfähige Gemische;
Explosionsgrenzen: 1,1-7,5 Vol% ; Zündtemp.: 375 °C [32];
Stoff greift viele Kunststoffarten an, weicht sie auf und zerstört sie; Gummi kann bei längerer Einwirkung angegriffen werden; Asbest und asbesthaltiges Material werden von dieser Substanz angegriffen; Stoff reagiert mit sauerstoffreichem Material (Oxidationsmitteln) und starken Basen; Verwendung: als technisches Lösungsmittel;

Ethansäurepropylester

- CAS-Nummer:
109-60-4
- UN Nummer:
1276
- gebräuchliche Namen:
1-Acetoxypropan; Propylacetat; n-Propylacetat; Essigsäurepropylester; Essigsäure-n-propylester;
- Summenformel:
$C_5H_{10}O_2$

- Strukturformel:

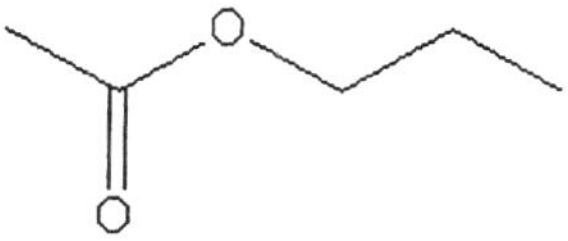

Funktion:
1.+ 2.Lösungsmittel;
Verfahren:
1.Druckverfahren/Hochdruck direkt/Flexodruck;
2.Druckverfahren/Tiefdruck;
Anwendung:
1.Druckfarbe z.B. wasserlösliche Flexodruckfarben;
2.Verpackungstiefdruckfarben;

Eigenschaften:
- toxikologisch/ökotoxikologisch:
RTECS # AJ 3675000;
Schweizer Giftliste: 4
WGK: 1
MAK Wert: 200 ml/m3 bzw. 850 mg/m3
R-Satz: 11
S-Satz: (2)-16-23-29-33
Sonstiges:
Spitzenbegrenzung: I [481];Dämpfe wirken betäubend und verursachen Reizung der Augen und Atmungsorgane; Kontakt mit der Flüssigkeit führt zu Reizung der Augen [163]LD 50 (oral, Ratte): 8700 mg/kg [9], 9300 mg/kg [187], 9370-9800 mg/kg [634];LD 50 (Haut, Kaninchen): > 18000 mg/kg [9], 20000 mg/kg [634];LD 50 (oral, Maus): 8300 mg/kg [634];LD 50 (intraperitoneal, Maus): 14200 mg/kg [634];LD 50 (oral, Kaninchen): 6640 mg/kg [634];LD Lo (subcutan, Katze): 3000 mg/kg [634];LD Lo (subcutan, Meerschweinchen): 3000 mg/kg [634]; Toxische Grenzkonzentration für Pseudomonas putida 170 mg/l, Scenedesmus quadricauda 26 mg/l [36];LC 50 (Fisch; Goldorfe): 97/194 mg/l [33];LC 50 (Daphnia magna): 511 mg/l [6];EC 50 (Daphnia magna): 318 mg/l [180];

Gefahren-Symbol:

- physikalisch/chemisch:
Schmelzpunkt: - 92,5 °C; -93,4 °C
Siedepunkt: 101,6 °C; 101-102 °C
Flammpunkt: 14 °C; 10 °C
Dampfdruck: 34,6 hPa (20 °C) [9]; 33,9 hPa (20 °C) [634]

Verdampfungswärme: 324,48 kJ/kg
Brechungsindex: 1,38438 (20 °C)
Dichte: 890,8 kg/m3 (18 °C); 887-889 kg/m3 (20 °C)
Molmasse: 102,133 g/mol
Verdunstungszahl: 2,76 (BuAc = 1) [9]; 6,1 (Diethylether = 1) [19];

Löslichkeit:
Wasser 14,7 g/l (16 °C), 19 g/l (20 °C); mischbar mit Ethanol, Diethylether;

Verbleib nach Gebrauch:
Verbrennung, hochentzündliche Stoffe;

Bemerkung:
Farblose, angenehm fruchtig riechende Flüssigkeit;
Bildet im dampf-/gasförmigen Zustand mit Luft explosionsfähige Gemische;
Explosionsgrenzen: 1,8 - 8 Vol.% ; Zündtemp.: 450 °C [9]; 430 °C [634];
Zersetzt sich langsam an der Luft und bildet Essigsäure und n-Propyl-alkohol; bei Kontakt mit Basen oder Laugen wird Reaktion beschleunigt; reagiert heftig bei Kontakt mit sauerstoffreichem Material; Propylacetat weicht viele Kunststoffe auf und zersetzt sie;
Verwendung: technisches Lösemittel;

Ethen

- CAS-Nummer:
74-85-1
- UN Nummer:
1962; 1038
- gebräuchliche Namen:
R 1150; Aceten; Aldehydwasserstoff; Äthylen; Ethylen; Elayl; Elaylgas; Vinylwasserstoff;
- Handelsnamen:
Ätherin; Etherin; Ölbildendes Gas; ölbildendes Gas; schweres Kohlenwasserstoffgas; Gas, ölbildend;
- Summenformel:
C_2H_4

- Strukturformel:

Funktion:
Monomer;
Verfahren:
Druckformherstellung/Hochdruck;
Anwendung:
Bestandteil von Fotopolymerplatten;

Eigenschaften:
- toxikologisch/ökotoxikologisch:
RTECS # KU 5340000
WGK: 0
R-Satz: 12
S-Satz: (2)-9-16-33
Sonstiges:
Krebserzeugend: 3 [481]; TRK-Wert: 50 mg/m3 in Luft; TRK 90 µg/l in Blut; Dämpfe reizen Augen und Atemwege; Gas ist wenig giftig, wirkt aber betäubend; hohe Konzentrationen wirken zusätzlich durch Verdrängung der Luft erstickend; Kontakt mit der Flüssigkeit verursacht Erfrierungen [163];Stickgas; für kurzzeitige Narkosen im Gemisch mit Sauerstoff [30];Eingeatmet 1100 mg/l Luft tödlich in 5 - 10 Minuten, 575 mg/l Luft erträglich 0,5 - 1 Stunde [30];LC 50 (inhalativ, Maus): 95

pph [187];LC Lo (inhalativ, Säugetier): 950000 ppm [428];Toxisch für Wasserorganismen: LD 50/96 Std. 1000-100 mg/l [484];

Gefahren-Symbol:

- physikalisch/chemisch:

Schmelzpunkt: -169,5 °C
Siedepunkt: -103,9 °C; -102,4 °C (933 hPa)
Dampfdruck: 41000 hPa (0 °C) [163]
Verdampfungswärme: 483 kJ/kg (1 bar)
Log pOW: 1,13 [4]
Brechungsindex: 1,363 (- 100 °C)
Dichte: 1,2604 kg/m3 (20 °C)
Molmasse: 28,054 g/mol

Löslichkeit:
Wasser 22,6 cm3 (0 °C); Ethanol 360 cm3 (20 °C); löslich in Diethylether, Benzen; wenig löslich in Propanon;

Bemerkung:
Farbloses Gas; sehr schwacher, süßlicher Geruch;
Bildet mit Luft explosionsfähige Gemische;
Explosionsgrenzen: 2,7-28,6 Vol.% ; Zündtemp.: 435 °C [163];
Bei Kontakt mit anorganischen Säuren, organischen Säuren, geschmolzenem Schwefel, Halone, Chlorverbindungen, Stickstoffdioxid, Tetrachlorkohlenstoff, Ozon, Nitromethan, Aluminiumchlorid und sauerstoffreichem Material (Oxidationsmitteln) kann Polymerisation verursacht werden;
Verwendung: als Kältemittel in Tieftemperaturanlagen in Kaskadenschaltung mit Turboverdichter (Temperaturbereich : -110 °C bis -80 °C);
UN-Nr. 1962 (Ethen, verdichtet);
UN-Nr. 1038 (Ethen, tiefkalt, verflüssigt);

Ethenol

- CAS-Nummer:
557-75-5
- gebräuchliche Namen:
Vinylalkohol;
- Summenformel:
C_2H_4O

- Strukturformel:

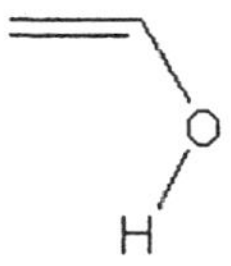

Verfahren:
Druckverfahren;

Eigenschaften:
- toxikologisch/ökotoxikologisch:
Sonstiges:
LD 50 (oral, Ratte): 64 mg/kg [428];

- physikalisch/chemisch:
Molmasse: 44,05 g/mol [428]

Bemerkung:
Einfachster ungesättigter Alkohol;

Ethenylbenzen

- CAS-Nummer:
100-42-5
- UN Nummer:
2055
- gebräuchliche Namen:
Phenylethylen; Styrol; Styron; Vinylbenzol; Vinylbenzen; Cinnamol; Cinnamen; Monostyrol; Ethenylbenzol; Styrene monomer, stabilisiert; Phenylethen;
- Handelsnamen:
Diarex HF 77; Styropol SO; Styropolen; Stryropol 30;
- Summenformel:
C_8H_8

- Strukturformel:

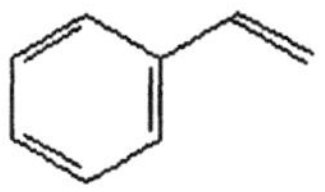

Eigenschaften:
- toxikologisch/ökotoxikologisch:
RTECS # WL 3675000
Schweizer Giftliste: 4
WGK: 2
MAK Wert: 20 ml/m3 bzw. 86 mg/m3;
R-Satz: 10-20-36/38
S-Satz: (2)-23
Sonstiges:
Einstufung und Kennzeichnung von Zubereitungen, in denen diese Substanz enthalten ist:12.5%<=C ¦¦> Xn; R20-36/38Krebserzeugend 5 [481]; Spitzenbegrenzung: II,1 [481]; Schwangerschaftsgruppe C [481]; BAT-Wert: 600 mg/g (Kreatinin) [481];Geruchsschwelle 0,15 ml/m3 [484];Im Tierversuch karzinogen [40];Dämpfe verursachen Reizung der Augen und Atemwege; Kontakt mit der Flüssigkeit bewirkt Reizung der Augen und Haut; bei längerer Einwirkung Blasenbildung möglich [163];Laborexperimente haben mutagene Wirkung gezeigt [187];Konzentrationen über 800 ml/m3 reizen sofort die Schleimhäute;10000 ml/m3 wirken wahrscheinlich in 30 - 60 min tödlich [163];LD Lo (inhalativ, Mensch): 10000 ml/m3/30 min [187], [428]; TC Lo (inhalativ, Mensch): 600 ml/m3, 20 µg/m3 [428];TD Lo (oral, Ratte): 8600 mg/kg (1-22 Tage/21 Tage nach der Geburt) [428];TD Lo (oral, Ratte): 5575 mg/kg [428];TD Lo (oral, Ratte): 17200 mg/kg/14 Wochen mit Unterbrechungen [428];TD Lo (oral, Ratte): 3200 mg/kg/4 Wochen mit Unterbrechungen [428];TD Lo (oral, Ratte): 23190 mg/kg/15 Tage mit Unterbrechungen [428];TD Lo (oral, Ratte): 40000 mg/kg/2 a kontinuierlich [428];TD Lo (oral, Ratte): 3150 mg/kg/7 Tage mit Unterbrechungen [428];TD Lo (oral, Ratte): 4000 mg/kg (6-15 Tage trächtig), 11470 mg/kg (6-15 Tage trächtig) [428];TD Lo (inhalativ, Ratte): 293 ml/m3/6 h (7-21 Tage trächtig), 1500

ml/m3/6 h (7-21 Tage trächtig) [428]; TD Lo (inhalativ, Ratte): 1500 µg/m3/24 h (1-7 Tage trächtig) [428];TD Lo (inhalativ, Ratte): 100 ml/m3/4 h/5 Tage/1 a mit Unterbrechungen [428];TC Lo (inhalativ, Ratte): 50 mg/m3/24 h/70 Tage kontinuierlich [428];TC Lo (inhalativ, Ratte): 2000 ml/m3/8 h/32Wochen mit Unterbrechungen [428];TC Lo (inhalativ, Ratte): 6000 mg/m3/8 h/26Wochen mit Unterbrechungen [428];TC Lo (Haut, Ratte): 3500 mg/kg/7 Tage mit Unterbrechungen [428];TC Lo (intraperitoneal, Ratte): 8400 mg/kg/7 Wochen mit Unterbrechungen [428];TC Lo (intraperitoneal, Ratte): 10000 mg/kg/10 Tage mit Unterbrechungen [428];LD 50 (oral, Ratte): 5000 mg/kg [40], [187], 2650 mg/kg [428];LD 50 (intraperitoneal, Ratte): 898 mg/kg [428];LC 50 (inhalativ, Ratte): 24000 mg/m3/2 h [40];LC 50 (inhalativ, Ratte): 24000 mg/m3/4 h [183], [187], 12000 mg/m3/4 h; 11,8 mg/l [Sdb];LC 50 (inhalativ, Maus): 9500 mg/m3/4 h [428];LD 50 (oral, Maus): 316 mg/kg [428];LD 50 (intraperitoneal, Maus): 660 mg/kg [428];LD 50 (intravenös, Maus): 90 mg/kg [428];LD 50 (intravenös, Maus): 90 ± 5,2 mg/kg [155];TD Lo (inhalativ, Maus): 500 ml/m3/6 h (6-16 Tage trächtig) [428];TC Lo (oral, Maus): 500 mg/kg/4 Wochen mit Unterbrechungen [428];TC Lo (inhalativ, Maus): 500 mg/m3/90 Tage mit Unterbrechungen [428];TC Lo (inhalativ, Maus): 250 mg/m3/6 h/14 Tage mit Unterbrechungen [428];TC Lo (inhalativ, Maus): 250 mg/m3/6 h/5 Tage mit Unterbrechungen [428];TD Lo (inhalativ, Meerschweinchen): 3200 mg/kg/4 Wochen mit Unterbrechungen [428];TC Lo (inhalativ, Meerschweinchen): 6000 mg/m3/8 h/26 Wochen mit Unterbrechungen [428];LC Lo (inhalativ, Meerschweinchen): 12000 mg/m3/14 h [428];LD 50 (oral, Säugetier): >1500 mg/kg [428];TD Lo (inhalativ, Hamster): 1000 ml/m3/6 h (6-18 Tage trächtig) [428];Toxische Grenzkonzentration für Pseudomonas putida 72 mg/l, Scenedesmus quadricauda 200 mg/l [36];LC 50 (Carassius auratus (Fisch, Süßwasser) Expositionszeit: 48 Stunde(n)): 64.7 mg/ml [634];LC Lo (Daphnia magna): 130 mg/l [6];LC 50 (Daphnia magna): 255 mg/l [6];LC 50 (Fisch, Goldorfe): 66/17 mg/l [33]; 10-100 mg/l/96 h [Sdb Shell];LC 100 (Fisch, Goldorfe); 90/18 mg/l [33];IMK: II;

Gefahren-Symbol:

- physikalisch/chemisch:

Schmelzpunkt: -31 °C; -30,6 °C; 30,7 °C
Siedepunkt: 145,8 °C; 146°C; 145,1 °C
Flammpunkt: 32 °C; 31 °C
Dampfdruck: 5,73 hPa (15 °C) [187]; 6 hPa (20 °C) [163]; 32,9 hPa (50 °C) [Sdb]
Log pOW: 2,95 [4], [428]
Brechungsindex: 1,5434 (17 °C)
Dichte: 907,4 kg/m3 (20 °C); 906 kg/m3 (20 °C); 905,9 kg/mg
Molmasse: 104,151 g/mol

Löslichkeit:
sehr wenig löslich in Wasser: 0,24 g/l (20 °C); mischbar mit Ethanol, Diethylether, Benzen, Petroleumether, Schwefelkohlenstoff;

Bemerkung zu physikalisch/chemischen Daten:
Selbstentzündlichkeit:490 °C;

Verbleib nach Gebrauch:
Verbrennung, hochentzündliche Stoffe;

Bemerkung:
Farblose, charakteristisch riechende Flüssigkeit; brennbar;
Bildet im dampf-/gasförmigen Zustand mit Luft explosionsfähige Gemische;
Explosionsgrenzen: 1,2-8,9 Vol.-%; Zündtemp.: 480 °C [163]; 490 °C [Sdb Shell];
Stoff neigt zur Polymerisation, wenn er nicht mit Hemmstoffen versehen ist; er bildet schnell Peroxide, die als Katalysator für die Einleitung der Polymerisation dienen; Hitze, Druck, Licht, Peroxide, einige Salze, Metallhalide wie Aluminiumtrichlorid und Metalle wie Natrium und starke Säuren wirken bei der Polymerisation ebenfalls als Katalysator; Styrol kann bei Kontakt mit

verschiedenen Materialarten polymerisieren; auch wenn der Stoff mit Hemmstoffen gemischt ist, kann er bei Temperaturen
über 52 °C polymerisieren und dabei viel Hitze freisetzen, evtl. sogar sich selbst entzünden; Geschmacksschwelle bei wäßrigen Lebensmitteln mit geringem Fettgehalt 0,2 - 0,5 mg/kg, steigt mit zunehmenden Fettgehalt [154];
(Polyphenylethen (z.B. für Lebensmittelverpackungen) enthält geringe Mengen nicht abtrennbares Phenylethen);
Verwendung: Polymerisation zu Polyphenylethen

1-Ethenyl-2-pyrrolidinon

- CAS-Nummer:
88-12-0
- UN Nummer:
2810 n.o.s.
- gebräuchliche Namen:
1-Vinyl-2-pyrrolidinon; N-Vinyl-2-pyrroliden; Vinylpyrrolidon; N-Vinylpyrrolidon; 1-Vinylpyrrolidinon;N-Vinyl-α-pyrrolidon; 2-Pyrrolidinon;
- Summenformel:
C_6H_9NO

- Strukturformel:

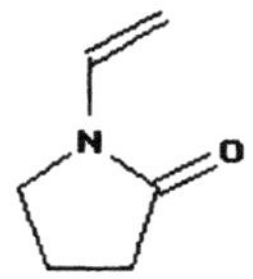

Funktion:
Bindemittel;
Verfahren:
Druckverfahren;

Eigenschaften:
- toxikologisch/ökotoxikologisch:
RTECS # UY 6107000
Schweizer Giftliste: 4
WGK: 2
R-Satz: 20/21/22-36-38
S-Satz: 37-38
Sonstiges:
Krebserzeugend 2 [481]; TRK-Wert: 0,1 ml/m3 bzw. 0,5 mg/m3 [481];Karzinogen-verdächtig [187];Dämpfe reizen stark Augen, die oberen Atemwege und Haut; Kontakt mit der Flüssigkeit führt zu starker Reizung der Augen und Haut; die Flüssigkeit wird auch über die Haut aufgenommen; Veränderung des Blutfarbstoffes (Methämoglobinbildung); bei Brand werden u.a. hochgiftige nitrose Gase frei [163];LD 50 (oral, Ratte): 1470 mg/kg [39];LD 50 (Haut, Kaninchen): 560 mg/kg [39];LC 50 (inhalativ, Ratte): 3200 mg/kg [187];

Gefahren-Symbol:

- **physikalisch/chemisch:**
  Schmelzpunkt: 13-14 °C
  Siedepunkt: 92-95 °C (13,33 hPa); 148 °C (113 hPa) [484];
  Flammpunkt: 93 °C
  Dampfdruck: 0,12 hPa (20 °C) [163]; 0,133 hPa (24 °C) [187];
  Brechungsindex: 1,5120 (20 °C)
  Dichte: 1040 kg/m3 (20 °C)
  Molmasse: 111,14 g/mol

  Löslichkeit:
  vollstänig mischbar mit Wasser;

Verbleib nach Gebrauch:
Verbrennung nach Mischung mit brennbarem Lösemittel;

Bemerkung:
Farblose bis hell-gelbe Flüssigkeit; giftig; reizend; brennbar;
Stoff reagiert bei Kontakt oder Mischung mit starken Oxidationsmitteln;
Bei Brand oder Erhitzung bis zur Zersetzung bilden sich giftige und ätzende nitrose Gase;
Bildet im dampf-/gasförmigen Zustand mit Luft explosionsfähige Gemische;
Explosionsgrenzen: 1,4 - 10,0 Vol.% ; Zündtemperatur: 240 °C;

Ethin

- **CAS-Nummer:**
  74-86-2
- **UN Nummer:**
  1001, 3138
- **gebräuchliche Namen:**
  Acetylen; Azetylen; Dissousgas; Klumegas; Steingas; Ethin; Ethyne;
- **Handelsnamen:**
  Narcylen;
- **Summenformel:**
  C_2H_2

- **Strukturformel:**

Verfahren:
Druckverfahren;

Eigenschaften:
- **toxikologisch/ökotoxikologisch:**
  RTECS # AO 9600000
  WGK: 0
  R-Satz: 5-6-12
  S-Satz: (2)-9-16-33
  Sonstiges:
  Ethin in reiner Form ist ungiftig; hohe Konzentrationen wirken narkotisch; auch bei niedrigen, noch nicht narkotisch wirkenden Konzentrationen, muß mit den giftigen Verunreinigungen des technischen Produkts durch Phosphorwasserstoff gerechnet werden; weitere Verunreinigungen sind -> Schwefelwasserstoff, -> Blausäure und Kohlenmonoxid; ihrer geringen Menge wegen sind diese aber toxikologisch ohne Bedeutung [163];Stickgas; Narkosemittel in reinster Form, technisches Gas auf Grund von Verunreinigungen erheblich giftiger [30];Eingeatmet 550 mg/l Luft tödlich in 5 - 10 min, 110 mg/l Luft erträglich 0,5 - 1 Std. [30];400 mg/l in 24 - 48 h tödlich für Goldfische [163];

Gefahren-Symbol:

F+

- **physikalisch/chemisch:**
  Schmelzpunkt: - 80,8 °C
  Siedepunkt: - 84,0 °C
  Dampfdruck: 44600 hPa (21 °C) [163]
  Brechungsindex: 1,00051 (0 °C)
  Dichte: 620,8 kg/m3 (- 82 °C)
  Molmasse: 26,04 g/mol
  Verdunstungszahl: krit.

  Löslichkeit:
  mischbar mit Wasser; löslich in Benzen (Benzol), Propanon (Aceton), Trichlormethan (Chloroform);

Verbleib nach Gebrauch:
Verbrennen entzündlicher Gase, Neutralisation korrosiver Gase, Verbrennung und/oder chemische Reaktion giftiger, hochreaktiver Gase und Reizgase, Reinigung der Druckbehälter;

Bemerkung:
Farbloses, brennbares Gas; reines Ethin riecht angenehm etherartig und ist ungiftig; das technische Produkt riecht dagegen unangenehm nach Phosphorwasserstoff (wie Knoblauch); Bildet mit Luft explosionsfähige Gemische; Explosionsgrenzen: 1,5 - 82 Vol.% ; Zündtemp.: 305 °C [163]; Ethin als Gas (nicht gelöst in Aceton) kann bei Normaldruck schon von 160 °C an zerfallen und detonieren; Gas ist unstabil; wenn es nicht in Aceton gelöst oder z.B. mit Stickstoff gemischt ist, zerfällt es bei höheren Drücken (>1,4 mbar) mit explosionsartiger Heftigkeit in Wasserstoff und Kohlenstoff; Stoff reagiert bei Kontakt oder Mischung mit Chlor, Hartloten, Kupfer und -Legierungen, Quecksilber, acetonlöslichem Kautschuk und vielen Kunststoffen;

3-Ethoxycarbonyl-3-hydroxy-pentandisäurediethylester

- **CAS-Nummer:**
  77-93-0
- **gebräuchliche Namen:**
  TEC; Zitronensäure-tri-ethyl-ester; Ethylcitrat; Triethylcitrat; Triethylzitrat; Zitronensäure-triethylester;
- **Handelsnamen:**
  Citroflex 2;
- **Summenformel:**
  $C_{12}H_{20}O_7$

- **Strukturformel:**

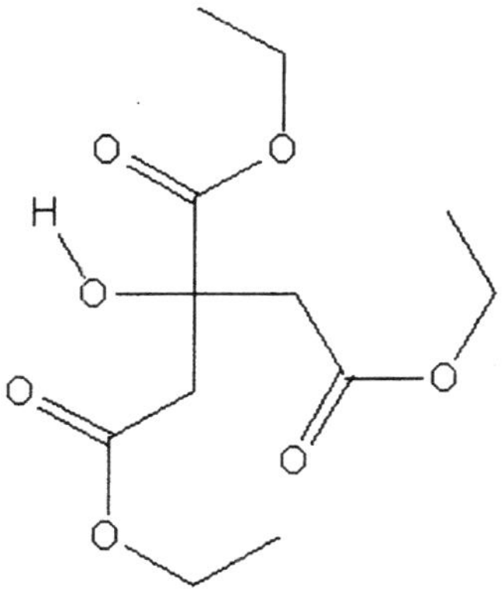

Funktion:
Additv/Weichmacher;
Verfahren:
Druckverfahren;
Anwendung:
Farbe;

Eigenschaften:
- toxikologisch/ökotoxikologisch:
RTECS # GE 8050000
Schweizer Giftliste: 4
WGK: 0
S-Satz: 23-24/25
Sonstiges:
[Sdb Boehringer Ingelheim KG]:LD/LC 50 (oral, Ratte): 5900 mg/kgLD/LC 50 (inhal., Ratte): 1300 mg/l/4 hReizwirkung am Auge.LD 50 (intraperitoneal, Maus): 1750 mg/kg [428]LD 50 (intraperitoneal, Ratte): 4 mg/kg [428]LD 50 (oral, Katze): 3500 mg/kg [428]LD 50 (subcutan, Ratte): 6600 mg/kg [428]

- physikalisch/chemisch:
Schmelzpunkt: -46 °C; -55 °C
Siedepunkt: 294 °C; 235 °C (199,93 hPa)
Flammpunkt: 155 °C; 164 °C
Brechungsindex: 1,443 (20 °C)
Dichte: 1136 kg/m3 (25°C)
Molmasse: 276,29 g/mol

Löslichkeit:
7 g/l (20 °C) [Sdb];

Bemerkung:
[Sdb Boehringer Ingelheim KG]:
Farblose Flüssigkeit mit esterartigem Geruch;
das Produkt ist zugelassener Lebensmittelzusatzstoff nach dem LMBG (AromenV).
Bis 170 °C keine exotherme Zersetzung (DTA).
Zündtemperatur; 345 °C; ist nicht explosionsgefährlich, jedoch ist die Bildung explosionsgefährlicher Dampf-/Luftgemische möglich.

2-Ethoxyethanol

- **CAS-Nummer:**
  110-80-5
- **UN Nummer:**
  1171
- **gebräuchliche Namen:**
  Ethoxyethanol; Ethylglykol; Cellosolve; Ethylenglykolmonoethylether; Glykolmonoethylether; Ethylcellosolve; Ethylenglycolmonoethylether; Glycolmonoethylether; Ethylglycol; Cellosolvesolvent; 2-Ethoxyethylalkohol; 1-Ethoxy-2-hydroxy-ethan; 2-Hydroxy-di-ethylether; Ethyl-Cellosolve;
- **Handelsnamen:**
  Lösemittel G. A.; Oxitol; Poly-Solo EE; Dowanol EE; Solvent G.A. Jeffersol EE; Lösungsmittel G.A.;
- **Summenformel:**
  $C_4H_{10}O_2$
- **Strukturformel:**

Funktion:
2.+ 3.Lösungsmittel;
Additiv/Trocknungskatalysator/Verzögerer;
Reinigungsmittel;

Verfahren:
1.Druckverfahren/Hochdruck direkt/Flexodruck;
2.Druckverfahren/Durchdruck direkt/Siebdruck;
3.Druckverfahren/Tiefdruck;

Anwendung:
2.Siebreinigung;
3.Verpackungstiefdruckfarben;

Eigenschaften:
- **toxikologisch/ökotoxikologisch:**
  RTECS # KK 8050000
  Schweizer Giftliste: 4
  WGK: 1
  MAK Wert: 19 mg/m3 bzw. 5 ml/m3 (Summe 2-Ethoxyethanol und 2-Ethoxyethylacetat)
  R-Satz: 60-61-10-20/21/22
  S-Satz: 53-45
  Sonstiges:
  Spitzenbegrenzung: II,1 [481]; Gefahr der Hautresorption [481]; Schwangerschaftsgruppe B [481]; BAT-Wert: 50 mg/l [481]; IMK: III; Repr.Cat.2 [505];TLV-TWA (Haut): 5 ml/m3 [40]; Dämpfe in hohen Konzentrationen sind gefährlich; Flüssigkeit wird über die Haut aufgenommen und verursacht Reizung der Haut, Augen sowie Schädigung der Nieren [163];Geruchsschwelle 25 ml/me [484]; LD 50 (oral, Ratte): 3000 mg/kg [40];LD 50 (Haut, Kaninchen): 3300 mg/kg [187], 3500 mg/kg [40];LD 50 (inhalativ, Ratte): 2000 ml/m3/7h [187];LD 50 (inhalativ, Maus): 1820 ml/m3/7h [102];LD 50 (oral, Ratte): 2125 mg/kg [428];LC 50 (inhalativ, Ratte): 2000 ppm [428];LD 50 (Haut, Ratte): 3900 mg/kg [428];LD 50 (intraperitoneal, Ratte): 2800 mg/kg [428];LD 50 (subcutan, Ratte): 3400 mg/kg [428];LD 50 (intravenös, Ratte): 2400 mg/kg [428];LD 50 (oral, Maus): 2451 mg/kg [428];LC 50 (inhalativ, Maus): 1820 ppm/7h [428];LD 50 (intraperitoneal, Maus): 1707 mg/kg [428];LD Lo (subcutan, Maus): 5000 mg/kg [428];LD 50 (intravenös, Maus): 3900 mg/kg [428];LD 50 (oral, Kaninchen): 1275 mg/kg [428];LD 50 (Haut, Kaninchen): 3300 mg/kg [428];LD 50 (subcutan, Kaninchen): 2000 mg/kg [428];LD 50 (intravenös, Kaninchen): 900 mg/kg [428];LD 50 (oral, Meerschweinchen): 1400 mg/kg [428];LC Lo (inhalativ, Meerschweinchen): 3000 ppm/24h [428];TD Lo (oral, Ratte (männlich)): 500 mg/kg/5d [428];TD Lo (oral, Ratte (1-21d trächtig)): 7820 mg/kg [428];TD Lo (oral, Ratte (10-12d trächtig)): 600 mg/kg [428];TD Lo (oral, Ratte (7-15d trächtig)): 1800 mg/kg [428];TD Lo (oral, Ratte (männlich)): 4500 mg/kg/6w [428];TC Lo (inhalativ, Ratte (6-15d trächtig)): 10 ppm/6h [428];TC Lo (inhalativ, Ratte

(1-19d trächtig)): 200 ppm/7h [428];TC Lo (inhalativ, Ratte (7-13d trächtig)): 600 ppm/7h [428];TC Lo (inhalativ, Ratte (14-20d trächtig)): 100 ppm/7h [428];TD Lo (Haut, Ratte (7-16d trächtig)): 50 g/kg [428];TD Lo (Haut, Ratte (7-16d trächtig)): 50 g/kg [428];TD Lo (Haut, Ratte (7-16d trächtig)): 50 g/kg [428];TD Lo (subcutan, Ratte (1-21d trächtig)): 1955 mg/kg [428];TD Lo (oral, Maus (männlich)): 25 g/kg/25d [428];TD Lo (oral, Maus (18w vor Befruchtung)): 252 g/kg [428];TD Lo (oral, Maus (8-14d trächtig)): 5600 mg/kg [428];TD Lo (oral, Maus (8-14d trächtig)): 12600 mg/kg [428];TC Lo (inhalativ, Kaninchen (65d männlich)): 400 ppm/6h [428];TC Lo (inhalativ, Kaninchen (1-18d trächtig)): 160 ppm/7h [428];Wasser nicht für Trinkwassergewinnung geeignet. Schädigung der Keimdrüsen, Fruchtschäden [484];LD 50 (Wasserorganismen) 1000-100 mg/l/96 Std. [484]LC 50 (Goldfisch): >5000 mg/l/24 Std. [484];CSB: 1687 mg/g; Biologisch abbaubar [102];

Gefahren-Symbol:

- physikalisch/chemisch:

Schmelzpunkt: -100 °C
Siedepunkt: 135,1 °C
Flammpunkt: 40 °C; 44 °C
Dampfdruck: 5 hPa (20 °C) [163]; 10,1 hPa (20 °C) [367]
Log pOW: -0,54, -0,10 [4]
Brechungsindex: 1,40797 (20 °C)
Dichte: 929,7 kg/m3 (20 °C)
Molmasse: 90,12 g/mol
Verdunstungszahl: 0,32 (BuAc = 1) [94], 43 (Diethylether = 1) [19], [132];

Löslichkeit:
mischbar mit Wasser, Ethanol, Diethylether; leicht löslich in Propanon;

Verbleib nach Gebrauch:
Verbrennung;

Bemerkung:
Farblose, ölige Flüssigkeit; schwacher, etherähnlicher Geruch; brennbar;
Bei starker Erwärmung Bildung von explosiven Gemischen, die schwerer als Luft sind;
Explosionsgrenzen: 1,8-15,7 Vol.-% ; Zündtemp.: 235 °C [9]; [484];
Greift Gummi und viele Kunststoffe an; reagiert bei Kontakt mit alkalischen Stoffen und sauerstoffreichem Material (Oxidationsmitteln);
Verwendung: technisches Lösemittel u.a. für Cellulosenitrat, Alkydharze;
Anwendungsbereich: in Vinyllacken, Epoxidbeschichtungen, Heißlackverfahren, zur Verminderung der Viskosität von Alkyd-Einbrennlacken, Herstellung von Lackentfernern, Metall- und Glasreinigungsmitteln;
Enthalten in Urad DD25 (24-26%);

2-Ethoxyethanolacetat

- CAS-Nummer:
111-15-9
- UN Nummer:
1172
- gebräuchliche Namen:
Ethylglycolacetat; 2-Ethoxyethylester; Ethylenglycolethyletheracetat; 2-Ethoxyethylacetat; Essigsäure-2-ethoxyethylester; Glycolmonoethyletheracetat; Ethylglykolacetat; Ethylenglykolmonoethyletheracetat; CSAC; Cellosolveacetat; 2-Ethoxy-ethylacetat; Glykolmonoethyletheracetat; Ethylglykoletheracetat; Ethylglycoletheracetat;
- Handelsnamen:
Cellosolve Acetat; CSAC; Lösemittel G.A.C.;
- Summenformel:
$C_6H_{12}O_3$

- Strukturformel:

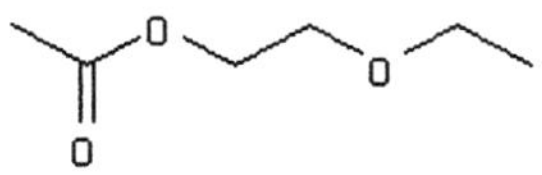

Funktion:
Lösungsmittel;
Verfahren:
Druckverfahren/Tiefdruck;
Anwendung:
Verpackungstiefdruckfarben;

Eigenschaften:
- toxikologisch/ökotoxikologisch:
RTECS # KK 8225000
Schweizer Giftliste: 2
WGK: 1
MAK Wert: 5 ml/m3 bzw. 27 mg/m3
R-Satz: 60-61-20/21/22
S-Satz: 53-45
Sonstiges:
Spitzenbegrenzung: II,1 [481]; Schwangerschaftsgruppe B [481]; Gefahr der Hautresorption [481]; BAT-Wert: 50 mg/l [481];Hautresorption! [148]; Repr.Cat.2 [505];Knochenmark-, Hoden- und Fötusschädigung [102];Einatmen der Dämpfe ist schädlich; Kontakt mit der Flüssigkeit führt zur Reizung der Augen und Haut; Hautresorption möglich; Gefahr der Nierenreizung [163];LD 50 (oral, Ratte): 2900 mg/kg [187], 5100 mg/kg [9]; 2700 mg/kg [39];LD 50 (Haut, Kaninchen): 10250 mg/kg [9], 10500 mg/kg [187];LC Lo (Inhalativ, Ratte, 8 h): 1500 ml/m3 [9];LC 50 (Goldfisch): 160 mg/l/24 Std. [484];LC 50 (Fisch; Goldorfe): 141/107 mg/l [33];LC 100 (Fisch; Goldorfe): 155/146 mg/l [33];LD 50 (intraperitoneal, Maus): 1420 mg/kg [428];LD 50 (oral, Meerschweinchen): 1910 mg/kg [428];LD 50 (oral, Kaninchen): 1950 mg/kg [428];LD Lo (subcutan, Maus): 5000 mg/kg [428];LC 50 (Inhalation, Ratte): 12100 mg/m3/8h [39];

Gefahren-Symbol:

- physikalisch/chemisch:
Schmelzpunkt: -61 °C; -62 °C;
Siedepunkt: 156,2 °C; 152-160 °C;
Flammpunkt: 51 °C; 52 °C; 57 °C
Dampfdruck: 1,99 hPa (20 °C) [132]; 2 hPa (20 °C) [163]; 2,67 hPa (20 °C) [187];
Brechungsindex: 1,4058 (20 °C); 1,4040 (20 °C);
Dichte: 976 kg/m3 (15 °C); 975 kg/m3 (20 °C);
Molmasse: 132,16 g/mol
Verdunstungszahl: 0,21 (BuAc = 1) [9], 51 (Diethylether = 1) [19], 52 (Diethylether = 1) [132];

Löslichkeit:
leicht löslich in Wasser; löslich in Propanon; mischbar mit Ethanol, Diethylether;

Verbleib nach Gebrauch:
Verbrennung;

Bemerkung:
Farblose, angenehm fruchtig riechende Flüssigkeit;
Bildet im dampf-/gasförmigen Zustand mit Luft explosionsfähige Gemische;
Explosionsgrenzen: 1,3-7,2 Vol.%; Zündtemp.: 390 °C [163]; [484];
Greift viele Kunststoffe an und weicht sie bei längerer Einwirkung auf;
Stoff reagiert bei Kontakt mit alkalischen Substanzen unter starker Wärmeentwicklung; bei Anwesenheit von Luftsauerstoff Peroxidbildung möglich [484];
Verwendung: Lösemittel für Natur- und Syntheseharze und für Autolacke;
Anwendungsbereich: in Oberflächenbeschichtungen zur Verbesserung von Fließfähigkeit und Glanz; in Streichlacken, Keramikbeschichtungen, in Klischeedruckverfahren, in Heißsprühlacken;

1-Ethoxypropan-2-ol

- CAS-Nummer:
1569-02-4
- gebräuchliche Namen:
EP; 1-Ethoxy-2-propanol; Propylenglycolmonoethylether; Propylenglykolmonoethylether; 1-Ethoxypropanol-2;
- Handelsnamen:
Ethoxypropanol EP;
- Summenformel:
$C_5H_{12}O_2$

- Strukturformel:

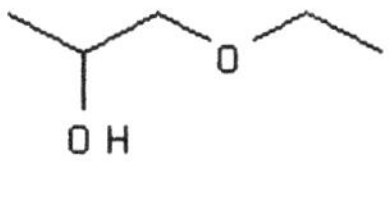

Funktion:
Lösungsmittel;
Verfahren:
Druckverfahren/Hochdruck direkt/Flexodruck;
Anwendung:
Druckfarbe;

Eigenschaften:
- toxikologisch/ökotoxikologisch:
RTECS # UB 5250000
Schweizer Giftliste: 5
R-Satz: 10-36/37/38
S-Satz: 16-24/25

Sonstiges:
Dämpfe reizen in höheren Konzentrationen Augen und Atemwege; Kontakt mit Flüssigkeit verursacht starke Reizung der Augen, die Haut wird auch bei mehrmaligen Kontakt nur schwach gereizt;LD 50 (oral, Ratte): 4400 mg/kg [9], 5000 mg/kg [94];LD 50 (Haut, Kaninchen): 8100 mg/kg [9], 9 ml/kg [94];LC Lo (inhalativ, Ratte, 4 h): 2200 mg/kg [94], > 10000 ml/m3 [9];Biologisch abbaubar [94];

Gefahren-Symbol:

- **physikalisch/chemisch:**
Siedepunkt: 129 °C
Flammpunkt: 42 °C
Dampfdruck: 10 hPa (20 °C) [94]
Verdampfungswärme: 412 kJ/kg
Brechungsindex: 1,4073 (20 °C)
Dichte: 896 kg/m3 (20 °C)
Molmasse: 104,14 g/mol
Verdunstungszahl: 0,49 (BuAc = 1) [9], 46 (BuAc = 1) [94], 33 (Diethylet

Löslichkeit:
mischbar mit Wasser;

Verbleib nach Gebrauch:
Verbrennung;

Bemerkung:
Farblose, klare Flüssigkeit; milder Geruch;
Explosionsgrenzen: 1,3 - 12 Vol.% ; Zündtemp.: 255 °C [94];
In der Regel mit dem primären Isomer 2-Ethoxypropanol-1 zu 10 % verunreinigt [94];
Verwendung: Lösungsmittel für Natur- und Kunstharze;
Wird u.a. in Reparaturlacken, Lackfarben, Druckfarben, Möbellacken, Beschichtungen für Papier und Leder sowie als Löslichkeitsvermittler in Anstrichsystemen auf Wasserbasis eingesetzt;
Wird als Ersatz für -> Ethylglycol diskutiert;

1-Ethoxy-2-propylacetat

- **CAS-Nummer:**
54839-24-6
- **gebräuchliche Namen:**
Ethoxypropylacetat; EPA;
- **Summenformel:**
$C_7H_{14}O_3$

- **Strukturformel:**

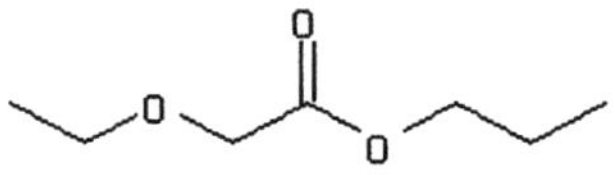

Funktion:
Lösungsmittel;
2.Verzögerer;
Verfahren:
1.Druckverfahren/Durchdruck direkt/Siebdruck;
2.Druckfarben;
3.Druckverfahren/Hochdruck direkt/Flexodruck;
Anwendung:
1.Druckformherstellung;
3.Flexodruckfarben;

Eigenschaften:
- toxikologisch/ökotoxikologisch:
R-Satz: 10
Sonstiges:
Keine signifikanten Augen- und Hautreizungen bei Kaninchen [97];LD 50 (oral, Ratte): > 5 g/kg [97];LC Lo (inhalativ, Ratte, 4 h): 6,99 mg/l [97];Biologisch leicht abbaubar [97];BSB(5): 6 % (des theoretischen Sauerstoffbedarfs (= 1,97 mg/mg) inaklimatisiertem Frischwasser) [97];

- physikalisch/chemisch:
Schmelzpunkt: - 89 °C
Siedepunkt: 158 °C
Flammpunkt: 54 °C
Dampfdruck: 2,27 hPa (20 °C) [97]
Brechungsindex: 1,405 (20 °C)
Dichte: 941 kg/m3 (20 °C)
Molmasse: 146,19 g/mol
Verdunstungszahl: 0,19 (BuAc = 1) [97], 70 (Diethylether = 1) [97];

Bemerkung:
Farblose, mild esterartig riechende Flüssigkeit; brennbar;
Austauschprodukt für -> Ethylglycolacetat [97];
Verwendung: Lösungsmittel für Cellulosenitrat, Epoxid-, Acryl-, Polyurethan- und Vinylharze;
Einsatzgebiet: zur Herstellung von Auto-, Holz-, Industrie-, Leder- und Blechlacken; Herstellung von Druck- und Siebdruckfarben;

Ethylcaprylat

- CAS-Nummer:
106-32-1
- gebräuchliche Namen:
Caprylsäureethylester; Ethyloctanoat;Octansäureethylester;
- Summenformel:
$C_{10}H_{20}O_2$

- Strukturformel:

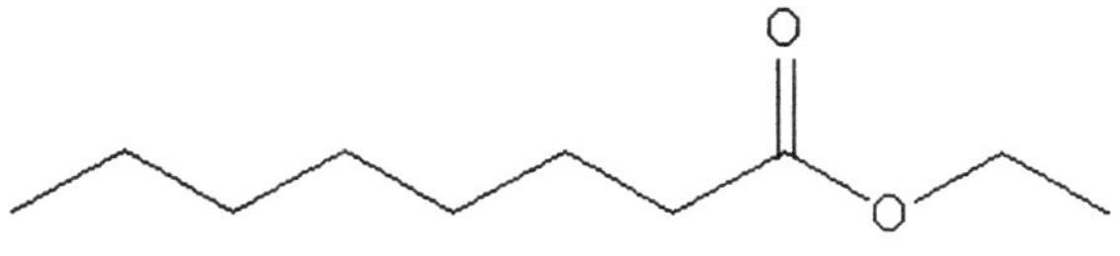

Verfahren:
Druckverfahren/Hochdruck direkt/Magnesium- und Zink-Ätzplatten;
Anwendung:
Druckformherstellung;

Eigenschaften:
- toxikologisch/ökotoxikologisch:
RTECS # RH 0680000;
R-Satz: 38
S-Satz: 24/25
Sonstiges:
LD 50 (oral, Ratte): 25960 mg/kg [194];

Gefahren-Symbol:

- physikalisch/chemisch:
Schmelzpunkt: - 47 bis - 48 °C
Siedepunkt: 207-209 °C
Flammpunkt: 75 °C
Brechungsindex: 1,4166 (20 °C)
Dichte: 878 kg/m3 (17 °C)
Molmasse: 172,26 g/mol

Löslichkeit:
unlöslich in Wasser; mischbar mit Ethanol, Diethylether;

Verbleib nach Gebrauch:
Verbrennung;

Bemerkung:
Farblose Flüssigkeit;

Ethylcellulose

- CAS-Nummer:
9004-57-3
- gebräuchliche Namen:
Cellulosetriethylether; Aethylcellulose; Cellulose, Ethylether;
- Handelsnamen:
AT-Cellulose; Ethocel; Trolit;
- Summenformel:
$(C_{12}H_{22}O_5)_n$

Funktion:
1.+ 3.Bindemittel;
2.Bindemittelharz;
Verfahren:
1.Druckverfahren/Hochdruck direkt/Flexodruck;
2.Druckverfahren/Tiefdruck;
3.Druckverfahren/Durchdruck;
Anwendung:
1.Flexodruckfarben;
2.Illustrationstiefdruckfarben;
3.Durchdruckfarben;

Eigenschaften:
- toxikologisch/ökotoxikologisch:
RTECS # FJ 5950500
WGK: 0
Sonstiges:
LD 50 (oral, Ratte): > 5000 mg/kg [428];LD 50 (Haut, Kaninchen): > 5000 mg/kg [428];

- physikalisch/chemisch:
Schmelzpunkt: 240-255 °C
Dichte: 1070 - 1180 kg/m3
Molmasse: (246,31 g/mol) * n

Löslichkeit:
löslich in Diethylether;

Verbleib nach Gebrauch:
Verbrennung nach Mischung mit brennbarem Lösemittel;

Bemerkung:
Hygroskopisch;

Ethylendiamintetraessigsäure

- CAS-Nummer:
60-00-4
- gebräuchliche Namen:
EDTA; Ethylendinitrilotetraessigsäure; Edetinsäure; N,N'-1,2-Ethandiyl-bis(N-(carboxymethyl)-glycin; Diaminoethantetraethansäure;
- Handelsnamen:
Titriplex II; Idranal II; Komplexon II; Trilon B; Trilon BS; Metaquest A; Sepuestrene AA 200; M 29; Chelaplex II; Vinkeil 100; Questex 4 H; Nervanaid B Acid; TCP-05; Versene Acid; Hamp-ene Acid;
- Summenformel:
$C_{10}H_{16}N_2O_8$

- Strukturformel:

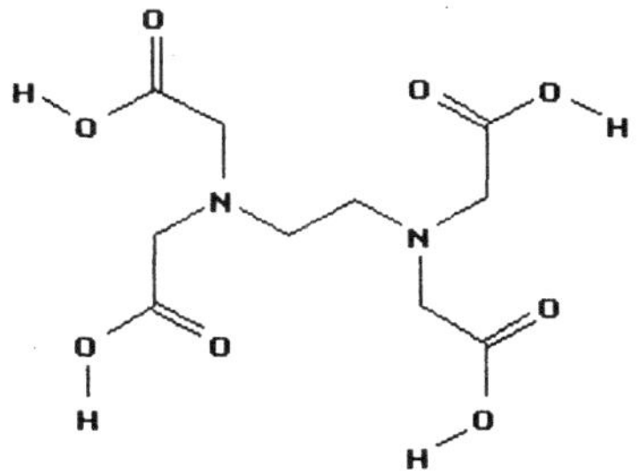

Funktion:
2.Komplexbildner;
Verfahren:
1.Druckformherstellung/ Reproduktionsfotografie;
2.Druckverfahren/Flachdruck;
Anwendung:
1.Wasserenthärtungsmittel in Bleichfixierbädern;

Eigenschaften:

- toxikologisch/ökotoxikologisch:

RTECS # AH 4025000
Schweizer Giftliste: 4
WGK: 2
R-Satz: 36/37/38
S-Satz: 26-36
Sonstiges:
Stäube reizen Augen, die oberen Atemwege und Haut; Kontakt mit dem Stoff führt zu Reizung der Augen und Haut; nach Verschlucken wenig giftig, da nur ca. 5 % in den Körper aufgenommen werden; Aufnahme größerer Mengen ruft Nierenschäden hervor [163]; bei Brand werden u.a. hochgiftige nitrose Gase frei! Symptome: Brennen der Augen, der Nasen- und Rachenschleimhäute sowie der Haut, Husten. Nach Verschlucken: Leibschmerzen. Bei Brand: Husten, Atembeschwerden, Atemnot [484];LD 50 (oral, Ratte): >2000 mg/kg [21], 4500 mg/kg, 2580 mg/kg [574];LD 50 (intraperitoneal, Ratte): 397 mg/kg [428];LD 50 (intraperitoneal, Ratte): ca. 400 mg/kg [574];LD 50 (oral, Maus): 30 mg/kg [428];LD 50 (intraperitoneal, Maus): 250 mg/kg [428], [574];LD 50 (intravenös, Maus): 28500 µg/kg [428];Nicht leicht biologisch abbaubar/nicht potentiell abbaubar/eliminierbar;bei gewählten Versuchsbedingungen, Adaption und längeren Inkubationszeiten biologisfh abbaubar. Das toxikolgische Wirkprofil basiert auf chelatisierende Wirkung [574];LC 50 (Fisch, Goldorfe): 2040 mg/l (nicht neutralisiert) [484];LC 50 (junke Katzenwels): 167 mg/l/24 h [484];LC 50 (Fisch, Pimephales promelas): 59,8 mg/l/96 h [25];LC 50 (Daphnia magna): 625 mg/l/24 h [6];Toxische Grenzkonzentration für Pseudomonas putida: 105 mg/l [26];Scenedesmus quadricauda 11 mg/l [484];

Gefahren-Symbol:

- physikalisch/chemisch:

Schmelzpunkt: 220 °C; 245 °C (Zers.); 240 °C (Zers.);
Dichte: ca. 650 kg/m3
Molmasse: 292,25 g/mol

Löslichkeit:
Wasser: 0,1 g/l (20 °C), 0,5 g/l (20 °C u. 25 °C), 2,2 g/l (80 °C) 0,5 g/l (90 °C), unlöslich in den meisten organischen Lösungsmitteln [547];
Wasser: 0,2 g/l (20 °C); leicht löslich in Natriumhydroxid;

Verbleib nach Gebrauch:
Verbrennung nach Mischung mit brennbarem Lösemittel;
Umweltbelastung durch fotografische Prozesse (BRD, 1986): 81 t/a [156];

Bemerkung:
Farblose Kristalle; Stoff reagiert bei Kontakt oder Mischung mit starken Oxidationsmitteln und starken Basen. Die Substanz greift Kupfer, Kupferverbindungen und Nickel an. Bei Erhitzung bis zur Zersetzung bilden sich giftige und ätzende Gase [484];
Kristallwasser: H4EDTA ist praktisch wasserfrei. Die freie Säure ist weniger stabil als ihre Salze - beim Erhitzen (150 °C) Decarboxylierung.
EDTA ist hydrolysestabil / wird weder von Säuren noch von starken Alkalien angegriffen.
Verwendung: in der Druckindustrie als Komplexbildner; in Wasch- und Reinigungsmittel (Haushalt / Industrie und Gewerbe); Fotochemikalien, Textilindustrie, Papierindustrie, Galvenoindustrie, Landwirtschaft, Kosmetik, Wasserbehandlung (in Westeurope);
Chelatkomplex [547];

2,2'-Ethylendioxydiethylbis(2-ethylhexanoat)

- **CAS-Nummer:**
  94-28-0
- **gebräuchliche Namen:**
  1,2-Bis-[2-(2-ethylhexanoyloxy)-ethoxy]-ethan; 2-Ethylhexansäure-2-(2-[2-(2-ethylhexanoyloxy)-ethoxy]-ethoxy)-ethylester;
- **Handelsnamen:**
  Witamol 460 Stab.; Flexol Plasticizer 360;
- **Summenformel:**
  $C_{22}H_{42}O_6$
- **Strukturformel:**

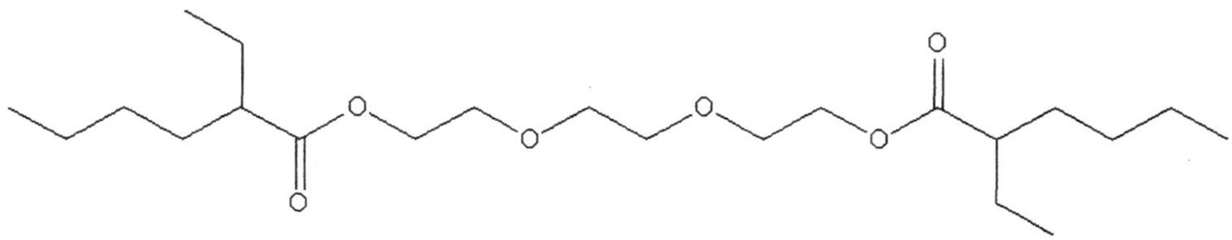

Eigenschaften:
- **toxikologisch/ökotoxikologisch:**
  RTECS # MO 7725000
  WGK: 1
  Sonstiges:
  [EG-Sdb Hüls AG]:LD 50 (oral, Ratte): 31000 mg/kgan der Haut leicht reizend;EC 50 (Daphnia magna): 38,7 mg/l/48 hEC 50 (Scenedesmus subspicatus): >55,9 mg/l/72 h;LD 50 (oral, Meerschweinchen): 21000 mg/kg [428]EC 50 (Daphnia magna): 38,7 mg/l/48 h [428]EC 50 (Scenedesmus subspicatus): >55,9 mg/l/72 h [428]

- **physikalisch/chemisch:**
  Schmelzpunkt: <-60 °C
  Flammpunkt: ca. 220 °C
  Dampfdruck: <0,01 hPa (20 °C) [Sdb]
  Log pOW: 6,58 [Sdb]
  Dichte: 970 kg/m3 (20 °C)
  Molmasse: 402,64 g/mol

  Löslichkeit:
  Wasser: <0,3 g/l (20 °C) [Sdb];

  Bemerkung zu physikalisch/chemischen Daten:
  Zündtemperatur: ca. 390 °C; Zersetzung bei Temperaturen ab ca. 250 °C ì
  [Sdb];

Bemerkung:
  Gelbliche Flüssigkeit mit schwachem Eigengeruch [Sdb Hüls];

Ethylenglykolricinoleat

- CAS-Nummer:
40275-40-9
- gebräuchliche Namen:
Ethylen-glykol-ricinoleat; Ethylen-glycol-ricinoleat;
- Handelsnamen:
Flexirin 15;
- Summenformel:
$C_{20}H_{38}O_4$

Funktion:
Additv/Weichmacher;
Verfahren:
Druckverfahren;
Anwendung:
Farbe;

Eigenschaften:

- physikalisch/chemisch:
Schmelzpunkt: - 5 °C
Flammpunkt: 241 °C
Dichte: 965 kg/m3 (25°C)

Ethyl-3-ethoxypropionat

- CAS-Nummer:
763-69-9
- gebräuchliche Namen:
3-Ethoxypropansäureester;
- Summenformel:
$C_7H_{14}O_3$

- Strukturformel:

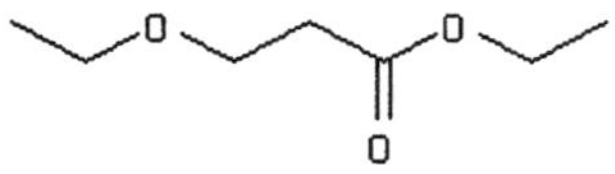

Eigenschaften:
- toxikologisch/ökotoxikologisch:
RTECS # UF 3325000
WGK: 1
R-Satz: 11
S-Satz: 9-16-33
Sonstiges:
LD 50 (oral, Ratte): 5000 mg/kg [428]LD 50 (Haut, Kaninchen): 10000 mg/kg [428]

- physikalisch/chemisch:
Siedepunkt: 128-130 °C
Flammpunkt: 10 °C
Brechungsindex: 1,4385 (20 °C)
Dichte: 920 kg/m3
Molmasse: 146,19 g/mol

Verbleib nach Gebrauch:
Verbrennung, hochentzündliche Stoffe;

2-Ethyl-1,3-hexandiol

- CAS-Nummer:
94-96-2
- gebräuchliche Namen:
2-Ethylhexandiol-1,3; 2-Ethylhexan-1,3-diol; Ethohexadiol; Ethylhexandiol; 2-Ethyl-3-propyl-1,3-propandiol; 3-Hydroxymethyl-n-heptan-4-ol; Octylenglycol; Oktylenglykol;
- Handelsnamen:
Carbide 6-12; 612-Insect repellent; Repel-A-Mist; Repellent 612; Rutgers 612; Skecto-Go; Repel-A-Mist; Rutgers 612; Skecto-Go;
- Summenformel:
$C_8H_{18}O_2$

- Strukturformel:

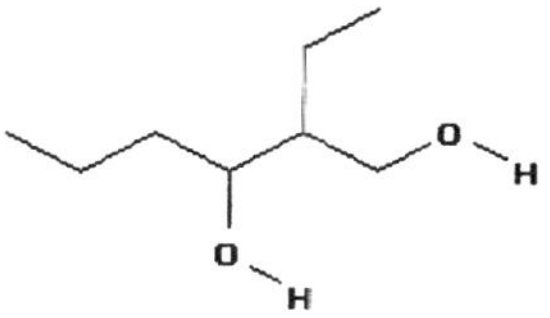

Funktion:
Lösungsmittel;
Verfahren:
Druckverfahren;

Eigenschaften:
- toxikologisch/ökotoxikologisch:
RTECS # MO 2625000
Schweizer Giftliste: 4
R-Satz: 36
S-Satz: (2)-26
Sonstiges:
Nur bei hoher Temperatur Reizung der Augen und Atemwege durch die Dämpfe;Kontakt mit der Flüssigkeit bewirkt Reizung der Augen und leichte Reizung der Haut; geringe Giftigkeit bei Aufnahme durch den Mund;bei schwerer Vergiftung lähmende Wirkung auf das ZNS, außerdem sind Leber- und Nierenschäden möglich [163];LD 50 (oral, Ratte): 1400 mg/kg [187], 2400 mg/kg [9];LD 50 (Haut, Kaninchen): 2000 mg/kg [187], 10100 mg/kg [9];

Gefahren-Symbol:

- physikalisch/chemisch:
Schmelzpunkt: -40 °C
Siedepunkt: 241-249 °C; 244,9 °C;
Flammpunkt: 110 °C; 126 °C
Dampfdruck: < 0,01 hPa (20 °C) [9]; 0,03 hPa (20 °C) [480];
Brechungsindex: 1,4497 (20 °C)

Dichte: 933 kg/m3 (20 °C)
Molmasse: 146,23 g/mol
Verdunstungszahl: < 0,001 (BuAc = 1) [9]

Löslichkeit:
Wasser 65 g/l (20 °C); unbegrenzt mischbar mit Alkoholen, Estern, Ketonen, Ethern, Gykolethern, aromatischen und chlorierten Kohlenwasserstoffen; wenig löslich in Wasser, aliphatischen Kohlenwasserstoffen und niedrig molekularen Glykolen;

Bemerkung zu physikalisch/chemischen Daten:
Zündtemperatur: 340 °C [484];

Verbleib nach Gebrauch:
Verbrennung nach Mischung mit brennbarem Lösemittel;

Bemerkung:
Klare, farblose, fast geruchlose Flüssigkeit;
Verwendung: als Insektenvertreibungsmittel (Repellent) in Konzentrationen von wenigstens 10 Gew.%; als Lösungsvermittler, z.B. bei Kühlschmierstoffen bis 5 Gew.%; als Emolliens in kosmetischen Präparaten bis 5 Gew.% [480];
Bewertung: Die bisherigen Erfahrungen bei der akuten Einwirkung auf den Menschen zeigen, daß weder mit einer starken Hautreizung noch mit einem Sensibilisierungseffekt beim Umgang mit 2-Ethylhexandiol-1,3 (EHD) zu rechnen ist. EHD-bedingte systemische Effekte wurden nicht beobachtet.
Im Tierversuch erwies sich EHD an der Ratte nach oraler und dermaler Verabreichung als gering toxisch; auf der Haut von Kaninchen war die Reizwirkung geringfügig. Bei Kontakt mit der Schleimhaut und dem Auge war EHD mäßig bis stark reizend, so daß man mit ähnlichen Effekten auch beim Menschen rechnen muß. Ein Sensibilisierungspotential ergab sich im Maximierungstest am Meerschweinchen nicht.
Für eine embryotoxische und tertogene Wirkung in hohen Dosen, die im maternaltoxischen Bereich liegen, ergaben sich deutliche Hinweise, bei mittleren und niedrigen Dosen waren die tierexperimentellen Ergebnisse nicht überzeugend und sollten durch Untersuchungen mit größerer Tierzahl nachgeprüft werden. Bei den Untersuchungen auf Mutagenität erwies sich EHD als nicht gentoxisch. Ein dermaler Langzeitversuch, der heutigen Kriterien für Kanzerogenitätsstudien nicht entspricht, läßt keine endgültige Aussage zur kanzerogenen Wirkung von EHD zu. [480]

2-Ethyl-1-hexanol

- CAS-Nummer:
104-76-7
- gebräuchliche Namen:
2-Ethylhexylalkohol; iso-Octanol; Isooctanol;iso-Octylalkohol; Isooctylalkohol; 2-Ethylhexanol; Ethylhexanol; 2-Ethyhexanol-1; Ethylhexylalkohol; 2-Ethyl-n-hexylalkohol; Octanol, technisch; 2-Ethyl-hexan-1-ol; 2-Ethyl-n-hexylalkohol;
- Handelsnamen:
AH;
- Summenformel:
$C_8H_{18}O$

- Strukturformel:

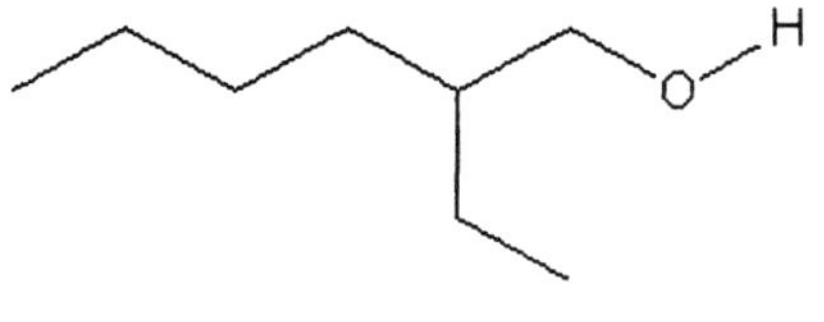

Funktion:
Lösungsmittel;
Verfahren:
Druckverfahren;

Eigenschaften:
- toxikologisch/ökotoxikologisch:
RTECS # MP 0350000;
Schweizer Giftliste: 4
WGK: 2
R-Satz: 36/37/38
S-Satz: 26-36/37/39
Sonstiges:
Dämpfe reizen Atemwege und Atmungsorgane, mit steigender Temperatur anIntensität zunehmend; Kontakt mit der Flüssigkeit verursacht starkeReizung der Augen und weniger ausgeprägt der Haut [163];Geruchsschwelle: 0,08 ml/m3 [163];IMK: IILD 50 (oral, Ratte): 2049 mg/kg [187], 3200 mg/kg [9], 2000-7000 mg/kg [Sdb Neste], 1516-2774 mg/kg [634];LD 50 (dermal, Ratte): 3000 mg/kg [Sdb Neste], 1970 mg/kg [187];LD 50 (percutan, Ratte): 650 mg/kg [9];LD 50 (Haut, Kaninchen): 1970 mg/kg [9], 1980 mg/kg [634];LD 50 (intraperitoneal, Maus): 759 mg/kg [428], 937 mg/kg [634];LD 50 (intraperitoneal, Ratte): 500 mg/kg [428], 568-779 mg/kg [634];LD 50 (oral, Maus): 2500 mg/kg [428], 3768 mg/kg, 3280-4460 mg/kg, 2870-3610 mg/kg [634];LD 50 (oral, Ratte): 2049 mg/kg [428];LD 50 (oral, Kaninchen): 1180 mg/kg [428];LD 50 (subcutan Ratte): 650 mg/kg [428];LD 50 (subcutan Kaninchen): 1970 mg/kg [428];LD 50 (oral, Meerschweinchen): 1860 mg/kg [187], 1220-2820 mg/kg [634];LD 50 (parenteral, Maus): 1670 mg/kg [428];LD 50 (parenteral, Ratte): 4600 mg/kg [428];Ratten atmeten 4 Stunden eine Konzentration von 0,89 und 5,3 mg/l. Alle Tiere, die 5,3 mg/l ausgesetzt waren, starben innerhalb von 48 Stunden nach Aussetzung, während Tiere einer anderen Aussetzungsgruppe überlebten. Primäre Hautreizwirkung/Kaninchen: reizend; primäre Schleimhautreizwirkung/Kaninchenauge: reizend. Studien bei Ratten mit oraler Verabreichung des Materials haben geringe toxische Entwicklungen gezeigt, aber nur in Verbindung mit mütterlicher Toxologie. [SdB Neste];Toxische Grenzkonzentration für Pseudomonas putida 63 mg/l, Scenedesmus quadricauda 8,5 mg/l [36];LC 50 (Fisch, Goldorfe): 89/60 mg/l [33]LC 100 (Fisch, Goldorfe): 130/72 mg/l [33]LC 50 (Daphnia magna): 62 mg/l [484]LC 100 (Daphnia magna): 100 mg/l [484]Biologische Abbaubarkeit gut (>65 %) [484][Sdb Neste]:LC 50 (Fisch, Pimephales promelas): 29,7 mg/l/96 h EC 50 (Daphnia magna): 39 mg/l/48 h EC 50 (Scenedesmus subsp): 11,5 mg/l/72 h Abbau: Testmethode OECD 302: >100 % nach 5 Tagen (basierend auf COD) Abbau: Testmethode EEC Diorektvie 79-831 Annex V Part Cl; aktivierter Schlamm, industriell, nicht angepaßt: >95 % (BOD als Prozent von ThOD);

Gefahren-Symbol:

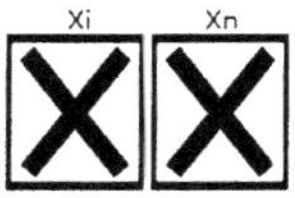

- physikalisch/chemisch:
Schmelzpunkt: -76 °C; <-60 °C; -76 --70 °C
Siedepunkt: 184,8 °C; 183-186 °C; 184 °C
Flammpunkt: 81 °C; 76 °C; 80 °C; 75 °C
Dampfdruck: 0,07 hPa (20 °C) [9], 0,4 hPa (20 °C) [163]; 0,13 hP (20 °C) [Sdb];
Log pOW: 3,15 [4]; 2,3-3,1 [Sdb]; 2,28; 2,809
Brechungsindex: 1,4328 (20 °C)
Dichte: 832,8 kg/m3 (20 °C)
Molmasse: 130,23 g/mol
Verdunstungszahl: 0,01 (BuAc = 1) [9]

Löslichkeit:
Wasser: 1,1 g/l (20 °C), löslich in Alkoholen [Sdb];
Wasser 0,7 g/l (20 °C); löslich in Ethanol, Diethylether, Propanon, Benzen; in den meisten organischen Lösungsmitteln löslich;

Verbleib nach Gebrauch:
Verbrennung;

Bemerkung:
Klare, farblose Flüssigkeit mit charakteristischem Geruch; brennbar;
Bildet im dampf-/gasförmigen Zustand mit Luft explosionsfähige Gemische;
Explosionsgrenzen:
0,9-5,6 Vol.-%; Zündtemp.: 290 °C [9],
1,1-12,7 Vol.-%; Zündtemp.: 305 °C [163], 270-230 °C [Sdb], [634];
Stoff reagiert bei Kontakt oder Mischung mit sauerstoffreichem Material (starken Oxidationsmitteln), anorganischen Säuren, Aldehyden, Monomeren, polymerisationsfähigen Estern, Alkenoxiden, Halogenen und Säureanhydriden [484];
Verwendung: technisches Lösemittel; Zwischenprodukt bei der Herstellung von Weichmachern, 2-Ethylhexylacrylat, Schmiermittelzusatzstoffen und Mitteln zur Oberflächenbehandlung; Farben und Lacke; Schmierstoffe und Schmierstoffzusätze; Lösungsmittel;
Enthalten in Additol VXW 4930, Agitan 285, Surfynol 104A Surfactant;
Mengenangabe: 500000-1000000 Tonnen;

2-Ethylhexansäurecobalt-(II)-salz

- CAS-Nummer:
136-52-7
- gebräuchliche Namen:
Cobalt-bis(2-ethylhexanoat);
- Summenformel:
$(C_8H_{15}O_2)_2Co$

- Strukturformel:

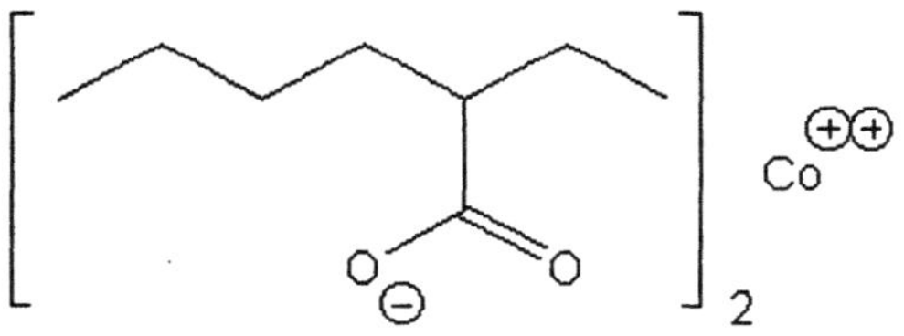

Eigenschaften:
- toxikologisch/ökotoxikologisch:
MAK Wert: vgl. Abschnitt IV [481]
Sonstiges:
Gefahr der Sensibilisierung der Atemwege und der Haut [481];

- physikalisch/chemisch:
Molmasse: 345,34 g/mol

2-Ethylhexylester von Tallölfettsäuren, epoxidiert

- **CAS-Nummer:**
  61789-01-3
- **gebräuchliche Namen:**
  sec-Oktylepoxytallat; 2-Ethylhexyl-epoxytallat; 2-Ethylhexylepoxytallat;
- **Handelsnamen:**
  Flexol EP-8; Monoplex S-73;
- **Summenformel:**
  $C_{26}H_{48}O_4$

Funktion:
Additv/Weichmacher;
Verfahren:
Druckverfahren;
Anwendung:
Farbe;

Eigenschaften:
- **toxikologisch/ökotoxikologisch:**
  Sonstiges:
  LD 50 (oral, Ratte): 20800 mg/kg [428];LD 50 (dermal, Kaninchen): >18500 mg/kg [428];

- **physikalisch/chemisch:**
  Siedepunkt: > 215 °C
  Flammpunkt: 235 °C
  Dichte: 923 kg/m3 (25°C)
  Molmasse: 424,74 g/mol

  Löslichkeit:
  sehr wenig löslich in Wasser;

Bemerkung:
Tallate ist eine Trivialbezeichnung für die Metallseifen aus Tallöl-Fettsäuren. Tallöl ist das wichtigste Nebenprodukt bei der Erzeugung von Sulfat-Zellstoff durch Aufschluß von harzreichen Holzarten nach dem Sulfat-Prozeß. Tallöl ist eine Mischung aus Fettsäuren, Harzsäuren, sog. Oxysäuren, u.a. oxidierten Harz- und Fettsäuren, sowie unverseifbaren Komponenten. Seine Zusammensetzung schwankt abhängig von der Art des verarbeiteten Holzes und dessen geographischen Herkunft mit einem Gehalt von 15-55% Fettsäuren, ca. 20-65% Harzsäuren, 1-8% Oxysäuren und 6-30% Unverseifbarem bei einer Säurezahl von ca. 90-160 stark. Die Tallöl-Fettsäuren bestehen zu mindestens 97% (1. Qualität) bzw. 67% (bei einem Harzsäure-Anteil von 25-30%) aus Fettsäuren, und zwar Linol- und konjungierte C18-Fettsäuren (45-65), Ölsäure (25-45), 5,9,12-Octadecatriensäure (5-12) und gesättigte Fettsäuren (1-3). (Zahlen in Klammern = Gewichtsprozente, bezogen auf Gesamtmenge der Fettsäuren) [573];

4-N-Ethyl-4-N(2-methylsulfonamidoethyl)-2-methyl-1,4-diamino-benzen-sesquisulfat-monohydrat

- **CAS-Nummer:**
  25646-71-3
- **gebräuchliche Namen:**
  2-Amino-5-(N-ethyl-N-(ß-methylsulfonamidoethyl)amino)-toluen Sesquisulfat Monohydrat; 4-N-Ethyl-4-N-(methylsulfon-amidoethyl)-2-methyl-1,4-phenylendiamin Sesquisulfat Monohydrat;
- **Handelsnamen:**
  CD3; Farbentwickler 3; Mydochrome; Activol No. 3; KAN 905401; PCD 12415; PCD 12410; F-0047.000;
- **Summenformel:**
  $C_{12}H_{21}N_3O_2S * 3/2 H_2SO_4 * H_2O$

Eigenschaften:
- **toxikologisch/ökotoxikologisch:**
  WGK: 2
  R-Satz: 22-36
  S-Satz: 26
  Sonstiges:
  Schädlich beim Einatmen und Verschlucken; reizt die Augen und die Haut; Dämpfe reizen Augen und Atemwege; verursacht möglicherweise allergische Hautreaktion [483];LD 50 (oral, Ratte): 400 mg/kg [28], 981 mg/kg [27];LC 50 (Fisch, Pimephales promelas): 6,4 mg/l/96 h [3];LC 50 (Daphnia magna): 0,3 mg/l/96 h [3];Bei 10 mg/l keine schädigenden Effekte auf Keimung von Rettich und Salat; bei 100 mg/l keine schädigenden Effekte auf Saatgut von Rettich, Salat, Mais und Ringelblumen [28];Biologische Abbaubarkeit: nicht adaptiertes System: 100 mg/l hemmend, adaptiertes System: 102 mg/l verminderte Hemmung [3];CSB: 1,14 g/g [3]; BSB(5): 0,115 g/g [3];Hohes Potential Wasserorganismen zu affizieren [483];Hohes Potential microbische Metabolismen bei der Abwasserbehandlung zu gefärden [483];

  Gefahren-Symbol:

  Xn

- **physikalisch/chemisch:**
  Schmelzpunkt: 126-130 °C
  Log pOW: 0,67
  Molmasse: 328,490 g/mol

  Löslichkeit:
  Wasser 1000 g/l (20 °C);

Verbleib nach Gebrauch:
  Umweltbelastung durch fotografische Prozesse (BRD, 1986): 87 t/a [156];

Bemerkung:
  Weißer, geruchloser, kristalliner Feststoff;
  Verwendung: in der Fotoindustrie als Farbentwicklersubstanz;
  Zersetzung bei höheren Temperaturen; Staub/luft-Gemische sind explosionsfähig;

N-ethyl-o,p-toluenesulphonamid

- **CAS-Nummer:**
  8047-99-2
- **Summenformel:**
  $C_9H_{13}NO_2S$

Eigenschaften:

- **physikalisch/chemisch:**
  Flammpunkt: 93°C [636]
  Dichte: 1203 kg/m³ (17,7°C) [636]
  Molmasse: 199,3 g/mol [636]

  Löslichkeit:
  in Wasser <0,01g/100ml (18°C) [636]

N-Ethyl-o,p-toluensulfonamid

- **CAS-Nummer:**
  1077-56-1
- **gebräuchliche Namen:**
  o,p-Toluen-ethylsulfonamid;
- **Handelsnamen:**
  Santicizer 8;
- **Summenformel:**
  $C_9H_{13}O_2NS$

- **Strukturformel:**

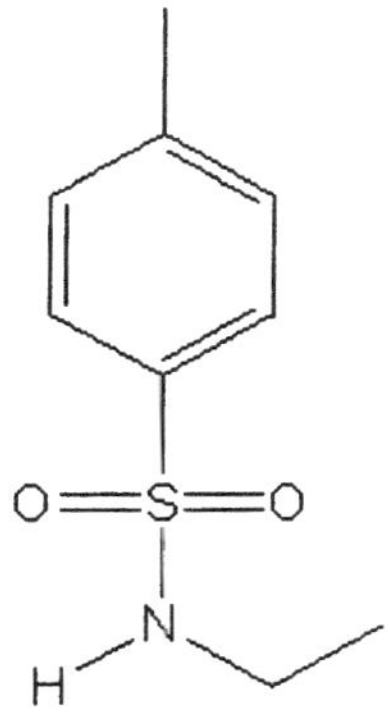

Funktion:
Additv/Weichmacher;
Verfahren:
Druckverfahren;
Anwendung:
Farbe;

Eigenschaften:

- physikalisch/chemisch:
Schmelzpunkt: 18 °C
Siedepunkt: 340 °C
Flammpunkt: 174 °C
Dichte: 1180 kg/m3 (25°C)
Molmasse: 199 g/mol

Bemerkung:
Das para-Derivat besitzt die CAS-Nummer 80-39-7

Flavon

- CAS-Nummer:
525-82-6
- UN Nummer:
9504
- gebräuchliche Namen:
2-Phenylchromon;
- Summenformel:
$C_{15}H_{10}O_2$

- Strukturformel:

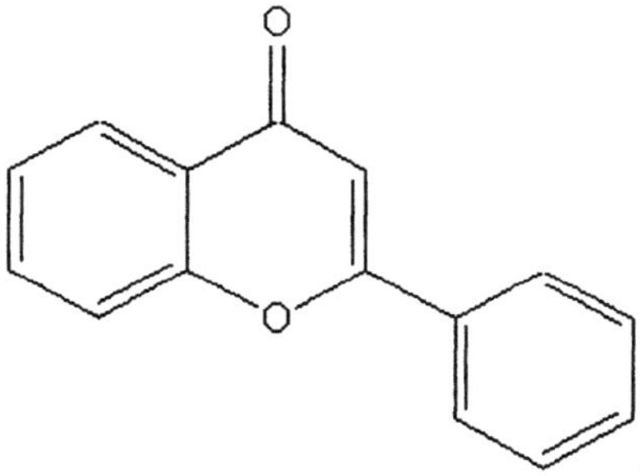

Verfahren:
Druckverfahren;

Eigenschaften:
- toxikologisch/ökotoxikologisch:
RTECS # DJ 3100630;
R-Satz: 36/37/38
S-Satz: 26-36
Sonstiges:
LD 50 (oral, Maus): 2500 mg/kg [428];LD 50 (intraperitoneal, Maus): 380 mg/kg [428];

- physikalisch/chemisch:
Schmelzpunkt: 97-98-5 °C [636]
Molmasse: 222,24 g/mol [636]

Löslichkeit:
unlöslich in Wasser; leicht löslich in Ethanol, Diethylether, Benzen (Benzol), Trichlormethan (Chloroform); löslich in Ligroin;

Verbleib nach Gebrauch:
Verbrennung nach Mischung mit brennbarem Lösemittel;

Bemerkung:
Farblose Nadeln;
Grundkörper der Flavonfarbstoffe;

Fluorescein (C.I. 45350)

- CAS-Nummer:
2321-07-5
- gebräuchliche Namen:
Fluorescein; 3',4'-Dehydroxyfluoran; Resorcinolphthalein; C.I. 45350;
- Summenformel:
$C_{20}H_{12}O_5$

- Strukturformel:

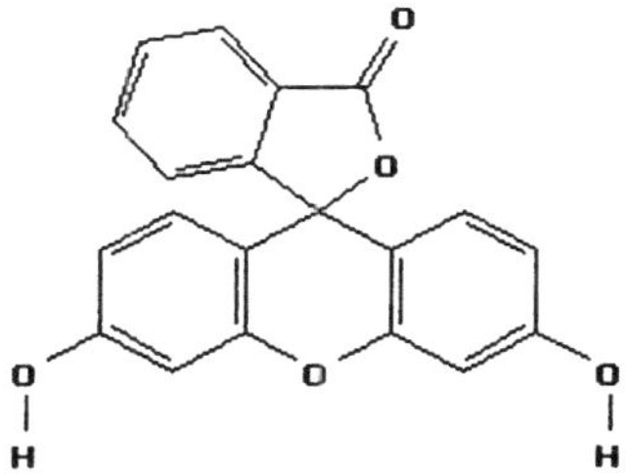

Funktion:
Additiv/Sensibilisator;
Verfahren:
Kopierverfahren/elektron. Verfahren direkt/Elektrofotografie;
Anwendung:
Papierbeschichtung;

Eigenschaften:
- toxikologisch/ökotoxikologisch:
RTECS # LM 5075000

- physikalisch/chemisch:
Schmelzpunkt: 314-316 °C (Zers.)
Siedepunkt: Subl.
Molmasse: 332,32 g/mol

Löslichkeit:
sehr wenig löslich in heißem Wasser, Eisessig; wenig löslich in Methanol, Ethanol; löslich in heißem Aceton;

Verbleib nach Gebrauch:
Verbrennung nach Mischung mit brennbarem Lösemittel;

Bemerkung:
Zwei Modifikationen: rote (stabile) und gelbe (labile) Form;
stabile Modifikation: rote Kristalle (nach Umkristallisation aus Ethanol);

Fluorwasserstoff (wäßrige Lösung)

- **CAS-Nummer:**
  7664-39-3
- **gebräuchliche Namen:**
  Fluorwasserstoffsäure; Fluorwasserstofflösung; Flußsäure;
- **Summenformel:**
  HF * n H_2O

Verfahren:
Druckverfahren;
Anwendung:
In Korrekturmittel für Aluminium-Platten;

Eigenschaften:
- **toxikologisch/ökotoxikologisch:**
  RTECS # MW 7875000
  Schweizer Giftliste: 1
  WGK: 1
  MAK Wert: 3 ml/m3 bzw. 2,5 mg/m3
  R-Satz: 26/27/28-35
  S-Satz: (1/2)-7/9-26-36/37-45
  Sonstiges:
  Einstufung und Kennzeichnung von Zubereitungen, in denen diese Substanz enthalten ist:7%<=C ¦> T+,C; R26/27/28-351%<=C<7% ¦> T,C; R23/24/25-340.1%<=C<1% ¦> Xn; R20/21/22-36Einstufung und Kennzeichnung von Zubereitungen, in denen diese Substanz enthalten ist:Spitzenbegrenzung: I [481]; BAT-Wert: 7 mg/g (Kreatinin) [481];Einwirkung von Dämpfen führt zu Augenreizungen und Schädigung der Atemwege; Kontakt mit Haut und Schleimhaut führt zu schmerzhaften Verätzungen und Nekrosen; Schädigung tritt gewöhnlich erst nach einer längeren Latenzzeit (sogar Stunden) auf; Vergiftung verläuft trotz medizinischer Maßnahmen meist tödlich [418];Gas und auch wäßrige Lösungen verursachen sehr schwere schlecht heilende Verätzungen der Augen und Haut; Einatmen des Gases reizt und schädigt schwer die Atemwege und Lunge bis hin zu Lunggenödem (kann mit einer Verzögerung bis zu zwei Tagen eintreten) [163];Innerlich 5 - 15 g tödlich [30];1 Eßlöffel 9,2 %iger Fluorwasserstoff tödlich [30];50 ml/m3 für 30 - 60 min erwiesen sich als tödlich; Konzentrationenüber 50 ml/m3 auch bei kurzer Einwirkungszeit gefährlich [163];LC 50 (inhal., Ratte, 1 h): 1278 ml/m3 [131];LC 50 (inhal., Maus, 1 h): 500 ml/m3 [131];

  Gefahren-Symbol:

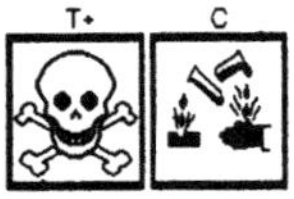

- **physikalisch/chemisch:**
  Schmelzpunkt: -44 °C bis -35 °C; -44 °C (40%ige Lsg); -35 °C (48%ige Lsg);
  Siedepunkt: 20-112 °C (*)
  Dampfdruck: variiert mit Konzentration
  Dichte: 1130 - 1160 kg/m3 (20 °C); 1130 kg/m3 (40 %ige Lsg.), 1160 kg/m3 (48 %ige Lsg.);

  Löslichkeit:
  mischbar mit Wasser;

  Bemerkung zu physikalisch/chemischen Daten:
  (*): Azeotrope Lösungen verdampfen Wasser oder Fluorwasserstoff, bis eine 38 %ige Konzentration von HF erreicht ist;

Verbleib nach Gebrauch:
Sondermüll-Deponie nach Neutralisation mit Soda und Zusatz von Calciumchlorid (Ausfällen des Chlorides oder Carbonates);

Bemerkung:
Farblose, stechend riechende Flüssigkeit; je nach Konzentration und Luftfeuchtigkeit rauchend; Bei Beginn der Geruchswahrnehmung kann Gesundheitsschädigung schon eingetreten sein! Bei Eindringen in Grundwasser (Uferfiltrat) Gefahr für Trinkwasser; Bei Kontakt mit heißen Flächen, offenen Flammen oder bei Berührung mit Metallen kann sich Wasserstoffgas bilden und explosionsfähiges Luftgemisch entstehen; greift viele Metalle an;
-> Fluorwasserstoff: CAS-Nr.: 37249-79-9

Fuchsin (C.I. 42510)

- CAS-Nummer:
632-99-5
- gebräuchliche Namen:
C.I. 425100; Basisches Violett 14;Basic Violet 14; Magenta I; Diamantfuchsin; Rosanilin Hydrochlorid;
- Summenformel:
$C_{20}H_{19}N_3$ * HCl

- Strukturformel:

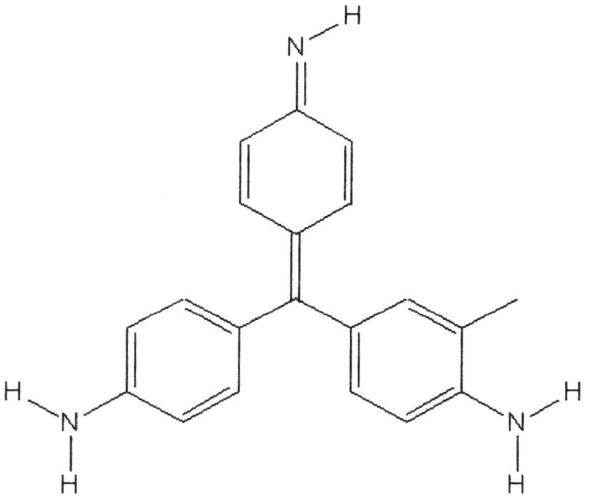

Funktion:
Pigment/Farbstoff/violett;
Verfahren:
Druckverfahren;

Eigenschaften:
- toxikologisch/ökotoxikologisch:
RTECS # CX 9850100;
WGK: 3
Sonstiges:
Wirkt schädigend bei Einatmung, Verschlucken oder Aufnahme über Haut;kann Reizungen verursachen [187];Karzinogen [39], [187];LD 50 (oral, Maus): 5000 mg/kg [187];

- physikalisch/chemisch:
Schmelzpunkt: 250 °C (zers.)
Molmasse: 337,89 g/mol

Löslichkeit:
löslich in Wasser, Ethanol; unlöslich in Diethylether;

Verbleib nach Gebrauch:
Verbrennung nach Mischung mit brennbarem Lösemittel;

Bemerkung:
Grüngelb gefärbte, metallisch glänzende Kristalle;
Verwendung: Farbstoff in der Papier- und Spielwarenindustrie;

Furfuralkohol

- CAS-Nummer:
98-00-0
- UN Nummer:
2874
- gebräuchliche Namen:
Furfurylalkohol; 2-Furylcarbinol; 2-Hydroxymethylfuran; 2-Furancarbinol;
- Summenformel:
$C_5H_6O_2$

- Strukturformel:

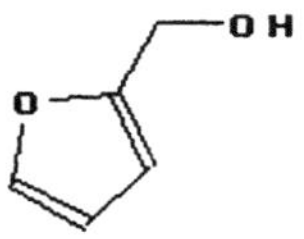

Funktion:
Lösungsmittel;
Verfahren:
Druckverfahren;

Eigenschaften:
- toxikologisch/ökotoxikologisch:
RTECS # LU 9100000
Schweizer Giftliste: 3
WGK: 1
MAK Wert: 41 mg/m3 bzw. 10 ml/m3;
R-Satz: 20/21/22
S-Satz: (2)
Sonstiges:
Einstufung und Kennzeichnung von Zubereitungen, in denen diese Substanz enthalten ist:5%<=C ¦¦> Xn; R20/21/22Spitzenbegrenzung: n.b. [481]; Gefahr der Hautresorption [481];Dämpfe führen zu Reizung der Augen, Atemwege, Lunge und Haut; Kontakt mit der Flüssigkeit bewirkt starke Reizung der Augen und Haut; Flüssigkeit kann auch über die Haut aufgenommen werden (Hautresorption!);Erregung des ZNS nach starker Einwirkung; nach längerer Einatmung hoher Dampfkonzentrationen Lungenödem möglich (kann mit einer Verzögerung auftreten) [163];LD 50 (oral, Ratte): 275 mg/kg [9];LD 50 (oral, Ratte): 88300 µg/kg [187];LC 50 (Haut, Ratte): 400 mg/kg [187];LD 50 (percutan, Ratte): 650 mg/kg [9];LC 50 (inhal., Ratte, 4 h): 233 ml/m3 [9];Toxische Grenzkonzentration für Pseudomonas putida 180 mg/l, Scenedesmus quadricauda 25 mg/l [36];LC 50 (Fisch; Goldorfe): 1356/701 mg/l [33];LC 100 (Fisch; Goldorfe): 1495/1700 mg/l [33];

Gefahren-Symbol:

- **physikalisch/chemisch:**
  Schmelzpunkt: - 31 °C
  Siedepunkt: 170-171 °C
  Flammpunkt: 75 °C
  Dampfdruck: 0,3 hPa (20 °C) [9]; 0,67 hPa (20 °C) [187]; 7,32 hPa (55 °C) [187];
  Brechungsindex: 1,4852 (20 °C)
  Dichte: 1135,7 kg/m3 (20 °C)
  Molmasse: 98,101 g/mol
  Verdunstungszahl: 0,03 (BuAc = 1) [9]

Löslichkeit:
mischbar mit Wasser, Ethanol, Diethylether; löslich in Benzen (Benzol), Trichlormethan (Chloroform);

Verbleib nach Gebrauch:
Verbrennung;

Bemerkung:
Klare, farblose Flüssigkeit, die sich unter Licht- und Lufteinwirkung über gelb und braun bis dunkelrot verfärbt;
Bildet mit Luft explosionsfähige Gemische;
Explosionsgrenzen: 1,8 - 16,3 Vol.% ; Zündtemp.: 490 °C [9], 1,8 - 16,3 Vol.% ; Zündtemp.: 390 °C [163];
Furfuralkohol kann sehr heftig bis explosionsartig reagieren bei Kontakt mit sauerstoffreichem Material (starken Oxidationsmitteln); bei Kontakt mit Säuren tritt explosionsartige Polymerisation ein; schon mit Spuren von konzentrierten Mineralsäuren erfolgt explosionsartige Polymerisation unter Bildung von chemisch sehr stabilen Harzen;
Bei Einwirkung von Luft und Licht geht Furfuralkohol unter Verfärbung von gelb über braun bis dunkelrot in eine wasserunlösliche Form über; als Stabilisierungsmittel werden 0,1%-ige Zusätze von n-Butylamin oder Piperidin sowie 0,5 - 1% Harnstoff eingesetzt;
Verwendung: als Lösemittel;

Gelatine

- **CAS-Nummer:**
  9000-70-8
- **gebräuchliche Namen:**
  Knochenleim; Glutin;
- **Handelsnamen:**
  Puragel; Pharmagel A; Pharmagel B; Pharmagel AdB; Gelfoam; GT; Spongiofort; Vee gee Gelatin;
- **Summenformel:**
  N

Funktion:
Material für Abdeckschicht;
Verfahren:
1.Druckformherstellung/Reprofotografie;
2.Druckformherstellung/Flachdruck;
3.Druckverfahren/Durchdruck direkt/Siebdruck;
4.Druckformherstellung/Tiefdruck;
Anwendung:
4.Chromatkolloid- und Silberhalogenidverfahren;

Eigenschaften:
- toxikologisch/ökotoxikologisch:
RTECS # LX 8580000
WGK: 0
Sonstiges:
TD Lo (intraperitoneal, Maus): 700 mg/kg [428];

- physikalisch/chemisch:
Molmasse: 400.000-1.000.000 g/mol

Löslichkeit:
unlöslich in Ethanol, Ethern und Ketonen; löslich in Ethylenglykol, Glycerin, Formamid und Essigsäure [573];

Verbleib nach Gebrauch:
Verbrennung nach Mischung mit brennbarem Lösemittel;

Bemerkung:
Besteht im wesentlischen aus den Aminosäuren Glycin (27 %), Prolin (16 %), Hydroxyprolin (14 %), Glutaminsäure (11 %), Alanin (11 %);
Verwendung: zur Stabilisierung von Kolloiden, als Trägermaterial für lichtempfindliche Filme, zur Herstellung von Nährböden in der Bakterologie, als Emulgier- und Verdickungsmittel zum Gelieren von Lebensmitteln;

[573]:
Gelatine ist ein Polypeptid das vornehmlich durch Hydrolyse des in Haut und Knochen von Tieren enthaltenen Kollagens unter sauren (Typ A-G.) oder alkalischen (Typ B-G.) Bedingungen gewonnen wird. Die Weltproduktion an Gelatine beläuft sich auf ca. 125.000 t/a. Gelatine enthält bis auf Tryptophan alle essentiellen Aminosäuren und ist als reines, verdauliches Eiweiß sehr gut als Nahrungsmittelkomponente geeignet. Die Aminosäuren-Zusammensetzung entspricht weitgehend der des Kollagens, aus dem die Gelatine gewonnen wurde und varriert in Abhängigkeit von dessen Provenienz.
Verwendung: In der Nahrungsmittel- bzw. Getränkeindustrie (hier darf nur besonders reine Gelatine eimgesetzt werden); zur Herstellung von u.a. Sülzen, Geleespeisen, Puddings, Speiseeis und Joghurts bzw. zur Klärung von Weinen und Fruchtsäften; in der Pharmazie und Medizin zur Herstellung von weichen und harten Kapseln, von Suppositorien, als Bindemittel für Tabletten, Stabilisator für Emulsionen und Blutplasma-Extender, in vernetzter Form zur Herstellung von sterilen, hämastotatischen Schwämmen für chirurgische Zwecke; in der Kosmetik als Bestandteil von Salben, Pasten und Cremes; in der Photoindustrie als sog. Photo-Gelatine bzw. Photohilfs-Gelatine zur Herstellung von Halogensilber-Emulsionen bzw. als Schutzschicht-Gelatine; zur Mikroverkapselung von Farbstofflösungen für moderne Durchschreibpapiere.

Gemisch aus vorwiegend monocyclischen Terpenkohlenwasserstoffen

- CAS-Nummer:
8075-71-6
- UN Nummer:
2319
- Handelsnamen:
Depanol I;

Eigenschaften:
- toxikologisch/ökotoxikologisch:
WGK: 1
R-Satz: 10
S-Satz: 16

Sonstiges:
[545]Beim Einatmen wirken die Lösemitteldämpfe in hoher Konzentration narkotisch;Biologisch gut abbaubar >70 % ;LD 50 (oral, Maus): >2000 mg/kg;

Gefahren-Symbol:

- **physikalisch/chemisch:**
  Siedepunkt: 170-190 °C
  Flammpunkt: ca. 40 °C
  Dampfdruck: 2,3 hPa (20 °C) [545]
  Dichte: 850-870 kg/m3 (20 °C)

  Löslichkeit:
  in Wasser: <0,5 g/l (20 °C) [545];

Bemerkung:
Farblose Flüssigkeit, terpentinartiger Geruch; entzündlich;
Bei Normaldruck unzersetzt destillierbar; Selbstentzündung bei Luftzutritt und trockener Oberfläche. Reaktionen mit produktbenetztem Gewebe (z.B. Putzwolle). [545];
Explosionsgrenzen: 0,9-? Vol.-%; Zündtemperatur: 255 °C [545];

Gerbsäure

- **CAS-Nummer:**
  1401-55-4
- **gebräuchliche Namen:**
  Tannin; Tanninsäure; Gallotannin; Gallotanninsäure; Gallusgerbsäure;
- **Summenformel:**
  $C_{76}H_{52}O_{46}$

- **Strukturformel:**

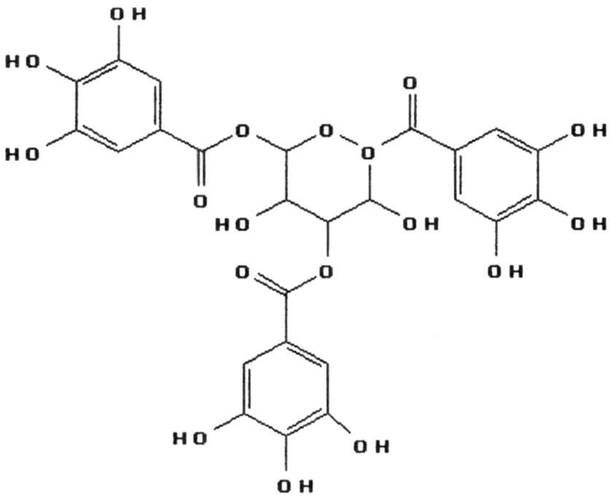

Funktion:
Fixierer;
Bindemittel;
Verfahren:
Druckverfahren/Hochdruck direkt/Flexodruck;
Druckverfahren/Tiefdruck
Anwendung:
Farbe;

Eigenschaften:
- toxikologisch/ökotoxikologisch:
RTECS # WW 5075000
Schweizer Giftliste: 4
R-Satz: 33
S-Satz: 22-24/25
Sonstiges:
Wirkt schädigend bei Einatmung, Verschlucken oder Aufnahme über Haut; verursacht Augen- und Hautreizungen; reizt Schleimhäute und Atemwege [187];Karzinogenverdächtig [187];LD 50 (oral, Ratte): 2260 mg/kg [187];LD 100 (oral, Maus): 6,0 g/kg [207];Schädlichkeitsgrenze für Fische: 2000 mg/l [298];Toxische Grenzkonzentration für Daphnia magna << 26 mg/l [389];

Gefahren-Symbol:

- physikalisch/chemisch:
Schmelzpunkt: 210-215 °C
Log pOW: 0,38 [150]
Molmasse: 1701,24 g/mol

Löslichkeit:
leicht löslich in Ethanol, Propanon; löslich in Wasser, Trichlormethan; unlöslich in Diethylether, Benzen, Schwefelkohlenstoff;

Verbleib nach Gebrauch:
Verbrennung nach Mischung mit brennbarem Lösemittel;

Bemerkung:
Schwach-gelbes Pulver;
CAS-Nr.: 72401-53-7 (nach Fluka, 1988/89);
Zugelassen als Lebensmittelzusatzstoff nach LMBG;
Verwendung: Fixiermittel in Druckfarben;

Glutarsäuredimethylester

- CAS-Nummer:
1119-40-0
- gebräuchliche Namen:
Dimethylglutarat;
- Handelsnamen:
DBE - 5 Dicarbonsäureester;
- Summenformel:
$C_7H_{12}O_4$

- Strukturformel:

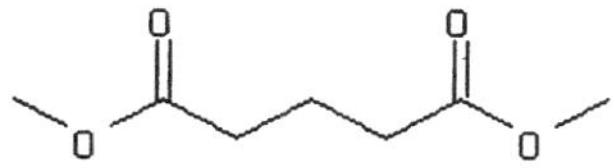

Eigenschaften:

- toxikologisch/ökotoxikologisch:

R-Satz: 20-21/22

S-Satz: 26-28 A

Sonstiges:

[Sdb Lemro]Wiederholte oder andauernde Einwirkung: verschwommenes Sehvermögen.Glutarsäuredimethylester:LC 50 (Amerik. Sonnenbarsch): 30,9 mg/l/96 h;Dicarbonsäureester:LD 50 (oral, Ratte): 8191 mg/kgLD 50 (dermal, Kaninchen): >2250 mg/kg Glutarsäuredimethylester:LD 50 (oral, Ratte): >50 mg/kg LD 50 (dermal, Kaninchen): >200 mg/kg Tierexperimentelle Befunde: Mäßige Augenreizung, schwache Hautreizung.Übermäßige Einwirkung kann folgende Gesundheitsschäden bewirken:Reizung der oberen Atemwege, der Augen und der Haut, unscharfes Sehvermögen, übermäßiger Tränenfluß, Hautausschlag.

Gefahren-Symbol:

- physikalisch/chemisch:

Schmelzpunkt: -37 °C

Siedepunkt: 93-95 °C (17,33 hPa); 210-215 °C

Flammpunkt: 103 °C; 107 °C

Dampfdruck: 0,13 hPa (20 °C) [Sdb Lemro]

Brechungsindex: 1,4246 (20 °C)

Dichte: 1087 kg/m3; 1,091 kg/l (20 °C)

Molmasse: 160,17 g/mol

Löslichkeit:

löslich in Wasser 4,3 g/l (20 °C) [Sdb Lemro], Alkohol, Ether;

Bemerkung:

Farblose Flüssigkeit, süßlicher Geruch;

Zersetzt sich beim Erhitzen; Gefährliche Zersetzungsprodukte: Im Falle eines Brandes: Kohlenmonoxid;

Reagiert bei Kontakt mit starken Oxidationsmitteln, Säuren und Basen;

Dämpfe können mit Luft ein explosionsfähiges Gemisch bilden;

Explosionsgrenzen: 0,9-7,9 Vol.-%; Zündtemperatur: 365 °C [Sdb Lemro];

Enthalten in DBE Dicarbonsäureester (61-67%), DBE-3 (10%), -2 (76%), -5 (99%), Starsol (55-65%);

Glycerylrinoleat

- **CAS-Nummer:**
  1323-38-2
- **gebräuchliche Namen:**
  Riniciolsäure-glycerin-ester;
- **Handelsnamen:**
  Flexiricin 13;
- **Summenformel:**
  $C_{21}H_{40}O_5$

Funktion:
Additv/Weichmacher;
Verfahren:
Druckverfahren;
Anwendung:
Farbe;

Eigenschaften:
- **physikalisch/chemisch:**
  Schmelzpunkt: - 7 °C
  Flammpunkt: 265 °C
  Dichte: 985 kg/m3 (25°C)
  Molmasse: 362 g/mol

Glyceryl-tri-(acetoxystearat)

- **CAS-Nummer:**
  27233-00-7
- **Handelsnamen:**
  Paracin 8;
- **Summenformel:**
  $C_{63}H_{116}O_{12}$

Funktion:
Additv/Weichmacher;
Verfahren:
Druckverfahren;
Anwendung:
Farbe;

Eigenschaften:
- **physikalisch/chemisch:**
  Schmelzpunkt: - 1 °C
  Flammpunkt: 300 °C
  Dichte: 955 kg/m3 (25°C)
  Molmasse: 1064 g/mol

Glyceryl-tri-(acetylricinolat)

- **CAS-Nummer:**
  101-34-8
- **Handelsnamen:**
  Flexricin P-8;
- **Summenformel:**
  $C_{63}H_{110}O_{12}$

Funktion:
Additv/Weichmacher;
Verfahren:
Druckverfahren;
Anwendung:
Farbe;

Eigenschaften:

- **physikalisch/chemisch:**
  Schmelzpunkt: - 40 °C
  Flammpunkt: 290 °C
  Dichte: 967 kg/m3 (25°C)
  Molmasse: 1060 g/mol

Glyceryltribenzoat

- **CAS-Nummer:**
  614-33-5
- **gebräuchliche Namen:**
  GTB; Benzoesäure-glyceryl-triester;
- **Handelsnamen:**
  Benzoflex S-404;
- **Summenformel:**
  $C_{24}H_{20}O_6$

- **Strukturformel:**

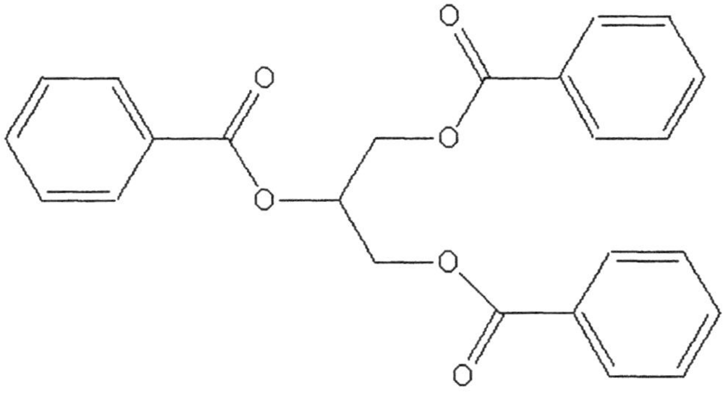

Funktion:
Additv/Weichmacher;
Verfahren:
Druckverfahren;
Anwendung:
Farbe;

Eigenschaften:

- **physikalisch/chemisch:**
Schmelzpunkt: 69 °C
Flammpunkt: 245 °C
Dichte: 1262 kg/m3 (25°C)
Molmasse: 404 g/mol

Glyceryl-tri-butyrat

- **CAS-Nummer:**
60-01-5
- **gebräuchliche Namen:**
Tributyrin; Buttersäure-glycerin-triester;
- **Handelsnamen:**
Kodaflex Tributyrin;
- **Summenformel:**
$C_{18}H_{32}O_6$

Funktion:
Additv/Weichmacher;
Verfahren:
Druckverfahren;
Anwendung:
Farbe;

Eigenschaften:
- **toxikologisch/ökotoxikologisch:**
WGK: 1

- **physikalisch/chemisch:**
Schmelzpunkt: - 75 °C
Siedepunkt: 305 °C
Flammpunkt: 174 °C
Dichte: 1035 kg/m3 (25°C)
Molmasse: 302 g/mol

Löslichkeit:
0,024 g/100 g Wasser

Glyceryl-tri-epoxy-acetoxystearat

- **CAS-Nummer:**
61788-85-0
- **Handelsnamen:**
Estynox 308;
- **Summenformel:**

Funktion:
Additv/Weichmacher;
Verfahren:
Druckverfahren;

Eigenschaften:

- physikalisch/chemisch:
Siedepunkt: - 23 °C
Flammpunkt: 290 °C
Dichte: 1003 g/m3 (25°C)

Glyceryl-tri-(12-hydroxy-stearat)

- CAS-Nummer:
8001-78-3
- gebräuchliche Namen:
12-Hydroxystearin;Rizinusöl, hydriert;
- Handelsnamen:
Castorwax; Thixcin R;
- Summenformel:
$C_{57}H_{110}O_9$

Funktion:
Additv/Weichmacher;
Verfahren:
Druckverfahren;

Eigenschaften:
- toxikologisch/ökotoxikologisch:
WGK: 0
Sonstiges:
zu Thixcin R [Sdb Fa. Rheox]:LD/LC 50 (oral, Ratte): >5000 mg/kgAugenreizung durch mechanische Einwirkung (Staub) möglich;längeres Einwirken von Staubkonzentrationen, die den Expositionsbegrenzungswert überschreiten, kann zu Beeinträchtigungen der Selbstreinigungskraft der Lunge führen und Veränderungen verursachen;

- physikalisch/chemisch:
Siedepunkt: 87 °C
Flammpunkt: 315 °C
Dichte: 1023 g/m3 (25°C)
Molmasse: 1022 g/mol

Bemerkung:
weitere CAS-Nummer dieses Stoffes: 139-44-6;
zu Thixcin R [Sdb Fa Rheox]:
Weißes geruchloses Pulver;
Schmelzpunkt: 85 °C; Dichte: 1020 kg/m3 (20 °C); unlöslich in Wasser;

Graphit

- CAS-Nummer:
7782-42-5
- gebräuchliche Namen:
Grafit; schwarzes Blei; C.I. Pigment Schwarz 10; C.I. 77265; C.I. Pigment Black 10; Mineralcarbon; Pigment Black 10, Pigment Schwarz 10;
- Handelsnamen:
Aerodag G; AG 1500; AT 20; Aquadag; Asbury 505; AS 1; AT 20; ATJ-S; ATJ-S Graphit; Black lead; Canlub; CB 50; Ceylon Black Lead; CPB 5000; DC 2; EG 0; Elektrographit; EXP-F; Fortafil 5Y; GK 2; GK 3; GP 60; GP 63; GP 60S; Grafoil; Grafoil GTA; Graphite, natural (ACGIH:OSHA); Graphnol N 3M; GS 2; GY 70; H 451; Hitco HMG 50; IG 11; Korobon; KS-10; MG 1; Mineral carbon; MPG 6; Ofenschwarz; Papyex; PG 50; Plumbago; Plumbago (graphite); Pyro-Carb 406; Rocol X 7119; S 1; S 1 (Graphite); Schungite; Seast 50; Shungite; Silver graphite; SKLN 1; Stove black; Swedish Black Lead; Thornel 40; Ucar 38; VVP 66-95
- Summenformel:
C_n

Verfahren:
Druckverfahren;

Eigenschaften:
- toxikologisch/ökotoxikologisch:
RTECS # MD 9659600
WGK: 0
MAK Wert: 1,5 mg/m3 A
R-Satz: 36/37/38
S-Satz: 26-37/39-22
Sonstiges:
Schwangerschaftsgruppe C (481);Kann schädigend wirken beim Einatmen, Verschlucken oder Aufnahme über Haut; verursacht Augen- und Hautreizungen; reizt Schleimhäute und Atemwege [187];

- physikalisch/chemisch:
Schmelzpunkt: 3652-3697 °C (Subl.)
Siedepunkt: 4827 °C
Dichte: 2250 kg/m3 (20 °C)
Molmasse: 12,011 g/mol

Löslichkeit:
unlöslich in Wasser, Säuren, Laugen;

Verbleib nach Gebrauch:
Sondermüll-Deponie für chemischen Abfall, besonders gefährliche Stoffe;

Bemerkung:
Schwarzes Pulver; brennbarer Feststoff;
Gebrauch in Reduktion von Acrylnitroverbindung mit Hydrazin;

Gummi arabicum

- CAS-Nummer:
9000-01-5
- gebräuchliche Namen:
Acacia; Arabisches Gummi; Akaziengummi; E 414; Mimosengummi; Sudangummi
- Summenformel:

Funktion:
Bindemittel;
Verfahren:
Druckformherstellung/Flachdruck;
Anwendung:
Chromatkolloidverfahren;

Eigenschaften:
- toxikologisch/ökotoxikologisch:
RTECS # CE 5945000
Sonstiges:
Kann schädigend wirken beim Einatmen, Verschlucken oder Aufnahme überHaut; verursacht Augen- und Hautreizungen; reizt Schleimhäute und Atemwege [187];LD 50 (oral, Kaninchen): 8000 mg/kg [187];

- physikalisch/chemisch:

Verbleib nach Gebrauch:
Verbrennung nach Mischung mit brennbarem Lösemittel;

Bemerkung:
Weißes Pulver;
Besteht hauptsächlich aus sauren Salzen der Arabinsäure und geringen Mengen an Gerbstoff, Zucker und Fermenten;
Zugelassen als Lebensmittelzusatzstoff nach LMBG;
Verwendung: wäßrige, zähe Lösungen als Klebstoff und Bindemittel; in der Lebensmittelindustrie als Verdickungsmittel, Emulgator, Stabilisator;

Heptan

- CAS-Nummer:
142-82-5
- UN Nummer:
1206
- gebräuchliche Namen:
n-Heptan; n-Dipropylmethan; n-Heptylhydrid;
- Handelsnamen:
Skellysolve C;
- Summenformel:
C_7H_{16}

- Strukturformel:

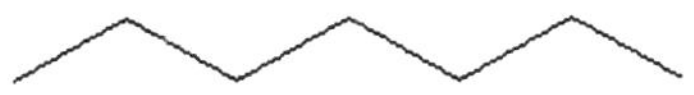

Funktion:
Lösungsmittel;
Verfahren:
Druckverfahren;

Eigenschaften:
- toxikologisch/ökotoxikologisch:
RTECS # MI 7700000
Schweizer Giftliste: 4
WGK: 1
MAK Wert: 2100 mg/m3 bzw. 500 ml/m3
R-Satz: 11
S-Satz: (2)-9-16-23-29-33
Sonstiges:
Spitzenbegrenzung: I [481]; Schwangerschaftsgruppe IIc [481]; IMK III; Geruchsschwelle: 50 ml/m3 [484];Dämpfe reizen Augen und Atemwege; sie wirken in hohen Konzentrationen betäubend; Kontakt mit der Flüssigkeit bewirkt Reizung der Augen und Haut bis zur Blasenbildung [163];1000 ml/m3 für 6 min lösten Schwindel aus; 500 ml/m3 für 15 min führten zu einem Verhalten wie nach übermäßigem Alkoholgenuß [163];Orale Aufnahme: 1,5 - 2% in wenigen Minuten tödlich [32];LC Lo (inhalativ, Maus): 59000 mg/m3/41 min [428];LD 50 (intravenös, Maus): 222 mg/kg [428];Toxische Grenzkonzentration für Scenedesmus quadricauda:200 mg/l [32];LC 50 (Fisch; Goldorfe): 2940 (220-270) mg/l [33];LC 100 (Fisch; Goldorfe): 3420 (270-350) mg/l [33];LC 50 (Daphnia magna): 50 mg/l [484];

Gefahren-Symbol:

F

- physikalisch/chemisch:
Schmelzpunkt: -90 °C
Siedepunkt: 98,4 °C
Flammpunkt: -1 °C; -4 °C
Dampfdruck: 48 hPa (20 °C) [32]; 110,62 hPa (37,7 °C) [187]
Verdampfungswärme: 325,73 kJ/kg
Brechungsindex: 1,3877 (20 °C)
Dichte: 683,8 kg/m3 (20 °C)
Molmasse: 100,203 g/mol
Verdunstungszahl: 4,3 (BuAc = 1) [9]; 2,5 (Diethylether = 1) [18]

Löslichkeit:
Wasser 0,05 g/l (20 °C), 0,003 g/l (20°C); leicht löslich in Ethanol; mischbar mit Diethylether, Trichlormethan;

Verbleib nach Gebrauch:
Verbrennung, hochentzündliche Stoffe;

Bemerkung:
Farblose, fast geruchlose Flüssigkeit; brennbar;
bildet in dampf/gasförmigen Zustand explosionsfähige Gemische mit Luft;
Explosionsgrenzen:
1-6 Vol.-%; Zündtemp.: 215 °C [32];
1,1-6,7 Vol.-%; Zündtemp.: 220 °C [484];
Naturgummi kann aufgeweicht und zerstört werden;
Verwendung: technisches Lösemittel;

Heptan-3-on

- **CAS-Nummer:**
  106-35-4
- **UN Nummer:**
  1993
- **gebräuchliche Namen:**
  3-Heptanon; Ethylbutylketon;
- **Summenformel:**
  $C_7H_{14}O$

- **Strukturformel:**

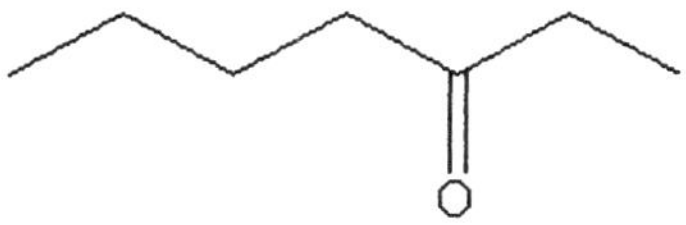

Funktion:
Lösungsmittel;
Verfahren:
Druckverfahren;

Eigenschaften:
- toxikologisch/ökotoxikologisch:
RTECS # MJ 5250000
Schweizer Giftliste: 4
WGK: 1
R-Satz: 10-20-36
S-Satz: (2)-24
Sonstiges:
Dämpfe reizen, besonders in hohen Konzentrationen, stark Augen und Atemwege; dämpfende bis narkotische Wirkung auf das ZNS; Leber- und Nierenschäden möglich; Kontakt mit der Flüssigkeit bewirkt starke Reizung der Augen und leichte Reizung der Haut [163];LD 50 (oral, Ratte): 2760 mg/kg [9], [187];LD 50 (Haut, Kaninchen): > 16400 mg/kg [9];

Gefahren-Symbol:

- physikalisch/chemisch:
Schmelzpunkt: - 39 °C
Siedepunkt: 147,4 °C
Flammpunkt: 41 °C
Dampfdruck: 4,5 hPa (20 °C) [163]; 5,3 hPa (20 °C) [9];
Brechungsindex: 1,4057 (20 °C)
Dichte: 818,3 kg/m3 (20 °C)
Molmasse: 114,187 g/mol
Verdunstungszahl: 0,45 (BuAc = 1) [9]

Löslichkeit:
Wasser 4,3 g/l (20 °C); Ethylbutylketon löst bzw. mischt sich mit anorganischen Säuren, Basen, Aminen, Isocyanaten, Ether, Alkohol u. vielen org. Lösungsmitteln [484];

Verbleib nach Gebrauch:
Verbrennung;

Bemerkung:
Farblose Flüssigkeit; brennbar;
Bildet im dampf-/gasförmigen Zustand mit Luft explosionsfähige Gemische;
Explosionsgrenzen: 1,4 - 8,8 Vol% ; Zündtemp.: 427 °C [9];
Verwendung: technisches Lösemittel;

1-Heptansäure

- CAS-Nummer:
111-14-8
- gebräuchliche Namen:
Oenanthsäure; Heptylsäure; Enanthsäure; n-Heptylsäure; Heptansäure; n-Heptansäure;
- Handelsnamen:
Hecacid C-7;
- Summenformel:
$C_7H_{14}O_2$

- Strukturformel:

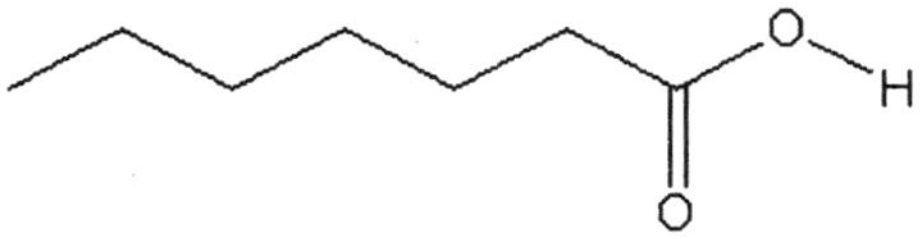

Verfahren:
Druckverfahren/Hochdruck direkt/Magnesium- und Zink-Ätzplatten;
Anwendung:
Druckformherstellung;

Eigenschaften:
- toxikologisch/ökotoxikologisch:
RTECS # MJ 1575000;
R-Satz: 34
S-Satz: (1/2)-26-28-36/37/39-45
Sonstiges:
Stark gesundheitsgefährdend beim Einatmen; Dämpfe reizen stark Augen,Haut und Atemwege;Schädlich beim Einatmen, Verschlucken oder Kontakt mit der Haut; wirkt extrem reizend auf die Schleimhäute und den oberen Atmungstrakt, die Augen und die Haut; Symptome: Verbrennungserscheinungen, Husten, Keuchen, Laryngitis, kurzer Atem, Kopfschmerzen, Übelkeit und Erbrechen [169];LD 50 (oral, Ratte): 7000 mg/kg [187];LD 50 (intravenös, Maus): 1200 ± 56 mg/kg [209];

Gefahren-Symbol:

C

- physikalisch/chemisch:
Schmelzpunkt: - 7,5 °C
Siedepunkt: 223 °C
Flammpunkt: > 110 °C

Brechungsindex: 1,42162 (20 °C)
Dichte: 918,1 kg/m3 (20 °C)
Molmasse: 130,18 g/mol

Löslichkeit:
Wasser 2,42 g/l (15 °C); löslich in Ethanol, Diethylether

Verbleib nach Gebrauch:
Verbrennung nach Mischung mit brennbarem Lösemittel;

Bemerkung:
Farblose Flüssigkeit;
Unverträglich mit Basen; Oxidationsmitteln und Reduktionsmitteln;

Heptylnonyladipat

- **CAS-Nummer:**
58057-00-4
- **gebräuchliche Namen:**
Adipinsäure-n-heptyl-n-nonylester; Di(C7-9-alkyl)adipat;
- **Handelsnamen:**
Santicizer 97;
- **Summenformel:**
$C_{22}H_{42}O_4$

- **Strukturformel:**

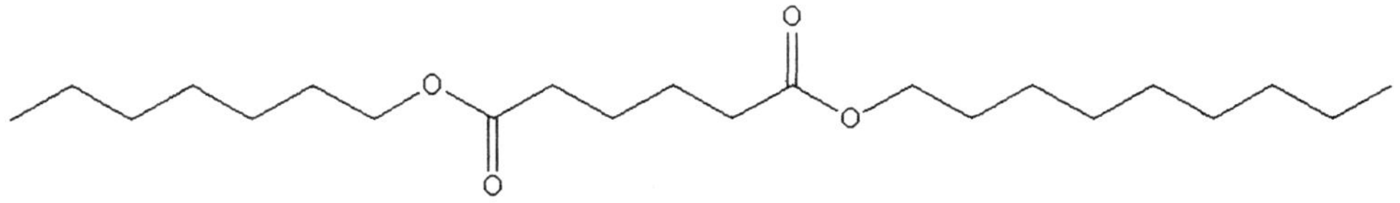

Funktion:
Additv/Weichmacher;
Verfahren:
Druckverfahren;

Eigenschaften:

- **physikalisch/chemisch:**
Siedepunkt: 224 °C (13,33 hPa)
Flammpunkt: 204 °C
Dichte: 918 g/m3 (25°C)
Molmasse: 371 g/mol

Löslichkeit:
leicht löslich in Wasser;

Hexadecansäure

- CAS-Nummer:
57-10-3
- gebräuchliche Namen:
Carbonsäure C-16; Hexadekansäure; Palmitinsäure; Cetylsäure; Zetylsäure;
- Handelsnamen:
Emersol 140; Emersol 143; Hystrene 8016; Industrene 451 L;
- Summenformel:
$C_{16}H_{32}O_2$

- Strukturformel:

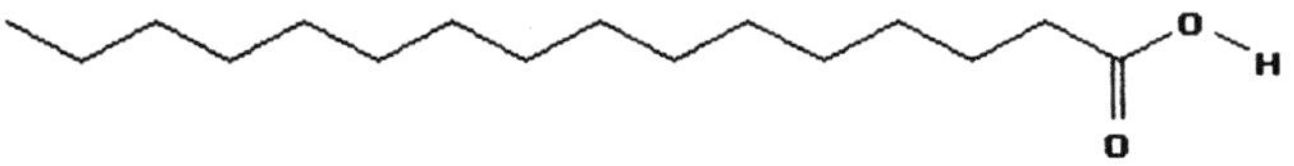

Verfahren:
Druckverfahren/Flachdruck indirekt/Offsetdruck;
Anwendung:
Druckformherstellung;

Eigenschaften:
- toxikologisch/ökotoxikologisch:
RTECS # RT 4550000
WGK: 0
R-Satz: 36/37/38
S-Satz: 26-36
Sonstiges:
Die festen Späne sind praktisch ungiftig; allenfalls bei starkem Erhitzen könnte der geschmolzene Stoff Dämpfe abgeben, die zur Reizung der Augen, Atemwege und - in geringem Ausmaß - der Haut führen [163];Symptome: Bei starker Erhitzung des geschmolzenen Stoffes: Brennen der Augen, der Nasen- und Rachenschleimhäute sowie der Haut [484];LD 50 (subcutan, Hase): 286 mg/kg [428];LD 50 (intravenös, Maus): 57 ± 3,4 mg/kg [428];LD 50 (oral, Ratte): > 10000 mg/kg [428];

- physikalisch/chemisch:
Schmelzpunkt: 63 °C; 61-64 °C; 60-62 °C;
Siedepunkt: 390 °C; 215 °C (19,99 hPa);
Brechungsindex: 1,4335 (60 °C);1,4273 (80 °C);
Dichte: 852,7 kg/m3 (62 °C);
Molmasse: 256,427 g/mol;

Löslichkeit:
Ethanol 93 g/l (19 °C); unlöslich in Wasser; löslich in Propanon, Benzen; heißem Alkohol; Ether, IPA, Trichlormethan; mischbar mit Diethylether;

Verbleib nach Gebrauch:
Verbrennung nach Mischung mit brennbarem Lösemittel;

Bemerkung:
Farblose kristalline Plättchen; brennbarer fester Stoff;
Stoff reagiert bei Kontakt oder Mischung mit Basen, Oxidationsmitteln und Reduktionsstoffen [484];
Am weitesten verbreitete Fettsäure;

Hexan

- CAS-Nummer:
110-54-3
- UN Nummer:
1208
- gebräuchliche Namen:
n-Caproylhydrid; Hexylhydrid; n-Hexan; Methyl-n-butylmethan;
- Handelsnamen:
Skellysolve B;
- Summenformel:
C_6H_{14}

- Strukturformel:

Funktion:
1.+ 2.Lösungsmittel;
Verfahren:
1.Druckverfahren;
2.Druckverfahren/Tiefdruck;
Anwendung:
1.Druckfarben, z. B. wasserlösliche Flexodruckfarben;
2.Verpackungstiefdruckfarben;

Eigenschaften:
- toxikologisch/ökotoxikologisch:
RTECS # MN 9275000
Schweizer Giftliste: 4
WGK: 1
MAK Wert: 180 mg/m3 bzw. 50 ml/m3
R-Satz: 11-48/20
S-Satz: (2)-9-16-24/25-29-51
Sonstiges:
Einstufung und Kennzeichnung von Zubereitungen, in denen diese Substanz enthalten ist:5%<=C ¦¦> Xn; R48/20IMK: III; Spitzenbegrenzung: II,1 [481]; Schwangerschaftsgruppe: C [481]; Gefahr der Hautresorption [481]; BAT-Wert: 5 mg/l [481];Dämpfe reizen geringfügig Augen, Atemwege und Haut; Einatmen der Dämpfe in hohen Konzentrationen wirkt narkotisch; Kontakt mit der Flüssigkeit reizt Augen, weniger stark die Haut [163];5000 ml/m3 für 10 min verursachten Kopfschmerzen und Schwindel [163];TC Lo (inhalativ, Mensch): 190 ml/m3/8 W [428];LD 50 (oral, Ratte): 28710 mg/kg [32], [187];LD Lo (intraperitoneal, Ratte): 9100 mg/kg [428];LC 50 (Fisch; Goldorfe): 4480/(150-210) mg/l [33];

Gefahren-Symbol:

- physikalisch/chemisch:
Schmelzpunkt: -94,3 °C
Siedepunkt: 68,6 °C
Flammpunkt: -22 °C
Dampfdruck: 160 hPa (20 °C) [32]
Verdampfungswärme: 339,97 kJ/kg
Brechungsindex: 1,3754 (20 °C)
Dichte: 659,5 kg/m3 (20 °C)

Molmasse: 86,177 g/mol
Verdunstungszahl: 9,0 (BuAc = 1) [9], 8,1 (BuAc = 1) [105], 1,4 (Diethylether = 1) [18];
Löslichkeit:
Wasser 0,023 g/l (20 °C); löslich in Ethanol, Diethylether, Trichlormethan;

Verbleib nach Gebrauch:
Verbrennung, hochentzündliche Stoffe;

Bemerkung:
Farblose, schwach eigentümlich riechende Flüssigkeit;
brennbar; Bildet im dampf-/gasförmigen Zustand mit Luft explosionsfähige Gemische;
Explosionsgrenzen:
1,1-7,4 Vol.-%; Zündtemp.: 240 °C [32],
1,1-7,5 Vol.-%; Zündtemp.: 260 °C [163];
Bei Überhitzung explosionsartige Zersetzung;
Stoff kann bei Kontakt mit sauerstoffreichem Material (Oxidationsmitteln) heftig reagieren;
Verwendung: technisches Lösemittel;
Enthalten in Nappar 6 (3,8%);

Hexandicarbonsäure-bis-[2-(2-butoxy-ethoxy)-ethyl]ester

- CAS-Nummer:
141-17-3
- gebräuchliche Namen:
DBEEA; Adipinsäure-bis-[2-(2-butoxy)-ethylester]; Adipinsäuredibutoxyethoxyethylester; Bis-(2-(2-butoxyethoxy)ethyl)adipat; Bis-(2-(2-butoxyethoxy)ethylester); Hexandisäuredibutoxyethoxyethylester; Dibutoxyethoxyethyladipat;
- Handelsnamen:
TP-95; Plasthall 226; Wareflex;
- Summenformel:
$C_{22}H_{42}O_8$

- Strukturformel:

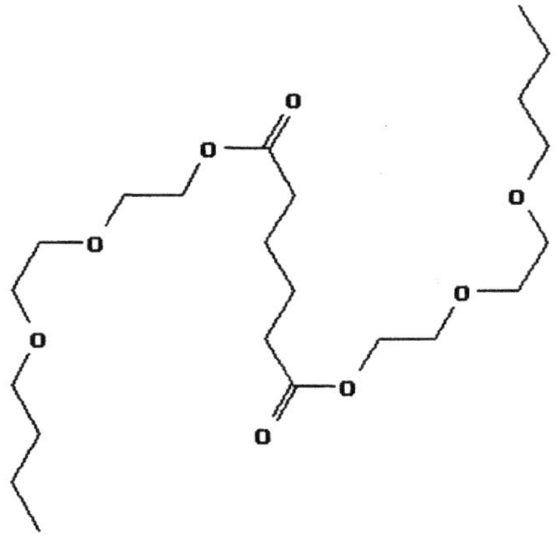

Funktion:
Additv/Weichmacher;
Verfahren:
Druckverfahren;
Anwendung:
Farbe;

Eigenschaften:

- toxikologisch/ökotoxikologisch:

Sonstiges:

Kontakt mit Flüssigkeit verursacht schwache Hautreizung [338];LD 50 (oral, Ratte): 6000 mg/kg [428];zu Plasthall 226 [Sdb Krahn]:WGK: 1;Augenkontakt kann zu leichten Reizungen führen. Wiederholter und langandauernder Hautkontakt kann Reizungen verursachen;

- physikalisch/chemisch:

Schmelzpunkt: -11,1 °C
Siedepunkt: 240 °C
Flammpunkt: 177 °C
Dichte: 1025 kg/m3 (25 °C)
Molmasse: 434,565 g/mol
Verdunstungszahl: ca. 0 [338]

Löslichkeit:
unlöslich in Wasser;

Bemerkung zu physikalisch/chemischen Daten:
zu Plasthall 226 [Sdb Krahn]:
Flammpunkt: 148,9 °C; Dichte: 1012,3 kg/m3;

Bemerkung:

Bernsteinfarbene Flüssigkeit; brennbar;
Verwendung: als Weichmacher;

zu Plasthall 226 [Sdb Krahn]:
klare Flüssigkeit, alkoholartiger Geruch; Produkt reagiert mit Oxidationsmitteln;

Hexandicarbonsäure-bis-2-ethylhexylester

- CAS-Nummer:
103-23-1

- gebräuchliche Namen:
BEHA; DEHA; DOA; Adipinsäure-bis-2-ethylhexylester; Adipinsäure-di-2-ethylhexylester; Di-(2-ethylhexyl)-adipat; Adipinsäure-di-octyl-ester; Bis-(2-ethylhexyl)-adipat; Dioctyladipat; Dioctyladipinat; Bis-(2-ethyhexyl)-adipinat; Di-2-ethylhexyl-adipinat; Bis-(2-ethylhexyl)-hexandioat; Bis-(2-ethylhexyl)-hexandisäureester; Octyladipat; Hexandisäuredioctylester; Diisoctyladipat;

- Handelsnamen:
Adipol 2 EH; Bisoflex DOA; Effemoll DOA; Ergoplast ADDO; Flexol A 26; Kemester 5652; Kodaflex DOA; Mediaplast NB-4; Mediaplast NB-4/P; Melonil DOA; Monoflex DOA; Morflex 310; NCI-C54386; Plastomoll DOA; PX-238; Reomol DOA; Rucoflex Plasticizer DOA; Sicol 250; Stablex DOA; Truflex DOA; Uniflex DOA; Vestinol OA; Wickenol 158; Witamol 320;

- Summenformel:
$C_{22}H_{42}O_4$

- Strukturformel:

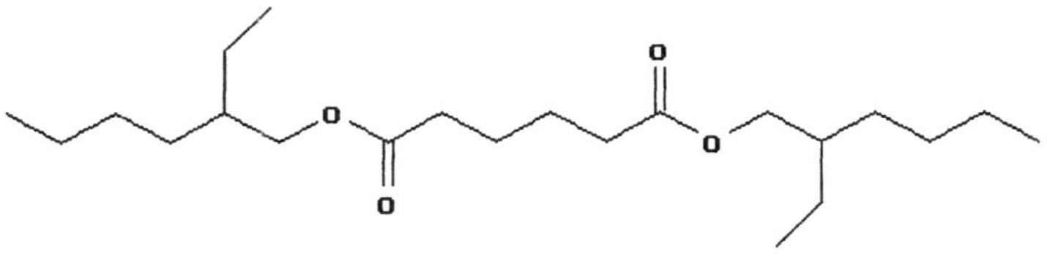

Funktion:
Additv/Weichmacher;
Verfahren:
Druckverfahren;
Anwendung:
Farbe;

Eigenschaften:
- toxikologisch/ökotoxikologisch:
RTECS # AU 9700000
Schweizer Giftliste: 4
WGK: 1
R-Satz: 45-46-20/21/22
S-Satz: 53-45-23-36/37/39
Sonstiges:
Kann schädigend wirken beim Einatmen, Verschlucken oder Aufnahme über Haut; kann Reizungen verursachen [187];Karzinogen-verdächtig [187]; mutagen [Aldrich 90/91];LD 50 (oral, Ratte): 9110 mg/kg [187], 9100 mg/kg [428], 14800mg/kg, 24600 mg/kg [634];LD 50 (intraperitoneal, Ratte): >50 ml/kg [428], >46000 mg/kg [634];LD 50 (intravenös, Ratte): 900 mg/kg [428];TD Lo (intraperitoneal, Ratte (trächtig)): 15000 mg/kg/5-15 D, 30000 mg/kg/5-15 D [428];TD Lo (oral, Ratte): 25200 mg/kg/3 W (kontinuierlich) [428];LD 50 (oral, Maus): 15000 mg/kg [428], 24600 mg/kg [634];LD 50 (intraperitoneal, Maus): >100000 mg/kg [428], >5000 mg/kg [634];TD Lo (oral, Maus): 168000 mg/kg/14 D (kontinuierlich) [428];LD 50 (Haut, Kaninchen): 8410 mg/kg [187], 15100 mg/kg [634];LD 50 (intravenös, Kaninchen): 540 mg/kg [428];LD 50 (oral, Säugetier): 15000 mg/kg [428];LD 50 (oral, Meerschweinchen): 12900 mg/kg [634];[EG-Sdb Hüls AG]:LD 50 (oral, Ratte): 15000 mg/kgLD 50 (dermal, Kaninchen): >3000 mg/kgBiologische Abbaubarkeit 82 %;

Gefahren-Symbol:

O C

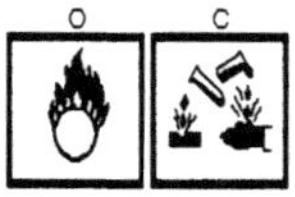

- physikalisch/chemisch:
Schmelzpunkt: -67,8 °C; -76 °C
Siedepunkt: 214 °C (6,66 hPa); 167 °C (1,33 hPa); 210-218 °C (7 hPa)
Flammpunkt: >110 °C; ca. 182 °C; 206 °C; 195 °C
Dampfdruck: <0,01 hPa (20 °C); 0,000001173 hPa (20 °C) [428]; 0,021 hPa (100 °C) [634]
Log pOW: 8,114
Brechungsindex: 1,4474 (20 °C)
Dichte: 922 kg/m3 (25 °C); 925-926 kg/m3 (20 °C); 990 kg/m3; 924 kg/m3 (24 °C)
Molmasse: 370,58 g/mol

Löslichkeit:
unlöslich in Wasser; löslich in Ethanol, Diethylether, Ethansäure, Propanon;
Wasser: < 200 mg/l (20 °C) [Sdb]; <0,1 g/l (20 °C) [634];

Bemerkung zu physikalisch/chemischen Daten:
Zündtemperatur: 380 °C [Sdb]; 350 °C [634];

Verbleib nach Gebrauch:
Verbrennung nach Mischung mit brennbarem Lösemittel;

Bemerkung:
Klare farblose Flüssigkeit;
enthalten in: Paraplex G-57 (<2%);

Hexandicarbonsäure-di-isooctylester

- **CAS-Nummer:**
  1330-86-5
- **gebräuchliche Namen:**
  DIOA; Adipinsäure-di-(isooctyl)-ester; Di-iso-octyladipat; Di-iso-oktyladipat; n-Octyl-(2-ethylhexyl)-adipat; Diisooctylester, Hexandisäure;
- **Handelsnamen:**
  PX-208;
- **Summenformel:**
  $C_{22}H_{42}O_4$

- **Strukturformel:**

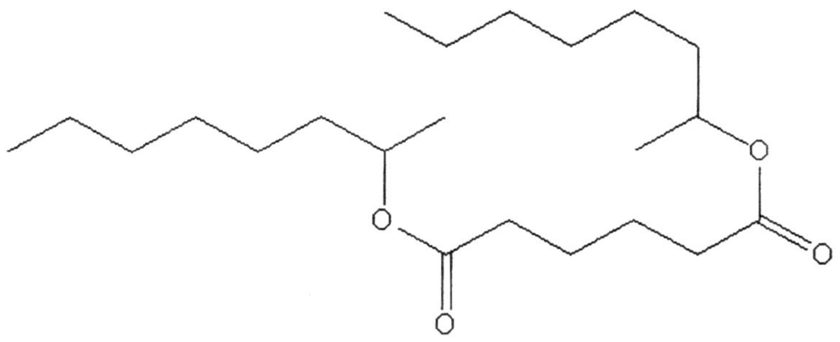

Funktion:
Additv/Weichmacher;
Verfahren:
Druckverfahren;
Anwendung:
Farbe;

Eigenschaften:
- **toxikologisch/ökotoxikologisch:**
  WGK: 1

- **physikalisch/chemisch:**
  Schmelzpunkt: -41 °C; -70 °C
  Siedepunkt: 218 °C; 205-220 °C
  Flammpunkt: 202 °C
  Dichte: 925 kg/m3 (25°C)
  Molmasse: 370 g/mol

  Löslichkeit:
  Wasser: 0,2 g/100 g

Bemerkung:
Farblos, leicht aromatischer Geschmack;

Hexandicarbonsäure-di-n-octylester

- **CAS-Nummer:**
  123-79-5
- **UN Nummer:**
  1003
- **gebräuchliche Namen:**
  DOA; Adipinsäure-di-oktyl-ester; Dioktyladipat; Dioctyladipat; Dioktyladipat; Hexandiolsäuredioctylester;
- **Handelsnamen:**
  PX-238; Adimol DO;
- **Summenformel:**
  $C_{22}H_{42}O_4$

- **Strukturformel:**

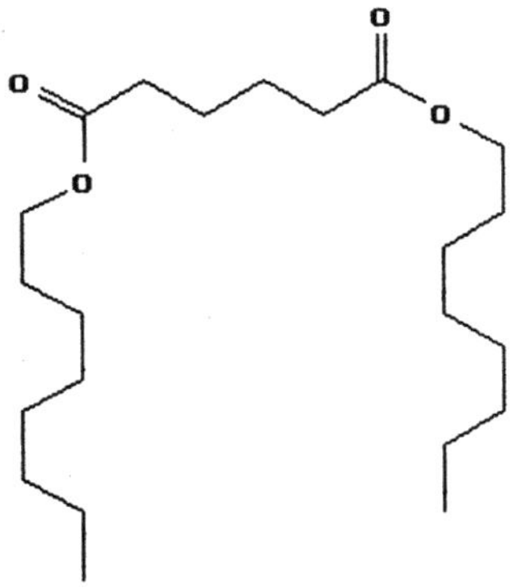

Funktion:
Additv/Weichmacher;
Verfahren:
Druckverfahren;
Anwendung:
Farbe;

Eigenschaften:

- **physikalisch/chemisch:**
  Schmelzpunkt: -42 °C; -70 °C
  Siedepunkt: 214 °C
  Flammpunkt: 199 °C
  Dichte: 924 kg/m3 (25°C)
  Molmasse: 371 g/mol

  Löslichkeit:
  0,01 g/100 g Wasser; löslich in den meisten organischen Lösemitteln [428];

Bemerkung:
Farblose Flüssigkeit; leicht aromatischer Geruch [428];

Hexandisäurediisononylester

- **CAS-Nummer:**
  33703-08-1
- **gebräuchliche Namen:**
  Diisononyladipat; DINA;
- **Summenformel:**
  $C_{24}H_{48}O_4$

- **Strukturformel:**

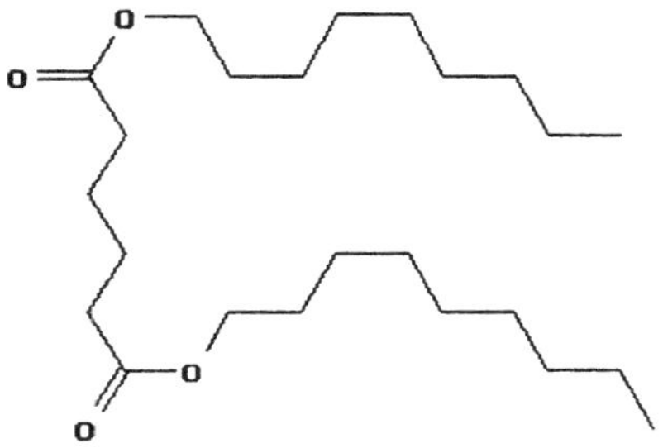

Eigenschaften:

- **physikalisch/chemisch:**
  Molmasse: 398,63 g [636]

1,6-Hexandiyl-2-propensäureester

- **CAS-Nummer:**
  13048-33-4
- **gebräuchliche Namen:**
  1,6-Hexandioldiacrylat; HDODA; Hexamethylenacrylsäureester;
- **Summenformel:**
  $C_{12}H_{18}O_4$

- **Strukturformel:**

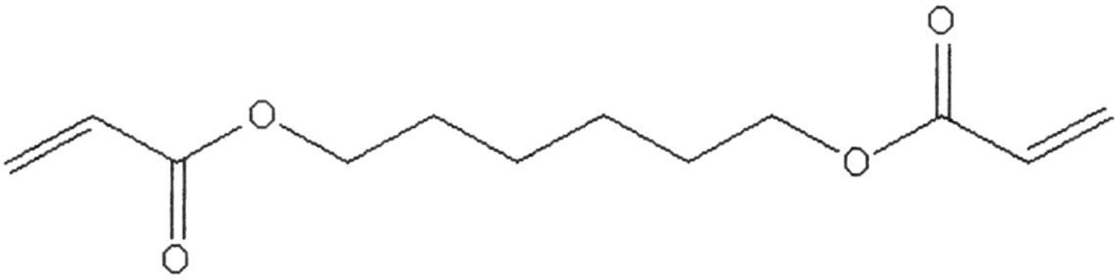

Funktion:
  Fotovernetzendes Monomer;
Verfahren:
  Druckverfahren/Hochdruck;
Anwendung:
  Druckformherstellung/Flexoplatten; Fotopolymerdruck-platten;

Eigenschaften:

- toxikologisch/ökotoxikologisch:

R-Satz: 36/38-43
S-Satz: (2)-39
Sonstiges:
Einstufung und Kennzeichnung von Zubereitungen, in denen diese Substanz enthalten ist:20%<=C ¦¦> Xi; R36/38-431%<=C<20% ¦¦> Xi; R43Hautreizend;

Gefahren-Symbol:

- physikalisch/chemisch:

Flammpunkt: > 110 °C
Brechungsindex: 1,4562 (20 °C)
Dichte: 1010 kg/m3 (25 °C)
Molmasse: 226,26 g/mol

Verbleib nach Gebrauch:
Verbrennung nach Mischung mit brennbarem Lösemittel;

Bemerkung:
Hygroskopisch;

Hexan-1-ol

- CAS-Nummer:
111-27-3
- UN Nummer:
2282
- gebräuchliche Namen:
1-Hexanol; Hexylalkohol; Capronalkohol; n-Hexylalkohol; n-Hexanol; Amylcarbinol;
- Handelsnamen:
Lorol C 6;
- Summenformel:
$C_6H_{14}O$

- Strukturformel:

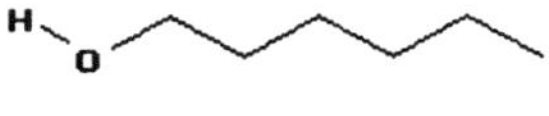

Eigenschaften:

- toxikologisch/ökotoxikologisch:

RTECS # MQ 4025000;
Schweizer Giftliste: 4
WGK: 1
R-Satz: 22
S-Satz: (2)-24/25
Sonstiges:
Einstufung und Kennzeichnung von Zubereitungen, in denen diese Substanz enthalten ist:25%<=C ¦¦> Xn; R22Dämpfe reizen Augen und Atemwege; Kontakt mit der Flüssigkeit führt zuReizung der Haut und sehr starker Reizung bzw. Verätzung der Augen;Flüssigkeit wird auch über die Haut

aufgenommen [163];LD 50 (oral, Ratte): 720 mg/kg [187];LD 50 (Haut, Kaninchen): 3100 mg/kg [187];Toxische Grenzkonzentration für Pseudomonas putida 62 mg/l, Scenedes-mus quadricauda 30 mg/l [36];LC 50 (Daphnia magna): 240 mg/l [6];

Gefahren-Symbol:

- physikalisch/chemisch:

Schmelzpunkt: -51,6 °C; -47 °C;
Siedepunkt: 155,8 °C; 157,5 °C; 145-160 °C (Handelsware)
Flammpunkt: 63 °C
Dampfdruck: 1 hPa (24,4 °C) [163]; 1,3 hPa (20 °C)
Verdampfungswärme: 532,98 kJ/kg
Log pOW: 2,03 [4]
Brechungsindex: 1,41790 (20 °C)
Dichte: 820,4 kg/m3 (20 °C); 818,6 kg/m3 (20 °C/4 °C); 810-820 kg/m3 (Handelsware);
Molmasse: 102,176 g/mol

Löslichkeit:
Wasser 6 g/l (20 °C); löslich in Ethanol; mischbar mit Diethylether;
in org. Lösemitteln leicht löslich [480];

Verbleib nach Gebrauch:
Verbrennung;

Bemerkung:
Farblose Flüssigkeit; brennbar
Bildet im dampf-/gasförmigen Zustand mit Luft explosionsfähige Gemische;
Explosionsgrenzen: 1,2 - 7,7 Vol% ; Zündtemp.: 292 °C [163];
Reagiert bei Kontakt mit sauerstoffreichem Material (starken Oxidationsmitteln);
Verwendung: als Lösemittel; als Grundstoff bei der Herstellung von Tensiden; als Basis u. a. für Kühlschmierstoffadditive;

Bewertung: Die tierexperimentellen Befunde, insbesondere die relativ hohen LD 50-Werte, weisen darauf hin, daß das Risiko einer akuten Vergiftung nach Inhalation am Arbeitsplatz als äußerst gering einzuschätzen ist. Bei Hautkontakt mit unverändertem 1-Hexanol muß mit Hautirritation gerechnet werden. Bereits bei einer 1 %igen Lösung wurde im Tierversuch Schleimhautreizung beobachtet.
Sensibilisierungen sind weder bei Mensch noch Tier aufgetreten.
Teratogene Wirkungen konnten nicht nachgewiesen werden. Am Ames-Test war 1-Hexanol nicht mutagen.
Wegen der lückenhaften Datenlage, insbesondere wegen des Fehlens von Untersuchungen zur subchronischen und chronischen Wirkung, kann ein MAK-Wert für 1-Hexanol nicht angegeben werden [480];

Hexan-2-on

- CAS-Nummer:
591-78-6
- gebräuchliche Namen:
2-Hexanon; n-Butylmethylketon; MNBK; Butylmethylketon; Methylbutylketon; Methyl-n-butylketon;
- Summenformel:
$C_6H_{12}O$

- Strukturformel:

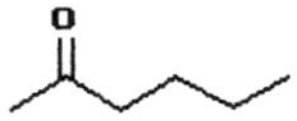

Funktion:
Lösungsmittel;
Verfahren:
Druckverfahren;

Eigenschaften:
- toxikologisch/ökotoxikologisch:
RTECS # MP 1400000; Schweizer Gift-
MAK Wert: 5 ml/m3 bzw. 21 mg/m3
R-Satz: 11-48/23
S-Satz: (1/2)-9-16-29-45-51
Sonstiges:
Einstufung und Kennzeichnung von Zubereitungen, in denen diese Substanz enthalten ist:10%<=C ¦¦> T; R48/231%<=C<10% ¦¦> Xn; R48/20Spitzenbegrenzung II,1 [481]; Gefahr der Hautresorption [481]; +BAT-Wert: 5 mg/l [481]; Wirkt schädigend bei Einatmung, Verschlucken oder Aufnahme über Haut;verursacht Augen- und Hautreizungen; reizt Schleimhäute und Atemwege [187];1000 ml/m3 eingeatmet reizen Augen und Atemwege [9];LD 50 (oral, Ratte): 2590 mg/kg [9], [187];LD 50 (Haut, Kaninchen): 4800 mg/kg [9], [187];LC 50 (inhal., Ratte, 4 h): 8000 ml/m3 [9], [187];

Gefahren-Symbol:

- physikalisch/chemisch:
Schmelzpunkt: - 56,9 °C
Siedepunkt: 127,2 °C
Flammpunkt: 31 °C
Dampfdruck: 9,7 mbar (20 °C) [9]
Verdampfungswärme: 344,45 kJ/kg
Log pOW: 1,38 [4]
Brechungsindex: 1,4005 (20 °C)
Dichte: 817,4 kg/m3 (15 °C)
Molmasse: 100,160 g/mol
Verdunstungszahl: 0,87 (BuAc = 1) [9]

Löslichkeit:
Wasser 34 g/l (20 °C); mischbar mit Ethanol, Diethyl- ether;

Verbleib nach Gebrauch:
Verbrennung, hochentzündliche Stoffe;

Bemerkung:
Farblose, acetonähnlich riechende Flüssigkeit; brennbar;
Bildet im dampf-/gasförmigen Zustand mit Luft explosionsfähige Gemische;
Explosionsgrenzen: 1,2 - 8,0 Vol.% ; Zündtemp.: 533 °C [9];
Verwendung: technisches Lösungsmittel;

Hexansäure-2-ethyl; tris-Lanthansalz

- CAS-Nummer:
60903-69-7
- gebräuchliche Namen:
Caprylsäure, La(III)-Salz; Caprylsäure, La-Salz
- Summenformel:
$C_{24}H_{45}O_6La$

- Strukturformel:

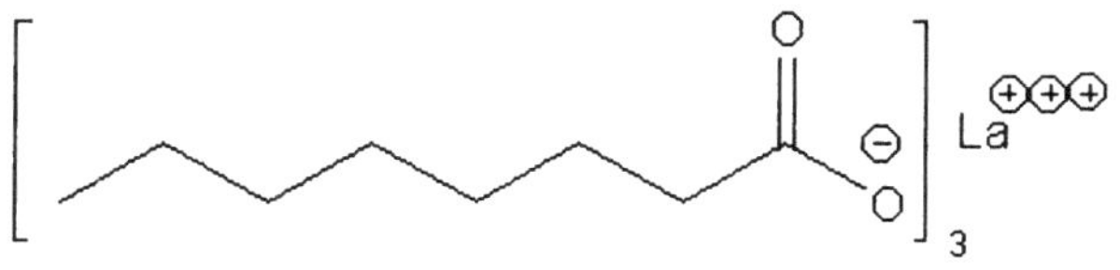

Eigenschaften:

- physikalisch/chemisch:
Schmelzpunkt: 178-180 °C

1,3,5-Hexantriol

- CAS-Nummer:
7327-66-4
- Summenformel:
$C_6H_{14}O_3$

- Strukturformel:

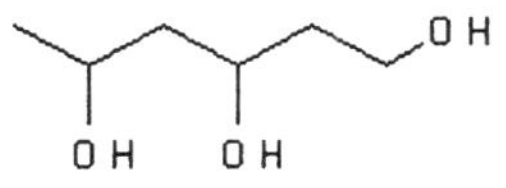

Funktion:
Additv/Weichmacher;
Verfahren:
Druckverfahren;

Eigenschaften:

- physikalisch/chemisch:
Molmasse: 134,18 g/mol

Hydrazin Dihydrochlorid

- CAS-Nummer:
5341-61-7
- gebräuchliche Namen:
Hydrazindihydrochlorid; Hydraziniumdichlorid;
- Summenformel:
$H_4N_2 * 2 HCl$

Verfahren:
Druckformherstellung/Reproduktionsfotografie;

Eigenschaften:
- toxikologisch/ökotoxikologisch:
RTECS # MV 2298000;
R-Satz: 23/24/25
S-Satz: 44
Sonstiges:
Kann letal wirken bei Einatmung, Verschlucken oder Aufnahme über Haut;wirkt extrem zerstörerisch auf das Gewebe der Schleimhäute und Atem-wege, Augen und Haut; Einatmung kann tödliche Folgen haben; kannallergische Hautreaktionen auslösen; kann eine Schwäche des ZNS ver-ursachen; kann Krämpfe verursachen [187];Karzinogen [187];

Gefahren-Symbol:

- physikalisch/chemisch:
Schmelzpunkt: 198 °C (- HCl)
Siedepunkt: 200 °C (zers.)
Dichte: 1420 kg/m3 (20 °C)
Molmasse: 104,97 g/mol

Löslichkeit:
Wasser 272 g/l (18 °C); wenig löslich in Ethanol;

Verbleib nach Gebrauch:
Verbrennung nach Mischung mit brennbarem Lösemittel;

Bemerkung:
Weiße Kristalle;
Verwendung: in der Fotoindustrie als Entwicklerzusatz zur Erhöhung der Entwicklergeschwindigkeit;

Hydroabiethylalkohol

- CAS-Nummer:
26266-77-3
- Handelsnamen:
Abitol;
- Summenformel:
$C_{19}H_{30}O$

Funktion:
Additv/Weichmacher;
Verfahren:
Druckverfahren;
Anwendung:
Farbe;

Eigenschaften:

- **physikalisch/chemisch:**
  Schmelzpunkt: 32 °C
  Flammpunkt: 185 °C
  Dichte: 1008 g/m3 (25°C)
  Molmasse: 274 g/mol

  Löslichkeit:
  < 1 g/100 ml Wasser

α-Hydro-w-hydroxypoly-(oxy-1,2-ethandiyl)

- **CAS-Nummer:**
  25322-68-3
- **gebräuchliche Namen:**
  Polyethylenglykol; α-Poly(oxy-1,2-ethandiyl); Polyethylenoxid; α-Hydroxy-w-hydroxypoly(oxy-1,2-ethandiyl); 1,2-Ethandiol-Homopolymer; Ethenglycol-Homopolymer; Oxiran-polymer; PEG;
- **Handelsnamen:**
  Jeffox; Nycoline; Pluracol E; Polyglycol E; Phuriol E 400; PEG; Poly-6; Carbowax 4600; Macrogol 300; Macrogol 400; Alcox E 30; Alcox E 160; Aquaffin; Bradsyn PEG; Carbowax; Chemiox E 20; Chemiox E 1000; Emkapol 150; Emkapol 200; Emkapol 4200; ENT 1000; Gafanol E 200; Gafanol E 300; Laprol 402; Lineartop P; Lutrol 9; Macrogol 6000; Merpol 02; Modepy 4000; Nosilin; Nyoline; Oxid Wax A; Oxid Wax An; PEO 10; PEO 16; PEO 18; PEO 100; Plastigen PR 8086; Pluriol; Polikol; Polyglycol; Polyox; Polywax 600; Postanol; Solbase; Superox; Swasconol D-60; Swasconol D-80; Terisan Z 75; Ucar 4 C; Viterra 2 Hydrogen; WSR 35; WSR 205; WSR 301; WSR N-10; WSR N-750; WSR N-3000; WSR N-Coag;
- **Summenformel:**
  $(C_2H_4O)_n * H_2O$

- **Strukturformel:**

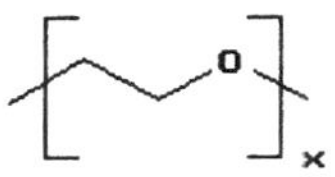

Funktion:
1.Lösungsmittel;
1.Additiv/Antiflockungsmittel; Additiv/Verkrustungs-Inhibitor;
2.Antischleiermittel;
Verfahren:
1.Kopierverfahren/elektron. Verfahren direkt/Ink-Jet;
2.Druckformherstellung/Reproduktionsfotografie;
Anwendung:
1.Farbe;
2.Bleichbad;

Eigenschaften:
- **toxikologisch/ökotoxikologisch:**
  RTECS # TQ 3500000
  WGK: 1
  Sonstiges:
  Kann schädigend wirken beim Einatmen, Verschlucken oder Kontakt mit der Haut; kann Augen- und Hautreizungen verursachen [187];LD 50 (oral, Ratte): 33750 mg/kg (8,2<n<9,1) [187];LD 50 (oral, Ratte): 59000 mg/kg (68<n<84) [201];

- **physikalisch/chemisch:**
  Schmelzpunkt: 4-8 °C (8,2<n<9,1)
  Flammpunkt: >110 °C
  Brechungsindex: 1,4539 (20 °C)
  Dichte: 1130 kg/m3 (20 °C); 1127 kg/m3 (25 °C)
  Molmasse: 190-210 g/mol (n=4); 380-420 g/mol (8,2<n<9,1)

  Löslichkeit:
  löslich in Benzen, Trichlormethan, Wasser;

Verbleib nach Gebrauch:
Verbrennung nach Mischung mit brennbarem Lösemittel;

Bemerkung:
Feines, weißes Pulver;
Unverträglich mit starken Oxidationsmitteln;
Nähere Angaben zu den verschiedenen Polymeren, die unter Polyethylenoxid zusammengefaßt sind z.B. unter [201];
Enthalten in Tinuvin 1130;

Hydroxybenzen

- **CAS-Nummer:**
  108-95-2
- **UN Nummer:**
  1671, 2821, 2312
- **gebräuchliche Namen:**
  Phenol; Carbolsäure; Karbolsäure; Benzophenol; Oxybenzol; Phensäure; Phenylalkohol; Phenylsäure; Hydroxybenzol; Kreosot (kristallisiert); Steinkohlenteerkreosot; Monoxybenzol;
- **Summenformel:**
  C_6H_6O

- **Strukturformel:**

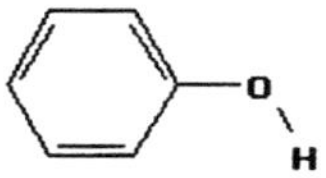

Eigenschaften:
- **toxikologisch/ökotoxikologisch:**
  RTECS # SJ 3325000
  WGK: 2
  R-Satz: 24/25-34
  S-Satz: (1/2)-28-45
  Sonstiges:
  Einstufung und Kennzeichnung von Zubereitungen, in denen diese Substanz enthalten ist:5%<=C ¦> T; R24/25-341%<=C<5% ¦> Xn; R21/22-36/38Krebserzeugend 3 (481); Gefahr der Hautresorption [481]; BAT-Wert: 300 mg/l (481);IMK: I;Giftige Substanz, die in jeder Form leicht über die Haut aufgenommen wird und auch auf diesem Weg zur Vergiftung führt; eingeatmete Dämpfe verätzen Atemwege, selten Lunge; Kontakt der Fl. mit Haut und Augen ruft schwere Verätzungen hervor; bei schwerer Vergiftung kommt es zum Tod durch Lähmung des ZNS, sonst mit Verzögerung zu Nierenschäden sowie Lungenentzündung [163];Innerlich: 1 - 30 g tödlich [30];LD Lo (oral, Kleinkind): 10 mg/kg [187];LD Lo (oral, Mensch): 140 mg/kg, 14 g/kg [187];LD 50 (oral, Ratte): 317 mg/kg [187], 530 mg/kg [376];LD 50 (Haut, Kaninchen): 850 mg/kg [187];LC 50 (inhalativ, Ratte): 316 mg/m3 [187];Toxische Grenzkonzentration für Pseudomonas putida 64 mg/l, Scenedesmus quadricauda 7,5 mg/l [36], Daphnia magna 94 mg/l [389];LC 50 (Daphnia

magna): 31 mg/l [6];Schädlichkeitsgrenze für Fische: 0,1 mg/l [298];LC 50 (Fisch; Goldorfe): 5 mg/l [33];EC 50 (Urease-Test): keine Hemmung [398];EC 50 (Leuchtbaktrien-Test): 25 mg/l [399];Geruchsschwelle: 0,047 ml/m3 [29];Verbreitung: Wasserpfad;

Gefahren-Symbol:

T

- physikalisch/chemisch:

Schmelzpunkt: 41 °C; 40,2-40,9 °C
Siedepunkt: 181,4 °C; 181,8-182 °C
Flammpunkt: 79 °C
Dampfdruck: 0,48 hPa (20 °C) [187]; 40,7 hPa (25 °C) [163]; 0,2 hPa (20 °C) [484]; 3,5 hPa
Verdampfungswärme: 510,79 kJ/kg
Log pOW: 1,40 [150]; - 0,22; 2,20; 1,46; 1,48; 1,49; 1,51; 0,62 [4]
Brechungsindex: 1,5409 (40 °C)
Dichte: 1054,5 kg/m3 (45 °C); 1071-1132 kg/m3 (25 °C); 1050 kg/m3 (50 °C)
Molmasse: 94,113 g/mol

Löslichkeit:
Wasser 82 g/l (15 °C), 84 g/l (20 °C), 89,1 g/l (30 °C), mischbar (65,3 °C); mischbar mit Ethanol, Diethylether; löslich in Schwefelkohlenstoff, Trichlormethan;

Verbleib nach Gebrauch:
Verbrennung nach Mischung mit brennbarem Lösemittel;

Bemerkung:
Farbloser bis rötlichweißer Stoff oder farblose Schmelze; süßlicher Geruch;
Dämpfe schwerer als Luft und werden auch bei normalen Temp. vom festen Stoff u. von Verbindungen abgegeben; bei Erhitzung bilden sich explosionsfähige Gemische;
Explosionsgrenzen: 1,3-9,5 Vol.%; Zündtemp.: 605 °C [163]; 595 °C [484];
Gummi, Aluminium, Al-Verbindungen, Zink, Blei, galvanisiertes Eisen, Polyethylen, Kupfer und ihre Legierungen werden angegriffen; bei Kontakt mit Benzaldehyd, Natriumnitrit, Peroxomono- und Peroxodischwefelsäure kann explosionsartige Reaktion eintreten;
Bei Kontakt mit Formaldehyd, Calciumhypochlorit und Natriumnitrit kann heftige Reaktion unter starker Wärmeentwicklung erfolgen;
Mit Einschränkungen erlaubt in kosmetischen Mitteln;
Verwendung: 5 %ige Lösung in der Medizin als Desinfektionsmittel (Carbolsäure);
Kunststoffindustrie, Klebe-und Bindemittel; Farbmittel; Kosmetische Mittel; Isoliermaterialien;
Pflanzenschutzmittel; Pharmazeutische Erzeugnisse; Lösungsmittel;
UN-Nr. 1671 (Hydroxybenzen, fest)
UN-Nr. 2821 (wäßrige Lösungen von Hydroxybenzen)
UN-Nr. 2312 (Hydroxybenzen, geschmolzen)
Grenzwert im Trinkwasser: 0,001 mg/l [163];
Bei Eindringen in Grundwasser (Uferfiltrat) kann dieses nicht mehr als Trinkwasser verwendet werden;

enthalten in: Bakelite Harz 0791 K (<1%), Parlock PM 05 (<1 %);
Mengenangaben: 500000-1000000 Tonnen;

2-Hydroxybenzencarbonsäurephenylester

- **CAS-Nummer:**
  118-55-8
- **gebräuchliche Namen:**
  Salicylsäurephenylester; Salizylsäurephenylester; Phenylsalicylat; 2-Hydroxybenzoesäurephenylester;
- **Handelsnamen:**
  Salol;
- **Summenformel:**
  $C_{13}H_{10}O_3$

- **Strukturformel:**

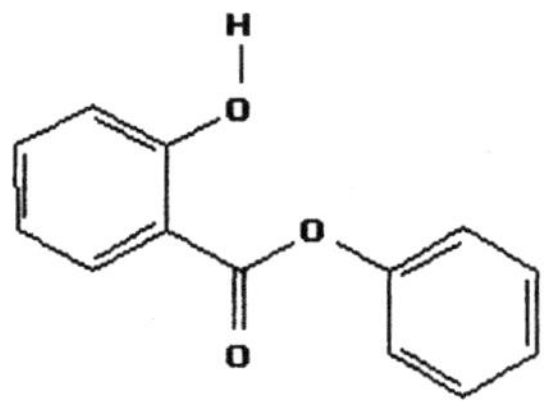

Funktion:
UV-Absorber;

Eigenschaften:
- **toxikologisch/ökotoxikologisch:**
  RTECS # VO 6125000
  Schweizer Giftliste: 4
  R-Satz: 20/21/22-36/37/38-40
  S-Satz: 26-36/37/39
  Sonstiges:
  Reizstoff, Nervengift [39];LD 50 (oral, Ratte): 3000 mg/kg [428];LD (intraperitoneal, Maus): > 500 mg/kg [428];

- **physikalisch/chemisch:**
  Schmelzpunkt: 44-46 °C
  Siedepunkt: 173 °C (15,99 hPa)
  Flammpunkt: >110 °C
  Brechungsindex: 1,5611 (80-81 °C)
  Dichte: 1155,3 kg/m3 (50 °C)
  Molmasse: 214,22 g/mol

  Löslichkeit:
  Wasser 0,15 g/l (25 °C); Ethanol 538 g/l (25 °C); Propanon 909,9 g/l (30-31 °C); Benzen 805,7 g/l (30-31 °C); leicht löslich in Diethylether, Trichlormethan;

Verbleib nach Gebrauch:
Verbrennung nach Mischung mit brennbarem Lösemittel;

Bemerkung:
Tafeln (nach Umkristallisation aus Methanol);

1-Hydroxy-2,4-diaminobenzendihydrochlorid

- **CAS-Nummer:**
  137-09-7
- **gebräuchliche Namen:**
  4-Hydroxy-m-phenylendiamin Dihydrochlorid; Diamidophenolhydrochlorid; 2,4-Diaminophenol Dihydrochlorid; 4-Hydroxy-1,3-phenylendiammoniumchlorid;
- **Handelsnamen:**
  Acrol; Amidol; Dianol; Dolmi; S 12; Tratyl;
- **Summenformel:**
  $C_6H_{10}Cl_2N_2O$

- **Strukturformel:**

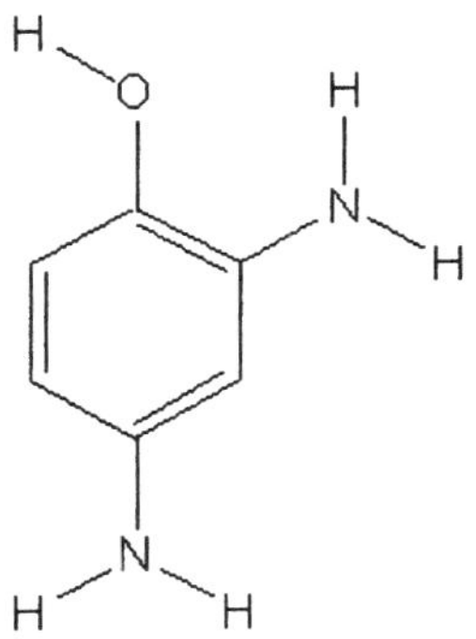

Funktion:
Entwickler;

Eigenschaften:
- **toxikologisch/ökotoxikologisch:**
  RTECS # SK 7600000;
  Schweizer Giftliste: 3
  Sonstiges:
  Kann schädigend wirken bei Einatmung, Verschlucken oder Aufnahme über Haut; verursacht Augen- und Hautreizungen; reizt Schleimhäute und Atemwege; kann allergische Atem- und Hautreaktionen auslösen [187];LD Lo (oral, Mensch): 50 mg/kg [5];

  Gefahren-Symbol:

- **physikalisch/chemisch:**
  Schmelzpunkt: 230-240 °C (zers.)
  Molmasse: 197,07 g/mol

  Löslichkeit:
  Wasser 275 g/l (15 °C); wenig löslich in Ethanol, Diethylether;

Verbleib nach Gebrauch:
Verbrennung nach Mischung mit brennbarem Lösemittel;

Bemerkung:
Graues Pulver;
Wirkt nicht gerbend auf Gelatine;
Verwendung: in der Fotoindustrie als Entwickler; in Haarfärbern; in Nachweisen auf -> Methanal (Formaldehyd) und Ammoniak;

Hydroxyethansäurebutylester

- CAS-Nummer:
7397-62-8
- gebräuchliche Namen:
Butylglycolat; Glycolsäurebutylester; Glykolsäure-n-butylester; GB-Ester;
- Handelsnamen:
Polysolvan O;
- Summenformel:
$C_6H_{12}O_3$

- Strukturformel:

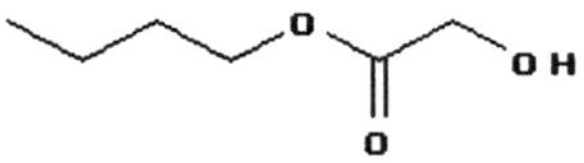

Eigenschaften:
- toxikologisch/ökotoxikologisch:
Schweizer Giftliste: 4
WGK: 1
R-Satz: 41
Sonstiges:
Dämpfe reizen Augen und Atemwege; Kontakt mit der Flüssigkeit führt zu leichten Reizungen der Augen und Haut [163];

Gefahren-Symbol:

- physikalisch/chemisch:
Schmelzpunkt: - 26 °C
Siedepunkt: 180 °C
Flammpunkt: 68 °C
Dampfdruck: 1,33 hPa (20 °C) [163]
Dichte: 1010 kg/m3 (20 °C)
Molmasse: 132,16 g/mol

Löslichkeit:
Wasser 46 g/l (20 °C);

Bemerkung:
Farblose, schwach riechende Flüssigkeit; brennbar;
Bildet im dampf-/gasförmigen Zustand mit Luft explosionsfähige Gemische;
Verwendung: Lösungsmittel;
Enthalten in Byk-051, -053;

2-(2-Hydroxyethyl)-ethanol

- CAS-Nummer:
111-46-6
- gebräuchliche Namen:
DEG; Diethylenethandiol; Diethylenglykol; Diethylenglycol; Diglycol; 2,2'-Oxydiethanol; 2,2-Dihydroxydiethylether; 3-Oxapentan-1,5-diol; Bis-(2-hydroxyethyl)-ether; 2-Hydroxyethylether; Ethylendiglykol; Glykolethylether; 2,2-Dihydroxyethylether; Diglykol;
- Handelsnamen:
Bissolvant APV; Brecolane NDG; Deactivator E; Deactivator H; DEG Normal Grade; Dicol; Digol; TL4N; Dissolvand APU; Diglykol; Glykolether; Diethylene Glycol-E;
- Summenformel:
$C_4H_{10}O_3$

- Strukturformel:

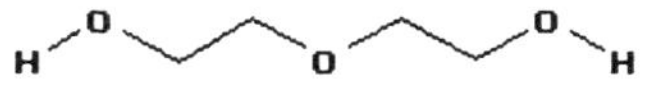

Funktion:
1.+ 2.Lösungsmittel;
1.Anfeuchtungsmittel;
Verfahren:
1.Kopierverfahren/elektron. Verfahren direkt/Ink-Jet;
2.Druckverfahren/Hochdruck;
Anwendung:
Farbe;

Eigenschaften:
- toxikologisch/ökotoxikologisch:
RTECS # ID 5950000
Schweizer Giftliste: 4
WGK: 1
MAK Wert: 10 ml/m3 bzw. 44 mg/m3
R-Satz: 22
S-Satz: 24
Sonstiges:
Spitzenbegrenzung II,2 [481]; Schwangerschaftsgruppe C [481];Geruchsschwelle: 3ml/ m3 [163];300 ml/m3 für 15 min. verursachten leichte Reizung der Augen sowie der Nasen- und Rachenschleimhäute [163];Die Substanz ist bei Aufnahme durch den Mund sehr giftig (Tödliche Dosen 40-50 g); sofern das Stadium der Lähmung des Zentralnervensystems überlebt wird, erkrankt der Vergiftete an schweren Nierenschäden bis hin zu Nierenversagen; Leberschäden möglich; die Dämpfe und die Flüssigkeit reizen die Augen bei anhaltender Einwirkung auch die Haut;Symptome: Nach Verschlucken: Übelkeit, Erbrechen, Durchfälle und vor allem Kopfschmerzen; Schläfrigkeit; Schwindel; Trunkenheit; Bewußtlosigkeit;Nach Einatmen der Dämpfe oder Kontakt mit der Flüssigkeit: Brennen der Augen, der Nasen- und Rachenschleimhäute sowie der Haut [484]; Dämpfe wirken in hohen Konzentrationen narkotisch und führen zu schweren Leber- und Nierenschäden; reizen Augen, Atemwege und Lunge; Hautresorption [163];470 ml/m3 eingeatmet führen zum Tod [9];- Hautkontakt: Hautresorption in gesundheitsschädlichen Mengen ist bei einer einmaligen, längeren Exposition unwahrscheinlich. Wiederholter Hautkontakt kann zur Resorption gesundheitsschädlicher Mengen führen. Massiver Kontakt mit der geschädigten Haut oder mit heißem, zu Verbrennung führendem Produkt kann zur Resorption potentiell tödlich wirkender Mengen führen.- Einatmen: Aufgrund physikalischer Eigenschaften treten Dämpfe bei Raumtemperatur nur geringfügig auf. Bei Verarbeitung unter hohen Temperaturen können Dampfkonzentrationen entstehen, die Reizungen und andere Wirkungen verursachen können [EG-Sdb];- Reizwirkung Haut: Nennenswerte Hautreizung ist nach längerem oder wiederholtem Hautkontakt unwahrscheinlich. - Reizwirkung Augen und Atemwege: In der Regel nicht reizend für das Auge. Übermäßige Exposition kann Reizung der oberen Atemwege verursachen. Bei Erhitzen oder Versprühen des Produkts können Konzentrationen

erreicht werden, die Reizungen und andere Wirkungen verursachen. LC Lo (inhalativ, Mensch): 470 ml/m3 [187];LD Lo (oral, Mensch): 1000 mg/kg [428];LD 50 (oral, Ratte): 4200 mg/kg [187], 5170 mg/kg [9], 20760 mg/kg [EG-Sdb], 12565 mg/kg [428];LC 50 (inhalativ, Ratte): 46 g/m3/2h [187];LD 50 (intraperitoneal, Ratte): 7700 mg/kg [428];LD 50 (subcutan, Ratte): 6565 mg/kg [428];LD 50 (intravenös, Ratte): 6565 mg/kg [428];LD 50 (Haut, Kaninchen): 7600 mg/kg [187], 7900 mg/kg [9], 13300 mg/kg [EG-Sdb], 11890 mg/kg [428];LD 50 (oral, Kaninchen): 4400 mg/kg [428];LD Lo (intravenös, Kaninchen): 2236 mg/kg [428];LD Lo (intramuskulär, Kaninchen): 4472 mg/kg [428];LD 50 (oral, Maus): 23700 mg/kg [428];LD 50 (intraperitoneal, Maus): 9719 mg/kg [428];LD Lo (subcutan, Maus): 5000 mg/kg [428];LD 50 (oral, Hund): 9000 mg/kg [428];LD 50 (oral, Katze): 3300 mg/kg [428];LD 50 (oral, Meerschweinchen): 7800 mg/kg [428];Toxische Grenzkonzentration für Pseudomonas putida 8000 mg/l, Scenedesmus quadricauda 2700 mg/l [36];LC 50 (Daphnia magna): 4700 mg/l [6]; >100 mg/l [EG-Sdb];LC 50 (Fisch, Goldorfe): 9630/8450 mg/l [33];LC 50 (Goldfisch): >5000 mg/l [484];Das Material ist nicht schädlich für Wasserorganismen (LC 50/EC 50/IC 50 >100 mg/l) [EG-Sdb];Biologische Abbaubarkeit gut (>90 %) [484];

Gefahren-Symbol:

Xn

- physikalisch/chemisch:

Schmelzpunkt: -10 °C; -8°C; -10,1 °C
Siedepunkt: 245 °C; 240-250 °C; 242-247 °C; 240-255 °C
Flammpunkt: 143 °C; 124 °C; 140 °C*; 150 °C**; 146 °C; 138 °C
Dampfdruck: 0,05 hPa (20 °C) [163]; [484]; <0,01 hPa (20 °C) [Sdb]
Log pOW: -1,98 [4]; -1,305 [Sdb Dow, Shell]
Brechungsindex: 1,4460 (20 °C)
Dichte: 1118 kg/m3 (20 °C)
Molmasse: 106,12 g/mol
Verdunstungszahl: < 0,001 (BuAc = 1) [9]

Löslichkeit:
mischbar mit Wasser; leicht löslich in Ethanol, Methanol, Propanon, konz. Ethansäure; unlöslich in Diethylether, Benzen;

Verbleib nach Gebrauch:
Verbrennung nach Mischung mit brennbarem Lösemittel;
Umweltbelastung durch fotografische Prozesse (BRD, 1986): 190 t/a [156];

Bemerkung:
Farblose, sirupartige Flüssigkeit, fast geruchlos [484]; hygroskopisch [Sdb Shell];
Farblose Flüssigkeit; etherähnlicher Geruch; bei Temperaturen unter 10 °C fester Stoff;
Gefährdungsgruppe I lt. ASAO 728; Gefahrklasse B I (DDR);
Bildet im dampf-/gasförmigen Zustand mit Luft explosionsfähige Gemische:
Explosionsgrenzen:
1,9-22,5 Vol.-%; Zündtemp.: 375 °C [32];
1,8-12,2 Vol.-%; Zündtemp.: 229 °C [Sdb EG];
Zündtemperatur: 226 °C [EG-Sdb];
Reagiert bei Kontakt mit Oxidationsmitteln [EG-Sdb];
Bildet mit Wasser und Ethanol azeotrope Gemische, mit Brom, Jod, Säuren, Halogeniden und verschiedenen organischen Stoffen Additionsverbindungen.
Wegen Neigung zur Peroxidbildung Aufbewahrung in dunklen Gefäßen oder Stabilisierung mit Eisen(II)sulfat;
Verboten in kosmetischen Mitteln;
Verwendung: Lösemittel für Celluloseacetat und -nitrat, Celluloseethylether, Fette, Wachse, Harze, Chlorkautschuk und Lacke; ferner als Extraktionsmittel, bes. für pharmazeutische Präparate; als Inhibitor für 1,1,1-Trichlorethan;

12-Hydroxy-3-hydroxy-2,2-bis-(hydroxymethyl)-propyl-9-octadecensäureester

- **CAS-Nummer:**
  78-22-8
- **gebräuchliche Namen:**
  Ricinolsäure-pentaerythritol-ester;Pentaerythritolricinoleat;
- **Handelsnamen:**
  Flexirin 17;
- **Summenformel:**
  $C_{23}H_{44}O_6$

Funktion:
Additv/Weichmacher;
Verfahren:
Druckverfahren;
Anwendung:
Farbe;

Eigenschaften:

- **physikalisch/chemisch:**
  Dichte: 999 kg/m3 (25°C)
  Molmasse: 416 g/mol

2-Hydroxy-4-methoxybenzophenon

- **CAS-Nummer:**
  131-57-7
- **gebräuchliche Namen:**
  Oxybenzon;
- **Handelsnamen:**
  Cyasorb UV 9; Syntase 62; UV-Absorber 325; Acetorb A, Uvinul M-40;
- **Summenformel:**
  $C_{14}H_{12}O_3$

- **Strukturformel:**

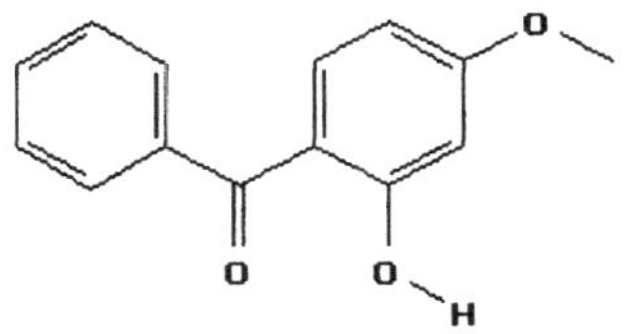

Funktion:
UV-Absorber;

Eigenschaften:
- **toxikologisch/ökotoxikologisch:**
  RTECS # DJ 1575000
  Schweizer Giftliste: 5

Sonstiges:
Kann schädigend wirken beim Einatmen, Verschlucken oder Aufnahme über Haut; verursacht Augen- und Hautreizungen; reizt Schleimhäute und Atemwege; abhängig von der Intensität und Dauer des Ausgesetztseins können die Auswirkungen von leichten Reizungen bis zu schweren Gewebezerstörungen variieren [187];LD 50 (oral, Ratte): 7400 mg/kg [187];

- physikalisch/chemisch:
Schmelzpunkt: 63-65 °C
Siedepunkt: 150-160 °C (6,66 hPa)
Molmasse: 228,25 g/mol

Verbleib nach Gebrauch:
Verbrennung nach Mischung mit brennbarem Lösemittel;

Bemerkung:
Hellgelbes Pulver;

4-Hydroxy-4-methylpentan-2-on

- CAS-Nummer:
123-42-2
- UN Nummer:
1148
- gebräuchliche Namen:
Diacetonalkohol; 2-Hydroxy-2-methylpentan-4-on; Dial; Diaceton; Dimethylacetonylcarbinol; 4-Hydroxy-4-methyl-2-pentanon; DAA; Lösungsmittel DA; 2-Methyl-2-pentanol-4-on; 4-Methyl-4-hydroxy-pentanon-2; 4-Hydroxy-4-methyl-pentan-2-on; Acetonyldimethylcaarbinol; Diketonalkohol;
- Handelsnamen:
Pyranton A; DA; Tyranton
- Summenformel:
$C_6H_{12}O_2$

- Strukturformel:

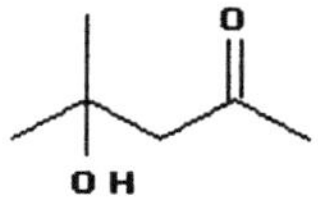

Funktion:
1.- 3.Lösungsmittel;
Verfahren:
1.Druckverfahren/Hochdruck direkt/Flexodruck;
2.Druckformherstellung/Tiefdruck;
3.Druckverfahren/Durchdruck;
Anwendung:
1.Flexodruckfarben;
2.Ätzung/Silberhalogenidverfahren;
3.Durchdruckfarben;

Eigenschaften:
- toxikologisch/ökotoxikologisch:
RTECS # SA 9100000
Schweizer Giftliste: 4
WGK: 1
MAK Wert: 240 mg/m3 bzw. 50 ml/m3
R-Satz: 36
S-Satz: (2)-24/25

Sonstiges:
Einstufung und Kennzeichnung von Zubereitungen, in denen diese Substanz enthalten ist:10%<=C ¦> Xi; R36Einstufung und Kennzeichnung von Zubereitungen, in denen diese Substanz enthalten ist:10%<=C ¦> Xi; R36IMK: II; Schwangerschaftsgruppe IIc [481]; Spitzenbegrenzung n.b. [481];Dämpfe wirken in höheren Konzentrationen narkotisch und verursachen Reizung der Augen und Atemwege; Nieren- und Leberschäden sowie Anämie mit Verzögerung möglich [163];Geruchsschwelle: 25 ml/m3 [163];Nach 30 min Einwirkung verursachten 150 ml/m3 Reizung der Augen, Nasen- und Rachenschleimhäute [163];Beim Verschlucken mit anschließendem Erbrechen kann Aspiration in die Lunge erfolgen, was zur chemischen Pneumonie oder zur Erstickung führen kann.Konzentrationen oberhalb von 100 ppm rufen erhebliche Reizwirkung der Augen und Atemwege hervor (Warnwirkung). Längerer oder wiederholter Hautkontakt kann entfettend wirken und zu Dermatitis führen.Symptome: Kopfschmerzen, Schwindelgefühl, Übelkeit, Narkose, Trockene Haut Symptome im Tierversuch: Systemische Schäden an Leber und Nieren sowie durch Anämie. Wiederholte Exposition verursacht Leber-, Nieren- u. Nervenschäden; schädigt die Atmungsorgane [Sdb Shell];LD 50 (oral, Ratte): 4000 mg/kg [9], [187];LD Lo (intravenös, Ratte): 3024 mg/kg [634];LD 50 [oral, Maus): 3950 mg/kg [634];LD 50 (intraperitoneal, Maus): 933 mg/kg [634];LD 50 (oral, Kaninchen): 4653 mg/kg [634]; LD 50 (Haut, Kaninchen). 13500 mg/kg [187]; 13630 mg/kg [Sdb Shell], [634];Toxische Grenzkonzentration für Pseudomonas putida 825 mg/l, Scenedesmus quadricauda 3000 mg/l [36];LC 50 (Fisch; Goldorfe): 12220/8930 mg/l [33];LC 100 (Fisch; Goldorfe): 13260/11280 mg/l [33];LC 50 (Daphnia magna): 9000 mg/l [484];LC 100 (Daphnia magna): über 10000 mg/l [484];Biologisch nicht leicht abbaubar [Sdb Shell];

Gefahren-Symbol:

Xi

- physikalisch/chemisch:
Schmelzpunkt: -43 - -47 °C
Siedepunkt: 166 °C; 167,9 °C; 108,2 °C (133,29 hPa); 150-172 °C;
Flammpunkt: 52 °C; 58 °C (unter 21 °C bis 58 °C)*; 66 °C;
Dampfdruck: 1 hPa (20 °C) [163]; [484]; 1,2 hPa (20 °C), 9,5 hPa (50 °C) [Sdb]; 1,12 hPa (20
Verdampfungswärme: 448 kJ/kg
Log pOW: <3 [Sdb Shell]; 1,03 [634]
Brechungsindex: 1,4240 (20 °C)
Dichte: 930,6 kg/m3 (25 °C); 937-940 kg/m3 (20 °C);
Molmasse: 116,16 g/mol
Verdunstungszahl: 0,14 (BuAC = 1) [9]; 0,084 (BuAc = 1) [107]; 147 (Diethylether = 1) [18];

Löslichkeit:
mischbar mit Wasser, Ethanol, Diethylether; unlöslich in Laugen;

Bemerkung zu physikalisch/chemischen Daten:
Bei Erwärmung über 90 °C erfolgt allmähliche Zersetzung [Sdb Shell];
* Bei längerer Langerung, insbesondere oberhalb der Normaltemperatur oder unter dem Einfluß von Alkalien (Aminen), kann sich Aceton bzw. Mesityloxid abspalten, wodurch der Flammpunkt auf unter 21 °C fallen kann. Empfohlene Lagertemperatur unter 15 °C [Sdb];

* Werte für Diacetonalkohol technisch rein. Diacetonalkohol rein kann noch Aceton enthalten und leicht entzündbar sein [484];

Verbleib nach Gebrauch:
Verbrennung, hochentzündliche Stoffe;

Bemerkung:
Farblose Flüssigkeit; angenehmer, süßlicher Geruch; brennbar;
Bildet im dampf-/gasförmigen Zustand mit Luft explosionsfähige Gemische;

Explosionsgrenzen:
1,8-6,9 Vol.-%; Zündtemp.: 604 °C [9]; 640 °C, 600 °C* [484]; 620 °C [Sdb Shell]; Substanz kann bei Kontakt mit sauerstoffreichem Material (starken Oxidationsmitteln) reagieren; bei starker Erhitzung tritt Zersetzung ein;
Verwendung: technisches Lösungsmittel; in Hydraulikflüssigkeit;
Anwendungsbereich: in der Lackindustrie als schwerflüchtiges Lösungsmittel; zur Herstellung von Druckfarben auf Epoxidbasis; als Metallreinigungsmittel; bei der Herstellung von Kunstleder; zur Herstellung von Holzschutzmitteln und Insektiziden; Bindemittel für Metall- und Glasbeschichtungen; als Verdünner;

2-Hydroxy-1-naphthalencarboxaldehyd

- CAS-Nummer:
708-06-5
- gebräuchliche Namen:
2-Hydroxy-1-naphthaldehyd; ß-Hydroxy-α-naphthaldehyd; ß-Naphthol-1-aldehyd; 2-Naphthol-1-aldehyd;
- Summenformel:
$C_{11}H_8O_2$

- Strukturformel:

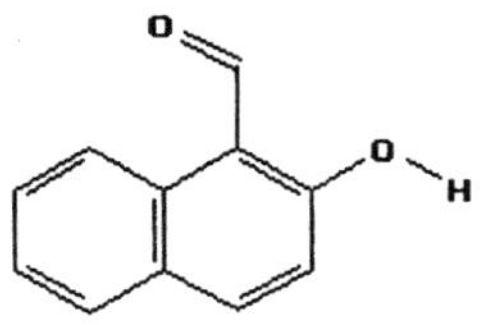

Verfahren:
Druckverfahren;

Eigenschaften:
- physikalisch/chemisch:
Schmelzpunkt: 82 - 85 °C
Siedepunkt: 192 °C (35,99 hPa)
Molmasse: 172,20 g/mol
Löslichkeit:
unlöslich in Wasser; löslich in Ethanol, Diethylether, Petrolether,

Verbleib nach Gebrauch:
Verbrennung nach Mischung mit brennbarem Lösemittel;

4-(2-Hydroxy-1-naphthalinazo)-benzensulfonsäure Natriumsalz

- CAS-Nummer:
633-96-5
- gebräuchliche Namen:
Acid Orange 7; Säureorange 7; ß-Naphtholorange;Orange II (C.I. 15510); C.I. 15510;4-(2-Hydroxy-1-naphthalinazo)-benzolsulfonsäure Natriumsalz;
- Handelsnamen:
Tropaeolin 000 Nr. 2; Mandarin;
- Summenformel:
$C_{16}H_{11}N_2NaO_4S$

- Strukturformel:

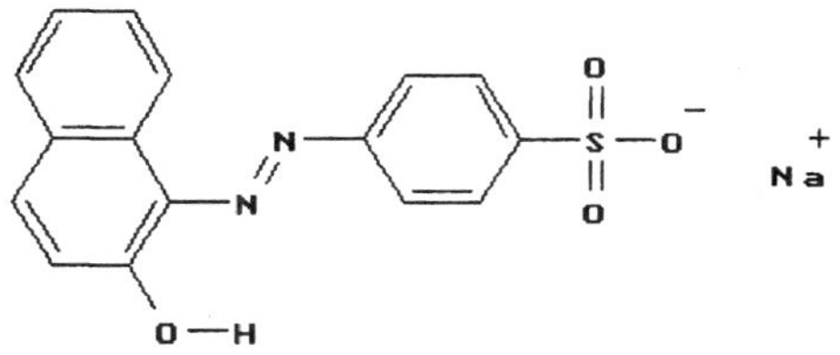

Funktion:
Pigment/Farbstoff/orange;
Verfahren:
Druckverfahren;

Eigenschaften:
- toxikologisch/ökotoxikologisch:
RTECS # DB 7084000
MAK Wert: vgl. Abschnitt III [481]
Sonstiges:
Kann schädigend wirken beim Einatmen, Verschlucken oder Aufnahme über Haut; kann Reizungen verursachen [187];

- physikalisch/chemisch:
Molmasse: 350,33 g/mol

Löslichkeit:
löslich in Wasser, Ethanol;

Verbleib nach Gebrauch:
Verbrennung nach Mischung mit brennbarem Lösemittel;

Bemerkung:
Gelbe Blättchen; löst sich in Wasser orangerot;
In Lebensmittlen verboten;
Verwendung: zum Färben von Wolle und Seide; als Bariumlack in der Druckfarbenindustrie; zur Buntpapierherstellung; als Indikator: pH 7,4 - 8,6 (bernsteinfarben -> orange) pH 10,2 - 11,8 (orange -> rot)

3-Hydroxy-2-naphthoesäure-anilid

- CAS-Nummer:
92-77-3
- gebräuchliche Namen:
2-Hydroxy-3-naphthoesäureanilid-(2-3);
- Handelsnamen:
Azoic Coupling Component 2; Naphthol AS;
- Summenformel:
$C_{17}H_{13}NO_2$

- Strukturformel:

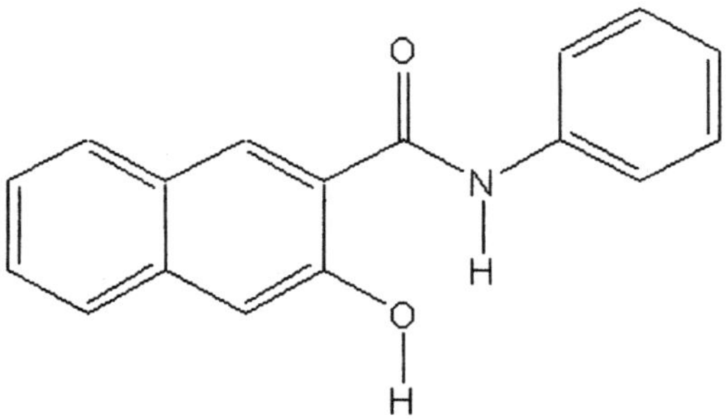

Funktion:
Pigment/Farbstoff;
Verfahren:
Druckverfahren;
Anwendung:
Farbe;

Eigenschaften:
- toxikologisch/ökotoxikologisch:
Sonstiges:
Kann schädigend wirken bei Einatmung, Verschlucken oder Aufnahme überHaut; verursacht Augen- und Hautreizungen; reizt Schleimhäute undAtemwege [187];

- physikalisch/chemisch:
Schmelzpunkt: 247-250 °C
Molmasse: 263,30 g/mol

Verbleib nach Gebrauch:
Verbrennung nach Mischung mit brennbarem Lösemittel;

Bemerkung:
Beige farbenes Pulver;

12-Hydroxyoctadecansäure

- CAS-Nummer:
106-14-9
- gebräuchliche Namen:
12-Hydroxystearinsäure; 12-Hydroxy-Stearinsäure
- Summenformel:
$C_{18}H_{36}O_3$

- Strukturformel:

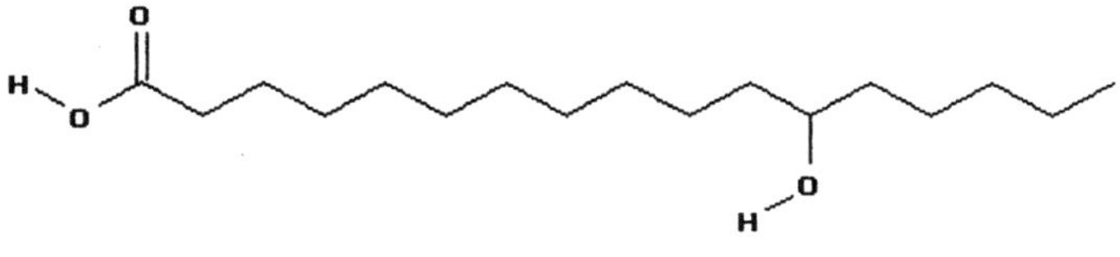

Eigenschaften:

- physikalisch/chemisch:
Schmelzpunkt: 79 °C
Molmasse: 300,48 g/mol

Bemerkung:
Verwendung: als Detergens; Zwischenprodukt für Tenside;

1-Hydroxy-2-phenoxyethan

- CAS-Nummer:
122-99-6
- gebräuchliche Namen:
Ethylenglycolmonophenylether; Phenylglykol; Ethylenglycolphenylether; 2-Phenoxyethanol; Glykolmonophenylether; Phenylglycol; Glycolmonophenylether; Ethylenglykolmonophenylether; 2-Phenoxyethanol; Phenoxytol; ß-Hydroxyethylphenylether; Phenoxethol; Phenoxyethanol; Ethylenglykolphenylether; Phenylethandiol;
- Handelsnamen:
Dowanol EP; Phenylcellosolve; Phenyl Cellosolve; Arosol; Emery 6705; Emeressence 1160; Cellosolve;
- Summenformel:
$C_8H_{10}O_2$

- Strukturformel:

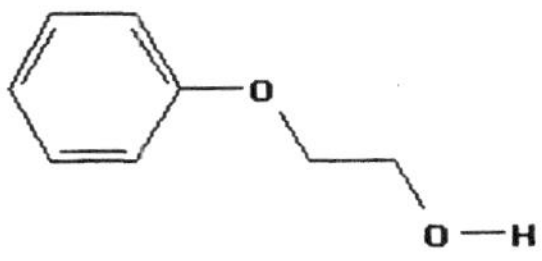

Funktion:
Lösungsmittel;
Verfahren:
Druckverfahren/Flachdruck indirekt/Offsetdruck;
Anwendung:
Druckformherstellung;

Eigenschaften:
- toxikologisch/ökotoxikologisch:
RTECS # KM 0350000
Schweizer Giftliste: 4
WGK: 1
MAK Wert: 20 ml/m3, 110 mg/m3;
R-Satz: 22-36
S-Satz: (2)-26
Sonstiges:
Spitzenbegrenzung I [481]; Gefahr der Hautresorption [481]; Schwangerschaftsgruppe C (481);Schädlich beim Einatmen, Verschlucken oder Kontakt mit der Haut;Verursacht starke Reizung der Augen; Reizt die Haut [189]; LD 50 (oral, Ratte): 1260 mg/kg [428];LD 50 (Haut, Kaninchen): 5000 mg/kg [428];

Gefahren-Symbol:

- **physikalisch/chemisch:**
  Schmelzpunkt: 11-13 °C (*)
  Siedepunkt: 165 °C (106,63 hPa); 245,2 °C (1013,00 hPa);
  Flammpunkt: 121 °C; >110 °C;
  Dampfdruck: 0,04 hPa (20 °C) [9]
  Brechungsindex: 1,5370 (20 °C)
  Dichte: 1102 kg/m3 (22 °C)
  Molmasse: 138,17 g/mol
  Verdunstungszahl: 0,004 (BuAc = 1) [9]

  Löslichkeit:
  Wasser 27 g/l (20 °C); leicht löslich in Ethanol, Diethylether, Trichloethan, Natronlauge;

  Bemerkung zu physikalisch/chemischen Daten:
  *: auch -2 °C wird angegeben;

Verbleib nach Gebrauch:
Verbrennung nach Mischung mit brennbarem Lösemittel;

Bemerkung:
Farblose, ölige, rosenähnlich riechende Flüssigkeit; scharfer Geschmack;
Verwendung: Lösemittel; Fixiermittel in Parfume; in der org. Synthese; als Bactericid in Verbindung mit quartären Ammoniumverbindungen; als Antiinsektenmittel;

2-Hydroxypropansäure

- **CAS-Nummer:**
  50-21-5
- **gebräuchliche Namen:**
  DL-2-Hydroxypropionsäure; DL-Milchsäure; DL-Käsesäure; Gärungsmilchsäure; E 270;
- **Summenformel:**
  $C_3H_6O_3$

- **Strukturformel:**

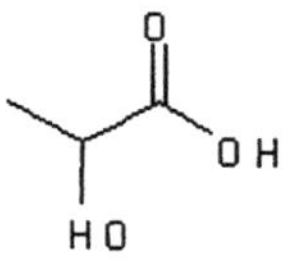

Funktion:
Entwickler;
Verfahren:
Druckverfahren/Flachdruck/Druckformherstellung;
Anwendung:
Chromatkolloid-Verfahren;

Eigenschaften:

- toxikologisch/ökotoxikologisch:

RTECS # OD 2800000

Schweizer Giftliste: 4

R-Satz: 34

S-Satz: 26

Sonstiges:

Wirkt schädigend beim Einatmen, Verschlucken oder Aufnahme über Haut;wirkt extrem zerstörerisch auf das Gewebe der Schleimhäute und Atemwege, Augen und Haut [187];LD 50 (oral, Ratte): 3730 mg/kg [187];Schädlichkeitsgrenze für Fische: 50 - 100 mg/l [298];Toxische Grenzkonzentration für Daphnia magna 243 mg/l [389];

Gefahren-Symbol:

- physikalisch/chemisch:

Schmelzpunkt: 18 °C

Siedepunkt: 119 °C (15,99 hPa)

Flammpunkt: > 112 °C

Log pOW: -0,62 [4]

Brechungsindex: 1,44145 (20 °C)

Dichte: 1249 kg/m3 (15 °C)

Molmasse: 90,079 g/mol

Löslichkeit:

mischbar mit Wasser, Ethanol, Diethylether;

Verbleib nach Gebrauch:

Verbrennung nach Mischung mit brennbarem Lösemittel;

Bemerkung:

Zerfließliche Prismen;

Verwendung: Beizmittel in der Woll- und Lederfärberei; Zusatz zu verschiedenen Textilhilfsmitteln; Säuerungsmittel in Limonaden; Konservierungsmittel;

L(-)-2-Hydroxypropansäureethylester

- CAS-Nummer:

687-47-8

- gebräuchliche Namen:

L(-)-Milchsäureethylester; Ethyllactat;2-Hydroxypropionsäureethylester; Ethyl-2-hydroxypropanoat;

- Summenformel:

$C_5H_{10}O_3$

- Strukturformel:

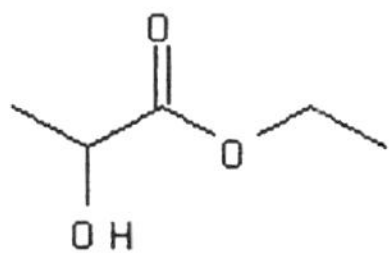

Eigenschaften:

- toxikologisch/ökotoxikologisch:

RTECS # OD 5070000
Schweizer Giftliste: 5
R-Satz: 10
S-Satz: 23
Sonstiges:
Kann schädigend wirken beim Einatmen, Verschlucken oder Aufnahme über Haut; kann Reizungen verursachen [187];LD 50 (oral, Maus): 2500 mg/kg [187];

- physikalisch/chemisch:

Schmelzpunkt: - 25 °C
Siedepunkt: 154,5 °C
Flammpunkt: 46 °C
Dampfdruck: 2,6 hPa (20 °C) [132], 3,2 hPa (20 °C) [9];
Brechungsindex: 1,4125 (20 °C)
Dichte: 1031 kg/m3 (19 °C)
Molmasse: 118,132 g/mol
Verdunstungszahl: 0,22 (BuAc = 1) [9], 80 (Diethylether = 1) [132];

Löslichkeit:
mischbar mit Wasser; leicht löslich in Ethanol, Diethylether;

Verbleib nach Gebrauch:
Verbrennung;

Bemerkung:
Farblose Flüssigkeit; brennbar;
Bildet im dampf-/gasförmigen Zustand mit Luft explosionsfähige Gemische;
Explosionsgrenzen: 1,55 - 11,4 Vol% ; Zündtemp.: 400 °C [9];
Zugelassen als Lebensmittelzusatzstoff nach LMBG;
Verwendung: technisches Lösungsmittel;

2-Hydroxypropansäure-n-butylester

- CAS-Nummer:
138-22-7
- gebräuchliche Namen:
Milchsäure-n-butylester; n-Butyllactat;(±)-Milchsäurebutylester; (±)-Hydroxypropionsäurebutylester;
- Summenformel:
$C_7H_{14}O_3$

- Strukturformel:

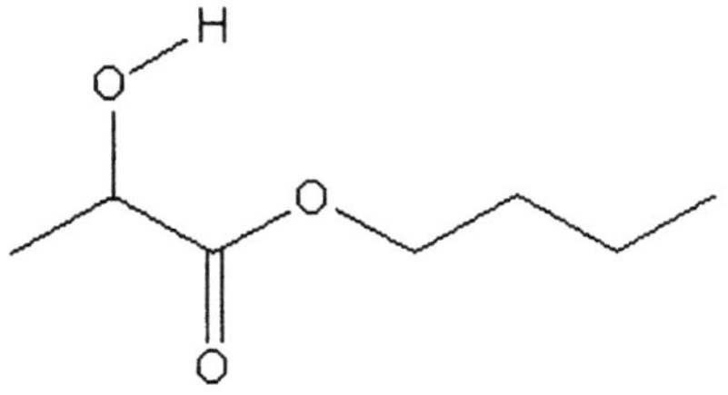

Funktion:
Lösungsmittel;
Verfahren:
Druckverfahren;

Eigenschaften:
- toxikologisch/ökotoxikologisch:
RTECS # OD 4025000;
Schweizer Giftliste: 5
R-Satz: 36/37/38
S-Satz: 37
Sonstiges:
LD 50 (percutan, Ratte): 12000 mg/kg [9];

- physikalisch/chemisch:
Schmelzpunkt: - 43 °C (*)
Siedepunkt: 188 °C
Flammpunkt: 71 °C
Dampfdruck: 0,5 hPa (20 °C) [9];
Brechungsindex: 1,4214 (25 °C)
Dichte: 973 kg/m3 (20 °C)
Molmasse: 146,19 g/mol
Verdunstungszahl: 0,03 (BuAc = 1) [9], 443 (Diethylether = 1) [132];

Löslichkeit:
Wasser 34 g/l (20 °C); löslich in Ethanol;

Bemerkung zu physikalisch/chemischen Daten:
(*): Schmp.: -28 °C wird auch angegeben

Verbleib nach Gebrauch:
Verbrennung;

Bemerkung:
Farblose Flüssigkeit; brennbar;
Verwendung: Lösungsmittel;

2-Hydroxy-1,2,3-propantricarbonsäure

- CAS-Nummer:
77-92-9
- gebräuchliche Namen:
2-Hydroxy-1,2,3-propantricarboxylsäure; E 330; Citronensäure; Zitronensäure;
- Summenformel:
$C_6H_8O_7$

- Strukturformel:

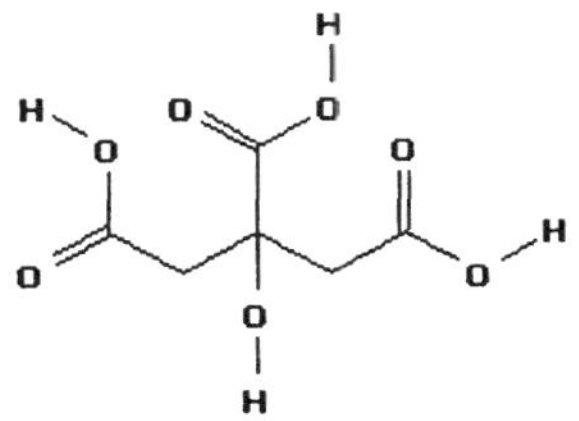

Verfahren:
1.Druckformherstellung/Reproduktionsfotografie;
2.Druckverfahren/Flachdruck indirekt/Offsetdruck;

Anwendung:
1.Entwickler, Verstärker, Tonbädern;
2.Wischwasser;

Eigenschaften:
- toxikologisch/ökotoxikologisch:
RTECS # GE 7350000
Schweizer Giftliste: 4
WGK: 0
R-Satz: 41-37/38
S-Satz: 26-36
Sonstiges:
Mangels ausreichender Untersuchungsergebnisse kann zu diesem Stoff z.Z. kein MAK.-Wert angegeben werden.Kontakt mit Augen verursacht Reizungen; wenig toxisch im Tierversuch [418]; kann schädigend wirken beim Einatmen, Verschlucken oder Aufnahme über Haut; verursacht Augen- und Hautreizungen; reizt Schleimhäute und Atemwege [187];LD 50 (oral, Ratte): 6730 mg/kg [187], 11500 mg/kg [418], 3000 mg/kg [428];LD 50 (intraperitoneal, Ratte): 290 mg/kg [428];LD 50 (subcutan, Ratte): 5500 mg/kg [428];LD 50 (oral, Maus): 5040 mg/kg [428];LD 50 (subcutan, Maus): 2700 mg/kg [428],LD 50 (intravenös, Maus): 42 mg/kg [428];LD Lo (oral, Kaninchen): 7000 mg/kg [428];LD 50 (intravenös, Kaninchen): 330 mg/kg [428];Toxische Grenzkonzentration für Scenedesmus quadricauda 640 mg/l [418], für Daphnia magna 153 mg/l [389];BSB(5): 0,4 - 0,42 [418]; CSB: 745 mg/g [13];

- physikalisch/chemisch:
Schmelzpunkt: 153 °C, 100 °C *
Log pOW: -1,72 [4]
Brechungsindex: 1,4584 (170-173 °C)
Dichte: 1665 kg/m3 (20 °C); 1542 kg/m3 (20 °C)*
Molmasse: 192,12 g/mol

Löslichkeit:
Wasser 733 g/l (20 °C), 1630 g/l (20 °C) für Monohydrat; Ethanol 759,1 g/l (15 °C); Diethylether 22,6 g/l (15 °C); unlöslich in Benzen, Trichlormethan;

Bemerkung zu physikalisch/chemischen Daten:
*: Angaben für Monohydrat;
Bei Erwärmung über 175 °C erfolgt Zersetzung unter Bildung von Zitronensäureanhydrid[573];

Verbleib nach Gebrauch:
Verbrennung nach Mischung mit brennbarem Lösemittel;

Bemerkung:
Farblose Kristalle oder Granulate;
Zugelassen als Lebensmittelzusatzstoff nach LMBG;
Der Saft der Zitronen enthält 5 - 8 % Citronensäure;
Verwendung: in der Fotoindustrie für Verstärker (Orwo 600), als Entwicklerzusatz (Orwo 75); zur Händereinigung; in der Lebensmittelindustrie als Säuerungsmittel;

2-Hydroxypropantricarbonsäure-(tri-cyclohexyl)-ester

- CAS-Nummer:
4132-10-9
- gebräuchliche Namen:
Citronensäure-(tri-cyclohexyl)-ester; Zitronensäure-(tri-cyclohexyl)-ester; Tri-cyclohexyl-citrat;
- Handelsnamen:
Citroflex 6R;
- Summenformel:
$C_{24}H_{38}O_7$

Funktion:
Additv/Weichmacher;
Verfahren:
Druckverfahren;
Anwendung:
Farbe;

Eigenschaften:
- physikalisch/chemisch:
Schmelzpunkt: 57 °C
Dichte: 1695 kg/m3 (25 °C)

L(-)-trans-Hydroxypyrrolidin-2-carbonsäure

- CAS-Nummer:
51-35-4
- gebräuchliche Namen:
trans-4-Hydroxy-L-prolin; α-4-Hydroxyprolin;Hypro; (2S)-4t-Hydroxypyrrolidin-2r-carbonsäure;
- Summenformel:
$C_5H_9NO_3$

- Strukturformel:

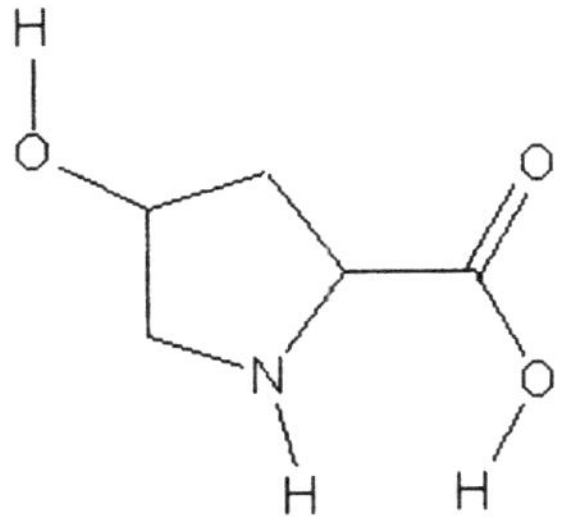

Verfahren:
Druckverfahren;

Eigenschaften:

- physikalisch/chemisch:
Schmelzpunkt: 274 °C (zers.)
Molmasse: 131,13 g/mol
Löslichkeit:
Wasser 288,6 g/l (0 °C), 361,1 g/l (25 °C), 451,8 g/l (50 °C); sehr wenig löslich in Ethanol; unlöslich in Diethylether;

Verbleib nach Gebrauch:
Verbrennung nach Mischung mit brennbarem Lösemittel;

Bemerkung:
Vier Diastereomere;
Entsteht im Organismus direkt durch Hydroxylierung der -> L-Pyrrolidin-carbonsäure;
Bestandteil der -> Gelatine (14 %);
L(-)-cis-Hydroxypyrrolidin-2-carbonsäure, CAS-Nr.: 618-27-9;

α-Hydroxy-w-hydroxy-poly[oxy(methyl-1,2-ethandiyl)], Polymer mit 1,3-Diisocyanomethylbenzol

- CAS-Nummer:
9057-91-4
- Summenformel:
$(C_9H_6N_2O_2(C_3H_6O)_nH_2O)_x$

4,4'-(Imidocarbonyl)-bis-(N,N-dimethylanilin) Hydrochlorid

- CAS-Nummer:
2465-27-2
- gebräuchliche Namen:
Auramin O (C. I. 41000); Pyoctanium aureum;C.I. 41000; Basic Yellow 2; Basisches Gelb 2; Auraminhydrochlorid;bis-(p-Dimethylaminophenyl)-methylenimin Hydrochlorid;
- Summenformel:
$C_{17}H_{21}N_3 * HCl$

Funktion:
Pigment/Farbstoff/gelb;
Verfahren:
Druckverfahren;
Anwendung:
Farbe/Flexodruckfarben;

Eigenschaften:
- toxikologisch/ökotoxikologisch:
RTECS # BY 3675000;
R-Satz: 26/27/28-45
S-Satz: 53
Sonstiges:
Wirkt schädigend bei Einatmung, Verschlucken oder Aufnahme über Haut;kann Augen- und Hautreizungen verursachen [187];Krebserzeugend 2 [481]LD 50 (oral, Maus): 480 mg/kg [187];LD 50 (Haut, Maus): 300 mg/kg [187];

Gefahren-Symbol:

T

- physikalisch/chemisch:
Schmelzpunkt: > 250 °C (zers.)
Molmasse: 303,84 g/mol

Löslichkeit:
löslich in Wasser, Ethanol;

Verbleib nach Gebrauch:
Verbrennung nach Mischung mit brennbarem Lösemittel;

Bemerkung:
Gelb-grünes Pulver

Verwendung: Färben von Papier, Jute und Kokosfasern; in der Medizin zum Nachweis von Tuberkelbazillen; in der Druckindustrie Einsatz in Flexodruckfarben;

2-Indencarbonsäure

- CAS-Nummer:
41712-14-5
- gebräuchliche Namen:
2-Indonaphthencarbonsäure; 2-Benzocyclopentadiencarbonsäure;
- Summenformel:
$C_{10}H_8O_2$

Verfahren:
Druckverfahren;

Eigenschaften:

- physikalisch/chemisch:
Schmelzpunkt: 234 °C (subl.)
Molmasse: 160,17 g/mol

Löslichkeit:
löslich in Ethanol, Diethylether;

Bemerkung:
Nadeln (nach Umkristallisation aus Benzen (Benzol));

1-Indencarbonsäure

- CAS-Nummer:
5020-21-3
- gebräuchliche Namen:
1-Indonaphthencarbonsäure;1-Benzocyclopentadiencarbonsäure;
- Summenformel:
$C_{10}H_8O_2$

- Strukturformel:

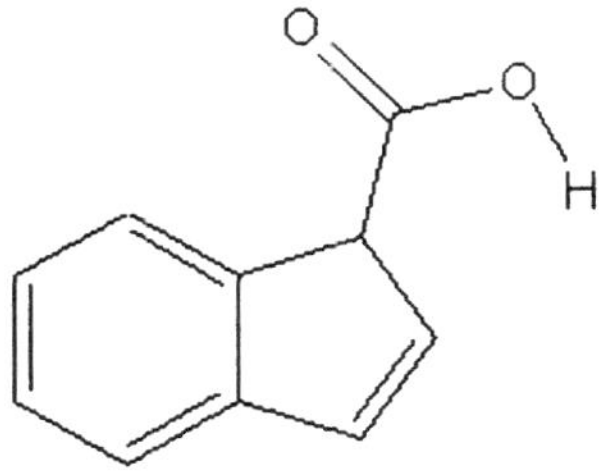

Verfahren:
Druckverfahren;

Eigenschaften:
- **physikalisch/chemisch:**
  Schmelzpunkt: 161 °C
  Siedepunkt: 193-195 °C (15,99 hPa)
  Molmasse: 160,17 g/mol

  Löslichkeit:
  löslich in Diethylether;

Bemerkung:
Gelbe Nadeln (nach Umkristallisation aus Benzen (Benzol));

Indigo (C.I. 73000)

- **CAS-Nummer:**
  482-89-3
- **gebräuchliche Namen:**
  Indigoblau; Indigoreinblau; Indigotin;Vat Blue 1; C.I. 73000;2-(1,3-Dihydro-3-oxo-2H-indol-2-yliden)-1,2-dihydro-3-H-indol-3-on;
- **Summenformel:**
  $C_{16}H_{10}N_2O_2$
- **Strukturformel:**

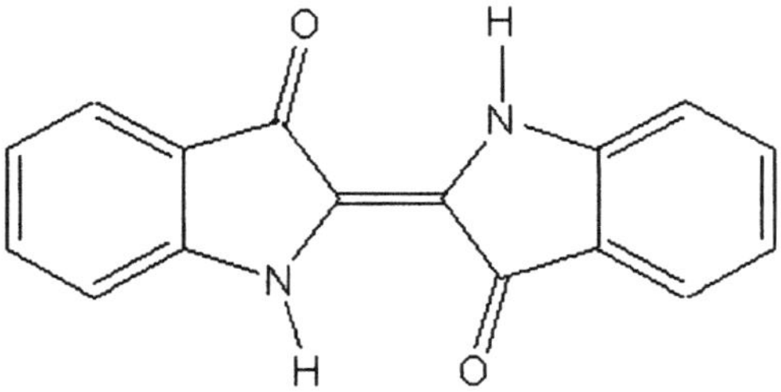

Funktion:
Pigment/Farbstoff/blau;
Verfahren:
Druckverfahren;

Eigenschaften:
- **toxikologisch/ökotoxikologisch:**
  RTECS # DU 2988400;
  WGK: 1
  Sonstiges:
  Stäube reizen Augen, die oberen Atemwege und Haut; bei Erhitzung oder Brand entstehen u.a. hochgiftige nitrose Gase [484];Ergebnis des Ames-Test: positiv [261];

  Gefahren-Symbol:

Xi

- **physikalisch/chemisch:**
  Schmelzpunkt: 390-392 °C (zers.)
  Siedepunkt: subl.
  Dichte: 1350 kg/m3 (20 °C)
  Molmasse: 262,267 g/mol

  Löslichkeit:
  unlöslich in Wasser; wenig löslich in Ethanol, Diethylether, Trichlormethan (Chloroform); löslich in heißem Eisessig, heißem Aminobenzen (Anilin);

Verbleib nach Gebrauch:
Verbrennung nach Mischung mit brennbarem Lösemittel;

Bemerkung:
Dunkelblaues, kupferrot schimmerndes Pulver; Küpenfarbstoff;
Stoff reagiert bei Kontakt oder Mischung mit starken Oxidationsmitteln;
Verwendung: als Farbstoff;

Indiumhydroxid

- **CAS-Nummer:**
  20661-21-6
- **Summenformel:**
  $In(OH)_3$

Eigenschaften:

- **physikalisch/chemisch:**
  Schmelzpunkt: < 150 °C
  Dichte: 4410 kg/m3 (20 °C)
  Molmasse: 165,84 g/mol

  Löslichkeit:
  unlöslich in Wasser; sehr wenig löslich in Natriumhydroxid; löslich in Säuren;

Bemerkung:
Weißer, voluminöser Niederschlag;

Indium(III)-oxid

- **CAS-Nummer:**
  1312-43-2
- **gebräuchliche Namen:**
  Indiumsesquioxid;
- **Summenformel:**
  In_2O_3

Eigenschaften:
- **toxikologisch/ökotoxikologisch:**
  Sonstiges:
  Kann schädigend wirken bei Einatmung, Verschlucken oder Aufnahme über Haut; verursacht Augen- und Hautreizungen; reizt Schleimhäute und Atemwege [187];

Gefahren-Symbol:

Xi

- physikalisch/chemisch:
Schmelzpunkt: 1910 °C ± 10 °C
Dichte: 7179 kg/m3 (20 °C)
Molmasse: 277,64 g/mol

Löslichkeit:
unlöslich in Wasser, Säuren;

Verbleib nach Gebrauch:
Sondermüll-Deponie für chemischen Abfall, besonders gefährliche Stoffe;

Bemerkung:
Gelbes Pulver;

Iod

- CAS-Nummer:
7553-56-2
- gebräuchliche Namen:
Jod;
- Summenformel:
I_2

Eigenschaften:
- toxikologisch/ökotoxikologisch:
RTECS # NN 1575000
Schweizer Giftliste: 2
WGK: 1
MAK Wert: 0,1 ml/m3 bzw. 1 mg/m3
R-Satz: 20/21
S-Satz: (2)-23-25
Sonstiges:
Spitzenbegrenzung: I [481]; IMK: II;Ätzstoff; Ätzwirkung auf alle Gewebe, besonders Schleimhäute [30]; Wirkt schädigend bei Einatmung, Verschlucken oder Aufnahme über Haut; wirkt extrem zerstörerisch auf das Gewebe der Schleimhäute und Atemwege, Augen und Haut; Einatmung kann tödliche Folgen haben [187];Tödliche Dosis: 2 - 3 g [39];Eingeatmet 0,001 mg/l Luft: Arbeiten ungestört, 0,003 mg/l Luft: Arbeiten unmöglich [30];Innerlich 20 - 30 ml Tinktur tödlich [30];LD Lo (oral, Mensch): 28 mg/kg [187];LD 50 (oral, Ratte): 14 g/kg [187];

Gefahren-Symbol:

Xn

- **physikalisch/chemisch:**
  Schmelzpunkt: 113,5 °C
  Siedepunkt: 184,35 °C
  Dampfdruck: 0,41 hPa (25 °C) [187]
  Dichte: 4930 kg/m3 (20 °C)
  Molmasse: 253,809 g/mol

  Löslichkeit:
  Wasser 0,29 g/l (20 °C), 0,3 g/l (25 °C), 0,78 g/l (50 °C); Ethanol 205 g/l (15 °C); Diethylether 206 g/l (17 °C), 240 g/l (25 °C); Benzen 164,6 g/l (25 °C); Methanol 230 g/l (25 °C); Tetrachlormethan 29,1 g/l (25 °C);

Verbleib nach Gebrauch:
Wiedergewinnung zum Recycling oder zur Wiederverwertung;

Bemerkung:
Bläulich-schwarz, metallisch glänzende Tafeln oder Blättchen;
Jodtinktur: Lösung von Jod in wäßriger KI-Lösung;
Verboten in kosmetischen Mitteln;
Verwendung: Entfernung von Silberflecken aus Wäsche; in der Reproduktionstechnik (Jodcyanabschwächer); in der Medizin als Blutstiller und als Antiseptikum;

Isoascorbinsäure Natriumsalz

- **CAS-Nummer:**
  6381-77-7
- **gebräuchliche Namen:**
  Natrium-isoascorbat; Ascorbinsäure; Vitamin C;
- **Summenformel:**
  $C_6H_7NaO_6$

- **Strukturformel:**

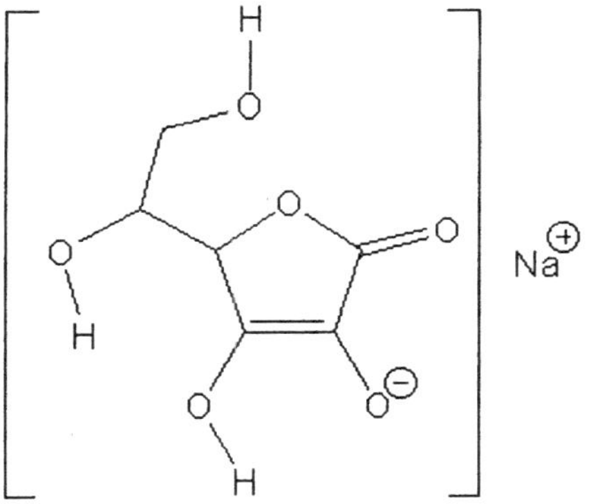

Funktion:
Entwicklersubstanz;
Verfahren:
Reproduktion;
Druckformherstellung
Anwendung:
Reprofotografie;

Eigenschaften:
- physikalisch/chemisch:
Molmasse: 198,98 g/mol [428];

Löslichkeit:
160 g/l in Wasser (20°C) [428];

Bemerkung:
weißes, kristallines Pulver [428];

iso-Butansäure-iso-butylester

- CAS-Nummer:
97-85-8
- UN Nummer:
2528
- gebräuchliche Namen:
Isobuttersäureisobutylester; iso-Butyl-iso-butyrat; Isobutylisobutyrat; 2-Methylpropionsäureisobutylester;
- Summenformel:
$C_8H_{16}O_2$

- Strukturformel:

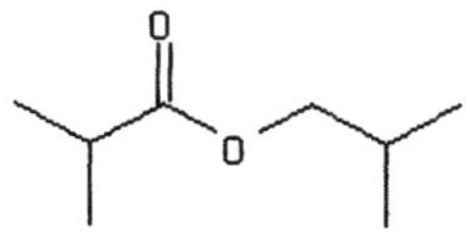

Funktion:
Lösungsmittel;
Verfahren:
Druckverfahren;

Eigenschaften:
- toxikologisch/ökotoxikologisch:
RTECS # NQ 5250000
Schweizer Giftliste: 5
R-Satz: 10-36/37/38
S-Satz: 16-26-36/37/39
Sonstiges:
Dämpfe haben leichte narkotische Wirkung; Kontakt mit der Flüssigkeit reizt stark die Augen, weniger die Haut; lange Einwirkung verursacht Reizung der Atemwege und Haut [163];LD 50 (oral, Ratte): 12800 mg/kg [9];LD 50 (Haut, Kaninchen): > 8600 mg/kg [9];LC 50 (inhalativ, Ratte, 6 h): 5000 ml/m3 [9];

- physikalisch/chemisch:
Schmelzpunkt: -81 °C
Siedepunkt: 147 °C
Flammpunkt: 40 °C
Dampfdruck: 5,06 hPa (20 °C) [9]; 10 hPa (39,9 °C) [163];
Brechungsindex: 1,399 (20 °C)
Dichte: 854 kg/m3 (20 °C)
Molmasse: 144,21 g/mol
Verdunstungszahl: 0,45 (BuAc = 1) [9]

Löslichkeit:
Wasser 0,1 g/l (20 °C); löslich in Ethanol, Diethylether;

Verbleib nach Gebrauch:
Verbrennung, hochentzündliche Stoffe;

Bemerkung:
Farblose, fruchtig riechende Flüssigkeit; brennbar;
Bildet im dampf-/gasförmigen Zustand mit Luft explosionsfähige Gemische;
Explosionsgrenzen: 1,0 - 7,6 Vol% ; Zündtemp.: 432 °C [9];
Unverträglich mit starken Oxidationsmitteln und starken Basen;
Verwendung: Lösemittel;

2-iso-Butoxyethanol

- **CAS-Nummer:**
  4439-24-1
- **gebräuchliche Namen:**
  2-iso-Butoxyethanol; 2-Isobutoxyethanol;2-iso-Butyloxyethanol; Ethylenglycol-iso-butylether; 2-(2-Methylpro-poxy)ethanol; Glycol-iso-butylether; 2-Hydroxyethyl-iso-butylether;
- **Handelsnamen:**
  iso-Butyl Cellosolve; Isobutyl Cellosolve;
- **Summenformel:**
  $C_6H_{14}O_2$
- **Strukturformel:**

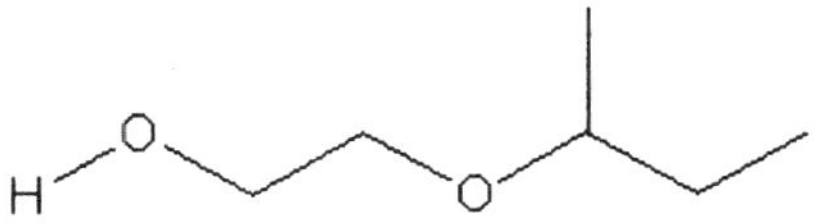

Funktion:
Lösungsmittel;
Verfahren:
Druckverfahren;

Eigenschaften:
- **toxikologisch/ökotoxikologisch:**
  RTECS # KL 3850000;
  Sonstiges:
  LD 50 (oral, Ratte): 3200 mg/kg [9];LD 50 (Haut, Kaninchen): 630 mg/kg [9];

- **physikalisch/chemisch:**
  Schmelzpunkt: -87 °C
  Siedepunkt: 160 °C
  Flammpunkt: 59 °C
  Dampfdruck: 1,18 hPa (20 °C) [9]
  Brechungsindex: 1,4143 (20 °C)
  Dichte: 890,0 kg/m3 (20 °C)
  Molmasse: 118,18 g/mol
  Verdunstungszahl: 0,11 (BuAc = 1) [9]

  Löslichkeit:
  leicht löslich in Wasser, Ethanol, Diethylether;

Bemerkung:
Farblose Flüssigkeit;
Bildet im dampf-/gasförmigen Zustand mit Luft explosionsfähige Gemische;
Explosionsgrenzen: 1,2 - 9,4 Vol% ; Zündtemp.: 282 °C [9];
Verwendung: technisches Lösemittel;

iso-Decyldiphenylphosphat

- CAS-Nummer:
29761-21-5
- UN Nummer:
3082
- gebräuchliche Namen:
Diphenyl-(iso-dekyl)-phosphat;Phosphorsäure-(iso-dekyl)-phenylester; iso-Dekyldiphenylphosphat;
- Handelsnamen:
Santicizer 148
- Summenformel:
$C_{22}H_{31}O_4P$

- Strukturformel:

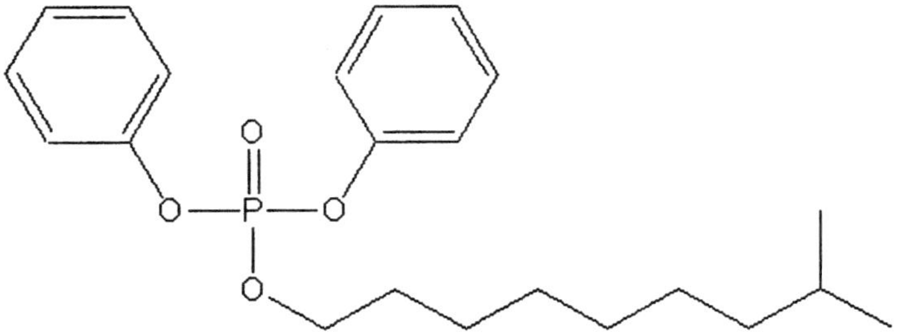

Funktion:
Additv/Weichmacher;
Verfahren:
Druckverfahren;
Anwendung:
Farbe;

Eigenschaften:
- toxikologisch/ökotoxikologisch:
Sonstiges:
[Sdb Monsanto]:Praktisch nicht gesundheitsschädlich bei Verschlucken.LD 50 (oral, Ratte): >15800 mg/kgLD 50 (Haut, Kaninchen): >7940 mg/kgGeringfügig reizend für die Haut (Kaninchen).LC 50 (Elritze): 18 mg/l/96 h geringfügig giftigLC 50 (Regenbogenforelle): 7,6 mg/l/96 mäßig giftigLC 50 (Algen): 71-79 mg/l/96 h geringfügig giftigEC 50 (Daphnia magna): 0,48 mg/l/48 h stark giftigDie biologische Abbaubarkeit von Santicizier 148 wurde eingestuft als mäßig;

- physikalisch/chemisch:
Siedepunkt: 390 °C; 245 °C (13,33 hPa)
Flammpunkt: 240 °C
Brechungsindex: 1,506 [Sdb Montsanto]
Dichte: 1072 kg/m3 (25°C)

Löslichkeit:
0,003 g/100 g Wasser

Bemerkung zu physikalisch/chemischen Daten:
Zündtemperatur: 260 °C [Sdb];

Bemerkung:
[Sdb Monsanto]:
Klare, helle, ölige Flüssigkeit;
kann sich bei starkem Erhitzen entzünden und giftigen Rauch abgeben;

Isooctanol

- CAS-Nummer:
26952-21-6
- gebräuchliche Namen:
6-Methyl-1-heptanol;
- Summenformel:
$C_8H_{18}O$

Eigenschaften:
- toxikologisch/ökotoxikologisch:
Sonstiges:
LD 50 (oral, Mann): 140 mg/kg [428];LD 50 (oral, Ratte): 1480 mg/kg [428];LD 50 (oral, Maus): 1670 mg/kg [428];LD 50 (Haut, Kaninchen): 2520 mg/kg [428];

- physikalisch/chemisch:
Siedepunkt: 186°C [428]
Flammpunkt: 82,2°C [636]
Dichte: 832 kg/m3 [428]
Molmasse: 130,23 g/mol [636]

Löslichkeit:
640 mg/l in Wasser (25°C) [428]

Isooctyl-Tallat

- CAS-Nummer:
68333-78-8
- Handelsnamen:
Plasthall 100

2-Isopropoxyethanol

- CAS-Nummer:
109-59-1
- gebräuchliche Namen:
Isopropylglycol; Isopropoxyethanol; 2-Isopropoxyethanol; 2-(1-methylethoxy)-ethanol; Ethylenglycolmonoisopropylether; ß-Hydroxyethylisopropylether
- Handelsnamen:
IPE; ACGIH; Isopropyloxitol; Isopropylcellosolv; i-Propylcellosolv; Dowanol-Eipat
- Summenformel:
$C_5H_{12}O_2$

- Strukturformel:

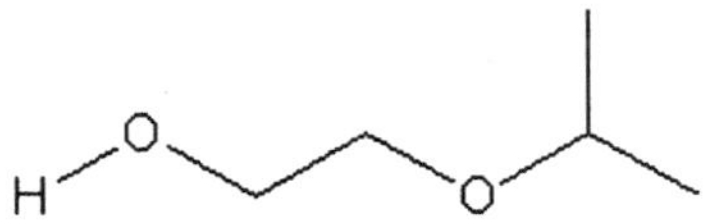

Eigenschaften:
- toxikologisch/ökotoxikologisch:
RTECS # KL5075000
WGK: 1
MAK Wert: 5ml/m3 bzw. 22 mg/m³
R-Satz: 10-20/21-36
S-Satz: 24/25
Sonstiges:
Spitzenbegrenzung II,1[481]; Gefahr der Hautresorption [481]; Schwangerschaftsgruppe C [481];

- physikalisch/chemisch:
Siedepunkt: 141,6 °C [637]
Flammpunkt: 44,4 °C [637]
Dampfdruck: 8 Torr (30 °C) [637]
Brechungsindex: 1,408 (20 °C) [637]
Dichte: 0.904 g/cm³ [637]
Molmasse: 14,15 g/mol

Löslichkeit:
in Wasser gut löslich

Bemerkung zu physikalisch/chemischen Daten:
endzünliche Flüssigkeit

Isotridecylalkohol

- CAS-Nummer:
68526-86-3
- Summenformel:
$C_{13}H_{28}O$

Eigenschaften:
- toxikologisch/ökotoxikologisch:
Sonstiges:
LD 50 (oral, Ratte): 17000 mg/kg [428];LD 50 (dermal, Kaninchen): 2600 mg/kg [428];

- physikalisch/chemisch:
Schmelzpunkt: -40°C [428]
Siedepunkt: 250-270°C [428]
Flammpunkt: 126°C [428]
Dichte: 845 kg/m3 [428]
Molmasse: 207,37 g/mol [428]

Kaliumbromid

- CAS-Nummer:
7758-02-3
- gebräuchliche Namen:
Bromkali;
- Summenformel:
KBr

Funktion:
Bleichmittel;
1.Verzögerungsmittel;
Verfahren:
1.Druckformherstellung/ Reproduktionsfotografie;
2.Druckverfahren/Flachdruck;
Anwendung:
Bleichbäder und Abschwächer;

Eigenschaften:
- toxikologisch/ökotoxikologisch:
RTECS # TS 7650000
Schweizer Giftliste: 3
WGK: 1
R-Satz: 20/21
Sonstiges:
Kann schädigend wirken bei Einatmung, Verschlucken oder Aufnahme über Haut; verursacht Augen- und Hautreizungen; reizt Schleimhäute und Atemwege; kann Schwäche des ZNS verursachen; längerer Kontakt mit feuchter Haut kann schwere Reizungen oder Verbrennungen verursachen; längeres Einatmen der Dämpfe kann Bronchitis auslösen; Verschlucken von großen Mengen kann Reizbarkeit, Verwirrung, Zittern, Akne, Verlust des Erinnerungsvermögens, Kopfschmerz und undeutliche Aussprachezur Folge haben [187];

Gefahren-Symbol:

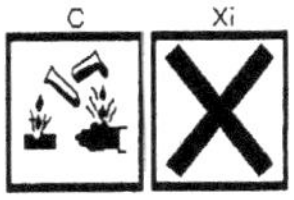

- physikalisch/chemisch:
Schmelzpunkt: 734 °C
Siedepunkt: 11435 °C
Dichte: 2750 kg/m3 (20 °C)
Molmasse: 119,011 g/mol

Löslichkeit:
Wasser 534,8 g/l (0 °C), 658,5 g/l (20 °C), 1020 g/l (100 °C); Ethanol 1,42 g/l (25 °C); wenig löslich in Diethylether; löslich in Propantriol (Glycerin);

Verbleib nach Gebrauch:
Sondermüll-Deponie, wasserunlösliche Feststoffe und Flüssigkeiten nach Neutralisation (nur für Kleinmengen);

Bemerkung:
Weiße, hygroskopische Kristalle;
Verwendung: in der Fotoindustrie als Entwicklerzusatz (Schleierverhütung); Ausgangsstoff zur Herstellung lichtempfindlicher Silberbromidemulsionen; in Bleichbädern zur Umwandlung des Silbers in Silberbromid und in Tonungslösungen;

Kaliumcarbonat

- CAS-Nummer:
584-08-7
- gebräuchliche Namen:
Kaliumkarbonat; Pottasche; kohlensaures Kalium; Pflanzenlaugsalz;
- Summenformel:
K_2CO_3

Funktion:
Additiv/Alkalien; Additiv/Trocknungskatalysator/Beschleuniger;
Verfahren:
Druckformherstellung/Reproduktionsfotografie;
Kopierverfahren/Reprofotografie/Silber-Halogenid-Verfahren
Anwendung:
Entwicklung;

Eigenschaften:
- toxikologisch/ökotoxikologisch:
RTECS # TS 7750000
Schweizer Giftliste: 4
WGK: 1
R-Satz: 22-36/38
S-Satz: 22-36
Sonstiges:
Kann schädigend wirken beim Einatmen, Verschlucken oder Aufnahme über Haut; verursacht Augen- und Hautreizungen; reizt Schleimhäute und Atemwege [187];Vergiftungssymptome können erst nach vielen Stunden auftreten, deshalb ärztliche Überwachung mindestens 48 Stunden nach einem Unfall [Sdb Fa. Sichler];LD 50 (oral, Ratte): 1870 mg/kg [40], [187];

Gefahren-Symbol:

Xn

- physikalisch/chemisch:
Schmelzpunkt: 891 °C
Dichte: 2290 kg/m3 (20 °C); 2430 kg/m3 (20 °C)
Molmasse: 138,213 g/mol

Löslichkeit:
Wasser 1120 g/l (20 °C), 1560 g/l (100 °C); unlöslich in Ethanol, Propanon;

Verbleib nach Gebrauch:
Sondermüll-Deponie, wasserunlösliche Feststoffe und Flüssigkeiten nach Neutralisation (nur für Kleinmengen);

Bemerkung:
Weißes Pulver oder Granulat mit charakteristischem Geruch [Sdb Fa. Sichler];
Weiße, hygroskopische Kristalle;
Zugelassen als Lebensmittelzusatzstoff nach LMBG;
Verwendung: in der Fotoindustrie als Entwicklerzusatz (Beschleuniger) und zur Schnelltrocknung von Negativen;

Kaliumchlorid

- CAS-Nummer:
7447-40-7
- gebräuchliche Namen:
Chlorkalium; Sylvin; Sylvit; Steinsalz; Potassiumchlorid;
- Handelsnamen:
Enseal; Diffu K; Kalium-Duriles; Kaon-Cl; Kaskay; Kayback; K-Contin; Klor-Con; K-Norm; K-Tab; Lento-Kalium; Pfiklor; Rekawan; Slow-K; Klotrix;
- Summenformel:
KCl

Funktion:
Additiv/Vorstrich;
Verfahren:
Kopierverfahren/elektron. Verfahren direkt/Elektrofotografie;
Anwendung:
Papierbeschichtung;

Eigenschaften:
- toxikologisch/ökotoxikologisch:
RTECS # TS 8050000
Schweizer Giftliste: 4
WGK: 1
Sonstiges:
Kann schädigend wirken beim Einatmen, Verschlucken oder Aufnahme über Haut; verursacht Augen- und Hautreizungen; reizt Schleimhäute und Atemwege [187];LD Lo (oral, Kleinkind): 938 mg/kg/2d [428];LD Lo (oral, Mann): 20 mg/kg [428];TD Lo (oral, Frau): 60 mg/kg/dLD 50 (oral, Ratte): 2600 mg/kg [428];LD 50 (oral, weibliche Ratte): 3,02 ± 0,14 g/kg [242];Toxische Grenzkonzentration für Daphnia magna 373 mg/l [389];

- physikalisch/chemisch:
Schmelzpunkt: 770 °C
Siedepunkt: 1500 °C (Subl.)
Dichte: 1984 kg/m3 (20 °C)
Molmasse: 74,555 g/mol

Löslichkeit:
Wasser 347 g/l (30 °C), 567 g/l (100 °C); löslich in Diethylether, Propantriol; wenig löslich in Ethanol;

Verbleib nach Gebrauch:
Sondermüll-Deponie, wasserunlösliche Feststoffe und Flüssigkeiten nach Neutralisation (nur für Kleinmengen);

Bemerkung:
Weiße, hygroskopische Kristalle;
Zugelassen als Lebensmittelzusatzstoff nach LMBG;
Verwendung: in der Fotografie; in Pufferlösungen; in Elektroden-Zellen;

Kaliumchromium(III)-sulfat-12-hydrat

- CAS-Nummer:
7788-99-0
- gebräuchliche Namen:
Chrom(III)-kaliumsulfat Dodecahydrat; Chromalaun; Kaliumchromalaun;
- Summenformel:
$KCr(SO_4)_2 * 12 H_2O$

Verfahren:
Druckformherstellung/Reproduktionsfotografie;
Anwendung:
Härte- und Härtefixierbäder;

Eigenschaften:
- toxikologisch/ökotoxikologisch:
RTECS # GB 6850000;
Schweizer Giftliste: 3
WGK: 2
Sonstiges:
Hautreizend;Wirkt schädigend bei Einatmung oder Verschlucken; verursacht Reizungen;reizt Schleimhäute und Atemwege; kann allergische Hautreaktionen auslösen [187];

- physikalisch/chemisch:
Schmelzpunkt: 89 °C
Siedepunkt: 400 °C (- 12 Wasser)
Dichte: 1826 kg/m3 (25 °C)
Molmasse: 499,39 g/mol

Löslichkeit:
Wasser 243,9 g/l (25 °C); löslich in verdünnten Säuren; unlöslich in Ethanol;

Verbleib nach Gebrauch:
Sondermüll-Deponie, abfiltrierte Sulfide aus der Ausfällung des in Lösung gebrachten Stoffes (Oxidation oder wäßrige Säure) und eventueller Neutralisation;

Bemerkung:
Rosa-farbene oder graue Kristalle oder Klumpen;
Wäßrige Lösung färbt sich durch Kochen grün;
Verwendung: in der Fotoindustrie in Härtebädern und Härtefixierbädern; zum Härten von Gelatine; zum Gerben von Häuten; als Beizmittel in der Färberei und im Zeugdruck;

Kaliumcyanid

- CAS-Nummer:
151-50-8
- UN Nummer:
1680
- gebräuchliche Namen:
Cyankali; Cyankalium; Kaliumzyanid; Zyankali; Zyankalium; blausaures Kalium;
- Summenformel:
CKN

Verfahren:
Druckformherstellung/Reproduktionstechnik;

Eigenschaften:
- toxikologisch/ökotoxikologisch:
RTECS # TS 8750000;
Schweizer Giftliste: 1
WGK: 3
MAK Wert: 5 mg CN/m3 E
R-Satz: 26/27/28-29-32
S-Satz: 1/2-7-28.1-29-45
Sonstiges:
Spitzenbegrenzung II,1 [481]; Gefahr der Hautresorption [481];Atem- und Blutgift;Aufnahme von Substanz oder Lösung durch den Mund ist sehr gefährlich und kann schon in geringen Mengen tödlich wirken; auf der Haut und an den Augen Verätzungen wie bei Kalilauge; bei Kontakt mit Feuchtigkeit, Wasser oder Säuren wird sehr giftiges Gas der -> Blausäure frei [163];Innerlich 0,2 - 0,3 g tödlich [30];LD Lo (oral, Mensch): 2857 µg/kg [187];LD 50 (oral, Ratte): 5 mg/kg [187], 10 mg/kg [415];Toxische Grenzkonzentration für Pseudomonas putida 0,001 mg/l, Scene-desmus quadricauda 0,03 mg/l [36];LC 50 (Daphnia magna, 24 h, 48 h): 2 mg/l [139];LC 50 (Daphnia magna, 72 h): 0,7 mg/l [139];

Gefahren-Symbol:

- physikalisch/chemisch:
Schmelzpunkt: 634,5 °C
Dichte: 1520 kg/m3 (16 °C)
Molmasse: 65,12 g/mol

Löslichkeit:
Ethanol 8,8 g/l (19,5 °C); Methanol 49,1 g/l (19,5 °C); leicht löslich in Wasser; löslich in Propantriol (Glycerin);

Verbleib nach Gebrauch:
Sondermüll-Deponie, ausgefallene Feststoffe aus der Behandlung der basischen Lösung mit Bleichlauge und Neutralisation, sowie die mit Sulfid gefällten Schwermetalle;

Bemerkung:
Weiße Kristalle ind Pulver-, Schuppen- oder Grießform und Preßlinge; schwacher Geruch nach bitteren Mandeln und Ammoniak;
Bei Eindringen ins Grundwasser (Uferfiltrat) Trinkwasser unbrauchbar; Grenzwert: 0,05 mg/l [163];
Wenn Kaliumcyanid mit Säuren und Wasser zusammenkommt, z.B. in Abwässer-kanälen (besonders in Industriegebieten), dann entstehen u.U. explosi-onsfähige Gemische von Blausäure und Luft;
Verwendung: Lösemittel für Silberhalogenverbindungen; in der Reproduktions- technik früher zum Fixieren von Kollodiumrasternegativen; in der Galvanotechnik zum Vergolden, Versilbern, Vernickeln;

Kaliumdichromat

- CAS-Nummer:
7778-50-9
- UN Nummer:
2811
- gebräuchliche Namen:
Kaliumbichromat; doppelchromsaures Kalium; Chromsäure, Dikalium-Salz; Chromkali; Kaliumpyrochromat; Saures chromsaures Kali; Dikaliumdichromat;
- Summenformel:
$K_2Cr_2O_7$

Funktion:
1.Bleichmittel; Verstärkersubstanz; Abschwächersubstanz;
2.Pigment/Farbstoff;
3.Vorbehandlungsmittel;
4.Emulsionsbestandteil von Fotofilmen (Direktemulsion);
Verfahren:
1.Druckformherstellung/Reproduktionsfotografie;
2.Druckformherstellung/Flachdruck;
3.Druckverfahren/Tiefdruck;
4.Druckverfahren/Durchdruck direkt/Siebdruck;
Anwendung:
1.Verstärker, Abschwächer, Bleichbäder; Chromat-Chromatkolloidkopierverfahren;
3.Heliogravüre;

Eigenschaften:
- toxikologisch/ökotoxikologisch:
RTECS # HX 7680000
Schweizer Giftliste: 3
WGK: 3
MAK Wert: vgl. Abschnitt IX [481]
R-Satz: 36/37/38-43
S-Satz: (2)-22-28
Sonstiges:
Gefahr der Sensibilisierung der Haut [481]; Krebserzeugend 2 [481];Einstufung und Kennzeichnung von Zubereitungen, in denen diese Substanz enthalten ist:20%<=C ¦¦> Xi; R36/37/38-430.5%<=C<20% ¦¦> Xi; R43Kann letal wirken bei Einatmung, Verschlucken oder Aufnahme über Haut; wirkt extrem zerstörerisch auf das Gewebe der Schleimhäute und Atemwege, Augen und Haut; kann allergische Atem- und Hautreaktionen verursachen [187];Karzinogen [187];Der Stoff in Verbindung mit Feuchtigkeit und Wasser reizt bis hin zur ausgeprägten Verätzung; deshalb wirken die Stäube an den Augen, in den Atemwegen und in der Lunge entzündungsauslösend und stark ätzend, so daß Kehlkopf- und Lungenödem auftreten können; Vorsicht, letzteres kann mit einer Verzögerung bis zu zwei Tagen auftreten; nach Einatmen der Stäube ist daher eine ärztliche Untersuchung in jedem Fall erforderlich. Charakteristisch ist die Bildung schwer heilender Geschwüre an den betroffenen Stellen der Haut; wäßrige Lösungen haben die gleichen Wirkungen; nach Aufnahme großer Mengen Nieren- und Leberschäden; tödliche Dosen für den Menschen liegen zwischen 1-10 g [484]LD Lo (oral, Kind): 26 mg/kg [187];LD 50 (oral, Maus): 190 mg/kg [187];LC 50 (Fisch; Pimephales promelas): > 200 mg/l [3];LC 50 (Daphnia magna): 1,8 - 3,3 mg/l [3];EC 50 (Daphnia magna, 24 h): 1,16 mg/l [51];LC 50 (Fisch; Goldorfe): 272 mg/l [33];Toxische Grenzkonzentration für Daphnia magna « 0,6 mg/l [389];Biologischer Einfluß:nicht adaptiertes System: 25 mg/l und 5000 mg/l wirken hemmend [3];

Gefahren-Symbol:

Xi

- physikalisch/chemisch:
Schmelzpunkt: 395 °C; 398 °C
Siedepunkt: 500 °C (Zers.); 600 °C (Zers.)*
Dichte: 2690 kg/m3 (20 °C)
Molmasse: 294,192 g/mol

Löslichkeit:
Wasser 49 g/l (0 °C), 1020 g/l (100 °C); unlöslich in Ethanol;

Bemerkung zu physikalisch/chemischen Daten:
*: Bei Temperaturen über 500 °C beginnt Zersetzung unter Bildung von Sauerstoff, Chromoxid und Kaliumchromat [484];

Verbleib nach Gebrauch:
Sondermüll-Deponie, ausgefällte Sulfide von Mangan, Chrom oder Molybdän aus der Behandlung der Lösung mit Schwefelsäure und Natriumbisulfit und Neutralisation, lösliches Sulfid wird mit Hypochlorit zersetzt, neutralisiert ins Abwasser gegeben;

Bemerkung:
Orangerote Kristalle oder Pulver;
nicht brennbar, fördert die Verbrennung vieler anderer Stoffe; Der Stoff reagiert heftig bei Kontakt oder Mischung mit wasserfreiem Hydroxylamin und mit brennbarem Material und Reduktionsstoffen; es entsteht Brand- und Explosionsgefahr; verunreinigte Kleidung mit viel Wasser spülen (Brandgefahr) [484];

18 -> 5 µg Cr/l im Rhein (1980 - 1984) [51];

Verwendung: Oxidationsmittel; in der fotografischen Industrie für Abschwächer, Verstärker, Umkehrbäder, Bleichbäder, Reinigungslösungen, im Pigmentprozeß;

Kaliumdihydrogenphosphat

- CAS-Nummer:
7778-77-0
- gebräuchliche Namen:
Monokaliumphosphat; primäres Kaliumphosphat;einbasisches Kaliumphosphat; Kaliumdihydrogen-ortho-phosphat;
- Summenformel:
KH_2PO_4

Verfahren:
Druckformherstellung/Reproduktionsfotografie;
Anwendung:
Farbbleich- und Unterbrecherbäder;

Eigenschaften:
- toxikologisch/ökotoxikologisch:
Schweizer Giftliste: 5

- physikalisch/chemisch:
Schmelzpunkt: 252,6 °C
Dichte: 2338 kg/m3 (20 °C)
Molmasse: 136,09 g/mol

Löslichkeit:
Wasser 330 g/l (25 °C), 835 g/l (90 °C); unlöslich in Ethanol;

Verbleib nach Gebrauch:
Sondermüll-Deponie, wasserunlösliche Feststoffe und Flüssigkeiten nach Neutralisation (nur für Kleinmengen);

Bemerkung:
Weiße Kristalle;
Verwendung: in der Fotoindustrie als Ansäuerungsmittel in Farbbehandlungslösungen zur Einstellung des pH-Wertes; als Bleichmittel;

Kaliumdisulfit

- CAS-Nummer:
16731-55-8
- gebräuchliche Namen:
Kaliummetabisulfit; Kaliumpyrosulfit;
- Summenformel:
$K_2S_2O_5$

Funktion:
1.Oxidationsschutzmittel; Unterbrecher; Ansäuerungsmittel;
2.Reinigen von Gewebe;
Verfahren:
1.Druckformherstellung/Reproduktionsfotografie;
2.Druckverfahren/Hochdruck direkt/Siebdruck;
Anwendung:
1.Fixierbäder; Spezialentwickler;

Eigenschaften:
- toxikologisch/ökotoxikologisch:
RTECS # TT 4920000;
WGK: 1
MAK Wert: vgl. Abschnitt IV [481]
R-Satz: 31-36/37/38
S-Satz: 3-8-26-36
Sonstiges:
LD 50 (oral, Ratte): 2300 mg/kg [21]LD Lo (oral, Ratte, 49 D pre/1 - 21 D preg): 35 g/kg [10];LC 50 (Fisch; Goldorfe, 48 h): ca. 200 mg/l [21];LC 0 (Fisch; Goldorfe, 48 h): 147 mg/l [21];CSB: 0,14 g/g [21];

Gefahren-Symbol:

Xi

- physikalisch/chemisch:
Schmelzpunkt: > 190 °C (zers.)
Dichte: 2340 kg/m3 (20 °C)
Molmasse: 222,33 g/mol

Löslichkeit:
wenig löslich in Wasser; wenig löslich in Ethanol; unlöslich in Diethylether;

Verbleib nach Gebrauch:
Sondermüll-Deponie, wasserunlösliche Feststoffe und Flüssigkeiten nach Neutralisation (nur für Kleinmengen);
Umgesetzte Stoffmenge: 980 t/a (Fotoindustrie) [20]

Bemerkung:
Farblose Kristalle;
Verwendung: in der Fotoindustrie in Unterbrecherbädern, Entwicklern, zum Ansäuern von Fixierbädern;

Kaliumhexacyanoferrat(II)-3-hydrat

- CAS-Nummer:
14459-95-1
- gebräuchliche Namen:
gelbes Blutlaugensalz; Ferrocyankalium;Kaliumferrocyanid; Kaliumcyanoferrat (II); Kaliumeisen(II)-cyanid; Gelbkali; Tetrakaliumhexacyanoferrat;
- Summenformel:
$K_4[Fe(CN)_6] * 3\,H_2O$

Verfahren:
Druckverfahren;

Eigenschaften:
- toxikologisch/ökotoxikologisch:
MAK Wert: 5 mg CN/m3 E
R-Satz: 21/22
Sonstiges:
Spitzenbegrenzung II,1 [481]; Gefahr der Hautresorption [481];Kann schädigend wirken bei Einatmung, Verschlucken oder Aufnahme über Haut; kann Reizungen verursachen [187];

Gefahren-Symbol:

- physikalisch/chemisch:
Schmelzpunkt: 70 °C
Siedepunkt: Zers.
Dichte: 1850 kg/m3 (17 °C)
Molmasse: 422,41 g/mol

Löslichkeit:
Wasser 278 g/l (12 °C), 906 g/l (96,3 °C); löslich in Propanon (Aceton); unlöslich in Ethanol, Diethylether, Ammoniak;

Verbleib nach Gebrauch:
Sondermüll-Deponie, ausgefallene Feststoffe aus der Behandlung der basischen Lösung mit Bleichlauge und Neutralisation, sowie die mit Sulfid gefällten Schwermetalle;

Bemerkung:
Gelbe Kristalle;
mit Eisen(III)-Salzen -> blauer Niederschlag (Berliner Blau);
Verwendung: in der Färberei, zur Stahlhärtung, als Gegenmittel bei Vergiftungen mit ätzenden Kupfer- und Eisensalzen; in der Fotoindustrie als Entwicklungsbeschleuniger und als Kontrastmittel;

Kaliumhexacyanoferrat (III)

- CAS-Nummer:
13746-66-2
- gebräuchliche Namen:
rotes Blutlaugensalz; Bleichsalz; Ferricyankalium; Kaliumcyanoferrat (III); Kaliumeisen(III)-cyanid; Rotkali; Trikaliumhexacyanoferrat; Kaliumferricyanid;
- Summenformel:
$K_3[Fe(CN)_6]$

Funktion:
Bleichmittel; Farmerscher Abschwächer;
Verfahren:
1.Druckformherstellung/ Reproduktionsfotografie;
2.Druckverfahren/Flachdruck;
Anwendung:
1.Abschwächer, Bleichbäder, Toner, Verstärker;

Eigenschaften:
- toxikologisch/ökotoxikologisch:
RTECS # LJ 8225000;
WGK: 1
MAK Wert: 5 mg CN/m3 E
R-Satz: 21/22
Sonstiges:
Spitzenbegrenzung II,1 [481]; Gefahr der Hautresorption [481];Blutgift; Kann schädigend wirken beim Einatmen, Verschlucken oder bei Aufnahme über Haut; kann Reizungen verursachen [187]; Aufnahme: besonders als Staub giftig [30];LD 50 (oral, Maus): 2970 mg/kg [187];

Gefahren-Symbol:

Xn

- physikalisch/chemisch:
Schmelzpunkt: Zers.
Dichte: 1890 kg/m3 (20 °C)
Molmasse: 329,260 g/mol

Löslichkeit:
Wasser 330 g/l (4 °C), 460 g/l (20 °C), 775 g/l (100 °C); löslich in Propanon (Aceton); unlöslich in Ethanol;

Verbleib nach Gebrauch:
Sondermüll-Deponie, ausgefallene Feststoffe aus der Behandlung der basischen Lösung mit Bleichlauge und Neutralisation, sowie die mit Sulfid gefällten Schwermetalle;

Bemerkung:
Dunkelrote Kristalle;

Mit Eisen(II)-Salzen -> blauer Niederschlag (Turnbulls Blau); Unverträglich mit Säuren; zersetzt sich im Licht;
Die Bezeichnung "Kaliumferricyanid" ist falsch und sollte vermieden werden;
Verwendung: Färben von Wolle und Seide; im Kattundruck als Ätzmittel; zur Herstellung von Braun- und Blaupausen; in der Fotoindustrie: für Bleichbäder, Tonungslösungen, Abschwächer, Verstärker;
als mildes Oxudationsmittel in der organischen Synthese, in der Galvanotechnik, in der organischen Chemie;

Kaliumhydroxid

- CAS-Nummer:
1310-58-3
- UN Nummer:
1813
- gebräuchliche Namen:
Ätzkali; kaustisches Kali; Kaliumhydrat; Kalihydrat; Ätzkalium; Ätzstein; Kali; Kaliumoxidhydrat; kaustische Pottasche; Kalium hydricum; Kaliumhydroxid, fest;
- Summenformel:
KOH

Funktion:
1.Reinigungsmittel; starkes Entwickleralkali; pH-Regulator;
Verfahren:
1.Druckformherstellung/ Reproduktionsfotografie;
2.Druckverfahren/Flachdruck indirekt/Offsetdruck;
Anwendung:
1.Erstentwicklerbad; Entwicklerbad; Silberrückgewinn-
ung;
2.Druckformherstellung;

Eigenschaften:
- toxikologisch/ökotoxikologisch:
RTECS # TT 2100000
Schweizer Giftliste: 2
WGK: 1
R-Satz: 35
S-Satz: (1/2)-26-37/39-45
Sonstiges:
Einstufung und Kennzeichnung von Zubereitungen, in denen diese Substanz enthalten ist:5%<=C ¦¦> C; R352%<=C<5% ¦¦> C; R340.5%<=C<2% ¦¦> Xi; R36/38Feuchtigkeit der Luft reicht aus, um eine stark konzentrierte Lösung zu bilden, die an den benetzten Körperstellen zu schwersten, tiefgreifenden Verätzungen führen kann; besonders gefährdet sind die Augen; Aufnahme durch den Mund verursacht ausgedehnte Zerstörungen der Wände des Verdauungskanals; bei Überleben Ausbildung von narbigen Verengungen [163]; Ätzstoff; Staub schädigt Atemwege und Augen; wäßrige Lösung verursacht Verätzungen der Haut und Nägel, die dadurch spröde werden (Infektionskrankheiten) [132];Bei Eindringen in den Magen: tödliche Dosis ca. 10 - 20 g [132];Innerlich etwa 20 g 10 % ige Lösung tödlich [30];LD 50 (oral, Ratte): 273 mg/kg [187], 365 mg/kg [415], 214-1890 mg/kg [634];Toxisch für Wasserorganismen: LD 50 / 96 Std. 100-10 mg/l; tödlich für Fische ab 28,6 mg/l in 24 Std.; durch alkalisierende Wirkung Schädigung von Plankton [484];

Gefahren-Symbol:

C

- physikalisch/chemisch:
Schmelzpunkt: 360,4 °C; 210-380 °C
Siedepunkt: 1327 °C; 1320-1324 °C (fester Stoff) [484]
Dampfdruck: 1,3 hPa (719 °C) [187]; 0 hPa (20 °C); 2,6664-2,9997 hPa (15,6 °C)
Dichte: 2044 kg/m3 (20 °C); 1449-1518 kg/m3 (15,6 °C)
Molmasse: 56,109 g/mol

Löslichkeit:
Wasser 1070 g/l (15 °C), 1120 g/l (20 °C),1100 g/l (25 °C), 1780 g/l (100 °C); löslich in Ethanol; unlöslich in Diethylether, Ammoniak;

Verbleib nach Gebrauch:
Sondermüll-Deponie, wasserunlösliche Feststoffe und Flüssigkeiten nach Neutralisation (nur für Kleinmengen);

Bemerkung:
Trockene, harte weiße Masse, meist als Brocken oder in weißen Stangen im Handel;
Wäßrige Lösung: Kalilauge;
zieht Kohlendioxid an; Bei Berührung mit Leichtmetall oder Zink kann Kaliumhydroxid oder Kalilauge Wasserstoffgas entwicklen, das mit Luft explosionsfähiges Knallgas bildet; Kleidungsstücke aus tierischen Produkten, wie Leder und Wolle, werden angegriffen und aufgelöst [484];
Zugelassen als Lebensmittelzusatzstoff nach LMBG;
Mit Einschränkungen erlaubt in kosmetischen Mitteln;
Verwendung: in der Fotoindustrie als Entwickleralkali; Agrarindustrie; Elektroindustrie; Kunststoffindustrie; Haushaltsbereich; Textilverarbeitende Industrie; Gefrierschutzmittel; Bleichmittel; Reinigungs-, Wasch- und Desinfektionsmittel; Leitfähige Stoffe; Korrosionshemmer; Kosmetische Mittel; Düngemittel; Fixiermittel; Flotationsmittel; Lebensmittelzusatzstoffe; Futterzusätze; Schmierstoffe und Zusätze; Pflanzenschutzmittel; Pharmazeutische Erzeugnisse; Lösungsmittel; Tenside; Stoffe zur Viskositätseinstellung; Schweiß- und Löthilfsstoffe;
Enthalten in Lopon 826 (0,5-2%), Kalilauge 45%;
Mengenangaben: 500000-1000000 Tonnen

Kaliumjodid

- CAS-Nummer:
7681-11-0
- gebräuchliche Namen:
Iodkalium;
- Summenformel:
KI

Funktion:
2.Antischleiermittel;
Verfahren:
1.Druckverfahren/Flachdruck indirekt/Kleinoffsetdruck;
2.Druckformherstellung/Reproduktionsfotografie;
Anwendung:
1.Druckformherstellung;
2.Erstentwicklerbad; Entwicklerbad;

Eigenschaften:
- toxikologisch/ökotoxikologisch:
RTECS # TT 2975000;
Schweizer Giftliste: 4
WGK: 1
R-Satz: 20/21/22-36/37/38-40
S-Satz: 22-26-36

Sonstiges:
Wirkt schädigend bei Einatmung, Verschlucken oder Aufnahme über Haut;verursacht Augen- und Hautreizungen; reizt Schleimhäute und Atem-wege; kann allergische Atem- und Hautreaktionen auslösen [187];LD Lo (oral, Mensch, 1 - 39W preg): 2700 mg/kg [10];LD 50 (oral, Maus): 1862 mg/kg [10];LC 50 (Fisch; Goldorfe, 48 h): > 10000 mg/l [33];LC 50 (Daphnia magna, 24 h): 14 mg/l [6];LC Lo (Pseudomonas putida, 16 h): 679 mg/l [36];

- physikalisch/chemisch:
Schmelzpunkt: 681,8 °C
Siedepunkt: 1324 °C
Dichte: 3130 kg/m3 (20 °C)
Molmasse: 166,006 g/mol

Löslichkeit:
Wasser 1275 g/l (0 °C), 1445,1 g/l (20 °C), 2080 g/l (100 °C); Ethanol 18,8 g/l (25 °C); Propanon (Aceton) 13,1 g/l (25 °C); löslich in Ammoniak; wenig löslich in Diethylether;

Verbleib nach Gebrauch:
Sondermüll-Deponie, wasserunlösliche Feststoffe und Flüssigkeiten nach Neutralisation (nur für Kleinmengen);
Umgesetzte Stoffmenge: < 1 t/a (Fotoindustrie) [20]

Bemerkung:
Weiße Kristalle; feuchtigkeits- und lichtempfindlich;
Zugelassen als Lebensmittelzusatzstoff nach LMBG;
Verwendung: zur Herstellung lichtempfindlicher Emulsionen; in der Foto-industrie: als Entwicklerzusatz, zur Fixierbadprüfung; in der Medizin: bei Jodmangel;

Kaliumnitrat

- CAS-Nummer:
7757-79-1
- UN Nummer:
1486
- gebräuchliche Namen:
Salpeter; Kalisalpeter; salpetersaures Kalium; salpetersaures Kali; Konversionssalpeter; E 252; Pulversalpeter;
- Summenformel:
KNO_3

Eigenschaften:
- toxikologisch/ökotoxikologisch:
RTECS # TT 3700000
Schweizer Giftliste: 4
WGK: 1
R-Satz: 8
S-Satz: 22-24/25
Sonstiges:
Kaliumnitrathaltige Lösungen besitzen im allgemeinen für den Erwachsenen auch bei Aufnahme durch den Mund nur eine geringe Giftwirkung; die Einatmung großer Mengen Staub kann zu leichten Reizerscheinungen an den Atemwegen mit Husten führen; bei Erhitzung bis zur Zersetzungbilden sich hochgiftige -> nitrose Gase [163];Aufnahme: innerlich 5 g giftig; 8 - 10 g tödlich [30];LD 50 (oral, Ratte): 3750 mg/l [187];LD 50 (Daphnia magna, 24 h, 48 h, [72 h]): 490 mg/l, [226 mg/l] [139];

Gefahren-Symbol:

- physikalisch/chemisch:
Schmelzpunkt: 308 °C , 337 °C, 400 °C (Zers.)
Siedepunkt: 400 °C (Zers.)
Dichte: 2110 kg/m3 (20 °C)
Molmasse: 101,107 g/mol

Löslichkeit:
Wasser 133 g/l (0 °C), 320 g/l (20 °C), 2470 g/l (100 °C); unlöslich in Ethanol, Diethylether; löslich in Ammoniaklösung, Propantriol (Glycerin);

Verbleib nach Gebrauch:
Sondermüll-Deponie, wasserunlösliche Feststoffe und Flüssigkeiten nach Neutralisation (nur für Kleinmengen);

Bemerkung:
Farblose, durchscheinende, prismaförmige Kristalle;
Zugelassen als Lebensmittelzusatzstoff nach LMBG;
Verwendung: als Oxidationsmittel; in der Fotoindustrie in Bleichbädern; als Konservierungsmittel (z.B. in Käse); als starkes Düngemittel;
Bei der Zersetzung bilden sich Stickoxide;

Kaliumperjodat

- CAS-Nummer:
7790-21-8
- gebräuchliche Namen:
Kalium(meta)perjodat; Kaliummetaperjodat;
- Summenformel:
KIO_4

Funktion:
1.Additiv/Oxidationsmittel;
2.Entschichtungsmittel;
Verfahren:
1.Druckverfahren/Flachdruck;
2.Druckverfahren/Durchdruck direkt/Siebdruck
Anwendung:
1.Zum Entwickeln und Entschichten der Flachdruckplatten;
2.Siebentschichtung;

Eigenschaften:
- toxikologisch/ökotoxikologisch:
Schweizer Giftliste: 2
R-Satz: 8-36/37/38
S-Satz: 2-13-22-27
Sonstiges:
Wirkt schädigend beim Einatmen, Verschlucken oder Aufnahme über Haut;verursacht schwere Reizungen; hohe Konzentrationen wirken extrem zer-störerisch auf das Gewebe der Schleimhäute und Atemwege, Augen undHaut [187];

Gefahren-Symbol:

- physikalisch/chemisch:
Schmelzpunkt: 582 °C
Dichte: 3618 kg/m3 (15 °C)
Molmasse: 230,00 g/mol

Löslichkeit:
Wasser 6,6 g/l (18 °C); sehr wenig löslich in Kaliumhydroxid-Lösung; unlöslich in Ethansäuremethylester (Essigsäuremethylester);

Verbleib nach Gebrauch:
Sondermüll-Deponie, ausgefällte Sulfide von Mangan, Chrom oder Molybdän aus der Behandlung der Lösung mit Schwefelsäure und Natriumbisulfit und Neutralisation, lösliches Sulfid wird mit Hypochlorit zersetzt, neutralisiert ins Abwasser gegeben;

Bemerkung:
Weißes Pulver;

Kaliumpermanganat

- CAS-Nummer:
7722-64-7
- gebräuchliche Namen:
übermangansaures Kalium; übermangansaures Kali; Permangansäure Kaliumsalz; Chamäleon Mineral; Condy's Kristalle;
- Summenformel:
$KMnO_4$

Funktion:
1.Bleichmittel; Abschwächer; Fixiernatronzerstörer; Natrium-thiosulfatzerstörer;
2.Additiv/Oxidationsmittel;
3.Reinigen von Gewebe;
Verfahren:
1.Druckformherstellung/ Reproduktionsfotografie;
2.Druckverfahren/Flachdruck;
3.Druckverfahren/Durchdruck direkt/Siebdruck;
Anwendung:
Abschwächerbad; Fleckenentfernung; Beseitigung di-chroitischer Schleier; Bleichbad; Chromatkolloidkopierverfahren;
2.Zum Entwickeln und Entschichten der Flachdruckplatten;

Eigenschaften:
- toxikologisch/ökotoxikologisch:
RTECS # SD 6475000
Schweizer Giftliste: 3
WGK: 2
R-Satz: 8-22
S-Satz: (2)

Sonstiges:
Einatmen des Staubes reizt stark Atemwege; Verschlucken des Stoffes ruft Verätzungen im Verdauungskanal hervor; Erstickungsgefahr durch Glottisödem; Kontakt mit dem Stoff führt zu Verätzungen [163];Innerlich 5 - 20 g tödlich; 5 %ige Lösung stark ätzend [30];LD Lo (oral, Mensch): 143 mg/kg [187];LD 50 (oral, Ratte): 1090 mg/kg [187];Toxisch für Fische ab 3,2 mg/l [184];Toxische Grenzkonzentration für Daphnia magna 0,63 mg/l [8], [389];

Gefahren-Symbol:

O Xn

- physikalisch/chemisch:
Schmelzpunkt: 240 °C (Zers.)
Dichte: 2700 kg/m3 (20 °C)
Molmasse: 158,038 g/mol

Löslichkeit:
Wasser 63,8 g/l (20 °C), 250 g/l (65 °C); leicht löslich in Methanol, Propanon (Aceton); löslich in Schwefelsäure;

Verbleib nach Gebrauch:
Sondermüll-Deponie, ausgefällte Sulfide von Mangan, Chrom oder Molybdän aus der Behandlung der Lösung mit Schwefelsäure und Natriumbisulfit und Neutralisation, lösliches Sulfid wird mit Hypochlorit zersetzt, neutralisiert ins Abwasser gegeben;

Bemerkung:
Glänzende, schwarzviolette prismatische Kristalle mit grünlichem Oberflächenglanz;
Feuchtes Kaliumpermanganat reagiert mit Schwefelsäure explosionsartig [371];
Verwendung: in der Fotoindustrie als Abschwächer, Natriumthiosulfatzerstörer, zur Fleckentfernung und Gerätereinigung; als Oxidationsmittel;

Kaliumperoxodisulfat

- CAS-Nummer:
7727-21-1
- UN Nummer:
1492
- gebräuchliche Namen:
Kaliumpersulfat; perschwefelsaures Kalium; überschwefelsaures Kalium; Kaliumperoxodisulfat;
- Handelsnamen:
Anthion; Palidol;
- Summenformel:
$K_2S_2O_8$

Funktion:
Abschwächer;
Verfahren:
Druckformherstellung/Reproduktionstechnik/Reproduktionsfoto-;
grafie;

Eigenschaften:
- toxikologisch/ökotoxikologisch:
RTECS # SE 0400000
Schweizer Giftliste: 4
WGK: 1

R-Satz: 8-22-42/43
S-Satz: 16-17-26-43
Sonstiges:
Der Staub oder der Kontakt mit dem festen Stoff führt zur Reizung bis hin zur Verätzung der Augen, der Atemwege und der Haut; Lungenödem möglich; bei Erhitzung bis zur Zersetzung wird Sauerstoff und hochgiftiges Schwefeltrioxid freigesetzt [163];Durch Zersetzung toxisch: 869 mg/l Kaliumsulfat tödlich für Fische;Schwefelsäure: 15 mg/l Pflanzenschädigung; bei pH 4,6 Absterben von Fischen; Schwefelige Säure 1 mg/l tödlich für Fische; Wasserstoffperoxid 40 mg/l toxisch für Forellen; Störungsschwelle für Fischnährtiere 2500 mg/l [484]; LD 50 (oral, Ratte): 802 mg/kg [428];

Gefahren-Symbol:

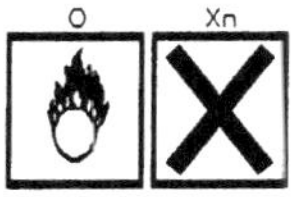

- physikalisch/chemisch:
Schmelzpunkt: < 100 °C (Zers.)
Dichte: 2477 kg/m3 (20 °C)
Molmasse: 270,31 g/mol

Löslichkeit:
Wasser 17,5 g/l (0 °C), 53,0 g/l (20 °C); unlöslich in Ethanol;

Verbleib nach Gebrauch:
Sondermüll-Deponie, ausgefällte Sulfide von Mangan, Chrom oder Molybdän aus der Behandlung der Lösung mit Schwefelsäure und Natriumbisulfit und Neutralisation, lösliches Sulfid wird mit Hypochlorit zersetzt, neutralisiert ins Abwasser gegeben;

Bemerkung:
Weiße, geruchlose Kristalle oder Pulver;
Sehr heftige Reaktion mit starken Alkalien wie Natrium- und Kaliumhydroxid;
Verwendung: in der Fotoindustrie als Natriumthiosulfatzerstörer, zur Brauntönung, als Abschwächer;

Kaliumsulfid-5-hydrat

- CAS-Nummer:
1312-73-8
- UN Nummer:
1847
- gebräuchliche Namen:
Kaliummonosulfid Pentahydrat;Kaliumsulfid Pentahydrat; Schwefelkalium; Schwefelleber;Kaliummonosulfuret Pentahydrat;
- Summenformel:
$K_2S * 5 H_2O$

Verfahren:
Druckformherstellung/ Reproduktionsfotografie;
Anwendung:
Schwefeltonung; Silberfällung aus Fixierbädern;

Eigenschaften:
- toxikologisch/ökotoxikologisch:
Schweizer Giftliste: 2
WGK: 2

R-Satz: 31-34
S-Satz: (1/2)-26-45
Sonstiges:
Fester Stoff und Staub wirken durch alkalische Reaktion ätzend; Stoffreizt stark Augen und Atemwege, lähmt das ZNS; bei Brand entstehthochgiftiges -> Schwefeldioxid; bei Erhitzung und bei Kontakt mitSäuren bildet sich auch giftiger -> Schwefelwasserstoff, der in hohenKonzentrationen wegen Lähmung der Geruchsnerven u.U. nicht wahrge-nommen werden kann;

Gefahren-Symbol:

- physikalisch/chemisch:
Schmelzpunkt: 60 °C
Siedepunkt: 150 °C (- 3 Wasser)
Dichte: 1805 kg/m3 (14 °C) (für wasserfreie Verbindung)
Molmasse: 200,33 g/mol

Löslichkeit:
löslich in Wasser, Ethanol, Propantriol (Glycerin); unlöslich in Diethylether;

Bemerkung:
Schwach rosa gefärbte hygroskopische Kristalle;
Verwendung: in der Fotoindustrie als Silberfällungsmittel und zur Schwefeltonung;

Kaliumsulfit

- CAS-Nummer:
10117-38-1
- Summenformel:
K_2SO_3

Verfahren:
Druckformherstellung/Reproduktionstechnik/Reproduktionsfotografie;

Eigenschaften:
- toxikologisch/ökotoxikologisch:
RTECS # WT 3530000;
Schweizer Giftliste: 3
WGK: 2
MAK Wert: vgl. Abschnitt IV [481]
R-Satz: 36/37/38
S-Satz: 22-26-28-37/39
Sonstiges:
Kann schädigend wirken bei Einatmung, Verschlucken oder Aufnahme über Haut; verursacht Augen- und Hautreizungen; reizt Schleimhäute und Atemwege [187];

Gefahren-Symbol:

Xi

- physikalisch/chemisch:

Schmelzpunkt: thermische Zersetzung bei 35 °C
Dichte: 1710 kg/m3 (20 °C)
Molmasse: 158,266 g/mol

Löslichkeit:
Wasser 1070 g/l (20 °C); wenig löslich in Ethanol; unlöslich in Ammoniak; Wasserlöslichkeit: 505 g/l (20 °C, pH= 9-10);

Bemerkung zu physikalisch/chemischen Daten:
Schüttdichte: 1100-1300 kg/m3;

Verbleib nach Gebrauch:
Sondermüll-Deponie, wasserunlösliche Feststoffe und Flüssigkeiten nach Neutralisation (nur für Kleinmengen);

Bemerkung:
Weißes kristallines Pulver;
Verwendung: in der Fotoindustrie in Entwicklerbädern;

Kaliumtetraborat-4-hydrat

- CAS-Nummer:
12045-78-2
- gebräuchliche Namen:
Kaliumtetraborat Tetrahydrat;
- Summenformel:
$K_2B_4O_7 * 4\ H_2O$

Verfahren:
Druckverfahren/Flachdruck indirekt/Offsetdruck;
Anwendung:
Druckformherstellung;

Eigenschaften:
- toxikologisch/ökotoxikologisch:
Schweizer Giftliste: 4
WGK: 2

- physikalisch/chemisch:
Dichte: 1740 kg/m3 (20 °C, wasserfrei)
Molmasse: 305,5 g/mol

Löslichkeit:
leicht löslich in Wasser;

Kaliumthiocyanat

- CAS-Nummer:
333-20-0
- gebräuchliche Namen:
Kaliumrhodanid; Rhodankalium; Kaliumthiozyanat;Schwefelcyankalium; Thiocyankalium; Kaliumsulfocyanat;
- Summenformel:
KSCN

Funktion:
Additiv/Stabilisator; Entwicklersubstanz;
Verfahren:
Druckformherstellung/Reproduktionsfotografie;
Anwendung:
Tonbäder;

Eigenschaften:
- toxikologisch/ökotoxikologisch:
RTECS # XL 1925000;
Schweizer Giftliste: 3
R-Satz: 20/21/22-32
S-Satz: 2-13
Sonstiges:
Kann schädigend wirken bei Einatmung, Verschlucken oder Aufnahme überHaut; verursacht Augen- und Hautreizungen [187];LD Lo (oral, Mensch): 80 mg/kg [187];LD 50 (oral, Ratte): 854 mg/kg [187];CSB: 651 mg/g [13]

Gefahren-Symbol:

Xi

- physikalisch/chemisch:
Schmelzpunkt: 173,2 °C
Siedepunkt: 500 °C (zers.)
Dichte: 1886 kg/m3 (14 °C)
Molmasse: 97,184 g/mol

Löslichkeit:
Wasser 1772 g/l (0 °C), 2170 g/l (20 °C); Propanon (Aceton) 207,5 g/l (22 °C); Amylalkohol 1,8 g/l (13 °C); löslich in Ethanol;

Verbleib nach Gebrauch:
Sondermüll-Deponie, wasserunlösliche Feststoffe und Flüssigkeiten nach Neutralisation (nur für Kleinmengen);

Bemerkung:
Farblose, zerfließliche Kristalle;
Löst Silberbromid und -chlorid in geringen Mengen auf; empfindliches Reagens auf Eisen-(III)-Verbindungen (-> blutrote Färbung);
Verwendung: in der Fotoindustrie als Entwicklerzusatz, Fixiermittel, in Tonbäder;

Kaolin

- CAS-Nummer:
1332-58-7
- gebräuchliche Namen:
China Clay; Porzellanerde; Weisser Ton; Aluminumsilikat, hydratisiert; Kaolin, calciniert;
- Handelsnamen:
Altowhites; Argilla; Bentone; Bilt-Plates 156; Bolus; China clay; Continental; Dixie; Dixie Clay; Emathlite; Fitrol; Fitrol desiccite 25; Glomax; Hydrite; Kaopaons; Kaophills-2; Langford; Langford Clay; McNamee Clay; Par Clay; Peerless; Silteg AS 7;
- Summenformel:
$Al_4((OH)_8Si_4O_{10})$

Verfahren:
Druckverfahren/Durchdruck direkt/Siebdruck;
Anwendung:
Druckformherstellung;

Eigenschaften:
- toxikologisch/ökotoxikologisch:
RTECS # GF 1670500
WGK: 0
R-Satz: 20/21/22
S-Satz: 36
Sonstiges:
Kann schädigend wirken bei Einatmung, Verschlucken oder Aufnahme über Haut; kann Reizungen verursachen [187];

- physikalisch/chemisch:
Dichte: 2620 ± 30 kg/m3

Verbleib nach Gebrauch:
Sondermüll-Deponie für chemischen Abfall, besonders gefährliche Stoffe;

Bemerkung:
Weißes Puder; stark oxidierende Substanz [187];
Weißes, feinerdiges Gestein;
Besteht hauptsächlich aus den Mineralien Kaolinit, Dickit und Nakrit, mit Beimengungen von Quarz, Rutil, Zirkon;
Verwendung: Füllstoff bei der Papierherstellung; zur Porzellanherstellung;

enthalten in Kaolin (Quarzanteil < 2 %);

Kobalt

- CAS-Nummer:
7440-48-4
- gebräuchliche Namen:
Cobalt;
- Summenformel:
Co

Funktion:
Pigment/Farbstoff/blau;
Verfahren:
Druckverfahren;

Anwendung:
Farbe;

Eigenschaften:
- toxikologisch/ökotoxikologisch:
RTECS # GF 8750000
Schweizer Giftliste: 3
WGK: 0
MAK Wert: vgl. Abschnitt IV [481]
R-Satz: 42/43
S-Satz: (2)-22-24-37
Sonstiges:
Gefahr der Sensibilisierung der Atemwege und der Haut [481]; TRK-Wert: 0,1 mg Co/m3 [481];IMK: II;Wirkt schädigend bei Einatmung oder Verschlucken; verursacht Augen- und Hautreizungen; reizt Schleimhäute und Atemwege [187];Karzinogen [39];Gesundheitsgefahren bei Überschreitung des TRK-Wertes: Schädigungen der Atemorgane sind nicht auszuschließen; Kobaltrauche gelten als karzinogen [464];LD 50 (oral, Ratte): 6170 mg/kg [187];

Gefahren-Symbol:

Xn

- physikalisch/chemisch:
Schmelzpunkt: 1495 °C
Siedepunkt: 2870 °C
Dichte: 8900 kg/m3 (20 °C)
Molmasse: 58,933 g/mol

Löslichkeit:
unlöslich in Wasser; löslich in Säuren;

Verbleib nach Gebrauch:
Wiedergewinnung zum Recycling oder zur Wiederverwertung, teure Metalle, Katalysatoren;

Bemerkung:
Silberne Metallblättchen;

Kohlensäurediamid

- CAS-Nummer:
57-13-6
- UN Nummer:
2811
- gebräuchliche Namen:
BIK; Harnstoff; Karbamid; Carbamid; Urea; Carbonyldiamid; Ureum;
- Handelsnamen:
Purcapolymel; RIA; CS; NC; Ureaphil; Urevert; Varioform II; Aquacare; Aquadrate; Basodexan; Hyanit; Keratinamin; Nutroplus; Onychomal; Pastaron; Ureophil; Urepearl; NCI-C 02119; Benural 70; Pseudourea, Isourea;
- Summenformel:
CH_4N_2O

- Strukturformel:

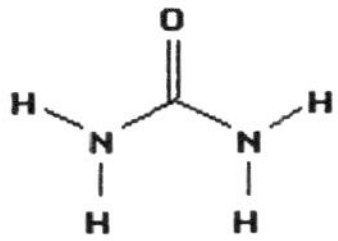

Funktion:
Additv/Weichmacher;
Verfahren:
Druckverfahren;

Eigenschaften:
- toxikologisch/ökotoxikologisch:
RTECS # YR 6250000
Schweizer Giftliste: 5
WGK: 1
R-Satz: 20/21/22-36/37/38-40
S-Satz: 26-36-22
Sonstiges:
Zu diesem Stoff liegt ein BUA-Stoffbericht Nr. 76 vor.WGK 0 (feste Form); WGK 1 (Lösung); Luftklasse III [600];Ungiftige Substanz. Allenfalls bei Staubentwicklung ist eine Reizung der Augen und der Atemwege sowie geringfügig der Haut denkbar; Bei Erhitzung oder Brand entstehen u.a. hochgiftige nitrose Gase.Symptome: Bei Staubentwicklung: Brennen der Augen, der Nasen- und Rachenschleimhäute sowie der Haut. Bei Erhitzung oder Brand: Husten, Atemnot [484];Harnstoff ist von geringer Toxizität: gesteigerte Diurese und osmatische Diarrhoe bei hoher Dosierung; über 3000 mg/kg reversible Symptome (Temperatursenkung, Bewegungsstörungen); bei therapeutischer Anwendung (60 g/Tag oral): Kopfschmerzen, Übelkeit, Erbrechen, Fieber und Gerinnungsstörungen; bei Einwirkung am Arbeitsplatz; Irritationsdermatose mit Hornhautablösungen an der Haut und Bindehautentzündungen am Auge [600];LD 50 (oral, Ratte): 14300 mg/kg [187], (männliche Tiere) [600];LD 50 (oral, Ratte): 15000 mg/kg (weibliche Tiere) [600];LD 50 (intratracheal, Ratte): 567 mg/kg [428];LD 50 (subcutan, Ratte): 8200 mg/kg (weibliche Tiere), 9400 mg/kg (männliche Tiere) [600];LD 50 (intravenös, Ratte): 5400 mg/kg (männliche Tiere), 5300 mg/kg (weibliche Tiere) [600];LD Lo (subcutan, Frosch): 600 mg/kg [428];LD Lo (oral, subkutan, intravenös, Hund, Kaninchen): 3000 mg/kg [133];LD Lo (intravenös, Kaninchen): 4800 mg/kg [428];LD Lo (subcutan, Kaninchen): 3000 mg/kg [428];LD Lo (intravenös, Hund): 3000 mg/kg [428];LD Lo (subcutan, Hund): 3000 mg/kg [428];LD 50 (intravenös, Hund): >10000 mg/kg [600];LD 50 (subuctan, Maus): 9200 mg/kg (männliche Tiere), 10700 mg/kg (weibliche Tiere) [600];LD 50 (oral, Maus): 11500 mg/kg (männliche Tiere), 13000 mg/kg (weibliche Tiere) [600];LD 50 (intravenös, Maus): 4600 mg/kg (männliche Tiere), 5200 mg/kg (weibliche Tiere) [600];LD 50 (intraperitoneal, Maus): ca. 7500 mg/kgLD 50 (oral, Schwein): >16000 mg/kg [600];LD 50 (oral, Rind): 510 mg/kg, 600-1080 mg/kg (mittlere letale Dosis) [600];Ratte: 12 g/kg nicht letal [60];ECo (Pseudomonas putida): >10 g/l [60];ECo (Scenedesmus quadricauda): >10000 mg/l [134];LC 50 (Daphnia magna und Goldorfe): >10000 mg/l [484];LC 50 (Fisch, Goldorfe): >6,81 g/l/96 h [600];LC 50 (Barillius barna): 9,10 g/l/96 h [600];LC 50 (Channa punctatus): >10,00 g/l/48 h [600];LC 0 (Tilapia mossambica): 20,00 g/l/96 h [600];LC 50 (Tilapia mossambica): 22,50 g/l/96 h [600];Toxische Grenzkonzentration für Scenedesmus quadricauda >10 g/l [404];(ECo: Hemmung der Zellvermehrung);Biologischer Abbau abhängig von der bakteriellen Zusammensetzung des Wassers, Belüftung und Wassertemperatur; Mineralisierung von Harnstoff im Boden; im Zahn-Wellens-Test potentiell biologisch abbaubar; Laboruntersuchungen mit Flußwasser vollständig abbaubar;Stoff mit nach derzeitigem Kenntnisstand geringem Gefährdungspotential für die Allgemeinbevölkerung und die Umwelt zugeordnet. [600];

- physikalisch/chemisch:
Schmelzpunkt: 132,1 °C; 133 °C
Dampfdruck: 0,000016 hPa (20 °C) [135]
Log pOW: -1,09 [4], [150]
Brechungsindex: 1,4683 (156 °C)
Dichte: 1335 kg/m3 (20 °C)
Molmasse: 60,055 g/mol

Löslichkeit:
Wasser 670 g/l (0 °C), 779 g/l (5 °C), 800 g/l (20 °C), 1094 g/l (21 °C), 3146 g/l (70 °C); Ethanol 40 g/l (19,5 °C), 57 g/l (40 °C); löslich in Methanol; wenig löslich in Diethylether, Oxalat; unlöslich in Trichlormethan;

Verbleib nach Gebrauch:
Verbrennung nach Mischung mit brennbarem Lösemittel;

Bemerkung:
Farb- und geruchlose Prismen; reizend; nicht brennbar [484]; tetragonale Prismen [428];
Farblose Kristalle; nicht brennbar; fördert jedoch die Verbrennung vieler anderer brennbarer Stoffe [484];
Bei Erhitzung bis zur Zersetzung bilden sich giftige und ätzende nitrose Gase. Bei Erhitzung wird ätzendes und brennbares Ammoniak(gas) freigesetzt. Die Substanz reagiert mit Hypochlorit, Phosphorpentachlorid und anderen chlorhaltigen Stoffen und bildet das explosive Stickstofftrichlorid. Bei Kontakt mit Oxidationsmitteln erfolgt heftige Reaktion, die zur Entzündung und intensiven Verbrennung führen kann [484];
Verwendung: In der Fotoindustrie als Entwicklerzusatz zur Erhöhung der Entwicklungsgeschwindigkeit;
reagiert hefitg mit Nitriten, mit oxidierenden Substanzen sind Zersetzungsreaktionen möglich;
Verwendung: in der Landwirtschaft in Düngemitteln und als Futtermittelzusatz, in der Verarbeitung zu Endprodukten der chemischen Industrie, vor allem Formaldehyd - Kondensaten und Melamin, Rohstoff für Polykondensationsharze [600];

Kohlenstoff (amorph)

- CAS-Nummer:
7440-44-0
- UN Nummer:
1362
- gebräuchliche Namen:
Ruß; Carbon black; Aktivkohle; Holzkohle; Graphit; Grafit; Holzkohle, aktiviert; Kohle, aktiviert;
- Handelsnamen:
Acetogen-Ruß, BLE 50 (50 %); Aktivkohle Darco; Carbopol; Carbobol M; Cecarbon; C 78; Clarocarbon; Columbia LCK; Conductex; Darco; Filtrasorp; Flexone 7-S (50 %); Grosufe; Irgalite 1104; Jado; K 257; M 100; Norit A Supra; SU 2000; Suchar 681; Witcarb 940; XE 340; X 74175 L;
- Summenformel:
C_n

Funktion:
Pigment/Farbstoff/schwarz;
Toner;
Verfahren:
Kopierverfahren/elektron. Verfahren direkt/Elektrofotografie;
Kopierverfahren/elektron. Verfahren direkt/Nadeldruck/Impulsdruck
Kopierverfahren/elektron. Verfahren direkt/Ink-Jet
Druckverfahren/Hochdruck direkt/Flexodruck
Anwendung:
Farbe;

Eigenschaften:
- toxikologisch/ökotoxikologisch:
RTECS # FF 5250100
WGK: 0
MAK Wert: 1,5 mg/m3 A
R-Satz: 36/37/38
S-Satz: 26-36

Sonstiges:
Schwangerschaftsgruppe C [481];Die Stäube reizen die Augen und oberen Atemwege [484];LD 50 (intravenös, Maus): 440 mg/lg [428];

- physikalisch/chemisch:
Schmelzpunkt: 3652-3697 °C (Subl.)
Siedepunkt: 4827 °C
Dampfdruck: 1,33 hPa (3586 °C) [484]
Dichte: 1800-2100 kg/m3 (20 °C)
Molmasse: 12,011 g/mol

Löslichkeit:
unlöslich in Wasser, Laugen, Säuren;

Verbleib nach Gebrauch:
Sondermüll-Deponie für chemischen Abfall, besonders gefährliche Stoffe;

Bemerkung:
Schwarzes Pulver, brennbar;
der Stoff reagiert bei Kontakt oder Mischung mit Oxidationsmitteln [484];

Kohlenwasserstoffgemisch

- CAS-Nummer:
64742-47-8
- gebräuchliche Namen:
Destillat (Petroleum), leicht hydrotisiert;
- Handelsnamen:
Exxsol D 70; Exxsol D 80; Exxsol D 100; Shellsol D 70; Shellsol D 100;

Eigenschaften:
- toxikologisch/ökotoxikologisch:
RTECS # OA 550400
Schweizer Giftliste: 0
WGK: 1
R-Satz: 22
S-Satz: (2-)23-24-62
Sonstiges:
Einstufung und Kennzeichnung von Zubereitungen, in denen diese Substanz enthalten ist:10%<=C ¦> Xn; R22Dämpfe verursachen Reizung der Augen und Atemwege. Kopfschmerzen, Schwindel und Störungen des Zentralnervensystems können ebenfalls verursacht werden.Häufige oder länger andauernder Hautkontakt kann die Haut entfetten und austrocknen, was zu Hautbeschwerden und Hautentzündungen (Dermatitis) führen kann. Verursacht Augenbeschwerden, jedoch keine Schädigung des Augengewebes möglich. Geringste Mengen, die bei Verschlucken oder nachfolgendem Erbrechen in die Lunge gelangen, können zu einem Lungenödem oder zu einer Lungenentzündung führen. Sehr geringe Giftwirkung. [Sdb EXXON][Sdb Shell Chemicals].Shellsol D 100:LD/LC 50 (oral, Ratte): >8000 mg/kg LD/LC 50 (dermal, Kaninchen): >4000 mg/kg Potentiell biologisch abbaubar;

Gefahren-Symbol:

Xn

- physikalisch/chemisch:
Schmelzpunkt: - 20°C
Siedepunkt: 240-262 °C
Flammpunkt: 105°C
Dichte: 801 kg/m3 (15°C)

Bemerkung:
Klare, farblose Flüssigkeit; Geruch aliphatisch, nach Kohlenwasserstoff; hygroskopisch; Bildet im dampf-/gasförmigen Zustand mit Luft explosionsfähige Gemische: reagiert bei Kontakt mit starken Oxidationsmitteln; Verwendung: als Lösungsmittel; [Sdb]

.

Exxsol D 70; entaromatisiertes aliphatisches Kohlenwasserstoffgemisch: Schmelzpunkt: <-20 °C; Siedepunkt: 185-220 °C; Flammpunkt: >65 °C; Explosionsgrenzen: 0,6-7,0 Vol.-%; Zündtemp.: >200 °C; Dampfdruck: 0,3 hPa (20 °C), 0,97 hPa (38 °C), 2,92 hPa (55 °C); Dichte: 801 kg/m3 (14 °C); Löslichkeit in Wasser: <0,10 Gew.-% (20 °C); Molekulargewicht: 163; [Sdb]

.

Exxsol D 80; entaromatisiertes aliphatisches Kohlenwasserstoffgemisch: Schmelzpunkt: <-20 °C; Siedepunkt: 192-245 °C; Flammpunkt: >70 °C; Explosionsgrenzen: 0,6-7,0 Vol.-%; Zündtemp.: >200 °C; Dampfdruck: 0,15 hPa (20 °C), 0,57 hPa (38 °C), 1,75 hPa (55 °C); Dichte: 797 kg/m3 (15 °C); Löslichkeit in Wasser: <0,10 Gew.-% (20 °C); Molekulargewicht: 175; [Sdb]

.

Exxsol D 100; entaromatisiertes aliphatisches Kohlenwasserstoffgemisch: Schmelzpunkt: <-20 °C; Siedepunkt: 235-270 °C; Flammpunkt >101 °C; Explosionsgrenzen: ca. 0,6-7,0 Vol.-%; Zündtemp.: >200 °C; Dampfdruck: 0,02 hPa (20 °C), 0,08 hPa (38 °C), 0,28 hPa (55 °C); Dichte: 815 kg/m3 (15 °C); Löslichkeit in Wasser: <0,10 Gew.-% (20 °C); Molekulargewicht: 200 (Durchschnittswert) [Sdb]

Shellsol D 70; Gemisch von n-, i- und cyclo-Aliphaten, überwiegend im Bereich C11-C16: Schmelzpunkt: <-30 °C; Siedepunkt: 195-245 °C; Flammpunkt: 73 °C; Explosionsgrenzen: 0,6-5,5 (150 °C) Vol.-%; Zündtemp.: 225 °C; Dampfdruck: 0,6 hPa (20 °C), 4 hPa (50 °C); Dichte: 792 kg/m3 (15 °C); Löslichkeit in Wasser: bei 20 °C praktisch unlöslich in Wasser; logPow 3,5-4,7; Verdunstungszahl (nBuAc=1): 0,01; Mittleres Molekulargewicht 174 g/mol;

Shellsol D 100; Gemisch von n-, i- und cyclo-Aliphaten, überwiegend im Bereich C13-C17: Schmelzpunkt: -20 °C; Siedepunkt: 240-262 °C; Flammpunkt: 105 °C; Explosionsgrenzen: 0,6-8,0 Vol.-%; Zündtemp.: 220 °C; Dampfdruck: <0,1 hPa (20 °C), 0,5 hPa (50 °C); Dichte: 801 kg/m3 (15 °C; Löslichkeit in Wasser: bei 20 °C praktisch unlöslich; logPow 7,0-8,7; Verdunstungszahl: (nBuAc=1): <0,01; Mittleres Molekulargewicht: 202 g/mol [Sdb]

siehe auch unter Hommel: Handbuch der gefährlichen Güter, Merkblat Nr. 38/38 a;

Kohlenwasserstoffgemisch, aliphatisches

- **CAS-Nummer:**
  64741-65-7
- **UN Nummer:**
  3295*
- **gebräuchliche Namen:**
  Naphtha;
- **Handelsnamen:**
  Shellsol T; Shellsol TD;

Eigenschaften:
- **toxikologisch/ökotoxikologisch:**
  WGK: 1
  R-Satz: 45-22
  S-Satz: 53-45
  Sonstiges:
  Einstufung und Kennzeichnung von Zubereitungen, in denen diese Substanz enthalten ist:10%<=C ¦¦> T; R45-220.1%<=C<10% ¦¦> T; R45[Sdb Shell Chemicals]:Beim Verschlucken mit anschließendem Erbrechen kann Aspiration in die Lunge erfolgen, was zur chemischen Pneumonie oder zur Erstickung führen kann.Längerer oder wiederholter Hautkontakt kann entfettend wirken und zu Dermatits führen.Symptome: Trockene Haut, wirkt entfettend auf die Haut; Shellsol T:LD/LC 50 (oral, Ratte): >6000 mg/kg;LD/LC 50 (dermal, Kaninchen): >3000 mg/kg;Shellsol TD:LD/LC 50 (oral, Ratte): >7500 mg/kg;LD/LC 50 (dermal, Kaninchen): >3000 mg/kg;

  Gefahren-Symbol:

  T

- **physikalisch/chemisch:**
  Schmelzpunkt: <-30 °C**
  Siedepunkt: 182-212 °C; 187-215 °C**; 172-190 °C***
  Flammpunkt: 58 °C**; 44 °C***
  Dampfdruck: 1,0 hPa (20 °C); 6 hPa (50 °C)**; 2 hPa (20 °C); 10 hPa (50 °C)***
  Dichte: 792 kg/m3 (15 °C)**; 715 kg/m3 (15 °C)***
  Molmasse: 169 g/mol **; 164 g/mol ***
  Verdunstungszahl: 0,09 (nBuAc = 1)**; 0,18 (nBuAc = 1)***

  Löslichkeit:
  bei 20 °C praktisch unlöslich in Wasser [Sdb];

  Bemerkung zu physikalisch/chemischen Daten:
  * 3295 Kohlenwasserstoffe, flüssig, n.a.g., Solvent Naphtha [Sdb];
  ** Daten beziehen sich auf Shellsoll T, Kohlenwasserstoffgemisch, aliphatisch, im Bereich C11-C13 [Sdb];
  *** Daten beziehen sich auf Shellsoll TD, Kohlenwasserstoffgemisch, aliphatisch, im Bereich C9-C11 [Sdb];

Bemerkung:
Farblose, fast geruchlose Flüssigkeit, brennbar**, entzündlich***;
Bildet im dampf-/gasförmigen Zustand mit Luft explosionsfähige Gemische;
Explosionsgrenzen: 0,6-8,0 Vol.-%; Zündtemp.: 405 °C [Sdb];

siehe auch Hommel: Handbuch der gefährlichen Güter, Merkblatt Nr. 38/38 a;

Kohlenwasserstoffgemisch, aliphatisch u. aromatisiert

- CAS-Nummer:
64742-88-7
- gebräuchliche Namen:
Testbenzin;

Eigenschaften:
- toxikologisch/ökotoxikologisch:
WGK: 1
R-Satz: 22
S-Satz: (2-)23-24-62
Sonstiges:
Einstufung und Kennzeichnung von Zubereitungen, in denen diese Substanz enthalten ist:10%<=C ¦> Xn; R22Auf Anregung der Kommission wird die Einstufung der MAK-Werte 1996 diskutiert;

Gefahren-Symbol:

- physikalisch/chemisch:
Dichte: 180 kg/m3

Bemerkung:
Zu 26,9 % Bestandteil von Urad DD72;
Anwendung: Löse- und Extraktionsmittel;

Kupfer

- CAS-Nummer:
7440-50-8
- gebräuchliche Namen:
C.I. Pigment Metal 2;
- Summenformel:
Cu

Verfahren:
Druckformherstellung/Flachdruck;

Eigenschaften:
- toxikologisch/ökotoxikologisch:
RTECS # GL 5325000
WGK: 0
MAK Wert: 1 mg/m3 E; Rauch: 0,1 mg/m3 A
S-Satz: 22
Sonstiges:
IMK: I (Rauch);Spitzenbegrenzung: II,1 [481];Wirkt schädigend bein Einatmen oder Verschlucken; kann Augen- und Hautreizungen verursachen; reizt Schleimhäute und Atemwege [187];Kupfer an sich besitzt eine geringe Toxizität, lösliche Kupfersalze sind jedoch starke Reizmittel für Augen und

Schleimhaut [201];Gesundheitsgefahren bei Überschreitung des MAK-Wertes:Kupfer und kupferhaltige Legierungen können Metallfieber (Gießfieber) verursachen; kurzdauernder Fieberzustand mit einer gewissen Mattigkeit und einem Reizzustand der Atemwege; Erholung ohne Nachwirkungen, keine Dauerschädigungnen [464];LD Lo (oral, Mensch): 120 ug/kg [428]

- physikalisch/chemisch:

Schmelzpunkt: 1083,4 °C
Siedepunkt: 2567 °C
Verdampfungswärme: 75,5 J/mol
Dichte: 8920 kg/m3 (20 °C)
Molmasse: 63,546 g/mol

Löslichkeit:
unlöslich in Wasser; löslich in Salpetersäure, heißer Schwefelsäure; löslich in Ammoniak-Lsg.; wenig löslich in Salzsäure;

Bemerkung zu physikalisch/chemischen Daten:
EMK (Cu^+/Cu)=0,521 V; EMK (Cu^{2+}/Cu)=0,337 V;

Verbleib nach Gebrauch:
Wiedergewinnung zum Recycling oder zur Wiederverwertung, teure Metalle, Katalysatoren;

Bemerkung:
Rot-brauner granulierter, entflammbarer Feststoff (als Pulver);
Wird an der Luft blind, matt; Bildung eines grünen Carbonatüberzuges;
Verwendung: Für die Herstellung von Legierungen, Messing, Munition, für elektrische Leiter, Kunstwerke;
Gelöst und ungelöst Abwassergrenzwert: 1 mg/l [39];
Konzentration im Rhein (deutsch-niederländische Grenze): 1700 t/a (1973), 680 t/a (1985) [424];

Kupfer(I)-chlorid

- CAS-Nummer:
7758-89-6
- UN Nummer:
2802
- gebräuchliche Namen:
Kupferchlorid; Kupferchloruer;
- Summenformel:
CuCl

Verfahren:
Druckverfahren/Hochdruck;
Anwendung:
Einstufenätzung;

Eigenschaften:
- toxikologisch/ökotoxikologisch:
RTECS # GL 6990000
Schweizer Giftliste: 3
WGK: 2
MAK Wert: 1 mg Cu/m3 E
R-Satz: 22
S-Satz: (2)-22
Sonstiges:
Spitzenbegrenzung II,1 [481];Wirkt schädigend bei Einatmung oder Verschlucken; verursacht Augen- und Hautreizungen; reizt Schleimhäute und Atemwege; abhängig von der Dauer und

Intensität des Ausgesetztseins können die Wirkungen zwischen leichten Reizungen und schweren Gewebezerstörungen variieren [187];LD 50 (oral, Ratte): 140 mg/kg [187, 428];LD 50 (oral, Maus): 347 mg/kg [428];LC 50 (inhalativ, Maus): 1008 mg/m3 [428];LD 50 (subcutan, Meerschweinchen): 100 mg/kg [428];

Gefahren-Symbol:

Xn

- physikalisch/chemisch:
Schmelzpunkt: 430 °C
Siedepunkt: 1490 °C
Dampfdruck: 1,733 hPa (546 °C) [187]
Dichte: 4140 kg/m3 (25 °C)
Molmasse: 98,99 g/mol

Löslichkeit:
wenig löslich in Wasser; löslich in Salzsäure, Diethylether; unlöslich in Ethanol, Propanon;

Verbleib nach Gebrauch:
Sondermüll-Deponie für chemischen Abfall, besonders gefährliche Stoffe;

Bemerkung:
Graues Pulver; feuchtigkeitsempfindlich;
Verwendung: Als Katalysator in org. Reaktionen als Entfärber und Entschwefelungsagens in der Petrolindustrie;

Kupfer(II)-sulfat-5-hydrat

- CAS-Nummer:
7758-99-8
- gebräuchliche Namen:
Kupfer(II)-sulfat Pentahydrat;Kupfersulfat Pentahydrat; Chalcanthit; Kupfervitriol;blauer Vitriol; Chalkantit;
- Summenformel:
$CuSO_4 * 5\,H_2O$

Funktion:
Bleichmittel;
Verfahren:
1.Druckformherstellung/ Reproduktionsfotografie;
2.Druckverfahren/Hochdruck;
Anwendung:
1.Bleichbäder, Verstärker, Tonbäder;
2.Galvanisierbad;

Eigenschaften:
- toxikologisch/ökotoxikologisch:
RTECS # GL 8900000;
Schweizer Giftliste: 3
WGK: 2
MAK Wert: 1 mg Cu/m3 E
R-Satz: 22
S-Satz: 24

Sonstiges:
Spitzenbegrenzung II,1 [481];Wirkt schädigend beim Einatmen oder Verschlucken; verursacht Haut- und schwere Augenreizungen; reizt Schleimhäute und Atemwege [187];Tödliche Dosis: ab 8 g [39];LD Lo (oral, Mensch): 1088 mg/kg [187];LD 50 (oral, Ratte): 300 mg/kg [187], [415];Schädlichkeitsgrenze für Fische: 0,1 mg/l [298];Toxische Grenzkonzentration für Scenedesmus quadricauda 1,1 mg/l (fürwasserfreies Kupfer(II)-sulfat) [404];

Gefahren-Symbol:

Xn

- physikalisch/chemisch:
Schmelzpunkt: 110 °C (- 4 Wasser)
Siedepunkt: 150 °C (- 5 Wasser)
Dichte: 2284 kg/m3 (20 °C)
Molmasse: 249,68 g/mol

Löslichkeit:
Wasser 145 g/l (0 °C), 209 g/l (20 °C), 736 g/l (100 °C); Methanol 156 g/l (18 °C); unlöslich in Ethanol;

Bemerkung:
Dunkelblaue Kristalle;
Verwendung: in der Fotoindustrie in Kupferverstärkern, Kupfertonbädern, als Bleichbad; als Pflanzenschutzmittel (Bordelaiser Brühe); zur Konservierung von Holz und Tierbälgen; zur Anfärbung von Metallen; 5 %ige Lösung in der Medizin als Brechmittel bei Vergiftungen (bes. Phosphorvergiftungen);

Kupferphthalocyanin

- CAS-Nummer:
147-14-8
- gebräuchliche Namen:
Phthalocyanin Kupfer(II)-Komplex; Phthaloblau; Heliogenblau B; Pigment Blue 15; Pigment Blau 15; C.I. 74160; Phthalocyanine blue;
- Handelsnamen:
Heucosin 5000; Heucosin 5007; Heuco Blau 501510;
- Summenformel:
$C_{32}H_{16}CuN_8$

- Strukturformel:

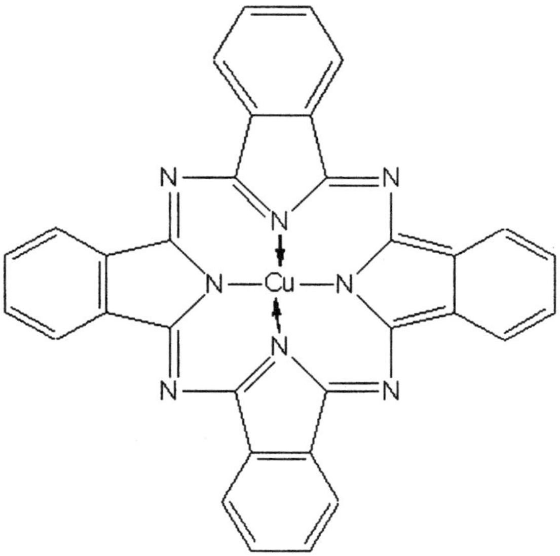

Funktion:
Pigment/Farbstoff/blau;
Verfahren:
Druckverfahren;
Anwendung:
z.B. in Flexodruckfarben;

Eigenschaften:
- toxikologisch/ökotoxikologisch:
WGK: 0
MAK Wert: 1 mg Cu/m3 E
Sonstiges:
Spitzenbegrenzung II,1 [481];Kann schädigend wirken bei Einatmung, Verschlucken oder Aufnahme über Haut; verursacht Augen- und Hautreizungen; reizt Schleimhäute und Atemwege [187];LD 50 (oral, Ratte): >15000 mg/kg [Sdb Fa. Heubach];LD 50 (intraperitoneal, Ratte): >3000 mg/kg [428];

- physikalisch/chemisch:
Dichte: 1500-1790 kg/m3 (20 °C)
Molmasse: 576,08 g/mol

Löslichkeit:
unlöslich in Wasser, Ethanol, Diethylether; löslich in konzentrierter Schwefelsäure;

Verbleib nach Gebrauch:
Sondermüll-Deponie für chemischen Abfall, besonders gefährliche Stoffe;

Bemerkung:
Blaues, geruchloses Pulver; Blaue, metallglänzende Kristallnadeln;
Staubexplosionsgefahr [Sdb Fa. Heubach];
Verwendung: blaue Pigmentfarbstoffe (Anstrich-, Druck- und Tapetenfarben); Besonders geeignet zum Anfärben von Kunststoffen;

Kupferphthalocyanin, chloriert

- **CAS-Nummer:**
  1328-53-6
- **gebräuchliche Namen:**
  C.I. 74260; Pigment Green 7; Phthalo-Grün; Phthalocyanin Grün; Cu-Phthalocyan. Alpha Stab.; Cu-Phthalocyan, chloriert; Kupfer-Phthalocyanin chloriert; Pigment Grün 7 (C.I. 74260); C.I. 74260; C.I. Pigment Green 42; Copper Phthalocyanine Green; Cromophtal Green GF; Cyan Green 15-3100; Cyanine Green GP; Cyanine Green NB; Cyanine Green T; Opaline Green G 1; Phthalocyanine Green WDG 47; Pigment Fast Green G; Pigment Fast Green GN; Pigment Green 7; Pigment Green Phthalocyanine; Pigment Green Phthalocyanine V; Polychloro copper phthalocyanine; Polymo Green FBH; Polymo Green FGH; Polymon Green G; Polymon Green 6G; Polymon Green GN;
- **Handelsnamen:**
  Basoflex Grün 8730; Dispers Grün 87-3007; Encelac Grün 8680; Luconyl Grün 8730; Sicoflush A Grün 8730; Luconyl G Grün 8730; Sicochip Grün 8730; Sicoflush P Grün 8730; Heliogen Grün L 8730; Heuco Grün 600700; Heuco Grün 600701; Heucosin 61; Heucosin 64; Heucosin 68; Heuco Grün 600700; Heuco Grün 600701; Accosperse Cyan Green G; Brilliant Green Phthalocyanine; Calcotone Green G; Ceres Green 3B; Chromatex Green G; Colanyl Green GG; Cyanine Green Toner; Dainichi Cyanine Green FG; Dainichi Cyanine Green FGH; Daltolite Fast Green GN; Duratint Green 1001; Fastogen Green 5005; Fastogen Green B; Fastolux Green; Fenalac Green G; Fenalac Green G disp; Granada Green Lake GL; Graphtol Green 2GLS; Heliogen Green 8680; Heliogen Green 8730; Heliogen Green A; Heliogen Green G; Heliogen Green GA; Heliogen Green GN; Heliogen Green GNA; Heliogen Green GTA; Heliogen Green GV; Heliogen Green GWS; Heliogen Green 8681K; Heliogen Green 8682T; Hostaperm Green GG; Irgalite Fast Brilliant Green GL; Irgalite Fast Brilliant Green 3GL; Irgalite Green GLN; Irgalite Green GLNP; Klondike yellow X-2261; Lutetia fast emerald J; Microlith Green G-FP; Monarch Green WD; Monastral Fast Green BGNA; Monastral Fast Green G; Monastral Fast Green GD; Monastral Fast Green GF; Monastral Fast Green GFNP; Monastral Fast Green GN; Monastral Fast Green GNA; Monastral Fast Green GTP; Monastral Fast Green GV; Monastral Fast Green GWD; Monastral Fast Green 2GWD; Monastral Fast Green GX; Monastral Fast Green GXB; Monastral Fast Green GYH; Monastral Fast Green LGNA; Monastral Green B; Monastral Green B Pigment; Monastral Green G; Monastral Green GFN; Monastral Green GH; Monastral Green GN; Monolite Fast Green GVSA; NCI-C54637; Non-flocculating Green G 25; Permanent Green Toner GT-376; Phthalocyanine Brilliant Green; Phthalocyanine Green; Phthalocyanine Green LX; Phthalocyanine Green V; Phthalocyanine Green VFT 1080; Pv-Fast Green G; Ramapo; Sanyo Cyanine Green; Sanyo Phthalocyanine Green FB Pure; Sanyo Phthalocyanine Green F6G; Segnale Light Green G; Sherwood Green A 4436; Siegle Fast Green G; SolFast Green; SolFast Green 63102; Synthaline Green; Termosolido Green FG Supra; Thalo Green No.1; Versal Green G; Vulcal Fast Green F2G; Vulcanosine Fast Green G; Vulcol Fast Green F2G; Vynamon Green BE; Vynamon Green BES; Vynamon Green GNA; Vynamon Green 2G FW;
- **Summenformel:**
  $C_{32}Cl_{16}Cu_1N_8$

- Strukturformel:

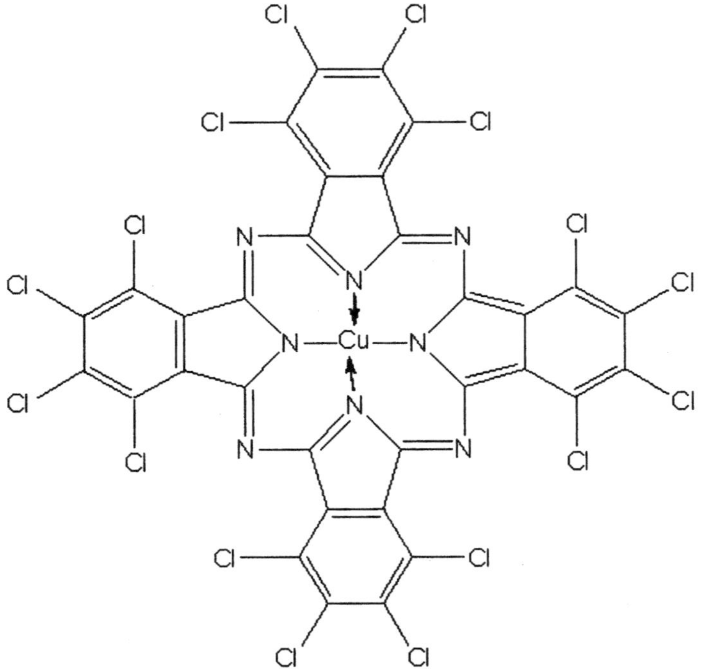

Funktion:
Pigment/Farbstoff/grün; Toner;
Verfahren:
Druckverfahren;
Anwendung:
z.B. in Flexodruckfarben;

branchenspezifische Bemerkung zur Substanz:
Gehört zu der Gruppe der polycyclischen Pigmente (Phthalocyanin-Pigment)
Gehört zu der Pigmentklasse von Cu-Phthalogrün;
Lichtecht, thermostabil und lösemittelbeständig;
Bevorzugter Einsatz im Verpackungsdruck;
Hitzestabil bis 220 °C im Blechdruck;
Blechdrucke sind silberlackbeständig, sterilisierecht;

Eigenschaften:
- toxikologisch/ökotoxikologisch:
RTECS # GE 4300000
MAK Wert: 1 mg Cu/m3 E
Sonstiges:
Spitzenbegrenzung II,1 [481];[Sdb BASF]:LD 50 (oral, Ratte): >5000 mg/kg [634];LD 50 (oral, Maus): >10000 mg/kg [634];LD 50 (intraperitoneal, Maus): >2000 mg/kg [634];EC 10 (Bakterien): >10000 mg/lLC 50 (Oncorhynchus mykiss): 360 mg/l/96 hLC 50 (Lepomis macrochirus): 750 mg/l/96 hWGK 1;[Sdb Fa. Heubach]:LD 50 (oral, Ratte): >15000 mg/kgWGK: O;

- physikalisch/chemisch:
Schmelzpunkt: 480 °C; >350°C (Thermische Zersetzung) [634]
Dichte: 1400-1700 kg/m3 (20 °C)
Molmasse: 1092-1127 g/mol

Löslichkeit:
unlöslich in Wasser [Sdb Fa. Heubach];

Bemerkung zu physikalisch/chemischen Daten:
Schüttdichte: 500 kg/m3 [634];

Bemerkung:
Grünes Pulver mit produktspezifischen Geruch [Sdb BASF];
Gehört zu der Gruppe der polycyclischen Pigmente (Phthalocyanin-Pigment)
Gehört zu der Pigmentklasse von Cu-Phthalogrün;
Lichtecht, thermostabil und lösemittelbeständig; metallorganisch;

Leinöl, epoxidiert

- CAS-Nummer:
8016-11-3
- gebräuchliche Namen:
ELO;

Eigenschaften:
- toxikologisch/ökotoxikologisch:
WGK: 0

Lithiumchlorid

- CAS-Nummer:
7447-41-8
- Summenformel:
LiCl

Verfahren:
Druckformherstellung/Reproduktionsfotografie;
Anwendung:
Entwicklerbad;

Eigenschaften:
- toxikologisch/ökotoxikologisch:
RTECS # OJ 5950000
Schweizer Giftliste: 3
R-Satz: 22
S-Satz: 24
Sonstiges:
Ätzstoff; Kann schädigend wirken bein Einatmen, Verschlucken oder Aufnahme über Haut; verursacht Augen- und Hautreizungen; reizt Schleimhäute und Atemwege [187];Aufnahme und schädliche Mengen: innerlich 8 g giftig [30];LD Lo (oral, Mensch, 3 Tage): 200 mg/kg [187];LD 50 (oral, Ratte): 526 mg/kg [187];

Gefahren-Symbol:

- **physikalisch/chemisch:**
  Schmelzpunkt: 614 °C
  Siedepunkt: 1380 °C
  Dichte: 2065 kg/m3 (20 °C)
  Molmasse: 42,392 g/mol

  Löslichkeit:
  Wasser 637 g/l (0 °C), 1300 g/l (85 °C); Ethanol 251 g/l (30 °C); Methanol 423,6 g/l (25 °C); Propanon 41,1 g/l (25 °C);

Bemerkung:
Weißes Pulver; hygroskopisch;
Verwendung: in der Fotoindustrie in Entwicklerbädern;

Lithiumhypochlorit

- **CAS-Nummer:**
  13840-51-2
- **Summenformel:**
  LiOCl

Verfahren:
Druckverfahren/Durchdruck direkt/Siebdruck;
Anwendung:
Druckformherstellung;

Eigenschaften:
- **toxikologisch/ökotoxikologisch:**
  Schweizer Giftliste: 2
  R-Satz: 8-23/24/25
  S-Satz: 16-26-28

  Gefahren-Symbol:

- **physikalisch/chemisch:**
  Molmasse: 58,40 g/mol

Magnesium

- **CAS-Nummer:**
  7439-95-4
- **Summenformel:**
  Mg

Verfahren:
1.Druckformherstellung/Flachdruck;
2.Druckformherstellung/Hochdruck;

Eigenschaften:

- toxikologisch/ökotoxikologisch:

RTECS # OM 2100000;
Schweizer Giftliste: 4
WGK: 0
MAK Wert: 6 mg/m3 (MgO)
R-Satz: 15-17
S-Satz: (2)-7/8-43
Sonstiges:
Staub reizt schwach Augen und Atemwege [163];

Gefahren-Symbol:

F

- physikalisch/chemisch:

Schmelzpunkt: 648,8 °C
Siedepunkt: 1090 °C
Flammpunkt: 500 °C
Dampfdruck: 1 hPa (621 °C) [163]
Dichte: 1741 kg/m3 (20 °C)
Molmasse: 24,305 g/mol

Löslichkeit:
unlöslich in kaltem Wasser, Laugen; löslich in Mineralsäuren, konz. Flußsäure (HF), Ammoniumsalzen;

Verbleib nach Gebrauch:
Wiedergewinnung zum Recycling oder zur Wiederverwertung;

Bemerkung:
Glänzendes, silberweißes, sehr leichtes Pulver oder silberweißes Metall in Form von Preßkörpern, Drehspänen oder Bändern;
Häufigkeit in der Erdrinde: 1,94 Ma.-% ;
brennbar; Zersetzt sich in heißem Wasser zu Magnesiumhydroxid (Mg(OH)(2)); In Staub- oder Pulverform reagiert Stoff heftig bei Kontakt mit Chlor, Brom und Iod; Stoff reagiert sehr leicht mit Säuren und kaustischen Alkalien unter Bildung von Wasserstoff; bildet explosionsfähige Mischungen mit den meisten sauerstoffabgebenden (oxidierend wirkenden) Stoffen, wie z.B. Chloraten, Nitraten, Perchloraten oder Permanganaten; reagiert leicht mit Eisenoxid unter Bildung eines Thermiteffektes

Magnesiumsilikat

- CAS-Nummer:
1343-88-0

- gebräuchliche Namen:
Magnesiumsilicat; Magnesium-meta-silicat;

- Handelsnamen:
Florisil TLC;

- Summenformel:
$MgO * SiO_2$

Verfahren:
Druckverfahren/Durchdruck direkt/Siebdruck;
Anwendung:
Druckformherstellung;

Eigenschaften:
- toxikologisch/ökotoxikologisch:
WGK: 0
Sonstiges:
Kann schädigend wirken beim Einatmen, Verschlucken oder Aufnahme über Haut; verursacht Augen- und Hautreizungen; reizt Schleimhäute und Atemwege [187];

- physikalisch/chemisch:
Schmelzpunkt: 1557 °C (Zers.)
Dichte: 3192 kg/m3 (25 °C)
Molmasse: 100,40 g/mol

Löslichkeit:
unlöslich in Wasser; sehr wenig löslich in Fluorwasserstoff;

Bemerkung:
Weiße Kristalle;

Magnesiumsilikathydrat

- CAS-Nummer:
14807-96-6
- gebräuchliche Namen:
Talk; Agalmatholith; Bildstein; Federweiß; Lavezstein; Speckstein; Steatit; Topfstein; Talkum;
- Handelsnamen:
Agalite; Alpha Talc CT 40 P; Alpha Talc M Micro 6; Asbestine; B 9; B 13; Beaver White 200; B 13 (mineral); CP 10-40; CP 38-33; Crystalite CRS 6002; Desertalc 57; Emtal; Emtal 500; Emtal 549; Emtal 596; Emtal 599; EX-IT; Fibrene C 400; Finntalc C10; Finntalc M05; Finntalc M15; Finntalc P40; Finntalc PF; FW-XO; Glacier 325; I.T.; IT extra; ITX; LMR 100; Loomite; Micro Ace K1; Micro Ace L1; Micron White 5000A; Micron White 5000P; Micron White 5000S; Microtalco IT extra; Mistron 139; Mistron frost P; Mistron RCS; Mistron 2SC; Mistron Star; Mistron super frost; Mistron vapor; MP 12-50; MP 25-38; MP 40-27; MP 45-26; MST; Mussolinite; Nytal; Nytal 200; Nytal 400; P 3; PK-C; PK-N; P 3 (Mineral); Polytal 4641; Polytal 4725; Steawhite; Supreme; Supreme dense; Talc (ACGIH); Talcan PK-P; Talcron CP 44-31; Talcum; TY 80; Talk; Vantalx 6H;
- Summenformel:
$Mg_3(OH)_2[Si_4O_{10}]$

Funktion:
2.Füllstoff;
Verfahren:
1.Druckverfahren/Durchdruck direkt/Siebdruck;
Anwendung:
1.Druckformherstellung;
2.Druckfarbe;

Eigenschaften:
- toxikologisch/ökotoxikologisch:
RTECS # WW 2710000
WGK: 0
MAK Wert: Asbestfaserfrei: 2 mg/m3 A
R-Satz: 20
S-Satz: 36

Sonstiges:
Schwangerschaftsgruppe C [481];Kann schädigend wirken beim Einatmen, Verschlucken oder Aufnahme über Haut; kann Augen- und Hautreizungen verursachen [187]zu Alpha Talc M Micro 6, Alpha Talc CT 40 P [Sdb Alpha Calcit]:WGK: 0;

- physikalisch/chemisch:
Schmelzpunkt: > 900 °C
Dichte: 2580-2830 kg/m3 (20 °C)
Molmasse: 379,29 g/mol

Löslichkeit:
unlöslich in Wasser;

Bemerkung:
Dichte für Nytal, I.T.: 2850 ± 30 kg/m3;
Dichte für Vantalc 6H: 2700 ± 30 kg/m3;

Weißes Pulver;
Die Zuteilung einer E-Nummer (E 553 b) wird von der EG erwogen;
Verwendung: in der Lebensmittelindustrie als Freisetzungs-, Überzugs- und Trennmittel; Agalmatholit bzw. Topfstein zur Herstellung von Töpfen; zum Bau von elektrischen Heizapparaten; Speckstein als Material für technische Brenner, elektrotechnische Bauelemente; in der Druckindustrie zur Herstellung von Siebdruckformen;
siehe auch -> Pigment Weiß 26 (C. I. 77718), CAS-Nr. 8005-37-6;
Bestandteil von Heucophos ZBZ, Luzenac 20M2, Mistrobond (>95 %), Mistron Vapor RP6D (>95 %), Mistron Vapor RP6 (>95 %), C Mistron Vapor 1R (>90 %), Steanat, Talk Naintsch H-100 (47 %);

zu Alpha Talc M Micro 6, Alpha Talc CT 40 P [Sdb Alpha Calcit]:
ab 650 °C thermische Zersetzung;

Magnesiumsulfat

- CAS-Nummer:
7487-88-9
- Summenformel:
$MgSO_4$

Verfahren:
Druckformherstellung/Reproduktionsfotografie;
Anwendung:
Farbentwicklung;

Eigenschaften:
- toxikologisch/ökotoxikologisch:
RTECS # OM 4500000
Schweizer Giftliste: 4
WGK: 0
R-Satz: 20/21/22
S-Satz: 36
Sonstiges:
Kann schädigend wirken beim Einatmen, Verschlucken oder Aufnahme über Haut; kann Augenreizungen verursachen [187];

- physikalisch/chemisch:
Schmelzpunkt: 1124 °C (Zers.)
Dichte: 2660 kg/m3 (20 °C)
Molmasse: 120,374 g/mol

Löslichkeit:
Wasser 300,5 g/l (10 °C), 356 g/l (20 °C); Diethylether 11,6 g/l (18 °C); löslich in Ethanol, Propantriol (Glycerin); unlöslich in Propanon;

Verbleib nach Gebrauch:
Sondermüll-Deponie, wasserunlösliche Feststoffe und Flüssigkeiten nach Neutralisation (nur für Kleinmengen);

Bemerkung:
Farblose Kristalle;
Verwendung: in der Textilindustrie zur Appretur von Geweben; in der Färberei als Beizmittel; Füllstoff für Papier und Seifen;

Maleinsäurediisooctylester

- **CAS-Nummer:**
  1330-76-3
- **gebräuchliche Namen:**
  DIOM; Diisooctylester, Maleinsäure; Diisooctylmaleat;
- **Summenformel:**
  $C_{20}H_{36}O_4$

- **Strukturformel:**

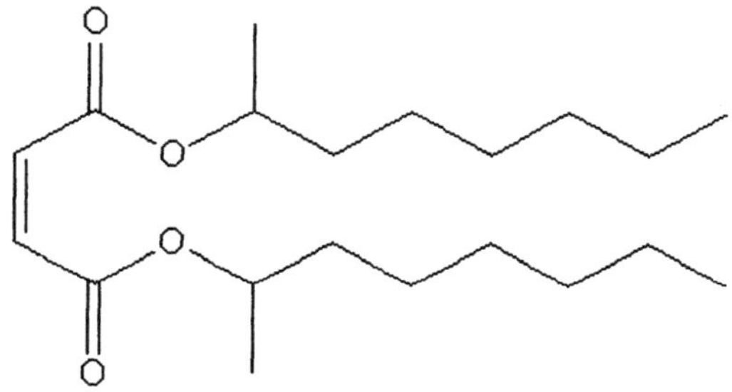

Eigenschaften:

- **physikalisch/chemisch:**
  Molmasse: 340,51 g/mol

Mangan

- **CAS-Nummer:**
  7439-96-5
- **Summenformel:**
  Mn

Funktion:
Additiv/Trocknungskatalysator/Verzögerer;
Verfahren:
Druckverfahren/Flachdruck;

Eigenschaften:

- toxikologisch/ökotoxikologisch:

RTECS # OO 9275000

Schweizer Giftliste: 4

WGK: 0

MAK Wert: 0,5 mg/m3 E

Sonstiges:

Spitzenbegrenzung: III [481]; Schwangerschaftsgruppe C [481]; Nerven- und Ätzgift; fast ausschließlich chronische Giftwirkung, besonders auf Lunge und Nervensystem [30]; Chronische Intoxikationen von Manganstaub führen zu Vergiftungen, die sich in Nieren-, Leber- und Stoffwechselerkrankungen sowie schweren Nervenschädigungen (Manganismus) äußern können;LD 50 (oral, Ratte): 9 g/kg [187];

- physikalisch/chemisch:

Schmelzpunkt: 1244 ± 3 °C

Siedepunkt: 1962 °C

Dichte: 721 kg/m3 (20 °C)

Molmasse: 54,938 g/mol

Löslichkeit:

Zers. in Wasser; löslich in verdünnten Säuren;

Verbleib nach Gebrauch:

Wiedergewinnung zum Recycling oder zur Wiederverwertung;

Bemerkung:

Silberweißes, sehr hartes und sprödes Metall;

Existiert in vier Modifikationen; bei normalen Temperaturen ist das alpha-Mangan beständig;

Pulverförmiges Mangan wird leicht zu Mangan(II,III)-oxid oxidiert und ist pyrophor;

Verwendung: reines Mangan wird praktisch kaum verwendet; von technischer Bedeutung sind seine Legierungen, z.B. Ferromangan, Manganin, Manganbronzen;

Methacrylsäuredodecylester

- CAS-Nummer:

142-90-5

- gebräuchliche Namen:

Laurylmethacrylat; Methacrylsäurelaurylester; Dodecylmethacrylat; n-Dodecyl(meth)acrylat; 2-Methyl-acrylsäuredodecylester;

- Summenformel:

$C_{16}H_{30}O_2$

- Strukturformel:

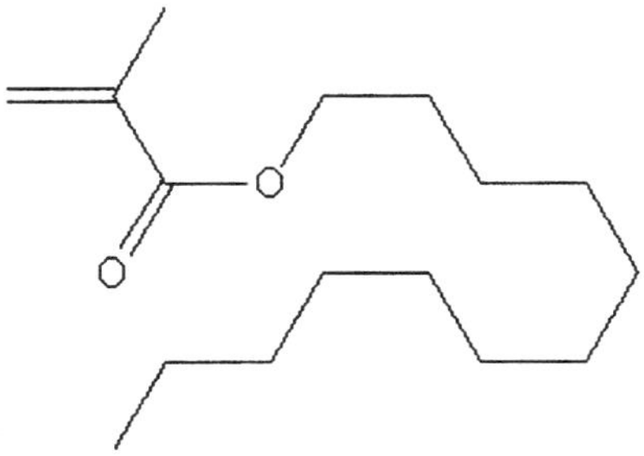

Verfahren:
Druckverfahren/Hochdruck;
Anwendung:
Druckformherstellung/Flexoplatten;

Eigenschaften:
- toxikologisch/ökotoxikologisch:
RTECS # OZ 4300000
WGK: 3
R-Satz: 36/37/38
S-Satz: 26-28
Sonstiges:
Die Substanz, ihre Dämpfe und Nebel reizen stark die Haut und die Augen, die Nasen- und Rachenschleimhäute; nach Einatmen der Substanz ist mit einem Lungenödem - auch mit Verzögerung - zu rechnen. Der direkte Kontakt mit der Flüssigkeit mit den Augen und der Haut kann auch Verätzungen bewirken. Daneben sind Nervenschäden möglich; wiederholter Substanzkontakt kann zu Allergien führen.Symptome: Brennen und Schmerzen der Augen, der Nasen- und Rachenschleimhäute sowie der Haut. Tränenfluß, Reizhusten, Atemnot, evtl. Entwicklung von Ätzwunden. Nach Einatmen oder Hautkontakt in jedem Fall - auch bei Ausbleiben der Symptome - den Arzt aufsuchen [484];

Gefahren-Symbol:

Xi

- physikalisch/chemisch:
Schmelzpunkt: -7 °C [636]
Siedepunkt: 142 °C (5,33 hPa); 166 °C (11 hPa); 190-195 °C
Flammpunkt: 110 °C
Dampfdruck: 6,65 hPa (80 °C) [484]
Brechungsindex: 1,4460 (20 °C)
Dichte: 868 kg/m3 (20 °C); 874 kg/m3; 866 kg/m3 (20 °C);
Molmasse: 254,42 g/mol

Löslichkeit:
wenig mischbar mit Wasser;

Bemerkung zu physikalisch/chemischen Daten:
Zündtemperatur: 277 °C [484]

Verbleib nach Gebrauch:
Verbrennung nach Mischung mit brennbarem Lösemittel;

Bemerkung:
Farblose bis gelbliche Flüssigkeit; schwacher, milder Geruch;
Bei Erhitzung kann eine Polymerisation eingeleitet werden. Für Container und Behälter kann dabei nach entsprechender Drucksteigerung die Gefahr eines explosionsartigen Zerknalls entstehen. Bei Kontakt oder Mischung mit starken Oxidationsmitteln und/oder Reduktionsstoffen kann heftige Reaktion eintreten [484];

Methacrylsäure-2-hydroxyethylester

- **CAS-Nummer:**
  868-77-9
- **gebräuchliche Namen:**
  2-Hydroxyethylmethacrylat; Glycolmethacrylat;Glykolmethacrylat;HEMA;
- **Summenformel:**
  $C_6H_{10}O_3$

- **Strukturformel:**

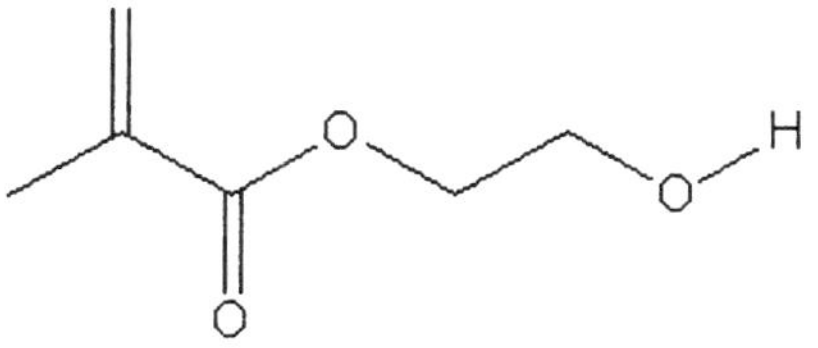

Verfahren:
Druckverfahren/Hochdruck;
Anwendung:
Druckformherstellung/Flexoplatten/Fotopolymerplatten;

Eigenschaften:
- **toxikologisch/ökotoxikologisch:**
  RTECS # OZ 4725000
  WGK: 1
  R-Satz: 36/38-43
  S-Satz: (2)-26-28
  Sonstiges:
  Einstufung und Kennzeichnung von Zubereitungen, in denen diese Substanz enthalten ist:20%<=C ¦¦> Xi; R36/38-431%<=C<20% ¦¦> Xi; R43Gefahr der Sensibilisierung der Haut [481]; Die Dämpfe reizen die Augen, die Atemwege und die Haut; Kontakt mit der Flüssigkeit führt zu Reizung der Augen und der Haut [484];

  Gefahren-Symbol:

Xi

- **physikalisch/chemisch:**
  Schmelzpunkt: -12 °C
  Siedepunkt: 67 °C (4,66 hPa); 250 °C;
  Flammpunkt: 101 °C; 97 °C;
  Dampfdruck: 1,3 hPa (68 °C) [484];
  Brechungsindex: 1,4515 (20 °C)
  Dichte: 1034 kg/m3 (20 °C)
  Molmasse: 130,14 g/mol

  Löslichkeit:
  vollständig mischbar mit Wasser;

Verbleib nach Gebrauch:
Verbrennung nach Mischung mit brennbarem Lösemittel;

Bemerkung:
Der Stoff reagiert bei Kontakt oder Mischung mit Oxidationsstoffen, Peroxiden, Säuren und Basen; bei Einwirkung von Hitze kann Polymerisation erfolgen [484];

Methanal

- CAS-Nummer:
50-00-0
- UN Nummer:
1198; 2209;
- gebräuchliche Namen:
Ameisenaldehyd; Formaldehyd; Formalin; Formylhydrat; Methylaldehyd; Oxomethan; Oxymethylen; Ameisensäurealdehyd;
- Handelsnamen:
BFV; Fannoform; Fyde; Formol; Ivalon; Lysoform; Morbicid; Superlysofam; Veracur; Paraform;
- Summenformel:
CH_2O

- Strukturformel:

Funktion:
2.- 4.Härtungsmittel;
Verfahren:
1.Druckformherstellung/Flachdruck;
2.Kopierverfahren/Reproduktionsfotografie/Silber-Halogenid-Verfahren;
3.Druckformherstellung/Reproduktionsfotografie;
4.Druckformherstellung/Durchdruck;
Anwendung:
2.+ 3.Gelatine; Fixierung;
4.Siebdruckschablonen;

Eigenschaften:
- toxikologisch/ökotoxikologisch:
RTECS # LP 8925000
Schweizer Giftliste: 3
WGK: 2
MAK Wert: 0,5 ml/m3 bzw. 0,62 mg/m3
R-Satz: 23/24/25-34-40-43
S-Satz: (1/2)-26-36/37-45-51
Sonstiges:
Einstufung und Kennzeichnung von Zubereitungen, in denen diese Substanz enthalten ist:25%<=C ¦¦> T; R23/24/25-34-40-435%<=C<25% ¦¦> Xn; R20/21/22-36/37/38-40-431%<=C<5% ¦¦> Xn; R40-43Schwangerschaftsgruppe C [481]; Spitzenbegrenzung: I [481]; Gefahr der Sensibilisierung der Haut [481]; Krebserzeugend 3 [481]; IMK I; (>30 %ige Lösung); Karzinogen [187]; Carc. Cat. 3; Dämpfe reizen stark die Augen und Atemwege (Bronchopneumonien, Glottisödem); Kontakt mit der Flüssigkeit führt zu Verhärtung und Verätzung der Haut sowie Verätzung der Augen; bei Aufnahme durch den Mund schwere innere Verätzungen [163]; Gefahr der Sensibilisierung! [148];Bei 10-20 ml/m3 wird die Atmung stark erschwert; die Einwirkung von 650 ml/m3 für wenige Minuten wirkte tödlich [163];Innerlich: 10-50 ml 40 %ige Lösung tödlich [30];Tödliche Dosis ab 10 ml (Konzentration liegt zwischen 5 % und 30 %) [39];LD Lo (oral, Frau): 108 mg/kg [428];LD 50 (oral, Mann): 42 mg/kg [428];LC Lo (inhalativ; Mensch): 820 mg/m3/8 h [10]; LD 50 (oral, Ratte): 800 mg/kg [10], [187];LC 50 (inhalativ, Ratte): 590 mg/m3 [187];LD 50 (Haut, Kaninchen): 270 mg/kg [187];Toxische Grenzkonzentration für Pseudomonas putida 14 mg/l [36], für Scenedesmus quadricauda 2,5 mg/l [404];EC 50 (Daphnia magna): 52 mg/l [180];EC 50 (Leuchtbakterientest):

8,6 mg/l [399];LC 50 (Fisch, Goldorfe): 50/108 mg/l [33];LC 100 (Fisch, Goldorfe): 76/130 mg/l [33];EC 50 (Urease-Test): 10 mg/l [398];

Gefahren-Symbol:

- physikalisch/chemisch:

Schmelzpunkt: -92 °C (wasserfreies Methanal)
Siedepunkt: -21 °C (wasserfreies Methanal)
Flammpunkt: 23-61 °C (variiert je nach Konz. der Lsg.)
Dampfdruck: 1,7 hPa (20 °C) [29] (variiert je nach Konz. der Lsg.)
Brechungsindex: 1,3765 (20 °C)
Dichte: 815 kg/m3 (-20 °C) (wasserfreies Methanal)
Molmasse: 30,026 g/mol (wasserfreies Methanal)

Löslichkeit:
leicht löslich in Wasser; löslich in Ethanol, Diethylether; mischbar mit Propanon;

Verbleib nach Gebrauch:
Verbrennung nach Mischung mit brennbarem Lösemittel;

Bemerkung:
Methanal (wasserfrei): farbloses, stechend riechendes Gas mit starker Reizwirkung: brennbar; Methanal: farblose, stechend riechende Flüssigkeit mit starker Reizwirkung; brennbar; Geruchsschwelle: <1ml/m3 [163]; 25 mg/m3 Erträglichkeitsgrenze) [484]; Bildet im dampf-/gasförmigen Zustand mit Luft explosionsfähige Gemische; Explosionsgrenzen: 7-73 Vol.-%; Zündtemp.: 430 °C [29], 420 °C [484];
Verwendung: technisches Lösungsmittel; in der Fotoindustrie als Härtemittel;
Formalin (35-40 %ige wässr. Lösung);
Enthalten in Acticide AZ (3 %), Melflam 131 (1-5 %), Resamin HF 450;
Umweltbelastung durch fotografische Prozesse (BRD, 1986): 74 t/a [156];

Methanol

- CAS-Nummer:
67-56-1
- UN Nummer:
1230
- gebräuchliche Namen:
Carbinol; Karbinol; Holzalkohol; Holzgeist; Holzspiritus; Methol; Methylalkohol; Methylhydroxid; Methyloxidhydrat; Methynol; Pyroholzether;
- Summenformel:
CH_4O

- Strukturformel:

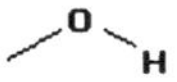

Funktion:
Lösungsmittel;
Verfahren:
1.Druckformherstellung/ Reproduktionsfotografie;
2.Druckverfahren/Hochdruck direkt/Flexodruck;

Anwendung:

1.Schnelltrocknung; Stabilisierbad; Schnellentwickler;
2.In Druckfarben, z.B. in wasserlölichen Flexodruckfarben;

Eigenschaften:

- toxikologisch/ökotoxikologisch:

RTECS # PC 1400000
Schweizer Giftliste: 3
WGK: 1
MAK Wert: 270 mg/m3 bzw. 200 ml/m3
R-Satz: 11-23/25
S-Satz: (1/2)-7-16-24-45
Sonstiges:
Einstufung und Kennzeichnung von Zubereitungen, in denen diese Substanz enthalten ist:20%<=C ¦> T; R23/253%<=C<20% ¦> Xn; R20/22Spitzenbegrenzung: II,1 [481]; Gefahr der Hautresorption [481]; Schwangerschaftsgruppe D [481]; BAT-Wert: 30 mg/l [481]; IMK: III; Geruchsschwelle: 5 ml/m3 [163];Giftig beim Einatmen und Verschlucken. Wirkt entfettend auf die Haut. Kann sensibilisierende Wirkund haben [Sdb];Flüssigkeit und Dämpfe verursachen Schädigung des ZNS, insbesondere der Sehnerven, nachfolgend Erblindung; Hautresorption möglich ! Nieren, Leber, Herz und andere Organe werden geschädigt; Folgen treten mit Verzögerung auf; die Gefährdung durch Einatmen der Dämpfe ist geringer als bei Aufnahme durch den Mund [163];Eingeatmet können Dämpfe zu plötzlicher Bewußtlosigkeit führen; innerlich 10 - 100 g tödlich, 8 - 20 g dauernde Erblindung [30]; Kurzeinwirkung: 1000 ppm riefen nach einer Stunde Kopfschmerzen, Reizung der Augen und Ermüdungserscheinungen hervor [484];Beim Eindringen in die Augen schwere Ödembildung an der Bindehaut (Cornea) möglich [Sdb Shell Chemicals];LD Lo (oral, Mann): 6422 mg/kg [187], [428];TD Lo (oral, Mann): 3429 mg/kg [428];LD Lo (oral, Mensch): 428 mg/kg, 143 mg/kg [187], [428];TD Lo (oral, Frau): 4000 mg/kg [428];TC Lo (inhalativ, Mensch): 86000 mg/m3 [428];TC Lo (inhalativ, Mensch): 300 ml/m3 [428];LD 50 (oral, Ratte): 5628 mg/kg [32], [187], [428], 12900 mg/kg [9];LC 50 (inhalativ, Ratte, 4 h): 64000 ml/m3 [9], [187], [428];LD 50 (intravenös, Ratte): 9500 mg/kg [402], 2131 mg/kg [428];LD 50 (intraperitoneal, Ratte): 7529 mg/kg [428];LD 50 (subcutan, Maus (1 Tag alt)): 4100 ± 1600 mg/kg [332];LD 50 (subcutan, Maus (30 Tage alt): 9800 ± 537 mg/kg [332];LD 50 (subcutan, Maus): 9800 mg/kg [428];LD 50 (intravenös, Maus): 4710 mg/kg [428];LD 50 (oral, Maus): 7300 mg/kg [428];LC Lo (inhalativ, Maus): 50000 mg/m3/2 h [428];LD 50 (intraperitoneal, Maus): 10765 mg/kg [428];LD 50 (Haut, Kaninchen): 15800 mg/kg [9], [187];LD 50 (intravenös, Meerschweinchen): 5140 mg/kg [402];LD Lo (oral, Hund): 7500 mg/kg [428];LD 50 (oral, Affe): 7000 mg/kg [428];LC Lo (inhalativ, Affe): 1000 ml/m3 [428];LD Lo (Haut, Affe): 393 mg/kg [428];LC Lo (inhalativ, Katze): 44000 mg/m3/6 h [428];LD Lo (intravenös, Katze): 4641 mg/kg [428];LD 50 (oral, Kaninchen): 14200 mg/kg [428];LD 50 (Haut, Kaninchen): 15800 mg/kg [428];LD 50 (intraperitoneal, Kaninchen): 1826 mg/kg [428];LD 50 (intravenös, Kaninchen): 8907 mg/kg [428];LD 50 (intraperitoneal, Meerschweinchen): 3556 mg/kg [428];LD 50 (intraperitoneal, Hamster): 8555 mg/kg [428];LD Lo (parenteral, Frosch): 59000 mg/kg [428];Toxische Grenzkonzentration für Pseudomonas putida 6600 mg/l, Scenedesmus quadricauda 8000 mg/l [32], Daphnia magna 32 g/l [389];LC 0 (Fisch, Goldorfe): 7900 mg/l [33];LC 50 + LC 100 (Fisch, Goldorfe): über 10000 mg/l [33];EC 50 (Wasserfloh): >100 mg/l [Sdb];Biologisch abbaubar [32, 262];

Gefahren-Symbol:

- physikalisch/chemisch:

Schmelzpunkt: -97,68 °C
Siedepunkt: 64,7 °C
Flammpunkt: 11 °C
Dampfdruck: 128 hPa (20 °C) [32]; [484]; 131 hPa (20 °C), 558 hPa (50 °C) [Sdb]
Verdampfungswärme: 1103,22 kJ/kg
Log pOW: -0,64, -0,66, -0,68, -0,82 [4], -0,71 [150]; <3 [Sdb]
Brechungsindex: 1,33057 (15 °C)

Dichte: 792,3 kg/m3 (20 °C)
Molmasse: 32,043 g/mol
Verdunstungszahl: 5,9 (BuAc = 1) [9], 7,9 (BuAc = 1) [105], 6,3 (Diethylether = 1) [19]

Löslichkeit:
mischbar mit Wasser, Ethanol, Diethylether, Benzen; löslich in Propanon, Ether;

Bemerkung zu physikalisch/chemischen Daten:
T(krit.): 240 °C, P(krit.): 79520,5 hPa [428];

Verbleib nach Gebrauch:
Verbrennung, hochentzündliche Stoffe;

Bemerkung:
Farblose charakteristisch (ethanolartig) riechende Flüssigkeit; brennbar;
Bildet im dampf-/gasförmigen Zustand mit Luft explosionsfähige Gemische; Explosionsgrenzen:
1,4-8 Vol.-%; Zündtemp.: 285 °C [32];
6,0-36,5 Vol.-%; Zündtemp.: 455 °C [163];
7,3-36 Vol.-%; Zündtemp.: 385 °C [9];
5,5-44 Vol.-%; Zündtemp.: 455 °C [484];
Vorläufig zugelassen in kosmetischen Mitteln;

Kann heftig reagieren bei Kontakt mit Säuren, Säurehalogeniden, Säureanhydriden, Oxidations- und Reduktionsmitteln, Alkali- und Erdalkalimetallen [484];
Verwendung: technisches Lösemittel; in der fotografischen Industrie als Polier- und Mattierungsmittel sowie zum schnellen Trocknen von Plattennegativen;
Enthalten in Disparlon 6900-20X (4,9%), A630-20X (2,5-10%), Mowilith Ct 5 A;

Methansäure

- **CAS-Nummer:**
  64-18-6
- **UN Nummer:**
  1779
- **gebräuchliche Namen:**
  Ameisensäure; Formylsäure; Hydrocarbonsäure;
- **Handelsnamen:**
  Amasil; Add-F; Collo-Bueglatt; Collo-Didax; Formira; Formisoton; Myrmicyl; Bilorin;
- **Summenformel:**
  CH_2O_2

- **Strukturformel:**

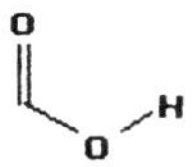

Funktion:
Lösungsmittel;
Verfahren:
Druckverfahren;

Eigenschaften:
- **toxikologisch/ökotoxikologisch:**
  RTECS # LQ 4900000
  Schweizer Giftliste: 3
  WGK: 1
  MAK Wert: 9,5 mg/m3 bzw. 5 ml/m3

R-Satz: 35
S-Satz: (1/2)-23-26-45
Sonstiges:
Einstufung und Kennzeichnung von Zubereitungen, in denen diese Substanz enthalten ist:90%<=C ¦> C; R3510%<=C<90% ¦> C; R342%<=C<10% ¦> Xi; R36/38Zu diesem Stoff liegt ein BUA-Stoffbericht Nr. 81 vor.Spitzenbegrenzung I [481]; Schwangerschaftsgruppe C [481];Dämpfe reizen Schleimhäute und Atemwege (Lungenödem möglich) und Augen; nach Hautkontakt Verätzungen evtl. mit Blasenbildung, Entzündung möglich; orale Aufnahme führt zu schweren, lebensgefährlichen Verätzungen (Azidose, Hämolyse, evtl. Nierenschädigung) [418];Übelkeit, Erbrechen, Hämorrhagie, Schluckbeschwerden, Bewußtlosigkeit, Azidose, Hämolyse, Gerinnungsstörungen, Blutdruckabfall, akutes Nierenversagen und Lungenentzündung [601];Innerlich 2 %ige Säure schädlich; 0,1 - 0,2 %ige unbedenklich [30];TD Lo (oral, Frau): 2200 mg/kg [428];LD Lo (oral, Frau): 2440 µg/kg [428];TC Lo (inhalativ, Mann): 7300 µg/m3/8 h [428];LD 50 (oral, Ratte): 1100 mg/kg [187], [428], 1830 mg/kg, 1210 mg/kg [601];LC 50 (inhalativ, Ratte): 15 mg/m3/15 min [187], [428], 7,4 mg/l/4 h, 15 mg/l/15 min;LD 50 (oral, Vogel): >111 mg/kg [601];LD 50 (oral, Maus): 1100 mg/kg, 11200 mg/kg (die Substanz wurde als Na-Salz eingesetzt), 1920 mg/kg (die Substanz wurde als Ca-Salz eingesetz), 700 mg/kg [601], [428];LC 50 (inhalativ, Maus): 6200 mg/m3/15 min [428];LD 50 (intravenös, Maus): 145 mg/kg [601], [428];LD 50 (intraperitoneal, Maus): 940 mg/kg [601], [428];LD 50 (oral, Hund): 4000 mg/kg [428];LD Lo (intravenös, Hund): 3000 mg/kg [428];LD Lo (intravenös, Kaninchen): 239 mg/kg [428];Toxische Grenzkonzentration für Scenedesmus quadricauda 100 mg/l; Daphnia magna 120 mg/l [418];Störungsschwelle für Fische: 1000 mg/l [32];akute Toxizität bei Wasserorganismen: 25-175 mg/l [601];LD 50 (Fisch; Sonnenfisch, 24 h): 175 mg/l [139];LC 50 (Fisch; Goldorfe): 120 mg/l [33];Kein Effekt auf E. coli bei 1 g/l [418];Biologisch abbaubar [262]; BSB(5): 0,15-0,27 [418]; biologisch leicht abbaubare Säure [601];

Gefahren-Symbol:

C

- physikalisch/chemisch:
Schmelzpunkt: 8,4 °C
Siedepunkt: 100,5 °C; 101 °C
Flammpunkt: 69 °C; 48 °C (geschl.)
Dampfdruck: 44 hPa (20 °C) [163]; 42 hPa (20 °C), 170 hPa (50 °C) [601]
Verdampfungswärme: 502,41 kJ/kg
Log pOW: -0,54 [4]; -1,55 [418]
Brechungsindex: 1,37137 (20 °C)
Dichte: 1225,9 kg/m3 (18 °C); 1220 kg/m3 (20 °C)
Molmasse: 46,026 g/mol

Löslichkeit:
mischbar mit Wasser, Ethanol, Diethylether, löslich in Benzen, Ethansäure, Benzin, Tetrachlormethan, Methylbenzen, Dimethylbenzen, Schwefelkohlenwasserstoff;

Verbleib nach Gebrauch:
Verbrennung;

Bemerkung:
Farbl. Flüssigkeit, scharfer stechender Geruch; nebelt in feuchter Luft;
bei starker Erwärmung bilden sich ätzende und explosionsfähige Gemische mit Luft;
Explosionsgrenzen:
14-33 Vol.-%; Zündtemp.: 520 °C [418] ;
12-38 Vol.-%; Zündtemp.: 480 °C [601];
Gefährliche Reaktionen: Bei Neutralisation mit Laugen Hitzeentwicklung. Mit starken Säuren oder Oxidationsmitteln heftige Zersetzung.
Verwendung: Als Zwischenprodukt bei Synthese u.a. für Pharmazeutika; künstlichem Süßstoff; Pflanzenschutzmittel und Farbstoffe, Ansäuerungsmittel bzw. Kalklösungsmittel in Textil- und

Lederindustrie, in der Gummiindustrie als Koagulierungsmittel für Kautschuklatex, als Silagemittel für Grünfutter, als Reinigungsmittel aufgrund biologischer Abbaubarkeit, insbesondere zum Entkalken (Boilereinsätze), Desinfizieren von Bier- und Weinfässern, Konservieren von Lebensmitteln, bei der Rauchgasentschwefelung [601];
Reagiert heftig bei Kontakt mit Alkalien; verändert die Wasserhärte; bei Anwesenheit von Schwefelsäure erfolgt Zersetzung unter Bildung von giftigem Kohlenmonoxid (Gas);
Verwendung: unter Namen Amasil zur Silage von Viehfutter; als techn. Lösungsmittel; in der Fotoindustrie an Stelle von -> Ethansäure als Zusatz zum Eisenentwickler; in der Druckindustrie zum Entsäuern von Zinkplatten, zum Entfernen der Blaulack- und Rückenschicht auf Klischees;

Methansäureamid

- CAS-Nummer:
75-12-7
- gebräuchliche Namen:
Ameisensäureamid; Formamid; Amid C(1); Carbamaldehyd; Aldehydammoniak; Methanamid;
- Summenformel:
CH_3NO

- Strukturformel:

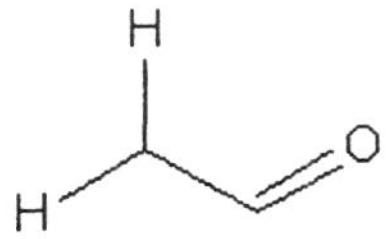

Funktion:
Lösungsmittel;
Verfahren:
Druckverfahren;

Eigenschaften:
- toxikologisch/ökotoxikologisch:
RTECS # LQ 0525000
Schweizer Giftliste: 1
WGK: 2
R-Satz: 61-20/21/22-36/37/38
S-Satz: 53-45-26-36/37/39-23
Sonstiges:
Karzinogen [39];Dämpfe reizen Augen, Atemwege und Haut; Kontakt mit der Flüssigkeit führt zu Reizung der Augen und Haut; die Flüssigkeit wird auch über die Haut aufgenommen; Aufnahme der Substanz kann Schäden an Leber und Nieren auslösen; bei Erhitzung über 180 °C kann u.U. Blausäure-Gas fei werden; bei Erhitzung oder Brand ist mit der Entwicklung der hochgiftigen -> nitrosen Gase zu rechnen [163];LD 50 (oral, Ratte): 5570 mg/kg [187], 5800 mg/kg [32], 7500 mg/kg [9];LD 50 (intraperitoneal, Ratte): 5700 mg/kg [428];LD 50 (intraperitoneal, Maus): 2450 mg/kg [428];LD Lo (intravenös, Hund): 1500 mg/kg [428];LC 50 (Fisch; Goldorfe, 48 h): > 500 mg/l [32];Biologisch abbaubar [32];Entwickelt nach Erhitzen über 80 °C -> Cyanwasserstoff (Blausäure);

Gefahren-Symbol:

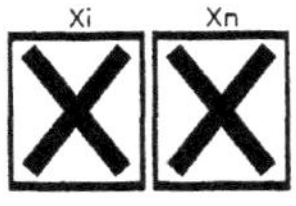

- physikalisch/chemisch:

Schmelzpunkt: 2,2 °C
Siedepunkt: 210 °C
Flammpunkt: 175 °C; 154 °C
Dampfdruck: 0,08 hPa (20 °C) [32], 0,11 hPa (20 °C) [187], 0,13 hPa (20 °C) [163];
Brechungsindex: 1,44719 (20 °C)
Dichte: 1133,9 kg/m3 (20,1 °C)
Molmasse: 45,041 g/mol
Verdunstungszahl: 0,003 (BuAc = 1) [9]

Löslichkeit:
Diethylether 14 g/l (20 °C); mischbar mit Wasser, Ethanol, Methanol, Aceton, Essigsäure, Dioxan, Ethylenglycol, Phenol; löslich in kaltem Propantriol; wenig löslich in Benzen, Hexan, Trichlormethan;

Verbleib nach Gebrauch:
Verbrennung nach Mischung mit brennbarem Lösemittel;

Bemerkung:
Farblose, geruchlose Flüssigkeit; brennbar;
Bildet im dampf-/gasförmigen Zustand mit Luft explosionsfähige Gemische;
Explosionsgrenzen: Zündtemp.: 500 °C [32];
Stoff reagiert bei Kontakt oder Mischung mit starken Oxidationsmitteln, Säuren und Basen;
Zersetzung durch Sonnenlicht -> Ammoniak, Kohlenmonoxid, Cyanwasserstoff;
Entwickelt nach Erhitzen über 80 °C -> Cyanwasserstoff (Blausäure);
Verwendung: als Lösemittel;

3-Methoxy-1-butanol

- CAS-Nummer:
2517-43-3
- UN Nummer:
1987
- gebräuchliche Namen:
Methoxybutanol; 3-Methoxybutan-1-ol;

- Summenformel:
$C_5H_{12}O_2$

Eigenschaften:
- toxikologisch/ökotoxikologisch:
WGK: 1
S-Satz: 16-3/7

- physikalisch/chemisch:
Schmelzpunkt: -85°C [636]
Siedepunkt: 161°C [636]
Flammpunkt: 46°C [636]
Dichte: 928 kg/m3 [636]
Molmasse: 104,15 g/mol [636]

3-Methoxybutylacetat

- **CAS-Nummer:**
  4435-53-4
- **gebräuchliche Namen:**
  3-Methoxybutylessigsäureester; 1-Butanol-3-Methoxyacetat;
- **Handelsnamen:**
  Butoxyl;
- **Summenformel:**
  $C_7H_{14}O_3$

- **Strukturformel:**

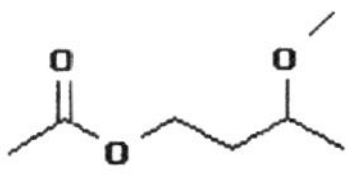

Eigenschaften:
- **toxikologisch/ökotoxikologisch:**
  RTECS # EL 4725000
  Schweizer Giftliste: 4
  R-Satz: 36
  S-Satz: (2)-25

  Gefahren-Symbol:

- **physikalisch/chemisch:**
  Siedepunkt: 170 °C
  Flammpunkt: 62°C
  Molmasse: 146 g/mol

Bemerkung:
  Verwendung: als Lösemittel;

2-Methoxy-1,2-diphenylethanon

- **CAS-Nummer:**
  3524-62-7
- **gebräuchliche Namen:**
  Benzoinmethylether; o-Methylbenzoin; 2-Methoxy-2-phenylacetophenon; (±)-α-Methoxy-α-phenylacetophenon;
- **Summenformel:**
  $C_{15}H_{14}O_2$

- Strukturformel:

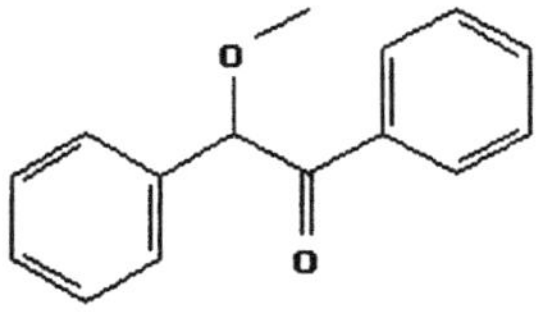

Funktion:
Fotoinitiator;
Verfahren:
Druckformherstellung;
Anwendung:
Bestandteil von Fotopolymerschichten;

Eigenschaften:
- toxikologisch/ökotoxikologisch:
RTECS # AM 9350000;
Sonstiges:
Wirkt schädigend bei Einatmung, Verschlucken oder Aufnahme über Haut;kann Augen- und Hautreizungen verursachen [187];LD 50 (oral, Maus): 300 mg/kg [187];

- physikalisch/chemisch:
Schmelzpunkt: 49 - 50 °C
Siedepunkt: 188-189 °C (19,99 hPa)
Flammpunkt: > 110 °C
Dichte: 1127,8 kg/m3 (14 °C)
Molmasse: 226,28 g/mol

Löslichkeit:
leicht löslich in Ethanol, Diethylether, Benzen (Benzol);

Verbleib nach Gebrauch:
Verbrennung nach Mischung mit brennbarem Lösemittel;

Bemerkung:
Weißes Pulver;
Verwendung: in der Druckindustrie als Fotoinitiator;

2-Methoxyethanol

- CAS-Nummer:
109-86-4
- UN Nummer:
1188
- gebräuchliche Namen:
Ethylenglykolmonomethylether; Methylglykol; Glycolmonomethylether; Ethandiolmonomethylether; Methylethandiol; α-Hydroxy-ß-methoxyethan; Methylglycol; Methylglycol-Cellosolve; Methoxyhydroxyethan;
- Handelsnamen:
Dowanol EM; Methylcellosolve; Methyl Cellosolve; MECS; Polysolve EM; Solvent GM; Lösemittel GM; EGME; EGM; MECS; Prist; Emkanol MG; MGE; Mythyl-oxitol;
- Summenformel:
$C_3H_8O_2$

- **Strukturformel:**

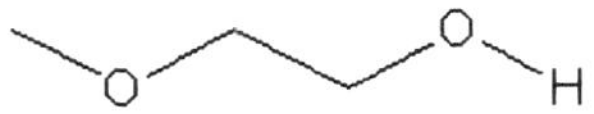

Funktion:
Lösungsmittel; Entschichter;
Verfahren:
Druckverfahren/Flachdruck;
Anwendung:
In Korrekturmittel für Aluminiumplatten;

Eigenschaften:
- **toxikologisch/ökotoxikologisch:**
RTECS # KL 5775000
Schweizer Giftliste: 2
WGK: 1
MAK Wert: 16 mg/m3 bzw. 5 ml/m3; H
R-Satz: 60-61-10-20/21/22
S-Satz: 53-45
Sonstiges:
Spitzenbegrenzung: II,1 [481]; Gefahr der Hautresorption [481]; Schwangerschaftsgruppe B [481]; IMK: III; Repr.Cat. 2;Nervengift; Änderung des Blutbildes; Dämpfe verursachen Reizung der Augen und Atemwege; Hautresorption!; bei hohen Konzentrationen schwere Nierenschädigung und Lähmung des ZNS; Knochenmark-, Hoden- und Fötusschädigungen [101];Geruchsschwelle: 0,9 ml/m3 [163];Orale Aufnahme: 200 ml, Tod nach 5 Stunden [9];LD Lo (oral, Mensch): 3380 mg/kg [187];LD 50 (oral, Ratte): 2460 mg/kg [187], 2490 mg/kg [32], 2370 mg/kg [39], 2460-3400 mg/kg [634];LD 50 (oral, Ratte): 3930 mg/kg (50 %ige wässrige Lösung) [101];LD 50 (Haut, Kaninchen): 1280 mg/kg [9], [187], 2000 mg/kg [32];LD 50 (oral, Meerschweinchen): 1,25 g/kg (50 %ige wässr. Lösung) [101];LC 50 (inhalativ, Ratte, 7 h): 1500 ml/m3 [9], [187];LD 50 (oral, Maus): 2500-2800 mg/kg [634];LC 50 (inhalativ, Maus, 7 h): 1480 ml/m3 [101];LD 50 (intraperitoneal, Maus): 2147 mg/kg [428];LD 50 (intraperitoneal, Ratte): 2500 mg/kg [428];LD 50 (intravenös, Ratte): 2140 mg/kg [428];LD 50 (oral, Meerschweinchen): 3380 mg/kg [428];LD 50 (oral, Kaninchen): 890 mg/kg [428];BSB(5): 30 % (des theoretischen Sauerstoffbedarfs (= 1,63 g/g)) innicht aklimatisierten Frischwasser, 6 % in nicht aklimatisiertemSalzwasser [101]; biologisch abbaubar [101];LC 50 (Goldfische): >5000 mg/l/24 Std: [484];Toxische Grenzkonzentration für Microcystis aeruginosa 100 mg/l; Pseudomonas und Scenedesmus >10000 mg/l; Entosiphon sulcatum 1715 mg/l [36];

Gefahren-Symbol:

T

- **physikalisch/chemisch:**
Schmelzpunkt: -85 °C
Siedepunkt: 124,5 °C; 123-126 °C
Flammpunkt: 39 °C; 37-38 °C
Dampfdruck: 8,22 hPa (20 °C) [187]; 11 hPa (20 °C) [32]; 16 hPa (20 °C) [367]; 8,1-10 hPa
Log pOW: -0,77 [4]; -0,85; -0,74 [634];
Brechungsindex: 1,40238 (20 °C)
Dichte: 964,7 kg/m3 (20 °C); 1003 kg/mg (20 °C); 963-965 kg/m3 (20 °C)
Molmasse: 76,10 g/mol
Verdunstungszahl: 0,7 (BuAc = 1) [9]; 34 (Diethylether = 1) [18];

Löslichkeit:
mischbar mit Wasser, Diethylether, Benzen; leicht löslich in Ethanol; wenig löslich in Propanon

Verbleib nach Gebrauch:
Verbrennung;

Bemerkung:
Brennbare, farblose Flüssigkeit; milder, angenehmer Geruch;
Bei starker Erwärmung Bildung explosionsfähiger Gemische, die schwerer als Luft sind;
Explosionsgrenzen: 2,5-20 Vol.-%; Zündtemp.: 285 °C [32];
Explosionsgrenzen: 2,5-20 Vol.-%; Zündtemp.: 325 °C [484], 310 °C [634];
Greift viele Kunsstoffe an und löst sie auf; Kupfer und Aluminium können angegriffen werden; kann bei Kontakt mit starken Basen reagieren;
Verwendung: als technisches Lösemittel, u.a. für Celluloseacetat,
Lacke (bes. Einbrenn-, Draht- u. Holzlacke); Herstellung von Estern, die als Lösemittel und Weichmacher verwendet werden; Agrarindustrie; Elektroindustrie, Mineralölindustrie; Farben- und Lackindustrie; Photographische Industrie; Haushaltsbereich; Gefrierschutzmittel; Reinigungs- ,Wasch- und Desinfektionsmittel; Kraftstoffzusätze; Photochemikalien;
Mengenangaben: 10000-50000 Tonnen;

3-Methoxyhydroxybenzen

- CAS-Nummer:
150-19-6
- gebräuchliche Namen:
3-Methoxyphenol; 3-Hydroxyanisol;Resorcinmonomethylether;
- Summenformel:
$C_7H_8O_2$

- Strukturformel:

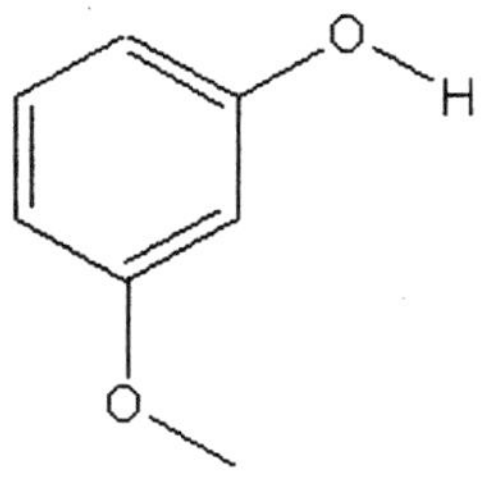

Verfahren:
Druckverfahren/Hochdruck;
Anwendung:
Druckformherstellung/Flexoplatten;

Eigenschaften:
- toxikologisch/ökotoxikologisch:
RTECS # SL 7524000;
R-Satz: 20/21-38
S-Satz: 36/39
Sonstiges:
Wirkt schädigend beim Einatmen, Verschlucken oder Aufnahme über Haut;verursacht schwere Augenreizungen; reizt Schleimhäute und Atemwege;abhänigig von der Intensität und Dauer des Ausgesetztseins können dieAuswirkungen zwischen leichten Reizungen und schweren Gewebezerstö-rungen variieren [187];LD 50 (oral, Ratte): 597 mg/kg [187];LD 50 (Haut, Ratte): 682 mg/kg [187];LC 50 (inhal., Ratte, 4 h): 11500 mg/m3 [187];

Gefahren-Symbol:

- **physikalisch/chemisch:**
  Schmelzpunkt: < - 17 °C
  Siedepunkt: 243,8 °C
  Flammpunkt: > 112 °C
  Log pOW: 1,58 [4]
  Brechungsindex: 1,5510 (20 °C)
  Dichte: 1003 kg/m3 (16,6 °C)
  Molmasse: 124,14 g/mol

Löslichkeit:
löslich in Wasser, Natronlauge; mischbar mit Ethanol, Diethylether;

Verbleib nach Gebrauch:
Verbrennung nach Mischung mit brennbarem Lösemittel;

Bemerkung:
Viskose farblose bis bernsteinfarbende Flüssigkeit; brennbar; wasserdampfflüchtig;

4-Methoxyhydroxybenzen

- **CAS-Nummer:**
  150-76-5
- **gebräuchliche Namen:**
  4-Methoxyphenol; 4-Hydroxyanisol; Hydrochinonmonomethylether;
- **Summenformel:**
  $C_7H_8O_2$

- **Strukturformel:**

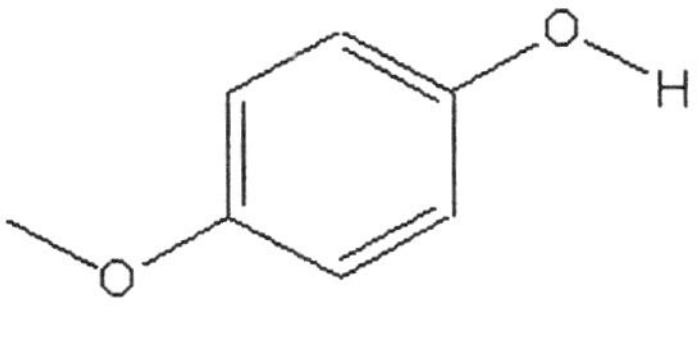

Verfahren:
Druckverfahren/Hochdruck;
Anwendung:
Druckformherstellung/Flexoplatten;

Eigenschaften:
- **toxikologisch/ökotoxikologisch:**
  RTECS # SL 7700000;
  WGK: 1
  R-Satz: 20/22-36
  S-Satz: 24/25-36/37-46

Sonstiges:
Wirkt schädigend beim Einatmen, Verschlucken oder Aufnahme über Haut;verursacht schwere Augenreizungen; reizt Schleimhäute und Atemwege;abhänigig von der Intensität und Dauer des Ausgesetztseins können dieAuswirkungen zwischen leichten Reizungen und schweren Gewebezerstö-rungen variieren [187];LD 50 (oral, Ratte): 1600 mg/kg [187];

Gefahren-Symbol:

- physikalisch/chemisch:
Schmelzpunkt: 56 °C
Siedepunkt: 243 °C
Flammpunkt: 133 °C
Dampfdruck: < 0,013 hPa (20 °C) [187]
Log pOW: 1,34, 1,37 [4]
Molmasse: 124,14 g/mol

Löslichkeit:
löslich in kaltem Benzen (Benzol);

Verbleib nach Gebrauch:
Verbrennung nach Mischung mit brennbarem Lösemittel;

Bemerkung:
Weiße kristalline Stückchen; Blätter (nach Umkristallisation aus Wasser)
Nicht wasserdampfflüchtig;
Mit salpetriger Säure -> Chinon;

2-Methoxyhydroxybenzen

- CAS-Nummer:
90-05-1
- gebräuchliche Namen:
2-Methoxyphenol; Benzkatechinmonomethylether; Guajacol; 2-Hydroxyanisol;
- Summenformel:
$C_7H_8O_2$

- Strukturformel:

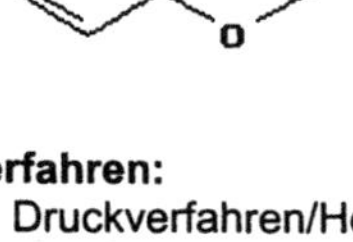

Verfahren:
Druckverfahren/Hochdruck;
Anwendung:
Druckformherstellung/Flexoplatten;

Eigenschaften:
- toxikologisch/ökotoxikologisch:
RTECS # SL 7525000
R-Satz: 22-36/38
S-Satz: (2)-26

Sonstiges:
Wirkt schädigend beim Einatmen, Verschlucken oder Aufnahme über Haut;verursacht Augen- und Hautreizungen; reizt Schleimhäute und Atemwege [187];LD Lo (oral, Mensch): 43 mg/kg [187];LD 50 (oral, Ratte): 725 mg/kg [187];LD 50 (Haut, Kaninchen): 4600 mg/kg [187];LC 50 (inhalativ, Maus): 7570 mg/m3 [187];

Gefahren-Symbol:

Xn

- physikalisch/chemisch:
Schmelzpunkt: 32 °C
Siedepunkt: 205 °C
Flammpunkt: 82 °C
Log pOW: 1,32, 1,33, 1,35 [4]
Brechungsindex: 1,5341 (34,8 °C)
Dichte: 1123,6 kg/m3 (30 °C)
Molmasse: 124,14 g/mol

Löslichkeit:
Wasser 19 g/l (15 °C); leicht löslich in Ethanol, Diethylether;

Verbleib nach Gebrauch:
Verbrennung;

Bemerkung:
Farblose bis braune Flüssigkeit;
Mit FeCl(3) -> grüne Färbung;

4-Methoxy-1-naphthol

- CAS-Nummer:
84-85-5
- gebräuchliche Namen:
1-Hydroxy-4-methoxynaphthalin; Naphthohydrochinonmonomethylether;
- Summenformel:
$C_{11}H_{10}O_2$

Funktion:
1.Entwicklersubstanz
Additiv/Sensibilisator
Verfahren:
1.Druckformherstellung/Reprofotografie;
2.Kopierverfahren;
Anwendung:
1.Entwicklerbad;

Eigenschaften:
- toxikologisch/ökotoxikologisch:
R-Satz: 36/37/38
S-Satz: 26-37/39

- **physikalisch/chemisch:**
  Schmelzpunkt: 126-129 °C
  Molmasse: 174,20 g/mol

Verbleib nach Gebrauch:
Verbrennung nach Mischung mit brennbarem Lösemittel;

1-Methoxy-2-propanol

- **CAS-Nummer:**
  107-98-2
- **UN Nummer:**
  3092
- **gebräuchliche Namen:**
  Propylenglykolmonomethylether; Propylenglycolmonomethylether; Propylenglycolmethylether; Methoxypropanol; Propylenglykolmethylether; PM;
- **Handelsnamen:**
  Dowanol PM; Dowanol 33-B; Solvenom PM; Ucar Solvent LM; Arcosolv PM;
- **Summenformel:**
  $C_4H_{10}O_2$

- **Strukturformel:**

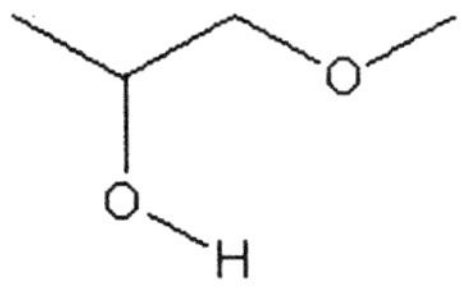

Funktion:
1.Lösungsmittel;
2.Additiv/Trocknungskatalysator/Verzögerer;
Verfahren:
Druckverfahren/Hochdruck direkt/Flexodruck;
Anwendung:
1.Druckfarbe;

Eigenschaften:
- **toxikologisch/ökotoxikologisch:**
  RTECS # UB 7700000
  WGK: 1
  MAK Wert: 100 ml/m3 bzw. 370 mg/m3
  R-Satz: 10
  S-Satz: (2)-24
  Sonstiges:
  Spitzenbegrenzung: I [481]; Schwangerschaftsgruppe C [481];Wenig giftige Flüssigkeit; jedoch können die Dämpfe in hohen Konzentrationen nach Einatmen sowie die durch direkten Kontakt über die Haut aufgenommene Flüssigkeit narkotisch wirken; nachfolgend Nieren- und Leberschäden denkbar; Dämpfe reizen Augen, die oberen Atemwege und wenig die Haut; Kontakt mit der Flüssigkeit ruft Reizung der Augen, weniger der Haut hervor [163];LD 50 (oral, Ratte): 5660 mg/kg [187], 6600 mg/kg [9];LD 50 (intraperitoneal, Ratte): 3900 mg/kg [634];LD 50 (subcutan, Ratte): 7200 mg/kg [634]; LD 50 (intravenös, Ratte): 3900 mg/kg [634];LD 50 (oral, Maus): 10800 mg/kg [634];LD 50 (intraperitoneal, Maus): 5900 mg/kg [634];LD 50 (oral, Kaninchen): 5300 mg/kg [634];LD 50 (Haut, Kaninchen): 13000 mg/kg [9], [187];Biologisch abbaubar [98];

- **physikalisch/chemisch:**
  Schmelzpunkt: -95 °C; -97 °C
  Siedepunkt: 118 °C; 120,3 °C
  Flammpunkt: 36 °C; 38 °C; 31-32 °C
  Dampfdruck: 10,5 hPa (20 °C) [9]; 16,6 hPa (25 °C) [187]; 10,8 hPa (20 °C); 12 hPa (20 °C) ;
  Log pOW: -0,437
  Brechungsindex: 1,4034 (20 °C)
  Dichte: 921 kg/m3 (20 °C); 920 kg/m3 (20 °C); 917 kg/m3 (25 °C)
  Molmasse: 90,12 g/mol
  Verdunstungszahl: 0,83 (BuAc = 1) [9]; 22 (Diethylether = 1) [19];

  Löslichkeit:
  mischbar mit Wasser;

Verbleib nach Gebrauch:
Verbrennung, hochentzündliche Stoffe;

Bemerkung:
Farblose, schwach etherähnlich riechende Flüssigkeit; brennbar;
Bildet im dampf-/gasförmigen Zustand mit Luft explosionsfähige Gemische;
Explosionsgrenzen: 1,1 - 13,1 Vol% ; Zündtemp.: 330 °C [9];
Explosionsgrenzen: 1,9 - 13,1 Vol.% ; Zündtemp.: 270 °C [163], 287 °C [634];
Stoff reagiert mit Oxidationsmitteln, Säurechloriden und Säureanhydriden;
kann bei längerem Stehen Peroxide bilden;
Verwendung: Lösemittel für eine Vielzahl von Natur- und Kunstharzen; Reinigungs-, Wasch- und Desinfektionsmittel;
Einsatzgebiete: Autolacke, Lackfarben, Beschichtungen für Papier und Leder;
Löslichkeitsvermittler bei Anstrichsystemen auf Wasserbasis;
Enthalten in Additol XL 425, VXW 5929, Anti-Terra-204, Byk-Catalyst 450 (64%), Ceracol 167 (28,6%), Disperbyk-181 (7%), Efka-34 (49%), -35 (47,5%), Lanco-Glidd PPW (5%), -Flow W (15%), TFW (5%), W I (3%), AM 153 (20%), Luba-print 749 (30%), Ultralube WL-713 (80-85%);

1-Methoxy-2-propylacetat

- **CAS-Nummer:**
  108-65-6
- **gebräuchliche Namen:**
  MPA; Methoxypropylacetat;
- **Summenformel:**
  $C_6H_{12}O_3$

- **Strukturformel:**

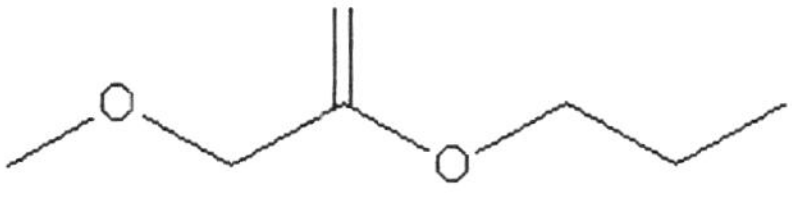

Eigenschaften:
- **toxikologisch/ökotoxikologisch:**
  MAK Wert: 50 ml/m3 bzw. 270 mg/m3
  R-Satz: 10-36
  S-Satz: (2)-25
  Sonstiges:
  Spitzenbegrenzung: I [481]; Schwangerschaftsgruppe C [481];Bei Kontakt mit Flüssigkeit sind nennenswerte Hautreizungen nicht zu erwarten; Augenreizung möglich;LD 50 (oral, Ratte): 8.500 -

10.000 mg/kg [99];LC 50 (inhalativ, Ratte): > 4350 ml/m3 [99];LD 50 (intraperitoneal, Maus): 750 mg/kg [634];LD 50 (Haut, Kaninchen): > 5.000 mg/kg [99];BSB(5): 15 % des theoretischen Sauerstoffbedarfs in aklimatisiertem Frischwasser;Biologisch leicht abbaubar [99];

Gefahren-Symbol:

Xi

- physikalisch/chemisch:

Schmelzpunkt: <-87 °C
Siedepunkt: 146 °C; 145-147 °C
Flammpunkt: 50 °C; 42-47 °C
Dampfdruck: 6,7 hPa (20 °C) [99]; 3,37-4,9 hPa (20 °C); 5,07 hPa (25 °C) [634]
Log pOW: 0,43 [634]
Brechungsindex: 1,402 (20 °C)
Dichte: 968 kg/m3 (20 °C); 965-967 kg/m3 (20 °C); 960 kg/m3 (25 °C)
Molmasse: 132,16 g/mol
Verdunstungszahl: 0,31 (BuAc = 1) [99]; 34 (Diethylether = 1) [99];

Löslichkeit:
Wasserlöslichkeit: 19800 mg/l (25 °C) [634];

Bemerkung zu physikalisch/chemischen Daten:
Explosionsgrenzen: 1,5-10,8 Vol% [63]; Zündtemperatur: 315 °C; 333 °C [634];

Bemerkung:
Farblose, leicht esterartig riechende Flüssigkeit; brennbar;
Verwendung: Lösemittel; Farben- und Lackindustrie;
Einsatzgebiete: Auto- und Industrielacke, Holzlasuren, Druck- und Siebdruckfarben;
Enthalten in Byk-055 (7%), -070 (13%), -320 (5%), -330 (48%), Ceramat 240 (31,2%), Disperbyk-162 (27%), -163 (13%), -166 (14%), -181 (19%), -182 (26%), Efka-47 (19%), -722 (14%), -22 (8%);
Mengenangaben: 100000-500000 Tonnen;

Methylabietat

- CAS-Nummer:
127-25-3
- gebräuchliche Namen:
Abietinsäuremethylester; Methylresinat; Methylharzester; Sylvinsäuremethylester;
- Handelsnamen:
Abalyn;
- Summenformel:
$C_{21}H_{32}O_2$

- **Strukturformel:**

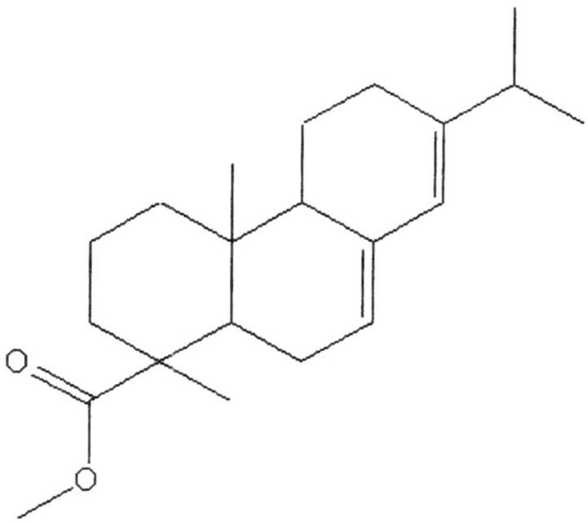

Funktion:
Additiv/Weichmacher;
Verfahren:
Druckverfahren;
Anwendung:
Farbe;

Eigenschaften:
- **toxikologisch/ökotoxikologisch:**
Schweizer Giftliste: 4

- **physikalisch/chemisch:**
Schmelzpunkt: °C
Siedepunkt: 352 °C
Flammpunkt: 180 °C
Dichte: 1030 kg/m3 (25°C)
Molmasse: 316 g/mol

Löslichkeit:
< 1 g/100 ml Wasser

Methylabietat ,hydriert

- **CAS-Nummer:**
8050-13-3
- **Handelsnamen:**
Hercolyn D;
- **Summenformel:**
$C_{21}H_{34}O_2$

Funktion:
Additv/Weichmacher;
Verfahren:
Druckverfahren;
Anwendung:
Farbe;

Eigenschaften:

- physikalisch/chemisch:
Siedepunkt: 360 °C
Flammpunkt: 183 °C
Dichte: 1020 kg/m3 (25°C)
Molmasse: 318 g/mol

Löslichkeit:
Wasser < 10 g/l (20 °C);

Methylacetylrinicoleat

- CAS-Nummer:
140-03-4
- gebräuchliche Namen:
Ricinolsäureacetylmethylester;Ricinusölsäureacetylmethylester;
- Handelsnamen:
Flexirin P-4;
- Summenformel:
$C_{21}H_{38}O_4$

Funktion:
Additiv/Weichmacher
Verfahren:
Druckverfahren;
Anwendung:
Farbe;

Eigenschaften:
- physikalisch/chemisch:
Schmelzpunkt: -26 °C
Siedepunkt: 220 °C
Flammpunkt: 196 °C
Dichte: 936 kg/m3 (25°C)
Molmasse: 355 g/mol

Methylamin

- CAS-Nummer:
74-89-5
- UN Nummer:
1061; 1235
- gebräuchliche Namen:
Aminomethan; mono-Methylamin; Monomethylamin;
- Summenformel:
CH_5N
- Strukturformel:

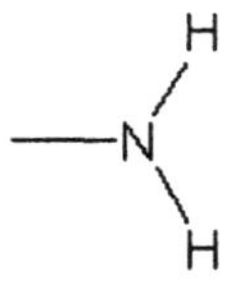

Eigenschaften:
- toxikologisch/ökotoxikologisch:
RTECS # PF 6300000
WGK: 2
MAK Wert: 10 ml/m3 bzw. 13 mg/m3
R-Satz: 12-13-36/37
S-Satz: 16-26-29
Sonstiges:
IMK: I;Spitzenbegrenzung: V [481]; Schwangerschaftsgruppe IIc [481];Gas reizt stark Augen, Atemwege und Haut; Lungenödem möglich; anhaltende Einwirkung kann starke Verätzungen hervorrufen [163];LC 50 (inhalativ, Maus, 2 h): 2400 mg/m3 [87];Geruchsschwelle: 0,02 ml/m3 [163];Gefahr der Sensibilisierung! [148];

Gefahren-Symbol:

- physikalisch/chemisch:
Schmelzpunkt: -92,5 °C
Siedepunkt: -6,5 °C
Flammpunkt: 0 °C
Dampfdruck: 2000 hPa (20 °C) [163]
Verdampfungswärme: 862,48 kJ/kg
Log pOW: - 0,57 [4]
Dichte: 1,3425 kg/m3 (15 °C)
Molmasse: 31,057 g/mol

Löslichkeit:
Wasser 1314 g/l (25 °C); löslich in Ethanol; mischbar mit Diethylether

Verbleib nach Gebrauch:
Verbrennung, hochentzündliche Stoffe;
6 mg/l im Deponiesickerwasser [44];

Bemerkung:
Farbloses Gas; scharfer fisch- oder bei hohen Konzentrationen ammoniakähnlicher Geruch;
Bildet mit Luft im dampf-/gasförmigen Zustand explosionsfähige Gemische;
Explosionsgrenzen: 4,9-20,7 Vol% ; Zündtemp.: 430 °C [163];
Bei Kontakt mit Quecksilber kann explosionsartige Reaktion erfolgen;
Verwendung: Gewinnung von Textilhilfsmitteln, -> Sarkosin, Pharmazeutika
UN-Nr. 1061 (Methylamin, wasserfrei);
UN-Nr. 1235 (Methylamin, wäßrige Lösungen mit einem Siedepunkt von höchstens 35 °C)

2-Methylaminoethanol

- CAS-Nummer:
109-83-1
- UN Nummer:
1760
- gebräuchliche Namen:
N-Methylethanolamin; 2-(N-Methylamino)-ethanol;Monomethylethanolamin; Methyl-(ß-hydroxyethyl)-amin;
- Summenformel:
C_3H_9NO

- Strukturformel:

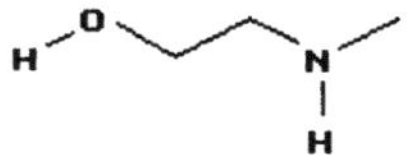

Funktion:
2.Lösungsvermittler;
Verfahren:
1.Druckverfahren/Flachdruck indirekt/Kleinoffsetdruck;
2.Druckformherstellung/Reproduktionsfotografie;
Anwendung:
1.Druckformherstellung;
2.Entwicklerbad;

Eigenschaften:
- toxikologisch/ökotoxikologisch:
RTECS # KL 6650000;
Schweizer Giftliste: 4
R-Satz: 34
S-Satz: (1/2)-23-26-36-45
Sonstiges:
Dämpfe und Flüssigkeit reizen stark bis hin zu Verätzung Augen, Atemwege und Haut; Lungenödem möglich (kann mit einer Verzögerung bis zu 2 Tagen auftreten); Leber- und Nierenschäden möglich [163];LD 50 (oral, Ratte): 2340 mg/kg [187];

Gefahren-Symbol:

C

- physikalisch/chemisch:
Schmelzpunkt: 72 °C (*)
Siedepunkt: 158 °C
Flammpunkt: 74 °C
Dampfdruck: 0,93 hPa (20 °C) [163]
Brechungsindex: 1,4385 (20 °C)
Dichte: 937 kg/m3 (20 °C)
Molmasse: 75,11 g/mol

Löslichkeit:
mischbar mit Wasser, Ethanol, Diethylether;

Bemerkung zu physikalisch/chemischen Daten:
(*): Schmelzp.: - 3° C wird auch angegeben

Verbleib nach Gebrauch:
Verbrennung;

Bemerkung:
Farblose, ammoniakähnlich riechende Flüssigkeit;
Bildet im dampf-/gasförmigen Zustand mit Luft explosionsfähige Gemische;
Explosionsgrenzen: 1,6 - 19,8 Vol% ; Zündtemp.: 350 °C [163];
Stoff reagiert bei Kontakt mit sauerstoffreichem Material (starken Oxidationsmitteln) sowie mit Säuren;

4-Methylaminohydroxybenzen

- **CAS-Nummer:**
  150-74-4
- **gebräuchliche Namen:**
  Methyl-p-aminophenol; 4-Methylaminophenol; p-Hydroxy-N-methylanilin;
- **Summenformel:**
  C_7H_9NO

- **Strukturformel:**

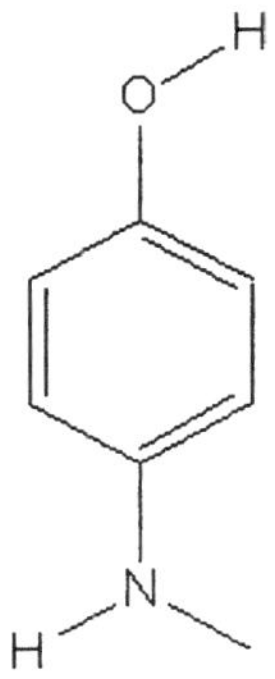

Verfahren:
Druckformherstellung/Reprofotografie;

Eigenschaften:
- **toxikologisch/ökotoxikologisch:**
  Schweizer Giftliste: 3
  Sonstiges:
  Hautreizend;

- **physikalisch/chemisch:**
  Schmelzpunkt: 96-97 °C
  Siedepunkt: 172-173 °C (29,32 hPa)
  Molmasse: 123,16 g/mol

  Löslichkeit:
  unlöslich in Wasser; wenig löslich in Petrolether; löslich in Ethanol, Diethylether;

Bemerkung:
liegt in Nadelform vor;

4-Methylaminohydroxybenzensulfat

- **CAS-Nummer:**
  55-55-0
- **gebräuchliche Namen:**
  4-(Methylamino)-phenolsulfat; Bis(N-Methyl-4-hydroxyanilinium)-sulfat; Monomethyl-p-aminophenol-sulfat; N-Methyl-p-aminohydroxybenzen (Sulfat);
- **Handelsnamen:**
  Elon; Genol; Graphol; Metol; Rhodol; Photo Rex; Temal; Ecol; Photol; Pictol; M 143; Metatyl; Eftol; Monol; Armol; Atolo; Verol; Scatol; Satropol; Veritol;

- Summenformel:
$C_{14}H_{20}N_2O_6S$
- Strukturformel:

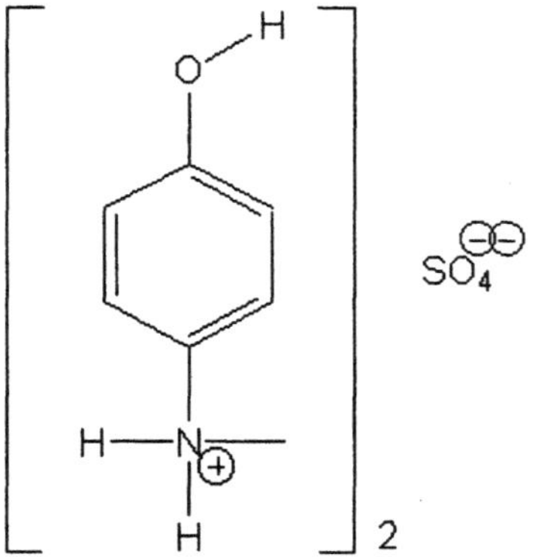

Funktion:
Entwicklersubstanz/Feinkorn;
Verfahren:
Druckformherstellung/Reproduktionsfotografie/Silber-Halogenid-Verfahren
Anwendung:
Entwicklerbad;

Eigenschaften:
- toxikologisch/ökotoxikologisch:
RTECS # SL 8650000;
Schweizer Giftliste: 3
R-Satz: 22
S-Satz: 2-26-37
Sonstiges:
Wirkt schädigend bei Einatmung, Verschlucken oder Aufnahme über Haut; verursacht Augen- und Hautreizungen; reizt Schleimhäute und Atem- wege [187];LC 50 (Fisch; Pimephales promelas): 0,25 mg/l [3];LC 50 (Daphnia magna): 0,019 mg/l [3];CSB: 1,49 g/g [3]; BSB(5): 0,199 g/g [3];Biologischer Einfluß: nicht adaptiertes System: hemmend bei 50 mg/l und 335 mg/l, adaptiertes System: 117 mg/l biologisch abbaubar [3];

Gefahren-Symbol:

- physikalisch/chemisch:
Schmelzpunkt: 259-260 °C
Molmasse: 344,39 g/mol
Löslichkeit:
Wasser 40 g/l (20 °C), 166 g/l (heiß); leicht löslich in Ethanol;

Verbleib nach Gebrauch:
Verbrennung nach Mischung mit brennbarem Lösemittel;

Bemerkung:
Weiße Nadeln (nach Umkristallisation aus Wasser);
Verwendung: in der Fotoindustrie als Entwicklersubstanz;

Methylbenzen

- CAS-Nummer:
108-88-3
- UN Nummer:
1294
- gebräuchliche Namen:
Anisen; Benzoen; Benzylwasserstoff; "Dracyl"; Methylbenzol; Phenylmethan; Reintoluen; Reintoluol; Retinnaphtha; Toluol; Tolylwasserstoff; Tolin; Toluen; Toluin;
- Handelsnamen:
Solvent Toluene; Antisal 1 a; Vanchem HM-4346; Bentol II; CP 25;
- Summenformel:
C_7H_8

- Strukturformel:

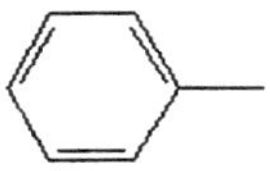

Funktion:
1.+2.+ 3.Lösemittel;
4.+5.Reinigungsmittel;
Verfahren:
1.Druckverfahren/Illustrationstiefdruck;
2. Druckverfahren/Verpackungstiefdruck;
3.Druckformherstellung/Reprofotografie;
4.Druckformherstellung/Tiefdruck;
5.Druckverfahren/Tiefdruck;
Anwendung:
1.Illustrationstiefdruckfarbe;
2.Verpackungstiefdruckfarbe;
4.+5. Wasch- und Reinigungsmittel; Chromatkolloidverfahren;

Eigenschaften:
- toxikologisch/ökotoxikologisch:
RTECS # XS 5250000
Schweizer Giftliste: 4
WGK: 2
MAK Wert: 50 ppm, 190 mg/m3
R-Satz: 11-20
S-Satz: (2)-16-25-29-33
Sonstiges:
Einstufung und Kennzeichnung von Zubereitungen, in denen diese Substanz enthalten ist:12.5%<=C ¦¦> Xn; R20Spitzenbegrenzung II,2 [481]; Schwangerschaftsgruppe C [481]; Gefahr durch Hautresorption [481]; BAT-Wert: 1 mg/l [481];BAT-Wert: 1 mg/l Blut (481); BAT-Wert: 3 mg/l Urin [481];IMK: II;Auf europäischer Ebene liegt seit 1991 ein MAK-Grenzwertvorschlag von 20 ppm vor.Geruchsschwelle bei 20 mg/m3 bzw. 5 ppm;Dämpfe wirken in hohen Konzentrationen narkotisch und reizen Augen sowie Atemwege; Kontakt mit der Flüssigkeit verursacht Reizung der Augen und nach anhaltender Einwirkung auch der Haut;Nerven- und Blutgift [30];Beim Verschlucken mit anschließendem Erbrechen kann Aspiration in die Lunge erfolgen, was zur chemischen Pneumonie oder zur Erstickung führen kann. Führt bei hohen Dampfkonzentrationen zur Narkose. Gesundheitsschädlich beim Einatmen. Kann zu Dermatitis führen. Verursacht Retadierung des Zentralnervensystems (Depression der CNS). Starke Überdosierung kann Sehstörungen, Zittern (Tremor), schnelle flache Atmung, Wahnvorstellungen (Delirium) und Bewußtlosigkeit verursachen. Symptome: Kopfschmerzen, Übelkeit, Schwindelgefühl, Narkose. Bei 0,05 ml/l Luft narkotische Wirkung [30];600 ml/m3 für 30 Minuten verursachten Müdigkeit, Bewußtseinsstörungen, Brechreiz, Schwindel und Kopfschmerzen [163];Geruchsschwelle 0,2 ml/m3 [484];LD Lo (oral, Mensch): 50 mg/kg [39], [187];LD 50 (oral, Ratte): 3000 mg/kg [9], 5000 mg/kg [39], [187], 5300-5900 mg/kg [634];LD/LC 50 (oral, Ratte): 7000 mg/kg [Sdb Shell];LC 50

(inhalativ, Ratte): 8000 ml/m3/4h [9];LD/LC 50 (inhalativ, Ratte): 19 mg/l/4h [Sdb Shell];LD 50 (intraperitoneal, Ratte): 1330-1640 mg/kg [634];LD 50 (intravenös, Ratte): 1960 mg/kg [634];LC 50 (inhalativ, Maus): 5320 ml/m3/8h [187];LD/LC 50 (dermal, Kaninchen): 12300 mg/kg [Sdb Shell];LD 50 (Haut, Kaninchen): 4000 mg/kg [9], 12124 mg/kg [187], 8390-18090 mg/kg [634];Wiederholte Exposition schädigt die Atmungsorgane und verursacht Nervenschäden bei Ratten; verursacht Leberschäden. Phoetotoxisch bei maternal letaler Dosis [Sdb Shell];LC 50 (Fisch, Goldorfe): 422/70 mg/l [33];LC 100 (Fisch, Goldorfe): 470/88 mg/l [33];LC 50 (Goldfisch): 58 mg/l/24 h [484];LC 50 (Daphnia magna): 470 mg/l [6];LC 50 (Fisch): 1-10 mg/l/96 h [Sdb Shell];EC 50 (Daphnia): 10-100 mg/l/96 h [Sdb Shell];EC 50 (Algen): >100 mg/l/24 h [Sdb Shell];EC 50 (Bakterien): >100 mg/l/6 h [Sdb Shell];Toxische Grenzkonzentration für Pseudomonas putida 29 mg/l, Scenedesmus quadricauda > 400 mg/l [36];Schädlichkeitsgrenze für Scenedesmus quadricauda 120 mg/l [32];Biologisch abbaubar [262]; biologisch leicht abbaubar [Sdb Shell];biologischer Abbau über Benzoesäure zur Hippursäure im menschlichen und tierischen Organismus;biologischer Abbau in Kläranlagen über Benzoesäure, Bernsteinsäure, Essigsäure;

Gefahren-Symbol:

- physikalisch/chemisch:

Schmelzpunkt: -95,3 °C; -93 °C; -95 °C
Siedepunkt: 110,6 °C; 110,8 °C; 110 °C; 111 °C; 110,4-110,8 °C
Flammpunkt: 5 °C; 4 °C, 6°C;
Dampfdruck: 29 hPa (20 °C) [32]; 30 hPa (20 °C); 70 hPa (38 °C)
Verdampfungswärme: 345,83 kJ/kg
Log pOW: 2,69 [4]; 2,73 [4]; 2,11 [4]; 2,80 [4]
Brechungsindex: 1,49985 (15 °C); 1,4960 (20 °C)
Dichte: 871,6 kg/m3 (15 °C); 865 kg/m3; 867 kg/m3 (15 °C)
Molmasse: 92,140 g/mol
Verdunstungszahl: 2,1 (BuAc = 1) [9]; 2,6 (BuAc = 1) [105]; 6,1 (Diethylether = 1) [19]
Löslichkeit:
Wasser 0,47 g/l (16 °C), 515 mg/l (20 °C), 0,57 g/l (30 °C); mischbar mit Ethanol, Diethylether, Benzen, Trichlormethan; löslich in Ethansäure, Petroleumether;

Bemerkung zu physikalisch/chemischen Daten:
T(krit.): 318,6 °C; P(krit.): 41077,15 hPa [428];

Verbleib nach Gebrauch:
Verbrennung, hochentzündliche Stoffe;

Bemerkung:
Klare, farblose, benzolähnlich riechende Flüssigkeit; brennbar; leichtentzündlich;
Bildet im dampf-/gasförmigen Zustand mit Luft explosionsfähige Gemische; nicht korrosiv;
Explosionsgrenzen:
1,2-7 Vol.-% (45 - 266 g/m3); Zündtemp.: 535 °C [32], [484];
1,2-7,1 Vol.-%; Zündtemp.: 480 °C [9]; 450 °C [Sdb Shell];
Erstarrungspunkt: -95 °C;
Viskosität: 0,58 mPa s;
Gummi und Toluol lösen sich ineinander und verlieren ihre spezifischen Eigenschaften;
Polyethylen wird angegriffen; Stoff reagiert heftig bei Kontakt mit sauerstoffreichem Material (starken Oxidationsmitteln), konzentrierter Salpetersäure, Halogenen und geschmolzenen Schwefel;
Verwendung: technisches Lösemittel, Mineralölindustrie, Kunststoffindustrie, Textilverarbeitendeindustrie, Klebe- und Bindemittel, Sprengstoffe, Fixiermittel, Kraftstoffe, Farben- und Lackindustrie, Papier-, Kartonagen- und Zellstoffindustrie;
Enthalten in Additol XL 121, Disparlon LC 908 (2,5-10%), LC 915 (2,5-10%), LC 955 (10-25%), OX 70 (2,5-10%), OX 77 (15%), OX 66 (10-25%), OX 60 (2,5-10%), OX 720 (10-25%), Fluorad FC-430 (0,1-1,5%), Hardlen 14 LLB, 163-LR, Intercoat VPP 154 (85,775%), VPE 154 (82,25%), Neo Cryl AP-2650 (75%), Parlock PC12 (max. 10 %), Ralox BT 45 (55 %);

4-Methylbenzensulfonsäure

- **CAS-Nummer:**
  104-15-4
- **UN Nummer:**
  2584; 2585; 2586
- **gebräuchliche Namen:**
  p-Toluolsulfonsäure; 1-Methylbenzolsulfonsäure-(4); 4-Methylbenzol-1-sulfonsäure; PTSA; Tooluen-4-sulfonsäure;
- **Handelsnamen:**
  Cyzac; K-Cure; Nauwe;
- **Summenformel:**
  $C_7H_8O_3S$

- **Strukturformel:**

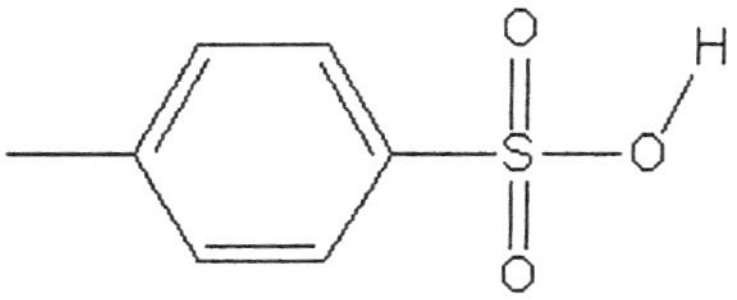

Eigenschaften:

- **toxikologisch/ökotoxikologisch:**

RTECS # XT 6300000
Schweizer Giftliste: 3
WGK: 1
R-Satz: 36/37/38
S-Satz: (2)-26-37
Sonstiges:
Einstufung und Kennzeichnung von Zubereitungen, in denen diese Substanz enthalten ist:20%<=C ¦¦> Xi; R36/37/38Zu diesem Stoff liegt ein BUA-Stoffbericht Nr. 63 vor.Reizstoff; Dämpfe reizen stark Augen, Atemwege und Haut; Kontakt mit Feststoff bewirkt sehr starke Reizung der Augen und Haut; bei Aufnahme durch den Mund starke Reizwirkung im Verdauungskanal; bei Erhitzen bis zur Zersetzung oder bei Kontakt mit Säuren bzw. säurehaltigen Dämpfen bilden sich giftige Gase von Schwefeloxiden [163];LD 50 (oral, Ratte): 2480 mg/kg; 1410 mg/kg [634];LD 50 (oral, Maus): 400-3200 mg/kg [634];LC 50 (Fisch; Goldorfe, 96 h): > 500 mg/l [163];Biologisch abbaubar [262];

Gefahren-Symbol:

Xi

- **physikalisch/chemisch:**

Schmelzpunkt: 98-105 °C [634]
Siedepunkt: 185-187 °C (0,13 hPa), 170 °C; 100 °C (20 hPa)
Flammpunkt: 180 °C
Dampfdruck: 0,1 hPa (20 °C)
Log pOW: 0,9 (25 °C)
Dichte: 1230-1240 kg/m3 (20 °C)
Molmasse: 172,20 g/mol

Löslichkeit:
Wasser 670 g/l (20 °C); 700 g/l (20 °C); löslich in Ethanol, Diethylether; wenig löslich in heißem Benzen (Benzol);

Bemerkung zu physikalisch/chemischen Daten:
Schüttdichte: 592 kg/m3 (25 °C);
Selbstentzündlichkeit: 350 °C;

Verbleib nach Gebrauch:
Verbrennung nach Mischung mit brennbarem Lösemittel;

Bemerkung:
Weiße oder hellviolette wasseranziehende stechend riechende Kristalle; wäßrige Lösung: gelbliche bis hellbraune Flüssigkeit;
Stoff reagiert bei Kontakt mit starken Basen und sauerstoffreichem Material (starken Oxidationsmitteln);
Verwendung: Katalysator bei Veresterungen, Polymerisationen, Depolymerisationen; wasserabspaltendes Mittel bei vielen Reaktionen; Farben und Lacke; Metall; Kunststoffindustrie;
UN-Nr. 2584 (4-Methylbenzensulfonsäure, flüssig, mit mehr als 5% freier Schwefelsäure)
UN-Nr. 2585 (4-Methylbenzensulfonsäure, fest, 5% freier Schwefelsäure oder weniger)
UN-Nr. 2586 (4-Methylbenzensulfonsäure, flüssig,, mit nicht mehr als 5% freier Schwefelsäure)
Enthalten in Fisantrol Catalyst PTS 3 (30-50%);

Methylcellulose

- CAS-Nummer:
9004-67-5
- gebräuchliche Namen:
Cellulosemethylether; MC; E 461;
- Handelsnamen:
Glutofix; Benecel M; Methocel A; Methocel A4C; Methocel A4M; Methocel A15-LV;
- Summenformel:

Funktion:
Bindemittel;
Verfahren:
Druckverfahren;

Eigenschaften:
- toxikologisch/ökotoxikologisch:
RTECS # FJ 5959000
Sonstiges:
Kann schädigend wirken beim Einatmen, Verschlucken oder Aufnahme über Haut; kann Augen- und Hautreizungen verursachen [187];LD 50 (intraperitonal, Maus): 275000 mg/kg [428];LD Lo (intravenös, Maus): 1000 mg/kg [428];Biologisch nicht abbaubar [262];

- physikalisch/chemisch:

Löslichkeit:
löslich in kaltem Wasser; unlöslich in Ethanol, Trichlormethan, Ether;

Verbleib nach Gebrauch:
Verbrennung nach Mischung mit brennbarem Lösemittel;

Bemerkung:
Weißes Pulver;
Zugelassen als Lebensmittelzusatzstoff nach LMBG;
Verwendung: Bindemittel für wäßrige Anstrichfarben; im Zeugdruck; Klebstoff; Emulgiermittel; in der Lebensmittelindustrie als Emulgator, Stabilisator, Verdickungs- und Bindemittel;

Methylcyclohexan

- **CAS-Nummer:**
  108-87-2
- **UN Nummer:**
  2296
- **gebräuchliche Namen:**
  Hexahydrotoluen; Cyclohexylmethan; Heptanaphthen;
- **Handelsnamen:**
  Sextone B;
- **Summenformel:**
  C_7H_{14}

- **Strukturformel:**

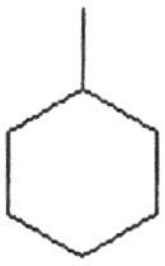

Eigenschaften:
- **toxikologisch/ökotoxikologisch:**
  RTECS # GV 6125000
  Schweizer Giftliste: 4
  WGK: 2
  MAK Wert: 500 ml/m3; 2000 mg/m3
  R-Satz: 11
  S-Satz: 9-16-33
  Sonstiges:
  Spitzenbegrenzung II,1 [481]; LD 50 (oral, Maus): 2250 mg/kg [428];LC 50 (inhalativ, Maus): 41500 mg/kg [428];LD 50 (oral, Kaninchen): 4000 mg/kg [428];LC 50 (inhalativ, Kaninchen): 15277 ppm/1h [428];LD (Haut, Kaninchen): >86700 mg/kg [428];

  Gefahren-Symbol:

F

- **physikalisch/chemisch:**
  Schmelzpunkt: 126,6 °C
  Siedepunkt: 100,9 °C; 101 °C
  Flammpunkt: -3°C; -4°C
  Brechungsindex: 1,4215 (20 °C); 1,4220 (20 °C)
  Dichte: 770 kg/m3; 769,4 kg/m3 (20 °C)
  Molmasse: 98,21 g/mol

  Löslichkeit:
  löslich in Alkohol, Ether, Propanon und Benzin;

Verbleib nach Gebrauch:
  Verbrennung, hochentzündliche Stoffe;

Bemerkung:
  farblose Flüssigkeit;
  für die Spektroskopie;

Methylcyclohexanol (Isomerengemisch)

- **CAS-Nummer:**
  25639-42-3
- **UN Nummer:**
  2617*
- **gebräuchliche Namen:**
  Methylcyclohexanol; Heptalin; Hexahydrocresol, Isomerengemisch; Hexahydromethylphenol, Isomerengemisch; Methylcyclohexylalkohol, Isomerengemisch; Methylhexalin, Isomerengemisch;
- **Handelsnamen:**
  Methylhexalin;
- **Summenformel:**
  $C_7H_{14}O$

Eigenschaften:

- **toxikologisch/ökotoxikologisch:**

  RTECS # GW 0175000
  WGK: 1
  R-Satz: 20
  S-Satz: 24/25
  Sonstiges:
  Dämpfe reizen Augen und Atemwege sowie Haut; erst bei Erhitzen ist mithohen Dampfkonzentrationen zu rechnen; Kontakt mit der Flüssigkeitruft Reizung der Augen und Haut hervor; Hautresorption! [163];TC Lo (inhal., Mensch): 500 ml/m3 [428];LD 50 (oral, Ratte): 1660 mg/kg [428];LD Lo (oral, Kaninchen): 1750 mg/kg [428];LD 50 (subcutan, Ratte): 2900 mg/kg [428];LD Lo (dermal, Kaninchen): 6800 mg/kg [428];

  Gefahren-Symbol:

- **physikalisch/chemisch:**

  Schmelzpunkt: <-21 °C
  Siedepunkt: 171-173 °C
  Flammpunkt: ca. 59 °C
  Dampfdruck: 1,99 hPa (20 °C) [484]
  Dichte: 921 kg/m3 (20 °C)
  Molmasse: 114,19 g/mol

  Löslichkeit:
  sehr wenig löslich in Wasser 30-40 g/l (20 °C) [484];

Verbleib nach Gebrauch:
Verbrennung;

Bemerkung:
Farblose Flüssigkeit; charakteristischer, starker, campherähnlicher Geruch;
Bildet im dampf-/gasförmigen Zustand mit Luft explosionsfähige Gemische;
Explosionsgrenzen: 1,3-? Vol.-%; Zündtemperatur: 296 °C;
Bei Kontakt oder Mischung des Stoffes mit sauerstoffreichem Material (Oxidationsmitteln) kann heftige Reaktion eintreten. Bei Raumtemperaturen (ca. 20 °C) reagiert der Stoff stark mit Alkali-, weniger stark mit Erdalkalimetallen und bildet dabei leicht brennbares Wasserstoffgas. Die Substanz reagiert bei Kontakt mit Säuren, Säurechloriden und Säureanhydriden [484];
Verwendung: als Lösemittel;

1-Methylcyclohexanol, CAS-Nr.: 590-67-0;
2-Methylcyclohexanol (cis + trans), CAS-Nr.: 583-59-5;
cis(trans)-2-Methylcyclohexanol, CAS-Nr.: 7443-70-1 (7443-52-9);
3-Methylcyclohexanol (cis + trans), CAS-Nr.: 591-23-1;
4-Methylcyclohexanol (cis + trans), CAS-Nr.: 589-91-3;
cis(trans)-4-Methylcyclohexanol, CAS-Nr.: 7731-28-4 (7731-29-5);
*: In der UN-Liste klassifiziert unter Methylcyclohexanole, Flammpunkt höchstens 60,5 °C [484];

2-Methylcyclohexanon

- CAS-Nummer:
583-60-8
- gebräuchliche Namen:
o-Methylcyclohexanon; Methylanon; Methylsexton;Tetrahydro-o-kresol; 1-Methylcyclohexan-2-on;
- Summenformel:
$C_7H_{12}O$

- Strukturformel:

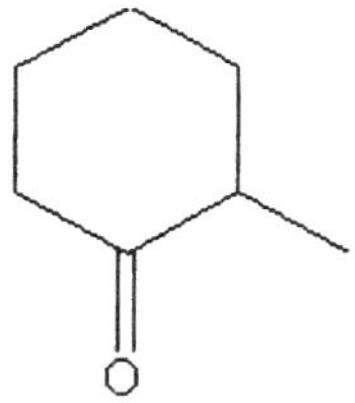

Funktion:
Lösungsmittel;
Verfahren:
Druckverfahren;

Eigenschaften:
- toxikologisch/ökotoxikologisch:
RTECS # GW 1750000; IMK: II;
Schweizer Giftliste: 4
WGK: 1
MAK Wert: 50 ml/m3 bzw. 230 mg/m3
R-Satz: 10-20
S-Satz: (2)-25
Sonstiges:
Einstufung und Kennzeichnung von Zubereitungen, in denen diese Substanz enthalten ist:25%<=C ¦¦> Xn; R20Spitzenbegrenzung: II,1 [481]; Gefahr der Hautresorption [481];Dämpfe reizen Augen und Atemwege; Kontakt mit der Flüssigkeit führt zuReizungen der Augen und Haut; Hautresorption!; Lähmende Wirkung aufZNS; Herz-, Leber- und Nierenschäden erst nach mehreren Stunden [163]LD 50 (oral, Ratte): 2140 mg/kg [187];LD 50 (Haut, Kaninchen): 1635 mg/kg [187];Toxische Grenzkonzentration für Pseudomonas putida 60 mg/l, Scenedesmusquadricauda 88 mg/l [36];LC 50 (Daphnia magna): 435 mg/l [6];EC 50 (Daphnia magna): 377 mg/l [180];LC 50 (Fisch, Goldorfe): 500/470 mg/l [33];

Gefahren-Symbol:

- **physikalisch/chemisch:**
  Schmelzpunkt: - 13,9 °C
  Siedepunkt: 165 °C (1009 hPa)
  Flammpunkt: 47 °C
  Dampfdruck: 4 hPa (25 °C) [163]
  Brechungsindex: 1,4483 (20 °C)
  Dichte: 925,0 kg/m3 (20 °C)
  Molmasse: 112,171 g/mol
  Verdunstungszahl: 47 (Diethylether = 1) [18]

  Löslichkeit:
  unlöslich in Wasser; löslich in Ethanol, Diethylether;

Verbleib nach Gebrauch:
Verbrennung;

Bemerkung:
Farblose bis hellgelbe Flüssigkeit; acetonähnlicher Geruch; brennbar;

4-Methyl-1,3-dioxolan-2-on

- **CAS-Nummer:**
  108-32-7
- **gebräuchliche Namen:**
  1,2-Propylencarbonat (PC);1,2-Propandiylcarbonat, cycl. Propylenglykolcarbonat; cycl. Methylethylcarbonat; Kohlensäurepropylenglykolester;
- **Summenformel:**
  $C_4H_6O_3$

- **Strukturformel:**

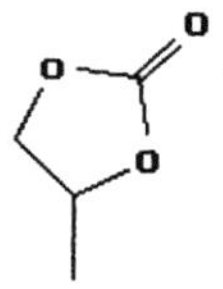

Eigenschaften:
- **toxikologisch/ökotoxikologisch:**
  RTECS # FF 9650000
  R-Satz: 36
  S-Satz: (2)
  Sonstiges:
  Kann schädigend wirken beim Einatmen, Verschlucken oder Aufnahme über Haut; verursacht Augenreizungen; kann Hautreizungen verursachen [187]LD 50 (oral, Ratte): 2900 mg/kg [428];

  Gefahren-Symbol:

- **physikalisch/chemisch:**
  Schmelzpunkt: -55 °C
  Siedepunkt: 240 °C
  Flammpunkt: 132 °C
  Brechungsindex: 1,4210 (20 °C)
  Dichte: 1189 kg/m3 (20 °C)
  Molmasse: 102,09 g/mol

Verbleib nach Gebrauch:
Verbrennung nach Mischung mit brennbarem Lösemittel;

Bemerkung:
Farblose Flüssigkeit;

4,7-Methylen-4,7,8,9-tetrahydroinden

- **CAS-Nummer:**
  77-73-6
- **UN Nummer:**
  2048
- **gebräuchliche Namen:**
  DCPD; TCD; Dicyclopentadien; Cyclopentadiendimer; 4,7-Methano-3a,4,7,7a-tetrahydroinden; 3a,4,7,7a-Tetrahydro-4,7-methanoinden; Tricyclo-[5.2.1.0(2,6)]deca-3,8-dien;
- **Summenformel:**
  $C_{10}H_{12}$

- **Strukturformel:**

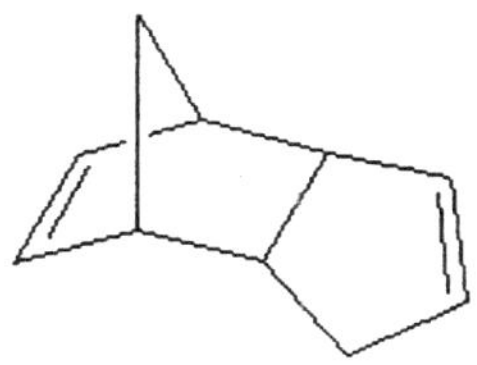

Funktion:
Bindemittel;
Verfahren:
Druckverfahren;

Eigenschaften:
- **toxikologisch/ökotoxikologisch:**
  RTECS # PC 1050000
  Schweizer Giftliste: 3
  WGK: 2
  MAK Wert: 0,5 ml/m3 bzw. 2,7 mg/m3
  R-Satz: 11-20/22-36/37/38
  S-Satz: (2)-36/37
  Sonstiges:
  Spitzenbegrenzung: I [481]; Schwangerschaftsgruppe IIc [481]; Geruchsschwelle bei 5 ml/m3; Reizschwelle bei 5 ml/m3 [484];Hautreizend;Staub und bei Erhitzung oder bei Brand auch die Dämpfe, reizen die Augen, Atemwege und Haut; Kontakt mit der Flüssigkeit oder dem Pulver bewirkt starke Reizung der Augen und Haut; bei starker Erhitzung und bei Brand können in der Atemluft Konzentrationen entstehen, die auf das ZNS dämpfend und narkotisch wirken [163];LD 50 (oral, Ratte): 353 mg/kg [187];LD 50 (intraperitoneal, Ratte): 200 mg/kg [428];LC 50 (inhalativ, Ratte): 359 ml/m3/4 h [187];TD Lo (oral, Ratte): 182 mg/kg/26W (intermittierend), 1120 mg/kg/28 D

(intermittierend) [428];TC Lo (inhalativ, Ratte): 20 mg/m3/4h/26W (intermittierend) [428];LD 50 (oral, Maus): 190 mg/kg [428];LC 50 (inhalativ, Maus): 145 ppm/4h [428];TC Lo (inhalativ, Maus): 72 ppm/7h/2W (intermittierend) [428];LC Lo (inhalativ, Hund): 773 ppm/1h [428];LD 50 (Haut, Kaninchen): 5080 mg/kg [428];LC 50 (inhalativ, Kaninchen): 771 ppm/4h [428];LC 50 (inhalativ, Meerschweinchen): 770 ppm/4h [428];LD 50 (oral, Tier): 1200 mg/kg [428];LD 50 (intraperitoneal, Säugetier): 960 mg/kg [428];LD 50 (oral, Vogel): 1010 mg/kg [428];

Gefahren-Symbol:

- physikalisch/chemisch:
Schmelzpunkt: 32 °C; 19 °C*
Siedepunkt: 170 °C; 64-65 C (54 hPa) [573]
Flammpunkt: 26 °C
Dampfdruck: 12,99 hPa (37,7 °C) [187]
Brechungsindex: 1,5050 (35 °C)
Dichte: 976,6 kg/m3 (20 °C)
Molmasse: 132,21 g/mol

Löslichkeit:
leicht löslich in Ethanol, Diethylether, Ligroin;

Verbleib nach Gebrauch:
Verbrennung, hochentzündliche Stoffe;

Bemerkung:
Farblose bis gelbliche Kristalle in Pulver- oder Puderform; ab 32 °C farblose Flüssigkeit; campherähnlicher Geruch; brennbar;
Das Dicyclopentadien tritt in zwei Stereoisomeren auf: endo- und exo-Dicyclopentadien. Bei der spontanen Dimerisierung von Cyclopentadien durch Dien-Synthese bildet sich bei 20 °C das endo-Dicyclopentadien; erfolgt die Dimerisierung bei ca. 100 °C, bildet sich auch das exo-Dicyclopentadien.
Stoff kann heftig reagieren bei Kontakt oder Mischung mit starken Säuren, starken Basen und sauerstoffreichem Material (starken Oxidationsmitteln); bei längerem Kontakt mit Luft können sich unbeständige Peroxide bilden, die in konzentriertem und erwärmtem Zustand explosionsartig zerfallen; bei erhöhten Temperaturen erfolgt Bildung von instabilem und sehr reaktionsfähigem Cyclopentadien;
Verwendung: Ausgangsmaterial zur Herstellung von Alkydharzen, Kunstgummi, Terpenen, Alkaloiden, Insektiziden, Hydraulikflüssigkeiten, Weichmacher und Farben;
*: Angaben für exo-Dicyclopentadien;

((1-Methyl-1,2-ethandiyl)bis(oxy))dipropanol

- CAS-Nummer:
24800-44-0
- gebräuchliche Namen:
[(Methylethylen)bis(oxy)]dipropanol; Tripropylenglykol;
- Summenformel:
$C_9H_{20}O_4$

- **Strukturformel:**

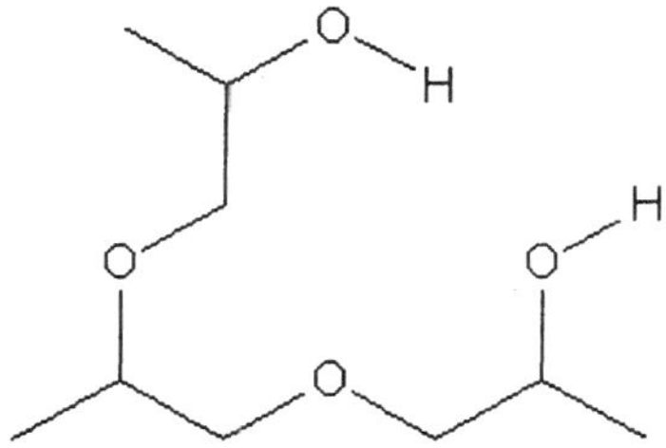

Eigenschaften:
- **toxikologisch/ökotoxikologisch:**
  WGK: 1

  Gefahren-Symbol:

- **physikalisch/chemisch:**
  Siedepunkt: 268 °C
  Flammpunkt: 141 °C
  Dichte: 1020 kg/m3 (20 °C)
  Molmasse: 192,25 g/mol

Bemerkung:
Farb- und geruchlose ölige Flüssigkeit;
Verwendung: Lösemittel für Harze, Farbstoffe und Tinten; zur Trocknung von Gasen; Weichmacher;
Verbrauch in den USA (1989): 4,54 kt;

1-(Methylethyl)-2,2-dimethyltrimethylen-(2-methylpropyl)säureester

- **CAS-Nummer:**
  6846-50-0
- **gebräuchliche Namen:**
  2,2,4-Trimethyl-1,3-pentadiol-di-iso-butyrat; 2,2,4-Trimethylpentandiol-1,3-diisobutyrat; 1-Isopropyl-2,2-dimethyltrimethylenisobutylsäureester; 2,2,4-Trimethyl-1,3-pentadiol-di-iso-butyrat;
- **Handelsnamen:**
  Kodaflex TXIB; Eastman TXIB; TXIB;
- **Summenformel:**
  $C_{16}H_{30}O_4$

- **Strukturformel:**

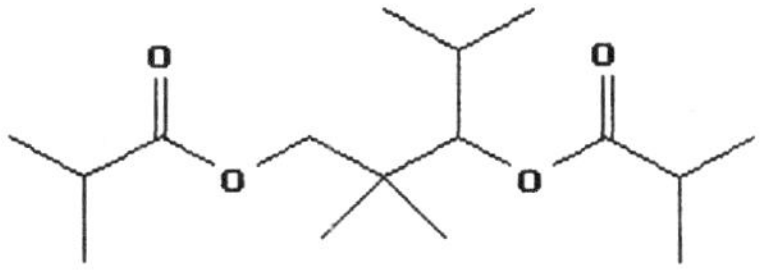

Funktion:
Additiv/Weichmacher;
Verfahren:
Druckverfahren;
Anwendung:
Farbe;

Eigenschaften:
- toxikologisch/ökotoxikologisch:
RTECS # SA 1420000
WGK: 1
Sonstiges:
Reizend;[Sdb Krahn Chemie GmbH]:LD 50 (oral, Ratte): >3200 mg/kg;LD 50 (inhalativ, Ratte): >5,3 ml/l/6 h;LD 50 (oral, Maus): >6400 mg/kg;LD 50 (dermal, Meerschweinchen): >21 ml/kg;an der Haut des Meerschweinchens leicht reizend; am Auge des Kaninchens sehr leicht reizend;LC 50 (Elritze): >1,55 mg/l/96 h;EC 50 (Daphnia magna): >1,46 mg/l/48 h

- physikalisch/chemisch:
Schmelzpunkt: -70 °C
Siedepunkt: 280 °C
Flammpunkt: 143 °C; 129 °C; >110 °C
Dampfdruck: <0,01 hPa (25 °C)
Brechungsindex: 1,4340 (20 °C)
Dichte: 940 kg/m3 (25°C); 941 kg/m3
Molmasse: 286,42 g/mol

Löslichkeit:
in Wasser gering löslich [Sdb];

Verbleib nach Gebrauch:
Verbrennung nach Mischung mit brennbarem Lösemittel;

Bemerkung:
[Sdb Fa. Krahn Chemie GmbH]:
Farblose Flüssigkeit mit fruchtartigem Geruch;
bei Brand können Kohlenmonoxid und Kohlendioxid freigesetzt werden;
Explosionsgrenzen: 0,48-3,10 Vol.-%; Zündtemp.: 424 °C;
reagiert mit Oxidationsmitteln;

5-Methyl-3-heptanon

- CAS-Nummer:
541-85-5
- UN Nummer:
2271
- gebräuchliche Namen:
3-Methyl-5-heptanon; Ethyl-2-iso-pentylketon; Ethyl-sec.-amylketon; Ethyl-sek.-amylketon; EAK; 3-Octanon;
- Summenformel:
$C_8H_{16}O$

- Strukturformel:

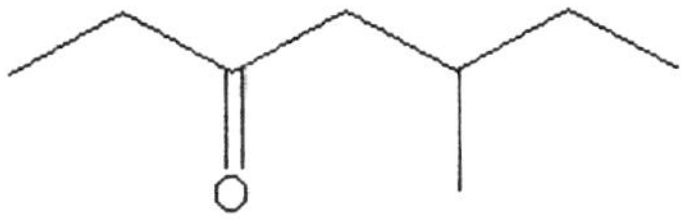

Funktion:
Lösungsmittel;
Verfahren:
Druckverfahren;

Eigenschaften:
- toxikologisch/ökotoxikologisch:
RTECS # MJ 7350000;
MAK Wert: 25 ml/m3 (US-Wert)
R-Satz: 10-36/37
S-Satz: (2)-23
Sonstiges:
Einstufung und Kennzeichnung von Zubereitungen, in denen diese Substanz enthalten ist:10%<=C ¦> Xi; R36/37Dämpfe reizen Augen und Atemwege; sie wirken in hohen Konzentrationen(z.B. Erhitzung) narkotisch; Reizung der Augen und Haut bei Kontaktmit Flüssigkeit; Aufnahme der Flüssigkeit auch über die Haut; Schädenvon Leber, Niere und Herz möglich [163];LD 50 (oral, Ratte): 3500 mg/kg [187];LD 50 (percutan, Ratte): 2800 mg/kg [9];LC 50 (inhal., Ratte, 8 h): 6000 ml/m3 [9];LD 50 (Haut, Kaninchen): > 13600 mg/kg [9];Toxische Grenzkonzentration für Pseudomonas putida 25 mg/l, Scenedes-mus quadricauda 53 mg/l [36];

Gefahren-Symbol:

- physikalisch/chemisch:
Schmelzpunkt: < - 70 °C
Siedepunkt: 159 °C
Flammpunkt: 43 °C
Dampfdruck: 2.6 hPa (20 °C) [9]
Brechungsindex: 1,4142 (20 °C)
Dichte: 819 kg/m3 (20 °C)
Molmasse: 128.21 g/mol
Verdunstungszahl: 0,26 (BuAc = 1) [9]

Löslichkeit:
Wasser 2,6 g/l (20 °C);

Verbleib nach Gebrauch:
Verbrennung;

Bemerkung:
Farblose, mild fruchtig riechende Flüssigkeit; brennbar;
Stoff reagiert bei Kontakt mit anorganischen Säuren, Basen, Aminen und Isocyanaten; Produkt kann bei Kontakt oder Mischung mit sauerstoff-reichem Material (Oxidationsmitteln) reagieren;
Verwendung: technisches Lösemittel;

2-Methyl-1,6-hexandiyl-2-propensäure

- **CAS-Nummer:**
  6606-59-3
- **gebräuchliche Namen:**
  2-Methyl-1,6-hexandiyl-2-acrylsäure; 1,6-Hexandioldimethacrylat; Hexamethylenglycoldimethacrylat; Hexamethylenglykoldimethacrylat;
- **Summenformel:**
  $C_{14}H_{22}O_4$

- **Strukturformel:**

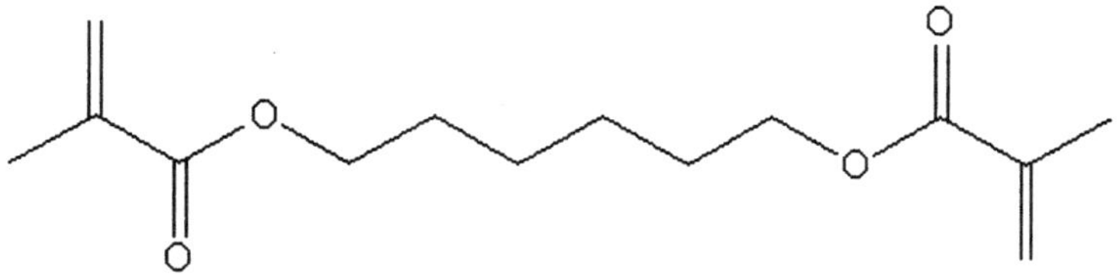

Funktion:
Fotovernetzendes Monomer;
Verfahren:
Druckverfahren/Hochdruck direkt/Flexodruck;
Anwendung:
Druckformherstellung/Flexoplatten; Fotopolymerdruckplatten;

Eigenschaften:

- **physikalisch/chemisch:**
  Dichte: 998 kg/m3 (25 °C)
  Molmasse: 254,33 g/mol

5-Methylhexan-2-on

- **CAS-Nummer:**
  110-12-3
- **UN Nummer:**
  2302
- **gebräuchliche Namen:**
  MIAK; 5-Methyl-2-hexanon; Isoamylmethylketon; Isopentylmethylketon; iso-Pentylmethylketon; iso-Butylaceton; Isobutylaceton; Methyl-(3-methylbutyl)-keton; Methylisoamylketon;
- **Summenformel:**
  $C_7H_{14}O$

- **Strukturformel:**

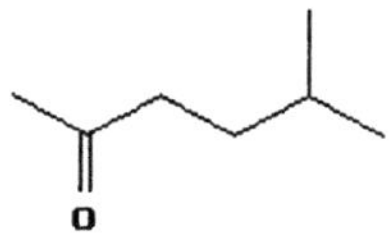

Funktion:
Lösungsmittel;
Verfahren:
Druckverfahren;

Eigenschaften:
- toxikologisch/ökotoxikologisch:
RTECS # MP 3850000
WGK: 1
R-Satz: 10
S-Satz: (2)-23
Sonstiges:
Dämpfe reizen Augen und sehr stark Atemwege; vorübergehende Herz-, Leber und Nierenschäden können auftreten; Kontakt mit Flüssigkeit bewirkt Reizung der Augen und geringere Reizung der Haut [163];LD 50 (oral, Ratte): 3200 mg/kg [187], 4760 mg/kg [9];LD 50 (intraperitoneal, Ratte): 400 mg/kg [428];LC Lo (inhalativ, Ratte): 4000 ppm/4h [9], [428];TC Lo (inhalativ, Ratte): 1000 ppm/6h/16D (intermittierend) [428];LD 50 (oral, Maus): 2542 mg/kg [428];LD 50 (intraperitoneal, Maus): 800 mg/kg [428];LD 50 (Haut, Kaninchen): 8000 mg/kg [9], 10 g/kg [187], 10 ml/kg [428];Toxische Grenzkonzentration für Pseudomonas putida 115 mg/l, für Scenedesmus quadricauda 125 mg/l [36];

- physikalisch/chemisch:
Schmelzpunkt: -74 °C
Siedepunkt: 145 °C; 144 °C (1013 hPa)
Flammpunkt: 43 °C
Dampfdruck: 5 hPa (20 °C) [9]
Brechungsindex: 1,4062 (20 °C); 1,4078
Dichte: 888 kg/m3 (20 °C); 813 kg/m3 (20 °C)
Molmasse: 114,19 g/mol
Verdunstungszahl: 0,5 (BuAc = 1) [9]

Löslichkeit:
Wasser 5,4 g/l (20 °C); leicht löslich in Propanon, Benzen; mischbar mit Ethanol, Diethylether;

Verbleib nach Gebrauch:
Verbrennung;

Bemerkung:
Farblose, angenehm riechende Flüssigkeit; brennbar;
Bildet im dampf-/gasförmigen Zustand mit Luft explosionsfähige Gemische;
Explosionsgrenzen: 2,7 - 13,0 Vol% ; Zündtemp.: 365 °C [9];
Explosionsgrenzen: 1,05 - 8,2 Vol% ; Zündtemp.: 425 °C [163];
Stoff reagiert bei Kontakt mit anorganischen Säuren, Aminen, Isocyanaten sowie mit sauerstoffreichem Material (starken Oxidationsmitteln), starken Reduktionsstoffen und starken Basen;
Verwendung: technisches Lösemittel;

2-Methyl-2-hydroxypropyl-2-propensäureester

- CAS-Nummer:
923-26-2
- gebräuchliche Namen:
2-Hydroxypropylmethacrylat; Methacrylsäurehydroxypropylester;
- Summenformel:
$C_7H_{12}O_3$

- Strukturformel:

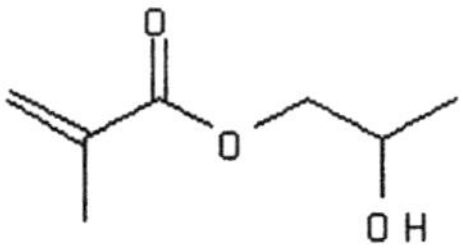

Verfahren:
Druckverfahren/Hochdruck direkt/Flexodruck;
Anwendung:
Druckformherstellung/Flexoplatten;

Eigenschaften:
- toxikologisch/ökotoxikologisch:
RTECS # OZ 4750000
WGK: 1
Sonstiges:
Gefahr der Sensibilisierung der Haut [481];Dämpfe reizen Augen; Kontakt mit Haut verursacht Reizung;LD 50 (oral, Maus): 7964 mg/kg [187];

- physikalisch/chemisch:
Siedepunkt: 57 °C (0,67 hPa)
Flammpunkt: 96 °C
Brechungsindex: 1,4458 (20 °C)
Dichte: 1066 kg/m3 (20 °C)
Molmasse: 144,17 g/mol

Verbleib nach Gebrauch:
Verbrennung nach Mischung mit brennbarem Lösemittel;

1-Methyl-4-(1-methylethenyl)-cyclohexen

- CAS-Nummer:
138-86-3
- UN Nummer:
2052
- gebräuchliche Namen:
Limonen; 4-Isopropenyl-1-methyl-1-cyclohexen; p-Mentha-1,8-dien; 1-Methyl-1-cyclohexen; Carven; dl-Limonen; dl-p-Menthal-8-dien; DL-4-Isopropenyl-1-methyl-1-cyclohexen; Carven; 1,8(9)-p-Menthadien; p-Mentha-1,8-dienlimonen; 1-Methyl-4-(1-methylethenyl)cyclohexen;
- Handelsnamen:
Citrusterpene; Cinene; Cajeputene; Kautschin; Eulimen; Nesol; Acintene DP; Dipanol;
- Summenformel:
$C_{10}H_{16}$

- Strukturformel:

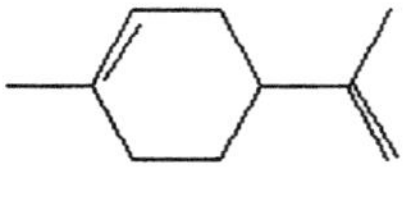

Funktion:
Lösungsmittel;
Verfahren:
Druckverfahren/Durchdruck;
Anwendung:
Durchdruckfarben;

Eigenschaften:
- toxikologisch/ökotoxikologisch:
RTECS # OS 8100000
Schweizer Giftliste: 4
WGK: 1
R-Satz: 10-38
S-Satz: (2)-28
Sonstiges:
Einstufung und Kennzeichnung von Zubereitungen, in denen diese Substanz enthalten ist:25%<=C ¦> Xi; R38Gefahr der Sensibilisierung der Haut [481];Dämpfe reizen Augen, Atemwege und Haut; Kontakt mit der Flüssigkeit führt zu starker Reizung der Augen und zu leichterer Reizung der Haut; Flüssigkeit wird auch über die Haut aufgenommen und wirkt hautentfettend; Hautentzündung nach längerer Einwirkung; Substanz hat allergisierende Eigenschaften [484];Im Tierversuch akut sehr wenig toxisch. Nach Hautkontakt leichte Reizung. Nach Augenkontakt leichte Reizung, Gefahr der Hautresorption. Nach Einatmen Schleimhautreizung, Husten und Atemnot.Nach Resorption toxischer Mengen: ZNS-Störungen, Herz- und Kreislaufstörungen, Sensibilisierung mit allergischen Manifestationen bei empfindlichen Personen [Sdb Joia Citrus];LD 50 (Ratte): 4400 mg/kg [39];LD 50 (oral, Maus): 5550 µl/kg [428];LD 50 (intravenös, Maus): 1010 µl/kg [428];

Gefahren-Symbol:

Xi

- physikalisch/chemisch:
Schmelzpunkt: -89 °C; -97 °C; -95,5 °C
Siedepunkt: 170-180 °C; 175,5-176,5 °C
Flammpunkt: 50 °C; 43 °C; 48 °C
Dampfdruck: 2,1 hPa (20 °C) [484]; 1,33 hPa (20 °C) [Sdb]
Brechungsindex: 1,4670 (20 °C); 1,4750 (20 °C); 1,4727 (20 °C)
Dichte: 857-862 kg/m3 (20 °C); 850 kg/m3 (20 °C); 856 kg/m3 (20 °C)
Molmasse: 136,24 g/mol

Löslichkeit:
Wasser: weniger als 0,2 Gew.-% [Sdb Joia Citrus]; mischbar mit Alkohol;

Verbleib nach Gebrauch:
Verbrennung;

Bemerkung:
Klare, farblose bis leicht gelbliche Flüssigkeit; Geruch charakteristisch nach Orangen- und Citrusfrucht; zersetzt sich beim Erhitzen [Sdb Joia Citrus];
Farblose Flüssigkeit; zitronenähnlicher Geruch; brennbar;
Bildet im dampf-/gasförmigen Zustand mit Luft explosionsfähige Gemische;
Explosionsgrenzen: 0,7-6,1 Vol.-% ; Zündtemp.: 255 °C [484];
Oxidation wird durch Schwermetallstearate und Peroxide beschleunigt; bei Einwirkung von Sauerstoff (auch Luftsauerstoff) - besonders in Gegenwart von Luft - kann Polymerisatin eintreten;
Stoff reagiert bei Kontakt mit sauerstoffreichem Material (Oxidationsmitteln);
Enthalten in Deviscol VS (5-10%);
Bestandteil von Terpentinöl (2-5 Gew.-%) [Sdb Weissmeer Baltische];

1-methyl-4-(1-methylethylen)-cyclohexen

- **CAS-Nummer:**
  5989-27-5
- **gebräuchliche Namen:**
  d-Limone ; 4-isopropenyl-1-methyl-cyclohexen
- **Summenformel:**
  $C_{10}H_{16}$

- **Strukturformel:**

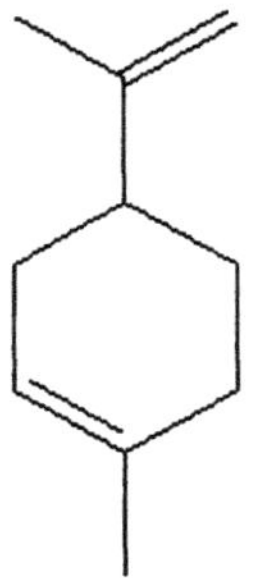

Funktion:
Lösungsmittel für Ausrüstungsreinigung;

Eigenschaften:
- **toxikologisch/ökotoxikologisch:**
  Sonstiges:
  Gefahr der Sensibilisierung der Haut [481];LD 50 (oral, Ratte): 4400 mg/kg [428];LD 50 (intraperitoneal, Ratte): 3600 mg/kg [428];LD 50 (oral, Maus): 5600 mg/kg [428];LD 50 (intraperitoneal, Maus): 600 mg/kg [428];

- **physikalisch/chemisch:**
  Schmelzpunkt: -74,35°C [428]
  Siedepunkt: 175,5-176°C [428]
  Log pOW: 4,232 [428]
  Dichte: 840,2 kg/m³ [428]
  Molmasse: 136,23 g/mol [428]

  Löslichkeit:
  in allen Mengen in Alkoholen und Ethern löslich [428]

  Bemerkung zu physikalisch/chemischen Daten:
  flüssig, frischer Zitrusgeruch [428]

1-(4-Methyl-2-nitrobenzenazo)-2-naphthol

- **CAS-Nummer:**
  2425-85-6
- **gebräuchliche Namen:**
  1-(4-Methyl-2-nitrobenzolazo)-2-naphthol; Toluidinrot; Pigment Red 3; Pigment Rot 3 (C.I. 12120); C.I. 12120;
- **Handelsnamen:**
  Sico Rot L 3850; Sico Rot L 3652 HD; Sico Rot L 3750; Sico Rot L 3851; Heuco Rot 300301;
- **Summenformel:**
  $C_{17}H_{13}N_3O_3$

- **Strukturformel:**

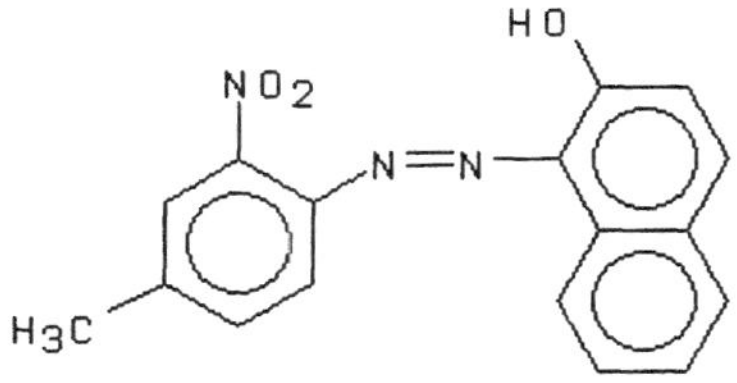

Funktion:
Pigment/Farbstoff/rot;
Anwendung:
Farbe;

Eigenschaften:
- **toxikologisch/ökotoxikologisch:**
  RTECS # QK 4247000
  WGK: 0
  MAK Wert: vgl. Abschnitt III [481]
  Sonstiges:
  LD 50 (oral, Ratte): >5000 mg/kg [Sdb BASF], [Sdb Fa. Heubach];

- **physikalisch/chemisch:**
  Schmelzpunkt: 270-272 °C
  Dichte: 1400-1500 kg/m3 (20 °C)
  Molmasse: 307,31 g/mol

  Löslichkeit:
  unlöslich in Wasser [Sdb BASF];

Verbleib nach Gebrauch:
Verbrennung nach Mischung mit brennbarem Lösemittel;

Bemerkung:
Geruchloses Pulver; staubexplosionsfähig [Sdb BASF];

2-Methylpentan-2,4-diol

- CAS-Nummer:
107-41-5
- gebräuchliche Namen:
Hexylenalkohol; Hexylenglycol; 2-Methyl-2,4-pentandiol; Hexylenglykol; Methylamylenglykol; Diacetonglykol; 2-Methylpentandiol-2,4; 2-Methyl-pentan-2,4-diol;
- Handelsnamen:
Diolane; Isol; Pinakon;
- Summenformel:
$C_6H_{14}O_2$

- Strukturformel:

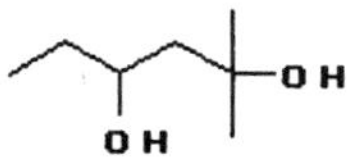

Funktion:
Lösungsmittel;
Verfahren:
Druckverfahren;

Eigenschaften:
- toxikologisch/ökotoxikologisch:
RTECS # SA 0810000;
Schweizer Giftliste: 4
WGK: 1
MAK Wert: 10 ml/m3 bzw. 49 mg/m3
R-Satz: 36/38
S-Satz: (2)
Sonstiges:
Einstufung und Kennzeichnung von Zubereitungen, in denen diese Substanz enthalten ist:10%<=C ¦¦> Xi; R36/38Spitzenbegrenzung I [481]; Schwangerschaftsgruppe IIc [481];Geruchsschwelle < 50 ml/m3 [163]; Dämpfe in hohen Konzentrationen reizen stark Augen und Atemwege; Kontakt mit der Flüssigkeit verursacht starke Reizung der Augen und leichte Reizung der Haut [163];Verursacht Retardierung des Zentralnervensystems;Symptome: Kopfschmerzen, Schwindelgefühl, Übelkeit, trockene Haut, Reizwirkung auf Haut, Auge und Atmunsgorgane. Dämpfe verursachen Augenbrennen und Tränenfluß. [Sdb Shell];LD 50 (oral, Ratte): 3696 mg/kg [108]; 4000 mg/kg [Sdb Shell], 3700-4700 mg/kg [634];LD 50 (oral, Maus): 3900 mg/kg [634];LD 50 (intraperitoneal, Maus): 1385 mg/kg [634];LD 50 (oral, Kaninchen): 2954 mg/kg [634]; LD 50 (Haut, Kaninchen): 8560 mg/kg [187], 10000 mg/kg [108], 13200 mg/kg [9]; LD/LC 50 (Haut, Kaninchen): 13000 mg/kg [Sdb Shell];LD 50 (oral, Meerschweinchen): 2585 mg/kg [634];Beim Verschlucken größerer Mengen, Nierenschäden möglich [Sdb Shell];EC 50 (Wasserfloh): >100 mg/l [Sdb Shell];LC 50 (Fisch): >100 mg/l [Sdb Shell];IC 50 (Bakterien): >100 mg/l [Sdb Shell];LC 50 (Goldfisch): >5000 mg/l/24 h [484];Biologischer Einfluß: nicht adaptiertes System 1040 mg/l;Biologisch abbaubar [3]; CSB: 2,3 g/g [3]; BSB(5): < 0,004 g/g [3];

Gefahren-Symbol:

- physikalisch/chemisch:
Schmelzpunkt: - 40 °C; -50 °C; <-40 °C
Siedepunkt: 198,5 °C; 195-200 °C; 196 °C; 197,5 °C
Flammpunkt: 96 °C; 93 °C;
Dampfdruck: 0,067 hPa (20 °C) [163]; 4 hPa (91 °C) [Sdb]; 0,07 hPa (20 °C)
Log pOW: 3 [Sdb]; <0,14
Brechungsindex: 1,4274 (20 °C)
Dichte: 922 kg/m3 (20 °C); 920-923 kg/m3 (20 °C);
Molmasse: 118,18 g/mol
Verdunstungszahl: 0,007 (BuAc=1) [108], 0,003 (BuAc=1) [9], 1560 (Diethylether=1) [108]

Löslichkeit:
löslich in Wasser, Ethanol, Diethylether, Propanon, Tetrachlormethan, Petrolether, Eisessig;

Verbleib nach Gebrauch:
Verbrennung nach Mischung mit brennbarem Lösemittel;

Bemerkung:
Farblose, fast geruchlose Flüssigkeit; hygroskopisch;
Bildet im dampf-/gasförmigen Zustand mit Luft explosionsfähige Gemische;
Explosionsgrenzen: 4,7-100 Vol.-%; Zündtemp.: >260 °C [163], 306 °C [634]; 1,0-9,9 Vol.-% ; Zündtemp.: 425 °C [108];
Reagiert bei Berührung mit sauerstoffreichem Material (starken Oxidationsmitteln);
Verwendung: als Lösemittel;
Anwendungsbereich: Filmbildehilfsmittel in der Lack- und Farbenindustrie (insbes. für Dispersionen auf Basis von Vinylacetat-Copolymeren sowie Latexfarben auf Basis von Butadien/Styrol-Copolymeren); in der chemischen Reinigung (Löslichkeitsvermittler für Tenside); Lösungsmittel für Pestizide; in der Druckfarbenindustrie;
Enthalten in Jäger Antihydro Trockner (0,2 %), HK Trockner (0,2%), OB Trockner (0,2%), 3.3 Trockner (0,2%), Weißtrockner (0,2%);

2-Methyl-pentan-1-ol

- CAS-Nummer:
105-30-6
- gebräuchliche Namen:
sec.-Amylcarbinol; sek.-Amylcarbinol;2-Methyl-1-pentanol; 2-Methylpentylalkohol;2-Methyl-2-propylethanol;
- Summenformel:
$C_6H_{14}O$

- Strukturformel:

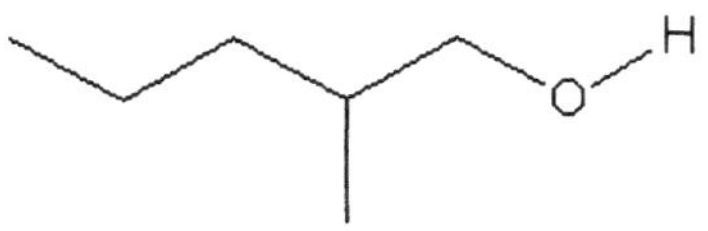

Funktion:
Lösungsmittel;
Verfahren:
Druckverfahren;

Eigenschaften:
- toxikologisch/ökotoxikologisch:
RTECS # SA 7175000;
Schweizer Giftliste: 4

R-Satz: 10-37
S-Satz: 16-24/25
Sonstiges:
Dämpfe reizen Atemwege; Kontakt mit der Flüssigkeit reizt Augen; blei-bende Augenschäden möglich;Kann schädigend wirken bei Einatmung, Verschlucken oder Aufnahme überHaut; Dämpfe reizen Augen, Schleimhäute und Atemwege; verursacht Haut-reizungen [187];LD 50 (oral, Ratte): 1410 mg/kg [9], [187];LD 50 (Haut, Kaninchen): 3560 mg/kg [187], 2850 mg/kg [9];

Gefahren-Symbol:

- physikalisch/chemisch:
Schmelzpunkt: - 80 °C
Siedepunkt: 148 °C
Flammpunkt: 54 °C
Dampfdruck: 1,97 hPa (20 °C) [9]
Brechungsindex: 1,4182 (20 °C)
Dichte: 826,3 kg/m3 (20 °C)
Molmasse: 102,18 g/mol
Verdunstungszahl: 0,18 (BuAc = 1) [9]

Löslichkeit:
Wasser 3 g/l (20 °C); löslich in Ethanol, Diethylether, Propanon (Aceton);

Verbleib nach Gebrauch:
Verbrennung;

Bemerkung:
Farblose, alkoholartig riechende Flüssigkeit; brennbar;
Bildet im dampf-/gasförmigen Zustand mit Luft explosionsfähige Gemische;
Explosionsgrenzen: 1,1 - 9,6 Vol.%;
Verwendung: technisches Lösemittel;

4-Methyl-pentan-2-ol

- CAS-Nummer:
108-11-2
- UN Nummer:
2053
- gebräuchliche Namen:
MIBC; 4-Methyl-2-pentanol; Methyl-iso-butylcarbinol; Methylisobutylcarbinol; Isobutylmethylcarbinol; iso-Butylmethylcarbinol; Methylamylalkohol; 4-Dimethylbutanol-2; iso-Butylmethylmethanol; Isobutylmethylmethanol; 4-Methylpentan-2-ol; Methylpentanol; 2-Methyl-4-pentanol; 4-Methylpentanol-2;
- Handelsnamen:
MAOH; 3-MIC;
- Summenformel:
$C_6H_{14}O$

- Strukturformel:

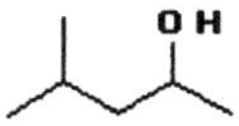

Funktion:
Lösungsmittel;
Verfahren:
Druckverfahren;

Eigenschaften:
- toxikologisch/ökotoxikologisch:
RTECS # SA 7350000
Schweizer Giftliste: 4
WGK: 1
MAK Wert: 25 ml/m3 bzw. 110 mg/m3
R-Satz: 10-37
S-Satz: (2)-24/25
Sonstiges:
Einstufung und Kennzeichnung von Zubereitungen, in denen diese Substanz enthalten ist:25%<=C ¦> Xi; R37Spitzenbegrenzung: II,2 [481]; Gefahr der Hautresorption [481], [148];Dämpfe haben betäubende Wirkung und reizen Augen und Atemwege; Kontakt mit der Flüssigkeit verursacht Reizung der Augen und Haut [163];50 ml/m3 verursachen eingeatmet Reizung der Augen [9];2900 ml/m3 bewirkten sofortige Reizung der Augen, Nasen- und Rachenschleimhäute; nach 2-4 h Betäubung; nach 8-10 h Blutdruckabfall bis zum möglichen Tod [163];Längere oder wiederholte Exposition kann Hautentzündungen (Dermatitis) verursachen. Beim Verschlucken mit anschließendem Erbrechen kann Aspiration in die Lunge erfolgen, was zur chemischen Pneumonie oder zur Erstickung führen kann. Verursacht Retadierung des Zentralnervensystems; Symptome: Kopfschmerzen, Schwindelgefühl, Übelkeit, Narkose, Müdigkeit, Dämpfe verursachen Augenbrennen und Tränenfluß. [Sdb];Wiederholte Exposition verursacht Leber- u. Nierenschäden und schädigt die Atmungsorgane [Sdb];LD 50 (oral, Ratte): 2500 mg/kg [9], 2590 mg/kg, 800-1210 mg/kg [634];LD/LC 50 (oral, Ratte): 2600 mg/kg [Sdb], 2870 mg/kg [634];LC 50 (inhalativ, Ratte): 2000 ml/m3/8h [9];LD 50 (Haut, Kaninchen): 2880 mg/kg [9], 3560 mg/kg [187], 2900 mg/kg [Sdb];LD 50 (intraperitneal, Maus): 812 mg/kg [634]; LC 50 (Fisch) >100 mg/l [Sdb];LC 50 (Goldfisch): 360 mg/l/24 h [484];Biologisch leicht abbaubar [Sdb];

Gefahren-Symbol:
Xi

- physikalisch/chemisch:
Schmelzpunkt: -60 °C; -90 °C
Siedepunkt: 130-133 °C; 128-131 °C;
Flammpunkt: 41 °C; 55 °C
Dampfdruck: 7 hPa (20 °C) [163]; 6,2 hPa (20 °C), 36 hPa (50 °C) [Sdb]; 7,06 hPa (20 °C) [63
Log pOW: <3 [Sdb Shell]; 1,43 (25 °C)
Brechungsindex: 1,4100 (20 °C)
Dichte: 807,5 kg/m3 (20 °C)
Molmasse: 102,18 g/mol
Verdunstungszahl: 0,33 (BuAc = 1) [9]

Löslichkeit:
Wasser 16,4 g/l (20 °C) [484]; 1,6 Gew.-% (20 °C) [Sdb Shell];
Wasser 17 g/l (20 °C); löslich in Ethanol, Diethylether;

Verbleib nach Gebrauch:
Verbrennung;

Bemerkung:
Klare Flüssigkeit; süßlicher Geruch, entzündlich [Sdb Shell];
Farblose Flüssigkeit; brennbar;
Bildet im dampf-/gasförmigen Zustand mit Luft explosionsfähige Gemische;
Explosionsgrenzen: 1,0-5,5 Vol.-%; Zündtemp.: 304 °C [9], 305 °C [Sdb Shell], [484];
Verwendung: technisches Lösemittel;

4-Methyl-pentan-2-on

- CAS-Nummer:
108-10-1
- UN Nummer:
1245
- gebräuchliche Namen:
MIBK; 4-Methyl-2-pentanon; iso-Propylaceton; Isopropylaceton; Methyl-iso-butylketon; Methylisobutylketon; Hexon; Isobutylmethylketon; iso-Butylmethylketon; 4-Methylpentanon-2; 4-Methyl-2-pentanon; 4-Methylpentan-2-on; Hexanon;
- Handelsnamen:
Shell MIBK;
- Summenformel:
$C_6H_{12}O$

- Strukturformel:

Funktion:
1.+ 2.Lösungsmittel;
Verfahren:
1.Druckverfahren/Hochdruck direkt/Flexodruck;
2.Druckverfahren/Tiefdruck direkt/Stick-Tiefdruck/Verpackungsdruck;
Anwendung:
1.Flexodruckfarbe;
2.Verpackungstiefdruckfarben;

Eigenschaften:
- toxikologisch/ökotoxikologisch:
RTECS # SA 9275000
Schweizer Giftliste: 4
WGK: 1
MAK Wert: 83 mg/m3 bzw. 20 ml/m3
R-Satz: 11
S-Satz: (2)-9-16-23-33
Sonstiges:
Spitzenbegrenzung: I [481]; Gefahr der Hautresorption [481]; Schwangerschaftsgruppe C [481]; BAT-Wert: 3,5 mg/l [481]; IMK III;Dämpfe reizen Augen und Atemwege; Kontakt mit der Flüssigkeit verursacht leichte Reizung der Haut und Augen; betäubende Wirkung möglich; nach Verschlucken Entzündung des Magendarmkanals [163];200-400 ml/m3 für 5 min verursachten Reizung der Augen; 400 ml/m3 für 5 min Reizung der Atemwege [163];Hohe Konzentrationen können Müdigkeit und Schwindelgefühl verursachen. Längerer/wiederholter Hautkontakt kann zu Dermatitis führen. Reizwirkung ab 100-200 ml/m3 (Warneffekt).Verursacht Retadierung des Zentralnervensystems;Symptome: Kopfschmerzen, Schwindelgefühl, Übelkeit, Narkose, trockene Haut. [Sdb Shell];Geruchsschwelle: 0,5 ml/m3 [163];LD 50 (oral, Ratte): 2080 mg/kg [9], [187], 3200-4600 mg/kg [634];LD/LC 50 (oral, Ratte): 2100 mg/kg [Sdb Shell];LC 50 (inhalativ, Ratte): 4000 ml/m3/4 h [9], 8000 ml/m3 [187];LD/LC 50 (inhalativ Ratte): 8,3-16,6 mg/l/4 h [Sdb Shell];LD 50 (intraperitoneal, Ratte): 400 mg/kg [428];LD 50 (Haut, Kaninchen): > 16000 mg/kg [9];LD 50 (oral, Maus): 2671 mg/kg [428], 1900-2800 mg/kg [634];LD 50 (intraperitoneal, Maus): 268 mg/kg [428], 914 mg/kg [634];LD 50 (intraperitoneal, Meerschweinchen): 735 mg/kg [634];Toxische Grenzkonzentration für Pseudomonas putida 275 mg/l, Scenedesmus quadricauda 725 mg/l [36];LC 50 (Daphnia magna): 4280 mg/l [6];LC 100 (Daphnia magna): 5000 mg/l [484];LC 50 (Goldfisch): 460 mg/l/24 Std. [484];LC 50 (Fisch, Goldorfe): 672/744 mg/l [484];LC 100 (Fisch, Goldorfe): 800/786 mg/l [484];[Sdb Shell]:LC 50 (Fisch): >100 mg/l/96 h EC 50 (Wasserfloh): >100 mg/l/48 h;IC 50 (Algen): >100 mg/l/8 d;Biologisch leicht abbaubar;

Gefahren-Symbol:

- physikalisch/chemisch:

Schmelzpunkt: -83,5 °C; -85 °C; -80 °C; -84,7 °C; -84 °C
Siedepunkt: 118 °C; 114-117 °C; 117-118 °C; 116,8 °C (1013 haPa)
Flammpunkt: 14 °C; 23 °C; 13 °C; 16 °C
Dampfdruck: 21,5 hPa (20 °C) [163], 24 hPa (20 °C) [367]; 8 hPa (20 °C) [481]; 20 hPa (20 °C
Log pOW: 1,25; 1,31 (20 °C); 1,39
Brechungsindex: 1,39694 (17,5 °C); 1,3960 (20 °C)
Dichte: 801 kg/m3 (20 °C); 797,8 kg/m3 (20 °C); 799-802 kg/m3 (20 °C)
Molmasse: 100,16 g/mol
Verdunstungszahl: 1,6 (BuAc = 1) [9]; 1,8 (BuAc = 1) [105]; 7,5 (Diethylether = 1) [19]

Löslichkeit:
Wasser 20 g/l (20 °C); mischbar mit Ethanol, Diethylether, Benzen;

Bemerkung zu physikalisch/chemischen Daten:
T(krit.): 298 °C; P(krit.): 32719,9 hPa [428];

Verbleib nach Gebrauch:
Verbrennung, hochentzündliche Stoffe;

Bemerkung:
Farblose, angenehm riechende Flüssigkeit; leichtentzündlich;
Bildet im dampf-/gasförmigen Zustand mit Luft explosionsfähige Gemische;
Explosionsgrenzen:
1,4-7,5 Vol.-%; Zündtemp.: 454 °C [9];
1,7-9,0 Vol.-%; Zündtemp.: 460 °C [163];
1,3-8,0 Vol.-%; Zündtemp.: 460 °C [Sdb];
Greift viele Kunststoffe an und löst sie auf [484];
Reagiert bei Kontakt mit starken Oxidationsmitteln. Peroxidbildung möglich [Sdb];
Verwendung: technisches Lösemittel, Farben und Lackindustrie, Klebe- und Bindemittel, Pflanzenschutzmittel, Pharmazeutische Erzeugnisse;

enthalten in: Parlock PM 05 (64 %);

4-Methylpent-3-en-2-on

- CAS-Nummer:
141-79-7
- UN Nummer:
1229
- gebräuchliche Namen:
Mesityloxid; 2-Methylpent-2-en-4-on; Methyl-iso-butenylketon; iso-Propylidenaceton; Isopropylidenaceton;
- Summenformel:
$C_6H_{10}O$

- Strukturformel:

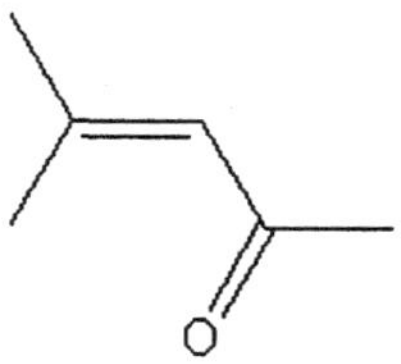

Funktion:
Lösungsmittel;
Verfahren:
Druckverfahren;

Eigenschaften:
- toxikologisch/ökotoxikologisch:
RTECS # SB 4200000;
Schweizer Giftliste: 3
WGK: 1
MAK Wert: 25 ml/m3 bzw. 100 mg/m3
R-Satz: 10-20/21/22
S-Satz: (2)-25
Sonstiges:
Einstufung und Kennzeichnung von Zubereitungen, in denen diese Substanz enthalten ist:5%<=C ¦> Xn; R20/21/22Spitzenbegrenzung: n.b. [481];Tränenreizend; Einatmen der Dämpfe bzw. Kontakt mit der Flüssigkeitverursacht Vergiftungen; in hohen Dampfkonzentrationen betäubendeWirkung; vorübergehende Störung der Herz-, Leber- u. Nierenfkt. mögl.25 ml/m3 reizen die Augen [9];LD 50 (oral, Ratte): 1120 mg/kg [9], [187];LD 50 (Haut, Kaninchen): 5150 mg/kg [9], [187];LC Lo (inhal., Ratte, 4 h): 1000 ml/m3 [9];LC 50 (inhal., Ratte, 4 h): 9 g/m3 [187];LD 50 (Wasserorganismen, 96 h): 100 - 110 mg/l [10];

Gefahren-Symbol:

Xn

- physikalisch/chemisch:
Schmelzpunkt: - 59 °C
Siedepunkt: 130-131 °C
Flammpunkt: 31 °C
Dampfdruck: 10 hPa (20 °C) [163]; 56 hPa (50 °C) [163];
Brechungsindex: 1,44582 (16,4 °C)
Dichte: 859,2 kg/m3 (15 °C)
Molmasse: 98,144 g/mol
Verdunstungszahl: 0,94 (BuAc = 1) [9]

Löslichkeit:
Wasser 31 g/l (20 °C); mischbar mit Ethanol, Diethylether; löslich in Methanol;

Verbleib nach Gebrauch:
Verbrennung, hochentzündliche Stoffe;

Bemerkung:
Farblose, ölige Flüssigkeit mit honigähnlichem Geruch; brennbar;
Bildet im dampf-/gasförmigen Zustand mit Luft explosionsfähige Gemische;

Explosionsgrenzen: 1,5 - 10,1 Vol% ; Zündtemp.: 344 °C [9];
1,4 - 7,2 Vol% ; Zündtemp.: 340 °C [163];
Kann bei Berührung mit sauerstoffreichem Material heftig reagieren;
Verwendung: technisches Lösemittel;

Methylphthalylethylglykolat

- CAS-Nummer:
85-71-2
- gebräuchliche Namen:
Phthalsäuremethylester mit Ethylglykolat; Methylphthalatethylglykolat;
- Summenformel:
$C_{11}H_{12}O_4$

Funktion:
Additiv/Weichmacher;
Verfahren:
Druckverfahren;
Anwendung:
Farbe;

Eigenschaften:

- physikalisch/chemisch:
Schmelzpunkt: -35 °C
Siedepunkt: 310 °C
Flammpunkt: 193 °C
Dichte: 1220 g/m3 (25°C)
Molmasse: 266 g/mol
Löslichkeit:
0,09 g/100 ml Wasser

2-Methylpropan-1-ol

- CAS-Nummer:
78-83-1
- UN Nummer:
1212
- gebräuchliche Namen:
Isobutanol; i-Butanol; Isobutylalkohol; iso-Butanol; i-Butylalkohol; 1-Hydroxymethylpropan; Isoproylcarbinol; i-Propylcarbinol; 2-Methylpropylalkohol; 2-Methylpropanol-1(iso-Butylalkohol); 2-Methyl-1-propanol; i-Propylcarbinol;i-Butanol;
- Summenformel:
$C_4H_{10}O$

- Strukturformel:

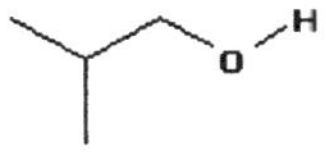

Funktion:
Lösungsmittel;
Verfahren:
Druckverfahren;

Eigenschaften:
- toxikologisch/ökotoxikologisch:
RTECS # NP 9625000
Schweizer Giftliste: 4
WGK: 1
MAK Wert: 310 mg/m3 bzw.100 ml/m3
R-Satz: 10-20
S-Satz: 16
Sonstiges:
Spitzenbegrenzung: II,1 [481]; Schwangerschaftsgruppe C [481];Dämpfe in hohen Konzentration wirken narkotisch und reizen Augen und Haut; auch längere Einwirkung niedriger Dampfkonzentrationen verursacht Reizung der Atemwege und Haut; Kontakt mit Flüssigkeit reizt stark Augen, geringfügiger Haut [163];Symptome: Brennen und Schmerzen der Augen, der Nasen- und Rachenschleimhäute sowie der Haut. Kopfschmerzen, Schwindel, Rauschzustände, Bewußtlosigkeit.Kurzeinwirkung: Reizwirkung auf die Augen bei 200 ml/m3 nach Einwirkung von mehreren Stunden. 150 ml/m3 erwiesen sich für kurze Zeit als erträglich [484];Geruchsschwelle: 39 ml/m3 [163];LD 50 (oral, Ratte): 2460 mg/kg [32], [187], 2500-3100 mg/kg [Sdb Neste];LD 50 (inhalativ, Ratte): 19,2 mg/l [Sdb Neste];LD 50 (Haut, Kaninchen): 3400 mg/kg [9], [187], [Sdb Neste];Ames-Test: keine erbgutschädigende Wirkung [Sdb Neste];Toxische Grenzkonzentration für Pseudomonas putida 280 mg/l, Scenedes-mus quadricauda 350 mg/l [32], [36];LC 50 (Daphnia magna): 1220 mg/l [32];EC 50 (Daphnia magna): 1250 mg/l/24 h [180], [Sdb Neste];EC 50 (Daphnia magna): 1439 mg/l/48 h [SdB Neste];LC 50 (Fisch; Goldorfe): 1750/1520 mg/l [33];LC 50 (Alburnus alburnus): >1000 mg/l/96 h [Sdb Neste];LC 50 (Pimephales promelas): 1430 mg/l/96 h [Sdb Neste];IC 50 (Scenedesmus supsp.): 1250 mg/l/48 h [SdB Neste];Biologisch gut eliminierbar [32];Bei sachgerechter Verwendung keine Störung in Abwasserreinigungsanlagenzu erwarten [32];

Gefahren-Symbol:

Xn

- physikalisch/chemisch:
Schmelzpunkt: -108 °C
Siedepunkt: 107,7 °C
Flammpunkt: 28 °C; 37 °C; 27 °C
Dampfdruck: 11,7 hPa (20 °C) [132]; 12,5 hPa (20 °C) [367]; 11,7 hPa (20 °C) [32];
Verdampfungswärme: 615,88 kJ/kg
Log pOW: 0,76 [4]; 0,83 [4]; 0,65 [4]; 0,79 [Sdb]
Brechungsindex: 1,3937 (20 °C)
Dichte: 802,7 kg/m3 (20 °C); 805 kg/m3 (20 °C);
Molmasse: 74,122 g/mol
Verdunstungszahl: 0,82 (BuAc = 1) [9]; 24 (Diethylether = 1) [18], [132];

Löslichkeit:
Wasser 85 g/l (20 °C), 87 - 95 g/l (20 °C); mischbar mit Ethanol, Diethylether, Propantriol, Estern und anderen organischen Lösungen;

Verbleib nach Gebrauch:
Verbrennung, hochentzündliche Stoffe;

Bemerkung:
Farblose Flüssigkeit; süßlicher Geruch; brennbar;
Bildet mit Luft im dampf-/gasförmigen Zustand explosionsfähige Gemische;
Explosionsgrenzen: 1,6-12 Vol.-%; Zündtemp.: 430 °C [32], 410 °C [Hüls AG]; 1,7-10,9 Vol.-%; Zündtemp.: 430 °C [163];
Gefährliche Reaktionen bei Einwirkung von Hitze, Flammen oder Oxidationsmitteln [Sdb Neste];
Verwendung: technisches Lösemittel; Lösemittel für Öle, Fette, Wachse, natürliche Harze und Kunststoffe; Extraktionsmittel;

Enthalten in Anti-Terra-P, U,-206, Byk-141 (15%) -300 (10%), Bykanol-N (46%), Fisantrol 3000 (15%), 3440 (11%), U/1 (4%), Efka-30 (49%), -83 (5%), -N (39%), Lactimon (8%), -WS (20%), Luba-print A 620 (40%), 246/A (9%), Metolat LA 524 (2,5-10%), Nacure 155 (55%);

2-Methylpropan-2-ol

- CAS-Nummer:
75-65-0
- UN Nummer:
1120
- gebräuchliche Namen:
tert.-Butanol; tert.-Butylalkohol; t-Butylalkohol; Trimethylcarbinol; 2-Methyl-2-propanol; 2-Methyl-propan-2-ol;
- Summenformel:
$C_4H_{10}O$

- Strukturformel:

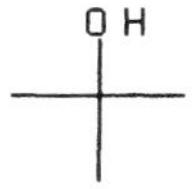

Eigenschaften:
- toxikologisch/ökotoxikologisch:
RTECS # EO 1925000
Schweizer Giftliste: 4
WGK: 1
MAK Wert: 310 mg/m3 bzw. 100 ml/m3
R-Satz: 11-20
S-Satz: (2)-9-16
Sonstiges:
Einstufung und Kennzeichnung von Zubereitungen, in denen diese Substanz enthalten ist:25%<=C ¦> Xn; R20Spitzenbegrenzung: II,1 [481];Nervengift; Kontakt mit Augen, Haut und Schleimhäuten führt zu Reizungen; an der Haut kommt es zur Entfettung; nach Aufnahme treten zentralnervöse Störungen auf (Schwindel, Blutdruckabfall, Störung der Atem- und Herztätigkeit, Narkose);Dämpfe in hohen Konzentrationen haben narkotische Wirkung und reizen Augen sowie Haut; auch längere Einwirkung niedriger Dampfkonzentrationen führen zu Reizung der Atemwege und Haut; Kontakt mit der Flüssigkeit reizt stark Augen, geringfügiger Haut [163];Reizwirkung auf Augen bei 200 ml/m3 nach Einwirkung von mehreren Stunden [163];Geruchsschwelle: 50 ml/m3 [163];LD 50 (oral, Ratte): 3500 mg/kg [187];100 mg/l tödlich für Fische [32];Schädlichkeitsgrenze für Mikroorganismen: 800 mg/l [32];Biologisch wenig abbaubar [262];

Gefahren-Symbol:

- physikalisch/chemisch:
Schmelzpunkt: 24,3 °C
Siedepunkt: 82,55 °C
Flammpunkt: 11 °C
Dampfdruck: 36 hPa (20 °C) [32]; 40 hPa (20 °C) [163];
Verdampfungswärme: 539,66 kJ/kg
Log pOW: 0,37, 0,35 [4]
Brechungsindex: 1,38382 (20 °C)

Dichte: 780,4 kg/m3 (25 °C)
Molmasse: 74,12 g/mol

Löslichkeit:
leicht löslich in Wasser und Ethanol;

Verbleib nach Gebrauch:
Verbrennung, hochentzündliche Stoffe;

Bemerkung:
Farblose, campherartig riechende Flüssigkeit oder Kristalle; brennbar;
Bildet im dampf-/gasförmigen Zustand mit Luft explosionsfähige Gemische;
Explosionsgrenzen: 2,3 - 8 Vol% ; Zündtemp.: 470 °C [32],[163];
Bildet Peroxide als Zersetzungsprodukt;
Verwendung: technisches Lösemittel;

2-Methylpropensäure

- CAS-Nummer:
79-41-4
- UN Nummer:
2531
- gebräuchliche Namen:
2-Methylpropen-1-säure-3; Methacrylsäure; α-Methacrylsäure; Methakrylsäure;
- Summenformel:
$C_4H_6O_2$

- Strukturformel:

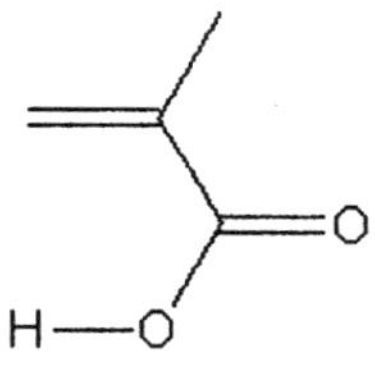

Eigenschaften:
- toxikologisch/ökotoxikologisch:
RTECS # OZ 2975000
Schweizer Giftliste: 2
WGK: 1
R-Satz: 34
S-Satz: (1/2)-15-26-45
Sonstiges:
Einstufung und Kennzeichnung von Zubereitungen, in denen diese Substanz enthalten ist:25%<=C ¦¦> C; R342%<=C<25% ¦¦> Xi; R36/38Dämpfe reizen stark Augen und Atmungsorgane; Lungenödem möglich; Kontakt mit der Flüssigkeit führt zu Verätzungen der Augen und Haut; Hautresorption!; Leber- und Nierenschäden möglich; bei Erhitzung bis zur Zersetzung und bei Brand bilden sich giftige Verbrennungsprodukte [163];LD 50 (oral, Maus): 1600 mg/kg [187];LD 50 (Haut, Kaninchen): 500 mg/kg [187];

Gefahren-Symbol:

- physikalisch/chemisch:
Schmelzpunkt: 16 °C
Siedepunkt: 163 °C
Flammpunkt: 76 °C
Dampfdruck: 1 hPa (25,5 °C) [163]
Brechungsindex: 1,43143 (20 °C)
Dichte: 1015 kg/m3 (20 °C)
Molmasse: 86,090 g/mol

Löslichkeit:
leicht löslich in heißem Wasser; mischbar mit Ethanol, Diethylether;

Verbleib nach Gebrauch:
Verbrennung;

Bemerkung:
Farblose Flüssigkeit oder bei Temperaturen unter 15 °C farblose Kristalle; säureartiger intensiver abstoßender Geruch;
Bei Kontakt oder Mischung mit in Wasser gelösten Persulfaten, Natriumhydrosulfit, Natriumthiosulfat, Wasserstoffperoxid, eisenhaltigen Salzen und Peroxid in org. Lösemitteln wirken diese als Katalysatoren und können sofort eine heftige Polymerisation herbeiführen; Einwirkung von Licht kann die Polymerisation beschleunigen;
Verwendung: Polymerisation zu -> Polymethacrylate;

2-Methylpropen-1-säure-3-butylester

- CAS-Nummer:
97-88-1
- UN Nummer:
2227
- gebräuchliche Namen:
2-Methylpropensäurebutylester; 2-Methacrylsäurebutylester; Methakrylsäurebutylester; Butylmethakrylat; Butylmethacrylat; 1-Butylmethacrylat; n-Butylmethacrylat; Butyl-2-methyl-acrylat; 2-Methyl-butylacrylat; Butylmethacrylat; Butyl-2-methyl-2-propenoat; 2-Methyl-2-propensäurebutylester; normal-Butyl-methacrylat, stabilisiert; Methacrylsäurebutylester;
- Handelsnamen:
Acryloit F-10; Acryloit F-10T; Elvacite 2044; Elvacite 2045; Elvacite 2046; NeoCryl;
- Summenformel:
$C_8H_{14}O_2$

- Strukturformel:

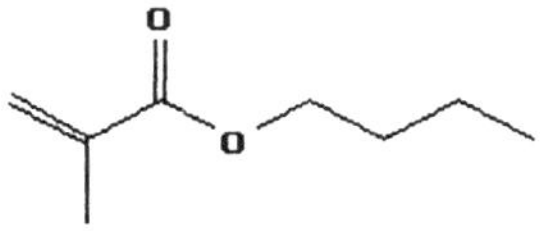

Funktion:
Bindemittel;
Verfahren:
Reprofotografie;

Eigenschaften:
- toxikologisch/ökotoxikologisch:
RTECS # OZ 3675000
WGK: 1
R-Satz: 10-36/37/38-43
S-Satz: (2)
Sonstiges:
Tränenreizend; hautreizend;Dämpfe reizen Augen, Atemwege sowie Haut und werden leicht durch die Augen-, Nasen- und Rachenschleimhäute, Haut sowie Lungen aufgenommen;Lungenödem (kann mit einer Verzögerung bis zu 2 Tagen auftreten), auch Glottisödem möglich; kann allergische Hauterscheinungen auslösen [163];In stehenden Gewässern sehr hohe, in fließenden Gewässern je nach Vermischung mittlere bis hohe toxische Wirkung; [484]LD 50 (oral, Ratte): 22600 mg/kg [187], 16 g/kg [428];LD 50 (intraperitoneal, Ratte): 2304 mg/kg [428];LC 50 (inhalativ, Ratte): 4910 ppm/4h [428], [187];TD Lo (intraperitoneal, Ratte (trächtig)): 2304 mg/kg/5-15D, 690 mg/kg/5-15D [428];LD 50 (oral, Maus): 12900 mg/kg [428];LD 50 (intraperitoneal, Maus): 1490 mg/kg [428];LD 50 (oral, Kaninchen): 25 g/kg [428];LD 50 (Haut, Kaninchen): 11300 µl/kg [428];

Gefahren-Symbol:

Xi

- physikalisch/chemisch:
Schmelzpunkt: -75 °C
Siedepunkt: 160 °C; 163 °C; 198 °C;
Flammpunkt: 54 °C; 41 °C
Dampfdruck: 2,7 hPa (20 °C) [163], [484];
Brechungsindex: 1,4240 (20 °C)
Dichte: 893,6 kg/m3 (20 °C)
Molmasse: 142,19 g/mol

Löslichkeit:
sehr geringfügig mischbar mit Wasser (3 g/l bei 20 °C) [484]; leicht löslich in Ethanol, Diethylether;

Verbleib nach Gebrauch:
Verbrennung;

Bemerkung:
Klare, farblose esterartig riechende Flüssigkeit;
Bildet im dampf-/gasförmigen Zustand mit Luft explosionsfähige Gemische;
Explosionsgrenzen: 2,0-8,0 Vol.-%; Zündtemp.: 290 °C [163]; [484];
Polymerisation kann ausgelöst werden durch Verunreinigung mit Peroxiden, Azoverbindungen, Schwermetall-Ionen, tert.-Aminen, Schwefel-Verbindungen; Wärmeeinwirkung oder Lichteinstrahlung löst ebenfalls Polymerisation aus; Luftsauerstoffsättigung im Monomeren ist für Stabilität notwendig; Lagertemperatur nicht über 30 °C; n-Butylmethacrylat wird normalerweise stabilisiert geliefert; es kann jedoch nach wesentlicher Überschreitung der zulässigen Lagerzeit und/oder Lagertemperatur unter Wärmeentwicklung polymerisieren [484];

2-Methyl-2-propensäuremonoester mit 2,2,4-Trimethyl-1,3-pentandiol

- CAS-Nummer:
25265-77-4
- gebräuchliche Namen:
Texanol;
- Summenformel:
$C_{12}H_{24}O_3$

- **Strukturformel:**

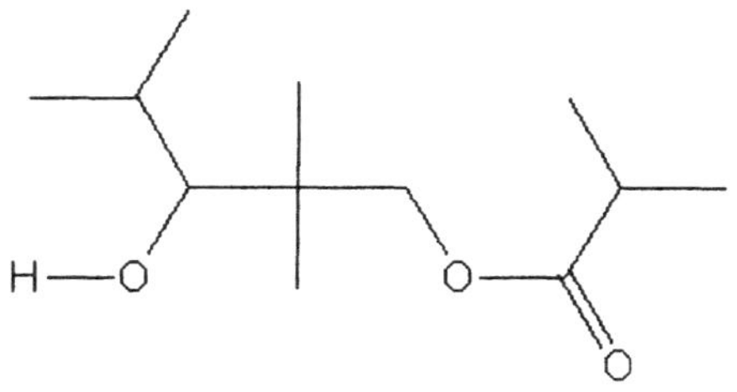

Eigenschaften:
- **toxikologisch/ökotoxikologisch:**
  RTECS # WF 6000000
  Sonstiges:
  LD 50 (oral, Maus): 3200 mg/kg [484]LD 50 (oral, Ratte): 1200 mg/kg [484]

- **physikalisch/chemisch:**
  Molmasse: 216,36 g/mol

1-(2-Methylpropoxy)-2-propanol

- **CAS-Nummer:**
  23436-19-3
- **gebräuchliche Namen:**
  1-iso-Butoxy-2-propanol;1-Isobutoxy-2-propanol;1-iso-Butyloxy-2-propanol; 1-Isobutyloxy-2-propanol;Propandiol-iso-butylether; Propylenglycol-iso-butylether;
- **Handelsnamen:**
  Dowanol PiBT;
- **Summenformel:**
  $C_7H_{17}O_2$

- **Strukturformel:**

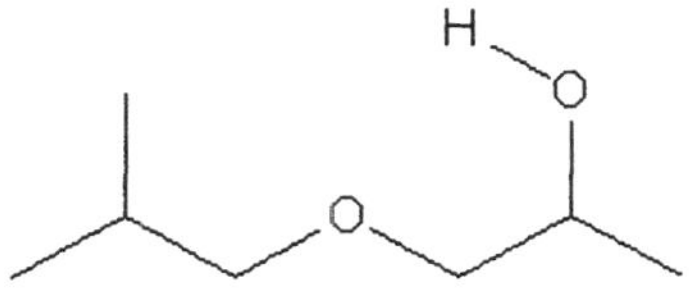

Funktion:
  Lösungsmittel;
Verfahren:
  Druckverfahren;

Eigenschaften:
- **toxikologisch/ökotoxikologisch:**
  Sonstiges:
  LD 50 (oral, Ratte): 4290 mg/kg [9];LD 50 (Haut, Kaninchen): 8000 mg/kg [9];

- **physikalisch/chemisch:**
  Schmelzpunkt: - 60 °C
  Siedepunkt: 157 °C
  Flammpunkt: 62 °C
  Dampfdruck: 1,4 hPa (20 °C) [9]
  Dichte: 890 kg/m3 (20 °C)
  Molmasse: 133,21 g/mol
  Verdunstungszahl: 0,15 (BuAc = 1) [9]

  Löslichkeit:
  Wasser 29 g/l (20 °C);

Bemerkung:
Farblose, etherähnlich riechende Flüssigkeit; brennbar;
Bildet im dampf-/gasförmigen Zustand mit Luft explosionsfähige Gemische;

1-Methylpropylethanoat

- **CAS-Nummer:**
  105-46-4
- **UN Nummer:**
  1123
- **gebräuchliche Namen:**
  sek.-Butylacetat; sec.-Butylacetat; DL-Ethansäure-sec.-butylester; Essigsäure-sec.-butylester; 2-Butylacetat; 2-Butanolacetat; DL-Ethansäure-sek.-butylester;
- **Summenformel:**
  $C_6H_{12}O_2$

- **Strukturformel:**

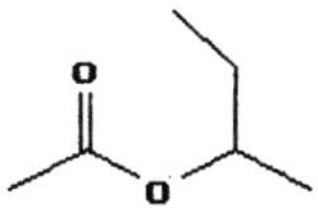

Funktion:
Lösungsmittel;
Verfahren:
Druckverfahren;

Eigenschaften:
- **toxikologisch/ökotoxikologisch:**
  RTECS # AF 7380000
  Schweizer Giftliste: 4
  WGK: 1
  MAK Wert: 100 ml/m3 bzw. 480 mg/m3
  R-Satz: 11
  S-Satz: (2)-16-23-29-33
  Sonstiges:
  Spitzenbegrenzung: I [481];Schwangerschaftsgruppe IIc [481]; IMK: III;Einatmen der Dämpfe verursacht Reizung der Atemwege; Kontakt mit der Flüssigkeit führt zu Reizungen der Augen und Haut [163];200 - 300 ml/m3 riefen nach kurzer Einwirkungsdauer eine Reizung der Nasen- und Rachenschleimhäute und der Augen hervor [163];Geruchsschwelle: 10 ml/m3 [163];Toxische Grenzkonzentration für Pseudomonas putida 115 mg/l, Scenedesmus quadricauda 21 mg/l (als n-Butylacetat) [36];LC 50 (Fisch; Goldorfe): 141/71 mg/l [33];

Gefahren-Symbol:

- physikalisch/chemisch:
Schmelzpunkt: - 99 °C
Siedepunkt: 112 °C
Flammpunkt: 19 °C
Dampfdruck: 25 hPa (20 °C) [163]
Brechungsindex: 1,389 (20 °C)
Dichte: 872 kg/m3 (20 °C)
Molmasse: 116,16 g/mol
Verdunstungszahl: 1,86 (BuAc = 1) [9]
Löslichkeit:
Wasser 7,4 g/l (20 °C);

Verbleib nach Gebrauch:
Verbrennung, hochentzündliche Stoffe;

Bemerkung:
Farblose, angenehm riechende Flüssigkeit; brennbar;
Bildet im dampf-/gasförmigen Zustand mit Luft explosionsfähige Gemische;
Explosionsgrenzen: 1,7 - 7,6 Vol.% ; Zündtemp.: 421 °C [9];
Greift viele Kunststoffe an und löst sie auf; Gummi kann bei längerer Einwirkung angegriffen werden; Stoff kann sich bei Kontakt mit starken Basen plötzlich und schnell aufheizen;
Verwendung: technisches Lösemittel;

1-Methyl-pyrrolidin

- CAS-Nummer:
120-94-5
- gebräuchliche Namen:
N-Methyl-pyrrolidin;
- Summenformel:
$C_5H_{11}N$

- Strukturformel:

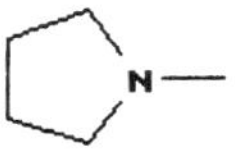

Funktion:
Lösungsmittel;
Verfahren:
Kopierverfahren/elektron. Verfahren direkt/Ink-Jet;
Anwendung:
Farbe;

Eigenschaften:
- toxikologisch/ökotoxikologisch:
RTECS # UY 1420500
R-Satz: 12
S-Satz: 16

Sonstiges:
Möglicherweise schädlich beim Einatmen, Verschlucken oder Kontakt mit der Haut; Dampf oder Nebel reizt die Augen, die Schleimhäute und die Atemwege; verursacht Hautreizungen;

Gefahren-Symbol:

- physikalisch/chemisch:
Siedepunkt: 80 - 81 °C
Flammpunkt: -21 °C
Brechungsindex: 1,4247 (20 °C)
Dichte: 819 kg/m3 (20 °C)
Molmasse: 85,15 g/mol

Löslichkeit:
mischbar mit Wasser; löslich in Diethylether, Trichlormethan;

Verbleib nach Gebrauch:
Verbrennung, hochentzündliche Stoffe;

Bemerkung:
Farblose Flüssigkeit;
Unverträglich mit starken Oxidationsmitteln und starken Säuren;

1-Methyl-2-pyrrolidinon

- CAS-Nummer:
872-50-4
- gebräuchliche Namen:
N-Methyl-2-pyrrolidinon; N-Methylpyrrolidon; N-Methylpyridon-(2); N-Methylpyrrolidin-2-on; 1-Methyl-2-pyrrolidon; NMP; N-Pyrrol-n-methylpyrrolidin-2-on;
- Handelsnamen:
M-Pyrol;
- Summenformel:
C_5H_9NO

- Strukturformel:

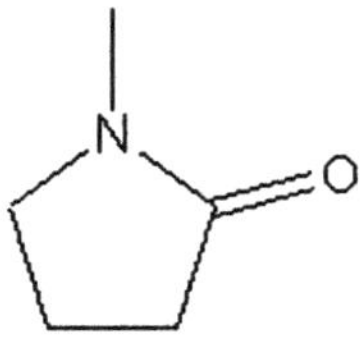

Funktion:
Lösungsmittel;
Verfahren:
Druckverfahren;

Eigenschaften:

- toxikologisch/ökotoxikologisch:

RTECS # UY 5790000
Schweizer Giftliste: 5
WGK: 1
MAK Wert: 100 ml/m3 bzw. 400 mg/m3 (Dampf) bzw. 19 ml/m3 bzw. 80 mg/m3
R-Satz: 36/38
S-Satz: (2)-41
Sonstiges:
Einstufung und Kennzeichnung von Zubereitungen, in denen diese Substanz enthalten ist:10%<=C ¦> Xi; R36/38Spitzenbegrenzung: II,2 [481]; Gefahr der Hautresorption [481]; Schwangerschaftsgruppe: C [481];Die Dämpfe reizen stark die Augen, die Atemwege und die Haut; Kontakt mit der Flüssigkeit führt zu Reizung der Augen und der Haut; Achten auf Hornhautschäden! Der Stoff wird auch über die Haut aufgenommen; Verschlucken verursacht Reizung des Magen- und Darmkanales; bei Erhitzung oder Brand entstehen u.a. hochgiftige nitrose Gase;Symptome: Starkes Brennen und Schmerzen der Augen, der Nasen- und Rachenschleimhäute sowie der Haut; Husten; nach Verschlucken: Schmerzen, Erbrechen, Durchfälle; bei Erhitzung oder Brand: Husten, Atemnot [484];LD 50 (oral, Ratte): 1,54 g/kg [39], 3,8 ml/kg [369], 7000 mg/kg [9];LD 50 (intravenös, Ratte): 2,2 ml/kg [369];LD 50 (intraperitoneal, Ratte): 2,4 ml/kg [369];LD 50 (oral, Maus): 7,5 ml/kg [369];LD 50 (intravenös, Maus): 3,5 ml/kg [369];LD 50 (Haut, Kaninchen): 8000 mg/kg [9];Biologisch abbaubar [262]; Hautresorption! [148];Schädlichkeitsgrenze für Pseudomonas, Scenedesmus, Microregma 5000 mg/l, Daphnia 5000 mg/l [484];[Sdb ISP Global Technologies GbmH]:Spitzenbegrenzung Kat. II,2;LD 50 (oral, Ratte): 4200 mg/kgAnhaltender bzw. wiederholter Hautkontakt kann zur Rötung und Anschwellen der Haut führen (Blasen, Risse, Oedem). Der Augenkontakt führt zu einer schmerzhaften Reizung bzw. Augenstechen und bewirkt Tränenreiz und Bindehautentzündung. Die Inhalation von Produktdämpfen in hoher Konzentration kann zu Übelkeit, Kopfschmerzen und Orientierungslosigkeit führen. Subchronische Toxizitätsstudien zeigten keine toxischen Effekte.LC 50 (Lepomis Macrochirus): 832 mg/l bei 22 °CLC 50 (Pimephales Promelas): 1072 mg/l bei 22 °CLC 50 (Salmo Gairdneri): 3048 mg/l bei 12 °CBiologische Abbaubarkeit > 70 %;

Gefahren-Symbol:

Xi

- physikalisch/chemisch:

Schmelzpunkt: -23 °C; -24,4 °C
Siedepunkt: 202 °C
Flammpunkt: 95 °C; 93 °C (geschl.)
Dampfdruck: 0,5 hPa (20 °C) [9]; 0,3 hPa (20 °C) [484]; 0,39 hPa (20 °C) [Sdb]
Brechungsindex: 1,4684 (20 °C)
Dichte: 1025-1035 kg/m3 (25 °C)
Molmasse: 99,13 g/mol
Verdunstungszahl: 0,05 (BuAc = 1) [9]; (Ether=1): 360 [Sdb]

Löslichkeit:
mischbar mit Wasser; löslich in Ethanol, Diethylether, Propanon, Trichlormethan;

Verbleib nach Gebrauch:
Verbrennung nach Mischung mit brennbarem Lösemittel;

Bemerkung:
Gelbe, aminartig riechende Flüssigkeit; hygroskopisch; brennbar;
Bildet im dampf-/gasförmigen Zustand mit Luft explosionsfähige Gemische;
Explosionsgrenzen:
2,2-12,2 Vol.-%; Zündtemp.: 346 °C [9];
1,3- 9,5 Vol.-%; Zündtemp.: 269 °C [484];

reagiert bei Kontakt oder Mischung mit starken Säuren und starken Oxidationsmitteln; bei Brand oder Erhitzung bis zur Zersetzung bilden sich giftige und ätzende nitrose Gase [484];
Verwendung: technisches Lösemittel;
[Sdb Global Technologies GmbH]:
Klare Flüssigkeit mit milden aminischen Geruch;
Explosionsgrenzen: 1,3-9,5 Vol.-%; Zündtemp.: 270 °C;
Produktdampf/Luftgemische neigen zur Explosion;
bei der Verbrennung werden Kohlenmonoxid, Kohlendioxid und Stickoxide gebildet.

Methylricinoleat

- CAS-Nummer:
141-24-2
- gebräuchliche Namen:
Ricinolsäuremethylester; Ricinusölsäuremethylester;
- Handelsnamen:
Flexricin P-1;
- Summenformel:
$C_{19}H_{36}O_3$

- Strukturformel:

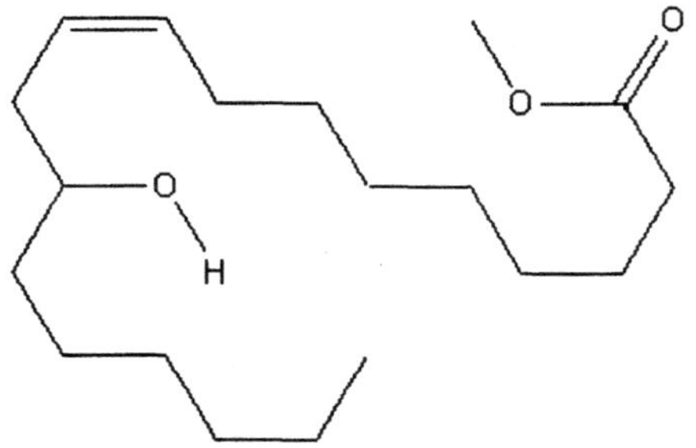

Funktion:
Additiv/Weichmacher;
Verfahren:
Druckverfahren;
Anwendung:
Farbe;

Eigenschaften:

- physikalisch/chemisch:
Schmelzpunkt: 11 °C
Siedepunkt: 205 °C
Flammpunkt: 190 °C
Dichte: 925 g/m3 (25°C)
Molmasse: 312 g/mol

Milchsäureisopropylester

- **CAS-Nummer:**
  63697-00-7
- **gebräuchliche Namen:**
  Isopropyl-(S)-(-)-lactat;
- **Summenformel:**
  $C_6H_{12}O_3$

Eigenschaften:
- **physikalisch/chemisch:**
  Siedepunkt: 166-168°C [636]
  Flammpunkt: 57°C [636]
  Dichte: 988 kg/m3 [636]
  Molmasse: 132,16 g/mol [187]

Naphthensäure, Cobaltsalz

- **CAS-Nummer:**
  61789-51-3
- **gebräuchliche Namen:**
  Cobalt Naphthenat; Naphthenic acids, cobalt salts;
- **Summenformel:**
  $Co(C_{11}H_{10}O_2)_2$

Eigenschaften:
- **toxikologisch/ökotoxikologisch:**
  Sonstiges:
  LD 50 (oral, Ratte): 3900 mg/kg [428];

- **physikalisch/chemisch:**
  Flammpunkt: 49,4°C [428]

  Löslichkeit:
  wasserunlöslich [428]

Naphthensäure, Kupfersalz

- **CAS-Nummer:**
  1338-02-9
- **gebräuchliche Namen:**
  Kupfernaphthenat; naphthenic acid, copper salt;
- **Summenformel:**
  $Cu(C_{11}H_{10}O_2)_2$

Funktion:
  Trockenmittel;

Eigenschaften:
- **toxikologisch/ökotoxikologisch:**
  MAK Wert: 1 mg Cu/m3 E
  R-Satz: 10-22
  S-Satz: 2

Sonstiges:
Spitzenbegrenzung II,1 [481];LD 50 (oral, Ratte): 2 g/kg [428]LD 50 (oral, Maus): 1897 mg/kg [428]

Gefahren-Symbol:

- physikalisch/chemisch:
Molmasse: 405,86 g/mol [428]

Löslichkeit:
unlöslich in Wasser, löslich in den meisten organischen Lösungsmitteln [428]

Natriumacetat

- CAS-Nummer:
127-09-3
- gebräuchliche Namen:
essigsaures Natrium; Essigsäurenatriumsalz;
- Summenformel:
$C_2H_3NaO_2$

- Strukturformel:

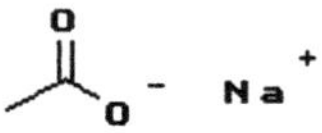

Funktion:
pH-Regulator; Puffersubstanz;
Verfahren:
Druckformherstellung/ Reproduktionsfotografie;
Anwendung:
Härtefixierbäder und Stabilisierungsbäder;

Eigenschaften:
- toxikologisch/ökotoxikologisch:
RTECS # AJ 4375000
WGK: 1
Sonstiges:
Kann schädigend wirken beim Einatmen, Verschlucken oder Aufnahme über Haut; kann Reizungen verursachen [187];LD 50 (oral, Ratte): 3530 mg/kg [10], [187];LD 50 (oral, Maus): 6891 mg/kg [634];LD 50 (subcutan, Maus): 3200-8000 mg/kg [634];LD Lo (intravenös, Kaninchen): 1300 mg/kg [634];LC 50 (Fisch; Bluegill, 24 h): > 5000 mg/l [22];Toxische Grenzkonzentration für Daphnia magna < 5800 mg/l [390];

- physikalisch/chemisch:
Schmelzpunkt: 58 -58,2 °C
Siedepunkt: >400 °C
Dampfdruck: 0 hPa (20 °C)
Dichte: 1528 kg/m3 (20 °C); 1429-1520 kg/m3
Molmasse: 82,03 g/mol

Löslichkeit:
Wasser: 1190 g/l (0 °C), 365-500 g/l (20 °C), 1701,5 g/l (100 °C); wenig löslich in Ethanol;

Bemerkung zu physikalisch/chemischen Daten:
Zündtemperatur: 607 °C

Verbleib nach Gebrauch:
Verbrennung nach Mischung mit brennbarem Lösemittel;

Bemerkung:
Farblose, geruchlose Kristalle; hygroskopisch; brennbar;
Zugelassen als Lebensmittelzusatzstoff nach LMBG;
Stoff reagiert bei Kontakt oder Mischung mit starken Oxidationsmitteln;
Substanz setzt bei Kontakt mit starken Säuren ätzende Essigsäuredämpfe frei;
Verwendung: in der Fotoindustrie als Puffersubstanz, z.B. in Härtefixierbädern und Entwicklern; Lederverarbeitende Industrie; Farben- und Lackindustrie; Papier-, Kartonagen- und Zellstoffindustrie; Textilverarbeitende Industrie; Stoffe zur pH-Regulierung; Pharmazeutische Erzeugnisse; Prozeßsteuerungssubstanzen;
Mengenangaben: 10000-50000 Tonnen;

Natriumcarbonat

- CAS-Nummer:
497-19-8
- gebräuchliche Namen:
Soda; kohlensaures Natrium; Dinatriumcarbonat; Natriumasche;
- Handelsnamen:
Na-X;
- Summenformel:
Na_2CO_3

- Strukturformel:

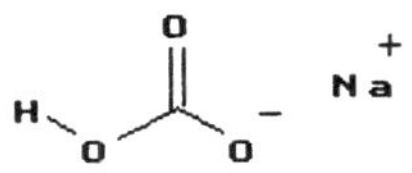

Funktion:
1.pH-Regulator; (häufigstes) Entwickleralkali;
2.Additiv/Alkalien;
3.fotografischer Gerbentwickler;
Verfahren:
1.Druckformherstellung/ Reproduktionsfotografie;
2.Druckverfahren;
3.Druckformherstellung/Tiefdruck;
Anwendung:
1.Stabilisierbad;
3.Ätzung/Sillberhalogenidverfahren;

Eigenschaften:
- toxikologisch/ökotoxikologisch:
RTECS # VZ 4050000
Schweizer Giftliste: 5
WGK: 1
R-Satz: 36
S-Satz: (2)-22-26
Sonstiges:
Kann schädigend wirken bei Einatmung, Verschlucken oder Aufnahme über Haut; verursacht Augen- und Hautreizungen; reizt Schleimhäute und Atemwege [187];beim Menschen ist eine per orale Aufnahme ab 15 g lebensbedrohlich [129];LD 50 (oral, Ratte): 4090 mg/kg [3], [187];LC 50

(inhalativ, Ratte, 2 h): 2300 mg/m3 [187];LD 50 (oral, Maus): 6600 mg/kg [428];LC 50 (inhalativ, Maus): 1200 mg/m3/2 h [428];LD 50 (intraperitoneal, Maus): 117 mg/kg [428[;LC 50 (Wurm; Branchiura sowerbyi, 96 h): 480 mg/m3 [386];LC 50 (Plankton; Cyclops viridis, 96 h): 153 mg/m3 [386];LC 50 (Weichtier; Lymnaea luteola, 96 h): 270 mg/m3 [386];Toxische Grenzkonzentration für Daphnia magna < 424 mg/l [390];Fäulung oder landwirtschaftliche Verwertung werden erfahrungsgemäß nicht behindert [20];

Gefahren-Symbol:

Xi

- physikalisch/chemisch:

Schmelzpunkt: 852 °C; 851 °C
Siedepunkt: 1600 °C (Zers.)
Dichte: 2530 kg/m3 (20 °C)
Molmasse: 105,989 g/mol

Löslichkeit:
Wasser 71 g/l (0 °C), 212 g/l (20 °C), 455 g/l (100 °C); wenig löslich in abs. Ethanol; unlöslich in Propanon;

Bemerkung:
Farblose, geruchlose, hygroskopische Kristalle;
Verwendung: in der Fotoindustrie als Entwicklerzusatz (Beschleuniger);

Natriumchlorid

- CAS-Nummer:
7647-14-5
- gebräuchliche Namen:
Chlornatrium; Kochsalz; Salz; Tafelsalz; Steinsalz;
- Summenformel:
NaCl

Funktion:
2.Additiv/Vorstrich;
Verfahren:
1.Druckformherstellung/ Reproduktionsfotografie;
2.Kopierverfahren/elektron. Verfahren direkt/Elektrofotografie;
Anwendung:
1.Abschächer, Bleichbäder, Verstärker;
2.Papierbeschichtung;

Eigenschaften:
- toxikologisch/ökotoxikologisch:
RTECS # VZ 4725000
WGK: 0
R-Satz: 36/37/38
S-Satz: 26-36
Sonstiges:
Kann schädigend wirken beim Einatmen, Verschlucken oder Aufnahme über Haut; verursacht Augen- und Hautreizungen; reizt Schleimhäute und Atemwege [187];Tödliche Dosis beim Menschen unter 1 g/kg Körpergewicht, bei Säuglingen noch weniger [39];TD Lo (intraplacental,Frau (schwanger)): 27 mg/kg [428];TD Lo (oral, Mensch): 12357 mg/kg/23D

[428];LD 50 (oral, Ratte): 3000 mg/kg [187], 3750 mg/kg [122];LD 50 (0,1L) (oral, Ratte): 72 g/kg [236] ();LD Lo (subcutan, Ratte): 3500 mg/kg [428];Lc 50 (inhalativ, Ratte): >42 g/m3/1h [428];LD 50 (oral, Maus): 4 g/kg [428];LD 50 (intraperitoneal, Maus): 2602 mg/kg [428];LD 50 (subcutan, Maus): 3g/kg [428];LD 50 (intravenös, Maus): 645 mg/kg [428];Schädlichkeitsgrenze für Fische: 10 g/l [298];Toxische Grenzkonzentration für Daphnia magna 6143 mg/l [389], < 4200 mg/l [390];():
LD 50 (0,1L): tägliche Dosis, bei der 50 % der Tiere nach Verabreichung über 100 Tage sterben bzw. nach 1/10 der normalen Lebensdauer der Tiere;

- physikalisch/chemisch:
Schmelzpunkt: 801 °C
Siedepunkt: 1413 °C
Dampfdruck: 1,3 hPa (865 °C) [85]
Dichte: 2165 kg/m3 (25 °C)
Molmasse: 58,443 g/mol

Löslichkeit:
Wasser 357 g/l (0 °C), 391,2 g/l (100 °C); wenig löslich in Ethanol, flüssigem Ammoniak; löslich in Propantriol; unlöslich in Salzsäure;

Verbleib nach Gebrauch:
Sondermüll-Deponie, wasserunlösliche Feststoffe und Flüssigkeiten nach Neutralisation (nur für Kleinmengen);

Bemerkung:
Weißes kristallines Pulver;

Natriumcitrat-2-hydrat

- CAS-Nummer:
68-04-2
- gebräuchliche Namen:
Citronensäure Trinatriumsalz Dihydrat; Zitronensäure Trinatriumsalz Dihydrat; Trinatriumcitrat Dihydrat; Natriumhydrogencitrat
- Summenformel:
$C_6H_5O_7Na_3 * 2\,H_2O$

- Strukturformel:

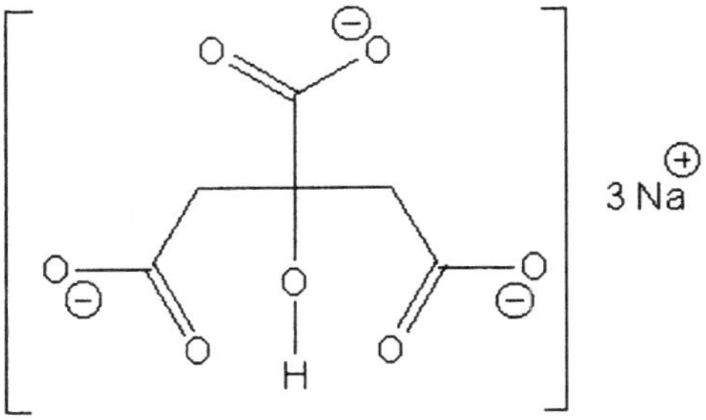

Funktion:
Puffersubstanz;
Verfahren:
Druckformherstellung/Reproduktionsfotografie;
Anwendung:
Entwickler;

Eigenschaften:
- toxikologisch/ökotoxikologisch:
RTECS # GE 8300000;
Schweizer Giftliste: 4
R-Satz: 20/21/22
Sonstiges:
LD 50 (oral, Ratte):Toxische Grenzkonzentration für Daphnia magna 825 mg/l [390];
Gefahren-Symbol:

- physikalisch/chemisch:
Schmelzpunkt: 150 °C (- 2 Wasser)
Molmasse: 294,10 g/mol

Löslichkeit:
Wasser 720 g/l (25 °C), 1670 g/l (100 °C); löslich in Propantriol (Glycerin); wenig löslich in Ethanol;

Verbleib nach Gebrauch:
Verbrennung nach Mischung mit brennbarem Lösemittel;

Bemerkung:
Weißes Pulver;
Zugelassen als Lebensmittelzusatzstoff nach LMBG;
Verwendung: in der Fotoindustrie als Emulsionszusatz, als Puffersubstanz im Entwickler; in der Medizin als Stabilisator für natürliche Blutkonserven, zur Blutsenkung;

Natrium-D-gluconat

- CAS-Nummer:
527-07-1
- gebräuchliche Namen:
D-Gluconsäure Natriumsalz;
- Summenformel:
$C_6H_{11}Na\,O_7$

- Strukturformel:

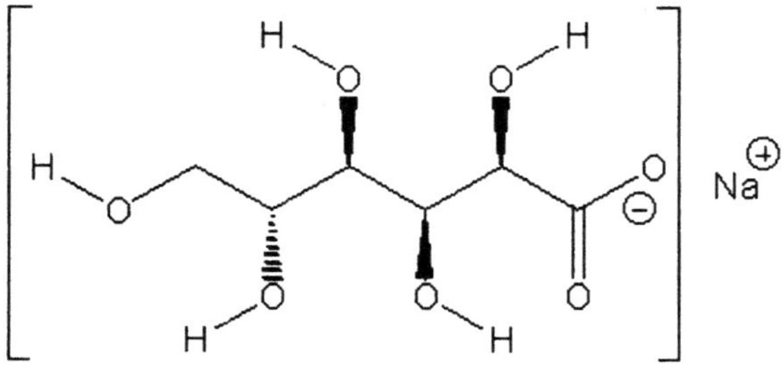

Verfahren:
Druckverfahren/Flachdruck indirekt/Offsetdruck;
Anwendung:
Druckformherstellung;

Eigenschaften:
- physikalisch/chemisch:
Molmasse: 218,13 g/mol

Löslichkeit:
Wasser 590 g/l (25 °C); sehr wenig löslich in Ethanol; unlöslich in Diethylether;

Natriumdisulfit

- CAS-Nummer:
7681-57-4
- gebräuchliche Namen:
Natriumpyrosulfit; Natriummetabisulfit;
- Summenformel:
$Na_2S_2O_5$

Funktion:
Absäuerungsmittel;
Verfahren:
Druckformherstellung/Reproduktionsfotografie;
Anwendung:
Unterbrecher- und Fixierbäder;

Eigenschaften:
- toxikologisch/ökotoxikologisch:
RTECS # UX 8225000;
WGK: 1
MAK Wert: vgl. Abschnitt IV [481]
R-Satz: 31-36/37
S-Satz: 3-8-26
Sonstiges:
Kann schädigend wirken bei Einatmung, Verschlucken oder Aufnahme über Haut; verursacht Augen- und Hautreizungen [187];

- physikalisch/chemisch:
Schmelzpunkt: 150 °C (zers.)
Dichte: 1480 kg/m3 (20 °C)
Molmasse: 190,10 g/mol

Löslichkeit:
Wasser 540 g/l (20 °C), 817 g/l (100 °C); wenig löslich in Ethanol; löslich in Propantriol (Glycerin);

Verbleib nach Gebrauch:
Sondermüll-Deponie, wasserunlösliche Feststoffe und Flüssigkeiten nach Neutralisation (nur für Kleinmengen);

Bemerkung:
Weiße Kristalle;

Natriumdithionit

- CAS-Nummer:
7775-14-6
- UN Nummer:
1384
- gebräuchliche Namen:
Natriumhydrosulfit; Natriumhypodisulfit; Natriumhyposulfit; Hydrosulfit; Natriumdithionosum; Natriumhydrosulfurosum;
- Handelsnamen:
Bilan; Blankit;
- Summenformel:
$Na_2S_2O_4$

Funktion:
Silberfällungsmittel; Farbstoff-Bleichmittel;
Verfahren:
Druckformherstellung/Reproduktionsfotografie;
Anwendung:
Küpenfärberei; Ätzdruck;

Eigenschaften:
- toxikologisch/ökotoxikologisch:
RTECS # JP 2100000
Schweizer Giftliste: 3
WGK: 1
R-Satz: 7-22-31
S-Satz: (2)-7/8-26-28-43
Sonstiges:
Hydrosulfitstaub oder -pulver reizt Augen und Atemwege; Kontakt mit dem Pulver oder mit konzentrierten wäßrigen Lösungen führen zu Reizung der Augen und Haut; bei Erwärmung bis zur Zersetzung, bei Brand oder bei Erhitzung infolge Kontakt mit Wasser bildet sich hochgiftiges-> Schwefeldioxid mit extrem starker Reizwirkung [163];LC 50 (Daphnia magna, 24 h): 100 mg/l [425];

Gefahren-Symbol:

Xn

- physikalisch/chemisch:
Schmelzpunkt: > 300 °C (Zers.)
Siedepunkt: 100 °C (Zers.*)
Dichte: 2370 kg/m3 (20 °C)
Molmasse: 174,11 g/mol

Löslichkeit:
Wasser 224 g/l (20 °C); wenig löslich in Ethanol;

Bemerkung zu physikalisch/chemischen Daten:
*: Zersetzung unter Bildung von giftigem Schwefeldioxid;

Verbleib nach Gebrauch:
Sondermüll-Deponie, wasserunlösliche Feststoffe und Flüssigkeiten nach Neutralisation (nur für Kleinmengen);

Bemerkung:
Feinkörniges, weißes Pulver; geruchfrei oder schwach stechender Geruch nach Schwefeldioxid, z.T. auch schwach kohlartiger Geruch;
selbstentzündlicher fester Stoff;
Natriumdithionit ist ein Reduktionsmittel, das bestrebt ist, durch Aufnahme von Sauerstoff in die stabilere Sulfit- bzw. Sulfatstufe überzugehen; Indanthrenfarben verlieren beim Benetzen mit nassem Hydrosulfit ihren Farbton; Stoff reagiert bei Kontakt oder Mischung mit Säuren unter Bildung von giftigem -> Schwefeldioxid;
Verwendung: in der Fotoindustrie als Silberfällungsmittel aus Fixierbädern; zum Bleichen von Wolle, Papier, Seifen; Reduktionsmittel;
Anwendungsbereiche: Küpenfärberei; Ätzdruck;

Natriumhydrogencarbonat

- CAS-Nummer:
144-55-8
- gebräuchliche Namen:
Natriumbicarbonat; Bullrich Salz; Natron; doppelt kohlensaures Natron; primäres Natriumcarbonat; Backsoda; saures Natriumcarbonat; Natriumhydrocarbonat; Mononatriumcarbonat;
- Handelsnamen:
Celtone; Meglon; Soludal;
- Summenformel:
$NaHCO_3$

Funktion:
2.pH-Regulator;
Verfahren:
1.Druckverfahren/Hochdruck;
2.Druckformherstellung/Reproduktionsfotografie;
Anwendung:
1.Druckformherstellung/Flexoplatten;
2.Erstentwicklerbad; Entwicklerbad;

Eigenschaften:
- toxikologisch/ökotoxikologisch:
RTECS # VZ 0950000
WGK: 0
Sonstiges:
Kann schädigend wirken beim Einatmen, Verschlucken oder Aufnahme über Haut; kann Reizungen verursachen [187];LD 50 (oral, Ratte): 4220 mg/kg [187];LD 50 (oral, Maus): 3360 mg/kg [428];Toxische Grenzkonzentration für Daphnia magna 4,2 g/l [389], 2350 mg/l [390];

- physikalisch/chemisch:
Dichte: 2159 kg/m3 (20 °C)
Molmasse: 84,0071 g/mol

Löslichkeit:
Wasser 69 g/l (0 °C), 96 g/l (20 °C), 164 g/l (60 °C); unlöslich in Ethanol; leicht löslich in Propanon;

Bemerkung zu physikalisch/chemischen Daten:
ab 50 °C Zersetzung unter CO2-Abspaltung;

Bemerkung:
Weißes geruchloses Pulver;
monokline Kristalle; salzartiger Geschmack; weiße Kristalle; feuchtigkeitsempfindlich;
Die Zuteilung einer E-Nummer (E 500) wird von der EG erwogen;
reagiert mit Säuren unter Freisetzung von Kohlendioxid [Sdb Fa. Sichler];
Verwendung: zur Herstellung von Back- und Brausepulver; als Mittel gegen Hyperacidität des Magens; zur Schaumerzeugung in Handfeuerlöschern;

Natriumhydroxid

- CAS-Nummer:
1310-73-2
- UN Nummer:
1823
- gebräuchliche Namen:
Ätznatron; kaustisches Soda; Seifenstein; Ätzsoda; Natriumhydrat; Natron; Natronhydrat; Natronlauge;
- Summenformel:
NaOH

Funktion:
1.pH-Regulator;
2.Starkes Entwickleralkali;
Verfahren:
Kopierverfahren/Reprofotografie/Silber-Halogenid-Verfahren;
2.Druckformherstellung/Reproduktionsfotografie
Anwendung:
1.Umkehrbad; Stoppbad; Vorbad; Fixierbad;

Eigenschaften:
- toxikologisch/ökotoxikologisch:
RTECS # WB 4900000
Schweizer Giftliste: 2
WGK: 1
R-Satz: 35
S-Satz: (1/2)-26-37/39-45
Sonstiges:
Einstufung und Kennzeichnung von Zubereitungen, in denen diese Substanz enthalten ist:5%<=C ¦¦> C; R352%<=C<5% ¦¦> C; R340.5%<=C<2% ¦¦> Xi; R36/38Spitzenbegrenzung: I [481];Sowohl Kontakt mit festem Natriumhydroxid als auch mit Natronlauge verursacht sehr schwere tiefgreifende Verätzungen der Augen und Haut; Einatmen von Staub, Dämpfen oder Nebeln bewirkt schwere Verätzungen der Atemwege; Aufnahme durch den Mund führt zu ausgedehnten Zerstörungen der Wände des Verdauungskanals; bei Überleben, Ausbildung von narbigen Verengungen [163];LD 50 (intraperitonal, Maus): 40 mg/kg [428], [634];LD Lo (oral, Kaninchen): 500 mg/kg [428], [634];LC 50 (Wurm; Branchiura sowerbyi, 96 h): 250 mg/m3 [386];LC 50 (Plankton; Cyclops viridis, 96 h): 160 mg/m3 [386];LC 50 (Weichtier; Lymnaea luteola, 96 h): 257 mg/m3 [386];Toxische Grenzkonzentration für Daphnia magna: 240 mg/l [389], 156 mg/l [390];LC 50 (Fisch, Goldorfe): 189 mg/l [33];LC 100 (Fisch, Goldorfe): 213 mg/l [33];LC 50 (Fisch, 1 N NaOH): 189 mg/l [8];

Gefahren-Symbol:

C

- physikalisch/chemisch:
Schmelzpunkt: 318,4 °C; 318-319 °C
Siedepunkt: 1390 °C
Dampfdruck: < 24 hPa (20° C) [187]; 0 hPa (20 °C) [634]
Dichte: 2130 kg/m3 (20 °C); 1529 kg/m3 (15,6 °C)
Molmasse: 39,9972 g/mol

Löslichkeit:
Wasser 420 g/l (0 °C), 1090-1260 g/l (20 °C), 1111 g/l (25 °C), 3333-3470 g/l (100 °C) leicht löslich in Ethanol, Propantriol (Glycerin); unlöslich in Propanon (Aceton), Diethylether, fl. Ammoniak;

Verbleib nach Gebrauch:
Sondermüll-Deponie, wasserunlösliche Feststoffe und Flüssigkeiten nach Neutralisation (nur für Kleinmengen);

Bemerkung:
weiße harte Körner, Schuppen, Plätzchen, Brocken oder Stangen[484]; hygroskopisch; geruchlos; nicht entflammbar [428];
zugelassen als Lebensmittelzusatzstoff nach LMBG;
Mit Einschränkungen erlaubt in kosmetischen Mitteln;
nicht brennbarer fester Stoff; tierische Produkte wie Leder und Wolle werden zersetzt; Aluminium, Zink, Messing, Zinn, Magnesium, und Legierungen werden bei Kontakt mit Natriumhydroxid mit Feuchtigkeit oder Wasser heftig angegriffen; dabei entsteht sehr leicht brennbares Wasserstoffgas; bei Kontakt mit Ammoniumsalzen bildet sich Ammoniakgas; Stoff reagiert heftig mit Säuren (mit Wärmefreisetzung) [484];

Enthalten in CAB-O-SPERSE S 109 (<1%), S 3295 (<1%), II (<1%);
Verwendung: Agrarindustrie; Elekroindustrie; Mineralölindustrie; Lederverarbeitende Industrie; Metallgewinnung und -verarbeitung; Farben- und Lackindustrie; Papier-, Kartonagen- und Zellstoffindustrie; Fotografische Industrie; Kunststoffindustrie; Textilverarbeitende Industrie; Klebe- und Bindemittel; Gefrierschutzmittel; Bleichmittel; Farbmittel; Komplexbildner; Leitfähige Stoffe; Korrosionshemmer; Kosmetische Mittel; Sprengstoffe; Düngemittel; Fixiermittel; Flammschutzmittel;
Mengenangaben: über 1000000 Tonnen;

Natriumhypochlorit (wäßrige Lösung)

- CAS-Nummer:
7681-52-9
- gebräuchliche Namen:
Chlorbleichlauge; Natronbleichlauge; Eau de Labarraque; Antiformin; Bleichwasser; Chlorbleichlauge; Bleichlauge; Hyprochloritlauge;
- Handelsnamen:
Clorox; Dazzle;
- Summenformel:
$NaOCl * x H_2O$

Funktion:
2.Entschichtungsmittel;
Verfahren:
1.Druckverfahren/Hochdruck;
2.Druckverfahren/Durchdruck direkt/Siebdruck;
Anwendung:
1.Druckformherstellung/Flexoplatten;
2.Siebentschichtung;

Eigenschaften:
- toxikologisch/ökotoxikologisch:
RTECS # NH 3486300;
Schweizer Giftliste: *
WGK: 2
R-Satz: 31-34
S-Satz: (1/2)-28-45-50
Sonstiges:
Einstufung und Kennzeichnung von Zubereitungen, in denen diese Substanz enthalten ist:10%<=C ¦> C; R31-345%<=C<10% ¦> Xi; R31-36/38 %Cl aktiv ¦> Schweizer Giftliste: 3 (Lösung über 20 %), 4 (Lösung 5,1-20 %), 5 (Lösung bis 5 %);Dämpfe und Flüssigkeit (Konz. über 5 %) verursachen Verätzungen der Augen, Haut und besonders der Atmungsorgane bis zum

Lungenödem, das sich meist mit Stunden Verzögerung ausbildet; bei extremer Exposition Kehlkopfödem möglich; bei Erhitzen bis zur Zersetzung oder bei Kontakt mit Säuren bzw. säurehaltigen Dämpfen werden stark ätzende Chlorgase freigesetzt [163]; LC 50 (Fisch; Pimephales promelas, 48 h): 5,9 mg/l [306];LC 50 (Fisch; Pimephales promelas, 96 h): 5,9 mg/l [306];

Gefahren-Symbol:

C

- physikalisch/chemisch:
Schmelzpunkt: 57,5 °C (*)
Dichte: 1097 kg/m3 (20 °C)
Molmasse: 74,44 g/mol + x (18,02 g/mol)

Löslichkeit:
leicht löslich in Wasser (*)

Bemerkung zu physikalisch/chemischen Daten:
(*): Angaben für Natriumhypochlorit-2,5-Hydrat

Verbleib nach Gebrauch:
Sondermüll-Deponie, ausgefällte Sulfide von Mangan, Chrom oder Molybdän aus der Behandlung der Lösung mit Schwefelsäure und Natriumbisulfit und Neutralisation, lösliches Sulfid wird mit Hypochlorit zersetzt, neutralisiert ins Abwasser gegeben;

Bemerkung:
Wäßrige, farblose, nach Chlor riechende Flüssigkeit;
Reagiert bei Kontakt mit Säuren oder säurehaltigen Dämpfen unter Bildung von Chlor;
Verwendung: als Bleichlauge für Papier, Stroh, Kunstleder, Baumwolle, Seifen; zum Bleichen von Walnüssen; als Desinfektionsmittel;

Natriummetaborat-4-hydrat

- CAS-Nummer:
10555-76-7
- gebräuchliche Namen:
Natriummetaborat Tetrahydrat;
- Handelsnamen:
Kodalk;
- Summenformel:
$NaBO_2 * 4\ H_2O$

Funktion:
1.Entwickleralkali; pH-Regulator;
Verfahren:
1.Druckformherstellung/ Reproduktionsfotografie;
2.Druckverfahren/Hochdruck;
Anwendung:
1.Entwicklerbad;
2.Druckformherstellung/Flexoplatten;

Eigenschaften:
- toxikologisch/ökotoxikologisch:
RTECS # VZ 2275000;
Schweizer Giftliste: 3
WGK: 1
Sonstiges:
LC 50 (Fisch): 807 mg/l;Obere Trinkwassergrenze 20 mg/l;

- physikalisch/chemisch:
Schmelzpunkt: 57 °C
Siedepunkt: 120 °C (- Wasser)
Molmasse: 137,86 g/mol

Löslichkeit:
leicht löslich in Wasser;

Verbleib nach Gebrauch:
Sondermüll-Deponie, wasserunlösliche Feststoffe und Flüssigkeiten nach Neutralisation (nur für Kleinmengen);

Bemerkung:
Farblose Kristalle;
Verwendung: in der Fotoindustrie als Entwickleralkali;

Natrium(meta)perjodat

- CAS-Nummer:
7790-28-5
- gebräuchliche Namen:
Natrium(meta)periodat;
- Summenformel:
$NaIO_4$

Funktion:
Entschichtungsmittel; Oxidationsmittel;
Verfahren:
Druckverfahren/Durchdruck direkt/Siebdruck;
Anwendung:
Siebentschichtung;

Eigenschaften:
- toxikologisch/ökotoxikologisch:
RTECS # SD 4550000;
Schweizer Giftliste: 3
R-Satz: 8-37/38
S-Satz: 17

Gefahren-Symbol:

O Xn

- physikalisch/chemisch:
Schmelzpunkt: 300 °C
Dichte: 3865 kg/m3 (20 °C)

Molmasse: 213,89 g/mol

Löslichkeit:
löslich in Wasser;

Verbleib nach Gebrauch:
Sondermüll-Deponie, ausgefällte Sulfide von Mangan, Chrom oder Molybdän aus der Behandlung der Lösung mit Schwefelsäure und Natriumbisulfit und Neutralisation, lösliches Sulfid wird mit Hypochlorit zersetzt, neutralisiert ins Abwasser gegeben;;

Bemerkung:
hygroskopisch;

Natriummethanalhydrogensulfit

- CAS-Nummer:
870-72-4
- gebräuchliche Namen:
Natriumformaldehydhydrogensulfit; Natriumformaldehydbisulfit; Formaldehyd Natriumbisulfit; Hydroxymethansulfonsäure Natriumsalz;
- Summenformel:
CH_3NaO_4S

- Strukturformel:

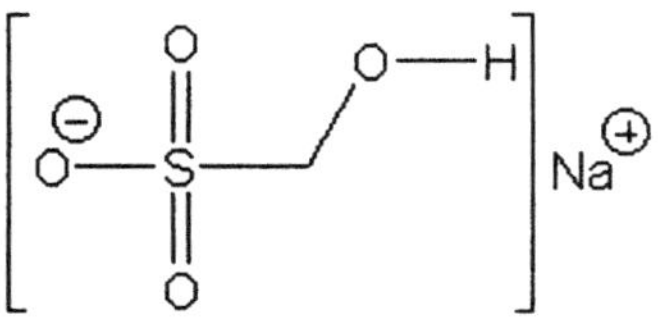

Funktion:
Entwickler;
Verfahren:
Druckformherstellung/Reproduktionstechnik/Reproduktionsfotografie;
Anwendung:
Entwicklerbäder;

Eigenschaften:
- toxikologisch/ökotoxikologisch:
RTECS # PB 2200000;
WGK: 1
MAK Wert: vgl. Abschnitt IV [481]
Sonstiges:
Kann schädigend wirken bei Einatmung, Verschlucken oder Aufnahme über die Haut; kann Reizungen verursachen [187];LD 50 (oral, Ratte): 3200 mg/kg [10], > 5000 mg/kg [27];LC 50 (Fisch; Pimephales promelas): > 100 mg/l [3];LC 50 (Daphnia magna): 10 - 100 mg/l [3];Pseudomonas putida: keine Schadwirkung bei 500 mg/l [27];CSB: 0,358 g/g [3]; BSB(5): 0,045 g/g [3];Biologischer Einfluß:nicht adaptiertes System: 500 mg/l bewirken keinen Effekt [3];

- physikalisch/chemisch:
Schmelzpunkt: 200 °C (zers.)
Flammpunkt: 184 °C
Molmasse: 134,08 g/mol

Verbleib nach Gebrauch:
Verbrennung nach Mischung mit brennbarem Lösemittel;
Umgesetzte Stoffmenge: ca. 75 t/a (Fotoindustrie) [20]

Bemerkung:
Weißes Pulver; hygroskopisch;
Unverträglich mit starken Oxidationsmitteln; vor Feuchtigkeit und Kontakt mit Säuren schützen;

Natriumnitrat

- CAS-Nummer:
7631-99-4
- UN Nummer:
1498
- gebräuchliche Namen:
Natronsalpeter; Chilesalpeter; Sodasalpeter; Kubischer Salpeter; Rautensalpeter; Salpeter; Südseesalpeter; salpetersaures Natrium; Salpetersaures Natrium; E 251;
- Summenformel:
$NaNO_3$

Funktion:
1.Additiv/Vorstrich;
Verfahren:
1.Kopierverfahren/elektron.Verfahren direkt/Elektrofotografie;
2.Druckformherstellung/Reproduktionsfotografie;
Anwendung:
1.Papierbeschichtung;
2.Bleichbad;

Eigenschaften:
- toxikologisch/ökotoxikologisch:
RTECS # WC 5500000
Schweizer Giftliste: 4
WGK: 1
R-Satz: 8
S-Satz: 16-17-41
Sonstiges:
Kann schädigend wirken beim Einatmen, Verschlucken oder Aufnahme über Haut; verursacht Augen- und Hautreizungen; reizt Schleimhäute und Atemwege [187];Natriumnitrathaltige Lösungen besitzen im allgemeinen für den Erwachsenen auch bei oraler Aufnahme nur geringe Giftwirkung; bei Brand bilden sich hochgiftige -> Nitrose Gase [163];LD Lo (oral, Mann): 114 mg/kg [428];LD 50 (oral, Ratte): 1287 mg/kg [428];LD 50 (Kaninchen): 2680 mg/kg [428];TD Lo (oral, Frau): 14 mg/kg [428];TD Lo (oral, Kind): 22,5 mg/kg [428];Störungsschwelle für Regenbogenforellen 2500 mg/l, für Spiegelkarpfen3100 mg/l [160];Toxische Grenzkonzentration für Daphnia magna 8500 mg/l [389],5000 mg/l [390];Toxisch für E. Coli-Bakterien ab 0,15 mg/l (für 4-Hydrat) [415];Mutagenität: Gefahr der Bildung krebserzeugender Nirosamine [62];

Gefahren-Symbol:

- physikalisch/chemisch:
Schmelzpunkt: 306,8 °C
Siedepunkt: 380 °C (Zers.)
Dichte: 2261 kg/m3 (20 °C)
Molmasse: 84,9947 g/mol

Löslichkeit:
Wasser 921 g/l (25 °C), 1800 g/l (100 °C); löslich in Ethanol; leicht löslich in Ammoniak; unlöslich in Benzonitril, Aminobenzen

Bemerkung:
Farblose Kristalle von kühlendem schwach bitteren Geschmack; geruchlos;
Natriumnitrat-4-hydrat, CAS-Nr.: 10022-68-1;
Zugelassen als Lebensmittelzusatzstoff nach LMBG;
Bei Eindringen in Grundwasser ist dieses aufgrund des zu hohen Nitratgehaltes nicht mehr als Trinkwasser verwendbar; Unverträglich mit starken Reduktionsmitteln, feinpulverigen Metallen und starken Säuren;
Verwendung: als Konservierungsmittel (z.B. in Käse);
Verbrennungsfördernd; Mit festen und flüssigen Stoffen können explosionsgefährliche Gemische gebildet werden;

Natriumphosphat-12-hydrat

- CAS-Nummer:
10101-89-0
- gebräuchliche Namen:
Natriumphosphat Dodecahydrat; Natriumphosphat-12-Wasser; TSP; Trinatriumphosphat Dodecahydrat; Natrium-ortho-phosphat Dodecahydrat;
- Summenformel:
$Na_3PO_4 * 12\,H_2O$

Funktion:
pH-Wertregulator;
Verfahren:
Druckformherstellung/Reproduktionsfotografie;
Anwendung:
Entwicklerbad;

Eigenschaften:
- toxikologisch/ökotoxikologisch:
RTECS # TC 9575000;
Schweizer Giftliste: 5
WGK: 1
Sonstiges:
Wirkt schädigend beim Einatmen, Verschlucken oder Aufnahme über Haut;wirkt extrem zerstörerisch auf das Gewebe der Schleimhäute und Atem-wege, Augen und Haut; Einatmen kann tödliche Folgen haben [187];LD 50 (oral, Ratte): 7400 mg/kg [187];Toxische Grenzkonzentration für Daphnia magna « 52 mg/l [390];

- physikalisch/chemisch:
Schmelzpunkt: 73,4 °C (zers.)
Siedepunkt: 100 °C (- 12 Wasser)
Dichte: 1620 kg/m3 (20 °C)
Molmasse: 380,1249 g/mol

Löslichkeit:
Wasser 15 g/l (0 °C), 1570 g/l (70 °C); unlöslich in Ethanol, Schwefelkohlenstoff;

Verbleib nach Gebrauch:
Sondermüll-Deponie, wasserunlösliche Feststoffe und Flüssigkeiten nach Neutralisation (nur für Kleinmengen);

Bemerkung:
Weiße Kristalle;

Natriumpolymetaphosphat

- CAS-Nummer:
10361-03-2
- gebräuchliche Namen:
Grahamsches Salz; Graham'sches Salz; Metaphosphorsäure (Natriumsalz);
- Handelsnamen:
Calgon; Indunal NHMP;
- Summenformel:
$(NaPO_3)_6$

Funktion:
Wasserenthärtungsmittel; Kalkschutzmittel;
Verfahren:
Druckformherstellung/ Reproduktionsfotografie;
Anwendung:
Entwicklerbad;

Eigenschaften:
- toxikologisch/ökotoxikologisch:
RTECS # OY 3750000
WGK: 1
Sonstiges:
[EG-Sdb Indulor Chemie GmbH]:LD 50 (oral, Ratte): >2500 mg/kgLCLo (Fisch, Goldorfe): >1600 mg/l/48 h

- physikalisch/chemisch:
Schmelzpunkt: ca. 550 °C
Dampfdruck: 23 hPa (20 °C) [Sdb]
Dichte: 2480 kg/m3 (20 °C)
Molmasse: 611,754 g/mol

Löslichkeit:
löslich in Wasser: ca. 1000 g/l (20 °C) [Sdb];

Verbleib nach Gebrauch:
Sondermüll-Deponie, wasserunlösliche Feststoffe und Flüssigkeiten nach Neutralisation (nur für Kleinmengen);

Bemerkung:
Weißes Pulver;
Verwendung: als Wasserenthärtungsmittel;

Natriumsilicat

- CAS-Nummer:
13870-30-9
- gebräuchliche Namen:
Natriumsilikat; Natronwasserglas; Wasserglas;
- Summenformel:
$Na_2O * x SiO_2$ (x = 3 - 5)

Eigenschaften:
- toxikologisch/ökotoxikologisch:
Schweizer Giftliste: 3
R-Satz: 22

- physikalisch/chemisch:
Molmasse: 242,23 g/mol

Löslichkeit:
löslich in Wasser; unlöslich in Ethanol;

Verbleib nach Gebrauch:
Sondermüll-Deponie, wasserunlösliche Feststoffe und Flüssigkeiten nach Neutralisation (nur für Kleinmengen);

Bemerkung:
Wäßrige Lösung: CAS-Nr.: 1344-09-8;

Natriumsulfat

- CAS-Nummer:
7757-82-6
- gebräuchliche Namen:
Thenardit;
- Summenformel:
Na_2SO_4

Verfahren:
Druckformherstellung/Reproduktionsfotografie;
Anwendung:
Entwickler; Härtebäder;

Eigenschaften:
- toxikologisch/ökotoxikologisch:
RTECS # WE 1650000
Schweizer Giftliste: 5
WGK: 0
Sonstiges:
Kann schädigend wirken beim Einatmen, Verschlucken oder Aufnahme über Haut; verursacht Augen- und Hautreizungen [187];LD 50 (oral, Maus): 5989 mg/kg [187];LC 50 (Wurm; Branchiura sowerbyi, 96 h): 7700 mg/m3 [386];LC 50 (Plankton; Cyclops viridis, 96 h): 1119 mg/m3 [386];LC 50 (Weichtier; Lymnaea luteola, 96 h): 4177 mg/m3 [386];Toxische Grenzkonzentration für Daphnia magna 7105 mg/l [389], 5960 mg/l [390];LC 50 (Daphnia magna, 24 h): 10 g/l [425];LC 50 (Daphnia magna, 48 h): 750 mg/l [425];

- physikalisch/chemisch:
Schmelzpunkt: 884 °C
Dichte: 2690 kg/m3 (20 °C)
Molmasse: 142,041 g/mol

Löslichkeit:
Wasser 420 - 450 g/l (100 °C); unlöslich in Ethanol und den meisten organischen Lösemitteln;

Verbleib nach Gebrauch:
Sondermüll-Deponie, wasserunlösliche Feststoffe und Flüssigkeiten nach Neutralisation (nur für Kleinmengen);

Bemerkung:
Weißes geruchloses Pulver; hygroskopisch;
Unverträglich mit starken Säuren, Aluminium und Magnesium;

Natriumsulfid

- CAS-Nummer:
1313-82-2
- gebräuchliche Namen:
Dinatriumsulfid; Schwefelnatrium; Natriummonosulfid;
- Summenformel:
Na_2S

Funktion:
2.Schwefeltoner;
Verfahren:
1.Kopierverfahren/Reprofotografie/Silber-Halogenid-Verfahren;
2.Druckformherstellung/Reproduktionsfotografie;
Anwendung:
1.Silberrückgewinnung;
2.Umkehrprozeß;

Eigenschaften:
- toxikologisch/ökotoxikologisch:
RTECS # WE 2150000
Schweizer Giftliste: 2
WGK: 2
R-Satz: 31-34
S-Satz: (1/2)-26-45
Sonstiges:
Schädigt Augen, Haut, Schleimhäute und verursacht Erweichung von Hornsubstanzen (Haare, Haut); nach Verschlucken Beschwerden im Magen-Darm-Trakt; in Magen freigesetzter -> Schwefelwasserstoff kann zentralnervöse Störungen und einen veränderten Sauerstoffgehalt des Blutes (Cyanose) hervorrufen [415];LD 50 (oral, Ratte): 208-254 mg/kg [634];LD 50 (intraperitoneal, Ratte): 147 mg/kg [634];LD 50 (oral, Maus): 205 mg/kg [634];LD 50 (intraperitoneal, Maus): 52-53 mg/kg [634];LD 50 (dermal, Kaninchen): <340 mg/kg [634];LD 50 (intravenös, Kaninchen): 6 mg/kg [634];LC 50 (Wurm; Branchiura sowerbyi, 96 h): 825 mg/m3 [386];LC 50 (Plankton; Cyclops viridis, 96 h): 37 mg/m3 [386];LC 50 (Weichtier; Lymnaea luteola, 96 h): 100 mg/m3 [386];Toxische Grenzkonzentration für Daphnia magna 9,4 mg/l [390], Scenedesmus quadricauda 44 mg/l (für 9-hydrat) [404];LC 50 (Daphnia magna, 24 h): 2 mg/l [425];LC 50 (Daphnia magna, 48 h): 0,5 mg/l [425];

Gefahren-Symbol:

C

- physikalisch/chemisch:
Schmelzpunkt: 1180 °C
Log pOW: -3,5 (25 °C) [634]
Dichte: 1856 kg/m3 (14 °C)
Molmasse: 78,044 g/mol

Löslichkeit:
Wasser 154 g/l (10 °C), 160 g/l (20 °C), 572 g/l (90 °C); wenig löslich in Ethanol; unlöslich in Diethylether;

Bemerkung zu physikalisch/chemischen Daten:
Selbstentzündlichkeit: >480 °C;

Verbleib nach Gebrauch:
Sondermüll-Deponie, ausgefallene Feststoffe aus der Behandlung der basischen Lösung mit Bleichlauge und Neutralisation, sowie die mit Sulfid gefällten Schwermetalle;

Bemerkung:
Weiße Kristalle;
Geschmolzenes Natriumsulfid greift Glas an;
Verwendung: bei der Herstellung von Schwefelfarbstoffen; in der Gerberei; als Enthaarungsmittel; in der Kunstseidenindustrie; zur Erzflotation; in der analytischen Chemie als Fällungsmittel; Lederverarbeitende Industrie; Metallgewinnung, -aufarbeitung und -verarbeitung; Papierindustrie; Textilverarbeitende Industrie; Farbmittel; Komplexbildner; Kosmetische Mittel; Flotationsmittel; Pharmazeutische Erzeugnisse; Reduktionsmittel; Gerbstoffe;
Mengenangaben: 100000-500000 Tonnen;

Natriumsulfit

- CAS-Nummer:
7757-83-7
- gebräuchliche Namen:
schwefligsaures Natrium;
- Summenformel:
Na_2SO_3

Funktion:
Oxidationsschutzmittel;
2.Konservierungsmittel; Schwaches Entwickleralkali;
Verfahren:
1.Kopierverfahren/Reprofotografie/Silber-Halogenid-Verfahren;
2.Druckformherstellung/Reproduktionsfotografie;
Anwendung:
Fixierbäder und Erstentwicklerbäder;
2.Chromatkolloidkopierverfahren; Entwickler;

Eigenschaften:
- toxikologisch/ökotoxikologisch:
RTECS # WE 2150000
Schweizer Giftliste: 3
WGK: 1
MAK Wert: vgl. Abschnitt IV [481]
R-Satz: R36/37/38
Sonstiges:
Kann schädigend wirken beim Einatmen, Verschlucken oder Aufnahme über Haut; verursacht Augen- und Hautreizungen [187];LD 50 (intravenös, Ratte): 115 mg/kg [8];LD 50 (oral, Maus): 820 mg/kg [187];LD 50 (Fisch): 100 - 1000 mg/l [8];Toxische Grenzkonzentration für Daphnia magna 3784 mg/l [389], 440 mg/l [390];LC 50 (Daphnia magna, 24 h (48 h)): 3500 mg/l (550 mg/l) [425];

Gefahren-Symbol:

- physikalisch/chemisch:
Schmelzpunkt: Zers.
Dichte: 2633 kg/m3 (15,4 °C)
Molmasse: 126,04 g/mol

Löslichkeit:
Wasser 125,4 g/l (0 °C), 283 g/l (80 °C); löslich in Propantriol (Glycerin); wenig löslich in Ethanol; unlöslich in flüssigem Chlor, Ammoniak;

Verbleib nach Gebrauch:
Sondermüll-Deponie, wasserunlösliche Feststoffe und Flüssigkeiten nach Neutralisation (nur für Kleinmengen);

Bemerkung:
Weiße Kristalle;
Unverträglich mit starken Säuren; luft- und feuchtigkeitsempfindlich;
Verwendung: in der Fotoindustrie als Oxidationsschutz in fast allen Entwicklern; im Umkehrklärbad; als Reduktionsmittel in der Färberei und im Zeugdruck; als Bleichmittel; in der Gerberei; in der Papierindustrie; im Gärungsgewerbe; zur Herstellung von -> Natriumdithionit;

Natriumtetraborat

- CAS-Nummer:
1330-43-4
- gebräuchliche Namen:
di-Natriumtetraborat; Dinatriumtetraborat; Sodiumtetraboratdecahydrat;
- Handelsnamen:
Borax 5 mol; Borax;
- Summenformel:
$Na_2B_4O_7$

Funktion:
1.Schwaches Entwickleralkali;
Verfahren:
1.Druckformherstellung/ Reproduktionsfotografie;
2.Druckverfahren/Flachdruck indirekt/Offsetdruck;
Anwendung:
2.Druckformherstellung;

Eigenschaften:
- toxikologisch/ökotoxikologisch:
RTECS # VZ 2275000;
Schweizer Giftliste: 4
WGK: 1
Sonstiges:
Kann schädigend wirken beim Einatmen, Verschlucken oder Aufnahme überHaut; verursacht Augen- und Hautreizungen; reizt Schleimhäute und Atemwege [187];LD Lo (oral, Kleinkind): 1000 mg/kg [187];LD Lo (oral, Mann): 709 mg/kg [187];LD 50 (oral, Ratte): 2660 mg/kg [187], 2403-6000 mg/kg [634];LD 50 (dermal, Kaninchen): >2007 mg/kg [634];Toxische Grenzkonzentration für Scenedesmus quadricauda 0,58 mg/l [404];

- physikalisch/chemisch:
Schmelzpunkt: 741 °C; 742,5 °C [634]
Siedepunkt: 1575 °C (Zers.)
Dampfdruck: 0,213 hPa (20 °C) [634]
Dichte: 2367 kg/m3 (20 °C)
Molmasse: 201,22 g/mol

Löslichkeit:
Wasser 10,6 g/l (0 °C), 24,8-47,1 g/l (20 °C); 87,9 g/l (40 °C); unlöslich in Ethanol;

Verbleib nach Gebrauch:
Sondermüll-Deponie, wasserunlösliche Feststoffe und Flüssigkeiten nach Neutralisation (nur für Kleinmengen);

Bemerkung:
Weißes kristallines Pulver; hygroskopisch;
Unverträglich mit starken Oxidationsmitteln;
siehe auch -> Natriumtetraborat-10-hydrat (Borax);

Natriumtetraborat-10-hydrat

- CAS-Nummer:
1303-96-4
- gebräuchliche Namen:
Borax; Tinkal; Natriumtetraborat; Natriumborat, Decahydrat; Dinatriumtetraborat-10-hydrat; borsaures Natron;
- Summenformel:
$Na_2B_4O_7 * 10\,H_2O$

Funktion:
Additiv/Alkalien; pH-Regulator;
Verfahren:

Druckformherstellung/Reprofotografie/Silber-Halogenid-Verfahren
Anwendung:
Entwicklerbad; Bleichbad; Vorbad;

Eigenschaften:
- toxikologisch/ökotoxikologisch:
RTECS # VZ 2275000
WGK: 1
Sonstiges:
Kann schädigend wirken beim Einatmen, Verschlucken oder Aufnahme über Haut; verursacht Augen- und Hautreizungen; reizt Schleimhäute und Atemwege [187];LD Lo (oral, Kleinkind): 1000 mg/kg [187];LD Lo (oral, Mann): 709 mg/kg [428];LD 50 (oral, Maus): 2000 g/kg [428];LD 50 (intraperitonal, Maus): 2711 mg/kg [428]; LD 50 (oral, Ratte): 2660 mg/kg [187];LC 50 (Fisch; Pimephales promelas): 1900 mg/l [3];LC 50 (Daphnia magna): > 182 mg/l [3];Biologischer Einfluß:nicht adaptiertes System: 50 mg/l bewirken keinen Effekt, 500 mg/lwirken schwach hemmend, 5000 mg/l wirken hemmend [3];

- physikalisch/chemisch:
Schmelzpunkt: 60,6 °C
Siedepunkt: 320 °C
Dichte: 1730 kg/m3 (20 °C)
Molmasse: 381,373 g/mol

Löslichkeit:
Wasser 20,1 g/l (0 °C), 49,4 g/l (20 °C), 1700 g/l (100 °C); unlöslich in Säuren; wenig löslich in Ethanol; löslich in Propantriol (Glycerin);

Verbleib nach Gebrauch:
Sondermüll-Deponie, wasserunlösliche Feststoffe und Flüssigkeiten nach Neutralisation (nur für Kleinmengen);

Bemerkung:
Farblose Kristalle, verwittern oberflächlich an trockener Luft;
Bläht sich beim Erhitzen stark auf und schmilzt zu einem klaren Glas; Unverträglich mit starken Oxidationsmitteln; luftempfindlich;

Verwendung: in der Fotoindustrie als schwaches Alkali für Feinkornentwickler; Bestandteil von Härtefixierbädern; zu Glasuren für Steingut und Porzellan; Herstellung von Linsen und temperaturbeständigen Gläsern; Wasserenthärtung;
Natriumtetraborat-5-Hydrat (CAS-Nr. 11130-12-4);

Natriumtetrametaphosphat

- CAS-Nummer:
13396-41-3
- gebräuchliche Namen:
Phosphorsalzperle;
- Summenformel:
$Na_4(H_4P_4O_{12})$

Verfahren:
Druckverfahren/Flachdruck indirekt/Offsetdruck;
Anwendung:
Druckformherstellung;

Eigenschaften:
- toxikologisch/ökotoxikologisch:
Sonstiges:
zum Metabolismus in Ratten siehe [264];

- physikalisch/chemisch:
Molmasse: Verdampfungswärme

Bemerkung:
Natriumtrimetaphosphat, CAS-Nr.: 7785-84-4;

Natriumthiosulfat

- CAS-Nummer:
7772-98-7
- gebräuchliche Namen:
Dinatriumthiosulfat; Natriumhyposulfit; thioschwefligsaures Natrium;
- Summenformel:
$Na_2S_2O_3$

Funktion:
Fixierer; Bildtonbeeinflusser; Abschwächer;
Verfahren:
Druckformherstellung/Reproduktionsfotografie;
Kopierverfahren/Reprofotografie/Silber-Halogenid-Verfahren;
Anwendung:
Fixierbad; Entwicklerbad; Abschwächerbad;

Eigenschaften:
- toxikologisch/ökotoxikologisch:
RTECS # XN 6476000;
Schweizer Giftliste: 4
WGK: 0
R-Satz: 20/21
S-Satz: 23

Sonstiges:
Kann schädigend wirken beim Einatmen, Verschlucken oder Aufnahme über Haut; verursacht Augen- und Hautreizungen [187];Toxische Grenzkonzentration für Daphnia magna « 520 mg/l [390];LC 50 (Daphnia magna, 24 h): 5500 mg/l [425];LC 50 (Daphnia magna, 48 h): 300 mg/l [425];

Gefahren-Symbol:

Xn

- physikalisch/chemisch:
Schmelzpunkt: 48 °C (*)
Dichte: 1667 kg/m3 (20 °C)
Molmasse: 158,11 g/mol

Löslichkeit:
Wasser 2310 g/l (100 °C); unlöslich in Ethanol;

Bemerkung zu physikalisch/chemischen Daten:
(*): Schmelzp.: für Natriumthiosulfat-5-hydrat;

Verbleib nach Gebrauch:
Sondermüll-Deponie, wasserunlösliche Feststoffe und Flüssigkeiten nach Neutralisation (nur für Kleinmengen);

Bemerkung:
Weiße Kristalle;
Unverträglich mit starken Säuren, starken Oxidationsmitteln, Blei, Silber- und Quecksilbersalzen und Jod;
Verwendung: in der Fotoindustrie als Fixiermittel, als Tonbadbestandteil, im Abschwächer;

Neufuchsin (C.I. 42520)

- CAS-Nummer:
3248-91-7
- gebräuchliche Namen:
Magenta III; Neumagenta; C.I. 42520; Basic Violet 2; Basisches Violett 2 (C.I. 42520);
- Summenformel:
$C_{22}H_{24}ClN_3$

Funktion:
Pigment/Farbstoff/violett;
Verfahren:
Kopierverfahren/elektron. Verfahren direkt/Elektrofotografie;
Anwendung:
Farbe;

Eigenschaften:
- toxikologisch/ökotoxikologisch:
Sonstiges:
Kann schädigend wirken beim Einatmen, Verschlucken oder Aufnahme überHaut; verursacht Augen- und Hautreizungen; reizt Schleimhäute undAtemwege [187];

- physikalisch/chemisch:
Molmasse: 365,91 g/mol

Löslichkeit:
löslich in Wasser, Spiritus;

Verbleib nach Gebrauch:
Verbrennung nach Mischung mit brennbarem Lösemittel;

Bemerkung:
Bläulich-roter basischer Triphenylmethan-Farbstoff;
Unverträglich mit starken Oxidationsmitteln;
Verwendung: zum Färben von Papier, Stroh, Kokosfasern; zur Herstellung von Farblacken und Kalkfarben;

Nickel

- CAS-Nummer:
7440-02-0
- UN Nummer:
1378
- gebräuchliche Namen:
Raney-Nickel; Nickel-Katalysator (fein verteilt aktiviert, ge- oder verbraucht, mit mind. 40 % Wasser od. anderen geeigneten Flüssigkeit angefeuchtet); Nickel, Katalysator nach Raney; Raney-Nickel, aktivierter Hydrierkatalysator; Raney-Nickel-Katalysator; Raney-Nickel-Katalysator, gebraucht in Wasser suspendiert;
- Handelsnamen:
Actimet; BASF Katalysator H 1-50;
- Summenformel:
Ni

Verfahren:
Druckverfahren;

Eigenschaften:
- toxikologisch/ökotoxikologisch:
RTECS # QR 5950000
WGK: 0
R-Satz: 40-43
S-Satz: (2)-22-36
Sonstiges:
Gefahr der Sensibilisierung [481]; Krebserzeugend 1 [481]; TRK-Wert: 0,5 mg/m3 E [481]; IMK: I; Carc.Cat.3 [505]; Karzinogen [39];Gesundheitsgefahren bei Überschreitung des TRK-Wertes: Nickelhaltige Rauche und Stäube können eine Hautsensibilisierung verursachen; Nickel und fast alle seine Verbindugen gelten als karzinogen [464];In angefeuchtetem Zustand ist der Stoff weitgehend ungefährlich, wenn er nicht längere Zeit auf die Haut einwirkt; Reizung der Augen und der Atemwege; wenn angefeuchtetes Nickelpulver durch poröse Kleidung auf die Haut, sowie in Kopf- und Körperhaare gerät, entzündet es sich nach dem Trocknen spontan und verursacht Verbrennungen; auch direkt auf die Körperoberfläche gebrachte Substanz entzündet sicht, sobald sie nicht mehr feucht ist; bei Erhitzen bis zur Zersetzung oder bei Brand entsteht hochgiftiges Nickeloxid; bei Kontakt mit Kohlenmonoxid oder Stoffen, die Kohlenmonoxid abgeben oder entwickeln, bildet sich hochgiftiges Nickelcarbonyl [484];

Gefahren-Symbol:

Xn

- physikalisch/chemisch:
Schmelzpunkt: 1453 °C
Siedepunkt: 2732 °C
Dichte: 8900 kg/m3 (20 °C)
Molmasse: 58,71 g/mol

Löslichkeit:
unlöslich in Wasser, Ammoniak; löslich in verdünnter Salpetersäure; wenig löslich in Salzsäure, Schwefelsäure;

Verbleib nach Gebrauch:
Wiedergewinnung zum Recycling oder zur Wiederverwertung, teure Metalle, Katalysatoren;

Bemerkung:
Silberweißes, stark glänzendes, polierbares Metall;
pulverförmig entzündbar; Gehört zu den korrosionsbeständigen Metallen;
Verwendung: zur Erzeugung hochwertiger, zäher und fester Stähle; zum Vernickeln; als Bindemittel in Hartmetallen;
Konzentration im Rhein (deutsch-niederländische Grenze): 1400 t/a (1973), 530 t/a (1985) [424];
Abwassergrenzwert: 3 mg/l [39];

Nigrosin (wasserlöslich) (C.I. 50420)

- CAS-Nummer:
8005-03-6
- gebräuchliche Namen:
C.I. 50420; Acid Black 2; Säure Schwarz 2;
- Summenformel:

Funktion:
Pigment/Farbstoff/schwarz;
Verfahren:
Druckverfahren;
Anwendung:
Farbe;

Eigenschaften:
- toxikologisch/ökotoxikologisch:
Sonstiges:
Möglicherweise gesundheitsgefährdend beim Einatmen oder bei Aufnahmeüber Haut;

- physikalisch/chemisch:

Verbleib nach Gebrauch:
Verbrennung nach Mischung mit brennbarem Lösemittel;

Bemerkung:
Braun-schwarzes Pulver;
Auch unter C.I. 50415 und 50415:1 geführt;

Nitroethan

- **CAS-Nummer:**
  79-24-3
- **UN Nummer:**
  2824
- **gebräuchliche Namen:**
  NE;
- **Handelsnamen:**
  Comsol 101-X;
- **Summenformel:**
  $C_2H_5NO_2$
- **Strukturformel:**

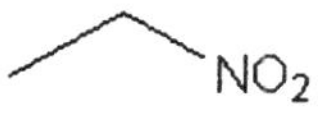

Funktion:
Lösungsmittel;
Verfahren:
Druckverfahren;

Eigenschaften:
- **toxikologisch/ökotoxikologisch:**
  RTECS # KI 5600000
  Schweizer Giftliste: 4
  WGK: 2
  MAK Wert: 310 mg/m3 bzw. 100 ml/m3
  R-Satz: 10-20/22
  S-Satz: (2)-9-25-41
  Sonstiges:
  Einstufung und Kennzeichnung von Zubereitungen, in denen diese Substanz enthalten ist:12.5%<=C ¦¦> Xn; R20/22Spitzenbegrenzung: n.b. [481];Dämpfe reizen Augen und Atemwege; Kontakt mit der Flüssigkeit bewirkt leichte Reizung der Augen und Haut; bei Brand und vor allem bei Erhitzung bis zur Zersetzung bilden sich hochgiftige Stickoxide (-> nitrose Gase) [163];Gesundheitsschädlich beim Einatmen und Verschlucken; das Einatmen von Nitroethan ruft Kopfschmerzen, Übelkeit, Erbrechen hervor und wirkt betäubend; chronische Überexposition kann Leber- und Nierenschäden verursachen [Sdb Angus];LD 50 (oral, Ratte): 1620 mg/kg [9]; ca. 1625 mg/kg [Sdb Angus];LD 50 (dermal, Kaninchen): >2000 mg/kg [SdB Angus];LC 50 (Zebrabärbling): 880 mg/l/48 h [Sdb Angus]EC 50 (Daphnia magna): 1200 mg/l/24 h [Sdb Angus]EC 50 (Scenedesmus): 6 mg/l/72 h [Sdb Angus];nicht leicht biologisch abbaubar [Sdb Angus];

  Gefahren-Symbol:

- **physikalisch/chemisch:**
  Schmelzpunkt: - 89,52 °C
  Siedepunkt: 114,07 °C
  Flammpunkt: 28 °C; 30,6 °C
  Dampfdruck: 20,8 hPa (20 °C) [29]; 27,9 hPa (25 °C) [Sdb]
  Log pOW: 0,18 [4]
  Brechungsindex: 1,39007 (24,3 °C)
  Dichte: 1050,2 kg/m3 (20 °C)
  Molmasse: 75,067 g/mol

Löslichkeit:
unlöslich in Wasser; mischbar mit Ethanol und Diethylether; löslich in Trichlormethan; löslich in Alkalilaugen; Wasser: 46 g/l (20 °C) [Sdb];

Verbleib nach Gebrauch:
Verbrennung, hochentzündliche Stoffe;

Bemerkung:
Klare, farblose Flüssigkeit; brennbar
Dämpfe bilden mit Luft explosive Gemische, die schwerer als Luft sind;
Entzündung durch heiße Oberflächen, Funken, offene Flammen;
Explosionsgrenzen: 3,4-? Vol.-%; Zündtemp.: 410 °C [29]; bei 30 °C 3,4 Vol.-%; Zündtemp.: 414 °C [Sdb Angus];
Bei hohen Temperaturen Zersetzung unter Bildung von giftigen Stickoxiden (nitrose Gase); bei schneller Erhitzung kann Explosion erfolgen;
Verwendung: technisches Lösemittel;
Enthalten in Comsol 280 (80%), 820 (20%), Genklene LV;

Nitromethan

- CAS-Nummer:
75-52-5
- UN Nummer:
1261
- gebräuchliche Namen:
NM; Mononitromethan;
- Summenformel:
CH_3NO_2

- Strukturformel:

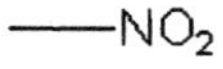

Funktion:
Lösungsmittel;
Verfahren:
Druckverfahren;

Eigenschaften:
- toxikologisch/ökotoxikologisch:
RTECS # PA 9800000;
Schweizer Giftliste: 4
WGK: 2
MAK Wert: 250 mg/m3 bzw. 100 ml/m3
R-Satz: 5-10-22
S-Satz: (2)-41
Sonstiges:
Einstufung und Kennzeichnung von Zubereitungen, in denen diese Substanz enthalten ist:12.5%<=C ¦¦> Xn; R22Spitzenbegrenzung: n.b. [481];Dämpfe verursachen leichte Reizung der Augen und der Atmungsorgane; Kontakt mit der Flüssigkeit bewirkt leichte Reizung der Augen und Haut; bei schweren Vergiftungen Veränderung des Blutfarbstoffes (MethHb-Bildung) möglich, sowie Leber-, Nieren- und Gehirnschäden;LD 50 (oral, Ratte): 1210 mg/kg [9];

Gefahren-Symbol:

- physikalisch/chemisch:
Schmelzpunkt: - 29 °C
Siedepunkt: 100,9 °C
Flammpunkt: 36 °C
Dampfdruck: 35 hPa (20 °C) [29]
Log pOW: - 0,33, 0,08 [4];
Brechungsindex: 1,3806 (22 °C)
Dichte: 1132,2 kg/m3 (25 °C)
Molmasse: 61,040 g/mol
Verdunstungszahl: 1,8 (BuAc = 1) [9];

Löslichkeit:
wenig löslich in Wasser; löslich in Ethanol und Diethylether;

Verbleib nach Gebrauch:
Verbrennung, hochentzündliche Stoffe;

Bemerkung:
Klares, farbloses Öl; brennbar
Bildet im dampf-/gasförmigen Zustand mit Luft explosionsfähige Gemische;
Explosionsgrenzen: 7,3 - 63 Vol% ; Zündtemp.: 415 °C [29];
Mit Alkalilauge -> Nitroacetaldoxim;
Bei hohen Temperaturen Zersetzung unter Bildung von giftigen Stickoxiden (nitrose Gase); bei schneller Erhitzung auf über 315 °C kann Explosion erfolgen;
Mit Einschränkungen erlaubt in kosmetischen Mitteln;
Verwendung: technisches Lösemittel;
Enthalten in Genklene LV;

4-Nitro-phenylacetonitril

- CAS-Nummer:
555-21-5
- gebräuchliche Namen:
4-Nitro-benzylcyanid;
- Summenformel:
$C_8H_6N_2O_2$

- Strukturformel:

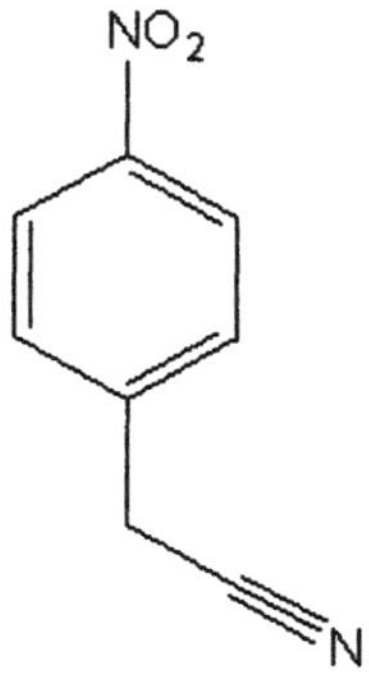

Funktion:
Farbkuppler;
Verfahren:
Druckformherstellung/Reproduktionsfotografie;

Eigenschaften:
- toxikologisch/ökotoxikologisch:
RTECS # AM1250000;
R-Satz: 23/24/25
S-Satz: 14-23-26-28-44

Gefahren-Symbol:

- physikalisch/chemisch:
Schmelzpunkt: 115-116 °C
Molmasse: 162,15 g/mol

Verbleib nach Gebrauch:
Verbrennung nach Mischung mit brennbarem Lösemittel;

1-Nitropropan

- CAS-Nummer:
108-03-2
- UN Nummer:
2608
- gebräuchliche Namen:
1-NP;
- Summenformel:
$C_3H_7NO_2$

- Strukturformel:

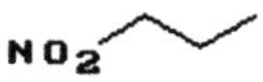

Funktion:
Lösungsmittel;
Verfahren:
Druckverfahren;

Eigenschaften:
- toxikologisch/ökotoxikologisch:
RTECS # TZ 5075000
Schweizer Giftliste: 3
MAK Wert: 25 ml/m3 bzw. 92 mg/m3
R-Satz: 10-20/21/22
S-Satz: (2)-9
Sonstiges:
Einstufung und Kennzeichnung von Zubereitungen, in denen diese Substanz enthalten ist:5%<=C ¦¦> Xn; R20/21/22Spitzenbegrenzung: I [481]; Schwangerschaftsgruppe IIc [481]; Technische Produkte sind maßgeblich mit 2-Nitropropan verunreinigt [481]; Karzinogen [39];Dämpfe verursachen leichte Reizung der Augen und der Atmungsorgane; Kontakt mit der Flüssigkeit bewirkt leichte Reizung der Augen und der Haut; bei schweren Vergiftungen Veränderung des Blutfarbstoffes (MetHb-Bildung) möglich, sowie Leber-, Nieren- und Gehirnschäden;LD 50 (oral, Ratte): 455 mg/kg [9];LC 50 (inhalativ., Ratte, 8 h): 3100 ml/m3 [9];

Gefahren-Symbol:

Xn

- physikalisch/chemisch:
Schmelzpunkt: - 108 °C
Siedepunkt: 131,6 °C
Flammpunkt: 25 °C
Dampfdruck: 9,5 hPa (20 °C) [9]
Log pOW: 0,65 [4]
Brechungsindex: 1,40027 (24,3 °C)
Dichte: 1008,1 kg/m3 (24,3 °C)
Molmasse: 89,09 g/mol
Verdunstungszahl: 0,88 (BuAc = 1) [9]

Löslichkeit:
unlöslich in Wasser; mischbar mit Ethanol und Diethylether;

Verbleib nach Gebrauch:
Verbrennung, hochentzündliche Stoffe;

Bemerkung:
Klare, farblose unangenehm riechende Flüssigkeit; brennbar
Bildet im dampf-/gasförmigen Zustand mit Luft explosionsfähige Gemische;
Explosionsgrenzen: 2,2 Vol% ; Zündtemp.: 420 °C [9];
Bei hohen Temperaturen Zersetzung unter Bildung giftiger Stickoxide (nitrose Gase); bei schneller Erhitzung auf hohe Temperaturen kann Explosion erfolgen.
Schwimmt auf Salzwasser;
Verwendung: technisches Lösemittel;
Enthalten in Comsol 280 (20%), 820 (80%), Genklene LV;

2-Nitropropan

- **CAS-Nummer:**
  79-46-9
- **UN Nummer:**
  2608
- **gebräuchliche Namen:**
  2-NP; Dimethylnitromethan; Isonitropropan; Nitroisopropan; β-Nitropropan;
- **Handelsnamen:**
  Nipar S20; Nipar S30;
- **Summenformel:**
  $C_3H_7NO_2$

- **Strukturformel:**

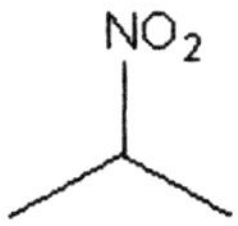

Funktion:
Lösungsmittel;
Verfahren:
Druckverfahren/Hochdruck direkt/Flexodruck;
Anwendung:
Druckfarben, z.B. in wasserlöslichen Flexodruckfarben;

Eigenschaften:
- **toxikologisch/ökotoxikologisch:**
  RTECS # TZ 5250000
  Schweizer Giftliste: 1
  R-Satz: 45-10-20/22
  S-Satz: 53-45
  Sonstiges:
  Einstufung und Kennzeichnung von Zubereitungen, in denen diese Substanz enthalten ist:25%<=C ¦> T; R45-20/220.1%<=C<25% ¦> T; R45Krebserzeugend 2 [481]; TRK-Wert: 5 ml/m3 bzw. 18 mg/m3 [481]; Carc.Cat.2 [505];Dämpfe verursachen leichte Reizung der Augen und Atmungsorgane; in schweren Vergiftungsfällen Veränderung des Blutfarbstoffes (MetHb-Bildung) sowie Leber-, Nieren- und Gehirnschäden möglich;LD 50 (oral, Ratte): 720 mg/kg [9];LC 50 (inhalativ, Ratte): 3600 ml/m3/8 h [9];LC 50 (inhalativ, Ratte): 400 ppm/6h [428];TD Lo (intraperitoneal, Ratte (trächtig)): 2250 mg/kg/1-15d [428];TD Lo (oral, Ratte): 4277 mg/kg/16w (intermittierend) [428];TC Lo (inhalativ, Ratte): 207 ppm/26w (intermittierend) [428];LC 50 (inhalativ, Maus): 10 g/m3/2h [428];LD 50 (intraperitoneal, Maus): 75 mg/kg [428];LC Lo (inhalativ, Katze): 714 ppm/5h [428];LD Lo (oral, Kaninchen): 500 mg/kg [428];LC Lo (inhalativ, Kaninchen): 2381 ppm/5h [428];LC Lo (inhalativ, Meerschweinchen): 4622 ppm/5h [428];

  Gefahren-Symbol:

T

- **physikalisch/chemisch:**
  Schmelzpunkt: -93 °C; -91,3 °C
  Siedepunkt: 120,3 °C; 115-118 °C; 117-120 °C
  Flammpunkt: 37 °C

Dampfdruck: 17 hPa (20 °C) [9]
Brechungsindex: 1,3941 (20 °C); 1,3943 (20 °C); 1,3999 (20 °C)
Dichte: 1024 kg/m3 (0 °C); 988,39 kg/m3 (20 °C)
Molmasse: 89,09 g/mol
Verdunstungszahl: 1,1 (BuAc = 1) [9]; 13 (Diethylether = 1) [18]

Löslichkeit:
Wasser 6 ml/l (20 °C); leicht löslich in Ethanol, Diethylether;

Bemerkung zu physikalisch/chemischen Daten:
Zündtemperatur: 428 °C;

Verbleib nach Gebrauch:
Verbrennung;

Bemerkung:
Klare, farblose Flüssigkeit; unangenehmer Geruch; brennbar;
Bildet im dampf-/gasförmigen Zustand mit Luft explosionsfähige Gemische;
Explosionsgrenzen: 2,6 - ? Vol%;
Verwendung: Lösemittel;

1-Nitropyren

- CAS-Nummer:
5522-43-0
- Summenformel:
$C_{16}H_9NO_2$

- Strukturformel:

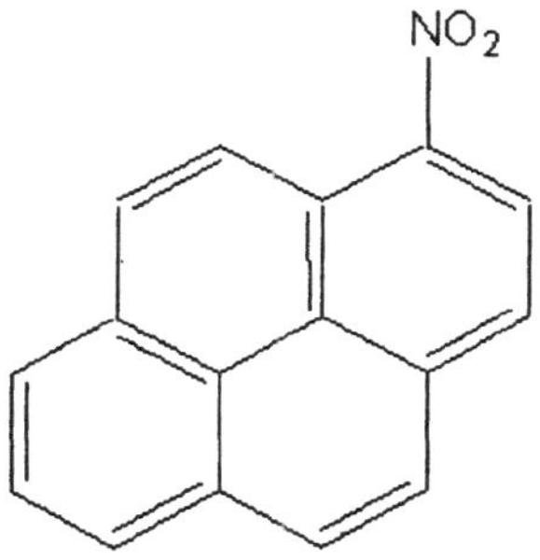

Verfahren:
Kopierverfahren/elektron.Verfahren;
Anwendung:
Toner;

Eigenschaften:
- toxikologisch/ökotoxikologisch:
RTECS # UR 2480000;
MAK Wert: IIIB
Sonstiges:
Gesundheitsgefährdend beim Einatmen oder Aufnahme durch Haut;Karzinogen verdächtig;

- **physikalisch/chemisch:**
  Schmelzpunkt: 154-157 °C
  Molmasse: 247,26 g/mol

Verbleib nach Gebrauch:
Verbrennung nach Mischung mit brennbarem Lösemittel;

Bemerkung:
Gelbe Nadeln;

Nonandisäure-bis-[2-ethylhexylester]

- **CAS-Nummer:**
  103-24-2
- **gebräuchliche Namen:**
  DEHZ; DOZ; Azelainsäure-di-(2-ethylhexyl)-ester; Di-(2-ethylhexyl)-azelat; Dioctylazelat; Bis-(2-ethylhexl)ester-nonandisäure;
- **Handelsnamen:**
  Kodaflex 410; Plastolein 9058 DOZ; Staflex DOX; Truflex DOX;
- **Summenformel:**
  $C_{25}H_{48}O_4$
- **Strukturformel:**

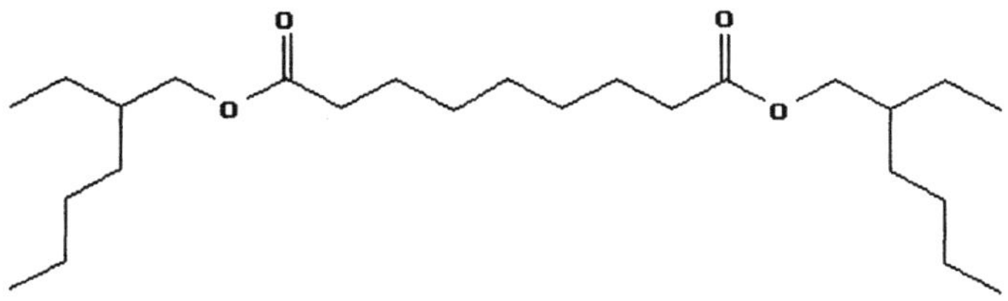

Funktion:
Additiv/Weichmacher;
Verfahren:
Druckverfahren;
Anwendung:
Farbe;

Eigenschaften:
- **toxikologisch/ökotoxikologisch:**
  RTECS # CM 2000000
  Sonstiges:
  LD 50 (oral, Ratte): 8720 mg/kg [428];LD 50 (intravenös, Ratte): 1060 mg/kg [428];LD 50 (Haut, Kaninchen): 20000 mg/kg [428];LD 50 (intravenös, Kaninchen): 640 mg/kg [428];

- **physikalisch/chemisch:**
  Schmelzpunkt: -68 °C; -77,5 °C
  Siedepunkt: 237 °C
  Flammpunkt: 213 °C
  Dichte: 917 kg/m3 (25°C)
  Molmasse: 412,73 g/mol

  Löslichkeit:
  löslich in Wasser, Ethanol, Propanon, Benzen [428];

n-Nonanol

- **CAS-Nummer:**
  143-08-8
- **gebräuchliche Namen:**
  Nonanol; Nonan-1-ol; 1-Nonanol; Alkohol C-9;
- **Summenformel:**
  $C_9H_{20}O$

- **Strukturformel:**

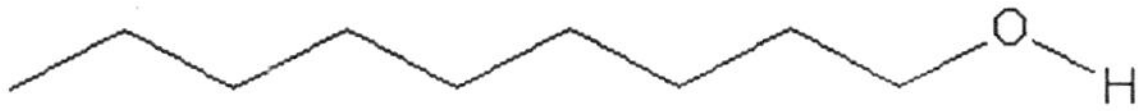

Eigenschaften:
- **toxikologisch/ökotoxikologisch:**
  WGK: 1
  Sonstiges:
  LD 50 (oral, Maus): 6400 mg/kg [428];LD 50 (intraperitoneal, Maus): 800 mg/kg [428];LD 50 (intraperitoneal, Ratte): 800 mg/kg [428];

- **physikalisch/chemisch:**
  Schmelzpunkt: -5°C [428]
  Siedepunkt: 213,37 °C [428]
  Flammpunkt: 165°C [428]
  Log pOW: 3,77 [428]
  Dichte: 827,9 kg/m³ (20°C) [428]
  Molmasse: 144,26 g/mol [428]

  Löslichkeit:
  140 mg/l (25°C) in Wasser [428]

  Bemerkung zu physikalisch/chemischen Daten:
  flüssig, farblos bis gelblich, fruchtiger Geruch [428]

Nonansäure

- **CAS-Nummer:**
  112-05-0
- **gebräuchliche Namen:**
  Pelargonsäure; Carbonsäure C-9; n-Nonylsäure;
- **Summenformel:**
  $C_9H_{18}O_2$

- **Strukturformel:**

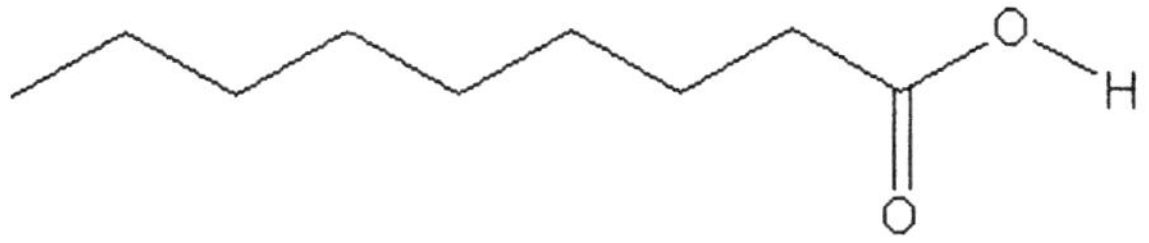

Verfahren:
Druckverfahren/Flachdruck indirekt/Offsetdruck;
Anwendung:
Druckformherstellung;

Eigenschaften:
- toxikologisch/ökotoxikologisch:
RTECS # RA 6650000
Schweizer Giftliste: 5
WGK: 1
R-Satz: 34
S-Satz: (1/2)-26-28-36/37/39-45
Sonstiges:
Dämpfe reizen - insbesondere wenn ihre Konzentration durch Erhitzen der Flüssigkeit erhöht ist - stark die Augen, Haut und Atemwege; Kontakt mit der Flüssigkeit bewirkt sehr starke Reizung der Augen und Haut [484];

Gefahren-Symbol:

C

- physikalisch/chemisch:
Schmelzpunkt: 12,24 °C
Siedepunkt: 255 °C
Flammpunkt: 100 °C
Dampfdruck: 0,04 hPa (20 °C) [484]
Brechungsindex: 1,4343 (19 °C)
Dichte: 905,7 kg/m3 (20 °C)
Molmasse: 158,240 g/mol

Löslichkeit:
Wasser 0,3 g/l (20 °C); löslich in Ethanol, Diethylether, Trichlormethan;

Verbleib nach Gebrauch:
Verbrennung nach Mischung mit brennbarem Lösemittel;

Bemerkung:
Spitzenbegrenzung: n.b. [481]; Gefahr der Hautresorption [481]; Schwangerschaftsgruppe D [481];
Nervengift; Flüssigkeit oder feste Zubereitungen werden leicht über Haut und Schleimhäute aufgenommen; Einatmung, Verschlucken oder Einwirkung dieser stark giftigen Substanz auf die Haut sind gleichermaßen gefährlich; Hirn- und Nervenstörungen durch Hemmung der Cholinesterase (auch mit Verzögerung möglich) [163]; Hautresorption! [148];
LD 50 (oral, Mensch): 0,1 - 0,2 g [39];
LD 50 (oral, Ratte): 2 mg/kg, 6 - 15 mg/kg [39];
LD 50 (Haut, Ratte): 7 mg/kg [39];
0,04 - 2 mg/l tödlich für Fische; 0,325 mg/l tödlich für Wasserschnecken (Limnaea) [163];
Toleranzgrenze für Daphnia magna: 0,8 mg/l [163];
Toxische Grenzkonzentration für Pseudomonas putida > 1mg/l, Scenedesmus quadricauda 0,39 mg/l [36];
Starkes Bienengift;

Nonylphenolethoxylat

- CAS-Nummer:
68412-54-4

Eigenschaften:
- toxikologisch/ökotoxikologisch:
R-Satz: 22-36/38
Sonstiges:
Freiwilliger Verzicht der Industrie soll die Verwendung auf absehbare Zeit verringern
Heimgebrauch soll eingestellt werden

Gefahren-Symbol:

- physikalisch/chemisch:

Bemerkung zu physikalisch/chemischen Daten:
Polymer

Verbleib nach Gebrauch:
Emission aus unbekannter Nutzung: Luft: 75,2 kg/Tag (weltw.)
Abwasser: 27074 kg/Tag (weltw.)

Bemerkung:
Verwendung zum Gerben von Fellen (Lederindustrie)
Verwending als Emulgator für Pestizide (Agrarindustrie)
Verwendung zum Waschen von Wolle (Textilindustrie)

Octadeca-9,12-diensäure

- CAS-Nummer:
60-33-3
- gebräuchliche Namen:
cis,cis-9,12-Octadecadiensäure; Linolsäure; natürliche Linolsäure; Leinölsäure;
- Summenformel:
$C_{18}H_{32}O_2$

- Strukturformel:

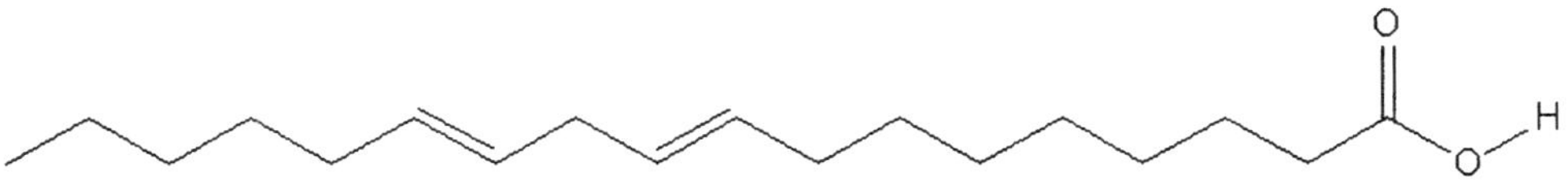

Eigenschaften:
- toxikologisch/ökotoxikologisch:
RTECS # RF 9990000;
WGK: 1

Sonstiges:
Wirkt schädigend bei Einatmung oder Verschlucken; Dämpfe reizen Augen,Schleimhäute und Atemwege; verursacht Augen- und Hautreizungen [187];

- physikalisch/chemisch:
Schmelzpunkt: - 9 bis - 9,5 °C
Siedepunkt: 228 °C (18,66 hPa)
Flammpunkt: > 112 °C
Brechungsindex: 1,471 (15 °C)
Dichte: 902,5 kg/m3 (20 °C)
Molmasse: 280,450 g/mol

Löslichkeit:
unlöslich in Wasser; mischbar mit Ethanol, Diethylether;

Verbleib nach Gebrauch:
Verbrennung nach Mischung mit brennbarem Lösemittel;

Bemerkung:
Ölige Flüssigkeit;
Bildet Hauptbestandteil des Mohn- und Sonnenblumenöls;
Verwendung: zur Herstellung kosmetischer Präparate, z.B. Seifen, von Emulgatoren, leicht trocknenden Anstrichfarben; in der Medizin bei Ateriosklerose und äußerlich bei Dermatosen;

Octadecansäure

- CAS-Nummer:
57-11-4
- gebräuchliche Namen:
Oktadekansäure; n-Octadecansäure; Stearinsäure; Carbonsäure C-18; Heptadecan-α-carbonsäure; 1-Heptadecancarboxylsäure; Rübfettsäure;Talgfettsdäure;
- Handelsnamen:
Emersol 120; Emersol 132; Irgawax 330; Loxiol G 20; Naftozin N; Promulsin; Provisol Wax; Century 1220; E 570; Emery 400; Hydrofolsäure 150; Hysterene S-97; Hysterene T-70; Hysterene T-80; Hysterene T-5016; Hysterene 4516; Kam 1000; Kam 2000; Kam 3000; Neo-Fat 18; Stearex Beads; Vanicol; Formula 300; Glycon DP; Glycon S-70; Glycon S-80; Glycon TP; Glycon S-90; Groco 54; Edenox; Industrene 9018; Emersol 120; Emersol 132; Formula 300; Pristerene 4931; Pristerene 4963; Radiacid 424;
- Summenformel:
$C_{18}H_{36}O_2$

- Strukturformel:

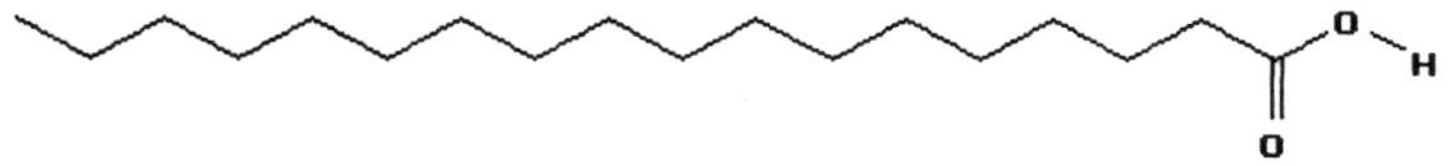

Funktion:
Additiv;
Verfahren:
Hochdruck (Magnesium- und Zink-Ätzplatten);
Anwendung:
Druckformherstellung;

Eigenschaften:

- toxikologisch/ökotoxikologisch:

RTECS # WI 2800000
Schweizer Giftliste: 1
WGK: 0
R-Satz: 36/37/38
S-Satz: 26-36
Sonstiges:
Wirkt schädigend beim Einatmen oder Verschlucken; verursacht Augen- und Hautreizungen; reizt Schleimhäute und Atemwege [187]; Nicht krebserzeugend im Tierversuch (Mäuse) [346], [365];LD Lo (oral, Ratte): 4640 mg/kg [428];LD 50 (intravenös, Ratte): 21,5 ± 1,8 mg/kg [209];LD 50 (intravenös, Maus): 23 ± 0,7 mg/kg [209];LD 50 (Haut, Kaninchen): >5000 mg/kg [428];

- physikalisch/chemisch:

Schmelzpunkt: 69,4 °C; 67-69 °C; 69-70 °C
Siedepunkt: 359-383 °C; 183-184 °C (1,33 hPa)
Verdampfungswärme: 322,62 kJ/kg
Brechungsindex: 1,4332 (70 °C)
Dichte: 838,6 kg/m3 (80 °C)
Molmasse: 284,481 g/mol

Löslichkeit:
löslich in Propanon, Trichlormethan, Tetrachlormethan [428];
Wasser 0,3 g/l (25 °C); Ethanol (abs.) 72 g/l (25 °C); Ethanol (95 %) 10,4 g/l (18 °C); Diethylether 55 g/l (15 °C); Benzen 220 g/l (23 °C);

Bemerkung zu physikalisch/chemischen Daten:
zu Radiacid 424 [SdB Avokal]:
Schmelzpunkt: 54-56 °C;

zu Pristerene 4931 [SdB Avokal]:
Dichte: 840 kg/m3 (75 °C);
Schmelzpunkt: 52-59 °C;

zu Pristerene 4963 [SdB Avokal]:
Schmelzpunkt: 52-56 °C;

Verbleib nach Gebrauch:
Verbrennung nach Mischung mit brennbarem Lösemittel;

Bemerkung:
Farb- und geruchlose Blättchen von wachsartiger Beschaffenheit;
Wasserdampfflüchtig;
Zuteilung einer E-Nummer wird von der EG erwogen [411];
Zugelassen als Lebensmittelzusatzstoff nach LMBG (E 570);
Verwendung: Herstellung von Kerzen, Seifen, Netz- und Schaummitteln, kosmetischen und pharmazeutischen Präparaten; bei der Kautschukverarbeitung; als Gleitmittel bei der Kunststoffverarbeitung; in der Lebensmittelindustrie als Trennmittel;

zu Radiacid 424 [SdB Avokal]:
feines, weißes Pulver;
ungefähre Fettsäure-Zusammensetzung:
<C16 = 3%, C16 = 51%, >C18 = 45%, C18 = 1%;

zu Pristerene 4931 [SdB Avokal]:
ungefähre Fettsäure-Zusammensetzung:
C12+C14 = 2%, C16 = 30%, C18 verzweigte Fettsäure = 11%, C18 = 52%;

Octadecansäure Aluminiumsalz

- **CAS-Nummer:**
  7047-84-9
- **gebräuchliche Namen:**
  Aluminiumstearat; Aluminiummonostearat; Stearinsäure Aluminiumsalz; Carbonsäure C-18 Aluminiumsalz;
- **Summenformel:**
  $C_{18}H_{37}AlO_4$
- **Strukturformel:**

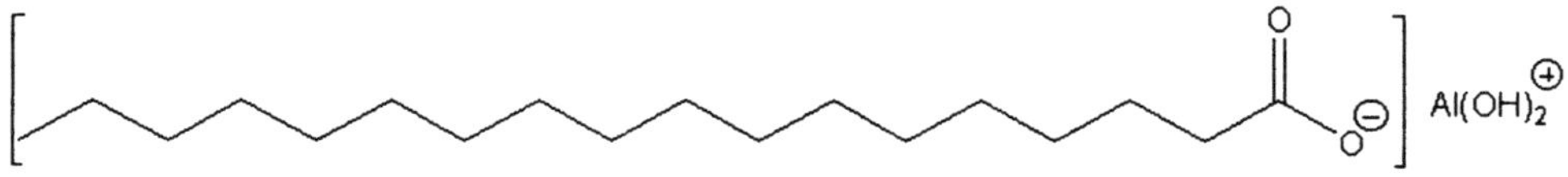

Funktion:
Additiv;
Verfahren:
Druckverfahren;

Eigenschaften:
- **toxikologisch/ökotoxikologisch:**
  Sonstiges:
  LD 50 (oral, Ratte): > 5,0 g/kg [350];LD 50 (Haut, Meerschweinchen, 24 h): > 3,0 g/kg [350];

- **physikalisch/chemisch:**
  Schmelzpunkt: 173 °C (*)
  Dichte: 1010 kg/m3 (20 °C)
  Molmasse: 344,48 g/mol

  Löslichkeit:
  unlöslich in Wasser; löslich in Ethanol, Diethylether, Benzen, Mineralölen;

  Bemerkung zu physikalisch/chemischen Daten:
  (*): Schmelzp.: 117-120 °C wird auch angegeben;

Verbleib nach Gebrauch:
Beseitigung

Bemerkung:
Weißes oder gelblichweißes Pulver;
-> Aluminiumdistearat, CAS-Nr.: 300-92-5;
-> Aluminiumtristearat, CAS-Nr.: 637-12-7;
Verwendung: in Trockenmitteln für Farben, Lacke und Glasuren; in lichtempfindlichen fotografischen Verfahren; in Zementen; in verdichteten Schmierölen; in Kosmetika als Wasser-in-Öl-Emulgator und als Agens zur Erhöhung der Viskosität von Ölen; in Haarfestigern als wasserabstoßender Zusatz; als Lebensmittelzusatz (Emulgator, Bindemittel, Trennmittel);

Octadecansäurebutylester

- **CAS-Nummer:**
  123-95-5
- **gebräuchliche Namen:**
  Stearinsäure-(n-butyl)-ester; Butyloctadecanoat; n-Butylstearat; Butylstearat
- **Handelsnamen:**
  Witeizen 200; Emerest 2325; Groco 5810; Kessco BSC; Kesscoflex BS; Polycizen 332; Butyl Esten (9Cl); RC-Plasticizen B-17; Starlol B5-100; Uniflex BYS; Wickenol;
- **Summenformel:**
  $C_{22}H_{44}O_2$

- **Strukturformel:**

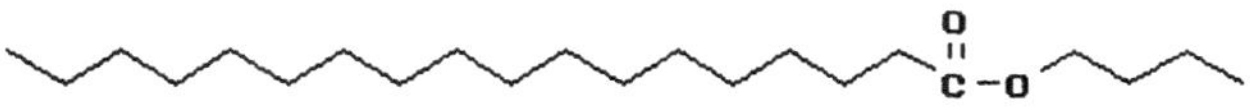

Funktion:
Additiv/Weichmacher;
Verfahren:
Druckverfahren;
Anwendung:
Farbe;

Eigenschaften:
- **toxikologisch/ökotoxikologisch:**
  RTECS # WI 2900000

- **physikalisch/chemisch:**
  Schmelzpunkt: 16-27 °C [201]
  Siedepunkt: 350 °C
  Flammpunkt: 188 °C
  Dichte: 855-875 kg/m3 (25°C)
  Molmasse: 341 g/mol

  Löslichkeit:
  0,2 g/100 g Wasser; löslich in Ethanol, Diethylether, Ether;

Bemerkung:
Verwendung: als Lösemittel; als Weichmacher in Kunststoff, Gummi, Textilien, Kosmetika;

Octadecansäure, Calciumsalz

- **CAS-Nummer:**
  1592-23-0
- **gebräuchliche Namen:**
  Calciumstearat; Stearinsäure, Calciumsalz; Stearinsäure Calziumsalz; Carbonsäure C-18 Calciumsalz; E 470;
- **Handelsnamen:**
  Aquacal; Calciumstearat S; Calstar; Flexichem CS; Flexichem G 339 S; Nopcote C 104; Stavinor 30; Witco G 339 S;
- **Summenformel:**
  $C_{36}H_{70}CaO_4$

- Strukturformel:

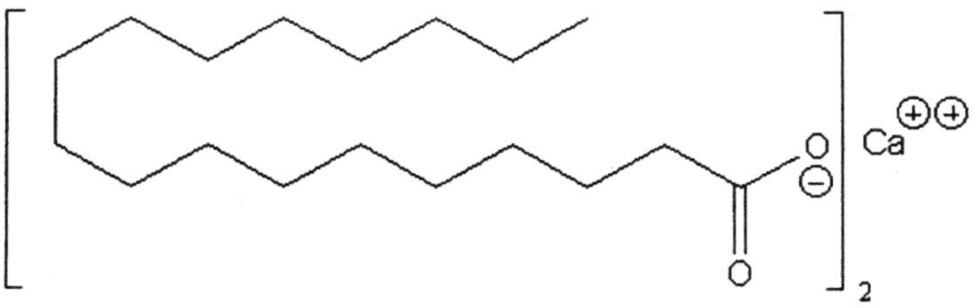

Eigenschaften:
- toxikologisch/ökotoxikologisch:
RTECS # WI 3000000
Schweizer Giftliste: 1
Sonstiges:
LD 50 (oral, Ratte): >10000 mg/kg [428];LD 50 (oral, Maus): >10000 mg/kg [428];LD 50 (intraperitoneal, Maus): >10000 mg/kg [428];

- physikalisch/chemisch:
Schmelzpunkt: 179-180 °C; 147-149 °C; 150-160 °C
Dichte: 1050 kg/m3
Molmasse: 283,48 g/mol

Löslichkeit:
praktisch unlöslich in Wasser, Diethylether, Trichlormethan, Propanon, kaltem Ethanol; wenig löslich in heißem Ethanol, heißen pflanzlichen Ölen, heißen Mineralölen; löslich in Pyridin;

Bemerkung:
Granulatartiges, fettiges Pulver;
Tägliche Aufnahme über Lebensmittel sollte für Menschen nicht über 4 mg liegen [346];
Zugelassen als Lebensmittelzusatzstoff nach LMBG (E 470);
Verwendung: in der Kosmetikindustrie (in Schampoos und als Wasser-in-Öl- Emulgator in Haarpflegemitteln); als Lebensmittelzusatz (z.B. als Trennmittel in Vanillinpulver); in wasserfestem Zement, Mörtel und Explosionsstoffen; als Stabilisator für PVC-Harze; als Glättungsmittel in Farben; in Bleistiften und Wachsmalstiften;

cis-Octadec-9-ensäure

- CAS-Nummer:
112-80-1
- gebräuchliche Namen:
cis-9-Octadecensäure; n-Oktadezensäure; Ölsäure; cis-Ölsäure; Elainsäure; Olein; Oleinsäure;
- Handelsnamen:
Emersol 210; Emersol 213; Glycon RO; Groco 2; Groco 4; HY-Phi 1055; HY-Phi 2066; Industrene 206; Metanpon; Neofat 90-04; Vopcolene 27; Wecoline 00;
- Summenformel:
$C_{18}H_{34}O_2$

- Strukturformel:

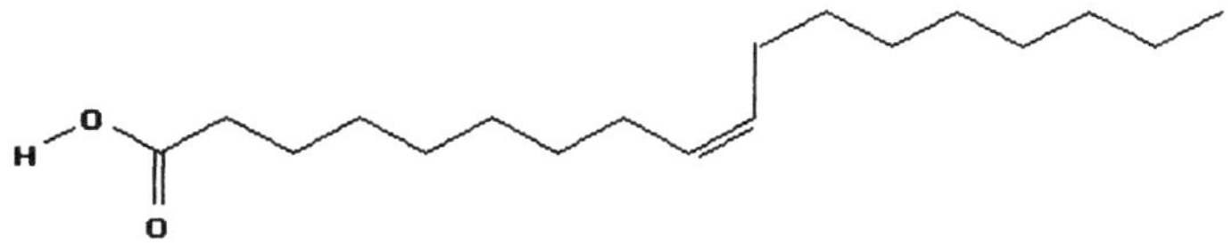

Verfahren:
Druckverfahren/Hochdruck direkt/Magnesium- und Zink-Ätzplatten;
Anwendung:
Druckformherstellung;

Eigenschaften:
- toxikologisch/ökotoxikologisch:
RTECS # RG 2275000
WGK: 1
R-Satz: 36/37/38
S-Satz: 26-36
Sonstiges:
Krebserzeugend 4 [481];Reizt leicht Haut und Schleimhäute [201];LD 50 (oral, Ratte): 230 ± 18 mg/kg [209];LD 50 (intraperitoneal, Maus): 282 mg/kg [428];LD 50 (intravenös, Maus): 230 mg/kg [428];

- physikalisch/chemisch:
Schmelzpunkt: 13,2 °C ; 13,4 °C ; 4 °C
Siedepunkt: 260 °C (53,32 hPa); 194-195 (1,6 hPa)
Flammpunkt: >110 °C
Verdampfungswärme: 222,92 kJ/kg
Brechungsindex: 1,4418 (20 °C); 1,4595 (20 °C)
Dichte: 889,6 kg/m3 (25 °C); 891 kg/m3
Molmasse: 282,465 g/mol

Löslichkeit:
unlöslich in Wasser; mischbar mit abs. Ethanol, Diethylether; löslich in Benzen, Trichlormethan, Propanon, Olivenöl;

Bemerkung zu physikalisch/chemischen Daten:
(*): Schmelzp.: 4 °C wird auch angegeben;

Verbleib nach Gebrauch:
Verbrennung nach Mischung mit brennbarem Lösemittel;

Bemerkung:
Reine Oleinsäure ist eine farb- und geruchlose, leicht oxidierbare Flüssigkeit; Gut verschlossen aufbewahren und vor Licht schützen;
Oxidiert an der Luft, besonders bei Verunreinigung; verfärbt sich gelbbraun und nimmt einem ranzigen Geruch an;
Verwendung: in der Seifen- und Fettfabrikation; in Poliermitteln; wasserfeste Textilien; Eindickung von Schmieröl; pharmazeutisches Hilfsmittel (Lösemittel);

Z-9-Octadecensäure-1,2,3-propantriylester

- **CAS-Nummer:**
  122-32-7
- **gebräuchliche Namen:**
  Triolein; Olein; Glycerintriolat; Triölsäure-glycerinester;
- **Summenformel:**
  $C_{57}H_{104}O_6$

- **Strukturformel:**

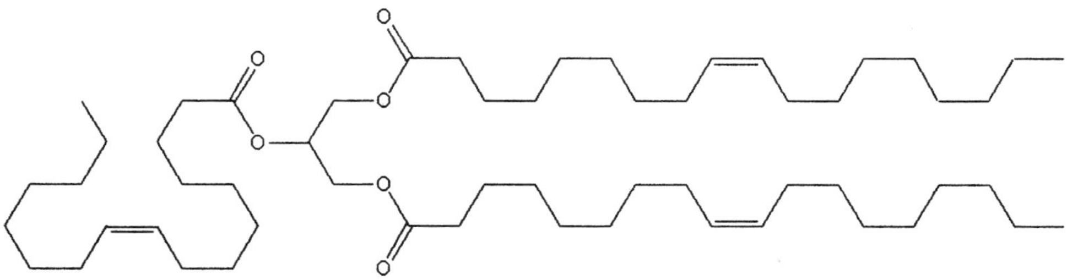

Eigenschaften:
- **toxikologisch/ökotoxikologisch:**
  WGK: 0

- **physikalisch/chemisch:**
  Schmelzpunkt: - 5 bis - 4 °C
  Siedepunkt: 235-240 °C (24 hPa)
  Brechungsindex: 1,4676 (20 °C); 1,4561 (60 °C)
  Dichte: 915,2 kg/m3 (25 °C); 898,8 kg/m3 (40 °C)
  Molmasse: 885,47 g/mol

  Löslichkeit:
  unlöslich in Wasser; wenig löslich in Ethanol; löslich in Diethylether, Trichlormethan (Chloroform), Petroleum, Tetrachlorkohlenstoff;

Bemerkung:
Farblose bis gelbliche ölige Flüssigkeit; geruchlos; geschmacklos;
Bei Destillation geringe Zersetzung;

Octan

- **CAS-Nummer:**
  111-65-9
- **UN Nummer:**
  1262
- **gebräuchliche Namen:**
  Oktan; n-Oktan; n-Octan;
- **Summenformel:**
  C_8H_{18}

- Strukturformel:

Eigenschaften:
- toxikologisch/ökotoxikologisch:
RTECS # RG 8400000
Schweizer Giftliste: 5
WGK: 1
MAK Wert: 500 ml/m3 bzw. 2400 mg/m3
R-Satz: 11
S-Satz: (2)-9-16-29-33
Sonstiges:
Spitzenbegrenzung II,1 [481];Dämpfe wirken in hohen Konzentrationen (z.B. bei Erhitzen) narkotisch und führen zu Herzrhythmusstörungen; sie können unter besonderen Bedingungen (z.B. unmittelbare Bodennähe oder in geschlossenen Räumen) durch Verdrängung der Luft erstickend wirken; Kontakt mit der Flüssigkeit führt zu Reizung der Augen und Haut [484];Verdacht auf Bioakkumulation! [45];LC 50 (inhalativ, Ratte): 118000 mg/m3/4 h [428];

Gefahren-Symbol:

- physikalisch/chemisch:
Schmelzpunkt: - 56,79 °C
Siedepunkt: 125,66 °C; 125-127 °C
Flammpunkt: 15 °C; 12 °C
Dampfdruck: 14 hPa (20 °C) [484]
Verdampfungswärme: 363,41 kJ/kg
Log pOW: ca. 3,5 [45]
Brechungsindex: 1,3974 (20 °C)
Dichte: 702,4 kg/m3 (20 °C)
Molmasse: 114,230 g/mol

Löslichkeit:
Wasser 0,01 g/l (16 °C); löslich in Diethylether; mischbar mit Ethanol, Benzen, Propanon;

Bemerkung zu physikalisch/chemischen Daten:
T(krit.): 296 °C; P(krit.): 25122,4 hPa [428];

Verbleib nach Gebrauch:
Verbrennung, hochentzündliche Stoffe;
Abwasserbelastung:
< 10 µg/l (Industrie, USA) [44];
50 µg/l (Industrie, Niederlande) [44];

Bemerkung:
Klare, farblose Flüssigkeit; fast geruchlos; brennbar;
Bildet im dampf-/gasförmigen Zustand mit Luft explosionsfähige Gemische;
Explosionsgrenzen: 0,8 - 6,5 Vol.% ; Zündtemperatur: 210 °C [484];
Stoff neigt zur elektrostatischen Aufladung;
greift einige Arten von Gummi und Plastik an [428];

1,8-Octandicarbonsäure-bis-(2-ethylhexylester)

- **CAS-Nummer:**
  122-62-3
- **gebräuchliche Namen:**
  DEHS; Sebacinsäure-bis-(2-ethylhexylester); Di-2-ethylhexylsebacat; Bis(2-ethylhexyl)sebacat; Decandisäure-bis-[2-ethyl-hexyl-ester];
- **Handelsnamen:**
  Monoplex DOS; PX-438;
- **Summenformel:**
  $C_{26}H_{50}O_4$

- **Strukturformel:**

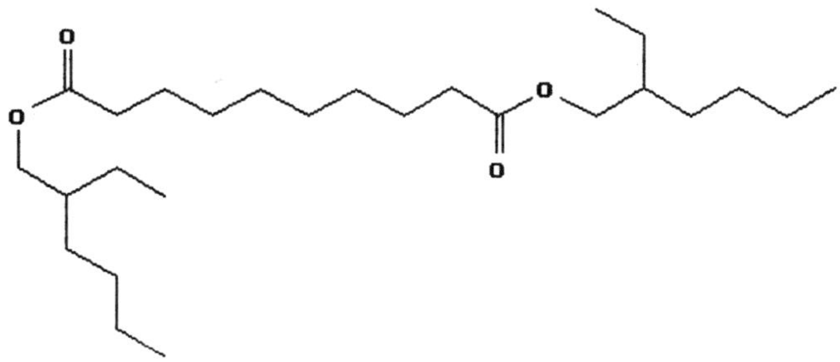

Funktion:
Additiv/Weichmacher;
Verfahren:
Druckverfahren;
Anwendung:
Farbe;

Eigenschaften:
- **toxikologisch/ökotoxikologisch:**
  RTECS # VS 1000000
  WGK: 1
  R-Satz: 22
  Sonstiges:
  LD 50 (intravenös, Ratte): 900 mg/kg [428];LD 50 (intravenös, Kaninchen): 540 mg/kg [428];LD 50 (oral, Maus): 9500 mg/kg [428];[Sdb Hüls AG]:LD 50 (oral, Ratte): >12800 mg/kg;leicht reizend an der Haut;

  Gefahren-Symbol:

- **physikalisch/chemisch:**
  Schmelzpunkt: -45 °C; -48 °C; -55 °C
  Siedepunkt: 256 °C; >250 °C (1013 hPa); 300 °C; 170-172 °C (0,013 hPa)
  Flammpunkt: >200 °C; 221 °C; 210 °C
  Dampfdruck: <0,01 hPa (20 °C)
  Brechungsindex: 1,450 (20 °C)
  Dichte: 912 kg/m3 (25°C)
  Molmasse: 426,68 g/mol

Löslichkeit:
Wasser: <0,1 g/l (20 °C) [Sdb];

Bemerkung zu physikalisch/chemischen Daten:
Zündtemperatur: ca. 400 °C [Sdb];

Verbleib nach Gebrauch:
Verbrennung;

Bemerkung:
Farblose Flüssigkeit mit schwachem Eigengeruch [EG-Sdb Hüls AG];

Octan-2-on

- CAS-Nummer:
111-13-7
- gebräuchliche Namen:
2-Oktanon; Hexylmethylketon;
- Summenformel:
$C_8H_{16}O$

- Strukturformel:

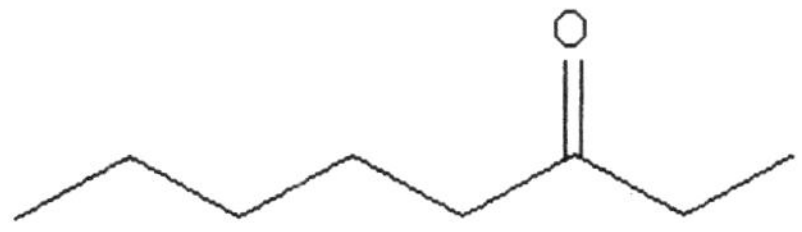

Verfahren:
Druckverfahren/Flachdruck indirekt/Kleinoffsetdruck;
Anwendung:
Druckformherstellung;

Eigenschaften:
- toxikologisch/ökotoxikologisch:
RTECS # RH 1484000;

- physikalisch/chemisch:
Schmelzpunkt: - 16 °C
Siedepunkt: 172,9 °C
Flammpunkt: 62 °C
Brechungsindex: 1,41613 (20 °C)
Dichte: 817,9 kg/m3 (20 °C)
Molmasse: 128,214 g/mol

Löslichkeit:
unlöslich in Wasser; mischbar mit Ethanol, Diethylether;

Verbleib nach Gebrauch:
Verbrennung;

Octansäure

- CAS-Nummer:
124-07-2
- gebräuchliche Namen:
Oktansäure; n-Octansäure; Caprylsäure; Kaprylsäure; Carbonsäure C-8; Heptancarbonsäure-(1); n-Caprylsäure;
- Handelsnamen:
Hexacid 898; NEO-FAT 8;
- Summenformel:
$C_8H_{16}O_2$

- Strukturformel:

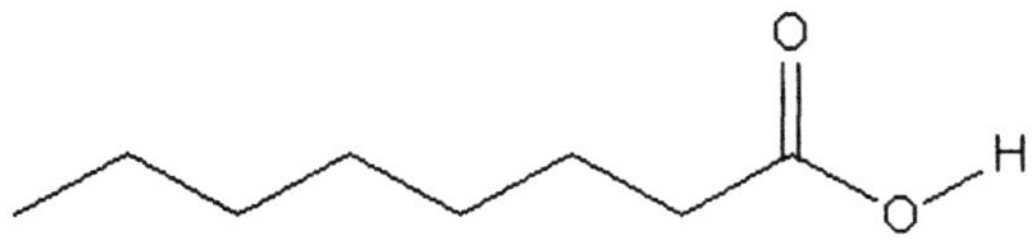

Verfahren:
1.Druckverfahren/Flachdruck indirekt/Offsetdruck;
2.Druckverfahren/Hochdruck direkt/Magnesium- und Zink-Ätzplatten;
Anwendung:
Druckformherstellung;

Eigenschaften:
- toxikologisch/ökotoxikologisch:
RTECS # RH 0175000
Schweizer Giftliste: 4
WGK: 1
R-Satz: 22-34-36/38
S-Satz: 24/25-26;
Sonstiges:
Dämpfe reizen, insbesondere wenn deren Konzentration durch Erhitzen der Substanz steigt, stark Augen und Atemwege; Haut wird nur bei hohen Konzentrationen durch Dämpfe gereizt; Kontakt mit der Flüssigkeit bewirkt sehr starke Reizung der Augen und Haut; Hautresorption!; Gesundheitsgefährdung beruht ausschließlich auf dem Säurecharakter der Substanz; bei Aufnahme durch den Mund starke Reizwirkung im Verdauungskanal; bei Erhitzen bis zur Zersetzung bilden sich säurehaltigeDämpfe [163]; LD 50 (oral, Ratte): 10080 mg/kg [187];LD 50 (intravenös, Maus): 600 mg/kg [428];

Gefahren-Symbol:

- physikalisch/chemisch:
Schmelzpunkt: 16,5 °C
Siedepunkt: 238-239,3 °C
Flammpunkt: 130 °C (offener Tiegel); 132 °C
Dampfdruck: 0,05 hPa (20 °C) [163]; 0,0029 hPa (20 °C), 1,33 hPa (92,3 °C)
Log pOW: 2,92 [634]
Brechungsindex: 1,4285 (20 °C)
Dichte: 908,8 kg/m3 (20 °C); 906 kg/m3 (25 °C)
Molmasse: 144,213 g/mol

Löslichkeit:
Wasser 2,5 g/l (100 °C), 0,68 g/l (20 °C), 0,95 g/l (45 °C), 1,13 g/l (60 °C); löslich in Benzen (Benzol), Trichlormethan (Chloroform), Schwefelkohlenstoff; mischbar mit Ethanol, Diethylether;

Verbleib nach Gebrauch:
Verbrennung nach Mischung mit brennbarem Lösemittel;;

Bemerkung:
Ölige, farblose, schwach ranzig riechende Flüssigkeit; brennbar;
Explosionsgrenzen: 1,4-Vol% ; Zündtemp.: 440 °C [163];
Verwendung: Ester als Lösemittel und Weichmacher in der Kunststoff- und Lackindustrie; Salze zur Herstellung von antimykotisch wirksamen Salben und Pudern; in der Druckindustrie bei der Herstellung von Flachdruckdruckformen;

Octansäure, bis-Kobaltsalz

- **CAS-Nummer:**
6700-85-2
- **gebräuchliche Namen:**
Cobalt(II)-octanoat; Cobaltoctanoat; Kobalt(II)-octanoat; Kobaltoctanoat
- **Summenformel:**
$C_{16}H_{30}O_4Co$

- **Strukturformel:**

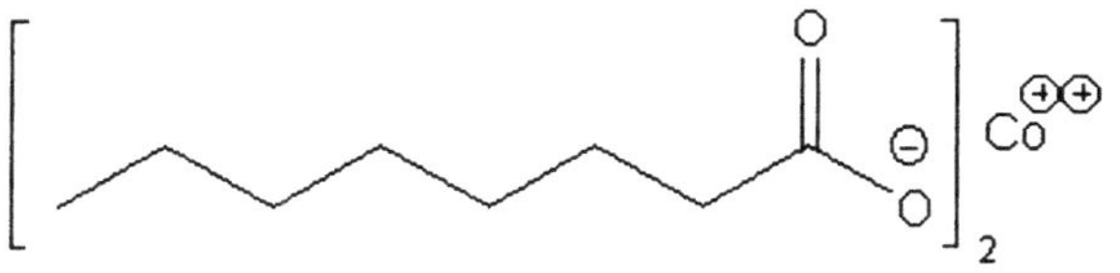

Eigenschaften:
- **toxikologisch/ökotoxikologisch:**
MAK Wert: vgl. Abschnitt IV [481]
Sonstiges:
Gefahr der Sensibilisierung der Atemwege und der Haut [481];

Octansäure, bis-Zink-Salz

- **CAS-Nummer:**
557-09-5
- **gebräuchliche Namen:**
Zinkoctanoat, Zinkoctoat, Zinkoctylat, Zink(II)-n-octanoat
- **Handelsnamen:**
Zinkcaprylat
- **Summenformel:**
$C_{16}H_{30}O_4Zn$

- Strukturformel:

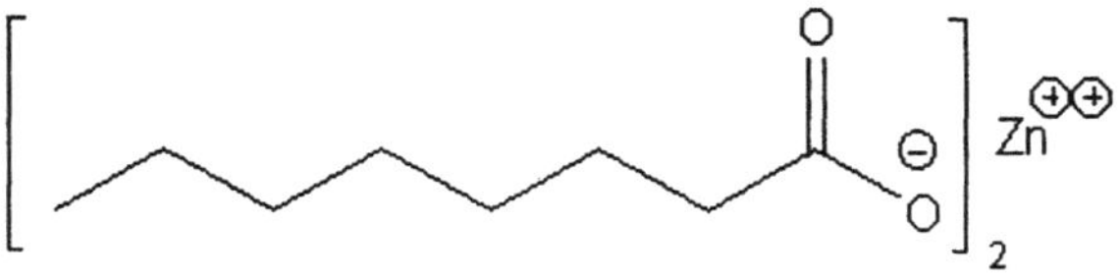

Eigenschaften:
- toxikologisch/ökotoxikologisch:
Sonstiges:
Gefährlich beim Verschkucken, Einatmen und der Absorption mit der Haut,der Kontakt mit den Augen, der Haut und der Kleidung muß vermieden werdenes muß Schutzlkleidung getragen werdendie Verbindung muß im gut verschlossenen Behälter in gut belüfteten Räume aufbewahrt werdenLD-50 (oral) Maus: 2370 mg/kg

- physikalisch/chemisch:
Schmelzpunkt: 136 °C [636]
Molmasse: 351,83 g/mol

Löslichkeit:
bei Sdp. wenig in Wasser, mäßig in Ethanol löslich

Bemerkung zu physikalisch/chemischen Daten:
glänzende Plättchen

Bemerkung:
Fungicid

Octansäure Kupfer(I)-salz

- CAS-Nummer:
20543-04-8
- Handelsnamen:
Kupferoctanoat
- Summenformel:
$C_{16}H_{30}CuO_4$

- Strukturformel:

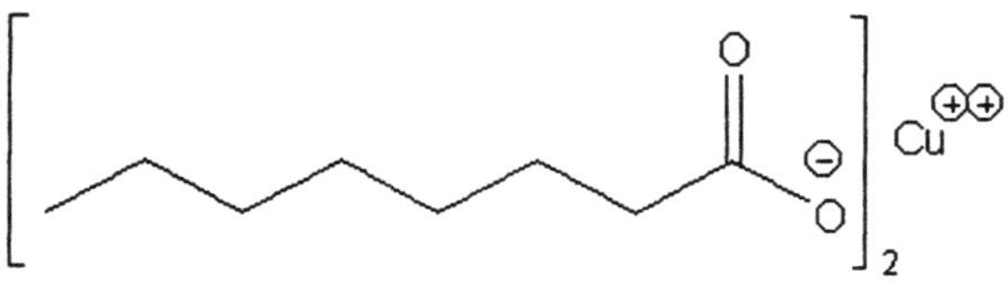

Eigenschaften:
- toxikologisch/ökotoxikologisch:
MAK Wert: 1 mg Cu/m3 E
Sonstiges:
Spitzenbegrenzung II,1 [481];

- physikalisch/chemisch:

Bemerkung:
enthalten in Produkt:
Neu 1140F "Kupferseife"
W. Neuendorf GmbH KG
Postf. 1209, A. d. Mühle 3
D-31860 Emmertal

Oktadekadienonitril

- CAS-Nummer:
19836-71-6
- gebräuchliche Namen:
OLN
- Summenformel:
$C_{18}H_{31}N$

Funktion:
Additiv/Weichmacher;
Verfahren:
Druckverfahren;
Anwendung:
Farbe;

Eigenschaften:

- physikalisch/chemisch:
Schmelzpunkt: - 25 °C
Siedepunkt: 330 °C
Flammpunkt: 180 °C
Dichte: 847 kg/m3 (25 °C)
Molmasse: 257 g/mol

Oktyl-epoxy-stearat

- CAS-Nummer:
106-84-3
- Handelsnamen:
Drapex 3.2
- Summenformel:

Funktion:
Additiv/Weichmacher;
Verfahren:
Druckverfahren;
Anwendung:
Farbe;

Eigenschaften:

- **physikalisch/chemisch:**
  Schmelzpunkt: -13 °C
  Siedepunkt: 240 °C
  Flammpunkt: 265 °C
  Dichte: 899 kg/m3 (25°C)
  Molmasse: 400 g/mol

Oktyl-epoxy-tallat

- **CAS-Nummer:**
  61788-72-5
- **Handelsnamen:**
  Admex 741; Admex 746; Drapex 4,4; PX-806; Plastolein 9214
- **Summenformel:**
  $C_{26}H_{48}O_4$

Funktion:
Additiv/Weichmacher;
Verfahren:
Druckverfahren;
Anwendung:
Farbe;

Eigenschaften:

- **physikalisch/chemisch:**
  Schmelzpunkt: -14 °C
  Siedepunkt: 200 °C
  Flammpunkt: 218 °C
  Dichte: 920 kg/m3 (25°C)
  Molmasse: 420 g/mol

n-Oktyl-n-dekyl-adipat

- **CAS-Nummer:**
  110-29-2
- **gebräuchliche Namen:**
  NODA; Adipinsäure-(n-oktyl)-(n-dekyl)-ester;
- **Handelsnamen:**
  Monoplex NODA; PX-212;
- **Summenformel:**
  $C_{24}H_{46}O_4$

- **Strukturformel:**

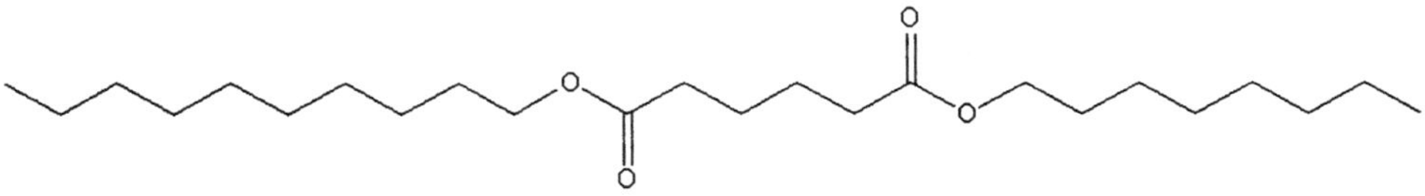

Funktion:
Additiv/Weichmacher;
Verfahren:
Druckverfahren;
Anwendung:
Farbe;

Eigenschaften:

- physikalisch/chemisch:
Schmelzpunkt: 0 °C
Siedepunkt: 234 °C
Flammpunkt: 198 °C
Dichte: 916 kg/m3 (25°C)
Molmasse: 400 g/mol

Löslichkeit:
< 0,01 g/100 ml Wasser

ortho-Phosphorsäure

- CAS-Nummer:
7664-38-2
- UN Nummer:
1805
- gebräuchliche Namen:
Orthophosphorsäure; Phosphorsäure;
- Summenformel:
H_3PO_4

Funktion:
pH-Wertregulator;
1.Fixierer; Ätzmittel für Aluminium;
Verfahren:
1.Druckverfahren/Flachdruck indirekt/Offsetdruck;
2.Druckformherstellung/Reproduktionsfotografie;
Anwendung:
1.Druckformherstellung; In Korrekturmittel für Aluminium-Platten; Metalldruck;
2.Entwicklerbad;

Eigenschaften:
- toxikologisch/ökotoxikologisch:
RTECS # TB 6300000
Schweizer Giftliste: 2
WGK: 1
MAK Wert: 1 mg/m3
R-Satz: 34
S-Satz: (1/2)-26-45
Sonstiges:
Einstufung und Kennzeichnung von Zubereitungen, in denen diese Substanz enthalten ist:25%<=C ¦¦> C; R3410%<=C<25% ¦¦> Xi; R36/38Kontakt mit konzentrierter wäßriger Lösung führt zu lokalen Reiz- und Ätzwirkungen an Haut, Augen und Schleimhäuten; Perforationsgefahr! [418]; Die bei starker Erhitzung entstehenden Dämpfe reizen die Augen und die Atmungsorgane. Bei Erhitzung bis zur Zersetzung bilden sich Dämpfe von giftigen Phophoroxiden [484]; Wirkt schädigend beim Einatmen, Verschlucken oder Aufnahme über Haut;wirkt extrem zerstörerisch auf das Gewebe der Schleimhäute und Atemwege, Augen und Haut; Einatmung kann tödliche Folgen haben [187]; Keine Veränderung der Harnzusammensetzung oder Stoffwechselstörungen bei

oraler Gabe von 3900 mg über 14 Tage beobachtet [43];LD 50 (oral, Ratte): 1530 mg/kg [187];LD 50 (Haut, Kaninchen): 2740 mg/kg [187];138 mg/l tödlich für Fische [418];

Gefahren-Symbol:

C

- physikalisch/chemisch:

Schmelzpunkt: 42 °C
Siedepunkt: 213 °C
Dampfdruck: 0,04 hPa(20 °C) [187]; 6,6 hPa (25 °C) [187]; 2,2 hPa (20 °C) [418]
Dichte: 1880 kg/m3 (20 °C); 1685 kg/m3 (20 °C) - 85%-ige Lösung
Molmasse: 97,9953 g/mol

Löslichkeit:
sehr leicht löslich in Wasser; löslich in Ethanol;

Bemerkung zu physikalisch/chemischen Daten:
Alle Angaben für eine 99 %ige wäßrige Lösung;

Verbleib nach Gebrauch:
Sondermüll-Deponie, wasserunlösliche Feststoffe und Flüssigkeiten nach Neutralisation (nur für Kleinmengen);

Bemerkung:
Farblose, leicht viskose, fast geruchlose Flüssigkeit (Lösung in Wasser)
-> meta-Phosphorsäure, CAS-Nr.: 37267-86-0;
Zum Einfluß von Phosphaten auf die Umwelt siehe [423];
Enthalten in Phosphorsäure 75%;

3-Oxobutansäureethylester

- CAS-Nummer:
141-97-9

- gebräuchliche Namen:
Acetethansäureethylester; Acetessigsäureethylester; Ethylacetoacetat; 3-Oxobutanoat; Acetessigester; Acetylessigsäureetyhlester; Ethylacetylactat; ß-Hydroxy-crotonsäureethylester; ß-Ketobuttersäureethylester; 3-Ketobuttersäureethylester; Aethyliumaceticoaceticum; 3-Oxobutanoat;

- Summenformel:
$C_6H_{10}O_3$

- Strukturformel:

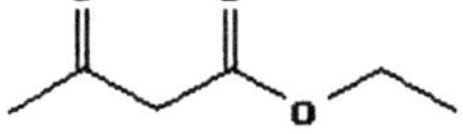

Eigenschaften:

- toxikologisch/ökotoxikologisch:

RTECS # AK 5250000
Schweizer Giftliste: 4
WGK: 1

Sonstiges:
Kann schädigend wirken beim Einatmen, Verschlucken oder Aufnahme überHaut; Dämpfe reizen Augen, Schleimhäute und Atemwege; verursachtHautreizungen [187];LD 50 (oral, Ratte): 3980 mg/kg [428];LC 50 (inhalativ, Ratte): >1129 ml/m3/6 h [575];LD 50 (oral, Maus): 5105 mg/kg [428], 3200-6400 mg/kg [575];LD 50 (dermal, Kaninchen): >5000 mg/kg, >10300 mg/kg [575];LD 50 (dermal, Meerschweinchen): >20 ml/kg [575];LC 50 (Fisch; Goldorfe): 515/275 mg/l [33];LC 100 (Fisch; Goldorfe): 596/306 mg/l [33];EC 0 (Daphnia magna): 640/583 mg/l/24 h [575];EC 50 (Daphnia magna): 790/800 mg/l/24 h [575];EC 100 (Daphnia magna): 1136 mg/l/24 h [575];Toxische Grenzkonzentration für Entosiphon sulcatum 391 mg/l; Uronema parduczi 596 mg/l; Chilomonas paramaecium 435 mg/l [36];Biologische Abbaubarkeit (Respirationstest) >90 % [484];Nicht leicht biologisch abbaubar; vorauss. potentiell biologisch abbaubar [575];

Gefahren-Symbol:

Xi

- physikalisch/chemisch:
Schmelzpunkt: - 43 °C; -44 °C bis -39 °C
Siedepunkt: 181 °C; 178-187 °C;
Flammpunkt: 84 °C; 65 °C c.c.
Dampfdruck: 1 hPa (20 °C) [484];
Log pOW: -0,2 [575]
Brechungsindex: 1,4190 kg/m3 (20 °C)
Dichte: 1021 kg/m3 (25 °C)
Molmasse: 130,14 g/mol

Löslichkeit:
gut löslich in Acetessigsäureethylester (125 g/l) [575];
löslich in Wasser 125 g/l (16 °C); Ethanol; Diethylether; Benzen; Trichlormethan;

Bemerkung zu physikalisch/chemischen Daten:
Zündtemperatur: 280 °C [575];

Verbleib nach Gebrauch:
Verbrennung;

Bemerkung:
Farblose Flüssigkeit; angenehmer, obstartiger Geruch;
Unverträglich mit Säuren, Basen, Oxidations- und Reduktionsmitteln;
Bildet im dampf-/gasförmigen Zustand mit Luft explosionsfähige Gemische;
Explosionsgrenzen: 1,0-54 Vol.-%; Zündtemperatur: 280 °C [484];
Kann zu Ketonen und Alkoholen bzw. deren Polyprodukte gespalten werden [575];

α-(1-Oxo-9-Oktadekenyl)-w-(hydroxy)-Z-Poly-(oxy-1,2-ethandiyl)

- CAS-Nummer:
9004-96-0
- gebräuchliche Namen:
Poly-(oxyethylen)-monooleat; α-(1-Oxo-9-oktadekenyl)-w-(hydroxy)-Z-poly-(oxìy-1,2-ethandiyl);

Eigenschaften:
- physikalisch/chemisch:

Bemerkung:
Verwendung: als Lebensmittelverpackung;

2,2'-(Oxybis-(ethylenoxy))-diethanol

- **CAS-Nummer:**
  112-60-7
- **gebräuchliche Namen:**
  Tetraethylenglykol; Tetraglykol; 2,2'-Bis-(2-Hydroxyethyl)-diethylether; Bis-(2-(2-hydroxyetoxy-9-ethyl)-ether; TEG;Bis-(2-,2-hydroxy-ethoxy)-ethyl)-ether; 2,2'-(Oxybis(2,1-ethandiyloxy))bisethanol; 2,2'-(Oxibis(2,1-ethandiyloxy)diethanol;
- **Handelsnamen:**
  Hi-Dry;
- **Summenformel:**
  $C_8H_{18}O_5$
- **Strukturformel:**

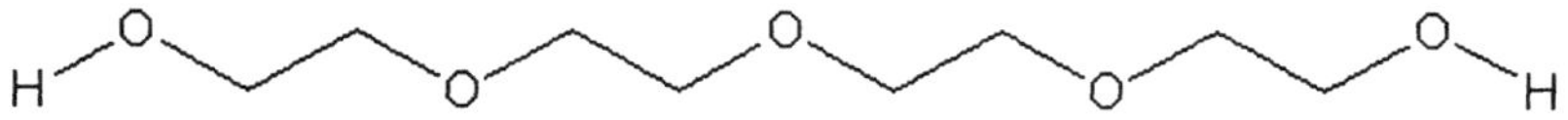

Eigenschaften:
- **toxikologisch/ökotoxikologisch:**
  RTECS # XC 2100000
  WGK: 0
  R-Satz: 36/37/38
  S-Satz: 26-36
  Sonstiges:
  Wenig giftige Substanz; Nur bei Brand reizende Wirkung durch Entstehung von Nebeln denkbar [163];LD 50 (oral, Ratte): 29 mg/kg [428];Schädigend für Wasserorganismen: LD 50 (96 h): 1000 mg/l [10];

- **physikalisch/chemisch:**
  Schmelzpunkt: -6 °C; -5 °C;
  Siedepunkt: 327 °C; 328 °C;
  Flammpunkt: 174 °C; 176 °C; 195 °C;
  Dampfdruck: 0,01 hPa (20 °C) [484];
  Brechungsindex: 1,4577 (20 °C)
  Dichte: 1125 kg/m3
  Molmasse: 194,23 g/mol

  Löslichkeit:
  Unendlich löslich in Wasser; löslich in Ethanol, Ether;

  Bemerkung zu physikalisch/chemischen Daten:
  Zündtemperatur: 340 °C [484];

Verbleib nach Gebrauch:
Verbrennung nach Mischung mit brennbarem Lösemittel;;

Bemerkung:
Farblose Flüssigkeit; fast geruchlos;
Der Stoff reagiert bei Kontakt mit sauerstoffreichem Material (starken Oxidationsmitteln);
Lösungsmittel;

Paraffin

- CAS-Nummer:
8002-74-2
- gebräuchliche Namen:
Apiezonwachs; Paraffinwachs; Petroleumwachs; Paraffin (chloriert);
- Handelsnamen:
Controzon; Controzon W; Controzon Plus; Controzon Plus Neu;
- Summenformel:
N

Funktion:
1.- 3.Additiv;
Verfahren:
1.Druckverfahren/Durchdruck direkt/Siebdruck;
2.Druckverfahren/Hochdruck direkt/Buchdruck;
3.Druckverfahren/Tiefdruck;
Anwendung:
1.Druckformherstellung;
2.Einstellung der Reibfestigkeit;
3.Tiefdruckfarben auf Wasserbasis;

Eigenschaften:
- toxikologisch/ökotoxikologisch:
RTECS # RV 0350000
WGK: 0
Sonstiges:
tumorigen [428]; verursacht Reizungen [428];TD Lo (implantiert, Ratte): 120 mg/kg [428];TD (implantiert, Maus): 640 mg/kg, 660 mg/kg, 560 mg/kg [428];

- physikalisch/chemisch:
Schmelzpunkt: 53-56 °C; 58-60 °C
Flammpunkt: >110 °C
Dichte: 900 ± 30 kg/m3

Löslichkeit:
löslich in Methylbenzen, Trichlormethan, Hexan, Benzin, Propanon; unlöslich in Alkohol, Wasser;

Verbleib nach Gebrauch:
Verbrennung nach Mischung mit brennbarem Lösemittel;

Bemerkung:
Weiße Klumpen;
zugelassen als Lebensmittelzusatzstoff nach Lebensmittelgesetz und Bedarfsgegenständegesetzt [39];

zu Controzon; Controzon W; Controzon Plus; Controzon Plus Neu; [Sdb D.O.G.]:
weiß bis bräunlicher Feststoff; schwach paraffinartiger Geruch;
Schmelzpunkt: 54-58 °C; Dampfdruck: <0,1 hPa (20 °C); Flammpunkt: 200-250 °C; Dichte: 900 kg/m3 (20 °C);
Gefährliche Reaktionen: Reaktion mit starken Oxidationsmitteln möglich; Gefährliche Zersetzungsprodukte: Kohlenmonoxid, Stickoxide, Schwefeldioxid, Ruß und andere organische Produkte;
Enthalten in Ultralube VP-411/12 (5-10%);

Paraffin, C10-C13

- CAS-Nummer:
8012-95-1
- gebräuchliche Namen:
Mineralöl; Paraffinöl; paraffinscher Mineralölweichmacher; aliphatischer Mineralölweichmacher;
- Handelsnamen:
Adepsine Oil; Alboline; Bayol I; Bayol 55; Blandlube; BP Enerpar 1903; Chrystosol; Enerpar 20; Fina 2069; Flexan 845; Glymol; Crystol 325; Irgamax 361; Kondremul; Neo-cultol; Nujol; Paroline; Primol; Primol D; Primol 355; Petrolatum; Saxol; Shellfelx-371 N; Sunapur; USP mineraloil; Shelllflex 371 N; Sunpar 110; Sunpar 150; Sunpar 2280; Sunpar 2280; Ultral 7; Uvasol;

Eigenschaften:
- toxikologisch/ökotoxikologisch:
RTECS # PY 8030000
WGK: 0
R-Satz: 41
S-Satz: 26-36
Sonstiges:
TD Lo (intraperitoneal, Maus): 14000 mg/kg [428];TD Lo (Haut, Maus): 332000 mg/kg/20 W (intermittierend), 20800 µl/kg/13 W (intermittierend) [428];LD 50 (oral, Maus): 22000 mg/kg [428];LD 50 (oral, Ratte): >24000 mg/kg [428];TD Lo (Haut, Ratte): 5200 µl/kg/13 W (intermittierend) [428];MLD (Haut, Kaninchen): 100 mg/24 h [428];MLD (Haut, Meerschweinchen): 100 mg/24 h [428];LC Lo (inhalativ, Mann): 5 mg/m3/5 a (intermittierend) [428];

- physikalisch/chemisch:
Siedepunkt: 360 °C
Flammpunkt: 130 °C
Brechungsindex: 1,4670 (20 °C)
Dichte: 838 kg/m3; 875-905 kg/m3

Löslichkeit:
löslich in Benzen, Trichlormethan, Ether, Schwefelkohlenstoff, Petrolether; unlöslich in Wasser;

Verbleib nach Gebrauch:
Verbrennung nach Mischung mit brennbarem Lösemittel;

Bemerkung:
Farblose, ölige Flüssigkeit; geruchlos [428];

Paraformaldehyd

- CAS-Nummer:
30525-89-4
- gebräuchliche Namen:
Polyoxymethylen;
- Summenformel:
$(CH_2O)_n$

Verfahren:
Druckformherstellung/ Reproduktionsfotografie;
Anwendung:
Lith-Entwickler;

Eigenschaften:
- toxikologisch/ökotoxikologisch:
RTECS # RV 0540000
Schweizer Giftliste: 4
R-Satz: 22
S-Satz: 24/25

Gefahren-Symbol:

Xi

- physikalisch/chemisch:
Schmelzpunkt: 140-150 °C (Zers.)
Molmasse: (30,03 g/mol) * n

Löslichkeit:
leicht löslich in heißem Wasser, verdünnter Natronlauge, Natriumsulfit-Lösung; unlöslich in Diethylether, Propanon;

Verbleib nach Gebrauch:
Verbrennung;

Bemerkung:
Weißes Pulver;
Verwendung: in der Fotoindustrie als Entwickler;

Pentaerythiol-tetra-benzoat

- CAS-Nummer:
4196-86-5
- gebräuchliche Namen:
PETB; Benzoesäure-tetra-ester mit Pentaerythri-tol; pentaerythiol-tetra-Benzoat
- Handelsnamen:
Benzoflex S-552
- Summenformel:
$C_{33}H_{28}O_8$

Funktion:
Additiv/Weichmacher;
Verfahren:
Druckverfahren;
Anwendung:
Farbe;

Eigenschaften:
- physikalisch/chemisch:
Schmelzpunkt: 99 °C
Siedepunkt: °C
Flammpunkt: 315 °C
Dichte: 1280 kg/m3 (25°C)
Molmasse: 552 g/mol

Pentan

- **CAS-Nummer:**
  109-66-0
- **UN Nummer:**
  1265
- **gebräuchliche Namen:**
  n-Pentan; Pentane, flüssig;
- **Handelsnamen:**
  Skellysolve A; Napar 5-Napar 53;
- **Summenformel:**
  C_5H_{12}

- **Strukturformel:**

Funktion:
Lösungsmittel;
Verfahren:
Druckverfahren;

Eigenschaften:
- **toxikologisch/ökotoxikologisch:**

RTECS # RZ 9450000
Schweizer Giftliste: 4
WGK: 1
MAK Wert: 3000 mg/m3 bzw. 1000 ml/m3
R-Satz: 11
S-Satz: (2)-9-16-29-33
Sonstiges:
Spitzenbegrenzung IV [481];Einatmen der Dämpfe wirkt in hohen Konzentrationen betäubend und kann Herzrhythmusstörungen auslösen; Kontakt mit der Flüssigkeit führt zu Reizung der Augen und Haut [484];Kann infolge des niedrigen Siedepunktes Erfrierungen auf der Haut verursachen. Beim Verschlucken mit anschließendem Erbrechen kann Aspiration in die Lunge erfolgen, was zur chemischen Pneumonie oder zur Erstickung führen kann. Symptome: Erfrierungen, Schwindelgefühl, Benommenheit, Bewußtlosigkeit. [Sdb Shell]In hohen Konzentrationen lokale Reizwirkung auf Schleimhäute. Einatmen konzentrierter Dämpfe sowie orale Aufnahme führen zu narkoseähnlichen Zuständen und zu Kopfschmerzen, Schwindel, etc. [Sdb Shell];LD/LC 50 (oral, Ratte): >16000 mg/kg;LD/LC 50 (inhal.ativ Ratte): >100 mg/l/4 h;LC 50 (inhalativ, Maus): 295 mg/kg [634];LD 50 (intravenös, Maus): 446 mg/kg [634];LD/LC 50 (dermal, Kaninchen): >2500 mg/kg;LC 50 (Regenbogenforelle): >100 mg/l/96 h [Sdb Shell];60 mg/l tödlich für Fische [32];Biologisch schwer abbaubar [Sdb Shell];

Gefahren-Symbol:

- **physikalisch/chemisch:**

Schmelzpunkt: -129,7 °C; -130 °C;
Siedepunkt: 36,2 °C; 35-36 °C; 35-38 °C
Flammpunkt: -40 °C; -49 °C; <-40 °C
Dampfdruck: 573 hPa (20 °C) [32]; 1100 hPa (38 °C)
Verdampfungswärme: 357,55 kJ/kg
Log pOW: 3,23, 3,39 [4];
Brechungsindex: 1,3577 (20 °C); 1,3580 (20 °C);

Dichte: 626,3 kg/m3 (20 °C)
Molmasse: 72,150 g/mol
Verdunstungszahl: 6,7 (Diethylether = 1) [18]

Löslichkeit:
Wasserlöslichkeit: <1mg/l (20 °C); unlöslich in Wasser; mischbar mit Ethanol, Diethylether;

Verbleib nach Gebrauch:
Verbrennung, hochentzündliche Stoffe;

Bemerkung:
Farblose, fast geruchlose Flüssigkeit; brennbar;
In dampf-/gasförmigen Zustand mit Luft explosionsfähig;
Explosionsgrenzen: 1,4 - 8 Vol.% ; Zündtemp.: 285 °C [32];
Explosionsgrenzen: 1,4 - 8 Vol.% ; Zündtemp.: 309 °C [484];
Stoff reagiert bei Kontakt oder Mischung mit Halogen, sauerstoffreichem Material (starken Oxidationsmitteln), konzentrierter Salpetersäure und geschmolzenem Schwefel [484];
Verwendung als technisches Lösemittel; Farben- und Lackindustrie; Kunstoffindustrie; Aerosoltreibmittel; Kosmetische Mittel; Schaumbildner; Lösungssmittel;
Mengenangaben: 100000-500000 Tonnen;

2,4-Pentandion

- CAS-Nummer:
123-54-6
- UN Nummer:
2310
- gebräuchliche Namen:
Acetylaceton; Diacetylmethan; β,δ-Dioxopentan;2,4-Dioxopentan; Acetoaceton; Pentan-2,4-dion;
- Summenformel:
$C_5H_8O_2$

- Strukturformel:

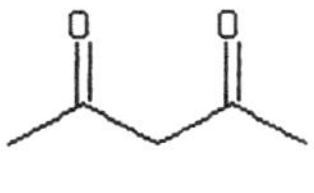

Funktion:
Lösungsmittel;
Verfahren:
Druckverfahren;

Eigenschaften:
- toxikologisch/ökotoxikologisch:
RTECS # SA 1925000
Schweizer Giftliste: 4
WGK: 1
R-Satz: 10-22
S-Satz: (2)-21-23-24/25
Sonstiges:
Einstufung und Kennzeichnung von Zubereitungen, in denen diese Substanz enthalten ist:25%<=C ¦¦> Xn; R22Dämpfe reizen stark Augen und Atemwege; Kontakt mit Flüssigkeit führt zu starker Reizung der Augen und Haut; lähmende (narkotische) Wirkung auf das ZNS; Hautresorption; Leber- und Nierenschäden möglich [163];LD 50 (oral, Ratte): 1000 mg/kg [32], 760-1000 mg/kg [634];LC 50 (inhalativ, Ratte): 1224 ppm/4h [634];LD 50 (oral, Maus): 951 mg/kg [634];LD 50 (Haut, Kaninchen): 4850 mg/kg [9], 5000 mg/kg [39];LD 50 (dermal, Meerschweinchen): 9750-19500

mg/kg [634];Toxische Grenzkonzentration für Pseudomonas putida 67 mg/l, Scenedesmus quadricauda 2,7 mg/l [32];LC 50 (Daphnia magna): 100 mg/l [33];

Gefahren-Symbol:

- physikalisch/chemisch:

Schmelzpunkt: - 23--23,5 °C
Siedepunkt: 137,7 °C; 139-140,5 °C
Flammpunkt: 30 °C; 36 °C; 40,5 °C (offen)
Dampfdruck: 9,3 hPa (20 °C) [32]; 8,5 hPa (20 °C) [484], [634]; 20 hPa (30 °C); 50 hPa (50 °
Log pOW: 0,34 [4], [634]
Brechungsindex: 1,4513 (19,8 °C)
Dichte: 977 kg/m3 (19 °C); 972,1-972,8 kg/m3 (25 °C), 975-976 kg/m3 (20 °C)
Molmasse: 100,117 g/mol
Verdunstungszahl: 0,75 (BuAc = 1) [9]

Löslichkeit:
Wasser 166 g/l (20 °C); mischbar mit Ethanol, Diethylether; löslich in Benzen, Trichlormethan, Propanon, Eisessig;

Verbleib nach Gebrauch:
Verbrennung, hochentzündliche Stoffe;

Bemerkung:
Farblose, mild, ketonartig riechende Flüssigkeit; brennbar;
Bildet mit Luft in dampf-/gasförmigen Zustand explosionsfähige Gemische;
Explosionsgrenzen: 2,4-11,6 Vol.-% ; Zündtemp.: 340 °C [9];
Explosionsgrenzen: <1,7-? Vol.-%; Zündtemp.: 350 °C [484], 340-350 °C [634];
Stoff reagiert bei Kontakt mit anorganischen Säuren, starken Basen, Aminen, Isocyanaten, sauerstoffreichem Material (Oxidationsmitteln) und Reduktionsstoffen;
Verwendung: technisches Lösemittel;

Pentan-1-ol

- CAS-Nummer:
71-41-0
- gebräuchliche Namen:
1-Pentanol; Pentylalkohol; n-Amylalkohol; Amylalkohol;
- Summenformel:
$C_5H_{12}O$

- Strukturformel:

Funktion:
Lösungsmittel;
Verfahren:
Druckverfahren;

Eigenschaften:
- toxikologisch/ökotoxikologisch:
RTECS # SB 9800000;
Schweizer Giftliste: 4
WGK: 1
MAK Wert: MAK(D)-Wert: 100 mg/m3
R-Satz: 10-20
S-Satz: 24/25
Sonstiges:
Lösemittelklasse: IId (Gefahrstoffverordnung);Nervengift: Kopfschmerzen, Erbrechen, Magen- und Darmkatarrh, Bewußtseinstrübung;Innerlich 0,5 g giftig [30];LD 50 (oral Ratte): 3880 mg/kg [9], 3030 mg/kg [32];LD 50 (Haut, Kaninchen): 3600 mg/kg [9];Toxische Grenzkonzentration für Scenedesmus quadricauda 260 mg/l [404];

Gefahren-Symbol:

- physikalisch/chemisch:
Schmelzpunkt: - 78,5 °C
Siedepunkt: 138 °C
Flammpunkt: 48 °C
Dampfdruck: 3 hPa (20 °C) [32]; 3,7 hPa (20 °C) [132];
Verdampfungswärme: 590,34 kJ/kg
Log pOW: 1,16 [4]
Brechungsindex: 1,4379 (20 °C)
Dichte: 811 kg/m3 (20 °C)
Molmasse: 88,149 g/mol
Verdunstungszahl: 0,23 (BuAc = 1), für Isomerengemisch [9]; 62 (Diethylether)

Löslichkeit:
Wasser 27 g/l (20 °C); mischbar mit Ethanol, Diethylether;

Verbleib nach Gebrauch:
Verbrennung, hochentzündliche Stoffe;

Bemerkung:
Farblose, charakteristisch riechende Flüssigkeit; brennbar;
Bildet im dampf-/gasförmigen Zustand mit Luft explosionsfähige Gemische;
Explosionsgrenzen: 1,3 - 10,5 Vol% ; Zündtemp.: 300 °C [32];
Verwendung: technisches Lösemittel;

Pentan-2-on

- CAS-Nummer:
107-87-9
- UN Nummer:
1249
- gebräuchliche Namen:
Ethylaceton; Methylpropylketon; 2-Pentanon; MPC; MPK;
- Summenformel:
$C_5H_{10}O$

- Strukturformel:

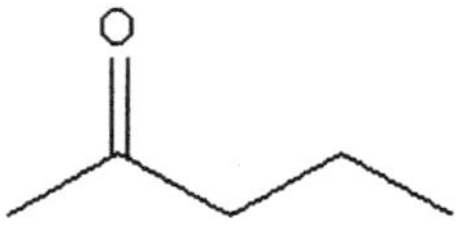

Funktion:
Lösungsmittel;
Verfahren:
Druckverfahren/Durchdruck direkt/Siebdruck;

Eigenschaften:
- toxikologisch/ökotoxikologisch:
RTECS # SA 7875000;
Schweizer Giftliste: 4
WGK: 1
MAK Wert: 710 mg/m3 bzw. 200 ml/m3
R-Satz: 11
S-Satz: 9-16-33
Sonstiges:
Spitzenbegrenzung: II,1 [481];Dämpfe reizen Augen und Atemwege; Kontakt mit der Flüssigkeit ver-ursacht Reizung der Augen und der Haut; betäubende Wirkung möglich;Leber- und Nierenschäden möglich;1500 ml/m3 eingeatmet bewirken Reizung der Augen und Atemwege [9];LD 50 (oral, Ratte): 3730 mg/kg [9];LD 50 (Haut, Kaninchen): 6500 mg/kg [9];

Gefahren-Symbol:

- physikalisch/chemisch:
Schmelzpunkt: - 77,8 °C
Siedepunkt: 102 °C
Flammpunkt: 7 °C
Dampfdruck: 16 hPa (20 °C) [29]; 36 hPa (20 °C) [9];
Log pOW: 0,91 [4]
Brechungsindex: 1,3895 (20 °C)
Dichte: 811,9 kg/m3 (15 °C)
Molmasse: 86,133 g/mol
Verdunstungszahl: 2,7 (BuAc = 1) [9]

Löslichkeit:
Wasser 43 g/l (20 °C); mischbar mit Ethanol, Diethylether;

Verbleib nach Gebrauch:
Verbrennung, hochentzündliche Stoffe;

Bemerkung:
Farblose, angenehm riechende Flüssigkeit; brennbar; Dämpfe leicht entzündbar;
Bildet im dampf-/gasförmigen Zustand mit Luft explosionsfähige Gemische;
Explosionsgrenzen: 1,5 - 8,2 Vol % ; Zündtemp.: 505 °C [9];
Verwendung: technisches Lösemittel;

Periodsäure

- **CAS-Nummer:**
  10450-60-9
- **gebräuchliche Namen:**
  Perjodsäure; Orthoperiodsäure; Orthoperjodsäure;
- **Summenformel:**
  H_5IO_6

Funktion:
Entschichtungsmittel;
Verfahren:
Druckverfahren/Durchdruck direkt/Siebdruck;
Anwendung:
Siebentschichtung;

Eigenschaften:
- **toxikologisch/ökotoxikologisch:**
  WGK: 1
  R-Satz: 9-34
  S-Satz: 17-24-26-36
  Sonstiges:
  Kontakt mit festem Stoff verursacht Verätzungen von Augen, Haut undSchleimhäuten [418];

  Gefahren-Symbol:

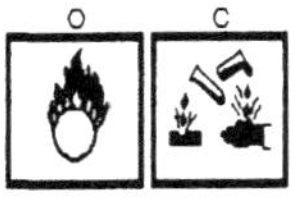

- **physikalisch/chemisch:**
  Schmelzpunkt: 124-127 °C
  Siedepunkt: 140 °C (zers.)
  Molmasse: 227,94 g/mol

  Löslichkeit:
  Wasser 2430 g/l (20 °C); löslich in Ethanol, Diethylether;

Verbleib nach Gebrauch:
Sondermüll-Deponie, ausgefällte Sulfide von Mangan, Chrom oder Molybdän aus der Behandlung der Lösung mit Schwefelsäure und Natriumbisulfit und Neutralisation, lösliches Sulfid wird mit Hypochlorit zersetzt, neutralisiert ins Abwasser gegeben;

Bemerkung:
Weiße, fast geruchlose Kristalle;
Verwendung: als Oxidationsmittel;

Petroleum

- **CAS-Nummer:**
  8008-20-6
- **gebräuchliche Namen:**
  Kerosen; Kerosin; Leuchtöl; Leuchtpetroleum; Petrol; Base Öl;
- **Handelsnamen:**
  Fuel Oil No. 1; Turbo Fuel A1;
- **Summenformel:**

Funktion:
Lösungsmittel;
Verfahren:
Druckverfahren;

Eigenschaften:
- toxikologisch/ökotoxikologisch:
RTECS # OA 5500000
Schweizer Giftliste: 4
WGK: 1
R-Satz: 22
S-Satz: (2-)23-24-62
Sonstiges:
Einstufung und Kennzeichnung von Zubereitungen, in denen diese Substanz enthalten ist:10%<=C ¦¦> Xn; R22Kontakt mit Haut kann Entfettung und Entzündung hervorrufen; Aufnahme größerer Mengen kann zu zentralnervösen Störungen und Schläfrigkeit führen;Tödliche Dosis (Benzin): 250 ml [39];Wassergelöste Anteile biologisch abbaubar [32];Gefährdung des Trinkwassers bei Eindringen ins Grundwasser möglich;

Gefahren-Symbol:

- physikalisch/chemisch:
Schmelzpunkt: < -60 °C
Siedepunkt: 150-270 °C (*)
Flammpunkt: 38-74 °C (**)
Dampfdruck: 350 hPa (20 °C) [32]
Brechungsindex: 1,4420 (20 °C)
Dichte: 760 kg/m3 (20 °C) (***)

Löslichkeit:
unlöslich in Wasser; mischbar mit Diethylether, Schwefelkohlenstoff, Terpentinöl;

Bemerkung zu physikalisch/chemischen Daten:
(*): Siedepunkt: 175-325 °C wird auch angegeben;
(**): Flammpunkt: 81 °C wird auch angegeben;
(***): Dichte: 800 kg/m3 (20 °C) wird auch angegeben;

Verbleib nach Gebrauch:
Verbrennung;

Bemerkung:
Farblose Flüssigkeit; brennbar;
Bildet mit Luft im dampf-/gasförmigen Zustand explosionsfähige Gemische;
Explosionsgrenzen: 0,6 - 8 Vol% ; Zündtemp.: ca. 200 - 300 °C [32];
Greift Gummi an;
Verwendung: als Lösemittel; als Motorenkraftstoff; als Heizmaterial für Petrolöfen; als Lösemittel für Schädlingsbekämpfungsmittel; zum Entfetten und Entrosten; zur Kohleflotation und Kokereigaswäsche (Naphthalen-Gewinnung); für Beleuchtungszwecke;

9,10-Phenanthrenchinon

- CAS-Nummer:
84-11-7
- gebräuchliche Namen:
9,10-Phenanthrochinon;
- Handelsnamen:
PI-ON;
- Summenformel:
$C_{14}H_8O_2$

- Strukturformel:

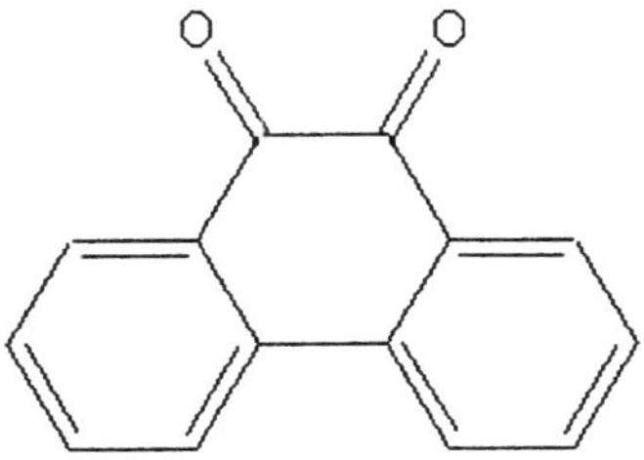

Funktion:
Additiv/Sensibilisator;
3.Additiv/Fotoinitiator;
Verfahren:
1.Reprofotografie;
2.Kopierverfahren;
3.Druckverfahren;
Anwendung:
3.UV-Farben;

Eigenschaften:
- toxikologisch/ökotoxikologisch:
RTECS # SF875000;
R-Satz: 36/37/38
S-Satz: 23-24/25
Sonstiges:
Gesundheitsschädlich beim Einatmen oder bei Aufnahme über Haut;Hautreizend;

- physikalisch/chemisch:
Schmelzpunkt: 208,5-210 °C
Siedepunkt: > 360 °C (subl.)
Dichte: 1405 kg/m3 (20 °C)
Molmasse: 208,23 g/mol

Löslichkeit:
unlöslich in Wasser; wenig löslich in Ethanol, Benzen (Benzol); löslich in Diethylether, heißer Ethansäure (Essigsäure);

Verbleib nach Gebrauch:
Verbrennung nach Mischung mit brennbarem Lösemittel;

Bemerkung:
Orange-rote Kristalle;

1-Phenoxy-2-propanol

- **CAS-Nummer:**
  770-35-4
- **gebräuchliche Namen:**
  Propylenglycolphenylether; PhP; Propylenglykolphenylether;
- **Handelsnamen:**
  Dowanol PPh;
- **Summenformel:**
  $C_9H_{12}O_2$

- **Strukturformel:**

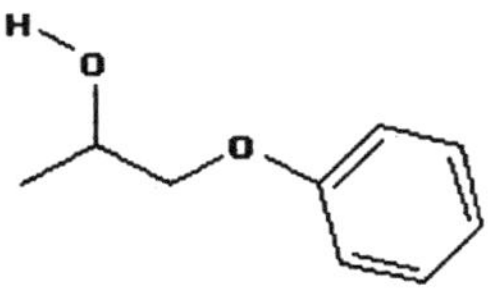

Funktion:
Lösungsmittel;
Verfahren:
Druckverfahren;

Eigenschaften:
- **toxikologisch/ökotoxikologisch:**
  R-Satz: 20-36
  S-Satz: 24-26-37/39
  Sonstiges:
  Hohe Dampfkonzentrationen oder Kontakt mit der Flüssigkeit kann zuschweren Augenreizungen und Hornhautschädigungen führen; bei wieder-holtem längeren Hautkontakt Entfettung der Haut möglich;LD 50 (oral, Ratte): 1978 mg/kg [100];BSB(5): 2 % (des theoretischen Sauerstoffbedarfs (= 2,29 mg/mg) inaklimatisiertem Frischwasser) [100];Biologisch abbaubar [100]; keine Anreicherung in leb. Organismen [100];(): von BP Chemicals wird ein MAK-Wert von 100 ml/m3 empfohlen;

- **physikalisch/chemisch:**
  Schmelzpunkt: 13 °C (*)
  Siedepunkt: 243 °C
  Flammpunkt: 124 °C
  Dampfdruck: 0,1 hPa (20 °C) [100]
  Brechungsindex: 1,5232 (20 °C)
  Dichte: 1062,2 kg/m3 (20 °C/4 °C)
  Molmasse: 152,19 g/mol
  Verdunstungszahl: 0,01 (BuAc = 1) [100]; > 0,001 (BuAc = 1) [9];

  Löslichkeit:
  Wasser 56,2 g/l (20 °C);

  Bemerkung zu physikalisch/chemischen Daten:
  (*): Schmelzp.: -29 °C wird auch angegeben;

Bemerkung:
Farblose Flüssigkeit; brennbar;
Mit Einschränkungen erlaubt in kosmetischen Mitteln;
Verwendung: Lösemittel
Einsatzgebiet: Hilfslösemittel für wäßrige Dispersionen und Abbeizmittel;

Phenylethenoxid

- **CAS-Nummer:**
  96-09-3
- **gebräuchliche Namen:**
  Styroloxid; α,ß-Epoxyethylbenzen; Epoxystyrol; Phenylethylenoxid; Phenyloxiram; Phenylepoxyethan; Styrolepoxid; α,ß-Epoxyethylbenzol;
- **Summenformel:**
  C_8H_8O

- **Strukturformel:**

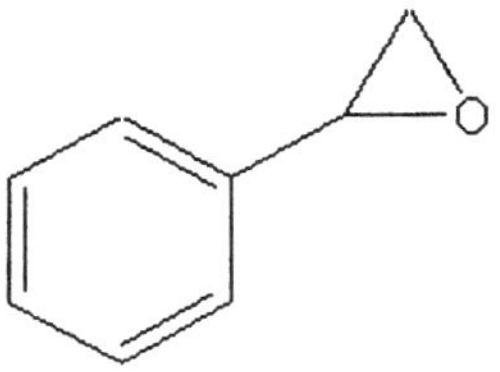

Eigenschaften:
- **toxikologisch/ökotoxikologisch:**
  RTECS # CZ 9625000;
  Schweizer Giftliste: 4
  R-Satz: 45-21-36
  S-Satz: 53-45
  Sonstiges:
  Carc.Cat.2 [505];Dämpfe, insbesondere Konzentrationen über 2 Vol.-% reizen Augen und Atemwege; Kontakt mit der Flüssigkeit bewirkt Reizung der Augen bis zurVerätzung und geringere Reizung der Haut; bei starker Erhitzung werdensäurehaltige Dämpfe freigesetzt; Leberschäden möglich [163];Karzinogen [187];LD 50 (oral, Ratte): 2000 mg/kg [187];LD 50 (Haut, Kaninchen): 1060 mg/kg [187];Ergebnis des Ames-Test: positiv [392];EC 50 (Daphnia magna, 24 h): 18,7 mg/l [45];

  Gefahren-Symbol:

- **physikalisch/chemisch:**
  Schmelzpunkt: - 37 °C
  Siedepunkt: 194,1 °C
  Flammpunkt: 79 °C
  Dampfdruck: 0,4 hPa (20 °C) [163]
  Log pOW: 1,16 [45]
  Brechungsindex: 1,5342 (20 °C)
  Dichte: 1052,3 kg/m3 (16 °C)
  Molmasse: 120,16 g/mol

  Löslichkeit:
  unlöslich in Wasser; löslich in Ethanol, Diethylether, Benzen (Benzol);

Verbleib nach Gebrauch:
  Verbrennung;
  0,1 µg/l im Rhein (Niederlande, 1979) [44];

Bemerkung:
Farblose, unangenehm riechende Flüssigkeit; brennbar;
Bei Kontakt des Produktes mit anorganischen (Mineral-)Säuren und erdalkalischen Silikaten wie z.B. Schwefelsäure, Chlorwasserstoff, Phosphorsäure und Bortrifluorid tritt Polymerisation ein;

Phenylmethanol

- CAS-Nummer:
100-51-6
- gebräuchliche Namen:
Phenolcarbinol; Benzolmethanol; Benzylalkohol; Phenylcarbinol; Benzenmethanol; α-Hydroxytoluol; Hydroxymethylbenzol; α-Hydroxytoluol; α-Toluenol;
- Handelsnamen:
ABY;
- Summenformel:
C_7H_8O

- Strukturformel:

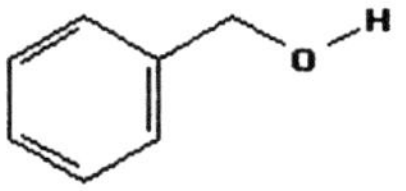

Eigenschaften:
- toxikologisch/ökotoxikologisch:
RTECS # DN 3150000
Schweizer Giftliste: 4
WGK: 1
R-Satz: 20/22
S-Satz: (2)-26
Sonstiges:
Einstufung und Kennzeichnung von Zubereitungen, in denen diese Substanz enthalten ist:25%<=C ¦|> Xn; R20/22CSB: 2264 mg/g [13]; BSB(5): 1,56 g/g [3];Kontakt mit Augen, Haut und Schleimhäuten führt zu Reizungen; wirkt auf Haut leicht lokalanästhetisch; Hautresorption möglich; zentralnervöse Störungen nach Resorption;Kann schädigend wirken beim Einatmen, Verschlucken oder Aufnahme überHaut; Dämpfe reizen Augen, Schleimhäute und Atemwege; verursacht Hautreizungen [187];Symptome: Örtlich vorübergehende Schmerzunempfindlichkeit, Rötung, später Brennen und Schmerzen der Augen, der Nasen- und Rachenschleimhäute sowie der Haut, Husten, Erregung, Trunkenheit, Schläfrigkeit, Bewußtlosigkeit, Atemstillstand, Krämpfe. Nach Verschlucken zusätzlich: Erbrechen, Durchfall. [484];500 mg/kg beim Menschen tödlich [32];LD 50 (oral, Ratte): 1230 mg/kg [9], [32], [187], 3100 mg/kg [193];LC 50 (inhalativ, Ratte): 8,8 mg/l/4h [634];LD 50 (oral, Maus): 1580 mg/kg, 1150 mg/kg [634];LD 50 (oral, Kaninchen): 1040 mg/kg [634];LD 50 (Haut, Kaninchen): 2000 mg/kg [9], [40], [187], [634];LC 50 (Fisch, Bluegill sunfish, 96 h): 10 mg/l [23];LC 50 (Daphnia magna, 48 h): 360 mg/l [22];Biologischer Einfluß: nicht adaptiertes System 1180 mg/l biologisch abbaubar [3];

Gefahren-Symbol:

- **physikalisch/chemisch:**
  Schmelzpunkt: -15,3 °C
  Siedepunkt: 205,2 °C
  Flammpunkt: 94 °C; 101 °C
  Dampfdruck: 0,05hPa (20°C) [132]; 0,19 hPa (25°C); 17,7 hPa (100°C) [187]; 0,13 hPa (20 °C)
  Verdampfungswärme: 466,83 kJ/kg
  Log pOW: 1,10 [4]
  Brechungsindex: 1,53938 (22,1 °C)
  Dichte: 1042,7 kg/m3 (19 °C); 1044,2 kg/m3 (22,5 °C)
  Molmasse: 108,140 g/mol
  Verdunstungszahl: 0,008 (BuAc = 1) [9]; 1800 (Diethylether = 1) [132];

  Löslichkeit:
  Wasser 40 g/l (20 °C); Ethanol (50 %) 667 g/l; mischbar mit Diethylether, Trichlormethan;

Verbleib nach Gebrauch:
Verbrennung nach Mischung mit brennbarem Lösemittel;
Umweltbelastung durch fotografische Prozesse (BRD, 1986): 91 t/a [156];

Bemerkung:
Farblose Flüssigkeit; schwacher aromatischer Geruch; bildet im dampf-/ gasförmigen Zustand mit Luft explosionsfähige Gemische; Explosionsgrenzen: 1,7-15 Vol.-%; Zündtemp.: 436 °C [9]; 435 °C [484];
Zugelassen als Lebensmittelzusatzstoff nach LMBG;
Verwendung: Lokalanästhetikum; technisches Lösemittel; zur Herstellung anderer Benzylverbindungen; pharmazeutisches Hilfsmittel (bakterienwachstumshemmend); Lösemittel für Gelatine, Casein (falls heiß), Celluloseacetat, Schellack; in der Parfümherstellung und in Gewürzen (häufig in Form seiner aromatischer Ester); in der Mikroskopie als Einbettungsmaterial;
Enthalten in Parmetol K 50 (10-15%);

2-Phenylpropen

- **CAS-Nummer:**
  98-83-9
- **UN Nummer:**
  2303
- **gebräuchliche Namen:**
  α-Methylphenylethen; Isopropenylbenzol; iso-Propenylbenzol; 2-Phenyl-1-propen; (1-Methylethenyl)-benzol; AMS; (1-Methylethenyl)-benzen; Isopropenylbenzen;
- **Summenformel:**
  C_9H_{10}

- **Strukturformel:**

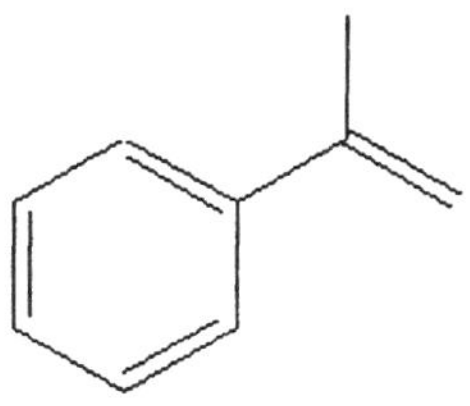

Funktion:
Bindemittel;
Verfahren:
Druckverfahren;

Eigenschaften:
- toxikologisch/ökotoxikologisch:
RTECS # WL 5250000
Schweizer Giftliste: 3
WGK: 2
MAK Wert: 100 ml/m3 bzw. 480 mg/m3
R-Satz: 10-36/37
S-Satz: (2)
Sonstiges:
Einstufung und Kennzeichnung von Zubereitungen, in denen diese Substanz enthalten ist:25%<=C ¦> Xi; R36/37Spitzenbegrenzung: I [481];Dämpfe reizen Augen, Atemwege und Haut; Kontakt mit der Flüssigkeit ruft Reizung der Augen und Haut hervor; bei langem Einatmen hoher Konzentrationen Leber- und Nierenschäden möglich [163];Geruchsschwelle: 0,156 ml/m3 [163];

Gefahren-Symbol:

Xi

- physikalisch/chemisch:
Schmelzpunkt: 23 °C
Siedepunkt: 163,4 °C
Flammpunkt: 45 °C; 40-54 °C
Dampfdruck: 3 hPa (20 °C) [163]
Brechungsindex: 1,5303 (20 °C)
Dichte: 908,2 kg/m3 (20 °C)
Molmasse: 118,18 g/mol

Löslichkeit:
unlöslich in Wasser; löslich in Diethylether, Benzen (Benzol), Trichlormethan (Chloroform);

Verbleib nach Gebrauch:
Verbrennung;

Bemerkung:
Farblose Flüssigkeit; unangenehmer Geruch; reizend; brennbar;
Bildet im dampf-/gasförmigen Zustand mit Luft explosionsfähige Gemische;
Explosionsgrenzen: 0,9 - 6,6 Vol.% ; Zündtemperatur: 445 °C [163];
Bei Kontakt oder Mischung mit sauerstoffreichem Material (Oxidationsmitteln) kann heftige Reaktion erfolgen;

trans-Phenylpropensäure

- CAS-Nummer:
140-10-3
- gebräuchliche Namen:
trans-Zimtsäure; trans-3-Phenylacrylsäure; trans-ß-Phenylacrylsäure; trans-3-Phenylpropensäure; trans-Cinamylsäure; trans-Zinamylsäure;
- Summenformel:
$C_9H_8O_2$

- Strukturformel:

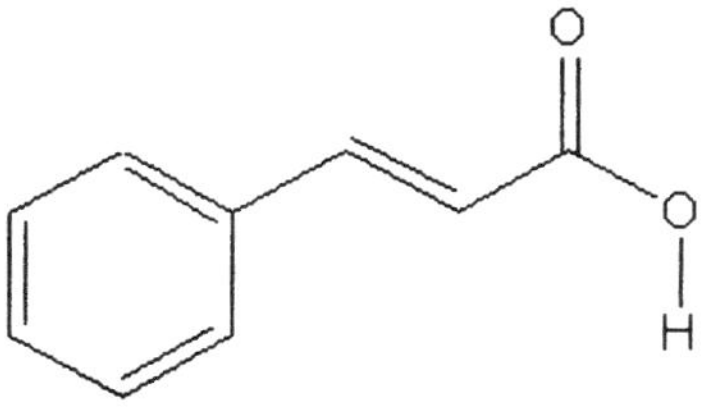

Verfahren:
Druckverfahren;

Eigenschaften:
- toxikologisch/ökotoxikologisch:
RTECS # GD 7800000;
R-Satz: 37/38
S-Satz: 27-28-44
Sonstiges:
Gesundheitsgefährdung bei Inhalation und Resorption durch die Haut;Reizung der Augen und Haut möglich;LD 50 (oral, Ratte): 2500 mg/kg [40];

Gefahren-Symbol:

- physikalisch/chemisch:
Schmelzpunkt: 132,5 °C
Siedepunkt: 300 °C
Log pOW: 2,13 [4]
Dichte: 1245 kg/m3 (20 °C)
Molmasse: 148,161 g/mol

Löslichkeit:
Wasser 0,4 g/l (18 °C); Ethanol 238 g/l (20 °C); Trichlormethan (Chloroform) 59 g/l (17 °C); leicht löslich in Diethylether; löslich in Benzen (Benzol), Eisessig, Schwefelkohlenstoff;

Verbleib nach Gebrauch:
Verbrennung nach Mischung mit brennbarem Lösemittel;

Bemerkung:
Kristalle (nach Umkristallisation aus Ethanol)
Verwendung: Herstellung ihrer Ester, sog. Cinnamate;

Phenylpropensäure, CAS-Nr.: 621-82-9

3-Phenylpropensäurechlorid

- **CAS-Nummer:**
  102-92-1
- **gebräuchliche Namen:**
  Cinnamoylchlorid; ß-Phenylacrylsäurechlorid; Zimtsäurechlorid;
- **Summenformel:**
  C_9H_7ClO

- **Strukturformel:**

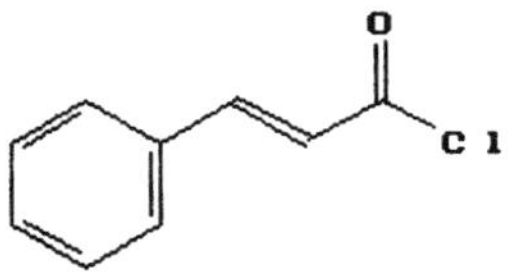

Funktion:
Ätzmittel;

Eigenschaften:
- **toxikologisch/ökotoxikologisch:**
  R-Satz: 34-37
  S-Satz: 26-28

  Gefahren-Symbol:

- **physikalisch/chemisch:**
  Schmelzpunkt: 36 °C
  Siedepunkt: 251-253 °C
  Flammpunkt: > 112 °C
  Brechungsindex: 1,614 (42,5 °C)
  Dichte: 1161,7 kg/m3 (45 °C)
  Molmasse: 166,61 g/mol
  Löslichkeit:
  löslich in Tetrachlorkohlenstoff, Petrolether;

Verbleib nach Gebrauch:
Verbrennung nach Behandlung mit Soda und gelöschtem Kalk und Mischung mit Alkali;

1-Phenylpyrazolidin-3-on

- **CAS-Nummer:**
  92-43-3
- **gebräuchliche Namen:**
  1-Phenyl-3-pyrazolidon; Phenidon;
- **Handelsnamen:**
  Phenidon; Graphidon; Efidon;
- **Summenformel:**
  $C_9H_{10}N_2O$

- Strukturformel:

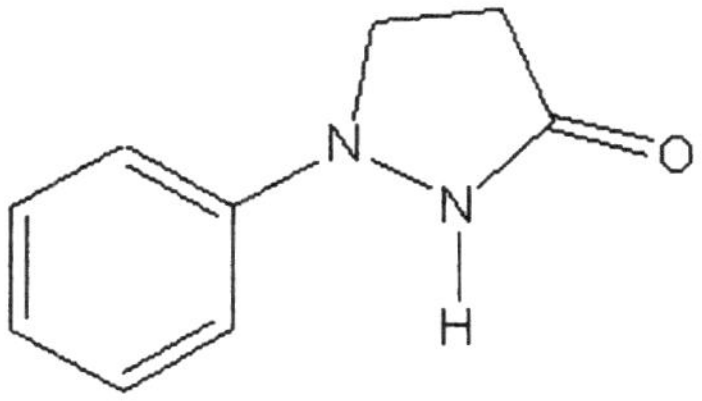

Funktion:
Entwicklersubstanz;
Verfahren:
Druckformherstellung/Reprofotografie;
Anwendung:
Entwicklerbad; Erstentwicklerbad;

Eigenschaften:
- toxikologisch/ökotoxikologisch:
RTECS # UQ 8750000;
Schweizer Giftliste: 3
WGK: 2
R-Satz: 22
S-Satz: (2)
Sonstiges:
LD 50 (oral, Ratte): 200 mg/kg [10];LC 50 (Fisch; Pimephales promelas, 96 h): 1 - 10 mg/l [3]LC 50 (Daphnia magna, 96 h): 10 mg/l [3]Biologisch Abbaubarkeit:nicht adaptiertes System: 100 mg/l und 1000 mg/l wirken hemmend;adaptiertes System: 215 mg/l bewirken keinen Effekt [3];CSB: 1,92 g/g [3]; BSB(5): 0,14 g/g [3];

Gefahren-Symbol:

- physikalisch/chemisch:
Schmelzpunkt: 119-121 °C
Molmasse: 162,19 g/mol

Löslichkeit:
schwer löslich in kaltem Wasser; leicht löslich in heißem Wasser;

Verbleib nach Gebrauch:
Verbrennung nach Mischung mit brennbarem Lösemittel;
Umweltbelastung durch fotografische Prozesse (BRD, 1986): 26,6 t/a [156]

Bemerkung:
Weiße Kristalle
Verwendung als "Entwicklungsbeschleuniger" z.B. für Hydrochinon; ersetzt 4-Methylaminophenolsulfat in vielen MH-Entwicklern;
verbesserte Konstanz der Lösung;

Phosphorsäure-diphenyl-4-methyl-phenyl-ester

- CAS-Nummer:
26444-49-5
- gebräuchliche Namen:
Phosphorsäurekresyldiphenylester; Diphenylkresylphosphat; Kresyldiphenylphosphat;cresyl diphenyl phosphate; diphenyl tolyl ester phosphoric acid; cresol diphenyl phosphate; diphenyl cresol
phosphate; diphenyl cresyl phosphate; diphenyl tolyl phosphate; methyl phenyl diphenyl phosphate;
monocresyl diphenylphosphate; tolyl diphenyl phosphate; cresyl phenyl phosphate
- Handelsnamen:
disflamoll dpk; kronitex cdp; Phosflex 112; Kronitex; CDP; Santicizer 140; Disflamoll DPK; phosflex 112; santicizer 140; DPCP;
- Summenformel:
$C_{19}H_{17}O_4P$

- Strukturformel:

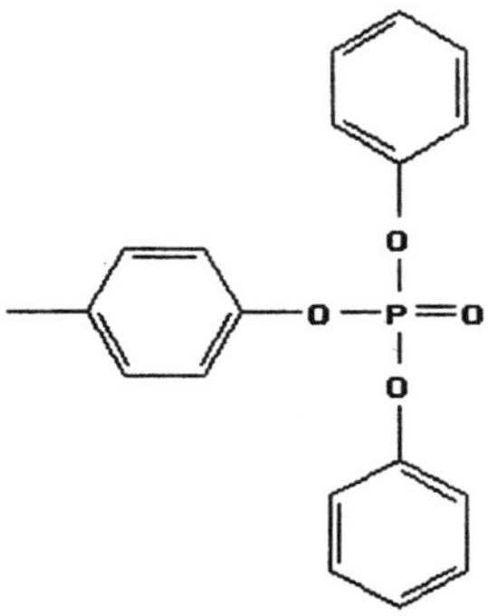

Funktion:
Additiv/Weichmacher;
Verfahren:
Druckverfahren;
Anwendung:
Farbe;

Eigenschaften:
- toxikologisch/ökotoxikologisch:
WGK: 2
Sonstiges:
LD 50 (oral, Ratte): 6400 mg/kg [428];LD Lo (Haut, Kaninchen): 3160 mg/kg [428];

- physikalisch/chemisch:
Schmelzpunkt: -34 °C
Siedepunkt: 390 °C
Flammpunkt: 232 °C
Dichte: 1210 kg/m3 (25°C)
Molmasse: 340 g/mol
Löslichkeit:
0,01 g/100 g Wasser; löslich in den meisten organischen Lösungsmitteln;

Bemerkung:
Klare, durchsichtige Flüssigkeit [428];

Phosphorsäure-(2-ethylhexyl)-diphenylester

- **CAS-Nummer:**
  1241-94-7
- **UN Nummer:**
  3082
- **gebräuchliche Namen:**
  Di-phenyl-(2-ethylenhexyl)-phosphat; Phosphorsäure-(2-ethylhexyl)-di-phenylester; 2-Ethylhexyl-diphenylphosphat; Diphenyl-ethyl-2-hexyl-phosphat; 2-Ethylhexyl-di-phenyl-phosphat;
- **Handelsnamen:**
  Santicizer 141;
- **Summenformel:**
  $C_{20}H_{27}O_4P$

- **Strukturformel:**

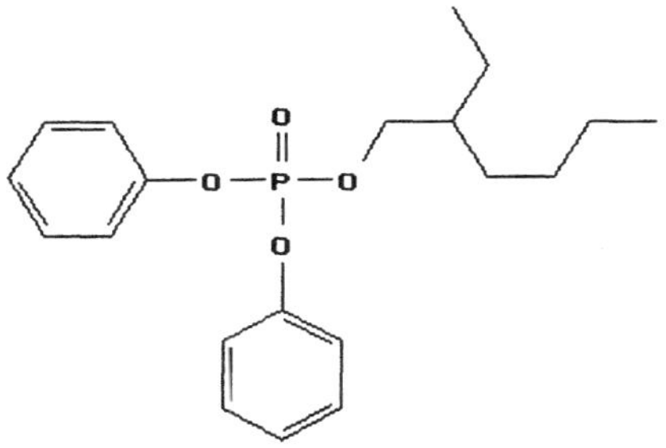

Funktion:
Additiv/Weichmacher;
Verfahren:
Druckverfahren;
Anwendung:
Farbe;

Eigenschaften:
- **toxikologisch/ökotoxikologisch:**
  RTECS # TC 6125000
  WGK: 2
  Sonstiges:
  [Sdb Fa. Monsanto]:Inhalation und Hautkontakt sind primäre Expositionsrouten;LD 50 (oral, Ratte): >15800 mg/kg [428];LD 50 (dermal, Ratte und Kaninchen): 5000 mg/kg [428];LD 50 (oral, Kaninchen): >24000 mg/kg [634];LD 50 (intravenös, Kaninchen): 218-272 mg/kg [634];LC 50 (Regenbogenforelle): 32 mg/l/96 h;LC 50 (Oncorhynchus mykiss): 15 mg/l/96 h;LC 50 (Pimephales promelas): 14 mg/l/96 h;LC 50 (Daphnia magna): 0,15 mg/l/48 h;LC 50 (Paratanytarsus parthogenogenetica): 0,5 mg/l/48 h;

- **physikalisch/chemisch:**
  Schmelzpunkt: -30 °C; <-54 °C
  Siedepunkt: 375 °C; 232 °C (6,66 hPa); 239 °C (13,33 hPa)
  Flammpunkt: 215 °C; 224 °C (offener Tiegel)
  Dampfdruck: 2,5 hPa (239 °C) [Sdb]; 13 hPa (375 °C) [Sdb]; 0,27 hPa (150 °C); 2,13 hPa (200
  Log pOW: 5,73 [Sdb], [634]
  Brechungsindex: 1,509; 1,510 (25 °C)
  Dichte: 1091 kg/m3 (25°C); 1083-1090 kg/m3 (25 °C)
  Molmasse: 362,4 g/mol

Löslichkeit:
Wasser: 1,9 mg/l (25 °C [Sdb]; 0,38 mg/l (22 °C) [634];
0,003 g/100 g Wasser

Bemerkung:
[Sdb Fa. Monsanto]:
Klare, ölige, geruchlose Flüssigkeit;
Bei starker Erhitzung (>300 °C) Zersetzung und Freisetzung giftiger Dämpfe;
empfohlen in Deutschland für die Verwendung in PVC-Filmen; "Kunststoff Kommission des Bundesgesundheitsamtes Textausgabe", Carl Heymans Verlag (März 1990).

Phosphorsäuretributylester

- **CAS-Nummer:**
  126-73-8
- **gebräuchliche Namen:**
  Tributylphosphat; TBP; Phosphorsäure, Tributylester; Tri-n-butylphosphat; Phosphorsäuretri-n-butylester;
- **Handelsnamen:**
  Celluphos 4; Disflamol 1 TB; Phosflex 4; Skydrol LD-4;
- **Summenformel:**
  $C_{12}H_{27}O_4P$

- **Strukturformel:**

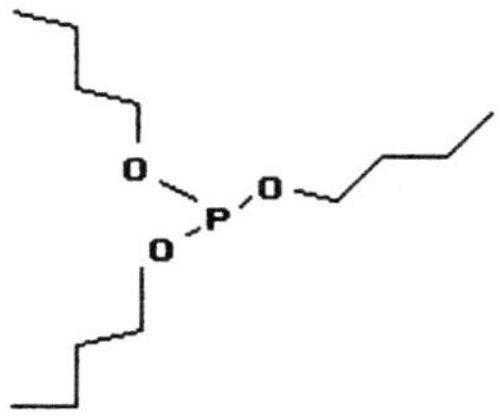

Funktion:
Additiv/Weichmacher;
Verfahren:
Druckverfahren;
Anwendung:
Farbe;

Eigenschaften:
- **toxikologisch/ökotoxikologisch:**
  RTECS # TC 7700000
  Schweizer Giftliste: 4
  WGK: 2
  R-Satz: 22
  S-Satz: (2)-25
  Sonstiges:
  Für diese Substanz liegt ein BUA-Stoffbericht Nr. 108 vor. Kann schädigend wirken beim Einatmen, Verschlucken oder Aufnahme über Haut; Dämpfe reizen Augen, Schleimhäute und Atemwege; das Ausgesetztsein kann eine Erregung des ZNS verursachen [187];Obwohl zur Gruppe der Phosphorsäureester gehörend, weist diese Verbindung praktisch nicht deren typische Giftigkeit auf, sondern ist vorrangig als reizender Stoff mit zusätzlicher Schädigungsmöglichkeit am Zentralnevensystem (Erregung) einzustufen. Bei Erhitzung oder Brand Freiwerden von Phophoroxiden.Symptome: Brennen der Augen, der Nasen- und Rachenschleimhäute sowie der Haut, Husten [484];LD 50 (oral, Ratte): 3000 mg/kg [428], 1400-3200 mg/kg [634];LD 50

(intraperitoneal, Ratte): 251 mg/kg [428], 800-1600 mg/kg [634];LD Lo (intravenös, Ratte): 100 mg/kg [428];LC 50 (inhalativ, Ratte): 26 mg/l/h [634];LC 50 (inhal., Maus): 1300 mg/m3 [428];LC Lo (inhal.; Katze): 24510 mg/m3/5H [428];LD Lo (intraperitoneal; Maus): 63 mg/kg [428];LD 50 (oral; Maus): 1189 mg/kg [428], 800-1240 mg/kg [634];LD Lo (subcutan; Maus): 3000 mg/kg [428];LD 50 (intraperitoneal, Maus): 100-200 mg/kg [634];LD 50 (oral, Huhn): 1500-1800 mg/kg [634];

Gefahren-Symbol:

Xn

- **physikalisch/chemisch:**
  Schmelzpunkt: -79 °C
  Siedepunkt: 180-183 °C (29,33 hPa); 289 °C (Zers.); 130 °C (3 hPa)
  Flammpunkt: 193 °C; > 150 °C
  Dampfdruck: 9,73 hPa (150 °C) [187]; 20 hPa (160 °C) [484]; 1 hPa (97 °C); 0,08 hPa (20 °C)
  Log pOW: 2,5 [634]
  Brechungsindex: 1,4240 (20 °C)
  Dichte: 979 kg/m3 (20 °C); 970 kg/m3 (20 °C)
  Molmasse: 266,32 g/mol

  Löslichkeit:
  kaum löslich in Wasser (0,24 g/l (20 °C); mischbar mit fast allen org. Lösemitteln;

  Bemerkung zu physikalisch/chemischen Daten:
  Zündtemperatur: 482 °C [484];

Verbleib nach Gebrauch:
Verbrennung nach Mischung mit brennbarem Lösemittel;

Bemerkung:
Farb- und geruchlose Flüssigkeit;
Selbstentzündung bei 770 °C;
Der Stoff reagiert bei Kontakt oder Mischung mit starken Oxidationsmitteln und starken Basen; bei Erhitzung bis zur Zersetzung bilden sich giftige und ätzende Dämpfe von Phosphoroxiden [484];

Verwendung: In Celluloseestern, in Lacken, Kunststoffen und Vinylestern; Weichmacher für Kunststoffe; Treibmittel; Flammschutzmittel in Hydraulikflüssigkeit; Lösemittel und Extraktionsmittel für Schwermetallionen;

Phosphorsäure-2,2,2-trichlorethylester

- **CAS-Nummer:**
  306-52-5
- **gebräuchliche Namen:**
  TCEF; Trichlorethylphosphat; 2,2,2-Trichlorethylphosphat; 2,2,2-Trichlorethanoldihydrogenphosphat;
- **Handelsnamen:**
  Triclofos;
- **Summenformel:**
  $C_2H_4Cl_3O_4P$

- Strukturformel:

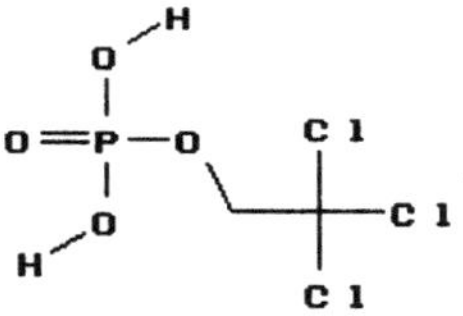

Funktion:
Additiv/Weichmacher;
Verfahren:
Druckverfahren;

Eigenschaften:
- toxikologisch/ökotoxikologisch:
Sonstiges:
LD 50 (oral, Maus): 1400 mg/kg (Mononatriumsalz) [201], 850 mg/kg [428];TD Lo (oral, Maus): 20230 mg/kg/17 W (intermittierend) [428];LD 50 (oral, Ratte): 850 mg/kg [428];TD Lo (oral, Ratte): 20230 mg/kg/17 W (intermittierend), 2835 mg/kg/45 D (intermittierend) [428];LD 50 (oral, Meerschweinchen): 1013 mg/kg [428];

- physikalisch/chemisch:
Schmelzpunkt: 116-118 °C; 119-121 °C
Molmasse: 229,39 g/mol

Löslichkeit:
löslich in Wasser;

Phosphorsäure-(trichloroethyl)-ester

- CAS-Nummer:
115-96-8
- gebräuchliche Namen:
Phosphorsäure-tris-(2-chlor-ethyl)ester; 2-Chlorethanolphosphat; 2-Chlorethanol, Phosphat (3:1); Tris-(2-chlorethyl)-phosphat; Tris-(2-chloroethyl)-phosphat; Tri-(β-chloroethyl)-phosphat;
- Handelsnamen:
Fyrol CEF; 3CF; Celluflex LEF; Disflamoll TCA; Cenomoll P; Niax 3CF;
- Summenformel:
$C_6H_{12}Cl_3O_4P$

- Strukturformel:

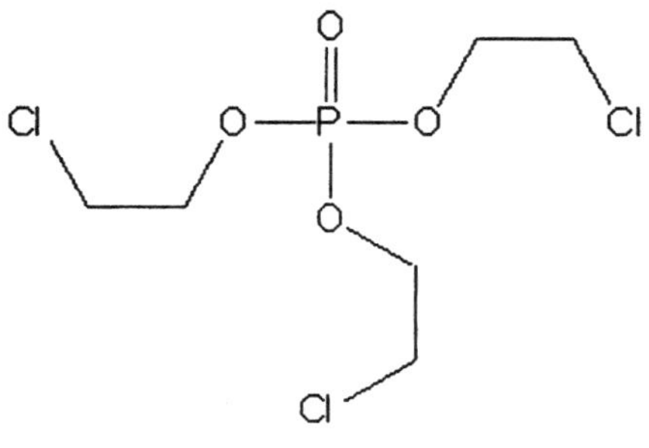

Funktion:
Additv/Weichmacher;
Verfahren:
Druckverfahren;
Anwendung:
Farbe;

Eigenschaften:
- toxikologisch/ökotoxikologisch:
RTECS # KK 2450000
WGK: 2
R-Satz: 22-36/38
S-Satz: (2)
Sonstiges:
Zu diesem Stoff liegt ein BUA-Stoffbericht Nr. 20 vor.Einstufung und Kennzeichnung von Zubereitungen, in denen diese Substanz enthalten ist:25%<=C ¦> Xn; R22-36/38Gesundheitsschädlich beim Verschlucken und Berühren mit der Haut, Hautresorption möglich, hautschädigende Wirkung, starke Reizung der Augen und der Haut; Bei Brand oder Wärmezersetzung Entstehung von Halogenwasserstoffen, ätzenden Gasen und Dämpfen, 1,2-Dichlorethan, Salzsäure, Phosphorwasserstoff und Phosphoroxiden;Symptome: Übelkeit, Erbrechen, Bauchkrämpfe, Durchfälle, Schwitzen, Muskelschwäche, evtl. Krämpfe, Angst, Geh- und Sehstörungen, Koma.Nach Einatmen oder Hautkontakt in jedem Fall - auch bei Ausbleiben der Symptome - den Arzt aufsuchen [484]; LD 50 (oral, Ratte): 501-1470 mg/kg [634];LD 50 (dermal, Kaninchen): <5000 mg/kg [634];

Gefahren-Symbol:

Xn

- physikalisch/chemisch:
Schmelzpunkt: - 55 °C; ca. -60 °C
Siedepunkt: >170 °C (beginnt Zersetzung unter Bildung von Chlorwasserstoffgas); 320 °C [187
Flammpunkt: 232 °C; 225 °C (geschl.); 252 °C (offen)
Dampfdruck: <0,1 hPa (20 °C) [484]
Log pOW: 1,47 (20 °C) [634]; 1,78 (20 °C) [634]
Brechungsindex: 1,420 (20 °C); 1,4721 (20°C)
Dichte: 1420 kg/m3 (25°C); 1390 kg/m3 (20°C)
Molmasse: 285,49 g/mol

Löslichkeit:
0,7 g/100 ml Wasser; 5 g/l (20 °C) [634];

Bemerkung zu physikalisch/chemischen Daten:
* Ab Temperaturen >170 °C beginnt Zersetzung unter Bildung von ì
Chlorwasserstoff(gas) bzw. Salzsäuredämpfen, Phosphorwasserstoff und ì
Phosphoroxiden [484];
Zündtemperatur: 480 °C [484], [634];

Verbleib nach Gebrauch:
Verbrennung nach Mischung mit brennbarem Lösemittel; Farben- und Lackindustrie; Kunststoffindustrie; Flammschutzmittel; Weichmacher;

Bemerkung:
Farblose bis gelbliche Flüssigkeit; schwacher Geruch;
Der Stoff zersetzt sich bei Temperaturen >170 °C unter Bildung von giftigem und ätzendem Chlorwasserstoffgas bzw. Salzsäuredämpfen, 1,2-Dichlorethan und Phosphoroxiden [484];
Mengenangaben: 10000-50000 Tonnen

Phosphorsäure-tri-(2-ethylhexyl)-ester

- CAS-Nummer:
78-42-2
- gebräuchliche Namen:
TEHP; TOF; Trioktylphosphat; Trioctylphosphat; 2-Ethylhexanol, Phosphattriester; Tri-(2-ethylhexyl)-phosphat; Tris-(2-ethylhexyl)-phosphat; Phosphorsäuretris(2-ethylhexylester); "Trioxyl"-phosphat;
- Handelsnamen:
Flexol TOF; Kronitex TOF; Disflamoll TOF; NCI-C54751;
- Summenformel:
$C_{24}H_{51}O_4P$

- Strukturformel:

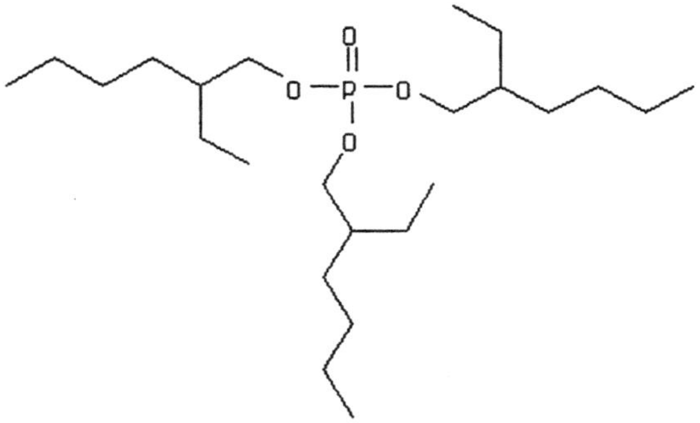

Funktion:
Additiv/Weichmacher;
Verfahren:
Druckverfahren;
Anwendung:
Farbe;

Eigenschaften:
- toxikologisch/ökotoxikologisch:
RTECS # MP 0770000
WGK: 2
R-Satz: 26/27/28-36/37/38-45
S-Satz: 23-26-36/37/39-44
Sonstiges:
Die Dämpfe reizen Augen, die oberen Atemwege und Haut; Kontakt mit der Flüssigkeit führt zu starker Reizung der Augen, weniger der Haut; bei Zersetzung durch Erhitzen oder bei Brand entsteht unter anderem giftiger Phosphorwasserstoff.Symptome: Brennen der Augen, der Nasen- und Rachenschleimhäute sowie der Haut. Bei Erhitzen oder Brand: Übelkeit, Erbrechen, Kopf- und Magenschmerzen, Engegefühl und Schmerzen in der Brust. Pulsbeschleunigung. Bewußtlosigkeit, Krämpfe, Frühsymptome sind zum Rücken ziehende Schmerzen in der Zwerchfellgegend [484];Karzinogen verdächtig [187];LD 50 (oral, Ratte): 37000 mg/kg [187], 37080 mg/kg, 39800 mg/kg [612];LD 0 (oral, Ratte): >9200 mg/kg (>10 ml/kg) [612];TD Lo (oral, Ratte): 18900 mg/kg/9 W [428];LD 50 (oral, Maus): >128000 mg/kg [612];LD 50 (intraperitoneal, Maus): 7200 mg/kg [612];TD Lo (oral, Maus): 520 mg/kg/2 Y (intermittierend), 32500 mg/kg/13 W [428];LD 50 (oral, Kaninchen): ca. 46000 mg/kg [612], [428];LD 50 (dermal, Kaninchen): 18400 mg/kg (20 ml/kg) [612];LD 50 (oral, Säugetier): 7600 mg/kg [428];LC 50 (inhalativ, Meerschweinchen): 450 mg/m3/30 min. [612], [428]; leicht biologisch abbaubar [612];

Gefahren-Symbol:

Xi

- physikalisch/chemisch:

Schmelzpunkt: -74 °C; <-70 °C; -90 °C
Siedepunkt: 215 °C (5,33 hPa); 210 °C (5 hPa) (*); 220 °C (6,6 hPa)
Flammpunkt: > 110 °C; 207 °C; 195 °C; >170 °C; 207 °C
Dampfdruck: < 0,01 hPa (20 °C) [163]; 2,79 hPa (20 °C) [187]**
Log pOW: 4,1; 4,2; 5,04 [612]
Brechungsindex: 1,4440 (20 °C); 14414 (20 °C); 1,44464 (20 °C)
Dichte: 930 kg/m3 (25 °C); 920-926 kg/m3 (20 °C)
Molmasse: 434,65 g/mol
Löslichkeit:
Wasser: < 100 g/l (20 °C) [484];

Bemerkung zu physikalisch/chemischen Daten:
Zündtemperatur: 370 °C [484];
*: Zersetzung unter Bildung von leicht brennbarem Octen;
**: Dampfdruck: 0,00000011 hPa (25 °C), 0,53 hPa (160 °C), 1,33 hPa (180 °C), 2,53 hPa (200 °C), 3,3 hPa (200 °C) [612];

Verbleib nach Gebrauch:
Verbrennung nach Mischung mit brennbarem Lösemittel;

Bemerkung:
Farblose bis hellgelbe Flüssigkeit; schwacher, stechender Geruch;
Stoff reagiert bei Kontakt oder Mischung mit starken Oxidationsmitteln;
Bei Brand oder Erhitzung bis zur Zersetzung bilden sich giftige Dämpfe von Phosphoroxiden und/oder Phosphin;
Zersetzung in Octenen, kann hydrolisiert werden; schwere Entflammbarkeit, geringe Flüchtigkeit, gute Verseifungsresistenz und Hydrolysebeständigkeit, geringe Reaktivität und neutrale Reaktion => gute Verträglichkeit mit PVC, viskositätserniedrigende Eigenschaften, gute weichmachende Wirkung, gute Gelierfähigkeit.
Anwendung: Weichmacher/Flammschutzmittel in Polymeren, Trägermaterial in Farbpasten zum Einfärben von Polymeren, viskoseerniedrigender und weichmachender Bestandteil von Zubereitungen für Dichtungs- und Beschichtungssysteme, Bestandteil von Schneidölen, Bestandteil von Trennmittelzubereitungen/Metallindustrie, Lösemittel in Wasserstoffperoxid-Synthese, Flammschutzmittel in anderen Industriezweigen [612];

Phosphorsäuretrikresylester

- CAS-Nummer:
1330-78-5
- UN Nummer:
2574
- gebräuchliche Namen:
TCP; TKP; Phosphorsäuretritolylester; Phosphorsäure-tris-(methylphenyl)-ester; Trikresylphosphat; Tricresylphosphat; Phosphorsäure-(1,4-kresyl)ester; Tri-p-kresylphosphat; Phosphorsäure-tris(methylphenyl)ester;
- Handelsnamen:
Disflamoll TKP; Celluflex 179 C; Disflamoll TKP; Durad; Flexol Plastilizer TCP; Fyrquel 150; IMOL S 140; Kronitex, Lindol; Phosflex 197 A;
- Summenformel:
$C_{21}H_{21}O_4P$

- **Strukturformel:**

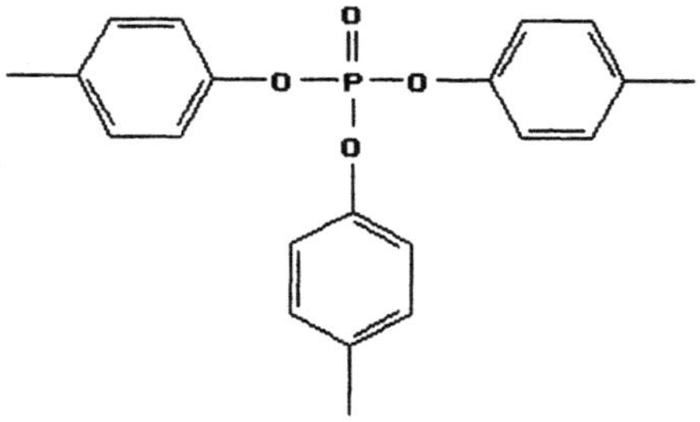

Funktion:
Additiv/Weichmacher;
Verfahren:
Druckverfahren;
Anwendung:
Farbe;

Eigenschaften:
- toxikologisch/ökotoxikologisch:
RTECS # TD 0175000
WGK: 2
R-Satz: 23/24/25-39
S-Satz: 20/21-28-45
Sonstiges:
Ätzmittel; Nervengift; Toxisch bei Inhalation; Hautresorption möglich! Dämpfe der giftigen Substanz und Hautkontakt wirken wenig reizend; Vergiftungserscheinungen treten nach 1-3 Wochen in Form vonMuskellähmungen auf;Symptome: Nach 1-3 Wochen Muskelschmerzen, Kribbelgefühl in den Beinen, Armen und Händen, anschließend Muskellähmungen [484];Verboten in kosmetischen Mitteln (KosmetikV. Anl. 1, Nr. 277);TD Lo (oral, Frau): 70 mg/kg/14 Tage [428];LD Lo (oral, Ratte): 4680 mg/kg [187], 3000 mg/kg [428];LD Lo (oral, Hund): 500 mg/kg [428];LD 50 (oral, Maus): 3900 mg/kg [428];LD Lo (oral, Kaninchen): 100 mg/kg [428];LD Lo (Haut, Kaninchen): 2000 mg/kg [428];LD 50 (Haut, Katze): 1500 mg/kg [428];Letale Dosis für Wasserorganismen: 10-11 mg/l [10];

Gefahren-Symbol:

T

- physikalisch/chemisch:
Schmelzpunkt: -28 °C
Siedepunkt: 435 °C; 265 °C (13,33 hPa); 410 °C (1013 hPa)
Flammpunkt: 230 °C; >110 °C
Log pOW: 5,11
Brechungsindex: 1,5550 (20 °C)
Dichte: 1143 kg/m3 (20 °C); 1165 kg/m3 (20 °C);
Molmasse: 368,37 g/mol

Löslichkeit:
mischbar mit den meisten organischen Lösemitteln; löslich in Ethanol, Ether, Trichlorethan, Lipoiden, Leinöl, Ricinusöl, Benzen und Eisessig [484];

Verbleib nach Gebrauch:
Verbrennung nach Mischung mit brennbarem Lösemittel;

Bemerkung:

Farblose, ölige, geruch- und geschmacklose Flüssigkeit;
Achtung, vom äußeren Aussehen her ähnelt es sehr dem Speiseöl. Als Glycerinersatz oder Bestandteil von Hydraulikölen wurde es schon oft verwechselt. Mehrere tausend Vergiftungsfälle sind bekannt geworden. Im Zweifelsfall ist eine Unterscheidung dadurch einfach, weil der Stoff im Gegensatz zu den Ölen in Wasser untergeht [484];
Handelsprodukt enthält überwiegend para-Isomer und in kleinen Anteilen (bis 20 %) das ortho-Isomer;

Phosphorsäuretri-1,4-kresylester

- CAS-Nummer:
78-32-0
- UN Nummer:
2574
- gebräuchliche Namen:
Phosphorsäuretri-p-kresylester; 4-TCP; Phosphorsäure-tri-p-tolylester; Tri-p-tolylphosphat; Tri-1,4-kresylphosphat; Tris-(4-methylphenyl)phosphat;
- Summenformel:
$C_{21}H_{21}O_4P$

- Strukturformel:

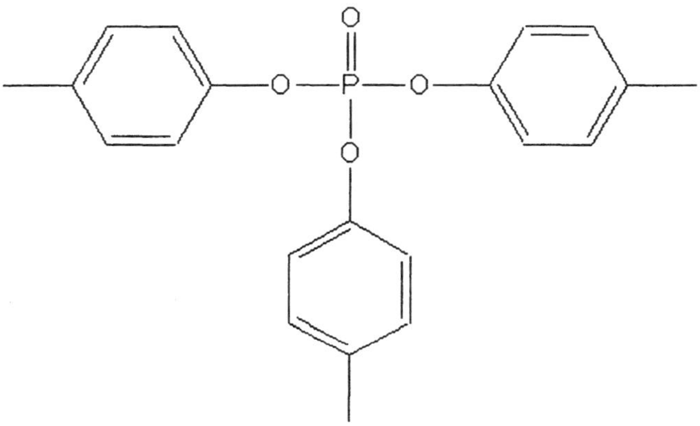

Verfahren:
Druckverfahren;

Eigenschaften:
- toxikologisch/ökotoxikologisch:
RTECS # TD 0175000 (für Isomerengemisch)
Schweizer Giftliste: 4
R-Satz: 21/22-51/53
S-Satz: (2)-28-61
Sonstiges:
Die Dämpfe der giftigen Substanz und auch der Kontakt mit der Flüssigkeit wirken nur wenig reizend; die Substanz wird jedoch über die Haut aufgenommen; die Vergiftungserscheinungen treten erst nach 1 - 3 Wochen als Muskellähmungen in Erscheinung [163];

Gefahren-Symbol:

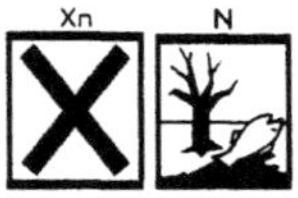

- **physikalisch/chemisch:**
  Schmelzpunkt: 77,5-78 °C; -33 °C
  Siedepunkt: 275-280 °C (26,66 hPa); 410 °C
  Flammpunkt: 210 °C
  Dichte: 1175 kg/m3 (20 °C)
  Molmasse: 368,37 g/mol

  Löslichkeit:
  unlöslich in Wasser; mischbar mit organischen Lösemitteln;

Verbleib nach Gebrauch:
Sondermüll-Deponie für chemischen Abfall, besonders gefährliche Stoffe;

Bemerkung:
Farblose, ölige Flüssigkeit; geruchlos; geschmacklos; brennbar;
Verboten in kosmetischen Mitteln (KosmetikV. Anl. 1, Nr. 277);
Vom äußeren Aussehen her ähnelt es sehr dem Speiseöl; als Glycerinersatz oder Bestandteil von Hydraulikölen wurde es schon oft verwechselt; mehrere tausend Vergiftungsfälle sind bekannt geworden; im Zweifelsfall ist eine Unterscheidung dadurch einfach, weil der Stoff im Gegensatz zu den Ölen im Wasser untergeht;

Phosphorsäuretri-1,2-kresylester

- **CAS-Nummer:**
  78-30-8
- **UN Nummer:**
  2574
- **gebräuchliche Namen:**
  Phosphorsäuretri-o-kresylester; 2-TCP; Phosphorsäure-tri-o-tolylester; Tri-o-tolylphosphat; Tri-1,2-kresylphosphat; Tris-(2-methylphenyl)phosphat;
- **Summenformel:**
  $C_{21}H_{21}O_4P$

- **Strukturformel:**

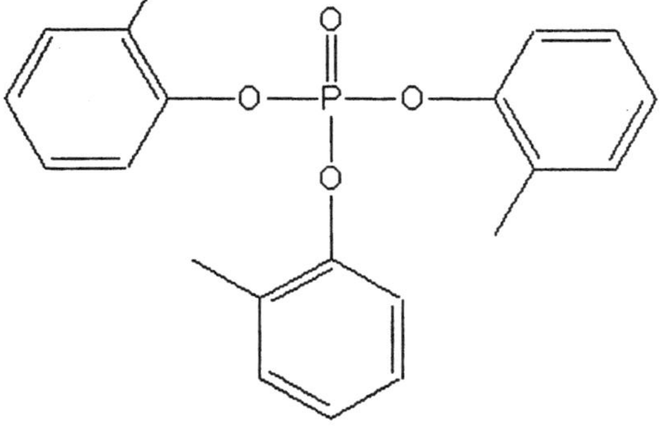

Funktion:
Additiv/Weichmacher;
Verfahren:
Druckverfahren;

Eigenschaften:
- toxikologisch/ökotoxikologisch:
RTECS # TD 0175000 (für Isomerengemisch)
R-Satz: 39/23/24/25-51/53
S-Satz: (1/2)-20/21-28-45-61
Sonstiges:
Die Dämpfe der giftigen Substanz und auch der Kontakt mit der Flüssigkeit wirken nur wenig reizend; die Substanz wird jedoch über die Haut aufgenommen; die Vergiftungserscheinungen treten erst nach 1 - 3 Wochen als Muskellähmungen in Erscheinung [163];

Gefahren-Symbol:

- physikalisch/chemisch:
Schmelzpunkt: 11 °C (*); - 25 °C
Siedepunkt: 410 °C; 238 °C
Flammpunkt: 223 °C
Dampfdruck: 2,2 hPa (25 °C) [163]
Brechungsindex: 1,5575 (20°C)
Dichte: 1183 kg/m3 (25 °C)
Molmasse: 368,37 g/mol

Löslichkeit:
Wasser 0,002 g/l (85 °C); leicht löslich in Ethanol, Diethylether, Benzen, Methylbenzen;

Bemerkung zu physikalisch/chemischen Daten:
(*): Erstarrungspunkt
Zündtemperatur: 385 °C

Verbleib nach Gebrauch:
Sondermüll-Deponie für chemischen Abfall, besonders gefährliche Stoffe;

Bemerkung:
Farblose, ölige Fllüssigkeit; geruchlos und geschmacklos; giftig; brennbar;
Verwendung: Weichmacher;
Verboten in kosmetischen Mitteln (KosmetikV. Anl. 1, Nr. 277);
Vom äußeren Aussehen her ähnelt es sehr dem Speiseöl; als Glycerinersatz oder Bestandteil von Hydraulikölen wurde es schon oft verwechselt; mehrere tausend Vergiftungsfälle sind bekannt geworden; im Zweifelsfall ist eine Unterscheidung dadurch einfach, weil der Stoff im Gegensatz zu den Ölen im Wasser untergeht;

Phosphorsäuretriphenylester

- **CAS-Nummer:**
  115-86-6
- **gebräuchliche Namen:**
  Triphenylphosphat; TPP;
- **Handelsnamen:**
  Disflammol TP; Celluflex TPP; Disflamoll TP; Phosflex TPP; TPP;
- **Summenformel:**
  $C_{18}H_{15}O_4P$

- **Strukturformel:**

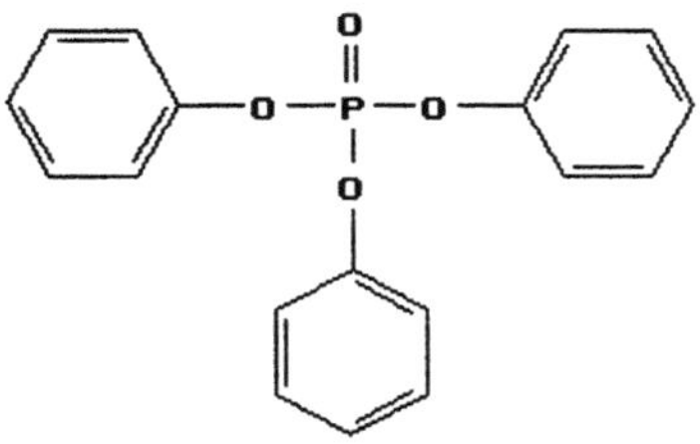

Funktion:
  1.Additiv/Weichmacher;
  2.Lösungsvermittler; Farbkuppler;
Verfahren:
  1.Druckverfahren;
  2.Druckformherstellung/Reproduktionsfotografie;
Anwendung:
  1.Farbe;
  2.Emulsion;

Eigenschaften:
- **toxikologisch/ökotoxikologisch:**
  RTECS # TC 8400000
  Schweizer Giftliste: 4
  WGK: 2
  R-Satz: 20/21/22
  S-Satz: 36
  Sonstiges:
  Die Neurotoxizität von TPP wird kontrovers diskutiert; während sich in neueren Arbeiten eine Induzierung neurotoxischer Effekte in vivo nicht nachweisen läßt, fanden sich in einem speziellen in vitro-Testsystem Hemmungen in der Neuritenausbildung durch TPP, wie sie für nachgewiesenen neurotoxischen Phosphorsäureester charakteristisch sind [480];Stäube und die bei Erhitzung entstehenden Dämpfe reizen Augen, die oberen Atemwege und Haut; Kontakt mit dem Stoff führt zu Reizung der Augen und der Haut; fragliche Wirkung wie andere Phosphorsäureester (d.h. ähnlich E 605) auf das Nervensystem; bei Erhitzung oder Brand entstehen u.a. Phosphorpentoxid [484];LD 50 (oral, Ratte): 3800 mg/kg [40], 3500 mg/kg [428]; 3000-3800 mg/kg [634];LD (subcutan, Ratte): >3000 mg/kg [428];TD Lo (oral, Ratte): 65000 mg/kg/65 D, 59353 mg/kg/35 D (kontinuierlich) [428];LD 50 (oral, Maus): 1320 mg/kg [428]; 1300 mg/kg [634);LD 50 (intraperitoneal, Maus): 1273 mg/kg [428];LD (subcutan, Maus): >3000 mg/kg [428];LD Lo (subcutan, Affe): 500 mg/kg [428];LD Lo (oral, Katze): 2000 mg/kg [428];LD (intraperitoneal, Katze): >400 mg/kg [428];LD Lo (subcutan, Katze): 300 mg/kg [428];TD Lo (oral, Katze): 600 mg/kg/10 D (intermittierend) [428];LD Lo (oral, Kaninchen): 3000 mg/kg [428], [634];LD 50 (Haut, Kaninchen): >7900 mg/kg [428]; >10000 [634];LD Lo (subcutan, Kaninchen): 1000 mg/kg [428];LD (intramuskulär, Kaninchen): >1000 mg/kg [428];LD (oral, Meerschweinchen): >4000 mg/kg [428];LD (subcutan, Meerschweinchen): >3000 mg/kg [428];LD (oral, Huhn): >2000

mg/kg [428];LC 50 (inhalativ, Säugetier): 4200 mg/m3 [428];TLV-TWA: 3 mg/m3 STEL: 6 mg/m3 [40];

Gefahren-Symbol:

Xn

- physikalisch/chemisch:

Schmelzpunkt: 50-52 °C; 45 °C; 49-50 °C
Siedepunkt: 370 °C; 245 °C (14,66 hPa); 220 °C (5 hPa)
Flammpunkt: 223 °C
Dampfdruck: < 0,1 hPa (20 °C) [484]; 1,3 hPa (193,5 °C); 1,4 hPa (200 °C) [480]; 0,0000015 [
Log pOW: 4,63 [4]
Dichte: 1205,5 kg/m3 (58 °C); 1180,3 kg/m3 (89 °C); 1210 kg/m3 (50 °C)
Molmasse: 326,29 g/mol

Löslichkeit:
fast unlöslich in Wasser (0,0019 g/l); leicht löslich in Diethylether, Trichlormethan, Benzen; wenig löslich in Ethanol;

Bemerkung zu physikalisch/chemischen Daten:
Zündtemperatur: 500 °C;

Verbleib nach Gebrauch:
Verbrennung nach Mischung mit brennbarem Lösemittel;

Bemerkung:
Farbloser kristallliner fester Stoff; geruchlos; brennbar;
Kristalle (nach Umkristallisation aus abs. Ethanol + Ligroin); Nadeln (nach Umkristallisation aus Diethylether und Ligroin);
Stoff reagiert bei Kontakt oder Mischung mit Oxidationsmitteln; bei Erhitzung bis zur Zersetzung bilden sich giftige Dämpfe, die aus Phosphoroxiden, im wesentlichen Phosphorpentoxid bestehen [484];

Verwendung: als Weichmacher und Flammenschutzadditiv in Kunststoffen, als Additiv in Hochleistungs- und Kühlschmierstoffen; in Hydraulikölen;

Bewertung: TPP hat im Tierversuch nach oraler, subkutaner, inhalativer und dermaler Applikation bei unterschiedlichen Spezies nur eine geringe akute Toxizität. Die Reizwirkung auf Haut, Auge und Schleimhaut der Atemwege ist gering. Eine stärkere Hautresorption ist nicht zu erwarten. Untersuchungen zur chronischen Wirkung fehlen;

Die Neurotoxizität von TPP wird kontrovers diskutiert. Während sich in neueren Arbeiten eine Induzierung neurotoxischer Effekte in vivo nicht nachweisen läßt, fanden sich in einem speziellen in vitro-Testsystem Hemmungen der Neuritenausbildung durch TTP, wie sie für nachgewiese neurotoxische Phosphorsäureester charakteristisch sind.
Die in der Literatur beschriebenen Einzelfälle von Sensibilisierung durch TPP-haltige Produkte sind nicht überzeugend.
Inwieweit die geringe Immuntoxizität an der Ratte auch auf den Menschen übertragbar ist, läßt sich nicht abschätzen. Andere Untersuchungen weisen auf ein zytotoxisches Potential von TPP hin. Für die Begründung eines MAK-Wertes sind weder die Beobachtungen am Menschen noch die tierexperimentellen Untersuchungen ausreichend. Die einzige vorliegende Humanstudie ist wegen der schwachen Datenlage nicht aussagekräftig. Weitere Untersuchungen, insbesondere zur Neurotoxizität in vivo, sind notwendig. [480];

Phthalocyanin (C.I. 74100)

- CAS-Nummer:
574-93-6
- gebräuchliche Namen:
Heliogenblau G; Phthaloblau (metall-frei); 29H,31H-Phthalocyanin; Pigment Blau 16 (C.I. 74100); Pigment Blue 16C.I. 74100;
- Summenformel:
$C_{32}H_{18}N_8$

- Strukturformel:

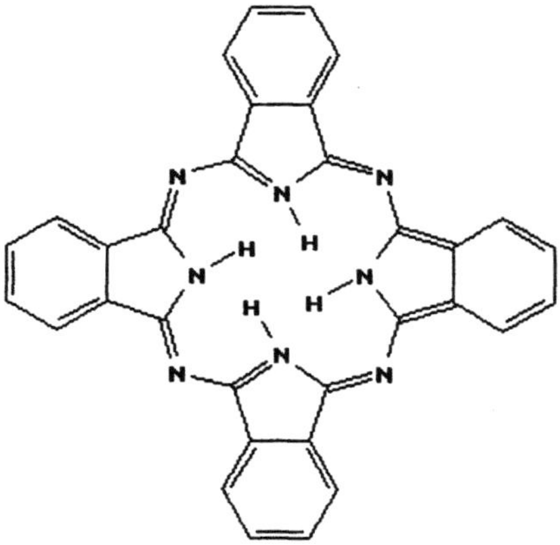

Funktion:
Pigment/Farbstoff/blau;
Verfahren:
Druckverfahren;
Anwendung:
Farbe;

Eigenschaften:

- physikalisch/chemisch:
Dichte: 1390-1460 kg/m3 (20 °C)
Molmasse: 514,55 g/mol

Verbleib nach Gebrauch:
Verbrennung nach Mischung mit brennbarem Lösemittel;

Phthalsäurediisoheptylester

- CAS-Nummer:
68515-41-3
- Strukturformel:

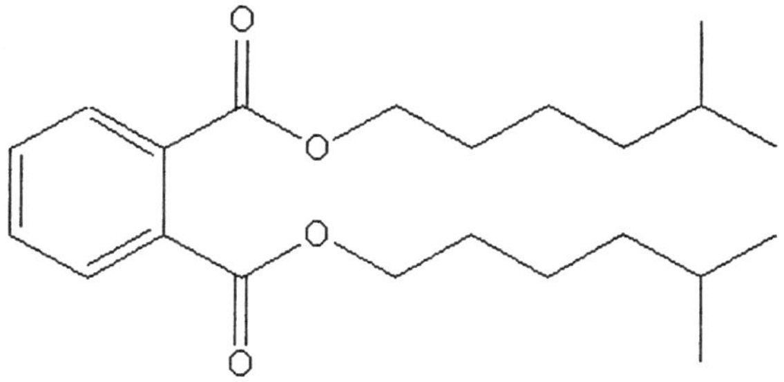

Eigenschaften:
- toxikologisch/ökotoxikologisch:
MAK Wert: 5 mg/m³ [634]
Sonstiges:
LD50: 15000.20000 mg/kg (Ratte/Maus/Meerschweinchen)LD50: 600 mg/kg (Ratte/Maus, dermal)

- physikalisch/chemisch:
Siedepunkt: 226 °C (6,67 hPa)
Flammpunkt: 246 °C
Dampfdruck: 0,01 hPa [634]
Dichte: 0,965-0,988
Molmasse: 380 g/mol

Phthalsäuredi-iso-tridecylester

- CAS-Nummer:
27253-26-5
- gebräuchliche Namen:
DITP; Di-iso-tridecylphthalat;

- Summenformel:
$C_{34}H_{58}O_4$

Eigenschaften:
- toxikologisch/ökotoxikologisch:
RTECS # TI 1380000
Sonstiges:
LD 50 (oral, Ratte): 31350 mg/kg [428];

- physikalisch/chemisch:
Dichte: 952 kg/m3 (20 °C)
Molmasse: 531 g/mol

Phthalsäuredi-(1methylheptyl)ester

- **CAS-Nummer:**
  131-15-7
- **gebräuchliche Namen:**
  Dicaprylphthalat; Bis(2-octyl)phthyalat; Dicapryl-1,2-benzendicarboxylat; DCP; Phthalsäurebis(2-octyl)ester; Phthalsäuredicaprylester; Phthalsäuredi-2-octylester;
- **Summenformel:**
  $C_{24}H_{38}O_4$

- **Strukturformel:**

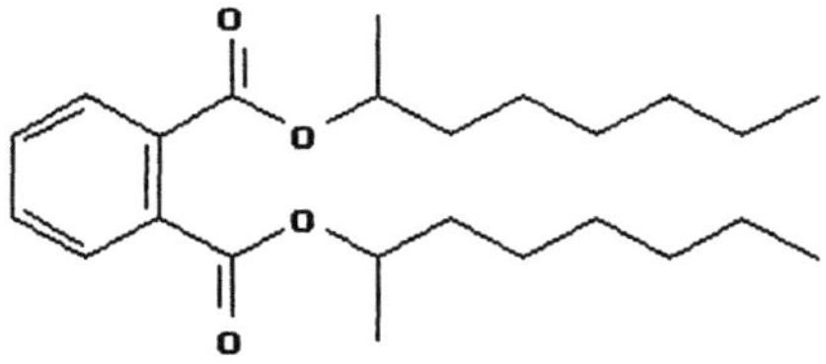

Eigenschaften:
- **toxikologisch/ökotoxikologisch:**
  RTECS # TI 0360000
  Sonstiges:
  LD 50 (intraperitoneal, Maus): 14000 mg/kg [428]

- **physikalisch/chemisch:**
  Molmasse: 390,56 g/mol

Phthalsäureester, Gemisch

- **CAS-Nummer:**
  68515-43-5
- **gebräuchliche Namen:**
  1,2-Benzendicarbonsäure-di-C9-11-allylester; Undecyldodecylphthalat; UDP; Phthalsäure-1-dodecylester-2-undecylester;
- **Handelsnamen:**
  Jayflex 911P-Z; Linevolphthalat DL 911 P; L 911 Phthalat; L 911 P; 911 P;
- **Strukturformel:**

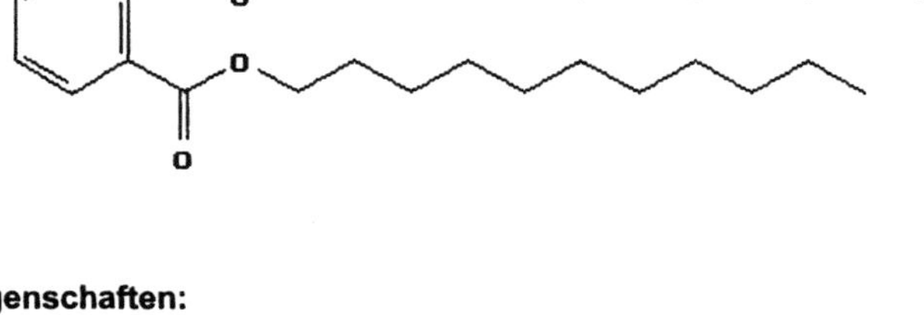

Eigenschaften:
- **toxikologisch/ökotoxikologisch:**
  WGK: 1

Sonstiges:
Nach Einatmen geringes Gesundheitsrisiko bei üblichen Umgebungstemperaturen (-18 bis 38 °C), geringe Giftwirkung. Nach Hautkontakt geringe Giftwirkung. Verursacht leichte Augenbeschwerden, jedoch keine Schädigung des Augengewebes. Nach Verschlucken sehr geringe Giftwirkung [550];

- physikalisch/chemisch:
Schmelzpunkt: -50 °C
Siedepunkt: >250 °C
Flammpunkt: 235 °C
Dampfdruck: <0,1 hPa (20 °C) [550]
Log pOW: 4,9 [550]
Dichte: 962 kg/m3 (20 °C)
Molmasse: 454 g/mol

Löslichkeit:
Wasser: <0,10 Gehalt (20 °C) [550];

Bemerkung zu physikalisch/chemischen Daten:
Zündtemperatur: 375 °C [550];

Bemerkung:
Klare, farblose Flüssigkeit mit mildem Geruch;
kann nur dann zündfähige Gemische bilden oder brennen, wenn es auf Temperaturen oberhalb des Flammpunktes erwärmt wird; kann sich statisch aufladen, was zu einer zündfähigen elektrischen Entladung führen kann [550];

Pigment Blau 1 (C.I. 42595:2)

- CAS-Nummer:
1325-87-7
- gebräuchliche Namen:
C.I. 42595:2; Pigment Blue 1; Brilliant-Blau;Viktoria-Blau (PTMA);
- Handelsnamen:
Enceprint Blau 6390; Fanal Blau D 6340; Fanal Blau D 6390;

Funktion:
Pigment/Farbstoff/blau;
Verfahren:
Druckverfahren;
Anwendung:
Farbe;

Eigenschaften:
- physikalisch/chemisch:
Molmasse: 7570-8538 g/mol

Bemerkung:
In Anwendung;
Gehört zu der Gruppe der Triarylcarboniumpigmente ;
Sehr farbstark;
Findet Verwendung in Schmuck-, Buchdruck- und Offsetdruckfarben, Illustrations- und Verpackungsdruck, Papier, Tapeten und Schreibmaschinenbändern;

Pigment Blau 1:2 (C.I. 42595:3)

- CAS-Nummer:
68413-81-0
- gebräuchliche Namen:
C.I. 42595:3; Pigment Blue 1:2; Viktoria-Blau (SMA);
- Summenformel:
$C_{33}H_{40}N_3 * 1/4(Mo_{12}O_{40}Si_2)$

Funktion:
Pigment/Farbstoff/blau;
Verfahren:
Druckverfahren;
Anwendung:
Farbe; Flexodruckfarbe;

Eigenschaften:
- physikalisch/chemisch:
Molmasse: 3040-5488 g/mol

Pigment Blau 1:x (C.I. 42595:x)

- CAS-Nummer:
68409-66-5
- gebräuchliche Namen:
C.I. 42595:x; Pigment Blue 1:x; Viktoria-Blau (PMA);

Funktion:
Pigment/Farbstoff/blau;
Verfahren:
Druckverfahren;
Anwendung:
Farbe;

Eigenschaften:
- physikalisch/chemisch:
Molmasse: 4501-6515 g/mol

Pigment Blau 9:x (C.I. 42025:x)

- CAS-Nummer:
68814-07-3
- gebräuchliche Namen:
C.I. 42025; Pigment Blue 9:x; Permanent-Peacock-Blau (PMA);

Funktion:
Pigment/Farbstoff/blau;
Verfahren:
Druckverfahren;
Anwendung:
Farbe;

Eigenschaften:
- physikalisch/chemisch:
Molmasse: 3813-5827 g/mol

Pigment Blau 15:1 (C.I. 74250)

- CAS-Nummer:
12239-87-1
- gebräuchliche Namen:
C.I. 74250; C.I. 74160; Pigment Blue 15:1; Phthaloblau α (R,NC); Cu-Phthalocyan.Alpha Stab.;
- Handelsnamen:
Basoflex Blau 6900; Dispers Blau 69-0007; Encelac Blau 6920; Eupolen Blau 69-2001; Euthylen Blau 69-2005; Luconyl Blau 6900; Luconyl G Blau 6900; Sicochip Blau 6930; Sicoflush P Blau 6880; Heliogen Blau L 6901 F; Heuco Blau 501510;
- Summenformel:
$C_{32}H_{15}ClCuN_8$

Funktion:
Pigment/Farbstoff/blau;
Verfahren:
Druckverfahren;
Anwendung:
Farbe;

Eigenschaften:
- toxikologisch/ökotoxikologisch:
WGK: 0
Sonstiges:
LD 50 (oral, Ratte): >5000 mg/kg [Sdb BASF];

- physikalisch/chemisch:
Schmelzpunkt: 480 °C
Molmasse: 576-610 g/mol

Löslichkeit:
unlöslich in Wasser [Sdb BASF];

Bemerkung:
Blaues, geruchloses Pulver; staubexplosionsfähig [Sdb BASF];
Gehört zu der Pigmentklasse von Cu-Phthaloblau;
Ergebnis des Ames-Tests: negativ;
Vielfacher Einsatz in Schmuck- und Verpackungsdruckfarben;
In wäßrigen Systemen Einsatzschwerpunkt bei Dispersionsanstrichfarben, Textildruckteigen, wäßrigen oder wasserverdünnbaren Tief- und Flexodruckfarben für Verpackungs- und Tapetendruck;
Drucke sind beständig gegen die üblichen Lösemittel, einwandfreie Gebrauchsechtheiten, sterilisierecht, hitzestabil, farbstark, ausgezeichnete Lichtechtheit;

Pigment Blau 18 (C.I. 42770:1)

- CAS-Nummer:
1324-72-2
- gebräuchliche Namen:
C.I. 42770:1; Pigment Blue 18;

Funktion:
Pigment/Farbstoff/blau;
Verfahren:
Druckverfahren;

Eigenschaften:
- physikalisch/chemisch:

Bemerkung:
Gehört zu der Gruppe der Triarylcarboniumpigmente (Alkaliblau-Pigmente); Findet Anwendung in Druck-, Buch- und Offset- und in wässrigen Flexodruckfarben, ist enthalten in Farbbändern und Kopierpapieren;

Pigment Blau 19 (C.I. 42750)

- CAS-Nummer:
58569-23-6
- gebräuchliche Namen:
C.I. 42750; Pigment Blue 19; Alkali Blau;

Funktion:
Pigment/Farbstoff/blau;
Verfahren:
Druckverfahren;
Anwendung:
z.B. in Flexodruckfarben;

Eigenschaften:
- physikalisch/chemisch:

Bemerkung:
Gehört zu der Gruppe der Triarylcarboniumpigmente (Alkaliblau-Pigmente); Findet Anwendung in Druck-, Buch- und Offset- und in wässrigen Flexodruckfarben, ist enthalten in Farbbändern und Kopierpapieren;

Pigment Blau 24 (C.I. 42090:1)

- CAS-Nummer:
6548-12-5
- gebräuchliche Namen:
C.I. 42090:1; Pigment Blue 24;Erioglaucin Pigmentfarbe;
- Summenformel:
$C_{37}H_{36}N_2O_9S_3$*Ba

Funktion:
Pigment/Farbstoff/blau;
Verfahren:
Druckverfahren;
Anwendung:
Farbe;

Eigenschaften:
- physikalisch/chemisch:
Molmasse: 884 g/mol

Pigment Blau 24:x (C.I. 42090:2)

- CAS-Nummer:
15792-67-3
- gebräuchliche Namen:
C.I. 42090:2; Pigment Blue 24:x; Brilliantblau Pigmentfarbe;
- Summenformel:
$C_{37}H_{36}N_2O_9S_3$* 2/3 Al

Funktion:
Pigment/Farbstoff/blau;
Verfahren:
Druckverfahren;
Anwendung:
Farbe;

Eigenschaften:
- physikalisch/chemisch:
Molmasse: 2294 g/mol

Bemerkung:
Gehört zu der Pigmentklasse von Triphenylmethan, Al;
In den USA als FD&C Blue 1 für Lebensmittel, Arzneimittel und Kosmetika bei Erfüllung bestimmter Reinheitsanforderungen zugelassen;

Pigment Blau 27 (C.I. 77510)

- CAS-Nummer:
25869-00-5
- gebräuchliche Namen:
C.I. 77510; Pigment Blue 27; Milori-Blau;Eisenblau; Bronzeblau; Preußischblau; Chinablau; Hamburg Blau;Paris Blau;
- Handelsnamen:
Encelac Blau 6695; Milori Blau L 6696;
- Summenformel:
$C_{18}Fe_7N_{18}$

Funktion:
Pigment/Farbstoff/blau;
Verfahren:
Druckverfahren;
Anwendung:
Farbe;

Eigenschaften:
- toxikologisch/ökotoxikologisch:
WGK: 0
Sonstiges:
[Sdb BASF]:LD 50 (oral, Ratte): >5000 mg/kgLC 50 (Fisch, Goldorfe): >1000 mg/l/96 hLC 50 (Bakterien): 1470 mg/l

- physikalisch/chemisch:
Dichte: 1800-1900 kg/m3 (20 °C)
Molmasse: 859,29 g/mol

Löslichkeit:
unlöslich in Wasser, verdünnten Säuren, in den meisten org. Lösungsmitteln;

Bemerkung zu physikalisch/chemischen Daten:
Zündtemperatur: >600 °C; Thermische Zersetzung: >140 °C; entzündliche Gase/Dämpfe: >260 °C [Sdb BASF];

Bemerkung:
Dunkelblaues Pulver;
Gehört zu der Pigmentklasse von Eisenblau;
CAS-Nr. 14038-43-8 -> Eisen(III)-hexacyanoferrat(II);

[Sdb BASF]:
Eisenblau (C.I. Pigment Blue 27) CAS-Nr. 25869-98-1;
blaues geruchloses Pulver;
verbrennen erzeugt schädliche und giftige Rauche; im Brandfall kann Cyanwasserstoff freigesetzt werden; gefährliche Zersetzungsprodukte: Cyanwasserstoff, Oxalsäuredinitril, Ammoniak, Kohlenmonoxid, Kohlendioxid;
untere Explosionsgrenze: 250 g/m3;

Pigment Blau 28 (C.I. 77346)

- CAS-Nummer:
1345-16-0
- gebräuchliche Namen:
C.I. 77346; Pigment Blue 28; Cobaltblau; Cobaltaluminiumblauspinell; Thenards Blau; Cobalt-/Aluminiumoxid-Spinell;
- Handelsnamen:
Lichtblau 2 R; Sicotrans Blau L 6315; Heucodur 552;
- Summenformel:
$CoAl_2O_4$

Funktion:
Pigment/Farbstoff/blau;
Verfahren:
Druckverfahren;
Anwendung:
Farbe;

Eigenschaften:
- toxikologisch/ökotoxikologisch:
WGK: 0
MAK Wert: vgl. Abschnitt IX [481]
Sonstiges:
Krebserzeugend 2 [481];zu Lichtblau 2 R [Sdb Bayer]:LD 50 (oral, Ratte): >10000 mg/kgLC Lo (Fisch, Goldorfe): 1000 mg/lKeine Schadwirkung gegen Esherichia coli: bei 5000 mg/lKeine Schadwirkung gegen Pseudomonas flourescens: bei 10000 mg/lzu Sicotrans Blau L 6315 [Sdb BASF]:LD 50 (oral, Ratte): >5000 mg/kg

- physikalisch/chemisch:
Schmelzpunkt: >1000 °C
Dichte: 3800-4540 kg/m3 (20 °C)
Molmasse: 176,89 g/mol

Löslichkeit:
unlöslich in Wasser, Ethanol;

Bemerkung:
Blaue Kristalle;
Aluminium-Cobalt-Blau-Spinel: CAS-Nr.: 68186-86-7;
Pigment Blau 28: CAS-Nr.: 1333-88-6 [Sdb Bayer]: Blaues geruchloses Pulver;

Pigment Blau 29 (C.I. 77007)

- CAS-Nummer:
1317-97-1
- gebräuchliche Namen:
C.I. 77007; Pigment Blue 29; Lasurit; Ultramarin; Ultramarinblau; Waschblau; Azurblau; Lasurblau;
- Handelsnamen:
Rakusol Blau 62-9607; Sicoversal Blau 62-9605;
- Summenformel:
$Na_{6\text{-}8}Al_6Si_6O_{24}S_{2\text{-}4}$

Funktion:
Pigment/Farbstoff/blau;
Verfahren:
Druckverfahren;
Anwendung:
Farbe;

Eigenschaften:
- physikalisch/chemisch:
Molmasse: 916-1026 g/mol
Löslichkeit:
unlöslich in Wasser; zersetzt sich in Säuren;

Bemerkung:
Licht-, luft- und seifenechter Pigmentfarbstoff;
Gehört zu der Pigmentklasse von Ultramarin;
Verwendung: als Öl- und Wasserfarbe; für Buntpapier- und Tapetendruck; zum Bläuen von Wäsche, Federn, Stärke; als Sonnenschutzfarbe auf Glasfenstern und in Kosmetikartikeln; optischer Aufheller;
Hohe Lichtbeständigkeit, geringe Chemikalienbeständigkeit;
Sehr gut lösemittelbeständig, sehr gut dispergierbar;

Pigment Blau 36 (C.I. 77343)

- CAS-Nummer:
68187-11-1
- gebräuchliche Namen:
C.I. 77343; Pigment Blue 36; Himmelblau; Cobalt Chromit Blaugrün Spinel; Cobaltchromitblaugrünspinell; Cerulean Blau;
- Handelsnamen:
Sicopal Blau L 7210; Lightfast Blue; Heucodur 555, 559;
- Summenformel:
$Co(Al,Cr)_2O_4$

Funktion:
Pigment/Farbstoff/blau;
Verfahren:
Druckverfahren;
Anwendung:
Farbe;

Eigenschaften:

- toxikologisch/ökotoxikologisch:

WGK: 0

Sonstiges:

[Sdb BASF]:LD 50 (oral, Ratte): >5000 mg/kgEC/LC O (Fisch, Goldorfe): 1000 mg/l/48 hEC/LC O (Pseudomonas fluorescens): >10000 mg/l

- physikalisch/chemisch:

Schmelzpunkt: >1000 °C

Dichte: 4550-4770 kg/m3 (20 °C)

Löslichkeit:

unlöslich in Wasser, Salzsäure, Ethanol, Ethylacetat;

Bemerkung:

[Sdb BASF]:
Blaues, geruchloses Pulver;
das Produkt enthält folgende Schwermetalle: Cobalt, Chrom. Die Schwermetalle sind fest eingebaut in: Spinell.
Wechselnde Zusammensetzung verschiedener Oxide:
CoO 30 - 35 %
Cr(2)O(3) 30 - 60 %
Al(2)O(3) 10 - 40 %;
Bestandteil von Sicopal Grün 770;

Pigment Blau 56 (C.I. 42800)

- CAS-Nummer:

6417-46-5

- gebräuchliche Namen:

C.I. 42800; Pigment Blue 56; Reflex-Blau 2G;Alkali-Blau G;

- Summenformel:

$C_{40}H_{35}N_3O_3S$

Funktion:

Pigment/Farbstoff/blau;

Verfahren:

Druckverfahren;

Anwendung:

Farbe;

Eigenschaften:

- physikalisch/chemisch:

Schmelzpunkt: 247 °C

Molmasse: 637 g/mol

Bemerkung:

Gehört zu der Gruppe der Triarylcarboniumpigmente (Alkaliblau-Pigmente);
Findet Anwendung in Druck-, Buch- und Offset- und in wässrigen Flexodruckfarben, ist enthalten in Farbbändern und Kopierpapieren;

Pigment Blau 61 (C.I. 42765:1)

- **CAS-Nummer:**
  1324-76-1
- **gebräuchliche Namen:**
  C.I. 42765:1; Pigment Blue 61; Alkali-Blau;Reflex-Blau; Geist-Blau;
- **Handelsnamen:**
  BASF Alkali Blue 61-HR-0303; BASF Alkali Blue NB S 6150;
- **Summenformel:**
  $C_{37}H_{29}N_3O_3S$

Funktion:
  Pigment/Farbstoff/blau;
Verfahren:
  Druckverfahren;
Anwendung:
  Farbe;

Eigenschaften:
- **physikalisch/chemisch:**
  Schmelzpunkt: 280 °C
  Molmasse: 595 g/mol

Bemerkung:
  Gehört zu der Gruppe der Triarylcarboniumpigmente (Alkaliblau-Pigmente); Findet Anwendung in Druck-, Buch- und Offset- und in wässrigen Flexodruckfarben, ist enthalten in Farbbändern und Kopierpapieren; alkalische Lösung von Anilinblau;

Pigment Blau 63 (C.I. 73015:x)

- **CAS-Nummer:**
  16521-38-3
- **gebräuchliche Namen:**
  C.I. 73015:x; Pigment Blue 63; Indigoblaupigmentfarbe; Indigopigment;
- **Summenformel:**
  $C_{16}H_{10}N_2O_8S_2$* x Al

- **Strukturformel:**

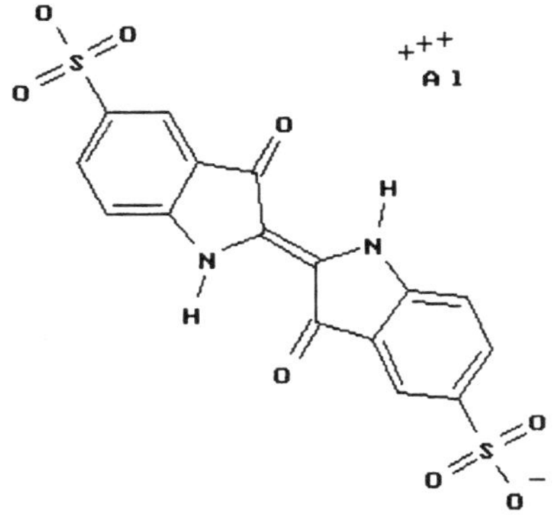

Funktion:
Pigment/Farbstoff/blau;
Verfahren:
Druckverfahren;
Anwendung:
Farbe;

Eigenschaften:
- physikalisch/chemisch:
Molmasse: 1315 g/mol

Bemerkung:
Gehört zu der Pigmentklasse von Indigosulfonsäure, Al;
Mäßige Beständigkeit gegen Chemikalien, schlechte Lichtechtheit, farbschwach;
Bei Einhaltung bestimmter Reinheitsgebote in der EG als E 132 und in den USA als FD&C Blue 2 für Lebensmittel und Medikamente zugelassen;

Pigment Braun 5 (C.I. 15800:2)

- CAS-Nummer:
16521-34-9
- gebräuchliche Namen:
C.I. 15800:2; Pigment Brown 5; Monoazobraun;
- Summenformel:
$C_{17}H_{12}N_2O_3 * xCu$

Funktion:
Pigment/Farbstoff/braun;
Verfahren:
Druckverfahren;
Anwendung:
Farbe;

Eigenschaften:
- toxikologisch/ökotoxikologisch:
MAK Wert: vgl. Abschnitt III [481]

- physikalisch/chemisch:
Molmasse: 648 g/mol

Bemerkung:
Gehört zu der Pigmentklasse von BONS, Cu;
Einsatz in Flexodruckfarben und Textildruck;

Pigment Braun 7:x (C.I. 77499)

- CAS-Nummer:
12713-03-0
- gebräuchliche Namen:
C.I. 77499; Pigment Brown 7 : x; Roh-Umber; Brand-Umber; Natur-Braun-Eisen-Oxid (Mn);
- Summenformel:
$Fe_2O_3 * x MnO$

Funktion:
Pigment/Farbstoff/braun;
Verfahren:
Druckverfahren;
Anwendung:
Farbe;

Eigenschaften:
- toxikologisch/ökotoxikologisch:
MAK Wert: 1,5 mg Fe/m3 A (vgl. Abschnitt V f) und g) [481])

- physikalisch/chemisch:
Molmasse: 160 g/mol

Pigment Braun 11 (C.I. 77495)

- CAS-Nummer:
12068-86-9
- gebräuchliche Namen:
C.I. 77495; Pigment Brown 11; Magnesiumferrit;
- Summenformel:
$MgO * Fe_2O_3$

Funktion:
Pigment/Farbstoff/braun;
Verfahren:
Druckverfahren;
Anwendung:
Farbe;

Eigenschaften:
- physikalisch/chemisch:
Molmasse: 200 g/mol

Pigment Braun 23

- CAS-Nummer:
57972-00-6
- gebräuchliche Namen:
Pigment Brown 23; Disazo-Braun;

Funktion:
Pigment/Farbstoff/braun;
Verfahren:
Druckverfahren;
Anwendung:
Farbe;

Eigenschaften:
- toxikologisch/ökotoxikologisch:
MAK Wert: vgl. Abschnitt III [481]

- physikalisch/chemisch:
Schmelzpunkt: 313 °C
Molmasse: 849 g/mol

Bemerkung:
Gehört zu der Pigmentklasse von Disazokondensationspigmenten;
Leicht löslich in einigen organischen Lösungsmitteln;
Einsatz in allen Druckverfahren, besonders geeignet für den Druck von Holzimitationen;
Drucke sind gut silberlackbeständig;
Gute Lichtechtheit;

Pigment Braun 24 (C.I. 77310)

- CAS-Nummer:
68186-90-3
- gebräuchliche Namen:
C.I. 77310; Pigment Brown 24; Chrom-Antimon-Titan-Rutil; Cr/Sb/Ti-Oxid;
- Handelsnamen:
Luconyl Gelb 2011; Rakusol Gelb 20-1107; Sicolen Gelb 21-1205; Sicotan Gelb L 1910; Sicotan Gelb K 2109; Sicotan Gelb L 1912; Sicotan Gelb L 2010; Lichtgelb 3 R; Lichtgelb 5 R; Lichtgelb 6 R; Heucodur-Gelb 251; Heucodur-Gelb 252; Heucodur-Gelb 254; Heucodur-Gelb 255; Heucodur-Gelb 256; Heucodur-Gelb 259; Heucodur-Gelb 262; Heucodur 251 Heucodur 525; Heucodur 244; Heucodur 255; Heucodur 256; Heucodur 259;
- Summenformel:
$TiO_2 * Cr_2O_3 * Sb_2O_3$

Funktion:
Pigment/Farbstoff/braun;
Verfahren:
Druckverfahren;
Anwendung:
Farbe;

Eigenschaften:
- toxikologisch/ökotoxikologisch:
WGK: 0
MAK Wert: 6 mg/m3 A
Sonstiges:
[Sdb Fa. Heubach]:Das C.I. Pigment Brown 24 ist ein chrom- und antimonhaltiges Mischphasenpigment mit Rutilstruktur. Es hat keinen Salzcharakter im Sinne der MAK-Liste, Abschnitt III A2, und gehört damit nicht zu den krebserzeugenden Arbeitsstoffen gemäß GefStoffV in der zur Zeit gültigen Fassung;LD 50 (oral, Ratte): >5000 mg/kg [Sdb BASF], >10000 mg/kg [Sdb Bayer]EC/LC O (Fisch, Goldorfe): 10000 mg/l/48 h [Sdb BASF], 1000 mg/l [Sdb Bayer]EC/LC 10 (Pseudomonas putida): >10000 mg/l/48 h [Sdb BASF];

- physikalisch/chemisch:
Schmelzpunkt: >1000 °C
Dichte: 4400 kg/m3 (20 °C)

Löslichkeit:
unlöslich in Wasser, Säuren und Laugen [Sdb BASF u. Bayer];

Bemerkung:
Geruchloses Pulver [Sdb BASF und Bayer];
Das Produkt enthält folgende Schwermetalle: Antimon und Chrom. Die Schwermetalle sind fest eingebaut in: Rutil [Sdb BASF];

Pigment Braun 25 (C.I. 12510)

- CAS-Nummer:
6992-11-6
- gebräuchliche Namen:
C.I. 12510; Pigment Brown 25; Benzimidazolone Braun HFR;
- Summenformel:
$C_{24}H_{15}Cl_2N_5O_3$

Funktion:
Pigment/Farbstoff/braun;
Verfahren:
Druckverfahren;
Anwendung:
Farbe;

Eigenschaften:
- toxikologisch/ökotoxikologisch:
MAK Wert: vgl. Abschnitt III [481]

- physikalisch/chemisch:
Schmelzpunkt: 345 °C
Molmasse: 492 g/mol

Bemerkung:
Gehört zu der Pigmentklasse von Benzimidazolon;
Leicht löslich in einigen organischen Lösungsmitteln;
Einsatz in allen Druckverfahren;
Ausgezeichnete Lichtechtheit;
Drucke sind beständig gegen Paraffin, Butter, Seifen und Säuren, jedoch nicht ganz beständig gegen Alkali;
Sterilisierecht, silberlackbeständig, hitzestabil;

Pigment Braun 33 (C.I. 77503)

- CAS-Nummer:
68186-88-9
- gebräuchliche Namen:
C.I. 77503; Pigment Brown 33; Zink-Eisen-Chromit-Braun-Spinell;
- Summenformel:
$(Zn,Fe)(Fe,Cr)O_4$

Funktion:
Pigment/Farbstoff/braun;
Verfahren:
Druckverfahren;
Anwendung:
Farbe;

Pigment Braun 35 (C.I. 77501)

- **CAS-Nummer:**
  68187-09-7
- **gebräuchliche Namen:**
  C.I. 77501; Pigment Brown 35; Eisen-Chromit-Braun-Spinel
- **Summenformel:**
  $Fe(Fe,Cr)_2O_4$

Funktion:
  Pigment/Farbstoff/braun;
Verfahren:
  Druckverfahren;
Anwendung:
  Farbe;

Pigment Gelb 1 (C.I. 11680)

- **CAS-Nummer:**
  2512-29-0
- **gebräuchliche Namen:**
  C.I. 11680; Pigment Yellow 1; Arylid-Gelb G; Hansagelb;
- **Handelsnamen:**
  Luconyl Gelb 1250; Pigmosol Gelb 1250; Sico Gelb D 1250; Sico Gelb L 1250; Heuco Gelb 100100;
- **Summenformel:**
  $C_{17}H_{16}N_4O_4$

- **Strukturformel:**

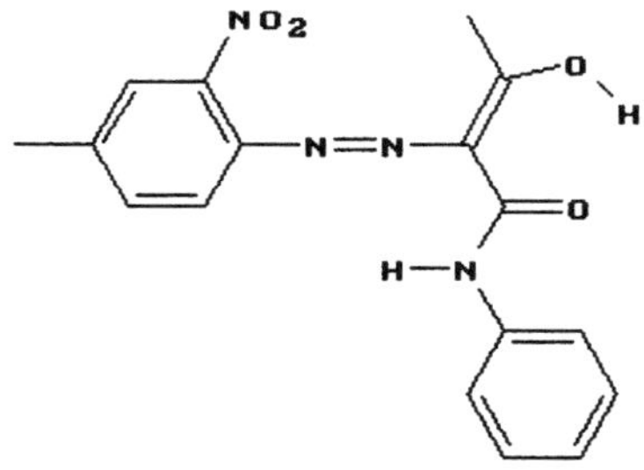

Funktion:
  Pigment/Farbstoff/gelb;
Verfahren:
  Druckverfahren;
Anwendung:
  Farbe; Druckfarbe;

Eigenschaften:
- **toxikologisch/ökotoxikologisch:**
  WGK: 0
  Sonstiges:
  LD 50 (oral, Ratte): >15000 mg/kg [Sdb Fa. Heubach];

- **physikalisch/chemisch:**
  Schmelzpunkt: 256-257 °C
  Dichte: 1500 kg/m3 (20 °C)
  Molmasse: 340 g/mol

  Löslichkeit:
  unlöslich in Wasser [Sdb Fa. Heubach];

Bemerkung:
Gelbes, geruchloses Pulver;
untere Explosionsgrenze: 80 g/cm3 [Sdb Fa. Heubach];
Gehört zu der Gruppe der Azopigmente;
Gehört zu der Pigmentklasse von Monoazogelb;
Haupteinsatz im Verpackungsdruck;
Verwendung in alkohlischen Druckfarben oder Farben auf wässriger Basis;
Ergebnis des Ames-Tests: negativ;
Bleicht aus in organischen Lösungsmitteln;
Ungenügend migrationsecht und hitzebeständig; Gute Dispergierbarkeit;

Pigment Gelb 3 (C.I. 11710)

- **CAS-Nummer:**
  6486-23-3
- **gebräuchliche Namen:**
  C.I. 11710; Pigment Yellow 3; Arylid-Gelb 10G; Arylidgelb;
- **Handelsnamen:**
  Luconyl Gelb 0950; Sico Gelb D 0951; Sico Gelb L 0951; Heuco Gelb 100300;
- **Summenformel:**
  $C_{16}H_{12}Cl_2N_4O_4$

Funktion:
Pigment/Farbstoff/gelb;
Verfahren:
Druckverfahren;
Anwendung:
Farbe; Dispersionsfarbe auf Wasserbasis; Bleifreie Lacke; Malerfarbe;

Eigenschaften:
- **toxikologisch/ökotoxikologisch:**
  WGK: 0
  MAK Wert: 6 mg/m3 A
  Sonstiges:
  LD 50 (oral, Ratte): >2000 mg/kg [Sdb BASF];LD 50 (oral, Ratte): >15000 mg/kg [Sdb Fa. Heubach];

- **physikalisch/chemisch:**
  Schmelzpunkt: 254-258 °C
  Dichte: 1600 kg/m3 (20 °C)
  Molmasse: 395 g/mol

  Löslichkeit:
  unlöslich in Wasser [Sdb BASF];

Bemerkung zu physikalisch/chemischen Daten:
Thermische Zersetzung: >280 °C [Sdb BASF];

Bemerkung:
Gelbes, geruchloses Pulver; staubexplosionsfähig [Sdb BASF];
Gehört zu der Gruppe der Azopigmente;
Gehört zu der Pigmentklasse von Monoazogelb;
Einsatz im Verpackungs- und Textildruck;
Wasser-, säure, alkali- und lichtecht;

Pigment Gelb 12 (C.I. 21090)

- CAS-Nummer:
6358-85-6
- gebräuchliche Namen:
C.I. 21090; Pigment Yellow 12; Benzidingelb; Diarylid Gelb AAA;
- Handelsnamen:
Imprimus Sico Gelb 12-QV-2344; Imprimus Sico Gelb 12-QV-2380; Quicksperse Sico Gelb 12-PP-0328;
- Summenformel:
$C_{32}H_{26}Cl_2N_6O_4$

Funktion:
1.Pigment/Farbstoff/gelb;
2.Toner;
Verfahren:
1.Druckverfahren;
2.Kopierverfahren;
Anwendung:
Illustrationstiefdruck;
Verpackungsdruck;
Offsetdruck;
Siebdruck;

branchenspezifische Bemerkung zur Substanz:
In Anwendung;
Farbe; Standardprozeß Gelb für Druckfarben;

Eigenschaften:
- toxikologisch/ökotoxikologisch:
Sonstiges:
Zum Metabolismus in Ratten siehe [258];kein gentoxisches Potential nachweisbar [259];

- physikalisch/chemisch:
Schmelzpunkt: 317 - 322 °C
Molmasse: 630 g/mol

Löslichkeit:
unlöslich in Wasser;

Bemerkung:
Gehört zu der Gruppe der Azopigmente;
Gehört zu der Pigmentklasse von Diarylgelb;
Ergebnis des Ames-Tests: negativ;
Mutagenitätsprüfung bei Maus und Ratte: negativ;

Verwendung: Buch-, Offsetdruck-,Spezialtief- und Flexodruckfahren; Verpackungs-, Zeitungs-, Tief-, Blech- und Illustrationstiefdruck;
Gute Dispergierbarkeit;

Pigment Gelb 13 (C.I. 21100)

- CAS-Nummer:
5102-83-0
- gebräuchliche Namen:
C.I. 21100; Pigment Yellow 13; Diarylid Gelb AAMX; Benzidine Yellow 20544; Benzidine Yellow GE; Benzidine Yellow GR; Benzidine Yellow Lemon 12221; C.I. 21100; C.I. Pigment Yellow 13 (7Cl,8Cl); Pigment Yellow 13; Pigment Yellow MH;
- Handelsnamen:
Enceprint Gelb 1351; Oppasin Gelb 1351; Sico Echtgelb D 1351; Sico Echtgelb D 1355 DD; Dainichi Benzidine Yellow 2GR; Diarylide Yellow; Elkon Fast Yellow GR; Graphtol Yellow RGS; Helio Fast Yellow GRF; Helio Fast Yellow GRN; Hostaperm Yellow GR; Irgalite Yellow BAW; Irgalite Yellow BAWP; Irgalite Yellow BAWX; Irgaplast Yellow IRS; Isol Benzidine Fast Yellow GRX; Isol Benzidine Yellow GRX 2548; Isol Diaryl Yellow GRF; Kromon Yellow GXR; Latexol Fast Yellow JR; Light Yellow JBR; Lionol Yellow FG 1310; Lutetia Yellow JR NE; Monolite Fast Yellow GLV; Monolite Yellow GL; Monolite Yellow GLA; Permanent Yellow GR; Permanent Yellow GR01; Polymo Yellow GR; Recolite Fast Yellow BLF; Recolite Fast Yellow BLT; Rubber Fast Yellow GRA; Saranac Yellow X 2838; Segnale Light Yellow GRX; Sico Fast Yellow D 1355; Symuler Fast Yellow GRF; Symuler Fast Yellow GRTF; Tertropigment Fast Yellow VGR; Tertropigment PGR; Vulcan Fast Yellow GR; Vulcan Fast Yellow GRA; Vulcan Fast Yellow GRN; Vynamon Yellow GRE; Vynamon Yellow Gres; Vynamon Yellow GE FW; Yellow AAMX; Yellow Toner YB5;
- Summenformel:
$C_{36}H_{34}Cl_2N_6O_4$

Funktion:
Pigment/Farbstoff/gelb;
Verfahren:
Druckverfahren;
Anwendung:
Farbe; Druckerfarbe; Textildruck Britischer Standard-prozeß Gelb;

branchenspezifische Bemerkung zur Substanz:
Gehört zu der Pigmentklasse von Diarylgelb;
Haupteinsatzgebiet ist der Offsetdruck;
I.a. leicht dispergierbar;

Eigenschaften:
- toxikologisch/ökotoxikologisch:
RTECS # EJ 3512000
Sonstiges:
LD 50 (oral, Ratte): >5000 mg/kg [428];

- physikalisch/chemisch:
Schmelzpunkt: 338-344 °C; 320 °C (Zer.)
Dichte: 1460 kg/m3
Molmasse: 686 g/mol

Pigment Gelb 14 (C.I. 21095)

- CAS-Nummer:
5468-75-7
- gebräuchliche Namen:
C.I. 21095; Pigment Yellow 14; Diarylid Gelb AAOT; 2,2'-(3,3'-Dichlor-(1,1'biphenyl)-4,4'-diyl)bis(azo)bis(N-(2-methylphenyl)-3-oxobutanamid;
- Handelsnamen:
Lutetia Yellow 3JR PV NE; Vynamon Yellow 2GE FW; Permanent Yellow G; Vulcan Fast Yellow G; Irgalite Yellow BRM; Irgaphor Yellow BR chips;
- Summenformel:
$C_{23}H_{30}Cl_2N_6O_4$

Eigenschaften:
- toxikologisch/ökotoxikologisch:
RTECS # EJ 3512500
MAK Wert: vgl. Abschnitt III [481]
Sonstiges:
LD 50 (oral, Ratte): >500 mg/kg [428];

- physikalisch/chemisch:
Schmelzpunkt: 320-336 °C
Molmasse: 658 g/mol

Pigment Gelb 16 (C.I. 20040)

- CAS-Nummer:
5979-28-2
- gebräuchliche Namen:
C.I. 20040; Pigment Yellow 16; Permanent Gelb NCG;
- Handelsnamen:
Enelac Gelb 1260;
- Summenformel:
$C_{34}H_{28}Cl_4N_6O_4$

Funktion:
Pigment/Farbstoff/gelb;
Verfahren:
Druckverfahren;
Anwendung:
Farbe; Druckerfarbe für Verpackungen; Polyvinyl-Plastiken; Textildruck;

Eigenschaften:
- physikalisch/chemisch:
Schmelzpunkt: 320-328 °C
Molmasse: 726 g/mol

Bemerkung:
Gehört zu der Pigmentklasse von Bisacetessigarylid;
Farbstark; relativ gut lichtecht;
Drucke sind silberlackbeständig, kalandier- und sterilisierecht;
Einsatz im Blech- und Textildruck;

Pigment Gelb 17 (C.I. 21105)

- CAS-Nummer:
4531-49-1
- gebräuchliche Namen:
C.I. 21105; Pigment Yellow 17; Diarylid Gelb AAOA;
- Summenformel:
$C_{34}H_{30}Cl_2N_6O_6$

- Strukturformel:

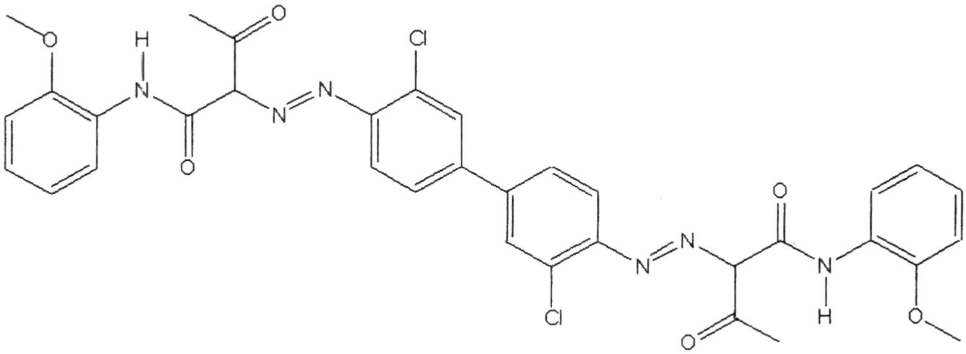

Funktion:
Pigment/Farbstoff/gelb; Toner;
Verfahren:
Druckverfahren;
Anwendung:
Farbe; Druckerfarbe; Textildruck;

Eigenschaften:

- physikalisch/chemisch:
Schmelzpunkt: 341 °C
Molmasse: 690 g/mol

Bemerkung:
Gehört zu der Pigmentklasse von Diarylgelb;

Pigment Gelb 24 (C.I.70600)

- CAS-Nummer:
475-71-8
- gebräuchliche Namen:
C.I. 70600; Pigment Yellow 24; Flavanthron-Gelb;
- Summenformel:
$C_{28}H_{12}N_2O_2$

- Strukturformel:

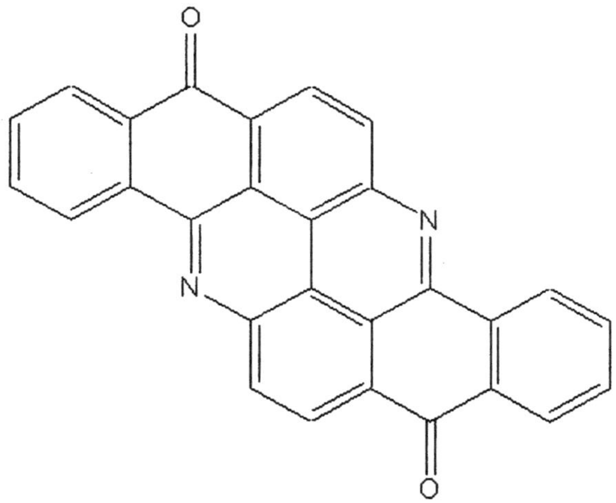

Funktion:
Pigment/Farbstoff/gelb;
Verfahren:
Druckverfahren;
Anwendung:
Farbe; Malerfarbe;

Eigenschaften:
- toxikologisch/ökotoxikologisch:
WGK: 0

- physikalisch/chemisch:
Molmasse: 408,42 g/mol

Bemerkung:
Gehört zu der Pigmentklasse von Flavanthron;
Hitzestabil bis über 200 °C;

Pigment Gelb 35 (C.I. 77205)

- CAS-Nummer:
12442-27-2
- gebräuchliche Namen:
C.I. 77205; Pigment Yellow 35; Zitronengelb; Cadmium-Zink-Sulfid; Cadmium-Zinkgelb; Primelgelb; Goldenes Gelb; Reines Cadmium-Zink Gelb;
- Handelsnamen:
Rakusol Gelb 10-0107; Sicolen Gelb 10-0105; Sicotherm Gelb K 100 1; Sicoversal Gelb 10-0105;
- Summenformel:
CdSZn

Funktion:
Pigment/Farbstoff/gelb;
Verfahren:
Druckverfahren;

Anwendung:
Farbe; Malerfarbe; Deckfarbenpigment; Farbpigment für Gummi- und Lederwaren; Lackindustrie;

Eigenschaften:
- toxikologisch/ökotoxikologisch:
MAK Wert: vgl. Abschnitt IX [481]
Sonstiges:
Krebserzeugend 2 [481];LD 50 (oral, Ratte): >2000 mg/kg [607];

Pigment Gelb 36 (C.I. 77955)

- CAS-Nummer:
37300-23-5
- gebräuchliche Namen:
C.I. 77955; Pigment Yellow 36; Zinkgelb; Zink-Chromatgelb; Zink Chromat; Zinktetraoxichromat; Zinkkaliumchromat;
- Handelsnamen:
Korrosionsschutz Zinkchromat 1 W; Korrosionsschutz Zinkchromat K SH/SM; LD Zinktetraoxichromat WP; LD Zinkchromat KSH/SM;
- Summenformel:
$4ZnO*K_2O*4CrO_3*3H_2O$

Funktion:
Pigment/Farbstoff/gelb;
Verfahren:
Druckverfahren;
Anwendung:
Farbe; Korrosions-verhindernde Vorstrichsfarbe für Metalle;

Eigenschaften:
- toxikologisch/ökotoxikologisch:
RTECS # CB 3300000
Schweizer Giftliste: 1K
WGK: 3
R-Satz: 22-43-45
S-Satz: 44-53
Sonstiges:
LD 50 (oral, Ratte): 640 mg/kg [Sdb BASF];

Gefahren-Symbol:

- physikalisch/chemisch:
Molmasse: 874 g/mol

Löslichkeit:
Wasser: 0,1 g/l (20 °C) [Sdb BASF];

Bemerkung:
Gelbes, geruchloses Pulver [Sdb BASF];

Pigment Gelb 36:1 (C.I. 77956)

- CAS-Nummer:
50922-29-7
- gebräuchliche Namen:
C.I. 77956; Pigment Yellow 36:1; Zinkgelb; Chromsäure Zinksalz; Basic Zink Gelb;
- Summenformel:
$ZnO+xCrO_3*yK_2O$

Funktion:
Pigment/Farbstoff/gelb;
Verfahren:
Druckverfahren;
Anwendung:
Farbe; Grundierung für Metalle;

Eigenschaften:
- physikalisch/chemisch:
Molmasse: 579 g/mol

Pigment Gelb 43 (C.I. 77492)

- CAS-Nummer:
1317-63-1
- gebräuchliche Namen:
C.I. 77492; Pigment Yellow 43; Limonit;Gelblimmonit; Natur-Gelb-Eisen-Oxid; Ockergelb; Roh-Sienna;
- Summenformel:
$Fe_2O_3*xH_2O$

Funktion:
Pigment/Farbstoff/gelb;
Verfahren:
Druckverfahren;
Anwendung:
Farbe; Farbpigment für Gläser, Malerfarbe, Pastell-farben;

Eigenschaften:
- toxikologisch/ökotoxikologisch:
MAK Wert: 1,5 mg Fe/m3 A (vgl. Abschnitt V f) und g) [481])

Pigment Gelb 53 (C.I. 77788)

- CAS-Nummer:
8007-18-9
- gebräuchliche Namen:
C.I. 77788; Pigment Yellow 53; Nickelgelb;Titan-Nickelgelb; Nickel-Antimon-Titan-Gelb-Rutil; Antimon-/Nickel-/Titandioxid-Rutil;
- Handelsnamen:
Luconyl Gelb 1010; Sicolen Gelb 10-1105; Sicotan Gelb L 1010; Sicotan Gelb; L 1012; Lichtgelb 7 G; Lichtgelb 8 G; Lightfast Yellow; Hencodur 152; Hencodur 156;
- Summenformel:
$(Ti,Ni,Si)O_2$

Funktion:
Pigment/Farbstoff/gelb;
Verfahren:
Druckverfahren;
Anwendung:
Farbe; Farbpigment für Kunststoffe, Hochtemperatur-Industrie; Harze, Außenanstriche, Keramik, Porzellan, Emaille, Malerfarbe;

Eigenschaften:
- toxikologisch/ökotoxikologisch:
WGK: 0
Sonstiges:
LD 50 (oral, Ratte): >5000 mg/kg [Sdb BASF]; >10000 mg/kg [Sdb Bayer];LC 0 (Fisch, Goldorfe): 1000 mg/l [Sdb Bayer]; 10000 mg/l/48 h [Sdb BASF];EC/LC 10 (Pseudomonas putida): >5680 mg/l [Sdb BASF];

- physikalisch/chemisch:
Schmelzpunkt: >1000 °C
Dichte: 4600 kg/m3 (20 °C)

Löslichkeit:
unlöslich in Wasser, Säuren und Laugen [Sdb BASF];

Bemerkung:
Gelbes geruchloses Pulver [Sdb BASF u. Bayer];
Das Produkt enthält folgende Schwermetalle: Antimon und Nickel. Die Schwermetalle sind fest eingebaut in Rutil [Sdb BASF];

Pigment Gelb 55 (C.I. 21096)

- CAS-Nummer:
6358-37-8
- gebräuchliche Namen:
C.I. 21096; Pigment Yellow 55; Diarylid Gelb AAPT;
- Summenformel:
$C_{34}H_{30}Cl_2N_6O_4$

Funktion:
Pigment/Farbstoff/gelb;
Verfahren:
Druckverfahren;
Anwendung:
Farbe; Farbpigment für lebensmittelechte Wachspapiere, Flexodruck auf Wasserbasis, Textildruck, bleifreie Innenanstriche;

Eigenschaften:
- physikalisch/chemisch:
Molmasse: 658 g/mol

Bemerkung:
Gehört zu der Pigmentklasse von Diarylgelb;

Pigment Gelb 60 (C.I. 12705)

- CAS-Nummer:
6407-74-5
- gebräuchliche Namen:
C.I. 12705; Pigment Yellow 60; Arylid-Gelb 4R;
- Summenformel:
$C_{16}H_{13}ClN_4O$

Funktion:
Pigment/Farbstoff/gelb;
Verfahren:
Druckverfahren;
Anwendung:
Farbe; Farbpigment für Hausanstrich; bleifreie Lacke;
Druckerfarbe;

Eigenschaften:
- physikalisch/chemisch:
Schmelzpunkt: 188 °C
Molmasse: 313 g/mol

Bemerkung:
Gehört zu der Pigmentklasse von Monoazogelb;
Schlechte Beständigkeit gegen org. Lösemittel;

Pigment Gelb 65 (C.I. 11740)

- CAS-Nummer:
6528-34-3
- gebräuchliche Namen:
C.I. 11740; Pigment Yellow 65; Arylid-Gelb RN; Arylid-Gelb 3RA;
- Summenformel:
$C_{18}H_{18}N_4O_6$

Funktion:
Pigment/Farbstoff/gelb;
Verfahren:
Druckverfahren;
Anwendung:
Farbe; Farbpigment für Hausanstrich; Malerfarbe;
bleifreie Lacke; Dispersionsfarbe auf Wasserbasis;

Eigenschaften:
- physikalisch/chemisch:
Molmasse: 386 g/mol

Bemerkung:
Gehört zu der Pigmentklasse von Monoazogelb;
Lösemittelecht, rekristallisationsbeständig in lösemittelhaltigen Medien,
lichtecht;

Pigment Gelb 73 (C.I. 11738)

- CAS-Nummer:
13515-40-7
- gebräuchliche Namen:
C.I. 11738; Pigment Yellow 73; Arylid-Gelb GX;
- Summenformel:
$C_{17}H_{15}ClN_4O_5$

- Strukturformel:

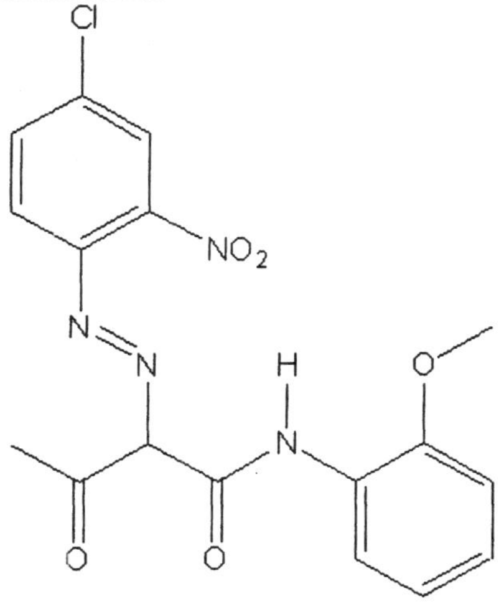

Funktion:
Pigment/Farbstoff/gelb;
Verfahren:
Druckverfahren;
Anwendung:
Farbe; Farbpigment für Hausanstrich; Druckfarbe; Dispersionsfarbe auf Wasserbasis; bleifreie Lacke; Malerfarbe;

Eigenschaften:
- physikalisch/chemisch:
Schmelzpunkt: 264 °C
Molmasse: 391 g/mol

Bemerkung:
Gehört zu der Pigmentklasse von Monoazogelb;
Lichtecht; beständig gegen verschiedene org. Lösemittel;

Pigment Gelb 74 (C.I. 11741)

- CAS-Nummer:
6358-31-2
- gebräuchliche Namen:
C.I. 11741; Pigment Yellow 74; Arylid-Gelb GY; Brilliant-Gelb 5GX; Arylidgelb;
- Handelsnamen:
Basoflex Gelb 1251; Enceprint Gelb 1251; Luconyl Gelb 1251; Sico Gelb L 1252 HD; Sicoflush P Gelb 1252; Luconyl Gelb 1252; Luconyl G Gelb 1252; Sicoflush P Gelb 1252; Heuco Gelb 107400; Heuco Gelb 107401;

- Summenformel:
$C_{18}H_{18}N_4O_6$

- Strukturformel:

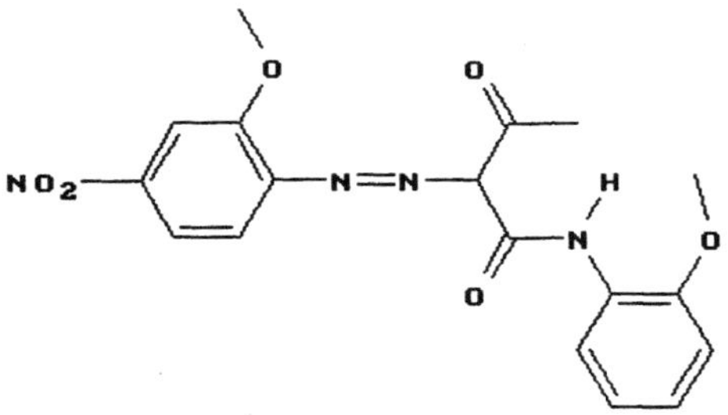

Funktion:
Pigment/Farbstoff/gelb; Toner;
Verfahren:
Druckverfahren;
Anwendung:
Farbe; Farbpigment für Hausanstrich; Druckfarbe; Dispersionsfarbe auf Wasserbasis; bleifreie Lacke; Malerfarbe;

Eigenschaften:
- toxikologisch/ökotoxikologisch:
WGK: 0
MAK Wert: 6 mg/m3 A
Sonstiges:
LD 50 (oral, Ratte): >5000 mg/kg [Sdb BASF];LD 50 (oral, Ratte): >15000 mg/kg [Sdb Fa. Heubach];

- physikalisch/chemisch:
Schmelzpunkt: 275-293 °C; >300 °C
Dichte: 1510 kg/m3 (20 °C)
Molmasse: 386 g/mol

Löslichkeit:
unlöslich in Wasser [Sdb BASF];

Bemerkung zu physikalisch/chemischen Daten:
Thermische Zersetzung: bis 315 °C stabil [Sdb BASF];

Bemerkung:
Gelbes, geruchloses Pulver; staubexplosionsfähig [Sdb BASF];
untere Explosionsgrenze: 32 g/cm3 [Sdb Fa. Heubach];
Gehört zu der Pigmentklasse von Monoazogelb;
Überwiegender Einsatz im Buch-, Offset- und Verpackungsdruck;
Ergebnis des Ames-Tests: negativ;
Drucke sind schlecht kalandrier- und sterilisierecht;
Alkali-, säure- und seifenecht;

Pigment Gelb 81 (C.I. 21127)

- CAS-Nummer:
22094-93-5
- gebräuchliche Namen:
C.I. 21127; Pigment Yellow 81; Diarylid Gelb H10G;
- Summenformel:
$C_{36}H_{32}Cl_4N_6O_4$

Funktion:
Pigment/Farbstoff/gelb;
Verfahren:
Druckverfahren;
Anwendung:
Farbe; Farbpigment für Verpackungsdruckfarbe;

Eigenschaften:
- physikalisch/chemisch:
Schmelzpunkt: > 400 °C
Molmasse: 755 g/mol

Bemerkung:
Gehört zu der Pigmentklasse von Diarylgelb;
Für alle Druckverfahren geeignet;
Beständig gegen org. Lösemittel; hitzebeständig bis 240 °C;
Drucke sind silberlackbeständig, sterilisier- und kalandrierecht;

Pigment Gelb 83 (C.I. 21108)

- CAS-Nummer:
5567-15-7
- gebräuchliche Namen:
C.I. 21108; Pigment Yellow 83; Diarylid Gelb HR;
- Handelsnamen:
Basoflex Gelb 1780; Enceprint Gelb 1780; Euthylen Gelb 17-8105 C 4; Sico Echtgelb D 1760; Sicolen Gelb 17-8105; Heuco Gelb 108300; Heuco Gelb 108301;
- Summenformel:
$C_{36}H_{32}Cl_4N_6O_8$

Funktion:
Pigment/Farbstoff/gelb; Toner;
Verfahren:
Druckverfahren;
Anwendung:
Farbe; Farbpigment für Druckerfarbe, Kunststoffe,
Gummi, Textildruck, Innenanstriche, Malerfarbe;

Eigenschaften:
- toxikologisch/ökotoxikologisch:
WGK: 1
MAK Wert: 6 mg/m3 A
Sonstiges:
LD 50 (oral, Ratte): >2000 mg/kg [Sdb Fa. Heubach];

- physikalisch/chemisch:
Schmelzpunkt: 380-420 °C
Dichte: 1490 kg/m3 (20 °C)
Molmasse: 318 g/mol

Löslichkeit:
unlöslich in Wasser [Sdb Fa. Heubach];

Bemerkung:
Gelbes, geruchloses Pulver;
Das Produkt enthält Diarylpigmente (C.I. Pigment Yellow 83). Diese Pigmente werden wegen möglicher thermischer Zersetzung u.a. zu Spuren aromatischer Amine, nicht für Einsätze in Polymeren empfohlen, bei denen die Verarbeitungstemperatur von 200 °C überschritten wird. [Sdb Fa. Heubach];
Gehört zu der Pigmentklasse von Diarylgelb;
Mutagenitätsprüfung bei Maus und Ratte: negativ;
Silberlack-, kalandrier- und sterilisierecht;
Nahezu universell einsetzbar;

Pigment Gelb 93

- CAS-Nummer:
5580-57-4
- gebräuchliche Namen:
Pigment Yellow 93; Disazo Gelb G;
- Handelsnamen:
Heuco Gelb 109300;
- Summenformel:
$C_{43}H_{35}Cl_5N_8O_6$

Funktion:
Pigment/Farbstoff/gelb;
Verfahren:
Druckverfahren;
Anwendung:
Farbe; Farbpigment für Kunststoffe, Gummi, Synthese-fasern, Textildruck, Lacke, hochgradig metallfreie Druckfarben;

Eigenschaften:
- toxikologisch/ökotoxikologisch:
WGK: 0
MAK Wert: vgl. Abschnitt III [481]
Sonstiges:
LD 50 (oral, Ratte): >15000 mg/kg [Sdb Fa. Heubach];

- physikalisch/chemisch:
Schmelzpunkt: 370 °C
Molmasse: 937 g/mol

Löslichkeit:
unlöslich in Wasser [Sdb Fa. Heubach];

Bemerkung:
Gelbes, geruchloses Pulver [Sdb Fa. Heubach];
Gehört zu der Pigmentklasse von Disazokondensation;
Gering löslich in einigen oxidierbaren Lösungsmitteln;
Einsatz für hochwertige Verpackungs- und Blechdruckfarben;

Pigment Gelb 95

- CAS-Nummer:
5280-80-8
- gebräuchliche Namen:
Pigment Yellow 95; Disazo Gelb R;
- Handelsnamen:
Heuco Gelb 109500;
- Summenformel:
$C_{44}H_{38}Cl_4N_8O_6$

Funktion:
Pigment/Farbstoff/gelb;
Verfahren:
Druckverfahren;
Anwendung:
Farbe; Farbpigment für Kunstoffe, Gummi, Synthesefasern, Textildruck, Lacke, hochgradig metallfreie Druckfarbe;

Eigenschaften:
- toxikologisch/ökotoxikologisch:
WGK: 0
MAK Wert: vgl. Abschnitt III [481]
Sonstiges:
LD 50 (oral, Ratte): >15000 mg/kg [Sdb Fa. Heubach];

- physikalisch/chemisch:
Schmelzpunkt: 360 °C
Dichte: 1400 kg/m3 (20 °C)
Molmasse: 916 g/mol

Löslichkeit:
unlöslich in Wasser [Sdb Fa. Heubach];

Bemerkung:
Gelbes, geruchloses Pulver [Sdb Fa. Heubach];
Gehört zu der Pigmentklasse von Disazokondensation;
Geringe Löslichkeit in einigen organische Solventien;
farbstark; gute Hitzebeständigkeit; lichtecht;
Einsatz in Spezialdruckfarben für hochwertige Druckartikel; Blechdruck, Verpackungstiefdruckfarben;

Pigment Gelb 97 (C.I. 11767)

- CAS-Nummer:
12225-18-2
- gebräuchliche Namen:
C.I. 11767; Pigment Yellow 97; Arylid-Gelb FGL; Permanent-Gelb FGL;
- Summenformel:
$C_{26}H_{27}ClN_4O_8S$

Funktion:
Pigment/Farbstoff/gelb;
Verfahren:
Druckverfahren;

Anwendung:
Farbe; Farbpigment für Dekorfarben hoher Qualität;
lichtechte Druckfarbe; bleifreie Lacke; Malerfarbe;

Eigenschaften:
- physikalisch/chemisch:
Schmelzpunkt: 330 °C
Molmasse: 591 g/mol

Pigment Gelb 98 (C.I. 11727)

- CAS-Nummer:
12225-19-3
- gebräuchliche Namen:
C.I. 11727; Pigment Yellow 98; Arylid-Gelb 10GX; Brilliant-Gelb 10GX;
- Summenformel:
$C_{17}H_{14}Cl_2N_4O_4$

Funktion:
Pigment/Farbstoff/gelb;
Verfahren:
Druckverfahren;
Anwendung:
Farbe; Farbpigment für Hausanstriche; Druckerfarbe;
bleifreie Lacke; Malerfarbe;

Eigenschaften:
- physikalisch/chemisch:
Schmelzpunkt: 297 °C
Molmasse: 409 g/mol

Bemerkung:
Gehört zu der Gruppe der Azopigmente;
Gehört zu der Pigmentklasse von Monoazogelb;
Bis auf Blechdruck Einsatz im gesamten Druckfarbenbereich;
Verlaufen in starken org. Solventien;

Pigment Gelb 100 (C.I.19140:1)

- CAS-Nummer:
12225-21-7
- gebräuchliche Namen:
C.I. 19140:1; Pigment Yellow 100; Tartrazingelbe Pigmentfarbe;
- Handelsnamen:
FD&C Gelb Nr. 5 Aluminium Lake;

Funktion:
Pigment/Farbstoff/gelb;
Verfahren:
Druckverfahren;
Anwendung:
Farbe; Farbpigment für Lebensmittelfarbe, Arzneimittel, Kosmetika, Lebensmittelverpackungen, Metalldekor, Cellulosenitratlacke;

Eigenschaften:
- physikalisch/chemisch:
Molmasse: 492 g/mol

Bemerkung:
Gehört zu der Pigmentklasse von Monoazopyrazolon;
Geringe Löslichkeit in wäßrigen und org. Solventien;
Schlechte Seifen- , Alkali- und organische Lösemittelbeständigkeit;
Geringe Farbstärke; Schlechte Lichtechtheit;

Pigment Gelb 101 (C.I.48052)

- CAS-Nummer:
2387-03-3
- gebräuchliche Namen:
C.I. 48052; Pigment Yellow 101; Methin-Gelb; Fluoreszens-Gelb; Brilliant-Gelb;
- Handelsnamen:
Lumogen Gelb D 0790; Lumogen Gelb S 0790;
- Summenformel:
$C_{22}H_{16}N_2O_2$

- Strukturformel:

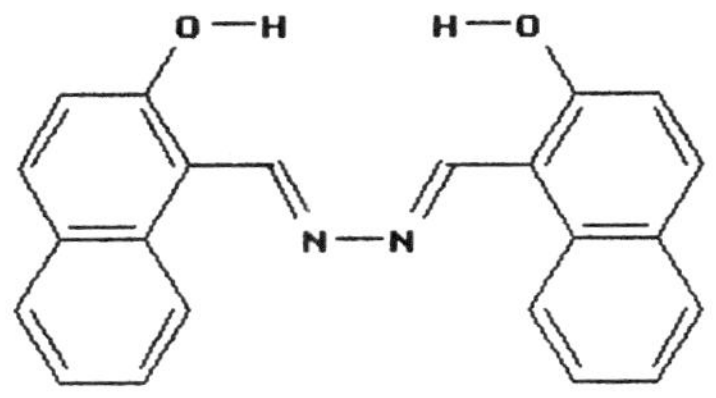

Funktion:
Pigment/Farbstoff/gelb; Toner;
Verfahren:
Druckverfahren;
Anwendung:
Farbe; Farbpigment für Kunststoffe, Spezialfarbe,
Druckfarbe;

Eigenschaften:
- physikalisch/chemisch:
Schmelzpunkt: 295 °C
Molmasse: 340 g/mol

Bemerkung:
Geringe Löslichkeit in Säuren, Basen und org. Solventien;
Tagesleucht- und Fluoreszenzpigment;
Gehört zu der Gruppe der Azopigmente;
Gehört zu der Pigmentklasse von Aldazin;

Pigment Gelb 104 (C.I. 15985:1)

- CAS-Nummer:
15790-07-5
- gebräuchliche Namen:
C.I. 15985:1; Pigment Yellow 104; Sonnenuntergangsgelbe Pigmentfarbe;
- Summenformel:
$C_{48}H_{30}Al_2N_6O_{21}S_6$

Funktion:
Pigment/Farbstoff/gelb;
Verfahren:
Druckverfahren;
Anwendung:
Farbe; Farbpigment für Lebensmittelfarbe, Arzneimittel, Kosmetika;

Eigenschaften:

- physikalisch/chemisch:
Molmasse: 1273 g/mol

Bemerkung:
Gehört zu der Pigmentklasse von Naphth.-sulfonsäure;
Verwendung als Farbstoff (E 110) für Lebensmittel, Arzneien und Kosmetika;
Schlechte Beständigkeit gegen organische Lösemittel;

Pigment Gelb 106

- CAS-Nummer:
12225-23-9
- gebräuchliche Namen:
Pigment Yellow 106; Diarylid Gelb GGR;
- Handelsnamen:
Euviprint Gelb 1352;

Funktion:
Pigment/Farbstoff/gelb;
Verfahren:
Druckverfahren;
Anwendung:
Farbe; Farbpigment für Verpackungsdruckfarbe;

Eigenschaften:
- physikalisch/chemisch:
Schmelzpunkt: 300 °C
Molmasse: 695 g/mol

Bemerkung:
Gehört zu der Pigmentklasse von Diarylgelb;
Geringe Löslichkeit in org. Solventien;

Pigment Gelb 108 (C.I. 68420)

- CAS-Nummer:
4216-01-7
- gebräuchliche Namen:
C.I. 68420; Pigment Yellow 108; Anthrapyrimidingelb; Anthrachinoides Pigment;
- Handelsnamen:
Luconyl Gelb 1560; Paliogen Gelb 1520; Paliogen Gelb L 1560;
- Summenformel:
$C_{30}H_{15}N_3O_4$

Funktion:
Pigment/Farbstoff/gelb;
Verfahren:
Druckverfahren;
Anwendung:
Farbe; Farbpigment für Metallfarbe, Malerfarbe;

Eigenschaften:
- toxikologisch/ökotoxikologisch:
WGK: 0
Sonstiges:
LD 50 (oral, Ratte): >5000 mg/kg [Sdb BASF];

- physikalisch/chemisch:
Schmelzpunkt: >300 °C
Molmasse: 481 g/mol

Bemerkung:
Gelbes, geruchloses Pulver; staubexplosionsfähig; stabil bis 350 °C [Sdb BASF];
Gehört zu der Pigmentklasse von Anthrapyrimidin;
Geringe Löslichkeit in org. Solventien;
Reagiert mit met. Aluminium und anderen reduzierenden Reagenzien;
Einsatz im Verpackungs-, Blech- und Plakatdruck;
Sehr lichtecht;
Säure-, alkali- und kalkbeständig;

Pigment Gelb 109

- CAS-Nummer:
12769-01-6
- gebräuchliche Namen:
Pigment Yellow 109; Tetrachlorisoindolinon Gelb G;
- Summenformel:
$C_{23}H_8O_2N_4Cl_8$

- **Strukturformel:**

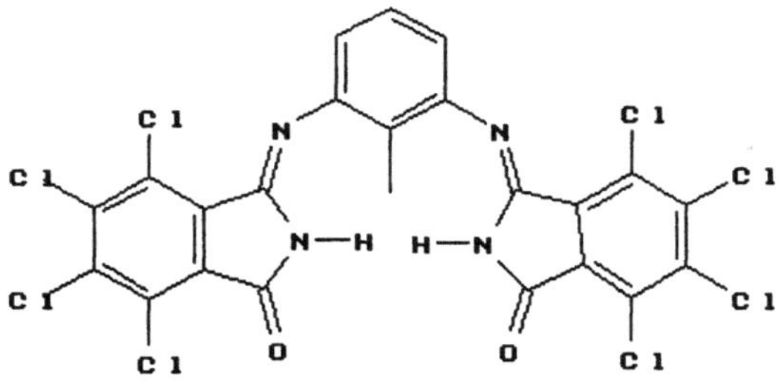

Funktion:
Pigment/Farbstoff/gelb;
Verfahren:
Druckverfahren/Tiefdruck;
Anwendung:
Farbe; Farbpigment für Druckerfarbe, Vinylprodukte, Kunststoffe, Synthesefasern, Malerfarbe;

Eigenschaften:
- **physikalisch/chemisch:**
Schmelzpunkt: 301 °C

Bemerkung:
Gehört zu der Pigmentklasse von Isoindolinon;
Gute Lichtechtheit;

Pigment Gelb 110 (C.I. 56280)

- **CAS-Nummer:**
5590-18-1
- **gebräuchliche Namen:**
C.I. 56280; Pigment Yellow 110; Tetrachlorisoindolinon Gelb R;

Funktion:
Pigment/Farbstoff/gelb;
Verfahren:
Druckverfahren/Tiefdruck;
Anwendung:
Farbe; Farbpigment für Metallfarben, Druckerfarbe, Vinylprodukte, Kunststoffe, Synthesefasern, Malerfarbe;

Eigenschaften:

- **physikalisch/chemisch:**
Schmelzpunkt: 300 °C
Molmasse: 641 g/mol

Bemerkung:
Gehört zu der Pigmentklasse von Isoindolinon;
Silberlackbeständig, sterilisierecht und sehr gut hitzebeständig;

Pigment Gelb 111

- CAS-Nummer:
69771-45-5
- gebräuchliche Namen:
Pigment Yellow 111;

Funktion:
Pigment/Farbstoff/gelb;
Verfahren:
Druckverfahren;
Anwendung:
graphische Druckfarben;

Eigenschaften:
- physikalisch/chemisch:

Bemerkung:
Gehört zu der Gruppe der Azopigmente;
Gehört zu der Pigmentklasse von Monoazogelb;

Pigment Gelb 113 (C.I. 21126)

- CAS-Nummer:
14359-20-7
- gebräuchliche Namen:
C.I. 21126; Pigment Yellow 113; Diarylid Gelb H10GL; Diarylgelb;
- Summenformel:
$C_{34}H_{26}Cl_6N_6O_4$

Funktion:
Pigment/Farbstoff/gelb;
Verfahren:
Druckverfahren;
Anwendung:
Farbe; Farbpigment für Verpackungsdruckfarbe;

Eigenschaften:
- physikalisch/chemisch:
Schmelzpunkt: 340 °C
Molmasse: 795 g/mol

Bemerkung:
Gehört zu der Pigmentklasse von Diarylgelb;
Geringe Löslichkeit in org. Solventien;
Gute Hitzebeständigkeit;

Pigment Gelb 114 (C.I. 21092)

- CAS-Nummer:
71872-66-7
- gebräuchliche Namen:
C.I. 21092; Pigment Yellow 114; Diarylid Gelb G3R;
- Summenformel:

Funktion:
Pigment/Farbstoff/gelb;
Verfahren:
Druckverfahren;
Anwendung:
Farbe; Farbpigment für Druckfarbe auf Ölbasis,
Verpackungsdruckfarbe;

Eigenschaften:
- physikalisch/chemisch:
Schmelzpunkt: 312 °C
Molmasse: 670 g/mol

Bemerkung:
Gehört zu der Pigmentklasse von Diarylgelb;
Geringe Löslichkeit in org. Solventien;
Seifen-, Alkali- und Säureecht;
Nicht sterilisierecht;
Verwendung: Graphischer Druck;

Pigment Gelb 116

- CAS-Nummer:
30191-02-7
- gebräuchliche Namen:
Pigment Yellow 116; Arylid-Gelb ER;
- Summenformel:
$C_{19}H_{18}ClN_5O_4$

Funktion:
Pigment/Farbstoff/gelb;
Verfahren:
Druckverfahren;
Anwendung:
Farbe; Farbpigment für bleifreie Lacke;

Eigenschaften:
- physikalisch/chemisch:
Molmasse: 416 g/mol

Bemerkung:
Gehört zu der Pigmentklasse von Monoazogelb;
Gute Beständigkeit gegen organische Lösemittel;
Säure- und Alkaliecht;
Hitzebeständig (bis 180 °C);
Sehr gute Lichtechtheit;
Verwendung: im Buchdruck, Blechdruck, Verpackungstiefdruck;

Pigment Gelb 117

- CAS-Nummer:
21405-81-2
- gebräuchliche Namen:
Pigment Yellow 117; Azomethingelb (Kupfer);
- Handelsnamen:
Luconyl Gelb 1070; Paliotol Gelb L 1070;
- Summenformel:
$C_{19}H_{13}CuNO_2$

Funktion:
Pigment/Farbstoff/gelb;
Verfahren:
Druckverfahren;
Anwendung:
Farbe; Farbpigment für Lebensmittelverpackung, Permanentlacke;

Eigenschaften:
- toxikologisch/ökotoxikologisch:
MAK Wert: 1 mg Cu/m3 E
Sonstiges:
Spitzenbegrenzung II,1 [481];

- physikalisch/chemisch:
Molmasse: 351 g/mol

Löslichkeit:
wenig löslich in organischen Lösungsmitteln;

Bemerkung:
Gehört zu der Pigmentklasse von Metallkomplex (Azomethin-Kupferkomplex);
Säure- und Alkaliecht;
Gute Beständigkeit gegen organische Lösemittel;

Pigment Gelb 119 (C.I. 77496)

- CAS-Nummer:
12063-19-3
- gebräuchliche Namen:
C.I. 77496; Pigment Yellow 119; Zinkferritbraun Spinell;
- Handelsnamen:
Sicopal Gelb L 2395; Bayferrox 3950; Colortherm;
- Summenformel:
Fe_2O_4Zn

Funktion:
Pigment/Farbstoff/gelb;
Verfahren:
Druckverfahren;
Anwendung:
Farbe; Farbpigment für Kunststoffe, Lacke hoher Stabilität;

Eigenschaften:
- toxikologisch/ökotoxikologisch:
WGK: 0
Sonstiges:
[Sdb Bayer]:LD 50 (oral, Ratte): >2000 mg/kgLC O (Fisch, Goldorfe): >1000 mg/lkeine Schadstoffwirkung gegen Pseudomonas putida: >1000 mg/l;

- physikalisch/chemisch:
Schmelzpunkt: >1000 °C
Dichte: ca. 5200 kg/m3 (20 °C)
Molmasse: 241 g/mol

Löslichkeit:
unlöslich in Wasser [Sdb Bayer];

Bemerkung:
[Sdb Bayer]:
C.I. Pigment Yellow 119, CAS-Nr. 68187-51-9;
Gelbes, geruchloses Pulver;

Pigment Gelb 120 (C.I. 11783)

- CAS-Nummer:
29920-31-8
- gebräuchliche Namen:
C.I. 11783; Pigment Yellow 120; Benzimidazolongelb H2G;
- Summenformel:
$C_{21}H_{19}N_5O_7$

Funktion:
Pigment/Farbstoff/gelb;
Verfahren:
Druckverfahren;
Anwendung:
Farbe; Farbpigmente für Polituren;

Eigenschaften:
- toxikologisch/ökotoxikologisch:
MAK Wert: vgl. Abschnitt III [481]

- physikalisch/chemisch:
Schmelzpunkt: 330 °C
Molmasse: 453 g/mol

Bemerkung:
Gehört zu der Pigmentklasse von Benzimidazolon;
Geringe Löslichkeit in org. Solventien;
Gute Lösemittelechtheit;
Verwendung: Dekordruck für Melamin- und Polyesterharz-Schichtpreßstoffplatten; Plakat-, Blech- und Verpackungstiefdruckfarben;

Pigment Gelb 124 (C.I. 21107)

- CAS-Nummer:
67828-22-2
- gebräuchliche Namen:
C.I. 21107; Pigment Yellow 124;

Funktion:
Pigment/Farbstoff/gelb;
Verfahren:
Druckverfahren;

Eigenschaften:
- physikalisch/chemisch:

Bemerkung:
Gehört zu der Pigmentklasse von Diarylgelb;

Pigment Gelb 126 (C.I. 21101)

- CAS-Nummer:
61815-08-5
- gebräuchliche Namen:
C.I. 21101; Pigment Yellow 126; Diarylid Gelb DGR;
- Handelsnamen:
Basoflex Gelb 1452;

Funktion:
Pigment/Farbstoff/gelb;
Verfahren:
Druckverfahren;
Anwendung:
Farbe; Farbpigmente für Druckfarbe;

Eigenschaften:
- physikalisch/chemisch:
Schmelzpunkt: 295 °C
Molmasse: 680 g/mol

Bemerkung:
Gehört zu der Pigmentklasse von Diarylgelb;
Geringe Löslichkeit in org. Solventien;
Einsatz vor allem in Skalenfarben für den Offsetdruck;

Pigment Gelb 127 (C.I. 21102)

- CAS-Nummer:
71872-67-8
- gebräuchliche Namen:
C.I. 21102; Pigment Yellow 127; Diarylid Gelb GRL;

Funktion:
Pigment/Farbstoff/gelb;

Verfahren:
Druckverfahren;
Anwendung:
Farbe; Farbpigmente für Offsetfarben; Metallbedruckung; Verpackungsdruck;

Eigenschaften:
- physikalisch/chemisch:
Schmelzpunkt: 300 °C
Molmasse: 695 g/mol

Bemerkung:
Gehört zu der Pigmentklasse von Diarylgelb;
Geringe Löslichkeit in org. Solventien;
Sehr farbstark, gut dispergierbar, sterilisierecht;
Verwendung: Blechdruck, Spezialtiefdruck;

Pigment Gelb 128

- CAS-Nummer:
57971-97-8
- gebräuchliche Namen:
Pigment Yellow 128; Disazo-Gelb GG;

Funktion:
Pigment/Farbstoff/gelb;
Verfahren:
Druckverfahren;
Anwendung:
Farbe; Farbpigmente für Kunststoffe, hochgradige Industrielacke;

Eigenschaften:
- toxikologisch/ökotoxikologisch:
MAK Wert: vgl. Abschnitt III [481]

- physikalisch/chemisch:
Schmelzpunkt: > 300 °C

Bemerkung:
Gehört zu der Pigmentklasse von Disazokondensationspigmenten;
Kalandrier- und sterilisierecht, gute Lichtechtheit;
Bevorzugter Einsatz im Blechdruck;

Pigment Gelb 129

- CAS-Nummer:
68859-61-0
- gebräuchliche Namen:
Pigment Yellow 129; Azomethingelb 5G (Kupfer);

Funktion:
Pigment/Farbstoff/gelb;
Verfahren:
Druckverfahren;

Anwendung:
Farbe; Farbpigmente für Polituren;

Eigenschaften:
- toxikologisch/ökotoxikologisch:
MAK Wert: vgl. Abschnitt III [481]

- physikalisch/chemisch:
Schmelzpunkt: 300 °C

Bemerkung:
Gehört zu der Pigmentklasse von Metallkomplexpigmenten;

Pigment Gelb 138

- CAS-Nummer:
56731-19-2
- gebräuchliche Namen:
Pigment Yellow 138; Chinophthalon Gelb;
- Handelsnamen:
Paliotol Gelb D 0960; Paliotol Gelb L 0960 HD; Rakusol Gelb 09-6 107; Sicoflush P Gelb 0960; Sicoversal Gelb 09-6105; Sicoflush P Gelb 0960; Paliotol Gelb L 0962 HD;

Funktion:
Pigment/Farbstoff/gelb;
Verfahren:
Druckverfahren;
Anwendung:
Farbe; Farbpigmente für Kunststoffe, Polituren,
Malerfarbe;

Eigenschaften:
- toxikologisch/ökotoxikologisch:
WGK: 0
Sonstiges:
LD 50 (oral, Ratte): >5000 mg/kg [Sdb BASF];

- physikalisch/chemisch:
Schmelzpunkt: >350 °C
Dichte: 2020 kg/m3 (20 °C)

Löslichkeit:
unlöslich in Wasser [Sdb BASF];

Bemerkung:
Gelbes, geruchloses Pulver; staubexplosionsfähig [Sdb BASF];
Gehört zu der Pigmentklasse von Chinophthalon;
Gute Lichtechtheit und Hitzestablİltät;

Pigment Gelb 139

- CAS-Nummer:
36888-99-0
- gebräuchliche Namen:
C.I. Pigment Gelb 139; Pigment Yellow 139; Isoindolingelb; Pigment Gelb 139; Pigment Yellow 139;
- Handelsnamen:
Paliotol Gelb D 1819; Sicoflush P Gelb 1820; Paliotol Gelb L 1970; Paliotol Gelb L 2140;
- Summenformel:
$C_{16}H_9N_5O_6$

- Strukturformel:

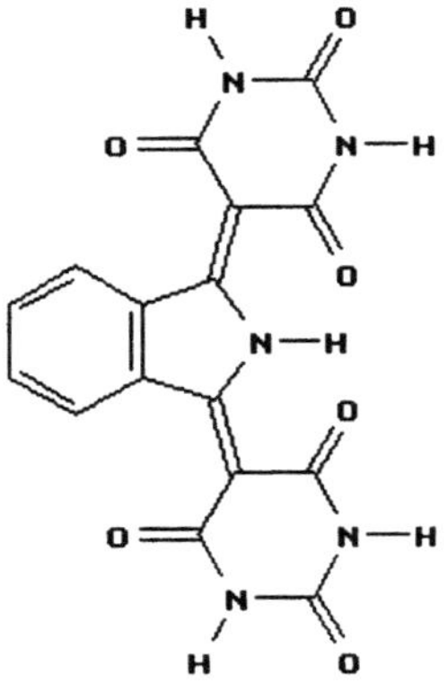

Funktion:
Pigment/Farbstoff/gelb;
Verfahren:
Druckverfahren;
Anwendung:
Farbe; Farbpigment für Lacke, Kunststoffe; Malerfarbe;

Eigenschaften:
- toxikologisch/ökotoxikologisch:
WGK: 1
Sonstiges:
Nicht Hautreizend (Kaninchen) [309];Nicht Schleimhautreizend (Kaninchenauge) [309];[Sdb BASF]:LD 50 (oral, Ratte): >5000 mg/kg IC 50 (Bakterien): >500 mg/l EC/LC 50 (Oryzias latipes): >10000 mg/l/96 hEC/LC 0 (Oryzias latipes): 6810 mg/l/48 h

- physikalisch/chemisch:
Schmelzpunkt: >200 °C
Dichte: 1720 kg/m3 (20 °C)

Löslichkeit:
unlöslich in Wasser;

Verbleib nach Gebrauch:
Mechanische Abtrennung in Reinigungsanlagen möglich [309];

Bemerkung:
Gelbes Pulver; staubexplosionsfähig;

Pigment Gelb 150

- CAS-Nummer:
68511-62-6
- gebräuchliche Namen:
Pigment Yellow 150; Gelb 4G (Nickel);

Funktion:
Pigment/Farbstoff/gelb;
Verfahren:
Druckverfahren;
Anwendung:
Farbe; Farbpigment für Kunststoffe, Lacke;

Eigenschaften:
- physikalisch/chemisch:

Bemerkung:
Gehört zu der Pigmentklasse von Metallkomplex;
Geringe Löslichkeit in org. Solventien und Wasser;
Sehr gute Lichtechtheit; Drucke sind weder säure- noch alkalibeständig;
Hitzestabil bis 140 °C; fast einwandfrei sterilisierecht;

Pigment Gelb 151 (C.I. 13980)

- CAS-Nummer:
61036-28-0
- gebräuchliche Namen:
C.I. 13980; Pigment Yellow 151; Benzimidazolongelb H4G;
- Handelsnamen:
Heuco Gelb 115100;

Funktion:
Pigment/Farbstoff/gelb;
Verfahren:
Druckverfahren;
Anwendung:
Farbe; Farbpigment für Polituren, PVC, Kunststoffe,
Druckfarbe, Lacke, Malerfarbe;

Eigenschaften:
- toxikologisch/ökotoxikologisch:
WGK: 0
MAK Wert: vgl. Abschnitt III [481]
Sonstiges:
LD 50 (oral, Ratte): >2000 mg/kg [Sdb Fa. Heubach];

- physikalisch/chemisch:
Schmelzpunkt: 330 °C
Dichte: 1500 kg/m3 (20 °C)
Molmasse: 380 g/mol

Löslichkeit:
unlöslich in Wasser [Sdb Fa. Heubach];

Bemerkung zu physikalisch/chemischen Daten:
Thermische Zersetzung: >350 °C [Sdb Fa. Heubach];

Bemerkung:
Gelbes, geruchloses Pulver [Sdb Fa. Heubach];
Gehört zu der Pigmentklasse von Benzimidazolon;
Geringe Löslichkeit in org. Solventien;
Einsatzgebiete sind Buch- und Offsetdruckfarben sowie Verpackungstiefdruck;
Sehr gute Lichtechtheit;
Drucke sind seifenecht, aber nur ungenügend alkalibeständig, silberlackbeständig und nicht sterilisierecht;
Einwandfreie Beständigkeit gegen Monostyrol und Aceton;

Pigment Gelb 152

- CAS-Nummer:
20139-66-6
- gebräuchliche Namen:
Pigment Yellow 152; Diarylid Gelb YR;
- Summenformel:
$C_{36}H_{34}Cl_2N_6O_6$

Funktion:
Pigment/Farbstoff/gelb;
Verfahren:
Druckverfahren;
Anwendung:
Farbe; Farbpigment für Druckfarbe;

Eigenschaften:
- physikalisch/chemisch:
Molmasse: 717 g/mol

Bemerkung:
Gehört zu der Pigmentklasse von Diarylgelb;
Geringe Löslichkeit in org..Solventien;
Ersatzstoff für Bleichromate (Pigment Gelb 34) in Farben und Tinten;

Pigment Gelb 153

- CAS-Nummer:
68859-51-8
- gebräuchliche Namen:
Pigment Yellow 153; Nickelgelb; Dioxingelb (Nickel); Nickelkomplex;
- Handelsnamen:
Luconyl Gelb 1770; Paliotol Gelb L 1770; Luconyl G Gelb 1770; Paliotol Gelb L 1772;

Funktion:
Pigment/Farbstoff/gelb;
Verfahren:
Druckverfahren;
Anwendung:
Farbe; Farbpigment für Lacke, Emaille, Epoxide, Polyester, Polyurethane, Malerfarbe;

Eigenschaften:
- toxikologisch/ökotoxikologisch:
WGK: 0
Sonstiges:
LD 50 (oral, Ratte): >6400 mg/kg [Sdb BASF];

- physikalisch/chemisch:

Löslichkeit:
unlöslich in Wasser [Sdb BASF];

Bemerkung:
Gelbes, geruchloses Pulver; staubexplosionsfähig [Sdb BASF];
Gehört zu der Pigmentklasse von Metallkomplexpigmenten;
Geringe Löslichkeit in org. Solventien;
Alkaliecht, jedoch nicht säurebeständig;

Pigment Gelb 154 (C.I. 11781)

- CAS-Nummer:
63661-02-9
- gebräuchliche Namen:
C.I. 11781; Pigment Yellow 154; Benzimidazolongelb H3G;
- Handelsnamen:
Heuco Gelb 115400;

Funktion:
Pigment/Farbstoff/gelb;
Verfahren:
Druckverfahren;
Anwendung:
Farbe; Farbpigment für PVC, Kunststoffe, Metalldekorfarbe, Malerfarbe;

Eigenschaften:
- toxikologisch/ökotoxikologisch:
WGK: 0
MAK Wert: vgl. Abschnitt III [481]
Sonstiges:
LD 50 (oral, Ratte): >2000 mg/kg [Sdb Fa. Heubach];

- physikalisch/chemisch:
Schmelzpunkt: 330 °C; >350 °C
Dichte: 1570 kg/m3 (20 °C)
Molmasse: 400 g/mol

Löslichkeit:
unlöslich in Wasser [Sdb Fa. Heubach];

Bemerkung:
Gelbes, geruchloses Pulver;
kann mit Luft explosionsfähige Gemische bilden [Sdb Fa. Heubach];
Gehört zu der Pigmentklasse von Benzimidazolon;
Geringe Löslichkeit in org. Solventien;
Sehr hohe Lichtechtheit;
Nahezu einwandfreie Beständigkeit gegen org. Lösemittel;
Drucke sind weder silberlack- noch sterilisierecht;

Pigment Gelb 161 (C.I. 77895)

- CAS-Nummer:
68611-43-8
- gebräuchliche Namen:
C.I. 77895; Pigment Yellow 161; Nickelniobtrutil; Nickel-Titangelb; Nickel-Niob-Titan-Gelb-Rutil;
- Summenformel:
$(Ti,Ni,Nb)O_2$

Funktion:
Pigment/Farbstoff/gelb;
Verfahren:
Druckverfahren;
Anwendung:
Farbe; Farbpigment für Kunststoffe, Hochtemperaturharze, Drahtlacke, Industrielacke;

Pigment Gelb 162 (C.I. 77896)

- CAS-Nummer:
68611-42-7
- gebräuchliche Namen:
C.I. 77896; Pigment Yellow 162; Chromniob Rutil; Titan-Chromgelb; Chrom-Niob-Titan-Ledergelb-Rutil;
- Summenformel:
$(Ti,Cr,Nb)O_2$

Funktion:
Pigment/Farbstoff/gelb;
Verfahren:
Druckverfahren;
Anwendung:
Farbe; Farbpigment für Kunststoffe, Hochtemperaturharze, Industrielacke, Außenanstriche, Keramik, Porzellan, Dachpappengranulat;

Pigment Gelb 164 (C.I. 77899)

- CAS-Nummer:
68412-38-4
- gebräuchliche Namen:
C.I. 77899; Pigment Yellow 164; Antimonmangan Rutil; Titan-Mangangelb; Magan-Antimon-Titan-Ledergelb-Rutil;
- Handelsnamen:
Sicotan Braun K 2611; Sicotan Braun K 2711;
- Summenformel:
$(Ti,Mn,Sb)O_2$

Funktion:
Pigment/Farbstoff/gelb;
Verfahren:
Druckverfahren;

Anwendung:
Farbe; Farbpigment für Kunststoffe, Hochtemperaturharze, Außenanstriche, Industrielacke, Keramik, Porzellan, Dachpappengranulat;

Pigment Gelb 175 (C.I. 11784)

- CAS-Nummer:
35636-63-6
- gebräuchliche Namen:
C.I. 11784; Pigment Yellow 175; Benzimidazolongelb H6G;

Funktion:
Pigment/Farbstoff/gelb;
Verfahren:
Druckverfahren;
Anwendung:
Farbe; Farbpigment für Außenanstriche, Dekoranstriche, Malerfarbe;

Eigenschaften:
- toxikologisch/ökotoxikologisch:
MAK Wert: vgl. Abschnitt III [481]

- physikalisch/chemisch:

Bemerkung:
Gehört zu der Pigmentklasse von Benzimidazolon;
Geringe Löslichkeit in org. Solventien;
Drucke sind beständig gegen Paraffin, Butter, Seife, Dibutylphthalat, Toluol, Lackbenzin und andere Medien;
Silberlackbeständig, jedoch nicht sterilisierecht;

Pigment Grün 1 (C.I. 42040:1)

- CAS-Nummer:
1325-75-3
- gebräuchliche Namen:
C.I. 42040:1; Pigment Green 1; Tiefgrün;Brilliant-Grün (PTMA);
- Handelsnamen:
Fanal Grün D 8330;

Funktion:
Pigment/Farbstoff/grün;
Verfahren:
Druckverfahren;
Anwendung:
Farbe;

Eigenschaften:
- physikalisch/chemisch:
Molmasse: 7012-7980 g/mol

Bemerkung:
Gehört zu der Gruppe der Triarylcarboniumpigmente ;
Wenig brillantes Pigment mit hoher Farbstärke;
Geeignet für ölige Bindemittel, Illustrationstiefdruck;

Pigment Grün 1:x (C.I. 42040:x)

- CAS-Nummer:
68814-00-6
- gebräuchliche Namen:
C.I. 42040:x; Pigment Green 1:x; Dunkelgrün;Brilliantgrün (PMA);

Funktion:
Pigment/Farbstoff/grün;
Verfahren:
Druckverfahren;
Anwendung:
Farbe;

Eigenschaften:
- physikalisch/chemisch:
Molmasse: 3942-5956 g/mol

Pigment Grün 2 (C.I. 42040:1 & C.I. 49005:1)

- CAS-Nummer:
1326-11-0
- gebräuchliche Namen:
C.I. 42040:1; C.I. 49005:1; Pigment Green 2; Permanent-Grün (PTMA); Vivid-Grün;

Funktion:
Pigment/Farbstoff/grün;
Verfahren:
Druckverfahren;

Eigenschaften:
- physikalisch/chemisch:

Bemerkung:
Gehört zu der Gruppe der Triarylcarboniumpigmente ;
Kein sehr brillantes Pigment mit hoher Farbstärke;
Gemisch aus Pigment Grün 1 (CAS-Nr. 1325-75-3) und 2-(4-(Dimethylamino)-phenyl)-3,6-dimethyl-benzothiazoliummolybdat-wolframat-phosphat (CAS-Nr. 1326-11-0);

Pigment Grün 36 (C.I. 74265)

- **CAS-Nummer:**
  14302-13-7
- **gebräuchliche Namen:**
  C.I. 74265; Pigment Green 36; Phthalo-Grün (Cl, Br); Cu-Phthalocyanin, halogeniert;
- **Handelsnamen:**
  Heliogen Grün L 9140; Heliogen Grün D 9360; Luconyl Grün 9360; Heliogen Grün L 9361; Vynamon Green 6Y FW; Hostaperm Green 8G; Irgalite Green 6G;
- **Summenformel:**
  $C_{32}Br_6Cl_{10}CuN_8$

- **Strukturformel:**

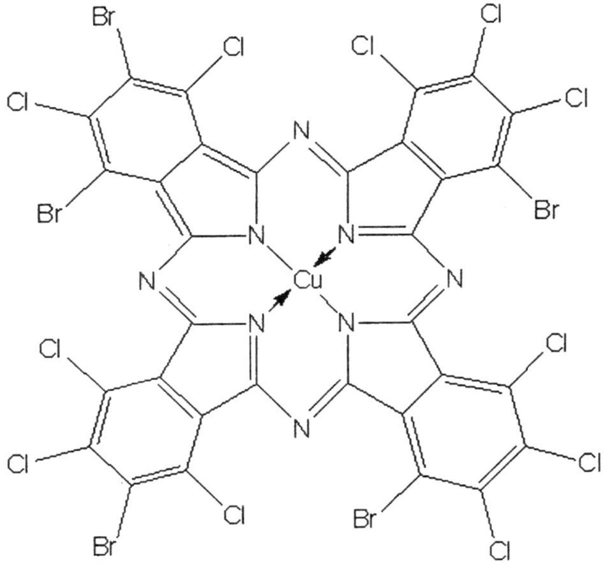

Funktion:
Pigment/Farbstoff/grün;
Verfahren:
Druckverfahren;

Eigenschaften:
- **toxikologisch/ökotoxikologisch:**
  RTECS # GL 7500000
  WGK: 0
  Sonstiges:
  Ergebnis des Ames-Tests: negativ;LD 50 (oral, Ratte): >5000 mg/kg [Sdb BASF];

- **physikalisch/chemisch:**
  Schmelzpunkt: 480 °C
  Dichte: 2500 mg/kg (20 °C)
  Molmasse: 1393,98 g/mol

  Löslichkeit:
  unlöslich in Wasser [Sdb BASF];

Bemerkung:
Grünes, geruchloses Pulver [Sdb BASF];
Gehört zu der Gruppe der polycyclischen Pigmente;
Gehört zu der Pigmentklasse von Cu-Phthalogrün;
hitzestabil, licht- und lösemittelecht;

Pigment Orange 5 (C.I. 12075)

- CAS-Nummer:
3468-63-1
- gebräuchliche Namen:
C.I. 12075; Dinitranilin-Orange;Permanent-Orange 2G;Naphtholorange;
- Handelsnamen:
Dispers orange 30-5207; Enceprint Orange 3052; Luconyl Orange 3052; Pigmosol Orange 3052; Sico Echtorange D 2950; Luconyl Orange 3053; Luconyl G Orange 3052; Sico Orange L 3052 HD;
- Summenformel:
$C_{17}H_{10}N_4O_5$

- Strukturformel:

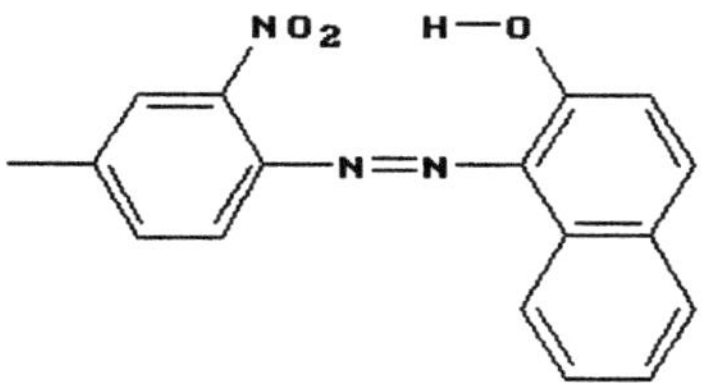

Funktion:
Pigment/Farbstoff/orange;
Verfahren:
Druckverfahren;

Eigenschaften:
- toxikologisch/ökotoxikologisch:
WGK: 0
Sonstiges:
LD 50 (oral, Ratte): >5000 mg/kg [Sdb BASF];

- physikalisch/chemisch:
Schmelzpunkt: 302-318 °C
Dichte: 1700 kg/m3 (20 °C)
Molmasse: 338 g/mol

Löslichkeit:
unlöslich in Wasser [Sdb BASF];

Bemerkung zu physikalisch/chemischen Daten:
Thermische Zersetzung: bis 315 °C stabil [Sdb BASF];

Bemerkung:
Geruchloses Pulver; Farbe orange; staubexplosionsfähig [Sdb];
Gehört zu der Gruppe der Azopigmente (ß-Naphthol-Pigment);
Gehört zu der Pigmentklasse von ß-Naphthol;
Sehr gute Lichtechtheit; seifenecht;

Ergebnis des Ames-Tests: schwach positiv;
Mutagenitätsprüfung bei Maus und Ratte: schwach positiv;
Verwendung in Offset-, Flexo- und Tiefdruckfarben sowie im Verpackungssektor;

Pigment Orange 13 (C.I. 21110)

- CAS-Nummer:
3520-72-7
- gebräuchliche Namen:
C.I. 21110; Pyrazolon-Orange; Permanent-Orange G; Pyrazolinderivat;
- Handelsnamen:
Oppasin Orange 3050; Sico Echtorange L 3050; Vynamon Orange G FW; Irgalite Orange P; Vulcan Fast Orange G;
- Summenformel:
$C_{32}H_{24}Cl_2N_8O_2$

- Strukturformel:

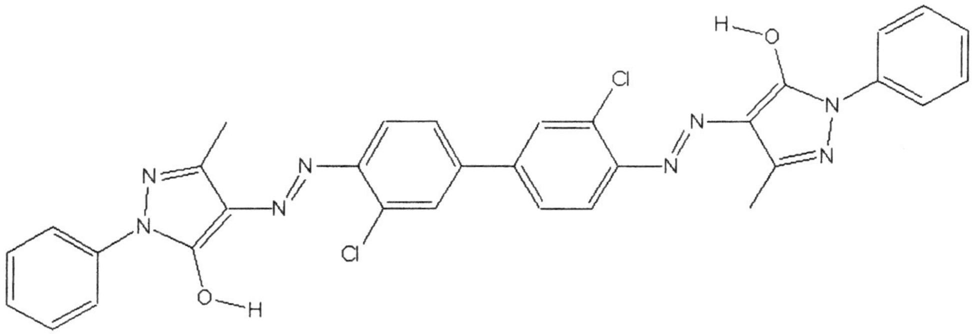

Funktion:
Pigment/Farbstoff/orange;
Verfahren:
Druckverfahren;

Eigenschaften:
- toxikologisch/ökotoxikologisch:
WGK: 0
MAK Wert: vgl. Abschnitt III [481]
Sonstiges:
LD 50 (oral, Ratte): >6400 mg/kg [Sdb BASF];LD 50 (oral, Ratte): >2000 mg/kg [607];

- physikalisch/chemisch:
Schmelzpunkt: 322-332 °C
Dichte: 1400 kg/m3 (20 °C)
Molmasse: 623 g/mol

Löslichkeit:
unlöslich in Wasser [Sdb BASF];

Bemerkung:
Rotes, geruchloses Pulver; staubexplosionsfähig [Sdb BASF]; orangenes Puder [607];
Gehört zu der Gruppe der Azopigmente;

Gehört zu der Pigmentklasse von Disazopyrazolon;
Einsatz in Verpackungsdruckfarben; überwiegender Einsatz im Buchdruck, Litho- und Flexodruck;
Gute Hitzebeständigkeit (bis 200 °C), Beständigkeit gegen viele Lösungsmittel, befriedigende Lichtechtheit;
Drucke sind paraffin-, butter- und seifenecht;
Sterilisierecht und silberlackbeständig;
Ergebnis des Ames-Tests: negativ;

Pigment Orange 36 (C.I. 11780)

- CAS-Nummer:
12236-62-3
- gebräuchliche Namen:
C.I. 11780; Benzimidazol-Orange HF;
- Handelsnamen:
Heuco Orange 203600;
- Summenformel:
$C_{17}H_{13}ClN_6O_5$

- Strukturformel:

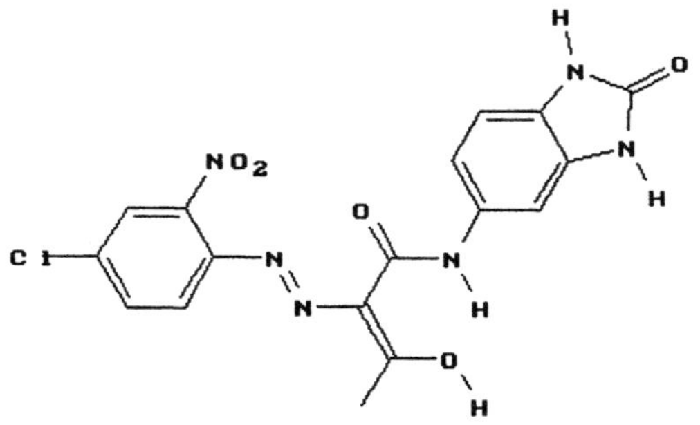

Funktion:
Pigment/Farbstoff/orange;
Verfahren:
Druckverfahren;

Eigenschaften:
- toxikologisch/ökotoxikologisch:
WGK: 0
MAK Wert: vgl. Abschnitt III [481]
Sonstiges:
LD 50 (oral, Ratte): >2000 mg/kg [Sdb Fa. Heubach];

- physikalisch/chemisch:
Schmelzpunkt: 330 °C
Molmasse: 417 g/mol

Löslichkeit:
unlöslich in Wasser [Sdb Fa. Heubach];

Bemerkung:
Gehört zu der Gruppe der Azopigmente;
Gehört zu der Pigmentklasse von Benzimidazolon;

Gute Lösemittelbeständigkeit, Hitzebeständigkeit bis 220 °C, Beständigkeit gegen Weichmacher;
Lichtecht, Migrationsechtheit;
Breite Anwendung in Druckfarben für PVC-Folien;

Pigment Orange 43 (C.I. 71105)

- CAS-Nummer:
4424-06-0
- gebräuchliche Namen:
C.I. 71105; Perinon-Orange;
- Summenformel:
$C_{24}H_{12}N_4O_2$

Funktion:
Pigment/Farbstoff/orange;
Verfahren:
Druckverfahren;

Eigenschaften:

- physikalisch/chemisch:
Schmelzpunkt: 460 °C
Molmasse: 412 g/mol

Bemerkung:
Gehört zu der Pigmentklasse von Perinon;
Hitzestabil;
Drucke sind sterilisierecht und gegen viele org. Lösemittel beständig;

Pigment Rot 2 (C.I. 12310)

- CAS-Nummer:
6041-94-7
- gebräuchliche Namen:
C.I. 12310; Pigment Red 2; Naphthol-Rot FRR; Permanent-Rot FRR;
- Handelsnamen:
Heuco Rot 300200; Heuco Rot 300201; Heuco Rot 300202;
- Summenformel:
$C_{23}H_{15}Cl_2N_3O_2$

Funktion:
Pigment/Farbstoff/rot;
Verfahren:
Druckverfahren;

Eigenschaften:
- toxikologisch/ökotoxikologisch:
WGK: 0
MAK Wert: 6 mg/m3 A
Sonstiges:
LD 50 (oral, Ratte): >15000 mg/kg [Sdb Fa. Heubach];

- physikalisch/chemisch:
Schmelzpunkt: 309-310 °C
Dichte: 1500 kg/m3 (20 °C)
Molmasse: 435 g/mol

Löslichkeit:
unlöslich in Wasser [Sdb Fa. Heubach];

Bemerkung:
Rotes, geruchloses Pulver [Sdb Fa. Heubach];
Gehört zu der Gruppe der Azopigmente (Naphthol AS-Pigmente);
Bei hoher Farbstärke sehr brilliante Farbtöne;
Wesentlicher Einsatz im Buch-, Offset-, Verpackungstief- und Flexodruck,
Einsatz im Einfärben von Papiermassen und -oberflächen;
Ungeeignet für Kunststoffärbung und Blechdruck;

Pigment Rot 4 (C.I. 12085)

- CAS-Nummer:
2814-77-9
- gebräuchliche Namen:
C.I. 12085; Pigment Red 4; Orthochlor-Rot; chloriertes Para-Rot; Permanent-Rot R;
- Handelsnamen:
Heuco Rot 300400;
- Summenformel:
$C_{16}H_{10}ClN_3O_3$

- Strukturformel:

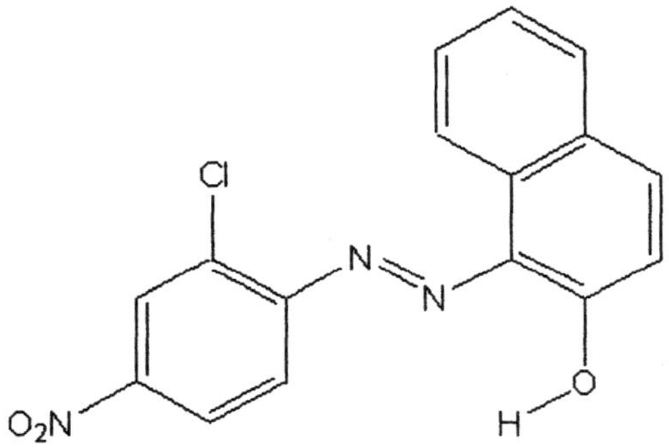

Funktion:
Pigment/Farbstoff/rot;
Verfahren:
Druckverfahren;

Eigenschaften:

- physikalisch/chemisch:
Schmelzpunkt: 275 °C
Molmasse: 328 g/mol

Bemerkung:
Gehört zu der Gruppe der Azopigmente (ß-Naphthol-Pigmente);
Einsatz Im Offset-, Verpackungstief- und Flexodruck;
Für den Einsatz im Blechdruck nicht geeignet;
Farbstark;
Ergebnis des Ames-Tests: negativ;

Pigment Rot 5 (C.I. 12490)

- CAS-Nummer:
6410-41-9
- gebräuchliche Namen:
C.I. 12490; Pigment Red 5; Naphthol-Karmin FB;Pigment Red 9; Pigment Rot 9; C.I. 12460;
- Summenformel:
$C_{30}H_{31}ClN_4O_7S$

Funktion:
Pigment/Farbstoff/rot;
Verfahren:
Druckverfahren;

Eigenschaften:

- physikalisch/chemisch:
Schmelzpunkt: 306 °C
Molmasse: 627 g/mol

Verbleib nach Gebrauch:
Beseitigung

Bemerkung:
In Anwendung;
Gehört zu der Gruppe der Azopigmente (Naphthol-AS-Pigmente);
Lichtecht, relativ gute Lösemittelechtkeit;
Bevorzugter Einsatz in Offset-, Verpackungstief- und Flexodruckfarben;

Pigment Rot 7 (C.I. 12420)

- CAS-Nummer:
6471-51-8
- gebräuchliche Namen:
C.I. 12420; Pigment Red 7; Naphthol-Rot F4RH; Permanent-Rot F4RH;
- Summenformel:
$C_{25}H_{19}Cl_2N_3O_2$

Funktion:
Pigment/Farbstoff/rot;
Verfahren:
Druckverfahren;

Eigenschaften:
- toxikologisch/ökotoxikologisch:
Sonstiges:
Akneausbruch nach Kontakt mit Haut [162];

- physikalisch/chemisch:
Schmelzpunkt: 281-285 °C
Molmasse: 464 g/mol

Löslichkeit:
unlöslich in Wasser, Säuren;

Pigment Rot 8 (C.I. 12335)

- CAS-Nummer:
6410-30-6
- gebräuchliche Namen:
C.I. 12335; Pigment Red 8;

Funktion:
Pigment/Farbstoff/rot;
Verfahren:
Druckverfahren;

Eigenschaften:
- physikalisch/chemisch:

Löslichkeit:
unlöslich in Wasser, Methanol, Ethanol und Methylbenzen (Toluol);

Bemerkung:
Gehört zu der Gruppe der Azopigmente (Naphthol-AS-Pigmente);
Farbstark, brilliant;
Drucke sind seifenecht;
Einsatz in Buch-, Offset-, Verpackungstief- und Flexodruckfarben;

Pigment Rot 9 (C.I. 12460)

- CAS-Nummer:
6410-38-4
- gebräuchliche Namen:
C.I. 12460; Pigment Red 9; Naphthol-Rot FRLL;Permanent-Rot FRLL;
- Summenformel:
$C_{24}H_{17}Cl_2N_3O_3$

Funktion:
Pigment/Farbstoff/rot;
Verfahren:
Druckverfahren;

Eigenschaften:
- physikalisch/chemisch:
Molmasse: 466 g/mol

Verbleib nach Gebrauch:
Beseitigung

Bemerkung:
In Anwendung;
Gehört zu der Pigmentklasse von Naphthol-AS;
Einsatz in Buch, Offset- und wäßrigen Flexodruckfarben;
Seifen- und butterecht;

Pigment Rot 10 (C.I. 12440)

- CAS-Nummer:
6410-35-1
- gebräuchliche Namen:
C.I. 12440; Pigment Red 10; Naphthol-Rot FRL; Permanent-Rot FRL;
- Summenformel:
$C_{24}H_{17}Cl_2N_3O_2$

Funktion:
Pigment/Farbstoff/rot;
Verfahren:
Druckverfahren;

Eigenschaften:
- physikalisch/chemisch:
Schmelzpunkt: 295-301 °C
Molmasse: 450 g/mol

Bemerkung:
Gehört zu der Gruppe der Azopigmente (Naphthol-AS-Pigmente);
Findet Anwendung in Verpackungstief- und Flexodruckfarben auf Lösemittelbasis, Textildruck, Buchdruck;
Lichtecht;

Pigment Rot 12 (C.I. 12385)

- CAS-Nummer:
6410-32-8
- gebräuchliche Namen:
C.I. 12385; Pigment Red 12; Naphthol-AS-Rot; Sico Bordo C 4651
- Handelsnamen:
Sico Bordo L 4651;
- Summenformel:
$C_{24}H_{20}N_4O_4$

- Strukturformel:

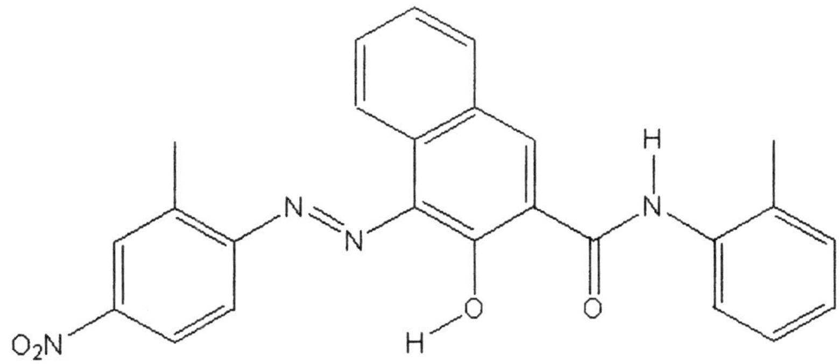

Funktion:
Pigment/Farbstoff/rot;
Verfahren:
Druckverfahren;

Eigenschaften:
- toxikologisch/ökotoxikologisch:
WGK: 0
Sonstiges:
LD 50 (oral, Ratte): >5000 mg/kg [Sdb BASF];

- physikalisch/chemisch:

Löslichkeit:
unlöslich in Wasser [Sdb BASF];

Bemerkung:
Bordofarbenes, geruchloses Pulver; staubexplosionsfähig [Sdb BASF];
Gehört zu der Gruppe der Azopigmente (Naphthol-AS-Pigmente);
Wird verwendet für Offsetdruck-, Verpackungstief- und Flexodruckfarben und im Tiefdruck;
Lichtecht, sehr farbstark;

Pigment Rot 48:1 (C.I. 15865:1)

- CAS-Nummer:
7585-41-3
- gebräuchliche Namen:
C.I. 15865:1; Pigment Red 48:1; Rubin 2B; Permanent-Rot 2B (Barium); BON-Rot; 2B Rot; C.I. Pigment Red 48:1; C.I. Pigment Red 48, Bariumsalz (1:1) (8CI); C.I. Pigment Red 48:1; C.I. Pigment Red 48, barium salt (1:1) (8CI);
- Handelsnamen:
Bon Red Yellow Shade; Bright Red G Toner; Bright Red Toner; Eljon rubine BS; Enceprint Scharlach 3700; Eupolen Scharlach 37-0001; Euthylen Scharlach 37-0005; Irgalite Red NBSP; Irgaphor Res NBS Chips; Isol Bona Red NR barium salt; Isol Bona Red N 5R barium salt; Lithol Scarlet K 3700; Permanent Red BB; Permanent Red BBa; Pigment Red 48:1; Resino Red K; Rubine Toner B; Rubine Toner BA; Rubine Toner BT; Sanyo Fast Red 2B; Sanyo Fast Red 2BE; Segnale Red GS; SeikaFast Red 8040; Symuler Red 3023; Symuler Red NRY; Watchung Red Y; Irgalite Red NBSP; Irgaphor Red NBS Chips; Oppasin Scharlach 3700;
- Summenformel:
$C_{18}H_{13}ClN_2O_6S * Ba$

Funktion:
Pigment/Farbstoff/rot;
Verfahren:
Druckverfahren;
Anwendung:
z.B. in Flexodruckfarben;

branchenspezifische Bemerkung zur Substanz:
Gehört zu der Gruppe der Azopigmente (BONS-Pigmente);
Bevorzugter Einsatz im Druckfarben- und Kunststoffbereich;
Farbstark, nicht sterilisierecht;

Eigenschaften:
- toxikologisch/ökotoxikologisch:
RTECS # QJ 1952500
MAK Wert: 0,5 mg Ba/m3 E

Sonstiges:
Spitzenbegrenzung II,1 [481];Ergebnis des Ames-Tests: negativ;LC Lo (inhalativ, Ratte): 5420 mg/m3/4 h [428];

- **physikalisch/chemisch:**
  Schmelzpunkt: 140 °C, stabil bis 180 °C
  Dichte: 1800 kg/m3
  Molmasse: 557,17 g/mol

Pigment Rot 48:2 (C.I. 15865:2)

- **CAS-Nummer:**
  7023-61-2
- **gebräuchliche Namen:**
  C.I. 15865:2; Pigment Red 48:2; Rubin 2B; Permanent-Rot 2B (Calcium); BON Rot;
- **Handelsnamen:**
  Eupolen Scharlach 44-6101; Lithol Scharlach D 3700; Euthylen Scharlach 44-4105 C4; Oppasin Scharlach 3700; Heuco Rot 304820; Lutetia Red RLD PV NE; Irgalite Red RC; Irgaphor Red RC Chips;
- **Summenformel:**
  $C_{18}H_{13}ClN_2O_6S * Ca$

Funktion:
Pigment/Farbstoff/rot;
Verfahren:
Druckverfahren;

branchenspezifische Bemerkung zur Substanz:
Gehört zu der Gruppe der Azopigmente (BONS-Pigmente);
Lichtecht;

Eigenschaften:
- **toxikologisch/ökotoxikologisch:**
  Sonstiges:
  Ergebnis des Ames-Tests: negativ;LD 50 (oral, Ratte): >2000 mg/kg

- **physikalisch/chemisch:**
  Molmasse: 459 g/mol

Pigment Rot 48:3 (C.I. 15865:3)

- **CAS-Nummer:**
  15782-05-5
- **gebräuchliche Namen:**
  C.I. 15865:3; Pigment Red 48:3; Rubin 2B; Permanent-Rot 2B (Strontium); BON-Rot;
- **Handelsnamen:**
  Eupolen Rot 41-6001; Euthylen Rot 41-6505 C4; Lufilen Rot 41-650 5 C4; Sicostyren Rot 41-6005; Heuco Rot 304830;
- **Summenformel:**
  $C_{18}H_{13}ClN_2O_6S * Sr$

- Strukturformel:

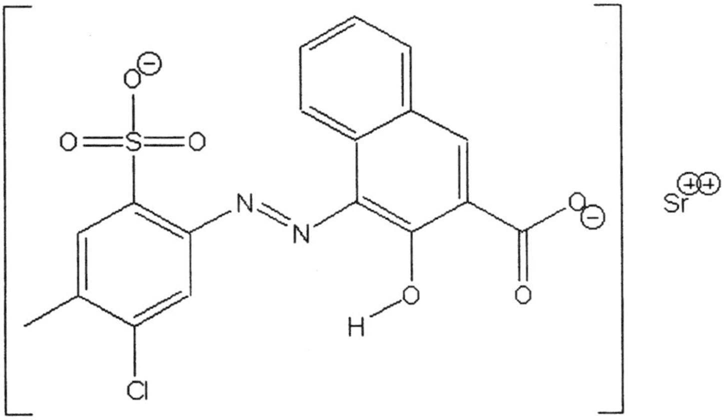

Funktion:
Pigment/Farbstoff/rot;
Verfahren:
Druckverfahren;

Eigenschaften:
- toxikologisch/ökotoxikologisch:
WGK: 0
MAK Wert: 6 mg/m3 A
Sonstiges:
LD 50 (oral, Ratte): >15000 mg/kg [Sdb Fa. Heubach];

- physikalisch/chemisch:
Schmelzpunkt: >200 °C
Dichte: 1800 kg/m3 (20 °C)
Molmasse: 508 g/mol

Löslichkeit:
unlöslich in Waser [Sdb Fa. Heubach];

Bemerkung:
Rotes, geruchloses Pulver [Sdb Fa. Heubach];
Gehört zu der Gruppe der Azopigmente (BONS-Pigmente);
Hitzestabil (bis 240 °C), lichtecht;
Bevorzugter Einsatz im Verpackungsdruck;

Pigment Rot 48:4 (C.I. 15865:4)

- CAS-Nummer:
5280-66-0
- gebräuchliche Namen:
C.I. 15865:4; Pigment Red 48:4; Rubin 2B; Permanent-Rot 2B (Mangan); BON-Rot; BON-Rot 2B, MN-Lack;
- Handelsnamen:
Encelac Scharlach 4300; Enceprint Scharlach 4300; Euviprint Scharlach 4260; Pigmosol Scharlach 4300; Lithol Echtscharlach L 4260;
- Summenformel:
$MnC_{18}H_{11}ClN_2O_6S$

- **Strukturformel:**

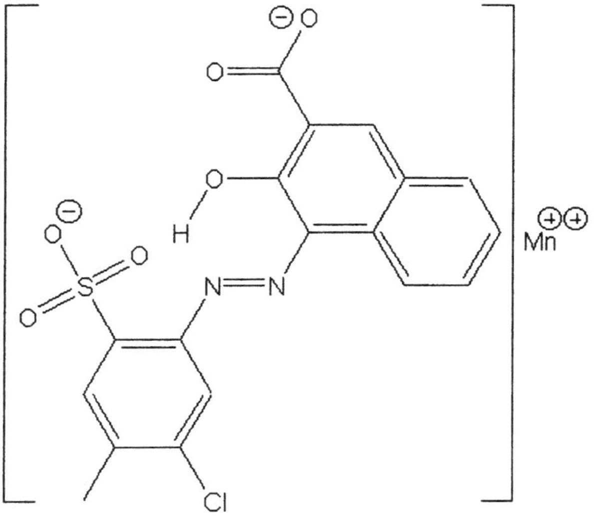

Funktion:
Pigment/Farbstoff/rot;
Verfahren:
Druckverfahren;

Eigenschaften:
- **toxikologisch/ökotoxikologisch:**
WGK: 0
Sonstiges:
LD 50 (oral, Ratte): >6400 mg/kg [Sdb BASF];

- **physikalisch/chemisch:**
Schmelzpunkt: 360 °C
Molmasse: 474 g/mol

Löslichkeit:
unlöslich in Wasser [Sdb BASF];

Bemerkung:
Rotes, geruchloses Pulver; staubexplosionsfähig [Sdb BASF];
Gehört zu der Gruppe der Azopigmente (BONS-Pigmente);
Beschränkter Einsatz im Lebensmittelbereich;

Pigment Rot 49 (C.I. 15630)

- **CAS-Nummer:**
1248-18-6
- **gebräuchliche Namen:**
C.I. 15630; Pigment Red 49;Lithol-Rot (Natrium);
- **Summenformel:**
$C_{20}H_{14}N_2O_4S * Na$

Funktion:
Pigment/Farbstoff/rot;
Verfahren:
Druckverfahren;
Anwendung:
z.B. in Flexodruckfarben;

Eigenschaften:
- physikalisch/chemisch:
Molmasse: 400 g/mol

Bemerkung:
Gehört zu der Gruppe der Azopigmente (verlackte ß-Naphthol-Pigmente);
Einsatz in billigen Flexodruckfarben auf Lösemittelbasis;
Mutagenitätsprüfung bei Ratte: negativ;
Ergebnis des Ames-Tests: negativ;

Pigment Rot 49:1 (C.I. 15630:1)

- CAS-Nummer:
1103-38-4
- gebräuchliche Namen:
C.I. 15630:1; Pigment Red 49:1; Lithol-Rot (Barium);
- Handelsnamen:
Lithol Rot D 4469; Lithol Rot S 4469;
- Summenformel:
$C_{40}H_{26}N_4O_8S_2$* Ba

- Strukturformel:

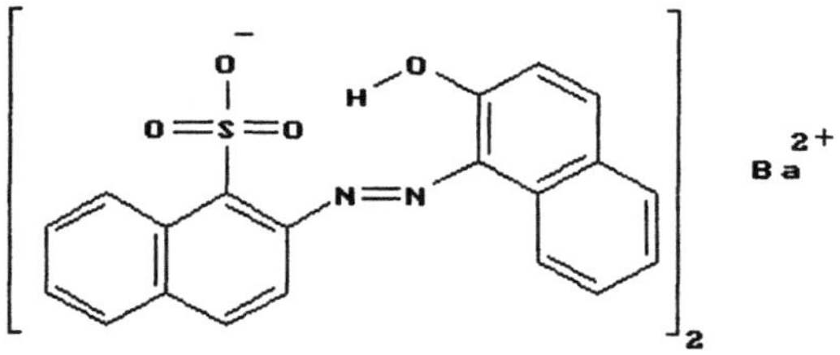

Funktion:
Pigment/Farbstoff/rot;
Verfahren:
Druckverfahren;

Eigenschaften:
- toxikologisch/ökotoxikologisch:
MAK Wert: 0,5 mg Ba/m3 E
Sonstiges:
Spitzenbegrenzung II,1 [481];

- physikalisch/chemisch:
Molmasse: 890 g/mol

Bemerkung:
Gehört zu der Gruppe der Azopigmente (verlackte ß-Naphthol-Pigmente);
Haupteinsatzgebiet ist der Illustrationstiefdruck;
Ergebnis des Ames-Tests: negativ;

Pigment Rot 49:2 (C.I. 15630:2)

- CAS-Nummer:
1103-39-5
- gebräuchliche Namen:
C.I. 15630:2; Pigment Red 49:2; Lithol-Rot (Calcium); Lithol-Maroon (Calcium);
- Summenformel:
$C_{40}H_{26}N_4O_8S_2 * Ca$

- Strukturformel:

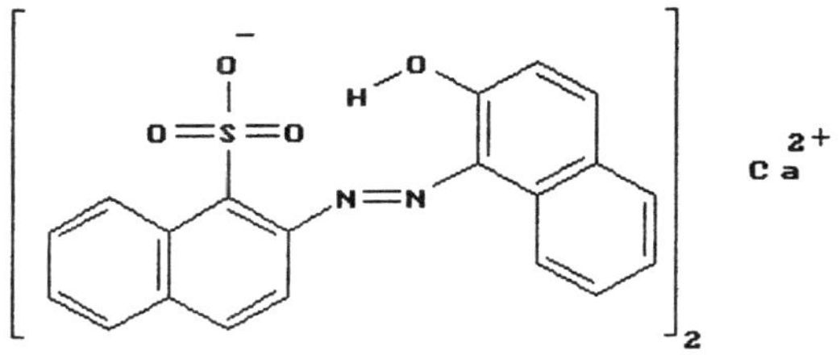

Funktion:
Pigment/Farbstoff/rot;
Verfahren:
Druckverfahren;

Eigenschaften:
- physikalisch/chemisch:
Molmasse: 795 g/mol

Bemerkung:
Gehört zu der Gruppe der Azopigmente (verlackte ß-Naphthol-Pigmente);
Ergebnis des Ames-Tests: negativ;

Pigment Rot 52:1 (C.I. 15860:1)

- CAS-Nummer:
17852-99-2
- gebräuchliche Namen:
C.I. 15860:1; Pigment Red 52:1; Rot 2G (Calcium); BON Farbpigment Rot C; BON Rot;
- Handelsnamen:
Lithol Rot NB D 4555;
- Summenformel:
$C_{18}H_{13}ClN_2O_6S * Ca$

- Strukturformel:

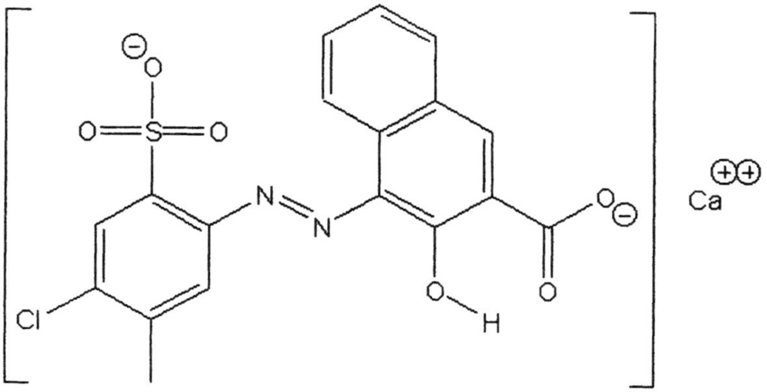

Funktion:
Pigment/Farbstoff/rot;
Verfahren:
Druckverfahren;
Anwendung:
z.B. in Flexodruckfarben;

Eigenschaften:
- physikalisch/chemisch:
Molmasse: 459 g/mol

Bemerkung:
Gehört zu der Gruppe der Azopigmente (BONS-Pigmente);
Haupteinsatzgebiete sind der Spezialtief- und der Flexodruck;
Farbstark;
Sowohl ungenügend säure- und alkalibeständig als auch schlechte Seifen- und Sterilisierechtheit;

Pigment Rot 52:2 (C.I: 15860:2)

- CAS-Nummer:
12238-31-2
- gebräuchliche Namen:
C.I. 15860:2; Pigment Red 52:2; Rot 2G (Mangan); BON Farbpigment Rot C; Bon-Marron, MN-Lack;
- Handelsnamen:
Lithol Echtmarin L 4763; Sicoflush P Marron 4763; Heuco Rot 305220;

Funktion:
Pigment/Farbstoff/rot;
Verfahren:
Druckverfahren;

Eigenschaften:
- physikalisch/chemisch:
Molmasse: 474 g/mol

Bemerkung:
Gehört zu der Gruppe der Azopigmente (BONS-Pigmente);

Pigment Rot 53:1 (C.I. 15585:1)

- CAS-Nummer:
5160-02-1
- gebräuchliche Namen:
C.I. 15585:1; Pigment Red 53:1; Rotes Farbpigment C (Barium); Red lake C; 5-Chloro-2-((2-hydroxy-1-naphthalenyl)azo)-4-methylbenzensulfonsäure, Bariumsalz (2:1); 5-Chloro-2-((2-hydroxy-1-naphthalenyl)azo)-4-methylbenzensulfonsäure, Bariumsalz; 5-Chloro-2-((2-hydroxy-1-naphthyl)azo)-p-toluenesulfonsäure, Bariumsalz; 1-(4-Chloro-o-sulfo-5-tolylazo)-2-naphthol, Bariumsalz; 1-(4-Chloro-o-sulpho-5-tolylazo)-2-naphthol, Bariumsalz; C.I. 15585:1; C.I. Pigment Red 53:1; C.I. Pigment Red 53, Bariumsalz; Pigment Lake Red BFC; Pigment Lake Red CD; Pigment Lake Red LC; Pigment Red 53:1; Pigment Red CD;
- Handelsnamen:
Imprimus Lithol Rot 35-QV-2382; Lithol Rot NB D 3560; Quicksperse Litho Rot 34-PP-0122; Astro Orange; Atomic Red; Brilliant Red; Brilliant Scarlet CA; Brilliant Scarlet CBA; Brilliant Scarlet CTA; Brilliant Toner Z; Bronze Red RO; Bronze Red 16913 Yellowish; Bronze Scarlet; Bronze Scarlet C; Bronze Scarlet CA; Bronze Scarlet CBA; Bronze Scarlet CT; Bronze Scarlet CTA; Bronze Scarlet Toner; Carnation Red; Cosmetic Coral Red KO Bluish; Cosmetic DVR; Cosmetic Pigment Yellow Red DVR; Dainichi Lake Red C; D&C Red No. 9; Desert Red; Duplex Red Lake C20-5925; Eljon Lake Red C; Hamilton Red; Helio Red Toner LCLL; Irgalite Red CBN; Irgalite Red CBR; Irgalite Red CBT; Irgalite Red MBC; Isol Lake Red LCS 12527; Isol Red LCR 2517; Lake Red 2R-RU; Lutetia Red CLN; Vulcan Red LC; Irgalite Red CBN; Lake Red 1520; Lake Red C; Lake Red C 18287; Lake Red C 21245; Lake Red C 27200; Lake Red C 27217; Lake Red C 27218; Lake Red C Barium Toner; Lake Red CC; Lake Red CCT; Lake Red CR; Lake Red CRLC-232 (Barium); Lake Red C Toner 8195; Lake Red C Toner 8366; Lake Red GB Bariumsalz; Lake Red RRG; Lake Red Toner C; Lake Red Toner LCLL; Latexol Scarlet R; Latexol Scarlet R Solupowder; Ld Rubber Red 16913; Lutetia Red CLN; Lutetia Red CLN-ST; Microtex Lake Red CR; Mohican Red A-8008; NCI-C53792; No.3 Conc. Bronze Scarlet; No.3 Conc. Scarlet; Paridine Red LCL; Potomac Red; Recolite Red Lake C; Recolite Red Lake CR; 1860 Red; Red 1860; Red 11938; Red For Lake C; Red For Lake C Toner RA-5190; Red For Lake Toner RA-5190; Red 16913H; Red Lake C; Red Lake CM 20-5650; Red Lake CR-1; Red Lake C Toner; Red Lake C Toner 20-5650; Red Lake C Toner RA-5190; Red Lake R-91; Red Scarlet; Red Toner Z; Rubber Red 16913R; Sanyo Lake Red C; Scarlet Toner Y; Segnale Red LC; Segnale Red LCG; Segnale Red LCL; Sico Lake Red 2L; Superol Red C RT-265; Symuler Lake Red C; Termosolido Red LCG; Texan Red Toner D; Toner Lake Red C; Transparent Bronze Scarlet; Vulcafix Scarlet R; Vulcafix Scarlet R-D masse; Vulcafor Red 2R; Vulcan Red LC; Vulcol Fast Red L; Wayne Red X-2486
- Summenformel:
$C_{17}H_{13}ClN_2O_4S * \frac{1}{2} Ba$

Funktion:
Pigment/Farbstoff/rot;
Verfahren:
Druckverfahren;
Anwendung:
z.B. in Flexodruckfarben;

branchenspezifische Bemerkung zur Substanz:
Zählt zu den am meist verwendeten Rotpigmenten für Druckfarben;
Einsatz vor allem für kurzlebige Drucksachen, z.B. im Bogen-, Rollenoffset-, Tief- und Flexodruck, und in wäßrigen Flexodruckfarben;
Farbstark, brilliant, silberlackbeständig, hitzestabil;
Gute Beständigkeit gegen eine Reihe von org. Lösemitteln;
Drucke sind weder säure- noch alkaliecht;

Eigenschaften:
- toxikologisch/ökotoxikologisch:
RTECS # DB 5500000
MAK Wert: 0,5 mg Ba/m3 E

Sonstiges:
Spitzenbegrenzung II,1 [481];Für diese Substanz liegt ein BUA-Stoffbericht Nr. 124 vor. Ergebnis des Ames-Tests: negativ;Mutagenitätsprüfung bei Maus und Ratte: negativ;TD Lo (oral, Ratte): 130000 mg/kg/2 a kontinuierlich [428];TD Lo (oral, Ratte): 27300 mg/kg/91 Tage kontinuierlich [428];TD Lo (oral, Maus): 2100 mg/kg/14 Tage kontinuierlich [428];

- physikalisch/chemisch:
Schmelzpunkt: 380-390 °C
Dichte: 1760 kg/m3
Molmasse: 889 g/mol

Bemerkung:
Gehört zu der Gruppe der Azopigmente (verlackte ß-Naphthol-Pigmente);
Zählt zu den am meist verwendeten Rotpigmenten für Druckfarben; rotes Pulver;

Pigment Rot 57:1 (C.I. 15850:1)

- CAS-Nummer:
5281-04-9
- gebräuchliche Namen:
C.I. 15850:1; Pigment Red 57:1; Lithol-Rubin (Calcium); Rubin 4G (Calcium); 4B-Toner;
- Handelsnamen:
Enceprint Rubin 4565; Eupolen Rot 45-6001; Imprimus Lithol Rubin 45-QV-2342; Lithol Rubin K 4566; Lutetia Red 6R NE; Permanent Rubine L6B; Irgalite Rubine 4BP;
- Summenformel:
$C_{18}H_{14}N_2O_6S * Ca$

Funktion:
Pigment/Farbstoff/rot;
Verfahren:
Druckverfahren;
Anwendung:
In allen Druckverfahren eingesetzte Farbe;

branchenspezifische Bemerkung zur Substanz:
Gehört zu der Gruppe der Azopigmente (BONS-Pigmente);
Farbstark;
Einsatz für Druckfarben aller Art;
Drucke sind beständig gegen wichtige org. Lösemittel, jedoch nur unzureichend seifen-, alkali-, säureecht und silberlackbeständig;

Eigenschaften:
- toxikologisch/ökotoxikologisch:
Sonstiges:
Ergebnis des Ames-Tests: negativ;Mutagenitätsprüfung bei Maus und Ratte: negativ;LD 50 (oral, Ratte): >2000 mg/kg;

- physikalisch/chemisch:
Schmelzpunkt: 360 °C
Dichte: 1550 kg/m3
Molmasse: 426 g/mol

Bemerkung:
Gehört zu der Gruppe der Azopigmente (BONS-Pigmente);

Pigment Rot 63:1 (C.I. 15880:1)

- CAS-Nummer:
6417-83-0
- gebräuchliche Namen:
C.I. 15880:1; Pigment Red 63:1; BON-Maroon (Calcium);
- Handelsnamen:
Lithol Bordo 4761;
- Summenformel:
$C_{21}H_{14}N_2O_6S$ * Ca

Funktion:
Pigment/Farbstoff/rot;
Verfahren:
Druckverfahren;

Eigenschaften:
- physikalisch/chemisch:
Molmasse: 461 g/mol

Bemerkung:
Gehört zu der Pigmentklasse von BONS, Ca;
Gut beständig gegen org. Lösemittel, jedoch weder beständig gegen Säurem noch Alkalien;
Ergebnis des Ames-Tests: negativ;

Pigment Rot 81:3 (C.I. 45160:3)

- CAS-Nummer:
63022-06-0
- gebräuchliche Namen:
C.I. 45160:3; Pigment Red 81:3;Rhodamin Y (SMA);

Funktion:
Pigment/Farbstoff/rot;
Verfahren:
Druckverfahren;

Eigenschaften:
- physikalisch/chemisch:
Molmasse: 3786-6234 g/mol

Bemerkung:
Gehört zu der Gruppe der Triarylcarboniumpigmente ;
Große Farbtonreinheit, farbstark, schlechte Lösemittelbeständigkeit;
Findet häufig Einsatz im 3- und 4-Farbendruck;

Pigment Rot 90 (C.I. 45380:1)

- CAS-Nummer:
1326-05-2
- gebräuchliche Namen:
C.I. 45380:1; Pigment Red 90; Eosin (Bleisalz); Phloxin-Rot (Blei);
- Summenformel:
$C_{20}H_8Br_4O_5$* x Pb

Funktion:
Pigment/Farbstoff/rot;
Verfahren:
Druckverfahren/Hochdruck;
Anwendung:
Farbe;

Eigenschaften:
- physikalisch/chemisch:
Molmasse: 853 g/mol

Bemerkung:
Gehört zu der Gruppe der Azopigmente (Naphthol-AS-Pigmente);
Gehört zu der Pigmentklasse von Phloxin, Blei-Salz;
Brilliant, farbstark;
Einsatz in billigen Buch- und Offsetdruckfarben;
Schlechte Beständigkeit gegen org. Lösemittel, Alkalien, Säuren und Seifen;
Mäßige Lichtechtheit und Hitzebeständigkeit;

Pigment Rot 108 (C.I. 77202)

- CAS-Nummer:
58339-34-7
- gebräuchliche Namen:
C.I. 77202; Pigment Red 108; reines Cadmiumrot; Cadmium-Sulfoselenid-Rot; Cadmiumrot, rein; Cadmium sulfid/selenid;
- Handelsnamen:
Sicotherm Rot K 3001; Sicotherm Rot K 3601; Sicotherm Rot K 3206; Cadmopur Orange 5 RS;
- Summenformel:
$CdS * CdSe$

Eigenschaften:
- toxikologisch/ökotoxikologisch:
MAK Wert: vgl. Abschnitt IX [481]
Sonstiges:
Krebserzeugend 2 [481];LD 50 (oral, Ratte): >2000 mg/kg [607];

- physikalisch/chemisch:
Schmelzpunkt: über 500 °C
Dichte: 4200-5500 kg/m3

Bemerkung:
gelbes, oranges oder rotes Pulver;

Pigment Rot 112 (C.I. 12370)

- CAS-Nummer:
6535-46-2
- gebräuchliche Namen:
C.I. 12370; Pigment Red 112; Naphthol-Rot FGR; BON Arylamid-Rot; Helio-Rot FGR; Permanent-Rot FGR; Naphthol-As-Rot;
- Handelsnamen:
Basoflex Rot 3855; Encelac Rot 3855; Pigmosol Rot 3855; Sico Echtrot D 3855; Sicoflush P Rot 3855; Luconyl Rot 3855; Heuco Rot 311200; Heuco Rot 311202;
- Summenformel:
$C_{24}H_{16}Cl_3N_3O_2$

- Strukturformel:

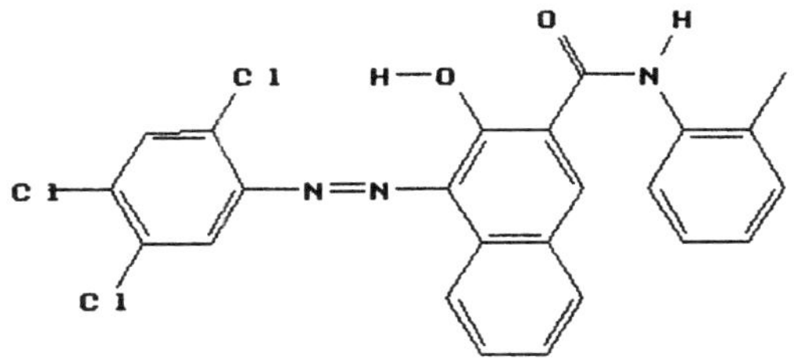

Funktion:
Pigment/Farbstoff/rot;
Verfahren:
Druckverfahren;
Anwendung:
Farbe;

Eigenschaften:
- toxikologisch/ökotoxikologisch:
WGK: 0
MAK Wert: 6 mg/m3 A
Sonstiges:
LD 50 (oral, Ratte): >2000 mg/kg [Sdb Fa. Heubach];

- physikalisch/chemisch:
Schmelzpunkt: 290 °C
Dichte: 1300-1500 kg/m3 (20 °C)
Molmasse: 485 g/mol

Löslichkeit:
unlöslich in Wasser [Sdb Fa. Heubach];

Bemerkung:
Rotes, geruchloses Pulver [Sdb Fa. Heubach];
Gehört zu der Gruppe der Azopigmente (Naphthol-AS-Pigmente);
Bleicht aus in organischen Lösungsmitteln.
Hohe Brillianz; Farbstark; Lichtecht;
Findet Anwendung in Buch- und Offsetdruckfarben, in Verpackungstief- und Flexodruckfarben;

Pigment Rot 113 (C.I. 77201)

- CAS-Nummer:
1345-09-1
- gebräuchliche Namen:
C.I. 77201; Pigment Red 113; Cadmium Vermilion Rot; Mercadium Rot; reines Quecksilber-Cadmiumrot;
- Summenformel:
CdS * x HgS

Funktion:
Pigment/Farbstoff/rot;
Verfahren:
Druckverfahren;
Anwendung:
Farbe; Farbe für Gummi- und Lederwaren;

Eigenschaften:
- toxikologisch/ökotoxikologisch:
MAK Wert: vgl. Abschnitt IX [481]
Sonstiges:
Krebserzeugend 2 [481];

Pigment Rot 119

- CAS-Nummer:
72066-77-4
- gebräuchliche Namen:
Pigment Red 119; Naphtholrot FG;
- Summenformel:
$C_{33}H_{27}N_3O_8S$

Funktion:
Pigment/Farbstoff/rot;
Verfahren:
Druckverfahren;
Anwendung:
Farbe;

Eigenschaften:
- physikalisch/chemisch:
Molmasse: 625 g/mol

Bemerkung:
Gehört zu der Gruppe der Azopigmente (Naphthol-AS-Pigmente);
Bevorzugter Einsatz in Flexo- und Tapetendruckfarben;
Silberlackbeständig, sterilisierecht, hitzestabil;

Pigment Rot 122 (C.I. 73915)

- **CAS-Nummer:**
  980-26-7
- **gebräuchliche Namen:**
  C.I. 73915; Pigment Red 122; Chinacridon-Magenta-Y;
- **Summenformel:**
  $C_{22}H_{16}N_2O_2$

- **Strukturformel:**

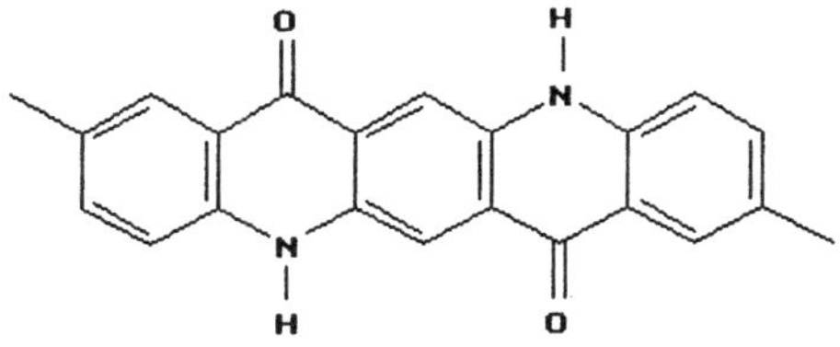

Funktion:
  Pigment/Farbstoff/rot; Toner;
Verfahren:
  Druckverfahren;
Anwendung:
  Farbe; Blauschattierung in Maler- und Druckfarben;

Eigenschaften:
- **physikalisch/chemisch:**
  Molmasse: 340 g/mol

Bemerkung:
  Gehört zu der Gruppe der polycyclischen Pigmente (Chinacridon-Pigment);
  Sehr gute Lichtechtheit, migrationsecht, thermostabil, kalandrierecht und sterilisierecht;
  Einsatz für hochwertige Druckfarben;

Pigment Rot 123 (C.I. 71145)

- **CAS-Nummer:**
  24108-89-2
- **gebräuchliche Namen:**
  C.I. 71145; Pigment Red 123; Perylen-Zinnoberrot; Perylenrot;
- **Handelsnamen:**
  Luconyl Rot 3870; Paliogen Rot L 3870 HD; Luconyl G Rot 3870;
- **Summenformel:**
  $C_{40}H_{26}N_2O_6$

- Strukturformel:

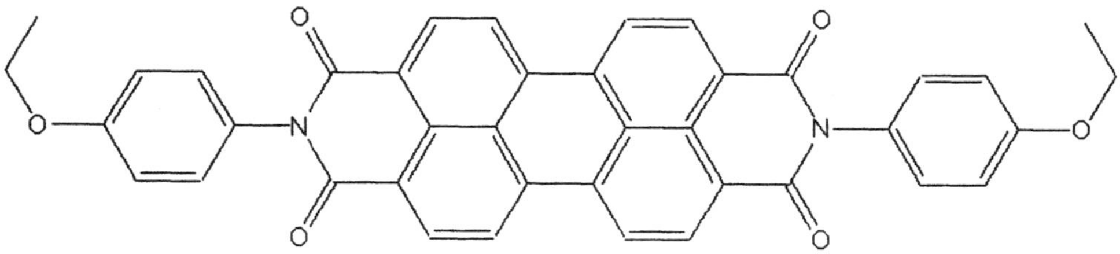

Funktion:
Pigment/Farbstoff/rot; Toner;
Verfahren:
Druckverfahren/Tiefdruck;
Anwendung:
Farbe; Außenanstrich;

Eigenschaften:
- physikalisch/chemisch:
Molmasse: 631 g/mol

Bemerkung:
Gehört zu der Gruppe der polycyclischen Pigmente (Perylen-Pigment);
Beständig gegen org. Lösemittel, alkalibeständig;

Pigment Rot 144

- CAS-Nummer:
5280-78-4
- gebräuchliche Namen:
Pigment Red 144; Diazorot;
- Handelsnamen:
Heuco Rot 314400;
- Summenformel:
$C_{40}H_{23}Cl_5N_6O_4$

Funktion:
Pigment/Farbstoff/rot;
Verfahren:
Druckverfahren;
Anwendung:
Farbe; Textilfarbe; Lacke; Farbe für Gummi und synthetische Fasern; Maler- und Druckfarbe;

Eigenschaften:
- toxikologisch/ökotoxikologisch:
WGK: 0
MAK Wert: vgl. Abschnitt III [481]
Sonstiges:
LD 50 (oral, Ratte): >5000 mg/kg [Sdb Fa. Heubach];

- physikalisch/chemisch:
Schmelzpunkt: 380 °C
Dichte: 1500 kg/m3 (20 °C)
Molmasse: 827 g/mol

Löslichkeit:
unlöslich in Wasser [Sdb Fa. Heubach];

Bemerkung:
Gehört zu der Pigmentklasse von Disazokondensation;
Verwendung für hochwerfige Druckerzeugnisse;
Lichtecht;
Seifen-, butter-, käse-, paraffin-, säure- und alkaliecht;
Silberlackbeständig und sterilisierecht;

Pigment Rot 146 (C.I. 12485)

- CAS-Nummer:
5280-68-2
- gebräuchliche Namen:
C.I. 12485; Pigment Red 146; Naphthol-Carmin FBB; Permanent-Carmin FBB;
- Summenformel:
$C_{33}H_{27}ClN_4O_6$

Funktion:
Pigment/Farbstoff/rot;
Verfahren:
Druckverfahren;
Anwendung:
Farbe; industrielle Deckfarbe; Papier- und Pappebe-
schichtung; Druckfarbe für Verpackungsmaterialien;

Eigenschaften:
- physikalisch/chemisch:
Schmelzpunkt: 318-322 °C
Molmasse: 611 g/mol

Bemerkung:
Gehört zu der Gruppe der Azopigmente (Naphthol-AS-Pigmente);
Findet Anwendung in Verpackungstief-, Buch-, Offset- und Flexodruckfarben;
Gute Beständigkeit gegen Lösemittel;

Pigment Rot 147 (C.I. 12433)

- CAS-Nummer:
68227-78-1
- gebräuchliche Namen:
C.I. 12433; Pigment Red 147;

Funktion:
Pigment/Farbstoff/rot;
Verfahren:
Druckverfahren;

Eigenschaften:
- physikalisch/chemisch:

Bemerkung:
Gehört zu der Gruppe der Azopigmente (Naphthol-AS-Pigmente);
Drucke sind beständig gegen Seifen, Paraffin, Dibutylphthalat, Toluol;
Silberlackbeständig;

Pigment Rot 149 (C.I. 71137)

- **CAS-Nummer:**
  4948-15-6
- **gebräuchliche Namen:**
  C.I. 71137; Pigment Red 149; Perylenrot BL;
- **Handelsnamen:**
  Euvinyl C Rot 36-8002; Lufilen Rot 36-8005; Rakusol Rot 39-1107; Sicolen Rot 39-1105; Sicoversal Rot 39-1105;
- **Summenformel:**
  $C_{40}H_{26}N_2O_4$

- **Strukturformel:**

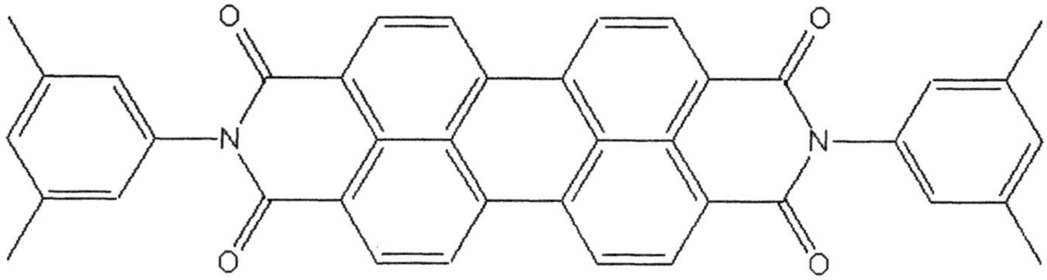

Funktion:
Pigment/Farbstoff/rot;
Verfahren:
Druckverfahren;
Anwendung:
Farbe; industrielle Deckfarbe;

Eigenschaften:
- **physikalisch/chemisch:**
  Schmelzpunkt: > 450 °C
  Molmasse: 598 g/mol

Bemerkung:
Gehört zu der Gruppe der polycyclischen Pigmente;
Gehört zu der Pigmentklasse von Perylen;
Bevorzugter Einsatz in der Kunststoffärbung;
Sehr leicht löslich in organischen Lösungsmitteln;
Hohe Hitzebeständigkeit, lichtecht, gut migrationsbeständig, farbstark;
Beständig gegen org. Lösemittel;

Pigment Rot 166 (C.I. 20035)

- **CAS-Nummer:**
  12225-04-6
- **gebräuchliche Namen:**
  C.I. 20035; Pigment Red 166; Disazo-Scharlach-rot;
- **Handelsnamen:**
  Heuco Rot 316600;
- **Summenformel:**
  $C_{40}H_{24}Cl_4N_6O_4$

Funktion:
Pigment/Farbstoff/rot;
Verfahren:
Druckverfahren;
Anwendung:
Farbe; Textilfarbe; Lacke; Maler- und Druckfarben;

Eigenschaften:
- toxikologisch/ökotoxikologisch:
WGK: 0
MAK Wert: vgl. Abschnitt III [481]
Sonstiges:
LD 50 (oral, Ratte): >5000 mg/kg [Sdb Fa. Heubach];

- physikalisch/chemisch:
Schmelzpunkt: 340 °C
Dichte: 1500 kg/m3 (20 °C)
Molmasse: 792 g/mol

Löslichkeit:
unlöslich in Wasser [Sdb Fa. Heubach];

Bemerkung:
siehe auch unter CAS-Nr. 3905-19-9;
Rotes, geruchloses Pulver [Sdb Fa. Heubach];
Gehört zu der Pigmentklasse von Disazokondensation;
Leicht löslich in einigen organischen Lösungsmitteln;
Verwendung für hochwertige Druckerzeugnisse, besonders im Verpackungsdruck;
Überlackier- und sterilisierecht;
Alkali-, säure-, seifen-, fett- und paraffinbeständig;

Pigment Rot 168 (C.I. 59300)

- CAS-Nummer:
4378-61-4
- gebräuchliche Namen:
C.I. 59300; Pigment Red 168; Küpenorange; Bromiertes Anthanthronrot;
- Summenformel:
$C_{22}H_8Br_2O_2$

Funktion:
Pigment/Farbstoff/rot;
Verfahren:
Druckverfahren;
Anwendung:
Farbe; industrielle Deckfarbe; Druckfarbe für Metall-
verzierungen;

Eigenschaften:
- physikalisch/chemisch:
Schmelzpunkt: 400 °C
Molmasse: 464 g/mol

Bemerkung:
Gehört zu der Pigmentklasse von Anthanthron;
Leicht löslich in einigen organischen Lösungsmitteln;
Drucke sind beständig gegen wichtige org. Lösemittel, sterilisierecht;
Lichtecht;
Findet Anwendung in Spezialdruckfarben, beispielsweise für Blech- oder
Plakatdruck;

Pigment Rot 169 (C.I. 45160:2)

- CAS-Nummer:
12224-98-5
- gebräuchliche Namen:
C.I. 45160:2; Pigment Red 169; Rhodamin 6G (CFA); Kupferferrocyanid-Rosa;
- Handelsnamen:
Basoflex Rosa 4810; Fanal Rosa D 4810;

Funktion:
Pigment/Farbstoff/rot;
Verfahren:
Druckverfahren;
Anwendung:
z.B. in Flexodruckfarben;

Eigenschaften:
- toxikologisch/ökotoxikologisch:
MAK Wert: 5 mg CN/m3 E
Sonstiges:
Spitzenbegrenzung II,1 [481]; Gefahr der Hautresorption [481];

- physikalisch/chemisch:
Molmasse: 1161 g/mol

Bemerkung:
Gehört zu der Gruppe der Triarylcarboniumpigmente ;
Geringe Alkali- und Säureresistenz;
Bevorzugter Einsatz im wässrigen Flexodruck;
Einsatz im Buch-, Offset- und Illustrationstiefdruck;
Geringe Beständigkeit gegen Toluol;

Pigment Rot 170 (C.I. 12475)

- CAS-Nummer:
2786-76-7
- gebräuchliche Namen:
C.I. 12475; Pigment Red 170; Naphthol-Rot F5RK; Naphthol-AS-Rot;
- Handelsnamen:
Sico Echtscharlach L 4252; Heuco Rot 317000; Heuco Rot 317001;
- Summenformel:
$C_{26}H_{22}N_4O_4$

- Strukturformel:

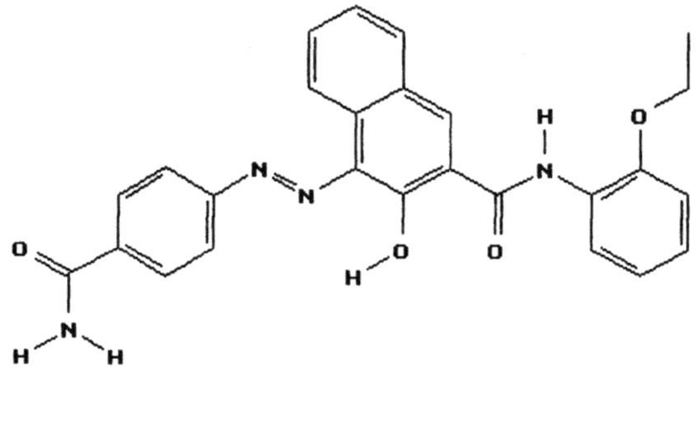

Funktion:
Pigment/Farbstoff/rot;
Verfahren:
Druckverfahren;
Anwendung:
Farbe; Druckfarbe; Lacke;

Eigenschaften:
- toxikologisch/ökotoxikologisch:
WGK: 0
MAK Wert: vgl. Abschnitt III [481]
Sonstiges:
LD 50 (oral Ratte): >5000 mg/kg [Sdb BASF], [Sdb Fa. Heubach];LD 50 (oral, Ratte): >2000 mg/kg (Heuco Rot 37001) [Sdb Fa. Heubach];

- physikalisch/chemisch:
Schmelzpunkt: 315-325 °C
Dichte: 1400 kg/m3 (20 °C)
Molmasse: 455 g/mol

Löslichkeit:
unlöslich in Wasser [Sdb BASF];

Bemerkung zu physikalisch/chemischen Daten:
Selbstentzündungstemperatur: av 230 °C [Sdb Fa. Heubach];

Bemerkung:
Rotes, geruchloses Pulver; staubexplosionsfähig [Sdb BASF];
Gehört zu der Gruppe der Azopigmente (Naphthol-AS-Pigmente);
Leicht löslich in organischen Lösungsmitteln;
Farbstark, lichtecht, hitzebeständig;
Drucke sind butter-, seifen-, alkali- und säureecht;
Für hochwertige Druckfarben aller Art geeignet;

Pigment Rot 171 (C.I. 12512)

- CAS-Nummer:
6985-95-1
- gebräuchliche Namen:
C.I. 12512; Pigment Red 171; Benzimidazolon Maroon HFM;
- Summenformel:
$C_{25}H_{18}N_6O_6$

Funktion:
Pigment/Farbstoff/rot;
Verfahren:
Druckverfahren;
Anwendung:
Farbe; industrielle Deckfarbe;

Eigenschaften:
- toxikologisch/ökotoxikologisch:
MAK Wert: vgl. Abschnitt III [481]

- physikalisch/chemisch:
Schmelzpunkt: > 350 °C
Molmasse: 498 g/mol

Bemerkung:
Gehört zu der Pigmentklasse von Benzimidazolon;
Leicht löslich in einigen organischen Lösungsmitteln;
Farbstark, lichtecht;

Pigment Rot 172 (C.I. 45430:1)

- CAS-Nummer:
12227-78-0
- gebräuchliche Namen:
C.I. 45430:1; Pigment Red 172; FD&C Rot Nr. 3 Aluminium-Pigmentfarbe; Erythrosin-Pigmentfarbe;Aluminiumrot;
- Summenformel:
$C_{20}H_8I_4O_5$ * x Al

Funktion:
Pigment/Farbstoff/rot;
Verfahren:
Druckverfahren;
Anwendung:
Farbe; Lebensmittel-, Arznei- und Kosmetikfarbe;

Eigenschaften:
- toxikologisch/ökotoxikologisch:
MAK Wert: 1,5 mg Al/m3 A (vgl. Abschnitt V f) und g) und VIII [481])

- physikalisch/chemisch:
Molmasse: 2599 g/mol

Bemerkung:
Gehört zu der Pigmentklasse von Tetrajodfluoreszein, Al;

Pigment Rot 175 (C.I. 12513)

- CAS-Nummer:
6985-92-8
- gebräuchliche Namen:
C.I. 12513; Pigment Red 175; Benzimidazolonrot HFT;
- Summenformel:
$C_{26}H_{19}N_5O_5$

Funktion:
Pigment/Farbstoff/rot;
Verfahren:
Druckverfahren;
Anwendung:
Farbe; Druckfarbe für Verpackungsmaterialien;

Eigenschaften:
- toxikologisch/ökotoxikologisch:
MAK Wert: vgl. Abschnitt III [481]

- physikalisch/chemisch:
Schmelzpunkt: 340 °C
Molmasse: 481 g/mol

Bemerkung:
Gehört zu der Pigmentklasse von Benzimidazolon;
Leicht löslich in einigen organischen Lösungsmitteln;
Nahezu beständig gegen übliche org. Lösemittel;
Lichtecht, sterilisierecht und hitzebeständig (bis 220 °C);

Pigment Rot 176 (C.I. 12515)

- CAS-Nummer:
12225-06-8
- gebräuchliche Namen:
C.I. 12515; Pigment Red 176; Benzimidazolon-Karminrot HF3C;
- Summenformel:
$C_{32}H_{24}N_6O_5$

- Strukturformel:

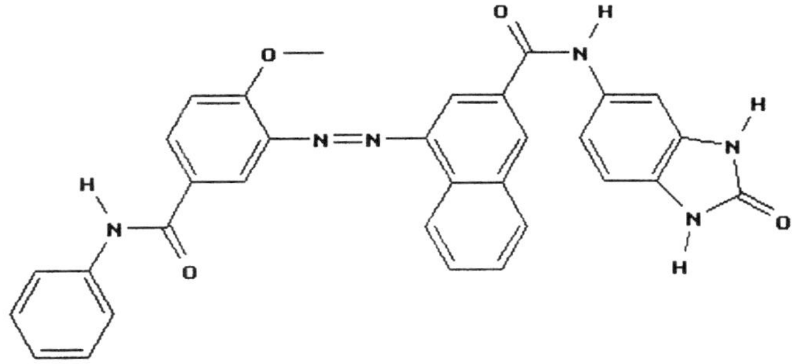

Funktion:
Pigment/Farbstoff/rot;
Verfahren:
Druckverfahren;
Anwendung:
Farbe; Druckfarbe für Verpackungsmaterialien;

Eigenschaften:
- toxikologisch/ökotoxikologisch:
MAK Wert: vgl. Abschnitt III [481]

- physikalisch/chemisch:
Schmelzpunkt: 345-355 °C
Molmasse: 573 g/mol

Bemerkung:
Gehört zu der Pigmentklasse von Benzimidazolon;
Leicht löslich in einigen organischen Lösungsmitteln;

Pigment Rot 177 (C.I. 65300)

- **CAS-Nummer:**
  4051-63-2
- **gebräuchliche Namen:**
  C.I. 65300; Pigment Red 177; Anthrachinon-Rot;
- **Handelsnamen:**
  Heuco Rot 317700;
- **Summenformel:**
  $C_{28}H_{16}N_2O_4$

Funktion:
Pigment/Farbstoff/rot;
Verfahren:
Druckverfahren;
Anwendung:
Farbe; Druckfarbe für Banknoten;

Eigenschaften:
- **toxikologisch/ökotoxikologisch:**
  WGK: 0
  MAK Wert: 6 mg/m3 (20 °C)
  Sonstiges:
  LD 50 (oral, Ratte): >15000 mg/kg [Sdb Fa. Heubach];

- **physikalisch/chemisch:**
  Schmelzpunkt: 350 °C
  Dichte: 1500 kg/m3 (20 °C)
  Molmasse: 444 g/mol

  Löslichkeit:
  unlöslich in Wasser [Sdb Fa. Heubach];

Bemerkung:
Rotes, geruchloses Pulver;
untere Explosionsgrenze: 22 g/cm3 [Sdb Fa. Heubach];
Gehört zu der Pigmentklasse von Anthrachinon;

Pigment Rot 178 (C.I. 71155)

- **CAS-Nummer:**
  3049-71-6
- **gebräuchliche Namen:**
  C.I. 71155; Pigment Red 178; Perylen-Rot;
- **Handelsnamen:**
  Euvinyl C Rot 36-8002; Lufilen Rot 36-8005; Paliogen Rot L 3910 HD; Rakusol Rot 39-1107; Sicolen Rot 39-1105;
- **Summenformel:**
  $C_{48}H_{26}N_6O_4$

- Strukturformel:

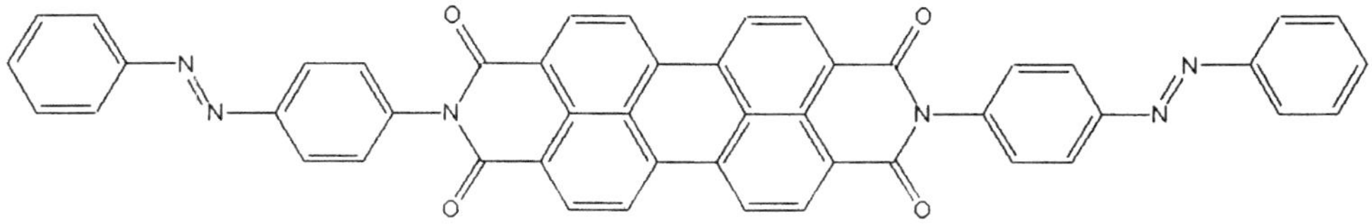

Funktion:
Pigment/Farbstoff/rot;
Verfahren:
Druckverfahren;
Anwendung:
Farbe; Lacke;

Eigenschaften:
- toxikologisch/ökotoxikologisch:
WGK: 0
Sonstiges:
LD 50 (oral, Ratte): >5000 mg/kg [Sdb BASF];

- physikalisch/chemisch:
Schmelzpunkt: >250 °C
Flammpunkt: >100 °C
Molmasse: 750 g/mol

Löslichkeit:
unlöslich in Wasser [Sdb BASF];

Bemerkung zu physikalisch/chemischen Daten:
Thermische Zersetzung: >350 °C [Sdb BASF];

Bemerkung:
Gehört zu der Pigmentklasse von Perylen;
Leicht löslich in einigen organischen Lösungsmitteln;

Pigment Rot 179 (C.I. 71130)

- CAS-Nummer:
5521-31-3
- gebräuchliche Namen:
C.I. 71130; Pigment Red 179; Perylen-Marron; Perylenmarron; Perylen;
- Handelsnamen:
Encelac Marron 4020; Euvinyl C Marron 40-2002; Palamid Bordo 39- 2005; Paliogen Rot L 3885; Paliogen Marron L 3920; Sicoflush P Rot 4120; Paliogen Rot L 4120;
- Summenformel:
$C_{26}H_{14}N_2O_4$

- Strukturformel:

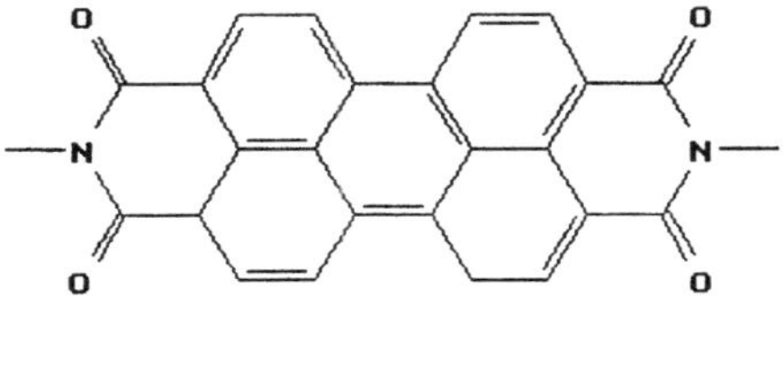

Funktion:
Pigment/Farbstoff/rot;
Verfahren:
Druckverfahren;
Anwendung:
Farbe;

Eigenschaften:
- toxikologisch/ökotoxikologisch:
WGK: 0
Sonstiges:
[Sdb BASF]:LD 50 (oral, Ratte): >2000 mg/kg;LC 50 (Leuciscus idus): >10000 mg/l/96 h;EC 10 (Bakterien): 1250 mg/l/0,5 h;EC 50 (Bakterien): 9500 mg/l/0,5 h;EC 90 (Bakterien): >10000 mg/l/0,5 h;

- physikalisch/chemisch:
Schmelzpunkt: >300 °C
Dichte: 1550 kg/m3 (20 °C)
Molmasse: 418 g/mol

Löslichkeit:
unlöslich in Wasser [Sdb BASF];

Bemerkung:
Rotes, geruchloses Pulver; staubexplosionsfähig [Sdb BASF];
Gehört zu der Pigmentklasse von Perylen;

Pigment Rot 184 (C.I. 12487)

- CAS-Nummer:
99402-80-9
- gebräuchliche Namen:
C.I. 12487; Pigment Red 184; Naphthol-Rubin F6B;
- Handelsnamen:
Enceprint Rubin 4610; Euviprint Rubin 4610;

Funktion:
Pigment/Farbstoff/rot;
Verfahren:
Druckverfahren;
Anwendung:
Farbe; Druckfarbe für Verpackungsmaterialien;

Eigenschaften:
- physikalisch/chemisch:
Schmelzpunkt: 320-330 °C
Molmasse: 575 g/mol

Bemerkung:
Gehört zu der Gruppe der Azopigmente (Naphthol-AS-Pigmente);
Leicht löslich in einigen organischen Lösungsmitteln;
Drucke sind beständig gegen Seife, Butter, Paraffin, Dibuthylphthalat und Toluol;
Lösemittelecht;
Verwendung in Buch-, Offset-, Verpackungstief- und Flexodruckfarben;

Pigment Rot 185 (C.I. 12516)

- CAS-Nummer:
619514-98-2
- gebräuchliche Namen:
C.I. 12516; Pigment Red 185;Benzimidazolon-Carminrot HF4C;
- Summenformel:
$C_{27}H_{24}N_6O_6S$

Funktion:
Pigment/Farbstoff/rot;
Verfahren:
Druckverfahren;
Anwendung:
Farbe; Druckfarbe;

Eigenschaften:
- toxikologisch/ökotoxikologisch:
MAK Wert: vgl. Abschnitt III [481]

- physikalisch/chemisch:
Schmelzpunkt: 335-345 °C
Molmasse: 560 °C

Bemerkung:
Gehört zu der Pigmentklasse von Benzimidazolon;
Leicht löslich in einigen organischen Lösungsmitteln;
Nahezu beständig gegen übliche Lösemittel;
Silberlackbeständig, sterilisierecht;
In allen Druckverfahren geeignet;

Pigment Rot 187 (C.I. 12486)

- CAS-Nummer:
59487-23-9
- gebräuchliche Namen:
C.I. 12486; Pigment Red 187; Naphtholrot HF4B;
- Summenformel:
$C_{34}H_{28}ClN_5O_7$

Funktion:
Pigment/Farbstoff/rot;
Verfahren:
Druckverfahren;
Anwendung:
Farbe; Druckfarbe für Verpackungsmaterialien;

Eigenschaften:
- physikalisch/chemisch:
Schmelzpunkt: 335 °C
Molmasse: 654 g/mol

Bemerkung:
Gehört zu der Pigmentklasse von Naphthol-AS;
Leicht löslich in einigen organischen Lösungsmitteln;
Für alle Druckverfahren geeignet;
Silberlackbeständig, sterilisierecht;

Pigment Rot 188 (C.I. 12467)

- CAS-Nummer:
61847-48-1
- gebräuchliche Namen:
C.I. 12467; Pigment Red 188; Naphtholrot HF3S;
- Summenformel:
$C_{33}H_{24}Cl_2N_4O_6$

Funktion:
Pigment/Farbstoff/rot;
Verfahren:
Druckverfahren;
Anwendung:
Farbe;

Eigenschaften:
- physikalisch/chemisch:
Schmelzpunkt: 320 °C
Molmasse: 642 g/mol

Bemerkung:
Gehört zu der Pigmentklasse von Naphthol-AS;
Leicht löslich in einigen organischen Lösungsmitteln;
Geringe Säure- und Alkaliresistenz;
Für alle Druckverfahren geeignet;
Drucke beständig gegen org. Lösemittel, Fette, Paraffin, Seife, Alkalien, Säuren, Silberlack, sterilisierecht;

Pigment Rot 190 (C.I. 71140)

- CAS-Nummer:
6424-77-7
- gebräuchliche Namen:
C.I. 71140; Pigment Red 190; Perylen-Scharlachrot;
- Summenformel:
$C_{38}H_{22}N_2O_6$

Funktion:
Pigment/Farbstoff/rot;
Verfahren:
Druckverfahren;
Anwendung:
Farbe;

Eigenschaften:
- physikalisch/chemisch:
Molmasse: 603 g/mol

Bemerkung:
Gehört zu der Pigmentklasse von Perylen;
Farbschwach;

Pigment Rot 200 (C.I. 15867)

- **CAS-Nummer:**
  58067-05-3
- **gebräuchliche Namen:**
  C.I. 15867; Pigment Red 200; Rubinrot (Calcium);
- **Summenformel:**
  $C_{19}H_{15}ClN_2O_6S * Ca$

Funktion:
Pigment/Farbstoff/rot;
Verfahren:
Druckverfahren;
Anwendung:
Farbe;

Eigenschaften:
- **physikalisch/chemisch:**
  Molmasse: 473 g/mol

Bemerkung:
Gehört zu der Pigmentklasse von BONS, Ca;
Geringe Alkali- und Säureresistenz;
Bevorzugter Einsatz in Offset- und Tiefdruckfarben;

Pigment Rot 207

- **CAS-Nummer:**
  1047-16-1
- **gebräuchliche Namen:**
  Pigment Red 207; Chinacridon-Scharlachrot; Pigment Violett 19 C.I. 73900; 5,12-Dihydroquino[2,3-b]acridin-7,14-dion; Pigment Orange 48; Pigment Rot 206; Pigment Red 206;
- **Summenformel:**
  $C_{20}H_{12}N_2O_2$ & $C_{20}H_{10}Cl_2N_2O_2$

- **Strukturformel:**

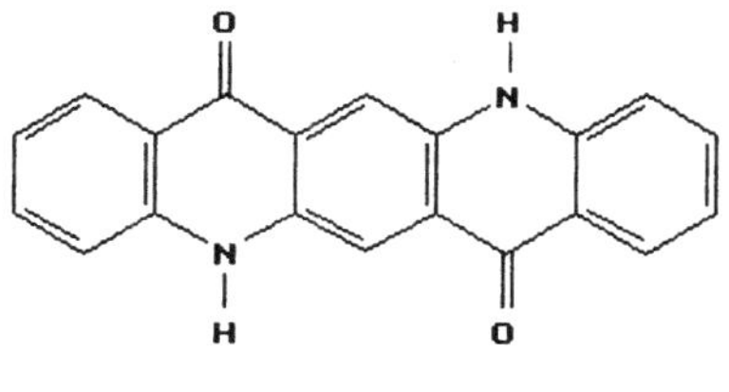

Funktion:
Pigment/Farbstoff/rot;
Verfahren:
Druckverfahren;
Anwendung:
Farbe;

Eigenschaften:
- **physikalisch/chemisch:**
  Molmasse: 312,33 g/mol

Bemerkung:
Gehört zu der Pigmentklasse von Chinacridon;
Beständig gegen org. Lösungsmittel;
Gemisch aus 5,12-Dihydro-chin[2,3-b]akridin-7,14-dion (CAS.-Nr. 1047-16-1) und aus 4,11-Dichloro-5,12-dihydrochin-[2,3-b]akridin-7,14-dion (CAS.-Nr. 3089-16-5);
Pigment Orange 48 ist ein Mischphasenpigment mit Pigment Violett 19;

Pigment Rot 208 (C.I. 12514)

- CAS-Nummer:
31778-10-6
- gebräuchliche Namen:
C.I. 12514; Pigment Red 208; Benzimidazolon-Rot HF2B;
- Summenformel:
$C_{29}H_{25}N_5O_5$

Funktion:
Pigment/Farbstoff/rot;
Verfahren:
Druckverfahren;
Anwendung:
Farbe;

Eigenschaften:
- toxikologisch/ökotoxikologisch:
MAK Wert: vgl. Abschnitt III [481]

- physikalisch/chemisch:
Schmelzpunkt: > 300 °C
Molmasse: 524 g/mol

Bemerkung:
Gehört zur Pigmentklasse von Benzimidazolon;
Leicht löslich in organischen Lösungsmitteln;
Lichtecht;
Drucke sind lösemittelbeständig, silberlack- und sterilisierecht;
Eignet sich sehr gut für Dekordruckfarben;

Pigment Rot 216 (C.I. 59710)

- CAS-Nummer:
1324-33-0
- gebräuchliche Namen:
C.I. 59710; Pigment Red 216; Pyranthron-Rot;
- Handelsnamen:
Paliogen Rot L 3530;
- Summenformel:
$C_{30}H_{11}Br_3O_2$

Funktion:
Pigment/Farbstoff/rot;
Verfahren:
Druckverfahren;
Anwendung:
Farbe;

Eigenschaften:
- physikalisch/chemisch:
Molmasse: 643 g/mol

Bemerkung:
Gehört zu der Pigmentklasse von Pyranthron;
Leicht löslich in einigen organischen Lösungsmitteln;

Pigment Rot 224 (C.I. 71127)

- CAS-Nummer:
128-69-8
- gebräuchliche Namen:
C.I. 71127; Pigment Red 224; Perylen-Rot; Perylo-[3,4-(d:9,10-c'd')]-dipyra-1,3,8,10-tetren;
- Handelsnamen:
Luconyl Rot 3550; Paliotol Rot L 3550 HD; Sicoflush P Rot 3550;
- Summenformel:
$C_{24}H_8O_6$

- Strukturformel:

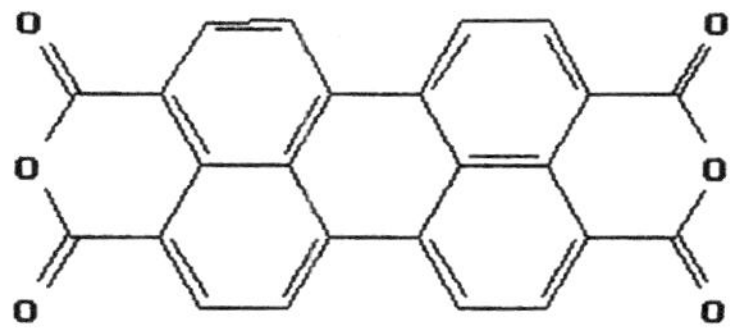

Funktion:
Pigment/Farbstoff/rot;
Verfahren:
Druckverfahren;
Anwendung:
Farbe;

Eigenschaften:
- physikalisch/chemisch:
Molmasse: 392 g/mol

Bemerkung:
Gehört zu der Pigmentklasse von Perylen;

Pigment Rot 226

- CAS-Nummer:
63589-04-8
- gebräuchliche Namen:
Pigment Red 226; Pyranthron-Rot Y; Dibrom-4,6-dichlorpyranthron;
- Summenformel:
$C_{30}H_{10}Br_2Cl_2O_2$

Funktion:
Pigment/Farbstoff/rot;
Verfahren:
Druckverfahren;

Anwendung:
Farbe;

Eigenschaften:
- physikalisch/chemisch:
Molmasse: 633 g/mol

Bemerkung:
Gehört zu der Pigmentklasse von Pyranthron;
Leicht löslich in einigen organischen Lösungsmitteln;
Lösemittel-, säure- und alkaliecht, hitzestabil (bis 200 °C);

Pigment Rot x (C.I. 16035:x)

- CAS-Nummer:
68583-95-9
- gebräuchliche Namen:
C.I. 16035:x; Pigment Red x; Aluminiumsalz; FD&C Rot Nr.40 Aluminium Farbpigment; Allura-Rot-Farbpigment;
- Summenformel:
$C_{18}H_{16}N_2O_8S_2$* x Al

Funktion:
Pigment/Farbstoff/rot;
Verfahren:
Druckverfahren;
Anwendung:
Farbe;

Eigenschaften:
- physikalisch/chemisch:
Molmasse: 1404 g/mol

Bemerkung:
Geringe Alkali- und Säureresistenz;

Pigment Schwarz 1 (C.I. 50440)

- CAS-Nummer:
13007-86-8
- gebräuchliche Namen:
C.I. 50440; Pigment Black 1; Anilin Schwarz; Anilinschwarz-Pigment;
- Handelsnamen:
Paliotol Schwarz D 0080; Paliotol Schwarz L 0080;

Funktion:
Pigment/Farbstoff/schwarz;
Verfahren:
Druckverfahren;
Anwendung:
Farbe;

Eigenschaften:
- toxikologisch/ökotoxikologisch:
WGK: 0
Sonstiges:
LD 50 (oral, Ratte): >6400 mg/kg [Sdb BASF];

- physikalisch/chemisch:

Bemerkung:
Schwarzes, geruchloses Pulver; staubexplosionsfähig [Sdb BASF];
Gehört zu der Pigmentklasse von Azin;

Pigment Schwarz 9 (C.I. 77267)

- CAS-Nummer:
8021-99-6
- gebräuchliche Namen:
C.I. 77267; Pigment Black 9; Knochenkohle; Tierkohle; Bein-Schwarz; Elfenbein-Schwarz; Knochen-Schwarz;
- Summenformel:
$C*xCaPO_4$

Funktion:
Pigment/Farbstoff/schwarz;
Verfahren:
Druckverfahren;
Anwendung:
Farbe;

Eigenschaften:
- toxikologisch/ökotoxikologisch:
S-Satz: -

- physikalisch/chemisch:

Bemerkung:
Kohlenstoff 12 - 20 %; CaPO4 72 - 84 %;

Pigment Schwarz 12 (C.I. 77543)

- CAS-Nummer:
68187-02-0
- gebräuchliche Namen:
C.I. 77543; Pigment Black 12; Eisen-Titan-Braun-Spinell;
- Summenformel:
Fe_2TiO_4

Funktion:
Pigment/Farbstoff/schwarz;
Verfahren:
Druckverfahren;
Anwendung:
Farbe;

Pigment Schwarz 26 (C.I. 77494)

- CAS-Nummer:
68186-94-7
- gebräuchliche Namen:
C.I. 77494; Pigment Black 26; Mangan-Ferrit-Schwarz-Spinell;
- Handelsnamen:
Eisenoxid Schwarz 0095; Bayferrox 645 T; Bayferrox 303 T;
- Summenformel:
$(Fe, Mn)(Fe, Mn)_2O_4$

Funktion:
Pigment/Farbstoff/schwarz;
Verfahren:
Druckverfahren;
Anwendung:
Farbe;

Eigenschaften:
- toxikologisch/ökotoxikologisch:
WGK: 0
MAK Wert: 1,5 mg Fe/m3 A (vgl. Abschnitt V f) und g) [481])
Sonstiges:
[Sdb BASF und Bayer]:LD 50 (oral, Ratte): >5000 mg/kgLC o (Fisch, Goldorfe): >1000 mg/l/48 hEC/LC o (Pseudomonas putida): >1000 mg/l

- physikalisch/chemisch:
Schmelzpunkt: >1000 °C
Dichte: ca. 4700 kg/m3 (20 °C)

Löslichkeit:
unlöslich in Wasser [Sdb BASF u. Bayer];

Bemerkung:
[Sdb Bayer u. BASF]:
Eisen-III-/Mangan-III-Mischphasen-Pigment (C.I. Pigment Black 26)
CAS-Nr. 12062-81-6;
Braunes bzw. schwarzes geruchloses Pulver;

Pigment Schwarz 28 (C.I. 77428)

- CAS-Nummer:
68186-91-4
- gebräuchliche Namen:
Kupfer-Chromit-Schwarz-Spinell;
- Handelsnamen:
Echtschwarz 100; C.I. 77428; Pigment Black 28; Heucodur 953
- Summenformel:
$CuCr_2O_4$

Funktion:
Pigment/Farbstoff/schwarz;
Verfahren:
Druckverfahren;
Anwendung:
Farbe;

Eigenschaften:
- toxikologisch/ökotoxikologisch:
WGK: 0
MAK Wert: 1 mg Cu/m3 E
Sonstiges:
Spitzenbegrenzung II,1 [481];[Sdb Bayer]:LD 50 (oral, Ratte): >10000 mg/kgLC 0 (Fisch, Goldorfe): 1000 mg/l

- physikalisch/chemisch:
Schmelzpunkt: >1000 °C
Dichte: 4900 kg/m3 (20 °C)

Löslichkeit:
unlöslich in Wasser [Sdb Bayer];

Bemerkung:
Schwarzes, geruchloses Pulver [Sdb Bayer];

Pigment Violett 1 (C.I. 45170:2)

- CAS-Nummer:
1326-03-0
- gebräuchliche Namen:
C.I. 45170:2; Pigment Violet 1; Rhodamin B (PTMA); Methylviolett (PMA);
- Handelsnamen:
Fanal Violett D 5480;

Funktion:
Pigment/Farbstoff/violett;
Verfahren:
Druckverfahren;
Anwendung:
Farbe; Druckfarbe;

Eigenschaften:
- physikalisch/chemisch:
Molmasse: 7361-8325 g/mol

Bemerkung:
Gehört zu der Gruppe der Triarylcarboniumpigmente ;

Pigment Violett 1:x (C.I. 45170:x)

- CAS-Nummer:
63022-09-3
- gebräuchliche Namen:
C.I. 45170:x; Pigment Violet 1:x; Rhodamin B (PMA);

Funktion:
Pigment/Farbstoff/violett;
Verfahren:
Druckverfahren;
Anwendung:
Farbe; Druckfarbe;

Eigenschaften:
- physikalisch/chemisch:
Molmasse: 4291-6306 g/mol

Bemerkung:
Geringe Alkaliresistenz;

Pigment Violett 2 (C.I. 45175:1)

- CAS-Nummer:
1326-04-1
- gebräuchliche Namen:
C.I. 45175:1; Pigment Violet 2;
- Handelsnamen:
Fanal Violett D 5460;

Funktion:
Pigment/Farbstoff/violett;
Verfahren:
Druckverfahren;

Eigenschaften:
- physikalisch/chemisch:

Bemerkung:
Gehört zu der Gruppe der Triarylcarboniumpigmente ;
Gehört zu der Pigmentklasse von Triarylcarbonium;
Sehr lichtecht, für Skalenfarben zu blaustichig, hochrein, farbstark und wird durch polare Lösemittel angegriffen;

Pigment Violett 3 (C.I. 42535:2)

- CAS-Nummer:
1325-82-2
- gebräuchliche Namen:
C.I. 42535:2; Pigment Violet 3; Methyl-Violett (PTMA);
- Handelsnamen:
Enceprint Violett 6071; Fanal Violett D 6060; Fanal Violett D 60 70; Imprimus Fanal Violett 60-QV-2396;

Funktion:
Pigment/Farbstoff/violett;
Verfahren:
Druckverfahren;
Anwendung:
Farbe; Druckfarbe;

Eigenschaften:
- physikalisch/chemisch:
Molmasse: 6850-7818 g/mol

Bemerkung:
Geringe Alkaliresistenz
Gehört zu der Pigmentklasse von Triphenylmethan;

Pigment Violett 3:3 (C.I. 42535:5)

- CAS-Nummer:
68308-41-8
- gebräuchliche Namen:
C.I. 42535:5; Pigment Violet 3:3; Fugitiv-Methyl-Violett (Tannat);

Funktion:
Pigment/Farbstoff/violett;
Verfahren:
Druckverfahren;
Anwendung:
Farbe;

Eigenschaften:
- physikalisch/chemisch:

Bemerkung:
Geringe Alkaliresistenz;

Pigment Violett 5:1 (C.I. 58055:1)

- CAS-Nummer:
1328-04-7
- gebräuchliche Namen:
C.I. 58055:1; Pigment Violet 5:1; Alizarin-Maroon (Aluminium);

Funktion:
Pigment/Farbstoff/violett;
Verfahren:
Druckverfahren;
Anwendung:
Farbe; Lacke;

Eigenschaften:
- physikalisch/chemisch:
Molmasse: 985 g/mol

Bemerkung:
Geringe Alkaliresistenz;

Pigment Violett 14 (C.I. 77360)

- CAS-Nummer:
13455-36-2
- gebräuchliche Namen:
C.I. 77360; Pigment Violet 14; Kobalt-Violett-Phosphat;
- Summenformel:
$Co * 2/3\ H_3O_4P$

Funktion:
Pigment/Farbstoff/violett;
Verfahren:
Druckverfahren;

Anwendung:
Farbe;

Eigenschaften:
- physikalisch/chemisch:
Molmasse: 367 g/mol

Pigment Violett 16 (C.I. 77742)

- CAS-Nummer:
10101-66-3
- gebräuchliche Namen:
C.I. 77742; Pigment Violet 16; Mangan-Violett;
- Handelsnamen:
Mangan Violett 5395;
- Summenformel:
$H_4O_7P_2 * H_3N * Mn$

Funktion:
Pigment/Farbstoff/violett;
Verfahren:
Druckverfahren;
Anwendung:
Farbe;

Eigenschaften:
- physikalisch/chemisch:
Molmasse: 247 g/mol

Bemerkung:
Geringe Alkaliresistenz;

Pigment Violett 23 (C.I. 51319)

- CAS-Nummer:
6358-30-1
- gebräuchliche Namen:
C.I. 51319; Pigment Violet 23; Dioxazin-Violett; Carbazol-Violett;
- Handelsnamen:
Euviprint Violett 5890; Lufilen Violett 58-9005; Palamid Violett 58-9005; Sicoflush P Violett 5890; Luconyl Violett 5894; Heuco Violet 402300;
- Summenformel:
$C_{34}H_{22}Cl_2N_4O_2$

- Strukturformel:

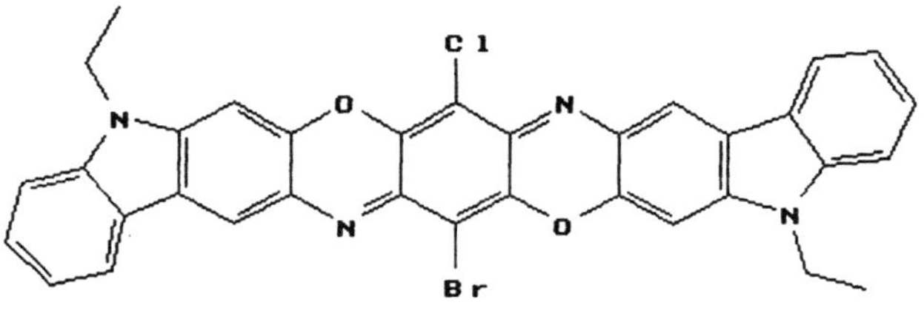

Funktion:
Pigment/Farbstoff/violett; Toner;
Verfahren:
Druckverfahren;
Anwendung:
Farbe; Tönung von weißen Pigmenten;

Eigenschaften:
- toxikologisch/ökotoxikologisch:
WGK: 0
MAK Wert: 6 mg/m3 A
Sonstiges:
LD 50 (oral, Ratte): >15000 mg/kg [Sdb Fa. Heubach];

- physikalisch/chemisch:
Schmelzpunkt: 430-455 °C
Dichte: 1500 mg/kg (20 °C)
Molmasse: 588 g/mol

Löslichkeit:
unlöslich in Wasser [Sdb Fa. Heubach];

Bemerkung:
Violettes, geruchloses Pulver [Sdb Fa. Heubach];
Gehört zu der Gruppe der polycyclischen Pigmente (Dioxazin-Pigment);
Gute Lösemittelbeständigkeit, gute Lichtechtheit;

Pigment Violett 27 (C.I. 42535:3)

- CAS-Nummer:
12237-62-6
- gebräuchliche Namen:
C.I. 42535:3; Pigment Violet 27; Crystal-Violett (CFA);
- Handelsnamen:
Basoflex Violett 6140; Fanal Violett D 6140;

Funktion:
Pigment/Farbstoff/violett;
Verfahren:
Druckverfahren/Tiefdruck;
Anwendung:
Farbe; Druckfarbe;

Eigenschaften:
- physikalisch/chemisch:
Molmasse: 991 g/mol

Bemerkung:
Gehört zu der Gruppe der Triarylcarboniumpigmente ;
Sehr farbstark, nicht sehr beständig gegen organische Lösemittel;
Einsatz im wässrigen Flexodruck und zum Nuancieren und Schönen von Schwarzfarben;
Geringe Alkaliresistenz;

Pigment Violett 32 (C.I. 12517)

- **CAS-Nummer:**
  12225-08-0
- **gebräuchliche Namen:**
  C.I. 12517; Pigment Violet 32; Benzimidazol-Bordeaux HF3R;
- **Summenformel:**
  $C_{27}H_{24}N_6O_7S$

- **Strukturformel:**

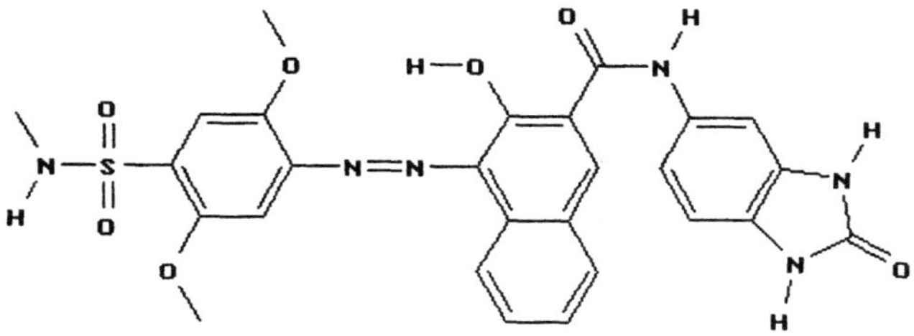

Funktion:
Pigment/Farbstoff/violett;
Verfahren:
Druckverfahren;
Anwendung:
Farbe; Druckfarbe für Verpackungsmaterialien;

Eigenschaften:
- **toxikologisch/ökotoxikologisch:**
  MAK Wert: vgl. Abschnitt III [481]

- **physikalisch/chemisch:**
  Schmelzpunkt: 348-353 °C
  Molmasse: 577 g/mol

Bemerkung:
Gehört zu der Gruppe der Azopigmente (Benzimidazolon-Pigment);
Leicht löslich in einigen organischen Lösungsmitteln;
Hohe Hitzebeständigkeit, lösemittelecht, beständig gegen Weichmacher und migrationsecht;

Pigment Violett 39 (C.I. 42555:2)

- **CAS-Nummer:**
  64070-98-0
- **gebräuchliche Namen:**
  C.I. 42555:2; Pigment Violet 39;

Funktion:
Pigment/Farbstoff/violett;
Verfahren:
Druckverfahren;

Eigenschaften:
- physikalisch/chemisch:

Bemerkung:
Gehört zu der Gruppe der Triarylcarboniumpigmente ;
Findet Verwendung in Schmuckfarben und Einsatz zum Nuancieren;

Pigment Violett 47 (C.I. 77363)

- CAS-Nummer:
68610-13-9
- gebräuchliche Namen:
C.I. 77363; Pigment Violet 47; Cobalt-Lithium-Violett-Phosphat;
- Summenformel:
$CoLiPO_4$

Funktion:
Pigment/Farbstoff/violett;
Verfahren:
Druckverfahren;
Anwendung:
Farbe;

Pigment Violett 48 (C.I. 77352)

- CAS-Nummer:
68608-93-5
- gebräuchliche Namen:
C.I. 77352; Pigment Violet 48; C.I. 77352; Cobalt-Magnesium-Rot-Blau-Borat;
- Summenformel:
$(Co,Mg)_2B_2O_5$

Funktion:
Pigment/Farbstoff/violett;
Verfahren:
Druckverfahren;
Anwendung:
Farbe;

Pigment Violett 49 (C.I. 77362)

- CAS-Nummer:
14590-13-7
- gebräuchliche Namen:
C.I. 77362; Pigment Violet 49; Phosphorsäure-Ammoniumcobaltsalz (1:1:1); Kobalt-Ammonium-Phosphat;
- Summenformel:
$CoH_3NH_3O_4P$

Funktion:
Pigment/Farbstoff/violett;
Verfahren:
Druckverfahren;
Anwendung:
Farbe;

Eigenschaften:
- toxikologisch/ökotoxikologisch:
MAK Wert: vgl. Abschnitt IV [481]
Sonstiges:
Gefahr der Sensibilisierung der Atemwege und der Haut [481];

- physikalisch/chemisch:
Molmasse: 174 g/mol

Bemerkung:
Geringe Säure- und Alkaliresistenz;

Pigment Weiß 5 (C.I. 77115)

- CAS-Nummer:
1345-05-7
- gebräuchliche Namen:
C.I. 77115; Pigment White 5; Lithopon;
- Summenformel:
$BaSO_4$* ZnS

Funktion:
Pigment/Farbstoff/weiß;
Verfahren:
Druckverfahren;
Anwendung:
Farbe;

Eigenschaften:
- toxikologisch/ökotoxikologisch:
Sonstiges:
Lokal schleimhautreizend, Dermatitis, Wirkung auf zentrales Nervensyst.schwächt Abwehr der Lunge gegen Entzündungen und Infektion;

- physikalisch/chemisch:
Molmasse: 331 g/mol

Bemerkung:
Gehört zu der Pigmentklasse von Lithopon;

Pigment Weiß 19 (C.I. 77004)

- CAS-Nummer:
8047-76-5
- gebräuchliche Namen:
C.I. 77004; Pigment White19; China-Ton; Kaolin-Ton; Bentonit; China clay;
- Summenformel:
$Al_2O_3 * SiO_2 * 2 H_2O$

Funktion:
1. Pigment/Farbstoff/weiß;
2. Füllstoff;

Verfahren:
Druckverfahren;

Anwendung:
1. Farbe

Eigenschaften:
- physikalisch/chemisch:
Schmelzpunkt: 1740-1785 °C
Molmasse: 258 g/mol

Bemerkung:
Gehört zu der Pigmentklasse von Bentonit;

Pigment Weiß 20 (C.I. 77019)

- CAS-Nummer:
12001-26-2
- gebräuchliche Namen:
C.I. 77019; Pigment White 20;
- Handelsnamen:
Abhrak; Davenite; C 1000; HX 610; Micatex; Micromia; P 80 P; Suzorite; Glimmer; Mika;
- Summenformel:
$3 Al_2O_3.K_2O.6 SiO_2.2 H_2O$

Funktion:
Pigment/Farbstoff/weiß;

Verfahren:
Druckverfahren;

Anwendung:
Farbe;

Eigenschaften:
- toxikologisch/ökotoxikologisch:
RTECS # VV 8760000
WGK: 0
Sonstiges:
zu Glimmer [Sdb Scherun]:Bei wiederholter, langandauernder Exposition in übermäßiger Staubbelastung kann eine liechte Pneumokoniose entstehen.

- physikalisch/chemisch:
Schmelzpunkt: 1315 °C
Dichte: 2600-3200 kg/m3
Molmasse: 796 g/mol

Löslichkeit:
unlöslich in Wasser [428];

Bemerkung:
Leicht graues, geruchloses Puder [428];

Pigment Weiß 26 (C.I. 77718)

- CAS-Nummer:
8005-37-6
- gebräuchliche Namen:
C.I. 77718; Pigment White 26; französicher Kalk; Talk;
- Summenformel:
$H_3Mg_3O_{12}Si_4$

Funktion:
1. Pigment/Farbstoff/weiß;
2. Füllstoff;
Verfahren:
Druckverfahren;
Anwendung:
1. Farbe; Druckfarbe;

Eigenschaften:
- toxikologisch/ökotoxikologisch:
RTECS # WW 2710000;

- physikalisch/chemisch:
Schmelzpunkt: > 900 °C
Dichte: 2700-2900 kg/m3 (20 °C)
Molmasse: 379,29 g/mol

Löslichkeit:
unlöslich in Wasser, Ethanol, Salzsäure;

Bemerkung:
siehe auch Talkum, CAS-Nr.: 14807-96-6
Verwendung: als Weißpigment für Straßenmarkierungen, Hausfarben, Druckfarben;

Pigment Weiß 32 (C.I. 77964)

- CAS-Nummer:
7779-90-0
- gebräuchliche Namen:
C.I. 77964; Pigment White 32; Zink-Phosphat; Zinkphosphat; Trizinkbis(orthophosphat);
- Handelsnamen:
Sicor ZNP/S; Zinkphosphat ZP 10; 317-Zink-Phosphat;
- Summenformel:
$Zn_3(PO_4)_2$

Funktion:
Pigment/Farbstoff/weiß;
Verfahren:
Druckverfahren;
Anwendung:
Farbe;

Eigenschaften:
- toxikologisch/ökotoxikologisch:
WGK: 0
MAK Wert: 6 mg/m3 A
Sonstiges:
LD 50 (oral, Ratte): >5000 mg/kg [Sdb BASF u. Fa. Heubach];

- physikalisch/chemisch:
Schmelzpunkt: 900 °C; 300 °C
Dichte: 3300-3400 kg/m3 (20 °C)
Molmasse: 392 g/mol

Löslichkeit:
unlöslich in Wasser [Sdb BASF]; Wasser <0,1 Gew.-% [Sdb Fa. Heubach];

Bemerkung:
Weißes geruchloses Pulver [Sdb BASF u. Fa. Heubach];
Bestandteil von Heucophos ZBZ, ZMP, ZPZ, ZPA, ZPO;

Polybutadien

- CAS-Nummer:
9003-17-2
- gebräuchliche Namen:
BR; Butadien-Kautschuk; cis-Polybutadien; 1,3-Polybutadien, Homopolymer; PBD;
- Handelsnamen:
Ameripol Synpol E-BR 8405; Ameripol Synpol E-BR 8407; Ameripol Synpol E-BR 8411; Ameripol Synpol E-BR 8418; Ameripol Synpol E-BR 8419; Bundene; Budene 1207; Budene 1208; Budene 1209; Budene 1254; Budene 1290; Budium-Rk-622; Buna CB; Buna CB HX; Cariflex BR 1202 B; Cariflex BR 1202 D; Cariflex BR 1202 E; Cariflex BR 1202 G; Cariflex BR 1202 M; Cariflex BR 1220; Cisdene 1203; CB-10; Diene 35AC; Diene 35NF; Diene 55AC; Diene 55NF; Dienite 556; FCR 126; HYSTL-B-1000; Lithene AH; Lithene AL; Nisso PB-B 4000; Quintol-B-1000; Solprene 200; Solprene 233; Solprene 233P; Solprene 225P; Taipol BR 015H; Taipol BR 0150; Taipol BR 0153; Taktene;
- Summenformel:
$(C_4H_6)_n$

- Strukturformel:

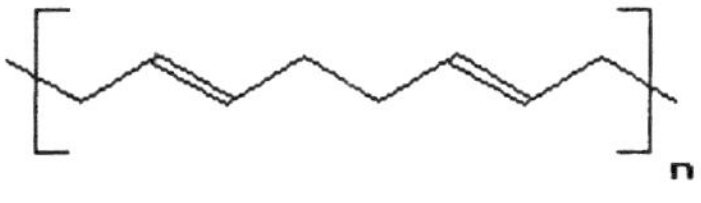

Funktion:
Bindemittel;
Verfahren:
Druckverfahren/Hochdruck;
Anwendung:
Druckformherstellung/Flexoplatten; Fotopolymerdruckplatten;

Eigenschaften:
- toxikologisch/ökotoxikologisch:
Sonstiges:
Keine toxischen Eigenschaften bekannt [187];siehe -> Buta-1,3-dien;

- physikalisch/chemisch:
Brechungsindex: 1,5178 (20 °C)
Dichte: 900 ± 30 kg/m3 (20 °C)

Verbleib nach Gebrauch:
Verbrennung nach Mischung mit brennbarem Lösemittel;

Polychlorethen

- CAS-Nummer:
9002-86-2
- gebräuchliche Namen:
Polyvinylchlorid; PVC; Chlorethen Homopolymer (9CI); Chloroethylen Polymer; Cinylchlorid Homopolymer; Vinylchlorid Polymer;
- Handelsnamen:
AL 30; AL 31; Armodour; ARON compound HW; Astralon; Atactic poly(vinyl chloride); Bakelite; Bakelite QSAH 7; Bakelite QYAC 10; Bakelite QYJV 1; Bakelite qyoh-1; Bakelite QYSL 7; Bakelite QYTO 7; Bakelite UCA 3310; Blacar 1716; Bolatron 6200; Boltaron; Bonloid; Breon; Breon 107; Breon 113; Breon 121; Breon 151; Breon 125/10; Breon 111EP; Breon 112EP; Breon P 130/1; Breon S 110/10; Breon S 125/12; C 65; Carina; Carina S 70-71; Chlorostop; Cobex (polymer); Contizell; Corvic; Corvic 55/9; Corvic 65/50; Corvic 20560600; Corvic 20650600; Corvic C 65/02; Corvic D 57/17; Corvic D 60/11; Corvic D 65/02; Corvic D 6518; Corvic D 75/10; Corvic H 55/34; Corvic P 65/50; Corvic P 65/54; Corvic P 65/55; Corvic R 65/81; Dacovin; Dacovin 2082; Danuvil 70; Darvic 110; Darvis clear 025; Decelith; Decelith H; Denka vinyl SS 80; Denka vinyl SS-Y; Diamond shamrock 40; Diamond shamrock 71; Diamond shamrock 7602; DN 4; DN 5; Dorlyl; Durofol P; Dynadur; E 62; E 66; Ekadur; Ekalit; Ekavyl SD 2; Ekavyl SDF 58; Ekavyl SK64; Ekavyl SK66; E 66P; 103EP8; E-Pvc; Escambia 2160; Escambia 2200; Europhan; Exon; Exon 605; Exon 654; Exon 965; Exon 9269; Exon 9290; FC 4648; Flocor; Gafcote; Genotherm; Genotherm N; GEON; GEON 51; GEON 59; GEON 72; GEON 101; GEON 103; GEON 121; GEON 124; GEON 126; GEON 128; GEON 131; GEON 151; GEON 85542; GEON 101EP; GEON 102EP; GEON 103EP; GEON 103EP8; GEON 103EPF7; GEON 135J; GEON 121L; GEON latex 151; GEON 110X233; GEON 120X241; Guttagena; Halvic 223; Halvic 229; HC 825; Hishirex 502; Hishirex 502Z; Hispavic 229; Hostalit; Hostalit E; Hostalit P 7078; Hostalit PVP 3475; Hostalit PVP 5470; Hostalit S; Hostalit S 4070; HX-M; Igelite F; Igelite P; Improved wilt pruf; Juvinil; Kanevinyl PSH 10; Kanevinyl PSL 81; Kanevinyl S 1001; Kanevinyl S 1007; Kaylite; KHS 010; KHSE 3; Klegecell; Kohiner R 687; Koroseal; KR 800; Kureha S 901; L 5; LAK KH SL; Lonza 380 ES; Lonza G; Lucoflex; Lucovyl BB 800; Lucovyl BB 8010; Lucovyl GB 1150; Lucovyl GB 9550; Lucovyl GS 1200; Lucovyl GS 8001; Lucovyl PB 1302; Lucovyl PE; Lucovyl PE 1100; Lucovyl PE 1290; Lucovyl PE 1311; Lucovyl PE 1355; Lucovyl RB 8010; Lutofan; Marvinal; Marvinol; Marvinol 14; Marvinol 53; Marvinol 57; Marvinol 7000; Marvinol VR 50; Marvinol VR 53; Mirrex MCFD 1025; Movinyl 100; Mowilith F; Myraform; NCI-C60797; Nika-Temp; Nikavinyl SG 700; Nipeon A 21; Nipol 576; Nipolit CM 081; Nipolite SL 081; Nipolit SK; Nipolit SK 081; Nipolit SM 092; Nipolit SV 13081; Norvinyl; Norvinyl P 2; Norvinyl P10; Norvinyl S 1-70; Norvinyl S 1-80; Norvinyl S 3-68; Novon 712; Ongrofol; Ongrovil S 165; Ongrovil S 470; Opalon; Opalon 410; Opalon 440; Opalon 610; Opalon 630; Opalon 650; Opalon 660; Opalon R 7611; Ortodur; Pantasote R 873; Parcloid; Pattina V 82; Pevikon D 61; Pevikon KL 2; Pevikon PE 709; Pevikon PE 712; Pevikon PS 690; Pevikon R 23; Pevikon R 25; Pevikon R 45; Pevikon R 341; Pevikon S 602; Pliovic; Pliovic D 100X; Pliovic DB 80V; Pliovic K 906; Pliovic K 90E; Pliovic S 50; POK 60; Polivinit; Polwinit; Poly(chloroethylene); Polyco 2622; Polytherm; Porodur; Prototype III soft; PVC; Pvkhl 4; Pvkhs 60; Pvkh-S 63ZH; QSAH 7; QSAN 7; Quirvil; Quirvil 278; QYSA; Ravinil R 100/65D; Ravinyl; Rucon B 20; Ryurene S 800B; S 61; S 65 (Polymer); S 70; S 901; SCON 5300; Sicron; Sicron 530; Sicron 540; Sicron 548; Sicron 548FM; SKHV 71; S-Lon; SM 200; Solvic; Solvic 223; Solvic 229; Solvic 239; Solvic 334; Solvic 340; Solvic 406; SP 60; SP 60 (Chlorocarbon); SR11; Sumikon; Sumilit EXA 13; Sumilit PX-A;

Sumilit PXA 13; Sumilit PX-N; Sumilit PXNH; Sumilit PX-NL; Sumilit S chi-D; Sumilit SX 11; Sumilit SX 13; Sumilit SX 7G; Sumilit VS 9200; Sumitomo PX 11; SV 55; SX 11; SX 7G; SX 8T; Takilon; Technopor; Tenneco 1742; TK 1000; Tocryl C 440; Trovidur; Trovidur N; Trovithern HTL; TS 1100; U 1; U 1 (Polymer); Ultron; Unichem; VA 15; VC 100; VC 410; Veron P 130/1; Vestolit; Vestolit B 7021; Vestolit GH; Vestolit S 60; Vestolit S 6554; Vestolit S 6857; Vestolit S 7054; Vestolit S 7554; Vestolit S 8054; Vinika KR 600; Vinika KR 800; Vinika 37M; Vinika 35R; Vinikulon; Viniplast; Viniplen P 73; Viniplen P 74; Viniplen P 73E; Viniplen P 73EM; Vinnol E 75; Vinnol H 100/65; Vinnol H 100/70; Vinnol H 60D; Vinnol H 70D; Vinnol H 100/70D; Vinnol H 75F; Vinnol P 70; Vinnol P 70E; Vinnol P 100/70E; Vinnol Y; Vinoflex; Vinoflex P 313; Vinylchlon 4000LL; Vinylite QYJV; Viplast RA/F; Volgovinyl E 62; Volgovinyl E 62P; Volgovinyl E 66P; VSKH-S; Vygen 85; Vygen 110; Vygen 120; Vygen 313; Vyram; Welvic G 2/5; Welvic Prio 953; Welvic Pro 686; Welvic R 7/622; Welvic RI 7/316; Welvic Rio 715; Wilt Pruf; Winidur; X-AB; Yugovinyl

- Summenformel:

$(C_2H_3Cl)_n$

- Strukturformel:

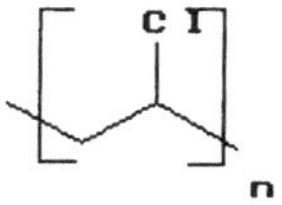

Funktion:

1.+ 2.Bindemittel;

Verfahren:

1.Druckverfahren/Hochdruck direkt/Flexodruck;
2.Druckformherstellung/Durchdruck;

Anwendung:

1.Flexodruckfarbe;
2.Siebdruckschablonen; Durchdruckfarben;

Eigenschaften:

- toxikologisch/ökotoxikologisch:

RTECS # KV 0350000
MAK Wert: 1,5 mg/m3 A
R-Satz: 36/37/38
S-Satz: 26-36
Sonstiges:
Karzinogen verdächtig [39], [187];Wirkt schädigend beim Einatmen, Verschlucken oder Aufnahme über Haut; verursacht Augen- und Hautreizungen; reizt Schleimhäute und Atemwege [187];(siehe auch -> Chlorethen (Vinylchlorid))

Gefahren-Symbol:

- physikalisch/chemisch:

Schmelzpunkt: 40-60 °C
Brechungsindex: 1,54 (20 °C)
Dichte: ca. 1300 kg/m3 (20 °C); 1406 kg/m3 (20 °C)

Löslichkeit:
löslich in Tetrahydrofuran, Dioxan, Cyclohexanon, o-Dichlorbenzen (für M = bis 30000 g/mol); beständig gegen Alkohole, Glykolether, Ester, Benzin, aromatische Kohlenwasserstoffe;

Bemerkung:
Weißer bis schwach gelblicher synthetischer Thermoplast; geschmack- und geruchlos; schwer entflammbar; Zusatz von Stabilisatoren notwendig, um eine Entfärbung hervorgerufen durch Licht oder Hitze zu vermeiden;
Verwendung: Rohrmaterial, Verpackungsmaterial in der Lebensmittelindustrie; Herstellung von Schläuchen, Möbelbelägen, Folien, Fußbodenbelägen; Gummiersatz; nicht-entflammbare Polstermöbel; in Regenmänteln; Dichtungsringe; Schuhsohlen; Kabelumspinnung;

Polyethansäureethenylester

- CAS-Nummer:
9003-20-7
- gebräuchliche Namen:
Polyvinylacetat
- Handelsnamen:
Appretan; Gelva; Mowicoll; Mowilith; Resonyl; Vinavil; Vinnapas;
- Summenformel:
$[-CH_2CH(O_2CCH_3)-]_n$

Funktion:
1.Bindemittel;
2.Emulsionsbestandteil von Fotofilmen (Direktemulsion);Farbenbindemittel;
Verfahren:
1.Druckverfahren/Hochdruck direkt/Flexodruck;
2.Druckverfahren/Durchdruck direkt/Siebdruck;
Anwendung:
1.Fotopolymerplatten; Flexodruckfarben;
2.Druckformherstellung/Siebdruckschablonen;

Eigenschaften:
- toxikologisch/ökotoxikologisch:
RTECS # AK 0920000
Sonstiges:
Kann schädigend wirken beim Einatmen, Verschlucken oder Aufnahme über Haut; kann Augen- und Hautreizungen verursachen [187];

- physikalisch/chemisch:
Schmelzpunkt: 40-180 °C
Dichte: 1160-1180 kg/m3 (20 °C)
Molmasse: bis 400000 g/mol

Löslichkeit:
unlöslich in Wasser, Benzin; leicht löslich in Ethanol, Chlorkohlenwasserstoffen

Verbleib nach Gebrauch:
Verbrennung nach Mischung mit brennbarem Lösemittel;

Bemerkung:
Glasklarer, spröder, licht- und wärmebeständiger Thermoplast;
Verwendung: Schmelzkleber, Lackrohstoff für Spritz- und Tauchlacke, Emulsionsanstrichfarben

Polyethenylmethylether

- CAS-Nummer:
9003-09-2
- gebräuchliche Namen:
PVM; Polyvinylmethylether; Polymethylvinylether; Polyvinylalkylether;
- Summenformel:
$(C_3H_6O)_n$

- Strukturformel:

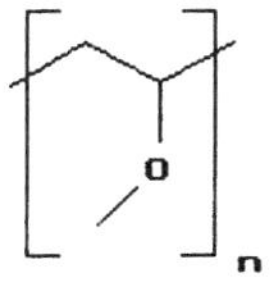

Funktion:
Additiv/Weichmacher;
Verfahren:
Druckverfahren;

Eigenschaften:
- toxikologisch/ökotoxikologisch:

Gefahren-Symbol:

- physikalisch/chemisch:
Flammpunkt: 4 °C*
Brechungsindex: 1,4670 (20 °C)
Dichte: 1030 kg/m3
Molmasse: (58,08 g/mol) * n

Löslichkeit:
löslich in vielen organischen Lösungsmitteln, unterhalb 30 ° auch in Wasser [573];

Bemerkung zu physikalisch/chemischen Daten:
*: Lösung in Toluol;

Verbleib nach Gebrauch:
Verbrennung nach Mischung mit brennbarem Lösemittel;

Bemerkung:
Farblose, viskose Flüssigkeit [187];
[573]:
Hat in Abhängigkeit vom Alkyl-Rest und der Molmasse flüssige bis feste, wachsartige Konsistenz; mit mittleren Molmassen gute Haftung an unterschiedlichen Substraten.
Verwendung: u.a. als wiederbefeuchtbare Papierklebstoffe; als Komponente (Tackifier) für andere Klebstoffe; niedrigmol Polyethenylmethylether können auch als Weichmacher für Beschichtungsmaterialien, Cellulosenitrate oder Lacke auf Basis natürlicher Harze eingesetzt werden.

Polyethylen

- **CAS-Nummer:**
  9002-88-4
- **gebräuchliche Namen:**
  PE; PE hart; HDPE; Polyethylenwachs; Polyethylenwachs, modifiziert; Kohlenwasserstoffwachs; Ethenpolymer
- **Handelsnamen:**
  2100 GP; 23F203; 6020P; A 60-20R; A 60-70R; AC 1220; AC 394; AC 680; AC 8; AC 8 (Polymer); AC GA; ACP 6; Acroart; Agerite Gel (25 %); Agilene; Alathon; Alathon 14; Alathon 15; Alathon 1560; Alathon 5B; Alathon 6600; Alathon 7026; Alathon 7040; Alathon 7050; Alathon 7140; Alathon 71XHN; Alathon 7511; Alathone; Alcowax 6; Aldyl A; Alithon 7050; Alkathene; Alkathene 17/04/00; Alkathene 200; Alkathene 22 300; Alkathene ARN 60; Alkathene WJG 11; Alkathene WNG 14; Alkathene XDG 33; Alkathene XJK 25; Allied PE 617; Alphex FIT 221; Ambythene; Ameripol; Amoco 610A4; Antilux; Antilux 540; Antilux 600; Antilux 654; Antilux AO; Antilux AOL; Antilux L; Bakelite DFD 330; Bakelite DHDA 4080; Bakelite DYNH; Bareco polywax 2000; Bareco wax C 7500; Bexthene; Bicolene C; BPE-I; Bralen KB 2-11; Bralen RB 03-23; Bulen A; Bulen A 30; Carlona 18020 FA; Carlona 58-030; Carlona 900; Carlona PXB; Ceridust 3615; Ceridust 3620; Ceridust 3715; Ceridust 9610 F; Ceridust 9612 A; Ceridust 9615 A; Ceridust 9630 F; Chemcor; Chemplex 3006; CIPE; COATHYLENE; Coathylene HA 1671; Courlene-X3; CPE; CPE 16; CPE 25; Cry-o-vac L; Cryopolythene; Daisolac; Daplen; Daplen 1810 H; DFD 0173; DFD 0188; DFD 2005; DFD 6005; DFD 6032; DFD 6040; DFDJ 5505; DGNB 3825; Diothene; Dixopak; DMDJ 4309; DMDJ 5140; DMDJ 7008; Dowlex film; DQDA 1868; DQWA 0355; DXM 100; Dyall; Dylan; Dylan super; Dylan WPD 205; DYNH; DYNK 2; Ecepolen; Eltex; Eltex 6037; Eltex A 1050; Epolene C; Epolene C 10; Epolene C 11; Epolene E; Epolene E 10; Epolene E 12; Epolene N; Etherin; Etherol E; Fabritone PE; FB 217; Fertene; Flamolin MF 15711; Flothene; FM 510; Fortiflex 6015; Fortiflex A 60/500; FP 4; G-Resins; Grex; Grex PP 60-002; Grisolen; HA 1591; HA 1681; HA 1681-Z; HA 1684; HA 1931; HA 2454; HA 2477; HA 2578; HA 3545; HD 1591; HD 1681; Heliozone; HFDB 4201; HI-Fax; HI-Fax 1900; HI-Fax 4401; HI-Fax 4601; Hizex; Hizex 1091J; Hizex 1291J; Hizex 1300J; Hizex 2100J; Hizex 2100LP; Hizex 2200J; Hizex 3000B; Hizex 3000S; Hizex 3300F; Hizex 3300S; Hizex 5000; Hizex 5000S; Hizex 5100; Hizex 5100LP; Hizex 6100P; Hizex 7000F; Hizex 7300F; Hoechst PA 190; Hoechst Wax PA 520; Hoechst-Wachs PE 130 Pulver; Hoechst-Wachs PE 520 Feinkorn; Hoechst-Wachs PE 520 Pulver; Hostalen; Hostalen GD 620; Hostalen GD 6250; Hostalen GF 4760; Hostalen GF 5750; Hostalen GM 5010; Hostalen GUR; Hostalen HDPE; HX 1681; HX 2578; Interflo; Irax; Irrathene R; Lacqten 1020; LD 400; LD 600; LDPE 4; Lupolen ; Lupolen 1010H; Lupolen 1800H; Lupolen 1800S; Lupolen 1810H; Lupolen 4261A; Lupolen 6011H; Lupolen 6011L; Lupolen 6042D; Lupolen KR 1032; Lupolen KR 1051; Lupolen KR 1257; Lupolen L 6041D; Lupolen N; Manolène; Manolene 6050; Marlex 50; Marlex 60; Marlex 6003; Marlex 6009; Marlex 6015; Marlex 6050; Marlex 6060; Marlex 9; Marlex 960; Marlex EHM 6001; Marlex M 309; Marlex TR 704; Marlex TR 880; Marlex TR 885; Marlex TR 906; Mecrothene F; Microthene; Microthene 510; Microthene 704; Microthene 710; Microthene FN 500; Microthene FN 510; Microthene MN 754-18; Mikrolour; Mirason 16; Mirason 9; Mirason M 15; Mirason M 50; Mirason M 68; Mirason Neo 23H; Mirathen; Mirathen; Mirathen 1313; Mirathen 1350; Moplen RO-QG 6015; Neopolen; Neopolen 30N; Neozex 4010B; Neozex 45150; Nopol (polymer); Novatec JUO 80; Novatec JVO 80; NVC 9025; Okiten G 23; Orizon; Orizon 805; Ozonschutzwachs 110; Ozonschutzwachs 111; P 2010B; P 2020T; P 2050T; P 2070P; P 4007EU; P 4007T; P 4070L; PA 130; PA 190; PA 520; PA 560; PAD 522; PE 512; PE 617; PEN 100; PEP 211; PES 100; PES 200; Petrothene; Petrothene LB 861; Petrothene LC 731; Petrothene LC 941; Petrothene NA 219; Petrothene NA 227; Petrothene XL 6301; Planium; Plaskon PP 60-002; Plastazote X 1016; Plastin; Plastronga; Plastylene MA 2003; Plastylene MA 7007; Politen; Politen I 020; Poly-Em 12; Poly-Em 40; Poly-Em 41; Polyethylene AS; Polyethylene resins; Polymist A12; Polymul CS 81; Polysion N 22; Polythene; Polywax 1000; Porolen; PPE 2; Procene UF 1.5; Profax A 60-008; PTS 2; PVP 8T; PY 100; RCH 1000; Repoc; Rigidex; Rigidex 35; Rigidex 50; Rigidex Type 2; Ropol; Ropothene OB.03-110; Sanwax 161P; Sclair 11K; Sclair 19A; Sclair 19X6; Sclair 2911; Sclair 59; Sclair 59C; Sclair 79D; Sclair 96A; SDP 640; Sholex 4250HM; Sholex 5003; Sholex 5100; Sholex 6000; Sholex 6002; Sholex F 171; Sholex F 6050C; Sholex F 6080C; Sholex L 131; Sholex S 6008; Sholex super; Sholex XMO 314; Socarex; SRM 1475; SRM 1476; Staflen E 650; Stamylan 1000; Stamylan 1700; Stamylan 8200; Stamylan 8400; Stamylan 900; Sumikathene; Sumikathene F 101-1; Sumikathene F 210-3; Sumikathene F 702; Sumikathene G 201; Sumikathene G 202;

Sumikathene G 701; Sumikathene G 801; Sumikathene G 806; Sumikathene hard 2052; Sunwax 151; Super dylan; Supraflex; Suprathen; Suprathen C 100; Takathene; Takathene P 12; Takathene P 3; Telcotene; Telecothene; Tenaplas; Tenite 1811; Tenite 2910; Tenite 2918; Tenite 3300; Tenite 3340; Tenite 800; Trolen; Trovidur PE; Tyrin; Tyvek; Unifos DYOB S; Unifos EFD 0118; Valeron; Valspex 155-53; Velustral KPA; Vestolen; Vestolen A 616; Wax LE; WAX LE; WJG 11; WNF 15; WVG 23; XL 1246; XL 335-1; XNM 68; XO 440; Yukalon EH 30; Yukalon HE 60; Yukalon K 3212; Yukalon LK 30; Yukalon MS 30; Yukalon PS 30; Yukalon YK 30; ZF 36; Zinpol;

- Summenformel:
$(C_2H_4)_n$

- Strukturformel:

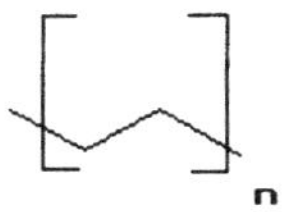

Funktion:
1.Additiv/Weichmacher; Bindemittel;
2.Wachs;

Verfahren:
1.Druckverfahren/Flachdruck;
2.Druckverfahren/Durchdruck;

Anwendung:
1.Druckfarbe;
2.Durchdruckfarben;

Eigenschaften:

- toxikologisch/ökotoxikologisch:
RTECS # KX 3270000
Sonstiges:
Wirkt schädigend beim Einatmen oder Verschlucken; kann Augen- und Hautreizungen verursachen [187];Karzinogen verdächtig [187];Coathylene-Pulver sind physiologisch unbedenklich [546,547];LC 50 (inhalativ, Maus): 12000 mg/m3/30 min [428];zu Ceridust und Hoechst-Wachs [546,547]:LD 50 (oral, Ratte): >15000 mg/kgWGK: 0;

- physikalisch/chemisch:
Schmelzpunkt: 130-145 °C
Dichte: 915 kg/m3

Löslichkeit:
beständig gegen Alkohole, Glycolether, Benzen, Benzin, chlorierte Kohlenwasserstoffe;

Bemerkung zu physikalisch/chemischen Daten:
Schmelzbereich: 100-140 °C; Flammpunkt: 350 °C;
Dichte: 900-1000 kg/m3 (20 °C); Thermische Zersetzung am 250 °C [547];

zu Hoechst-Wachs PE 520 Feinkorn; Hoechst-Wachs PE 520 Pulver:
Flammpunkt: ca. 260 °C;
Dichte: ca. 920-940 kg/m3 (20 °C);

zu Hoechst-Wachs PE 130 Pulver; Ceridust 3620:
Flammpunkt: ca. 260 °C;
Dichte: ca. 950-970 kg/m3 (20 °C);

zu Ceridust 9615 A; Ceridust 9612 A:
Flammpunkt: ca. 260 °C;
Dichte: ca. 970-1000 kg/m3 (20 °C);

zu Ceridust 3615:
Flammpunkt: ca. 260 °C;
Dichte: ca. 960-980 kg/m3 (20 °C);

zu Ceridust 3715:
Flammpunkt: ca. 220 °C;
Dichte: ca. 960-980 kg/m3 (20 °C);

zu Ceridust 9630 F:
Flammpunkt: ca. 280 °C;
Dichte: ca. 1150 kg/m3 (20 °C);

Verbleib nach Gebrauch:
Verbrennung nach Mischung mit brennbarem Lösemittel;

Bemerkung:
Farbloses Pulver, geruchlos; (alte CAS-Nr.: 86089-97-6 [428]);
Entstehung zündfähiger Staub-Luft-Gemische bei der Verarbeitung durch Staubentwicklung ist möglich [546,547]; Sauerstoffkonzentration 9 Vol.-%; Zündtemperatur: 410 °C;
Je nach Art des Polymerisationsverfahrens als festes Produkt, hochwertiges Schmieröl oder wachsartiger Stoff; Reagiert bei Kontakt mit starken Oxidationsmitteln. Bei unvollständiger Verbrennung entsteht Kohlenmonoxid.

Enthalten in Ultralube W-814 (30-40%), W-814 SF (30-40%), W-815 E (5-15%);

Polyethylenglycoldistearat

- CAS-Nummer:
9005-08-7
- gebräuchliche Namen:
Poly(ethylenglycol-400)distearat
- Handelsnamen:
Emerest 2642; Lipal 15-DS; Nonex 80; Stabogel;

Eigenschaften:
- toxikologisch/ökotoxikologisch:
RTECS # TQ 4375000;
Sonstiges:
LD 50 (intravenös, Maus): 365 mg/kg

- physikalisch/chemisch:
Schmelzpunkt: 35-37 °C
Flammpunkt: > 112,7 °C

Polyethylen-glykol-600-di-benzoat

- CAS-Nummer:
9004-86-8
- gebräuchliche Namen:
Benzoesäurediester mit Polyethylen-glykol 600;
- Handelsnamen:
Benzoflex P-600;

Funktion:
Additiv/Weichmacher;
Verfahren:
Druckverfahren;
Anwendung:
Farbe;

Eigenschaften:
- physikalisch/chemisch:
Schmelzpunkt: 4 °C
Flammpunkt: 264 °C
Dichte: 1141 kg/m3 (25°C)
Molmasse: 808 g/mol

Polyethylen-glykol-200-di-(2-ethylhexoat)

- CAS-Nummer:
18268-70-7
- gebräuchliche Namen:
Tetraethylenglykol-di-(2-ethylhexoat); Polyethylenglycol-200-di-(2-ethylhexoat);
- Handelsnamen:
Flexol 4GO;
- Summenformel:
$C_{26}H_{50}O_8$

Funktion:
Additv/Weichmacher;
Verfahren:
Druckverfahren;
Anwendung:
Farbe;

Eigenschaften:
- physikalisch/chemisch:
Schmelzpunkt: -55 °C
Siedepunkt: 218 °C
Flammpunkt: 202 °C
Dichte: 989 kg/m3 (25°C)
Molmasse: 447 g/mol

Löslichkeit:
< 0,01 g/100 ml Wasser

Polyethylen-glykol-400-mono-laurat

- CAS-Nummer:
9004-81-3
- gebräuchliche Namen:
Laurinsäureester mit Polyethylen L-9;
- Handelsnamen:
Pegosperse L-9;

Funktion:
Additiv/Weichmacher;
Verfahren:
Druckverfahren;
Anwendung:
Farbe;

Eigenschaften:

- physikalisch/chemisch:
Schmelzpunkt: 4 °C
Flammpunkt: 252 °C
Dichte: 1030 kg/m3 (25°C) M= 590 g/mol

Poly-N-vinylcarbazol

- CAS-Nummer:
25067-59-8
- gebräuchliche Namen:
Poly-(9-vinylcarbazol);

Funktion:
Fotoleiter;
Additiv/Sensibilisator;
Verfahren:
1.Reprofotografie;
2.Kopierverfahren
Anwendung:
Bestandteil der Trommelbeschichtung;
z.B. in Laserdruckern und Bürokopierern;

Eigenschaften:
- toxikologisch/ökotoxikologisch:
R-Satz: -
S-Satz: -
Sonstiges:
Augen- und hautreizend;Keine toxikologischen Eigenschaften bekannt [187];

- physikalisch/chemisch:
Dichte: 1200 kg/m3 (20 °C)

Verbleib nach Gebrauch:
Verbrennung nach Mischung mit brennbarem Lösemittel;

Bemerkung:
Hellgelbe Kristalle;
Die Substanz ist Bestandteil eines Donator/Akzeptor-Komplexes;

Polyphenylethen

- **CAS-Nummer:**
  9003-53-6
- **gebräuchliche Namen:**
  Polystyrol; Polyvinylbenzol; Polyphenylethylen; PS; SB
- **Handelsnamen:**
  Afcolène; Bextrene; Dyrene; Frigolit; Fostarene; Laqrene; Lustrex; Styrolan; Styropor; Styron; Trycite
- **Summenformel:**
  $(C_{23}H_{22})_n$

- **Strukturformel:**

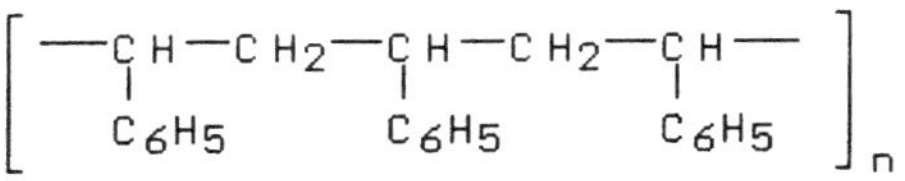

Funktion:
Bindemittel;

Verfahren:
Kopierverfahren/elektron.Verfahren indirekt/Elektrofotografie;
Druckformherstellung/Hochdruck/Flexodruck;
Druckformherstellung/Reproduktionsfotografie;

Anwendung:
Toner; Fotopolymerplatten;

Eigenschaften:
- **toxikologisch/ökotoxikologisch:**
  RTECS # WL 6475000
  Sonstiges:
  Kann schädigend wirken beim Einatmen, Verschlucken oder Aufnahme über die Haut; kann Augen- und Hautreizungen verursachen [187];Im Tierversuch krebserzeugend [40];(siehe auch -> Phenylethen (Styrol))

- **physikalisch/chemisch:**
  Schmelzpunkt: 75-100 °C
  Dichte: 1040-1065 kg/m3 (20 °C)
  Molmasse: 200000-800000 g/mol

  Löslichkeit:
  beständig gegen Säuren, Laugen, polare Lösemittel

Verbleib nach Gebrauch:
Verbrennung nach Mischung mit brennbarem Lösemittel;

Bemerkung:
Farblose, glasklare Thermoplaste;
Schlagfestes Polyphenylethen: Phenylethen-Butadien-Mischpolymerisat;
Weist schlechte Wasserdampf- und Gasbarriere-Eigenschaften auf; Polyphenylethen ist für Lebensmittelverpackungen nicht in allen Fällen geeignet, da geringe Mengen des Monomers (-> Phenylethen) sich nicht vollständig entfernen lassen, wodurch Geschmacksveränderungen hervorgerufen werden können (siehe -> Phenylethen);
Verwendung: Herstellung von Gebrauchsgegenständen, Folien für Kabelumhüllungen, Emulsionen für Innenanstriche, Verpackungsmaterial;

Poly-(1,2-propandiol)

- CAS-Nummer:
25322-69-4
- gebräuchliche Namen:
Polypropylenglykol; Polypropylenoxid; PPG; Polypropylenglycol; Poly(propan-1,2-diol); α-Hydro-w-hydroxypoly[oxy(methyl-1,2-ethandiyl)];
- Handelsnamen:
Lubrimet P600; Lubrimet P900; Pluracol P410; Pluracol P1010; Pluracol P2010; Pluracol P4010; Pluriol P600; Pluriol P2000; Polyglycol P425; Polyglycol P1200; Polyglycol P2000; Polyglycol P4000: Polyglycol P-400 E; Polyglycol P-1200 E;
- Summenformel:
$H(C_3H_6O)_nOH$ n=3-70

- Strukturformel:

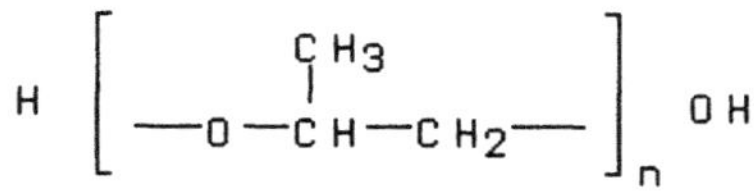

Verfahren:
Druckverfahren/Hochdruck;
Anwendung:
Druckformherstellung/Flexoplatten;

Eigenschaften:
- toxikologisch/ökotoxikologisch:
RTECS # TR 5600000
WGK: 0
R-Satz: 22
S-Satz: 46
Sonstiges:
Kann schädigend wirken beim Einatmen, Verschlucken oder Kontakt mit der Haut; kann Augen- und Hautreizungen verursachen [187];LD 50 (oral, Ratte): 2410 mg/kg [187], 4190 mg/kg [428];LD 50 (oral, männliche Ratte): 300-1551 mg/kg [Sdb Dow];LD 50 (oral, weibliche Ratte): 500-2101 mg/kg [Sdb Dow];LD 50 (Haut, Kaninchen): 20 g/kg [187]; >10000 mg/kg [Sdb Dow]Versehentliches Verschlucken kleiner Mengen verursacht üblicherweise keine gesundheitlichen Beeinträchtigungen; das Verschlucken darüber hinausgehender Mengen kann jedoch dazu führen. Beobachtungen an Tieren zeigten Wirkungen auf das Zentralnervensystem, Zittern, Zuckungen/Krämpfe und unregelmäßigen Herzschlag. Hautresorption in gesundheitsschädlichen Mengen ist bei einer einmaligen, längeren Exposition unwahrscheinlich. Kann geringfügige, vorübergehende Augenreizung verursachen. Eine Hornhautverletzung ist unwahrscheinlich. Dämpfe oder Nebel können Augenreizung hervorrufen. Bei Verarbeitung unter hohen Temperaturen können Dampfkonzentrationen entstehen, die Reizungen und andere Wirkungen beim Einatmen verursachen können.Aufgrund der Beurteilung vorhandener Daten sollten wiederholte Expositionen zu keinen weiteren nennenswerten nachteiligen Wirkungen führen.;LC 50 (Fettkopfbrasse): >100 mg/l;Das Material ist nicht schädlich für Wasserorganismen;der biologische Abbaugrad unter aeroben Bedingungen liegt unterhalb der Nachweisbarkeitsgrenze. Giftklasse: 5S [Sdb DOW Deutschl. Inc.]

Gefahren-Symbol:

- **physikalisch/chemisch:**
  Siedepunkt: zersetzt sich vor dem Sieden
  Flammpunkt: >100 °C
  Dampfdruck: < 0,013 hPa (20 °C) [187]; <1 hPa [Sdb DOW]
  Brechungsindex: 1,447 (20 °C)
  Dichte: ca. 1000 kg/m3 (20 °C)
  Molmasse: 200 - 4000 (techn. Gemische mit durchschnittlicher Molmasse)

  Löslichkeit:
  in (g/100g Wasser, 20°C): PPG 425: unbegrenzt löslich; PPG 1025: 1,5; PPG 2025: 0,15; [480]

  Bemerkung zu physikalisch/chemischen Daten:
  Stockpunkt: <0 °C;

Verbleib nach Gebrauch:
Verbrennung nach Mischung mit brennbarem Lösemittel;

Bemerkung:
Farblose viskose Flüssigkeit;
Unverträglich mit starken Oxidationsmitteln; Zersetzung beim Erhitzen ab 100°C, in Gegenwart von Antioxidantien ab 200°C (Dabei wird kein Propylenoxid gebildet);
Niedermolekulare Form ist mit Wasser mischbar, während die höhermolekularen Polymere kaum löslich sind; Poly-(1,2-propandiol) entsteht durch Polyaddition von Propylenoxid an Wasser bzw. 1,2-Propandiol, demnach ist Substanz ein Glykolether;

Verwendung: Wie andere Polyole zur Herstellung von Polyurethanen sowie nichtionischen Wasch- und Reinigungsmitteln, Kunstharzen, Gefrierschutzmitteln, Flotationsmitteln, als Antischaummittel, Weichmacher, Schmiermittel; in kosm. Präparaten (PPG mit einer Molmasse >1200); Additiv für Kühlschmierstoffe in der Metallbearbeitung; Hilfsstoff in der Gummi- und Farbenindustrie; Ausgangsstoff für die Synthese von Urethanschäumen und Harzen, oberflächenaktiven Substanzen, Polypropylenethern und -estern;

Bewertung: Insgesamt handelt es sich bei den Polypropylenglykolen um eine Gruppe wenig toxischer Substanzen, deren relative Toxizität von der Molmasse abhängig ist. Das Maximum der Toxizität liegt bei den PPG 600 bzw. PPG 750. Eine inhalative Aufnahme von Polypropylenglykoldämpfen ist aufgrund der geringen Flüchtigkeit der Substanzen unwahrscheinlich, jedoch liegen keine Untersuchungen zur Inhalationstoxizität bei subchronischer oder chronischer Exposition vor. Bei analoger Anwendung des allgemeinen Staubgrenzwertes (6 mg/m3) auf Aerosole ist nicht mit der Aufnahme von Mengen zu rechnen, die im Tierversuch systemisch toxisch gewirkt haben.
Während die untersuchten Polypropylenglykole beim Tier leicht haut- und augenreizend waren, wirkte PPG 2000 beim Menschen weder hautreizend noch sensibilisierend.
PPG 600 ist im Salmonella-Mutagenitäts-Test nicht mutagen. Zu anderen Polypropylenglykolen liegen keine Unterlagen vor.
Ein MAK-Wert kann aufgrund fehlender Daten nicht aufgestellt werden, Polypropylenglykole werden daher in Abschnitt II b der MAK- und BAT-Werte-Liste aufgenommen. [480]
Enthalten in Byk-024 (83%), Drewplus TG-4250 (25-40%);

Polypropensäure

- **CAS-Nummer:**
  9003-01-4
- **gebräuchliche Namen:**
  Polyacrylsäure
- **Summenformel:**
  $[-CH_2CH(CO_2H)-]_n$

Eigenschaften:
- toxikologisch/ökotoxikologisch:
RTECS # AT 4680000
Sonstiges:
Kann schädigend wirken beim Einatmen, Verschlucken oder Aufnahme über Haut; verursacht Augen- und Hautreizungen; reizt Schleimhäute und Atemwege [187];(siehe auch -> Propensäure)

Gefahren-Symbol:

Xi

- physikalisch/chemisch:
Schmelzpunkt: 13 °C (für Propensäure)
Siedepunkt: 141,6 °C (für Propensäure)
Dichte: 1051,1 kg/m3 (20 °C) (für Propensäure)
Molmasse: 72,06 g/mol (für Propensäure)

Verbleib nach Gebrauch:
Verbrennung nach Mischung mit brennbarem Lösemittel;

Bemerkung:
Weißes Pulver

Polysulfid-Natrium-Aluminium-Silikat

- CAS-Nummer:
12769-96-9
- gebräuchliche Namen:
C.I. 77007; Pigment Violet 15; Ultramarin-Rosa; Ultramarin-Violett; Pigment Violett 15 (C.I. 77007);
- Handelsnamen:
Ultramarin Violett 5791;
- Summenformel:
$H_2Na_{(4\text{-}6)}Al_6Si_6O_{24}S_2$

Funktion:
Pigment/Farbstoff/violett;
Verfahren:
Druckverfahren;
Anwendung:
Farbe;

Eigenschaften:
- toxikologisch/ökotoxikologisch:
WGK: 0
Sonstiges:
LD 50 (oral, Ratte): > 2000 mg/kg [607];[Sdb BASF]:LD 50 (oral, Ratte): >5000 mg/kgLC 50 (Forelle): >3200 mg/l/96 h

- physikalisch/chemisch:
Dichte: 2400 g/m3 (20 °C)
Molmasse: 874-918 g/mol

Löslichkeit:
unlöslich in Wasser [Sdb BASF];

Bemerkung zu physikalisch/chemischen Daten:
Thermische Zersetzung: bis 400 °C stabil [Sdb BASF];

Bemerkung:
Fest, geruchlos, violett [Sdb BASF];

Polytetrafluorethen

- CAS-Nummer:
9002-84-0
- gebräuchliche Namen:
PTFE; Teflon; Polytetrafluorethylen; Tetrafluorethen, Homopolymer;
- Handelsnamen:
Gore-Tex;
- Summenformel:
$(C_2F_4)_n$

- Strukturformel:

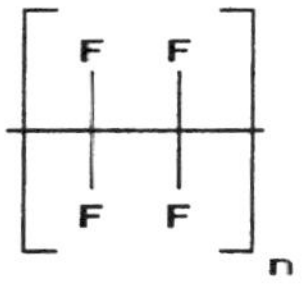

Verfahren:
1.Druckformherstellung/Flachdruck;
2.Druckverfahren/Verpackungsdruck
3.Druckverfahren/Offsetdruck
4.Druckverfahren/Siebdruck
5.Druckverfahren/strahlungshärtende Drucksysteme
Anwendung:
1. Zur Verbesserung der Gleitfähigkeit und der Abriebfestigkeit;
2.+3.+4.+5.Hilfsmittel in Druckfarben;

Eigenschaften:
- toxikologisch/ökotoxikologisch:
RTECS # KX 4025000
Sonstiges:
Karzinogen verdächtig [187];Wirkt schädigend beim Einatmen, Verschlucken oder Aufnahme über Haut; kann Augen- und Hautreizungen verursachen [187];

- physikalisch/chemisch:
Schmelzpunkt: 327 °C
Siedepunkt: > 400 °C
Brechungsindex: 1,35 (20 °C)
Dichte: 2000 kg/m3 (20 °C)

Verbleib nach Gebrauch:
Verbrennung nach Mischung mit brennbarem Lösemittel;

Bemerkung:
Weißes Puder;
Unverträglich mit starken Oxidationsmitteln;

Polyvinylalkohol

- CAS-Nummer:
9002-89-5
- gebräuchliche Namen:
PVA; Vinylalkohol Polymer; Polyvinol;
- Handelsnamen:
Alcotex 88/05; Alcotex 88/10; Alkotex; Alvyl; Aracet APV; Cipoviol W 72; Covol; Covol 971; Elvanol; Elvanol 50-42; Elvanol 52-22; Elvanol 70-05; Elvanol 71-30; Elvanol 90-50; Elvanol 522-22; Elvanol 73125G; EP 160; Ethenol, Homopolymer (9Cl); Galvatol 1-60; Gelvatol; Gelvatol 1-30; Gelvatol 1-90; Gelvatol 3-91; Gelvatol 20-30; Gelvatol 2090; GH 20; GL 02; GL 03; GLO 5; GM 14; Gohsenol; Gohsenol AH 22; Gohsenol GH; Gohsenol GH 17; Gohsenol GH 20; Gohsenol GH 23; Gohsenol GL 03; Gohsenol GL 05; Gohsenol GL 08; Gohsenol GM 14; Gohsenol GM 94; Gohsenol GM 14L; Gohsenol KH 17; Gohsenol NH 05; Gohsenol NH 17; Gohsenol NH 18; Gohsenol NH 20; Gohsenol NH 26; Gohsenol NK 114; Gohsenol NL 05; Gohsenol NM 14; Ivalon; Kuralon VP; Kurare poval 1700; Kurare PVA 205; Kurate poval 120; Lemol; Lemol 5-88; Lemol 5-98; Lemol 12-88; Lemol 16-98; Lemol 24-98; Lemol 30-98; Lemol 51-98; Lemol 60-98; Lemol 75-98; Lemol GF-60; M 13/20; Mowiol; Mowiol N 30-88; Mowiol N 50-98; Mowiol N 70-98; NH 18; NM 11; NM 14; Polydesis; Polysizer 173; Polyviol; Polyviol M 13/140; Polyviol MO 5/140; Polyviol W 25/140; Polyviol W 40/140; Poval 117; Poval 120; Poval 203; Poval 205; Poval 217; Poval 1700; Poval C 17; PVA; PVA 008; PVS 4; Resistoflex; Rhodoviol; Rhodoviol 4/125; Rhodoviol 16/200; Rhodoviol 4-125P; Rhodoviol R 16/20; Solvar; Sumitex H 10; Vibatex S; Vinacol MH; Vinalak; Vinarol; Vinarol DT; Vinarole; Vinarol ST; Vinavilol 2-98; Vinnarol; Vinol; Vinol 125; Vinol 205; Vinol 351; Vinol 523; Vinol unisize; Vinylon film 2000;
- Summenformel:
$(C_2H_4O)_n$

- Strukturformel:

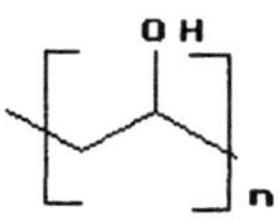

Funktion:
1.+ 2.+ 4. Bindemittel;
2.Emulsionsbestandteil von Fotofilmen;
3.Emulsionsgrundstoff;
Verfahren:
1.Druckverfahren/Flachdruck;
2.Druckverfahren/Durchdruck direkt/Siebdruck;
3.Druckformherstellung/Reproduktionsfotografie;
4.Druckverfahren/Hochdruck;
Anwendung:
1.Chromatkolloid-Verfahren; 3. Emulsion;
2.Druckformherstellung/Siebdruckschablonen; Durchdruckfarben;
4.Bestandteil der Kolloidschicht bei vorbeschichteten Zink- und Magnesiumplatten; Fotopolymerplatten;

Eigenschaften:
- toxikologisch/ökotoxikologisch:
RTECS # TR 8100000

Sonstiges:
Kann schädigend wirken beim Einatmen, Verschlucken oder Aufnahme über Haut; kann Augen- und Hautreizungen verursachen [187];CSB: 157 mg/g [13];In Tierversuchen nicht toxisch;Biologisch nicht abbaubar [262]; biologisch abbaubar durch einen Pseudomonas-Stamm [266];LD 50 (oral, Ratte): >20000 mg/kg [428];LD 50 (oral, Maus): 14700 mg/kg [428];

- physikalisch/chemisch:
Dichte: 1250-1350 kg/m3 (20 °C)

Löslichkeit:
löslich in Wasser; unlöslich in Ethanol, Diethylether, Propanon, Benzen;

Verbleib nach Gebrauch:
Verbrennung nach Mischung mit brennbarem Lösemittel;

Bemerkung:
Weißes Pulver; geruchlos; Thermoplast;
Verwendung: wäßrige Lösungen als Stabilisatoren, Klebeflüssigkeiten, Verdickungsmittel; Herstellung von pharmazeutischen Artikeln; zum Imprägnieren von Papieren, Pappen und Geweben; Herstellung von Folien, Dichtungen, Schläuchen

Polyvinylbutyral

- CAS-Nummer:
63148-65-2
- gebräuchliche Namen:
Polyvinylbutanal;
- Summenformel:
$(C_8H_{14}O_2)_n$

- Strukturformel:

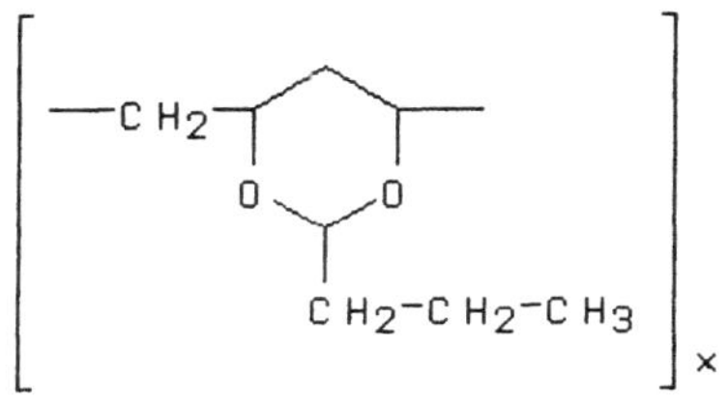

Funktion:
Bindemittel;
Verfahren:
1.Druckverfahren/Flachdruck indirekt/Offsetdruck;
2.Druckverfahren/Hochdruck direkt/Flexodruck;
Anwendung:
1.Druckformherstellung;
2.Flexodruckfaren;

Eigenschaften:
- toxikologisch/ökotoxikologisch:
RTECS # TR 4955000

- physikalisch/chemisch:
Brechungsindex: 1,485 (20 °C)
Dichte: 1083 kg/m3 (20 °C)

Verbleib nach Gebrauch:
Verbrennung nach Mischung mit brennbarem Lösemittel;

Bemerkung:
Weißes Granulat;

Polyvinylcinnamat

- CAS-Nummer:
9050-06-0
- gebräuchliche Namen:
Polyzimtsäurevinylester;
- Summenformel:
$(C_{22}H_{20}O_4)_n$

Verfahren:
1.Druckverfahren/Flachdruck;
2.Druckverfahren/Hochdruck;
Anwendung:
1.Photodimerisierung der lichtempfindlichen Schicht
in der Flachdruckplattenherstellung;
2.Bestandteil der Kolloidschicht bei vorbeschichteten Zink- und Magnesiumplatten;

Eigenschaften:
- toxikologisch/ökotoxikologisch:
Sonstiges:
Gesundheitsgefährdend bei Inhalation und Resorption durch die Haut;Reizung der Augen und der Haut möglich [187];

- physikalisch/chemisch:

Verbleib nach Gebrauch:
Verbrennung nach Mischung mit brennbarem Lösemittel;

Bemerkung:
Verwendung: Fotodimerisierung der lichtempfindlichen Schicht in der Flachdruckdruckplattenherstellung

Polyvinylidenchlorid

- CAS-Nummer:
9002-85-1
- Handelsnamen:
Dawbarn; Diofan; Geon 200; Ixan; Permalon; Saran; Sowiden; Ssani w; Velon; Vinitex; Vylen
- Summenformel:
$(C_2H_2Cl_2)_n$

- Strukturformel:

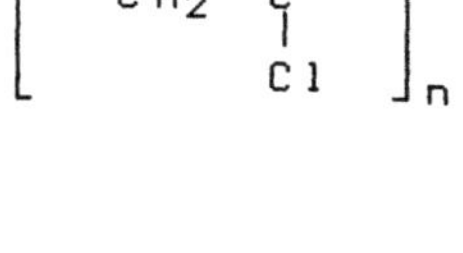

Funktion:
Bindemittel;
Verfahren:
Druckverfahren;

Eigenschaften:

- physikalisch/chemisch:
Schmelzpunkt: 100-120 °C (*)
Dichte: ca. 1650 kg/m3 (20 °C) (*)

Löslichkeit:
nicht beständig gegen heißes Tetrahydrofuran, Cyclohexanon, Chlorkohlenwasserstoffe, heiße Mineralsäuren, heißem Ammoniak;

Bemerkung zu physikalisch/chemischen Daten:
*: für -> 1,1-Dichlorethen/-> Chlorethen-Mischpolymerisat

Verbleib nach Gebrauch:
Verbrennung nach Mischung mit brennbarem Lösemittel;

Bemerkung:
Thermoplast mit Erweichungspunkt nahe dem Zersetzungspunkt; deshalb Mischpolymerisate unter Zusatz von bis zu 20 % -> Chlorethen;
Hohe Abriebfestigkeit und Chemikalien- und Wasserbeständigkeit;
Unbrennbar;
Verwendung: in der Lebensmittelindustrie als Verpackungsmaterial; als Fasermaterial für Berufskleidung, Filtertüchern, Fliegen- und Moskitonetzen; zur Herstellung wasserfester Verpackungspapiere;

Polyvinylpyrrolidon

- CAS-Nummer:
9003-39-8
- Handelsnamen:
Polyvinylpyrrolidon K 15; Polyvinylpyrrolidon K 30; Kollidon; Peregal ST; Plasdone; Plasmosan; Subtoson; Vinisil
- Summenformel:
$(C_6H_9NO)_n$

- Strukturformel:

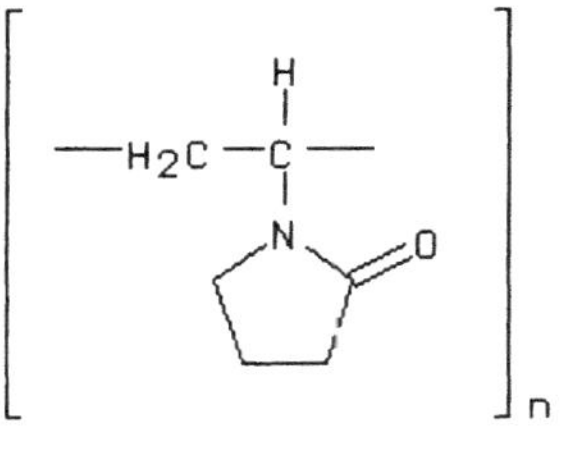

Eigenschaften:
- toxikologisch/ökotoxikologisch:
RTECS # TR 8370000

Sonstiges:
Hautreizend; Kann schädigend wirken beim Einatmen, Verschlucken oder Aufnahme über Haut; kann Hautreizungen verursachen [187];LD 50 (oral, Ratte): 100 g/kg [187]

- physikalisch/chemisch:

Löslichkeit:
praktisch unlöslich in Diethylether; löslich in Wasser, Ethylalkohol, Trichlormethan

Verbleib nach Gebrauch:
Verbrennung nach Mischung mit brennbarem Lösemittel;

Bemerkung:
Schwach gelber Feststoff ähnlich Albumin, zeigt jedoch nicht die gleichen Reaktionseigenschaften; lichtempfindlich;
Verwendung: pharmazeutisches Hilfsmittel (Dispergier- und Schwebemittel); geplant als Klärmittel im Wein

Ponceau Xylidin (C.I. 16150)

- CAS-Nummer:
3761-53-3
- gebräuchliche Namen:
Ponceau 2 R; Xylidin Ponceau; Acid Red 26; Acid Scarlet 2 R; Food Red 5; C.I. 16150;
- Summenformel:
$C_{18}H_{14}N_2Na_2O_7S_2$

Funktion:
Pigment/Farbstoff/rot;

Eigenschaften:
- toxikologisch/ökotoxikologisch:
RTECS # QJ 6825000;
Sonstiges:
Karzinogen-verdächtig;

- physikalisch/chemisch:
Molmasse: 480,43 g/mol

Verbleib nach Gebrauch:
Verbrennung nach Mischung mit brennbarem Lösemittel;

Bemerkung:
Verwendung: Buntpapierherstellung; Lebensmittelfarbstoff;

Propan-1,2-diol

- CAS-Nummer:
57-55-6
- gebräuchliche Namen:
1,2-Propandiol; Propylenglycol; Propylenglykol; 1,2-Propylenglycol; 1,2-Propylenglykol; 1,2-Dihydroxypropan; Methylethylenglycol; Methylethylenglykol;
- Handelsnamen:
Dow Frost; Sirlene; Propylene Glycol Industrial;

- Summenformel:
$C_3H_8O_2$

- Strukturformel:

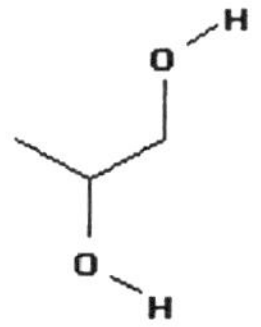

Funktion:
Lösungsmittel;
Verfahren:
Druckverfahren/Hochdruck direkt/Flexodruck;
Anwendung:
Druckfarben, z. B.in wasserlöslichen Flexodruckfarben;

Eigenschaften:
- toxikologisch/ökotoxikologisch:
RTECS # TY 2000000
WGK: 0
Sonstiges:
Kontakt mit unverdünnter Flüssigkeit kann leichte Reizung der Augen und Haut hervorrufen [163];Versehentliches Verschlucken kleinster Mengen dürfte keine gesundheitliche Schädigung hervorrufen. Hautresorption in gesundheitsschädlichen Mengen ist bei einer einmaligen, längeren Exposition unwahrscheinlich. Gesundheitsschädigende Wirkungen sind bei einmaligem, längerem (stundenlangem) Einatmen unwahrscheinlich. Von einer Dunstbildung gehen keine besonderen Gefahren aus. Auch nach längerem Hautkontakt in der Regel nicht hautreizend. Wiederholte Exposition kann zu Schuppenbildung und Erweichung der Haut führen. Kann geringfügige, vorübergehende Augenreizung verursachen. Eine Hornhautverletzung ist unwahrscheinlich. Wiederholtes, übermäßiges Verschlucken kann Wirkungen auf das Zentralnervensystem hervorrufen.Verursachte in Tierversuchen keine Beeinträchtigung der Fortpflanzungsfähigkeit. In vitro (Reagenzglas) durchgeführte Mutagenitätstests zeigten negative Ergebnisse. Ergebnisse der mit Versuchstieren durchgeführten Mutagenitätstests waren negativ.War in Langzeit-Tierversuchen nicht krebserzeugend. [Sdb Dow]LD 50 (oral, Ratte): 20 g/kg [187], 30 g/kg [9], 25 ml/kg [369], 21000-33700 mg/kg [Sdb Dow];LD 50 (intravenös, Ratte): 6,2 ml/kg [369];LD 50 (intraperitoneal, Ratte): 13,0 ml/kg [369];LD 50 (oral, Maus): 30 ml/kg [369];LD 50 (intravenös, Maus): 6,4 ml/kg [369];LD 50 (Haut, Kaninchen): 20800 mg/kg [9], [187];LD 50 (dermal, Kaninchen): >10000 mg/kg [Sdb Dow];LC 50 (Daphnia magna): 4850-34400 mg/l [Sdb Dow];Leichte biologische Abbaubarkeit [Sdb Dow];

Gefahren-Symbol:

Xi

- physikalisch/chemisch:
Schmelzpunkt: - 59 °C
Siedepunkt: 187,6 °C
Flammpunkt: 107 °C; 103 °C
Dampfdruck: 0,11 hPa (20 °C) [9]; 0,3 hPa (25 °C) [Sdb];
Brechungsindex: 1,432 (20 °C)
Dichte: 1040,3 kg/m3 (19 °C)
Molmasse: 76,095 g/mol
Verdunstungszahl: 0,005 (BuAc = 1)

Löslichkeit:
Diethylether 120 g/l (20 °C); mischbar mit Wasser, Ethanol, Propanon, Trichlormethan ; löslich in Benzen;

Bemerkung:
Ölige, farblose, fast geruchlose hygroskopische Flüssigkeit;
Bildet im dampf-/gasförmigen Zustand mit Luft explosionsfähige Gemische;
Explosionsgrenzen:
2,6-12,5 Vol.-%; Zündtemp.: 421 °C [9]; 371 °C [Sdb Dow];
2,6-12,6 Vol.-%; Zündtemp.: 410 °C [163];
Zugelassen als Lebensmittelzusatzstoff nach LMBG;
Unter gewöhnlichen Bedingungen ist Propylenglykol stabil, bei hohen Temperaturen jedoch neigt Stoff zur Oxidation;
Verwendung: technisches Lösemittel (gutes Lösemittel für Kolophonium); als nicht toxisches Frostschutzmittel in Brauereien und Molkereien; als Ersatz für Ethylenglykol und Glycerin; bei der Herstellung synth. Harze; als Hemmstoff von Gärung und Schimmelbildung; Lebensmittelemulgator;
Enthalten in Surfynol 104PG-50 Surfactant (50%);

Propan-1,2-epoxid

- CAS-Nummer:
75-56-9
- UN Nummer:
1280
- gebräuchliche Namen:
1,2-Epoxypropan; Methyloxiran; Propylenoxid;
Propenoxid; Propylenether; Methylethylenoxid; Allylenoxid; Propylenoxid, stabilisiert; 1,2-Epoxypropan, stabilisiert; Methyl Oxiran, stabilisiert; Propylenether, stabilisiert; 1,2-Propylenoxid, stabilisiert;
- Summenformel:
C_3H_6O

- Strukturformel:

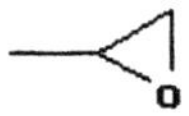

Funktion:
Lösungsmittel;
Verfahren:
Druckverfahren;

Eigenschaften:
- toxikologisch/ökotoxikologisch:
RTECS # TZ 2975000
Schweizer Giftliste: 1
WGK: 3
R-Satz: 45-12-20/21/22-36/37/38
S-Satz: 53-45
Sonstiges:
Zu diesem Stoff liegt ein BUA-Stoffbericht Nr. 94 vor.Krebserzeugend 2 [481]; TRK-Wert: 2,5 ml/m3 bzw. 6 mg/m3 [481]; Carc.Cat.2 [505]; Dämpfe reizen Augen sowie Atmungsorgane und haben narkotische Wirkung; Kontakt mit der Flüssigkeit bewirkt schwere Reizung der Haut und Augen(Hornhautschäden) [163]; Karzinogen verdächtig; Gesundheitsschädigung schon vor Geruchswahrnehmung möglich;Geruchsschwelle: 200 ml/m3 [163];TC Lo (inhalativ, Mann): 1400 g/m3/10m [428];LD 50 (oral, Ratte): 380 mg/kg [9], [428], 520 mg/kg [428];LD 50 (intraperitoneal,

Ratte): 150 mg/kg [428];TD Lo (oral, Ratte): 10798 mg/kg/2 a (intermittierend) [428];TD (oral, Ratte): 2714 mg/kg/2y (intermittierend) [428]; LC 50 (inhalativ, Ratte): 3600 ml/m3/7 h [9], 4000 ppm/4h [428];TC Lo (inhalativ, Ratte): 500 ml/m3/7h [428];TC (inhalativ, Ratte): 400ppm/6h/2y (intermittierend), 300 ppm/6h/2.3y (intermittierend) [428];TC Lo (inhalativ, Ratte (trächtig)): 500 ml/m3/1-16 D [428];LD 50 (intraperitoneal, Ratte): 364 mg/kg [428];TD Lo (subcutan, Ratte): 1500 mg/kg/46w (intermittierend) [428];LD 50 (oral, Meerschweinchen): 660 mg/kg [428];LC Lo (inhalativ, Meerschweinchen): 4000 ppm/4h [428];LD 50 (oral, Maus): 630 mg/kg, 440 mg/kg [428];LD 50 (intaperitoneal, Maus): 175 mg/kg [428];LC 50 (inhalativ, Maus): 1740 ppm/4h [9], 1740 ppm/4h [428];TD Lo (subcutan, Maus): 272 mg/kg/95w (intermittierend) [428];TD (subcutan, Maus): 3640 mg/kg/91w (intermittierend), 868 mg/kg/95w (intermittierend), 2912 mg/kg/95w (intermittierend), 6616 mg/kg/95w (intermittierend) [428];TC Lo (inhalativ, Maus): 400 ppm/6h/2y (intermittierend) [428];LD 50 (Haut, Kaninchen): 1245 mg/kg [9], 1500 µl/kg [428];LC Lo (inhalativ, Hund): 1500 µl/kg [428] ;TC Lo (inhalativ, Affe): 100 ml/m3/7 h [428];TC Lo (inhalativ, Affe (männlich)): 100 ml/m3/2 a [428];LD 50 (oral, Säugetiere): 440 mg/kg [428];

Gefahren-Symbol:

- physikalisch/chemisch:

Schmelzpunkt: -112 °C
Siedepunkt: 34,3 °C
Flammpunkt: -37 °C; -44 °C
Dampfdruck: 588 hPa (20 °C) [163], [484]
Brechungsindex: 1,367 (20 °C)
Dichte: 829 kg/m3 (20 °C); 859 kg/m3 (0 °C)
Molmasse: 58,08 g/mol
Verdunstungszahl: 33,7 (BuAc = 1) [9]

Löslichkeit:
teilweise mischbar mit Wasser: (40 Gew.-% bei 20 °C) [484];
löslich in Wasser; mischbar mit Ethanol, Diethylether;

Verbleib nach Gebrauch:
Verbrennung, hochentzündliche Stoffe;

Bemerkung:
Farblose, leicht flüchtige, etherähnlich riechende Flüssigkeit;
Brennbar; Bildet im dampf-/gasförmigen Zustand mit Luft explosionsfähige Gemische;
Explosionsgrenzen:
1,9 - 24 Vol% ; Zündtemp.: 430 °C [163];
2,1 - 21,5 Vol% ; Zündtemp.: 748 °C [9];
Polymerisiert heftig bei Kontakt mit Katalysatoren wie Säuren, Alkalien, Aminen und verschiedenen Metallsalzen, z.B. Eisen-, Zinn- und Aluminiumchlorid sowie mit Alkalimetallen; reagiert heftig bei Kontakt mit Chlor und Ammoniak [484];
Verwendung: technisches Lösemittel;

Propan-1-ol

- **CAS-Nummer:**
  71-23-8
- **UN Nummer:**
  1274
- **gebräuchliche Namen:**
  n-Propylalkohol; Propylalkohol; n-Propanol; Ethylcarbinol; 1-Propanol; 1-Hydroxypropan; Propanol-1; Propanol; Normaler Propylalkohol; NPA;
- **Handelsnamen:**
  Optal; Os mosol;
- **Summenformel:**
  C_3H_8O

- **Strukturformel:**

Eigenschaften:
- **toxikologisch/ökotoxikologisch:**
  RTECS # UH 8225000
  Schweizer Giftliste: 4
  WGK: 1
  MAK Wert: 200 ml/m3 (US-Wert) bzw. 500 mg/m3
  R-Satz: 11
  S-Satz: (2)-7-16
  Sonstiges:
  Lebergift, Nervengift;Kontakt mit Augen, Haut u. Schleimhäuten führt zu Reizungen; nur geringe Hautresorption; Dämpfe wirken betäubend; in hohen Konzentrationen Koma und Atemlähmung möglich;Symptome: Kopfschmerzen, Schwindel, Schläfrigkeit, Rauschzustand, Bewußtlosigkeit [484];Beim Menschen 5700 mg/kg (oral) tödlich [32]; 8 mg/kg (0,5 ml/70 kg)tödlich nach [9];Beim Verschlucken mit anschließendem Erbrechen kann Aspiration in die Lunge erfolgen, was zur chemischen Pneumonie oder zur Erstickung führen kann. Die allgemeine Wirkung ist der des Ethanols vergleichbar.Symptome: Kopfschmerzen, Schläfrigkeit, Narkose, trockene Haut, verschlucken kann Rauschzustand und Bewußtlosigkeit verursachen. Reizwirkung auf Haut, Augen und Atmungsorgane. [Sdb Shell Chemicals];LD 50 (oral, Ratte): 5400 mg/kg [32]; 1870 mg/kg [9];LD 50 (Haut, Kaninchen): 4030 mg/kg [9];LC Lo (inhalativ, Ratte, 4 h): 4000 ml/m3 [9];LD (intravenös, Hund): 2,42 ± 0,24 g/kg [400];MLD (oral, Katze): 2,0 ml/kg [401];LD Lo (oral, Mensch): 5700 mg/kg [9]LC 50 (inhal., Ratte): 10 mg/l [9]LD 50 (demal, Kaninchen): 5040 mg/kg [9];LD 50 (oral, Maus): 6800 mg/kg [428];LD 50 (oral, Kaninchen): 3500 mg/kg [428];LD Lo (oral, Frau): 5700 mg/kg [428];Toxische Grenzkonzentration für Pseudomonas putida 2700 mg/l, Scenedes-mus quadricauda 3100 mg/l [36];EC 50 (Daphnia magna): 4415 mg/l [32];LC 50 (Fisch, Goldorfe): 4320/4560 mg/l [33];LC 100 (Fisch, Goldorfe): 4560/5600 mg/l [33];Gute biologische Abbaubarkeit (>70 %) [484];

  Gefahren-Symbol:

- **physikalisch/chemisch:**
  Schmelzpunkt: -126 °C
  Siedepunkt: 97,2 °C
  Flammpunkt: 15 °C; 22 °C
  Dampfdruck: 18,7 hPa (20 °C) [32], 23,3 hPa (20 °C) [367]; 25 hPa (20 °C) [484]

Verdampfungswärme: 686,64 kJ/kg
Log pOW: 0,34 [4]; 0,25 [Sdb];
Brechungsindex: 1,38543 (20 °C)
Dichte: 803,5 kg/m3 (20 °C); 801,6 kg/m3 (25 °C);
Molmasse: 60,095 g/mol
Verdunstungszahl: 1,1 (BuAc = 1) [9], 16 (Diethylether = 1) [19];

Löslichkeit:
mischbar mit Wasser, Diethylether und Ethanol; löslich in Benzen, Propanon, Trichlormethan;

Verbleib nach Gebrauch:
Verbrennung, hochentzündliche Stoffe;

Bemerkung:
Farblose, scharf riechende Flüssigkeit; brennbar;
Bildet im dampf-/gasförmigen Zustand mit Luft explosionsfähige Gemische
Explosionsgrenzen: 2,1-13,7 Vol% ; Zündtemp.: 405 °C [163]; 450 °C [Sdb];
Geruchsschwelle: 100 ml/m3 [163];
Verwendung: technisches Lösemittel;

Propan-2-ol

- CAS-Nummer:
67-63-0
- UN Nummer:
1219
- gebräuchliche Namen:
2-Propanol; Isopropanol; i-Propanol; IPA; iso-Propanol; 2-Hydroxypropan; Isopropylalkohol; iso-Propylalkohol; Dimethylcarbinol; sec.-Propylalkohol; sek.-Propylalkohol; Propanol-2;
- Handelsnamen:
Avantine; Isohol; Lutosol; Persprit; Petrohol; Petrosol; IPA; Alcojel; Alcosolve 2; Combi-Schutz; Hartosol; Imsol A; PRO; Propol; Takinocol;
- Summenformel:
C_3H_8O

- Strukturformel:

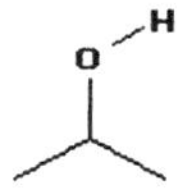

Funktion:
1.+ 3.Lösungsmittel;
2.Additiv/Trocknungskatalysator/Beschleuniger;
Feuchtmittel;
Verfahren:
1.Druckverfahren/Flachdruck indirekt/Offsetdruck;
2.Druckverfahren/Hochdruck direkt/Flexodruck;
3.Druckverfahren/Tiefdruck;
Anwendung:
1.In Reinigungsmittel für Numerierwerke;
2.Flexodruckfarbe (wasserlöslich);
3.Verpakcungstiefdruckfarben;

Eigenschaften:

- toxikologisch/ökotoxikologisch:

RTECS # NT 8050000
Schweizer Giftliste: 0
WGK: 1
MAK Wert: 500 mg/m3 bzw. 200 ml/m3
R-Satz: 11
S-Satz: (2)-7-16
Sonstiges:

Spitzenbegrenzung II,1 [481]; Schwangerschaftsgruppe C [481]; BAT-Wert: 50 mg/l [481];vgl. Abschn. VIII; Kontakt mit Augen, Haut und Schleimhäuten führt zu Reizungen; Dämpfe wirken narkotisch; in hohen Konz. Koma und Atemlähmung möglich;Geruchsschwelle: 250 mg/m3 [124]; 100 ml/m3 [484];Beim Menschen 8600 mg/kg (oral) tödlich [32]; 100 ml (oral) tödlich nach [9];LD Lo (oral, Mensch): 3570 mg/kg [39];TD Lo (oral, Mann): 14432 mg/kg [428];TD Lo (oral, Mensch): 223 mg/kg [428];LD Lo (oral, Mann): 5272 mg/kg [428];Weitere Angaben zur Humantoxikologie siehe -> [125], [126], [127];LD 50 (oral, Ratte): 5850 mg/kg [32], 5045 mg/kg [428];LC 50 (inhalativ, Ratte): 16000 ml/m3/8 h [428];LD 50 (intraperitoneal, Ratte): 2735 mg/kg [428];LD 50 (intravenös, Ratte): 1088 mg/kg [428];LD 50 (oral, Maus): 3600 mg/kg [428];LC Lo (inhalativ, Maus): 12800 ml/m3/3 h [428];LD 50 (intraperitoneal, Maus): 4477 mg/kg [428];LD Lo (subcutan, Maus): 6000 mg/kg [428];LD 50 (intravenös, Maus): 1509 mg/kg [428];LD Lo (oral, Hund): 1537 mg/kg [428];LD Lo (oral, Katze): 6 ml/kg [428];LD L0 (intravenös, Katze): 1963 mg/kg [428];LD 50 (oral, Kaninchen): 6410 mg/kg [428];LD 50 (Haut, Kaninchen): 12800 mg/kg [428];LD 50 (intraperitoneal, Kaninchen): 667 mg/kg [428];LD 50 (intravenös, Kaninchen): 1184 mg/kg [428];LD 50 (intraperitoneal, Meerschweinchen): 2560 mg/kg [428];LD 50 (intraperitoneal, Hamster): 3444 mg/kg [428];LD Lo (parenteral, Frosch): 20000 mg/kg [428];LD 50 (Haut, Kaninchen): > 12000 mg/kg [115], 12800 mg/kg [9];Toxische Grenzkonzentration für Pseudomonas putida 1050 mg/l, Scenedesmus quadricauda 1800 mg/l [36];LC 50 (Fisch, Goldorfe): 9280/8970 mg/l [33];LC 100 (Fisch, Golorfe): 9750/10920 mg/l [33]EC 50 (Daphnia magna): 9714 mg/l [180];Biologisch abbaubar [32];Isopropylalkohol [Sdb Shell Chemicals]:Bei Hautkontakt Entfettung der Haut (Dermatitis) möglich. Beim Verschlucken mit anschließendem Erbrechen kann Aspiration in die Lunge erfolgen, was zur chemischen Pneumonie oder zur Erstickung führen kann. Verursacht Retadierung des Zentralnervensystems. Verschlucken kann Rauschzustand und Bewußtlosigkeit verursachen. Kontaktexem. Folgende Symptome können auftreten: Kopfschmerzen, Schwindelgefühl, Übelkeit, Narkose, trockene Haut.LD/LC 50 (oral, Ratte): >2000 mg/kg LD/LC 50 (dermal, Kaninchen): >2000 mg/kg LD/LC 50 (inhalativ, Ratte): >50 mg/l/4 h Wiederholte Exposition verursacht Nervenschäden bei Ratten Biologisch leicht abbaubar;LC 50 (Fisch) >100 mg/l EC 50 (Daphnien): >100 mg/l IC 50 (Algen): >100 mg/l IC 50 (Bakterien): >100 mg/l Gefahrenbezeichnung: F; R11; S7-16-26;IPA:Dämpfe verursachen Reizung der Augen und Atemwege, Kopfschmerzen, Schwindel und Störungen des Zentralnervensystems. Haut: geringe Giftwirkung; häufiger oder länger andauernder Hautkontakt kann die Haut entfetten und austrocken, was zu Hautbeschwerden und Hautentzündungen (Dermatitis) führen kann. Reizung und Schädigung des Augengewebes, wenn Substanz nicht sofort entfernt wird. Geringste Mengen, die bei Verschlucken oder nachfolgendem Erbrechen in die Lunge gelangen, können zu einem Lungenödem oder zu einer Lungenentzündung führen. [Sdb EXXON]

Gefahren-Symbol:

F

- physikalisch/chemisch:

Schmelzpunkt: -88 °C
Siedepunkt: 82,4 °C
Flammpunkt: 12 °C
Dampfdruck: 42,5 hPa (20 °C) [32], 50,6 hPa (20 °C) [367]; 43 hPa (20 °C) [484]
Verdampfungswärme: 665,70 kJ/kg
Log pOW: 0,05 [4]
Brechungsindex: 1,37757 (20 °C)
Dichte: 785,4 kg/m3 (20 °C); 786 kg/m3 (15 °C)

Molmasse: 60,095 g/mol
Verdunstungszahl: 2,3 (BuAc=1) [9]; 2,6 (BuAc = 1) [105]; 10,5 (Diethylether = 1) [19]
Löslichkeit:
löslich in Wasser, Ethanol, Diethylether;

Bemerkung zu physikalisch/chemischen Daten:
T(krit.): 235 °C, P(krit.): 47611 hPa [428];

Verbleib nach Gebrauch:
Verbrennung, hochentzündliche Stoffe;
Bei sachgemäßer Anwendung keine Störungen in der Abwasserreinigung zu erwarten [32];

Bemerkung:
Farblose, scharf riechende Flüssigkeit;
Brennbar; Bildet im dampf-/gasförmigen Zustand mit Luft explosionsfähige Gemische;
Explosionsgrenzen: 2-12 Vol% ; Zündtemp.: 425 °C [32]; 460 °C [484];
Die Substanz reagiert mit Laugen, Aminen, Alkanolaminen, Aldehyden, sauerstoffreichem Material (starken Oxidationsmitteln) und Chlorverbindungen [484];
Zugelassen als Lebensmittelzusatzstoff nach LMBG;
Verwendung: als Lösemittel;
Anwendungsbereich: in der kosmetischen Industrie zur Herstellung von Haar-, Fuß- und Intimsprays, für Raum- und Deosprays; in der pharmazeutischen Industrie als Desinfektionsmittel; zur Herstellung vonReinigungsmitteln (u.a. für Glas, Keramik, Fleckenentferner, Bestandteil von Autopflegemitteln); in Kraftstoffen als Schutz vor Vergaservereisung; in der Druckfarbenindustrie;

Weitere Angaben zu physikalisch/chemische Eigenschaften:

IPA:
Produkt ist eine komplexe Mischung. Klare farblose Flüssigkeit; Geruch alkoholisch; hygroskopisch;
Schmelzpunkt: -85 °C; Siedepunkt: 82-83 °C; Flammpunkt: 4 °C;
Explosionsgrenzen: 1,8-12,0 Vol.-%; Zündtemp.: >350 °C;
Dampfdruck: 44,14 hPa (20 °C), 127,59 hPa (38 °C), 306 hPa (55 °C);
Dichte: 786 kg/m3 (15 °C); Löslichkeit in Wasser: 100 Gew.-% (20 °C);
Molekulargewicht: 60 [Sdb]

Isopropylalkohol:
Leichtentzündlich; klare Flüssigkeit, alkoholartiger Geruch;
Schmelzpunkt: -89,5 °C; Siedepunkt: 82 °C; Flammpunkt: 12 °C;
Explosionsgrenzen: 2-12 Vol.-%; Zündtemperatur: 425 °C;
Dampfdruck: 43 hPa (20 °C), 236 hPa (50 °C); Dichte: 785 kg/m3 (20 °C);
vollständig mischbar mit Wasser; logpOW: 0,05;
Verdunstungszahl (nBuAc=1): 1,5; Molekulargewicht: 60,10 g/mol [Sdb]
Enthalten in Ceracol 40 (60%), Heucoflow (40%), Parmetol K 50 (3-8%), Surfinol 104PA Surfactant, Wacker Aktivator 42 (<25%);

2-Propanon

- **CAS-Nummer:**
  67-64-1
- **UN Nummer:**
  1090
- **gebräuchliche Namen:**
  Aceton; Azeton; Dimethylketon; Essiggeist; Ketopropan; Methylacetyl; 2-Propanon; Pyroessigsäure; Methylierter Aldehyd; Propan-2-on; β-Ketopropan; Pyroessigsäureether;
- **Handelsnamen:**
  Brenzessiggeist; Brenzlicher Essiggeist; Brenzlicher Essigether;
- **Summenformel:**
  C_3H_6O

- Strukturformel:

Funktion:

Lösungsmittel, Reinigungsmittel, Verdünnungsmittel;
2.Reinigen von Gewebe; Schablonenmaterial auf Acetonbasis für wasserlösliche Farben;
4.Lösungsmittel;

Verfahren:

1.Druckformherstellung/ Reproduktionsfotografie;
2.Druckverfahren/Durchdruck direkt/Siebdruck;
3.Kopierverfahren;
4.Druckverfahren/Tiefdruck;

Anwendung:

Bestandteil von Filmklebemitteln; (Farb-)entwicklerzusatz; Lösungsmittel für Ethin in Druckgasflaschen (Dissousgas); Lösungsmittel für Nitroglycerin zu Transportzwecken; Flexodruckfarbe;
4.Verpackungstiefdruckfarben;

Eigenschaften:

- toxikologisch/ökotoxikologisch:

RTECS # AL 3150000
Schweizer Giftliste: 4
WGK: 0
MAK Wert: 1200 mg/m3 bzw. 500 ml/m3
R-Satz: 11
S-Satz: (2)-9-16-23-33
Sonstiges:

Geruchsschwelle: 200-450 ml/m3 [163], [484];Spitzenbegrenzung: Kat. 1 [481]; Schwangerschaftsgruppe II c [481]; BAT-Wert: 80 mg/l [481]; IMK: III;Nervengift; narkotische Wirkung etwa der des Ethanols entsprechend, Kopfschmerz, Unwohlsein; eingeatmet 10 - 20 g täglich erträglich [30]; Flüssigkeit und Dämpfe reizen Augen und Haut; Einatmen der Dämpfe in hohen Konzentrationen oder über einen längeren Zeitraum führt zur Narkose [163];10000 ml/m3 erwiesen sich als verträglich; nach 30-60 Min. zeigten sich keine Symptome [163];Am Auge Gefahr schwerer Hornhautschäden. Längere oder wiederholte Exposition kann Dermatits verursachen. Verursacht Retardierung des Zentralnervensystems (Depression of CNS) [Sdb Shell Chemicals];LC Lo (inhalativ, Mensch): 12000 ml/m3/4 h [106];LD 50 (oral, Ratte): 5800 mg/kg [187], 9750 mg/kg [10], 8450 mg/kg [575];LC 50 (inhalativ, Ratte): 50100 mg/m3/8 h [428], 38000 mg/m3/4 h [Sdb Rhone-Poulenc], 50,1 mg/l/18 h [575];LD Lo (intraperitoneal, Ratte): 500 mg/kg [428], [575];LD 50 (intravenös, Ratte): 5500 mg/kg [428], [575];LD 50 (oral, Maus): 3000 mg/kg [Sdb Rhone-Poulenc], 5250 mg/kg [575];LC Lo (inhalativ, Maus): 110 mg/l/1 h [575];LD 50 (intraperitoneal, Maus): 1297/3100 mg/kg [575];LD 50 (Haut, Kaninchen): 20000 mg/kg [187];LD 50 (dermal, Kaninchen): 2000 mg/kg/>15800 mg/kg [575];LD Lo (intravenös, Kaninchen): 1576 mg/kg [428];LD 50 (oral, Kaninchen): 5340 mg/kg [575];LD Lo (oral, Hund): 8000 mg/kg [575];LD Lo (intraperitoneal, Hund): 8000 mg/kg [575];LD Lo (subcutan, Hund): 5000 mg/kg [575];LD 50 (Daphnia magna): 10 mg/l [139];LC 50 (Fisch, Goldorfe): 5000 mg/l/24 h [57]; 11300/7505 mg/l [33];LC 50 (Fisch, Blauer Sonnenbarsch): 8300 mg/l/96 h [57];Toxische Grenzkonzentration für Daphnia magna 9,28 g/l [389], für Pseudomonas putida 1700 mg/l, Scenedesmus quadricauda 7500 mg/l [36];Biologisch leicht abbaubar [Sdb Rhone-Poulenc];

Gefahren-Symbol:

F

- **physikalisch/chemisch:**
  Schmelzpunkt: -95 °C
  Siedepunkt: 56,1 °C; 57 °C; 55,8-56,6 °C; 56,2 °C (1013 hPa)
  Flammpunkt: <-20 °C; -18 °C
  Dampfdruck: 239,5 hPa (20 °C) [163], 246,6 hPa (20 °C) [132], 533,2 hPa (39,5 °C)
  Verdampfungswärme: 504,51 kJ/kg
  Log pOW: -0,24 [4]; 0,58 [57]
  Brechungsindex: 1,35886 (19,4 °C)
  Dichte: 795 kg/m3 (20 °C); 790-792 kg/m3 (20 °C)
  Molmasse: 58,079 g/mol
  Verdunstungszahl: 11,5 (BuAc = 1) [9]; 19,4 (BuAc = 1) [105]; 2,1 (Diethylether = 1) [19]

  Löslichkeit:
  mischbar mit Wasser, Ethanol und Diethylether; mischbar mit Dimethylformamid; Trichlormethan; Ether;

  Bemerkung zu physikalisch/chemischen Daten:
  T(krit.): 235 °C; P(krit.): 47000 hPa [Sdb Rhone-Poulenc], [428];

Verbleib nach Gebrauch:
Verbrennung, hochentzündliche Stoffe;
Sickerwasser Deponie: 2,9 - 4,8 mg/l (Southington, Connecticut, USA, (1982/83)) [58];

Bemerkung:
Klare, farblose Flüssigkeit mit süßem aromatischen Geruch;
Bildet im dampf-/gasförmigen Zustand mit Luft explosionsfähige Gemische;
Explosionsgrenzen: 2,5-13 Vol.-% [32]; 2,2-13 Vol.-% [484];
Zündtemp.: 540 °C [32], [484];
Greift viele Kunststoffe und Gummi an; bei Kontakt mit Bariumhydroxid, Natriumhydroxid und vielen anderen alkalischen Stoffen kann Kondensation eintreten [484];
Verwendung: Lösemittel, Fettlösemittel;
Anwendungsbereich: Bestandteil von Filmklebemitteln; (Farb-)entwicklerzusatz; Lösemitel für Ethin in Druckgasflaschen (Dissous-Gas); Lösemittel für Nitroglycerin zu Transportzwecken;
Weitere Angaben zur Toxikologie siehe [47];
Herstellung in Deutschland nach dem Cumolverfahren;
Aceton kommt als Stoffwechselprodukt von Mikroorganismen, Pflanzen u. Tieren und als Bestandteil von Emissionen aus Vulkanen ubiquitär in der Umwelt vor [575];

Propansäure

- **CAS-Nummer:**
  79-09-4
- **UN Nummer:**
  1848
- **gebräuchliche Namen:**
  Propionsäure; Ethancarbonsäure; Metacetonsäure; Methylessigsäure;
- **Handelsnamen:**
  Luprosil; Prozoin;
- **Summenformel:**
  $C_3H_6O_2$

- **Strukturformel:**

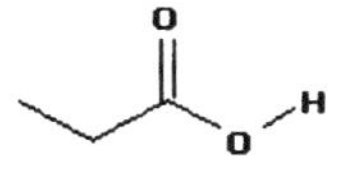

Eigenschaften:

- toxikologisch/ökotoxikologisch:

RTECS # UE 5950000

Schweizer Giftliste: 3

WGK: 1

MAK Wert: 10 ml/m3 bzw. 31 mg/m3

R-Satz: 34

S-Satz: (1/2)-23-36-45

Sonstiges:

Einstufung und Kennzeichnung von Zubereitungen, in denen diese Substanz enthalten ist:25%<=C ¦> C; R3410%<=C<25% ¦> Xi; R36/37/38Spitzenbegrenzung: I [481]; CSB: 1072 mg/g [13]; IMK: II;Dämpfe und Nebel reizen stark Augen und Atmungsorgane; Kehlkopf und Lungenödem möglich; Kontakt mit der Flüssigkeit führt zu Verätzungen der Augen und Haut; bei Brand Bildung von Nebeln; bei Verschlucken großer Mengen, abgesehen von der lokalen Säurewirkung, Hämolyse in be-schränktem Maße möglich [163];LD 50 (oral, Ratte): 3500 mg/kg [40];LD 50 (Haut, Kaninchen): 500 mg/kg [40];LC 50 (Fisch; Goldorfe, 48 h): > 500 mg/l;LC 50 (Fisch; Sonnenbarsch, 24 h): 118 mg/l [139];LC 50 (Daphnia magna, 48 h): 50 mg/l [139];

Gefahren-Symbol:

C

- physikalisch/chemisch:

Schmelzpunkt: - 19,7 °C

Siedepunkt: 140,7 °C

Flammpunkt: 49 °C

Dampfdruck: 5 hPa (20 °C) [163], 13 hPa (39,7 °C) [163];

Log pOW: 0,25, 0,33 [4]; 0,29 [150];

Brechungsindex: 1,3872 (20 °C)

Dichte: 998,5 kg/m3 (15 °C), 991,6 kg/m3 (20 °C)

Molmasse: 74,079 g/mol

Löslichkeit:

mischbar mit Wasser, Ethanol, Diethylether; löslich in Trichlormethan; leicht löslich in Methanol;

Verbleib nach Gebrauch:

Verbrennung;

Bemerkung:

Wasserklare, stechend, unangenehm riechende Flüssigkeit; brennbar;
Bildet im dampf-/gasförmigen Zustand mit Luft explosionsfähige Gemische;
Explosionsgrenzen: 2,1 - 12 Vol% ; Zündtemp.: 485 °C [163];
Zugelassen als Lebensmittelzusatzstoff nach LMBG;
Stoff reagiert mit Basen und Aminen;
Verwendung: Konservierungsmittel für Getreide (Luprosil);

Propantriol

- CAS-Nummer:
56-81-5
- gebräuchliche Namen:
Glycerin; Glyzerin; Glycerol; Trioxypropan; Trihydroxypropan; 1,2,3-Propantriol; Protol; Glycylalkohol;
- Handelsnamen:
IFP; Ophthalgan; Ölsüß; Glyrol; Glysanin; Osmoglyn;
- Summenformel:
$C_3H_8O_3$

- Strukturformel:

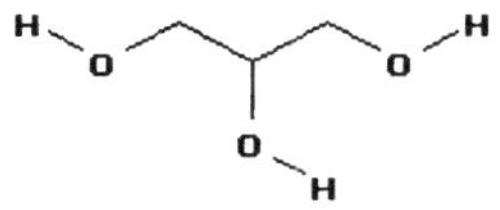

Funktion:
Lösungsmittel;
Verfahren:
Druckverfahren;

Eigenschaften:
- toxikologisch/ökotoxikologisch:
RTECS # MA 8050000
WGK: 0
MAK Wert: 10 mg/m3 (US-Wert)
Sonstiges:
Kontakt mit unverdünnter Flüssigkeit kann zu leichter Reizung der Haut führen; bei Verschlucken größerer Mengen Rauschzustand mit Kopfschmerzen, Cyanose (Blausucht), Nierenschmerzen und blutigen Durchfällen möglich; bei Brand entsteht Acrolein mit starker Reizwirkung auf Augen und Atmungsorgane (Lungenödem möglich) [163];LD 50 (oral, Ratte): 12600 mg/kg [187], 27500 mg/kg [9];LD 50 (intravenös, Ratte): 4,4 ml/kg [369];LD 50 (intraperitoneal, Ratte): 6,9 ml/kg [369]; 4420 mg/kg [428];LD 50 (oral, Maus): 30 ml/kg [369];LD 50 (intravenös, Maus): 4,9 ml/kg [369];LD 50 (intraperitoneal, Maus): 7,1 ml/kg [369];Toxische Grenzkonzentration für Pseudomonas putida und Scenedesmus quadricauda >10 g/l [36];Biologisch abbaubar [262];

- physikalisch/chemisch:
Schmelzpunkt: 17,9 °C ; 18 °C*
Siedepunkt: 290 °C; 263 °C (533,16 hPa); 240 °C (266,58 hPa)
Flammpunkt: 160 °C; ca. 180 °C;
Dampfdruck: < 0,0001 hPa (20 °C) [9]; 3,99 hPa (20 °C) [187]
Verdampfungswärme: 826,89 kJ/kg
Brechungsindex: 1,4746 (20 °C); 1,4758 (15 °C); 1,4730 (25 °C)
Dichte: 1261,3 kg/m3 (20 °C)
Molmasse: 92,094 g/mol
Verdunstungszahl: < 0,0001 (BuAc = 1) [9];

Löslichkeit:
mischbar mit Wasser, Ethanol; unlöslich in Diethylether, Trichlormethan;

Bemerkung zu physikalisch/chemischen Daten:
* 18 °C, schon eine kleine Menge Wasser oder anderer vergleichbarer Stoffe setzt den Schmelzpunkt erheblich herab [484];

Verbleib nach Gebrauch:
Verbrennung nach Mischung mit brennbarem Lösemittel;

Bemerkung:
Farblose, angenehm riechende Flüssigkeit;
brennbar; zähflüssiger als Wasser; polymerisiert bei Erhitzung über 149 °C; Bei starker Erhitzung Bildung explosionsfähiger Gemische mit Luft;
Explosionsgrenzen:
2,1-13 Vol.-%; Zündtemp.: 540 °C [29];
0,9-? Vol.-%; Zündtemp.: 429 °C [484];
Zugelassen als Lebensmittelzusatzstoff nach LMBG;
Verwendung: Als Weichmacher und technisches Lösemittel; zur Herstellung von Sprengstoffen, Kosmetika, flüssigen Seifen, Druck- und Kopiertinten, Schmiermitteln; als Frostschutzmittel in Automobilen; in der Biotechnologie, bei der Herstellung von Antibiotika; als Zusatz beim Pigmentpapier, um es geschmeidig zu halten; Schmeckt ca. 0,6 mal so süß wie Zucker [428];

1,2,3-Propantriol-(Z)-9-octadecensäuremonoester

- CAS-Nummer:
25496-72-4
- gebräuchliche Namen:
(Z)-9-Octadecensäuremonoester mit 1,2,3-Propantriol; Oleinsäuremonoester mit Glycerol; Glycerolmonooleat; Oleinsäuremonoglycerolester; Ölsäuremonoglycerolester;
- Summenformel:
$C_{30}H_{56}O_4$

Eigenschaften:
- toxikologisch/ökotoxikologisch:
WGK: 0

- physikalisch/chemisch:
Molmasse: 356 g/mol

Bemerkung:
Verwendung: Tensid in Seifen und Detergentien; Weichmacher; Zusatz in Arzneimitteln;

Propen-2-al

- CAS-Nummer:
107-02-8
- UN Nummer:
1092
- gebräuchliche Namen:
Acrolein; Akrolein; Acrylaldehyd; 2-Propenal; Propenal-2; Akrylaldehyd;
- Summenformel:
C_3H_4O

- Strukturformel:

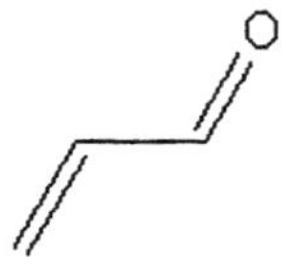

Eigenschaften:

- toxikologisch/ökotoxikologisch:

RTECS # AS 1050000
Schweizer Giftliste: 1
WGK: 3
R-Satz: 11-25-26-34
S-Satz: (1/2)-3/9/14-26-36/37/39-38-45
Sonstiges:
Krebserzeugend 3 [481]; IMK: I;Dämpfe und Flüssigkeit sind sehr giftig; Hautresorption! sehr starke Reizung der Augen, Haut und Atemwege; Lungenödem möglich;LC Lo (inhalativ., Mensch, 10 Monate): 153 ml/m3 [140];LD 50 (oral, Ratte): 46 mg/kg [193], 42 mg/kg [634];LC Lo (inhalativ., Ratte, 4 h): 8 ml/m3 [140];LD 50 (intraperitoneal, Ratte): 4 mg/kg [634];LD 50 (subcutan, Ratte): 50 mg/kg [634];LD 50 (oral, Maus): 28 mg/kg, 13,9 mg/kg [634];LD 50 (intraperitoneal, Maus): 7 mg/kg [634];LD 50 (subcutan, Maus): 30 mg/kg [634];LD 50 (oral, Kaninchen): 7 mg/kg [140];LD 50 (dermal, Kaninchen): 200 mg/kg, 335 mg/kg, 104 mg/kg [634];Toxische Grenzkonzentration für Pseudomonas putida 0,21 mg/l [36];Daphnia 16-33 mg/l [140];Toxizitätsbereich für Wasserpflanzen: 1,5-7,5 mg/l [140];LC 50 (Fisch; Goldorfe): 0,25 /2,5 mg/l [33];LC 50 (Goldfisch): unter 0,8 mg/l / 24 Std. [484]

Gefahren-Symbol:

- physikalisch/chemisch:

Schmelzpunkt: - 86,9 °C
Siedepunkt: 52,5 - 53,5 °C
Flammpunkt: < - 20 °C; <-29 °C; -26 °C; -25 °C
Dampfdruck: ca. 300 hPa (20 °C) [29]; 286-293 hPa (20 °C)
Verdampfungswärme: 506,60 kJ/kg
Log pOW: 2,6 [140]; -0,68-1,02; -0,09 [634]
Brechungsindex: 1,4022 (19,3 °C)
Dichte: 838,9 kg/m3 (20 °C); 843 kg/m3 (20 °C); 837,7 kg/m3
Molmasse: 56,064 g/mol

Löslichkeit:
Wasser 267 g/l (20 °C); 260-270 g/l (20 °C), 264, 5 g/l (18 °C) [634]; leicht löslich in Ethanol, Diethylether;

Verbleib nach Gebrauch:
Verbrennung, hochentzündliche Stoffe;

Bemerkung:
Farblose bis gelbliche Flüssigkeit mit stechendem Geruch;
Bildet im dampf-/gasförmigen Zustand mit Luft explosionsfähige Gemische
Explosionsgrenzen: 2,8 - 31 Vol% ; Zündtemp.: 210 °C (stabilisiert), 278 °C (unstabilisiert) [29];
Wird gebildet bei der Chlorung von Trink- und Abwasser sowie beim Verbrennen fossiler Brennstoffe;
Verwendung: als Herbizid; in der Lederindustrie; als Copolymer in der Textil-, Papier- und Fotoindustrie; Zwischenprodukt in der chem. Industrie; Polyurethan-Zwischenprodukt;

2-Propensäure

- **CAS-Nummer:**
  79-10-7
- **UN Nummer:**
  2218
- **gebräuchliche Namen:**
  Acrylsäure; Propensäure;
- **Summenformel:**
  $C_3H_4O_2$

- **Strukturformel:**

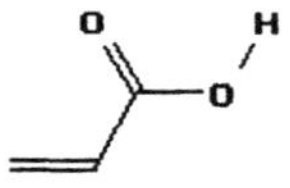

Verfahren:
Druckverfahren;

Eigenschaften:
- **toxikologisch/ökotoxikologisch:**
  RTECS # AS 4375000
  Schweizer Giftliste: 2
  WGK: 1
  R-Satz: 10-34
  S-Satz: (1/2)-26-36-45
  Sonstiges:
  Einstufung und Kennzeichnung von Zubereitungen, in denen diese Substanz enthalten ist:25%<=C ¦> C; R342%<=C<25% ¦> Xi; R36/38IMK: I;Dämpfe verursachen sehr starke Reizung der Augen und Atemwege; Flüssigkeit bewirkt schwere Verätzungen der Augen und Haut; bei Erhittzung werden giftige Dämpfe freigesetzt [163];LD 50 (oral, Ratte): 340 mg/kg [140], 33500 µg/kg [187];LD 50 (oral, Ratte): 0,43 - 259 ml/kg [140];LC Lo (inhalativ, Ratte, 5 h): 6000 ml/m3 [140];LC 50 (inhalativ, Maus, 2 h): 5300 mg/m3 [187];LD 50 (Haut, Kaninchen): 280 mg/kg [187];Toxische Grenzkonzentration für Pseudomonas putida 41 mg/l, Scenedesmus quadricauda 18 mg/l [36];LC Lo (Daphnia magna): 175 mg/l [6];LC 50 (Daphnia magna): 270 mg/l [6];LC Lo (Fisch; Goldorfe): 210 mg/l [33];LC 50 (Fisch; Goldorfe): 315 mg/l [33];Biologisch leicht abbaubar;

  Gefahren-Symbol:

  C

- **physikalisch/chemisch:**
  Schmelzpunkt: 13 °C
  Siedepunkt: 141,6 °C
  Flammpunkt: 54 °C
  Dampfdruck: 5,33 hPa (20 °C) [187]; 10,3 hPa (20 °C) [163];
  Brechungsindex: 1,4224 (20 °C)
  Dichte: 1062 kg/m3 (16 °C)
  Molmasse: 72,063 g/mol

  Löslichkeit:
  mischbar mit Wasser, Ethanol, Diethylether; löslich in Benzen, Propanon;

Verbleib nach Gebrauch:
Verbrennung;

Bemerkung:
Farblose, stechend essigähnlich riechende Flüssigkeit;
Bildet im dampf-/gasförmigen Zustand mit Luft explosionsfähige Gemische;
Explosionsgrenzen: 5,3-19,8 Vol.-%; Zündtemp.: 390 °C [163];
Acrylsäure polymerisiert besonders bei Berührung mit anorganischen und organischen Peroxiden, Laugen und tertiären Aminen; Laugen setzen Neutralisationswärme frei und durch die Temperaturerhöhung wird der Polymerisationsvorgang beschleunigt, wobei wieder Wärme frei wird; zuletzt platzt das Gebinde;
Verwendung: Polymerisation zu -> Polyacrylaten;

2-Propensäureethylester

- CAS-Nummer:
140-88-5
- UN Nummer:
1917
- gebräuchliche Namen:
Acrylsäureethylester; Akrylsäureethylester; Acrylethylester; Ethylacrylat; Propensäureethylester; Ethyl-2-propenoat;
- Summenformel:
$C_5H_8O_2$

- Strukturformel:

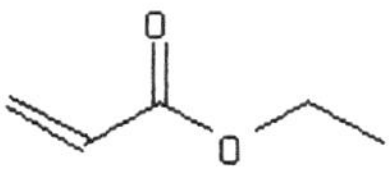

Funktion:
Monomer;
Verfahren:
Druckverfahren;
Anwendung:
UV-Farben;

Eigenschaften:
- toxikologisch/ökotoxikologisch:
RTECS # AT 0700000
Schweizer Giftliste: 3
WGK: 2
MAK Wert: 5 ml/m3 bzw. 21 mg/m3
R-Satz: 11-20/21/22-36/37/38-43
S-Satz: (2)-9-16-33-36/37
Sonstiges:
Einstufung und Kennzeichnung von Zubereitungen, in denen diese Substanz enthalten ist:25%<=C ¦> Xn; R20/21/22-36/37/38-435%<=C<25% ¦> Xi; R36/37/38-431%<=C<5% ¦> Xi; R43Für diese Substanz liegt ein BUA-Stoffbericht Nr. 128 vor. Spitzenbegrenzung: I [481]; Schwangerschaftsgruppe D [481];; Gefahr der Sensibilisierung der Haut [481]; IMK: I; Gefahr der Sensibilisierung! [148];Dämpfe reizen stark Augen, Atemwege sowie Lunge (bis hin zu Lungenödem) und Haut; Kontakt mit der Flüssigkeit reizt ebenfalls stark Augen (Hornhautschäden) und Haut unter Blasenbildung; Flüssigkeit kann auch über die Haut aufgenommen werden (Hautresorption) und verursacht auf diesem Wege Schädigung des ZNS und möglicherweise (mit Verzögerung) der Leber und Niere [163];Geruchsschwelle: 8 ml/m3 (US-Wert) [163];TC Lo (inhalativ, Mensch): 50 ppm [428];LD 50 (oral, Ratte): 800 mg/kg [428];LD 50 (intraperitoneal, Ratte): 450 mg/kg [428];LD Lo (Haut, Ratte): 1800 mg/kg [428];LC Lo (inhalativ, Ratte): 2000

ml/m3/4h [140], 2180 ppm/4h [428];TD Lo (oral, Ratte): 51500 mg/kg/2y (intermittierend), 109 g/kg/2y (kontinuierlich), 11200 mg/kg/14d (intermittierend), 800 mg/kg/4d (intermittierend) [428];TC Lo (inhalativ, Ratte): 75 ppm/6h/2y (intermittierend), 300 ppm/7h/30d (intermittierend) [428];LD 50 (oral, Maus): 1799 mg/kg [428];LD 50 (intraperitoneal, Maus): 599 mg/kg [428];LC 50 (inhalativ, Maus): 16200 mg/m3 [428];TD Lo (oral, Maus): 103 g/kg/2y (intermittierend), 2800 mg/kg/14d (intermittierend) [428];TC Lo (inhalativ, Maus): 75 ppm/6h/26w (intermittierend), 75 ppm/6h/2y (intermittierend) [428];LC Lo (inhalativ, Meerschweinchen): 1204 ppm/7h [428];LD Lo (oral, Kaninchen): 420 mg/kg [140];LD 50 (Haut, Kaninchen): 1834 mg/kg [428];LC Lo (inhalativ, Kaninchen): 1204 ml/m3/4h [140], 1204 ppm/7h [428];Biologisch leicht abbaubar [140];

Gefahren-Symbol:

F Xn

- physikalisch/chemisch:

Schmelzpunkt: < -75 °C
Siedepunkt: 99-100 °C
Flammpunkt: 8 °C; 15 °C
Dampfdruck: 52 hPa (20 °C) [163]; 39 hPa (20 °C) [484]
Brechungsindex: 1,4072 (18 °C)
Dichte: 923,8 kg/m3 (18 °C)
Molmasse: 100,12 g/mol

Löslichkeit:
wenig löslich in Wasser;

Verbleib nach Gebrauch:
Verbrennung, hochentzündliche Stoffe;

Bemerkung:
Farblose, stechend riechende Flüssigkeit;
Bildet im dampf-/gasförmigen Zustand mit Luft explosionsfähige Gemische;
Explosionsgrenzen: 1,4 - 14 Vol% ; Zündtemp.: 355 °C [163];
Polymerisiert plötzlich, wenn Stoff nicht mit Hemmstoffen vermischt ist;
trotz Mischung mit Hemmstoffen kann die Polymerisation eintreten, wenn 2-Propensäureethylester erhitzt wird; Stoff kann heftig polymerisieren bei Kontakt mit folgenden Katalysatoren: organische Peroxide (wie Benzoyl-, Acetyl-, Lauroyl- und tert.-Butylhydroperoxid) und Persulfate; bei Kontakt mit Säuren, Basen und sauerstoffreichem Material (Oxidationsmitteln) kann heftige Reaktion eintreten;
Verwendung: Herstellung von Polymeren;
Ausgangsstoff für Modaflow Resin Modifier [Sdb];

Propensäurenitril

- CAS-Nummer:
107-13-1
- UN Nummer:
1093
- gebräuchliche Namen:
Acrylnitril; Acrylsäurenitril; 2-Propennitril; Vinylcyanid; Acrylonitril;
- Handelsnamen:
Acrylon; Carbacryl; Fumigrain; VCN; Ventox;
- Summenformel:
C_3H_3N

- **Strukturformel:**

Eigenschaften:

- **toxikologisch/ökotoxikologisch:**

RTECS # AT 5250000
Schweizer Giftliste: 1
WGK: 3
R-Satz: 45-11-23/24/25-38
S-Satz: 53-45
Sonstiges:
Einstufung und Kennzeichnung von Zubereitungen, in denen diese Substanz enthalten ist:20%<=C ¦¦> T; R45-23/24/25-381%<=C<20% ¦¦> T; R45-23/24/250.2%<=C<1% ¦¦> T; R45-20/21/220.1%<=C<0.2% ¦¦> T; R45Für diese Substanz liegt ein BUA-Stoffbericht Nr. 142 vor. IMK: I;Krebserzeugend 2 [481], [148]; Gefahr der Hautresorption [481]; TRK: 3 ml/m3 bzw. 7 mg/m3 [481]; vgl. Abschn. IX;Dämpfe und Flüssigkeit sind giftig; Hautresorption!; reizt stark Haut, Schleimhäute und besonders die Augen; es kommt zu Schädigung des Nerven-, Atmungs- und Verdauungssystems [163];Karzinogen [187];Kann das genetische Material verändern [187];biologische Eliminierbarkeit gut (>75 %) [484];LC Lo (inhalativ, Mann): 1000 mg/m3/1h [187];LC Lo (inhalativ, Mensch): 16 ml/m3/20 min. [428];LD Lo (Haut, Kind): 2015 mg/kg [187];LD 50 (oral, Ratte): 78 mg/kg [187], 81 mg/kg, 102 mg/kg, 122,5 mg/kg [634];LD 50 (inhalativ, Ratte): 635 ml/m3/4h [39]; LC Lo (inhalativ, Ratte): 315 ml/m3/4h [428];LD 50 (intraperitoneal, Ratte): 65 mg/l [428];LD 50 (dermal, Ratte): 148 mg/kg [634];LD 50 (subcutan, Ratte): 74,4 mg/kg [634];LD 50 (oral, Maus): 27 mg/kg [428], 38 mg/kg [634];LD 50 (subcutan, Maus): 35 mg/kg [634];LD 50 (intraperitoneal, Maus): 46 mg/kg [428], 44,5 mg/kg [634];LC Lo (inhalativ, Maus): 315 ml/m3/4h [428];LD 50 (oral, Kaninchen): 93 mg/kg [428];LD 50 (intravenös, Kaninchen): 69 mg/kg [428];LD 50 (Haut, Kaninchen): 250 mg/kg [187];LC Lo (inhalativ, Kaninchen): 260 ml/m3/4h [428];LC Lo (inhalativ, Katze): 600 ml/m3/4h [428];LC Lo (inhalativ, Hund): 110 ml/m3/4h [428];LD 50 (oral, Meerschweinchen): 50 mg/kg [428];LC Lo (inhalativ, Meerschweinchen): 575 ml/m3/4h [428];Akute Toxizität für Wasserorganismen: LD 50 / 96h: 100-10 mg/l; 30 mg/l tödlich in 24 Std. für Fische [484];LD 50 (Fisch, Goldorfe): 13/28 mg/l [33];LD 100 (Fisch, Goldorfe): 20/48 mg/l [33];

Gefahren-Symbol:

- **physikalisch/chemisch:**

Schmelzpunkt: -82 °C; -83 °C
Siedepunkt: 78 °C; 77,3-77,4 °C
Flammpunkt: -5 °C; 1 °C
Dampfdruck: 120 hPa (20 °C) [163]; 116 hPa (20 °C) [484]; 124 hPa (20 °C) [634]
Log pOW: -0,92 [4]; 0,09; 0,13; 0,25; 0,3 [634]
Brechungsindex: 1,3907 (22 °C)
Dichte: 811 kg/m3 (20 °C); 806 kg/m3 (20 °C); 800,4 kg/m3 (25 °C)
Molmasse: 53,063 g/mol

Löslichkeit:
Wasser 50 g/l (20 °C), 70-73 g/L [634]; löslich in den meisten organischen Lösemitteln;

Verbleib nach Gebrauch:
Verbrennung, hochentzündliche Stoffe;

Bemerkung:

Farblose bis leicht gelbliche Flüssigkeit; leicht stechender Geruch;
Riechbar erst in gefährlichen Konzentrationen; betäubt Geruchsnerven;
Geruch zeigt nicht den Umfang der Gefahr bzgl. der Konzentration der Dämpfe an; bei Feststellung des Geruchs ist Gesundheitsschädigung meist schon eingetreten; aufgenommene Flüssigkeit in der Kleidung und insb. in Lederschuhen kann schwere Folgen mit verzögerter Wirkung verursachen; sehr reaktionsfähig; polymerisiert explosionsartig beim Zusammentreffen mit starken Basen; heftige Reaktion bei Kontakt mit Säuren und sauerstoffreichem Material [484];
Bildet im dampf-/gasförmigen Zustand mit Luft explosionsfähige Gemische;
Explosionsgrenzen: 2,8-28 Vol.-%; Zündtemp.: 480 °C [163];
Explosionsgrenzen: 2,0-28 Vol.-%; Zündtemp.: 480 °C [484];
Polymerisiert explosionsartig beim Zusammentreffen mit starken Basen;
heftige Reaktion bei Kontakt mit Säuren und sauerstoffreichem Material (Oxidationsmitteln); bei Brand erfolgt Zersetzung unter Bildung von hochgiftigen -> Blausäuredämpfen und -> Nitrosen Gasen;

Propenthiokohlensäurediamid

- CAS-Nummer:

109-57-9

- gebräuchliche Namen:

N-Allylthioharnstoff; Thiosinamin;

- Summenformel:

$C_4H_8N_2S$

- Strukturformel:

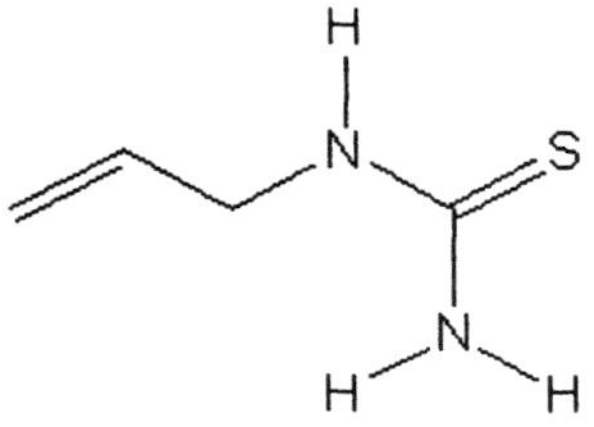

Eigenschaften:

- toxikologisch/ökotoxikologisch:

RTECS # YR 8050000;

WGK: 2

Sonstiges:

Wirkt schädigend beim Einatmen, Verschlucken oder Aufnahme über Haut;verursacht Augen- und Hautreizungen; reizt Schleimhäute und Atemwege;kann allergische Reaktionen auslösen [187];LD 50 (oral, Ratte): 200 mg/kg [187];LD 50 (subcutan, Ratte): 850 mg/kg [201];Toxische Grenzkonzentration für Scenedesmus quadricauda 41 mg/l [404];

Gefahren-Symbol:

- **physikalisch/chemisch:**
  Schmelzpunkt: 76,8 °C
  Dichte: 1219 kg/m3 (20 °C)
  Molmasse: 116,19 g/mol

  Löslichkeit:
  Wasser > 30 g/l (0 °C); löslich in heißem Wasser, Ethanol; wenig löslich in Diethylether; unlöslich in Benzen (Benzol);

Verbleib nach Gebrauch:
Verbrennung nach Mischung mit brennbarem Lösemittel;

Bemerkung:
Weißes bis mattweißes kristallines Pulver; bitterer Geschmack; leicht knoblauchartiger Geruch;
Verwendung: Ist in der Tiermedizin benutzt worden, um Narbengewebe zu verkleinern;

2-Propoxyethanol

- **CAS-Nummer:**
  2807-30-9
- **UN Nummer:**
  1993
- **gebräuchliche Namen:**
  Glycolmonopropylether; Glykolmonopropylether; Ethylenglycolmonopropylether; Ethylenglycolpropylether; Propylglycol; Propylglykol; 2-Hydroxyethylpropylether; 2-n-Propoxyethanol;
- **Handelsnamen:**
  Propylcellosolve;
- **Summenformel:**
  $C_5H_{12}O_2$

- **Strukturformel:**

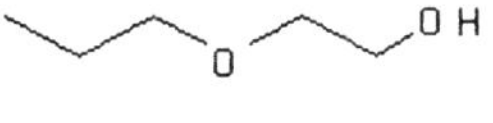

Funktion:
Wasch- und Reinigungsmittel; Lösungsmittel;
Verfahren:
Druckverfahren;
Anwendung:
In Reinigungsmitteln für Numerierwerke;

Eigenschaften:
- **toxikologisch/ökotoxikologisch:**
  RTECS # KM 2800000
  Schweizer Giftliste: 5
  WGK: 1
  MAK Wert: 20 ml/m3 bzw. 86 mg/m3
  R-Satz: 10-21-36
  S-Satz: (2)-24/25-36/37
  Sonstiges:
  Die Dämpfe reizen die Atemwege. Kontakt mit der Flüssigkeit, auch in verdünnter Form, verursacht Reizung der Augen und der Haut. Aufnahme von Propylglykol und von Propylglykol-Wassergemischen kann zu Nierenschäden führen.Symptome: Husten, Kopfschmerzen, Übelkeit, Bewußtseinstrübung [484];Spitzenbegrenzung I [481]; Gefahr der Hautresorption [481]; Schwangerschaftsgruppe C [481];

Gefahren-Symbol:

- **physikalisch/chemisch:**
  Schmelzpunkt: <-70 °C
  Siedepunkt: 150 °C (990,34 hPa); 147-153 °C;
  Flammpunkt: 51 °C
  Dampfdruck: 2 hPa (20 °C) [29], [484];
  Brechungsindex: 1,4133 (20 °C)
  Dichte: 911,2 kg/m3 (20 °C/4 °C)
  Molmasse: 104,15 g/mol

  Löslichkeit:
  löslich in Wasser, Ethanol, Diethylether;

Bemerkung:
Ölige, farblose, fast geruchlose Flüssigkeit; brennbar;
Bildet im dampf-/gasförmigen Zustand mit Luft explosionsfähige Gemische;
Explosionsgrenzen: 5,5-23 Vol.-%; Zündtemp.: 230 °C [29], [484];
Verwendung: technisches Lösemittel; Frostschutzzusatz in Kraftstoffen;

1-Propoxy-2-propanol

- **CAS-Nummer:**
  1569-01-3
- **gebräuchliche Namen:**
  Propylenglycol-n-propylether; Propylenglykol-n-butylether;
- **Handelsnamen:**
  Propasol Solvent P;
- **Summenformel:**
  $C_6H_{14}O_2$

- **Strukturformel:**

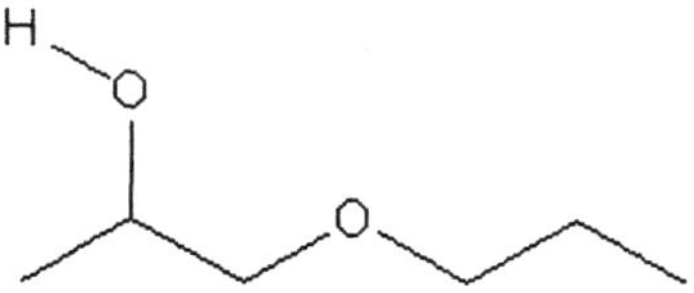

Funktion:
Lösungsmittel;
Verfahren:
Druckverfahren;

Eigenschaften:
- **toxikologisch/ökotoxikologisch:**
  Schweizer Giftliste: 4
  Sonstiges:
  Dämpfe reizen Augen und Atemwege; Kontakt mit der Flüssigkeit verursacht starke Augenreizung;LD 50 (oral, Ratte): 3250 mg/kg [9];LD 50 (Haut, Kaninchen): 3560 mg/kg [9];

- **physikalisch/chemisch:**
  Schmelzpunkt: - 80 °C
  Siedepunkt: 150 °C
  Flammpunkt: 53 °C
  Dampfdruck: 2,2 hPa (20 °C) [9]
  Brechungsindex: 1,4130 (20 °C)
  Dichte: 888,6 kg/m3 (20 °C)
  Molmasse: 118,18 g/mol
  Verdunstungszahl: 0,2 (BuAc = 1) [9]

  Löslichkeit:
  mischbar mit Wasser;

Bemerkung:
Farblose, schwach etherähnlich riechende Flüssigkeit; brennbar;
Bildet im dampf-/gasförmigen Zustand mit Luft explosionsfähige Gemische;
Explosionsgrenzen: 1,5 - 6,9 Vol% ; Zündtemp.: 298 °C [9];
Verwendung: technisches Lösemittel;

1,2-Propylenglycoldiacetat

- **CAS-Nummer:**
  623-84-7
- **gebräuchliche Namen:**
  Propylenglykoldiacetat; 1,2-Diacetoxy-propan;
- **Summenformel:**
  $C_7H_{12}O_4$

- **Strukturformel:**

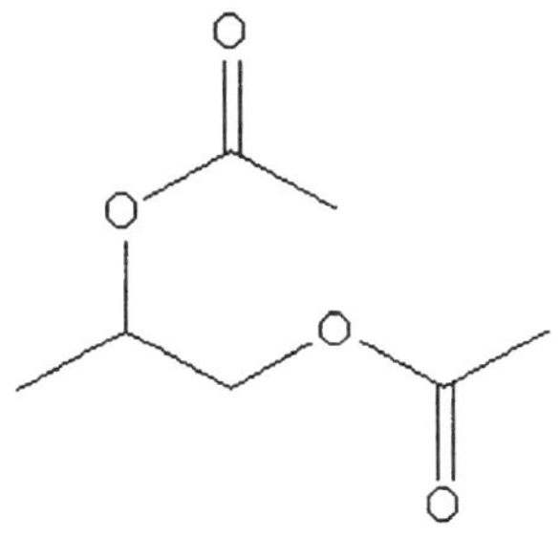

Eigenschaften:
- **toxikologisch/ökotoxikologisch:**
  RTECS # TY 4900000
  Schweizer Giftliste: 4
  WGK: 1

- **physikalisch/chemisch:**
  Schmelzpunkt: -31 °C
  Siedepunkt: 190 °C
  Flammpunkt: 87 °C
  Brechungsindex: 1,4140 (20 °C); 1,4173 (20 °C)
  Dichte: 1059,0 kg/m3
  Molmasse: 160,17 g/mol

Propylen-glykol-ricinoleat

- **CAS-Nummer:**
  26402-31-3
- **gebräuchliche Namen:**
  Rinicolsäureester mit Propylenglykol;
- **Handelsnamen:**
  Flexricin 9;
- **Summenformel:**
  $C_{21}H_{40}O_4$

Funktion:
Additv/Weichmacher;
Verfahren:
Druckverfahren;
Anwendung:
Farbe;

Eigenschaften:
- **physikalisch/chemisch:**
  Schmelzpunkt: -26 °C
  Siedepunkt: °C
  Flammpunkt: 221 °C
  Dichte: 960 kg/m3 (25°C)
  Molmasse: 357 g/mol

1,6-Pyrendion

- **CAS-Nummer:**
  1785-51-9
- **gebräuchliche Namen:**
  1,6-Pyrenchinon;
- **Summenformel:**
  $C_{16}H_{10}O_2$

- **Strukturformel:**

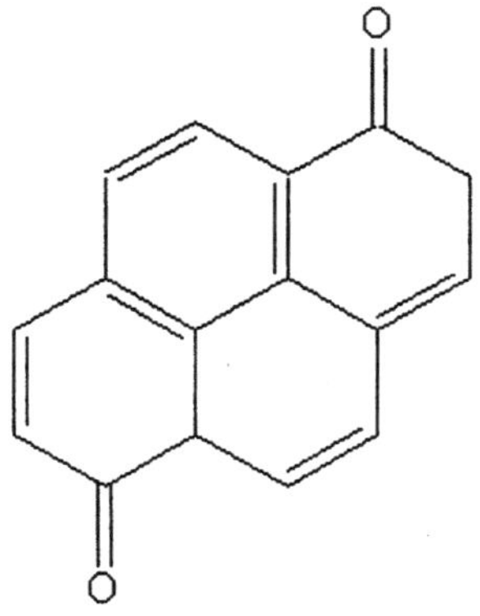

Funktion:
Additiv/Sensibilisator;
Verfahren:
1.Reprofotografie;
2.Kopierverfahren

Eigenschaften:
- physikalisch/chemisch:
Schmelzpunkt: 39 °C

Löslichkeit:
wenig löslich in Ethanol, Diethylether;

Bemerkung:
Gelbe Nadeln;

Quecksilber

- CAS-Nummer:
7439-97-6
- UN Nummer:
2809
- Summenformel:
Hg

Verfahren:
Druckverfahren;

Eigenschaften:
- toxikologisch/ökotoxikologisch:
RTECS # OV 4550000
Schweizer Giftliste: 2
WGK: 3
MAK Wert: 0,1 mg Hg/m3 bzw. 0,012 ml Hg/m3 (vgl. Abschnitt VIII [481])
R-Satz: 23-33
S-Satz: (1/2)-7-45
Sonstiges:
Spitzenbegrenzung III [481];IMK: I;Einatmen der Dämpfe führt nach chemischer Einwirkung zur Vergiftung; kurzzeitige Einatmung um so gefährlicher je höhere Dampfkonzentrationen zustande kommen, z.B. durch starke Erhitzung oder Brand; Vergiftungsbild ist durch massive Darmstörungen und nachfolgendem Nierenschaden bis -versagen gekennzeichnet; gelegentlich herrscht jedoch entzündliche Lungenschädigung vor; Hautresorption [163];Geruchsschwelle: 13 mg/m3 [163];Eingeatmet noch 0,1 - 0,02 mg Hg-Dampf je Tag giftig nach Monaten [30];Wöchentlich aufnehmbare duldbare Höchstmenge an Hg: 0,03 mg/Person, wobei nicht mehr als 0,2 mg -> Methylquecksilber sein dürfen [140];TC Lo (inhal., Mensch, 30 Jahre): 169 µg/m3 [140];Verbreitung: Luft- und Wasserpfad;Obwohl nur geringer Dampfdruck, hohe Toxizität des Hg-Dampfes ; Alkoholiker und Tbc-Kranke besonders anfällig für Hg-Vergiftungen;

Gefahren-Symbol:

- physikalisch/chemisch:
Schmelzpunkt: - 38,8 °C
Siedepunkt: 356,9 °C
Dampfdruck: 0,00163 hPa (20 °C) [163]
Dichte: 13545 kg/m3 (20 °C)
Molmasse: 200,59 g/mol

Löslichkeit:
unlöslich in Wasser (0,00006 g/l (25 °C) [140]), verdünnter Salzsäure, kalter Schwefelsäure; löslich in Salpetersäure;

Verbleib nach Gebrauch:
Wiedergewinnung zum Recycling oder zur Wiederverwertung;

Bemerkung:
Silberweißes, glänzendes, flüssiges Metall;
metallischer Geschmack, geruchlos; giftig, ätzend, nicht brennbar;
Verboten in kosmetischen Mitteln;
Bei Kontakt oder Mischung mit Salpetersäure oder Königswasser löst sich Quecksilber unter Bildung von nitrosen Gasen und Quecksilbernitrat auf; auch heiße Schwefelsäure löst die Substanz; zahlreiche Metalle wie Aluminium, Blei, Gold, Kalium, Kupfer, Natrium, Silber, Zink und Zinn werden angegriffen und unter Bildung von Amalgamen aufgelöst; Stoff reagiert mit Ammoniak, Aminen, Acetylen und Oxalsäure und bildet dabei Verbindungen, die sehr empfindlich gegen Schock und mech. Reibung sind;
Verwendung: als Spiegelbelag; zur Unkrautbekämpfung, zum Verfilzen von Filzen; für Schiffsanstrichfarben; für Thermometer und Barometer; als Amalgationsmittel; als Katalysator; als Elektrodenmaterial bei der Elektrolyse (z.B. Polarographie);
Abwassergrenzwert 0,05 mg/l [140]; Trinkwassergrenzwert: 1 µg/l [140]; Rhein (dt.-niederl. Grenze): 55 t/a (1973), 6 t/a (1985) [424]; Vorkommen umweltrelevanter Quecksilberkonzentrationen siehe [140];

Quecksilber(II)-chlorid

- CAS-Nummer:
7487-94-7
- UN Nummer:
3077
- gebräuchliche Namen:
Sublimat; Mercurichlorid; Quecksilberbichlorid;
- Handelsnamen:
Calochlor; Abavit B; Calochlor; Emisan 6; Fungchex; Sulem; Sublimate;
- Summenformel:
$HgCl_2$

Funktion:
Verstärker;
Verfahren:
Druckformherstellung/Reproduktionsfotografie;

Eigenschaften:
- toxikologisch/ökotoxikologisch:
RTECS # OV 9100000
Schweizer Giftliste: 2
WGK: 3
MAK Wert: 0,1 mg Hg/m3 bzw. 0,012 ml Hg/m3 (vgl. Abschnitt VIII [481])
R-Satz: 28-34-48/24/25
S-Satz: (1/2)-36/37/39-45

Sonstiges:
Spitzenbegrenzung III [481];Zell-, Nerven- und Organgift [30];Staub und Dämpfe führen zu starker Reizung und Verätzung der Atemwege, der Lunge und der Haut; Lungenschäden bis hin zu Glottis- und Lungenödem möglich; Kontakt mit festem Stoff führt zu sehr starker Reizung und Verätzung der Augen und der Haut; schwere Darmstörungen, Nierenschäden bis -versagen möglich [163];Innerlich 0,1 - 0,2 g giftig, 0,5 g tödlich [30];(weiteres siehe -> Quecksilber(II)-chlorid (Fortsetzung))LD Lo (oral, Mensch): 29 mg/kg [428];TD Lo (oral, Mann): 21 mg/kg [428];TD Lo (oral, Frau): 18 mg/kg [428];LD Lo (oral, Hund): 10 mg/kg [428];LD 50 (oral, Ratte): 1 mg/kg [428];LD 50 (subcutan, Ratte): 14 mg/kg [428];LD 50 (oral, Maus): 6 mg/kg [428];LC Lo (inhal, Maus): 300 mg/m3/10h [428];Toxische Grenzkonzentration für Scenedesmus quadricauda 0,07 mg/l [404];Minimale letale Dosis für Goldfische 0,82 mg/l (7 Tage), für Garnelen 0,075 mg/l (48 h), für Austern 4,2 mg/l (48 h) [414];LC 50 (Fisch; Elritze, 96 h): 0,19 mg/l [25];LC 50 (Fisch; Garnele, 96 h): 0,06 mg/l [25];Verbreitung: Luft- und Wasserpfad;

Gefahren-Symbol:

- physikalisch/chemisch:
Schmelzpunkt: 276 °C
Siedepunkt: 302 °C
Dampfdruck: 0,0001 hPa (20 °C) [163]
Dichte: 5420 kg/m3 (20 °C)
Molmasse: 271,50 g/mol

Löslichkeit:
Wasser (*) 69 g/l (20 °C), 480 g/l (100 °C); Ethanol 330 g/l (25 °C); löslich in Ethansäure (Essigsäure), Pyridin;

Verbleib nach Gebrauch:
Sondermüll-Deponie, abfiltrierte Sulfide aus der Ausfällung des in Lösung gebrachten Stoffes (Oxidation oder wäßrige Säure) und eventueller Neutralisation;

Bemerkung:
Weiße geruchlose Kristalle;
Lösungen zersetzen sich am Licht, deshalb Aufbewahrung in braunen Flaschen; Verdampft bei etwa 300 °C unzersetzt und sublimiert wieder beim Abkühlen
Verwendung: in der fotografischen Industrie als Verstärker und zur Prüfung auf Restthiosulfatgehalt (das metallische Silber reduziert das HgCl(2) zu Hg(I)chlorid Hg(2)Cl(2), wobei sich AgCl bildet; das Negativ bleicht aus und wird mit Ammoniak (NH(3)) geschwärzt);

Rapsöl

- CAS-Nummer:
8002-13-9

Eigenschaften:
- toxikologisch/ökotoxikologisch:
WGK: 0

Rizin

- **CAS-Nummer:**
  9009-86-3
- **gebräuchliche Namen:**
  Ricin;

Eigenschaften:
- **toxikologisch/ökotoxikologisch:**
  Schweizer Giftliste: 1
  Sonstiges:
  Bewirkt Agglutination der Blutkörperchen;Toxische Grenzkonzentration für Kaninchen: 0,005 - 0,003 mg/kg [158];

- **physikalisch/chemisch:**
  Molmasse: 80000 g/mol

Bemerkung:
Enthält etwa 20 % -> 2-Aminopentandisäure (Glutaminsäure);

Rizinusöl

- **CAS-Nummer:**
  8001-79-4
- **gebräuchliche Namen:**
  Castor-oil; Kastor-öl; Kastoröl; Ricinusöl;
- **Handelsnamen:**
  Phorbyol;
- **Summenformel:**
  $C_{18}H_{35}O_3$

- **Strukturformel:**

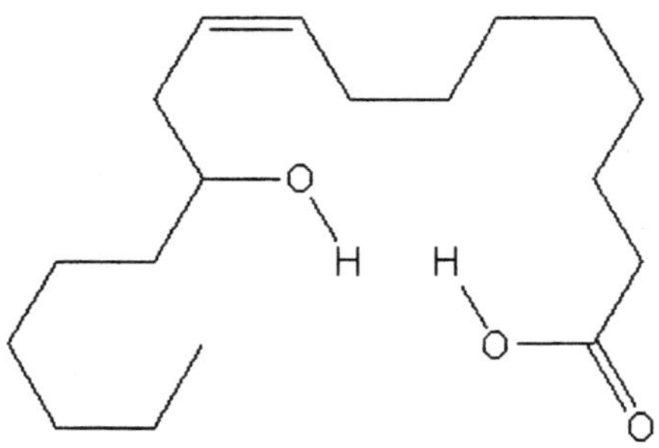

Funktion:
Flankenschutzmittel;
Verfahren:
Druckverfahren/Hochdruck direkt/Buchdruck;

Eigenschaften:
- **toxikologisch/ökotoxikologisch:**
  RTECS # FI 4100000
  R-Satz: 36/37/38
  S-Satz: 26-36

Sonstiges:
Enthält giftiges Albumin -> Rizin;

- physikalisch/chemisch:
Schmelzpunkt: -10 bis -12 °C
Siedepunkt: 313 °C
Flammpunkt: >112 °C
Brechungsindex: 1,4784 (20 °C)
Dichte: 953-964 kg/m3 (20 °C)

Löslichkeit:
leicht löslich in Ethanol, Diethylether, konz. Ethansäure; begrenzt mischbar mit Benzin;

Verbleib nach Gebrauch:
Verbrennung nach Mischung mit brennbarem Lösemittel;

Bemerkung:
Klares, farbloses und viskoses pflanzliches, fettes Öl; enthält 3 - 9 % -> Ölsäure, 2 - 3 % -> Linolsäure, ca. 2 % -> Stearinsäure;
Verwendung: als Abführmittel; als Einreibemittel bei Krätze; als Schmieröl; zur Herstellung von festen Appreturseifen, transparenten Seifen, Öllacken, Türkischrotöl; in der Lederindustrie; als Weichmacher für -> Cellulosenitrat;

Saccharose-acetyl-(iso-butyrat)

- CAS-Nummer:
29589-96-6
- gebräuchliche Namen:
SAIB; Sucrose-acetyl-(iso-butyrat); Rohzucker-acetyl-(iso-butyrat);
- Summenformel:
$C_{19}H_{32}O_{13}$

Funktion:
Additv/Weichmacher;
Verfahren:
Druckverfahren;
Anwendung:
Farbe

Eigenschaften:
- physikalisch/chemisch:
Siedepunkt: 288 °C
Flammpunkt: 260 °C
Dichte: 1146 kg/m3 (25°C)
Molmasse: 830 g/mol

Löslichkeit:
0,1 g/100 ml Wasser

Salpetersäure

- CAS-Nummer:
7697-37-2
- UN Nummer:
2031
- gebräuchliche Namen:
Salpetergeist; Scheidewasser; Aqua fortis;
- Summenformel:
HNO_3

Funktion:
Ätzmittel;
3.Entschichtungsmittel;
Verfahren:
1.Druckformherstellung/Flachdruck;
2.Druckformherstellung/Hochdruck;
3.Druckverfahren/Durchdruck direkt/Siebdruck;
Anwendung:
2.Bestandteil einer Ätzemulsion zur Ätzung der Metallklischees; Vorbehandlung von Magnesiumklischees ;
3.Siebentschichtung;

Eigenschaften:
- toxikologisch/ökotoxikologisch:
RTECS # QU 5775000
Schweizer Giftliste: 2
WGK: 1
MAK Wert: 2 ml/m3 bzw. 5,2 mg/m3
R-Satz: 8-35
S-Satz: (1/2)-23-26-36-45
Sonstiges:
Einstufung und Kennzeichnung von Zubereitungen, in denen diese Substanz enthalten ist:20%<=C ¦¦> C; R355%<=C<20% ¦¦> C; R34C>=70% ¦¦> O; R8Schwangerschaftsgruppe IIc [481]; Spitzenbegrenzung: I [481]; Einwirkung der Dämpfe führt akut zu Augenreizung (Bindehaut, Hornhaut) und Schädigung der Atemwege (Kehlkopfschwellung, Bronchitis, Lungenödem); an Haut und Schleimhäuten wirkt die Flüssigkeit ätzend, wobei es zur Gelbfärbung der Ätzschorfe kommt; bei oraler Aufnahme steht die Zerstörung der Schleimhäute von Mund, Speiseröhre und Magen im Vordergrund; Gefahr des Magendurchbruchs [418];Ätzstoff; 0,03 mg/l Luft 1 h ertragbar, 0,3 - 0,4 mg/l Luft verursachen Ätzung der Schleimhäute, 0,5 - 1 mg/l Luft tödlich in 0,5 bis 1 h, innerlich 2 g konz. Salpetersäure tödlich [30];LD Lo (oral, Mensch): 430 mg/kg [428];Schädlichkeitsgrenze für Forellen: 100 mg/l [298];Toxische Grenzkonzentration für Daphnia magna 107 mg/l [389];

Gefahren-Symbol:

O C

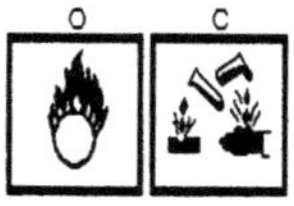

- physikalisch/chemisch:
Schmelzpunkt: - 42 °C
Siedepunkt: 83 °C
Dampfdruck: 5,6 hPa (20 °C) [163]; 56 hPa (20 °C) [418]; 9,4 hPa (*) (20 °C) [418];
Dichte: 1502,7 kg/m3 (25 °C)
Molmasse: 63,01 g/mol

Löslichkeit:
mischbar mit Wasser; löslich in Diethylether; zersetzlich in Ethanol;

Bemerkung zu physikalisch/chemischen Daten:
(*): Dampfdruck für 65 %ige Säure

Verbleib nach Gebrauch:
Sondermüll-Deponie, wasserunlösliche Feststoffe und Flüssigkeiten nach Neutralisation (nur für Kleinmengen);

Bemerkung:
Klare, bis leicht braune Flüssigkeit; scharfer, stechender Geruch;
Salpetersäure ist in wäßriger Lösung weitestgehend dissoziiert, gehört dadurch zu den stärksten Säuren; Konzentrationen: starke Salpetersäure bzw. rote, rauchende Salpetersäure (98 %ig), konz. Salpetersäure (68 %ig), verd. Salpetersäure (25 %ig);
Verwendung: als Ausgangsprodukt für die Herstellung von Nitraten und Düngemittel (75 %), Explosivstoffen (15 %); zum Nitrieren org. Verbindungen (z.B. -> Cellulose zu -> Cellulosenitrat); in der Metallbearbeitung zum Beizen und Ätzen;
Gewinnung: durch katalytische Ammoniak-Verbrennung (Ostwald-Verfahren);

Schellack

- CAS-Nummer:
9000-59-3
- gebräuchliche Namen:
Lacca;

Funktion:
Bindemittel; Harz;
Verfahren:
1.Druckverfahren/Durchdruck direkt/Siebdruck;
2.Druckfarben;
Anwendung:
Druckfarben; Flexodruckfarben;

Eigenschaften:
- physikalisch/chemisch:
Schmelzpunkt: 115-120 °C
Dichte: 1035-1140 kg/m3 (20 °C)

Löslichkeit:
unlösich in Wasser; löslich in Ethanol (sehr langsam); wenig löslich in Diethylether, Benzen (Benzol);

Bemerkung:
Gelblich, durchsichtige Stücke oder Pulver;
Verwendung: in wasserlöslichen Farben (Beispiel: auf Milchkartons), in Zement, in Tinten, in Schallplatten, in Papier, in elektrischen Maschinen;

Schwefelsäure

- CAS-Nummer:
7664-93-9
- UN Nummer:
1830
- gebräuchliche Namen:
Monothionsäure; Vitriol; Vitriolöl; Oleum; Kontaktsäure; Dünnsäure; Dihydrosulfat; Waschsäure;
- Summenformel:
H_2SO_4

Funktion:
pH-Regulator;
2.Entschichter; Fixierer;
3.Flankenschutzmittel;
Verfahren:
1.Druckformherstellung/ Reproduktionsfotografie;
2.Druckformherstellung/Flachdruck;
3.Druckverfahren/Hochdruck;
4.Druckverfahren/Tiefdruck;
Anwendung:
1.Härtefixier- und Umkehrbäder; Abschwächer; Erst-
entwicklerbad; Stoppbad; Tonerbad; Verstärkerbad; Fixierlösung; Chromat-
kolloidkopierverfahren;
3.Galvanisierbad; 4.Zylinderverchromung;

Eigenschaften:
- toxikologisch/ökotoxikologisch:
RTECS # WS 5600000
Schweizer Giftliste: 2
WGK: 1
MAK Wert: 1 mg/m3 E
R-Satz: 35
S-Satz: (1/2)-26-30-45
Sonstiges:
Einstufung und Kennzeichnung von Zubereitungen, in denen diese Substanz enthalten ist:15%<=C ¦¦> C; R355%<=C<15% ¦¦> Xi; R36/38Spitzenbegrenzung: I [481];Nach Hautkontakt treten schwere Verätzungen auf unter Bildung von Ätzschorfen; am Auge kommt es zu Hornhautschäden; beim Einatmen von Aerosolen Schädigung der betroffenen Schleimhäute; nach Verschlucken kann (nach einer Latenzzeit von einigen Wochen) Verengung des Magen-ausgangs (Pylorusstenose) auftreten [418]; Innerlich 4 - 6 g tödlich, 0,5 - 1 %ige Lösung giftig [30];Die bei starker Erhitzung entstehenden Dämpfe und Flüssigkeit verursachen schwere Verätzungen der Augen, Haut und Atemwege; hohe Dampfkonzentrationen können zu Atem- und Herzstillstand führen [163];LD 50 (oral, Ratte): 2140 mg/kg (25 %ige Lösung) [41];LC 50 (inhalativ, Ratte, 2 h): 510 mg/m3 [187];Toxische Grenzkonzentration für Daphnia magna 88 mg/l [389];

Gefahren-Symbol:

C

- physikalisch/chemisch:
Schmelzpunkt: 10,36 °C (100 %)
Siedepunkt: 338 °C (98,3 %); 295-315 °C;
Dampfdruck: 2 hPa (20 °C) [163]; <0,01 hPa (20 °C) [Sdb]
Dichte: 1841 kg/m3 (96-98 %) (20 °C)
Molmasse: 98,078 g/mol

Löslichkeit:
mischbar mit Wasser; zersetzlich in Ethanol;

Verbleib nach Gebrauch:
Sondermüll-Deponie, wasserunlösliche Feststoffe und Flüssigkeiten nach Neutralisation (nur für Kleinmengen);

Bemerkung:
Farblose, ölige Flüssigkeit; hygroskopisch; meist geruchlos;
Reagiert bei Kontakt mit Metallen und setzt dabei sehr leicht entzündliches Wasserstofffgas frei; reagiert bei Kontakt mit starken Oxidationsmitteln; Bei Erhitzung oder Feuer entstehen stark giftige Dämpfe; bei Kontakt mit Wasser kann heftige Reaktion unter Freisetzung von viel Hitze eintreten; Organische Stoffe, die mit Schwefelsäure in Berührung kommen, verkohlen durch starken Wasserentzug;
Verwendung: in der fotografischen Industrie als Ansäuerungsmittel in Härte- und Umkehrbädern sowie in Abschwächern; mit Kaliumdichromat zum Reinigen von Gefäßen; in Autobatterien;

Selen

- CAS-Nummer:
7782-49-2
- gebräuchliche Namen:
Selenium;
- Handelsnamen:
Vandex;
- Summenformel:
Se

Funktion:
1.Fotoleiter;
Verfahren:
1.Druckformherstellung/ Reproduktionsfotografie;
2.Kopierverfahren/elektr.Verfahren;
Anwendung:
1. Rotes Selen in Tonbädern, graues Selen in Fotoelementen und elektrofotografischen Schichten;
2.Bestandteil der Trommelbeschichtung;

Eigenschaften:
- toxikologisch/ökotoxikologisch:
RTECS # VS 7700000
Schweizer Giftliste: 1
MAK Wert: 0,1 mg/m3 E
R-Satz: 23/25-33
S-Satz: (1/2)-20/21-28-45
Sonstiges:
Spitzenbegrenzung: III [481]; IMK: I;Grenzkonzentration im Trinkwasser: 0,01 mg/l (WHO); Gesamtaufnahme von bis zu 4 g/Person ohne sichtbare, toxische Wirkung [140]; Tägliche Selenaufnahme des Menschen wird auf etwa 70 µg geschätzt [140];LC Lo (inhalativ, Ratte): 33 mg/kg/8h [140];LD 50 (oral, Ratte): 6700 mg/kg [428];LD Lo (intravenös, Ratte): 6 mg/kg [428];LD Lo (intravenös, Kaninchen): 2500 µg/kg [428];5, 7 und 10 mg/kg Selenid führen bei Ratten nach 3 Monaten zu Leberzirrhose und zum Tod von 43 der 108 Versuchstiere [140];

Gefahren-Symbol:

- physikalisch/chemisch:
Schmelzpunkt: 220 °C; 217; 170-217 °C
Siedepunkt: 688 °C
Dichte: 4260 kg/m3 (20 °C, amorph); 4810 kg/m3
Molmasse: 78,96 g/l

Löslichkeit:
unlöslich in Wasser, Ethanol; löslich in Schwefelsäure;

Verbleib nach Gebrauch:
Wiedergewinnung zum Recycling oder zur Wiederverwertung;

Bemerkung:
Vorkommen in mehreren Modifikationen; die nichtmetallischen Formen sind in Kohlenstoffdisulfid löslich;
Verboten in kosmetischen Mitteln;
Verwendung:
- rote Modifikation (nichtmetallisch): in der Fotoindustrie für Tonbäder
- graue Modifikation (metallisch): in Fotoelementen der lichtelektrischen Belichtungsmesser und zur Xerographie (fotoelektrisches Trockendruckverfahren);

Siedegrenzenbenzin

- CAS-Nummer:
64742-49-0

Eigenschaften:
- toxikologisch/ökotoxikologisch:
R-Satz: 45-22
S-Satz: 53-45
Sonstiges:
Einstufung und Kennzeichnung von Zubereitungen, in denen diese Substanz enthalten ist:10%<=C ¦¦> T; R45-220.1%<=C<10% ¦¦> T; R45

Gefahren-Symbol:

Silber

- CAS-Nummer:
7440-22-4
- gebräuchliche Namen:
C.I. 77820;
- Summenformel:
Ag

Funktion:
Bindemittel;
Verfahren:
1.Kopierverfahren;
2.Druckformherstellung/Reprofotografie/Silber-Halogenid-Verfahren;
Anwendung:
2.Silberrückgewinnung;

Eigenschaften:
- toxikologisch/ökotoxikologisch:
RTECS # VW 3675000
WGK: 0
MAK Wert: 0,1 mg/m3 E
Sonstiges:
Spitzenbegrenzung: III [481]; Schwangerschaftsgruppe IIc [481];Silber und Silberverbindungen gehören zu den Zellgiften; Graufärbung der Haut und Schleimhäute durch Silberablage;

- physikalisch/chemisch:
Schmelzpunkt: 961,93 °C
Siedepunkt: 2212 °C
Dichte: 1050 kg/m3 (20 °C)
Molmasse: 107,868 g/mol

Löslichkeit:
unlöslich in Wasser, Laugen; löslich in Salpetersäure, heißer Schwefelsäure, Kaliumcyanid;

Verbleib nach Gebrauch:
Wiedergewinnung zum Recycling oder zur Wiederverwertung, teure Metalle, Katalysatoren;

Bemerkung:
Zugelassen als Lebensmittelzusatzstoff nach LMBG;
Verwendung: u.a. als Lebensmittelfarbstoff (in der Zuckerwarenindustrie zur Dekoration und zur Erzielung äußerer Effekte, zum Färben von Dragees);

Silberbromid

- CAS-Nummer:
7785-23-1
- gebräuchliche Namen:
Bromyrit;
- Summenformel:
$AgBr$

Funktion:
lichtempfindliches Agenz;
Verfahren:
Druckformherstellung/Reprofotografie;
Anwendung:
Emulsion;

Eigenschaften:
- toxikologisch/ökotoxikologisch:
MAK Wert: 0,01 mg Ag/m3 E
Sonstiges:
Spitzenbegrenzung III [481]; Schwangerschaftsgruppe IIc [481];

- physikalisch/chemisch:
Schmelzpunkt: 430 °C
Siedepunkt: > 1300 °C (zers.)
Dichte: 6470 kg/m3 (20 °C)
Molmasse: 187,779 g/mol

Löslichkeit:
Wasser 0,0037 g/l (100 °C); unlöslich in Ethanol;

Verbleib nach Gebrauch:
Wiedergewinnung zum Recycling oder zur Wiederverwertung, teure Metalle, Katalysatoren;

Bemerkung:
Lichtempfindlich

Silbernitrat

- CAS-Nummer:
7761-88-8
- UN Nummer:
1493
- gebräuchliche Namen:
Höllenstein; salpetersaures Silber;
- Summenformel:
$AgNO_3$

Funktion:
Silberverstärker;
Verfahren:
Druckformherstellung/Reprofotografie;
Anwendung:
Physikalische Entwicklung;

Eigenschaften:
- toxikologisch/ökotoxikologisch:
RTECS # VW 4725000
WGK: 3
MAK Wert: 0,01 mg Ag/m3 E
R-Satz: 34
S-Satz: (1/2)-26-45
Sonstiges:
Spitzenbegrenzung III [481]; Schwangerschaftsgruppe IIc [481];LD (intravenös, Kaninchen): 8,8 mg/kg [54];Toxische Grenzkonzentration für Scenedesmus quadricauda 0,0095 mg/l [404];

Gefahren-Symbol:

- physikalisch/chemisch:
Schmelzpunkt: 209 °C
Siedepunkt: 444 °C (Zers.)
Dichte: 4350 kg/m3 (20 °C)
Molmasse: 169,875 g/mol

Löslichkeit:
Wasser 1220 g/l (0 °C); löslich in Diethylether, Propantriol (Glycerin);

Verbleib nach Gebrauch:
Wiedergewinnung zum Recycling oder zur Wiederverwertung, teure Metalle, Katalysatoren;

Bemerkung:
Farblose Kristalle;
Verwendung: zur Herstellung fotografischer Emulsionen, zur analytischen Bestimmung von KBr in Entwicklern, zur Restthiosulfatbestimmung;

Siliciumcarbid

- CAS-Nummer:
409-21-2
- gebräuchliche Namen:
Siliziumkarbid; Carborundum;
- Summenformel:
CSi

Verfahren:
Druckverfahren/Durchdruck direkt/Siebdruck;
Anwendung:
Druckformherstellung;

Eigenschaften:
- toxikologisch/ökotoxikologisch:
RTECS # VW 0450000
Schweizer Giftliste: -1
Sonstiges:
IMK: III;Kann schädigend wirken bei Einatmung, Verschlucken oder Aufnahme über Haut; verursacht Augen- und Hautreizungen; reizt Schleimhäute und Atemwege [187]; Karzinogen verdächtig [39];Krebserzeugend 2 [481];

- physikalisch/chemisch:
Schmelzpunkt: ca. 2700 °C (Subl., Zers.)
Dichte: 3217 kg/m3 (20 °C)
Molmasse: 40,097 g/mol

Löslichkeit:
unlöslich in Wasser, Säuren;

Verbleib nach Gebrauch:
Sondermüll-Deponie für chemischen Abfall, besonders gefährliche Stoffe;

Bemerkung:
Außerordentlich harte, grüne bis blau-schwarze, schillernde, scharfe Kristalle;
Verwendung: in Wetzsteinen; Schleifmittel; Schmirgelpapier und Schmirgel- scheibe; Schuhsohle; Schamottestein; Ofenauskleidung; rutschfeste Bodenbeläge; in der Halbleitertechnologie;

Silicium(IV)-oxid

- CAS-Nummer:
14808-60-7
- gebräuchliche Namen:
Siliciumdioxid; Quarzsand; Seesand; Cristobalit; Lechatelierit; Tridymit; Achat; Quarzmehl; Fiberglas; Quarz, Pulver; Sand; Amethyst; Quarz, corpuscular;
- Handelsnamen:
Attagel; Pharmasorb Colloidal; Attapulgus 150; Kristall-Quarzsand, feuergetrocknet;
- Summenformel:
SiO_2

Verfahren:
Druckverfahren;

Eigenschaften:
- toxikologisch/ökotoxikologisch:
RTECS # VV 7330000
WGK: 0
MAK Wert: 0,15 mg/m3 (gemessen als Quarzfeinstaub);
R-Satz: 20-40-48
S-Satz: 22
Sonstiges:
IMK: II; Schwangerschaftsgruppe C [481];vgl. Abschn. V e) und g)Bei akuter Einwirkung der Stäube nicht gesundheitsschädlich; Symptome: Husten [484];LD Lo (intravenös, Hund): 20 mg/kg [428];LD Lo (intravenös, Maus): 40 mg/kg [428];LD Lo (intravenös, Ratte): 90 mg/kg [428];TC Lo (inhalativ, Ratte): 50 mg/m3/6h/71w [428];

Gefahren-Symbol:

- physikalisch/chemisch:
Schmelzpunkt: 1723 ± 5 °C; 1610 °C (Quarz); 1710 °C;
Siedepunkt: 2230 °C; 2590 °C
Dichte: 2190-2320 kg/m3 (20 °C); 2635-2660 kg/m3 (Quarz)
Molmasse: 60,08 g/mol

Löslichkeit:
unlöslich in Wasser; löslich in Flußsäure; sehr wenig löslich in Laugen;

Bemerkung zu physikalisch/chemischen Daten:
Alle Angaben ohne Bemerkung für Cristobalit;

Verbleib nach Gebrauch:
Sondermüll-Deponie für chemischen Abfall, besonders gefährliche Stoffe;

Bemerkung:
Farblose Kristalle oder weißes Pulver, geruchlos;
Der Stoff reagiert bei Kontakt oder Mischung mit Fluorwasserstoff und starken Basen [484];
Schmuckstein; siehe auch -> Kieselsäure
Enthalten in Dicalite WB 5 (75%), WF-AB (75%), EFAPUR 1650, Kaolin (<2 %), Luzenac 20M2 (<3%), Mistrobond, Mistron Vapor RP6D , Mistron Vapor RP6, C Mistron Vapor 1R, Steanat (<3%), Talk Naintsch H-100 (47 %);

Sojabohnenöl, epoxidiert

- CAS-Nummer:
8013-07-8
- gebräuchliche Namen:
Sojaölepoxid; ESO;
- Handelsnamen:
Plasthall ESO; Paraplex G-62; PX-800;

Eigenschaften:
- toxikologisch/ökotoxikologisch:
RTECS # LH 8010000
WGK: 0
Sonstiges:
Augenkontakt kann zu leichten Reizungen führen. Wiederholter und langandauernder Hautkontakt kann Reizungen verursachen [Sdb Krahn Chemie];WGK: 0; WGK: 1; LD 50 (oral, Ratte): 40000 mg/kg;

- physikalisch/chemisch:
Siedepunkt: 398 °C*; 399 °C**
Flammpunkt: 310 °C
Dichte: 990 kg/m3 (25 °C)*

Löslichkeit:
unlöslich in Wasser** [Sdb Krahn Chemie];

Bemerkung zu physikalisch/chemischen Daten:
*: Angaben beziehen sich auf Plasthall ESO;
**: Angaben beziehen sich auf Paraplex G-62;

Bemerkung:
zähflüssig, hellgelb, milder Geruch*, öliger Geruch**;
Stoff reagiert mit Aminen, Laugen und Säuren;
gefährliche Zersetzungsprodukte: Kohlenmonoxid, Kohlendioxid*,**, organische Crack-Produkte** [Sdb Krahn Chemie];

Sojaöl

- CAS-Nummer:
8001-22-7
- gebräuchliche Namen:
Soybean Oil; Acidulated soybean soapstock; Refined soybean oil; Refined undeodorized soybean oil; Soya oil; Soybean
acidulated soapstock; Soybean deodorizer distillate; Soybean oil, bleached; Soybean oil bleaching; Soybean oil, degummed;
Soybean oil deodorization; Soybean oil, deodorized; Soybean oil fatty acids, glycerol triester; Soybean vegetable oil, winter
fraction

Eigenschaften:
- toxikologisch/ökotoxikologisch:
RTECS # WG 4862000
WGK: 0
Sonstiges:
LD 50 (intravenös; Maus): 22100 mg/kg [428]LD 50 (intravenös; Ratte): 16500 mg/kg [428]

Solvens Gelb 34 (C.I. 41000:1)

- **CAS-Nummer:**
  492-80-8
- **gebräuchliche Namen:**
  Solvent Yellow 34; C.I. C.I. 41000:1;C.I. 41000:1; Auramin Base; Auramin;
- **Summenformel:**
  $C_{17}H_{21}N_3$

- **Strukturformel:**

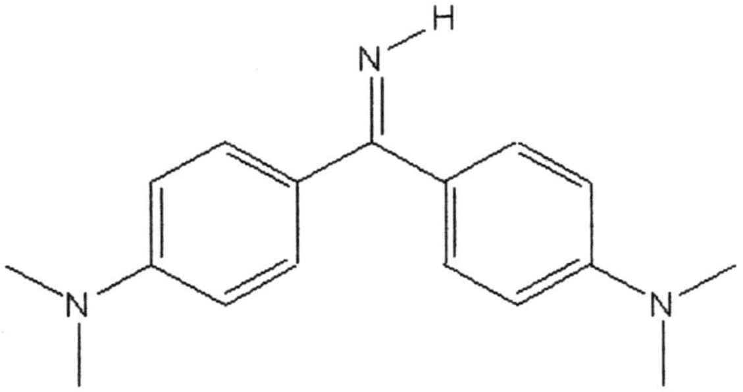

Funktion:
Pigment/Farbstoff/Gelb
Verfahren:
Druckverfahren;

Eigenschaften:
- **toxikologisch/ökotoxikologisch:**
  R-Satz: 22-36-40
  S-Satz: (2)-36/37
  Sonstiges:
  Krebserzeugend 2 [481]; TRK: 0,08 mg/m3 E [481];Carc. Cat. 3

  Gefahren-Symbol:

- **physikalisch/chemisch:**
  Schmelzpunkt: 136 °C
  Molmasse: 267,36 g/mol

  Löslichkeit:
  unlöslich in Wasser; wenig löslich in Diethylether; löslich in Ethanol;

Bemerkung:
Gelbe oder farblose Blättchen;

Solvens Gelb 29 (C.I. 21230)

- CAS-Nummer:
6706-82-7
- gebräuchliche Namen:
C.I. 21230; Solvent Yellow 29; 1,1-(Bis-2'-hydroxy-5'-cyclohexyl-phenyl-aro-o-toluyl-4')-cyclohexan
- Summenformel:
$C_{44}H_{52}N_4O_2$

Funktion:
Pigment/Farbstoff/gelb;
Verfahren:
Druckverfahren;

Solvens Rot 109

- CAS-Nummer:
53802-03-2
- gebräuchliche Namen:
Solvent Red 109; C.I. Solvent Red 109; 1:1 Cr-Komplex, Farbsalz;
- Handelsnamen:
Neozapon Rot 346; Zapon Rot 346;

Funktion:
Pigment/Farbstoff/rot;
Verfahren:
Druckverfahren;

Eigenschaften:
- toxikologisch/ökotoxikologisch:
WGK: 0
Sonstiges:
Nicht Hautreizend (Kaninchenhaut) [316];Nicht Schleimhautreizend (Kaninchenauge) [316];LD 50 (oral,Ratte): > 5000 mg/kg [316];

- physikalisch/chemisch:

Löslichkeit:
unlöslich in Wasser;

Verbleib nach Gebrauch:
Mechanische Abtrennung in Reinigungsanlagen möglich [316];

Bemerkung:
Rotes, geruchloses Pulver; staubexplosionsfähig;
Gehört zu den Chrom-Komplex-Farbsalzen;
Mischung aus Solvens Gelb 19 und Solvens Rot 49;

Solvens Rot 49 (C.I. 451701/1)

- **CAS-Nummer:**
  509-34-2
- **gebräuchliche Namen:**
  C.I. 451701/1; Solvent Red 49; Rhodamin B Base; N,N,N',N'-Tetraethylrhodamin;
- **Handelsnamen:**
  Baso Rot 546; Neptun Rotbase 543;
- **Summenformel:**
  $C_{28}H_{30}N_2O_3$

- **Strukturformel:**

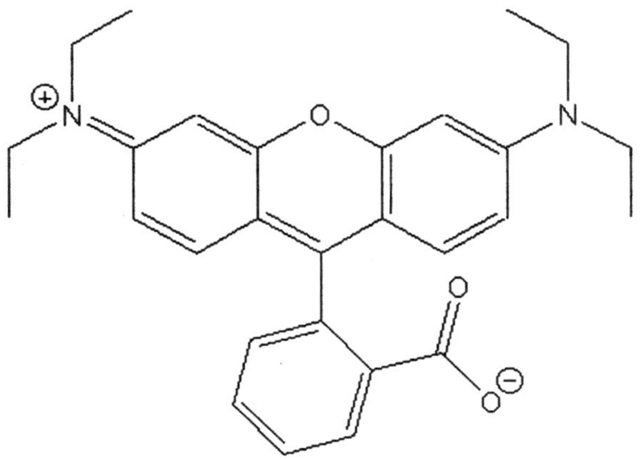

Funktion:
Pigment/Farbstoff/rot;

Eigenschaften:
- **toxikologisch/ökotoxikologisch:**
  Sonstiges:
  Keine toxischen Eigenschaften bekannt [187];Gesundheitsgefährdend bei Inhalation oder Aufnahme über Haut; Augen-und hautreizend;Karzinogen [187];

- **physikalisch/chemisch:**
  Molmasse: 442,56 g/mol

Verbleib nach Gebrauch:
Verbrennung nach Mischung mit brennbarem Lösemittel;

Bemerkung:
Rosafarbenes Pulver;

Sonnenblumenöl, Gemisch aus konjugierten Fettsäuren

- **CAS-Nummer:**
  68953-27-5
- **Handelsnamen:**
  Isomerginsäure SF;

Eigenschaften:
- toxikologisch/ökotoxikologisch:
WGK: 1
Sonstiges:
leicht abbaubar [Sdb Harburger Fettchemie];

- physikalisch/chemisch:
Schmelzpunkt: 25 °C (Erstarrungspunkt)
Siedepunkt: 180 °C (6 hPa)
Flammpunkt: 190 °C
Dampfdruck: <0,0001 hPa (20 °C)
Dichte: 900 kg/m3 (20 °C)

Löslichkeit:
unlöslich in Wasser [Sdb Harburger Fettchemie];

Bemerkung zu physikalisch/chemischen Daten:
Zündtemperatur: >190 °C [Sdb Harburger Fettchemie];

Bemerkung:
Flüssigkeit;
kontaminierte Putzlappen und anderes poröse Material neigt zur Selbstentzündung [Sdb Harburger Fettchemie];

Sorbit

- CAS-Nummer:
50-70-4
- gebräuchliche Namen:
D-Glucitol; D-Sorbitol; L-Gulitol;
- Handelsnamen:
Sorbol; Sorlicolan; Sorbo; Sorbostyl; Nivitin; Cholaxine; Karion Sionit; Sionon; Sorbilande; Sorbicolan; Diakarmon; Gulcitol;
- Summenformel:
$C_6H_{14}O_6$

- Strukturformel:

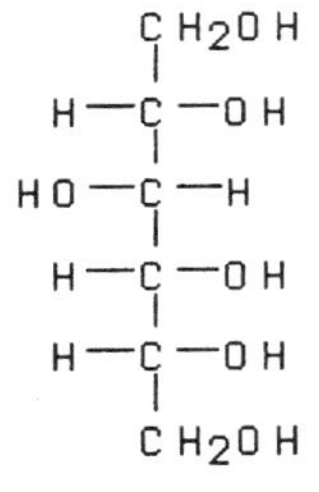

Verfahren:
Druckverfahren/Hochdruck direkt/Magnesium- und Zink-Ätzplatten;
Anwendung:
Druckformherstellung;

Eigenschaften:
- toxikologisch/ökotoxikologisch:
RTECS # LZ 4290000
Schweizer Giftliste: 1
WGK: 0
Sonstiges:
LD 50 (intraperitoneal, Maus): 15 mg/kg [428];LD 50 (intravenös, Maus): 9480 mg/kg [428];LD 50 (oral, Maus): 17800 mg/kg [428];LD 50 (oral, Ratte): 15900 mg/kg [187];TD Lo (oral, Frau): 1700 mg/kg/d [428];

Gefahren-Symbol:

F

- physikalisch/chemisch:
Schmelzpunkt: 110-112 °C (anhydr.); 93-97 °C; 98-100 °C
Flammpunkt: 98-100 °C
Brechungsindex: 1,45831 (25°C)
Dichte: 1,489
Molmasse: 182,17 g/mol

Löslichkeit:
leicht löslich in Wasser; löslich in Methanol, Butanol, Isopropanol, Hydroxybenzen (Phenol), Propanon (Aceton); wenig löslich in kaltem Wasser;
leicht löslich in Cyclohexanol; DMF; Pyridin, Acetamid;

Bemerkung zu physikalisch/chemischen Daten:
[Ó]D/20 = -2,0 ° (Wasser);

Verbleib nach Gebrauch:
Verbrennung nach Mischung mit brennbarem Lösemittel;;

Bemerkung:
Hygroskopische Nadeln; schmeckt süß;
Zugelassen als Lebensmittelzusatzstoff nach LMBG, E 420;
Verwendung: bei der Herstellung von Sorbase, Ascorbinsäure, Propylenglycol, synthetischen Harzen und Weichmachern; in Schreibtinten; in Frostschutzmitteln (mit Glycerol oder Glycolen); in Leder; in Tabak;
im gesunden menschlichen Organismus entspricht 1,0 g Sorbit 3,994 Kalorien, 70% von oral aufgenommenen Sorbit wird in CO2 umgewandelt, ohne Übergang von Glucose in das Blut;

Stärke

- CAS-Nummer:
9005-84-9
- gebräuchliche Namen:
Amylum; Amylum solubile;
- Summenformel:
$(C_6H_{10}O_5)_n$

Verfahren:
1.Druckformherstellung/Flachdruck indirekt/Offsetdruck;
2.Druckformherstellung/Siebdruck;
3.Druckverfahren/Offset/Bogenoffset;
4.Druckverfahren/Verpackungsdruck;

Anwendung:
3. Als Antihaftmittel wird Stäkepuder zwischen die
Bogen gesprüht;
4. Hilfsmittel bei der Herstellung von Verpackungsdruckfarben

Eigenschaften:
- toxikologisch/ökotoxikologisch:
RTECS # GM 5090000

- physikalisch/chemisch:
Schmelzpunkt: 256 - 258 °C (Zers.)
Molmasse: (162,14 g/mol) * n

Löslichkeit:
unlöslich in Wasser;

Verbleib nach Gebrauch:
Verbrennung nach Mischung mit brennbarem Lösemittel;

Bemerkung:
Weißes bis gelblichweißes Pulver;
Bildet beim Aufkochen in Wasser kolloidale Lösungen, die beim Erkalten zu einem Gel erstarren (Stärkekleister); Wichtigstes Assimilationsprodukt der Pflanzen; Reis enthält 70 - 80 % , Getreide 50 - 60 %, Kartoffeln 17 - 24 % Stärke; Menschlicher Bedarf liegt bei 500 g pro Tag;
Verwendung: zur Gewinnung von Alkohol, Herstellung von Klebstoffen und Textilhilfsmitteln;

Strontiumchromat

- CAS-Nummer:
7789-06-2
- gebräuchliche Namen:
C.I. 77839; Pigment Yellow 32; Strontiumgelb; Chromsäure Strontiumsalz; Pigment Gelb 32 (C.I. 77839);
- Summenformel:
$SrCrO_4$

Funktion:
Pigment/Farbstoff/gelb;
Verfahren:
Druckverfahren;
Anwendung:
Farbe; Vorstrichfarbe für Metalle;

Eigenschaften:
- toxikologisch/ökotoxikologisch:
RTECS # GB 3240000
Schweizer Giftliste: 3
MAK Wert: vgl. Abschnitt IX [481]
R-Satz: 45-22
S-Satz: 53-45
Sonstiges:
Gefahr der Sensibilisierung der Haut [481]; Krebserzeugend 2 [481];Carc.Cat.2 [505];LD 50 (intratracheal, Ratte): 16600 µg/kg [428];LD 50 (oral, Ratte): 3118 mg/kg [428];

Gefahren-Symbol:

- physikalisch/chemisch:
Dichte: 3895 kg/m3 (15 °C)
Molmasse: 203,61 g/mol

Löslichkeit:
löslich in: Salpetersäure; Salzsäure; Essigsäure; Wasser;

Bemerkung:
Gehört zu der Pigmentklasse von Strontiumchromat; Korrosionsinhibitor in Pigmenten;

Sulfamidsäure

- CAS-Nummer:
5329-14-6
- gebräuchliche Namen:
Amidoschwefelsäure; Amidosulfonsäure; Sulfamsäure; Sulfaminsäure;
- Summenformel:
NH_2SO_3H

- Strukturformel:

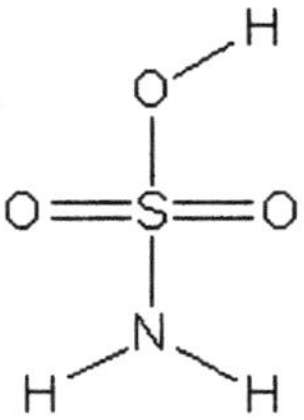

Verfahren:
Druckverfahren/Flachdruck indirekt/Offsetdruck;
Anwendung:
Druckformherstellung;

Eigenschaften:
- toxikologisch/ökotoxikologisch:
RTECS # WO 5950000;
Schweizer Giftliste: 3
WGK: 1
R-Satz: 36/38
S-Satz: (2)-26-28
Sonstiges:
Augen- und Hautkontakt verursacht starke Reizungen; Schleimhautirrita-tionen nach Verschlucken im Mund, Rachen, Speiseröhre und Magen-Darm-Trakt; bei Auftreten von Stäuben Schleimhautreizungen, Husten undAtemnot nach Einatmen [418];LD 50 (oral, Ratte): 1600 mg/kg [418];

Gefahren-Symbol:

- physikalisch/chemisch:
Schmelzpunkt: 205 °C (zers.)
Dichte: 2120 kg/m3 (20 °C)
Molmasse: 97,09 g/mol

Löslichkeit:
Wasser 170,8 g/l (20 °C), 262,1 g/l (60 °C), 470 g/l (80 °C);

Verbleib nach Gebrauch:
Verbrennung nach Mischung mit brennbarem Lösemittel;

Bemerkung:
Große, glashelle Kristalle; luftbeständig; nicht hygroskopisch;
Verwendung: in der Druckindustrie bei der Herstellung von Flachdruck-druckformen;

4-Sulfo-heptandisäuredidodecylester

- CAS-Nummer:
123-28-4
- gebräuchliche Namen:
DLT; LTD; DLTDP; DLTP; 3,3'-Thiodi(dodecylpropionat); Didodecyl-3,3'-thiodipropionat; Dilaurylthiodipropionat; AO-2; 4-Thia-heptandisäure-didodecyl-ester; 3-(2-Dodecyloxycarbonyl-ethylsulfanyl)-propionsäuredodecylester; 3,3'-Thiobispropansäuredidodecylester;
- Handelsnamen:
Advastab 800; Antioxidant AS; Cyanox LTDP; Ipognox 89; Irganox P S 800; Milban; Neganox; Plastanox; Tyox B; Lusurit;
- Summenformel:
$C_{30}H_{58}O_4S$

- Strukturformel:

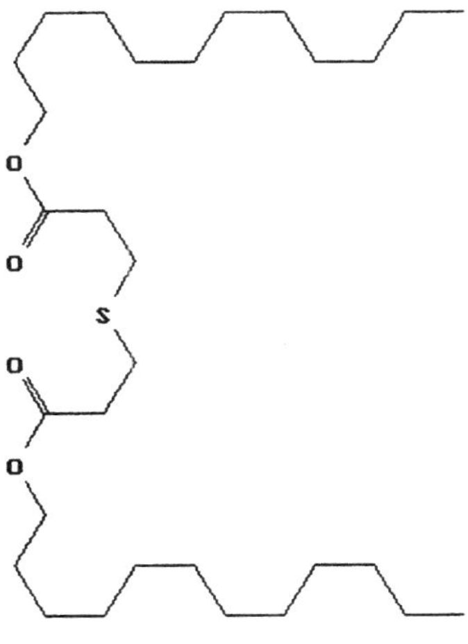

Eigenschaften:
- toxikologisch/ökotoxikologisch:
RTECS # UF 8000000
Sonstiges:
Maximale Tagesdosis 0 - 3 mg/kg (FAO/WHO) [451]; LD 50 (oral, Ratte): >2500 mg/kg [428];LD 50 (oral, Maus): >2000 mg/kg [428];

- physikalisch/chemisch:
Schmelzpunkt: 39-40 °C; 43-44 °C
Siedepunkt: 240 °C (1,33 hPa)
Flammpunkt: 148 °C
Dichte: 916 kg/m3 (20 °C); 975 kg/m3 (25 °C)
Molmasse: 514,85 g/mol

Löslichkeit:
löslich in den meisten organischen Lösemitteln [428];

Bemerkung:
Weißter Feststoff; süßlicher Geruch; extrem hitze- und hydrolysebeständig [428];
Verwendung: Antioxidans und Stabilisator in Elastomeren und Zelluloseacetaten;
Konservierungsmittel für Speisezusätze;

Tellur

- CAS-Nummer:
13494-80-9
- gebräuchliche Namen:
Tellurium;
- Handelsnamen:
Telloy;
- Summenformel:
Te

Funktion:
Fotoleiter;
Verfahren:
1.Reprofotografiektron. Verfahren direkt/Elektrofotografie;
Anwendung:
2.Bestandteil der Trommelbeschichtung;

Eigenschaften:
- toxikologisch/ökotoxikologisch:
RTECS # WY 2625000
Schweizer Giftliste: 2
MAK Wert: 0,1 mg/m3 E
R-Satz: 26/27/28
S-Satz: 45-36/37/39-22
Sonstiges:
Spitzenbegrenzung: II,2 [481]; IMK II;Gefahr der Hautresorption! Verboten in kosmetischen Mitteln;Tellurverbindungen sind Zell- und Nervengifte, aber nur schwache Reizstoffe;

Gefahren-Symbol:

T

- **physikalisch/chemisch:**
  Schmelzpunkt: 449,5 °C ± 0,3 °C (*)
  Siedepunkt: 989,8 °C ± 3,8 °C (*)
  Dichte: 6000 kg/m3 (20 °C) (*); 6260 ± 30 kg/m3
  Molmasse: 127,60 g/mol

  Löslichkeit:
  unlöslich in Wasser, Salzsäure; löslich in Schwefelsäure, Salpetersäure, Königswasser, Kaliumcyanid, Kaliumhydroxid; unlöslich in organischen Lösungsmittel;

  Bemerkung zu physikalisch/chemischen Daten:
  (*): für amorphe Modifikation;
  Löslichkeitsangaben für amorphe und rhombische Modifikation gleich;

Verbleib nach Gebrauch:
Wiedergewinnung zum Recycling oder zur Wiederverwertung;

Bemerkung:
Entzündbarer Feststoff;
Verwendung: als Tonerbestandteil;

Terpentin

- **CAS-Nummer:**
  8006-64-2
- **UN Nummer:**
  1299
- **gebräuchliche Namen:**
  Balsamöl; Holzöl; Holzterpentin; Kienöl; Terpentinöl; Terpentinspiritus; oleum terebinthinae; Pinen;
- **Handelsnamen:**
  Balsamterpentinöl "P";
- **Summenformel:**
  $C_{10}H_{16}$

Funktion:
1.Bindemittel;
3.Lösungsmittel;
Verfahren:
1.Druckverfahren/Flachdruck;
2.Druckformherstellung/Hochdruck;
3.Druckverfahren/Durchdruck direkt/Siebdruck;
4.Druckformherstellung/Reproduktionsfotografie;
Anwendung:
4.Chromatkolloidkopierverfahren;

Eigenschaften:
- **toxikologisch/ökotoxikologisch:**
  Schweizer Giftliste: 4
  WGK: 1
  MAK Wert: 100 ml/m3 bzw. 560 mg/m3;
  R-Satz: 10-20/21/22
  S-Satz: (2)
  Sonstiges:
  Einstufung und Kennzeichnung von Zubereitungen, in denen diese Substanz enthalten ist:25%<=C ¦¦> Xn; R20/21/22Spitzenbegrenzung: I [481]; Gefahr der Sensibilisierung der Haut [481];Giftwirkung variiert je nach Konzentration und Verunreinigungg des Produktes; Dämpfe verursachen Reizung der Augen und Atemwege (Lungenentzündung); bei hohen Konzentrationen Rausch bis Narkose; Kontakt mit der Flüssigkeit führt zu Entzündungen und Abszessen der Haut

(Malerkrätze);nach Aufnahme über den Mund Entzündung des Magendarm-Kanals, der Niere und Harnverhaltung [163]; Hautresorption! [148];Symptome: Stechender Schmerz in den Augen, Brennen der Nasen- und Rachenschleimhäute; Husten; Schwindel, Kopfschmerz, Übelkeit, Benommenheit, Bewußtlosigkeit [484];Tödliche Dosis ab 60 ml (nur Richtwert, s.o.) [39];TC-LO (inhalativ, Mensch) 175 ml/m3 (Reizerscheinung) [Sdb Weissmeer Baltische];LD (oral, Mann): 150 ml [Sdb Weissmeer Baltisch];Toxisch für Wasserorganismen: LD 50 / 96 Std. 100-10 mg/l [484];

Gefahren-Symbol:

Xn

- physikalisch/chemisch:

Schmelzpunkt: -55 °C
Siedepunkt: 156-170 °C; 149 °C; 151-173 °C (1013 hPa)
Flammpunkt: 33 °C; 35 °C;
Dampfdruck: 5 hPa (20 °C) [163]
Brechungsindex: 1.468-1.470 (20°C)
Dichte: 860 kg/m3 (20 °C)
Molmasse: 136,24 g/mol
Verdunstungszahl: 0,4 (BuAc = 1) [9]

Löslichkeit:
Wasser < 0,1 g/l (20 °C);

Bemerkung:

Farbloses bis gelbliches, dünnflüssiges etherisches Öl; eigentümlich scharf riechend; brennbar;
Bildet im dampf-/gasförmigen Zustand mit Luft explosionsfähige Gemische;
Explosionsgrenzen: 0,8-6,0 Vol.-%; Zündtemp.: 255 °C [163];
Besteht hauptsächlich aus α- und β-Pinen;
Verwendung: Campher-Gewinnung; Lösemittel für Harze, Öle, Kautschuk; zur Bereitung von Lacken, Firnissen und Ölfarben; für Schuhcreme und Bohnerwachs; in Retuschiermitteln;
Zersetzt sich beim Erhitzen; gefährliche Zersetzungsprodukte (im Brandfall): Organische Crackprodukte und Kohlenoxide;
reagiert heftig mit Calciumhypochlorit, Chromtrioxid, Chromoxychlorid, Zinntetrachlorid, Tri- und Hexachlormelamin sowie mit starken Oxidationsmitteln. Bildung entzündlicher Dampf-Luftgemische möglich [EG-Sdb Weissmeer Baltische Gebr. Beckmann];

Tetrachlorethen

- CAS-Nummer:
127-18-4

- UN Nummer:
1897

- gebräuchliche Namen:
PER; Perchlorethylen; Tetrachlorethylen; Ethylentetrachlorid; Kohlenstoffdichlorid; Etiline; Tetrachlorethen perc; Perchlor; 1,1,2,2-Tetrachlorethylen;

- Handelsnamen:
Ankilostin; Antisal; Dee-solv; Didakene; Dow-per; Drosel; ENT 1860; Nema; Per; Perawin; Perc; Perclene; Persec; Pertanol; Sirius 2; Soltene; Tedal-un; Tetlen; Tetracap; Tetraguer; Tetraleno; Tetralina; Tetralino; Tetralex; Tetravec; Tetropil; Urania 2; Wacker Per;

- Summenformel:
C_2Cl_4

- Strukturformel:

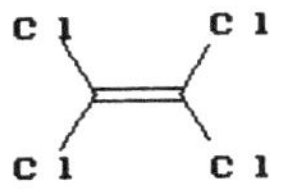

Funktion:
1.+ 3.Lösungsmittel;
2.Wasch- und Reinigungsmittel;

Verfahren:
1.Druckverfahren/Hochdruck direkt/Flexodruck;
2.Druckverfahren/Flachdruck;
3.Druckformherstellung/Hochdruck;

Anwendung:
3.als Auswaschlösung für Flexodruckplatten, z.B. in Kombination mit n-Butanol;

Eigenschaften:
- toxikologisch/ökotoxikologisch:
RTECS # KX 3850000
Schweizer Giftliste: 4
WGK: 3
R-Satz: 40
S-Satz: (2)-23-36/37
Sonstiges:
Einstufung und Kennzeichnung von Zubereitungen, in denen diese Substanz enthalten ist:1%<=C ¦¦> Xn; R40Für diese Substanz liegt ein BUA-Stoffbericht Nr. 139 vor. Das Umweltbundesamt schlägt folgende Einstufung vor: R51, R53; Gefahrensymbol N ("Umweltgefährlich)";Krebserzeugend 3 [481]; Gefahr der Hautresorption [481]; Carc.Cat 3 [505]; Geruchsschwelle: 5 ml/m3 [163];Dämpfe wirken betäubend und reizen bei Konzentrationen über 100 ml/m3 Augen und Atemwege; Kontakt mit der Flüssigkeit führt zu Reizung der Augen und Haut; Hautresorption!; abgesehen von örtlichen Symptomen, auch von seiten des Magen- und Darmkanals, wenn größere Mengen verschluckt werden, sind Störungen der Leber und neurologische Spätsymptome zu erwarten; bei Kontakt mit heißen Flächen oder offenen Flammen bildet sich neben -> Chlor auch hochgiftiges -> Phosgengas [163];Karzinogenes Potential im Tierversuch bei männlichen Ratten ist nicht direkt auf den Menschen zu übertragen [285];Bei oraler Aufnahme durch Warmblüter (auch Mensch) Bildung von -> Trichlorethansäure [163];600-1000 ml/m3 für 45 min verursachten Betäubung [163];Akkumulation in fettreichem Gewebe; Ausscheidung des Stoffwechselproduktes über Harn [579];TC Lo (inhalativ, Mann): 600 ml/m3/10 min [428];LD 50 (oral, Ratte): 8850 mg/kg [9], 3005 mg/kg [141];LC Lo (inhalativ, Ratte): 4000 ml/m3/4 h [9];LD 50 (intraperitoneal, Ratte): 4678 mg/kg [428];LD 50 (Haut, Kaninchen): > 10000 mg/kg [9];LD 50 (oral, Kaninchen): 8120 mg/kg [579];LD 50 (oral, Maus): 8100 mg/kg [428];LC 50 (inhalativ, Maus): 5100 ml/m3/4 h [428];LD 50 (Haut, Maus): 65000 mg/kg [428];LD 50 (intraperitoneal, Maus): 4400 mg/kg [579], 4600-5700 mg/kg [634];LD 50 (subcutan, Maus): 64682 mg/kg [579];LD 50 (intraperitoneal, Meerschweinchen): 500 mg/kg [634]; LD 50 (oral, Katze): 6492 mg/kg [579];LD Lo (oral, Hund): 4000 mg/kg [634];LD 50 (intraperitoneal, Hund): 3482 mg/kg [579]; LC 50 (Fisch, Goldorfe): 130 mg/l/48 h [191];LC 50 (Daphnia magna): 9,09/18 mg/l/48 h [608];LC 50 (Fisch, Pimephales promelas): 17,9/23,5 mg/l/24 h, 2,1 mg/l/32 d [608];LC 50 (Fisch, Pimephales promelas): 13,4-23,8 mg/l/96 h [608];LC 50 (Fisch, Salmo gairdneri): 4,80/4,99 mg/l/96 h [608];LC 50 (Poecili reticulata): 17,8 mg/l/7 d [608];In einer Reihe von Tests zum aeroben biologischen Abbau (mit Inokula aus Belebtschlamm, Abwasser oder Gewässerproben) konnte kein Abbau nachgewiesen werden [608];

Gefahren-Symbol:

- physikalisch/chemisch:

Schmelzpunkt: - 22,4 °C; -19 °C
Siedepunkt: 120 °C; 121,1 °C
Dampfdruck: 18-19 hPa (20 °C) [634]; 1013 hPa (121,2 °C); 5,9 hPa (0 °C) [579]; 585 hPa (10
Verdampfungswärme: 209,34 kJ/kg
Log pOW: 2,60 [4]; 2,53-2,88 [579]; 2,53-2,67 [608]
Brechungsindex: 1,50547 (20 °C)
Dichte: 1620,7 kg/m3 (20 °C)
Molmasse: 165,834 g/mol
Verdunstungszahl: 2,8 (BuAc = 1) [9]

Löslichkeit:
mischbar mit allen gebräuchlichen organischen Lösemitteln, Wasser 0,165 g/l (30 °C) [579]; Wasser 0,16 g/l (20 °C); 149 mg/l (25 °C); mischbar mit Ethanol, Diethylether;

Verbleib nach Gebrauch:

Verbrennung nach Mischung mit brennbarem Lösemittel;
Troposphärische Halbwertszeit 100 - 200 Tage; Abbauprodukte u.a. -> HCl und -> Phosgen [405];
[608]:
Hydrosphäre: Im Rahmen des Gewässerschutzes wird eine regelmäßige Überwachung in Flüssen durchgeführt. So wurden im Rhein bei Köln folgende Konzentrationen [µg/l] gemessen:

Mittelwert	Maximum	Jahr
0,36	2,24	1983
0,22	-	1984
0,22	1,0	1986
0,13	0,37	1987
0,14	0,21	1988
0,14	1,10	1989
0,10	0,70	1990
0,09	0,63	1991

In anderen Flüssen wurden 1990 und 1991 folgende Maximalkonzentrationen gefunden (in µg/l]:

Fluß	1990	1991
Sieg	0,2	0,12
Wupper	1,5	0,4
Erft	0,1	0,08
Ruhr	0,2	0,38
Emscher	5,3	4,2
Lippe	0,87	1,2
Elbe	0,815	0,40

Boden: Im Einflußbereich von Industriestandorten wurden Konzentrationen von 0,7-4 µg/kg Trockensubstanz gefunden. In Klärschlämmen, insbesondere aus industriellen Abwässern, wurden PER-Gehalte bis zu 370 µg/kg ermittelt, die den Referenzwert von 10 µg/kg der Altlastenkommission zum Teil erheblich überschreiten.
Grund- und Trinkwasser: In Grundwässern bei Haus- und Sondermülldeponien wurden 1990 in 195 von 227 Proben mittlere Konzentrationen von 56,1 µg/l (max. 6.504 µg/l) gefunden. Eine umfangreiche Untersuchung der Qualität des Trinkwassers ergab 1990 bei 72 von 345 Messungen Konzentrationen über 0,1 µg/l, bei einem Maximalwert von 39 µg/l (Durchschnittswert 0,46 µg/l).
Biota: Folgende PER-Konzentrationen wurden in Organismen gefunden (Auswahl):

Picea abies excelsa (Fichtennadeln)	bis 3500 µg/m3
Pecten maximus (Testes der Jakobsmuscheln	176 µg/kg
Conger conger (Leber des Congeraals)	43 µg/kg
Gadus morhua (Leber des Dorschs)	8 µg/kg
Nieren von Süßwasserfischen	bis 8687 kg

Atmosphäre: Die Atmosphäre ist das Haupteintragskompartiment von PER. Wie die Ergebnisse der Meßstationen des Umweltbundesamtes zeigen, waren die Konzentrationen in den 80'er Jahren rückläufig, sind jedoch seit 1990 praktisch konstant geblieben. Die mittleren Konzentrationen liegen in städtischen oder stadtnahen Gebieten um 1 µg/m3, es ist jedoch mit wesentlich höheren Immissionsspitzen (um 25 µg/m3) zu rechnen.

Bei der Anwendung als Lösemittel bei Chemiereinigungen, Textilausrüstungs-, Oberflächenbehandlungs- und Extraktionsanlagen wird der größte Teil des eingesetzten PERs emittiert. Es berechnen sich für die Anwendung als Lösemittel folgende Einträge:
1990 16.976 t Anwendungsmenge, 70 % Eintragsquote, 11.883 t Eintragsmenge (Angabe der Hersteller, nach VCI: 27.000 t).

Bemerkung:

Farblose Flüssigkeit mit chloroformartigem Geruch; ätzend; nicht brennbar;
Verwendung: als Fettlöser u.a. in Textilreinigungsbetrieben; als technisches Lösemittel; korrodiert Aluminium, Zink [428]; Lederverarbeitende Industrie; Metallgewinnung, -aufarbeitung und -verarbeitung; Farben- und Lackindustrie; Haushaltsbereich;
Geruch: süßlich etherisch; ist ohne Stabilisator im abgeschirmten Tageslicht bei Feuchtigkeit sowie in Gegenwart von verdünnten Säuren und Laugen lange Zeit unverändert stabil. Bei Temperaturen von >150 °C Zersetzung hauptsächlich zu Phosgen und Chlorwasserstoff. Wird durch Sauerstoff und Wasser oxidiert. Antioxidation kann mit Aminen, Phenol oder Morpholin unterdrückt werden [579];
Mengenangaben: 100000-500000 Tonnen;

[608]:
1986 wurden in der Bundesrepublik 45.000-50.000 t PER als Lösemittel angewendet, der Einsatz verteilte sich wie folgt:

- Metallentfettung und -befettung	60-64 %
- Textilreinigung (gewerblich)	32-36 %
- übrige (z.B. Lackierung, Extraktion, Elektronik)	ca. 4 %

1992 wurden insgesamt 19.800 t PER verkauft, davon 13.500 t (68 %) für Metallentfettung, Kaltreinigung und Elektronik und 3.100 t (16 %) für die Textilreinigung. Für die restlichen 3.200 t (16 %) konnte die Anwendung nicht zugeordnet werden.

Tetrachlormethan

- CAS-Nummer:
56-23-5

- UN Nummer:
1846

- gebräuchliche Namen:
Kohlenstofftetrachlorid; Perchloromethan; Chlorkohlenstoff; Tetrachlorkohlenstoff; Tetra; CTC; Kohlenstoffsuperchlorid; Carbontetrachlorid; Carbonchlorid; Perchloromethan;

- Handelsnamen:
Tetracol; Phönixin; Chlorkohlenstoff Katharine; Necatorina; Necatorine; Tetrafinol; Tetraform; Tetrasol; Benzinoform; Fasciolin; Fluhoids; R 10; Univerm; Vermoestricid;

- Summenformel:
CCl_4

- Strukturformel:

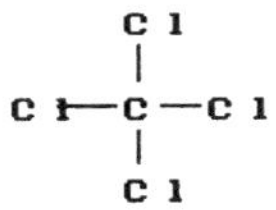

Funktion:
Reinigungsmittel; Waschmittel;
Verfahren:
Druckverfahren/Hochdruck;

Eigenschaften:
- toxikologisch/ökotoxikologisch:
RTECS # FG 4900000
Schweizer Giftliste: 1
WGK: 3
MAK Wert: 64 mg/m3 bzw. 10 ml/m3
R-Satz: 23/24/25-40-48/23-59
S-Satz: (1/2)-23-36/37-45-59-61
Sonstiges:
Zu diesem Stoff liegt ein BUA-Stoffbericht Nr. 45 vor.Einstufung und Kennzeichnung von Zubereitungen, in denen diese Substanz enthalten ist:1%<=C ¦¦> T; R23/24/25-40-48/230.2%<=C<1% ¦¦> Xn; R20/21/22-48/20Carc. Cat. 3; H; IIIB; Geruchsschwelle: 70 ml/m3 [163];Spitzenbegrenzung: II,1 [481]; Gefahr der Hautresorption [481]; Schwangerschaftsgruppe D [481]; Krebserzeugend 3 [481]; BAT-Wert: 70 µg/l [481];Krebsgefahr: B (Bundesarbeitsblatt 11/1986, 73 f.);Lösungsmittelklasse: Ia (Gefahrstoffverordnung);Die Flüssigkeit ist giftig und wird auch über die Haut aufgenommen; Dämpfe wirken narkotisch und führen zu Herzrhythmusstörungen sowie mit Verzögerung zu Leber- und Nierenschäden; Personen unter Alkoholeinwirkung (auch in kleinen Mengen) sind besonders anfällig; es kann Hautentzündung auftreten; bei Erhitzung entstehen große Mengen hochgiftiges Phosgen und Chlorwasserstoff [163]; Bei Beginn der Geruchswahrnehmung kann Gesundheitsschädigung schon eingetreten sein; der Geruch zeigt nicht den Umfang der Gefahr an; 1000 - 2000 ml/m3 für 30 - 60 min waren tödlich; 300 ml/m3 für 1 h, 90 ml/m3 für 4 h und 2000 ml/m3 für 6 min bewirkten keine oder nur geringe Gesundheitsschäden [163];Nervengift, Organgift: 10 mg/l bei mehrstündiger Einwirkung giftig, Innerlich 2 ml giftig; 10 - 20 g tödlich [30];Toxizität auf Leber, Nieren und Lungen hängt von der Bildung reaktiver Metabolite ab; im Tierversuch ist Stoff ein Heptokarzinogen; wirkt mit verschiedenen krebserzeugenden Stoffen im Tierversuch auch kokanzerogen [589];LC Lo (inhalativ, Mensch): 1000 ml/m3 [428];LD 50 (oral, Ratte): 1770 mg/kg [189], 2800 mg/kg [32], 2920 mg/kg [9];LC 50 (inhalativ, Ratte): 8000 ml/m3/4 h [9];LD 50 (Haut, Ratte): 5070 mg/kg [428];LD 50 (intraperitoneal, Ratte): 1500 µl/kg [428];LD 50 (oral, Kaninchen): 6380 mg/kg [189];LD 50 (intravenös, Kaninchen): 636 mg/kg [589];LD Lo (oral, Maus): 429 mg/kg [428];TD Lo (oral, Maus): 1700 mg/kg [428];LD 50 (oral, Maus): 8263 mg/kg [428];LC 50 (inhalativ, Maus): 9526 ml/m3/8 h [428];LD 50 (intraperitoneal, Maus): 900 mg/kg [589];LD 50 (intraperitoneal, Hund): 2390 mg/kg [589];Toxische Grenzkonzentration für Pseudomonas putida 30 mg/l, Scenedesmus quadricauda > 600 mg/l [36];LC 50 (Daphnia magna): > 770 mg/l [6];LC 50 (Fisch, Pimpephales promelas): 43,1 mg/l [190];

Gefahren-Symbol:

T N

- physikalisch/chemisch:
Schmelzpunkt: -22,9 °C
Siedepunkt: 76,7 °C
Dampfdruck: 121 hPa (20 °C) [32]; 411 hPa (50 °C) [589]
Verdampfungswärme: 194,69 kJ/kg
Log pOW: 2,83; 2,62 [4]
Brechungsindex: 1,46305 (15 °C); 1,4607 (20 °C)
Dichte: 1596 kg/m3 (20 °C)
Molmasse: 153,823 g/mol
Verdunstungszahl: 7,0 (BuAc = 1) [9]; 4 (Diethylether = 1) [18]

Löslichkeit:
Wasser 0,77 g/l (20 °C); mischbar mit Ethanol, Diethylether, Ether, Schwefelkohlenstoff, Petrolether, Öl; löslich in Benzen, Trichlormethan;

Verbleib nach Gebrauch:
Verbrennung nach Mischung mit brennbarem Lösemittel;
Tetrachlormethan ist stabil in der Troposphäre und hat keine Abbauprodukte [406];
Atmosphärischer Tetrachlormethangehalt entstammt aus anthropogenen Quellen [406];

Bemerkung:
Farblose, süßlich riechende Flüssigkeit; nicht brennbar; giftig;
Dämpfe bilden mit Luft giftige Gemische, die schwerer als Luft sind; Dämpfe und Flüssigkeit zersetzen sich an heißen Flächen bzw. bei Erhitzung zu hochgiftigen Phosgengas;
Verwendung: Lösemittel;

2',4',5',6'-Tetrachlor-2,4,5,7-tetrajodfluorescein Dinatriumsalz

- CAS-Nummer:
632-69-9
- gebräuchliche Namen:
Bengalrosa Dinatriumsalz;Rose Bengale Dinatriumsalz; Red 105; Food Red 105;
- Summenformel:
$C_{20}H_4Cl_4I_4O_5 * 2\,Na$

- Strukturformel:

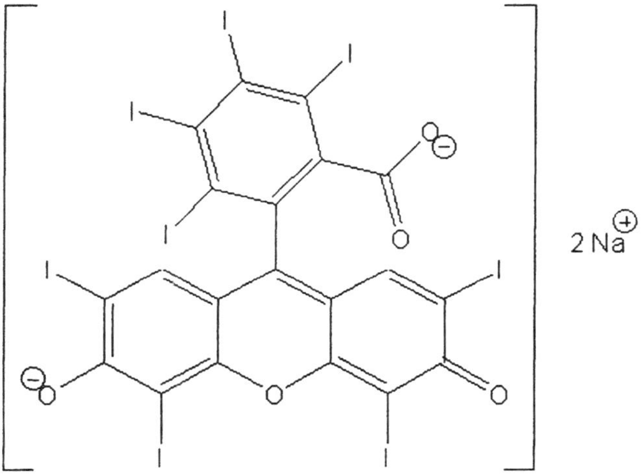

Funktion:
Additiv/Sensibilisator;
Verfahren:
Kopierverfahren/elektron. Verfahren direkt/Elektrofotografie;
Anwendung:
Papierbeschichtung;

Eigenschaften:
- toxikologisch/ökotoxikologisch:
RTECS # LM 5920000;
R-Satz: 20/21

Sonstiges:
Kein teratogener Effekt im Tierversuch nachweisbar [265];Toxisch im Tierversuch (mit trächtigen Ratten und ihren Jungen) beiKonzentrationen von 2,5 % in der Nahrung [265];

- physikalisch/chemisch:
Molmasse: 1017,65 g/mol

Löslichkeit:
löslich in Wasser;

Verbleib nach Gebrauch:
Verbrennung nach Mischung mit brennbarem Lösemittel;

Bemerkung:
Verwendung: als Farbstoff, u.a. für Tinten; zum Färben von Lebensmitteln und Kosmetika;

Tetrahydrofuran

- CAS-Nummer:
109-99-9
- UN Nummer:
2056
- gebräuchliche Namen:
THF; THFA; Diethylenmonoxid; Diethylenoxid; Tetramethylenoxid; Cyclotetramethylenoxid; Zyklotetramethylenoxid; 1,4-Oxidobutan; Furantetrahydrid; 1,4-Epoxybutan;
- Handelsnamen:
Furanidine; Hydrofuran; Oxolane; Oxyl;
- Summenformel:
C_4H_8O

- Strukturformel:

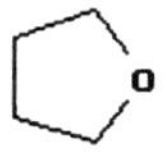

Funktion:
1.+ 2.Lösungsmittel;
Verfahren:
1.Druckverfahren/Hochdruck direkt/Flexodruck;
2.Druckverfahren;
Anwendung:
1.Druckfarbe;
2.Verpackungstiefdruckfarben;

Eigenschaften:
- toxikologisch/ökotoxikologisch:
RTECS # LU 5950000
Schweizer Giftliste: 3
WGK: 1
MAK Wert: 150 mg/m3 bzw. 50 ml/m3
R-Satz: 11-19-36/37
S-Satz: (2)-16-29-33
Sonstiges:
Einstufung und Kennzeichnung von Zubereitungen, in denen diese Substanz enthalten ist:25%<=C ¦¦> Xi; R36/37Spitzenbegrenzung: I [481]; Schwangerschaftsgruppe C [481]; BAT-Wert: 8 mg/l

[481];Dämpfe reizen Augen und Atemwege; Kontakt mit der Flüssigkeit führt zu Reizung der Augen und Haut [163];Kurzeinwirkungen von 25000 ml/m3 verursachen meist Betäubung [32];Kurzeinwirkung; 500 ml/m3 für 30 Minuten erwiesen sich als ungefährlich [484];Symptome: Brennen der Augen, der Nasen- und Rachenschleimhäute, Kopfschmerzen, Schläfrigkeit [484];Geruchsschwelle: 5 ml/m3 [163];LD 50 (oral, Ratte) 3000 mg/kg [9], 1650-3400 mg/kg [634];LC 50 (inhlativ, Ratte): 62,9 mg/l/3h, 53,9 mg/l/4h [634];LD 50 (intraperitoneal, Ratte): 2695-2900 mg/kg [634];LD 50 (oral, Maus): 2300 mg/kg [634];LD 50 (oral, Kaninchen): 3120 mg/kg [634];LD 50 (oral, Meerschweinchen): 2300 mg/kg [634];LD 50 (intraperitoneal, Meerschweinchen): 500 mg/kg [634];LD 50 (subcutan, Meerschweinchen): 3290 mg/kg [634];LC 50 (Fisch, Goldorfe): 2930/2820 mg/l [33];LC 100 (Fisch, Goldorfe): 4000/3700 mg/l [33];Toxische Grenzkonzentration für Pseudomonas putida 580 mg/l, Scenedesmus quadricauda 3700 mg/l [36];[Sdb Global Technologies GmbH]:LD 50 (oral, Ratte): 2816 mg/kg LC 50 (inhalativ, Ratte): 54 mg/l/4 hLC 0 (Leuciscus idus): >1000 mg/l/48 hEC 10 (Pseudomonas putida): 329 mg/l/16 hEC 50 (Daphnia magna): 382 mg/l/24 habbaubar zu 99 %;

Gefahren-Symbol:

- physikalisch/chemisch:

Schmelzpunkt: -108,5 °C; -108 °C
Siedepunkt: 65,6-65,8 °C; 66 °C (1013 hPa); 65-67 °C
Flammpunkt: -21 °C (geschl.); -17 °C (offen)
Dampfdruck: 200 hPa (20 °C) [32]; 173 hPa (20 °C) [Sdb]; 152 hPa (20 °C) [634]
Log pOW: 0,46 [4]
Brechungsindex: 1,4050 (20 °C)
Dichte: 889,2 kg/m3 (20 °C); 887 kg/m3 (20 °C)
Molmasse: 72,107 g/mol
Verdunstungszahl: 8,0 (BuAc = 1) [9]; 2,3 (Diethylether = 1) [19]

Löslichkeit:
Wasserlöslichkeit: 200 g/l (pH=7-8; 20 °C); mischbar mit Wasser; löslich in Ethanol, Diethylether;

Bemerkung zu physikalisch/chemischen Daten:
T(krit.): 267 °C; P(krit.): 51865,6 hPa [428];

Verbleib nach Gebrauch:
Verbrennung, hochentzündliche Stoffe;

Bemerkung:
Farblose, etherähnlich riechende Flüssigkeit;
Brennbar; Bildet im dampf-/gasförmigen Zustand mit Luft explosionsfähige Gemische;
Explosionsgrenzen:
2,0 - 12,4 Vol% ; Zündtemp.: 230 °C [32], 321 °C [634];
1,5-12 Vol.-%; Zündtemp.: 215 °C [484];
Tetrahydrofuran kann explosive Peroxide bilden, wenn es Licht und der Luft ausgesetzt ist; bei hohen Peroxidkonzentrationen kann explosionsartiger Zerfall erfolgen (Stabilisierung durch Inhibitor); Stoff zerstört Gummi und greift viele Kunststoffe an;
Verwendung: als Lösemittel; Farben- und Lackindustrie; Klebe- und Bindemittel; Duftstoffe;
Mengenangaben: 100000-500000 Tonnen;

Farblos, bei 20 °C flüssig, Geruch nach Aceton; leichtentzündlich;
bei der Verbrennung werden Stickoxide, Kohlenmonoxid und Kohlendioxid gebildet [Sdb ISB Global Technologies GmbH];

Tetrahydrofurfuryl-oleat

- **CAS-Nummer:**
  150-81-2
- **gebräuchliche Namen:**
  THFO; Ölsäure-tetrahydrofurfuryl-ester;tetrahydrofurfuryl-Oleat;
- **Handelsnamen:**
  Plastolein 9250 THFO
- **Summenformel:**
  $C_{23}H_{42}O_3$

- **Strukturformel:**

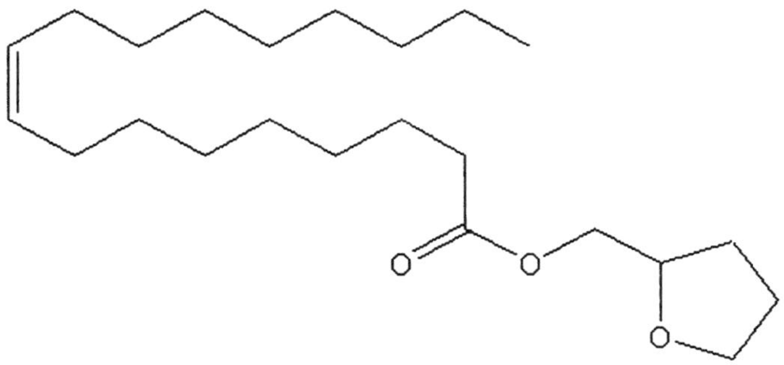

Funktion:
Additiv/Weichmacher;
Verfahren:
Druckverfahren;
Anwendung:
Farbe;

Eigenschaften:

- **physikalisch/chemisch:**
  Schmelzpunkt: -28 °C
  Siedepunkt: 240 °C
  Flammpunkt: 213 °C
  Dichte: 928 kg/m3 (25°C)
  Molmasse: 366 g/mol Verdampfungswärme

1,2,3,4-Tetrahydronaphthalin

- **CAS-Nummer:**
  119-64-2
- **UN Nummer:**
  1300
- **gebräuchliche Namen:**
  Tetrahydronaphthalin; Tetralin; Terpentinersatz; Tetralinterpentinölersatz;
- **Handelsnamen:**
  Tetranap; Tetralin;
- **Summenformel:**
  $C_{10}H_{12}$

- **Strukturformel:**

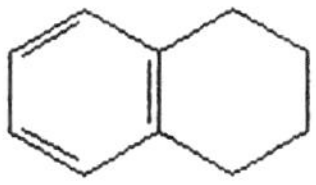

Eigenschaften:

- **toxikologisch/ökotoxikologisch:**

RTECS # QK 3850000
Schweizer Giftliste: 4
WGK: 2
R-Satz: 19-36/38
S-Satz: (2)-26-28
Sonstiges:
Für diese Substanz liegt ein BUA-Stoffbericht Nr. 101 vor. Nervengift; Dämpfe wirken gering narkotisch; IMK: II;Innerlich 5 - 7 g giftig;Bei üblichen Umgebungstemperaturen nur geringe Entwicklung von Dämpfen, so daß erst bei Erhitzung der Substanz mit Dampfkonzentrationen zu rechnen ist, die zur Reizung der Augen, Atemwege, Lunge und Haut führen; bei sehr hohen Konzentrationen betäubende Wirkung; Kontakt mit Flüssigkeit reizt Augen und Haut [163], [484];Wirkt betäubend. Kann zu Kopfschmerzen, Schwindel und Störungen des zentralen Nervensystems führen. Geringe Giftwirkung. Hautkontakt kann Dermatitis verursachen. Geringste Mengen, die bei Verschlucken oder nachfolgendem Erbrechen in die Lunge gelangen, können zu einem Lungenödem oder zu einer Lungenentzündung führen. [Sdb EXXON]LD 50 (oral, Ratte): 2860 mg/kg [39], [634]; 1620 mg/kg [428];LD 50 (Haut, Kaninchen): 17360 mg/kg [428], 16710 mg/kg [634];LC 50 (inhalativ, Meerschweinchen): 275 ml/m3 [428];

Gefahren-Symbol:

- **physikalisch/chemisch:**

Schmelzpunkt: -35 °C; -35,8 °C; -30 °C
Siedepunkt: 207,2 °C; 207,6 °C; 204-206 °C
Flammpunkt: 78 °C; 77 °C; 72 °C; 71 Cc (geschl.)
Dampfdruck: 0,4 hPa (20 °C) [163]; [484]; 1,5 hPa (38 °C); 5 hPa (55 °C); 900 hPa (196 °C)
Verdampfungswärme: 322,85 kJ/kg
Log pOW: 3,71-3,78 (20 °C)
Brechungsindex: 1,5461 (20,2 °C)
Dichte: 937,2 kg/m3 (18 °C); 970 kg/m3 (15 °C); 967-971 kg/m3 (20 °C); 965,9 (25 °C)
Molmasse: 132,22 g/mol
Verdunstungszahl: 190 (Diethylether = 1) [18]

Löslichkeit:
Wasserlöslichkeit: 42,7-45 mg/l; unlöslich in Wasser; mischbar mit Ethanol, Diethylether, Petrolether, Trichlormethan, Terpentinöl, Diethylether, Amylakohol, chlorierten Kohlenwasserstoffen, Benzin und Benzen (Benzol);

Verbleib nach Gebrauch:
Verbrennung;

Bemerkung:
Farblose bis blassgelbe Flüssigkeit; terpentinartiger Geruch; brennbar;
Als Terpentinersatz wird auch -> Decahydronaphthalen (Isomerengemisch) bezeichnet;
Bildet im dampf-/gasförmigen Zustand mit Luft explosionsfähige Gemische;
Explosionsgrenzen: 0,8-5 Vol.-%; Zündtemp.: 385 °C [163]; [484];

Substanz löst Fette, Öle, Harze, Wachse und Kautschuk;
Bei längerer Einwirkung von Luft kann der Stoff Peroxide bilden, die bei Erhitzung explosionsartig reagieren;
Verwendung: technisches Lösemittel z.B. für Kautschuk, Chlorkautschuk, Cumaronharze, Lacke, Jod und Schwefel; Zusatz zu Motorkraftstoffen;

Tetrahydro-1,4-oxazin

- CAS-Nummer:
110-91-8
- UN Nummer:
2054
- gebräuchliche Namen:
Morpholin; Tetrahydro-p-isoxazin; Diethylenoximid; Diethylenimidoxid; 1,4-Oxazinan;
- Summenformel:
C_4H_9NO

- Strukturformel:

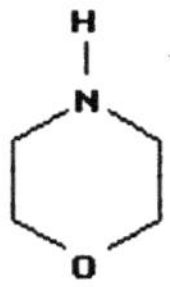

Funktion:
Lösungsmittel;
Additiv/Alkalien
Verfahren:
Druckverfahren;

Eigenschaften:
- toxikologisch/ökotoxikologisch:
RTECS # QD 6475000
Schweizer Giftliste: 3
WGK: 2
MAK Wert: 36 mg/m3 bzw. 10 ml/m3
R-Satz: 10-20/21/22-34
S-Satz: (1/2)-23-36-45
Sonstiges:
Einstufung und Kennzeichnung von Zubereitungen, in denen diese Substanz enthalten ist:25%<=C ¦¦> C; R20/21/22-3410%<=C<25% ¦¦> C; R341%<=C<10% ¦¦> Xi; R36/38Zu diesem Stoff liegt ein BUA-Stoffbericht Nr. 56 vor.IMK: II; Spitzenbegrenzung: I [481]; Schwangerschaftsgruppe IIc [481];Dämpfe bewirken starke Reizung der Augen und Atemwege; Kontakt mit Flüssigkeit führt zu Verätzung der Augen und Haut; Hautresorption!; bei langanhaltender Einwirkung sind Lungenödem, später Leber- und Nierenschäden möglich [163];Geruchsschwelle: 0,01 ml/m3 [484];LD 50 (oral, Ratte): 1050 mg/kg [9], 1450 mg/kg [428];LC 50 (inhalativ, Ratte): 8000 ml/m3/8h [9], 8000 ppm/8h [428];TD Lo (oral, Ratte): 24 g/kg/30d (intermittierend) [428];TD Lo (inhalativ, Ratte): 250 ppm/6h/13w (intermittierend) [428];TC Lo (inhalativ, Ratte): 70 mg/m3/4h/17w (intermittierend) [428];LD 50 (oral, Maus): 525 mg/kg [428];LD 50 (intraperitoneal, Maus): 413 mg/kg [428];LC 50 (inhalativ, Maus): 1320 mg/m3/2h [428];TD Lo (oral, Maus): 2560 mg/kg/y (kontinuierlich) [428];LD 50 (Haut, Kaninchen): 500 mg/kg [9], 500 µl/kg [428];TD Lo (Haut, Kaninchen): 9 g/kg/10d (intermittierend) [428];LD Lo (oral, Meerschweinchen): 100 mg/kg [428];TD Lo (oral, Meerschweinchen): 13500 mg/kg/30d (intermittierend) [428];TC Lo (inhalativ, Meerschweinchen): 70 mg/m3/4h/17w (intermittierend) [428];TD Lo (Haut, Meerschweinchen): 27 g/kg/30d (intermittierend) [428];LD 50 (oral, Säugetiere): 1220 mg/kg [428];LC 50 (inhalativ, Säugetiere): 12000 mg/m3 [428];Toxische Grenzkonzentration für Pseudomonas putida 310 mg/l,

Scenedesmus quadricauda 4,1 mg/l [36];LC Lo (Daphnia magna): 16 mg/l [6];LC 50 (Daphnia magna): 100 mg/l [6];LC 50 (Fisch, Goldorfe): 240/285 mg/l [33];LC 100 (Fisch, Goldorfe): 301/340 mg/l [33];

Gefahren-Symbol:

C

- physikalisch/chemisch:

Schmelzpunkt: -5 °C
Siedepunkt: 128 °C
Flammpunkt: 38 °C
Dampfdruck: 11 hPa (20 °C) [163]
Log pOW: -1,08 [4]
Brechungsindex: 1,4540 (20 °C)
Dichte: 1000,7 kg/m3 (20 °C)
Molmasse: 87,121 g/mol
Verdunstungszahl: 0,8 (BuAc = 1) [9]; 26 (Diethylether = 1) [18]

Löslichkeit:
mischbar mit Wasser, Ethanol, Diethylether; löslich in Propanon, Benzen;

Verbleib nach Gebrauch:
Verbrennung, hochentzündliche Stoffe;

Bemerkung:
Leicht bewegliches hygroskopisches Öl; brennbar; ätzend; wasserdampfflüchtig; starker Fischgeruch;
Bildet im dampf-/gasförmigen Zustand mit Luft explosionsfähige Gemische;
Explosionsgrenzen:
1,8-10,8 Vol%; Zündtemp.: 310 °C [9],
1,8-15,2 Vol%; Zündtemp.: 255 °C [163];
Verboten in kosmetischen Mitteln;
Mit Nitrilen bzw. salpetriger Säure können sich Nitrosamine bilden, die sich im Tierversuch als karzinogen erwiesen haben;
Verwendung: technisches Lösemittel;
Enthalten in Aquacer 533 (1,2%)

2,4,5,7-Tetrajodfluorescein Dinatriumsalz Monohydrat

- CAS-Nummer:
16423-68-0

- gebräuchliche Namen:
E 127; Erythrosin B; Erythrosin (C.I. 45430); Erythrosin (C.I. 45430, S. Nr. 887); Jodeosin B; Acid Red 51;Säurerot 51; Food Red 14; Erythrosin extrabläulich; C.I. 45430;

- Handelsnamen:
Acelux; FD & C Red No. 3;

- Summenformel:
$C_{20}H_6I_4Na_2O_5 * H_2O$

- Strukturformel:

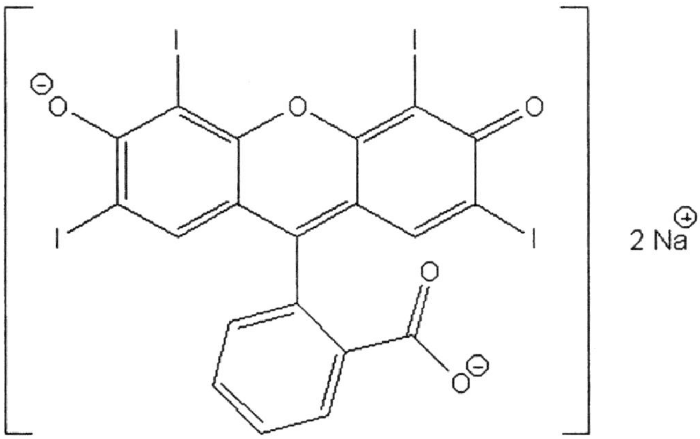

Funktion:
Pigment/Farbstoff/rot;

Verfahren:
Druckverfahren;

Eigenschaften:

- toxikologisch/ökotoxikologisch:

RTECS # LM 5950000;

Sonstiges:

Schwach erbgutschädigend im Bakterientest [176];Keine Erbgutschädigung beim Menschen aufgrund der durch die Nahrungaufgenommenen Mengen [177];LD 50 (oral, Ratte): 2891 mg/kg [326];LD 50 (oral, Maus): 2558 mg/kg [326];Beeinflußt das ZNS [326];Literaturübersicht zur Toxizität siehe [169];

- physikalisch/chemisch:

Molmasse: 879,86 g/mol

Löslichkeit:

Wasser 60 g/l (25 °C); löslich in Ethanol; unlöslich in Benzen (Benzol), pflanzlichen Ölen;

Verbleib nach Gebrauch:
Verbrennung nach Mischung mit brennbarem Lösemittel;

Bemerkung:
Rotbraunes Pulver; geringe Lichtechtheit;
Verwendung: zur Plasmafärbung in der Mikroskopie, als Indikator, als Sensibilisator in der Photographie, als Lebensmittelfarbstoff;

CAS-Nr.: 568-63-8 -> 2',4',5',7'-Tetrajodfluorescein Dinatriumsalz

Tetramethylsuccinonitril

- **CAS-Nummer:**
  3333-52-6
- **gebräuchliche Namen:**
  Tetramethylsuccinonitril;
- **Summenformel:**
  $C_8H_{12}N_2$

- **Strukturformel:**

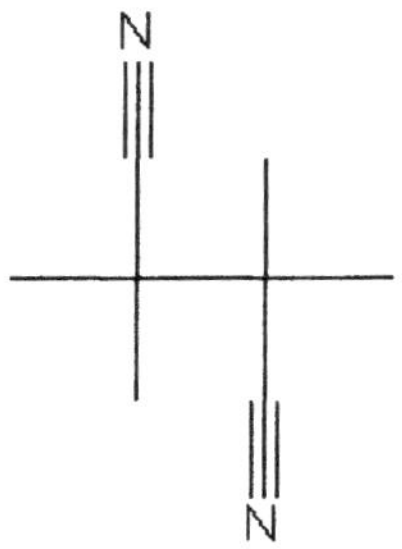

Eigenschaften:
- **toxikologisch/ökotoxikologisch:**

RTECS # WN 4025000
Schweizer Giftliste: 2
WGK: 3
MAK Wert: 0,5 ml/m3 bzw. 2,8 mg/m3
Sonstiges:
Spitzenbegrenzung: II,1 [481]; Gefahr der Hautresorption [481];Nervengift; Hautresorption! evtl. innere Erstickung;LD 50 (oral, Ratte): 38900 µg/kg [428];LC Lo (inhalativ, Ratte): 60 ppm/2h [428];LD 50 (intraperitoneal, Ratte): 17500 µg/kg [428];LD 50 (subcutan, Ratte): 30 mg/kg [428];TD Lo (oral, Ratte): 270 mg/kg/90d (kontinuierlich) [428];LC Lo (inhalativ, Maus): 123 mg/m3/2h [428];LD 50 (intraperitoneal, Maus): 17710 µg/kg [428];LD Lo (subcutan, Maus): 30 mg/kg [428];LD 50 (intravenös, Maus): 18 mg/kg [428];LD Lo (subcutan, Hund): 20 mg/kg [428];LC (inhalativ, Katze): >281 mg/m3/2h [428];LD Lo (oral, Kaninchen): 25 mg/kg [428];LD Lo (subcutan, Kaninchen): 30 mg/kg [428];LD 50 (intravenös, Kaninchen): 20 mg/kg [428];LD 50 (oral, Meerschweinchen): 17500 µg/kg [428];LD 50 (subcutan, Meerschweinchen): 23 mg/kg [428];TD Lo (intraperitoneal, Hamster(trächtig)): 9944 µg/kg/8d [428];

- **physikalisch/chemisch:**

Schmelzpunkt: 169 °C
Siedepunkt: 180 °C (267 hPa)
Dichte: 1070 kg/m3
Molmasse: 136,2 g/mol

Tetranatriumethylendiamintetraacetat

- CAS-Nummer:
64-02-8
- gebräuchliche Namen:
Ethylendiamintetraessigsäuretetranatriumsalzhydrat; Ethylendinitrilotetraessigsäuretetranatriumsalzhydrat; Diaminoethantetraethansäuretetranatriumsalzhydrat; N,N'-1,2-Ethandiylbis-[N-(carboxymethyl)]-Glycin, Tetranatrium-Salz; Tetranatriumedetat;
- Handelsnamen:
Chelest D; Clewat S 2; Dabeersen Na4; Datorin E 4-40; Dissolvine 39; EDTA-4 Na; Hamp-ene 100; Hamp-ene 100 S; Hamp-ene 220; Kelaten 100; Masquol EL 40; Nervanaid B 30; Nervanaid B 65; Nervanaid B conc; Sequestrene 30 A; Sequestrene N a 4; Sequestrene ST flüssig; Sequestrene ST Pulver; Syntron B; TCP-07; Trilon B flüssig; Trilon B Pulver; Trilon BW; Versene 100; Versene 220;
- Summenformel:
$C_{10}H_{12}N_2O_8Na_4 * x H_2O$

- Strukturformel:

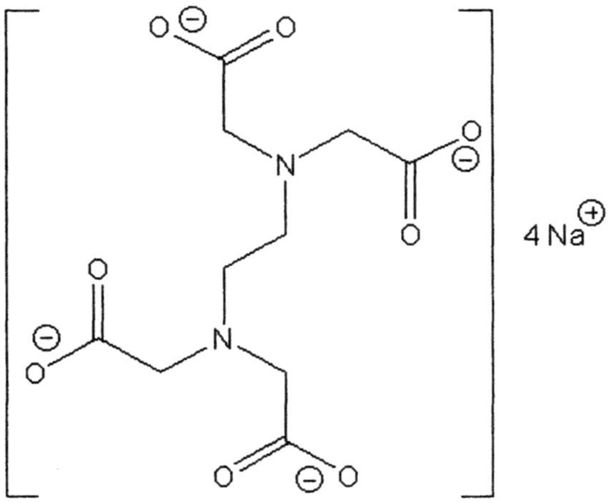

Funktion:
Komplexbildner;
Verfahren:
Druckverfahren/Flachdruck indirekt/Offsetdruck;
Anwendung:
Druckformherstellung;

Eigenschaften:
- toxikologisch/ökotoxikologisch:
RTECS # AH 5075000
WGK: 2
R-Satz: 37
S-Satz: 22-24/25
Sonstiges:
Bei intravasaler Anwendung beim Menschen Nierschäden bis hin zu Nierenversagen; Störungen des Calciumstoffwechsels, Tetanien, Miktionsstörungen und Herzrhtythmusstörungen; in einigen Fällen: Hautsensibilisierung und allergische Konjunktivitis; EDTA nach Aufnahme nicht oder kaum metabolisiert und über die Niere durch tubuläre Sekretion und glomeruläre Filtration wieder ausgeschieden; Leitsymptome in toxischen Dosisbereichen waren Dyspnoe, Bauchlage und

spastischer Gang;nach oraler Verabreichung des EDTA-Tetranatriumsalzes zeigte sich eine Reizung der Intestinalschleimhäute. An systemischen Vergiftungssymptomen wurden in toxischen Dosen Diarrhoe, Dyspnoe, Zittern und Krämpfe beobachtet;Am Kaninchenauge gibt es leichte bis deutliche Reizungen; zur Gentoxizität liegen widersprüchliche Ergebnisse vor; nach oraler und parenteraler Aufnahme fetotische und teratogene Wirkung [574];LD 50 (oral, Ratte): 2700 mg/kg (88 % Produkt), 1700 mg/lg, 3200 mg/kg (40 % wäßrige Lsg.), 1658 mg/kg, 1780-2000 mg/kg [574];LD 50 (intraperitoneal, Maus): ca. 240 mg/kg (88 % Produkt), 330 mg/kg, 460-680 mg/kg [574];Weder leicht noch potentiell biologisch abbaubar; hydrostabil; toxikologisches Wirkprofil basiert auf chelatisierende Wirkung [574];LC 50 (Daphnia magna): 625 mg/l [6];EC 50 (Daphnia magna): 625 bzw. 1033 mg/l/24 h [574];EC 100 (Daphnia magna): 1250 bzw. 1136 mg/l/24 h [574];LC 50 (Fisch): 2040 mg/l;Toxische Grenzkonzentration für Scenedesmus quadricauda 11 mg/l [404];CSB: 592 mg/g [13];

Gefahren-Symbol:

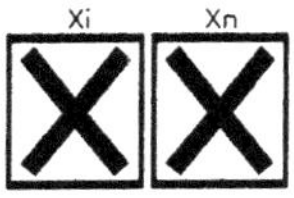

- physikalisch/chemisch:

Schmelzpunkt: > 300 °C (>150 °C Zers. mögl.)
Flammpunkt: >100 °C
Log pOW: 3,34 [574]; 5,01 [574]
Dichte: ca. 800 kg/m3
Molmasse: 380,17 g/mol * x H(2)O
Löslichkeit:
Wasser 200 mg/l [8];
Wasser: 500 g/l (20 °C), ca. 1000 g/l (20 °C), ca. 1100 g/l (20 °C), ca. 1030 g/l (25 °C), ca. 1150 g/l (80 °C); unlöslich in den meisten organischen Lösungsmitteln [574];

Bemerkung zu physikalisch/chemischen Daten:
Zündtemperatur: >100 °C [574];

Bemerkung:

Farblose, kristalline Substanz;
Kristallwasser: Na4EDTA kristallisiert aus Wasser als Tetrahydrat; gelangt in aqutischen Bereich in Form von Metall-EDTA-Komplexen in die Umwelt; liegt in der Umwelt meistens als Ca-Komplex vor;
Verwendung in: Wasch- und Reinigungsmittel für den Haushalt; Reinigungsmittel für Industrie und Gewerbe, Fotochemikalien; Textilindustrie; Papierindustrie; Galvanoindustrie; Landwirtschaft; Kosmetik; Wasserbehandlung [574];

Weißes Pulver;
Leicht lösliche Metallkomplexe; Metallbindung; Komplextitration;

zu den Handelsnamen:
Syntron B: etwa 40 %ige Lösung;
Sequestrene 30 A: 39 %ige Lösung;

Thallium(I)-nitrat

- CAS-Nummer:
10102-45-1
- UN Nummer:
2727
- Summenformel:
NO_3Tl

Verfahren:
Druckformherstellung/Reproduktionsfotografie;
Anwendung:
Fixierentwickler;

Eigenschaften:
- toxikologisch/ökotoxikologisch:
RTECS # XG 5950000;
WGK: 2
MAK Wert: 0,1 mg Tl/m3 E
R-Satz: 26/28-33
S-Satz: 2-13-28-45
Sonstiges:
Spitzenbegrenzung III [481];

Gefahren-Symbol:
T

- physikalisch/chemisch:
Schmelzpunkt: 206 °C
Molmasse: 266,37 g/mol

Verbleib nach Gebrauch:
Sondermüll-Deponie, abfiltrierte Sulfide aus der Ausfällung des in Lösung gebrachten Stoffes (Oxidation oder wäßrige Säure) und eventueller Neutralisation;

Bemerkung:
Hygroskopisch;

Thiokohlensäurediamid

- CAS-Nummer:
62-56-6
- gebräuchliche Namen:
Thioharnstoff; Thiocarbamid; Thiourea; Sulfoharnstoff; TU;
- Handelsnamen:
Sulourea; Urea; THU; Tsizp 34; USAF Ek-497;
- Summenformel:
CH_4N_2S

- Strukturformel:

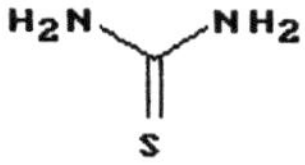

Funktion:
1.Beschleuniger;
2.Flankenschutzmittel;
Verfahren:
1.Druckformherstellung/Reproduktionsfotografie;
2.Druckformherstellung/Hochdruck;
Anwendung:
1.Tonbädern und Bleichfixierbädern, Farmerscher Abschwächer; Entwicklerbad;
2.Bestandteil der Ätzlösung bei der Herstellung von Kupferplatten;

Eigenschaften:

- toxikologisch/ökotoxikologisch:

RTECS # YU 2800000
Schweizer Giftliste: 3
WGK: 2
R-Satz: 22-40-51/53
S-Satz: (2)-22-24-36/37-61
Sonstiges:
Krebserzeugend 3 [481]; Gefahr der Photosensibilisierung, Gefahr der Sensibilisierung der Haut [481]; Karzinogen [187]; Carc.Cat.3 [505];Wirkt schädigend beim Einatmen, Verschlucken oder Aufnahme über Haut; kann Augenreizungen verursachen; kann allergische Hautreaktionen auslösen [187];LD 50 (oral, Ratte): 125 mg/kg [40];LD 50 (intraperitoneal, Ratte): 436 mg/kg [428];LD 50 (intraperitoneal, Maus): 100 mg/kg [428];LD Lo (oral, Kaninchen): 6985 mg/kg [428];LD Lo (subcutan, Meerschweinchen): 4000 mg/kg [428];LD Lo (subcutan, Frosch): 10000 mg/kg [428];LD Lo (oral, Säugetier): 1000 mg/kg [428];LD 50 (intraperitoneal, Säugetier): 3500 mg/kg [428];LC 50 (Fisch, Pimephales promelas): > 100 mg/l [3];LC 50 (Daphnia magna): 1,8 mg/l [3];CSB: 0,84 g/g [3]; BSB(5): 0,013 g/g [3];Biologischer Einfluß: nicht adaptiertes System: 100 mg/l bewirken keinen Effekt, 1000mg/l wirken hemmend,adaptiertes System: 276 mg/l biologisch abbaubar [3];

Gefahren-Symbol:

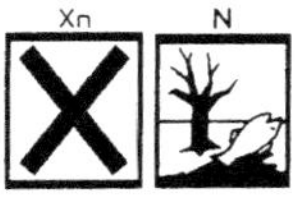

- physikalisch/chemisch:

Schmelzpunkt: 174-177 °C; 180 °C
Log pOW: -0,98 [4]; -1,14 [4]; -1,16 [45]
Brechungsindex: 1,6483 (137-138 °C)
Dichte: 1405 kg/m3 (20 °C)
Molmasse: 76,12 g/mol

Löslichkeit:
Wasser 101 g/l (13 °C), 180 g/l (20 °C); wenig löslich in Ethanol, Diethylether; sehr wenig löslich in kaltem Ethanol;

Verbleib nach Gebrauch:
Verbrennung nach Mischung mit brennbarem Lösemittel;

Bemerkung:
Weißes kristallines Pulver;
Erhitzen auf 135 - 180 °C: Bildung von Ammoniumthiocyanat;
Verboten in kosmetischen Mitteln;
Verwendung: in Photo-Papiere, Vulkanisationsbeschleuniger, bei der Produktion von Harzen [428];

Titandioxid

- CAS-Nummer:
13463-67-7
- gebräuchliche Namen:
Titan(IV)-oxid; Titansäureanhydrid; Titanweiß; Rutil; Brookit; C.I. 77891; C.I. Pigment Weiß 6; Pigment Weiß 6 (C.I. 77891); Pigment White 6; E 171; Titania;
- Handelsnamen:
A-Fil; Austiox; Bayertitan; Aab-O-Ti; Calcotone White T; Flamenco; Cosmetio White C47-5175; Flamenco; Hombitan; Horse Head R-710; Hombitan; Kromo; Kronos; Kronos Titandioxid; Luconyl Weiss 0022; Luconyl G Weiss 0022; Rayox; Runa RH20; Rutiox; Tiofine; Tipaque; Ti-Purei; Titan; Titanox; Tione T.D.; Trioxid; Tronex; Sicoflush P Weiß 0022; Unitana; Zopaque;
- Summenformel:
TiO_2

Funktion:
Pigment/Farbstoff/weiß; Toner;
Verfahren:
1.Druckverfahren/Durchdruck direkt/Siebdruck;
2.Druckverfahren/Tiefdruck/Verpackungsdruck;
3.Druckverfahren/Flachdruck/Offsetdruck;
4.Druckverfahren/Strahlungshärtende Drucksysteme;
Anwendung:
1.Siebdruckfarbe;
2.Verpackungsdruckfarbe;
3.Offsetdruckfarbe;
4.Druckfarbe für strahlungshärtende Drucksysteme;

Eigenschaften:
- toxikologisch/ökotoxikologisch:
RTECS # XR 2275000
WGK: 0
MAK Wert: 1,5 mg/m3 A
R-Satz: 20
S-Satz: 22
Sonstiges:
Schwangerschaftsgruppe C [481]; Kann schädigend wirken beim Einatmen, Verschlucken oder Aufnahme über Haut; kann Reizungen verursachen [187];Gesundheitsgefahren bei Überschreitung des MAK-Wertes: Verursacht nach bisherigen Erfahrungen keine Reizerscheinungen oder toxischen Störungen [464];LD 50 (oral, Ratte): > 12,0 g/kg [168], 10 g/kg [484];Literaturübersicht zur Toxizität siehe [169];zu Kronos Titandioxid [Sdb Kronos]:LD 50 (oral, Ratte): 20 g/kg;LD 50 (dermal, Ratte): 10 g/kg;LD 50 (oral, Ratte): 6,82 mg/l/4hAquatische Toxizität:LC 0 (Leuciscus idus): >1 g/l/48 h;EC 0 (Daphnia magna): >3 mg/l/30 Tage;EC 0 (Pseudomonas flourescens): >10 g/l/24 h;

- physikalisch/chemisch:
Schmelzpunkt: 1830-1850 °C *; 1825 °C***
Siedepunkt: 2500-3000 °C *
Dichte: 4260 kg/m3 (20 °C) *; 3900 kg/m3 (20 °C) **; 4130 (20 °C) ***;
Molmasse: 79,9 g/mol

Löslichkeit:
unlöslich in Wasser, verd. Alkalilauge; löslich in heißer konz. Schwefelsäure, Fluorwasserstoff, geschmolzenen Alkalihydroxiden und -carbonaten;

Bemerkung zu physikalisch/chemischen Daten:
* Rutil; ** Anatas; *** Brookit;

Bemerkung:
Halbleiter, weiße Kristalle;
Rutil stellt die am häufigsten vorkommende Modifikation der drei Titandioxid-Modifikationen dar;
Zugelassen als Lebensmittelzusatzstoff nach LMBG;
Farbstoffkonzentration in Lebensmitteln: ca.10 g/100 kg [169];
Verwendung: als Weißpigment, u.a. in Lebensmitteln und Druckfarben; als Anstrichfarbe; Herstellung von Glasuren in der Porzellanmalerei; Ersetzt in Druckfarben zunehmend das -> Bleiweiß; Rohstoff zur Gewinnung von Titan;
Bestandteil von Paliocrom Blausilber L 6000;

Toluol-2,6-diisocyanat

- CAS-Nummer:
91-08-7
- UN Nummer:
2078
- gebräuchliche Namen:
2-Methyl-m-phenylendiisocyanat; TDI; 2,6-Toluylendiisocyanat; 2,6-Diisocyanattoluol; 2,6-Diisocyanat-Toluol;
- Summenformel:
$C_9H_6N_2O_2$

- Strukturformel:

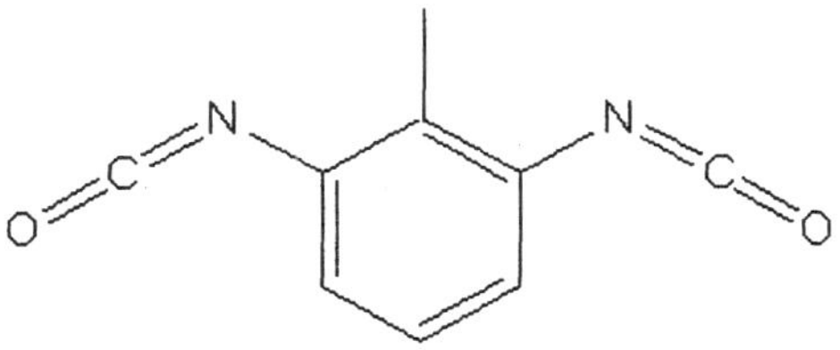

Funktion:
Monomer;
Verfahren:
Druckverfahren/Hochdruck;
Anwendung:
Druckformherstellung/Flexoplatten;

Eigenschaften:
- toxikologisch/ökotoxikologisch:
RTECS # CZ 6310000
WGK: 2
MAK Wert: 0,01 ml/m3 bzw. 0,072 mg/m3; S
R-Satz: 23-36/37/38-42
S-Satz: (1/2)-23-26-28-38-45
Sonstiges:
Einstufung und Kennzeichnung von Zubereitungen, in denen diese Substanz enthalten ist:20%<=C ¦¦> T; R23-36/37/38-422%<=C<20% ¦¦> T; R23-420.5%<=C<2% ¦¦> Xn; R20-42Spitzenbegrenzung: I [481]; Gefahr der Sensibilisierung der Atemwege [481];Dämpfe reizen Augen und Atemwege außerordentlich stark; nach anhaltender Einatmung hochkonzentrierter Dämpfe im Zusammenhang mit der Erhitzung der Flüssigkeit oder wenn bei Brand giftige Rauchgase entstehen, Lungenödem möglich, das mit Verzögerung auftreten kann; die Einwirkung der Flüssigkeit auf die Augen verursacht starke Reizungen; Reizzustände der Haut bei wiederholter und langanhaltender Einwirkung [163];0,05-1 ml/m3 bei 10 - 30 min Einwirkung führen zu Reizzuständen an den Augen und den Atemwegen [163];Geruchsschwelle: 0,05 ml/m3

[163];TC Lo (inhalativ, Mensch): 50 µl/m3 [428];LD 50 (oral, Vogel): 100 mg/kg [428];LD 50 (Wasserorganismen): 10-1mg/l/96 Std. gebildetes CO2 bei größeren Umsatzmengen toxisch; nach Brand auftretende Stickoxide giftig; Salpetersäurebildung toxisch 25-36 mg/l für Fische;

Gefahren-Symbol:

T

- **physikalisch/chemisch:**
  Schmelzpunkt: 12,5-13,5 °C
  Siedepunkt: 129-133 °C (18,66 hPa); 247 °C;
  Flammpunkt: >110 °C; 127 °C;
  Dampfdruck: 0,033 hPa (25 °C) [484];
  Brechungsindex: 1,5708 (20 °C)
  Dichte: 1225 kg/m3 (20 °C)
  Molmasse: 174,15 g/mol

  Löslichkeit:
  unlöslich in Wasser [484];

Verbleib nach Gebrauch:
Verbrennung nach Mischung mit brennbarem Lösemittel;

Bemerkung:
Klare, farblose bis leicht gelbliche Flüssigkeit oder fester Stoff; stark stechender Geruch [484];
Bildet im dampf-/gasförmigen Zustand mit Luft explosionsfähige Gemische;
Explosionsgrenzen: 0,9-? Vol.%; Zündtemperatur: >620 °C;
Die Dämpfe reizen die Augen und die Atemwege außerordentlich stark; nach anhaltender Einatmung hochkonzentrierter Dämpfe im Zusammenhang mit der Erhitzung der Flüssigkeit oder wenn bei Brand giftige Rauchgase entstehen, Lungenödem möglich, das mit Verzögerung auftreten kann; die Einwirkung der Flüssigkeit auf die Augen verursacht starke Reizungen; Reizzustände der Haut bei wiederholter und langanhaltender Einwirkung; Symptome: Tränenfluß, Nasenbrennen, Wundgefühl im Rachen; trockener Husten, asthmaähnliche Atemnotzustände; Kurzeinwirkung: 0,05 bis 1 ppm bei 10-30 minütiger Einwirkung führen zu Reizzuständen an den Augen und den Atemwegen [484];

Toluol-4-sulfinsäure Natriumsalz Hydrat

- **CAS-Nummer:**
  824-79-3
- **gebräuchliche Namen:**
  4-Methylbenzolsulfinsäure;
- **Handelsnamen:**
  SA-1;
- **Summenformel:**
  $C_7H_7NaO_2S * x H_2O$

- **Strukturformel:**

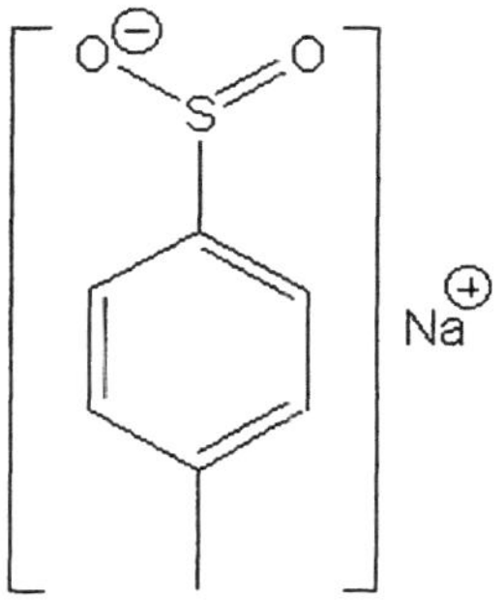

Eigenschaften:
- **toxikologisch/ökotoxikologisch:**
  RTECS # XT 4725000;
  Sonstiges:
  LD Lo (oral, Ratte): 3200 mg/kg [505];

- **physikalisch/chemisch:**
  Schmelzpunkt: > 300 °C (wasserfrei)
  Molmasse: 178,19 g/mol

Verbleib nach Gebrauch:
Verbrennung nach Mischung mit brennbarem Lösemittel;

p-Toluol-sulfonsäureamid

- **CAS-Nummer:**
  70-55-3
- **gebräuchliche Namen:**
  p-Toluolsulfonamid;
- **Summenformel:**
  $C_7H_9NO_2S$

- **Strukturformel:**

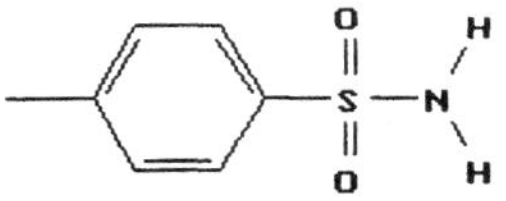

Eigenschaften:
- **toxikologisch/ökotoxikologisch:**
  RTECS # XT 5075000
  R-Satz: 20/21/22
  S-Satz: 36
  Sonstiges:
  Kann schädigend wirken beim Einatmen, Verschlucken oder Aufnahme über Haut; kann Reizungen verursachen [187];

Gefahren-Symbol:

- physikalisch/chemisch:
Schmelzpunkt: 137 - 140 °C
Siedepunkt: 221 °C (13,33 hPa)
Flammpunkt: 202 °C
Molmasse: 171,22 g/mol

Löslichkeit:
Sehr gut löslich in Wasser; löslich in Ethanol, Aceton, Benzen;

Verbleib nach Gebrauch:
Verbrennung nach Mischung mit brennbarem Lösemittel;

Bemerkung:
Weißes Pulver;
Unverträglich mit starken Oxidationsmitteln und starken Basen;

o-Toluolsulfonsäureamid

- CAS-Nummer:
88-19-7
- gebräuchliche Namen:
ortho-Toluolsulfonamid; o-Toluolsulfonamid;
- Handelsnamen:
Santicizer 9;
- Summenformel:
$C_7H_9NO_2S$

- Strukturformel:

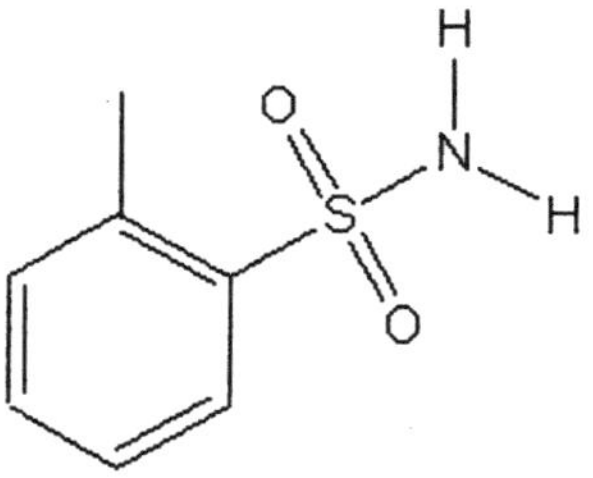

Eigenschaften:
- toxikologisch/ökotoxikologisch:
RTECS # XT 4900000;
R-Satz: 20/21/22-36/37/38-45
S-Satz: 26-36/37/39-44
Sonstiges:
Wirkt schädigend bei Verschlucken, Einatmen oder Aufnahme über Haut; verursacht Augenreizungen; kann zu Hautreizungen führen [187];Karzinogen [187];LD 50 (oral, Ratte): 4870 mg/kg [187];

- **physikalisch/chemisch:**
  Schmelzpunkt: 156-158 °C
  Molmasse: 171,22 g/mol

Verbleib nach Gebrauch:
Verbrennung nach Mischung mit brennbarem Lösemittel;

Bemerkung:
Weißes Pulver;
Unverträglich mit starken Oxidationsmitteln und starken Basen;

Toluol-4-sulfonsäure-1-hydrat

- **CAS-Nummer:**
  6192-52-5
- **UN Nummer:**
  2585
- **gebräuchliche Namen:**
  Toluol-4-sulfonsäure Monohydrat; p-Toluolsulfonsäure Monohydrat; p-Toluolsulfonsäure-hydrat; p-Toluolsulfonsäure; p-Toluolsulfonsäuremonohydrat; Monomethylbenzolsulfonsäure; p-Toluensulfonsäure Hydrat;
- **Summenformel:**
  $C_7H_{10}O_4S$

- **Strukturformel:**

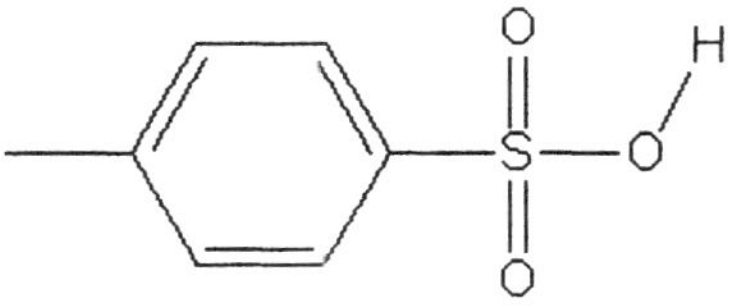

Verfahren:
Druckverfahren/Flachdruck indirekt/Offsetdruck;
Anwendung:
Druckformherstellung;

Eigenschaften:
- **toxikologisch/ökotoxikologisch:**
  RTECS # XT 6300000
  WGK: 1
  R-Satz: 36/37/38
  S-Satz: 26-37
  Sonstiges:
  Dämpfe in Konzentrationen, wie sie durch Erhitzen der Substanz entstehen, reizen stark die Augen, die Atemwege und die Haut. Kontakt mit dem festen Stoff bewirkt sehr starke Reizung der Augen und der Haut. Die Schädigung durch die Substanz beruht auf ihrem starken Säurecharakter. Bei Aufnahme durch den Mund starke Reizwirkung im Verdauungskanal. Achtung, bei Erhitzen bis zur Zersetzung oder bei Kontakt mit Säuren bzw. säurehaltigen Dämpfen bilden sich giftige Gase von Schwefeldioxiden (z.B. Schwefeloxid). Symptome: Brennen der Augen, der Nasen- und Rachenschleimhäute und der Atemwege sowie der Haut. Husten, Unwohlsein, Übelkeit, Atemnot. Bei Aufnahme durch den Mund: Starke Leibschmerzen, Schock möglich [484];biologisch abbaubar [262];Reizstoff; Gesundheitsgefährdend beim Einatmen der Dämpfe;LD 50 (oral, Ratte): 2480 mg/kg [187];

Gefahren-Symbol:

- **physikalisch/chemisch:**
  Schmelzpunkt: 103-106 °C
  Siedepunkt: 140 °C (27 hPa)
  Flammpunkt: ca. 180 °C
  Dichte: 730 kg/m3 (20 °C)
  Molmasse: 190,22 g/mol

  Löslichkeit:
  teilweise mischbar mit Wasser: 670 g/l (20 °C); löslich in Alkohol [484];

Verbleib nach Gebrauch:
Verbrennung nach Mischung mit brennbarem Lösemittel;

Bemerkung:
Weiße, prisma- oder schuppenförmige Kristalle; scharfer stechender Geruch;
Bei Kontakt mit Säuren und säurehaltigen Dämpfen bilden sich giftige Schweloxide, die im wesentlichen aus Schwefeldioxid bestehen. Der Stoff reagiert bei Kontakt mit starken Basen und sauerstoffreichem Material (starken Oxidationsmitteln) [484]

p-Toluolsulfonsäure-N-ethylamid

- **CAS-Nummer:**
  80-39-7
- **gebräuchliche Namen:**
  N-Ethyl-p-toluolsulfonamid
- **Summenformel:**
  $C_9H_{13}NO_2S$

- **Strukturformel:**

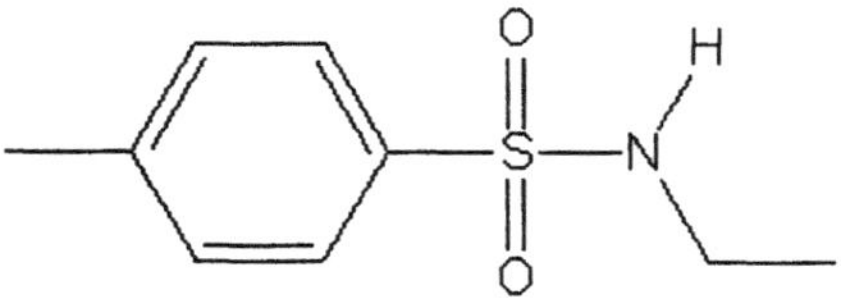

Eigenschaften:

- **physikalisch/chemisch:**
  Schmelzpunkt: 63-65°C [187]
  Siedepunkt: 208°C [187]
  Dichte: 1307 kg/m³ [637]
  Molmasse: 199,27 g7mol [187]

  Löslichkeit:
  < 0,1 g/100ml (21°C) in Wasser

1,2,3-Triacetoxypropan

- **CAS-Nummer:**
  102-76-1
- **gebräuchliche Namen:**
  Triacetin; Glycerintriacetat; Acetin; Acetylglyzerin; Diacetin; Glycerylacetat; Glyzerinacetat; Monoacetin; 1,2,3-Propoantrioltriacetat; Propan-1,2,3-triyltriacetat; Triessigsäureglycerinester;
- **Handelsnamen:**
  Estrobond-B Plasticizer;
- **Summenformel:**
  $C_9H_{14}O_6$

- **Strukturformel:**

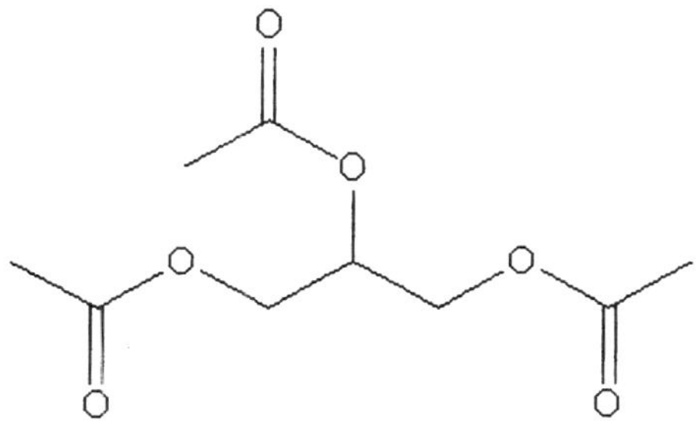

Funktion:
Additiv/Weichmacher;
Verfahren:
Druckverfahren;
Anwendung:
Farbe;

Eigenschaften:
- **toxikologisch/ökotoxikologisch:**
  RTECS # AK 3675000
  WGK: 1
  Sonstiges:
  Kann schädigend wirken beim Einatmen, Verschlucken oder Aufnahme über Haut; kann Reizungen verursachen [187];Die Substanz ist praktisch ungiftig [163];Ratten vertrugen Futter, das zu 50% aus 1,2,3-Triacetoxypropan bestand [163];LD 50 (oral, Ratte): 3000 mg/kg [187], 6400-12800 mg/kg [634];LD 50 (intraperitoneal, Ratte): 800-1600 mg/kg [634];LD 50 (subcutan, Ratte): 2800 mg/kg [634];LD 50 (oral, Maus): 3200-6400 mg/kg [634];LD 50 (intraperitoneal, Maus): 800-1600 mg/kg [634];

- **physikalisch/chemisch:**
  Schmelzpunkt: 3 °C
  Siedepunkt: 258 °C
  Flammpunkt: 148 °C; 137,8 °C; 138 °C; 145 °C
  Dampfdruck: < 0,001 hPa (20 °C) [163]
  Log pOW: 0,368; 0,1
  Brechungsindex: 1,4310 (20 °C)
  Dichte: 1155 kg/m3 (20 °C); 1156-1172 kg/m3
  Molmasse: 218,21 g/mol

  Löslichkeit:
  Wasser 64 g/l (20 °C), 80 g/l (20 °C), 58 g/l (25 °C);

Bemerkung zu physikalisch/chemischen Daten:
Selbstentzündlichkeit: 430 °C;

Verbleib nach Gebrauch:
Verbrennung nach Mischung mit brennbarem Lösemittel;

Bemerkung:
Klare, farblose viskose Flüssigkeit; sehr schwacher Geruch; brennbar;
Unverträglich mit starken Oxidationsmitteln;
Bildet im dampf-/gasförmigen Zustand mit Luft explosionsfähige Gemische;
Explosionsgrenzen: 1,0 - ? Vol.% ; Zündtemperatur: 430 °C [163];

2,4,6-Triamino-1,3,5-triazin

- CAS-Nummer:
108-78-1
- UN Nummer:
1693
- gebräuchliche Namen:
Melamin; Cyanurotriamid; Cyanuramid; 1,3,5-Triazin-2,4,6-triamin; 2,4,6-Triamino-s-triazin; Cyanurotriamid; TR;
- Summenformel:
$C_3H_6N_6$

- Strukturformel:

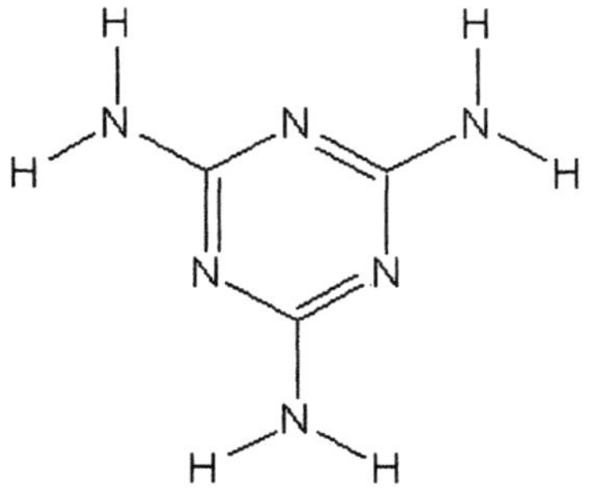

Funktion:
Pigment/Farbstoff;

Eigenschaften:
- toxikologisch/ökotoxikologisch:
RTECS # OS 0700000
WGK: 1
R-Satz: 36/37
S-Satz: 24/25
Sonstiges:
Für diese Substanz liegt ein BUA-Stoffbericht Nr. 105 vor. Wirkt schädigend beim Einatmen, Verschlucken oder Aufnahme über Haut; verursacht Augen- und Hautreizungen; reizt Schleimhäute und Atemwege [187]; Karzinogen [187];LD 50 (oral, Ratte): 3161 mg/kg [40], [187];LC 50 (Daphnia magna): >32 mg/l<56 mg/l/21 Tage [484];LC 100 (Daphnia magna): 56 mg/l/7 Tage [484];Biologisch schwer eliminierbar (TOC)<30 % [484];

Gefahren-Symbol:

Xi

- physikalisch/chemisch:

Schmelzpunkt: 354 °C;
Siedepunkt: Subl.
Dampfdruck: 50 hPa (20 °C) [484];
Brechungsindex: 1,872 (20 °C)
Dichte: 1570 kg/m3 (25 °C)
Molmasse: 126,12 g/mol

Löslichkeit:
Wasser 0,29 g/l (15 °C), 3 g/l (20 °C); sehr wenig löslich in siedendem Ethanol; unlöslich in Diethylether;

Bemerkung zu physikalisch/chemischen Daten:
Zündtemperatur: > 600 °C

Verbleib nach Gebrauch:
Verbrennung nach Mischung mit brennbarem Lösemittel;

Bemerkung:
Farblose Kristalle oder weißes Pulver; geruchlos; schwer brennbar;
Stoff reagiert bei Kontakt oder Mischung mit starken Oxidationsmitteln und starken Säuren;
Bei Erhitzung bis zur Zersetzung bilden sich giftige und ätzende nitrose Gase, Cyanwasserstoffgas (Blausäure) und Ammoniak;
Verwendung: Bildet mit Formaldehyd Kunstharze, Flammschutzmittel, Vulkanisatoren, Papier-, Kartonagen- und Zellstoffndustrie, Metallverarbeitung; Farben- und Lackindustrie;
Mengenangaben: 100000-500000 Tonnen;

Tributoxyethylphosphat

- CAS-Nummer:
78-51-3
- gebräuchliche Namen:
Phosphorsäure-tris-(2-butoxyethylester); Tris-(2-butoxyethyl)-phosphat;
- Handelsnamen:
Kronitex KP-140; Phosflex tm T-BEP;
- Summenformel:
$C_{18}H_{39}O_7P$

- **Strukturformel:**

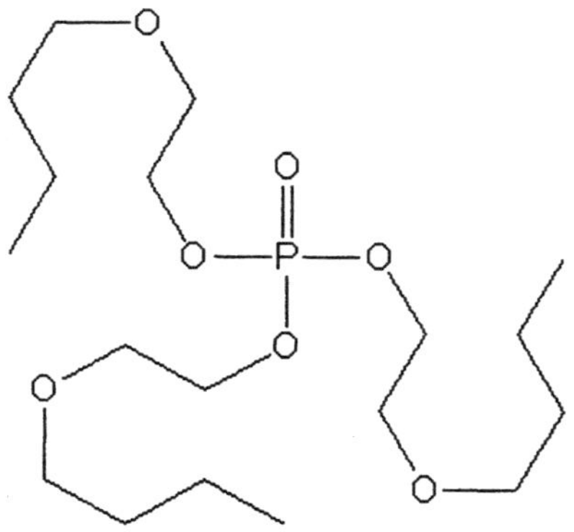

Funktion:
Additiv/Weichmacher;
Verfahren:
Druckverfahren;
Anwendung:
Farbe;

Eigenschaften:
- **toxikologisch/ökotoxikologisch:**
RTECS # KJ 9800000
R-Satz: 20/21/22-36/37/38
S-Satz: 26-37/39

- **physikalisch/chemisch:**
Schmelzpunkt: -69 °C
Brechungsindex: 1,4359 (20 °C)
Dichte: 1018 kg/m3 (25°C)
Molmasse: 398,48 g/mol

Löslichkeit:
0,11 g/100 ml Wasser

Verbleib nach Gebrauch:
Verbrennung nach Mischung mit brennbarem Lösemittel;

Tributylcitrat

- **CAS-Nummer:**
77-94-1
- **gebräuchliche Namen:**
TBC; Zitronensäure-(tri-butyl)-ester; tri-Butyl-citrat; Butylcitrat;
- **Handelsnamen:**
Citroflex 4;
- **Summenformel:**
$C_{18}H_{32}O_7$

Funktion:
Additiv/Weichmacher;
Verfahren:
Druckverfahren;
Anwendung:
Farbe;

Eigenschaften:

- physikalisch/chemisch:
Flammpunkt: 185 °C
Dichte: 1042 kg/m3 (25°C)
Molmasse: 360 g/mol

1,1,1-Trichlorethan

- CAS-Nummer:
71-55-6
- UN Nummer:
2831
- gebräuchliche Namen:
α-Trichlorethan; Methylchloroform;
- Handelsnamen:
Escothen; F.O. 178; Mecloran; Teer ex; Telclair X 31; Wacker 3X1 Chlorothene VG; Chlorothene NU; Aerothene TT; Genklene; Chlorothene NCl; Chlorten; Inhibisol; K 31;
- Summenformel:
$C_2H_3Cl_3$

- Strukturformel:

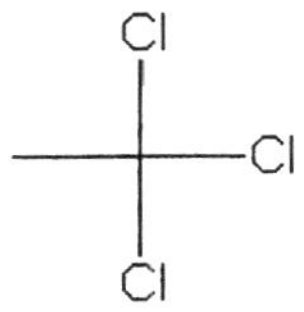

Funktion:
Lösungsmittel; Wasch- und Reinigungsmittel;
Verfahren:
Druckverfahren;

Eigenschaften:
- toxikologisch/ökotoxikologisch:
RTECS # KJ 2975000
Schweizer Giftliste: 5
WGK: 3
MAK Wert: 1100 mg/m3 bzw. 200 ml/m3
R-Satz: 20-59
S-Satz: (2)-24/25-59-61
Sonstiges:
Spitzenbegrenzung: II,2 [481]; Schwangerschaftsgruppe C [481]; BAT-Wert: 550 µg/l [481]; IMK: III;Nervengift; Dämpfe reizen Augen und Atemwege; hohe Dampfkonzentrationen wirken betäubend; Atemstillstand möglich; Herzrhythmusstörungen; bei Erhitzung oder Brand Entwicklung von -> Phosgen sowie besonders -> Chlorwasserstoff und -> Chlor; Chlorwasserstoff zwingt zur Flucht [163];Geruchsschwelle: 100 ml/m3 [163];TD Lo (oral, Mensch): 670 mg/kg [428];LD 50 (oral, Ratte): 10300 mg/kg [9], 9600 mg/kg [428];LD 50 (intraperitoneal, Ratte): 3593 mg/kg [428];LC 50

(inhalativ, Ratte): 8000 ml/m3/7 h [9];LD 50 (oral, Maus): 6000 mg/kg [428];LD 50 (intraperitoneal, Maus): 2568 mg/kg [428];LD 50 (Haut, Kaninchen): > 15800 mg/kg [9];Toxische Grenzkonzentration für Pseudomonas putida 93 mg/l, Scenedesmus quadricauda 30 mg/l [36];LC 50 (Fisch, Goldorfe): 123 mg/kg [33];LC 50 (Daphnia magna): > 1300 mg/l [6];EC 50 (Daphnia magna): 2348 mg/l [180];Biologisch schwer abbaubar (statischer Test) [343];Weiteres zur Toxizität siehe -> [88];

Gefahren-Symbol:

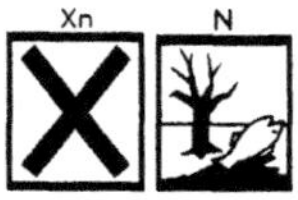

- **physikalisch/chemisch:**
  Schmelzpunkt: -30,41 °C; -38 °C
  Siedepunkt: 74,1 °C; 71-81 °C
  Dampfdruck: 140 hPa (20 °C) [163]; 133,3 hPa (20 °C) [132]
  Log pOW: 2,49 [4]
  Brechungsindex: 1,4379 (20 °C)
  Dichte: 1339,0 kg/m3 (20 °C)
  Molmasse: 133,41 g/mol
  Verdunstungszahl: 7,5 (BuAc = 1) [9]; 2,5 (Diethylether = 1) [132]

  Löslichkeit:
  Wasser 0,7 g/l (20 °C); mischbar mit Ethanol, Diethylether; löslich in Trichlormethan, Propanon, Benzen, Tetrachlormethan;

  Bemerkung zu physikalisch/chemischen Daten:
  schwer brennbar;

Verbleib nach Gebrauch:
Verbrennung nach Mischung mit brennbarem Lösemittel;

Bemerkung:
Farblose, chloroformähnlich riechende Flüssigkeit;
Bildet im dampf-/gasförmigen Zustand mit Luft explosionsfähige Gemische;
Explosionsgrenzen:
8,0 - 10,5 Vol% ; Zündtemp.: 500 °C [9],
8,0 - 15,5 Vol% ; Zündtemp.: 537 °C [163], [484];
Flüssigkeit ohne Inhibitoren greift Aluminium an;
Bei Kontakt mit heißen Oberflächen oder offenen Flammen zersetzt sich der Stoff und bildet Chlorwasserstoff, Chlor und giftiges Phosgengas;
Verwendung: technisches Lösemittel;
Enthalten in Genklene LV;

Trichlorethanal Hydrat

- **CAS-Nummer:**
  302-17-0
- **UN Nummer:**
  2075
- **gebräuchliche Namen:**
  Chloralhydrat; Chloral Hydrat; Trichlorethanal Hydrat; Trichloracetaldehyd Hydrat; 2,2,2-Trichlorethandiol Hydrat;
- **Summenformel:**
  $C_2H_3Cl_3O_2$

- Strukturformel:

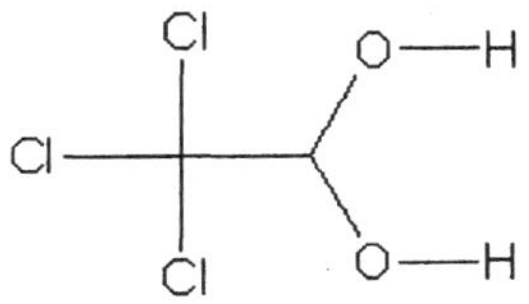

Verfahren:
Druckverfahren;

Eigenschaften:
- toxikologisch/ökotoxikologisch:
RTECS # FM 8750000
Schweizer Giftliste: 3
WGK: 2
MAK Wert: 1 mg/m3
R-Satz: 25-36/38
S-Satz: (1/2)-25-45
Sonstiges:
Dämpfe verursachen Reizung der Atemwege; in hohen Konzentrationen Verätzungen und Lungenödem;Tödliche Dosis: 1-3 g [132], ca. 10 g [166];Chronische Anwendung als Schlafmittel führt zu schweren psychischen Störungen u. Schädigungen von Herz, Leber, Niere u. Magenschleimhaut; wandelt sich in den Zellgeweben v. Leber, Niere und Gehirn in -> Trichlorethanol und zu geringen Mengen in -> Trichlorethansäure um;LD 50 (oral, Ratte (1 - 2 Tage alt)): 285 ± 21 mg/kg [332];LD 50 (oral, Ratte): 479 ± 42 mg/kg [332], 1080 mg/kg [140];LD 50 (oral, Maus): 640 mg/kg [140];LD 50 (dermal, Ratte): 3030 mg/kg [140];Toxische Grenzkonzentration für Fische: Barsch 200 mg/l, Plötz 700 mg/l, Karpfen 1200 mg/l [140];Toxische Grenzkonzentration für Scenedesmus quadricauda 2,8 mg/l [404];Persistenz im Böden: in Abhängigkeit vom Humusgehalt nach 3 - 7 Tagen vollständige Oxidation zu -> Trichlorethansäure [140];

Gefahren-Symbol:

- physikalisch/chemisch:
Schmelzpunkt: 51,6 °C
Siedepunkt: 96 °C
Dampfdruck: 8,16 hPa (15,7 °C) [140]
Log pOW: 1,61 [4]; 1,60 [150];
Brechungsindex: 1,6193 (50 °C)
Dichte: 1908 kg/m3 (20 °C)
Molmasse: 165,404 g/mol

Löslichkeit:
Wasser 2400 g/l (0 °C), 4000 g/l (11,3 °C), 4740 g/l (17 °C), 13500 g/l (38,1 °C); Ethanol 2500 g/l (14 °C);

Verbleib nach Gebrauch:
Verbrennung;
Trinkwassergrenzwert: 10 µg/l (als Trichlorethansäure) [140]

Bemerkung:
Kristalle;

Verflüssigt -> Gelatine;
Ältestes synthetische Schlafmittel;
Verwendung: als Schlafmittel; zur Herstellung von Klebemitteln mit Gelatine; zur Herstellung von reinstem -> Trichlormethan; in der Tiermedizin; in der Humanmedizin als Sedativum;

Trichlorethansäure

- **CAS-Nummer:**
  76-03-9
- **UN Nummer:**
  1839
- **gebräuchliche Namen:**
  TCA; Trichloressigsäure;
- **Handelsnamen:**
  Amchem grass killer;
- **Summenformel:**
  $C_2HCl_3O_2$

- **Strukturformel:**

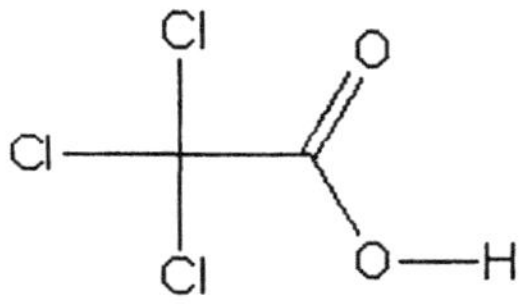

Eigenschaften:
- **toxikologisch/ökotoxikologisch:**
  RTECS # AJ 7875000
  Schweizer Giftliste: 2
  WGK: 2
  R-Satz: 35
  S-Satz: (1/2)-24/25-26-45
  Sonstiges:
  Einstufung und Kennzeichnung von Zubereitungen, in denen diese Substanz enthalten ist:10%<=C ¦¦> C; R355%<=C<10% ¦¦> C; R341%<=C<5% ¦¦> Xi; R36/38Verätzungen nach Augen- und Hautkontakt; bei Auftreten von Stäuben Schleimhautreizungen, Husten und Atemnot nach Einatmen; Schleimhautirritationen nach Verschlucken im Mund, Rachen, Speiseröhre und Magen-Darm-Trakt [418];Die Dämpfe reizen sehr stark die Augen sowie die Atemwege und führen zu Kehlkopfödem und zu Lungenödem. Jedoch ist mit der Entstehung von gesundheitsgefährdenden Dampfkonzentrationen nur bei Erhitzung oder Brand zu rechnen. Vorsicht, ein Lungenödem kann mit einer Verzögerung bis zu etwa zu zwei Tagen auftreten! Nach Einatmen der Dämpfe ist deshalb eine ärztliche Untersuchung in jedem Fall erforderlich. Kontakt mit der Flüssigkeit bewirkt schnell außerordentlich starke Reizung und Verätzung der Augen und der Haut [484];LD 50 (oral, Ratte): 5000 mg/kg [418];LD 50 (oral, Maus): 4970 mg/kg [418];Toxische Grenzkonzentration für Scenedesmus quadricauda 200 mg/l (Na-Salz) [36];LC 50 (Fisch; Pimephales promelas, 96 h): 2000 mg/l [418];LC 50 (Fisch; Goldorfe): 162/191 mg/l [33];LC 50 (Daphnia magna, 48 h): 2000 mg/l [418];EC 50 (Daphnia magna): 110 mg/l [180];

  Gefahren-Symbol:

C

- **physikalisch/chemisch:**
  Schmelzpunkt: 57,5 °C; 54-58 °C;
  Siedepunkt: 197,5 °C; 198 °C
  Dampfdruck: 1 hPa (20 °C) [418]; 0,01 hPa (20 °C) [163]; 1,3 hPa (51 °C) [163];
  Log pOW: - 0,27 [150]
  Brechungsindex: 1,4603 (60,8 °C)
  Dichte: 1620,0 kg/m3 (25 °C)
  Molmasse: 163,388 g/mol

  Löslichkeit:
  Wasser 1201 g/l (25 °C); löslich in Ethanol, Diethylether, Propanon, Trichlormethan, Tetrachlormethan, Benzen Schwefelkohlenstoff, Methanol, Nitrobenzen;

Verbleib nach Gebrauch:
Verbrennung nach Mischung mit brennbarem Lösemittel;

Bemerkung:
Farblose bis weiße, stark hygroskopische Kristalle, schwach saurer Geruch; bei Temperaturen oberhalb 58 °C farblose Flüssigkeit; saurer bis stechender Geruch [484];
Verboten in kosmetischen Mitteln;
Substanz reagiert bei Kontakt mit starken Basen und sauerstoffreichem Material (starken Oxidationsmitteln):
Bei Erhitzen bis zur Zersetzung bilden sich -> Kohlendioxid, stark ätzendes -> Chlorwasserstoff(gas) bzw. -> Salzsäure(dämpfe), sowie die hoch giftigen Gase Kohlenmonoxid und -> Phosgen;
Verwendung: Lösemittel;

1,1,2-Trichlorethen

- **CAS-Nummer:**
  79-01-6
- **UN Nummer:**
  1710
- **gebräuchliche Namen:**
  Trichlorethylen; Ethinyltrichlorid; TCE; Acetylentrichlorid; Azetylentrichlorid; Chlorylen; RK-Trichlorethylen; 1-Chloro-2,2-dichloroethylen; 1,1-Dichloro-2-chloroethylen; Trichloroethen; Trichloorethyleen; Trichloroethylen; 1,1,2-Trichloroethylen; 1,2,2-Trichloroethylen;
- **Handelsnamen:**
  Alk-tri; Disparit B; Chlorylen; Trieline; Triol; Triklone; Algylen; Anamenth; Benzinol; Blacosolv; Blancosolv; Cecolene; Chlorilen; Chlorylen; Crawhaspol; Densinfluat; Dow-tri; Sirius 1; Solana DWU; Wacker Tri; Vestrosol; Nettolin; Algylen; Anamenth; Chlorilen; Densinfluat; Fluate; Germalgene; Narcogen; Narkosoid; Threthylene; Trethylene; Trichloran; Trichloren; Triclene; Trilene; Trimar; Westrosol; Benzinol; Blascosoly; Cecolin Nr. 1; Circosolv; Comedol; Dekapier 1; Drawinol; Dynatri; Ex-tri; Hedolin; Hi-tri; Nettolin; Neu-tri; Dukeron; Fleck-flip; Flock FLIP; Fluate; Germalgene; Lanadin; Lethurin; Narcogen; Narkosoid; NCI-C04546; Nialk; Perm-A-chlor; Petzinol; Philex; Threthylen; Trethylen; Tri; Triad; Trial; Triasol; Tri-clene; Trielene; Tri-plus; Tri-plus M; Vestrol; Vitran; Westrosol;
- **Summenformel:**
  C_2HCl_3

- **Strukturformel:**

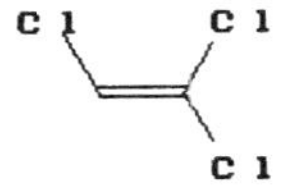

Funktion:
Lösungsmittel; Reinigungsmittel; Waschmittel;
3.Reinigen von Gewebe;

Verfahren:
Druckverfahren/Flachdruck;
Druckverfahren/Hochdruck
3.Druckverfahren/Durchdruck direkt/Siebdruck

Anwendung:
In Reinigungsmittel für Druckmaschinen;

Eigenschaften:

- toxikologisch/ökotoxikologisch:

RTECS # KX 4550000
Schweizer Giftliste: 4
WGK: 3
R-Satz: 40
S-Satz: (2)-23-36/37
Sonstiges:
Einstufung und Kennzeichnung von Zubereitungen, in denen diese Substanz enthalten ist:1%<=C ¦> Xn; R40Zu diesem Stoff liegt ein BUA-Stoffbericht Nr. 95 vor.Krebserzeugend 1 [481]; Carc. Cat. 3 [505]; Lösungsmittelklasse: IIb (Gefahrstoffverordnung); Geruchsschwelle:50 ml/m3 [163];Organgift, Nervengift; Dämpfe haben narkotische Wirkung und können Schädigung der Leber und Nieren verursachen; Kontakt mit der Flüssigkeit verursacht Reizung der Augen und bei anhaltender Einwirkung auch der Haut; bleibende Störungen des ZNS als Folge der akuten Vergiftung; bei Brand entstehen giftiges Phosgengas, ätzendes Chlorgas und Chlorkohlenwasserstoffgas [163];Wie auch andere Halogenwasserstoffe kann TCE am Myokard die Wirkung von Katecholaminen verstärken, was zur Ausbildung von Arrhytmien führt; bei Kontakt mit Alkali kann Dichloracetylen entstehen, welches neurotoxische und kanzerogene Wirkungen aufweist; je nach Testsystem schwache mutagene Wirkung. Inhalationsstudien zur Reproduktionstoxikologie zeigen Foetotoxizität, aber keine teratogenen Effekte; Kanzerogenität ist teilweise auch auf die verwendeten Stabilisatoren zurückführbar [598];TD Lo (oral, Mann): 2143 mg/kg [428];LC Lo (inhaltiv, Mann): 2900 ml/m3 [428];TC Lo (inhalativ, Mensch): 6900 mg/m3/10 min, 160 ml/m3/83 min, 812 mg/kg, 110 ml/m3/8 h [428];LD 50 (oral, Ratte): 4920 mg/kg [9], 5650 mg/kg [428];LC Lo (inhalativ, Ratte): 4800 ml/m3/4 h [428], 12500 ml/m3/4 h [598];LD 50 (intraperitoneal, Ratte): 1282 mg/kg [428];LD 50 (oral, Maus): 2402 mg/kg [428];LC 50 (inhalativ, Maus): 8450 ml/m3/4 h [428];LD 50 (subcutan, Maus): 16000 mg/kg [428];LD 50 (intravenös, Maus): 33900 µg/kg [428];LD 50 (intraperitoneal, Hund): 1900 mg/kg [428];LD Lo (subcutan, Hund): 150 mg/kg [428];LD 50 (oral, Hund): 5680 mg/kg [598];LD Lo (intravenös, Hund): 150 mg/kg [428];LD Lo (oral, Katze): 5864 mg/kg [428];LC Lo (inhalativ, Katze): 32500 mg/kg [428];LD Lo (oral, Kaninchen): 7330 mg/kg [428];LC Lo (inhalativ, Kaninchen): 11000 ml/m3 [428];LD 50 (Haut, Kaninchen): >20000 mg/kg [428];LD Lo (subcutan, Kaninchen): 1800 mg/kg [428];LC Lo (inhalativ, Meerschweinchen): 37200 ml/m3/40 min [428];LC 50 (Fisch, Goldorfe): 136-200 mg/l/48 h [29]; 203/136 mg/l [33];LC 50 (Fisch, Kliesche): 16 mg/l/96 h [29];EC 50 (Daphnia magna): 17,6 mg/l/24 h [45];Störungsschwelle für Fische 55 mg/l, 660 mg/l tödlich in 15 Min. [32];Toxische Grenzkonzentration für Pseudomonas putida 6 mg/l, Scenedesmus quadricauda >1000 mg/l [29];Verdacht auf Bioakkumulation! [45];Weiteres zur Toxizität siehe > [88];

Gefahren-Symbol:

Xn

- physikalisch/chemisch:

Schmelzpunkt: -73 °C; -86 °C; -86,4 °C; -87,1 °C
Siedepunkt: 87,2 °C; 85,9-87,0 °C
Dampfdruck: 77 hPa (20 °C) [32]; 80 hPa (20 °C) [484]
Verdampfungswärme: 239,90 kJ/kg
Log pOW: 2,29 [4]; 2,98 [45]
Brechungsindex: 1,4777 (20 °C)

Dichte: 1466,0 kg/m3 (18 °C)
Molmasse: 131,389 g/mol
Verdunstungszahl: 6,2 (BuAc = 1) [9]; 3,8 (Diethylether = 1) [18]

Löslichkeit:
sehr geringfügig mischbar mit Wasser (1,0 g/l) [484]; löslich in organischen Lösemitteln wie Ethanol, Diethylether, Benzen, Trichlormethan, Schwefelkohlenstoff [598];

Bemerkung zu physikalisch/chemischen Daten:
Thermische Zersetzung > 110 °C; 120 °C [598];
*: schwer brennbar; Trichlorethylen zündet die Dampf/Luftgemische in dem vorgeschriebenen Testgerät nicht. Bei höherer Zündenergie (10 mm statt 2 mm Gasflamme) werden bereits ab 32 °C die über der Flüssigkeit entstehenden Dampf/Luftgemische explosionsfähig und können gezündet werden [484];

Verbleib nach Gebrauch:
Verbrennung nach Mischung mit brennbarem Lösemittel;

Bemerkung:
Farblose chloroformähnlich riechende Flüssigkeit; wasserdampfflüchtig; unter Normalbedingungen nicht brennbar; in geschlossenen Räumen jedoch gefährliche Entzündung oder Explosion durch Zuführung hoher Energie (Flamme, Funken) möglich;
Explosionsgrenzen: 12,3-55,3 Vol.-%; Zündtemp.: 410 °C [29];
Nichtstabilisierte Flüssigkeit greift Aluminium an; bei Kontakt mit Basen, Reaktion unter Bildung von hochexplosiven Gasen;
Verwendung: als Lösemittel für Fette, fette Öle, Wachse, Harze, Kautschuk, Asphalt; Narkosemittel bei Entbindungen und Zahnbehandlungen; Emulgiermittel in der Textilindustrie;
Bis 13 µg/l im Regen [48];
Weitere Angaben siehe [46];
Thermische Zersetzung: >110 °C;
Bei thermischer Zersetzung Bildung von Chlorwasserstoff, Phosgen (!), Chlor;

2,4,6-Trichlorhydroxybenzen

- **CAS-Nummer:**
  88-06-2
- **UN Nummer:**
  2020
- **gebräuchliche Namen:**
  2,4,6-Trichlorphenol;
- **Handelsnamen:**
  Dowicide 2 S; Omal;
- **Summenformel:**
  $C_6H_3Cl_30$

- **Strukturformel:**

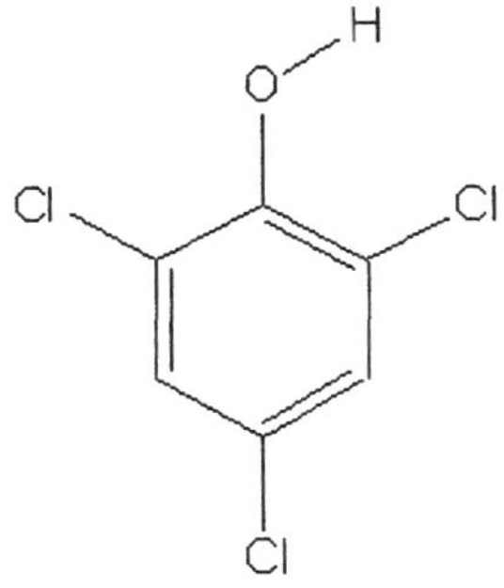

Eigenschaften:

- toxikologisch/ökotoxikologisch:

RTECS # SN 1575000;
Schweizer Giftliste: 4
WGK: 3
MAK Wert: 0,05 ml/m3
R-Satz: 22-36/38-40
S-Satz: (2)-36/37
Sonstiges:
Karzinogen; Carc.Cat.2 [505];Staub und Dämpfe verursachen Reizung der Augen, Atemwege, Atmungsorgane und Haut; mit schädlichen Dampfkonzentrationen ist erst bei Erhitzung zu rechnen; Substanz wird auch über die Haut aufgenommen; gefährdet sind das ZNS, Leber, Niere und der Herzmuskel; Kontakt mit dem festen Stoff führt zu starker Reizung der Augen und Haut; bei Brand entstehen hochgiftige Zersetzungsprodukte, die ein Lungenödem auslösen können [163];LD 50 (oral, Ratte): 820 mg/kg [39];EC 50 (Daphnia magna, 24 h): 1,8 mg/l [45];Verdacht auf Bioakkumulation! [45];

Gefahren-Symbol:

Xn

- physikalisch/chemisch:

Schmelzpunkt: 68 °C
Siedepunkt: 246 °C (1013 hPa)
Dampfdruck: 0,035 hPa (20 °C) [163]; 1,3 hPa (76,5 °C) [163];
Log pOW: 3,06 [4]; 2,8 [45]
Brechungsindex: 1,5611 (85 °C)
Dichte: 1490,1 kg/m3 (75 °C)
Molmasse: 197,448 g/mol

Löslichkeit:
Wasser 0,5 g/l (11,2 °C), 0,9 g/l (25,4 °C), 2,4 g/l (96 °C); sehr leicht löslich in Ethanol und Diethylether;

Verbleib nach Gebrauch:
Verbrennung nach Mischung mit brennbarem Lösemittel;

Bemerkung:
Weißes bis schwach gelbliches kristallines Pulver oder Flocken; unangenehmer phenolartiger Geruch; wasserdampfflüchtig; brennbar;
Bei Kontakt oder Mischung mit sauerstoffreichem Material (starken Oxidationsmitteln) kann heftige Reaktion erfolgen;
0,58 - 55,9 µg/kg in Fischen 1978 - 1983 (Feuchtgewicht; Plötze, Hecht, Quappe) [49];
400 - 2700 µg/kg im Leberfett von Fischen [44];
Weitere Angaben siehe [46];
Verwendung: als Fungizid, Bakterizid sowie zur Konservierung von Leder, Textilien, Holz; in der Medizin als Antiseptikum und Desinfektionsmittel;

1,1,2-Trichlor-1,2,2-trifluorethan

- **CAS-Nummer:**
  76-13-1
- **gebräuchliche Namen:**
  R 113; 1,1,2-Trichlortrifluorethan; 1,2,2-Trifluor-1,1,2-trichlorethan;
- **Handelsnamen:**
  Algofren 113; Arcton 113; Edifren 113; Freon 113; Frigen 113; Gas-113-R-113; Heydogen 113; Isceon 223; Isotron 113; Ucon 113; Genetron 113;
- **Summenformel:**
  $C_2Cl_3F_3$
- **Strukturformel:**

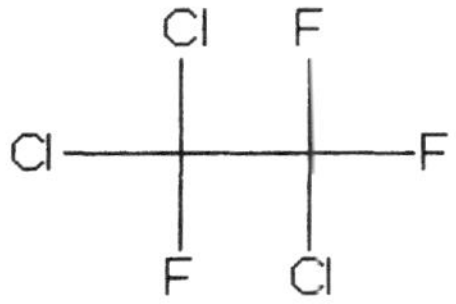

Funktion:
Kältemittel; Reinigungsmittel; Lösungsmittel;
Verfahren:
Kopierverfahren/elektr.Verfahren;

Eigenschaften:
- **toxikologisch/ökotoxikologisch:**
  RTECS # KJ 4000000
  Schweizer Giftliste: 5
  WGK: 2
  MAK Wert: 500 ml/m3 bzw. 3900 mg/m3
  R-Satz: 36/37/38
  S-Satz: 26-36
  Sonstiges:
  Spitzenbegrenzung: IV [481]; Schwangerschaftsgruppe IIc [481]; IMK: III;Nur nach Erhitzung Giftwirkung auf Fische und Plankton durch freisetzen hochgiftiger chlor- und fluorhaltiger Gase;Wenig gesundheitsschädlich, wenn nicht Zersetzung durch Kontakt mit heißen Oberflächen oder offenen Flammen; in hohen Konzentrationen narkotische Wirkung;LD 50 (oral, Ratte): 43 g/kg [39];LC Lo (inhalativ, Ratte): 87000 ml/m3/6 h [428]

  Gefahren-Symbol:

- **physikalisch/chemisch:**
  Schmelzpunkt: -36,4 °C
  Siedepunkt: 47,7 °C
  Dampfdruck: 360 hPa (20 °C) [29]
  Verdampfungswärme: 14,570 kJ/kg (Sdp.)
  Brechungsindex: 1,3578 (20 °C)
  Dichte: 1582 kg/m3 (20 °C)
  Molmasse: 187,38 g/mol

Löslichkeit:
Wasser 0,036 g/l (0 °C), 0,13 g/l (30 °C); löslich in Ethanol; mischbar mit Diethylether, Benzen;

Verbleib nach Gebrauch:
Sondermüll-Deponie für chemischen Abfall, besonders gefährliche Stoffe;

Bemerkung:
Farblose, etherisch riechende Flüssigkeit;
Kann bei Kontakt mit Alkali- oder Erdalkalimetallstaub explodieren;
Verwendung: als Kältemittel und Treibgas;
DIN 8960: Reinheit, Wassergehalt, Fremdgasgehalt, Säuregehalt, Rückstand nach Abdampfen;

Tridecan-1-ol

- CAS-Nummer:
112-70-9
- gebräuchliche Namen:
1-Tridecanol; Tridecanol; Tridecylalkohol;Tridekanol;
- Summenformel:
$C_{13}H_{28}O$

- Strukturformel:

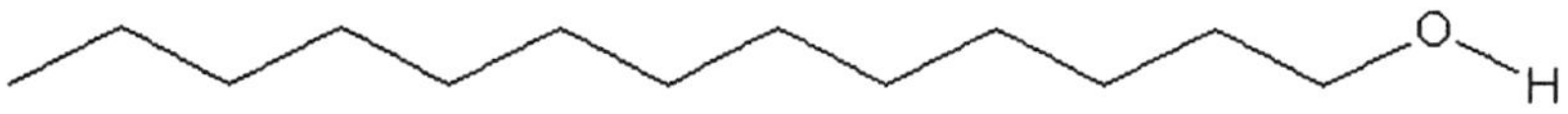

Funktion:
Lösungsmittel;
Verfahren:
Druckverfahren/Flachdruck;

Eigenschaften:
- toxikologisch/ökotoxikologisch:
RTECS # YD 4200000;
WGK: 1
Sonstiges:
Dämpfe reizen -insbesondere, wenn deren Konzentrationen durch Erhitzen der Substanz steigen- stark Augen und Atemwege; Haut wird nur durch hohe Dampfkonzentrationen gereizt; Kontakt mit der Flüssigkeit bewirkt sehr starke Reizung der Augen und Haut; Substanz wird auch über die Haut aufgenommen; bei Aufnahme durch den Mund starke Reizung im Verdauungskanal; hinzu kommt in diesem Falle eine narkotische Wirkung, bei Erhitzen bis zur Zersetzung bilden sich säurehaltige Dämpfe [484];LD 50 (oral, Ratte): 17200 mg/kg [9];LD 50 (Haut, Kaninchen): 5600 mg/kg [9];

- physikalisch/chemisch:
Schmelzpunkt: 30,6 °C; < - 35 °C;
Siedepunkt: 274 °C; 246 °C;
Flammpunkt: 121 °C; 82 °C;
Dampfdruck: < 0,01 hPa (20 °C) [9]
Dichte: 822,3 kg/m3 (31 °C)
Molmasse: 200,363 g/mol
Verdunstungszahl: < 0,001 (BuAc = 1) [9]

Löslichkeit:
unlöslich in Wasser;

Verbleib nach Gebrauch:
Verbrennung nach Mischung mit brennbarem Lösemittel;

Bemerkung:
Weiße, wachsartige Masse oder farblose Flüssigkeit; aromatischer Geruch;
brennbar;
Bildet im dampf-/gasförmigen Zustand mit Luft explosionsfähige Gemische;
Explosionsgrenzen: 0,6 - Vol.% ; Zündtemp.: 274 °C [484];
Stoff reagiert mit sauerstoffreichem Material (starken Oxidationsmitteln);
Verwendung: technisches Lösemittel;

Triethylenglycol

- CAS-Nummer:
112-27-6
- gebräuchliche Namen:
Triethylenglykol; 2,2'-Ethylendioxydiethanol; 2,2'-Ethylendioxid-diethanol; Glycolbis-(hydroxyethyl)ether; 3,6-Dioxaoctan-1,8-diol; Trigol; Ethylenglykol-bis-(2-hydroxyethylether); Trigenos; 1,2-Bis-[2-hydroxy-ethoxy]-ethanol; 2,2-(Ethylendioxy)diethanol;
- Handelsnamen:
TEG; Trigen; Triglykol

- Summenformel:
$C_6H_{14}O_4$

- Strukturformel:

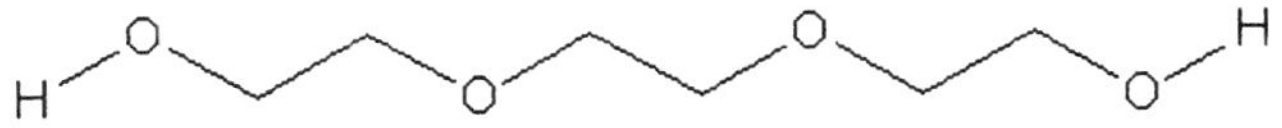

Funktion:
Lösungsmittel;
Verfahren:
Druckverfahren;

Eigenschaften:
- toxikologisch/ökotoxikologisch:
RTECS # YE 4550000
WGK: 1
S-Satz: 24/25
Sonstiges:
Wenig giftige Substanz; nur bei Brand reizende Wirkung durch Entstehung von Nebeln denkbar; Kontakt mit der Flüssigkeit reizt Augen [484];Symptome: Dämpfe verursachen Augenbrennen und Tränenfluß, Übelkeit, Kopfschmerzen [Sdb];Reizstoff; Nierengift;LD Lo (oral, Mensch): 5000 mg/kg [39];LD 50 (oral, Ratte): 22000 mg/kg [9]; LD/LC 50 (oral, Ratte): 17000 mg/kg (Triethylenglycol) [Sdb Shell];LD 50 (Haut, Kaninchen): > 20000 mg/kg [9];Toxische Grenzkonzentration für Pseudomonas putida 320 mg/l, Scenedesmus quadricauda > 10 g/l [36];EC 50 (Daphnia magna): > 10 g/l [180];LC 0 (Fisch; Goldorfe): >10000 g/l [33];[Sdb Shell]LC 50 (Fisch; Goldorfe): >10000 mg/l/48 h;LC 50 (Goldfisch): >5000 mg/l/24 h;EC 50 (Wasserfloh): 10000 mg/l/24 h;Das Produkt ist praktisch nicht giftig gegenüber Wasserlebewesen;Biologisch mäßig abbaubar;

- physikalisch/chemisch:
Schmelzpunkt: -4 °C; -7°C;
Siedepunkt: 276 °C; 287 °C
Flammpunkt: 166 °C; 165 °C;
Dampfdruck: 0,013 hPa (20 °C) [484]; <0,0001 hPa (20 °C) [9];

Brechungsindex: 1,455 (20 °C)
Dichte: 1125,4 kg/m3 (20 °C)
Molmasse: 150,18 g/mol
Verdunstungszahl: < 0,0001 (BuAc = 1) [9]

Löslichkeit:
mischbar mit Wasser, Ethanol; wenig löslich in Diethylether;

Verbleib nach Gebrauch:
Verbrennung nach Mischung mit brennbarem Lösemittel;
Umweltbelastung durch fotografische Prozesse (BRD, 1986): 120 t/a [156];

Bemerkung:
Farblose, viskose, fast geruchlose Flüssigkeit; brennbar; hygroskopisch;
Bildet im dampf-/gasförmigen Zustand mit Luft explosionsfähige Gemische
Explosionsgrenzen: 0,9-9,2 Vol.-%; Zündtemp.: 371 °C [9]; 370 °C [484], [Sdb Shell];
Stoff reagiert heftig bei Kontakt mit starken Oxidationsmitteln;
Verwendung: technisches Lösemittel;

Triethylenglykoldibenzoat

- CAS-Nummer:
120-56-9
- gebräuchliche Namen:
TEGDB; Triethylenglycoldibenzoat; Tri-ethylen-glykoldibenzoat;
- Handelsnamen:
Benzoflex T-150;
- Summenformel:
$C_{20}H_{22}O_6$

- Strukturformel:

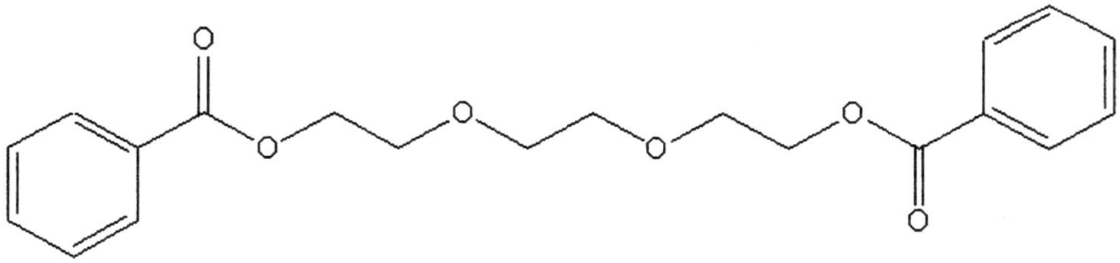

Funktion:
Additiv/Weichmacher;
Verfahren:
Druckverfahren;

Eigenschaften:
- physikalisch/chemisch:
Dichte: 1168 kg/m3 (25°C)

Löslichkeit:
0,05 g/100 ml Wasser

Triethylenglykoldi-(2-ethylbutyrat)

- **CAS-Nummer:**
  95-08-9
- **gebräuchliche Namen:**
  tri-Glykol-di-(2-ethylbutyrat); Triethylenglycoldi-(2-ethylbutyrat);
- **Handelsnamen:**
  Flexol 3GH;
- **Summenformel:**
  $C_{17}H_{34}O_7$

Funktion:
Additiv/Weichmacher;
Verfahren:
Druckverfahren;
Anwendung:
Farbe;

Eigenschaften:

- **physikalisch/chemisch:**
  Schmelzpunkt: - 65°C
  Siedepunkt: 196 °C
  Flammpunkt: 196°C
  Dichte: 995 kg/m3 (25°C)
  Molmasse: 346 g/mol

Triethylenglykoldipelargonat

- **CAS-Nummer:**
  106-06-9
- **gebräuchliche Namen:**
  TGP; tri-Ethylen-glykol-dipelargonat; Triethylenglycoldipelargonat;
- **Handelsnamen:**
  Plastolein 9404 TGP
- **Summenformel:**
  $C_{21}H_{46}O_6$

- **Strukturformel:**

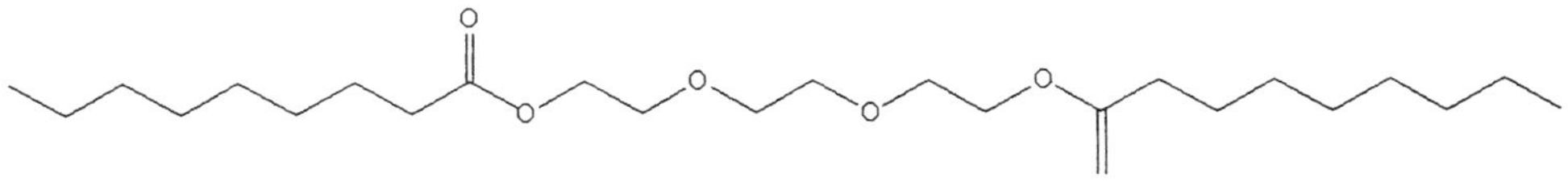

Funktion:
Additiv/Weichmacher;
Verfahren:
Druckverfahren;
Anwendung:
Farbe;

Eigenschaften:

- physikalisch/chemisch:
Schmelzpunkt: - 9 °C
Siedepunkt: 251 °C
Flammpunkt: 210 °C
Dichte: 970 kg/m3 (25°C)
Molmasse: 431 g/mol

Triethylenglykolmonoethylether

- CAS-Nummer:
112-50-5
- gebräuchliche Namen:
Triethylenglycolmonoethylether; Triethylenglycolethylether; Ethoxytriglykol; Ethoxytriglycol; Ethoxytriethylenglycol; Ethyltriglycol; Ethoxytriethylenglykol; Ethyltriglykol; 2-[2-(2-Ethoxyethoxy)ethoxy]ethanol;
- Handelsnamen:
Dowanol TE; Poly-solv TE;
- Summenformel:
$C_8H_{18}O_3$

- Strukturformel:

Funktion:
Lösungsmittel;
Verfahren:
Druckverfahren;

Eigenschaften:
- toxikologisch/ökotoxikologisch:
Schweizer Giftliste: 5
WGK: 0
Sonstiges:
Dämpfe in hohen Konzentrationen wie sie unter dem Einfluß von Hitze zustande kommen, reizen die Augen und Atemwge, u.U. auch Lungenödem auslösbar; Kontakt mit der Flüssigkeit bewirkt Reizung der Augen und leichte Reizung der Haut; bei Aufnahme durch den Mund wenig giftig; in schweren Fällen narkotische Wirkung und Nierenschäden möglich [484];LD 50 (oral, Ratte): 10600 mg/kg [9];LD 50 (Haut, Kaninchen): 8000 mg/kg [9];

- physikalisch/chemisch:
Schmelzpunkt: -19 °C
Siedepunkt: 256 °C; 255 °C;
Flammpunkt: 135 °C
Dampfdruck: < 0,01 hPa (20 °C) [9]; 0,1 hPa (20 °C) [484];
Dichte: 1020 kg/m3 (20 °C)
Molmasse: 178,23 g/mol
Verdunstungszahl: < 0,001 (BuAc = 1) [9]

Löslichkeit:
mischbar mit Wasser;

Bemerkung:
Klare, farblose Flüssigkeit; schwacher Geruch [484];
brennbar;
Ethoxytriglykol ist hygroskopisch und muß vor Kontakt mit Wasser und Feuchtikeit geschützt werden [484];
Bildet im dampf-/gasförmigen Zustand mit Luft explosionsfähige Gemische
Explosionsgrenzen: 1,0-6,5 Vol.-% ; Zündtemp.: 277 °C [9];
Verwendung: technisches Lösemittel;

Triethylenglykolmonomethylether

- CAS-Nummer:
112-35-6
- gebräuchliche Namen:
Triethylenglycolmonoethylether; Monomethyltriglykol; Methyltriglykol; Triethylenglycolmethylether; Methoxytriglycol; Methyltriglycol; Methoxytriglykol; 2-[2-(2-Methoxyethoxy)ethoxy]ethanol;
- Summenformel:
$C_7H_{16}O_4$

- Strukturformel:

Funktion:
Lösungsmittel;
Verfahren:
Druckverfahren;

Eigenschaften:
- toxikologisch/ökotoxikologisch:
RTECS # KL 6390000;
WGK: 1
Sonstiges:
Dämpfe reizen Augen und Atemwege, besonders bei hohen Konzentrationen, die z.B. unter Einfluß von Hitze zustande kommen; Kontakt mit der Flüssigkeit bewirkt Reizung der Augen und leichte Reizung der Haut; bei Aufnahme durch den Mund Schäden im Magen und Darmkanal, an Nieren und Leber sowie narkotische Wirkung möglich [484];LD 50 (oral, Ratte): 11800 mg/kg [9];LD 50 (Haut, Kaninchen): 7500 mg/kg [9];

- physikalisch/chemisch:
Schmelzpunkt: - 38 °C; - 48 °C;
Siedepunkt: 249 °C; 122 °C (10 mm Hg);
Flammpunkt: 118 °C
Dampfdruck: 0,1 mbar (20 °C) [484]
Brechungsindex: 1,4400 (20 °C)
Dichte: 1050 kg/m3 (20 °C)
Molmasse: 164,20 g/mol
Verdunstungszahl: < 0,001 (BuAc = 1) [9]

Löslichkeit:
mischbar mit Wasser;

Bemerkung zu physikalisch/chemischen Daten:
Zündtemperatur: 210 °C

Verbleib nach Gebrauch:
Verbrennung nach Mischung mit brennbarem Lösemittel;

Bemerkung:
Klare, farblose bis leicht gelbliche Flüssigkeit; schwacher Geruch; brennbar; hygroskopisch; Bildet im dampf-/gasförmigen Zustand mit Luft explosionsfähige Gemische Explosionsgrenzen: 1,2 - 7,7 Vol% ;
Vor Kontakt mit Wasser und Feuchtigkeit schützen;
Verwendung: technisches Lösemittel;

Triethylphosphat

- CAS-Nummer:
78-40-0
- UN Nummer:
2810 n.o.s.**
- gebräuchliche Namen:
TEP; Ethylphosphat; Phosphorsäuretriethylester; tri-Ethyl-phosphat;
- Summenformel:
$C_6H_{15}O_4P$

- Strukturformel:

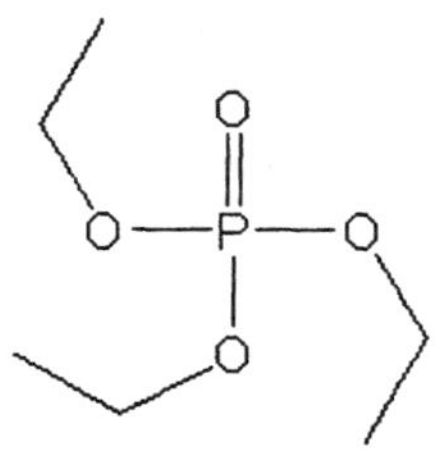

Funktion:
Additiv/Weichmacher;
Verfahren:
Druckverfahren;
Anwendung:
Farbe;

Eigenschaften:
- toxikologisch/ökotoxikologisch:
RTECS # TC 7900000
WGK: 1
R-Satz: 22
S-Satz: (2)-25
Sonstiges:
Zu diesem Stoff liegt ein BUA-Stoffbericht Nr. 37 vor.Giftige Flüssigkeit, deren Aufnahme durch Verschlucken, durch Einatmen der Dämpfe und über die Haut mit Verzögerung zu Schäden des Nervensystems und des ZNS führen kann [163]; [484];

Gefahren-Symbol:

- **physikalisch/chemisch:**
  Schmelzpunkt: -56 °C; -57 °C;
  Siedepunkt: 215 °C (*)
  Flammpunkt: 115 °C
  Dampfdruck: 0,2 hPa (20 °C) [163], [484]; 1,3 hPa (40 °C) [187]
  Brechungsindex: 1,4050 (20 °C)
  Dichte: 1072 kg/m3 (20 °C)
  Molmasse: 182,16 g/mol

  Löslichkeit:
  vollständig mischbar mit Wasser, hydrolysiert langsam bei höheren Temperaturen unter Bildung von Phosphorsäure und Ethylalkohol [484];

  Bemerkung zu physikalisch/chemischen Daten:
  * Am Siedepunkt allmähliche Zersetzung unter Bildung von Phosphorsäure und Ethylen [484];
  Zündtemperatur: 457 °C [484];

Verbleib nach Gebrauch:
Verbrennung nach Mischung mit brennbarem Lösemittel;

Bemerkung:
Farblose Flüssigkeit; fruchtartiger Geruch;
Stoff reagiert bei Kontakt oder Mischung mit starken Oxidationsmitteln und starken Basen;
Bei Brand oder Erhitzung bis zur Zersetzung bilden sich schädliche Dämpfe von Phosphoroxiden;
** In der UN-Liste klassifiziert unter giftige Flüssigkeiten n.a.g. (n.o.s.) [484];

1,3,5-Trihydroxybenzen

- **CAS-Nummer:**
  108-73-6
- **gebräuchliche Namen:**
  1,3,5-Trihydroxybenzol; 1,3,5-Benzentriol; Phloroglucin; Phloroglucinol; s-Trioxybenzol;
- **Handelsnamen:**
  Dilospan S; Spaslon-Lyoc;
- **Summenformel:**
  $C_6H_6O_3$

- **Strukturformel:**

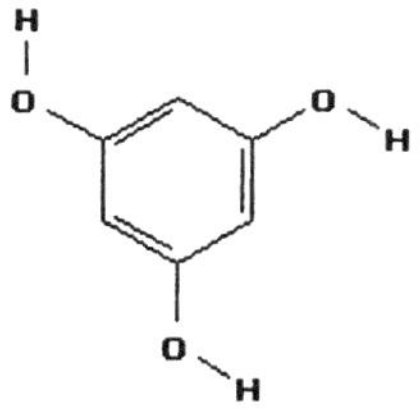

Funktion:
Additiv/Sensibilisator;
Verfahren:
1.Reprofotografie;
2.Kopierverfahren;

Eigenschaften:
- toxikologisch/ökotoxikologisch:
RTECS # SY 1225000;
Schweizer Giftliste: 4
Sonstiges:
Hautreizend;LD 50 (oral, Maus): 4550 mg/kg [10];

Gefahren-Symbol:

- physikalisch/chemisch:
Schmelzpunkt: 218 °C
Molmasse: 126,1 g/mol

Bemerkung:
Weiße Kristalle;
Verwendung: in Druck- und Textiltrocknungsmitteln vom Diazo-Typ; als Reagenz auf Pentosen, Aldehyde, Ligmin, Chloral Hydrat und weiteres;

1,2,3-Trihydroxybenzen

- CAS-Nummer:
87-66-1
- gebräuchliche Namen:
1,2,3-Trihydroxybenzol; Pyrogallol; Pyrogallussäure; 1,2,3-Benzentriol; (1,2,3-Trihydroxyphenyl)phenylmethanon; 1,2,3-Benzoltriol; v-Trioxybenzol;
- Handelsnamen:
Pyro;
- Summenformel:
$C_6H_6O_3$

- Strukturformel:

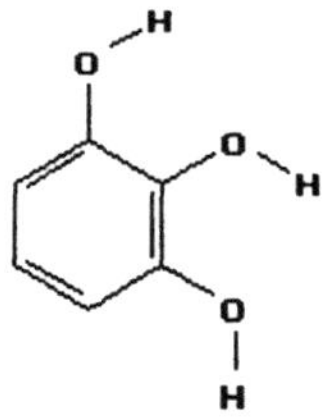

Funktion:
1.Härter;
2.fotografischer Gerbentwickler;
Verfahren:
1.Druckformherstellung/Reproduktionsfotografie;
2.Druckformherstellung/Tiefdruck;
Anwendung:
1.Entwicklerbad;
2.Ätzung/Silberhalogenidverfahren;

Eigenschaften:

- toxikologisch/ökotoxikologisch:

RTECS # UX 2800000
Schweizer Giftliste: 3
R-Satz: 20/21/22
S-Satz: (2)
Sonstiges:
Einstufung und Kennzeichnung von Zubereitungen, in denen diese Substanz enthalten ist:10%<=C ¦¦> Xn; R20/21/22Mit Einschränkungen erlaubt in kosmetischen Mitteln, EWG-Rl. Anh. IIINr. 24 -> Kap. II-1.3;LD 50 (oral, Ratte): 789 mg/kg [40];

Gefahren-Symbol:

Xn

- physikalisch/chemisch:

Schmelzpunkt: 132,8 °C
Siedepunkt: 309 °C (geringe Zersetzung)
Dampfdruck: 13,3 mbar (20 °C)
Brechungsindex: 1,5611 (133 - 135 °C)
Dichte: 1453 kg/m3 (20 °C)
Molmasse: 126,112 g/mol

Löslichkeit:
Wasser 440 g/l (13 °C); Benzen 0,74 g/l (25 °C);leicht löslich in Ethanol und Diethylether; wenig löslich in Trichlormethan;

Verbleib nach Gebrauch:
Verbrennung nach Mischung mit brennbarem Lösemittel;

Bemerkung:
Farblose Nadeln (sublimiert);
Absorbiert Sauerstoff
Mit FeCl(3) -> blaue Färbung -> dann braune Färbung
Verwendung: in der Fotoindustrie als Entwicklersubstanz; als Mittel gegen Hautkrankheiten; zur Synthese von Farbstoffen;

3,4,5-Trihydroxybenzencarbonsäure, Monohydrat

- CAS-Nummer:
149-91-7
- gebräuchliche Namen:
3,4,5-Trihydroxybenzoesäure Monohydrat; Gallussäure Monohydrat;
- Summenformel:
$C_7H_6O_5 * H_2O$

- Strukturformel:

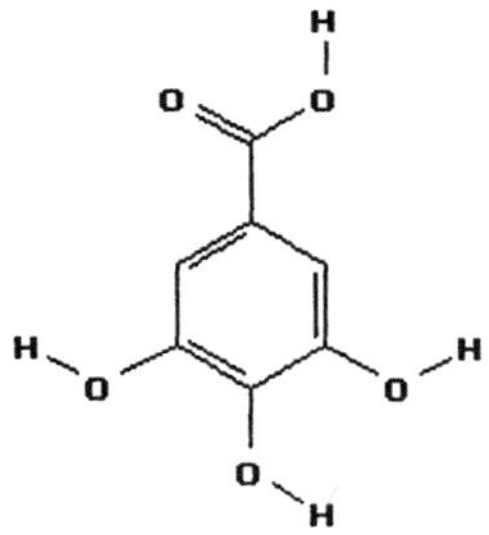

Funktion:
1.Additiv/Sensibilisator;
2.Ätzmittel;

Verfahren:
1.Kopierverfahren/elektron. Verfahren direkt/Thermografie (Thermodruck);
2.Druckverfahren/Flachdruck indirekt/Offsetdruck;

Anwendung:
1.Papierbeschichtung;
2.Metalldruck;

Eigenschaften:

- toxikologisch/ökotoxikologisch:

RTECS # LW 7525000
Schweizer Giftliste: 4
R-Satz: 36/37/38
S-Satz: 22-24/25
Sonstiges:
Kann schädigend wirken beim Einatmen, Verschlucken oder Aufnahme über die Haut; verursacht Augen- und Hautreizungen; reizt Schleimhäute und Atemwege [187];LD 50 (oral, Kaninchen): 5000 mg/kg [187];

Gefahren-Symbol:

- physikalisch/chemisch:

Schmelzpunkt: 253 °C (Zers.)*
Dichte: 1694 kg/m3 (6 °C)
Molmasse: 170,12 g/mol

Löslichkeit:
leicht löslich in heißem Wasser, Ethanol; löslich in Propanon; wenig löslich in Diethylether; unlöslich in Benzen, Trichlormethan;

Bemerkung zu physikalisch/chemischen Daten:
*: Existiert in 2 Formen, die stabile Form (Schmp.: 258-265 °C (Zers.)) und die instabile Form (Schmp.: 225-230 °C);

Verbleib nach Gebrauch:
Verbrennung nach Mischung mit brennbarem Lösemittel;

Bemerkung:
Weißes Pulver;
Stoff zersetzt sich bei 235-240 °C und sublimiert bei 210 °C.

1,3,5-Trihydroxybenzen-2-hydrat

- CAS-Nummer:
6099-90-7
- gebräuchliche Namen:
1,3,5-Trihydroxybenzol Dihydrat; Phloroglucin Dihydrat; Phloroglucinol Dihydrat; s-Trioxybenzol Dihydrat; 1,3,5-Trihydroxybenzol; Phloroglucin;
- Summenformel:
$C_6H_6O_3 * H_2O$

- Strukturformel:

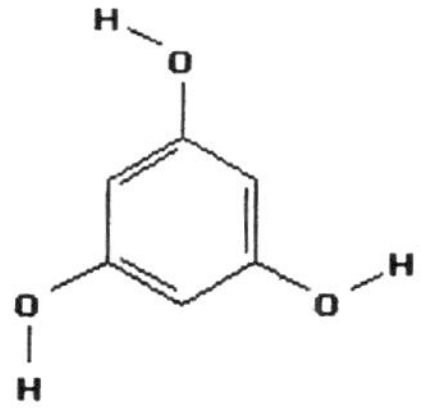

Funktion:
Additiv/Sensibilisator;
Verfahren:
1.Reprofotografie;
2.Kopierverfahren;

Eigenschaften:
- toxikologisch/ökotoxikologisch:
RTECS # SY 1225000
Schweizer Giftliste: 4
R-Satz: 36/37/38-41
S-Satz: 26-36

Gefahren-Symbol:

- physikalisch/chemisch:
Schmelzpunkt: 117 °C (Dihydrat); 218 - 219 °C (Anhydrat)
Siedepunkt: Subl.
Log pOW: 0,16 [4]
Dichte: 1460 kg/m3 (20 °C)
Molmasse: 162,14 g/mol

Löslichkeit:
Wasser 10,7 g/l (20 °C); löslich in Ethanol, Diethylether, Benzen;

Verbleib nach Gebrauch:
Verbrennung nach Mischung mit brennbarem Lösemittel;

Bemerkung:
Farblose, süßlich schmeckende Kristalltafeln (Dihydrat); lichtempflindlich;
Existiert in zwei tautomeren Formen (Trienolform, Triketoform);
Verwendung: zur Gewinnung von Farbstoffen, Kunststoffen und Arzeneimitteln; zur Herstellung von Lichtpauspapieren;

2,2',2"-Trihydroxytriethylamin

- CAS-Nummer:
102-71-6
- gebräuchliche Namen:
TEA; TEOA; Nitrilotriethanol; Triethanolamin; Tris-(2-hydroxyethyl)-amin; Triethylamin; Tricolamin; Trihydroxytriethylamin; Trioxytriethylamin; Triethyloamin; 2,2',2"-Azanetriyltris-ethanol; Tris-[2-hydroxy-ethyl]-amin; 2,2',2"-Nitrilotrisethanol;
- Handelsnamen:
Alkanolamin 244; Daltogen; Sterolamide; Sting kill; Thiofaco T 35; Trolamine;
- Summenformel:
$C_6H_{15}NO_3$

- Strukturformel:

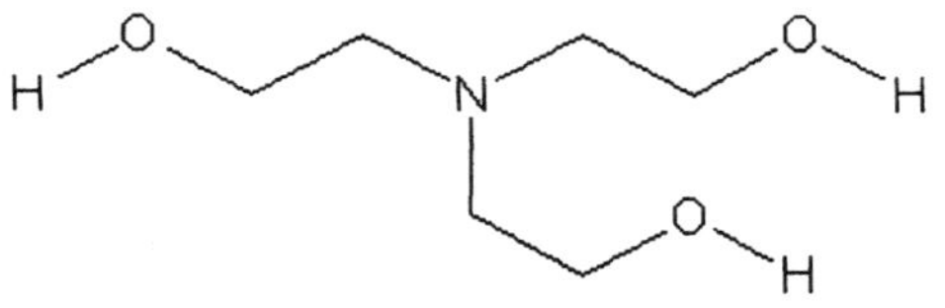

Funktion:
1.Lösungsmittel;
1.Additiv/Oberflächenbeeinflusser; Additiv/Alkalien;
2.Lösungsvermittler; Stabilisator;
Verfahren:
1.Kopierverfahren/elektron. Verfahren direkt/Ink-Jet;
2.Druckformherstellung/Reproduktionsfotografie;
Anwendung:
1.+2. Farbe;

Eigenschaften:
- toxikologisch/ökotoxikologisch:
RTECS # KL 9275000
Schweizer Giftliste: 5
WGK: 1
R-Satz: 36/37/38
S-Satz: 26-36
Sonstiges:
Geringe Giftigkeit; Dämpfe verursachen Reizung der Augen und Atemwege;Kontakt mit der Flüssigkeit bewirkt Reizung der Augen [163];Triethanolamin zersetzt sich bei Erhitzung und bildet dabei giftige Stickoxide; Symptome: Brennen der Augen, Reizhusten [484];Ein kanzerogenes Potential von Triethanolamin ließ sich nicht nachweisen. Aus Triethanolamin und Natriumnitrit kann unter simulierten Bedingungen im Magen das kanzerogen wirkende N-Nitrosediethanolamin entstehen [577];LD 50 (oral, Ratte): 8000 mg/kg [10], 8680 mg/kg [32], 4200-11300 mg/kg, 7350 mg/kg [634];LD 50 (Haut, Kaninchen): > 22600 mg/kg [9];LD 50 (oral, Kaninchen): 2200 mg/kg [577], [634];LD 50 (oral, Maus): 5400 mg/kg [577], 5400-7800 mg/kg [634];LD 50 (intraperitoneal, Maus): 1500 mg/kg [577], 1450 mg/kg [634];LD 50 (oral, Meerschweinchen): 2200 mg/kg [577];LC 50 (Fisch, Goldorfe): >10000 mg/l/48 h, >1000 mg/l/96 h [33];LC Lo (Daphnia magna): 875 mg/l [6];LC 50 (Daphnia magna): 1390 mg/l [6];LC 50 (Carassius auratus): >5000 mg/l/24 h [608];LC 50 (Leuciscus idus): >10000 mg/l/48 h [608];Toxische Grenzkonzentration für Daphnia magna 2,5

mg/l, Scenedesmus quadricauda 100 mg/l [32];Toxische Grenzkonzentration für Scenedesmus quadricauda neutral 1,8 mg/l, nicht neutral 715 mg/l [36];Biologisch abbaubar [32];

Gefahren-Symbol:

Xi

- physikalisch/chemisch:

Schmelzpunkt: 21,6 °C; 17,9 - 21 °C
Siedepunkt: 335,4 °C; 190-193 °C (6,66 hPa); 360 °C*; 335 °C; 333 °C
Flammpunkt: 180 °C; 185 °C; 190 °C; 179 °C
Dampfdruck: 0,01 hPa (20 °C); 0,0000000477 hPa (25 °C)
Log pOW: -1,75 [4]; -2,3 [608]; -2,53--2,3 (25 °C); -1,,59 (20 °C)
Brechungsindex: 1,4852 (20 °C)
Dichte: 1124,2 kg/m3 (20 °C)
Molmasse: 149,19 g/mol
Verdunstungszahl: <0,001 (BuAc = 1) [9]

Löslichkeit:
mischbar mit Wasser, Ethanol; löslich in Trichlormethan; wenig löslich in Benzen, Diethylether, Ligroin;

Bemerkung zu physikalisch/chemischen Daten:
* Beginn der Zersetzung bei Temperaturen über 232 °C [484];
Zündtemperatur: 325 °C [577], 324 °C [634];

Verbleib nach Gebrauch:
Verbrennung nach Mischung mit brennbarem Lösemittel;

Bemerkung:
Farblose, schwach ammoniakähnlich riechende Flüssigkeit (zähflüssiges Öl); hygroskopisch; brennbar; zieht Kohlendioxid an;
Bildet im dampf-/gasförmigen Zustand mit Luft explosionsfähige Gemische;
Explosionsgrenzen: 1,3 - 8,5 Vol% ; Zündtemp.: 316 °C [9] ca. 330 °C [484];
Kupfer und Kupferverbindungen werden angegriffen; reagiert bei Kontakt mit Säuren, säurehaltigem Material und Anhydriden; kann heftig reagieren bei Kontakt mit sauerstoffreichem Material; bei Kontakt oder Mischung mit Nitrilen bzw. salpetriger Säure können sich unter speziellen Bedingungen durch Dealkylierung Nitrosamine bilden; Nitrosamine haben sich im Tierversuch als krebserzeugend erwiesen.
Technische Verwendung: mit Fettsäuren -> seifenartige Salze -> Emulgatoren usw.[577];

Der deutsche Verbrauch von Triethanolamin lag 1990 bei ca. 13.100 t/a.
Anwendungsgebiete und -mengen für das Jahr 1990 sind (nach BASF-Angaben) [608]:

Waschrohstoffe	ca. 6600 t/a
Zementhilfsmittel	ca. 4000 t/a
Bohr- und Schneidöle	ca. 2000 t/a
Gaswäsche	ca. 130 t/a
Kosmetik/Pharma	ca. 130 t/a
sonstiges (z.B. Textilhilsmittel)	>660 t/a

Tri-iso-dekyltrimelliat

- **CAS-Nummer:**
  36631-30-8
- **gebräuchliche Namen:**
  tri-Mellitsäure-tri-(iso-dekyl)-ester; tri-iso-dekyl-tri-Melliat; tri-Benzolhexacarbonsäure-(tri-iso-dekyl)-ester;
- **Handelsnamen:**
  Morflex 530;
- **Summenformel:**
  $C_{39}H_{66}O_6$

Funktion:
Additiv/Weichmacher;
Verfahren:
Druckverfahren;
Anwendung:
Farbe;

Eigenschaften:
- **physikalisch/chemisch:**
  Siedepunkt: - 37 °C
  Flammpunkt: 270 °C
  Dichte: 969 kg/m3 (25°C)
  Molmasse: 630 g/mol

Tri-iso-nonyltrimelliat

- **CAS-Nummer:**
  53894-23-8
- **gebräuchliche Namen:**
  tri-iso-nonyl-tri-Melliat; tri-iso-Nonyl-tri-melliat; tri-Mellitsäure-tri-(iso-nonyl)-ester; tri-Benzolhexacarbonsäure-tri-(iso-nonyl)-ester;
- **Handelsnamen:**
  Jayflex TINTM;
- **Summenformel:**
  $C_{36}H_{60}O_6$

Funktion:
Additiv/Weichmacher;
Verfahren:
Druckverfahren;
Anwendung:
Farbe;

Eigenschaften:
- **physikalisch/chemisch:**
  Schmelzpunkt: - 40 °C
  Siedepunkt: 311 °C
  Flammpunkt: 265 °C
  Dichte: 977 kg/m3 (25°C)
  Molmasse: 588 g/mol

Tri-mellitsäure-tri-(iso-oktyl)-ester

- **CAS-Nummer:**
  27251-75-8
- **gebräuchliche Namen:**
  TIOTM; Tri-iso-oktyl-tri-melliat; Tri-iso-oktyltrimelliat;
- **Handelsnamen:**
  Morflex 500;
- **Summenformel:**
  $C_{33}H_{54}O_6$

Funktion:
Additiv/Weichmacher;
Verfahren:
Druckverfahren;
Anwendung:
Farbe;

Eigenschaften:
- **physikalisch/chemisch:**
  Schmelzpunkt: -45 °C
  Siedepunkt: 285 °C
  Flammpunkt: 260 °C
  Dichte: 990 kg/m3 (25°C)
  Molmasse: 546 g/mol

3,5,5-Trimethylcyclohexen-2-on

- **CAS-Nummer:**
  78-59-1
- **gebräuchliche Namen:**
  Isophoron; Isoacetophenon;
- **Summenformel:**
  $C_9H_{14}O$

- **Strukturformel:**

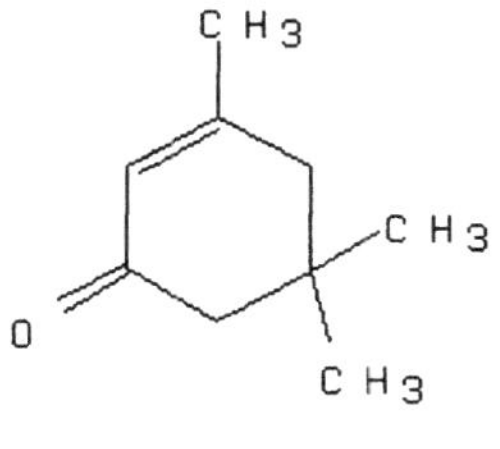

Funktion:
Lösungsmittel;
Verfahren:
Druckverfahren/Durchdruck;
Anwendung:
Durchdruckfarben;

Eigenschaften:
- **toxikologisch/ökotoxikologisch:**
  RTECS # GW 7700000

Schweizer Giftliste: 4
WGK: 1
MAK Wert: 11 mg/m3 bzw. 2 ml/m3
R-Satz: 36/37/38
S-Satz: (2)-26
Sonstiges:
Einstufung und Kennzeichnung von Zubereitungen, in denen diese Substanz enthalten ist:25%<=C ¦¦> Xi; R36/37/38Spitzenbegrenzung: I [481]; Krebserzeugend 3 [481]; Schwangerschaftsgruppe C [481];schwach wassergefährdend; Schädigung von Fischen ab 1 - 100 mg/lDämpfe reizen Augen und Atmungsorgane; Kontakt mit der Flüssigkeit verursacht Reizung der Augen und der Haut; bei schweren Vergiftungen Bewußtlosigkeit; später Leber- und Nierenschäden möglichDampfkonzentrationen > 25 ml/m3 reizen Augen und Atemwege [9];LD 50 (oral, Ratte): 2330 mg/kg [109];LD 50 (Haut, Kaninchen): 1400 mg/kg [9];LC Lo (inhalativ, Ratte): 1840 ml/m3 [109];

Gefahren-Symbol:

Xi

- physikalisch/chemisch:
Schmelzpunkt: -8 °C
Siedepunkt: 213-214 °C
Flammpunkt: 86 °C
Dampfdruck: 0,4 hPa (20 °C) [109]
Verdampfungswärme: 561 kJ/kg
Brechungsindex: 1,4761 (22 °C)
Dichte: 922,8 kg/m3 (18 °C)
Molmasse: 138,21 g/mol
Verdunstungszahl: 0,0268 (BuAc = 1) [109]; 0,03 (BuAc = 1) [9]; 330 (Diethylether = 1) [109];

Löslichkeit:
sehr wenig löslich in Wasser; mischbar mit Ethanol, Diethylether;

Bemerkung:
Farblose, wasserklare Flüssigkeit mit pfefferminzähnlichen Geruch .
Wasserdampfflüchtig
Bei starker Erhitzung Bildung explosionsfähiger Gemische
Explosionsgrenzen: 0,8 - 3,8 Vol% ; Zündtemp.: 460 °C [109];
Verwendung: Lösemittel;
Anwendungsbereich: in der Lackindustrie zur Herstellung vom Imprägnier- und Streichlacken auf Basis von Phenol/Formaldehydharzen, Epoxiden; in der Druckfarbenindustrie; zur Herstellung von Insektiziden und Pestiziden;

2,4,6-Trimethylhydroxybenzen

- CAS-Nummer:
527-60-6
- gebräuchliche Namen:
2,4,6-Trimethylphenol; Mesitol;
- Summenformel:
$C_9H_{12}O$

- Strukturformel:

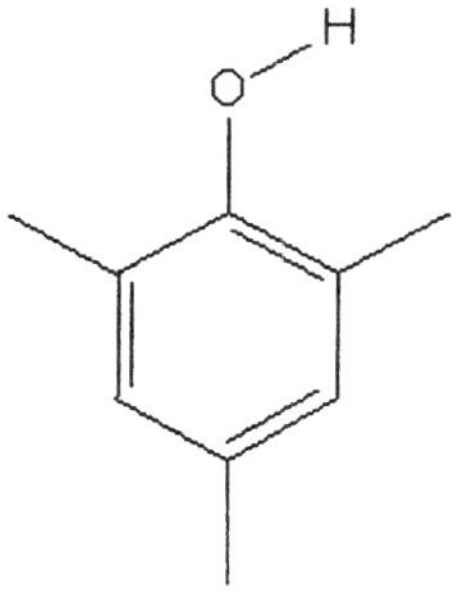

Funktion:
Bindemittel;
Verfahren:
Druckverfahren/Tiefdruck;

Eigenschaften:
- toxikologisch/ökotoxikologisch:
R-Satz: 36/37/38
S-Satz: 24/25

Gefahren-Symbol:

- physikalisch/chemisch:
Schmelzpunkt: 72 °C
Siedepunkt: 221 °C
Molmasse: 136,20 g/mol

Löslichkeit:
sehr wenig löslich in Wasser; leicht löslich in Ethanol, Diethylether; unlöslich in wässriger Ammoniak-Lösung;

Verbleib nach Gebrauch:
Verbrennung nach Mischung mit brennbarem Lösemittel;

Bemerkung:
Nadeln; wasserdampfflüchtig;

Tri-(n-heptyl/n-nonyl)trimelliat

- CAS-Nummer:
58056-98-7
- gebräuchliche Namen:
tri-Mellitsäure-(heptyl/nonyl)-ester; tri-(C7-C9)-tri-Melliat; tri-Benzolhexacarbonsäure-tri-(n-heptyl/n-nonyl)-ester; tri-(n-Heptyl/n-nonyl)tri-melliat;
- Handelsnamen:
Santicizer 79 TM;

Funktion:
Additv/Weichmacher;
Verfahren:
Druckverfahren;
Anwendung:
Farbe;

Eigenschaften:
- physikalisch/chemisch:
Schmelzpunkt: - 50 °C
Siedepunkt: 263 °C
Flammpunkt: 263 °C
Dichte: 983 kg/m3 (25°C)
Molmasse: 546 g/mol

2,4,7-Trinitro-9-fluorenon

- CAS-Nummer:
129-79-3
- Summenformel:
$C_{13}H_5N_3O_7$

- Strukturformel:

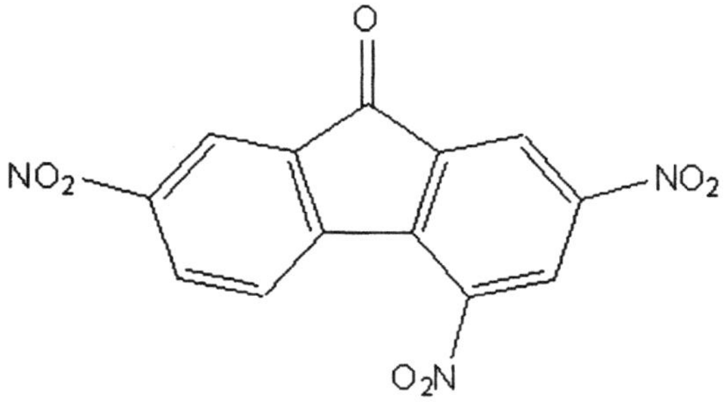

Funktion:
Additiv/Sensibilisator;
Fotoleiter;
Verfahren:

Kopierverfahren/elektron. Verfahren direkt/Elektrofotografie/Laserdruck
Anwendung:
Bestandteil der Trommelbeschichtung z.B. in
Laserdruckern und Bürokopiergeräten;

Eigenschaften:
- toxikologisch/ökotoxikologisch:
RTECS # LL 9100000;
Schweizer Giftliste: 1
R-Satz: 23/24-33-40
S-Satz: 16-24/25
Sonstiges:
IMK: I;Krebserzeugend 3 [481];Reizstoff;Karzinogen verdächtig;

Gefahren-Symbol:

- **physikalisch/chemisch:**
  Schmelzpunkt: 176 °C
  Molmasse: 315,20 g/mol

  Löslichkeit:
  wenig löslich in Wasser; leicht löslich in Propanon (Aceton), Benzen (Benzol), Trichlormethan (Chloroform);

Verbleib nach Gebrauch:
Verbrennung nach Mischung mit brennbarem Lösemittel;

Bemerkung:
Gelbe Nadeln (nach Umkristallisation aus Ethansäure oder Benzen);
Entzündbarer Feststoff;
Verwendung: als lichtsensitive Substanz in der Trommelbeschichtung von Kopierern und Laserdruckern;

Tri-oktyl-tri-melliat

- **CAS-Nummer:**
  89-04-3
- **gebräuchliche Namen:**
  Trimellitsäure-tri-oktyl-ester; Tribenzolhexacarbonsäure-tri-(oktyl)-ester;
- **Handelsnamen:**
  Kodaflex TOTM; PX-338;
- **Summenformel:**
  $C_{33}H_{54}O_6$

Funktion:
Additiv/Weichmacher;
Verfahren:
Druckverfahren;
Anwendung:
Farbe;

Eigenschaften:
- **physikalisch/chemisch:**
  Schmelzpunkt: - 46 °C
  Siedepunkt: 260 °C
  Flammpunkt: 254 °C
  Dichte: 987 kg/m3 (25°C)
  Molmasse: 546 g/mol

Triphenylphosphit

- **CAS-Nummer:**
  101-02-0
- **gebräuchliche Namen:**
  Phosphorigesäure-(tri-phenyl)-ester; tri-Phenyl-phosphit; TPP;
- **Handelsnamen:**
  Mod Epox; Irgafos TPP;
- **Summenformel:**
  $C_{18}H_{15}O_3P$

- **Strukturformel:**

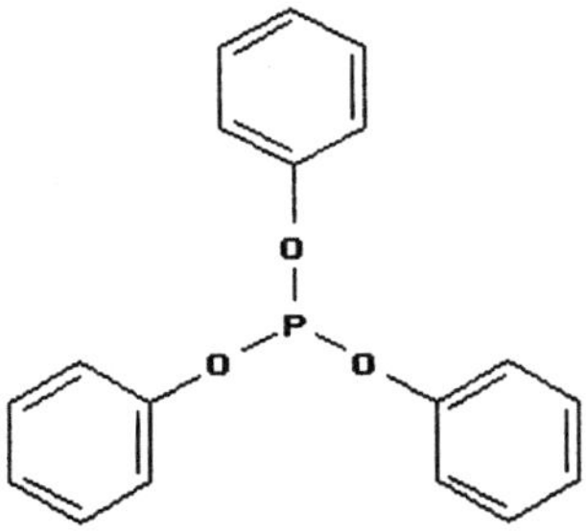

Funktion:
Additiv/Weichmacher;
Verfahren:
Druckverfahren;
Anwendung:
Farbe;

Eigenschaften:
- **toxikologisch/ökotoxikologisch:**
  R-Satz: 36/38
  S-Satz: (2)-28
  Sonstiges:
  Einstufung und Kennzeichnung von Zubereitungen, in denen diese Substanz enthalten ist:5%<=C ¦> Xi; R36/38LD 50 (oral, Ratte): 1590-1630 mg/kg, 1600 mg/kg [634];LC 50 (inhalativ, Ratte): >6,7 mg/l/1h [634];LD 50 (dermal, Ratte): ca. 1180-2500 mg/kg [634];LD Lo (subcutan, Ratte): 2000 mg/kg [634];LD 50 (intraperitoneal, Ratte): 250 mg/kg [634];LD 50 (dermal, Kaninchen): <5000 mg/kg [634];

  Gefahren-Symbol:

- **physikalisch/chemisch:**
  Schmelzpunkt: 22 °C; 23 °C
  Siedepunkt: 360 °C; 310 °C
  Flammpunkt: 190 °C; 188 °C
  Dampfdruck: <100 hPa (20 °C)
  Log pOW: 4,98
  Dichte: 1184 kg/m3 (25°C); 1180 kg/m3 (20 °C)
  Molmasse: 310 g/mol
  Löslichkeit:
  hydrolysiert; in Wasser ut löslich;

Tripropylenglycolbutylether

- CAS-Nummer:
20324-33-8
- gebräuchliche Namen:
Tripropylenglykolmethylether; Tripropylenglykol-n-butylether;
- Handelsnamen:
Dowanol TPM;
- Summenformel:
$C_{10}H_{22}O_4$

Funktion:
Lösungsmittel;
Verfahren:
Druckverfahren;

Eigenschaften:
- toxikologisch/ökotoxikologisch:
Sonstiges:
LD 50 (oral, Ratte): 3300 mg/kg [9];LD 50 (Haut, Kaninchen): > 20000 mg/kg [9];

- physikalisch/chemisch:
Schmelzpunkt: -77 °C
Siedepunkt: 242 °C
Flammpunkt: 109 °C
Dampfdruck: 0,026 hPa (20 °C) [9]
Brechungsindex: 1,4301 (20 °C)
Dichte: 960 kg/m3 (20 °C)
Molmasse: 206,29 g/mol
Verdunstungszahl: 0,002 (BuAc = 1) [9]

Löslichkeit:
mischbar mit Wasser;

Bemerkung:
Farblose, schwach etherähnlich riechende Flüssigkeit; brennbar;
Verwendung: technisches Lösemittel;

Tripropylenglykoldiacrylat

- CAS-Nummer:
42978-66-5
- gebräuchliche Namen:
TRPGDA;
- Summenformel:
$C_{15}H_{24}O_6$

- Strukturformel:

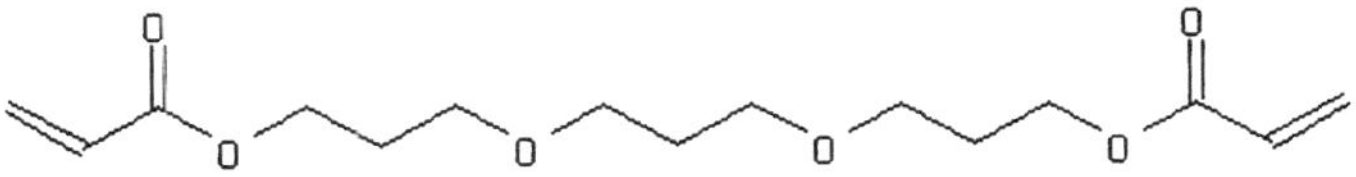

Eigenschaften:
- toxikologisch/ökotoxikologisch:
RTECS # AT 4690000
R-Satz: 36/37/38
S-Satz: 26-37/39

- physikalisch/chemisch:
Siedepunkt: >120 °C (1,33 hPa)
Brechungsindex: 1,4500 (20 °C)
Dichte: 1030 kg/m3
Molmasse: 300,25 g/mol

Bemerkung:
Isomerengemisch;

Tris-(2,3-dibromopropyl)-phosphat

- CAS-Nummer:
126-72-7
- gebräuchliche Namen:
TDPP; TRIS; 2,3-Dibrom-1-propanolphosphat; Phosphorsäure-(tri-brompropyl)-ester; Phosphorsäure-tris-2,3-dibromopropylester; Tris-BP; 2,3-Dibromo-1-propanol-phosphat (3:1);
- Handelsnamen:
Anfram 3 PB; Fyrol HB-32; Apex 462-5; Flammex AP; Flammex T 23P; Firemaster T 23P; T 23P; Flavacon R; Flammex LV-T 23P; Anfram 3PB; Bromkal P67; 6HP; ES 685; Firemaster LV-T 23 P; Florol HB 32; Phoscon PE60; 3PBR; T238; Zetoflex ZN;
- Summenformel:
$C_9H_{15}Br_6O_4P$

- Strukturformel:

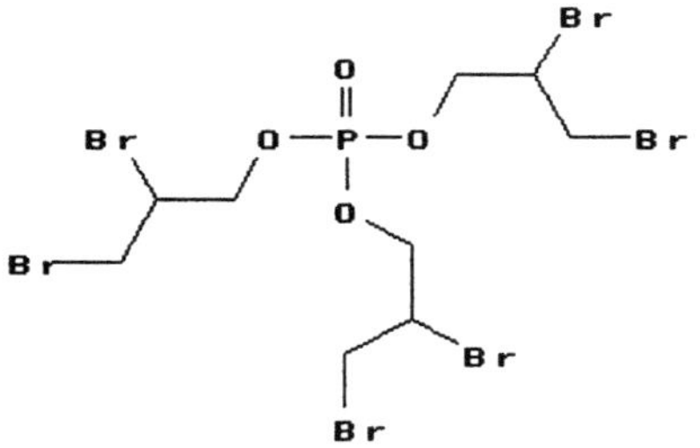

Funktion:
Additiv/Weichmacher;
Verfahren:
Druckverfahren;
Anwendung:
Farbe;

Eigenschaften:
- toxikologisch/ökotoxikologisch:
RTECS # UB 0350000
Sonstiges:
Karzinogen verdächtig; erbgutverändernder Stoff;LD 50 (oral, Ratte): > 5000 kg/kg [210], 810 mg/kg [428];TD Lo (oral, Ratte (trächtig)): 1800 mg/kg/7-15 D, 250 mg/k/6-15 D, 450 mg/kg/7-15 D [428];TD Lo (oral, Ratte): 1330 mg/kg/76 W (kontinuierlich) [428];TD Lo (intraperitoneal, Ratte

(männlich)): 8510 mg/kg/72 D, 4260 mg/kg/72 D [428];LD 50 (oral, Maus): 6800 mb/kg [428];TD Lo (oral, Maus): 39000 mg/kg/92 W (kontinuierlich) [428];LD 50 (intraperitoneal, Maus): 300 mg/kg [428];TD Lo (Haut, Maus): 85000 mg/kg/71 W (intermittierend) [428];LD 50 (Haut, Kaninchen): >8000 mg/kg [428];

- physikalisch/chemisch:
Log pOW: 3,71 [504]
Dichte: 2250 kg/m3 (25°C)
Molmasse: 697,93 g/mol

Löslichkeit:
löslich in Trichlormethan;

Bemerkung:
Viskose Flüssigkeit;
Verwendung: Flankenschutzmittel;

Tris-(di-chloro-propyl)-phosphat

- CAS-Nummer:
78-43-3
- gebräuchliche Namen:
Phosphorsäure-tris-(dichloropropyl)-ester;
- Handelsnamen:
Fyrol FR-2
- Summenformel:
$C_9H_{15}O_4Cl_6P$

Funktion:
Additiv/Weichmacher;
Verfahren:
Druckverfahren;
Anwendung:
Farbe;

Eigenschaften:
- physikalisch/chemisch:
Schmelzpunkt: 27 °C
Flammpunkt: 251 °C
Dichte: 1529 kg/m3 (25°C)
Molmasse: 432 g/mol

Löslichkeit:
0,01 g/100 ml Wasser;

1,1,1-Tris(hydroxymethyl)propantriacrylat

- CAS-Nummer:
15625-89-5
- gebräuchliche Namen:
TMPTA; 1,1,1-Trimethylolpropantriacrylat; 2-Ethyl-2-hydroxymethyl-1,3-propandioltriacrylat;
- Summenformel:
$C_{15}H_{20}O_6$

- Strukturformel:

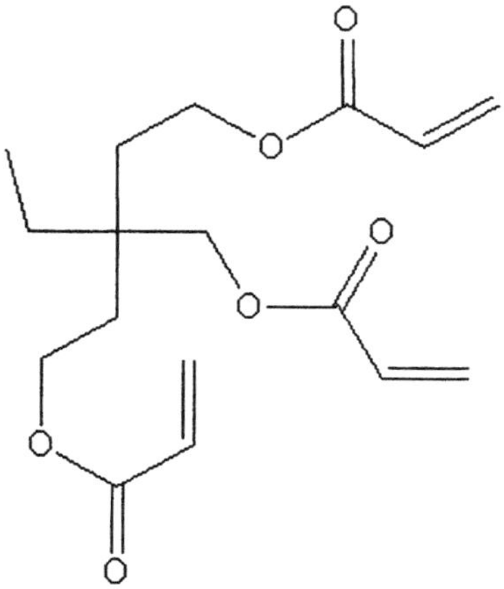

Funktion:
Fotovernetzendes Monomer;
Verfahren:
Druckverfahren/Hochdruck;
Anwendung:
Fotopolymerdruckplatten;

Eigenschaften:
- toxikologisch/ökotoxikologisch:
RTECS # AT 4810000
R-Satz: 36/38-43
S-Satz: (2)-39
Sonstiges:
Gefahr der Sensibilisierung der Haut [481];Einstufung und Kennzeichnung von Zubereitungen, in denen diese Substanz enthalten ist:20%<=C ¦¦> Xi; R36/38-431%<=C<20% ¦¦> Xi; R43Kann schädigend wirken beim Einatmen, Verschlucken oder Aufnahme über Haut; Dämpfe reizen Augen, Schleimhäute und Atemwege; verursacht Hautreizungen [187];LD 50 (oral, Ratte): 5190 mg/kg [40], [187];LD 50 (Haut, Ratte): 5170 mg/kg [40];

Gefahren-Symbol:

Xi

- physikalisch/chemisch:
Siedepunkt: 150 °C
Flammpunkt: 44 ° C
Dampfdruck: < 0,013 hPa (20 °C) [187]
Brechungsindex: 1,4735 (20 °C)
Dichte: 1100 kg/m3 (20 °C)
Molmasse: 296,31 g/mol

Verbleib nach Gebrauch:
Verbrennung nach Mischung mit brennbarem Lösemittel;

Bemerkung:
Viskose farblose Flüssigkeit; hygroskopisch; brennbar;

Urannitrat-6-hydrat

- **CAS-Nummer:**
  13520-83-7
- **gebräuchliche Namen:**
  Urannitrat Hexahydrat; Uranylnitrat-6-hydrat; Uranium(VI)-dioxidnitrat;
- **Summenformel:**
  $UO_2(NO_3)_2 * 6\ H_2O$

Funktion:
  Uranverstärker;
Verfahren:
  Druckformherstellung/Reproduktionsfotografie;

Eigenschaften:
- **toxikologisch/ökotoxikologisch:**
  MAK Wert: 0,25 mg U/m3 E
  R-Satz: 26/28-33
  S-Satz: 20/21-45
  Sonstiges:
  Spitzenbegrenzung III [481];Radioaktiv;

  Gefahren-Symbol:

T

- **physikalisch/chemisch:**
  Schmelzpunkt: 60,2 °C
  Siedepunkt: 118 °C
  Dichte: 2807 kg/m3 (18 °C)
  Molmasse: 502,13 g/mol

  Löslichkeit:
  Wasser 1200 g/l (20 °C), ý (60 °C); leicht löslich in Ethanol, Diethylether, Propanon (Aceton), Ethansäure (Essigsäure), Methanol;

Bemerkung:
  Gelbgrüne Kristalle;
  Verwendung: in der Fotoindustrie als Verstärker (färbt das Negativ rotbraun);

Urethan, Polymer mit Formaldehyd

- **CAS-Nummer:**
  9011-05-6
- **Handelsnamen:**
  Beckamene 21-510;
- **Summenformel:**
  $(CH_4N_2O.CH_2O)_x$

Eigenschaften:
- **toxikologisch/ökotoxikologisch:**
  RTECS # YU 1610000

- physikalisch/chemisch:
Molmasse: 90,10 g/mol

Vanadium(III)-chlorid

- CAS-Nummer:
7718-98-1
- gebräuchliche Namen:
Vanadiumtrichlorid;
- Summenformel:
VCl_3

Eigenschaften:
- toxikologisch/ökotoxikologisch:
RTECS # YW 2800000;
Schweizer Giftliste: 3
R-Satz: 20/21-38
S-Satz: 26-28
Sonstiges:
IMK: III;LD 50 (oral, Ratte): 350 mg/kg [39];

Gefahren-Symbol:

- physikalisch/chemisch:
Schmelzpunkt: zers.
Dichte: 3000 kg/m3 (18 °C)
Molmasse: 157,30 g/mol

Löslichkeit:
zersetzlich in Wasser; löslich in abs. Ethanol, Diethylether;

Verbleib nach Gebrauch:
Sondermüll-Deponie, abfiltrierte Sulfide aus der Ausfällung des in Lösung gebrachten Stoffes (Oxidation oder wäßrige Säure) und eventueller Neutralisation;

Wasser

- CAS-Nummer:
7732-18-5
- gebräuchliche Namen:
Aqua; Hydrogenoxid;
- Summenformel:
H_2O

- Strukturformel:

Funktion:
1.-3. Lösemittel;
4. Reinigungsmittel;

Verfahren:
1. Druckverfahren/Verpackungsdruck;
2. Druckverfahren/Offsetdruck;
3. Druckverfahren/Siebdruck;
4. Druckformherstellung;
5. Reproduktionstechnik;

Anwendung:
1. Verpackungsdruckfarben;
2. Offsetdruckfarben;
3. Siebdruckfarben

Eigenschaften:
- toxikologisch/ökotoxikologisch:
RTECS # ZC 0110000

- physikalisch/chemisch:
Schmelzpunkt: 0 °C
Siedepunkt: 100 °C
Dampfdruck: 23,3 hPa (20 °C) [9]
Verdampfungswärme: 2442 kJ/kg (25 °C)
Dichte: 1000,00 kg/m3 (4 °C); 998,23 kg/m3 (20 °C);
Molmasse: 18,015 g/mol
Verdunstungszahl: 1,8 (BuAc = 1) [9]

Bemerkung:
Farblose Flüssigkeit; nicht brennbar;
Erdoberfläche zu etwa 71 % mit Wasser bedeckt;

Enthalten in CAB-O-SPERSE A 105 (85%), A 205 (88%), A 1695 (83%), S 109 (80%), S 3295 (85%), II (80%), Coupsil VP 6409 L (5-24 %), Fluorad FC-129 (32%), Neo Cryl (35%), Triton Surfactant BG-10; Ultralube W-810 (60-70%), W-811 (50-60%), W-812 (60-70%), W-813 (60-70%), W-814 (40-50%), W-814 SF (40-50%), W-815 E (50-60%), W-7091 (65-75%) und sehr vielen anderen Produkten!

Wasserstoffperoxid

- CAS-Nummer:
7722-84-1
- UN Nummer:
2015; 2014; 2984
- gebräuchliche Namen:
Hydroperoxid; Perhydrol; Peroxidbleiche; Wasserstoffbioxid; Wasserstoffhyperoxid; Wasserstoffsuperoxid; Wasserstoffperoxid;
- Handelsnamen:
Albone DS; Albone 35; Albone 50; Albone 70; Albone 35 LG; Inhibine; Interox; Kastone; Perdrogen; Perhydrol; Perone 30; Perone 35; Perone 50; Peroxaan; Superoxol; T-Stuff;
- Summenformel:
H_2O_2

Funktion:
1.Entwickler; Bleichmittel; Natriumthiosulfatzerstörer;
2.Aktivator im Härtungsbad für die Emulsionsschichten;

Verfahren:
1.Druckformherstellung/Reproduktionsfotografie;
2.Druckverfahren/Durchdruck direkt/Siebdruck;

Anwendung:
1.Filmentwickler für vorsensibilisierte Fotokontaktfilme;

Eigenschaften:
- toxikologisch/ökotoxikologisch:
RTECS # MX 0899000
WGK: 0
MAK Wert: 1 ml/m3 bzw. 1,4 mg/m3
R-Satz: 8-34
S-Satz: (1/2)-3-28-36/39-45
Sonstiges:
Einstufung und Kennzeichnung von Zubereitungen, in denen diese Substanz enthalten ist:20%<=C ¦¦> C; R345%<=C<20% ¦¦> Xi; R36/38C>=60% ¦¦> O; R8Spitzenbegrenzung: I [481];Dämpfe reizen Augen, Atemwege und Lunge; Kontakt mit der Flüssigkeit bewirkt Bleichung sowie Reizung der Haut und verursacht Augenverätzungen [163];LD Lo (oral, Frau): 2626 mg/kg [428];LD Lo (oral, Mann): 1429 mg/kg [428];TD Lo (oral, Frau): 1200 mg/kg [428];LD 50 (intravenös, Maus): >50 mg/kg [428];Fischtoxizität: 40 mg/l giftig für Forellen [163];EC 0 (Daphnia magna): 3,8 mg/l [484];EC 50 (Daphnia magna): 7,7 mg/l [484];

Gefahren-Symbol:

O C

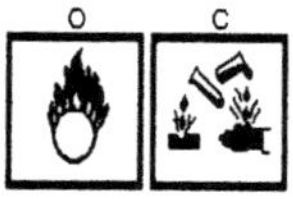

- physikalisch/chemisch:
Schmelzpunkt: - 0,41 °C; -30 °C*
Siedepunkt: 150,2 °C
Dampfdruck: 30,05 hPa (30 °C) [187]
Brechungsindex: 1,414 (22 °C)
Dichte: 1442,2 kg/m3 (25 °C)
Molmasse: 34,01 g/mol

Löslichkeit:
mischbar mit Wasser; löslich in Ethanol, Diethylether; unlöslich in Petrolether;

Bemerkung zu physikalisch/chemischen Daten:
*: variiert je nach Konzentration [484];

Verbleib nach Gebrauch:
Sondermüll-Deponie, ausgefällte Sulfide von Mangan, Chrom oder Molybdän aus der Behandlung der Lösung mit Schwefelsäure und Natriumbisulfit und Neutralisation, lösliches Sulfid wird mit Hypochlorit zersetzt, neutralisiert ins Abwasser gegeben;

Bemerkung:
Klare, farblose Flüssigkeit, geruchlos, bitterer Geschmack [428];
Farblose, sirupartige Flüssigkeit; nicht brennbar;
Achtung, bei Kontakt mit katalysierenden Metallen und Metallsalzen (z.B. Eisen, Kupfer, Chrom, Blei, Silber, Mangan u.a.) tritt bei Konzentrationen über 35 % in Wasser heftigeZersetzung unter Freigabe von viel Hitze ein. Die Gefährlichkeit des Produktes schwankt mit der Konzentration. Bei <3 % dient es zur Munddesinfektion, von 25-35 % wirkt es als Sauerstoffträger sowie entfärbend und schwach ätzend. Von 35-70 % ist Wasserstoffperoxid ein energischer Sauerstoffträger, der organische Substanzen entzünden kann, und wirkt stark ätzend. Alumium, Kunststoff und Glas sind als Behälter beständig [484];

Weißöl, paraffinisch

- **CAS-Nummer:**
  8042-47-5
- **gebräuchliche Namen:**
  Drewplus T-4310;

Eigenschaften:
- **toxikologisch/ökotoxikologisch:**
  RTECS # PY 8047000
  WGK: 1
  MAK Wert: 5 mg/m3

- **physikalisch/chemisch:**
  Siedepunkt: >300 °C
  Flammpunkt: >149 °C
  Dichte: 900 kg/m3

  Löslichkeit:
  in Wasser: 0,001 g/l

Bemerkung:
Bestandteil von: Drewplus T-4310, Perkacit TMTM-Monothiurad (1-2 %), Perkacit TDEC (>96 %);

Xanthon

- **CAS-Nummer:**
  90-47-1
- **gebräuchliche Namen:**
  Dibenzo-α-pyron; 9-Oxoxanthen; 9-Xanthenon;
- **Summenformel:**
  $C_{13}H_8O_2$

- **Strukturformel:**

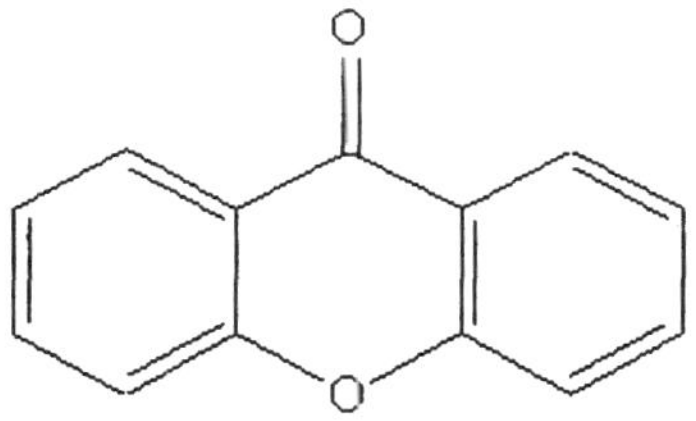

Eigenschaften:
- **toxikologisch/ökotoxikologisch:**
  RTECS # ZD 5711000;
  S-Satz: 22-24/25

- **physikalisch/chemisch:**
  Schmelzpunkt: 174 °C
  Siedepunkt: 349 - 350 °C
  Brechungsindex: 1,5898 (181 - 182 °C)
  Molmasse: 196,205 g/mol

Löslichkeit:
sehr wenig löslich in kaltem Wasser; wenig löslich in heißem Wasser, Ligroin; löslich in Ethanol, Diethylether; leicht löslich in Benzen (Benzol), Trichlormethan (Chloroform);

Verbleib nach Gebrauch:
Verbrennung nach Mischung mit brennbarem Lösemittel;

Bemerkung:
Farblose Nadeln;
Löslich in Schwefelsäure gelb mit hellblauer Fluoreszenz;

Zink

- CAS-Nummer:
7440-66-6
- UN Nummer:
1436
- gebräuchliche Namen:
Pigment Schwarz 16; Zinkasche; Zinkmehl; Pigment Metall 6 (C.I.77945); C.I. 77945; Pigment Metal 6; Zinkstaub; Zinkpulver; Zinkgrau; Zinkpulver (nicht pyrophor); Zinkpulver-Zinkstaub (stabilisiert);
- Handelsnamen:
HZH-Farbenzinkstaub;
- Summenformel:
Zn

Funktion:
1.Pigment/Farbstoff;
2.Additiv/Trocknungskatalysator/Verzögerer;
Verfahren:
Druckformherstellung/Flachdruck;
Druckformherstellung/Reproduktionsfotografie/Silber-Halogenid-Verfahren;
Anwendung:
1.Farbe;
Silberrückgewinnung;

Eigenschaften:
- toxikologisch/ökotoxikologisch:
RTECS # ZG 8600000
WGK: 0
MAK Wert: 5 mg/m3 bzw. 6 mg/m3
R-Satz: 15-17
S-Satz: (2)-7/8-43
Sonstiges:
IMK: II;Beim Erhitzen entsteht Zinkoxidstaub (ZnO), der eingeatmet zum Gießerfieber führt; nach Verzögerung von mehreren Stunden entwickeln sich die Symptome: Fieber, Schmerzen, Abgeschlagenheit, Husten, Schüttelfrost, Temperaturen bis 40 °C, Schweißausbruch [484];Zellgift; innerlich 3-10 g tödlich [30];In weichem Wasser 0,1-1,0 mg/l tödlich für Fische [29];[Sdb Fa. Heubach]:Chronische Vergiftungen sind nicht bekannt. Kleine Mengen sind harmlos, in hohen Dosen treten evtl. Schleimhautreizungen und Erbrechen auf. Bei Inhalation können Fieber, Muskelschmerzen, Frösteln und Übelkeit einstellen. Es handelt sich dabei um Zustände, die meistens nur 24 Stunden anhalten, ohne Nachwirkungen zu zeigen (Gießfieber);

Gefahren-Symbol:

F

- **physikalisch/chemisch:**
  Schmelzpunkt: 419,58 °C
  Siedepunkt: 907 °C (fester Stoff)
  Dampfdruck: 1 hPa (487 °C) [29]; 1,33 hPa (20 °C) [Sdb]
  Dichte: 7130 kg/m3 (20 °C)
  Molmasse: 65,38 g/mol

  Löslichkeit:
  unlöslich in Wasser; löslich in Säuren, Laugen, Eisessig, wäßriger Ammoniaklösung;

Verbleib nach Gebrauch:
Wiedergewinnung zum Recycling oder zur Wiederverwertung, teure Metalle, Katalysatoren;
Abwassergrenzwert: 3 mg/l [39];
Konzentration im Rhein (deutsch-niederländische Grenze): 12200 t/a (1973), 4400 t/a (1985) [424];

Bemerkung:
Blaugraues Puder, Pulver oder Mehl; entzündbarer Feststoff (in Pulver- oder Staubform);
Das Handelsprodukt ist meist ein Gemisch von feinverteiltem Zink mit 8-10 % Zinkoxid, das oft noch mit anderen Metallen verunreinigt ist;
Häufigkeit in der Erdrinde: 0,02 Ma.-% ;
Mensch nimmt etwa 15 mg Zink/Tag auf und scheidet gleiche Menge wieder aus; Zink gehört zu den für Menschen wichtigen Spurenelementen; Zinkmangel bewirkt Appetitlosigkeit, gefolgt von Störungen der Geschmacks- und Geruchsempfindung; fortschreitend geistige Verwirrung, Ausschlag an Beinen und im Mund, Ausbleiben der Wundheilung; dauernde Unterernährung mit Zink bewirkt schwere Entwicklungsstörungen, die sich in Zwergwuchs, Leberschäden, Eisenmangelanämie äußern [135];
Verbrennt beim Erhitzen an der Luft auf etwa 500 °C mit blaugrüner Flamme zu Zinkoxid; Achtung bei Mischung oder Kontakt mit sauerstoffreichem Material (starken Oxidationsmitteln) kann Explosion eintreten [484];

Zinkchlorid

- **CAS-Nummer:**
  7646-85-7
- **UN Nummer:**
  1840
- **gebräuchliche Namen:**
  Chlorzink; Salzsaures Zink; Zinkbutter; Salzsaures Zinkoxid;
- **Handelsnamen:**
  Claytur 4;
- **Summenformel:**
  $ZnCl_2$

Verfahren:
Druckformherstellung/Flachdruck;

Eigenschaften:
- **toxikologisch/ökotoxikologisch:**
  RTECS # ZH 14000000
  Schweizer Giftliste: 3
  WGK: 1
  R-Satz: 34
  S-Satz: (1/2)-7/8-28-45

Sonstiges:
Kontakt mit Zinkchlorid und besonders mit seinen wäßrigen Lösungen verursacht starke Verätzung der Haut, vor allem der Schleimhäute und Augen; von den verätzten Stellen aus erfolgt Resorption mit allgemeiner Giftwirkung auf Darm, Nieren und Herz (mit Verzögerung) [163];Symptome: Husten und Reizung der Atemwege, Übelkeit, Erbrechen, blutige Durchfälle, Schock [484];LD 50 (intravenös, Ratte): 60-90 mg/kg [39], 3690 µg/kg [428];LD 50 (oral, Ratte): 350 mg/kg [428];LC Lo (inhalativ, Ratte): 1960 mg/m3/10 min. [428];LD 50 (intraperitoneal, Ratte): 58 mg/kg [428];LD 50 (oral, Maus): 329 mg/kg [428];LD 50 (intraperitoneal, Maus). 24 mg/kg [428];LD 50 (subcutan, Maus): 330 mg/kg [428];LD 50 (Fisch; Goldorfe): 21 mg/l [33];LC 50 (Daphnia magna): 12 mg/l [6];Biologisch nicht abbaubar [8];

Gefahren-Symbol:

C

- physikalisch/chemisch:
Schmelzpunkt: 283 °C; 293 °C
Siedepunkt: 732 °C
Dampfdruck: « 1 hPa (20 °C) [163]
Dichte: 2910 kg/m3 (20 °C)
Molmasse: 136,28 g/mol

Löslichkeit:
Wasser 4320 g/l (25 °C), 6150 g/l (100 °C); Ethanol 1000 g/l (12,5 °C); leicht löslich in Diethylether; unlöslich in Ammoniak;

Verbleib nach Gebrauch:
Sondermüll-Deponie, abfiltrierte Sulfide aus der Ausfällung des in Lösung gebrachten Stoffes (Oxidation oder wäßrige Säure) und eventueller Neutralisation;

Bemerkung:
Farbloser Feststoff, geruchlos; nicht brennbar; ätzend; hexagonale Kristalle; Zinkchloridlösungen greifen die meisten Metalle schwach an;

Zink-di-2-ethylhexanoat

- CAS-Nummer:
136-53-8
- Handelsnamen:
Octoate Z;
- Summenformel:
$C_{16}H_{32}O_4Zn$

- Strukturformel:

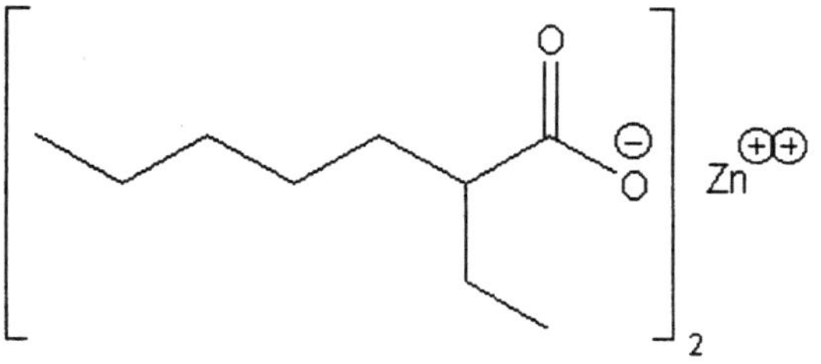

Eigenschaften:
- toxikologisch/ökotoxikologisch:
WGK: 1

- physikalisch/chemisch:
Dichte: 1110 ± 20 kg/m3
Molmasse: 351,77 g/mol

Zinkoxid

- CAS-Nummer:
1314-13-2
- gebräuchliche Namen:
Zinkweiß; chinesisches Weiß; Rotzinkerz; Zinkit; C.I. 77947; Pigment White 4; Pigment Weiß 4 C.I. 77947;
- Handelsnamen:
Actox; Actox 14; Actox 16; Actox 216; Adler-Pichler; AI3-00277; Akro-zinc bar 85; Akro-zinc bar 90; Amalox; Avoxid Aktiv; Avoxid Transaktiv; Ivegran VP 60.102; Azo 11; Azo-33; Azo-55; Azo-66; Azo-77; Azodox; Azodox-55; Azodox-55TT; Azo-55TT; Azo-66TT; Azo-77TT; Cadox; Cadox XX 78; Calamine; Calamine (spray); Chinese White; Cynku tlenek (Polish); Eledtrox 2500; Emarweiß; Emanay zinc oxide; EMAR; Felling zinc oxide; Flowers of zinc; GIAP 10; Green seal-8; Hubbuck's White; Kadox 15; Kadox-25; Kadox 72; K-Zinc; Outmine; Ozide; Ozlo; Pasco; Permanent White; Philosopher's wool; Powder base 900; Protox; Protox type 166; Protox type 167; Protox type 168; Protox type 169; Protox type 267; Protox type 268; Red Seal 9; Rhenogran ZnO-80; Rhenosol ZnO-50; Struktol ZP 1014; St. Joe; Snow White; Zinkoxid AA; Zinkoxid AM; Zinkoxid 2011; Zinkoxid Grünsiegel; Zinkoxid Rotsiegel; Zinkoxid transparent; Zinkoxid Weißsiegel; Zinkoxid aktiv; Zinkweiss Rotsiegel; Zinkweiss Harzsiegel Stand.; Zinkweiss CF; ZinkweissUF; Zinkweiss F; Zinkweiss GR; ZinkweissCF/GR; Zinca 20; Zincite; Zincoid; Zinc oxide (ACGIH:OSHA); Zinc oxide fume (OSHA); Zinc White; ZN-0401 E 3/16"; Zn 0701T; Zinkoxid Silox 3C; Zinkweiss Harzsiegel Standard; Zinkweiss Harzsiegel CF; Zinkweiss Harzsiegel UF; Zinkweiss Harzsiegel F; Zinkweiss Harzsiegel GR; Zinkweiss Harzsiegel CF/GR; Unichem ZO; Vandem VAC; Vandem VOC; Vandern; White seal-7; XX 78; XX 203; XX 601;
- Summenformel:
ZnO

Funktion:
Pigment/Farbstoff/weiß;
1.Additiv/anorganischer Fotohalbleiter;
2.Additiv/Sensibilisator;
3.Toner;
Verfahren:
1.Druckverfahren/Flachdruck;
2.+3.Kopierverfahren/elektron. Verfahren direkt/Elektrofotografie;
Anwendung:
Farbe;
2.Papierbeschichtung;
3.Bestandteil des Toners gemeinsam mit Eisenoxid als Pigmentträger;

Eigenschaften:
- toxikologisch/ökotoxikologisch:
RTECS # ZH 4810000
WGK: 0
MAK Wert: 1,5 mg/m3 A (vgl. Abschnitt V [481])
R-Satz: 20
S-Satz: 22-38-36/37/39

Sonstiges:
Kann schädigend wirken beim Einatmen, Verschlucken oder Aufnahme über Haut; verursacht Augen- und Hautreizungen; reizt Schleimhäute und Atemwege [187];zu Zinkoxid Silox 3C [Sdb Silox S.A.]:MAK-Wert: 5mg/m3 Luft; WGK: 1;Reizt die Atemwege. Beim Verschlucken größerer Mengen können Darmverschluß, Übelkeit, Fieber und Magenkrämpfe auftreten. Andauernder Hautkontakt kann Juckreiz verursachen. Schwach augenreizend;LD 50 (oral, Ratte): >10000mg/kg;zu Zinkoxid 2011, Zinkweiss Rotsiegel: [Sdb Grillo Zinkoxid GmbH]:MAK-Wert: 6 mg/kg (Feinstaub); WGK: 0; nach 37. AbwasserVwV: 2 mg Zn/l; LD 50 (oral, Ratte): >10000mg/kg;zu Zinkweiss Harzsiegel Stand.; Zinkweiss CF; ZinkweissUF; Zinkweiss F; Zinkweiss GR; ZinkweissCF/GR: [633]:MAK-Wert: 6 mg/kg (Feinstaub); WGK: 0; nach 37. AbwasserVwV: 2 mg Zn/l; Zinkfieber (Gießfieber) wird nur durch den bei der ZnO-Herstellung möglicherweise auftretenden frischen "ZnO-Rauch" (Feinst-Aerosol) verursacht, nicht von dem handelsüblichen, abgepackten Zinkweiß;LD 50 (oral, Ratte): >10000mg/kg;

- physikalisch/chemisch:
Schmelzpunkt: 1970-1975 °C
Dichte: 5470 kg/m3 (20 °C); 5400-5650 kg/m3 (20 °C)
Molmasse: 81,37 g/mol

Löslichkeit:
Wasser 0,0016 g/l (29 °C); löslich in Säuren, Basen, Ammoniumchlorid; unlöslich in Ethanol, Ammoniak;

Bemerkung zu physikalisch/chemischen Daten:
zu Zinkoxid 2011, Zinkweiss Rotsiegel: [Sdb Grillo Zinkoxid GmbH]:
Dichte: 5600 kg/m3 (20 °C); Löslichkeit in Wasser: <0,03 %;

Bemerkung:
Verwendung: Elektroindustrie; Mineralölindustrie; Farben- und Lackindustrie; Kunststoffindustrie; Klebe- undBindemittel; Korrosionshemmer; Kosmetische Mittel; Düngemittel; Füllstoffe; Flammschutzmittel; Lebensmittelzusatzstoffe; Kraftstoffzusätze; Isoliermaterialien; Schmierstoffe; Pharmazeutische Erzeugnisse; Halbleiter; Stoffe für die Reprotechnik; Stabilisatoren; Vulkanisatoren;
zu Avoxid Aktiv:
Avoxid Aktiv ist ein Nebenprodukt aus der Dithionit- und Sulfoxylatproduktion. Aus der Umsetzung von Zinkdithionit oder Sulfoxylat mit Alkalilaugen wird das entsprechende Alkalidithionit oder Alkalisulfoxylat und Zinkoxid gewonnen.

zu Zinkoxid Silox 3C [Sdb Silox S.A.]:
festes, gelbliches Pulver, ohne Geruch; Kontakt mit Säuren und Laugen vermeiden da wasserlösliche Zinksalze entstehen können; Schmelzpunkt 1970 °C;

zu Zinkweiss Harzsiegel Stand.; Zinkweiss CF; ZinkweissUF; Zinkweiss F; Zinkweiss GR; ZinkweissCF/GR: [633]:
Dichte: 5600 kg/m3 (20 °C); in Wasser <0,03 % löslich;

Zu 91 % in Struktol WB 700;
Enthalten in Struktol ZEH-DL, Struktol Aktivator 73 A, Struktol EF 44, Struktol A 50 P, Struktol A 50 P, Struktol WA 48, Struktol A 60, Struktol ZP 1014;

Zinksulfid

- CAS-Nummer:
1314-98-3
- gebräuchliche Namen:
Zinkblende; Blende; Wurtzit; Sphalerit; Pigment Weiß 7 (C.I. 77975); C.I. 77975; Pigment White 7;
- Handelsnamen:
Lithopone; Albulith; Cleartran; Irtran 2; Sachtolith;
- Summenformel:
ZnS

Funktion:
Pigment/Farbstoff/weiß;
Verfahren:
Druckverfahren;
Anwendung:
Farbe; Druckfarbe;

Eigenschaften:
- toxikologisch/ökotoxikologisch:
RTECS # ZH 5400000
WGK: 1
R-Satz: 36/37/38
S-Satz: 26-36
Sonstiges:
Kann schädigend wirken beim Einatmen, Verschlucken oder Aufnahme über Haut; verursacht Augen- und Hautreizungen; reizt Schleimhäute und Atemwege [187];LD 50 (oral, Ratte): >2000 mg/kg [428];LC 50 (inhalativ, Ratte): >5400 mg/m3/4 h [428];

Gefahren-Symbol:

Xn

- physikalisch/chemisch:
Schmelzpunkt: 1700 °C ± 20 °C (50650 hPa)
Siedepunkt: 1185 °C
Dichte: 3980 kg/m3 (20 °C) (α-Form); 4100 kg/m3 (20 °C) (ß-Form);
Molmasse: 97,43 g/mol

Verbleib nach Gebrauch:
Sondermüll-Deponie für chemischen Abfall, besonders gefährliche Stoffe;

Bemerkung:
Existiert in zwei kristallinen Formen: α-Wurzit (hexagonale Kristalle), ß-Wurzit (kubische Kristalle) [428];
weißes Pulver; unverträglich mit starken Oxidationsmitteln, starken Säuren; luft- und feuchtigkeitsempfindlich;

Zirkoniumoxid

- CAS-Nummer:
1314-23-4
- gebräuchliche Namen:
Zirkonoxid; Zirkon(IV)-oxid; Zirkondioxid; Zirconia;
- Summenformel:
ZrO_2

Eigenschaften:
- toxikologisch/ökotoxikologisch:
RTECS # ZH 8800000
MAK Wert: 1 mg Zr/m3 E
R-Satz: 36/37/38
S-Satz: 26-37/39
Sonstiges:
Spitzenbegrenzung III [481]; Gefahr der Sensibilisierung der Atemwege und der Haut [481]; Schwangerschaftsgruppe IIc [481];

- physikalisch/chemisch:
Schmelzpunkt: 2680 °C
Siedepunkt: 4300 °C
Dichte: 5850 kg/m3
Molmasse: 123,22 g/mol

Löslichkeit:
wenig löslich in Salzsäure, Salpetersäure, Fluorwasserstoff; löslich in Schwefelsäure;

Verbleib nach Gebrauch:
Sondermüll-Deponie für chemischen Abfall, besonders gefährliche Stoffe;

Bemerkung:
weiß; monoklin unter 1000 °C, kubisch über 1000 °C;
Verwendung: als Pigment, Schleifmittel, in Emaille, weißem Glas, in Friedhofsleuchten, in feuerfesten Schmelztiegeln;

Anhang 7

Literaturverzeichnis zu den Datenblättern

[1] n.n.
Code of Federal Regulations Office of the Federal Register National Archives and Records Service, US Government Printing Office General Services Administration Washington DC 20402 USA 2123 (1981)

[2] Owens J.E.
Methods for Preventing Static Damage to Photographic Paper
Photographic Science and Engineering; 13(5), S. 280 (1969)

[3] National Association of Photographic Manufactors
Environmental Effect of the Photoprocessing Chemicals
NAPM, Volume 1 und 2 (1974)

[4] Leo A., Hansch C., Elkins D.
Partition Coefficient and Their Uses
Chemical Reviews; 71(6), S. 525 - 616 (1971)

[5] Robinson H.J., Stoerk H.C., Graessle O.E.
The Toxicologic and Pharmacologic Properties of Thiabendazole
Toxicol. Appl. Pharmacol.; 7(1), S. 53 - 63 (1965)

[6] Bringmann G., Kühn R.
Befunde der Schadwirkung wassergefährdender Stoffe gegen Daphniamagna
Z. f. Wasser- und Abwasser-Forschung; 10(5), S. 161 - 166 (1977)

[7] Chou J.T., Jurs P.C.
Computer-Assisted Computation of Partition Coefficients from Molecular Structures Using Fragment Constants
J. Chem. Inf. Comput. Sci.; 19(3), S. 172 - 178 (1979)

[8] Roth
Wassergefährdende Stoffe
4. Erg. Lieferung 1986 ecomed, Landsberg 1982

[9] National Printing Ink Research Institute
NPIRI Raw Materials Data Handbook
Volume 1: Organic Solvents
National Printing Ink Research Institute Lehigh University, Bethlehem, Pennsylvania 18015/USA 1974

[10] National Inst. of Occupational Safety and Health
Registry of Toxic Effects of Chemical Substances,
Quarterly Issue
Hrsg. Lewis R. J., Tatken, R. L.Edition DHHS (NIOSH) Publications, 1980
NIOSH, (1986)

[11] OECD-Guideline
OECD-Guideline for Testing Chemicals; Partition Coefficients (n-Octanol-Water)
Umweltbundesamt, Berlin, 5. Januar 1987

[12] Mina R.
Silver Recovery from Photographic Effluents by Ion-Exchange Methods
J. Appl. Photogr. Eng.; 6(5), S. 120 - 125 (1980)

[13] Janicke W.
Chemische Oxidierbarkeit organischer Wasserinhaltsstoffe
WaBuLo Berichte; 1, S. 30 - 114 (1983)
Institut für Wasser-, Boden- und Lufthygiene des Bundesgesundheitsamtes
Dietrich Reimer Verlag, Berlin 1983

[14] Freier R.K.
Aqueous Solutions
Data for Inorganic and Organic Compounds
Wäßrige Lösungen/Daten für anorg. und org. Verbindungen
Vol. 1 u. 2
Walter de Gruyter & Co., Berlin 1976, 1978

[15] Paulus W.
Mikrobiozide für Kühlschmierstoffe
Erdöl, Kohle, Erdgas, Petrochemie; 37(7), S. 303 - 307 (1984)

[16] Gersich F.M., Mayes M.A.
Acute Toxicity Tests with Daphnia Magna Straus and Pimephales Promelas Rafinesque in Support of National Pollutant Discharge Elimination Permit Requirements
Water Research; 20(7), S. 939 - 941 (1986)

[17] Holcombe G.W., Phipps G.L., Knuth M.L., Felhaber T.
The Acute Toxicity of Selected Substituted Phenols, Benzenes and Benzoic Acid Esters to Fathead Minnows (Pimephales Promelas)
Environmental Pollution (Series A); 35(4), S. 367 - 381 (1984)

[18] Fukuda S., Iida H., Yamagiwa J.
Toxicological study of DTPA as a drug (II).
Chronic side effects of orally administered DTPA to rats
Hoken Butsuri; 19(2), S. 119 - 126 (1984)

[19] Delcourt A., Deysson G.
Activitéé antimitotique de quelques dérivés soufrés étude sur la cellule végétale
Ann. Pharm. Fr.; 34 (3-4), S. 81 - 87 (1976) (Annales Pharmaceutiques Francaises)

[20] Beurteilung der Gefährlichkeit von Fotochemikalien gem. WHG 7a (Entwurf)
pers. Mitteilung von Agfa-Gevaert, 1989

[21] Fa. BASF AG, Ludwigshafen (1989)

[22] Oil and Hazadous MaterialsTechnical Assistance Data System
US-EPA; File Nr. 7216886, sodium acetat

[23] Dawson G.W., Jennings A.L., Drozdowski D., Rider E.
The Acute Toxicity of 47 Industrial Chemicals to Fresh and Salt Water Fishes
J. Hazardous Materials; 1(4), S. 303 - 318 (1977)

[24] Fa. Agfa-Gevaert AG, Leverkusen (1989)

[25] Curtis M.W., Ward C.H.
Acquatic Toxicity of 40 Industrial Chemicals:
Testing in Support of Hazardous Substance Spill Prevention Regulation
J. Hydrol.; 51, S. 359 - 367 (1981)

[26] Verschueren K.
Handbook of Environmental Data on Organic Chemicals
van Nostrand, New York 1977

[27] Fa. Bayer AG, Leverkusen (1989)

[28] Fa. Kodak AG, Rochester, USA (1989)

[29] Hommel G.
Handbuch der gefährlichen Güter
4. Lieferung, Bd. 1 und 2
Springer Verlag, Berlin/Heidelberg/New York 1980
Springer Verlag, (1980)

[30] Kaltofen R., Opitz R., Schumann K., Ziemann J.
Tabellenbuch Chemie
VEB Deutscher Verlag für Grundstoffindustrie; Leipzig 9. Auflage 1982

[31] Gosselin R.E.
Clinical Toxicology of Commercial Products
4th Edition
Williams & Wilkins, Baltimore, USA 1976

[32] Merck E.
Sicherheit im Labor Lösungsmittel
Merck, Darmstadt 1 (1988)

[33] Juhnke I., Lüdemann D.
Ergebnisse der Untersuchung von 200 chemischen Verbindungen auf akute Fischtoxizität mit dem Goldorfentest
Z. f. Wasser- und Abwasser-Forschung; 11(5), S. 161 - 164 (1978)

[34] Fa. Kodak

[35] Fa. Fuji, Japan (1989)

[36] Bringmann G., Kühn R.
Grenzwerte der Schadwirkung wassergefährdender Stoffe gegen Bakterien (Pseudomonas putida) und Grünalgen (Scenedesmus quadricauda) im Zellvermehrungshemmtest
Z. Wasser- und Abwasser-Forschung; 10(3/4), S. 87 - 98 (1977)

[37] Fa. Pennwalt Corp. (1989)

[38] Fa. Deutsche Borax GmbH, Frankfurt (1989)

[39] Roth L., Daunderer M.
Giftliste
Bd. 4 u. 5, Loseblatt-Ausgabe
ecomed-Verlagsgesellschaft mbH, Landsberg/Lech

[40] Lenga R.E. (Ed.)
The Sigma-Aldrich Library of Chemical Safety Data
Sigma-Aldrich Corporation 1985

[41] Smyth H.F., Carpenter C.P., Weil C.S., Pozzani U.C., Striegel J.A., Nycum J.S.
Range-finding Toxicity Data
Am. Ind. Hyg. Assoc. J.; 30(5), S. 470 - 478 (1969)

[42] Dollahite J.W., Rowe L.D.
Nitrate and Nitrite Intoxication in Rabbits and Cattle
Southwest Vet.; 27(3), S. 246 - 248 (1974)

[43] Lauersen F.
Über gesundheitliche Bedenken bei der Verwendung von Phosphorsäureund primären Phosphat in Erfrischungsgetränken
Z. Lebensm. Unters. Forsch.; 96(6), S. 418 - 440 (1953)

[44] Cost
Analysis of Organic Micropollutants in Water
Commission of the European Communities
Fourth Edition 1984

[45] GSF-Bericht 1983
Forschungsberichte 10704006/01 und 02, 1981

[46] Rippen G.
Handbuch Umweltchemikalien
Stoffdaten-Prüfverfahren-Vorschriften
2. Auflage, Bd. 1, S. 51
ecomed Verlagsgesellschaft mbH, Landsberg/Lech 1987

[47] Rippen G.
Handbuch Umweltchemikalien
Stoffdaten-Prüfverfahren-Vorschriften
Band 2 , Ergänzungslieferungen
ecomed Verlagsgesellschaft mbH, Landsberg/Lech 1988

[48] Monographs on the Evaluation of Carcinogenic Risk of Chemicals to Humans
International Agency for Research on Cancer; Vol. 26, Lyon 1979

[49] Neumayr V.
Verteilungs- und Transportmechanismen von chlorierten Kohlenwasserstoffen in der Umwelt
Institut für Wasser-, Boden- u. Lufthygiene d. Bundesgesundheitamtes
WaBoLu-Berichte; 3, S. 24 - 40 (1981)

[50] Paasivirta J., Heinola K., Humppi T., Karjalainen A., Knuutinen J., Mäntykoski K., Paukku R., Piilola T., Surma-Aho K., Tarhanen J.
Polychlorinated Phenols
Guaiadols and Catechols in Environment
Chemosphere; 14(5), S. 469 - 491 (1985)

[51] Ervin H.E., McGinnis G.D.
Analysis of pentachlorophenol in waste water using High-Performance Liquid Chromatography
J. Chromatogr.; 190, S. 203 - 207 (1980)

[52] Gewässergüte Bericht '84
Landesamt für Wasser und Abfall NRW, Düsseldorf 1985

[53] GSF-Bericht 1985
Forschungsberichte 10604011/01 bis 08, 1984

[54] Malle K.-G.
Die Bedeutung der 129 Stoffe der EG-Liste für den Gewässerschutz
Z. Wasser-Abwasser-Forsch.; 17, S. 75 - 81 (1984)

[55] Luckey T.D, Venugopal B., Hutcheson D.
Heavy Metal Toxicity, Safety and Hormology
Georg Thieme Verlag, Stuttgart 1975

[56] Dalgaard-Mikkelsen S., Poulsen E.
Toxicology of Herbicides
Pharmacol. Rev.; 14, S. 225 - 250 (1962)

[57] Verschueren K.
Handbook of Environmental Data on Organic Chemicals
2. Auflage
van Nostrand, New York 1983

[58] Sawhney B.L. , Kozloski R.P.
Organic Pollutants in Leachates from Landfill Sites
J. Environ. Qual.; 13(3), S. 349 - 352 (1984)

[59] Calamari D., DaGasso R., Galassi S., Provini A., Vighi M.
Biodegradation and Toxicity of Selected Amines on Acquatic Organisms
Chemosphere; 9(12), S. 753 - 762 (1980)

[60] DABAWAS
Datenbank für wassergefährdende Stoffe
Dortmund, Stand August 1982

[61] Korte F. et al.
Überprüfung der Durchführbarkeit von Prüfungsvorschriften und der Aussagekraft der Grundprüfung des E. Chem. G. Berichtes der Gesellschaft für Strahlen- und Umweltforschung GmbH, Neuherberg
Inst. f. ökolog. Chemie u. Inst. f. Biochem. u. Toxikologie Abt. Toxikologie Forschungsbericht Nr. 10704006/1

[62] Neumüller O.-A.
Römpps Chemie-Lexikon 8. Auflage, Bd. 1 - 6
Franckh'sche Verlagshandlung Stuttgart 1972 - 1988

[63] Sims R.C., Overcash M.R.
Fate of Polynuclear Aromatic Compounds (PNAs) in Soil-Plant Systems
Residue Rev.; 88, S. 1 (1983)

[64] Koopmanns R.E., Rekker R.F.
HPLC of Alkylbenzenes: Relationship with Lipophilicities as Determined from Octanol/Water Partition Coefficients or Calculated from Hydrophobic Fragmental Data and Connectivity Indices; Lipophilicity
J. Chromatogr.; 285, S. 267 (1984)

[65] Phipps G.L., Harden M.J., Leonard E.N., Roush T.H., Spehar D.L., Stephan G.E., Pickering Q.H., Buickema A.L. Jr.
Effects of Pollution on Freshwater Organisms
J. Water Pollut. Control Fed.; 56(6), S. 725 - 758 (1984)

[66] Harms H.
Metabolisierung von Benzo(a)pyren in pflanzlichen Zellsuspensionskulturen und Weizenkeimpflanzen
Landbauforschung Völkenrode; 25, S. 83 (1975)

[67] May E.W., Wasik S.P., Miller M.M., Tewari Y.B., Brown-Thomas J.M., Goldberg R.N.
Solution Thermodynamics of Some Slightly Soluble Hydrocarbons in Water
J. Chem. Eng. Data; 28(2), S. 197 - 200 (1983)

[68] Malle K.-G.
Water Protection in Europe
J. Am. Oil. Chem. Soc.; 61(2), S. 302 - 306 (1984)

[69] Rowe V.K., Hymas T.A.
Summary of Toxicological Information on 2,4-D- and 2,4,5-T-Type Herbicides and an Evaluation of the Hazards to Livestock Associatedwith their Use
Am. J. Vet. Res.; 15, S. 622 - 629 (1954)

[70] OECD (VCI)
Production Figures and Use Patterns for Some High Volume Chemicals
Paris, June 1977

[71] Osterroth Ch.
Development of a Method for the Extraction and Determination of Non-polar, Dissolved Organic Substances in Sea Water
J. Chromatogr.; 101, S. 289 - 298 (1974)

[72] Jan J., Komar M., Milohnoja, M.
The Content of Polychlorinated Hydrocarbons in Fish in Slovenia
Biol. Vestn. (Ljubljana); 24(2), S. 109 - 114 (1976)

[73] Leoni V., Puccetti G., Grella A.
Preliminary Results on the Use of Tenax for the Extraction of Pesticides and Polynuclear Aromatic Hydrocarbons from Surface and Drinking Waters for Analytical Purposes
J. Chromatogr.; 106, S. 119 - 124 (1975)

[74] Peterson J. E., Stahl K. M., Meeker D. L.
Simplified Extraction and Cleanup for Determining Organochlorine Pesticides in Small Biological Samples
Bull. Environ. Contam. Toxicol.; 15(2), S. 135 - 139 (1976)

[75] Windholz M., Budavari S., Blumetti R.F., Otterbein E.S. (eds.)
The Merck IndexAn Encyclopedia of Chemicals, Drugs, and Biologicals
Tenth Edition
Merck & Co., Inc.Rahway, New Jersey USA 1983

[76] Chiou C.T., Schmedding D.W.
Partioning of Organic Compounds in Octanol/Water Systems
Environ. Sci. Technol.; 16(1), S. 4 - 10 (1982)

[77] Kearny P.C., Kaufman D.D., Hrsg.
HerbicidesChemistry, Degradation and made of Action
Vol. 1 u. 2, 2nd Edition
M. Dekker, New York 1975, 1976

[78] Anonymus
Final Report of the Safety Assessment of Isobutane, Isopentane, n-Butane and Propane
J. Amer. Col. Toxicol.; 1(4), S. 127 - 142 (1982)

[79] Sabel G.V., Clark T.P.
Volatile Organic Compounds as Indicators of Muncipal Solid Waste Leachate Contamination
Waste Mange. Res.; 2(2), S. 119 - 130 (1984)

[80] Callahan M.A., Slimak M.W. et al.
Water Related Environmental Fate of 129 Priority Pollutants
Vol. I and II
Report EPA-440/4-79-029b (1979)

[81] Janardan S.K., Olson C.S., Schaeffert D.J.
Quantitative Comparisons of Acute Toxicity of Organic Chemicals to Rat and Fish
Ecotox. Environ. Safety; 8, S. 531 (1984)

[82] LeBlanc G.A.
Acute Toxicity of Priority Pollutants to Water Flea (Daphnia magna)
Bull. Environ. Contam. Toxicol.; 24(5), S. 684 - 691 (1980)

[83] Kobayashi K.
Safety Examination of Existing Chemicals-Selection, Testing, Evaluation and Regulation in Japan
in: Proc. Workshop Control of Existing Chemicals under the Patronage of the OECD
S. 141 - 143
Umweltbundesamt Berlin (Hrsg.), 10. - 12. Juni 1981

[84] Dietz F., Traud J.
Zur Spurenanalyse von Phenolen, insbesondere Chlorphenolen, in Wässern mittels Gaschromatographie-Methoden und Ergebnisse
Vom Wasser; 51, S. 235 - 257 (1978)

[85] Weast R.C., Astle M.J.
CRC Handbook of Chemistry and Physics
59 th Edition 1978 - 1979
CRC Press, Inc.2255 Palm Beach Lakes Blvd., West Palm Beach, Florida 33409, USA

[86] Hermens J.L.M., Busser F., Leeuwanch P., Musch A.
Quantitative Correlation Studies Between the Acute Lethal Toxicityof 15 Organoic Halides to the Guppy (Poecilia reticulata) andChemical Reactivity Towards 4-Nitrobenzylpyridine
Toxicol. Environ. Chem.; 9(3), S. 219 - 236 (1985)

[87] Lai D.Y.
Halogenated Benzenes, Naphthalenes, Biphenyls and Terphenyls in the Environment: Their Carcinogenic, Mutaganic and Teratogenic Potentialand Toxic Effects
J. Environ. Sci. Hlth. C2, S. 135 (1984)

[88] Gottschalk C., Markard C., Hellmann H., Krebs F., Hansen P.D., Kühn R.
Beitrag zur Beurteilung von 19 gefährlichen Stoffen in oberirdischen Gewässern
Hrsg.: Umweltbundesamt Berlin, April 1986

[89] Frische R., Hachmann R., Rippen G.
Ermittlung und Bewertung der Umweltbelastung und -verteilung von Verbrauchschemikalien. Beispiel: p-Dichlorbenzol als Geruchsübertöner im Sanitärbereich
Bericht des Battelle-Instituts, Frankfurt am Main, an das Umweltbundesamt, Berlin
Forschungsvorhaben Nr. 105.05019, Dezember 1981

[90] Dive D., Leclerc H., Persoone G.
Pesticide Toxicity on the Cilate Protozoan Colpidium Campylum:Possible Consequences of the Effect of Pesticides in the Aquatic Environment
Ecotoxicol. Environ. Saf.; 4(2), S. 129 - 133 (1980)

[91] Eichelberger J.W., Lichtenberg J.J.
Persistence of Pesticides in River Water
Environ Sci. Technol.; 5(6), S. 541 - 544 (1971)

[92] Kenaga E.E., Goring C.A.J.
Relationship between Water Solubility, Soil Sorption, Octanol Water Partitioning and Bioconcentration of Chemicals in Biota
in: Aquate Toxicology ASTM Publ. STP 707
Eaton J.C, Parrish P.R., Hendricks A.C. (eds.), Philadelphia 1980, S. 78 - 115

[93] Kenaga E.E.
Guidelines for Environmental Study of Pesticides.
Determination of Bioconcentration Potential
Residue Rev.; 44, S. 73 - 113 (1972)

[94] BP Chemie
Ethoxypropanol EP
Technigram EOC1G
BP Chemicals Limited

[95] Ballschmiter K.
Polychlorbiphenyle: Chemie, Analytik und Umweltchemie
Analytiker Taschenbuch, Springer Verlag 1987, Bd. 7, S. 393 - 432

[96] Deutsche Forschungsgemeinschaft
Polycyclische aromatische Kohlenwasserstoffe und krebserzeugende (PAH)
MAK-WerteToxikologisch-arbeitsmedizinische Begründungen
Band III, VP, S. 1 - 10
Verlag Chemie 1987

[97] BP chemicals
Ethoxypropylacetat
Vorausinformationsblatt EOC2G
BP Chemicals Limited
Januar 1987

[98] BP chemicals
Methoxypropanol
Technigram EOC4 G
BP Chemicals Limited
Juni 1987

[99] BP chemicals
Methoxypropylacetat
Technigram EOC3 G
Deutsche BP Chemie GmbH, Düsseldorf

[100] BP chemicals
Phenoxypropanol (PhP)
Technigram EOC5G
Deutsche BP Chemie GmbH, Düsseldorf

[101] BP chemicals
Methylglykol, Methylglykolacetat
Technigram GE 3 G
Deutsche BP Chemie GmbH, Düsseldorf

[102] BP chemicals
Ethylglykol, Ethylglykolacetat
Technigram GE 4 G
Deutsche BP Chemie GmbH, Düsseldorf

[103] BP chemicals
Butylglykol, Butylglykolacetat
Technigram GE 5 G
Deutsche BP Chemie GmbH, Düsseldorf

[104] BP chemicals
Diglykolether und Diglykolacetat
Technigram GE 6 G
Deutsche BP Chemie GmbH, Düsseldorf

[105] BP chemicals
Mathematisches Modell zur Voraussage der Verdunstungsgeschwindigkeit
Deutsche BP Chemie GmbH, Düsseldorf

[106] BP Chemie
Aceton
Deutsche BP Chemie GmbH, Düsseldorf

[107] BP Chemie
Diacetonalkohol DAA
Deutsche BP Chemie GmbH, Düsseldorf

[108] BP Chemie
Hexylenglykol
Deutsche BP Chemie GmbH, Düsseldorf

[109] BP Chemie
Isophoron
Deutsche BP Chemie GmbH, Düsseldorf

[110] BP Chemie
BP Solvent ID
Deutsche BP Chemie GmbH, Düsseldorf

[111] BP Chemie
Ethylacetat
Deutsche BP Chemie GmbH, Düsseldorf

[112] Tabellenbuch der Chemie
Harri Deutsch Verlag, Leipzig, 10. Auflage 1986

[113] BP Chemie
N-Butylacetat
Deutsche BP Chemie GmbH, Düsseldorf

[114] BP Chemie
Isobutylacetat
Deutsche BP Chemie GmbH, Düsseldorf

[115] BP Chemie
Isopropanol
Deutsche BP Chemie GmbH, Düsseldorf

[116] Friberg I., Piscator M., Nordberg G.
Cadmium in the Environment
CRC Press, Cleveland, Ohio 1971

[117] Beliles R.P.
Metals
in: Toxikology, The Basis Science of Poisons
Casarett L.J., Doull J. (eds.)
Macmillan Publishing Co.,Inc., New York 1975, S. 495

[118] Norton T.R.
Metabolism of Toxic Substances
in: Toxicology, The Basis Science of Poisons
Casarett L.J., Doull J. (eds.)
Macmillan Publishing Co.,Inc. New York 1975

[119] Bremer K.E.
Discussion of Polychlorinated Biphenyls in Waste Streams from Paper Recycling
in: Environmental Aspects of Chemical Use in Printing Operations
S. 319

[120] Miyao N., Ishiguro S., Kano I., Yasuda N.
Toxicity of Carbamate Compounds.
I. Subchronic Toxicity of 3-Methyl-5-isopropylphenyl-N-methylcarbamate
Kagoshima Daigaku Nogakubu Gakujutsu Hokoku; 22, S. 131 - 144 (1972)
Zusammenfassung siehe Chemical Abstracts, Vol. 78, 119931 e (1973)

[121] Gaines T.B.
Acute Toxicity of Pesticides
Toxicol. Appl. Pharmacol.; 14(3), S. 515 - 534 (1969)

[122] Boyd E.M., Shanas M.N.
The Acute Oral Toxicity of Sodium Chloride (in Albino Rats)
Arch. Int. Pharmacolodyn. Ther.; 144(1/2), S. 86 - 96 (1963)

[123] Kutob S.D., Plaa G.L.
A Procedure for Estimating the Hepatotoxic Potential of Certain Industrial Solvents
Toxicol. Appl. Pharmacol.; 4, S. 354 - 361 (1962)

[124] Ditten D., Klose B., Bienert M., Kiepsch H.-J.
Untersuchungen zur quantitativen Bestimmung der Exposition gegenüber i-Propanol im Offsetdruck mit Alkoholfeuchtung
Papier und Druck; 37, S. 488 (1988)

[125] Alexander C.B., McBay A.J., Hudson R.P.
Isopropanol and Isopropanol Deaths-Ten Years Experience
J. Forens. Sci.; 27, S. 541 (1982)

[126] Daniel D.R., McAnalley B.H., Gariott J.C.
Isopropylalcohol Metabolism After Acute Intoxication in Humans
J. Anal. Toxicol.; 5(3), S. 110 - 112 (1981)

[127] Weast R.C., Astle M.J., Beyer W.H.
CRC Handbook of Chemistry and Physics
66th Edition 1985 - 1986
CRC Press, Inc., Boca Raton, Florida/USA

[128] Schröter W., Lautenschläger K.-H., Bibrack H., Schnabel A.
Chemie
VEB Fachbuchverlag, Leipzig, 15. Auflage 1984

[129] Kunz W., Klencz P.
Natrium und Natrium-Legierungen
4. Auflage, Bd. 17, S. 143 - 177
Ullmanns Encyclopädie der Technischen Chemie
Verlag Chemie, Weinheim 1979

[130] Hoppe J.O., Goble F.C.
The Intravenous Toxicity of Sodium Bisulfite
J. Pharmacol. Exptl. Therap.; 101, S. 101 - 106 (1951)

[131] Back K.C. et al.
Reclassification of Materials Listed as Transportation Health Hazards
(TSA-20-72-3; PB 214 - 270)

[132] Born E.
Lexikon für die graphische Industrie 2. Auflage
Polygraph Verlag GmbH Frankfurt am Main, 1972

[133] Frische R., Klöpffer W., Schönborn W.
Bewertung von organisch-chemischen Stoffen und Produkten in Bezug auf ihr Umweltverhalten - chemische, biologische und wirtschaftliche Aspekte
Studie des Battelle-Instituts e.V., Frankfurt am Main,
für das Umweltbundesamt Berlin; 1. und 2. Teil, Mai 1979

[134] Bringmann G., Kühn R.
Comparison of the Toxicity Thresholds of Water Pollutants to Bacteria, Algae and Protozoa in the Cell Multiplication InhibitionTest
Water Res.; 14(3), S. 231 - 241 (1980)

[135] Vahrenkamp H.
Zink, ein langweiliges Element?
Chem. unserer Zeit; 22(3), S. 73 - 84 (1988)
(Korrektur in: Chem. unserer Zeit; 22(6), S. 220 (1988))

[136] Voigt J.L., Edwards L.D., Johnson C.H.
Acute Toxicity of Arsenate of Lead in Animals
J. Am. Pharm. Assoc., Sci. Ed.; 37, S. 122 - 123 (1948)

[137] Anderson B.G., Chandler D.C., Andrews T.F., Jahoda W.J.
The evaluation of aquatic invertebrates asassay organisms for the determination of the toxicity of industrial wastes
Amer. Petroleum Inst. Project Final Report No. 51 (1948)

[138] Bringmann G., Kühn R.
Vergleichende wassertoxikologische Untersuchungen an Bakterien, Algen und Kleinkrebsen
Gesundh.-Ing.; 80, S. 115 (1959)

[139] Dowden B.F., Bennett H.J.
Toxicity of selected chemicals to certain animals
J. Water Pollution Control Federation; 37(9), S. 1308 - 1316 (1965)

[140] Koch R.
Umweltchemikalien
Physikalisch-chemische Daten, Toxizitäten, Grenz- und Richtwerte,Umweltverhalten
VCH Verlagsgesellschaft, Weinheim
VEB Verlag Volk und Gesundheit, Berlin 1989

[141] Du Pont Sicherheitsdatenblatt
Cyrel Flexosolvent
Du Pont de Nemours, Bad Homburg

[142] Thumann M.E.
Über die Wirkung arsenhaltiger Abwässer auf Fische und Krebse
Angew. Chemie; 54(47/48), S. 500 (1941)

[143] Umweltbelastung durch Asbest und andere faserige Feinstäube
Bericht 80/7, Hrsg. Umweltbundesamt Berlin 1980

[144] Kühn R., Birett K.
Merkblätter Gefährliche Arbeitsstoffe Loseblattsammlung, Bd. 1 - 7
ecomed verlagsgesellschaft mbh, Landsberg/Lech

[145] Quellmalz E.
Das neue Chemikaliengesetz
Handbuch der gefährlichen Arbeitsstoffe
Bd. 1 - 4, Loseblatt-Ausgabe, 1980 ff.
WEKA Fachverlage GmbH, Kissing

[146] Anderson K., Scott R.
Fundamentals of Industrial Toxicology
Ann Arbor Science Publishers Inc./The Butterworth Group
230 Collingwood, P.O. Box 1425, Ann Arbor, Michigan 48106, 1981, S. 37

[147] Karrer W.
Konstitution und Vorkommen der organischen Pflanzenstoffe (exklusiveAlkaloide)
Chemische Reihe Bd. 12 (1976), Bd. 17 (1977), Bd. 25 (1981), Bd. 28(1985)
Birkhäuser Verlag, Basel

[148] Anonymus
Die neue MAK-Werte-Liste
Entsorgungs-Technik; 3, S. 26 (1989)

[149] Anonymus
Entsorgung von Ethylenoxid
Entsorgungs-Technik; 3, S. 23 (1989)

[150] Fuchs F.
Gelchromatographische Trennung von organischen Wasserinhaltsstoffen
Teil III: Untersuchungen zu den Wechselwirkungen zwischen Gelmatrix, Probensubstanz und Elutionsmittel
Vom Wasser; 66, S. 127 - 136 (1986)

[151] Perkow W.
Wirksubstanzen der Pflanzenschutz- und Schädlingsbekämpfungsmittel
Paul Parey Verlag, Berlin-Hamburg 1983

[152] Drosselmeyer E.
Grenzwertsetzung für chemische Schadstoffe
Kernforschungszentrum Karlsruhe Karlsruhe GmbH, Mai 1979

[153] Chu I., Villeneuve D.C., Viau A., Barnes C.R., Benoit F.M., Qin Y.H.
Metabolism of 1,2,3,4-, 1,2,3,5- and 1,2,4,5-Tetrachlorobenzene in the Rat
J. Toxicol. Environm. Health.; 13(4-6), S. 777 - 786 (1984)

[154] Franck R.
Kunststoffe im Lebensmittelverkehr
Loseblattsammlung, Teile A - E
Heymanns Verlag, Köln-Berlin-Bonn-München

[155] Meyer H.J., Kretzschmar R.
Relation between Molecular Structure and Pharmacological Activity of C-6aryl-substituted 4-Methoxy-à-pyrones of the Kava Pyrone Type J
Arzneimittelforschung; 19(4), S. 617 - 623 (1969)

[156] Grossmann W.
Abwässer aus photoverarbeitenden Betrieben
pers. Mitteilung 1987

[157] Tiegs E.
Abwasserschäden
in: Sorauers Handbuch der Pflanzenkrankheiten
Berlin 1934

[158] Fachlexikon ABC-Chemie
Verlag Harri Deutsch, Thun-Frankfurt a. Main 1979, Band 1 und 2

[159] Garrett J.T.
Toxicity considerations in pollution control
Ind. Wastes; 2, S. 17 - 19 (1957)

[160] Denzer H.W.
Merkblatt über die Schädigung der Fischerei durch Abwasser
I. Schwellenwerte für Fische und Fischnährtiere
Landesanstalt für Fischerei Nordrhein Westfalen 1959

[161] McKim J.M., Benoit D.A., Biesinger K.E., Brungs W.A., Siefert R.E.
Effects of pollution on freshwater fish
J. Water Pollution Control Federation; 47(6), S. 1711 - 1768 (1975)

[162] Friege H., Claus F., D'Haese M.
Chemie im Kinderzimmer
1. Auflage
Rowohlt Verlag GmbH, Reinbek bei Hamburg, 1986, S. 23

[163] Hommel G.
Handbuch der gefährlichen Güter,
2. Auflage 1988, Bd. 1 - 3
Springer Verlag Berlin, Heidelberg, New York

[164] Stöfen D.
Toleranzwerte für Schadstoffe im Trinkwasser
Städtehygiene; 24, S. 109 - 114 (1973)

[165] Chian E.S.K., Dewalle F.B.
Nature and analysis of chemicals species
J. Water Poll. Control Federation; 48, S. 1042 - 1077 (1976)

[166] Braun W., Dönhardt A.
Vergiftungsregister Haushalts- und Laborchemikalien, Arzneimittel-Symptomatologie und Therapie
Georg Thieme Verlag, Stuttgart, 3. Auflage 1981

[167] Weissenfels W.D., Beyer M., Klein J.
Degradation of Phenanthrene, Fluorene and Fluoranthene by Pure Bacterial Cultures
Appl. Microbiol. Biotechnol.; 32(4), S. 479 - 484 (1990)

[168] Brown J.R., Mastromatteo E.
Acute Oral and Parenteral Toxicity of Four Titanate Compounds in the Rat
Industr. Med. Surg.; 31, S. 302 - 304 (1962)

[169] Deutsche Forschungsgemeinschaft
Farbstoffe für Lebensmittel
Harald Boldt Verlag, Boppard 1978

[170] Eichenhofer K.-W., Roos E.
Hydrazin
Ullmanns Encyklopädie der Technischen Chemie,
4. Auflage, Bd. 13, S. 95 - 107,
Verlag Chemie, Weinheim 1977

[171] Audrieth L.H., Ogg und B.A.
The chemistry of Hydrazine
Wiley, New York 1951

[172] Andon R.J.L., Biddiscombe D.P., Cox J.D., Handley R., Harrop D., Herington E.F.G., Martin J.F.
Thermodynamic Properties of Organic Oxygen Compounds. Part I.
J. Chem. Soc.; 1960(4), S. 5246 - 5254

[173] Forster A., Kromer H., Trawinski H.F.
Kaolin
Ullmanns Encyklopädie der Technischen Chemie,
4. Auflage, Bd. 13, S. 509 - 516,
Verlag Chemie, Weinheim 1977

[174] Lockey S.D.
Reactions to Hidden Agents in Foods, Beverages and Drugs
Ann. Allergy; 29, S. 461 - 466 (1971)

[175] Juhlin L., Michaëlsson, G., Zetterström und Ö.
J. Allergy Clin. Immunol.; 50(2), S. 92 (1972)

[176] Joint Food and Agriculture Organization of the United Nations (FAO)/WHO Expert Committee an Food Additives
FAO Nutrition Meetings Report Series No. 55, Rom 1975

[177] Katalyse Umweltgruppe (Hrsg.)
Was wir alles schlucken müssen
Zusatzstoffe in Lebensmitteln
Rowohlt Verlag 1986

[178] Food and Agriculture Organization of the United Nations (FAO)
FAO Nutrition Meeting Report Series No. 53 A, Rom 1974, S. 127

[179] Fiege H.
Kresole und Xylenole
Ullmanns Encyklopädie der Technischen Chemie
4. Auflage, Bd. 15, S. 61 - 77,
Verlag Chemie, Weinheim 1978

[180] Bringmann G., Kühn R.
Ergebnisse der Schadwirkung wassergefährdender Stoffe gegen Daphniamagna in einem weiterentwickelten standardisiertem Testverfahren
Z. f. Wasser- und Abwasser-Forschung; 15, S. 1 - 6 (1982)

[181] Wellens H.
Vergleich der Empfindlichkeit von Brachydanio rerio und Leucisusidus bei der Untersuchung der Fischtoxizität von chemischen Verbindungen und Abwässern
Z. Wasser- Abwasser-Forsch.; 15(2), S. 49 - 52 (1982)

[182] Hoechst
Ethylacetat DIN-Sicherheitsdatenblatt
Hoechst AG, Frankfurt, November 1987

[183] Trénel J., Kühn R.
Bewertung wassergefährdender Stoffe im Hinblick auf Lagerung, Umschlag undTransport und Untersuchung zur Abklärung substanz- u. bewertungsmethodenspezifischer Grenzfälle bei der Bewertung wassergefährdender Stoffe
Umweltforschungsplan des Bundesministers des Innern, Forschungsbericht;
Institut für Wasser-, Boden- und Lufthygiene des Bundesgesundheitsamtes,
Berlin 1982

[184] Clemens H.P., Sneed K.E.
Lethal doses of several commercial chemicals for fingerling channel catfish
Special Scientific Report Fisheries No. 316, U.S. Dept. Interior, 1959

[185] McKee J.E., Wolf H.W.
Water quality criteria
Sacramento; Resources Agency, California;State Water Quality Control Board, USA 1967

[186] Department of Transportation United States Coast Guard
CHRIS Hazardous Chemical Data
File 1 A-D, File 2 E-Z
Commandant Instruction M 16465, U.S. Coast Guard, Washington D.C. 20593,
12 October 1978

[187] Lenga R.E. (Ed.)
The Sigma-Aldrich Library of Chemical Safety Data
Sigma-Aldrich Corporation,
Vol. 1 u. 2
Edition II, 1988

[188] Ambient Water Quality Criteria for Halomethanes
US EPA, PB 81 - 117 (1980)

[189] Persoone G., van Haecke P.
Evaluation of the Impact of Benzene, Chloroform and Carbon Tetrachloride on the Aquatic Environment
Bericht an die Kommission der EG, 1982

[190] Ambient Water Quality Criteria: Carbon Tetrachloride
US EPA, PB-292-424 (1978)

[191] Domino E.F., Unna K.R., Kerwin J.
Pharmacological Properties of Benzazoles.I. Relationship between Structure and Paralyzing Action
J. Pharmacol. Exptl. Therap.; 105, S. 486 - 497 (1952)

[192] Buckingham J. (Ed.)
Dictionary of Organic Compounds, Fifth Edition, Second Supplement
Chapman and Hall, New York 1984, S. 75

[193] Smyth H.F., Carpenter C.P., Weil C.S.
Range-Finding Toxicity Data: List IV
Arch. Ind. Hyg. Occupational. Med. 4, S. 119 - 122 (1951)

[194] Jenner P.M., Hagan E.C., Taylor J.M., Cook E.L., Fitzhugh O.G.
Food Flavorings and Compounds of Related Structure
I. Acute Oral Toxicity
Food Cosmet. Toxicol.; 2(3), S. 327 - 343 (1964)

[195] Smyth H.F.Jr., Carpenter C.P.
Further Expierience with the Range Finding Test in the Industrial Toxicology Laboratory
J. Ind. Hyg. Toxicol.; 30(1), S. 63 - 68 (1948)

[196] Webb J.M., Hansen W.H.
Metabolism of Rhodamine B
Toxicol. Appl. Pharmacol.; 3, S. 86 - 95 (1961)

[197] Woodard, G., Hagan E. C., Radomski J. L.
Toxicity of Hydroquinone for Laboratory Animals
Fed. Proc.; 8, S. 348 (1949)

[198] Smyth H.F., Carpenter C.P., Weil C.S.
Range-Finding Toxicity Data
Arch. Ind. Hyg. Occupational. Med.; 10, S. 61 - 68 (1954)

[199] Syed I.B., Hosain F.
Determination of LD 50 of Barium chloride and Allied Agents
Toxicol. Appl. Pharmacol.; 22(1), S. 150 - 152 (1972)

[200] Smyth H.F., Seaton J., Fischer L.
The Single Dose Toxicity of some Glycols and Derivatives
J. Ind. Hyg. Toxicol.; 23(6), S. 259 - 268 (1941)

[201] Budavari S., Maryadele J., Smith A., Heckelman P.E. (Editors)
The Merck IndexAn Encyclopedia of Chemicals, Drugs, and Biologicals
Eleventh Edition
Merck & Co,. Inc.Rahway, New Jersey USA 1989

[202] Howard P.H.
Handbook of Environmental Fate and Exposure Data for Organic Chemicals
Vol. I: Large Production and Priority Pollutants
Lewis Publishers, Inc.Chelsea, Michigan USA 1989

[203] Taylor B.F., Curry R.W., Corcoran E.F.
Potential för Biodegradation of Phthalic Acid Esters in Marine Regions
Appl. Environ. Microbiol.; 42(4), S. 590 - 595 (1981)

[204] Williams G.R., Dale R.
The Biodeterioration of the Plasticizer Dioctyl Phthalate
Int. Biodterior. Bull.; 19(1), S. 37 - 38 (1983)

[205] Howard P.H., Banerjee S., Robillard K.H.
Measurement of Water Solubilities, Octanol/Water Partition
Coefficients and Vapor Pressures of Commercial Phthalate Esters
Environ. Toxicol. Chem.; 4(5), S. 653 - 661 (1985)

[206] Sugatt R.H., O'Grady D.P., Banerjee S., Howard P.H., Gledhill W.E.
Shake Flask Biodegradation of 14 Cómmercial Phthalate Esters
Appl. Environ. Microbiol.; 47(4), S. 601 - 606 (1984)

[207] Robinson H.J., Graessle O.E.
Toxicity of Tannic Acid
J. Pharmacol. Exp. Ther.; 77, S. 63 - 69 (1943)

[208] Brown J.R., Mastromatteo E.
Acute Toxicity of Three Episulfide Compounds in Experimental Animals
Am. Ind. Hyg. Assoc. J.; 25(6), S. 560 - 563 (1964)

[209] Orö L., Wretlind A.
Pharmacological Effects of Fatty Acids, Triolein, and Cotton-seed Oil
Acta Pharmacol. Toxicol.; 18, S. 141 - 152 (1961)

[210] Daniher F.A.
The Toxicology of tris-(2,3-Dibromopropyl)-phosphate
Proc. Symp. Text. Flammability; 4, S. 126 - 143 (1976)

[211] Brown J.R., Mastromatteo E., Harwood J.
Zirconium Lactate and Barium Circonate.
Acute Toxicity and Inhalation Effects in Experimental Animals
Am. Ind. Hyg. Assoc. J.; 4(2), S. 131 - 143 (1963)

[212] Cliemie I.J.G., Hutson D.H., Stoydin G.
Metabolism of the Epoxy Resin Component 2,2-Bis-4-(2,3-epoxypropoxy)-phenylpropan, the Diglycidyl Ether of Bisphenol A (DGEBPA) in the Mouse. Part I
Xenobiotica; 11(6), S. 391-399 (1981)

[213] Cliemie I.J.G., Hutson D.H., Stoydin G.
Metabolism of the Epoxy Resin Component 2,2-Bis-4-(2,3-epoxypropoxy)-phenylpropan, the Diglycidyl Ether of Bisphenol A (DGEBPA) in the Mouse. Part II
Xenobiotica; 11(6), S. 401-424 (1981)

[214] National Toxicology Program
Carcinogenesis Bioassay of Bisphenol A in F344 Rats and B6C3F1 Mice (Feed Study)
Research Triangle Parc, NC USA
Report NIH/PUB-82-1771, NTP-80-35 (1982)
Order No. PB 82-184060 (117 Seiten)

[215] Bentley P., Biery F., Kuster H., Muakkassah-Kelly S., Sagelsdorff P., Staeubli W., Waechter F.
Hydrolysis of Bisphenol A Diglycidyl Ether by Epoxide Hydrolases in Cytosolic and Microsomal Fractions of Liver and Skin:
Inhibition by Bis-(epoxycyclopentyl)-ether
Carcinogenesis; 10(2), S. 321 - 327 (1981)

[216] Peristianis G.C., Doak S.M.A., Cole P.N., Hend R.W.
Two Year Carcinogenicity Study on three Aromatic Epoxy Resins
Applied Cutaneously to CF1 Mice
Food Chem. Toxicol.; 26(7), S. 611 - 624 (1988)

[217] Roth L.
Umgang mit der neuen Gefahrstoffverordnung
Chem. unserer Zeit; 21(1), S. 27 - 33 (1987)

[218] Griepentrog F.
Pathologisch-anatomische Befunde zur karzinogenen Wirkung von Cumarin im Tierversuch
Toxicology; 1, S. 93 - 102 (1973)

[219] Die Toxikologie von Atrazin
1. Mitteilung
J.R. Geigy AG, Abt. Pharmakologie, Basel 1967

[220] Palnmer J.S., Radeleff und R.D.
Toxicologic effects of certain fungicides and herbicides on sheep and cattle
Ann. N.Y. Acad. Sci.; 111(2), S. 729 - 736 (1964)

[221] Radeleff R. D.
Veterinary Toxicology
Lea and Febiger Publication, Philadelphia 1964

[222] Bashmurin A.F.
Toxicity of Atrazine for Animals
Sb. Rab., Leningr. Vet. Inst.; 36, S. 5 - 7 (1974)
Zusammenfassung siehe: Chemical Abstracts Vol. 82, 119795 (1975)

[223] Bathe R., Ullmann R., Sachsse K., Hess R.
Relationship between Toxicity to Fish and to Mammals:
A Comparitive Study under Defined Laboratory Conditions
Proceed. European. Soc. Toxicol.; Vol. XVII, Montpellier, June 1975S. 351 - 355

[224] Bathe R., Sachsse K., Ullmann L., Hörmann W.D., Zak F., Hess R.
The Evaluation of Fish Toxicity in the Laboratory
Proceed. European Soc. Toxicol., Calrsbad; 26, S. 113 - 124 (1974)

[225] van Logten M.J., Wolthuis M., Rauws A.G., Kroes R.
Short-Term Toxicity Study on Sodium Bromide in Rats
Toxicology; 1, S. 321 - 327 (1973)

[226] van Logten M.J., Wolthuis M., Rauws A.G., Kroes R., Berkvens H., den Tonkelaar E.M., van Esch G.J.
Semichronic Toxicity Study of Sodium Bromide in Rats
Toxicology; 2, S. 257 - 267 (1974)

[227] Goßler K., Miess R.
Verhalten von linearen Alkylbenzolsulfonaten aus Haushaltswaschmitteln bei der Abwasserbehandlung - Literaturstudie
Landesgewerbeanstalt Bayern
Veröffentlichungen des Bereichs Materialprüfung - Materialprüfungsamt, Heft 5, Nürnberg 1987

[228] Verschuuren H.G., Kroes R., den Tonkelaar E.M.
Short-Term Oral and Dermal Toxicity of MCPA and MCPP
Toxicology; 3, S. 349 - 359 (1975)

[229] Palmer J.S., Radeleff R.D.
The Toxicity of some Organic Herbicides to Cattle, Sheep, and Chickens
Report No. 106, US Dept. of Agriculture, Washington D.C. 1969

[230] Cabral J.R.P., Raitano F., Mollner T., Bronzyk S., Shubik P.
Acute Toxicity of Pesticides in Hamsters
Toxicol. Appl. Pharmacol.; 48, S. A192 (1979)

[231] Huber L.
Stand der Kenntnisse über das ökologische Verhalten von Tensiden
Münchner Beitr. Abwass.-, Fischerei-, Flußbiol.; 39, S. 189 (1985)

[232] Schöberl P., Bock K.J.
Tensidabbau und dessen Metabolite
Tenside Detergents; 17(5), S. 262 - 266 (1980)

[233] Steber J.
Untersuchungen zum biologischen Abbau von (14)C-ring-markiertem linearen Alkylbenzolsulfonat in Oberflächenwasser- und Kläranlagenmodellen
Tenside Deterg.; 16(3), S. 140 - 145 (1979)

[234] Huddleston R.L., Nielsen A.M.
LAS Biodegradation: The Fate of the Aromatic Ring
Soap, Cosmetics, Chem. Spec.; 55(3), S. 34, 36 - 38, 44 (1979)
Household Pers. Prod. Ind.; 16(3), S. 72 - 74, 82 (1979)

[235] Boyd E.M., Abel M.M.
The Acute Toxicity of Barium Sulfate Administered Intragastrically
Can. Med. Assoc. J.; 94(16), S. 849 - 853 (1966)

[236] Boyd E.M., Abel M.M., Knight L.M.
The Chronic Oral Toxicity of Sodium Chloride at the Range of the LD 50 (0,1L)
Can. J. Physiol. Pharmacol.; 44(1), S. 157 - 172 (1966)

[237] Auglair M., Hameau N.
Toxicology and Pharmacology of the Organic Solvents Dimethylacetamide and Dimethylformamide
Compt. Rend. Soc. Biol.; 158, S. 245 - 248 (1964)

[238] Kulagina N.K., Kochetkova T.A.
Toxicity of Triethylamine
Toksikol. Novykh Prom. Khim. Veshchesto No. 7, S. 56 - 76 (1965)
Zusammenfassung siehe Chemical Abstracts, Vol. 63, 7548 d (1965)

[239] Boyd E.M., Godi I., Abel M.
Acute Oral Toxicity of Sucrose
Toxicol. Appl. Pharmacol.; 7(4), S. 609 - 618 (1965)

[240] Boyd E.M., Godi I., Krijnen C.J.
The Acute Oral Toxicity of a Vasicin Derivative
J. New Drugs; 6(5), S. 269 - 277 (1966)

[241] Stöfen D.
The Maximum Permissible Concentrations in the U.S.S.R. for Harmful Substances in Drinking Water
Toxicology; 1, S. 187 - 195 (1973)

[242] Boyd E.M., Shanas M.N.
The Acute oral Toxicity of Potassium Chloride
Arch. Intern. Pharmacodynamic; 313, S. 275 - 283 (1961)

[243] Hefner R.E., Leong B.K.J., Kociba R.J., Gehring P.J.
Repeated Inhalation of Diphenyl Oxide in Experimental Animals
Toxicol. Appl. Pharmacol.; 33(1), S. 78 - 86 (1975)

[244] Hoppe J.O., Marcelli G.M.A., Tainter M.L.
The Toxicity of Ferrous Gluconate
Am. J. Med. Sci.; 230, S. 491 - 497 (1955)

[245] Noel P.R.B., Barnett K.C., Davies R.E., Jolly D.W., Leahy J.S., Mawdesley L.E., Shillam K.W.G., Squires P.F., Street A.E.
The Toxicity of Dimethyl Sulphoxide (DMSO) for the Dog, Pig, Rat and Rabbit
Toxicology; 3, S. 143 - 169 (1975)

[246] Büchel K.H.
Pflanzenschutz und Schädlingsbekämpfung
Georg Thieme Verlag, Stuttgart 1977

[247] Knudsen I., Verschuuren H.G., den Tonkelaar E.M., Kroes R., Helleman P.F.W.
Short-term Toxicity of Pentachlorphenol in Rats
Toxicology; 2, S. 141 - 152 (1974)

[248] Singh A.R., Lawrence W.H., Autian J.
Teratogenicity of Phthalate Esters in Rats
J. Pharm. Sci.; 61(1), S. 51 - 55 (1972)

[249] Singh A.R., Lawrence W.H., Autian J.
Embryonic-fetal Toxicity and Teratogenic Effects of Adipic Esters in Rats
J. Pharm. Sci.; 62(10), S. 1596 - 1600 (1973)

[250] Verschuuren H.G., Kroes R., van Esch G.J.
Toxicity Studies on Tetrasull. Acute, Long-term and Reproduction Studies
Toxicology; 1, S. 63 - 78 (1973)

[251] Lomonova G.V., Preobrazhenskaya A.A.
Toxic Properties of Caprolactam
Tr. Gor'kovsk. Nauchn.-Issled. Inst. Gigieny Truda i Prof. Boleznei, Sb.; 1961(9), S. 34 - 40 (Publ. 1962)
Zusammenfassung siehe Chemical Abstracts, Vol. 59, 15841 a (1963)

[252] Sommer S., Tauberger G.
Toxicologic Investigations of Dimethylsulfoxide
Arzneimittel-Forsch.; 14(9), S. 1050 - 1053 (1964)

[253] Brown V.K., Robinson J., Stevenson D.E.
A Note on the Toxicity and Solvent Properties of Dimethyl Sulfoxide
J. Pharm. Pharmacol.; 15(10), S. 688 - 692 (1963)

[254] Willson J.E., Brown D.E., Timmens E.K.
A Toxicologic Study of Dimethyl Sulfoxide
Toxicol. Appl. Pharmacol.; 7(1), S. 104 - 112 (1965)

[255] McGavack T.H., Boyd L.J., Piccione F.V., Terranova R.
Acute and Chronic Intoxications with Sodium Pentachlorophenate in Rabbits
J. Ind. Hyg. Toxicol.; 23, S. 239 - 251 (1941)

[256] Horn H.J., Holland E.G., Hazleton L.W.
Safety of Adipic Acid as Compared with Citric and Tartaric Acids
J. Agr. Food Chem.; 5, S. 759 - 762 (1957)

[257] Gurd M.R., Harmer G.L.M., Lessel B.
Food Cosmet. Toxicol.; 3, S. 883 (1965)

[258] Decad G.M., Snyder C.D., Mitoma C.
Fate of Water-insoluble and Water-soluble Dichlorobenzidine- based Pigments in Fischer 344 Rats
J. Toxicol. Environ. Health; 11(3), S. 455 - 465 (1983)

[259] Andersen J.J., Burrell A.D., Decad G.M., Dabney B.J.
Evaluation of Office Materials for Genotoxic Effects
Carcinog. Mutagens Environ.; 4, S. 177 - 186 (1985)

[260] Parkhie M.R., Webb M., Norcross M.A.
Dimethoxyethylphthalate: Embryopathy, Teratogenicity, Fetal Metabolism and the Role of Zinc in the Rat
EHP, Environ. Health Perspect.; 45, S. 89 - 97 (1982)

[261] Hesbert A., Bottin M.C., De Ceaurriz J., Protois J.C., Cavlier C.
Testing Natural Indigo for Genotoxicity
Toxicol. Lett.; 21(1), S. 119 - 125 (1984)

[262] Matsui S., Okawa Y., Ota R.
Experience of 16 Years' Operation and Maintenance of the Fukashiba Industrial Wastewater Treatment Plant of the Kashima Petrochemical Complex - II. Biodegradability of 37 Organic Substances ...
Wat. Sci. Tech.; 20(10), S. 201 - 210 (1988)

[263] Smyth H.F., Carpenter C.P., Shaffer C.B.
The Toxicity of High Molecular Weight Polyethylene Glycols; Chronic Oral and Parenteral Administration
Journal of the American Pharmaceutical Association, Scientific Edition; 36(6), S. 157 - 160 (1947)

[264] Ivey F.J., Shaver K.
Enzymic Hydrolysis of Polyphosphate in the Gastrointestinal Tract
J. Agric. Food Chem.; 25(1), S. 128 - 130 (1977)

[265] Kanuh S., Hori Y.
Studies on the Fetal Toxicity of Insecticides and Food Additives in Pregnant Rats. 3. Fetal Toxicity of Food Red No. 105
Oyo Yakuri 24(3), S. 391 - 397 (1982)
Zusammenfassung: CA., Vol. 97, 19699y (1982)

[266] Hashimoto S., Fujita M.
Isolation of a Bacterium requiring 3 Amino Acids for Polyvinyl Alcohol Degradation
J. Ferment. Tech.; 63(5), S. 471 - 474 (1985)

[267] Anonymus
In Vitro Microbiological Mutagenicity Studies of Phillips Petroleum Company Hydrocarbon Propellants and Aerosols
Stanford Research Institute, Menlo Parc, CA, May 13, 1977

[268] Stoughton R.W., Lamson P.D.
The relative Anesthestic Activity of the Butanes and Pentanes
J. Pharmacol. Exp. Ther.; 58, S. 74 - 77 (1936)

[269] Aviado D.M., Zakheri S., Watanabe T.
Non-Flourinated Propellants and Solvents for Aerosols
CRC Press, Cleveland, OH (1977)

[270] Shugaev B.B.
Concentrations of Hydrocarbons in Tissues as a Measure of Toxicity
Arch. Environ. Health; 18(6), S. 878 - 882 (1969)

[271] Matsui S., Murakami T., Sasaki T., Hirose Y., Iguma Y.
Activated Sludge Degradability of Organic Substances in the Waste-water of the Kashima Petroelum and Petrochemical Industrial Complex in Japan
Prog. Wat. Tech.; 7(3/4), S. 645 - 659 (1975)

[272] Roth L.
Krebs erzeugende Stoffe
1. Auflage 1983
Carl Roth GmbH, Karlsruhe
Wissenschaftliche Verlagsgesellschaft mbH, Stuttgart 1983

[273] Castegnaro M., Sansone E.B.
Chemical Carcinogens
Springer Verlag, Berlin 1986

[274] Gerarde H.W., Gerarde D.F.
Industrial Expierience with 3,3'-Dichlorobenzidine
Epidemiological Study of a Chemical Manufacturing Plant
J. Occup. Med.; 16(5), S. 322 - 334 (1974)

[275] Anderson J.A., Styles Br.
J. Cancer; 37, S. 924 - 930 (1978)

[276] Garner R.C., Walpole A.L., Rose F.L.
Testing of some Benzidine Analogues for Microsomal Activation to Bacterial Mutagens
Canc. Lett.; 1, S. 39 - 42 (1975)

[277] Lazear E.J., Louie S.C.
Mutagenicity of some Congeners of Benzidine in the Salmonella Typhimurium Assay System
Canc. Lett.; 4, S. 21 - 25 (1977)

[278] McIntyre I.
J. Occup. Med.; 17, S. 23 - 26 (1975)

[279] Herman
Kirk-Othmer Encyclopedia of Chemical Toxicology
2nd Ed., Vol. II
John Wiley and Sons, Interscience Publication, New York 1966

[280] National Cancer Institute
Bioassay of Hydrazobenzene for possible Carcinogenicity
National Cancer Institute (Carcinog. Test. Program, Bethesda, Md.)
Report 1978, DHEW/BUB/NIH-78-1342, NC-CG-TR-92, Order No. PB-285791
Bezug über Gov. Rep. Announce Index (U.S.) 1978, 78(26),82 (114 S.)

[281] Rochat J., Demenge P., Rerat J.C.
Toxicological Study of a Fluorescent Tracer: Rhodamine B
Toxicol. Eur. Res.; 1(1), S. 23 - 26 (1978)

[282] Gruch W., Steiner P.
Zur Toxikologie der Insektizide
Mitt. Biol. Bundesanstalt Land- Forstwirtschaft Berlin-Dahlem; 102, S. 3 - 55 (1960)

[283] Anonymus
Some bad News about Toxaphene
Science; 188, S. 343 (1975)

[284] Hooper N.K., Ames B.N.
Toxaphene, a Complex Mixture of Polychloroterpenes and a Major Insecticide, is Mutagenic
Science; 205, S. 591 - 593 (1979)

[285] Green T., Odum J., Nash J.A., Foster J.R.
Perchlorethylene-Induced Rat Kidney Tumors: An Investigation of the Mechanisms Involved and their Relevance to Humans
Toxicol. Appl. Pharmacol.; 103, S. 77 - 89 (1990)

[286] Asakawa Y., Ishida T., Toyota M., Takemoto T.
Terpenoid Biotransformation in Mammals IV. Biotransformation of(+)-Longifolene, (-)-Caryophyllene, (-)-Caryophyllene Oxide, (-)-Cyclocolorenone, (+)-Nootkatone, (-)-Elemol, (-)-Abietic Acid
Xenobiotica; 16(8), S. 753 - 767 (1986)

[287] Rubbo S.D.
The Influence of Chemical Constitution on ToxicityI.
A General Survey of the Acridine Series
Brit. J. Exptl. Pathol.; 28, S. 1 - 11 (1947)

[288] Browning E.
Toxicity of Industrial Metals
2nd Edition
Appleton-Century-Crofts, New York 1969, S. 3 - 22

[289] Jacobson K.H.
Acute Oral Toxicity of Mono- and Dialkyl Ring-Substituted Derivatives of Aniline
Toxicol. Appl. Pharmacol.; 22(1), S. 153 - 154 (1972)

[290] Haley T.J., Stolarsky F.
A Study of the Acute and Chronic Toxicity of Toluidine Blue and Related Phenazine and Thiazine Dyes
Stanford Med. Bull.; 9, S. 96 - 100 (1951)

[291] Koelzer P.P., Giesen J.
Untersuchungen zur Toxizität der p-Aminosalicylsäure und ihrer Derivate
Z. Naturforschg.; 6b, 183 - 190 (1951)

[292] Cheever K.L., Richards D.E., Plotnick H.B.
The Acute Oral Toxicity of Isomeric Monobutylamines in the AdultMale and Female Rat
Toxicol. Appl. Pharmacol.; 63(1), S. 150 - 152 (1982)

[293] Gosselin R.E. et al.
Clinical Toxicology of Commercial Products
5th Edition
Williams & Wilkins, Baltimore, USA 1984

[294] Philips F.S., Thiersch J.B., Bendich A.
Adenine Intoxication in Relation to In Vivo Formation and Deposition of 2,8-Dioxyadenine in Renal Tubules
J. Pharmacol. Exp. Ther.; 104, S. 20 - 30 (1952)

[295] Deichmann W.B. et al.
The Physiological Response of Experimental Animals Following Absorption of 2-Aminothiazole
J. Ind. Hyg. Toxicol.; 30, S. 71 - 78 (1948)

[296] Woker H.
Die Temperaturabhängigkeit der Giftwirkung von Ammoniak auf Fische
Intern. Assoc. Theoret. Appl. Limnol.; 10, 575 - 579 (1949)
(Intern. Ver. Theoret. Angew. Limnol.)

[297] Steinmann P., Surbeck G.
Die Wirkung organischer Verunreinigungen auf die Fauna schweizerischer fließender Gewässer
Preisschreiben der Schweiz. Zool. Ges. Bern 1918

[298] Helfer H.
Giftwirkungen auf Fische; ihre Ermittlung durch Versuche und die Bewertung der Ergebnisse
Kleine Mitteilungen (für die Mitglieder) des Vereins für Wasser-, Boden- und Lufthygiene; 12, S. 32 - 62 (1936)

[299] Gordon J.J., Leadbeater L.
The Prophylactic Use of 1-Methyl-2-hydroxyiminomethylpyridinium Methanesulfonate (P2S) in the Treatment of Organophosphate Poisoning
Toxicol. Appl. Pharmacol.; 40(1), S. 109 - 114 (1977)

[300] Holmstedt B.
Pharmacology of Organophosphorus Cholinesterase Inhibitors
Pharmacol. Rev.; 11, S. 567 - 688 (1959)

[301] Sidell F.R., Groff W.A.
Reactivatibility of Cholinesterase Inhibited by VX [S-(2-diisoprop-ylaminoethyl) O-ethylmethylphosphonothiolate] and Sarin in Man
Toxicol. Appl. Pharmacol.; 27(2), S. 241 - 252 (1974)

[302] Craig F.N., Cummings E.G., Sim V.M.
Environmental Temperature and the Percutaneous Absorption of aCholinesterase Inhibitor, VX
J. Invest. Dermatol.; 68(6), S. 357 - 361 (1977)

[303] Anonymus
Nerve Gases Unveiled
Chem. & Eng. News; 31(45), S. 4676 - 4678 (1953)

[304] Propker M., Pongracz M.J.B., Szabo J.L.J.
Pharmacological and Toxicological Studies with 1-Benzyl-3-(2,3-di-hydroxypropoxy)indazole
Arzneim.-Forsch.; 26(7), S. 1393 - 1397 (1976)

[305] Werner A.C.
Vapor Pressures of Phthalate Esters
Industrial and Engineering Chemistry; 44(11), S. 2736 - 2740 (1952)

[306] Curtis M.W., Copeland T.L., Ward C.H.
Acute Toxicity of 12 Industrial Chemicals to Freshwater and Saltwater Organisms
Water Research; 13, S. 137 - 141 (1979)

[307] Foucar F.H., Gordon B.
Death Following Ingestion of Ferrous Sulfate
Am. J. Clin. Path.; 18, S. 971 - 973 (1948)

[308] Hoppe J.O., Marcelli G.M.A., Tainter M.L.
A Review of the Toxicity of Iron Compounds
Am. J. Med. Sciences; 230, S. 558 - 571 (1955)

[309] BASF
Paliotol Gelb D 1819
DIN-Sicherheitsdatenblatt (8/90)
BASF Aktiengesellschaft
6700 Ludwigshafen

[310] Singh A.R., Lawrence W.H., Autian J.
Mutagenic and Antifertility Sensitivities of Mice to Di-2-ethyl-hexyl Phthalate (DEHP) and Dimethoxyethyl Phthalate (DMEP)
Toxicol. Appl. Pharmacol.; 29, S. 35 - 46 (1974)

[311] Marcel Y.L., Noel S.P.
Contamination of Blood stored in Plastic Packs
The Lancet; 1, S. 35 - 36 (1970)

[312] Kashyap S.K., Nigam S.K., Karnik A.B., Gupton R.C., Chatterjee S.K.
Carcinogenicity of DDT (Dichlorodiphenyltrichloroethane) in Pure In-bred Swiss Mice
Int. J. Cancer; 19(5), S. 725 - 729 (1977)

[313] Leyder F., Boulenger P.
Ultraviolet Adsorption, Aqueous Solubility, and Octanol-Water Partition for several Phthalates
Bull. Environ. Contam. Toxicol.; 30, S. 152 - 157 (1983)

[314] BASF
Neozapon Schwarz X 51
DIN-Sicherheitsdatenblatt (10/88)
BASF-Aktiengesellschaft
6700 Ludwigshafen

[315] BASF
Neozapon Gelb 081
DIN-Sicherheitsdatenblatt (2/89)
BASF-Aktiengesellschaft
6700 Ludwigshafen

[316] BASF
Neozapon Rot 346
DIN-Sicherheitsdatenblatt (5/89)
BASF-Aktiengesellschaft
6700 Ludwigshafen

[317] BASF
Neozapon Gelb 157
DIN-Sicherheitsdatenblatt (8/88)
BASF-Aktiengesellschaft
6700 Ludwigshafen

[318] BASF
Neozapon Gelb 141
DIN-Sicherheitsdatenblatt (5/89)
BASF-Aktiengesellschaft
6700 Ludwigshafen

[319] BASF
Neozapon Orange 245
DIN-Sicherheitsdatenblatt (3/89)
BASF-Aktiengesellschaft
6700 Ludwigshafen

[320] BASF
Neozapon Rot 335
DIN-Sicherheitsdatenblatt (3/89)
BASF-Aktiengesellschaft
6700 Ludwigshafen

[321] BASF
Neozapon Rot 355
DIN-Sicherheitsdatenblatt (5/89)
BASF-Aktiengesellschaft
6700 Ludwigshafen

[322] BASF
Neozapon Rot 365
DIN-Sicherheitsdatenblatt (5/89)
BASF-Aktiengesellschaft
6700 Ludwigshafen

[323] BASF
Neozapon Blau 807
DIN-Sicherheitsdatenblatt (9/88)
BASF-Aktiengesellschaft
6700 Ludwigshafen

[324] Ueberberg H., Bauer M., Eckenfels A., Lehmann H., Pappritz G., Serbedija R.
Tierexperimentelle Untersuchungen zu Verträglichkeit von NAB 365 (Clenbuterol)
Arzneim. Forsch.; 26(7a), S. 1420 - 1427 (1976)

[325] Zimmer A., Bücheler A.
Einmalapplikation, Mehrfachapplikation und Metabolitenmuster von Clenbuterol beim Menschen
Arzneim. Forsch.; 26(7a), S. 1446 - 1450

[326] Yankell S.L., Loux J.J.
Acute Toxicity Testing of Erythrosine and Sodium Fluoresceine in Mice and Rats
J. Periodontol.; 48(4), S. 228 - 231 (1977)

[327] Spector W.S. (Ed.)
Handbook of Toxicology Vol. 1
Saunders, Philadelphia 1956; S. 176 - 177, 182 - 183

[328] Engelhardt G.
Pharmakologisches Wirkungsprofil von NAB 365 (Clenbuterol), einem neuen Broncholytikum mit einer selektiven Wirkung auf die adrenergen ß(2)-Rezeptoren
Arzneim.-Forsch.; 26(7a), S. 1404 - 1420 (1976)

[329] Lehmann H.
Reproduktionstoxikologische Untersuchungen mit Clenbuterol (NAB 365)
Arzneim.-Forsch.; 26(7a), S. 1427 - 1430 (1976)

[330] Pfaender F.K., Alexander M.
Extensive Microbial Degradation of DDT in vitro and DDT Metabolismby Natural Communities
J. Agr. Food Chem.; 20(4), S. 842 - 846 (1972)

[331] Christensen H.E. (Ed.)
Toxic Substances List 1983
S. 381 ff.

[332] Bavin E.M., Rees R.J.W., Robson J.M., Seiler M., Seymour D.E., Suddaby D.
Tuberculostatic Activity of some Thiosemicarbazones
J. Pharm. and Pharmacol.; 2, S. 764 - 772 (1950)

[333] Cahen R.L., Tvede K.M.
Homatropine methylbromide; a Pharmacological Reevaluation
J. Pharmacol. Exptl. Therap.; 105, S. 166 - 177 (1952)

[334] Harrison J.W.E., Packmann E.W., Abbott D.D.
Acute Oral Toxicity and Chemical and Physical Properties of Arsenic Trioxides
Arch. Ind. Health; 17, S. 118 - 123 (1958)

[335] Bradley W.R., Fredrick W.G.
The Toxicity of Antimony - Animal Studies
Ind. Med. 10, Ind. Hyg. Sect. 2, S. 15 - 22 (1941)

[336] North W.C., Urbach K.F.
Effect of Alteration of Size of the Aromatic Dicarboxylic Acid Nucleus on Local Anethic Activity
J. Am. Pharm. Assoc. Sci. Ed.; 45, S. 382 - 385 (1956)

[337] Goldenthal E.I.
Compilation of LD 50 Values in Newborn and Adult Animals
Toxicol. Appl. Pharmacol.; 18(1), S. 185 - 207 (1971)

[338] National Printing Ink Research Institute
NPIRI Raw Materials Data Handbook
Volume 2: Plasticizers
National Printing Ink Research Institute
Lehigh University, Bethlehem, Pennsylvania 18015/USA 1974

[339] Goebel F., Giesen J., Koelzer P.
Therapeut. Umschau (Bern); 7(10), S. (1951)

[340] Jaeger R.J., Rubin R.J.
Migration of a Phthalate Ester Plasticizer from Polyvinyl Chloride Blood Bags into Stored Human Blood and its Localization in Human Tissues
N. Engl. J. Med.; 287(22), S. 1114 - 1118 (1972)

[341] Gormley I.P., Brown G.M., Cowie H., Wright A., Davis J.M.G.
The Effects of Fiber Length on the In Vitro Cytotoxicity of Asbestos Samples in Three Different Assay Systems
NATO ASI Series, Vol. G3
In Vitro Effects of Mineral Dusts (Ed. by E.G. Beck and J. Bignon)
Springer Verlag, Berlin 1984, S. 397 - 404

[342] Davis J.M.G., Bolton R.E., Cowie H., Donaldson K., Gormley I.P., Jones A.D., Wright A.
Comparisons of the Biological Effects of Mineral Fibre Samples Using In Vitro and In Vivo Assay Systems
NATO ASI Series, Vol. G3
In Vitro Effects of Mineral Dusts (Ed. by E.G. Beck and J. Bignon)
Springer Verlag, Berlin 1984, S. 404 - 411

[343] Tabak H.H., Quave S.A., Mashni C.I., Barth E.F.
Biodegradability Studies with Organic Priority Pollutant Compounds
J. Water Control Fed.; 53(10), S. 1503 - 1518 (1981)

[344] Sota K., Nota K., Maruyama H., Fujihira E., Nakazawa M.
Antiinflammatory Activities of Compounds Related to Anthranilic Acid
I. N-Phenylanthranilic acid Derivatives
Yakugaku Zasshi; 89(10), S. 1392 - 1400 (1969)
(J. Pharm. Soc. Japan)

[345] FDA
Updates Food Additives Status List to Feb. 15, 1979
FDA Inspection Operations Manual, March 26 (1979)

[346] Federation of American Societies for Experimental Biology (FASEB)
Select Committee on GRAS Substances
Evaluation on the Health Aspects of Tallow, Hydrogenated Tallow,Stearic Acid, and Calcium Stearate as Food Ingredients
FDA Contract 233-75-2004, Bethesda, MD, USA 1975

[347] Federation of American Societies for Experimental Biology (FASEB)Select Committee on GRAS Substances
Evaluation of the Health Aspects of Magnesium Salts as Food Ingredients
FDA Contract 223-75-2004, Bethesda, MD, USA 1976

[348] AVON Products
Submission of Data by Cosmetic, Toiletry and Fragrance Association (CTFA)
Unpublished Safety Data on the Lithium Stearate Group. Oral Toxicity
Avon Products, Jan. 16, 1973

[349] AVON Products
Submission of Data by Cosmetic, Toiletry and Fragrance Association (CTFA)
Unpublished Safety Data on the Lithium Stearate Group. Biological Evaluation Summary Report. Zinc Stearate
Avon Products, Dec. 22, 1976

[350] AVON Products
Submission of Data by Cosmetic, Toiletry and Fragrance Association (CTFA)
Unpublished Safety Data on the Lithium Stearate Group. Biological Evaluation Summary Report. Aluminium Stearate
AVON Products, June 16, 1978

[351] Penick S.B. et al.
Submission of Data by CTFA
Unpublished Safety Data on the Lithium Stearate Group. Bio-Toxicology Laboratories. Acute oral LD 50 Toxicity Study. Lithium Stearate
Aug. 3, 1976

[352] Penick S.B. et al.
Submission of Data by CTFA
Unpublished Data on the Lithium Stearate Group. Consumer ProductTesting Co., Inc. Final Report. Magnesium Stearate
Feb. 9, 1977

[353] Hagan E.C.
Acute Toxicity. Appraisal of the safety of Chemicals in Foods, Drugs, and Cosmetics Association of Food and Drug Officials of the U.S., as compiled by the staff of the Div. of Pharmacology, Food and Drug Administration,
Dept. of Health, Education and Welfare, Austin, TX, 1959 S. 17 - 25

[354] Litchfield J.R., Wilcoxon F.
A Simplified Method of Evaluating Dose-effected Experiments
J. Pharmacol. Exptl. Therap.; 96, S. 99 - 113 (1949)

[355] Boyland E., Busby E.R., Dukes C.E., Grover P.L., Manson D.
Further Experiments on Implantation of Materials into the Urinary Bladder of Mice
Brit. J. Cancer; 18(3), S. 575 - 581 (1964)

[356] Schafer E.W., Bowles W.A., Hurlbut J.
The Acute Oral Toxicity, Repellency, and Hazard Potential of 998 Chemicals to One or More Species of Wild and Domestic Birds
Arch. Environm. Contam. Toxicol.; 12, S. 355 - 382 (1983)

[357] AVON Products
Submission of Data by Cosmetic, Toiletry and Fragrance Association (CTFA)
Unpublished Safety Data on the Lithium Stearate Group. Biological Evaluation Summary Report. Ammonium Stearate
AVON Products, March 27, 1975

[358] Penick S.B. et al.
Submission of Data by CTFA
Unpublished Safety Data on the Lithium Stearate Group Consumer Product Testing Co., Inc. Final Report. Zinc Stearate
Feb. 9, 1977

[359] Draize J.H., Woodard G., Calvery H.O.
Methods for the Study of Irritation and Toxicity of Substances, Applied Topically to the Skin and Mocous Membranes
J. Pharmacol.; 82, S. 377 - 390 (1944)

[360] AVON Products
Submission of Data by Cosmetic, Toiletry and Fragrance Association (CTFA)
Unpublished Safety Data on the Lithium Stearate Group. Skin Irritation
AVON Products, Jan. 4, 1973

[361] Draize J.H.
Dermal Toxicity. Appraisal of the Safety of Chemicals in Foods, Drugs, and Cosmetics
Association of Food and Drug Officials in the U.S., compiled by the staff of the Div. of Pharmacology, Food and Drug Administration,
Dept. of Health, Education and Welfare, Austin, TX, 1959, S. 46 - 59

[362] AVON Products
Submission of Data by Cosmetic, Toiletry and Fragrance Association (CTFA)
Unpublished Safety Data on the Lithium Stearate Group: Draize EyeTest
AVON Products, Jan. 8, 1973

[363] Gottschewski G.H.M.
Can Carriers of Active Ingredients in Coated Tablets have Teratogenic Effects?
Arzneim. Forschung; 17, S. 1100 - 1103 (1967)

[364] Litton Bionetics
Mutagenic Evaluation of Compound FDA 75-33, Magnesium Stearate.
Report prepared under DHEW Contract No. FDA 223-74-2104, Kensington, MD, USA (1976)

[365] van Duuren B.L., Katz C., Shimkin M.B., Swern D., Wieder R.
Replication of Low-Level Carcinogenic Activity Bioassays
Cancer Res.; 32, S. 880 - 881 (1972)

[366] Szakall A., Schulz K.H.
Die Permeation von Fettalkohol-Sulfaten und Natriumseifen definierter Kettenlänge (C8 - C18) in die intakte menschliche Haut, ihr Zusammenhang mit den Reizwirkungen
Fette Seifen Anstrichm.; 62(3), S. 170 - 175 (1960)

[367] Luckins J.
Control of Solvent Emissions Printing Processes, Part 1
Professional Printer; 99(1), S. 14 - 19 (1975)

[368] Vernot E.H., MacEwen J.D., Haun C.C., Kinkead E.R.
Acute Toxicity and Skin Corrosion Data for some Organic and Inorganic Compounds and Aqueous Solutions
Toxicol. Appl. Pharmacol.; 42(2), S. 417 - 423 (1977)

[369] Bartsch W., Sponer G., Dietmann K., Fuchs G.
Acute Toxicity of various Solvents in the Mouse and Rat. LD 50 of Ethanol, Diethylacetamid, Dimethylformamid, Dimethylsulfoxid, Glycerine, N-Methylpyrrolidone, polyethylene, Glycol 400, 1,2-Propane-diol and Tween 20
Arzneim. Forsch.; 26(8), S. 1581 - 1583 (1976)

[370] Cullen W.R., Reimer K.J.
Arsenic Speciation in the Environment
Chem. Rev.; 89(4), S. 713 - 764 (1989)

[371] Archer J.R.
Explosion warning in print
Chem. Ind. News; 26, S. 205 (1948)

[372] Burgoyne F.H., Heston W.E., Hartwell J.L., Stewart H.L.
Cutaneous Melanin production in the Mouse by 5,9,10-Trimethyl,1,2-benzanthracene
Fed. Proc.; 8, S. 351 (1949)

[373] Smyth H.F., Carpenter C.P., Weil C.S., Pozzani U.C., Streigel J.A.
Range-finding Toxicity Data; List VI
Am. Ind. Hyg. Assoc. J.; 23(2), S. 95 - 108 (1962)

[374] Smyth H.F.
Toxicology of Industrial Chemicals
Arch. Environ. Health; 8(3), S. 384 - 392 (1964)

[375] Loomis T.A., Salafsky B.
Antidotal Action of Pyridinium Oximes in Anticholinesterase Poisoning; Comparative Effects of Soman, Sarin, and Neostigmine on Neuromuscular Function
Toxicol. Appl. Pharmacol.; 5(6), 685 - 701 (1963)

[376] Deichmann W.B., Withrup S.
Phenol Studies VI. Acute and Comparative Toxicity of Phenol and o-, m-, and p-Cresols for Experimental Animals
J. Pharmacol.; 80, S. 233 - 240 (1940)

[377] Anonymus
Hydrazobenzene
Dangerous Properties of Industrial Materials Report; 6(1),S. 61 - 68 (1986)

[378] Reichle A., Tengler H.
Methoden zur Bestimmung des Weichmacherübergangs aus Kunststoffenin Lebensmitteln
DLR; 64(5), S. 142 - 145 (1968)

[379] Pliss G.B.
On some Regular Relationships between Carcinogenicity of Aminodiphenyl Derivatives and the Structure of Substance
Acta Unio Internationalis Contra Cancrum; 19, S. 499 - 501 (1963)
(International Union against Cancer: Acta)

[380] Deichmann W.B.
The Toxicity of Chlorophenols for Rats
Fed. Proc.; 2, S. 76 - 77 (1943)

[381] Veith G.D., Macek K.J., Petrocelli S.R., Carroll J.
An Evaluation of Using Partition Coefficients and Water Solubility to Estimate Bioconcentration Factors for Organic Chemicals in Fish
in: Aquatic Toxicology
Eaton J.G. (Ed.)
U.S. Environmental Protection Agency
ASTM Special Technical Publication 707, US EPA 04-707000-16 (1980)

[382] Shiu W.Y., Mackay D.
A Critical Review of Aqueous Solubilities, Vapor Pressures, Henry's Law Constants, and Octanol-Water Partition Coefficients of the Polychlorinated Biphenyls
J. Phys. Chem. Ref. Data; 15(2), S. 911 - 929 (1986)

[383] Niemitz W., Trenel J. (Hrsg.)
Results of Ecotoxicological Testing of about 200 Selected Compounds
OECD Environment Committee/Chemicals Group
OECD Chemicals Testing Programme Ecotoxicology Group
Institut für Wasser-, Boden-, Lufthygiene des Bundesgesundheitsamtes
1000 Berlin 33

[384] Landesanstalt für Wasser und Abfall Nordrhein-Westfalen
Checkliste zu Beurteilung der Wassergefährlichkeit von Stoffen
KfW-Mitteilungen
Kuratorium für Wasserwirtschaft, Bonn-Bad Godesberg (Hrsg.), 3/1977

[385] Ellis M.M.
Detection and Measurement of Stream Pollution
U.S. Bur. Fisheries, Bull.; 22, S. 365 - 437 (1937)

[386] Ghosh T.K., Konar S.K.
Toxicity of Chemicals and Wastewaters of Paper and Pulp Mills to Worms, Plankton and Molluscs
Indian J. Environ. Hlth.; 22(4), S. 278 - 285 (1980)

[387] Fischer G.W., Riemer F., Grüttner S.
Reaktivität und Toxizität homologer Brom- und Dibromalkane
J. prakt. Chem.; 320(1), S. 133 - 139 (1978)

[388] Silvestrini B., Barcellona P.S., Garau A., Catanese B.
Toxicology of benzydamine
Toxicol. Appl. Pharmacol.; 10, S. 148 - 159 (1967)

[389] Anderson B.G.
The Toxicity Thresholds of Various Substances Found in Industrial Wastes as Determined by the Use of Daphnia Magna
Sewage Works J.; 16(6), S. 1156 - 1165 (1944)

[390] Anderson B.G.
Industrial Wastes
The Toxicity Thresholds of Various Sodium Salts Determined by the Use of Daphnia Magna
Sewage Works J.; 18(1), S. 82 - 87 (1946)

[391] Ames B.N., Durston W.E., Yamasaki E., Lee F.D.
Carcinogens are Mutagenes: A Simple Test System Combining Liver Homogenates for Activation and Bacteria Detection
Proc. Nat. Acad. Sci. USA; 70(8), S. 2281 - 2285 (1973)

[392] McCann J., Choi E., Yamasaki E., Ames B.N.
Detection of Carcinogens as Mutagens in the Salmonella/microsomeTest: Assay of 300 chemicals
Proc. Nat. Acad. Sci. USA; 72(12), S. 5135 - 5139 (1975)

[393] Levinskas G.J., Ribbelin W.E., Shaffer B.C.
Acute and Chronic Toxicity of Pimaricin
Toxicol. Appl. Pharmacol.; 8(1), S. 97 - 109 (1966)

[394] Kosenko H.M.
Parameters of Acute Toxicity of some Alkylbromides
Toksikol. Gig. Prod. Neftekhim. Neftekhim. Proizvod., Vses Konf., (Dokl.), 2nd 1971 (publ. 1972), S. 104 - 108
Zusammenfassung siehe Chemical Abstracts 80, 91722 (1974)

[395] Fischer G.W., Jentzsch R., Kasanzewa V.
Reaktivität und Toxizität cyclischer Schwefelsäureester
J. prakt. Chem.; 317(6), S. 943 - 952 (1975)

[396] Druckrey H., Kruse H., Preussmann R., Ivankovic S., Landschütz Ch.
Cancerogene alkylierende SubstanzenIII. Alkylhalogenide, -sulfate, -sulfonate und ringgespannte Heterocyclen
Z. Krebsforsch.; 74, S. 241 - 270 (1970)

[397] Benoit D.A.
Toxic Effects of Hexavalent Chromium on Brook Trout (Salvelinus fontinal and Rainbow Trout (Salmo gairdneri)
Duluth, MN: Environmental Research Laboratory, EPA 1976

[398] Obst U., Resch K., Feuerstein T.
Einfacher Toxizitätstest für Wasser und Abwasser auf biochemischer Basis
Vom Wasser; 65, S. 199 - 202 (1985)

[399] Krebs F.
Toxizitätstest mit gefriergetrockneten Leuchtbakterien
Gewässerschutz, Wasser, Abwasser; 63, S. 523 - 532 (1979)

[400] MacGregor D.C., Schönbaum E., Bigelow W.G.
Acute Toxicity Studies on Ethanol, Propanol, and Butanol
Can. J. Pysiol. Pharmacol.; 42(6), S. 689 - 696 (1964)

[401] Starling E.H.
The physiological action of alcohol
Practitioner; 113(4), S. 226 - 235 (1924)

[402] Vogel G., Lehmann H.
On the Acute Toxicity of Methanol
Med. Exptl.; 3, S. 268 - 271 (1960)

[403] Regierungspräsidium Stuttgart
Wasserbehörde, in Zusammenarbeit mit dem Umweltministerium
Interne Mitteilung 1988

[404] Bringmann G., Kühn R.
Grenzwerte der Schadwirkung wassergefährdender Stoffe gegen Blaualgen (Microcystis aeruginosa) und Grünalgen (Scenedesmus quadricauda) im Zellvermehrungshemmtest
Vom Wasser; 50, S. 45 - 60 (1978)

[405] Seinfeld J.H.
Atmospheric Chemistry and Physics of Air Pollution
John Wiley & Sons, New York 1985, S. 60 - 75

[406] Singh H.B., Salas L., Shigeishi H., Crawford A.
Urban-Nonurban Relationships of Halocarbons, SF(6), N(2)O and other Atmospheric Trace Constituents
Atmos. Environ.; 11, S. 819 - 828 (1977)

[407] Dilling W.L., Bredeweg C.J., Tefertiller N.B.
Organic Photochemistry: Simulated Atmospheric Photodecomposition Rates of Methylene Chloride, 1,1,1-Trichloroethane, Trichloro-ethylene, Tetrachloroethylene and Other Compounds
Environ. Sci. Technol.; 10, S. 351 - 356 (1976)

[408] Lunde G., Bjorseth A.
Polycyclic Aromatic Hydrocarbons in Long-Range Transported Aerosols
Nature; 268, S. 518 - 519 (1977)

[409] Gay B.W., Hanst P.L., Bufalini J.J., Noonan R.C.
Atmospheric Oxidation of Chlorinated Ethylenes
Environ. Sci. Technol.; 10, S. 58 - 67 (1976)

[410] Blau L., Guesten H.
Quantum yields of the Photodecomposition of Polynuclear Aromatic Hydrocarbons Adsorbed on Silica Gel
in: Polynuclear Aromatic Hydrocarbons: Physical and Biochemical Chemistry, S. 133 - 144
Cooke M., Dennis A.J., Fischer G.L. (eds.)
Batelle Press, Columbus (Ohio) and Springer Verlag New York 1982

[411] Hanssen M.
E = eßbar? Die E-Nummernliste der Lebensmittelzusatzstoffe
Hörnemann Verlag, Bonn 1985

[412] Hirzy J.W.
Carcinogenicity of General-Purpose Phthalates: Structure-Activity Relationships
Drug Metabolism Reviews; 21(1), S. 55 - 63 (1989)

[413] Toxicological Profile for Di(2-ethylhexyl)phthalate
Agency for Toxic Substances and Disease Registry, Atlanta, GA/U.S.
Environmental Protection Agency, Washington DC, December 1987

[414] Department of Transportation United States Coast Guard
CHRIS Hazardous Chemical Data, File 1 A-D, File 2 E-Z
Commandant Instruction M 16465
U.S. Coast Guard, Washington D.C. 20593, 12. October 1978

[415] Merck E.
Sicherheit im Labor Salze, Laugen, Ätzalkalien
Merck, Darmstadt 1, Deutschland (1990)

[416] Schafer E.W., Bowles W.A.
Acute Oral Toxicity and Repellency of 933 Chemicals to House and Deer Mice
Arch. Environm. Contam. Toxicol.; 14, S. 111 - 129 (1985)

[417] Karpe H.J., Schoppe U., Storp J.
Schwermetallbelastung von Fischen der unteren Ruhr
Bericht 1/84
Institut für Umweltforschung (INFU)
Universität Dortmund, 4600 Dortmund 50 (1984)

[418] Merck E.
Sicherheit im Labor Säuren
Merck, Darmstadt 1, Deutschland (1990)

[419] Thiericke R., Zeeck A.
Biosynthesis of manumycin: origin of the polyene chains - incorporation of (13C)acetate into manumycin, and determination of biosynthetic source of 13C side chain in Streptomyces parvullus
J. Antibiotics; 41(5), S. 694 - 696 (1988)

[420] Zähner H.
Einige Aspekte der Antibiotica-Forschung
Angew. Chemie; 89(10), S. 696 - 703 (1977)

[421] Buzzetti F., Gäumann E., Hütter R., Keller-Schierlein W., Neipp L., Prelog V., Zähner H.
Stoffwechselprodukte von Mikroorganismen: Manumycin
Pharm. Acta Helv.; 38, S. 871 - 874 (1963)

[422] Grindley J.
Toxicity to rainbow trout and minnows to some substances known to bepresent in waste water discharged to rivers
Ann. Appl. Biol.; 33, S. 103 - 112 (1946)

[423] Gleisberg D.
Phosphate und Umwelt
Chem. unserer Zeit; 22(6), S. 201 - 207 (1988)

[424] Malle K.-G.
Wie schmutzig ist die Nordsee?
Chem. unserer Zeit; 21(1), S. 9 - 16 (1988)

[425] Couillard D.
Évaluation de la Pollution et des Répercussions des Rejets des Industries des Pâtes et Papiers sur la Vie Aquatique
Sci. Total Environ.; 14(2), S. 167 - 184 (1980)

[426] Christensen H. E. (Ed)
Toxic Substances List (1974)
S. 765

[427] Hodge H. C., Maynard E. A., Blanchet H. J. Jr., Spencer H.C., Rowe V. K.
Toxicological Studies of o-Phenylphenol (Dowicide 1)
J. Pharmacol. Exp. Ther.; 104, S. 202 - 210 (1952)

[428] Doris V. Sweet
Registry of Toxic Effects of Chemical Substances
Microfiche edition (January 1987)
National Inst. of Occupational Safety and Health
Cincinnati, Ohio 45226 (1987)

[429] Cikryt P.
Die Gefährdung des Menschen durch Dioxin und verwandte Verbindungen
Nachr. Chem. Tech. Lab.; 39(6), S. 648 - 656 (1991)

[430] Bridié A.L., Wolff C.J.M., Winter M.
The acute Toxicity of some Petrochemicals to Goldfish
Water Research; Vol. 13, S. 623 - 626 (1979)

[431] Clayton G. D., Clayton F. E.
Patty's Industrial Hygiene and Toxicology
3rd. Ed., Vol. 2A
Wiley-Interscience, New York 1981; S. 2326

[432] Isomaa B., Bjondahl K.
Toxicity and Pharmacological Properties of surface-active Alkyltrimethylammonium Bromides in the Rat
Acta Pharmacol. Toxicol.; 47(1), S. 17 - 23 (1980)

[433] Cochran J. D., Mazur M., DuBois K. P.
Acute Toxicity of Zirconium, Columbium, Strontium, Lanthanium, Cesium, Tantalum and Yttrium
Arch. Ind. Hyg. Occup. Med. 1; S. 637 - 650 (1950)

[434] Smyth H. F. Jr., Carpenter C. P.
The Place of the Range-finding Test in the industrial Toxicology Laboratory
J. Ind. Hyg. Toxicol. 26; S. 269 - 273 (1944)

[435] Ambrose A. M.
Studies of the Physiological Effects of Sulfamic Acid and Ammonium Sulfamate
J. Ind. Hyg. Toxicol. 25; S. 26 - 28 (1943)

[436] Nishie K., Waiss A. C. Jr., Keyl A. C.
Toxicity of Methylimidazoles
Toxicol. Appl. Pharmacol. 14(2); S. 301 - 307 (1969)

[437] Druckrey H., Kruse H., Preussmann R., Ivankovic S., Landschütz Ch.
Cancerogene alkylierende SubstanzenIII. Alkyl-halogenide,- sulfate, -sulfonate und ringgespannte Heterocyclen
Z. Krebsforsch. 74(3); S. 241 - 270 (1970)

[438] n. n.
Verätzungen, Allergien und Krebs durch Polyesterharze in der Kunststoffindustrie
Arbeit & Ökologie-Briefe Nr. 11, S. 13 - 15 (1990);
Verlag der ökologischen Briefe;

[439] n. n.
ADEMA, D.M.M. Tests und desk studies carried out by MT-TNO during 1980-1981
Für ANNEX II of Marpol 1973 .DELFT, TNO 1982.
(REP.NO. CL82/14)

[440] n.n.
Maximale Arbeitsplatzkonzentrationen und Biologische Arbeitsstofftoleranzwerte 1991;
Mitteilung XXVII der Senatskommission zur Prüfung gesundheitsschädlicher Arbeitsstoffe;
DFG Deutsche Forschungsgemeinschaft
VCH Verlagsgesellschaft mbH, Weinheim, 1991

[441] n. n.
CAGAAK Canada Gazette Part II Ottawa Ontario Canada
1987 * 121 2304 1987

[442] Plunkett und E. R.
Handbook of industrial toxicology. Chemical Publishing CO., INC.,
New York 1976.

[443] n. n.
Code of Federal Regulations office of the Federal Register National Archives and Records Service , US Government Printing Office General Services Administration Washington DC 20402 USA 21114, 1981.

[444] Ministerstvo Zdravooljrawenia
Orientirovochnye bezopanye urovni vozdeistvia (obuv) zagrazniai shchikh veshchestu v atmosfernom vozdukhe nasekennykh mest
(tentative safe exposur limits (Tsel) of contaminants in ambien air ofresidential areas)
Ministerstvo Zdravooljrawenia SSSR Moscow USSR 2947 -83 1983.

[445] Dreisbach RH.
Handbook of poisoning
Los Altos, Lange Medical Publications, 1983.

[446] NIOSH
Occupational diseases : A guide to their recognition U.S. Department of health, education and welfare.
NIOSH June, 1977.

[447] n. n.
Official Journal of the European Communities Commission of the European Comminities Luxembourg L56 20 1987

[448] C. Schmegel
Struktur - Wirkungsuntersuchungen in der prospektiven Analyse von Umweltgefährdungen am Beispiel der Substanzklasse der Benzothiazole
Dissertation, Universität Bremen 1995

[449] Ministerstva Zdravotnictvi
Hygienicke Predpisy Ministerstva Zdravotnictvi CSR (Hygienic regulations ofministry of health of CSR)
Avicenum Malostranske Nam. 28 Praha 1 CS - 118 02 Czechoslovakia 42 1987.

[450] International labour office
Encyclopedia of occupational health and safety ILO
Geneva, 1983.

[451] World Health Organization Geneva Switzerland
Who food additives series
World Health Organization Geneva Switzerland 5 8, 1974.

[452] n. n.
PATTY'S industrial hygiene and toxicology: Theory andrationale of industrial hygiene practice.
Wiley - Interscience Publication, 1979.

[453] NIOSH/OSHA
Occupational health guidelines for chemical hazards U.S. Department of labor DHHS (NIOSH) Publication N. 81 - 123, January 1981.

[454] Tayor. et al
Aquat. Toxicol., 7, 135-144, 1985.

[455] Ariyoshi T. et al
Bull. Envir. Contam. Toxicol., 44, 643-649, 1990.

[456] B. C. J. Zoetemann et al
Persistant organic pollutants in river water and groundwater of the Netherlands
Chemosphere, 9, 231, (1980).

[457] Reeves Al. Barium . In: Friberg L, Nordberg GF und Vouk V.
Handbook on the toxicology of metals
Amsterdam, Elsevier Science Publishers, 1986,
Vol II, PP 84-94.

[458] Ministerstvo Zdravookhraneniya SSSR
Predelno dopustimye kontsentratsii zagryaznyayushchikh ves chestv v atmosfernom vozdukhe naselennykh mest (Maximum allowable concentrations (MAC) of contaminants in the ambient air of residential areas)
Ministerstvo Zdravookhraneniya, SSSR Moscow USSR, 3086-84, 1984.

[459] MUNDA und I. M.
Commission intenationale pour l'exploration scientifique de la mer Mediterranée. P. 727-731, Monaco C.I.E.S.M., 1985.

[460] International Agency for research on cancer
IARC Monographs on the evaluation of carcinogenic risks to humans: Overall evaluations of carcinogenicity
An updating of IARC Monographs Vol. 1 to 42 WHO-IARC. LYON, 1987.

[461] Martin und M. et al.
Mar. Pollut. Bull., 12, 305-308, 1981.

[462] n. n.
American Conference of Government Industrial Hygienists Cincinnati Pob 1937
Ohio 45201 USA 1987 - 88, 11.

[463] Institut Hygieny a Epidemiologie Srobarova
Acta hygienica, epidemologica et microbiologica
Institut Hygieny a Epidemiologie Srobarova 48 Praha 10 Czechoslovakia
Suppl. 6 1975.

[464] n.n.
Arbeitsschutz beim Plasmaspritzen
Deutscher Verband für Schweißtechnik e.V., Merkblatt DVS 2307 Teil 4 (Mai 1987);
Deutscher Verlag für Schweißtechnik (DVS), Düsseldorf

[465] Directoraat - Genaral van der Arbeid. Ministry of social affairs
Natinale MAC-Ljist (National MAC-List) Arbeidsinspectie, Directoraat-General van der Arbeid. 2270 MA Voorburgp. O . Box 69 The Netherlands 1986.

[466] Swedmark und M. et al.
Mar. Biol . 9, 183 - 201, 1971.

[467] Bariaud A. and Mestre J-C.
NVIRON Contam. toxicol. 32, 597-601, 1984.

[468] Palawski und D. et al.
Trans. AM. Fish. SOC., 114, 748-753, 1985.

[469] W. E. Coleman et al.
Identification of organic compounds in a mutagenic extract of a surface drinking water by a computerized gas chromatography/Mass spectrometry system
(GC/MS/COM). ENVIR. SCI. TECH., 14, 576, (1980).

[470] Denton und G. R. W. et al.
Chemy ecol., 1, 131, 1982.

[471] n. n.
Official Journal of the European Communities Commission of the European Communities
Luxembourg, 149, 38, 1986.

[472] Eisler et al.
Water Res. 6, 1009-1027, 1972.

[473] Woelke C. E.
Tech. Rep. Wash. St. Dep. Fish. No. 9, 1972.

[474] Erickson und S. J. et al.
J. Wat. Pollut. Control Fed., 42, 329- 335, 1970.

[475] Wong P. T. S. et al.
Can. J. Fish. Aquat. Sci. 39, 483-488 1982: R34/37; S7/8/26.

[476] Saigbl Sangyo Igaku
Japanese Journal of Industrial Health. Japan Association of Industrial Health Bldg. 78, Shinjuku 1 - 29-8 Shinjuku-Ku Tokyo 160 Japan, 29 397-433, 1987.

[477] Commissariat general a la promotion du travail (Ministry of labour)
Threshold limit values (Valeurs limites tolerables)
Rue Belliard 53 Bruxelles B- 1040, Belgium 1984.

[478] Italian Assoc. Ind. Hygienists Italy
Valori limite ponderati
Data are extracted from Ilo occupational safety and health seriesnr. 37. Italy 1978.

[479] n. n.
Code of Federal Regulations Office of the Federal Register National Archives and Records Service, US Government Printing Office General Services Administration Washington D.C. 20402, USA 2123 1981.

[480] D. (Ed.) Henschler
Gesundheitsschädliche Arbeitsstoffe Toxikoligisch-arbeitsmedizinische Begründung von MAK-Werten
Band 5 und Band 6
VCH Verlagsgesellschaft, Weinheim, 1992, 1 - 18. Lieferung

[481] MAK- und BAT-Werte-Liste;
Maximale Arbeitsplatzkonzentrationen und biologische Arbeitsstofftoleranzwerte
Deutsche Forschungsgemeinschaft - Senatskommission zur Prüfung gesundheitsschädlicher Arbeitsstoffe, Mitteilung 31
VCH, Weinheim, 1995

[482] n.n.
Material Safety Data Sheet 4-(N-ethyl-N-2-hydroxyethyl)-2-methylphenylenediamine sulfate
Eastman Kodak Company, Rochester, New York 14650, S. 1 - 8200000752/F/USA-F-0048.000I
Approval Date: 03/17/1993, Print Date: 03/20/1993

[483] n.n.
Material Safety Data Sheet 4-(N-ethyl-N-2-methanesulfonylaminoethyl)-2-methylphenylene-diaminesesquisulfate monohydrate
Eastman Kodak Company, Rochester, New York 14650, S. 1 - 8200000751/F/USA-F-0047.000G
Approval Date: 10/28/1992, Print Date: 10/31/1992

[484] Hommel G.
Handbuch der gefährlichen Güter
6. Auflage 1994
Springer-Verlag Berlin, Heidelberg, New York

[485] J.R.E. Jones
Fish and river pollution, Chapter 7 of "Aspects of river pollution"
Chapter 7 of "Aspects of river pollution" edited by L. Klein
London: Butterworth Scientific Publ. 1957

[486] n.n.
Katalog wassergefährdender Stoffe
Bekanntmachung des Bundesministers des Innern vom 1. März 1985 (GMBHl.S.175)

[487] A.M. et al. Bernhardt
Aquat. Toxicol., 7, 1-13, 1985

[488] J.H Canton und D.M.M Adema
Hydrobiologia, 59, 135-140 (1978)

[489] W. Sloof
Aquat. Toxicol. 4, 73-82 (1983)

[490] D.J. et al Call
J. Environ. Qual. 13, 493-498 (1984)

[491] J. et al Castritisi-Cathario
Revue Trav. Inst. Pech. Marit., 44, 355-364 (1980)

[492] D.M.M. Adema
Tests and desk studies carried out during 1982 by MT-TNO for ANN II of Mapol 1973
Delft, TNO, 1983; Rep.No. R 83/15

[493] K.R. Rao und P.J. Conklin
Biology of benthic marine organisms: Techniques and Methodes as applied to the indian ocean;
eds. Thompson, M.-F.; Sariojini, R.; Nagabhushanoam, R.;
p. 523-534; Rotterdam, A.A. Balkema (1986)

[494] B.-E. Bengtsson und M. Tarkpea
Mar. Pollut. Bull., 14, 213-214 (1983)

[495] Y. Hashimoto und Y Nishiuchi
Pesticide Chemistry: Human Welfare and the Environmental Proceedings of the 5th int. Congress of Pesticide Chemistry; Kyoto, Japan 1982
Volume 2; p.355-358; ed. Miyamoto, j. et al.;
Published in 1983 by IUPAC

[496] H.E. Christensen
Toxic Substance List (1972), S. 129

[497] Rosenfeld und Wallace
Arch. Ind. hyg. Occup. Med. 8 (1953), S. 466

[498] Morra C.F. et al
Organic Chemicals measured during 1978 in the River Rhine in the Netherlands
R.I.D. Mendeling 3 (2979)

[499] U.S. Department of Commerce
Niosh Manual of Analytical Methods Vol. 3, Page S 264-1 (Apr. 1977)

[500] T.M. Hellmann und F.H. Small
J. Air Pollut. Control Assoc. Vol. 24

[501] Walsh G.E. et al.
Chemosphere 14, 383-392 (1985)

[502] Niosh und Osha
Oxxupational Health Guidelines for Chemical Hazards
National Institute for Occupational Health and Safety
Center for Disease Control; USA (1978)

[503] Ahlers J., Beulshausen T., Diderich R., Maletzki D., Regelmann J., Riedhemmer C., Schwarz-Schulz B., Weber C.
Bewertung der Umweltgefährlichkeit ausgewählter Altstoffe durch das Umweltbundesamt, Teil II
Texte 38/96 Umweltbundesamt 1986

[504] International Labour Office
Encyclopedia of Occupational Health and Safety
ILO., Geneva (1989)

[505] Bundesanstalt für Arbeitsschutz (BAU)
Bekanntmachung der Liste der gefährlichen Stoffe und Zubereitungen nach §4A der Gefahrstoffverordnung
Wissenschaftsverlag NW, Verlag für neue Wissenschaft GmbH
Schriftenreihe der Bundesanstalt für Arbeitsschutz (1994)

[506] Shell Chemicals
Isopropylalkohol
EG-Sicherheitsdatenblatt 4/95,
Deutsche Shell Chemie GmbH, Eschborn

[507] World Health Organization
The WHO recommended classification of pesticides by hazard guidelines classification
Pesticide development and safe use unit division of vector biology and control, WHO, Geneva (1986-1987)

[508] L. Parmeggiana
ECDIN Toxicological Data Projekt
Study Contract N. 1490-85-03-ED-ISP-CH
Occupational Health Institute, University of Geneva (1985)

[509] n.n.
Organismen- und Stoffliste 3.1
Landesanstalt für Immissionsschutz NRW, Wallneyer Str. 6, 45133 Essen (LIS) (7/1993)

[510] LEMRO Chemieprodukte
DBE-4 Dicarbonsäureester
Sicherheitsdatenblatt 1/95
LEMRO Chemieprodukte Michael Mrozyk KG, Grevenbroich,

[511] Hoechst
Dimethylacrylsäure
Sicherheitsdatenblatt 5/93
Hoechst AG Frankfurt,

[512] THOR Chemie GmbH
Algon P-Pulver
EG-Sicherheitsdatenblatt 1/94
THOR Chemie GmbH, Speyer,

[513] Bergvik Kemi
Bevitack 210
Sicherheitsdatenblatt Bevitack 210 8/94,
Bergvick Kemi, Sandarne, Schweden

[514] Ciba Additive
Uvitex OB
Sicherheitsdatenblatt 4/94,
Ciba Additive GmbH, Frankfurt a. M.

[515] Angus
AMPD
Sicherheitsdatenblatt 4/93,
Angus Chemie GmbH, Ibbenfüren

[516] Angus
Comso 101-X
Sicherheitsdatenblatt 2/95,
Angus Chemie GmbH, Ibbenbüren

[517] Neste Chemicals
n-Butyraldehyd
Sicherheitsdatenblatt 12/94,
NESTE OXO AB, Stenungsund, Schweden

[518] Neste Chemicals
n-Butanol
Sicherheitsdatenblatt 8/94,
NESTE OXO AG, Stenungsund, Schweden

[519] Neste Chemicals
2-Ethylhexanol (2-EH)
Sicherheitsdatenblatt 8/94,
NESTE OXO AG, Stenungsund, Schweden

[520] Neste Chemicals
Isobutyraldehyd
Sicherheitsdatenblatt 12/94,
NESTE OXO AB, Stenungsund, Schweden

[521] Neste Chemicals
Isobutanol
Sicherheitsdatenblatt 8/94,
NESTE OXO AB, Stenungsund, Schweden

[522] Hoechst
Chloracetamid
EG-Sicherheitsdatenblatt 3/93,
Hoechst AG, Frankfurt a. M.

[523] Dow Deutschland Inc.
Ethylenglycol
EG-Sicherheitsdatenblatt 5/95,
Dow Deutschland Inc., Rheinmünster

[524] Air Products
Surfynol 61 Surfactant
Sicherheitsdatenblatt 8/94,
Air Products, Utrecht, Nederland

[525] Dow Deutschland
Propylen Glycol Industrial
EG-Sicherheitsdatenblatt 5/95,
Dow Deutschland Inc., Schwalbach

[526] Shell Chemicals
Shell Solvent 2831
EG-Sicherheitsdatenblatt 2/95,
Deutsche Shell Chemie GmbH, Eschborn

[527] Shell Chemicals
Diacetonalkohol
EG-Sicherheitsdatenblatt 1/95,
Deutsche Shell Chemie GmbH, Eschborn

[528] Shell Chemicals
Butyldiglycol
EG-Sicherheitsdatenblatt 4/94,
Deutsche Shell GmbH, Eschborn

[529] Shell Chemicals
Toluol
EG-Sicherheitsdatenblatt 4/95,
Deutsche Shell GmbH, Eschborn

[530] Shell Chemicals
Methylisobutylcarbinol
EG-Sicherheitsdatenblatt 1/95,
Deutsche Shell GmbH, Eschborn

[531] Shell Chemicals
Hexylenglykol
EG-Sicherheitsdatenblatt 1/95,
Deutsche Shell GmbH, Eschborn

[532] EXXON
Solvesso 200
Sicherheitsdatenblatt 5/95,
Deutsche Exxon Chemical GmbH, Köln

[533] SKW
Dyhard UR 300
Sicherheitsdatenblatt 1/94,
SKW Trostberg AG, Trostberg

[534] SKW
Dyhard MI
Sicherheitsdatenblatt 1/94,
SKW Trostberg AG, Trostberg

[535] Rhone-Poulenc
Ethylacetat
EG-Sicherheitsdatenblatt 8/94,
Rhone-Poulenc, GmbH, Frankfurt a. M.

[536] Rhone-Poulenc GmbH
Butylacetat
EG-Sicherheitsdatenblatt 5/94,
Rhone Poulenc GmbH, Frankfurt a. M.

[537] Monsanto
Santiciser 261
Sicherheitsdatenblatt,
Monsanto, Düsseldorf

[538] BASF
Ultramarinblau L 6398
DIN-Sicherheitsdatenblatt 6/88,
BASF AG, Ludwigshafen

[539] n.n.
2-Mercaptobenzothiazol und Salze
BUA-Stoffbericht 74, Beratergremium für umweltrelevante Altstoffe (BUA) der Gesellschaft Deutscher Chemiker, VCH, Weinheim (1991)

[540] Heubach
Heudocur-Gelb 251, 252, 254, 255, 256, 259, 262
Sicherheitsdatenblatt 10/94,
Heubach GmbH, Langelsheim

[541] Hüls
Witamol 207
DIN-Sicherheitsdatenblatt 2/95,
Hüls AG, Marl

[542] ISP
Surfadone LP-100
EG-Sicherheitsdatenblatt 3/94,
ISP Global Technologies GmbH, Frechen

[543] ISP
HEP
DIN-Sicherheitsdatenblatt 7/92,
ISP Global Technologies GmbH, Frechen

[544] Grillo Zinkoxid
Zinkoxid 2011
Sicherheitsdatenblatt 5/93,
Grillo Zinkoxid GmbH, Goslar

[545] Hoechst
Depanol I
EG-Sicherheitsdatenblatt 10/94,
Hoechst AG, Frankfurt a. M.

[546] Herberts Polymer Powders
Coatylene
EG-Sicherheitsdatenblatt 6/94,
Herberts Polymer Powders, Bulle, Schweiz

[547] n.n.
Anilin
BUA-Stoffbericht 171, Beratergremium für umweltrelevante Altstoffe (BUA) der Gesellschaft Deutscher Chemiker, Hirzel, Stuttgart (1995)

[548] Cabot
CAB-O-SIL TS-720
Sicherheitsdatenblatt 8/93,
Cabot GmbH, Hanau

[549] ciba
Tinuvin 144
Sicherheitsdatenblatt 1/95,
ciba Additive GmbH, Bensheim

[550] EXXON
Jayflex 911-Z
Sicherheitsdatenblatt 11/94,
Deutsche EXXON Chemicals GmbH, Köln

[551] Heubach und Lindgens
Lindstab HLC 1 B Bleicarbonat
Sicherheitsdatenblatt 3/94,
Heubach & Lindgens, Köln

[552]
HEUCO Blau 501510
Sicherheitsdatenblatt 3/95,
Dr. Hans Heubach GmbH & Co. KG, Langelsheim

[559] Hoechst
Ceridust
EG-Sicherheitsdatenblatt 94,
Hoechst AG, Frankfurt a.M.

[560] Sichler
Pottasche
EG-Sicherheitsdatenblatt 11/93,
Sichler Chemikalien, Braunschweig

[561] Flexsys
Santovar TAHQ
Sicherheitsdatenblatt 10/96;
Flexsys Additive für die Kautschuk Industrie, Düren

[562] Flexsys
Santowhite BBMC
Sicherheitsdatenblatt 10/96;
Flexsys Additive für die Kautschuk Industrie, Düren

[563] Flexsys
Santocure TBBS
Sicherheitsdatenblatt 10/96;
Flexsys GmbH & Co. KG, Düren

[564] Flexsys
Santonox TBMC
Sicherheitsdatenblatt 10/96;
Flexsys GmbH & Co KG, Düren

[565] Akzo Nobel
Perkalink 300 J
Sicherheitsdatenblatt 6/96;
Flexsys GmbH & Co KG, Düren

[566] Krahn Chemie
Robac TETD
Sicherheitsdatenblatt 6/95,
Krahn Chemie GmbH, Hamburg

[567] Göbel + Pfrengle
Ekaland DPG
Sicherheitsdatenblatt 7/94;
Göbel + Pfrengle GmbH, Bingen

[568] n.n.
N-Phenyl-1-naphtylamin
BUA-Stoffbericht 113, Beratergremium für umweltrelevante Altstoffe (BUA) der Gesellschaft Deutscher Chemiker, VCH, Weinheim (1993)

[569] n.n.
N,N'-Diphenylguanidin
BUA-Stoffbericht 96, Beratergremium für umweltrelevante Altstoffe (BUA) der Gesellschaft Deutscher Chemiker, VCH, Weinheim (1992)

[570] n.n.
Persönliche Mitteilung
Beratergremium für umweltrelevante Altstoffe (BUA) der Gesellschaft Deutscher Chemiker, VCH, Weinheim (1996)

[571] n.n.
Persönliche Mitteilung
Beratergremium für umweltrelevante Altstoffe (BUA) der Gesellschaft Deutscher Chemiker, VCH, Weinheim (1996)

[572] n.n.
2,2'-Dithiobisbenzothiazol (Mercaptobenzothiazoldisulfid)
BUA-Stoffbericht 126, Beratergremium für umweltrelevante Altstoffe (BUA) der Gesellschaft Deutscher Chemiker, VCH, Weinheim (1993)

[573] Falbe J., Regitz M.
Römpp Chemie Lexikon, 9. Ausgabe
Georg Thieme Verlag Stuttgart - New York (1995)
ISBN 3-13-102759-2

[574] n.n.
Ethylendiamintetraessigsäure/Tetranatriumethylendiamintetraacetat
BUA-Stoffbericht 168, Beratergremium für Umweltrelevante Altstoffe (BUA) der Gesellschaft Deutscher Chemiker, VCH, Weinheim (1995)

[575] n.n.
Acetessigsäureethylester; Aceton
BUA-Stoffbericht 169-170, Beratergremium für umweltrelevante Altstoffe (BUA) der Gesellschaft Deutscher Chemiker, VCH, Weinheim (1995)

[576] n.n.
1,2-Dichlormethan
BUA-Stoffbericht 163, Beratergremium für umweltrelevante Altstoffe (BUA) der Gesellschaft Deutscher Chemiker, VCH, Weinheim (1994)

[577] n.n.
Diethanolamin
BUA-Stoffbericht 158, Beratergremium für umweltrelevante Altstoffe (BUA) der Gesellschaft Deutscher Chemiker, VCH, Weinheim (1994)

[578] n.n.
4-Aminodiphenylamin
BUA-Stoffbericht 131, Beratergremium für umweltrelevante Altstoffe (BUA) der Gesellschaft Deutscher Chemiker, VCH, Weinheim (1993)

[579] n.n.
Tetrachlorethen (PER)
BUA-Stoffbericht 139, Beratergremium für umweltrelevante Altstoffe (BUA) der Gesellschaft Deutscher Chemiker, VCH, Weinheim (1993)

[580] n.n.
1,2-Dichlorpropan
BUA-Stoffbericht 155, Beratergremium für umweltrelevante Altstoffe (BUA) der Gesellschaft Deutscher Chemiker, VCH, Weinheim (1994)

[581] Taimr L., Pospisil J.
Antioxidants and Stabilizers, 103
Angew. Makromol Chem., 149 (1987), S. 119-127

[582] n.n
Diethylphthalat
BUA-Stoffbericht 104, Beratergremium für umweltrelevante Altstoffe (BUA) der Gesellschaft Deutscher Chemiker, VCH, Weinheim (1992)

[583] n.n.
Resorcin (1,3-Dihydroxybenzol)
BUA-Stoffbericht 99, Beratergremium für umweltrelevante Altstoffe (BUA) der Gesellschaft Deutscher Chemiker, VCH, Weinheim (1993)

[584] n.n.
Chloroform
BUA-Stoffbericht 1, Beratergremium für umweltrelevante Altstoffe (BUA) der Gesellschaft Deutscher Chemiker, VCH, Weinheim (1985)

[585] n.n.
Di(2-ethylhexyl)phthalat
BUA-Stoffbericht 4, Beratergremium für umweltrelevante Altstoffe (BUA) der Gesellschaft Deutscher Chemiker, VCH, Weinheim (1986)

[586] n.n.
Dibutylphthalat
BUA-Stoffbericht 22, Beratergremium für umweltrelevante Altstoffe (BUA) der Gesellschaft Deutscher Chemiker, VCH, Weinheim (1987)

[587] n.n.
Dichlormethan
BUA-Stoffbericht 6, Beratergremium für umweltrelevante Altstoffe (BUA) der Gesellschaft Deutscher Chemiker, VCH, Weinheim (1986)

[588] n.n.
Chlortoluole
BUA-Stoffbericht 38, Beratergremium für umweltrelevante Altstoffe (BUA) der Gesellschaft Deutscher Chemiker, VCH, Weinheim (1989)

[589] n.n.
Tetrachlormethan
BUA-Stoffbericht 45, Beratergremium für umweltrelevante Altstoffe (BUA) der Gesellschaft Deutscher Chemiker, VCH, Weinheim (1990)

[590] n.n.
Chlortoluidine (Chlormethylaniline)
BUA-Stoffbericht 55, Beratergremium für umweltrelevante Altstoffe (BUA) der Gesellschaft Deutscher Chemiker, VCH, Weinheim (1991)

[591] n.n.
4,4'-Methylendianilin (Bis(4-aminophenyl)methan)
BUA-Stoffbericht 132, Beratergremium für umweltrelevante Altstoffe (BUA) der Gesellschaft Deutscher Chemiker, VCH, Weinheim (1993)

[592] n.n.
o.-Dichlorbenzol (1,2-Dichlorbenzol)
BUA-Stoffbericht 53, Beratergremium für umweltrelevante Altstoffe (BUA) der Gesellschaft Deutscher Chemiker, VCH, Weinheim (1990)

[593] n.n.
Chlorbenzol
BUA-Stoffbericht 54, Beratergremium für umweltrelevante Altstoffe (BUA) der Gesellschaft Deutscher Chemiker, VCH, Weinheim (1990)

[594] n.n.
Benzol
BUA-Stoffbericht 24, Beratergremium für umweltrelevante Altstoffe (BUA) der Gesellschaft Deutscher Chemiker, VCH, Weinheim (1988)

[595] n.n.
Butylhydroxytoluol (2,6-Bis(1,1-dimethylethyl)-4-methylphenol)
BUA-Stoffbericht 58, Beratergremium für umweltrelevante Altstoffe (BUA) der Gesellschaft Deutscher Chemiker, VCH, Weinheim (1991)

[596] n.n.
1,4-Dioxan
BUA-Stoffbericht 80, Beratergremium für umweltrelevante Altstoffe (BUA) der Gesellschaft Deutscher Chemiker, VCH, Weinheim (1991)

[597] n.n.
Schwefelkohlenstoff (Kohlenstoffdisulfid)
BUA-Stoffbericht 83, Beratergremium für umweltrelevante Altstoffe (BUA) der Gesellschaft Deutscher Chemiker, VCH, Weinheim (1991)

[598] n.n.
Trichlorethen
BUA-Stoffbericht 95, Beratergremium für umweltrelevante Altstoffe (BUA) der Gesellschaft Deutscher Chemiker, VCH, Weinheim (1991)

[599] n.n.
Triethylentetramin
BUA-Stoffbericht 89, Beratergremium für umweltrelevante Altstoffe (BUA) der Gesellschaft Deutscher Chemiker, VCH, Weinheim (1992)

[600] n.n.
Harnstoff; Isobutylidendiharnstoff; Kaliumamylxanthal; Kaliumisobutylxanthat
BUA-Stoffbericht 76-79, Beratergremium für umweltrelevante Altstoffe (BUA) der Gesellschaft Deutscher Chemiker, VCH, Weinheim (1992)

[601] n.n.
Ameisensäure, Formiate; Diglykol-bis-chloroformiat
BUA-Stoffbericht 81-82, Beratergremium für umweltrelevante Altstoffe (BUA) der Gesellschaft Deutscher Chemiker, VCH, Weinheim (1992)

[602] n.n
Glutarsäure; Dicarbonsäuregemisch; Cyclohexanon
BUA-Stoffbericht 136-138, Beratergremium für umweltrelevante Altstoffe (BUA) der Gesellschaft Deutscher Chemiker, VCH, Weinheim (1994)

[603] n.n.
1,3-Dinitrobenzol
BUA-Stoffbericht 102, Beratergremium für umweltrelevante Altstoffe (BUA) der Gesellschaft Deutscher Chemiker, VCH, Weinheim (1992)

[604] n.n.
Hexamethylendiisocyanat
BUA-Stoffbericht 112, Beratergremium für umweltrelevante Altstoffe (BUA) der Gesellschaft Deutscher Chemiker, VCH, Weinheim (1993)

[605] n.n.
Phenylhydrazin
BUA-Stoffbericht 120, Beratergremium für umweltrelevante Altstoffe (BUA) der Gesellschaft Deutscher Chemiker, VCH, Weinheim (1993)

[606] n.n.
Tetramethylplumban; Tetraethylplumban
BUA-Stoffbericht 130, Beratergremium für umweltrelevante Altstoffe (BUA) der Gesellschaft Deutscher Chemiker, VCH, Weinheim (1994)

[607] n.n.
Toxicity and safe handling of rubber chemicals - B.R.M.A. code of 1985
British Rubber Manufacturer's Association, 2. Auflage, White and Farell Ltd., 1985

[608] Ahlers J., Beulshausen T., Diderich R., Maletzki D., Regelmann J., Riedhammer C., Schwarz-Schulz B., Weber C.
Bewertung der umweltgefährlichkeit ausgewählter Altstoffe durch das Umweltbundesamt Teil II
Umweltbundesamt, Berlin; Fachgebiet IV 1.2, Dr. Beatrice Schwarz-Schulz (5/1996)

[609] n.n.
Blue Book 1995
Rubber World Magazine, Lippincott & Peto Inc., Akron, Ohio

[610] n.n.
Rubber Doc
Sablowski Datacon GmbH, K arlsruhe (1996)

[612] n.n
Di(2-ethylhexyl)phosphat/Tri(2-ethylhexyl)phosphat
BUA-Stoffbericht 172, Beratergremium für umweltrelevante Altstoffe (BUA) der Gesellschaft Deutscher Chemiker, VCH, Weinheim (1996)

[613] n.n.
Morpholin
BUA-Stoffbericht 56, Beratergremium für umweltrelevante Altstoffe (BUA) der Gesellschaft Deutscher Chemiker, VCH, Weinheim (1990)

[614] Göbel + Pfrengle
Ekaland CBS-c
Sicherheitsdatenblatt 2/95;
Göbel + Pfrengle GmbH, Bingen

[615] Göbel + Pfrengle
Ekaland DOTG-c
Sicherheitsdatenblatt 1/95;
Göbel + Pfrengle GmbH, Bingen

[616] Göbel + Pfrengle
Ekaland MBS
Sicherheitsdatenblatt 1/95;
Göbel + Pfrengle GmbH, Bingen

[617] Göbel + Pfrengle
Ekaland DTDM PD
Sicherheitsdatenblatt 1/96;
Göbel + Pfrengle GmbH, Bingen

[618] Krahn Chemie
Robac DETU
Sicherheitsdatenblatt 91;
Krahn Chemie GmbH, Hamburg

[619] Krahn Chemie
Plasthall DBS
Sicherheitsdatenblatt 91;
Krahn Chemie GmbH, Hamburg

[620] Peroxid-Chemie
DTBP
Sicherheitsdatenblatt 11/95,
Peroxid-Chemie GmbH, Pullach

[621] Peroxid-Chemie
DHBP
Sicherheitsdatenblatt, 3/94,
Peroxid-Chemie, Pullach

[622] Pergan
Peroxan DB
Sicherheitsdatenblatt 5/95,
Pergan GmbH, Bocholt

[623] Pergan
Peroxan HX
Sicherheitsdatenblatt 7/94,
Pergan GmbH, Bocholt

[624] Raschig
Ralox 64
Sicherheitsdatenblatt 4/96,
Raschig AG, Ludwigshafen

[625] Raschig
Ralox BHT food grade
Sicherheitsdatenblatt 4/96,
Raschig AG, Ludwigshafen

[626] Krahn
Robac ZDBC OTD
Sicherheitsdatenblatt 6/95,
Krahn Chemie GmbH, Hamburg

[627] Krahn
Robac ZDMC OT
Sicherheitsdatenblatt 7/95,
Krahn Chemie GmbH, Hamburg

[628] Reverte
Microcarb 60 T
Sicherheitsdatenblatt,
Reverte Mineralprodukte GmbH, Köln

[633] Heubach
Zinkweiß Harzsiegel Stand. CF, UF, F, GR, CF/GR
Sicherheitsdatenblatt 12/94,
Heubach GmbH & Co. KG, Langelsheim

[634] European Chemicals Bureau
IUCLID-International Uniform Chemical Information Database
Edition I - 1996

[635] National Center for Manufacturing Sciences- NCMS
SOLV-DB 1998
Datenbank aus dem Internet:
http:/solvdb.ncms.org/

[636] ChemFinder.com Webserver
Internet Searching and Information
CambrigdeSoft Cooperation
Datenbank aus dem Internet:
http:/chemfinder.camsoft.com

[637] Beilstein Informationssysteme GmbH
Beilstein Comander 4.0
Netzwerkdatenbank

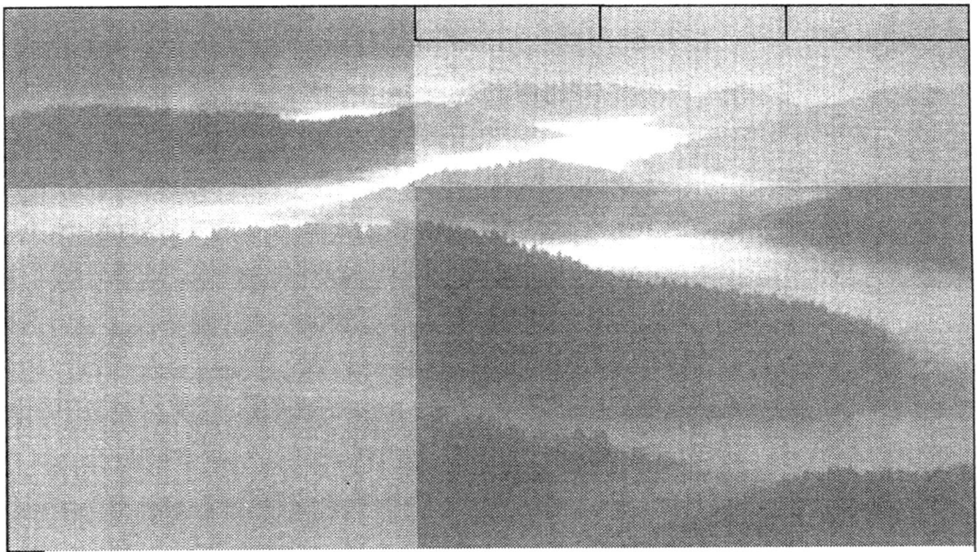

Batch number: 10723231

Printed by Printforce, the Netherlands